工程建设国家级工法汇编

（2007～2008 年度）

下　册

住房和城乡建设部工程质量安全监管司
中国建筑业协会　主　编

中国建筑工业出版社

目 录

下 册

铁路客运专线 32m 先张法预应力混凝土简支箱梁预制工法

GJEJGF189—2008

中铁二局股份有限公司　中铁七局集团有限公司

王强　邹宏伟　韩伟　周玉兴　王建军

1. 前　　言

先张法预应力混凝土简支箱梁以其耐久性好、制造周期短、节省材料、工序简洁、维修养护工作量少的特点在小跨度铁路 T 形梁中应用广泛。但由于施工工艺、设备及预应力布置等因素的限制，大吨位、大跨度箱梁的预应力钢筋一直没有采用折线配筋和直线配筋形式。中铁二局股份有限公司结合合宁铁路 32m/900t 级简支箱梁的施工，开展科技创新，首次开发了先张法预应力施工技术，取得了显著的经济效益和社会效益。工法的关键技术于 2007 年通过四川省科学技术厅鉴定，取得了 32m/900t 级先张法预应力混凝土箱梁预制国内领先、国际先进的新成果，该成果获得了 2007 年度四川省科技成果三等奖。

2. 工 法 特 点

2.1　导向装置固定在制梁台座钢筋混凝土扩大基础上，平衡了折线预应力筋产生的上拔力，安全可靠。

2.2　传力柱采用 C50 钢筋混凝土结构，不仅承载力满足了张拉控制力 52000kN 的要求，而且结构变形小、稳定性好；并且，传力柱端部适当扩大，确保了预应力张拉及安全保护体系的安装方便。

2.3　张拉横梁为钢箱结构，材质均为 Q345C，受力变形小；张拉横梁采用上、下横梁两个分离的张拉系统，保证了直线筋和折线筋张拉时的不同方向位移；张拉横梁设置滑移装置，不仅保证了横梁在张拉、放张过程中的同步性，而且减小了对有效预应力的影响。

2.4　采用"预应力筋单根初调，千斤顶整体分级张拉，千斤顶整体分级放张，辅以螺旋顶支撑跟进保护"的张拉及放张工艺，不仅确保了预应力与设计要求一致，而且使张拉、放张过程安全可靠。

2.5　采用具有自锁功能的千斤顶和电磁换向阀、液控单向阀并联油路，保证了张拉和放张过程中张拉横梁两侧受力均匀以及横梁的同步性。

2.6　张拉放张过程均设置了安全防护装置，使大吨位整体张拉、放张安全可靠。

3. 适 用 范 围

本工法适用于时速 250km 客运专线铁路 32m 先张法预应力混凝土双线简支箱梁预制施工。对类似工程先张法预应力混凝土箱梁或 T 梁可参考使用。

4. 工 艺 原 理

在稳固的制梁台座上，采用能够承受大吨位张拉力的钢箱横梁和单束锚，对分布在箱梁内折线预应力钢筋和直线预应力钢筋按照"单根初调、整体终拉、辅以螺旋顶支撑跟进保护"的工艺双端同时张拉，当预应力筋张拉到设计应力值后锁定千斤顶，然后浇筑梁体混凝土，使混凝土凝固后紧紧握裹预应力筋。当混凝土强度及弹性模量达到设计值时，采用"两端千斤顶同时整体分级放张"的工艺逐渐将预应力筋放松，利用预应力筋的弹性回缩及其与混凝土的粘结作用，使混凝土获得预压应力，以满足箱梁的设计承载能力。

5. 施工工艺流程及操作要点

5.1 施工工艺流程

先张法预应力混凝土简支箱梁施工工艺流程见图5.1。

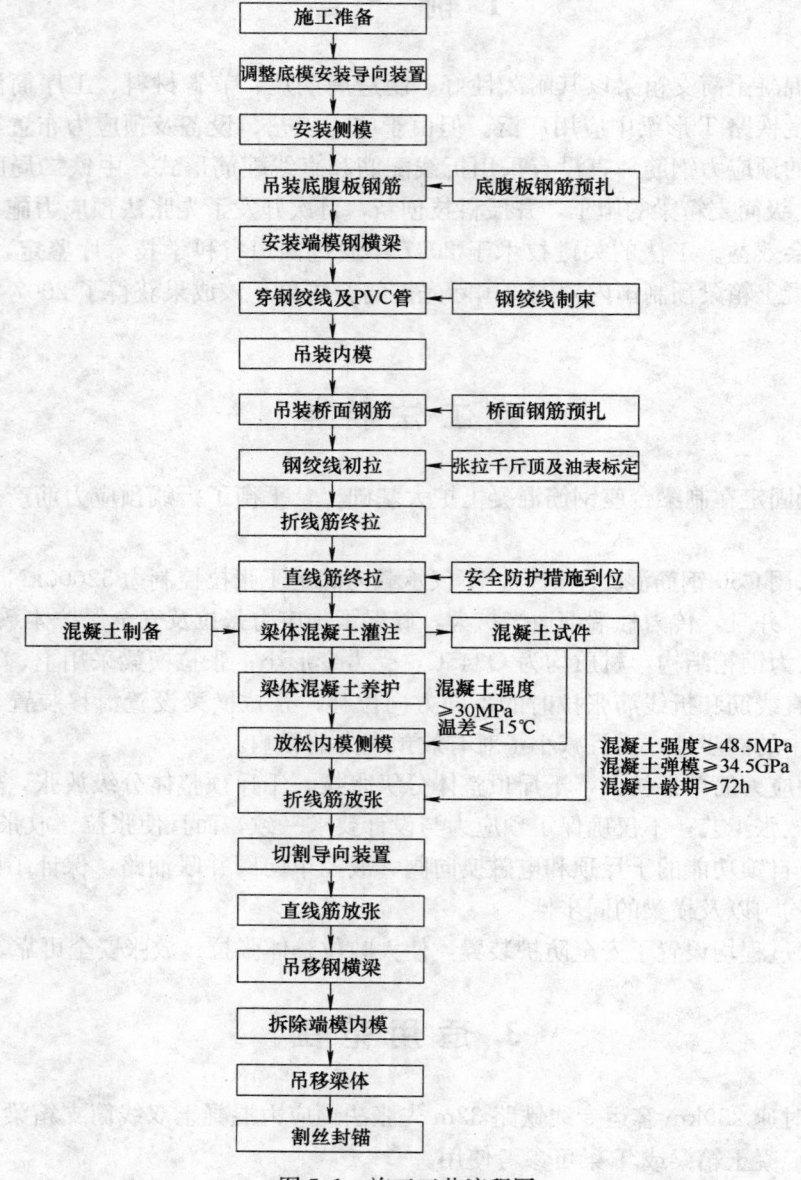

图5.1 施工工艺流程图

5.2 操作要点

5.2.1 制梁台座总体布置

先张梁制梁台座是先张法预应力箱梁生产工艺的主要工装设备，分为制梁台座和张拉体系两部分。制梁台座由台座基础、导向装置以及模板系统构成。张拉体系包括张拉横梁、传力柱、千斤顶、保护支撑构成。台座基础、传力柱采用钢筋混凝土结构，制梁模板由底模、侧模和端模构成，侧模和底模采用固定式,并按设计要求设置梁体预留压缩量、反拱量以及端部位移量;张拉横梁按直线预应力筋及折线预应力筋的张拉及放张要求分别设置下横梁及上横梁,张拉横梁采用可移动的钢箱结构。台座总体布置见图 5.2.1-1。

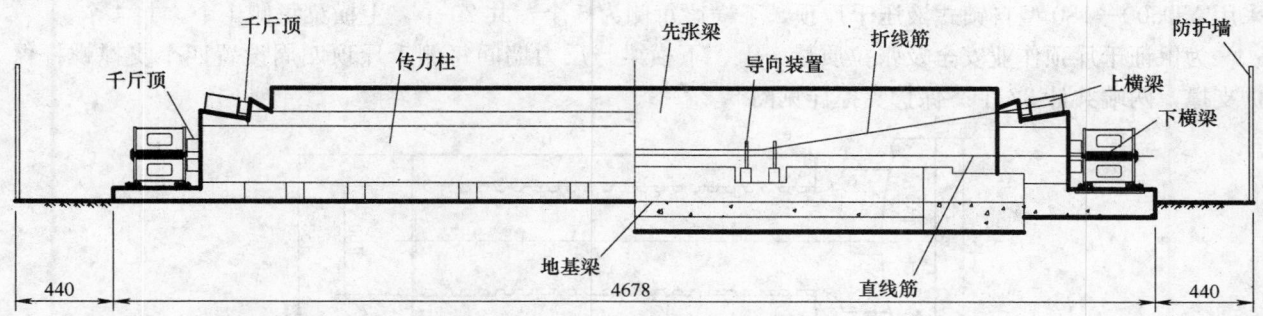

图 5.2.1-1　制梁台座总体布置详图(单位:cm)

1. 台座基础

制梁台座基础采用 C40 钢筋混凝土结构,由混凝土作业区基础和张拉作业区基础两部分组成。

2. 导向装置

导向装置主要由埋入梁体内的一次性使用部分和梁体外重复使用部分组成。其中,埋入梁体内的一次性使用部分包括导向辊、支承侧板、连接螺栓等,梁体外重复使用部分包括连接环、连接销、底座机架、固定轴、滑套、轴夹板、地脚螺栓等。

每个导向装置承受折线筋约 40t 上拔力。导向装置下部通过长 2m、直径 $\phi36$ 预埋螺栓锚固于底模下的条形基础上,为抵抗上拔力,中部条形基础顶部布置 8 根 $\phi32$ 抗拔钢筋增大条形基础抗弯能力。

3. 张拉横梁

为保证直线筋和折线筋张拉时的不同方向位移,张拉横梁两端分为上、下横梁,阶梯式设计,并分别设置走行轨道。张拉横梁材质为 Q345C。

下横梁锚固直线筋,承受 40824kN 的张拉力,采用双箱形结合结构,两箱形结构采用厚拼接板和高强螺栓连接,钢板厚度为 20~100mm 的板材。下横梁锚固的预应力根数较多,在两钢箱结构之间设三排钢管,便于穿束。

上横梁锚固折线筋,承受 10348kN 的张拉力,采用单箱截面,坡口焊。

4. 传力柱

传力柱采用 C50 钢筋混凝土结构,需承受 52000kN 的压力,在满足承载能力、变形及稳定的同时,构造上还需提供张拉横梁、千斤顶、保护支撑的作用空间。传力柱立面结构详见图 5.2.1-2。传力柱安装在台座张拉作业区中部基础上,采用钢板隔开,传力柱受力时可以滑动,为防止传力柱受压时产生旁弯,在传力柱中部和端部设有限位装置。

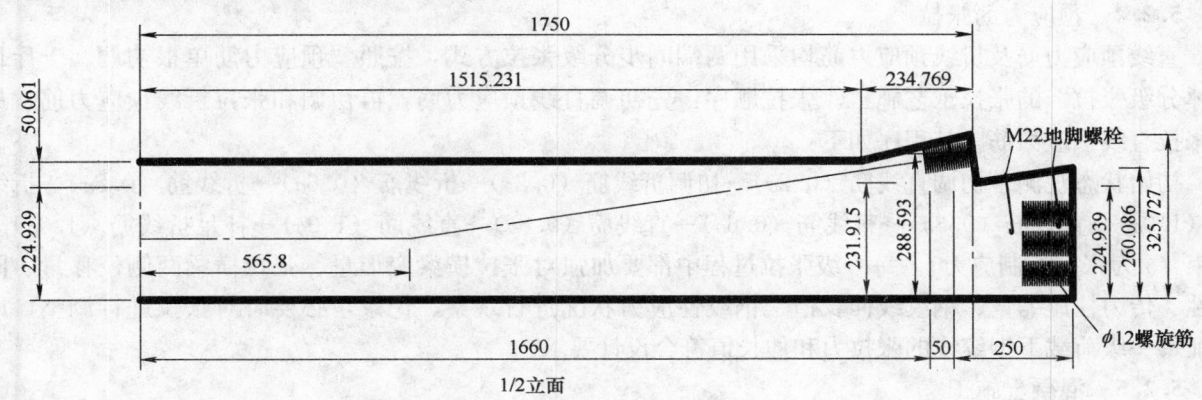

图 5.2.1-2　传力柱立面结构图(单位:cm)

5. 张拉设备及保护支撑

张拉千斤顶是先张梁预制中的重要施工设备，直线筋初调采用 YDC380—200 型前卡式千斤顶，折线筋初调采用 YDC250—200 型前卡式千斤顶，以适应初调时不同钢绞线的构造要求；整体张拉及放张采用 YD600—180 型自锁式液压千斤顶，下横梁每侧为 5 个，共 20 个，上横梁每侧 1 个，共 4 个。

为保证千斤顶作业安全及张拉质量，上、下横梁与反力墙间每侧千斤顶四周设置四个支撑螺杆保护支撑，两端共计 32 个。保护支撑详见图 5.2.1-3。

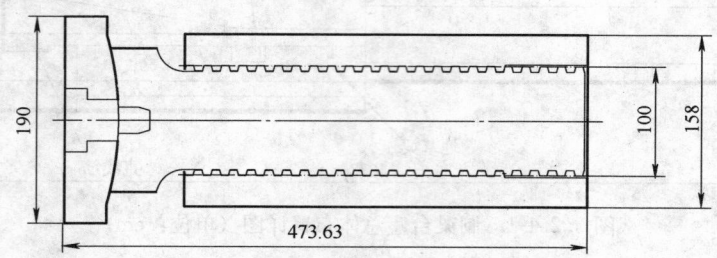

图 5.2.1-3 保护支撑结构图（单位：mm）

为保证千斤顶的同步性，每端上、下横梁各采用 1 套泵站，全梁共采用 4 套超高压液压系统泵站，每套泵站将两台 BZ63-10 油泵并联供油，确保供油安全和供油效率。油路采用超高压双向电磁阀及液压单向阀，保证在高油压下油不外泄，控制反应灵敏，保证多千斤顶同步作用，张拉和放张平稳、安全。

5.2.2 模板施工

先张箱梁模板的支架系统要避开传力柱，根据空间要求特殊设计。每侧模板都有两个支撑点，一个设置在传力柱顶面居中位置，另一个设在张拉作业区中部基础上，均采用螺旋支撑。为保证预应力放张时梁体压缩变形不受约束，底模变截处设计为活动模板，并设计 10cm 断缝，采用活动节拼接。导向装置安装处需配置穴模，穴模深 40mm，以便导向装置切割后进行封堵。在端模上按照钢绞线设计位置钻孔，为减少张拉时钢绞线摩阻，端模上的眼孔应打磨光滑，眼孔直径应大于钢绞线直径 5mm。为保证端部钢绞线切割处形成凹穴以便对钢绞线封端，端模预应力区需配置穴模，穴模深 40mm。

5.2.3 钢筋和预应力筋制作和安装

底、腹板钢筋和面筋在预扎架上预扎，底模修整完毕，导向装置安装好后即可吊装底、腹板钢筋，为避免与钢绞线相碰，架立钢筋应设置在底板混凝土振动带。为方便安装折线筋，端部部分钢筋待折线筋安装完毕后绑扎。内模安装完毕后安装面筋。

预应力筋布筋穿孔前，预应力筋、钢横梁上相应孔位应按设计顺序编号标识，避免出现眼孔错位、交叉，影响张拉。预应力筋安装应自下而上，分列、分层进行，先穿直线预应力筋，再穿折线预应力筋；预应力筋连同隔离套管在钢筋骨架完成后一并穿入就位。

5.2.4 预应力筋张拉

直线预应力筋及折线预应力筋均采用两端同步分级张拉方式，按照"预应力筋单根初调、千斤顶整体分级张拉"的张拉工艺施工。张拉顺序：先初调直线预应力筋，再初调和张拉折线预应力筋，最后张拉直线预应力筋，其程序如下：

初始状态观测→初调直线筋（0.2σ）→初调折线筋（0.2σ）→折线筋（0.6σ）→折线筋（0.8σ）→折线筋（1.0σ）→直线筋（0.3σ）→直线筋（0.6σ）→直线筋（0.8σ）→直线筋（1.0σ）→补足折线筋（1.0σ）→结束（σ 为张拉控制应力）。每一级张拉过程中都要加强对张拉横梁变形量、张拉横梁两侧位移量、同步性、传力柱压缩量、钢绞线伸长值、钢绞性应力状况进行观察、记录，必要时对张拉进行调整，以保证每一级荷载下钢绞线的张拉力和伸长值符合设计要求。

5.2.5 混凝土施工

预应力筋张拉完毕后，应及时（不宜超过 2h）浇筑混凝土；混凝土浇筑过程中，严禁振动棒接触预应力筋和模板，避免预应力筋因外力作用而产生应力损失。梁体结构采用高耐久性、高体积稳定性、高强度、低水胶比、低水化热，较好工作性能的高性能混凝土，施工中需加强混凝土原材料储存与管理、配合比选定、搅拌、运输、振捣、养护施工控制。

5.2.6 预应力筋放张

梁体强度及弹性模量达到设计值后，采用千斤顶分级整体放张，先放折线筋，切割导向装置，最后放张直线筋。放张时，梁体两端千斤顶油压卸载速度应保持同步。为保证放张的顺利进行，在保证钢绞线应力不超过其抗拉强度75%的情况下进行适当超张拉，使螺旋支撑和张拉横梁之间产生微量间隙，以便旋松螺旋支撑。放张程序为：折线筋（1.0σ—1.0MPa）→试松螺栓支撑→折线筋（1.0σ＋0.5MPa）千斤顶顶松支撑螺杆→从1.0σ降到0.6σ→折线筋（0.3σ）→折线筋（0σ）→切割导向装置（先气割中部的四个、再切端部的四个）→直线筋（1.0σ—1MPa）→试松螺栓支撑→直线筋（1.0σ＋0.5MPa）千斤顶顶松支撑螺杆→直线筋从1.0σ→直线筋（0.6σ）→直线筋（0.3σ）→直线筋（0）→结束。

5.3 劳动组织

按照月产60孔32m先张箱梁制梁进度进行施工人员组织，见表5.3。

劳动力组织情况表（单位：人）   表5.3

序号	班 组	工序内容	人 数	备 注
1	钢筋班	钢筋制作、安装	178	
2	机电班	电焊、机修	15	
3	模型班	模板安装、拆除	63	
4	混凝土班	混凝土生产、灌注、养护等	98	
5	张拉班	油泵操作	2	
		加力操作	2	
		看表人员	2	
		螺旋支撑跟进	8	
		钢绞线卸车、下料、运输、穿束、编号、封堵	15	
		钢横梁、千斤顶及油路安装和拆卸	15	
6	装吊班	箱梁吊装及道路养护	26	
7	合计		424	

6. 材料与设备

本工法无需特别说明的材料。

根据先张梁施工工艺特点，配置主要制梁设备见表6。

主要设备、工装及检测器具   表6

类号	设备类别	序号	设备名称	单位	数量	备 注
1	张拉设备	1	YD600—180型液压千斤顶	台	24	
		2	超高压油站(32MPa 20L/min 80MPa 8L/min)	台	3	
		3	超高压油站(32MPa 10L/min 80MPa 4L/min)	台	3	
		4	超高压电磁阀及液压单向阀	件	2	
		5	先张梁钢横梁轮轴	套	8	
		6	先张梁保护（支撑下横梁）	套	16	
		7	先张梁保护（支撑上横梁）	套	16	

续表

类号	设备类别	序号	设 备 名 称	单位	数量	备 注
1	张拉设备	8	YDC 380 型千斤顶	台	8	
		9	CZLYB-4B/4000kN 压力传感器	只	2	
		10	AMPV-WA 显示仪表	台	2	
		11	32MPa 4L/min 油站	台	6	
		12	超高压油管、阀件及各种接头	套	1	
		13	张拉钢横梁	套	4	其中上、下横梁各 2 套
2	工艺装备	1	钢筋混凝土制梁台座	座	1	含传力主和安全挡护装置
		2	制梁模板(底、侧板、端模、内模)	套	1	
		3	梁体绑扎胎具	套	2	腹板、桥面筋各一套
		4	导向装置	套	1	每孔梁 8 个
3	检测设备仪表器具	1	静载试验台及其配套设施	套	1	最大荷载 27500kN
		2	300t 静载试验油顶	台	12	其中 2 台备用
		3	ZB10/320 张拉油泵	台	5	
		4	位移计/百分表	套	8	
		5	8000kN 传感器	套	1	校千斤顶
		6	600t 油顶校验架	套	1	
		7	300kN 传感器	套	6	
		8	红外线测温仪	台	1	钢绞线及混凝土表面温度

7. 质 量 控 制

7.1 质量标准

先张梁质量标准执行铁科技（2004）120 号《客运专线预应力混凝土预制梁暂行技术条件》；科技基（2005）101 号《客运专线高性能混凝土暂行技术条件》；铁建设（2005）160 号《客运专线铁路桥涵工程施工质量验收暂行标准》；铁建设（2005）160 号《铁路混凝土工程施工质量验收补充标准》。先张梁主要质量控制标准见表 7.1。

质量控制标准 表 7.1

类号	类别	项号	项 点	质 量 标 准	检测方式及部位
1	静载试验	1	静载试验	抗裂安全系数 $K_f \geqslant 1.20$ 静活载挠跨比 $\varphi \cdot f_{实测}/L \leqslant 1.05 \cdot f_{设计}/L$	随机抽 1 件成品梁进行静载抗裂试验，试验龄期一般终/放张拉后 30d 为宜
2	混凝土强度及弹性模量	2	梁体混凝土强度	验收强度不低于设计强度等级	抽取一批达到 28d 龄期立方体试块进行抗压强度试验并进行评定
		3	放张强度	不低于设计强度等级加 3.5MPa	抽取一组立方体试块进行抗压强度试验
		4	放张弹模	满足设计要求	抽取一组终张试件，现场试验
		5	梁体混凝土弹模	满足设计要求	抽取一组达到 28d 龄期试件进行试验
3	梁体外形尺寸	6	桥梁全长	±20mm	测量桥面和底板两侧 4 个部位的长度
		7	桥梁跨度	±20mm	测量底板两侧两端支座板螺栓中心间的距离
		8	梁上拱	±L/3000(放张 30d)	以支座中心为基准测量跨中处梁底缘的上拱值

7.2 质量保证措施

7.2.1 混凝土配合比

混凝土的配合比应根据原材料品质、混凝土设计强度等级、混凝土耐久性以及施工工艺对工作性的要求，通过计算、试配、调整等步骤选定。配制的混凝土拌合物性能应满足施工要求，配制成的混凝土应满足设计强度、耐久性等质量要求。

7.2.2　原材料检验

箱梁生产所采用的各类原材料，均具有制造厂家的质量合格证明书或经国家认可的第三方检测机构出具的质量合格检验报告单；原材料进场后必须经复验合格后方可使用。

1. 水泥、混凝土矿物活性掺合料、Ⅰ级粉煤灰、磨细矿粉、外加剂、细骨料、粗骨料、钢筋等材料应符合《客运专线预应力混凝土预制梁暂行技术条件》及国家现行标准。

2. 预应力钢绞线：预应力钢绞线为 1×7－15.2－1860 和 1×7－17.8－1860 两种，其质量应符合《预应力混凝土用钢绞线》GB/T 5224—2003 的规定。

3. 锚具：技术性能应符合《预应力筋用锚具、夹具和连接器》GB/T 14370 的规定。

7.2.3　施工过程中的质量控制

1. 预应力张拉属特种作业，施工前应对操作人员进行技术培训，做到持证上岗。同时，应编制工艺文件或施工作业指导书，进行技术交底。

2. 重复使用的工具锚，在每次使用前要认真检查，严禁将有裂纹及其他异常现象的夹片装入锚板；对千斤顶、油泵、油管及钢横梁进行认真检查，确认其处于良好工作状态。

3. 千斤顶、油泵与油管的接头必须安装牢固，人员不得踩踢高压油管，不得敲击及碰撞张拉设备，油表要妥善保护，避免受振。

4. 预应力筋整体张拉后至放张的全过程中，应设专人对张拉期间的千斤顶、油泵、支撑螺杆及横梁进行监护，不得有外力敲击张拉设备和锚具。

5. 张拉完毕后，应及时浇筑混凝土；混凝土浇筑过程中，严禁振动棒接触钢绞线和模板，尽量多采用侧振和底振，避免预应力筋因外力作用而产生应力损失。

6. 当梁体混凝土强度达到设计强度的 60% 且温差满足拆模要求时，即可进行脱模作业。由于梁体预应力尚未放张，梁体内、外模板只能松开，使模板与梁体混凝土表面分开，以利放张时不损坏梁体。脱模作业过程中，严禁使用大锤等器具敲击模型或梁体，不得碰撞钢绞线，应避免任何形式的振动对梁体产生不利的影响。

8. 安全措施

为确保箱梁在张拉过程中的安全，以防锚具及预应力筋断裂飞出伤人，在张拉台座两端钢横梁外端 4m 处分别设置两块安全防护墙。防护墙采用混凝土基础、钢框木板结构，防护墙高度 5m，木板厚度为 10cm，并在张拉台座周边设置围栏，做好安全标志，严禁闲杂人员靠近。箱梁在预应力张拉及放张过程中，梁上、梁端千斤顶后面严禁站人或通过行人，操作人员应站在千斤顶侧面进行操作。作业人员进入内箱作业时，应从端头桥面中部下到内箱，严禁翻越梁端钢绞线或正对钢绞线位置作业。

9. 环保措施

9.1　项目部成立以项目经理为第一责任人的环保机构，参加人员有副经理、总工程师、安质部长、专职环保工程师及各部门负责人，专业环保工程师负责施工现场的有关环保技术、监理方面的工作。

9.2　做好生态环境保护的宣传教育工作，提高认识，强化职工的环保意识。

9.3　严格执行有关环境保护的国家法律、法规和施工技术细则规定的强制性条款；严格执行当地政府对环境影响和水土保持方案的有关要求；认真贯彻业主制定的环境保护措施。

9.4 针对施工过程中产生的噪声，对动植物和人体损害均较大，为了保护环境，应尽量减少噪声污染，避免夜间作业。对机械设备产生的超分贝噪声利用消声设备减噪。

9.5 合理规划施工便道、施工场地，固定行车路线、便道宽度，限制施工人员的活动范围，尽量少扰动地表、少破坏地表植被。

9.6 严禁将生活污水直接排放至江河中，含油废水经隔油池处理后排放，防止油污染地表和水体。生活污水经化粪池处理后排放。

9.7 施工营地设置集中垃圾收集地，设专人管理，经无害化处理后排放，定期填埋，严禁就地焚烧。对营地生活垃圾（包括施工废弃物）集中装运至指定垃圾处理场处理。对不能处理的垃圾拉到设有处理设施的厂处理。

9.8 油和废油的管理，施工机械维修、油料存放地面应硬化，减少油品的跑、冒、滴、漏，所有油罐要有明显的标志，在不使用时要密封；严禁随意倾倒含油废水，应集中处理。

10. 效 益 分 析

与后张梁相比，先张梁节省了管道成形的抽拔橡胶棒和波纹管、管道压浆材料、张拉锚具，减少了压浆、封锚等制梁工序，节省施工环节，减少存梁台座，少占耕地。通过先张梁与后张梁的经济比选，当制梁工期为 10 个月以上时，无论月产量多少，采用先张梁施工工艺更为经济，特别是城市集中、用地困难、地价较高的地区有明显的优势。先张梁较后张梁生产周期短，当遇抢工时，其机动灵活性更为明显。先张梁结构预应力筋能有效地与梁体混凝土结合在一起，避免了预应力管道削弱结构断面及管道压浆不充分或管道积水对结构的影响，结构耐久性提高，维修养护工作量小，节约了梁体维修成本。

本工法关键技术已申请 7 项专利。其中发明 1 项：32m/900t 预应力混凝土先张箱梁静载试验方法（ZL200710049645.4）。实用新型 6 项：预应力混凝土先张箱梁预制传力柱（ZL200720080508.2）；一种箱梁预制液压内模（ZL200720080496.3）；一种先张箱梁预制张拉横梁（ZL200720081115.3）；张拉及保护支撑系统（ZL200720081350.0）；先张法预应力混凝土箱梁制梁台座装备（ZL200720081467.9）；一种 32m/900t 预应力混凝土先张箱梁静载试验台座（ZL200720082431.2）。

正在申请专利 4 项：先张梁整孔预制施工方法（200710049901.X）；一种先张法预应力箱梁的张拉及放张工艺（200710049904.3）；先张法预应力混凝土箱梁制梁台座装备（200710050510.X）；箱梁钢筋集中预扎和整体吊装施工方法（200710050890.7）

11. 应 用 实 例

11.1 2006 年，先张法箱梁预制施工技术在中铁二局合宁项目部 32m/900t 级先张法预应力混凝土箱梁预制工程中得到了成功应用。整个箱梁预制过程处于安全、稳定、快迅、优质的可控状态。先张法箱梁预制施工技术达到国际先进水平，项目部应用该项技术，预制 32m 先张箱梁 3 孔，1 孔作静载破坏，试验结果满足设计要求，另外 2 孔在合宁铁路襄滁河特大桥架设。从运营一年情况来看：先张法箱梁桥梁外型美观，结构耐久性好，桥梁刚度好，客车运行安全、舒适，货车运行平稳性好。

11.2 2007 年 8 月，中铁二局一公司山东鄄城黄河大桥采用该项技术进行了 50m 先张法 T 梁预制施工。山东鄄城黄河公路特大桥是目前在建的跨越黄河大桥，全长 4.819km。其中南段引桥 K201+615～K203+015 桥梁上部结构采用 50m 先张法折线配筋预应力钢筋混凝土 T 梁，单片 T 梁重约 172t，最大施加预应力总吨位约 1200t，为国内公路域内之最，也是国内首次采用大跨度 T 梁先张法折线配筋施工工艺。本工法在此项目的成功应用标志着铁路 32m/900t 级先张法预应力混凝土箱梁预制技术在公路桥梁中得到了运用。

大跨度钢—混凝土组合结构连续箱梁运输和架设及体系转换施工工法

GJEJGF190—2008

中铁大桥局股份有限公司　中铁六局集团有限公司

陈理平　秦顺全　朱志虎　蒋稳齐　唐红

1. 前　　言

钢—混凝土组合梁是在钢结构和混凝土结构基础上发展起来的一种新型梁结构。上海长江隧桥105m钢—混凝土组合结构连续箱梁桥是设计、施工、计算分析与试验研究等多方面的一次全新实践，是世界上最大的等高度组合箱梁，是我国最大的预制梁，梁场预制、大型浮吊整孔吊装的施工方法也是同类桥梁国内上首次应用。现将本施工工法简述如下。

2. 工 法 特 点

2.1　组合梁采用梁场预制，大型浮吊运输架设的先进施工技术。

2.2　组合箱梁最长超过100m，重量超过2300t，采用了"天一号"吊船运输、架设（图2.2-1、图2.2-2），海上长距离运输85海里，最大架设高度超过50m。

图 2.2-1　组合梁海上长距离运输　　　　　　　　　图 2.2-2　组合梁墩位处架设

2.3　组合梁架设难度大，墩顶合龙精度要求高。

2.4　简支变连续体系转换工艺复杂、技术难度大，采用了顶落梁工艺，对墩顶负弯矩区桥面板施加预压力。

3. 适 用 范 围

整孔预制、浮运吊装的大跨度钢—混凝土组合结构连续箱梁形式的桥梁，特别是采取组合梁形式的跨江跨海大桥。

4. 工艺原理

桥梁工程位于外海海洋环境或大江大河入海口的开阔水域，便于大型运输船舶的运输。根据跨海大桥工厂化、预制化、大型化、标准化的建设思想，梁场预制、整孔吊装已经成为跨海大桥的经典施工方法之一。所以，对于采取组合梁形式的大跨度跨江跨海大桥，采用整孔吊装、先简支后连续的施工方法，保证了技术经济的合理性。

5. 施工工艺流程及操作要点

5.1 施工工艺流程

组合梁在预制台座上预制完成→横移至存梁台座→横移至纵移滑道上→纵移至出海栈桥→由3000t"天一号"起重船起吊梁体→起重船退出码头，将组合梁下落并与船体临时固定→起重船自航至待架桥跨位置→抛锚定位，将组合梁提升至需要的高度，通过绞锚精确定位→将组合梁落于墩顶临时支座上，松钩→吊船退出桥位，起锚返航。

架设好的组合梁通过墩顶三向微调千斤顶调整平面及高程位置，达到规范要求后进行钢槽形梁焊接、墩顶双结合段底板0.5m厚混凝土灌注及顶板湿接缝混凝土灌注、顶落梁施工及正式支座安装，逐联形成连续结构（工艺流程图见图5.1）。

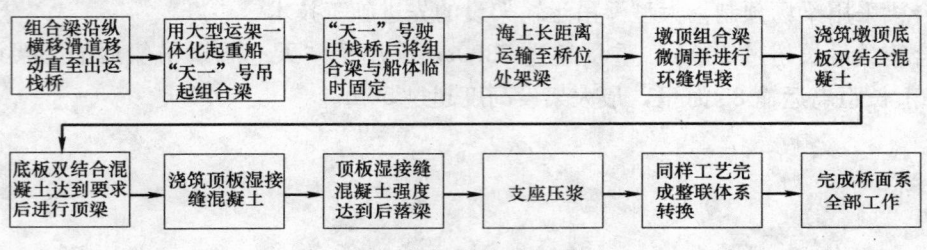

图5.1 施工工艺流程图

5.2 操作要点

5.2.1 钢槽型梁横移

钢槽型梁焊接完成后，待两台横移台车都定位准确后，同时缓慢向4台竖向千斤顶油缸内进油。在钢箱梁抬空总拼胎架顶面30mm左右时停止进油，并锁定竖向千斤顶。横移时需在横移滑道钢板上刻画标尺，以便南北两端横移台车保持相对位置，要求南北横移台车前后错开不得超过20mm。为防止千斤顶承受水平力，需将千斤顶上的顶塞导向装置与千斤顶外侧的筒体之间的缝隙塞实。

5.2.2 组合梁横移

组合梁在叠合台座上养护完成后进行横移，首先在横移滑道钢板上刻画标尺，以便南北两端横移台车保持相对位置，横移时要求南北横移台车前后错开不得超过20mm。在组合梁横移过程中，竖向千斤顶的配套油泵跟随台车移动；水平顶推千斤顶的配套油泵置于横移范围的中部，在移梁时油泵站保持不动。

5.2.3 组合梁纵移

组合梁横移到纵移滑道时，调整纵移台车位置，使其对准各自的横移滑道（偏差不得大于2mm），旋出顶紧螺杆，顶升纵移台车下的支撑装置，铺上纵移台车与横移滑道连接处的梯形搭接钢板。开动前端25t牵引卷扬机，放开后端10t回拉卷扬机，组合梁自北向南在纵移滑道上滑移（组合梁待运前状态见图5.2.3）。

5.2.4 组合梁海上长距离运输

海上工程施工条件恶劣，受天气影响大，有效作业时间短，工期紧，采用大型起重船整孔架设预制的大跨度钢—混凝土组合箱梁的方案，可以充分利用陆地良好条件快速施工，减少在水上施工的工序和作业时间，减少施工风险。

1. 吊梁扁担和吊点设置

组合梁采用大型浮吊"天一号"进行海上长距离运输架设。"天一号"起重船船体为单体箱型船。型长 88.2m，型宽 40.0m，型深 7.0m，设计吃水 3.5m，最大起重能力 3000t，能适应 8 级风及相应波浪条件下近海载梁航行。吊梁扁担设置了 8 个吊点的新颖结构，上部吊点（动滑轮组）间距为 28m，与起重架定滑轮组相对应，吊梁扁担在原主桁架两侧增设 2 组分配小扁担，支点间距 60m 为铰接结构，有效地防止了箱梁扭曲难题，组合梁吊点

图 5.2.3　组合梁横移上出海分栈桥上

间距分别为 45.9m 和 74.1m（图 5.2.4-1）。大、小扁担采用 Q345 优质结构钢，定滑轮组以下结构总重 700t。

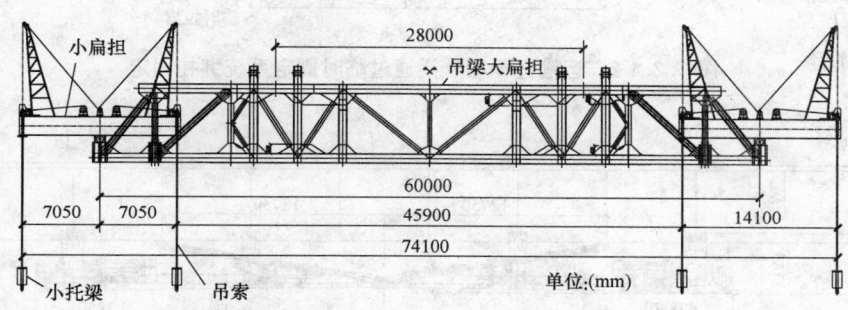

图 5.2.4-1　吊梁扁担结构示意图

2. 安全运输保障系统

组合梁预制基地在浙江沈家湾岛，箱梁架设在长江出海口崇明岛，两处单程航距为 85 海里。由于受长江口水流和外海涌浪以及风力的共同作用，长江口周围海域水流紊乱无规则，产生"横浪、横涌、横风"的极不利于"天一号"航行的三横现象。运输要通过长江入海口，在此区域内约有 26 海里的涌浪区使得"天一号"横摇摆角度较大，风险高。

组合梁运输过程中的安全定义为：船体发生横摇时组合梁与船体之间不发生相对滑移，吊梁扁担与组合梁不发生相对滑移，横摇时组合梁两端最低点不得与水面接触。为确保组合梁在运输过程中的安全，主要采取了以下措施：

1）辅助夹持装置

运输中组合梁呈半吊半支状态，起吊装置承重 2200t，支撑装置承重 800t。辅助夹持装置包括临时支撑与机械顶夹持器，共设 4 处，按竖向承载力 800t、水平夹持力 600t 设置，组合梁体与橡胶垫之间的摩擦系数按 0.4 计，则静摩擦力可达到 655t，满足抗横移要求。

2）预应力拉索保险体系

"天一号"运输过程中不可预见因素多，为防止船体摇摆超出预期值，造成灾难性后果，特设置了临时预应力保险索体系。临时拉索体系按梁体在不稳定极限状态时抗水平滑移力 600t 设计，在梁体横向中心线两侧对称设置 $2 \times (2 \times 24) = 96$ 根钢绞线。采用组焊件和钢绞线相结合的形式。

为保证"天一号"运输架设组合梁的过程中，吊梁扁担与组合梁不发生相对位移，架设斜坡梁时抵抗水平力，在组合梁两端、桥梁结构中心线两侧各 6.35m 的横向现浇缝处，挂设斜坡索（图 5.2.4-2、图 5.2.4-3）。并采用预制成型的橡胶保护套保护吊点孔周围的混凝土和吊索。

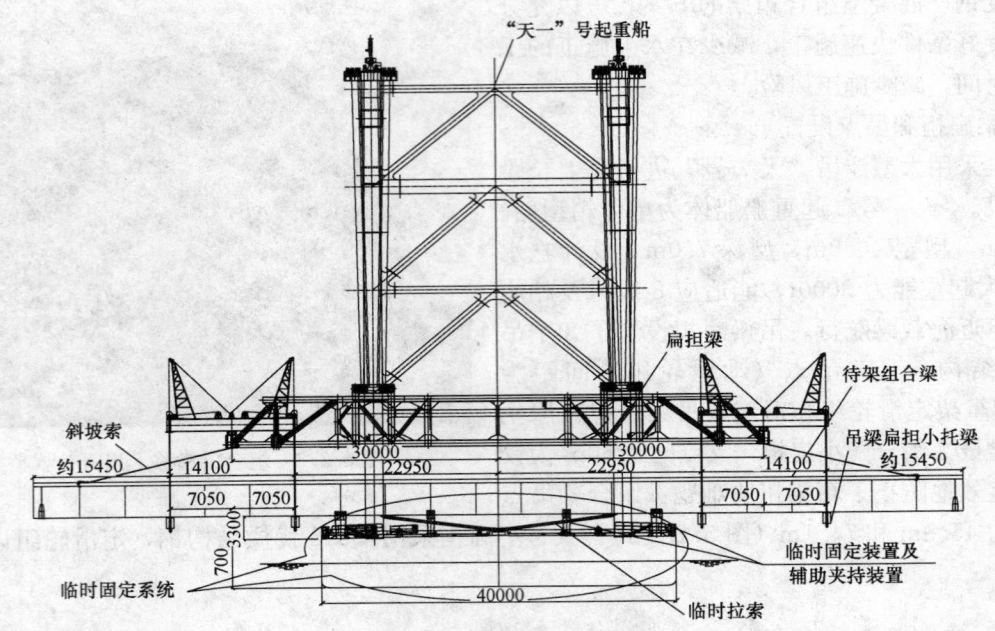

图 5.2.4-2　运输过程船、梁通过临时固定系统绑扎固定

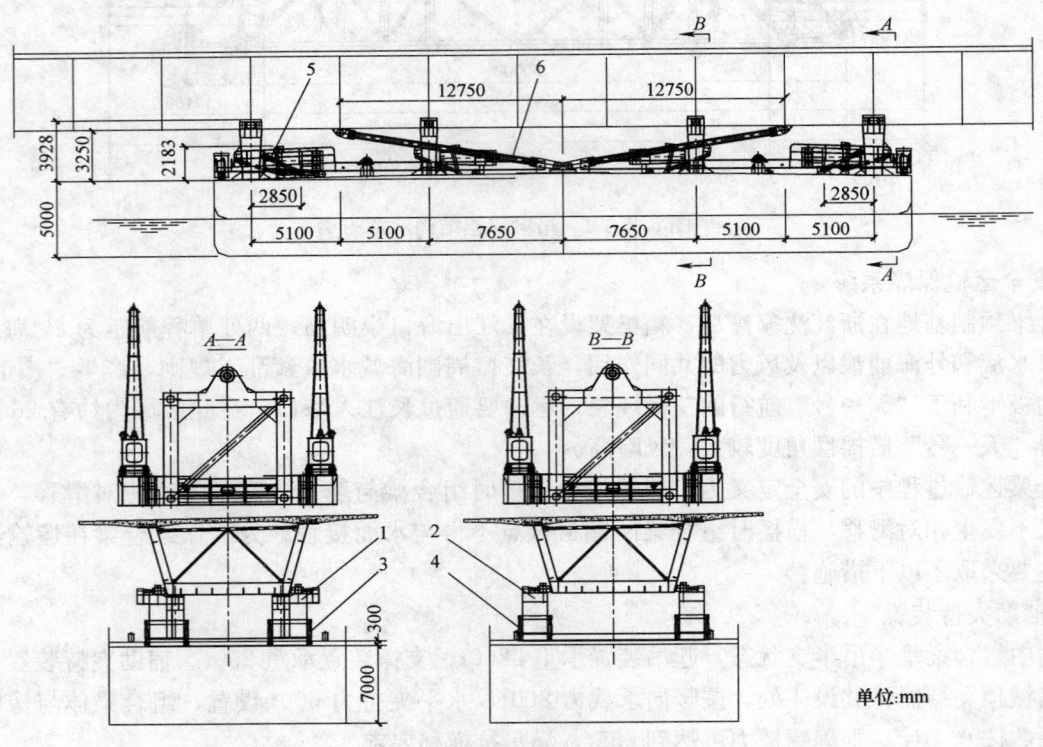

图 5.2.4-3　临时绑扎固定系统

1—夹持装置1；2—夹持装置2；3—放倒装置1；4—放倒装置2；5—撑杆；6—预应力索

5.2.5　组合梁架设

"天一号"到达桥区后，候潮到位，抛设工作锚，进入桥墩完成初步定位和精确定位，落梁于桥墩，再退出桥墩收回工作锚，完成架设。箱梁架设精度要求：为保证架设后箱梁在墩顶三向千斤顶可调范围内，实现钢槽型梁的顺利合龙，组合梁的落梁精度要求梁体支座中心线与垫石中心线偏差为：纵向≤15cm，横向≤5cm，竖向≤5cm。

1. 墩顶布置

梁体顺利对接的关键在于墩顶布置的三向可调装置，采用了支座后装方案，墩顶布置方案设计为：一端采用临时千斤顶可进行三向调整，另一端则在支承垫石上设置纵横滑移副可进行双向调整（图5.2.5-1）。临时千斤顶还用于在梁体合龙后进行顶落梁施工、配合支座安装和支承垫石预留孔压浆。滑移副在水平力作用下与梁体一起移动，采用 MGB 板作为滑移面，该材料具有良好的抗压承载力（25～30MPa）和抗剪力（730MPa），不会因阻力作用产生卷曲变形，其摩擦系数小（0.04～0.05），满足梁体纵横向调整。

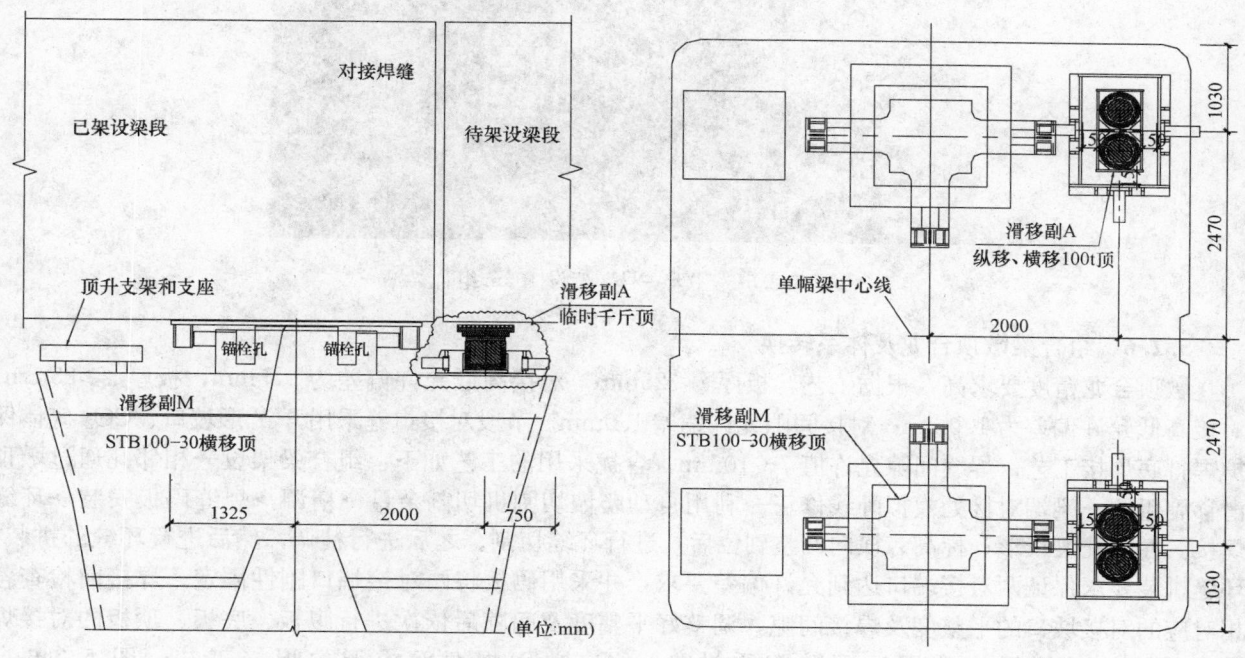

图 5.2.5-1 墩顶布置方案

2. 组合梁落梁

"天一号"抛锚定位，"天一号"航行至桥梁中线下游，距待架桥孔约50m左右时，起重船抛设临时自救锚，提升组合梁至架设需要的高度，利用抛锚船抛设工作锚定位。工作锚抛设完毕后，起重船通过绞锚定位，进行精确定位后落梁（图5.2.5-2）。退离桥墩作业时，按照与抛锚顺序相反的顺序起锚。

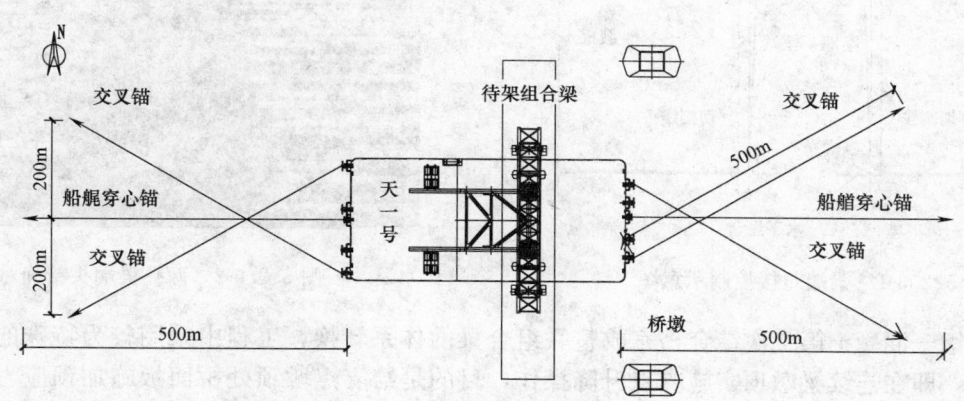

图 5.2.5-2 "天一号"起重船桥位处抛锚定位

组合梁落梁，在组合梁下落距墩顶约50cm时，须再次对船体定位，以进一步调整组合梁的平面位置，并收紧所有锚索，待梁体平稳即可落梁（图5.2.5-3）。

图 5.2.5-3 "天一号"架设 105m 组合梁

5.2.6 组合梁墩顶合龙及体系转换

墩顶合龙精度要求高，根据工艺，板厚 $t < 25mm$，对接高低允许偏差为 0.5mm；板厚 $t \geqslant 25mm$，对接高低允许偏差为 1.0mm；对接间隙允许偏差 1.0mm。节段对接焊缝采用开 Y 形坡口、CO_2 气体保护焊打底焊接工艺，焊缝间隙允许值 7～10mm。合拢采用的工艺如下：组合梁架设→相邻孔通过墩顶滑移副粗调→梁端对接处模拟画线修正→利用自动爬坡切割机切割余量→精调→焊缝码板安装→环缝焊接。在两孔梁线形、标高、横向调整到位后，进行环缝切割。之后进行精调，然后进行环缝的拼装，环缝拼装要求保证两对接端口达到允许偏差要求，并采用码板将两对接端口刚性固定。焊接前检查各相对应的对接坡口的平整度及焊接间隙，调整好平整度及间隙后依次进行腹板、底板、顶板的对接焊接。环缝的对接焊均采用反面贴陶质衬垫，CO_2 单面焊双面成形的焊接工艺（图 5.2.6-1、图 5.2.6-2）。

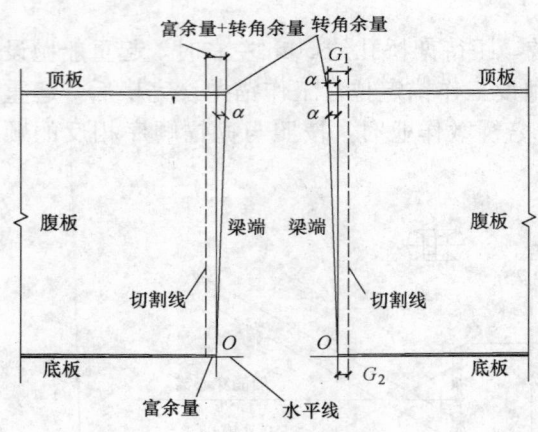

图 5.2.6-1 梁端对接控制示意图

图 5.2.6-2 两孔梁端头精确对位

为实现钢—混凝土第二次结合，完成整联组合梁的体系转换，工程中采用较为特殊的工艺：墩顶顶落梁工艺，即在连续梁墩顶实施支点升降操作，目的是给支点墩顶处桥面板施加预应力，从而改善梁体结构受力状态。体系转换工序为：4 号、5 号墩底板双结合段混凝土灌注（20m 范围内厚 0.5mC40 混凝土）→同步起顶 4 号、5 号墩组合梁，灌注顶板湿接缝混凝土（20m 范围）→落梁 4 号、5 号墩到设计标高→支座压浆→按同样工艺完成 3 号、6 号墩施工→完成 2 号、7 号墩施工→体系转换结束（图 5.2.6-3，表 5.2.6）。

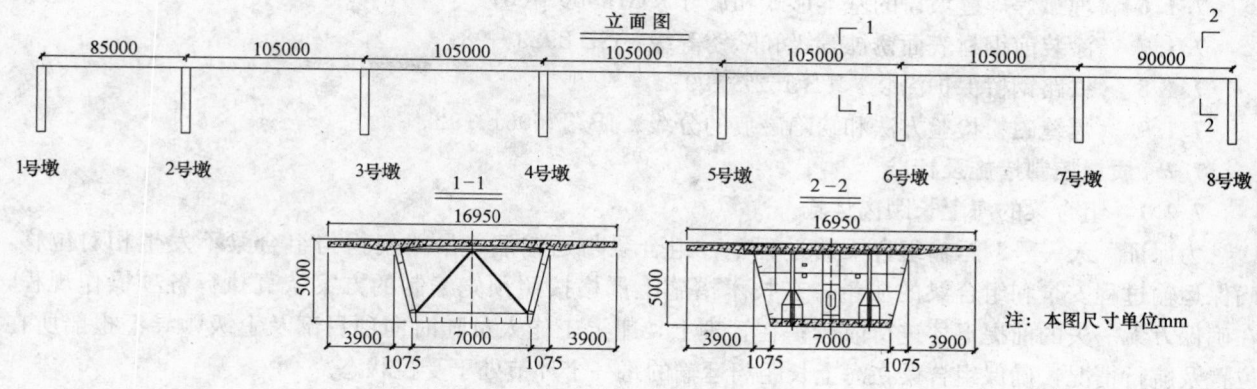

图 5.2.6-3　一联组合梁立面图

体系转换相关参数表　　　　　　　　　　　　　　　　　　　表 5.2.6

墩　位	2 号	3 号	4 号	5 号	6 号	7 号
架梁相对标高(cm)	−5	−15	−10	−10	−15	−5
顶升量(cm)	25	35	60	60	35	25
回落量(cm)	20	20	50	50	20	20
临时支座反力(t)	2390	2660	2460	2460	2660	2390
顶升力增量(t)	310	420	190	190	420	310

6. 材料与设备

主要材料和设备详见表6。

主要设备和材料投入一览表　　　　　　　　　　　　　　　　表 6

序号	设备名称	单位	数量	功　能
1	横移台车	套	7	移梁、顶梁和叠合台座
2	纵移台车	套	1	组合梁的纵移
3	滑移副	套	42	组合梁墩顶调梁和体系转换
4	1000t/800t 千斤顶	台	16/12	顶落梁、移梁、叠合台座
5	"天一号"架梁船	艘	1	组合梁的运输及架设
6	抛锚艇	艘	2	"天一号"的抛锚等
7	600t 千斤顶	个	56	体系转换
8	Q345 优质结构钢	t	700	主要用于大小扁担的预制

7. 质 量 控 制

7.1　质量控制依据的规范

7.1.1　《公路工程质量检验评定标准》（JTGF 80/1—2004）；

7.1.2　《铁路钢桥制造规范》TB 10212—98；

7.1.3　《钢熔化焊对接接头射线照相和质量分级》GB 3323—87；

7.1.4　《钢焊缝手工超声波探伤方法和探伤结果的分级》GB 11345—89；

7.1.5　《气焊、手工电弧焊及气体保护焊焊缝坡口的基本型式与尺寸》GB 985—88；

7.1.6 《埋弧焊焊缝坡口的基本形式和尺寸》GB 986—88；

7.1.7 《涂装前钢材表面锈蚀等级和除锈等级》GB 8923—98；

7.1.8 《铁路钢桥保护涂装》TB 1527—99；

7.1.9 《焊缝磁粉检验方法和缺陷磁痕的分级》JB/T 6061—92。

7.2 质量控制措施及标准

7.2.1 组合梁的海上长距离运输

为保证"天一号"运输组合梁的过程中，组合梁与运输船、吊梁扁担与组合梁不发生相对位移，确保运输过程安全和组合梁的质量，在技术措施上严格按照预先编制的方案认真执行各项操作规程，在确保万无一失的前提下才进行航行；在管理上，船上工作人员随时向项目部及上级领导汇报船所在位置及航行情况，确保组合梁在海上长距离运输的每一个环节处于受控状态。

7.2.2 顶落梁技术要求

当墩顶底板双结合段混凝土强度、弹模达到设计值的 85%；边墩支座压浆达到设计强度，将钢梁落于永久支座上后。并可开始钢梁的顶升工作。在顶梁过程中，钢梁会发生转角位移。因此，在钢梁顶升前，所有墩顶 M 滑移上方均应垫上橡胶板。同时将各墩顶 M 滑移纵横向进行临时锁定：纵向，固定墩处高低墩侧均须超垫，并保证无位移；活动墩处在低墩侧超垫。

在顶梁时每个墩顶的油顶应同步顶升，防止钢梁受扭，同一断面钢梁底板两侧高差在顶升落梁过程中必须控制在 5mm 以内，即确保钢梁不受扭，此项工作是顶落梁工序的关键所在，必须严格执行。顶落梁工序中钢梁底板两侧应安装刻度装置，派两人专门读取数据，确保同步顶落梁，同时应观测两个油泵的油压表读数，采取油压与刻度双控措施。

在顶落梁工序中千斤顶起顶以为 5cm 一级数，在一个级数内及时地进行千斤顶保险和 M 滑移副抄垫，顶落梁工序应缓慢、安全、有序地进行，相邻两个墩的顶升（落梁）量控制在一个级数内（即5cm）。当油顶活塞达到规定级数后，在 M 滑移上方堆码钢板作为倒顶支点；抄垫到位后，松顶回油，并在油顶上加高钢板继续顶升钢梁。如此循环，直至钢梁达到设计顶升高度，落梁于 M 滑移上，并将上滑移进行临时锁定。

7.2.3 组合梁的合龙

为保证架设后箱梁在墩顶三向千斤顶可调范围内，实现钢槽型梁的顺利合龙，严格控制组合梁的落梁精度，落梁后经过粗调、端头余量切割、精调，确保环缝间隙控制在 7～10mm 以内，严格控制焊缝质量，墩顶合拢处环缝无损检测均按规范的双倍要求，以确保环缝的焊接质量。

8. 安 全 措 施

8.1 "天一号"起重船航行时

严格遵守有关管理规章和航行规则。航行中需控制航速，且注意瞭望，确保航行安全。随时收取收听气象信息，在下列情况下，船长将决定抛锚以确保船舶的安全：（1）当海面风力达 6 级以上，且横风或顶风时。（2）长江口附近浪高达 2.5m 及以上时。（3）海上能见度小于 1000m 时。（4）船舶横摇角度过大，影响组合梁或扁担的稳固时。

8.2 在墩顶进行架梁和体系转换时

8.2.1 每周进行一次安全检查。各类机械设备按规定定期进行检查，并做好记录。机械设备操作人员按规定定期进行维护保养，维护、保养记录齐全。

8.2.2 对各作业队进行进场安全总交底，并有交底双方签字记录。

8.2.3 进场的安全防护用具、机械设备、施工机具等按规定由安全员、材料员、机管员等进行了验收，并设专人管理，定期进行检查、维护和保养，各类记录齐全。

8.2.4 在施工现场醒目处张挂危险作业每日告知牌。通过危险源告知牌使每个施工人员明确了每天各个岗位上存在的危险源以及相应的防范措施，保证每位员工真正做到心中有数。

9. 环 保 措 施

环境保护是新世纪重要的话题，现代社会呼吁文明施工，保护脆弱的生态环境不仅是施工企业适应现代化建设市场的客观要求，也是自身整体施工管理水平的重要体现。

9.1 认真学习环境保护法，并执行当地环保部门的有关规定，接受环保部门的监督指导，教育督促员工自觉做好环境保护工作。

9.2 保护周围的环境。对施工过程中产生的垃圾及各种废弃物及时清理，不随意丢弃，污染上部结构及周围环境。

9.3 工程竣工后，及时全面清理施工现场，并在指定地点集中进行废弃物和垃圾的处理。

10. 效 益 分 析

上海长江隧桥 B4 标 28 片 85～105m 钢—混凝土组合梁采用的整孔吊装、先简支后连续的施工方法，提前 85d 完成了架梁任务，节约成本 1200 万，体系转换墩顶顶落梁工艺给墩顶负弯矩区桥面板施加预压力，效果良好，该施工工法创造了巨大的经济效益和社会效益。

做好节能减排：（1）本工法中组合梁在梁场的纵横移为滑动移动，均采用经济实用的 MGB 板，节约了资源，提高了经济效益。（2）优化存梁台座使用功能，使组合梁在台座上可进行模拟架梁，对组合箱梁线形及端头转角进行测量，为墩顶钢梁精确合拢做好准备工作，减少墩顶合拢工作量。（3）首次设计了大型超长（85～105m）超重（2300t）组合箱梁单侧四吊点的吊装装置，采用在旧的 70m 箱梁吊梁扁担主桁架两端设置铰接吊点分配梁，并利用吊点分配梁实现对大型超长箱梁吊装，可有效缩短扁担主桁架的长度和高度，满足箱梁的架设高度，并减少制造成本，改造速度快，结构新颖，安装上吊点分配梁则满足跨径 85～105m 箱梁的吊装，拆除吊点分配梁则满足跨径 70m 以内的箱梁吊装，该项创新加快了工期，节约了成本。（4）改进传统墩顶布置，采用梁体一端纵横竖三向可调整，另一端仅纵横滑移的措施，减少投入 20 个 600t 千斤顶，减少了工作量，节约成本约 100 万元整。梁体顺利对接的关键在于墩顶布置的三向可调装置，采用了支座后装方案，墩顶布置方案设计为：一端采用临时千斤顶可进行三向调整，另一端则在支承垫石上设置纵横滑移副可进行双向调整。

11. 应 用 实 例

上海长江隧桥工程是目前世界上最大的桥隧结合工程。B4 标段位于主通航孔两侧，跨径组合均为（接 70m 梁）85m＋5×105m＋90m（接主航道桥）＝700m。采用了钢—混凝土组合结构连续箱梁的结构形式，两联双幅共 28 孔。桥面近期按双向六车道＋紧急停车带布置，远期按双向四车道＋紧急停车带＋轨道交通布置，桥宽 2m×17.15m。两幅桥间距由 5.85m 变化到 10m。本项目合同工期：2006 年 11 月～2008 年 9 月底，合同总价 4.097 亿元。中铁大桥局股份有限公司对该项目的施工即采用了整孔吊装、先简支后连续的施工方法，保证了技术经济的合理性。

MSS1600-52-58 型移动模架逐孔现浇预应力混凝土连续箱梁施工工法

GJEJGF191—2008

中铁七局集团有限公司
张文格　赵有岐　薛宁鸿　李彩莲　田志林

1. 前　　言

　　MSS（移动支撑系统，统称移动模架）移动模架逐孔现浇预应力混凝土箱梁施工技术起源于西欧，1959 年在德国的卡钦汉桥首次使用，到 20 世纪六七十年代，该项技术才分别传入日本和美国，此后，这项技术很快在全世界得到推广应用。现挪威 NRS 公司已经开发成功一次浇筑两孔 2m×50m 的移动模架。

　　我国移动模架施工技术直到 20 世纪末期才开始采用。近入 21 世纪后，随着国内铁路、公路交通基础设施建设的高速发展，大跨度整体现浇箱梁设计新形式广泛采用，大大推进了移动模架现浇箱梁施工技术在国内的应用进程。2004 年 4 月至 2004 年 11 月，在南京长江第三大桥 C 标段引桥施工过程中，由中铁七局集团有限公司研制并使用了 MSS1600-52-58 型移动模架（图 1-1、图 1-2）进行了 13 孔预应力混凝土连续箱梁的现浇施工。2006 年 9 月 28 日，由中铁工程总公司组织对《TQJ1600-52/58 型桥梁移动模架施工技术研制及施工技术》进行了评审，并获得中国铁中工程总公司 2006 年科技进步三等奖。经过对关键技术和施工工艺进行总结形成了本工法。

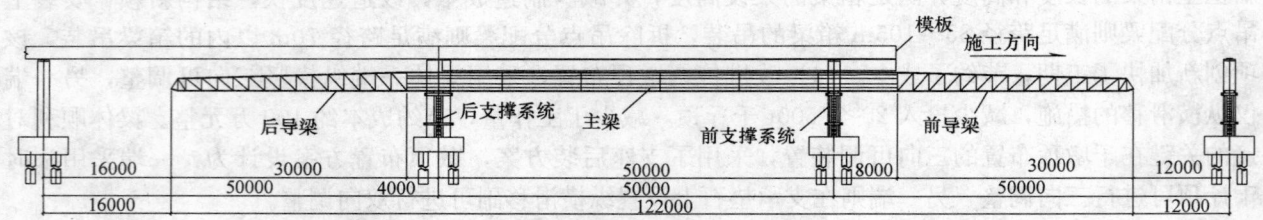

图 1-1　MSS1600-52/58 型移动模架施工纵断面总体布置图

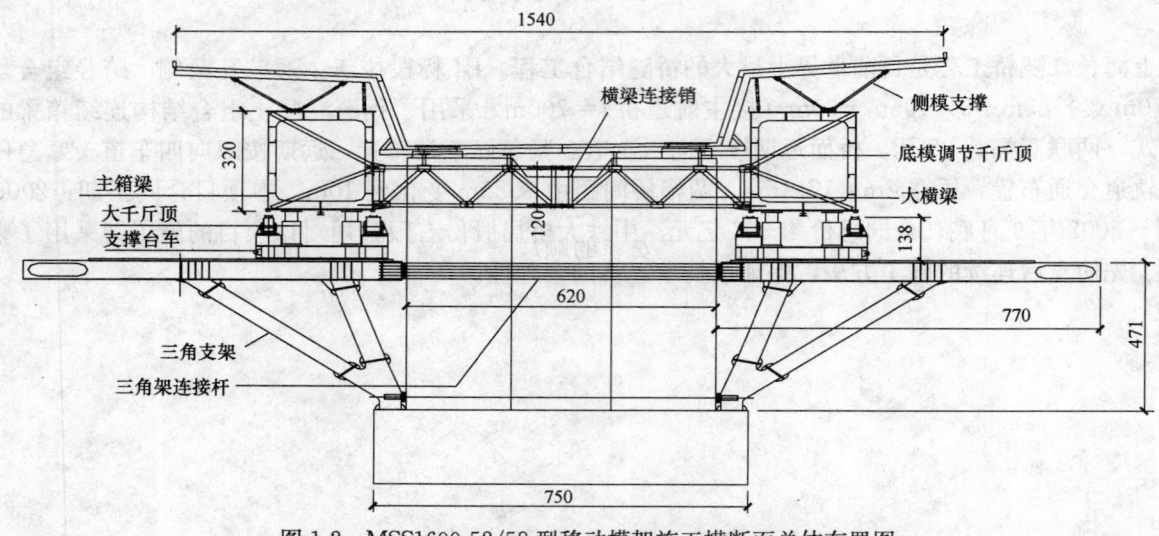

图 1-2　MSS1600-52/58 型移动模架施工横断面总体布置图

2. 工 法 特 点

2.1 移动模架现浇施工仅在一孔桥下设置移动支撑,施工临时支撑的周转材料需用量少。

2.2 经体系转换逐孔成桥,周转次数多,周转时间短,施工速度快,效率高。

2.3 不需投入龙门吊、运输车辆等大型辅助设备,降低机械使用费。

2.4 不需要做地基处理,不用逐孔堆载预压,减少辅助工序。

2.5 接缝一般设置在跨径的1/4～1/6处,即接近连续梁零弯矩点附近,施工状态与成桥状态受力模式比较接近,安全亦有保障。

2.6 对不同跨度、不同曲线半径桥梁经改装后可二次利用。

3. 适 用 范 围

3.1 适用于河流、沟谷地形、软地基条件下,高墩身、大跨度、大吨位的设计及使用支架或其他施工方法不经济的情况下建造桥梁上部结构。

3.2 适用于跨径为30～60m的预应力混凝土箱梁,首孔50～52m,最大正常跨58m,重量小于1600t工况。

3.3 适应纵坡、横坡分别为0.6‰和3‰线路,最小曲线半径$R \geqslant 3000$m。

3.4 一套模架适用桥梁长度在800～1300m的多跨桥最为经济。

4. 工 艺 原 理

应用钢结构设计原理对钢结构主梁、导梁、模板支承系统,支撑牛腿、预埋件不同工况下强度、挠度、稳定性设计计算;通过计算调整移动支撑系统挠度值,应用液压传递原理实现外模板自行安装和脱模,通过液压缸使钢结构主梁下移并向外横移带动外模脱离桥身,用液压缸顶推纵移完成跨孔作业;应用先进的光栅应变片测试技术,对关键跨径承载钢箱梁、前后三角架支撑、后吊点及前后导梁和承载钢箱梁的连接处关键部位进行必要的信息化实时监控,保证移动模架在施工过程中的安全性。

5. 施工工艺流程及操作要点

5.1 工艺流程

施工工艺流程见图5.1。

5.2 移动模架施工

5.2.1 移动模架设备进场安装

移动模架设备进场需按照支撑钢支腿安装→支撑三角架安装→移动平台及轮箱系统安装→钢箱梁拼装→横梁安装→导梁安装→模型支承系统安装的顺序进行安装,全部安装完毕后进行移动模架安装检验、整体预压调试。

5.2.2 移动模架施工

工序流程:落架→拆除横梁中间连接系→模架横移拉开→纵移跨孔→再横移合拢→安装横梁中间连接系→顶升就位。正常跨施工后吊点的处理还包含:拆除后吊点、后吊点横梁的纵向运输、后吊点顶升。

1. 落架

人员到位后检查液压系统管路及电路连接并空载试运转。落架前先将液压千斤顶强行顶起1cm左

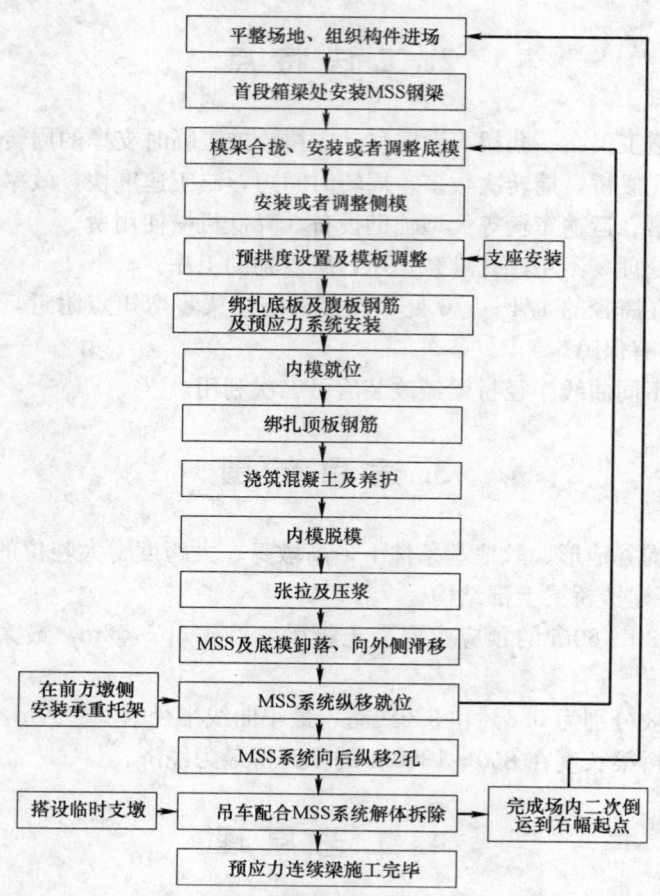

图 5.1　预应力混凝土连续箱梁移动模架施工工艺流程图

右，用工具取出首节抱箍 2cm 调整垫，解开前支点前置及后置纵移轨道支座的销轴，使其与纵移轨道有相对活动间隙；落架采用左右对称分 2cm 梯度依次下落，纵向先落高坡前支点，后落低坡后支点，交错进行。落架过程中，竖向液压千斤顶操作人员不间断仔细测量活塞伸长量，同时液压泵站操作人员观察油表读数，反馈现场技术人员进行测算、校核相关数据。落架快接近托辊轮上时，观察横向相对位置，察看走道方钢是否同轮缘有出槽、相抵现象，及时采取调整措施。钢箱梁走道方钢落到托辊轮上后，竖向千斤顶回油，使活塞完全回收，拆除千斤顶上盖板，穿好拉杆，将竖向顶吊起。

落架过程中每次下落利用抱箍作为预备保险装置，防止油顶自卸导致不可预知的后果。

2. 模架横移拉开

拆除横梁上弦法兰螺栓、下弦连接精轧螺纹钢，使横梁分开。拆除横梁中间连接系之前锁定前支点前置纵移顶销轴，将模架在支撑移动平台上锁定。

横移前接好相关油路、电路，检查是否连接正确，确认无误后空载调试横移顶，在一切正常的情况下开始横移。横移过程中统一指挥，按照每 10cm 不间断报告横移距离，并且及时报告油表读数。横移行程将结束时仔细观察半横梁与墩身的相对距离，左侧横梁法兰其凸榫及右侧横梁法兰板距离墩身保持至少 5cm，防止将墩身擦伤。

3. 模架纵移跨孔

模架纵移过孔是移动模架施工的关键环节，纵移前接好相关的液压管路并检查，空载调试；检查支撑三角架连接是否有松动，调整后置纵移顶就位，穿入后置纵移轨道支座上口 2 个连接销，将整个模架系统锁定；拆除前置纵移轨道支座上口连接销，前置纵移顶调整就位，穿入上口连接销，拆除后置纵移千斤顶上口连接销；顶推前置纵移千斤顶，完成一个行程的顶推。每次油顶顶推行程 1m 左右，左右侧统一指挥保持同步，最大错位偏差不超过 1m，操作过程中适时量测校核。每个冲程开始后操作手报告油压稳定状态最大油表读数。重复以上工作循环数次，完成纵移过孔。

4. 模架横移合拢

安装横梁中间连接系之前锁定前支点前置纵移顶销轴，将模架在支撑系统移动平台上锁定。仔细对照左右幅横梁凸榫及法兰预留孔的相对位置，必要时纵移稍微调整对中，再横移对中穿入，安装横梁上弦中间法兰螺栓及下弦连接精轧螺纹钢，连接系安装完毕后，统一对安装的螺栓、锚固螺母进行检查。

5. 顶升就位

技术人员对模架平面位置及标高进行测量，保证模架平面位置准确就位。平面误差控制在 5mm 以内，若有超限需要调整，调整后进行验收，验收合格进行顶升作业。顶升前首先拆卸竖向顶连接丝杆，加填液压千斤顶顶部盖板，准备钢抱箍，接好各种管路及电路，并经空载试验。顶升模架过程采用对称同步均衡的原则，顶升高度每 2cm 作为一个循环，每次顶升后抽换出调整加垫上升抱箍；顶升到标高后复测满足要求，加填钢抱箍，由钢抱箍组合引起的标高误差要严格控制在 5mm 以内。

6. 检查

顶升完毕后，检查前后支点各油顶连接销、油缸钢抱箍安设、后吊点精轧螺纹钢锚固及锚固长度等。

7. 模板安装及调整

外模由大块整体钢模组合而成，按顺序排列，与模板背后槽钢加劲之间焊接连接筋连成整体；内模为组合钢模板，按照散拼散拆方式安设，倒角处特制异形钢模，钢管支撑系统支撑。模板标高可通过模架竖向撑杆调整，模板横桥向位置可通过模架斜撑杆调整；模板纵向位置可单独移动模板调整，也可采用辅助工具（如捯链滑车、牵引器或千斤顶）调整。

5.2.3 移动模架施工现浇箱梁线形控制

实际控制标高（设计标高位置处）由 $f_c = f_0 + f_1 + f_2 - f_3 - f_4 + f_5$ 公式计算：

其中：

f_0：线路设计标高；

f_1：混凝土浇筑后，主钢箱梁的弹性变形；

f_2：移动模架支撑系统的弹性与非弹性压缩变形；

f_3：预应力张拉对混凝土箱梁线形的影响；

f_4：现浇箱梁张拉压浆完毕后的箱梁的预拱度；

f_5：正常跨施工时悬臂端后吊点下挠度。

5.2.4 钢筋施工

选用检验合格钢材依照设计图纸进行下料和弯曲。钢筋焊接在钢筋加工场进行；绑扎接头搭接长度 35d，错开距离为 1m；大于 25mm 直径的钢筋接头采用挤压连接器连接。为加快钢筋安装速度，梁内部分钢筋可预先在工地制成平面、立体骨架，吊装入模。

5.2.5 预应力施工

连续预应力箱梁采用纵、横双向预应力体系。梁体除布置纵向预应力外，在桥面板内设有横向预应力钢束。所有预应力管道均采用 PT-PLUS 塑料波纹管。

箱梁腹板、顶板钢束张拉原则为先纵向后横向，纵向束张拉顺序为：腹板→顶板→底板。腹板束张拉应从高处向低处逐束对称张拉；顶板、底板张拉应从中心线对称向两侧逐束张拉。钢绞线张拉用千斤顶、油泵的型号见表 6。

混凝土达到设计强度后纵向预应力束实施张拉，张拉程序为 $0 \rightarrow$ 初应力 $\rightarrow 1.03\sigma_{con}$（持荷 2min 锚固），张拉实际控制力较设计锚下控制应力增加的 3% 是基于锚圈口磨阻损失的补偿。横向预应力实施在模架纵移后进行，张拉程序为：$0 \rightarrow$ 初应力 $\rightarrow \sigma_{con}$（持荷 5min 锚固）。

5.2.6 真空辅助吸浆施工

水泥浆抗压强度不小于图纸要求强度等级，水灰比 0.3～0.4，泌水率不超过 4%；拌合后 3h 泌水率在 2% 以内，四次连续测试的结果平均值须小于 1%，初凝时间 3～4h，水泥浆稠度 15～45s。真空辅助吸浆施工，选用 HB6-3 型吸浆泵配以 UJW3 灰浆拌合机进行。吸浆时两端必须密封，抽真空时真空度（负压）控制在 -0.06～-0.1MPa 之间，28d 水泥浆的抗压强度必须大于 50MPa。

5.3 移动模架施工安全监控

施工过程中为了保证移动模架的使用安全，应对承载钢箱梁、前后三角架支撑、后吊点及前后导梁和承载钢箱梁的连接处，在仿真计算的基础上采用光纤光栅传感器进行应力状态的实时监控。对结构应力拟订四级控制指标，控制指标与相应措施见表 5.3。

移动模架四级控制指标 表 5.3

控制等级	一	二	三	四
评判标准	$\sigma \leqslant [\sigma]$	$[\sigma] \leqslant \sigma \leqslant \sigma_s$	$\sigma_s \leqslant \sigma \leqslant \sigma_b$	$\sigma \geqslant \sigma_b$
控制措施	安全，正常施工	基本安全，人工巡查	不安全，采取控制措施继续施工	停止施工

注：表中 $[\sigma]$ 是材料的设计强度；σ_s 是材料的屈服强度；σ_b 是材料的极限强度。

5.3.1 监测系统设计

监控方案的设计充分考虑桥梁跨度、移动模架支撑方式及模架滑移过程等因素，确定监测项目并进行测点布置；对重点监测孔确定施工时机进行实时测点的监控。

5.3.2 重点监测孔、测点的选择

通过计算比较逐项分析移动模架不同工况下受力状态，确定最大跨度 58m 跨首次浇筑作为监测对象，共布设 15 个测点，分别是：

1. 承载钢箱梁

主要监测项目为跨中处的箱梁底板应力状态监测，前支撑处加劲肋局部应力监测。故在跨中箱梁底内侧布设一测点，在前支撑加劲肋处布置两测点。

2. 三角支架

主要监测项目为连接座拐角处局部应力状态监测，三角架新加竖撑和加长部分局部应力状态监测。因此在连接座拐角处及加长部分设置两测点。

3. 后吊点

吊点拉杆应力状态监测为监测的重点部位。

5.3.3 数据实时采集

预应力混凝土箱梁混凝土浇筑过程及浇筑完成未凝结前，为移动模架荷载最不利工况，因此应对混凝土浇筑全过程进行程监控。数据采集的频率由混凝土的浇筑速度决定，即加载速度决定。在浇筑作业的前半段每隔半小时进行一次数据采集，在浇筑作业的后半段每隔 15min 进行一次数据采集。及时根据应力状态的变化，采取适当的措施，对不利的应力状态进行调整，以保证施工的安全性。

6. 材料与设备

主要机械设备见表 6。

主要机械设备 表 6

序号	工作项目	名称	型号	单位	数量	备注
1	现浇梁施工	移动模架	MSS1600-52/58	台	1	
2	钢筋工程	钢筋调直机		台	2	
		钢筋弯曲机		台	3	
		钢筋切断机		台	3	
		钢筋对焊机		台	2	
		电焊机		台	5	

续表

序号	工作项目	名称	型号	单位	数量	备注
3	预应力施工	千斤顶	YCW400B	台	2	
		千斤顶	YCW300A	台	2	
		千斤顶	YDC240Q	台	2	
4	压浆施工	吸浆泵	HB6-3型	台	1	
		灰浆拌合机	UJW3	台	1	
5	辅助施工	履带吊	50t	台	1	
		汽车吊	25t	台	1	
		运输车	10t	辆	1	

7. 质 量 控 制

7.1 严格执行《公路桥涵施工技术规范》及业主合同条款中提出的质量标准，确保施工各项指标处于验标范围之内。制定创优规划，争创省部级优质工程。

7.2 支承三角架安装时，需尽量保持水平，同一三角架横梁两端高低差不得大于10mm，一般应保持三角架横梁外侧高于内侧。为避免模架横移时三角架变形过大，水平拉杆应施加一定的预应力。

7.3 模架安装时，顶面横坡主要是通过横梁上竖向千斤顶来调整，因此三角架必须严格按图纸给定的位置进行安装，以免造成千斤顶行程不够。

7.4 模架安装就位时，先横移合拢，再起顶调整标高。起顶过程中如模架平面位置发生变化，应通过纵、横移千斤顶重新调整。

7.5 移动模架横向移位和纵向过孔应尽可能在短时间内完成，作业过程中，必须注意观察三角架的变形情况，发现问题，及时处理。

7.6 为避免混凝土梁现浇过程中挠度过大出现新旧混凝土面错台现象，除了增设后吊挂系统并施加一定的预应力外，还要将模板与原混凝土面固定。避免吊杆受力过大，浇筑混凝土过程中要注意保持后支点竖向支承反力不得小于设计给定的反力。

7.7 顶板混凝土施工时，要预埋桥面现浇层部分钢筋及必要的预埋件。

7.8 全过程监测移动模架受力时的挠度变化情况，以便更好地设置上拱度，控制箱梁的变形。

7.9 为处理好移动模架施工梁体混凝土的外观质量较差的通病，可采用粘贴环氧树脂电工板的工艺，保证混凝土的外观质量，达到内实外美效果。

8. 安 全 措 施

8.1 编制《MSS1600-52/58型移动模架安全操作技术规程》，组织施工人员学习，对液压系统、监测操作人员进行专业培训，持证上岗，做到移动模架操作安全、有序、严谨、有效。

8.2 支撑千斤顶工作时，必须上好保险箍。

8.3 移动模架纵移时，保证对称和同步，相差不得超过油缸的一个行程。

8.4 严密注意天气状况，风力大于6级及其以上时不进行过孔作业。

8.5 保护好精轧螺纹钢、电气线路、液压管路、防止施工误伤。

8.6 MSS系统纵向顶推时，一台千斤顶作为顶推千斤顶，另一台作为顶推换位时的保险千斤顶，必须加保护险撑杆，以防止MSS系统溜坡。

8.7 对预应力混凝土箱梁混凝土浇筑过程中实时监控。对承载钢箱梁、三角支架、后吊点等关键部位进行监测，根据施工阶段的不同即时采集数据，对不利的应力状态进行调整，采取适当的措施，以保证施工的安全性。

8.8 制定移动模架防大风应急预案，做到有备无患。

9. 环 保 措 施

9.1 认真贯彻执行《环境管理体系规范及使用指南》GB/T 24001—2000；

9.2 成立环境保护与节能领导小组，配备一定量的环保设施和技术人员，认真学习环保与节能知识，共同搞好环保与节能工作。

9.3 采取各种有效措施，对容易引起环境污染和浪费资源、能源的各种渠道严格控制。

9.3.1 施工废水、生活污水按有关要求进行处理，不得直接排入农田、河流和渠道。

9.3.2 对施工现场进行洒水湿润，减少扬尘。

9.3.3 对施工用水、电、油等建立健全节约使用规章制度和奖罚措施。

9.3.4 施工的机器噪声夜间控制在 45dB；白天控制在 55dB。

9.4 继承和发扬优良传统，开展多种便民、爱民和倡导环保与节能活动，搞好与驻地政府、群众之间的关系并充分发挥各种资源、能源的潜能。

10. 效 益 分 析

MSS1600-52/58 型移动模架逐孔原位现浇大跨度预应力混凝土连续箱梁，不需要租用大型预制场地和存梁场，不需要大型运梁和吊梁设备，省去了相应工序，避免支架法原位现浇梁的地基处理，支架拼装，模板拆装等复杂的工作，减少了设备投入，减轻了工作强度，提高了工作效率。但是由于移动模架设备本身比较昂贵，一次性投入大。以南京三桥南引桥为例作技术经济比较分析如表10。

技术经济比较一览表　　　　　　　　　　　　　　　　　　表 10

比较项目	满堂支架	钢管桩支架	MSS 移动模架
总数量	2×50+8	2×50+8	62(1 套)
钢材总数量	1788t	1984t	708t
地基处理	200 万	0	0
每孔工日数	2000 工日	2000 工日	810 工日
预压	15 万	可以不	不需逐孔预压
合计总投入	1370 万	1230 万	700 多万
回收率	80%	85%	100%
每跨需时	15d	15d	9d
是否受地质影响	严重受影响	受影响	不受影响

11. 应 用 实 例

11.1 南京长江第三大桥 C 标段引桥工程由中铁七局三公司中标承建，全长 678m，共分两联，第一联 3×50+58+52+50m，第二联：5×52+58+50m。上部结构主梁设计为双向预应力单箱单室截面现浇连续箱梁，纵坡为 2.9%，箱梁顶面设 2% 的横坡。箱顶宽 15.4m，底宽 6.2m，梁高 2.8m，底板厚度为 0.25～0.7m。其中左幅 13 孔 26 片预应力混凝土箱梁全部采用中铁七局集团有限公司自行研制的 MSS1600-52/58 型移动模架施工，首跨施工最大现浇段长度 52m，最大跨度 58m，最大荷载 1600t，施工周期达到每孔平均 14d，最快 9d。自 2004 年 4 月 11 日开始首跨施工至 11 月 15 日完工（包括预压和拆除）。

11.2 郑州黄河公铁两用桥为京广铁路客运专线及河南省规划的中原黄河公路大桥跨越黄河的共

用桥梁，为双线客运专线、六车道高速公路，设计使用年限为 100 年。它的公路时速设计为每小时 100km，铁路设计时速为每小时 350km，是我国最高速度的公铁两用桥，是世界上公铁合建段最长的公铁两用桥。桥位距下游京珠高速公路黄河大桥约 6km，公路线路全长 22.881km，铁路桥全长 14.88km。公铁合建段长 9.177km，公铁合建段采用公路、铁路上下层布置方式，铁路设计为无砟轨道客运专线，铁路上部结构设计为 40m 双线预应力混凝土简支箱梁，公路上部结构设计为 40.6m 预制小箱梁。

公铁合建段引桥 QL-1 标 S027～S062 号墩，分建段铁路引桥 QL-2 标 S062～S147 号墩，全长 4411.484m，由中铁七局集团承建。S027～S074 号墩铁路上部结构为 40.6m 简支箱梁，共计 47 孔，采用移动模架法施工。工程自 2007 年 7 月 20 日正式开工建设，现浇箱梁自 2008 年 7 月开始正常施工，采用钢筋笼整体吊装移动模架法施工，每月完成箱梁数量 2～3 片，最快达到每 8d 完成一片箱梁的记录，截至 2009 年 4 月 12 日已经完成 18 孔箱梁施工，施工进展顺利。

既有框架桥顶板顶升加高净空施工工法
GJEJGF192—2008

中铁六局集团有限公司

刘振华　张洪　王青俭　陈勇　刘杰

1. 前　言

随着城市规划和道路路网的建设,许多下穿既有结构物的框架桥已不能满足使用净空的要求。传统的设计和施工方案是拆除后重建,需要耗费大量资金和资源,拆除的建筑垃圾不仅严重污染环境,也造成资源的巨大浪费。中铁六局集团在邯郸钢铁集团新厂区和老厂区铁路联通工程中,运用绳锯切割框架桥墙体,顶镐顶升顶板,加筋并灌注混凝土等一套方法,在不中断桥内交通的情况下,成功为一座既有 4.5m+12.5m+4.5m 三孔框架桥加高净空 1.45m,并在此基础上总结出了既有框架桥顶板顶升加高净空施工工法。该项技术获得了 2008 年度河北省 QC 成果优秀奖,国家知识产权局已受理该项技术的发明专利申请。

2. 工 法 特 点

2.1 技术先进。运用小型机具、简单工序,完成对既有框架桥净空加高的改造,实现对既有框架桥的重新利用。

2.2 施工简便。施工过程全部采用小型机具,操作简单;所需机具、人力投入少,工序简单,劳动强度低。

2.3 作业安全。采用顶镐对桥体顶板在原位进行顶升,并在两侧边墙安装垂直顶升控制滑道,不需使用大型吊装设备,施工过程安全可控。

2.4 施工经济。施工中不拆除既有框架桥,顶升抬高顶板以后,只需补充部分墙身钢筋混凝土,进度快,工期短,投资少。

2.5 对环境干扰小。施工所需场地小,不需封闭交通,不影响正常的生产生活秩序;建筑垃圾很少,对环境污染小。

3. 适 用 范 围

3.1 适用于框架桥加高净空改造工程。

3.2 适用于对倾斜框构物进行纠偏。

3.3 不适用于框架桥上构筑物不能加固保护或空间不够的情况。

4. 工 艺 原 理

框架桥顶板顶升加高净空施工,就是先用钢绳锯在既有框架桥墙身锯出顶镐窝和水平缝,并用钢板支垫水平缝,在顶镐窝安装顶镐。然后,开动高压油泵,使顶镐产生顶力,把框架桥顶板向上顶升。每顶升 10cm,在支点处用钢筋混凝土垫块和钢板支垫牢固。待顶升一个顶程后,回油落镐将桥体放平支稳,在镐窝安放钢筋混凝土垫块,重新安放顶镐。如此循环进行,直到顶板顶升就位为止。

5. 施工工艺流程及操作要点

5.1 工艺流程见图5.1

5.2 操作要点

5.2.1 框架桥墙身顶镐窝布置及水平线标示

1. 根据桥面荷载、桥面板自重及顶镐性能计算顶镐数量，在标示处割出上下对称的一定数量顶镐窝槽，窝槽上下面一定要平整，采用砂浆抹出水平面，顶镐窝槽要均匀、对称分布于侧墙上。

2. 根据桥体设计图和墙身受力情况计算出桥体墙身不同高度受力大小，在墙身受力薄弱处弹出水平线，做好标示。

5.2.2 铁板和顶镐安装

在标示处用钢绳锯割开水平断缝，切割缝宽度为8mm，先从两中墙一端开始，从墙边开始每2m加设一个钢板支垫，支垫钢板垫实，小窄缝用薄钢板大锤备紧备实；支垫若在窝槽处可移开一定尺寸；两中墙水平缝切割和钢板支垫牢固后，再按同样顺序切割两边墙水平缝并用钢板支垫牢固。

5.2.3 安装垂直顶升控制滑道

为了控制桥体水平移动，在每道边墙外侧设三道垂直顶升控制滑道，采用高400mm槽钢，贴置于侧边墙外侧面，穿 ϕ32 螺栓固定于墙体切割处下方，保证桥体墙身上下垂直，控制位移。

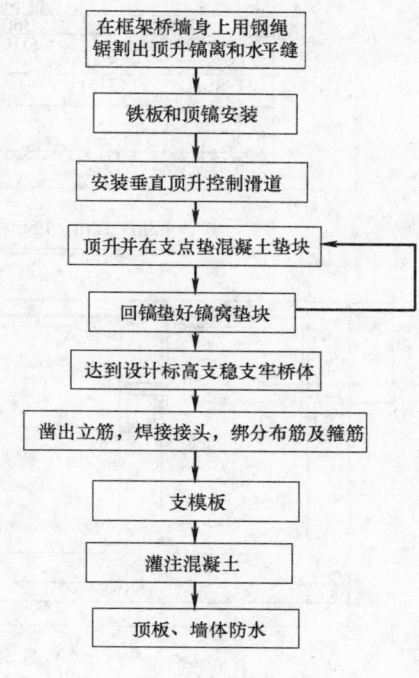

图5.1 工艺流程

5.2.4 顶升并在支点垫混凝土垫块

1. 将顶镐安装于上窝槽内，安装好后，对顶升设备进行运转调试，正常之后进行顶力试压，压力从0MPa开始，每升压2MPa停止2min，无异常再升压至4MPa→6MPa→8MPa→……到19.28MPa，桥体处于顶升能动状态，无异常正式顶升。

2. 压力到18MPa→19.28MPa时开始正式顶升，顶升2cm停止一次，检查各顶镐无异常，顶升标高基本水平误差在2mm以内时继续顶升；依据均匀、对称的原则在桥体侧墙切割处确定20个支点，每顶升10cm在支点处用钢筋混凝土垫块和钢板支垫牢固。

5.2.5 回镐垫好镐窝垫块

一次顶升升程为40～45cm，顶升到位回油落镐将顶镐抬高，在下窝槽放钢筋混凝土垫块，以待下次开顶。如此循环进行，直到顶板顶升就位为止。顶升时采取慢速送压顶升，控制油压标准为0MPa→5MPa→10MPa→15MPa→19MPa，中间各停止2min，无异常时再进行下一次加压（图5.2.5）。

5.2.6 达到设计标高支稳支牢桥体

一个顶程完成后，继续第二个、第三个顶程，直至顶升到设计标高，顶板顶升到设计标高后，在每道墙的支点处增设支墩支稳桥体。

5.2.7 凿出立筋，焊接接头，绑分布筋及箍筋

桥体顶升完成以后，立即凿出墙身主筋，上下长度为各1m，进行钢筋焊接，固定住桥体。按设计规范和施工规范焊接墙身主筋，绑扎分布筋和箍筋。

5.2.8 支模板及灌注混凝土

钢筋焊接完毕后，支立墙身模板，安装平板振捣器，灌注混凝土并进行振捣密实，喷水养护7～

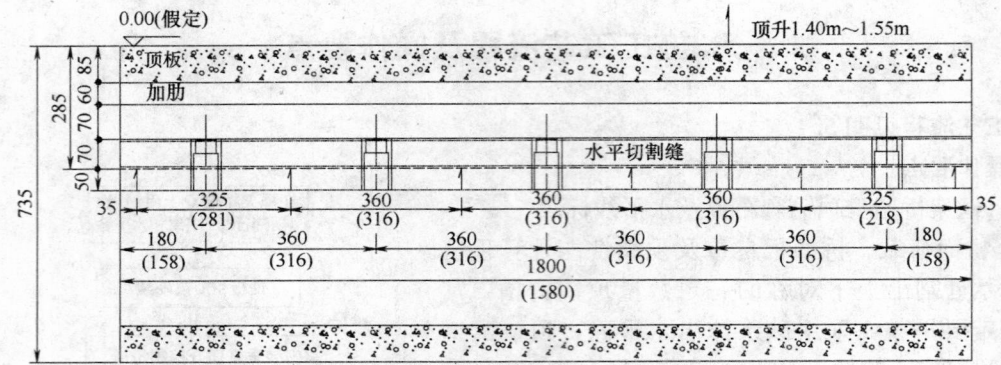

4.5m－12m－4.5m框构桥顶板顶升纵断面图（中墙）

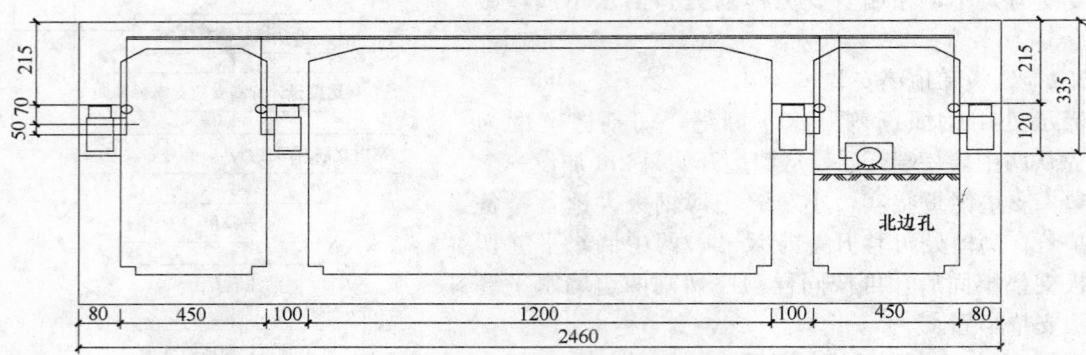

图5.2.5　顶升系统立面布设图

10d拆除模板。

5.2.9　顶板、墙体防水

顶升和灌注混凝土完成以后，清理桥顶板，做桥顶防水和接缝防水，铺钢丝网灌注豆石混凝土，振实压光，铺膨润土防水毯，抹水泥浆面层。

6. 材料与设备

6.1　施工主要材料、机具设备（表6.1）

材料、机具设备　　　　　　　　　　　表6.1

序号	名称	规格型号	性能	能耗	单位	数量	用途	备注
1	混凝土切割机具				台	2	切割混凝土墙身	
2	混凝土钻孔机				台	4	混凝土墙身钻孔	
3	电焊机	BX3-400		22kVA	台	6	钢筋焊接安装	
4	特制钢筋混凝土垫板				块	2200	支垫桥体墙身	
5	200t顶镐		200t		台	18	顶桥	备用2台
6	高压泵及高压管路				套	1		
7	套丝机				台	1		
8	氧气切割机				台	2		
9	平板振捣器				台	5	混凝土振捣	
10	各种钢板				块	300		
11	纳米级膨润土防水毯				m²	2050		

6.2 劳动力组织（表6.2）

劳动组织

表6.2

序号	工种	人数	职　责
1	现场负责人	1	全面负责现场施工
2	技术负责人	1	制定方案、技术指导
3	安全质量工程师	1	执行安全、质量措施,检查整改
4	技术测量人员	1	施工技术交底、测量试验、监控量测
5	机电工	1	小型机具维修、保养、供电
6	电焊工	3	结构件和钢筋焊接
7	钢筋工	5	钢筋制作、安装
8	模板工	4	模板制作、安装、加固、拆卸
9	顶镐司机	1	顶镐操作、安拆
10	架子工	4	支架搭设、加固、拆除
11	混凝土工	4	混凝土浇筑、养护、凿毛
	合计	26	

7. 质 量 控 制

7.1 桥体顶升、钢筋焊接、混凝土浇筑严格按《铁路桥涵工程施工质量验收标准》TB 10415—2003进行操作，确保各部位质量。

7.2 顶升时，在桥体侧墙设专人观测标高、侧移变化数据，若数据异常及时停止顶升，并进行调整。每次顶升水平误差正负1～2mm，桥体垂直误差≤2mm。顶升时正式支墩随着顶升标高及时支垫，在顶升时桥体和支墩空隙不大于200mm。

7.3 为控制桥体水平移动，在每道边墙外侧设三道垂直顶升控制滑道，保证桥体墙身上下垂直，偏移误差≤10mm，高程误差控制在 2～5mm。顶升时采取稳压慢速送压顶升，顶升速率为 $\Delta h = 15.72$mm/min，对顶升标高误差及时进行水平调正，确保顶升施工安全平稳。

7.4 顶升到设计标高后，立即对支墩和墙身立筋进行焊接，并将支墩支稳支牢，使桥体上下连结为一体。

8. 安 全 措 施

8.1 框架桥顶板顶升施工，严格执行国家有关安全生产的劳动保护法规，建立安全生产责任制，加强规范化管理，进行安全交底，安全教育和安全宣传，严格执行安全技术方案。

8.2 设备安装调试由专业人员指挥安装，顶镐安放垂直并支稳支牢。每次顶升前，对高压系统、顶镐、动力装置等进行检查，合格后才许正式顶升。

8.3 对高压设备设置防护装置，加强施工机具设备管理和施工用电管理，各种电器设备及照明由电工统一安装并经常检修，按防火要求配备消防器材。

8.4 顶升时，要求监护人员认真监护，出现压力过大，应立即停止顶升作业，查明原因处理后才许顶升。

9. 环 保 措 施

9.1 施工垃圾及时清运，适量洒水，减少扬尘。

9.2 机械废油回收利用，妥善处理。

9.3 施工采用节能型工艺和设备，对水、电、煤、油等资源进行能耗指标管理，施工过程中避免将施工产生的污水排入河里。

9.4 合理安排施工作业时间，避免噪声扰民。

10. 效 益 分 析

10.1 不中断桥内交通，保证了邯郸钢铁集团正常的生产秩序和市民的生活秩序。

10.2 不拆除既有框架桥，顶升抬高以后重新使用框架桥，与拆旧桥后建新桥相比，省去了拆除和重做 C40 钢筋混凝土 1500m³，节约资金约 200 万元。

10.3 工程实施时，没有拆除噪音和环境污染，施工时文明程度很高。原施工工期 210d，实际工期 124d，工期缩短近一半。

10.4 工法实施时受到了业主、设计单位、监理单位和当地有关部门的高度评价，地方报社记者进行了现场采访并进行了报道，该工法适用性广泛，社会效益显著。

11. 应 用 实 例

邯郸钢铁集团新厂区和老厂区铁路联通工程中有一座既有 4.5m＋12.5m＋4.5m 三孔框架桥，桥上为渚河北支排洪沟及小西环公路，桥下为连接邯钢集团新厂和老厂的唯一交通通道，桥宽 24.6m，桥长 51.8m（由 18m＋18m＋15.8m 三节组成），桥下快车道欲铺设铁路联络线，洞内高度不能满足铁路限界的要求需加高 1.45m，中铁六局集团首次采用框架桥顶板顶升加高净空施工工法对该桥进行改造施工。2007 年 11 月 20 日至 30 日完成了桥体墙身切割，2007 年 12 月 1 日至 15 日完成桥体顶升抬高，从设备安装到顶升完成仅用了 15d，实际顶升三节桥体仅用了 6d，顶升抬高过程安全顺利。2007 年 12 月 14 日当地报社记者进行了现场采访，并在"燕赵晚报""燕赵都市报"和"新华网"进行了报道。

浮托顶推法架设钢桁梁施工工法

GJEJGF193—2008

中铁十局集团有限公司　　中铁九局集团有限公司

汤德强　隋永兴　张云昭　覃继华　于建军

1. 前　言

跨越有水河道、湖泊等大跨度钢桁梁施工时，一般都采取浮拖法架设，该方法成本较高，操作繁琐。中铁十局集团有限公司经过技术攻关，采用新颖的浮托顶推法架设钢桁梁，经多个工地的实践应用，取得了明显的技术、经济和社会效益。

浮托顶推法架设钢梁，与一般浮拖法的主要区别是钢梁纵移的动力不同，即采用后端顶推装置代替前方牵引设备，具有设备简单、操作方便、速度均匀、运行平稳、有利安全的特点。"浮托顶推法架设钢桁梁技术研究"成果于2008年12月荣获山东省2008年度技术创新优秀成果三等奖。该施工技术经总结提炼形成本工法。

2. 工 法 特 点

2.1　采用军用梁、军用墩搭设膺架，旧钢轨铺设通长下滑道，受力明确，支撑稳定。

2.2　顶推动力系统采用自锁爬行顶推装置，设备简单、速度均匀、运行平稳、对位准确。

2.3　利用浮箱组作水上钢梁承载体，组拼方便灵活，实用性强。

2.4　工艺先进、操作方便、成本低、工效高，施工安全质量有保障。

3. 适 用 范 围

适用于跨越水深2m以上河道的大跨度钢桁梁架设。

4. 工 艺 原 理

利用浮箱组排水上浮，注水下降的工作原理，钢桁梁在膺架上组拼后，自锁爬行顶推设备顶推钢梁沿滑道纵移，使其悬臂适量，浮箱组就位排水上浮托梁；连续顶推钢梁前进，到位后钢梁前端在墩顶临时稳固支承，浮箱组注水下降脱离钢梁，钢梁架设完毕。

5. 施工工艺流程及操作要点

5.1　**施工工艺流程**

浮托顶推法架设钢桁梁施工工艺流程见图5.1。

5.2　**操作要点**

5.2.1　膺架搭设

膺架由临时支墩及多跨军用钢便梁组成（图5.2.1）。钢便梁每孔安装两组，其中心线分别与钢桁

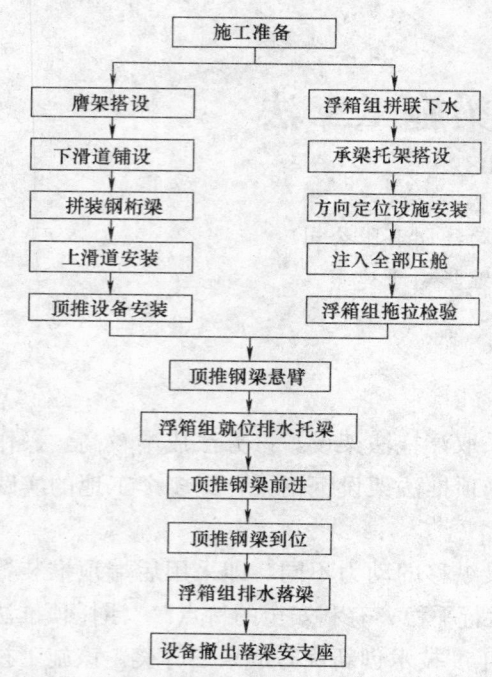

图 5.1　浮托顶推法架设钢桁梁施工工艺流程

钢板与盆式滑块连接牢固。滑块安装完毕后，立即在其前后采取可靠的防溜止动措施。

梁两侧主桁架中心线的水平投影线重合。两组便梁之间设置上、下弦横向水平支撑，以保证膺架的整体刚度和稳定性。钢便梁拼装成组后吊装，吊装前必须对墩顶标高进行全面检查，保证各支点在同一水平面上。

为避免钢梁到位后大量起、落梁作业，保证安全施工，膺架桥面应与钢梁支承垫石同高，便梁和临时墩均需经过安全检算。

5.2.2　滑道安装

在钢便梁上安放枕木，枕木间距为 50cm，每侧枕木上铺设两根 P43 钢轨（间距 55cm）形成下滑道（兼作液压自锁器锁轨），下滑道纵向中心线与钢桁梁下弦中心线的水平投影线重合。钢轨用钩头道钉与木枕钉联，枕木用 U 形螺栓与"六四"式军用梁上弦杆固定，确保下滑道在架梁过程中不发生横移或爬行。

上滑道在钢桁梁拼装完毕后安装。采用聚四氟乙烯盆式滑块安装在钢桁梁下弦杆合适的节点下（滑块安装位置应经过设计单位确认）。滑块与钢桁梁下弦 H 形杆水平腹板间用优质硬木支垫。用螺栓将梁端底支座连接

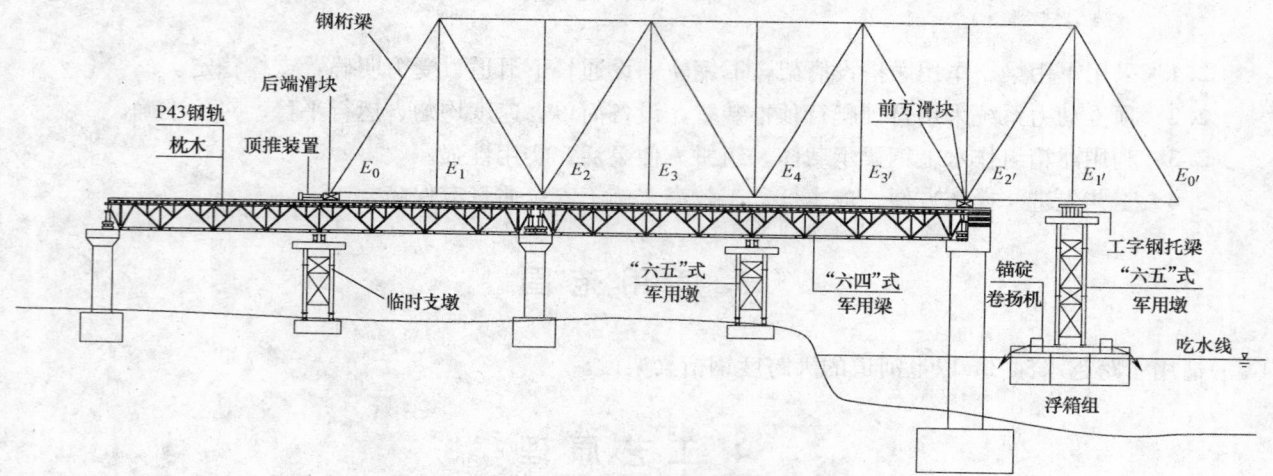

图 5.2.1　浮托顶推法架设钢桁梁示意图

5.2.3　自锁爬行顶推设备安装与调试

自锁爬行顶推设备由 2 台 600kN 液压千斤顶、4 台 300kN 液压自锁器（夹轨器）、油泵及液压控制柜（台）组成。由夹轨器夹紧下滑道（钢轨）形成顶推反力，千斤顶顶推钢梁纵移。使用前应对液压千斤顶的顶推力和液压自锁器的锁力进行计算。

油泵及液压控制柜（台）安置在钢桁梁后端的横梁上，液压自锁器（夹轨器）在钢梁后端的两侧下滑道上就位，将千斤顶缸体与夹轨器联结，接通油管路及电路后，进行空顶试验，检查调试无异常后，在可靠的防溜止动措施下，进行顶推试验，检查液压系统及夹轨器与钢轨间的夹持情况，各部位运转均正常后即安装调试结束。

5.2.4　水上浮托支承设施及方向控制系统

利用浮箱组作水上承载设施，浮箱组由若干个中-60 型浮箱拼联而成。单个中-60 浮箱尺寸为：6.0m×3.0m×2.0m。浮箱组在岸上拼联，浮箱之间用高强螺栓连接，拼装完成后利用简易滑道将浮箱

组滑入水中。在浮箱组平台上安装托架，托架由两个支墩及两组托梁工字钢束组成，支墩采用"六五"式军用墩杆件拼装，两个支墩中心间距与钢桁梁两侧下弦杆间距对应，在墩顶安装横向工字钢束托梁。钢梁顶推的方向及定位控制系统，由4台电动锚机组成，分别安装在浮箱组平台的四角上，钢丝绳的另端分别固定在两岸的四个地垄上。

对压舱水、浮箱吃水深度、干弦高度和稳定性进行计算，以确定浮箱数量和排列形式。

5.2.5 浮箱组浮托钢桁梁

用方向及定位控制系统将浮箱组牵引至钢桁梁下方，将浮船托架中心对准钢梁节点处定位，抽排中部浮箱压舱水，使浮箱组上浮将梁托起，通过注、排水调整标高及水平；将托架与钢梁下弦捆扎牢固，撤出前方支点处上滑块。

5.2.6 顶推钢桁梁

自锁爬行顶推设备顶推钢梁前进，同时收、放锚碇卷扬机钢丝绳，在顶推浮托前进过程中不间断地对钢桁梁的中线方向进行观测，当偏移（20cm）时用锚碇卷扬机进行调整。

5.2.7 钢桁梁到位

钢桁梁前端至终点约5m时，调整钢桁梁纵中线偏位，继续顶推到位，确认钢梁纵轴线、端线位置无误后，将浮箱组定位。

5.2.8 浮箱组排水落梁

向浮箱组适量注水，使钢梁的前端支承于桥墩枕木垛上，解除浮箱组托架与钢桁梁间的连接，再次向浮箱组注水，使其脱离钢梁后，移动浮箱组至岸边。

5.2.9 安装支座

撤除钢梁顶推设备及后端滑块后落梁并安装支座。

5.3 劳动力组织（表5.3）

主要劳力组织表　　　　　　　　　　　　　　　　　　表5.3

序号	名　称	人数	备　注
1	指挥	3	含副指挥1人、总工1人
2	技术	3	
3	测量	3	
4	安全质量	3	
5	架子工	5	支墩、便梁架设
6	起重工	4	顶推装置安装、操作，起落梁
7	吊车司机	3	
8	普工	36	
9	合计	60	

6. 材料与设备

本工法无需特别说明的材料，采用的机具设备见表6。

机具设备表　　　　　　　　　　　　　　　　　　表6

序号	名　称	型号	单位	数量	备　注
1	浮箱	中-60	个	15	
2	"六四"式军用便梁		m	900	
3	"六五"式军用墩		m	96	
4	锚碇卷扬机	电动	台	4	调整方向、浮船定位

续表

序号	名 称	型 号	单位	数量	备 注
5	钢轨	P43	m	4×70	用于铺设下滑道
6	上滑道	盆式	个	4	聚四氟乙烯
7	顶推装置	ZPD	套	1	
8	潜水泵	60m³/h	台	15	浮箱抽、排水
9	吊车	15t	台	2	组拼钢梁
10	千斤顶	200t	台	4	起、落梁
11	千斤顶	50t	台	4	组拼钢梁

7. 质 量 控 制

7.1 质量控制标准

《公路桥涵施工技术规范》JTJ 041—2000；

《公路桥涵钢结构及结构设计规范》JTJ 025—1986；

《公路工程质量检验评定标准》JTGF 80/1—2004。

7.2 质量保证措施

7.2.1 钢梁纵移前，要全面检查钢梁的拼装质量，确认合格后，方可浮托顶推作业。

7.2.2 备用压舱水尽量注入两端浮箱里，以减少重载时的浮力弯矩。

7.2.3 在浮箱组顶托钢梁前、后，要认真检查并调整浮箱组的水平。

7.2.4 在浮箱组顶托钢梁时，各浮箱均匀排水防止偏载。

7.2.5 在钢梁浮托顶推过程中，要不间断地进行中线观测，当偏离 20cm 时及时调整。

7.2.6 当钢梁浮托顶推到位后，根据中线偏离情况，调整钢梁中线到误差范围内。

8. 安 全 措 施

8.1 加强安全教育及岗前培训，管理人员及主要操作人员熟悉掌握工艺流程、安全措施和应急预案。

8.2 遵守高空作业、水上作业、各种设备操作等各项规程、规章、制度。

8.3 加强与气象部门的联系，及时收集天气形势及气象预报信息，选择风力小于 5 级且无雨的白天，进行钢梁浮托顶推作业。

8.4 详细了解河道的水文资料，掌握水位和流速的变化规律。

8.5 对于通航河道必须与航道管理部门签订封航协议，在进行浮箱组拖拉试验和钢梁浮托顶推施工时实施封航作业。

8.6 在钢梁浮托之前必须进行浮箱组满载（注入全部压舱水）拖拉试验。

8.7 在钢梁纵移过程中，要派专人检查监控膺架支墩、便梁及地垄等设施，发现异常及时处理。

8.8 当钢梁浮托顶推到位后，及时拆除顶推装置，撤出上滑道，以使钢梁稳定地支承于下滑道和枕木垛上。

8.9 通航河道架梁完毕，及时安装航道限高警示标志，确保通航后桥梁及航运安全。

9. 环 保 措 施

9.1 严格遵守国家、地方环保的法律、法规和有关规定，在施工前要与河道管理部门签订施工协议，认真做好环境保护工作。

9.2 不得损坏河堤，不得向河中丢弃污物；不得乱砍乱伐和破坏植被。

9.3 钢梁架设完毕后，及时撤离水上施工设备，开通航道。岸上施工场地及进行清理，临时用地尽快退租复耕或恢复原貌。

9.4 施工过程中邀请河道管理部门现场监督指导，施工完毕后及时进行检查验收。

10. 效益分析

自锁爬行顶推设备结构设计合理，机械化程度高，而且具有设备更加简单、操作更加方便、速度均匀、运行平稳、对位准确、安全可靠的特点。与浮拖法相比成本更低，技术先进，经济社会效益显著。

11. 应用实例

11.1 山东104省道汶河大桥64m钢桁梁

大桥主桥轴线与汶河走向相交呈79°角。支承钢梁的5号、6号桥墩中心各距岸边约15.0m，河岸为十孔30m混凝土梁与其相连接。

大桥主桥设计为64m钢桁梁，施工时河道最深处水深5m。采用浮托顶推法架设钢桁梁。

2005年4月1日，完成了钢梁浮托准备工作；4月2日5时30分，开始浮箱组浮托钢梁工作；7时57分，开始顶推前进；16时30分，钢桁梁全部顶推到位。顶推浮托架梁的全部过程均按计划安全顺利进行，为大桥按期竣工奠定了基础。

11.2 上海浦东铁路金汇港特大桥64m（双线）钢桁梁

主桥设计为64m跨度的钢桁梁，跨越金汇港河道，为减少对航运交通的影响，采用浮托顶推法架设钢梁，于2005年9月顺利完成架设。

11.3 上海浦东铁路龙泉港特大桥80m钢桁梁

上海浦东铁路龙泉港特大桥全长1983.07m，主跨是一孔80m的简支钢桁梁，采用浮托顶推法架设，于2006年7月提前完成了钢梁架设，缩短了封航时间，多次受到业主好评。

上行式移动模架过空跨制架预应力混凝土连续梁工法

GJEJGF194—2008

中铁二十五局集团有限公司

朱辉　周烽　文求　陈立汉　肖锦云

1. 前　　言

随着桥梁建设的飞速发展，预应力混凝土连续箱梁由于具有整体刚度大、施工质量容易保证、养护成本低等优点，已广泛应用于我国客运专线和城市高架桥等大型桥梁建设中。因长期以来我国对软土地区的桥梁结构现浇施工均采用满堂支架地基处理或钢管桩配合梁式结构处理等传统的落地支架方案，而传统的落地支架往往受地质条件的影响，地基的沉降量不易控制而造成梁体的线型不够理想，而且使用传统的落地支架投入大，占地大，稳定性不易控制，同时施工工期、施工安全、占道对交通的影响都难以满足规定的要求。

移动模架法施工是一种新型的专用机械化桥梁施工技术，具有以下明显的优点：第一是工序简单，施工周期短，同时移动模架逐孔施工，材料设备摊销量小，具有明显的经济效益；第二是不需进行基础的处理，适用范围广；第三是移动模架对于高墩桥梁具有显著的安全性，同时可不影响桥下的通车要求。

合武铁路杨家坳大桥3～4号墩之间线路上有一付重型道岔，设计从3号墩到9号墩共6孔梁采用连续箱梁布置，施工方法采用移动模架法施工。由于3～9号墩墩高约40m左右，且位于山间洼地上，无法在原位拼装移动模架，移动模架只能在0号桥台路基上拼装成型，然后从桥台走行到3～4号墩之间开始制架第一孔梁，因此移动模架如何通过0～3号之间的3孔空跨是本工程最大难点。

针对该桥的现场环境和混凝土连续箱梁的结构特点，我局研制开发了HDMZS32m/900t型上行式移动模架，该模架最大特点为模架首先通过3孔空跨后再逐孔现浇连续箱梁。施工过程中，通过采取一系列措施，安全优质地完成了6孔连续梁的制架，在总结本工程成功的施工经验后形成本工法。

2. 工法特点

2.1　本工法使用的HDMZS32m/900t型上行式移动模架，具有空载过墩、移动模架双向纵移、支腿自动转移、调整局部结构后双向施工的功能。

2.2　一孔梁段施工完成后移动模架整体行走下一孔，无需多次拼装模板及预压，施工周期短且所需人员少。

2.3　调整主梁之间的距离和模板顶托高度即可适应32m梁和24m梁的各种几何尺寸梁段的浇筑，设备通用性好。

2.4　结构受力明确，理论计算结果与实际发生情况吻合，结构安全可靠，而且有利于箱梁的施工控制，保证良好的线形。

2.5　本工法跨中无任何支撑，因此跨间地基不需处理，同时在施工时不影响桥下交通，具有显著的社会经济效益。

2.6　与同类移动模架相比，该模架具有安全系数大、造价低的特点，同时可以适应于全桥桥跨中间开始制梁的工况，设备通用性大。

3. 适 用 范 围

本工法适用于 32m、24m 简支梁和 32＋6.5m 预应力混凝土连续箱梁逐孔现浇。特别是梁部从桥中开始施工、从首跨开始施工、墩身超过一定高度搭设支架有困难、施工现场地基软弱或桥下有通车通航要求时，以本移动模架施工具有很大的优越性。

4. 工 艺 原 理

4.1 移动模架基本构造
本移动模架在结构上可以分为：承重主梁及其导梁、挑梁、吊杆、吊梁、外模系统、内模系统、支腿结构、整机纵横移及支腿转移机构、爬梯平台及等几部分，构成一个完整的承载结构体系。

4.2 工作原理
本移动模架由主梁承重系统、支承系统、吊架系统、移动系统以及模板五大部分组成。工作时，整个模架由前后各两个支腿支承，前支腿支撑在待制箱梁前方的桥墩上，后支腿支撑在已制成箱梁的前端，过孔时后支腿在已制成箱梁顶面上移动。承重的主梁系统位于桥面上方，外模系统吊挂在承重主梁上，主梁系统通过支腿支撑在梁端、墩顶。过孔时外模系统横向开启以避开桥墩。外模系统随主梁系统一同纵移。

4.3 特殊结构及关键技术
1. 考虑到该模架要空载时通过 3 孔空跨，以及各个工作状态下的抗倾覆稳定系数满足规范要求，该模架主梁和导梁设计总长为 76m，约为标准跨度的 2.4 倍。

2. 考虑到连续梁施工缝设置于每跨箱梁受力最小的位置，即前支腿前端还有 6.5m 长模板，为平衡整个模架的重量，须在尾部压重 15t。

3. 为了在过空跨时模架支腿能够相互转换，主梁上增加了转换装置即 2 个大牛腿，大牛腿在支腿转换前能支撑起整个模架的自重，支腿则可脱空在主梁上前后移动实现转换。

4. 整个模架在主梁上设置了 5 个小牛腿，可以实现各种不同工况下的主梁顶伸和支点转换，以及制架 24m 箱梁时的工况。

5. 每个支腿横梁下的承重结构有 2 种，一种为过孔支架，在过孔时直接支撑于桥墩，另一种为支腿丝杆，拆除过孔支架，支腿可以直接支撑在已制好的箱梁顶面。

6. 模架简图如图 4.3。

5. 施工工艺流程及操作要点

5.1 工艺流程
移动模架现浇连续箱梁工艺流程见图 5.1。

5.2 技术参数
适应现浇梁片跨度：32m、24m 简支梁，32m＋6.5m 连续梁

连续梁单孔最大重量：1100t

现浇一跨平均速度：17～19d/孔

适应纵坡/横坡：≤2%/≤3%

适应弯曲半径：≥2000m

整机自重：600t

最大挠度：$L/600$

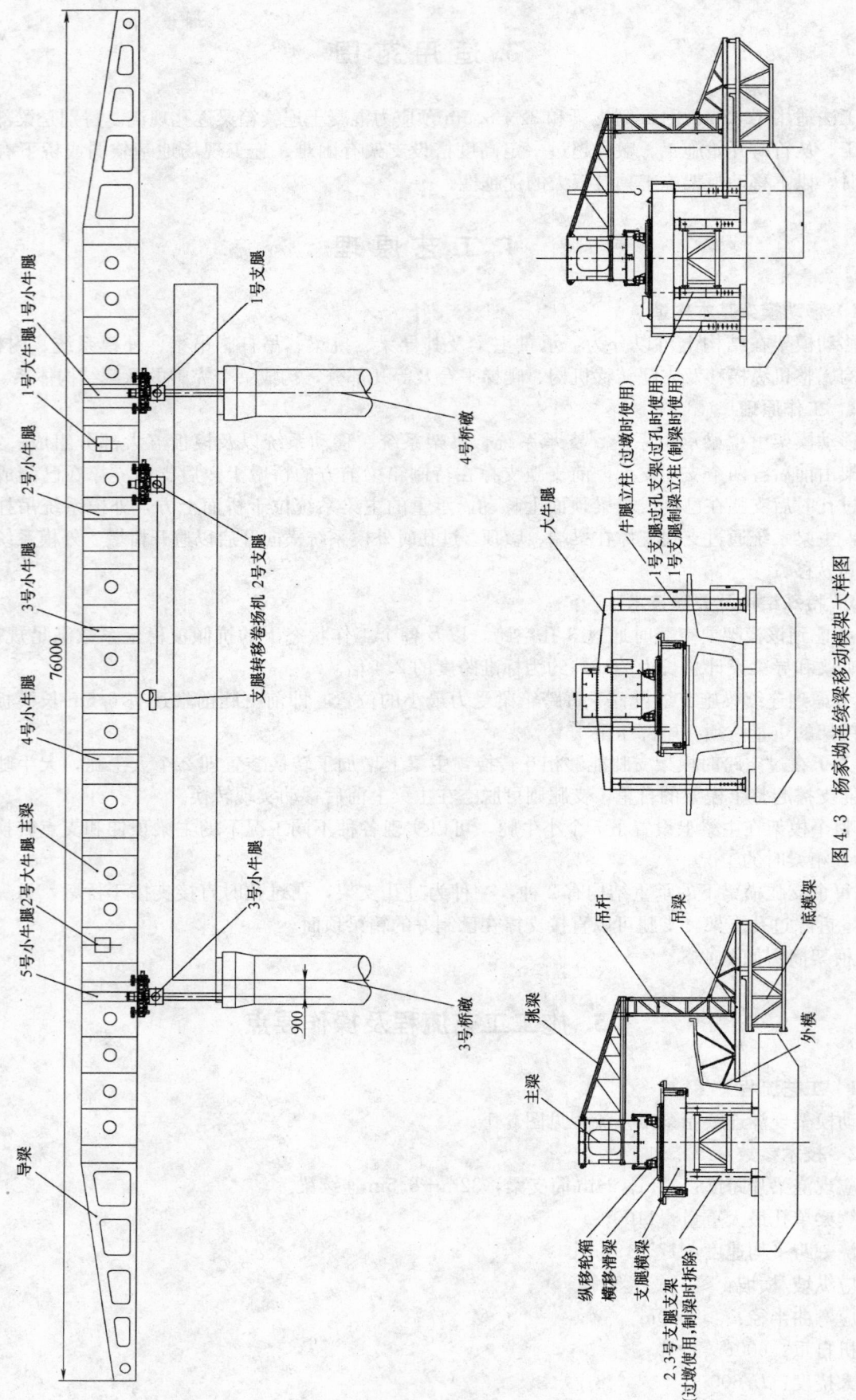

图 4.3　杨家坳连续梁移动模架大样图

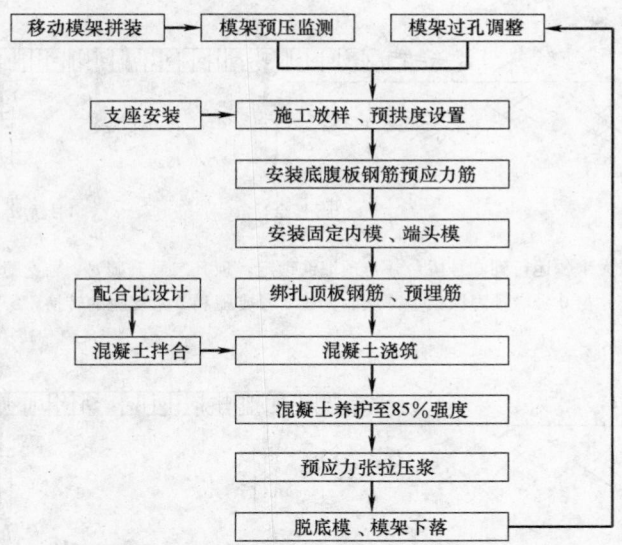

图 5.1 移动模架现浇连续箱梁工艺流程

行走时最大风速：6 级

5.3 拼装步骤（图 5.3）

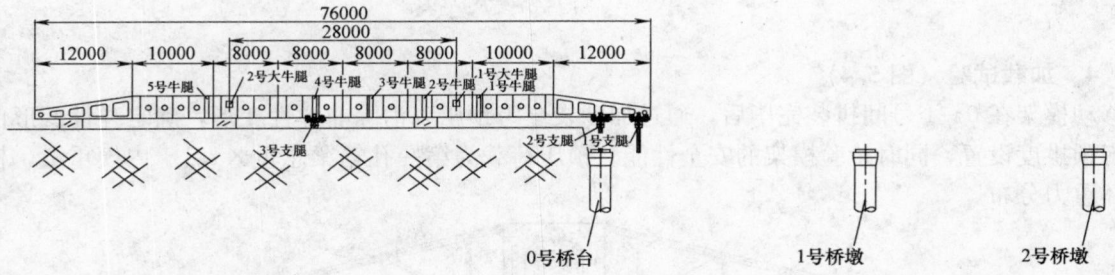

1. 如图所示，3 号支腿摆放在 4 号牛腿处，2 号支腿锁定在 0 号墩上，在桥台的后方拼装移动模架的主梁、挑梁等上部结构，此时，1 号支腿仅安装过孔支腿，制梁立柱吊挂在 1 号牛腿上方。

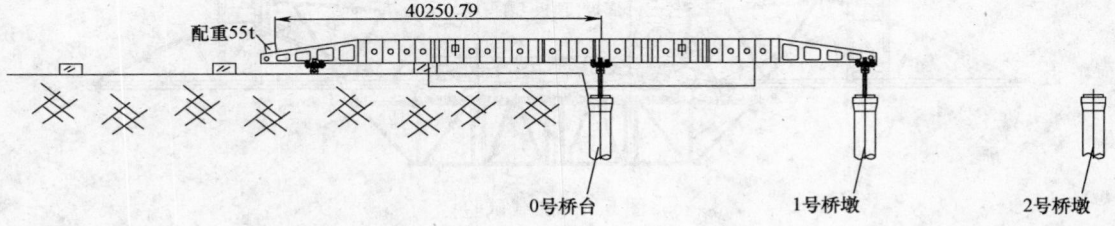

2. 向前运行移动模架，同时从前端开始安装底模等下部结构，向前运行 15m 时加配重块 55t。1 号支腿到达 1 号墩时，1 号支腿架与 1 号墩锁定，拆除配重。

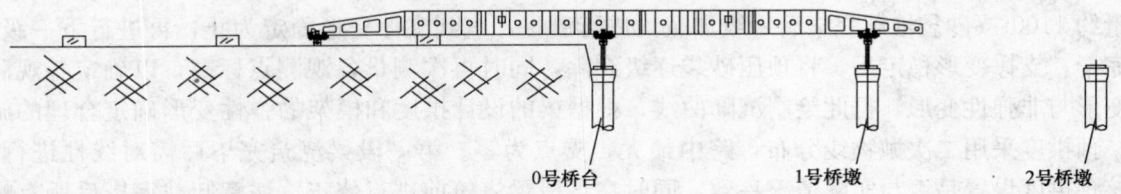

3. 向前运行移动模架，继续拼装底模，尾端到达 3 号支腿停下。3 号支腿脱空悬挂在主梁尾部。

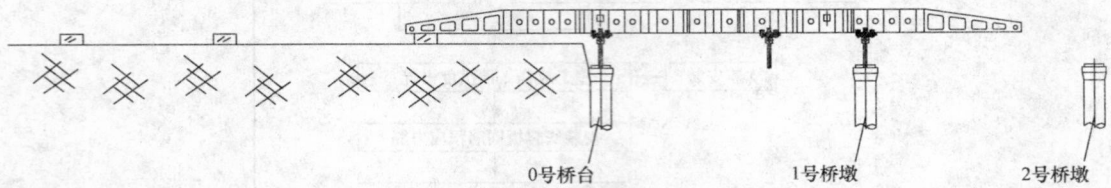

　　4. 向前运行移动模架，2号大牛腿运行到0号桥台并与预埋铁锁定，顶升二号升腿，2号支腿脱空并向前运行，3号支腿运行到0号墩，安装支腿架并与0号墩预埋铁锁定，从而完成3号支腿和2号支腿的转换，2号支腿向前运行。

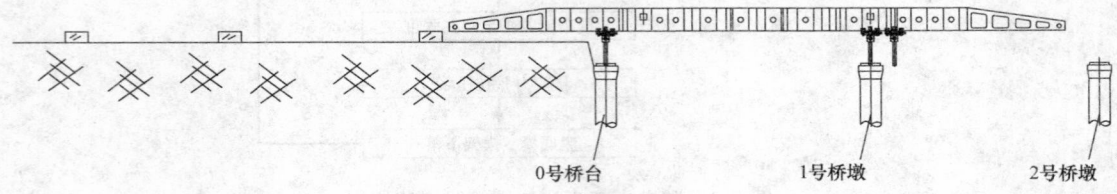

　　5. 解除2号大牛腿与0号墩的锁定，向前运行移动模架。1号大牛腿到达1号墩处并与其锁定，顶升1号大牛腿，1号支腿脱空向前运行，2号支腿到达1号墩并达其锁定，从而完成1号支腿与2号支腿的转换。造桥机拼装完毕。

图5.3　拼装步骤示意图

5.4　加载试验（图5.4）

　　移动模架在0～1号间拼装完毕后，通过加砂袋全跨预压以消除非弹性变形，确定弹性变形值并据此进行预拱度设置，同时检验模架的安全性能。预压荷载为第一孔箱梁总重×1.1＋内模重量，横向模拟梁体重力分布。

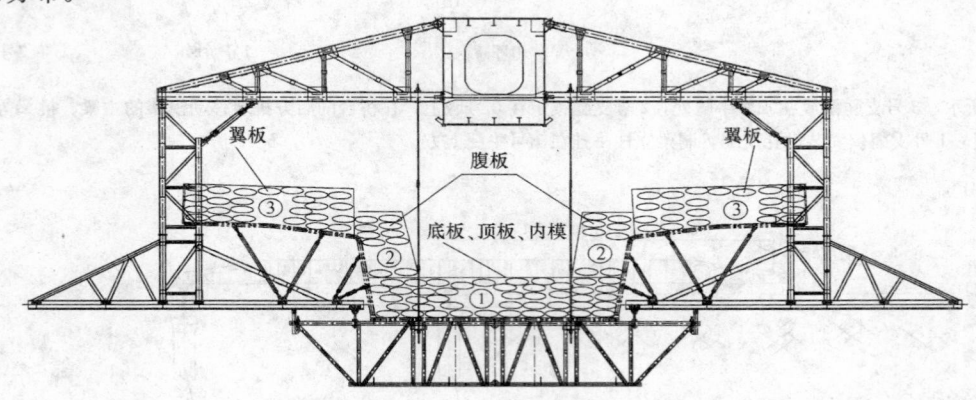

图5.4　加载试验

　　在0号台梁段、1/4、1/2、3/4、1号墩、6.5m梁段位置（对应的精轧螺纹钢吊杆位置）两侧沉降观测点，即顺桥向设置6排，每排7个点，布设于底板及翼板，并进行编号。预压前，调好模板，测出所有观测点标高后加载，加载顺序同混凝土浇筑顺序，先底板，再腹板，最后堆载顶板和翼板的顺序，总重量约1100t。砂袋堆载完毕后每级加载均进行测量，直到支撑变形稳定为止，再进行下一级加载。加载完毕，支撑变形稳定后，将预压砂袋逐级卸除，同时再次测量各观测点标高，以确定各观测点的弹性变形与非弹性变形，据此绘制沉降曲线，根据梁的设计拱度和模架的弹性变形确定合理的施工预拱度。预拱度采用二次抛物线分布，跨中最大，支点为零。第一段梁浇筑完毕后需对线性进行复测，以复核预拱度设置是否与实际情况一致，同时在下段梁浇筑前进行修正。注意卸载完毕后所有螺栓要重新检查拧紧。

5.5 过空孔步骤（图5.5）

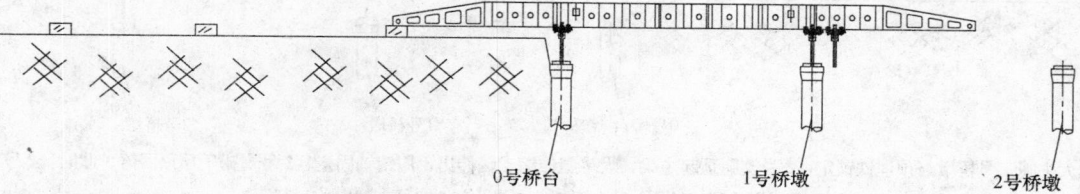

1. 初始状态。

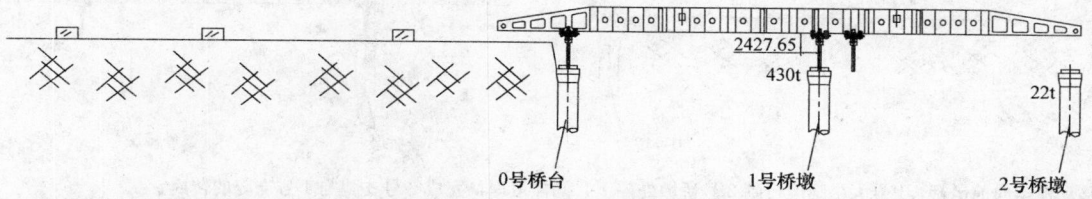

2. 3号支腿挂轮处在固定状态，防止意外主梁前倾。向前运行移动模架，1号支腿向后运行保持原位置不动，导梁端头到达前方桥墩顶面停下。

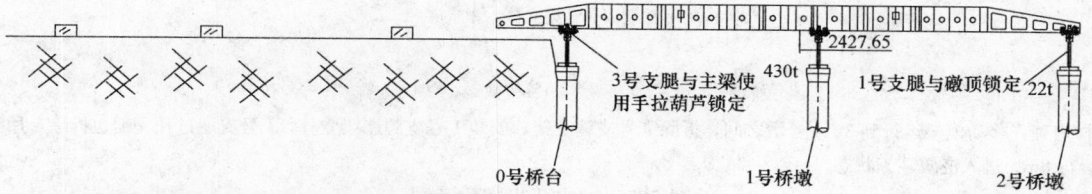

3. 3号支腿与主梁使用2台手拉葫芦锁定，1号支腿前移与2号墩锁定。

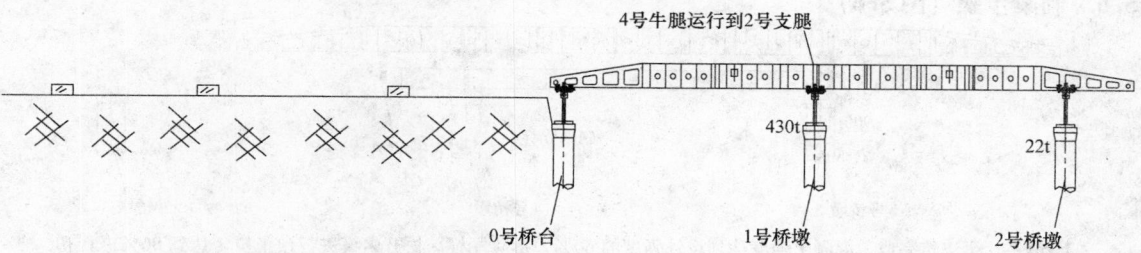

4. 解除3号支腿与主梁之间葫芦锁定，移动模架向前运行，4号支腿到达2号支腿处停下。

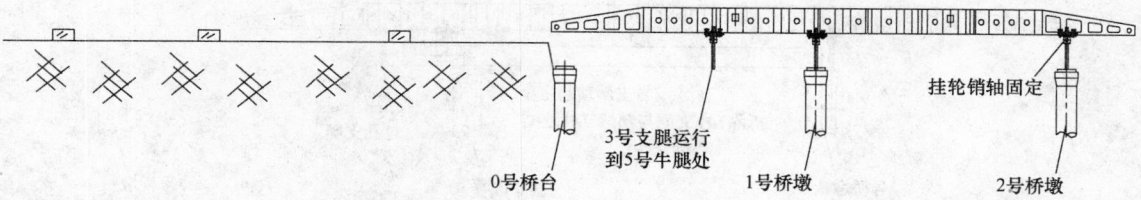

5. 解除3号支腿与桥台锁定，2号支腿顶升主梁，3号支腿脱空向前运行到5号牛腿处，此时1号支腿挂轮为固定状态。

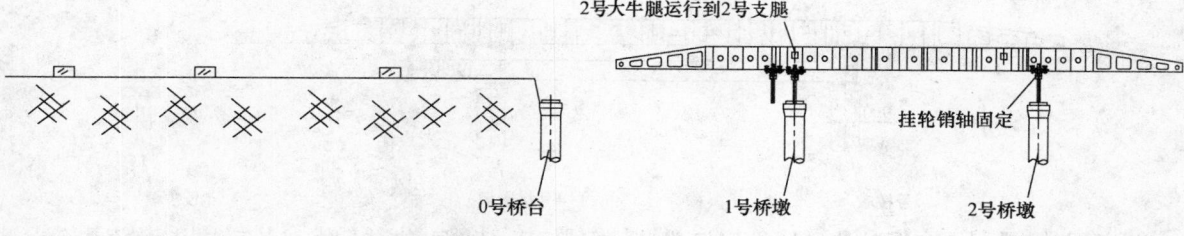

6. 移动模架向前运行，2号大牛腿运行到2号支腿处停下。

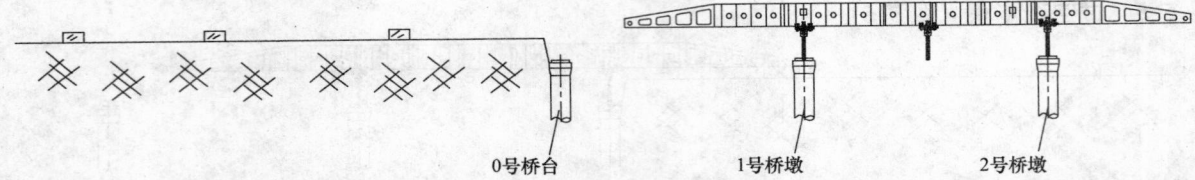

7. 2 号大牛腿 1 号桥墩与预埋铁锁定，2 号支腿顶起主梁，大牛腿伸缩支腿伸出，用销轴固定。2 号支腿千斤顶回落。此时，2 号支腿与 3 号支腿脱空并完成转换。3 号支腿顶起主梁，大牛腿回缩，3 号支腿托轮支撑主梁。2 号支腿向前运行。

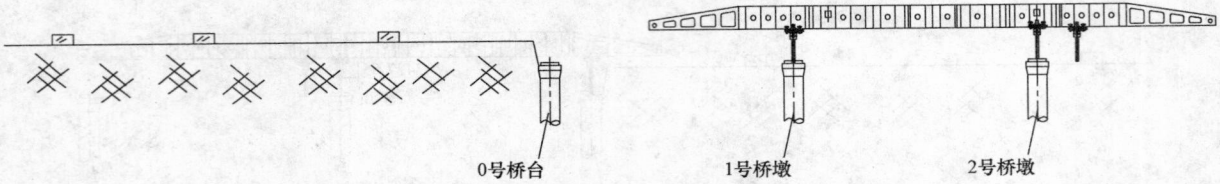

8. 移动模架向前运行，1 号大牛腿运行到 2 号桥墩处停下，同样道理，完成 2 号支腿与 1 号支腿的转换。

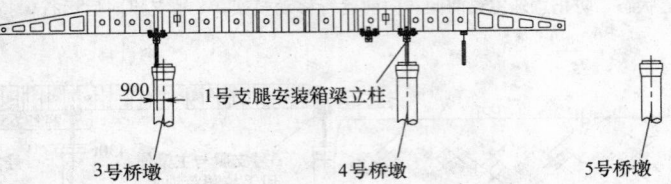

9. 同样道理，移动模架运行到 3、4 号墩之间，拆除 2 号支腿支架，安装 1 号支腿制梁立柱，1 号支腿过孔支腿也拆除，用专用小车吊起向前运行 8m。进入浇筑施工状态。

图 5.5　过空孔步骤示意图

5.6　制梁步骤（图 5.6）

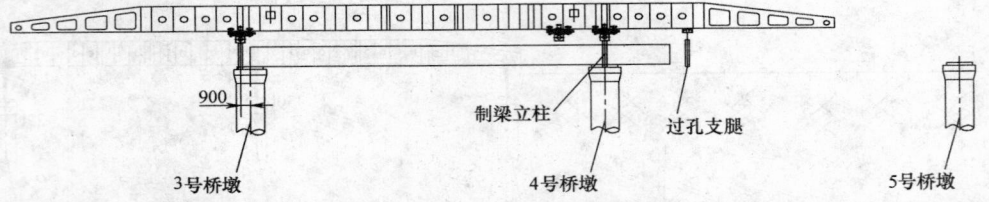

1. 第一片梁浇筑完成，混凝土强度达到设计强度的 60％，拆除端模、松开内模进行预张拉。达到 80％进行初张拉后，进行脱模、开模，准备过孔（如果强度达到 80％，初张拉和预张拉可以合在一起进行，初张后梁体可以承受自重，终张拉在其强度达到设计值进行）。

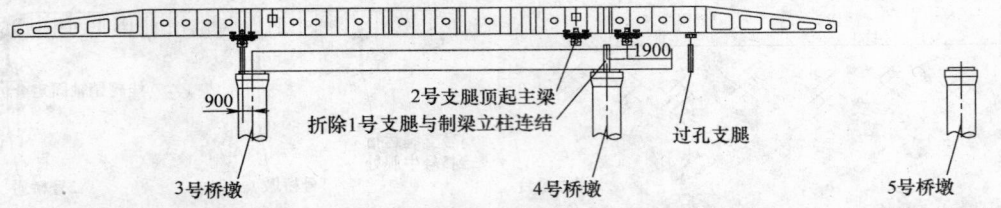

2. 拆除 1 号支腿与制梁立柱的连接螺栓。2 号支腿向前运行到 1 号大牛腿处并顶升主梁。1 号支腿脱空向前运行 1.9m 支垫牢固。

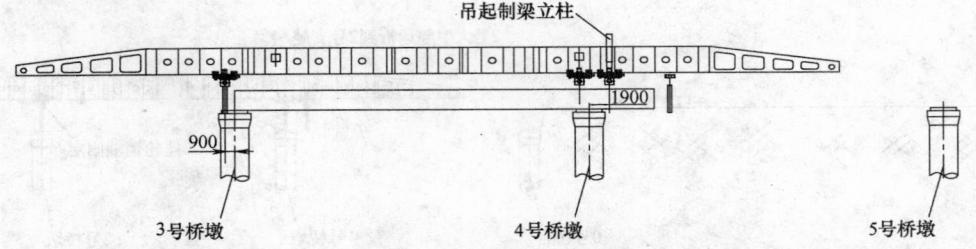

3. 2 号支腿千斤顶回落，1 号支腿托轮支撑主梁，吊起制梁立柱。主梁向前运行 1.9m，1 号牛腿到达 1 号支腿处停下，1 号支腿顶起主梁，2 号支腿脱空向前运行到桥墩中线 0.9m 处。

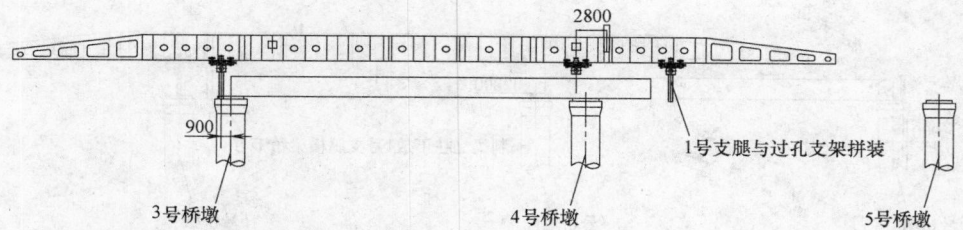

4. 2号支腿顶升主梁，1号支腿向前运行，与过孔支腿拼装。

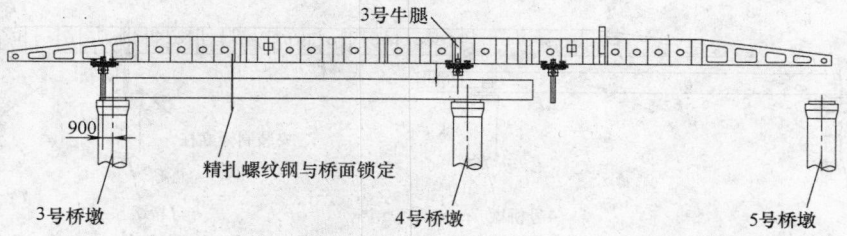

5. 移动模架向前运行，3号牛腿到达2号支腿停下。使用尾端挑梁上精孔螺纹钢与混凝土梁锁定。

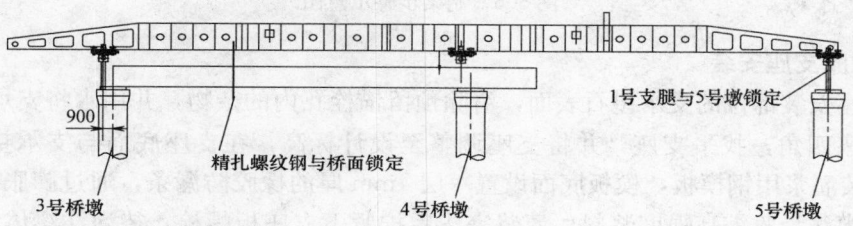

6. 1号支腿向前运行，过孔支架与5号墩锁定。

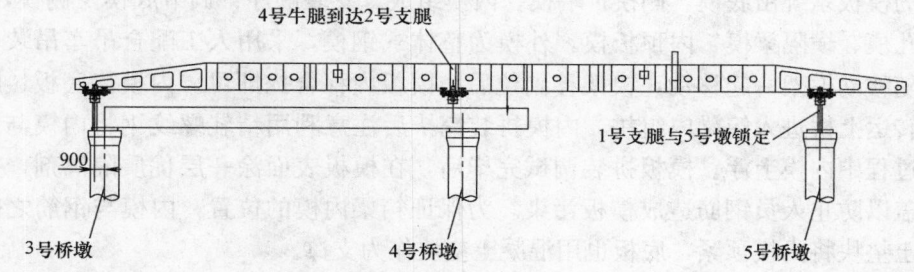

7. 拆除精扎螺纹钢锁定，移动模架向前运行，4号牛腿到达2号支腿时停下。

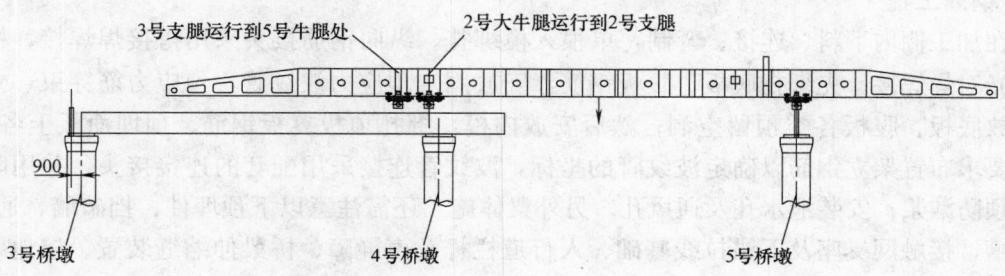

8. 拆除3号支腿的支架，3号支腿向前运行到5号牛腿处停下，移动模架向前运行，2号大牛腿到达2号支腿处停下。

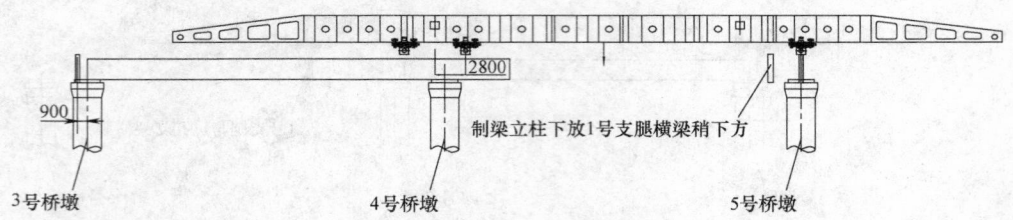

9. 制梁立柱下放到吊梁上，并固定牢靠。拆除大牛腿3号支腿顶起主梁，2号支腿向前运行2.8m。

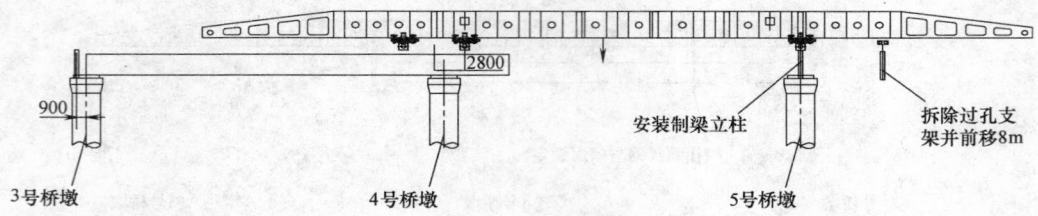

10. 移动模架向前运行2.8m，同时安装1号支腿的制梁立柱，拆除其过孔支架并前移8m。2号支腿顶起主梁，3号支腿到达5号牛腿处，完成2号和3号支腿转换。2号支腿前移。合模调整模架，准备第二孔浇筑。

图5.6　制梁步骤示意图

5.7　盆式橡胶支座安装

首先凿毛支座安装部位的支承垫石表面，清除预留锚栓孔内的杂物，并用水将支承垫石表面浸湿。用钢锲块锲入支座四角，找平支座，并将支座调整至设计标高，在支座底面与支承垫石之间留20～30mm空隙，安装灌浆用钢模板，模板底面设置一层4mm厚的橡胶防漏条，通过膨胀螺栓固定在支承垫石顶面。之后灌注无收缩高强度浆料。灌浆完毕后拧紧下支座板螺栓，待灌注梁体混凝土后，及时拆除各支座的上下支座连接钢板及螺栓，并安装支座钢围板。

5.8　模板工程

箱梁梁体的模板系统由底模、侧模、端模、内模组成。安装顺序：调节底模及侧模，安装腹板模、端头模、过人孔模、横隔梁模、内顶板模。外模为整体式钢模，采用人工配合吊车吊装，人工调整以后箱梁外模板随移动模架一起移动，模架移到位后，模板内移合拢即可。内模待底板、腹板钢筋绑扎完毕后，人工转运上桥进入箱梁内组拼，内模拼装完毕后注意利用精轧螺纹钢将内模与底板锁定，防止混凝土浇注过程中内模上浮。模板拼装调试完毕后，在模板表面涂一层优质隔离剂，并在翼板及底板用石棉布覆盖以防止人员钢筋造成模板污染。为保证箱梁内模的位置，内模与钢筋之间设置与箱梁同标号的混凝土垫块将内模顶紧，底板也用混凝土垫块作为支撑。

走行到位后，根据移动每级预压确定的施工预拱度，通过调节底模油顶，使模架调节达到预拱要求。预拱度设置由安装在主梁上调整螺栓来完成，预拱度值由模架自身挠度和箱梁预拱度两部分组成。

5.9　钢筋工程

钢筋在加工棚内下料、连接、弯制，单根入模绑扎。纵向钢筋接头采用搭接焊焊接，横向钢筋接头采用闪光对焊焊接。先绑扎底板、腹板钢筋，安放固定预应力波纹管，预应力筋穿束，立端模固定锚头，安放底板、腹板各类预留空洞；然后安放内模，绑扎顶板翼板钢筋、预埋面板上各类预埋件；按照设计要求布置架立钢筋以确定波纹管的坐标，波纹管连接采用配套的连接接头，并用防水胶带包裹严密，预防漏浆；安装泄水孔及通风孔。另外梁体施工还需注意以下预埋件：挡碴墙、通信、信号、电力电缆槽、接触网支座及下锚拉线基础、人行道栏杆及声屏障、桥梁伸缩缝装置、接地装置。注意在梁两端底板增设上下进人孔。

5.10　混凝土工程

混凝土由拌合站集中拌合，混凝土罐车运输，混凝土输送泵和泵车泵送入模；混凝土振捣以插入式振动棒振捣为主，辅以附着式振捣器。

混凝土生产由为一搅拌站生产供应，生产能力为120方/h，混凝土采用大方量搅拌运输车运输，禁止使用途中不能搅拌的小罐车。运输能力不小于60m³/h。混凝土采用两台80方/h输送泵输送入模，采用全断面分层错开，第一段梁从梁两端向中间、其他五段梁从一端向另一端推进的方法浇筑。混凝土浇筑完毕，4h（二次赶压抹平搓毛）后，用石棉布覆盖，外覆一层不透水的薄膜，开始养护。梁体混凝土脱模时的混凝土强度应达到设计强度的60%，拆除端模、松开内模、端模拆除后将连接处混凝土面凿毛，梁体混凝土达设计值85%后进行预应力张拉。

5.11 预应力工程

当同条件养护的试块强度达到设计值85%、弹性模量达到设计值80%且不少于6d龄期以后，同时须拆除端模，松开内模并解除支座上下连接后方可进行张拉，张拉完毕后48h内完成孔道压浆。

5.12 劳动组织

主要工种配备见表5.12。

主要工种配备表　　　　　表5.12

序号	工 种	人数	特殊工种
1	移模	16	起重机械工2人,装吊工4人
2	汽车吊	4	起重机械工2人
3	钢筋工	30	电焊工4人
4	木工	8	
5	电工	2	电工2人
6	测工	2	
7	混凝土工	16	
8	张拉及压浆	12	
9	泵送混凝土	4	
10	修理工	4	
11	现场技术员	4	
	合计	102	

6. 材料与设备

主要施工机械设备配置见表6。

材料与设备主要施工机械设备配置表　　　　表6

序号	机械设备名称	规格型号	单位	数量	备 注
1	移动模架造桥机	HDMZS32/900	台	1	
2	汽车起重机	QY-25/35t	台	2	
3	混凝土输送泵	HBT80m³/h	台	2	
4	发电机	160kW	台	1	
5	预应力张拉油泵	ZBT350	台	9	
6	挤压机		台	1	
7	YCW350B千斤顶		台	2	
8	YDC240Q千斤顶		台	2	
9	真空压浆设备		套		
10	混凝土插入式振动器		台	8	
11	平板式振动器		台	2	
12	高频振动器		台	2	
13	电焊机	BX13-315 21kW	台	4	
14	对焊机		台	2	
15	钢筋加工设备		套	1	

续表

序号	机械设备名称	规格型号	单位	数量	备注
16	木工加工设备		套	1	
17	全站仪	莱佧 TC905L	台	1	
18	经纬仪	北光 TDJ2	台	1	
19	水准仪	北光 DS1	台	1	

7. 质 量 控 制

7.1 移动模架制做拼装执行《钢结构工程施工质量验收规范》、《组合钢模板技术规范》、《起重机设计规范》、《液压系统通用技术条件》。

7.2 施工过程中按《客运专线铁路桥梁工程施工质量验收暂行标准》、《铁路混凝土工程施工质量验收补充标准》进行质量控制和验收。

8. 安 全 措 施

8.1 操作人员必须仔细阅读说明书，特别是涉及设备及人员安全部分。

8.2 现场拼装、使用过程中各种作业必须分工明确，统一指挥，设专职指挥员、专职操作员、专职电工、专职技术员和专职安全检查员，参与造桥机施工的职、民工未经过培训，不得进行相关作业，以确保施工安全。

8.3 吊装、用电等特殊工种作业必须有持有合格有效特殊工种操作证的人员执行。

8.4 未经制造厂家现场技术人员和设计部门认可，不得对结构进行改动。

8.5 拼装时各个支点标高必须按图纸标注尺寸控制，误差不超过 10mm；特别注意标高不得超高；要留有安装或拆除主梁下盖板接头螺栓及节点板的空间。

8.6 风力≥6 级时，严禁进行过孔作业；风力≥8 级时，严禁进行混凝土浇筑作业，必须保证造桥机处于整机合拢并连接完毕状态；风力≥11 级时，应停止任何施工作业，切断电源，并拉紧缆风绳。

8.7 有机构相对运动（面）处，应涂 3 号钙基润滑脂。

8.8 作销轴的螺栓不要拧紧，必须采取防螺帽脱落的措施；有销轴均要插开口销以防脱落。

8.9 接螺栓应按设计要求的规格与数量，上满拧紧，应经常检查各处连接螺栓是否松动。

8.10 精轧螺纹钢筋不得有任何损伤。吊挂底模架用的 $\phi32$ 高强度精轧螺纹钢筋应旋紧。安装 $\phi32$ 精轧螺纹钢时，注意应顺直，禁止受横向剪力作用，螺纹钢松张端预留长度应适当以备松张。

8.11 竖向支承千斤顶顶升模架时，严禁在最高位锁紧千斤顶，否则难以脱模。操作时可先顶至最高位，再落下至少 5mm。

8.12 禁止在造桥机系统上随意摆放重物，增加造桥机的荷载。

8.13 桥机现场拼装完毕后，要进行全面安全检查，部件是否安装正确，各处连接是否紧固，确认合格后才能正式投入使用。

8.14 做到移动模架试压试验前、后及每一跨施工前、施工中、施工后均要派专人负责检查各部位的螺栓连接是否符合要求，及时发现问题、查出隐患并及时处理，确保做到安全生产。

8.15 护栏、梯子、平台等安全设施是否安装齐全、牢固，并设置安全网，不得多人聚集一处，严禁向下乱抛掷钢筋、螺栓、工具等，下班时应清扫和整理好料具。

8.16 移动模架上所装置的液压设备、电器设备，由专人操作，专人保管，严禁他人乱动。

8.17 浇筑混凝土状态，底模架对接法兰，上部、下部必须顶紧。

8.18 操作人员必须听从指挥人员的统一指挥，严禁出现误操作。

8.19 造桥机移位前，非操作人员严禁进入现场，更不允许随意启动或操作各种控制元件。必须检查所有影响移位的约束是否解除、移动方向是否有障碍。造桥机主机纵移时，两侧的纵移千斤顶操作要同步进行。在主梁接头通过前支腿托辊时必须仔细观察，察看有否卡滞。

9. 环 保 措 施

9.1 合理安排作业时间，尽可能将噪声大的作业安排在白天施工，避免夜间施工，使施工噪声对周围环境影响减少到最底程度。

9.2 做好施工驻地及施工场地的布置和排水系统设施，保证生活污水、生产废水不污染水源；施工垃圾采用容器吊运，严禁随意临空抛撒，施工时垃圾及时清运，适量洒水，减少扬尘；清洗机械和运输车辆的废水经沉淀后，再排入沟渠，施工污水严禁流出工地，污染环境。

9.3 爱护生态环境，施工现场精心布置，尽量少砍伐树木，少占用农田。

10. 效 益 分 析

HDMZS32/900 移动模架用钢量 600t，加上液压系统总计需投入约 540 万元，以杨家坳大桥为例，若要达到与移动模架施工相似的进度，至少需投入两跨半满堂支架和两套模板，软弱地基的处理及施工完毕后复耕也需耗费大量的人工和材料。而且满堂支架的施工损耗较大，而移动模架几乎没有损耗，从下表可看出采用移动模架施工具有良好的经济效益（表10）。

效益分析表   表 10

项 目		移 动 模 架		满 堂 支 架		备注
主要设备	模架	460t	总投入 540 万	满堂支架 82m×15m×35m（平均墩高）总重1000t	总投入 1060 万	
	模板	1 套 140t		2 套 280t		
	液压系统	20 万		0		
每孔人工		1000 工天		1800 工天		
地基处理		0		5×6 万=30 万		
加载试验		4 万		12 万		
工期		19d/孔		21d/孔		

11. 应 用 实 例

合武铁路杨家坳大桥 6m×32m 预应力混凝土连续梁由中铁二十五局三公司采用本工法承建。

杨家坳大桥 6m×32m 预应力混凝土连续梁设计为单箱单室斜腹板、等高度、等截面，箱梁顶板宽为 13.4m，底板宽为 5.68m，全长 196m，直线，纵坡 0.6%，箱梁每延米混凝土重量为 27.9t，墩身最大高度 44m。本工法首次在杨家坳大桥采用，不仅成功过空孔 3 跨，而且达到了 18d 浇筑一孔的施工速度。

该桥特点为：（1）桥下农田较多，地基加固费用较大。（2）桥下为山间洼地，地势陡峭，而且墩身高度较高，最高墩 44m，吊车无法就位。（3）桥下有乡村公路通过，必须保证通车。

2007 年 6 月至 9 月，杨家坳大桥采用 HDMZS32/900 移动模架成功浇筑了 5 跨混凝土箱梁，平均施工周期为 19d，箱梁成品质量合格，标高准确，线形流畅，得到了广泛的赞誉。施工单位也因采用此工法节省了大量人工费与机械费，取得了良好的经济效益。

纤维混凝土与既有混凝土粘结施工工法

GJEJGF195—2008

河南泰宏房屋营造有限公司　河南国基建设集团有限公司
陈松华　原有生　李水才　赵建国　周忠义

1. 前　　言

纤维混凝土是一种新型复合建筑材料，与普通混凝土相比，纤维混凝土具有优良的抗拉、抗弯、抗剪、抗裂、阻裂、耐冲击、抗疲劳、高韧性等性能。用传统混凝土材料修补、加固既有混凝土结构，往往由于使用环境恶劣、受荷复杂等原因，造成修补、加固结构粘结失效等多种问题。河南泰建设发展有限公司与郑州大学联合开展了纤维混凝土与既有混凝土粘结施工技术研究，项目研究结果表明，采用高性能纤维混凝土对既有混凝土进行粘结修补加固，粘结强度可提高 14.1%～22.3%，粘结面耐久性能有大幅度提高；基于混凝土粘结修补加固施工质量提出的纤维混凝土与既有混凝土粘结施工工艺可操作性强，便于在工程单位推广应用。该工法关键技术经河南省科技厅鉴定达到国际先进水平。

2. 工 法 特 点

2.1　解决了混凝土粘结修补加固中的关键问题。与待修补构件的混凝土采用同一配合比或使新浇的混凝土比既有混凝土高一个强度等级，以减小新混凝土的收缩，降低收缩应力，它们的弹性模量等物理力学性质相同，使新混凝土与既有混凝土能协同工作，而且工程应用中施工也比较方便。

2.2　提出了纤维混凝土与既有混凝土粘结施工关键技术，明确了粘结面的处理方法及表面粗糙度的检测方法。施工操作简单，易于质量控制。且极大地提高了粘结性能，明显地提高了混凝土的抗裂性能，抗收缩性能及极限拉应变，经济效益明显。

3. 适 用 范 围

本工法适用于水利、交通工程中的除险加固以及建筑工程中的梁、板、柱、墙和一般构筑物等多种混凝土结构的加固、施工缝的处理等。

4. 工 艺 原 理

4.1　要对早已硬化的既有混凝土表面进行处理，粘结面的粗糙程度要达到相应的要求，并选择合适的界面处理剂。

4.2　纤维混凝土的生产过程的各个环节，不论是投料、搅拌、运输，还是浇筑和成型，都要有利于纤维混凝土的密实性和纤维分布的均匀性。

5. 施工工艺流程及操作要点

5.1 施工工艺流程（图5.1）

5.2 操作要点

5.2.1 施工准备

在进行混凝土粘结修补加固或者施工缝处理前，首先要对既有混凝土结构进行全面的调查分析，弄清既有混凝土的强度等级、损伤状况、粘结修补面积等。根据调查所得的基本资料进行分析，做好详细的施工方案，并经总工审批后，按照已定的方案组织好人员、设备、材料的准备工作。

根据已定的方案，委托有资质的实验室确定配合比，配合比既要把坍落度、扩展度、强度作为考核指标，又把水胶比、外加剂掺量、粉煤灰掺量确定为主要因素，确定出最佳配合比。

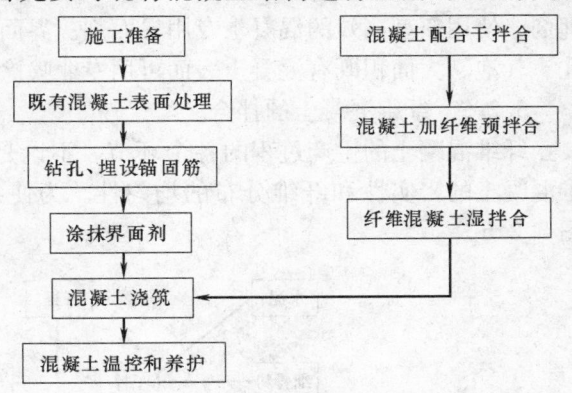

图5.1 施工工艺流程

5.2.2 老混凝土表面处理

1. 在浇筑新混凝土前，要对既有混凝土表面进行粗糙处理，以清除既有混凝土表面的浮浆、损坏部分和部分水泥石，露出部分粗骨料，使其表面形成凹凸不平状。具体的清理方法要根据现场的实际情况而定。小面积既有混凝土表面处理可以采用人工凿凿的方法。大面积既有混凝土表面处理首先要对既有混凝土表面进行机械凿毛，基本清除碳化层，使约50％的粗骨料露出，然后再对处理面进行高压水冲毛。不管采用何种方法，应先选择小面积范围为样板进行试处理，处理完成后采用灌砂法测量其表面粗糙度，使其平均灌砂深度控制在3.8～5.1mm范围内。然后依此为标准进行大面积既有混凝土表面处理。

2. 用灌砂法测量粘结面的粗糙度，其方法如下：

用灌砂深度表示粘结面的粗糙度，其基本原理如图5.2.2所示。在处理好的粘结界面上围上塑料薄板，塑料板顶面与粘结面凸部的最高点齐平，将细密的标准砂置于塑料板与粘结面之间并超过粘结面少许。用刮板沿粘结面顶面抹平至不再有砂粒掉下。将粘结面与塑料板之间灌的砂全部收集倒入量筒中，测出砂的体积。取三处以上部位测量平均值，用粘结面灌砂平均深度定量反映粘结面粗糙度。灌砂平均深度用下式进行计算：$H=V/A$

式中 H 为灌砂平均深度（mm）；V 为标准砂体积；A 为粘结面灌砂面积。

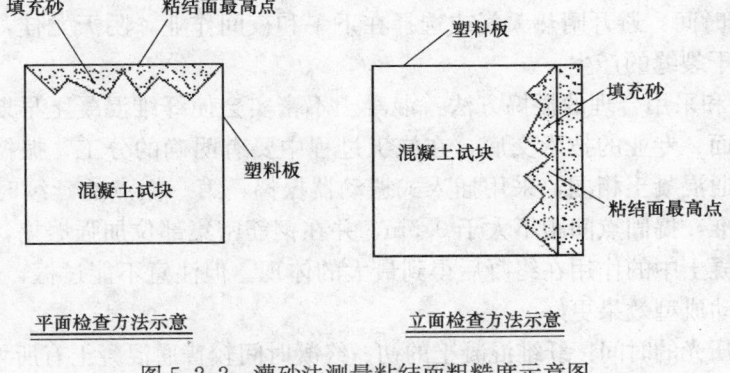

图5.2.2 灌砂法测量粘结面粗糙度示意图

3. 既有混凝土表面粗糙处理完毕，在浇筑新纤维混凝土前用清水冲洗接触面，并应保证新老混凝土接触面清洁湿润且无明水。

5.2.3　钻孔、埋设锚固筋

为使新老混凝土联合受力，除做好结合面的处理和选择合适的界面剂外，采取其他的加固措施也很重要。在新老混凝土结合面上，尤其是垂直面，钻孔埋设锚筋，也可以增强新老混凝土粘结效果。锚筋的直径、长度、间距应根据所在部位实际情况确定。

5.2.4　涂抹界面剂

传统的新老混凝土结合面的接缝材料是水泥砂浆。试验研究表明，合适高效的界面剂能有效提高新混凝土与既有混凝土粘结性能。在浇筑新混凝土之前，在处理后的既有混凝土表面涂抹合适界面处理剂。使用新型高效的混凝土专用界面剂。界面剂的涂抹厚度在 2mm 左右，并宜均匀涂抹，不得有气孔、气泡。大面积既有混凝土表面可用专业喷涂机进行喷涂。

5.2.5　纤维混凝土的拌合

纤维混凝土的生产过程的各个环节，不论是投料、搅拌、运输，还是浇筑和成型，都要有利于纤维混凝土的密实性和纤维分布的均匀性。为使纤维均匀分散，纤维混凝土的投料与搅拌采用工艺如图 5.2.5。

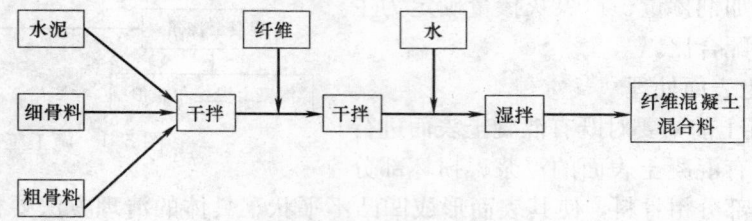

图 5.2.5　纤维混凝土搅拌工艺图

纤维掺入混凝土中，不宜采用人工搅拌。在商品混凝土搅拌站拌制混凝土前，由施工单位派人携带纤维，按事先确定的使用量，在砂、石、水泥均匀拌合后，再加入定量的聚丙烯纤维进行干拌，应将纤维与砂、石、水泥充分干拌后再加水湿拌，搅拌时间也应适当延长，一般为 80～100s，整个搅拌时间较拌制普通混凝土延长 40～50s。为改善拌合物的和易性、泵送性，还必须掺加优质的减水剂或高效减水剂。

5.2.6　混凝土的运输及浇筑

纤维混凝土在搅拌站拌制均匀后，使用混凝土搅拌车进行运输。应根据浇筑情况选择合适的运输路线，以确保混凝土供应畅通，并在运输过程中注意控制混凝土停放时间，搅拌车到达浇筑地点，一般应加大马力自转 25s 左右时间，混凝土经现场坍落度检查合格后才可卸料至混凝土输送泵送入模内，分块分层浇筑，两罐之间的间歇时间不应超过混凝土的初凝时间。掺入聚丙烯纤维后，在浇筑、振捣、抹面、养护等方面，还应做好以下工作：

1. 选择最佳浇筑时间：避开晴热天气或选择在下午和夜间作业，阴天尤佳，以保证混凝土浇筑后缓慢收干，减少早期干裂缝的产生。

2. 控制振捣时间和采用合理的振捣方法：混凝土不密实会使纤维混凝土早期裂缝产生，因此，在浇筑混凝土前，应全面、专业的技术交底，在施工过程中要有明确的分工，振捣细致、认真。纤维混凝土的振捣方法与普通混凝土相同，采用插入式振动器振捣，第一振点的延续时间应以使混凝土表面呈浮浆和不再下沉为准，捣固点间距不大于 0.5m，并在钢筋密集部位加强振捣，从而确保混凝土的振捣质量，使纤维在混凝土中的作用在终凝后得到最大的体现。但注意不能过振，避免纤维分布不均匀，对于平板使用平板振动成型效果更好。

3. 掌握好收浆与压光的时间：纤维混凝土的初、终凝时间较普通混凝土有所增加，宜在其接近初凝前收浆后抹平，并在其终凝前将混凝土表面赶压密实并压光，以防纤维外露，使纤维混凝土表面平整、密实、光滑。由于经振捣后，水泥浆在混凝土表面积聚，形成厚厚的一层浮浆，该浮浆强度低、收缩系数大，容易产生表面裂纹，影响结构混凝土的表观质量及力学性能。故在混凝土浇捣后，一般在初凝前，先用长刮尺按标高刮平，再用滚筒碾压数遍，并用木蟹打磨压平，以闭合收缩裂缝，在收干过程中，检查表面干缩裂缝，适当增加收光次数，对终凝前出现的表面干缩裂缝及时收光，避免裂缝蔓延、加大。如浇筑时遇晴热天气，收光后应及时做好覆盖、保湿工作，延缓水分蒸发及混凝土的干缩时间。

5.2.7 混凝土温控和养护

既有混凝土凝期长，温度已趋于稳定，而新混凝土受水泥水化热、气温等的影响，二者之间存在温差，在既有混凝土结构的约束下，将产生温度应力。对大体积纤维混凝土与既有混凝土粘结施工，宜采取降低纤维混凝土浇筑温度、通水冷却等措施，以降低温度应力。混凝土终凝后，及时对混凝土进行针对性的养护，如气温较高，应采取覆盖薄膜或麻袋，并不间断浇水保湿养护，冬期施工则应做好覆盖保温工作，以使混凝土的各项指标达到最高的要求，并确保纤维混凝土的抗裂、抗渗性能，同时，混凝土终凝后，应严格避免对结构混凝土的扰动。

6. 材料与设备

6.1 主要材料

主要材料见表6.1。

主要材料表

表6.1

序号	材料名称	规格型号	备注
1	聚丙烯纤维	≥270MPa	抗拉强度
2	钢纤维	≥380MPa	抗拉强度
3	界面处理剂	混凝土界面处理剂	
4	水泥	视既有混凝土强度而定	
5	细骨料	洁净度达到要求	
6	粉煤灰	I 级	
7	减水剂	高效型	

6.2 主要机具设备

主要机具设备见表6.2。

主要机具设备表

表6.2

序号	设备名称	规格型号	备注
1	平板振动器		
2	振动棒	60 型	
3	混凝土输送泵	HBT80 型	
4	量筒	1000mm³	
5	保温被	50mm 厚	视施工季节而定

7. 质量控制

7.1 质量控制标准

7.1.1 一般规定

1. 纤维混凝土工程的施工除应遵守《纤维混凝土结构技术规程》外，尚应满足国家标准《混凝土结构工程施工质量验收规范》和其他有关行业的混凝土工程施工及验收规范的规定。

2. 既有混凝土表面处理的粗糙程度，采用灌砂法检测时，其检测值应在3.8～5mm 范围内。

3. 配合比的设计和质量检验时，钢纤维混凝土性能的测试方法应符合《钢纤维混凝土试验方法》的规定。

7.1.2 原材料

1. 所用纤维的质量应符合《纤维混凝土结构技术规程》CECS 38：2004 的规定。钢纤维的几何参数还要满足表7.1.2的规定：

钢纤维几何参数参考范围表   表 7.1.2

工程类别	长度(mm)	直径(等效直径)(mm)	长径比
一般浇筑钢纤维混凝土	20～60	0.3～0.9	30～80
钢纤维喷射混凝土	20—～5	0.3～0.8	30～80
钢纤维混凝土抗振框架节点	35～60	0.3～0.9	50～80
钢纤维混凝土铁路轨枕	30～35	0.3～0.6	50～70
层布式钢纤维混凝土复合路面	30～120	0.3～1.2	60～100

2. 不得采用海水、海砂拌制钢纤维混凝土，严禁掺加氯盐。

3. 配制纤维混凝土宜选用高效减水剂。外加剂的性能应符合《混凝土外加剂应用技术规程》的规定，经试验验证后方可采用。

7.1.3 搅拌

1. 宜采用机械搅拌，当稠度较大时，搅拌机一次搅拌量不宜大于其额定搅拌量的80％。

2. 搅拌纤维混凝土的各种材料的重量，应按照施工配合比和一次搅拌量确定，其称量偏差不应超过表7.1.3的规定：

材料称量的允许偏差   表 7.1.3

材料名称	钢纤维	水泥、混合材	粗细骨料	水
允许偏差(%)	±2	±2	±3	±1

3. 纤维混凝土的搅拌时间应通过现场搅拌试验确定，并应比普通混凝土规定的搅拌时间延长1～2min。采用先干拌后加水的搅拌方式时，干拌时间不宜少于1.5min。

7.1.4 质量检验

钢纤维混凝土的质量检验，除应对原材料、配合比、施工的主要环节按现行有关混凝土结构工程施工与验收规范的规定执行外，尚应补充下列检验项目：

1) 按《纤维混凝土结构技术规程》附录A的规定对钢纤维进行质量检验；

2) 钢纤维的称量每一工作班至少检验2次；

3) 应采用水洗法在浇筑地点取样检验钢纤维体积率，每一工作班至少2次，水洗法检验钢纤维体积率的误差不应超过配合比要求的钢纤维体积率的±15％。

4) 钢纤维混凝土强度检验的试件制作、数量以及对强度的评定方法应参照现行有关混凝土工程施工验收规范及国家标准《混凝土强度检验评定标准》的规定执行。

7.2 质量保证措施

7.2.1 施工不要在雨天进行，气温最好低于30℃。

7.2.2 专人检查原材料的稳定性，尽量与试验吻合，特别注意骨料的质量。

7.2.3 在施工前和施工时，复合原材料称量系统，称量偏差符合相关规范。

7.2.4 泵送纤维膨胀混凝土的搅拌，采用将纤维、掺合料、水泥和骨料先干拌，而后加水和减水剂的方法，并增加搅拌时间。

7.2.5 在搅拌合泵送两个环节上，派专人观察混凝土的坍落度、和易性、稠度，混凝土不得有离析、泌水、纤维团聚现象。

8. 安 全 措 施

施工过程严格按照《建筑安装工程安全技术规程》有关规定施工，尤其是在高空作业更应该加强安全施工意识，特别注意以下几点：

8.1 对搅拌工人进行安全教育：不要让纤维进入眼睛，施工中不宜从高空抛洒，一旦进入眼睛，千万不能揉眼，要翻开眼睑用大量清水冲洗后就医。

8.2 混凝土施工机械操作人员须经专门培训，持证上岗。

8.3 使用振动器的作业人员，应穿胶鞋、戴绝缘手套。振动器设有漏电保护器。

8.4 设专人随时检查架子及模板稳定情况，发现问题应及时汇报并处理。

8.5 浇筑平台应满铺架板，四周搭设防护栏杆。架子上严禁放置活动钢管，架板铺设应稳固，不得出现探头板现象。保持通道通畅安全。

8.6 接拆泵管要先停泵，再接拆泵管。泵送期间不得进行接管工作。堵管时严禁在管正前方用手掏管内的混凝土。

8.7 施工用电应由电工接线，其他人员不得私自接电。电线不得直接挂在钢管上或钢筋上，应使电线挂在横木上。

8.8 所有施工人员不得赤膊、穿拖鞋、袖口、裤腿上衣摆要紧，防止被他物挂住。

8.9 供电系统必须采用三相五线制，应有可靠的接地系统，电路绝缘好，避免漏电伤人。混凝土振动器等用电设备应设漏电保护器，并经安全检验合格，定期检查。夜间施工应有足够照明，线路设置应按电工及项目部管理人员的要求设置，不得乱拉乱扯电线。

9. 环 保 措 施

9.1 材料运输车辆严格管理，不超载、不遗洒、不扬尘，文明驾驶，遵守交通法规。

9.2 模板和防水卷材切割时注意减少扬尘，完工后将材料堆码整齐，工作现场清理干净，对建筑垃圾，特别是有毒有害物质，应按时定期地清理到指定地点，不得随意堆放。电器设备及工具回收入库，锁好电源闸箱。

9.3 现场散落的模板和防水卷材废料应回收集中，供再生后重复利用。

9.4 分段浇筑混凝土时注意对已完成混凝土面的保护，混凝土施工注意工完料清，保证施工现场的清洁。

10. 效 益 分 析

纤维混凝土的应用目前已经很广泛，但是与既有混凝土的粘结关键技术研究尚少。本成果一方面解决了混凝土粘结修补加固中的关键问题，找到了粘结面最好的处理方式，建立了纤维混凝土与既有混凝土粘结的基本理论，具有重要的理论意义。另一方面，采用新型建筑复合材料进行粘结修补加固，极大地提高了粘结性能，经济效益是非常明显的。林州市罗圈水库除险加固工程，加固面积 1500m²，原设计双层双向 φ10@150 钢筋网片，采用本工法施工后节省钢筋每平方米 8.02kg，节约人工费每平方米 15 元，增加纤维费用每平方米 13 元，同比每平方米节约费用 42 元，本工程共节约费用 6.3 万元。仅河南省目前有四百多座水库需要除险加固，提出的纤维混凝土与既有混凝土粘结施工关键技术在水利、土木、交通等领域均具有广泛推广应用前景。

11. 应 用 实 例

11.1 林州市罗圈水库除险加固工程应用了聚丙烯纤维混凝土进行除险加固，经济和社会效益明显，施工质量优良，得到了各方的一致好评。

11.2 林州市团结水库除险加固工程采用聚丙烯纤维混凝土进行除险加固，经济和社会效益明显，施工质量优良，得到了各方的一致好评。

11.3 河南科技市场数码港工程在后浇带施工中，采用了聚丙烯纤维混凝土处理后浇带，结合效果非常好，没有出现任何裂缝和漏水现象，取得了工期短、节能环保的综合经济和社会效益。

自密实混凝土施工工法

GJEJGF196—2008

中国葛洲坝集团股份有限公司
程志华　石义刚　郭光文　余英　范品文

1. 前　　言

2005年三峡三期大坝达到了挡水高程后，二期工程导流底孔完成放水泄洪任务，具备了回填封堵条件。导流底孔单孔封堵体长78.0m，高12m；分长为28.0m、25.0m和25.0m三段施工，每段分4层施工。导流底孔回填封堵后，封堵体为大坝挡水部分，质量要求很高；如何确保封堵体混凝土回填质量，尤其是封堵体顶层空间狭小，施工人员很难进入仓位进行混凝土振捣，是目前孔洞结构混凝土回填封堵面临的难题；为确保封堵体顶层部位混凝土回填质量，葛洲坝集团在三峡工程施工中，经科研攻关，研发了一种高流态自密实混凝土，满足了导流底孔、大坝临时廊道、地下电站施工支洞等孔洞结构部位混凝土回填封堵的高质量要求。获得了三峡工程设计、监理、业主的一致好评。

葛洲坝集团研发的自密实混凝土及配套的施工工艺，取得了国内领先的"自密实混凝土施工技术"新成果，并总结形成了本工法。

2. 工 法 特 点

2.1　本工法利用自密实混凝土具有大流动性及良好的黏聚性，依靠自重可充填密实的特性，达到了混凝土免振自密实效果，解决了空间狭小部位孔洞结构混凝土浇筑难题。

2.2　本工法降低了空间狭小部位孔洞结构混凝土回填施工难度，加快了施工进度，确保了施工质量，保证了施工人员安全。

2.3　自密实混凝土胶凝材料用量高，增加了水泥水化热，但采取一定温控措施可以满足设计对混凝土温控要求。

3. 适 用 范 围

本施工工法主要适用于大型孔洞结构分层回填时顶层混凝土施工以及小孔洞结构一次封堵回填施工部位。也适用于孔洞结构顶部衬砌混凝土施工。

4. 工 艺 原 理

本工法工艺原理主要利用自密实混凝土具有大流动性及良好的黏聚性，依靠自重可充填密实的特性，达到了混凝土免振自密实效果，解决了空间狭小部位孔洞结构混凝土浇筑振捣的难题。通过合理的混凝土配合比设计及混凝土施工工艺控制，确保了空间狭小孔洞结构自密实混凝土回填质量。

5. 施工工艺流程及操作要点

5.1　工艺流程

施工工艺流程与泵送混凝土基本相同，其具体施工流程见图5.1。

2688

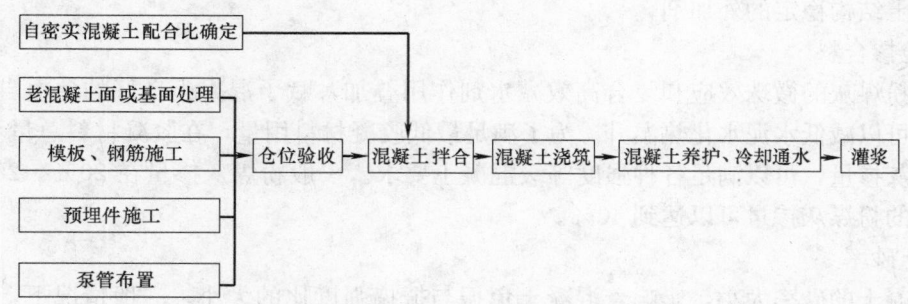

图 5.1 自密实混凝土施工工艺流程

5.2 施工工艺操作要点

5.2.1 自密实混凝土配合比的确定

1. 自密实混凝土配置要求

1）借助外加剂对水泥粒子产生强烈的分散作用，并阻止分散的粒子凝聚，使混凝土拌合物的屈服应力和塑性黏度降低。

2）掺加适量掺合料能调节混凝土的流变性能，提高塑性黏度，改善混凝土和易性，使混凝土匀质性得到改善，并减少粗细骨料颗粒之间的摩擦力，提高混凝土的通阻能力。

3）适当增加砂率和控制粗骨料粒径不超过 40mm，以减少遇到阻力时浆骨分离的可能，增加拌合物的抗离析稳定性。

2. 自密实混凝土原材料的选择

1）水泥：在水工建筑物中，为减小水泥水化热，宜选用中热硅酸盐或低热硅酸盐水泥。

2）粉煤灰：采用Ⅰ级粉煤灰，其性能检验标准见表 5.2.1。

Ⅰ级粉煤灰性能检验标准 表 5.2.1

类型	密度(g/cm³)	细度(%)	需水量比(%)	含水率(%)	烧失量(%)	SO₃(%)
国家标准《用于水泥和混凝土中的粉煤灰》GB 1596—91	—	≤12	≤95	≤1.0	≤5	≤3

3）细骨料：自密实混凝土的砂率较大。一般选用中砂或偏粗中砂，砂细度模数在 2.5～3.0 为宜，砂中所含粒径小于 0.125mm 的细粉不低于 10%。

4）粗骨料：各种类型的粗骨料都可使用，要求石子为连续级配，使石子获得较低的孔隙率。

5）外加剂：外加剂的性能必须有缓凝保塌、增塑、高效减水、早强等性能。

3. 自密实混凝土配合比设计

1）混凝土水胶比

除了与常态混凝土一样混凝土水胶比选择应满足混凝土各项性能外，还须考虑自密实混凝土为保持良好的黏聚性需对最大水胶比加以限制。通过试验，当水胶比在 0.35～0.40 之间时，骨料可以随着浆体通过多层钢筋网，当水胶比大于 0.40 时，骨料通过钢筋网的能力减弱，因此当钢筋比较密集时，水胶比以不大于 0.40 为佳。但对于较大的浇筑块体，相对钢筋较少时，亦可适当增大水胶比，根据施工经验，浇筑强度等级较低、钢筋较少部位的自密实混凝土，采用 0.5 水胶比，混凝土仍能保持良好性能。

2）混凝土胶凝材料用量

高强度等级混凝土胶凝材料用量大致在 350～450kg/m³ 之间选定，胶凝材料具体用量根据试验确定。

3）混凝土单位用水量

要得到优质的混凝土，在保证混凝土流动度前提下，应采用较小的单位用水量，应掺用减水率高且能保持混凝土结构稳定的外加剂。

4）混凝土掺合料

掺入细磨粉煤灰的微珠效应和复合高效减水剂作用叠加，赋予混凝土良好的免振自密实性能，而且掺入粉煤灰可以减低水泥水化热温升。为了满足最低胶凝材料用量，在胶凝材料总量不变的情况下，选取合适粉煤灰掺量，可以满足各种强度等级混凝土要求。一般粉煤灰掺量在 20%～25%左右，低强度等级混凝土的粉煤灰掺量可以达到 40%。

5）混凝土砂率

自密实混凝土的砂率大小，影响着混凝土免振与振捣强度比的大小。一般情况下，自密实混凝土砂率在普通混凝土的基础上提高 3%～5%。

6）骨料粒径及级配

为了减小骨料分离，也为了能采用混凝土泵输送入仓，骨料最大粒径应不超过 40mm，且中石与小石比例采用 1:1 或 2:3 为宜。钢筋密集的部位一般采用一级配自密实混凝土，骨料最大粒径不超过 20mm；钢筋较少部位，可采用二级配自密实混凝土，骨料最大粒径不超过 40mm。

4. 自密实混凝土性能检测方法

自密实混凝土是混凝土中一种新型材料，其性能检测主要从其流动性、通过钢筋栅间隙能力、填充性、混凝土力学性能及耐久性等几方面检测，具体检测方法如下：

1）流动性

自密实混凝土属于高流态混凝土，不宜单一采用坍落度评价其流动性，也要依据《水工混凝土试验规程》DL/T 5150—2001 中混凝土拌合物扩散度，来评价自密实混凝土拌合物流动性能。一般情况下，新拌制的自密实混凝土扩散度为 60±5cm，坍落度为 25～27cm。

2）通过钢筋栅间隙能力

为评价混凝土拌合物通过钢筋间隙的能力，采用长 200cm×宽 30cm×高 50cm 方木盒，盒中间设有两层间距为 8cm 的 φ25mm 钢筋栅，作为试验装置进行试验。使拌合物从一端向另一端水平流动通过，待混凝土不再流动后，分别检测两端混凝土容重和高差，通过混凝土容重和高差比较评价混凝土通过钢筋间隙的能力。

3）填充性

填充能力是衡量自密实混凝土工作性能的一个重要指标，采用长 200cm×宽 30cm×高 50cm 的木制"U"形槽，内置多层 φ25mm 钢筋网（钢筋网水平间距为 8cm），作为试验装置。试验时混凝土从一端倒入，流经布有钢筋网的中部，从另一端翻出。观察拌合物在流经钢筋网后是否发生分离，待混凝土硬化后，拆模观察混凝土对整个试验装置的填充情况和表面是否有缺陷。

4）混凝土力学性能及耐久性能

在水胶比及粉煤灰掺量相同情况下，自密实混凝土的抗压强度与常规混凝土基本相同，但自密实混凝土具有较高的轴拉强度和极限拉伸值，也具有良好的抗冻和抗渗性能。自密实混凝土抗压强度、轴拉强度、极限拉伸以及混凝土抗冻、抗渗性能试验检测方法同常规混凝土一样按照试验规范进行。

5.2.2 自密实混凝土拌合

按照试验确定的自密实混凝土配合比，采用拌合楼进行拌合，按照自密实混凝土拌制要求和拌合楼操作规范规程进行拌合，对拌合楼出机口混凝土温度、混凝土和易性、坍落度、扩散度等性能参数加强检测，确保自密实混凝土拌合物质量。

5.2.3 自密实混凝土回填施工

自密实混凝土施工工序与常规泵送混凝土施工基本相同，本工法主要介绍与空间狭小孔洞回填自密实混凝土施工工艺密切相关的几道工序，如模板施工、预埋件施工、泵管布置、混凝土浇筑、温度控制以及灌浆等工序施工操作要点。

1. 模板施工

由于自密实混凝土流动性大，混凝土凝结以前可持续对模板产生较大的侧压力，所以模板要有足够的强度、钢度和稳定性。根据混凝土浇筑高度计算混凝土产生的最大侧压力，对模板进行加固牢固。同时模板间的缝隙不得大于 2mm，以防较大漏浆。

2. 预埋件施工

预埋件施工主要包括灌浆管道、排气管、冷却水管以及止水和金结埋件施工，其中止水和金结埋件施工，按照设计要求进行施工。

1）灌浆管道

空间狭小孔洞结构一般为高低不平的异形封闭特殊结构，虽然采用了高流态自密实混凝土，但很有可能会出现局部架空；另外由于自密实混凝土水泥含量高，比一般混凝土存在收缩性大，混凝土与接触面有可能存在脱空等质量缺陷；为此须布置回填、接触灌浆系统，采取后期灌浆来弥补可能存在的局部混凝土缺陷，满足混凝土施工质量要求。

一般要求一个灌区埋设两套灌浆系统，一用一备，每套系统包含进浆管、回浆管、灌浆支管和排气管。一般情况下，排气管和进浆管都采用 DN40 焊接钢管，回浆管采用 DN32 焊接钢管，灌浆支管采用 DN25 焊接钢管，出浆盒采用镀锌薄钢板制作。

2）冷却水管布置

自密实混凝土含水泥量较大，混凝土水化热大温升高，要通水冷却降低混凝土温升，冷却水管要加密布置，其间距一般为 1.0m×1.0m，每根冷却水管长度不超过 200m。

3）排气管布置

自密实混凝土一般含气量大，泡沫较多，为确保顶部混凝土浇筑密实，一般都设有排气管或排气孔。埋设排气管时，一般在混凝土顶部基面凿深 5～10cm 槽，将排气管深入槽内，防止混凝土浇筑时将排气管堵住。排气管一般设在止水位置和混凝土气泡不易排出位置，排气管要引至施工人员便于观察的部位，如廊道等部位。排气管的数量要根据仓位大小和结构形式确定。混凝土浇筑完毕后期回填。

3. 仓内混凝土输送

空间狭小部位自密实混凝土回填时，一般在施工仓位埋设水平输送混凝土管道，管道规格型号与所适用泵机的泵管相配套，一般为 φ125 或 φ150。

水平管埋设方式：对大断面（直径或宽＞5m），一般在宽度方向埋 2～3 根管，在长度方向每根管出料点间距 4～7m，最远一根距浇筑端头≤80cm，每根管交错梅花形布置，每根管出料口向上弯起，埋设在仓内的泵管必须加固牢固；泵管向上弯起点，尽量采用弯管，不宜采用陡折点，减少泵送混凝土阻力。埋设的水平泵管在本仓混凝土浇筑完毕后，及时封堵回填。

仓内埋设输送混凝土的每根管道进料口位置必须编号，标识清楚埋管位置。为确保混凝土埋管换管布料顺利进行，泵机泵管安装完毕，每个埋管须与泵机泵管进行试连接，确保连接正常、方便。

4. 自密实混凝土浇筑

1）混凝土运输：自密实混凝土的运输应使用混凝土搅拌车，搅拌车宜直接向泵机或吊罐供料然后向泵机喂料，减少转料环节，合理调配车辆、选择最佳线路将混凝土尽快运到施工部位入仓浇筑，减少混凝土坍落度或扩散度的损失。

2）混凝土浇筑：泵机布置合理，泵管加固牢固，泵机泵管与埋设在仓内各个埋管试连接没有问题后，开始浇筑自密实混凝土。其布料方式为：若孔洞结构有坡度，一般泵管从低处开始布料，然后依次向高处布料。若孔洞结构平整，一般从里向外布料，埋设的泵管交替布料。自密实混凝土分坯层平仓浇筑，坯层厚度 50cm 左右。混凝土浇筑至最后一坯层时，先从最里边一根泵管开始布料，边输送边观察，待泵机打不出料后，使泵机保持压力 30min，封闭管口，换另一根泵管输送混凝土，由里向外依次换管布料。

浇筑底部坯层混凝土时，通过模板上预留窗观察混凝土浇筑情况，确定换布料埋管的时机。浇筑顶层混凝土时，通过预埋的排气管观察孔内混凝土填满程度，若排气管有水泥浆出现，说明此泵管周边位置混凝土已填满，然后根据实际情况换泵管，当所有的排气管都有水泥浆出现时，说明孔内已填满。适时控制泵机供料和稳压的时间（一般为30min），同时防止钢管的持续压力影响模板的稳定性。

为防止泵管拆除时混凝土回流，有两种方式封闭管口。第一种方式为：封闭管口时用氧焊枪将管壁烤热，加速出口混凝土初凝，然后用重锤将4φ16钢筋打入φ125或φ150埋管（详见图5.2.3），防止混凝土料回流。第二种方式为：在预埋的钢管与泵管之间设Z81W-20K闸阀，通过关闭闸阀达到封闭管口的目的。第一种方式现场操作简单方便，施工中常用。

图5.2.3 封闭泵管管口图片

5. 温度控制

自密实混凝土水泥含量多，混凝土水化热大，对混凝土温控压力非常大。施工中主要采取以下温控措施：

1）加强一次和二次风冷，同时做好水泥入罐和骨料温度检测，保证骨料冷透，通过一系列措施保证混凝土出机口温度低于7℃。

2）加强混凝土运输过程中的温控，对自卸车用遮阳棚保温，泵管包裹2cm厚的保温被保温，同时加强车辆调配，确保混凝土快速入仓，提高浇筑入仓强度，减少混凝土在运输过程中的温升。

3）优化混凝土配合比，减少水泥用量，降低水化热。

4）埋设测温管和温度计，做好温度检测和监控。确保及时准确地了解混凝土温度变化，采取相应的温控措施。

5）冷却水管加密布置（一般间距为1.0m×1.0m），根据温度检测资料，及时调整冷却通水方案。一般情况下，自密实混凝土浇筑即开始通水，通水温度8～10℃，24h换向一次，混凝土内部出现最高温度前，通水流量一般为35～40L/min，最高温度出现后通水流量降至18～25L/min。

6. 灌浆

当自密实混凝土降至设计温度，尽量在低温季节，开始进行施工部位的接触、回填灌浆，灌浆工序和工艺与常规施工基本相同。灌浆工序为：灌区采用风、水检查→灌区处理→灌浆→钻孔取芯检查→二次钻孔灌浆。

6. 主要材料与设备

空间狭小孔洞结构自密实混凝土回填施工设备、材料、人力资源配置与常规泵送混凝土施工基本相似，主要不同点为：

1. 空间狭小孔洞结构自密实混凝土回填时，为节约成本在仓内的埋管一般由普通钢管加工制作而成，钢管型号与泵机泵管相配套，一般采用φ125m或φ150m钢管加工制作。

2. 空间狭小孔洞结构自密实混凝土回填时，混凝土不需要振捣，减少浇筑工的配置，一般一个班配置 2~3 个浇筑工就可以满足要求。

3. 空间狭小孔洞结构自密实混凝土回填混凝土不需要振捣，一般不需要配置振捣机房和振捣棒。

7. 质 量 控 制

7.1 质量控制依据

空间狭小孔洞结构自密实混凝土回填施工质量控制标准：《混凝土施工规范》DL/T 5144—2001、《水工混凝土试验规程》DL/T 5150—2001 和《水工混凝土外加剂技术规程》DL/T 5100—1999 等规范规程以及设计文件。

7.2 质量控制措施

7.2.1 通过多种方案试验，优选自密实混凝土配合比，提高自密实混凝土拌合物的流动性、通过钢筋栅间隙能力、填充能力，确保混凝土力学性能及耐久性能，同时尽量减少每方混凝土中水泥用量。

7.2.2 采用仓内埋管方式浇筑洞室结构回填自密实混凝土时，根据自密实混凝土性能，合理设计埋管布置方式，确保自密实混凝土布料方便，浇筑密实。

7.2.3 仓内埋设温度计等监测设备，加强混凝土温升监测，及时调整温控措施，尤其调整冷却通水方案，确保混凝土温升不超过设计要求的最高温度。

7.2.4 建立温控预警制度，当仪埋计温度距设计最高温度 1~2℃，进行预警。

7.2.5 为避免孔洞回填自密实混凝土浇筑过程中存在架空或脱空质量缺陷，根据施工部位的实际情况，布置合理的灌浆系统，确保灌浆效果良好。

7.2.6 加大现场盯仓力度（必要时安装摄像头监测），控制浇筑速度，预防浇筑过程中模板跑模、漏浆，发现问题及时处理。

7.2.7 混凝土浇筑过程中，若有堵管现象或其他原因造成短暂间歇，应尽快处理，不得停仓浇筑。

8. 安 全 措 施

8.1 孔洞结构自密实混凝土回填部位一般空间狭小，仓位空气污度较大，要设置专用通风设备，如埋设通风管道或设置鼓风机等。

8.2 洞室内施工时，一般潮湿、空气湿度大，必须加强用电安全意识，对电缆线加强检查，发现破损处及时更换，确保用电安全。

8.3 高空作业及临边作业必须系好双保险，严禁交叉作业。

8.4 设置专职安全员，加大现场的协调和督察力度，及时排除隐患、杜绝违章作业。

8.5 仓内埋管换管布料或当泵管发生堵塞时，在泵管拆除前，泵机要反抽 3~5 次，以降低泵管内压力，等 3~5min 后再拆开管路，防止泵管拆除时喷料伤人。

8.6 针对不同的施工部位、不同的作业条件，编制安全技术方案，确保施工安全。

8.7 其他安全措施按照相应的《建筑安全施工规范》及监理、业主等安全文件执行。

9. 环 保 措 施

根据孔洞结构自密实混凝土回填部位实际特点，环境污染源主要有仓面空气不流通、空气污度大和施工废水、废渣，主要采取以下环保措施：

1. 根据施工部位的特点，埋设通风管道或设置鼓风机等措施，确保施工部位空气通畅，施工人员安全。

2. 及时清理混凝土废渣，将废渣运至指定的地点。

3. 将施工废水按照规划引排至沉污池，经过沉淀后排放至指定地点。

10. 效 益 分 析

10.1 本工法解决了空间狭小孔洞结构混凝土回填浇筑难的问题。

10.2 本工法利用自密实混凝土具有大流动性及良好的黏聚性，依靠自重可充填密实的特性，为空间狭小孔洞结构混凝土回填质量提供了保证。

10.3 采用本工法，降低了施工难度，加快了施工进度，确保了施工人员安全。

10.4 与常规泵送混凝土相比，采用本工法减少了混凝土浇筑工和浇筑资源配置。

11. 应 用 实 例

11.1 三峡工程导流底孔封堵

11.1.1 工程概况

三峡工程有 22 个导流底孔，2005 年 1 月开始封堵，2007 年 5 月封堵完毕，每年在枯水季节施工。导流底孔封堵单孔顺流向长 75m，宽 6m，封堵体分为三段，每段分 4 层施工，底部 3 层采用常规泵送混凝土，顶层封堵采用本施工工法，单孔自密实混凝土浇筑总方量约 1200m³，22 个底孔共浇筑 2.64 万 m³。

11.1.2 施工情况

三峡工程导流底孔封堵，由于混凝土受料平台 120 栈桥与底孔仓位高差较大，底孔顶层封堵时，采用 120 栈桥上高架门机挂吊罐向布置在导流底孔底板上的二配泵喂料，然后通过泵机泵管向仓内埋设的输料管送料入仓。单个导流底孔封堵时，为更好的确保第一段封堵体的质量，且方便质量检查，第一段封堵体分成左右两块施工。底孔封堵时仓内埋管根据仓内结构形状以及尺寸大小进行埋设，导流底孔顶层布管方式见图 11.1.2。顶层封堵时，采用的自密实混凝土配合比见表 11.1.2。为减少自密实浇筑完毕，混凝土收缩与老混凝土面间产生空隙或存在其他缺陷，导流底孔每段顶层封堵布置了两套回填接触灌浆系统。

自密实混凝土施工配合比表 表 11.1.2

设计强度等级	水泥品种	级配	水胶比	单位用水量(kg)	砂率(%)	粉煤灰掺量(%)	泵送剂品种	混凝土材料用量(kg/m³)						泵送剂原液	AIR202溶液(0.7/万)
								水	水泥	粉煤灰	人工砂	小石	中石		
R₉₀200# D250S10	中热 42.5	二	0.48	160	48	35	SP8CR-HC	160	217	117	864	561	374	1.67	2.33
R₉₀150# D100S8	低热 42.5	二	0.48	160	48	40		160	200	133	861	560	373	1.67	2.33

11.1.3 工程监测及结果评价

根据回填灌浆结果计算出灌浆前最小脱空厚度为 0.24cm，说明自密实混凝土浇筑效果比较好。底孔封堵体已经通过了挡水检验，无渗水现象，效果良好。

11.2 三峡三期大坝上游临时廊道封堵

11.2.1 工程概况

三峡工程三期大坝 17 号和 19 号坝段上游设有两条临时施工廊道，上游基坑进水前要封堵完毕。廊道为城门洞型，其结构尺寸为 2.0m×2.5m，其底部高程分别为 49.0m 和 38.3m，廊道上游设有防渗竖井。廊道回填封堵采用了本施工工法，浇筑混凝土方量 200m³，2006 年 2 月廊道回填封堵完毕。

11.2.2 施工情况

由于廊道封堵仓位较小，一次采用自密实混凝土将单个廊道浇筑完毕，为确保廊道顶部与老混凝

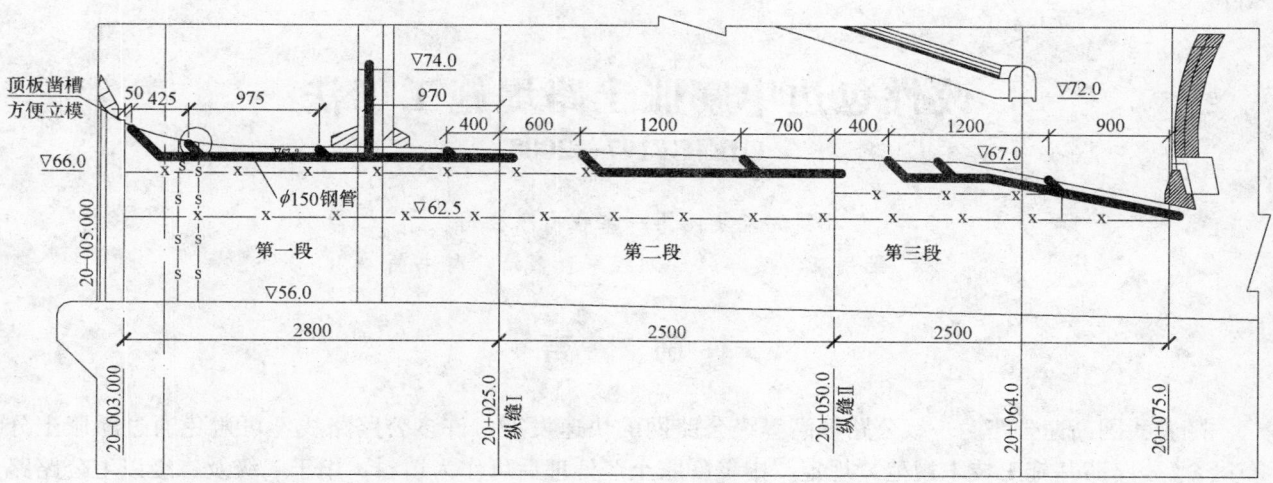

$\phi 150$ 钢管布置平面图

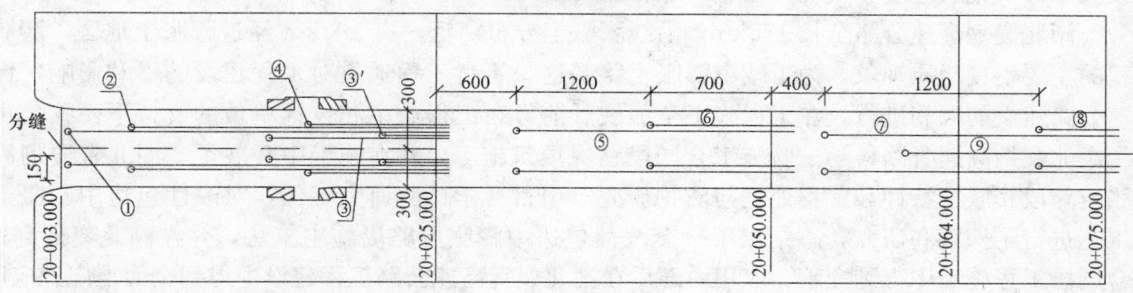

图 11.1.2　导流底孔封堵体顶层埋管布置图

土面接触良好，在廊道顶拱布置了两套回填接触灌浆系统。廊道上游的防渗井分三仓施工完毕，廊道底板以下一仓先浇，第二仓同廊道同时浇筑，第三仓廊道顶板以上待廊道浇筑完毕开始施工。

11.2.3　工程监测及结果评价

三峡三期大坝上游设置的两条临时廊道封堵采用自密实混凝土施工施工简单方便，确保了混凝土浇筑质量，加快了混凝土的施工进度，为上游基坑提前进水提供了条件。

11.3　三峡地下电站施工支洞封堵

11.3.1　工程概况

三峡地下电站 2 号施工支洞 BF1～BF2 段位于三期基坑右侧边坡 ▽ 56.0m 进口处与 2 号施工支洞改线段之间，轴线全长 29.2m，纵向坡比 3.29%，断面为 9.0m×7.0m（宽×高）城门洞型。共分 3 段施工，段间不设伸缩缝；每段分 2 层浇筑，第 1 层由底板浇筑至 ▽ 60.0m，第 2 层由 ▽ 60.0m 浇筑至拱顶。第二层采用洞室结构回填自密实混凝土施工工法。该段在 2006 年 9 月开始封堵，三期基坑进水前完成封堵；封堵混凝土方量为 1550m³。

11.3.2　施工情况

支洞封堵混凝土采用泵机浇筑，搅拌车运输，混凝土坍落度 14～16cm。由于仓面面积较小，单层封堵混凝土采用平浇法从支洞内侧向外浇筑。泵管布置在仓面中线，一直铺设至仓面顶头。在进行顶层混凝土浇筑时，在孔顶预埋 2 根 $\phi 150$ 钢管（作为泵管），利用钢管输送混凝土。当该层混凝土浇筑至距孔顶 1.2m 时，施工人员撤离仓面，封堵进出口模板，利用预埋的 $\phi 150$ 钢管向内输送自密实混凝土，先输送内侧的 1 根再浇筑外侧的 1 根，边输送边观察，当混凝土浆从封头模板顶部溢出后停止泵机供料。

11.3.3　工程监测及结果评价

三峡地下电站施工支洞封堵顶层采用自密实混凝土施工工法，施工简单方便，确保了混凝土浇筑质量，加快了混凝土的施工进度。本部位已经经受了下游基坑进水后的考验，效果较好。

改性包边中膨胀土路堤施工工法

GJEJGF197—2008

葛洲坝集团第一工程有限公司

汤用泉　黎学皓　刘经军　戴清　邱书茵

1. 前　　言

随着我国高速公路、一级公路等高等级公路网的快速发展，许多公路路线不可避免通过膨胀土分布区，《公路路基施工技术规范》规定"中等膨胀土经处理后可作为填料，用于二级及二级以上公路路堤填料时，改性处理后胀缩总率应不大于 0.7%"，所以研究用中膨胀土填筑路堤的施工技术，对节约投资、加快施工进度和实现环保施工都有重大意义。

湖北襄荆高速公路全长 185km，沿线膨胀土分布广泛，有 102km 经过膨胀土地区，膨胀土是本工程的主要不良地质现象，为了减小膨胀土路基这一不良工程地质对工程建设的不利影响，保证襄荆高速公路建设的顺利进行，在工程施工全面展开前，在工程业主和设计单位的支持下，我公司提前进行了湖北襄荆高速公路科学试验施工合同段路堤填筑施工，并在施工中开展了"湖北省襄荆高速公路膨胀土路堤段膨胀土特性和工程处理与防护研究"项目科学试验研究工作，对改性包边中膨胀土路堤施工工艺进行了探索和研究，总结出了一套改性包边中膨胀土路堤施工工法，并在湖北襄荆高速公路第 6 合同段工程施工中得到完善、应用，随后在湖北襄荆高速公路工程建设中得到全面推广和应用。

2. 工 法 特 点

2.1 利用改性中膨胀土代替非膨胀土包边，中间直接填筑素中膨胀土进行路堤施工，二者可同步填筑，同时上升，施工方便快捷；

2.2 改性中膨胀土包边填筑路堤后，包边的改性中膨胀土可做封闭层，路堤填成后，不必做浆砌护坡封闭边坡；

2.3 本工法实施前，应根据工程地质情况及环境条件进行土工实验和现场生产性试验确定改性土中膨胀土施工的最佳施工技术参数和施工工艺，以指导现场施工。

3. 适 用 范 围

膨胀土地区高速公路及一、二级公路路堤填筑工程及其他需用中膨胀土进行填筑施工的工程。

4. 工 艺 原 理

改性处理就是利用石灰、水泥或其他固化材料通过与膨胀土的物理化学作用对膨胀土进行处理，以达到抑制土体膨胀，减弱收缩，增加力学强度，提高水稳性等目的。改良后的膨胀土可达到非膨胀土的各项指标要求，从而用于路堤填筑施工。

本工法利用改性中膨胀土代替非膨胀土作为包边和封层，采用在中膨胀土中掺入一级生石灰改性包边，素土填心的施工方法，最大限度地将道路沿线的中膨胀土用于路堤填筑，实现了快速环保施工。

5. 工艺流程及操作要点

5.1 工艺流程

5.1.1 改性土生产流程：填筑材料及地基试验、检验→现场生产性试验→基底处理→土场取土、场拌→布土→初平→路拌→精平→碾压→检测。

5.1.2 不改性土（素土）流程：填筑材料及地基试验、检验→现场生产性试验→基底处理→土场取土→布土→初平→精平→碾压→检测。

5.2 操作要点

由于不改性土施工为常规方法，所以以下仅叙述改性土的操作要点。

5.2.1 试验室室内外试验：包括填筑所用土料土性试验、液塑限、土的颗粒分析、击实试验（包括不改性土、石灰土的不同含水量、不同掺合比状况下的击实）、土的承载比、填方区的地基承载力试验等。

5.2.2 现场生产性试验：通过现场生产性试验确定石灰掺用比例、松铺厚度、最佳含水量、压实机械的压实遍数、改性土的压实度等路堤填筑施工技术参数，以此参数指导施工。

根据试验确定的膨胀土路堤填筑施工技术参数详见表5.2.2-1～表5.2.2-5。

5%石灰改良中膨胀土试验结论（18t振动碾）　　　　　　　　表 5.2.2-1

土质类型		石灰改性土
配比		石灰：土＝5：95
最优含水量（%）		21.0
压实含水量（%）		23.0±2.0
最大干密度（g/cm³）		1.69
最佳松铺厚度（cm）		25～32
松铺系数		1.23
碾压设备		宝马 BW217D
碾压设备重量（t）		18
碾压方式		静碾2遍，振碾压实
碾压速度（km/h）		1.8
碾压遍数	90区	5

5%石灰改良中膨胀土试验结论（16t振动碾）　　　　　　　　表 5.2.2-2

土质类型		石灰改性土
配比		石灰：土＝5：95
最优含水量（%）		21.0
压实含水量（%）		23.0±2.0
最大干密度（g/cm³）		1.69
最佳松铺厚度（cm）		25～30
松铺系数		1.19
碾压设备		酒井 SV160D
碾压设备重量（t）		16
碾压方式		静碾2遍，振碾压实
碾压速度（km/h）		1.5
碾压遍数	90区	5

6%石灰改良中膨胀土试验结论（18t 振动碾）　　　　　表 5.2.2-3

土质类型		石灰改性土
配比		石灰：土＝6：94
最优含水量(%)		22.0
压实含水量(%)		24.0±2.0
最大干密度(g/cm³)		1.68
最佳松铺厚度(cm)		25～30
松铺系数		1.19
碾压设备		宝马 BW217D
碾压设备重量(t)		18
碾压方式		静碾 2 遍，振碾压实
碾压速度(km/h)		1.8
碾压遍数	90 区	5

6%石灰改良中膨胀土试验结论（16t 振动碾）　　　　　表 5.2.2-4

土质类型		石灰改性土
配比		石灰：土＝4：96
最优含水量(%)		22.0
压实含水量(%)		24.5±2.0
最大干密度(g/cm³)		1.68
最佳松铺厚度(cm)		25～30
松铺系数		1.19
碾压设备		酒井 SV160D
碾压设备重量(t)		16
碾压方式		静碾 2 遍，振碾压实
碾压速度(km/h)		1.5
碾压遍数	90 区	5

填心中膨胀土试验结论　　　　　表 5.2.2-5

土质类型		中膨胀土
最优含水量(%)		16.7
压实含水量(%)		略低于 24.0
最大干密度(g/cm³)		1.77
最佳松铺厚度(cm)		25～30
松铺系数		1.19
碾压设备		宝马 BW217D
碾压设备重量(t)		18
碾压方式		静碾 2 遍，振碾压实
碾压速度(km/h)		1.8
碾压遍数	90 区	5

5.2.3　基底处理

1. 填前清表：清表内容包括路基范围内的植被树木、淤泥、腐殖土和有机质等杂质，并将树干和树根运至指定的料场堆放，地表土和庄稼等附着物可用推土机进行清理，沿路段施工范围内就地堆放或运至监理工程师指定地点堆放。

对于地面自然横坡或纵坡陡于 1：5 时，填筑前要将地面挖成台阶状，台阶宽度应满足摊铺和压实设备操作的需要，且不得不小于 1m，台阶顶作成 2%～4%的内倾斜坡。对于路基范围内的不良地段，如水稻田等湿土地段，应先排水后再挖装淤泥。首先在路堤两侧修筑土埂，将地表水抽干，在埂内挖纵横排水沟，沟深保证能及时排出地面水，待地表疏干后，将表层的淤泥及含水量高的黏土清除干净。

2. 碾压：清表完成后应根据土体的含水量在适当时候进行填前碾压，使之达到规定的压实度。填前碾压的压实度要求见表5.2.3。

填前碾压压实度要求　　　　　　　　　　　　　　　表5.2.3

检查项目		规定值
填方路基压实度 （%）	上路床 0～30cm	≥95
	下路床 30～80cm	≥95
	上路堤 80～150cm	≥93
	下路堤 >150cm	≥90
零填及路堑路床	0～30cm	≥95

3. 检验：压实度检查合格并经现场监理工程师检查认可后，方可进行路基填筑施工。

5.2.4 土场取土、场拌：在选定土料场取土，并检测取土的各项指标，符合设计要求即可采用，同时应确保土料的含水量合适，否则需采取降低含水量措施。开挖路段的中膨胀土经检测合格后可运至填筑路堤面用于填心施工。改性土根据室内和现场试验所确定的掺合比，按石灰对土的百分比，折算成单位体积石灰掺入量，将石灰和土在土料场用开挖机械进行拌合使其基本均匀，然后装车、运输、上路堤。

5.2.5 布土：布土时，先进行两侧改性膨胀土包边的铺土，并确保包边土垂直坡面厚度≥4.5m（包括超宽0.5m）；再进行中间填心膨胀土铺土。土料摊铺时安排专人负责，根据试验确定的铺土层厚，定专人指挥卸料，从而掌握卸土间距与布土的稀密，以提高摊铺速度及平整度。

路基填筑先从低洼地段开始，后填一般地区，从下向上分层平行摊铺，每层虚铺厚度一般20～30cm。为控制摊铺厚度和减少摊铺工作量，应尽量准确控制布土密度。具体做法为：根据自卸车装土体积，计算出每车应摊铺面积，然后划成方格，每格倒一车。全断面全幅布土，同层同次碾压，保证其标高、层厚达到设计要求。

5.2.6 初平：采用推土机初平，严格控制松铺厚度，初平应达到一定的平整度，推土机平踩后再上平地机，对包边宽度不够的应人工予以修整，厚度20～30cm。

5.2.7 路拌：仅对改性包边土进行路拌，路拌前根据检测石灰剂量决定是否加补石灰，洒铺石灰时，现场划分网格进行控制，人工配合机械将石灰均匀摊铺，将颗粒较大的石灰人工破碎或检除。采用路拌机进行拌制，达到拌合均匀为止，同时保证土块粒径在5cm以下。

5.2.8 精平：先用推土机平踩，再用平地机进行精平。平地机精平时，要求控制好平整度，并注意形成路拱。安排专人在平地机后跟进消除骨料"窝"和粗骨料带，测量、试验人员跟随平地机及时检测，控制其层厚、标高及其他指标。

封顶层整形：用平地机整形时，由两侧向路中心进行刮平，再用压路机快速静碾1～2遍，对局部低洼处用混合料进行找补整平，再用平地机整形一次，每次整形均要按照规定的坡度和路拱进行。

5.2.9 碾压：采用振动压路机进行碾压，碾压遍数按试验确定的碾压参数控制，依据检测结果确定。碾压时先快速静碾两遍，然后用振动碾碾压至规定的压实度。每完成一个碾压单元后，及时检测含水量、压实度、压实厚度等技术指标，以指导施工。

碾压时从两侧路基边缘向路中推进，压路机碾压轮重叠1/2轮宽，且后轮必须超过两段接缝处。包边土与填芯土同层同次碾压，重型振动压路机碾压约4～8遍，实际碾压遍数依现场试验检测结果确定。

5.2.10 检测：外观要求表面平整，无明显的轮迹，无松软起皮、起皱现象；按规定对每层进行压实度和含水量的测试，每层检测点数应不小于8点/2000m²。但应注意分别对填心土、包边土进行检测，按规范对其平整度、压实度、含水量等技术指标进行测试，会同旁站监理检测并填报相关表格，报监理工程师审核后即可进入上一层的填筑。

5.2.11 对于路基底部封底和封顶各分别按20cm厚填筑两层共40cm的石灰改性土，施工方法同上。

6. 材料与设备

6.1 材料

6.1.1 本工法使用中膨胀土填筑路堤，土料填筑前应控制含水量和土的块径，要求用于路堤填筑的中膨胀土含水量与最优含水量的偏差应在 1%～2% 内，最大粒径小于 5cm。

6.1.2 石灰可就近从周边生石灰厂采购，需磨细后使用，符合一级石灰标准。

6.1.3 考虑到现场实施时混合料的均匀性较差，施工中掺加石灰应适当增加 1%，也可通过试验确定掺量。

湖北襄荆高速公路中膨胀土料、改性土料的各项指标见表 6.1.3-1～表 6.1.3-5。

中膨胀土物理指标   表 6.1.3-1

探坑位置	取土深度(m)	含水量(%)	湿密度(g/cm³)	液限	塑限
K87+120	1.7～3.7	18.6	2.10	57.8	24.0

中膨胀土 CBR 值   表 6.1.3-2

试验前		CBR 值		浸水含水量(%)	膨胀量(%)	平均 CBR 值
含水量(%)	干密度(g/cm³)					
17.80	1.763	$L=2.5mm$	2.8	22.39	2.137	
		$L=5.0mm$	2.5			
17.73	1.779	$L=2.5mm$	2.9	21.05	2.225	2.9
		$L=5.0mm$	2.6			
17.68	1.766	$L=2.5mm$	2.9	21.52	2.412	
		$L=5.0mm$	2.6			

石灰改良土物理力学指标   表 6.1.3-3

石灰掺和比(%)	液 限	塑 限	塑性指数
5	49.5	30.0	19.5
6	45.2	30.2	15.0

5% 石灰改良土 CBR 值   表 6.1.3-4

试验前		CBR 值		浸水含水量(%)	膨胀量(%)	平均 CBR 值
含水量(%)	干密度(g/cm³)					
18.36	1.692	$L=2.5mm$	7.8	24.68	0.017	
		$L=5.0mm$	7.2			
18.30	1.695	$L=2.5mm$	8.0	23.98	0.025	8.0
		$L=5.0mm$	7.4			
18.44	1.692	$L=2.5mm$	8.1	24.68	0.008	
		$L=5.0mm$	7.9			

6% 石灰改良土 CBR 值   表 6.1.3-5

试验前		CBR 值		浸水含水量	膨胀量(%)	平均 CBR 值
含水量(%)	干密度(g/cm³)					
19.93	1.681	$L=2.5mm$	9.7	23.03	0.027	
		$L=5.0mm$	9.1			
19.78	1.686	$L=2.5mm$	9.8	23.53	0.008	9.7
		$L=5.0mm$	9.2			
19.86	1.683	$L=2.5mm$	9.5	23.31	0.000	

6.1.4 改性后的中膨胀土的强度满足规范要求。

6.2 机具设备

6.2.1 本工法施工机械配置参见表 6.2.1。

最佳机械设备组合一览表
表 6.2.1

序 号	设备名称	单 位	数 量
1	装载机	台	1
2	反铲	台	2
3	自卸汽车	辆	14
4	路拌机	台	1
5	推土机	台	2
6	平地机	台	1
7	振动碾	台	1

6.2.2 路堤填筑碾压设备主要技术性能参数见表 6.2.2。

碾压设备主要技术性能参数
表 6.2.2

设备名称	项 目	参 数
宝马 217D	质量	18137kg
	激振力	240/300kN
酒井 sv160D	质量	16000kg
	激振力	245kN

7. 质量控制

7.1 工程质量控制标准

膨胀土路堤填筑施工应符合设计文件、试验确定控制参数《公路路基施工技术规范》JTGF 10—2006、相关验收规程的要求。

7.1.1 填筑路堤所采的用中膨胀土含水量应接近其最优含水量，偏差在 1‰～2‰ 内，土料其最大粒径不大于 5cm。

7.1.2 包边土掺加的石灰应采用一级石灰，并应磨细后使用。

7.1.3 改性土石灰掺量由试验确定，并保证石灰与土料混合均匀。

7.1.4 改性后的改性土强度必须满足规范规定的路基填料最小强度要求。

7.1.5 路堤压实标准按《公路路基施工技术规范》JTGF 10—2006 中的压实度标准规定执行。

7.2 质量控制措施

7.2.1 根据设计文件要求编制详细的施工方案和作业指导书，严格按技术要求进行施工。

7.2.2 建立现场施工质量保证系统，加强全员质量意识教育，坚持施工质量"三检"制，强化过程控制。

7.2.3 做好土料场排水、防水措施，控制中膨胀土的含水量，在上堤填筑前通过晾晒或洒水处理等方式将土料的含水量调整到最佳含水量。

7.2.4 施工中每层填土宽度应超出路基设计 50cm，保证路基边缘的密实，在路基整修时再予削除。

7.2.5 填土采用推土机、平地机分层平行摊铺，摊铺层厚度要均匀每层厚度不大于 30cm，使用重型压路机进行碾压，对包边改性土和填心交界部位应加强碾压，保证压实度达到设计要求。每压好一层都要及时进行检测，并由监理工程师签认合格后再进行下道工序的施工。用核子密度仪、环刀法及灌砂法按有关规定检查密实度，用液塑限测定仪测定土壤液塑限值控制路基的施工质量。

7.2.6 合理安排施工，路堤填筑尽量避开雨天施工。

8. 安 全 措 施

在路堤填筑施工过程中应贯彻"安全第一，预防为主"的方针，抓好施工中的安全工作，可采取的具体措施有：

8.1 建立健全安全生产组织，强化安全检查机构，设专职副经理主管安全，设专职安全员加强现场施工安全控制，各施工作业队配专职安全监督员，坚持经常性的施工安全检查和监督指导。

8.2 建立健全安全生产规章制度，把安全生产作为一项重要管理工作来抓。制定各种措施，使安全生产深入人心，把安全生产贯穿到整个施工全过程。

8.3 路基施工前，必须认真了解施工范围内地下埋设的各种管线、电缆、光缆等情况并与相关部门联系，制定合理的安全保护措施。施工中如发现有危险品及其他可疑物品时，应即停止施工，报请有关部门处理。

8.4 施工便道、便桥应设立警示和交通标志，必要时应设专人维护、指挥交通。施工车辆必须遵守道路交通法。夜间施工时，现场应设有保证施工安全要求的照明设施。

8.5 严禁在机械正在作业的范围内进行人工铺撒石灰作业。

8.6 多台机械同时作业时，各机械之间应注意保持必要的安全距离。机械在路基边坡、边沟、基坑边缘上作业时，应采取必要的安全防护措施，并配有现场指挥人员观察指挥，确保安全。

9. 环 保 措 施

在路堤填筑施工过程中需采取有效措施控制对水质、土壤、大气等的污染，把对当地的自然环境、邻近单位的生产及居民生活的影响减少到最低程度。

9.1 成立以项目经理为第一责任人的施工现场环境保护小组，制定"环境保护实施计划"。

9.2 必须认真规划土场，做到最大限度地利用、最小限度地开挖和使用完后平整恢复。

9.3 要防止水土流失，在施工期内修建临时排水渠道，保持工地良好的排水状态，以不引起淤积、冲刷。

9.4 废料废土妥善处理，严格按规定或监理工程师的批示弃置，力求少占土地、不影响排灌和农田水利设施。

9.5 水质保护

9.5.1 料场和路基的排水必须集中沉淀或处理后，使排水达标后，方可排出施工场地。施工废水废料、生活污水必须经处理合格后排出，不得直接排入农田、饮用水源、灌溉渠道，避免污染附近河流、池塘等；

9.5.2 在施工期间和完工后，妥善处理施工区域土料场、砂石料场，以减少河道、排水沟渠的侵蚀，防止沉渣进入排水渠道及河流；

9.5.3 含有沉积物的废水，应采取过滤、沉淀池处理或其他措施，使沉淀物不超过施工前河流、湖泊的随水排入沉淀量。

9.6 控制扬尘

9.6.1 施工作业产生的灰尘，应进行洒水使灰尘公害减至最小程度；载重车辆途径城市交通干线时，保持轮胎干净、不沾带泥土，不沿途遗洒；

9.6.2 易于引起粉尘的细料或散料予以遮盖或适当洒水，运输时用帆布等遮盖。

9.6.3 松铺石灰时尽量避免在有风时施工，倾倒时高度尽量低，施工人员应配戴防尘口罩等劳动保护用品。

9.7 减少噪声、废气污染

9.7.1 施工设施如堆料场、加工厂尽量远离居民点以减少干扰；

9.7.2 机械设备生产操作时，采取有效的降噪、防护措施；在居民区夜间施工时，严格遵守当地有关部门对夜间施工的规定。

10. 效 益 分 析

10.1 本工法经工程施工实践总结而成，接近于工程实际，为以后类似工程施工提供了可靠的组织依据和技术支持。

10.2 改性包边中膨胀土路堤填筑施工技术在湖北襄荆高速公路的应用实践，在对膨胀土的工程利用上有所突破，为我国膨胀土分布区的道路施工积累了经验，具有长远的社会效益。

10.3 本工法具有明显的经济效益和环保效益，改性包边中膨胀土路堤填筑施工技术一方面使得在膨胀土分布区进行道路施工时可最大限度地利用路基挖方或就近取用路堤填筑土料，减小外借土方，减小土料场的征用面积，另一方面作改性掺料的石灰来源丰富，成本较低，经济效益明显；利用中膨胀土填筑路堤提高了对路堑挖方的利用率，降低了工程弃料量，可最大限度地实现环保施工。

11. 应 用 实 例

11.1 湖北襄荆高速公路科学试验施工合同段（K101＋230～K101＋470）

11.1.1 工程概况

襄荆高速公路沿线膨胀土广泛分布，且相当一部分为高液限、高塑性、低强度（CBR 值小于 3%）的膨胀土，不能直接成为路堤填筑材料，对路堤、路堑边坡稳定性的影响较大。为克服膨胀土的这些弱点，解决膨胀土在路堤、路堑施工中的工程质量问题，在全线开工之前，在中国科学院武汉岩土力学研究所的指导下，进行科学试验段的科学试验，以便科研单位取得生产性试验成果后，指导全线膨胀土路堤、路堑施工的进行。

襄荆高速公路科学试验合同段位于钟祥胡集施家湾附近 K101＋230～K101＋470（填方段）和 K102＋050～K102＋375（路堑段），邱挡河 K102＋635 处横穿主路线。填方路堤填筑高度为 0.652m～5.082m，路堑挖方最大边坡高度 8m，填方路堤边坡为 1:1.75，路堑边坡为 1:1.75～1:2。科学试验合同段属垄岗地貌，路堤段处于地貌较平的水稻田上，地表为弱膨胀土，地下水位较高，经挖路堤边沟后，地下水处于清基后地面下部 0.4m 左右位置；路堑段表层为弱～中膨胀土，向下为硬塑中膨胀土，为路堤填筑料源。

11.1.2 施工情况

工程所在地区无霜期长，降水充沛，年均降雨量 1000mm 左右，11 月～次年 2 月降雨量最少，通常不超过 50mm/月，是膨胀土施工最佳时节。科学试验合同段工程于 2000 年 11 月动工，2001 年 3 月完成，共完成挖方 75965m³，填方 40005m³，掺加石灰 850t，完成了预定的各项试验参数、技术指标的试验、检测工作，达到了试验路段的工程施工目的。

11.1.3 工程监测及评价结果

试验段工程施工各项设计控制指标经检测满足设计要求，可在后续工程施工中应用。本工程路基完工后通过验收，投入使用多年，运行正常。

11.2 湖北襄荆高速公路第 6 施工合同段

11.2.1 工程概况

襄樊至荆州高速公路第 6 施工合同段位于荆门钟祥市胡集镇境内，起点桩号 K84＋950，终点桩号

K96+200，全长11.25km，本区段膨胀土分布较广，由黏土及亚黏土组成，属弱至中等膨胀土。取土场土质经试验确定为弱至中等膨胀土。本项目总工期18个月，主要设计指标如下：

公路等级	高速公路
计算行车速度	100km/h
路面宽度	26m，其中中央分隔带宽2m
行车道宽度	2m×7.5m
平曲线极限最小半径	400m
最大纵坡	4%
凸形竖曲线极限最小半径	6500m
凹形竖曲线极限最小半径	3000m
桥梁宽度	与路面同宽
桥涵设计荷载	汽车—超20，挂车—120
设计洪水频率	特大桥1/300，路基及其他构造1/100
与公路分离式立体交叉	上跨一、二级公路桥下净高≥5m，上跨三、四级公路桥下净高≥4.5m
与铁路分离式立体交叉	上跨铁路桥下净空按铁路净空规定
通道净空（宽×高）	汽车通道≥4m×3.2m，农机通道≥4m×2.7m，人行通道≥4m×2.2m

11.2.2 施工情况

本工程路线总长11250m，于2001年1月动工，2003年12月完工，共完成挖方356464m³，路基填土方1733143m³，砌石护坡39091m³，混凝土2475m³，铺草皮163388m²，桥涵42座。

11.2.3 工程监测及评价结果

本工程中膨胀土路基填筑施工各项检测指标满足设计要求，工程现已通过完工验收并投入使用多年，运行正常。

11.3 湖北襄荆高速公路其他施工合同段

11.3.1 工程概况

湖北省襄樊至荆州高速公路工程项目是国家高速公路网二连浩特至广州高速公路的组成部分，是湖北省"十五"期间的重点工程，也是湖北省第一个大型高速公路BOT项目。该项目起于襄樊市襄城区贾家洲，接汉十、襄荆连接线终点，经襄樊市襄城区、宜城市、荆门市钟祥市、东宝区、掇刀区、沙洋县，荆州市荆州区，止于荆州市荆州区龙会桥，与襄荆、荆州长江大桥连接线起点相接，建设里程185.415km，国家批复概算为41.79亿元。该项目全线采用双向四车道全封闭、全立交高速公路标准建设，路基宽度26m，计算行车速度100km/h。全线共计路基土石方2291.593万m³，沥青混凝土路面434.732万m²，大桥6座、中桥36座、小桥54座、天桥52座、通道385道、涵洞595道。沿线设分离式立交21处，互通立交9处，收费站9处，服务区2个，监控中心1个，并设置了完善的通信、监控及安全、养护、管理系统。

11.3.2 施工情况

该项目为国内首个公路BOT项目，工程2001年1月开工建设，分多个标段发包，经过各参建单位3年多施工，工程2004年6月28日全线通车。

11.3.3 工程监测及评价结果

本工程于2006年10月22日通过国家验收，投入使用至今运行正常。工程验收委员会评价：路线平纵线形顺适、选用指标恰当；路基及边坡稳定，路面平整密实；路基、路面排水设计合理；互通形式合理，规模适当；桥梁、通道及涵洞等构造物总体质量好；交通安全设施完备，监控、通信、收费系统运转正常；沿线服务管理设施功能完善；全线环保和水土保持达到规范要求，效果良好。竣工验收委员会对该工程项目进行了总体评定，工程质量综合评分为91.70分，评定工程质量等级为优良，建设项目综合得分92.67分，评定该工程建设项目综合评价等级为优良，一致同意该项目通过竣工验收。

高寒地区低温季节混凝土施工工法
GJEJGF198 —2008

中国安能建设总公司

赵秀玲　林伟　詹登民　张仕超　蒋礼明

1. 前　言

混凝土的质量控制是混凝土建筑工程质量控制的重要组成部分。混凝土的耐久性，是混凝土工程结构寿命的重要决定因素。受冻融破坏的混凝土表面会胀缩、崩解、风化剥蚀，长时间后，混凝土整体结构就可能遭到严重破坏，甚至导致工程无法正常运行。

在西藏、青海等高海拔严寒地区，日平均气温低、昼夜温差非常大，每年11月至次年3月基本处于冰冻期，低温季节时间很长。其恶劣的自然环境，对建筑工程混凝土的质量，特别是混凝土的耐久性，有了更高的要求。长期以来，由于缺乏科学的方法和手段，在这些高寒地区的低温季节（气温常在—20℃以下）往往停止施工，工程建设周期相对较长。中国人民武装警察部队水电第三总队依托承建的西藏水利水电工程建设，积极探寻科学、有效的方法进行低温季节混凝土施工并确保工程质量，加快了工程项目建设，取得了良好的社会效益和经济效益，通过实践，逐步形成了本工法。

2. 工 法 特 点

2.1 本工法完全突破了高寒地区低温季节不宜进行混凝土浇筑施工的常规，可以加快工程建设进度，使工程项目尽快发挥效益。

2.2 本工法是在多个工程的施工实践基础上总结出来的，针对高寒环境，对一些现行的施工规范、规程的标准、要求有更深入的验证、理解和认识，提出了一些更实际的指标，有较强的实践性。

2.3 本工法对施工工艺各环节的要求很明确，主要质量控制指标都有具体的数据，有较强的可操作性。

2.4 本工法所使用的主材、辅材和机具设备无特殊要求，一般的建材市场都能够提供，适用的地域范围和行业范围比较宽泛。

3. 适 用 范 围

3.1　地域范围

本工法既适用于西藏、青海、四川等高海拔寒冷地区低温季节的混凝土施工；也适用于北方高寒地区的冬季混凝土施工。

3.2　行业范围

本工法依托水利水电工程施工为基础，既适用于高寒地区低温季节的水利水电工程混凝土施工，也适用于高寒地区低温季节工业与民用建筑、公路、铁路等行业混凝土施工。

4. 工 艺 原 理

在高寒地区低温季节条件下，根据工程特点，在混凝土配合比设计时，通过试验确定，适量地加入高效引气减水剂和防冻剂，并围绕混凝土拌合生产、输送、浇筑各个环节，利用综合温控措施，创造水化反应能够正常进行的状态环境，使混凝土本身的水化反应得以正常进行，保证混凝土的质量，使混凝土工程施工在高寒地区低温季节能够正常进行，并得到满足设计要求的混凝土建筑物。

5. 施工工艺流程及操作要点

5.1 施工工艺流程

高寒地区低温季节的混凝土施工工艺基本流程见图 5.1。

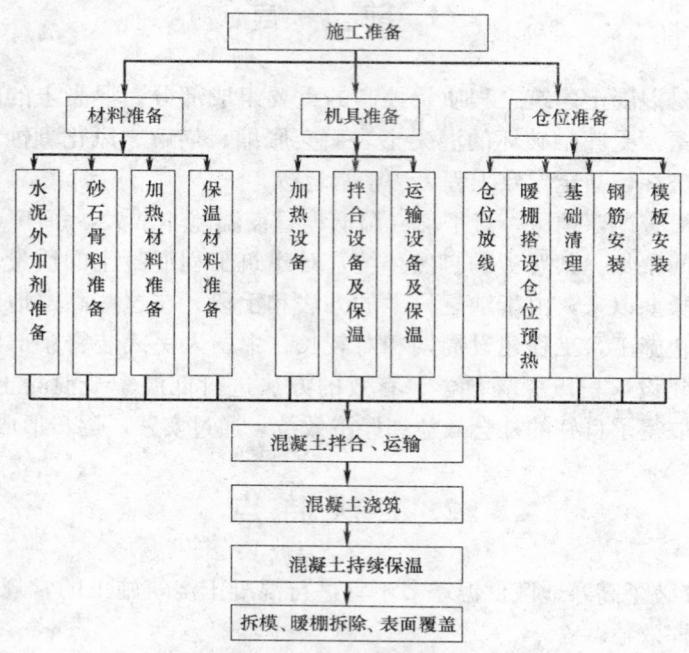

图 5.1　高寒地区低温季节混凝土施工基本流程图

5.2 施工操作要点

5.2.1 原材料的选用

1. 做好砂石骨料的检验分析。特别是直接影响到混凝土配合比参数的设计和混凝土质量的细度模数、针片状含量、坚固性及碱活性等技术指标。宜选用级配良好的中、粗砂，避免使用细砂；可以使用坚固性及碱活性低的碎石或卵石，若使用卵石时，应避免使用针片状含量较大的卵石。在拌合站（楼），应设立砂石骨料成品料堆场，对砂石骨料进行滤水稳定，确保用于混凝土拌合生产的骨料含水率小且稳定。

2. 做好水泥、粉煤灰的检验与选型。高寒地区对混凝土的耐久性（抗冻性能）一般要求较高。对于水泥，应选用 42.5 级以上等级、水化热相对较高的普通水泥；当掺用粉煤灰时，应优先选用Ⅰ、Ⅱ级灰，关于替代掺量，宜采用超量替代的方法，当采用等量替代的方法时，替代掺量不宜超过 20％。

3. 做好外加剂的检验与选型。应使用减水剂；对有抗冻性能技术要求的混凝土，必须使用引气减水剂；宜使用防冻剂。根据混凝土的具体抗冻性能技术要求和施工实际条件，对引气减水剂供货厂家应提出具体的产品技术参数指标，诸如对钢筋的腐蚀性、含气量、凝结时间、减水率等。减水剂、引气减水剂及防冻剂的掺量，应根据减水率、含气量等指标的预期值和气温情况通过试验确定。

5.2.2 配合比设计

1. 应通过分析比较，确定出各种类混凝土的抗压强度、抗冻性能及抗渗性能等技术指标要求的设计主控制指标。如对 C15F150W6 混凝土，经过分析，F150 就成为配合比参数的设计主控制指标。

2. 充分考虑混凝土拌合生产、运输实际过程中的砂浆量损失，根据砂石骨料、外加剂的检验成果，结合混凝土的级配，通过试验确定粗骨料的混合比例及砂率。砂率对混凝土的质量，特别是对混凝土的抗冻性能影响很大，必须保证混凝土拌合物在入仓后有足够的砂浆量和良好的和易性。砂率参数应比常规设计取值偏大 1%～2%。

5.2.3　仓位保温

1. 做好混凝土仓位的保温棚搭设。模板安装、仓内架管搭设均需充分考虑到保温材料的外挂要求，空间尺寸和承重强度要满足浇筑作业和操作安全的要求，还应考虑是否影响拆模。宜使用较为结实的帆布篷布，当气温在−10℃以下时，应在帆布篷布外侧加挂棉被类轻质量加厚保温材料。仓位内加温用的炉具和辅助加温照明碘钨灯等应均匀布设。

对有孔洞的结构部位，应采取封堵挡风措施，边角部位保温材料厚度应加强。洞室类的内部，应在进出口部位外挂加厚型棉质篷布进行封闭，并做好供风换气工作，应采用电加热类设备进行加热保温，宜采用碘钨灯进行洞室内部温度调整。

2. 混凝土浇筑前，对仓位应进行预热。在仓内温度达到 5℃ 以上后，方可开始混凝土浇筑。保温所用的燃料炉具应挂置，不得直接放在老混凝土面上，防止灼伤老混凝土结构。

3. 浇筑过程中和浇筑完成后的仓位应持续保持仓内温度在 5℃ 以上，浇筑完成后的仓位持续加热保温时间不少于 72h。

5.2.4　混凝土拌合

1. 高寒地区的混凝土工程施工，在前期做施工总布置时就应考虑拌合系统的布置。在条件允许的情况下，混凝土拌合系统不宜布置在风口位置，应布置在避风带。

2. 施工配合比应按照设计配合比执行。特别是外加剂的掺用量和拌合水用量一定要严格执行配料单。在混凝土生产拌合现场，应根据砂石骨料的含水率、细骨料的细度模数变化情况对用水量及时调整。

3. 宜采用强制式搅拌设备拌制混凝土，混凝土的拌合时间应适当延长，保持在 90s 左右，以保证外加剂的性能得以充分发挥，使混凝土拌合物有良好的和易性、均匀性。对称量骨料仓（斗）闸阀、拌合主机设备等部位应进行辅助加热，确保设备正常运转。

4. 拌合作业前，应先用热水对搅拌设备进行清洗预热。拌合材料应按照粗骨料→细骨料→水→水泥→外加剂的先后顺序进行投料。

5. 防冻剂的掺量应根据气温变化通过试验适时调整。当平均气温低于−5℃时，开始掺用防冻剂；防冻剂的起点掺量应根据防冻剂的品种、型号经过试验确定，当无试验资料或不具备试验条件时，起点掺量一般可采用 2.5%～3.0%；气温每下降 5℃，应通过试验调整防冻剂的掺量，当无试验资料或不具备试验条件时，可按每降低 5℃ 增加 0.5% 的防冻剂进行，但防冻剂的最高掺量不宜超过 4.5%。

5.2.5　混凝土运输

对水平和垂直运输设备都应采用保温措施，如对罐车、吊罐等外挂加厚型保温篷布"裹肚"，对吊罐、溜槽、溜桶的进料口和上口也要进行保温，减少水平和垂直运输过程中混凝土热量损失。

混凝土浇筑完成后，应用热水对运输设备进行清洗。

5.2.6　温度监控

1. 混凝土的入仓温度不应低于 5℃，出机口混凝土拌合物的温度最低限值应根据水平和垂直运输手段、运输距离等实际情况确定。

2. 拌合用水的最低加热温度可依据热工计算进行计算，应根据热工计算成果并增大 2～3℃ 确定，但最高加热温度应不高于 60℃。若计算得出的拌合用水最低加热温度高于 60℃，则应采取其他的措施，保证混凝土的出机口温度满足最低限值要求。热工计算应包括混凝土新拌合物温度计算、运输过程温度损失计算、浇筑过程温度损失计算及暖棚下料口冷空气渗入的耗热量计算等内容。

3. 应对浇筑过程中及浇筑完成后的混凝土内部水化温度进行测定，对混凝土成熟度进行计算，确定更准确的加热保温持续时间，避免混凝土在达到临界受冻强度前终止保温而冻坏。

5.2.7 混凝土拆模

低温季节浇筑的混凝土，非承重模板应在仓位持续保温结束后方可拆除，承重模板的拆除时间不得早于规范规定或经成熟度计算确定的时间。遵循高寒地区的气温和日照规律，模板的拆除作业时间宜选择在白天，不宜在夜间进行。

5.2.8 混凝土表面覆盖及养护

大体积混凝土浇筑完成收面后，应使用保温性能良好的棉被等保温材料覆盖，利用混凝土本身水化反应产生的水化热达到保温的目的，棉被等材料的覆盖时间应不少于施工规范规定的混凝土养护时间。小体积混凝土浇筑完成收面后，应以气密性能良好的塑料薄膜等保温材料及时进行覆盖，并在持续保温结束、暖棚拆除后，在塑料薄膜等材料外增加保温性良好的棉被等材料覆盖，棉被等材料的覆盖时间应不少于施工规范规定的混凝土养护时间。无论是大体积混凝土，还是小体积混凝土（构件），均不宜直接洒水养护。

5.3 劳动力组织

在高寒地区的低温季节，人员、机械设备的效率都相对降低。要根据低温季节混凝土施工的特点，认真抓好施工组织，提高效率。充分做好仓位预热工作，宜在仓位保温棚搭设后期就开始对仓位加热，避免仓位预热环节耽误时间。

抓好拌合、运输和入仓浇筑各环节的协调与配合，组织好交接班工作，保证施工作业连续性，特别要明确施工过程中试验人员对各项温度数据测量、配合比调整的工作职责和程序，以便为措施跟进和质量监控提供准确的基础依据，严禁随意更改混凝土施工配合比。低温季节混凝土施工劳动力组织见表5.3。

施工劳动力组织表　　　　表5.3

序号	工种	数量（人）	工作内容
1	施工协调管人员	1	施工各环节的总组织与总协调
2	质量安全管理人员	2	技术交底、质量安全检查与控制
3	拌合站（楼）管理人员	2	混凝土拌合生产、运输的组织与协调
4	浇筑管理人员	2	浇筑施工的现场协调与监督（盯仓）
5	拌合工	2	拌合站（楼）操作
6	皮带工	4	拌合站（楼）输送皮带保养和运行维护
7	汽车驾驶员	10	砂石滑料、混凝土运输
8	起重设备驾驶员	2	起重设备操作
9	起重工	2	吊装指挥
10	电工	2	电力调备和线路维护
11	钢筋工	6	钢筋制作、加工和安装
12	模板工	6	模板制作、加工和安装
13	焊工	6	钢筋、铜止水焊接和其他维护焊接作业
14	浇筑工	4	振动器操作
15	普工	16	材料运输、协且熟练工工作

注：本表的劳动力组合的工种和数量仅供参考，应根据具体的工程规模、施工计划和强度进行合理配置。

6. 材料与设备

6.1 机具设备

拌合用水的加热设备可以结合实际情况选用电加热类或燃料加热类锅炉设备。设备的容量、功率等应根据混凝土拌合生产能力计算出每小时需要的拌合用水量并乘以 1.1～1.2 的系数后确定，并作为设备选型的参考依据。低温季节混凝土施工辅助材料与机具设备见表 6.1。

施工辅助材料与机具设备 表 6.1

序号	名 称	规格/型号	数量	备 注
1	混凝土拌合站（楼）		2台(套)	强制式
2	混凝土罐车	15t	3台	
3	电(燃料)锅炉		2台(套)	根据拌合生产能力确定热水需求量来配置
4	临时热水转存罐	自制	1只	
5	起重设备	5t 以上	1只	根据入仓手段配置
6	吊罐		1只	
7	振捣器	700mm 以上	2套	
8	振捣器	500mm	2套	
9	温度传感器		2套	
10	木料加工机具		1套	
11	钢筋加工机具		1套	
12	电焊机		4台	
13	水银温度计	0～+100℃	2支	
14	水银温度计	-50～+50℃	5支	
15	钢架管	48mm		根据拌合站(楼)的
16	木条、木板			
17	帆布篷布			保温需要配置至少应按连续 2 个仓位的保温需要和材料周转配置
18	棉被			
19	塑料薄膜			
20	碘钨灯			
21	燃煤			或柴火

注：本表的材料与机具设备的规格型号和数量仅供参考，应根据具体的工程规模、施工计划和强度进行选型、合理配置。

6.2 辅助材料

6.2.1 加热材料

宜用照明用碘钨灯作为辅助加热手段。如采取燃料方式加热时，燃料应优先选用无烟燃煤；不具备无烟燃煤供应条件的，可以选用有烟燃煤或木质柴火，但要做好排烟措施。

6.2.2 保温材料

拌合用水的储存和输送管路、混凝土输送设备、仓位保温宜采用棉被、海绵类、篷布、塑料薄膜等材料。拌合站（楼）的保温宜采用钢质、木质材料做骨架，外挂篷布等材料防风。

7. 质 量 控 制

应严格按照"5.2.1～5.2.8"各条操作要点所列的具体标准进行混凝土原材料的选型、配合比设计、仓位保温、拌合、输送、温度监控及保温、养护等流程和环节的控制。除此以外，还应注意以下要点：

7.1 原材料质量控制

严格监控原材料（水泥、粉煤灰、砂石骨料、外加剂等）的质量，外购材料必须具备出厂合格证和必要的检验证明，对砂石骨料的超粒径、含泥量、含水量等直接关系混凝土质量的关键指标加强检测。

7.1.1 严格按照有关施工规范和标准检查、检验各原材料的质量，并根据砂石骨料的超粒径、含水量等指标变化的实际情况及时对施工配合比进行调整，以保证混凝土各项指标满足设计要求。

7.1.2 严禁使用不合格的原材料生产混凝土。

7.2 拌合质量控制

7.2.1 做好对拌合计量系统的监督控制，确保各种材料按有效配料单投料拌合。混凝土拌合设备的计量系统应强制检定。同时，施工单位还应在强制检定周期内定期自检。

7.2.2 通过现场坍落度、含气量等检测手段，及时检查、分析掌握混凝土的拌合质量信息，确保拌合物有良好的和易性。拌合生产过程中发现的问题，应及时调整、搞好控制。和易性较差的混凝土有可能达到设计要求的抗压强度，但不可能有较好的抗冻性能。

7.2.3 做好水温加热控制工作，保证混凝土出机口温度和浇筑温度相对稳定，应避免大的波动，波动幅度不应超出控制标准水温－2～＋5℃的范围。

7.3 混凝土浇筑质量控制

7.3.1 抓好各环节的配合与协调，保证混凝土浇筑连续。

7.3.2 认真抓好平仓振捣工序质量控制，仓内混凝土不宜大面积铺开浇筑，宜采取小分区分层台阶法浇筑。

7.3.3 抓好浇筑过程和浇筑完成后的仓内的持续保温工作。

7.3.4 切实做好施工记录和各项数据资料的收集与整理工作。

7.3.5 当采用柴火、煤炭进行混凝土仓内加热保温过程中，应防止灰烬散落到新浇混凝土的表面而产生污染，在炉具下方应设置收集散落灰烬的有效装置。

7.4 温度测控

做好温度测量和监督控制，保证各环节的限制温度，是搞好高寒地区低温季节混凝土施工的关键。特别要做好大气、拌合水、出机口混凝土、仓内等温度测量信息采集工作，根据采集信息和实际的情况及时对拌合水温等进行调整或跟进采取其他必要措施，按各环节的温度限值指标进行严格控制。

8. 安 全 措 施

8.1 认证贯彻"安全第一，预防为主"的方针，建立完善的施工安全保证体系，加强施工作业中的安全检查，确保作业标准化、规范化。根据国家有关规定、条例，结合施工单位实际情况和工程的具体特点，组成专职安全员和班组兼职安全员以及工地安全用电负责人参加的安全生产管理网络，执行安全生产责任制，明确各级人员的职责，抓好工程的安全生产。

8.2 仓位保温按符合防火、防风、防触电等安全规定及安全施工要求进行布置，并完善布置各种安全标识。保温棚所用的篷布、棉被要搭设严密，固定牢固；骨料仓和混凝土仓位内加热设施应有排烟通道，负责添加燃料的夜班工作人员应以2名以上为1组，防止一氧化碳中毒。

8.3 加强消防管理，坚持预防为主，防消结合。各类房屋、库房、料场等的消防安全距离做到符合公安部门的规定，室内不堆放易燃品；严格做到不在木工加工场、料库等处吸烟；随时清除现场的易燃杂物；不在有火种现场或其近旁堆放物资。

8.4 氧气瓶与乙炔瓶隔离存放，氧气瓶不得沾染油脂，乙炔发生器必须安装防止回火的安全装置，加热保温工作未结束的仓位内严禁进行氧焊作业。

8.5 电、燃料加热锅炉应修建相对独立的锅炉房，对锅炉设备应制定详细的安全操作规程，严格执行交接班制度。

8.6 施工现场的安全用电严格按照《施工现场临时用电安全技术规范》的有关规范规定执行。烧制拌合用热水的电锅炉应有良好的绝缘，应安装短路保护和漏电保护装置；保温棚内的照明、辅助加温用的碘钨灯及振捣器等电力线路应与仓位内钢架架管严格绝缘；室内配电柜、配电箱前要有绝缘垫，并安装漏电保护装置；电缆线路应采用"三相五线"接线方式，电气设备电气线路必须绝缘良好，场内架设的电路其悬挂高度、线间距除按安全规定要求进行外，还应将其布置在专用电杆上；施工现场使用的手持照明灯应使用不高于 36V 的安全电压。

8.7 做好清障除雪等路面维护工作，加强驾驶员安全教育，确保车辆行驶安全；吊罐、溜槽输送作业时，下方严禁站人或人工作业；做好倒车、吊运等作业指挥。

8.8 配发齐全适应低温环境的棉衣、棉鞋及手套等劳保用品，做好劳动保护。

9. 环 保 措 施

9.1 成立相应的文明施工环保管理机构，在施工过程中严格遵守国家和地方政府下发的有关环境保护的法律、法规和规章，遵守防火和废弃物处理的规章制度，加强对施工燃油、染料、工程材料、废水、生活和建筑垃圾、弃渣的控制和治理，随时接受环保监理和相关单位的监督、检查。

9.2 将施工场地和作业限制在工程建设允许的范围内，杜绝对施工范围外的植被破坏，合理布置、规范围挡，做到材料堆放整齐，标牌清楚、齐全，各种标识醒目，施工场地整洁文明。

9.3 设立专用坑、道，对沉淀泥砂、污水进行集中，认真做好无害化处理，从根本上防止乱流。废水除按环境卫生指标进行处理达标外，并按当地政府环保部门要求的指定地点排放。

9.4 定期清运，作好混凝土、泥砂、弃渣及其他工程材料运输过程中的防散落与沿途污染措施，弃渣及其他工程废弃物按工程建设的指定地点和方案进行合理处治。

9.5 对燃煤、柴火等燃料的燃烧煤渣、灰烬按指定地点进行集中堆放、掩埋处理。

9.6 做好施工区内交通道路的环保工作，在晴天的白班时间适时对施工道路进行洒水，防止尘土飞扬，污染环境。

10. 效 益 分 析

10.1 本工法针对高寒地区低温季节的恶劣环境条件下的混凝土施工制定，其操作性强，可靠性高，混凝土施工质量完全能够得到保证。

10.2 就高寒地区低温季节混凝土施工单项来讲，短期成本是增加的。但进行高寒地区低温季节混凝土施工可以加快工程施工进度，满足工程防洪渡汛、提前发电、缩短施工总工期等需要，社会效益和经济效益显著。

11. 工 程 实 例

11.1 工程概况

直孔水电站位于西藏自治区墨竹工卡县境内拉萨河中下游交界处，距拉萨市约 100 公里。电站以发电为主，兼顾防洪和灌溉，正常蓄水位 3888.00m，设计水头 30m，水库库容 1.75 亿 m³，总装机容量 4×25MW。坝顶高程 3892.6m，最大坝高 57.6m。主要建筑物有碎石心墙堆石坝、混凝土坝、引水系统、地面式发电厂房、尾水渠等系统。

该电站混凝土坝及引水发电系统工程共有混凝土约 31 万 m³，其中抗冻性能混凝土约 15 万 m³，抗冻性能混凝土种类有 C15F150、C20F150、C20F200、C25F200、C40F200 等。

工程所在地海拔约 3900m，日平均气温低、日温差大，低温季节时间长。每年 11 月至次年 3 月基本处于冬季状态，气候寒冷，极端最低气温可达－23.1℃，昼夜温差非常大。

11.2 施工情况

中国人民武装警察部队水电第三总队承担西藏直孔水电站混凝土大坝及引水发电系统工程的土建和金属结构安装工作。2003 年 3 月至 2004 年初完成开挖，2004 年 2 月开始主体工程混凝土浇筑。从

2004年2月至2006年10月，连续跨越4个低温季节。共计完成混凝土浇筑约31万 m^3，其中4个低温季节共浇筑混凝土约15万 m^3。

针对工期任务要求的低温季节施工，总结、借鉴西藏其他工程冬期施工的经验，认真研究施工规范和设计技术要求，编制了详细的冬季混凝土工程施工组织设计，制定了冬季混凝土工程保温施工的作业指导书，明确了各项质量保证指标要求。在具体施工过程中，狠抓人员责任的落实和各环节的配合与协调，保证了低温季节混凝土工程施工得以顺利、有效地完成。

11.3 混凝土质量检测与评价

对混凝土严格按照《水工混凝土施工规范》DL/T 5144—2001及《水工混凝土试验规程》DL/T 5150—2001进行取样检验。以2004年11月15日到2005年3月25日低温施工时段的混凝土检测与评价为例如下：

该施工时段共浇筑完成抗冻性能混凝土约3.7万 m^3。C15F150、C20F150两个类别的混凝土抗压强度检验统计分析见图11.3-1、图11.3-2，这两个级别混凝土的抗冻性能共进行了8组随机样品检测，抗冻性能全部合格。

检验成果表明，该工程的混凝土的配合比设计是成功的、施工控制是有效的、质量是良好的。充分说明我们所总结的"高寒地区低温季节混凝土施工工法"是切实可行、行之有效的施工方法。

抗压强度范围（MPa）	17～20	20～22	22～25	25～27	27～30
强度范围内试件分布组数（N）	1	6	25	9	2

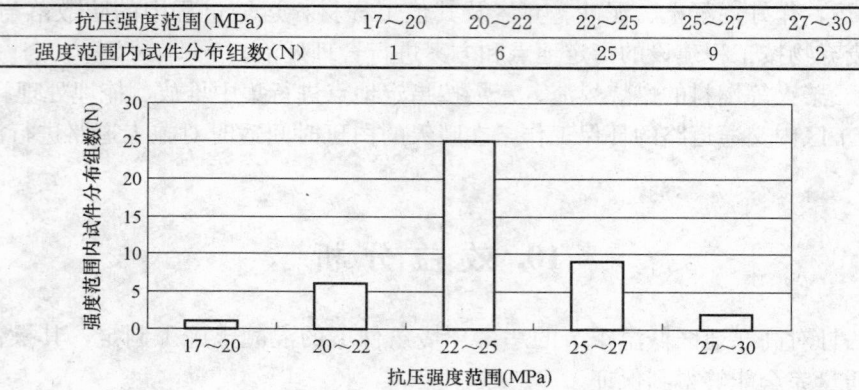

图11.3-1 C15F150混凝土抗压强度统计图表

备注：1. 共有43组混凝土抗压强度试件；2. 平均抗压强度 $mf_{cu}=22.6\text{MPa}$，抗压强度标准差 $S=1.9\text{MPa}$，离差系数 $CV=0.08$，最高抗压强度 $f_{cu,max}=29.5\text{MPa}$，最低抗压强度 $f_{cu,min}=17.8\text{MPa}$；3. 统计时段内混凝土强度保证率为100%，混凝土生产质量评定为优良。

抗压强度范围（MPa）	20～22	22～24	24～26	26～28	28～32
强度范围内试件分布组数（N）	2	9	28	10	3

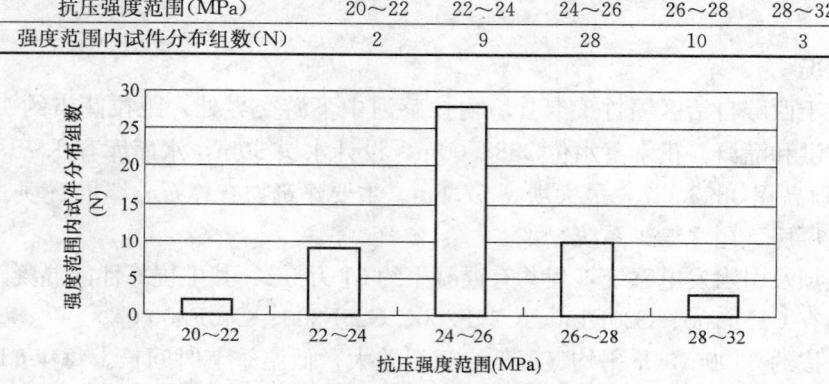

图11.3-2 C20F150混凝土抗压强度统计图

备注：1. 共有52组混凝土抗压强度试件；2. 平均抗压强度 $mf_{cu}=24.7\text{MPa}$，抗压强度标准差 $S=1.8\text{MPa}$，离差系数 $CV=0.07$，最高抗压强度 $f_{cu,max}=31.4\text{MPa}$，最低抗压强度 $f_{cu,min}=20.9\text{MPa}$；3. 统计时段内混凝土强度保证率为99.0%，混凝土生产质量评定为优良。

高水头防渗土料填筑施工工法

GJEJGF199—2008

中国安能建设总公司　中国水电建设集团路桥工程有限公司

冯小明　赵纯迪　刘剑　尚诗涛　季建兵　杨伟

1. 前　言

抽水蓄能电站上水库库底一般采用沥青混凝土防渗，河南国网宝泉抽水蓄能电站上库为国内首次使用黏土防渗的水库，防渗土料水头较高，高度为41.6m，此种工况下防渗土料填筑无成熟的施工工法。库底高水头防渗土料填筑施工与土石坝黏土防渗体施工相比，存在施工平面纵横方向尺寸长、面积大、平面分区多、纵横向接缝多；土料边缘与库岸（含坝体迎水面）结合部因受岸坡防渗体影响不能使用重型机械且施工时段与中部有一定间隔；渗流方向为上下垂直式等特点，故其施工程序和方法必然与大坝防渗体施工有一定的区别。我公司在河南宝泉抽水蓄能电站上库施工实践中，不断总结优化施工布置、工艺参数形成了本工法。

2. 工法特点

2.1 施工中工作面附近无堆石料、过渡料等作为车辆运行通道，土料运输车必须在填筑面上行走。

2.2 防渗土料填筑采用后退法进料（土石坝黏土填筑一般采用进占法进料）。

2.3 碾压机械行走方向不受限制（坝体施工要求平行坝轴线）。

2.4 防渗土料内部设有接地网等埋件。

2.5 填筑施工对纵横接缝面处理要求高，对水平层间接合面处理要求相对较低。

2.6 库底周边与库岸防渗体结合部采用预留宽度隔层碾压法施工。

3. 适用范围

本工法适用于库底高水头防渗土料填筑的施工。

4. 工艺原理

根据设计要求的各项技术指标通过碾压试验取得施工参数后，利用相应的施工设备对防渗土料进行运输、摊铺、整平和碾压，使其达到各项设计指标的要求；同时根据防渗土料主要是水平防渗，渗流方向为由上向下的特点，有针对性地提高纵横接缝面的处理质量，既保证工程质量满足库底防渗要求，又合理利用资源，降低成本，缩短工期。

5. 施工工艺流程及操作要点

5.1　施工工艺流程

本工法施工工艺流程见图5.1。

5.2　施工操作要点

5.2.1　料源材质复检与碾压试验

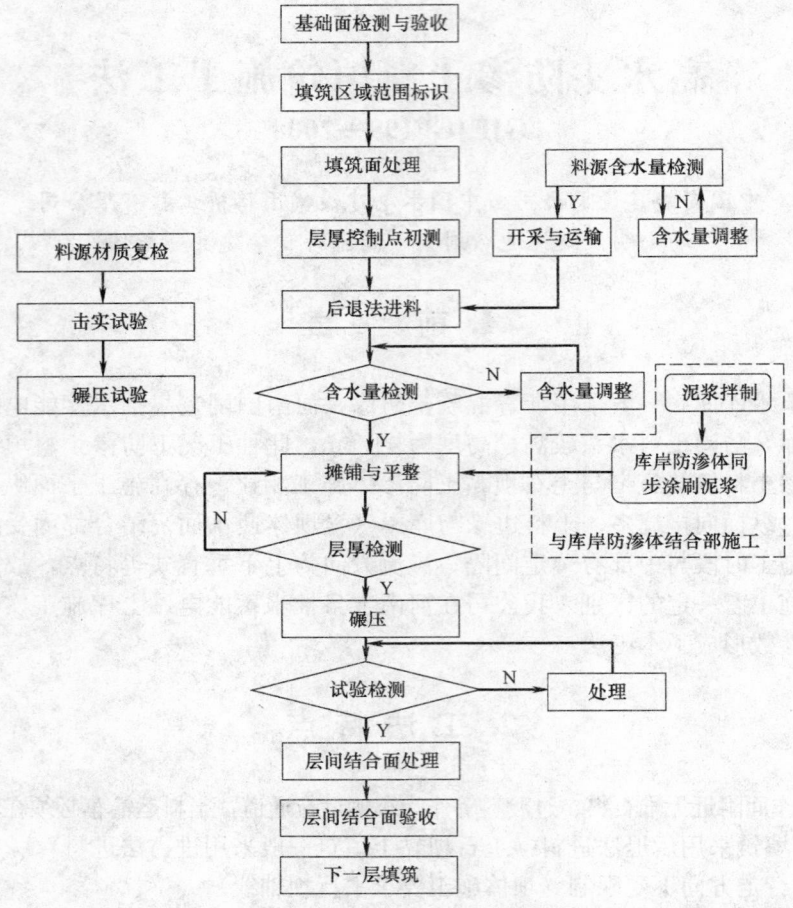

图 5.1　防渗土料填筑施工工艺流程图

1. 在进行填筑施工前，应先对料场土料源进行抽样试验，检测其渗透系数、黏粒含量、液限、塑限、有机质含量等指标是否符合设计要求，只有土料各项指标均符合要求，方可进行下道工序作业，否则提交监理或设计单位研究。

2. 原材料复检合格后，需对土料进行击实试验，求出土料的最优含水率与最大干密度。

3. 根据击实试验求出的最优含水率、最大干密度及设计技术要求，采用逐步收敛法进行碾压试验，获得施工所需的铺土厚度、碾压机械型号及碾压遍数等施工参数，编制碾压试验报告和施工技术方案并向监理报批。

5.2.2　基础面验收与填筑面处理

在土料填筑前，应进行基础面验收，并对本次验收的范围进行标识，便于填筑施工时对边界进行控制；如果需填筑的面是已完成的上一次黏土，尚应对填筑面和接缝面进行刨毛、洒水等处理，直到验收合格后方可进行黏土填筑施工。

5.2.3　料源开采、进料、卸料与摊铺

1. 在料源正式开采前，应进行料源含水量检测，当含水率符合要求方可开采使用，如果含水率不符合要求，应在料场进行含水率的调整直到符合要求；原则上不允许在填筑面进行大量的含水率调整。

2. 由于黏土含水率相对较大（一般在 17%～23%），松铺后重型自卸车不能行走，本工法采用后退法进料，防渗土料填筑施工运料车辆不可避免地要行驶在已碾压好的黏土面上，为了不使碾压好的黏土被破坏，施工前必须对黏土铺盖面施工道路进行规划并严格执行，尽可能使道路平面位置经常变换，避免同一部位黏土因受运输车辆过压造成破坏，对于已破坏的部位，必须进行挖除处理。

3. 采用后退法进料，必须安排专人指挥卸车，以保证料堆摊铺后厚度基本满足要求，减少补料或削面时间。摊铺整平黏土采用推土机和平地机联合作业，保证表面平整度符合规范要求。

4. 为了有效防止车辆下陷，入库土料含水率尽可能接近设计要求的下限。

5. 采用测量法控制摊铺层厚，应采用定点测量的方法：即在黏土上料前，先在基面上布置层厚控制点并测量其高程，铺料完成后再次测量原控制点高程，从而计算出松铺层厚。

6. 在进行铺盖与库岸防渗体结合部施工时，泥浆的涂刷高度和进度应与铺层厚度和进度相一致，不可高涂和超前涂刷，避免泥浆在黏土覆盖前干燥。

5.2.4 碾压与局部处理

1. 虽然填筑施工碾压方向不受限制，但为了提高工效，应尽可能平行于长边方向碾压。

2. 碾压必须严格按试验确定的施工参数进行（碾重、行进速度、激振力与振动频率、碾压遍数等），严禁减少碾压遍数、漏碾和过压。

3. 库岸防渗体结合部和断面狭小部位，应按确定的施工方案和试验参数采用小型或轻型碾压设备进行碾压，既要保证黏土压实度符合设计要求，又要防止破坏库岸防渗体；一般在碾压与库岸防渗体结合部黏土时，碾压机械边缘与库岸应留出一定的距离（一般 10～20cm），防止碾压机械破坏库岸防渗体，留出的未碾压区在第二层填筑时隔层碾压。

4. 防渗土料分段碾压时，相邻两段交界带碾迹应彼此搭接，垂直碾压方向搭接带宽度应不小于 0.3～0.5m；顺碾压方向搭接带宽度应为 1～1.5m。

5. 结合处土料碾压后若因侧向位移，出现"爬坡、脱空"现象，应将其挖除。

6. 如在填筑过程中出现"弹簧"、层间光面、松土层、干土层、粗粒富集层或剪切破坏等，应根据具体情况进行处理，并经验收合格后，方准铺填新土。

5.2.5 碾压后试验检测

每层黏土填筑碾压完成后，应按规范和设计要求进行成品试验检测，包括压实度和原位渗透系数等，当各项技术指标检测结果满足设计要求后，本层填筑结束，否则需进行处理。

5.2.6 接坡面与层间结合面的处理

1. 对于分区填筑的防渗土料，各分区的边缘应留设接坡面，所有接坡面应不陡于 1：3，严禁采用台阶法接坡。

2. 所有接缝坡面必须碾压密实，在进行下一填筑区施工前对接缝面压实度和含水率进行复测，满足要求后，方可进行下道工序施工。

3. 在下一填筑区铺料前，接缝坡面必须进行刨毛和洒水处理，确保接缝面新老黏土结合良好，防止形成渗水通道。

4. 由于防渗土料渗流方向是由上向下，故层间结合面可适当降低要求，在保证压实度和含水率满足要求的前提下，可不进行刨毛处理，但在铺料前需对表面进行适当洒水。

5. 土料填筑应连续作业，如因故短时间停工，其表面土层应洒水湿润，保持含水率在控制范围之内。如需长时间停工，则应在表面铺设保护层，复工时将保护层清除，经验收合格后方可恢复施工。

5.2.7 库底接地网的埋设

在库底防渗土料中，一般设有接地网（接地扁钢），由于填筑施工机械高度集中且车流量较大，在填筑好的黏土面直接铺设接地网很容易被破坏，因此施工时应将黏土填筑到比接地网设计高程高的位置（一般高一层约 0.3m）后，再在已碾压完成的黏土面开槽铺设接地网，待接地网检查验收合格后将所开槽用黏土填平并碾压密实。回填黏土时应使填筑的槽面范围内黏土略高于填筑面（一般高 5cm～8cm），然后用碾压设备骑缝（槽）碾压。铺盖内接地网施工方法见图 5.2.7。

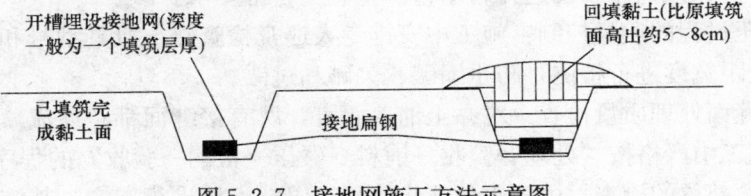

图 5.2.7　接地网施工方法示意图

6. 材料与设备

本工法采用的机具设备见表 6。

防渗土料填筑施工机具设备表   表 6

序　号	设备名称	规格型号	数量	用途	备注
1	挖掘机	PC400	4 台	土料开采	
2	挖掘机	PC200	3 台	辅助摊铺及埋件开槽等	
3	自卸汽车	15t	12 台	土料运输	
4	自卸汽车	20t 以上	30 台	土料运输	各种设备型号及数量根据土料运距、土料日填筑量和边角部位（含与库岸结合部）比例等进行合理配置
5	推土机	D155	4 台	土料摊铺	
6	推土机	D85	2 台	土料摊铺	
7	凸块振动碾	15t	4 台	碾压	
8	振动碾	10t	2 台	与库岸结合部碾压	
9	液压夯板机	7t～12t	2 台	边角部位夯实	
10	平地机	1×3×3	2 台	土面平整	
11	泥浆搅拌机	2m³	1 台	泥浆拌制	

7. 质 量 控 制

7.1　工程质量控制标准

由于库底黏土铺盖厚度及所用土料本身的性能各不相同，且目前国内尚无专门的黏土铺盖施工质量规范，因此本工程防渗土料填筑施工质量控制标准暂按《碾压式土石坝施工规范》DL/T 5129—2001和具体工程设计质量标准进行。

7.2　工程质量保证措施

7.2.1　严把料源质量关：在黏土铺盖施工前，先对料源进行原材料性能复测，材质满足设计要求后，方可进行下一步施工。

7.2.2　严格控制开采料质量：由于黏土料是典型的非均质体，虽然总体料源材质满足设计要求，但料源场地各部位、不同开采时段和深度的含水率、含石量等均有所不同，在开采时，必须随时检测开采区土料的含水率和含石量，确保运入工作面的土料符合设计要求，对不符合要求的土料必须进行处理。

7.2.3　严格控制土料松铺层厚：采用定点测量法对土料松铺层厚进行控制，在层厚允许偏差满足设计和规范要求的情况下，施工控制尽量遵循"宁薄不厚"的原则。

7.2.4　严格控制含水率：在料源开采时控制含水率后，在施工现场仍应加强含水率检测和控制，每一层土料用后退法完成进料后，在摊铺前再次进行含水率检测，符合要求后立即进行土料摊铺和碾压；如不符合要求，需在摊铺碾压前进行含水量调整直至符合要求。

7.2.5　严格碾压过程的质量控制：施工中安排专人巡视检查碾压机具型号和碾压遍数等，对错距法碾压则不定时对错距宽度进行检测，防止漏碾、欠碾和过碾。

7.2.6　严格接缝面处理质量检查：对黏土铺盖而言，所有接缝面都是渗流薄弱面，必须严格按规范要求进行处理，施工中严格按"处理→验收→铺料→碾压→检测→验收"的程序执行。

7.2.7　加强边角部位的检查：由于边角部位使用液压夯板机进行夯实，其施工控制不能用简单的设备型号和夯实遍数、夯实时间等进行控制，必须加强对已夯实部位的成品质量检查，只有经检查质量满足规范和设计要求后，方可进行下道工序施工。

7.2.8 加强与库岸防渗体结合部的检查：与库岸防渗体结合部既要保证黏土本身碾压质量符合设计要求，又要保证不破坏库岸防渗体，施工中严禁摊铺、碾压等重型设备接触库岸。一旦发现防渗体被破坏，必须及时进行修补。

7.2.9 加强成品质量检测：对所有已完成的防渗体，必须严格按规范和设计要求的频率进行成品质量检测，只有最终检测结果满足要求后，方可进行本工序验收和下道工序作业。

7.2.10 加强对成品的保护：由于采用后退法施工，土料运输车等重型设备全部从已完成的填筑面行走，为了防止对成品造成破坏，必须对黏土运输车的运行线路进行规划，不断变换车辆行驶线路，防止对成品黏土造成过压破坏，对于已过压破坏的部位，必须进行挖除处理。

8. 安 全 措 施

8.1 认真贯彻"安全第一、预防为主"的方针，根据国家有关规定、条例，结合工程实际组建安全管理机构，制定安全管理制度，加强安全检查。

8.2 进行危险源的辨识和预知活动，加强对所有作业人员和管理人员的安全教育。

8.3 加强对所有驾驶员和重机操作手等特殊工种人员的教育和考核，所有机械操作人员必须持证上岗。

8.4 严格车辆和设备的检查保养，严禁机械设备带病作业和超负荷运转。

8.5 加强道路维护和保养，设立各种道路指示标识，保证行车安全。

8.6 加强现场指挥，遵守机械操作规程。

9. 环 保 措 施

9.1 对开挖、交通运输车辆、推土机和挖掘机等重型施工机械排放废气造成污染的大气污染源，采取必要的防治措施，做到施工区的大气污染物排放满足《大气污染物综合排放标准》GB 16297—1996 二级标准要求。

9.2 本工法施工车辆多，运行中容易扬尘，必须加强对路面和施工工作面的洒水，控制扬尘污染。施工期间应遵守《环境空气质量标准》GB 3095—1996 的二级标准，保证在施工场界及敏感受体附近的总悬浮颗粒物（TSP）的浓度值控制在其标准值内。

9.3 所有运输车辆必须加挂后挡板，防止黏土运输途中土块沿路洒落。

9.4 加强路面维护，疏通路边排水沟，防止雨天路面积水和污水横流。

9.5 加强设备维护保养，所有设备保持消声设施完好，降低噪声污染。

9.6 设备维修和更换机油时，必须开到地槽处或下部做好垫护，防止机油等废液污染土壤。

9.7 做好开采料场的规划和水土保持，防止水土流失。

9.8 对不合格的废弃料按规划妥善处理，严禁随意乱堆放，防止环境污染。

9.9 做好施工现场各种垃圾的回收和处理，严格垃圾乱丢乱放，影响环境卫生。

10. 效 益 分 析

本工法与传统的（土石坝）防渗土料填筑施工工法相比，主要区别有三点：一是采用后退法进料，解决了大吨位（20t 以上）自卸车运输土料入场陷车问题；二是针对库岸防渗体与库底黏土铺盖结合部容易被碾压设备破坏的实际采用轻型振动碾（10t 以下）隔层静压的方法；三是采用黏土超填开槽铺设接地网等埋件措施。这三项措施的改进，不仅加快了工程进度，缩短了工期，而且确保了接地网等埋件质量，提高了挖装和推平设备的使用率，也较大地节约了工程成本。

11. 工程实例

11.1 工程概况

河南国网宝泉抽水蓄能电站是一座日调节纯抽水蓄能电站，总装机容量为1200MW，位于河南省新乡市境内。电站枢纽包括上水库、下水库、输水系统、地下厂房洞室群和地面开关站等，工程总投资约47亿元。其中上库工程为库岸沥青、库底黏土铺盖复合防渗结构。库岸边坡1∶1.7，黏土防渗体厚度4.5m（周边与库岸防渗体结合部厚度7.5m），在防渗土料顶面以下1m平面布置50m×50m扁钢接地网。

根据设计规划，上库黏土填筑总量约65万m³，料源地距工地约8km，施工道路为单车道泥结石路面，施工工期为2006年4月至2007年11月，其中每年6月～9月为汛期，12月～次年2月为冰冻期，均不能施工，净施工工期约10个月，平均月填筑强度6.5万m³。

11.2 黏土填筑施工情况

11.2.1 工程质量标准及施工参数

1. 按照设计要求，宝泉工程黏土填筑质量标准为：库底中部压实度不低于98%，渗透系数小于10^{-6}cm/s，粒径大于5mm的颗粒含量不超过30%，最大粒径不超过150mm，施工允许含水率范围为最优含水率的-2%～+3%；库底周边与库岸防渗体结合部2m宽度范围要求压实度大于90%，粒径大于5mm的颗粒含量不超过20%，最大粒径不超过50mm，施工允许含水率范围为最优含水率的+1%～+3%。

2. 通过击实试验，获得黏土料源最优含水率为20.8%，最大干密度为1.67g/cm³。经多次料场抽样检测，黏土天然含水率在19%～23%之间，基本符合设计允许的施工含水率范围。

3. 通过碾压试验，获得如下施工参数：

1）库底中部黏土填筑施工：20～40t自卸车后退法进料，推土机摊铺，平地机整平；黏土松铺厚度35cm，含水率按天然含水率（19%～23%）控制；英格索兰SD-150D型振动压路机（凸块碾）全振法碾压8遍，振动碾行走速度控制在2km/h以内。

2）库底周边与库岸防渗体结合部黏土填筑施工：15t自卸车后退法进料，人工配合反铲摊铺整平；黏土松铺厚度20cm，含水率按最优含水率的+1%～+3%控制；库岸防渗体与黏土接触部位人工涂刷1∶2.5泥浆；英格索兰SD-100D型振动压路机（碾自重10t）静压8遍（压实度达到93%以上），振动碾行走速度控制在2km/h以内；每层碾压时靠库岸侧留出10～20cm不碾压，待第二层填筑时该部位进行隔层碾压（隔层碾压区压实度达到90%以上），具体碾压方法如图11.2.1所示：

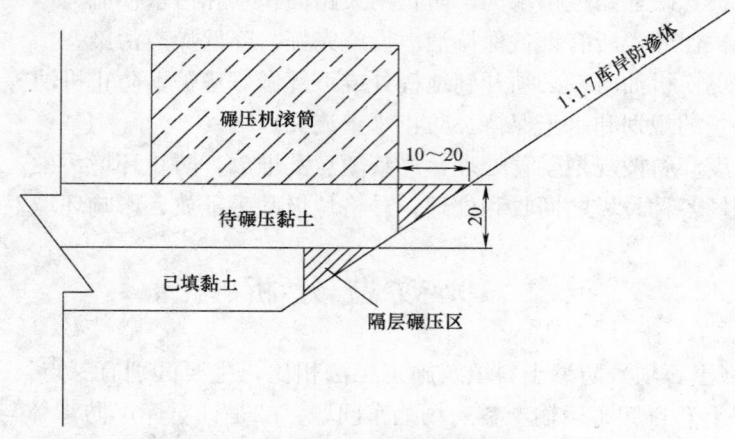

图11.2.1 黏土与库岸结合部隔层碾压示意图

11.2.2 黏土施工质量控制与检测

根据《碾压式土石坝施工规范》DL/T 5129—2001 及设计要求，宝泉工程库底防渗土料施工质量控制项目与检测频次如下：

1. 库底防渗土料填筑参照《碾压式土石坝施工规范》DL/T 5129—2001 要求的施工质量控制项目为干密度（压实度）和含水率，其检测频次为：边角夯实部位 2～3 次/层；其余部位 1 次/（200～500m³）。

2. 由于设计对中部和周边黏土采用了不同的技术指标，在设计文件中，又专门对黏土填筑施工质量控制项目与频次做了如下要求：

1）原位渗透试验：在碾压铺筑现场做现场渗透试验，采用试坑注水法（双环法），每连续铺筑 3～5 层检测一次，每 10000m² 检测一个点，最后控制检测点数总量 20～25 个点，其中黏土接头处不少于 6 个点，试验方法参照《土工试验规程》SL 237—042—1999，要求渗透系数小于 10^{-6} cm/s。

2）室内渗透试验：现场取样做室内渗透试验（为原位试验做对比），每连续铺筑 3～5 层检测一次，每 20000m² 取一个试样，最后控制试样 8～10 个点，其中黏土接头处试样不少于 2 个点，试验方法参照《土工试验规程》SL 237—014—1999。

3）含石量及粒径检测：一般可采用目估和现场挖坑检测相结合的办法控制，现场挖坑直径 0.8m，深度根据含石量大小情况调整，至少不得少于一层铺筑厚度，每 5000m² 检测一个点，检测黏土中 5mm 以上含石量及粒径情况，试验方法参照《土工试验规程》SL 237—006—1999。

4）压实度检测补充要求：库底中部土料填筑（粒径 5mm 以上颗料含量不大于 30%，最大粒径小于 150mm）原位干密度宜采用挖坑法（灌砂或灌水）检测，挖坑直径、深度根据含石量及粒径大小情况调整，挖坑试样也可结合室内渗透试验试样进行，其要求及检测方法参照《土工试验规程》SL 237—041—1999，检测频率同《碾压式土石坝施工规范（DL/T 5129—2001）》要求。

根据以上要求，我公司在本工程防渗土料填筑施工中，共进行了压实度和含水率检测 1454 组，原位渗透检测 23 组，室内渗透检测 9 组，含石量检测 1218 组，所有检测指标均满足设计要求，合格率为 100%。

11.2.3 黏土铺盖施工进度情况

由于地质情况复杂和设计变更等多方面原因，且因当时库岸沥青防渗体施工较计划滞后，使防渗土料填筑不能持续施工，工程实际于 2006 年 11 月才开始填筑作业。我公司经认真研究和征求设计、监理和业主等多方意见后，采用了上述施工工艺，利用 20t 以上大型自卸车运料，后退法施工，大大提高了工效，在未增加设备资源投入情况下赶回工期约 100d，月高峰填筑强度达到 17 万 m³，于 2007 年 11 月 20 日圆满完成全部填筑任务。所施工的库底防渗结构，经参建各方多次检测，各项指标均符合设计要求。

面板堆石坝多自由度趾板异型有轨滑模施工工法

GJEJGF200—2008

林友汉　王泉　田维忠　王永平　杨作才

1. 前　　言

在面板堆石坝中趾板不但承担把面板的受力传递给两岸坝基，而且也是面板堆石坝防渗体系中最重要的组成部分之一，趾板下基岩的允许水力梯度、地基处理措施及地形条件决定了各段趾板的结构参数，且各结构参数均不相同，这给趾板快速施工带来了一定的难度。中国安能总公司在承担新疆吉林台面坝堆石坝趾板的施工中，通过多次研究、试验、总结，探索出了适应多种结构和方向的多自由度趾板异形有轨滑模设计和施工工法，使得面板堆石坝趾板施工具有安全、可靠、快速等特点，取得了良好的社会效益和经济效益。

2. 工 法 特 点

2.1 可以满足多方向、多角度变化的趾板结构要求。

2.2 在斜坡上浇筑趾板速度快，对加快垫层料施工、提高坝体填筑强度有利。

2.3 采用本工法能提高趾板混凝土的浇筑质量。

2.4 滑模体重轻，吊装和调整灵活，适应岸坡上狭窄场地情况下的操作。

2.5 趾板浇筑可以与钢筋绑扎、侧模支立平行施工。

2.6 安全保护设施简单、可靠，操作方便。

2.7 具有多气候的适应性，提高了混凝土的养护效果。

3. 适 用 范 围

适用于通常情况下的趾板及护坡混凝土施工，同时也适用于坡面地形条件复杂、场地狭窄，混凝土结构和空间走向变化较大的趾板、护坡混凝土施工。

4. 工 艺 原 理

随着坝体高度的增加，水下趾板所承受的水力梯度也随之增大，在设计趾板结构时也就需要考虑几种长度和厚度的断面形式来优化设计，但为了保证混凝土面板的平整度和使面板与周边山体基岩连接的结构达到最优传力效果，这就决定了趾板空间结构变化的多样性。多自由度趾板异形有轨滑模主要由常规边模、表面滑模和提升导向系统组成。趾板结构图如图 4 所示。

4.1　滑模对趾板结构复杂性及止水位置和设计断面外模板的适应

为了保证趾板的传力效果，边坡和底部基岩超挖应控制在规范允许范围内。考虑趾板各段的 X 线方向不同、周边止水在侧面位置不同和基础超挖成型的不利条件，趾板结构不适宜全断面滑模施工，最佳方案是三个外露面用滑模施工。上游侧 AB 在趾板结构尺寸外立模，在趾板 EF 和 FG 两面支立常规模板，用滑模浇筑 BC、CD、DE 三面，从而解决了趾板不同厚度变化、周边止水位置变化及不同超

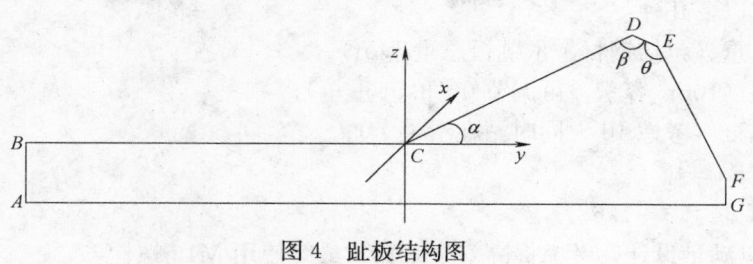

图 4　趾板结构图

欠挖回填模板变化的问题。

4.2　滑模对左、右岸趾板不对称性结构的适应

为了解决左、右岸在同一高程上的趾板断面不对称问题，水平趾板用常规模板，左、右岸斜坡趾板根据各自的断面特点各设计一套滑模浇筑。左、右岸滑模的平直段可以根据趾板平直段 BC 的几种长度尺寸加工成相同的节数，以适应 BC 边的多种变化。鼻坎段把 DE 边加工成有两个自由度的滑块，以适应 CD 边和 $\angle \beta$、$\angle \theta$ 的不同变化。

5. 施工工艺流程及操作要点

5.1　施工工艺

施工工艺流程如图 5.1。

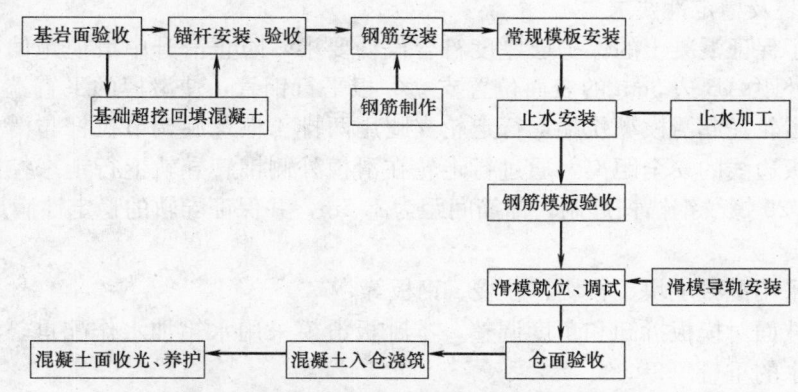

图 5.1　多自由度趾板异形滑模混凝土浇筑流程图

5.2　操作要点

5.2.1　异形滑模设计

1. 滑模强度、刚度、扰度要求

滑模的最不利工况为滑模就位后至混凝土入仓浇筑前。根据滑模最大跨度，考虑滑模的行走轮支腿满足强度要求，滑模行走导向管满足强度、扰度及稳定性要求，滑模的结构满足刚度和扰度要求，行走轮支腿用 4 根 10 号工字钢加工，滑模骨架用 10 号槽钢加工，面板用厚度为 6mm 的钢板加工。模板配重设计考虑在滑模上安装配重水箱（6mm 钢板加工），并利用配重水箱加大滑模断面尺寸，平直段和鼻坎段用两排 4 根调节螺旋拉杆连接，并在底部连接顶点安装 2 颗阻滑螺栓，以防止调节拉杆时连接处发生错位，达到满足 $\angle \alpha$ 的变化要求。配重水箱加工成多节，与不同段趾板长度相适应。水箱之间用 M16 螺栓连接，并与底模连成整体。当结构变短时，卸下水平段结构尺寸外的部分即可。

滑模的扰度应不大于 10mm，以满足水工模板规范对模板整体刚度和强度要求。

2. 安全验算

结构设计时应对螺栓的抗拉破坏和抗剪破坏和钢丝绳安全进行验算。

螺栓安全验算

计算荷载主要有以下几种：

（1）滑模材料自重（包括钢材、木跳板总重 5.5t）；

（2）水箱配水重（10m³ 容积，可调节 0～8.5t 重量）；

（3）施工人员体重（考虑 10 人同时站在滑模上）；

（4）施工机具重；

（5）安全系数 K 取 1.3～1.6。

取 M14 螺栓可以满足设计，考虑提高安全系数，最终使用 M16 螺栓。

3. 钢丝绳安全验算

滑模提升受力主要考虑以下几种荷载：

1）滑模及配重和施工人员、机具的总重量在最大坡度条件下沿斜面的分力。

2）滑模导轨上滑动的摩擦力：平直端受的是滑动摩擦力，鼻坎端的立柱受的是滚动摩擦力，为了便于计算，均简化为滑动摩擦力计算。

3）混凝土附着力：按照常规滑模进行计算。

4）安全系数取 1.3～1.6。

经过计算，考虑其他意外情况，适当增加钢丝绳数量。

4. 滑模在宽度上的要求

为适应气候昼夜温差大、蒸发量大的特点，避免由于表面蒸发干缩产生裂缝，把滑模宽度定为 1.5m，以延长混凝土的出模时间。

5. 滑模导轨安装及稳定性要求

滑模安装时为了保证混凝土的保护层厚度符合设计要求，防止滑升中滑模跑偏，滑模内侧采用在边坡内侧趾板结构外距 AB 边 5cm 的表面位置支立一根平行钢管，使滑模的平直端在钢管上滑动。用能够控制方向的行走轮托起滑模鼻坎端，行走轮支腿用两排 4 根螺旋调节拉杆与滑模鼻坎段连接，以控制行走支腿与趾板边线的安全距离，通过行走轮在滑模外侧钢管导轨上行走来控制滑模方向。钢管导轨用 $\phi50$ 钢管与 $\phi25$ 螺纹钢锚杆焊制，锚筋间距为 1.5m，并保证导轨的稳定性满足滑模行走要求。

6. 滑模配重

滑模配重可以采用混凝土块、石块、砂袋、钢板等。

为了方便趾板坡面对模板拆卸和角度调整，本趾板滑模采用水箱加水作配重。浇筑过程中，根据配重需要增减重水的重量。

趾板滑模安装正视图如图 5.2.1-1、图 5.2.1-2 所示。

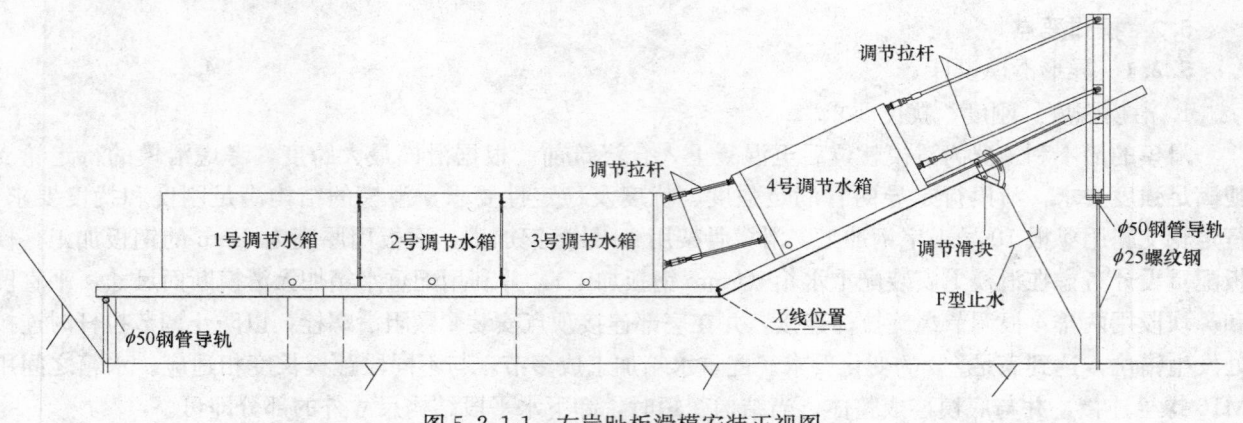

图 5.2.1-1　左岸趾板滑模安装正视图

5.2.2　趾板浇筑前的准备工作

1. 趾板基础超挖回填混凝土

趾板基岩的超挖尺寸超过趾板结构厚度的 1/3 时，应先用 C20 以上混凝土回填至设计开挖线。

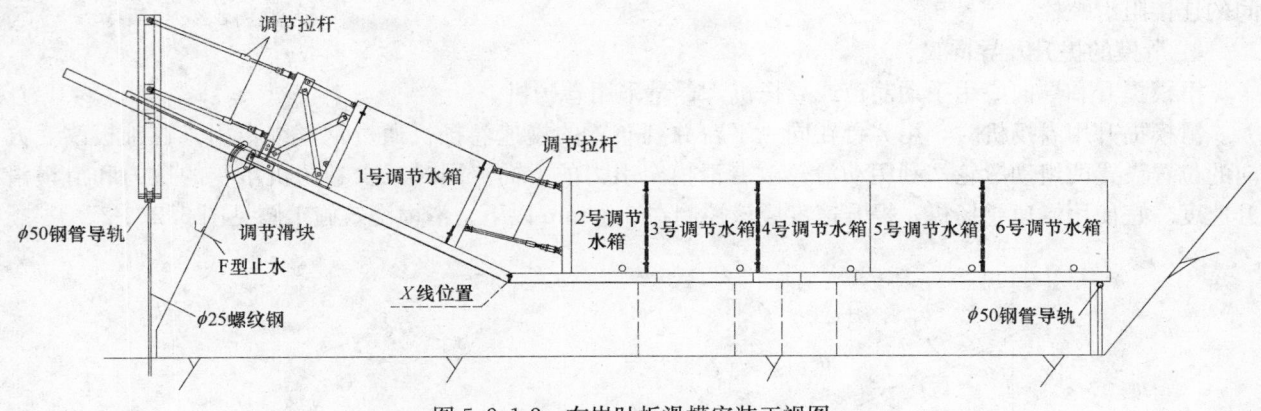

图 5.2.1-2　右岸趾板滑模安装正视图

2. 趾板锚杆施工

趾板的锚杆作铅直方向布设，施工应控制好钻孔的方向及锚杆的安装质量。

5.2.3　模板安装

1. 常规模板侧模和铜止水安装

常规模板安装应提前浇筑段进行，并采用内拉法为主。铜止水（F 型止水）安装位置应符合设计图纸，应采用木模夹紧进行固定。侧模及止水支立如图 5.2.3-1 所示。

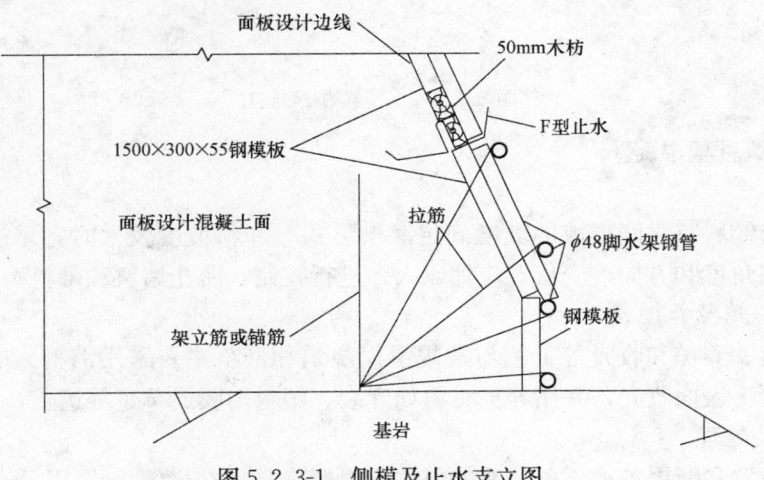

图 5.2.3-1　侧模及止水支立图

2. 滑模安装

1）导轨及其支撑的安装

导轨安装轴线应与浇筑段趾板 X 线平行，内、外侧导轨高度与管顶、平直段结构顶部在一条水平线上为宜。

导轨底部的支撑锚杆需要严格控制进入围岩的深度、轴线偏差及间距。支撑锚杆进入基岩的深度不小于 1m 为宜，并呈铅直方向安装。

2）滑模就位安装

滑模就位应在起坡段位置搭设平台安装。收光平台部分需要将滑模提升到斜坡段，并拆除安装平台后安装。

为了防止空滑时滑模由于扰度下弯拖坏已经绑扎好的钢筋或减少起始段保护层厚度，在钢筋上方安放 3~4 根 φ48 短钢管，浇筑混凝土时将钢管埋在混凝土内部。

3）滑模伸缩杆的调节

滑模伸缩杆由人工同时对伸缩杆进行调节。当调节角度变大时，调节前应先松水平段和斜坡段之间的连接阻滑螺栓。

3. 滑模的提升及导向设计

滑模提升和导向应用手动葫芦或卷扬机，尽量采用卷扬机。

滑模提升用卷扬机时，用2台在同一平台并列布置的慢速卷扬机通过钢丝绳牵引，在趾板改变方向的位置设置两组动滑轮，利用动滑轮改变滑模牵引力的方向，同时减少卷扬机承受的拉力和滑模滑升速度。宜使用慢速卷扬机，提升速度应该控制在3m/min以下。滑模浇筑施工图见图5.2.3-2。

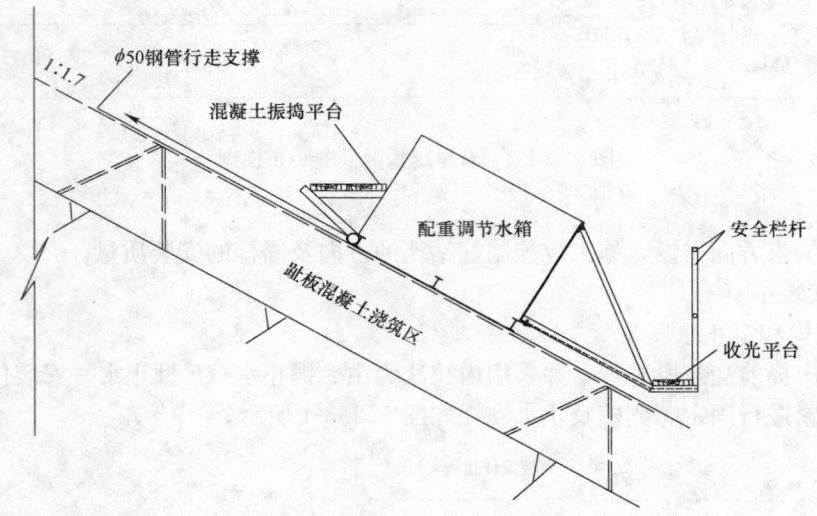

图 5.2.3-2　滑模浇筑施工

5.2.4　滑模浇筑趾板混凝土

1. 溜槽布置

根据卸料平台与卸料点之间形成的坡度确定溜槽形式，卸料坡度较大时宜采用溜筒，溜槽宜采用半圆形铁皮溜槽，在角度和方向改变位置应辅以人工进行控制，防止堵料和翻料。

2. 混凝土入仓浇筑及养护

混凝土入仓浇筑、养护和收光等工艺与常规滑模浇筑相同。主要采用溜槽入仓，人工平仓；滑模提升后立即进行混凝土表面收光，并用养护材料如麻袋、塑料薄膜、草帘等遮盖，6～18h后洒水养护。

3. 趾板的分缝及处理

在结构变化的位置和断层等地质条件差的部位应设置横缝，在横缝中设W形铜止水。止水的细部结构参照面板压缝止水系统进行设置。

4. 滑模在坡面上的结构调整

当滑模滑升到拐点位置时，一般场地狭窄，此时应将水箱配重水放除，然后根据上段趾板宽度将内侧多余的水箱和底模拆掉，利用卷扬机和底部临时托架将滑模方向调整到与下一段趾板轴线平行后将导向轮座落到导轨上。

5.3　劳动力组织

根据趾板施工内容，需要配置施工人员见表5.3。

趾板滑模浇筑配置人员表　　　　　　　　　　　　　　　　　表 5.3

序　号	工 种 名 称	数量（人）	工 作 内 容
1	金结加工工	10	加工滑模、止水
2	钢筋工	8	钢筋加工及安装
3	钻工	4	锚杆施工
4	木工	12	安装侧模和止水

序　号	工 种 名 称	数量（人）	工 作 内 容
5	混凝土工	20	混凝土生产、浇筑
6	泥水工	6	收光抹面
7	养护工	2	养护混凝土
8	高级焊工	2	焊接铜止水
9	驾驶员	9	混凝土运输
10	起重工	2	运行卷扬机
11	普通焊工	8	焊接钢筋
12	空压机操作工	2	运行空压机

6. 材料与设备

加工材料主要采用 6mm 厚 A3 钢板和 10 号工字钢，连接杆与滑模连接的拉环用 10～12mm 厚钢板加工。安全护栏使用 φ50 钢管，跳板使用 50mm 厚木板。

一般在左、右岸各需设置一套趾板滑模，单套施工需要配置的主要机具见表 6。

趾板滑模浇筑施工机具配置表　　表6

序号	机 具 名 称	规格型号	单位	数量	备　注
1	拌合站	60 型	套	2	由施工布置定
2	混凝土罐车	6m³	台	4	
3	卷扬机	10t	台	2	牵引滑模
4	手动葫芦	10t	台	2	备用
5	多自由度趾板异形滑模	10m 长	台	2	根据工程设计
6	变频振捣器	φ70	台	1	
7	软轴振捣器	φ50	台	2	
8	木工加工机具		套	1	
9	钢筋加工机具		套	1	
10	电焊机		台	3	
11	汽车吊	16t	台	1	
12	水泵		台	1	由供水系统定
13	空压机	20m³	台	1	钻孔、清基

7. 质量控制

7.1　滑模加工质量控制

滑模制作要求细心设计、严格要求、精心加工。其结构的设计强度、刚度、局部杆件的稳定等符合《钢结构设计规范》GB 17—2003 的规定。

滑模设计时应考虑到每段趾板的结构及特点，每一种安装运行的状态，并均经过计算机模拟，确保在施工中能够正常滑升。下料、加工精度应符合钢结构加工相关规范要求以保证安装后滑模稳定，达到安装时各部件能够互换要求，并按照《钢结构工程施工质量验收规范》GB 205—2001 标准进行验收。

用于制作的材料材质标准应符合《普通碳素结构钢技术条件》及其他相关规定。

手工电弧焊使用的焊条应符合《低碳钢及低合金高强度电焊条》的规定。焊条的型号应与焊接件的金属强度相对应。

制作工艺与材型选用常规，且必须保证达到材料和焊缝的强度实测值不小于：抗拉、抗压、抗弯 $300N/mm^2$，抗剪 $175N/mm^2$。

7.2 混凝土质量控制

7.2.1 施工前对参与混凝土施工的人员进行安全、质量管理教育，培养和加强员工的安全、质量意识。

7.2.2 开仓前应对浇筑仓面、混凝土原材料的准备、施工机械状况和人员的组织安排进行验收，保证混凝土在浇筑过程中不发生意外停仓事故。

7.2.3 用罐车进行混凝土运输，保证混凝土在运输过程中不发生分层离析。

7.2.4 在运输、浇筑过程中，严禁施工人员私自往混凝土罐车和仓内加水。

7.2.5 在开仓前应规定罐车行走路线，并保证浇筑时段行驶路线的畅通。

7.2.6 混凝土浇筑工艺的其他质量控制应该按照《水工混凝土施工规范》DL/T 5144—2001 标准执行。

7.3 滑模浇筑外观质量控制

7.3.1 滑模加工、安装精度应符合《水利水电工程模板施工规范》DL/T 5110—2000 要求。

7.3.2 混凝土入仓、平仓振捣

主要用溜槽入仓，人工平仓。

当混凝土自流盖过钢筋后改用软轴振捣器从滑模上口下部往上进行振捣，使滑模面充分接触混凝土的表面泛浆，同时需防止滑模上口堆积混凝土超过上缘豁口。严禁将振捣棒插入滑模底部振捣，防止混凝土从滑模底部暴出，造成质量事故。

7.3.3 滑模提升

混凝土入仓一般 30cm 一层，并保证坍落度和入仓速度的稳定。滑模提升速度按照每次提升 20～40cm 控制，每小时提升不小于 0.3m。标准是出模混凝土表面无光泽，用手轻按有指印，手上不粘混凝土。

7.3.4 滑模提升机械选型

滑模要求在提升过程中速度平稳，不出现跑偏现象。提升设备用液压系统、卷扬机或手动葫芦均可。卷扬机提升速度应控制在 3m/min 以下。安装时注意保持提升钢丝绳与趾板的 X 线在立面上平行。

8. 安 全 措 施

趾板滑模浇筑在两岸坡上进行，安全隐患多，施工中主要采取以下安全措施：

8.1 在施工前对参加施工的所有人员进行安全技术交底。

8.2 模板支架须经质量安全管理工作人员进行安全验收后方可投入使用。现场必须配置专职或兼职安全员，加强施工中的安全监督检查工作。

8.3 卷扬机操作工必须经过岗前培训并持证上岗。

8.4 严禁在架子上打闹；进行斜坡上的施工人员严禁往边坡下扔杂物。

8.5 滑模浇筑时，必须保证葫芦挂拉在趾板钢筋上，防止突然断电卷扬机失灵造成安全事故。

8.6 铜止水加工、安装和浇筑后均需要按要求作好保护工作。

8.7 编制人员、施工人员均应参加安全交底，并按程序做好记录。调整措施和方案须重新进行审批。

8.8 止水加工、焊接操作人员必须具备二级以上焊工操作证。

8.9 定人定期对卷扬机、牵引钢丝绳、导向滑轮、滑模导轨及支撑架等进行检查和维护，确保施

工安全。

8.10 遵守工地其他安全、文明施工管理措施及安全操作规程。

9. 环 保 措 施

9.1 施工人员必须配备足够的劳动保护用品。

9.2 连续施工时，现场人员用餐后严禁乱扔食品垃圾。

9.3 浇筑收仓后应立即对滑模、振捣棒、溜槽等进行清洗，清除卸料平台、溜槽沿线的混凝土撒落物。

9.4 严禁在施工区燃烧养护材料等燃烧后排放有毒有害气体的物资。

9.5 污水应集中沉淀并经处理后排放。

10. 效 益 分 析

10.1 模板成本比较

经比较分析，使用滑模浇筑比普通模板浇筑每立方米混凝土节约成本约占单价的4%。因此采用趾板滑模浇筑经济上是可行的。

10.2 工期比较

吉林台一级电站工程采用趾板滑模浇筑后，施工效率比常规模板浇筑提高2～3倍。因此，在工期紧迫的条件下采用滑模浇筑更能够节约浇筑时间，为其他项目施工留出宝贵时间。

10.3 质量比较

经过试验，采用常规模板浇筑的趾板表面容易出现露筋现象，而且表面模板向下，浇筑施工时人为对模板的扰动较大，混凝土外观质量和内在质量均不如滑模浇筑混凝土。

11. 应 用 实 例

中国安能建设总公司在新疆吉林台一级水电站施工中成功研制和使用了多自由度趾板异形有轨滑模施工。

吉林台一级水电站是喀什河流域规划中的第十个梯级水电站。电站位于伊犁喀什河中游、吉林台峡谷段中部，是以发电为主，兼顾灌溉和防洪，属大（Ⅰ）型一等工程。电站装机容量460MW，水库总库容25.3亿m³，调节库容17.0亿m³，调洪库容1.5亿m³，死库容6.8亿m³，调节特性为不完全多年调节。

吉林台一级水电站由混凝土面板砂砾-堆石坝、深孔泄洪洞、表孔泄洪洞、发电引水建筑物、发电厂房等建筑物组成。

混凝土面板砂砾-堆石坝为1级建筑物，坝址区地震基本烈度为8度，抗震设计烈度为9度。最大坝高157m，坝顶高程1425.8m，正常蓄水位1420.0m，坝顶宽12m。坝体防渗结构为钢筋混凝土面板，坝体共设有9个分区，坝体主要受力结构为砂砾料填筑体，坝体下游部分填筑堆石料。

趾板混凝土坐落在新鲜基岩上，与基岩锚杆连接，河槽水平段长57.24m，趾板总长758.62m，最低高程1270m，最高高程1421m；设计混凝土标号为C30、W12、F300，二级配。

根据水头深度，趾板结构设计成三种形式，A形宽10m、厚0.8m，B形宽8m、厚0.7m，C形宽6m、厚0.6m。

由于坝址处河谷右岸较陡，左岸较缓，使得各段趾板的结构参数均不相同，趾板结构参数见表11-1。

趾板结构参数表　　　　　　　　　　　　　　　　　表 11-1

桩号	长度 (mm)	厚度 (mm)	平段长 (mm)	鼻坎斜长 (mm)	鼻均斜角	鼻坎顶角	备注
000～165.374	6000	600	2040	3472	17.98°	128.72°	
165.374～195.998	8000	700	3131	4047	17.98°	133.37°	
195.998～244.968	8000	700	4352	2881	26.58°	128.66°	
244.968～265.549	8000	700	3781	3678	18.29°	128.7°	
265.549～327.293	10000	800	6097	3348	18.34°	128.7°	
327.293～384.534	10000	800	6301	2734	30.48°	128.66°	河床段
384.534～456.329	10000	800	6241	2983	25.28°	128.69°	
456.329～465.647	10000	800	6194	3383	13.5°	128.62°	
465.647～540.187	8000	700	3777	3812	13.5°	128.58°	
540.187～596.092	6000	600	1366	4234	13.5°	128.86°	
596.092～660.408	6000	600	2416	3257	12.56°	128.60°	
660.48～697.250	6000	600	1377	3987	21.64°	128.66°	

从趾板结构参数表得知，趾板滑模需要解决的技术难题主要有：

滑模宽度要适应 6m、8m 和 10m 的变化，BC 边长度要适应 12 种变化；

滑模厚度要适应 0.6m、0.7m 和 0.8m 三种变化；

滑模鼻坎段 CD 边长度要适应 12 种变化；

滑模鼻坎段要适应 $\angle\alpha$、$\angle\beta$ 和 $\angle\theta$ 三个角度 24 种变化；

根据合同文件对大坝填筑的进度要求，趾板混凝土分期进行浇筑，浇筑进度计划见表 11-2。

趾板混凝土浇筑进度计划表　　　　　　　　　　　　　　　表 11-2

浇筑分期	高程(m)	长度(m)	混凝土量(m³)	浇筑时段
一期	1270～1281	110.34	998.67	2003.4.20～2003.5.31
二期	1281～1365	395.88	2940.58	2003.6.1～2003.9.30
三期	左岸 1365～1385	170.83	915.98	2003.10.1～2003.10.31
	右岸 1365～1385			

混凝土浇筑总工期 2003 年 4 月 20 日至 10 月 31 日，共计 7 个月，滑模浇筑混凝土总方量为 4917.23m³，平均浇筑强度为 702.46m³/月，高峰浇筑强度 25m³/h。

本工程趾板滑模设计的刚度、绕度均符合规范要求，同时也满足浇筑施工方便、调试操作简单的要求。趾板异型滑模在该工程中的成功应用是趾板混凝土浇筑按计划完成的重要技术保障，同时为大坝在 2003 年度完成 300 万 m³ 填筑任务创造了条件，为实现 2004 年下闸蓄水发电目标奠定了坚实基础。

大中型拌合系统混凝土生产工法

GJEJGF201—2008

中国水利水电第二工程局有限公司　中国水利水电第四工程局有限公司

蒋万斌　佟振　荆卫明　李沛善　李胜刚

1. 前　言

混凝土生产质量是大坝工程质量的根本保证，作为混凝土生产的大、中型拌合系统已经发展到微机集中控制，实现全面自动化的阶段。为了保证混凝土的生产质量及混凝土生产安全，中国水利水电第二工程局有限公司和中国水利水电第四工程局有限公司在多个工程对混凝土生产系统的运行和维护的经验基础上，完善了运行中出现骨料二次筛分、水泥和粉煤灰储送、外加剂配置、混凝土温控等的各项技术，形成了大、中型拌合系统混凝土生产工法。

本工法已在三峡水利枢纽工程、小湾水电站、金安桥水电站以及辽宁蒲石河抽水蓄能电站等工程成功应用，取得了良好的经济效益和社会效益。

2. 工 法 特 点

2.1 本工法适用范围广，实用性和可操作性强。

2.2 混凝土生产施工环节连续，运行工序稳定，混凝土生产质量达到优良。

2.3 采用微机自动化控制，减少人力资源的投入，保证了混凝土的生产强度。

2.4 完善了混凝土的的温控环节，保证高温季节连续高强度生产低温混凝土。

2.5 增设了氨泄漏的检测报警系统，确保了系统运行的安全性能。

3. 适 用 范 围

适用于全年高温时段较长的大、中型水电站，连续高强度混凝土生产。

4. 工 艺 原 理

骨料通过二次筛分、脱水（高温季节经一、二次风冷以后，达到预期的风冷效果）进入衡量系统，同时水泥、粉煤灰、外加剂、水（冰）进入拌和楼的衡量系统，待衡量准确后进入搅拌罐进行搅拌（拌合系统混凝土生产工艺原理参见图4），生产出各种级配的合格混凝土。

4.1 工艺控制原则

工艺控制原则为：遵循依靠技术进步，促进生产发展和预防为主的方针，专业管理与员工管理相结合，技术管理与经济管理相结合。混凝土生产系统设备运行维护实行统一管理，分级负责。在生产当中设备的技改或自制加工设备，首先由使用维护车间提出具体的技改方案或自制设备的计划报项目部设备管理部门，会同监理审核后，再由设备管理部门下达设备技改或自制通知书。对A、B系统拌合设备的运行维护严格执行定人、定机、定岗位的责任制，实行机长（楼长）负责制，操作人员持证上岗。建立健全完整的设备技术档案，内容主要包括：各种技术文件、运行保养、修理过程等资料。设备管理部门对混凝土生产系统设备实行跟踪监督检查制，建立相应的跟踪管理档案，从技术上、业务

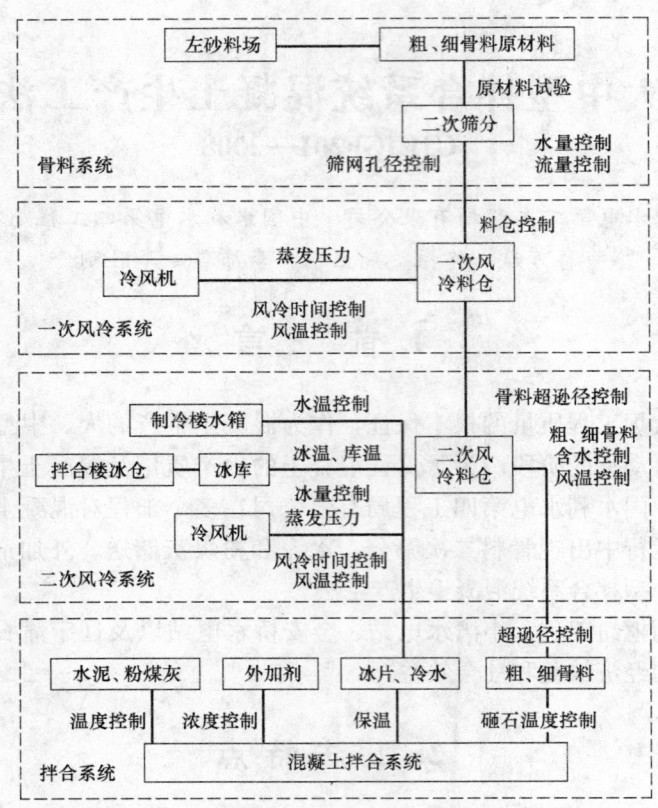

图 4　拌合系统混凝土生产工艺原理图

上进行相应指导与监督。设备的运行维护车间，必须按照技术规范要求定期对设备进行检修，维护保养并形成记录。严禁重使用、轻管理的不良现象发生。为了便于设备管理工作有序进行，规定每月下旬召开一次设备管理专题会和现场检查考核工作。

4.2　运行维护工艺控制

4.2.1　有计划地实施"日检查、周保养、月检修"强制保养制度，保证设备的完好率和利用率。以责任区形式开展"设备保养责任制"。依据生产岗位和检修人员的配备情况划分责任区，由专人对专机进行维护保养，定期对设备运行和设备故障状态进行分析并制定处理预案。成立设备故障问责分析小组，负责全系统各专业设备和难度较大设备故障的分析及处理。制定设备"维护保养明白卡"，使岗位人员明确所属设备的润滑点及润滑油种类并以明白卡的形式张贴墙上，做到每个环节的工作内容都有专人负责，从而降低设备的故障率，确保混凝土的生产质量。有效的改善设备的技术状况。设备的维护保养必须严格执行例行保养、定期保养、换季保养，并做好检修维护保养记录。根据设备运行的实际情况，由各车间提出检修计划，在每月检修规定日的前五天报设备管理部门，操作人员必须遵循"清洁、调整、润滑、固定、防腐"的十字方针，保持设备的安全、可靠运行。加强培训操作人员，熟知设备管理的"三好"、"四会"、"五懂"和"五项纪律"。设备修理必须严格执行修理标准和修理工艺，每一道工序要有专人负责，详细做好更换主要零部件的记录。对新调入的操作人员，必须要经过培训并合格取得上岗证，方可上机操作。根据系统设备的运行状况和实际情况，制定《设备日隐患排查制度》，并将设备日隐患检查的项目以整改通知的形式下发，使检查的项目得到及时有效的处理。

4.2.2　建立考核机制，加大考核力度。混凝土生产系统的设备维护保养从基础管理抓起，一是量化设备维护保养指标，二是确立工作标准，建立考核机制，加大考核力度。以设备的"完好率、利用率、故障率、保养达标率"为重点，确立四项考核指标，并以生产计划的形式每月下发到各车间；指标量化后围绕强化设备的维护保养制定设备维护保养工作标准，工作责任制，事故责任追究制，建立班组、车间的考核体系。把设备维护保养工作做为设备管理中的重点与效益工资挂钩，依据标准细化考核内容，每月对各车间完成情况进行月份考核。做到设备维护保养有章可循并形成管理有目标、工作有标准、效果有考核的规范化、制度化管理体制。

在建立设备运行维护机制的基础上，使设备维护和保养工作做到有质、有量、有形、有效，做到设备维护保养工作经常化。紧抓"三级四检"设备专业管理人员和检修工的日检；岗位操作人员的点检。在"三级四检"中，技术部门的专业管理人员每天到现场，对车间设备管理人员和维修工的日检和设备保养情况进行检查和督导，引导员工循规守纪和严格执行操作规程。设备管理人员和维护保养人员在巡检中，采取用人体的感官对运行中的设备进行"听、摸、查、看、闻"对重点部位进行检查。用"看其表、观其型、嗅其味、听其音、感其温"的方法来判断和分析设备故障的隐患。

5. 施工工艺流程及操作要点

5.1 混凝土原材料

5.1.1 骨料系统

1. 骨料的储存及二次筛分

粗骨料由粒径为（5～20mm、20～40mm、40～80mm、80～150mm）组成，粗料仓总容量需满足高峰 1.5d 混凝土生产用量。细骨料直接通过胶带机输送至拌合楼，粗细料仓总容量需满足高峰 1.5d 混凝土生产用量。

二次筛分系统主要各设置筛分设备和骨料输送设备，振动筛将混合骨料进行筛洗分类，胶带机输送机将合格的骨料运至一次风冷料仓进行风冷，筛分楼的冲洗水及筛分石渣进入砂处理单元进行处理。

2. 骨料一次预冷料仓

一次风冷料仓一般情况下设置 4 个仓，对四种不同的骨料进行储藏，在保证料位满足要求下，进行一次风冷，经振动给料器将骨料卸入胶带机输送到搅拌楼料仓内。骨料系统工艺过程控制参见图 5.1.1。

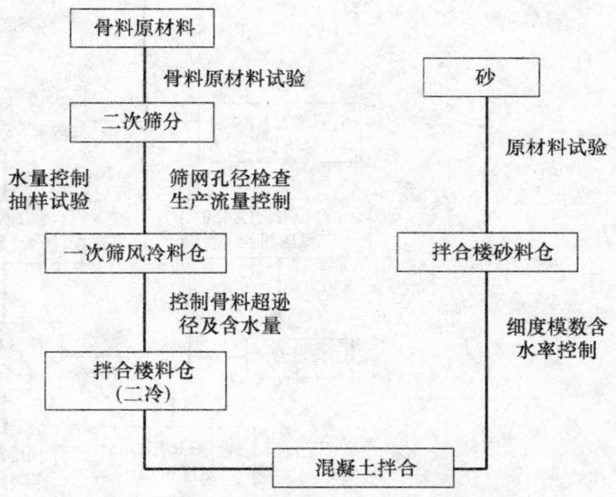

5.1.2 粉料（水泥、粉煤灰）系统运行管理

1. 粉料（水泥、粉煤灰）

根据混凝土的生产强度，设立不同储存量的水泥和粉煤灰罐，储存水泥、粉煤灰量可满足高峰月 9d 混凝土生产用量。

图 5.1.1 骨料系统工艺过程控制图

2. 空压机系统

空压机系统单独布置，根据水泥、粉煤灰的需求量和拌合系统的用风量，设置空压机的供风容量。

3. 外加剂系统

在外加剂系统内，应合理布置外加剂的配置池和成品池，为更充分的对外加剂和水进行溶解，在外加剂池底加气力搅拌穿孔管，供液、回液管路根据现场情况敷设至搅拌楼，为拌合楼生产提供各种成品外加剂。

5.2 拌合系统

5.2.1 搅拌楼运行工艺

搅拌楼其主要工作是将各种粒径（5～20mm、20～40mm、40～80mm、80～150mm）的粗骨料或预冷骨料，砂子、水泥、粉煤灰、外加剂和水或冷水和片冰。由料仓卸入秤斗体内，通过电子传感器的精确衡量后，经集中料斗进入搅拌罐，按规定的搅拌时间拌制成合格的混凝土（拌合系统工艺过程控制参见图 5.2.1）。在生产过程中，要求进行不间断地对拌合楼、骨料、粉料、外加剂、空压机等所

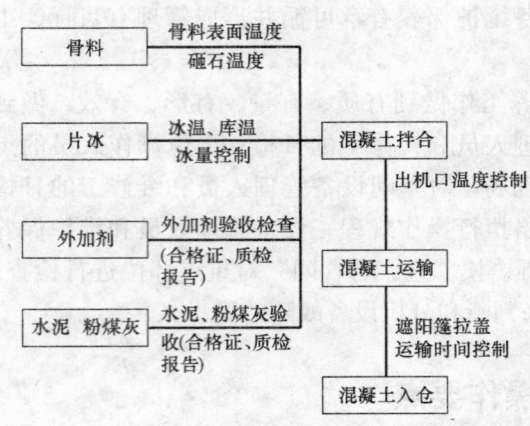

图 5.2.1 拌合系统工艺过程控制图

开展"设备保养责任制"。

有的机械设备进行巡视检查做好预防性工作，认真细致地完成日常维护保养中的每项具体的工作和周计划中安排应做的检修工作。

5.2.2 拌合楼设备的运行维护

1. 操作人员必须按配料单所提供的数据准确输入，当班责任人进行复核，试验室人员最后校核，实行"三检"制度，待确认无误时方可生产。

2. 操作员应注意观察各部门情况，若发现误配、超秤、欠秤或其他情况，须立即停止配料或卸料，待处理完毕后方可继续操作。

3. 有计划的实施"日检查、周保养、月检修"强制保养制度，保证设备的完好率和利用率。以责任区形式

5.3 制冷系统

5.3.1 制冷系统安装工艺

按照设计规划，将各个车间的低循环贮液罐、螺杆式制冷压缩机组、冷凝器、高循环贮液罐、氨泵、高效空气冷却器、离心式风机、配风装置以及相应的风道、冷却塔、阀门，氨、水管路等设备、管路正确安装到位，并调试运行正常提供冷源以满足拌合系统混凝土制冷需要。具体工艺原理流程参见图 5.3.1。

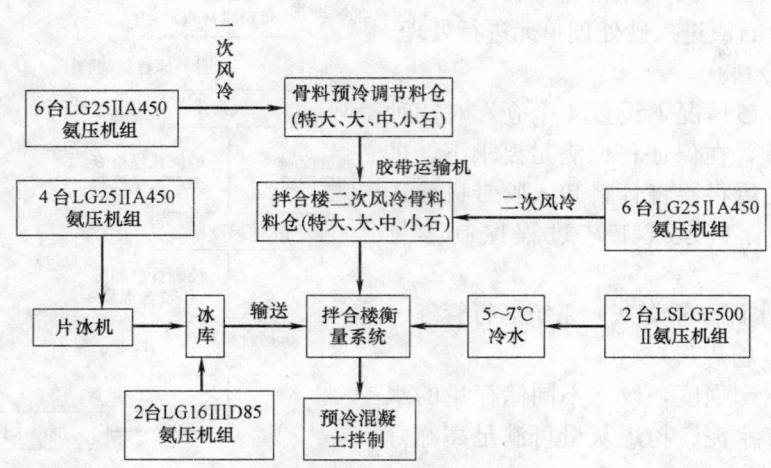

图 5.3.1 工艺原理流程图（按 2 套系统 4 座拌合楼配置）

5.3.2 施工工艺流程

基础土建施工→机组设备吊装→机组设备找平→设备之间管路施工→机组设备排污检漏→冷冻机油的加入→管路及设备抽真空→加入制冷剂→试运行。

5.3.3 制冷机器与设备安装原则

1. 安装工作开始前应具有的资料，包括压缩机、辅助设备、阀门、仪表等机器和设备的出厂合格证书、使用说明书、制冷工艺施工图纸、施工安装说明书和施工计划。

2. 参加施工的技术人员和熟练工人必须具有制冷系统施工的专门知识，能熟练阅读施工图纸，了解设计内容与设计要求，以便正确地按图施工。

3. 安装工程施工前，对临时建筑、运输道路、水源、电源、加热设备、压缩空气、照明、安全措施、消防设施、主要材料、主要机具和劳动力，以及对施工质量的检测方法等应有充分准备，并作合理安排，以保证施工的顺利进行。

4. 机器与设备到货后，应根据安装位置，运输条件安排存放地点，并及时开箱检查，验证全部产品合格证和使用说明书，检查外观形状，做好记录。对暂时不能安装的设备要妥善保管，做好防水、防潮、防锈、防尘等保护措施。对运输后发现有损伤的压力容器，如冷凝器、高循贮液罐、低循贮液罐、冷风机、片冰机、螺旋管蒸发器等，必须先做强度试验和气密试验，合格后才能安装，试验的压力应遵照压力容器制造规范和制造厂的规定。

强度试验用水压进行，达到规定压力后，维持 5min 不漏为合格。

气密试验时，按试验压力值稳压 24h，开始 6h 内，气体冷却压力降不大于 0.03MPa，以后 18h 内压力不再下降为合格。

试验合格的设备应连同试验记录妥善保管，并做好安装前的保护措施。

5. 安装工程需要的其他机械设备，如起吊、运输、安装加工等机械和主要原材料，如管材、型钢、水泥、木材、隔热材料都必须符合设计要求和产品标准。

6. 设备安装工程必须按设计施工，在施工中，施工人员如发现设计有不合理和不符合实际之处，应及时提出意见或修改建议，经批准后，才能按修改后的设计施工。

7. 设备安装过程中应精心操作，按产品指定的起吊点起吊或选择正确起吊位置，防止碰撞损坏，防止铁屑、焊渣、木堵、塞布等落入容器或管内。

8. 设备安装施工过程中应按自检、互检和专业检查相结合的原则，对每道工序进行检验和记录，并以此作为工程验收的依据。

5.3.4 制冷系统安装工艺

1. 钢结构制作，钢结构制作工艺流程参见图 5.3.4。

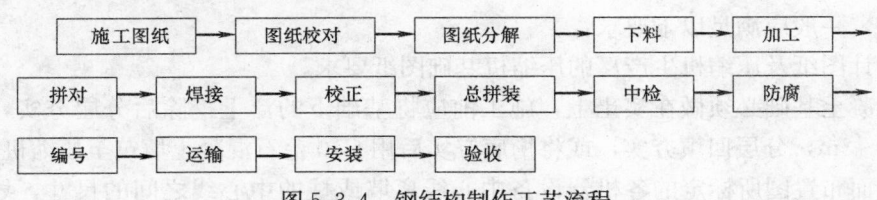

图 5.3.4 钢结构制作工艺流程

2. 冰楼钢结构制作

制冷楼金结制作采用如下制做方案

1）制冷楼结构柱加工：制冷楼结构柱净高 15m，其中 HW400×400 型钢段长 12.25m，在加工过程中柱子连接上下段之间加两块 δ＝20 的钢板用螺栓连接，中间断开位置制作定位孔，待柱子加工好后，将加工的 10 根结构柱编号，然后焊接各柱子上的牛腿和斜撑连接的连接板，各部位焊缝焊接牢固。柱子加工好后进行除锈刷漆，待漆晾干后，用 25t 汽车吊配合 5t 加长东风运输车将柱子运到系统安装部位进行安装。

2）横梁、斜撑的制作：根据施工场地布置图指定的结构加工场地（20m×20m），将该部位场地进行平整。横梁、斜撑根据图纸加工尺寸，在现场进行下料制作并编号，将相同编号的构件堆放在一起。

3）楼板：根据图纸和所进材料的尺寸，将楼板下料，并编号将相同编号的构件堆放在一起。

4）输冰皮带机的桁排架：在冰楼现场制作成整体然后用 2 台 25t 汽车吊进行吊装。

5）冰楼顶屋架制作：在加工场地将屋架制作好，屋架上的横梁下好料。

3. 制冷楼结构安装

1）基础预埋

根据施工图纸制作基础预埋规板。并按样板预埋地脚螺栓和钢板，钢板必须平整，地脚螺栓和钢板埋设过程中用水平仪校核安装高程，钢卷尺校核安装尺寸，保证相互间的距离和对角误差在允许范围内。预埋地脚螺栓和钢板焊接固定牢靠。

2）柱子安装

第一节柱子先用两台吊车同时吊起，然后一台吊车提升，另一台吊车下落（不落到地面），直至柱子竖立起来，然后移动到安装位置定位后，套在地脚螺栓上定位，进行柱子校正后，然后将地脚螺栓固定牢固。

第二节柱子在第三层楼板铺设完成后进行安装，先用两台吊车同时吊起，然后一台吊车提升，另一台吊车下落（不落到地面），至柱子竖立起来后，与第一节柱子用连接板连接，并用螺栓固定好，然后校正柱子，并将连接定位板与两节柱子焊接牢固。然后安装第三层柱与柱间的斜撑。

3）梁、斜撑、楼板安装

第一层安装：用吊车将柱与柱之间的横梁吊装到柱子的牛腿上，然后电焊工在梯子上将横梁与柱子焊接在一起，再次效验柱子位置，如偏差超出允许范围，在横梁上用手拉葫芦将柱子校正。然后安装柱与柱之间的斜撑将柱子位置进行固定，再吊装柱子上的横梁上的横梁，调好位置进行焊接，然后将楼板铺设上。

第二、三层及以上楼层安装同一层。楼梯安装随楼体分层进行，为冰楼设备安装提供便利。

4）屋顶安装

将冰楼顶上的屋架分二次安装，将制作好的屋架两两连接固定，然后用吊车将屋架吊装到位后焊接固定。然后将中间跨上的横梁人工安装上并焊接牢固，然后将冰楼顶瓦安装上。

5）焊接施工

在安装施工时各连接部位的焊接施工中，各部位旱缝应焊接牢固，焊接完成后，无焊渣和气泡、咬边，焊缝均匀。

4. 压缩机安装

1）压缩机基础的制作

压缩机基础，一般应满足以下要求：

应该按照设计图纸及压缩机生产厂的压缩机基础图纸要求。

压缩机的混凝土基础必须做在实土上，施工前应将基础下的浮土挖除后分层夯实，如地基土层松软时，应挖深 2～3m，分层回填夯实，或将槽底夯实后用 C10 毛石混凝土填筑至压缩机基础底的标高。

按照机房平面布置图所标定的各机器设备中心线离墙或柱的中心线之间的尺寸，划定各机器和设备安装地点的纵横线和机器设备的基础位置。

机械设备的中心线与墙、柱中心线之间的误差不大于 20mm，机器与设备之间的允许误差为 10mm。

压缩机基础采用 C15 素混凝土制作，预留孔尺寸必须与实物螺孔位置及地脚螺栓长度进行核对，并防止捣筑时移动位置，同时需核对电线管和上、下水管道的位置。二次灌浇混凝土采用 C20 素混凝土。

2）压缩机就位前的准备

按设计图纸查对做好的基础，并与机器实物核对，相符后划出安装压缩机的纵横中心线。在基础面上，地脚螺栓的两旁放置垫铁组，每组垫铁不得超过 3 块，放置垫铁的地方应事先铲磨平整，在垫铁以外的基础面上再打凿一些直径为 10mm 的小坑，使灌浆层与基础的结合牢固。小坑的数目在 100cm² 的面积上应有 3～4 个。

垫铁一般用 A3 号钢事先加工成型，上下两面都应光洁无毛刺、无锈蚀。使用的斜垫铁需成对磨光，接触面间能互相紧密配合，斜度不宜过大。安装时，在地脚螺栓两边 20mm 处各放整铁一组。每组垫铁由两块垫铁和一块平垫铁组成。放置好的垫铁组要露出底座外 25～30mm，以便用锤调整。垫铁组的高度在 30～60mm 之间，对大型压缩机可用到 100～150mm，垫铁与基础接触面积应大于 70%。

3）压缩机就位和粗平

压缩机由仓库吊运到安装基础上之前，应按产品安装说明妥善选择钢丝绳结扎位置，不允许将钢丝绳结扎在压缩机的各连接管及法兰上。安装时先把地脚螺栓用双螺帽检装于公共底座上，再将底座放在预制好的基础上，调整垫铁粗平公共底座，然后用 C30 细石混凝土灌入地脚螺栓孔内，并严格捣实。地脚螺栓灌将时应注意：

地脚螺栓上的油脂和污垢应清除干净，但螺纹部分应涂油脂；

地脚螺栓孔内的油、水、木屑、尘土等杂物必须清除干净；

地脚螺栓的不垂直度允许为 1∶100；

地脚螺栓离螺栓孔壁的距离应大于 15mm，地脚螺栓底部不直接接触孔底。

4）压缩机的精平

压缩机粗平和地脚螺栓孔灌浆一周以后，即可进行精平。精平合格后用小锤敲打每组垫铁，检查接触情况，保证垫铁之间的偏斜角不大于 30°，最后复验水平度，确认无问题后，即可拧紧地脚螺栓双螺母。拧紧后的螺栓丝扣应高出螺母上平面 2～3 个螺丝，然后将每个垫铁组的三块垫铁用电焊以断续焊法焊固，如果机器底座与基础接触面不够 70％时，可在垫铁组之间加塞铁使之垫实，但在垫实过程中，需防止破坏机器的精平。

5）灌浆

灌浆工序应按设计文件规定施工，如无说明时，按下述情况施工：当灌浆层需要承受设备负荷时，尽量采取用膨胀水泥拌制的混凝土灌浆，或强度等级较基础高一点的水泥砂浆灌浆，其厚度不应小于 25mm；当灌浆层只起固定铁垫、防止油水进入且灌浆有困难时，其厚度可小于 25mm。

5. 制冷辅助设备的安装

1）安装内容及基本要求

制冷辅助设备包括：冷凝器、高压贮液罐、低循环贮液罐、紧急泄氨器、集油器、氨泵、蒸发器及冷风机、片冰机等。

辅助设备基础，可按实物制作螺孔位置样板。并按样板预埋地脚螺栓，样板必须平整，并用水平仪校核。基础的做法和要求应以图纸规定为准，也可参照压缩机基础的做法。设备安装除按图纸要求外，还要求平直牢固，位置、标高正确，震动较大的设备地脚螺栓应用双螺帽拧紧或加弹簧垫圈锁紧。

低温容器安装时，应在地脚上增设垫木，以减少"冷桥"损失。垫木应预先在热沥青中熬煮半小时，用以防腐。设备上阀门的安装标高和位置应便于操作和检修，装于隔热接管上的阀门，安装时应预留隔热层厚度，以免阀门伸入隔热层。

设备安装时，应将实物与设计图纸相核对，弄清每个管子接头，严禁接错。特别对设备内有隐蔽管的接头，如：高压贮液桶的出液口等更应仔细核对。

设备上玻璃管液面在指示器两端的连接应用扁钢加固，玻璃管应设防护罩。

2）卧式壳管式冷凝器的安装

用吊车将冷凝器吊装在基础上以后，用水平仪校正安装水平，或使冷凝器的轴线向集油包方向倾斜 0.2％～0.3％，以利收集润滑油，随后拧紧地脚螺栓上的螺母。

3）高压贮液罐的安装

高压贮液罐安装时，应使桶体轴线向集油包侧略倾斜，斜度取 0.2％～0.3％，桶上玻璃管液面指示器要加钢管保护罩，并放在不易碰撞的地方，桶上所有仪表、阀门都应考虑到便于观察和操作。

4）集油器的安装

集油器安装时，回气管应接到蒸发压力最低的回气管路上。

5）低压循环贮液罐和氨泵的安装

按设计图纸要求，制作钢质或混凝土构架。划分安装线，吊装罐体。为防止"冷桥"损失、罐体与构架之间加放在沥青中煮过的垫木，用水平仪和测锤找正后拧紧固定螺栓。连接与氨泵之间的管道，使氨泵中心线与罐体控制液位保持一定的要求距离。为了保证由罐体向氨泵进口处的流量，安装此段管路时应尽量减少阀门数量、管道的弯曲和变径。此后，再安装罐体上的液位指示仪表、自控元件、供液电磁阀、手动阀、氨泵最高点到低压循环罐的抽气阀和管道、氨泵两端的压差控制器、液体旁路阀等元件。

6) 冷风机的安装

冷风机的通风机在安装前应作全面检查，包括检查外观，逐台测量风量、检测静平衡和动平衡，有条件时，还应测量风压。在正式安装到冷风机上以前，拆洗原润滑部分，换上低温润滑脂。通风机的底座用双螺母或弹簧垫圈锁紧，并应采用合适的减振、防振措施。

冷风机在安装完毕后，应进行试氨、试水、试风等测试工作，消除泄漏隐患。冷风机的冲霜水量要充足，淋水管喷水均匀，下水管排水通畅，箱体不漏水。通风机应运转良好，主体不振动，出风均匀，运转部位温度正常、电机电流和运行情况也应正常。

7) 冷却塔安装从底到顶依次进行，玻璃钢壳身拼装成整体吊装就位。

8) 片冰机、螺旋管蒸发器安装

片冰机、螺旋管蒸发器根据现场地形采用 25t 或 50t 汽车吊吊装，整机吊至片冰机层就位，用薄厚不等的垫铁垫在设备底部，调整水平，调平后将垫铁焊牢。

6. 管道、阀门、仪表安装

1) 对系统管道材质的要求，氨管应采用无缝钢管，不能使用铜管或其他有色金属管、内壁不得镀锌。

2) 管道的清锈和除污

管道在安装前必须彻底清锈和除污。管子外壁可用钢丝刷逐根擦锈。管子内壁可用钢丝刷拉锈。拉锈后，除尽管内锈渣、砂粒、泥土等杂物，再用油布等抹油。管子外壁擦净后，应刷防锈漆，封堵管口两端，以防再进污物。

3) 管路的连接

凡设备、阀门上带有法兰者一律用法兰连接，D25 以上管子与阀门、设备连接，或因安装和检修需要的部位也用法兰连接。法兰盘应采用 A3 号镇静碳素钢制成，并带有凹凸面，接触面应平整无痕，在凹凸面内放 1 块 3mm 厚的中压石棉橡胶板垫圈作密封材料。垫圈不得有厚薄不匀或缺口，两面涂石墨黄油调料或黄油。必要时，可用铝板代替石棉橡胶圈以保证密封效果。

4) 管路的坡度

管路的坡度由制冷工艺设计图纸中标出。图纸中没有标明的，在施工时，系统管路一般坡度方向参数见表 5.3.4。

制冷系统管路一般坡度方向　　　　　　　　　　　　　　　　表 5.3.4

管道位置	倾斜方向	倾斜度（%）
压缩机排气管至冷凝器	向冷凝器	0.3～0.5
压缩机吸气管水平段	向低压循环贮氨器	0.1～0.3
供液管水平段	向冷风机、片冰机、蒸发器	0.1～0.3

7. 制冷系统试验

1) 系统排污

排污压力为 0.6～0.8MPa。排污时将空气压入系统中，将每台设备最低处的阀门或系统最低处的排污阀迅速打开，使系统中污物随着压缩空气的气流排出。排污工作必须反复多次，一般不少于三次，直到距排污口 150mm 处放置的白纸上无污物痕迹时为止。同时操作人员应逐次将排污效果记录在专用本上。

排污工作结束后，应将系统内除安全阀以外所有阀门的阀芯拆下清洗后再装上。清洗时，如发现阀芯调整座密封线有冲击伤痕、应予以修复或更换。

2) 系统试压

从压缩机排气阀起至机房总调节站的膨胀阀前的所有设备和管路属高压部分，试验压力用表压 1.8MPa。从膨胀阀起至压缩机吸气阀止的所有设备和管路属低压部分，试验压力用表压 1.2MPa。氨泵、低压浮球阀、低压浮球式液面指示器，试压时应与系统隔开。玻璃管液面指示器，在系统试压时，须将玻璃管两端的角阀关闭，待系统压力稳定后再逐步打开。

系统试压和检漏一般都用压缩空气，升到试验压力后，即将该系统关闭。在开始 6h 内气体因冷却造成的压力降不大于 0.03MPa，以后 18h 内压力不再下降为合格。

3）系统检漏

系统检漏与系统试压同时进行。在系统压力达到试验压力后，应在所有法兰、丝如接头、焊缝、以及有怀疑的地方抹上肥皂水、如有冒泡，说明有渗漏，应作出记号以便修补。系统试漏时查出的所有泄漏处经修补后，重新升压检漏。

4）系统真空

当系统试压合格后，应将系统抽成真空。真空度要求达到 650～740mmHg，保持 12h 不回升为合格。

5）系统充氨试漏

系统抽空以后，可充少量氨检漏。氨检漏也应分段、分系统进行，试漏压力以 0.2MPa 为宜。充氨后用蘸水的酚酞试纸，在每个焊缝、法兰和接头处检试，如试纸呈红色，说明有渗漏，必须将氨放净，与大气连通后才能补焊、严禁带氨补焊。

8. 制冷系统保温

安装好的氨系统管道和设备经排污和试压合格后，在灌注制冷以前包扎隔热层。管道和设备的隔热工程主要由隔热层、防潮层和保护层构成。隔热材料的厚度和隔热结构的做法由设计图纸决定。

9. 充氨、试运行

1）试压、试漏和绝热工作全部完工，且经验收签字后，才准向系统灌注氨液，氨液罐注量由设计决定。系统充氨是整个制冷系统的重点、难点，必须有详细的充氨计划，周全的安全保证措施和应急预案。

2）氨系统在负荷运转前应进行空运转，并检查每台氨压缩机的运转情况。

10. 系统调试

灌氨后氨压缩机逐台进行负荷试运转，每台最后一次连续运转时间不得小于 24h，每台累计运行时间不得小于 48h。当系统负荷运转正常后，报请验收单位验收，验收按《制冷设备安装工程施工及验收规范》GBJ 66—84 进行。

5.3.5　制冷系统运行

在标准工况下，可根据施工场所的气温和混凝土的温控要求，对骨料进行一、二次风冷，并根据拌合楼的生产能力和混凝土的出机口温度要求，选用适当的制冷机组，满足混凝土的温控要求。制冷系统工艺过程控制参见图 5.3.5。

1. 一次风冷系统

一次风冷是对特大石、大石、中石、小石四种粗骨料进行预冷，骨料自上而下进仓，冷风流向自下而上，料、风逆向热交换，骨料冷却为连续风冷，冷风为闭路循环。

2. 二次风冷系统

二次风冷是把经过一次风冷的粗骨料再次冷却，保温并强化一冷风冷后的骨料，冷却工作在搅拌楼料仓中进行。

3. 制冰、冷水系统

制冰、冷水系统集中布置在二冷车间内，根据混凝土温控的要求，布置冷水机组和片冰机，分别用于拌合混凝土和生产片冰；每座搅拌楼配置对应的卧式冰库，用于调节片冰机生产与混凝土拌合用冰的不平衡，采用螺旋机向搅拌楼内的贮冰仓送片冰，冷水直接采用管路接引搅拌楼。

5.3.6　制冷设备的运行维护

1. 制冷的维运行护人员必须经过技术培训和专业培训，考试合格后，方能持证上岗。

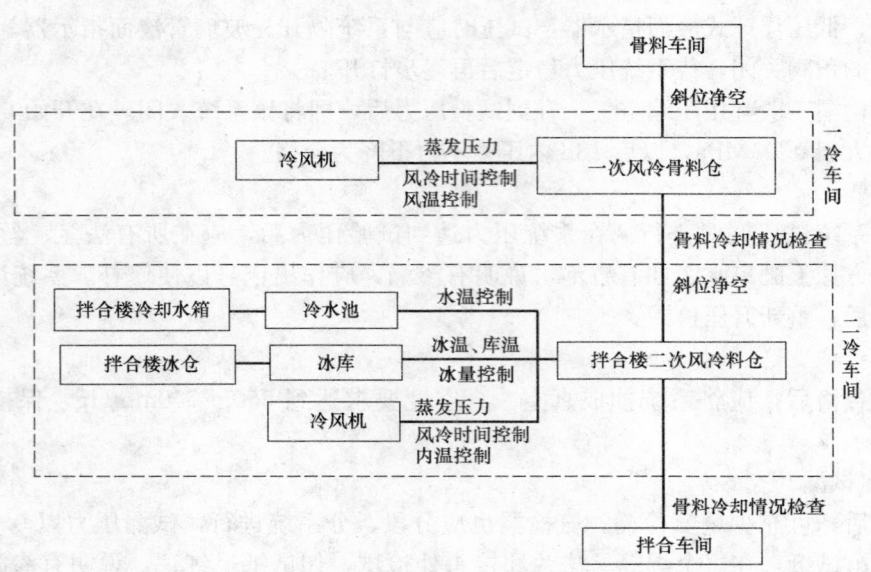

图 5.3.5　制冷系统工艺过程控制图

2. 严格按照制冷压缩机、冷水机组、氨泵、片冰机及片冰输送系统等设备使用说明书进行操作，并按维护手册定时、定期进行维护保养。

3. 随时检查各压力容器具、安全阀门、氨管路的安全性能，随时检查氨泄漏报警装置的灵敏度，发现问题立即进行安全处理。

4. 严格按维护保养手册中的要求及运行经验，检查机械设备运转工况及对各部位的润滑油脂量，随时补充添加，以防各部位缺油磨损及螺栓松动。

5.4　设备运行供电系统

混凝土拌合系统供配电分为两个独立供配电系统。每个供配电系统包括拌合、制冷、空压机、骨料配电系统。

电气设备运行及维护严格按照电气设备安全操作规程执行。加强供电系统的维护，勤检查、勤巡视，及时排除发现各种电气故障，提高供电质量，确保工程建设的顺利进行。同时健立健全电气操作岗位责任制，树立安全第一的思想，将安全贯穿于工程建设始终。

6. 材料与设备

主要设备、材料见表6。

<table>
<tr><td colspan="5" align="center">主要设备、材料　　　　　　　　　　　　　　　　表6</td></tr>
<tr><td>序　号</td><td>名　称</td><td>型　号</td><td>单　位</td><td>数　量</td></tr>
<tr><td>1</td><td>搅拌楼</td><td>HL240-4F3000</td><td>座</td><td>4</td></tr>
<tr><td>2</td><td>传感器</td><td>依据设备资料</td><td>件</td><td>128</td></tr>
<tr><td>3</td><td>搅拌机减速机</td><td>XW-9</td><td>台</td><td>32</td></tr>
<tr><td>4</td><td>气动碟阀</td><td>依据设备资料</td><td>件</td><td>12</td></tr>
<tr><td>5</td><td>搅拌叶片</td><td>依据设备资料</td><td>套</td><td>16</td></tr>
<tr><td>6</td><td>振动筛</td><td>依据设备资料</td><td>台</td><td>8</td></tr>
<tr><td>7</td><td>胶带机</td><td>$B=1000/800/650mm$</td><td>条</td><td>37</td></tr>
<tr><td>8</td><td>电磁振动给料器</td><td>GZG90-150</td><td>台</td><td>22</td></tr>
<tr><td>9</td><td>螺杆式空压机</td><td>40m³/min</td><td>台</td><td>6</td></tr>
</table>

续表

序 号	名 称	型 号	单 位	数 量
10	螺杆式空压机	20m³/min	台	4
11	螺杆式制冷压缩机	LG25ⅡA450	台	16
12	螺杆式冷水机组	LSLGF500Ⅱ	台	2
13	电焊条	J422	kg	400
14	齿轮油	150号	kg	1600
15	钙基脂		kg	1280
16	氨液		t	29
17	冷冻机油	N46	t	8
18	钢板	δ=18mm	t	30
19	筛网		套	12
20	空压机油	150号	kg	400
21	化工泵	IH50-32-160	台	8

6.1 骨料系统（表6.1-1、表6.1-2）

二次筛分给料主要设备表　　　　表6.1-1

序 号	名 称	型 号	单 位	数量 A	B
1	电磁振动给料机	250t/h	台	12	12
2	电磁振动给料机	150t/h	台	8	8
3	胶带机	B=1000/800/650mm	条	19	18

二次筛分主要设备表　　　　表6.1-2

序 号	名 称	型 号	单 位	A系统	B系统
1	圆振动筛分机	2YKR2052	台	2	2
2	圆振动筛分机	2YKR2060	台	2	2
3	砂处理单元	50t/h	台	1	1

6.2 粉料（水泥、粉煤灰）系统（表6.2-1～表6.2-3）

粉料（水泥、粉煤灰）系统主要设备配置表　　　　表6.2-1

序 号	名 称	型 号	单 位	A系统	B系统
1	贮料罐	1100t	台	3	2
2	贮料罐	1500t	台	5	4
3	引气泵	NCD8.0	台	7	7
4	脉冲袋式除尘器	72袋	台	7	7

空压机系统主要设备配置表　　　　表6.2-2

序 号	名 称	型 号	单 位	A系统	B系统
1	螺杆式空压机	40m³/min	台	3	3
2	螺杆式空压机	20m³/min	台	2	2
3	离心式水泵	IS80-50-200	台	2	2
4	立式离心泵	Q≥15m³/h, H≥100m	台	1	1
5	冷却塔	DBNL₃-100	台	1	1

外加剂系统主要设备配置表　　　　　　　　　　　表 6.2-3

序号	名称	型号	单位	数量	
				A 系统	B 系统
1	化工泵	IH50-32-160	台	8	8
2	混流式通风机	SWFⅢ-3	台	1	1

6.3 拌合系统（表 6.3）

搅拌楼主要设备配置表　　　　　　　　　　　表 6.3

序号	名称	型号	单位	单座搅拌楼数量	合计数量	
					A	B
1	粗细骨料贮料仓	依据设备资料	组	1	2	2
2	水泥贮料罐	依据设备资料	个	2	5	4
3	粉煤灰贮料罐	依据设备资料	个	1	3	2
4	除尘器	依据设备资料	套	3	6	6
5	片冰输送螺旋机	依据设备资料	套	1	2	2
6	粉料输送螺旋机	依据设备资料	台	3	6	6
7	集中给料器	依据设备资料	台	1	2	2
8	搅拌罐	依据设备资料	台	4	8	8
9	收尘器	依据设备资料	套	1	2	2
10	放料弧门	依据设备资料	组	2	4	4

6.4 制冷系统（表 6.4-1～表 6.4-3）

制冷系统安装主要设备表　　　　　　　　　　　表 6.4-1

序号	名称	型号	单位	数量
1	东风汽车	5t	台	1
2	加长东风汽车	15t	台	1
3	汽车吊	16t	台	1
4	汽车吊	25t	台	2
5	汽车吊	50t	台	1
6	电焊机		台	10
7	弯管器		台	1
8	切割机		台	1
9	套丝机		台	1
10	平板拖车	30t	台	1
11	平板拖车	20t	台	1
12	电动空压机	0.9m³	台	2
13	真空泵		台	1
14	手拉葫芦	2t、3t	台	各 4

制冷系统运行主要设备表　　　　　　　　　　　表 6.4-2

序号	设备名称	规格型号	单位	数量	备注
1	螺杆式制冷压缩机	LG25ⅡA450,1163kW（标准工况）	台	16	含高、低压电气柜
2	螺杆式冷水机组	LSLGF500Ⅱ,145kW（标准工况）	台	2	含启动柜
3	螺杆式制冷压缩机	LG16ⅢD85,291kW（标准工况）	台	2	含启动柜

大体积混凝土通水冷却降温施工设备表　　　　　　　　　　表 6.4-3

序　号	设备名称	设备型号	单　位	数　量
1	移动式冷却机组	YDLS-160	台	1
2	移动式冷却机组	YDLS-300	台	1
3	变频机	ZJB150	台	2
4	冷却水管	φ28mmHDPE 塑料管	m	
5	冷却水管	φ25mm 钢管	m	

7. 质量控制

　　在高强度预冷混凝土拌合过程中，对各个生产环节的设备和装置进行合理调整，调整工艺参数，使各生产环节相互协调。拌制生产混凝土时，拌合运行人员必须严格按照配料单提供数据，在工作中严格执行"三检制"：对混凝土生产中原材料配合比的输入采取混凝土拌合操作人员一检、拌合负责人二检，再由质控人员打印校核三检后，方可开机拌合混凝土，拌合系统混凝土生产质量环节控制见图 7。预冷混凝土的生产程序和搅拌时间可根据试验确定，控制混凝土拌合物的称量允许误差，水泥、掺合料、水、冰、外加剂溶液为 ±1％，骨料为 ±2％。拌合机容积大于 3m³ 最少搅拌时间按 180s 控制。每月对拌合系统的衡量系统进行一次校验，提高衡量系统的准确性，并定期检查放大器、电源盒、传感器等衡量通道工作是否稳定，确保衡量参数的控制范围，使混凝土的综合性能达到优良。

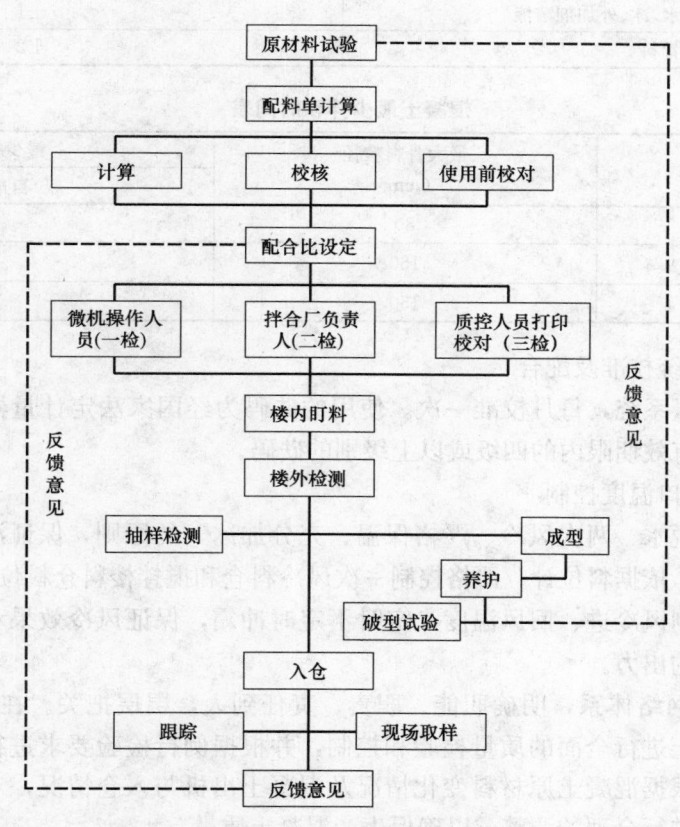

图 7　拌合系统混凝土生产质量环节控制图

7.1　水泥、粉煤灰质量控制

对到货的水泥按出厂批号、袋装或散装等，分别储放在专用的储罐中，防止因储存不当引起水泥变质。胶凝材料的储存罐，必须有明显的标识牌，各项合格证、质检报告及实际物料均要符合有关技术要求。为使水泥具有良好的质量，水泥储存时间不超过 6 个月，入罐最高温度不超过 65℃。

7.2 外加剂质量控制

混凝土所使用的各种外加剂均应有厂家的质量证明书，按国家和行业标准进行试验鉴定，储存时间过长的应重新取样，严禁使用变质的不合格外加剂。现场掺用的减水剂溶液浓缩物，以 5t 为取样单位，引气剂以 200kg 为取样单位，对配置的外加剂溶液浓度，每班至少检查一次。

7.3 骨料质量控制

骨料由粗骨料及细骨料组成。不同粒径的骨料分别堆存，严禁相互混杂和混入泥土；装卸时，粒径大于 40mm 的粗骨料的净自由落差不应大于 3m，避免造成骨料的严重破碎。细骨料进行比重、吸水率、石粉含量、细度模数、含水量、云母含量、轻物质含量及有机物含量等试验。粗骨料进行含水量、坚固性、超逊径、有机质含量、吸水率及针片状颗粒含量等试验。

7.4 混凝土质量控制

7.4.1 混凝土拌合及称量

搅拌楼运行人员严格按照配料单提供数据进行生产，在工作中严格执行"三检制"，以避免质量事故的发生。混凝土生产过程中，其称量须准确，其称量误差不超过表 7.4.1-1 的规定；混凝土拌合程序和时间通过试验确定，混凝土搅拌时间的检查不少于每班 2 次，且最少拌合时间应不少于表 7.4.1-2 的规定。

混凝土材料称量的允许偏差　　　　　　　　　　　　　　表 7.4.1-1

材 料 名 称	称量允许偏差（%）
水泥、掺合料、水、冰、外加剂溶液	±1
骨料	±2

混凝土最少拌和时间表　　　　　　　　　　　　　　　　表 7.4.1-2

拌合机容量 $Q(m^3)$	最大骨料粒径（mm）	最少拌合时间（s）自落式拌合机
$0.8{\leqslant}Q{\leqslant}1.0$	80	90
$1.0{<}Q{\leqslant}3.0$	150	120
$Q{>}3.0$	150	150

7.4.2 拌合衡量系统校准及配合

对于拌合系统的衡量系统，每月校准一次。使用的砝码为经国家法定计量器具鉴定机构每年一次周期鉴定合格，并且在有效期限内的四级或以上级别的砝码。

7.4.3 混凝土出机口温度控制

制冷采取了"冲洗脱水、两次风冷、严格保温、充分加冰"的原则，保证混凝土出机口温度。在预冷混凝土生产过程中，依据料位计，严格控制一次风冷料仓和搅拌楼料仓料位，最低不低于 1/3，按照温度巡测仪、严格控制风冷进、回风温度，定时不定时冲霜，保证风冷效果和冷却时间，加强检测力度、次数，保证设备的出力。

建立健全质量管理网络体系，明确职能、职责、责任到人，层层把关。在拌合系统运行过程中，试验人员全过程对混凝土进行全面的质量检验和控制，并根据例行检验要求进行试验分析工作。试验室混凝土质控值班人员根据混凝土原材料变化情况及混凝土出机与入仓情况，对混凝土的拌合物进行控制、对配料及用水量进行合理的调整，以确保生产混凝土质量。

7.4.4 制冷温控标准

根据制冷运行工况，各部位温控标准数值，根据气温条件及生产量等因素进行相应的校核与调整。制冷运行各部位温控标准见表 7.4.4。

制冷运行各部位温控标准表　　　　　　　　　　　　表 7.4.4

部位	序号	项　目	控制种类	控制值
一次风冷	1	预冷仓骨料料位净空	特大、大石、中石、小石	≤3.5m
	2	蒸发压力	氨压机吸气压力	0.15~0.2MPa
	3	冷风温度(进风)	特大、大石、中石	−8~−12℃
			小石	−2~+5℃
	4	骨料冷却时间	特大、大石、中石、小石	55~60min
	5	骨料终温	特大、大石、中石、小石	≤8℃
二次风冷	6	骨料仓料位净空	特大、大石、中石、小石	≤2.3m
	7	蒸发压力	氨压机吸气压力	0.08~0.11MPa
	8	冷风温度(进风)	特大、大石、中石	−14~−16℃
			小石	−2~+5℃
	9	骨料冷却时间	特大、大石、中石、小石	55~60min
	10	骨料终温	特大、大石	−1~−1.5℃
			中石	0~+0.5℃
			小石	1~+1.5℃
冷水机组	11	混凝土拌合水温度	冷水	≤7℃
冰库	12	冰库保持温度	库温	−15~−5℃
	13	片冰(干燥松散)温度	冰温	≤−5℃
	14	冰库冰储存量	冰量	≤2/3
拌合楼	15	7℃混凝土出机口温度	混凝土温	≤7℃
	16	8℃混凝土出机口温度	混凝土温	≤8℃
	17	9℃混凝土出机口温度	混凝土温	≤9℃
	18	13℃混凝土出机口温度	混凝土温	≤13℃

8. 安全措施

　　制冷系统是小湾电站工地重大危险源之一，所使用的氨液具有一定的毒性，属易燃、易爆品，最大的安全隐患是氨气泄漏伤害事故的发生。因此确保氨系统的正常运行，如何把握好氨系统的可控性，是安全工作的重中之重。

　　在氨系统的安全生产方面，认真贯彻《危险化学品安全管理条例》等有关法律法规，采取综合治理和防范措施，确保氨系统的生产和安全。每周开展氨系统安全专项检查，氨液的储存、氨管路的稳固、制冷设备的安全运行及安全措施落实情况进行排查，对查出的事故或隐患限期整改。

　　制订和完善氨泄漏应急救援预案，并每年组织演练，建立专业化的氨泄漏应急救援机构和队伍。加强对重大危险源的监控，及早消除安全隐患。加强职业技能教育培训，提高从业人员的安全意识和技术业务素质。采取多种形式，加强安全培训，提高应急反应和处置能力。

　　划分安全文明施工责任区，要求岗位人员必须对自己所管辖的责任区进行检查与清扫，确保各机械设备的正常运行，并及时对消防设施与安全防护用品进行检查，对氨泄漏报警系统和声光报警系统严格进行了每班巡查，对于有异常反映不灵敏的或存在调试不合格的报警器及时进行调整，从系统监控上大大提高了氨泄漏的预知性和可控性，并进一步扩大了预防范围。同时，严格执行重大危险作业场所审批制度和动火证审批制度，要求内容详细，安全防护措施符合实际工作需要。

8.1　安全措施

　　建立健全三级安全管理网络，强化安全管理机构，充实安全人员，完善各项工作制度。在安全办任用事业心强，懂业务的专职安全检查员，巡视各施工面，检查施工现场的安全状况及是否有违章作业情况，一旦发现及时制止，真正做到班前交待注意事项，班后讲评，把事故消灭在萌芽状态中。

遵照《水利水电建筑、安装、安全技术工作手册》和《安全文明生产管理办法》制定各工作面、各工序的安全生产规章制度，在拌合系统正式运行之前进行安全知识培训，合格后方能上岗，尤其是对新入场的员工坚持"三级安全教育"制度。

8.1.1　安全管理办法

1. 进入施工现场必须佩戴好安全帽和上岗证，并按照规定着装。
2. 各岗位严格遵守劳动纪律和本岗位安全技术操作规程。
3. 严格执行班前 5min 制度和开展预知危险活动。
4. 严格执行上岗证管理制度。
5. 公共安全设施的拆除必须以书面形式提出申请，经当班安全员批准后才可实施，拆除后要及时恢复。

8.1.2　制冷泄氨紧急救援预案

为了确保重大安全事故发生后能得到有效的控制，结合制冷系统的实际情况，每年至少组织进行一次对系统泄氨事故应急救援演练，并与消防部门联合进行。

8.2　安全保护装置

8.2.1　制冷各系统增装大鼻子报警器

制冷各系统大鼻子报警器。当系统某一个部位发生氨泄漏时，根据氨气的浓度报警，提醒运行人员漏氨的部位及浓度，采取相应的措施。

8.2.2　系统增装声光报警器

左拌系统室外报警器。系统某一个部位发生较严重的泄氨事故时，由专人对此装置发出警报，使周边人员及时撤离现场，同时启动系统泄氨紧急救援预案。

8.2.3　各种仪表和安全阀

各种仪表和安全阀。氨系统共安装安全阀 100 台套，当储液器压力达到或超过 10kg 时，能及时泄压，确保压力容器的安全。氨系统共安装压力表 100 个，供运行人员巡视时，能根据压力要求，检查设备运行工况情况，通过压力表能够确认压力容器是否运行在安全的状况下，或哪一个储液器已超过规定要求，并能让运行人员及时采取防范措施。

9. 环 保 措 施

为做好本工程环境保护工作，在施工过程中项目部各级领导将严格遵守国家和当地有关环境保护的法律、法规，并按合同的有关规定，从执法的高度重视环境保护工作，建立环境保护责任制，加强宣传教育工作，使全体施工人员自觉执行环境保护措施，防止由于工程施工造成施工区附近地区的环境污染和破坏。

9.1　环境保护目标

减少工程施工对环境的破坏，维持现有的生态环境，防止水土流失的进一步恶化，创造良好的生产生活环境，创建生态性环保工程。

9.2　环境保护具体措施

针对本工程特点和环境保护要求，在工程施工过程中将本着科学规划、求真务实的原则，编制有关环境保护的具体措施，保证本工程环境目标的实现。

9.2.1　防止水污染措施

1. 拌合系统的生产污水按照已经建好的排水设施，排入大坝施工供水系统标段的排水管（沟）。

2. 生活区的冲厕污水、盥洗污水、厨房污水、洗衣污水等不准随意向周围的田地和河道排放。充分利用发包人已建的排水设施。

3. 生产场区的污水，采取沉淀、除油处理，达到排放标准后排放。

9.2.2 施工中的噪声、粉尘、废气、废水、废油治理措施

1. 废油的处理：在综合机械修配保养厂等主要产生废油的工厂设油料处理池，废油、外加剂、酸碱液体等汇入废油处理池，集中回收，尽量重复利用，对不能利用的进行焚烧或中和处理，在施工排水系统的末段设置沉沙池和油水分离器，防止对河道造成淤积和污染。

2. 粉尘控制措施：水泥、粉煤灰卸料、输送，搅拌楼生产等容易产生飞扬细颗粒物料区域布置收尘设备，尽可能减少粉尘对大气污染；对卸料平台、施工区域内的道路路面进行经常性的检查和维护，配置专人专车每天对路面进行洒水消尘，使路面行车安全、卫生整洁。

10. 效 益 分 析

系统运行实行"日检查、周保养、月检修"强制维护保养措施，提高了骨料输送效率，有效杜绝了长时间进料对骨料风冷效果的影响，强化了骨料的风冷效果，延长了骨料风冷时间，确保预冷混凝土在高强度连续生产的情况下，出机口温度合格率满足质量要求，满足了大坝的浇筑需求和温控要求。单楼最高小时生产预冷混凝由 150m³ 提高到 175m³；左拌系统年平均设备完好率 90.7%、利用率 87% 提高到完好率为 99.5%、利用率为 91.3%；在高强度的连续生产过程中，通过运行工况和技术的优化，2008 年全年生产预冷混凝土 2448175.5m³，全年产生废料 584m³，废料率占全总生产量的 2.4‰，比混凝土出机口温度超标废料率 6.0‰控制明显减少，预冷混凝土出机口温度年平均合格率为 98.2% 提高到 99.4%。左拌系统预冷混凝土生产量由 2006 年度 153.36 万 m³，2007 年度 237.5 万 m³ 提高到 2008 年度 251.64 万 m³，实现了预冷混凝土月浇筑强度 20 万 m³ 以上，出机口温度≤7℃的控制目标，不仅保证了预冷混凝土的生产质量和产量，而且降低了运行成本和劳动力成本，优化了工作环境，提高了拌合楼自动化控制水平。

11. 应 用 实 例

11.1 三峡水利枢纽 EL.120 混凝土系统

搅拌楼：两座（HL240-4F3000LB），铭牌产量：480m³/h。

系统规模：混凝土生产能力常态混凝土 480m³/h，预冷混凝土 360m³/h，标准工况下制冷量 15986kW（不含大坝冷水厂），水电四局派出精兵强将负责系统的安装及运行，本系统自运行以来，在水电四局精心组织和管理下，混凝土高峰月强度 10.03 万 m³，高峰年混凝土生产完成 106.4 万 m³。

11.2 小湾水电站混凝土拌和系统

搅拌楼：4 座（HL240-4F3000LB），铭牌产量：960m³/h。

系统规模：混凝土生产能力：常态混凝土 960m³/h，预冷混凝土 690m³/h，在标准工况下，两个制冷系统制冷量为 19480kW（1675 万 kcal/h），全年生产低温混凝土，混凝土出机口温度为 7℃。高峰月混凝土浇筑强度 23 万 m³，预冷混凝土高峰月浇筑强度 23 万 m³。

11.3 云南金安桥水电站混凝土拌和系统

搅拌楼：4 座（2 座 HL320-2S4500L 和 2 座 HL240-4F30000LB）

系统规模：混凝土拌合系统：右岸布置 1 座 HL320-2S4500L（2×4.5m³）强制式和 1 座 HL240-4F30000LB（4×3.0m³）自落式拌合楼，铭牌生产能力分别为 320m³/h 和 240m³/h，可满足高峰月混凝土强度 13.5 万 m³，预冷混凝土强度 10 万 m³。左岸布置 2 座 HL320-2S4500L（2×4.5m³）强制式拌合楼，单座铭牌生产能力 320m³/h，可满足高峰月混凝土强度 15 万 m³，高温季节预冷 RCC 浇筑强度 10 万 m³。

11.4　辽宁蒲石河抽水蓄能电站混凝土拌合系统

搅拌楼：一座（HLS150），铭牌生产强度：150m³/h

工程混凝土总量为 23.7 万 m³，满足高峰月浇筑强度 2.5 万 m³/月的需要。混凝土生产系统布置在下库坝左岸坝头，主要包括混凝土拌合楼、骨料调节料仓、水泥及粉煤灰存储系统、供风系统、外加剂配制车间、供电系统、供水和排水系统等设施组成。

碾压混凝土坝体冷却水管施工工法

GJEJGF202—2008

中国水利水电第二工程局有限公司　中国水利水电第八工程局有限公司
李志斌　卢大文　周达康　黄帮有　黄巍

1. 前　　言

碾压混凝土筑坝技术以其快速连续施工节省投资为其显著的特点，但大量工程实践表明，碾压混凝土坝时有温度裂缝出现，尤其是特大型、大型碾压混凝土坝工程，其工期一般跨越1～3个高温季节，如果无法解决高温季节连续施工的温控问题，则不能充分发挥工期短、快速施工所带来的经济效益，甚至造成碾压混凝土坝在常年气温较高地区无法适用。温度裂缝现象已成为目前严重制约碾压混凝土坝进一步发展的主要因素，而高温季节碾压混凝土连续施工时温控措施更是亟需解决的关键技术问题之一。冷却水管于20世纪30年代首先在美国胡佛坝得以应用，目前已成为常规混凝土坝的主要温控措施之一。在碾压混凝土中埋设冷却水管，进行通水冷却，以削减水化热绝热温升，确保混凝土最高温度不超过设计允许的温度及减小坝体内外温差。碾压混凝土温度控制的目的是在满足设计要求的温控条件下，尽可能地加快施工进度，同时最大限度地降低混凝土施工成本，从而达到降低工程造价，提前发挥工程效益的目的。

2. 工 法 特 点

碾压混凝土预埋冷却水管费用经济、性价比高、经济效益好、施工快速方便，是目前碾压混凝土坝的主要温控措施之一。

3. 适 应 范 围

本工法适用于各类碾压混凝土坝体冷却水管施工，为碾压混凝土坝体温度控制积累并提供宝贵的施工经验和成功范例。

4. 工 艺 原 理

本工法阐述的是碾压混凝土坝体冷却水管材质要求铺设工艺、通水程序等关键技术。

以上关键技术理论基础和实践依据为：对预埋于碾压混凝土内的HDPE冷却水管通自然河（泉）水或制冷水，以降低碾压混凝土内部温升，减小坝体内外温度梯度，限制温度裂缝的产生，解决碾压混凝土大坝高温季节连续施工的温控问题。

5. 施工工艺流程及操作要点

5.1　施工工艺流程
仓内冷却水管布置→HDPE管铺设→冷却水管接头处理→冷却水管通水。

5.2　操作要点

5.2.1　仓内冷却水管布置

1. 坝内埋设冷却水管以蛇形水平布置，相互之间的间距为 1.5m（水管垂直间距）×1.2m（水管水平间距），为防止振捣变态混凝土时振捣棒把 HDPE 管压扁或压破，埋设时水管距上游坝面 1.5m，距下游坝面 1.5m，水管距接缝面、坝内孔洞周边 1.5m。冷却水管单根长度不宜大于 250m。坝内支管通过快速止水接头接在干管上。每个坝段的干管结合坝体通水计划引入下游坝面预留槽内，引入槽内的干管做到排列有序，作好标记记录，并注意立管布置间距，确保引入槽内的立管不过于集中，以免混凝土局部超冷。

2. 为防止冷却水管在施工过程中受冲击或碾压损坏，根据中国水利水电第八工程局有限公司在二滩及索风营工地施工实践经验，冷却水管不宜直接铺设在老混凝土或基岩面上，碾压混凝土冷却水管需铺设在刚碾完的新混凝土面上，第一层铺设在 60cm 处，以后每升高 1.2～1.5m 铺设一层。坝内蛇形水管进回水管预先埋设在其下已浇筑层下游坝面预留槽内，以便模板安装和初期通水需要。在仓内增设三通接头，减少进出水管引至仓外数量，解决因大量冷却水管引至仓外而破坏局部混凝土强度的问题。对于仓面较小，回路较少的仓面采用单根进出水管引至仓外。对于仓面较大，回路较多的仓面适当增加进出水管数量引至仓外。

3. 对于汽车进仓及真空溜管下料部位，为避免汽车接料往返频繁而压破 HDPE 冷却水管，下料部位预留一宽 8.0m，长 15.0m 区域，在该层面其他部位施工完后单独作为一回路铺设。

4. 在有帷幕、固结、接触灌浆及排水孔的部位，埋设冷却水管前，须在空间上将冷却水管布置位置与钻孔位置错开，铺设时将冷却水管用"n"形 $\phi 6$ 钢筋与仓面碾压混凝土固定，并采取有效措施防止冷却水管被钻机打断。

5. HDPE 管在仓内拼装成蛇形管圈。埋设的 HDPE 管不能堵塞，并应固定和清除表面的油渍等物。管道的连接确保接头连接牢固，不得漏水。HDPE 管在安装完毕和覆盖 30cm 混凝土后应分别进行通水实验，检验是否漏水和水管是否通畅。检验水管通畅标准：水压在 0.2MPa 时流量大于 15L/min 为通畅，否则为不通畅。如发现堵塞及漏水现象，应立即处理。在混凝土浇筑过程中，注意避免水管受损或堵塞。

6. 在 HDPE 管铺设过程中，需保证 HDPE 管先通水再覆盖混凝土，因 HDPE 管中有一定的水压能承受骨料的冲击和碾压时骨料对 HDPE 管的挤压及摩擦力，降低了水管破损概率。采取把进回水冷却水管进出口处抬高，比冷却水管埋设高程高 10～20cm，以保证碾压混凝土施工过程中冷却水管内充水。

5.2.2 HDPE 管铺设方法

HDPE 材料入仓后，人工将材料搬运至施工区域开始铺设。首先两人将整卷 HDPE 管放置在转盘支架上，一人牵引管头从补缝木模板孔中引出坝外，与布置在坝外的供水管相接。仓内一人牵引水管向前铺设，到达设计位置后转弯继续铺设，一人负责在 HDPE 管转弯处两边分别钉一带铁钉的塑料"U"形卡，一人负责在直段上钉塑料"U"形卡，塑料"U"形卡间距为 2.5m，弯管段塑料"U"形卡数量不少于 3 个，直至一回路铺设完，并将出水管从模板缝间引出坝外至主水管处，最后三人在直段上钉塑料"U"形卡。此区域 HDPE 冷却水管铺设就位后，将转盘支架和剩余 HDPE 管抬到下一施工区域，按上述分工开始铺设，直至整个仓面铺设完成。

5.2.3 冷却水管接头处理

由于 HDPE 管成卷包装设计，加之大坝仓内分块区域相互独立铺设，单根回路总长较短（最大长度 250m），因而接头相对较少，只是在两卷冷却水管连接或施工设备压破水管情况下采用直管接头连接。在水管连接时，首先在直通接头两边缠两至三层止水带，再用火烘烤需连接的冷却水管端口至柔软状态，最后人工及时将直通接头插入已柔软的水管内，待水管冷却并具有一定硬度后用铁丝捆扎牢固。

5.2.4 冷却水管通水

1. 冷却通水控制标准

大坝碾压混凝土冷却通水在该层冷却水管被覆盖后 24h 开始，当实测河（泉）水温度高于设计冷却通水温度时，碾压混凝土采用冷水站制冷的冷却水，流量控制为 20～25L/min。当实测河（泉）水温度低于设计冷却通水温度时，碾压混凝土冷却通水直接采用河水，流量控制为 20～25L/min。在水管出口设置流量计和闸阀，以控制通水流量。为满足冷却水管内压力与小于 0.35MPa 的规范要求，在供水头处水压力一般在 0.5MPa 以上。高温季节进水温度尽量采用低温水，控制水温与混凝土温差 ≤22℃。

在冷却水管铺完一回路后立即进行通水试验，检查水管本身是否有破损和接头是否牢固，若有漏水现象则锯掉该段重新连接；在该层混凝土铺筑碾压完后同样进行通水试验，检验管路是否在汽车卸料、平仓机平仓和碾压机碾压过程中因骨料集中而挤破冷却水管，在管路完好情况下进行正常通水。控制温降速率≤1℃/d，为保证坝体混凝土温度均匀下降，采取每 12h 通水方向对换一次。

坝体温度控制设计标准仅供通水参考，通水过程中应密切注意测量实际水温及大坝监测报告提供的坝体混凝土温度变化情况，根据坝体混凝土实际温度情况进行通水调整。

大坝碾压混凝土通水冷却前期通水时间及水温控制设计标准按温控计算成果或设计要求进行。

2. 初期通水

高温或较高温季节施工大体积碾压混凝土及基础强约束区的小体积碾压混凝土需进行初期通水冷却，初期通水冷却时间不少于 25d。初期通水冷却不仅可削减 2～4℃ 最高温度峰值，还可根据通水温度和强度使高温季节浇筑的混凝土最高温度控制在 34℃ 以下，减少中、后期通水时间。混凝土浇筑前需通以 0.2MPa 压力水，以检查管路的畅通情况及减小水管内外压力。冷却水管上覆盖第一层混凝土后 24h 即开始通水冷却，强约束区 4～10 月、弱约束区 5～9 月通 10～15℃ 制冷水，其余的初期均采用通河（泉）水，控制水温与混凝土温差≤20℃，通水流量为 20L/min。控制基础约束区初期降温总量≤6～8℃，非约束区≤8～10℃，同时还需控制降温速率≤1℃/d。每 12h 水流需换向一次，使坝体混凝土冷却均匀。初期通水采取动态控制，在混凝土内部温度处于上升阶段时，应加强其内部温度监测，必要时可加大通水强度或降低制冷水温度，以确保混凝土内部温度控制在设计允许的范围内。同时当混凝土内部温度达到其峰值后，可适当放宽通水要求，避免出现不必要的超冷。

初期通水分制冷水与河（泉）水两种。通制冷水时，冷却水的制冷、循环、回收、换向均由移动式或固定式冷水站完成。通河（泉）水时，冷水站提供冷却水的循环、回收动力，由冷水站内的冷却塔散发冷却水吸收的热量，保证坝体冷却效果。

3. 中期通水

一般情况下，每年入冬前应进行中期通水冷却，将当年浇筑的混凝土温度降至坝体内部设计允许最高温度。中期通水一般采用江（泉）水进行。

一般计划安排每年 9 月初开始对当年浇筑的大体积混凝土块体中期通水冷却，通水至坝体温度达 22～23℃，削减混凝土内外温差。通水之前先量测坝体实际温度，以确定通水时间。通水过程中每月闷温一次，闷温时间 4～5d。通水流量为 20L/min，每 3d 变换一次进出水口，控制降温速率不大于 1℃/d。

4. 后期通水

需进行岸坡接触灌浆部位，在灌浆前，必须进行后期通水冷却。根据坝体接缝灌浆进度和灌浆温度要求后期需通 5～10℃ 左右制冷水，直到该部位稳定温度。

1）通水水温要求

中后期通水冷却混凝土温度与通水温度不超过 20℃，且降温速度不超过 1℃/d。根据接触灌浆进度安排，低温季节灌浆时，混凝土一般应先中期通 1～2 个月的江水，达到过冬温差要求后，再改用 10℃ 制冷水冷却至坝体接缝灌浆温度。高温季节灌浆时，初、中期冷却相连，将混凝土内部温度降至 30℃ 以下，再通以 10℃ 制冷水后冷，将坝体混凝土冷却至接缝灌浆温度。

2）通水时间要求

按施工进度要求，根据接触灌浆进度安排，后期通水一般与中通结合在一起。低温季节进行灌浆施工的部位，一般每年度 10 月开始进行中期通水冷却，通水时间以达到设计要求的过冬内外温差为准，然后通 10℃左右制冷水将坝体内部温度冷却到灌浆温度。高温季节进行灌浆施工的部位，将初、中期冷却相连至 40d 左右，然后再通 10℃左右低温水，将坝体温度降至设计允许的灌浆温度。

3）通水要求

A. 采取有效管理和技术措施确保坝体连续通水，每月通水时间不少于 600h，坝体混凝土与冷却水之间的温差不超过 20℃，控制坝体降温速度不大于 1℃/d。水管通水量通制冷水时不小于 20L/min。

B. 采取闷温观测等措施检测，确保坝体通水冷却后的温度达到设计规定的坝体接缝灌浆温度。控制坝体实际接缝灌浆温度与设计接缝灌浆温度的差值在＋1℃和－2℃范围内，避免较大的超温和超冷。

6. 材料与设备

冷却水管主要采用 HDPE 高密度聚乙烯塑料冷却管，HDPE 冷却水管外径 32mm、壁厚 2mm。HDPE 冷却水管的导热系数 $K \geqslant 0.45 \mathrm{W}/(\mathrm{m} \cdot ℃)$；在 1h 内承受 12MPa 的液压环向应力不破坏、不渗漏；纵向回缩率 $\leqslant 3\%$。

7. 质 量 控 制

7.1 根据合同文件和有关规程规范的要求，工地试验室对预埋冷却水管进行取样检测，不合格的冷却水管严禁使用。

7.2 严格按照施工技术要求进行冷却水管铺设。

7.3 质检人员跟班检查冷却水管铺设施工质量，并对碾压混凝土施工过程中保护冷却水管措施进行检查，特别检查三通接头及直通接头连接的施工质量。

7.4 对安装好的 HDPE 管覆盖一层混凝土后即应进行初期通水试验，如发现堵塞及漏水现象，应立即处理。

7.5 现场技术人员定期对各高程段冷却水管施工做出相应技术指导。

7.6 拱坝和重力墩碾压混凝土在通水冷却过程中应随时掌握坝体各部位的温度监测资料，根据坝体温度变化的实际情况进行调整。

7.7 冷却通水过程中应每台班进行一次通水及实测水温记录，并及时将记录结果上报技术部门。现场质检人员随机对冷却通水情况进行抽查。

7.8 为防止因冷却水管漏水而破坏混凝土质量，冷却正式通水需混凝土 24h 后方可进行。控制温降速率 $\leqslant 1℃/d$，为保证坝体混凝土温度均匀下降，采取每 12h 通水方向对换一次。

7.9 为了确保冷却水管通水水温和流量准时记录并及时上报技术办，特安排专人负责通水。

8. 安 全 措 施

8.1 施工人员进入施工区域必须戴安全帽，严禁穿高跟鞋、拖鞋等进入施工现场。

8.2 确保足够的安全投入。购置必备的劳动保护用品，安全设备及设施齐备，完全满足安全生产的需要。

8.3 施工作业必须按照规定的程序施工，不得违反程序施工。

8.4 冷却通水过程中必须注意安全，高空作业时，需系好安全绳等劳保用品。

8.5 主水管吊装时必须注意安全，吊臂下严禁站人。

8.6 移动或固定式冷水站均属特种设备，必须制定详细的安全管理手册，以防压力容器爆炸或危险品泄漏，并制定应急预案。

9. 环保措施

9.1 在冷却水管安装过程中严格执行国家及地方政府有关环境保护的法律、法规、条文、条例、制度等。

9.2 施工场地内的废弃材料及时清扫到指定存放地点。

9.3 冷却水定点排放，严禁乱排乱放，集中收集处理。

9.4 制定环保施工的管理实施细则，每周由监督小组把环保施工检查情况在生产调度会上向各有关单位及项目经理汇报，并上报业主、监理。

9.5 移动或回定式冷水站均属物种设备，必须制定详细的环境保护措施，以防危险品泄露造成污染，并制定应急预案。

10. 效益分析

10.1 本工法对冷却水管施工的关键环节进行有效控制，冷却水管铺设方法简单，易操作，工效高，施工成本低，经济效益显著。

10.2 冷却水为河水或泉水，取水成本低，通水质量得到了保证，无污染，对周围环境没有影响。

10.3 冷却水管占地少，减少了施工用地，节省对土地的占用，社会效益明显。

11. 应用实例

11.1 思林水电站碾压混凝土坝体冷却水管施工

11.1.1 工程概况

思林水电站位于贵州省东北部，乌江干流中游。工程以发电为主，兼顾航运、防洪等综合效益。电站正常蓄水位440m（高程），相应库容12.05亿m³，装机容量为1000MW（4×250MW），保证出力345.1MW，年发电量40.64×10⁸kW·h，电站发电死水位为▽431m。思林水电站实际碾压混凝土施工冷却水管工程量为35万m（未计入常态混凝土冷却水管施工量）。

11.1.2 施工情况

思林水电站大坝标段由八闽联营体承担施工任务，从2006年11月8日碾压混凝土开盘浇筑至2008年6月2日大坝碾压混凝土施工完毕。

11.1.3 工程评价

思林水电站碾压混凝土冷却水管施工全过程中没有发生任何安全及质量事故，施工处于安全、快速、优质的可控状态。思林电站采取对碾压混凝土预埋冷却水管通水降温，取得了良好效果，平均降低碾压混凝土温度10～20℃。目前，思林水电站碾压混凝土温度已降至22℃，解决了碾压混凝土大坝高温季节连续施工的温控问题，减小坝体内外温度梯度，限制温度裂缝的产生。取得了较为明显的经济效益和社会效益。

11.2 南水北调中线惠南庄泵站工程冷却水管施工

11.2.1 工程概况

惠南庄泵站是南水北调中线工程总干渠上的惟一一座加压泵站。是重要的控制性建筑物。泵站设计流量为60m³/s，总装机容量56MW，惠南庄泵站流量大、扬程高、单机容量大、泵站特征系数变幅大，属大（1）型泵站，为一等工程，主要建筑物为Ⅰ级。

11.2.2 施工情况

惠南庄泵站工程开工于 2006 年，于 2007 年底，混凝土浇筑完毕，主体工程完工。

11.2.3　工程评价

该工程在施工过程中管理到位，没有发生一起安全及质量事故，施工全过程均在受控状态，工程质量优良，冷却水管施工工法，有效解决了大体积混凝土内部混为温升问题，保证了工程质量，达到了设计指标要求，没有出现有害裂缝，达到预期的效果，节约成本约 15 万元。该工法剩余材料易回收，不污染周围环境，水土保持良好，环保效益显著。

11.3　大花水水电站大坝工程坝体冷却水管施工

11.3.1　工程概况

大花水水电站位于贵州清水河中游河段，为清水河干流水电站梯级开发的三级，电站为地等工程，工程规模为大（2）型，大坝由碾压混凝土双曲拱坝＋左岸重力坝组成，是一座以发电为主，兼顾防洪及其他效益的综合水利水电枢纽。电站装机 200MW，坝高 134.5m。

11.3.2　施工情况

大坝从 2005 年 4 月开始碾压混凝土到 2007 年 2 月全部结束，大坝上升 134.5m，共浇筑混凝土 64.8 万 m^3，在施工过程中编写了碾压混凝土坝体冷却水管施工工法，对大坝的通水时间进行严格控制，有效提高了通水效益。

11.3.3　工程评价

施工中严格按照工法要求组织施工、控制每道工序。确保了施工过程的安全、质量和效益。采用这个工法施工，大坝混凝土内部温升平均下降 14℃，平均削峰 4.5℃，有效解决了高温时段浇筑混凝土的难题，使整个混凝土施工工期缩短近 2 个月，具有良好的经济效益和社会效益。

11.4　格里桥水电站大坝坝体冷却水管施工

11.4.1　工程概况

格里桥水电站位于贵州省中部，乌江中游右岸支流——清水河干流下游。工程以发电为主，为三等工程，工程规模为中型，工程枢纽由碾压混凝土重力坝、左岸引水发电系统组成。碾压混凝土重力坝最大坝高 124m，坝顶高程▽724m，坝顶全长 103.9m。

11.4.2　施工情况

大坝从 2008 年 4 月开始浇筑混凝土，截止目前，大坝上升高度 46m，共浇筑混凝土 25.5 万 m^3。

11.4.3　工程评价

该工程通过采用冷却水管施工工法，有效降低了大坝混凝土温升，混凝土温控效果良好。大坝温度平均降低 12.6℃、平均削峰 4.5℃。水管采用塑料管，施工方便快捷，安装定位准确，对碾压混凝土施工干扰小，施工方便，经济适用。

现场"密度桶法"确定大粒径砂砾料压实标准工法

GJEJGF203—2008

中国水利水电第十五工程局有限公司　中国水电建设集团路桥工程有限公司

王星照　赵继成　李晨　马明功　梁艳萍

1. 前　言

大粒径砂砾料作为筑坝材料，具有易开采、好施工、经济、方便等优越性，被广泛的应用于碾压式土石坝和堆石面板坝建设中。随着碾压式土石坝和堆石面板坝的快速发展，大粒径砂砾料的填筑应用越来越广泛。《土工试验规程》SD 128—84 只规定了粒径小于 60mm 砂砾料的相对密度试验方法，现行的《土工试验规程》SL 237—1999 中也只规定了粒径小于 60mm 砂砾料的相对密度试验方法，即室内采用振动台、试样桶（内径 300mm、高 340mm）及配重等试验设备来确定。对粒径在 300～400mm，特别是用在高土石坝中最大粒径达 500～1000mm 的砂砾料，一直没有一个科学可靠的方法确定其压实质量标准。

面对这一现状，国内的一些专家、学者和工程技术人员在 20 世纪 70 和 80 年代曾进行过试验研究，提出过一些确定方法，但这些方法都建立在室内用振动台法先做小粒径试验，然后用某一数学摸拟方法推算大粒径料压实标准，这样的结果经实践证明，由于没有用原型级配料试验，使砂砾石料密实的方法机理与施工实际不一致，且推算的数据模式不一定合理，使得试验结果与施工中的压实效果有一定的差距，经常出现这样那样的问题，不能正确的反映工程的实际质量情况，不能正确评价工程质量，也不能给施工质量控制提供可靠、科学的依据。

陕西省黑河金盆水利枢纽工程是陕西省重点建设项目之一，其拦河坝为黏土心墙土石坝，坝壳料为河床砂卵石，最大粒径 400mm，为了科学、准确、可靠的控制坝壳料工程填筑施工质量和准确评价工程质量，应用有关基础理论，经反复的试验、研究论证，用原型级配料，用压实工艺、方法完全等同填筑施工时的环境和条件，不用数学模式推算，直接取得数据的技术方法，即"密度桶法"，确定坝壳料的填筑压实标准取得了成功。后经青海公伯峡堆石面板坝 3BⅡ区砂卵石料回填的试验验证，以及陕西渭南涧峪河水库、吉林老龙口大坝工程施工试验验证，证明这一方法是科学、可靠的。

《现场"密度桶法"确定大粒径砂砾料压实标准的研究与应用》在 2002 年 10 月获中国水电十五局科技成果三等奖、2004 年录入《土石坝与岩土工程实践及探索》技术研讨会论文集、2006 年 1 月获陕西省（第九届）自然科学优秀论文三等奖、2008 年 4 月 9 日由中国水电集团公司组织，对测试中心完成的科研课题《现场"密度桶法"确定大粒径砂砾料压实标准的研究与应用》进行了鉴定，鉴定期间得到了与会 16 位著名水利专家一致肯定，本科研成果填补了大粒径砂砾料相对密度试验领域的技术空白，具有很好的推广应用价值，达到了国际先进水平。此科研成果 6 月初被水电集团评为科学技术进步二等奖。

2. 工 法 特 点

现场"密度桶法"确定大粒径砂砾料压实标准与以前国内采用室内振动台确定压实标准有以下三个方面区别。

2.1　技术上

"密度桶法"直接用原型级配进行试验，确定压实标准；振动台法是先作小粒径砂砾料进行压实试验，然后用数学方式模拟推算大粒径料压实标准。因此振动台法试验用料必须改变施工用料的级配，而级配又是决定干密度大小的重要因素。

"密度桶法"试验环境完全等同施工环境与条件，而室内振动台法的试验设备与施工环境差别很大。

"密度桶法"可直接取得试验数据、室内振动台法必须通过一定的数学模式推算方可取得数据，由于砂砾料特性的复杂性，这种数学模式推算不一定符合实际规律，还容易造成施工质量控制上的偏差。

2.2 方法上

"密度桶法"可直接结合碾压试验，简单易行，试验结果完全符合实际规律，真实、准确；室内振动台法必须经过大量的室内试验，才能用数学模式导出试验结果。

2.3 工程量上

"密度桶法"免除了大量的室内试验工作，与现场碾压试验合二为一，从而节省了室内试验工程量。

3. 适 用 范 围

本工法适用于黏土心墙土石坝、堆石面板坝等类似工程粗粒土填筑施工中粒径大于 60mm 的砂砾石料的压实质量标准的确定和施工中的质量控制。

4. 工 艺 原 理

用"密度桶法"确定大粒径砂砾料的最大、最小干密度。

4.1 密度桶法：加工 ϕ1400mm，高 1000mm，厚 14mm 的带底钢桶，钢桶断面尺寸满足径径比 3～5 以上，径高比≥2。

4.2 结合砂砾料的碾压试验将带底铁桶，埋置在碾压试验场地内，桶内用工程实际使用的原型级配料人工配料，人工装填并高出桶顶，然后铺填桶周围的砂砾料（图 4.2），用实际施工用的推土机平整，用实际施工用的自行式振动碾碾压 24 遍，然后定点在桶上振压 15min，以达到振压表面不再下沉，其桶内料的干密度为最大干密度。

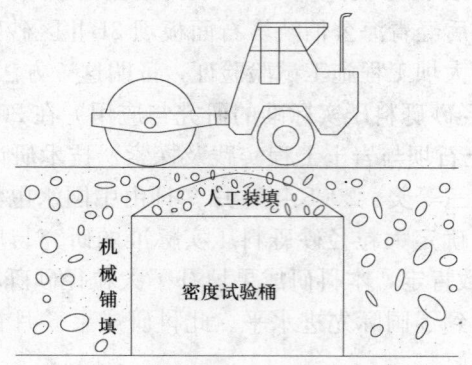

图 4.2 密度桶法碾压试验示意图

4.3 最小干密度也用原型级配料，在该密度试验桶内采用人工松填法求得。

4.4 利用不同砾石含量的最大、最小干密度数值和公式（4.4）计算不同相对密度 D_r 情况下的干密度 ρ_d 数值，绘制 $D_r-\rho_d-P_5$ 三因素相关图，在施工中作为质量控制标准。

$$D_r=\frac{(\rho_d-\rho_{min})\rho_{max}}{(\rho_{max}-\rho_{min})\rho_d} \tag{4.4}$$

式中　D_r——相对密度；

ρ_d——实测干密度，kg/m^3；

ρ_{max}——最大干密度，kg/m^3；

ρ_{min}——最小干密度，kg/m^3。

5. 施工工艺流程及操作要点

5.1 施工工艺流程

试验用料和组次的确定→试验用料的制备→试验场地的布置→试验设备的确定→人工松填（求出最小干密度）→铺料、整平、碾压、取样、试验（求出最大干密度）→试验资料整理（绘制三因素相关图）→校核试验→施工现场质量控制。

5.2 操作要点

5.2.1 试验用料和组次的确定

在工程实际应用中，通过对料场的复查，以料场的上下包线和平均级配线为基准，用插入法确定试验组次，试验组次选择在能覆盖全部料源，满足施工压实质量评价需要和技术要求的情况下，应尽可能的减少工作量。

5.2.2 试验用料的制备

应结合工程实际，取代表性砂砾料作为试验用料，试验前要对试验用料进行颗粒级配分析、含泥量、含水量试验，并将试验用料全部用土工筛筛成标准级配，根据试验组次的需要配成不同砾石含量的砂砾料备用。例如公伯峡工程选择了 45.0%、55.0%、60.5%、66.4%、70.0%、72.3%、75.0%、80.0%、85.0%、90.0%共 10 个不同砾石含量级配进行了试验。

5.2.3 试验场地的布置

结合现场碾压试验，根据试验组次，将试样桶布置在长 20m，宽 8m 的场地上，试样桶间距应该在 2～3m，同时还应该考虑碾压机具的有效宽度，错位、搭接等需要的范围，避免对试验场地造成影响。例如，图 5.2.3 为公伯峡"密度桶法"试验现场布置图。

图 5.2.3　公伯峡"密度桶法"试验现场布置图

5.2.4 试验设备的确定

根据工程填方的特点、施工现场环境条件、施工进度要求等确定施工设备，现场"密度桶法"试验是为了确定施工控制质量标准，所以使用的设备都与实际施工设备是一致的。

5.2.5 人工松填，确定最小干密度

用人工松填法将配制好的不同砾石含量的试验用料分别装入试验桶中，装料时一定要沿桶底部，从四周到中间，轻轻地、均匀地放入，确保试样保持自然松散状态，装满试验桶后，轻轻整平表面，局部空隙用合适的料填充，求出最小干密度。为了确保试验数据的可靠性，应进行两次试验取其平均值。为了试验具有可比性，应该尽可能使用同一人、用同样的方法装完所有不同砾石含量的试验桶。

5.2.6 铺料、整平、碾压、取样、试验，求出最大干密度

在做完最小干密度的桶上，再装一些试验用料，高出试验桶 50cm 左右，再将试验场地的其他区域铺料、整平，用实际施工用的自行式振动碾碾压 24 遍，然后定点在桶上振压 15min，用经纬仪测量桶面高程，达到振压表面不再下沉为止，挖去上部多余的料，使表面尽量平整，离桶顶部约 5～7cm，上部的体积用灌水法或灌砂法求得，其桶内料的干密度为最大干密度。

5.2.7 试验资料整理，绘制三因素相关图

根据试验结果，将不同砾石含量的最大最小干密度数值，代入公式 $D_r = \dfrac{(\rho_d - \rho_{dmin})\,\rho_{dmax}}{(\rho_{dmax} - \rho_{dmin})\,\rho_d}$ 计算不同相对密度 D_r 情况下的 ρ_d 数值，绘制 D_r-ρ_d-P_5 三因素相关图，在施工中作为压实质量检测的标准。

5.2.8 校核试验

根据碾压试验确定的铺料厚度、施工设备、碾压遍数等施工参数，对施工用料进行校核试验，进行取样、试验、数据分析，检验施工参数和压实质量控制标准的可靠性。

5.2.9 施工现场质量控制

在砂砾料填筑施工中，压实质量检测挖坑用灌砂法或灌水法（一般用灌水法）测湿密度，现场测小于 5mm 料的含水率，并按事先用不同砾石含量、不同含水率情况下通过试验作出的小于 5mm 料的含水率与全料含水率关系曲线，查出全料的含水率，计算干密度 ρ_d，依据设计要求的相对密度 D_r，根据现场检测的颗粒分析结果，计算砾石含量 P_5，用 D_r-ρ_d-P_5 三因素相关图评价是否压实合格。

6. 材料与设备

该工法只有钢质密度桶是特制的，其他材料和设备都是施工和试验中必备的材料和设备，见表 6。

机具设备表　　　　　　　　　　　　　　表 6

序　号	设备名称	设备型号	单　位	数　量	用　途
1	正铲	6.3m³	台	1	挖料和装料
2	推土机	520HP	台	1	平料
3	自卸车	44t	辆	2	运输
4	自行式振动碾	18t	台	1	碾压
5	密度桶	ϕ1400mm，高 1000mm，厚 14mm	个	5	相对密度试验
6	经纬仪		台	1	测量
7	土工筛	0.075～100mm	套	1	颗粒级配
8	台秤	100kg，分度值 50g	台	1	称量
9	案秤	10kg，分度 5g	台	1	称量

7. 质 量 控 制

7.1 该工法实施过程中，参照《土工试验规程》SL 237—1999 进行试验，质量控制要求和精度要求见表 7.1。

检测项目和精度　　　　　　　　　　　　　表 7.1

检 测 项 目	检 测 方 法	允 许 偏 差	备　　注
密度桶直径和高	用钢卷尺	±5mm	
砂石料质量	台秤、案秤、天平	±1%	
含水量	炒干法	±0.5%	密度桶中用风干料
密度	灌水法或灌砂法	±0.03g/cm³	
砾石含量	筛析法	±1%	

7.2 最大、最小干密度试验装料顶面距密度桶顶 5～7cm。

8. 安 全 措 施

为了保证试验的顺利安全进行，认真贯彻"安全第一，预防为主"的方针，应该采取以下安全措施：

8.1 试验前组织相关人员进行安全学习。

8.2 在试验场地周围设置明显的标志牌，禁止无关人员和机械进入试验场地。

8.3 设立专职安全员负责试验场地的安全工作。

8.4 周围如果存在爆破作业，应提前沟通，合理安排时间，尽量避过爆破时间。

8.5 车辆装料不要太满，以防洒落的砂砾石砸伤人。

8.6 指挥机械的人员要手持红旗，并与机械保持足够的安全距离，任何人员不得在机械的后面随意跑动。

9. 环 保 措 施

9.1 在工法的实施过程中严格遵守国家和地方政府下发的有关环境保护的法律、法规和规章。

9.2 将施工场地和作业限制在工程建设允许的范围内，合理布置、规范围挡，做到标牌清楚、齐全，各种标识醒目，施工场地整洁文明。

9.3 加强对施工燃油、工程材料、设备、废水、生产生活垃圾、弃渣的控制和治理，遵守有防火及废弃物处理的规章制度。

9.4 对施工通行道路进行洒水，防止尘土飞扬，污染周围环境。

10. 效 益 分 析

10.1 社会效益

该工法的实施解决了黏土心墙坝和面板堆石坝大于 60mm 砂砾石料施工质量控制标准的技术难题，为此类工程大粒径砂砾石料填筑控制标准的确定提供了一条新的途径，确保了工程进度和工程质量。为保证国家和人民生命财产安全做出了贡献。

10.2 经济效益

该工法的实施免除了大量的室内试验工作，与现场碾压试验合二为一，每个工程仅试验费一项就可以节约 30～50 万元左右。

11. 应 用 实 例

11.1 黑河金盆水利枢纽工程

11.1.1 工程概况

黑河金盆水利枢纽主要有拦河坝、泄水建筑物、引水发电系统三大部分及古河道防渗与副坝、下游护岸组成。

黑河金盆水利枢纽拦河大坝为黏土心墙砂砾石坝，设计坝高 130m，砂砾石填筑总量 603 万 m³。

11.1.2 试验结果

在黑河金盆水利枢纽工程中，以料场的上下包线和平均级配线为基准，做了不同级配不同砾石含量情况下的最大、最小干密度试验，试验级配如图 11.1.2-1～11.1.2-3 所示，结果见表 11.1.2-1～11.1.2-3。

黑河大坝砂卵石平均级配料不同砾石含量最大最小干密度试验结果表　　　　表 11.1.2-1

砾石含量 P5（%）	20.0	40.0	60.0	72.0	78.0	83.1	90.0	95.0
最大干密度(g/cm³)	1.93	2.09	2.26	2.36	2.39	2.40	2.36	2.26
最小干密度(g/cm³)	1.72	1.87	2.00	2.03	2.02	2.00	1.97	1.92

黑河大坝砂卵石上包线料不同砾石含量最大最小干密度试验结果表　　　　表 11.1.2-2

砾石含量 P5(%)	46.0	57.9	72.0	82.0	94.0
最大干密度(g/cm³)	2.12	2.19	2.24	2.23	2.13
最小干密度(g/cm³)	1.92	1.96	1.95	1.90	1.82

黑河大坝砂卵石下包线料不同砾石含量最大最小干密度试验结果表　　　　表 11.1.2-3

砾石含量 P5(%)	45.0	60.0	75.0	92.5	97.0
最大干密度(g/cm³)	2.20	2.28	2.35	2.32	2.30
最小干密度(g/cm³)	2.01	2.06	2.05	1.91	1.84

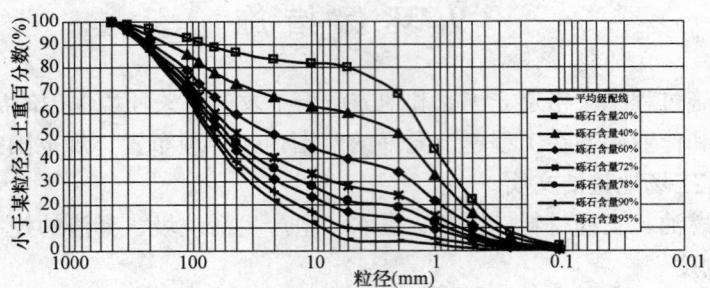

图 11.1.2-1　黑河大坝砂卵石料平均级配不同砾石含量试验级配曲线图

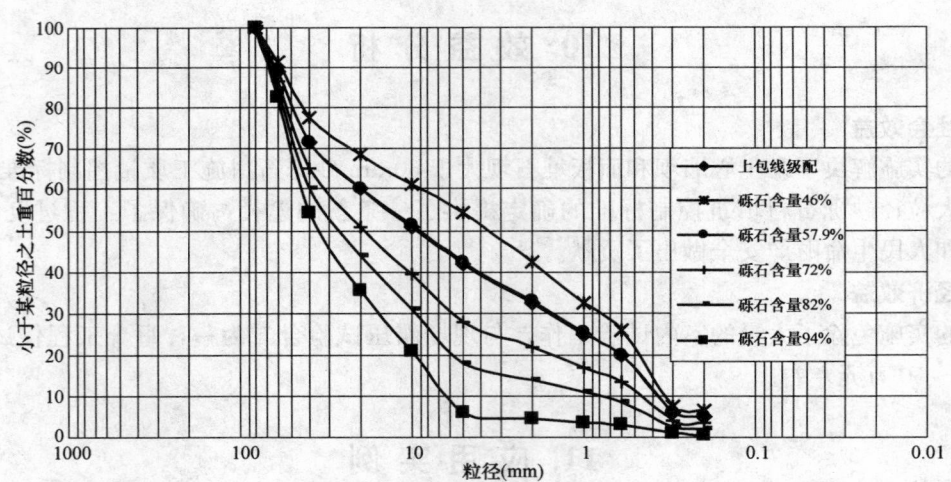

图 11.1.2-2　黑河大坝砂卵石料上包线级配不同砾石含量试验级配曲线图

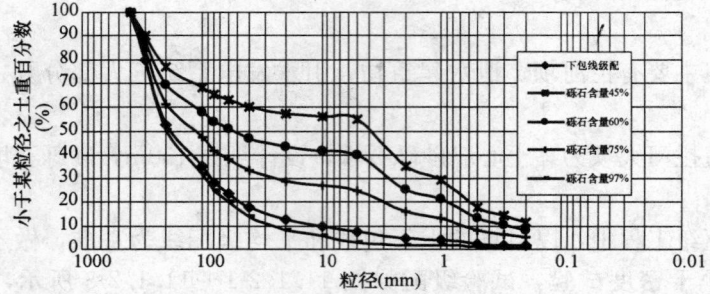

图 11.1.2-3　黑河大坝砂卵石料下包线级配不同砾石含量试验级配曲线图

从试验结果看，原型级配的最优砾石含量上移，在 83.1％处，比以往模拟级配最优砾石含量在 70％左右偏高约 10％，这主要是随着粒径的增大，空隙率减小的原因导致的结果，符合一般规律。

11.1.3 质量控制标准

依据试验结果绘制 D_r-ρ_d-P_5 三因素相关图（图 11.1.3），按设计相对密度在图上查得不同砾石含量下的对应干密度，作为施工压实质量控制标准，如表 11.1.3。

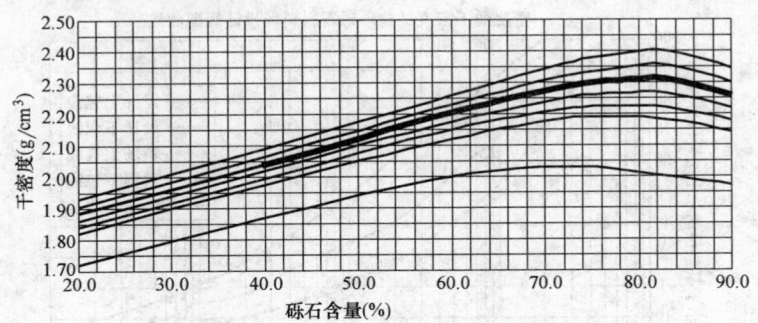

图 11.1.3 黑河大坝砂砾石料级配最大最小干密度试验三因素相关图

黑河金盆水库大坝坝壳砂卵石料压实质量控制标准表　　　　表 11.1.3

砾石含量 P_5(%)		60.0	72.0	78.0	83.1	90.0
相对密度 D_r 及其对应的干密度	相对密度	填筑干密度(g/cm³)				
	0.7	2.175	2.250	2.266	2.264	2.215
	0.8	2.203	2.286	2.306	2.308	2.255
	0.9	2.231	2.322	2.347	2.353	2.297

11.1.4 施工中应用效果

黑河工程 2000 年 8 月底前，坝壳料填筑 341 万 m³，取样 1371 组，统计结果见表 11.1.4。

黑河金盆水库大坝坝壳砂卵石料压实取样结果统计表　　　　表 11.1.4

砾石含量 P_5(%)		50～60	60～70	70～80	80～90	90～100
取样组数合计		1	8	468	890	4
干密度 (g/cm³)	最大值	2.21	2.34	2.39	2.40	2.37
	最小值	2.21	2.25	2.26	2.27	2.27
	平均值	2.21	2.30	2.33	2.33	2.33

11.2 黄河公伯峡水电站

11.2.1 工程概况

黄河公伯峡水电站位于青海省循化县与化隆县交界处的黄河干流上，枢纽建筑物包括拦河大坝（混凝土面板堆石坝）、右岸引水发电系统及左岸溢洪道、泄洪洞、右岸泄洪洞等部分组成。

拦河大坝长 429.0m，把顶宽 10.0m，最大坝高 139.0m。坝体填筑量 473m³。黄河公伯峡面板堆石坝 3BⅡ区砂卵石料最大粒径为 450mm，筑坝压实标准的确定也采用了"密度桶法"。

11.2.2 试验结果

青海黄河公伯峡水电站工程在总结陕西黑河金盆水利工程试验和工程使用的经验的基础上，经过研究探讨，选择了 45.0％、55.0％、60.5％、66.4％、70.0％、72.3％、75.0％、80.0％、85.0％、90.0％共 10 个不同砾石含量级配进行了试验。其结果见表 11.2.2、图 11.2.2。

黄河公伯峡 3BⅡ区砂砾石料不同砾石含量最大最小干密度试验结果表　　　　表 11.2.2

砾石含量 P_5(%)	45.0	55.0	60.5	66.4	70.0	72.3	75.0	80.0	85.0	90.0
最大干密度(g/cm³)	2.143	2.233	2.288	2.34	2.379	2.397	2.418	2.387	2.343	2.287
最小干密度(g/cm³)	1.872	1.944	1.911	2.035	2.048	2.045	2.03	1.992	1.942	1.874

从试验结果看，原型级配的最优砾石含量是 75.0%，砾石含量 60.0%、65.0%、70.0%，相对密度为 0.8 时所对应的干密度与设计值基本一致；砾石含量在 85.0%、90.0% 所对应的干密度比设计值高 0.02~0.05g/cm³。这主要是由于粒径的增大，孔隙率减小的原因所导致的结果，也说明模拟级配粒径缩小过多，其密度也会降低。从试验中观察桶底部及侧部块石有明显的挤压痕迹，证明在此功能下，上部碾压对底部有较强的压实作用。

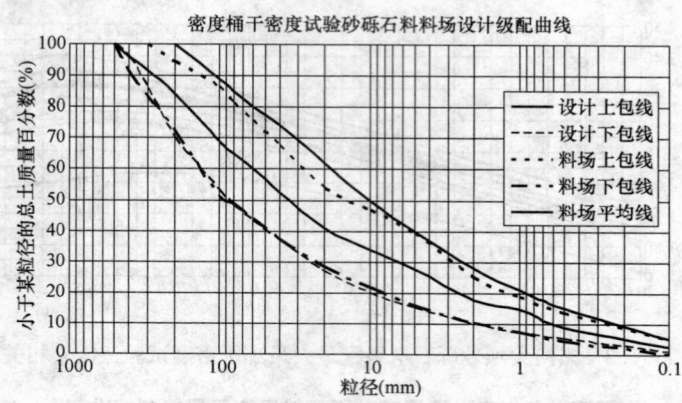

图 11.2.2　公伯峡密度桶法试验砂砾石料料级配曲线图

11.2.3　质量控制标准

依据试验结果绘制 D_r-ρ_d-P_5 三因素相关图（图 11.2.3），按设计相对密度在图上查得不同砾石含量下的对应干密度，作为施工压实质量控制标准，如表 11.2.3。

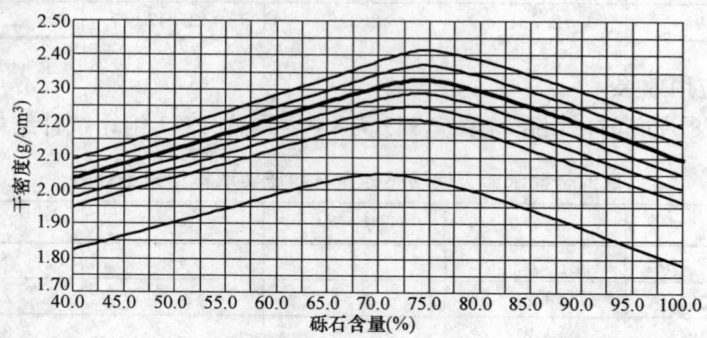

图 11.2.3　黄河公伯峡 3BⅡ区砂砾石料级配最大最小干密度试验三因素相关图

黄河公伯峡 3BⅡ区坝壳砂卵石料压实质量控制标准表　　表 11.2.3

砾石含量 P_5（%）		45.0	55.0	60.5	66.4	70.0	72.3	75.0	80.0	85.0	90.0
相对密度 D_r 及其对应的干密度	相对密度	填筑干密度（g/cm³）									
	0.7	2.054	2.138	2.190	2.239	2.269	2.279	2.287	2.253	2.206	2.145
	0.8	2.083	2.169	2.222	2.272	2.305	2.317	2.329	2.296	2.250	2.190
	0.9	2.112	2.200	2.254	2.305	2.341	2.356	2.373	2.341	2.296	2.238

11.2.4　施工中应用效果

黄河公伯峡 3BⅡ区料的部分取样资料统计见表 11.2.4。

黄河公伯峡大坝 3BⅡ区砂卵石料取样统计分析表　　表 11.2.4

砾石含量 P_5（%）		50~60	60~70	70~80	80~90	>90
取样组数（组）		2	4	40	38	2
干密度（g/cm³）	最大值	2.18	2.33	2.41	2.34	2.29
	最小值	2.17	2.28	2.30	2.24	2.23
	平均值	2.175	2.31	2.345	2.31	2.26

11.3 渭南涧峪水库

渭南市涧峪水库工程位于一级支流赤水库河上游西涧峪口以上280m处，距渭南市区31km。由拦河坝、导流泄洪洞、溢洪洞、输水洞等建筑物组成。

拦河坝为砼面板砂砾堆石坝，面板最大坝高81.8m，坝顶长度196m。

2004年初，涧峪水库工程在砂砾石料场复查的基础上，以"密度桶法"确定了主堆石区砂砾料的压实标准。具体作法同黑河金盆水利枢纽大坝坝壳料。涧峪水库大坝两年填筑结束，共填筑砂砾料伍十二万陆仟多方，挖坑灌水或挖坑灌砂取样检测约150多组，杨陵水科所也取样检测了几十组，均达到或超过设计要求指标。挖坑后，观察到填筑层密实牢靠。说明"密度桶法"确定的标准是可靠的。

渭南涧峪水库主堆石砂砾石料（750m高程以下）压实取样结果统计表　　　　　表11.3

砾石含量 P_5（%）		50～60	60～70	70～80	80～90
干密度(kg/m³)	取样组数合计	0	0	96	16
	最大值	0	0	2.36	2.33
	最小值	0	0	2.24	2.23
	平均值	0	0	2.29	2.28

山区河流水下钻孔爆破施工工法

GJEJGF204—2008

长江航道局　葛洲坝集团第五工程有限公司

姚勇　代显华　罗宏　李红勇　李春军　段宝德

1. 前　　言

　　水下钻孔爆破是水下炸礁的主要施工方法。山区河流水流湍急，进行水下钻孔爆破受恶劣流态等工况的影响，实施船舶定位、钻孔、装药及网路连接均较为困难，且存在较大的施工和通航安全风险。采用本工法进行施工，解决了钻爆船布缆定位、水下钻孔、水下装药、移船爆破等施工环节的施工难点，是一种先进、实用的水下爆破施工方法。

　　在水下钻孔爆破施工领域，长江航道局具有较高的技术水平和比较丰富的施工经验，在长江、嘉陵江、云南澜沧江—中老缅泰上湄公河、贵州乌江、北盘江、红水河等山区河流都进行过较大规模的水下钻孔爆破，完成了许多水下炸礁工程，在钻爆船舶定位、钻孔、水下装药、爆破等方面，逐步形成了一套技术先进，高效、安全、环保的施工工法。

2. 工 法 特 点

　　2.1　施工采用锚缆定位法固定钻爆船，确保钻爆船能准确定位，灵活移动，安全可靠。在非禁航施工条件下，通航一侧横缆采用锚链，靠锚链自重沉入江底，使得该水域能正常通航，较好地解决了施工与通航的矛盾。

　　2.2　水下钻孔爆破施工工效高，炸药消耗量小，炸药单耗仅为水下裸露爆破的20％左右，爆破有害效应比裸爆或硐室爆破均小。

　　2.3　采用固定套管技术，定点测量孔位、孔深，保证了钻孔的准确性。

　　2.4　采用PVC管对药柱进行再包装，保护药柱在装药过程中不被破坏，确保了爆破的可靠性。

3. 适 用 范 围

　　本工法适用于山区河流流速小于4.0m/s、水深小于20m的港口、航道工程的水下炸礁，也可使用于过江管道沟槽爆破开挖及给排水设施水下基坑爆破成型等工程的施工。

4. 工 艺 原 理

　　采用专业钻爆船施工，利用船上的系缆、绞锚设施，主要在岸边固定锚缆，使钻爆船在流水中保持船位准确、稳定，然后将钻机移动到设计的钻孔孔位，下放钢套管穿过水层及覆盖层并加以稳固。在套管的保护下，进行钻孔、装药、堵塞，最后连接爆破网络，移船爆破。

5. 施工工艺流程及操作要点

5.1　施工工艺流程

施工工艺流程如图5.1所示。

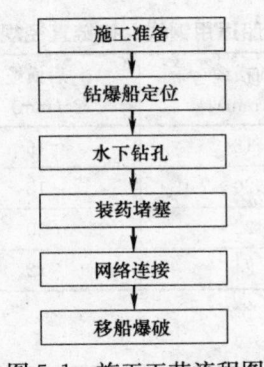

图 5.1　施工工艺流程图

5.2　操作要点

5.2.1　钻爆船定位

钻爆船采用 5～6 缆定位，主缆 1～2 根，船舷左右各 2 根横缆。跨过主航道一侧的横缆改用锚链沉入江底，以便船舶通行。船舶定位锚缆如图 5.2.1 所示。

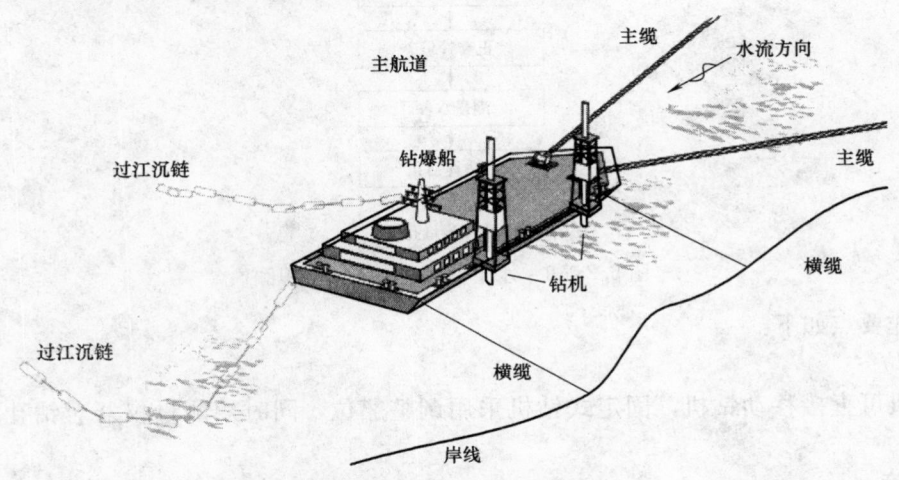

图 5.2.1　船舶定位锚缆布置图

1. 锚缆设置

根据河床地质情况和岸形条件，选择合适的锚缆固定方法，常采用在岸上设置系缆设施，特殊情况下在河道内水下抛锚。

2. 定位程序

钻爆船在施工区上游系接好主缆后，在拖轮的协助下放出主缆并向下游方向移动，直至到达施工区域的预定位置后，采用带缆艇布设左右横缆。

3. 钻爆船船位确定

采用 GPS 或全站仪等测量仪器对船位进行测量，通过船上的绞缆设施校正船位。

4. 钻爆船定位应注意以下几点：

1）钻爆船主要靠主缆承受水流的作用力，布设主缆应采用岸上设置系缆设施方式，主缆设置应稳固、安全，便于检查。

2）应先布设船艏的左右横缆，再布设船艉的左右横缆。

3）在非禁航河段施工时，通航一侧的横缆须采用锚链沉底，便于船舶通行，保证过往船舶及钻爆船自身安全。

4）钻爆船纵轴线应尽量与水流方向保持基本一致，以便于稳定船位、固定套管。

5）钻爆船定位的钢缆和锚链根据钻爆船吨位不同，参照表 5.2.1 所列规格选取。

船舶吨位 （t）	主缆 （mm）	前横缆 （mm）	后横缆 （mm）	前锚链 （mm）	后锚链 （mm）
100	20	18	16	18	16
200	24	20	18	20	18
300	26	22	20	22	20
500	28	24	22	24	22

钻爆船适用钢缆、锚链直径规格表　　　　表 5.2.1

5.2.2　水下钻孔

水下钻孔采用潜孔钻机进行，钻具在套管的保护下进行钻孔，可避免水流冲击造成偏位和卡钻，同时套管在装药时还起到导向作用。

水下钻孔施工工艺流程如图 5.2.2-1。

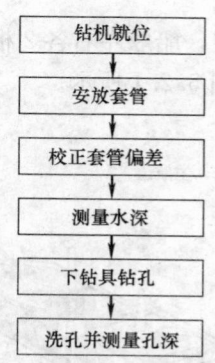

图 5.2.2-1　水下钻孔施工工艺流程图

施工中操作要点如下：

1. 钻机就位

轨道式钻机可直接移动钻机，固定式钻机采用调整船位，同时用测量仪器对钻孔位置进行精确定位。

2. 安放套管

1）套管管脚长度约 30～40cm 为宜，管脚切割成齿形，以增大套管与河床基岩的嵌合力，使套管在激流作用下不移位。管脚与套管主体采用螺纹连接，便于更换。套管必须下到基岩岩面，如遇有覆盖层时，应先采用钻具送风吹水清理覆盖层或用挖泥船进行覆盖层开挖。

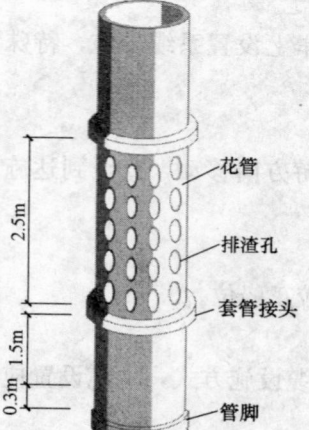

图 5.2.2-2　套管示意图

2）套管需采用开孔的"花管"，便于压缩空气和钻孔石渣排出。花管的位置宜在管脚上 1.5m 处设置。花管长度根据水深确定，以能满足石渣排出为原则，一般在 1.5～2.5m 为宜。

套管如图 5.2.2-2 所示。

3）套管应尽量保持竖直安放，套管上部与船舷以卡盘连接固定，套管底部迎水流方向采用提头钢缆牵引，抵抗水流作用力。提头钢缆上端固定在船艄绞锚机上，通过绞锚机松紧钢缆来调整套管偏差。

4）套管管脚中心与设计孔位偏差应控制在设计孔距的 10% 以内。当水深在 10m 以上时，套管较长，孔位偏差控制难度增大，应增大设计孔距，确保钻孔安全。

3. 钻机钻孔

钻具在套管保护下进行钻孔。开孔时，宜采用小风量旋转冲击，钻孔过程中，边提升钻杆，边送风吹水，以便钻孔中的石渣排出孔外。钻孔钻至设计深度后，反复多次提升和下落钻杆，清洗钻孔，以防碎石或淤砂堵孔。

5.2.3 装药堵塞

装药应在成孔后立即进行，水下爆破选用防水性能良好的乳化炸药和金属壳雷管，金属雷管可使用电雷管和非电雷管。为减少地震效应和水下冲击波，可采用微差起爆。

1. 测量孔深：采用塑料装药杆顺套管插入孔底，装药杆长度减去套管长度即为钻孔深度。

2. 药柱加工：采用壁厚 0.2mm 的 PVC 管进行外包装，以保护药柱在装药过程中不被破坏，起爆体内设置两发并联雷管，确保能够顺利起爆。

3. 装药：当孔深小于 4m 时，使用 1 个起爆体起爆，孔深为 4～8m 时使用 2 个起爆体起爆，孔深大于 8m 时用 3 个起爆体起爆。将加工好的药柱用装药杆顺套管缓慢推入孔底，在推入过程中如遇卡药现象，禁止强行推入，应向上适度提升药柱后再向下推入直至孔底。

4. 炮孔堵塞：采用合适级配的细小卵石或碎石进行炮孔堵塞，堵塞长度控制在 0.5～0.8m。堵塞物从套管口进入钻孔，倒入时轻轻抖动炮线，防止堵塞物卡在套管内。

5. 提升套管：确认堵塞完成后，用卷扬机提起套管。套管提升时向套管内送入炮线，应做到"慢提快送"，即套管提升应缓慢进行，炮线送入套管速度应稍快。待套管脚提露水面后捞起炮线。

5.2.4 网路连接

爆破网路主要采用电爆网路与导爆管网路两种。电爆网路可采用并串、并串并等连接方式，导爆管和导爆网路可采用簇连，必要时可采用复式网路。根据施工条件无论采用何种爆破网路，均需注意以下操作要点。

1. 爆破网路连接线应捆扎在直径 6～10mm 的尼龙绳上，捆扎时网路连接线呈松弛状态，使尼龙绳承受拉力。

2. 爆破线路接头必须连接可靠，先用绝缘胶带包裹一层后，再用防水胶带包裹。

3. 托线浮筒设置：在激流河段施工时，当每炮次钻孔超过 2 排应设置托线浮筒。托线浮筒设置在爆破区上游方向 20～50m 左右，托线浮筒采用抛锚方式固定。

4. 网路检查

1）电爆网路在连接前应检测每个起爆体的电阻值，连接时自药柱开始依次向主线顺序进行，网络的实测总电阻值与计算值的偏差不得超过 5%，若发现电阻值异常应提起药柱，排除故障后再装入。

2）导爆管网路中导爆管不得拉细、打结，导爆管在水下和炮孔内不得有接头。导爆管与连接块的连接，应符合出厂说明书规定。

5.2.5 移船起爆

1. 通常情况下采用上移结合横移的方法将钻爆船移出爆破区域。安全距离应符合爆破设计的要求。移船时应防止船、缆损坏爆破线路。

2. 起爆前所有船用机械应停止运转。

3. 确认在爆破安全范围内无船舶和人员，发出声响和视觉信号后，即可起爆。

5.3 劳动力组织

劳动力组织见表 5.3。

劳动力组织情况表 表 5.3

序 号	工 种	所需人数	备 注
1	管理人员	2	
2	技术人员	2	含测量人员
3	船员	10	含轮机人员
4	钻工	6	
5	爆破工	2	
6	普工	2	
	合计	24	

6. 材料与设备

6.1　水下炸礁施工所需主要材料为乳化炸药和金属壳雷管，无需特别说明。

6.2　船机设备见表 6.2。

表 6.2

船机设备配置表

序号	设备名称	规格型号	单位	数量	用　途
1	钻爆船	300t	艘	1	钻孔爆破作业平台
2	拖轮	300～500kW	艘	1	船舶定位
3	带缆艇	88kW	艘	1	船舶定位
4	操舟艇	30kW	艘	1	船舶定位
5	潜孔钻机	中风压	台	2	水下钻孔
6	空压机	20m³	台	1	水下钻孔

7. 质 量 控 制

7.1　质量控制措施

7.1.1　严格控制钻孔的孔距和排距，孔位误差控制在 10% 以内。在每一排钻孔开始和结束时应分别校核船位，发现有偏差应及时纠正。

7.1.2　保证钻孔深度，应做到经常校核水尺，并随时观读水位；交接班时复核套管和钻具长度；保证足够的超钻深度。

7.1.3　保证爆破质量，应做到交接班时复核装药杆长度；装药时认真测量孔深；控制合理的堵塞长度，堵塞前后进行测量。

7.1.4　避免盲炮，起爆前认真检测爆破网路，禁止将有问题的炮孔联入网络；做好起爆前移船的协调工作，防止移船过程中损伤爆破网路。

7.1.5　对炸药和雷管进行认真检测，检测方法见表 7.1.5。

表 7.1.5

炸药和雷管检测方法

主要材料	检测方法	描　述
乳化炸药	入水浸泡试验	将适量乳化炸药用反水袋包装后沉入河水中浸泡，浸泡时间和浸泡深度应接近施工实际条件。浸泡后观察其密度和形态变化，并在平坦沙地进行传爆和殉爆试验，测量爆破形成的漏斗直径和深度，以判断乳化炸药防水质量
雷管	入水浸泡试验	一般和炸药浸泡试验同时进行，可与炸药浸泡时间和深度等同。浸泡前取不同段别的雷管各一发串联，捞出水后做引爆试验，能成功引爆的为合格

7.2　主要质量通病及其预防

主要质量通病及其预防措施见表 7.2。

表 7.2

主要质量通病及其预防措施

工　序	质量通病	产生的原因	预防措施
钻爆船定位	孔排距过大导致爆破效果差	1. 定位误差大	严格控制孔排距，使孔位误差在 10% 以内
		2. 钻爆船在钻孔过程中走锚移位	及时校核船位，在每一排钻孔开始和结束分别校核，发现船位偏差及时纠正
钻孔	孔深不够或过深	1. 水位测量不准确	对水尺进行校核，并随时观读水位
		2. 套管或钻具长度不准确	复核套管和钻具长度

续表

工　序	质量通病	产生的原因	预防措施
装药	装药不到位	1. 装药杆长度不准确	复核装药杆长度
		2. 孔深测量误差大	装药前仔细测量孔深
堵塞	堵塞长度过多或过少	1. 装药杆长度不准确或未测量堵塞长度	堵塞前后测量炮孔堵塞长度
		2. 药柱长度计算错误	认真计算药柱长度
爆破	单孔盲炮或瞎炮	炮线断路或短路	移船前对爆破网络的连接要认真检查,发现问题及时纠正
	区域盲炮或瞎炮	爆破网路损坏	起爆前的移船过程中,船员和爆破员应做好协调工作,防止爆破网路损坏

8. 安全措施

8.1　船舶安全措施

8.1.1　本工艺系水上作业,应严格遵守水上作业的相关规定及《水运工程爆破技术规范》的相关要求。

8.1.2　在施工区域设置专用标志,警示过往船舶进入施工河段后,应集中注意力,有序通过。

8.1.3　根据作业面钢缆和沉链的配置,在危险部位设置警示标志,防止行船误入危险区域。

8.1.4　定期检查施工船舶的性能,保持其完好性,做到不带病操作。

8.1.5　每隔2~3d应对锚缆及系泊设施进行定期检查,发现异常应立即采取加固或更换处理措施。

8.1.6　岸上锚缆如通过道路、码头,应设警戒标志。绞缆时注意了望和派专人警戒,防止缆绳摆动伤人。缆绳在易被岩石磨损处,应捆扎布条、麻袋或垫撑木料防护。

8.2　爆破安全措施

8.2.1　爆炸物品运输、储存、使用严格按《民用爆炸物品安全管理条例》、《水运工程爆破技术规范》的有关规定执行。

8.2.2　船舶定位及爆破时应采取临时禁航安全措施,禁航时段同海事部门协商制订。

8.2.3　爆破前必须确定爆破警戒范围,并设立明确的警戒信号和标识。水下爆破安全距离参照国家标准《爆破安全规程》GB 6722有关规定确定。

8.2.4　爆破后应进行必要的安全检查和盲炮处理,如对单孔盲炮采用在其周围1m范围内补钻炮孔(GPS可精确定位),区域盲炮采用水下裸爆进行引爆,确认无安全隐患后方可解除爆破警戒。

8.2.5　爆破影响范围内有重要设施时应进行爆破试验和监测。

8.2.6　根据被保护对象的抗振能力计算一次起爆药量等爆破参数,必要时进行地震波和水下冲击波监测,并根据监测结果调整爆破参数,或采取预裂爆破、打减振孔、挖减振沟等措施衰减地震波。

9. 环保措施

9.1　严格执行《中华人民共和国水污染防治法》、《船舶污染物排放标准》、国家《污水综合排放标准》等相关法规,自觉接受当地环保部门的监督和管理。

9.2　严禁施工船舶向江中随意倾倒废油、污水、生活垃圾、酸碱液及其他有毒废液;禁止在水体中清洗装过油类或其他有毒污染物的容器。

9.3　对施工现场周围的水域按其目前的自然状态进行保护。工程交工撤场前,应对临时设施进行拆除，场地清理干净，恢复良好的环境。

9.4 水下爆破前采用驱鱼措施驱散施工区周围的鱼群，以减小水中冲击波对鱼类的影响。

9.5 炸药类型宜选用环保、有害效应小的产品。

10. 效 益 分 析

10.1 我国西部多为山区河流，山区河流密集的礁石险滩，严重阻碍了航运事业的发展，采用水下钻孔爆破手段进行山区航道整治，为船舶创造安全、畅通的通航环境，社会效益显著。

10.2 水下钻孔爆破相对于采用其他方法（如裸露爆破）进行水下炸礁，具有炸药消耗量少，施工工效高，工程质量好等优势。

10.3 本工法施工爆破有害效应小，对周遍环境影响小，有利于环境保护。

10.4 水下钻孔爆破采用钻爆船施工，定位完成后钻爆船自身不需要动力，可节约燃油消耗，降低成本。

10.5 航道整治工程属公益性基础设施建设，本工法在航道整治工程中使用，为山区航道急、弯、窄、浅等河段整治提供了技术支持，有利于促进水下爆破工程技术的进步，在众多项目的应用中具有广泛的经济效益。

11. 应 用 实 例

应用工程名称：长江上游莲石滩航道整治工程

1. 工程概况

莲石滩位于长江宜昌上游 836.0km，为一枯水浅险滩，滩长约 2km。该滩枯水期航槽较窄，不能会船，为单向通航控制河段。该河段被江中关刀碛卵石碛坝分为左右两汊，左汊为枯水通航主槽，但航槽中明暗礁石较多，有大莲花石、二莲花石、三莲花石等，与关刀碛对峙，缩窄了航槽，有效航宽不足 50m。而且该滩枯水流速、比降较大，平均流速在 3m/s 左右，比降约 1‰，局部最大流速达 3.8m/s 以上，局部最大比降达到 2‰，流态恶劣，对安全航行构成了严重危害。本滩按照Ⅲ级航道标准建设，航道尺度为 2.7m×50m×560m（航深×航宽×弯曲半径）。整治方案是采用水下钻孔爆破，炸除二莲花石和三莲花石，疏浚关刀碛航槽内浅区，以满足航道宽度和通航水深要求。

2. 施工情况

本炸礁工程为非禁航施工，由长江重庆航道工程局专业钻爆船"钻探 3 号"完成，用 588kW 拖轮"航涛"和 20kW 操舟艇为辅助船舶。"钻探 3 号"为非自航船舶，是水下钻孔爆破的工程实施船舶，"航涛"作为"钻探 3 号"定位的拖带船舶，操舟艇用于系接岸缆。

船舶定位采用 6 缆法，即 2 根主缆 4 根横缆。2 根主缆分别系接在岸坡预先设置好的"地牛"上，然后拖轮拖带"钻探 3 号"缓缓下移至施工区系接横缆，系缆顺序为：右舷前横缆→左舷前横缆（过江锚链）→右舷尾横缆→左舷尾横缆（过江锚链）。右舷首尾横缆都系接在岸边"地牛"上，左舷的首尾锚链设系接在关刀碛的地牛上，锚链能在自重的作用下沉入江底，保证了在激流工况下钻爆船定位稳妥，能灵活移动，同时确保了主航槽船舶正常通航。

施工时，首先将炸礁区进行分区，将"钻探 3 号"上安置的 2 台轨道式潜孔钻机通过 GPS 控制移动到预设孔位上。在孔位上安置 φ146 钢质套管，利用套管底部提头缆和钻机上的夹管器稳定套管，并进行倾斜度校正。钻机钻具沿套管下至岩面进行钻孔，在接近孔底时，反复提升钻具和送风进行洗孔。钻孔完成后量测孔深，达到要求后装药。按预设一次爆破的区域钻孔和装药全部完成后，联结爆破网络，移船起爆。

该滩施工在枯水期水位较低的时候进行，考虑局部位置存在水深不能满足施工船舶的最小吃水，以及定位布缆和通航等方面的要求,将炸礁区分为南、北两区,按先南区后北区、南区从上到下,北区从下到上的炸礁施工顺序,保证了施工和通航顺利进行。

该工程于 2005 年 10 月 21 日开工,2006 年 3 月 15 日完工。完成水下炸礁和清渣总工程量 27133m³。

3. 工程监测与效果评价

在施工过程中,重点对钻孔深度、孔位偏差及爆破效果进行了监测,完工后,对设计炸礁区底高程进行监测。

孔深检测采用专用标杆量测,设计孔深为炸礁底高程下 1.5m,监测结果最大超钻深度 0.18m,最小欠钻深度 0.1m,满足爆破设计要求。

本工程设计孔距和排距均为 2m,采用 GPS 对成孔位置进行检测,最大偏差 0.16m,孔位偏差均控制在孔距 10%内。

爆破效果检测主要通过挖泥船清挖石渣的难易程度进行判定。清渣施工的实际情况表明,岩石破碎较为均匀,破碎岩面均达到设计底高程以下。

该炸礁工程完成后,经过长航监理公司组织长江重庆航运工程勘察设计院进行竣工测量和整治效果观测,炸礁区全部达到设计河底高程,滩段航宽、航深均达到设计航道尺度标准。并且流态得到改善,水流顺直,解决了莲石滩的碍航问题,整治效果显著。

浅表层超软弱土快速加固施工工法

GJEJGF205—2008

中交第四航务工程局有限公司

董志良　黄焕谦　张功新　陈平山　周琦

1. 前　言

近年来，沿海地区围海造陆工程蓬勃兴起，出于经济和环保的考虑，吹填淤泥被广泛用作围海造陆填料。新吹填的浅表层淤泥属超软弱土，这类土含水率极高，多处于流动状态，基本无强度和承载力，各种施工机械进场施工困难极大，根本无法满足常规真空预压法铺设砂垫层、打设塑料排水板的要求。因此，在常规软基处理之前，必需先对浅表层超软弱土进行加固，待其具有一定强度和承载力后方可开展后续软基处理。

为拓展真空预压应用范围并提高其技术水平，中交第四航务工程局有限公司依托厦门港海沧港区14~19号泊位围堰后方软基处理等工程开展了"浅表层超软弱土快速加固技术"攻关，并先后获得2007年度中交集团科技立项（特大课题"大面积疏浚软黏土地基处理技术"之一子课题）和2008年度国家科技部立项（"排水固结渗流理论及其在工程中的应用"之一子课题）专项资助。该技术针对吹填淤泥的工程特性，对真空预压施工工艺实现创新性的技术革新，首次提出无砂垫层排水系统、塑钢板＋浮桥的分隔帷幕、编织布和土工布水上铺设、塑排板插设新装置等工艺技术，其中关键技术"软土地基无砂垫层预压排水固结法"（发明专利号 ZL200610033937.4）、"一种超软弱土浅表层快速加固系统"（发明专利号 ZL200720050339.8）、"吹填淤泥浅表层快速加固的抽排水系统"（发明专利号 ZL200520065698.1）等通过国家知识产权局的发明专利审批。

在工程实践过程中，总结形成了浅表层超软弱土快速加固施工工法，该工法先后在"厦门港海沧港区14~19号泊位围堰后方软基处理试验工程"、"曹妃甸工业区装备基地土地整理项目二期第二标段软基处理工程"以及"中船重工造修船基地造船区A区浅表层快速加固工程"应用成功，起到了有效、快速、经济的加固效果，有效解决了浅表层超软弱土处理过程中存在的技术难题，该技术于2009年由交通运输部科技教育司鉴定为国际领先水平。由于该工法有着巨大的经济效益和社会效益，值得进一步推广和应用。

2. 工 法 特 点

2.1 与常规真空预压相比，浅表层快速加固技术更适用于流动状、几乎无强度和承载力的吹填浮泥~淤泥，经快速加固后，可在浅表层形成硬壳层，为后续软基处理提供场地条件。

2.2 以土工编织物代替砂垫层作为排水垫层，同时将相邻两排外露塑料排水板板头搭接并与滤管连接，形成无砂垫层排水系统，提高排水效率。

2.3 采用塑钢板＋浮桥的分隔帷幕新方案，有效阻隔加固区外淤泥涌入加固区内，同时可兼起蓄水作用。

2.4 利用提出的土工编织物水上铺设技术以及塑料排水板插设技术，极大地提高施工效率，缩短施工时间。

2.5 本工法具有快速、经济、环保的优势，可大大降低施工成本，缩短施工工期，且施工工艺简单，对设备要求不高，易于推广应用。

3. 适 用 范 围

3.1 适用于由吹填浮泥～淤泥形成的大面积浅表层（深度 8m 以内）超软弱土快速加固，包括无法蓄水、无砂垫层情况。

3.2 适用于其他成因且浅表层不含强透水层的超软弱土快速加固。

4. 工 艺 原 理

根据真空预压加固机理，充分结合浅表层吹填浮泥～淤泥的工程特性，提出浅表层超软弱土快速加固技术。首先，采用塑钢板＋浮桥的分隔帷幕将加固区分隔出来，利用场地蓄水或高含水率浮泥的浮力，通过由滑轮组、绳子和井架组成的简易装置铺设编织布和土工布。然后，借助轻型插板船和人工插板装置，在低蓄水位或浮泥上插设塑料排水短板，而主、滤管采用塑料软式透水管，以土工编织物作为排水垫层，同时将相邻两排外露塑料排水板板头搭接并与滤管连接，形成无砂垫层排水系统，将其与安装在浮动平台上的抽真空系统连接。最后，在吹填泥面上铺设一层密封膜，并将其周边踩入淤泥中进行浅表层密封。通过上述技术措施，即可满足浅表层超软弱土的真空预压工艺要求。

土体在真空预压作用下将发生不稳定渗流，孔压逐渐降低，降低的孔压转变为土体的有效应力，在有效应力增加的情况下，饱和土体中的孔隙水排出，土体产生固结沉降。经快速加固后，可在浅表层形成具有一定强度和承载力的硬壳层，为后续软基处理提供场地条件。

5. 施工工艺流程及操作要点

5.1 施工工艺流程

浅表层超软弱土快速加固施工工艺流程如图 5.1 所示。

5.2 操作要点

5.2.1 施工准备

浅表层超软弱土加固施工前，应熟悉设计图和规范及规定要求，编写详细的施工方案，组织相关施工人员进行质量、环境和职业健康安全交底。

5.2.2 分隔帷幕施工

分隔帷幕由塑料泡沫块体、木条、木板、井架固定装置、彩钢板、塑料薄膜组成。首先用绳子将塑料泡沫块体与木条绑扎固定，沿分隔帷幕中心线依次推入浮泥中，然后在两排木条顶面布设木板，并用钉子将木板与木板固定，从而形成一座简易浮桥作为临时施工通道，可用于运送施工材料、维护抽真空设备等。

沿分隔帷幕轴线每隔 30m 安装一个井架固定装置。首先打入四根直径为 50mm 的钢管至硬土层，然后在泥面上水平布设双层钢管，每层四根，各竖向和水平向钢管之间用扣件连接固定，从而形成一稳定的井架结构，为后续铺设土工布等工序提供必要的反力，同时对帷幕起稳定作用。必要时可加密井架间距或打设 1～2 根斜管。

沿分隔帷幕外边界插设 0.5mm 厚彩钢板，深度 2m 左右，上部露出泥面 0.8～1.0m。然后在钢板内侧插设一层塑料薄膜，这样做即可以防止因差异沉降过大加固区外淤泥涌入加固区内，又能形成一个相对密封的蓄水围堰。

分隔帷幕断面示意图和实景照片可分别参照图 5.2.2-1 和图 5.2.2-2。

5.2.3 铺设编织布

为保障施工人员的安全，同时避免淤泥堵塞排水通道，需在浮泥表面铺设一层编织布，由于浮泥阻

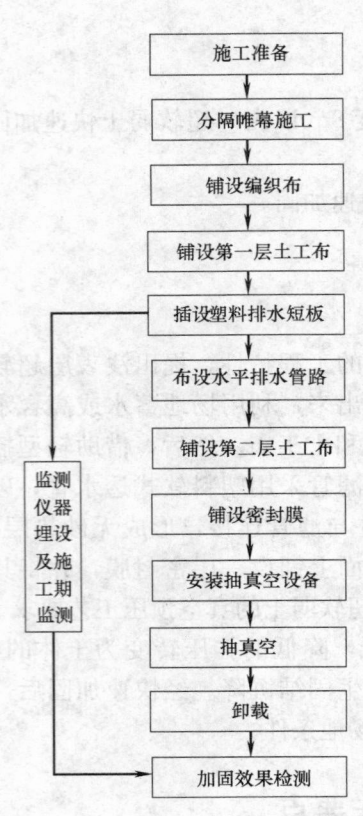

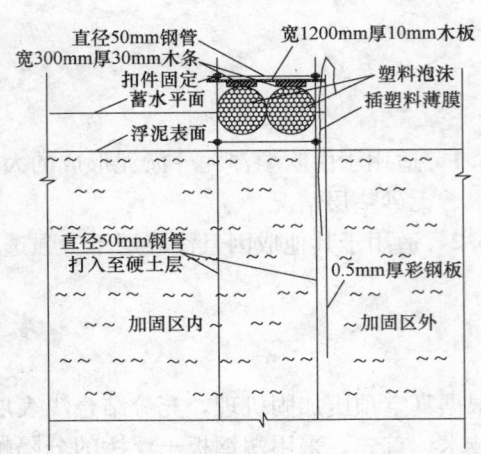

图 5.2.2-1　分隔帷幕断面示意图

图 5.1　浅表层超软弱土快速加固
施工工艺流程图

图 5.2.2-2　分隔帷幕实景照片

力大，直接在浮泥上铺设编织布将会非常困难。因此，可先在吹泥区场地蓄水 0.4m，并用若干条绳子系住编织布的一端，绳子与安置在井架结构中的滑轮组相连，编织布的另一端铺放在陆地上。铺设时，作业人员站在分隔围幕的浮桥上，牵拉绳子，利用水的浮力和井架结构提供的反力，通过滑轮组，可顺利实现在水上铺设编织布。采用该方法单次可以铺设约 5000m²，铺设示意图和实景照片可分别参照图 5.2.3-1 和图 5.2.3-2。当吹填场地无法蓄水时，可利用高含水率浮泥浮力大的特点，采用浮动平台铺设编织布，具体方法可参照第 5.2.4 条中土工布的水上铺设方法。铺设完毕后，再将编织布缝合成整体。

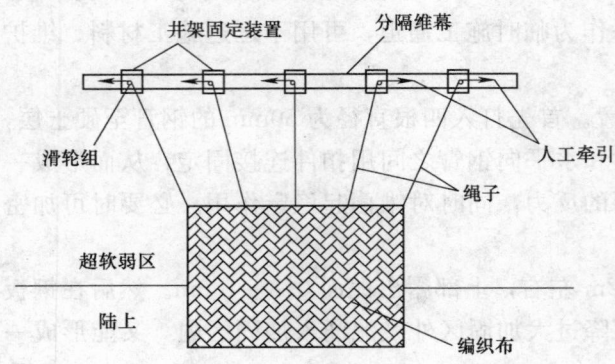

图 5.2.3-1　编织布水上铺设示意图

图 5.2.3-2　编织布水上铺设实景照片

5.2.4　铺设第一层土工布

考虑到土工布吸水后重量剧增，人工无法拖动，为提高土工布的铺设效率，采用下述铺设方法，如图 5.2.4-1 和图 5.2.4-2 所示。利用场地蓄水或高含水率浮泥的浮力，将每捆土工布折叠好并放置在浮动平台上，土工布的一端铺放在陆岸上，同时用两条绳子分别系住浮动平台的两端，铺设时，施工人员站在分隔围幕的浮桥上，牵引绳子使浮动平台移动，随着平台的前移，浮动平台上的土工布将自动舒展开来，从而完成第一层土工布铺设。铺设完毕后，将各条块土工布进行人工缝合。

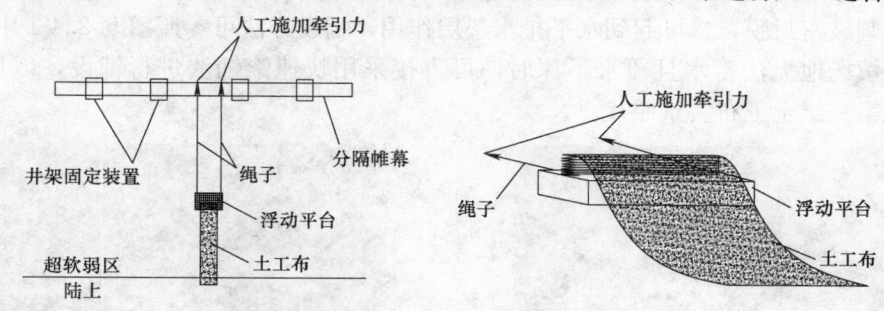

图 5.2.4-1 土工布水上铺设示意图

5.2.5 插设塑料排水短板

采用自主研发的轻型插板船和人工插板装置，在水上或浮泥上插设塑料排水短板，如图 5.2.5-1～图 5.2.5-3 所示。正式施工前应进行插板试验，插板深度取 4～8m，排水板间距取 0.7～1.0m，按正方形布置，可根据吹填场地的实际情况适当调整相关参数。此外，排水板底端用透明胶密封，防止浮泥从底端倒吸入排水板中影响排水性能，排水板顶部外露 0.7～1.0m，便于板头搭接。

图 5.2.4-2 土工布水上铺设实景照片

图 5.2.5-1 轻型插板船水上施工实景照片

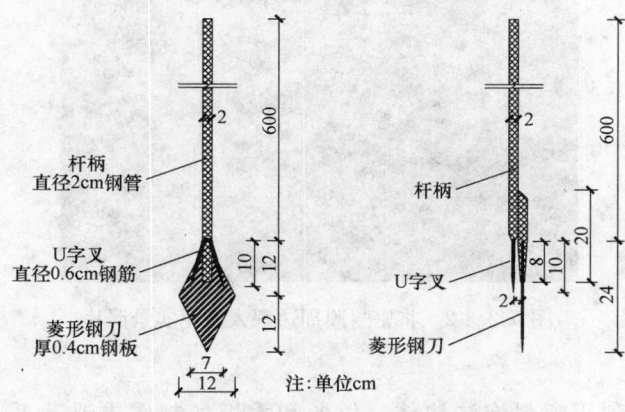

图 5.2.5-2 人工插板装置示意图

图 5.2.5-3 人工水上插板实景照片

5.2.6 布设水平排水管路

采用塑料软式透水管代替常规的 PVC-U 管作为主、滤管，以适应抽真空过程中地表的差异沉降变化，同时其刚度应保证在抽真空过程中不至于被压扁而影响排水效果。滤管外包一层无纺土工布，起隔泥作用，滤管间距视吹填淤泥性质而定。每台真空泵与膜下真空主干管连接段设截止阀、止回阀和真空表。另外，为使真空负压更直接传递至排水板，通过三通或四通将相邻两排外露塑料排水板头搭接，并与滤管连接，缩短排水距离，提高塑料排水板的排水效率。图5.2.6为布设水平排水管路实景照片。

5.2.7 铺设第二层土工布

在密封膜铺设之前，应在其下铺设一层350g/m² 土工布（第二层土工布），一可保护密封膜，有效避免膜下尖锐物刺破密封膜，二可起到水平排水垫层作用，铺设方法可参照图5.2.4-1中土工布的水上铺设方法。若吹填场地无法蓄水且覆水不深时，可直接采用快速滚铺法进行铺设，以加快施工速度。图5.2.7为铺设第二层土工布实景照片。

图5.2.6　布设水平排水管路实景照片　　　　　图5.2.7　铺设第二层土工布实景照片

5.2.8 铺设密封膜

在铺设第二层土工布后，再铺设一层聚乙烯密封薄膜，厚度约为0.12～0.14mm，密封膜在工厂热合一次成型。

由于密封膜沾水后重量将成倍增加，导致铺设极为困难，而且拉力过大容易撕破密封膜。为解决这些问题，应选择在无风时进行铺设，并将密封膜条裁成3～4段，每段长度约为50～70m，分块铺设可使铺设重量减轻，同时，铺设过程中在密封膜下鼓气，尽量减少密封膜与水的接触面积，以降低阻力，如图5.2.8-1所示。当分块密封膜铺设完毕后，利用专用密封胶在水上将其粘合。最后将密封膜周边踩入浅表层的淤泥不小于1.5m，进行浅表层侧向密封，如图5.2.8-2所示。

图5.2.8-1　铺设密封膜实景照片　　　　　　图5.2.8-2　将密封膜周边踩入淤泥实景照片

5.2.9 安装抽真空设备

按约1套/1000m²布设抽真空系统（7.5kW）。利用塑料泡沫块体、竹条和木板条制作成浮动平台，将射流泵和水箱安装在浮动平台之上（图5.2.9），使抽真空设备可以自动适应水位升降或浮泥加固沉降，避免射流泵进水造成短路、漏电事故，从而保证膜下真空度的稳定。

5.2.10 抽真空及卸载

在接好射流泵、架好电线后，即可进行试抽气，并在膜面上、密封沟处仔细检查有无漏气点，如发现应及时补好。重点检查射流泵系统连接处，确保抽真空系统达到最佳状态。

图5.2.9 安装抽真空设备实景照片

图5.2.10 抽真空实景照片

在真空预压开始阶段，为防止真空预压对加固区周围土体造成瞬间破坏，必须严格控制抽真空速率。可先开启半数真空泵，并逐渐增开泵数。当膜下真空度达到60kPa左右，经检查无明显漏气现象后，可在密封膜上覆盖水膜，并开足所有泵，将负压提高到80kPa以上，并维持恒载。图5.2.10为抽真空实景照片。

与常规的真空预压法处理软基卸载标准不同，浅表层快速加固的目的是为了在超软弱土地表形成一个硬壳层，具备一定强度和承载力，以便后续工序得以顺利完成，因此，其卸载标准除确定沉降速率外，还要求超软弱土的实际承载力和强度增长要满足后施工机械进场的需要。根据工程实践经验，抽真空时间约为30d，可根据实际情况适当减少或增加抽真空时间。

5.2.11 施工期间监测

为掌握施工期间地基土体变形、孔隙水压力以及土体强度增长等有关信息，并及时反馈指导设计和施工，施工期间需要开展必要的监测项目，主要的监测内容参见表5.2.11。

监测项目汇总表　　　　　　　　　　　　　　　　　　　　　　表5.2.11

序号	监测项目	监测仪器	监测频率	监测目的
1	地表沉降	水准仪	初期：1次/1d 恒载：1次/2d	掌握地表沉降情况，确定卸载时间
2	孔隙水压力	振弦式孔压计、数字频率计	1次/1d	掌握孔压变化过程，分析土体强度增长情况
3	膜下真空度	真空表	1次/1d	了解膜下真空度变化情况

注：可根据实际施工情况适当增加或减少观测次数，随时将监测信息报告给现场技术人员。

5.2.12 地基加固效果检测

地基加固效果检测项目有：

1. 加固前后静力触探试验成果对比；
2. 加固前后十字板剪切试验成果对比；
3. 加固前后钻孔取土室内土工试验成果对比。

5.3 劳动力组织

以加固处理3万 m² 浅表层超软弱土地基为例，劳动力组织情况如表5.3所示。

劳动力组织情况表　　　　　　　　　　　　　　　　　　　　　　表5.3

序　号	单项工程	所需人数	备　注
1	管理人员	3	
2	技术人员	5	
3	专职安全人员	3	
4	质检员	5	

续表

序 号	单项工程	所需人数	备 注
5	真空预压施工	15	
6	监测人员	5	
	合计	36 人	

6. 材料与设备

6.1 浅表层超软弱土快速加固施工中所需的材料主要有塑料泡沫块体、木板、木条、钢管、彩钢板、塑料薄膜、编织布、土工布、塑料排水板和密封膜，其用量需根据设计方案进行计算，并考虑一定的施工损耗。

6.2 以加固处理 3 万 m² 浅表层超软弱土地基为例，配置的主要机械设备如表 6.2 所示。

浅表层超软弱土快速加固技术主要机械设备 表 6.2

设备名称	规 格	单位	数量	备 注
轻型插板船	自主研发	只	5	两种方案可任选其一，也可联合使用，但使用轻型插板船至少需蓄水 0.4m
人工插板装置	自主研发	套	30	
手提式工业缝纫机	丰收 G-9	台	6	
真空泵及水箱系统	7.5kW	套	30	按 800～1000m²/台布置

7. 质 量 控 制

7.1 质量控制标准

7.1.1 塑料排水板施工质量参照《塑料排水板施工规程》JTJ 256—96，塑料排水板性能应满足《塑料排水板质量检验标准》JTJ 257—96 的要求。

7.1.2 真空预压施工质量控制执行《港口工程地基规范》JTJ 250—98、《港口工程质量检验评定标准》JTJ 221—98，加固后的超软弱土承载力和强度满足施工机械进场要求即可停止真空预压。

7.2 质量保证措施

7.2.1 施工时严格按照施工设计图纸、施工组织设计以及相关规范和技术指南进行施工。

7.2.2 采用塑钢板＋浮桥的分隔帷幕方案，可有效防止真空预压过程中加固区外淤泥涌入加固区内，同时可兼起蓄水作用，而简易浮桥作为临时施工通道，可用于运送施工材料、维护抽真空设备等。

7.2.3 在浮泥表面铺设一层编织布可避免淤泥堵塞排水通道，影响排水效果。利用水的浮力，通过滑轮组、绳子和井架组成的简易装置，可顺利实现在水上铺设编织布。

7.2.4 塑料排水板施工中原材料质量应严格控制，进场材料必须按照规范要求检验、合格后方可使用。施工时，设专职质检员进行排水板的质量检查工作。同时，根据现场浅表层超软弱土情况，专门设计了轻型插板船和人工插板装置，其结构设计可避免塑料排水板插入淤泥预定深度后回拔出现"回带"现象。

7.2.5 采用塑料软式透水管作为主、滤管，保证不会因沉降差异而在滤管的连接处出现被拉脱的现象。另外，为使真空负压更直接传递至排水板，通过三通或四通将相邻两排外露塑料排水板头搭接并与滤管连接，缩短排水距离，同时以土工布作为排水垫层形成无砂层排水系统，提高排水效率。

7.2.6 密封膜铺设过程中在其下面鼓气，尽量减少密封膜与水的接触面积以降低阻力，避免因拉力过大撕破密封膜。同时，可将密封膜条裁成 3～4 段，每段长度约为 50～70m，分块铺设减轻铺设重量。将密封膜周边踩入浅表层的淤泥不小于 1.5m，保证浅表层密封性。

7.2.7 利用塑料泡沫块体、竹条和木板条制作成浮动平台，将射流泵和水箱安装在浮动平台之上，使抽真空设备可以自动适应水位升降或浮泥加固沉降，保证膜下真空度保持稳定。

7.2.8 真空预压施工每隔 2h 记录 1 次真空度，定期检查。抽真空维护过程中重点维护抽真空系统的正常运行、发电机组的正常运行及加固区周边密封效果，保证膜下真空度达到 85kPa，通过监测反映真空预压加固效果。满足设计要求后，提出卸载申请，由监理校核、设计复核后经业主确认方可卸载。

8. 安全措施

8.1 安全生产管理网络
认真贯彻"安全第一，预防为主"的方针，根据国家有关规定、条例，结合工程特点和现场实际情况，组成以项目负责人为首，包括专职安全员和班组兼职安全员以及安全用电负责人参加的安全生产管理网络，执行安全生产责任制，明确各级人员的职责，抓好工程的安全生产。

8.2 施工安全保证体系
建立完善的施工安全保证体系，加强施工作业中的安全检查，确保作业标准化、规范化。

8.3 安全保证措施
8.3.1 所有机械操作人员都必须持证上岗，所有施工人员必须佩戴安全帽。

8.3.2 由于吹填浮泥～淤泥含水率极高，处于流动状态，需在浮泥表面铺设一层防护编织布保障施工人员的安全。另外，水上施工人员必须穿救生衣和系救生绳，施工前对相关人员进行技术交底及安全培训。

8.3.3 施工前必须对泡沫塑料船进行全面的检查，用绳子将泡沫塑料与竹架绑牢，消除安全隐患。泡沫塑料船在安装好以后，要经过项目部主管安全员检查并同意，才允许水上施工。

8.3.4 大风天气停止作业。

8.3.5 所有机械的运动部分、设备或电动工具必须安装防护罩，防止人体接触。

8.3.6 将射流泵和水箱安装在浮动平台之上，使抽真空设备可以自动适应水位升降或浮泥加固沉降，避免射流泵进水造成短路、漏电事故。

8.3.7 施工临时用电按照施工现场临时用电安全技术规范的有关规定执行。所有临时配电箱必须安装接地保险，所有临时配电箱均考虑雨天防水措施。送电至各用电点的电缆必须架离地面。在场地周边醒目位置、机械上悬挂警示牌。所有配电箱及发电机旁均设立警告性标示牌。

9. 环保措施

9.1 遵守环保法规及规章制度
成立项目施工环保管理机构，严格遵守国家和地方政府下发的有关环境保护法律、法规和规章，加强对施工燃油、工程材料、设备、废水、生产生活垃圾、废弃物的控制和治理，遵守消防及废弃物处理的规章制度，随时接受相关单位的检查监督。

9.2 大气污染防治措施
真空预压施工用电方案尽量采用网电系统，避免大量使用大功率柴油发电机而造成的废气污染，并节约油料。

9.3 水环境保护措施
9.3.1 废油料、生活污水禁止随意倾倒，统一规划，集中处理。为防止油料污染环境，在油罐底部用沙包修筑"凹"形基座，同时在油罐周围设立防渗沟，确保油料不污染周边环境。

9.3.2 吹填排水根据现场实际施工情况采取必要的防污染措施外，并设置吹填尾水沉淀池，施工期间进行区域环境监测，与环保部门保持联系，并按照监测情况和监测部门的意见，调整施工环境保护措施；工程结束，提交详细的环保监测报告。

9.3.3 轻型插板船要防止严重漏油，禁止在运转过程中产生的油污未经过处理就直接排放，或维修施工机械时油污直接排放。

9.4 噪声、振动污染的防治措施

9.4.1 选用高效低噪声设备，对噪声较大的设备采用适当的隔声、消声降噪措施，以减少对外界环境的影响。

9.4.2 夜间施工必须经政府主管部门批准，取得夜间施工许可证后方能进行施工。在施工时尽可能使用噪声小的机械设备，尽量减轻对附近居民的噪声影响。

9.5 固体废弃物的收集措施

将施工人员生活垃圾以及建筑垃圾由陆上统一接收，集中处理，必要时送城市垃圾处理厂进行处理。

9.6 竣工现场清理

工程竣工后，拆除工棚及回填排水沟。并将工地四周环境清理整洁；做到工完、料净、场地清。达到业主、监理工程师的要求。

10. 效 益 分 析

同条件下大面积浅表层超软弱土加固采用浅表层快速加固技术，具有投资省、工期短、见效快、效果好等优点，解决了浅表层超软弱土处理中成本高、工期长、沉降慢、效果不佳等工程难题，有着巨大的经济效益、社会效益和环保效益。

10.1 社会效益

采用浅表层超软弱土快速加固技术可有效缩短施工工期，从开始抽真空至加固结束只需约30d，而常规软基处理方法通常需要几个月，甚至数年。因此，对于沿海地区快速发展的基础建设而言，浅表层快速加固技术有着良好的的社会效益。

10.2 经济效益

从表10.2可以看出，按3万 m² 计算，采用浅表层快速加固技术比常规处理方法所需费用要少26.7万元，单方造价节约近9元/m²。

浅表层超软弱土快速加固技术与常规方法成本对比表　　　　表10.2

加固方法	序号	项目	单位	数量	单价	合价	备注
浅表层快速加固技术	1	铺设无纺土工布(350g/m²)	m²	60000	7	420000	两层
	2	水上插塑料排水板	m	150000	2.2	330000	
	3	真空管路(包括滤管和主管以及配件材料)及薄膜(单层)	m²	30000	6	180000	
	4	抽真空系统	套	30	3000	90000	
	5	浅表层工艺及维护施工	m²	30000	6	180000	
	6	发电机租赁费用	台	2	9000	18000	
	7	油耗	m²	30000	4.5	135000	
		合计				1353000	
		折合单位面积造价			45.1		
		采用浅表层加固单方造价为45.1元					

续表

加固方法	序号	项 目	单位	数量	单价	合价	备注
常规方法	1	铺设荆芭	m²	60000	6	360000	两层
	2	铺设双向土工格栅(220kN)	m²	30000	32	960000	
	3	铺设无纺土工布(400g/m²)	m²	30000	10	300000	
		合计				1620000	
		折合单位面积造价			54.0		
采用常规方法单方造价为 54.0 元							

同时，采用浅表层快速加固技术处理后，砂垫层厚度为 600～800mm，常规方法需要 1.4m 厚（不考虑砂的流失），砂的单价若按 40 元/m³ 计算，每平方米软基将节约 (1.4−0.8)×40＝24 元，加上浅表层处理时直接节约的费用，单方造价将节约 24＋9＝33 元/m³，所以浅表层快速加固技术将给在建或待建工程带来巨大的经济效益，比如：

1. 南沙港区三期工程处理面积达 500 万 m²，采用浅表层快速加固技术造价将节约 1.65 亿元。

2. 天津临港工业区规划总面积达 80km²，将节约造价 26.4 亿元。

3. 采用浅表层快速加固技术将在惠州港软基处理工程中产生巨大的经济效益。

此外，以吹填淤泥作为围海造陆的填料，可以大量减少甚至取代吹填砂或其他回填材料，从而大大降低建设成本，因此浅表层快速加固技术蕴含着巨大的经济效益。

10.3 环保优势

以吹填淤泥取代吹填砂或其他回填材料作为围海造陆的填料，既可以解决清淤工程的淤泥沉积和堆场场地问题，同时又可避免采砂、采土以及弃淤对环境的破坏，因此浅表层快速加固技术具有良好的环保效益。

11. 应 用 实 例

11.1 厦门港海沧港区 14～19 号泊位围埝后方软基处理试验工程

该场地试验 2 区北侧吹泥区表层主要是浮泥～淤泥，层厚达 0～11.3m，属于超软弱土。含水量达70%～167%，处于流动状态，压缩性大，强度及承载力极低。吹填土以下软土层为原状淤泥层，含砂量达 5%～15%，有机质含量约为 5%，含水量为 44.5%～65.8%，标贯击数为 1～3 击。

对吹泥区浅表层进行快速加固处理时，膜下真空度稳定在 68～84kPa，随抽真空的进行，地表迅速发生沉降。抽真空 25d 后，最大沉降量达 1.025m，最小沉降量为 0.439m，浅表层已由流动状的浮泥～淤泥转变成了 1～3m 厚的硬壳层。通过对比图 11.1-1 的加固前后静力触探和十字板剪切试验结果，可以看出，浅表层超软弱土的力学性质得到显著改善，其中吹填浮泥层端阻力提高 605.7%，吹填流泥层端阻力提高 108.9%，吹填淤泥层端阻力提高 11.7%，而加固后软弱土层的原状土抗剪强度平均值为 7.9kPa，是加固前的 9.8 倍，说明加固后的土体已具备一定强度和承载力。事实证明，加固后施工机械可顺利进行铺设砂垫层，液压插板机械也可在地表插设塑料排水板（图 11.1-2）。因此，通过浅表层快速处理后，试验区达到了预期的加固目的。

11.2 中船重工造修船基地造船区 A 区浅表层快速加固工程

中船重工造修船基地造船区 A 区真空预压工程面积约为 39 万 m²，由吹填淤泥形成，目前已完成约 25 万 m² 浅层处理，采用铺设编织布、荆芭、竹篙格架和无纺布方法处理，剩余超软弱地基面积约为 14 万 m²，由于场地条件极差，表层主要为含水量平均为 200% 的浮泥，浮泥黏粒含量约为 60%，胶粒含量约为 33%，液限为 59.3%，塑限为 28.1%。表层超软弱土（浮泥～流泥）厚度大于 10m，分布均匀，处于流动状态，几乎无强度和承载力。

施工过程如下：（1）架设浮桥将 14 万 m² 分隔为 6 个小区，单区面积为 2.5 或 2.1 万 m²；（2）铺设一层 200g/m² 编织布；（3）人工插设塑料排水短板，深度 4.5m，间距 0.8m 正方形布置，排水板头

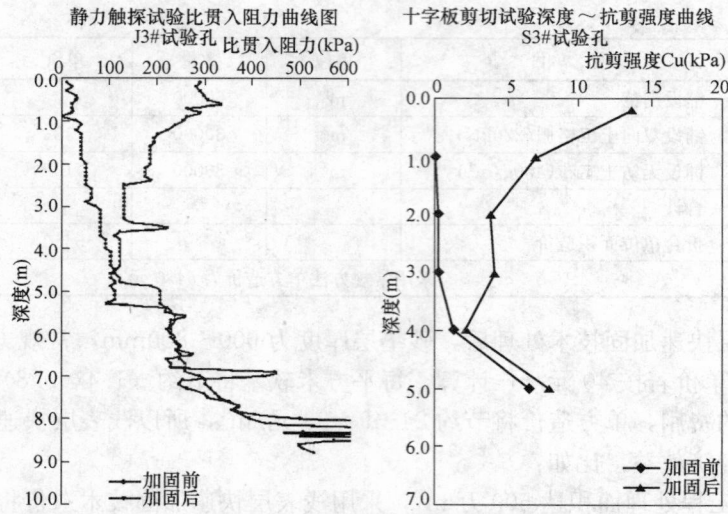

图 11.1-1　加固前后静力触探和十字板剪切试验结果对比曲线

图 11.1-2　浅表层加固处理后铺设砂垫层以及插设塑料排水板施工照片

外露 0.7m；（4）布设管路，滤管间距 1.6m，将相邻两排排水板头绑扎到滤管之上；（5）铺设一层 300g/m² 无纺布；（6）铺设一层厚为 0.12～0.16mm 密封膜；（7）按 1000m²/台的密度布设 7.5kW 的射流泵，抽真空时间约 30～40d 后卸载；（8）浅表层抽真空约 30d 后开始吹填砂施工，吹填砂期间，正常抽真空。

　　浅表层抽真空约 3d 后，膜下真空度（两滤管中间）可达到 70kPa 以上，正常维护期间，真空度基本维持在 80～100kPa。根据浮桥井架钢管（插至相对硬层）与浮桥的相对高差可见，插板期间沉降量为 150～300mm，正常抽真空期间沉降速率约为 7～18mm/d。如图 11.2-1 所示，开始抽真空后，前 5d 孔压基本不变，5d 后孔压开始降低，正常抽真空期间埋深 1～3m 深度的孔压降基本维持在 40kPa 以上。浅表层处理时间 40d 后，每根排水板的桩头直径达 250～400mm，人站在桩头使劲踩无晃动感觉，可以满足吹填砂垫层的要求（图 11.2-2）。

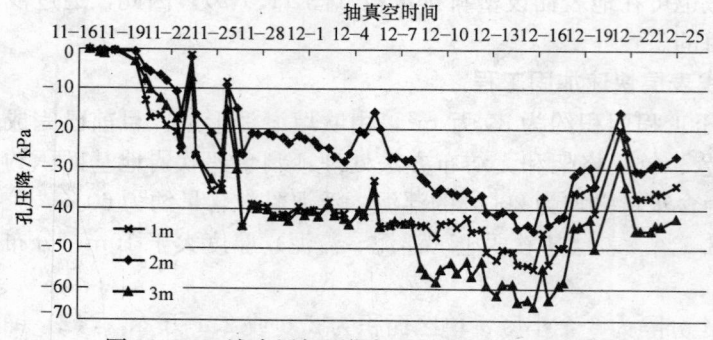

图 11.2-1　浅表层加固期间孔压随时间变化情况　　　　图 11.2-2　浅表层加固处理后吹填砂垫层施工照片

高桩码头浪溅区高性能混凝土施工工法

GJEJGF 206—2008

中交第四航务工程局有限公司

王胜年　黄焕谦　熊建波　黄君哲　潘德强

1. 前　　言

处于海水环境的海港混凝土结构，普遍发生钢筋腐蚀使混凝土结构或钢结构达不到预定的使用寿命而过早损坏，其中高桩码头结构尤为严重，研究及调查表明其耐久性的许多问题是与浪溅区的钢筋异常严重的腐蚀有关。因而不得不花费大量的人力、财力进行修复甚至拆除重建。深圳港盐田三期码头为高桩梁板结构，共四个 10 万 t 级集装箱码头泊位。设计要求使用年限 100 年，且 50 年不大修，这要求该工程浪溅区必须采用海工高性能混凝土并配合使用透水模板。

深圳港盐田三期码头工程于 2002 年 9 月开工，2004 年 9 月竣工。中交第四航务工程局有限公司承建该工程施工，同时开展《大型嵌岩钢管桩码头成套施工技术》专题三—海工高性能混凝土综合技术等关键技术的研究与应用。《大型嵌岩钢管桩码头成套施工技术》2004 年通过广东省科学技术厅鉴定，并获得 2004 年度中港集团科学技术进步一等奖；《抗盐污染高性能混凝土配制成套技术研究》2003 年通过广东省科学技术厅鉴定，并获 2003 年度中港集团科技进步特等奖。中交第四航务工程局有限公司在海工高性能混凝土、透水模板等混凝土综合施工技术的研究及应用达到了国际先进水平。

近年来，高桩码头浪溅区混凝土施工技术被广泛推广应用于巴基斯坦瓜达尔港等码头工程，杭州湾跨海大桥、东海大桥等多项国家重点工程。高桩码头浪溅区混凝土施工技术应用于盐田三期码头等工程，延长了结构的安全使用寿命，具有很大的社会效益和推广价值。

2. 工 法 特 点

2.1　本工法总结了高桩码头浪溅区混凝土施工的最新技术，可操作性强、适用范围广。

2.2　本工法依据高桩码头浪溅区混凝土施工的特点，介绍海工高性能混凝土原材料的控制、配合比设计、生产、浇筑、养护等，着重强调不同于普通混凝土的环节及影响因素，同时配套使用以提高混凝土表面质量和耐久性为目的的透水模板，保证混凝土的工程质量，提高混凝土结构的耐久性。

2.3　本工法中高桩码头浪溅区混凝土是在常温、常规的生产工艺下生产，并且大量利用废弃矿物替代能耗及污染严重的水泥，具有很高的环保价值和推广意义。

2.4　本工法以实际工程为依托，在少增加工程成本的情况下，保障国家重点交通运输工程及基础设施在设计使用年限内连续、安全的生产和营运，大大减少后期使用时的维修、维护费用和经济损失，促进我国国民经济建设持续稳定地发展，具有显著的经济效益和社会效益。

3. 适 用 范 围

3.1　适用于高桩码头浪溅区工程，推广应用于海港码头工程、跨海大桥、防波堤、海上石油钻井平台、撒化冰盐的路桥工程、盐碱地区的混凝土工程及沿海路桥等工程。

3.2　适用于硫酸盐环境中的隧道工程、地下工程、污水处理设施工程、盐碱地工程等。

3.3　适用于北方地区易遭受冻融破坏的混凝土结构。

4. 工 艺 原 理

4.1 高桩码头浪溅区混凝土采用海工高性能混凝土，是利用无机非金属胶凝材料中水泥矿物成分水化反应、活性掺合料的二次火山灰水化反应和物理填充效应等原理，在提高混凝土密实性的同时，改善混凝土的孔结构并发挥复合的胶凝材料水化产物对氯离子的化学结合和物理吸附作用，使混凝土的抗氯离子渗透能力得到了极大的提高，从而保证混凝土结构的安全使用寿命。

4.2 采用复合掺加活性掺合料，配合使用匹配的高效减水剂，减少混凝土水胶比，降低有害物质迁移通道，并通过调整其他参数、控制原材料的质量等技术手段，配制、生产和成型出满足强度、工作性、耐久性等综合性能指标的混凝土。

4.3 透水模板是附着于模板内侧，具有透水、透气功能的塑料或是合成纤维编织布。混凝土中的气泡以及部分的水分通过透水模板排出，可以有效减少混凝土构件表面的气泡，降低混凝土的渗透性，提高构件的耐久性；有效减少了砂斑、砂线、气孔等混凝土的表面缺陷。

5. 施工工艺流程及操作要点

5.1 施工工艺流程

高桩码头浪溅区（以现浇纵横梁为例）混凝土施工工艺流程如图5.1所示。

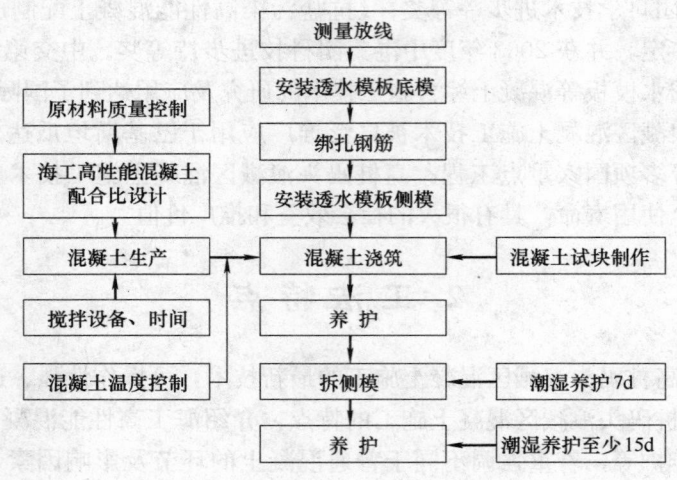

图5.1 高桩码头浪溅区混凝土施工工艺流程图

5.2 操作要点

5.2.1 高桩码头浪溅区海工高性能混凝土

1. 海工高性能混凝土原材料选择

1) 水泥

（1）选用标准稠度低、强度等级为42.5的中热硅酸盐水泥、普通硅酸盐水泥。

（2）普通硅酸盐水泥和硅酸盐水泥的熟料中铝酸三钙含量控制在6%～12%范围内。

2) 掺合料：掺合料采用Ⅰ级粉煤灰、硅灰等。

3) 骨料

（1）采用不含碱活性成分的骨料。

（2）粗骨料最大粒径不大于20mm。

（3）细骨料采用具有良好级配的天然河砂，细度模数在 2.6～3.2 范围。

4）外加剂

（1）外加剂应选用与水泥匹配和坍落度损失小的高效减水剂，其减水率不小于 20%。

（2）外加剂对混凝土的性能应无不利影响，其氯离子含量不大于水泥质量的 0.02%。

2. 海工高性能混凝土配合比设计

1）混凝土拌合物技术指标

（1）基本配合比参数：水胶比小于 0.40；胶凝物质总量不小于 400kg/m³。

（2）拌合物工作性：混凝土工作性好，坍落度不小于 120mm。坍落度损失小、不泌水，不离析；混凝土具在良好的流动性能，能满足在钢筋密集、构件尺寸较小的部位使用，适用于泵送、水下施工。

（3）物理力学性能：混凝土强度等级不低于 C45。

（4）耐久性能：混凝土密实性好，具有优异的抗氯离子渗透性能，混凝土电通量不大于 1000C。

（5）体积稳定性能：混凝土由于掺入大量的掺合料，其水化热、放热速率和绝热温升小于同强度等级的普通混凝土，有利于混凝土浇筑后的温度应力裂缝的控制。

2）采用单掺或混掺活性掺合料，配合使用匹配的高效减水剂，并结合其他参数如砂率、单位体积用水量、外加剂掺量等进行试拌与配合比调整，以配制出具有良好工作性的混凝土拌合物，同时满足力学性能和耐久性指标。由测得的综合性能，确定试验室配合比。

3）根据试验室配合比，进行搅拌、运输、浇筑的试生产，根据试生产的情况调整混凝土配合比用于正式生产。

3. 混凝土搅拌

1）海工高性能混凝土因水胶比低，骨料含水的波动对拌合物性能影响大。因此混凝土搅拌前检测骨料含水率，搅拌过程中还需根据天气情况检测骨料含水率。

2）混凝土搅拌宜先以掺合料和细骨料干拌，再加水泥与部分拌合水，最后加粗骨料、减水剂溶液和剩余拌合用水。因掺加大量活性掺合料，搅拌时间应比普通混凝土延长 40s 以上，实际控制 130s。

3）混凝土采用在专设的混凝土搅拌站或搅拌船集中搅拌，宜采用有自动称量系统。拌合能力可以满足连续浇筑的需要。

4）混凝土搅拌采用搅拌效率高、均质性好的行星式、逆流式、双锥式或卧轴式强制搅拌机。

4. 混凝土的温度控制

1）水泥作为主要的发热组分，采用是中热（缓发热）的水泥，同时应控制单方混凝土水泥的使用量。并掺用粉煤灰等活性掺合料取代一部分水泥，降低胶凝材料体系的发热量和延缓发热时间。

2）采用原材料遮阳、冷却后入库或掺冷却水、冰渣等方法降低各原材料温度，从而获得更低的混凝土出机温度。

3）采用冷却运输罐体、避免恶劣浇筑环境及合理浇筑等候时间等方法降低混凝土的浇筑温度。

5. 混凝土的浇筑

1）混凝土采用高频振捣器振捣至混凝土顶面基本不冒气泡，当混凝土浇注至顶部时，采用二次振捣及二次抹面，确保混凝土的密实性及预防早期裂纹的产生。

2）在振捣混凝土时振捣器应避免接触透水模板。

6. 混凝土养护

1）海工高性能混凝土水胶比低，容易失水开裂。抹面后立即覆盖，防止风干和日晒失水。终凝后，混凝土顶面立即开始持续潮湿养护。

2）养护方法采用麻（草）袋洒水养护。养护拆模前 12h，拧松侧模板的紧固螺帽，让水顺模板与混凝土脱开面渗下，养护混凝土侧面。

3）混凝土整个养护期间，尤其是从终凝到拆模的养护初期，应确保混凝土处于有利于硬化及强度增长的温度和湿度环境中。

4）海工高性能混凝土潮湿养护比普通混凝土更为严格。不因为混凝土强度已达到规定要求而停止潮湿养护。混凝土在常温下，应至少养护 15d，气温较高时适当缩短湿养护时间；气温较低时，适当延长湿养护时间。

5.2.2　高桩码头浪溅区透水模板

1. 在模板设计时，考虑安装后模板不能封闭透水模板的排水通道。

2. 透水模板有方向性，在敷贴时使其在垂直方向排水。

3. 在裁剪透水模板时，其长度应大于模板长度，在敷贴时可翻转覆盖于模板两侧。

4. 使用木模时，透水模板的敷贴必须先清除板面的残留物，在大的裂缝或凹口处先用胶粘带覆盖，再粘贴透水模板。

5. 对木模板，使用胶带、金属细钉、订书针等固定透水模板。

6. 使用透水模板后，不用涂隔离剂。

6. 材料与设备

6.1　高桩码头浪溅区混凝土施工材料见表 6.1。

混凝土施工材料表　　　　　　　　　　　表 6.1

序号	名　称	规　格	单位	数量	备　注
1	水泥	P Ⅱ 42.5R	t	根据需要	中热，珠江'粤秀'
2	粉煤灰	Ⅰ级	t	根据需要	东莞沙角电厂
3	硅灰		t	根据需要	挪威埃肯
4	砂	细度模数 2.8	m³	根据需要	惠州中粗河砂
5	石	5～10mm、10～20mm	m³	根据需要	深圳两级配花岗岩碎石
6	减水剂			根据需要	英国富斯乐 SP432MS
7	水，冰渣		t	根据需要	自来水，冰渣厚度小于 3mm
8	钢筋	普通钢筋	t	根据需要	广钢
9	透水模板		m²	根据需要	CDMAT-100 型，日本进口
10	木模板、钢支架		m²	根据需要	市售
11	金属细钉、胶带等			根据需要	市售
12	麻袋等养护材料			根据需要	市售

6.2　高桩码头浪溅区混凝土施工设备见表 6.2。

混凝土施工设备表　　　　　　　　　　　表 6.2

序号	名　称	规　格	单位	数量	备　注
1	钢筋、钢支架加工制作		套	根据需要	
2	木模板加工制作		套	根据需要	
3	混凝土搅拌站		个	2	
4	混凝土搅拌机	双卧强制式搅拌机，2m³/槽，60m³/h	台	4	带自动计量装置
5	冷却机	60m³/h	台	2	TOSHIBA 产
6	混凝土输送车	容量 6m³/罐	台	35	
7	混凝土输送泵	HBT60C	台	2	
8	高频振捣器		台	根据需要	
9	抹面工具			根据需要	

7. 质量控制

7.1 质量控制标准

7.1.1 本工法应符合《海港工程混凝土结构防腐蚀技术规范》JTJ 275—2000、《水运工程混凝土施工规范》JTJ 268 及《水运工程混凝土质量控制标准》JTJ 269。

7.1.2 水泥质量应符合现行国家标准《硅酸盐水泥、普通硅酸盐水泥》GB 175 的有关规定。

7.1.3 粉煤灰质量应符合现行国家标准《高强高性能混凝土用矿物外加剂》GB/T 18736 的有关规定；选用的硅灰质量应满足《海港工程混凝土结构防腐蚀技术规范》JTJ 275 的有关规定。

7.1.4 骨料质量应符合现行行业标准《水运工程混凝土施工规范》JTJ 268 的有关规定。

7.1.5 外加剂质量应符合现行国家标准《混凝土外加剂》GB 8076 的有关规定；外加剂的应用应符合现行国家标准《混凝土外加剂应用技术规范》GBJ 119 的规定，其中掺量应通过试验确定。

7.1.6 混凝土材料称量允许偏差应符合表 7.1.6 的规定。

混凝土材料称量的允许偏差　　　　　　　　　　　　　　　表 7.1.6

材料品种	水	外加剂	水泥	掺合料	粗骨料	细骨料
允许偏差	±1%	±1%	±2%	±2%	±3%	±3%

7.1.7 模板安装符合《水运工程混凝土施工规范》JTJ 268 的有关规定。

7.2 质量控制措施

7.2.1 海工高性能混凝土

1. 混凝土质量控制

1) 水胶比

高性能混凝土水胶比宜控制在 0.40～0.30 范围内，一般可采用 0.35。

2) 胶凝材料用量

(1) 在满足相关标准规范的情况下，应尽量降低胶凝材料的用量，以降低混凝土的绝热温升和收缩。

(2) 混凝土胶凝材料浆体体积宜为混凝土体积的 35% 左右。

3) 用水量

(1) 应优化配合比参数，在满足工作性的条件下，尽量降低混凝土用水量。

(2) 混凝土的用水量一般在 130～160kg/m³ 范围。

4) 掺合料

(1) 应通过调整掺合料的掺量和品种使混凝土的抗氯离子渗透性指标达到规定要求。

(2) 单掺粉煤灰掺入量宜控制在 25%～40% 范围，为了进一步提高其抗氯离子渗透性能，或者提高混凝土的早期强度，可适当加入 3%～5% 的硅灰。

(3) 单掺硅灰掺量宜为 5% 左右，由于硅灰需水性大，水化反应较快，与粉煤灰混掺可提高混凝土的工作性和降低混凝土的水化热。

5) 外加剂

(1) 混凝土中掺加的外加剂主要为高效减水剂，根据工程需要也会掺加适量的阻锈剂、膨胀剂等。高效减水剂应与其他的外加剂相适应。

(2) 应通过试拌确定高效减水剂、阻锈剂、膨胀剂、减缩剂等外加剂与水泥的适应性。

6) 砂率

混凝土的最佳砂率比普通混凝土略大，应通过试验确定最佳砂率。通常砂率范围取 38%～45%。

7) 工作性

(1) 混凝土的工作性通常使用坍落度表述，坍落度应不小于 150mm。根据工程需要，也采用坍扩度、扩展度等表述。

（2）混凝土的坍落度超过 180mm 时，宜同时使用坍扩度或扩展度表述混凝土的工作性。

2. 混凝土温度控制

1）混凝土出机温度按不大于 26℃控制，主要措施如下：

（1）砂、石原材料存放于搅拌站外搭有带遮阳棚的堆场，并尽量在夜间将骨料运往搅拌站的砂石料仓（有遮阳棚），尽量避免在日照的情况下运送骨料；控制水泥与粉煤灰的入储料罐的温度，并保持储料罐满以有足够时间给粉体降温，

（2）采用冷却水，配置了 2 台 TOSHIBA 产 60m³/h 的冷却机装置，严格控制冷却水的温度和方量，控制在冷却水出冷却机的温度不大于 3℃。冷却水的输送管道采用了从地下通过，且输送管道外壁均采取了隔热措施。

（3）对于掺冷却水都达不到温度控制要求的，采用在混凝土搅拌槽内添加少量冰渣取代部分拌和冷却水的方法（厚度小于 3mm），并适当延长搅拌时间。

2）混凝土浇筑温度不大于 30℃控制，主要措施如下：

（1）用冷却水浇淋运输车罐体，并保持罐体湿润。

（2）工地混凝土浇筑尽量安排在夜间进行，避开中午阳光照射的时段。

（3）合理控制混凝土运输车的调度，尽量减少车辆在工地等候的时间。

3. 透水模板控制

1）在裁剪透水模板时，其长度应大于模板长度，在敷贴时可翻转覆盖于模板两侧。

2）透水模板和混凝土的黏结力比普通涂有脱模剂的大，要小心拆模，以免拉扯引起透水模板排水、气孔隙的变形，而影响重复使用的效果。

3）存放透水模板应离火防潮，卷材平放，以免两端受损。

8. 安 全 措 施

8.1 施工现场用电按施工现场安全用电作业规章管理制度进行，采用"三相五线制"，每台设备符合"一机、一闸、一漏、一箱"的要求。

8.2 进入施工现场人员必须遵守安全生产规章制度，服从现场管理人员指挥，戴好安全帽、安全防护眼镜，穿好工作鞋，高处作业按相关规定要求系好安全带，水上作业执行相关水上施工作业规章制度。

8.3 夜间作业，对视线模糊的风险，设置警示标志，配备足够的照明。对身体疲劳可能发生误操作，配备值班医生，加强现场管理，实行轮班制度。

8.4 特种作业人员必须经考核合格并持有效操作证上岗，非施工人员禁止进入施工现场，交叉作业和起重作业现场要有专人指挥。

8.5 搅拌机和搅拌站应有可靠的基础。搅拌作业过程必须遵照《建筑机械使用安全技术规程》。搅拌船还应遵照工程船舶相关安全技术操作规程。

8.6 搅拌车运输必须遵照《建筑机械使用安全技术规程》。现场设置警示线，落实专人指挥，机械车辆严禁超负荷使用，按规定限速行驶。

8.7 混凝土浇筑时振捣器使用、泵送混凝土必须遵照《建筑机械使用安全技术规程》。皮带机加串筒必须预防高空坠物的危害，作业人员应保持安全距离。吊机吊罐作业应由起重工统一指挥，按相关起重机械起重安装作业规章制度或指导书进行。

8.8 涂养护剂和透水模板胶粘剂时，作业人员应穿戴适宜的防护用品（如佩戴口罩）并落实防护措施，预防中毒。

8.9 使用射钉枪等进行透水模板敷贴时，作业人员应穿戴配套的防护用品。

9. 环保措施

9.1 彻底贯彻执行《中华人民共和国环境噪声污染防治法》及工程所在地相关的条文规定要求。

9.2 执行文明生产管理的相关规定，做到文明施工，模板、钢筋、木料等堆放有序，各种废料集中堆放，多余的混凝土加工成小型混凝土方块，临海作业时严禁向海域倾倒废弃物。

9.3 生活污水、拌和冲洗废水、搅拌车冲洗废水、船机油废水和养护废水等应进行收集和沉淀处理后排放，严格按照污水控制管理相关规定执行。混凝土养护应严格按照规定的方法执行，节约用水。

9.4 严格执行扬尘控制管理相关规定，水泥散装车和粉煤灰罐装车作业要注意压力调控以防粉尘散失，掺粉煤灰混凝土拌制时必须严格控制粉尘的浓度，混凝土运输产生的扬尘应采取喷水措施控制粉尘，以防污染周围环境，作业人员要及时清理、穿戴适宜的防护用品（如佩戴口罩）。

9.5 混凝土搅拌站、搅拌船产生的噪声按噪声控制相关管理规定的要求控制。

10. 效益分析

10.1 短期经济效益分析

10.1.1 海工高性能混凝土

在海工高性能混凝土胶凝材料的各组分中，硅灰价格最高，其次是水泥，粉煤灰价格最低。以同强度等级、不同类别混凝土为例，成本对比分析如表 10.1.1。

海工高性能混凝土成本对比分析　　　　　　　　　　　　　表 10.1.1

混凝土品种	原材料成本（元/m³）	生产成本（元/m³）	施工成本（元/m³）	成本合计（元/m³）
C45 普通混凝土	300	a	b	$300+a+b$
C45 高性能混凝土（掺粉煤灰和硅灰）	310	$40+a$	b	$350+a+b$

1. 原材料成本

从表 10.1.1 比较可以看出：由于硅灰的价格较高，粉煤灰和硅灰混掺的高性能混凝土原材料比普通混凝土价格略高。

2. 混凝土生产成本

由于高性能混凝土掺入活性掺合料，其搅拌时间要求比普通混凝土长，搅拌站通常要为掺合料配置专用料仓。且高性能混凝土技术要求高，对技术人员的素质、质量控制手段均有较高的要求，因此，除原材料成本以外，生产高性能混凝土的设备、能耗、技术管理费等方面要比普通混凝土高约 30~40 元/m³。

3. 混凝土施工成本

由于高性能混凝土具有较高的工作性，如坍落度大、和易性好、可泵送、填充性好，完全可以用与普通混凝土相同的施工工艺进行施工，不会增加混凝土的施工成本。

因此，从上述比较可以看出，高性能混凝土的综合成本与普通混凝土成本高出约 15%。

10.1.2 透水模板

透水模板一般为进口，本次使用的 CD-MAT100 透水模板价格为 69 元/m²，周转 4 次，1m² 透水模板摊销费增加 17.25 元，含加工费约为 19 元/m²。本工程模板未含透水模板是为 82 元/m²，增加了原模板的 23%。

综合比较可以得出：采用高桩码头浪溅区混凝土技术的总成本比原有成本增加 20% 左右。

10.2 长期社会效益分析

10.2.1 对于用普通混凝土建造的设计基准期为 50 年的码头，一般 10~20 年就会出现锈蚀破坏，20~30 年左右就要进行维修。对于一般破坏的，每沿米（岸线）的维修费用约为 0.5~1 万元，损坏严重的，每沿米维修费用约 1～2 万元。50 年使用期内一般需要维修 2 次，则对于一般 200m 岸线的码头，维修直接费用即需 500～1000 万元。高桩码头结构更复杂，则维修费用更高。更严重的则是因维修停产而造成数倍于维修费用的间接经济损失。

10.2.2 采用高桩码头浪溅区混凝土技术，混凝土结构的耐久性指标（电通量）可以比普通混凝土降低 2～3 倍，结构的安全使用寿命可以延长为使用普通混凝土的 4 倍以上，完全可以使码头的安全使用寿命达到 50 年以上。50 年使用期内，只需对码头定期进行安全性和耐久性检测，完全可避免维修，省却了巨额的维修费用和因维修停产而造成的间接经济损失。

10.2.3 因此，在海港氯盐污染环境中采用高桩码头浪溅区混凝土技术，可在少增加工程造价的情况下，大大提高了混凝土的耐久性，延长了结构物的安全使用寿命，具有很高的经济效益和巨大的社会效益。

11. 应 用 实 例

11.1 盐田港三期码头工程

11.1.1 工程概况

本工程码头现浇纵横梁、板等构件，共浇筑 C45 高性能混凝土 10.8 万 m³。高性能混凝土设计指标为：混凝土强度等级 C45，28d 混凝土强度大于 59MPa，水胶比不大于 0.38；28d 氯离子渗透性小于 1000C，吸水率小于 0.07mm/min$^{0.5}$；现浇纵横梁、板等混凝土，1.5h 后坍落度不小于 160mm。设计采用透水模板。

11.1.2 高桩码头浪溅区混凝土

1. 混凝土配合比

码头现浇纵横梁高性能混凝土配合比见表 11.1.2-1。

码头现浇纵横梁高性能混凝土配合比　　　　表 11.1.2-1

| 构件名称 | 混凝土配合比 | | | | | 坍落度
(mm) | 扩展度
(mm) | 抗压强度
(MPa) | | 吸水率
(mm/mm$^{0.5}$) | 电通量
(C) |
	水胶比 —	胶凝材料 kg/m³	粉煤灰 %	硅灰 %	外加剂 %			7d	28d	28d	28d
现浇纵横梁	0.36	430	25	3	1.67	220	515	54.6	70.0	0.061	539

2. 透水模板

采用了日本产透水模板（CDMAT-100），产品性能表 11.1.2-2。

透水模板产品性能表　　　　表 11.1.2-2

项目	尺寸 (m)	重量 (g/m²)	抗拉强度 (kg/mm)	伸长率 (%)	通气量 (Cc/cm²/s)	透水量 (l/m²/min)
数值	0.9×36	450	纵方向>1000 横方向>3500	纵方向<40 横方向<30	24±10	210±30

11.1.3 设备

共使用 4 台 60m³/h 强制式搅拌机拌和混凝土，搅拌时间较普通混凝土延长 40s，混凝土运输车运输混凝土。其中 2 台搅拌站距离混凝土浇筑点约 5km。另 2 台搅拌站距离混凝土浇筑点约 20km。采用在木模板上钉透水模板的方法

11.1.4 应用效果

现浇纵横梁的混凝土浇注温度不大于 30℃，有效避免了温升裂缝；梁体连续浇筑均匀性好；使用透水模板后外观均匀、无缺陷、致密，表观质量优良；混凝土抗压强度统计标准差最大为 4.1MPa，混凝土评定为优良；梁体实测电通量在使用透水模板后 500C 以下，远低于 1000C 的规定要求。

11.2 巴基斯坦瓜达尔港码头工程

11.2.1 工程概况

本工程为我国最大的援外工程项目，工程于 2002 年 8 月开工，2004 年 6 月竣工。本工程为高桩梁板式结构，岸线总长 602m 共 3 个 2 万 t 级泊位（按 5 万吨集装箱船设计），100m 工作船泊位 1 个及滚装船墩台泊位 1 个。码头设计使用年限 50 年。码头梁板构件共浇筑 C50 高性能混凝土约 3.4 万 m³。

高性能混凝土设计指标为：预制混凝土强度等级 C50，水胶比不大于 0.35，28d 氯离子渗透性不大于 1000C。工程所在地高温缺少淡水，原材料质量欠佳。

11.2.2 混凝土配合比

码头梁板高性能混凝土配合比见表 11.2.2。

码头梁板高性能混凝土配合比   表 11.2.2

构件名称	混凝土配合比				坍落度 (mm)	抗压强度 (MPa)			电通量 (C)
	水胶比	胶凝材料	硅灰	外加剂		3d	7d	28d	28d
	w/b	kg/m³	%	%					
梁板混凝土	0.35	443	5	0.80	140~170	53.3	62.9	72.3	715

注：混凝土原材料为：

1) 阿联酋产 GULF 水泥，巴基斯坦产 FALCON 水泥。
2) SUNTSER 的 5~25mm 石灰岩碎石。
3) FOSROC 公司在 KARACHI 生产的 SP 系列高效减水剂。

11.2.3 设备

本工程使用的是 60m³/h 双轴卧式强制式搅拌机（德国产 TEKA），搅拌时间较普通混凝土延长 40s。预制混凝土使用水平平移车运送混凝土至搅拌站旁边的预制场；现浇混凝土使用混凝土运输车运送混凝土，搅拌站距离混凝土浇筑点约 5km。

11.2.4 应用效果

现浇梁板混凝土连续浇筑均匀性好，外观质量优良，混凝土抗压强度统计标准差为 3.7MPa，混凝土评定为优良；电通量在 800C 以下，满足不大于 1000C 的规定要求，混凝土质量获得巴方业主和监理的好评。

11.3 上海孚宝 25000t 级液化码头工程

11.3.1 工程概况

本工程为高桩梁板结构，现浇混凝土约为 2.1 万 m³，预制混凝土 7000m³，除预制空心大板混凝土外，其他均为 C45 高性能混凝土，工程自 2003 年 7 月开始浇注混凝土，至 2004 年 3 月止。

11.3.2 高性能混凝土配合比

码头梁板高性能混凝土配合比见表 11.3.2。

码头梁板高性能混凝土配合比   表 11.3.2

序号	水泥	外加剂	粉煤灰 掺量(%)	坍落度 mm	抗压强度 MPa		凝结时间 h:min		坍落度损失 mm/h
					7d	28d	初凝	终凝	
1	金山	LHN	20	210	49.6	65.7	9:12	11:08	50
2	金山	LHN	25	215	48.3	64.9	9:06	11:12	60

90d 电通量配合比 1 为 386C，配合比 2 为 359C。

11.3.3 应用效果

1. 现浇混凝土抗压强度 28d 龄期 203 组，平均强度为 55.0MPa，满足设计要求；
2. 预制混凝土抗压强度 28d 龄期 85 组，平均强度 55.9MPa，满足设计要求；
3. 电通量每 1000m³ 混凝土取样一组，90d 龄期 14 组平均为 425C，满足设计不大于 1000C 的要求。

导管架海上作业平台施工工法

GJEJGF207—2008

上海建工（集团）总公司

陆云　徐巍　李增辉　范嘉绮

1. 前　　言

随着我国经济发展水平的提高，大型水上施工业务迅速增长，水上施工设施定位准确度成为当前迫切需要解决的问题。洋山深水港区东海大桥，要在短时间内建造完成大规模的斜拉桥在国内外尚属首次。

上海建工（集团）总公司承建的东海大桥V标段，在海中建造主墩，施工区域海况条件相当恶劣，技术难度相当高。经开发研究，取得了"导管架在跨海大桥建设中的施工技术"这一国际先进的成果，于2004年通过上海市科学技术委员会鉴定。《东海大桥（外海超长桥梁）工程关键技术与应用》获得了2007年国家科技进步一等奖。同时，形成了导管架海上作业平台施工工法，在上海东海大桥主通航孔桥施工中被成功应用于大型水上施工设施的准确定位，技术创新，故有明显的社会效益和经济效益。

2. 工 法 特 点

2.1 可缩短水上施工时间。

2.2 整体定位误差低。

2.3 结构受力整体性好，安全性与可操作性高。

2.4 可以用作辅助施工平台。

3. 适 用 范 围

本工法适用于大型水上设施的定位，特别是能够满足精确定位的要求。

4. 工 艺 原 理

使用导管架海上作业平台工艺的施工平台由导管架、钢管桩、上部结构三部分组成。根据平台形式、平台钢管桩布置形式、起吊能力可划分成若干导管架，在现场安装成整体，然后在导管内打设平台钢管桩，上面布置纵横主、次承重梁和面板构成辅助施工的钢平台。

5. 施工工艺流程及操作要点

5.1　工艺流程

导管架的制作和运输→导管架的沉放定位→施打定位桩→桩和导管架固定连接→上部结构吊装→形成施工平台。

5.2　操作要点

5.2.1　导管架的制作、运输应符合下列要求：

1. 导管架的制作场地应紧靠江边或海边，场地内应设置大型起重设施，或者大型浮吊可以进入场地进行导管架的起吊作业。

2. 导管架制作顺序：钢管卷制、联系杆件下料加工→单片拼装→单片连成整个框架→纵向联系→防沉板焊接→走道板焊接→吊点设置。

3. 为了满足起重设备的起重能力，导管架按纵向可以分为多榀，在平地上拼装，制作完成后在运输驳船上用龙门吊配合拼成整体，随后焊接纵向联系构件，最后焊接防沉板和走道板，安装扶梯、平台、护舷和带缆桩等附属结构。

4. 运输船为两艘大型平板驳，轮流装运，平板驳用拖轮拖到现场。

5.2.2 导管架的定位

导管架安装定位采用 GPS RTK 实时定位控制系统。先用 RTK 实时定位控制系统将浮吊精确定位，浮吊的位置偏差控制在 10cm 以内。

浮吊精确定位后在导管架四个顶角钢管上安装四根 GPS 天线，四个天线连在总线上，总线再连到操作电脑上，用电脑对整个导管架的方位、标高和倾斜度进行动态控制。现场 GPS 操作站设置在浮吊上，通过软件计算，RTK 所反映的是直接表示导管架底部位置偏差的数据（测量系统布置示意图参见图 5.2.2）。

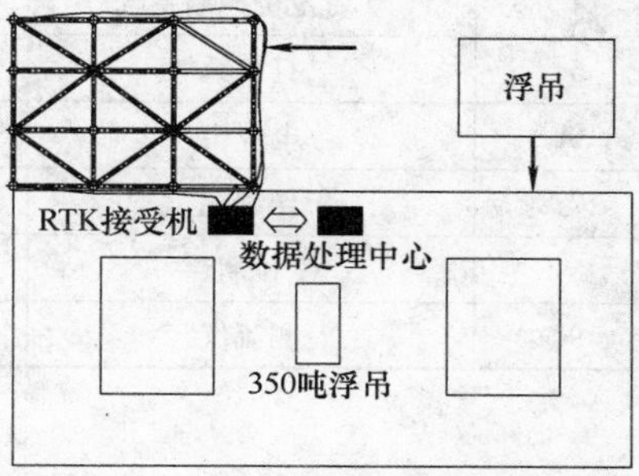

5.2.3 导管架的沉放

导管架的下沉安装是紧贴着浮吊一侧进行下沉，同时通过工程驳船上的控制钢丝绳和浮吊进行导管架的平面偏差和垂直度控制。工程驳船和浮吊上的所有调节钢丝绳可以对导管架姿态进行全方位的控制和调整（包括平面和立面的偏位控制和调整，导管架安装平面示意图参见图 5.2.3）。

浮吊应事先进行抛锚定位，工程驳船在距离导管架安装位置的正前方约 100m 处抛锚定位，浮吊及运输船长度方向应与水流方向一致。

图 5.2.2 测量系统布置示意图

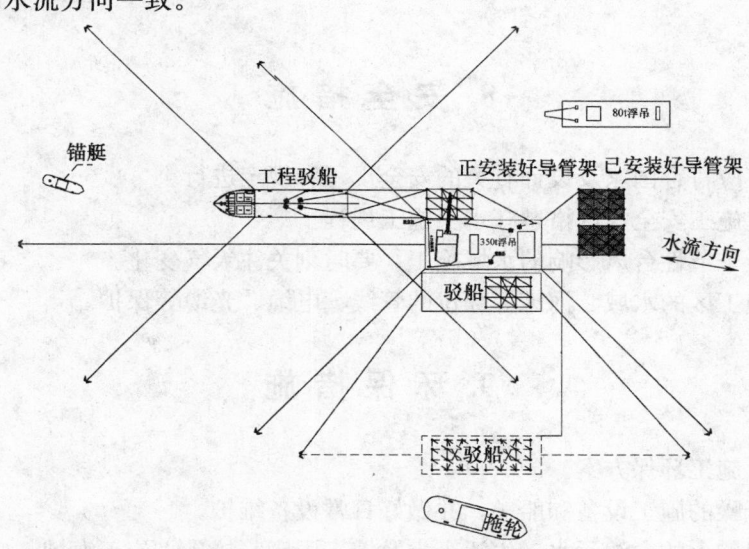

图 5.2.3 导管架安装平面示意图

5.2.4 导管架的固定

导管架钢管桩全部由浮吊配合打桩锤进行施工，由浮吊配打桩锤进行沉桩施工。沉桩结束后应及时焊接桩和导管架的连接板，随后将钢管桩顶部割平至同一标高处，焊桩帽。

5.2.5 平台上部结构安装

当导管架的定位桩全部施打固定好后，将在陆上预先分块加工的甲板层用船运到施工现场后，用浮吊吊装到位，然后将分块的甲板层连接成整体，形成平台。

6. 材料与设备

本工法无需特别说明的材料，采用的机具设备见表 6。

机具设备表 表 6

序号	名　　称	规　　格	数量	用　　途
1	大型平板驳运输船	5000t，75.0m×24.0m	1 艘	运输导管架
2	拖轮	2640HP	1 艘	拖运平板驳
3	浮吊	350t	1 艘	起吊导管架
4	实时定位控制系统	GPS RTK	1 套	使浮吊精确定位
5	打桩锤	—	1 套	与浮吊配合使用，施打定位桩
6	电焊机	—	10 台	焊接
7	切割机	—	5 台	切割
8	手拉葫芦	5t，10t	10 个	吊运
9	测流仪	—	1 台	测流

7. 质量控制

7.1 钢结构按《钢结构设计规范》GB 50017、《钢结构工程施工质量验收规范》GB 50205 中相应规定进行设计制作、检验和评定。

7.2 导管架的定位、固定应符合设计要求和《全球定位系统（GPS）测量规范》GB/T 18314 的相关要求。

8. 安全措施

8.1 导管架施工应符合国家及设计有关的安全规程和规定进行。

8.2 应注意水上施工安全，严格遵守水上施工规程。

8.3 在远海或受季节性台风影响的水域施工，要时刻关注天气变化。

8.4 应加强对施工区的水域、河床等部位的管线、电缆、光缆等保护。

9. 环保措施

9.1 应制定水上施工环保方案。

9.2 选用先进低噪的施工设备和船舶，并做好日常设备维护。

9.3 杜绝施工船舶上的含油污水、生活废水及施工固废直接排入施工海域。

9.4 生活垃圾和施工垃圾应及时分类收集、回收利用或送垃圾场处理。

10. 效益分析

本工法与常规的散打散拼方案相比较，将海上施工变成陆上预制，从根本上解决了海上风浪对施工的影响，加快了施工进度，保证了施工安全，社会效益和环境效益明显（导管架法与常规散打散拼法比较参见表 10）。

导管架法与常规散打散拼法比较   表10

序	比较项目	施 工 工 艺		备 注
		导管架法	常规散打散拼法	
1	适用范围	适用于海况恶劣的海域	适用于风平浪静、流速不大的海域	导管架法减少了海上的施工强度和施工周期
2	沉桩	整体定位,插、打桩方便,易控制	单根桩定位,桩位较难控制	导管架法是装配式施工,可以整体吊装、定位;常规法只能散打散拼
3	结构受力	整体性好	整体性较差	导管架着地,钢管桩水下部分通过导管架也相互连接,大大缩小了桩的自由长度; 常规法钢管桩水下部分无法连接,自由长度长,受弯矩大
4	施工安全、质量	容易保证	较难保证	导管架法在岸上制作焊接,沉桩时导管架依靠自身稳定; 常规法在海上现场进行焊接,沉桩时单桩稳定难保证
5	施工工期	工期短	工期长	导管架法受海况自然条件影响少,能大大缩短工期; 常规法受海况自然条件影响大,很难缩短工期

11. 工 程 实 例

洋山深水港区(一期)东海大桥主通航孔全长0.83km,从2002年12月15日第一个导管架成功安装到位,至2003年1月24日为止,8个导管架全部顺利安装到位。所有导管架的平均定位精度控制在500mm,自重沉入海床均在1.5~2.0m。导管架平台的施工取得了圆满成功,为后续甲板层、钢围堰的施工奠定了坚实的基础。

运营箱涵的水下切割接入施工工法

GJEJGF208—2008

腾达建设集团股份有限公司　　方远建设集团股份有限公司

奚文军　应勇群　王玲才　黄今浩

1. 前　　言

1.1　大中型城市的市政污水总管大多采用双孔箱涵方式，随着城市化的进程，污水管网不断扩展，新设支线涵管（以下简称新箱涵）必须接入早期的原箱涵总管（以下简称原箱涵）。对已经采取雨、污水合流的城市管网，如果进行停水作业接入法，将会直接导致短期排污中断和河道严重污染。因此，在确保污水正常排放的情况下，新箱涵接入原箱涵施工是一项亟待解决的技术难题。

1.2　上海市污水治理三期工程要求污水新箱涵与原箱涵连接。因原箱涵已运营多年，通常的停水接驳新箱涵时间长，临时放江的污水量大，对水环境污染极其严重。

1.3　运营箱涵的水下切割接入施工工法2006～2007年分别应用于上海市污水治理三期VWW2.9标工程，上海市污水治理三期VWW2.11A标工程，上海市污水治理三期VWW1.4A标工程。通过上述三个工程的实践总结，采用箱涵覆盖后在原箱涵顶部水下开孔施工工艺并取得了成功，其施工工艺已基本成熟，并在所应用的工程中获得了较好的经济和社会效益。

2. 工 法 特 点

2.1　采用箱涵覆盖后水下开孔，能有效地避免因新箱涵的接入而造成原有箱涵停运。

2.2　本工法采用无振动静力切割原理，低噪声、无污染，机械化程度高，操作人员少。

2.3　无损性拆除保障了原结构安全性

3. 适 用 范 围

适用于城市管网建设中新箱涵与原箱涵的连接施工。

4. 工 艺 原 理

箱涵作为长距离输送管道，通常情况下，箱涵内的水位要高于地面，而原箱涵一般低于路面，新箱涵接入原箱涵通常必须在断流状态下施工。本工法的原理为：在污水正常排放的情况下，在原箱涵开孔部位周围安装升水筒，将升水筒内水位与箱涵水位保持一致，在潜水员辅助下，用金钢链在原箱涵顶部设置操作平台进行水下切割，切割完成后安装箱涵压力盖板。

5. 施工工艺流程及操作要点

5.1　施工工艺流程

5.1.1　运营箱涵的水下切割接入施工工法工艺流程（图5.1.1）

5.2　操作要点

5.2.1　升水筒安装

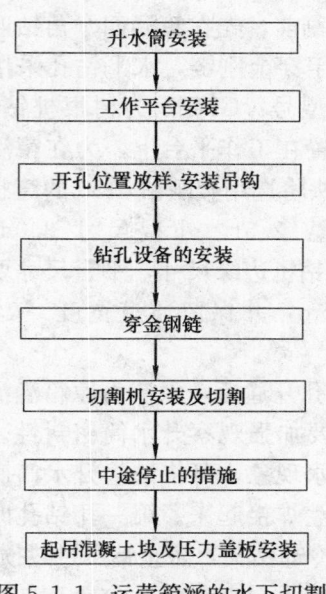

图 5.1.1 运营箱涵的水下切割
接入施工工法工艺流程图

升水筒安装

工作平台安装

开孔位置放样、安装吊钩

钻孔设备的安装

穿金钢链

切割机安装及切割

中途停止的措施

起吊混凝土块及压力盖板安装

1. 升水筒高度根据箱涵内水位而定，一般比正常水位高 1m，四角设立柱 8 根，上、下设法兰，顶部法兰可安装临时压力盖板，底部法兰将筒体固定在新箱涵表面。中设 7 道水平双拼槽钢框，根据风载情况，每侧面中部设槽钢加强柱（图 5.2.1-1、图 5.2.1-2）

2. 在覆盖段箱涵施工时，在预留盖座外 0.2m 处预留安装法兰，预埋螺栓（M20@250），铣出密封槽，"O" 形密封圈，可以起到密封作用。升水筒内径尺寸：一般比切割面每边大 0.5m，与压力盖板的单侧间隙≥0.15m。升水筒顶部设置同样法兰、盖板，一旦水位接近筒顶，要停止切割加盖封水。

3. 在适当的位置设置揽风绳，避免筒体在大风时摇晃。

4. 开孔时间应安排在旱季，以保证升水筒内水位不超过 5m。

5.2.2 工作平台安装

1. 开孔的设备宜安装在升水筒上方，且升水筒不受力，故在升水筒外侧、上方要制作工作平台，以放置专用切割开孔设备，设置人行通道。

2. 为确保切割机边缘尺寸，平台尺寸内净尺寸要比升水筒大 0.5m，保证通道宽度＞0.9m，将平台相互之间用槽钢连接，以方便通行，增加稳定性，平台上平面标高 8.0m，确保平台的连系型钢与升水筒保持原来间隙。

3. 平台由 16 根立柱撑起，立柱为双拼槽钢。上、下由槽钢连系。立柱上、下均设封头板。侧面立柱间适当布置剪刀撑。

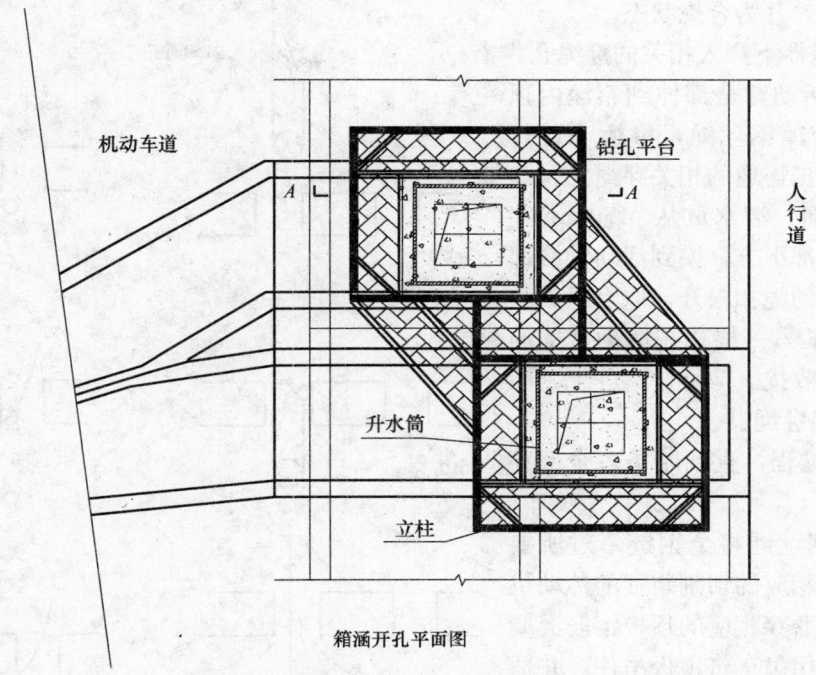

箱涵开孔平面图

图 5.2.1-1 升水筒及工作平台安装平面示意图

5.2.3 开孔位置放样、安装吊钩

根据设计要求的通水截面积尺寸，在放样时，钻孔中心定位以设计要求尺寸为基准。每个吊点用 4 个 M16 金属涨锚螺栓将平面钢板 200mm×200mm×16mm 和 20mm 厚的吊环，固定在箱涵顶部。吊钩位置须对称分布（1.0m×1.0m），防止吊装顶板混凝土块发生倾斜卡死现象。

5.2.4 钻孔设备的安装

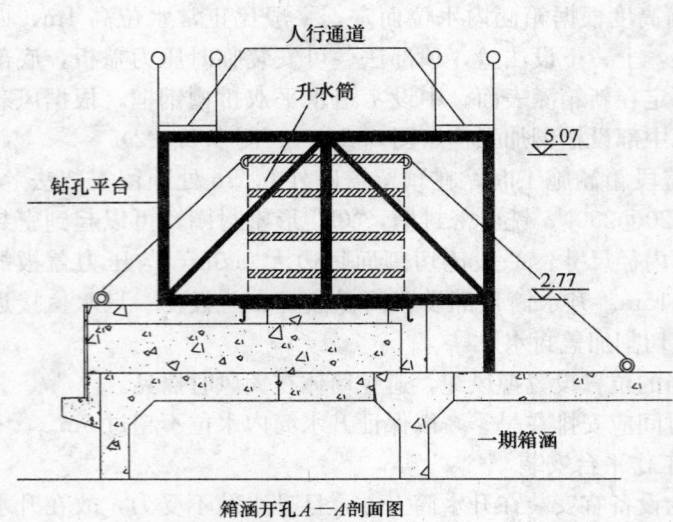

图 5.2.1-2　升水筒及工作平台安装剖面示意图

1. 方孔切割前，先在箱涵四个角钻四个穿绳工艺孔用于穿金刚链，水下钻孔采用钻孔机。钻孔机型号：GPS15 为树根桩钻机。将钻孔机械放置在工作平台上，为在箱涵顶部开孔，其钻头将选用金刚钻 $\phi150$ 的筒状刀具，钻机自重：2.5t，外型尺寸 3.0m × 2.5m。为确保钻机边缘尺寸，平台尺寸要比钻孔线大 1.25m，并保留通道宽度＞0.9m 的行走通道。

2. 第一个孔开通后，水流由原箱涵涌入新箱涵。此时要加强观察升水筒密封性。如果发生严重漏水现象，可将法兰升水筒底部法兰和预埋法兰焊接起来。第一孔钻孔时现场要配水源以冷却钻头，防止钻头过热损坏。

3. 为便于潜水员对准钻孔位置和向潜水员提示钻机平移方向，可先在开孔位置钻出 0.1m 深的孔并降低水位。

5.2.5　穿金钢链

1. 利用专用工具将每条切割边用钢丝绳将两孔穿通，固定在钢管架上。本工序要求水位适当降低，以便潜水员水下穿钢丝绳（图 5.2.5），穿钢丝绳的施工步骤：

1）准备：活动臂端头和穿绳器材主杆用两根钢丝绳连接，并为合拢状态。

2）下：将穿绳器下穿入相关的穿绳孔。

3）放开：在活动臂全部伸到箱涵内顶板下方时，放开松掉钢丝绳，将活动臂打开，并将端头对准拟连通的相关穿绳孔。

4）就位、抽绳：潜水员从 $\phi150mm$ 穿绳孔伸到箱涵内顶部下方，摸到活动臂端部将扣在活动臂端部的绳扣松开，取上绳头。

5）收拢：抽紧另一根扣在活动臂部的钢丝绳，将活动臂收拢。

6）取出：取出穿绳器。

7）重复上述过程，直到四条边全部穿好钢丝绳。

2. 切割前用钢丝绳将金钢链牵过所要切割的两孔，通过相应的切割装置的传动机构，将链条带动而磨穿相应的顶板钢筋混凝土结构。在吊环处用吊车将顶板吊住，并适当放松，以备切割完成时顶板下落。

5.2.6　切割机安装及切割

1. 导向轮（在钻孔前完成）

导向轮是切割链走向的保证措施。在要

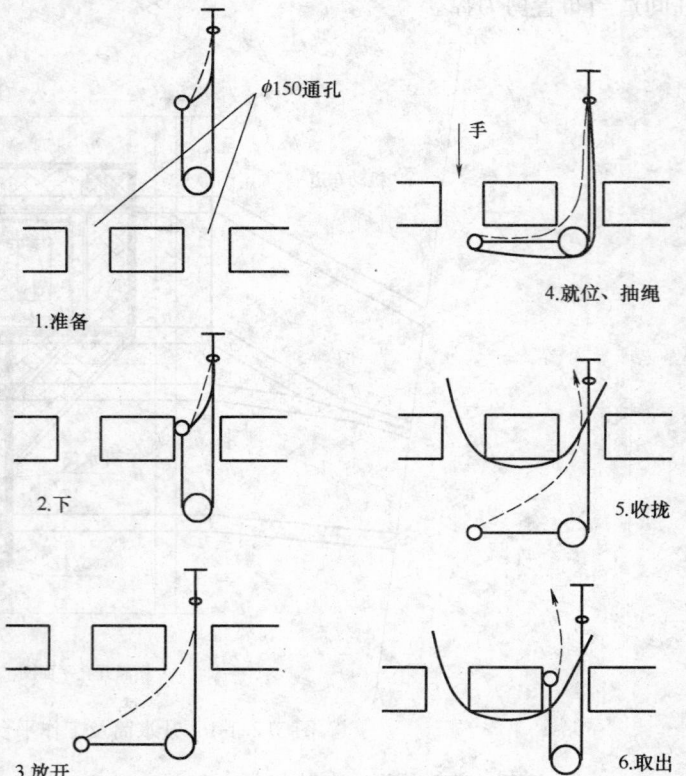

图 5.2.5　穿钢丝绳示意图

切部位的四周安装预埋件，在预埋件上搭设钢管，使其成为一个受力的框架结构，在相应位置安装导向轮。预埋件分布在原有箱涵顶部，分布尺寸根据开孔尺寸而定，一般单边大 30mm。

2. 切割机安装

用吊车将专用切割机吊到平台上，并检查调试，确保设备正常工作。安装专用金钢链。

3. 切割

金钢链切割钢筋混凝土是利用链表面的金刚砂磨削作用，从而达到切割的效果，启动时应慢速转动驱动轮，待金钢链在合适的部位磨出凹槽后才能全速磨削，以避免链条过分震动影响切削效果。切割工作时要用自来水进行液压系统冷却。

5.2.7 中途停止的措施

当水位接近警戒标高时，与指挥员联系，判断水位是否继续上涨，否则要给升水筒顶部安装顶盖。

5.2.8 起吊混凝土块及压力盖板安装

1. 切割完成后，要检查并用吊车调整，间隙是否均匀，并清理开孔周围碎混凝土。检查起吊后混凝土平稳性，避免倾斜卡死，并检查吊环是否固牢。在混凝土块起吊基本脱出开孔时，拆除定向轮机构，人员应离开筒体。吊装压力盖板。

2. 在浸水前，先清理止水槽内垃圾，将止水橡胶圈用强力胶水粘贴在密封槽内。

3. 在压力盖板安装前，检查清理止水槽、法兰平面、橡胶圈附近的垃圾，确保橡胶圈位置准确安装在槽内。然后将盖板平稳慢速吊入混凝土下并嵌入井座。本工序要求降低水位，以便潜水员水下安装盖板。

4. 紧固螺帽时，应先旋松四角定位螺柱，然后对称轻旋周边螺栓，全部旋上后，检查橡胶圈无问题后，再对称旋紧螺栓，再将螺帽对称拧紧。

5. 两个井盖全部上紧后，方可提高水位检查漏水情况。

6. 材料及设备

6.1 本工法无需特别说明的材料，采用的机具设备见表 6.1。

机具设备表 表 6.1

序号	设备名称	设备型号	单位	数量	用途
1	金钢链切割机		台	1	切割箱涵
2	金钢链	12m	根	8	切割箱涵
3	导向机构		组	1	切割箱涵
4	通风机		台	1	潜水
5	通风管	φ150	m	20	潜水
6	潜水泵	2.2kW	台	2	潜水
7	升水筒		个	2	提升水位
8	平台		组	2	设备安装
9	木板	5×25×400	块	60	设备安装
10	汽车吊	16t	辆	1	设备安装
11	穿绳器	1.5×3.0	套	1	潜水
12	树根桩钻孔机	GPS15	台	1	箱涵钻孔

6.2 劳动力

所需操作人员主要有：桩工、安装工、架子工、机操工、潜水工、电工、焊工、普工。按照施工程序进行分工合作操作，其中安装工、架子工、机操工、潜水工、电工、焊工等工种必须持证上岗。

7. 质 量 控 制

7.1　工程质量控制标准

7.1.1　本工法必须符合《市政地下工程施工及验收规程》DZJ 08—236—1999 有关规定。

7.1.2　开孔孔径轴线位移 15mm，开孔孔径平面尺寸允许偏差±3mm。

7.2　质量保证措施

7.2.1　本工法采用水下切割，必需由专业潜水员辅助作业以保证水下切割的准确性。

7.2.2　安装升水筒时确保升水筒的密封性，严禁有渗漏现象。

7.2.3　在适当位置设置揽风绳，避免筒体在大风时摇晃。

7.2.4　钓钩位置必需对称分布，防止吊装顶板混凝土块发生倾斜卡死。

7.2.5　在箱涵切割的相应部位安装导向轮，保证切割链的走向。

7.2.6　在浸水前，先清理止水槽内垃圾，将止水圈用胶水粘贴在密封槽内。

7.2.7　在压力盖板安装前，检查清理止水槽、法兰平面、橡胶圈附近的垃圾，确保橡胶圈位置准确安装在槽内。

7.2.8　紧固螺帽时，应先松旋四角定位螺栓，然后对称轻旋周边螺栓，全部旋上后，检查橡胶圈无问题后，再对称旋紧螺栓，最后将螺帽对称拧紧。

7.2.9　井盖全部上紧后，提高水位检查漏水情况。

8. 安 全 措 施

8.1　施工现场安全管理措施

8.1.1　施工现场工作人员必须严格按照安全生产，文明施工的要求，结合现场实际情况，按施工组织设计和技术交底科学组织施工。

8.1.2　施工现场临时用电线路、设备的安装和使用，必须符合建设部颁发的《施工临时用电安全技术规范》JGJ 46—2005 的要求。

8.1.3　施工人员应正确使用劳动保护用品，进入施工现场必须戴好安全帽；严格执行水下操作规程和施工现场的规章制度，禁止违章指挥和违章作业。

8.1.4　升水筒内不允许挂电箱，留插座、挂照明灯。以防漏电等事故发生。筒内照明一律用手电筒，照明灯须在平台上安装。

8.1.5　施工现场各关键施工段，应挂安全生产指示牌和安全标语，时刻提醒工人注意安全以提高安全意识。

8.1.6　加强机械设备管理，开工前对机械设备的使用及维修人员进行岗位培训；熟悉机械设备性能，掌握机械设备使用和维护技能。

8.2　潜水员安全保证措施

8.2.1　潜水员下井、下池操作应该严格按照有关专项规定执行，办理下井工作票以及旁站监督人员到位；

8.2.2　本工程凡涉及到水下施工、拆除头子、清垃圾，检测硫化氢（H_2S）浓度应在符合安全标准要求时才能下井作业；

8.2.3　潜水员在井下作业时，应与地面要保持良好的通信联系。（重装）采取对讲机，（轻装）采取信号绳，实际施工过程中地面要每隔 5min 拉动信号绳不少于 3 次，水下潜水员也必须及时回拉，以确保施工安全、正常、顺利；

8.2.4　尤其要做好防易燃、易爆、硫化氢中毒安全措施，在施工协调会和技术交底会上，要把安全生产作为首要工作进行布置；

8.2.5 下水前必须做好一切安全准备工作；

8.2.6 掌握水下情况，严禁盲目作业，作业时思想必须高度集中；

8.2.7 坚决执行潜水安全作业八不准：

1. 甲乙双方现场交代不清不准作业；

2. 没有潜水作业证不准作业；

3. 现场无监护人员不准作业；

4. 设备未进行安全检查不准作业；

5. 无信号绳不准作业；

6. 电路、电源不清不准作业；

7. 空压机失控不准作业；

8. 现场设备无人看管不准作业。

8.3　应急措施

8.3.1 施工中采用2台空压机供气对接，串连在一起。发生一台失灵时应及时启用备用机，停止另一台进行抢修；

8.3.2 施工中潜水员和水下联系采用对讲机，如通信电缆和对讲机出现问题，必须及时使用信号绳，信号绳使用是根据潜水施工内定方法使用；

8.3.3 现场配备应急救险车一辆应付潜水水下作业出现问题和突发事件发生；

8.3.4 夜间施工备有发电机照明和备用蓄电池。

9. 环 保 措 施

9.1　将施工场地和作业限制在工程允许的范围内，合理布置、规范围挡、做到标牌清楚、齐全，各种标识醒目，施工场地文明整洁。

9.2　对施工中可能影响到的各种公共设施制定可靠的防止损坏或移位的实施措施，加强实施中的监测、应对和验证。同时，将相关方案和要求向全体施工人员详细交底。

9.3　设立专用排浆沟、集浆坑，对废浆、污水先行集中，再认真做好无害化处理，从根本上防止施工废浆乱流。

9.4　定期清运沉淀泥砂，做好泥砂、弃渣及其他工程材料运输过程中的防散落及防沿途污染措施，废水除按环境卫生指标进行处理达标外，并按当地环保要求的指定地点排放。弃渣及其他工程废弃物按工程建设单位指定的地点和方案进行合理堆放和处治。

9.5　对施工场地道路进行必要的硬化，并在晴天经常对施工通行道路进行洒水，防止灰尘飞扬，污染周围环境。

10. 效 益 分 析

10.1　本工法将工程的最大难点克服，只须箱涵运营单位配合，确保了原有箱涵的营运，消除了对城市排水的严重影响，施工中产生的振动、噪声、粉尘等公害也得到了最大限度的降低。工程建设时，周围的居民及企事业单位能正常生活及工作。箱涵覆盖段开孔的成功为以后城市雨、污水管在类似情况下的规划建设提供了可靠的决策依据和技术指标，新颖的工法技术将促进地下雨、污水管道施工技术进步，社会效益和环境效益显著。

10.2　本工法与同类地下工程的工法相比，由于工程的地面部分小，场地易于布置、工程进度快、干扰因素少，有利于文明施工，各种资源能较好地利用，能确保周围既有设施完好无损，确保居民生命、财产安全，避免了对原有管线搬迁及保护等费用，从而产生显著的经济效益。

11. 应 用 实 例

11.1 上海市污水治理三期工程 UWW2.9 标段 21 号箱涵的水下切割接入施工，三期总管（新箱涵）与一期箱涵（原箱涵）的连接点位于浦东北路与洲海路南西角的快车道上。原箱涵是宽度约 12m 的双孔箱涵，实测该箱涵顶标高 1.56m，常年水位为 5.6～6.6m，雨季水位 13.4m，顶板设计厚度为 0.45m，晴天半夜可降低水位：2.72～3.15m，超过箱涵顶部。三期接入新箱涵是从顶部接入一期箱涵。一期和三期的连接孔尺寸：1.5m×1.5m，上盖 2.15m×2.15m×0.2m 的压力盖板，21 号箱涵的支线接入采用水下切割接入施工工法。根据建设单位的总体要求在 2006 年 3 月开始施工，在覆盖箱涵段占路施工架设升水筒。搭设操作平台，进行水下切割，安装压力盖板，恢复路面。该段施工于 2006 年 3 月 2 日开始，2006 年 3 月 29 日竣工，日历工期 28d。

11.2 上海市污水治理三期工程 UWW2.11A 标段 13 号箱涵的水下切割接入施工，三期总管（新箱涵）与一期箱涵（原箱涵）的连接点位于军工路与周家嘴路东北角的快车道上。原箱涵是宽度约 10m 的双孔箱涵，实测该箱涵顶标高 1.70m，常年水位为 5.4～6.4m，雨季水位 13.1m，顶板设计厚度 0.45m，晴天半夜可降低水位：2.71～3.2m，超过箱涵顶部。三期接入新箱涵是从顶部接入一期箱涵。一期和三期的连接孔尺寸：1.5m×1.5m，2.15m×2.15m×0.2m 的压力盖板，13 号箱涵的支线接入采用水下切割施工工法。根据建设单位的总体要求在 2007 年 7 月开始施工，在覆盖箱涵段占路施工架设升水筒，搭设操作平台，进行水下切割，安装压力盖板，恢复路面。该段施工于 2007 年 7 月 4 日开始，2007 年 7 月 30 日竣工，日历工期 27d。

11.3 上海市污水治理三期工程 UWW1.4A 标段 24 号箱涵的水下切割接入施工。

1. 工程概况：

1) 地理位置

三期总管（新箱涵）与一期箱涵（原箱涵）的连接点位于凉城路与广灵四路东南角的快车道上（图 11.3）

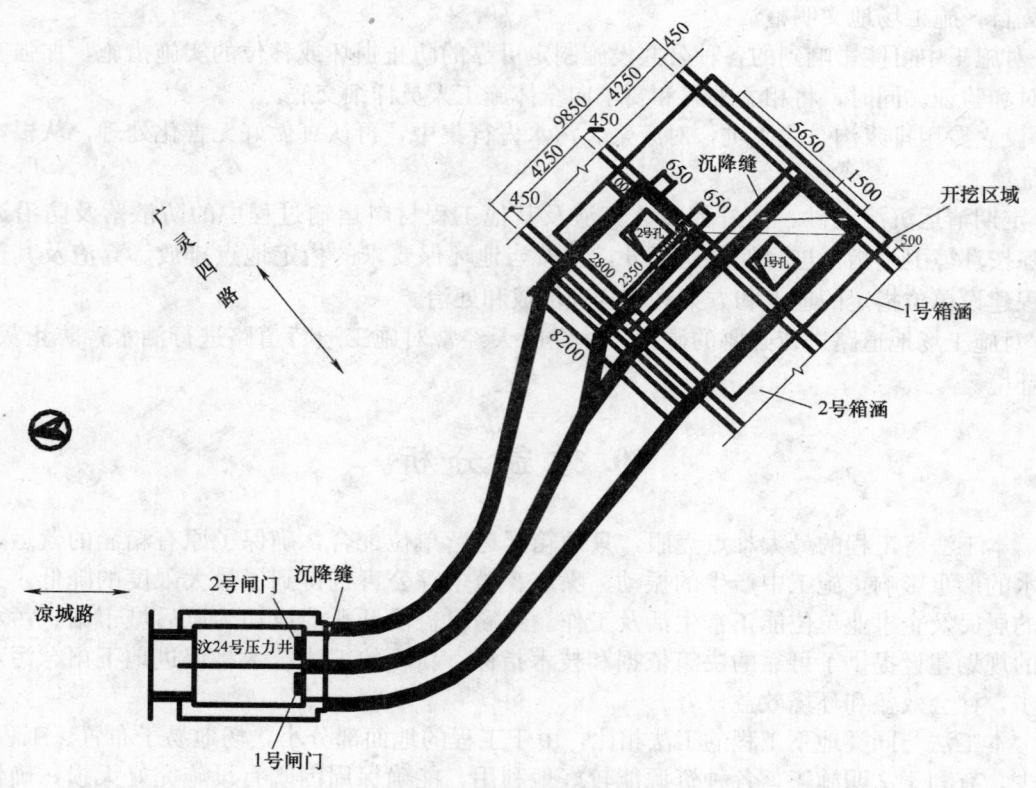

图 11.3 新、原箱涵连接位置示意图

（注：左下角为新箱涵，右上角为原箱涵）

2）原箱涵情况：

原箱涵是宽度约 10m 的双孔箱涵。实测该箱涵顶标高 1.67m。常年水位：5.5～6.5m。雨季水位：13m。顶板设计厚度 0.45m。晴天半夜可降低的最低水位：2.7～3.0m，超过箱涵顶部。

3）接入新箱涵情况：

三期接入新箱涵是从顶部接入一期箱涵。新箱涵顶标高 2.77m。顶部预埋两个 1.9m×1.9m×0.3m 的钢法兰盖座。一期和三期的连接孔尺寸：1.5m×1.5m，上盖 2.14m×2.14m×0.2m 的压力盖板。

4）开孔时间的确定

开孔时，原箱涵内水流会涌入 $\phi2400$ 总管，故时间节点须安排在汶水路泵站验收试车后才能进行连通开孔施工。本次开孔按建设单位的总体要求：安排在 2007 年 9 月上旬实施。

2. 施工情况

根据建设单位的总体要求在 2007 年 9 月开始施工，在覆盖箱涵段占路施工架设升水筒，搭设操作平台，进行水下切割，安装压力盖板，恢复路面。

该段施工于 2007 年 9 月 1 日开工，2007 年 9 月 25 日竣工，日历工期 25d。

"包芯"断面海堤的爆炸法施工工法

GJEJGF209—2008

广东省建筑工程集团有限公司　福建建工集团总公司

赵玉彪　赵资钦　蔡元美　廖小兵　赖小江　林毅华

1. 前　　言

随着我国建设事业的发展，全国沿海地区兴建了大量的设置于软土地基上的建筑物，尤其在东部沿海地区淤泥、淤泥质土修建海堤、护岸等，因淤泥含水量极高，透水性差，强度非常低，这些建筑物的地基需要处理，其中爆炸挤淤法是一种较适宜的新方法，近10多年来在我国沿海地区得到了比较广泛的应用。但过去水工上的防波堤断面均是实芯堤的形式，在深厚淤泥层上建防波堤，工程用石量较多，工程造价较高。能否改变海堤断面形式，减少断面石方量，又保证堤身稳定，是一个挑战性的难题。

珠海市九洲港三期扩建护岸工程地基为河口相淤泥和滨海相淤泥，淤泥层厚5.5～15.0m。采用常规开挖法很难开挖至这一深度，纵然开挖至此深度，投资也是巨大的，大量淤泥的弃放也是个难题，在这种条件下应用爆炸挤淤法处理是适宜的，同时应积极探索新的断面形式取代传统断面形式。

广东省建筑工程集团有限公司、省水利水电第三工程局联合设计单位和中国科学院力学研究所开创了科技创新，取得了"包芯"断面海堤的爆炸法施工技术，该技术获得2001年国家知识产权局发明专利证书和入选2006年广东企业创新纪录，于2008年11月通过广东省建设厅组织的科技成果鉴定，达到了国内领先水平。同时，形成了"包芯"断面海堤的爆炸法施工工法，于2009年3月获得由广东省建设厅颁发的省级工法证书。该工法根据爆炸法处理软基技术的试验和机理分析，提出在传统爆炸挤淤处理时，根据不同的淤泥厚度，堤芯可以不处理或部分处理使抛石不完全落至持力层上，堤身内外侧处理完全落至持力层，整个堤身断面中心包裹一"拱形"淤泥包，海堤的稳定性主要靠断面两侧脚的水平抗滑力来保证，堤中心处理的高程和内外侧落至持力层的宽度要通过断面稳定计算来确定，这种特殊断面称为"包芯"断面。这种工法，可以节省断面石方量，降低工程造价，缩短工期，减少环境污染，具有明显的社会效益和经济效益。

2. 工 法 特 点

2.1　通过对爆炸挤淤处理软基技术的研究，创造性地改变传统的断面形式，用"包芯"断面取代实芯断面，使堤身内外侧脚落至持力层并形成较密实的抛石体，保证堤身稳定。

2.2　充分利用淤泥具有含水量大、孔隙比大、易于流动、承载力低、具有触变性等特点，合理制定施工工艺和确定爆炸参数，实现了"包芯"断面的成型。

2.3　与传统全断面（实芯）海堤相比，减少抛石量，提高工效，缩短工期，减少工程造价。

2.4　施工流程不复杂，可操作性强，工艺简单，安全可靠，后期沉降小，质量有保证。

2.5　通过控制爆炸挤淤量，大大减少了对河流、海洋环境的污染。

3. 适 用 范 围

适用于厚度为5～20m之间的淤泥质防波堤、护岸、围堤等水工建筑物以及其他建筑物的水下软基处理。

4. 工 艺 原 理

4.1 "包芯"断面海堤是一种特殊的水工断面形式,断面具体尺寸通过采用瑞典条分法稳定性分析确定,断面见图4.1。

4.2 先在淤泥软基上抛填块石,形成一定的堤长之后,在堤头和堤身两侧一定距离和深度的淤泥内实施控制爆炸。爆炸时,从药包中心向四周,淤泥被排挤并上抛而形成爆坑,由于膨胀惯性运动以及淤泥和覆盖水向上方飞散,坑内形成负压,在爆炸负压和强烈的振动下,位于爆坑前沿的堆石体失去支撑并象泥石流一样在瞬间滑入爆坑并形成"石舌",见图4.2。由于泥石流中的淤泥含水量高,强度低,随后的抛填石块及之

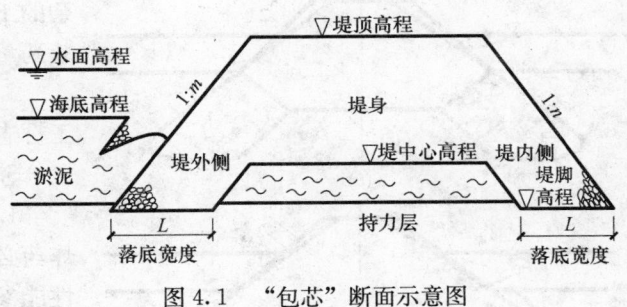

图4.1 "包芯"断面示意图

后的爆炸振动可将"石舌"中的淤泥挤出,形成较完整密实的堆石体。通过这样若干次的循环,可筑成设计需要的海堤。为了便于理解,说明如下:

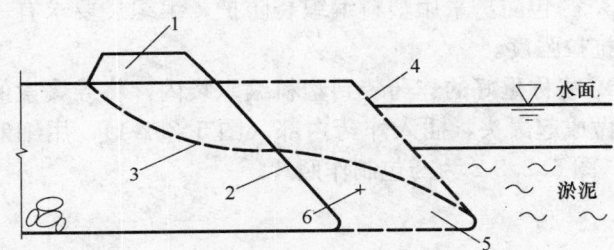

图4.2 爆炸挤淤抛石示意图
1—超高抛石;2—爆前剖面;3—爆后剖面;
4—补抛剖面;5—石舌;6—药包

4.2.1 淤泥易于变形流动,受爆炸振动作用易失稳,其上的抛石体在重力以及爆炸负压作用下,跟着失稳的淤泥流动下沉。

4.2.2 巧妙利用了爆炸的作用:利用爆炸产生的振动和冲击破坏淤泥及其上抛石体的稳定性,使得抛石下沉;利用爆炸振动将下沉的"泥石流"中的淤泥挤出,随后抛填的抛石也进一步产生挤压作用,将"泥石流"中的淤泥挤出,这样多次循环使得"两侧脚"落至持力层并形成较密实的"堆石体";由于爆炸气体在淤泥中形成带负压的空腔,空腔和压力差的存在,加上淤泥易变形流动的特性,才使得"泥石流"出现。

5. 施工工艺流程及操作要点

5.1 施工工艺流程
5.1.1 总体施工工艺流程

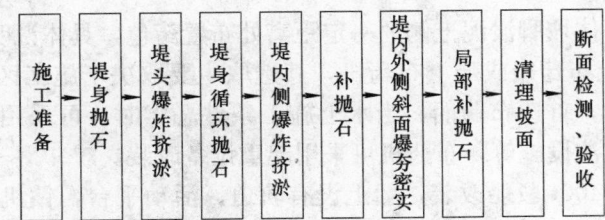

典型"包芯"断面海堤爆炸挤淤过程见图5.1.1。

5.1.2 爆炸施工工艺流程

爆前测量→药包制作→定位放样→药包布置与接线→人员疏散与警戒→起爆→爆后测量→分析、比较和总结。

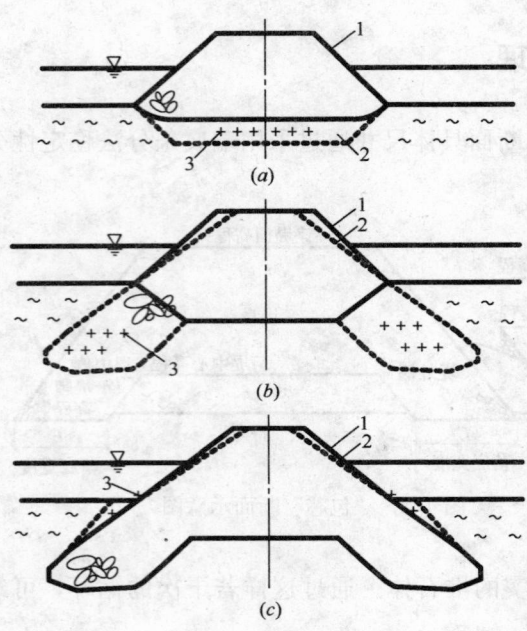

图 5.1.1 "包芯"断面海堤爆炸挤淤过程示意图

(a) 堤头爆炸挤淤；(b) 堤内外侧爆炸挤淤；

(c) 堤内外侧斜面爆夯密实

1—爆前；2—爆后；3—药包

5.2 操作要点

5.2.1 施工准备

1. 收集爆炸区域的水文、气象、地质和周围环境资料。

2. 设计爆炸参数，制定爆炸设计方案。地质条件复杂的工程要采用施工试验段，调整爆炸参数，确定单孔装药量、布药宽度、装药深度、药包间距、钻孔直径等。

3. 选择或测定符合精度要求的定位控制点，设立施工标志、水尺等。

5.2.2 药包制作

1. 炸药品种通常采用散装乳化炸药，若选用硝铵类炸药必须做防水处理。乳化炸药的性能要满足出厂时的性能参数，防止乳化炸药时间过长，性能减低。

2. 药包制作应在专用加工房作业。单个药包的重量按设计计算选取，其计量用台秤称重，单药包的重量允许误差为 5%。

3. 药包防护采用塑料编织袋防护，编织袋要求有一定的抗拉强度。

4. 将称重好的炸药装到塑料编织袋内，将导爆索的一端做成起爆头，插入炸药内部（图 5.2.2-1），用细麻绳捆扎袋口，导爆索的另一端用塑料防水胶布包扎，图 5.2.2-2 为药包制作照片。

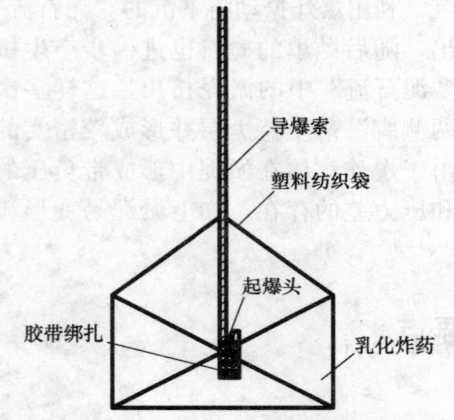

导爆索
塑料纺织袋
起爆头
胶带绑扎
乳化炸药

图 5.2.2-1 药包结构示意图

图 5.2.2-2 药包制作照片

5.2.3 药包布置与接线

根据爆炸设计，在抛石体坡脚淤泥土侧的一定距离处布置药包，具体说明如下：

1. 布药机械设备为水上布药船或陆上布药机，其选取主要取决于施工区域的风、浪、水流、水位等自然条件。在条件允许时，首选布药船，当水上施工条件恶劣时，可采用陆上布药机。布药船应配备装药机械、动力设备、锚泊设施等，布药机可采用起重设备改装。

2. 布药船可采用 100～400t 驳船改装，船上设有轨道、活动平台，钻机安装在活动平台上。布药船改造的要求是：满足任何潮位下的装药深度，满足在限时内完成一次装药量，满足锚泊定位需要。

3. 爆炸作业时，布药船开至指定位置，在船的四角各抛"八"字形的锚以锚泊船只，锚重量要求不得低于与船只相配的锚重，缆绳长度要求 150～200m。布药船经测量锚泊定位后要满足布药孔位的精确度要求，在布药施工期还需经常校核，发现偏位及时纠正。

4. 由钻机在设计位置的淤泥中成孔，达到深度后，由技术工使用专用装药器，将药包安置到设计深度，单个药包导爆索用浮标固定好浮在水面（图5.2.3-1）。

5. 水下传爆器材选用导爆索，搭接连接时，搭接长度不得小于15cm，并绑扎结实。起爆雷管的集中穴应朝向传爆方向，导爆索端部伸出雷管的长度应大于15cm，图5.2.3-2为药包接线。

图5.2.3-1　钻孔布药

图5.2.3-2　药包接线

5.2.4　起爆

1. 起爆前进行人员疏散，设爆炸警戒线，作起爆前最后的检查工作。

2. 在检查完毕的正常情况下引爆炸药，检查有没有漏爆，进行爆后测量，分析、比较和总结。

5.2.5　堤身抛石爆炸

1. 测量放样，确定堤中心线，按设计方案，确定本次循环抛石的范围。

2. 选购符合设计要求的块石料，利用自卸车运至码头，然后用船只运至堤心抛石，形成一定高度的堤，两侧坡为自然边坡。抛石层数根据淤泥层厚度而定，每层抛石厚度控制在2.5～3.5m范围内。

3. 爆前测量抛石断面形状和尺寸。

4. 如果堤身下面淤泥较厚，抛石前可在堤中心部位挖一条基槽，进行部分清淤。基槽的深度和宽度根据开挖设备和淤泥总厚而定，这样可减少爆炸次数，易保证质量，也更经济。图5.2.5为堤身爆炸挤淤。

5. 按照设计的参数进行爆炸施工。

图5.2.5　堤身爆炸挤淤

5.2.6　堤内外侧抛石爆炸挤淤

1. 当堤中心经爆炸处理至设计高程后，再进行补抛石，使抛石高程及宽度达到设计要求（即要形成"石舌"所需要的抛石方量），这一阶段的抛石应修筑海岸到海堤的临时施工便道，以便自卸车直接运至海堤进行抛石。

2. 在堤的内外侧分别进行1～2次循环的爆炸挤淤抛石处理（图5.2.6），检测坡脚落底宽度和高程是否满足设计要求。

5.2.7　堤内外侧斜面爆夯密实

为了保证堤的密实度和两侧坡度达到设计要

图5.2.6　堤内外侧爆炸挤淤处理

求，在堤内外侧各进行一次斜面爆夯（图 5.2.7），利用水下爆炸产生的振动使地基和基础得到密实。当石层表面出现明显爆坑时需补抛整平，如果补抛厚度大于 50cm 且范围大于一个布药网格时，采用减半药量的药包在原位补爆一次。

图 5.2.7 堤内外侧斜面爆夯

5.2.8 断面检测、验收

1. 抛石断面经过爆炸处理一段长度后，每 20~50m 测量一个横断面（包括泥下部分），测点间距 2m，对堤顶凹凸部分进行人工整平。

2. 施工过程中对抛石下沉深度和断面形状进行相应检测和控制，作为分析、总结和验收的依据。

3. 海堤完工后，对"包芯"断面进行检测，检测方法采用物探技术检测法辅以钻孔取样法，钻孔取样一般每 100~500m 一个断面。

5.3 爆炸施工劳动力组织（表 5.3）

爆炸施工劳动力组织情况表　　　　　　　　　　表 5.3

序号	单项工程	所需人数	备　注
1	爆破技术负责人	1	
2	技术人员	2	
3	安全员	2	
4	仓管员	2	
5	爆破员	4	
6	钻工	4	
7	机修工	1	
8	辅助工	10	
	合计	26	

6. 材料与设备

6.1 所耗主要火工品见表 6.1

主要火工品表　　　　　　　　　　表 6.1

序　号	品　种	数　量
1	乳化炸药（kg）	计算确定
2	防水导爆索（m）	计算确定
3	毫秒延期电雷管（发）	计算确定

6.2 所需主要设备见表 6.2

主要设备表　　　　　　　　　　表 6.2

序号	名称	数量	备　注
1	平底驳船	2	100t
2	交通警戒小艇	6	
3	钻机平台	2	3m×3.5m
4	钻机	2	地质钻机（如 XY-1 型）
5	装药器	3	自制
6	全站仪	2	精度 5″
7	水准仪	2	±3mm

7. 质量控制

7.1 工程质量控制标准

爆炸施工质量执行《爆炸法处理水下地基和基础技术规程》JTJ/T 258。

7.1.1 药包制作及布放允许偏差按表 7.1.1 执行。

药包制作及布放允许偏差　　　　　　　　　　　　　　表 7.1.1

序号	项　目	允许偏差
1	单药包药量 q_2(kg)	$\pm 0.05 q_2$
2	药包平面位置(m)	<0.3
3	药包埋深(m)	± 0.3

7.1.2 抛石底面高程和范围允许偏差按表 7.1.2 执行。

抛石底面高程和范围允许偏差　　　　　　　　　　　　表 7.1.2

序号	项　目	允许偏差
1	抛石底面标高(m)	$0 \sim -1.0$
2	抛石底面范围(m)	$0 \sim 2.0$

7.1.3 进尺允许偏差：

相邻两炮抛填进尺与设计进尺之差不应大于 0.5m。

7.2 质量保证措施

为确保工程质量，保证抛石体处理至设计高程，施工过程中，对抛石体的下沉深度和断面形状进行相应的检测和控制。

7.2.1 沉降板法

在抛石前将沉降板底部置于泥面，基本上和抛石体底面处在同一平面上，沉降板杆顶超出抛石体顶面，每次爆炸后只要测出沉降板顶高程便可算得沉降板底部的下沉量，由于沉降板底部和抛石体下界面基本在同一平面，因此，沉降板底部高程可视为抛石体下界面的高程。

7.2.2 石面高程检测法

用水准仪配合水铊的测量方法来检测每次爆炸前后的石面高程，经过几次循环的爆炸后，抛石体的总夯沉量的 80% 基本等于石体的下沉量。用这一方法可以有效地控制护岸基础堤身部分的抛石体底高程。

7.2.3 方量统计法

该方法是统计实际总抛石方量与设计是否相符，若实际抛石量与设计方量相符则说明达到设计要求。

7.2.4 体积平衡法

该方法用来检测侧向爆填的处理效果，其方法是：用测量高程的方法将测出炸前抛填线和炸后塌落线等间距的各点高程，然后在坐标纸上绘出该两条线，同时得出塌落体横截面 $S_塌$ 和假设"石舌"落至持力层后的"石舌"横截面面积 $S_舌$，再比较 $S_塌$ 与 $S_舌$，若 $S_塌 \geqslant S_舌$，则说明"石舌"落至持力层，若 $S_塌 < S_舌$，则说明石舌未落至持力层。

7.2.5 钻孔检测

按横断面布置钻孔，断面间距取 100~500m，不少于 3 个断面，每个断面布置钻孔 1~3 个，全断面布置 3 个钻孔的断面数不少于总断面的一半。该法可揭示抛填体厚度，但费用高，钻孔时间长，只能作为抽检手段。

7.2.6 物探技术探测法

当护岸完工后，为了全面完整地掌握整条堤的护岸基础断面形状，采用目前国际上最先进的探地雷达和美国20世纪90年代最先进的浅层地震仪等高新物探技术设备和方法进行探测。该方法的原理是：采用SIR-10雷达系统，利用多道不同中心频率天线输入方式，对检测范围内的剖面进行连续扫描透视，以取得对护岸基础断面形状的数字信号或图像显示，从而达到检测的目的。

7.2.7 沉降观测

施工期安排适量的沉降观测，及时掌握施工期的沉降位移规律；主体工程完工后，及时设置长期沉降位移观测点，并按有关规定进行观测。

7.2.8 施工记录

施工中严格按照设计的爆炸参数控制布药质量，施工作业须制定各项详细施工记录表格，并有切实可行的收集数据手段。验收时要提交各项施工记录，包括单药包重量、药包数量、药包平面位置及埋深、施工水位、布药起始时间及结束时间、起爆时间等资料。

8. 安 全 措 施

8.1 认真贯彻"安全第一，预防为主"的方针，根据国家有关规定、条例，结合施工单位实际情况和工程的具体特点，组成专职安全员和班组兼职安全员以及工地安全用电负责人参加的安全生产管理网络，执行安全生产责任制，明确各级人员的职责，抓好工程的安全生产。

8.2 对爆炸施工及火工品的管理严格按照国家《爆破安全规程》进行管理，实行分工负责，统一指挥协调，火工品储存点专人看管。

8.3 为确保爆炸作业安全，单个药包均不放入电雷管，采用导爆索串联各药包分支导爆索，然后用毫秒延期电雷管联结各支导爆索，进行毫秒微差起爆，以减少因爆炸而产生的震动以及水中冲击波。

8.4 爆炸地震的地震速度不得得超过建筑物的地面安全振动速度，按表8.4选用。

主要类型建（构）筑物地面质点的安全振动速度 　　　　　　　　　表 8.4

序　号	主要建（构)筑物类型	安全振动速度(cm/s)
1	土窑洞、土坯房、毛石房屋	1
2	一般房屋、非抗震大型砌块建筑物	2～3
3	钢筋混凝土框架房屋	5
4	重力式码头	5～8
5	水工隧道	10

8.5 爆炸地震安全距离按式（8.5）计算。

$$R = (K/V)^{1/a} \cdot Q^{1/3} \tag{8.5}$$

式中　R——爆炸地震安全距离（m）；

　　　V——安全振动速度（cm/s），按表8.4取用；

　　　Q——一次同时起爆药量（kg），如分段起爆，则为最大段的药量；

　　K、a——与爆炸地震安全距离有关的系数、指数，与爆区的地质、地形条件和爆破方式等有关。对振动安全要求易于满足或缺乏现场资料的爆炸工程，可参照表8.5的经验值。

K、a取值 　　　　　　　　　　　表 8.5

爆炸方式 爆区地质	爆炸挤淤		爆炸夯实	
	K	a	K	a
天然岩石地基	400	1.35	280	1.51
抛填强夯地基	500	1.43	530	1.82
抛填石料地基	450	1.65	550	1.85

8.6 在水深小于 30m 水域进行水下爆炸,水中冲击波的安全距离确定应符合下列规定。

8.6.1 水中冲击波对人员的安全距离按表 8.6.1 取用。

水中冲击波对人员的安全距离 R_H 表 8.6.1

爆破方式及人员状况	$Q(kg)$ $R_H(m)$	≤50	50<Q≤200	200<Q≤1000
爆炸挤淤	游泳	500	700	1100
	潜水	600	900	1400
爆炸夯实	游泳	900	1400	2000
	潜水	1200	1800	2600

8.6.2 水中冲击波对航行船舶的安全距离:位于爆炸源上游时为 1000m,位于下游或在沿海、湖泊区时为 1500m。

8.6.3 水中冲击波对施工船舶的安全距离按表 8.6.3 取用。

水中冲击波对施工船舶的安全距离 R_H 表 8.6.3

爆破方式及船舶状况	$Q(kg)$ $R_H(m)$	≤50	50<Q≤200	200<Q≤1000
爆炸挤淤	木船	100	150	250
	铁船	70	100	150
爆炸夯实	木船	200	300	500
	铁船	100	150	250

8.6.4 一次同时起爆药量大于 1000kg 时,水中冲击波对人员和施工船舶的安全距离按式 8.6.4 计算。

$$R_H = K_0 Q^{1/3} \tag{8.6.4}$$

式中　K_0——爆炸水中冲击波计算系数,按表 8.6.4 选用。

K_0 取值   表 8.6.4

爆破方式	保护对象 K_0	人　员		施 工 船 舶	
		游泳	潜水	木船	铁船
爆炸挤淤		130	160	25	15
爆炸夯实		250	320	50	25

9. 环 保 措 施

9.1 成立对应的施工环境卫生管理机构,在工程施工过程中严格遵守国家和地方政府下发的有关环境保护的法律、法规和规章,加强对施工燃油、工程材料、设备、废水、生产生活垃圾、弃渣的控制和治理,遵守有防火及废弃物处理的规章制度,随时接受相关单位的监督检查。

9.2 将施工场和作业限制在工程建设允许的范围内,合理布置、规范围挡,做到标牌清楚、齐全,各种标识醒目,施工场地整洁文明。

9.3 对施工中可能影响到的各种公共设施制定可靠的防止损坏和移位的实施措施,加强实施中的监测、应对和验证。同时将相关方案和要求向全体施工人员详细交底。

10. 效益分析

10.1 降低工程成本，提高工效，缩短工期，有较好的经济效益。"包芯"断面与实芯断面比较，断面方量减少，节省投资一般在 10％以上。不同的工程有不同的"包芯"断面，因此所节省抛石量的百分比及降低工程造价百分比也会不同。

10.2 由国家环境监测部门专门对爆炸物产物对水质的影响进行检测和分析，并作出鉴定意见。工程实践结果表明，炸药产物对水质影响较小，不会造成污染问题，环境效益明显。

10.3 对传统的爆炸挤淤法开创性改革，该工法促进软基处理技术进步，社会效益和经济效益显著。

11. 应 用 实 例

11.1 珠海市九洲港三期扩建护岸工程

11.1.1 工程概况

珠海九洲港三期扩建护岸工程位于九洲港客运码头西侧约 200m，全长 1046m，护岸由三段组成，南护岸直线段 766m，圆弧过渡段 84m，东护岸折线段 196m，该护岸远离原有海岸线，最近端距离岸边约 350m。该地区地质变化复杂，海底底面高程为 -3.0～-4.0m，软土层主要为河口相淤泥和滨海相淤泥两层，淤泥厚度为 5.5～15.0m，平均淤泥厚度为 9.77m。淤泥层底部是冲积粉质亚黏土层。堤顶宽度为 9.4m，高程为 0.5m，迎水面一侧坡度 1：1.5，内侧坡度为 1：1，设计采用"包芯"断面，断面形式见图 11.1.1，断面尺寸见表 11.1.1。

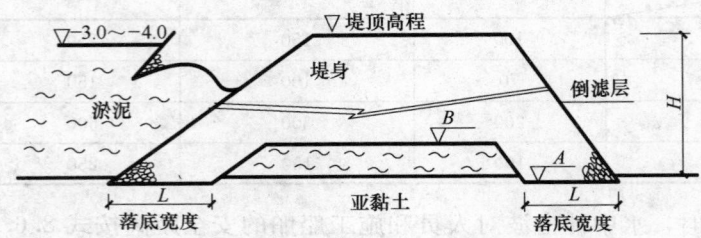

图 11.1.1 断面形式示意图

不同淤泥深度断面尺寸   表 11.1.1

断面结构	L(m)	标高 A(m)	标高 B(m)	H(m)	备 注
1-1	10	-10.0～-11.5	-8.6	10.0～11.5	
2-2	10	-11.5～-13.0	-9.5	11.5～13.0	
3-3	9	-13.0～-14.5	-10.2	13.0～14.5	
4-4	9	-14.5～-16.0	-10.5	14.5～16.0	
5-5	8	-16.0～-17.5	-11.0	16.0～17.5	
6-6	8	17.5 以下	-11.0	大于 17.5	

11.1.2 施工情况

1. 在堤中心部位用挖泥船挖一条底宽为 26m 的抛石基槽，护岸中心线外侧 16m，内侧 10m。基底高程为 -5.0～-5.5m，两侧坡度为 1：2.5。

2. 在抛石基槽内进行分层水下抛石，然后在抛石顶面进行分层爆炸处理，每层抛石厚度控制在 3.0m 左右的范围，每层爆夯 4～5 遍，布药网度为 3.0m×3.0m，单个药重为 15～25kg，爆炸水深一般不小于 2.5m，抛石层数根据不同淤泥层厚度而定。

3. 堤中心经爆炸处理至设计高程后，再补抛石，使抛石顶宽达到 22m（堤中心线外侧 14m、内侧

8m)，高程大于+1.5m，然后在堤的内外侧分别进行1～2次循环的爆炸排淤填石处理。

4. 为使堤的密度和两侧坡度达到设计要求，再在两侧侧面分别进行二次斜面爆夯处理，布孔网度为3.0m×2.5m（垂直投影面），用药量为2.0～2.5kg/m²。

11.1.3 检测方法和结果

1. 工程施工中采用沉降板法和石面高程检测法同时运用，较好地控制了基础堤身部分的抛石体，底高程与竣工验收时采用的钻孔抽芯法相比准确率达96%。

2. 用方量统计法来粗略控制两侧抛石落至持力层的情况，在施工中适当调整爆炸参数，使爆炸处理达最佳设计效果。竣工验收检测结果表明，基本形成了设计两侧坡脚落底宽度。

3. 竣工验收采用横断面钻孔抽芯法和物探技术检测相结合。其结果表明较理想地达到设计"包芯"断面的要求。

11.1.4 工程监测及结果分析

施工结束后经过工后三年的测量观测累计，沉降量平均为3.2cm，沉降量主要在前6个月，而水平位移平均为1.8cm，主要发生在前3个月内。对"包芯"断面海堤从观测、钻探、物探结果分析，海堤基础整体良好，工程实践表明"包芯"断面海堤是符合设计要求的。

珠海市九洲港三期扩建护岸工程采用"包芯"断面取代实芯断面，减少抛石量近10万方，约占实芯海堤石方量29.6%，直接节省工程投资约700万元，降低工程造价18%。

11.2 珠海市湾仔海堤三期护岸工程

11.2.1 工程概况

珠海市湾仔海堤三期护岸工程起点为湾仔海堤二期护岸工程终点（坐标为X-992629.573，Y-397785.743），终点为湾仔的大马骝洲原护岸（坐标为X-991370.986，Y-396632.922），全线总长为1808.7m。设计要求护岸堤顶宽度5.58m，基础坡度内侧为1:1.25，外侧为1:1.5。护岸共由南端直线段、中间圆弧段、北端直线段三段组成。其中南端直线段714.5m，中间圆弧段670.2m，北端直线段433m。淤泥层为河口相淤泥和滨海相淤泥，淤泥层厚度11.0～23.0m，平均厚度18.0m，为节省工程投资，在（K+100～K+808.7）段采用"包芯"断面海堤形式。

11.2.2 施工情况

该工程K+100～K+808.7段采用"包芯"断面海堤爆炸法处理软基，爆炸参数根据水深、地质等情况进行设计，施工分下列步骤进行：

第一步：用超前爆炸排淤填石法，使堤芯抛石一次落至设计高程。

第二步：在第一步的基础上补抛内外侧石头，进行两次循环的内外侧爆填处理，使基床落底宽度达到设计断面要求。

第三步：两侧辅以泥下斜面爆夯，抛石基础整体性好，最后理坡形成设计"包芯"断面。

11.2.3 检测方法和结果

施工过程中采用体积平衡法和探测法检测处理效果，竣工后采用物探法，均表明抛石已落至设计高程。由于采用爆炸法处理，其爆炸振动足以使松散石体密实，石料质量经检测合格。顶面标高误差小于允许偏差，坡度不小于设计规定。

11.2.4 工程监测及结果分析

施工结束后经过工后19个月的测量观测累计，沉降量平均为2.1cm，沉降量主要在前6个月，而水平位移平均为0.9cm，主要发生在前3个月内。对"包芯"断面海堤从瑞雷波检测、地质雷达检测分析，海堤基础整体良好，工程实践表明："包芯"断面海堤的施工断面是符合设计要求的。

珠海市湾仔第三期护岸工程采用"包芯"断面取代实芯断面，减少抛石约29万方，约占实芯海堤石方量27.8%，缩短工期22%，直接节省工程投资约2000万元，占工程总造价的21.4%。

海底管道水下维修施工工法

GJEJGF210—2008

海洋石油工程股份有限公司

潘东民　马洪新　奉虎　张海波　杨泳

1. 前　　言

海底管道作为海上油气田开发、生产与产品外输的主要生产设施，被喻为海上油气生产系统的"生命线"。由于管道受外力和其内部介质腐蚀等多种因素影响，海底管道的损坏形式是多种多样，针对不同的损坏形式和作业环境，所采取的修复技术也不相同。在2002年涠洲油田海底管道修复工程和惠州油田海底管道修复工程中采用了更换管段永久修复方案，成功完成原油管道修复。

在水下将破损管段切除，通过安装机械连接器在管道两端形成法兰面，将预制好的更换管段通过法兰水下对接。该工法适用于海底管道平管段和立管段的更换修复，不受作业水深影响，是快速实现海底管道修复的成熟技术。

2. 工 法 特 点

2.1　适用于各种作业水深要求

适用于各种水深环境下的海底管道修复，在水深小于60m海域借助于常规空气潜水进行水下修复作业，对于水深处于60m至300m海域可以借助于饱和潜水完成修复。2002年涠洲油田海底管道修复工程作业水深45m，采用常规空气潜水完成工程作业。在惠州海底管道抢修项目中应用，利用饱和潜水作业完成120m水深环境下的双层保温海底管道修复。

2.2　机械密封，无需焊接

机械连接器与管道密封为机械密封，无需焊接，解决了水下焊接质量低和作业难度大的难题，避免动用大型船舶进行起管焊接。

2.3　修复时间短且费用低

更换修复所涉及的机械连接器和法兰等修复备件属于成型产品，质量可靠，且方便水下安装，能够在较短的时间内完成水下更换，节约大量海上施工船天和施工费用。

3. 适 用 范 围

该工法适用于各种管径、不同输送介质和各种水深环境下的的海底管道修复，可以快速应对管道穿孔、裂缝及断裂等损坏形式。

◆ 作业水深范围：0～300m（覆盖中国目前全部管道）
◆ 作业管径范围：4″～60″（覆盖中国目前全部管道）
◆ 修复管道形式：单层管道/双层保温管道/单重保温配重管道/子母管等

4. 漏 点 确 定

海底管道的漏点查找采用了地质地貌调查和水下检测相结合的方法。通过DGPS对管道的精确定位，利用旁扫声呐沿管道走向进行扫描，发现管道的裸露段或可疑点后，再由潜水员或 ROV 进行详细检测，确定外管漏点位置。为了确定内管漏点，采取了以下方法：

——通过分别在 WZ12-1 和 WZ11-4A 两个平台注水或充气检测内管的泄漏点

——通过分段试压确定除两个泄漏点以外的管道的完整性

图 4 为漏点查找程序图。

4.1　水下冷切割

由于双重管的环形空间充满原油，为保证施工的安全性，采用了水下冷切割和电氧切割相结合的技术。在两泄漏点左右各延伸一根管（12m），由此焊缝向外再分别延长 6.5m 和 1.5m 后（图 4.1），对海管外管环向切割，使用冷切割爬管机，切口平整、安全、可靠；然后对海管纵向进行防腐涂层剥离，在国内首次利用电氧切割在水深 42m 对海管进行纵向切割，并取得了预定效果。

4.2　分段试压

利用分段试压代替内检和检漏，在更换管段修复方案下，既是一种检测方法，也同样达到了检漏的目的，同时又节约了时间和费用。

内管切除比外管相对容易，一是管径小，二是不需要纵向切割，只要切口平整，连接管段表面光滑，并留有安装机械连接器的空间就可满足要求。随后把损坏段吊到作业船甲板。先后分别从 WZ12-1 和 WZ11-4A 平台向海管内管注水、打压，由潜水员在水下录相和观察，结果表明内管的泄漏点都出现在两个外管切割点 56m 范围之内。这种检漏虽然确定了位置，但由于压力低，无法证实除两个漏点之外的管道是否能够满足生产压力的需要，因此又对两漏点以外的管道进行了压力试验，其主要内容有以下几点：

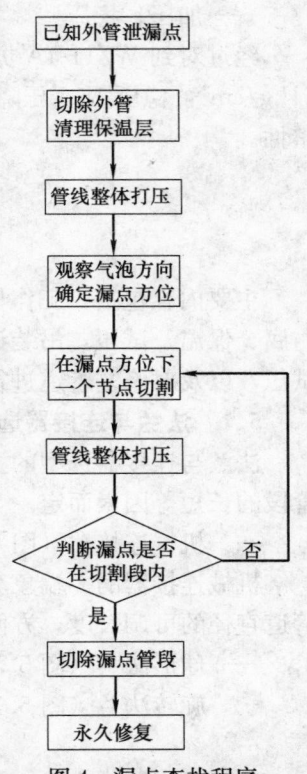

图 4　漏点查找程序

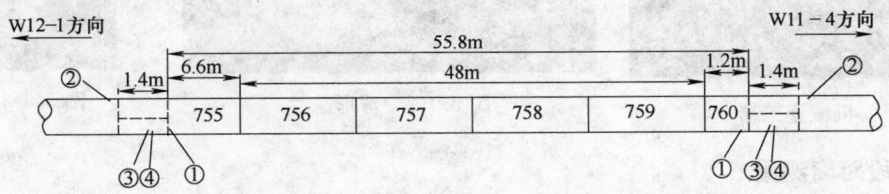

注：①②③④为外管切割位置；
①②切割口用水下冷切割法切割；③④切割口用水下电氧切割法切割。

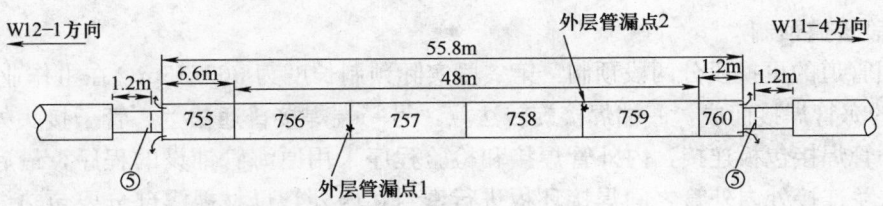

注：⑤为内管切割位置，且采用水下冷切割法

图 4.1　海底管道水下冷切

——切除内管

——安装机械连接器（带试压盲板）

——连接试压管道

——加压、稳压

经过对到 WZ11-4A 方向 17.9km 和到 WZ12-1 方向 9.2km 的海管分别打压试验，试验压力均为 71kg/cm²，稳压 1h，压降为零，从而进一步证实了以上检漏的可靠性，也证实了漏点两端管道的完整性。

5. 施工操作要点

主要内容包括：工作母船，法兰和连接器的选择，测量替换段的距离，甲板替换段的预制，检验、防腐、保温、试压，吊装计算，施工机具，水下对接和安装，法兰和连接器的自密封试验，管道整体试压，以及对修复管道进行回填保护。

5.1 法兰与连接器选型

法兰与连接器选型的主要依据是：油气管道的压力等级、壁厚、管道的寿命年限、材质以及替换管段的长短等因素而定。

——机械连接器（图 5.1-1）

机械连接器的一端象套袖一样套入海底管道的内管上，内部采用金属密封，并有长度相当于一倍管道直径的可调长度，方便与另一端的法兰对接。

——球形法兰（图 5.1-2）

——旋转法兰（图 5.1-3）

  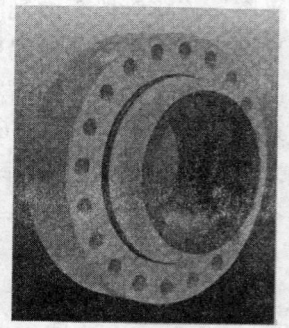

图 5.1-1　机械连接器　　　　　图 5.1-2　球形法兰　　　　　图 5.1-3　旋转法兰

5.2 替换段距离测量

替换段距离的测量精度对水下法兰连接是至关重要的。它的长度如果大于实际距离将无法进行连接，相反它的长度短于允许的长度同样也无法水下连接。考虑到水下切割后管道既未位移也未发生变形，采取了在甲板上对回收的损坏管段进行实际长度的测量，并考虑到法兰的厚度，确定其长度为 56.2m。

5.3 替换段管道预制

56.2m 破损管道的更换段分两段预制：第一段实际预制长度为 36.745m，在主作业船 BH109 甲板把 3 根 12m 长的海管焊接而成，一端焊接旋转法兰，另一端焊接普通法兰，管子接头处内外管之间填充保温材料，外管焊接包板连接，内外管焊接和检验程序采用原海管铺设的程序，最后包板用热缩带防腐。管头与法兰连接处内外管之间焊接环板进行密封，内外管母材裸露部分要包热缩带防腐；第二段作为调整段，预先焊接两根管长 24m，具体长度由潜水员下水测量后确定，一端焊接球法兰。海底管道两头切割处分别焊接环板密封后安装水下机械连接器。替换管段预制如图 5.3。

5.4 水下安装机械连接器

海管两端都要用机械连接器，首先将海管两端进行打磨处理，并进行直度和椭圆度测量，满足要求后，将水下机械连接器用专用索具拴好后，用工程船 BH109 吊机起吊下水，由潜水员在水下按照在

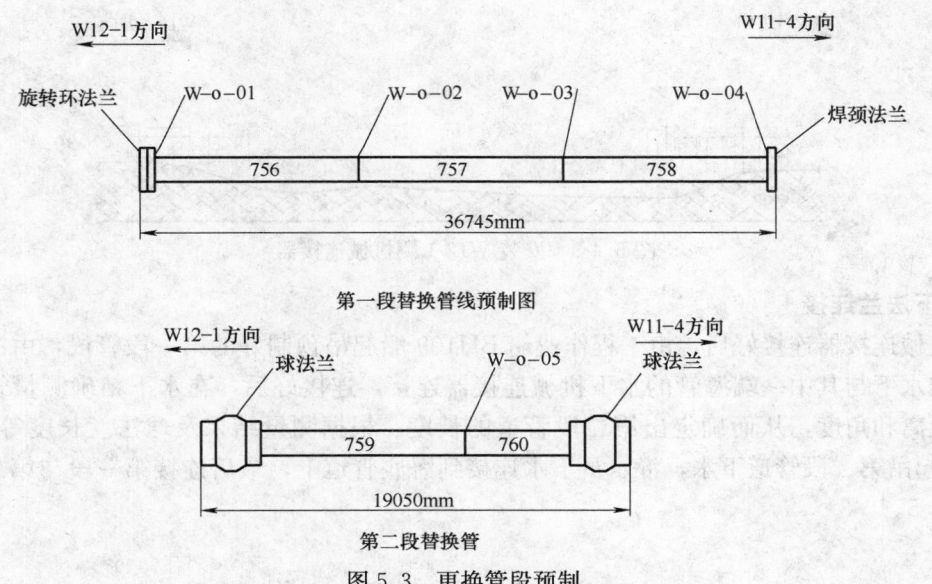

第一段替换管线预制图

第二段替换管

图 5.3 更换管段预制

甲板上的安装培训步骤和要求首先完成 W11-4A 侧管端机械连接器安装，如图 5.4-1。然后再完成 W12-1 侧管端机械连接器的安装，如图 5.4-2 和图 5.4-3。为防止现场海况恶劣，船舶摇摆，起吊作业不稳，备用了 1000kg 的水下气袋协助安装。

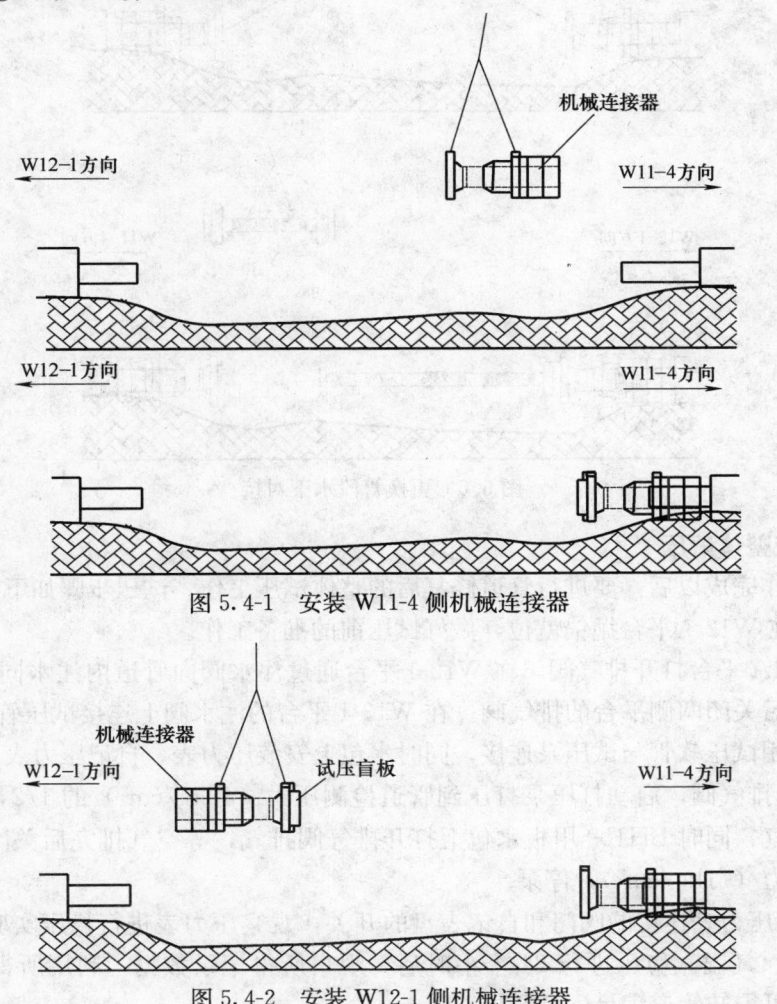

图 5.4-1 安装 W11-4 侧机械连接器

图 5.4-2 安装 W12-1 侧机械连接器

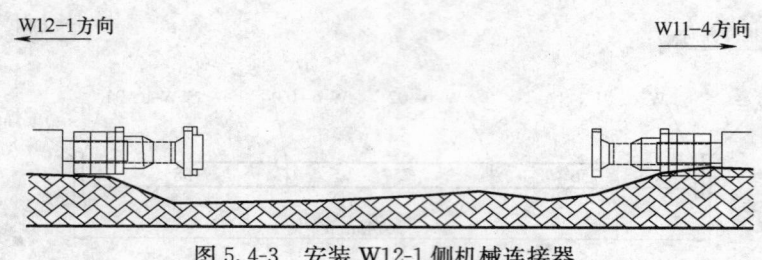

图 5.4-3　安装 W12-1 侧机械连接器

5.5　水下法兰连接

在水下机械连接器连接好后，由工程作业船 BH109 船起吊预制好的第一段管段，由潜水员将旋转环法兰一端在水下与其中一端海管的水下机械连接器连接，连接好后，在水下精确测量管道另一端与海管之间的距离和角度，从而确定出第二段管道的长度。根据测量结果及球法兰长度等预制调整段，由 BH109 船起吊第二段管道下水，潜水员下水连接到海底管道上，最后连接第一段与第二段管道，连接过程如图 5.5。

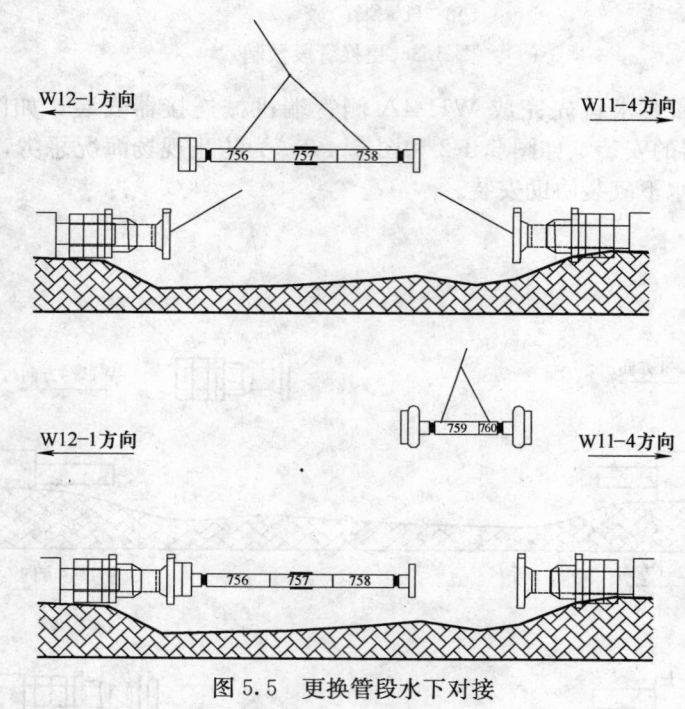

图 5.5　更换管段水下对接

5.6　海底管道整体试压

在管道修复工作完成以后，要进行管道修复后的整体试压工作。试压步骤如下：

1）BH109 船在 W12-1 平台抛锚就位，做好试压前的准备工作。

2）通知 W11-4A 平台打开排气阀，在 W12-1 平台通过注水阀向管道内注水同时打开排气阀排气，等管道内的水注满后关闭两侧平台的排气阀，在 W12-1 平台的注水阀上连接试压管道到 BH109 甲板的试压水包上，水包用试压软管与试压泵连接，同时水包上安装压力表、自记压力表、排气阀。

3）关闭水包上排气阀，启动打压泵打压到管道检测压力（40kg/cm²）的 1/2，停泵，通知 W12-1 平台打开排气阀排气，同时 BH109 甲板水包上打开排气阀排气，等空气排完后关闭所有排气阀，开泵继续打压到检测压力（71kg/cm²），停泵。

4）打开与自记压力表连接的阀门和自记表盘的开关，观察压力表进行稳压实验，并且每间隔半小时记录压力、水温、气温。稳压进行 24 个小时后，观察所得记录数据，利用所得参数（压差、水温差、气温差）计算可得知管道满足生产要求。

5.7 海管悬空处理及掩埋

海管整体试压合格后，BH109 在修复点抛锚就位，对 60 多米范围内的海管海床进行水下填放砂袋，将所有悬空部位填平，并用砂袋将海管进行适当的埋设，然后进行检查和水下录相，如图 5.7。

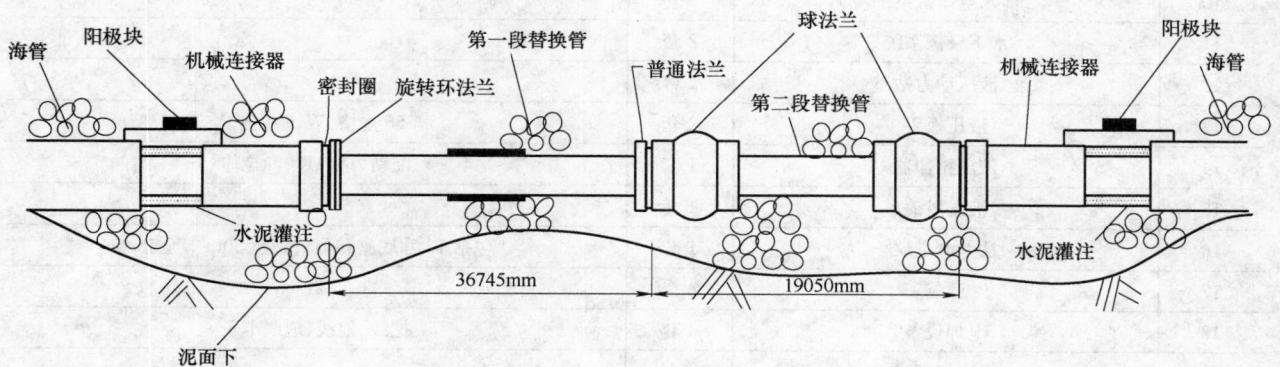

图 5.7 悬空处理及掩埋

5.8 劳动组织

人力投入   表 5.8

序号	岗位	人数	序号	岗位	人数
1	项目经理	1	11	铆工	2
2	技术总监	1	12	管工	2
3	项目工程师	2	13	辅助工	4
4	安全监督	2	14	电工	1
5	技术工程师	3	15	架子工	2
6	潜水监督	2	16	检验人员	1
7	潜水员	21	17	定位人员	3
8	机工	3	18	试压人员	6
9	潜水医生	3	19	发电机操作	2
10	焊工	4	20	挖沟机操作	6

合计:71 人

6. 设备与材料

主要设备和材料见表 6。

主要设备和材料   表 6

序号	设 备 名 称	数量	备 注
1	BH109	1艘	海上施工主作业船
2	拖轮	1艘	拖航、抛锚、现场值班
3	交通船	1艘	海上交通
4	挖沟机	1套	
5	发电机组	1套	1200kW(440V/60Hz)
6	吸泥设备	1套	
7	水下冷切割设备	2套	爬管切割机、闸刀据、液压动力站、管线、刀片
8	水下电氧切割设备	1套	

续表

序号	设备名称	数量	备　注
9	潜水管供装备	3套	
10	潜水空压机系统	2套	
11	水下录像系统	2套	
12	液压动力站	2台	
13	液压扳手	2套	55规格（W16小方）
14	液压拉伸器	1套	配动力源，100%拉伸
15	液压风镐	1套	
16	法兰测量仪	1套	包括12寸底座和测量钢丝50m等全套
17	浮袋	4个	2t
18	电焊设备	4套	把线、地线、地线卡子
19	磁力切割机	1台	
20	甲板冷切割设备	2台	气动坡口机
21	12″管塞	8个	
22	对口器	1个	12寸
23	NDT检验设备	1套	由检验程序决定
24	DGPS定位系统	3套	
25	试压设备	1套	试压泵有备用
26	清管、干燥设备	1套	
27	机械连接器	2个	
28	球形法兰	1个	
29	旋转法兰	1个	

7. 质 量 控 制

7.1 海底管道系统规范　SY/T 10037—2002

7.2 Rules for submarine pipeline system　DNV 2000

7.3 Pipeline transportation system for liquid hydrocarbons and other liquids ASME B31.4

7.4 Standard for welding pipelines and related facilities　API STD 1104

7.5 Specification for pipeline　API SEC 5L

8. 安全环保措施

8.1 防止污染

海底管道事故发生和修复过程中要把防止污染作为首要问题考虑，可采取以下措施来满足水下切割更换时污染防治：

1. 如海底管道损伤较小，能够采用临时封堵进行修复，则系统管断停产后首先进行临时封堵，而后进行生产置换和清洗。

2. 如果已经断裂或临时封堵不可行，则发生事故时进行紧急关断，利用平台和终端泵系统分别进行反输，利用海水倒灌进行油气封堵。

3. 管道切割后利用管塞进行机械封堵，避免残留油气外溢。

4. 施工作业前制定防油污应急程序，保障应急人员和物资到位。施工过程中，特别是在管道切割作业过程中要安排溢油防治人员和船舶在现场守护，预先做好围油栏布控，避免由于残留油气污染环境。

8.2 严格执行潜水作业程序，保障潜水作业安全。

8.3 建立行之有效的现场指挥机构，协调船舶、潜水和油田现场的作业安全。

8.4 制定船舶应急计划，做好日常演习，防控火灾、人员落水和其他伤害事故。

8.5 制定避台和恶劣天气下的船舶安全保障措施。在工程施工作业现场的专职气象预报员（根据工程情况的需要加派），要按时提供气象预报。对于特殊天气过程、特殊情况要及时预报。

8.6 建立畅通的通信联络，任何事故都必须及时报告项目经理，并经由项目经理报告分公司；在事故发生的 12h 内口头报告陆地母公司，24h 内完成详细书面报告。

9. 效 益 分 析

海底管道一旦发生泄漏事故，将不可避免地造成环境污染和经济损失，还有可能关联引发政治影响和社会影响。2001 年东海平湖原油管道发生断裂，造成管道停产 2 个月，给企业和国家带来不可估量的损失。2002 年和 2007 年涠洲油田海底管道两次出现损伤，造成油田停产。2007 年 11 月海南省东方市东方 1-1 管道事故，造成海底天然气管道供气中断，严重影响下游化肥厂、玻璃厂和居民用气，海南省经济也因此受到严重影响。2008 年 1 月渤西管道事故，造成天津市居民春节用气紧张。目前中国海域的海底管线总长 4011km，最初海底管道的修复都是由国外工程公司完成，费用昂贵，且人员设备动员时间长，维修周期长。本工法可以快速有效的修复受损海管，减少了管道事故带来了的油气产量损失，也减少了环境的污染，经济效益及社会效益明显。

2002 年 12 月，海洋石油工程股份有限公司对涠洲 11-4A 至涠洲 12-1 油田海底双层输油管道成功实施了机械式永久性修复工作，该项目海上作业历时 37d，比预计工期提前 10d 完工，节约了大量船舶费用，同时油田提前恢复生产创造了良好经济效益。如果采用起管焊接修复方案，则施工工期和施工费用增加较多，对比如表 9：

经济效益分析表 表 9

序号	施工项目	节约费用	说　明
1	施工船舶	11900000 元	①节约工期 10d，施工船队日租金为 250000 元/d，250000 元/d×10d＝2500000 元 ②水下机械连接器方案不受水深限制，而起管方案则需要动用大型铺管船，日节约租金 200000 元/d，200000 元/d×47d＝9400000 元
2	挖沟费用	240000 元	起管焊接方法需要动用大型挖沟机对 300m 范围内海底管道进行开挖，而水下机械连接器仅需利用高压消防水在小范围内进行作业面开挖。大型挖沟机日租金 30000 元/d，节约 30000 元/d×8d＝240000 元
3	潜水作业设备费	145000 元	潜水作业日租金为 14500 元/d，14500 元/d×10d＝145000 元
4	定位导航设备费	350000 元	定位导航日租金为 35000 元/d，35000 元/d×10d＝350000 元
5	施工人员费用	355000 元	施工作业人员人均 500 元/d，500 元/d/人×10d×71 人＝355000 元
6	油田产量损失	36310000 元	提前恢复生产创造经济效益：1.25 万桶/d×10d×35 美元/桶＝437.5 万美元，折 3631 万元

通过表 9 对比，采用水下机械连接器方案节约了大量工期，且避免了动用大型铺管船，直接节约费用 1299 万元。油田提前恢复生产创造效益 3631 万元。

10. 应 用 实 例

10.1 涠洲 12-1 至涠洲 11-4 输油管道修复

W11-4～W12-1 油田位于中国南海北部湾海域，海管总长 27.1km，2002 年 10 月，W11-4～W12-1 输油管线发生泄漏，造成该管线停产。海洋石油工程股份有限公司对该管线进行泄漏点检测和管线破损修复。漏点锁定在了距 W12-1 平台约 9.2km 的 56.2m 范围内，按照本工法对破损的 56.2m 海管进行了水下切割，并将破损段管线打捞出水后，在 W11-4 和 W12-1 两侧分别安装水下机械连接器，分段试压，确定再无其他漏点后，将在甲板上预制好的两段海管进行水下连接。整个修复工程共切除破损管段 56.2m，更换新管线 4 根，总长 54.6m，安装机械连接器 2 个，球形法兰 2 个，旋转环法兰 1 个，焊颈法兰 1 个。整个检漏和修复工程海上施工 37d，比施工计划提前 10d 完工。海管检测和修复工程的质量满足 DNV 规范和业主要求。

10.2 涠洲 11-4 至涠洲 10-3 输油管道修复

2007 年 1 月，WZ11-4 至 WZ10-3 平台间海底管线，发生泄漏。湛江分公司委托海洋石油工程股份有限公司进行 WZ11-4 至 WZ10-3 管线修复工作。利用本工法的漏点查找方案，确定两处内管漏点。第一内管漏点在 A-A1 管段 24m 范围内，第二处内管漏点处于 B3-B4 管段 30m 范围内。在 B4 点切断后利用 4 寸软管改线连接到 W10-3A 平台，利用平台原有废弃立管进行连接，而对 A-A1 段，则在甲板预制相应管段后进行水下法兰对接。根据本工法，采用机械连接器和更换管段完成受损管段修复工作。

10.3 惠州油田海底管道抢修

惠州油田海底输油管道出现故障，采用本工法对海底管道泄漏点进行修复，项目执行期间完成两处更换修复工作，顺利恢复管道生产。

自行车赛场倾角 13°～43°渐变赛道施工工法

GJEJGF211—2008

河南国安建设集团有限公司　河南省第五建筑安装工程（集团）有限公司

李岐山　季三荣　沈群章　李涯　张青松

1. 前　　言

自行车赛场赛道是由四个相互对称的曲面组合成平直段、缓和段、陡直段三段合一的环形近似马鞍形空间环状椭圆曲面体。整个赛道分为八段，段与段间设置 100mm 宽伸缩缝，每段又分成五块，每块宽度 6.60～8.00m，长度 12.30m，单块面积 81.18～98.40m²，块与块间设置 30mm 宽伸缩缝；其相互间各结构构件均以三维坐标定位，围绕着内缘线周长每隔 900～1000mm 分成一组，一组有上（外缘线）、中（计算线）、下（内缘线）三点坐标，全赛道共有 284 组 852 个点控制，坡度连续变化形成微倾平面。其功能要求面层：曲面成型精度高、自行车以 75km/h 速度骑行时无陡颠感，动摩阻系数大于 0.3（有特殊设计要求），周长 250m 计算线长度误差 $0 \leqslant$ 误差值 $\leqslant +12.5mm$，在温差影响下能抗收缩膨胀、无裂缝。目前，我国自行车室外赛道数量较少，能达到国际自行车联盟要求标准的场地更少，并且还没有相应的建设与验收标准。

在承建洛阳新区体育中心自行车赛场赛道水平倾角为 13°～43°、周长 250m 钢筋混凝土结构水泥石英砂面层工程中，针对工程的特殊工艺技术要求和国际自行车联盟比赛场地验收标准，在调研国内外其他同类工程的施工技术成果基础上，编制合理的施工方案和各工序的施工方法及验收标准，形成了国内较完整的、科学合理的钢筋混凝土自行车赛道主体结构、钢筋细石混凝土找平层、水泥石英（砂石）砂浆面层、赛道划线施工方法，施工的赛道经验收达到国际自行车联盟比赛场地验收标准，能满足国内外大型自行车场地赛的要求。同时取得了良好的经济效益和社会效益，并由此总结形成本工法。

该工法于 2008 年 1 月经河南省科学技术信息研究院技术查新结果显示：国内公开的各项施工工法中，未发现有涉及到钢筋混凝土主体结构、水泥石英砂浆面层、自行车赛场横向倾角 13°～43°渐变赛道施工工法。

本工法于 2008 年 3 月被河南省建设厅批准为河南省省级工法。

2. 工 法 特 点

2.1 根据工程结构曲面组成和总体质量要求，确定施工过程测量控制点位数量、实施测量放样的频数，通过实施现场施工监控，使工程各结构层成型在可控状态。

2.2 混凝土配合比、石英砂面层配合比配制通过运用双掺技术，使渐变曲面体结构混凝土浇筑成型、水泥石英砂浆面层作业工效加快、质量可靠；而且有效的解决单块超大面积混凝土板块因温差变化引起的胀、缩变形问题，满足了板面的特殊要求。

2.3 施工过程中将传统的施工方法与现代化管理手段相结合，不仅免除了繁杂的劳动程序和盲目作业性，也保证了工序质量的可靠性。

2.4 工序作业方法系统完整，为程序化流程作业，针对性较强，确保工程质量达到国际自行车比赛场地的标准。

3. 适 用 范 围

适用于主体结构为钢筋混凝土框架结构、面层为水泥石英（砂石）砂浆层的自行车赛场赛道工程。

复杂形状（仿古典建筑、异形建筑）模板的支设，大面积超薄（20mm）水泥石英砂浆面层、素混凝土地面面层施工等工程或工艺可以此作为参考。

4. 工 艺 原 理

现场建立施工平面控制网和施工高程控制网；基础施工完成后在地面上搭设钢管满堂架、设顶撑（兼作曲面底模支架）；运用三角函数定理计算及设计提供的结构区域控制点空间三维坐标值，在测控点上架设全站仪，按一组三点（内缘线点、计算线点、外缘线点）进行测设，以严格的工程测量为依据，将跑道的框架柱顶、梁板模板支设成小段折线；通过混凝土浇筑过程控制达到赛道主体结构表面初次平顺连接；利用钢筋细石混凝土找平层，进行再次找平和顺平渐变；摊铺、压实、洗、擦作业水泥石英（砂石）砂浆层，使面层达到精确渐变平顺、动摩阻系数满足要求值。

5. 施工工艺流程及操作要点

5.1 施工工艺流程（图 5.1）

5.2 操作要点

渐变赛道剖面示意见图 5.2-1、图 5.2-2。

5.2.1 基础施工

1. 根据设计图编制施工方案，技术交底，组织人员进行（桩、承台）基础施工。

2. 施工顺序：

放线定位→常规的基础程序作业→基础验收。

3. 施工要点：

1）应先依据业主单位提供的现场定位坐标点和高程点，建立施工水平和高程控制网，设置永久控制 A、O_1、B、G、G_1、G_2 桩等如图 5.2.1-1。

2）放线定位：在 A、B 两点架设全站仪，分别以 B、A 为前视点，G、G_1 为侧视校正点（两次）将设计图中的桩基础（X、Y）坐标值，输入全站仪内，现场测量放样见图 5.2.1-2，确定（桩、承台）位中心，以中心为圆心，以桩身半径为半径画出桩位（或承台边缘尺寸），撒石灰线作为开挖尺寸线。

3）基础梁、承台施工时在 01 点架设全站仪，将设计图提供的跑道柱位 X、Y、Z 坐标输入全站仪内确定柱位，预插柱钢筋、固定柱筋、校正柱位，见图 5.2.1-3。

4. 基础验收：按一般常见的钢筋混凝土结构基础验收记录进行。

5.2.2 钢筋混凝土框架柱梁板模板、钢筋施工

1. 技术准备：编制施工方案，除按一般常见的钢筋混凝土框架结构要求外，应具体到针对结构特点提出商品混凝土配合比的委托要求；确定 1/4 区域中主要特征点在空间如何保证实现的措施；用计算机将柱筋顶端拐头、十字斜梁筋穿插接点画出详图。

2. 施工顺序：按一般钢筋混凝土框架结构进行。

3. 施工要点：符合一般钢筋混凝土框架柱梁板施工要求外还应做到：

1）复核柱位：在 01 点上架设全站仪，将设计图提供的柱位空间坐标中的 X、Y、Z 坐标值，利用三角函数定理换算成长度，进行复核柱位；利用 Z 坐标值确定柱高度。

2）柱筋放样制作：按照柱 Z（高程）座标值－保护层厚度＋连接方式调整值＝予插柱筋长度＝柱

直筋长度；在计算机上放出柱、梁钢筋相互交叉位置图，在地面上按 1:1 实际放样校核后，确定各柱筋拐头位置、长度，从而计算出柱筋总下料成型长度。

3）柱筋连接、绑扎：柱筋拐头、箍筋成型在（现场）钢筋加工车间按下料单进行制作。现场按实际放样的拐头方向、按设计要求（可采用套筒、电渣压力焊、气压焊多种形式）连接，柱箍筋绑扎按设计及技术交底要求进行作业。

4）梁板支撑架体搭设：

确定架体立杆位置：在 01 点上架设全站仪，以 A、B、G 点为基准点校正仪器；按照施工方案提出的区域架杆位置图，现场放出支撑架体立杆站立位置。

架体搭设：作业人员按现场放出的立杆站立位置点、高程、施工方案中架体搭设的各位置点（立杆）梁下、板下高度，选取架杆（立杆）长度，按交底图用 ϕ48 钢管作支撑架体，按圆弧径向布设梁底支撑架、板满堂架，两架相连搭设成满堂脚手架支撑体系。

5）梁底板架体高程控制及定位：施工员用水准仪对作业人员搭设的架体进行检查验收，按方案图中标定的各梁板底高程，现场定出各梁的水平位置，并在已搭设的钢管上（下返 500mm）标出各个折线面坐标模板底高程；梁板定位布置可参考图 5.2.2 进行铺小折线型板底模板。

6）钢筋施工

在混凝土地面上按设计图 1:1 放出环梁大样。

在钢筋加工房内设样台进行加工并分类编号。

按技术交底顺序绑扎主次梁钢筋、封堵梁侧模板。

在模板表面上弹线标识钢筋位置，绑扎板钢筋，并按要求设置钢筋保护层垫块。

7）混凝土样饼、带施工

架设激光全站仪，利用设计图上提供的 X、Y、Z 三维坐标确定跑道板各点位置及高程，按点位做 100mm×100mm 厚与板（所测高程）相同的混凝土饼；拉纵向线加密混凝土样饼，从梁边 100mm 开始，间距 800mm；

以样饼为基础做 80mm 宽横向混凝土带，间距 800mm。饼、带混凝土强度等级通常为 C30，施工养护 3d 后方可进行大面积浇筑混凝土施工。

5.2.3 斜陡坡段 C30 混凝土

1. 斜陡坡段 C30 混凝土的配制要求

将混凝土摊铺到 43°斜坡面上，不出现下滑；混凝土浆易振捣成型，在 43°斜坡面振捣液化出浆平整后不出现流淌；混凝土硬化后不能出现裂缝。

2. 配合比配制、运输（见工艺流程图 5.2.3）

3. 跑道结构层 C30 配合比

设计稠度：160mm，实测稠度：150mm。

4. 梁板混凝土施工

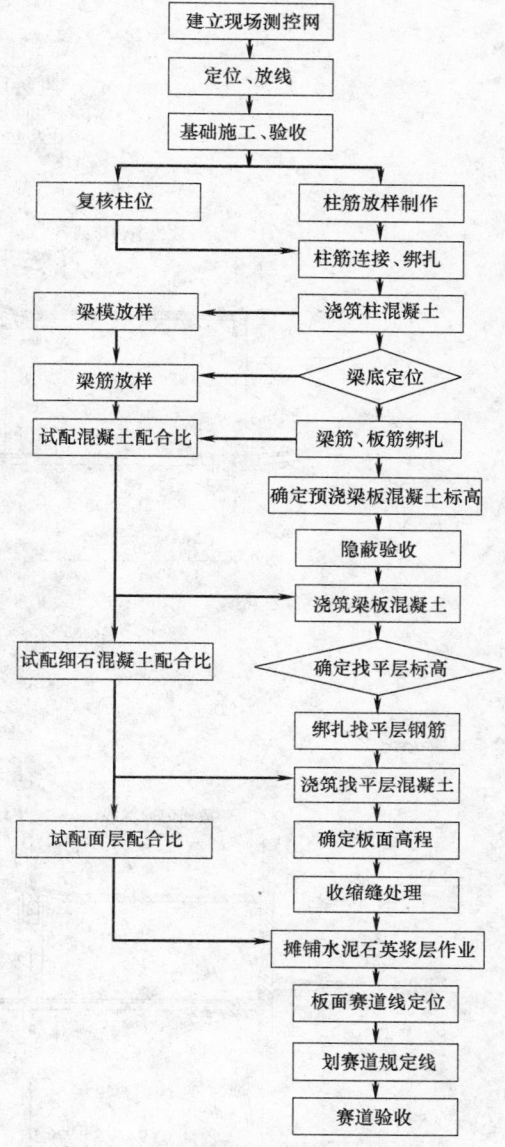

图 5.1　渐变赛道施工工艺流程

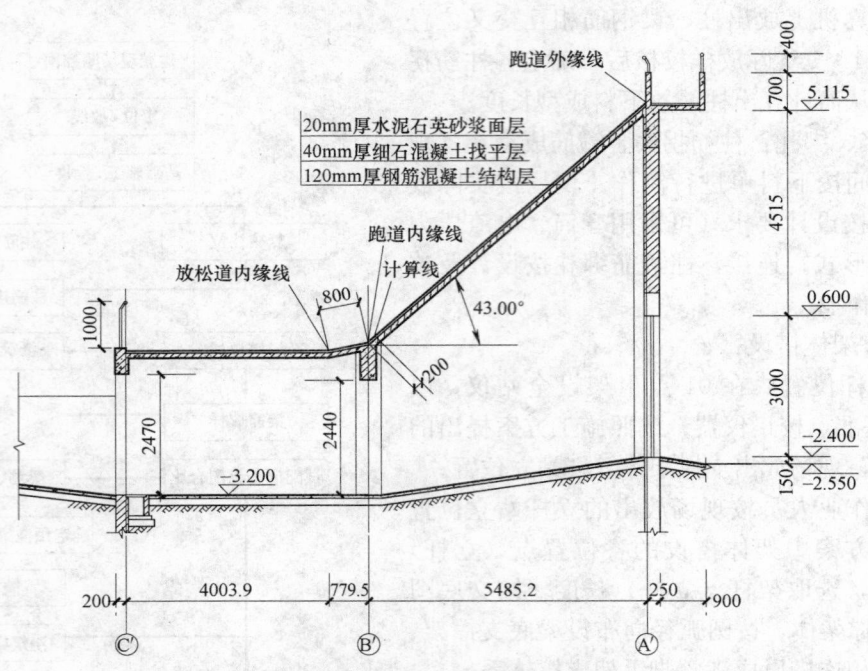

图 5.2-1　赛道 43°倾角剖面示意图

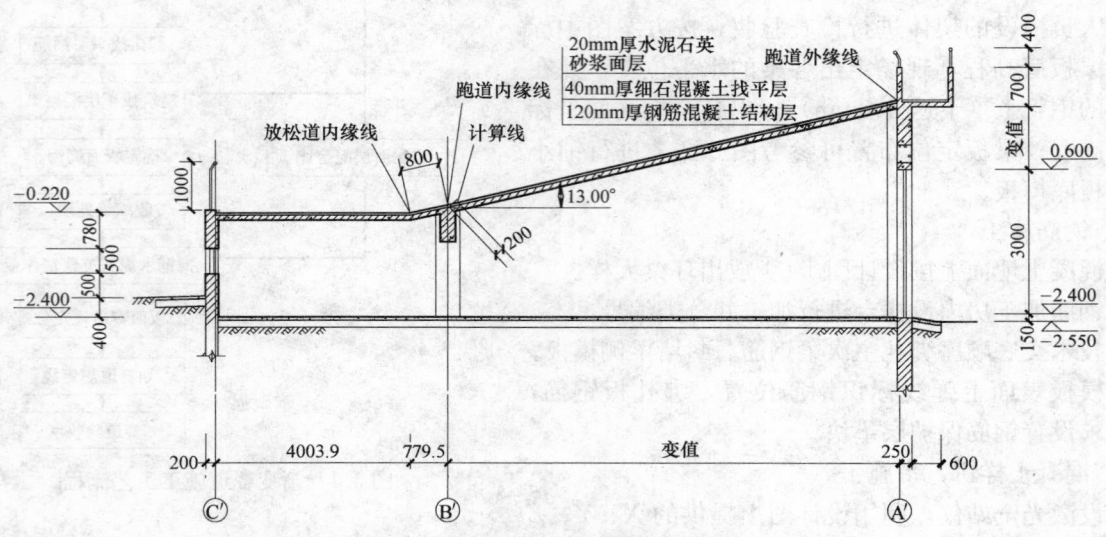

图 5.2-2　赛道 13°倾角剖面示意图

　　1）浇筑顺序：内圈环梁→放松道梁板→内缘线环梁→跑道纵框（次）梁（1/2）→跑道框（次）梁板→外缘线环梁→观察廊板；由一端伸缩缝柱处到另根框架伸缩缝柱止向高处横向、水平一次一跨推进浇筑。

　　2）浇筑作业施工组织：1人指挥放混凝土浆，1人现场监督混凝土放入量、混凝土振捣作业者的振捣方法、顺序、间隔时间，3人负责梁混凝土振捣，2人负责板面混凝土振捣，粉刷工3人负责板面及高程和板面平整控制。此外，还需安排5人进行铺板、移电机、拾浆、补浆等作业配合，木工2人看护模板。

　　3）浇筑过程控制同一般常见的钢筋混凝土斜坡梁板施工。

5.2.4　钢筋细石混凝土找平层

1. 作业顺序

在01点架设经纬仪→按设计位置在结构层上打点→定位（从内缘线开始）→弹线→在结构板上钻

孔（ϕ6 深 40mm）→用结构胶粘结固定 ϕ4 长 65mm（铁钉或钢筋）钉桩→架设激光全站仪→按设计标高在钉桩上标示→挂线→架设水准仪、做细石混凝土样饼（30×50，间距：800mm；做好后养护 3d）→粘伸缩缝木条→绑扎钢筋→隐蔽验收→搭设作业架平台→刷扫水泥素浆→人工倒浆（混凝土）→（浇筑）找平层混凝土作业。

2. 找平层混凝土 C20 配合比

设计稠度 140～160mm，实测稠度：160mm。

3. 操作要点

1）钢筋网片绑扎：钢筋就位后必须理顺调直，全数绑扎。为了防止钢筋在坡度上向下滑移和与结构层的连接，采用间隔打 ϕ4 孔定 ϕ4 钢筋的办法消除钢筋下滑。

2）找平层标高控制：架设全站仪，沿跑道方向（按设计提供的 1/4 区域跑道坐标表找平层厚度，计算出找平层上内、外缘线、计算线点坐标）找出跑道内缘线、计算线、外缘线点埋设特制螺栓，并定出垫层在螺栓上的标高（用 N3 水平仪校核在垫层螺栓上的标高）。再用 0.5mm 尼龙线在内缘线和外缘线的对应点上拉通线，纵向每隔

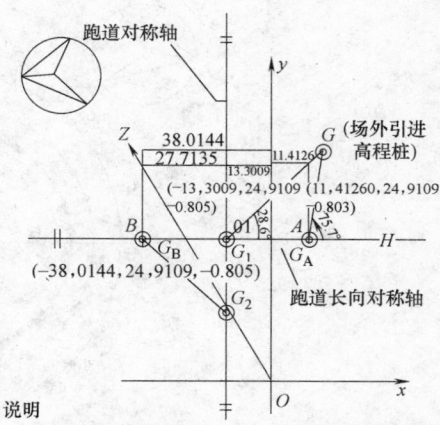

说明

1. G、G_1(01)、G_2、A、B 为洛阳市规划队引进的（海拔高程、西安坐标系）跑道内场和赛道定位坐标桩（赛场看台和其他定位桩本图未显示）。
2. 将高程、定位桩结合设计图建立 X、Y、Z 空间坐标系。
3. 将 G、G_1(01)、G_2、A、B 五个桩点作为永久桩进行固定设置观测钉，并做砌砖池设盖板进行保护。

图 5.2.1-1 自行车赛场（跑道部分）水平、高程（X、Y、Z）控制网

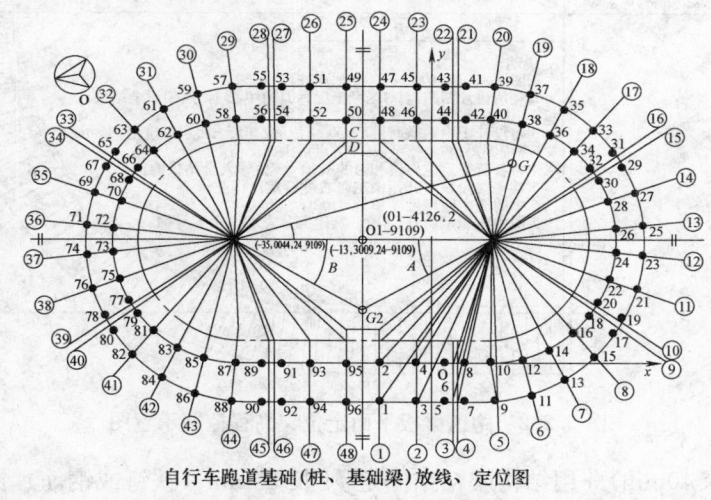

自行车跑道基础(桩、基础梁)放线、定位图

图 5.2.1-2 自行车赛场跑道基础放线、定位图

800mm 做 1 个坍饼，用以控制板面找平层标高。

3）由于现场条件限制，商品混凝土只能运到内场，现场要靠人工推运到安全道上，然后需要人工通过作业架垂直运送到摊铺现场。

4）在摊铺细石混凝土前扫刷 0.42：1 水灰比水泥素浆一道，边扫浆边铺混凝土。

5）铺设作业一次铺设宽度为 600mm 左右，摊浆由上向下（人站在下面作业平板上）进行，用铁锹辅助平整手提振动器振实、刮杆粗刮、填浆、细刮、剔除样饼点、抹细平压实，形成毛面面层。

6）混凝土终凝后，用黑塑料布（或毡布）覆盖保湿养护 14d。

5.2.5 水泥石英（砂石）砂浆面层

1. 基层层面处理

对跑道进行逐块检查，对空鼓处进行割缝、剔除、重新修补，并经验收合格。

2. 作业顺序

在 01 点架设激光全站仪→按设计 1/4 区域坐标表位置在基层上打点→定位（从内缘线开始）→弹线

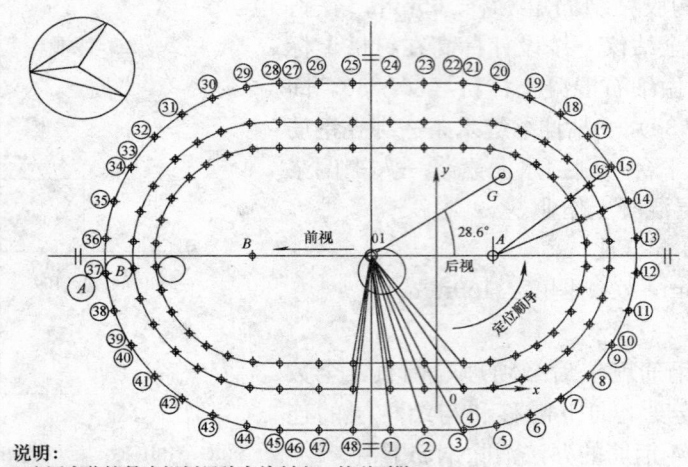

说明：
1. 本图定位桩是由规划局给定控制点，外引而做；
2. 仪器架设在01点，前视B点、测OB距离，转镜180°后视A点，测AO1距离，转镜203.8°，测O1G；角度误差2″，尺寸误差3mm；符号要求，开始作业；
3. 作业顺序：从A1点开始，B1、C1、C2、B2、A2，直至A48点结束。

图 5.2.1-3　自行车赛场跑道基础梁、框架柱定位图

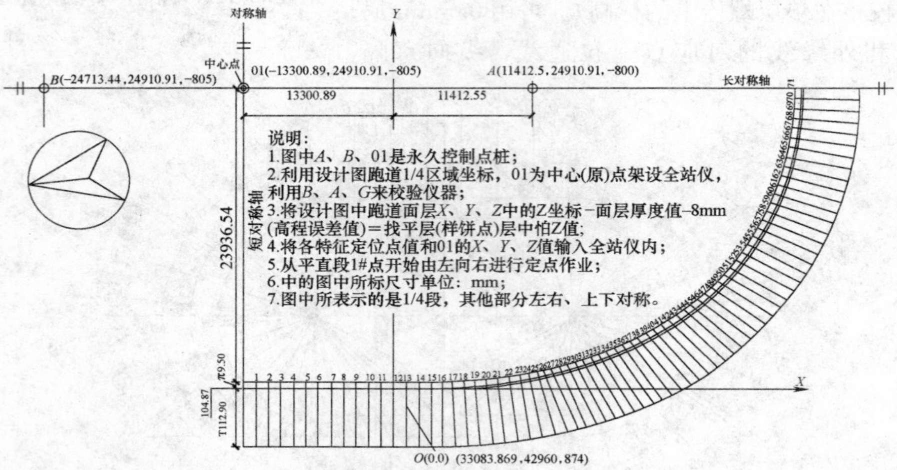

说明：
1. 图中A、B、01是永久控制点桩；
2. 利用设计图跑道1/4区域坐标，01为中心（原）点架设全站仪，利用B、A、G来校验仪器；
3. 将设计图中跑道面层X、Y、Z中的Z坐标－面层厚度值－8mm（高程误差值）＝找平层（样饼点）层中怕Z值；
4. 将各特征定位点值和01的X、Y、Z值输入全站仪内；
5. 从平直段1#点开始由左向右进行定点作业；
6. 中的图中所标尺寸单位：mm；
7. 图中所表示的是1/4段，其他部分左右、上下对称。

图 5.2.2　跑道梁板平面定位、高程控制示意图

→在基层上钻孔（φ6 深 40mm）→用结构胶粘结固定 φ4 长 35mm（铁钉或钢筋）钉桩、标示面层高程→架设水准仪→校核钉桩上标示→挂线→做（1：3.5）水泥石英砂浆样饼（30×50，间距：800mm）→修整伸缩缝→粘面层伸缩缝条→搭设作业架平台→拌制水泥石英砂石浆→扫素水泥浆→人工倒运浆（石英砂水泥浆）→面层摊铺→抹平→去石英砂浆样饼→压（实）面→擦浆→覆盖养护→起伸缩缝条、修整、注硅橡胶液→定线位点→划线顺序进行。

3. 作业准备

1）面层配合比的配制：

面层要求：根据设计和现场实际要求面层配合比：易操作、擦洗出的面层动摩阻系数达到设计要求，面层抗胀缩变形（当地四季温差引起）能力强，不产生龟裂。

水泥石英（砂石）砂浆层试配、拌制工艺流程见图 5.2.5。

2）水泥石英砂石浆面层配合比

减水剂可根据气候变化适当调整掺入量。

3）改制面层作业架板、购进作业工具（见附表）。

4）对跑道板面上 1800 个标高控制点进行全部复测，确定面层砂浆厚度，要求测量误差不超过

1mm。再用 0.5mm 尼龙线在内缘线和外缘线的对应点上拉通线，纵向每隔 800mm 做 1 个（用 25mm×25mm 瓷砖底粘水泥砂浆）坍饼，用以控制板面层标高。

5）对混凝土结构层、找平层伸缩缝边进行检查，发现损坏边沿的地方用 C20 细石混凝土内加 5%UEA（水泥重量）进行修补、养护，硅橡胶填缝。

6）在已填好的伸缩缝上利用水泥石英粉浆固定斜口（上宽 20mm、10mm，下窄 16mm、6mm）木条，木条通直无节疤（如有节疤用防水腻子粉进行补平打磨光，刷隔离剂）。

7）用钢丝刷对基层板面清理，去除浮浆、尘土；板面充分湿润（板面上不淌水，水湿润进混凝土找平层内 2mm 左右）。

4. 面层作业

1）作业顺序：先施工平直段（此段作为实验段），积累经验后分成两个作业小组，采取隔一做一跳跃式作业。

2）水泥石英砂石浆拌制

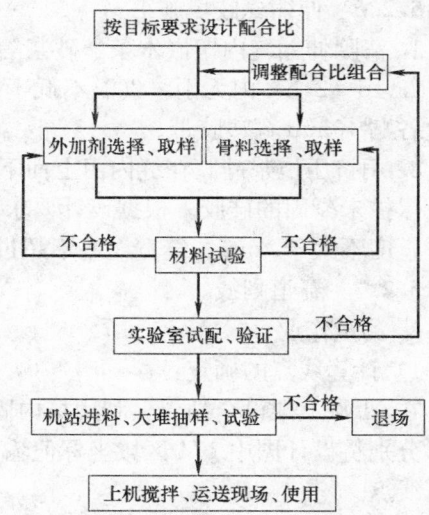

图 5.2.3 跑道结构层 C30 混凝土配制、运输工艺流程图

根据现场条件和拌制石英砂浆的特点，将两台小型 150L 砂浆搅拌机械放在内场，按试配选定的配合比现场拌制石英砂浆。

3）在基层上扫水泥素浆

小扫帚对基层上扫 1∶0.06∶0.44（水泥∶UEA∶水）水泥素浆（或内掺界面剂）一道，要求刮刷均匀，厚度不超过 2mm，与摊浆间隔时间不超过 20min。

4）摊浆作业

水泥浆刮刷后，随即均匀摊铺石英砂浆 1 层，横向一次摊铺宽度 0.6m 左右，厚度约 24mm，摊浆由上向下（人站在作业平板上）进行。先用铁锹辅助平整，手提振动器振实、刮杆粗刮、填浆、细刮、木抹细平压实、剔除样饼点、补样饼点浆、刮尺刮平，再用铁抹拍压密实和木抹子搓平，最后用 4200mm 长铝合金刮尺沿跑道方向反复理顺刮平，形成平顺的曲面。初凝前铁抹收面（检查此幅有无坑凹、相互平顺效果，进行补正）。石英砂浆面层初凝后、终凝前用铁抹子认真压实抹光 3 遍。

在伸缩缝两侧 1000mm 范围内必须保证面层厚度不低于 20mm，伸缩缝两侧石英砂浆摊铺厚度以高出木条 4mm 为准，做到刷浆、擦浆后两侧高度一致。

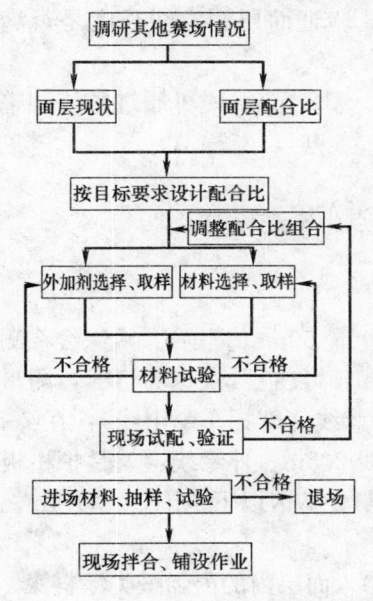

图 5.2.5 水泥石英砂浆面层配合比配制工艺流程图

5）擦浆

当跑道面层砂浆接近终凝（现场手指感稍用力面层上留指印）时，一面用排鬃沾水刷横向刷洗，一面用滚筒刷横向干滚砂浆面层，沾带面层水泥浆，视滚筒粘浆，一面用清水轻轻洗涮滚刷、摔净滚刷上水珠，二次横向水平推滚砂浆面层，重复上述动作。注意手法要轻，用力要匀，直到表面砂粒半露明。擦浆效果：手抚面层有石英砂感，眼观可显均匀石英砂粒，达到和试做的样板一致要求。

6）养护

面层砂浆终凝后（视作业期间气候条件确定，按春、秋季节施工下午 13∶00 结束，气温在 20℃时）40min，用农用肩背喷雾器对其表面喷雾化水（不能形成水流），间隔时间视气温情况而定；2h 后铺湿毡布并覆盖黑色塑料薄膜，由专人保湿养护 21d。

5.2.6　伸缩缝嵌填施工

1. 清除伸缩缝内镶嵌木条、砂浆等杂物，用高压水冲洗、晾干 2d。

2. 1d（24h）内无雨，气温不低于 10℃，可进行嵌缝。为防止硅胶污染面层，灌缝前，沿伸缩缝两边各贴 40mm 宽塑胶带。

3. 用挤压拖浆硅胶在缝内由上而下挤满缝隙，再用刮刀将缝口硅胶压实刮平，贴上 1 层透明塑胶带，保护未凝固的硅胶。根据设计要求，在跑道双梁轴线板上横向需设伸缩缝，每条缝宽 10mm，要求缝平直度不大于 4mm，缝宽误差不超过＋1mm、－2mm，不允许掉棱倒边。

5.2.7　赛道划线

1. 测量作业

1）计算线点的确定：

在 01 点上架设全站仪，利用场内固定点校正仪器和操作误差。

分别将设计图中 1/4 区域坐标值输入全站仪内，操动仪器在跑道面层上找出内缘线点、外缘线点、计算线点。

连接内、外缘线点，验证内缘线点、计算线、外缘线点三点是否同在一条线上。如出现偏差及时查找原因、纠正错误。

2）计算线的确定：

在计算点下侧（紧贴计算点）贴 30mm 宽纸条带，粘贴纸条带要保证计算点间相互平顺连接。

紧贴纸条带上方（计算线点），平顺纸条带方向初量计算线周长，验证面层测定线长度是否满足 250m＋6.25mm 的要求。

调整计算线长度，缩小误差值。测出长度在 250m＜计算线＞250m＋12.5mm 时可通过整体调整计算线点上、下移动 0.5～1mm 位置，来满足误差要求。

若超出上述值范围，要重新进行点、位测量作业。

3）跑道上其他线点位（起跑线、200m、终点线等）依计算线、0 点坐标进行确定。

2. 跑道计算线、起跑线、200m 线、1000m 终点线的涂刷

1）自行车赛道画线的说明

"黑色"测量线（丈量线）：长 250m，画线宽 50mm（以测量线往上量 50mm 宽画）。内缘线在测量线以下 200mm 处，长度没有具体要求。内缘线到外缘线的距离是 7.5m。"红色"快速骑行线：测量线以上 700mm 处，画线宽 50mm，由 700mm 处以下 50mm 画"红色"。蓝线（摩托车牵引线）：在 7.5m 宽赛道内缘线以上 1/3 处，向外缘线方向画线宽 50mm 蓝线，距内缘线 2.5m。外缘线：就是护栏板下的赛道外缘。蓝区（浅蓝）：从内沿线以下 800mm。安全保护区（红色）：蓝区以下范围，宽度 4m。

2）涂刷作业

由高级油漆工来完成，涂料漆要采用不宜脱落、耐磨、耐久、易渗入面层内的丙烯酸类涂料漆。

5.3　劳动力组织（表5.3）

主要劳动力组织表　　　　　　　　　　　　　　表 5.3

序号	工种	人数	备注	序号	工种	人数	备注
1	测量工	3	全过程	6	力工	20	全过程
2	木工	40	主体阶段	7	电工	3	全过程
3	钢筋工	20	基础、主体阶段	8	机械工	2	面层
4	混凝土工	15	基础、主体、找平	9	高级油漆工	3	面层
5	粉刷工	15	找平、面层		合计	121	

6. 材料与设备

6.1　材料

钢筋按设计图纸计算。主体结构的混凝土及外加剂按图纸计算用量后，委托搅拌站负责采购，并

按计划供应到现场。其他主要材料需要情况可参考表 6.1。

主要材料一览表 表 6.1

序号	材料名称	规　格	单位	数量	备　注
1	钢管	φ48	t	60	
2	扣件		个	8000	
3	方木	50mm 厚×100mm 宽×2300mm 长	m³	40	
4	竹胶板	16mm 厚×1200mm 宽×2400mm 长	m²	5000	
5	松木板	300～350mm 宽；40～45mm 厚；3500～4000mm 长	块	15	
6	包装毡布		m²	3000	混凝土养护用
7	塑料管	直径 30mm	M	250	
8	水泥	32.5 硅酸盐水泥	T	40.0	面层用需复试、检验
9	减水剂	木质磺酸钙	kg	315	面层用需复试、检验
10	膨胀剂	UEA	kg	2180	面层用需复试、检验
11	石英石	粒径 3～5mm	T	70	面层用需检验级配、杂质含量

6.2　机具设备（见表 6.2）

主要机械设备表 表 6.2

序号	机械设备名称	型号	数量	序号	机械设备名称	型号	数量
1	激光全站仪	R-322NX	1 台	13	20t 汽车吊		1 台
2	水准仪	N3	1 台	14	小型滚筒搅拌机		2 台
3	钢卷尺	50m	2 把	15	振动棒	直径 30mm 长 4.50m	5 根
4	标杆、标尺		1 套	16	手提（小型）振动器		5 个
5	钢筋截断机		2 台	17	铝合金刮杆	70 方管长 2.0m	6 根
6	钢筋成型机		2 台	18	木抹子		10 把
7	钢筋拉伸机		1 台	19	铁锹		10 把
8	75kW 钢筋对焊机		1 台	20	平扒		5 把
9	钢筋锥螺纹连接设备		1 套	21	旧木胶板（需完整无损）		数块
10	木工电锯		1 台	22	6m 长钢管		12 根
11	电刨		1 台	23	500～800mm 长钢管		48 根
12	汽车混凝土输送泵		1 台	24	钢筋焊接挂板架		10 幅

7. 质量控制

7.1　质量要求与标准

因我国现无此类赛道验收评定标准，根据设计和国际自行车联盟（简称自盟）《赛车场技术规定及验收》（2001 年版本）计算线（测定线）误差（1km 误差＋5cm）12.5mm 要求，内、外缘线平面坐标偏差应控制在±2mm 之内，竖向坐标应控制在±1mm 之内，表面平整度误差≤3mm，高于现行一般施工规范要求。因此，根据现行《建筑工程施工质量验收统一标准》GB 50300—2001、《建筑地面工程施工质量验收规范》GB 50209—2002、《混凝土结构工程施工质量验收规范》GB 50204—2002 标准和最终验收质量标准，参考国际自盟《赛车场技术规定及验收》标准，结合本工法成果，倒推制定出各个阶段（采用递进式）的质量要求标准。

7.1.1　跑道基础、柱定位质量验收标准（表 7.1.1）

1. 一般规定：按现行的混凝土强度检验评定标准、混凝土结构工程施工质量验收规范中对基础验收的有关条文执行。

2. 针对工程的特殊性对基础验收中一些项目进行补充修正。

跑道基础、柱定位质量验收标准　　　　　　　　　　　　　表 7.1.1

序号	项　　目	允许误差值	控制等级	检验方法
1	高程误差	＋10.00mm，−15.00mm	一般	水准仪
2	轴线误差	±10.00mm	一般	全站仪
3	柱位角度误差	2″(秒)	一般	全站仪
4	地基基础沉降	0	主控	S3 水准仪
5	其他项目	按现行验收规范规定		

7.1.2　赛道主体结构质量控制

1. 一般规定

按现行的混凝土强度检验评定标准、混凝土结构工程施工质量验收规范中对主体结构验收的有关条文执行。

2. 针对工程的特殊性对主体结构验收中一些项目进行补充修正。

1）钢筋混凝土结构层质量验收标准（表 7.1.2-1）

钢筋混凝土结构层质量验收标准　　　　　　　　　　　　表 7.1.2-1

序号	项　　目	允许误差值	控制等级	检验方法
1	高程误差	＋5.00mm，−15.00mm	一般	水准仪
2	轴线误差	±10.00mm	一般	全站仪
3	板表面平整	≤5mm	一般	靠尺
4	板面空鼓	≤30cm²	主控	敲击
5	板面裂缝	不允许有纵向通长裂缝	主控	眼观
6	其他项目	按现行验收规范规定		

2）钢筋细石混凝土找平层质量验收标准（表 7.1.2-2）

钢筋细石混凝土找平层质量验收标准　　　　　　　　　表 7.1.2-2

序号	项　　目	允许误差值	控制等级	检验方法
1	高程误差	＋3.00mm，−10.00mm	一般	水准仪
2	轴线误差	±10.00mm	一般	全站仪
3	平整度	≤5mm	一般	靠尺、塞尺
4	空鼓	≤30cm²	主控	锤击
5	裂缝	不允许有纵向通长裂缝	主控	眼观
6	其他项目	按现行验收规范规定		

3）水泥石英砂浆面层质量验收标准（表 7.1.2-3）

水泥石英砂浆面层质量验收标准　　　　　　　　　　　　表 7.1.2-3

序号	项　　目	允许误差值	控制等级	检验方法
1	内、外缘线平面坐标偏差	±2 mm	一般	全站仪
2	竖向坐标	±1mm	一般	全站仪
3	表面平整度	≤3mm	主控	2m靠尺、塞尺
4	收缩缝间两板高差	≤3mm	主控	2m靠尺、塞尺
5	表面粗糙度	要求擦洗均匀	主控	眼观、手摸
6	面层	平顺、无坑凹	主控	眼观、靠尺
7	裂缝	无裂缝	主控	眼观
8	其他项目	按现行验收规范规定		

7.1.3　赛道线段质量验收标准

1. 主控项目（表 7.1.3-1）。

赛道线段主控项目质量验收标准   表 7.1.3-1

序号	项　目	允许误差值	检验方法	环境条件
1	计算线长度(250m)	0≤125mm	50m钢卷尺(正反两次,取其平均值)	晴天22°±2°
2	200m(从起点开始)	≤4.0mm	50m钢卷尺(正反两次,取其平均值)	晴天22°±2°
3	线段标示宽度	2mm≤线宽	钢板尺	

2. 一般项目(表 7.1.3-2)。

赛道线段一般项目质量验收标准   表 7.1.3-2

序号	项　目	允许误差值	检验方法	环境条件
1	赛道宽度(7.50m)	±20mm	10m钢卷尺(抽取10次,合格点率80%)	晴天22°±2°
2	放松道宽度(800mm)	±10mm	钢卷尺(抽取10次,合格点率80%)	晴天22°±2°
3	安全道宽度(4.00m)	±20mm	钢卷尺(抽取10次,合格点率80%)	
4	赛道内侧护栏高度(1140mm)	±20mm	钢卷尺(抽取10次,合格点率70%)	

7.2　质量保证措施

7.2.1　技术准备

自行车赛场赛道功能要求不同于民用建筑,专业性很强,开工前需邀请有关自行车竞赛专业方面人员、施工人员参加对设计图纸的会审。

7.2.2　测量、定位的精密控制

1. 对工程所使用的测量工具、仪器进行校核,确保其准确性。

2. 现场培训有关管理人员和操作人员,统一量度方法和尺度,掌握测量控制标准。

3. 建立满足工程的各个不同部分和不同阶段放样精度要求的施工平面控制网和施工高程控制网。使用全站仪(标称精度测角1″,测距1mm +1PPmD),采用归化法使A、B两点归化到长对称轴上,使A、B两点距离相对误差为1/50000,按一级小三角网基线测量精度达到要求进行测量。施工过程各阶段误差值见质量控制表。

4. 放线定位必须准确,须由3次以上不同人员、2次以上观测路线的方法进行复核准确后,方可进行下步作业。

7.2.3　基础阶段质量控制

无论采用何种基础形式,基础施工期间,严禁基础内灌水,回填土必须夯实,设计方面要保证基础稳固、地基基础的最终沉降量为零。

7.2.4　工程主体质量控制

1. 主体施工阶段的关键工序:弧形、折线形梁模板底铺设;小折线形板模支设;弧形、折线形梁筋成型;内缘线环梁与赛道纵梁交叉时的高程控制;结构板面混凝土样饼点位置、厚度确定;入场混凝土坍落度控制;混凝土振捣后平整抹面。

2. 质量要求:混凝土密实、无裂缝,表面纵向平整度<5mm,横向初次平顺。

3. 对施工工序、工艺技术要求、质量要求及工序检验标准进行交底。

4. 用计算机画出的梁模板双向图,进行现场实物放大样校核、交底,支设过程中控制梁、板顶折线交点高程。

5. 向混凝土搅拌站提出赛道S6C30混凝土的特殊要求,参与做好高性能、黏聚性、扩展度、流动度较为适宜的、符合设计标准的梁板混凝土配合比的设计、试配工作。

6. 整个施工过程执行岗位责任制和管理人员追究制,定岗、定位管理。

7.2.5　找平层质量控制

1. 关键工序:板面混凝土样饼点位置、厚度确定;板面清理甩浆;混凝土振捣后平整抹面。

2. 质量要求:混凝土密实、无裂缝、无空鼓,表面纵向平整度<3mm,横向渐变顺平。

3. 由技术过硬的高级技工进行作业，充分保证混凝土密实与基层粘结牢固和整块板平顺。抹面时，定人定位（作业面），确保两人交接处相互跨界而不留痕迹。

4. 两伸缩缝之间的整块找平层一次性完成后，现场管理人员要进行质量验收，达不到质量标准要及时进行返工（或采取补救措施），并查找原因，提出整改措施避免类似现象发生。

7.2.6 面层质量控制

1. 关键工序：板面砂浆层样饼点位置、厚度确定；板面清理甩浆；压实、擦浆、养护。

2. 校核全站仪，制定测设路线，固定贴饼人员。

3. 实行作业人员培训、考试合格上岗作业、管理人员定位旁站监督制，抹面时定人定位（作业面），做到两人交接处相互跨界而不留痕迹。

4. 放松道与跑道连接处（内缘线点）要做成弧线形，不得做成折线。

5. 两伸缩缝之间的整块面层一次性完成后，现场管理人员要进行质量验收，达不到质量标准要及时进行铲除返工，并查找原因，提出整改措施避免类似现象发生。

6. 面层养护固定数人定时轮岗，安排专人监督检查，发现问题及时处理。

7. 质量要求：面层密实、石子显露均匀、无裂缝、无空鼓，表面纵向平整度＜2mm，横向渐变顺平、自行车高速骑行无陡颠感。

7.2.7 跑道划线

1. 关键工序：计算线点位确定；计算线位置确定。

2. 全站仪、钢卷尺必须经过重新鉴定，仪器误差、测量人员操作误差累计值必须小于 $2''$。

3. 量测计算线周长、终点线时参加人员不得少于 25 人，且钢卷尺需立于计算线内侧（紧靠贴），正、反方向各一次，取其平均值。量测时应注意环境温度，温度变化时应根据校验钢尺时提供的温度修正值进行修正。

4. 各线的涂画应先做样板，经认可后，由高级油漆工进行作业。

7.2.8 进场材料质量控制

1. 主体结构使用的钢筋、水泥、外加剂按现行规范进行检查验收，梁、板结构、细石找平层、面层内使用的水泥宜选用 32.5 普通硅酸盐水泥。

2. 石英砂（石）宜选用洛阳伊川彭坡产，粒径：3～6mm，石英砂颗粒纯净，含土量小于 3%，并不得含有杂质、不得有针状、片状等。

8. 安 全 措 施

8.1 基础施工阶段的安全措施依基础形式和现场条件进行安全防护和制定安全应急预案。

8.2 根据工程开工时间和进度安排，应结合施工季节有针对性的制定冬、雨期施工措施。

8.3 应根据《建筑工程施工现场供用电安装规范》GB 50194—93、《施工现场临时用电安全技术规程》GJGJ 46—88、《建筑机械使用安全技术规程》JGJ 33—2001、《建筑施工扣件或钢管脚手架安全技术规程》JGJ 130—2001、《建筑施工高处作业安全技术规范》JGJ 80—91 和现场实际情况编制安全施工组织设计。

8.4 所有机械操作之前，应先进行空载试验，检查运转中安全防护措施、机具件是否牢固、正常。操作人员应做好自我劳动保护。

8.5 施工现场用电必须由专职电工作业，严禁无证人员作业。

8.6 现场所有电器设备必须由专职电工负责安拆，夜间照明灯具要固定牢靠，除执行一机一闸一保护外，应保证线路绝缘可靠。夜间不工作期间砂浆拌合机要关闸停电。照明灯具要单独立杆固定。

8.7 安全员经常巡视现场安全状况，尤其是雨天施工，应巡视施工现场，检查施工机械设备有无漏电现象。

9. 环 保 措 施

9.1 遵守现行的国家和地方环保法规，施工前对现场主要道路进行硬化处理，基础施工阶段要考虑消除扬尘措施。

9.2 宜使用商品混凝土，减少现场环境污染。在混凝土泵车、砂浆搅拌机处设置沉淀池，对冲洗泵车、其他车辆所产生的污水进行沉淀后排入下水道。

9.3 对混凝土及面层养护所使用的塑料薄膜妥善保管，对破碎塑料薄膜及时回收处理，避免在现场飘扬、堵塞地下水道。

9.4 面层施工中，因现场搅拌的水泥石英砂（石）浆需加入减水剂、UEA 膨胀剂这些对环境污染大的物品，故对外加剂的使用需安排单间保管、专人进行称量掺加、及时清点回收包装袋，包装袋回收后及时返回生产厂家，杜绝包装袋误入其他用途。

10. 效 益 分 析

我国地域辽阔，南北气候温差大，尤其北方四季分明，一天之内温差将近 20℃，水泥石英砂（石）面层赛道能适用于各种气候条件，在我国馆外场地可普遍采用，适用范围广。但由于赛道面层精度要求高、国内设计、施工此类赛场经验较少，无统一设计标准和施工标准，致使国内一些省份建成的场地因多种原因仅能作为训练场地使用，达不到大型比赛场地所要求的标准。

利用此工法使自行车赛场赛道达到国际自行车联盟验收标准，可在建设其他同类工程的过程中，减少因盲目施工而使赛道建成后不能发挥作用的现象，由此在很大程度上推动了我国自行车赛场建设和体育事业的发展，具有很好的社会效益。

自行车赛道面层采用水泥石英砂（石）层相对其他材料面层（喷涂、木地板）造价低廉，降低造价约 1/3～1/2，经济效益较好。

11. 应 用 实 例

洛阳新区自行车赛场工程

洛阳新区自行车赛场工程赛道一层，看台三层，总建筑面积 10088m² （其中看台建筑面积 7285m²，赛道建筑面积 2803m²），建筑物最高点 18.008m，主体采用钢筋混凝土框架结构，赛道面层采用水泥石英砂（石）层。建筑体形内场、外场均为四面圆弧围合的近似椭圆，测定线周长 250m，跑道宽度 7.5m，放松道宽度 0.8m。跑道横向倾角 13°～43°，放松道横向倾角 13°，一侧测定线直道长度 26.6017m。该工程开工时间 2006 年 3 月，竣工时间 2007 年 9 月。

所完成的赛道 2007 年 9 月 23 日通过国家自行车协会验收，250m（长度）误差＋2mm，表面平整度≤3mm，表面平顺，接缝平直，不空不裂，顺直度、摩擦系数、坡度均符合设计和国家自行车比赛赛场要求，工程质量优良，达到国际比赛场地标准。2007 年 10 月，全国城市运动会自行车比赛在此进行，取得了良好的效果。

云南山区加筋土挡土墙施工工法

GJEJGF212—2008

云南工程建设总承包公司　云南省第二建筑工程公司

甘永辉　周成明　熊英　宁宏翔　付建平

1. 前　言

云南特殊的地理位置决定有相当部分建设项目需建设在河谷、低山、丘陵地带，自然地面高差较大，导致许多建设项目必须建造长度、高度不一的挡墙，加筋土挡土墙以其独有的优越性——既是一个柔性结构、又是一个重力式结构而被设计作为此类工程填方区支挡结构的首选，为解决加筋土挡土墙施工过程中使用云南山区弱膨胀土作为加筋土挡土墙填料、筋带敷设、墙面板制作、安装过程中的施工质量控制难题，经过大量的试验研究，确定了一系列的施工控制方法，且在云南省林业学校运动场工程、曲靖二电厂等多个工程项目中进行实施获得成功，经总结经验编制本工法。工法关键技术"弱膨胀土改良作加筋土挡土墙填料施工技术"通过了 2009 年 2 月 29 日云南建设工程专家技术委员会组织的关键技术鉴定，"云南山区弱膨胀土加筋土挡土墙施工技术"获得云南建工集团 2005 年科技进步二等奖。

2. 工法特点

2.1　可因地制宜、就地取材，实现可持续发展。

2.2　地基承载力要求较低。抗震能力好，特别适用于高烈度地震频发地区。

2.3　施工简便，墙面板及其他构件采用预制的方式，工厂化制作可减少对环境的污染，且大大缩短工期。

2.4　施工所需配备机械简单，便于掌握，有利于施工质量的控制。

3. 适用范围

用于桥台、护岸、堤坝、货场站台、水运码头、建筑物基础矿山建筑、贮油池防爆堤等。

4. 工艺原理

加筋土挡土墙主要是由墙面板、拉筋和填料组成，其工作原理是依靠填料与拉筋之间的摩擦力，来平衡墙面所承受的水平土压力，并以拉筋、填料的复合结构抵抗拉筋尾部填料所产生的土压力，从而保证挡土墙的稳定。要保证加筋土挡土墙按设计要求发挥作用，就必须保证填料与拉筋之间的摩擦力达到设计要求，而影响填料与拉筋之间的摩擦力的主要因素在于：①填料的性能及夯实质量。②筋

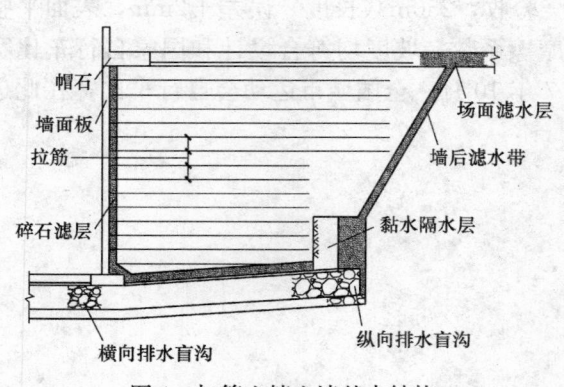

图 4　加筋土挡土墙基本结构

带自身品质指标及筋带敷设质量。本工法即是从筋带、填料的选择；筋带敷设、填料夯实质量控制出发；并加强墙面板制作、安装质量监控，从而保证挡土墙的施工质量，实现设计目标。

5. 施工工艺流程及操作要点

5.1 施工工艺流程（图 5.1）

5.2 操作要点

5.2.1 定位放线

基槽（坑）开挖前，进行详细测量定位并标示出开挖线。

5.2.2 挡土墙基础处理： 加筋挡土墙基槽（坑）底整平夯实，在砌筑加筋土挡土墙前，对基础底面的地基土（岩）进行承载力检测，当达不到设计值时，采用换填法进行处理，直到达到设计值，才可进行基础混凝土施工。

5.2.3 墙面板制作、安装（图 5.2.3-1～图 5.2.3-3）

1. 制作

本工法选用钢筋混凝土预制墙面板。

墙面板模的放置以墙面板正面朝下，使墙面板正面的光洁度能得到保证。每次灌注混凝土前将钢模上的油漆和污渍除掉，并涂抹薄薄一层隔离剂。钢筋骨架采用点焊，入模前除净铁锈，入模后及时支垫定位。墙面板厚时用电动捣固棒，薄时用平板捣固器捣固，并加强养护。待混凝土浇筑后 2～4h 后，即要脱去拉环孔和插销孔模具。混凝土浇筑 2d 达到一定强度后即拆模并作标识。墙面板要分类分层堆放整齐，地面要平整，并在其上铺撒一层细砂或稻草等，其他层间垫木条或稻草，减少墙面板的破损。墙面板要求外光内实，轮廓清晰，线条顺直，不得有露筋翘曲、掉角啃边，预留槽孔一次完成，严禁人工修补。墙面板四周不设置抗剪的企口，墙面板就近预制，人工搬运，减少机械运输。

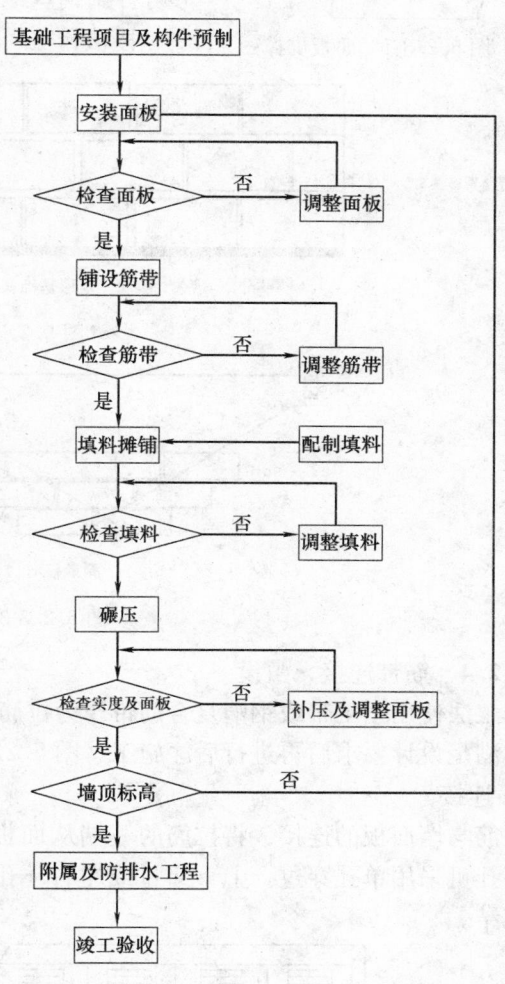

图 5.1 加筋土挡土墙施工工艺流程图

墙面板制作中尤其需要注意拉环钢筋的防腐，作两层，里层在钢筋除锈后作三涂两布（三层沥青漆，两层麻布或玻璃纤维布），外层套塑料管，在绑扎墙面板钢筋前进行，其两端用耐腐胶布作柔性封包。

2. 安装

清洗基础顶面后进行水平测量，准确画出面板外缘线，曲线部位应加密控制点，测点间距不大于 8m，检查标高，用低强度砂浆砌筑调平坐缝，同层相邻面板水平误差不大于 5mm，轴线偏差每 20 延米不大于 10mm。面板安装用人工或利用插筋孔机械吊装就位。安装时单块面板倾斜度，内倾 1/100～1/200，墙越高则内倾越大，作为填料压实时面板外倾的预留度。为确保墙面板的水平和竖直缝顺直，搭设临时挂线支架，分层安装。第一层墙面板与基础顶面间铺一层水泥砂浆以保证板的稳定，其上各

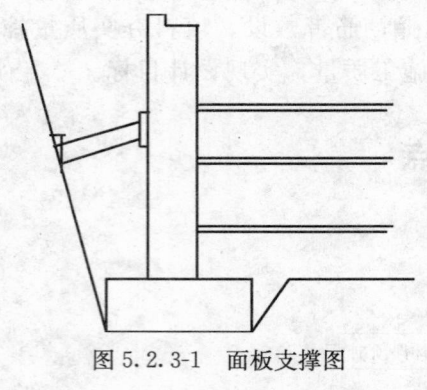

图 5.2.3-1 面板支撑图

层宜为干砌。但为方便施工和调平，每块板上用低强度等级砂浆隔稀垫二三处，以保证水能泄出。每段每层墙面板安装完后及时检查平顺情况，以便及时调整。上层墙面板的内置预留水平位移量为 2～3mm。不超过三层精确抄平一次，及时用水泥砂浆调平，减少累计误差。在未完成填土的墙面板上不得安装上一层墙面板，保证墙面板的平整度。严禁采用坚硬石子及铁片支垫。安装时设计制作简易吊装支架，利用杠杆原理在内侧直接吊装墙面板，杠杆用钢丝绳或铁链吊在可平行滚动的滑轴上，因此杠杆可作平行移动和空间转动，满足吊装要求。

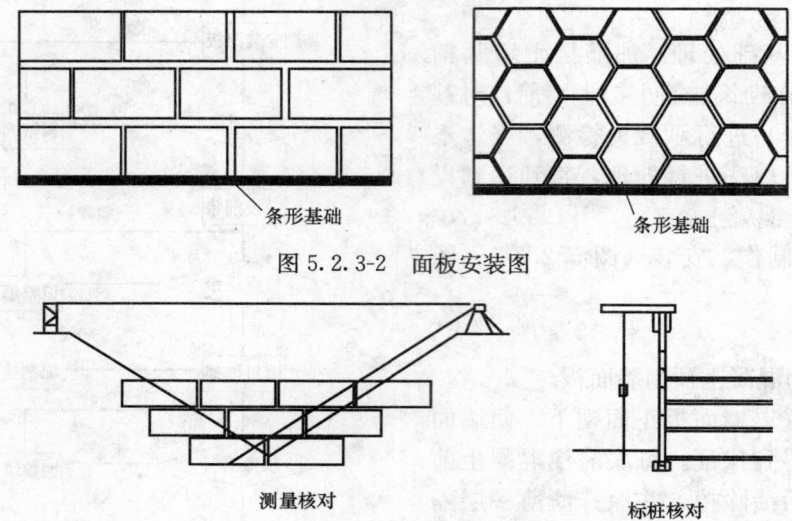

图 5.2.3-2 面板安装图

图 5.2.3-3 面板安装控制图

5.2.4 筋带连接、敷设

本工法使用土工带或钢塑复合筋带作为拉筋。首先抽样检查筋带的破断应力、伸长率等技术指标，确定其满足设计要求后再进行后序施工（图 5.2.4-1、图 5.2.4-2）。

1. 连接

拉筋与墙面板的连接：将拉筋的一端从面板的预埋拉环孔或预留孔中穿过，折回与另一端对齐，拉筋穿孔可采用单孔穿过，上下穿过或左右环孔合并穿过，并绑扎以防止抽动，避免土工带在环孔上绕成死结。

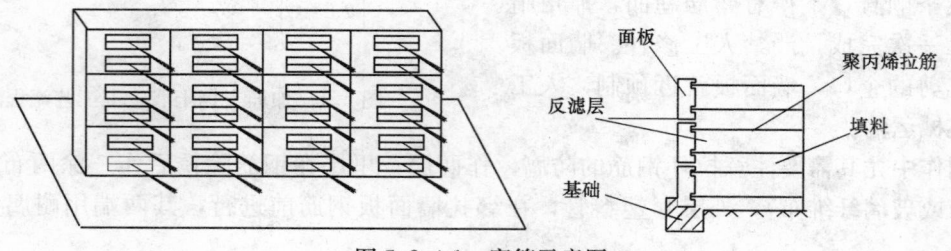

图 5.2.4-1 穿筋示意图

2. 铺设

基床压实就绪，安墙面板、铺筋带前在碾压好的基床上按每延米长度做出标记以保证铺带的均匀顺直。将筋带按设计要求长度剪，拉直平顺，紧贴下承层，采用插钉等措施固定筋带于填土下层的表面，不得重叠、卷曲或折曲，并避免筋带绕成死结。筋带在铺设时，用夹具将筋带拉直拉紧，拉力保持一致，再用少量填料压住筋带，使之固定并保持正确位置。普通编织袋装土，袋装土与面板在同一标高装土量控制在 85％左右，在铺好的筋带前端指定的位置按顺序堆码袋装土，将筋带压住。堆码袋装土至规定标高，在堆码好的袋装土与槽板之间人工夯填倒滤层，回折上层加筋带。

在转角处和曲线部位，布筋方向与墙面垂直，当设有加强筋时，加强筋与面板斜交。

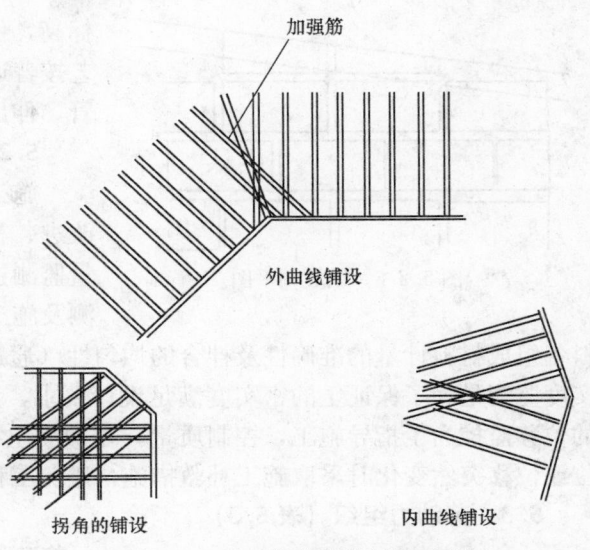

图 5.2.4-2　特殊部位筋带铺设示意图

5.2.5　填料改性及施工

1. 填料的选择、改性及卸料

1）选择

填料宜就地取材，根据工程所在地材料情况，选用了云南山区常见的具有弱膨胀性（自由膨胀率 $40\% \leqslant \delta_{ef} < 65\%$）的黏土作为填料。填料不得含有冻块、有机料及生活垃圾。填料粒径不大于填料压实厚度的 2/3，且最大粒径不大于 15cm。

2）改性

为消除弱膨胀土湿涨干缩对加筋土挡土墙稳定性的影响，对作为填料使用的弱膨胀土进行了性能改良。为确定改性材料种类，根据云南材料情况并经过大量试验分析，最终选定煤渣、生石灰、钢矿渣作为弱膨胀土的改性材料。根据现场模拟抗拔试验结果，确定基本配比为：土＋5％煤渣＋2％生石灰＋2％钢矿渣。煤渣、生石灰及钢矿渣的参量据土的性能进行必要的调整，调整以现场模拟抗拔试验结果或填料内摩擦角的检测结果满足设计要求为依据。

3）卸料

填料不得直接卸在筋带上，卸料机具与面板距离不小于 1.5m，机具不得在未覆盖填料的筋带上行驶或停车以防扰动筋带。

2. 填料的摊铺

用人工摊铺或机械摊铺，摊铺厚度均匀一致，表面平整，并设不小于 3％的横坡。当用机械摊铺时，摊铺机械距面板不应小于 1.5m，摊铺前设明显标志易于驾驶员观察，机具运行方向与筋带垂直。在铺好的筋带上填土，填土方向与筋带长度方向一致，每次的虚铺高度大于每层墙面板高度，填土宽度超过筋带尾部 1.5m。距面板 1.5m 范围内（袋装土与加筋土连接处），用人工摊铺（图 5.2.5）。

3. 压实

1）碾压前进行压实试验，根据碾压机械及填料性质确定填料分层摊铺厚度及碾压遍数以指导施工。

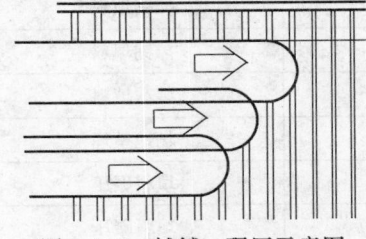

图 5.2.5　摊铺、碾压示意图

2）每层填料摊铺完毕及时碾压。压实作业应先从筋带中部开始，逐步碾压至筋带尾部，再碾压靠近面板部位，碾压时先轻后重。严禁压路机由筋带尾部顺着带长方向压向墙面，不得使用羊足碾。为了避免筋带拉动变位和产生的超量变形，影响已铺筋带的正确位置，压路机不得在未经压实的填料上急剧改变运行方向和急刹车。压实机械据面板不得小于 1m。

3）加筋土面板内侧 1.0m 范围内及转角处，按设计规定选用滤水性良好的材料进行填筑，作为反滤层。用小型机械先由墙面板后轻压，再逐步向路线中心压实。严禁使用大中型压实机械，当碾压困难时，采用人工夯实，以防面板错位。

4）每层填料压实后必须按规定进行密实度检测，在满足设计要求后方可进行下一层墙面板的安装。

5.2.6　墙面顶部处理、帽石施工

顶层墙面板安装后，所形成的纵向高低不平，用砂浆找平（差异较大的先用异形板调整），严格控制设计标高，找平砂浆达到一定强度后，即现浇帽石，按设计要求，复测中线，放出墙顶基线，测定

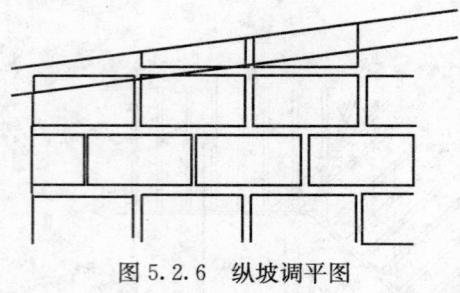

图 5.2.6　纵坡调平图

标高，保证墙顶线形通直顺畅、美观，标高符合设计要求，工艺按普通清水混凝土工艺进行。另按设计每隔 10m 设一泄水管，伸出墙外部分刷白色漆（图 5.2.6）。

5.2.7　施工质量监测

施工过程中及时取得施工参数，根据实际情况不断调整、改进、补充、完善施工技术控制措施，正确指导施工。施工质量监测主要包括三方面内容：填料性能检测、填料压实质量监测及施工中的挡土墙水平位移监测。填料性能监测是为保证填料各组成材料计量的准确性及拌合的均匀性（通过抽样进行检测），以保证填料性能的稳定性。填料压实度监测是为了保证土的密实度满足设计要求，从而使拉筋与土粒间的摩擦力满足使用需要。施工中的位移监控为了指导施工，控制质量，在加筋土挡墙施工过程中对墙面水平位移进行监控，发现过大位或位移突然变化时采取施工补救措施，避免工程事故的发生。

5.3　劳动力组织（表 5.3）

施工现场人员配置　　　　　　　　　表 5.3

序号	人员类型	数量	序号	人员类型	数量
1	管理人员	3	3	技术人员	3
2	专业技术人员	2	4	普通工人	25

6. 材料与设备

本工法使用筋带材料是土工带或钢塑复合筋带；填料是云南山区弱膨胀土，改性材料是煤渣、生石灰及钢矿渣；其他材料是常规用料。采用的机具设备见表 6。

机具设备表　　　　　　　　　表 6

序号	设备名称	设备型号	单位	数量	用途
1	自卸汽车	20t	辆	5	拉运填料
2	挖掘机	大宇 220	台	2	摊铺填料
3	推土机	T140	台	3	摊铺填料
4	装载机	Z150	台	3	装载填料
5	平地机	P1608	台	2	场地整理
6	压路机	YZ	台	2	填料碾压
7	压路机	YL15	台	2	填料碾压
8	经纬仪		台	1	定位放线、监测
9	水准仪		台	1	定位放线、监测

7. 质量控制

7.1　质量控制标准

填料性能检测执行《土工试验方法》GB/T 50123—1999。

挡土墙施工质量控制执行《公路路基施工技术规范》JTGF 10—2006。

7.2　质量要求

7.2.1　基底工程（表 7.2.1）

基础工程施工前必须对天然或人工加固地基进行检查并应符合设计要求。

基底检查表　　　　　表 7.2.1

项次	检查项目	规定值或允许偏差	检查方式和频率
1	轴线偏位(mm)	30	沿轴线测 2 点
2	基底标高(mm)	±30	用水准仪测 3 点
3	截面尺寸(mm)	大于设计尺寸 30cm	测 2 点

以 20m 为检查单位，小于 20m 仍按一个检查单位计。

7.2.2　基础工程（表 7.2.2）

条形基础检查表　　　　　表 7.2.2

项次	检查项目	规定值或允许偏差	检查方式和频率
1	轴线偏位(mm)	25	沿轴线测 2 点
2	基顶标高(mm)	±20	用水准仪测 3 点
3	断面尺寸(mm)	不小于设计	量测 3 处
4	基顶平整度(mm)	±10	用直尺量测 3 处

以 20m 为检查单位，小于 20m 仍按一个检查单位计。

7.2.3　混凝土面板的制作

混凝土面板表面必须平整密实，轮廓清晰、线条顺直，不得有破损和露筋，蜂窝、麻面之面积和不得超过面板面积的 1%。见表 7.2.3。

面板预制实测检查表　　　　　表 7.2.3

项次	检查项目	规定值或允许偏差	检查方式和频率
1	强度(MPa)	满足设计要求	试件抽检
2	边长(mm)	±5	各边量测一次
3	两对角线差(mm)	±10	两对角线各量测一次
4	厚度(mm)	+5、-3	测量两点
5	表面平整度(mm)	5	长、宽方向各靠量一次
6	插销孔中心位置(mm)	3	每孔量测一次
7	拉环或穿筋孔(片)	无明显偏位易穿筋	目测
8	外观	满足前第 1 条要求	目测、量测

以 20m 为检查单位，小于 20m 仍按一个检查单位计，面板几何尺寸随机抽查 10%。

7.2.4　面板安装（表 7.2.4）

面板安装检查表　　　　　表 7.2.4

项次	检查项目	规定值或允许偏差	检查方式和频率
1	每层面板顶高差	±10	抽查 4 组板
2	轴线偏位(mm)	±10	挂线量 3 处
3	面板垂直度或坡度	0，-0.5%	吊线量 2 处

以 20m 为检查单位，小于 20m 仍按一个检查单位计，面板安装以同层相邻两块为一组。

7.2.5　填料改性及压实

1. 弱膨胀土改性

现场模拟抗拔力试验及内摩擦角试验满足设计要求。

2. 填料压实（表 7.2.5）

填料压实度检查表   表 7.2.5

项次	检查项目	合格率规定	检查方式和频率
1	距面板 1m 范围以内	80%	每层 100 延米取 3 点，不足 100 延米亦取 3 点做工地试验
2	距面板 1m 范围以外	95%	每层 500m² 取 3 点，或每 50 延米取 3 点做工地试验

以 20m 为检查单位，小于 20m 仍按一个检查单位计。

7.2.6 筋带施工（表 7.2.6）

筋带施工检查表   表 7.2.6

项次	检查项目	规定值	检查方式及频率
1	筋带长度	不少于设计值	检查 5 束
2	筋带根数	不少于设计值	检查 5 束
3	筋带与面板连接	符合设计	检查 5 处
4	筋带与筋带连接	符合设计	检查 5 处
5	筋带铺设	符合设计	检查 5 处
6	钢件防锈处理	满足方案要求	检查 10 处

7.2.7 防水、排水工程

防水、排水工程齐全、沟底平整、不渗漏、线条直顺、曲线圆滑、排水畅通，见表 7.2.7。

防水、排水检查表   表 7.2.7

项次	检查项目	规定值或允许偏差	检查方式及频率
1	沟底标高	±50	水准仪每 50m 测 3 点
2	断面尺寸	30	每 50m 测 2 处

7.3 质量保证措施

7.3.1 施工准备阶段质量保证措施

1. 制定实施性施工组织设计，并进行详尽的技术交底，以便落实。

2. 扩大范围清理施工场地，清理时铲除挡土墙范围内的有机杂质和树根草丛，碾压平整，并按施工组织设计"现场平面布置图"安排施工场地，堆料场，预制场应尽量布置在挡土墙路基两侧的地势较高处，以便于施工中挡土墙升高后的材料、构件的场内运输和场地排水。

3. 材料准备

砂、石、水泥、筋带、钢筋等，采购前事先须经过试验或质量检验，合格后放可采购。开工前做好各项标准试验，如砂浆和混凝土配合比设计，地基土和加筋体填料标准击实验等。

填料的准备，本工法采用了云南山区的弱膨胀土作为填料，施工准备阶段必须首先对填料土的性能进行检测，通过试配确定科学合理的改性配合比，满足加筋土的填料易于压实，与拉筋产生足够的摩擦力的目的。填料须级配合理，不含有地表的腐殖土、草皮、树根等杂物及粒径大于 10cm 的尖棱状碎石。反滤层填料宜选用洗净砂夹碎（卵）石填筑，并不得含有黏粒。隔水层填料采用 20% 的石灰，80% 的黏土，作用是防止雨水从加筋体顶面流入或渗入加筋土内部。

4. 压实准备

施工前通过压实试验取得压实工艺技术参数（分层厚度、碾压遍数等）。

5. 机械设备准备

按加筋土挡土墙施工规模和计划工期配备足够的机械设备及实验器具。

6. 人员准备

按加筋挡土墙施工规模核计划工期配备技术人员、管理人员及各类操作工人。

7. 施工放样在加筋土挡土墙施工开始之前，应精确测定挡土墙路基中线，恢复原有中线桩，直线段 15~20m 设一桩，曲线段 5~10m 设一桩，并应根据地形适当设桩。同时精确地测定挡土墙基础主轴线、墙顶主轴线和挡土墙起止点横断面，每根轴线均应以四个桩点在基线两端延长线上予以埋设固定（每端两点），并分别以混凝土包封，以免施工中意外撞动。另外，还需设置施工用的水准点。测定用的重要控制桩应有护桩，并至少由 2~3 组组成，以便相互核对，确保精度。护桩应保留到工程结束，因此要设在施工干扰区之外，埋置应稳固。施工基线和水准点布设时应考虑工程施工过程中和竣工后对加筋土挡土墙的沉降和位移进行连续可靠的观测。

8. 施工前必须对路基基底进行处理，采用推土机及平地机将基底整平并设置 1‰~3‰ 的"人"字形横坡用于排水。如基底为基岩或风化岩层，为保护筋带免受石块破坏，应首先铺设一层土质保护层。基底经压实后须同时满足地基系数 K30 值及相对密度 D_r 值。

7.3.2 基础施工质量保证措施

面板基础施工中控制的重点是埋置深度、基底承载力、基底整体水平或分台阶水平。基础沉降缝的留设按 20m 左右一道，并符合面板预制块的模数；基顶标高应认真计算，使基顶与墙顶之间的高度符合面板预制块的模数。

7.3.3 墙面板及其他构件的制作、安装阶段质量控制措施

1. 墙面板及其他构件的制作采用集中预制（现场或预制厂）、工厂化生产，必须加强控制预制模板的加工质量，在预制过程中定期检查，从而保证面板的预制质量，重点控制轮廓尺寸、表面平整度及光洁度。部分面板预制时应预留泄水孔。施放面板外缘线，按一定间隔布置标高控制点，拉线安装面板。

1）预制场地的设置根据工作量的大小设置，场地整平后用压路机充分压实。也可用低强度等级混凝土铺筑，表面抹平压光，且预埋钢筋或混凝土墩，以作支持侧模之用。按混凝土面板块件尺寸和面板预埋拉环间距设置带状凹槽，槽深大于面板预埋拉环长度 2~3cm，槽宽较拉环钢筋直径大 2~3cm。

2）模板材料采用钢模，以保证预制构件质量。

3）预制混凝土构件强度等级按设计规定，混凝土的配合比、拌合、浇筑、养护等均满足规定要求。为保证混凝土质量，加快预制进度和减少预制场地，应采用干硬性或半干硬性混凝土，机械振捣，如表面粗糙无浆，用相同灰砂比的水泥砂浆对表面进行收光处理，使之平整美观。

2. 墙面板及其他构件的安装，面板安装必须挂线施工，保证墙面板的竖直，水平安放，最下一层面板与基础连接处用坐浆的方式。安装面板向内倾斜 1/100~1/200，作为填料压实时面板外倾的预留度。

7.3.4 拉筋铺设阶段施工质量控制措施

1. 铺设前必须检查拉筋的出厂合格证及复检资料，其各项性能必须满足设计要求方能进行铺设。

2. 铺设前应检查下一层填料的标高、平整度、压实度。

铺设原则：回裹拉筋与其他拉筋不能直接重叠；构造拉筋与受力拉筋可以重叠，但不能与回裹拉筋直接重叠；不能直接重叠的拉筋必须保证设计要求厚度的填料隔层。各种拉筋的受力长度不小于设计值，固定面板的插销必须穿过格栅。拉筋铺设时应拉直、拉紧、不得有卷曲、扭结，尾部端头用"U"形插钉固定。筋材需要接长时，连接处强度不得低于设计强度。未被填料覆盖的筋材上严禁施工机械行驶，严禁放置预制面板等重物。

7.3.5 填料摊铺压实阶段施工质量控制措施

1. 加筋土填料必须分层摊铺及压实，每层厚度应视拉筋的竖向间距而定。摊铺要均匀，表面要平。所有摊铺，卸料与面板距离不小于 1.5m。机械运行方向与拉筋方向垂直，严禁施工机械沿路基横断面方向推土，所有机械均不得在未覆盖填料的拉筋上行驶与停车。不得撞动下层的拉筋。筋带以上摊铺

20cm 以上填料后方可行驶推土机，车辆机械不允许在未经压实的加筋体上行驶，尤其不得转弯、调头。压实机械主要采用光轮压路机（严禁采用羊足碾），从筋带中部向筋带尾部碾压，先轻压后重压。面板附近 1m 范围内必须用小型夯机或人工夯实。整平压实后的路基面呈 1‰～3‰ 的"人"字形横坡。每层检测地基系数 K30 值及相对密度 Dr 值。

当填料表面到达拉筋位置时，平整填料表面，方可铺设。先将拉筋穿入面板预留孔或预埋铁环中，紧拉筋尾，向上摊铺填料，保证拉筋平直。

2. 反滤层采用小型夯机夯实，面板背后可用人工持杆子分薄层打实。反滤层填筑完毕后表面应用粗砂整平，不得有大粒径碎（卵）石露头。

3. 隔水层填筑分二层进行，压路机与小型夯机配合压实，精平压实后作成 4% 的"人"字形横坡，两侧标高与帽石顶齐平。

8. 安 全 措 施

8.1 施工现场应制定安全应急预案，具备安全生产条件，确保安全施工。

8.2 施工现场的临时用电应严格执行《施工现场临时用电安全技术规程》JGJ 46。夜间施工时，必须有保证施工安全要求的照明设施。

8.3 现场施工便道、便桥应设立警示和交通标志，并有专人维护、指挥交通。车辆必须遵守现场交通规则。

8.4 施工作业人员，必须遵守本工种的各项安全技术规程。

8.5 驾驶人员必须持有车辆的驾驶执照，且进入施工现场后必须服从指挥人员的指挥。

8.6 由人工配合机械进行辅助作业时，作业人员严禁在机械作业区内进行辅助作业。

8.7 多台机械同时作业时，各台机械之间应注意保持必要的距离。机械在边坡、边沟等不稳定地段上作业时，应采取必要的安全措施。

8.8 作业高度超过 1.2m 时，必须设置脚手架，脚手架应有专门的施工技术方案，应进行强度、刚度及稳定性验算。施工过程中，对脚手架应经常检查，及时加固，以保证安全。

8.9 砌筑作业时，脚手架下不得有人操作及停留，不得交叉作业。砌筑护坡时，严禁在坡面上行走，不得采取从上向下自由滚落的方式运输材料。

9. 环 保 措 施

9.1 防止水土流失及水土污染的措施。

9.1.1 应采取措施预防水土流失及水土污染，缩短临时用地占用时间。

9.1.2 严禁在滑坡及泥石流易发等危险地段进行取土、挖砂等作业。

9.1.3 施工中产生的生产及生活废水不的直接排入饮用水源、农田、鱼塘中，其他固体垃圾的掩埋及处理应按当地环保部门的要求进行。

9.1.4 在自然保护区、森林、草原及风景区等地进行施工时，应遵守国家环保保护的规定。

9.2 噪声、空气污染的防治措施

9.2.1 当噪声超过规定时，采用建隔声墙的方式，减少施工活动对周围人群的干扰。

9.2.2 施工现场作业人员，在噪声较大时必须采取有效的防护措施。

9.2.3 施工现场的堆料场、拌合站等应置于主要风向的下风处的空旷地。

9.2.4 粉状材料运输应采取防尘、防水措施。

9.2.5 粉煤灰、石灰等材料露天堆放时，应采取防尘、防水措施。

9.3 生物保护

施工中严禁随意采摘、破坏野生植物资源及捕猎野生动物；在有国家级保护的野生动物出没地段，应按国家相关规定作好保护工作；砍伐林木必须符合相关法规的要求，不得随意砍伐；在草木密集地区施工时，应遵守护林防火的规定。

10. 效益分析

通过多个工程的实践，采用本施工方法施工的加筋土挡土墙工程均取得了成功，最早的工程距今已近 20 年时间，仍处于正常工作状态。这一施工方法解决了云南山区弱膨胀土湿涨干缩对加筋土挡土墙稳定性的影响及加筋挡土墙施工过程中的技术难点，克服了施工中"鼓肚"等质量通病，为保证弱膨胀土加筋土挡土墙的施工质量找到了可行的、有效的途径，对加筋土挡土墙这种既是一个柔性结构，可承受地基较大变形；又是一个重力式结构可承受外部的冲击、振动作用，且投资省的结构的推广应用，提供了技术支持，具有广泛的社会效益。

11. 应用实例

11.1 云南省林业学校运动场

云南省林业学校运动场位于该校校园西南侧，该校地处昆明金殿完家山。运动场场址地势东高西低，场地内有两条深度不一的沟谷，自然地面高差 20.41m，平均坡面角为 12°，主要挡墙位置处坡面角最大值大于 40°挡墙总长度为 162.55m，最大墙高 15.5m（不含基础），设计采用了 15.5m 高单侧加筋挡土墙的挡墙方案。施工过程中采用了"云南山区加筋土挡土墙施工工法"，取得了成功，20 世纪 90 年代建成至今已有 10 多年时间，仍处于正常使用状态。

11.2 昆明二电厂

位于昆明安宁市青龙镇的昆明二电厂的场地平整护坡工程项目，护坡面积 2000 多平方米，护坡高度最高达 15m，设计采用了加筋土挡土墙结构形式，施工中使用了此工法，于 2006 年竣工。至今处于良好的使用状况。

11.3 云南开远小龙潭发电厂

位于滇西方向的开远小龙潭发电厂汽轮机场地平整项目，护坡面积 1800 多平方米，护坡高度最高 13.8m，设计采用了加筋土挡土墙结构形式，施工中使用了此工法，于 2001 年竣工，至今处于良好的使用状况。

巨型石材铺装施工工法

GJEJGF213—2008

中铁十六局集团有限公司　中国土木工程集团有限公司
马栋　王洪江　孙胜臣　焦冬梅　许彦旭

1. 前　　言

北京奥林匹克公园中心区中轴铺装工程是继鸟巢、水立方之后第三个里程碑式的工程，是北京中轴线向北的延伸，俗称"御道"。重达 1.3t 的巨型石材在国内乃至国外也是实属罕见的铺装工程，由于无成熟的施工工艺和机具配置可借鉴，可见其施工难度之大、政治意义之非凡。中铁十六局集团以"巨型石材铺装施工技术研究"为课题，成立了铺装科研小组，从土路床密实度及弯沉值控制、施工测量、底基层石灰粉煤灰稳定砂砾、基层混凝土的胀缝设置、石材的进场检验、吊装、铺装及成品保护等各个环节入手，对铺装的各项技术参数进行试验，攻克了巨型石材铺装测量控制、石材吊放安装机具配置、施工工艺、质量检验验收及成品保护等一系列施工难题。形成的《巨型石材铺装施工综合技术研究报告》及《巨型石材铺装关键施工技术》、《巨型石材铺装模拟试验综合技术》、《巨型石材铺装机具配置技术》、《巨型石材铺装测量及质量检验综合施工技术》、《巨型石材进场检验及成品保护施工技术》五个分报告，由中国铁道建筑总公司于 2007 年 11 月 30 日组织国内外有关专家对其工法关键技术通过鉴定，达到了国内领先水平。特别主持编写了《北京奥林匹克公园中心区巨型石材铺装施工技术规程及质量检验验收标准》JQB 149—2007 的研究成果，完善了巨型石材特别是大面积广场、道路石材铺装的施工工艺及质量检验评定标准，为今后类似大型广场及道路巨型石材铺装提供了技术支持。

2. 工法特点

2.1 工艺新，可操作性强，适用广泛，国内外少见。

2.2 自主研发的 5t 小型龙门吊及自制吊具进行巨型石材铺装精确定位，将传统的人工搬运就位发展到了机械施工化施工的领域。

2.3 模拟巨型石材进行试铺，取得的各类技术参数及施工工艺，达到了预期的目的，为后续施工提供了参考。

2.4 自主开发完成的《北京奥林匹克公园中心区巨型石材铺装施工技术规程及质量检验验收标准》JQB 149—2007 研究成果，完善了巨型石材特别是大面积广场、道路石材铺装的施工工艺及质量检验评定标准。

2.5 石材的进场检验、材料堆放及成品保护方法简单可行。

3. 适用范围

可广泛地应用于大型广场、道路的巨型块材的铺装施工。

4. 工艺原理

4.1　巨型石材铺装测量控制网的形成和建立

由于中轴铺装工程按照区段划分，由三个不同的总包单位承担。因此，现场平面控制点加密导线测量、高程水准点加密测量、相邻两标段间的平面及高程控制网的联测及施工测量控制成为巨型石材铺装质量控制的要点。

4.2 铺装机具配置关键技术

4.2.1 自制龙门吊（用于 1990mm×990mm×250mm 石材的吊装就位）

4.2.2 自制提升架（连接在电动葫芦下面，吊装石材用）

4.2.3 自制杠杆车（用于 995mm×495mm×250mm、995mm×495mm×150mm 石材的吊装就位）

4.3 巨型石材铺装施工工艺

准备工作——→冲筋（标高）——→弹线——→洒素水泥浆——→铺虚砂浆、刮平——→洒素水泥浆——→吊放石材并锤击——→灌缝——→擦缝

4.4 石材的进场检验与成品保护

铺装工程的整体质量不仅仅取决于石材的铺装质量，与原材的选择、加工工艺、进场检验及临时堆放等前期控制密不可分。

4.4.1 厂家的选择及检验

从厂家选择及考察、出厂检验、合同约定石材质量检验验收、成立石材现场验收小组、委托第三方检测以保障石材的进场质量。

4.4.2 石材的临时堆放

从石材进场后的分类堆放、堆放高度及苫盖进行控制。

4.4.3 成品保护

从施工过程中的操作人员规范施工及铺装完成后的成品保护进行严格控制。

4.5 研究成果（JQB 149—2007）完善了巨型石材铺装施工工艺及质量检验评定

采用由中铁十六局集团有限公司组织编写的《北京奥林匹克公园中心区巨型石材铺装施工技术规程及质量检验验收标准》JQB 149—2007 研究成果，完善了巨型石材特别是大面积广场、道路石材铺装的施工工艺及质量检验评定标准，成为石材面层竣工验收及档案移交的质量评定标准。

5. 施工工艺流程及操作要点

5.1 巨型石材铺装测量施工技术

铺装工程营造的是一种在简朴中体现庄重，在大器中注重细节，用丰富、饱满、准确、精彩的地面铺装体现北京奥林匹克公园的精髓氛围。由于中轴铺装工程按照区段划分，由三个不同的总包单位承担。因此，给现场平面控制点加密导线测量、高程水准点加密测量、相邻两标段间的平面及高程控制网的联测及施工测量控制增加了很大难度。从平面控制系统、高程控制系统、相邻两标段间的平面及高程控制网的联测、现场施工测量等四个方面进行控制。

5.1.1 平面控制系统的建立

1. 铺装前，对原提供的施工区平面控制起始坐标点（不少于 3 个点），用全站仪按多边形导线网或四等导线测量术要求和精度指标进行联测，联测点复核完成并经内业平差计算、测量精度指标达到技术要求，报监理及业主签认后可进行平面控制坐标点加密测量。

2. 平面控制点加密导线测量采用全站仪，每测定一闭合图形完毕后进行闭合校核，精密度按 II 级平面控制网要求：测角中误差±10″，边长相对误差 1/10000，点位测定采用直角坐标法和极坐标法。在工程施工过程中，定期对所布设的加密导线网进行复测，以防止因施工而引起控制点的位移变形而影响施工放线的质量及精度，复测结果应形成文字资料，报送工程监理部。

5.1.2 高程控制系统的建立

1. 设计部门提供水准基点（不应少于 2 个点）进行水准联测复核，按三等水准测量的技术要求进行，复核测量结果报送监理签认。

2. 水准点加密测量

水准路线的确定及加密点埋设：在标段施工区间范围内，沿线路两侧的稳定位置埋设水准点标志桩，并与业主或设计部门提供的水准基点形成符合或闭合水准路线。铺设区域设置 5m×5m 控制网，加密水准点直接设置在方格网的平面加密桩上，以便控制垫层混凝土施工时的上皮标高。

3. 外业测量时采用精密水准仪，按城市二等水准测量的技术要求进行观测，高程闭合差为 $\pm 8\sqrt{L}$ mm（L 为路线长度，以 km 计）。对已测设完成的加密高程控制网应随施工进度的推进，进行定期的复核测量，以确保施工全过程中高程测量系统的统一，复核测量时按初测时的技术要求进行。

5.1.3 相邻两标段间的平面及高程控制网的联测

相邻两标段间的平面及高程控制网的联测在双方控制网布设测量完成后，按原控制网点布设测量的技术要求和精度指标进行，联测时两个标段应各提供相邻的两个以上的控制网点参与测设，双方专业测量工程师及相关人员均到场，特别是中轴 21m 贯通后此项工作更为重要。

铺装前，以和Ⅱ标分界的 E-1 轴线为铺装起点，由大屯路至科荟路顺次排列中轴区域铺装石材，建立起铺装材料在平面上的惟一对应关系。经双方现场测量，交接误差 1.5cm。如图 5.1.3 所示。

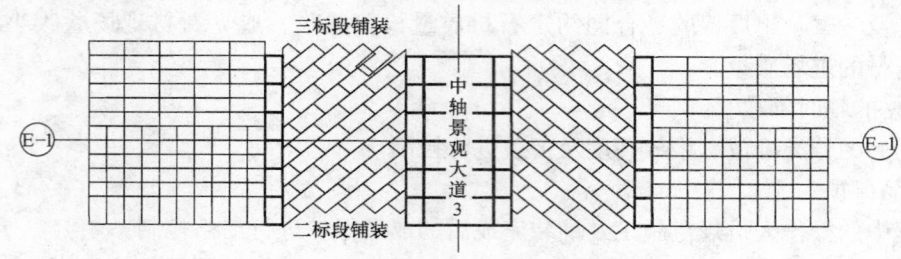

图 5.1.3　铺装Ⅱ、Ⅲ标平面交接示意图

5.1.4　施工测量控制

为了保证铺装石材、砖块的平面位置及高程符合图纸设计要求，并达到优良标准，平面控制分三级实施。第一级为甲方交桩控制点作为本标段的测量控制依据，第二级为定出主轴线位置并在周边加密永久控制桩位，第三级定出铺装区域平面控制方格网，直接指导施工测量及细部放样工作，必要时在方格网内定出铺装材料的纵横网状接缝，以满足铺装的需要。测量控制网（局部）的布设见图 5.1.4。

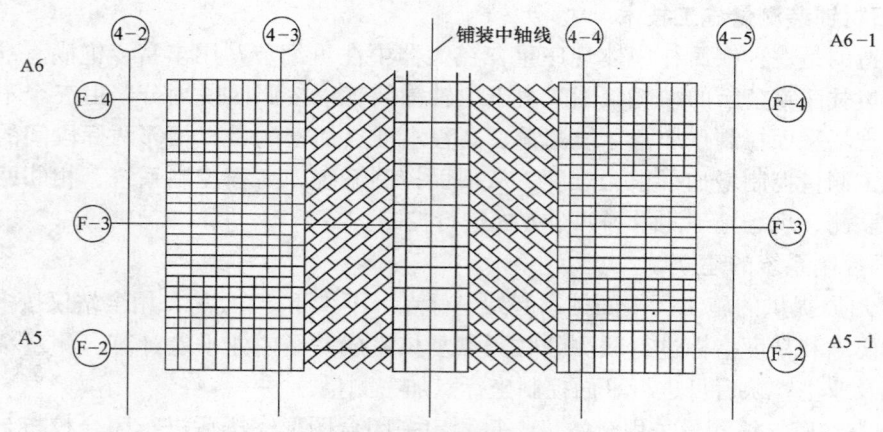

图 5.1.4　测量控制网（局部）的布设

5.2　铺装机具配置关键技术

5.2.1　混凝土试块的制作

巨型石材由于其规格尺寸的特殊性以至于其单价较高。因此，用同等规格及重量的物品替代石材进行试铺，以此确定石材铺装顺序、施工工艺、小型吊装机具的配置，取得诸如 1∶3 水泥砂浆的虚铺厚度、纵横缝平整度控制、夯实次数等技术参数，为后续铺装标段提供技术及工艺参考成为巨型石材

试铺的主要目的。为此，根据石材规格尺寸采用等同的钢筋混凝土替代巨型石材进行前期的试铺，模板料采用优质木枋，以确保其牢固，保证制作出的混凝土块结构尺寸符合规范设计允许偏差。模板制作详见图 5.2.1（以 1995mm×990mm×250mm 模板为例）

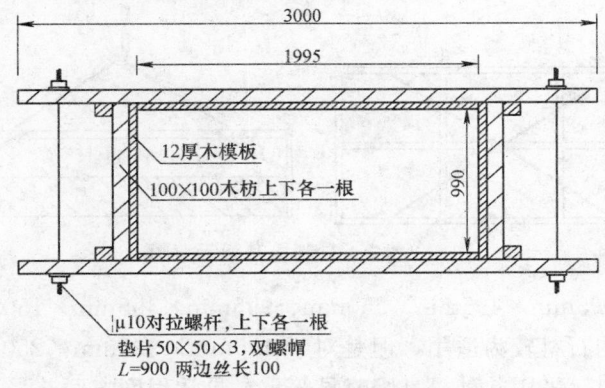

图 5.2.1　模板设计图

混凝土试块拆模后要检验其尺寸，并对试块上有毛刺的地方进行打磨，使其符合设计要求。

5.2.2　机具配置

1. 自制龙门吊（用于 1995mm×990mm×250mm 石材的吊装就位）

先期的自制龙门吊是采用带手动葫芦的小型龙门架进行施工，配尼龙带吊装对石材起保护作用。龙门吊的固定吊架由 10 号槽钢与 200 工字钢通过 16mm 钢板焊接而成，宽 5m，便于在中轴 3m 范围内 250mm 厚石材混凝土基础垫层上前后移动就位；行走工具为 4 个 ϕ500mm 胶轮，用 ϕ80mm 焊管与支架连接，纵向轮距为 2.5m，以控制纵向位移；胶轮与 ϕ80mm 焊管由 16 槽钢用螺栓连接；为保护石材边缘不被硬物磨损，吊装石材用 3mm×5cm 尼龙布带配合手动葫芦实施。在进行铺装模拟试验时发现，跨度 5m、高度 4m 在移动过程中会产生较大晃动。经过数次研讨，对龙门吊进行了改进，在龙门吊的四个轮子上设置卡件，作用类似汽车的刹车，将龙门吊的尺寸改小，高度由原来的 4m 改为 3m，宽度由 5m 改为 4m，形成自制龙门吊加工示意图，见图 5.2.2-1。

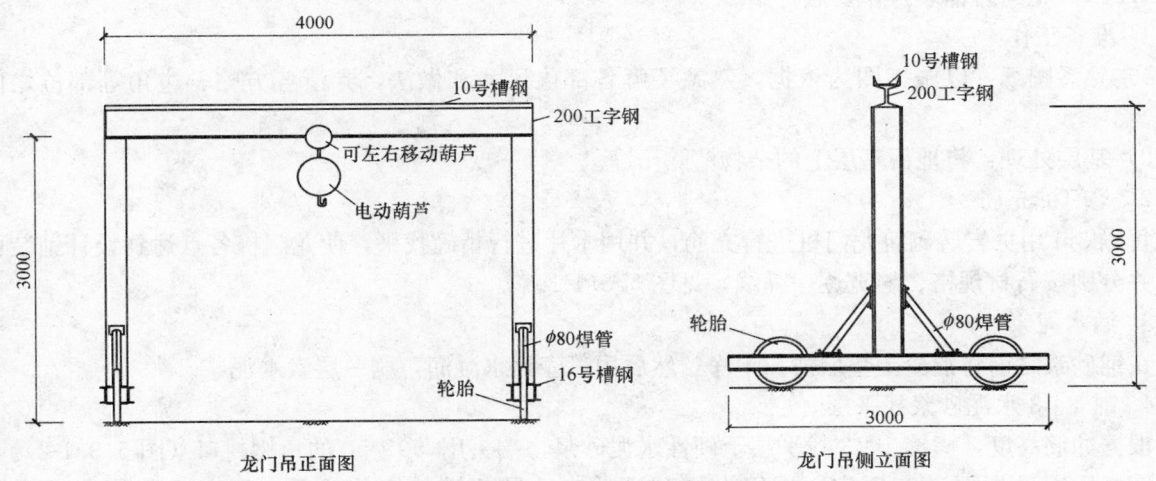

图 5.2.2-1　自制龙门吊示意图

注：本龙门吊可组装型，各连接部位用钢板打孔穿螺栓连接。

2. 自制提升架（连接在电动葫芦下面，吊装石材用）

在试铺过程中，由于吊装用 3mm×5cm 尼龙布带对其吊装过程中的倾斜角度及铺装完成后的抽取难以达到满意的效果，在此基础上，对吊具进行改良，将先期使用的布带改为钢丝绳、焊接钢架及活动铁夹组成提升架对石材进行精确定位，此种提升架吊装石材前已经经过调平，确保石材吊起后不用人工调整即处于水平状态，并且四个护卡可以做到使石材垂直受力，同时将手动葫芦改为电动葫芦，从而很好地解决了吊装过程中遇到的石材易损伤及很难调平等各种问题，提高了提升时间，攻克了中轴 1995mm×990mm×250mm 花岗岩石材吊装就位难题。图 5.2.2-2 为自制提升架示意图。

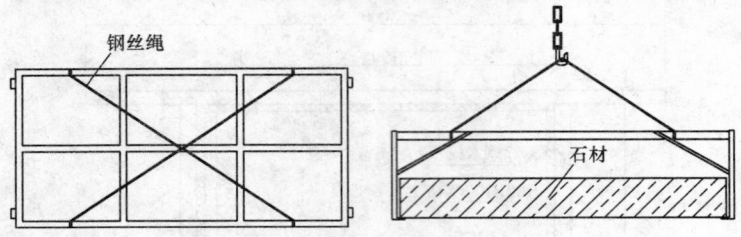

钢丝绳

石材

图 5.2.2-2　自制提升架示意图

3. 自制杠杆车（用于 995mm×495mm×250mm、995mm×495mm×150mm 石材的吊装就位）

自制龙门吊对于 1.3t 的石材较为适用，但是对于 495mm×995mm×250mm 和 495mm×995mm×150mm 两种尺寸的石材来说，采用此种机具则略显笨重，灵活程度方面差强人意，为了解决这个问题，我们查阅了大量资料，结合其他工程的做法，制作了杠杆车，见图 5.2.2-3。

杠杆车的前端为吊挂石材的位置，下面安装提升架与龙门吊类似，后面长臂一端人工操作，由于只有两个轮子，转弯非常方便，杠杆车对于搬运 495mm×995mm×250mm 和 495mm×995mm×150mm 规格的石材来说特别适用，在保证搬运及就位准确的同时，灵活性大大加强。

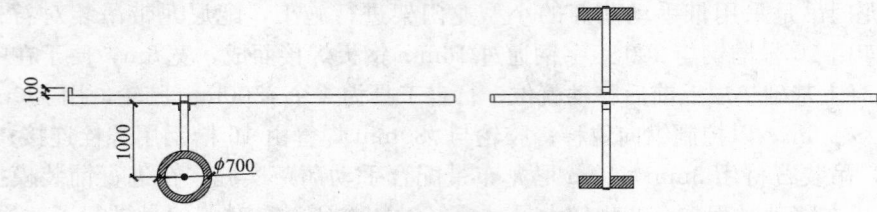

100

1000

φ700

图 5.2.2-3　自制杠杆车示意图

5.3　巨型石材铺装施工工艺

5.3.1　花岗岩铺装操作要点

1. 准备工作

1）熟悉图纸：以施工图为依据，熟悉了解各部位尺寸和做法，弄清各方格、边角等部位之间的关系。

2）基层处理：将地面基层上的杂物清除干净。

2. 龙门桩充筋

每隔 3m 用页岩砖砌筑龙门桩进行充筋，并用木片进行精确找平，使龙门桩各点达到设计铺装面标高，并分别按石材规格、缝宽逐一弹线，见图 5.3.1-1。

3. 洒水泥浆

在铺砂浆之前将混凝土垫层清扫干净，然后用喷壶洒水湿润，刷一层素水泥浆。

4. 铺 1:3 水泥砂浆找平层

根据冲筋高度，虚铺 1:3 找平层干硬性水泥砂浆，端头用 L50×50 的角钢封口（图 5.3.1-2）。

铺好后用平板振动夯压实，再用大杠刮平，然后局部进行修整找平，压实后砂浆厚度控制在 3.2cm（试铺取得的试验数据）。

5. 洒素灰浆

刮平砂浆后，在其上洒一层 2mm 厚素水泥浆，其目的为提高砂浆与石材的粘结力，然后根据弹线进行石材的准确吊放就位。

6. 铺装

按照石材规格，先在铺装区域中间铺设控制石材，再往两边辐射铺砌，对好纵横缝。并在石材上

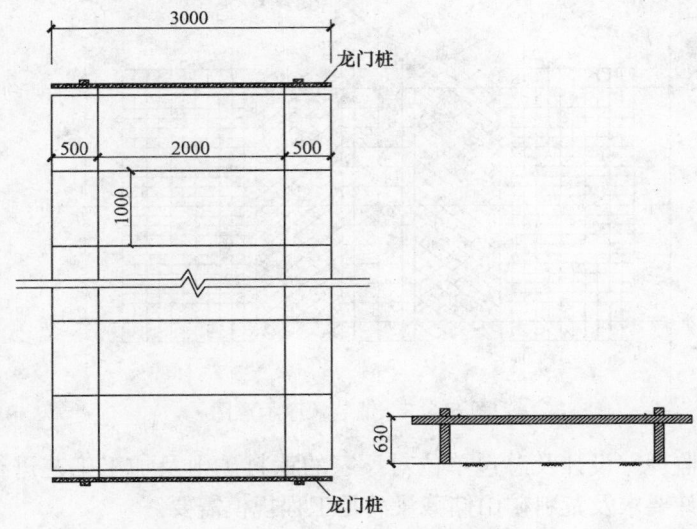

图 5.3.1-1　龙门桩充筋示意图

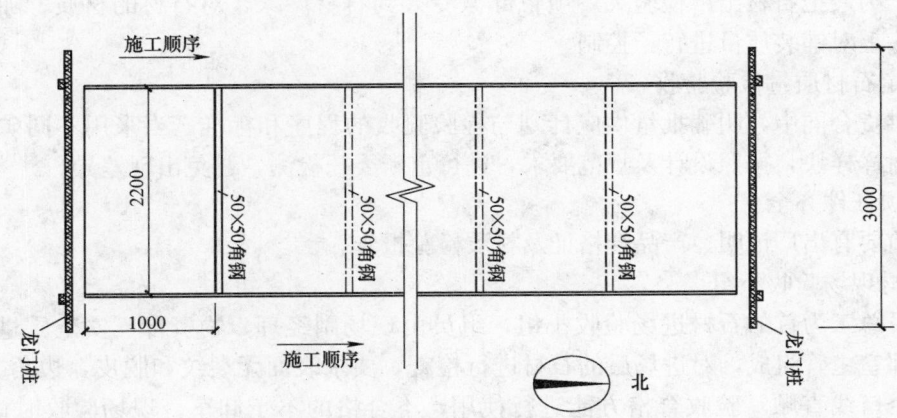

图 5.3.1-2　角钢封口及施工顺序平面布置图

垫胶皮，木棰敲击石材，将石材振实。然后检查标高、缝隙尺寸、平直度等是否合格，合格后进入下一块铺装。

7. 灌缝

在铺砌后 1～2d 后用 1∶5 的干硬性水泥砂浆灌缝。灌缝用漏斗将砂浆徐徐灌入两块石材之间缝隙（分几次进行）。灌浆 1～2h 待砂浆强度达到设计要求后，用棉丝团蘸水将石材表面污物擦净。而后加薄膜覆盖保护。

5.3.2　巨型石材铺装技术参数

1. 1∶3 干硬性水泥砂浆的虚铺厚度

通过连续 3d 不间断试验取得不同规格石材虚铺厚度分别为：150 厚、250 厚；设计厚度 125%。

2. 素灰浆重量比：水泥∶水＝1.4～1.5∶1

3. 砂浆配合比，换算为重量比：水∶水泥∶砂＝1∶2.54∶8.31

4. 素灰浆占砂浆比例为 10%。

5.3.3　石材铺装顺序（图 5.3.3）

5.4　石材的进场检验与成品保护

5.4.1　厂家的选定及检验

1. 厂家选择及考察

由于石材为甲供材料，厂家的选择是通过资质筛选与公开招标而确定的。供货合同签订后，业主

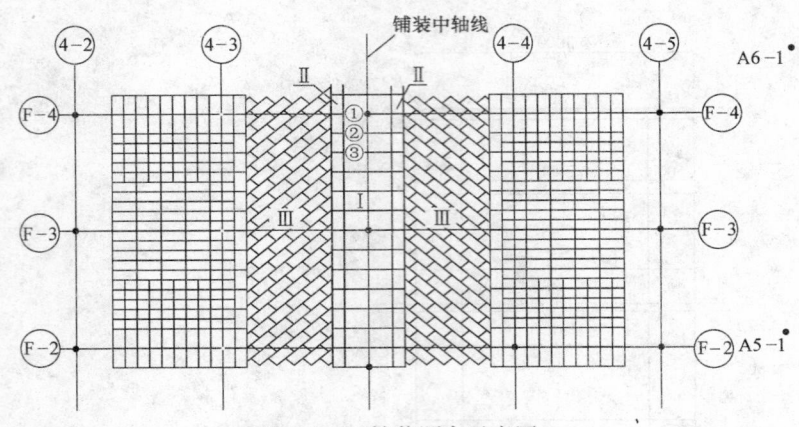

图 5.3.3　铺装顺序示意图

曾组织项目管理公司、监理、设计及总包单位对厂家的荒料矿山及加工工艺进行了实地考察，以确保石材的技术指标满足设计要求及荒料矿山储藏量满足工程规模需要。

2. 出厂检验

上场初期，为严把石材出厂检验关，项目部派专人到石材厂家，对石材的材质、加工精度进行出厂检验，从源头上对铺装质量进行了控制。

3. 合同约定石材质量检验验收

在签订的供货合同中，明确批量供应计划与检验验收的程序和标准。当采用不同矿源或其他供货厂家时，对照封样样块，按照设计及规范要求，进行重新委托检测，避免出现差异。

4. 石材各项证件齐全

石材进场前要有出厂证明、产品合格证及材质检验报告。

5. 成立石材现场验收小组

成立由项目总工为首的石材进场验收小组，组员由现场副经理、物资部、安全质量部、工程技术部、测试中心部室主管组成，对进场后的石材进行检查，要求表面无裂纹和脱皮，边角方正，无扭曲、缺角、掉边，企口线直顺。验收合格方能进行使用，不合格的不予卸车。现场验收时详细核对品种、规格、数量、质量等是否符合设计要求，按规格尺寸及允许误差大小分类、编号。

6. 委托第三方检测

经国家建材检测中心现场取样检测，石材几何尺寸及各项技术参数均满足设计要求。

5.4.2　石材的临时堆放

1. 石材要水平叠放，底下应加垫木方，石材与石材之间用 10cm×10cm 木方分隔，石材堆放高度不得超过 1.5m。

厚度＜150mm 的侧立堆放，底下应加垫 10cm×10cm 木方，石材与石材之间用 5cm×3cm 木条分隔，垫木上下铅直对齐；厚度≥150mm 的水平叠放，底下应加垫木方，石材与石材之间用 10cm×10cm 木方分隔，垫木上下铅直对齐。

2. 石材放置在施工场地应分类码放，用彩条布防护苫盖并有专人看管。

5.4.3　石材的成品保护

1. 石材封样样品应妥善保存，以备施工过程检查与日后维护使用。

2. 石材的包装、装卸和运输应有可靠措施，避免出现磕碰损伤和污染。

3. 施工过程中操作人员踩踏新铺石材板块时要穿软底鞋。

4. 铺砌石材板块过程中，应随铺砌随擦净，擦净石材表面应用毛刷和干布。

5. 石材铺装完成后，应及时苫盖保护，并安排专人看管；石材铺装 3 日内或结合层砂浆的抗压强度低于 1.2MPa 时，不得在石材面层行走。

6. 铺装完毕后的石材经修整后，上涂油性石材防护剂。

6. 材料与设备

6.1 起重及运输机具（表6.1）

起重及运输机具表　　　　　　　　　　　　　　　　表6.1

序号	机具名称	组成材料	使用要求
1	自制龙门吊	10号槽钢、200工字钢、φ500mm胶轮	用于1990×990×250石材的吊装就位
2	自制提升架	钢丝绳、焊接钢架及活动铁夹	连接在电动葫芦下面，吊装石材用
3	小型叉车	5t	用于成包石材的搬运
4	自动杠杆车		用于995×495×250、995×495×150石材的吊装就位

6.2 常用工具（表6.2）

常用工具表　　　　　　　　　　　　　　　　表6.2

序号	机具名称	型　号	单　位	数　量	备　注
1	砂浆搅拌机	1m³	台	1	
2	磅秤	50kg	台	1	
3	平板振动器	HCD80型	台	1	
4	砂轮切割机		台	1	
5	打磨机	高频	台	1	

6.3 特制工具及专用材料（表6.3）

特制工具及专用材料表　　　　　　　　　　　　　　表6.3

序号	机具名称	型　号	单　位	数　量	备　注
1	夯锤	12.5kg	个	1	
2	预压板	2.2m×1.1m×5mm竹胶板	块	1	
3	隔缝板	10mmPE板	块	1	

7. 质 量 控 制

采用由我集团公司组织编写的《北京奥林匹克公园中心区巨型石材铺装施工技术规程及质量检验验收标准》JQB 149—2007作为该铺装工程的质量控制及验收标准。

7.1 巨型石材铺装质量检验与验收标准

本铺装工程由土路床、底基层、混凝土基础、粘结层及面层组成，详见图7.1。

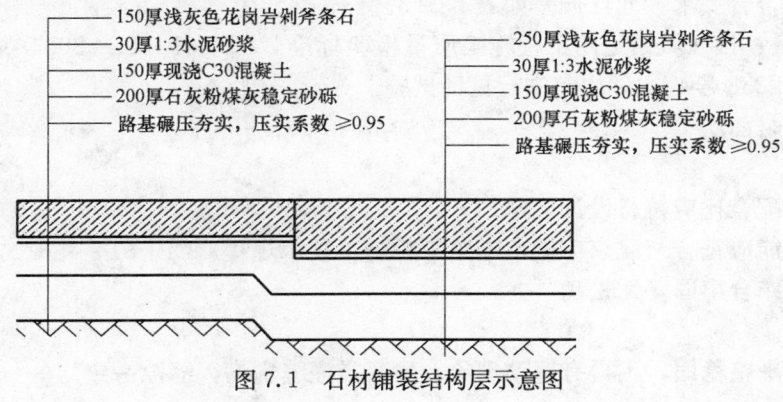

图 7.1 石材铺装结构层示意图

7.1.1 土路床

检验与验收标准执行《城镇道路工程施工质量检验标准》DBJ 01—11—2004 关于路基的规定。

7.1.2 底基层

1. 主控项目

1）采用预拌石灰粉煤灰稳定砂砾（简称："二灰料"）。指标为：

级配良好，经试验其 7d 无侧限抗压强度为 0.6～0.8MPa，且 28d 无侧限抗压强度为 1.5～2.0MPa。

检验方法及数量：按《城镇道路工程施工质量检验标准》DBJ 01—11—2004 执行，监理单位按建委（京建质［2004］233 号）文件规定进行见证试验。

2）压实度应符合设计规定。

检验方法及数量：按《城镇道路工程施工质量检验标准》DBJ 01—11—2004 执行，监理单位按建委（京建质［2004］233 号）文件规定进行见证试验。

2. 一般项目

1）表面应坚实、平整。

2）用 12t 以上压路机碾压后，轮迹深度不得大于 5mm。

3）质量允许偏差见表 7.1.2。

底基层质量允许偏差表 表 7.1.2

序号	项目	允许偏差	检查频率		检 验 方 法
			范围	点数	
1	厚度	±8mm	1000m²	2	用钢尺量
2	平整度	≤10mm	400m²	3	用 3m 直尺和塞尺连续量取两尺取最大值
3	线位	20mm	200m	4	用经纬仪测量
4	高程	±10mm	20m×20m	1	用水准仪测量

7.1.3 混凝土基层

1. 主控项目

1）强度等级 R28 应符合设计要求，检验方法及数量：按《城镇道路工程施工质量检验标准》DBJ 01—11—2004 执行，监理单位按建委（京建质［2004］233 号）文件规定进行见证试验。

2）为提高和易性或适应冬期施工而选用的掺合料、外加剂等材料应符合《混凝土结构工程施工质量验收规范》GB 50204—2002 的规定。

2. 一般项目

1）表面平实、无起砂、麻面等缺陷。

检验方法及数量：按《城镇道路工程施工质量检验标准》DBJ 01—11—2004 执行，监理单位按建委（京建质［2004］233 号）文件规定进行见证试验。

2）表面平整度符合要求，允许偏差如表 7.1.3。

检验方法及数量：按《城镇道路工程施工质量检验标准》DBJ 01—11—2004 执行，监理单位按建委（京建质［2004］233 号）文件规定进行见证试验。

7.1.4 巨型石材面层

1. 主控项目

1）砂浆结合层配合比应符合设计规定。

2）石材力学性能应符合《北京市城市道路工程施工技术规程》DBJ 01—45—2000 的要求。

3）面层与基层结合牢固，无松动。

2. 一般项目

1）石材铺砌应平整稳固，不得有翘动现象；砂浆及灌缝饱满，缝隙一致。

混凝土基层允许偏差   表 7.1.3

序号	项目	允许偏差	检验频率		检验方法
			范围	点数	
1	平整度	≤4mm	每 100m²	2	用 3m 直尺和塞尺连续量取两尺,取最大值
2	相邻板高差	≤3mm	缝	3	用尺量,3 点取最大值
3	标高	0,-5mm	20m	3	用水准仪测量
4	厚度	±5mm	每块板	2	用尺量

2）石材铺砌表面应整洁美观,砌缝直顺,面层颜色过渡自然、基本协调。

3）石材面层与路缘石及其他构筑物应接顺,不得有反坡、积水现象。

4）面层表面的坡度应符合设计要求。

5）石材面层的允许偏差应符合表 7.1.4 规定。

石材面层的允许偏差   表 7.1.4

序号	项目	允许偏差	检验频率		检验方法
			范围	点数	
1	平整度	≤3mm	10×10m	1	用 3m 直尺和塞尺连续量取两尺取最大值
2	相邻板高差	≤2mm	10×10m	2	用钢尺量 4 点取较大值
3	纵缝直顺度	≤5mm	40m	1	拉 20m 小线量 3 点取最大值
4	横缝直顺度	≤5mm	20m	1	拉 20m 小线量 3 点取最大值
5	缝宽	-2mm～+2mm	100m²	1	用钢尺量 3 点取最大值
6	标高	±8mm	100m²	4	用水准仪测量
7	井框与路面高差	≤2mm	每座	4	十字法用塞尺量最大值
8	纵缝直顺度	≤5mm	全段	1	经纬仪

注:每 100m² 或每台班至少制作砂浆试块一组（6 块）,如砂浆配比变更时,相应制作试块。

7.2 检验标准的特点

7.2.1 创造性地提出了混凝土基础采用负误差,以确保粘结层厚度;

7.2.2 与现行的《北京市城市道路工程施工技术规程》DBJ 01—45—2000 和《城镇道路工程施工质量检验标准》DBJ 01—11—2004 相比较,减小了标高、井框与路面高差允许偏差,增加了全段纵缝直顺度的允许偏差值;

7.2.3 规定了大面积石材铺装原材料的进场检验按 1 次/10000m² 进行检验。

7.3 质量保证措施

7.3.1 石材的选择应经过充分的考察确定。保证石材的技术指标满足设计要求;保证资源条件满足工程规模需要。

7.3.2 石材加工单位、材质鉴定单位须具有相应资质。

7.3.3 施工单位与加工单位的合同中应明确批量供应计划与检验验收的程序和标准。当采用不同矿源或不同加工单位供应石材时,必须落实统一的技术质量标准和避免出现差异的措施。

7.3.4 石材力学性能应符合《北京市城市道路工程施工技术规程》DBJ 01—45—2000 的要求。

7.3.5 石材外观质量应参照《天然花岗石建筑板材》GB/T 18601—2001,按设计确定的参数执行。

7.3.6 石材封样样品应妥善保存,以备施工过程检查与日后维护使用。

7.3.7 石材铺装 3 日内或结合层砂浆的抗压强度低于 1.2MPa 时,不得在石材面层行走。

7.3.8 吊运石材的吊车和吊具应经过充分的检验并试行使用,保证其安全、可靠、使用性能满足作业要求。

7.3.9 铺砌时应逐块保证标高、位置准确,当日铺砌后应及时检查验收。

7.3.10 冬期施工时,需搭设移动式保温棚,确保施工及养护温度在 +5℃ 以上。

8. 安 全 措 施

8.1 认真贯彻"安全第一、预防为主"的方针，根据国家有关规定、条例，结合施工单位实际情况和工程具体特点，组成专职安全员和班组兼职安全员以及工地安全用电负责人参加的安全生产管理网络，执行安全生产责任制，明确各级人员职责，抓好工程的安全生产。

8.2 施工现场按符合防火、防风、防雷、防洪、防触电等安全规定及安全施工要求进行布置，并完善布置各种安全标识。

8.3 各类房屋、库房、料场等的消防安全距离做到符合公安部门的规定，室内不堆放易燃品；严格做到不在木工加工场、料库等处吸烟，随时清理现场的易燃杂物，不在有火种的场所或其近旁堆放生产物资。

8.4 施工现场的临时用电严格按照《施工现场临时用电安全技术规范》的有关规定执行。

8.5 电缆线路应采用"三相五线"接线方式，电气设备和电气线路必须绝缘良好，场内架设的电力线路其悬挂高度和线间距除按安全规定要求进行外，将其布置在专用线杆上。

8.6 室内配电柜、配电箱在有绝缘垫，并安装漏电保护装置。

8.7 建立完善的施工安全保证体系，加强施工作业中的安全检查，确保作业标准化、规范化。

8.8 石材吊装时要将扣件固定牢固，固定好保护栓，石材吊起时周围 1m 范围内严禁站人，龙门吊移动时两边要速度一致，均速前进。

8.9 吊运石材的吊车和吊具应经过充分的检验并试行使用，保证其安全、可靠、使用性能满足作业要求。

9. 环 保 措 施

9.1 成立相应的施工环境卫生管理机构，在工程施工过程中严格遵守国家和地方政府下发的有关环境保护的法律、法规和规章及北京市建委的五个百分百的要求，加强对施工燃油、工程材料、设备、废水、生产生活垃圾、弃渣的控制和治理，遵守有关防火及弃物处理的规章制度，做好交通环境疏导，充分满足便民要求，认真接受城市交通管理，随时接受相关单位的监督检查。

9.2 将施工场地和作业限制在工程建设允许的范围内，合理布置、规范围挡，做到标牌清楚、齐全，各种标识醒目，施工场地整洁文明。

9.3 对施工中可能影响到的各种公共设施制定可靠的防止损坏和移位的实施措施，加强实施中的监测、应对和验证，同时，将相关方案和要求向施工人员详细交底。

9.4 对施工场地道路进行硬化，并在晴天经常对施工通告道路进行洒水，防止尘土飞扬污染周围环境。

9.5 定期清运弃渣，并按当地环保要求的指定地点和方案进行合理堆放和处置。

9.6 本工法秉承奥运的环保理念，做到无施工噪声污染、无燃料污染，达到了环保效果。

9.7 先期铺装完毕的石材在做好成品防护的基础上，可减少现场密目网的覆盖。

10. 效 益 分 析

10.1 经济效益分析

10.1.1 钢筋混凝土试块替代巨型石材进行模拟试验

在试铺中创造性地采用钢筋混凝土试块替代巨型石材进行模拟试验，不仅节约了成本，而且提高了钢筋混凝土块的利用率，见表 10.1.1。

试铺材料对比   表 10.1.1

序号	半幅面积（m²）	名称	成本（元）	重复利用次数
1	120	钢筋混凝土	10500	20
2		石材	120000	3

1. 节约材料成本 12 万元×20÷3－1.05 万元＝78.95 万元；

2. 两种块材差价为 10.95 万元；

因此仅试铺中采用钢筋混凝土块代替石材便节约成本 78.95＋10.95＝89.9 万元。

10.1.2 人工搬运与机械就位对比（表 10.1.2）

人工、机械就位对比   表 10.1.2

序号	名称	人工/班组	耗时（分钟）	人工单价（元/日）
1	人工搬运	10	30	85
2	机械就位	6	15	

每天每班组节省人工费 85 元×4＝340 元，石材铺装共计 17 万 m²，每天每班组按 50m² 铺装面积计算，人工费节约 0.0340 万元×（170000÷50）＝115.6 万元；

铺装效率提高节约人工费为 115.6 万元×（30÷15）＝231.2 万元。

10.2 社会效益分析

10.2.1 采用自制小型龙门吊、自制提升架及自制杠杆车替代传统的人工搬运就位，不仅降低了劳动强度、提高了工作效率，而且充分体现了人文、科技的奥运理念，确保了巨型石材精确就位达 1mm；

10.2.2 采用龙门桩充筋，很好地保证了砂浆的虚铺厚度，从而严格控制住了石材的表面平整度；利用自制设备施工，将传统的每天人均铺装 3m² 提高到人均铺装 8m²，不仅大大地加快了铺装进度，而且保证了铺装质量；

10.2.3 测量控制技术，为大面积铺装工程、特别是异形石材的分标段铺装工程提供了现场施工的技术先导，铺装的顺直度及标高控制均控制在验收标准范围内；

10.2.4 《北京奥林匹克公园中心区巨型石材铺装施工技术规程及质量检验验收标准》JQB 149—2007 通过北京市建委的备案，为其他标段及今后类似大面积广场及道路巨型石材铺装提供了技术参考、工艺指导及验收标准，成为本工法重要的质量控制依据；

10.2.5 此工法应用于铺装施工中，由于其施工费用低、进度快，无施工噪声污染、无燃料污染，推动了巨型石材在广场铺装中的发展充分体现了人文、科技、环保的奥运理念。

11. 应 用 实 例

奥林匹克公园中轴铺装工程全长 2.24km、铺装面积为 170000m²。中间为 1990mm×990mm×250mm 石材，两侧为 990mm×495mm×250mm、995mm×495mm×150mm 及部分斜铺小块石材。分为三个区域进行铺装，采用自制小型龙门吊、自制提升架及自制杠杆车替代传统的人工搬运就位，不仅降低了劳动强度、提高了工作效率，而且确保了巨型石材精确就位达 1mm，得到了北京市（2008）工程建设指挥部、业主、设计院等单位的肯定，民族大厦等后续铺装工程及市有关企事业单位也进行了现场观摩，特别是陈刚副市长多次视察铺装现场并给予了高度评价，称"铺装质量在天安门广场之上"，此项工法为今后类似大型广场及道路巨型石材铺装提供了技术支持，对促进气势磅礴的大型广场施工具有重要意义。2007 年，中铁十六局集团有限公司北京奥林匹克中心区中轴铺装及地下管线工程获北京市政基础设施竣工长城杯金质奖，2008 年获全国市政金杯示范工程奖。中铁十六局集团有限公司奥林匹克中心区建设科研项目组获"奥运科技（2008）行动计划"领导小组、第 29 届奥林匹克运动会科技技术委员会授予的"科技奥运先进集体"荣誉称号。

深立井基岩段井壁漏水防治施工工法
GJEJGF214—2008

中煤第一建设公司

蒲耀年　陈耀文　王玉沛　李富新　邓贤松

1. 前　言

随着立井开拓深度的不断增加，遇到的技术难题也越来越多，其中井壁漏水的防治成为主要的技术难题之一。兖煤菏泽能化有限公司赵楼矿副井井筒处理井壁漏水时，在传统的方法上进行了工艺的改进，把注浆孔深度加大，在浆液中添加膨胀剂，使用设备进行了更新，有效控制了井壁涌水量的反弹和注浆施工对井壁可能造成的破坏。工期仅用 33d，实测井筒漏水量 $3.9 m^3/h$，实现了在千米井筒井壁漏水处理效果的奇迹。施工质量、工艺操作、工期控制上取得了显著的效果，并取得了明显的经济效益和社会效益。

2. 工法特点

本工法研究的是深立井基岩段井壁漏水防治技术，其主要用于深立井静水压力大（6～15MPa）条件下的井壁漏水壁后注浆施工。

深立井基岩段井壁漏水防治施工主要特点是在高压壁后注浆施工条件下保证井壁安全和注浆效果，包括注浆施工设备、浆液的配制、造孔的深度、孔口管的形式及注浆压力的控制，以确保工程安全和防治水效果。

采用风钻凿眼，深入壁后岩层，埋入注浆管，用高压注浆泵在支护壁后的岩层中注入配制好的具有充塞胶结性能的浆液，浆液以充填或渗透等形式驱走岩石裂隙或空隙中的水，达到封堵裂隙、隔绝水源、或将松散岩层胶结成不透水的整体，从而起到永久性的堵水作用。

3. 适用范围

3.1　深立井、硐室的浇筑混凝土壁后漏水防治，最深可满足 1500m 深井的应用；

3.2　巷道、硐室喷射混凝土壁后漏水防治。

4. 工艺原理

利用风钻凿眼，深入壁后岩层，埋入注浆管，用高压注浆泵在支护壁后的岩层中注入配制好的具有充塞胶结性能的浆液，浆液以充填或渗透等形式驱走岩石裂隙或空隙中的水，达到封堵裂隙、隔绝水源、或将松散岩层胶结成不透水的整体，从而起到永久性的堵水作用。

5. 施工工艺流程及操作要点

5.1　注浆站布置

注浆站宜布置在作业点附近。在立井施工中，注浆泵布置在吊盘上，搅拌桶宜布置在地面，用吊桶运输浆液。

5.2 固定孔口管和造孔施工

注浆孔结构：注浆孔结构为"孔口管 $\phi40\times350+$ 裸孔（$\phi32$）"。终孔深 1.5～2.5m，孔深根据出水量的大小可适当调整。

使用 YT-27 风钻造孔固定孔口管。孔口管的马牙扣部位缠上生麻，抹上适量的黄油后，利用大锤或风钻推进器、将孔口管推进孔内。

水压较大出水点，造孔必须分两次进行，开孔深度 350～400mm，或开孔深度不穿透井壁厚度，安设孔口管、高压阀门（型号根据工作压力选择），然后从高压阀门中钻孔至终孔深度。

孔口管必须固定牢固。

5.3 注浆作业

注浆前，必须进行静水压力测定、压水冲孔、耐压试验。

注浆开始前，必须安排专人看护注浆阀门和专人操作注浆机并观测注浆压力表。注浆浓度从小到大，在涌水量较大的情况下，可适当加大浆液浓度。根据孔口进浆量，调节注浆机风量，控制进浆的速度。对于注入浆液的浓度，通过吸浆阀门和吸水阀门的调节来控制。

每个孔注浆结束后，必须用清水（或机油）冲洗净注浆管路，吸水泥浆管和吸水玻璃管，甲液吸浆管和乙液吸浆管要做好标记，以防混用。

在注浆过程中，不可避免地会出现跑浆、窜浆等异常情况。应采取以下措施：

5.3.1 跑浆。若出现跑浆现象时，可在跑浆的裂缝中用木楔、棉纱、棉丝等物嵌塞或配合糊堵水泥-水玻璃速凝塑胶泥，并作间歇或注浆，但间歇时间不宜过长，不能超过凝胶时间；当跑浆严重时，可改变浆液配比、缩短凝胶时间来加以控制；如采用上述方法均不见效时，可重新补孔，进行补注。

5.3.2 窜浆。当发生窜浆时，应及时关闭窜浆孔的孔口阀门，注浆孔的注浆量在可能的情况下，应加倍注入。

5.3.3 长时间不上压。产生这种现象的原因，一般是超扩散，应必须首先查明有无浆液流失、泵的吸浆是否正常，根据地质条件资料，钻孔附近是否有断层、大裂隙等。然后，根据不同情况，采取相应的措施。如有浆液流失，应及时采取封堵，调浓浆液、缩短凝胶时间、间歇注浆等措施加以控制；如因注浆泵吸浆不正常，则应采取措施加以排除；如有断层或大裂隙，则应调浓浆液、缩短凝胶时间，加大浆液注入量。

5.3.4 上压很快。如是流出的泥砂堵死了注浆管，需打开阀门清除泥砂；如是水压较大，属于小裂隙、高压水，则应在其附近布设泄压注浆孔。

注浆压力达到终压前 0.5～1MPa 时，注入水泥-水玻璃双液浆达到终压进行封孔。

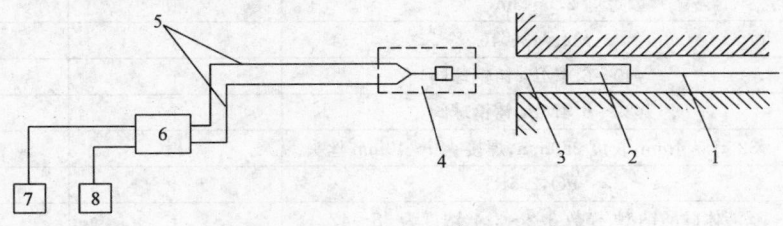

图 5.3.4　注浆系统设备布置图

1—注浆管；2—专用封口器；3—注浆铁管；4—专用注射枪；5—高压胶管；6—注浆泵；7—水泥浆；8—清水

5.4 浆液的配制

注浆浆的浆液通常使用单液浆、水泥-水玻璃，水泥单液添加膨胀剂浆，超细水泥单液浆。

为减少浆液运输量，水泥浆通常配制成水灰比 0.8∶1。在注浆过程中，通过控制吸水和吸浆量，调节浆液比例。在注浆初始，在岩石裂隙导通性较差和进浆量较小时，可使用稀浆；注浆压力达到距终压 1MPa 时，可使用浓浆。

5.5 施工工序

施工程序：风钻开孔（孔径43mm）至孔深350～400mm时，安装孔口管——安设高压阀门——用φ32mm钻头从阀门内套孔穿透外壁进入注浆层位——关闭阀门并连接好注浆设施——打开阀门——开启注浆泵进行压水——注入一定浆液后封孔——关闭阀门——换孔。待浆液养护一段时间后，检查孔口是否漏水，如有漏水再从阀门内套孔复注，直至达到堵水要求。

5.6 操作要点

5.6.1 注浆管和连接丝头焊接必须牢固严密，防止因压力过大而断裂或漏浆；

5.6.2 孔口管长度350～400mm，全长做成到锥形马牙口状，安装时周圈缠绕生麻，保证孔口管在井壁上固定牢固；

5.6.3 造孔位置选择在出水点周围500mm附近，不宜顶水造孔，防止因出水点附近混凝土结构疏松导致孔口管固定不牢固；

5.6.4 造孔深度一般在1.5～2m，对于水量较大的出水点，可加深注浆孔，加大隔水层厚度，在第一次注浆效果不明显时，可二次套孔复注；

5.6.5 注浆作业前必须压水冲孔、试压，检查孔口管和阀门固定情况；

5.6.6 注浆过程中根据进浆量和注浆压力的变化，调节进浆浓度；

5.6.7 拌制好的单液浆放置时间不得超过两个小时，添加膨胀剂后的浆液放置时间不得超过1个小时，浆液必须搅拌均匀；

5.6.8 注浆达到终压封孔后必须用管冒上紧封严；

5.6.9 所有透到壁后的孔，不论出水与否，均必须进行注浆压力封孔；

5.6.10 注浆作业前，必须仔细研究各层位的地质资料，以便确定注浆参数。在施工过程中，对含水层位在井壁上做出明显标志，以方便注浆作业。

6. 材料与设备

主要材料和设备见表6-1～表6-3。

施工机具和材料　　　　　　　　　　　　　　　　　　　表6-1

序号	名称	规 格 型 号	单 位	数 量
1	注浆泵	QGB系列注浆泵，（根据需用终压选择）	台	2（备用1台）
2	搅拌桶	0.2m³	个	2
3	风钻	YT-27	部	3（备用1部）
4	钻杆	2.5～3m	根	根据工作量确定
5	钻头	φ32、φ43、φ46	个	根据工作量确定
6	阀门	φ40-6.4MPa铸钢球阀	个	根据工作量确定
7	阀门	φ32-6.4MPa铸钢球阀	个	根据工作量确定
8	孔口管	φ32壁厚4mm，长度350mm，焊接φ40～40mm丝头	根	根据工作量确定
9	水泥	PO42.5R	t	根据工作量确定
10	水玻璃	液体硅酸钠型、模数3.2～3.4、浓度为38～42	t	根据工作量确定
11	水泥	ZY/UEA-H型		根据工作量确定
12	生麻	若干kg		

QGB注浆泵参数　　　　　　　　　　　　　　　　　　　表6-2

最大出浆量（L/min）	15～24	输送浆液最大浓度	1:1
最大出浆压力（MPa）	20～30	重量（kg）	45
供气压力（MPa）	0.2～0.7	外型尺寸（m）	0.5×0.4×1
输送距离（m）	40		

作业人员配备表 　　　　　　　　　　　　　　　　　　　　表6-3

井 下 作 业		地 　 面	
泵司机	1×3	备料工	3×3
注浆工	3×3	信号工	1×3
打眼工	2×3	把钩工	1×3
信号工	1×3	记录员	1×3
合计	21		18

7. 质 量 控 制

7.1 执行《煤矿井巷工程质量验收标准》MT 5009—94。

7.2 浆液搅拌严格按配合比，并搅拌均匀；添加膨胀剂时，必须先把膨胀剂加入水中，搅拌均匀后再加入水泥搅拌；

7.3 膨胀剂按水泥量的8‰添加，严禁超量使用；

7.4 注浆孔深度必须深入到含水岩层，注浆终压达到静水压力的1.5～2倍，封孔后，注浆孔不得渗水；

7.5 注浆期间，压力上升不明显时，以封堵混凝土井壁表面渗水为标准。

8. 安 全 措 施

8.1 严格按照"施工组织设计"和"施工作业规程"以及"技术操作规程"进行施工。

8.2 建立井口管理制度，井上下信号工、绞车司机都必须有严格的岗位责任制及掌握操作规程，并经过安全技术培训合格后，持证上岗，严禁无证操作。

8.3 井口信号工、把钩工必须坚守岗位，集中精力，认真负责，绝不允许脱岗或由非岗位人员代替。

8.4 信号工对发出的信号要仔细判断，弄清意思方可传达信号，判断不清要反复联系。井上下信号要统一一致，绞车司机要熟悉信号内容，判断不准时不得开车。每次提盘后，信号工必须及时向绞车工确定盘位，盘位不确定不得开车。

8.5 井口内要保持整洁，不得堆放无用的物料和工具；井盖门、各管路通过口平时要盖严封好。

8.6 人员乘吊桶或随吊桶升降时，在三层吊盘及辅助盘等悬吊设备上作业时，都必须佩戴安全带并要生根牢靠。

8.7 井口作业时，必须确保不坠物方可工作，使用的工具及拆除的螺丝等材料，不得随手乱仍乱放，防止坠入井中，工作结束后，及时清理干净现场，并盖好通过口。

8.8 各层吊盘不得堆放无用材料，要及时清理吊盘上杂物。所用物品不得放在吊盘边缘，确保任何物件不得坠落。

8.9 在各层吊盘上平行作业时，作业人员要互通信息，所使用工器具要系在手腕上，大的工器具放在可靠处生根，上层盘作业人员必须及时通知下层盘作业人员躲避。

8.10 起落吊盘时，安排专人看好各盘边缘，检查吊盘每个悬吊绳的松紧程度，及时通知信号工调整吊盘。

8.11 严格执行井筒吊挂系统检查制度，实行专人定期检查，并认真填写检查记录。

9. 环 保 措 施

9.1 工业场地要平整、清洁、卫生，井口棚各种标牌悬挂应整洁有序，严禁堆放杂物，施工用具摆放整齐。

9.2 井筒内风筒、管线悬吊统一整齐，并做到"风、水、电、气、油"五不漏，创造良好的施工环境。

9.3 加强通风和综合防尘管理，使井下粉尘浓度达到安全规程要求；井上下工作场所内要做到清洁整齐、布置有序。

9.4 地面各种材料堆放规矩有序，此案料、构件分类管理，整齐挂牌、编号存放。

9.5 搞好职工培训，教育职工搞好文明施工，培养职工良好作风。

10. 效 益 分 析

10.1 该工艺操作简便，效率高，封水效果的时效性好，一般能保证 10 年不会出现漏水量反弹；

10.2 QGB 系列注浆泵体积小、重量轻，重量仅 45～50kg，比传统的注浆设备重量轻 200～300kg；

10.3 设备操作方便，效率高，可随机调节注入的浆液浓度，工作压力可达到 20～30MPa；

10.4 适应环境能力强，QGB 系列注浆机以通用的煤矿压风为动力，通用性强；能应用于淋水、高瓦斯等环境；

10.5 设备价格低廉，与同类设备相比较相差很小。

11. 应 用 实 例

11.1 兖煤菏泽能化公司赵楼矿风井井筒，$\phi6.5m$，井深 916m。井筒到底后，于 2006 年 8 月 10 日使用方法开始进行井筒漏水处理施工，2006 年 9 月 15 日结束，工期 37d，实测井筒漏水量 3.2m³/h；

11.2 兖煤菏泽能化公司赵楼矿副井井筒，$\phi7.2m$，井深 936m。井筒到底后，于 2007 年 2 月 10 日使用本方法开始进行井筒漏水处理施工，2007 年 3 月 14 日结束，工期 33d，实测井筒漏水量 3.9m³/h；

11.3 兖煤菏泽能化公司赵楼矿主井井筒，$\phi7.0m$，井深 926m。井筒到底后，于 2007 年 6 月 12 日使用本方法开始进行井筒漏水处理施工，2007 年 7 月 14 日结束，工期 33d，实测井筒漏水量 2.6m³/h。

施工过程安全可控，无安全生产事故发生。井筒实测漏水量远远小于标准要求，工程质量优良率达 100%，兖煤菏泽能化公司赵楼矿主井、副井和风井井筒荣获煤炭行业"太阳杯"工程和全国新技术示范应用工程。

深水平高应力区软岩巷道支护工法

GJEJGF215—2008

江苏华美工程建设集团有限公司

王慧明　万援朝　樊九林　任家亮　李静

1. 前　　言

软岩巷道支护，如何预防巷道变形破坏，一直是煤炭系统科研的重点，从 20 世纪 80 年代起，在软岩巷道的支护上加大了科研力度。

徐矿集团各煤矿开采水平 20 世纪 80 年代前都在 800～900m 以上。近年来随着开采深度的加深，地质条件趋于复杂，原有巷道的支护形式已不能有效解决由于深水平高应力增加而导致巷道相继出现严重破坏的问题，给煤矿基本建设带来极大困难。

徐州矿务集团庞庄煤矿张小楼井二期巷道工程，设计水平为 -1166m 左右，地表标高为 +43m，距地表深度为 1210m 左右。开始，巷道的支护设计由于没有深水平支护经验，仍采用深度 800～900m 左右的锚喷网或扶棚支护结构设计，结果在大型摺曲构造带和破碎带等复杂地质条件下，巷道出现严重变形和破坏，给正常掘进施工带来极大的困难，也增加了支护修复费用和不安全隐患。

为了解决由于千米以下深水平高应力软岩巷道变形破坏问题，江苏华美工程建设集团有限公司与中国矿业大学共同对围岩破坏松动圈进行探测，对巷道破坏和支护结构进行研究，取得了成功经验，并由徐州矿务集团在各矿井进行推广应用，取得了显著的支护效果和经济效益。该项目成果于 2006 年获得徐州矿务集团科学技术进步三等奖，并于 2008 年获江苏省煤炭科技进步三等奖。本工法关键技术于 2009 年 3 月 22 日通过了中国煤炭建设协会组织的技术鉴定，达到国内领先水平，并先后在徐州矿务集团张小楼、夹河、张集等煤矿多个千米以下水平硐室、巷道掘进、修复中应用，解决了复杂地层条件下支护问题，加快了施工进度，缩短了建井工期，提高了工程质量，保证了施工安全，取得了较好的经济效益和社会效益显著。

2. 工 法 特 点

2.1 采用地质雷达探测巷道围岩破坏松动圈技术，为巷道支护结构参数设计提供科学依据。

巷道的变形破坏、围岩松动开裂，其松动圈范围是确定巷道支护参数的一项最重要的技术指标。通过采用瑞典产 RAMAC/GKP 地质雷达，利用电磁反射波信号探测系统来探测巷道围岩松动范围。通过对 318m 破坏巷道的探测，累计测点总数达 746 个，测出 5 个断面松动圈范围为 1.4～2.8m，大部分在 2.0m 以上，属大松动圈范围，这说明围岩破裂严重且范围较大，与巷道表现的严重变形相对应（图 2.1、表 2.1）。因此，原有支护结构要重新设计，以加固松动圈，提高巷道支护能力。

2.2 巷道支护技术

2.2.1 对于松动圈较大的围岩巷道支护技术

对于松动圈较大的围岩巷道，采用锚网喷联合加厚支护和锚注支护技术，提高围岩整体稳定性，发挥锚杆的锚固作用，解决修复问题。

1. 对松动圈较大围岩巷道的修复，采用左旋无纵筋高强螺纹钢锚杆，锚杆直径 $\phi 20mm$，间距 0.8m×0.8m，长度 2.5m，超过松动圈范围。

2. 采用锚注支护技术，充填松动圈内裂隙，提高围岩自身承载能力和整体稳定性。

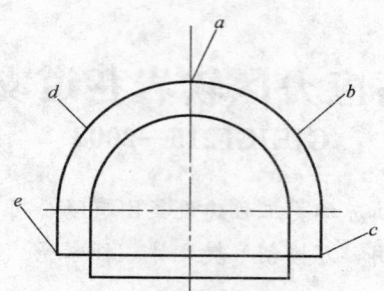

图 2.1　－1010m 皮带运输大巷破坏段各
断面松动范围地质雷达探测结果示意图

－1010m 皮带运输大巷破坏段各断面松动范围　　单位：m　　　　　表 2.1

巷道名称	断面编号	a	b	c	d	e
－1010m 皮带运输大巷破坏段	1	2.0	2.3	1.4	1.8	1.6
	2	2.4	2.1	1.5	2.8	2.0
	3	2.6	2.3	1.6	2.4	1.9
	4	2.7	2.3	2.0	1.8	1.6
	5	2.8	2.4	1.8	2.5	2.1

3. 采用反拱和锚注技术，解决巷道底鼓问题。

4. 在巷道两墙底和墙角，采用等强锚杆加固技术，解决巷道两帮变形破坏。

5. 在反拱内，将墙角处的水沟移到反拱中部，解决墙角应力集中和渗水导致底板岩层膨胀引起巷道底鼓问题。

2.2.2　对于新掘巷道过断层和破坏带支护技术

对于新掘巷道过断层和破坏带，采用先喷后锚网支护技术，待应力释放后，采用锚固加固围岩，解决新掘巷道支护变形破坏问题，节约大量钢材。

1. 利用先喷（30mm）后锚网技术，待应力释放后，采用复喷成型和锚注加固处理，解决巷道变形问题。

2. 利用锚杆二次紧固，提高锚杆的锚固能力。

2.2.3　破坏巷道和新掘巷道穿过断层、破碎带高应力区段支护技术

破坏巷道和新掘巷道穿过断层、破碎带高应力区段，均采用全断面锚注技术。

1. 注浆锚杆采用 $\phi22\times4mm$ 钢管，顶、帮长 2.0m，间距 1.4m×0.8m，底板注浆锚杆长 1.5m，间距 1.0m×0.8m，注浆压力为 1.5～2.0MPa，注浆液为水泥浆。

2. 新掘巷道留出 200mm 变形空间，确保井下运输安全，便于采取补强加固措施。

3. 采用钢带锚梁支护技术，提高锚杆整体锚固效果。

2.2.4　对于大断面硐室和巷道穿过破碎带和断层时支护技术

对于大断面硐室和巷道穿过破碎带和断层时，采用锚索和锚网喷、锚注配合支护技术，实现了施工安全，加快工程进度和保证工程质量。

1. 锚索采用 $\phi18.9mm$，长 7.0m，锚固力达 15t，间排距 2.0m×2.5m。

2. 采用反拱加锚注支护技术，防止底鼓。

2.2.5　巷道穿过大型断层破碎带，其巷道顶板岩石破碎难以支护时采用的支护技术

巷道穿过大型断层破碎带，其巷道顶板岩石破碎难以支护时，可采用 29U 棚，并采取短段掘砌通过。掘砌段为 1.0m，棚距 0.8m，棚顶采用 6 根管缝式锚杆作为超前支护，解决冒顶和施工安全问题。

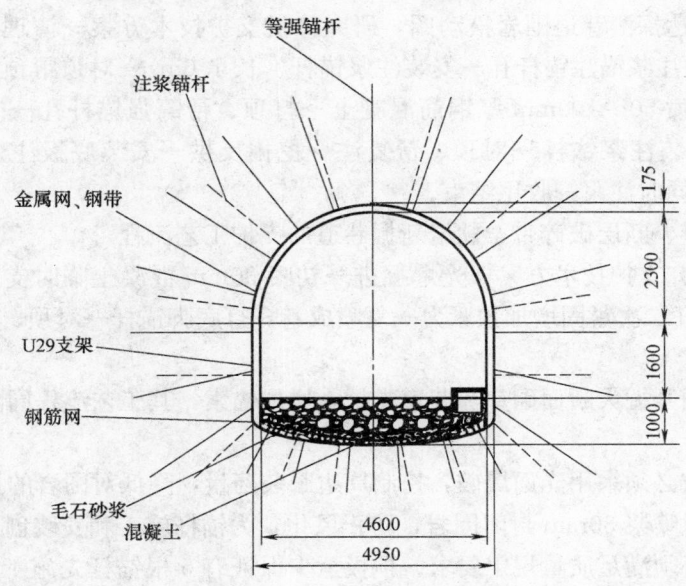

图 2.2　-1025m 轨道大巷锚喷网与支架、锚注、反拱联合支护结构示意图

3. 适应范围

主要应用于井深 800m 以下水平的软岩巷道和地质条件复杂地区，如断层、破碎带、构造带等高应力地区的巷道开拓和巷修。特别适用于埋深超过 1000m 以下水平的高应力软岩巷道。

4. 工艺原理

徐州矿务集团多数生产矿井巷道处于千米以下水平和复杂地质构造带、破碎带、断层带的软岩地层中，巷道变形破坏非常严重，而且变形破坏的速度明显高于 800m 以上水平巷道。江苏华美工程建设集团有限公司与中国矿业大学合作，采用瑞典新型地质雷达探测得知，围岩破坏松动圈较大，属大型松动破坏范围。经过深入研究，认为千米以下埋深巷道围岩，在高应力作用下呈流变状态，巷道开挖后，巷道支护强度低于围岩释放的应力时，巷道出现变形和破坏。因此，根据巷道破坏特征，江苏华美工程建设集团有限公司与中国矿业大学针对围岩大松动圈和地质复杂构造带、大断层和大型破碎带中的巷道支护，采用锚网喷联合加强支护技术，锚杆长度超过松动圈范围；采用等强锚固原岩体技术工艺；采用锚注支护技术充填松散破碎围岩胶结成整体技术原理，提高围岩的自身承载强度和围岩的整体稳定性，配合锚杆提高锚固作用；采用反拱锚注和两底脚加强锚固的技术工艺，全断面加强支护，解决巷道修复后的变形和破坏问题。

对于新掘巷道，通过研究采用先喷后锚网临时支护工艺，待围岩应力释放后，再采用复喷成巷和锚注的技术工艺，并采取锚杆二次紧固提高锚杆预紧力；钢带锚梁，提高锚杆整体锚固效果。

对于大断面硐室和巷道，增加锚索和锚网喷、锚注等联合支护技术工艺。

通过以上各种支护技术工艺的实施和长期观测，解决了高应力复杂地层状态下的巷道修复和新掘巷道的破坏难题。

5. 施工工艺流程及操作要点

5.1　施工工艺流程

5.1.1　复杂构造带、高应力软岩巷道修复支护工艺流程

现场勘察、地质雷达探测巷道围岩松动圈，研究修复支护技术方案→清理、剥离危岩、临时喷浆（厚50～100mm）→打预注浆锚注锚杆孔→安装注浆锚杆（长1.0m）→对顶帮预注浆→刷大断面卧底出矸到设计要求尺寸→初喷50～100mm厚钢筋混凝土→打顶、帮等强锚杆孔→安装等强锚杆→复喷成巷→打注浆锚杆孔→安装注浆锚杆→对顶、帮复注→挖掘反拱→安装底板注浆锚杆→浇筑混凝土反拱→对两帮底脚及底板同时注浆→收尾结束。

5.1.2 复杂构造带、断层破碎带、软岩新掘巷道的支护工艺流程

分析地质资料，研究支护技术方案→光爆掘进→初喷30mm混凝土临时支护→打锚杆、挂网、钢带→应力释放30d→锚杆二次紧固增加预紧力→复喷成巷→打底脚锚杆→对顶、帮锚注→打反拱、锚注（包括底脚）→收尾结束。

5.1.3 高应力区内开掘大断面硐室和巷道支护，增加锚索，其工艺流程同上。

5.2 操作要点

5.2.1 新掘巷爆破必须采用光面爆破，控制周边眼装药量，降低对围岩的振动破坏。

5.2.2 光爆后及时喷浆30mm封闭围岩，防止风化，为锚杆施工和安装创造条件。

5.2.3 锚杆施工必须满足质量规定要求。顶板至少保证有5根锚杆先施工安装就位，确保顶板安全，防止顶板下沉。

5.2.4 锚杆采用钢带连接成一整体，避免漏失，以免影响整体锚固效果。

5.2.5 锚杆必须进行二次紧固，确保锚杆扭矩达到规定的预紧力。

5.2.6 复喷前要冲洗巷道表面灰尘，增加喷体连接质量。

5.2.7 加强巷道两帮和两底脚锚固，锚杆与底板成45°。

5.2.8 新掘巷道的锚注工作应在应力释放后进行，锚注时间在开掘30d之后实施，注浆压力为1.5～2MPa。锚注后，要上紧托盘，增加锚固作用。

5.2.9 底鼓巷道采用反拱加锚注支护。锚注工作应在反拱混凝土凝固7d后进行。反拱内采用毛石砂浆充填成一整体。

6. 材料与设备

本工法需要的设备除了正常的掘进和出矸设备外，其他主要使用的设备和材料见表6。

主要施工材料和设备 表6

序号	名 称	规 格	单位	数量	备注
1	风锤	7655,YT-27	部	10	
2	锚杆钻机	MQT-120	台	2	
3	钻头	φ27～42	t		
4	锚索	φ18.9mm	t		根据设计需要
5	锚杆	φ20等强锚杆	t		根据设计需要
6	金属网	φ6mm,100×100网格	t		根据设计需要
7	锚固剂	树脂药卷	吨		根据设计需要
8	注浆机	KBY-50-70	台	2	
9	锚注锚杆	φ22×4mm	吨		
10	水泥	P.O32.5	吨		
11	黄沙	中粗	吨		
12	大石子	粒径10～30mm	吨		反拱用混凝土
13	小石子	粒径5～10mm	吨		喷浆用
14	混凝土搅拌机		台	1	

注：这些是一个掘进头的设备材料，以上所列是主要设备和材料。

7. 质 量 控 制

巷道的掘进和支护质量严格按国家部颁标准《煤矿井巷工程质量检验评定标准》MT 5009—94执行。

7.1 建立质量管理控制体系。

7.2 制定质量管理制度和奖惩规定。

7.3 加强分项工程质量验收制度，强化班组管理工作。

7.4 现场施工的支护材料，加强进场检验和质量把关工作。

7.5 采取月度分部验收和旬质量检查制度。

7.6 对施工关键工序实行质量重点监督检查工作，确保支护过程及时有效。

8. 安 全 措 施

8.1 必须严格按照《煤矿安全规程》、《作业规程》和《操作规程》组织施工和管理。

8.2 施工前必须认真研究施工方案，编制施工技术和安全措施，并认真传达交底和执行。

8.3 施工过程中要根据施工特点对《施工作业规程》和《安全技术措施》进行不断完善。

8.4 施工人员必须经过安全培训，所有特殊工种和专业技术工种必须持证上岗。

8.5 锚杆、锚索、金属网、锚固剂等支护材料必须符合技术规范要求。各种支护材料要经过检测，并符合规定。使用后要做拉拔强度试验。

8.6 爆破参数必须按爆破图表执行，并不断执行和完善，确保光面爆破效果和顶板安全。

8.7 注浆压力必须按规定控制，并做好注浆的效果检验。

8.8 锚杆施工深度和角度均严格按规定标准执行。

8.9 加强安全管理，制定严格的管理制度，落实施工人员的安全责任，杜绝巷道施工和支护的安全隐患。

8.10 配备安全设施，达到完好和正常使用，避免安全事故。

9. 环 保 措 施

巷道掘进支护和巷道修复，采用的材料多为钢材和水泥、石子、砂子等土产材料，施工过程中不产生有毒、有害、污染环境的废物，也不存在环境污染问题。

10. 效 益 分 析

10.1 直接经济效益

10.1.1 支护新技术直接经济效益 165 万元

1. 采用 U29 钢支架、水泥背板与锚喷网支护单价 12380 元/m。

2. 采用锚注与锚喷网支护修复单价 9059 元/m。

3. 皮带巷 498m 产生的经济效益为：（12380－9059）×498＝165 万元。

10.1.2 节省巷道二次修复费用 496 万元

－1010 皮带机巷道修复及皮带下山等巷道以及－1166 的水平巷道，在高应力软岩巷道中掘砌总计1265m，U29 钢支架及锚喷网支护破坏后进行一次、二次修复。总节省费用为：1260m×1960 元/m×2＝496 万元。

10.1.3 解决皮带运转影响损失费用预计 139 万元

按—1010mm 皮带机道采用常规支护后出现破坏再修复影响皮带运转时间为 1 个月计算，则少出煤炭近 7000t，按每吨 200 元计算，总费用 139 万元。

10.1.4 共产生的直接经济效益为：165＋496＋139＝800 万元。

10.2 间接经济效益

此项技术从 2002 年推广至今，按 10000m/年计，5 年 50000m 巷道可节约支护修复费用：（12380－9059）×50000＋50000×1960×2＝36205 万元。按中等断面计算，总节约费用：3.6205×0.7＝2.5343 亿元。

10.3 社会效益

通过该技术的推广使用，消除了深部软岩巷道破坏给施工人员带来的安全风险，有利于矿山稳定，社会效益较为明显。

11. 应 用 实 例

深水平高应力区软岩巷道支护技术从 2000 开始在徐州矿务集团庞庄煤矿张小楼井井下巷道中开展研究，在解决传统支护技术问题的基础上，形成了整套支护技术。从 2000 年至今已经在多个矿井井下软岩巷道中应用此工法，特别是过构造带和岩石破碎带时使用较多，并产生了巨大的经济效益和社会效益。

11.1 徐州矿务集团庞庄煤矿张小楼井千米以下水平软岩巷道修复工程

2000～2006 年期间，在徐州矿务集团庞庄煤矿张小楼井千米以下水平软岩巷道中，江苏华美工程建设集团有限公司首先进行了高应力软岩巷道支护技术的研究与实践，并取得了成功经验。首先对处于大型褶曲构造带高应力区内的软岩巷道严重破环段采用此工法施工，如—1010m 皮带大巷和—1025m 轨道大巷修复，解决了巷道严重破坏问题。在新开拓巷道如—1166m（垂深 1210m）水平巷道及下山巷道施工中应用，避免了巷道破坏和巷道修复问题，取得很好的支护效果和可观的经济效益。

11.2 徐州矿务集团夹河煤矿—1000m 水平皮带大巷修复工程

2006 年，在徐州矿务集团夹河煤矿的—1000m 水平皮带大巷修复工程中，多次推广应用此工法。其中：锚注施工工艺和锚、网、喷联合支护技术的应用，解决了软岩巷道变形影响安全和使用的问题，并在新开拓的巷道中，应用张小楼井千米以下巷道联合支护工法，解决了巷道的变形和破环问题，提高了软岩巷道掘进的安全性，工程质量也得到提高，特别是该工法的应用节约了大量的 U29 型钢材和重复修复费用，取得了可观的经济效益和社会效益。

11.3 徐州矿务集团张集煤矿—1000m 水平轨道巷道修复工程

2002～2006 年，在徐州矿务集团张集煤矿—1000m 水平轨道巷道修复工程中应用了此工法，如采用底脚锚杆和混凝土反拱锚注技术，解决了巷道底鼓变形问题；利用全断面锚注技术和锚、网、喷、锚索联合支护技术，有效解决了软岩巷道在断层破碎带内的变形破环问题。多年来，通过在该矿推广应用此工法，不仅保证了矿井基本建设的顺利进行，而且为安全施工提供了有力保障。

大直径立井高强高性能混凝土液压滑模套壁施工工法

GJEJGF216—2008

中煤第七十一工程处

方体利　吴信远　郭保国　刘宁

1. 前　言

近些年来，随着我国国民经济的快速发展，对能源的需求也越来越大，煤炭作为我国的主要能源之一，供应日趋紧张，浅部资源开采已非常有限，建大井、建深井、开采深部煤炭资源势在必行。我国黄淮海地区、巨野矿区等新建井筒所穿越的第四系表土层越来越厚，对表土段井壁的抗水、抗地压能力的要求也越来越高，相应的井壁混凝土支护强度也越来越高，目前最高强度等级已达 C75。

大直径立井高强高性能混凝土，是指井筒净直径不小于 7.5m、支护混凝土强度不低于 70MPa。高强高性能混凝土由于在配制过程中外加添加剂较多，配制出的混凝土黏性很大，再加上井筒直径很大，采用滑模套壁，滑升阻力大、粘模严重、混凝土井壁常常被拉坏，甚至出现滑模滑不动被迫挖掉混凝土的现象，不仅影响了套壁进度，更重要的是影响套壁质量和施工安全，因此不少建设单位在工程招标时就明确要求套壁不准采用滑模施工。针对这个难题，中煤第七十一工程处展开了科技攻关，从模板的结构设计到加工制作、从原材料的使用、混凝土的配制到施工工艺的改进全方位着手，通过多年的实践，逐步掌握了大直径立井高强高性能混凝土采用滑模套壁施工的关键技术，形成了"大直径立井高强高性能混凝土液压滑模套壁施工工法"。

该工法的关键技术通过中国煤炭建设协会组织相关专家鉴定，在国内处于领先水平。该工法通过在淮南矿业集团朱集煤矿回风井井筒、淮南矿业集团顾桥煤矿南区进风井井筒、淮南矿业集团潘一煤矿东区副井井筒中的应用，收到很好的经济效益和社会效益，多次受到建设单位的嘉奖。

2. 工法特点

2.1 大直径立井高强高性能混凝土采用滑模砌壁，实现了混凝土连续浇筑，提高了内层井壁防水性能。

2.2 通过改进模板结构，增加"F"型提升架分布密度，增大围板厚度，提高了滑模抵抗外力的强度；控制模板加工精度，减少了向上滑升阻力。

2.3 通过调整混凝土配合比，添加复合添加剂，改善了混凝土的性能，降低了高强高性能混凝土的黏附能力；

2.4 在每个"F"型提升架上设置检测装置，时刻检测模板滑升水平度，做到严格控制。同时严格控制每次浇筑高度及滑升间隔时间。

2.5 与拼块模板相比，节省了反复立模和拆模的时间，减轻了笨重的体力劳动，简化了砌壁工序，实行了多工序平行作业，加快了施工速度。

2.6 砌筑作业基本上在滑模工作盘上进行，与拼块模板相比避免了倒模可能造成的掉钢筋、模板对底层吊盘拆模人员的伤害，消除了危险源，安全性好。

3. 适用范围

本工法适用于井壁支护混凝土强度不低于 70MPa 的高强高性能混凝土、净直径不小于 7.5m 的井筒表土段套砌内层井壁施工。

4. 工艺原理

滑模由模板、"F"型提升架、上层盘、下层盘及液压动力系统组成，它的工作原理主要是利用油泵通过管路、借助固定在"F"架上的多个液压千斤顶，通过均匀布置在混凝土井壁中的爬杆传递滑升动力，以此带动整个滑模盘向上滑升。同时在模板内连续浇筑混凝土，利用混凝土的初凝强度，达到快速施工的目的，保证了井壁的整体性和安全性，最大限度地控制了井筒的渗水，满足了安全生产的需要。

5. 施工工艺流程及操作要点

5.1 施工工艺流程

工作面找平→浇筑混凝土垫层→预埋钢板→滑模组装→焊爬杆固定→绑扎钢筋→浇筑混凝土→滑升→铺设塑料板→绑扎钢筋→浇筑混凝土→滑升→正规循环至设计位置→滑模拆除。施工工艺流程见图5.1。

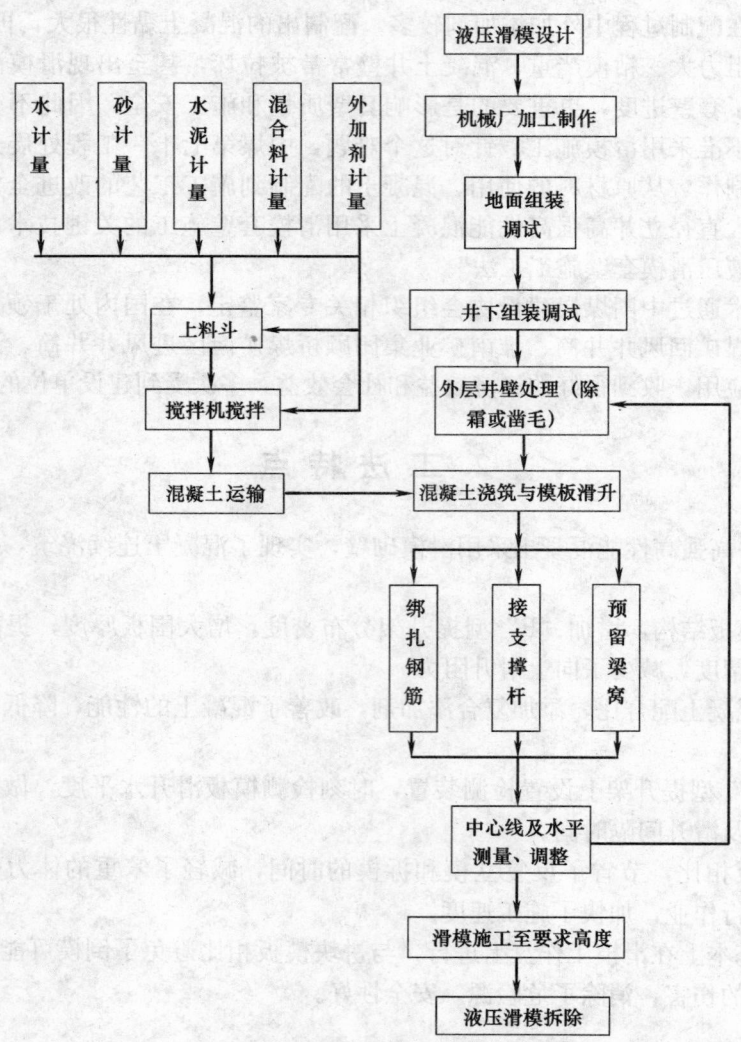

图5.1 液压滑模套砌内壁施工工艺流程图

5.2 操作要点
5.2.1 液压滑模的结构

滑模由模板、"F"型提升架、上层盘、下层盘及液压动力系统等部分组成。

1. 模板——根据设计的井筒净断面采用一定厚度的钢板加工而成、高度1.4m、锥度0.8%，可以连续向上滑升、浇筑混凝土的模具；

2. 上层盘——又叫工作盘，是滑模套砌内层井壁的主要操作盘，钢筋绑扎、混凝土浇筑、测量和调整模板中心线等主要工作均在该盘上进行；

3. 下层盘——又叫辅助盘，是修整井壁表面、洒水养护、操作油泵的工作盘；

4. 滑升动力装置——油泵通过管路、借助固定在"F"架上的液压千斤顶，通过均匀布置在井壁中的爬杆（圆钢）传递滑升动力，以此带动整个滑模向上滑升。

5.2.2 液压滑模的设计加工

1. 滑模模板及围梁

滑模模板采用固定式钢模板，围板由通常的δ3mm厚的钢板加工加大为δ6mm厚的钢板加工、高度1.4m、倒锥度0.8%；围圈由通常采用3层14号槽钢加强为4层18号槽钢圈梁支撑模板，同时竖向由通常每隔600mm左右加焊50mm×50mm×5mm角铁加强筋加密为每隔300mm左右加焊50mm×50mm×5mm角铁加强筋。滑模盘加工精度对照表见表5.2.2-1。

滑模加工精度对照表　　　　　　　　　　　　　　　　　　表5.2.2-1

项　目	通常允许偏差度（mm）	本工法控制偏差度（mm）	项　目	通常允许偏差度（mm）	本工法控制偏差度（mm）
模板中心线与井筒中心线差	<5	<3	顶架左右位置	5	3
顶架垂直度	<1	<0.5	支撑杆垂直度	0	0
模板下口锥度	<2	<1	各顶架水平度	3	2
模板上口锥度	1	0.5	操作平台辐射梁平整度	10	5
模板下口直径	5	3	相邻模板平整度	10	5

2. 液压千斤顶及提升架

为了保证有足够的提升力，克服大直径立井高强高性能混凝土滑升阻力大、粘附力大等，"F"型提升架的间距由通常的1500mm左右加密到900mm左右，每个提升架上安装两个HQ-35千斤顶，架体采用2个12.6号槽钢做主体并焊接钢板增加强度；为了保证钢筋保护层厚度达到设计值，放大了钢筋圈径，并增加了一根钢筋。

3. 工作盘及辅助盘布置

滑模工作盘的主梁由通常的16号槽钢加大为20号槽钢，辐射式辅梁由14号槽钢加大为18号槽钢，辅助盘的主、副梁由14号槽钢加大为18号槽钢，大大增加了整体强度。在下层设计有一圈洒水管，以方便混凝土养护。

滑模加工强度对照表见表5.2.2-2。

滑模加工强度对照表　　　　　　　　　　　　　　　　　　表5.2.2-2

项　目	通常	加强后	项　目	通常	加强后
围板钢板厚度（mm）	δ3	δ6	工作盘主梁槽钢型号	16号槽钢	20号槽钢
槽钢圈梁层数和型号	3层14号槽钢	4层18号槽钢	工作盘辅梁槽钢型号	14号槽钢	18号槽钢
竖向角铁加强筋间距（mm）	600	300	辅助盘主梁槽钢型号	14号槽钢	18号槽钢
提升架间距（mm）	1500	900	辅助盘副梁槽钢型号	14号槽钢	18号槽钢

5.2.3 液压滑模地面试组装、调试

滑模运到工地后，在地面进行试组装，相邻模板接缝处重新进行磨光，焊接处重新进行加焊，在检查验收合格后试滑升3～5个行程，以检查滑升装置是否完全适用、爬升系统工作是否正常、提升架是否倾斜、盘面有无变形。调试合格后对各个部件编号拆除，运至井口分类存放，下井组装。

5.2.4 液压滑模工作面组装

壁座掘进和临时支护施工达到设计位置后，将工作面找平打混凝土垫层，按设计爬杆的位置和数量预埋钢板，按组装模板的前后顺序下放材料，进行模板组装，焊爬杆固定，对联结螺丝焊接加固，铺盘面钢板，滑升2～3个行程后，连接伞形辐射式拉杆。

5.2.5 混凝土拌制

井口附近设置混凝土搅拌站，由JS-1500型强制型混凝土搅拌机、PLD2400型骨料配料机、2×100t水泥仓、LSY200-9型水泥螺旋输送机、32CQ-15型外加剂泵、CKS80-65-125A型供水泵、石子和砂子冲洗机2台、电脑控制的电子称计量系统等组成。

混凝土拌制时要严格按配合比计量配料，正确执行搅拌制度，必须注意原材料外加剂的投料顺序，控制好混凝土的搅拌时间。高强混凝土的配料和拌和均采用自动计量装置，原材料按重量计量的允许偏差为：水泥和掺和料±1%，粒骨料±2%，水和化学外加剂±1%。高强混凝土搅拌工艺为：砂、石子、水泥加水搅拌60s，加入复合添加剂加水搅拌120s，出料。

严禁在拌合物出机后加水，确保拌合物坍落达到160～200mm，入模温度控制在15℃以上。

5.2.6 复合添加剂

复合添加剂的成分有硅粉、粉煤灰和矿粉等，按一定比例添加。硅粉为上海生产，平均粒径在0.15～0.20μm，比表面积15000～2000m²/kg，具有极强的表面活性；粉煤灰为南京产Ⅰ级灰；矿粉为南京产S95矿粉，比表面积4360cm²/kg。

5.2.7 聚乙烯塑料薄板铺设

在内层井浇筑前，要把外层井的霜冻杂物清理干净，确保内、外层井壁紧密结合。按设计要求铺设聚乙烯塑料夹层薄板，两层塑料薄板采取错茬铺设。塑料板的铺设工艺，在施工外层井壁时，就提前在井壁上按800mm×800mm排间距钉上专用的塑料盘，将要铺设的塑料板，通过热焊连接吊挂在固定于外层井壁上的塑料盘上，塑料板采取错茬铺设。随浇筑随铺设防水塑料板，直至内壁套砌结束。

5.2.8 钢筋连接

搭接钢筋和浇筑混凝土、模板滑升平行作业，钢筋绑扎与混凝土浇筑相适应，当井壁竖筋采用钢套筒直螺纹连接，环筋采取搭接时，严格按规程操作。钢筋搭接时按工作量进行合理地分片操作，相互配合方便施工做到每片基本同时扎完，不致影响浇筑。钢筋接头部位相互错开，竖筋不宜过长，以免产生向一侧倾斜。

5.2.9 混凝土浇筑及模板滑升

将搅拌好的混凝土装入3.0m³底卸式吊桶，吊桶用平板车经地面辅设轨道运到封口盘提升口处，由主、副提升机将吊桶运至吊盘上，经吊盘上方分灰器，通过4个耐磨高压软管直接浇筑混凝土入模，整个过程从混凝土出料到混凝土入模，控制不超过30min。分层浇筑、振捣，由下向上连续浇筑，浇筑厚度均匀，控制在200～300mm，每次浇筑一层振捣一次，每层都要振捣密实，尽可能地要垂直点振，不得平拉，不能过振，也不能漏振，振捣时间10～15s。

为防止偏斜而卡模，施工中要保持滑模平稳运行，合理掌握升模时间，把握好砌筑速度和混凝土凝固时间的关系，脱模时混凝土强度应在0.05～0.25MPa。根据施工实践，正常滑升速度按以下几点鉴别：滑升过程中能听到"沙、沙"声，出模的混凝土不流淌、无拉裂现象，混凝土表面湿润，不变形，手按有硬的感觉，并能留下1mm左右深的指印，能用抹子抹平。模板内表面固结混凝土要及时清除。在模板滑升过程中，要及时校中找正。为加快套壁速度在混凝土中加入JQ防裂密实早强剂。

5.2.10 井壁养护

在滑模辅助盘上敷设一环形洒水管路，设专人负责，每隔半小时对混凝土井壁进行洒水养护一次。

6. 材料与设备

6.1 材料

6.1.1 水泥

宜采用强度等级为 P.O42.5R 普通硅酸盐水泥。

6.1.2 粗骨料

应符合现行国家标准《建筑用卵石、碎石》GB/T 14685—2001 Ⅰ类石子的技术要求：

1. 骨料为 5～20mm 的连续级配碎石；

2. 粗骨料中的含泥量（按质量计）应低于 0.5%，泥块含量应为 0；

3. 针片状颗粒含量（按质量计）不超过 5%；

4. 有机物含量合格；硫酸盐、硫化物含量（以 SO3 质量计）小于 0.5%；

5. 坚固性硫酸钠溶液法 5 次循环后的质量损失应小于 5%；

6. 岩石抗压强度与混凝土强度等级之比不小于 2（即不小于 200MPa）；

7. 压碎值指标小于 10%；

8. 表观密度大于 2500kg/m^3，松散堆积密度大于 1350kg/m^3，空隙率小于 47%；

9. 经碱骨料反应试验后，由碎石制备的试件无裂缝、酥裂、胶体外溢等现象，在规定试验龄期的膨胀率小于 0.10%；

6.1.3 细骨料

应符合现行国家标准《建筑用砂》GB/T 14684—2001 Ⅰ类砂的技术要求：

1. 细骨料应选用颗粒坚硬、强度高、耐风化、清洁的天然砂；

2. 细骨料应满足第 2 级配区要求，细度模数在 2.8～3.0 的中砂；

3. 细骨料中的含泥量（按质量计）应低于 1.0%；泥块含量应为 0；

4. 有害物质满足 Ⅰ类砂规定；

5. 坚固性硫酸钠溶液法 5 次循环后的质量损失应小于 8%；

6. 表观密度大于 2500kg/m^3，松散堆积密度大于 1350kg/m^3，空隙率小于 47%；

7. 经碱骨料反应试验后，由砂制备的试件无裂缝、酥裂、胶体外溢等现象，在规定试验龄期的膨胀率小于 0.10%；

6.1.4 掺合料

1. 硅粉

技术条件应符合国家标准《高强高性能混凝土用矿物外加剂》GB/T 18736—2002 的规定：

1）比表面积≥15000m^2/kg；

2）硅粉中的 SiO_2 含量不小于 85%；

3）烧失量不大于 6%；

4）需水量比不大于 125%。

2. 粉煤灰

混凝土的粉煤灰（FA）掺合料必须来自燃煤工艺先进的电厂，选用组分均匀各项性能指标稳定的低钙灰（CaO 含量小于 10%）；

技术条件应符合国家标准《用于水泥和混凝土中的粉煤灰》GB/T 1596—2005 中 F 类的 Ⅰ级规定：

1）细度（45μm 方孔筛筛余）不大于 12%；

2）需水量比不大于 95%；

3）粉煤灰的烧失量不大于 5%；

4）含水量不大于 1%；

5）三氧化硫含量不大于3％；

6）游离CaO含量不大于1％。

3. 矿粉

技术条件应符合国家标准《高强高性能混凝土用矿物外加剂》GB/T 18736—2002的Ⅰ级规定：

1）比表面积≥550m²/kg；

2）三氧化硫含量不大于3％；

3）烧失量不大于3％；

4）需水量比不大于100％。

6.1.5 外加剂

必须选用减水率在35％以上且性能稳定的聚羧酸系高效减水剂。

6.1.6 钢筋

钢筋和钢筋加工件的品种、规格、质量、性能必须符合设计要求和规范的有关规定。

6.2 设备

以淮南矿业集团朱集煤矿回风井井筒冻结段滑模套壁为例，主要施工设备见表6.2。

主要施工机械设备表 表6.2

序号	设备名称	型号规格	额定功率(kW)	数量
1	主提升机	2JKZ-3.6/12.96	2×800	1
2	副提升机	JKZ-3.2/18	1250	1
3	提升天轮	TXG-3.0		2
4	矸石吊桶(m³)	4.0		4
5	底卸式吊桶(m³)	DX-3.0		4
6	钩头	11t		2
7	稳车	JZ-16/1000	55	2
8	稳车	JZ-10/600A	22	1
9	稳车	JZA-5/1000A	11	1
10	稳车	JZ-25/1300A	45	10
11	稳车	2JZ-25/1300A	75	1
12	悬吊天轮	1.0m重型单槽		15
13	悬吊天轮	1.0m重型双槽		3
14	悬吊天轮	0.6m单槽		3
15	装载机	ZL-50		1
16	搅拌机	JS-1500		1
17	混凝土振动器	ZNQ-50		16
18	混凝土分料器	QFH		2
19	调度绞车	JD-11.4	11.4	4
20	液压滑模	φ7.5m		1
21	配料机	PLD-2400		1
22	水泥螺旋输送机	LSY200-9		1
23	外加剂泵	CKS80-65-125A		1

7. 质 量 控 制

7.1 采用质量标准

7.1.1 国家标准《矿山井巷工程施工及验收规范》GBJ 23—90

7.1.2 行业标准《煤矿井巷工程质量检验评定标准》MT 5009—94

7.2 质量检测措施

7.2.1 加强施工原材料管理，严把原材料质量关，凡进场材料如砂、石、水泥、外加剂、钢材等，使用前必须按规定进行抽样检验，确认符合要求后，方可使用；对不符合设计要求，没有出厂合格证及试验合格报告的材料不得使用。

7.2.2 为保证砌体混凝土强度，配合比要预先进行试配好再确定，要求混凝土配合比、水灰比合理、计量准确、机械搅拌均匀。混凝土入模要对称分层浇筑，振捣密实。下混凝土时，要防止发生初凝和离析现象。

7.2.3 塑料板必须压紧撑好，压茬宽度 50mm。

7.2.4 砌筑井壁每隔 20～30m 取一组试块，养护 28d 后，作抗压试验。

7.2.5 定期对井筒中心线进行校对，定期测量井筒深度。

7.2.6 每次滑升最大高度不超过 300mm，间隔时间 40min，滑升速度均匀。

7.2.7 滑模支撑杆要及时连接，支撑杆必须平直，接头错开，丝扣接缝平齐。

7.3 质量保证措施

7.3.1 在辅助盘安装环形洒水管路，洒水养护井壁，脱模后井壁应光滑平整，出现不平整现象应在辅助盘上用灰浆及时修整。

7.3.2 保持连续作业，如因特殊情况停止作业或施工要求停止浇筑混凝土时，为防止模板与混凝土粘结，应每隔 1h 滑升 1～2 个行程，滑升 4～5 个行程后即可停滑；恢复浇筑混凝土前，应将表面凿毛并将残渣清理干净，用水湿润后浇筑一层石子减半混凝土或高强度等级混凝土浆，然后正常浇筑混凝土。

7.3.3 积极开展 QC 活动，强化全员质量意识，形成全方位、全过程的质量管理网络。

7.3.4 严格执行"操作人员当班自检、班组互检、施工队日检、项目部旬检、专职质检员随时检"的制度，防微杜渐，把质量事故消灭在萌芽状态。坚持"先期预防为主，后期检查为辅"的原则，质量目标责任到人。实行作业部位挂牌留名制度，谁操作谁负责，做到质量与工资挂钩，奖优罚劣。

7.3.5 认真做好设计图纸会审工作，坚持技术交底制度，加强技术资料的管理，保证一工程一措施，一工序一交底。单位工程竣工后，自检合格后并经监理、甲方现场初步验收后，应按照《煤矿井巷工程质量检验评定标准》MT 5009—94 中的有关规定和监理、甲方要求提供完整的竣工资料。

7.3.6 严格执行工序检验制度，做到"上道工序不合格，下道工序不施工"。

8. 安 全 措 施

8.1 安全管理措施

8.1.1 对所有参与施工的人员，进行安全技术交底及专项安全培训，经考试合格后方可上岗，特殊工种必须持证上岗。

8.1.2 实行项目安全责任制，使安全责任落实到人，并制定安全检查制度，配备专职安全员负责安全检查。

8.1.3 处安监部每月进行一次大检查，项目部每周进行一次安全自检。

8.1.4 对安全检查中发现的安全隐患和"三违"必须立即制止，情节严重或整改不力的要对有关负责人追究责任。

8.1.5 杜绝违章作业，违章指挥，对施工中的安全隐患必须及时处理，确保安全施工。

8.1.6 实行全员安全风险抵押金制度，增强职工的自主保安意识，以个体安全保班组安全、以班组安全保区队安全、以区队安全保项目部安全，形成良好的互保、联保安全局面，为优质、快速施工创造了条件。

8.1.7 严格执行《煤矿安全规程》的有关规定。

8.2 安全技术措施

8.2.1 禁止吊桶坐落在滑模上，以防滑模偏斜，罐底距操作盘 200mm 为宜。

8.2.2 操作盘物料堆放要整齐，数量不宜过多，而且应分布均匀，使操作盘受力平衡。

8.2.3 吊盘距操作盘不宜过高，4m 左右即可。

8.2.4 更换千斤顶时，要停止滑升，拆一个换一个，不准同时拆除几个而影响承载能力，更换后经检查无误后方可恢复滑升。

8.2.5 滑升时应停止打灰作业，严格按照找平、找中、定方位的工序施工，以防造成扭偏、卡模事故。

8.2.6 正常打灰时，禁止在辅助盘上打木楔固定，防止发生偏斜。

8.2.7 每天对各层吊盘及其连接部件进行检查，发现问题及时更换或处理。

8.3 安全预警事项

8.3.1 按照每次滑升高度，在支承杆上安装限位装置，所有限位装置每次均安装在同一水平，以保证所有千斤顶工作同步，若出现不同步现象应及时调整或更换千斤顶。

8.3.2 滑模盘上应对称堆放材料，而且一次堆放材料不能太多，吊桶不得直接落在滑模盘上，应距滑模盘 300mm 为宜，以防造成滑模盘倾斜。

8.3.3 滑模盘在水平推力作用下偏移中心线，发生平移，采用以下方法进行处理：一是在滑模盘偏离方向先浇注混凝土，利用混凝土的侧向"挤动力"逐渐调整；二是将滑摸滑空一定高度后，在偏离方向打顶撑进行纠偏。

8.3.4 滑模盘发生扭转，必须及时纠正，其方法是利用木撑对滑模施加扭转力矩，使滑模盘反方向扭转，经过多次滑升逐渐调正为止。

9. 环 保 措 施

9.1 实施工点挂牌施工。设置工点标牌，标明工程项目名称、范围、开竣工时间、施工负责人、技术负责人。设置监督、举报电话和信箱，接受监督。

9.2 施工现场设置醒目的安全警示标志、安全标语，作业场所有安全操作规章制度，现场的施工用电设施安装规范、安全、可靠、建设安全文明标准工地。

9.3 按照施工组织设计平面布置图，认真搞好施工现场规划，做到布局合理，井然有序，尽量少占或不占农田，对施工中破坏的植被，施工完后予以恢复。

9.4 驻地生产区及生活区分片规划，房屋布局合理，符合消防环保和卫生要求。做到场地平整、排水畅通。各种设施安装符合安全规定，并定期进行检查。

9.5 大型机械施工、空压机等噪声较大的施工场所，限定作业时间，保证居民有良好的休息环境。

9.6 工地油库、料库等设于远离居民区和施工现场处，设置围栏等防护措施并派专人防护。施工场地内各种材料分类堆放整齐，挂设标牌，标识材料规格、产地等。各级负责人及施工人员一律挂胸卡上岗。

9.7 作业完工后，及时清理施工场地，周转材料及时返库，做到工完料净、场地清洁。

9.8 井下排上来的污水，要经过沉淀，形成循环用水，做到节能减排。

9.9 生活用水废水用于冲刷厕所，厕所必须设置化粪池；生活区设置垃圾箱、垃圾池，做到集中堆放，集中运到垃圾场进行处理；废渣、废油集中放置，以免对土壤造成污染；使用环保锅炉，做到清洁排放。

10. 效 益 分 析

大直径立井高强高性能混凝土液压滑模套壁施工提高了机械化施工程度，减轻笨重的体力劳动；

加快了施工速度，缩短了建井工期；施工安全、质量好，效率高；同时也节约了木材和钢材的消耗，降低了施工费用，收到很好的经济效益和社会效益。淮南矿业集团朱集煤矿回风井井筒冻结段采用滑模套砌内壁，与传统工艺相比平均日进尺提高 4m，月多创产值 432 万元；淮南矿业集团顾桥煤矿南区进风井井筒冻结段采用滑模套砌内壁，与传统工艺相比平均日进尺提高 5.2m，月多创产值 503 万元；淮南矿业集团潘一煤矿东区副井井筒冻结段采用滑模套砌内壁，与传统工艺相比平均日进尺提高 6.7m，月多创产值 648 万元。

11. 应 用 实 例

11.1 淮南矿业集团朱集煤矿回风井井筒，设计净径 $\phi7.5m$，全深 1019m，其中冻结段深度 372m，设计为内外双层钢筋混凝土井壁，支护厚度为 1200～2100mm，混凝土强度等级 C30～C75，中煤第七十一工程处于 2007 年 10 月份采用大直径立井高强高性能混凝土液压滑模套壁施工技术套砌内壁，没有发生粘模现象，与传统工艺相比平均日进尺提高 4m，井壁质量优良，安全无事故。

11.2 淮南矿业集团顾桥煤矿南区进风井井筒，设计净径 $\phi8.6m$，全深 943m，其中冻结段深度 339m，设计为内外双层钢筋混凝土井壁，支护厚度为 1150～1750mm，混凝土 C30～C75，中煤第七十一工程处于 2007 年 12 月份采用大直径立井高强高性能混凝土液压滑模套壁施工技术套砌内壁，没有发生粘模现象，与传统工艺相比平均日进尺提高 5.2m，井壁质量优良，安全无事故。

11.3 淮南矿业集团潘一煤矿东区副井井筒，设计净径 $\phi8.6m$，全深 904.2m，其中冻结段深度 280m，设计为内外双层钢筋混凝土井壁，支护厚度为 1000～2250mm，混凝土标号 C30～C75，中煤第七十一工程处于 2009 年 1 月份采用大直径立井高强高性能混凝土液压滑模套壁施工技术套砌内壁，没有发生粘模现象，与传统工艺相比平均日进尺提高 6.7m，井壁质量优良，安全无事故。

立井施工过流砂层整体液压钢板桩帷幕技术施工工法

GJEJGF217—2008

平煤建工集团有限公司

仝洪昌　李勤山　李灿欣　赵春孝　李明

1. 前　　言

流砂是立井施工遇到的最大困难之一。目前成熟的施工技术有冻结法、钻井法、注浆固砂法等。在表土段不厚、流砂层较薄、涌水量不大的水文地质条件下，能否探寻到一种投资少、工期短、安全可靠、节能环保、施工方便的技术？2006 年在河南禹州、汝州矿井的技改过程中，综合桥梁、土建、矿建多专业的技术优势，采用了整体液压钢板桩帷幕技术取得了成功，2008 年 6 月获实用新型国家专利证书。该项国内首创的施工技术，2008 年 7 月通过了中国煤炭建设协会的鉴定，年底再获全国煤矿职工技术创新成果奖。

2. 工 法 特 点

材料选用防水性能好，抗弯刚度高，切阻力小的 U 形钢板桩并在其咬口处填塞见水膨胀 3 倍体积的高分子橡胶止水条。钢板桩环环相扣，形成一个长度大于砂层厚度 2m 的圆筒，利用壁座当支点，用一组液压千斤顶把钢筒顶过流砂、再开挖井筒，可保证施工安全。因此，该技术与传统的施工方法相比，具有以下特点：

2.1　投资少。一个立井少则节省数百万元，多则节省上千万元。

2.2　工期短。缩短建设工期 2 个月以上。

2.3　质量好、施工方便。按常规普通法凿井施工，不但减少了套壁，工人作业环境还得到了明显改善。

2.4　环保节能。减少了高负荷大用电量，仅电费每天就节约上万元，不使用污染环境材料。

2.5　工效高，安全隐患少。小型挖掘机的配套使用不放土炮，挖、掘一机两用，工效成倍提高。

2.6　结构简单、操作方便、液压顶进震动小、砂层不易液化。

3. 适 用 范 围

适用于立井表土段施工过 8m 左右的中、薄流砂。

4. 工 艺 原 理

流砂没有水，就像老虎断了腿。因此，该工法防治水采用了堵、排、隔新老工艺相结合的方式进行。尤其是液压顶进钢帷幕把流砂挡在了帷幕以外，再开挖井筒、所有工序均在钢筒内完成，短段掘砌、循环往复可顺利通过流砂。

5. 施工工艺流程及操作要点

5.1　施工工艺流程见图 5.1

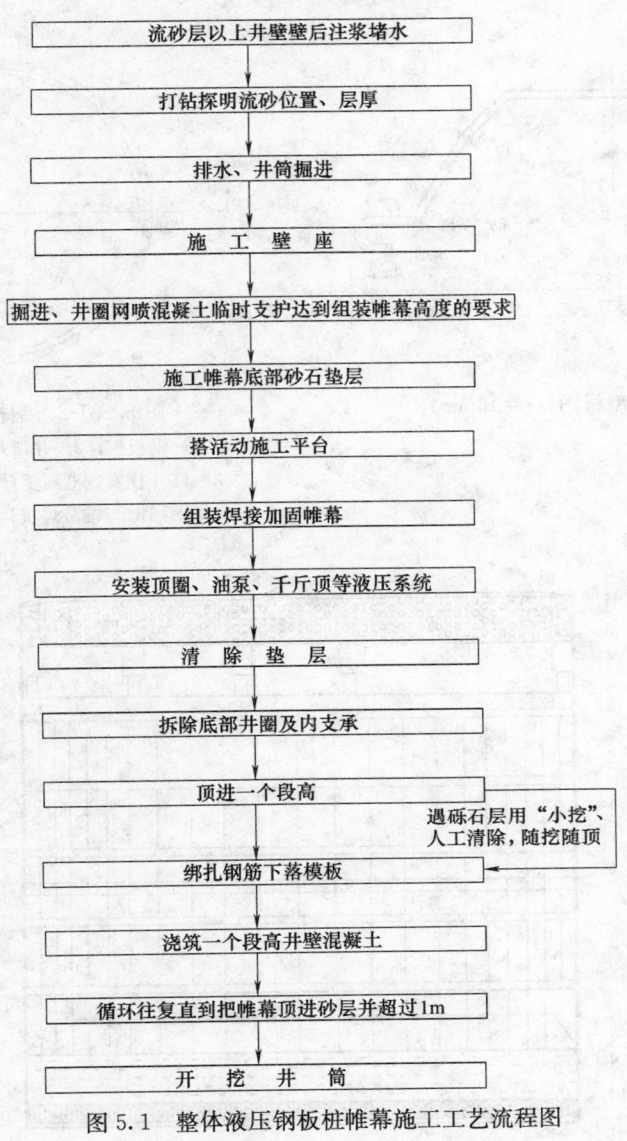

图 5.1　整体液压钢板桩帷幕施工工艺流程图

5.2　操作要点

5.2.1　施工准备

1. 在过流砂前，工作面挖掘水窝，形成可靠的排水系统并把井筒上部含水层的水通过壁后注浆全部堵住封死。

2. 按照井检孔柱状图流砂层的埋深，打钻探明流砂层的准确位置、厚度、涌砂情况。

3. 根据砂厚确定井筒临时支护的高度为砂层厚＋6m。临时支护井圈选用 16 号槽钢间距 1m、ϕ4mm 钢笆网，喷射 C20 混凝土厚度不超过井圈。

4. 在井圈上弹出每根钢板桩的位置，U 形钢板桩通过吊盘下环形轨道上的 2t 电动葫芦和倒链进行垂直、水平运输，按放线位置安装就位。安装前第一根钢板桩与井圈临时焊接固定，其他钢板桩在板桩咬口处塞填 10mm×10mm 的橡胶止水条。并用宽 300mm 厚 10mm，间隔 1m 的扁钢与钢板桩横向焊接固定。板桩之间的竖向焊缝满焊。

5. 间隔 1m 用 20 号槽钢井圈及内支承临时加固。帷幕顶部搭设六边形操作平台，布置油泵、油管、中间留出提升吊桶空间。见 U 形钢板桩型材图 5.2.1-1、钢板桩帷幕平面图 5.2.1-2、剖面图 5.2.1-3。

5.2.2　钢板桩帷幕的顶进与井筒开挖

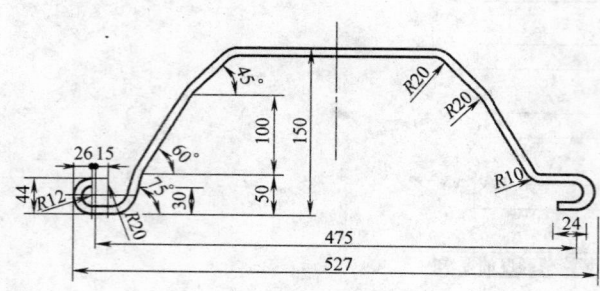

图 5.2.1-1   U 形钢板型材图（$t=16mm$）

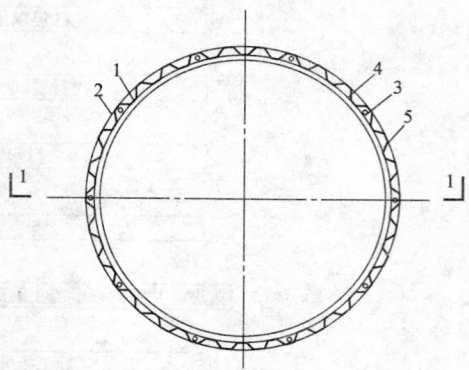

图 5.2.1-2   钢板桩帷幕平面图
1—钢板桩；2—井帮井圈网锚喷临时支护；
3—180t 柱塞式液压千斤顶 10 台；4—加固扁钢
间距 1m 与帷幕焊接；5—临时井圈间距 1m

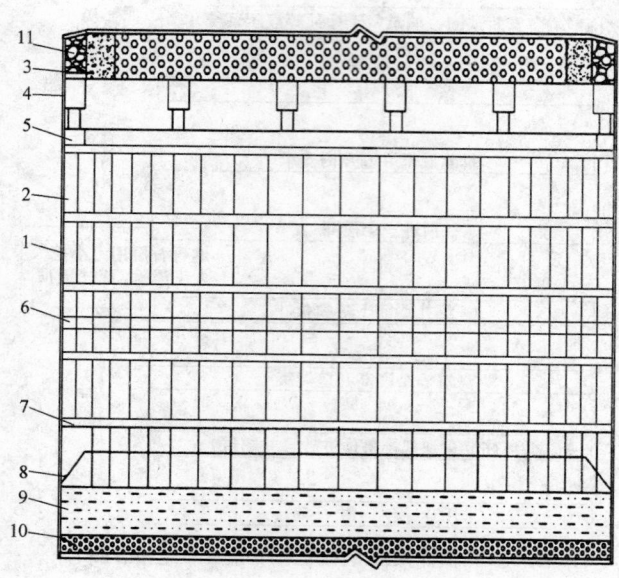

图 5.3.1-3   钢板桩帷幕剖面图
1—钢板桩帷幕；2—井帮井圈网锚喷临时支护；3—混凝土井壁；4—180t 柱塞式液压千斤顶 10 台；
5—环形顶铁；6—加固扁钢间距 1m 与帷幕焊接；7—临时井圈间距 1m；8—帷幕刃角；
9—黏土隔水层；10—流砂层；11—钢筋混凝土壁座

1. 在井壁和壁座中加入一天就可以达到设计抗压强度 90％的 QWH（A）型早强剂，利用壁座当后背顶进。

2. 当千斤顶的行程达到 2m，绑扎钢筋、下落模板、浇筑 2m 段高井壁混凝土，帷幕底部的井圈也随即拆除。循环往复，通过流砂层。

3. 遇到较大的石块用 CX36B 型挖掘机清除，随挖随顶，确保顶进顺利进行。"小挖"配有破碎锤，遇砾石可破碎，遇泥土可挖装，是人工掘进效率的十几倍。

6. 材料与设备

6.1　材料

选用国产材质 Q345、规格为冷弯 475mm×150mm×16mm U 形钢板桩，其抗弯钢度是同类槽钢的

2倍。

6.2 设备

选用冲程大于 2m 的 180t 柱塞式液压千斤顶。为了提高顶进速度选择 2 台 50MPa 油泵。油泵通过分配器可保证所有的千斤顶同步顶进，遇到特殊情况通过三位四通换向阀启动任意三个千斤顶调偏，主要材料设备详见表 6.2。

主要材料机具设备表 　　表 6.2

序号	名　称	规　格	单位	数量	备　注
1	U 形钢板桩	475mm×150mm×16mm	根	计算	防水挡砂
2	安全网	3m×6m	m²	300	安全防护
3	电焊机	ZX7-315　NBC-350	台	4	扁钢与钢板桩焊接
4	氧气割具	BX3-500 型	副	2	切割型材
5	混凝土喷浆机	ZHP-2 型	台	2	井帮混凝土临时支护
6	混凝土搅拌机	JZC350	台	2	混凝土井壁施工
7	液压控制台	BZ50-9	台	2	千斤顶供油
8	千斤顶	180t	台	10	把帷幕顶入砂层冲程 2m
9	分配器	FP2-10 型	只	1	控制千斤顶同步
10	三位四通阀	O 型	只	10	千斤顶调偏
11	水平仪	DZS3-1	台	1	砂石垫层施工
12	链条葫芦	2t、5m 链长	只	2	钢板桩安装
13	电动葫芦	2tCD₁	只	2	钢板桩安装
14	挖掘机	CX36B	台	1	表土段掘进
15	见水膨胀高分子橡胶止水条	10mm×10mm、5m 长	m	300	钢板桩接口防水
16	水泵	WQX-50	台	2	排水
		WQX-80	台	1	排水
		WQX-100	台	1	排水
17	双液注浆泵	ZTGZ-60/210	台	1	堵水
18	立式搅拌机	TL-500	台	1	堵水
19	钻机	DQ-50	台	1	探水

7. 质 量 控 制

7.1 本工法符合国家质量规范及本行业质量强制性条文要求。质量控制主要依据见表 7.1-1 其中钢板桩帷幕质量检验标准见表 7.1-2。

国家行业相关规范 　　表 7.1-1

序号	规 范 名 称	规 范 编 号
1	建筑地基基础工程施工质量验收规范	GB 50202—2002
2	钢结构工程施工质量验收规范	GB 50205—2001
3	矿山井巷工程施工验收规范	GBJ 213—90
4	煤矿井巷工程质量检验评定标准	MT 5009—94

7.2 质量保证措施

7.2.1 开展 TQC，从原料进场、每道工序施工到工程竣工验收的每个环节都进行严格把关。U 形钢板板、钢板材质一致焊条配套。

钢护筒焊接组装允许偏差（单位：mm） 表7.1-2

项　　目	允许偏差	项　　目	允许偏差
对口错边	$t/10$ 且不应大于 3.0	间隙	±1.0
搭接长度	±5.0	缝隙	1.5
垂直度	$b/100$ 且不应大于 3.0	高度	±2.0
型钢错位 接连处 1.0　其他处 2.0		中心偏移	±2.0

注：t—钢板厚；b—型材高

7.2.2 钢板桩拼接组装时应在径向和侧面固定牢固、位置准确后再与扁钢焊接，保证帷幕顺利"合拢"。

7.2.3 井筒净半径不大于设计 50mm，不小于设计。

7.2.4 混凝土地面搅拌站采用自动计量控制系统，确保混凝土的水灰比、配合比准确无误。QWH（A）型早强剂按水泥重量的 4‰ 比例使用。

7.2.5 浇筑混凝土要四周均匀对称，每次高度不超过 300mm。

7.2.6 模板入井前先进行验收、刷油，严禁使用变形超过规定的模板。

8. 安全措施

符合国家安全规程及本行业安全强制性条文要求，重点在防治水、防坠物和通风排烟3个方面进行安全防范。

8.1 预防水患措施

8.1.1 井筒掘进距含水层 10m 左右时，要严格执行"有疑必探、先探后掘、先治后掘"的原则。

8.1.2 过流砂前，要进行壁后注浆。把流砂上部含水层的水堵住封死，逐步减少水对流砂的影响。

8.1.3 在井筒掘进过流砂时，工作面底部用碎石包，四周用砂包围成一个泵窝，整个工作面成锅底形，泵窝比工作面低 1.5m。当涌水量不超过 $10m^3/h$ 时，采用潜水泵将水排入吊桶，当超过 $10m^3/h$ 时，利用吊泵接力排水。水泵配备两套，备用一套。

8.2 通风排烟措施

8.2.1 局部通风达到省级标准，风筒吊挂垂直，逢环必挂，正确使用反压边，不脱节、不漏风，风筒末端距离工作面不大于 10m，严禁无风、微风作业。保证井下风筒出风量不少于 $400m^3/min$。

8.2.2 实现双风机供风，一台工作，一台备用。并安设风电闭锁，灵敏可靠。

8.2.3 井下电焊必须编制专项措施，经建工集团总工程师批准后方可实施，认真进行安全技术交底贯彻落实。

8.3 防坠物坠落措施

8.3.1 天轮台、二层台、井口锁口盘、保护盘、工作盘等，一要周边严密；二要保持干净无杂物，防止坠物伤人。

8.3.2 型钢、风带、信号电缆，都要设保险绳，以防坠落伤人。

8.3.3 提升设备时，绳扣安全系数不少于 13 倍，且不准有断丝现象。

8.3.4 钢帷幕组装时，设专人指挥，统一行动。

8.3.5 操作平台应满铺脚手板，不得有空隙和探头板。操作平台外侧应设两道护身栏杆和一道挡脚板，栏杆距平台高度为 1.2m，立面挂安全网，下口封严固定。

9. 环保措施

施工涉及重大环境因素主要包括：废渣污染、废水污染、噪声污染。

9.1 防止废渣污染的措施

9.1.1 井下挖出的泥土及时清运，按矿方指定的地点堆放。

9.1.2 水泥和其他易飞扬物，细颗粒散体材料，安排在库内和水泥罐存放或严密遮盖，运输时要防止遗洒、飞扬，卸运时采取码放措施，减少污染。

9.2 防止废水污染措施

井下抽出的水和搅拌机排放的污水要排入沉淀池内，经沉淀后，达到排放标准方可排放。

9.3 防止噪声污染的措施

安装消声装置，保证井下良好的通风。

10. 效 益 分 析

综上所述，整体液压钢板桩帷幕综合配套工艺是立井施工过流砂层技术上的突破，提供了一种立井施工过流砂非冻结施工的新途径，经济效益巨大，与冻结法施工方案同比见表10。

经济效益对比表　　　　　　　　　　　　　　　　　　　　　　　　表10

施工方案	施工位置	每米造价	施工深度	井壁设计	工期	质量	环保节能
冻结法	地表	双层井壁普通法干井施工费用+5万以上/m	表土段和风化带下的隔水层	双层	2个月以上	防冻裂措施	耗电量极大
帷幕法	工作面	普通法施工费用+100万左右	流砂厚+2m左右	单层	10d	好	好

在禹州新峰一矿副井、风井施工中，取得直接经济效益1128.3万，间接效益6300万。同时具有独立的知识产权，提高了企业的自主创新能力和市场竞争能力。

11. 应 用 实 例

河南禹州新峰一矿技改工程风井直径5.5m，表土段186m，砂层4层，其中最厚一层3.8m，井筒涌水量58m³/h。原设计冻结双层井壁，通过对钢板桩帷幕端部的切阻力及周边摩阻力的计算，顶力需要946.85t，选择了两台50MPa油泵和10台液压千斤顶，采用了6m高ϕ7m的钢板桩帷幕，承压壁座高度2m，宽0.5m、C30钢筋混凝土。竖向受力筋ϕ20@200每台千斤顶位置设4ϕ20弯起钢筋。水平环筋ϕ12@100通过实施上述的堵水、排水，钢板桩帷幕隔水综合配套工艺，该工程于2006年11月完工，质量优良。

高精度、多层面、正交轨道系统安装工法

GJEJGF218—2008

山东金塔建设有限公司 天元建设集团有限公司

孙裕国 刘宏伟 孙玉红 边昌学 邵英纯

1. 前 言

工业生产线,物料输送和加工由多台设备联合完成。输送和加工的速度、精度依赖于轨道安装的状态。课题组重点研究的蒸压加气混凝土制品生产线,十几台设备,200多台运输车,涉及20条轨道,这些轨道在六个标高的层面上分布,正交相关。源于国内外施工技术的低精度测量和调整,各层面轨道施工脱节,导致轨道系统的状态呈现定位不准、设备在轨运行速度低、故障率高;尤其是切割机"波浪式"运行,切出制品的尺寸超标。

山东金塔建设有限公司、天元建设集团有限公司成立课题组,吸收相关专家参加。以"多层面、正交轨道系统"安装工程为对象,引入系统工程原理,突出工艺技术地位,以科学组织为保证,形成了综合配套的施工方法。

关键技术经过省级技术鉴定,认定达到国际先进水平,属国内外首创,其中地面机动车定位技术获专利授权。工法在多条生产线建设的使用中,制品尺寸合格,一等品率70%;设备提速,产能超出设计30%以上。取得了对行业有深远影响的效果。

2. 工 法 特 点

2.1 基准替代,偏差归零

根据测量与公差配合理论,引入基准转移、基准替代方法,将已完成工序施工累计的偏差"归零"。轨道间垂直度达到万分之零点五。

2.2 运用计算机数据处理技术,实施高精度调整

使用电子水准仪。按照计算机处理过的数据,调整切割机轨道的顶面标高,优化了调整过程。基准预埋铁、切割机轨道顶面的标高,精度达到0.2mm。

2.3 运输成品的机动拖板车采用专利技术,定位做到了毫米级。

2.4 系统统筹,科学组织,良好效果

摒弃施工割裂,将全部轨道作为整体,统筹公差带分配和施工措施。科学组织各工序、各专业施工。实现了高精度安装,减少了辅助用材、返工和试车调整。

3. 适 用 范 围

工法适用于复杂输送工程高精度轨道系统的安装,尤其适用于蒸压加气混凝土制品生产线轨道系统的安装施工。

4. 工 艺 原 理

工法采取了多项与现行施工技术不同的施工方法,其原理如下:

4.1 基准转移

选取运行工况要求高的区域,如行车、蒸压釜的对应区域,在土建零米层施工阶段,设置基准控

制线。通过缩短测量距离、减少基准转移次数提高定位精度。

4.2 基准替代，偏差归零

以轨道上运行设备工况的技术要求为依据，以测量学和公差配合理论为基础，按照难以调整的先施工、精度要求高的优先保证的原则组织生产。以施工完成后的相关位置要素为基准，施工后续轨道，称为"基准替代"。在总偏差中，可以"消除"本工序以前的施工累计偏差，简称"偏差归零"。

4.3 测量工装夹具

依据钢轨截面呈圆弧形状特征，制作精度 0.02mm 的专用测量夹具，借助测量夹具，减少测量误差。

4.4 选用精度满足要求的测量仪器

采用电子水准仪和与其相配套的条码式铟瓦合金标尺，在切割机 30m 轨道全长上，轨道顶面标高的差别，可以控制在 0.2mm 以内。

4.5 公差带分配与工序协同

统筹轨道系统（按照工况的运动原理、结合施工难易程度），制定各种轨道、各工序施工操作的控制公差。加强与土建、设备主机安装施工的协同。

5. 施工工艺流程与操作要点

5.1 工艺流程（图 5.1）

5.2 操作要点

5.2.1 轨道公差带的确定

施工方案制定阶段，制定各种轨道及其各分部、各工序施工操作的质量要求。按照经济和技术指标兼顾的原则，将公差带分解，制定各个分项的公差带。

5.2.2 基准控制线的设立

以建筑物的基准线为依据，在行车"设计中心线"位置，设置基准点 A、M，形成横向控制线 A～M；在位于中间位置的蒸压釜的"设计中心线"位置，设置基准点①、⑩，形成纵向控制线①～⑩；将 A～M，①～⑩作为轨道系统安装的基准控制线。见图 5.2.2。

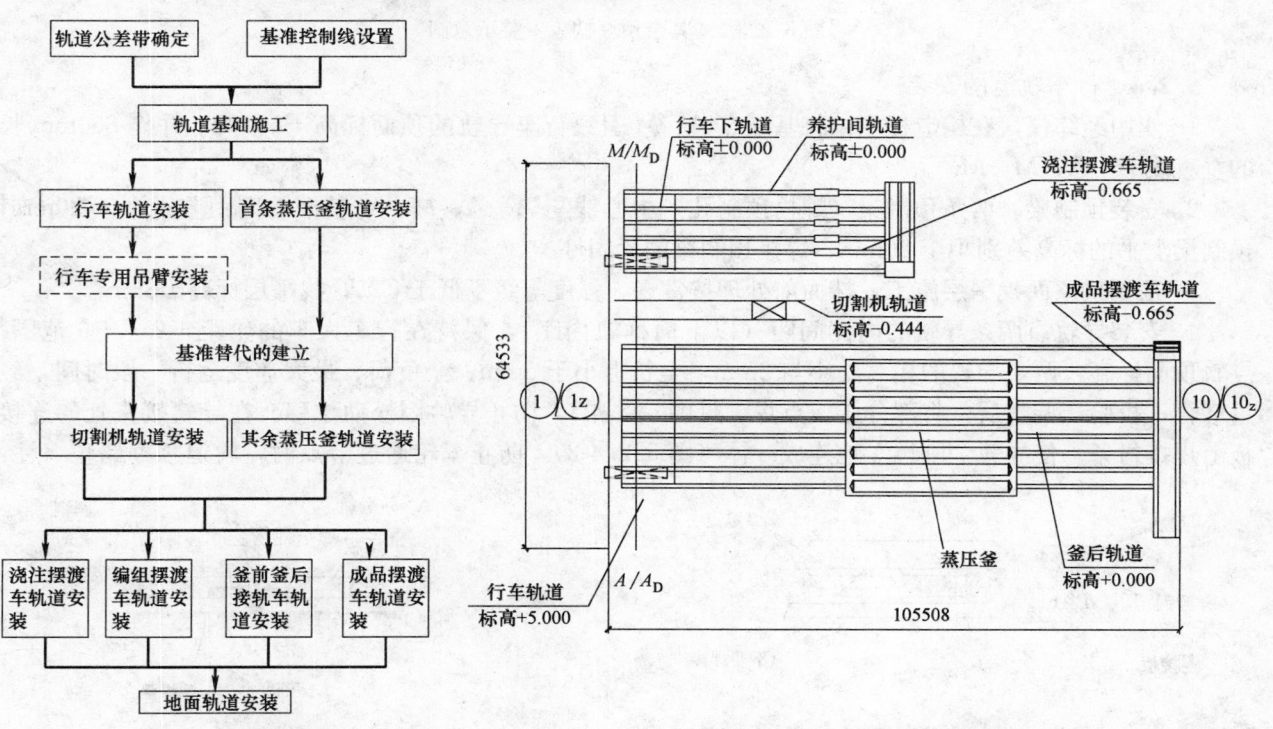

图 5.1　工艺流程图　　　　　　　　图 5.2.2　基准控制线、替代基准的设立

5.2.3 轨道基础施工

1. 施工工序。轨道基础分两次浇筑，工序如下：C10 垫层→基础钢筋绑扎摆放→浇筑混凝土（标高约到基础受力的中性层）→基准预埋铁板螺栓定位安装→其余预埋铁板定位焊接→检验→二次浇筑混凝土。

2. 基准预埋铁板的螺栓定位焊接，纳入安装施工。基准预埋铁板间距可选定 3m。在基础钢筋梁上焊接带调节螺母的螺栓 3～4 个，调整基准预埋铁板的标高（图 5.2.3-1）。位置测量、定位用经纬仪、钢卷尺、工程线；标高确定用电子水准仪，误差取设定公差带的一半。

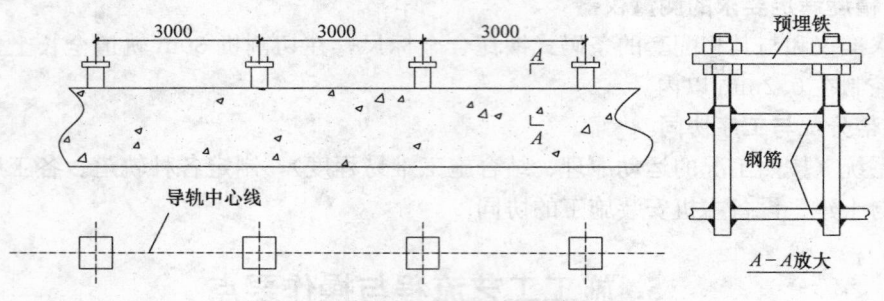

图 5.2.3-1 基准预埋铁板安装示意图

3. 其余预埋铁板的焊接，以基准预埋铁板为参照，借助工程线，将其余预埋铁板定位、定标高，通过钢筋焊接于基础的钢筋梁上。见图 5.2.3-2。

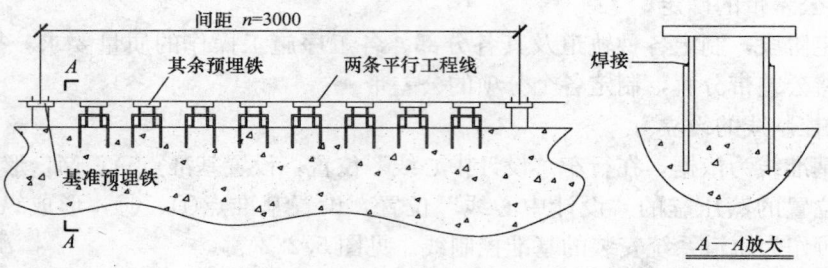

图 5.2.3-2 其余预埋铁板安装示意图

5.2.4 行车轨道的安装

1. 使用经纬仪，在构造柱上，将基准点 A、M 引致行车导轨的顶面标高＋5.000，并作 800mm 长的垂直线 $A—A$、$M—M$。

2. 安装预制梁。两条预制梁（螺栓预制孔）中心线与 $A—A$、$M—M$ 基准的间距差别小于 20mm，预制梁上平的标高差别小于 20mm，焊接预制梁的紧固件。

3. 预制梁顶面找平层施工，抹面前处理按常规，强度等级不低于 C25；找平层标高±3mm。

4. 安装导轨。两条导轨的内侧间距（以下简称轨内距），保持在行车大车的轮距＋2～＋6 范围；导轨顶面标高，两条导轨的相对处小与 2mm，全长上小于 5mm；全负荷、最大速度运行一段时间，经过磨合、校验、调整后，将部分压板点焊，见图 5.2.4-1，防止导轨因松动位移。在导轨接头处的连接板上焊接衬条，使导轨"刚性"地连成一体（图 5.2.4-2），防止车轮通过节点时，轨道顶面错位（注：

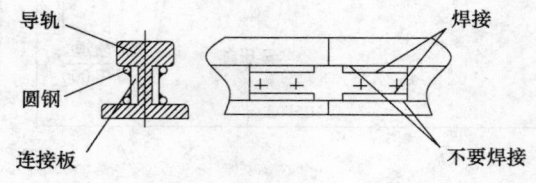

图 5.2.4-1 防顶面错位措施

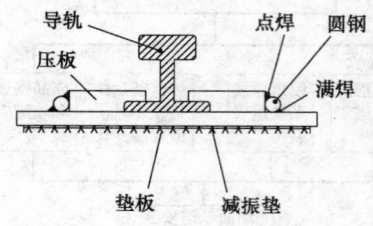

图 5.2.4-2 防松动移位措施

轨道下的钢制垫板，垫放在橡胶板上，轨道接头非刚性连接，车轮压过时，单边下陷，轨道顶面错位发生车轮撞击）。

5.2.5 首条蒸压釜轨道安装

蒸压釜轨道，在蒸压釜出厂前，已安装在蒸压釜内，它的安装是通过蒸压釜的安装完成的。

1. 根据标准"《蒸压釜》JC 720—1997"技术条件和供货合同的约定，检查蒸压釜内轨道的几何要素和焊接质量。

2. 核查蒸压釜设备基础。

3. 依据控制线 $A\sim M$、①～⑩（见5.2.2节），选取中间位置的蒸压釜为首件，进行安装。在①～⑩方向上，蒸压釜内的轨道中心线在全长上偏差小于2mm。两条导轨顶面标高差别不大于0.5mm，用1/10000框架水平仪、量尺测量（图5.2.5）。

4. 为防止蒸压釜存留冷凝水，蒸压釜出口端宜低于进口端，坡度0.001，以减少蒸压釜的锈蚀。

5. 就位、调整、点焊、检查确认、焊接，按照蒸压釜技术条件和有关规范进行。

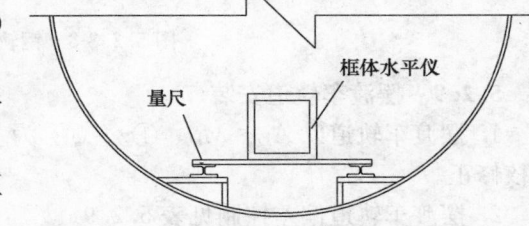

图 5.2.5　蒸压釜内两轨道水平度测量示意图

5.2.6 替代基准的确定

1. 横向基准的确定

行车上有两个吊臂。在两个吊臂的吊爪上，临时安装一条10号槽钢；在槽钢上找出两个吊臂的对称中心点；在对称中心点，设置划针或线坠；行车移动，在地面上划针或线坠的运行轨迹，修正后作为新设基准 $A_D\sim M_D$，替代控制基准 $A\sim M$。

切割机轨道、切割台、组模台、行车下12m内轨道的安装，以 $A_D\sim M_D$ 作为基准。行车预制梁、行车导轨、行车大车、专用吊具安装中形成的安装偏差"不会累积到总偏差中"。前几道工序的安装可视为"零误差"。

2. 纵向基准的确定

以首条蒸压釜内两导轨间的中心线①z～⑩z，替代控制线①～⑩。

3. 摆渡车轨道安装，模具车、蒸养车定位点的安装，拖板车地面定位装置等，也相似处理，叙述从略。

5.2.7 其余蒸压釜轨道安装

1. 以首条蒸压釜轨道中心线①z～⑩z，作为其他蒸压釜纵向定位的基准；以首条蒸压釜端面作为其余蒸压釜端面定位控制基准。

2. 各条蒸压釜端面，与首条蒸压釜端面的差别小于±1.5mm。在①z～⑩方向上，各条蒸压釜内轨道中心线在全长上偏差小于2mm；其余要点同首条蒸压釜。

5.2.8 胚体切割机运行轨道的安装

1. 安装质量、测量工具的确定，详见7.2.2。

2. 配合土建施工，预埋铁标高控制，误差不大于0～−2mm；检查轨道质量，直线度超差0.2mm，不得上机安装。

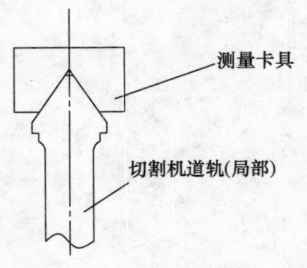

图 5.2.8-1　切割机道轨测量卡具

3. 使用专用测量夹具（图5.2.8-1）、采用 Trimble DINI 12 型电子水准仪和与其相配套的 LD12 型条码式铟瓦合金标尺，1/10000 框架水平仪进行检查。结合计算机处理的数据，通过导轨调整螺栓，调整轨道顶面标高。通过侧向微调螺栓，调整轨道间距。

4. 轨道上传动齿条的安装调整。传动齿条接口，齿间距误差小于0.1mm，用0.02精度游标卡尺测量（图5.2.8-2）。

5. 导轨接口间隙大于0.5mm，用软金属填充缝隙。接口不得焊接。

6. 不可将调整螺栓、专用垫板、预埋铁板焊成一体。局部焊接防止松动、移位的，另行设置连接件焊接，不得损伤调整螺栓、专用垫板上的调整螺纹。见图 5.2.8-3。

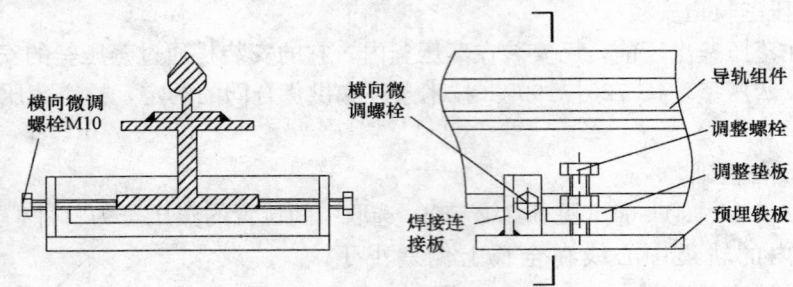

图 5.2.8-3　钢轨防松动的焊接固定和微调螺栓

5.2.9　摆渡车轨道安装

1. 摆渡车轨道以 $A_D \sim M_D$、①z～⑩z 为基准安装。以激光经纬仪定位，钢卷尺（或激光测距仪）校核修正。

2. 摆渡车轨道偏差控制见表 5.2.9。

摆渡车轨道偏差允许值（单位：mm）　　　　表 5.2.9

项　　目	浇筑摆渡车	编组摆渡车	釜前接轨车	釜后接轨车	成品摆渡车
与基准 $A_D \sim M_D$ 平行度	3	3			
与基准①z～⑩z₀垂直度			2	5	5
轨道顶面标高	±1	−1	±1	±2	±2
两轨内侧距离	+3	+5	+3	+3	+5

5.2.10　地面轨道的安装

1. 行车下地面轨道 12m，以 $A_D \sim M_D$ 为基准参照对应的蒸压釜轨道的实际位置安装；釜前、釜后地面轨道 12m 与对应的蒸压釜轨道为基准安装；与摆渡车接口的地面轨道 12m，与摆渡车上的轨道为基准安装；其余地面轨道安装，与已经完成安装的地面轨道平顺对接安装。如图 5.2.10 所示。

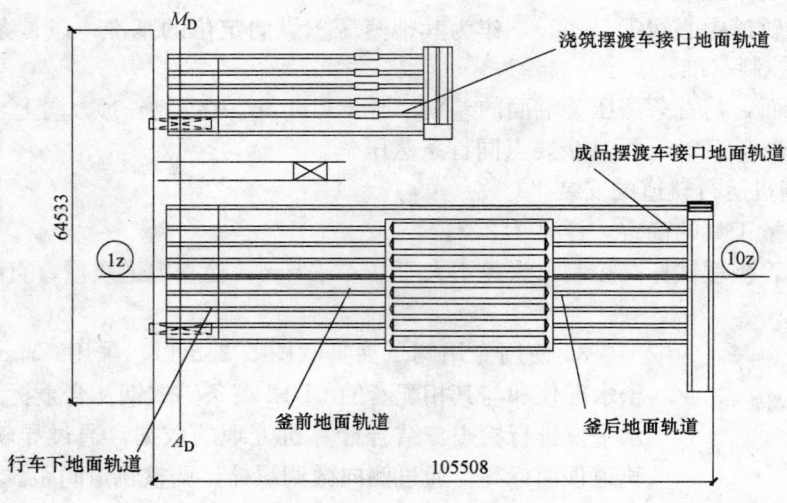

图 5.2.10　地面轨道安装示意图

2. 地面轨道安装偏差控制见表 5.2.10。

地面轨道偏差允许值（单位：mm）　　　　　　　　　　　　　表 5.2.10

项　目	行车下	釜前接口	摆渡车接口	蒸压釜前轨道	其余轨道
与基准 $A_D \sim M_D$ 垂直度度	±0.5				
对接处轨顶高差别		+0.5	±1		±1
对接处轨间错位		±0.5	±1		±1
轨顶高	+0.5			+0.5	±1
轨内距	+2 +3	+0.5 +1.5		+0.5 +2	+0.5 +2

3. 轨道固定的施工

1）直接焊接于预埋铁板上的安装固定方式。焊条据钢轨和预埋铁板的材质选用，对称施焊。

2）带有调整螺栓的轨道固定，见图 5.2.8-3。

3）行车吊装、机动车运输成品，可以按照 200720160047。X 专利技术，制作地面定位装置，机动车定位精度可做到 2mm。

6. 材料与设备

工法不需要特别说明的材料，采用的机具设备见表 6。

设备机具表　　　　　　　　　　　　　　　　　　　　　　　　　表 6

序号	名　称	型　号	性　能	单位	数量	用　途
1	电子水准仪	Trimble DINI 12 型	每公里 0.7mm	台	1	切割机轨道、基准预埋铁
2	铟瓦合金标尺	条码式	每米≤±0.02mm	条	1 套	切割机轨道、基准预埋铁
3	激光经纬仪	BDY3-DJD2-GJ	精度 2″	台	1	行车、切割机轨道
4	水准仪	DZS3-1	标准偏差≤±3mm	台	1	一般安装
5	框架式水平仪	300	0.05	台	1	蒸压釜轨道
6	游标卡尺	0～300mm	0.02mm	把	2	
7	量尺（2 级）	700、3000	0.02	条	2	切割机、蒸压釜轨道调整
8	V 形铁（2 级）		2 级	块	4	切割机轨道
9	磨光机	φ100		台	5	
10	千斤顶	20t,10t		个	4	蒸压釜等调整

7. 质量控制

7.1 执行标准

除特别指明的以外，执行以下标准，选用常规控制措施。

《工业安装工程质量检验评定统一标准》GB 50252—94；

《蒸压釜》JC 720—1997。

7.2 切割机轨道安装质量控制

7.2.1 要满足《蒸压加气混凝土砌块》GB 11968—2006 的尺寸质量要求，表 7.2.1 为标准摘录。

砌块的尺寸偏差的规定（单位：mm）　　　　　　　　　　　　表 7.2.1

项　目	一等品（B）	合格品（C）
长度	±3	±4
宽度	±1	±2
高度	±1	±2

7.2.2 安装质量的确定

1. 胚体切割机上的钢丝，水平运动切出制品的高度尺寸和长度尺寸，垂直运动切出制品的宽度尺寸。制品的尺寸精度依赖于切割钢丝的运行轨迹。

2. 轨道顶面标高公差带的确定。以砌块制品为例，一等品砌块的尺寸公差≤±1mm。切割机的系统误差最大 0.2mm；胚体强度差异造成切割钢丝跑偏，统计数据为 0.4mm；轨道造成的钢丝偏摆分配公差 0.4mm，每一制品两个切割面、且切割面分先后完成，轨道的顶面标高允许的公差带为 0.4mm，取 0.2mm。

7.2.3 安装质量的控制

1) 用电子水准仪、条码式铟瓦合金标尺测量。基准点用专用测量夹具。调整轨道安装板上的螺栓完成。

2) 结合切割机主机安装，手动盘车，检查钢丝定位点的运行轨迹，再次调整垫板螺栓，钢丝定位点的标高控制在 0.2mm 内。通过连接板，将导轨点焊到预埋铁上。焊点设置要方便手动砂轮操作。

3) 宜在试车后灌注导轨两侧的混凝土。

7.3 行车轨道与行车下地面轨道安装质量控制

7.3.1 要满足行车吊运定位的要求。目前尚无规范

7.3.2 质量要求

1. 10t 行车专用吊具，装放胚体定位的允许范围，在 6m 长上，单向 2.5mm。切割机轨道中心线与 $A_D～M_D$ 的垂直度≤0.0004（斜度）。

2. 行车吊具装放模具车、蒸养车的工艺过程，定位的允许范围，在 4m 长上，单边 1mm，行车下轨道（约 6m 长的区域）与 $A_D～M_D$ 的垂直度≤0.00025（斜度），用激光经纬仪测量、检测。

7.4 蒸养前的编组区的轨道安装质量控制

制品蒸养前，强度小于 0.1MPa，振动、晃动都有产生塌落、内部裂纹的可能，蒸养前的编组区的轨道安装，执行下表质量控制。见表 7.4。

编组区域轨道安装质量控制（单位：mm）　　　　　　表 7.4

轨顶高	轨内距	轨道固定接口	轨道活动接口错位
0～+1	+1～+2	接缝焊接、修平 错位≤0.5	高度≤1；水平≤1

8. 安 全 措 施

8.1 认真贯彻"安全第一，预防为主"的方针，根据国家有关规定、条例，按照施工单位相关规定，结合具体工程的情况，组成专职安全员和班组兼职安全员以及工地安全用电、起重作业负责人参加的安全生产管理网络，落实安全生产责任制，完善施工安全保证体系，加强施工作业中的安全检查，确保施工作业安全、规范。

8.2 施工现场按照防火、防风、防雷、防洪、防触电等安全规定及安全施工要求进行布置，设置完善的安全标识。

8.3 确定禁烟区、清除现场的易燃杂物、氧气瓶与乙炔瓶存放等各种防火措施按照常规，予以落实。

8.4 临时用电、"三相五线"接线方式、电气设备和电气线路绝缘、电力线路的间距和架设、配电柜、配电箱安装漏电保护装置、手持照明灯使用 36V 电源等，各项用电安全措施按照常规，无特别应对。

8.5 防暑、防冻等各项劳动安全按照常规，无需特别应对措施。

8.6 高空作业要有可靠的防坠落措施和安全网。

8.7 行车导轨施工前，在预制梁与窗台之间（或其他合适位置）设置小型施工平台。

8.8 起吊、顶起、调整设备和轨道，要符合起重操作规范，防止松脱、坠落、倾覆；防止砸、碰、挤、压伤害。

9. 环 保 措 施

9.1 在工程施工过程中严格遵守国家和地方政府下发的有关环境保护的法律、法规和规章，加强对施工用材料、设备、废水、弃渣的处理，遵守相关处理的规章。

9.2 将施工场地和作业限制在允许的范围内，合理布置、规范围挡，做到标牌清楚、齐全，各种标识醒目，施工场地整洁文明。

9.3 注意焊条头、电池等的回收，设置专门放置容器。

9.4 施工的空间环境、时间延续、噪声控制要与业主沟通协调。

10. 效 益 分 析

10.1 经济效益

实行人员动态管理，在施工手段用料有所增加，人工工时有所增加的情况下，通过材料费的节支，直接施工成本无明显增加；由于建设质量高，避免返工返修，建设期缩短，总施工成本略有下降。由于工程的高质量，市场占有率提高，造价提高，每项工程，施工企业利税增加约 36 万元。

10.2 社会效益

10.2.1 采用本工法施工的工程，试车顺利。在生产过程中行车、切割机、模具车、蒸养车等定位准确、运行平顺，避免了因车辆脱轨，振动较大而引起的胚体裂纹等现象，成品率提高约 1%～3%；产能提高 30%～50%。

以年产 15 万方标准配置的生产线框算，成品率提高因素，每年可增加效益 37.5 万元；产能提高增加效益每年 240 万元。以全国千条生产线计算，改造一半，每年可有十亿数量级的社会效益。

10.2.2 尤其是按照 2006 年新修订的国标"《蒸压加气混凝土砌块》GB 11968—2006"的要求，按照目前行业实际情况，制品无法达到一等品要求，合格品率较低。按照本工法施工，尺寸一等品率可达到 70%，不合格品为零。杜绝了切割工序的废品产生，解决了行业内存在的普遍性问题。

10.2.3 制品尺寸达标，为墙体小灰缝砌筑、墙体抹面，采用新工艺提供了可能，最小可以做到接缝约 1～2mm；新的抹面工艺，抹面层可以做到 6mm。从而节省约 1/2～2/3 的砂浆材料，根本上解决墙体裂缝。

消除灰缝热桥可提高房屋节能 1%～2%。其潜在效益巨大，难以估算。

11. 应 用 实 例

山东高阳建材有限公司生产线

11.1 工程概况

2006 年 11 月开工，8 月竣工试产。常州加气混凝土研究中心设计，按照 10 万方/年基本配置，选用常州空翻切割机和专用吊车、郑州蒸压釜，改进工艺，设计产能 15 万方/年。由山东金塔建设有限公司、天元建设集团公司建设。

11.2 施工情况

2006 年 12 月陆续进入设备安装施工准备，轨道安装作为单独系统统筹安排。从定位基准，安装公差带的制定，安装顺序、测量仪器和测量夹具等环节都对传统做法做了改进（见工法相应章节）。尤其采用基准替代方法、采用数字测量仪器和微调装置，使轨道系统整体质量达到了预先设定的状态。

11.3 工程监测与结果评价

检测显示，轨道纵横向不垂直度，在关键位置，达到 0.0005；切割机的切割钢丝运行轨迹偏摆小于 0.2mm（空载）。设备运行，就位准确，运行平顺。设备提速后运行正常范围，一次试车成功。产能达到 23 万方/年，超出设计能力 53%，产品尺寸不合格率为零，一等品率达到 80% 以上。实现了加气混凝土行业生产线技术进步的现实突破。

催化裂化装置轴流压缩机-烟气轮机机组施工工法
GJEJGF219—2008

中国石化集团第十建设公司
杜宗岚　王德辉　赵喜平　李国庆

1. 前　　言

轴流压缩机-烟气轮机机组（以下简称机组）作为催化裂化装置的心脏设备，机组的高质量安装是保证催化裂化装置长久运行的关键，在装置施工中历来受到人们的重视。其机组排列形式为烟气轮机-轴流压缩机-变速器-电动/发电机，轴流压缩机、烟气轮机通常为散件到货，其单体重量大，尤其是轴流压缩机轴承座与底座分体到货，安装难度较大。本工法以海南炼化轴流压缩机-烟气轮机机组安装经验研发而成。机组布置见图1。

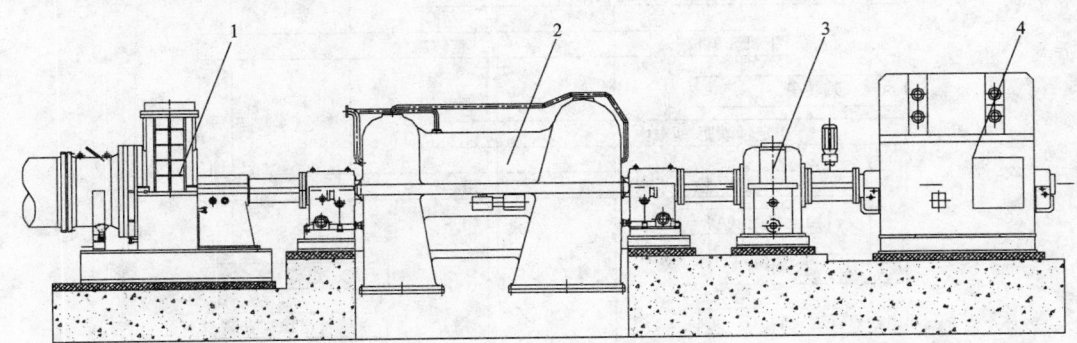

图1　机组布置示意图
1—烟气轮机；2—轴流压缩机；3—变速器；4—电动/发电机

2. 工法特点

2.1 适用于大型传动设备多轴系机组整体安装。

2.2 利用顶丝板调节机构进行机组底板水平度的调整，施工方便快捷。

2.3 采用挂线法找轴流压缩机两轴承座轴承轴线的同心度。

2.4 利用激光对中仪进行单表法机组对中，尤其是轴端距较长的轴对中，能有效的克服传统对中工具的挠度对对中数据的影响。

3. 适用范围

3.1 适用于催化裂化装置轴流压缩机-烟气轮机机组的施工。

3.2 适用于石油工业装置中大型、多轴系机组的安装。

3.3 对于火电发电厂等大型机组的安装具有参考价值。

4. 工艺原理

机组中烟气轮机利用三旋分离催化剂后的烟气热能和压力能膨胀做功，输出机械能，驱动压缩机及电动发电机，轴流压缩机对主风经过十四级压缩后温度提高到200℃以上，为保证轴系运行稳定，因此冷态下严格按照设计给定的对中曲线进行对中。

轴流压缩机轴承座与底座分体到货，由于两轴承座分体，机器安装完后调整轴承座时转子与定子间的各部间隙将会发生变化。因此机组在安装过程中需改变传统的以一台设备为基准的对中方法，即：一次对中以变速器为基准，精对中时以轴流压缩机为基准向两侧找，对中采用激光找正仪。

5. 施工工艺流程及操作要点

5.1 施工工艺流程

机组的施工工艺流程见图5.1。

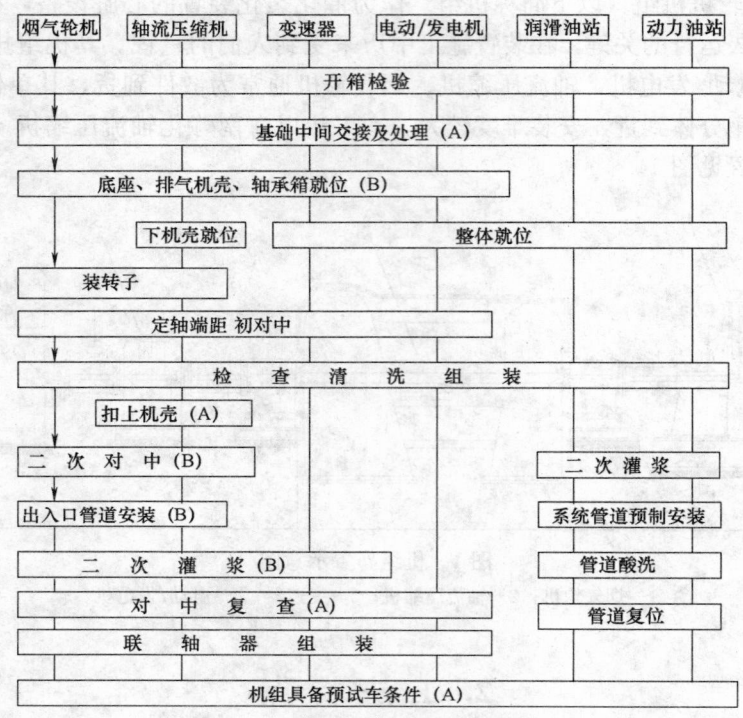

图5.1 机组的施工工艺流程示意图

5.2 施工技术要点及要求

5.2.1 设备开箱检验应由相关人员共同进行下列各项检验。

1. 按照装箱单核对机器的名称、型号、规格，检查包装情况；

2. 对主机、附属设备及零、部件进行外观检查，核对所到零部件的品种、规格、数量。

5.2.2 基础验收

1. 按工艺配管图检查烟气轮机入口管线中心标高是与否与烟机中心标高一致；

2. 基础上应标有明显的标高基准线、纵横中心线及沉降观测点，且不得有裂纹、蜂窝、空洞、露筋；

3. 检查基础的外形尺寸允许偏差±20mm，挂线检查纵横轴线±20mm，吊线坠检查预埋地脚螺栓套垂直偏差不得大于15mm。

5.2.3 顶丝板放置要求如下：

1. 在轴流压缩机轴承箱及变速器基础上画出顶丝板的位置，且凿出比顶丝板外形每边大50mm、深50mm的基础坑；

2. 利用顶丝板调节机构（保密点）调整顶丝板水平度，同时起支撑作用；调整顶丝板水平在

1mm/m，高度 30～50mm 范围内；

3. 封堵地脚螺栓预埋套管顶口，用压缩空气吹净杂物，且用水浸湿 12h；

4. 支模板，用无收缩灌浆料对调整板下方及四周××mm 范围内进行局部灌浆，灌浆层高度应低于顶丝板上表面 3～5mm，灌浆时严禁碰顶丝板以免改变顶丝板的水平；

5. 在无预埋套管的位置时，支撑可做成三角架支撑在基础上，注意保护不得受碰撞。

5.2.4 垫铁放置要求如下：

1. 电机基础灌浆层高度为 25mm，故直接在电机地脚螺栓两侧凿出垫铁位置，水平度为 1mm/m，放置正式垫铁。

2. 烟气轮机基础灌浆层为 100mm，采用压浆法安装。

1）基础验收合格后，把基础表面清理干净，在基础上标出垫铁位置，并凿出比垫铁长宽略大 50mm 的方坑，然后用水将坑冲洗干净。

2）烟气轮机吊装就位。用几组临时垫铁支承烟机，对烟气轮机进行找正找平。合格后，对垫铁坑进行灌浆。

3）把搭配好的垫铁组放在砂浆上。然后，内外同时推进斜垫铁，挤出砂浆。

4）垫铁四周的砂浆抹成 45°的光坡后进行养护。

5）当达到设计强度的 75% 以上时，拆除临时垫铁，用正式垫铁来调整。

5.2.5 电机、变速器安装

1. 分别吊起电机、变速器，清洗设备底座的铁锈和防锈油；

2. 带顶丝的顶丝孔用顶丝逐个检查一遍，确保顶丝的灵活性；

3. 底座处理完后，安装顶丝并调整预留量；

4. 把地脚螺栓挂在设备上（注：因地脚螺栓较长较重，在设备吊起状态下把地脚螺栓挂在设备上，地脚螺栓随设备一起就位，避免由基础底部向上穿费时费力）；

5. 电机、变速器分别用吊车吊入基础位置；

6. 电机及变速器水平度找到纵向 0.05mm/m，横向 0.10mm/m。

5.2.6 轴流压缩机组装

1. 两轴承座就位，调整两轴承座标高和水平度。

1）水平度在轴承座中分面上测量，纵向横向水平度不大于 0.05mm/m；

2）用水准仪测量两轴承座的标高应一致。两个底座都调整好后，把紧（稍微）地脚螺栓使底座固定；

3）拆下两轴承座的上盖，清洗检查轴瓦。检查合金表面应无裂痕、孔洞、重皮、夹渣、斑痕、顶升油油孔是否通畅，测量两轴承座的间距使其达到安装下机壳的要求。

2. 挂钢丝测量两轴承座支撑轴承中心线的同轴度。

1）打开轴承上盖，拆除油封；

2）安装挂线支架，支架包括水平调整架和垂直调整架，如图 5.2.6-1；

3）按图 5.2.6-2 布置耳机、千分尺、设备，用细导线（可用细电话线或网线）连接，进行测量；

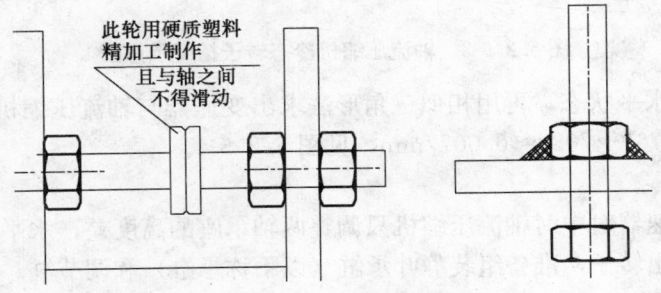

图 5.2.6-1 钢丝调整架图

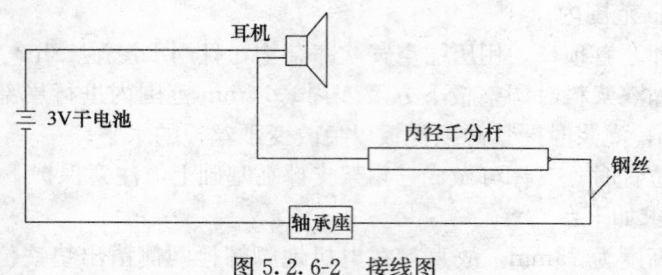

图 5.2.6-2　接线图

4）以靠近变速器端的轴承座为基准，通过测量油封瓦窝及支撑瓦瓦窝把钢丝调整到与轴承中心线重合状态；

5）测量另一轴承座，仍以油封瓦窝及支撑瓦瓦窝为测点，根据冷态对中曲线，调整另一轴承座轴承中心线较钢丝低 0.1mm；

6）反复测量调整，使允许误差小于 0.05mm，两径向轴承间距符合图纸尺寸；

7）把紧轴承座地脚螺栓，准备安装下机壳。

3. 下机壳安装。

1）清理底座支撑表面、定位键、支撑柱销以及连接螺栓；

2）检查支撑柱球面应光滑无高点，按照零部件上的编号安装各支撑柱，把紧花盘螺栓；

3）清理下机壳猫爪上下接触面，安装顶丝，调整到相同的长度；

4）下机壳安装就位。机壳起吊时应保持水平，机壳放于底座上经调整后横向导向键顶面与机壳承载面间隙值不应大于 0.05mm；

5）用 3m 长的平尺测量调整下机壳水平，横向水平不应大于 0.05mm/m，纵向水平不能大于 0.1mm/m；

6）检查横向导向键应与底座接触严密，调整垫片无毛刺、卷边，螺钉连接牢固，导向键与键槽的配合应为 H9/f7。

4. 转子就位，检查调整下机壳与轴承座的同心度及轴承间隙。

1）清洗、检查转子轴径的光洁度和椭圆度，检查叶片安装的是否牢固，气封片有无歪倒或卷边；

2）使用平衡梁将转子吊装就位，吊装中要保持转子水平；

3）检查、调整轴瓦、油封，气封的两侧间隙达到安装要求；

4）检查、调整推力瓦与推力盘的两侧间隙，以此检查下机壳的同心度和两轴承座的平行度。

5. 机组粗（一次）对中。

1）依据机组的冷态对中曲线，以变速器为基准向两侧进行机组的对中。

2）冷态下风机出口端支撑轴承比入口端低 0.1mm，由相似三角形原理求出轴流压缩机入口端半联轴器较轴承处高 $x_1 = 500 \times 0.1 \div 6588 \approx 0.0076$mm，见图 5.2.6-3。

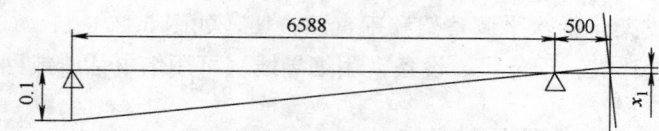

图 5.2.6-3　轴流压缩机冷态转子扬度示意图

3）变速器冷态下为水平状态，再用相似三角形法求出变速器与轴流压缩机入口端联轴器轴向偏差为 $x_2 = 510 \times (0.1 + 0.0076) \div 7088 \approx 0.0077$mm，见图 5.2.6-4。

4）轴向偏差忽略为零。

5）轴流压缩机与变速器对中时轴流压缩机只调整两轴承座的高度差，水平方向保持不变。

6）对中检查完后吊出转子，准备组装静叶承缸（以下称承缸）和调节缸。

6. 下承缸及调节缸安装。

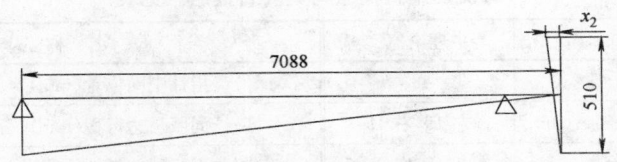

图 5.2.6-4 变速器与轴流压缩机冷态轴对中示意图

1) 在承缸中分面上安装好吊装板，翻转承缸，清洗静叶转轴、曲柄和滑块，检查静叶转轴、曲柄和滑块是否旋转灵活有无损坏。

2) 将静叶调整到同一个角度，使曲柄和滑块在同一个截面上。

3) 拆卸导向环。连接螺栓做好标记并按纵向以排为单位用钢丝将螺栓按顺序串起来，严禁顺序弄乱。清理导向环的油污和浮锈，在导向环内环两侧涂抹二硫化钼粉或二硫化钼油脂。

4) 将导向环按级数依此安装到承缸的滑块上，各导向环与滑块应接触良好，侧间隙为 0.07～0.15mm。

5) 安装导向杆，将调节缸翻转吊起安装在承缸上。

6) 通过调节缸上的装配孔调整导向环使其入槽达到装配要求。

7) 安装导向环连接螺栓，穿入不锈钢丝防松。

8) 清洗下机壳上的静叶传动机构并在接触面涂抹上二硫化钼粉。

9) 清理下机壳，安装排气侧的聚四氟乙烯密封圈。

10) 翻转下承缸，水平剖分面保持水平，对正放入下机壳中。

11) 检查各部间隙。调节缸支撑套与导杆的配合间隙为 0.20～0.30mm。支撑滑道与滑板的配合间隙为 0.20～0.30mm。

12) 打入静叶传动机构的定位销并紧固连接螺栓，拨动调节缸，检查以下各项：

(1) 调节缸和驱动环是否运动灵活；

(2) 静叶是否转动；

(3) 调节缸的行程指针与静叶角度是否相对应。

13) 静叶角度调整到最小时，行程指针应指在行程标尺的零点位置，静叶角度调整到中间和最大时，行程指针在标尺上的位置应与说明书上相符。

14) 用万能角度尺测量静叶角度，见图 5.2.6-5。将万能角度尺靠近静叶根部并垂直叶片轴线，测量各级静叶最小、中间和最大调节角度应符合表 5.2.6-1 的要求并做好记录。

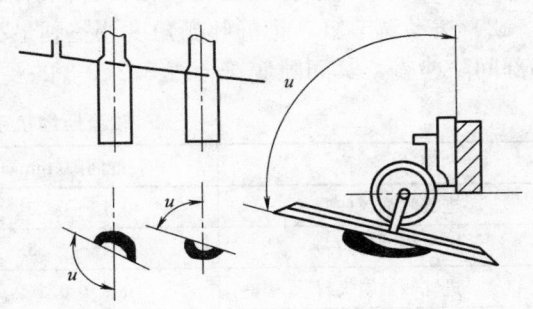

图 5.2.6-5 静叶角度测量示意图

轴流压缩机各级静叶角度   表 5.2.6-1

级数	静叶角度(°)														
	0	1	2	3	4	5	6	7	8	9	10	11	12	13	14
最小开度调节角	147.82	22	29.39	31.92	34.27	37.54	38.68	40.69	42.88	45.15	47.23	49.17	50.98	53.03	53.03
中间位置角度		48	54	55	56	57	57	58	59	60	61	62	63	64	64
最大开度调节角	82.25	79	83.29	82.42	81.78	80.04	78.67	78.46	78.04	77.52	77.24	77.13	77.16	76.92	76.92

7. 伺服马达和电动执行机构安装。

1) 一级静叶栅角度在中间开度（48°）时，电动执行机构指针应指在标尺中位处，做好标记，同样在一级静叶角度在开度 22° 和 79° 分别在电动执行机构上做好标记；

2) 各部安装要求应符合表 5.2.6-2 规定，如图 5.2.6-6；

轴流压缩机伺服马达安装数据一览表　　　　　　表 5.2.6-2

部 位 名 称	理论值	部 位 名 称	理论值
第一级静叶角度（中间）	48°	指针中间位置(mm)	60
调节缸连接板至伺服马达螺纹套距离 A(mm)	左 19，右 19	伺服马达行程(mm)	−33.32/39.14
伺服马达定位安装值 B(mm)	左 91.5，右 91.5	相对于行程的指针位置(mm)	26.68～99.14
调节缸进气端端面至机壳间隙 C(mm)	60		

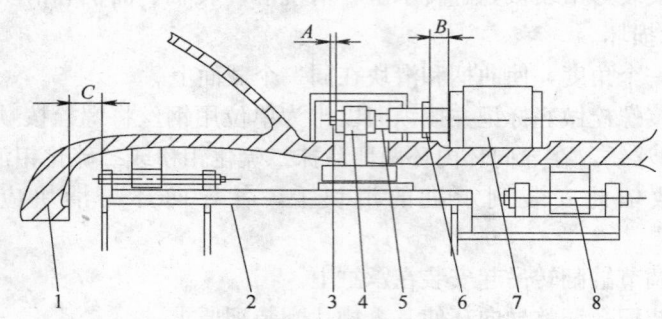

图 5.2.6-6　轴流压缩机调节缸及伺服马达装配示意图

1—机壳；2—调节缸；3—锁紧螺母；4—传动板套筒；5—连杆；
6—传动盘；7—伺服马达；8—调节缸支持

8. 转子安装。

1）转子应进行检查，并符合下列要求：

（1）轴颈圆柱度允许偏差为 0.01mm；

（2）动叶片外观检查应无裂纹，镶嵌应牢固，叶根应锁紧可靠；

（3）主轴、转子外观检查应无裂纹、锈蚀、损伤，平衡重块嵌装应牢固，0°标记应明显。

2）拨动调节缸，把静叶栅角度调整到最小开度，将转子吊入下机体，盘动转子无碰擦现象，进行各部间隙检查，其间隙应符合表 5.2.6-3 的要求。

轴流压缩机密封、油封、轴承各部间隙　　　　　　表 5.2.6-3

部 位 名 称	装配间隙(mm)	部 位 名 称	装配间隙(mm)
进气侧油封（左）	0.15～0.25	排气侧轴端气封	0.35～0.45
进气侧油封（右）	0.45～0.55	排气侧平衡盘气封	0.35～0.45
进气侧轴端气封	0.35～0.45	径向轴承顶间隙	0.46～0.58
进气侧平衡盘气封	0.35～0.45	轴承压盖过盈	0～−0.05
排气侧油封（左）	0.45～0.55	止推轴承轴向间隙	0.40～0.50
排气侧油封（右）	0.15～0.25		

（1）用塞尺测量两轴瓦的侧间隙；

（2）用内径千分尺测量油封座与转子之间的尺寸是否符合要求并做好记录；

（3）用塞尺测量气封两侧的间隙是否符合要求并做好记录；

（4）用塞尺侧量动、静叶叶顶侧间隙，用压铅法来侧量底部动、静叶顶间隙。并做好记录；

（5）用红丹检查支撑轴承接触面应大于 75%。

3）用百分表测量转子各部圆跳动应符合制造厂家技术说明书的要求。

9. 叶顶、叶栅间隙的检查及调整。

1）排气侧在定位键上加减垫片（支撑柱是放在定位键上的），进气侧在球面支撑柱的活动块下部加减垫片（球面支撑上下两个球面均可拆下），进行叶片顶间隙的调整。

2）测量确定最高动、静叶片。把最高动叶片转至最上或最下位置，在最上或最下部各取 3～4 只叶片，用压铅法测量动、静叶片垂直方向的顶间隙。

3）动叶两侧间隙检查应选首级、末级任一叶片为基准，转动转子对应检查，先确定转子与缸的中心位置，再进行逐片检查。

4）静叶两侧间隙检查应在下静叶承缸水平剖分面处用塞尺检查。

5）叶顶间隙用贴胶布法检查，并应符合表 5.2.6-4 的规定。

6）动、静叶栅的轴向间距在止推盘紧贴主止推瓦块和一级静叶在最大开度时检查，并符合机器技术文件的规定。

轴流压缩机静、动叶片顶部间隙（单位：mm）   表 5.2.6-4

测 量 部 位	间隙设计值
动叶片顶间隙(1~12级)	1.45~1.95
静叶片顶间隙(0~12级)	1.25~1.95

10. 上承缸及调节缸安装。

1）按下承缸的检查项目检查、组装上承缸。

2）静叶承缸与机壳的密封环槽内应装入聚四氟乙烯密封圈且插接牢固。

3）盘动转子应无碰擦现象。

11. 上机壳安装。

1）吊起前检查喉部差压检测孔，清理中分面的油污及浮锈；

2）用油石清理上、下机壳中分面清理，安装导向杆；

3）用压铅法测量机壳的轴端气封间隙；

4）机壳内部间隙调整合格后经多方共同签字确认，做好隐蔽记录；

5）在中分面抹密封胶（704 硅胶），将上机壳吊装就位打入定位销；

6）由中间向两侧把紧壳体螺栓。

12. 机侧辅助支撑安装。

1）用塞尺测量中分面应无间隙；

2）安装辅助支撑（支撑顶部与壳体接触面是球面接触，球面体与支撑柱是丝扣连接，上下可调整），旋动丝扣部分，将机体顶起 0.05mm 并锁紧。

13. 轴承间隙检查。

1）打开轴承箱盖，压铅法检查进排侧两支撑轴承顶间隙应为 0.46~0.58mm；

2）轴承座上固定好百分表架，百分表打在转子半联轴器上，轴向窜动转子，检查推力轴承总间隙应为 0.40~0.50mm。

5.2.7 烟气轮机安装

1. 烟机轴承箱及底座就位。

1）调整烟机底座纵、横中心线与基础中心基准重合，偏差不大于±2mm。

2）调整垫铁，使底座标高达设计标高，偏差不大于±1mm。用框式水平仪在轴承箱精加工面上测量轴承箱及底座的水平，纵向水平允许偏差小于 0.05mm/m，横向水平度偏差小于 0.1mm/m。

2. 机壳安装

1）机壳就位前进行下列各项的检查。

（1）外观检查不应有裂纹、锈蚀、损伤等缺陷，所有焊接处不应有焊接缺陷，隔热层应无破损，并固定牢固；

（2）镶装在机壳上的零、部件应无锈蚀、损伤等缺陷。

2）机壳吊装就位。调整机壳各键与底座的键槽接触良好，间隙符合制造厂家技术文件的要求，检查部位如下：

（1）排气机壳与纵向导向键的组装间隙；

（2）排气机壳与垂直导向键的组装间隙；

（3）支腿与横向导向键的组装间隙；

（4）支腿与支腿连接螺栓组装热膨胀间隙。

3. 轴承箱的检查。

1）清洗径向轴承及止推轴承。

2）测量轴承间隙。由于径向轴承为四油叶轴承见图 5.2.7-1，轴承间隙选用测量法。

（1）取下轴承块，测量轴承体内径尺寸，减掉每四块瓦块的厚度之和的 1/2，即为径向轴承的内径；

（2）用外径千分尺测量轴颈尺寸；

（3）前者减去后者即为支撑瓦顶间隙。

3）止推瓦块及摆动块厚度应均匀一致，同组瓦块及摆动块厚度差不应大于 0.02mm，瓦块边缘应有圆角；

4）定位环承力面应光滑，各点厚度差不应大于 0.02mm，各瓦块组装后应摆动灵活无卡涩现象；

5）清扫轴承箱，各油、气、汽孔必须清洁畅通无阻，排气机壳内应无污垢及异物。

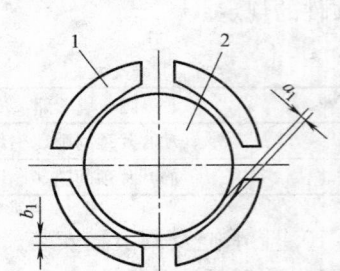

图 5.2.7-1　径向轴承安装间隙示意图
1—瓦块；2—主轴

4. 转子组件安装。

1）转子应进行检查，并符合下列要求：

（1）转子应无锈蚀、损伤、裂纹等缺陷，必要时可用渗透检测法或超声检测法检查；

（2）叶片表面喷涂层应无龟裂及剥落现象；

（3）叶片锁紧片弯折处应无裂纹及折断现象，不允许第二次弯曲。锁紧片应与轮盘端面紧密贴合，其间隙应小于等于 0.02mm；

（4）轮盘紧固螺栓应无松动等异常现象。

2）安装径向轴承下半部；

3）用转子安装工具（大滑车、小滑车、大车架等）使转子从进气端缓慢吊装就位；

4）检查转子相对于机壳的位置。盘动转子，检查转子与轴承箱及密封体各部组装间隙：

（1）检查转子各部圆跳动，其值应符合要求，各部组装间隙的测点见图 5.2.7-2；

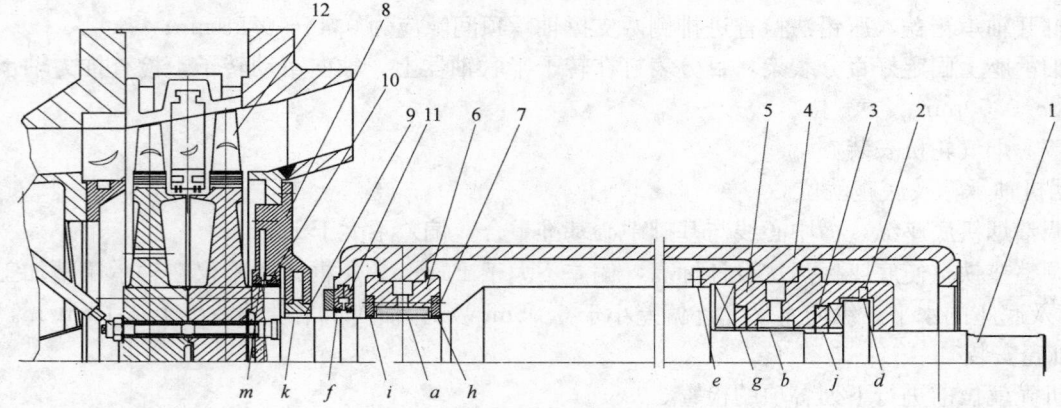

图 5.2.7-2　转子各部组装间隙测点示意图
1—转子；2—油封环；3—阻油环；4—轴承箱上盖；5—径向止推轴承；6—径向轴承；
7—油封；8—上气封体；9—气封；10—汽封；11—油封；12—二级叶轮

（2）轴承衬与轴颈的接触状况用着色法检查，瓦块应在弧形中部 1/3 弧长部分接触，沿长度方向接触面积应大于 75%，接触印痕为每平方厘米 3～4 点；

（3）轴承壳体与轴承座孔应均匀贴合，接触面积应大于 75%，并有 0.02～0.05mm 过盈量；

（4）止推瓦块与止推盘的接触面积用着色法检查应大于 75%；

（5）止推轴承轴向总间隙用百分表检查，检查次数不得少于 2 次，测点见图 5.2.7-2；

（6）油封、气封、汽封的检查、组装要求同轴流压缩机，其值应符合制造厂技术文件的要求，各部组装间隙的测点见图 5.2.7-2。

5. 导流器组件、进气机壳组件安装。

1）进气机壳组装时内部应清洁无异物，冷却蒸汽管路要彻底清扫，保持畅通无阻。

2）检查排气机壳定位圆的跳动值。将百分表固定在转子上，旋转转子 360°，其径向圆跳动允许值为 0.04mm，端面圆跳动允许值为 0.08mm，见图 5.2.7-3。

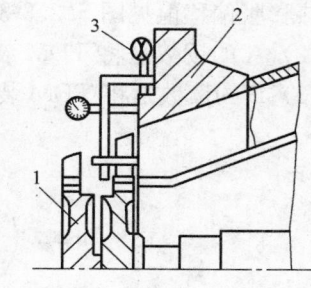

图 5.2.7-3　排气机壳定位圆跳动检查示意图
1—转子；2—排气机壳；3—百分表

3）安装导流器组件。在机壳上、下、左、右四个位置上各拧入一条螺栓（涂高温防咬合剂）；找好衬环的吊点，吊起衬环对正螺栓孔安装到位，安装剩余螺栓并拧紧，将过渡环固定在机壳上。

4）用塞尺检查一级动叶顶间隙，检查时应按上、下、左、右四个方向测量。

5）各密封面应均匀地涂抹一层耐温 800℃ 的密封胶。

6）安装后用手盘动转子应无卡涩和异常声响。

5.2.8　机组精对中

机组采用激光对中仪进行机组的对中，由于轴流压缩机两轴承座为分体结构，如果机壳组装后，再动轴承座，则机器内部各间隙都发生变化，机组一次对中已保证机器处于冷态位置，故机组精对中是以轴流压缩机为基准向两侧进行对中找正。

1. 如图 5.2.8-1 所示安装激光对中仪。

1）安装连线与拆线时，应先关闭电源，不允许带电拔、插电缆。

2）注意 TD 单元移动端与固定端严禁装反。

2. 对中仪的对中程序。

1）开机进入主菜单，主菜单中点触系列串联机组对中图标。

2）屏幕显示三种情况：3 轴、4 轴、5 轴（2 个、3 个、4 个联轴节）。根据机组结构布置选用 4 轴图标。

3）点触第一组测量的联轴器（轴流压缩机-变速器）相应的图标。

4）进入轴对中程序，见图 5.2.8-2。测量联轴器与找正仪间距（D）、各缸体支撑点的中心距（B、C、E、F）及对中仪间距（A）。并将数据输入找正仪中。

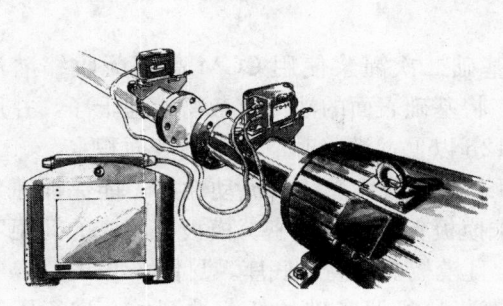

图 5.2.8-1　激光对中仪安装示意图

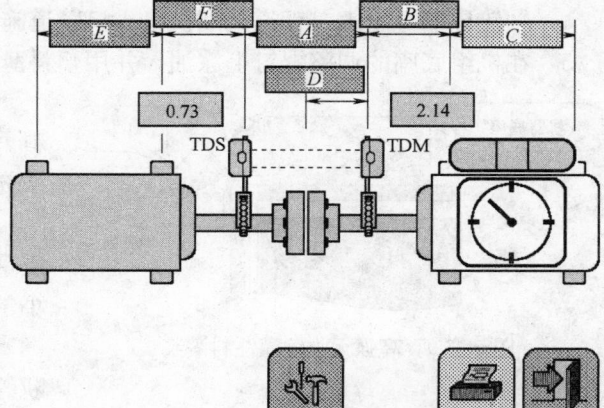

图 5.2.8-2　移动机器调整参数设置示意图

5）在图5.2.8-2界面点触图标 ⚙ 进入程序设置界面，点触 🕐 图标选择时钟方式，再点触 🚂 图标进入热膨胀偏移值设定界面，根据界面显示及冷机组提供的冷态对中曲线把热膨胀偏移值输入完毕。

（1）以轴流压缩机与烟气轮机联轴器对中为例，根据机组冷态对中曲线，计算出TDM、TDS处的对中热膨胀偏移值见图5.2.8-3。

（2）A的读数是将TDM装在轴流压缩机轴上，TDS装在烟气轮机，同时盘动转子所得的读数。

（3）B的读数是将TDM装在烟气轮机轴上，TDS装在轴流压缩机，同时盘动转子所得的读数。

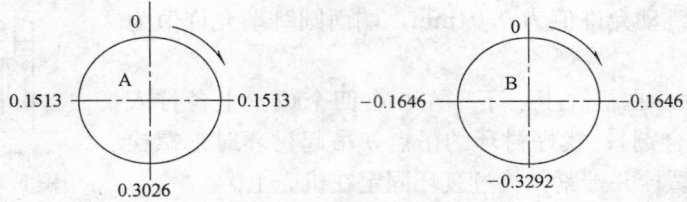

图5.2.8-3　轴流压缩机与烟气轮机对中热膨胀偏移值

6）根据带图示水平仪的倾角计的显示，转动轴将TD单元转至12点钟位置。当达到正确位置＋3°以内时，TD-M上的绿灯指示变成红绿闪烁。滑动探测器上的标靶，调节蓝色钮将激光束对准标靶中心。

7）将TD单元转至9点钟位置。打开标靶，等TD值显示后点触9点钟图标。

8）依照倾斜计的显示，将TD单元转至3点钟位置，点触3点钟图标。屏幕显示出机器当前的水平位置。

9）将TD单元转至12点钟位置，点触12点钟图标。屏幕显示出机器当前的垂直位置。

10）机组的调整。利用机体支座下部的调整垫片，进行机组垂直方向的最终微量调整；用支座处横向调整螺钉调整水平方向的位置。

11）重复上述步骤，至机组轴对中符合设计文件的要求，机组对中完成。

12）机组转子最终对中时，同时进行机体的固定，并将支座螺栓对称均匀地逐次拧紧。在拧紧支座螺栓时，同步监测轴对中的变化，支座螺栓拧紧后，复测轴对中，应完全符合冷态对中的要求。

5.2.9　机组二次灌浆

1. 机组二次灌浆应具备下列条件：

1）机组各联轴器对中合格；

2）机组各部滑销、联系螺栓的间隙符合要求；

3）垫铁点焊完，地脚螺栓紧固完；

4）轴流压缩机出入口管道及烟机出入口管道施工完；

5）在机组底座的调整螺钉上涂油，并用塑料薄膜包扎。

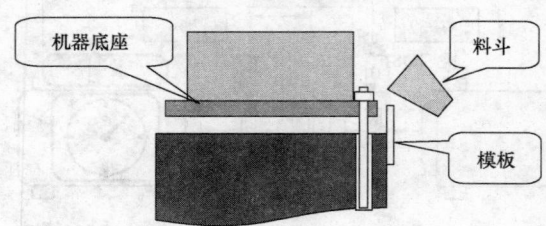

图5.2.9　高强无收缩灌注料灌浆

2. 机器基础二次灌浆使用CGM高强无收缩灌注料。灌浆前，将基础表面的油污、杂物清理干净，并用水充分湿润12h以上，灌浆时清除基础表面积水。

3. CGM高强无收缩灌注料流动性好，能保证灌浆质量，但要求摸板支设必须严密。模板与底座的间距不小于60mm，且模板要略高于底座，见图5.2.9。

4. 二次灌浆从机器基础的任一端开始，进行不间断的浇筑，直至整个灌浆部位灌满为止，二次灌浆必须一次完成，不得分层浇筑。

5. 灌浆完成后2h左右，将灌浆层外侧表面进行整形。

6. 灌浆后，要精心养护，并保持环境温度在 5℃ 以上。

7. 二次灌浆层养护期满后，在机组底座地脚螺栓附近放置百分表，将百分表的测量头与底座接触。然后，松开底座上的调整螺钉，将地脚螺栓再次拧紧，仔细观测底座的沉降量，在调整螺钉附近底座的沉降量不得超过 0.05mm。

5.2.10 机组二次灌浆后，润滑油、顶升油、控制油、仪表、电气具备试车条件后，各专业共同签字确认，进行压缩机试车工作。

5.3 劳动力配备

以海南炼化主风机机组为例，劳动力组织见表 5.3。

主要劳动力使用一览表 表 5.3

工 种	人 数	工 种	人 数
钳工	8	管工	10
起重工	3	电工	1
气焊工	1	土建	6
电焊工	4	管理人员	3

6. 质 量 控 制

6.1 采用本工法应执行的主要技术标准、施工验收规范及操作规程

1)《石油化工机器设备安装工程施工及验收通用规范》SH/T 3538；

2)《催化裂化装置轴流压缩机－烟气轮机机组施工技术规程》SH/T 3516；

3)《工业金属管道工程施工及验收规范》GB 50235；

4)《石油化工装置设备基础工程施工及验收规范》SH 3510。

6.2 质量保证措施及管理方法

6.2.1 建立健全质量保证体系，明确质量责任。制定详细的质量控制点计划，实行 ABC 控制法，保证不合格的设备、材料不进入安装现场，不合格的工序过程不进行验收，不得转入下道工序。采用样板工序引路，首道工序施工完毕，必须经过共检，达到优良品后，方可进行下道工序施工。

1. A 级控制点是指影响工程质量的重要施工工序或重要检查项目，由监理工程师组织施工单位、承包商、业主、当地劳动部门，联合进行检查确认。

2. B 级控制点是指影响工程质量的较重要的施工工序和较重要的检查项目，由监理工程师、施工单位双方检查确认。

3. C 级控制点是指一般应进行的检查项目，由施工单位自行检查确认，监理工程师视现场情况巡检。

6.2.2 各级质量控制点均应在施工班组自检合格后进行。对 A、B 级控制点，应经施工单位质量检查部门检查合格后进行，并按共检管理制度进行。

6.2.3 每道工序施工前，负责机组施工的专业工程师应向作业人员进行技术交底，明确施工方法、施工工序、质量要求、缺陷预防措施。

6.2.4 加强工序之间的成品保护，严禁下道工序对上道工序造成损坏和污染。

6.2.5 施工过程中应重点控制以下各项：

1. 机器的转动和滑动部件，在防腐层未清理前，不得转动和滑动，清洗检查合格后涂以润滑油进行保护；

2. 机组解体所使用的工具应做好记录，收工前必须清点，以防工具遗忘在机器内；

3. 设备及零部件吊装时，吊装机具应符合要求，并使用吊装带等；严禁将索具直接绑扎在加工面

上，与机器接触的绑扎部位应垫上衬垫，或将索具用软材料包裹；压缩机转子吊装时，应使用专用吊具，并保持轴向水平，严禁发生碰撞；

4. 所有与机器连接的管道、设备及机组本体封闭前均经相关人员检查合格后方可封闭；

5. 拆检的零部件不允许直接放在地面上，必须用道木支垫，或放在洁净的胶皮上；

6. 零部件拆检时必须作好标记，容易混淆的零部件应做标签，注明部件名称及安装部位；

7. 暂时不封闭的管口、零部件、机体必须用塑料布包裹好，防止杂物落入；

8. 管道预制及组装时，要考虑管道的应力释放。管道在与机器连接时使用百分表监控，严禁强力对口，在设备连接口适当位置预留固定焊口，较大管径的焊口应对称焊接，减小变形；

9. 机器组装后，各法兰、接头处均应封闭。

7. 安全措施

7.1 现场管理

7.1.1 参加机组施工的人员应通过施工用火、职业卫生、劳动安全卫生和环境保护等方面的教育培训。

7.1.2 施工现场应制定安全生产事故应急救援预案，建立应急救援组织或配备应急救援人员，配备必要的应急救援器材、设备，并组织演练。

7.1.3 所有进入施工现场的人员必须按劳动保护要求着装。特种作业人员应按《关于特种作业人员安全技术培训考核工作的意见》取得相应的上岗作业资格证。

7.1.4 施工现场道路应设置安全警示标志，路面应平整坚实，且不得堆放器材和物资，需阻断时应办理核准手续并设置明显标识。

7.1.5 严禁酒后上岗。禁止烟火的场所不得携带火种、不得吸烟。

7.1.6 作业平台与洞口、临边防护。

1. 临边及洞口四周应设置防护栏杆、设置警示标志或采取覆盖措施。

2. 作业平台四周应设置防护栏杆、挡脚板。

3. 通道口、脚手架边缘等处，不得堆放物件。

7.1.7 施工现场应配备必要的消防器材。

7.2 机组作业管理

7.2.1 铲基础麻面时，面部应偏向侧面，不得对面作业。

7.2.2 现场开启的设备包装箱应随时清理，施工现场物品摆放整齐。

7.2.3 不得用汽油或酒精等易燃物清洗零部件。作业区地面的油污应及时清除干净。废油及油棉纱、破布应分别集中存放在有盖的铁桶内，并定期处理。

7.2.4 在装配联轴器及盘转曲轴、盘车等作业时，应防止挤手。

7.2.5 吊装作业。

1. 吊装作业应划定警戒区域，并设置警示标志，必要时应设专人监护。

2. 吊装索具应具有合格证，且不得超负荷使用，并应定期进行检查，挂牌标识。

3. 手拉葫芦使用前应进行检查，转动部分应灵活，链条应完好无损，不得有卡链现象，制动器应有效，销子应牢固。

4. 吊件的吊装，吊点的设置应考虑工件的重心，尤其是转子和壳体应保证吊装过程中的水平。吊装过程中吊件应设溜绳，吊件在吊装过程不得摆动、旋转。

5. 吊运压缩机、汽轮机的转子，应使用专用吊装工具，且应绑牢、吊平，吊离机身后应放在专用支架上。吊运时工件下方不得有人。

6. 翻转壳体时，应采取防止摆动和冲击措施。

7. 拆装的设备零部件应放置稳固。装配时，严禁用手插入接合面或探摸螺孔。取放垫铁时，手指应放在垫铁的两侧。

7.2.6 在用油加热零部件时，应严格控制油温，并应防止作业人员烫伤。

7.2.7 天车必须有专人操作，操作人员必须持有上岗证。

8. 环保措施

8.1 施工过程中建立环境保护目标责任制，实行环境保护目标管理，进行定量考核，实行奖惩制度。

8.2 施工现场环保要求。

1. 施工作业场所应保持无废料和杂物，所有废料、杂物和垃圾应放置在合适的容器中，以便最终作适当的处理；

2. 所有暂时不用的设备、材料应当存放起来并保持整洁；

3. 有关通道平整、畅通；

4. 现场无易燃、易爆物，并配备消防设施；

5. 照明充足，有必要的通信设施。

8.3 本工法所产生的施工垃圾主要有清洗用的废液、废布、设备运输用包装材料及基础处理的混凝土碎渣等施工垃圾。施工垃圾的处理措施如下：

1. 清洗用的废液、废料等严禁乱扔乱抛，集中收集和处理；

2. 废弃混凝土碎渣等建筑垃圾在业主指定地点掩埋；

3. 杂草、废纸等废物交由地方环卫部门运走或焚化；

4. 对于运输用包装木料集中收集，能利用的再利用，不能利用的交由地方环卫部门运走或焚化；

5. 对于塑料类、泡沫等杂物派专人收集、储存，统一送地方环卫部门处理；

6. 现场设置施工垃圾收集区，设专人对所有施工垃圾进行分类收集，并及时进行处理，确保施工现场做到"工完、料净、场地清"。

8.4 主要施工机具及措施用料。

机组安装过程中拟投入的主要施工机具表略。

9. 效益分析

本工法总结了多套大型催化裂化装置轴流压缩机组安装经验，通过传统安装技术与先进设备相结合，提高了机组安装组对水平和施工效率，机组施工绝对工期可控制在 120d 左右；施工机具可多次重复使用，机具投入费用低；施工成本低，同其他施工方法相比该工法施工成本可降至 20％左右。

10. 应用实例

海南炼化 300 万 t/年重油催化裂化装置轴流压缩机-烟气轮机机组。

青岛炼化公司 290 万 t/年催化裂化装置轴流压缩机-烟气轮机机组。

电厂锅炉基础直埋螺栓定位测量工法

GJEJGF220—2008

河南六建建筑集团有限公司　新蒲建设集团有限公司

刘五军　张建伟　赵丙辉　尤斐　高祥云

1. 前　　言

目前，我国燃煤火力发电厂的锅炉钢架本体是由许多大型的 H 形钢柱和工字形钢梁或组合槽钢梁用高强度螺栓连接组合而成的。H 形钢柱的柱脚是靠锅炉混凝土基础中预埋的地脚螺栓来连接固定的。炉架本体各构件用螺栓连接时，螺栓穿孔率的高低，炉架本体的组装速度和安装质量，都取决于锅炉混凝土基础中预埋的地脚螺栓的定位精度和施工质量。本工法通过预埋钢架固定螺栓，轴网双控技术，使锅炉混凝土基础中预埋的地脚螺栓的定位精度满足要求。

本工法于 2008 年 1 月进行了关键技术科技查新，国内未发现相同的文献报道。该工法中采用的关键技术通过了河南省建设厅主持的专家鉴定会，认定其达到国内领先水平。通过工程实践，编制了集团公司企业标准《电厂锅炉基础直埋螺栓定位测量技术标准》（编号 LJ07-010），在公司范围内推广使用。

2. 工 法 特 点

2.1　通过钢架固定预埋螺栓。

2.2　利用建筑网格定位整个螺栓位置。

2.3　利用定距测量仪器，与钢尺进行双控制。

3. 适 用 范 围

本工法适用于火力发电厂锅炉钢架地脚螺栓的预埋施工，可推广应用于其他工业建筑大型设备的地脚螺栓的预埋施工。

4. 工 艺 原 理

通过建筑网格，适当时加密建筑网格来定位钢架位置，通过微调确定预埋螺栓与钢架相对位置，利用定距测量仪器受环境因素影响小的特点进行定位，通过标定钢尺进行尺寸效验，从而确定预埋螺栓位置，保证了精度在允许范围内，从而达到预期效果。

5. 施工工艺流程及操作要点

5.1　施工工艺流程（图 5.1）

5.2　操作要点

5.2.1　技术准备

1. 熟悉图纸，对上锅厂提供的《锅炉地脚螺栓固定支架》进行现场二次设计，编制作业指导书。

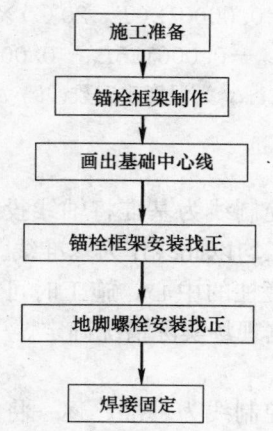

图 5.1　直埋螺栓定位施工工艺流程

2. 进行施工现场危险源和环境因素识别，制定防范措施。

3. 组织施工班组进行技术交底会，让施工人员熟悉图纸及作业指导书，学习施工规范，掌握施工工艺。

5.2.2　施工准备

人员配备见表 5.2.2。

人员配备　　　　　　　　　　　　　　　　　　　　　　　　　表 5.2.2

序号	工种	人数	备　　注	序号	工种	人数	备　　注
1	技术员	1人		4	起重工	1人	
2	铆工	8人		5	电火焊	4人	
3	安装工	15人		6	测量工	2人	

5.2.3　作业条件

1. 进入施工现场道路通畅；

2. 业主提供钢框构件到达现场，并验收合格；

3. 基础承台第一次浇筑结束，并安装锚栓框架立柱预埋件，混凝土强度达到设计要求。

5.2.4　钢框制作

1. 由厂家提供的支架为散件，每个支架由 2 个立架和 4 根联结槽钢组成，其中在联结槽钢上钻有穿螺栓的孔洞。根据安装图纸将立架和联结槽钢上的孔洞中心线弹出，立架侧面弹出竖向中心线，联结槽钢上的孔洞弹出十字中心线。

在支架散件上弹出中心线后逐一检查安装支架的立架和联接槽钢的尺寸，如有和图纸不符的要进行处理以保证拼装后的尺寸。

2. 用样冲眼标出各个锚栓框架的十字中心线。

3. 锚栓框架制作结束后，根据图纸尺寸进行编号。

5.2.5　放线定位

1. 钢卷尺校验

将施工所需的 50m 长钢卷尺，送交专业计量检定机构进行尺长检定。得知，在 15kg 拉力下，经中间悬空基线检定，该尺长公式为：

$$L = 50m + 6.25mm + 0.6 \times (T - 20℃)mm$$

由此推出：

$$\Delta L = 6.25 \div 50000 \times L_0 = 0.000125L_0$$

$$\Delta t = a \times (T - 20℃) \times L_0 = 0.6 \div 50000 \times (T - 20℃) \times L_0$$

$$\Delta t = 0.000012(T-20℃)\times L_。$$

$$L_。' = L_。-\Delta L-\Delta t = L_。-0.000125L_。-0.000012(T-20℃)\times L_。$$

注：T 为测量时的气温；a 为钢尺膨胀系数；Δt 为温度改正数；$L_。$ 为待测的理论距离；$L_。'$ 为修正后的尺上应读数。实际测量时，钢尺拉力必须为 15kg。

2. 控制线

根据施工图纸由测量员以锅炉基础控制线为基准将轴线投测到承台表面并用墨线弹出，并检查轴线的相对位置，保证其正确，以后的施工均以此线作为基准线。

根据轴线引出控制线，因轴线位于短柱的中心，施工时可能会造成不方便，必要的时候以轴线为基准向外统一引出控制线，具体尺寸根据现场实际情况确定。

3. 支架及地脚螺栓位置线

根据施工图纸及安装图，以轴线及控制线为基准，逐一将安装支架中心线和地脚螺栓中心线弹出并引出短柱外，此线作为安放支架的基准对应线，控制支架及螺栓的下部位置。

4. 测量精度（表 5.2.5）

测量精度值表   表 5.2.5

测设项目	精度规定（二级）	依 据 标 准
建筑方格网边长	$\leqslant 1/20000$	
建筑方格网测角	$8''$	
建筑物轴线控制网边长	$\leqslant 1/15000$	GB 50026—2007
建筑物轴线的测角	$15''\sqrt{n}$	

5.2.6 螺栓安装架就位

将螺栓安装架按其型号规格，进行编号，并用平板车运至现场，用 25t 汽车吊将螺栓安装架逐个起吊放在承台相应位置并根据混凝土基础承台上已弹好的"十"字中心线，用撬杠将螺栓架调整到中心位置。

5.2.7 螺栓安装架顶标高的控制

螺栓安装架顶面安装允许偏差为 0～10mm。用水准仪测出每个钢架顶面四角的实际标高，若比设计标高偏低时，可用撬杠将钢架底脚撬起，在其下部垫上薄钢板或楔铁，钢架顶标高调整好后，再将钢架下部与混凝土基础承台顶面四角的预埋铁件焊接固定。

5.2.8 地脚螺栓就位

根据地脚螺栓型号，分别将螺栓从对应的钢架顶面四角处的螺栓孔垂直穿下，并套上定位垫板，最后将螺栓下部丝口处的定位垫板和螺母带上。

5.2.9 螺栓顶面标高的控制

螺栓顶面设计标高允许安装偏差 0～10mm。先用水准仪测出安装架顶面每个螺栓孔附近的架顶实际标高，该标高值与对应的螺栓顶面设计标高的差值，设定为 L，将该螺栓的顶端定位垫板套在螺栓上，使该定位垫板顶面距螺栓顶距离为 $L-\delta+5$mm（注：δ 为顶端垫板的厚度）并且该定位垫板与螺栓要垂直，最后将此定位钢垫板与螺栓焊接。

5.2.10 螺栓安装架顶轴线中心的定位

锅炉基础基坑开挖前，在基坑边缘外四周已布置平面控制网点，其中，在固定端和扩建端布置有各横向轴线的控制桩，布置纵向各轴线的控制桩。

施工中，由测量人员将经纬仪架设在各轴线一端头的控制桩上，调平找正后，后视轴线另一头的控制桩中心点，采用中心线投点法，依次定出各横向及纵向的轴线。用经纬仪进行中心线投点的同时，在所定的每根轴线两端及中部钢架侧面上部竖向焊一长 $L=500$mm 的角钢L40×4，并在角钢顶面轴线通过处用锯弓刻一小槽，然后通长绷上 $\phi 0.5$mm 的钢丝（钢丝两头用花篮螺栓调节，使钢丝绷紧拉直）。这样，每个螺栓安装架顶面纵向和横向钢丝的"＋"字交叉点，就是该螺栓安装架顶的轴线中心点。

对于无法用经纬仪确定轴线中心的安装架，可依据图纸上的定位尺寸，通过用钢卷尺量距相邻螺栓安装架中心的距离来定中心位置（注：使用钢卷尺前，先测出当时当地的气温，并根据尺长修正公式，计算出修正后尺上应读数 L_0，然后用弹簧称拉钢卷尺，当弹簧称显示拉力为 15kg 时，钢尺上读数 L_0 处。即为实际准确定位点）。

5.2.11 螺栓中心轴线定位及垂直度的控制

先用小锒头和钢冲子，在每根螺栓顶面正中心位置打上冲眼，施工人员每 3 人为一小组，每小组由一人蹲在螺栓安装架顶面用钢卷尺量螺栓顶中心眼距钢架顶纵向或横向轴线钢丝的水平距，另一人将水平尺竖向紧靠在螺杆中部，根据水平尺上横向气泡是否居中来调整螺栓的垂直度，并用小榔头轻轻敲振螺栓，使其最终到达中心位置，并且使螺栓竖向垂直度偏差小于 1/1000。调整好后，由第三人用电焊将顶端定位垫板与钢架点焊住，将螺栓中部定位垫板与螺栓也点焊住。最后用钢卷尺复核架顶四根螺栓的中心距及对角距确认无误后，再将垫板与螺栓及钢架满焊。施工焊完毕，应及时清除焊缝处的药皮与焊渣。

5.2.12 螺栓丝口保护

安装完毕经验收，全部符合要求后，应及时对所有螺栓上部的丝杆采取保护措施，以免在进行混凝土二次灌浆时损坏丝口。施工保护措施是：先给丝杆部位涂上一层黄油，再用塑料纸进行包裹，再用比螺杆直径大一个规格的钢管或 PVC 管裁成 300mm 长，套在螺栓的丝杆上。这样即可防止丝杆生锈又可防止进行混凝土二次灌浆时外力撞击损坏丝口。

6. 材料与设备

主要材料和施工机具设备配置见表 6。

主要材料和施工机具设备配置一览表   表 6

序号	名 称	规 格	单 位	数 量	备 注
1	钢架	按图纸		按图纸	
2	螺栓	按图纸		按图纸	
3	起重机		台	1	
4	电焊机	BDL-500	台	2	
5	气割工具		套	2	
6	拉力计	10kg	只	2	
7	拉力计	15kg	只	2	
8	钢卷尺	50m	把	1	
9	钢卷尺	5m	把	3	
10	切割机		台	1	
11	铅锤		只	2	
12	经纬仪	J1	套	1	
13	水准仪	DS2	套	1	
14	测距仪		套	1	
15	焊条	按图纸			

7. 质 量 控 制

7.1 安装标准（表7.1）

安装标准 表7.1

序号	安装检查项目	允许偏差(mm)	序号	安装检查项目	允许偏差(mm)
1	轴线位移偏差	±2	4	地脚螺栓垂直度偏差	2
2	整体短柱相互中心线相对位置偏差	±3	5	地脚螺栓顶端标高偏差	0～+10
3	地脚螺栓中心线及对角线偏差	±2			

7.2 质量控制点设置（表7.2）

质量控制点设置 表7.2

工序	检 验 项 目	见证点设置
1	锅炉房锚栓框架及角铁框架制作	
2	磨煤机锚栓框架制作	
3	锚栓框架找平找正	
4	锅炉房钢架地脚螺栓相对位置、垂直度调整	
5	磨煤机地脚螺栓相对位置、垂直度调整	
6	锅炉房钢架地脚螺栓相对位置、垂直度最终复测	
7	磨煤机地脚螺栓相对位置、垂直度最终复测	

8. 安 全 措 施

8.1 参加施工人员必须经安全教育培训考试合格方可进入施工现场。

8.2 施工人员必须严格执行《电力建设安全工作规程》、《电力建设安全施工管理规定》及《电力建设安全健康与环境管理工作规定》。

8.3 使用电动工具时应采取防触电的绝缘保护措施，移动电动工具时应先切断电源。

8.4 使用砂轮切割机时，要设防护措施，防止砂轮破裂和飞溅伤人。

8.5 现场临时电源要安全可靠。

8.6 严禁在施工的塔吊下逗留、通过，与施工无关人员不准进入施工现场。

8.7 施工现场使用的氧气瓶、乙炔瓶必须保证立放，并固定牢固，安全距离为5m。

8.8 安全员要跟踪检查，落实安全责任制。

8.9 锚栓框架施工需进行高空作业，要系好安全带。

8.10 脚手架跳板必须绑扎牢固，雨雪上冻天气施工跳板上需采取防滑措施，防止跌落。

8.11 特殊工种作业人员必须持有效证件上岗。

8.12 参与施工的机械必须经认可后投入使用。

8.13 确保全员参与技术交底，每日站班会进行施工前的"三交、三查"，保证全体施工人员防护用品到位并且正确使用。

9. 环 保 措 施

9.1 成立专职协调小组，负责制定、执行各环境协调措施，在施工过程中严格执行国家和地方政府下发的各环境保护的法律、法规和规章制度，预防污染，节能减废。

9.2 提倡文明施工，建立健全控制人为噪声管理制度。

9.3 尽量选用低噪音或备有降噪设备的施工机械，严禁使用国家已明令禁止使用或已报废的施工机械。

9.4 水泥和其他易飞扬物、细颗粒散体材料，安排在库内存放或严密遮盖，运输时要防止遗洒、飞扬，卸运时采取措施，减少污染。

9.5 现场道路和材料堆放场地统一划排水沟，控制污水流向，设置沉淀池，将污水经沉淀后再排入污水管线。严防施工污水直接排入市政污水管线或流出施工区域污染环境。

9.6 生活垃圾与施工垃圾分开，并及时组织清运，废弃物的运输确保不散撒、不混放，送到政府批准的单位或场所进行处理。

10. 效 益 分 析

通过本工法中的关键技术直埋固定螺栓，锅炉钢架地脚螺栓的顶面标高偏差、平面位置偏差及螺杆垂直度偏差均未超出规范允许偏差范围，很好解决了螺栓直埋存在偏差的技术难题，有效的简化了施工工序，加快了施工进度，确保了施工质量。预埋螺栓位置准确，无倾斜、移位现象，避免了二次处理造成的损失，由此提高了钢架安装功效，具有较好的经济效益和社会效益。

11. 应 用 实 例

2004 年 6 月大唐洛阳电厂 2×75MW 工程，2004 年 9 月大唐洛阳电厂 2×300MW 机组工程，2007 年 7 月大唐信阳发电有限责任公司 2×660MW 机组工程，锅炉基础螺栓施工，经验收，锅炉基础总计 612 根直埋地脚螺栓其顶面标高偏差、平面位置偏差及螺杆垂直度偏差均未超出规范允许偏差范围，全部合格并一次性通过验收，结构安装穿孔率达到 100％。其中大唐信阳发电有限责任公司 2×660MW 机组工程 2008 年荣获"河南省结构中州杯工程"。

超长设备基础平台预埋件埋置精度控制施工工法

GJEJGF221—2008

陕西省第六建筑工程公司

张朋伟　葛上义　王巧莉　赵长经

1. 前　　言

随着建筑业及相关制造业技术的进一步加快，为满足生产工艺要求，确保产品质量，许多工程对设备基础预埋件施工、设备安装质量标准提出了比现行规范更高的要求，无形中给现场施工带来了一些技术难题。为此，陕西省第六建筑工程公司蓝星玻璃项目部在陕西蓝星玻璃有限公司"九改浮"工程中选定课题，组织技术攻关，制定了综合配套的施工方法，2007年，该施工方法以"提高设备基础预埋件精确度"课题作为QC成果，荣获陕西省建设工程优秀质量管理一等奖和全国建设工程优秀质量管理二等奖，并经过进一步总结和应用，即形成本工法。

2. 工 法 特 点

超长设备基础平台预埋件埋置精度控制施工工法，可使设备基础预埋件一次预埋合格率达100%，确保设备安装质量，并大幅度缩短了预埋件施工及设备安装施工工期，节约安装材料，降低施工成本。

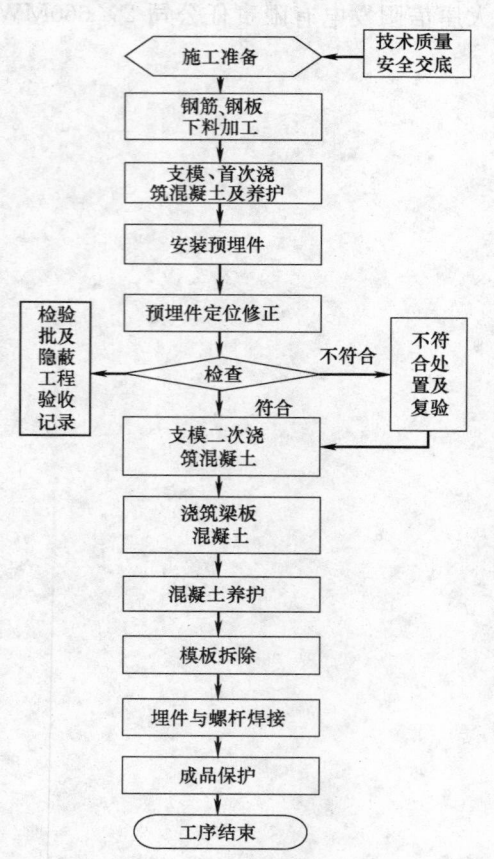

图 5.1　工艺流程图

3. 适 用 范 围

该工法适用于有设备预埋铁件施工的相关工程，也可在一般工业与民用建筑工程预埋铁件施工中推广使用。

4. 工 艺 原 理

针对预埋铁件在加工和安装时易产生局部热应力变形，在浇筑混凝土时易受各种施工机具、荷载的振动冲击导致空间位移问题，工法从预埋铁件加工、安装和混凝土振捣三个环节入手，在预埋铁件加工时变"热加工"为"冷处理"；在安装时采用螺母上下调整固定预埋件；混凝土分两次浇捣，为预埋铁件定位的修正校准提供了有利时机，减少了混凝土入模、施工机械、人员对预埋铁件的振动和冲击，克服了混凝土干缩造成的精度误差，保证了设备基础预埋铁件预埋精度。

5. 施工工艺流程及操作要点

5.1　工艺流程

施工工艺流程详见图 5.1。

5.2 操作要点

5.2.1 原材料进场检验

钢板进场后除进行原材料复试外，还需对钢板平整度进行检验，其平整度误差不大于0.2mm。

5.2.2 预埋铁件加工

1. 根据预埋铁件大小用剪板机裁割钢板，并在钢板上划线，机械开孔（每块不得少于4个）

2. 钢筋调直下料后，一端车（套）丝并配双螺母备用，车（套）丝长度宜控制在100～120mm。螺杆总长宜为300～350mm，钢筋宜采用一级或二级钢材，直径不小于10mm。

5.2.3 设备基础首次浇筑混凝土

1. 设备基础混凝土经钢筋绑扎、支模后浇筑混凝土至距设备预埋铁件标高-500mm处为宜。一方面限制竖向钢筋水平方向自由度，另一方面便于预埋铁件安放施工。

2. 拆除模板后对上部钢筋及混凝土面层进行清理。

5.2.4 安装预埋件及定位修正

1. 对竖向钢筋位置检测校正无误后，将螺杆在相应位置与竖向主筋点焊牢固，带丝部分高出预埋铁件标高80～100mm，将单螺母旋入螺杆有丝一端底部。预埋件螺杆安装示意图详见图5.2.4-1。

2. 将预埋件置入螺杆后，依靠螺母上下调节并配合高精度水准仪精确控制预埋件标高，经检查无误，将螺母与螺杆点焊牢固，以控制预埋件向下位移。预埋件安装示意图详见图5.2.4-2。

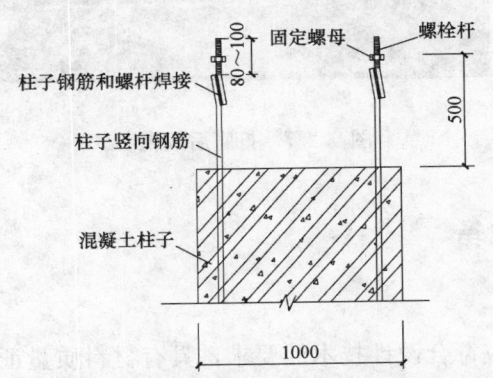

图5.2.4-1 预埋件螺杆安装示意图

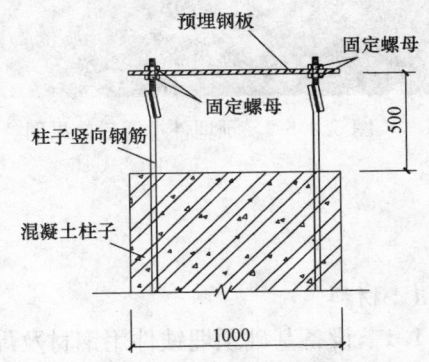

图5.2.4-2 预埋件安装示意图

3. 在螺杆上旋入单螺母并与预埋件靠紧，第二次检查预埋件标高无误后，将螺母与螺杆点焊牢固。以控制浇捣混凝土时产生的浮力使预埋件向上位移。预埋件安装后复查标高详见图5.2.4-3。

5.2.5 支模二次浇筑混凝土及养护

1. 第三次检查预埋件标高无误后，对混凝土表面二次清理，二次支模施工。预埋件复查无误后二次支模详见图5.2.5-1。

2. 支模工序完成并检验合格后，用水湿润混凝土表面，并用比原设计强度高一个等级的微膨胀细石混凝土进行浇注，及时养护，以消除混凝土干性收缩。

3. 为了防止预埋件下的混凝土振捣不密实，预埋件固定前应先在预埋件上钻排气孔。对于较大预埋铁件，须在预埋件上钻振捣孔以便插入振动器振捣，但钻孔的位置及大小不能影响预埋件的正常使用。预埋件拆模后效果详见图5.2.5-2。

5.2.6 模板拆除并清理。

5.2.7 第四次检查预埋件标高无误后，用砂轮切割机将预埋件上部螺杆、螺母割除后，预埋件与螺杆满焊，后用角磨机将焊接部位打磨平整。打磨后效果详见图5.2.7。

图5.2.4-3 预埋件安装后复查标高图

5.3 劳动力组织

主要工种计划见表5.3。

主要劳动力计划表   表5.3

序号	人　员	数量（个）	备　注
1	测量员	2	
2	质量检验员	1	
3	电焊工	2～3	
4	预埋件、螺杆加工	2	

图5.2.5-1 预埋件复查无误后二次支模图

图5.2.5-2 预埋件拆模后效果图

图5.2.7 打磨后效果图

6. 材料与设备

6.1 材料

6.1.1 设备基础预埋铁件用钢材及焊接材料的选用应符合设计技术的要求，具有材料质量证明书及合格证，并经进场检验合格。

6.1.2 钢材的成分、性能复检应符合国家现行有关工程质量验收标准的规定。

6.1.3 焊条应符合《碳钢焊条》GB/T 5117和《低合金焊条》GB/T 5118的要求，并不应有药皮开裂、脱落、焊芯生锈等外观缺陷。

6.2 设备

6.2.1 机具用具

主要施工设备及机具计划见表6.2.1。

主要施工设备及机具表   表6.2.1

序号	名　称	规格、型号	数量	备　注
1	钢筋调直机	GT4-14	1台	
2	钢筋切断机	GQ40-3A	1台	
3	钢筋弯曲机	GW40	1台	
4	板牙		1台	
5	剪板机	2.5×3×1.6		可委托外加工
6	钻床		1台	
7	电焊机	XB～300	1台	
8	砂轮切割机	φ400	1台	
9	角向磨光机	φ100	1台	

6.2.2 检测装备

检测装备：5m钢卷尺、游标卡尺、DS1高精度水准仪、JS-2经纬仪。

所使用的检测设备、仪器应经同期鉴定合格，并在有效期内。

7. 质 量 控 制

7.1 主控项目

7.1.1 钢筋、钢板制作加工时，品种、级别、规格和数量必须符合设计要求。

7.1.2 焊接材料的品种、规格、性能等应符合现行国家产品标准和设计要求，其与母材的匹配应符合设计要求及国家现行行业标准《建筑钢结构焊接技术规程》JGJ 81 的规定，使用前应按其产品说明书及焊接工艺文件的规定进行烘焙和存放。

7.1.3 预埋铁件位置偏差见符合预埋铁件安装位置的允许偏差检验表。详见表 7.1.3。

预埋铁件安装位置允许偏差检验表 表 7.1.3

项 目		允许偏差(mm)	检验方法	检验数量
预埋铁件	中心线位置	3	钢尺检查	全数检查
	竖向位移（上限）	+2，0	水准仪检查	全数检查
	竖向位移（下限）	0，—2	水准仪检查	全数检查

7.2 一般项目

焊条外观不应有药皮脱落，焊芯生锈等缺陷。

8. 安 全 措 施

8.1 施工现场用电严格执行《施工现场临时用电技术规范》JGJ 46 的规定。

8.2 施工现场用电应由专职电工负责，电动设备做到一机一闸一漏进行保护，并有防雨（雪）、防潮措施。焊机外壳接地良好，焊钳与把线绝缘良好，连牢固；所有地线接地必须牢固；潮湿地点作业时，防止发生漏电、触电事故。

8.3 焊接作业区及周围 5m 范围内的易燃、易爆物品，应进行清除或采取覆盖、隔离措施。易燃、易爆区焊接时，应采取可靠的防火、防爆措施，并经有关部门检测许可。高空安装、焊接作业时，宜在其下方挂设石棉兜或帆布等，承接焊渣。清除焊渣、气刨清根时，应戴好防护眼镜或面罩，防止焊渣飞溅伤人。

8.4 氧气瓶与乙炔气瓶隔离存放，瓶体防护装置齐全、有效，使用时瓶体间隔距离不小于 10m。

8.5 所有人员必须戴安全帽，高空作业必须系安全带，作业过程中应正确使用劳动保护用具。

8.6 施工机械应有防护装置，应有可靠接地。

8.7 钢筋、钢板搬运过程中，应注意安全保护，防止钢筋、钢板碰伤、挤伤人。

9. 环 保 措 施

9.1 电焊作业时，采取隔离、阻挡等措施，控制弧光、噪声的影响；作业区距居民区较近时，晚间不应进行电焊作业。

9.2 原材料、半成品、成品按规格、品种堆放整齐，设有标志牌。

9.3 废料及时清理，并在指定地点堆放。

10. 效 益 分 析

10.1 直接经济效益

由陕西省第六建筑工程公司施工的陕西蓝星玻璃有限公司"九改浮"生产线工程和咸阳蓝星玻璃

有限公司 500t/d 在线镀膜玻璃生产线工程及其附属工程，通过采用该工法组织预埋件施工生产，产品一次合格率达 100%，未使用一块垫铁二次找平；共计节约费用 59054.86 元（详见"11. 工程实例"）。

10.2 社会效益

该工法的应用，使月利润分别达 120 万和 160 万的两条生产线缩短工期 7～11d；由于预埋铁件一次合格率达 100%，给各安装单位提前进场设备安装提供了条件；为建设单位早日投产创造了效益，受到了建设单位、设备安装单位的一致好评。

11. 工程实例

实例 1　陕西蓝星玻璃有限公司"九改浮"生产线改造工程，框架结构，地上二层，该工程 2004 年 12 月 8 日开工，2005 年 4 月 28 日投产，根据生产工艺要求，约 340m 生产中心线两侧预埋铁件 846 块，设计允许预埋铁件竖向标高误差为 −4～0mm，采用该工法，实际预埋件竖向标高误差达 −2～0mm。威海蓝星玻璃有限公司此前 9 条同类玻璃生产线预埋铁件，均通过垫铁找平来达到设计要求，二次垫铁重量占预埋件重量的 23%～47%，平均延长预埋工期 7～11d。该生产线预埋铁件最大 1300mm×1000mm 计 68 块，350mm×250mm 计 756 块，板厚均为 16mm。如以二次垫铁占预埋件重量 35% 计，钢材价格按 3200 元/t 计（按同期价格），并按 1999《陕西省建筑工程综合概预算定额》计算，节约费用：

1. 预埋件钢板总重：

$$1.3×1×68×16×7.85＝11.1t$$
$$0.35×0.25×756×16×7.85＝8.308t$$

2. 二次垫铁重量：（11.1＋8.308）×35%＝6.7928t

3. 直接费：6.7928×3472.12＝23585.42 元

实例 2　咸阳蓝星玻璃有限公司 500t/d 在线镀膜玻璃生产线，地上二层，框架结构，建筑面积 21300m² ，该工程于 2006 年 8 月 21 日开工，2007 年 9 月 16 日投产。该工程附属工程于同年 11 月开工，同期投产。据生产工艺要求，340 余米生产中心线两侧预埋铁件 876 块，设计允许预埋铁件竖向标高误差 −4～0mm，局部（三区锡槽部长 67m）−2～0mm，使用该工法预埋，全部达到设计要求。该生产线预埋铁件最大 1300mm×1000mm 计 68 块，350mm×250mm 计 756 块，板厚均为 16mm。如以二次垫铁占预埋件重量 35% 计，钢材价格按 3800 元/t 计（按同期价格），并按 1999《陕西省建筑工程综合概预算定额》计算，节约费用：

1. 预埋件钢板总重：

$$1.3×1×68×16×7.85＝11.1t$$
$$0.35×0.25×808×16×7.85＝8.8799t$$

2. 二次垫铁重量：（11.1＋8.8799）×35%＝6.9930t

3. 直接费：6.9930×4078.12＝28518.29 元

实例 3　附属工程之一的成品库工程，钢结构框架基础铁件预埋共计 4.87t，节约费用：

直接费：4.87×35%×4078.12＝6951.15 元。

总之，该工法在制造业特别是高精度生产流水线设备基础预埋件施工中的应用前景十分广阔，具有较强的生命力和竞争力；值得我们在今后的项目施工中，不断总结完善，继续推广应用。

大流量电动鼓风机安装工法

GJEJGF222—2008

鞍钢建设集团有限公司　沈阳北方建设股份有限公司

鲁继军　李支海　刘禹　姜长平　孙亚兰

1. 前　言

大型钢铁冶金企业在近年的改造中，高炉的容积逐渐变大，而大容积的高炉运行时需要大流量的热风才能保证正常生产。大流量鼓风机是冶金企业的关键设备。近年鞍钢在技术改造时新建了三座 3200m³ 高炉，在鲅鱼圈工程中新建两座 4038 m³ 高炉，配套设备为 AV100-17 轴流电动鼓风机，这些鼓风机都是由世界上著名的风机制造厂瑞士苏尔寿公司生产的，AV100-17 电动鼓风机三维尺寸：7550×4820×6300、重量：160t。该风机送风量大（每分钟 7710m³），工序要求严格，安装精度高（鼓风机通流间隙 2mm、气封间隙 0.3mm）。安装难度大（吊装方法不当，会造成转子弯曲。轴承座安装精度低，安装转子时会损伤转子叶片和轴封）。经过多年对电动鼓风机安装，逐渐总结出了一套有效的安装方法，此方法对各种型号轴流鼓风机安装有一定指导作用。

2. 工 法 特 点

2.1 明确了电动鼓风机安装工序。

2.2 专用吊装工具的应用保证了安装质量。

3. 适 用 范 围

该工法适用于各种类型电动轴流鼓风机安装，也可适用蒸汽轮机等各类轴流动力机械的安装。

4. 工 艺 原 理

电动鼓风机安装包括设备安装和设备调整。下面从设备安装和设备调整两个方面进行工艺原理的阐述。

4.1 "大垫板流体灌浆法"设备安装工艺原理

根据"三点成一面"原理用三根调整螺栓将平垫板的标高、水平度调整到规定数值，然后支模，浇筑微膨胀二次灌浆料，将调整好的平垫板灌于二次灌浆料中，利用二次灌浆料的微膨胀特性，确保平垫板与二次灌浆料间紧密接触，保证其接触面积，从而保证设备安装质量。

4.2 "等距法"对轴承座及下机壳找正工艺原理

通过测量轴承座瓦口与中心线的距离来控制风机轴承座的精度。即两轴承座上径向等距离的两点至风机中心线的距离应相等，从而保证风机轴承座中心与风机中心线重合（或平行）。

5. 施工工艺流程及操作要点

5.1 施工工艺流程

施工工艺流程见图 5.1。

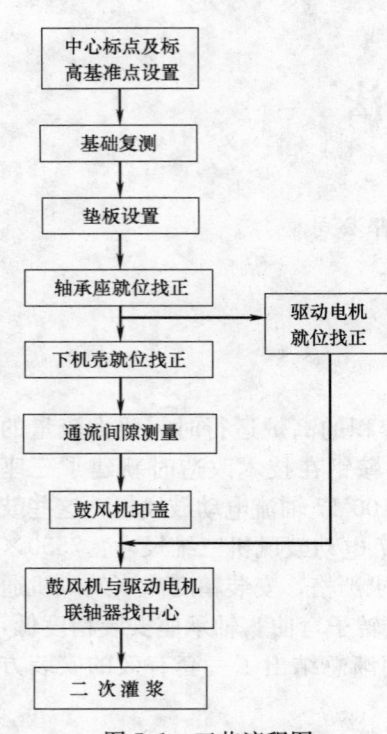

图 5.1　工艺流程图

5.2　操作要点

5.2.1　中心标点及标高基准点设置

根据图纸设置 4 条中心线（鼓风机和驱动电机纵向中心线、鼓风机两个轴承座横向中心线、驱动电机横向中心线）和 4 个标高基准点。

5.2.2　基础复测

在中心基准点的两侧设置线架，用线锤和 0.3mm 的钢丝设置中心基准线，用水准仪测标高。对基础进行复测，如有问题及时处理。

5.2.3　基础凿毛

在设备的安装位置上，凿去 20～30mm，并将基础清理干净。

5.2.4　垫板设置

每个地脚螺栓周围设置两块垫板。

技术要求：水平度：0.10/1000mm、标高：0～0.5mm、中心 ±1mm。

5.2.5　轴承座就位找正

当可调整顶丝垫板坐浆达到混凝土强度后，把风机轴承座就位，利用可调顶丝调整轴瓦座标高，用千斤顶调整中心线距离，见图 5.2.5。

在平行于轴承瓦座口处，设置平行中心线，用内径千分尺测两侧轴座瓦口距离（图 5.2.5）。

A1～A4、A2～A3、的结果不能大于 0.02mm；B1～B4、B2～B3 的结果不能大于 0.02mm。

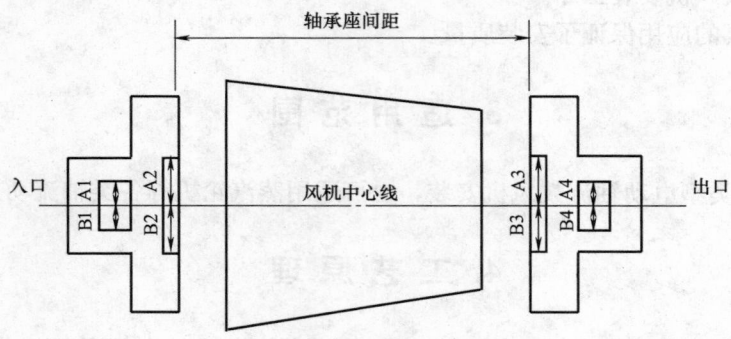

图 5.2.5　轴承座找中心示意图

偏差值只允许向一侧偏差。

技术要求：

轴瓦标高：入口轴瓦比出口轴瓦高 0.90mm。

两轴承座距离：±1mm。

5.2.6　下机壳就位找正

1. 下机壳就位时先对正排气侧两个固定支撑点，再调整进气侧两个滑动支撑点，下机壳就位后安装两轴承座与下机壳的定位键。

2. 下机壳就位后调整两轴承座上的 4 个支撑点找正下机壳。通过调整支撑点处调整垫片调整下机壳标高及水平度。

5.2.7　通流间隙测量

1. 用专用吊具吊转子，调节专用吊具的调整装置将转子调平，见图 5.2.7-1。

2. 将转子上、下垂直叶片（各三排），用大于 1.5 倍间隙的钢丝缠裹在叶片上，如图 5.2.7-2（用胶带将钢丝缠裹在上衬缸叶片上，是保证压铅时钢丝固定在叶片上。压铅后吊出上衬缸，钢丝随上衬缸叶片一起吊出，不至于遗留在转子上。上衬缸吊出后又可方便取下钢丝逐个测量，保证测量数据的准确性）。

3. 将上、下衬缸，上、下垂直叶片（各三排），用大于 1.5 倍间隙的钢丝缠裹在叶片上，如图 5.2.7-3。

4. 在上下壳体迷宫密封处放置 1.5mm 间隙的钢丝，测量迷宫密封间隙如图 5.2.7-4。

5. 准备就绪后，用专用工具将转子吊起，缓慢放入下壳体内，再将上衬缸就位，最后将上盖扣上，盖四周固定螺栓把紧后，用 0.05mm 塞尺检查上、下盖接缝处是否有间隙，无间隙后，松开四周固定螺栓，将上盖、上衬缸、转子一次吊出。将下衬缸、转子上下垂直叶片、上衬缸压过的钢丝依次测量完毕，与设计值比较。

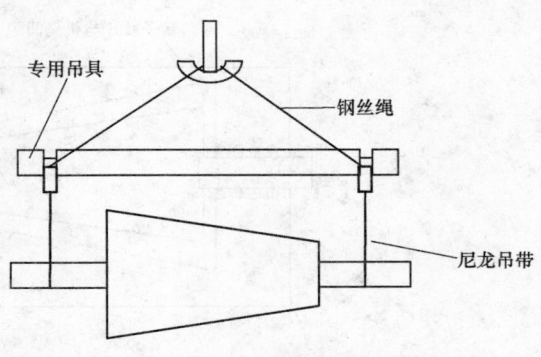

图 5.2.7-1　转子吊装示意图

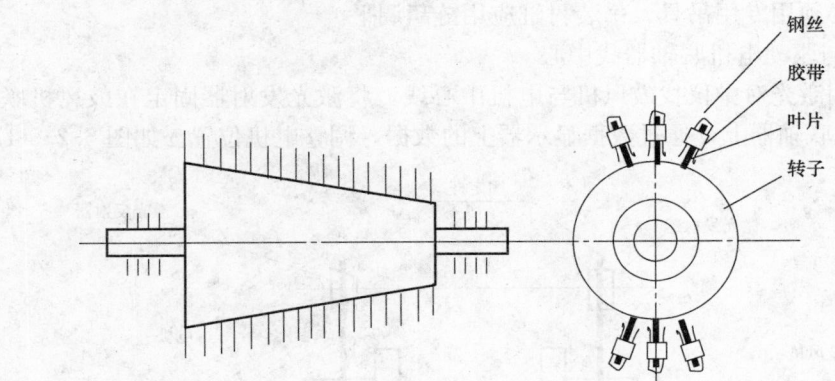

图 5.2.7-2　转子叶片钢丝位置设置示意图

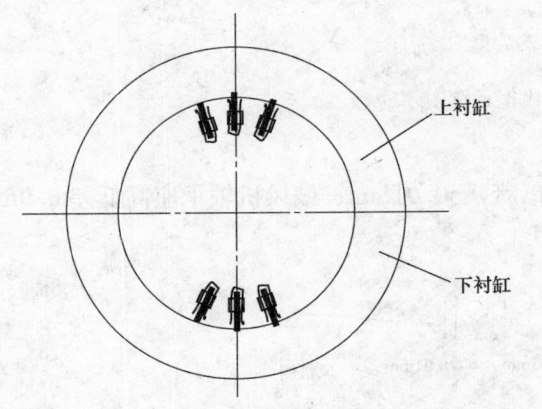

图 5.2.7-3　上下衬缸叶片钢丝位置设置示意图

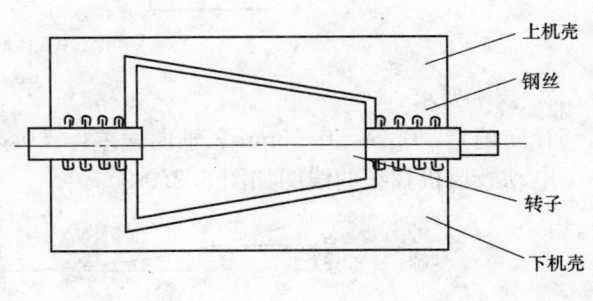

图 5.2.7-4　迷宫密封处放置钢丝位置设置示意图

6. 用楔形塞尺测量转子叶片与衬缸、转子与衬缸调整叶片的两侧间隙并与设计值对比。

1）用楔形塞尺测量转子叶片与衬缸间隙时，楔形塞尺直边靠在衬缸上。如图 5.2.7-5（b）。

2）用楔形塞尺测量转子与衬缸调整叶片间隙时，楔形塞尺直边靠在转子上。如图 5.2.7-5（c）。

7. 如果测量值与设计值不同，可通过增减机壳和瓦背的调整垫片，调整通流间隙。如果测量值与设计值相同，鼓风机可以扣盖。

5.2.8　鼓风机扣盖

1. 用压缩空气将机壳内吹扫干净。

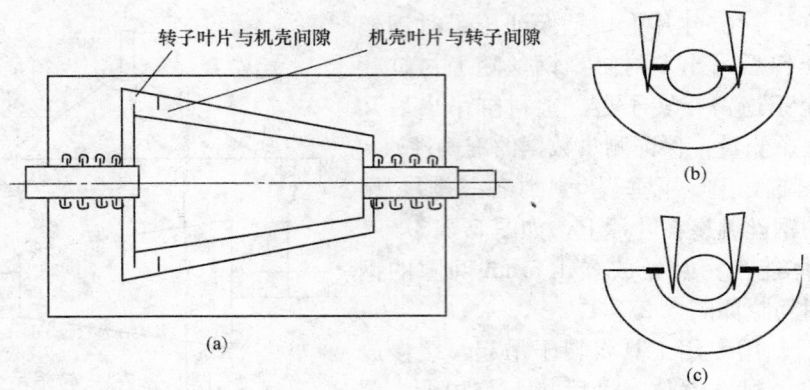

图 5.2.7-5　楔形塞尺测量间隙示意图

2. 依次吊入下衬缸、转子、上衬缸、导向环、上机壳。

3. 风机扣盖时使用销钉定位的零部件确保有关零部件恢复原来的配合位置，然后再拧紧螺栓。

4. 吊装转子时必须用专用吊具，吊装衬缸应用链葫调平。

5.2.9　鼓风机与驱动电机联轴器找中心

1. 电机就位后用激光对中仪找鼓风机与电机中心线，将激光发射器固定在鼓风机联轴器上，将激光接收器固定在电机联轴器上，通过数据显示器上的数据，调整电机位置。如图 5.2.9-1 所示。

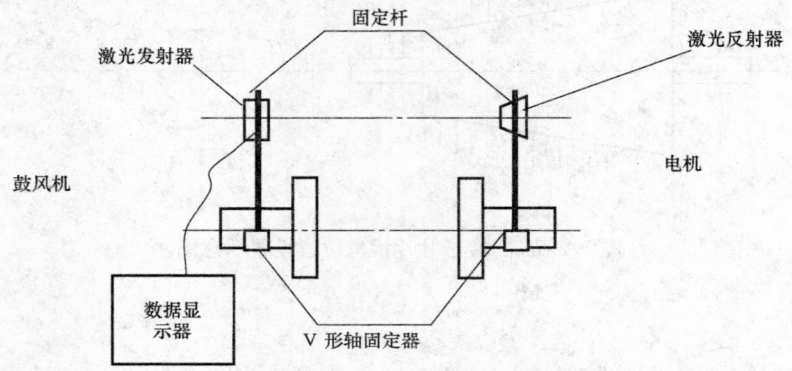

图 5.2.9-1　联轴器找正示意图

2. 技术要求：

径向偏差：0.70 ± 0.10mm、轴向偏差：±0.03mm、下开 0.01mm、鼓风机轴承座高低差 0.9mm。电动鼓风机找正曲线图如图 5.2.9-2。

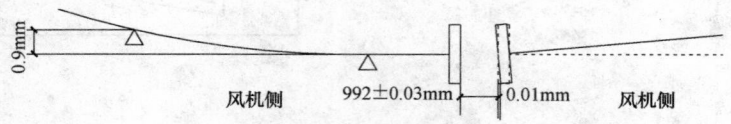

图 5.2.9-2　电动鼓风机找正曲线图

5.2.10　二次灌浆

鼓风机与驱动电机联轴器找中心合格后，可以进行二次灌浆。

5.3　劳动力组织（表 5.3）

劳动力组织一览表　　　　　　　　　　　　　　　　　　　　　表 5.3

序　号	人　员	所需人数	备　注
1	施工负责人	1	
2	技术负责人	2	

序 号	人 员	所需人数	备 注
3	环境保护负责人	1	
4	安全员	1	
5	材料员	1	
6	设备员	1	
7	保管员	2	
8	起重工	10	
9	钳工	16	
10	电焊工	3	
11	气焊工	1	
12	维护电工	1	
13	合计	40	

6. 材料与设备

6.1 主要施工材料一览表（表6.1）

主要施工材料一览表　　　　　　　　　　　　　　　表6.1

序 号	材料名称	规 格	数 量	备 注
1	灌浆料			
2	白布		200m²	
3	亚麻仔油		10kg	
4	润滑剂		10kg	可润剂
5	丙酮		20kg	
6	煤油		50kg	
7	煤油		10kg	
8	钢绳	$\phi63$	2对	
9	钢绳	$\phi38$	2对	

6.2 主要施工机具一览表（表6.2）

主要施工机具一览表　　　　　　　　　　　　　　　表6.2

序 号	机具名称	规 格	数 量	备 注
1	液压千斤顶	30t	2台	
2	螺旋千斤顶	20t	2台	
3	螺旋千斤顶	10t	2台	
4	交流电焊机	300A	2台	
5	手拉葫芦	10t	2台	
6	手拉葫芦	3t	2台	
7	手拉葫芦	2t	2台	
8	液压扳手		3套	
9	力矩扳手		2套	
10	无油空气压缩机	3.2m³	1台	

6.3 主要施工检验、测量仪器一览表（表6.3）

表 6.3

主要施工检验、测量仪器一览表

序　号	仪器名称	规　格	数　量	备　注
1	百分表		4块	
2	方水平	200	2块	
3	赛尺		1把	
4	楔形赛尺		1把	
5	内径千分尺		1把	
6	游标卡尺		1把	
7	经纬仪		1台	
8	水准仪		1台	

7. 质 量 控 制

7.1 工程质量控制标准

设备安装检验评定标准按《冶金机械设备安装工程质量检验评定标准》YB 9245—92 执行。

7.2 质量保证措施

7.2.1 施工前要认真进行技术质量交底，杜绝盲目施工。

7.2.2 坚持"质量第一"方针在施工中的重要性，及时反馈质量信息。

7.2.3 严格执行公司质量承诺，确保质量分毫不差，确保工程分秒不差，让用户100％满意。

7.2.4 严格按工序施工，保持施工现场文明，实现工完料清，及时清理现场卫生。

7.2.5 在施工过程中，发现未能按施工规范要求进行时，甲方检查人员提出意见，必须及时按标准和质量要求进行修改。

7.2.6 使用的灌浆料必须在有效期内。

7.2.7 使用的计量器具必须在检定周期内。

8. 安 全 措 施

8.1 施工前对职工进行安全技术措施教育，树立"安全第一"的思想，做到安全为我，我为大家的思想。

8.2 施工中做到工前安全及危险底数交底，做好班组人员互保、落实制度。

8.3 设备开箱清点设备时，防装箱板上的钢钉要打倒，防止扎伤手脚、按序摆放，并及时将现场卫生清扫干净。

8.4 选择吊装设备：链式起重机、钢丝绳、U形卡扣时，不准以小带大，棱角处要用胶皮或半圆形钢管包扎好。

8.5 使用各种电动工具时，要带好防护眼镜，要有漏电保安器。夜晚施工要有充足的照明灯具。

8.6 在安装风机、电机地脚螺栓和下端的垫板时，要搭设临时平台，设置安全围栏、系好安全带，防止高处坠落。

8.7 使用链葫时，要检查链葫是否跑链，确认无异常现象时方可使用，链葫挂设要牢固。

8.8 在安装区域设置禁区。

8.9 轴瓦座、转子压铅时，防挤伤手指。

8.10 现场配备足够的灭火器材，防火灾发生。

9. 环 保 措 施

9.1 目标和指标

9.1.1 目标

环境等级污染事故为零，控制场界噪声、违规事件为零、土污染等级事故为零。

9.1.2 指标

固体废弃物按环保部门指定排放率100%，昼夜施工噪声不超过70dB，夜间施工噪声不超过55dB。污水达标排放率100%。

9.2 控制措施

9.2.1 固体废弃物排放控制措施

1. 施工现场产生的工业、生活垃圾必须分类密封或半密封存放，并定期清运到环保指定地点，在运输过程中采取覆盖措施。

2. 对废弃的电瓶、油漆桶、石棉制品以及含酸、碱、铅、苯等有毒有害的废弃固体物有资格处理的单位可自行处理，无资格处置的应委托第三方处置，并对第三方的资质进行评价，并做好转移处置的过程控制。

3. 对石棉废弃物及含有毒有害化学成分的废弃物必须随时清理干净，不得长期遗弃在施工现场。

噪声污染控制措施：

(1) 定期监测噪声，严格控制噪声标准。

(2) 改革铆工生产工艺，减少锤击金属频次，有条件的车间应落实隔声、消声措施。

(3) 尽可能将产生的噪声的金属材料平整、校正作业由露天作业改为进入车间内作业。

(4) 合理安排作业时间，消除和减弱生产中噪声源，控制噪声的传播。

(5) 施工现场的强噪声设备宜设置在远离居民区一侧；夜间进入施工现场的车辆严禁鸣笛，装卸材料应轻拿轻放。

10. 效 益 分 析

10.1 本工法详细的列出了电动鼓风机安装顺序及每道工序的关键点，安装前按此工法与外方专家探讨施工方案和工期，避免了因施工方法、语言不通等因素对工程的影响。按此工法施工每个工程可提前工期20d，节约外方专家现场服务费40万元，同时节约人工费12万元。

10.2 本工法技术的成功应用，为企业积累了宝贵的施工经验，提高了企业的施工技术水平，促进了电动鼓风机施工技术的进步和发展，为以后电动鼓风机安装提供了可靠依据。

11. 应 用 实 例

11.1 鞍钢新1号高炉电动鼓风机安装工程

1. 工程地点：鞍钢厂区

2. 总工期：60d（2002年12月20日至2003年2月20日）

3. 工程概况：AV100-17电动鼓风机1台

4. 应用效果：大流量电动鼓风机安装工法在本工程中得到成功应用，提高了质量，缩短了工期，总体试车一次成功，取得了良好的社会效益和经济效益。

11.2 鞍钢新2号高炉电动鼓风机安装工程

1. 工程地点：鞍山鞍钢西部厂区

2. 总工期：60d（2005年6月3日至2005年8月2日）

3. AV100-17电动鼓风机1台

4. 应用效果：大流量电动鼓风机安装工法在本工程中得到成功应用，提高了质量，缩短了工期，总体试车一次成功，取得了良好的社会效益和经济效益。

11.3 鞍钢新3号高炉电动鼓风机安装工程（2005年6月26日至2005年8月25日）

1. 工程地点：鞍山鞍钢西部厂区

2. 总工期：60d

3. AV100-17电动鼓风机1台

4. 应用效果：大流量电动鼓风机安装工法在本工程中得到成功应用，提高了质量，缩短了工期，总体试车一次成功，取得了良好的社会效益和经济效益。

燃气锅炉施工工法

GJEJGF223—2008

天元建设集团有限公司
山东万鑫建设有限公司
林青友　邵石头　王文高　李永峰　宗可锋

1. 前　　言

　　燃气锅炉在钢铁及焦化等行业，作为节能减排的主要技术手段被广泛采用。其途径是将高炉（焦炉）煤气通过燃气锅炉再次燃烧，实现热电联产。

　　燃气锅炉的结构形式一般为双锅筒、自然循环、集中下降管、Ⅱ形布置，锅炉前部炉膛采用膜式水冷壁，水冷壁四周外侧沿高度方向装设刚性梁，以增加水冷壁刚度和承受炉内压力波动的能力，在上、下锅筒之间布置对流管束，管子与锅筒采用胀接或焊接。其燃烧系统由旋流式高炉煤气燃烧器和炉内蓄热稳燃器组成。燃烧器沿四角的上、下分多层布置。炉内蓄热稳燃器，由高铝耐火异形砖砌筑而成，其作用是提高燃烧器区域温度场的温度，加快煤气燃烧速度，使燃烧更完全、更稳定。燃气锅炉安装示意简图如图1所示。

　　针对燃气锅炉的结构特点和特殊要求，对关键的施工技术进行课题研发，编制形成了燃气锅炉施工工法，其核心技术通过科技查新，在国内未发现与该技术主要创新点相同的内容，经山东省科技厅组织的专家鉴定，核心技术达到国内领先水平。

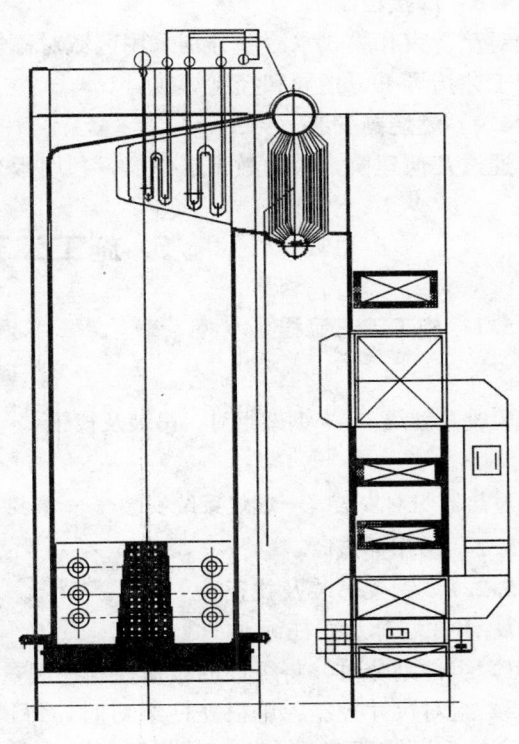

图1　燃气锅炉安装示意简图

2. 工法特点

　　2.1　钢架找正方法采用电子测距仪及刚性铰接调整拉杆，安全、便捷、可靠。

　　2.2　锅筒找正在高空作业条件下，可操作性强，控制准确。

　　2.3　针对对流管束受力特点，给出了胀接和焊接时的控制方法及工艺要求，比传统方法更为科学、适用。

　　2.4　利用激光定位的方法，实现燃烧器安装、找正全过程的可视操作，方法先进、准确、可靠。

3. 适用范围

　　适用于焦炉和高炉煤气锅炉的安装施工及其他类型燃气锅炉的施工。

4. 工 艺 原 理

4.1 钢架找正

通过柱脚处的限位角钢及调整螺栓保证钢架柱脚的定位，再通过调节刚性铰接调整拉杆进行钢架找正，结合电子测距仪、经纬仪、磁力线坠控制钢架的平行度、垂直度。

4.2 胀接控制

根据虎克定律进行对流管束伸长量的计算，准确控制上下锅筒的安装标高和对流管束的放样尺寸。

通过试胀，进行胀接工艺评定，并根据胀口的受力特点，按管束所处的区域采用不同的胀管率，且均匀过渡的方法进行控制，保证胀接质量。

4.3 焊接控制

对流管束和膜式水冷壁分别采用区域对称焊和逆向对称焊，并通过模拟试焊，进行焊接工艺评定，制定工艺指导书，指导和控制焊接。

4.4 燃烧器安装

通过几何建模，借助激光定位仪，利用激光的直线性与可见性，进行燃烧器找正和水平角定位。

5. 施工工艺流程及操作要点

5.1 施工工艺流程

基础验收及划线 —→ 钢架组对、吊装及找正 —→ 上下锅筒吊装 —→ 对流管束安装 / 膜式壁组对安装 —→ 省煤器组对安装

—→ 过热器组对安装 —→ 燃烧系统安装 —→ 密封 —→ 水压试验 —→ 浇注料施工 —→ 烘煮炉。

5.2 操作要点

5.2.1 钢架吊装及找正

1. 组件划分及立柱组对

1）组件划分时，将组件的重量控制在起重能力范围内，并保证钢结构的完整性、稳定性和刚性。

2）组对尺寸控制：单根立柱组对时，每道焊缝间隙应留有 2～3mm 的收缩余量；立柱成片组对时，立柱间距应留有 3～5mm 的收缩余量。

2. 分片组合次序

钢架分片组装依据先吊装后组合，后吊装再组合的次序进行。

组合时，应保证被组合的相邻两立柱纵向中心线平行，钢架立柱的 1.0m 标高线与各立柱纵向中心线垂直，且处在垂线交点连线上。

3. 刚性拉杆结构安装

1）刚性铰接调整拉杆制作

根据两组钢架之间的间距要求，制作刚性铰接调整拉杆，其调整余量以 15～20cm 为宜，连接钢管为 φ89 或 φ108 无缝钢管。详见制作样图 5.2.1。

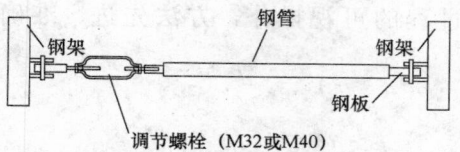

图 5.2.1 刚性铰接调整拉杆制作样图

2）刚性铰接调整拉杆和找正用的临时连接件事先焊在组合好的钢架上，位置设在距钢架顶端 1/3 处并固定牢靠。

4. 钢架找正

1）钢架就位时，通过事先设置柱脚处的限位角钢或调整螺栓调整，保证底板的中心线与基础中心线相吻合。

2）钢架就位后，通过刚性调整拉杆进行临时固定，并用电子测距仪（控制精度为 1mm）测量数

据，进行刚性铰接调整拉杆的微调，保证钢架的平行度调整。通过磁力线坠验证钢架的垂直度，直至误差控制在允许范围内。

3）操作时高空和地面作业人员，通过无线耳机联络，实现作业同步。

5.2.2 锅筒安装及找正

锅筒和集箱是锅炉最重要的受压部件之一，其位置正确与否，直接影响对流管束下降管的安装质量，尤其对流管束的胀接，受锅筒位置的影响更大。

1. 锅筒找正的顺序及方法

1）先找正上锅筒，以上锅筒为准，再找正下锅筒。

2）以基础的纵、横中心线为准，在锅筒两个端部及锅筒中部吊线锤，测量纵、横中心线的投影是否与基础上已划的纵横中心线相重合。

3）上锅筒就位时以经纬仪配合找正上锅筒的横向中心线，其纵向中心线、水平度、中心标高，通过设在锅筒支座部位的4个小型千斤顶加以调整。

2. 上、下锅筒间距的精确控制

理论分析与计算

由于拆除锅筒临时固定后的锅筒自身重量及水压试验时满水的重量作用，会使对流管束有所伸长。其伸长量可以根据虎克定律进行公式推导，根据计算伸长量结果控制下锅筒安装时的标高。

公式推导如下，根据虎克定律：

$$\sigma = \varepsilon E = E\Delta L/L \tag{5.2.2-1}$$

对流管束受力 F：

$$F = G_1 + G_2 + G_3 = \sigma nA \tag{5.2.2-2}$$

由式（5.2.2-1）、式（5.2.2-2）得：

$$\Delta L = (G_1 + G_2 + G_3)L/nEA \tag{5.2.2-3}$$

式中 σ——对流管中的应力；

ε——对流管伸长率 $\Delta L/L$，%；

G_1——锅筒自身重量，N；

G_2——对流管束自身重量，N；

G_3——锅筒、对流管束内部水重量，N；

E——弹性模量，2×10^5 MPa；

A——有效截面积，m^2；

ΔL——伸长量，m；

L——对流管最小长度，m；

n——对流管束根数。

举例说明：潍坊昌乐焦化厂 2×35t/h$+$3MW 燃气发电项目中，锅炉上下锅筒间对流管束采用胀接。对流管束规格为 $\phi51\times3$，单根平均长度4.0m，共560根，总重量为8.7t，下锅筒重量2.6t，对流管束及下锅筒容水重量3.6t。

满水时对流管束伸长量 $\Delta L = 14.9\times1000\times9.8\times4.0/(2\times10^5\times0.00045216\times560) = 11.53$mm。

从上述计算结果看出，在控制锅筒标高时，需将锅筒标高提高11.5mm。如按传统做法将锅筒标高提高3～5mm，难以满足《工业锅炉施工及验收规范》GB 50273—98中上、下锅筒垂直方向的距离偏差为±3mm的规定。

因此，根据式（5.2.2-3）算出的结果对锅筒的标高及对流管束放样控制更为精确、合理。

5.2.3 对流管束胀接

1. 胀管率的选择与实际控制

由于试胀时的工艺条件和现场实际施工的条件不同，且胀口受力在锅筒上的分布是不均匀的，因此，实际胀管率应根据试胀时的胀管率予以调整，以与工程条件相适应。在具体实施中，可按管束所处的区域采用不同的胀管率，且均匀过渡的方法进行控制。对流管束胀管率控制分区如图 5.2.3-1 所示。Ⅰ区胀管率为试胀胀管率 H，Ⅱ区胀管率为 $H+(0.1\%～0.15\%)$，Ⅲ区胀管率为 $H+(0.15\%～0.2\%)$。这样既保证胀口的严密性，又与锅筒、对流管束的受力条件相吻合。

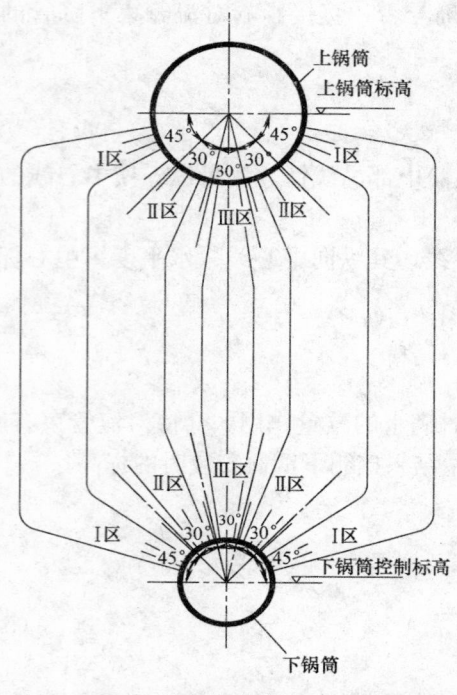

图 5.2.3-1　对流管束胀管率控制分区图

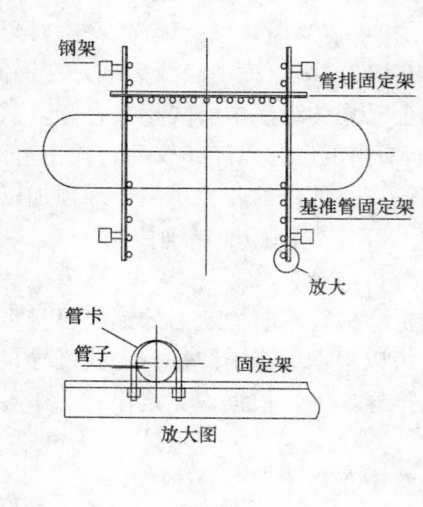

图 5.2.3-2　基准管及管排固定示意图

2. 胀管操作要点

1）挂基准管

基准管先挂两端最外面的两根管。这四根管子是各管排基准管中的基准，故其定位要准确；基准管固定架用管卡固定在管子上，如图 5.2.3-2 所示，并将固定架与锅炉钢柱焊牢，开始这四根管只做初胀（即胀到管端直径与管孔直径相同）。

2）上、下锅筒胀管顺序

先初胀、终胀下锅筒，再初胀上锅筒，切割上锅筒内管端多余长度后，最后终胀上锅筒。终胀上锅筒时，炉管在两锅筒间有 2mm 左右的延伸量约束，正好弥补正常运行时侧水冷壁向上的膨胀量，使锅炉整体同步向上膨胀。

3）对流管束胀接顺序

采用反阶式胀管顺序，如图 5.2.3-3 所示。反阶式胀管的特点是管孔在径向各方向上受力是基本对称的。避免胀接过程中胀珠向反作用小的方向扩张，造成该方向上塑性变形区增大，使管端受力不均。

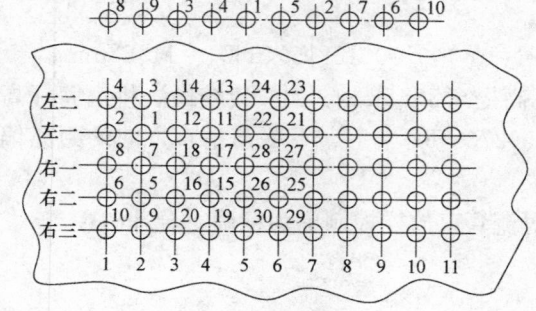

图 5.2.3-3　对流管束胀接顺序示意图

3. 焊接应力对胀接的影响控制

在胀接的锅炉中，应消除焊接应力对胀口的影响。

1）因锅炉厂制造原因，水冷壁连接管、水冷壁与锅筒连接管会产生加工误差，现场应进行局部调整，满足偏差要求后，再行焊接。

2）连接管一端胀接、一端焊接时，采用"先点焊，后初胀，再焊接，后终胀"的方法保证胀口质量。

3）焊接时采用焊接线能量较小的氩弧焊，消除焊接应力对胀接的影响。

5.2.4 对流管束焊接

1. 对流管束特点

炉膛后部膜式水冷壁与对流管距离小，焊工不能进入到汽包第一排对流管和膜式壁之间的位置。对流管束排与排之间及管与管之间距离小，有的管孔孔桥只有 20mm。

2. 焊接模拟试验

根据对流管束分布实际情况，制作模拟试件，选用合格的焊工进行试焊，先焊接第一排管接头，所有管接头 100%X 射线探伤合格，随机抽取 2 个焊口作断口检验、拉伸试验和弯曲试验，进行焊接工艺评定，合格后，拟订正式焊接工艺指导书。

3. 焊接接头形式

接头形式：对接接头，v 形坡口，坡口角度 60°±5°，对接间隙 2.5～3.0mm。

4. 焊接工艺参数见表 5.2.4。

对流管 $\phi51\times3$ 焊接工艺参数 表 5.2.4

焊接层次	焊接方法	焊接电流（A）	焊接电压（V）	喷嘴直径（mm）	氩气流量	钨极牌号、规格	电流极性
打底层	TiG	90～95	14～16	8～10	10～12	钍钨极 $\phi2.0$	直流正接
盖面层					12～14		

5. 对流管束焊接要点

1）焊接顺序

由于对流管与膜式壁之间的距离小，根据膜式水冷壁的结构特点，必须首先焊接靠近膜式壁的对流管，第一排焊完后，经 100%X 射线探伤合格后，再焊接第二排，依次类推。

2）刚性固定法

焊接前对每排对流管束进行装配，用管夹夹紧，防止对流管焊接时，焊接应力导致汽包发生扭曲。

3）对称焊接法

把对流管束以纵、横中心线为界分为 4 个区，如图 5.2.4 所示。4 个区域同时对称施焊，每排对流管采用 2 名焊工从中间向两端同时焊接，2 名焊工施焊速度要保持一致。

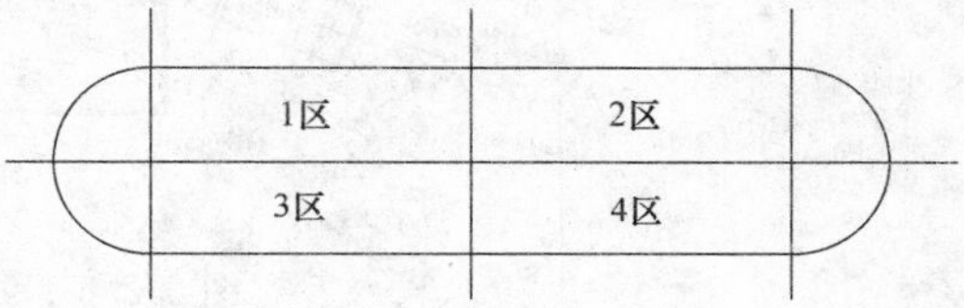

4）减少障碍焊

障碍焊，焊接质量很不稳定。为了减少障碍焊，后一根管子焊接前，拆除前一根管子固定卡，移开前一根管子，以便于焊接操作。

| 1区 | 2区 |
| 3区 | 4区 |

图 5.2.4 对流管束焊接分区示意图

5.2.5 膜式壁焊接

1. 膜式水冷壁的特点及焊接方法

属垂直固定加障碍焊接，焊接施工难度大。为了防止膜式壁波浪变形，膜式水冷壁采用交错间焊、跳焊的焊接方式控制，每个焊口采用对称逆向焊。膜式水冷壁具有柔性，施焊时应每隔 2～5m 间距设置刚性固定梁。刚性梁按划定的位置在鳍片上点焊，刚性固定梁可采用锅炉厂随带刚性梁。

2. 模拟试焊

根据膜式水冷壁结构，制作模拟试件进行试焊。

试焊由 4 名焊工分成 2 组，每组 2 名焊工，每一焊口采用 2 人对称逆向焊，其中 1 人采用左向焊，1 人采用右向焊。将水冷壁管平均分成 2 组，从中间向两端焊接，保持焊接速度相等。2 名焊工焊 1 组，焊接完毕，所有管接头采用 100%X 射线探伤合格，按比例随机抽取焊口做焊接接头检验、拉伸试验和弯曲试验，进行焊接工艺评定，合格后，拟定正式焊接工艺指导书。

5.2.6 燃烧系统安装

1. 燃烧器定位放线

以水冷壁下联箱标高作为基准，确定最顶层燃烧器中心管的水平中心线，进而确定各层燃烧器的中心线及其固定框架的标高。

2. 燃烧器垂直位置找正

以最顶层燃烧器中心管的水平中心线为基准，分别吊一垂线，使各喷口中心在同一铅垂平面内。各层喷口的水平度，用水平仪调整，符合要求后进行临时固定。

3. 燃烧器喷嘴角度调整：

1）几何建模

建模方法主要是在 CAD 软件中导入几何模型，进而进行精确计算。

在炉膛中，用 16 号钢丝系在焊接于四周膜式水冷壁鳍片的-8×200 扁钢上，两钢丝交点为假想切圆的圆心位置点 O，并将该点引至炉膛内的放样平台上。在平台上用地规画出假想圆，根据燃烧器水平安装角度要求，在圆内画出安装角度线 PQ，从圆心作其垂直线与假想圆圆弧相交，过交点作圆内安装角度线的平行线，该线即燃烧器的实际水平角度线，并将其在平台上延长。如图 5.2.6-1。

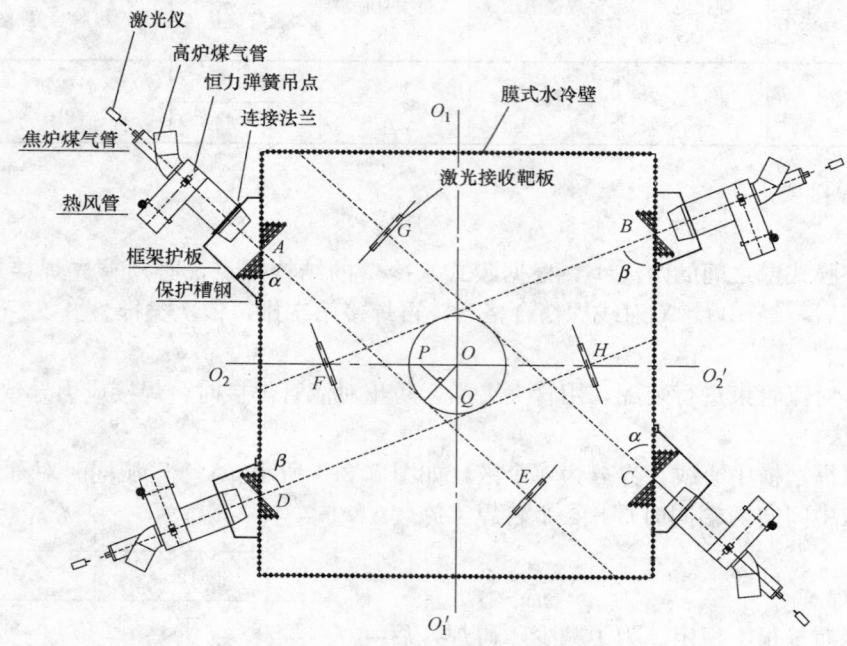

图 5.2.6-1　燃烧器安装几何建模示意图

2）在燃烧器的实际水平角度延长线的垂线上，安放激光接收垂直靶板。在靶板上画出垂直中心线和各燃烧器中心标高线，交点即激光十字中心。

3）将激光水平仪放于喷口轴线上，激光会投射接收垂直靶板上。在设计安装角度下，激光会映射到激光十字中心上。否则，通过临时调整螺栓调整燃烧器的左右及上下摆角，直至将激光光束投射到激光十字中心上，然后将燃烧器点焊固定，如图 5.2.6-2。全部找正复查无误后，进行焊接密封和吊挂装置安装。

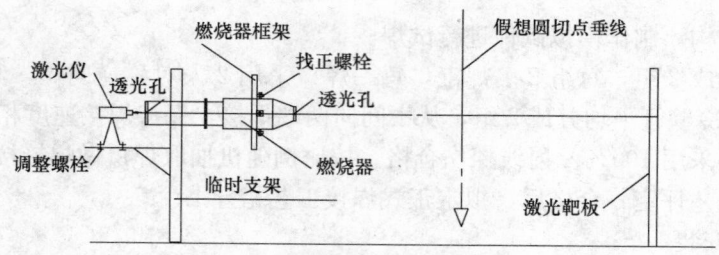

图 5.2.6-2　燃烧器安装角度调整示意图

4. 燃烧器框架的就位及密封

燃烧器框架安装采用槽钢保护的办法,如图 5.2.6-2,避免框架钢板与水冷壁管直接焊接,防止水冷壁管受损。

框架密封时,竖向护板焊在膜式壁的鳍片及保护槽钢上,水平梳型护板与膜式水冷壁直接焊接,密封焊缝均用煤油进行渗透检验。

5. 稳燃塔施工

1)以燃烧器假想切圆的圆心为中心,放线定位;并复查稳燃塔中心垂线是否经过燃烧器假想切圆圆心。

2)根据图纸设计要求,配置耐火混凝土,制作稳燃塔基础。

3)塔体按设计要求进行分段施工,砌筑高铝质耐火混凝土异形砖时应保证每条砖缝均匀一致,以使加热后的膨胀均匀,延长使用寿命。

6. 燃烧器浇注密封

燃烧器部位浇注密封采用高铝骨料、碳化硅、棕刚玉、细粉及超微粉拌制成可塑料浇注,浇注时轻微捣实,防止模板变形和移位。

7. 烘炉

烘炉时采用木柴小火烘炉,3d 内温度不得超过 50℃,3d 后可逐步加温,温升速度控制在 20℃/h,且每小时记录一次。

5.3 劳动力组织

劳动力组织情况见表 5.3。

劳动力组织情况表　　　　　　　　　　　　　　　　表 5.3

序　号	专　业	所需人数	备　注
1	起重指挥	4	
2	胀管工	4	
3	管工	6	
4	钳工	4	
5	焊工	8	
6	测量工	2	
7	登高作业人员	4	
	合计	32	分阶段投入

6. 材料与设备

工程中所需材料、设备及简要说明见表 6。

材料与设备表　　　　　　　　　　　　　　　　表 6

序　号	设备名称	设备规格	单　位	数　量	备　注
1	刚性铰接调整拉杆	φ89~108	套	6	钢架固定及找正
2	激光电子经纬仪	LT200	台	1	钢架找正、燃烧器安装角度调整
3	激光测距仪	DISTO-A2	台	4	钢架找正
4	水准仪	S3	台	2	各部位标高测量
5	磁力线坠	CJ-5053	个	8	钢架垂直度测量
6	无线耳机		个	4	用于钢架找正

续表

序 号	设备名称	设备规格	单位	数量	备 注
7	电动胀管机	DZ-A 号型	台	4	对流管束胀接
8	氩弧焊机	2GX-400	台	8	对流管束及膜式壁焊接
9	射线探伤机	2505	台	1	焊缝质量检测
10	外径千分尺	0～150mm	把	6	对流管束胀接
11	游标卡尺	0～150mm	把	6	对流管束胀接
12	钳式电流表	DCL-400A	台	1	用于电流电压检测
13	焊缝检测尺	HJ30	把	6	焊缝质量检测
14	氩气流量计		个	4	用于焊接

7. 质 量 控 制

7.1 质量控制标准

工程施工质量控制标准参考电力建设相关规范。

7.1.1 《电力建设施工及验收技术规范（锅炉机组篇）》DL/T 5047—95

7.1.2 《电力建设施工及验收技术规范（管道篇）》DL 5031—94

7.1.3 《工业炉砌筑工程施工及验收规范》GB 50211—2004

7.1.4 《火力发电厂焊接工艺评定规程》DL/T 868—2004

7.1.5 《火力发电厂焊接技术规程》DL/T 869—2004

7.1.6 《承压设备无损检测》JB/T 4730—2005

7.1.7 《火电施工质量检验及评定标准》

7.1.8 《蒸汽锅炉安全技术监察规程》 劳部发〔1996〕276 号

7.1.9 《电力工业锅炉压力容器监察规程》DL 612—1996

7.2 质量控制措施

7.2.1 健全质量保证体系，制定工艺纪律，设立关键工序停滞点和检查点，严格履行工序交接制度。

7.2.2 质量控制重点

1. 钢架安装

1）钢架立柱对接时，由两人对称焊接并注意焊接顺序，以减少焊接变形。焊缝收缩间隙统一设置为3mm，立柱总长应比设计长 4～6mm。

2）找正由专人统一指挥，保证同步作业，降低误差，控制精度。

2. 胀接

1）胀管率控制要由有丰富经验的操作专人负责，专人计量，专人记录。胀管的操作者应经过专门培训，且应有一定的操作技术和经验。

2）每胀完 15～20 个胀口时，应将胀管器拆开放入煤油中洗净，仔细检查是否有损坏和过度磨损。

3）设有密封凹槽的高参数锅炉锅筒管孔，应注意将凹槽内的油垢清除干净，然后用汽油或四氯化碳等溶剂清洗锅筒管孔内表面，并用布砂轮进行打磨。

4）两横向基准管列间应以不超过30个管孔为宜，否则应在中部增设1～2道横向基准管列，其相互间距可按管孔数接近等分。

3. 焊接

1）制定焊接计划，包括焊工资格、焊条管理、工艺评定、焊接参数、焊接方法、技术要求、焊口图示、无损探伤的抽检比率等。

2）按模拟试验时的焊接方法进行，施焊时保证焊口处于同一平面内。

3）焊前可先采用拉通线的方法找出错口，用火焰加热法矫正，加热温度不能大于相变温度，适当锤击进行矫正。

4）减少高空作业，划分自由段

采用地面组装，将每片膜式壁对接焊缝在地面焊接完毕组成一个自由段进行吊装，也可根据场地情况和吊装能力把整片膜式壁和集箱焊接完毕组成一个自由段整体吊装。

4. 燃烧器安装

1）用于燃烧器喷嘴角度调整的激光电子经纬仪选用激光束直径较小的 DISTO-A2 型。

2）激光束的进孔根据激光束的直径调整，防止喷嘴中心线产生较大的偏差。

3）在喷嘴的出口处设置与激光束进孔同样大小的孔板，通过两点一线保证喷嘴中心线的准确性。

4）激光靶板的十字中心点根据激光束的直径进行设置，并涂以可以和激光束明显区别的颜色，以保证准确定位。

8. 安 全 措 施

8.1 管理制度

建立重大危险源管理制度，将高处坠落、起重伤害、物体打击、触电、窒息作为重大危险源管理，制定相应应急预案，消除潜在危险因素。

8.2 控制措施

8.2.1 高处坠落及物体打击

1. 立体交叉作业层间搭设严密、牢固的防护隔离设施；

2. 平台与钢架同时安装，吊前安装临时爬梯；

3. 作业人员正确使用安全防护用品；

4. 高处作业使用的工具应系保险绳；

5. 组件吊装前，杂物清理干净；

6. 危险区域设围栏及警告标志。

8.2.2 起重伤害

1. 吊装前编制施工方案，并进行技术交底；

2. 起重指挥、操作人员必须持证上岗；

3. 遇有大雪、大雾、雷雨等恶劣天气，风力达五级时不得进行受风面积大（膜式壁、护板）的吊装作业，当风力达到六级及六级以上时停止起吊作业；

4. 设专人检查、落实吊装索具设置。

8.2.3 窒息

1. 有人在汽包内工作时，汽包外应设监护人，封闭人孔门前清点人数；

2. 锅筒内胀管时，在上、下锅筒人孔位置安放一台电扇或轴流风机，加强通风。

8.2.4 触电

1. 电焊机及用电设备要有可靠的接地和保护装置；

2. 汽包内工作时内部铺设绝缘胶皮，行灯电压不得超过 12V，行灯有保护罩；

3. 施工人员不得携带杂物进入锅筒，下班时要清点工具，避免将它们遗留在锅筒内。

9. 环 保 措 施

9.1 焊条头回收时，核对领用发放记录，按奖罚措施奖罚。焊渣、边角废料及废弃物回收由专人负责，并集中处理。

9.2 在存放和使用射线源场所的入口处设置放射性标志，并设专人监护。

9.3 建筑垃圾如废油、包装箱板、废手套等废弃物，经分类后运至指定位置，统一堆放处置。

9.4 材料、设备堆放合理，各种物资标识清楚、摆放有序并符合安全防火标准。

9.5 退火后的铅锅及废铅及时回收。

9.6 施工及生活污水排放应符合《污水综合排放标准》GB 8978—1996，食堂、餐厅污水先排入隔油池，水油分离后再进行排放，施工中产生的污水经中和处理，pH值达到规定要求后，排入污水管道。

10. 效 益 分 析

10.1 经济效益

山东（莱芜）富伦钢铁有限公司1280炼铁高炉项目一期（2×100t/h）燃气锅炉安装工程，在工程施工中采用燃气锅炉施工技术，减少了大量的高空作业及大型机械进场费用，缩短了工程工期，节约了人工费、材料费、机械费。单就钢架及胀接技术应用产生直接经济效益11万元。经济效益分析见表10.1。

效益分析表（单位：万元）　　　　表 10.1

项目	费用	费用构成				费用累计	成本节约
		人工费	材料费	机械费	返工费		
钢架安装	钢丝绳找正	2.1	3.3	4.8	1.6	11.8	7.9
	调整连杆找正	1.2	0.3	2.4	0	3.9	
胀接	工艺实施前	4.0	1.0	1.2	0.8	7.0	3.1
	工艺实施后	2.5	0.6	0.8	0	3.9	

10.2 社会效益

10.2.1 确保了工程施工质量和安全的同时，缩短了工程工期，使工程早投入、早受益。

10.2.2 我们运用燃气锅炉施工技术施工的山东福伦钢铁有限公司燃气锅炉（2×100t/h）至今运行良好。年综合利用高炉、焦炉煤气 $66.7×10^6 Nm^3$，换算成标准煤，年可节约煤炭10800t，综合节约400余万元，同时较好地解决了高炉煤气、焦炉煤气直接对空排放对环境造成的污染问题。

11. 应 用 实 例

11.1 鲁丽集团热电项目 2×75t/h 燃气锅炉安装工程

鲁丽集团热电项目2×75t/h燃气锅炉安装工程于2004年11月1日开工，工程计划竣工日期为2005年3月21日。利用燃气锅炉施工工法于2005年3月1日完成施工，工程工期整体提前20d。锅炉钢架垂直度偏差控制在8mm以下；燃烧器喷口至假想燃烧切圆的切线偏差控制在0.3°以下；焊口无损检测Ⅰ级片比率达到95％。节约了大量的人工工资、材料和机械台班，产生直接经济效益41万元。

11.2 山东富伦钢铁有限公司 1280 炼铁高炉项目一期（2×100t/h）燃气锅炉安装工程

山东富伦钢铁有限公司1280炼铁高炉项目一期（2×100t/h）燃气锅炉安装工程于2005年5月1日开工，工程计划竣工日期为2005年8月18日。利用燃气锅炉施工工法2005年8月3日完成工程施工，工程工期整体提前15d。在施工中，锅炉钢架垂直度偏差控制在7.5mm以下；对流管束胀口渗漏率由2％降低到0.5％以下，实现了水压试验一次性成功；燃烧器喷口至假想燃烧切圆的切线偏差控制在0.2°以下，焊口无损检测Ⅰ级片比率达到97％。节约了大量的人工工资、材料和机械台班，产生直接经济效益 50 万元。

11.3 山东富伦钢铁有限公司二期制氧工程（2×90t/h）燃气锅炉及二期带烧 2×50t 锅炉安装工程

山东富伦钢铁有限公司二期制氧工程（2×90t/h）燃气锅炉及二期带烧 2×50t 锅炉安装工程于 2006 年 6 月 18 日开工，工程计划竣工日期为 2006 年 10 月 12 日。利用燃气锅炉施工工法于 2006 年 9 月 18 日完成工程施工，工程工期整体提前 24d。在施工中，锅炉钢架垂直度偏差控制在 6mm 以下；燃烧器喷口至假想燃烧切圆的切线偏差控制在 0.1°以下，4 台锅炉水压试验一次合格，焊口无损检测 I 级片比率达到 97.5%。节约了大量的人工工资、材料和机械台班，产生直接经济效益 96.5 万元。

工法应用的工程均一次验收合格并正常运行至今，取得良好的经济效益和社会效益。

万吨固定桥式起重机成套施工工法

GJEJGF224—2008

烟建集团有限公司　山东省建设建工（集团）有限责任公司

孙国春　文爱武　孙立举　黄启政　苏茂福

　　万吨固定桥式起重机是根据钻井平台生产需求而建造的新型起重机，是目前国内最大、世界领先的大型起重机械。

万吨固定桥式起重机

　　万吨起重机单根横梁设计起重量 10000t，最大横梁自重近 5000t，最大跨度 120m，最大提升高度 118m。钢筋混凝土基座施工及钢制横梁的吊装施工大型预埋件高精度安装为该类工程的最大难点。烟建集团有限公司和山东省建设建工（集团）有限责任公司在施工过程中，组织技术攻关，解决了超厚高强大体积混凝土施工、高耸构筑物垂直度控制、筒体结构电动爬模施工、超大型铁件高精度安装、大跨度钢构件安装等技术难题，在多个方面取得了创新，保证了国内最大的固定桥式起重机按期投入使用，为推动我国造船业的发展作出了贡献。

　　本成套工法包括下列工法：

一、超厚高强大体积混凝土施工工法

二、高耸构筑物垂直度控制施工工法

三、筒体结构电动爬模施工工法

四、超大型铁件高精度安装施工工法

五、大跨度重型预制钢构件安装施工工法

一、超厚高强大积混凝土施工工法

1. 前　　言

大体积混凝土特别是高强大体积混凝土由于结构截面大，水泥用量多，水化所释放的热量使混凝土的内部温度很高，会产生较大的内外温差，由此形成的温度应力是导致钢筋混凝土产生裂缝的主要原因。烟建集团有限公司、山东省建设建工（集团）有限责任公司在施工过程中，总结出一套结构厚度 3m 以上、混凝土强度在 C50 以上的超厚高强大体积混凝土施工工法，采用内部降温、外部保温，同时辅以设置滑移层减少地基约束、电子测温、信息化施工等措施，降低了混凝土的内外温差，成功地控制了混凝土裂缝的产生，取得了明显的经济效益和社会效益。

2. 工法特点

2.1　选用低水化热水泥、高效外加剂以及合理的混凝土配合比，以降低混凝土内水化热，采取冰水搅拌等措施降低混凝土的入模温度。

2.2　通过铺设砂垫层、油毡、聚苯板等措施，减少地基和周边围岩对混凝土结构的约束。

2.3　将内部降温和外部保温相结合，在混凝土结构内部铺设多层降温水管进行降温，并利用降温水管回流的热水提高和维持混凝土结构外表面的温度，以减少内外温差。

2.4　将数据处理和信息反馈技术应用于施工，利用电子测温仪多点监控混凝土结构内部及外部温度，动态调整降温和保温措施，确保不产生温度裂缝。

3. 适用范围

本工法适用于工业与民用建筑中需严格控制裂缝产生的超厚、高强、大体积现浇钢筋混凝土结构，如连续浇筑的基础底板、箱型基础和设备基础等超厚高强钢筋混凝土工程。

4. 工艺原理

首先从减少混凝土水化热开始，通过严格控制原材料质量、选用低水化热水泥、高效外加剂及合理的混凝土配合比，尽量减少混凝土中的水泥用量，从而降低水化热；其次在结构底面设置油毡滑移层、周边设置聚苯板保温层，减少地基对混凝土结构的约束；在结构内部设置多排降温水管进行降温，利用降温水管的回流热水提高和维持结构表面的温度，从而降低混凝土结构内外温差，防止产生温度裂缝。

同时，在混凝土结构内部和外表面设置测温点，利用电子测温仪多点监控混凝土结构内部及外部温度，动态调整降温和保温措施，进行信息化施工，确保施工质量。

5. 施工工艺流程及操作要点

5.1　**施工工艺流程**

材料选择 → 配合比设计 → 控制措施准备及施工 → 混凝土结构浇筑 → 混凝土测温 → 混凝土保温及养护

5.2　**操作要点**

5.2.1　材料要求

1. 水泥：采用低水化热的水泥，减少混凝土的水泥用量和水化热。

2. 细骨料：采用中砂，平均粒径大于0.5mm，含泥量不大于2%。

3. 粗骨料：选用5～25mm或5～40mm石子，优先选用5～40mm石子，含泥量小于1%，符合筛分连续级配要求。骨料中针状和片状应小于15%（重量比），使用前应对石子进行清洗冲刷。

4. 拌合水：采用自来水或经化验合格的深层地下水，必要时加冰水降温。

5. 粉煤灰：掺加粉煤灰可以减少水泥用量，对降低水化热、改善混凝土和易性有利，粉煤灰的掺量不少于10%，采用内掺法，优先选用Ⅰ级或Ⅱ级粉煤灰。

6. 外掺剂：掺加缓凝型高效复合泵送减水剂，降低水化热峰值，减少因水份蒸发而引起的混凝土收缩，并可提高混凝土的抗裂性、和易性与可泵性；掺入适量膨胀剂，补偿混凝土早期失水收缩产生的收缩裂缝，提高混凝土的抗渗能力。具体外加剂的性能及用量应当根据要求由试验室提供配合比报告。

5.2.2　配合比设计

泵送混凝土砂率控制在35%～40%之间，在满足可泵性的前提下，尽量降低砂率，选择较小的坍落度，以减少收缩变形。针对工程实际和泵送施工工艺要求，根据理论计算和试验室试配试验结果，由试验室提供混凝土配合比报告，缓凝时间根据浇筑量和浇筑速度确定，宜利用混凝土后期强度，即用R60或R90替代R28作为设计强度。

5.2.3　控制措施准备及施工

1. 控制混凝土原材料入机温度

混凝土中的各种原材料，尤其是石子与水的温度，对混凝土的入模温度影响最大，因而必须控制其入机温度。夏季在气温较高时，搅拌站应对砂、石骨料和水采取降温措施，宜在砂石堆场对砂石遮阳，必要时可采用向砂石骨料喷水等降温措施，拌和水宜采用深层地下水或加冰块降温，使水温降至10℃以下。

2. 控制混凝土浇筑时入模温度

夏期施工时，在输送及泵送时应采取降温措施，以防入模混凝土温度过高。如在施工现场搭设遮阳棚盖、用水泵对进入施工现场的混凝土运输罐车喷水降温，在水平输送管道上铺草包喷水，优先选用近距离混凝土搅拌站等，以保证混凝土入模温度不高于28℃。

3. 减少地基对大体积混凝土的约束

在混凝土垫层表面铺设20mm厚砂垫层，上铺一层塑料布或油毡，以减少地基对混凝土结构的约束作用；在四周模板内表面粘贴50mm以上厚聚苯乙烯泡沫类材料保温层，以达到保温效果。

4. 混凝土内部降温水管的设计计算

超厚高强大体积混凝土内部水化热量较大，施工中应结合内部降温和外部保温来降低混凝土内外温差。混凝土内部降温水管的布置参数应通过计算确定，简易的计算方法如下：

1）混凝土最终绝热温升：

$$T_h = m_c Q / (C\rho) \tag{5.2.3-1}$$

式中　T_h——混凝土最终绝热温升（℃）；

m_c——混凝土中水泥用量（kg/m³）；

Q——每千克水泥水化热量（J/kg）；

C——混凝土的比热（kJ/kg·K），取0.96；

ρ——混凝土的密度，取2400（kg/m³）。

2）混凝土内部中心最高温度：

$$T_1(t) = T_o + T_h \xi \tag{5.2.3-2}$$

式中　$T_1(t)$——t龄期混凝土内部中心最高温度（℃）；

T_o——混凝土的浇筑入模温度（℃）；

T_h——混凝土最终绝热温升（℃）；

ξ——不同浇筑块厚度的温降系数。

3) 混凝土表面温度及内外温差：

$$T_2(t) = T_q + 4h'(H - h')[T_1(t) - T_q]/H^2 \qquad (5.2.3\text{-}3)$$

则内外温差

$$T_\triangle = T_1(t) - T_2(t) \qquad (5.2.3\text{-}4)$$

式中　$T_2(t)$——t 龄期混凝土表面温度（℃）；

T_q——施工期大气平均温度（℃）；

h'——混凝土虚厚度（m）$h' = K' \cdot \lambda/\beta$，$K'$ 为折减系数；

λ 为混凝土导热率，取 2.33W/(m·K)；

β 为混凝土表面模板及保温层传热系数 [W/(m²·K)]；

$$\beta = 1/[\sum \delta_i/\lambda_i + 1/\beta_q]$$

δ_i——各保温材料厚度（m）；

λ_i——各保温材料导热率 [W/(m·K)]，见表 5.2.3；

β_q——空气层的传热系数；

H——混凝土计算厚度（m），$H = h + 2h'$；

h——混凝土实际厚度（m）。

各项保温材料导热率 λ 值 [W/(m·K)] 　　　　　表 5.2.3

材料名称	λ	材料名称	λ
木模	0.23	黏土	1.38~1.47
钢模	58	干砂	0.33
草袋	0.14	湿砂	1.31
木屑	0.17	油毡	0.05
炉渣	0.47	泡沫混凝土	0.10
水	0.58	空气	0.03

4) 需排出的水化热：

$$q = T_\triangle C \rho V \qquad (5.2.3\text{-}5)$$

式中　q——混凝土须排出的水化热（kJ）；

$T_\triangle$——混凝土内部需要降低的温度（℃）；

C——混凝土的比热（kJ/kg·k）；

ρ——混凝土的密度，取 2400kg/m³；

V——该降温水管降温范围内混凝土的体积（m³）。

5) 吸收热量所需用水的质量：

$$M_水 = q/C_{pm}(t_1 - t_2) \qquad (5.2.3\text{-}6)$$

式中　C_{pm}——水的比热容（kJ/kg·℃），取 4.1868；

t_1——出水温度（℃），根据管路长度及温差而定；

t_2——入水温度（℃）。

6) 吸收热量所需用水的体积：

$$V_水 = m_水/\rho_水 \qquad (5.2.3\text{-}7)$$

7) 管径计算：

水管过水断面面积

$$S = V_水/V_流 \times t' \qquad (5.2.3\text{-}8)$$

式中　$V_水$——吸收热量所需用水体积（m³）；

$V_流$——水的流速（m/s），取值 2m/s；

t'——消耗热量所需时间（h），取 48h。

则：

水管内半径 r 值：

$$r=\sqrt{s/\pi}$$

(5.2.3-9)

5.2.4 布置降温水管

冷却水管宜采用薄壁钢管，冷却水管的水平间距和垂直间距可为1m，降温管道宜呈蛇形布置，每根降温管长度不宜超过200m。水管在安装完毕后，应进行水压试验，以防止管道及连接部分出现渗漏现象。在混凝土浇筑覆盖第一层冷却水管后，即开始通入冷水，冷水可使用自来水或经化验合格的井水，注意水温与混凝土内部温度相差不宜超过25℃，通水应一直持续到保温及测温工作结束。降温水管布置如图5.2.4所示。

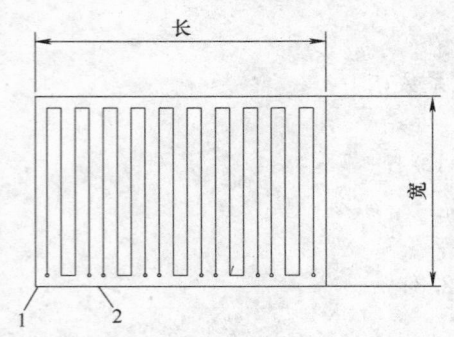

图5.2.4 降温水管布置图及实际工程图
1—进水口；2—出水口

5.2.5 布设测温点

1. 利用预埋温度感应片、数据采集器收集、计算机综合分析的信息化测温技术进行施工，可以全面了解混凝土在强度发展过程中内部温度场分布状况，并且根据温度梯度变化情况，可定性、定量指导施工，控制降温速率，控制裂缝的出现。

2. 测温点布置原则：测温点须具有代表性，能全面反映大体积混凝土内各部位的温度，从大体积混凝土高度断面考虑，应包括底面、中心和上表面；从平面考虑应包括中部和边角区，可采用沿对角线布置的方法。

3. 测温点布置：温度检测范围为整个基础底板混凝土的温度变化，在平面上沿对角线方向设置温度传感器，垂直面上应在上表面、中心位置、底面布置（图5.2.5-1、图5.2.5-2所示）。测温线应按测温平面布置图进行预埋，预埋时测温管与钢筋绑扎牢固，以免位移或损坏。每组测温线（即不同长度的测温线）在线的上端用胶带做上标记，便于区分深度。测温线用塑料带罩好，绑扎牢固，防止测温端头受潮。

5.2.6 混凝土结构浇筑

1. 混凝土浇筑顺序的安排，以薄层连续浇筑以利散热，不出现冷缝为原则。除应满足每一处混凝土在初凝以前就被上一层新混凝土覆盖并捣实完毕外，还应考虑结构大小、钢筋疏密、预埋管道和地脚螺栓的留设、混凝土供应情况以及水化热等因素的影响，常采用的方法有以下几种：

1）全面分层：即在第一层全面浇筑全部浇筑完

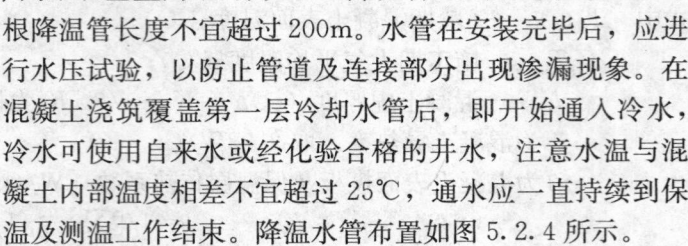

图5.2.5-1 混凝土测温点平面布置图

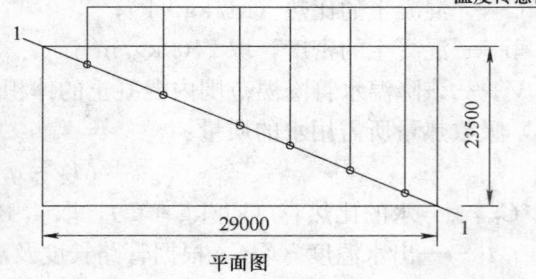

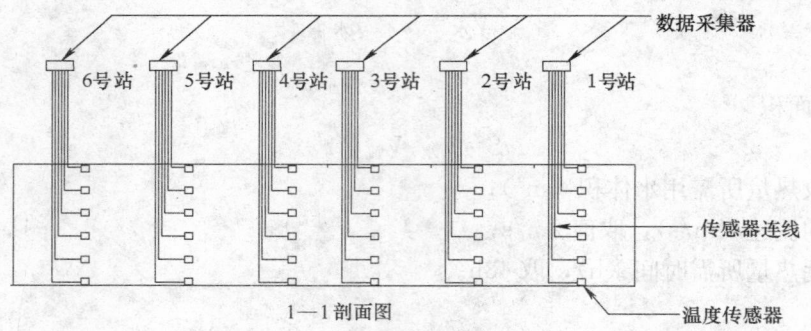

1—1剖面图

图5.2.5-2 测点立面布置图

毕后，再回头浇筑第二层，此时应使第一层混凝土还未初凝，如此逐层连续浇筑，直至完工为止。采用这种方案，适用于结构的平面尺寸不宜太大，施工时从短边开始，沿长边推进比较合适。必要时可分成两段，从中间向两端或从两端向中间同时进行浇筑。

2）分段分层：混凝土浇筑时，先从底层开始，浇筑至一定距离后浇筑第二层，如此依次向前浇筑其他各层。由于总的层数较多，所以浇筑到顶后，第一层末端的混凝土还未初凝，又可以从第二段依次分层浇筑。这种方案适用于单位时间内要求供应的混凝土较少，结构物厚度不太大而面积或长度较大的工程。

3）斜面分层：要求斜面的坡度不大于 1/3，适用于结构的长度大大超过厚度 3 倍的情况。混凝土从浇筑层下端开始，逐渐上移。混凝土的振捣也要适应斜面分层浇筑工艺，一般在每个斜面层的上、下各布置一道振动器。上面的一道布置在混凝土卸料处，保证上部混凝土的捣实。下面一道振动器布置在近坡脚处，确保下部混凝土密实。随着混凝土浇筑的向前推进，振动器也相应跟上。

2. 配备足够的振捣器具，每台混凝土输送泵配备 4 台振动棒，使入模混凝土及时振捣密实，为防止漏振，坚持分层振捣局部完成后再从后拉网式赶振一遍的二次振捣工艺，以提高混凝土密实度和抗拉强度。对大体积混凝土的表面应适时剔除浮浆，实行二次粗拉毛抹面，以减少表面收缩裂缝。

3. 混凝土在浇筑振捣过程中的泌水应及时予以排除。

4. 由于混凝土厚度较大，混凝土自高处倾落的自由高度超过 2m 时，采用串筒、斜槽或溜管浇筑混凝土。

5.2.7 混凝土测温

1. 测温时间：测温工作应从混凝土浇筑后马上开始，升温阶段每半小时测一次，降温阶段每半小时测一次，根据温度变化情况，浇筑混凝土 3～5d 后，可以每 2h 测一次。7～10d 后，可以每 4h 测一次。

2. 每次测温后，应立即汇总整理混凝土内部温度变化及温差数值，提供给施工指挥部门，以指导现场的施工。

图 5.2.7　测温设备安装实例

5.2.8 混凝土保温及养护

养护是大体积混凝土施工中一项十分关键的工作。养护主要是保持适宜的温度和湿度，以控制混凝土内部温差在 25℃ 以内，促进混凝土强度的正常发展及防止混凝土裂缝的产生和发展。

混凝土表面收水拉毛后，立即覆盖一层塑料薄膜，薄膜应搭接，使混凝土不外露，待混凝土初凝后立即在混凝土表面蓄热水 0.5m 以上保温，采用降温水管回流的热水提高和维持混凝土表面的温度。也可以采用覆盖保温材料保温的方法来保持混凝土表面温度，直至温差降至安全范围内。应根据混凝土内表温差和降温速率，及时调整降温和保温措施。

超厚高强大体积混凝土的养护时间应在 14d 以上，拆

图 5.2.8　混凝土表面蓄水保温

模后应立即回填土或覆盖保护，预防近期骤冷气候影响，以控制内表温差，防止混凝土中期裂缝。

5.3 劳动力组织

根据正常混凝土施工要求配置混凝土施工人员，但应增加以下人员：3名温度测量技术人员，负责混凝土内部温度24h不间断测量工作，3名循环水降温管理人员，负责降温设备控制等工作。

6. 材料与设备

本工法所需材料要求详见5.2.1；所采用的机具设备包括常规的钢筋加工、混凝土施工的设备，同时，应增加如下设备：

6.1 测温设备一套：可采用智能大体积混凝土测温系统进行混凝土内部及表面温度测量工作。由用户计算机、计算机端监测软件、数据适配器（电源系统、数据收发）、现场数据采集器、传感器组成。

6.2 循环水水泵多台：用于泵送循环冷却水，水泵数量根据降温管数量确定，扬程20m以上，离心泵或潜水泵均可。

6.3 污水泵1～2台：用于清除混凝土浇筑过程中产生的泌水。

7. 质量控制

7.1 混凝土结构施工质量及裂缝控制

混凝土结构施工质量及裂缝控制，应满足《混凝土结构工程施工质量验收规范》GB 50204—2002、《混凝土结构设计规范》GB 50010—2002及其他现行相关施工质量验收规范中的有关规定。

7.2 质量保证措施

7.2.1 混凝土中掺用外加剂的质量及应用技术应符合现行国家标准《混凝土外加剂》GB 8076—1997、《混凝土外加剂应用技术规范》GB 50119—2003等和有关环境保护的规定。

7.2.2 混凝土应按国家现行标准《普通混凝土配合比设计规程》JGJ 55—2000的有关规定，根据混凝土强度等级、耐久性和工作性能等要求进行配合比设计。

7.2.3 结构混凝土的强度等级必须符合设计要求，用于检查结构构件混凝土强度的试件，应在混凝土的浇筑地点随机抽取。

7.2.4 采取措施确保混凝土连续供应，应有备用搅拌站，现场准备足够数量的混凝土泵，以确保不间断工作。施工现场配备两套发电机组，以防意外断电现象发生。

7.2.5 宜采取用冰水搅拌混凝土等措施，尽量降低混凝土的入模温度。现场安排专人负责温度监控及降温、保温工作，发现异常立即采取措施。

8. 安全措施

8.1 认真贯彻"安全第一，预防为主"的方针，根据国家有关规定、条例，结合施工单位实际情况和工程的具体特点，组成专职安全员和班组兼职安全员以及工地安全用电负责人参加的安全生产管理网络，执行安全生产责任制，明确各级人员的职责，抓好工程的安全生产。

8.2 施工现场按符合防火、防风、防雷、防洪、防触电等安全规定及安全施工要求进行布置，并完善布置各种安全标识。

8.3 各类房屋、车库、料场等的消防安全距离做到符合公安部门的规定，室内不堆放易燃品；严格做到不在木工加工场、料库等处吸烟；随时清除现场的易燃杂物；不在有火种的场所或其近旁堆放生产物资。

8.4 施工现场的临时用电严格按照《施工现场临时用电安全技术规范》的有关规范规定执行。

8.5 电缆线路应采用"三相五线"接线方式，电气设备和电气线路必须绝缘良好。

8.6 围护架及操作平台应按照规范搭设，操作面满铺脚手板，外侧设挡脚板和两道护身栏杆，板下面挂设安全网。

8.7 建立完善的施工安全保证体系，加强施工作业中的安全检查，确保作业标准化、规范化。

9. 环保措施

9.1 成立对应的施工环境卫生管理机构，在工程施工过程中严格遵守国家和地方政府下发的有关环境保护的法律、法规和规章，加强对施工燃油、工程材料、设备、废水、生产生活垃圾、弃渣的控制和治理，遵守有防火及废弃物处理的规章制度，做好交通环境疏导，充分满足便民要求，认真接受城市交通管理，随时接受相关单位的监督检查。

9.2 将施工场地和作业限制在工程建设允许的范围内，合理布置、规范围挡，做到标牌清楚、齐全，各种标识醒目，施工场地整洁文明。

9.3 对施工中可能影响到的各种公共设施制定可靠的防止损失和移位的实施措施，加强实施中的检测、应对和验证。同时，将相关方案和要求向全体施工人员相信交底。

9.4 对洗刷泵车的污水及混凝土泌水要进行收集，处理。采用蓄循环水保温措施，就地取材节约了保温材料和养护用水，且用水保温即环保又省去了在养护过程中不断喷水的保湿工序，取得了一定的环保效果。

9.5 定期将工程废弃物按工程建设指定的地点和方案进行合理堆放和处置。

9.6 优先选用先进的环保机械。采取设立隔声墙、隔声罩等消音措施降低施工噪声到允许值以下，同时尽可能避免夜间施工。

9.7 对施工场地道路进行硬化，并在晴天经常对施工通行道路进行洒水，防止尘土飞扬，污染周围环境。

9.8 现场绿化，在现场未做硬化的空余场地进行规划，种植四季常绿花木，以美化环境、陶冶情操。

9.9 工地厕所采用水冲式，并由专人负责清扫，确保卫生清洁。工地现场的生活垃圾、建筑垃圾定期清理，送至政府指定的垃圾场。

9.10 现场做到材料成品堆放整齐，所有作业人员均要加强和提高成品保护意识，现场已完成的成品、半成品设专人看管，防止损坏与污染；另外现场建立节水措施，消灭长流水，长明灯现象。

10. 效益分析

10.1 本工法施工简便，质量效果良好，相比传统的分离浇筑法可减少作业时间，缩短工期，降低工程成本。

10.2 采用蓄循环水保温措施，就地取材节约了保温材料，且用水保温即环保又省去了在养护过程中不断喷水的保湿工序，取得了一定的经济效益和环保效果。

10.3 本施工工法相关技术能够有效地解决工业与民用建筑工程中超厚、高强大体积混凝土裂缝控制的难题，为类似工程提供了成功的实践经验，具有明显的社会效益。

11. 工程实例

烟台来福士万吨固定桥式起重机工程，泰山 1 号混凝土支柱的基础底板宽 23.5m，长 29m，厚度为 6m，混凝土量为 4089m³，共布置 5 层降温水管，每层水管竖向间距 1m，同一平面水管水平间距

1.2m，同一平面上的水管每 4 排设一个进水口，一个出水口，共设 25 个进水口，25 个出水口。设 6 个数据采集器用于电子测温，每个数据采集器设 6 个温度感应片，第一个感应片距基础底 80cm，第六个感应片距基础顶 80cm，每个感应片之间间距 90cm。混凝土采用泵送商品混凝土，混凝土强度及抗渗抗冻等级为 C50、S8、F300。浇筑使用 3 辆泵车，15 辆罐车，一次连续浇筑完成。入模温度不大于 28℃，养护中混凝土中心点水化热峰值为 79℃。浇筑完成 60d 后经检测，基础底板外观质量良好，无有害裂缝，经回弹测试混凝土达到设计强度。

二、高耸构筑物垂直度控制施工工法

1. 前　　言

高耸构筑物对垂直度要求很严格，但由于构筑物高度较高，竖向参照物少，垂直度较难控制，并且使用传统滑模施工纠偏性能不好，需要一种简单可行、效果良好的垂直度控制方法。

在某万吨固定桥式起重机混凝土塔座施工过程中，采用激光铅垂仪进行主轴线竖向传递（内控）、激光经纬仪进行外墙垂直度控制（外控），内控与外控结合，分段投测保证构筑物垂直度，结合电动爬模每层纠偏施工，取得了良好的效果，单塔座实测垂直度误差达到 3/10000，两塔座轴线间距误差 2cm，均满足设计及施工规范要求。

2. 工 法 特 点

2.1　内外双控
根据工程结构设计和总平面图及现场条件布设足够精度和密度的竖向控制基准点，建筑物内部采用激光铅垂仪进行主轴线的竖向传递，外部采用激光经纬仪进行外墙垂直度的控制，互相补充，对比检验，有效地解决了施测的具体问题。

2.2　分段投测
竖向以 20～50m 为一段，分段投测，缩短了测程，有效地降低了风力、温度对工程竖向垂直度的影响，提高了施测精度。

2.3　电动爬模纠偏
爬模提升过程中，能够对结构的垂直度进行复核及纠偏。

2.4　使用效果好
测量控制时不影响正常施工，内控与外控相结合的测量方法可靠性高、可操作性强，精度控制效果好，能加快施工进度，提高工程质量。

3. 适 用 范 围

本工法适用于水塔、冷却塔、制麦塔、烟囱等筒体结构工业建筑的主轴线传递及垂直度控制，以及无明显竖向参照物或竖向参照物少的椭圆形筒中筒民用建筑结构轴线和垂直度控制。

4. 工 艺 原 理

本工法是根据建筑场地平面控制网，校测建筑物轴线，用垂准线原理采用激光铅垂仪进行竖向轴线投测。通过主轴线控制好各细部后，采用激光经纬仪竖向控制塔座外墙垂直度，激光经纬仪发光扫出一竖直平面，在上层施工中可用接收靶套在塔尺上接收激光点，可多点接收来检查，发现偏差及时调整。

5. 施工工艺流程及操作要点

5.1 施工工艺流程

施工控制网的布置及测设 → 在基准点上架设激光铅垂仪竖向投测轴线 → 上层施工层水平轴线引测 → 在控制点的分段确定与各段的投测 → 激光经纬仪检查外墙垂直度

5.2 操作要点

5.2.1 施工控制网的布置和测设

以规划部门提供的坐标控制点为依据，用激光经纬仪将控制轴线引至建筑物外固定的位置，做好标志和保护，作为地下结构测量和地上结构垂直度控制的首级控制点。地下结构完成后，通过首级控制点用激光经纬仪将轴线定位到基础顶，选择四个控制点（距轴线 500mm），组成矩形控制网，矩形四边为控制轴线控 1、控 2、控 3、控 4，分别与室外相应轴线平行（图 5.2.1），作为内控引测的依据。

5.2.2 预埋竖向投测用钢板

控制轴线网的边长用 30m 普通钢尺加 10kg 拉力悬空丈量两次并加温度改正。量边精度要求不低于 1/10000，四个直角用激光经纬仪施测，精度不低于 $+20''$。控制点部位预埋（$200 \times 200 \times 10$）mm 钢板，在钢板上刻十字线（刻线交点直径 0.5mm）。

5.2.3 架设激光铅垂仪竖向投测轴线

基础工程结束，转入地上工程时，用激光铅垂仪，分别将四个控制点投测到下部施工层，经测角、量边核准后，得Ⅰ、Ⅱ、Ⅲ、Ⅳ四个控制点（标定的方法同前），此时，所建立的矩形控制网作为主体

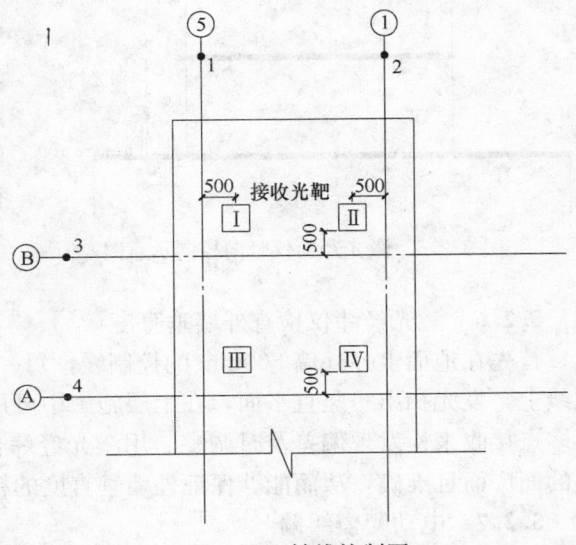

图 5.2.1 轴线控制图

施工全过程竖直控制和施工放样的依据。故此，以上各层楼面浇筑混凝土时，在对应于这四个控制点位置处，均预留 250mm×250mm 垂线传递孔，并在留孔处四周砌设 200mm 高阻水圈。激光投测示意如图 5.2.3 所示。

激光铅垂仪内控法是一种激光铅垂仪进行铅锤定位测量的方法，适用于高层建筑的内控点铅锤定位测量（激光传递的有效距离为 50m），该仪器可以上下两个方向发射铅锤激光束，用它作为铅锤基准线，精度比较高。

其投测方法如下：

1）在首层轴线控制点上安置激光铅垂仪，利用激光器底端（全反射棱镜端）所发射的激光束进行对中，通过调节基座整平螺旋，使管水准器气泡严格居中。

2）在上层施工楼面预留孔处，放置接受靶。

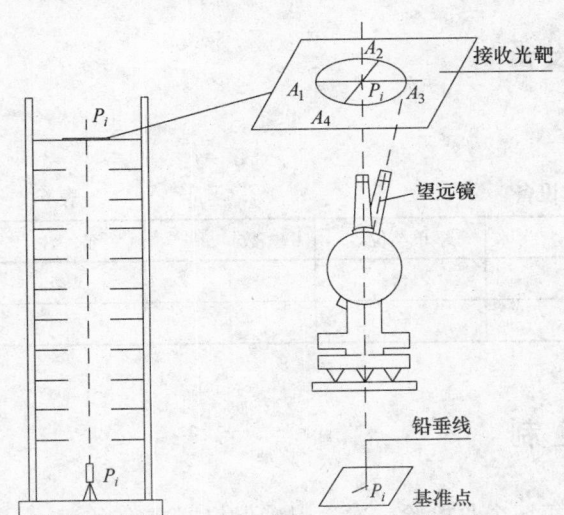

图 5.2.3 激光铅垂仪投测示意图

3）接通激光电源，启辉激光器发射铅直激光束，通过发射望远镜调焦，使激光束会聚成红色耀目光斑，投射到接受靶上。

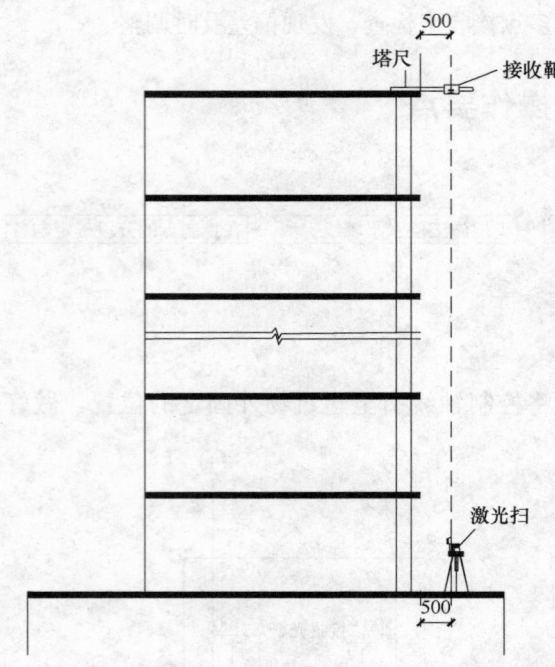

图 5.2.6　激光经纬仪竖向控制示意图

4）移动接受靶，使靶心与红色光斑重合，固定接受靶，并在预留孔四周作出标记，此时，靶心位置即为轴线控制点在该楼面上的投测点。

5.2.4　上层施工层水平轴线引测

根据激光铅垂仪投测上来的轴线引测施工层各轴线。每层墙体按要求的垂直度进行调整，支模前尚应放出模板边线，并在每层设置两条水平线，控制地面和楼面平整度。

5.2.5　控制点的分段确定与各段的投测

为提高工效和防止误差积累，顾及仪器性能条件和减少施工环境（如风力、温度等）的影响，缩短投影测程，采取分段控制、分段投点的方式。采用最有效可靠的测程约为 20～50m，将整个构筑物分为若干段（每段高度≤20m），当一段施工完毕，将此段首层四个控制点的点位精确投至上一段的起始楼层，并进行矩形控制网的检测和校正，确认控制点准确无误后，重新埋点。这相当于将下段首层的矩形控制网垂直升至此段首层锁定，作为上段各层的施工依据。

5.2.6　激光经纬仪检查外墙垂直度

首先在地面上弹外墙 500mm 的控制线，每一施工层浇筑完毕，模板拆除后，将激光经纬仪架设在此线上，发光扫出一竖直平面，在上层施工中可用接收靶套在塔尺上接收激光，会提示前后移动塔尺，可多点接收来检发现偏差及时调整。用激光经纬仪来控制可以在激光发射面中各个点检查，比用吊线坠的面广而且准确，从而能够保证外墙垂直度的精度，根据测量结果对外墙及时纠偏。

5.2.7　电动爬模纠偏

墙体施工时，利用电动爬模对结构的垂直度进行复核及纠偏，进一步保证工程竖向的垂直度，提高工程质量。

6. 材料与设备

主要材料及机具设备见表 6。

主要材料及机具设备　　　　　　　　　　　　　　　　　　　　　　表 6

序　号	名　　称	规　格　型　号	单　位	数　量	备　注
1	激光铅垂仪	DZJ3-SX	台	1	
2	激光经纬仪	DJJ2-2	台	1	

7. 质 量 控 制

7.1　测量仪器在使用前要进行检验，在使用过程中每 3 个月检验一次，以确保仪器准确。

7.2　测量人员上岗前要经过培训，考试合格后方可上岗作业。

7.3　每次测量应有另一人进行复核，并认真记录。

7.4　每段混凝土施工完毕后，在第二天早晨 8：00 至 9：00 间温度相对稳定时，利用激光经纬仪对塔身垂直度进行监控，以便调整塔身混凝土施工，应避免在温度变化剧烈时段进行测试，同时随时观测混凝土质量，及时对混凝土配比进行调整。

8. 安 全 措 施

8.1 加强安全教育，进行安全技术交底，认真学习并严格执行各项安全规程。

8.2 操作人员不得饮酒，各种特殊工作人员必须持证上岗。

8.3 高空作业时应严防线锤、钢尺等工具失落伤人。

8.4 高空测量作业时，应认真检查脚下脚手架、脚手板的安全可靠性；洞口边作业时，洞口必须有防护。

8.5 高处作业，应严格按规定戴好安全帽，系好安全带。

8.6 测量作业时，应注意上部必须有防护，防止坠物伤人及伤及仪器。

9. 环 保 措 施

9.1 工程开工前，编制详尽的测量技术交底或作业指导书，并对作业人员进行相关知识的培训。

9.2 安排专人定期对基点和控制线进行维护，确保完好。

9.3 施工现场封闭良好，仪器操作得当，减少激光器对外界的照射。

10. 效 益 分 析

该工法使用常用设备，施工人员不用进行特殊培训，通过该技术的应用，轴线和垂直度精度都取得了预期效果，为同类高层建筑施工垂直度监控提供了有益的经验。经过成本核算，该工法在泰山1号万吨起重机两座塔座施工应用中共节约资金 35.25 万元。

11. 应 用 实 例

此工法在烟台来福士海洋工程有限公司"泰山1号"万吨固定桥式起重机 J-1、J-3 混凝土塔座施工中得到应用。J-1、J-3 塔座地面以上建筑高度 70m，地面以下 13.8m，两塔座轴线间距 120m，施工中通过利用激光铅垂仪进行主轴线竖向传递（内控）、激光经纬仪进行外墙垂直度控制（外控），并结合电动爬模技术灵活纠偏，保证了筒体结构的轴线和垂直度精度，单塔座实测垂直度误差达到万分之三，两塔座间轴线间距误差 2cm，取得了良好的效果。

三、筒体结构电动爬模施工工法

1. 前　言

烟建集团有限公司在承建的某万吨固定桥式起重机混凝土塔座工程施工中，根据工程筒体构筑物没有楼层、外墙为清水混凝土等的施工特点，对 XHR-02 型电动爬模系统进行了改进并形成一套行之有效的、完善的工法，成功地解决了在超高钢筋混凝土结构工程施工中，混凝土结构高度高、涉及施工周转材料多、爬架与大模板不能整体提升、作业的安全性不可靠、施工工序复杂、操作难度较大等施工难题，通过系统改进及本工法的编制实施使该系统真正成为人员作业、材料及设备堆放的平台，同时完善了高空拆解、组拼工艺，取得了显著的社会效果和经济效益。

2. 工法特点

2.1 爬升系统

该系统分为上部的主承力架和下部的吊篮架，主承力架由竖向主框架、水平支承桁架、附着支承结构、防坠及防倾覆装置组成，吊篮架由2片挂架和3片侧片架组成，通过螺栓与主承力架相连，主承力架将力传于固定在具有一定强度钢筋混凝土的导轨之上，通过动力牵引主承力架实现该系统爬升。该系统不仅能提高安全稳定系数，而且能极大地提高工作效率、降低生产成本。

2.2 多功能附墙支承装置

附墙支撑装置由导轨靴座、导轨支承座及螺栓、螺母、垫板组成。通过螺栓、螺母及垫板固定在建筑结构上的靴座，既是整套设备及施工荷载的附着承力装置，又是导轨及爬架爬升时的导向装置和防倾装置。附墙装置能够左右、前后的调节，避免了墙面及预留孔的偏差造成的施工问题。

2.3 大模板与爬架一体化构造技术

该系统拥有外墙模板固定架及必要的调节装置和定位装置。依靠该装置可轻松方便地进行模板的支拆模、提升、清理、调节、就位，大大简化了施工工艺流程，提高了效率，减少了塔吊吊次。

2.4 架体与导轨互爬技术

该系统实现了导轨与架体间互爬的功能，极大减轻了劳动强度，节省人工、提高效益，确保安全。

2.5 灵活的配置方式

爬架和大模板一体化爬模技术采用了模块组合的设计，可根据施工情况采用不同配置。可以单片、多片升降，也可以整体升降，满足了不同进度需求。

2.6 大模板及模板支承系统

随爬架一起爬升的模板及支承系统由自重轻、刚度大的全钢大模板及模板支承架、模板移动小车组成，实现模板与架体整体爬升。

2.7 拆解方便，能够实现高空拆解、组拼

该系统采用模块化配置，结构简单，拆解方便，有完备的安全措施，可进行高空拆解、组拼工作，降低劳动强度，节约施工成本。

2.8 架体高度小，能够提早投入施工

该系统高度小，自重轻，从地上5.1m开始搭设，地上5.1m开始爬升至结构顶。

2.9 可靠的导向装置、升降装置

该系统携带便携式电动葫芦，采用导轨式爬升方式，架体利用导轮组通过导轨攀附于附着装置外侧，提升葫芦通过提升挂座固定安装于导轨上，提升钢丝绳穿过提升滑轮组件连在提升葫芦挂钩上并吃力预紧，这样，可以实现架体依靠导轮组沿导轨的上下相对运动，从而实现导轨式爬模的升降运动。

2.10 完备的安全措施

为保证操作人员人身安全，在升降过程中严禁人员站在爬升的架体上。多功能爬架设计中已考虑了所有操作均不在升降的架体上进行。多功能爬架还装有借鉴预应力锚夹具技术设备制作的爬架防坠装置，反应灵敏，工作可靠。在爬架分体下降时，架体上装有防倾斜、防断绳的安全锁，以确保安全。

2.11 爬升时，穿墙螺栓受力处的混凝土强度应达到10N/mm² 以上。施工进度一般控制在1节/d，定点、定人、定岗，由专业人员管理，基本上为静态施工，克服了滑模施工连续作业的缺点。

2.12 每爬升一节，高空平台中心就对中一次，模板安装就位用钢尺及经纬仪及时测量纠偏，因而减少了高耸建筑的中心偏差及垂直偏差，这是本套工法最大优点之一。

3. 适 用 范 围

本工法适用于各类超高钢筋混凝土结构工程施工。

4. 工艺原理

通过模块化配置形成的大模板与爬架整体升降系统，以附墙装置固定在已有一定强度的钢筋混凝土结构上作为整体爬升的支撑点，靠自身结构来支撑工具式操作平台、操作架、大模板等，并实现高空拆解、组拼。该工法不受钢筋混凝土结构超高高度影响，结构有多高，整个升降系统就能升到多高，实现并满足超高钢筋混凝土结构施工。大模板安装及混凝土浇筑与现浇支模法相同，满足了施工质量、施工安全的要求，但降低了机械使用台班，节约了工程成本。

升降系统实现升降具体步骤：在每节钢筋混凝土结构上预先留好孔，用以安装附墙支撑装置。安装主承力架及其他模块。爬升动力设备装置于爬升架上。当爬升架相对于操作架处在高位时，通过其上的挂钩与钢筋混凝土结构上的附墙支撑装置作锚固点，启动爬升操作即可将操作架、随升平台、模板等提升一节，以此循环实现整体提升。

高空拆解、组拼原理：由于采用模块化配置，所以只要用塔吊将模块吊装到指定高度，就可以使用专用连接件将各个模块拼装为一个整体；拆解时，用塔吊吊钩挂牢模块，拆除连接件便可实现高空拆解。

5. 施工工艺流程及操作要点

5.1 工艺流程

弹线找平 → 安装爬架 → 安装爬升设备 → 绑扎墙筋 → 大模板支设 → 浇注混凝土 → 爬架爬升 → 提升导轨 → 中间各节循环 → 拆除系统

5.2 施工要点

5.2.1 根据基准平引+50cm线至钢筋混凝土结构墙面，然后弹线作为架体安装基准线。

5.2.2 安装爬架

当结构首层预留好附墙螺栓穿墙孔后，即可开始安装使用爬架。安装顺序为滑轮组件、竖向主框架、附着支承结构、导轮组、提升挂座、提升钢丝绳及斜拉钢丝绳、电器控制系统、钢管脚手架、防护及安全网。再使内外模板就位，便可开始外墙混凝土浇筑施工。爬升支架安装后的垂直偏差应控制在 $h/1000$ 以内。

5.2.3 安装爬升设备

外模板拆模后退到外侧，安装附墙支承座、爬升导轨及全套电动爬升装置。

5.2.4 绑扎墙筋

按照设计图纸及规范要求绑扎一节高度的钢筋。

5.2.5 大模板支设

1. 在钢筋办完隐蔽工程验收后，大模板安装前应做到：弹好施工层的墙身线及标高线，检查墙体中心线、边线、模板安装线，并检查钢筋网片固定情况，电线管、电线盒与钢筋或大模板固定情况，门窗套内部安装完好，凡与混凝土相接触的预埋件，其表面均应刷涂脱模剂，门窗模的侧面与模板相接触处也相应要粘上海绵条。

2. 模板采用大钢模，定型尺寸根据建筑物内外尺寸确定，外模比内模高 50mm，防止混凝土外流浆。

3. 考虑到模板爬升时在分块模板拼接处会产生弯曲和剪切应力，而大模板是拆开后吊运，拼接处不会有弯矩和剪力，所以各块模板的拼接节点采用短槽钢跨越拼接缝的方法加强。

4. 模板就位应根据塔座找平的标高确定每次模板爬升的就位标高，不能仅以模板爬升的升程来确定模板爬升的就位标高，以免产生较大的误差。根据弹线用校正螺栓支撑将模板下口校正到准确位置并固定，一般是将模板下口的搭接部分紧贴在墙上。用模板上口的校正螺栓支撑校正模板上口位置，即校正模板的垂直度。模板校正不仅是平面位置校正，同时要校正模板的水平位置，两块模板的高度一定要相同，以便于连接。除非是混凝土浇筑并达到一定强度，在爬升爬架的短时间内允许拆卸模板爬升设备的悬吊装置外，模板均需由爬升设备悬吊着，以确保安全。

5.2.6 浇筑混凝土

振捣密实，避免漏振并由木工专人看护防止鼓模。

5.2.7 爬架爬升

操作电动系统使模板随爬架爬升一个施工层，然后将模板就位浇筑混凝土。

5.2.8 提升导轨

外模板拆模后退到外侧，安装上一施工层附墙支承座，操作电动系统提升导轨并自动定位。

5.2.9 重复以上步骤 5.2.4～5.2.7 直至结构封顶。

5.2.10 结构封顶后先将大模板拆除，放在操作平台由吊车调至地面指定场地。

5.2.11 拆除系统

先拆除非主框架部分的架体，再拆除主框架，最后拆除连墙结构。当拆除到爬架最后一层，即只有两对拉杆，两条导轨连接建筑主体时，应停止对爬升机构即拉杆和导轨的拆除，先指挥塔吊下钩（要求塔吊钢丝绳与拆除架体相平行），钩住架体预先绑好的钢丝绳，预拉紧后，将架体按图纸断开，将最后一根导轨用钢丝绳与架体捆扎牢固，将即要拆除架体与未拆除架体用短钢管做临时拉接，拆除架体与建筑物的各种拉接，然后人员到不拆除架体上解除拉接钢管，指挥塔吊将架体放到地面指定地点拆除。

6. 材料与设备

6.1 材料

6.1.1 结构组成：由附着支撑装置、主框架、导轨、脚手架、水平支撑框架、电动系统、手拉葫芦、防坠落安全装置、模板及支承系统、吊篮设备系统、安全防护系统等组装而成。

6.1.2 结构模板采用大钢模板，每块上设两只吊环。大钢模板系统由面板、钢骨架、角模、斜撑、操作平台挑架、对拉螺栓等配件组成。见表 6.1.2。

大钢模板主要材料规格表　　　　　　　　　　　　表 6.1.2

大模类型	面板	竖肋	背肋	斜撑	挑架	对拉螺栓
全钢大模板	—6mm 钢板	[8	[10	[8φ40	φ48×3.5	M30 T20×6

6.2 设备

6.2.1 架体搭设安装机具：卷尺、线锤、扳手（包括力矩扳手）、电气焊、手拉葫芦。

6.2.2 电动提升设备：电控柜、电动葫芦、电源线、超载失控报警装置、专用配电箱。

6.2.3 防坠工具：采用具有专利权的专用防坠器

6.2.4 指挥工具：对讲机、哨子

6.2.5 起重工具：塔吊（起吊大模板）

7. 质量控制

7.1 爬架搭设质量要求

架体搭设完毕后，应立即组织有关部门会同爬架单位对下列项目进行调试与检验，调试与检验情况应作详细的书面记录：

7.1.1 架体结构中采用扣件式脚手杆架搭设的部分，应对扣件拧紧质量按 50% 的比例进行抽查，合格率应达到 95% 以上。

7.1.2 对所有螺纹连接处进行全数检查。

7.1.3 进行架体提升试验，检查升降机具设备是否正常运行。

7.1.4 对架体整个防护情况进行检查。

7.1.5 冬期施工时应对大模板进行保温防冻。

7.2 大模板安装质量要求

7.2.1 主控项目

1. 大模板安装必须保证轴线和截面尺寸准确，垂直度和平整度符合规范要求。

检查数量：全数检查 检验方法：量测

2. 大模板安装后应保证整体的稳定性，确保施工中模板不变形、不错位、不涨模。

检查数量：全数检查 检验方法：观察

7.2.2 一般项目

1. 模板的拼缝要平整，堵缝措施要整齐牢固，不得漏浆。模板与混凝土的接触应清理干净，隔离剂涂刷均匀。

检查数量：全数检查 检验方法：观察

2. 大模板制作、安装和预埋件、预留孔洞允许偏差及检验方法见表 7.2.2-1、表 7.2.2-2 的规定：

大模板制作质量标准 表 7.2.2-1

序 号	项 目	质 量 标 准	检测工具与方法
1	平面尺寸	0~2	钢卷尺测量
2	板面平整度	≤2mm	2m靠尺，塞尺测量
3	对角线长	3mm	钢卷尺测量
4	模板翘曲	L/1000	放置在平台上，对角拉线用直尺检查
5	孔眼位置	±2mm	钢卷尺测量
6	模板边平直	2mm	拉线用直尺检查

大模板安装质量标准 表 7.2.2-2

序 号	项目名称	允许偏差	检验方法
1	每层垂直度	3mm	用2m托线板
2	位置	2mm	尺量
3	上口宽度	2mm	尺量
4	标高	5mm	拉线和尺量
5	表面平整度	2mm	用2m靠尺或楔形塞尺
6	墙轴线位移	3mm	尺量
7	预留管，预留孔中心线位移	3mm	拉线和尺量
8	预留洞中心线位移	10mm	拉线和尺量
9	预留洞截面内部尺寸	10mm	拉线和尺量
10	模板接缝宽度	1.5mm	拉线和尺量
11	预埋钢板中心线位移	3mm	拉线和尺量

8. 安 全 措 施

应遵照国家现行的《编制建筑施工脚手架安全技术标准的统一规定》（建设部〈97〉建标工字第20号文件批复）、《建筑结构荷载规范》GB 50009—2001、《建筑施工高处作业安全技术规范》JGJ 80—91、《建筑安装工人安全技术操作规范》（80建工劳字第24号）等标准的有关条文，针对不同工程，还应同时执行该工程所隶属部门的各级有关安全法规和文件，并应特别注意如下事项：

8.1 施工前，必须进行安全技术交底，操作人员必须持证上岗；

8.2 架体安装搭设完毕，在自检合格的基础上，首先必须经土建施工项目部安全技术部门检查，然后请当地安检站验收，确认无异常情况后方可交付使用；

8.3 升降过程中，电动系统操作者应能及时了解电动装置的使用工况，确保升降过程中的同步控制。

8.4 在架体结构下述部位应重点检查：

与附着支撑结构的连接处；

架体上升降机构的设置处；

架体上防倾、防坠装置的设置处；

架体吊拉点设置处；

架体平面的转角处；

架体因碰到塔吊、施工电梯、物料平台等设施而需要断开或开洞处。

8.5 防坠装置与提升设备均设置在两套附着支撑结构上，若有一套失效，另外一套仍能够独立承担全部坠落荷载。防坠装置应经常检查加强管理，保证工作可靠、有效。

8.6 爬架升降作业时，随提升进度，将防坠销及时插在距离支座导向架最近的主框架销孔内，确保坠落距离最短；在升降操作距离的顶部设置防坠销；升降作业前调整防坠器，使其灵敏可靠。采用上述三种措施确保升降安全。

8.7 爬架使用时，穿好承重销，紧固调节顶撑，锁紧防坠器，确保使用安全。

8.8 架体外侧用密目安全网（≥800 目/100cm^2）围挡，底层铺设严密脚手板，且采用平网及密目安全网兜底。底层脚手板采用在升降时可折起的翻板构造，保持架体底层脚手板与建筑物表面在升降和正常使用中的间隙，杜绝了物料坠落。

8.9 在作业架体外侧设置上、下两道防护栏杆（上杆 1.2m，下杆高度 0.6m）和挡脚板（高度 180mm）。在架体断开处，处于使用工况下时，其断开处必须封闭并架设栏杆，防止人员及物料坠落。

9. 环保措施

9.1 在搬运、堆放脚手架、模板等材料时要轻拿轻放，以尽量降低噪声。

9.2 脚手架工程产生的废旧安全网要集中收集，尽量用来覆盖现场露天堆放的易飞扬物资（如砂等），实在无法回收重复利用的按照有毒有害垃圾分类交给垃圾处理站统一处理。

9.3 脚手架工程使用的油漆等要妥善保管好，并在满足区分钢管类别、防锈等作用的前提下尽量节约油漆用量，废旧油漆工具、用具要及时回收并尽量重复利用，实在不能回收重复利用的就按照有毒有害垃圾分类交给垃圾处理站统一处理。

9.4 在堆场里清洗扣件时，事先采用专用容器或修建专用池子盛接多余的机油，并尽量将盛接的机油回收重复利用，以减少机油污染环境的程度。

9.5 大模板堆放应注意码放整齐，拆除无固定支架的大模板时，应设置固定可靠的堆放架。

9.6 大模板板面清理出的碎渣、污垢及时清运出施工现场，保持现场清洁文明。

10. 效益分析

此工法的成功应用，混凝土可达到清水混凝土质量标准，墙面不需抹灰，降低施工成本。并且空间构架式操作架，采用脚手架钢管组装成型，安拆方便，可组性强，能适应不同体型的构筑物或建筑物使用。并能重复使用，减少一次性投入，节约资金。与钢制操作架比节约投入 2/3。经过成本核算，此工法在烟台来福士海洋工程有限公司固定桥式万吨起重机混凝土塔座工程中，共节约资金 150.65 万元。通过此工法的运用加快了施工进度，缩短了施工工期，施工质量也取得了很好的效果。

11. 工 程 实 例

烟台来福士海洋工程有限公司固定桥式泰山1号、泰山2号、泰山3号万吨起重机混凝土塔座工程于 2006 年开始施工，其 1 号、3 号基座地上建筑高度高 100m，2 号、4 号基座地上高 70m。该工程为复杂高层结构，由框架、筒体组成。施工中，采用大模板与爬架配套施工技术。应用此工法有效保证了墙面平整度和垂直度，避免采用多层胶合板易出现涨模现象。并且爬架材料用量少，使用成本低。爬架和大模板一体化爬模技术具有滑模的长处，又可一次爬升 2.25m 的高度，具有大模板的长处。在本工程结构复杂的情况下，使用该技术灵活多变，施工过程中模板和爬架的爬升、校正、安装等工序，可与每个施工层的其他工序搭接，平行作业，且大多数情况下不处于关键线路上，因而能有效的缩短施工周期，取得了良好的经济效益和社会效果。

四、超大型铁件高精度安装施工工法

1. 前　　言

超大型铁件多用于重要结构或结构的重要部位及大型设备的基座部位等，铁件水平度、轴线位置等安装精度要求较高，由于尺寸大、重量重、锚件多、钢筋密集等特点，使铁件加工、安装都比较困难。烟建集团有限公司在承建万吨固定桥式起重机工程施工过程中，因塔座顶板铁件尺寸超大并需高位安装（最大单块铁板 18800mm×2000mm×50mm，含锚件重 18t，安装高度 70m），常规整体吊装及安装难以满足施工的需要。为此，经广泛调研，反复论证并结合施工实际，总结出一套高位超大型铁件高精度安装施工工法，即分块加工、分块吊装、高位合理施焊、分层浇筑，成功地控制了铁件的安装精度，该工程于 2007 年通过竣工验收并已经投入使用，取得了明显的经济效益和社会效益。

2. 工 法 特 点

2.1　超大型铁件由于重量较重，尺寸较大，若考虑采用铁件整体吊装的方法将会大幅度增加施工成本，同时吊装过程中铁件容易变形，铁件就位后移动困难且难以控制安装精度。本工法采用分块加工、铁件钢板和锚件分开安装的方法，能利用现场现有垂直运输机械起重能力，避免投入大型专业吊装设备。

2.2　将铁件的锚件与钢板分开安装，先安装定位锚件，分层浇筑将锚件固定于混凝土中，再安装铁件钢板，最后浇筑钢板下混凝土。这种工艺能够在施工中逐步调整误差，从而较大程度地提高安装精度，保证高精度安装的要求。

2.3　应用数值模拟技术，采用有限元分析方法，选取合理的分块方案和焊接顺序，可以控制焊接变形，保证铁件的平整度及轴线位移符合设计要求。

2.4　本工法采用铁件分块加工、分块吊装、合理施焊、不断纠偏的施工工艺，在高空环境下，有效地保证了超大型铁件的安装精度，并加快了施工进度，降低了施工成本，使用效果良好。

3. 适 用 范 围

本工法适用于工业与民用建筑中高空超大型铁件高精度安装，如屋面钢结构铁件、大型构筑物高位铁件、大型设备基础铁件等对铁件安装精度要求较高的工程，尤其适用于吊装高度较大的超大型铁件高精度安装工程。

4. 工艺原理

基于"合理分块"、"分块吊装"、"铁件钢板和锚件分开安装"、"高位合理施焊"理念相结合的高位超大型铁件高精度安装施工工艺，先将超大型铁件的钢板进行分块加工，并预留相关锚件安装及混凝土浇筑的孔洞；将锚件分别吊装到工作面，用样板进行定位后浇筑混凝土固定；然后将分块后的钢板吊装就位，利用数值方法分析结果，采用合理的顺序进行分块钢板之间的焊接以及钢板与锚件之间的焊接作业，并在焊接过程中不断纠偏；最后通过浇筑孔进行钢板下的混凝土浇筑。

5. 施工工艺流程及操作要点

5.1 施工工艺流程

铁件钢板分块、编号 → 铁件钢板切割、开孔 → 锚件制作、安装 → 浇筑混凝土固定锚件 → 钢板吊装就位 →

锚件及各分块钢板焊接 → 混凝土浇筑

5.2 操作要点

5.2.1 铁件钢板分块、编号

根据现场结构使用要求和现场设备起重能力，将铁件钢板分为若干块、统一编号，采用数控等离子切割机裁板，各分块之间留锯齿状或 V 形等其他形状槽口，槽口坡口要满足设计和焊接要求，保证焊接后等强连接的效果。

分块首先要满足结构使用要求，切割线不应留置在钢板受力集中部位，同时尽量避开锚件以及钢板下钢筋较密集处，避开钢板表面的浇灌孔等其他预留孔。其次分块大小要满足起重能力要求，以降低工程成本。再次单块尺寸不宜过大，防止吊装过程中钢板因自重、风荷载或起吊方式而产生变形。

分块切割线的位置和形状宜通过数值模拟计算确定，通过有限元程序模拟计算，选择合理的切割位置和切割线形状，减少钢板分块对整个铁件受力的影响，同时通过模拟计算确定焊接顺序，防止因焊接变形的累计而影响铁件的安装精度。如图 5.2.1 所示。

5.2.2 铁件钢板切割、开孔

铁件钢板表面要留置锚件焊接孔、混凝土浇筑孔、排气孔、振捣孔等，如图 5.2.2。

图 5.2.1 分割后的钢板

图 5.2.2 开孔后的钢板

锚件焊接孔：根据图纸设计的锚件位置定位，其形状与锚件相同，锚件与钢板间空隙、坡口角度深度均要满足安装和焊接要求。

混凝土浇筑孔：采用直径 100mm 的圆孔，根据浇筑方向留置，纵横间距不超过 2m，钢筋、锚件较密集处要适当增加，浇筑孔可兼作振捣孔。

排气孔：采用直径为 20～50mm 的圆孔，间距 1m 左右，锚件密集处、半闭合的锚件处需适当增加。

钢板切割和开孔宜采用数控等离子切割机，以保证切割和开孔精度。

5.2.3 铁件锚件制作安装

1. 锚件制作：锚件按照设计图纸要求下料、加工和表面处理。

2. 锚件的安装：

1）制作样板：使用较薄钢板（厚度 5～10mm）制作一块与超大型铁件钢板同尺寸的样板，并根据超大型铁件钢板的开孔位置及大小在薄钢板上开设锚件安装孔。

2）安装样板：待结构施工至锚件安装标高后，首先完成钢筋施工，安装样板固定支架，然后将样板吊装于作业面上，根据设计图纸定位并临时固定。

3）安装锚件：将各种锚件依次吊装、安装于该样板的预留孔内并加固，如图 5.2.3。

5.2.4 浇筑混凝土固定锚件

对已安装完毕的锚件进行验收，合格后用角钢等材料进行焊接固定。然后拆除样板，浇筑混凝土到铁件顶面以下 1m 左右，以固定所有锚件。

5.2.5 钢板吊装就位（图 5.2.5-1、图 5.2.5-2）

将分块后的铁件钢板依次吊装就位于锚件上，利用锚件初步定位钢板的轴线位置、标高及水平位置。离吊装设备较远处的铁件钢板，可采用铺设滑道、铰链牵引的方式移动就位。待锚件均位于钢板预留孔内后，校对和调整铁件钢板轴线位置和水平度，并临时固定。

图 5.2.3 锚件安装后的图片

图 5.2.5-1 利用塔吊吊装钢板

图 5.2.5-2 利用桅杆移动钢板

5.2.6 锚件及各分块钢板焊接

应采用数值模拟的方法选择合理的焊接顺序和焊接参数，以控制温度应力和焊接变形。焊接前先将铁件钢板与锚件点焊连接，在钢板分块处用 2～3 块薄钢板临时焊接连接，并将坡口处打磨干净。焊接采用自动焊和手工焊，分层焊接。焊接顺序和焊接速度应严格执行数值模拟所确定的方案。焊接过程中应定时校对水平度和轴线位置。所有焊接作业完成以后，应组织对铁件钢板的水平度和轴线偏差进行验收，合格后才可以进行下道工序。

5.2.7 混凝土浇筑

1. 应选用高流态、低水灰比的混凝土，并添加一定比例的膨胀剂。

2. 混凝土浇筑应自铁件锚件较密集处向锚件较少处推移，保证钢板下混凝土浇筑密实。

3. 配备足够的振捣器具，使入模的混凝土能及时被振捣密实；为防止漏振，坚持分层振捣，采用二次振捣工艺，以提高混凝土密实度和铁件与混凝土间紧密结合。如图 5.2.7 所示。

图 5.2.7 浇筑钢板下的混凝土

6. 材料与设备

本工法无需特别说明的材料，采用的主要设备说明如下：

6.1 钢板切割设备宜采用数控等离子切割机。

6.2 焊接设备可采用 CO_2 气体保护弧焊机。

6.3 钢板吊装设备因地制宜，充分利用结构施工的塔吊，若现场设备不能满足要求，同时钢板又不允许分块较多，可采用增加桅杆等低成本方式吊装。

6.4 混凝土结构支模、钢筋安装、混凝土拌制、运输、浇筑等所需的机具设备，可根据不同工程对象按常规施工要求设置。

7. 质量控制

7.1 工程质量控制标准

铁件安装质量标准应满足表 7.1 的要求，并同时满足现行施工规范中的有关规定及设计要求。

铁件安装允许偏差 表 7.1

项　目		允许偏差(mm)
预埋钢板中心线位置		±5
铁件平整度		±2
预埋管、预留孔中心线位置		5
预埋螺栓	中心线位置	5
	外露长度	+10,0
预留洞	中心线位置	10
	尺寸	+10,0

7.2 质量控制要点

7.2.1 施工开始前，宜采用数值模拟的方法选择合理的分块参数和焊接参数，形成详细的施工方案，并严格按施工方案进行施工。

7.2.2 焊接前先将钢板与锚件点焊连接，分块处用 2～3 块薄钢板焊接连接。分层施焊，每焊完一道焊缝应及时进行敲渣并锤击焊缝，以减少焊接应力。焊接过程中应随时校正水平度和轴线尺寸。

7.2.3 角焊缝应优先采用埋弧焊或气体保护焊（CO_2 气体保护焊或混合气体保护焊）。气体保护电弧焊焊丝宜采用船用焊丝，如大西洋 ER50-6 船用焊丝，保护气体为 CO_2 或 $Ar+CO_2$。

7.2.4 采用多层多道施焊工艺方法，手工电弧焊焊条应在使用前烘干并存放在保温筒内使用。

7.2.5 为避免焊接过程产生裂纹及脆性断裂，对焊接区域应先进行预热。

7.2.6 局部预热时，预热的范围为焊缝两侧各不小于钢材厚度的 3 倍，且不得小于 100mm。预热温度的测量点，钢材厚度小于或等于 50mm 时，距离焊缝两侧各为 4 倍钢材厚度，最大为 50mm 处。

7.2.7 需要预热的板件在整个焊接过程中应不低于预热温度。对于要求预热焊接的板材，焊后均应采取缓冷措施（如用石棉布等保温材料覆盖）。

7.2.8 顶板混凝土浇筑完毕 14d 后，检查钢板与混凝土的结合程度，必要时对钢板表面钻孔取样，观察钢板与混凝土间结合情况。如存在结合不好的情况，可采取高压注浆处理，在钢板表面钻间距 600mm×600mm 呈梅花状布置的圆孔，圆孔直径 25mm。利用钻好的圆孔进行高压注浆，材料宜采用灌浆料。注浆前先用高压气体将孔内吹干，不允许孔内有积水和杂物。注浆时加压要均匀，在对每个孔注浆时需观察有邻近孔内开始冒浆时才能停止该孔注浆，同时立即用木楔将已注完浆的孔封闭。

8. 安 全 措 施

8.1 认真贯彻"安全第一，预防为主"的方针，根据国家有关规定、条例，结合施工单位实际情况和工程的具体特点，组成专职安全员和班组兼职安全员以及工地安全用电负责人参加的安全生产管理网络，执行安全生产责任制，明确各级人员的职责，抓好工程的安全生产。

8.2 施工现场按符合防火、防风、防雷、防洪、防触电等安全规定及安全施工要求进行布置，并完善布置各种安全标识。

8.3 各类房屋、车库、料场等的消防安全距离做到符合公安部门的规定，室内不堆放易燃品；严格做到不在木工加工场、料库等处吸烟；随时清除现场的易燃杂物；不在有火种的场所或其近旁堆放生产物资。

8.4 氧气瓶与乙炔瓶隔离存放，严格保证氧气瓶不沾染油脂、乙炔发生器有防止回火的安全装置。

8.5 施工现场的临时用电严格按照《施工现场临时用电安全技术规范》的有关规范规定执行。

8.6 电缆线路应采用"三相五线"接线方式，电气设备和电气线路必须绝缘良好，场内架设的电力线路其悬挂高度和线间距除按安全规定要求进行外，将其布置在专用电杆上。

8.7 吊装施工中严格按照以下要求进行

8.7.1 绑扎构件的吊索需经过计算，绑扎方法应正确牢靠。所有起重工具应定期检查。起重机的吊钩和吊环严禁补焊。当吊钩吊环表面有裂纹、严重磨损或危险断面有永久变形时应予更换。

8.7.2 禁止在六级以上风、浓雾等恶劣气候的情况下进行吊装作业。

8.7.3 起重吊装的指挥人员必须持证上岗，作业时应与起重机驾驶员密切配合，执行规定的指挥信号。驾驶员应听从指挥，当信号不清或错误时，驾驶员可拒绝执行。

8.7.4 严禁起吊重物长时间悬挂在空中，作业中遇突发故障，应采取措施将重物降落到安全地方，并关闭发动机或切断电源后进行检修。在突然停电时，应立即把所有控制器拨到零位，断开电源总开关，并采取措施使重物降到地面。

8.7.5 设置吊装禁区，禁止与吊装作业无关的人员入内。地面操作人员应避免在高空作业面的正下方停留或通过，也不得在起重机的起重臂或正在吊装的构件下停留或通过。

8.7.6 构件安装后，必须检查连接质量，只有连接确实安全可靠，才能松钩或拆除临时固定工具。

8.8 围护架及操作平台应按照规范搭设，操作面满铺脚手板，外侧设挡脚板和两道护身栏杆，板下面挂设安全网。

8.9 电焊过程中的注意事项

8.9.1 电气焊工上岗，必须持有上岗证，上岗前进行消防安全培训。

8.9.2 电气焊工上岗必须携带小型灭火器，以便发生火险，及时扑救。应采取严密防护措施，严禁熔珠溅落到易燃物品上。

8.9.3 电气焊工焊、割作业结束后，必须及时彻底清理现场，消除遗留下来的火种。

8.9.4 电气焊工应了解现场情况，如焊、割作业面附近堆有易燃易爆物品，必须采取有效安全措施，方可施工。

8.9.5 在高处用气割或电焊切割时，应采取措施，防止火花落下伤人。

8.9.6 电焊作业过程中，要注意做好操作工人的劳动安全保护工作。

8.10 建立完善的施工安全保证体系，加强施工作业中的安全检查，确保作业标准化、规范化。

9. 环 保 措 施

9.1 成立对应的施工环境卫生管理机构，在工程施工过程中严格遵守国家和地方政府下发的有关环境保护的法律、法规和规章，加强对施工燃油、工程材料、设备、废水、生产生活垃圾、弃渣的控制和治理，遵守有防火及废弃物处理的规章制度，做好交通环境疏导，充分满足便民要求，认真接受城市交通管理，随时接受相关单位的监督检查。

9.2 将施工场地和作业限制在工程建设允许的范围内，合理布置、规范围挡，做到标牌清楚、齐全，各种标识醒目，施工场地整洁文明。

9.3 对施工中可能影响到的各种公共设施制定可靠的防止损失的实施措施，加强实施中的检测、应对和验证。同时，将相关方案和要求向全体施工人员详细交底。

9.4 定期将工程废弃物按工程建设指定的地点和方案进行合理堆放和处治。

9.5 优先选用先进的环保机械。采取设立隔声墙、隔声罩等消声措施降低施工噪声到允许值以下，同时尽可能避免夜间施工。

9.6 对施工场地道路进行硬化，并在晴天经常对施工通行道路进行洒水，防止尘土飞扬，污染周围环境。

9.7 现场绿化，在现场未做硬化的空余场地进行规划，种植四季常绿花木，以美化环境、陶冶情操。

9.8 禁止在施工现场焚烧废旧材料、有毒、有害和有恶臭气味的物质。

9.9 工地厕所采用水冲式，并由专人负责清扫，确保卫生清洁。工地现场的生活垃圾、建筑垃圾定期清理，送至政府指定的垃圾场。

9.10 现场做到材料成品堆放整齐，所有作业人员均要加强和提高成品保护意识，现场已完成的成品、半成品设专人看管，防止损坏与污染；另外现场建立节水措施，消灭长流水，长明灯现象。

10. 效 益 分 析

10.1 本工法采用分块加工、分块吊装，先定位锚件再浇筑混凝土固定锚件，最后分块安装钢板并合理施焊的施工工艺，减少了焊接变形，保证了等强度连接，有效控制了安装精度。

10.2 本工法通过铁件钢板分块加工，分块吊装，因地制宜地利用现场起重设备安装超大型铁件，减少了大型吊装设备的投入，节约了吊装费用，加快了施工进度，特别是对于高位的超大型铁件安装，本工法可节约大量的吊装费用，使现场钢筋、模板等各工序得到了更好的衔接穿插，减少了工序之间的间歇期，并使现场的劳力能够连续性进行作业，有效的加快了施工进度，可节约大量施工成本。

10.3 本工法对当前工业与民用建筑中的高位超大型铁件的安装方法及安装精度控制提供了成功

的实践经验，具有明显的社会效益。

11. 应用实例

11.1 烟台来福士海洋工程有限公司万吨固定桥式起重机"泰山1号"工程，于2006年06月开工建设，2007年10月通过整体验收。本工程两个混凝土塔座顶板共有铁件245t，最大铁件重18t，安装高度70m，全部采用本工法施工，经检测铁件安装精度均控制在允许范围内，起重机吊重试验正常，达到了设计及施工规范要求。

11.2 烟台来福士海洋工程有限公司万吨固定桥式起重机"泰山2号"工程，于2006年07月开工建设，2007年10月通过整体验收。本工程两个混凝土塔座顶板共有铁件311t，最大铁件重9t，安装高度100m，全部采用本工法施工，经检测铁件安装精度均控制在允许范围内，起重机吊重试验正常，达到了设计及施工规范要求。

五、大跨度重型预制钢构件安装施工工法

1. 前 言

大跨度重型预制钢构件多用于重要结构或结构的重要部位，由于预制构件尺寸大、重量重、受力情况复杂，其吊装就位等安装技术要求高。

烟建集团有限公司承建的某万吨固定桥式起重机，起重机横梁为双箱型钢结构，横梁尺寸为129m×18.6m×4.5m。单根钢制横梁自重4163t，单根横梁设计起重量为10000t，横梁与混凝土基座采用滑动支座连接。每根横梁下设两个钢筋混凝土基座，混凝土基座顶高度为70m。在施工过程中总结出一套大跨度重型预制钢构件安装施工工法：即从初步设计开始就考虑构件吊装、构件地面整体组装、液压同步提升、液压滑移就位，成功地将该桥式起重机横梁一次提升至100m高度并滑移就位，取得了明显的经济效益和社会效益。

2. 工法特点

2.1 吊装方案设计

大跨度重型预制钢构件高空安装较为困难，在构件基座设计时就考虑吊装问题，在基座上设置提升空间和预埋构件。

2.2 地面整体组装

预制钢构件上的所有设备及设施全部在地面安装完毕，减少高空安装量。

2.3 计算机控制液压同步提升、滑移

吊装时采用液压同步提升、计算机同步控制，有效保证构件整体同步提升。采用上下锚紧、同步缩缸的液压提升器为提升过程设置"双保险"。提升完成后采用液压同步滑移、计算机同步控制，有效保证构件同步滑移，一次性就位。

2.4 安装过程抗倾覆措施

大跨度重型预制钢构件安装过程中采取可靠抗倾覆措施，根据受力分析及时调整安装方法，保证一次成功。

2.5 本大跨度重型预制钢构件安装的施工工法，由于采用了预先设计、液压同步提升、液压滑移就位、以及有效抗倾覆措施等工艺，从而能够有效降低施工成本，保证了安装进度，使用效果良好。

3. 适 用 范 围

　　本工法适用于工业与民用建筑、港口水工建筑、桥梁建筑中大跨度重型预制钢构件安装，如大型龙门起重机、大型炼钢高炉、大型化工塔等安装难度较高的工程，尤其适用于大跨度重型钢构件高空安装。

4. 工 艺 原 理

　　采用整体提升并滑移到位的施工工艺，在构件基座设计时考虑吊装问题，基座上设计吊装所需的各种预埋件；于地面上将钢构件进行整体组装完毕（包括设备）；采用液压同步提升、计算机同步控制，使构件整体同步提升；采用上下锚紧、同步缩缸的液压提升器为提升过程设置"双保险"；提升完成后采用液压同步滑移、计算机同步控制，保证构件同步滑移，一次性就位。

5. 施工工艺流程及操作要点

5.1 施工工艺流程

构件基座设计 → 基座施工 → 构件组装 → 液压提升 → 液压滑移就位

5.2 构件基座设计

根据构件整体提升的要求，在进行基座设计时除满足构件的使用功能外，另在基座上预留吊装凹槽，吊装时将每根横梁端头放置在吊装凹槽内，从基座顶部将横梁沿凹槽整体提升到基座顶部，然后进行滑移就位。同时，设计时应根据吊装要求计算吊装预埋件的受力情况。该工程的基座设计简图及外观见图5.2。

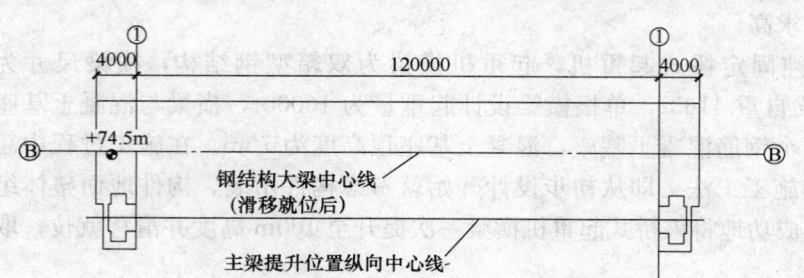

图 5.2 "泰山1号"基座设计简图

5.3 基座施工

基座施工注意预留的吊装凹槽垂直精度控制，使用激光经纬仪及激光铅垂仪控制吊装凹槽的立面垂直度，以保证顺利提升，同时做好各种预埋件安装工作。

5.4 构件组装

　　在地面将构件进行组装，所有配件、设备均安装完毕，确保构件滑移就位后即可进行设备调试工作，避免二次提升安装其他设备，提高工程整体进度，节约成本。

5.5 液压提升

　　5.5.1 提升流程：在吊装凹槽底部安装提升托梁→在基座顶安装提升梁（吊装凹槽一边一个提升梁）→安装液压提升系统（包括提升器安装、液压油缸、控制柜的吊装、天锚、地锚的安装、穿提升用钢铰线）→液压提升系统调试及提升前全面检查→预提升加载→正式提升→提升出混凝土基座顶提升设备：液压提升器、液压泵源系统、计算机同步控制系统、钢绞线等。

　　5.5.2 液压提升示意图（图5.5.2-1～图5.5.2-3）

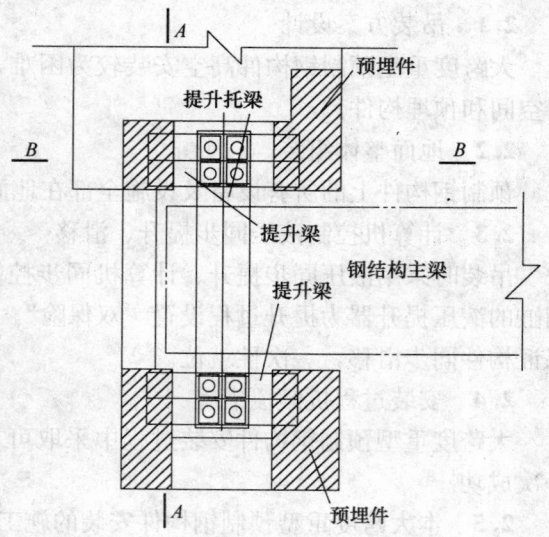

图 5.5.2-1 设备布置图（一）

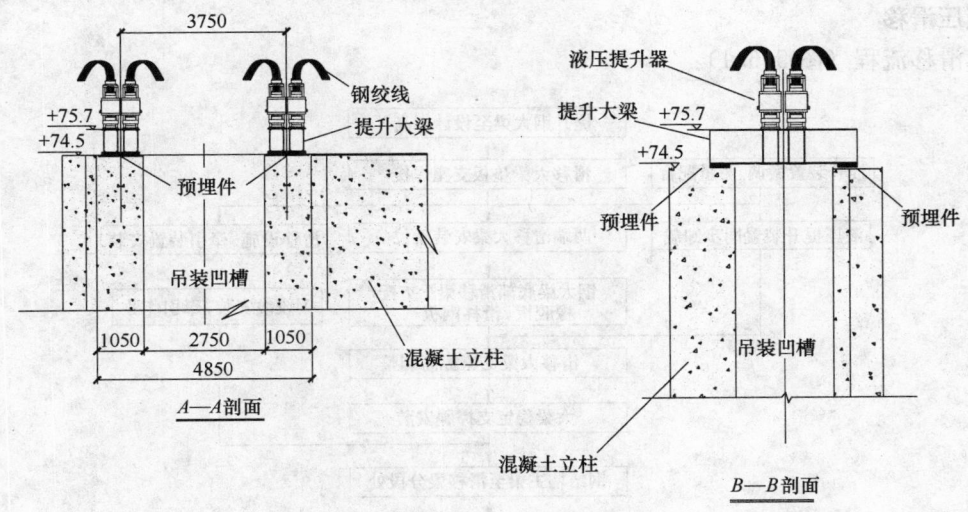

图 5.5.2-1　设备布置图（二）

图 5.5.2-2　液压提升系统实景

图 5.5.2-3　提升至基座顶

5.5.3　液压提升器工作原理（图 5.5.3）

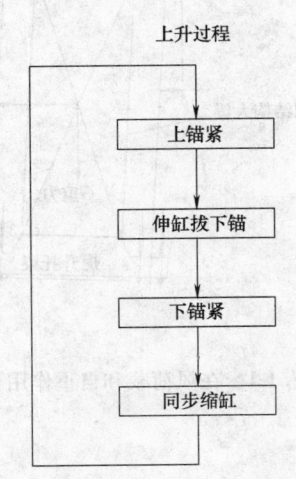

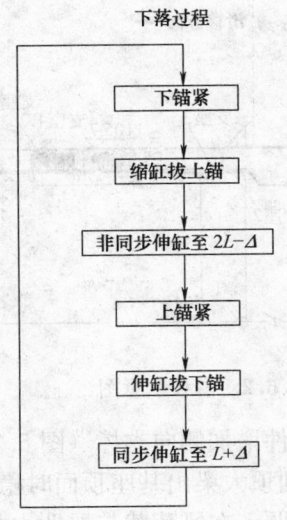

图 5.5.3　液压提升器工作原理

5.6 液压滑移

5.6.1 滑移流程（图 5.6.1）：

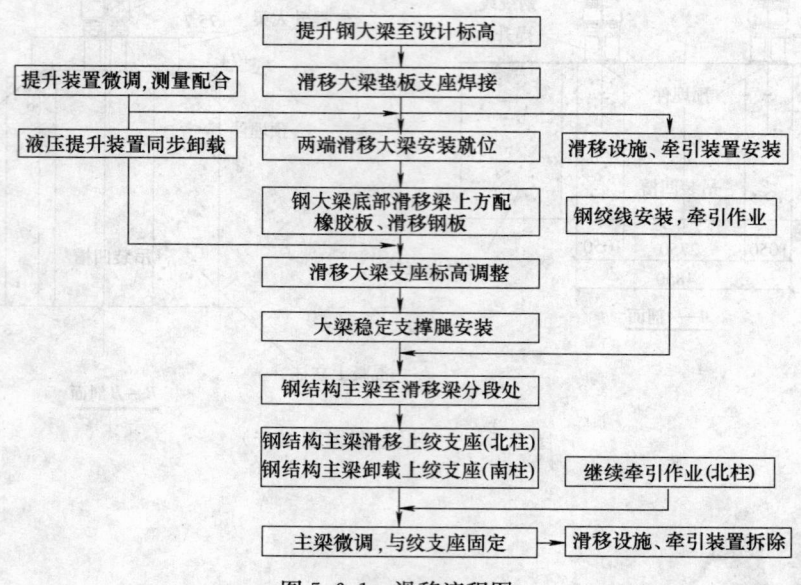

图 5.6.1 滑移流程图

滑移设备：液压牵引器、液压泵源系统、计算机同步控制系统、钢绞线等。

5.6.2 液压滑移示意图（图 5.6.2）

5.7 由于构件尺寸较大导致表面风荷载大，提升过程中可能遇到构件失稳问题，解决措施如下：

5.7.1 提升时构件摆动问题及解决措施

可能发生的问题：在风荷和自重作用下构件发生摆动（图 5.7.1-1）。

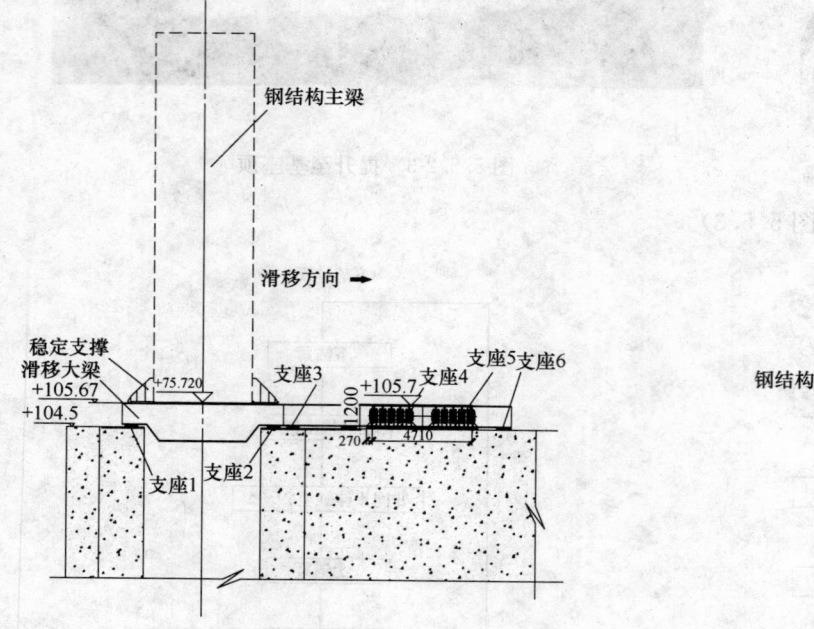

图 5.6.2 滑移示意图

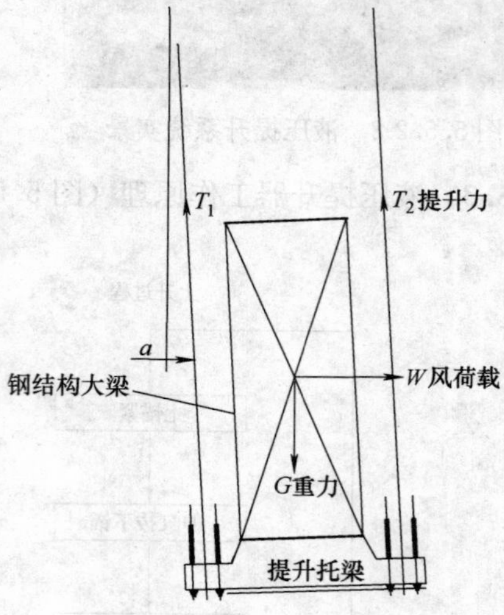

图 5.7.1-1 在风荷载和自重作用下的构件摆动

解决措施：构件增加侧向支撑（图 5.7.1-2）。

5.7.2 提升到顶大梁出基座顶面时稳定问题

可能发生的问题：在风荷载与惯性力共同的作用下，构件仍有可能发生晃动，过大的摆动可能会造成钢绞线受力不均匀而发生意外。

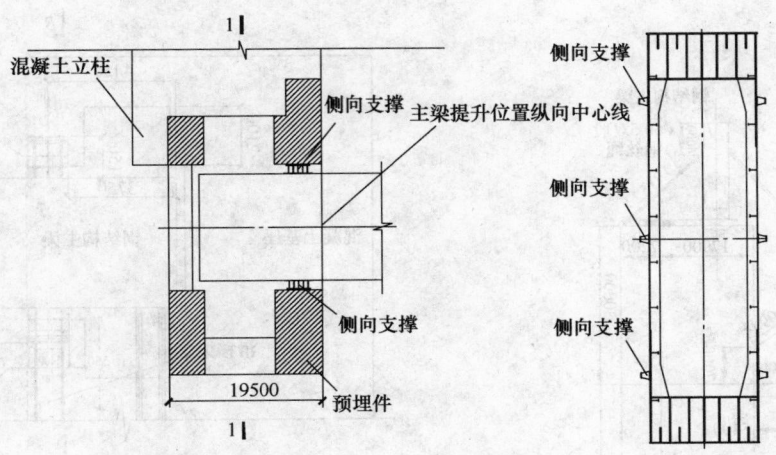

图 5.7.1-2　构件增加侧向支撑

解决措施：设置提升限位梁，保护构件出基座顶面，如图 5.7.2 所示。

5.7.3　提升到顶后安装滑移措施期间构件稳定问题

可能发生的问题：构件提升到顶后，安装滑移梁、稳定装置、拆除提升装置需要较长时间，在此期间如遇到恶劣气候如强台风等，虽然提升托梁有限位装置，大梁还是有可能发生危险。

解决措施：设置缆风绳（图 5.7.3）。

5.7.4　滑移期间大梁稳定问题

可能发生的问题：由于构件自重较大，因此惯性力作用较大。在滑移过程中，如果惯性力作用同风荷载作用同向产生叠加，对构件的稳定性极为不利。

解决措施：为构件设置稳定支撑，如图 5.7.4。

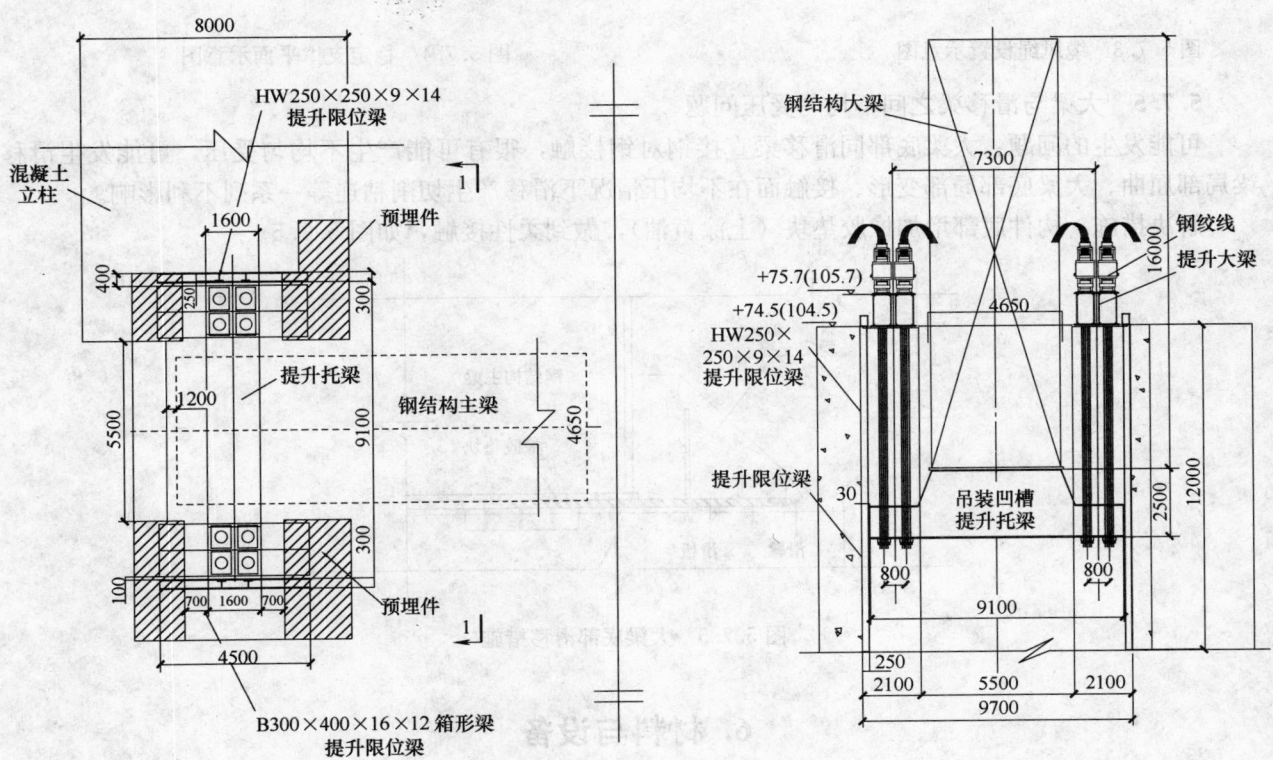

图 5.7.2　提升限位布置图

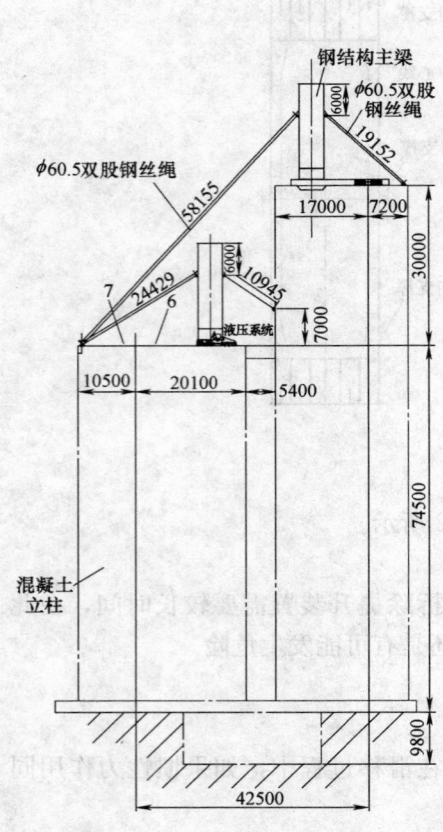

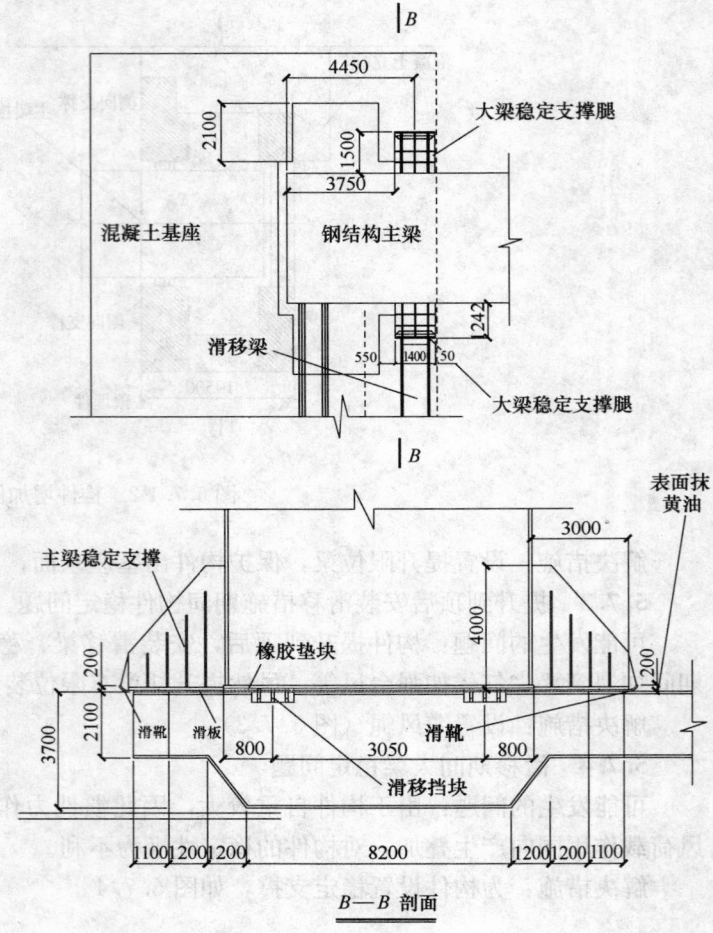

图 5.7.3　缆风绳设置示意图　　　　　　　图 5.7.4　稳定支撑平面示意图

5.7.5　大梁与滑移梁之间不均匀受压问题

可能发生的问题：大梁底部同滑移梁直接钢对钢接触，很有可能产生不均匀受压，可能发生滑移梁局部屈曲、大梁底部局部变形、接触面在不均压情况下滑移产生切削粘连等一系列不利影响。

解决措施：构件底部增加橡胶垫块（上涂黄油），做到柔性接触，如图 5.7.5。

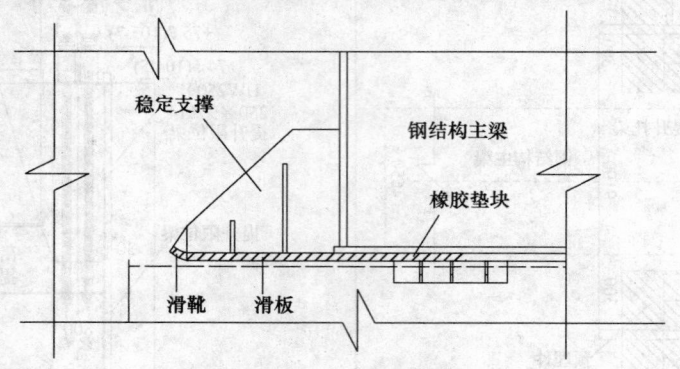

图 5.7.5　大梁底部滑移措施

6. 材料与设备

主要材料及机具设备见表 6。

主要材料及机具设备 　　　　　　　　　　　　　　　表6

序　号	名　　称	规 格 型 号	单　位	数　量	备　注
1	钢绞线	破断拉力 50t	根	192	
2	液压泵站		辆	1	整体提升与滑移用
3	液压提升器	TJJ-3500	只	8	
4	液压牵引器	TJJ-2000	只	2	
5	计算机同步控制系统	YT-1	套	1	
6	安全锚具　锚片		只	32	

7. 质 量 控 制

7.1 《钢结构工程施工质量验收规范》GB 50205—2001

7.2 《起重机械安全规程》GB 6067—1985

7.3 《起重机试验规范和程序》GB 5905—1986

7.4 《港口门座起重机技术条件》GB/T 17495—1998

7.5 《起重机设计规范》GB 3811—1983

7.6 《桥式和门式起重机制造及轨道安装公差》GB/T 10183—2005

7.7 《通用桥式起重机》GB/T 14405—1993

7.8 《钢结构高强度螺栓连接的设计、施工及验收规程》JGJ 82—1991

7.9 《钢结构制作安装施工规程》YB 9254—1995

7.10 《钢焊缝手工超声波探伤方法和探伤结果质量分级》GB 11345—1989

8. 安 全 措 施

8.1 认真贯彻"安全第一，预防为主"的方针，根据国家有关规定、条例，结合施工单位实际情况和工程的具体特点，组成专职安全员和班组兼职安全员以及工地安全用电负责人参加的安全生产管理网络，执行安全生产责任制，明确各级人员的职责。建立完善的施工安全保证体系，加强施工作业中的安全检查，确保作业标准化、规范化。

8.2 施工现场按符合防火、防风、防雷、防洪、防触电等安全规定及安全施工要求进行布置，并完善布置各种安全标识。

8.3 高空作业要严格按照要求做好高空防坠安全保障措施。

8.4 施工现场的临时用电严格按照《施工现场临时用电安全技术规范》的有关规范规定执行。

8.5 电缆线路应采用"三相五线"接线方式，电气设备和电气线路必须绝缘良好，场内架设的电力线路其悬挂高度和线间距除按安全规定要求进行外，将其布置在专用电杆上。

8.6 提升、滑移安全措施

1. 铺设操作临时平台，地面应划定安全区，避免重物坠落。

2. 液压提升/牵引作业之前，应进行全面清场。

3. 液压同步提升过程中，注意观测提升装置系统的压力、荷载变化情况等，并认真做好记录工作。

4. 风速超过 12m/s（6 级风），则停止提升和滑移操作。

5. 在液压提升/牵引平移过程中，测量人员应通过测量仪器配合测量各监测点位移的准确数值。

9. 环 保 措 施

9.1 成立相应的施工环境卫生管理机构，在工程施工过程中严格遵守国家和地方政府下发的有关环境保护的法律、法规和规章。

9.2 将施工场地和作业限制在工程建设允许的范围内，合理布置、规范围挡，做到标牌清楚、齐全，各种标识醒目，施工场地整洁文明。

9.3 对施工中可能影响到的各种公共设施制定可靠的防止损失的实施措施，加强实施中的检测、应对和验证。同时，将相关方案和要求向全体施工人员详细交底。

9.4 现场所有作业人员均要加强和提高成品保护意识，现场已完成的成品、半成品设专人看管，防止损坏与污染；另外现场制定节能措施，杜绝长流水，长明灯现象。

10. 效 益 分 析

10.1 在设计阶段就为大型构件安装考虑，预先设置提升通道，简化了安装过程，降低了施工成本，取得较好的质量和经济效益。

10.2 采用所有构件和设备地面组装、整体提升的施工技术，减少了吊装次数，取得了良好的经济效益。采用液压同步提升、液压同步滑移、计算机控制等技术，有效解决了安装同步问题，以较低的成本解决了施工难题，取得了一定的经济效益，加快了施工进度。

10.3 本施工工法技术对当前工业与民用建筑中的大跨度重型预制钢构件的安装提供了成功的实践经验，解决了重型大跨度构件安装难题，具有明显的社会效益。

11. 应 用 实 例

2007 年 7 月 6 日上午 8 时，烟台来福士海洋工程有限公司固定桥式万吨起重机——"泰山"1 号横梁开始提升。1 号横梁截面尺寸 129m×18.6m×4.5m，横梁及附属设备自重 4163t。该横梁下设两个基座，基座地面以上高度 70m，地面以下 13.8m，基础底板厚度 6m。2007 年 7 日 8 时提升至 35m 高度，夜间保持静载姿势；7 日 12 时横梁开始出 70m 柱顶平面，17 时横梁整体提升至柱顶；13 日 10 时，横梁自身携带的第三段滑移梁到位，横梁脱离提升装置，就位于滑移梁上，20 日横梁滑移就位。

单层工业厂房屋盖系统自承式整体顶升工法

GJEJGF225—2008

二十三冶建设集团有限公司　贵阳铝镁设计研究院

周云祥　项祖斌　胡四元　谭建勋　郑莆

1. 前　言

随着工艺技术及生产设备的不断更新，对已有工艺及设备进行革新，是现代工业发展的大势所趋，在这种革新中，将老厂房加以升高利用是一种节约投资的好办法，针对将老厂房升高的课题，二十三冶建设集团有限公司、贵阳铝镁设计研究院、中国铝业贵州分公司联合研制出"单层工业厂房屋盖系统自承式整体顶升施工方法"，它是利用原有排架柱做支承，采用千斤顶将老厂房屋盖系统整体顶升一定的高度，顶升完成后，顶升构件作为加高柱而支承屋盖重量的一种新施工工艺。它完全改变了过去那种"拆顶重建"的施工方法，从而节约投资，缩短工期，减少环境污染，并保证有可靠的安全性；它与已有的托换顶升法相比，具有操作简便，成本更低的优点。该技术已于 2003 年 5 月通过湖南省建设厅评审鉴定。其顶升方法获得了国家专利，专利号：01108408.1。

应用该技术，先后在中国铝业贵州分公司一、二焙烧厂房改造工程中分别进行了三次实施，取得了成熟的经验，总结后形成此工法。

2. 工法特点

2.1　采用自承式顶升，利用原有构件作为支承系统，不需要另外增加受力构件，并且在顶升完成后，直接将顶升构件与原有柱焊接，与原有构件形成一个整体。

2.2　将顶升构件与加高构件合二为一，实现顶升、支承、接柱、固定及连接等多个工艺过程一次完成，减少了施工程序。

2.3　屋盖整体顶升，减少施工工序，缩短了工期，节省了拆除工料，具有不占厂房场地等优点。

2.4　当千斤顶顶升完一个行程时，通过拆装上、下传力横梁的高强螺栓，从而切换上、下横梁的传力状态，可使千斤顶在原地交替实现回落和顶升操作，顶升操作点可固定在同一位置，施工既方便快捷又安全可靠。

3. 适用范围

本方法适用于各种形式的单层排架结构厂房的屋盖系统顶升施工。不受屋架跨度、屋盖面积、重量、厂房高度及顶升高度的限制；也不受屋架与柱连接方式（无论是铰接还是刚接）的限制。

4. 工艺原理

利用厂房原有结构柱作为顶升支承构件，先选定顶升切断位置，然后在切断位置线的上部焊接格构式顶升构件，在切断位置线下部的适当位置设置钢牛腿作为顶升的支承点，在牛腿上放置千斤顶，顶升构件通过传力梁组与千斤顶相连。传力梁组由上横梁、下横梁、连接梁和承顶梁组成，上、下横梁在不同的状态下（顶升状态和回落状态）通过摩擦型高强螺栓与顶升构件的骨架角钢相连接。顶升时的传力途径是：屋盖→顶升构件→传力梁组→千斤顶→牛腿→柱→基础。

实施顶升时，先在切断位置实施切断，然后用千斤顶，顶升顶升构件，通过顶升构件的提升达到顶升屋盖的目的。当顶升到要求的高度后，将顶升构件的骨架角钢底部直接与原有柱相焊接，从而顶升构件就成为了加高的钢柱，这样既无需拆除顶升构件，也无需另外再将柱加高。

4.1　屋架与柱刚接

在排架柱上离屋架下弦下方一定的位置作为切断位置，在柱切断位置的上部，安装顶升构件，在柱切断位置的下部的适当位置，安装牛腿，作为承力构件。在牛腿、顶升构件上分别安装下横梁、上横梁和承顶梁，做为传力机构。在牛腿上安放千斤顶，做为施力机构，每柱用两个千斤顶。利用千斤顶的顶升、回落，交替置换上、下横梁与顶升构件的螺栓连接，达到升高屋盖系统的目的（图 4.1）。

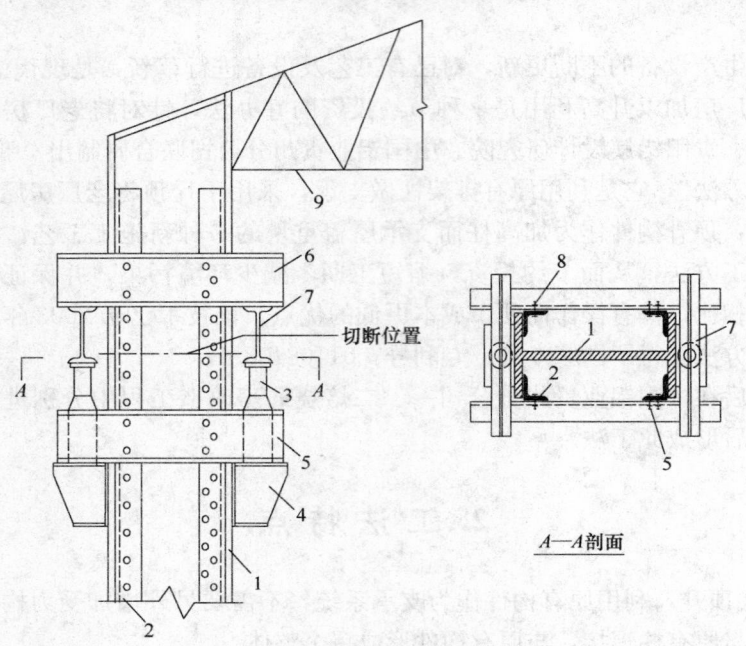

图 4.1　屋架与柱刚接顶升示意图
1—原有钢柱；2—顶升构件；3—千斤顶；4—牛腿；5—下横梁；
6—上横梁；7—承顶梁；8—高强螺栓；9—屋架

4.2　屋架与柱铰接

在屋架支座处作为切断位置，在切断位置线的上部安装顶升构件，在排架柱上的适当位置安装牛腿，作为承力构件。在顶升构件上安装上、下横梁、连接梁和承顶梁，作为传力机构。在牛腿上安放千斤顶，作为施力机构，每柱用两个千斤顶，利用千斤顶的顶升、回落，交替置换上、下横梁与顶升构件的螺栓连接，达到升高屋盖系统的目的（图 4.2）。

5. 施工工艺流程及操作要点

5.1　施工工艺流程

施工工艺流程如图 5.1 所示。

5.2　操作要点

屋架与柱的连接形式不同，顶升实施方法也有所不同，但它们的原理是一样的，下面以钢屋架与混凝土柱铰接连接的中国铝业贵州分公司二焙烧厂房顶升为例，叙述操作要点。

5.2.1　前期准备

1. 顶升单元的划分。首先根据厂房柱网布置、厂房长度及场地施工条件划分顶升单元，即确定整

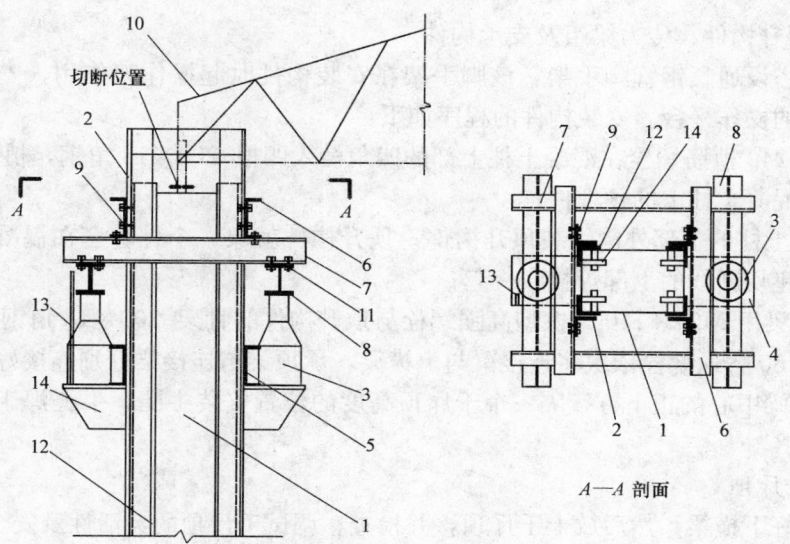

图 4.2　屋架与柱铰接顶升示意图

1—原有混凝土柱；2—顶升构件；3—千斤顶；4—牛腿；5—下横梁；
6—上横梁；7—连接梁；8—承顶梁；9—高强螺栓；10—屋架；
11—普通螺栓；12—植筋角钢；13—标尺；14—植筋螺栓

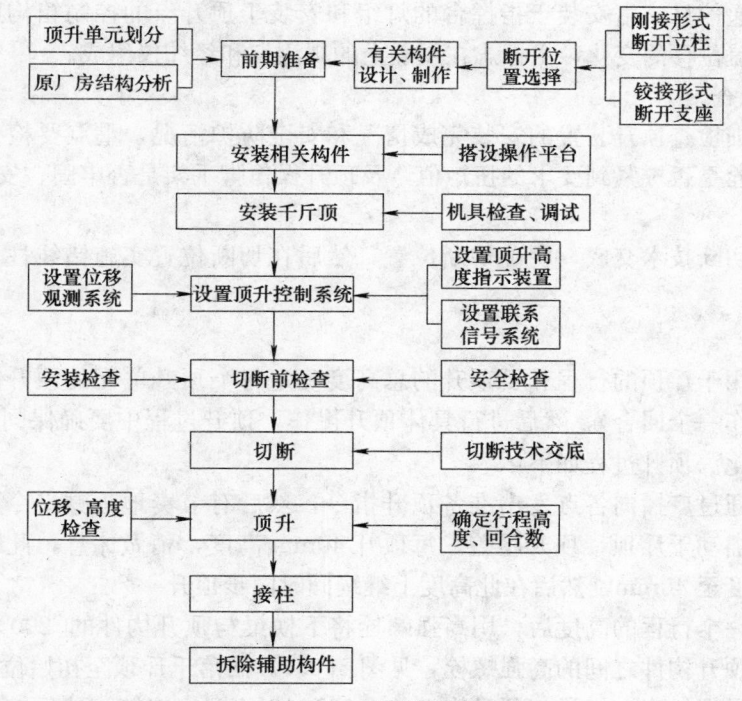

图 5.1　工艺流程图

个厂房分几部分顶升，通常以变形缝为分界划分顶升单元。本实例有两段伸缩缝，分三个顶升单元；

2. 原厂房结构分析。分析原厂房结构在屋盖顶升后，由于高度发生变化，导致结构受力变化，是否要将厂房基础、柱等构件做加固处理，如需加固处理必须在顶升前完成加固工作。本实例不需加固；

3. 顶升断开位置选择。根据屋架与柱的连接形式，铰接形式断开位置选在屋架支座处，刚接形式断开位置选在钢柱上。本实例为铰接，断开位置选在屋架支座处；

4. 有关构件设计、制作。根据厂房柱的结构形式及截面尺寸设计顶升构件、支承构件及传力梁组，并将它们预制好。

5.2.2 安装顶升构件、传力梁组及支承构件

首先沿排架柱搭设通长钢管脚手架，该脚手架在安装构件时起操作架作用，安装完成后，将脚手架加固，作为顶升的操作平台。安装构件的程序如下：

1. 先用 M30×240 植筋螺栓在混凝土柱上部的四角植入四根 L200×18 角钢，植筋螺栓与角钢焊接，此植筋角钢相当于混凝土柱上的预埋件；

2. 接着在混凝土柱的上部外围组装顶升构件，顶升构件就象一个外套套在混凝土柱的上部，其顶部钢梁与钢屋架支座切断线的上部焊接在一起；

3. 然后将上横梁用 M24×110 摩擦型高强螺栓与顶升构件的骨架 L200×18 角钢相连接；

4. 再用 M16×60 普通螺栓依次将连接梁与上横梁，承顶梁与连接梁分别连接好；

5. 最后在承顶梁中心的正下方，隔一个千斤顶高度的位置安装牛腿，牛腿焊于混凝土柱的 L200×18 植筋角钢上。

5.2.3 安放千斤顶

在牛腿上先放好下横梁，然后放上千斤顶，并检查、调试千斤顶的灵活性及安全可靠性。

5.2.4 设置顶升控制系统

顶升控制系统由顶升高度指示标尺、广播、灯光信号系统及屋盖位移观测系统组成。高度指示标尺用于指示各顶升点的即时顶升高度，点焊于各点的牛腿边缘便于观看的位置；广播由话筒和扬声器组成，用于指挥台向各顶升点发出指令，话筒置于指挥台上，扬声器安放在厂房内；灯光信号系统用于顶升点向指挥台传递信息，由安装于指挥台的灯组和安装于顶升点的控制箱构成；屋盖位移观测系统用于顶升时观测屋盖位移的变化，由标志在屋盖上的观测点和经纬仪组成。

5.2.5 切断前检查

进行切断前应仔细检查顶升装置的安装完成情况和安全防护情况，重点要检查各点的上横梁与顶升构件之间的高强螺栓是否拧紧到要求的扭矩值，及顶升操作脚手架是否牢固、安全可靠。

5.2.6 切断

先对操作人员作切断技术交底，明确切断位置，然后在切断位置实施错线柱切断，切断后观测屋盖位移有无变化。

5.2.7 顶升

首先，根据所使用千斤顶的行程和要顶升的总高度确定每个顶升单元的顶升回合数（千斤顶每完成一个行程的操作称作一个回合），然后进行具体顶升操作，顶升过程中要确保同步和平衡升高，并经常观测屋盖位移的变化。顶升过程如下：

顶升前，指挥台通过广播向各点发出准备顶升指令，然后有节奏地呼喊口令，各点即按指挥口令的节奏，同时、同步摇动千斤顶，顶升屋盖。每顶升 40mm 高度，稍做休息，此时各点根据标尺指示高度自行微调顶升高度至 40mm，然后在此高度上继续同时同步顶升。

当千斤顶升高至一个行程的高度后，用高强螺栓将下横梁与顶升构件的 L200×18 角钢相连接，然后卸下连接上横梁与顶升构件之间的高强螺栓，见图 5.2.7，回落千斤顶至初始位置，同时传力梁组也随之落下；接着用高强螺栓将上横梁与顶升构件的 L200×18 角钢相连接，然后卸下连接下横梁与顶升构件的高强螺栓，回复到图 4.2.1 状态，再摇动千斤顶进行第二回合顶升。

重复上面的过程，直至达到要求顶升高度。

5.2.8 接柱

将顶升构件的格构骨架，4 根 L200×18 角钢下段与混凝土柱重叠的部分，与混凝土柱的植筋角钢相焊接，顶升构件就成为了加高的柱。

5.2.9 拆除辅助构件

拆除传力梁组、千斤顶、牛腿，顶升完成。

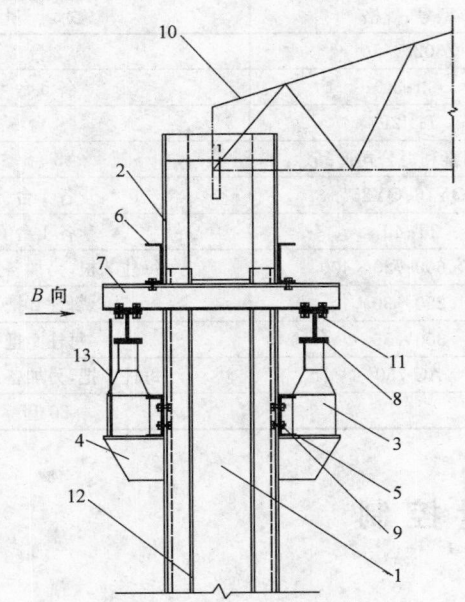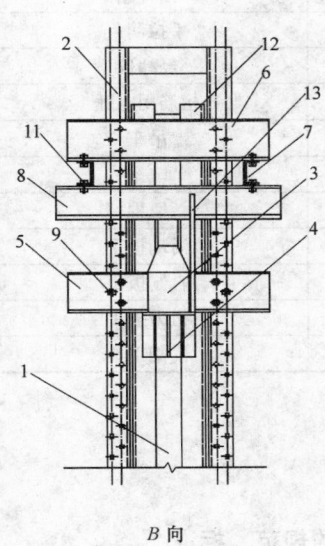

图 5.2.7 千斤顶回落示意图
1—原有混凝土柱；2—顶升构件；3—千斤顶；4—牛腿；5—下横梁；
6—上横梁；7—连接梁；8—承顶梁；9—高强螺栓；10—屋架；
11—普通螺栓；12—植筋角钢；13—标尺

6. 材料与设备

主要施工用料和机具设备见表 6-1、表 6-2。

主要施工用料表   表 6-1

序 号	名 称	型号、规格	单 位	数 量	备 注
1	槽钢	匚36b			上、下横梁用
2	槽钢	匚25b			连接梁用
3	工字钢	工25b			支承梁用
4	角钢	L200×18			顶升构件骨架用
5	角钢	L200×18			植附混凝土在柱表面
6	植筋螺栓	M30×240			植筋角钢用
7	高强螺栓	M24×110			连接横梁与顶升构件
8	钢板	$\delta=16\sim20$	t	8	牛腿用
9	钢丝绳	$\phi11\sim\phi19$	m	300	吊装用
10	钢架管	$\phi48$	吨	50	脚手架用
11	架管扣		副	10万	脚手架用
12	竹跳板		块	5万	脚手架用

主要机具设备表   表 6-2

序 号	名 称	型号、规格	数 量
1	交流电焊机	BX1-500	20台
2	自动割刀	CC1-300	2台
3	对讲机	HX180V	6台
4	螺旋千斤顶	QL50	每柱2台,另加备用10台

续表

序　号	名　称	型号、规格	数　量
5	摇臂钻	Z3025×10	2 台
6	手拉葫芦	2t；3t	各 5 台
7	经纬仪	TDJ2E	4 台
8	植筋用电锤	德国喜利得公司产品	3 台
9	吊车	QY16；QY25	各 1 台
10	汽车	2T；4T	各 1 台
11	撬棍	$\phi30\times600$；$\phi20\times400$	每柱 2 根，另加备用 10 台
12	活动扳手	250×30	每柱 2 把
13	自制扳手	300×56	每柱 1 把
14	扭力扳手	AC-760	每柱 2 把，另加备用 10 把
15	气割工具		20 套

7. 质 量 控 制

7.1　执行的规范、标准

7.1.1　《钢结构工程施工质量验收规范》GB 50205—2001。

7.1.2　《建筑钢结构焊接技术规程》JGJ 81—2002。

7.1.3　《混凝土结构加固技术规范》CECS 25：90。

7.1.4　《钢结构高强螺栓连接的设计、施工及验收规程》JGJ 82—91。

7.2　质量控制措施

7.2.1　完善各工序之间交接手续，包括制作、安装内部各工序之间的交接，及制作与安装之间的交接。

7.2.2　高强螺栓孔组对制孔的精度要求很高，尤其是顶升构件骨架角钢上有众多高强螺栓孔，对制孔精度要求更高，偏差稍大就会影响顶升构件的组装，以及顶升过程中上、下横梁与顶升构件骨架角钢切换连接的安装。确保制孔质量的措施为，先用一块 6mm 厚、宽度与角钢肢等宽的 16Mn 钢板，制作一个精确布好孔群的模板，再用卡具将该模板固定在角钢肢上，然后按照模板制孔。

7.2.3　凡是制作的散件、零部件、半成品均须填写好自检记录，经互检、专检合格后方可运至安装现场，并做好醒目的标识防止组装时搞混，现场要有专人验收。

7.2.4　从事焊接的人员应具备相应焊位的上岗证，焊接应根据焊接工艺评定确定焊接工艺，确保焊接质量，主要部件的焊接严格按规定的焊接顺序进行，防止构件变形。

7.2.5　拧紧高强螺栓时，分初拧和终拧两次进行，每次都要到位。

8. 安 全 措 施

施工应遵守以下安全生产技术规范、标准、规程：《建筑机械使用安全技术规程》JGJ 33—2001、《施工现场临时用电安全技术规范》JGJ 46—2005、《建筑施工高处作业安全技术规程》JGJ 80—91、《建筑施工安全检查标准》JGJ 59—99、《建筑施工扣件式钢管脚手架安全技术规程》JGJ 130—2001、《职业健康安全管理体系》GB/T 28001—2001，另外还需采取以下专项安全措施：

8.1　顶升操作平台搭设时，在操作平台下设置双架管扣保险，防止操作平台滑落，在操作架的适当位置设置横杆，将架子与厂房柱、柱间系杆、支撑等相连，以增加架子的稳固性，防止摇晃。

8.2　切断钢柱或屋架底座前，应组织有关专职责任人员进行一次全面检查，并签字认可。切断时采取错线柱切割法，切断后应再仔细检查一次，看有无异常情况出现。

8.3 顶升过程中，当某点出现故障或异常时，必须立即将该点灯光信号系统指示灯旋纽指向"红灯"位置，及时通报指挥台，此时指挥台对应此点的灯亮起，指挥台据此立即发出指令，指示其他各点停顶，并派人处理故障。

8.4 由于各点顶升很难完全同步，每顶升 40mm 左右，必须暂停，统一调整一次，以防止不同步高度累积超过允许值。

8.5 参与顶升人员必须事先进行培训，熟知顶升操作规程和操作细则。

8.6 高强螺栓安装时，必须达到要求扭矩值，且不得漏拧。

9. 环保措施

施工中对环保的要求除遵照执行《环境管理体系标准》GB/T 24001—2004、《中华人民共和国噪声标准》GB 112523—90、《中华人民共和国空气质量标准》GB 3095—1996 和地方有关环境保护法规外，还应采取以下措施：

9.1 建立文明的施工现场，使施工现场内秩序井然有序、文明安全、交通畅通、场容和环境卫生符合要求。

9.2 施工现场控制在工程建设允许的范围内，合理布置，规范围挡，施工现场内划分卫生责任区，设置标志牌，发片分区包干到人，由责任人负责包干区卫生工作，做到施工现场整洁文明。

9.3 施工期间，施工现场内的材料、半成品应分类堆放整齐，工具及机具使用完后，应由使用者放回原处，现场应保持干净、整齐。

9.4 施工结束后，应及时组织清场，拆除临时设施、围栏，剩余物资分批退场，以便整治恢复道路，不留后患。

9.5 由于老厂房已使用多年，原有构件上积有大量粉尘，清理时为防止粉尘飞扬远播，对清理区进行围护，大风天不得清理。

9.6 合理安排进度，尽量不安排深夜施工，避免施工扰邻。对施工机械产生噪声的部件可部分或完全封闭，并减少振动面的振幅。一切动力机械设备均应适时维修，降低噪声。

9.7 加强施工燃油、工程材料、设备的管理和调度，防止浪费，施工选择科技含量高的环保施工机具，提高生产效率，减小能耗、减少废气、烟尘排放。

10. 效益分析

自承式整体顶升法与常规拆除重建法相比，除直接经济效益明显外，还由于前者工期短，产生的间接经济效益更是巨大，根据我们在中国铝业贵州分公司的多次应用中，经计算，一焙烧厂房顶升节约造价 290 万元，提前投产 6 个月，产生间接经济效益 1600 万元，二焙烧节约造价 240 万元，提前 6 个月投产，产生间接经济效益 2000 万元。以中国铝业贵州分公司第二焙烧厂房改造为例，效益分析如下：

10.1 直接经济效益
拆除重建法与本工法费用比较：

1. 拆除费用 150 万元；
2. 拆除后加高柱费用 280 万元；
3. 加高柱后重新安装费用 210 万元；
4. 拆除过程中损失构件费 20 万元；
5. 本工法费用 370 万元；
两种方法比较节省：1＋2＋3＋4－5＝290 万元。

10.2　间接经济效益

经测算，采用本工法与拆除重建法比可提前投产6个月，按当时产品的市价计算每天的纯收入约为9万元，6个月总计效益为：6×30×9＝1620万元。

10.3　社会效益

1. 施工安全性提高，减少发生安全事故的几率；
2. 避免拆除建筑垃圾及对环境的污染；
3. 减少施工机械使用，节能环保。

11.　应　用　实　例

工程实例见表11。

工程实例　　　　　　　　　　　　　　　　　　　　　　　　　　表11

序　号	工程名称	厂房简况	顶升高度	单元划分	实施时间
1	中国铝业贵州分公司阳极一焙烧车间	原厂房净高17.9m，长192m，屋架与柱钢接，跨度33.15m，屋盖总面积6700m²，总重2560t	2.05m	3	2001年4月
2	中国铝业贵州分公司阳极二焙烧车间	原厂房净高18.9m，长234m，屋架与柱铰接，跨度36m，屋盖总面积9200m²，总重3780t	1.05m	3	2002年9月

活塞式压缩机安装工法

GJEJGF226—2008

云南工程建设总承包公司　　云南省第二安装工程公司

顾永茂　段晓临　姜余金　芮希能　何贵宾

1. 前　　言

在工业生产装置中，气体压缩机使用极为广泛。活塞式压缩机是其中常见的一种气体压缩机，因它具有压力范围广、效率高、适应性强的特点，故在石油化工、冶金、轻工等部门运用极为广泛。

1994 年云南省工程建设总承包公司和云南省第二安装工程公司承接的云南沾益化肥厂 7 号 H22（Ⅱ）165/320 氮氢压缩机的安装工程。H22（Ⅱ）165/320 氮氢压缩机的高压侧机身和低压侧机身分别设分离的基础，每个机身上有轴承座，曲轴安装在轴承座上。主要施工难点：

1.1 高压侧机身和低压侧两组分离的机身上四组轴瓦孔同轴度和水平度的控制。

1.2 活塞中心线与曲轴中心线（机身）垂直度的控制。

1.3 轴瓦研刮技术。

针对上述难点和特点，公司成立了氮氢压缩机安装技术攻关小组，采用高精度水准仪控制两个机身的水平度。用拉钢丝、利用内径千分尺配合电声法控制两组分离的机身上四组轴瓦孔同轴度和校正活塞中心线与曲轴中心线（机身）垂直度，通过研刮轴瓦的方式保证轴瓦与曲轴的接触面、调整曲轴的水平，通过一定的计算减少测量次数的安装工艺，保证了安装精度和安装工程的顺利进行。"沾化氢氮压缩机安装工法"获云南建工集团总公司 1998 年度科技进步二等奖，云南沾益化肥厂氮氢压缩机工程获 2007 年度云南省优质工程二等奖。

用本工法完成了云南沾益化肥厂 8 号、9 号、11 号、12 号 H22（Ⅲ）165/314 氮氢压缩机安装和3022 氮氢压缩机安装，取得了较好的经济效益和社会效益。

2. 工 法 特 点

2.1 校正要求精度高，施工工艺简捷、有效、可操作性强。

2.2 主机安装和辅机安装平行施工作业，平行、交叉作业多，作业面宽，施工周期短。

2.3 劳力组合得当，施工机具配置合理，减少安装费用。

2.4 突出了工序的质量控制方法，质量控制方法有序，繁而有序、科学合理。

2.5 控制方法繁简结合，先进性和常规性搭配得当，大幅度提高了工效，有效降低了安装成本。

3. 适 用 范 围

目前在用压缩机的种类繁多，形式各异，本工法主要适用于大中小型（中、高压）、活塞式压缩机（组）的安装施工。特别适合我国制造的四列对称平衡 H 形解体活塞式压缩机［如 H22（Ⅲ）165/320系列产品］的安装施工。

4. 工 艺 原 理

工艺原理是采用平行形和流水形相结合施工方法，建立优化施工工艺流程，实行质量有序控制，从而达到高效、优质地完成整台活塞式压缩机的安装施工。

4.1 采用高精度水准仪控制两个机身的水平度。

4.2 用拉钢丝、利用内径千分尺配合电声法控制两组分离的机身上四组轴瓦孔同轴度和校正活塞中心线与曲轴中心线（机身）垂直度。

4.3 通过研刮轴瓦的方式保证轴瓦与曲轴的接触面、调整曲轴的水平，通过一定的计算减少测量次数。

5. 施工工艺流程及操作要点

5.1 施工工艺流程

活塞式压缩机安装施工工艺流程见图5.1。

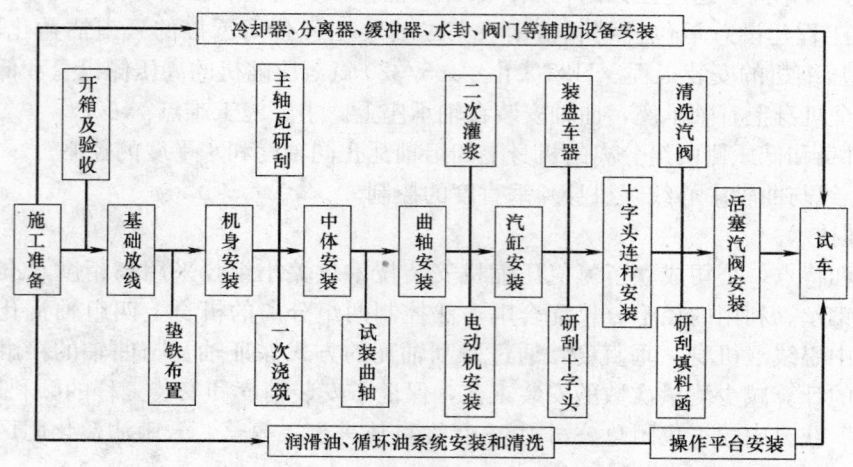

图5.1 活塞式压缩机安装施工工艺流程图

5.2 操作要点

活塞式压缩机（后简称"压缩机"）的安装施工装配性强，技术复杂，精密度高。在安装过程中要把握好以下几个方面：

1. 施工所用的测量仪器和检测仪要准确有效，精度要达到安装技术的要求精度。

2. 机身校正是压缩机安装的基础，控制校正精度。

3. 控制主轴瓦和十字头滑履及填料函的研刮。

4. 控制中体和汽缸安装水平度及其中心线与主轴颈的校正精度。

5. 活塞杆及活塞安装。

6. 气阀安装中切忌把进、出气阀装反。

5.2.1 施工准备

1. 技术资料准备

安装前必须具备下列技术资料：

1) 图纸：压缩机本体图及辅助图以及带控制的工艺流程图，安装图。

2) 机组出厂合格证书、质量检验证书：

a. 随机管材、阀门、管件和紧固件等的材质合格证书（或复印件）及阀门试压合格证书；

b. 压力容器产品质量证明书；

c. 汽缸和汽缸夹套水压试验记录；

d. 压缩机出厂前预组装及试运转记录。

3) 机组的产品使用说明书等。

4) 机组装箱清单及零配件明细表。

2. 安装专用工具准备，垫铁布置图的绘制及精制垫铁的加工

1) 制作中心线架两副（配耳机两副）和其他专用机具。

2) 压缩机机身、中体、电动机的垫铁采用磨床加工，平垫铁尺寸为 200mm×120mm，斜垫铁尺寸为 180mm×100mm，斜度 1∶15，斜面光洁度≥▽3。

3) 根据基础图，核实设备底座的结构形状后，绘制压缩机机身、中体、电机底座的垫铁平面布置图。

垫铁的组数视具体情况而定，一般考虑主轴承下面放置一组垫铁，若机身底面的筋条不适宜放垫铁时，可以在主轴承下面两侧各放一组垫铁，与中体滑道相连接的机身下面放一组垫铁，地脚螺栓两侧各放一组垫铁，其他部位放置的垫铁间距在 300～400mm 之间。

3. 基础验收、放线、凿垫铁压浆窝

1) 压缩机基础验交后，按有关土建基础施工图及机器技术资料，对机器基础尺寸及位置进行复测检查，其允许偏差符合《中小型活塞式压缩机》HGJ 206—92 表 2.3.2 的规定。

2) 用水准仪根据建筑单位的基准标高，在基础四周打上标高线，其标高可按各自设备底座的标高低于 50～100mm，并作一次基础沉降实测记录。用经纬仪按设备平面布置图在基础表面放出有关中心线和相互尺寸基准线，四周的控制线应通过闭合，根据绘制的垫铁布置图在基础上画出垫铁位置，凿垫铁压浆窝，尺寸放大 20～30mm，深度为 30～50mm，最后将整个基础表面铲成麻面，并不得有疏松层。

4. 现场准备

1) 压缩机安装前，临时用水、用电线路接通，运输、消防道路通畅。

2) 安装现场能遮风避雨，有充足的照明，行车或其他吊装工具已安装完毕，并可安全使用。

3) 安装现场要备有必要的消防设施（如消火栓箱、灭火器等）。

5. 开箱检验

1) 对运至现场的压缩机设备，组织相关方开箱，按照箱号和装箱清单逐件清查全套机件，若发现机件损坏、缺件等应立即作出记录并签字备查。

2) 经验收后的压缩机各组合件、部件必须按台（多台安装时）分别保管，机身、汽缸、运动机件及附属设备必须放在室内。电动机或电机定转子应放在干净场所，切勿受潮。精密、细小的零件、备件、密封盘根、管件、油泵应妥善保存，并保证不致混乱和压伤。在组合件拆卸后，要打上钢印或做好记号，以免错乱。

5.2.2 机身安装

机身安装是压缩机安装中的第一环节，也是整台压缩机安装中至关重要的关键一步，它的安装质量好坏是整台压缩机安装质量好坏的重要衡量指标。

1. 机身检漏

将机身用枕木垫高 500～600mm，清除机身底下的污垢铁屑，擦拭干净。在机身底表面涂上白石灰粉，然后向机身内盛煤油，油位为润滑油的最高油面位置，经 8h 后检查机身底表面，如石灰层无被油浸湿迹象，即为检漏合格。

清洗中体时，必须将润滑油路清洗干净。

2. 地脚螺栓处理

压缩机安装之前对地脚螺栓的质量和几何尺寸要作详细检验，清除光杆部分油污和氧化皮，在光杆部分和锚板刷防锈漆，螺纹部分涂上少量润滑脂，并套上保护管或用塑料布缠绕，以防丝口被损。机身就位之前，活动的地脚螺栓先放入地脚螺栓孔内。

3. 机身就位

　　在基础上放置千斤顶、临时垫铁组，将机身吊装就位，就位时，应注意机身上事先划好的主轴中心线、汽缸轴心垂线与基础上的墨线相重合，吊放机体后，配好平垫铁，使最上面一块斜垫铁的 1/3 露在机座外部，以便调整机体的标高与水平度。进行调整，使机身中心线和标高与设计安装位置的墨线偏差不超过±5mm。

　　机身吊装中，应轻吊轻放，吊装、找正时都不宜将机身上横梁拆除。

　　4. 机身水平度和主轴承孔同轴度校正

　　1）选定机身的高压一侧进行找平、找正。

　　机体的水平度用小千斤顶来调整，用精度 0.02mm/m 的框式水平仪测量机体的纵向与横向水平度，每米长度的偏差不应超过 0.05mm。

　　2）精确测量主轴，以作为机身跨距的基准尺寸。在校正同轴度时这一尺寸和水平度会有变动，应反复复测。

　　3）架设线架，使钢丝与已经校正的机身的主轴孔中心投影重合。

　　4）机身主轴轴承孔同心度校正：机身主轴轴承孔同心度直接关系到不同主轴瓦上的受力均衡，是机身校正三环节（水平、开距、同轴度）中的关键一环。其校正方法是：采用拉钢丝为基准，用内径千分尺测距，结合声电法进行测量调校，不同轴度必须控制在 0.03mm 以内。

　　5. 检查两机身中心线的平行度，偏差不得大于 0.10mm/m。

　　6. 装上主轴承下瓦，试吊放主轴，检查两机身开距和两机身的相对水平。

　　7. 机身下采用压浆法放置永久性垫铁，浇筑地脚螺栓。

5.2.3　主轴、轴瓦及中体的安装

　　1. 主轴安装

　　主轴吊装前先将盘车装置清洗干净，按图纸规定进行检查，再将主轴清洗干净，油路必须畅通，油路清洗后要用压缩空气进行吹净。

　　主轴起吊时，捆绑曲轴的一段吊绳要用橡胶皮或布条裹起，以防损坏曲轴表面精度。

　　主轴吊入后，主轴与平衡铁的锁紧装置必须紧固。按下列项目进行检查，并要符合规范要求：

　　1）检查主轴的水平度偏差，不得大于 0.1mm/m。

　　2）检查主轴瓦与轴颈间的径向间隙，应符合技术资料的规定。

　　3）将曲柄销置于 0°、90°、180°、270° 四个位置，分别测量相邻曲柄臂间的距离，其偏差值不得大于活塞行程值的 10^{-4}。

　　2. 轴瓦研刮和轴瓦安装

　　1）主轴瓦安装前，检查主轴的合金层、瓦背、轴承座不得有裂纹、孔洞、伤痕、夹砂和重皮等现象，轴瓦内外圆表面及对口平面应光滑平整，不得有裂纹、气孔、缩松、划痕、碰伤、压伤及夹杂物等缺陷。轴瓦合金层与轴瓦衬背应粘合牢固。在轻击轴瓦衬背时，声音应清脆响亮，不得有哑音。如发现上述缺陷，应予更换。

　　2）主轴瓦放入轴承座后，用着色法检查瓦背与轴承座的接触情况，接触面积要均匀，以 0.02mm 的塞尺塞不进为合格。

　　3）主轴瓦测量检查合格后，保持其清洁，并用压缩机空气吹净其油孔，以保证轴瓦的运转安全。

　　4）主轴瓦的研刮：在接触面不好的情况下，为了保证主轴瓦的顶间隙或侧间隙，对轴瓦进行少量的研刮，旋转主轴，然后观察轴瓦上的磨点而判定是否达到要求。

　　3. 中体的安装

　　1）中体与机身应对号入座，将中体分别就位，初步均匀地拧紧连接螺栓和稳固中体的端部支座。

　　2）中体的地脚螺栓孔和二次浇筑均同机身。

　　3）用 0.02/1000 的水平仪检查，调整中体滑道的水平度，其偏差不大于 0.05/1000，且应高向汽缸端。

4）用拉线法找正中体滑道轴线与主轴轴线的垂直度，钢丝直径与重锤质量的关系应符合《中小型活塞式压缩机》HGJ 206—92 附录 C 的规定，线架间长度与钢丝自重挠度的关系应符合《中小型活塞式压缩机》HGJ 206—92 附录 D 的规定。

5）以百分表测量主轴轴向窜量，盘动曲轴至前、后位置，并用内径千分尺测量曲柄轴颈两端至钢丝线的距离，如图 5.2.3 所示。其数值分别为 A、B、C、D、E、F、G、H。

6）曲轴颈可在<180°的角度内转动，而 A 与 B、C 与 D、E 与 F、G 与 H 的差值应小于 0.02mm。但中体滑道轴线与主轴轴线的垂直度偏差，最大不得超过 0.08mm/m。

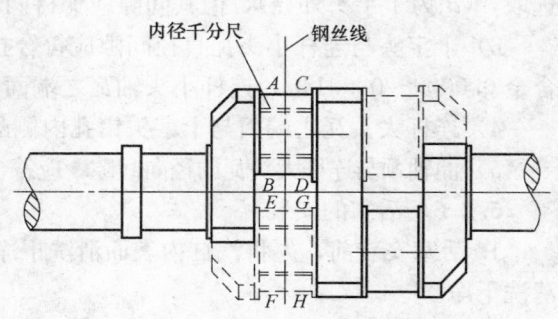

图 5.2.3　垂直度偏差测量示意图

5.2.4　汽缸的安装

安装汽缸主要是要保证汽缸的整体平行偏差，水平误差及汽缸余隙值等符合技术要求。

1. 汽缸在安装前必须进行清洗，去除油污、杂质，再涂上一层润滑油。

2. 用内径千分尺检查各级汽缸的加工精度，复查汽缸圆度、圆柱度及镜面的光洁程度。

3. 将各级汽缸分别装入中体口，调整支撑，使其接触面良好接触，对称均匀地拧紧连接螺栓，用拉钢丝方法检查汽缸中心与中体中心的平行（同心）和倾斜。其方法与找正中体相同。汽缸轴线与中体十字头滑道轴线的同轴度偏差值如表 5.2.4。

汽缸轴线与中体十字头滑道轴线的同轴度偏差值　　　　　　　　表 5.2.4

汽缸直径	径向位移	轴向位移
<100	≤0.05	≤0.02
>100～300	≤0.07	≤0.02
>300～500	≤0.10	≤0.04
>500～1000	≤0.15	≤0.06
>1000	≤0.20	≤0.08

4. 调整汽缸水平度，其偏差不得大于 0.05mm/m，且倾斜方向应与中体一致（高向汽缸端盖）。

5. 汽缸调校结束，把汽缸和中体间的定位销打入，以免径向微小移位。

6. 各级汽缸均应按图纸要求进行水压试验，试验压力一般取工作压力的 1.5 倍。

5.2.5　十字头和连杆的安装

1. 连杆的安装

在安装连杆之前，要检查连杆大小头巴氏合金层的质量，不允许有裂纹、沟槽、砂眼、孔洞等。用涂色法检查大小头瓦的接触情况，要求大头瓦与曲柄销，小头瓦与十字头销均匀接触达到 75%。连杆螺栓的端平面与连杆体大头盖的端平面也应密切贴合，均匀接触。并检查大、小头油路是否畅通。

连杆螺栓与连杆体的连杆螺栓孔采用过盈配合，在不损伤加工面质量的前提下，用木榔头将连杆螺栓打入螺栓孔内，拧紧连杆螺栓的螺母时，连杆螺栓的弹性伸长应符合图纸规定，参照设备技术文件推荐的锁紧力矩，均匀拧紧，不应有松动现象，拧紧后，锁牢螺母。

2. 十字头与滑道的装配

在十字头的安装工作开始前，检查十字头上下滑道巴氏合金层的浇铸质量，吹洗干净十字头本体的油管。

滑道巴氏合金层不允许有裂纹、孔洞、沟槽、重皮、砂眼等缺陷，然后拆下上下滑道，用涂色法检查十字头体与上下滑道的背面接触情况，如果接触面积不足 50%，进行刮研修理。然后将十字头放入滑道，使其滑道接触点总面积为滑道面积≥60%，并使接触点均匀分布。

此外，注意销轴上下油孔要对准十字头的上下油孔，否则会因油路不通而烧毁连杆小头瓦。

用压钢丝方法测出装配间隙：

1）检查汽缸与活塞直径间隙应符合技术资料的要求。

2）十字头与机身导轨直径间隙应符合技术文件的规定，若无规定，其间隙可按 0.0007～0.0008d 选取，（d 为十字头外径），但其间隙应保持两侧均匀分布。

3）十字头与连杆小头瓦直径间隙应符合技术文件规定，若无规定，巴氏合金 0.0004～0.006d、铜合金 0.0009～0.0014d，连杆小头轴瓦之端面与十字头销应均匀接触，其接触面积应达 70% 以上。

4）连杆大头瓦之端面与十字头销孔内侧凸台平面的轴向间隙应符合技术资料规定。

5）曲轴颈与连杆大头瓦的径向间隙，应符合技术资料的规定，若无规定，其间隙为轴颈直径的 1/1000。

5.2.6　活塞的安装

1. 活塞安装前，先将汽缸内表面清洗干净，涂上机油，并仔细检查活塞组件的各个零件有无损伤，清洗干净。

安装活塞时，必须严格保证自动调整定心的级差式活塞的轴向间隙，并且要求两个球面接触均匀，施加一个外力能作摆动和径向移动。

活塞底部巴氏合金承压面要仔细检查。浇有巴氏合金的活塞承压面应与汽缸镜面应均匀接触，其接触面积应大于 60%。活塞与汽缸镜面的径向上部间隙应比下部间隙小 5%，以防止活塞磨损后顶间隙与底、侧间隙相差过大。

2. 活塞杆装好放入汽缸后，应在活塞杆上测量活塞的水平度，确保活塞杆水平度符合要求。测量时，使千分表杆头与活塞杆表面轻轻接触，然后盘车使活塞杆往复移动，即可测出活塞杆的水平度和锥度。对卧式压缩机和对称平衡型压缩机，允许活塞杆向汽缸盖一侧高 0.03～0.05mm。

3. 为了迅速准确安全地把活塞组件装入汽缸，在现场常用下列方法：

1）小直径的活塞，一般用铁皮夹具使活塞环收拢后装入汽缸。

2）中等直径的活塞，一般在汽缸端部安有锥孔滑套，使活塞环收拢装入汽缸。

3）大直径的活塞，可同时采用 3～4 个斜铁夹具，将其安装在汽缸端面的螺栓上，使活塞环逐步收拢装入汽缸。

4. 活塞组件装配好后，要用压铅法逐级检查其余隙，并可用下列方法调整。

1）在汽缸盖处增减垫片厚度。

2）增减活塞杆头部与十字头凹孔内垫片的厚度。

3）用螺纹连接的十字头和连杆，可调整双螺母改变活塞杆位置，调整汽缸余隙。汽缸余隙调整按机器技术资料规定的数值进行。

各级活塞装好后，必须将各级气阀出入口封闭，防止杂物和灰尘进入汽缸。

5.2.7　填料函和刮油器的安装

1. 填料函和刮油器应全部拆开清洗和检查，拆洗前各组填料应在非工作面上打上标记，以免装错。

2. 填料函应进行研磨，接触面积不应小于该组环内圆周面积的 70%，且均匀分布。

3. 刮油环组装时，刮油刃口不应倒圆，刃口方向不得装反。

4. 填料盒组装前，应吹净油孔，保证畅通，组装时应使各填料环的定位销、油孔及排气孔分别对准。

5. 填料函安装完毕后，其压盖的锁紧装置必须牢固。

5.2.8　汽阀安装

1. 把汽缸上的进出汽阀全部拆开，清洗干净，并检查有无缺陷。同一气阀弹簧的初始高度应相等，弹力均匀，阀片和弹簧应无卡涩、歪斜等现象。

2. 汽阀采用煤油进行气密性试验：在 5min 内不应有连续的滴状渗漏现象，且滴数不得超过相关规定。

3. 进、出汽阀应保证绝对不装反。顶丝和锁紧装置均应顶紧和锁牢。

5.2.9　油系统安装

1. 曲轴箱及油泵、阀门、油箱、油过滤器、油冷却器等必须清洗干净。

2. 油泵清洗时，检查、调整其间隙值，使其符合现行行业标准《化工机械安装工程施工及验收规范》化工用泵的规定。

3. 油系统的管道焊接应采用氩弧焊打底，安装后应先试压再除锈，管内表面必须清洗干净，清洗后再进行酸洗，最后用蒸汽吹净。

4. 注油器要清洗干净，安装加油后检查各止回阀必须清洁，用手摇泵视其各路均出油再与缸和填料盒连接。

5.2.10 电动机的安装

1. 在电动机轴承座与底座，定子架与底座间加绝缘垫片，其螺栓、定位销也采取绝缘措施。

2. 调整电动机底座水平度，其偏差小于 0.10mm/m；电动机与机身相应中心位置偏差，应小于 0.50mm。

3. 电动机轴与主轴的对中偏差，必须符合下列规定：

1）当采用刚性联轴器时：

a. 径向不应大于 0.03mm。

b. 轴向倾斜不应大于 0.05mm/m，两轴端面的间隙应符合机器技术资料的规定。

2）当采用非刚性联轴器时，其对中偏差应按现行行业标准《化工机器安装工程施工及验收规范》通用规定执行。

4. 电动机用刚性联轴器与压缩机连接时，当电动机轴与主轴的对中符合要求后，方可对联轴器连接螺栓的螺孔精铰加工。螺栓与螺孔的过盈量，应符合机器技术资料的规定。无规定时，应按 0.0003d（d 为螺栓直径）的过盈量进行装配。

5. 定子与转子间空气间隙偏差，应小于平均间隙值的 5%，其上部间隙应比下部间隙小 5%。轴向定位时，使定子与转子的磁力中心线相互对准。

6. 定子与转子间的空气间隙，应按下列规定进行检查：

1）确定转子外圆上的最大半径点 B：如图 5.2.10 所示，在定子上任取一点 A 为测点，将转子磁极按顺序编号，风扇叶片拆下时编上同样编号，并做永久性标志。盘车转动转子，沿着径向分别测出 A 点到转子各磁极间的距离，转子上与 A 点距离最小的一点即为 B 点；

2）检查转子与定子间空气间隙：如图 5.2.10 所示，在定子上取 10 点。以转子 B 点为测点，盘车检查 B 点距定子 10 点的间隙，当用塞尺检查时，塞尺从两边插入的长度应超过磁极宽度的 3/4。

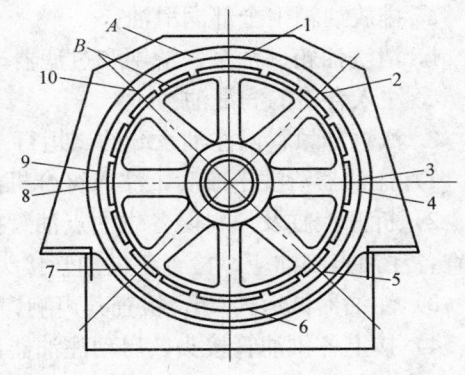

图 5.2.10 电动机空气间隙检查示意图

7. 电动机空气间隙调整后，将各连接螺栓拧紧，锁紧装置锁牢，装上风扇叶片。

8. 电动机安装完毕后，在定子与底座处应安装定位销。将励磁机、通风机、风管等安装完毕。

9. 电动机集电环罩和励磁机滑环罩的内孔与主轴间，应有 0.30～0.50mm 的间隙，炭刷与滑环接触应严密。

5.2.11 压缩机润滑油系统的试运行

1. 试运行的条件及准备工作

1）压缩机组全部安装完毕，经检查合格，各专业安装记录已经填写完毕。

2）水、汽（气）工程检查合格，全部电器设备均可受电运行；仪表连锁装置调试完毕，动作无误。

3）编制压缩机组单体试运转方案，并经审查批准。

4）机组操作现场应整洁，并备有相应的消防器材。

5）水系统管道须逐级冲洗干净后，方可与设备连接。

6）通水运行时，检查系统应无泄漏，回水清洁、畅通；冷却水压力达到操作指标。汽缸及填料函内部不得有水渗入。

7）环境温度在 5℃以下时，通水试运行应采取防冻措施。

8）循环油箱蒸汽加热管应无泄漏。

2. 循环油系统的试运行

1）注入系统的润滑油，应符合机器技术资料的规定，质量应符合现行行业标准《压缩机用油》SY 1216 的规定。

2）当环境温度低于 5℃时，将润滑油加温至 30～50℃。

3）将轴瓦和机身滑道供油管接头拆开，临时用短管接至机身曲轴箱，防止油污进入运动机构。

4）油冲洗应按下列规定进行：

a. 抽出过滤器芯，依次换上 80 目/英寸至 120 目/英寸的金属过滤网进行冲洗，并及时切换、清洗滤网；

b. 连续运转 4h 后，检查滤网，其合格标准是：目测滤网不得有硬质颗粒，软质污物每平方厘米范围内不得多于三颗粒。

5）轴瓦和机身滑道供油管复位后，重新启动油泵继续冲洗，并进行下列调整和试验：

a. 检查各供油点，调整供油量；

b. 检查油过滤器的工作状况，经 12h 运行后，过滤器前后压差增值不得超过 0.02MPa。否则，继续冲洗直至合格；

c. 调试油系统连锁装置，动作应准确可靠；

d. 启动盘车器，检查各注油点供油量。

6）油系统试运行合格后，进行下列工作：

a. 排放油箱中全部润滑油；

b. 清洗油箱、油泵、滤网和过滤器。

c. 注入合格的润滑油。

3. 汽缸和填料函注油系统的试运行

1）注油器清洗干净后，注入符合机器技术资料规定的压缩机油。

2）拆开汽缸及填料函各供油点油管接头，用手柄盘动注油器，注油器应转动灵活；从滴油检视罩检查各注油点滴油应，检查各供油管接头处出口油量及油的清洁程度。

3）注油器试运转 2h，检查其声响、温升、振动等应正常。并对各供油点进行供油量的调节试验。

4）接上各供油管接头，启动注油器，检查接头的严密性。同时进行压缩机盘车，不得少于 5min。

5.2.12 压缩机的无负荷试运转

1. 试运转的条件和准备工作

1）电动机干燥耐压试验合格后，必须用干燥无油的压缩空气吹除其电动机内部各空间的杂物；并以塞尺复查定子与转子的间隙。

2）与电动机连接的风管已经吹除干净，励磁系统和风冷系统应已调整、试车。

3）电动机试运转时，其转向、电压、电流、温度等应符合电动机技术资料的规定。

4）独立支承的电动机，脱开联轴器单独运转 2h 后，其轴承温度应符合下列规定：

a. 滑动轴承温度不应超过 55℃；

b. 滚动轴承温度不应超过 65℃。

5）卸下各级汽缸吸、排汽阀及入口管道，同时进行下列工作：

a. 在卸下的吸、排汽阀腔口上，装上 10 目/英寸的金属过滤网，并予以固定；

b. 启动注油器，检查注油点供油量是否正常；

c. 盘车复测各级汽缸的余隙数值。

6）汽缸滑动面或滚动支承的上、下接触处，应注入粘度较大的润滑油。

7）复查电动机、压缩机各连接件及锁紧装置是否紧固，盘车复测十字头在滑道前、中、后位置处，滑板与滑道的间隙数值。

8）启动盘车器，检查各运动部件有无异常现象。停车时活塞应避开前、后死点位置，停车后手柄转至开车位置。

2. 无负荷试运转

1）无负荷试运转前，应进行下列工作：

a. 开启水系统全部阀门，检查系统水压和回水量；

b. 启动循环油泵，油压应按机器技术资料的规定进行调整或将循环油压调至 0.2MPa 以上，检查机器各供油点油量；

c. 启动注油器，检查机器各注油点油量；

d. 启动电动机风冷系统。

2）瞬间启动电动机，检查转向是否正确，机器各运动部件有无异常现象。

3）再次启动电动机检查机器各部声响、温度及振动等。若发现异常现象，应及时处理。若运转正常，即可进入无负荷试运转，试运转时间应符合下列规定：

a. 排气量小于或等于 40m³/min 的压缩机，应连续运转 4h。

b. 排气量大于 40m³/min 的压缩机，应连续运转 8h。

4）无负荷试运转时，应符合下列技术指标并检查下述项目：

a. 运转中应无异常声响；

b. 润滑油系统工作正常；

c. 滑动轴承温度不得超过 60℃，滚动轴承温度不得超过 70℃；

d. 金属填料函压盖处温度不得超过 60℃；

e. 中体滑道外壁温度不得超过 60℃；

f. 电动机温升、电流不超过铭牌规定；

g. 电气、仪表设备正常工作；

h. 运转中检查出的问题，及时处理。

5）无负荷试运转后，应按下列步骤停机：

a. 按电气操作规程停止电动机及通风机；

b. 主轴停止运转后，应立即进行盘车后停止注油器供油；

c. 停止盘车 5min 后，停止循环油泵供油；

d. 关闭给水阀门，排净机组和管道内的积水。

6）无负荷试运转时，每隔 30min 应做一次试运转记录。

6. 材料与设备

6.1 本工法所使用的主要材料见表 6.1

主要材料   表 6.1

序　号	名　　称	规　　格	主要技术指标
1	平垫铁	200mm×120mm	加工面平整度高
2	斜垫铁	180mm×100mm	加工面平整度高
3	铜皮	$\delta=0.1\sim1mm$	厚度均匀
4	生白布		无尘，无末，洁净
5	面粉	麦面	黏性好
6	铅丝	0.5～2mm	可塑性好
7	润滑脂	钠基质	洁净

6.2 本工法所使用的主要施工机具、仪器、仪表见表 6.2。

主要施工机具、仪器、仪表   表 6.2

序 号	名 称	型 号	性 能	能 耗	数 量
1	钢丝架	自制带耳机			2 副
2	空气压缩机	0.9m³	0.8MPa	0.75kW	1 台
3	电动试压泵	60MPa		0.75kW	1 台
4	手动试压泵	10MPa			1 台
5	内径千分尺	75-575-1000			各 1 把
6	外径千分尺	0-25,100-125			各 1 把
7	千分表	0.001	1.5 级		1 块
8	百分表	0.01	1.5 级		2 块
9	磁性表座				3 副
10	塞尺	150、200、350、600	0.02		各 2 把
11	深度尺	250			1 把
12	水平尺	框式	0.01/1000		1 台
13	平板	500×400	二级		1 块
14	板尺	2000	二级		1 把
15	锥形铰刀	30、25、20			各 1 把
16	三角刮刀	150、250、350			各 5 把
17	铜棒	425×300			2 根
18	电筒	三节		3.8W	2 把
19	镜子	φ150			1 块
20	千斤顶	5t、32t	螺旋		各 1 个

7. 质 量 控 制

7.1 质量标准

7.1.1 《化工机器安装工程施工及验收规范（通用规定）》HG 20203—2000。

7.1.2 《化工机器安装工程施工及验收规范（中小型活塞式压缩机）》HGJ 206—92。

7.1.3 《化工机器安装工程施工及验收规范（化工用泵）》HGJ 207—83。

7.1.4 《化学工业大、中型装置试车工作规范》HGJ 231—91。

7.1.5 《压缩机、风机、泵安装工程施工及验收规范》GB 50275—98

7.1.6 《压缩机用油》SY 1216

7.2 质量保证措施

7.2.1 严格按施工工法程序施工，严格遵循质量标准。

7.2.2 严格工序质量管理，确保每道工序满足质量要求。

7.2.3 压缩机所有零部件，必须具有出厂合格证书，质量保证书，没有以上证件不得随意进行安装。

7.2.4 基础必须达到设计标高、外形尺寸、强度、外观质量必须符合相关标准的要求，土建单位和安装单位对设备基础应作详细的中间交接。

7.2.5 安装过程中采用严格的工序交接检来加强工序质量管理，对每道工序，每个技术数据必须由相关技术员签字认可。

7.2.6 施工机具必须满足施工工作的特殊要求，而且要有针对零部件的保护和防护措施。

8. 安 全 措 施

8.1 进入现场的施工人员，应遵守现场安全操作规程，施工前做好安全和技术交底。

8.2 进入施工现场人员必须戴安全帽，搭设的临时脚手架、跳板必须牢固。

8.3 在施工现场孔洞的地方应加盖板或护栏，并有明显安全标志。

8.4 施工用的机具必须安全可靠，对于吊装的吊具，绳索应随时进行检查，确认安全可靠后方可进行吊装。

8.5 用电设备应装漏电保护器和可靠的接地保护。

8.6 现场要备有必需的消防器材，以作防火作用。

9. 环 保 措 施

清洗所用煤油、汽油、机油不可随地乱倒，包括粘有油污的布和面粉等，应注意回收，专门处理。

10. 效 益 分 析

本工法经济效益和社会效益，具体表现在以下几个方面：

10.1 缩短施工时间，使建设单位能早日投产使用，为创经济效益和社会效益奠定了基础。

10.2 安装质量可靠，为延长压缩机使用寿命打下了良好的基础。

10.3 安装单位施工面可全面铺开，不窝工，节约了投入成本，加快了资金周转。

10.4 安装质量好，为公司承接了多台同类设备的安装，提升了公司的技术水平好社会知名度。

11. 应 用 实 例

11.1 1994年云南沾益化肥厂7号。H22（Ⅱ）165/320氮氢压缩机安装，一次试车成功，目前使用正常。沾化氢氮压缩机安装工法"获云南建工集团总公司1998年度科技进步二等奖，云南沾益化肥厂氮氢压缩机工程获2007年度云南省优质工程二等奖。

11.2 1995~1996年云南沾益化肥厂8号、9号。H22（Ⅲ）165/320氮氢压缩机安装，平行作业，2台同时安装成功应用工法，一次试车成功，目前使用正常。

11.3 1998年云南沾益化肥厂11号、12号。H22（Ⅲ）165/314氮氢压缩机安装，平行作业，2台同时安装成功应用工法，一次试车成功，目前运转良好。

11.4 2003年云南沾化有限责任公司3022氮氢压缩机安装成功应用工法，一次试车成功，目前运转良好。

回转窑安装工法

GJEJGF227—2008

云南工程建设总承包公司　云南省第二安装工程公司

罗保　邹国平

1. 前　言

回转窑是用来对散状或浆状物料进行加热处理的回转圆筒类设备，广泛用于冶金、化工、耐火材料、水泥、造纸和环保等工业。回转窑一般由筒体，支承装置，带挡轮支承装置，传动装置，活动窑头，窑尾密封装置，窑头罩及润滑液压系统等部件组成。回转窑安装后的窑体与水平呈一定的倾斜，整个窑体由多个托轮装置支承，有控制窑体上下窜动的挡轮装置。筒体内镶砌耐火砖衬，由传动装置带动低速回转。

云南工程建设总承包公司和云南省第二安装工程公司承接的开远水泥厂 4 号窑全长 145m，直径 3.5～4m，壁厚 22～30mm，总重量 403.12t，是西南地区最大最长的回转窑。窑体材料为 Q235-A，分 19 节送到施工现场，安装后，筒体与水平成 3.66°倾角，由 6 个轮带支承在六挡支承装置上。在施工现场需要组对焊接 18 条环缝，焊接坡口形式为不对称 X 形坡口，要求窑体总长焊接后同心度偏差不大于 6mm，基准中心线偏差±1mm/100m。安装施工的主要难点：

1.1　回转窑窑体直径大、筒体长，分多节运输到施工现场，在施工现场吊装就位、组对、校正、焊接，窑体的同心度和焊接变形控制难。

1.2　大齿圈是回转窑传动装置中最关键部件之一，其安装质量直接影响着回转窑传动系统的平稳性、回转窑运行的稳定性、窑内衬的使用寿命及回转窑运转率。由于制造能力、运输和安装的需要，大齿圈分两个半齿轮运输到现场，安装时用对口螺栓连接在一起，通过弹簧板切向铆接固定在窑体上。大齿圈的安装、找正精度要求高。

1.3　托轮安装质量的好坏，将影响到窑筒体的顺利组对找正以及竣工后回转窑的正常运转。托轮瓦刮研不当会造成托轮瓦发热，影响窑的稳定运行，严重的会导致瓦烧损、瓦拉翻、托轮轴磨损等事故。安装时，相邻两组托轮的斜度标高控制难，托轮瓦刮研要求高。

针对上述难点和特点，两家公司联合成立了回转窑安装技术攻关小组，进行了大量的调研和方案论证，最后采用了用 N3 水准仪侧量倾斜角，用斜度规配合框式水平仪在托轮的顶面进行托轮斜度的校正，用激光经纬仪测量窑体的同心度，用同步对称立焊法控制筒体的焊接变形，采用 CO_2 气体保护焊和手工电弧焊结合焊接的施工工艺，试运转时，应用托轮组的调整技术。形成了回转窑安装的施工工法，技术攻关期间撰写的论文"回转窑的现场焊接问题"、"多筒节回转窑体的焊接"先后在《安装》1995 年第 3 期、《电焊机》2000 年第 12 期上发表。

应用本工法先后在红塔滇西水泥厂一期至四期、祥云建材集团、香格里拉水泥厂、昆钢嘉华师宗 4000t/d 水泥生产线的水泥窑和思茅纸厂石灰窑等项目实施，取得了良好的社会效益和经济效益，思茅纸厂厂区工程获云南省优质工程一等奖。

2. 工 法 特 点

2.1　采用了用 N3 水准仪测量托轮倾斜角，用斜度规配合框式水平仪在托轮的顶面进行托轮斜度的校正，测量精度高，控制效果好。

2.2 托轮瓦刮研方法操作简单，施工方便。

2.3 用激光经纬仪测量窑体的同心度，采用十六点定心法准确地找出窑体的断面中心，设定激光束基准线进行窑体找正，测量速度快，测量精度高。

2.4 和传统的在窑体平焊位置焊接方法相比，采用 CO_2 气体保护焊和手工电弧焊结合、用同步对称立焊法焊接窑体，可实现多个焊口同时对称施焊，最大限度减少转窑次数，焊接变形小，焊接生产效率高，窑体的同心度便于控制，配合工作人员少。

2.5 在焊接过程中，用激光经纬仪测量不断对窑体的不直度进行测量，根据测量结果及时改变每层焊缝的始焊位置或碳弧气刨清根位置，利用筒体的重力和热变形减小窑体的变形量，是本工法的创新点之一。

2.6 大齿圈安装工艺新颖，安装操作简单可靠。

2.7 制作临时钢支架辅助施工，可大量节约道木。

2.8 试运转时，托轮组的调整技术是保证窑运转正常的关键。

3. 适用范围

本工法适用于冶金、化工、耐火材料、水泥、造纸和环保等工业物料在窑体内的回转焙烧的工艺设备如水泥窑、石灰窑、干燥机等的安装。

4. 工艺原理

在施工中采用先进的测量仪器和施工方法，严格控制每一道工序的施工质量，确保安装质量。

4.1 回转窑托轮的校正是保证窑体安装位置的基础，校正时用斜度规、直尺和方框水平仪进行测量和调整托轮的斜度（≤0.05mm/m）和组托轮顶面水平（≤0.05mm/m），用 N3 水平仪测量相邻两组托轮的斜度标高偏差（≤0.5mm）。

4.2 刮削是保证回转窑轴和瓦的接触精度的重要工序，通过刮削，使轴和瓦的接触点达到规范要求，接触角控制在 60°左右，进油端间隙比出油端的间隙略大，以利于油膜形成。

4.3 利用窑体各段的"米"字撑中心开孔设置光靶，事先用"十六点定心法"找好窑体各段"米"字撑断面的中心，用激光经纬仪发出的激光束在窑体内建立一条基准线，观测各断面的中心和基准线的相对位置，判断窑体中心线的准直程度和窑体的圆度。

4.4 由于最先焊接的部分焊接变形最大，因此可利此原理来减少窑体的不直度。

在外环缝每一层焊缝开始焊接前，用激光经纬仪测量接头处的同心度，将窑体外凸量最大的部分旋转到顶部平焊位置，由一名焊工在平焊位置焊接 600～800mm，利用焊接收缩变形和筒体的自重使窑体的外凸量减少，然后再由两名焊工在立焊位置同步分段施焊。

4.5 同步对称立焊是保证窑体同心度的有效方法，焊接外坡口时，每个焊口由 2 名焊工在对称位置（时钟 3 点和 9 点位置）用 CO_2 气体保护焊法和同样的焊接参数焊接一段距离后，转动一次窑体，再焊转动一次窑体，多次循环直至该层焊缝焊完。盖面时在 45°位置上爬坡焊。焊完外坡口后，在窑内用碳弧气刨清根，由 2 名焊工在对称位置用手工电弧焊或 CO_2 气体保护焊焊接内坡口，盖面时在平焊位置进行。由于各条焊缝上对称位置焊接引起的环向应力同时引起筒体收缩，避免了窑体向一侧倾斜，同时焊缝和近缝区直径向收缩不同时引起的残余应力小，能较好地保证窑体同心度要求。

本工法采用激光经纬仪测量窑体的同心度，根据测量结果确定每层焊缝的起始焊接位置、用同步对称立焊法有效地控制了筒体的焊接变形。

4.6 试运转时，通过测量结果确定托轮组的调整方法，保证是保证窑正常运转。

5. 施工工艺流程及操作要点

安装工程执行《水泥机械设备安装工程施工及验收规范》JCJ 03。

安装工序见图 5。

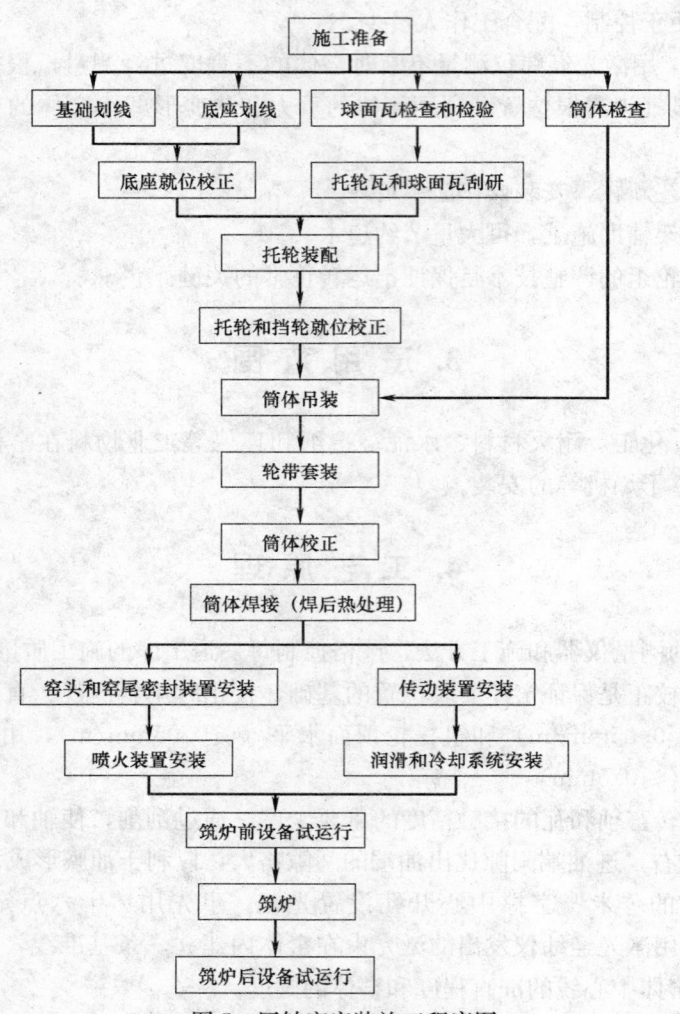

图 5　回转窑安装施工程序图

5.1　设备吊装就位方法及措施

5.1.1　根据回转窑的设备特点，采用能满足吊装要求的汽车吊进行设备的吊装就位，吊装轮带时采用自行式起重机进行配合。

5.1.2　设备的吊装就位步骤如下：

1. 首先吊装支承装置底座，底座可用能满足吊装要求的汽车吊进行吊装；

2. 底座安装好后，用能满足吊装要求的汽车吊装托轮轴承组和液压挡轮装置就位进行安装；

3. 筒体经预组装后分段进行吊装，采用吊车进行窑筒体的吊装就位；

4. 筒体焊接完成后，进行大齿圈的安装。大齿圈先在地面进行预装配，然后采用吊车进行吊装就位；

5. 传动装置的吊装就位可采用能满足吊装要求的汽车吊进行；

6. 窑头窑尾密封装置的吊装就位采用能满足吊装要求的汽车吊进行，组装时采用手拉葫芦配合安装。

5.2 基础验收及放线

5.2.1 根据图纸，对回转窑基础的标号、保养期、纵横向中心线、水平基准点进行验收及复查，然后放出安装所需的各条纵横向中心线及标高线（图 5.2.1），基础放线要求认真仔细、尺寸精确。

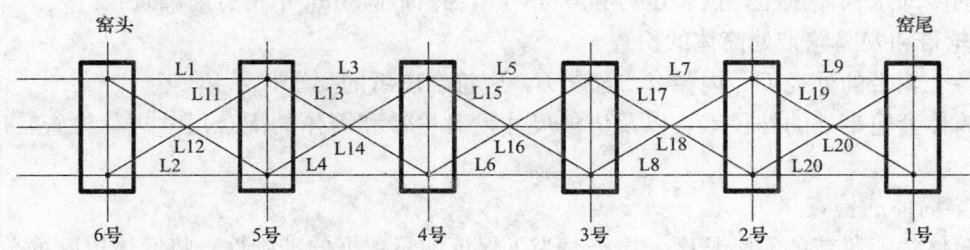

图 5.2.1 基础纵横向中心线

5.2.2 回转窑的设备基础属于重要设备基础，进行交接验收工作时应有建设单位、监理单位、土建施工单位共同参加，并应由土建施工单位提供有关的质量和技术文件，以及基础沉降观测记录。

5.2.3 基础验收时应做基础混凝土硬度试验，符合要求方可进行设备安装。

5.2.4 在基础上面埋设纵横向中心标板和标高基准点。划出纵向中心线，偏差不得大于 ±0.5mm；划出横向中心线，相邻两个基础横向中心距偏差不得大于 ±1.5mm，首尾两个基础中心距偏差不得大于 ±6mm，中心线偏差不得大于 ±1mm；根据已校正准确的窑中心线，作出传动部分的纵横十字线；根据厂区标准水准点，测出基础上面基准点标高，作为安装设备的基准点，其偏差不得大于 ±1mm（图 5.2.4）。

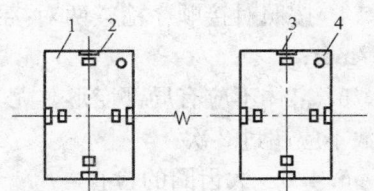

图 5.2.4 基础划线
1—基础；2—预埋中心标板；3—放线架；
4—标高点

5.2.5 纵向中心线是窑体的重要基准线，是窑体中心轴线在基础上的垂直投影，纵向中心线应以两极中心点为基准建立，两个极点在窑头和窑尾的垂直中心线上。以其为基准，分别向各挡基础上投影中心线，可采用光学经纬仪或激光准直仪。横向中心线的确定以各挡轮带的实测中心距为准，首先划出传动装置所在挡的横向中心线，根据实测数据和图纸，划出其余挡的横向中心线。

5.3 设备出库

5.3.1 根据设备施工图，按照工程进度计划和工序施工的要求，编制设备出库计划，应注明设备出库的时间、设备部件的详细名称、部件出库后堆放的位置等。

5.3.2 将所需设备按先后顺序出库运至所需地点，排列设备时要注意留出吊装设备时所需的位置。满足施工的需要。

5.4 设备检查

5.4.1 设备的检查是设备安装前的一项重要工作，设备检查的好坏将直接影响到以后设备安装的进度及安装的好坏，设备检查是提前发现问题，提前处理问题的一个重要环节。

安装前，做好回转窑全部零件的检查。

5.4.2 托轮钢底座的检查

1. 根据图纸对照实物进行外型尺寸的测量，实测螺栓孔间距及底座厚度尺寸、以及加工面的平直度的检查；

2. 校核纵横中心线，根据底座地脚螺栓孔的位置，划出底座纵横中心线，并用洋冲打出标记作为安装的依据；

3. 检查时应注意要找出制造厂组装时的标记，利于安装施工。

5.4.3 托轮、轴承的检查

1. 检查托轮及轴承的规格，应实测托轮直径和轴承的中心高；

2. 检查托轮轴承与球面接触情况。合金与球面的结合应紧密、牢固；

3. 检查轴承底面的纵横中心线；

4. 轴承的冷却水瓦应试压，试验压力为 0.6MPa，并保压 8min 不得有渗漏现象。

5.4.4 轮带和安装轮带处筒体的检查

1. 检查各个轮带的外径 D、内径 d、宽度 B，应符合图纸的要求；

2. 检查筒体套轮带处的外径 D，以及垫板尺寸，对轮带和筒体的配合尺寸进行检查，应符合图纸要求。

5.4.5 窑筒体的检查

1. 检查筒体每一段节的实际长度，检查时为了保证测量数据的准确性，将筒体以断面分为 4 等份，按 0°、90°、180°、270° 4 个位置进行测量；

2. 测量长度时应着重测量轮带中心线位置至窑体接口边缘的尺寸，以及大齿圈中心位置至窑体接口边缘的尺寸，作为安装的依据；

3. 检查每节筒体两端的圆度偏差（同一断面最大与最小直径差），圆度偏差均不得大于 0.002D，轮带下筒节和大齿圈下筒节不得大于 0.0015D。超过此限度的必须调圆，采用千斤顶配合垫木和管子的方法进行调校；

4. 按照对接顺序检查两对接接口的圆周长度，长度应相等，偏差不得大于 0.002D，最大不得大于 7mm；

5. 窑体不应有局部变形，尤其是接口的地方。对于局部变形可用冷加工或热加工方法修复，加热次数不应超过 2 次。

5.4.6 大齿圈的检查

1. 核对大齿圈及弹簧板的规格尺寸，大齿圈内径应比窑体外径与弹簧板的高度的尺寸之和大 3～5mm；

2. 大齿圈接口处的周节偏差，最大不应大于 $0.005m$（模数）；

3. 核对小齿轮的规格及齿轮轴的轴承配合尺寸；

4. 大齿圈接口处接触面是否平整，连接螺栓孔和定位销孔是否同心；

5. 大齿圈与弹簧板相连接的孔径与孔距是否相等；

6. 大齿圈的齿面是否有砂眼、裂纹等缺陷。

5.4.7 设备检查应注意：详细检查设备的安装标记，没有标记的要通过检查做出标记，以利用标记进行安装。设备检查时的测量工作，为了保证数据的准确性用仪器测量时，要注意温度对测量的影响，用大卷尺测量长距离的尺寸时，要用弹簧秤进行测量，使测量时的拉力保持一致。

5.5 设备预组装

5.5.1 回转窑设备的预组装主要针对筒体的预组装，筒体的预组装在地面上进行。

5.5.2 将临时托轮放在夯实的地基上，用水准仪进行测量，使每组临时托轮组的水平标高在 ±1mm 之内，中心误差在 1mm 之内，然后固定好，将筒体逐一放在临时托轮组上，对其圆度偏差和圆周长度偏差进行检查。预组装时吊装筒体用能满足吊装要求的汽车吊进行吊装就位。

5.5.3 圆度偏差不得大于 0.002D（D 为窑体直径），轮带下筒节和大齿圈下筒节不得大于 0.0015D；两对接接口圆周长度应相等，偏差不得大于 0.002D，最大不得大于 7mm。

5.5.4 达到要求后将筒体用 M48×600mm 的螺栓连接起来，全部筒体都组装合格后，打上相应的安装标记，以便于正式安装时顺利进行。

5.6 托轮钢底座的安装

5.6.1 托轮钢底座安装前应首先对设备基础进行处理，将地脚螺栓孔清除干净，测量其位置，并将其与钢底座进行对照，确保地脚螺栓能正确安放。按照要求将基础表面处理成麻面，并将其清理干净。

5.6.2 根据设备的总重和基础的受压对垫铁的选取和布置进行计算，确定垫铁的规格以及垫铁的布置。计算的公式按照规范中如下公式进行计算：$A=100C(Q_1+Q_2)/R$。

5.6.3 根据计算确定的垫铁组数及布置情况，在设备基础上划出垫铁安装的位置，将其用錾子打出凹面，采用坐浆法进行垫铁组的安装。

5.6.4 钢底座的吊装就位采用能满足吊装要求的汽车吊进行，直接吊装到位，安放临时垫铁。校正时首先调整第一挡托轮，即带液压挡轮装置和传动装置的那挡托轮，然后校正其余挡托轮底座。

5.6.5 首先进行横向找平，用0.02/1000的框式水平仪，在底座上表面的对称的4～6个位置上进行找平；然后校正纵向斜度，用上述水平仪和斜度规配合进行找平；斜度校正后应再次复测横向水平，并反复校正，直至横向水平和纵向斜度均符合要求（图5.6.5）。

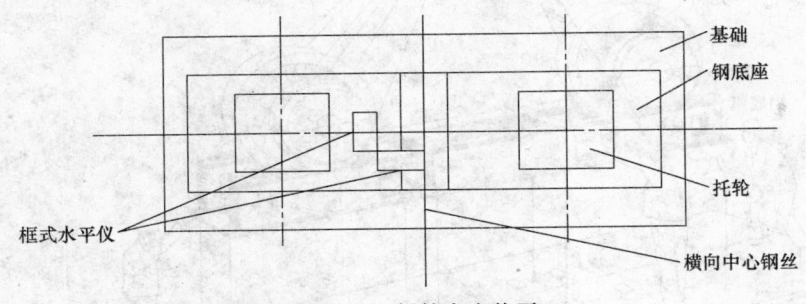

图5.6.5 托轮底座找平

5.6.6 底座的横向水平度偏差不得大于0.05mm/m，纵向斜度偏差不得大于0.1mm/m。

5.6.7 底座的纵横中心线找正，可采用经纬仪测量和拉钢丝吊线坠的方法相配合进行校正，反复校正直符合要求。底座的纵横中心线与安装纵横基准线的偏差不得大于±0.5mm。

5.6.8 最后进行底座的互相找正，即高差找正。各挡底座的标高应符合设计要求，各挡底座的高差，按照筒体的斜度计算，应符合设计要求。校正时可采用精密水准仪配合钢直尺进行，校正时应注意钢直尺的测量点应在底座的横向中心线上。

5.6.9 钢底座校正好后，进行地脚螺栓孔的灌浆，灌浆时应将地脚螺栓位于孔中心，留下精校的调整间歇。

5.7 托轮瓦座、球面瓦及托轮的检查及托轮瓦的研刮

5.7.1 托轮组的部件都是配套加工制造的，因此对于这些部件要组合成一体检查，以便核实其部位间的关系尺寸，特别是托轮直径和轴承的中心高，这两个尺寸将直接关系到托轮安装的标高。

5.7.2 托轮组装前应进行清洗，把部件或零件清洗干净，按照设备配合字码及编号核对无误后进行组装，无字码或编号的应重新编码，打上相应的钢印。

5.7.3 安装托轮前，要检查轴瓦与轴颈的配合情况，轴瓦瓦面与轴颈的接触角度在60°～90°，经过磨合后的接触点1～2点/cm²。对不符合要求的轴瓦要进行刮研。

5.7.4 用塞尺检查瓦口侧间歇，双侧间隙为0.003D（D为轴的直径），单侧间隙为0.001～0.0015D。对不符合要求的要进行修刮。

5.7.5 球面瓦与轴承内凹球面的接触面要严密贴合，接触点为1～2点/2.5×2.5cm²，如果不符合上述要求，需要进行刮研，刮研到符合上述要求为止。

5.8 托轮安装

5.8.1 托轮的吊装和就位见图5.8.1-1所示。

托轮就位后，开始校正托轮，以第一挡为基准逐渐将第二挡、第三挡找正，按照图纸，将各组托轮的水平度、横、纵向中心线、标高、各组托轮间的标高校正（图5.8.1-2）到允许误差范围内。

5.8.2 托轮的找正：托轮的横向中心线找正可采用拉钢丝的方法进行，托轮的纵向中心线的找正可采用两端吊线坠，配合拉钢丝测量或用经纬仪测量进行。

5.8.3 单挡托轮组的标高校正可采用精密水准仪配合钢直尺进行，各挡托轮组的标高差校正也可采用同样的方法。

5.8.4 托轮斜度的校正，用斜度规配合框式水平仪在托轮的顶面进行。托轮组横向水平度用加工精度较高的大平尺，斜度规配合框式水平仪在托轮的顶面进行。

5.8.5 托轮安装完毕经过精确校正后，应满足下列要求：

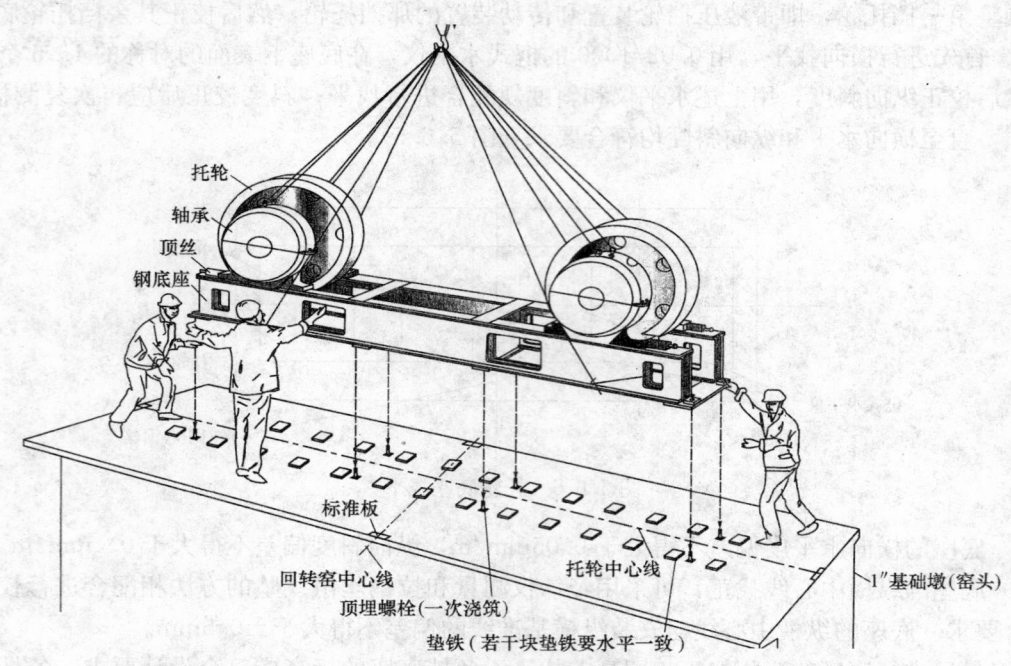

图 5.8.1-1 托轮组的整体吊装就位示意图

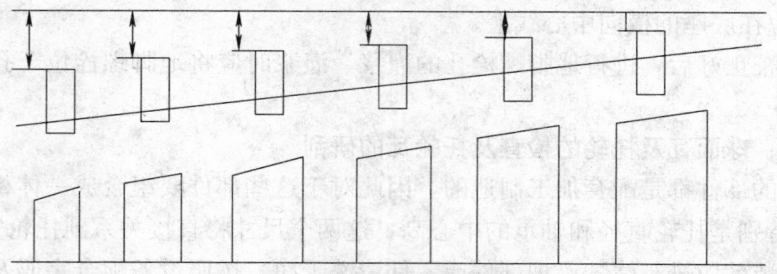

图 5.8.1-2 各组托轮间的标高校正

1. 中心位置校正，两托轮的纵向中心线距底座纵向中心线应相等，偏差不得大于 0.5mm；

2. 托轮横向中心线应与底座的横向中心线重合，偏差不应大于±0.5mm，同时应使托轮两侧的串动量相等；

3. 标高找正时，应以托轮顶面中心点为准，测定托轮顶面的标高。托轮的斜度测量应与标高测量同时进行偏差不得大于 0.1mm/m；

4. 两个托轮顶面横向应水平，偏差不得大于 0.05mm/m。

5.8.6 以上托轮各部分的校正，需各部分相互配合、相互交叉重复多次的进行，直到各部分都符合上述要求为止。

5.8.7 纵向中心位置的总检查：在窑头或窑尾用经纬仪检查各组托轮的中心位置，纵向中心线偏差不得大于±0.5mm。

5.8.8 横向中心距的总检查：以传动基础上的托轮组横向中心线为准，分别向窑头和窑尾测量相邻两托轮组的横向中心跨距 L 尺寸，偏差（L_1-L_2）不得大于±1.5mm，窑首尾两托轮的横向中心距偏差不得大于±3mm，相邻两托轮组横向中心跨距对角线之差（$A-B$）不得大于±3mm（图5.8.8）。

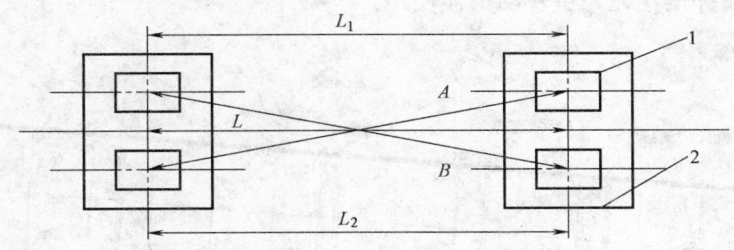

图 5.8.8　对角线之差
1—托轮；2—底座

5.8.9　标高及斜度的总检查：相邻两道托轮组的相对标高偏差不得大于 0.5mm，首尾两道托轮组的标高偏差不得大于相邻各挡相对标高偏差之和，起最大值不得大于 2mm。

5.8.10　托轮的安装垫铁应根据计算后选择。为了提高垫铁的接触面积，提高安装质量和安装速度，垫铁的安装宜采用坐浆法进行。

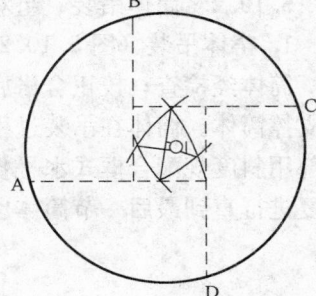

图 5.10.1-1　四点定心

5.9　挡轮安装

5.9.1　回轮窑的挡轮安装在托轮底座上，按照图纸将挡轮安装在相应的位置上，挡轮安装后，需用人工转动挡轮，挡轮应该转动平稳，无松紧不均和卡死等现象。

5.9.2　挡轮处行程限位开关按图纸尺寸，具体位置现场确定进行安装。

5.10　筒体安装

5.10.1　准备工作

1. 钢架和临时支承座的制作和安装：托轮组安装完毕后，在窑体接口处按图纸规定的接头底部标高制作四个钢架（长 4m，宽 3m，高 3m，用 $\phi159\times8$ 管作立柱，工 30 作横梁，[20 作支撑），其余用枕木搭设平台，在钢架和平台上安装临时支承座，供窑体组对用。

2. 激光经纬仪架设在窑头不影响吊装，又便于测量的平台上搭设一简易工棚，在棚内架设激光经纬仪，以便进行测量。

3. 窑体断面中心和测量基准线的确定

为减少测量误差，采用十六点定心法准确地找出窑体的断面中心：在窑体同一垂直断面上将筒体进行十六等分，然后由每隔三点的四个对称点组成一组共四组，以同一组的四个点为圆心，用地规向中心部分分别画圆弧（圆弧半径略大于窑体半径），相交于四点，其对角线交点 O_1 即为初步近似中心点（图5.10.1-1），用同样的方法找出其他三组的初步近似心点 O_2、O_3、O_4，然后找出 O_1、O_2、O_3、O_4 的近似中心 O 作为窑体的断面中心。

以靠近窑头和窑尾的两挡托轮处为基准点，使激光束同时对准这 2 个基准点，得到稳定光束所需的光束基准线。

4. 光靶及支撑架的安装

在窑体头部、尾部、各段节端部的米字形支撑中心处安装 12 个铰链式光靶，在前后两组托轮处增焊两组光靶支撑架。

窑筒体全部连接成一体后，在各筒体所需测量处焊上"米"字撑作临时支撑，在"米"字撑的中心开一个 $\phi50\sim\phi90$mm 铰链板的孔，贴上坐标纸，用激光经纬仪对窑筒体的中心线进行测量（图5.10.1-2）；

5. 转动筒体用卷扬机的设置

采用两台 10t 慢动卷扬机，根据筒体重量分别选用 $\phi 24.5-6 \times 37+1$、$\phi 32.5-6 \times 37+1$ 和 $\phi 43-6 \times 37+1$ 钢丝绳作为捆绑钢丝绳，供转动窑体使用。

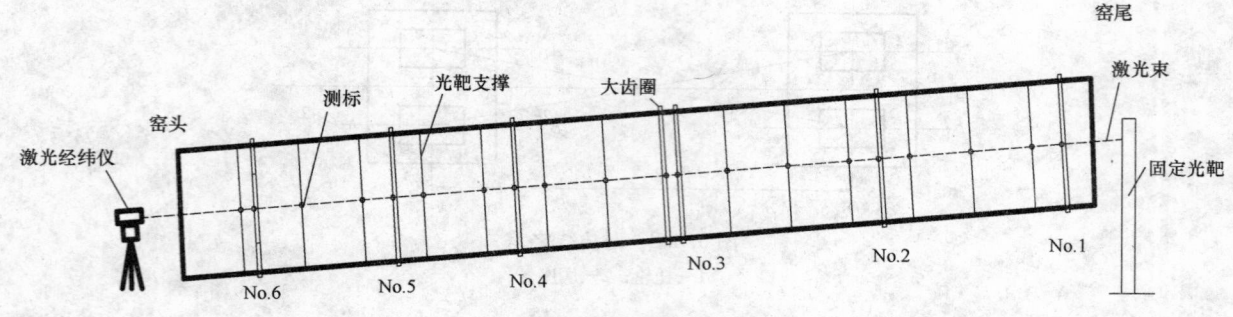

图 5.10.1-2　筒体的中心线测量

5.10.2　筒体吊装、组对

1. 窑体吊装（图 5.10.2-1）

筒体经检查，校正合格后即可用 50t 吊将筒体吊装到托轮上，吊装筒体时需搭设临时木垛或者托轮来支撑筒体。筒体在吊装过程中，为了保证筒体基本在同一直线上，需每吊装一节筒体时，就在筒体顶部用斜度规配合框式水平仪进行水平度的校正。校正基本合格后将筒体用连接螺栓相互连接起来，反复进行直到最后一节筒体也连接起来。

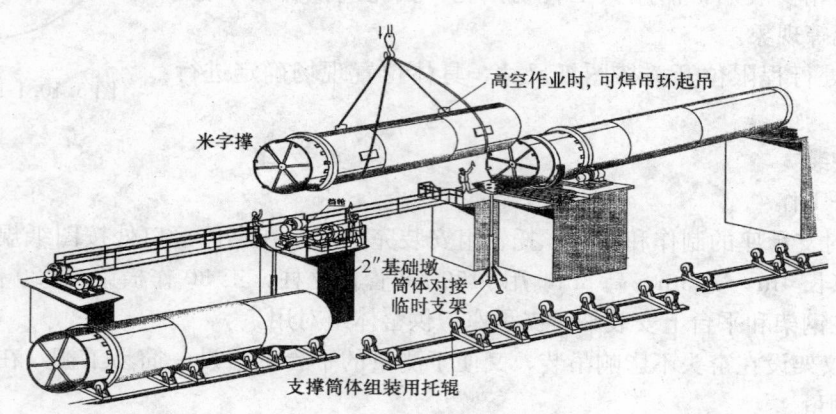

图 5.10.2-1　回转窑筒体的吊装示意图

2. 组对

窑体组对时，接头处在无支撑状态，由于窑体体积大，重量重，为保证组对质量，组对时严格控制对口间隙、错边量及窑体不圆度，每个接头采用下列专用工具：

- 25×100×300 的条形加强板 8 块。
- M48×560 拉紧螺栓 16 组（每组含螺母 4 只，100×100×20 垫板 4 只，螺栓 1 根）。
- 调整板及顶撑螺栓（M28×70）24 组。
- $\delta = 2 \sim 3mm$ 间隙垫片 16~20 块。
- ∠100×100×10 组对角铁 16 块（每组 4 块）。

组对时，在窑内接头一侧的筒体端部沿圆周方向八等分处分别焊接条形加强板，检查相邻两筒节的现场组对标记无误后，在接头两侧的筒体上沿圆周 16 等分处焊接组对角铁，穿好拉紧螺栓［图 5.10.2-2 (a)、(b)］，在接缝内插上间隙垫片，使接头对接间隙在圆周上均匀分布，条形加强板与相邻筒节的筒壁贴紧后，拧紧拉紧螺栓，在接头两侧的筒体上根据需要焊接调整板，用调整板上的顶撑螺栓调整环缝对口错边量［图 5.10.2-2 (c)］，使其小于 2mm，将条形加强板与接头另一侧的窑体筒壁

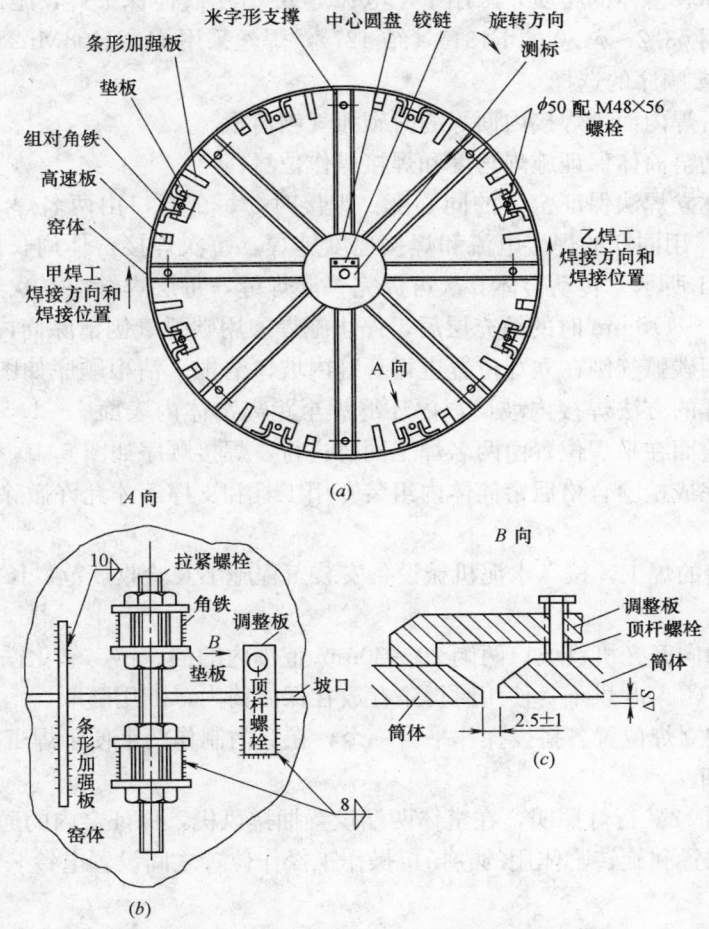

图 5.10.2-2 组对用工具及光靶支撑架

焊接，焊完后窑体接头处已有足够的连接强度，此时，用钢丝绳捆绑窑体，在卷扬机的牵引下旋转窑体（窑体整体连接后也可用设备的驱动装置转动窑体），测量窑体的同心度，根据测量数据调直窑体，调直方法为：将窑体外凸部分旋转到顶部，用碳弧气刨或气割去除窑体顶部附近的对接板一端的焊缝，松开上部或拧紧下部的拉紧螺栓，利用筒体的自重调整对口间隙并增加相应厚度的间隙垫片，然后，将原来去除的条形加强板重新焊好，重新转动窑体，按上述步骤重新测量、调整、直到窑体的同心度符合图纸要为止。窑体调直后，在窑体内部进行环缝定位焊，定位焊长度为 20～30mm，间隙 250～300mm，定位焊要求和窑体焊接相同。

5.10.3 窑体同心度的测量

测量时，将所有光靶上的测标打开，让光束无阻碍地从所有圆盘中心通过，然后逐一检查各光靶处筒体中心的偏差〔图 5.10.2-2（a）〕，将要检查位置的光靶上的测标关闭，用铅笔将光束中心点画在测标上的坐标纸上，即可直接从坐标纸上读出光束中心与测标中心（窑体断面中心）的偏差值。打开该测标，关闭另一光靶上的测标，又可测量出另一位置的同心度偏差值。

反复多次测量窑筒体中心的径向圆跳动，要求其径向圆跳动不得大于：大齿圈及轮带处筒体中心为 4mm，其余部位筒体中心为 12mm，窑头及窑尾处为 5mm；对于超过允许误差的部位要进行调整，直到满足要求为止；

检查轮带与托轮接触面长度不应小于其工作面的 70%，检查轮带宽度中心线与托轮宽度中心线的距离（考虑了设计规定的膨胀量后），偏差不应大于±3mm。

5.10.4 焊接

1. 焊接方法及焊接材料的选择

根据施工现场实际和窑体的材质，采用手工电弧焊或 CO_2 气体保护焊，施工现场条件好时可选用埋弧自动焊，焊条选用 $\phi3.2\sim\phi4.0$ 的 E4315（结 427），焊丝采用 $\phi1.2H08Mn2SiA$。

2. 施焊位置和焊接顺序的选择

（1）先焊外面，后焊内面，焊接内面焊缝时碳弧气刨清根。

（2）用卷扬机转动窑筒体保证施焊角度和焊接操作位置。

（3）采用同步对称立焊法保证窑体的同心度：焊接时，每个焊口由两名焊工在窑体两侧立焊位置（时钟 3 点、9 点位置）用同样的焊接电流和焊接速度施焊，每次焊接窑体周长的 1/12 后，转一次窑，焊接顺序如图 5.10.4-1 所示。转动窑体 6 次可焊完一层焊缝，每层焊缝需一次连续焊完，外坡口焊缝焊至距离窑体外表面 1～1.5mm 时的填充层后，停止施焊。用碳弧气刨清除筒内条形加强板、调整板、角铁后，由两名焊工用碳弧气刨在立焊位置进行环缝内坡口清根［清根顺序如图 5.10.4-1（a）所示］，然后由两名焊工用同样的方法焊接内坡口，内环缝焊至距离窑体内表面 1～1.5mm 时，停止施焊。环缝内坡口和外坡口的盖面在平焊位置由两名焊工同时进行，焊接顺序如图 5.10.4-1（b）所示。

（4）在施焊全部完成检验合格后窑筒体内组装专用工具和支撑等才允许撤除。

3. 焊前准备

（1）参加窑体焊接的焊工，按《水泥机械设备安装工程施工及验收规范》JCJ 03—90 要求进行培训并考试合格。

（2）焊接前，用角向磨光机将坡口两侧 20～30mm 范围内的油、锈、氧化铁、渗碳点等清除干净。

（3）焊条经过 350℃、2h 烘干，使用时焊条存放在保温筒内，随用随取。

（4）在外环缝两侧立焊位置各搭设操作平台一个，在筒内制作两个便于焊工操作的活动架子，在每条焊缝周围搭建防雨棚。

（5）在窑体内部用 12V 行灯照明，在窑体两端设置抽排风机，保证窑内的通风和用电安全。

（6）在焊工操作位置和旋转窑体用的卷扬机操作工操作位置之间设置电铃一个，作为需要转窑时的联系信号用工具。

4. 焊接工艺

（1）采用同步对称立焊法，即每条焊缝焊接时由两名焊工在立焊位置用相同的焊接电流和焊接速度焊接相同长度的焊缝后旋转窑体，然后用同样的方法焊接，直到该层焊缝焊完。每焊完一层焊缝后，测量窑体的同心度，根据测量结果确定下一层焊缝的始焊位置和焊接方法。焊接顺序见图 5.10.4-1。

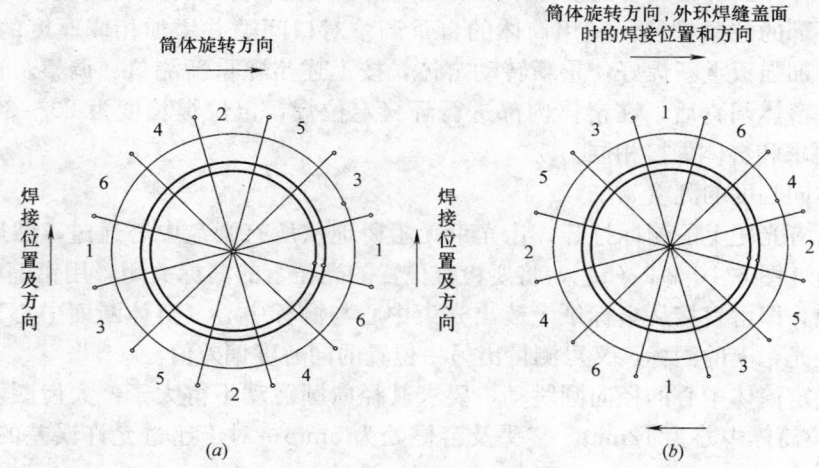

图 5.10.4-1　环缝焊接位置和分段焊接顺序（根层、填充层；立焊；

盖面层；平焊）

（a）根层、填充层（内环缝碳弧气刨清根位置）内环缝盖面；

（b）内环焊缝盖面时的焊接位置和焊接方向

（2）窑筒体的施焊按焊接工艺评定报告编制的焊接工艺指导书的要求进行。

5．焊接变形的控制

（1）利用焊接时产生的焊接变形和窑体自重，控制窑筒体的不同心度。

（2）在外环缝每一层焊缝开始焊接前，用激光经纬仪测量接头处的同心度，选择开始焊接位置，由1名焊工在平焊位置焊接600～800mm，然后再由两名焊工在立焊位置同步分段施焊。

（3）在内环缝碳弧气刨清根前，测量窑体的同心度，选择碳弧气刨清根开始位置。

（4）在焊接过程中，利用同步对称立焊法减小焊接变形，保证窑体的同心度。

6．窑体的焊缝质量检验

（1）焊缝外观检查

1）焊接完成后进行焊缝外观检查。焊缝表面应呈平滑细鳞的形状，接点处无凹凸现象；

2）焊缝表面和热影响区不得有裂纹；

3）焊缝咬边深度不得大于0.5mm，咬边连续长度不得大于100mm，焊缝咬边总长度不得大于该焊缝长度的10％；

4）筒体外部的焊缝高度不得大于3mm，筒体内部烧成带不得大于0.5mm，其他区段不得大于1.5mm，焊缝的最低点不得底于筒体表面，并应饱满。

（2）焊缝探伤检查

1）探伤检查人员必须有考试合格证；

2）采用超声波探伤时，每条焊缝均应检查，探伤长度为焊缝的25％。质量评定达JB1152中的Ⅱ级为合格。对超声波探伤检查时发现的疑点，必须用射线探伤检查确认；

3）采用射线探伤时，每条焊缝均应检查，探伤长度为15％，其中交叉处必须重点检查。质量评定《钢熔化焊对接接头射线照相和质量分级》GB 3323中的Ⅲ级为合格；

4）焊缝不合格时，应对该焊缝加倍检查，若再不合格时对其焊缝做100％检查；

5）焊缝的任何部位返修不得超过2次。

7．焊缝焊后热处理

焊缝焊后热处理采用履带式电加热器进行。

8．筒体焊接后，如图5.10.4-2所示长度和轮带间距公差应符合下列规定：

1）相邻两轮带中心距 L_1 的 $\Delta_1 = 0.25/1000L_1$；

2）任意两轮带中心距 L_2 的 $\Delta_2 = 0.2/1000L_2$；

任意两轮带中心距 L_3 的 $\Delta_3 = 0.2/1000L_3$；

任意两轮带中心距 L_4 的 $\Delta_4 = 0.2/1000L_4$；

任意两轮带中心距 L_5 的 $\Delta_5 = 0.2/1000L_5$；

3）首尾轮带中心到窑端面距离 L_6 的 $\Delta_6 = 0.3/1000L_6$；

4）全长 L 的 $\Delta = 0.25/1000L$

5.11 大齿圈安装

大齿圈与窑筒体的连接方式采用切向弹簧板连接；大齿圈与弹簧板用螺栓连接，而弹簧板与筒体为铆钉将弹簧板铆固在筒体上。

5.11.1 安装大齿圈前，将大齿圈清洗干净，不得有油污和杂物。在地面对齿圈进行预组装，两半齿圈接口四周用0.04mm厚塞尺检查，接口处间隙塞入区域不大于周边长的1/5，塞入深度不得大于100mm；检查齿圈圆

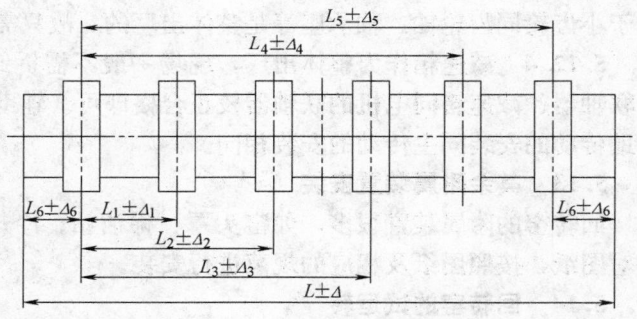

图5.10.4-2 筒体长度和轮带间距测量示意图

度偏差。

5.11.2 在地面上将弹簧板安装在大齿轮上。将弹簧板和齿圈上的螺栓孔编号对好。吊装上半齿圈，安装在窑体上半圆上，用专用工具临时固定，旋转窑体，将临时固定的上半齿圈转到窑体下半圆位置，吊装另一半齿圈，连接两个半圆齿轮的接口螺栓，并检查接口间隙，用专用工具将大齿圈临时固定在筒体上，开始找正。

5.11.3 大齿圈的校正主要是将大齿圈的圆心与窑筒体的圆心保持一致，并且要求齿面与筒体纵向中心线平行。

1. 转动筒体，用百分表分别测出齿圈的径向和轴向跳动，调校到符合径向跳动量不大于2mm，端面跳动量不大于2mm时为止。

2. 用斜度规和框式水平仪检查大齿轮水平度。

3. 大齿圈与相邻轮带的横向中心线偏差不大于3mm。

5.11.4 切向弹簧板在大齿圈吊装前安装好，顺切线方向固定在大齿圈上，吊装调整后，将弹簧板临时固定在筒体上，复测径向和端面跳动偏差，符合要求后，进行钻眼铆接。

5.11.5 当大齿圈找正完毕，会同监理、业主方代表进行中间验收。合格后用铆钉或埋头螺栓将大齿轮固定在筒体上，完成弹簧板的铆接工作。最后复查齿圈的径向、端面偏差。

5.12 传动装置的安装（图5.12）

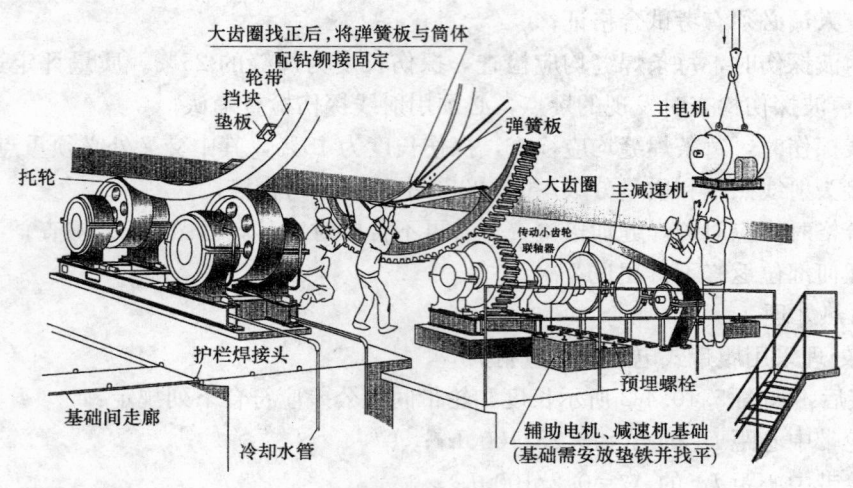

图5.12 回转窑传动装置安装示意图

5.12.1 小齿轮的安装在大齿圈安装合格之后进行，根据中心标板找正其中心位置。用斜度规在小齿轮的轴径或齿槽上，测量小齿轮轴的斜度，起允许偏差与托轮斜度允许偏差相同。

5.12.2 以大齿轮最大跳动点和小齿轮啮合，大小齿轮顶间隙应为 $0.25m$（其中 m 为模数），除顶间隙要保证外，还需用塞尺检查齿幅宽的两端侧间隙要保持一致。

5.12.3 大小齿轮的接触面用红丹压印的方法检查，其接触长度不小于齿宽的50%，齿高的40%，由于小齿轮同齿轮轴、轴承座等是整体出厂的，故只需直接用小齿轮找正，整体安装就位即可。

5.12.4 减速箱作为整体出厂，现场一般不需拆卸，只需将联轴器装入，分别将小齿轮同减速箱的联轴器、减速箱同电机的联轴器校正合格即可。辅助传动的安装可以在减速箱安装合格后同时进行，辅助传动的安装同主传动的安装相同。

5.13 其余附属装置安装

回转窑的附属装置很多，如窑头罩、稀油站、冷却水管、密封圈等。安装这些附属装置时要认真核对图纸，按照图纸及相应的规范进行安装。

5.14 回转窑的试运转

5.14.1 单机试运转分镶砖前和镶砖两个阶段进行。

1. 镶砖前的试运转时间

电动机空载试运转 2h；

辅助电动机带动 2h，电动机带减速器空载试运转 4h；

主电动机带设备试运转 8h。

2. 镶砖后的试运转时间

回转窑隔一段时间以辅助传动慢转 90°或 180°，以防止变形。

5.14.2　试运转前的检查内容

1. 托轮表面和轮带表面有无杂物、电焊渣等；

2. 轮带内表面与轮带垫板表面清洁情况，必要时用压缩空气吹净；

3. 传动大小齿轮啮合情况；

4. 窑头、窑尾密封情况。

5.14.3　试运转中的检查

1. 检查电动机、减速器及传动部件的轴承温升，减速器的供油情况。

2. 检查各托轮轴瓦供油、供水和温升情况。

3. 检查窑体串动情况（图 5.14.3-1 所示），做好托轮的调试工作，使窑体平稳地上下移动。根据窑体的串动方向，确定托轮的扭转方向，然后搬动托轮轴承顶丝，达到调整的目的。

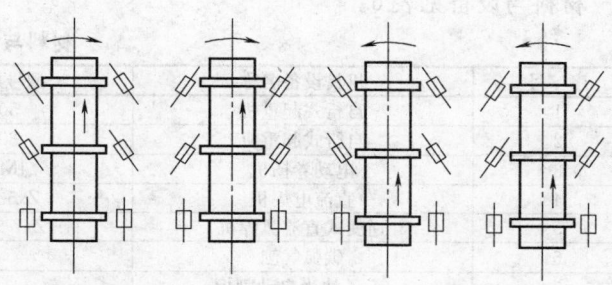

图 5.14.3-1　窑体上下串动调整示意图

4. 调整托轮注意以下几点：

（1）托轮的调整工作，从窑的入料端各对托轮开始，尽量使窑体出料端及烧成带附近的各道托轮中心线与窑体中心线保持平行，避免在窑中大齿圈传动处和窑头的托轮组进行调整；

（2）调整托轮时，在窑体转动情况下进行，顶丝每次只许旋转 30°～60°小量的移动，以求逐步达到合格，严格要求一次调整好；

（3）托轮中心线的扭转角度最大不得超过 30′，各组托轮的扭动方向、各托轮组与窑体轴线的位置应符合图 5.14.3-2 要求；图 5.14.3-3 托轮轴线与窑体轴线的不正确位置。

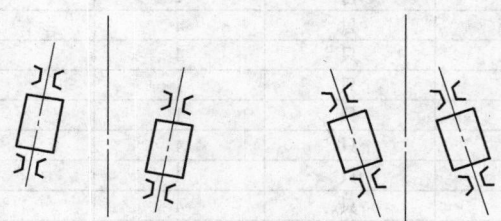

图 5.14.3-2　托轮轴线与窑体轴线的正确位置

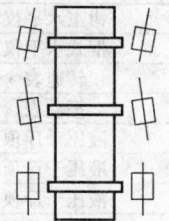

图 5.14.3-3　托轮轴线与窑体轴线的不正确位置

（4）不得采用受力最大的一道托轮进行调整工作，以防止损坏托轮、轮带以及托轮轴。

（5）减速器及开式传动齿轮的啮合，不应有不正常的响声，窑体和轮带不应有颤动现象。

（6）各托轮与轮带的接触长度应为轮带宽度的 70% 以上。

（7）挡风圈和密封装置不应有局部摩擦现象。

5. 试运转停车后，应检查各轴瓦的研磨情况，传动齿轮和减速器齿轮的啮合情况，齿轮的啮合面不应有点蚀、斑疤、伤痕等缺陷，并做好记录和维修。

5.15 劳动力组织

劳动力组织情况见表5.15。

劳动力组织　　　　　　表5.15

序 号	单项工程	所需人数	备 注
1	管理人员	4	
2	技术人员	4	
3	钳工	8	
4	焊工	10	
5	起重工	3	
6	电工	1	
7	测量工	2	
8	无损检测人员	2	
9	杂工	5	
	合计	39人	

6. 材料与设备

材料与设备见表6。

材料与设备　　　　　　表6

序 号	机具设备名称	型号规格	单 位	数 量	备 注
1	自行式起重机	50t	台	1	
2	自行式起重机	30t	台	1	
3	电动卷扬机	JM5t	台	2	
4	直流电焊机	Zx5-630	台	8	
5	逆变式直流弧焊机	Zx7-500S	台	4	
6	碳弧气刨		套	4	
7	氧-乙炔半自动割炬		套	2	
8	远红外电焊条烘干箱	ZYH-60	台	1	
9	X射线探伤机	GG3500	台	1	
10	X射线探伤机	2505	台	1	
11	超声波探伤机		台	1	
12	砂轮切割机	φ400	台	2	
13	角向磨光机	φ125～φ250	台	8	
14	激光准直仪	JD	台	1	
15	光学经纬仪	J2	台	1	
16	精密水准仪	N3	台	1	
17	钳工水平仪	0.02/1000mm	只	4	
18	框式水平仪	0.02/1000mm	只	4	
19	转速表		只	1	
20	振动表		只	1	
21	液压千斤顶	100t	只	4	
22	液压千斤顶	50t	只	4	
23	液压千斤顶	10～30t	只	4	
24	螺旋千斤顶	10～30t	只	4	
25	手拉葫芦	10t	只	2	
26	手拉葫芦	1～5t	只	6	
27	钢托架（自制）		t	10	
28	钢丝绳	6×37+16	m	若干	
29	滑轮	H32×4D	只	4	
30	滑轮	H10×1D	只	4	
31	卸扣	2～20t	只	若干	
32	枕木		m³	50	
33	切砖机		台	1	
34	磨砖机		台	2	
35	卷扬机	5t	台	2	
36	变压器	220/36　5kVA	台	2	

7. 质 量 控 制

7.1 安装全过程按照公司建立的符合《质量管理体系　要求》GB/T 19001、《环境管理—规范及使用指南》GB/T 14001、《职业健康安全管理体系规范》GB/T 28001 标准要求的质量、环境、职业健康安全管理体系要求进行质量控制。

7.2 安装符合下列标准

《水泥机械设备安装工程施工及验收规范》JCJ 03

《工程测量规范》GB 50026

《机械设备安装工程施工及验收通用规范》GB 50231

《锅炉和钢制压力容器对接焊缝超声波探伤》JB 1152

《钢熔化焊对接接头射线照相和质量分级》GB 3323

7.3 主要质量控制点

7.3.1 设备全部零件的检查、基础验收。

7.3.2 筒体的预组装测量、校正。

7.3.3 托轮清洗、轴瓦刮研及水压试验；托轮组安装校正。

7.3.4 窑体安装过程种轴线测量和控制。

7.3.5 窑体焊接。

7.3.6 大齿圈安装校正。

7.3.7 传动设备安装质量控制。

8. 安 全 措 施

8.1 安装全过程按照公司建立的符合《质量管理体系　要求》GB/T 19001、《环境管理—规范及使用指南》GB/T 14001、《职业健康安全管理体系规范》GB/T 28001 标准要求的质量、环境、职业健康安全管理体系要求进行安全管理和控制。

8.2 施工过程中，严格执行《建筑施工安全检查标准》JGJ 59、《施工现场临时用电安全技术规范》JGJ 46、《建筑施工高处作业安全技术规范》JGJ 80、《建筑机械使用安全技术规范》JGJ 33 和《起重吊装作业安全技术规范》。

8.3 进行吊装工作前，技术人员制定吊装方案，经过项目部技术负责人审核批准后，向包括起重工人、司索工、吊车司机进行交底，司机在正式吊装前应先进行试吊以验证能否正式吊装。

起重吊装时由专人指挥，吊车司机、指挥、起重工必须持证上岗，起重指挥应站在能照顾到全面工作的地点，所发信号统一、准确、宏亮和清楚。严格按照塔吊的作业性能范围进行吊装作业，吊装前要先进行试吊，就位时要求慢、准，待指挥发出信号后才能松钩。钢丝绳在使用过程今经常检查钢丝绳有无断丝、扭结、折弯、腐蚀或电弧作用引起的损坏现象，检验周期及报废标准符合国家《起重用钢竿绳检验和报废实用规范》GB 5972 的规定。

8.4 搭设脚手架前，必须编制施工方案和安全技术措施。在作业中，禁止随意拆除脚手架的基本构件的整体性杆件，连接紧固件和连墙件，确因操作要求需要临时拆除时，必须经主管人员同意，采取相应弥补措施，并在作业完毕后，及时复原。

8.5 回转窑筒内作业，必须采用 12V 的安全电压进行照明，在窑头和窑尾设抽风机，保证筒体内的通风，窑内焊接施工时，脚下垫好绝缘物，身体避免与工件接触。

8.6 3m 以上的高空作业，必须戴好安全带，并且把焊接电缆扎在固定架上，切勿背在身上；夏天工作时，必须采取防暑降温措施。

8.7 焊缝作射线检查应安排在夜深人静，工地人少的时候进行，以避开施工高峰时间。作射线检查时，要划定安全区，在四周设置警戒标志，警绳、警灯、报警装置，其他人必须在安全区外，并有专人监护，防止其他人员进入安全防护区界线内，然后再次检查现场，确认无误后方可开始工作。

从事 X 射线探伤的人员，必须具有政府部门组织考核颁发的资格证书，还经过政府组织的放射卫生防护知识培训取得合格证及当地有关部门要求的手续、经职防部门体检合格后、具备射线源泄漏事故的应急处理能力方可上岗，凡未经以上培训或培训不合格者不准上岗。

9. 环 保 措 施

对设备清洗用油的废油、焊渣，实现统一回收处理，防止对环境造成污染。

10. 效 益 分 析

在开远水泥厂 4 号窑全长 145m，直径 3.5～4mm，壁厚 22～30mm，总重量 403.12t 的回转窑安装中首次采用本工法施工，安装速度快，取得了良好的质量控制效果，获得了业主的好评。技术攻关期间撰写的论文"回转窑的现场焊接问题"、"多筒节回转窑体的焊接"先后在《安装》1995 年第 3 期、《电焊机》2000 年第 12 期上发表，提升了公司的技术水平，提高了公司的知名度。

本工法先后在红塔滇西水泥厂一期至四期、祥云建材集团、香格里拉水泥厂、昆钢嘉华师宗 4000t/d 水泥生产线的水泥窑和思茅纸厂石灰窑等项目实施，取得了良好的社会效益和经济效益，思茅纸厂厂区工程获云南省优质工程一等奖。

11. 应 用 实 例

11.1 1994 年在开远水泥厂 4 号窑全长 145m，直径 3.5～4mm，壁厚 22～30mm，总重量 403.12t 的回转窑安装中应用，一次试车成功，至今未进行过大修。

11.2 1995 年在红塔滇西水泥厂一期回转窑安装中应用，一次试车成功。

11.3 1997 年在思茅纸厂厂区安装工程中安装石灰窑，一次试车成功，该工程获云南省优质工程一等奖。

11.4 2003 年在香格里拉水泥厂安装工程中应用。

特大设备室内低空间翻身、平移及安装工法
GJEJGF228—2008

中国建筑第四工程局有限公司　中国建筑第六工程局有限公司

虢明跃　张云富　吴家雄　左波　李方波

1. 前　　言

随着社会的发展，大型机械设备的需求越来越多，加工制造这些管道、机械的设备也逐渐增大。虽然大型的机械化吊装设备逐步替代了传统的卷扬机、桅杆技术，但在安装环境受周围客观条件限制或周边没有相应规格吊车的时候，设备吊装采用桅杆技术就发挥了极其突出的作用。

江汉石油管理局沙市钢管厂直缝焊管生产线建设项目为适应西气东送及焊接钢管未来发展的需要，拆除旧设备，在原厂房内重新从德国 SMS MEER 公司引进一套生产直缝钢管的生产线。这条生产线中主要的核心设备是成型机，设备总重量（含相关辊道）约为 850 多吨，主要部件上部和下部各有 186t，其中下部安装在一个 5.6m 的基坑内，由 4 个混凝土支墩及垫板支承，水平度允许误差 0.02mm/m，两个门形立柱安放在下部上面两端，各由四个相互垂直的定位平键精确定位；上部安装在门形立柱的上面，同样有四个相互垂直的定位平键精确定位，上部加上相关附件安装的总重量约为 221t。由于厂房空间狭小，设备上部、下部体积和重量都比较大，进厂后还需要翻身，安装的位置也比较特殊，如何施工，保证施工安全是一项相当重大的技术难题。工程投标过程中，针对成型机的卸车、翻身、就位方案及细节问题，业主和德国专家专门要求参加投标的 10 多家国内大型专业安装队伍进行了五轮次技术答辩，都难以确定大家都满意的方案（德国专家对桅杆技术有顾虑）。用大型吊车在厂房外吊装，至少需要额定起重量 1000t 以上的吊车 2 台，周边几个省都没有这么大的吊车，况且其费用惊人；在室内用吊车吊装，需要拆除 3 跨屋架，破坏面积广、风险大，拆除、修复的时间长，费用也很高，业主不同意拆除房顶。运用桅杆技术，德国专家不相信这种技术。

根据现场实际情况综合分析及计算，努力创新，在项目实施中取得了"超大、特重设备低空间室内翻身、平移、精确安装施工技术"这一国内领先、国际首创的新成果，该技术 2003 年获得了中建四局科技进步一等奖，2004 年获得了中建总公司科技进步三等奖，本工法即在此基础上形成。本工法中的很多单项技术如半刚性双龙门抱杆的设计，轨道板长滚筒在软地基运输，高空平移技术，千斤顶倒打技术等均可利用在其他类似的工程中，在处理大型设备室内翻身、下坑就位、高空平移等方面具有很好的借鉴和指导意义，并且工艺成熟，技术先进，有明显的社会和经济效益。

2. 工 法 特 点

根据环境和实际情况进行半刚性双龙门抱杆的设计和竖立，保证结构的稳定性，为大件卸车、翻身，就位做好充分的准备。

运用轨道板解决长滚筒在软地基运输时易弯曲的问题。

运用空中翻身措施，很好地解决了设备在翻身时重心失稳造成重大冲击的问题，整个翻身过程十分平稳。

运用钢管搭设桥架平台，减少枕木的使用，节约了大量的物力和人力。

下部就位时抽取钢管的方法十分经济、快捷。

将上部提前架空，再高空平移节约了大量的物力和人力，此种方案比较科学、少见。

千斤顶倒打，此种方法大大提高了工作效率。

3. 适用范围

空间比较狭小的室内、吊装条件受到限制的情况下进行大体积、大重量的设备或其他物件的卸车、翻身、就位等工程施工。

4. 工艺原理

在空间低矮的室内要进行大体积大重量的物件卸车、翻身、上天入地（下坑和高空就位），厂房内没有相应规格的行车，无法使用大型吊车。大型设备翻身最危险的就是重心过失稳点造成的冲击；大型设备的下坑如何最快最省，高空就位如何安全经济。半刚性双龙门抱杆、钢管桥的运用，很好地解决了这些难题。半刚性双龙门抱杆能根据大体积物件的吊点位置设计其规格尺寸，卸车十分方面，并且利用四组滑车组实现空中旋转翻身，让其在"自由"状态下自身调节，避免失稳造成的冲击。钢管结构有很好的强度，用其搭桥，能保证平台的整体强度，并且可以重复利用，拆除也比较方便，也可以用其他的型钢结构。

5. 施工工艺流程及操作要点

5.1 施工工艺流程（图5.1）

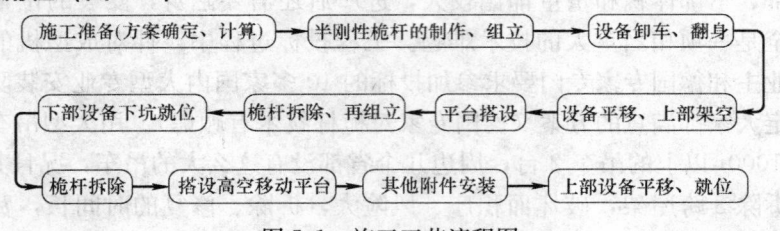

图5.1 施工工艺流程图

5.2 操作要点

5.2.1 半刚性桅杆的制作、组立

考虑到室内空间有限，为保证桅杆结构的稳定性，采用半刚性桅杆，立柱与吊梁采用螺栓栓死，立柱与系杆、斜撑间全部采用螺栓铰接。桅杆组立好后的情况如图5.2.1-1。

图5.2.1-1 双龙门抱杆组立后图片

图5.2.1-2 抱杆立柱与下水平系杆铰接

1. 桅杆外形尺寸的选择：根据设备和周边环境的特点设计相应尺寸的桅杆，例如桅杆主要为设备的上部和下部设备服务的安装标高等确定桅杆的高度，根据吊点位置和设备对角线的长度（要利用桅

图 5.2.1-3　下水平系杆与立柱、斜撑铰接

图 5.2.1-4　上水平系杆吊梁、斜撑与立柱的连接

杆空中翻身）确定双龙门抱杆纵横向的尺寸。在确定高度的时候要兼顾厂房的高度和定动滑轮组之间的最小距离（一般不小于滑轮直径的 5 倍），并且要预留一定的调节距离。

2. 桅杆部件材料的选用：确定了桅杆的结构形式和尺寸后，根据设备的重量选用桅杆的吊梁、立柱、斜撑、系杆等。考虑到组对和拆除的方便，桅杆几个部件间全部采用螺栓连接，如图 5.2.1-1～图 5.2.1-4。具体计算公式和过程如下：

1）桅杆受力情况：

$$Q_{计}=K(Q+q) \tag{5.2.1-1}$$

式中　$Q_{计}$——计算载荷；

Q——吊装物件的重量；

q——起重机构中索吊具的重量；

K——动载系数，一般取 1.15。

2）桅杆立柱的选择和稳定性校核：根据桅杆的结构形式，立柱（假设选用钢管）主要承受轴向压力，因此主要计算立柱的长细比、临界应力、临界荷载，从而确定立柱是否存在失稳现象。

立柱的长细比：

$$\lambda=L_0/i \tag{5.2.1-2}$$

式中　λ——长细比；

L_0——立柱的计算长度；

i——截面的惯性半径，可从有关资料中查取，对于钢管，$i=\dfrac{1}{4}\sqrt{D^2+d^2}$。

立柱的临界荷载：

$$P_{cr}=\sigma_{cr}\times A=\pi^2 EA/\lambda^2 \tag{5.2.1-3}$$

式中　P_{cr}——立柱的临界荷载，它必须大于每个立柱所承受的压力；

E——材料的弹性模量，对 Q235 钢，$E=2\times10^6\,\mathrm{kg/cm^2}$；

A——立柱的截面积；

λ——立柱的长细比。

3）桅杆吊梁的选择和强度校核：初选吊梁的型号，根据它的受力情况校核吊梁的剪应力和正应力。一般此时吊梁的受力情况如图 5.2.1-5。

吊梁的剪应力强度校核：$\tau_{max}=V/(\pi R_0 t)$　(5.2.1-4)

式中　V——最大剪应力；

R_0——钢管中心到管内壁的半径；

t——钢管的厚度；

τ_{max} 必须小于材料的许用应力 $[\tau]$，具体数据可从有关资料查找。

吊梁的正应力强度校核：$\sigma_{max}=M_{max}/W$　(5.2.1-5)

式中　M_{max}——吊梁的最大弯矩；

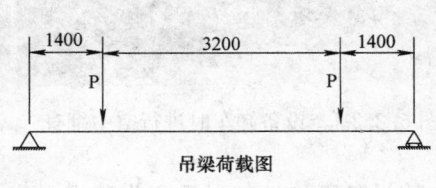
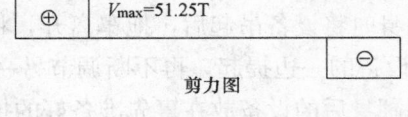
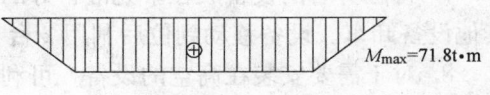

图 5.2.1-5　吊梁受力情况图（截图）

W——吊梁的抗弯截面系数；

σ_{maxW}——同样必须小于材料的许用应力 $[\sigma]$。

4）桅杆斜撑和系杆的选择，可根据经验数据，一般选用比立柱小 6～7 号的材料。

5）桅杆制作和焊接的时候，一定要严格按照设计图纸进行。

6）由于钢管侧面抗压强度低，容易发生变形破坏整体受力情况，因此在吊梁、下水平系杆受压的部位管内要加装支撑，必要的地方还可以在外表面加半瓦加固。

7）其中索吊具的选择，根据自身的设备情况选择 4 组滑轮组，跑绳、绑绳、缆风绳可根据实际情况按相关要求选择。

8）桅杆组立

① 首先把立柱和吊梁在桅杆竖立位置两边分别组对成两榀龙门吊的形式。

② 桅杆竖立前，应将吊梁上的滑轮组、缆风绳固定好，上水平系杆和斜撑也要安装好一端，并用绳索绑扎在桅杆立柱上。

③ 两榀龙门吊间用滑轮和钢丝绳连接起来，并分别引至 4 台卷扬机。

④ 桅杆竖立时，将立柱角调整固定好，利用厂房内的行车或自行式吊车同时将龙门桅杆吊起，当龙门桅杆与地面夹角超过 45°时（角度越大越好，根据厂房内的空间决定），即可通过卷扬机对拉，将龙门桅杆竖立。在桅杆竖立快与地面垂直时，要注意控制缆风绳，避免桅杆向前倾倒。若一榀桅杆已经垂直，另一榀还没有时，可通过固定缆风绳，用垂直好的龙门桅杆将另一榀调校好。

⑤ 两榀龙门桅杆竖立好后检查柱角位置是否正确，调整好位置后，利用吊车将系杆和斜撑安装好，调整好缆风绳，检查看是否有其他问题。

5.2.2 设备卸车、翻身、平移

1. 大件设备的进厂顺序、方位在运输前要确定好。

2. 在设备准备卸车和地面转运位置事先要铺设钢板，在钢板上铺设厚 20mm 宽 500mm 的走道板，紧靠钢板的两边，是避免滚筒因弯曲而不能滚动，牵引采用 1 台卷扬机，吊装采用 4 台卷扬机。

图 5.2.2-1 设备卸车时进行空中翻身

3. 设备通过平板车运到双龙门桅杆下，利用桅杆将设备吊离拖车约 10cm 进行试吊观察，检查吊装装置的各个部件是否正常。

4. 设备卸车的同时进行空中翻身，设备始终由四根吊绳悬挂在空中，重心可以自动调节，如图 5.2.2-1。

5. 在设备起吊绑扎时，四个吊绳绑扎在纵向的两个吊点上，（其中两根直接绑在吊点上，另两个从设备的底部绕过绑在吊点上），吊绳的长度要能够保证设备在翻身后不能把滑轮组压在设备底部。四个滑轮组中纵向的两个跑绳串联，可以防止个别滑轮组受力不均。设备系结绳采用缠绕系结，使设备在两组滑轮上升、下降的过程中在绳中滚动，达到翻身的目的，采用这种方法，使设备平稳地越过重心失稳点，安全、可靠地对设备进行翻身。

6. 翻身时将设备吊起后，拖车离开，将设备放下距离地面约 20cm，同时起升纵向的两台卷扬机，慢慢的将设备的一边提起，再不断调节另一边的高度，逐渐将设备翻转过来。

7. 将翻身后的设备放在事先准备好的拖排上，通过卷扬机和滚筒将设备移动到桅杆外，不能影响其他设备卸车。设备移动到位后利用 2 台千斤顶把拖排和滚筒取出。

8. 对于需要安装在高空的设备，可利用桅杆将设备提升到安装高度偏上一点的位置，用枕木垛架空，如图 5.2.2-2。

9. 设备卸车、翻身完成后将桅杆拆除，并将立柱长度改短，主要考虑设备还要进入基础坑，桅杆高度低便于竖立，同时卷扬机的绳容量有限，桅杆高度过高，将浪费大量的跑绳，可能会造成设备因钢丝绳不够而无法到位的现象。

5.2.3　下部设备下坑就位

设备下部就位于 −5.6m 的基坑内，由 4 个混凝土支墩和 4 个垫板支承，如图 5.2.3-1。垫板的安装精度十分关键，要保证水平度 0.02mm/m，中心线和标高误差不得大于 0.1mm。对此利用高精度的检测仪器进行控制，保证安装质量。

设备下坑利用钢管和枕木在主机基础坑上搭设一个钢管桥架平台，再利用原来的双龙门抱杆桅杆

图 5.2.2-2　枕木垛架空设备

在设备基础坑上组对（图 5.2.3-2）。将设备平移到基础坑上后，用桅杆把设备提起，取掉钢管桥架就可以把设备安装在基础坑内了，主要步骤如下：

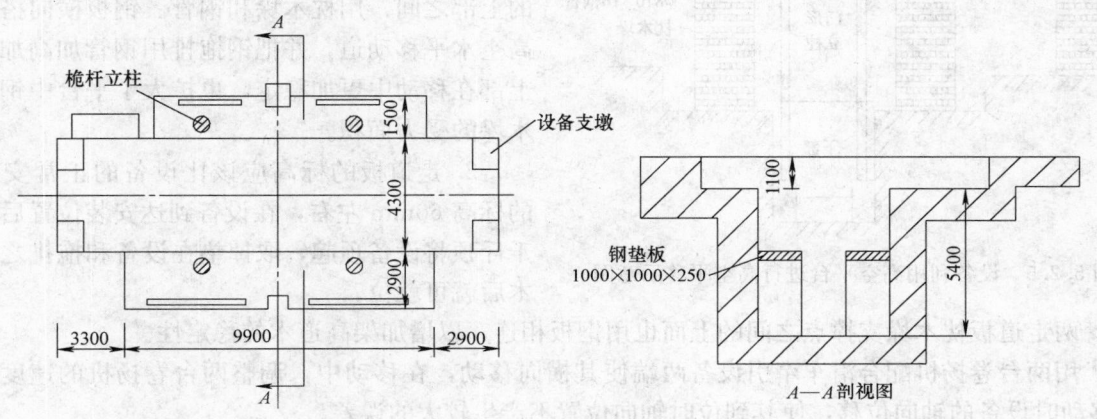

图 5.2.3-1　设备基础坑及桅杆位置示意图

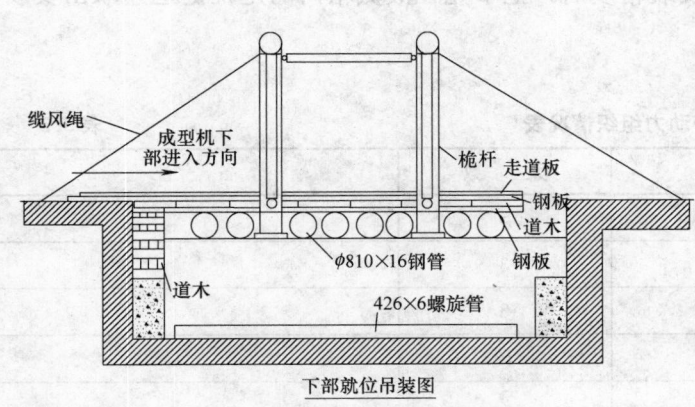

图 5.2.3-2　设备下部下坑就位示意图

1. 由于此时桅杆的主要作用是将设备提起并放到坑内，其高度不宜太高，可以将桅杆的高度缩短到 7m，直接用厂房内的小型行车，减少很多桅杆组对的工作，同时可以减少钢丝绳的用量。

2. 利用行车在基础坑上组对桅杆，桅杆位置的中心线要保证和设备安装位置的中心线重合，当设备下坑时基本就能直接就位，否则要在坑内移动大型设备将十分麻烦。

3. 在主基础坑的两边利用基坑台阶，在上面横向架设钢管，在钢管上铺设钢板，钢板上满铺道木，在枕木上再铺设钢板，钢板上再架设走道板，通过卷扬机、拖排和滚筒，设备便可直接运到基坑上面。

4. 在搭设钢管桥架平台前先将两根长钢管放入基础坑内，目的在于设备吊起就位前，能利用它们将钢管平台整体吊起与地面高度平齐，方便平台的拆除。

5. 设备下部运到钢管桥架上后，用桅杆把设备提高，利用卷扬机和吊车把钢管桥架平台的钢板、道木拖出。

6. 平台拆除完毕，将设备放入坑内的基础之上，利用千斤顶调节中心线位置，确定好之后完全放松吊绳，设备的下坑就位基本完成，即可拆除桅杆。

5.2.4　其他附件安装

此步工作因无太多困难，可直接利用厂房内的行车或吊车即可顺利完成，有些较大较重的设备，其安装高度不高，但又无法利用吊车的时候，可采用电动液压千斤顶倒打的形式，即把千斤顶固定在设备底部，伸缩杆朝下，只需不断添加枕木就可以快速将设备顶升到一定高度，而不需要不断拆除千斤顶添加枕木。

5.2.5　上部设备平移、就位

事前将设备上部用枕木架空，通过高空水平移动到就位位置即可。利用枕木搭设三处受力支撑点，

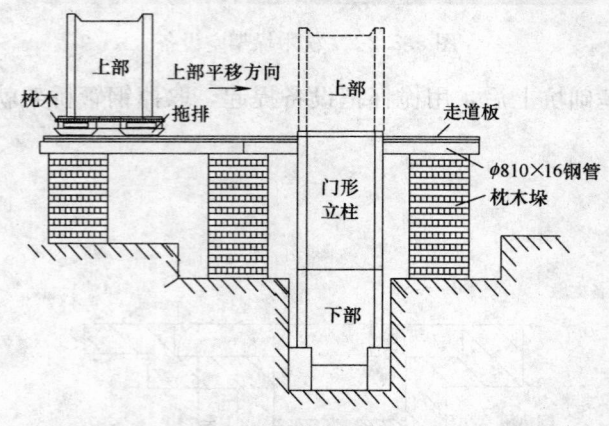

图 5.2.5　设备利用高空平台进行高空平移示意图

继续用钢管、枕木、钢板搭设一个高空平台，通过设备在这个平台上的水平移动达到就位的目的，如图 5.2.5，具体步骤如下：

1. 根据安装高度，在其已安好的下部和架高的上部之间，用枕木垛和钢管、钢板横向搭设两条高空水平移动道，并把钢拖排用钢管加高加宽，使上部在移动中更加稳定，也扩大了平台中钢管和枕木垛的受力面积。

2. 走道板的标高应该比设备的正常安装位置的标高 60mm 左右，在设备到达安装位置后只要用千斤顶将设备顶起，取掉垫在设备和拖排之间的枕木后就可就位。

3. 两走道板枕木垛支撑点之间的上面也用钢板相连，以增加架高道木的稳定性。

4. 用两台卷扬机配合滑车牵引设备两端使其横向移动，在移动中，调整两台卷扬机的速度，便可调整移动时设备的轴向位移，使其到位时轴向位置不产生较大的误差。

5. 上部到位后，经过位置的精确调整（用螺旋千斤顶）使其对准就位键后，用电动液压千斤顶分端抽取垫木，缓慢降低设备，通过检测确认安装精度后，把事先在液氮箱内的定位键迅速取出安装，使设备联结件精确定位。

5.3　劳动力组织（表 5.3）

劳动力组织情况表　　　　　　　　　　　　　　　　　　　表 5.3

序　号	职务、工种	人　数	备　注
1	管理人员	3	
2	技术人员	3	
3	钳工	8	
4	起重工	10	
5	电工	2	
6	力工	20	
	合　计	46人	

6. 机具与设备

本工法采用的机具设备情况见表 6。

机具、设备表 表6

序号	设备名称	规　　格	单位	数量	备　　注
1	电动卷扬机	5t	台	5	4台吊装,1台牵引
2	电动液压千斤顶	100t	台	2	
3	手拉葫芦	各种规格3～5t	台	10	
4	吊车	25t	台	2	桅杆组立,材料倒运
5	滑轮组		套	6	具体规格根据设备情况定
6	电焊机	BX-400	台	4	
7	螺旋千斤顶	20t	台	6	
8	螺旋千斤顶	50t	台	2	
9	经纬仪	精度0.1mm	台	1	
10	水准仪	精度0.1mm	台	1	
11	平尺	3m	台	1	
12	框式水平仪	0.02mm/m	台	4	
13	游标卡尺	500型	把	2	
14	塞尺		把	6	

7. 质 量 控 制

7.1　工程质量控制标准

7.1.1　设备安装施工质量执行施工及验收规范。

各专业施工均按设计说明和设备厂家的技术文件要求进行,通常情况下执行下列验收规范和质量验评标准:

《机械设备安装工程施工及验收通用规范》GB 50231—98

《起重吊运指挥信号》GB 5082—85

《大型设备吊装工程施工工艺标准》SH/T 3515—2003

《工程建设安装工程起重施工规范》HG 20201—2000

《建筑安装工程质量检验评定统一标准》GB 50300—2002

《工业金属管道工程施工及验收规范》GB 50235—97

《钢结构工程施工质量验收规范》GB 50205—2001

7.2　质量保证措施

7.2.1　严格执行 ISO 9001—2000 标准的质量管理体系;

7.2.2　明确项目部和各级管理人员的质量职责和质量管理的各项规定;

7.2.3　严格执行质量责任追查制度;

7.2.4　把住原材料和设备进场的质量检验关;

7.2.5　确保施工机具和检测器具的有效性;

7.2.6　对施工管理人员和作业层人员严格执行上岗证制度;

7.2.7　严格执行施工规范、规程、标准及相关的法律、法规;

7.2.8　严格执行三级质量检验制度;

7.2.9　坚持施工全过程的质量监控;

7.2.10　事前编制可行的施工方案,并做好对作业层的书面质量技术交底;

7.2.11　尊重业主和外国专家、服从监理的监督检查;

7.2.12　事前做好质量通病的防治,发现质量问题及时整改不留隐患。

8. 安 全 措 施

8.1　认真贯彻"安全第一，预防为主"的方针，根据国家和企业的有关规定、条例结合安装单位的实际情况和工程的具体特点，组成专职安全员和施工班组兼职安全员以及工地安全用电负责人参加的安全生产管理网络，执行安全生产责任制，明确各级人员的职责，抓好安装工程的安全生产。

8.2　施工现场符合防火、防风、防雷、防洪、防触电等安全规定及安全施工要求进行布置，并完善各种安全标识的设置。

8.3　各类临设、库房、料场等的消防安全距离做到符合公安部部门的规定，室内不准堆放易燃易爆品，厂房内严禁吸烟、动火，如需动火，必须先开动火证，并有专人监护。

8.4　安装施工现场的氧气瓶与乙炔瓶要隔离存放，其间距不得小于 5m，距明火不得小于是 10m，严格确保氧气瓶不沾污油脂。

8.5　施工现场的临时用电严格按照《施工现场临时用安全技术规范》的有关规定执行。使用临时电源，必须有专业电工进行操作，不得私自乱接。

8.6　对进场的施工人员要先进行三级安全教育和安全技术交底，且要严格遵守安全操作规程进行施工。

8.7　每日施工现场必须清扫干净，禁止将杂物及零部件、机具任意摆放。

8.8　本成型机属于超大重型设备在低空间内吊装，在无法利用大型吊装机械的条件下，只能用小机具来吊装超大超重设备，故传统吊装过程中的安全至关重要。

8.9　吊装前，应对所选用的机索具进行严格的检查和核算，确认符合受力要求后方可使用。并对机、索具做好日常维护和保养，不得使机具、设备带病工作。

8.10　严禁冒险指挥、违章作业、酒后上岗、赤膊工作、穿拖鞋上班，对不听劝阻者，勒令其停工处理，让不安全因素扼杀在萌芽状态。

8.11　吊装作业时，应对周围环境进行检查，划出安全区域，无关人员不得进入。

8.12　吊装时，作业人员必须坚守岗位，统一信号，统一指挥。

8.13　吊装过程中，重物下和受力绳索周围人员不得逗留。

8.14　对安装和吊装过程中的环境因素和危险源进行识别后，确定出重要的环境因素和重大的危险源再编制有针对性的环境因素和危险源管理方案和应急救援预案。

8.15　建立完善的施工安全保证体系，加强施工作业中的安全检查，确保作业标准化、规范化。

9. 环 保 措 施

9.1　成立对应的施工环境卫生管理机构，在工程施工过程中严格遵守国家和地方政府下发的有关环境保护的法律、法规和规章，加强对施工燃油、施工材料、设备、废水、生产、生活垃圾、弃渣、危废物的控制和治理，遵守有关防火及废弃物处理的规章制度。做好交通环境疏导，认真接受交通管理，充分满足便民要求，随时接受相关单位的监督检查。

9.2　将施工场地和作业限制在工程建设允许的范围内，合理布置、规范围挡、做到标牌清楚、齐全、各种标识醒目，施工现场整洁文明。

9.3　对施工中可能影响到的各种公共设施制定可靠的防止损坏和移位的实施措施、加强实施中的监测、应对和验证，同时将相关方案和要求向全体施工人员详细交底。

9.4　设立专用排水沟、集水坑、对污水进行集中，认真做好无害处理，从根本上防止施工污水的乱流。

9.5　定期清运弃渣及其他工程材料运输过程中的防洒落与沿途污染措施，废水除按环境卫生指标进行处理达标外，并按当地环保要求的指定地点排放。弃渣及其他工程废弃物按工程建设指定的地点和方案进行合理堆放和处治。

9.6 对清洗设备和零部件用过的油料或清洗剂及用过的棉纱或破布要分类集中、统一处置，防止对环境造成污染。

10. 效 益 分 析

本工法充分结合了施工现场的环境和当地的资源条件，使用此方法吊装、翻身顺利进行，安装就位一次成功，提高了工效和超大超重吊装机械的台班费和厂房拆除修缮的费用和风险。在设备安装时，工序合理，组织得当，保证了安装精度。采用该方法节约的费用（不计厂房拆除和修缮费用）如表10-1。

经济效益表 表 10-1

经济效益				单位：万元人民币
项目总投资额	85.00		经济效益总额	36.50
年份 ＼ 栏目	新增产值	新增利税	创收外汇（美元）	增收(节支)总额
2002 年	85.00			36.50
年				
累计	85.00			36.50

各栏目的计算依据：
成型机安装费用85万元，除去其他必须的开支，仅大件安装采用大型吊车费用约43.5万元，采用桅杆发生费用为10万元，将桅杆材料和相关机具进行摊销，实际发生费用为7万元，从而节约了机械费及相关准备费用36.5万元。

若采用大型吊车，仅房屋拆除、修缮费用如表10-2。

房屋拆除、修缮费用 表 10-2

序 号	名 称	单 位	数 量	备 注
1	厂房结构论证、加固费用	元	220000	
2	屋面、屋架拆除费用	元	100000	
3	屋架修缮、制作安装费用	元	160000	
4	屋面恢复费用	元	280000	
5	加固装置拆除费用	元	40000	
	合 计	元	800000	

11. 应 用 实 例

该设备安装施工技术在湖北省荆州沙市钢管厂应用中得到业主和外国专家的好评，经试车运行，符合验收要求，达到了设计要求的性能指标，该项施工技术获得了中建总公司2004年度科技进步三等奖。

工程概况

江汉石油管理局沙市钢管厂直缝焊管生产线建设项目为适应西气东送及焊接钢管未来发展的需要，决定对其生产螺旋管的一个车间进行设备拆除后，在原厂房内重新从德国 SMS MEER 公司引进一套生产直缝钢管的生产线。直缝焊管成型机是该生产线中的主机，设备总重量约为850多吨，主要的大件设备有下部（186t）、下横梁（70t）、两个门形立柱（70t）、上横梁（60t）、上部（186t）。其中下部安装在－5.6m的基坑内，由4个混凝土支墩支承，两个门形立柱安放在下部上面两端，各由4个相互垂直的定位平键精确定位；上部安装在门形立柱的上面，同样有四个相互垂直的定位平键精确定位，其安装标高为＋3.5m，顶部的标高为 7.4m，并由四根重达 7.3t 的穿心预紧螺栓从上部顶穿入与门形立柱和下部相连；上、下横梁安装在上、下部和两个门形立柱组成的框架内。其中上部加上相关附件，就位时的总重量约为 221t。上、下部外形尺寸的长×宽×高尺寸为 15.1m×3.2m×3.9m，设计吊点距离为 6.6m。

该生产线建在原有的车间内，室内可利用空间只有 12m（屋架下弦），厂房宽度为 30m，有 1 台 50t 和 10t 行车可以利用。成型机基础的中心基本为厂房的中心，北部 2m 处为钢管预焊机的基础，东面 10m 处为钢板预弯机的基础，西面和南面均为可以利用的空地。设备施工时，除设备基础外，其他部分都是软土地面。

结合施工现场的实际情况，从施工工期、经济效益、自身技术实力等多方面的综合分析比较，公司决定采用桅杆技术。

该项工程的顺利实施并在短期内圆满完成，赢得了德国专家和江汉石油管理局及钢管厂方的好评，为今后其他类似的工程提供了很好的借鉴。

2005 年 3 月至 2006 年 5 月。该工法还应用于哈尔滨龙垦麦芽年产 20 万 t 制麦塔工程塔内设备安装工程。哈尔滨龙垦麦芽年产 20 万 t 制麦塔工程塔内设备安装工程是由哈尔滨龙垦麦芽有限公司投资兴建，工程坐落在哈尔滨开发区哈平路集中区宁波路 8 号，施工工期为：安装 2005 年 3 月 1 日至 2006 年 1 月 20 口，调试时间为 2006 年 2 月 15 日至 5 月 15 日。该制麦塔工程主要工艺设备分布在塔内标高 －5.6～＋88.85m 计 22 层内，由德国引进工艺和设备。主要工艺设备共计 82 台（套、组），其中：最重、最大构件为组合翻麦机，共计 9 台，尺寸为：12m×0.9m×1.35m，重约 9t（拆除螺旋水平及附件后）；每层筛板安装约为 470m²，共 9 层，约 4200m²，总重 157.5t，筛板支架每层为 40t，9 层共 360t。

GE1.5MW-Sle 风力发电机组安装工法

GJEJGF229—2008

广东火电工程总公司

谢为金　劳诚壮　徐克强　周启海　刘勇

1. 前　　言

全球气候变暖、空气污染、水污染和能源危机等问题引起了世人的关注，世界各国都在加紧开发储量巨大、无污染、可再生的风电资源，节能减排，保护我们赖以生存的地球。我国可开发利用的风能储量达 10 亿 kW，2007 年装机容量仅 600 万 kW，2010 年将达 2000 万 kW。风电开发速度迅猛、潜力巨大，特别是对我国沿海岛屿，交通不便的边远山区，地广人稀的草原牧场，以及远离电网的农村、边疆，作为解决生产和生活能源的一种可靠途径，具有十分重要的意义。

广东火电工程总公司先后在广东、江苏、福建、海南、吉林、辽宁、内蒙古和河北等地完成 30 多个风电场的安装工程，安装了 1000 多台风机，积累了丰富的安装经验。由广东火电工程总公司安装的国电龙源江苏如东风电特许权二期工程项目，荣获"2008 年度中国电力优质工程奖"和"达标投产工程"称号，该工程共安装 67 台 GE1.5MW-Sle 风机。在此基础上总结经验，形成本工法，其他型号风机安装可参照执行。

2. 工 法 特 点

2.1 风电场位于我国东南沿海滩涂，风力资源极其丰富；但多风的恶劣天气增加吊装难度；为此，制作专用的缆风地锚，在吊装过程中通过地锚控制被吊物偏摆量，有效地解决了此难题。

2.2 根据风机吊装特点，将 SCC4000/400t 履带起重机主臂增设重型鹅头臂，增加机舱与起重机吊臂间隙，提高了吊装作业的安全性，同时避免了更大吊机的选用，节约了施工成本。

2.3 针对土质松软的安装场地，在风机基础回填的同时将主力吊机站位区域采用回填土及砂石分层夯实并辅以专用的重型路基箱，增加吊机作业的安全性。

2.4 设计叶片专用吊装梁组合叶轮，安全、快捷。

2.5 制订严格的质量控制程序，做好设备验货、安装、验收、成品保护等各环节的质量控制措施，确保工程质量优良。

2.6 合理规划安装场地，优化安装顺序，避免二次转运，提高工作效率。

3. 适 用 范 围

3.1 本工法适用于 GE1.5MW-Sle 风机安装。

3.2 华锐 FL1500-77、安迅能 IT-77/1500-CⅡ、维斯塔斯 V90-1.8/2.0MW、明阳 MY1.5s-1500kW、东汽 FD70（FD77）和金风 82（77，70)/1500kW 系列等国内外 1.25MW-2.0MW 的三叶水平轴风机安装可参照实行。

4. 工 艺 原 理

4.1 风机设备主要由基础环、塔筒、机舱、轮毂、叶片、箱式变压器及其他电器等部分组成。其中 3 个叶片和 1 个轮毂等组合成一个叶轮；3 段塔筒，见图 4.1、表 4.1。

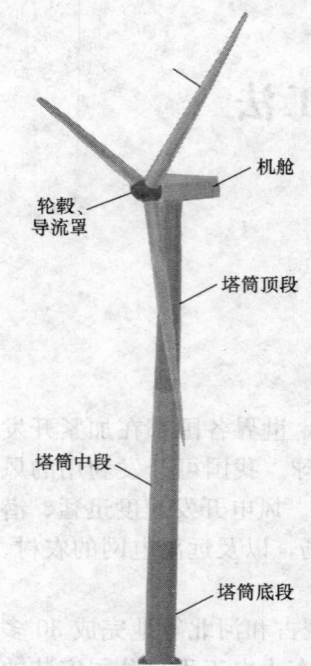

图 4.1　风机示意图

GE1.5MW-Sle 风力发电机主要设备参数　　　　　表 4.1

序号	设备名称	净重(kg)	外形尺寸(mm)	就位高度(m)
1	塔筒底段	52737	φ4300×22300	±0.0
2	塔筒中段	35784	φ4300－φ3400×25000	+22.3
3	塔筒顶段	27819	φ3400－φ2500×30000	+47.3
4	叶片	5950	37000×2360×30000	—
5	机舱	52000	8960×3620×3680	+77.3
6	轮毂、导流罩	14500	3200×3200×3603	—
7	轮毂叶片组合件	31200	φ77000	+80

4.2　起重机选型

风机设备吊装中，机舱、叶轮等就位高度高、吊装重量大，且风力影响较大，因此起重机选型时不仅要考虑起重机负荷率，还需考虑被吊设备与起重机吊臂的安全距离，确保吊装的安全性。

例如机舱吊装，可正面吊装（图 4.2-1）或侧面吊装（图 4.2-2）。一般情况下，侧面吊装需起重机吨位较小，但需要偏航（利用发电机电力带动机舱转向），GE1.5MW-Sle 风机需另外配备 40kW 发电机、配套动力电缆、还只能 GE 公司人员操作，并增加相应工期及费用；正面吊装不需偏航，却往往需要较大吨位起重机。

图 4.2-1　机舱正面吊装

图 4.2-2　机舱侧面吊装

对此，本工法在 SCC4000/400t 履带起重机上增加了的重型鹅头臂（图 4.2-3），正面吊装，有效解决上述问题，既不需偏航，也不需较大吨位的起重机。该重型鹅头臂目前为广东火电工程总公司独有，起吊能力 72t，而其他配备一般鹅头臂的同级别起重机起重能力在 30t 以内，无法满足机舱及叶轮吊装；另外，若采用无重型鹅头臂的起重机正面吊装机舱则需要至少约 500t 级别的起重机（如 CC2500-1）方可满足机舱及叶轮的吊装要求。

据此，GE1.5MW-Sle 风机安装选用 SCC4000/400t 履带起重机 HJ98m（混合主臂）工况，重型鹅头臂。机舱重 52t，专用吊具重 1t，吊钩自重 2.8t，吊装时起重机最大工作半径 20m，额定起重量 67t。

起重机负荷率＝吊装重量/额定起重量×100％＝(52t＋1t＋2.8t)/67t≈83.3％

若不采用重型鹅头臂，吊装机舱时吊臂与机舱最小距离 0.48m。考虑风载荷引起的正常偏摆 0.28m，以及起重机站位平面与风机基础的高低

图 4.2-3　主臂重型鹅头臂

差，吊装时机舱与吊臂将会发生碰撞，无法满足设备吊装要求。采用重型鹅头臂，使机舱吊装时吊臂与机舱的最小距离增加至 1.51m，完全满足设备吊装的安全要求。

4.3 风载荷控制

在风机设备吊装中，风载荷是影响施工安全的最重要因素之一。尤其是有突发性的阵风，若措施不当，容易造成起重机超载或由于设备摆动过大而引起的碰撞。其中叶轮的迎风面最大，是吊装的难点，以下为制定叶轮吊装风载荷控制措施的原理。

4.3.1 吊装风速要求

根据三一 SCC4000 履带吊使用说明书第二章 2.07 条，设备吊装风速按如下考虑：

暴露在动压力为 60N/m² 风中的负荷的表面积取 1m²/t。

叶轮重 31.2t，吊钩自重 2.8t，吊装重量约 34t，则在此情况下风允许作用的表面积为 34t×1m²/t=34m²，动压力为 60N/m²；叶轮实际受风面积 87m²。

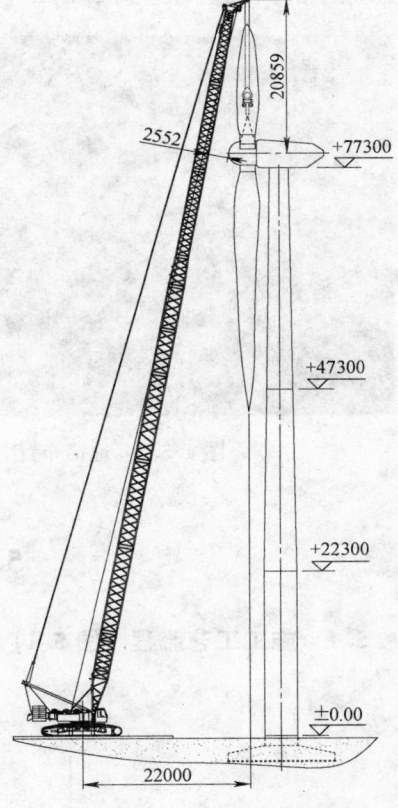

允许动压力 $P_{\text{perm.}}=\dfrac{34m^2 \times 60N/m^2}{87m^2}=23.4N/m^2$

实际允许最大风速 $V_{\text{perm.}}=\sqrt{P_{\text{perm.}}\times 1.6}=6.1m/s<9m/s$（HJ98m 工况下，设备吊装风速极限值 9m/s）

即：叶轮吊装风速不大于 6.1m/s 时，起重机可正常作业。

4.3.2 允许最大偏摆角及偏摆距离

根据《起重机设计规范》，风载荷
$$P_w=CK_h qA$$

叶片高度约 79m，取 $K_h=1.86$，风力系数 $C=1.2$，风压 $q=0.613V^2$（N/m²）。当风速为 6.1m/s 时，风载荷：
$P_w=CK_h qA=1.2\times 1.86\times 0.613\times 6.1^2\times 87\approx 4429(N)=0.45（t）$

如图 4.3.2 所示，叶轮重心与吊臂头距离为 20.859m，叶轮与吊臂的最小距离为 2.552m，叶轮吊装重量约 34t。

在 6.1m/s 风载作用下，叶轮偏摆与铅垂线的夹角为：
$$\alpha=\text{arctg}(0.45/34)\approx 0.76°$$

即：起重机允许主钩钢丝绳的最大偏摆角为 0.76°。则叶轮受风力水平推移偏摆距离为：
$$L=20.859\times \text{tg}\alpha\approx 0.28（m）$$

图 4.3.2 叶轮吊装立面图

4.3.3 各风力等级的风载荷及控制措施

施工前收集气候信息、关注天气预报，施工过程监测风速，做好安全措施，是防风控制的首要原则。一般风电场场址的年平均风速达到 6m/s 以上，常见 4～5 级风，6～7 级阵风。

1) 风载荷计算：按公式 $P_w=CK_h qA$，计算 4～7 级风的风载荷如表 4.3.3。

叶片吊装时 4～7 级风的风载荷表　　　　　　　　　　　　　表 4.3.3

风力等级	风速 V(m/s)	风压 q(N/m²)		叶片受风面积(m²)	风力系数 C	风压高度系数 K_h	风载荷 $P_w=CK_h qA$(t)	
4 级	5.5～7.9	18.5	38.3				0.37	0.76
5 级	8.0～10.7	39.2	70.2	87	1.2	1.86	0.78	1.39
6 级	10.8～13.8	71.50	116.74				1.42	2.31
7 级	13.9～17.1	118.44	179.25				2.35	3.55

由前述计算可知，风速大于 6.1m/s 时必须采取措施，以减小起重机主钩钢丝绳的偏摆角。

例如：6 级风速 13.8m/s 下，采用 φ32 麻绳（单头破断力 4.42t）作溜绳、5t 水泥块作地锚进行控制，则溜绳需拉力 2.31t−0.45t=1.86t。按溜绳 2 个头受力，溜绳安全系数：

$2 \times 4.42 \times \cos 41°/1.86 = 3.6 > 3.5$ 安全

41°——溜绳与地面夹角

采取该措施，施工前 1 天天气预报风力在 6 级风以下可吊装。

2）各风力等级的控制措施见"8. 安全措施"。

4.3.4 机舱重 52t，受风面积 33m²，受风载荷影响比叶轮小，分析略。

4.4 履带吊接地比压分析

根据 SCC4000/400t 履带起重机厂家提供资料，机舱吊装时最大接地比压约为 47.7t/m²（0.467MPa），若能把接地比压降低到 20t/m² 时，就不用费时费力制造大块的钢筋混凝土基础。通常分层碾压的回填土可达到 20t/m²，因此，吊装时通过使用重型路基箱来减小履带起重机的接地比压。

图 4.3.3 地锚布置

SCC4000 履带起重机单条履带长 10.6m，宽 1.25m；重型路基箱长 6m，宽 2.4m，使用 10 块；重型路基箱与履带垂直方向放置。重型路基箱接地比压根据重型路基箱面积和履带接地面积作比较近似计算。

重型路基箱接地与履带接地面积之比：$S_1/S_2 = (10 \times 6 \times 2.4)/(2 \times 10.6 \times 1.25) = 5.4$

则接地比压为：$1.25 \times 47.7/5.4 = 11$（t/m²）

即：地耐压 11t/m² 以上可满足。

当吊装场地地面耐压 ≥11t/m² 时铺设重型路基箱；当地面耐压 <11t/m² 时需进行地基加固处理，见第 5.2.1 条。

5. 施工工艺流程及操作要点

5.1 施工工艺流程（图 5.1）

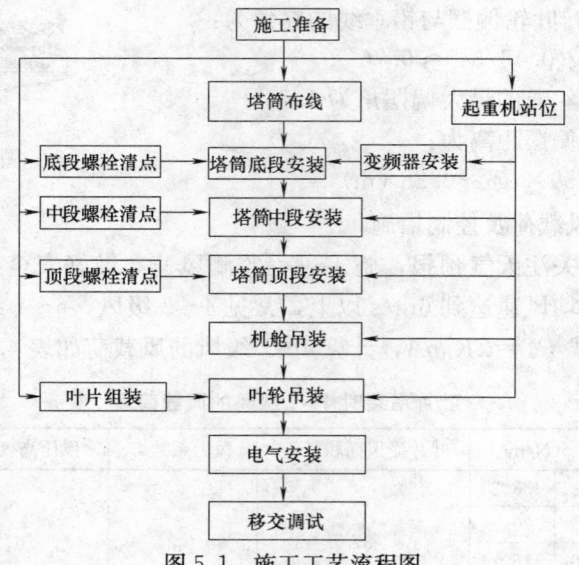

图 5.1 施工工艺流程图

5.2 操作要点

5.2.1 施工准备

1. 施工现场规划

项目施工前期，勘察风机安装现场，以减少场地处理，减少二次转运为原则合理的规划施工场地设备及机械布置，典型案例如图 5.2.1-1 和图 5.2.1-2。

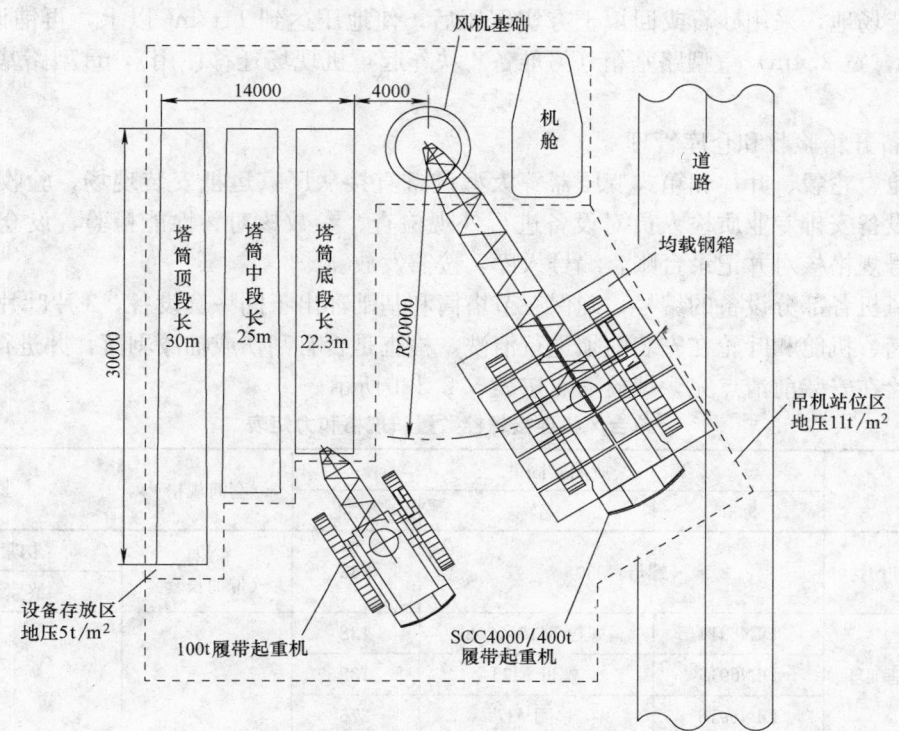

图 5.2.1-1　塔筒及机舱吊装平面示意图

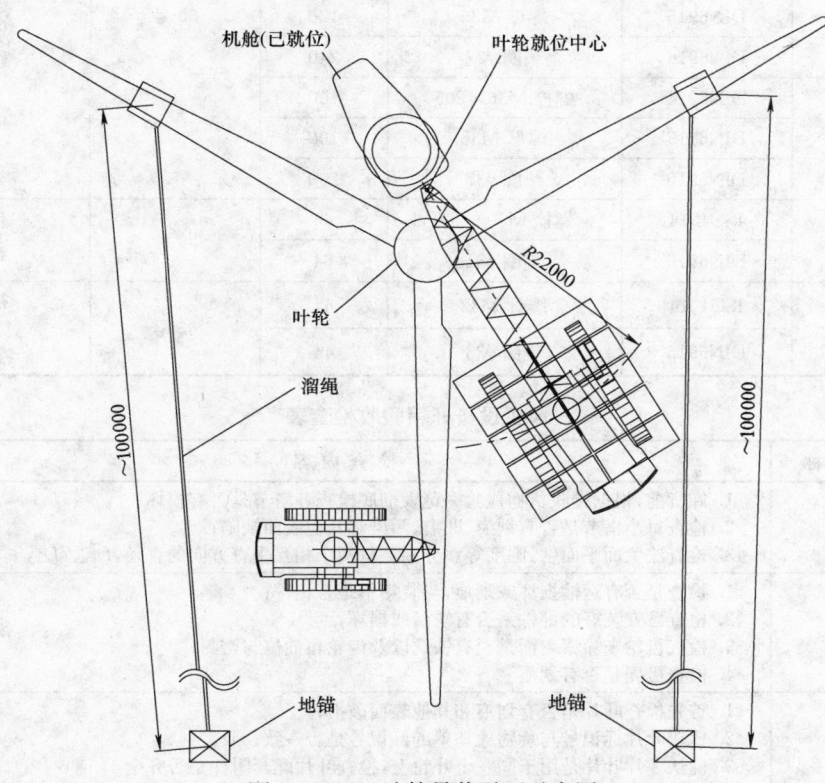

图 5.2.1-2　叶轮吊装平面示意图

专门制作地锚（自重 5t），如图 5.2.1-2 所示布置，主要在吊装叶轮及机舱时使用，具体摆放位置可根据现场灵活布置，要求与设备溜绳绑点水平距离约 100m。

2. 起重机站位场地处理

在每个机位，起重机的站位位置应平整压实，尤其是 400t 履带起重机站位位置要求更为严格。对土质松软的安装场地，采用砂石或回填土夯实碾压后，使地压达到 11t/m² 以上，再铺设 10 块专用的大面积（长 6m，宽 2.4m）重型路基箱（另准备 4 块作起重机现场迁移使用），重型路基箱与履带垂直布置。

3. 风机设备开箱验收和仓库管理

塔筒、机舱、轮毂、叶片和箱式变压器等大型设备直接从厂家运抵安装现场，验收合格后起吊就位，其他小件设备安排专业质检人员对设备进行外观检查、参数核对、性能检验，设仓库管理员进行数量清点、型号规格核对并记录台账，编号入库，按需发放。

记录每台风机各部分设备的编号，确保三节塔筒和基础环出于同一套设备，3 片叶片和轮毂出于同一套设备。塔筒、机舱和叶轮在安装前须进行清洗，检查是否有刮伤或油漆剥落，并进行修补。

各部位螺栓在安装前清点完，螺栓清点按表 5.2.1-1 所示。

单台风机连接螺栓数量、规格和力矩表　　　表 5.2.1-1

连接部位		所用紧固件			套筒规格	紧固力矩
		标准	名称	数量		
叶轮	轮毂与叶片	螺母：M30		162	50 号（带加长套）	初紧：600N·m 终紧：1100N·m
塔筒	底段与基础环	DIN6914	螺栓 M36×205	138	60 号	初紧：600N·m 复紧：2000N·m 终紧：2800N·m
		DIN6915	螺母 M36	138		
		DIN6916	垫圈 φ37	276		
	中段与底段	DIN6914	螺栓 M36×205	120		
		DIN6915	螺母 M36	120		
		DIN6916	垫圈 φ37	240		
	顶段与中段	DIN6914	螺栓 M36×205	100		
		DIN6915	螺母 M36	100		
		DIN6916	垫圈 φ37	200		
机舱	塔筒与机舱	ISO4014	螺栓 M30×200	64	50 号	初紧：600N·m 终紧：990N·m
		DIN6916	垫圈 φ31	64		
	机舱与轮毂	ISO4014	螺母 M32	44	55 号	初紧：600N·m 复紧：1340N·m 终紧：2320N·m
		DIN6916	垫圈 φ33	44		

风机设备开箱验收检查表　　　表 5.2.1-2

序号	设备名称	检查内容	备注
1	塔节	1. 卸货前，根据接收货物检验一览表彻底检查各塔节是否有损坏； 2. 检查每个塔节是否有划痕、凹痕、污染和其他表面缺陷； 3. 检查法兰面平整度、圆度等。分别测量两个相互垂直方向的直径，$D_{max}/D_{min} \leqslant 1.005$	
2	机舱	1. 检查是否有运输损坏或划痕，与装箱单是否相符； 2. 检查已安装好的部件是否有缺漏或损坏； 3. 检查齿轮未涂漆表面是否有铁锈以及齿轮箱油位与密封； 4. 检查机壳是否有划痕	
3	叶片	1. 首先检查叶片是否有划痕和其他表面破损； 2. 比较叶片标识号与货物通知单的标识号是否一致； 3. 确认 3 片叶片是用于同一个叶轮上，检查叶片配套附件是否齐全	
4	轮毂	1. 检查轮毂是否有划痕和其他破损迹象； 2. 检查主轴和叶片相连的法兰是否有铁锈或破损迹象； 3. 检查旋转器是否有划痕、凹痕和裂痕	
5	箱式变压器	1. 检查货物运输过程中是否有损坏； 2. 与交货单进行核对	

4. 基础验收

GE1.5MW-Sle 风机有基础环，在基础环上法兰中部，相隔 120°的三个方向各取一点（图 5.2.1-3）用水平仪和大地尺测量水平度，每点最少测量 2 次，取平均值，最大水平误差≤2mm。其他风机机型若无基础环此项略，但须调整低节塔筒垫铁高度和螺栓垂直度。

5. 清理并锉平法兰结合面，清除基础上的尘土、锈斑和杂物（图 5.2.1-4）。

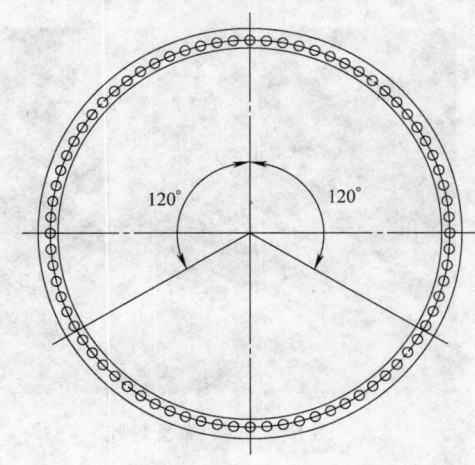

图 5.2.1-3　基础环水平度测量

图 5.2.1-4　基础法兰清理

6. 准备施工用临时电源：10kW 柴油发电机 1 台，供电动扳手和照明用。

5.2.2　变频器安装

1. 连接变频器上下两段，装上地脚螺栓，将塔脚高度设置为 150mm（图 5.2.2-1）。

2. 将组装好的变频器整体吊装就位，使变频器处于基础中心位置（图 5.2.2-2），注意就位方向与塔筒门方向的一致性，调整地脚螺栓高度，使变频器处于水平位置。

图 5.2.2-1　变频器示意图

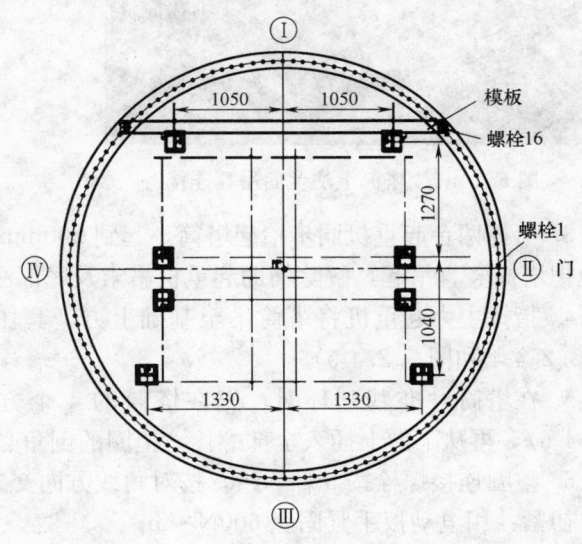

图 5.2.2-2　变频器安装

5.2.3　塔筒布线

1. 电缆设备箱的开箱检查。

2. 沿电缆桥架分段布置各节塔筒的电缆线（图 5.2.3），底段塔筒底部预留约 5m 长电缆，卷圈后用扎带固定在爬梯上，其他部分电缆布置长度超过塔筒约 1m，以便各节塔筒间电缆连接与检修时备用。全部电缆用电缆夹板固定，每隔 0.8m 用电缆扎带绑扎牢固。

3. 布置塔筒照明电缆、光管、插座和安全绳等。

5.2.4 底段塔筒吊装

1. 在塔筒连接法兰面螺栓孔外侧抹上一圈玻璃密封胶（图 5.2.4-1）。

2. 将厂家提供的专用起重吊耳紧固于塔筒上下法兰面，连接卸扣和吊索（图 5.2.4-2 和图 5.2.4-3）。

图 5.2.3 塔筒布线

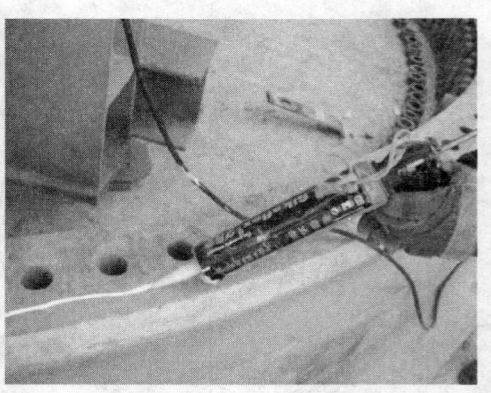

图 5.2.4-1 涂密封胶

图 5.2.4-2 塔筒上法兰面吊具连接

图 5.2.4-3 塔筒下法兰面吊具连接

3. 指挥两台起重机同步抬起塔筒，起到 200mm 试验刹车性能，再指挥主力起重机和辅助起重机平稳地把塔筒竖直吊起，解除辅助起重机吊索及底部法兰上的专用吊耳，系好溜绳。

4. 指挥主力起重机将塔筒吊至基础上方，套住变频器缓缓就位，注意不让塔筒内壁碰撞变频器（图 5.2.4-4 和图 5.2.4-5）。

5. 在塔筒对准基础环时，先在塔筒的 4 个方向从上向下插入 4 颗定位螺栓以稳定塔筒（图 5.2.4-6），再从下向上插入全部螺栓，垫圈的倒角必须始终面向螺栓杆或螺母的方向。

6. 整圈连接螺栓按 5 颗一组，按对角线方向交叉呈"米"字形紧固。

初紧：用电动扳手紧固至 600N·m；

复紧：用液压扳手紧固至 2000N·m；

终紧：用液压扳手紧固至 2800N·m（所有螺栓每次紧固力矩如表 5.2.1-1 所示）。

7. 当所有螺栓复紧完成后才可摘钩，终紧后才可安装中段塔筒。

8. 所有螺栓终紧完成后，需作标识紧固力矩值，紧固时间，螺栓与螺母的相对位置等（图 5.2.4-7）。

5.2.5 中段、顶段塔筒吊装

中段、顶段塔筒吊装与底节塔筒吊装相似（图 5.2.5），简要说明如下：

1. 用电子水平尺检查塔筒上法兰的水平倾斜度,不能超过 0.2°。

2. 把所需安装工具、配件牢固绑扎在相应的塔筒内上平台上。

3. 在已安装的塔筒顶部法兰连接螺栓孔外缘涂上密封胶。

4. 螺栓紧固要求与底段塔筒相同。

5.2.6 机舱吊装（图 5.2.6-1～图 5.2.6-3）

当风速小于 6.1m/s 时,机舱前后各布置两条 $\phi20\times150m$ 的溜尾麻绳,每条绳安排约 2 人加以控制。对于可能风速大于 6.1m/s 而小于 13.8m/s 时,要布置 2 个专用地锚,机舱前后各布置两条 $\phi32\times150m$ 的溜尾麻绳。风载荷控制详见第 4.3 条。

1. 用电子水平尺检查塔筒上法兰的水平倾斜度,不能超过 0.2°。

2. 吊装前将机舱配件安装完毕,包括气象架、照明灯、排气罩和风速风向仪等。

3. 清洗机舱主轴及其他部分的法兰面、螺栓孔,并在机舱前后系溜绳。

4. 将机舱吊装专用工具与机舱连接,并松开机舱与底座的部分连接螺栓。

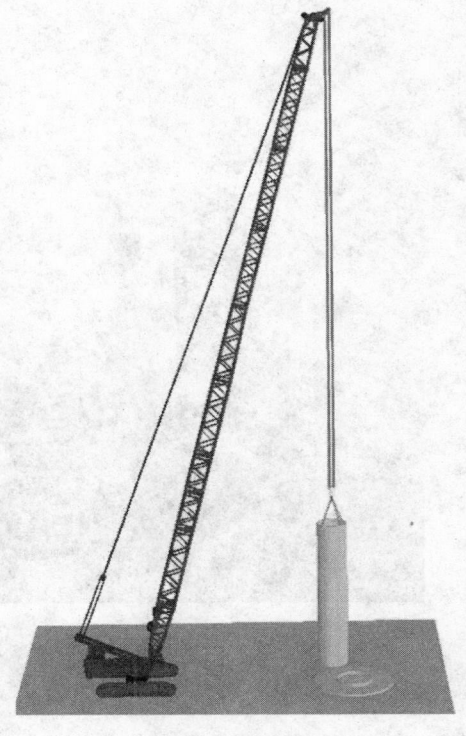

图 5.2.4-4　底段塔筒吊装

图 5.2.4-5　底段塔筒就位

图 5.2.4-6　穿定位螺栓

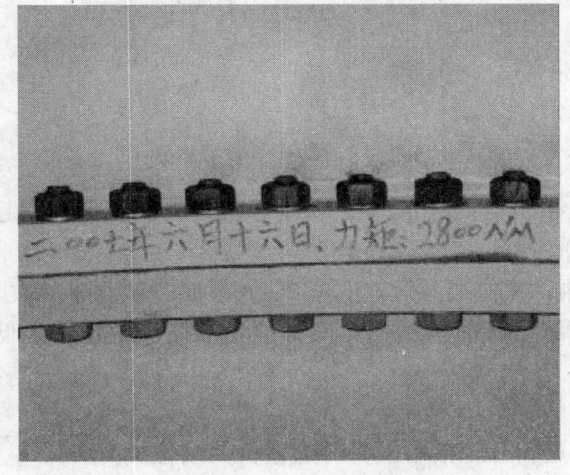

图 5.2.4-7　螺栓紧固标识

图 5.2.5　中段塔筒吊装

图 5.2.6-1 机舱起吊

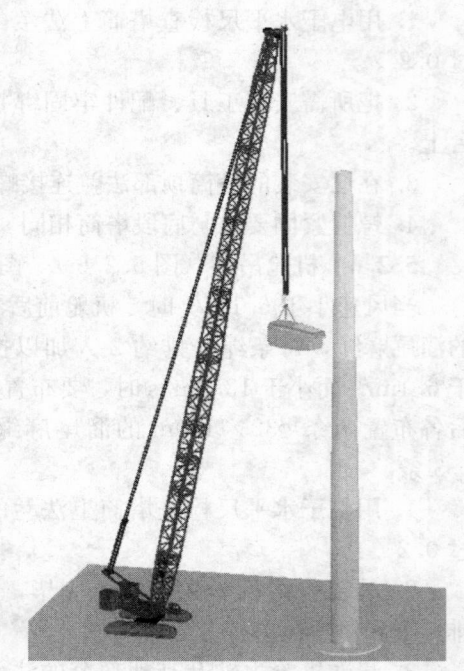

图 5.2.6-2 机舱吊装

图 5.2.6-3 机舱就位

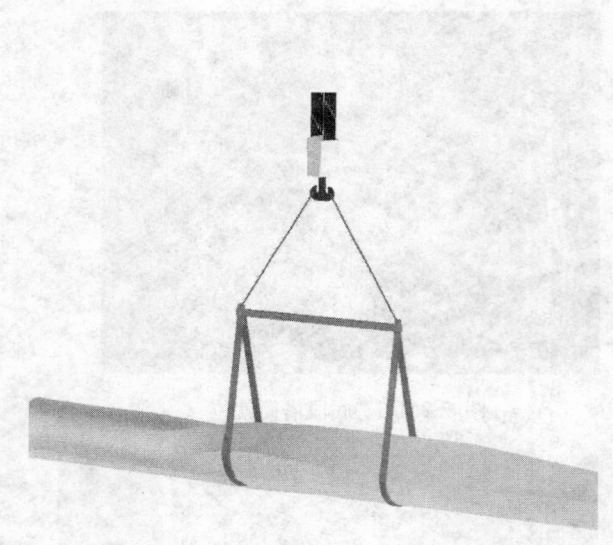

图 5.2.7-1 叶片组装吊装梁

　　5. 将排气罩推起并用绳索绑挂在气象架支架上。由于机舱内存放大量电缆等物造成机舱偏重，起吊前需调平便于就位。

　　6. 确认连接正常，SCC4000/400t 履带起重机稍起钩，机舱离开运输底座 150mm 时，试刹车二次。

　　7. 继续起钩，将机舱吊装就位：待定位销插入塔筒法兰孔时，从机舱底法兰与塔筒法兰连接最低边开始插连接螺栓，按表 5.2.1-1 要求紧固螺栓。

5.2.7 叶片组装

　　1. 将轮毂摆放牢固、平稳，并考虑 3 片叶片安装位置和叶轮抬吊翻身时起重机的站位。

　　2. 连接手动变桨装置到第一片叶片变桨电机上，用于安装叶片时旋转叶片轴承。

3. 在叶片重心标记左右各 3m 的地方包扎叶片护边物，用纤维吊带兜底吊装。

4. 采用 6m 长叶片专用吊装梁（图 5.2.7-1）单机吊装第一片叶片，用溜绳控制叶片不与其他物体碰撞（图 5.2.7-2）。

5. 当叶片提升至离地 0.5m 左右时，拆除叶片运输支架。

6. 手动调整叶片变桨电机，使叶片螺栓与转子轮毂"0"位线对准。

7. 安装叶片螺母，按表 5.2.1-1 所示力矩要求，按对角线方向交叉呈"米"字形紧固。

8. 以同样的方法安装第二、第三片叶片。

5.2.8 叶轮吊装

叶轮吊装风速 6.1m/s 以下，每片叶片拴两条 ϕ20×150m 的麻绳，绳另一端与地锚连接，每个地锚点安排约 2 人加以控制。对于可能风速大于 6.1m/s 而小于 13.8m/s 时，要布置 2 个专用地锚，而且每片叶片拴两条 ϕ32×150m 的溜尾麻绳。风载荷控制详见第 4.3 条。

1. 通过叶片变桨电机调整叶片角度，使 3 片叶片同时处于顺桨位置。

2. 在轮毂吊点位置安装专用吊耳板，紧固力矩为 1340N·m。在 SCC4000/400t 履带起重机吊钩上挂好专用吊装带，通过 2 个 25t 卸扣与 2 个专用吊耳相连。抬吊翻身如图 5.2.8 所示。

3. 指挥轮毂就位，使轮毂定位销插入主轴法兰最高位置螺栓孔，用链条葫芦钩挂轮毂支撑架两侧，缓慢将轮毂拉入机舱前罩壳，使轮毂就位。螺栓紧固按表 5.2.1-1 要求。

图 5.2.7-2 叶片组装

图 5.2.8 叶轮吊装

5.2.9 电气安装

1. 将机舱内的动力电缆线由弯线槽及马鞍架处放至塔筒第三层平台处，在弧形电缆支架绑扎后分别接定子导电轨接线盒和转子导电轨接线盒。

2. 将机舱内的控制电缆线与动力电缆线同一线路放至弧形电缆支架座上绑扎牢固，再沿塔壁放至塔筒基础环内。

3. 从基础平台上侧导电轨接线盒引出动力电缆接线，分别完成定子和转子接线，在变频器控制柜 690V 变频侧接转子电缆并做好标记，在控制输出侧接定子电缆并做好标记。

4. 在平台及下接线盒下方线架处，将动力电缆用集线夹子统一固定，并紧固线架螺栓。

5. 将控制电缆线沿塔筒电缆槽用绑扎带固定；在变频器控制柜控制侧按对应位置接好控制线。

6. 在基础环法兰处焊接地线集线板，将接地线螺栓接在集线板上。

7. 将塔筒与塔筒间电缆线连接起来。

8. 从基础环预留孔处穿 4 条 3×240mm²，长 25m 的电缆至箱式变压器交接线。

5.2.10 移交调试

移交调试主要涉及安装质量检验、工艺评价、查漏补缺等，具体为螺栓力矩检验（20％抽样检验）、电缆连接检验、接地连接检验、防腐检验、工程量检验、外观检验、施工后恢复清洁检验等。

5.2.11 劳动力组织

按照 1 台主力起重机作业，考虑设备二次运输、所有机械自备，劳动力组织见表 5.2.10-1 和表 5.2.10-2。

劳动力组织表　　　　　　　　　　　　　　　　　　　表 5.2.10-1

工种	管理及技术人员	起重工	安装工	电工	修理工	司机	合计
人数	6	6	6	6	1	10	35

每道工序所需人员列表　　　　　　　　　　　　　　　表 5.2.10-2

序号	工　序	所需人员						备　注
		管理人员	修理工	起重工	安装工	电工	司机	
1	设备装、卸车	1		4			1	起重机司机
2	设备转运	1		4			2	平板车司机
3	塔筒电缆铺设					4		吊装前
4	塔筒吊装	3	1	4	5	2	3	起重机司机
5	机舱组装	2	1	3	3～4	1	2	起重机司机
6	机舱吊装	3	1	6	5	2	2	起重机司机
7	轮毂组装	2	1	2	3	1	1	起重机司机
8	叶轮组装	3	1	6	4	1		
9	叶轮吊装	3	1	6	6	2	3	起重机司机
10	电缆连接、电气完善	1		1		4		
11	安装完善	1	1		4	2		
12	配合验收	2	1		4	2		

6. 材料及设备

材料及设备见表 6-1、表 6-2。

主要施工机械表　　　　　　　　　　　　　　　　　　表 6-1

序号	设备名称	型号及规格	数量	备　注
1	履带起重机	SCC4000/400t	1	主力起重机，配套重型路基箱
2	履带起重机	100t	1	辅助起重机，配套重型路基箱
3	汽车起重机	25t	1	辅助起重机
4	平板车	60t	1	履带起重机主机转运
5	平板车	30t	2	履带起重机附件及其他设备转运
6	载重货车	5t	1	小件设备和工具转运

主要施工工具和材料表　　　　　　　　　　　　　　　表 6-2

序号	名　称	规格型号	数量	备　注
1	机舱专用吊具		1 套	厂家提供机舱
2	叶片吊装梁	6m	1 个	叶片吊装专用
3	塔筒吊装专用吊耳		2 套	

序号	名 称	规 格 型 号	数量	备 注
4	柴油发电机	10kW	1个	临时电源
5	吊索	6×37+1-32.5×16m	4对	卸塔筒用
6	吊索	6×37+1-39×13m	4对	吊装塔筒用
7	卸扣	马蹄形 10t/8t	各4个	
8	卸扣	25t	2个	叶轮吊装用
9	环形吊带	30t×1m	1对	叶轮吊装专用
10	纤维吊带	扁形 10t×20m	2对	叶片组装
11	纤维吊带	扁形 5t×10m	2对	变频器吊装
12	电动扳手	EF400	2套	塔筒螺栓初紧用
		EF250+	1套	叶片螺栓拧紧用
13	液压扳手	HYTORC 液压泵 JetPro 10.3-200/230V 液压扳手 HY-5MXT	2套	螺栓复紧与终紧用
14	机械式力矩放大器	MDS-35	1套	抽查 10%数量的螺栓
15	电子水平尺	建筑用电子水平尺,精度 0.01	2把	塔筒法兰水平
16	梅花扳手、呆扳手、重型套筒扳手		各2套	螺栓紧固用
17	叶轮式风速仪	Testo 410	1把	监测风速
18	密封胶	玻璃胶	100筒	
19	除锈剂	MoS_2	100筒	
20	硅胶加注枪		10把	
21	麻绳	$\phi32$	600m	溜绳
22	麻绳	$\phi20$	600m	溜绳
23	溜尾地锚	5t	4个	

7. 质 量 控 制

7.1 工程质量控制标准
根据设备厂家技术文件、国家标准和行业标准行控制,主要包括:
1.《GE1.5 系列风力发电机组技术文件》
2.《风力发电机组装配和安装规范》GB/T 19568—2004
3.《风力发电机组验收规范》GB/T 20319—2006
4.《风力发电场项目建设工程验收规程》DL/T 5191—2004

7.2 风机安装工程质量检查表

7.3 工程质量保证措施
1. 根据本工程特点,按 ISO 9001—2000 标准的要求,制订一套严密的质保制度;明确项目部和各级管理人员的质量职责和质量管理的各项规定;凡事有人负责,凡事有章可循,凡事有据可查,凡事有人监督。

2. 将工程质量目标细化,分解到施工方案和现场质量计划中。各施工项目工程师负责对开工条件进行检查确认,专职和兼职质检员根据质量计划进行复核,按规定请监理和业主检查签署确认。对施工中的关键步骤、重要环节标出见证点(W点)和停工待检点(H点),隐蔽工程、四级检验项目、关键重大项目等定为停工待检点。

3. 按照有关质量验收评定的标准及所制定的施工工艺内部控制标准施工工艺质量控制措施、评定标准和评定办法等有关文件对施工工艺进行控制。质检人员通过日常巡查等方法对施工工艺进行监督检查，如发现工艺质量问题，及时发出限期整改通知，并跟踪整改的结果，确保工艺质量。对于安装质量通病，成立施工工艺 QC 小组攻关解决。制定成品保护措施，对施工现场的设备、材料进行防护。

4. 根据有关标准规范，制定工程验收和评定一览表，对质量验收和评定进行控制，保证所有施工项目都经过检查验收合格，如图 7.3。

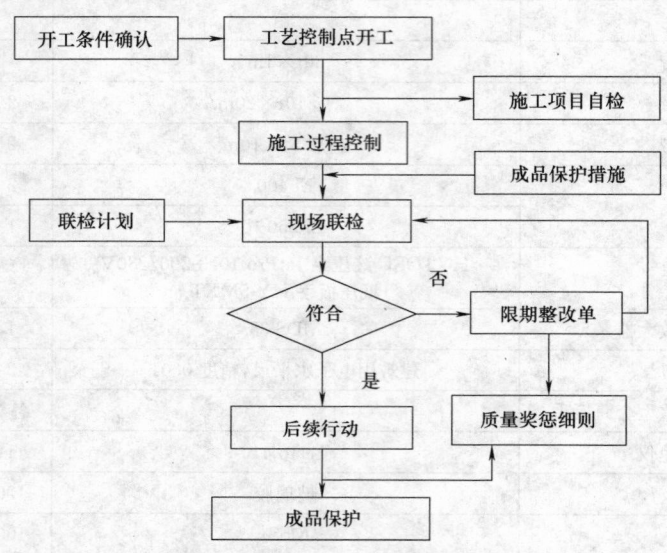

图 7.3　风机安装工艺质量控制流程图

8. 安 全 措 施

8.1　危险源分析

1. 风机安装主要危险源之一为吊装作业时风载荷影响，造成被吊设备偏摆，使起重机斜拉斜吊，引发起重机倾翻或吊臂折断，造成机械事故或人员伤亡事故。故风载荷控制是风机安装中安全控制的重点。

2. 部分风机安装现场土质松软，起重机作业时，地基不均匀下沉也可能导致超载作业，造成机械事故或人员伤亡事故。

3. 吊装过程踩踏叶片或叶片与周围物体碰撞等，造成叶片损坏。

8.2　安全控制措施

1. 严格执行《职业健康安全管理体系规范》GB/T 28001—2001。

2. 严格遵守《电力建设安全工作规程》DL 5009.1—2002 和《风力发电场安全规程》DL 796—2001 等安全规程和公司相关安全制度。

3. 根据公司职业健康安全管理手册，明确项目部和各级管理人员的安全职责和安全管理的各项规定。

4. 进场人员 100% 进行三级安全教育，特殊工种必须执证上岗。

5. 开工前组织危险辨识与风险评价，并制定相应预防措施。

6. 定期对工机具进行保养和检查，施工前对所有工机具进行检查，保证满足安全使用要求。

7. 作业安全防护区应有警告标识；高空作业现场地面不允许停留闲杂人员，不允许向下抛任何物体，也不允许将任何物体遗留在高空作业现场；吊装物应固定牢靠，防止坠落，发生意外。

8. 施工前编制风机安装施工方案和安全控制措施，并在作业前做好安全技术交底工作。

9. 在吊装作业时，提升或下降必须平稳，避免有冲击、振动等现象发生，不允许任何人随同吊装设备升降，在吊装过程中，因机械故障等中断，采取措施进行处理，不得使吊装物体悬空过夜。

10. 施工前收集天气预报信息，施工过程密切关注风力变化（风速仪即时监控）。各风力等级的控制措施：缆风绳及地锚布置参考图 5.2.1-2。各风力等级的控制措施见表 8.2。

叶片吊装时各风力等级的控制措施 表 8.2

风力等级	风速 V(m/s)	控 制 措 施
3 级以下	0～5.4	每片叶片拴两条 $\phi20\times150m$ 的麻绳，绳另一端与地锚连接，每条绳安排 2 人加以控制
4 级	5.5～7.9	1. 风速 6.1m/s 以下，布置 2 个专用地锚，每片叶片拴两条 $\phi20\times150m$ 的麻绳，绳另一端与地锚连接，每个地锚点安排约 2 人加以控制。 2. 若风速可能大于 6.1m/s，布置 2 个专用地锚，每片叶片拴两条 $\phi32\times150m$ 的麻绳，每个地锚点安排 2 人加以控制
5-6 级以下	10.8～13.8	1. 施工前一天天气预报风力在 6 级风以下可吊装。 2. 布置 2 个专用地锚，每片叶片拴两条 $\phi32\times150m$ 的溜尾麻绳，每个地锚点安排 2 人加以控制
6-7 级	13.9～17.1	1. 停止作业。 2. 吊装时若突遇阵风可达 7 级风，可采取如下措施： ①停止吊装作业； ②将叶片转向侧面迎风，减小迎风面积进而减小风载荷； ③若阵风频繁，操作起重机下降叶轮至低空
8 级以上	17.2 以上	严禁作业

11. 地面平整度符合起重机作业要求，耐压力要求 11t/m² 以上，且按要求铺设重型路基箱。对不符合要求的地面，必须进行加固处理。

12. 注意防止施工过程中夹伤、碰撞现象。如吊装塔筒就位时，确认所有人的手、脚等离开就位位置；正确使用液压扳手。

13. 做好叶片吊装过程的安全保护措施，严禁踩踏叶片薄壁，来好溜绳防止叶片与周围物体碰撞。

14. 吊装前起重机应试刹车，确认刹车正常；起重指挥由专人负责，信号应明确清晰；抬吊过程中两起重机应密切配合。

9. 环 保 措 施

9.1 严格执行《环境管理体系标准》GB/T 24001—2004。

9.2 对可能产生严重土壤流失的地方，覆盖处理。

9.3 设备、车辆检修和清洗等产生污染水的作业处，一律进行硬地作业，合理布置排水，污染水集中处理达标后再排放。

9.4 施工组织设计、施工方案中制定详细的环保措施，施工前做好布置，施工中认真执行。

9.5 对施工道理进行硬化，并在晴天经常对通行道路洒水，防止尘土飞扬。

9.6 对施工废弃物及时回收，做到工完、料尽、场地清。

10. 效 益 分 析

本工法通过优化施工机械资源配置，优化施工工艺，以及采取一系列有效措施，安全、经济、优质、高效的完成了国电龙源江苏如东风电特许权二期项目工程。该工程荣获"2008 年度中国电力优质工程奖"和"达标投产工程"称号，取得良好的社会效益。

其次，风电工程近年快速发展，风电安装有必要形成一套完整的工法。本工法凝聚了广东火电工程总公司多年来风机安装的丰富经验，其中对吊机选型、风载荷控制、地压控制、安装质量控制等方面进行经验总结，抛砖引玉，可给同行提供参考或改进思路。

本工法经济效益估算如下，主要考虑机械、工具材料费用，按国电龙源江苏如东风电特许权二期项目工程67台风机计，其它如提高安全性和施工质量所产生费用暂无法量化比较。

1. 使用400t履带起重机替代500t履带起重机，每台风机节约机械费用1.3万元；

2. 本工法地压要求不低于$11t/m^2$即可满足，若不采用这种重型钢箱，则每台风机吊装场地处理费用增加不少于0.5万元。

3. 机械进退场从广州迁至如东风电场，400t履带起重机进退场费90万元，500t 100万元，节省10万元。

4. 本工法制作4个5t水泥块地锚，费用2万元；制作吊装扁担梁0.3万元。

5. 本工法增加重型路基箱运输费：每台风机用1台30t平板车半个台班0.14万元；使用25t汽车吊半个台班0.1万元。

6. 重型路基箱折旧费：每块重型路基箱约5万元，共10块合计50万元，按8年折旧，本工程使用7个月，提取折旧及使用费共4.3万元。

故本风电场安装工程采用此工法后，可节省费用约107.9万元：

$(1.3+0.5) \times 67+10-2-0.3-(0.14+0.1) \times 67-4.3=107.9$万元。

11. 应用实例

本工法已成功运用于江苏龙源如东凌洋风电场等7个风电安装工程。能够安全、优质、高效地完成风机安装，并取得较好的经济效益和社会效益，广东粤电湛江徐闻洋前风电场等6个在建工程项目也在运用本工法进行风机安装（表11）。

随着风电建设的飞速发展，本工法还将广泛运用到其他风电场的风机安装工程中。

应用实例一览表　　　　　　　　　　　　　　　　　　　　　　　　　　　　表11

工程名称	装机容量	安装工程开工竣工时间	备注
国电龙源江苏如东风电特许权二期风电设备吊装工程	67台1.5MW风机	2006.08—2007.02	已完工
江苏龙源如东凌洋风机设备吊装工程	33台1.5MW风机	2007.07—2007.11	已完工
国华风电江苏东台风电特许权一期项目工程	41台1.5MW风机	2007.10—2008.01	已完工
华能阜新风电场一期(高山子)风电力发电机组场内运输与吊装工程(安装标)B标	35台1.5MW风机	2007.06—2007.12	已完工
龙源启东风电项目风机设备吊装工程	67台1.5MW风机	2007.08—2008.11	已完工
龙源(张家口)尚义石人风电场一期49.5MW风机设备吊装工程	33台1.5MW风机	2007.09—2008.06	已完工
龙源赤峰新胜风电场风机安装工程	33台2.0MW风机	2008.03—2008.08	已完工
广东粤电湛江徐闻洋前风电场工程项目建筑、安装工程	32台1.5MW风机	2007.12—	在建
华能通榆100MW风电特许权项目(二期B标段)	33台1.5MW风机	2008.08—	在建
华能阜新风电场二期(阜北)工程-300MW风力发电机组场安装工程(B标段)	100台1.5MW风机	2008.06—	在建
龙源海南峨蔓风电场(一期)49.5MW工程	33台1.5MW风机	2008.03—	在建
华能海南文昌发电厂(一期)新建工程(49.5MW风力发电机组)设备运输工程	33台1.5MW风机	2008.06—	在建
江苏龙源如东二期(100.5MW)风电场风机安装项目	67台1.5MW风机	2008.11—	在建

炼铜转炉安装工法

GJEJGF230—2008

中国十五冶金建设有限公司

田雨华　张有为　谈敏　郑建国　张志红

1. 前　　言

转炉在有色冶炼工业中有着广泛的应用，是冶炼工艺的关键设备。炼铜转炉主要用于将熔融冰铜、石英石和石灰石熔剂加入其内进行冶炼，而熔体中的铁、硫等杂质与氧和熔剂化合形成炉渣和二氧化硫气体被除去，得到含铜90％以上的粗铜。

本工法讲述的是卧式炼铜转炉，其主要由转炉炉体、支承装置、小齿轮装置、驱动装置等组成，其中转炉炉体主要由筒体、滚圈、大齿圈、风管、风箱、风口部件、炉口、炉口座、平衡重等组成。转炉炉体为超重、超大件，筒体及滚圈重量一般大于 100t，大齿圈直径大于 ϕ5000mm。中国十五冶金建设有限公司近十年来共安装了 13 台转炉，主要有安徽铜陵金隆一期工程 3 台 ϕ4m×10.7m 型转炉、安徽铜陵金隆铜业公司 35 万 t/a 挖潜改造工程 1 台 ϕ4.3m×13m 型转炉、江西贵溪冶炼厂一期工程 1号、2 号、3 号 ϕ4m×10.7m 型转炉、二期工程 4 号、5 号 ϕ4m×11.7m 型转炉、三期工程 6 号 ϕ4m×11.7m 型转炉和 30 万 t/a 铜冶炼工程为 7 号、8 号、9 号 ϕ4.5m×13m 型转炉。在不断总结和运用的基础上，中国十五冶金建设有限公司的炼铜转炉的安装技术已形成一套成熟的施工方法，2006 年开发编写了企业级工法，2008 年被中国有色建设协会评为省部级工法，工法关键技术"炼铜转炉安装精度测量与控制技术"于 2008 年 3 月经中国有色矿业集团有限公司的组织技术鉴定，该技术属于国内领先水平。

2. 工 法 特 点

2.1　建立测量控制网，实行过程测控，保证了转炉的安装精度，转炉试运转一次成功，各项指标均达到设计和规范要求。

2.2　采用液压千斤顶调整托轮的倾角，避免了转炉筒体直接在转炉托轮上调整的问题，节省了大型吊车的台班，有利于安全和环保。

2.3　与传统的施工方法相比，有效地缩短了工期，每台转炉缩短工期最大可达 30d。

3. 适 用 范 围

本工法适用于炼铜转炉的安装，并可供有色金属冶炼行业类似设备施工时参考。

4. 工 艺 原 理

平面控制建立"十"字形基准线，立面控制以厂区高程起始线为准，用全站仪放出基准点，在转炉的基础附近设置一个标高基准点，依次对基础底座、托轮、筒体及轮带、风口座架及风口、通风眼机轨道的安装精度进行测量和安装控制。支承装置安装前，在基础上埋设沉降观测点，定期测量检查；在安装过程中，采用全站仪测量控制标高（相对标高允许偏差为 0.3mm），同时结合框式水平仪，控制纵横向水平度为 0.05/1000，采用压铅法配以塞尺和外径千分尺检查齿侧间隙及齿顶间隙，用百分表检查轴向和径向跳动，用涂红丹粉法检查小齿轮和齿圈的接触面积；纵横轴线控制，在基础上埋设永久性中心标板，用全站仪测量纵横轴线，并做好标识，拉 0.5mm 钢丝，控制两支承装置水平间距及纵横中心轴线，保证两支承装置的平行度。

5. 施工工艺流程及操作要点

5.1 施工工艺流程

施工工艺流程如图 5.1 所示。

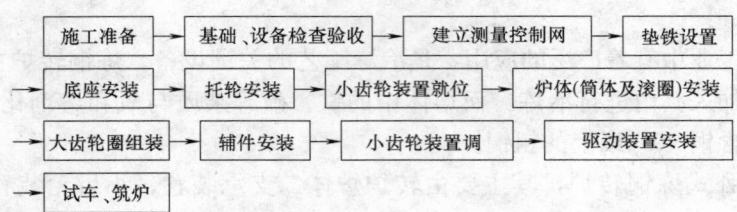

图 5.1　施工工艺流程图

5.2 操作要点

5.2.1 建立测量控制网

1. 根据表 7.2 转炉安装精度要求，平面控制采用建立"十"字形基准线的方法，为提高测量精度，便于基准线长期保存和使用，每条基准线的建立，均埋设铜棒制作的中心标板；标高控制，原则上在转炉的基础附近设置一个标高基准点，以此作为安装作业和生产检修的起始依据。

2. 测量仪器的选用

根据安装精度要求，选用全站仪（型号为 GTS-711S），配合转炉设备安装，可以满足安装精度要求。

3. 控制测量基准线及标高基准点检测

转炉设备安装的一大特点，就是设备基础承受荷载大，安装工期较长。为了保证设备安装控制基准线长期稳定，各工序设备安装精度可靠，安装过程中定期对设备基础进行沉降观测，定期对平面控制基准线、标高点进行复测检查和校正。

4. 基础控制基准线的建立

1) 根据设备安装施工图和设备主体中心线，绘制施工测量控制略图及基础中心标板（图 5.2.1 所示），并认真对照图纸，检查校核有关测量数据。

2) 控制基准线的建立，除了要保证与厂房轴线相应的几何尺寸外，还应保证纵横准线的正交度，其正交度允许偏差为 ±0.2mm。

3) 控制基准线的中心标点板是关键的一步，在设备表面上设置，并在基础指定的区域按要求打出坑。埋设时用全站仪控制中心板方向及位置，然后用混凝土固定。各条控制线确定后，进行复测，保证测量偏差为 ±0.5mm，在中心标板中心用专用工具刻出标记。

4) 转炉设备安装标高基准点在转炉附近设置，以厂区高程起始线为准，用全站仪放出基准点，并复核。

5.2.2 底座安装

底座安装之前，转炉钢结构及其操作平台先不安装，便于转炉本体的安装作业。

由于托轮安装在底座上，筒体由托轮支承着，整个转炉生产时，其总重量达 600t 以上，所以底座安装质量的好坏直接影响到转炉整体的安装质量，因此底座安装是转炉安装最关键的工序。

1. 底座一次调整

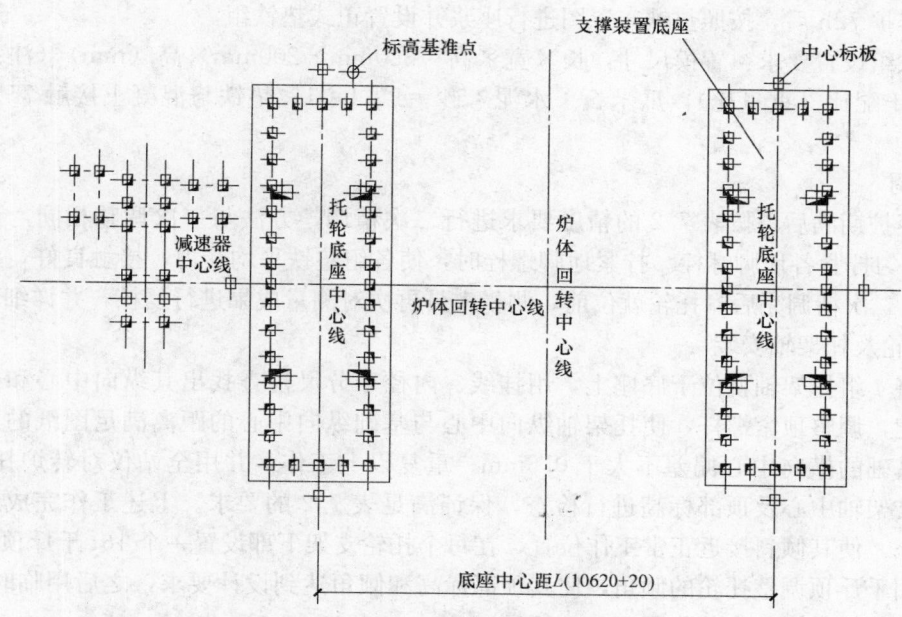

图 5.2.1　中心标板及标高基准点布置图

　　先在基础上放置 4 组临时垫铁，然后用 50t 汽车吊将底座就位于临时垫铁上，用挂线、内径千分尺找出底座的纵向和横向中心，并用样冲打上永久标记，然后根据中心标板及标高基准点布置图（图 5.2.2）调整底座，用挂线、内径千分尺检查调整底座的纵横中心与基础的纵横中心偏差不大于 0.5mm，并用全站仪检查测量底座与托架轴接触面的标高，标高允差为 0.3mm。两底座一次调整时，保证筒体与支承装置的热膨胀量为 20mm，以 $\phi4.5m\times13m$ 型转炉为例，即保证固定端托轮与滑动端托轮的横向中心距为 10640mm，固定端滚圈与滑动端滚圈的横向中心距为 10620mm，两中心距离差 20mm，如图 5.2.2 支撑装置及炉体安装示意图所示。完成后用全站仪进行复核。

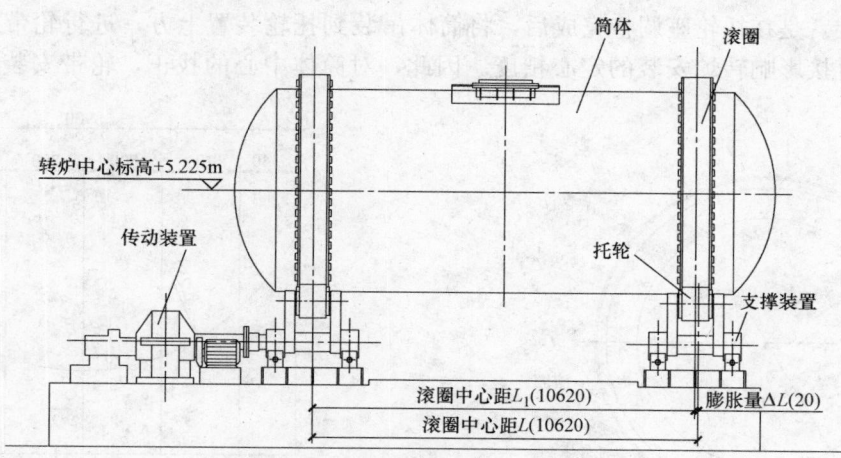

图 5.2.2　支撑装置及炉体安装示意图

　　2. 一次灌浆

　　确认一次调整合格后及时进行一次灌浆。灌浆前，测量技术人员对中心、标高和预留热膨胀量的一次调整结果进行复核，并将地脚螺栓孔清理干净且湿润，然后进行一次灌浆。一次灌浆用 R42.5 水泥，配合比（水泥：细石：砂）重量比为 1：1：1。灌浆时保证地脚螺栓的垂直度不大于 10/1000，且在 4 个方向上距孔壁距离不小于 15mm，螺栓露出螺母外长度 3～5 扣丝，地脚螺栓尽量位于底座螺栓孔的中央。

　　3. 垫铁坐浆

一次灌浆养护72h后，按照垫铁布置图进行座浆并设置正式垫铁组。

座浆及垫铁组设置要求：置模尺寸，长×宽×高＝320mm×200mm×高（mm）（注：高为变动尺寸）；坐浆混凝土配比（重量比），瓜米石∶水泥∶砂＝1∶1∶1；垫铁与混凝土接触75％以上；养护期72h。

4. 二次精调

一次灌浆养护期满后，按表7.2的精度要求进行二次精调，方法与一次调整相同，当确认达到表7.2的要求后均匀拧紧各地脚螺栓。拧紧地脚螺栓时，使各组垫铁平均受力，接触良好，且露出设备底边10～30mm。二次精调完后、托轮就位前，测量人员再次对测量成果进行复核，并详细记录。

5.2.3 托轮及托架轴安装

用汽车吊将4组托架轴就位于底座上，用挂线、内径千分尺检查找出其纵向中心和横向中心，并打上永久性标记，调整顶紧螺杆，使托架轴纵向中心与基础纵向中心的距离满足图纸的尺寸要求，且其横向中心与基础的横向中心偏差不大于0.5mm，重复以上工作，并用全站仪对转炉托座的中心线、标高水平度、支架轴中心及顶部标高进行检查，保证满足表7.2的要求。上述工作完成后，将托轮就位于各托架轴上，使其倾斜接近正常工作位置，在每个托轮支架下部设置一个16t千斤顶，测量托轮顶部标高，同时用千斤顶调整托轮的倾角，使其顶部标高和倾角达到设计要求，之后用临时支架固定好。托轮、托架轴、临时支架的安装如图5.2.3所示。

托轮的安装是托轮装置的最后一个环节，其中心与标高安装质量的好坏直接影响转炉筒体的安装质量。因此，施工测量要密切配合施工人员，做好如下检查：

1. 托轮组中心距检查。用全站仪测出两个托轮轴中心到转炉中心的距离，进行调整使其符合表7.2的要求。

2. 托轮组标高的检查。托轮组检查标高的目的是使4组托轮的倾角与标高一致，能准确与转炉筒体轮带结合，最终使筒体风口座及捅风眼机轨道面高度一致，捅风眼机能正常工作。进行调整使其符合表7.2的要求。

5.2.4 炉体安装

转炉筒体安装，是在托轮座调整完成后，将筒体吊装到托轮装置上方，进行轮带和大齿轮圈装配的又一道工序，直接影响转炉安装的定心精度。因此，对筒体中心的找正，轮带安装定位和检测，就

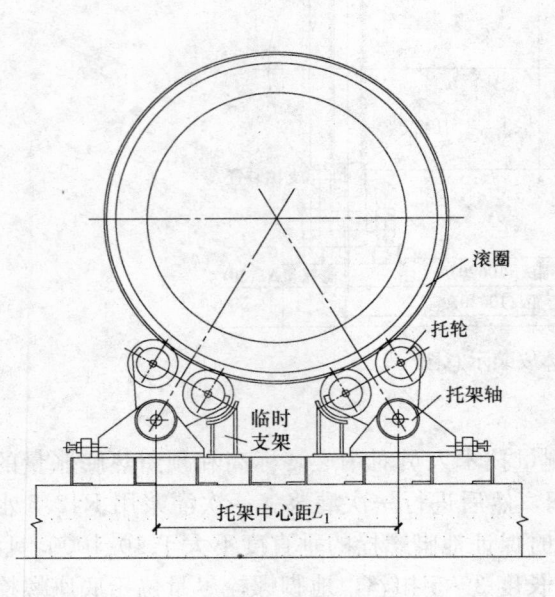

图 5.2.3　托轮、托架轴及临时支架安装示意图

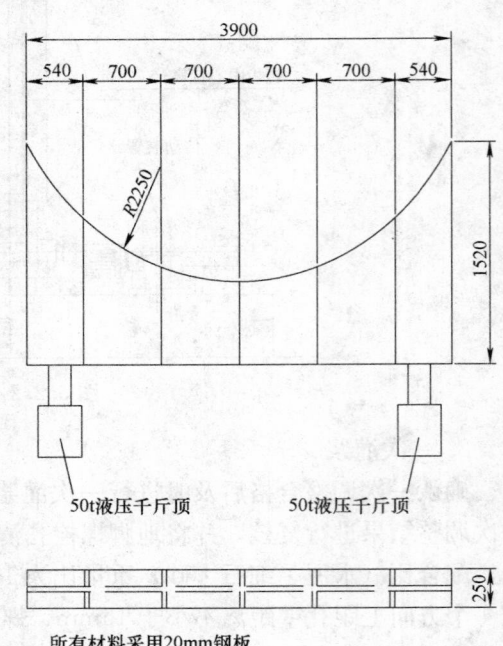

图 5.2.4-1　转炉筒体就位托架

显得至关重要。

1. 自制筒体专用就位托架，设 4 个 50t 液压千斤顶分别放在自制托架的 4 个角上，并使托架高出筒体托轮顶面 200mm×300mm，便于筒体安全就位。专用托架见图 5.2.4-1 所示。

2. 筒体吊装到专用托架上放稳，用全站仪检查、调整筒体纵、横中心线与基础上的测量控制基准线保持一致，目的在于消除筒体中心的平面位移偏差。

3. 依据基础上中心标板横向基准线，按设计尺寸分别将两条轮带的中心线放测到筒体上，以作为轮带安装的施工依据。轮带在筒体上安装时，将轮带同一个垂直面上分九等分点，用仪器测量垂直角度，保证其九个点都在竖向同一条角度上，偏差不大于 0.5mm。见图 5.2.4-2 所示。

4. 当筒体与轮带组装正确就位于托轮支承装置上时，施工测量对转炉安装作最终检测比较，分别测定 A、B、C、D、E 数据与设计值比较。测量部位见图 5.2.4-2 所示。

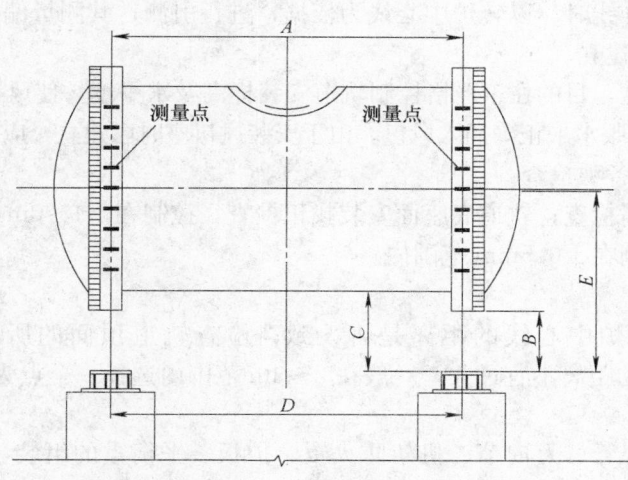

图 5.2.4-2　轮带组装测量示意图

5. 筒体重量以 $\phi4.5×13m$ 型转炉为例，约为 130t，利用厂房内已安装好的包子吊（一般设置为 2 台）进行抬吊。大齿圈、炉口、炉口座、风管、风箱、风口、平衡重等辅件采用 50t 吊车进行组装。

5.2.5　大齿圈组装

大齿圈组装用 50t 吊车进行。吊装时，应尽量使齿圈垂直于筒体中心线吊入，齿圈套入进风端筒体后，再用连接螺栓将齿圈与滚圈连接紧固。

5.2.6　主要辅件安装

1. 风口座架及风口的安装

$\phi50$ 风口共 64 个，其安装质量的好坏直接影响到捅风眼机能否准确无误地将钢钎捅入风口，因此安装时应严格控制风口座架及风口的安装质量。

1）风口座架焊接定位

风口座架定位调整：用全站仪按图纸尺寸以中心标板上中心线和厂房标高基准点为基准将 64 个风口位置引到筒体上，在筒体上划出 64 个风口位置的纵横向中心线，将六块风口座架拼装成三段，并用已点焊在筒体上的定位装置进行定位及调整，调整过程中用框式水平仪检查风口法兰面的垂直度，用全站仪检查风口中心线的标高及 64 个风口的水平度。

焊接：将已调整好的风口座架点焊在筒体上，采用先中间，后两边，两人对称焊接的方法进行焊接。点焊后进行复测，以后每焊一便复测一次，根据焊接变形及焊缝高度进行适当调整，直到达到设计焊缝高度为止。复核风口尺寸，确认六组风口座的中心位移误差不超出±0.5mm。

用全站仪对焊接结果进行检查，风口法兰中心线标高均应小于 2.0mm。

2）风口安装

为保证风口安装精度，加工 2 个安装测量棒，检测风口的安装精度，逐一对每个风口的中心标高，水平度进行仔细地测量调整，用全站仪和框式水平仪相配合安装风口，使风口的标高偏差均小于0.5mm，达到精度要求后，再最终拧紧螺栓。

2. 风箱安装

风箱安装的关键是要保证进风口与筒体的同心度。风箱安装就位后，用5t卷扬机转动筒体，反复调整风箱支架上的调整螺栓，最终将风箱进风口的中心与筒体的回转中心调整至同心。

3. 转炉捅风眼机轨道，由一条齿轮轨和一条止推轨二条行走轨组成，齿轮轨和止推轨相对称。捅风眼机轨道中心线和标高是轨道上捅风眼钢钎能否准确捅入风口的关键所在，因此，其施工测量和安装控制精度尤为重要。

1) 轨道平面基准线及标高基准点的建立

轨道平面基准线的建立，目的在于使安装后的轨道中心线与转炉中心线平行一致，便于捅风眼水平垂直插入。建立轨道基准线时，以转炉中心线为依据，进行引测，其测量偏差不得小于±0.5mm。

2) 轨道标高基准点的建立

轨道标高基准点的建立，目的在于严格控制轨道安装标高及水平度，使风口中心水平线与轨道顶面水平线平行一致，便于捅风眼水平正确插入风口。由于安装风口座时已建立，应以此为基准，直接使用。

3) 轨道安装过程中的各项检查

轨道底座平台面的标高检查；轨道底座面安装找正检查，控制在−1～0mm范围间；轨道顶面的标高检查，其安装偏差严控制在±0.5mm范围内。

4) 轨道安装最终检查

检查轨道中心线与转炉中心线的距离是否一致；检查轨道顶面的所有点的标高，其允差为±0.5mm。测量时测点间的距离不宜过大，一般在2～3m范围内选择一个点为宜。

4. 其他辅件安装

炉口座及炉口、O型风管、万向节、机架防火罩、护板、平衡重的组装，均根据图纸的位置进行安装，焊接各附件支座时，均不允许使筒体产生变形；连接螺栓时，应使各附件之间接触紧密。O型风管安装时，需将风管分为两段才能插入轮带与大齿圈上的预留孔，气割位置尽量靠近大齿圈位置，便于风管焊接；万向接头安装时应保证其连接法兰与炉体同心，允许偏差±2mm。

在转炉炉体烘炉前，必须将滚圈与筒体之间的调整垫片抽出，以免炉体受热膨胀时，轮带与O型风管的交汇处破裂；在转炉炉体筑炉前，必须进行单体无负荷试车。

5.2.7 小齿轮装置及驱动装置的安装

小齿轮装置必须在炉体吊装之前就位，在炉体就位经检查合格后，方可进行小齿轮的调整。

该步骤的关键在于调整小齿轮和齿圈的齿侧间隙及齿顶间隙，以及两半齿轮联轴节的轴向偏差和径向偏差。先调整小齿轮和齿圈的齿侧间隙及齿顶间隙，调整时用利用5t卷扬机进行盘车，采用压铅法配以塞尺和外径千分尺检查齿侧间隙及齿顶间隙，用百分表检查轴向和径向跳动，用涂红丹粉法检查小齿轮和齿圈的接触面积。然后用塞尺和百分表调整检查两半齿轮联轴节的端面间隙、轴向偏差及径向偏差，使其全部符合表7.2的要求。驱动装置（即减速机）底座的一次灌浆和座浆按5.2.2的要求进行。

5.2.8 转炉转角的调整

转炉安装完毕后要进行转角的调整，根据生产工艺的需要，转炉的转角分为0°、±3°、±20°、+90°、+150°定位，检修时可360°旋转，转角定位如果不正确将不能正常生产。转角的调整由电气进行控制，调整时，将转炉转到相应的角度无误后将大齿圈临时卡死，调整与转轴相配合的电气通断定位器及灯光信号与相应的角度对应。

6. 材料与设备

本工法无需特别说明的材料，所需要的主要施工机械设备和仪器见表6。

表 6

主要施工机械设备和仪器

序 号	名 称	规 格	单 位	数 量
1	全站仪	GTS-711S	台	1
2	精密水准仪	DS3200	台	1
3	条式水平仪	0.02	台	2
4	框式水平仪	0.02	台	2
5	游标卡尺	$L=1000mm$	把	1
6	外径千分尺	$0\sim25mm$	把	1
7	内径千分尺	$0\sim2000mm$	套	1
8	百分表	$\phi100mm$	块	4
9	塞尺	$L=200mm$	把	2
10	钢卷尺	50m	把	1
11	弹簧秤	300N	个	1
12	液压汽车吊	50t	台	1
13	交/直流焊机	500A	台	3
14	液压千斤顶	16t	台	4
15	液压千斤顶	50t	台	4
16	卷扬机	5t	台	1
17	四门滑车组	50t	对	1
18	自制筒体就位托架		套	1

7. 质 量 控 制

7.1 标准规范

目前尚无炼铜转炉安装相关的国家标准和行业标准。

7.2 安装精度要求

设计图纸对转炉安装精度要求如表 7.2 所示。

表 7.2

转炉安装精度要求

项 目			允 许 偏 差	检 测 方 法
支承装置允许偏差	底座	纵向中心与设计中心	0.2	挂线、内径千分尺检查、全站仪
		横向中心与设计中心	0.2	挂线、内径千分尺检查、全站仪
		两底座中心位置	0.5	挂线、内径千分尺检查、全站仪
		底座标高	±0.3	精密水准仪
		水平度	0.05/1000	框式水平仪检查
	托轮	纵向中心	0.2	挂线、内径千分尺检查、全站仪
		横向中心	0.2	挂线、内径千分尺检查、全站仪
		纵向水平度	0.5/1000	框式水平仪检查
		横向水平度	0.5/1000	框式水平仪检查
		标高	±0.3	全站仪
齿轮部分	齿圈	径向跳动	0.5	百分表检查
		轴向跳动	1.2	百分表检查
	齿部啮合	齿顶间隙	9.0	压铅法检查
		齿侧间隙	3.0~3.5	压铅法检查
		接触面 沿齿高方向	≥40%	着色法检查
		接触面 沿齿宽方向	≥50%	着色法检查

续表

项 目			允 许 偏 差	检 测 方 法
驱动装置允许偏差	齿轮联轴器	径向跳动	0.1	百分表检查
		不同轴度	0.15	百分表检查
		间隙差	±1.0	塞尺检查
	电磁离合器	径向跳动	0.05	百分表检查
		不同轴度	0.10	百分表检查
	凸形联轴节	径向跳动	0.1	百分表检查
		不同轴度	0.1	百分表检查
筒体		纵向中心允许偏差	0.5	挂线、内径千分尺检查、全站仪
		横向中心允许偏差	1.0	挂线、内径千分尺检查、全站仪
		标高允许偏差	±1.0	精密水准仪
		风口中心标高允许偏差	±0.5	精密水准仪
		滚圈与托轮接触	80%	着色法检查

7.3 质量控制措施

7.3.1 建立质量保证体系，编制切实可行的施工方案，安装时配合测量进行过程控制，按有关规范、设备技术文件的要求进行监控。

7.3.2 支承装置安装前，在基础上埋设沉降观测点，定期测量检查。

7.3.3 转炉安装质量控制重点，主要是两支承装置、滚圈与筒体的同心度、风口的中心标高、齿轮部分安装精度的控制，它涉及转炉设备总体的安装质量。在安装过程中，采用精密水准仪测量控制标高（相对标高允许偏差为 0.3mm），同时结合框式水平仪，控制纵横向水平度（精度为 0.05/1000），采用压铅法配以塞尺和外径千分尺检查齿侧间隙及齿顶间隙，用百分表检查轴向和径向跳动，用涂红丹粉法检查小齿轮和齿圈的接触面积。纵横轴线控制，在基础上埋设永久性中心标板，用经纬仪测量纵横轴线，并做好标识，拉 0.5mm 钢丝，控制两支承装置水平间距及纵横中心轴线，保证两支承装置的平行度。

8. 安 全 措 施

8.1 认真贯彻"安全第一，预防为主"的方针，执行安全生产责任制，明确各级人员的职责，抓好工程的安全生产。

8.2 施工现场应完善布置各种安全标识。施工现场的临时用电应严格按照《施工现场临时用电安全技术规范》的有关规定执行，临时用电线路采用 TN-S 系统，落实"一机、一闸、一漏、一箱"的规定，保证安全用电。

8.3 建立安全保证体系，编制安全作业指导书，搞好安全技术交底，开好班前会。

8.4 所有的机械设备必须专人专用和持证上岗并做好设备的维护保养。

8.5 加强高空作业的安全防护，定期检查，杜绝违章指挥。

8.6 施工前，必须坚持机具、用具的检查，特别是卷扬机、钢丝绳、吊钩、吊环、千斤顶等设备的检查，严禁机具、用具带病作业。工作时设专人操作、专人指挥、专人监护。

9. 环 保 措 施

9.1 贯彻执行中国十五冶金建设有限公司的《质量、环境、职业健康安全管理手册》，建立环境管理保证体系，落实环保责任制。

9.2 合理安排施工场地，保证施工现场的环境卫生，减少污染源。

9.3 尽量减少大型机械设备的使用以实现节能减排。

9.4 材料堆放整齐有序，不准乱堆乱放，做到工完料清。

9.5 现场作业区配置干粉灭火器，以防因油料、电器等设施起火而污染环境。

10. 效 益 分 析

10.1 直接经济效益

10.1.1 2001 年，江西贵溪冶炼厂三期技改工程 6 号 $\phi4 \times 11.7m$ 型转炉，利用厂房内现有两台桥式起重机抬吊就位，于 2001 年 8 月开工，同年 12 月竣工，生产运行稳定良好，节约成本 51 万元，缩短工期 15d。

10.1.2 2007 年，江西贵溪冶炼厂 30 万 t/a 铜冶炼工程 7 号、8 号、9 号 3 台 $\phi4.5 \times 13m$ 型转炉，同样是利用厂房内现有两台桥式起重机抬吊就位，节省大型吊车进出场及台班费 80 万元，节省人工费 2 万元，缩短工期 25d。

10.1.3 2007 年，安徽铜陵金隆铜业公司 35 万 t/a 挖潜改造工程 4 号 $\phi4.3 \times 13m$ 型转炉安装，原计划工期 80d，实际工期 60d（包括转炉筑炉 15d），取得直接经济效益 20 万元。

10.2 社会效益

10.2.1 缩短了工期，确保了业主按时投产，间接的为业主取得了经济效益。

10.2.2 中国十五冶金建设有限公司拟将该技术要点编入国家工程建设标准《重有色金属冶炼机械设备安装工程施工规范》以指导施工。

10.2.3 节约了机械台班、钢材和周转材料，实现了节能减排有利于环境保护。

11. 应 用 实 例

11.1 1996 年，在安徽铜陵金隆铜业一期工程安装了 1 号、2 号、3 号 $\phi4m \times 10.7m$ 转炉 3 台，该设备由上海石油化工设备公司制造，南昌有色冶金设计研究院设计，鑫诚监理公司监理，1996 年 10 月开工，1996 年 12 月竣工，3 台设备均提前 15d 投入使用。2001 年将这 3 台转炉筒体进行加长改造，使之成为 $\phi4m \times 13m$ 转炉。生产运行一直正常可靠。

11.2 2001 年，江西贵溪冶炼厂三期技改工程 6 号 $\phi4m \times 11.7m$ 转炉（一期为 1 号、2 号、3 号 $\phi4m \times 10.7m$ 型转炉 3 台，二期为 4 号、5 号 $\phi4m \times 11.7m$ 型转炉 2 台），由河南洛阳矿山机械厂制造，南昌有色设计研究院设计，鑫诚建设监理有限公司监理，2001 年 8 月开工，12 月竣工，生产运行稳定良好。

11.3 2007 年，在安徽铜陵金隆铜业公司 35 万 t/a 挖潜改造工程安装了 4 号 $\phi4.3m \times 13m$ 转炉，该设备由铜陵有色机械总厂制造，南昌有色冶金设计研究院设计，鑫诚监理公司监理，于 2007 年 1 月开工，同年 3 月竣工，缩短工期 20d。现所有转炉运行正常，捅风眼机操作自如，投产以来运行情况良好。

11.4 2007 年，江西贵溪冶炼厂 30 万 t/a 铜冶炼工程 7 号、8 号、9 号 $\phi4.5m \times 13m$ 型转炉 3 台，同样是由河南洛阳矿山机械厂制造，南昌有色设计研究院设计，鑫诚建设监理有限公司监理，2007 年 2 月开工，同年 7 月竣工，投产以来一切运行正常。

深锥沉降槽地面倒装施工工法

GJEJGF231—2008

二十三冶建设集团有限公司

胡四元　刘英杰

1. 前　言

深锥沉降槽主要用于氧化铝生产行业的赤泥沉降工序，属大型非标设备，必须在现场组装。该设备为锥底拱顶结构，由支架、底筒、锥底、筒体、拱顶组成。其中支架由数组平面布置呈辐射状的支架组构成；锥底由数片辐射状的弧板构成，每片弧板与支架斜梁上表面相焊接；筒体由数圈圆筒形筒节组成；拱顶由顶部中心圆板和数十块瓜皮板组成。深锥沉降槽形状见图 4 的某深锥沉降槽示意图所示。这类设备的安装难点是筒体的安装，目前常用的方法有两种：自下而上分片拼装法和自下而上分段组装法，均为正装法，前者需设置大量的辐射状找圆临时装置，后者需特大型吊装机械，且都存在高空作业，施工工期长。根据该设备带有钢支架及筒体底部下垂到离支架顶有一段距离的具体特点，二十三冶集团有限公司组织有关技术人员，经过分析论证，采用地面倒装法施工，此方法已申请专利，受理申请号：200910042431.3。同时沉降槽安装完后，我们采取振动时效法整体消除应力，该方法简便，且消除应力效果好。

将该方法曾先后应用在山东创业氧化铝厂赤泥沉降工程中多台深锥沉降槽的安装，效果较好，总结后形成此工法。

2. 工法特点

2.1 变高空作业为地面作业，既节省了脚手架费用，又增加了施工的安全性，且工效高，可节省脚手架费用 90%，缩短工期 7～10d。

2.2 采取倒装施工法，避免了正装法需大量设置临时支撑，及设置拼装平台的弊端，可节省措施费 70%。

2.3 利用了设备自身的支架，避免重新设置吊装拔杆，节约了资源。

2.4 采用手拉葫芦提升，施工设备虽普通但很实用，大量减少了吊装机械的使用，特别是避免使用大型吊车，节能环保，可节省机械费 50%～60%。

2.5 拱顶安装时，采用简易弧形梁从瓜皮板的上表面临时固定，防止变形，吊装时只吊弧形梁，安装方便快捷。

2.6 应用先进的振动时效技术整体消除焊接残余应力，省时省工，节能环保，且消除应力效果好。

3. 适用范围

本工法不仅适用于深锥沉降槽的安装，也可推广应用于带支架结构的锥底拱顶钢制圆筒形非标槽罐安装。

4. 工艺原理

首先安装沉降槽支架，然后在支架的斜梁上表面安装锥底，再在斜梁的上端采用倒装法整体提升并安装筒体和顶盖。其中筒体是在地面支架外柱的底板上，由数个筒节自上而下组装而成，组装过程是利用支架上安装的手拉葫芦完成的，组装时筒体的最上圈筒节最先进行提升，提升后与拼装好的下一圈筒节组装对接，再提升对接好的组装体，依次与下面的各圈筒节组装对接，直至完成最底圈筒节的组装对接；所述的各个筒节均在地面支架外柱的底板上，于其上圈筒节的外围由数块预制好的弧形板拼装而成。如图4。

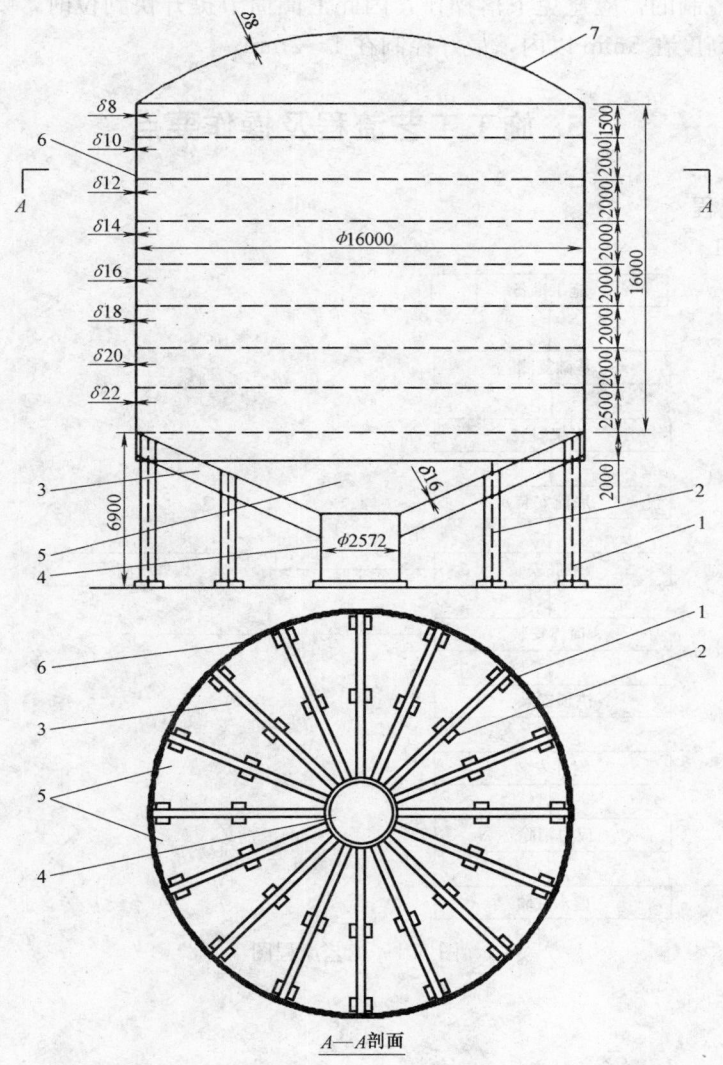

图4 某深锥沉降槽示意图
1—外柱；2—内柱；3—斜梁；4—底筒；5—锥底；6—筒体；7—拱顶

葫芦按如下方法选择：先根据支架外柱的数量确定葫芦的数量，一般一根外柱的斜梁顶挂一个葫芦，几根外柱即用几个葫芦，然后将所提升部分的最大重量除以葫芦的总数量，即得单个葫芦的理论提升重量，考虑实际操作时，各个葫芦受力不均匀性，以及安全富余量，所选葫芦的额定提升量，应取理论重量的120%。由于深锥沉降槽投入使用时，支架外柱的承载量约为提升重量的3~4倍，所以外柱的强度和稳定性可不核算。

本工法实施过程中应注意的问题：

1) 平衡提升问题。筒体提升时，由于各点提升高度很难完全一致，有时会出现筒体倾斜现象，解决办法为，每隔90°设置一个升高指示标尺，将提升快的点暂停提升，等提升慢的点赶上后再一起提升，另外可用口哨声来协调提升频率。

2）葫芦均匀受力问题。提升操作中，由于各提升点在拉升葫芦时很难做到同时均匀拉升，会出现有的葫芦因受力增大而操作吃力，有的葫芦因受力减少而操作轻松的现象，解决办法为，当某个葫芦因受力增大而操作吃力时，暂停拉升此葫芦，只需继续拉升受力减少而易于操作的葫芦，随着受力减小的葫芦因继续拉升而逐渐加载，原来难于操作的葫芦因暂停拉升而逐渐减荷，从而变得易于操作，此时再拉升原来吃力的葫芦，这样就保证了各葫芦在额定荷载范围内基本受力均匀。下落操作中，葫芦的均匀受力是很难控制的，应避免下落操作，因此上圈筒节提升快到位时，要注意观察，确保上圈筒节超出下圈筒节的高度在 5mm 以内，最好控制在 1～2mm。

5. 施工工艺流程及操作要点

5.1 施工工艺流程

工艺流程见图 5.1。

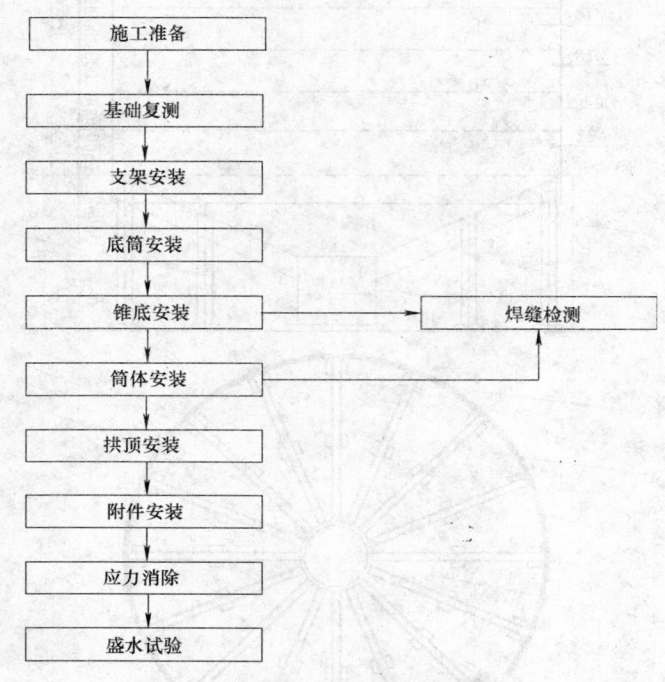

图 5.1 工艺流程图

5.2 操作要点

5.2.1 施工准备

首先做好各项技术准备，人力、物力资源准备，现场临设准备，以具备进场安装的条件。

5.2.2 基础复测

复测基础中心及标高，合格后方可进场安装。

5.2.3 支架及底筒安装

支架包括内、外立柱和斜梁，先安装内、外立柱和底筒，再安装位于内、外立柱上的斜梁。

5.2.4 锥底安装

在斜梁上表面按自下而上的顺序逐块将每块小弧板拼装成圆锥辐射状的锥底弧板，整个锥底由数片这样的锥底弧板组成，每片锥底弧板与其两边的斜梁上表面相焊接。小弧板拼装时，需留出最上面的一块小弧板（即与筒体相连接的那一块弧板）不予拼装，留出的空间用于悬挂手拉葫芦，当筒体提升到位安装好后，撤掉葫芦，再最后安装此块小弧板。

5.2.5 筒体安装

1. 将筒体的内圆周线投影到支架的外立柱底板上，该投影在外立柱的外围，然后在底板处从投影

圆的内侧点焊卡板作为卡模;

2. 沿卡模外围逐块将筒节弧板拼装成筒体的最上一圈筒节。拼装时,相邻弧板之间的立缝先点焊,待所有弧板都拼装完,组成整圈筒节后,再统一同时焊接各条拼接的立缝,以减少焊接变形;

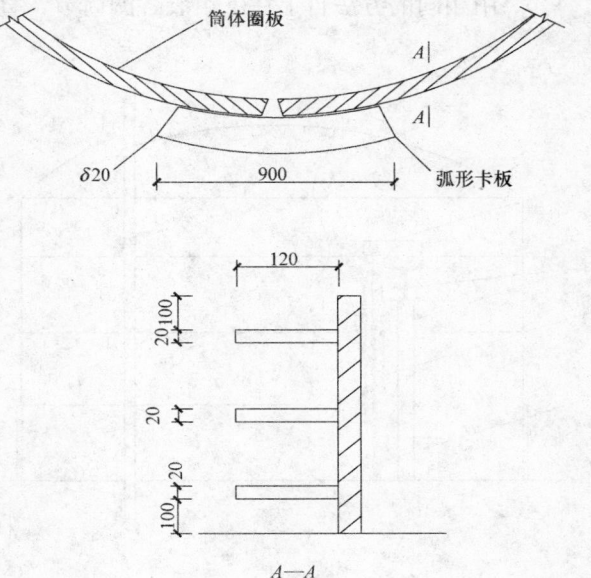

为使拼接的立缝处壁板圆弧度符合规范要求,在拼缝的外侧上、中、下三处各点焊一块标准弧度的弧形卡板(图5.2.5-1),矫正并固定弧度,立缝焊完后再去掉此卡板,此板同时还具有防止立缝焊接变形的作用;

3. 用相同的方法在已拼装好的最上圈筒节外围,拼装下一圈筒节。拼装时,留下最后一条立逢暂不拼拢作为活口;

4. 在每个支架外柱顶部的斜梁上焊接上吊耳,在上圈筒节(内筒节)的底部焊接下吊耳,上、下吊耳的吊孔必须在同一铅垂线上,见吊耳示意图(图5.2.5-2)。有的沉降槽筒体壁板比较薄,拉升时在下吊耳处的壁板会产生局部变形,遇此情况,可在下吊耳处筒体壁板的内壁加焊一块弧形加筋板,以防止壁板变形。

图 5.2.5-1 弧形卡板示意图

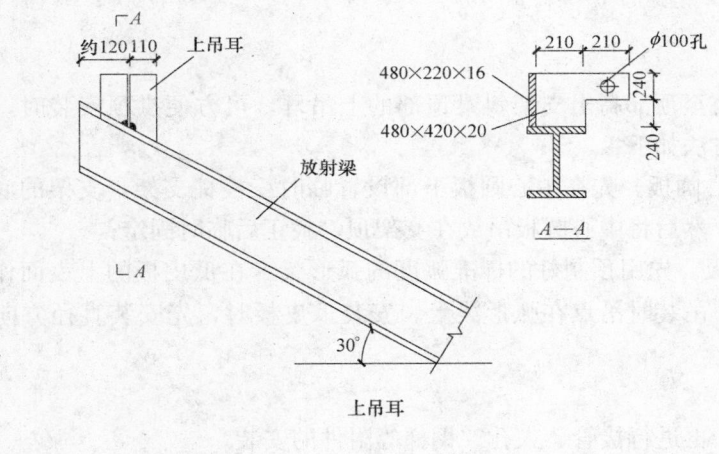

图 5.2.5-2 吊耳示意图

5. 在上筒节内侧互成90°的四个位置,各设置一根提升高度指示标尺,共4根,用以观测、协调提升操作,确保提升时上筒节能呈垂直状平衡升高;

6. 用手拉葫芦挂于上、下两吊耳之间,将上圈筒节拉起提升,见倒装示意图(图5.2.5-3)。当上圈筒节提升至底部超出下圈筒节(外筒节)顶部约1~2mm时,停止拉升,然后将下圈筒节的活口收

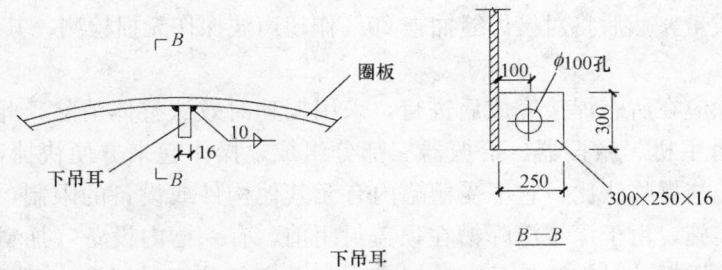

拢，使下圈筒节底部微贴地模，接着将上、下圈筒节组对，组对完成后，进行焊接。见上、下筒节倒装组对示意图（图5.2.5-4）。

7. 用相同的方法自上往下组装各圈筒节，直至筒体全部组装完。

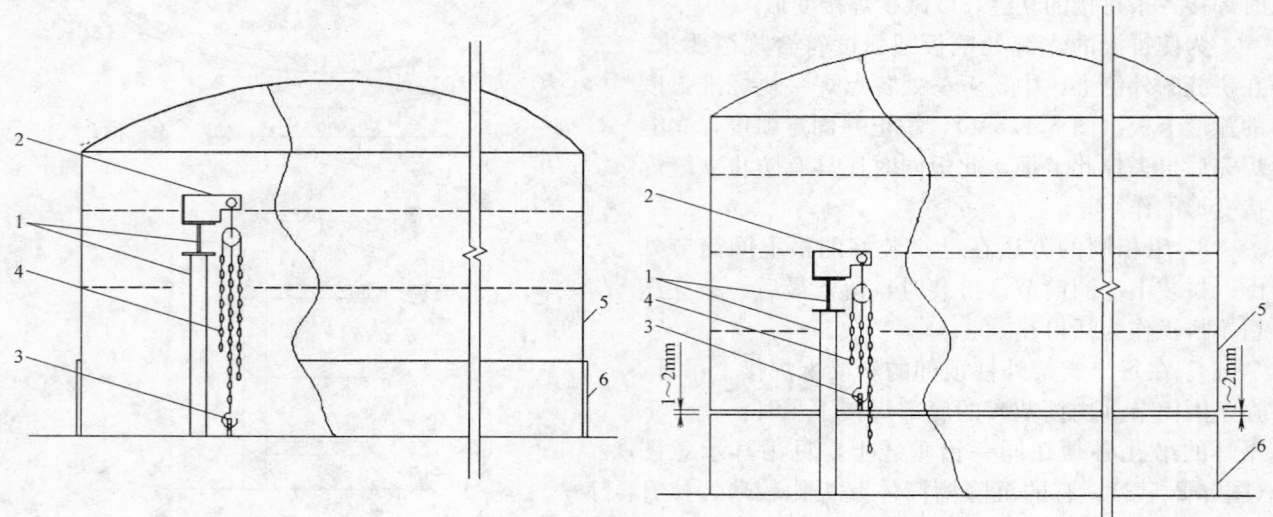

图5.2.5-3　倒装示意图　　　　　　　　　图5.2.5-4　上、下筒节倒装组对示意图
1—槽支架；2—上吊耳；3—下吊耳；　　　　　1—槽支架；2—上吊耳；3—下吊耳；
4—手拉葫芦；5—上筒节；6—下筒节　　　　　4—手拉葫芦；5—上筒节；6—下筒节

5.2.6　拱顶安装

当最上圈筒节安装至顶部高出支架斜梁顶部的上吊耳，可方便拱顶安装时，暂停筒体的组装，接下来进行拱顶安装，方法如下：

1. 安装顶部的中心圆板。先在中心圆板下部设置临时三棱柱支架，支架的底部放在底筒上，以节省三棱柱支架的高度，然后将中心圆板吊放在支架顶，找正后临时固定；

2. 安装拱顶瓜皮板。先用预制好的标准弧度的弧形梁卡在瓜皮板的上表面作为骨架，以防弧板变形，然后吊装瓜皮板，吊装时吊点在弧形梁上。安装瓜皮板时，先安装直径方向的两块，然后沿两边对称地扩展安装。

5.2.7　附件安装

槽体安装完毕后，再进行接管、人孔、钢梯等附件的安装。

5.2.8　焊缝检测

先检查焊缝外观质量，然后将对接焊缝抽查20％作超声波探伤无损检测，其结果达到Ⅱ级为合格。

5.2.9　应力消除

焊接残余应力消除应在所有焊接完成后进行，采用振动时效法整体消除。此法只需振动时效设备一套，振动时效设备由主机、激振器、拾振器三部分组成，操作起来方便快捷，与常规热处理法比，省时省工，且能耗小；与爆炸法比，它不受槽罐内有无其他构件或设备的限制，即使槽罐内有其他物件，振动时效法也能实施，由于深锥沉降槽在顶盖封闭前，有一槽内设备（加料井）必须先吊入槽内临时放置，故更适于采用振动时效法，且该法噪声小，无废气及辐射污染，环保效果好。振动时效法操作过程如下：

1. 安装激振器

将激振器安装在沉降槽筒体的人孔法兰处，用夹具将振动电机与法兰夹紧，并使卡具螺栓垂直于电机底座，否则螺栓易振弯。

2. 安装拾振器

将拾振器安装在筒体远离振动电机的另一端，接触面应清理平整，传感器磁座也应清理干净。

3. 连接有关电缆

将激振器、拾振器的电缆与主机相连接好。

4. 试振

1）先将激振力调小，然后开机，手动。接着从 1000 转到 8000 转扫频，同时打印，查找振峰。

2）将转速调到第一个共振峰的亚共振点，观察加速度或振幅。

3）当调到某个亚共振点时，转速固定下来，观察振型，据此可判断出重点消除应力的部位。

5. 时效

找好了符合工艺要求振型所对应的频率后，对于该频率也确定了相应的激振力和该点的加速度等，就可以对槽体时效了。时效时先做工艺卡记录，记下相应的振动曲线形状。

6. 检查效果

时效完全部峰点后，对比最初的振前曲线与最终的振后曲线，然后按照《振动时效效果评定方法》JB/T 5926—2005 来判断时效效果，如果出现标准中情况，则认为已达到时效效果。

5.2.10 盛水试验

将焊接接头的外表面清除干净，并使之干燥，向深锥沉降槽内注满水，持续时间 4 个小时，检查焊缝有无渗漏。试验完毕将水排净。

6. 材料与设备

主要材料与设备见表 6-1、表 6-2。

主要施工用料表　　　　　　　　　　　表 6-1

序号	名　称	型号、规格	单位	数量	备　注
1	槽钢	[16	m	60	制作拱顶板弧形梁用
2	钢板	$\delta=12\sim20$	t	2	制作卡板及吊耳用
3	白铁皮	$\delta=0.75$	张	1	制作标准弧板用
4	钢丝绳	$\phi11\sim\phi19$	m	200	吊装用
5	油毛毡		卷	1	放样用
6	钢架管	$\phi48$	t	1	脚手架用
7	架管扣		副	1000	脚手架用
8	竹跳板		块	2000	脚手架用

主要机具设备表　　　　　　　　　　　表 6-2

序　号	名　称	型号、规格	单　位	数　量
1	交流电焊机	300～500A	台	10
2	直流电焊机	ZX5-100	台	1
3	CO_2 保护焊机	500A	台	5
4	手拉葫芦	10t×6m	台	16
5	手拉葫芦	5t×6m	台	2
6	手拉葫芦	2t×3m	台	2
7	烘干机	ZYH-100	台	1
8	角向磨光机	$\phi120$	台	10
9	振动时效仪	SSIN80B	台	1
10	空压机	3m³	台	1
11	汽车吊	QY16	台	1

7. 质 量 控 制

7.1 本工法执行的规范、标准

7.1.1 《钢制焊接常压容器》JB/T 4735—1997

7.1.2 《现场设备、工业管道焊接工程施工及验收规范》GB 50236—1998

7.1.3 《钢结构工程施工质量验收规范》GB 50205—2001

7.1.4 《振动时效效果评定方法》JB/T 5926—2005

7.2 质量控制措施

7.2.1 完善各工序之间交接手续，包括制作、安装内部各工序之间的交接，及制作与安装之间的交接。

7.2.2 制作前对壁板、底板、顶板等主要部件绘制组装排版图，根据排版图下料，安装前按组装排版图复核外形尺寸。

7.2.3 凡是制作的散件、零部件、半成品均须填写好自检记录，经互检、专检合格后方可运至安装现场，并做好醒目的标识防止组装时搞混，现场要有专人验收。

7.2.4 从事焊接的人员应具备相应焊位的上岗证，焊接应根据焊接工艺评定确定焊接工艺，确保焊接质量，主要部件的焊接严格按规定的焊接顺序进行，防止构件变形。

8. 安 全 措 施

施工应遵守以下安全生产技术规范、标准、规程：《建筑机械使用安全技术规程》JGJ 33—2001、《施工现场临时用电安全技术规范》JGJ 46—2005、《建筑施工高处作业安全技术规程》JGJ 80—91、《建筑施工安全检查标准》JGJ 59—99、《建筑施工扣件式钢管脚手架安全技术规程》JGJ 130—2001、《职业健康安全管理体系》GB/T 28001—2001，另外还需采取以下专项安全措施：

8.1 悬挂葫芦的上、下吊耳必须由经验丰富的焊工焊接，且焊完后，应仔细检查焊接质量，合格后方可使用。

8.2 筒体整体起吊拉升前，应先让每个葫芦按额定荷载试拉一次，观察葫芦和吊耳有无异常状况，保证万无一失。使用过程中，应经常检查葫芦的链条有无断链现象。同时备用 2 个葫芦应急。

8.3 制作时材料及零部件的吊运和安装时的吊装要有专人负责，专人指挥，要求指挥信号明确；吊装时严禁超载运行；起吊时，吊杆下严禁站人。

8.4 上圈筒节提升快到位时，要注意观察，确保上圈筒节提升超出下圈筒节的高度应在 5mm 以内，最好控制在 1～2mm。

8.5 制作及安装场地严禁穿高跟鞋，进入安装现场的施工人员一律应戴好安全帽，高空作业还应系好安全带。高空作业时要将工器具放在工具袋等不易掉落的位置，防止坠落伤人。

8.6 对施工中的专用设备，要有专人负责，专人操作，使用角向磨光机要检查防护罩装置，避免砂轮飞出伤人。

8.7 对吊装索具，卸扣等器具及起重或缆风钢丝绳在使用前要仔细检查，发现损坏现象应及时修复或更换。

8.8 如需照明，筒体内施工照明电源应采用 36V 低压电源，防止触电伤人。

8.9 大风天气，风速超过 15m/s 时不得提升。

9. 环 保 措 施

施工中对环保的要求除遵照执行《环境管理体系标准》GB/T 24001—2004、《中华人民共和国噪声标准》GB 112523—90、《中华人民共和国空气质量标准》GB 3095—1996 和地方有关环境保护法规外，还应采取以下措施：

9.1 建立文明的施工现场，使施工现场内秩序井然有序、文明安全、交通畅通、场容和环境卫生符合要求。

9.2 施工现场控制在工程建设允许的范围内，合理布置，规范围挡，施工现场内划分卫生责任区，设置标志牌，发片分区包干到人，由责任人负责包干区卫生工作，做到施工现场整洁文明。

9.3 施工期间，施工现场内的材料、半成品应分类堆放整齐，工具及机具使用完后，应由使用者放回原处，现场应保持干净、整齐。

9.4 施工结束后，应及时组织清场，拆除临时设施、围栏，剩余物资分批退场，以便整治恢复道路，不留后患。

9.5 合理安排进度，尽量不安排深夜施工，避免施工扰邻。对施工机械产生噪声的部件可部分或完全封闭，并减少振动面的振幅。一切动力机械设备均应适时维修，降低噪声。

9.6 加强施工燃油、工程材料、设备的管理和调度，防止浪费，施工选择科技含量高的环保施工机具，提高生产效率，减小能耗、减少废气、烟尘排放。

9.7 焊接多使用 CO_2 气体保护焊，少使用手工电弧焊，既可提高施工效率，节约电能和焊接材料，还可避免手工电弧焊产生的烟尘和焊接药渣污染。

10. 效 益 分 析

在山东创业氧化铝厂赤泥沉降工程中，仅一台 $\phi 16000 \times 16000$ 深锥沉降槽安装，采用此法，与常规的正装法安装筒体及顶盖，拱顶设临时固定弧形支架安装，热处理法消除应力的施工方法，两法相比较，此法可节约成本 16 余万元，见费用分析表（表 10-1 及表 10-2），节约工期 8d。同时本工法能耗小，噪声小，无废气及辐射污染，可谓节能环保，具有较好的社会效益。

采用正装法（分片拼装法）预计费用表　　　　　　　　　　　　　　　　表 10-1

序 号	名 称	单 位	数 量	单 价	合计（元）
1	25t 汽车吊台班费	台班	15	2200 元/台班	33000
2	50t 汽车吊台班费	台班	6	4500 元/台班	27000
3	筒体找圆措施费	t	15	6200 元/t	93000
4	安全措施费			8000 元	8000
5	脚手架搭拆费			12000 元	12000
6	人工费	工日	480	80 元/工日	38400
7	其他安装费	t	268	600 元/t	160800
8	热处理费	t	152	500 元/t	76000
合计					448200

采用本工法实际费用表　　　　　　　　　　　　　　　　表 10-2

序 号	名 称	单 位	数 量	单 价	合计（元）
1	葫芦购置费（分五次摊销）	台	16	1000 元/台	16000
2	吊耳制安费（分五次摊销）	t	2	6200 元/t	12400
3	索具购置费（分两次摊销）			8000 元	8000
4	25t 汽车吊台班费	台班	20	2200 元/台班	44000
5	脚手架搭拆费			2000 元	2000
6	人工费	工日	360	80 元/工日	28800
7	其他安装费	t	268	600 元/t	160800
8	振动时效费	t	152	80 元/t	12160
合计					284160

两法比较，本工法可节约费用合计 16.4 万元。

11. 应 用 实 例

本工法曾应用在以下工程（表 11）中的深锥沉降槽安装，工效快、工期短、工程质量优良。

工程实例表   表 11

序　号	工 程 名 称	槽 罐 概 况	施 工 时 间
1	山东创业氧化铝厂赤泥沉降一期工程	ϕ16m×14m 沉降槽 5 台 ϕ16m×16m 沉降槽 2 台	2005.10～12
2	山东创业氧化铝厂赤泥沉降一期续建工程	ϕ16m×14m 沉降槽 5 台 ϕ16m×16m 沉降槽 2 台	2006.05～07
3	山东创业氧化铝厂赤泥沉降一期技改工程	ϕ16m×14m 沉降槽 5 台 ϕ16m×16m 沉降槽 2 台	2006.07～09

构筑物外表面混凝土无水平接缝施工工法

GJEJGF232—2008

南通四建集团有限公司

花周建　王兴忠　姚富新　吴旭　樊彬

1. 前　言

1.1　高架桥梁的支墩、热电厂的烟囱、冷却塔、空冷支柱等均属于构筑物。构筑物的特点是清水混凝土，表面不再进行修补或者装饰。因此混凝土外表面的美观与光滑是衡量施工企业技术水平的重要方面。

1.2　本公司于 2006 年发明的"一种混凝土墙体上下层混凝土接缝的方法"已经获得国家发明专利，专利号 200610086159.5。解决了烟囱、冷却塔等构筑物混凝土表面接缝的问题。

2. 工 艺 特 点

2.1　采用本工法施工烟囱的混凝土外表面是水平无接缝，竖向成直线的感光效果；

2.2　采用本工法施工空冷支柱的混凝土外表面是见不到接缝；

2.3　采用本工法施工冷却塔的混凝土外表面是无水平接缝，竖向接缝成弧线；

2.4　采用本工法施工桥墩的混凝土外表面是见不到接缝。

3. 适 用 范 围

适用于烟囱、冷却塔、支柱、桥墩等。

4. 工 艺 原 理

本工法工艺原理是先进行模板安装，模板上口与混凝土接触的面钉一块 8mm×50mm 的木板，浇筑后的混凝土墙体上口，向内缩水 8mm 厚度，高度为 50mm。在第二次安装模板时，模板下口将第一模的混凝土表面包容 100mm，这样使得第一模混凝土的上部 100mm 与第二模混凝土在同一模板面上成型，从而避免了水平接缝处的高差现象，只要两次混凝土材料、配合比、湿度一致，表面就看不出水平接缝的存在，达到混凝土上下层无接缝的结果。

5. 施工工艺流程及操作要点

5.1　制作模板见图 5.1 模板制作图。

5.2　绑扎第一模钢筋和安放预埋铁。

5.3　筒壁厚度采用塑料管定位，木模板外侧间隔 30cm 用 100mm×100mm 木方作背肋，用螺栓固定或元钉固定。在木方外用 48×3.5 双钢管，在双钢管外侧用 12mm 厚的钢板垫片，然后用穿墙螺栓将内外模板固定。见图 5.3 内外模板固定示意图。

5.4　安装模板时，模板与模板竖向之间用单面胶海绵条粘贴，和在模板上口加一高度为 50mm、

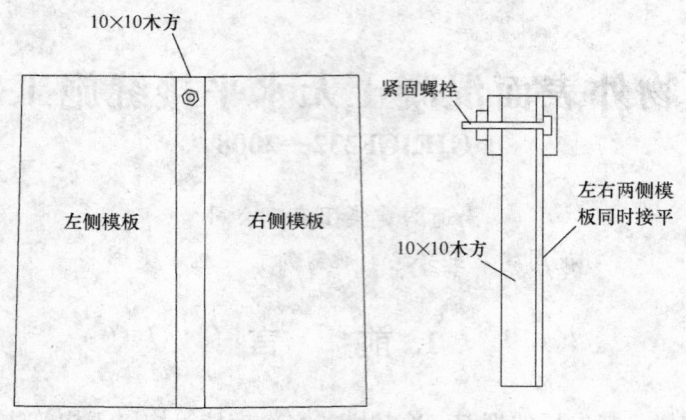

图 5.1　模板制作图

厚度为 8mm 模板。图 5.4 模板接缝处粘贴单面胶海绵条示意图。

　　5.5　第一节模板，首先在模板下口用 ϕ20 圆钢做成抱箍紧固，使得模板下口紧贴已浇筑的混凝土表面。然后在模板与模板交接处的上口采用图 5.3 内外模板固定示意图的紧固方法。

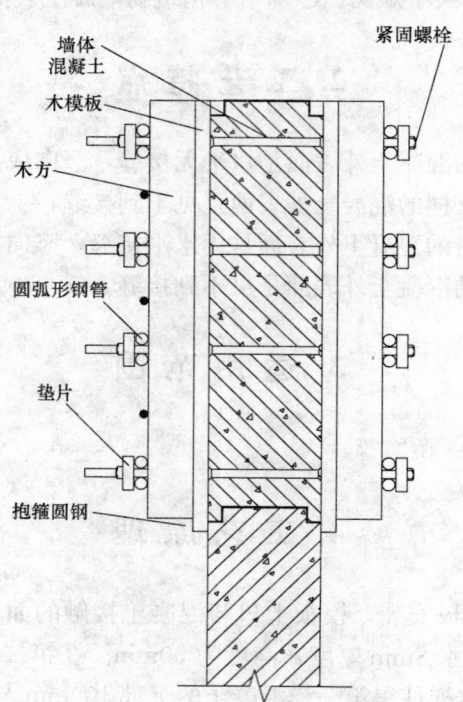

图 5.3　内外模板固定示意图

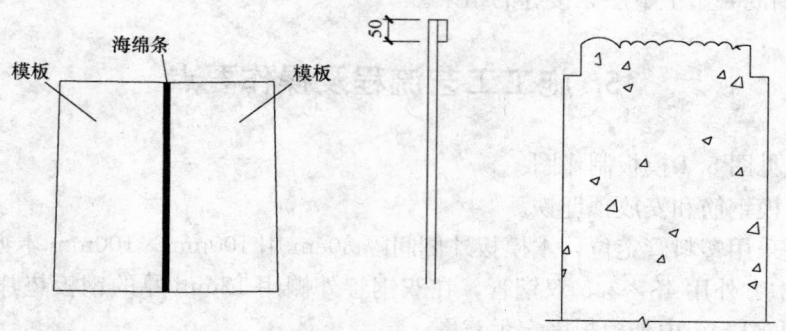

图 5.4　模板接缝处粘贴单面胶海绵条示意图

5.6 浇筑第一模混凝土。

5.7 绑扎第二模钢筋和安放预埋铁。

5.8 拆除模板,并将模板安放在全自动液压升降整体脚手架上。

5.9 将全自动液压升降整体脚手架连同模板升高 2.3m。

5.10 第二模及以后 *N* 模见图 5.10 上下层混凝土在同一模板内成型示意图。在筒体混凝土缺口上部向下贴 20×30 单面海绵条。安装和紧固方法同 5.2、5.3、5.4、5.5。

5.11 浇筑第二模混凝土。

5.12 按照第二模的施工方法将烟囱施工到顶。

5.13 产生美观效果的关键性特性是,第一模的混凝土的上口边与第二模混凝土的下口边是在同一块模板面上成型。

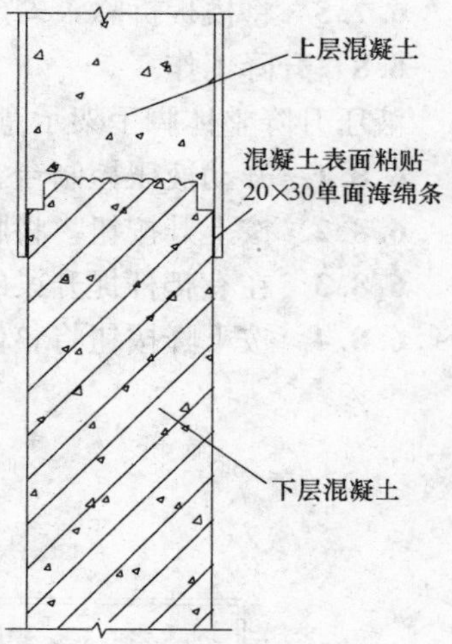

上层混凝土

混凝土表面粘贴 20×30 单面海绵条

下层混凝土

图 5.10　下层混凝土在同一模板内成型示意图

6. 材料与设备

6.1 制作升降轨道梁、升降轨道、千斤顶提升梁、斜拉杆、爬杆,脚手承竖向主框架等结构件。

6.2 购置全套液压设备备系统。

6.3 在施工到烟道上口时候,开始组装脚手架操作平台,见图 6.3 烟囱施工用自动收分操作平台。

脚手架操作平台分内外平台;内外平台又分固定平台与活动平台;固定平台是在脚手承重架上焊接而成的,长度控制在 1m 以内。活动平台可滑移钢管一端,用扣件固定在脚手承重架钢管上,另一端在脚手承重架钢管上可以移动;当脚手架向上爬升,平台半径变小时,活动平台可滑移钢管自动在脚手承重架钢管上移动,使得活动平台长度变小,适应半径变小的要求。详见图 6.3。

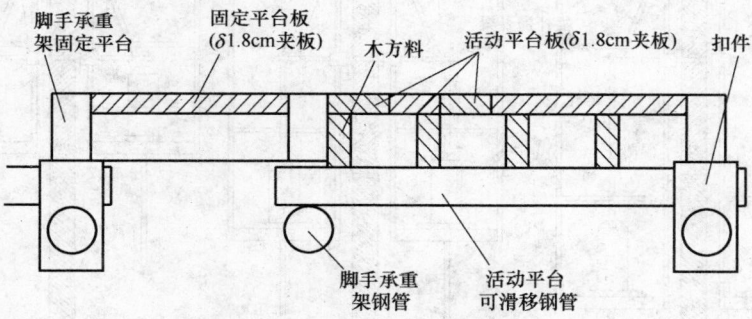

脚手承重架固定平台　　固定平台板(δ1.8cm夹板)　木方料　　活动平台板(δ1.8cm夹板)　扣件

脚手承重架钢管　　活动平台可滑移钢管

图 6.3　烟囱施工用自动收分操作平台

6.4 安装液压提升设备系统

6.5 安装行人平桥

平桥的一端用机械连接在高速电梯的标准节上,另一端搁置在内固定平台上。当内固定平台向内变小时,平桥的另一端与上述移动原理一样向固定平台方向移动。

6.6 行人平桥的提升

行人平桥的提升于全自动液压整体升降脚手架同步,在电梯的标准节上安装爬杆提升梁,爬杆提升梁上挂爬杆,在行人平桥的一端同样装有千斤顶(共四个)这样有保证平桥与整体脚手架同步升降。平桥的使用有生产厂家的专用说明书。

6.7 升降前准备工作

6.7.1 将爬杆提升梁安装到中间升降轨道梁内;

6.7.2 用斜拉杆将爬杆提梁拉在上升轨道梁下;

6.7.3 将爬杆安装在爬杆提升梁上;

6.7.4 拆除下升降轨道梁，堵螺栓孔；

6.7.5 将模板拆除，安放在脚手架平台上。

6.8 升降工作

液压升降整体脚手架示意图见图6.8

6.8.1 开动液压控制台。

6.8.2 按上升按钮，将脚手架提升2450mm高度；见图6.8。

6.8.3 在有爬杆提升梁的支承梁架上安装10号工字钢搁杆。

6.8.4 按下降按钮将整体脚手架从下到上的第二道横杆搁在10号工字钢搁杆上受力为止。

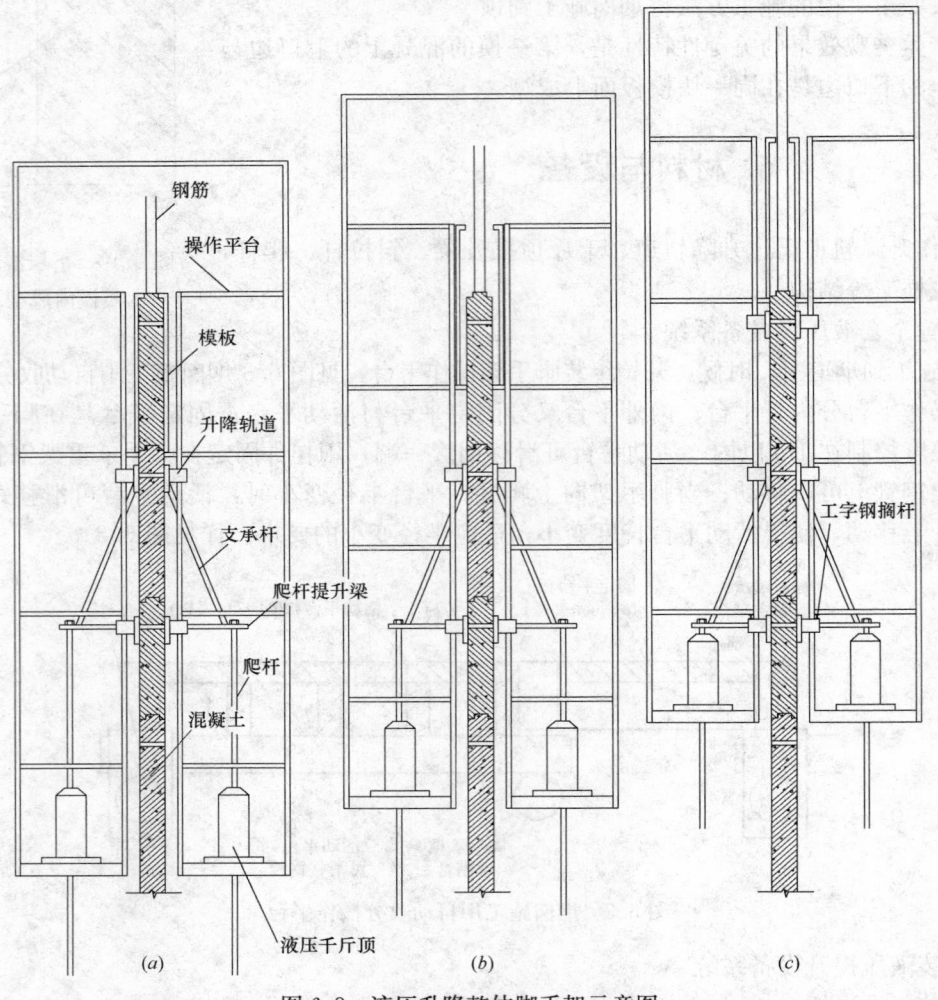

图6.8 液压升降整体脚手架示意图

7. 质量控制

7.1 所有模板必须进行翻样，并经审核后制作。模板采用胶合板，其板面必须刷脱模剂，并按翻样要求进行制作。其模板接缝用特种胶封闭。在有防水要求处，穿心螺栓上设止水环，内外模板与内、外排架固定牢固。

7.2 外模立到相应混凝土面以下20cm左右，外围柱模的施工类同，这样能防止上下层混凝土在接缝面施工缝处的不平整，保证此处的接缝平整、光滑。

7.3 现浇模板宜采用胶合板或钢模，经翻样制作，钢管排面上先铺50×100木方，再铺胶合板，便于固定胶合板，防止挠曲。

3048

8. 安 全 措 施

8.1 认真贯彻"安全第一、预防为主、综合治理"的方针,根据国家有关规定条例,结合我公司实际情况和工程的具体特点,组成专职安全员和班组兼积安全员以及工地安全用电负责人参加的安全生产管理网络,执行安全生产责任制,明确各级人员的职责,抓好各级人员的职责,抓好工程的安全生产。

8.2 施工现场按符合防火、防风、防雷、防洪、防触电等安全规定及安全施工要求进行布置,并完善布置各种安全标色。

8.3 经常检查垂直运输机械进出口处木板是否牢固,外脚手架与墙体间空隙是否牢固,脚手架上竹笆绑扎是否牢固,待符合要求后才可施工。

8.4 在同一垂直面上、下交叉作业时,必须设置安全隔板,按规定佩戴好劳动保护用品。

8.5 模板一次搭设高度不超过 2m。

8.6 遇大风、大雨等异常天气,应停止施工,并进行临时稳定支撑,以保证其稳定性。

9. 环 保 措 施

9.1 项目部成立的文明施工管理小组,在砌块的砌筑过程中,对其进行全过程的卫生管理。严格遵守国家和地方政府下发的有关环境保护的法律、法规,加强对生产垃圾、弃渣的控制和治理。

9.2 定期进行生产垃圾的清运,确保整个施工现场的整洁,生产垃圾、弃渣委托环卫部门处理。

9.3 优先选用先进的环保机械(其噪声小且具备有消声器或隔声罩)。

9.4 对已硬化的道路,要确保整洁,防止尘土飞扬,污染周围环境。

10. 效 益 分 析

2004 年在宜兴华润热电厂应用本技术后,黑龙江第三火电工程公司,2006 年又将齐齐哈尔热电厂 210m 的烟囱给我公司施工,并且取得很好的社会效益和经济效益。

2005 年东北烟塔公司将 16 个空冷支柱主体结构给我们施工,产品光滑美观,陕西省质量技术监督总站的站长称为"国内一流,陕西没有"。

11. 应 用 实 例

11.1 华润宜兴热电厂 150 烟囱主体结构,时间:2004 年 6 月至 2004 年 11 月。

11.2 中国华电齐齐哈尔热电厂 210m 烟囱主体结构施工,时间:2006 年 4 月至 2006 年 10 月。产品呈水平无接缝,竖向接缝成直线的美好效果(图 11.2)。

11.3 中国华能陕西神木热电厂 16 个空冷支柱主体结构施工,时间:2005 年 4 月至 2005 年 10 月。产品光滑美观。

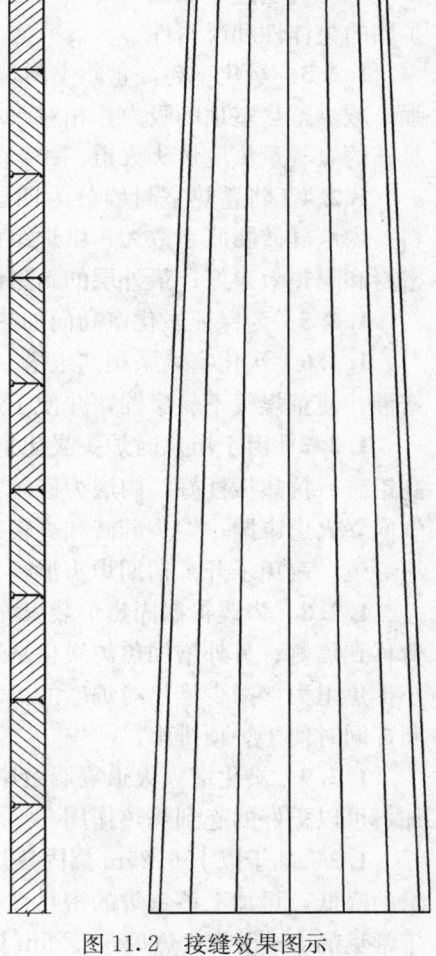

图 11.2 接缝效果图示

6.25m 捣固焦炉砌筑工法

GJEJGF233—2008

中国第一冶金建设有限责任公司

武钢平　徐超　吴德儒　田汉斌　唐明丰

1. 前　　言

1.1　在国内，捣固炼焦因其在同等产量、相同配煤比的条件下跟顶装式焦炉炉型相比，具有节约资源、降低成本、提高焦炭质量，以及环境保护除尘效果好等方面的优势而被越来越广泛接受和采用。然而，我国的捣固焦炉依然是以中小炉型为主，产量不高。2007 年下半年，中国第一冶金建设有限责任公司承建了唐山佳华煤化工有限公司炭化室高 6.25m 世界最高的捣固焦炉，现已顺利投入生产使用，这标志着我国大型捣固焦炉建造技术已经达到国际先进水平。

1.2　该焦炉（6.25m 捣固焦炉）具有如下特点和优势：

1.2.1　6.25m 捣固焦炉为双联火道，废气循环，焦炉煤气下喷，高炉煤气侧入的复热式捣固焦炉。

1.2.2　蓄热室主墙是用带有三条沟舌的异性砖相互咬合砌筑的，而且蓄热室主墙砖煤气道管砖与蓄热室无直通逢，保证了砖煤气道的严密。蓄热室单墙为单沟舌结构，用异性砖相互咬合砌筑，保证了墙的整体性和严密性。

1.2.3　炭化室越高蓄热室封墙的窜漏越严重，为了减少蓄热室封墙的窜漏，设计将斜道口阻力增强，减少蓄热室顶的吸力，相对改小外界与炉头蓄热室的压力差，从而减少蓄热室的漏气率，保证了足够的煤气量供应炉头火道。

1.2.4　将蓄热室封墙分为四层，由内而外分别为硅砖、无石棉硅酸钙板、隔热砖、新型保温涂料。内层硅砖膨胀系数大，烘炉结束后蓄热室就形成一个密封体；整块的无石棉硅酸钙板具有很好的密封和隔热效果好；最外层的新型保温涂料确保严密性和隔热效果，而且便于维修。

1.2.5　为保证炭化室高向加热均匀，该炉型采用了加大废气循环量和设置焦炉煤气高灯等措施。

1.2.6　炭化室墙采用"宝塔"砖结构，它消除了炭化室与燃烧室之间的直通缝，增强了炉体的严密性，使荒煤气不易窜漏，并便于炉墙剔除维修。

1.2.7　由于出焦时炉头炭化室墙面温度下降快，易剥蚀，因此燃烧室炉头采用双层结构，外层为高铝砖，抗热振性好；内层为硅砖，使炉头第一火道形成一个气密性好的箱体结构，减少炭化室荒煤气向立火道窜漏；炉头硅砖和高铝砖之间采用多部位咬合，克服了烘炉过程中高铝砖和硅砖高向膨胀不一致，避免了开工初期炉头泄露。

1.2.8　为改善捣固焦炉装煤除尘效果，把装煤饼时产生的烟气导入相邻的炭化室，把焦炉的上升管移到焦侧；另外增加焦炉炭化室铺底砖的厚度，提高铺底砖耐磨性；炭化室的锥度设计为 40mm，减小推焦阻力，减少推焦对炉墙的损坏；将导烟车的轨道基础设计到燃烧室上，防止炭化室过顶砖被压断，同时便于炉顶排水。

1.2.9　炭化室立火道隔墙由原来的一块大"枕头砖"结构改为由三块砖结构组成；炉顶厚度增加，可以更好的起到隔热作用。

1.3　基于以上 6.25m 捣固焦炉的特点，此种型号的大型捣固焦炉以其独特的结构，以及对煤质要求的降低，再加上该焦炉的密封性很好，单位面积产量高，它将逐步取代那些小型捣固焦炉。而相对于常见的 6m 顶装式焦炉，6.25m 捣固焦炉的结构形式上做出了很大的改进，而且结构尺寸也发生了很多变化，主要体现在：

1.3.1 耐火材料砌筑量大、型号多，砖型复杂，每座46孔6.25m焦炉各种不同的砖号达607个，一座46孔近1.82万余吨的材料。

1.3.2 蓄热室采用分格式，并且分为煤气和空气两种不同蓄热室。

1.3.3 斜道部位与6m焦炉相比较增加为9层，最上面一层加厚为125mm。

1.3.4 炭化室及燃烧室宽度及长度尺寸加大，炭化室的锥度为40mm。为配合国内体重最大（约1200t）的SCP机（捣固、装煤、推焦一体机）正常使用。

1.3.5 炉顶明显厚度加厚。

1.3.6 炉体滑动缝设计的位置及形式不同。

1.3.7 基础顶板的铺地砖不再是单一的红砖，采用了硅藻土砖和漂珠砖。

1.3.8 炉体耐火材料采用了半硅砖。

1.3.9 蓄热室格子砖采用不同型号的四种砖。

1.3.10 无烟尘装煤技术：6.25m捣固焦装煤时产生的大量烟气通过专设在炉顶轨道上运行的除尘导烟车导入邻近的处在结焦末期的炭化室内，为确保烟气流通环节的畅通，除尘导烟孔的砌筑质量尤其关键。

1.3.11 为配合国内体重最大（约1200t）的SCP机（捣固、装煤、推焦一体机）正常使用，对斜烟道顶面和炭化室墙面的平整度要求特别高，不得有正、逆向错牙（关于此项，国家标准只要求不得有逆向错牙）。

1.4 由于该型焦炉耐火材料结构发生了许多变化，原有焦炉砌筑工法已不能满足施工要求。为此，在总结该项工程实际施工经验和深入进行科学分析的基础上开发出6.25m捣固式焦炉砌筑工法，其目的在于有效地指导应用范围越来越广泛的6.25m捣固式焦炉的砌筑施工。

1.5 本工法的应用，为炉体砌筑质量达到优良标准提供了科学的技术工艺保证，同时加快了工期，降低了施工成本，并且有利于安全环保。实践证明，工法中所采用的工艺技术具有先进性和可靠性。目前工法在该厂第二座6.25m捣固焦炉工程施工中得到进一步的推广应用。

1.6 本工法所包含的6.25m捣固焦炉耐火材料施工新技术中5项关键技术，已通过中国冶金建设协会组织的科技成果鉴定，被行业专家认定为国际领先水平，其中有2项《焦炉无标杆砌筑质量控制方法》和《焦炉砌筑施工炉体两侧建筑排架快速搭设法》已申报国家专利，并被国家知识产权局受理，专利申请号分别为200810048055.4，200910061472.7；另外3项已经过湖北省科技信息研究院查新，均未见其他公开报道，属于首创技术。

2. 工 法 特 点

2.1 耐材物流管理

针对大容积焦炉砖号多、砖量大的特点，耐火材料全部入库集中管理，分类码垛，提前检验和安排关键部位的预砌筑。按施工部位的耐火材料使用顺序先后进行科学配板，每天中班集装框方式将砖运到炉上作业面，炉外用叉车或汽车运输，炉内采用行车吊放，最大限度地减少耐材的损耗量。

2.2 工艺顺序

采用焦炉施工耐材冷态砌筑先于炉体设备安装的工艺顺序。

2.3 本工法所开发的关键技术及其特点

2.3.1 焦炉本体砌筑时运用无标杆测量控制技术，比传统立标杆的方法精密度更高。

2.3.2 焦炉砌筑用外部排架（脚手架）采取水平地面一次拼装到位、行车吊立安装的快速搭设方法，最大程度地利用了砌筑开工前焦炉特定环境的有利因素，该方法安全、高效、操作方便、劳动强度低、机械化程度高，克服了传统建筑排架逐层搭设难度较大、不够安全且占用开工后有效时间的弊病。

2.3.3 热态施工准备和临时设施搭设工作与炉体设备安装同步进行，另辟了一条行车以外的独立上料线，炉顶专设轻轨，通过矿车在轻轨上推动将料具送至各作业面，将凌乱的作业平面规整化，做到最大程度的文明施工，避免了热态施工经常跟设备安装抢夺施工平面和行车的现象发生。

2.3.4 扒火床时分别利用 SCP 机和拦焦机搭设流动的悬挑作业平台，既最大限度地保护了炭化室炉墙内壁，又安全省力、节约资源。

2.3.5 对于炉顶水封导烟除尘处导烟孔的砌筑控制，采用了绘图排缝，逐层标高测量，逐个灰缝检查的砌筑方法来满足其新工艺要求的环保节能功能。

2.4 砌筑方法

2.4.1 为保证砌筑的质量（砌筑的准确标高和灰浆饱满度），采用预砌筑确定最佳加水量后，固定水量的搅灰方式来保证泥浆的稠度适当。

2.4.2 分格式蓄热室采用后码砌技术，蓄热室格子砖共有 4 种型号，在码放时，要先利用行车将格子砖按照从下向上的顺序依次将 4 种格子砖堆放在机、焦侧的分烟道上，然后按照一个型号一个型号（由下而上）的进入蓄热室码放，当天码放完的洞当天清扫（采用吸、吹、堵相结合的清扫方式）。

2.4.3 斜烟道共计 9 层，前 8 每层层高 100mm，第 9 层层高 125mm，斜烟道顶面平整度要求很高，为保证不得有正、逆向错牙（关于此项，国家标准只要求不得有逆向错牙），最上一层的顶面运用水平靠尺和水准尺逐块砌筑；斜道部位砌筑采用层层放控制线的控制方法，来确保斜道口及斜道胀缝位置和尺寸的正确性。

2.4.4 炭化室端墙砌筑注意各层变化，奇数层和偶数层的区别；在砌筑炭化室时，由于是捣固焦炉（机焦侧锥型尺寸差只有 40mm），为确保不得有顺、逆向错牙（关于此项，国家标准只要求不得有逆向错牙），每一轮都要进行 1/2 中的放线，确保炭化室中心线准确无误；每天砌筑炭化室时，砌筑完毕必须清扫干净放置保护板，避免泥浆掉入燃烧室内；每天砌筑严格按照测量人员所放线来砌筑。

3. 适 用 范 围

该工法适用于 6.25m 捣固焦炉及其他类似大型捣固焦炉本体耐火材料砌筑工程的施工。

4. 工 艺 原 理

6.25m 捣固焦炉是一种复杂的工业炉型，具有独特的密封和高性能结构，为了延长焦炉使用寿命，设计将其炉墙的极限侧负荷增大到 11000Pa，以及设导烟孔对相邻炭化室之间有导烟除尘功能要求等，因此，对炉体砌筑质量要求特别严格。

耐材冷态砌筑先于炉体设备安装的施工顺序。

采用精密测量仪器代替传统的炉头立标尺杆的方法，通过放测量控制线来控制全炉定位尺寸。

焦炉砌筑开工前，大棚内行车具备正常运行的条件下，利用处于闲置状态的基础顶板制备用于焦炉砌筑施工炉体两侧的排架；每个排架根据焦炉长度情况分成多个分片单元排架，每个分片单元排架由横向脚手架管和竖向脚手架管按工艺设定的步距平铺在焦炉基础顶板的场地上水平搭设一次到顶而成；之后，利用焦炉大棚内配置的 2 台电动行车抬吊将 2 个排架中的所有分片单元排架依次缓慢吊立起来，落位于焦炉炉侧烟道上面；立好后，每个分片单元排架主要与大棚立柱加以连接。

热态施工准备和临时设施搭设工作为了热态作业能与炉体设备安装同步进行，互不打搅，利用捣固式焦炉的现场特点在端台另行开辟了一条上料线，先期将热态用全部材料和设备通过端台专设的起重设施吊至炉顶平台，施工时通过矿车在专设轻轨上推动将料具送至各作业面。

5. 施工工艺流程及操作要点

6.25m捣固焦炉砌筑工艺分为前期准备、本体砌筑、收尾工作三个阶段。前期准备阶段包括耐火材料的准备、焦炉大棚的安装、上砖道路的修整、材料配板场地的硬化，两侧排架的搭设、搅拌站的设置等；耐火材料本体砌筑包括基础顶板铺底、蓄热室、斜道、炭化室和炉顶的砌筑以及蓄热室格子砖的码放；收尾工作包括炉门、上升管内衬砖的砌筑和热态砌筑灌浆等。

5.1　6.25m捣固焦炉砌筑前准备工作

5.1.1　耐火材料管理

6.25m捣固式焦炉（1×46孔）耐火材料汇总表　　　　　　　表5.1.1

序号	材　质	重量(t)	备　注	序号	材　质	重量(t)	备　注
1	硅砖	10598		6	漂珠砖	547	
2	黏土砖	4953	含格子砖约2639t	7	烟道衬砖	1350	
3	缸砖	206		8	调节砖	6	
4	高铝砖	126		9	箅子砖	162	
5	高强隔热砖	255		合　计		18203	

1. 耐火材料出厂前的监督检查工作由施工方和设计单位以及业主方共同参与，做到不合格的耐材不出厂不合格的砖不上车的效果，最终做到进入施工现场的耐火材料能够满足设计要求，满足生产使用要求。

2. 耐火材料砖库应保证每座焦炉所需堆放的占地面积，库内高度应保证在4m以上以运输工具的运转，砖库结构应为防雨防风结构。

3. 根据砖库的实际情况编制详细的布库图以及详细的进库列表，布库图的编制原则为容易识别，利于配板，定位准确，耐火砖进出自如为目标。

4. 每天配板出库应有明确的上砖小票，配板过程中叉车配合运输，配板时轻拿轻放，严格按照上砖小票的数量和种类进行配板，所配板应保证砖跺牢固不易摇摆，配板过程中管理上做到责任到人。为保证配板的准确性每天的配板小票经材料人员开出后再有技术人员把关，并且在配板过程中材料人员随时进行检查核对。

5.1.2　预砌筑

1. 预砌筑的目的主要是为提前暴露问题、发现问题并及时解决问题收集充分的数据和留出充足的时间；检查砖的尺寸是否相符；不符时提供砖的加工数据；检查泥浆的施工性能，根据实际情况来调整泥浆的使用性能；熟悉各部位使用砖的种类，掌握正确操作方法；熟悉各个部位的结构形式和了解现行施工方法的可行性，为正式施工提供数据和修正依据。

2. 预砌筑应选择小烟道、蓄热室、斜道、燃烧室、炉顶有代表性砖层、按实际设计尺寸，在耐火材料仓库或焦炉附近区域内平整场地上进行放线砌筑。

3. 预砌筑场地必须具备防风、雨、雪要求，且地面耐压、地坪平整。

4. 预砌筑拟分三个部分进行：

1）蓄热室及斜道部分砌筑部位及层次

① 蓄热室1A～11A，42A层，砌两主墙一单墙，长度由焦头至焦炉中心线；2F-3F一个洞；2M～6M层煤气管砖。

② 小烟道砌筑，第1D～3D层，长度由焦头至中心隔墙一道。

③ 斜道砌筑两个燃烧室及一个炭化室范围内共9层，即第1～9层；长度由焦头至焦炉中心线。

2）燃烧室部位砌筑部位及层次

① 燃烧室下循环孔砌完，共 5 层即第 10～14 层，长度为一整道墙。

② 中间立火道层：15、48 层，长度为一整道墙。

③ 上部立火道及上循环孔层：49～56 层、59 层，长度为一整道墙。

3）炉顶预砌筑部位

① 看火眼墙一道，长度为炉头至焦炉中心线；

② 上升孔一个；

③ 过顶砖一道，长度为炉头至焦炉中心线。

5. 砌筑条件及准备工作

预砌筑场地设在耐火材料大库内砌筑平台上，场地面积 300m²，地面平整。预砌筑平台清扫后由测量员将砌筑控制线弹在平台上，砖层标高采用测量控制。还需准备 60mm×80mm×75000mm 的放线大尺杆 2 根，用来放每层的砌筑配列线。砌筑蓄热室中心隔墙及斜道部位时要提前准备胀缝板，或用相同规格的木版代替也可以，以控制胀缝宽度。预砌筑用砖要在选好的砖中随机抽取，要有代表性。提前按部位、按层次配板待用。预砌筑时应有生产厂家、设计方、业主方、监理方和施工方代表参加，按正式砌筑时的要求砌筑，以检查设计、材料及施工存在的问题。

6. 预砌筑要求

泥浆搅拌要严格按照砌筑稠度要求控制水量，力求通过预砌筑找出最宜于操作的稠度范围。砌筑时每层均应按先炉头、后中间的顺序砌筑，均应放砌筑配列线。每砌筑一层都要做检查记录，记录砖缝尺寸、墙宽、标高等关键数据，然后方可砌筑下一层。

7. 预砌筑数据结果的整理

1）砖缝数据的整理：每层均需记录每侧墙面立缝、水平缝、中间缝的极大值、极小值、平均值、可调缝极大极小值，不可调极大极小值，并得出结论。

2）砌体外形尺寸数据整理：需记录墙宽、层高、平整度、垂直度情况等数据，最后整理汇总得出结论。

3）泥浆稠度及用量数据整理：记录泥浆稠度、最佳稠度、正常操作泥浆损耗量等数据。最后整理汇总得出结论。

4）根据砌筑情况对每个砖号的材质情况、尺寸情况作出结论。并进一步得出处理办法以方便正式砌筑时指导施工。

8. 预砌筑质量要求：预砌筑应该等同于正式砌筑的质量水平进行过程控制；所用材料随机抽取；预砌筑过程设专人对所砌墙体跟班检查，并及时整理检查记录，归纳数据，及时将检查结果通报业主及设计、生产等有关单位；每个部位预砌筑完毕后应督促业主组织各方参加讨论预砌筑的结果，并及时提出解决问题的方法，最后形成与图纸同等重要的预砌筑会议纪要。

5.1.3 砖加工

通过预砌筑和图纸会审，确定各类砖加工数据，并编制加工砖计划，附加工砖图纸和相关资料。

5.1.4 大棚安装要求

1. 在焦炉耐火材料砌筑时必须在防风防雨的大棚内进行（冬期施工要考虑到保温），大棚为全封闭钢结构以保证足够的防风防雨能力。冬期施工要用夹有保温材料的压型钢板进行全封闭，包括抵抗墙端部也全部密封严实，材料运输通道设在机侧，在大棚内的机侧设置两个搅拌站和上炉子的斜走跳，各入口挂好门帘，确保炉内作业区的保温，防止雨、水、风、雪对砌筑质量的影响。

2. 大棚的长、宽、高尺寸必须满足炉体砌筑所用空间，要考虑到行车的最大吊度空间既要满足水平方向，又要考虑到垂直方向，该焦炉考虑使用长×宽×高为 78m×30m×25m 的大棚，参见图 5.1.4。不仅如此还要考虑护炉铁件安装的施工平面和行车吊度空间。还要保证大棚内有足够的亮度（亮度 20W/m²）。

3. 焦炉大棚的基础和炉体基础应该同时进行施工（为保证混凝土强度和施工要求的进度）。

4. 大棚安装必须在基础顶板铺砖之前完工。

5.1.5　搅拌站及灰库搭设

1. 搅拌站搭设在机侧大棚跟前，全长设 2 个搅拌站，每个搅拌站设 4 台泥浆搅拌机。

2. 搅拌站内应有计量工具，特别是对水量应进行准确的计量。搅拌站内应有专人检查泥浆的稠度，使得每一罐泥浆都能符合砌筑要求。

3. 每个搅拌站内的存灰量应为 1d 的用量，搅拌站的存灰平台应不小于 40m²。

4. 耐火搅拌站及灰库的搭设，必须防止雨水浸湿泥浆，搅拌站搭可以参见图 5.1.5 所示搭设。

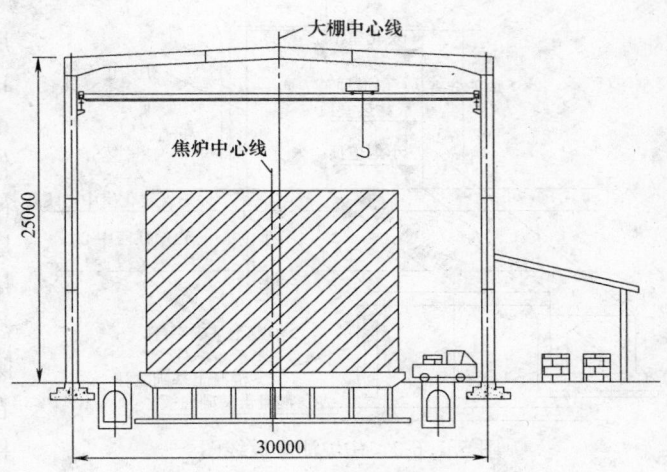

图 5.1.4　焦炉大棚剖面图

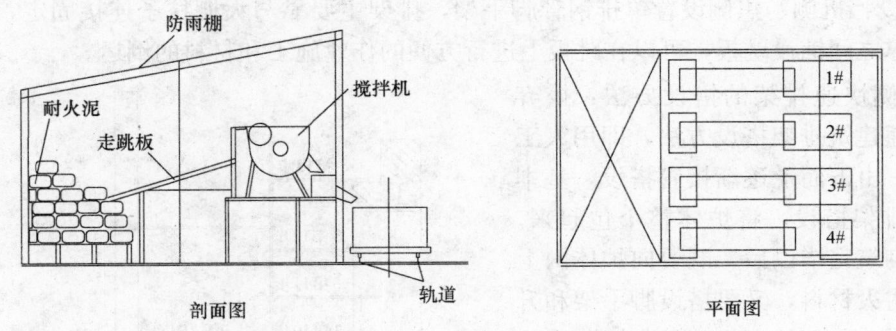

图 5.1.5　耐火泥浆搅拌站参考图

5.1.6　中心线、标高检查及放线工作

1. 根据四周及炉子两侧埋设的永久性标桩及基准核查炉顶板、抵抗墙等中心线、标高是否正确，并对沉降点作初始值观测和记录，施工前应在焦炉外线做好控制网点及控制永久标桩和基准点的埋设进而来控制相应的焦炉测量参数参见图 5.1.6-1 所示。

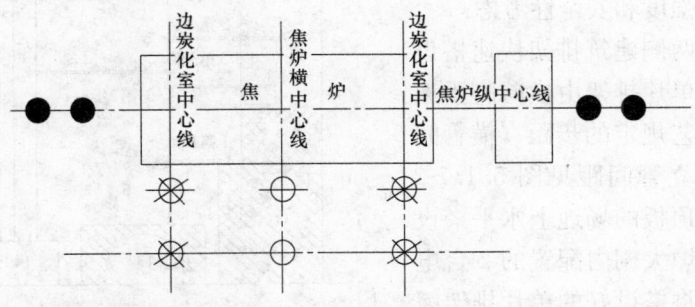

● 纵轴线永久标桩　⊗ 边炭化室中心线永久标桩　○ 基准点

图 5.1.6-1　焦炉控制永久标桩及基准点埋设图

2. 上述工作完成后，抵抗墙上放出炭化室中心线、炉中心线及炉头正面线和标高，参见图 5.1.6-2。

3. 在炉顶板基础上，沿机、焦侧方向安装砌筑控制用的横向标杆木方（60mm×80mm）。根据中心线标出各道蓄热室墙宽尺寸线。待斜道施工完毕后，横向标杆需移至斜道第六层机、焦侧端部。并用同样办法放出燃烧室各墙中心线。

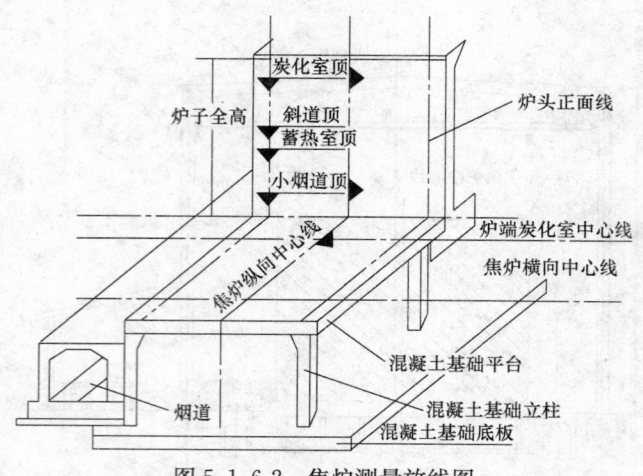

图 5.1.6-2　焦炉测量放线图

5. 放线精度要求：全长距离允许误差不应超过±1mm。

5.1.7　机、焦两侧排架搭设

1. 排架搭设：机侧、焦侧设置单排钢管脚手架，排架主要靠与大棚柱子连接固定，在排架和炉本体或炉洞内支撑之间铺设跳板，可以在跳板上进行方便的作业施工和材料的倒运。

2. 焦炉两侧快速排架的搭设方法：摈弃以往采取的普通建筑排架搭设方法，即用人工建一层搭一层，由下而上逐渐接管搭设，基本都是内、外双排架搭设，将炉体整个包起来。这样一来每天砌筑完毕以后，既要向炉体内上齐次日的备用耐火材料，又要搭设脚手架和升高走行跳板，这两方面的工作都是每天下班前必不可少的工作，但是这两方面的工作又不能同时进行，劳动强度大，施工时间大大延长，更重要的是高空作业量多，危险性大。现开发采用焦炉排架快速搭设法，其优越点就在于充分利用了现场平面和现有的机械设备资源，更重要的是为长远的施工强度和安全性考虑。

焦炉砌筑施工炉体两侧建筑排架快速搭设的方法。其特征在于：单片排架由横向脚手架管和竖向脚手架管按工艺规定的步距（横管间距见图 5.1.7-1 所示，立管间距见图 5.1.7-2 所示）平铺在焦炉基础顶板的场地上水平搭设一次到顶而成，再用焦炉大棚内配置的 2 台电动行车实施抬吊作业，将搭设好的单片排架缓慢吊立起来，落位于焦炉两侧烟道上，排架外侧通过建筑管与预先焊于大棚立柱上的短管连接固定，排架内侧通过管下部与基础顶板小牛腿的预埋螺栓相连固定、上部随焦炉逐渐砌高和焦炉炉体连接固定，人行跳板可在排架横管和炉体其他支撑上铺设。该方法具有安全、高效、操作方便、劳动强度低、机械化程度较高

4. 放线工作用经纬仪、水平仪及专用钢卷尺进行。在炉顶板基础的枕头梁表面弹出炉宽17000 的正面线，再在正面线上进行分点，放出蓄热室主墙与单墙的中心点与墙宽的控制点，作为蓄热室砌筑时墙体中心与墙宽的控制依据。待斜道施工完毕后，用同样的方法在斜道第九层表面放出燃烧室各墙中心线。放线时，用专用钢卷尺由炉子中心线向端墙方向逐次量取蓄热室或燃烧室墙中心线，并用尺多次复测，消除量尺误差和累积误差。测量放线用的专用钢卷尺应使用 10kg 弹簧秤保持 7kg 的拉力施测，且应进行环境温度校正。

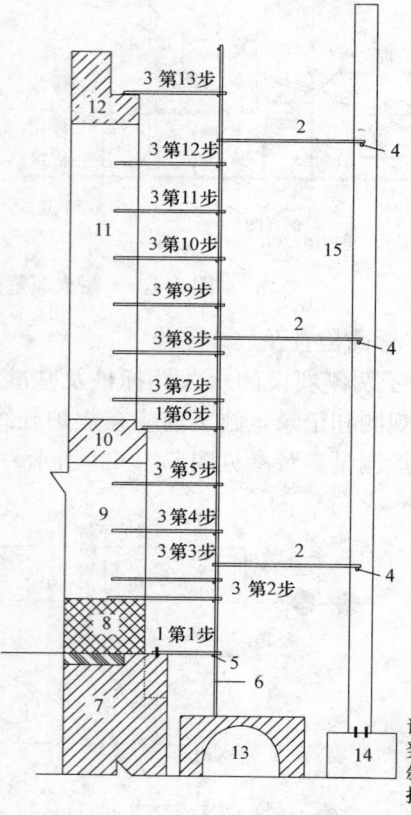

调整砌筑层数来满足脚手凳的固定步距，但是难以对斜道第二层底部进行勾缝清扫。

图 5.1.7-1　炉外单排脚手架高度尺寸示意图

1—焦炉排架和炉体的连接固定管；2—焦炉排架和大棚柱子的连接固定管；3—搭设在排架和炉洞（蓄热室、炭化室）内马凳支撑上的跳板；4—预先焊接在大棚柱子上的脚手架短管；5—焦炉排架横向脚手架管；6—焦炉排架竖向脚手架管；7—焦炉基础；8—蓄热室小烟道；9—蓄热室；10—斜道；11—炭化室；12—炉顶；13—烟道；14—焦炉大棚基础；15—大棚柱子

的特点（图5.1.7-1）。蓄热室、炭化室墙在砌筑过程中，使用定型脚手凳。在机侧端头设置上下炉的Z形走道一座，宽2m左右，同时搭设炉内炉头走道板。

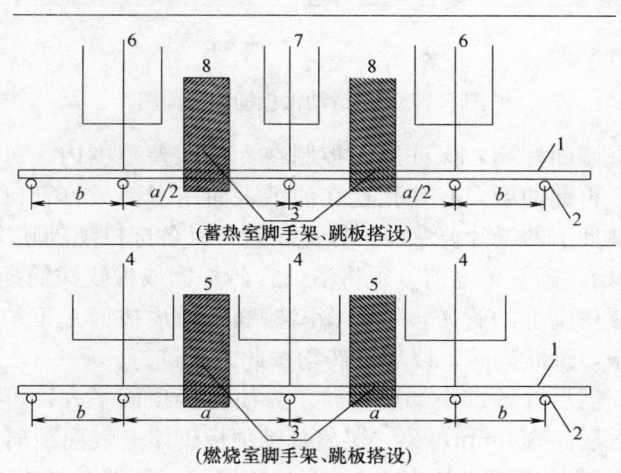

（蓄热室脚手架、跳板搭设）

（燃烧室脚手架、跳板搭设）

图5.1.7-2　炉内炉头脚手架、走跳板搭设图

注：（1）图中所示1—焦炉排架的横向脚手架钢管；2—竖向脚手架钢管；3—施工行人木跳板；4—燃烧室中心线；5—炭化室；6—蓄热室主墙中心线；7—蓄热室单墙中心线；8—蓄热室；

（2）脚手架竖杆的间距 a 是根据焦炉中心距来的（JND6.25m捣固焦炉为1.5m），间距 b 是根据最靠抵抗墙的下喷管距离抵抗墙的间距而来。目的是便于在蓄热室和炭化室墙洞里铺设人行跳板。

5.2　6.25m捣固焦炉砌筑操作要点

5.2.1　水平、垂直运输

耐火砖在业主提供的耐火材料仓库配板，由叉车送至汽车上，再由汽车运至焦炉机侧大棚内，由行车提升至各个互助组。

5.2.2　施工组织安排

砌筑时，安排两班作业，白班砌筑兼配板，中班备砖上料。

5.2.3　砌筑工艺

砌筑工艺流程见图5.2.3-1。

1. 铺底：

为方便小烟道隔墙的砌筑以及底部滑动层的铺设，底部第一层必须进行满铺作业；基础顶板铺砖经检查验收后，开始进行铺滑动层钢板，钢板铺设之前先在底面刷一层黄干油，钢板纵横方向搭接，在钢板搭设时尤其要注意，由内向外顺压铺设（图5.2.3-2）。

2. 小烟道、蓄热室墙砌筑：

1）每天砌筑量按作业计划进行。

2）砌筑顺序按主墙→单墙→中心隔墙进行。

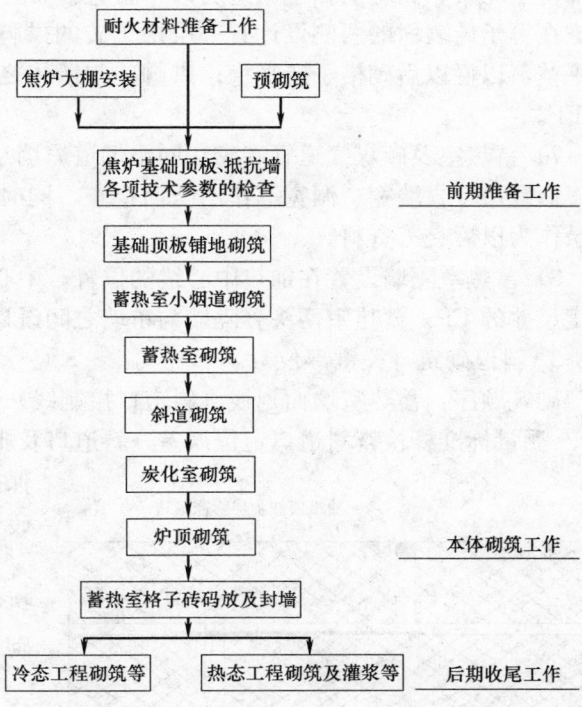

图5.2.3-1　砌筑工艺流程图

3）砌筑开始前，检查主单墙中心线是否在设计尺寸线上及主墙宽度线是否符合设计尺寸。蓄热室墙砌筑时，先砌筑机侧、焦侧炉头与炉中，待机、焦两侧炉头与炉中砌砖定位完成时，拉通线砌筑，第一层砌前应干摆验缝。砌筑过程中经常检查墙宽尺寸，特别是炉头砖在定位完成后，应立即检查，利用每道墙的中心线与墙宽尺寸，用钢卷尺检查1/2墙宽，确保炉头的垂直度和平整度。此外，每层

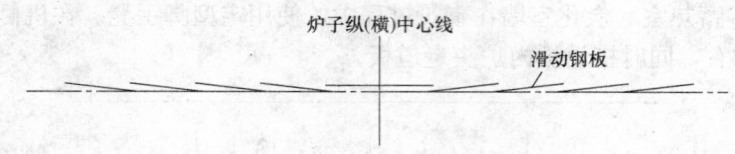

图 5.2.3-2　滑动钢板铺设剖面图

墙砌完后，利用水平仪检查墙面标高，保证层高控制在允许误差范围内。每道墙砌第一层砖时，先在滑动层钢板表面涂黄干油，再铺油纸，有管孔处在油纸表面用木锤敲打管口处，使其钢管将油纸冲出孔，让油纸套在管上定位，冲下的纸片要拿掉，以免堵管口。各部位随砌随涂黄干油铺油纸砌砖。

4）从砌第二节管砖开始，砌管砖之前，须将清扫管砖棕刷或橡皮拔筒插入下层管砖中，待砌管砖套住拔筒砌上，然后一手压住砌上的管砖，一手将园棕刷或橡皮拔筒上下拉两下，抽出，将接头挤出泥浆清出，再加上管砖盖子，继续砌砖。以后砌砖均按此方法进行。

5）小烟道墙砌完第 10 层后开始砌小烟道衬砖。为使衬砖顶面平齐，可在墙上弹出衬砖配列线及每层衬砖顶部高度线。第一层高 350mm，第二层离基础顶板砌体上表面距离 700mm。砌筑前在小烟道底上加滑动油纸，衬砖与炉墙接触面设计有 6mm 宽的膨胀缝，胀缝备填充 6mm 厚的 EP。EP 分两层铺设，每层高度应略低于衬砖高，以使衬砖配列线露在外面便于砌筑，各种标识应从砌小烟道墙第 1 天到第 6 天分别标识完毕，以免木工基本 1d 工作量大。第一层衬砖与小烟道底砖同时砌筑。砌第二层衬砖时，要在两边衬砖之间用竹片撑住，以防衬砖倾斜。

6）砌炉箅子砖最好是 1d 砌完箅子砖，砌这前按砖号把砖全摆好以免用砖和排列顺序出错。箅子砖两头与炉墙接触面也设计有 6mm 宽的膨胀缝，胀缝备填充 6mm 厚的 EP。砌箅子砖时，边砌边刮掉下部挤出泥浆，同时清扫小烟道底，并洒上锯末。砌完炉箅子砖后，在炉箅表面加上炉箅子保护板。该焦炉在箅子砖表面的两侧设计有一层格子砖的拱脚砖，可以以箅子砖同时砌筑。砌筑拱脚砖时要求表面平整，以便以后砌格子砖平稳；拱脚砖与墙体之间也设计有 6mm 宽的膨胀缝，胀缝备填充 6mm 厚的 EP。

7）蓄热室及砖煤气道管砖砌法同小烟道炉墙。蓄热室砌到位后，对炉墙垂直度、平整度、炉头脱离正面线尺寸、墙宽、洞宽等作出全面检查，同时要测量各道墙顶面标高，检查相邻墙高度差，并作记录作为以后交工资料。

8）蓄热室隔墙设置在加热中心线的位置，中心隔墙上设置有 12mm 宽的膨胀缝，胀缝内填充相应厚度尺寸的 EP，蓄热室两头分隔墙与单墙之间设计有 12mm 的膨胀缝，胀缝内填充相应规格的 EP。

3. 斜道砌筑（关键部位）：

砌筑顺序：蓄热室墙面划线（斜道口控制线）→第一层干排验缝、砌砖（包括用斜道口比子及胀缝板）→测量标准杆检查斜道口定位误差→斜道口及胀缝内清洁工作→胀缝内填塞规定尺寸纤维毯并予以保护→斜道口及胀缝控制线标识→第二层干排验缝、砌砖→……第九层干排验缝、砌砖→斜道部位交工验收。

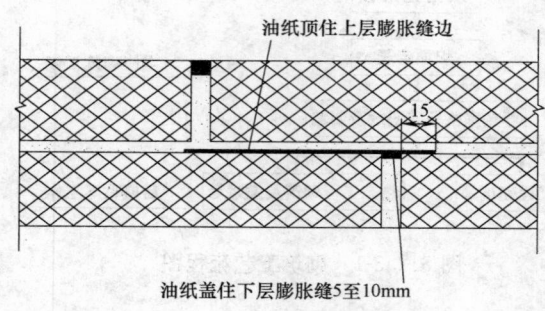

油纸顶住上层膨胀缝边

15

油纸盖住下层膨胀缝 5 至 10mm

图 5.2.3-3　滑动缝油纸的铺设方法

1）砌筑第一层前，根据炉体纵、横中心线，在蓄热室墙面标出各斜道口的位置和每个砖号位置线，然后砌筑，往上每层均是如此。

2）斜道第三层第九层设计有膨胀缝，硅砖区域膨胀缝设计宽度 14mm，填充 13mm 厚的 EP，炉头高铝砖区域膨胀缝设计宽度 10mm，胀缝内填充 9mm 厚的 EP。上下层胀缝之间设油纸滑动层，其宽度应从胀缝开始，盖过下层胀缝 15~20mm。斜道胀缝应使用小于胀缝设计宽度 1mm 的木样板，上下砖层胀缝间的滑动层铺垫油纸，每层砖砌完后应将残余泥浆用铁钩清除，并进行吹扫，填以 EP 封并用粘胶带密封（图 5.2.3-3）。

3）斜道区域横向缝、悬空缝一般不用塞尺检查，防止泥浆捅掉。此外，为防止砖的踩动开裂，一般不在墙面上放砖板，采取逐层配砖及铺跳方式予以保护。砌过顶砖时，要随手将下部泥浆刮干净。

4）斜道砌筑应逐层清扫、勾缝，逐层对标高、平整度、胀缝进行检查，合格后方可砌筑上层。在第一、二层砌筑过程中，还应尽量保持相邻墙标高差为±2mm。

5）斜道口每砌完一层用长尺杆或钢卷尺检查一次，检查各口沿燃烧室长度方向的距离是否准确。

6）斜道口内表面应平整，错台不得大于2mm，最上层斜道口调节砖不能调节的方向，尺寸误差不得超过±1mm。

7）油纸顶住上层膨胀缝边油纸盖住下层膨胀缝5～10mm。

8）斜道砖第九层砌筑完后，重新进行放线，供燃烧室砌筑控制用。

9）砌筑完斜道第九层后，进行砖煤气道的吹风清扫工作。

4. 燃烧室墙砌筑（关键部位）：

砌筑顺序：第十层……第十三层→吹风清扫斜道→放草把子、立火道铺保护板→炭化室底铺保护板→第十四层……第五十四层→第五十五层至第五十九层（已经形成看火孔）。

1）十四层以下砌筑

第十层炉头按放在炉头表面的墙宽线与放在斜道第九层表面的砖的排列控制线进行燃烧室第一层的砌筑。砌筑完灯头砖后，进行下循环的清扫，然后用EP与胶带封口，然后在其周围和底部洒上干净锯木屑20～25mm。经检查合格的斜道口用草把子盖上，然后盖上活动保护板。同时在炭化底铺上50mm厚的木制保护板。燃烧室炭化室墙面不得有推焦方向的逆向错台。砌筑过程中采用放砖的排列控制线与等高线进行控制立火道隔墙砖的定位与燃烧室墙体的标高控制。

2）燃烧室墙中间段一般按"①、②、③、④砌砖法"砌筑，即先砌一侧两块墙面砖，再砌立火道隔墙砖，最后砌另一侧"丁字砖"。

3）燃烧室墙每班砌筑完成后，对机侧、机中、炉中、焦中、焦侧等5个点的墙宽尺寸进行专控，并做好记录。此外，检查墙面的垂直度和平整度，立火道中心距和净空尺寸、燃烧室墙顶标高。合格后，经清扫、保护板取出，才可砌筑炭化室过顶砖。炭化室内设置的活动脚手架每升一步跳时，不得超过已砌砖层，以便检查。砌筑炉端墙时，在30mm的胀缝内应填充同厚度的EP。

5. 炉顶砌筑：

砌筑顺序：炭化室过顶砖→看火孔主墙→消烟车轨道基础与绑墙→消烟孔和上升管孔座砖→炭化室顶部填心砌筑→炉顶表面砌砖。

1）在燃烧室墙上画出消烟孔和上升管孔中心线和边线，然后根据燃烧室中心线量尺，拉线砌过顶砖，且下部与炭化室墙之间留设滑动缝。过顶砖胀缝之间夹设EP。过顶砖要仔细检查砖的外观，不允许使用有横向裂纹的砖。过顶砖一般不允许反向砌筑，但因砖公差原因，可适当反砌几块。

2）砌看火孔墙时，则在机中、焦中、炉中部位各先砌一个孔，再根据已砌的孔中拉线砌筑余下的孔。为防止泥浆掉入，孔砖砌筑时，应使用圆橡皮拔，清除孔内泥浆。

3）待看火孔墙砌完后，将消烟车轨道下部砌体中心线、边线、画在墙上，先砌筑消烟车轨道基础，然后砌筑底部粘土质的绑墙与上部漂珠砖的绑墙，绑墙上表面与先砌筑的看火眼墙上表面一样高。

4）在砌筑导烟孔与上升孔座砖之前，先在绑墙侧面放出各孔的中心线与孔的边线，砌筑过程严格按照控制线进行。尤其是砌筑导烟孔环砖时，原先的捣固焦炉，在煤饼推入时，煤烟气直接从已经打开的炉门喷出，烟尘很大，即影响工作人员生产操作，又影响生态环境，还使大量资源浪费，该焦炉通过炉顶导烟孔在推煤饼进入炭化室时，将大量煤烟导入相邻的炭化室内，这样循环导烟，不仅减少了污染源的排放，而且将资源循环利用，节约大量资源。这样的生产工艺就对导烟孔处的耐火材料施工有了特殊的要求；导烟车在导烟孔上长期进行导烟排尘动作，导烟车给导烟孔的力量较大，对导烟孔的耐火砖是有影响的，如果砖砌筑的不平，灰浆饱和度不够，灰缝不够均匀就会直接影响到烘炉后导烟孔内环形砖于砖之间的受力能力。

为了尽可能提高砌筑后导烟孔砖的水平度和灰浆饱和度以及灰缝的均匀程度。在砌筑是采用一下方法；其一，在导烟孔耐火材料砌筑时，必须做到层层放线测量，使导烟孔每层环砖水平度提高、达到灰缝的高度平均；其二，每层都绘制简图排砖缝，每做一层用水准仪进行标高测量，使砖面标高误差减小；其三，加大对导烟孔环砖砌筑后的灰浆饱和度的检查工作，做到层层查缝缝查。

5）砌筑完各空洞的座砖后，在进行炉顶大坑施工前，先在第 60 层上表面砌筑一层 70mm 厚的硅砖。

6）在砌筑炉顶大坑时，应保证砖缝泥浆饱满。

7）炉顶胀逢留设情况：第 60 层过顶砖两侧、第 61 层机侧硅砖与看火眼墙之间为 14mm 的胀缝，绑墙与看火眼墙之间全高方向的胀缝为 10mm，胀缝内均填充 EP。

8）上述完后，经检查确认合格后，安装铁件及炉盖，砌筑炉顶缸砖（图 5.2.3-4）。砌筑时应拉通线，且砖缝泥浆饱满。表面则用靠尺检查，靠炉端墙表面则不打泥浆砌筑。待以后热态烘炉施工时，温度达 1000℃以后，再进行修整砌筑。

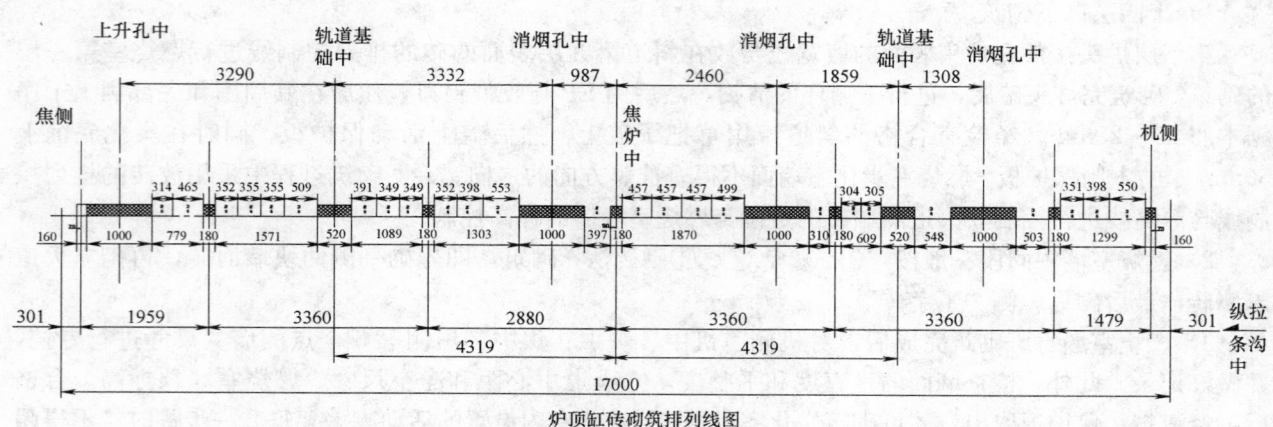

炉顶缸砖砌筑排列线图

纵拉条部位、装煤孔与上升管座砖及轨道基础等部位为"孔洞"为砖边，其他的为灰缝中。

图 5.2.3-4　炉顶缸砖砌筑排列线图

6. 炉体清洁方法：

焦炉内各种孔洞、胀缝内的清理是焦炉砌筑的重要环节，是焦炉烘炉后得以正常运转的重要保证，而超大容积焦炉的各种孔洞、胀缝的设计又特别复杂，增加了清洁的难度，按照原来的清洁方法已经不能满足质量要求，采用当炉子全部砌筑完后，先进行从上到下的吹风清扫，即先进行燃烧室、炭化室的吹风清扫，然后进行斜道、蓄热室、小烟道的吹风清扫，同时进行蓄热室、炭化室和顶盖二次勾缝结束后，开始码格子砖。

7. 6.25m 捣固焦炉蓄热室格子砖码砌方法：

砌筑顺序：蓄热室中心隔墙与分隔墙之间的格子砖安装→机焦侧蓄热室分隔墙砌筑→分隔墙与蓄热室封墙之间的格子砖安装→封墙砌筑。

在码格子砖之前，先在蓄热室墙面上画好蓄热室分隔墙与蓄热室封墙砖的控制线，格子砖码完后，经检查确认合格后，再封墙，其内侧胀缝应边码边清干净。砌筑完封墙后，进行勾缝清扫。

8. 焦炉本体各区域使用泥浆情况：

1）低温硅火泥使用部位：小烟道衬砖、箅子砖、蓄热室 1A～42A 层、燃烧室 54～59 层、炉顶硅砖。

2）中温硅火泥使用部位：斜道 1～9 层、燃烧室 10～53 层。

3）燃烧室炉头高铝砖采用同区域的灰浆砌筑。

4）蓄热室封墙隔热砖采用的泥浆配合比（体积比）：黏土火泥—50％，硅藻土—50％。

5）炉端墙正面甩茬部分黏土、炉顶表面砌砖、炉头后砌筑部分的泥浆配合比：黏土火泥—50％，42.5R 硅酸盐水泥—30％，精细河砂—20％。

6）焦炉基础顶板铺砖，隔热砖，轨道基础黏土砖使用泥浆的配合比：黏土火泥—80％，42.5R 硅酸盐水泥—20％。

7）焦炉各区域黏土砖（除特殊说明的黏土砖以外），炉顶漂珠砖、隔热砖、炉端墙隔热砖、漂珠砖使用黏土火泥。

8）炉头与保护板间隙于烘炉达 750℃以后灌浆用的火泥配合比：1000kg 低温硅火泥中加入 16kg 水玻璃（含 Na_2O 10％～14％）。

9）安装保护板后，炉间缝用 60％低温硅火泥和 40％的精矿粉（铁矿粉或高炉灰）另加入 8％～10％（含 Na_2O 10％～14％）的水玻璃所调置的灰浆进行勾严。

9. 炉体耐火材料热态施工方案：

热态工程施工采用新施工方法，尤其是对耐火材料的运输新途径。在以往的热态施工中，都是在热态工程即将进行时，通过大棚行车将热态所用耐火材料倒运至炉顶，然后进行施工，其缺点在于热态施工前夕正是铁件和炉顶集气系统安装的关键时刻，此时大棚行车的使用是非常的繁忙。如果还要倒运热态使用的耐火材料将会直接拖延整个炉体的施工工期。另外，此时炉顶面上不仅有铁件和设备还有耐火材料，整个炉面非常的混乱，无论是对热态施工还是安装作业都是很麻烦的，这样以来就加大了劳动力的使用而且安全隐患很多，不能够达到文明施工的要求。考虑到以上施工难点，就已建成的焦炉端台安装 10t 电动葫芦，在端台吊装口进行耐火材料的垂直面倒运。这样以来可以减轻大棚行车的使用压力和铁件设备安装互不影响。将耐火材料倒运至端台顶面备料和搭建搅拌站，然后从端台段向炉体铺设临时轻轨，轻轨全部用一般的脚手架钢管和一般的扁铁焊接搭设的（在导烟车两轨道之间搭设），轨道尺寸根据小矿车的尺寸确定铺设。脚手架钢管之间用木杆内部链接后用卡扣外部固定，然后轻轨上面走 2 台小矿车，小矿车上安放大灰槽可以在大灰槽内倒运耐火材料，也可以在灌浆时倒运泥浆，这样既方便又省事，不仅利用了有限的场地空间，而且节省了劳动力，更重要的是可以在文明施工的前提下大大缩短施工工期（图 5.2.3-5）。

10. 热态工程项目主要项目见表 5.2.3-1：

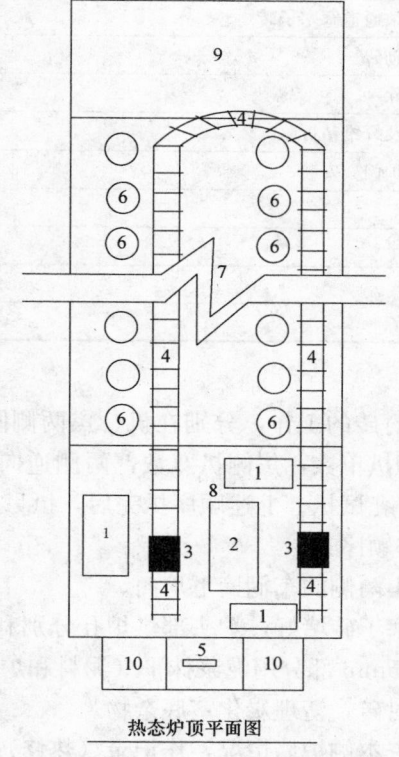

热态炉顶平面图

序号	名称
1	耐火材料
2	搅拌站
3	小矿车
4	临时轨道
5	电动葫芦
6	导烟孔
7	焦炉顶面
8	端台顶面
9	间台顶面
10	吊装口

图 5.2.3-5　热态工程炉顶平面图

注：1）因 6.25m 焦炉的导烟车在间台安装，故在端台留有大片可使用的场地，可在端台部位安装 10t 的电动葫芦（避免了与炉体设备抢用行车的现象大大缩短了材料的备用时间，也减少了劳动力），将热态所用耐火材料吊至端台上，并且在端台部位搭设搅拌站（上设 2 台搅拌机）；

2）将炉门堇青石砖吊放至端台二层，有利于炉门堇青石砖在热态后的砌筑；

3）在热态施工前在端台至炉体内搭设临时的小轨道，轨道是用一般的脚手架钢管和一般的扁铁焊接搭设的（在导烟车两轨道之间搭设），上面走两辆小矿车，小矿车上安放大灰槽，可以在大灰槽内搬运一般的耐火材料，也可以在灌浆时倒运泥浆，这样既方便又省事，不仅利用了有限的场地空间，而且节省了劳动力，大大缩短了施工工期。

热态工程主要施工项目　　　　　　　　　　　　　　　　表 5.2.3-1

序号	项 目 名 称	开 始 温 度
1	开闭器与炉体及弯管承插处的密封	500℃以后
2	小烟道承插口的密封	500℃以后
3	蓄热室封墙砌筑及表面精整	700℃以后
4	炉顶吹扫；重砌	700℃以后
5	炉顶灌浆；纵拉条落位，浇注料填埋	800℃以后
6	炉顶裂缝的密封	灌浆后
7	炉顶横拉条落位，铺垫轻质浇注料	800℃以后
8	炉顶面砖砌筑找平	800℃以后
9	测调平台拆除	为扒火床作准备
10	燃烧室内烘炉通道塞塞子砖	转正常加热后
11	抵抗墙接槎砌砖	800℃以后
12	烘炉火床拆除	转正常加热，磨板灌浆后
13	炉端墙封板及纤维毡拆除	700℃以后
14	炉端墙冷却炉门架安装	800℃以后
15	炉端墙砌筑	800℃以后
16	炉顶端墙找平	800℃以后
17	小炉头密封	装煤后
18	焦炉大棚拆除	350℃以后

11. 扒火床

1) 扒火床及衬砖的工作，分别在机、焦两侧同时进行（图 5.2.3-6、图 5.2.3-7）。可按如下顺序号进行扒除：机侧扒单数，焦侧扒双数，两侧逆向进行。扒第一孔火床时，因边炉温度低，不先扒第一孔，自中间选一孔试扒。上述顺序扒完后，扒另外一半即机侧扒双数，焦侧扒单数。

扒火床的操作顺序：

① 利用机、焦两侧的车辆摘下炉门。

② 将干燥孔塞子砖堵好，炉头部烘炉孔分别利用推焦机及拦焦机的操作平台进行；堵机、焦两侧塞子砖，凹入 3～5mm 部分用泥浆抹平（泥料和炉顶同）；

③ 扒除火床衬砖，清理炭化室底杂物。

④ 清扫并检查本侧炉墙情况，作记录（热修）。

⑤ 磨板灌浆及补抹肩缝。

⑥ 当炉门摘下后，用沾有泥浆的塞子砖将炉门烘炉孔堵死。

⑦ 装炉门并调整（炉门工）。

2) 扒火床的注意事项：

① 严禁在同一炭化室同时扒机、焦两侧的火床。

② 机、焦侧各准备假炉门两个（薄铁板内夹 40mm 厚硅酸铝纤维毡），防止设备故障关不上炉门。

③ 严禁工具顶在两侧炉墙上撬砖。

3) 扒火床的准备工作：

① 搭临时设施

焦侧利用熄焦车车箱，扒出的砖仍入车箱内，运至焦侧空场熄火后运走。

机侧利用 SCP 机平台，扒出的砖通过临时搭设的溜槽仍在 SCP 机轨道中间并及时熄火后运走。

② 人员组织及工器具准备

人员组织应保证 30min 扒完一个炭化室的一侧衬砖及火床，分二组在机、焦侧不同炉号进行。扒火床人员分三班倒，工器具由执行单位提前准备。组织情况及工器具可参照表 5.2.3-2：

扒火床施工组织情况表　　　　　　　　　　　　　　表 5.2.3-2

岗　位	人　数	备　注
工长	1	
副工长	2	机、焦侧各1人
各车司机		岗位操作人员
扒火床衬砖组	32	机、焦侧各16人
堵干燥孔与炉门烘炉孔组	8	机、焦侧各4人
炉墙检查组	4	机、焦侧各2人
炉门调解组	4	机、焦侧各2人
抢修组		包括电、气焊及钳工、管工
综合组		包括政工、保卫、医疗、消防、生活、安全、运输及材料供应等部门

4）扒火床主要工器具及材料见表 5.2.3-3。

扒火床主要工器具及材料表　　　　　　　　　　　　表 5.2.3-3

序　号	名　称	规　格	数　量	备　注
1	铁钩子	$\phi 3/4'' \times 5000$	12	
2	铁钩子	$\phi 3/4'' \times 3000$	12	
3	耙子	$\phi 3/4'' \times 5000$	12	
4	铁锹	中号、方形	16	
5	撬杠	长处4000	4	六棱钢
6	铁铲	3000	2	
7	堵烘炉孔工具	$\phi 3/4'' \times 4000$	4	
8	假炉门	根据机、焦侧炭化室宽度	2	
9	泥抹子	$\phi 3/4'' \times 4000$	4	
10	泥桶或泥槽	3000	2	用于冷却工具
11	长水槽			

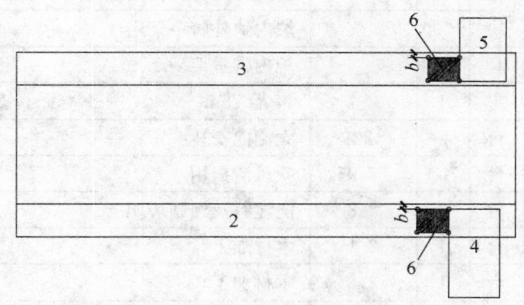

图 5.2.3-6　扒火床平台搭设图

注：（1）图中1—焦炉；2—机侧操作平台；3—焦侧操作
平台；4—SCP一体机；5—拦焦机；6—扒火床用悬挑平台
（2）搭设于机焦侧SCP一体机和拦焦车上扒火床用
的临时平台距离炉门（图中 b）不能太近以免灼伤工
作人员，亦不能太远，太远不便于工作人员施工操
作。该距离一般保持在 2.5～3m 为宜

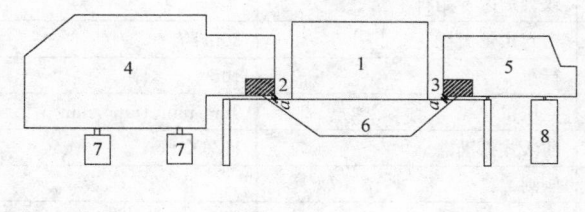

图 5.2.3-7　扒火床平台搭设剖面图

注：（1）图中1—焦炉；2—机侧操作平台；3—焦侧操作平台；
4—SCP一体机；5—拦焦机；6—扒火床用悬挑平台；7—SCP机
轨道；8—拦焦机二轨
（2）分别搭设于机焦侧SCP一体机和拦焦车上扒火床用
的临时平台，其高度（图中 a）略高于炭化室底面标高以
方便施工人员操作用力。所搭设的平台全部用一般建筑脚手
架钢管搭设然后在脚手架上平铺木跳板

5）扒火床时在SCP机和拦焦车上搭设临时悬挑平台，原先扒火床时是用脚手架搭设一个框架，然后在框架上搭设跳板，然后在炉门打开时，用人工将脚手架搭成的框架移至炉门口，再将火床砖扒除。

扒火床用的临时平台悬挑搭设于SCP机一体机和拦焦机上，悬挑平台全部用一般建筑用脚手架钢管搭设，搭设好后铺设简易木跳板。等这2台机器将炉门打开时，就不用来回移动扒火床的架子，可

以将机器稍稍开动让悬挑搭设的平台对准已开炉门，就可以进行火床的扒除。同样方便省事、简单实用。

6. 材料与设备

6.1 一座 46 孔 6.25m 捣固焦炉炉体砌筑用主要机械、工具及材料详见表 6.1。

砌筑用主要机械、工具及材料表　　　　　　　　　　　　表 6.1

序号	名　称	型号、规格	单位	数量	额定功率(kW)	备　注
1	经纬仪	T2	台	1		炉体尺寸定位
2	水平仪	N2	台	2		炉体尺寸定位测量检查
3	钢卷尺	50m	把	2		炉体尺寸定位
4	钢卷尺	5m	把	46		炉体测量检查
5	弹簧秤	15kg	把	2		精密量距用
6	铝合金靠尺	100mm×50mm×2000mm	把	46		墙体检查
7	多功能检测尺	2m	把	4		墙体检查
8	楔形塞尺	1～20mm	把	24		灰缝及平整度检查
9	铝合金水平尺	600mm	把	45		墙体检查
10	线坠	0.5kg	个	45		墙体垂直度检查
11	钢板尺	300mm	把	45		检查用
12	稠度仪		台	1		泥浆稠度检查
13	配列线标杆	3m	根	15		配列线标识用
14	斜道口标尺杆	100mm×100mm×9000mm	根	22		斜道口标识及检查用
15	测量塔尺		根	4		测量检查用
16	胀缝板	PVC，各种	块	480		斜道及炉顶砌筑调整用
17	验砖平板检测	可调	台	10		耐火砖尺寸及扭曲检查
18	木跳板	50mm 厚，各种规格	块	1000		炉内炉外脚手架用
19	双管炉内专用脚手凳脚手凳		套	480		炉内脚手架
20	密封焦炉大棚	30m 跨	座	1		14 榀 78m
21	行车	10t	台	2	22	大棚内安装
22	空压机	9m³/min、15m³/min	台	各 1	75、95	吹风清扫用
23	插入式振动器	HZ6X—50	台	2	2.3	浇注料及预制块用
24	压刨		台	1	2.1	木材加工
25	电锯	φ500mm	台	1	2.2	木材加工
26	汽车	4.5～10t	台	3		材料运输
27	套丝机	DG	台	1	2.3	吹风管套丝
28	蛙式打夯机		台	1		运砖道路夯实
29	泥浆搅拌机	125l	台	6	2.2	泥浆搅拌
30	叉车	3t	台	3		配板及材料运输
31	大功率吸尘器	5kW	台	20	5	炉体清洁用
32	低压变压器	220～36V	台	3	22	安全电压用
33	泥浆压浆机		台	2	2.2	泥浆运输用
34	矿车		台	1		泥浆运输用
35	切砖机		台	2	2.2	耐火砖切割
36	磨砖机		台	1	2.2	耐火砖加工
37	双轮车		台	10		辅料运输
38	铁砖板		台	400		配板用

序号	名　称	型号、规格	单位	数量	额定功率（kW）	备　注
39	大灰槽		个	21		泥浆容器
40	小灰槽		个	84		砌筑工人用泥浆容器
41	台式砂轮机		台	2	2.1	制造工具用
42	摇臂钻		台	2	2.3	制造工具用
43	手提砂轮机		台	5	2.2	制造工具用
44	手提切割机			3	1.2	制造工具用
45	角向磨光机			3	1.2	制造工具用
46	大功率排风扇			22	5	除尘排风
47	轴流风机			5	3	除尘排风
48	紧线器	100×50	个	180		砌筑拉线用
49	大铲	苏式或桃式	把	240		砌筑用
50	木锤	φ150	把	320		砌筑用
51	斜道清扫用工具	各种	套	30		斜道清扫
52	勾缝刀	1~6mm	把	180		灰缝勾实用
53	塑料胶带	100mm宽	卷	220		斜道胀缝密封用
54	燃烧室底部保护板		块	1800		燃烧室底部斜道口保护
55	灯头砖保护套		个	1800		燃烧室底部灯头砖保护
56	看火孔底部保护板	聚苯乙烯板	个	1800		燃烧室砌筑时保护用
57	燃烧室砌筑用保护板		个	1800		燃烧室砌筑时保护用
58	橡皮扒筒	各种	个	320		砖煤气道、看火孔堵塞泥浆落入
59	弹簧支撑		个	4100		燃烧室砌筑用保护板支撑
60	斜道口宽型比子	各种	块	185		砌筑斜道口用
61	高压风管	6分，20m	根	27		炉体清洁用
62	竹竿	φ40,12m	根	21		炉体清洁用
63	黄板纸	1.5mm	M2	265		格子砖砌筑保护用
64	热态灌浆专用工具	各种	套	2		热态灌浆用
65	扒火床专用工具	各种	套	1		扒火床用

7. 质 量 控 制

7.1　6.25m捣固焦炉焦炉砌筑的质量检验中，业主、设计单位的专家以及监理主管焦炉砌筑的质量验收任务。在焦炉砌筑过程中结合业主、设计单位的专家和监理的意见严格按照自检、互检、抽检、专检及业主全程跟踪抽检、业主及监理联合专检的检查程序进行严格质量控制和质量检查，6.25m捣固焦炉砌筑的主要质量控制措施见图7.1。

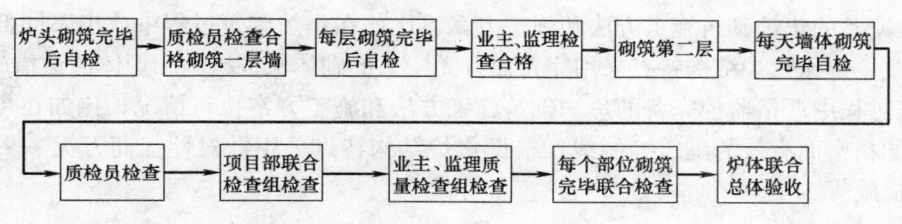

图7.1　质量控制流程图

7.2　其次还要建立准确的砌筑质量检查标准，按照现行国家质量验收规范、中冶焦耐设计院、业主厂家的要求和施工方砌筑的经验，总结出6.25m捣固焦炉砌筑质量检查标准（表7.2）。

6.25m 捣固焦炉砌筑质量检查标准表　　　　　　　　　　表 7.2

项次	误 差 名 称	允许误差(mm)
1	线尺寸误差： (1)小烟道烟气进出口宽度 (2)各部位炉头及炭化室炉头肩部脱离正面线 (3)斜道口的宽度 (4)斜道口的长度 (5)斜道口出口处的宽度 (6)蓄热室、斜道、燃烧室及炉顶相邻墙体中心线间距 (7)相邻立火道、斜道口、焦炉煤气道和看火孔的中心线间距及各孔道中心线与焦炉纵中心线的间距 (8)导烟孔和上升孔的中心线与焦炉纵向及横向中心线间距	 ±4 ±3 ±2 ±3 ±1 ±3 ±3 ±3
2	标高误差： (1)基础顶板表面标高 (2)小烟道衬套底部标高 (3)小烟道焦侧炉头各层标高 (4)蓄热室墙顶 (5)炭化室底 (6)炭化室墙顶 (7)炉顶看火墙表面 (8)相邻蓄热室墙顶的标高差 (9)相邻炭化室底部标高差 (10)相邻炭化室墙顶的标高差	 ±5 ±3 ±2 ±4 ±3 ±5 ±5 2 3 3
3	表面平整误差：(用 2m 靠尺检查,靠尺与砌体之间的间隙) (1)基础顶板耐热砼找平层 (2)喷射板底部 (3)蓄热室墙面及炉头正面 (4)炭化室墙面 (5)炭化室墙炉头正面及炉头肩部 (6)热态后砌炉顶表面 (7)保护板浇注料表面	 5 3 5 3 3 5 2
4	垂直误差： (1)蓄热室墙及炉头正面 (2)炭化室墙 (3)炭化室墙炉头及炉头肩部	 5 4 5
5	炭化室墙和炭化室底的表面错牙(不得有逆向错牙) 6.25m 捣固焦炉增加了一项:顺向错牙也不允许	0(国家标准为1)
6	膨胀缝的尺寸误差： (1)一般膨胀缝 (2)炉端墙宽膨胀缝	 +2,-1 ±4
7	砖缝尺寸误差	+2,-1

7.3　以上质量检查标准是以《工业炉砌筑工程质量验收规范》GB 50309—2007 为蓝本，补充了该规范中没有涉及的一些内容。

7.4　建立完备的焦炉砌筑施工方法和施工方案，比如在焦炉砌筑过程中放出不同部位的精密而有效的砌筑控制线；根据焦炉结构特点采用完善而万无一失的砌体保护措施和炉体清洁措施等。

7.5　砌筑过程中严格监控完备的焦炉砌筑施工方法和施工方案执行情况，比如在焦炉砌筑过程中放出不同部位的精密而有效的砌筑控制线；根据焦炉结构特点采用针对性强而万无一失的砌体保护措施和炉体清洁措施等。

8. 安 全 措 施

8.1　耐材仓库码跺应根据砖型的不同码放不同形状，以保证砖跺的稳定性，砖跺码放高度不应超过 2.6m。

8.2 应定期检查行车、大棚、吊具、钢丝绳等负荷运转机械和工具，并经常进行有效维护。

8.3 焦炉砌筑人员集中，应定期开展安全技术交底和安全专项检查以杜绝施工人员的安全违章行为。

8.4 焦炉炉内及炉头砌筑操作台应搭设牢靠，每一步搭设完毕后应仔细检查确认方可投入使用。

8.5 搅拌站机械应定期进行维护和安全检查。

8.6 焦炉大棚内应有足够的照明以保证中班人员的工作环境。

9. 环保措施

焦炉砌筑材料多为 SiO_2 硅质材料，而硅质粉尘会严重影响人体健康。因此 6.25m 焦炉砌筑过程中应做到如下环保措施：

9.1 所有进入大棚内的焦炉砌筑人员必须穿戴合格的粉尘防护服和粉尘防护口罩。

9.2 焦炉大棚内应配备足够的排风扇和抽风装置。

9.3 泥浆搅拌站内应设置抽风除尘设施。

9.4 加工砖机械应配备合格的抽风除尘设备。

9.5 每天砌筑前以及砌筑后的清洁过程中应适当洒点水以湿润灰尘，便于对灰尘的清理。

9.6 每天清理出的泥浆、碎砖等废弃物应放在指定地点并搭设帐篷予以密封，达到一定数量后根据业主安排进行有效处理。

9.7 吹风清扫过程中，在灰尘的出处应采取严密的密封措施以防止粉尘冒出。

9.8 吸尘过程中，吸出的粉尘应湿润后堆放在指定位置。

9.9 泥浆搅拌站内应设置专用排水沟，排水沟内应设置泥浆箅网，对排水沟内的泥浆进行定期清理并堆放在指定帐篷内。

10. 效益分析

从唐山佳华煤化工有限公司国内首座 6.25m 捣固焦炉工程的实际运用效果，与国外同类焦炉的先立炉柱施工方法比较，本焦炉砌筑工法具有工期短、材料省、施工机械化程度高、节能环保等优点，无论是从人工费和炉内运输费等经济效益方面、还是从环保节能社会效益方面分析，效益十分明显，相比于国家级工法《7.63m 焦炉砌筑工法》（YJGF 131—2006）的 11 条分析出的效益外，还多出了因为机焦侧单排脚手架的搭设利用有限的场地空间和现有的机械设备资源，大大节约脚手架材料和劳动力、提高了施工的安全性；热态施工炉顶另设轻轨系统、另辟上料通道所带来的施工成本更为节约和工期更为缩短的综合效益。

在此基础上，该工法热态施工时另辟独立的上料线，与炉体设备安装同步进行，将前期因甲方材料未及时到位耽误的 15d 工期抢了回来，确保了国内首座 6.25m 捣固焦炉率先如期投产，经济效益和社会、环保效益难以估量。

10.1 经济效益分析详见表 10.1。

经济效益分析表

表 10.1

序号	项目		国内大型焦炉一般后立炉柱 无竖标杆砌筑方法	6.25m 捣固焦炉 砌筑新方法
1	本体砌筑	工期	3.5 个月计 105d	3 个月计 90d
		人工	205 人	146 人
		合计人工费	205 人×105d×100 元/人·d=2152500 元	146 人×90d×100 元/人·d=1314000 元

序号	项目	国内大型焦炉一般后立炉柱 无竖标杆砌筑方法	6.25m 捣固焦炉 砌筑新方法
2	排架搭设	与建筑脚手架相同的双排架搭设法； 共需人工 10 个，工期 15d 人工费：10 个×15d×100 元/人·d＝15000元（升高 15 次） 租赁脚手架钢管 12180m、扣件 7360 个。 租赁费为： 12180m×180d×0.012 元/d·m＋7360×180d×0.01 元/d·个＝39556.8 元 合计：54556.8 元	单排架快速搭设法； 共需人工 8 个，工期 3d 人工费：8 个×3d×100 元/人·d＝2400 元（一次成型） 租赁脚手架钢管 6090m、扣件 3680 个 租赁费为： 6090m×165d×0.012 元/d·m＋3680×165d×0.01 元/d·个＝18130.2 元 合计：20530.2 元
3	热态施工	传统施工方法： 共需人工 80 个（炉顶平面人工搬运耐材进行施工） 工期 35d 95 人×35 天×100 元/人·d＝332500 元	新施工方法： 共需人工 51 个 工期 18d 51 人×18 天×100 元/人·d＝91800 元 铺设轻轨人工费：5 人×1d×100 元/人·d＝500 元 铺设轻轨用脚手架钢管和小矿车租赁费： 400m×18d×0.012 元/d·m＋2 台×18d×10元/d·台＝446.4 元 合计：92746.4 元
4	扒火床	在操作平台上搭设平台法： 人工 16 人，需要 6d 人工费：16 人×6d×100 元/人·d＝9600 元	在大车上搭设悬挑平台法： 人工 9 人，需要 3d 人工费：9 人×3d×100 元/人·d＝2700 元
合　计		采用 6.25m 捣固焦炉砌筑新方法相比于传统施工方法，每座焦炉节约 111.92 万元施工费用	

11. 应 用 实 例

　　该工法经过唐山佳华国内首座 6.25m 捣固焦炉的总结和实践而成，炉体砌筑质量达到优良标准，工期也远超预期效果，经济效益和社会效益较为突出，已于 2009 年 3 月 3 日率先一次性顺利建成投产使用，受到业主的好评，充分体现了本工法技术先进性和可靠性。同时，该工法可操作性强，控制严密，具有较大的推广使用价值，目前正应用于唐山佳华第二座 6.25m 捣固焦炉的施工，具有极高的指导价值。

环形加热炉（内衬）浇注料施工工法

GJEJGF234—2008

高美忠　张鹏飞　张晓平　王新阳　李寒

1. 前　　言

环形加热炉是冶金工业轧钢车间的核心热工设备之一，而内衬又是环形加热炉的关键部位，耐火浇注料内衬施工质量将影响钢坯加热质量，研究开发一种科学合理的耐火浇注料内衬施工方法是保证环形加热炉施工质量的必要条件。特异型木模板、型钢组合支撑体系、分层、分块、间隔支模浇注、炉顶整体底模、对炉顶锚固砖施加预张紧力是耐火浇注料内衬施工的关键技术。中冶天工建设有限公司经过天津钢管公司轧管一～五期工程建设，总结提炼了本工法。经过本工法应用先后为天津钢管公司轧管第二期工程创"鲁班奖"、第三、第四期工程创"冶金优质工程奖"、258轧管工程（第五期工程）被评为第六批"全国建筑业新技术应用示范工程"奠定了坚实的基础。

2. 工法特点

2.1　本工法较传统的钢模板加钢管支撑体系，便于复杂结构成型、有利于施工机械化、劳动强度低、工效高、施工进度快。

2.2　筑造的炉体结构合理、满足设计要求、热传导率低、散热损失小、节约能源，符合国家节能减排政策。

2.3　本工法可准确保证浇注料间膨胀缝的宽度和深度，并不会致使膨胀缝间耐火纤维被压缩过量和由于振捣而损坏，这样就改变了传统炉墙、炉顶、炉底整体支模、浇注带来的振捣不均匀，膨胀缝不均匀、深度不够，以及涨模现象的产生，从而使耐材的使用寿命提高了2～3倍。

2.4　本工法易于保证炉体的结构造型及几何尺寸，表面光滑，观感好。

2.5　炉顶施工采用整体底模，并在炉顶锚固砖与金属吊挂锚固件之间双向塞入木楔楔紧，以使锚固砖及锚固件预张紧，并将上部吊挂件螺栓拧紧，待炉顶浇注料浇注完成，再拆去木楔及底模后，不致产生对锚固砖及横梁的突然应力，这样改变了传统施工产生的炉顶工作面不平整现象及应力的不均匀产生，致使烘炉及生产过程中炉顶局部翘曲、锚固砖断裂甚至坍塌的严重现象，从而延长了炉子的使用寿命，减少检修次数，降低成本。

3. 适用范围

适用于冶金行业环形加热炉内衬浇注料的施工。

4. 工艺原理

环形炉内衬浇注料施工中，采用多层板做面板，中厚木板（炉墙模板劲肋）、方木（炉顶、炉底侧模劲肋）做劲肋分块加工制作成特异型木模板；炉墙支模采用焊接垂直于炉底且相互平行的型钢作为支撑体系；炉顶支模采用多层板做面板的整体底模，活动钢管脚手架作为支撑体系；炉底支模采用方木作为支撑体系，将内衬浇注料分层、分块、间隔的方法浇注成型。

5. 施工工艺流程及操作要点

5.1 施工工艺流程
环形加热炉内衬（耐火浇注料）施工总流程为：
施工准备→炉墙施工→炉顶施工→炉底施工→修整、养护。
其中炉墙、炉顶、炉底分项工程施工流程如下：
5.1.1 炉墙施工流程
特异型木模板加工制作→隔热层验收→型钢支撑体系→安放特异型木模板→分层、分块、间隔浇注→拆模、养护。
5.1.2 炉顶施工流程
搭设活动钢管脚手架支撑体系→铺整体底模→吊挂锚固砖→分块支模、浇注→拆模、养护。
5.1.3 炉底施工流程
炉底隔热砖层验收→次层分块支模、浇注→拆模、养护→工作层分块支模、浇注→拆模、养护。
5.2 操作要点
5.2.1 施工准备
（1）特异型木模板制作与预安装
设计、加工制作特异型木模板，进行预安装，检查校正后，进行编号、写明部位，按使用顺序分别堆放。其中局部特异型木模板示意图如图 5.2.1：

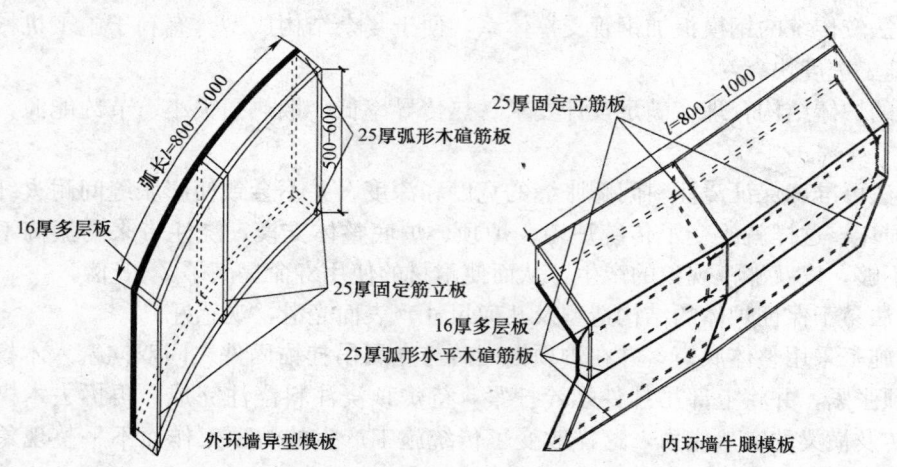

图 5.2.1 局部特异型木模板示意图

（2）测量、放线
1）进出料中心线标记于炉底、炉墙钢板上。
2）炉膛中心线标记于炉底、炉墙钢板和炉顶横梁上。
3）炉墙第一次浇注料的标高线弹设于炉墙钢板上。
4）测量进、出料炉门、检修门、观察门、烧嘴、隔墙等的中心线，并以角度的形式标记于内外环墙钢板上口。
5）对炉体结构进行实测，并转动炉底，符合内、外环缝公差要求后方可进行施工。
（3）检验、试验
进场的浇注料应进行复检，复检合格后方可进行施工。
试块按《工业炉砌筑工程施工及验收规范》GB 50211—2004 留设。

5.2.2 炉墙施工

整个炉墙分五～七层进行浇筑。特异型木模板加工制作整圈的 1/3，周转三次，即每次支模、浇注 120°，分三次周转将内、外环墙施工完毕。具体见图 5.2.2-1（以天津钢管公司 φ460 轧管厂环形炉炉墙支模为例）。

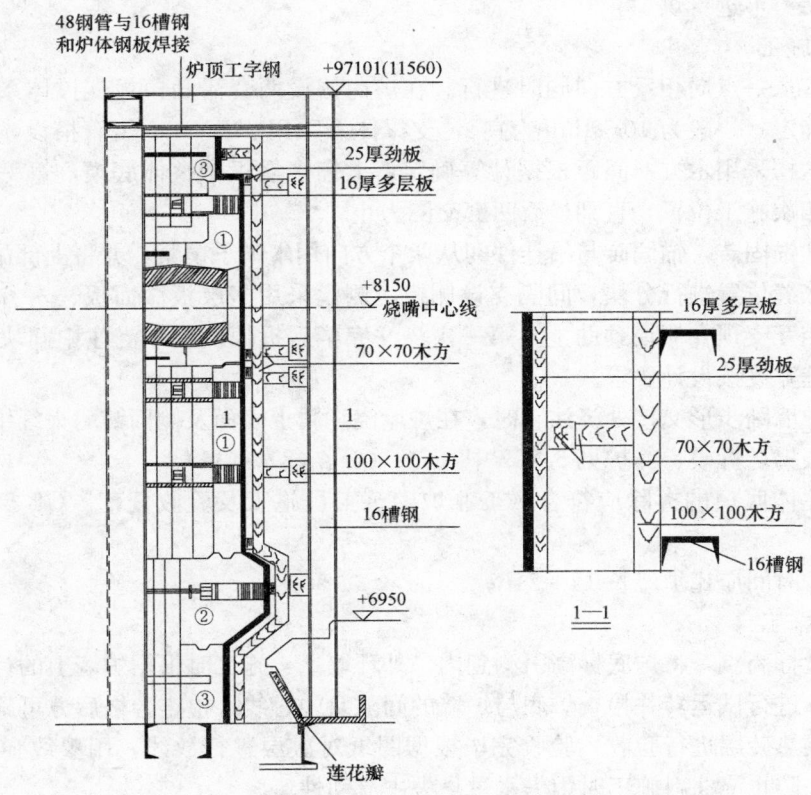

图 5.2.2-1　炉墙支模示意图

（1）按设计将胀缝分块线弹设于隔热砖墙上，并铺 0.25mm 厚塑料薄膜一层，防止浇注料施工时，因失水过早失去流动性。

（2）将 16 号槽钢立柱焊于距内外环炉壳 700mm 处的炉底钢板上，16 号槽钢顶端用 φ48×3.5 焊管焊接于内外环炉墙钢板上定位，立柱间距 @1.5～2.0m。

（3）安装特型异木模板；水平木楞采用 100mm× 100mm 方木，垂直间距 @400～500mm，特异型木模板和 100mm×100mm 水平木楞用 70mm×70mm 方木和木楔子及钢钉组合连接固定。

（4）模板安装时锚固砖外端面与模板顶紧。

（5）下料时应沿模具均匀布料，振动完成后浇注料露出平整光滑的表面，不要用抹刀抹平，严禁将振好的浇注体进行二次振动。

（6）烧嘴采用钢制胎模，用对拉螺栓固定烧嘴胎模，拆除胎模时从内、外分体拆模，具体见图 5.2.2-2。

（7）炉墙分块、间隔浇注，左右两块浇注料浇注完毕拆模后再浇注中间块，浇注时下部及侧面铺设膨胀纤维毯，胀缝宽度按设计要求。

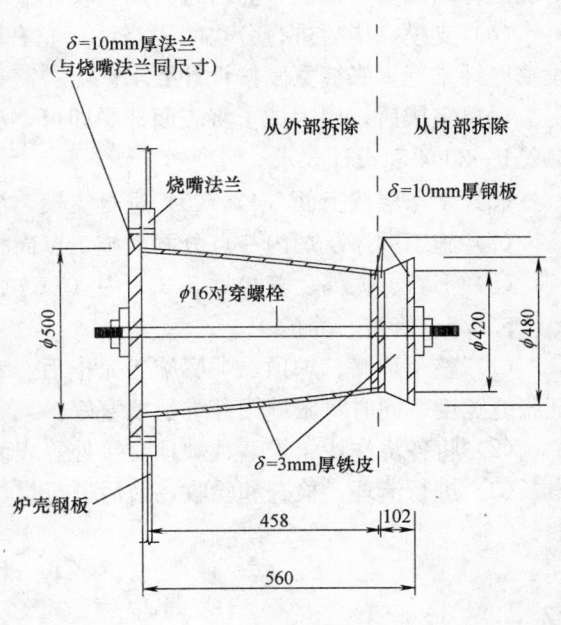

图 5.2.2-2　预留烧嘴洞口示意图

（8）浇注体模板的拆除应符合《工业炉砌筑工程施工及验收规范》GB 50211—2004 和设计要求。

（9）浇注体的养护温度按《工业炉砌筑工程施工及验收规范》GB 50211—2004 和设计要求。如果炉内温度过高，浇注体表面应用塑料布覆盖。

（10）拆模后的浇注体必须在温湿的环境中按《工业炉砌筑工程施工及验收规范》GB 50211—2004 和设计要求养护后方可进行烘炉。

5.2.3 炉顶施工

（1）炉顶施工从一点向相反方向同时进行。在炉内搭设两套活动模板支撑体系，每套支撑体系长度根据炉子中径确定（一般为 10～15m 为宜），支撑体系采用 $\phi48\times3.5$ 钢管搭设，立杆间距根据计算确定，上部水平木楞采用木方，间距根据计算确定，上铺多层板做整体底模，第一、二次浇注完毕拆模后移至第三、四次施工位置，直到最后两套交圈为止。

（2）挂线吊挂锚固砖，锚固砖与吊挂件间从两个方向用木楔子楔紧，并将上部吊挂件螺栓拧紧。

（3）根据膨胀缝位置进行分块，间隔支设侧模，侧模采用多层板做面板、木方做劲肋，相隔两块间的模板用木方相互支顶在侧模劲肋上，第一次浇注完毕后拆掉侧模，浇注中间块，浇注时四周铺设膨胀纤维毯，胀缝宽度按设计要求。

（4）炉顶与炉墙踏步形交接处浇注料时，在炉墙浇注料上表面及侧面铺耐火纤维毯。

（5）下料、振捣、拆模、养护见 5.2.2 中（5）、（6）、（8）～（11）。

（6）炉顶浇注体底模的拆除应符合《工业炉砌筑工程施工及验收规范》GB 50211—2004 和设计要求。

（7）炉顶养护时间应比炉墙长 12～24h。

5.2.4 炉底施工

（1）根据测量标高点，将炉底标高引测到内、外环墙上，施工时根据炉墙上的标高进行引测。

（2）施工前，进行试运转并检查炉底与炉墙的间隙及中心线，检查合格后方可施工。

（3）对炉底隔热砖层进行验收，验收完毕根据图纸对次层进行放线，用墨线弹设于砖表面。然后铺一层塑料薄膜，防止浇注料施工时因失水过早失去流动性。

（4）根据事先弹好的分块墨线进行支侧模，侧模采用多层板做面板、木方做劲肋，相隔两块间的模板用木方相互支顶在侧模劲肋上，侧模每隔 1～1.5m 用方木和炉顶相互支顶，防止立模上浮，整个炉底制作周圈 1/3 侧模，然后进行周转使用。

（5）支模完毕后进行分块间隔浇注，左右两块浇注完毕拆除侧模后，浇注中间块，浇注时四周铺设膨胀纤维毯，胀缝宽度按设计要求。

振捣完毕后，用木抹子将表面抹平即可，浇注完毕养护按《工业炉砌筑工程施工及验收规范》GB 50211—2004 和设计要求。

（6）工作层按上面（4）、（5）进行支模、浇注。

（7）施工顺序从炉内一点分两个施工点向相反靠近炉门方向进行。

（8）下料、振捣、养护见 5.2.2 中（5）、（6）、（8）～（11）。

5.2.5 修整、养护

（1）整个炉墙、炉顶、炉底施工完毕后，对胀缝进行修整，胀缝要横平、竖直，将浮浆剔除，保证胀缝宽度，同时将胀缝用纤维毯填塞好。

（2）将各浇注块、炉墙、炉顶交接处等表面进行修正，使表面平整。

（3）进行清理，检查和验收，最后进行烘炉。

6. 材料及设备

6.1 材料（表6.1）

材料   表 6.1

序号	名 称	使用温度(℃)	容重(t/m³)	导热系数	耐压强度
1	炉墙工作层浇注料	1600	2.4	1.07W/(m·K)(1000℃)	30MPa(1200℃)
2	炉顶工作层浇注料	1550	2.26	1.13W/(m·K)(1000℃)	50MPa(1200℃)
3	炉底工作层浇注料	1650	2.75	2.2W/(m·K)(800℃)	70MPa(1400℃)
4	炉底次层浇注料	1400	2.2	1.02W/(m·K)(1000℃)	50MPa(1200℃)

6.2 设备投入见表 6.2

设备投入   表 6.2

序号	设备名称	规格型号	数量	用 途
1	木工机床	MB503	2	特异型木模板加工制作
2	强制搅拌机		2	浇注料搅拌
3	水准仪	S3	1	标高控制
4	全站仪	索佳	1	定位测量
5	经纬仪	J2	1	中心线找正
6	电焊机	BX₃	4	支撑体系安装
7	振动器	Z50	10	浇注料振捣
8	高速切割器	400mm	1	支撑体系安装

7. 质 量 控 制

7.1 质量标准

7.1.1 严格遵守《工业炉砌筑工程施工及验收规范》GB 50211—2004。

7.1.2 严格遵守《工业炉砌筑工程质量验收规范》GB 50309—2007。

7.2 公差要求

根据《工业炉砌筑工程施工及验收规范》GB 50211—2004、《工业炉砌筑工程质量验收规范》GB 50309—2007 和设计要求制定，见表 7.2。

公差要求表   表 7.2

序号	项目名称	允许偏差 mm	检 验
1	墙垂直误差　每米高 　　　　　　全高	2 5	用 2m 靠尺检查
2	表面平整度　墙面 　　　　　　炉顶 　　　　　　炉底	5 4 4	用 2m 靠尺检查
3	线尺寸 炉膛的宽度 炉膛的对角线长度 锚固砖、件安装直线度	5 5 3/m	用 2m 靠尺检查
4	圆形尺寸 内、外环墙椭圆度差 内、外环墙与炉底环缝差	6 5	用自制 2m 弧形靠尺检查 用钢卷尺检查
5	膨胀缝宽度	+2/−1	用塞尺检查

7.3 质保措施

7.3.1 浇注料进场时均应附有出厂合格证并进行复检。

7.3.2 支撑系统的强度、刚度和稳定性必须进行检查，符合要求后方可支模。

7.3.3 炉顶活动脚手架支撑系统必须根据施工荷载验算稳定性。

7.3.4 浇注料振捣时，振动棒不得碰撞锚固砖，防止锚固砖松动、偏移、断裂。

7.3.5 膨胀缝纤维毯用塑料薄膜包裹，浇注料下料、振捣时防止将纤维毯打卷、移位。

7.3.6 特异型木模板必须进行放样制作和预安装。

7.3.7 炉底施工前将炉底转动一圈并复测中心线后方可施工。

7.3.8 炉底料位槽用自制排尺预排一圈后，按料位槽个数将误差均分，再预排一圈，直到符合设计要求。

7.3.9 浇注料符合《工业炉砌筑工程施工及验收规范》GB 50211—2004 和设计要求后方可拆模。

7.3.10 施工环境温度应符合《工业炉砌筑工程施工及验收规范》GB 50211—2004 和设计要求。

8. 安 全 措 施

8.1 检修门进出炉子处必须搭设木台阶，并设置扶手，防止施工人员跌倒、受伤。

8.2 墙体拆模时，防止大面积撬落，从上向下逐层、逐块拆除。

8.3 炉顶浇注完毕并将锚固砖吊挂螺栓紧固后，方可拆模。

8.4 劳动保护用品准备：作业区空气中飘浮有粉尘、纤维细屑等，会对人的呼吸系统构成损害，所以在施工过程中要佩带劳动保护用品，有带披肩的安全帽、防尘手套、工作服、口罩、防尘眼镜等。

9. 环 保 措 施

9.1 搅拌机操作时搭设罩棚，防止粉尘飞扬。

9.2 炉顶、炉底施工完毕后，炉内形成密闭空间，施工炉底时配置鼓风机向炉内进行鼓风，防止氧气浓度过低。

9.3 耐材施工产生的纤维屑、浇注料余料等及时装袋回收，运往指定地点处理。

9.4 现场耐材的包装物拆除后及时回收。

9.5 现场多专业施工，粉尘多，作业区域要经常清扫。

10. 效 益 分 析

环形加热炉内衬（浇注料）施工工法是一种全新的先进工艺技术，可提高工效、缩短工期、保证质量、节约能源。为我国工业建筑行业提供了一套完整、先进的环形炉内衬（浇注料）施工工艺技术，具有很高的推广价值。从各个轧管厂多年的使用效果上看，检修次数明显减少，耐材的使用寿命明显延长，收到了显著的经济效益和社会效益。

11. 应 用 实 例

事例一：天津钢管公司 168 轧管厂环形加热炉

（1）工程概况

开工时间：2003 年 4 月 16 日，完工时间：2003 年 5 月 30 日，炉子中径 33.25m，炉堂宽度 4930mm，炉堂高度 1800mm，炉墙工作层厚 200mm，炉顶工作层厚 200mm，炉底工作层厚 117mm，炉底次层厚 100mm，耐火浇注料共计 1082t。

（2）应用效果

168 轧管厂 ϕ33.25m 环形加热炉内衬施工工期用了 45d，提前投产。从近 6 年的使用效果看，耐材的使用寿命明显延长，没有进行大的检修，检修次数明显减少，取得较好的经济效益和社会效益。

事例二：天津钢管公司 460 轧管厂环形加热炉

（1）工程概况

开工时间：2006 年 9 月 16 日，完工时间：2006 年 11 月 2 日，炉子中径 48.00m，炉堂宽度 5800mm，炉堂高度 1900mm，炉墙工作层厚 193mm，炉顶工作层厚 200mm，炉底工作层厚 117mm，炉底次层厚 100mm，耐火浇注料共计 1412t。

（2）应用效果

460 轧管厂 ϕ48m 环形加热炉施工工期用了 48d，提前投产，从投产到现在没有进行停炉检修，使施工质量达到了一个新的水平。

事例三：天津钢管公司 258 轧管厂环形加热炉

（1）工程概况

开工时间：2007 年 9 月 29 日，完工时间：2007 年 11 月 15 日，炉子中径 42.00m，炉堂宽度 5450mm，炉堂高度 2000mm，炉墙工作层厚 193mm，炉顶工作层厚 200mm，炉底工作层厚 120mm，炉底次层厚 100mm，耐火浇注料共计 1235t。

（2）应用效果

258 轧管厂 ϕ42m 环形加热炉施工工期用了 48d，提前投产，从使用效果看反映良好，受到了业主的肯定，使施工质量又进入了一个新的阶段。

大型储煤槽仓逆作法施工工法

GJEJGF235—2008

中煤建筑安装工程公司

苗志同　马德迎　程正觉　李国明

1. 前　言

随着煤炭需求量的不断增加，近年来我国西部大型煤炭基地建设速度大大加快，一种储量大、占地面积小、充分利用地形地貌且符合国家"四节一保"政策的大型地下、半地下式储煤槽仓在煤矿选煤厂得到应用。该类槽仓工程体量大，基坑深，结构复杂，施工难度大，无同类工程施工经验借鉴，为此，中煤建筑安装工程公司成立了课题小组，开展大型地下储煤槽仓施工技术研究，总结出"大型储煤槽仓逆作法施工工法"，其核心内容是采用"逆作法"施工原理，通过复合土钉墙、高性能混凝土、桩基后注浆、桩基自平衡检测等技术的综合应用，工序衔接、劳动力的合理安排，利用永久性仓壁作为下部结构施工支护，同时实现返煤暗道顶板上下双向施工，大大缩短了工期，降低了施工成本。

该工法核心内容经煤炭信息研究院查新表明，国内未见有大型储煤槽仓采用逆作法施工的相关报道，2008 年 9 月"特大型地下储煤槽仓逆作法施工综合技术"通过河北省科技厅科技成果鉴定，技术达到国内领先水平，同年获得中国中煤能源集团公司科技进步奖。

该工法在神华准格尔能源有限责任公司黑岱沟露天矿选煤厂储量 12.8 万 t 的新建产品仓及哈尔乌素露天矿选煤厂储量 12.5 万 t 的产品仓工程中得到成功应用，确保了施工质量和安全，大幅缩短了工期，取得了良好的经济效益和社会效益。

2. 工 法 特 点

2.1 采用逆作法施工，前期无须开挖返煤暗道土方，降低了土方开挖深度和基坑支护难度。

2.2 返煤暗道顶板以下为逆作法施工，极大地减少了土方开挖面积和土方工程量，节约用地，缩短工期，降低了工程造价。

2.3 土钉墙施工时喷射钢纤维混凝土耐磨层作为永久性仓壁，支护和仓壁合一。

2.4 工程桩兼做暗道墙壁和工程支护，桩、墙及工程支护合一，减少支护结构施工环节。

2.5 在返煤暗道顶板施工完成后，实现返煤暗道和槽仓上部结构双向同时施工，显著缩短施工工期。

3. 适 用 范 围

本工法适用于地下及半地下式大型储煤槽仓逆作法施工。

4. 工 艺 原 理

大型储煤槽仓逆作法施工原理，就是利用永久性结构作为下部结构施工的支撑，达到由上向下施工的目的，首先施工土方及土钉墙，分层开挖土方，分层施工土钉墙，土钉墙既作为支护结构，同时又作为槽仓的仓壁；然后进行工程桩施工，工程桩形成暗道顶板支承结构，桩基施工完成后施工返煤暗道顶板，返煤暗道顶板施工完成后，为槽仓上部结构施工创造了条件，此时返煤暗道和上部结构可同时施工，直至工程结束。

5. 施工工艺流程及操作要点

5.1 主要工艺流程

工艺流程如图5.1。

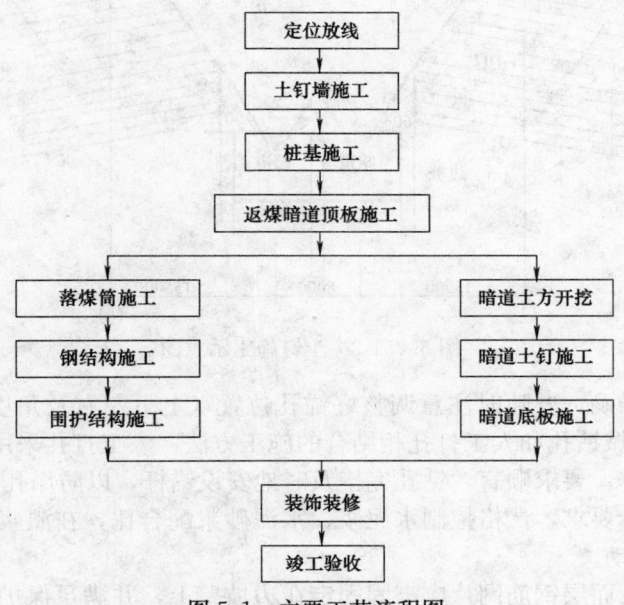

图5.1 主要工艺流程图

5.2 操作要点

5.2.1 土钉墙施工

1. 工艺流程

土钉墙主要施工工艺流程如图5.2.1-1。

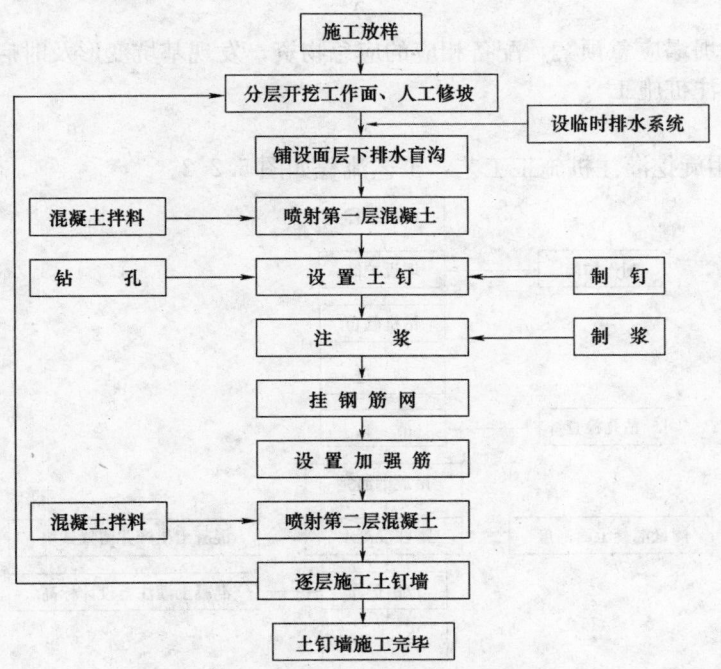

图5.2.1-1 土钉墙施工工艺流程图

2．操作要点

1）作业面土方分层开挖，每层挖深应与土钉垂直间距相适应，划定流水作业段，间隔开挖的距离视土层地质情况确定，土体开挖后暴露时间控制在 24h 以内（土钉施工示意图如图 5.2.1-2）。

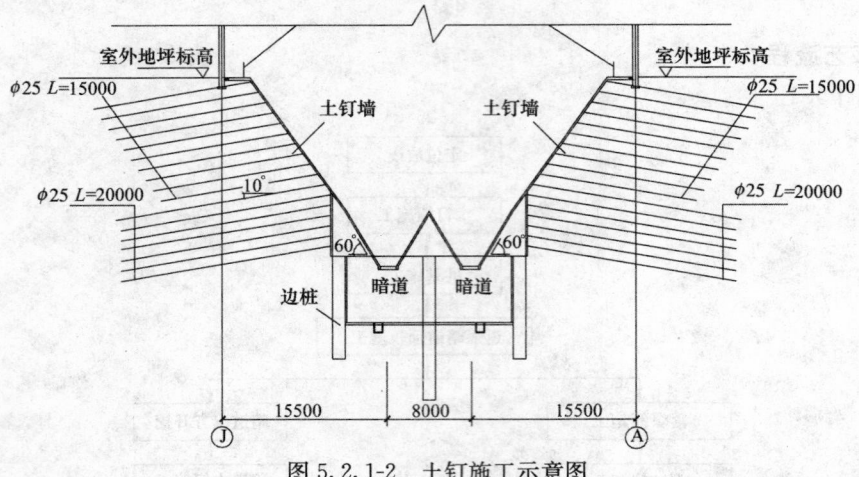

图 5.2.1-2　土钉施工示意图

2）钻孔要保证位置准确，要随时注意调整好锚孔位置（上下左右及角度），防止高低参差不齐和相互交错。施工中采用机械钻孔和人工打孔相结合的施工方法，人工打孔采用洛阳铲。

3）锚杆应由专人制作，要求顺直，钻孔完毕及时地安设锚杆，以防塌孔。

4）锚杆灌浆应按设计要求，严格控制水泥浆、水泥砂浆配合比，在灌浆体硬化之前，不能承受外力或由外力引起的锚杆移动。

5）喷射混凝土面层，面层钢筋网片应牢固固定在边坡壁上，并满足保护层厚度的要求；喷射混凝土应自下而上，垂直面层喷射；喷射耐磨混凝土应在首层混凝土终凝后进行。

6）上层土钉与混凝土喷射面完成 48h 后，才能进行下一层工作面开挖。

7）工程施工要按锚杆尺寸设置一定数量的非工程土钉进行钻孔、穿筋、灌浆等工艺试验，并作抗拔试验，检验锚杆质量，以检验施工工艺和施工设备的适应性。

8）土钉墙施工期间要进行基坑变形检测，雨期施工加大检测密度，实现信息化施工，发现问题及时处理。

9）编制防止土方坍塌应急预案，配备相应的应急物资，发现基坑变形及时启动应急预案。

5.2.2　混凝土灌注桩施工

1．工艺流程

桩基施工主要采用旋挖灌注桩施工工艺，工艺流程如图 5.2.2。

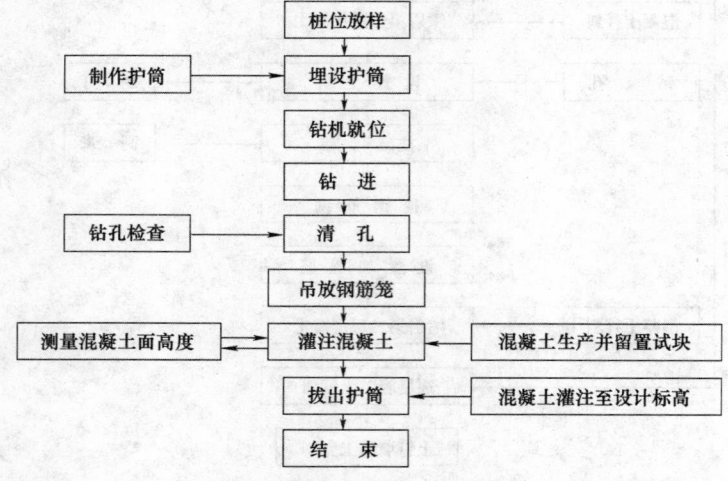

图 5.2.2　桩基施工工艺流程

2. 操作要点

1）施工场地要进行平整处理，保证旋挖钻机底座场地平整，并有一定的硬度，避免在钻进过程中钻机产生沉陷引起桩孔偏斜。

2）灌注桩施工采取跳挖法，施工过程中严格控制桩的垂直度和桩径，确保质量控制指标符合规范要求。

3）在钻机施工时应控制每次钻进深度，防止一次性钻孔过深引起桩孔缩颈。

4）钢筋笼放置时，应由吊车吊起，将其垂直、稳定放入孔内，避免碰坏孔壁，使孔壁坍塌，防止在混凝土灌注时出现废桩事故。

5）采用桩基自平衡检测方法进行桩基检测，在桩基混凝土达到设计强度后进行检测，该方法占用场地小，检测时间短。

5.2.3 暗道顶板施工

1. 工艺流程

混凝土胎膜施工→涂刷隔离剂→测量放线→钢筋施工→模板工程→浇筑混凝土→平仓→三抹三压→测温、养护。

2. 操作要点

1）混凝土胎膜施工严格控制标高，胎膜表面平整并压光，隔离剂涂刷饱满均匀，方便后期胎膜的拆除。

2）对混凝土配合比进行优化设计，选用低水化热的水泥，添加粉煤灰和外加剂以减少水泥用量，降低混凝土水化热。

3）混凝土浇筑应根据混凝土浇筑量、生产能力、运输能力、混凝土初凝时间进行控制，保证每一处混凝土在初凝前都能被上一层混凝土覆盖并振捣完毕。

4）混凝土浇筑完成后，对混凝土进行养护，不少于14d，根据测温数据及时采取有效措施控制内外温差，内外温差必须控制在25℃以内。

5.2.4 暗道施工

1. 施工工艺流程

施工准备→工作面开挖→顺序推进→土方外运→人工清底、修边→土钉施工→底板施工→完成。

2. 操作要点

返煤暗道施工充分考虑工程特点有效组织，采用机械化施工，坑道式挖掘机开挖，在工程上部结构施工前，考虑留设预留土方施工洞和施工坡道，暗道施工注意以下事项：

1）挖土机械考虑机械回转半径的影响，选择坑道式掘进机械进行开挖。

2）出土顺序应详细策划，作业面要有专人负责调度指挥，避免交叉作业产生的不安全因素（图5.2.4）。

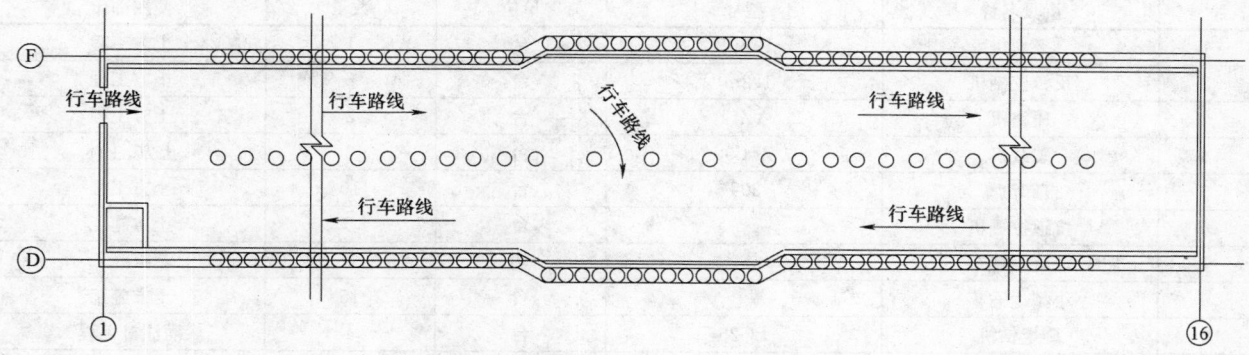

图5.2.4 暗道施工土方开挖出土顺序示意图

3）桩基附近土方应采用人工清除，避免机械开挖对桩基造成损害。

4）施工照明应充足，采用安全电压并做好用电保护。

5）暗道顶板混凝土胎膜在土方施工时及时拆除，防止掉落伤人。

5.2.5 上部结构施工

暗道顶板施工完成后，即可进行上部结构的施工，上部结构主要由落煤筒、挡煤墙、提升间和加筋土挡墙等部分组成，这部分结构施工属正向施工，施工要点如下：

1）挡煤墙和附属间采用竹胶大模板施工，以达到清水混凝土效果。

2）钢筋连接采用直螺纹套筒连接，提高连接质量和速度。

3）加筋土挡墙预制钢纤维混凝土耐磨板提前预制，分规格型号堆放、按要求安装。

5.2.6 钢结构施工

落煤筒之间采用大型钢桁架连接，采用现场制作、整体吊装的施工方案，与空中拼装的施工工艺相比，可显著缩短施工工期，提高施工的安全性。

5.2.7 围护结构施工

围护结构主要包括墙面彩板、屋面板、门窗、耐磨板、砖砌体等部分，施工按照相应的施工技术规范和标准执行。

5.2.8 劳动力安排

劳动力组织情况见表5.2.8。

劳动力组织情况表　　　　　　　　　　　　　　表5.2.8

序号	单项工程	所需人数	备注	序号	单项工程	所需人数	备注
1	管理人员	20		6	上部结构施工	420	
2	土钉墙施工	240		7	钢结构施工	120	
3	桩基施工	80		8	围护结构	90	
4	暗道顶板施工	320		9	安装工程	110	
5	暗道施工	150		10	装饰装修	80	

6. 材料与设备

6.1 施工材料

本工法无需要特别说明的材料。

6.2 施工设备

采用的机械设备见表6.2。

机械设备　　　　　　　　　　　　　　表6.2

序号	机具名称	型号	单位	数量	使用部位
1	平地机	P160B	台	1	土方工程
2	反铲挖掘机	1.2m³	台	2	土方工程
3	压路机	YZ14	台	2	土方工程
4	装载机	ZLC50	台	2	土方、主体
5	自卸汽车	20T	台	10	土方工程
6	坑道挖掘机		台	2	土方施工
7	混凝土罐车	6M³	辆	3	基桩施工
8	小型运输车		台	15	土方施工
9	旋挖钻机	BG25	台	4	灌注桩工程
10	长螺旋钻机	SZKL600B	台	1	锚桩工程
11	灌浆导管	300mm	m	120	灌注桩施工
12	空压机	VY-9/8	台	6	土钉墙施工
13	喷射机	PZ-5B	台	6	土钉墙施工

序号	机具名称	型号	单位	数量	使用部位
14	锚杆钻机		台	12	土钉墙施工
15	注浆机	CJZ-30	台	6	土钉墙施工
16	砂浆搅拌机		台	6	土钉墙、装饰
17	塔吊	ZQT63	台	3	主体、装饰
18	混凝土输送泵	HBT-80	台	3	基础、主体
19	搅拌机（双卧轴）	SW500L	台	2	全过程
20	强制搅拌机	1000L	台	3	全过程
21	电脑配料机		套	4	全过程
22	钢筋切断机	QJ40-1	台	4	基础、主体
23	钢筋弯曲机	WJ40-1	台	4	基础、主体
24	钢筋调直机	GT6/14	台	2	基础、主体
25	闪光对焊机	UN1-100	台	2	基础、主体
26	交流电焊机	BX2-500	台	20	全过程
27	振捣棒		根	100	基础、主体
28	圆盘锯	MJ104	台	6	全过程
29	平刨		台	1	全过程
30	潜水泵		台	10	全过程
31	蛙式打夯机		台	8	基础工程
32	砂轮切割机		台	2	全过程
33	全站仪	TPS800	台	1	全过程
34	水准仪	C40	台	3	全过程
35	经纬仪	蔡司010	台	3	全过程
36	柴油发电机	120kW	台	1	全过程
37	激光铅垂仪		台	1	全过程
38	直螺纹滚丝机		台	3	主体

7. 质 量 控 制

7.1 工程质量控制标准

7.1.1 土钉墙施工质量控制

1. 土钉墙基坑支护施工应执行现行规范《建筑基坑支护技术规程》JGJ 120—99、《基坑土钉支护技术规程》CECS 96：97。

2. 土钉成孔施工应符合表7.1.1规定。

土钉成孔施工允许偏差　　　　　　　　表 7.1.1

序号	项　目	允许偏差	备　注
1	孔深允许偏差	+200mm；-50mm	
2	孔径允许偏差	+20mm；-5mm	
3	孔位允许偏差	不大于150mm	
4	成孔倾角偏差	不大于3°	

3. 喷射混凝土厚度检验采用凿孔法，每100m² 取一组，每组不少于3个点，合格条件为：各检查点厚度平均值应大于设计厚度，最小厚度不应小于设计厚度的80%。

4. 土钉应进行抗拔试验：每一典型土层中，至少留3根非工程土钉进行抗拔试验，非工程土钉各项参数及施工方法与工程土钉完全相同，依据抗拔试验得到的极限荷载计算界面粘结强度的实测值，抗拔试验平均值应大于设计计算所用标准值的1.25倍，否则应进行反馈修改设计。

7.1.2 桩基施工质量控制

桩基施工质量控制执行《建筑桩基技术规范》JGJ 94—2008、《混凝土工程施工质量验收规范》GB 50204—2002，桩的成桩质量允许偏差见表7.1.2。

桩的成桩质量允许偏差 表7.1.2

序号	项目	允许偏差	备注
1	钢筋笼主筋间距	±10mm	
2	钢筋笼箍筋间距	±20mm	
3	钢筋笼直径	±10mm	
4	钢筋笼长度	±100mm	
5	桩的位置偏差	$d/6$且不大于100mm	
6	垂直度	$H/100$	

注：d为桩的直径，H为桩长。

7.1.3 混凝土结构施工质量控制

1. 混凝土结构工程施工应按照《混凝土工程施工质量验收规范》GB 50204—2002、《钢筋焊接及验收规程》JGJ 18—2003等规范标准要求进行施工控制。

2. 大体积混凝土施工，按顺序分层浇筑，确保混凝土施工不出现施工冷缝。

3. 按时监测大体混凝土内外温度，采取相应措施，保证内外温差控制在25℃以内。

7.1.4 钢结构施工质量控制

钢结构施工应按《钢结构工程施工质量验收规范》GB 50205—2001和相关的规范标准进行施工控制。

7.2 质量保证措施

7.2.1 工程测量

1. 所用测量仪器和引测方法均应适应和保证测量精度的要求，测量仪器必须检验合格后方可使用，并在施工全过程中保持仪器状态完好。测量人员必须持证上岗，配合人员相对固定。

2. 对业主指定的控制点进行复测，复测后进行控制点加密及施工放样。

3. 该工程测量放样的关键是灌注桩钻孔定位测量，根据施工现场具体情况，采用一台全站仪定位，一台经纬仪在另一测站校核，测设按二级导线要求进行。

4. 施工期间进行施工变形监测，重点针对土钉墙、灌注桩稳定性进行监测。

7.2.2 土钉墙工程

1. 在水平方向上分小段间隔开挖，必要时沿开挖面垂直击入钢筋或钢管，或注浆加固土体。

2. 土钉注浆时一定要注满整个钉孔，以免减弱土钉的作用，影响土钉墙的稳定性。

3. 土钉墙施工过程中及时进行监测，发现变形及时启动应急预案。

4. 土钉墙喷射混凝土完成后及时进行养护，养护时间不少于7d。

7.2.3 桩基工程

1. 桩位定位后进行复合，复合合格后方可进行施工。

2. 钻机定位必须水平、稳固，天车、钻锤、桩位三心成一铅垂线，发现钻孔倾斜时，及时采取纠斜措施。

3. 桩基成孔以机械成孔为主，当遇流砂层或特殊地质情况时，采用人工成孔。

7.2.4 钢筋工程

严把材料进场关、加工下料关、绑扎成型关、验收关；钢筋进场必须有合格证并进行复试，施工中保证接头位置、接头数量、搭接长度、锚固长度满足设计及施工规范要求。

7.2.5 模板工程

模板工程重点控制加工、制作、安装的质量，根据模板相互位置及各部位尺寸，经计算后确定模板支设方案，模板标高、尺寸、轴线要准确，模板拼装严密。

7.2.6 混凝土工程

原材料必须检验合格，严格按照配合比进行计量。混凝土浇筑前，将模板内杂物清理干净，并用水充分湿润，预留、预埋件位置准确，经验收合格后浇筑混凝土，混凝土终凝后立即按施工方案确定的方法进行养护，一般混凝土养护时间不得少于 7d，抗渗混凝土和大体积混凝土养护时间不得少于 14d。

8. 安全措施

8.1 执行三级教育制度，对所有施工人员进行岗前安全培训。

8.2 建立完善施工安全保证体系，加强施工作业中的安全检查，确保作业标准化、规范化。

8.3 执行国家和行业现行的《建筑机械使用安全技术规程》JGJ 33—2001、《建筑施工安全检查标准》JGJ 59—99、《建筑施工高处作业安全技术规范》JGJ 80—91 等国家和行业现行安全标准及规范。

8.4 临时用电按《施工现场临时用电安全技术规范》JGJ 46—2005 要求布置，接线方式采用"三相五线制"，潮湿环境照明采用安全电压供电。

8.5 材料库棚、加工场所、有防火要求的施工部位及办公区、生活区，按要求配置消防器材。

8.6 土方施工阶段，加强基坑监测和防护，防止土方坍塌等事故的发生。

8.7 仓上结构施工阶段，按照方案完善安全防护设施，防止高处坠落、物体打击等事故的发生。

8.8 加强施工机械管理，严格按照机械操作规程进行操作，防止机械伤害事故的发生，大型钢结构吊装时要严格按照施工方案进行有效组织，防止起重吊装事故的发生。

9. 环保措施

9.1 施工期间噪声的防治措施

9.1.1 采取相应措施，使施工噪声排放符合《建筑施工场界噪声限值》GB 12523 要求。

9.1.2 选用低噪声施工机械及工器具。

9.1.3 对噪声较大的机械设备设置隔声棚或布置在远离生活区、办公区的位置。

9.2 施工期间粉尘（扬尘）的污染防治措施

9.2.1 配备足够数量的洒水车保证将汽车行走施工道路的粉尘（扬尘）控制在最低限度。

9.2.2 定时派人清扫施工便道路面，减少尘土量。

9.2.3 对可能扬尘的施工场地定时洒水，并为在场的作业人员配备必要的专用劳保用品。对易于引起粉尘的细料或散料应予遮盖或适当洒水，运输时亦应予遮盖。

9.2.4 汽车进入施工场地应减速行驶，避免扬尘。

9.2.5 建筑施工垃圾，严禁随意凌空抛撒，施工垃圾及时清运，适量洒水，减少扬尘。

9.2.6 水泥等粉细散装材料，采取封闭存放或严密遮盖，卸运时采取有效措施，减少扬尘。

9.3 施工期间水污染（废水）的防治措施

9.3.1 加强对施工机械的维修保养，防止机械使用的油类渗漏进入地下水中或下水道。

9.3.2 施工人员集中居住点的生活污水、生活垃圾（特别是粪便）集中处理防治污染水源，厕所需设化粪池。

9.3.3 冲洗骨料或含有沉淀物的操作用水，采取过滤沉淀池处理或其他措施。

9.4 废弃物管理

9.4.1 施工现场设立专门的废弃物临时储存场地，废弃物应分类存放，对有可能造成二次污染的废弃物必须单独储存，设置安全防范措施且有醒目标识。

9.4.2 废弃物的运输确保不散撒、不混放，送到业主指定场所进行处理、消纳，对可回收的废弃物做到再回收利用。

10. 效 益 分 析

10.1 本工法充分利用了支护结构，土钉墙加耐磨层作为槽仓仓壁，工程桩兼做墙壁桩，桩墙合一，减少了工程投资。

10.2 采用本工法，支护结构和工程桩得到了充分的利用，在暗道顶板施工完成后，上部结构和下部结构实现双向同时施工，加快了施工速度，缩短了工期。

10.3 本工法施工占用场地小，减少了土方工程量，有利于文明施工和环境保护。

10.4 本工法通过复合土钉墙、高性能混凝土、桩基后注浆、桩基自平衡检测、大型钢结构整体空中滑移吊装等多项建筑业新技术的综合应用、工序衔接及劳动力的合理安排，提高了企业整体施工技术水平和劳动生产率，同时取得了较好的经济和社会效益。

11. 应 用 实 例

实例1：神华准格尔能源有限责任公司黑岱沟露天矿选煤厂新建产品仓工程

2004年8月至2005年12月施工完成神华准格尔能源有限责任公司黑岱沟露天矿选煤厂新建产品仓工程，产品仓为半地下式结构，其轴线间长175m，宽48m，主仓平面占地为149m×48m，仓容量为12.8万t，主仓地下埋深23.4m，属深基坑地下结构。施工中采用逆作法原理，通过多项新技术的综合应用、合理安排施工工序和劳动力组织，确保了施工质量和安全，缩短工期35d，取得经济效益378.5万元。该槽仓投产使用3年多来，未出现任何质量问题，赢得建设单位高度赞誉。

实例2：神华准格尔能源有限责任公司哈尔乌素露天矿选煤厂产品仓工程

2007年4月至2008年10月施工完成神华准格尔能源有限责任公司哈尔乌素露天矿选煤厂产品仓工程，该工程占地面积$250×37m^2$，贮量12.5万t，为半地下"V"形槽仓，地下埋深28.80m。本工法在工程中得到全面应用，并得到进一步完善，经检测、验收，工程质量达到设计和规范要求，同时缩短工期60d，取得经济效益455.5万元。该槽仓自2008年12月投产使用以来，未出现任何质量问题，建设单位非常满意。

热电厂汽轮机发电机组安装施工工法

GJEJGF236—2008

湖南省工业设备安装有限公司

潘宏波　温杰　付江华　曾祥洪

1. 前　言

50MW 单缸、单抽冷凝式汽轮发电机组由单抽冷凝式汽轮机和无刷励磁发电机组成。

单抽冷凝式汽轮机汽缸分为前、中、后三部分，前汽缸材料为耐热合金钢 ZG15Cr2Mo1，中汽缸采用 ZG230-450，后汽缸采用钢板焊接结构，凝汽器排汽部分为扩压管形式，有良好的排汽性能。隔板 2～12 级采用焊接结构，13～19 级采用铸铁结构。发电机由蒸汽汽轮机直接驱动，采用密闭空气自通风循环冷却方式的新型产品。其定子铁心和绕组采用表面空气冷却，转子绕组由空气直接冷却。

本工法即根据福建晋江热电厂 50MW 汽轮发电机组安装经验总结形成，本工法中的数据均来源于该机组。

2. 工 法 特 点

2.1 测量精度高：采用精密光学合像水平仪（0.01mm/m 精度），实现汽轮机缸体的精确找平，安装速度快，精度高。

2.2 组合梁吊装：采用在行车大梁下加支撑，在大梁上设置吊挂梁，50t 行车大钩抬吊负重 50t，吊挂梁上设 20t 葫芦 2 组抬吊负重 23.6t，来实现 73.6t 发电机定子的吊装就位。有效的解决了场地吊装限制问题，并节省大型吊车费用。

2.3 三次吊装就位：采用三次吊装法，完成穿发电机转子的全部工作，吊装方法巧妙，工艺上有创新。

3. 适 用 范 围

本工法适用于 60MW 以下的机组安装，可借鉴用于 60～120MW 机组安装，其吊装方法可借鉴用于厂房内大型设备的吊装。

4. 工 艺 原 理

采用在行车大梁下加支撑，在大梁上设置吊挂梁，50t 行车大钩抬吊负重 50t，吊挂梁上设 20t 葫芦 2 组抬吊负重 23.6t，来实现 73.6t 发电机定子的吊装就位。由于行车大钩与吊挂梁抬吊是不等负荷分配，为使负荷分配符合上述要求，采用 H 型钢框架作为抬吊扁担，利用力矩原理，在扁担上偏移横向中心不同距离设置吊耳，使各点负荷均在安全允许范围内。

采用三次吊装法，完成穿发电机转子的全部工作。

5. 工 艺 流 程 与 操 作 要 点

5.1 汽轮机本体安装工艺流程

基础放线与垫铁研磨——轴承座及台板安装——汽缸安装——轴承安装——转子安装——喷嘴组

和隔板安装——汽封间隙的检查和调整——通汽部分间隙的检查和调整——负荷分配检查——汽缸扣盖——调速保安系统安装。

5.2 发电机本体安装工艺流程

基础放线（与汽机同步进行）——安放垫铁——轴承座及台板安装——空气冷却器安装——定子吊装就位——穿发电机转子——联轴器找中心、铰孔——发电机空气间隙及磁场中心调整——励磁机安装——风冷系统设备及管道安装。

5.3 操作要点

5.3.1 汽轮机安装

1. 基础放线与垫铁的研磨

1）根据土建提供的基础中心线检查基础各部尺寸和基础的强度，并根据检查结果在基础上，再放出汽轮发电机组的纵、横安装中心线，并做好中心线的标志，标志点应设置在人、机不经常践踏和遮盖的地方。

2）检查预埋地脚螺栓套管的标高、相对位置、尺寸、突出高度、牢固性。

3）检查轴向、横向定位板的预埋块及预留孔的尺寸、相对位置和牢固性。

4）基础表层凿毛，凿去表面灰浆层，露出混凝土坚实层。

5）割掉伸出基础表面的基础螺杆套管，以不妨碍台板的安装为宜。

6）根据制造厂提供的垫铁布置图在基础上划出垫铁位置，将准备好的标准平垫铁涂上红丹，对垫铁位置进行研磨，观察着色点的分布情况，局部小点用平口錾进行轻敲，大面积点用水磨机轻轻的处理，经过反复上述过程，使纵、横水平度符合规范要求，接触点分布均匀，达到50％以上的接触面积，待正式平垫铁加工后，再一对一的进行研磨，使接触面积达到75％以上。

7）垫铁高度根据汽缸中分面的安装标高来确定，每组垫铁为三块（由一块平垫铁和一组斜垫铁构成）。根据每个研磨好的垫铁位置的实际标高，确定每组平垫铁的厚度，分别进行加工，并做好每块加工好的平垫铁位置标记，每组垫铁间接触面积应大于75％。否则进行研磨至符合要求。

8）汽轮机及发电机的放线、铲垫铁基础面应同时进行，按照设计标高尺寸及实际测量垫铁基础面的标高差，以及斜垫铁的调整高度范围，综合考虑来计算每块平垫铁的厚度。

9）用于汽轮发电机组安装用的垫铁加工时间较长，如下汽缸达到安装要求，可以落位，那么可将垫铁分批次加工，先加工地脚螺栓两边的垫铁，因为在调整缸体水平时，只需通过几个重要受力点来调整，其余垫铁在调整完毕后，再按放进去。

2. 台板及轴承座的安装

1）台板、轴承座就位前应检查滑动面的光滑平整情况，检查台板地脚螺栓孔与基础预留孔是否对中。

2）台板、轴承座应清扫干净，将轴承座放在台板上，用0.05mm塞尺检查接合面，局部塞入部分不得大于1/4边长，塞入深度不得大于总深度的1/4，否则研磨台板，直至合格。

3）台板与垫铁及各层垫铁之间的接合面检查，用0.05mm塞尺检查，一般应塞不进，局部塞入部分不得大于1/4边长，塞入深度不得大于总深度的1/4，且接触面积应大于75％，接触点应分布均匀。

4）轴承座组合前应将轴承座下部所有孔、洞堵死，然后在轴承座内注入煤油，注入高度应高于回油管孔上缘，保持24h，检查有无渗漏，无渗漏为合格。清洗轴承座，采用磨光机将内部打磨干净，油管道等部位打磨不到的，需用钢丝刷等刷洗拖拉干净。

5）台板安装时，若地脚螺栓外侧没有设计垫铁组，此时应加辅助垫铁。

6）汽轮机台板安装，一般是与下汽缸（或前箱）连接好后一同落位。首先将台板与下汽缸（或前箱）接触面进行研磨，达到接触面积大于75％，接触点应分布均匀，将台板上的纵键或横键配准间隙后，与下汽缸（或前箱）连接好。连接时，注意各膨胀间隙的预留方向。

7）垫铁在与台板研磨时，首先是用样板垫铁在台板接触位置进行初步研磨（部分厂出厂的台板底面可能未进行精加工），再待汽缸落位找正后，每组垫铁再单独利用红丹粉检查，与台板进行研磨直到合格。

3. 汽缸安装

1）汽缸安装前应先检查汽缸表面有无裂纹和气孔，清扫汽室导汽管，检查汽门通道及喷嘴室，并用压缩空气吹扫干净。检查喷嘴有无缺陷，喷嘴组与汽室的接合是否严密，汽缸上各孔洞是否通畅。

2）下半缸组合

先将下半缸的前中缸（前缸与中缸，在制造厂组装试验中，已经拼合好）安放在事先准备好的枕木钢平台上，使纵横方向都水平稳固，然后吊进下半后缸，与中缸连接，打入稳钉，中分面高低应一致，偏差不得大于 0.02mm。

当垂直法兰结合时，装配左右侧横向圆销及直圆销定位，紧 1/3 螺栓，检查垂直法兰面用 0.05mm 塞尺检查塞不入，或塞入深度不超过法兰平面宽度的 1/3，检查法兰孔是否能全部对中装配螺栓。

松开垂直法兰面，在法兰面上涂上密封涂料，拧紧垂直中分面全部螺栓。

前中缸与后缸组合好后，复测前后缸与中缸中心水平中分面高低应符合要求；前后轴封洼窝中心应一致，偏差应在 0.05mm 以内。

3）上半缸组合

下半缸组合好后，在下半缸上组合上半缸。其检查方法及要求与上半缸组合相同。组合完毕后，可同时检查与下半缸的水平中分面的接合间隙，即合空缸检查，检查合格后，拆掉上下半缸中分面螺栓，将上半缸吊离并在一边存放。

上半缸的拼装可放在隔板等找中心的前面或者后面进行。

4）根据制造厂说明书及图纸的要求，将下汽缸吊起，利用手拉葫芦等辅助工具调整好汽缸水平，缓慢、平稳地将下汽缸落到台板上。

5）下汽缸上位后，用 0.4mm 钢丝拉中心线，将下汽缸中心找正，使其纵横中心与基础纵、横中心线基本吻合，偏差应小于 1mm。

6）初步找正时，应在中分面上多处对称测量取平均值。纵向水平度，应以后轴承处水平为零，前轴承位置纵向扬度应与设计值一致（也有不一致的，最后调整定位应以转子扬度测量调整为准）。横向水平使用平尺、框式水平仪（或用框式水平仪多处对称测量后取平均值）配合测量，水平度应达到规范和汽轮机技术文件的要求。找水平和扬度时使用的测量工具为光学合像水平仪（0.01mm/m 精度）。

7）汽缸纵向水平精找正时，应将转子放入缸内后，以转子轴颈扬度测量为准，后轴颈扬度为零，前轴颈扬度符合设计值，测量时，应测量转子多个方向（一般取转子旋转 4 个方向），若无大的偏差，以 1 号撞击子朝上的方向为基准进行测量（扬度调整时，应从两个方面着手配合调整，一个是通过垫铁调整汽缸的水平扬度，另一个是通过轴瓦瓦枕来进行调整，两者应综合考虑）。

8）汽缸在调整水平时，宜采用螺丝千斤顶。

9）缸体在找正完毕后，紧固螺栓，即可进行斜垫铁面与台板面的研磨，采用涂红丹粉打紧斜垫铁，再将斜垫铁打出，检查接触情况，要求与垫铁研磨相同，如此反复，到满足要求为止。最终，斜垫铁均打紧，螺栓紧固达到要求，塞尺检查各基础面均符合要求，转子扬度也符合要求。

4. 轴承安装

1）轴承安装前，应对轴瓦进行煤油渗透试验或是着色试验，检查轴瓦有无裂纹、脱胎等现象。

2）轴承装入洼窝，吊入转子，盘动转子，用着色法检查轴颈与轴瓦的接触情况，并根据所测情况，研刮轴瓦，使其符合要求。

3）轴承的间隙与紧力，采用压铅法检查（检查不少于 3 次），并应符合要求。

4）推力轴承承受转子的轴向推力，保持转子和汽缸的相对位置，要求推力轴承的推力瓦块与推入盘接触均匀，推力轴承球面座装配紧密及推力轴承间隙正确，符合厂家技术要求。

5）推力轴承的承力面应光滑，沿其周长各点的厚度差应不大于 0.02mm，接触面积应占承力面积的 75％以上。可初步在平板上进行厚度和平面度检查。

6）推力盘的瓢偏度，跳动度，用千分表检查，如果所测值超过技术文件的规定，应要求建设方约请制造厂解决。

5. 转子安装

1）转子表面的防锈油必须用低压蒸汽吹净或者软性刮刀铲除，再用煤油仔细擦拭干净（一般煤油即可洗尽），并仔细检查轴颈和叶片有无碰伤、腐蚀，叶片是否松动，轴颈、推力盘、联轴器表面粗糙度是否符合技术文件的要求。

2）用外径千分尺测量轴颈的锥度和椭圆度，并做好记录，如锥度和椭圆度超过规范和技术文件的要求，则应通过建设单位约请制造厂共同解决。

3）汽缸找正、轴承经过修刮后，将转子吊入汽缸内，起吊转子应使用制造厂随机供货并具备出厂合格证的专用横担及吊索，吊索的绑扎位置应按制造厂的要求，在绑扎部位应加垫衬或用柔软的材料包缠索。

4）转子就位后应对转子晃度、瓢偏及主轴的直线度（即弯曲度）进行检查。

5）转子的扬度，以后轴承轴颈为零为准，方向一般以 1 号撞击子朝上进行测量。

6）转子的检查属于比较关键的工序，应仔细做好记录和方位标示，若有晃度或是瓢偏等超出标准范围，应及时与厂家联系。

7）转子安装前应根据厂家要求确定是否需要现场测平衡。

6. 喷嘴组和隔板的安装

1）喷嘴安装前应将喷嘴室清扫干净，检查喷嘴片有无裂纹、松动卷边等情况。

2）用着色法检查喷嘴组两侧与喷嘴室环形槽的接触情况。

3）着色法检查坡形密封键的密封面。

4）圆柱销钉孔有无错口，销钉松紧是否合适。

5）用鳞状黑铅粉干擦喷嘴及槽道后将喷嘴组装好，膨胀间隙满足图纸要求，打入稳定销钉，然后临时封闭喷嘴的蒸汽入口和出口，以防杂物落入。

6）上下隔板（套）中分面用 0.05mm 塞尺检查，塞尺不能通过为合格。

7）一般以下汽缸轴承洼窝中心为基准，用 0.4mm 的钢丝拉汽轮机中心线，采用光电法，使用内径千分尺，逐级找正隔板中心。中心线为减少自垂带来的测量影响，在前后轴承座位置，利用合适的螺栓和螺栓孔制作固定中心线架，中心线可微调。钢丝的拉力为材料极限强度的 2/3 左右。

8）隔板放入下汽缸或隔板套时，靠自重自由落入洼窝中，无卡涩现象，隔板装入汽缸后，检查隔板的轴向间隙、径向间隙、挂耳膨胀间隙等。

9）上、下隔板接合处的密封键、定位销与其对应的槽孔不应有错口和松动，上、下隔板打入稳定销后洼窝的轴向、径向均应无错口现象。

10）将装好悬挂销的下隔板吊入汽缸隔板槽中，用平尺和塞尺分别测出隔板两侧平面与汽缸中分面的距离，通过调整悬挂销下的垫片厚度，调整隔板两侧平面与汽缸中分面的距离一致，来保证隔板水平与汽缸水平一致。

7. 汽封间隙的检查与调整

1）汽封按用途分有轴端汽封和通流部分汽封两大类，通流部分又分为隔板汽封，叶根汽封和叶顶汽封。各种汽封的间隙都有所不同，安装时一定要仔细核对，符合厂家技术规定。

2）安装前应先将汽封环从汽封槽中拆出，用钢印做好标记，检查汽封应完整、无裂纹、卷曲等情况，并清扫汽封环、汽封槽，用黑铅粉干擦汽封环、弹簧片及汽封槽后，按钢印标志恢复。注意汽封片的方向，不可插反。

3）汽封间隙检查采用塞尺，小的间隙采用修刮汽封齿的办法进行，前后间隙必须保证转子膨胀的要求。

4）隔板安装调整完成前，应完成各高温高压部件的光谱分析和无损检测等工作。

8. 通汽部分间隙检查和调整

1）汽缸内动、静部件之间的间隙统称为通汽部分间隙，这些间隙中以喷嘴和动叶环之间的轴向和径向间隙对汽轮机的安全和经济运行影响较大，需要仔细测量和调整，符合厂家技术规范。

2）通汽部分间隙测量时，应沿汽流方向将转子推向工作位置。轴向间隙通过增减推力轴承固定环的厚度或修刮静态部分来调整。

3）水平中分面两侧间隙，采用塞尺来测量，个别间隙太大的，可用钢板尺测量。测量时，应将转子旋转 90°再次测量一次。

4）转子在隔板内的径向间隙，采用贴橡胶布的方法来测量，橡胶布的厚度应等于径向最小间隙值。应多次测量，多次调整，将最后一次的测量数据及胶布样本保留。待质检部门等检查、核实。

5）喷嘴、动叶片及导叶环之间的轴向间隙，采用塞尺在中分面位置直接测量，符合设计值。最后再推拉转子到极限位置后测量两次再进行比较。

6）根据测得值与标准值进行对比，若偏差值超过允许的范围，应根据具体情况，综合进行调整。

9. 负荷分配检查

1）在半实缸的情况下，利用猫爪垂弧法（或猫爪上台法）检查汽缸分配是否均匀。若不均匀，则需进行分析，偏差值大，则需调整汽缸的横向水平度。

2）在全实缸的情况下（即在预扣盖时），再检查一次，最终以全实缸的负荷分配为准，一般半实缸符合要求的，基本上全实缸时测量就没有问题（注意，扣大盖时，大盖偏移趋势对分配有部分影响）。

10. 汽轮机扣大盖

1）扣大盖前应先进行试扣

首先是扣空缸，将转子及隔板套等都吊出，试扣大盖，从外向内和从内向外检查汽缸水平中分面的接触情况，特别是高中压缸位置。若有间隙超过规范，紧 1/3 中分面螺栓，再次检查，若间隙也超过规范要求，则需请厂家做出处理。

其次是预扣缸，将下汽缸内所有部件组装好，吊入转子，装上上半隔板（套）等，装上导向杆，将大盖吊起找好纵、横水平，检查吊装工具受力是否均匀，确认无误后，对准导向杆将上汽缸缓落至离下汽缸中分面 500mm 左右，用木方垫稳（支撑上汽缸，防止意外情况发生），再次检查汽缸内部，用压缩空气吹扫汽缸结合面，确认一切正常后，吊起大盖撤掉木方落下。拧紧 1/3 大盖螺栓，用塞尺检查上、下汽缸中分面接触情况，0.05mm 塞尺不得塞进为合格，盘动转子，用听棒听取汽缸内部是否有摩擦声。

2）扣大盖是汽轮机安装的一道关键工序，是十分精细的工作，它标志着汽轮机主体安装工作的结束且直接关系到汽轮机的安全运行，因此必须组织严密，精心操作，仔细检查。扣大盖前应完成下列各项工作并达到要求，且应具备规定的安装签证或记录：

① 垫铁安装完毕，地脚螺栓紧固；

② 台板纵横滑销，汽缸立销，猫爪横销最终间隙的测定；

③ 汽缸水平结合面间隙的测定；

④ 汽缸的水平扬度及转子的轴颈扬度。包括凝汽器与汽缸连接后的转子扬度的测定；

⑤ 转子在汽封和油挡洼窝处的中心位置的测定；

⑥ 转子最后定位；

⑦ 隔板中心的测定；

⑧ 汽封及通汽部分（如隔板、轴封、导叶环等）间隙的测定；

⑨ 汽缸内部及蒸汽室内的彻底清理，管口、仪表插座和堵头的封闭；

⑩ 推力轴瓦间隙的调整；

⑪ 汽缸内零件缺陷的清除；

⑫ 汽缸内可拆卸零件的光谱复查；

⑬ 负荷分配记录。

3）正式扣盖。方法与预扣一样，只是组织应更加的严密，汽缸内的所有螺栓都应有防松脱措施、有的冲铆、有的使用防松垫圈、有的点焊等等，总之所有部件不得有随意的松动，每个螺栓、垫块等都应当逐个检查到位。

4）当上汽缸吊离下汽缸约 500mm 时，在上、下汽缸水平结合面上均匀地涂上密封涂料。然后继续将上缸平稳的下落，在汽缸中分面即将接触时打入定位销。

5）参加扣大盖的工作人员尽量精简，并有明确分工，扣盖前后的工机具应仔细清点，防止工机具遗落在汽缸内部。扣大盖工作从开始至扣盖完成并紧固螺栓（或热紧螺栓），全部工作应连续进行，不得中断，在扣盖的整个过程中应有建设单位代表及工程监理在场监督，扣盖工作完毕后应及时办理记录签证。

11. 调速保安系统安装

1）拆卸调整系统各部件前，必须根据图纸和说明书，了解设备结构及拆卸程序，不能盲目进行。拆卸前应做好零件相互位置标记，恢复时尽量按原标记位置进行安装。

2）测量间隙和装配部件必须准确，为此施工人员应十分清楚地了解测量的位置和技术要求，并熟练掌握测量工具的使用，在装配部件时应加润滑油，并注意孔洞相对位置的准确，滑动部分灵活。

3）调整系统部件及管路拆卸后应清理干净，所有油路及排汽孔均应畅通；清理组装好的部件要封口。

5.3.2 发电机、励磁机安装

1. 基础放线与垫铁的布置、研磨

与汽轮机基础放线及检查同步，垫铁研磨及台板安装时间可相对延后，穿插在汽轮机安装过程中进行，但在测量平垫铁厚度时，需与汽轮机一同考虑（即确定汽轮机和发电机各实际垫铁的厚度需同时进行）。

轴承座的台板应视情况有必要增加辅助垫铁。

2. 轴承座及台板安装

1）安装轴承座前，轴承座应做煤油渗漏试验。

2）研磨球瓦座、修刮轴瓦及测紧力间隙等，与汽轮机相似。

3）轴承座安装时，在放绝缘垫片前，应检查轴承座底面与台板的接触情况，若接触不好，则应研磨。

4）放好绝缘垫片，安装轴承座，应检查轴承座对台板（即对地）的绝缘值，绝缘值应达到标准规定值。

3. 空气冷却器安装

检查冷却器散热片是否脱焊，对弯曲卷边的散热片需要校正，冷却器需进行水压试验。

4. 定子吊装就位

1）在定子台板找正结束，地脚螺栓初步紧固，上端螺栓均已经点焊，能有效的防止螺母和螺杆转动，二次浇筑内挡板安装完毕后，即可进行发电机定子吊装落位。

2）定子吊装，定子自重 71t，再加上吊装架等重量共计 73.6t，汽机房行车吊装能力只有 50t，不能直接满足吊装要求，采用在行车大梁下加支撑，在大梁上设置吊挂梁，50t 行车大钩抬吊负重 50t，吊挂梁上设 20t 葫芦 2 组，抬吊负重 23.6t，来解决定子的吊装。

3）由于行车大钩与吊挂梁抬吊是不等负荷分配，为使负荷分配符合上序要求，采用 H 型钢做一个框架作为抬吊扁担，利用力矩原理，在扁担上偏移横向中心不同距离设置吊耳，使各吊点负荷分配满足设定要求。

4）行车梁上小扁担，利用小车的轨道设置滑轨，减少水平拖动时的摩擦力。拖动时为防止惯性向前滑动过快，可用准备的楔形块塞在小车前行的轮子下。

5）定子吊装立面和定子吊装卸车如图5.3.2-1。

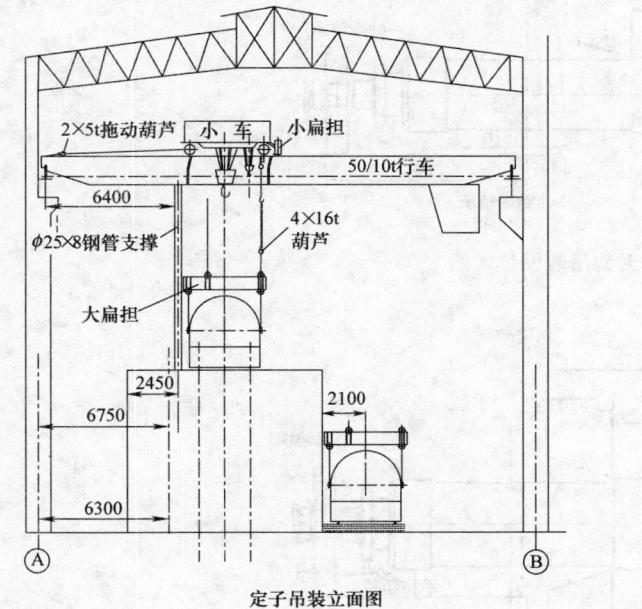
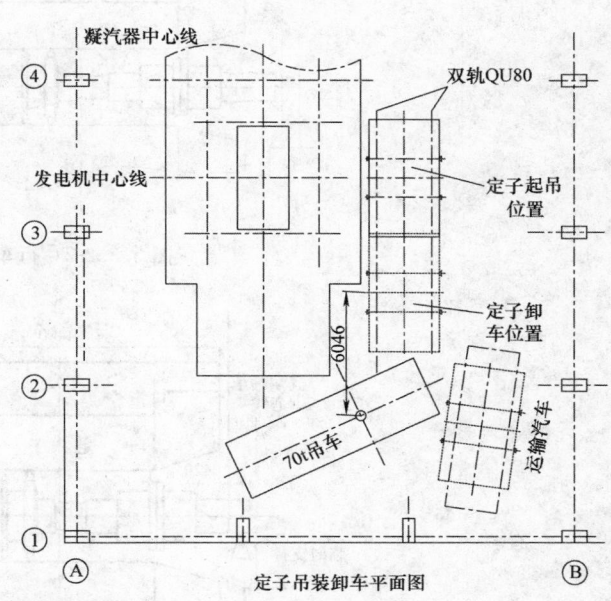

定子吊装立面图　　　　　　　　　　　定子吊装卸车平面图

图5.3.2-1　定子吊装立面和定子吊装卸车平面图

5. 穿发电机转子

1）发电机定子初步找正合格，各准备工作已完成。

2）穿转子工作分为三次吊装，利用发电机本身的轴承座来进行配重，使重心点后移，便于一次吊装完成时，另端的假轴已伸出发电机外，可进行二次吊装。在二次和三次吊装过程中，转子穿出端采用行车吊装，而另一端则在铺设的轨道面上滑动，这样可以保证穿转子的过程相当的平稳。

3）穿转子时，进入定子膛内的人员，应穿胶鞋，身上不带任何金属及杂物。严密监视转子四周与定子间隙。定子和转子内部严禁掉入或遗留任何工具杂物。

4）穿转子工作程序、步骤：

① 在后轴承座往励磁机方向，铺设两条槽钢轨道，并在其上涂上一层黄油，两个滑块放在轨道上，用作转子穿进时滑动使用；轨道铺设宽度约1m，长：从后轴承座中心线往励磁机方向约2.8m位置。

② 用现有材料制作一个转子托架支撑垫块，具体高度尺寸根据实际需要而定，用于假轴穿出来临时支撑和拆除假轴时用（注意两次用时高度不一样，需调节）。

③ 将定子铁芯内圆周方向铺上橡胶板或青壳纸，用于检查转子与定子是否碰撞在一起，注意橡胶板或青壳纸需有便于拆除的方式（可预先用细钢丝拉着或用其他方式）。

④ 预先在转子上安装好假轴，将励磁端轴承座安装在转子轴颈上，注意上瓦与轴颈间需用干净的布隔开，且厚度合适，使上瓦合下来时，与转子有一定的预紧力，防止轴瓦位置与轴颈相互滑动。

⑤ 起吊转子，利用手拉葫芦将转子调平，注意钢丝绳吊装位置，必须用橡皮、木板隔开。

⑥ 将转子吊到预穿位置，吊线，将转子两端左右方向都对中。

⑦ 将转子高度对中，用手盘动行车大车行走，平稳地由励端向汽端铁芯内圈进入，穿转子时，两边各需3人将转子稳住，另有4人在定子线圈两端监视转子圆周与铁芯的间隙。

⑧ 当吊绳接近端部线圈或绝缘水管时暂停穿进，位置如图5.3.2-2所示。

⑨ 将汽端托架安放在假轴位置，使其受转子一端的力，励端转子轴承座落在轨道滑块上，在后轴承座后面横一20号工字钢，用两台1t手拉葫芦将工字钢收紧；行车大钩吊假轴位置，拆除假轴支撑，如图5.3.2-3所示。

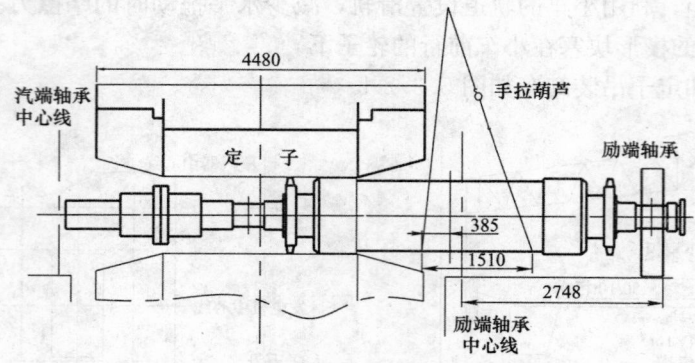

图 5.3.2-2　行车大钩吊假轴位置图

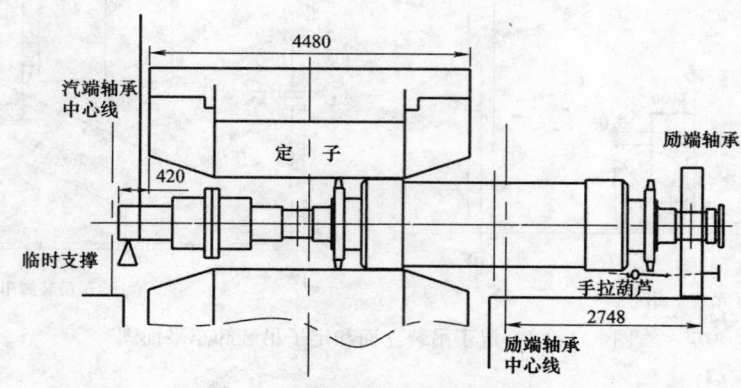

图 5.3.2-3　托架安放在假轴位置支撑图

⑩ 缓慢拉 2 台手拉葫芦，用人力盘动起吊的行车行走机构电机，使转子前移，当转子假轴端部离汽轮机联轴器还有 20mm 时，在转子联轴器下部垫上支撑，拆除假轴，行车吊联轴器位置，拆除支撑，如图 5.3.2-4。

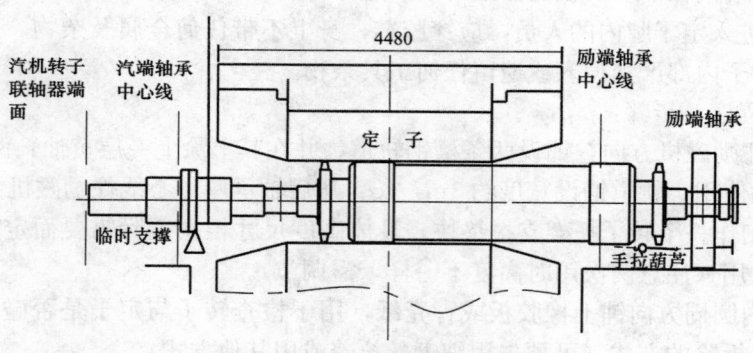

图 5.3.2-4　拆除假轴支撑图

⑪ 继续拉动手拉葫芦，行车配合，转子到达最终位置后，汽端联轴器用垫块垫起，将汽端轴承下半球面座及轴瓦翻入轴承座中并把轴颈坐落到轴瓦上。

⑫ 把转子励端稍为吊起，装上轴承座底部绝缘板。

⑬ 转子穿进过程完毕，拆去所有临时工具材料，并清理场地。

6. 联轴器找中心、铰孔

1）联轴器找中心是以汽轮机转子为基准，调整发电机转子，使发电机转子轴中心成为汽轮机转子轴中心的延续。

2）采用三表找中法，径向一块表，轴向两块表（此位置由于间隙小，只能用杠杆百分表进行测量），同时检查上、下、左、右四个（或 8 个）位置的百分表读数（由于发电机轴在旋转过程中，应采用辅助设施，防止转子大位移的窜动）。

3）根据检查出来的数据、调整轴瓦在洼窝内的调整垫片或台板下的斜垫铁，使两联轴器达到同心并符合规范和技术文件的要求。

4）一般灌浆对联轴器中心没有影响，但在铰孔连接前应进行复查。

5）联轴器铰孔连接应在基础灌浆完毕，强度达到 70% 后进行。

6）采用辅助螺栓（2~4 个）将联轴器连接（连接时应打表监视），调整并检查各个孔的错位量，错位量应小于 0.5mm，确认无误后开始铰孔，每铰一个螺栓孔，即根据实际测量孔径来加工螺栓（一般磨床可将螺栓直径加工误差精确到 0.02mm 以内）。

7）在整个连接-铰孔-连接过程中，应在联轴器圆周上和相邻两轴颈上打上百分表，观察百分表的变化，以便分析和判断在紧螺栓的过程中，中心是否发生了变化。

7. 发电机空气间隙和磁场中心调整

1）以发电机转子为基准，用塞尺检查发电机定子与转子圆周范围内的空气间隙，通过调整定子的左、右、上、下位置使其符合规范和技术文件要求，如无要求时其偏差不应超过平均值的 10%。

2）为了保证发电机在运转状态下，转子和定子的磁力中心重合，应根据规范中所规定的计算公式或制造厂提供的数据，计算出转子和定子的轴向偏移量（一般由厂家给定），调整定子位置，以达到规定的要求。

8. 励磁机安装

1）励磁机安装的主要工序为：台板安装——轴承座及轴瓦安装——空气间隙的调整——与发电机的联轴器找中心。

2）台板安装，与发电机台板安装同时进行，要求相似。

3）安装轴承座前，应做煤油渗漏试验，同时检查轴承座的绝缘垫片和绝缘套管是否完整，绝缘是否良好，绝缘不良时需进行干燥处理。

4）轴承水平结合面及轴承球面均应涂色检查，不合格时应进行修刮。各间隙值等参考说明书及图纸。

5）空气间隙的测量及要求与发电机相似。

6）联轴器找中心按汽轮发电机联轴器找中心的要求进行，找正时以发电机联轴器为准，调整励磁机。

7）对于只有一个轴瓦的励磁机，找中心时，可将下瓦翻出后，调整轴颈位置跳动小于 0.04mm，再将下瓦放入，调整轴承座，使得轴颈上抬约 0.3~0.4mm 为基准（一般由厂家给定）。

9. 基础二次浇筑混凝土

1）基础二次浇筑混凝土应由土建单位来完成，二次浇筑混凝土前应完成下列工作及有关的安装记录：

① 发电机与汽轮机联轴器找中心，发电机与励磁机的联轴器找中心；

② 发电机的励磁中心和空气间隙的调整；

③ 垫铁点焊完成，冷凝器与低压缸连接并焊接完成，上汽缸等较重部件已经装好或临时组装就位；

④ 穿过二次混凝土层的管道、电缆、仪表管线等敷设完毕，并穿有专用套管。

2）浇筑前的准备工作

① 基础台板各结合面处，以及发电机轴承座的绝缘板，一般采用胶布密封结合面处。发电机下部的电气设备等处也应有保护措施；

② 二次混凝土与基础混凝土接触的毛面必须吹扫干净，无杂物、油漆、油污；

③ 地脚螺栓露在外面的丝扣应加保护套管。

3）二次混凝土应按设计要求配比，并要有试块，二次浇筑工作应一次连续完成，不得中断。二次浇筑的混凝土在未达到强度的 50% 之前，不允许在机组上拆装重件和进行撞击性工作，在未达到强度的 80％之前，不允许复紧地脚螺栓，更不允许起动机组。

5.3.3 附属设备及管道安装

1. 前箱主油泵及内部油管道安装

1）主油泵经过解体检查清洗过后，汽轮机大盖已经扣盖完毕，即可进行主油泵的安装。在找对轮中心调整主油泵底部垫片时，由于对轮是齿套式联轴器，不方便拆卸主油泵，即将主油泵上部壳体拆除，待主油泵调整完毕，对中符合要求后，直接拆卸主油泵转子，将齿套安装上去，再安装转子及壳体，这样可保证中心找正完毕后，中心不再变化。

2）内部油管道在拆卸清洗时，拆前最好对每个接口进行编号。主油泵安装完毕后即可进行油管恢复、扣前箱盖等工作。

3）扣前箱盖前，应将前箱内彻底的清洗干净，检查各仪表安装完毕，特别是轴向位移测量装置的定位以及后轴承座内的相对膨胀测量装置的安装。

2. 部套解体清洗检查

1）高、中压油动机，自动关闭器、防火滑阀以及危急遮断器，保安部套等，必须进行解体检查后复装。此部分工作可穿插在汽轮机安装过程中进行。

2）在拆卸时，必须对照图纸，并做好每个部件的标示，以及相互位置关系，回装时涂上润滑油防止锈蚀。部套解体清洗检查完成，应达到动作灵活，无卡涩现象，行程等达到图纸设计要求。

3. 主汽门及调节汽门的安装

1）主汽门及调节汽门必须解体检查阀芯的密封情况，清理内部毛刺等，以及检查壳体法兰面的接触情况。主汽门壳体法兰一般是凹凸面中间加齿形垫来进行密封，为保证 100％的密封良好，在最后连接时，应在齿形垫的两面加涂汽缸密封胶。而调节汽门壳体法兰，连接时一般没有垫片，这样需对结合面进行涂红丹粉检查，对不达标的必须进行研磨，最后连接时，也是涂汽缸密封胶。

2）阀芯与阀体接触，利用红丹粉进行检查，接触情况应是一圈不间断的圆，接触均匀。若有间断的地方，试情况轻重，采用研磨膏进行对研，或是用细沙石条研磨阀芯（阀体接触面一般为基准面，不可细磨）。

4. 凝汽器安装（应单独编制详细作业指导书）

1）凝汽器的安装应在汽机开始安装前，将壳体及热井组装完毕，并吊装就位，在安装汽轮机的过程中，进行穿铜管及胀管工作。

2）在汽轮机准备预扣盖时，凝汽器的铜管应穿胀完毕。将凝汽器找正，并将其入口与低压缸排汽口对正，并留有 5～10mm 间隙（多半会产生间隙不均匀的现象），在调节底座弹簧时，应做好弹簧在各受力变化情况下的长度记录，最终应以每个弹簧的压缩量相等为标准，偏差不应大于 1mm。

3）凝汽器与低压缸焊接。此时应是半实缸状态，转子以放入，且凝汽器内按图纸要求放入一定量的水。由于对口间隙不均匀，一般采用贴板焊接对汽缸的作用力比较的小。焊接前应在低压缸的两边三个方位架上百分表，在低压缸中间垂直应架块百分表（一般此表的变化值最大）。焊接时采用间隔分段焊接，焊接过程中必须时刻监视各百分表值的变化，当有一块表变化值超过 0.1mm 时，应停止焊接，待冷却恢复后再进行。焊接时注意采取保护措施保护好铜管。

5. 系统油循环（应单独编制详细作业指导书）

1）汽缸扣盖完毕，即可开始进行系统油循环。此时所有管道酸洗复装完毕，各油泵、、油箱、阀门等部件清洗干净，将各轴承座的进出油管短接，利用交流油泵打油循环，并用压榨式滤油机循环滤油箱的油，此过程需要 3～4d（24h）。在轴承座可以进油后，在进轴承座前加滤网，让油进入各轴承座，此时油不进部套和调节系统，此过程需要 2～3d（视油干净程度定）。恢复油管道，润滑油进部套，开动高压油泵进行循环，由于高速流动的油能产生大量的热量，此时冷油器需投入工作，让润滑油在高温度（约 55℃）与低温度（常温）下交替循环，并做好循环记录，此过程需 12～15d。各轴承座翻瓦，清理轴承座，做最后的油循环，3～5d 油质可达到运行标准，最终以油质化验为准。

2）油循环过程中，必须时刻注意清洗各个滤网，并安排专人 24h 值班，做好油循环记录。

6. 材料与设备

材料与设备见表6。

材料与设备 表6

序号	设备名称	型号	数量	备注
1	汽车吊	70t	1台	
2	厂房行车	50/10t	1台	
3	电焊机		2台	
4	手动葫芦	20t	4个	
5	手动葫芦	5t	2个	
6	手动葫芦	2t、1t	4个	
7	磁力钻	$\phi 39mm$	1台	
8	台钻	$\phi 13mm$	1台	
9	冲击钻	$\phi 22mm$	1台	
10	空压机	V-0.6/7	1台	
11	台式砂轮机	$\phi 200mm$	1台	
12	角式磨光机	$\phi 100mm$	6台	
13	水磨机	$\phi 100mm$	1台	
14	水准仪		1台	
15	经纬仪	J2	1台	
16	条式水平仪	0.02mm/m	1台	
17	框式水平仪	0.02mm/m	2台	
18	平板	400mm×600mm	1块	
19	百分表		8套	
20	杠杆百分表		2套	用于对轮连接测张口用
21	游标卡尺		3把	
22	深度卡尺		1把	
23	内径千分尺	50～600/0.01mm	1把	根据最大隔板汽封直径来确定
24	外径千分尺	0～25/0.01mm	1把	
25	外径千分尺	300～400mm	1把	根据转子轴颈直径来确定
26	热处理设备		1套	
27	万用表		1块	
28	兆欧表	2500/1000/500Ω	1块	
29	钳形电流表		1块	
30	转速表	0～3500r/min	1块	
31	测振仪		1台	
32	红外线测温仪	0～100℃	1台	
33	光学合像水平仪	0.01mm/m	2台	
34	压榨式滤油机		1台	

7. 质 量 控 制

7.1 汽轮机安装的关键工序为扣大盖，试扣盖时，所有汽轮机安装调整检测的数据均可靠，并记录签证完毕。扣盖过程，严格在监理及建设单位代表的监督下完成，每步工序都按扣盖要求进行，扣盖完成后进行记录签证。

7.2 发电机安装质量控制在磁场中心及空气间隙的调整，以及联轴器绞孔找中心。

7.3 施工过程质量控制执行以下标准中的相应章节：

汽轮发电机厂商提供的图纸及技术资料。

《电力建设施工及验收技术规范》（汽机篇）DL5011-92。

《火电施工质量检验及评定标准》（汽机篇 1998 版）。

《机械设备安装工程施工及验收通用规范》GB 50231—98。

《火力发电厂基建工程启动及竣工验收规程》电建〔1996〕159 号。

8. 安 全 措 施

施工过程中严格遵守《建筑施工安全检查标准》JGJ 59—99、《施工现场临时用电安全技术规范》JGJ 46—2005 中的相关规定。

9. 环 保 措 施

9.1 防止机械漏油污染环境。

9.2 采用隔离罩等消声措施降低施工噪声及电弧光对其他人员的影响。

9.3 工程废弃物按业主指定地点合理堆放和处置。

10. 效 益 分 析

10.1 经济效益

安装工期大大缩短。除基础准备外（垫铁位置初步打磨完成），从正式开始安装到扣盖只用了 40d；整个安装完毕，机组具备整启条件，只用了 85d，比常规工期缩短 35d；作业人员大大减少。施工高峰期只有 26 人，其他工作时期只有 12 人，比常规人员配置减少 14 人。

由于施工时间及人员与以往机组安装对比大大减少，其带来的经济效益是显著的。

10.2 社会效益

采用本工法，福建晋江热电厂 1 号机组创国内同类型机组安装最短施工工期，推广前景广阔，社会效益显著。

11. 应 用 实 例

本工法 2005 年首次应用于福建晋江热电厂 1 号机组的安装，85d 机组具备整体启动条件，机组整体启动一次成功，达到合格标准。

同年，在福建晋江热电厂 2 号机组的安装中再次应用本工法，亦取得了令人满意的经济效益和社会效益。

2008 年应用于四川永丰浆纸股份有限公司。

大型城市生活污水处理厂机电设备安装施工工法

GJEJGF237—2008

重庆建工集团有限责任公司

王强　郭庆元　刘维忠　林勇

1. 前　言

随着我国社会的高速发展，城市规模逐步扩大，人口数量大量增加，由此产生的生活污水量也迅速增加，严重危害人民群众的生存环境。兴建污水处理厂可以改善水域水质质量，减少污水对环境的污染，是促进环境保护与经济持续协调发展的有效措施。而机电设备的安装工艺是污水处理厂安装工程的核心技术，关系到水质能否达标排放。

重庆建工集团有限责任公司从 20 世纪 90 年代开始涉足污水处理厂施工领域，先后承建了重庆唐家桥污水处理厂、重庆太平门污水处理泵站、重庆唐家沱污水处理厂、重庆鸡冠石污水处理厂、湖南长沙开福污水厂等数 10 个污水处理项目。在施工过程中，针对污水处理工艺对机电设备安装施工的技术要求，结合在多个污水处理厂工程的实践经验，总结了一套工艺合理、技术先进的施工方法，以作为污水处理厂机电设备安装施工的工法。通过运用此工法，施工的重庆唐家桥污水处理厂获 1998 年重庆市建筑工程巴渝杯奖，重庆北碚区主城污水处理厂获 2002 年重庆市建筑工程巴渝杯奖，重庆市黔江区主城污水处理厂获 2005 年重庆市建筑工程巴渝杯奖，重庆唐家沱污水处理厂获 2007 年度国家优质工程银质奖，重庆鸡冠石污水处理厂获 2006 年重庆市建筑工程巴渝杯奖、2008 年度国家优质工程银质奖。而其中的关键技术"城市污水处理系统安装技术"先后获得 2000 年度和 2005 年度"中国安装之星"。

2. 工 法 特 点

2.1 该工法密切联系实际，操作性强，所应用的多个污水处理厂机电设备安装工程都存在工期紧、设备安装工程量大、交叉作业多等难点，各项目部注重科学管理，在施工中严格执行此工法，均向业主交出了合格的答卷。

2.2 该工法对每道施工工序都有详细的阐述，注重对关键工序的质量控制以及各工序交接的质量检验，确保了工程质量。

2.3 该工法针对污水处理厂施工中存在的危险源，提出了切实可行的安全措施，以确保作业人员和机具设备的安全。

2.4 该工法注重工序的安排，施工方法的合理运用，在保证质量安全的基础上，节约了材料，节省了人工。

2.5 该工法在进水泵房等施工环境恶劣、质量要求高的关键部位采用了高强无收缩灌浆料对设备基础进行二次灌浆，提高了设备基础强度，大大缩短了施工周期。

3. 适 用 范 围

本工法适用于各类城市生活污水处理厂机电设备安装工程，尤其是污水处理能力为 10 万 m³/d 以上的大型城市生活污水处理厂机电设备安装。

4. 工艺原理

在设备安装过程中，重点控制设备的标高、垂直度、水平等重要要素，确保设备安装后能稳定运行。污水处理厂机电设备种类多、体积大、重量重，故安装中需要起重机械配合。施工中先安装各构筑物内的检修用起重设备，利用这些设备安装相应构筑物内的机电设备；而在消化池的设备安装过程中，积极与土建单位协调配合，利用土建塔吊进行搅拌器及附属设备的安装，这样可节约大量的起重机械租赁费用。污水处理厂对设备耐腐蚀能力要求较高，故在施工中大量采用不锈钢材料，同时也应用了各类防腐涂料。

5. 施工工艺流程及操作要点

5.1 设备安装工艺流程（图5.1）

5.2 设备安装工艺

5.2.1 设备安装条件

1. 工程施工前，应具备设计和设备的技术文件；对大中型、特殊的或复杂的设备安装应编制专项施工方案。

2. 工程施工前，对临时建筑、运输道路、水源、电源、照明、消防设施、主要材料和机具及劳动力等，应有充分准备，并作出合理安排。

3. 工程施工前，其厂房屋面、外墙、门窗和内部粉刷等工程应基本完工，当必须与安装配合施工时，有关的基础地坪、沟道等工程应已完工，其混凝土强度不应低于设计强度的75％；安装施工地点及附近的建筑材料、泥土、杂物等，应清除干净。

4. 污水处理厂机电设备大多为露天安装，当气象条件不适应设备安装的要求时，应采取措施。采取措施后，方可施工。

5. 利用建筑结构作为起吊、搬运设备的承力点时，应对结构的承载力进行核算；必要时应经设计单位的同意，方可利用。

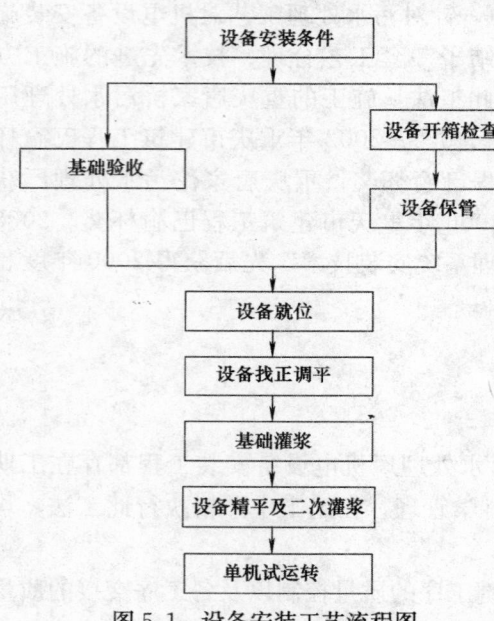

图5.1 设备安装工艺流程图

5.2.2 设备开箱检查和保管

1. 设备开箱应在业主、监理等有关人员参加下，按下列项目进行检查，并应作出记录：箱号、箱数以及包装情况；设备的名称、型号和规格；装箱清单、设备技术文件、资料及专用工具；设备有无缺损件，表面有无损坏和锈蚀等；其他需要记录的情况。

2. 设备及其零、部件和专用工具均应妥善保管，不得使其变形、损坏、锈蚀、错乱或丢失；设备的配件、备件、专用工具、附属物品应入库保存，适当时交付业主。

5.2.3 设备基础验收

1. 设备基础位置、几何尺寸要符合设计施工图和到货设备实际情况。

2. 基础的施工质量应符合现行国家标准《建筑地基基础工程施工质量验收规范》的规定，并应有验收资料和记录。

3. 设备安装前应按规范中的允许偏差对设备基础位置和几何尺寸进行复检。

4. 设备基础表面和地脚螺栓预留孔中的油污、碎石、泥土、积水等均应清理干净；地脚螺栓预留孔应垂直、无偏斜。

5. 根据图纸要求检查预埋件数量和位置是否准确；预埋地脚螺栓的螺纹和螺母应保护完好，放置垫铁部位的表面应凿平。

5.2.4 设备就位

1. 设备运输就位采用汽车吊或建筑物内起重设备，特殊情况下可利用土建塔吊。

2. 设备就位前，应按施工图和有关建筑物的轴线或边缘线及标高线，划定安装基准线，其允许偏差为±20mm。

3. 互相有连接或排列关系的设备，应划定共同的安装基准线。

5.2.5 设备找正调平

1. 设备找正是根据施工图和设计说明书找出定位基准进行划线，使就位后的设备纵横中心线与基础上的安装基准中心线对正。

2. 当使用垫铁安装时，垫铁设置在地脚螺栓两侧，两相邻垫铁组间距为500～1000mm为宜，且每组垫铁不宜超过3块，斜垫铁必须成对使用。

3. 设备找平是在设备找正后利用调整垫铁组来完成，找平是在设备精加工面上用水平仪测量设备的水平度或用经纬仪测量设备的铅垂度，如水平或铅垂相差较大，可用打入斜垫铁的方法逐步找平，设备找平后垫铁中心线垂直于设备底座边缘，平垫铁外露长度以10～30mm为宜，且垫铁间无松动现象。

4. 对于不用垫铁的设备，其设备找平是由调整螺栓来完成的。具体安装要求应依据其随机技术文件进行。

5.2.6 基础灌浆

1. 设备找正（平）后，即可进行基础灌浆。灌浆一般采用细石混凝土或水泥砂浆，其强度等级至少应比基础混凝土强度等级高一级。

2. 灌浆前应使螺栓孔内保持清洁，油污、泥土等杂物必须除去，同时用水冲洗干净。每个孔的灌浆工作要连续进行一次灌完，不得中断，混凝土或砂浆要分层捣实，捣实时还必须保持地脚螺栓的铅垂度，控制在10%以内，待混凝土养护到其强度70%以上时才允许拧紧地脚螺栓。

5.2.7 设备精平及二次灌浆

1. 当浇筑地脚螺栓孔的混凝土强度达到70%以上时，即可开始精平。精平通过调整垫铁组来完成。精平的同时对于泵类等转动设备还应检查联轴器的对中情况。联轴器对中检查采用百分表来完成，调整后的联轴器倾斜和径向位移以及间隙应符合相关规范要求。

2. 设备精平完后，将垫铁用电焊相互焊牢，然后对设备底座与基础面间的空隙进行灌浆，并将垫铁埋在混凝土内，抹面时砂浆应压紧密实，表面应光滑平整、美观。二次灌浆的同时应做好设备基础隐蔽记录，监理签字认可。

5.2.8 单机试运转

1. 各系统安装合格后方能进行设备单机试运转。

2. 应按说明书规定的空负荷试验的工作规范和操作程序，试验各运动机构的启动，不得频繁启动，启动时间间隔按有关规定执行，变速、换向、停机、制动和安全连锁等动作，均应正确、灵敏、可靠。其中连锁运转时间和继续运转时间无规定时，应按各类设备安装验收规范的规定执行。

3. 试运转中，应进行各项检查，并应做实测记录。

1) 技术文件要求测量的轴承振动和轴的窜动不应超过规定。

2) 一般滑动轴承温升不应超过35℃，最高温度不应超过70℃，滚动轴承温升不应超过40℃，最高温度不应超过80℃。导轨温升不应超过15℃，最高温度不应超过100℃。

3) 传动皮带不应打滑，平皮带跑偏量不应超过规定。

4) 各种仪表应工作正常。

5）油箱油温最高不得超过 60℃。

6）如润滑、液压、气动等各辅助系统的工作应正常，无渗漏现象。

7）有必要条件时，可进行噪声测量，并应符合规定。

4. 单机试运行完成后，应做好以下工作：

1）切断电源和其他动力来源。

2）进行必要的放气、排水、排污及必要的防锈涂油。

3）对蓄能器和设备内有余压的部分进行泄压。

4）按各类设备安装规范的规定，对设备几何精度进行必要的复查，各紧固部分进行复紧。

5）应对润滑剂的清洁度进行检查，并清洗过滤器，必时可更新油。

6）清理现场及整理试运转各项记录。

5. 对于重大的设备其单机试运转应制定相应的试车方案，按审批后的试车方案进行试运转工作。试运转完毕后应及时填写设备试车记录，并由业主、监理签字认可。

5.3　污水处理专用设备安装工艺要点

5.3.1　悬挂行走式格栅除污机安装

格栅机一般位于污水处理厂进水口，有悬挂式、链条式、回转式等多种类型，适用于去除污水中较大的物体。本工法以安装难度较大的悬挂行走式格栅机为例进行介绍。

1. 安装工艺流程（图 5.3.1）

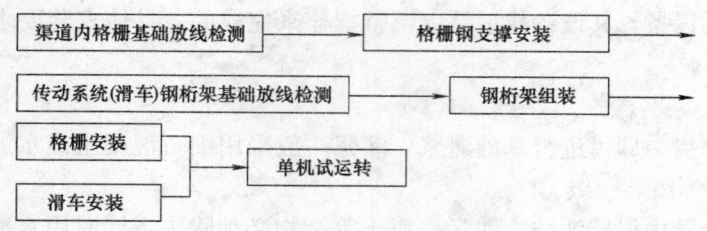

图 5.3.1　格栅除污机安装流程图

2. 安装操作要点

1）渠道内格栅基础放线检测

检查格栅几何尺寸与渠道尺寸是否吻合，渠道与两侧墙壁是否垂直，平面误差不得超过 20mm。否则，应对渠道进行凿打，以满足安装要求。

2）格栅钢支撑安装

用粉线或墨斗放出格栅的安装位置线，并确定格栅钢支撑位置，用化学螺栓将钢支撑牢固地固定在渠道基础上。

3）传动系统（滑车）钢桁架基础放线检测

对传动系统（滑车）钢桁架基础进行放线检测，并确定出滑车轨道中心线；将中心线引至渠道内，以此作为格栅安装的共同基准线和耙齿在格栅上的着陆点。

4）钢桁架组装和滑车安装

选用 8t 三节杆的汽车吊，足以满足设备安装过程中的垂直运输问题。吊装过程中要合理选择吊点，确保设备不变形，其吊绳优先选用满足承载力的吊带。

安装传动系统钢桁架，根据每个立柱基础放出的十字线，将立柱吊装到基础上，用斜垫铁调整立柱的垂直度和相对标高，再进行桁架横梁安装。最后进行滑车轨道、滑车、滑触线支架安装。

5）格栅安装

在传动系统安装完毕后，将格栅缓慢的吊入渠道格栅钢支撑架上，将格栅连接板与支撑腿上螺孔对准，此时穿上螺栓，但不固定。根据已放出的格栅安装线，调整角度，直到格栅底板正确靠在渠道底部，其倾角大约在 75°～80° 之间时，再拧紧螺栓，用此方法，将每个渠道的格栅安装到位。

将传动系统接上临时电源，手持控制板，将齿耙缓慢下落到每个渠道格栅上，对以下两项目进行初步检测：

a. 耙齿在格栅上着陆点是否与设计或随机文件一致，其偏差不应大于30mm。

b. 耙齿运行时保证水平，耙齿与栅条啮合时，应无卡阻，间隙不大于0.5mm，啮合深度应不少于35mm，齿耙与格栅片开合动作到位。

测试合格后，随即将格栅连接板和主支腿的连接螺栓拧紧；并用不锈钢膨胀螺栓将格栅两侧、底部连接板固定在渠道上。

格栅与渠道之间的空隙采用橡胶条或密封膏进行封堵，以防止从间隙过水。

6）单机试运转

设备运行时位置应正确，无卡阻、突跳现象。过载装置应动作灵敏可靠。抓耙上的垃圾不应有回落渠内现象。

运行时重点检查项目见表5.3.1。

格栅机检查项目　　　　　　　　　　　　　　　　　　表5.3.1

项　　目	合　格　标　准
左右两侧钢丝绳与耙齿动作	同步动作：齿耙运行时保证水平，齿耙与格栅片开合动作到位，并与差动机构协调一致
齿耙与格栅片	啮合时，齿耙与格栅片间隙均匀，不大于0.5mm
各限位开关	动作及时，安全可靠，不得有卡阻现象
钢丝绳	在绳轮中位置正确，不应有缠绕，跳槽现象

5.3.2　螺旋输送机安装

螺旋输送机一般与格栅机配套使用，将固体污物输送至存渣箱内便于运走处理。

1. 安装工艺流程（图5.3.2）

设备定位放线 → 机身（壳）安装、固定 → 螺旋叶片组对焊接 → 盘动螺旋叶片作初步检测 → 盖板安装 → 单机试运转

图5.3.2　螺旋输送机安装流程图

2. 安装操作要点

1）设备定位放线

首先清洁、平整螺旋输送机安装场地，根据格栅机落料口中心位置，定出螺旋输送机机身中心轴线；以中心轴线为安装基准线，确定出每段机身安装位置和机身基础十字线。

2）机身（壳）安装、固定

根据已放出的螺旋送机中心线和机身基础的十字线用水准仪对设备基础标高进行初平、复核。

将带电机这段机身（壳）吊装到其相应安装位置，通过调平，调顺，用膨胀螺栓或化学锚栓将机身立柱固定；然后，依次安装这段机身。相邻机身（壳）的法兰面应连接紧密，间隙平行面偏差应小于0.5mm。整个机身的直顺度允许偏差为：全长≤3mm。

在机身（壳）安装、调整、固定完毕后，依次进行槽内耐磨衬板的安装。安装要求：相邻衬板接头必须平整，接触严密；衬板卡板必须牢固、锁紧，以防止螺旋叶片在负荷运行时变形、移位。

3）螺旋叶片组对焊接

机槽衬板安装完毕后，依次将螺旋叶片吊装到机槽内进行组对，焊接。相对接螺旋叶片接口处，必须开V形坡口，对接间隙为3～5mm，采用相同材质的焊条进行组焊，焊接后必须保证相邻螺旋叶片的圆弧平滑。

4）盘动螺旋叶片作初步检测

拆除电机叶轮罩，用手盘动电机轴，对螺旋叶片安装质量进行初步检测。螺旋叶片顺直、接触衬板均匀，其接触面无间隙为合格。

5）盖板安装

最后进行机身（壳）盖板安装。安装时，盖板与机壳接触面紧密，格栅落料口与盖板上开口中心位置一致。

6）单机试运转

设备空载运转平稳，无异响；螺旋叶片和槽体应正常配合，无卡阻现象；负载运转时，螺旋输送机的传动应平稳，过载装置的动作应灵敏可靠；密封罩和盖板处不应有物体外溢。

5.3.3　立式轴流泵安装

污水处理厂所使用的水泵种类较多，立式轴流泵主要用在大型污水处理厂进水泵房作污水提升用。

1. 安装工艺流程（图 5.3.3）

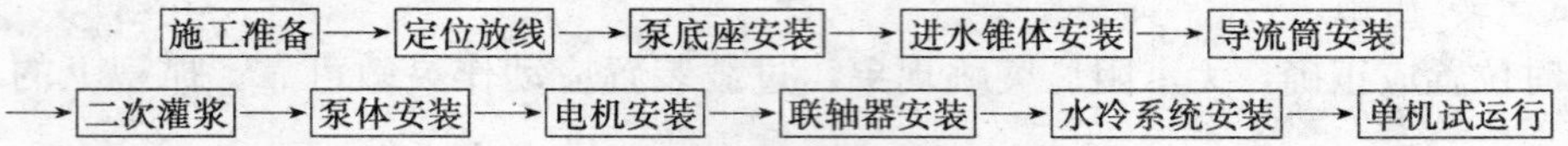

施工准备 → 定位放线 → 泵底座安装 → 进水锥体安装 → 导流筒安装 → 二次灌浆 → 泵体安装 → 电机安装 → 联轴器安装 → 水冷系统安装 → 单机试运行

图 5.3.3　立式轴流泵安装流程图

2. 安装操作要点

1）施工准备

首先对泵房地面、泵基础进行清理，将泵的零部件运到泵房并合理摆放。会同监理、土建施工单位根据设计图纸和规范对基础进行复测验收。做好复查记录，验收合格后应由监理、土建、安装单位三家签证并归档。

2）定位放线

根据设计、随机技术文件、设备基础预留螺栓，准确的放出设备纵横中心线。并将纵横中心线引到基础外围。

将设备纵横中心线的交点，用线坠引至池底，确定出泵吸水口底部进水锥中心位置。

3）泵底座安装

泵的零、部件以及电机在泵房内的水平、垂直运输，可借助已安装完毕的行车进行。

根据已放出的泵基础纵横中心线，将泵底座吊装到位，采用斜垫铁和调整螺栓对泵底座横向、纵向水平进行调节。

4）进水锥体安装

将斜垫铁点焊固定，拧紧地脚螺栓后，进行泵底部进水锥安装。其安装要点：进水锥中心与泵底座中心线偏差在 -0.5mm 与 5mm 之间；进水锥必须与底部预埋钢板进行焊接、固定；进水锥与泵底座上平面的垂直距离偏差在 -30mm 与 +30mm 之间。

5）导流筒安装

借助行车，采用倒装法进行泵导流筒安装。导流筒之间法兰连接必须严密，法兰螺栓用对角法并用调节扭矩扳手根据随机技术文件规定的力矩值进行拧紧。安装要点：导流筒垂直度偏差合格标准为全长≤3mm；导流筒出水口法兰应平直。

6）二次灌浆

采用 C30 无收缩灌浆料进行泵底座的二次灌浆；用细石混凝土将进水锥底部间隙密封。待二次灌浆混凝土强度达到 75% 以上时，才进行余下工序安装。

7）泵体安装

按照随机文件中的泵体装配图，进行下列工序安装：叶轮、轴承体、泵轴、泵体安装。安装要求：用百分表测量泵联轴器最大外圈处的径向跳动，其值应小于 0.05mm。

8）电机安装

把电机底座安装到位后，将电机吊装至电机座上，调整电机座侧面的调整螺栓使电机轴心与泵轴心对齐，用百分表测量电机轴的径向跳动，其值应小于 0.03mm。

9）联轴器安装

连接联轴器的铰孔螺栓，调整联轴器螺母与水泵联轴器下端面之间的间隙，其值应在 3～5mm 之间。

10）水冷系统安装

安装水冷系统，并保证进入泵体的水源无杂质，整个管路无渗漏，电磁阀开断灵活为合格。

11）单机试运行

先手动盘车，转动灵活，无异响、跳动为合格，才可进行点动和试运行。

试运转过程中，重点把握以下环节：

a. 电机的试运转过程中，其各项指标如电流、电压、温升均要在铭牌所示规定值的范围之内。

b. 传动装置传动灵活，无异常响。

c. 润滑系统应无异常现象，润滑脂的温升在规定范围之内。

d. 水冷系统流量压力达标、管路畅通，无透漏。

e. 轴承及轴瓦最高温度不应大于 70℃。

5.3.4 砂水分离器安装

砂水分离器主要用于将沉砂池排出的砂水混合物进行彻底地分离。

1. 安装工艺流程（图 5.3.4）

施工准备 —→ 定位放线 —→ 整体安装 —→ 二次灌浆 —→ 单机试运行

图 5.3.4 砂水分离器安装流程图

2. 安装操作要点

1）施工准备

砂水分离机提前运到现场，开箱检查设备的外观，清点零部件、附件、合格证及其他技术文件，受到振动而损坏、脱落、受潮情况，并做好记录。

验收设备基础，必须与施工图纸符合。地脚螺栓位置要准确，螺纹、长度、垫圈、螺母等有关参数应符合规定要求。测出基础标高。

2）定位放线

定位基准线平面位置允许偏差 10mm；标高允许偏差 ±20mm。

3）整体安装

分离机为整体安装。利用吊车就位后，初调与构筑物的横纵位置，放好垫铁。为保证分离机整体性能要求，安装过程中在控制支座等部件质量精度、合理装配驱动装置等环节的同时，把握关键部件的质量精度进行控制。

4）二次灌浆

找正后方可二次灌浆。灌浆处的基础表面应凿毛，被油沾污的应凿除，以保证灌浆质量。经养护后设备二次找平，找平后将垫铁焊牢。

5）单机试运行

设备运转平稳，无振动、无异常声响。一般空车运转 2h，带负荷运转 4h，保证运转正常，各传动灵活可靠。

在试运转前后，以手动或自动操作 5 次以上，动作准确无误，不卡、不抖、不碰。各连接口应无渗水现象。

5.3.5 刮泥机安装

刮泥机有周边传动、中心传动、链条式等多种类型，用于将沉降在沉淀池底上的污泥刮积集至池底的集泥坑并将池面浮渣撇向集渣斗，以便进一步处理。本工法以直径 50m 的周边传动全桥式吸刮泥机作介绍。

1. 安装工艺流程（图 5.3.5）

标高复测 —→ 池中心点确定 —→ 中心筒上旋转支承安装 —→ 工作桥（主梁）组对吊装 —→
工作桥（主梁）下部桁架、管道及附件安装 —→ 池底二次找平 —→ 单机试运行

图 5.3.5 吸刮泥机安装流程图

2. 安装操作要点

1）标高复测

在沉淀池圆弧轨道上，将其周长157m分为8等分。按弦长法确定8个复测点复测初沉池标高，从中找出偏差值，将每组偏差数值加以比较，从而获得最佳安装位置。同时对中心筒上表面标高进行复测。

2）池中心点的确定

根据上述的8个复测点确定出4条直径，测出轨道内边沿的内口直径数据，选择合理的半径数据，以几何法用钢卷尺沿池口边上的8个点为圆心，分别向中心筒上表面划出圆弧，以此确定旋转支承安装中心点。并放出中心筒上旋转支承安装基准线。

3）中心筒上旋转支承安装

在做完上述工作后，将工作桥、驱动装置、旋转支承、附属管配件运到池面一平整地带，采用1台25t汽车吊（三节杆）配合安装。将汽车吊置于池边处。首先将旋转支承吊到中心筒上进行安装。其安装要点：旋转支承上表面标高误差应控制在±10mm以内；旋转支承中心点与池圆心偏差应控制在±5mm以内；采用C30无收缩混凝土进行地脚螺栓孔二次灌浆处理。

4）工作桥（主梁）组对吊装：工作桥由两条25m的主梁组成。每条主梁又由五段主梁由高强度螺栓连接而成，一端置于旋转支承上，一端由驱动装置驱动沿池轨道行走。为快速安装，将每条25m主梁在池边组对成一个整体，由25t吊车整体吊装。在组对完成后，由25t吊车吊入池上空，缓慢落下，一端置于旋转承上，并临时固定，一端置于轨道上，在轨道边安装上驱动装置。然后，用螺栓将另一端固定在旋转支承上。此时，这条主梁即可沿轨道绕着中心筒上的旋转支承作圆周运动。将这条主梁置于吊车正对面，采用上述方法，将另一条主梁安装到位。此时工作桥安装完毕。主梁作为连接中心支座及驱动机构的关键部件，其质量精度的优势直接影响整机运行的可靠性，所以对主梁的质量精度要进行重点控制。

5）工作桥（主梁）下部桁架、管道及附件安装：首先安装回泥槽，再安装吸泥装置及桁架，以工作桥（主梁）作安装基准面和吊装平台进行其下部装置安装。在回泥槽、回泥装置（管道）、桁架安装完毕后，再按图纸要求安装刮泥板、排渣斗、刮渣挡板、栏杆等的安装。整体安装完毕后，进行调试。

6）池底二次找平

采用手推动工作墙，观察刮板与池底之间的距离，并做出标识，然后进行池底二次找平，以此保证刮泥板与池底间隙。

7）单机试运行

将池内安装剩余物全部清除出池，准备临时电源。检测空载与带载运行电机电流，复核运行负载。无问题再空负荷运行4h，检查各部位加油润滑情况。在控制处设专人开机、关机。启动运行1～2周，观察各部位情况，如出现问题，立即关机并调整。测试集电装置及配电箱对地电阻，以满足整机电气性能要求及运行安全性。检查并调整驱动机构、减速机、中心旋转支承等，以保证设备运行平稳，无卡涩现象。检查并调整刮泥板与沉淀池池底间隙，以确保刮吸效果。

5.3.6 污泥浓缩脱水机安装

脱水机房采用的离心式脱水机组包括：加药装置、加药泵、脱水机及相应的管路。该装置有连续的对污泥进行浓缩、脱水功能。

1. 安装工艺流程（图5.3.6）

基础检验 ——→ 定位放线 ——→ 整体安装 ——→ 附属管线安装 ——→ 单机试运行

图5.3.6 脱水机安装流程图

2. 安装操作要点

1）基础检验

混凝土强度；预留、预埋件的位置、数量。

2）定位放线

定位基准线平面位置允许偏差 10mm，标高允许偏差±20mm。

3）整体安装

由于加药装置、加药泵、离心式脱水机均为整体式设备。其安装操作要点如下：

a. 设备就位后，初调位置，放好垫铁、地脚螺栓，找平、找正，复查后可二次灌浆。当二次灌浆达到所需强度时，检查地脚螺栓的松紧程度是否扭矩一致，再复验设备安装水平。

b. 设备找平后，在拧紧地脚螺栓时，每叠垫铁压紧程度应一致，不允许有松动现象。地脚螺栓需要露出螺母 2～3 扣。

4）附属管线安装

与设备连接的各种管线，必须排列整齐、畅通。吊、托架安装位置应牢固、正确。冷弯管不得有过赢或延伸及明显变形。管路中阀门安装合理且牢固可靠，仪表安装符合设计要求。管道法兰连接时，对应面紧密、平行、同轴，与管道中心垂直，螺栓受力应均匀，并露出 2～3 扣，垫片安装正确。塑料管粘结应牢固，连接件之间应紧密，无空隙。

5）单机试运转

试运转时先作短暂点动运转，经检查各部位无异常现象后，再依次运转 5min。直至 4～8h。值得注意的是，每次运转前，均应将与设备相关的阀门开启、关闭合理有效，并观察润滑油油位是否正常。

设备运转中首先注意是否正常，有无杂声。如出现异常声音应立即停车，查明原因，消除故障；阀体、管路及其附件的所有连接处，不得有泄漏。如有泄漏，应立即修复；应经常注意温度变化，是否符合设备出厂技术规定。

5.3.7 消化池搅拌机安装

消化池内搅拌机由电机、轴及叶轮、导流筒、导流筒底座组成，安装于大型污水处理厂消化池内中心处。其导流筒的长度均在 25～50m 之间，导流筒与轴的同心度要求极高，给安装工作带来极大困难。

1. 安装工艺流程（图 5.3.7）

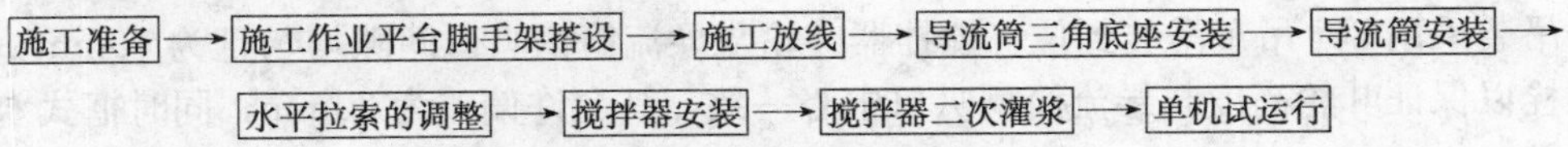

施工准备 → 施工作业平台脚手架搭设 → 施工放线 → 导流筒三角底座安装 → 导流筒安装 → 水平拉索的调整 → 搅拌器安装 → 搅拌器二次灌浆 → 单机试运行

图 5.3.7 消化池搅拌机安装流程图

2. 安装操作要点

1）施工准备

吊装前应由项目技术负责人、专业工长、质安员及设备厂家技术人员一起对吊装器具、绳索、塔吊绳索、吊钩等进行检查，合格后方能正式吊装。

消化池内照明采用 36V 安全电压的照明系统，待脚手架搭设完成后由池顶敷设而下，并采用薄壁钢管保护，防止触电伤害。

在地坪入孔处配置轴流风机，以利于消化池内通风。

对土建单位负责的设备预埋尺寸、位置进行复核，如有偏差及时提出并督促整改。

2）施工作业平台脚手架搭设

导流筒安装于消化池中心，四周不靠边，依赖三层、每层四根不锈钢拉索进行固定，所以必须进行操作平台的搭设。脚手架搭设既要满足脚手架稳定性，又要在中心轴位置留出足够空间来满足设备安装。其具体方法如下：在导流筒中心位置处搭设一个井字架，井字架内空必须大于导流筒直径300mm，高度与导流筒高度一致。以井字架作为平台的骨架，在每层固定钢丝绳的平面架设十字形平台，平台宽 1m，其走向与钢丝绳一致，并低于钢丝绳 1m。共搭设三层十字形平台。

3）施工复测放线

首先在消化池顶部进行电机中心位置放线，并用细钢丝和 12 磅重的线坠将中心引到消化池底部。

以此作为导流筒及底座安装中心线。

电机底座与导流筒底座高程复核，其目的是保证叶机与导流筒上部相对位置的安装精度要求。采用钢盘尺测量三次取平均值的方法进行。其相对偏差必须控制在±10mm 之间。

放线确定导流筒三角底座基础的中心位置与罐顶搅拌器孔中心应重合；且测量出三角底座基础与罐顶搅拌器距离尺寸，是否符合设备要求；以定位中心为圆心复测罐顶搅拌器预留孔的大小尺寸应保证≥1500mm。

4）导流筒三角底座安装

先在罐外组装三角支腿与底座，用塔吊吊至池内底部，安装就位时要求其三角底座中心与基础及搅拌器对中，且采用框式水平仪配合垫铁调整水平，保证三角底座的水平允许偏差小于 0.1/1000，三角支腿与基础预埋件焊接牢固可靠后，进行二次灌浆。

5）导流筒安装

导流筒每段重量约为 300kg，可借助土建施工用的塔吊从消化池顶部吊入进行组对安装。其中心位置控制，采用细钢丝与线坠进行；高程控制采用钢盘尺进行控制。最下端的导流筒固定在三角底座上，上端的导流筒用拉索在四个水平方向拉紧固定在池壁上。当导流筒由地面吊至消化池顶时，需先放置于池顶，在塔吊吊钩上增加一个 2t 的手动葫芦后再吊装就位，以便于安装时调整安装高度。在达到第一层固定导流筒平台处，停止吊装。此时，根据设计，放出两根相垂直的交叉线于池壁上，作出标记。以此作为钢丝绳在池壁上的锚固点。锚固底板采用 $\delta=16mm$ 的不锈钢板 200mm×200mm。并用化学锚栓 M16×200 进行固定。每颗化学锚栓的抗拔应不小于 20kN。导流筒连接螺栓的固定采用十字法进行拧紧并用扭力矩扳手进行。每分段部分用不锈钢螺栓连接可靠牢固，螺栓涂抹黄油且紧固，手动葫芦配合垫片调整每分段导流筒铅垂度允许偏差 1/1000，全范围偏差 20mm，脚手架临时固定导流筒。

6）水平拉索的调整

水平拉索根据消化池高度设置层数。每层拉索四方成直角与拉索采用卡扣锁紧，手动葫芦在对称的两方收紧拉索，使用电子测力计测量拉索拉力对称一致并保证测量数据为 15kN，拉索与池壁锚定牢固。

7）搅拌器安装

搅拌器吊装采用 80t 吊车吊装到位，搅拌器叶轮与导流筒喇叭口间隙均匀且为 10mm，调整搅拌器三根调节螺栓以保证叶轮高度与导流筒喇叭口中心一致，其允许偏差为 30mm，同时框式水平仪测量调整其水平偏差 0.1/1000。

8）搅拌器二次灌浆

搅拌器安装调整完成后，做好施工测量数据记录，会同监理及业主检查其安装质量，达到设计及国家规范和厂家技术要求后，进行搅拌器二次灌浆，灌浆前焊接连接板加固防止二次灌浆振动导致搅拌器移位，灌浆强度为 C40。用手盘动搅拌器电机观察叶轮与喇叭口无擦刮且间隙为 10mm，复测搅拌器水平度无偏差后方可进行池内脚手架的拆除。

9）单机试运转

先作点动运转，经检查各部位无异常现象后，再延长运转时间。

试运转中应注意以下问题：

a. 搅拌器可以左右两个方向转动，向左转动污泥流动方向在导流筒内是向下，而向右转动污泥流动方向在导流筒内是向上。

b. 在反方向转动时必须将搅拌器在完全停止的工作状态，停顿时间至少为 1h，再通过软启动安全启动，否则将导致联轴器及电机损坏。

c. 必须经常检查润滑油脂是否充足。

6. 材料与设备

6.1 污水处理厂机电设备安装工程使用的主要材料与一般设备安装工程使用的材料大致相同，主要有各类型钢、管材、板材、螺栓、防腐材料、电缆电线等，但由于污水处理工程的特殊情况，采用了以下较为特殊的材料。

6.1.1 由于污水处理工程关系环保问题，大多工期紧，要求高，故为了保证质量，缩短工期，在设备基础特别是水泵基础二次灌浆时，采用高强无收缩灌浆料。该灌浆料自流性好，不需振捣便可自流平、自密实，使用方便且确保无漏空灌浆；早强、高强，1天抗压强度大于40MPa，大大缩短了工序间隔时间；无微缩、微膨胀，确保设备长期安全运行。

6.1.2 由于污水处理厂环境恶劣，设备材料耐腐蚀性能要求高，故各种设备以及支架、非标件等普遍采用不锈钢材料，施工中也大量采用不锈钢焊条，并做好酸洗等工序，确保设备在恶劣环境下长期、稳定运行。

6.1.3 污水处理厂有大量孔洞需要进行防火封堵，特别是在消化楼、沼气室等有防爆要求的部位，采用有机防火堵料和无机防火堵料进行封堵。有机堵料可塑性、柔韧性很好，长久不固化，可切割、搓揉，当火灾发生时，堵料膨胀将缝隙堵严密，有效阻止火灾蔓延与烟气的传播。它能达到所需形态的墙体，适用于经常更换或增加电缆处。无机堵料具备较高的机械强度，短时间速固化，适用于管道或电线、电缆贯穿孔洞，尤其是较大的孔洞、楼层间孔洞的封堵效果较好。两种堵料耐火时间均大于180min。

6.2 污水处理厂安装工程主要施工机具（表6.2）。

主要施工机具表　　　　表6.2

序 号	名 称	规 格	单 位	数 量	备 注
1	汽车吊	25t	台	1	需要时租用
2	汽车吊	8t	台	1	自备
3	卷扬机	3t	台	1	自备
4	载重汽车	5t	辆	1	需要时租用
5	解放牌小货车	1.5t	辆	1	自备
6	液压叉车	5t	台	2	
7	氩弧焊机	松下-K-300A	台	2	
8	逆变交直流焊机		台	4	
9	交流焊机	500A	台	10	
10	空压机	3m³	台	1	
11	台虎钳		台	2	
12	等离子切割机	k-80	台	1	
13	电动套丝机	1/2~4″	台	2	
14	电动砂轮切割机	φ350mm	台	1	
15	台式砂轮磨光机	φ100mm	台	1	
16	冲击电锤	φ12~φ22mm	把	5	
17	磨光机	φ120mm	把	2	
18	电动试压泵		台	1	
19	潜水泵	3kW	台	3	
20	台钻	φ20mm	台	1	
21	手电钻/磁力电钻	φ13/φ24mm	把	5/1	
22	液压顶弯机	φ32~108mm	台	1	
23	手动弯管器	φ25mm	把	2	
24	砂轮除锈机	φ150mm	台	4	
25	手动葫芦	0.5~5t	个	6	

续表

序　号	名　　称	规　格	单　位	数　量	备　注
26	移动式配电箱		台	8	
27	焊条烘箱	YZH-30	台	1	
28	焊条保温筒		个	3	
29	压线钳	16～240mm²	把	2	
30	安全线盘	标准型	个	10	
31	尼龙吊运带	1～5t	副	2	
32	千斤顶	5t/10t	个	4/2	
33	人字梯	3～8m	把	6	
34	竹梯	6～8m	把	4	
35	重型套筒扳手	20件	套	1	
36	气焊工具		副	6	
37	钢丝绳	$\phi15～\phi21$mm	m	40	
38	对讲机		台	10	
39	液压开孔器	$\phi15～\phi65$mm	套	1	

6.3 污水处理厂安装工程主要测量仪器（表 6.3）。

主要测量仪器表　　　　　　　　　　　　　　　　表 6.3

序　号	名　　称	规　格	单　位	数　量	备　注
1	水准仪	DS 型	台	1	
2	经纬仪	J6 型	台	1	
3	兆欧表	2500V	台	1	
4	兆欧表	500V	台	1	
5	塞尺	0.05～1mm	把	2	
6	框式水平仪	200～300mm	把	2	
7	铁水平尺	300mm	把	4	
8	相序表	380V	台	1	
9	焊缝检验尺		把	1	
10	游标卡尺	0.02	把	2	
11	钳形电流表	1000A	把	1	
12	数字万用表	YDM9103	台	1	
13	数字电压表	990C	台	2	
14	温度计		套	1	
15	压力表		套	1	
16	接地电阻测试仪	ZC8	台	1	

7. 质 量 控 制

7.1　本工法各专业施工均按设计说明和设备厂家的技术文件要求进行，并严格执行下列施工验收规范和质量验评标准：

《城市污水处理厂工程质量验收规范》GB 50334—2002

《建筑工程施工质量验收统一标准》GB 50300—2001

《工业金属管道工程施工质量检验评定标准》50184—93

《机械设备安装工程施工及验收通用规范》GB 50231—98

《给水排水管道工程施工及验收规范》GB 50268—97

《建筑排水硬聚氯乙烯管道工程技术规程》CJJ/T 29—98

《室外硬聚氯乙烯给水管道工程施工及验收规程》CECS 18—90

《压缩机、风机、泵安装工程施工及验收规范》GB 50275—98

《连续输送设备安装工程施工及验收规范》GB 50270—98

《工业金属管道工程施工及验收规范》GB 50235—97

《电气装置安装工程低压电器施工及验收规范》GB 50254—96

《电气装置安装工程起重机电气装置施工及验收规范》GB 50256—96

《电气装置安装工程爆炸和火灾危险环境电气装置施工及验收规范》GB 50257—96

《电气装置安装工程盘、柜及二次回路结线施工及验收规范》GB 50171—92

《电气装置安装工程旋转电机施工及验收规范》GB 50170—2006

《电气装置安装工程接地装置施工及验收规范》GB 50169—2006

《电气装置安装工程电缆线路施工及验收规范》GB 50168—2006

《电气装置安装工程电气设备交接试验标准》GB 50150—2006

7.2 质量方针及目标

7.2.1 质量方针：科学管理、精心施工、竭诚服务、质量兴业。

7.2.2 质量目标：单位工程竣工一次交验合格率为100%。

7.3 项目质量保证体系（图7.3）

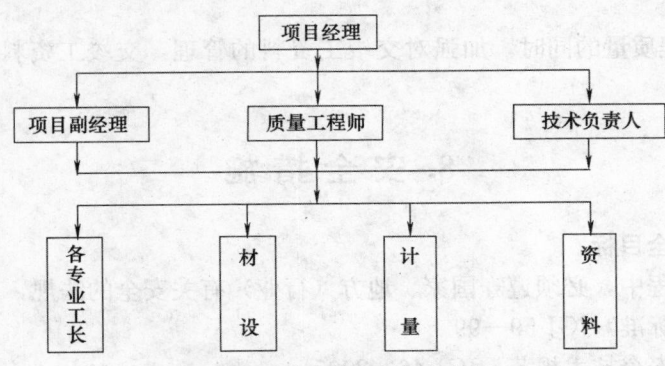

图7.3 质量管理组织机构图

7.4 关键部位、关键工序质量要求

污水处理厂的关键设备有水泵、曝气设备、刮泥机、消化池搅拌机等，主要有以下质量控制要点：

7.4.1 引导潜水泵升降的导杆必须平行且垂直，自动连接处的金属面之间应有效密封；立式轴流泵的主轴轴线安装应保持垂直，连接牢固。

7.4.2 曝气设备的平面位置和标高应符合设计要求；微孔曝气器的接点应紧密，管路基础应牢固、无泄露；管路应吹扫干净，出气孔不应阻塞。

7.4.3 刮泥机安装前应对池子的几何尺寸、标高、池底平整度进行检测；刮板与池底间隙应符合设计要求。

7.4.4 搅拌机轴中心允许偏差、叶片与导流筒间隙必须满足设备文件及规范要求。

7.5 质量保证措施及管理办法

7.5.1 严格执行公司质量管理手册和程序文件规定，控制施工质量，确保质量计划的实现。

7.5.2 认真执行层层技术交底制度。技术负责人向各专业技术负责人交底，各专业技术负责人向班组长交底，班组长向成员交底，并作好书面交底记录。

7.5.3 建立健全质量保证体系，强化施工现场质量监督，加强全员质量意识，坚持"百年大计，质量第一"的思想，并把工程质量与经济分配挂钩，确保工程质量。

7.5.4 严格实行"自检、互检、专检"制度，强化过程控制，严把工序质量关，做到上道工序不清，下道工序不得进行施工，且上道工序施工班组长、下道工序施工班组长、专职质量员必须在检查报告上签字，以明确责任，确保工程质量。

7.5.5 在各个施工阶段中必须遵照施工程序，不得随意变更施工图纸，若因故必须更改时，要事先经设计和建设单位同意并办理变更手续后方能施工。

7.5.6 严格把好原材料、设备的供货质量关；对外物资的采购编制采购计划，选择资质和信誉良好的供货商，材料采购计划应该注明材料的品名、型号、规格、质量要求，所有材料和设备必须具有合格证和材质说明书，否则不准进场使用；材料和设备的运输必须编制针对性的运输方案，防止变形和损坏；对已进场的材料、设备要分类堆放整齐，并采取有效的防护措施。

7.5.7 强化计量管理工作。对施工中所用的计量器具、检测仪器、仪表等要有检验合格证，并在有效时期内，其精度范围必须满足施工量值的需要。

7.5.8 建立各项质量责任制，质量负责人要严格行使质量否决权，其他人员不得代替或强迫质量负责人行使质量否决权。项目部定期、不定期检查工程质量。

7.5.9 正确处理工期、质量、安全之间的关系，当相互间发生矛盾时，必须把质量、安全放在首位。

7.5.10 积极推广应用无收缩灌浆料、无垫铁施工等新技术、新工艺，以技术进步推进工程质量，使工程质量在依靠现代科学技术的基础上进一步提高。

7.5.11 针对工程的特点，对施工中的技术难题开展QC小组活动，及时总结发布成果并推广应用。

7.5.12 在保证工程质量的同时，加强对交竣工资料的管理，交竣工资料准确完整，与工程进度同步。

8. 安 全 措 施

8.1 安全法规和安全目标

8.1.1 工法实施过程中，必须遵守国家、地方（行业）有关安全的法规，主要有以下法规：

《建筑施工安全检查标准》JGJ 59—99

《施工现场临时用电安全技术规范》JGJ 46—2005

《建筑施工高处作业安全技术规范》JGJ 80—91

《建筑机械使用安全规程》JGJ 33—2001

8.1.2 安全目标

施工中杜绝重伤事故和死亡事故，轻伤事故频率控制在12‰以内。

8.2 项目安全管理

8.2.1 建立安全生产制度，结合污水处理厂项目的施工特点，明确各级各类人员安全生产责任制，要求全体人员必须贯彻实施。

8.2.2 加强安全技术管理，结合工程实际，编制切实可行的安全技术措施。

8.2.3 坚持安全教育和安全技术培训，起重工、焊工、电工等特种作业人员要考核合格后才能上岗。

8.2.4 施工前对现场的危险源应进行识别，并采取预防措施。污水项目的危险源主要有高空坠落、管沟坍塌、机械伤害、触电伤害、气体中毒。

8.2.5 施工中每周组织安全检查，及时排除施工中的不安全因素，确保作业安全。

8.3 安全措施和安全预警事项

8.3.1 保证施工现场安全生产措施

凡进入现场施工的作业人员，必须认真执行和遵守安全技术规程。根据工程需要，施工现场应做好可靠的防护，配置各种安全设备和标志，确保作业安全。

8.3.2　预防高空坠落措施

污水处理厂进水泵房、生物池、消化池等构筑物存在大量高空作业，施工中必须做到：保证高空作业的脚手架、平台、跳板、靠梯等设施的坚固和稳定；高空作业必须设置安全网；在"四口、五临边"处，安装高度不低于1.2m的栏杆；高空作业人员必须佩戴安全带；临边、临口处应保证足够的照明。

8.3.3　预防坍塌事故措施

污水处理厂管道工程量大。管沟开挖时，应注意坡度的控制，严格按照规范要求进行施工；管沟开挖后，应作好边坡支护工作；管沟边应设置彩带和照明灯，警示周围施工人员；应配置抽水泵，出现积水应及时抽干。

8.3.4　预防机械伤害措施

必须健全机械的防护措施，机械设备设置必要的防护网罩；机械操作人员持证上岗，并严格按照操作规程和劳保规定进行操作；起重设备指挥人员和司机应严格遵守操作规程，不得违章作业。

8.3.5　预防触电事故措施

健全用电管理制度，制定电气设施的安全标准、运行管理定期检查制度；严禁无证人员从事电气作业；做好电气设备和电动工具的维护工作，确保用电安全；配电箱内必须设置漏电保护器，作到"一机、一闸、一漏"；现场临时用电采用TN-S系统，接地电阻不应大于10Ω；在消化池内部施工中，采用36V照明灯具。

8.3.6　预防气体中毒措施

污水处理厂试运行期间，进水泵房、消化池、加氯间等都有有毒气体产生，应利用自控仪表和手持式探测仪器对以上区域进行严密监控，并配备防毒面具等装备，发现问题应及时采用抽风、稀释等措施，消除事故隐患，确保人身安全。

9. 环 保 措 施

9.1　施工现场应遵守的环境保护相关法规

《工业企业厂界噪声标准》GB 12348

《建筑施工场界噪声限值》GB 12523

《一般工业固体、废物储存，处置场控制标准》GB 18599—2001

《生活垃圾填埋污染控制标准》GB 16889—2008

《污水综合排放标准》GB 8978—1996

《大气污染物综合排放标准》GB 16297—1996

9.2　环境管理

项目部应组织项目所有员工，认真学习《质量、环境和职业健康安全管理体系》，把环保指标以责任制的形式层层分解到各施工班组，列入承包合同和岗位责任制；项目经理是环保工作的第一责任人，要把环保绩效作为考核项目经理的一项重要内容。

9.2.1　废水管理

项目部将排放出的污水通过临时管道排到就近的排污水点。项目部与施工所在地环境保护部门联系，解决施工、生活废水的处理和排放。

9.2.2　废物管理

所有施工废物均及时处理，具有危险性的废物，与环境保护部门联系处理，并遵循公司和政府部门的所有规定。

所有工业垃圾和不能降解的垃圾在业主和国家法律指导下按规定收集、堆集到指定地点，有机垃圾和事物必须每天清理，严禁将垃圾倾入河流或焚烧。

根据现场情况，在适当位置设置一个沉淀池，将土方挖掘和产生的泥水进行沉淀后处理，在现场门卫处设立机动车轮胎清洗点和排水沟，排水沟通向沉淀池内。所有机动车离开现场必须保证轮胎清洁，防止造成环境及卫生破坏。

9.2.3 废气管理

对需排放含有污染环境空气的物质，采用稀释、过滤、吸附，使之符合排放标准之后再向大气排放。所有车辆进行适当的维护以最小化过多的排放量。

禁止在施工现场焚烧油毡、橡胶、塑料、垃圾等，防止产生有害、有毒气体；要选择工况好的施工机械进场施工，确保其尾气排放满足当地环保部门的要求。

9.2.4 防噪声污染

根据工程进度对噪声较大的施工区域进行检测，作到有的放矢。

按照建筑施工噪声管理的有关规定，积极采取措施，控制施工噪声，施工不干扰周围居民的正常生活，夜间施工不扰民。

对噪声源实行消声、吸声、隔声等措施，控制和降低噪声排放，使噪声白天小于 70dB，晚上小于 55dB。

制定先进的施工工艺方案，选派技术熟练的工程师及技术工人，尽量避免因此类失误造成的重敲和重击。

将一些性能不好、陈旧的、噪声大的设备淘汰掉，避免因机械噪声影响当地的环境。

9.2.5 有害物控制

施工中所用的一些对环境有影响的材料，例如油漆、机械油等应合理堆放，并派专人保管，领出和回收均应严格的监督和执行程序。

妥善保管易燃、易爆或有害危险品，应采取防范措施防止在储运的过程中发生火灾、爆炸或泄漏等事故，造成环境污染。

9.2.6 不扰民措施

施工现场需夜间连续施工，必须向环保部门申报，经同意后才能连续施工。

控制夜间照明的区域、减少对周围居民的影响，夜间照明灯集中向施工区照射，其他方向设置隔离板进行隔离。

9.3 文明施工

9.3.1 按总平面布置图设置各项临时设施，由于污水处理厂机电设备体积大，所以堆放场地应合理规划，不侵占场内道路。

9.3.2 现场醒目位置悬挂"五牌一图"，作业人员均佩戴证明其身份的证卡。

9.3.3 保证施工现场道路通畅，排水系统良好，保持场容场貌整洁，及时清理建筑垃圾。

9.3.4 职工宿舍、食堂应符合卫生、通风、照明等要求，职工饮食、饮水应符合卫生标准。

9.3.5 建立和执行防火管理制度，在存在消防隐患的地方设置灭火器。

9.3.6 控制施工现场各种粉尘、废气、废水、固体废弃物以及噪声、振动对环境的污染和危害。

9.3.7 工地应制定合理的急救措施，配备医药箱、急救担架和必备的药品，经常开展卫生防病宣传教育。

9.3.8 建筑垃圾集中堆放，及时清运。材料和工具及时回放、维修、保养、利用、归库，做到工完、料净、场地清。

9.3.9 施工中注意成品和半成品保护，设备用彩条布进行遮盖，重要设备还应搭设围栏，悬挂警示牌。由于污水处理厂占地面积大，周边人员复杂，夜间应有值班人员来回巡视，防止设备被偷盗、破坏。

10. 效 益 分 析

10.1 经济效益

项目施工人员在作业过程中运用新材料、新工艺，严格按工法规定的工艺流程进行施工，各工艺环节连接紧凑，安排有序，使人工、机械、材料等生产要素都得到了有效的控制，减少了成本支出，提高了经济效益。例如，由于无收缩灌浆料的应用，使业主规定的工期得到了保证，唐家沱项目、鸡冠石项目得到了业主发放的进度奖金合计 4 万元；施工中充分利用已安装的起重设备和土建单位的塔吊进行机电设备安装，大大节约了机械台班，其中消化楼搅拌器安装就节约 80t 吊车费用 11.2 万元；在生物池桥架的安装中，利用自制的简易角钢平台，减少了脚手架的租赁费用和搭拆人工费用。

10.2 社会效益

通过运用此施工工法，唐家沱、鸡冠石、唐家桥、黔江等污水厂都先后获得了国家或重庆市的工程奖项，使重庆安装集团在污水工程领域取得了良好的口碑，得到了各业主单位的交口称赞，为后续工程的承接打下了坚实的基础。目前，我方又顺利地承接了井口、中梁山、梁平、万盛、李家沱等污水处理厂工程项目，合同签约金额总计约 1163 万。

11. 应 用 实 例

本工法先后应用于数 10 个污水处理厂机电设备安装工程的施工，获得了良好的施工效果，主要工程实例见表 11。

大型污水处理厂机电设备安装工法主要应用工程一览表　　　　　表 11

序号	项目名称	地点	开工日期	竣工日期	工程规模	主要设备类型	应用效果	获奖情况
1	重庆唐家沱污水处理厂设备安装及调试工程	重庆市江北区唐家沱	2004.7.10	2007.12.18	日处理污水 30 万 m³/d	悬挂式格栅机、轴流泵、水泵电机、潜水泵、无轴螺旋输送机、速闭闸、叠梁闸、螺旋格栅机、砂水分离器、鼓风机、刮泥机、吸刮泥机、轴流风机、潜水推进器、曝气装置、污泥脱水机、污泥浓缩机、搅拌机、加药设备、加氯设备、变压器、高低压柜、起重设备	工期、质量均满足业主要求，现污水厂运行良好，出水水质符合国家环保标准	2007 年度国家优质工程银质奖
2	重庆鸡冠石污水处理厂设备安装及调试工程	重庆市南岸区鸡冠石	2004.10.28	2008.12.26	日处理污水 60 万 m³/d	格栅机、轴流泵、水泵电机、潜水泵、无轴螺旋输送机、速闭闸、螺旋格栅机、砂水分离器、鼓风机、刮泥机、轴流风机、潜水推进器、曝气装置、污泥脱水机、污泥浓缩机、搅拌机、加药设备、加氯设备、变压器、高低压柜、起重设备	工期、质量均满足业主要求，现污水厂运行良好，出水水质符合国家环保标准	2006 年重庆市建筑工程巴渝杯奖 2008 年度国家优质工程银质奖
3	重庆太平门污水预处理站设备安装及调试工程	重庆市渝中区太平门	2004.10.10	2005.3	日预处理污水 140 万 m³/d	格栅机、轴流泵、水泵电机、无轴螺旋输送机、砂水分离器、轴流风机、变压器、高低压柜、起重设备	工期、质量均满足业主要求，现污水厂运行良好，污水预处理能力符合国家标准	

通过以上工程实践证明，该工法工艺成熟，技术先进，在污水处理厂机电设备安装工程中采用此施工工法，施工质量好、速度快、施工安全，能获得良好的经济效益和显著的社会效益。

特大型灯泡贯流式水轮发电机组安装工法

GJEJGF238—2008

广东省源天工程公司

谢颖 章海兵 金世国 陈春光 杨理明

1. 前　言

特大型灯泡贯流式水轮发电机组（转轮直径为 φ7000mm 以上的机组）的安装，对安装技术、安装质量均有很高要求。为确保吊装安全和安装质量，我们根据安装工艺原理，自行研制了管形座安装设备，采用转轮体空中翻身技术，导水机构滑绳吊装技术、轴线二次调整技术、转子热插键技术等成功地实施了广东飞来峡水利枢纽工程、广西长洲岛水利枢纽工程和湖南辰溪清水塘电站特大型灯泡贯流式水轮发电机组的安装。通过总结以上工程实践编制了本工法。

本工法关键技术《飞来峡水利枢纽工程建设关键技术研究与实践》2004 年 4 月 5 日通过广东省科学技术厅组织的科技签定，签定结果国内领先，2005 年 5 月获得广东省人民政府颁发的科学技术一等奖。《特大型灯泡贯流式水轮发电机组安装技术》2008 年 11 月 4 日通过广东省建设厅组织的科技成果鉴定，鉴定结果具有创新性，达到了国内领先水平，有很好的推广应用价值。

2. 工 法 特 点

2.1　工序简单、有效配置了劳动力资源。

2.2　采用自行研制的管形座安装设备施工，可以保证质量，节省时间，提前水电站发电工期。

2.3　采用滑绳吊装技术将导水机构整体组装后吊装就位，可以缩短工期，确保吊装安全，大大提高安装质量。

2.4　采用空中翻身吊装技术将转轮体组装成整体并进行密封耐压后整体吊入机坑，不仅保证了安装质量、节约时间而且更加环保。

2.5　采用本工法调整轴线机组，运行时各部的振动和温度达到了设计和规范要求，保证了安装质量。

2.6　采用热插键技术进行转子叠片组装，较好解决磁轭的应力分布，施工质量完全达到在制造厂内加工要求。

3. 适 用 范 围

适用于双悬臂特大型灯泡贯流式水轮发电机组的安装，以及其他大型灯泡贯流式水轮发电机组的安装。

4. 工 艺 原 理

采用自行研制设计的安装设备进行管形座安装；导水机构在安装间组装成整体，调整好端面间隙和立面间隙后采用滑绳吊装技术整体安装；主轴组装后自上游侧吊入机坑通过空中换绳（或主吊点）拖入管形座内安装，调整发电机支撑位置使轴线位于机组中心且与管形座法兰面垂直，通过加调整垫调整推力轴承座保证推力瓦与镜板间隙均匀；转轮组装成整体密封耐压后采用空中翻身整体吊入安装；转子在工地现场叠片采用热插键技术固定磁轭、组装后整体吊入机坑与主轴连接；定子在工地完成叠片和下线后整体安装；流道盖板安装完后进行机组盘车和受油器安装；机组管路、发电机出线及二次线路完成后进行机组调试。

主轴与转轮体、主轴与转子、桨叶与转轮体等连接螺栓均需根据设计提供的预紧力计算伸长量或根据设计伸长量计算预紧力矩；设备组合时须校核密封条直径和密封槽的截面积。

设备组装时其把合螺栓预紧力矩 M 为：

$$M = KFd \tag{4-1}$$

式中　K——系数 $0.18 \sim 0.27$；

　　　F——预紧力 N；

　　　d——螺栓的公称直径。

螺栓伸长量 ΔL

$$\Delta L = FL/EA \tag{4-2}$$

式中　F——螺栓预紧力，N；

　　　L——螺栓有效长度，m；

　　　E——螺栓材料弹性模量，碳钢 $E = 10^9 \mathrm{Pa}$；

　　　A——螺栓截面积，m^2。

组合面密封条直径的大小除满足一定的压缩量外还需满足密封槽的截面积 S_2 应大于或等于密封条的截面积 S_1 即 $S_2 \geqslant S_1$。

$$S_1 = 0.785 d^2 \tag{4-3}$$

式中　d——密封条直径。

$$S_2 = bh \tag{4-4}$$

式中　b——密封槽宽；

　　　h——密封槽高。

5. 施工工艺流程及操作要点

5.1　工艺流程

灯泡贯流式水轮发电机组安装工艺流程见图 5.1。

5.2　操作要点

5.2.1　尾水管安装

尾水管在安装前，先进行机组的中心轴线及坝轴线下尾水法兰基准面中心线的放样及复测，确认准确无误。

1. 尾水管拼装：先平整一块地面，然后按编号将各分块在地面上拼装成整段，调整好圆度后，焊接加固。

2. 尾水管安装：根据顺序，将尾水管各节运输到现场，利用吊机进行吊装。

3. 进行尾水管整体调整，用经纬仪及水平仪测量尾水管里衬的中心、高程及桩号，使之符合质量控制要求。

4. 按要求进行整体固定，并在衬管内加设足够的支撑，以保证在混凝土浇筑过程中尾水管里衬不产生超出范围的变形，在混凝土浇筑过程中对尾水管里衬进行监测。

5. 安装完后进行尾水管里衬安装验收检查。

5.2.2　管形座安装

1. 自行研制吊装设备布置

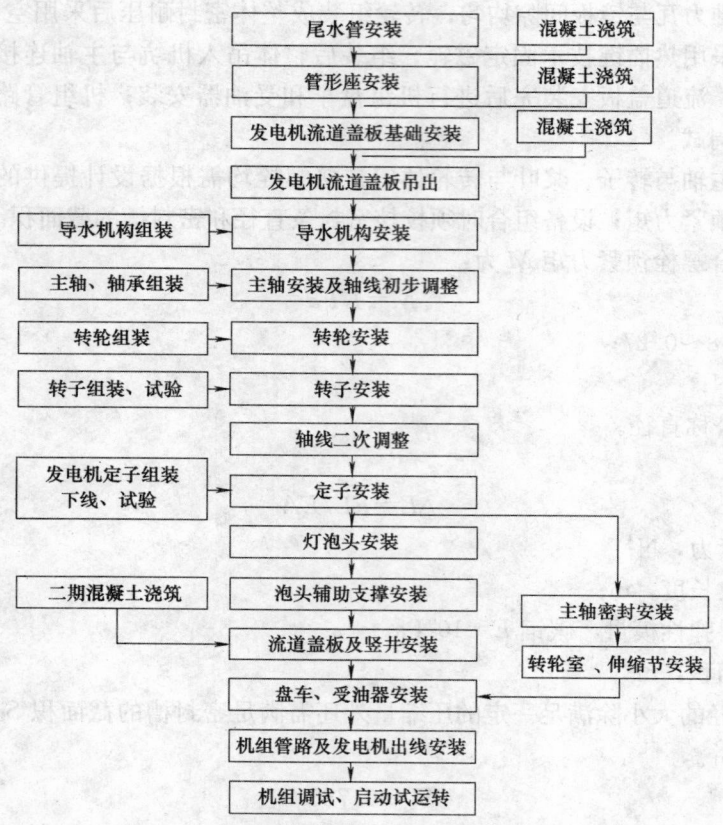

图 5.1　灯泡贯流式水轮发电机组安装工艺流程图

1）在管形座两侧墙铺设轨道。

2）在轨道上安装行车，行车可上下游方向移动。

3）在行车上安装 2 台起吊用卷扬机，2 台行走卷扬机，并配上滑车和钢丝绳。

2. 管形座各部件吊装

将管形座各部件利用其他吊机吊入上游流道然后采用吊装设备按图 5.2.2 中的顺序吊装。

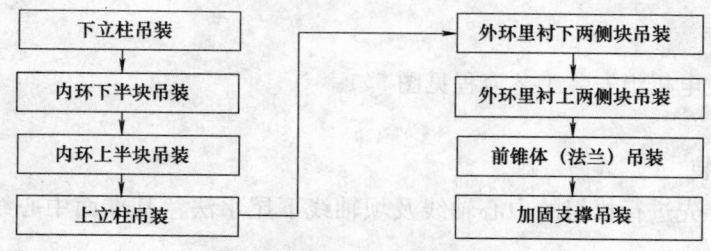

图 5.2.2　管形座吊装程序图

3. 管形座安装调整

1）管形座安装前，检查管形座预埋基础板的位置，复测机组中心线及管形座法兰中心线以及法兰面波浪度、高程等测量基准，确定管形座的安装位置。

2）将下立柱及内环下半块吊装就位，与预埋基础板连接，初步调整下半部的中心、方位、高程，初步加固。

3）将内环上半块及上立柱吊入连接，整体调整加固。将外环里衬下两侧块吊装与下立柱连接加固，同样将外环里衬上两侧块吊装与上立柱及外环里衬下半部组焊成整体控制外环法兰面到内环法兰面的距离及外环法兰面的波浪度，再次对管形座进行调整测量。

4）管形座立柱拼装焊接

管形座内环与上、下支柱连接缝由 2 名焊工同时施焊，对于焊缝坡口间隙大于 3mm 的须先作补焊后才能开始施焊；采用分中、对称、分段、退步、跳焊，分段长度约 200mm。为保证焊缝有一个良好的外观，盖面焊作连续焊。

探伤：上、下支柱焊接完成后，在焊缝两侧 150mm 内用磨光机清理干净，做探伤检查。

热处理：按要求进行焊后热处理。

5）整体调整管形座，按以下步骤进行：内环中心测量将经纬仪立在水机廊道靠尾水管法兰端一基准点处，按基准中心线测量内环法兰面上的中心标记；内环高程以测放的中心高程为基准，测量内环下游测组合面；法兰面以测放的里程为基准，用钢卷尺（5kg 拉力）测量；法兰面波浪度使用经纬仪正倒镜 4 次测得综合值须符合质量控制要求。采用支撑柱处的油压千斤顶及支柱调整螺栓、楔形板、专用支墩等工具进行内环调整，每次调整均记录中心、标高、法兰面位置等数值直到符合要求。采用间距管、中心定位工具及调整螺栓等工具进行外环的调整。法兰面的垂直度和平面度用经纬仪测量，调整时注意内环法兰面垂直度和平面度的变化。

6）调整完毕即进行支撑、加固件的焊接固定，焊接固定时注意控制变形，同时监测管形座法兰面的变化。

7）安装完后进行管形座安装验收检查。

5.2.3 发电机流道盖板基础安装

1. 组装

将发电机流道盖板拼装焊接，将发电机盖板基础分块与流道盖板用螺栓把合，分块之间采用分段焊接固定，拆除把合螺栓将基础全部焊接。全部焊接后将盖板与基础组装成整体。

2. 安装

当管形座二期混凝土浇筑至一定高度时，进行流道盖板及基础框架的安装，基础框架安装完成后继续进行混凝土浇筑。

3. 盖板吊出

二期混凝土凝固期到后将流道盖板吊出并清理流道。

5.2.4 导水机构安装

1. 导水机构组装

1）外导环拼装：将组合面清扫干净无高点后，安装好密封条，并在密封槽内侧均匀涂上密封胶。组合后其间隙 0.05mm 塞尺检查不能通过，上下游法兰面应无错位现象。

2）组装就位：将拼装好的外导换吊起，清扫干净外环上游法兰面后，用 6～8 个 1m 左右高的支墩将拼装好的外导环支起并调平，检查外导环上下法兰的圆度、高度和平行度并记录，将内导环吊入外导环内，以外导环为基准调内导环的中心并将内导环放低。

3）零部件预配装：有编号的零部件必须按照编号装配，不得随意对换；对有间隙配合的零件，如轴套筒、密封环等应进行预装配，并检查配合间隙。

4）导水叶装配：在桥机吊钩上挂两个手拉葫芦作为导水叶的可调吊点，导水叶吊起后调整高度和角度，将导水叶大轴头插入外导环轴孔中央，压入密封环时应采取引导措施预防"0"形密封出现切边现象；为防止偏重，导叶应按对称方式插装。

5）控制环装配：将控制环拼装好，调平套入装上毛毡密封的外环法兰上，装上钢珠并注上黄油再装上压环；调整控制环使其 x、y 方向与外导环一致，再装配导叶拐臂的连杆并进行连杆长度的调整。

6）内导环组装

导叶全部插入外导环后，将内导环吊起，以外导环为基准调整内导环的高度、中心及法兰面平行度，满足要求后与导叶组装，调整导叶端面间隙、立面间隙并检查导叶开关是否灵活，满足质量控制要求后，安装内、外导环加固支撑。

2. 滑绳整体吊装

1）导水机构起吊重量195t，导水机构翻身采用两点支铰座布置在安装间上游侧，由于导水机构上游侧两主吊点受拐臂行程限制与重心偏离较大，采用上游侧双吊点直接翻身，偏心重力矩将导致倾翻且冲击力较大不宜加临时支撑克服冲击力，下游侧直接挂钢丝绳法兰面垂直度不能调整且翻身时钢丝绳所受冲击力不容易计算，因此采用滑绳直接翻身。

2）坝顶门机单钩利用外导环+Y方向上的四吊点上下串绳吊起，导水机构从下游向上游两点支铰座（外导环-Y侧）翻身，（图5.2.4），吊起离开支铰座后在机坑用手拉葫芦调直，故在吊钩上游配置2个30t手拉葫芦调整外导环上游法兰垂直，在导水机构翻身后，安装内、外导环"O"形密封圈，然后将导水机构垂直吊入机坑。

3）根据受力计算可知：$T_1=T_2=104t$；单股钢丝绳受力为26t，ϕ56钢丝绳破断力156t，故安全系数为6，符合要求。

4）导水机构整体起吊前检查坝顶门机的起吊高度（看是否能穿过屋顶），检查内外导环加固是否符合要求。在吊入机坑时导水机构两边各挂牵一条牢固可靠的牵引绳索防止旋转，吊入机坑后在管形座内挂10t手拉葫芦拉外导环-Y方向法兰，将导水机构法兰调垂直与管形座连接。

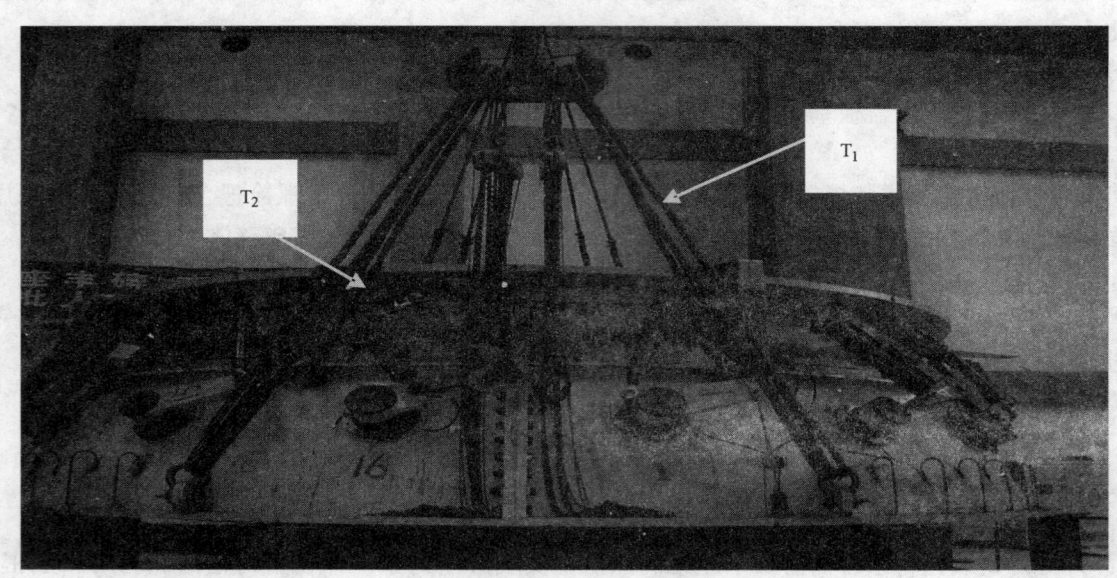

图5.2.4 导水机构起吊翻身图

3. 安装调整

1）先在管形座上焊接好导水机构安装调整块，将管形座下游法兰面及螺孔清扫干净并装好密封条，在导水机构法兰面涂上密封胶；导水机构下降至设计高程后，再两侧均匀往管形座法兰靠，直至螺栓能够把合，检查密封条没有脱槽后，拧上螺栓使组合面贴紧；

2）按十字线标记找正内壳体和内导环中心及位置后，把内导环把紧在内壳体上；按外壳体螺纹孔粗略地确定外导环的位置；旋紧部分外导环的法兰螺栓，把紧螺栓时，应确定密封条不会滑脱；调整内导环和管形座内壳体同心度符合质量控制要求后将内导环和内壳体螺栓全部打紧；

3）用内径千分尺测量导叶两端内导环和外导环球面之间的距离，使内导环、外导环同心后，打紧外导环和管形座外壳体连接螺栓；拆除吊装时的加固支撑和吊装工具，调整导叶端面间隙和立面间隙。

5.2.5 主轴安装及轴线初步调整

1. 组装

1）在安装间将大轴支起放平，支撑点为大轴两侧法兰，支起的高度以满足轴承支架安装空间即可，不宜过高。

2）组装前仔细检查轴瓦，轴瓦应无裂纹等缺陷；镜板光洁度、硬度符合设计要求；轴瓦与轴颈的间隙、轴瓦与轴颈接触角等必须符合规范要求。

3）按顺序依次将发电机组合轴承、水导轴承装配在主轴上；发电机组合轴承由正、反向推力轴承和径向轴承组成，推力头和镜板合二为一。检查推力盘与主轴垂直偏差≤0.05mm，推力盘合缝用0.05mm塞尺检查不能塞入、错牙≤0.02mm。按要求调整轴瓦间隙。

4）轴承组装中各进、排油孔应仔细清扫干净，不允许残留铁屑杂物，并用压缩空气检查油路是否正确、畅通；然后用丝堵或盖板堵上孔口。

5）各组合面均需用刀型样板尺检查平面度后方可组合。

6）大轴系统组装后，进行专用吊装工具安装。

2. 空中更换主吊点吊装主轴

1）吊装前准备工作：根据图纸尺寸在管形座上装上大轴吊装轨道，并将踏板预装；检查与大轴系统的各个连接面必须满足安装要求；

2）吊装示意图如图 5.2.5，t_1、t_2 为水平吊装时的钢丝绳夹角与受力，t_3 为主轴吊入机坑后主轴前支点到轨道上后，中间吊点解除后法兰处钢丝绳的受力，在法兰处采用直接挂钢丝绳，在中间采用挂手拉葫芦串绳吊装，人可以站在管形座内松手拉葫芦达到吊装目的；当主轴下游端支撑在轨道上后，采用 2 个 10t 手拉葫芦将主轴向下游拉住后，松 t_2 上的葫芦，解除中间吊点将主轴拉入就位。

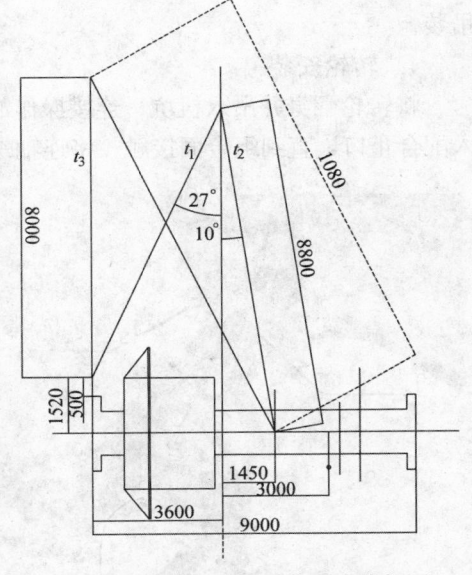

图 5.2.5　主轴水平吊装受力分析图

3. 轴线第一次调整

在主轴吊装前，导水机构已安装调整好，内导环与管形座销钉已打好，故以水导轴承为支点进行轴线调整，直接将主轴下游侧水导轴承和内导环的连接螺栓打紧，在管形座内环上游侧水平挂钢琴线，钢琴线与管形座内环上游法兰面平行，测量主轴法兰到钢琴线距离来确定主轴法兰是否与管形座内环上游法兰面平行，水导轴承处为支点，以管形座上游法兰面为基准，调整主轴上游侧组合轴承支撑环，使主轴水平度控制在 0.02mm/m 内，且主轴上游法兰面与管形座上游法兰面水平方向平行（平行度控制在 0.02mm/m 内）。

5.2.6　转轮安装

1. 转轮装配

1）转轮组装准备：清扫、检查转轮体枢轴组合面及连接螺孔，用专用起吊工具将转轮体（与主轴连接的法兰面朝下）吊在钢支墩上，支墩与转轮体之间应垫以软质材料和楔形板；拆除起吊工具和盖板，先安装试压盖板，以便进行渗漏试验。

2）叶片安装：安装传扭销和导向销，安装顶紧环和弹簧；将密封圈装于桨叶轴头上，调整桨叶轴头端面和拐臂端面的平行度及传扭销孔的位置，将叶片慢慢套入，用导向螺栓徐徐压入；拧紧叶片螺栓按螺栓设计预紧力或螺栓设计伸长值打紧螺栓，安装密封压环和密封压盖。

2. 密封试验

1）安装转轮泄水锥，在轮毂内充满油，安装好盖板，接好油泵。

2）转轮体内充油 0.05MPa，试验时间 16h，叶片在每 1h 转动全行程 3 次，转动应灵活，不得渗漏；活塞缸内的操作油压到实验压力时，保持 30min，每个叶片密封装置应无漏油。

3）转轮最终组装：试验符合要求后排油，拆除盖板，拧紧密封盖板螺栓并在螺栓的螺纹上涂上NO.271 胶粘剂；安装叶片连接螺栓封堵板（配割），并用不锈钢焊条焊于叶片上、封焊后表面必须打磨光滑，所有焊接部位进行着色检查（PT）。

3. 转轮空中翻身吊装

1）准备：

转轮外形尺寸如下：转轮叶片直径：$\phi 7500mm$，4个叶片；高度：2700mm；重量：100t（其中泄水锥1.1t未安装）；法兰面处轮毂直径为2422mm；法兰面吊装工具高度2200mm。安装转轮专用吊具，清洗、检查主轴与转轮体组合面和止口，将密封条粘贴到主轴法兰的密封槽中，拆除机坑内防碍转轮吊入的脚手架并搭设组合用的平台；准备主轴旋转的工具。

2）垂直吊装：T_1采用2个30t的手拉葫芦（加绳后长度范围6～7.5m），T_2采用56钢丝绳4股起吊。$T_2=40.4t$，$T_1=60t$，如图5.2.6-1。

3）空中翻身

吊起至法兰面离地0.7m后松手拉葫芦至$T_1=0$、$T_2=100t$。

将手拉葫芦转至法兰面专用吊具上（或采用桥机吊住专用吊具）。拉手拉葫芦（或起钩）至转轮体水平，此时$T_1=59t$、$T_2=54t$，将转轮体水平放在临时支撑上如图5.2.6-2，拆除专用工具，换绳吊装。

4）转轮安装

将转轮翻身并吊入机坑；连接操作油管，注意连接螺栓的锁定；对称用4个连轴螺钉将转轮均匀的拉入配合止口，直到组合面接触，将连轴螺栓全部装入，并检查法兰面无间隙后进行螺栓拉伸到设计值。

图5.2.6-1 转轮垂直吊装图

图5.2.6-2 转轮翻身后临时支撑

5.2.7 发电机转子安装

1. 转子组装流程（图5.2.7-1）

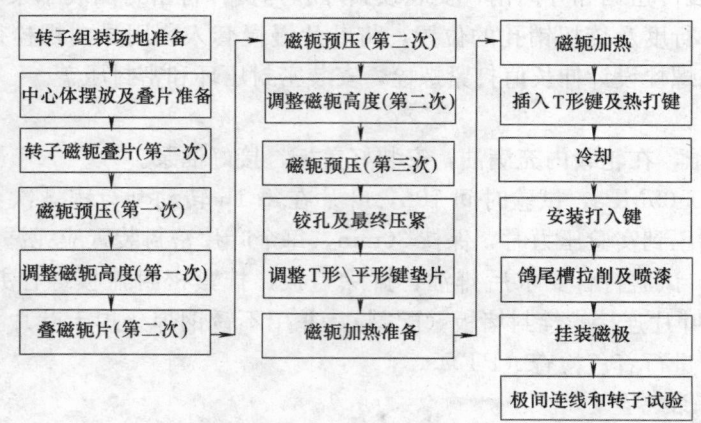

图5.2.7-1 转子组装流程图

2. 中心体组装

1）确定转子组装支撑台的位置。

2）在安装间内将转子支架组成整圆。

3）调整支撑台的水平，水平偏差：<0.03mm/m。

4）去除中心体上保护材料及防锈油。

5）吊平转子中心体（下游侧朝下）检查并去除与支撑台结合面的毛刺，结合面垫橡胶板。

6）中心体落到支撑台时应小心放置以免碰伤。放置好后重新调整转子中心体的水平度，使其水平度不大于 0.03mm/m。

7）用深度尺测量 T 形键槽的深度并记录。

3. 转子磁轭叠片准备

1）围绕转子中心体放置一圈磁轭片放置平台。

2）清除磁轭片上的油污及毛刺并消除缺陷（包括 T 形键槽）。

3）清除 T 形键、打入键、导向销、磁轭压板上的油污并消除缺陷。

4）在地上布置 48 个管式千斤顶（每张冲片 2 个）。

5）在中心体下游侧装上 24 个夹具，并把紧螺栓。

6）在中心体外侧、键槽、T 形键及打入键各接触面上均涂二硫化钼。

7）在中心体的 T 形槽临时装上 T 形键，左右均匀打入打入键。

8）调整千斤顶高度使其与中心体搭肩及夹具管口高度一致。

9）根据冲片重量编制磁轭堆积表。

4. 转子磁轭叠片（第一次）

1）根据磁轭堆积表叠磁轭第一层（从 +Y 开始右转，每层由三片组成）。

2）由导向销、T 形键定位，层间依次错开一个极距进行叠装。

3）当叠片高度达 100mm，用木榔头敲打进行整形。

4）检查夹具螺栓是否松动，测量叠片的水平度，调整千斤顶，使径向水平度控制在 0.5mm 以内，周向控制在 1.5mm 以内。

5）测量中心体立筋与冲片的间隙应符合图纸要求，并做记录。

6）在磁极鸽尾槽中每隔一极插入挡板和鸽尾导向键，并用顶丝顶紧。

7）随冲片高度增加适时升高导向销和导向键，注意在移动导向键时应先松开顶丝。同时在中心体、T 形键和导向销及导向键上涂二硫化钼以防叠片时磨擦受损。

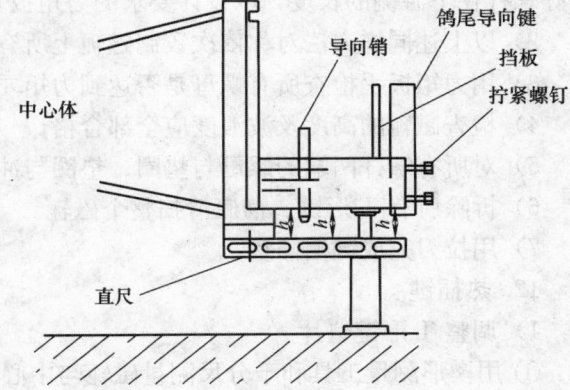

8）每叠高 100mm 就要对冲片进行整形一次，并检查水平度、间隙。

9）当冲片叠高到 50% 高度时暂停叠片，进行第一次预压（图 5.2.7-2）。

5. 磁轭预压（第一次）

在磁轭上用 M20 预紧螺杆对冲片完成预压。

1）清洗预紧螺杆、螺母、垫片上的防锈油。

2）在磁轭上 480 个孔中插入预紧螺栓，两端分别套上平垫及螺母。

图 5.2.7-2 转子叠片工具布置图

3）在把紧预紧螺杆之前，先松鸽尾导向键上的顶丝，使其自然压住且不滑落。

4）在磁轭冲片上用同样大小的力由内向外对称循序渐进扳紧预紧螺杆，全部螺杆第一次压紧后，再进行第二次压紧。为使扭紧力一致，再用扭矩扳手进行压紧（把紧力矩：300～350N·m）。

6. 调整磁轭高度（第一次）

在预紧完成后测量磁轭高度。根据测量的结果，通过插入合适的调整片来调整磁轭高度。

1）测量磁轭内、外圆每个键槽（T 形键、鸽尾键）处磁轭高度。

2）根据各自测量的值，决定在下面的步骤中需要插入调整片的数量。

7. 叠磁轭片（第二次）

同第一次，磁轭叠片根据导向销、T 形键、鸽尾导向键及立筋外径的定位导向直到最后一步。

8. 磁轭预压（第二次）

1）在 T 形键、楔键上涂二硫化钼，把所有 T 形键装在中心体上。

2）再次检查中心体的水平。

3）在磁轭外圆鸽尾槽中装入 P9 鸽尾导向键、P10、P11 挡板、P12 顶丝，对冲片进行整形。在把紧预紧螺杆之前，先松鸽尾导向键上的顶丝，使其自然压住且不滑落。

4）将预紧螺杆插入螺杆孔中，装好垫圈、螺母。

5）从内侧向外侧缓缓地对称扳紧螺母。

6）在预紧时，应用遵循上述 5）的方法逐渐加力扳紧所有螺杆，并检查夹具的间隙、冲片有否倾斜和扭曲等情况。

7）按规定的力矩扳紧预紧螺杆（300～350N·m）。

8）确认磁轭下平面水平。

9）测量磁轭内外侧对应处的高度。

9. 调整磁轭高度

1）根据测量数据，确定加调整垫片的位置。并确定调整片的形状和厚度，剪切好后插入确定的位置。

2）调整片的厚度为 0.5mm、1.0mm，调整片插入后将其点焊在冲片上并把焊疤打磨光洁。

3）调整片为两层以上时，应逐层适当增大或减小调整片以达到过渡目的。

4）调整磁轭的高度应符合设计值。

10. 磁轭预压（第三次）

完成磁轭高度调整后，全部装入正式螺杆再按上述方法预压紧，达到力矩（300～350N·m）。

11. 铰孔及最终压紧

1）拆除一块端板位置上的两根预紧螺杆进行铰孔，铰好孔将磁轭端板、磁轭拉紧螺杆装上，并调整好螺杆在下游侧的长度，以设计要求的力矩扳紧螺母。然后铰内圈的两只孔并压紧。

2）以上述同样方法对称依次铰制磁轭上所有孔并压紧。

3）用力矩扳手检查所有螺母是否达到力矩要求。

4）检查磁轭的高度及波浪度应全部合格。

5）对所有螺杆两端的螺母与垫圈、垫圈与冲片、螺母与端板之间进行对称两点点焊。

6）拆除所有 T 形键。彻底清扫整个磁轭。

7）用拉刀完成键槽修整。

12. 热插键

1）调整 T 形键垫片

① 用楔形测量工具和千分尺测量磁轭与中心体的 T 形键槽上下两处的深度（图 5.2.7-3）。

② 计算整个磁轭的中心偏差，并确认每个槽键的实际深度（图 5.2.7-4）。

$$磁轭键槽的平均深度\ t=\{(A_1-S_1)+(A_2-S_2)\}/2 \qquad (5.2.7-1)$$

式中　S_1——中心体键槽深度（现场测量）；

S_2——S_1 对称侧的键槽深度（现场测量）；

A_1——中心体和磁轭键槽总的深度（现场测量）；

A_2——A_1 对称侧的键槽的总深度（现场测量）。

键槽的实际总深度 $A'_1 = S_1 + t, A'_2 = S_2 + t$　　　　　　　　　　　　　　　(5.2.7-2)

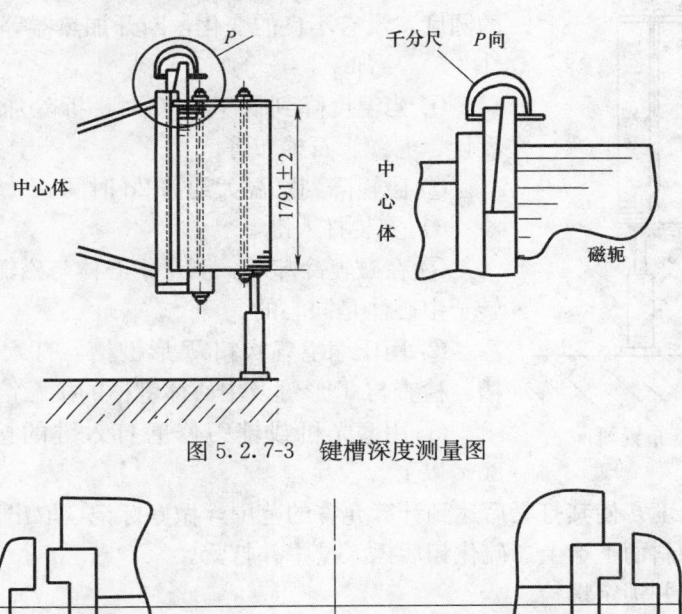

图 5.2.7-3　键槽深度测量图

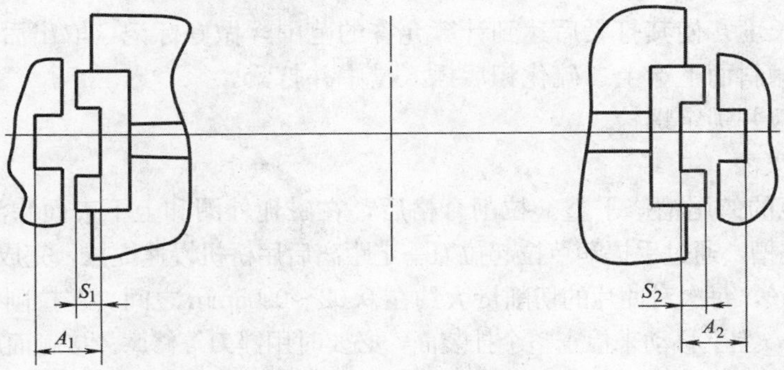

图 5.2.7-4　调整垫计算图

③ 在每一键槽位置，垫上调整片使键槽的实际深度（A'_1，A'_2）加热插键胀量（1.15mm）等于总的厚度：

调整垫片厚度＝$T_1 = A'_1 - K_1 + 1.15$mm（K_1 为键厚）　　　　　　　　　　　　　　(5.2.7-3)

④ 将调整垫片点焊于 T 形键上（点焊前调整垫片与键必须贴合），应把最厚的调整垫片放在外侧点焊。

⑤ T 形键与调整垫片点焊后，彻底清扫，检查并消除缺陷。

2）磁轭加热准备

① 加热所需总容量：$Q = 1.5 \sim 3.0$kW/t×转子铁心装配重量，确定加热管数量及加热线路布置方案，加热电阻分三相布置，在磁轭附近装设配电盘（离磁轭 10m 左右）。

② 磁轭外周用石棉布包上保温。

③ 裸导线接线位置包绝缘处理。

④ 用点温计测量温度。

3）磁轭加热

① 检查线路，确认正确后接通电源，检查。

② 通电最初 2h 内，每 15min 记录电压、电流、温度。2h 后，每隔 30min 记录 1 次。

③ 经常检查电缆与磁轭接触的部分是否有异常过热。

④ 当磁轭温升达到 60K 时，用测量工具测量键槽高度，确认膨胀量（半径方向膨胀量为：1.25mm）足够能使 T 形键轻松地插入（图 5.2.7-5）。

4）插入 T 形键

① 当转子磁轭达到规定的胀量时，应确保压紧装置无间隙。

② 在 T 形键上装上吊环螺栓，用桥机提起后用压缩空气吹扫干净，并涂上防粘剂。

③ 将 24 根 T 形键靠自重插入各自的键槽。

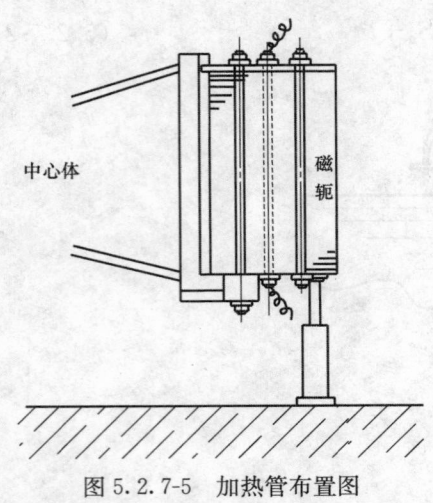

图 5.2.7-5　加热管布置图

④ T 形键插入准确的置后，轻轻地敲打键，并检查整个磁轭的圆度，没有不良的变化，断开加热器等待冷却。

5）冷却

① 当温度降到低于 40℃时，拆除加热设施，移去所有的温度计、电缆、石棉布等。

② 磁轭降到常温大约需 2d 时间。

6）安装打入键

① 在磁轭冷却后，测量中心体与磁轭间的间隙以确定磁轭与转子中心体是同心的。

② 用压缩空气吹扫 T 形键槽，打入键涂上红丹粉后插入键槽，检查与 T 形键及中心体键槽的接触情况。

③ 用磨光机或锉刀修磨打入键的接触面使其达到 70％～80％以上。

④ 确认打入键的长度，使其打紧后达到计算允许的范围，做好标记，取出后切断。

⑤ 在打入键的接触斜面上涂上二硫化钼后插入槽中并打紧。

⑥ 打入端安装压板并锁定螺栓。

7）鸽尾槽拉削及喷漆

通过拉削，将磁轭的鸽尾槽修平整。拉削合格后，在磁轭外圈和上下表面涂漆处理以防生锈。

① 拉刀放置在鸽尾槽，通过手提葫芦拉起拉刀一定距离后用桥机慢速提拉，完成对鸽尾槽的拉削。在拉削时，通过调整拉刀顶丝，每次对冲片的切削量大约在 0.02～0.05mm 之间。在拉削完后，用直尺（长度大于 500mm）涂上红丹粉，上下移动来检查整个挂装面，必要时用锉刀等修磨。接触面应大于 60％。

② 所有槽拉削合格后，用压缩空气彻底清扫。

③ 锉刀完成对磁轭楔槽底面（B 面）的处理。

④ 磁轭清扫后，在磁轭外围及上下两面刷喷漆。但鸽尾槽、磁极键槽、螺孔及磁轭上下面的螺孔除外（用胶纸保护好）。

13. 挂装磁极

磁极挂装流程图 5.2.7-6

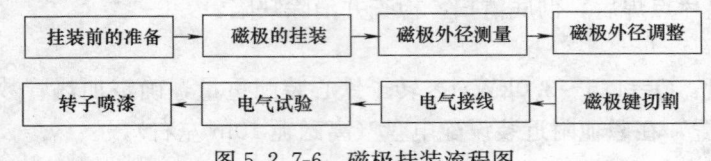

图 5.2.7-6　磁极挂装流程图

14. 转子吊装

1）吊装工具安装在转子中心体的圆周＋Y 方向，把翻身工具安装到转子－Y 方向。

2）转子起吊和预装：安装转子水平起吊工具，起吊转子放置在木墩上；挂好钢丝绳；根据转子吊装图将转子翻身；清扫和检查转子与主轴连接的部分，根据吊装图要求将转子吊入流道中。

3）转子和主轴的连接：转子吊入流道前，清扫和检查与主轴的连接部分，确认打有"＋Y"标记朝上面；除去铰制螺栓、螺母和导向销上的防锈油之后，对其进行清理和检查，测量螺栓长度并做好记录；当转子吊入流道之后，校正转子中心体与主轴中心。然后把导向销插入大轴铰制的螺栓孔中，以此导向使转子顺利靠近到主轴上，此时导向销上涂有二硫化钼润滑剂。根据编号分别将螺栓插入到对应的铰制螺栓孔中，安装双耳止动垫圈和螺母到铰制螺栓上，安装液压拉伸工具，将所有螺栓拉至设计伸长量，用双耳止动垫圈锁定，拆除吊装工具。

5.2.8　轴线二次调整

1. 主轴倾斜角测量

1）在推力轴承座与用来支撑和移动它的导轨之间放置活动滚轮。

2）拆下推力轴承座与轴承支架上的所有连接螺栓。

3）在推力轴承座与管形座内壳体之间安装手拉葫芦，把正向推力轴承移至下游侧。

4）松开导轴承座紧固螺栓约 2mm。

5）测量导轴承与主轴的间隙，并确认不存在任何异常。

6）在镜板下游侧表面上紧按住一根水平尺，用内径千分尺测量水平尺与轴承支架两表面间的距离如图 5.2.8-1。即沿轴承支架 X、Y 轴对称的调整垫片安装位置进行测量如图 5.2.8-2。

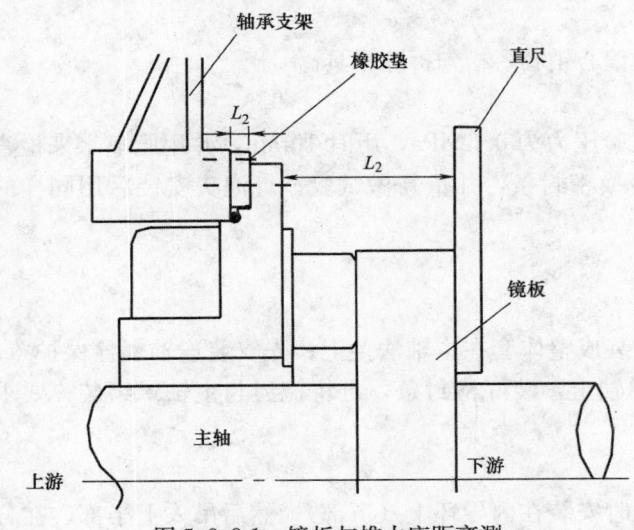

图 5.2.8-1　镜板与推力座距离测

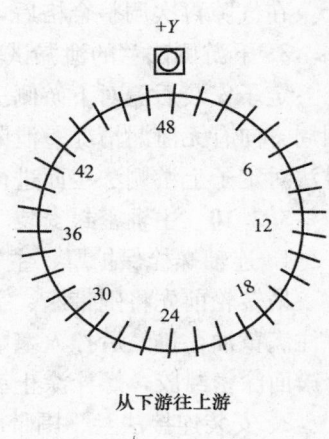

图 5.2.8-2　测点布置

7）分拆测量结果并计算各点插入调整垫片厚度。

调整后镜板与导轴承座的平行度应小于 0.02mm，$L_2(\max) - L_2(\min) < 0.02$mm

2. 加垫回装轴承

1）取下轴承支架与导轴承座之间的临时橡胶检验垫片，更换轴承钢垫和调整垫片。

2）根据规定的插入厚度组合好的调整垫片并用螺栓把它安装到轴承支架上。在确认安装在导轴承座上的"O"形橡胶密封条没有损坏后，把移向下游侧的导轴承座推回到原来位置。

3）利用单独安装导轴承座上的连接螺栓把导轴承座紧固到轴承支架上。

4）泄掉主轴下的千斤顶油压，由导轴承承受载荷。

5）调整垫片插入后的检查：对其中沿轴承支架插调整垫片处的上下、左右均布的 8 个中心对称点进行校核测量 L_2。在以前各测点测量尺寸精确及计算加调整垫片厚度适当的情况下，8 个校核测点的测量值应该接近于相等。测量的最大值与最小值的差在 ±0.1mm 以内即为正常。

6）推力轴承座的安装

用千斤顶顶转子支架，把主轴推回到原来的装配位置，然后把推力轴承座安装到轴承支架上。

7）推力支架的铰孔

在轴承油封装配及油槽盖安装好后，对推力座钻铰孔并点焊销子。在此其间及以后注意保护轴承上的各安装孔，不让脏物落入轴承内。

5.2.9　定子安装

1. 定子组装、下线及试验

特大型灯炮贯流式机组定子组装、下线及试验一般由厂家在工地现场完成。

2. 定转子气隙调整

用气隙量规分别测量定子下游侧 8 等分点的定转子气隙；调整定转子间隙，目的使各测量值接近相等；在确认定子机座沟槽内的密封条无任何缺陷后，拧紧定子固定螺栓；放松起吊定子的钢丝绳，及拆卸导向销；用气隙量规分别测量定子上、下游测各 8 等分点的定转子气隙；如果测量值超过公差范围，将用移动定子的方法来调整各气隙；如果仅局部气隙超差，只需放松 45°范围内的定子固定螺栓后，用气隙调整工具来调整。最终测量所有磁极的两端气隙。

$$\text{气隙允许公差：} G_{max} - G_{min} \leq 0.2 G_A (\text{即} G - G_A \leq \pm 8\% G_A) \tag{5.2.9}$$

式中　G_{max}——最大实测值；

$\quad\quad G_{min}$——最小实测值；

$\quad\quad G_A$——实测平均值；

$\quad\quad G$——各实测值。

在气隙再次调整合格后，拧紧定子紧固螺栓及偏心销套，松勾拆除吊具。

3. 下游侧法兰的泄漏试验

定子安装后需对下游侧法兰进行密封试验，试验压力为 0.5MPa，历时 10min，并用肥皂水来检查圆周方向有无泄漏情况；泄漏一旦被发现，必须更换密封条，并重新做试验；灯泡头安装后用同样的方法对定子上游侧法兰面进行压力试验。

5.2.10　主轴密封安装

1. 连轴螺栓保护罩、主轴罩、梳齿的安装

吊转轮前先将围带座、空气围带、围带压环组装成整体套在主轴法兰上；先安装连轴螺栓保护罩，并注满黄油，排气后拧入塞堵；将主轴罩安装到主轴上，装好密封条，再将梳齿与主轴罩组装；要求分瓣面涂密封胶，螺栓涂止动胶。

2. 安装连接法兰、围带底座

在内导环上装入密封条；将下半部连接法兰暂时安装在内导环上（下部），然后吊入上半部，在分瓣面上涂密封胶后，将两瓣组合成整体，点焊定位销，螺栓涂螺纹止动胶后拧紧；将围带底座、空气围带和围带环底座组成整体，再与围带底座连接成整体，调整围带底座与主轴的同心度，把紧螺钉。

3. 水封支撑法兰安装

将下瓣吊入托于主轴底部，后将上瓣吊入与下瓣连接，连接前组合面涂密封胶。把紧螺栓打入定位销。点焊定位销，螺栓涂锁定止动胶；装入密封条，将整体水封支撑法兰与连接法兰连接，螺栓涂止动胶。

4. 密封板安装

将密封板分别装在梳齿装配上，再用压板将密封板压紧，然后套入密封条安装密封环。通过调节螺栓使压板和密封环加工面间距离控制在设计要求范围内。

5. 甩水环和水封盖安装

甩水环装于主轴上时，甩水环的分瓣面之间及与主轴间涂上密封胶；组装上、下瓣水封盖，分瓣面涂上密封胶，装上密封条，用螺栓把紧到支撑法兰上，打上定位销并点焊。

6. 安装内锥体

吊入下部锥体并暂时挂于内导环上；内导环上装入密封条；吊入上部锥体与下部内锥体拼圆后，与内导环连接。

5.2.11　转轮室及伸缩节安装

1. 转轮室安装

转轮室下半部吊装在主轴吊装前进行；吊装前须检查导水机构外配水环法兰和转轮室法兰之平面度。先将下半部转轮室清扫干净，吊入机坑与导水机构把合，并尽量使其安装位置放低，把合后在转轮室下游法兰用千斤顶和钢管设置临时支撑；清扫外导水环连接法兰面及螺钉，销孔，用样板平尺检查外导环法兰面；将转轮室上半部吊入机坑，与下半部连接成一整体，检查分瓣把合面的严密性，把合后用 0.05mm 塞尺检查不能通过，允许有局部间隙，但不大于 0.10mm，深度不得超过分瓣隙宽度的 1/3，长度不超过全长的 10%。

2. 转轮室调整

测量转轮室与转轮叶片之间的间隙，每个叶片测量 3 点，边测边调整转轮室与外导水环的装配位置，应使转轮室与叶片之间的间隙在＋X—X方向相等，＋Y—Y方向相差水轮机导轴承的间隙值和转轮运转工况的上抬计算值。

3. 伸缩节调整

转轮室与转轮间隙符合要求固定后安装伸缩节，将伸缩节—Y方向与转轮室间隙调为 0.05～0.10mm，＋X—X方向间隙相等。

5.2.12　灯泡头安装

1. 灯泡头安装的准备工作

清理定子机座上游侧法兰密封槽，然后把O形橡胶密封条放入密封条槽内粘牢固定；除去灯泡头下游侧法兰面的防锈油，并清扫内部。

2. 安装灯泡头

灯炮头和冷却套在安装间组装焊接后，在转子安装前将其吊入机坑并托至上游侧，定子安装后，将手拉葫芦和钢丝绳安装到灯泡头和主钩上；缓慢吊起，移近定子机座后，撤去灯泡头的支撑工具及牵引吊装工具；当灯泡头与定子机座法兰相距约 10mm 时，使用紧固螺栓把它拉近定子机座；在确认定子机座法兰密封槽内的橡胶密封条未脱落后，把紧连接紧固螺栓；在一Y加临时支撑后放松起吊灯泡头主钩上的钢丝绳和手拉葫芦；沿圆周 8 均布点测量定转子气隙，符合要求后进行密封试验。

5.2.13　泡头辅助支撑安装

1. 垂直支撑的装配

在安装间将垂直支撑和基础组装成整体，调整底座使与灯泡头垂直支撑的球面座相互对准，使两球面座中不产生间隙并用角钢固定，将垂直支撑装配整体与灯炮头基座连接，支撑基础处临时固定在侧墙上，移交土建浇筑二期混凝土，二期混凝土凝固后通过液压拉伸双头螺栓，适时旋紧两端球面螺母，并在螺纹部与螺母底面涂二硫化钼润滑剂，以冷态下用外径千分尺测量螺栓的伸长量，合格后用内六角紧定螺钉拧进球面螺母锁定螺栓，这时在螺钉上涂有厌氧胶并冲眼固定。

2. 水平支撑的安装

在冷却锥和基础板侧分别装上球面座并涂二硫化钼润滑剂，向支撑梁中部移动护罩并临时固定，然后吊起支撑梁到指定位置；检查支撑梁的水平度并调整基础板的位置；在基础板的位置定位后焊接定位钢筋，然后搭设模板和导料槽浇捣混凝土；待混凝土完全凝固后，连接手压泵的高压软管到左右水平支撑的缸体上，同时装上百分表到左右水平支撑基础板上，监视手压泵压力表和冷却锥压缩变形的百分表，当压力达到要求时停止充油记录冷却锥左右压缩变形量（应近似相等），在保持油压的同时拧紧活塞止动螺母并用紧定螺钉锁定，然后拆卸水平支撑油缸放油孔并装上孔塞，护将罩分别装到冷却锥和基础板上。

5.2.14　流道盖板及竖井安装

1. 竖井安装

盖板竖井安装前先清扫法兰面及密封接触加工面，吊入盖板，与框架连接，注意两者之间的密封。吊入竖井并与冷却套上竖井法兰初步连接，测量竖井外圆与框架内孔之间隙，整个圆周方位间隙均应大于 5mm 以上。将竖井密封圈底座与压盖组合吊放在盖板位置，测量并调整与竖井之间圆周方向各处的间隙，应使之均匀，将密封座与盖板点焊加固后，吊出竖井，将密封座与盖板之间的焊缝满焊，并进行着色检查应满足要求，最后吊入竖井，装入密封，进行最终装配。

2. 流道盖板安装

流道盖板安装时检查与基础配合标记，吊装时注意与竖井及框架基础的间隙配合，流道盖板与基础螺栓需加黄油并用风动扳手统一拧紧。

5.2.15　盘车、受油器安装

1. 将受油器操作油管短轴与发电机转子相连接，进行转动部分盘车，测得操作油管轴上轴瓦处的摆度，根据实测的摆度值进行处理，直至摆度符合要求，并复测转轮室与转轮的间隙、定转子间隙。

2. 清扫受油器体、支座、浮动瓦，检查各轴瓦处的配合尺寸应满足要求。

3. 将受油器支座吊装就位，按操作油管找正受油器支座位置使其径向间隙相等，然后固定。装入浮动轴瓦。

4. 安装垫板，叶片操作开启、关闭侧油管，转轮轮毂供油管，受油器与发电机上游侧接地部件之间的联接均设有绝缘垫，绝缘套，以防止轴电流形成回路，烧损轴瓦。

5. 安装受油器密封，端盖，转轮叶片开度反馈机构。

5.2.16 机组油管路及发电机出线安装

1. 机组管路安装

机组油系统管路在预配前将管路端面开好坡口，预配后采用氩弧焊打底，然后进行焊接，焊后对调速系统管路进行水压试验。

2. 管路酸洗

1）把管子浸在加入大量防腐剂的（工业用盐酸溶度的浓度为 35%）盐酸溶液中（10%～15%）30～60min；

2）将酸池中的管拿出搬至碱池中［苏打溶液（约 2%）再加 0.1%～0.5% 的活性去油脂剂］10～30min；

3）用清洁水冲洗管路彻底清除粘附在管路上的铁锈和锈皮；

4）通过加热到 60℃ 的热空气来干燥管子；

5）用干净透平油清洗管路。

3. 油外循环

管路全部安装完后进行润滑油轴承外循环，将管路清洗干净后，排干润滑油、清扫油箱和过虑器。

4. 发电机出线安装

流道盖板安装后进行发电机出线安装，出线支座焊接时需作防护措施，出线连接按相关电气安装规程施工。

5.2.17 机组调试、启动试运转

1. 机组调试条件

1）所有辅机设备、管道、自动化元件、一、二次配线均已安装完毕。

2）厂变已带电（可用临时高压电源）。

3）透平油已滤好并化验合格。

4）主机设备安装流程已进入调试阶段。

5）高低压气系统已调试，并能自动运行。

2. 机组调试

1）编制调试大纲。

2）单系统调试，包括调速系统、润滑油系统和高压顶起装置、机组水系统、机组气系统等。

3）机组无水联调。

4）机组冲水及开机试运转。

6. 材料与设备

6.1 材料 (表 6.1)

主要材料   表 6.1

序 号	材 料 名 称	规 格	数 量	备 注
1	轨道	43kg/m	18m	管形座安装设备用
2	钢板	20	10t	管形座安装设备用
3	钢板	10	2t	管形座安装设备用

续表

序　号	材料名称	规　格	数　量	备　注
4	槽钢	15	2t	转轮翻身设备用
5	透平油	46号	20t	转轮试压用
6	钢管	φ40	120m	搭脚手架用
7	钢琴线	0.3mm	1kg	轴线调整用
8	焊条	T422/507	400/300kg	焊接用

6.2　设备（表6.2）

主要机具设备　　　　　　　　　　　　　　　　　　　表6.2

序　号	设备名称	单位	数量	规　格	备注
1	汽车起重机	台	1	50t	吊装用
2	载重汽车	台	1	15t	运输用
3	农夫车	台	1	1.5t	运输用
4	电动叉车	台	1	5t	运输用
5	卷扬机	台	3	JM5　5t	吊装用
6	手拉葫芦	个	各2	30t\20t\10t	吊装用
7	手拉葫芦	个	6	1～5t	调整用
8	油压千斤顶	个	2	100t	调整用
9	螺旋千斤顶	个	各4	50t\30t\10t	调整用
10	螺旋千斤顶	个	6	5t	调整用
11	交流电焊机	台	7	BX1-315,300A	焊接用
12	直流电焊机	台	2	整流型　630A	焊接用
13	手工钨极氩弧焊机	台	2	200A	焊接用
14	烘干箱	台	1	YHX-20	焊接用
15	移动式电动空压机	台	1	09/8型	
16	手电钻	把	4	6-19mm	
17	手电钻	把	1	50mm	钻销钉孔用
18	磁座电钻	台	2	J1C2-23mm	钻销钉孔用
19	增力扳手	个	2	400,750kg·m	
20	电动试压泵	台	1	DSY-350	转轮试压
21	手动试压泵	台	1	400-1	试压
22	深度尺	个	1	300mm	测量用
23	游标卡尺	个	2	300mm	测量用
24	经纬仪	部	1	J2(T2)带转角	测量用
25	水平仪	部	2	NS10	测量用
26	超声波探伤仪	部	1	CTS-22	焊接检查

7. 质 量 控 制

7.1　质量标准

执行《水轮发电机组安装规范》G 8564—2003 质量标准。

7.2　质量控制

7.2.1　建立质量保证体系，质量控制实行"三检"制，对关键工序先编制专项施工方案再施工。

7.2.2 本工法关键质量控制项目及测量方法见表 7.2.2。

主要质量控制标准 单位：mm   表 7.2.2

序 号	项目名称	安装允许偏差（mm）	测量工具及方法
1	管形座内外壳体法兰之间距离	0.3	千分尺，挂钢琴线测
2	管形座内外法兰不平度	0.5/500	经纬仪
3	管形座垂直度	0.5	经纬仪
4	内外导水环的同轴度	0.5	千分尺
5	内外导水环上游侧法兰距离	0.4	千分尺，挂钢琴线测
6	导叶端面间隙	0.5	塞尺
7	导叶立面间隙（内侧、中间、外侧）	在总长 1/4 的范围内不大于 0.20mm，其余范围内用 0.05mm 塞尺检查不得通过	塞尺
8	导轴承间隙	±0.05	两侧前后测量
9	主轴水平度	0.2/1000	合像水平仪
10	主轴与管形座上游发兰平行度	0.2/1000	内径千分尺，耳机法
11	镜板与反推座距离	0.05	内径千分尺，耳机法
12	镜板与反推座间隙	0.05	耳机法测量
13	主轴上法兰面与管形座平行度	0.05	耳机法测量

8. 安 全 措 施

8.1 严格遵守《中华人民共和国安全生产法》并执行《建筑施工高处作业技术规范》JGJ 2001、《施工现场临时用电安全技术规范》JGJ 46—2005、《水利水电工程金属结构与机电设备安装安全技术规程》SL 400—2007、《水利水电工程施工作业人员安全操作规程》SL 401—2007 等。

8.2 施工前建立包括项目经理在内的三级安全生产保证体系。

8.3 吊装用钢丝绳吊装前进行安全系数验算，大件吊装翻身时，停止使用其他大负荷用电设备，设备吊装统一信号、指定一人统一指挥，桥机（门机）动作时所有人员必须与设备保持一定距离；设备上、下面禁止站人；吊装方案需经有关部门批准后方能实施。

8.4 设备组装时法兰面用钢板尺包白布浸酒精清扫，禁止手伸入法兰面之间。

8.5 在机组内部工作时，必须用 36V 行灯并带手电，防止滑到。

8.6 所用工具材料不得抛掷，严禁高空坠物；高空作业需搭好平台，挂好安全带。

8.7 焊接前，应做好防火准备；主轴上焊接时必须先做好接地，防止轴电流烧瓦。

8.8 用汽油清洗零部件时远离明火点。

8.9 进入发电机内部所有随带物品进行登记，并事先做好安全应急预案。

9. 环 保 措 施

9.1 严格执行《建筑施工现场环境与卫生标准》JGJ 146—2004 的规定，坚持"保护和改善环境"的方针。进场后与业主、地方政府环境保护机构积极沟通，了解地方环保要求。项目部设立环保负责人，具体组织实施现场文明施工、环保管理工作。

9.2 推行清洁生产技术，成立环境保护领导与实施机构，建立环保专项资金。

9.3 在安装间设立垃圾箱、废油桶并设专人打扫，随时清理。

9.4 垃圾运到指定垃圾坑掩埋，废油坑远离水源和生活区。

9.5 废铁集中存放以便利用，确实无法利用的完工后集中送废品回收站处理；

9.6 在厂房设立临时抽风机形成空气对流；洗车槽污水要经沉淀、隔油才能排放到管网或水体。

9.7 洗车槽污水要经沉淀、隔油才能排放到管网或水体。

9.8 员工工作岗位噪声超过 85dB，配戴劳保防护用品（如防噪声耳塞等），采取降噪措施。

10. 效 益 分 析

10.1 管形座自制吊装设备安装使整个电站建设工期缩短 3 个多月，导水机构整体组装后吊装、转轮体整体空中翻身安装节约工期 25d。

10.2 特大型灯泡贯流式水电站机电安装比一般安装方法节约人工工日 115×80＝9200 工日；机械设备台班减少 100 多台班。

10.3 由于工程提前发电，其电费收入可观，如飞来峡水电站提前一年发电的电费收入为 20160 万元。

10.4 采用滑绳吊装技术，确保了吊装安全，使安装质量高于普通安装技术。

10.5 采用空中翻身吊装技术、热插键技术更环保、更经济，减少了对自然环境的影响。

11. 应 用 实 例

11.1 广东省飞来峡水利枢纽工程安装四台 35MW、转轮直径为 ϕ7200mm 的灯泡贯流式水轮发电机组，年平均发电量 5.54 亿 kW 时，转轮直径为 ϕ7200mm，主机设备 1998 年 8 月开始安装，4 台机组并行施工，分别于 1999 年 6 月、7 月、8 月、9 月相继投产发电。

11.2 广西长洲岛水利枢纽工程安装 15 台 45MW、转轮直径为 ϕ7500mm 的灯泡贯流式水轮发电机组，3 号、5 号、8 号机分别于 2007 年 12 月、2008 年 7 月、10 月投产发电。

11.3 湖南辰溪清水塘电站安装 4 台 32MW、转轮直径为 ϕ7500mm 的灯泡贯流式水轮发电机组，年平均发电量 5.071 亿 kW 时，主机设备 2008 年 6 月开始施工，1 号机于 2008 年 9 月投产发电，2 号机于 2009 年 1 月 16 日投产发电。

海底 PE 管道边敷边埋施工工法

GJEJGF239—2008

上海市基础工程公司

沈光　蔡忠明　柳立群　李俊　解泰昌

1. 前　　言

1.1　我国沿海有着众多的岛屿，海岛的建设离不开淡水资源，仅靠下雨积累在水库的积水已经不能满足发展的需求，因此需要通过其他手段补充淡水，常用的方法就是铺设海底输水管道。目前常用的海底钢管易生锈、结垢、会腐蚀，施工敷埋不同步，投入比较大。而新型的 PE 材料作为管材，它具有无污染、不生锈、不结垢、使用寿命长等特点，在陆地上的城市地下水管网系统中已广泛应用，在20 世纪 50 年代起塑料管道就开始进入水中铺设，在世界各地广泛应用，具有突出的先进性和经济性，由于我国塑料管道发展较晚，至今水中铺设塑料管道刚起步。因此，如何解决长距离的 PE 管道在海底的敷设和埋设技术是一个崭新的课题。具有很高的实际应用价值和明显的经济和社会效益。

1.2　上海市基础工程有限公司开展了海底 PE 管道敷埋施工技术的科技创新，取得了"海底 PE 管道边敷边埋施工技术"这一国内首创，国际先进的创新科技成果，经检索国内外尚无类似边敷边埋的海底 PE 管道的技术先例，填补了国内长距离海底 PE 管道敷埋施工领域的空白。该成果于 2007 年11 月通过了上海市科委的鉴定，获得了 2008 年上海市科学技术进步三等奖。同时，形成了海底 PE 管道边敷边埋施工工法。

2. 工 法 特 点

2.1　确保了整个管道的连续焊接施工，避免了海中间管道的法兰接头。

2.2　避免了采用先开挖后敷管所需的大量的人力、物力以及对环境造成的破坏，同时也解决了水下沟槽开挖回淤较快的问题。

2.3　将敷管船和埋管船合二为一，只要一条作业船就实现了管道的敷设和埋深，大大节约了施工成本。

2.4　管道一下到海底，直接被埋入沟槽中，避免了管道在海床表面停留的时间内，水流对管道的稳定所带来的影响，同时也避免了在未埋深期间受到锚害等外界因素影响的风险。

2.5　采用浅海无张力敷管法进行管道的敷设施工，解决了管材强度低无法采用张力法施工的问题。

3. 适 用 范 围

3.1　水底长距离的排放和取水用 PE 管道工程，海上油气开采用有特殊要求的海底 PE 管道工程；

3.2　管径不大于 600mm 的纯 PE 和复合 PE 管道；

3.3　适用于水深在 50m 以内，水流速度小于 2.5m/s，泥砂质海域的海底 PE 管道工程。

4. 工 艺 原 理

该工艺针对 PE 管的低强度、刚度小并具有很大柔性的特点，集合了海底管道和海底电缆的施工工艺。主要原理为：PE 管在敷管船上逐段焊接，安装配重，然后通过托管架采用无张力敷管法将 PE 管敷设到海底，同时托管架尾部直接连接了高压水冲式海底管道埋设机进行管道沟槽开挖，管道敷设到海底的同时已经到了沟槽底部，最后，靠自然回淤将管道埋在海床下。

5. 施工工艺流程及操作要点

5.1 施工工艺流程

5.1.1 主要的工艺流程为：成品管道的运输、吊装→管道的焊接→配重安装→始端登陆→中间海域段敷埋管施工→终端登陆

5.1.2 具体工艺流程见图 5.1.2。

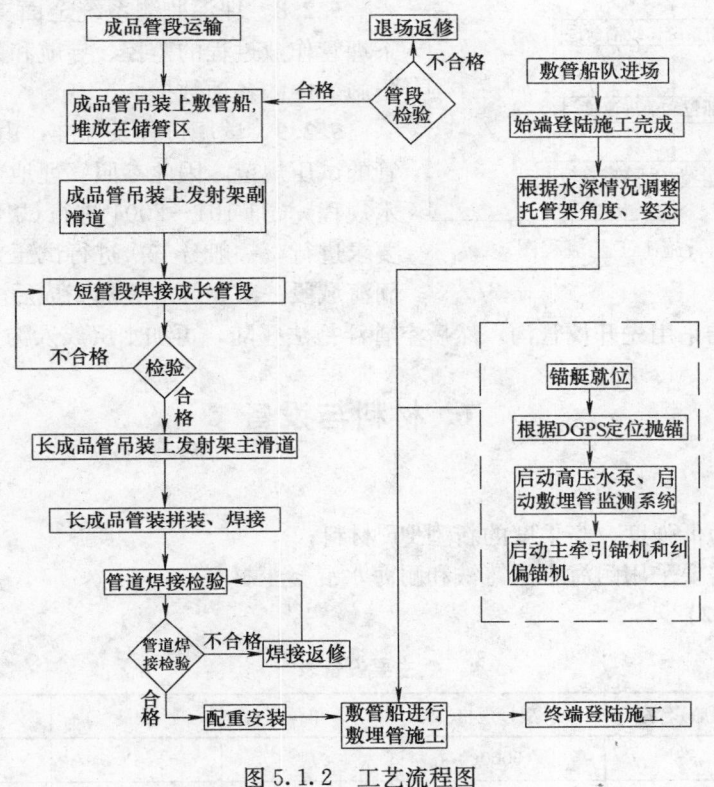

图 5.1.2 工艺流程图

5.2 操作要点

5.2.1 管段在运输船、施工船上存放时，堆高应严格控制在允许范围内，管道在各种工况的吊装和起重时，吊索和管体的接触部位均应垫上衬垫或套上护套；

5.2.2 管子在铺管船上横向滚动，下部必须垫以表面光洁的枕木，纵向拖动时，管子应搁在橡胶托轮上，管子从发射架下水至托管架的地方，均应设有滑道；

5.2.3 管道的焊接采用先进行热熔对接，然后再进行电熔套筒连接，采用双重连接方式，提高管道接头的安全可靠性；

5.2.4 管段的始端登陆常规采用底拖法（底拖，管内充满水）施工，选择在浪高小于 0.5m、高潮位时进行管段登陆施工，管段登陆应控制其弯曲半径在设计允许范围以内，控制管段所受张力在允许范围内。

5.2.5 敷管施工时将管道在发射架上一次拼接成一根较长的管道（常规约 100m/根），然后将船上的管道和已敷设的管道在焊接站内焊接，焊接通过检验后安装配重块、调整锚位，启动定位和监测设备，进行绞锚前进，前进一根管道的距离后一次敷埋管结束。随后重复以上的管道焊接等过程进行

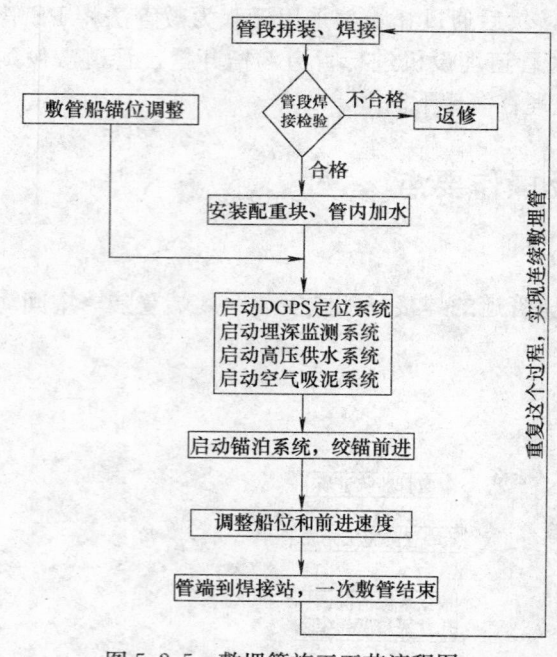

图 5.2.5　敷埋管施工工艺流程图

连续的敷埋管；具体工艺流程详见图 5.2.5。

5.2.6　定位系统采用 DGPS，通过电脑处理可直接读取船位当前坐标、起点航距、偏航距等，船体的行进路线，随时调整船位确保埋管路由精确。

5.2.7　锚泊系统采用 8 个系船锚分别对称抛在铺管船左右舷两侧，在船艉设置主牵引卷扬机，当敷管船上的管段焊接、检测通过并达到强度要求后，开始进行移船敷管作业，8 台移船绞车和 1 台 350kN 主牵引卷扬机同时配合绞动锚缆或松放锚缆，确保牵引速度始终与埋深所需速度相一致。

5.2.8　埋深监测系统全面支持海底管道埋设机水下埋管作业过程的监控、导航和数据管理，并详尽的采集施工中的各项数据。

5.2.9　试压过程及标准：由于目前还没有海底 PE 管的试压规范，因此参照《埋地聚乙烯给水管道工程技术规程》CJJ 101—2004 进行试压。试压长度根据设计要求进行，一般分三次进行试压（始端登陆段一次，中间海域段一次，终端登陆完成后全程试压一次）。

5.2.10　终端登陆采用先开挖管沟，然后空管浮拖法登陆，再加水沉放入沟，最后回填覆盖管沟。

6. 材料与设备

6.1　材料

本工法中的管材为低强度、高柔度的新型 PE 材料；

本工法中的配重需要采用耐海水的铸铁和耐海水混凝土材料。

6.2　设备（表6.2）

主要设备表　　　　　　　　　　　　　　　表 6.2

序	机械设备（船舶）名称	型号规格	单位	数量	用途
1	敷管船	5000t	艘	1	管道焊接和敷埋
2	拖轮	1670HP	艘	1	船只拖航
3	锚艇	500HP	艘	1	起、抛锚
4	交通艇	240HP	艘	1	人员、物资运输
5	工作艇	24HP	艘	2	辅助登陆施工
6	托管架	HGT-50	台	1	管道敷设
7	埋设机	ϕ1000mm	台	1	管道埋深
8	热熔对接机	HCT-Ⅱ	台	4	管道焊接
9	电熔焊接机	HTE-15B	台	4	管道焊接
10	水陆两用挖掘机	0.4m³	台	1	登陆段管道沟槽开挖
11	GPS定位仪	HD-8500G	台	2	敷管船定位
12	电测系统	自主研发	套	1	埋深监测
13	测深仪	CSY-5	台	1	水深测量
14	流速仪	SLC9-2	台	1	水流速度测量

7. 质 量 控 制

7.1 施工质量控制标准（表7.1）

质量检验标准表 表7.1

检验部位	检验时间	检验人	检 验 内 容	达标标准	检验方式
滩涂段管线	敷管前	质量员 技术员 材料员	复合PE管	《钢丝网骨架塑料(聚乙烯)复合管》CJ/T1 89—2004	钢卷尺、试验报告
	敷管前		配重块重量和安装间距	设计要求	磅秤、钢卷尺
	挖泥机挖沟后		沟槽宽度	0～+30cm	钢卷尺
	挖泥机挖沟后		沟槽深度2.5m	±20cm	钢卷尺、测绳
	敷管后		敷管路由偏差	≥±5m	DGPS定位
	挖泥机回填后		回填土	设计要求	目测
中间海域段管线	敷埋管前	质量员 技术员 材料员	复合PE管	《钢丝网髓架塑料(聚乙烯)复合管》CJ/T 189—2004	钢卷尺、试验报告
	敷埋管前		配重块重量和安装间距	设计要求	磅秤、钢卷尺
	敷埋管时		敷管路由	偏差±10m	DGPS定位
	敷埋管后		埋深2.5m	埋深偏差≥0	埋设监测系统

7.2 质量保证措施

7.2.1 所有测量器具齐备完好，并经授权的法定计量部门校验合格且在有效使用期内。

7.2.2 管材的连接端应与管道轴线垂直，并用洁净棉絮擦净连接面上的污物，保持连接面不受潮，标出插入深度。

7.2.3 施工时提供的电源必须满足设备要求，考虑敷管船上发电机发电电压不稳定，配备一台稳压器，确保稳定电压，输出功率不小于60kW。

7.2.4 在熔合及冷却过程中，不得移动、转动接头部位及两侧管道，不得在连接道部位及管道上施加任何压力。

7.2.5 对端面的裸露钢丝应进行防渗密封处理。

7.2.6 管道施工中，应对电熔管件用油漆进行编号，并及时认真填写焊接接头施工记录，以便对施工质量跟踪分析。

7.2.7 根据管道敷设设计中对管子的应力要求，要求生产厂家提供管子的弹性模量、最小允许曲率半径、抗拉强度等参数，计算管子的力学性能参数，以合理设计发射架的角度、托管架的长度、埋设机的长度，从而控制管子从敷管船头入海时的入水角，控制管子进入埋设机沉入沟槽底部的入沟角，确保敷埋管过程中管子的受力安全。

7.2.8 敷埋埋管期间，DGPS连续24h观察和记录船位，移船时，测量人员应及时将船位报给指挥，随时采取措施纠偏，防止一次纠偏量过大；非紧急状态，一般不使用拖轮纠偏；埋深系统关键是控制管道埋深达到设计要求，埋深过程中按照水力机械埋设机设计参数牵引，通过监测系统实时监控埋设机姿态和埋深，控制埋设机牵引速度。

7.2.9 根据路由调查报告，在海床变化较大地区，应有潜水员下水探摸，确认海床变化情况，确保管道埋设深度。

7.2.10 水力机械埋设机进水高压管路派专人负责检修，观测水泵压力变化，密切注视水泵压力变化趋势，随时检修管路。

8. 安 全 措 施

8.1 登船人员必须得到船上安全员对船舶系泊、跳板、安全网等安全设施的确认后，方可在船上安全员的指挥安排下登船。严禁超载，登船期间必须穿好救生衣，不得随意走动。

8.2 施工船舶动用明火，必须办理"船舶动用明火审批"手续，经审核批准后，方可动火。动火时，应有专人看护火源，配备相应的灭火器，当发现有火灾苗子时，在第一时间采取灭火措施。施工船上油舱、机舱等危险部位，严禁动用一切明火。

8.3 施工期间若遇突发的灾害性天气如台风、冷空气，且海况极端恶劣，天气难以及时好转，则采取及时撤离施工现场躲避风浪的措施。

8.4 管段吊装时，应用牵引绳控制管材的摆动，防止碰撞伤害，牵引绳应该足够长以保证人员安全；每天都要对吊装用的钢丝绳、吊带、吊钩进行检查，及时修理或更换。

8.5 在运管船进入或离开施工作业带时，应悬挂相应信号旗，装船时管材下应放软垫，以保护管段并防止管子滑动。

8.6 管段接头焊接作业要严格遵守电气安全技术规程，移动焊接机必须先切断电源；管道焊接工必须佩带齐安全防护用品，手持砂轮机作业时要佩戴护目镜。

8.7 管道试压前，应在管道登陆点两个端口设置警戒线，在试压设备及 PE 管 50m 范围内设置警戒区，在升压、稳压和降压期间，非试压人员严禁进入警戒区。

8.8 气象保障体系应由项目主管生产的经理负责，由专人负责通过上网、电话等手段查询沿海海面天气预报，并由值班人员及时向指挥船及其他施工船只汇报。

9. 环 保 措 施

9.1 施工期间专职环境员对工程施工期间进行环境管理，并对作业现场实施监督检查。

9.2 施工作业中的焊条头、废砂轮片、废钢丝绳和包装物等每天进行回收，统一送回营地集中处理。

9.3 施工期间产生的工业污油，由专用回收装置专人送到营地统一处理，禁止随意倾倒。

9.4 施工中使用的油漆、化学溶剂及有毒有害物品，要妥善存放、保管，制定出防止泄漏和污染的具体措施。

9.5 合理安排环境敏感区的施工季节或时间，减少对这些地区环境的影响和赔偿费用的支出。

9.6 施工完毕后恢复地貌，对所有灌溉沟渠以及供牲畜和野生动物用的人造的或天然的水源加以修整恢复到施工以前的状态。

9.7 燃油、燃气设备的尾气排放必须符合国家相关标准；减少设备使用、维修过程中产生的燃油、润滑油、液压油等液体的泄漏。

10. 效 益 分 析

10.1 采用具有柔韧性的 PE 管道进行海底边敷边埋施工，将敷管船和埋管船合二为一，只要一条作业船就实现了管道的敷设和埋深，大大节约了施工成本。铺设时间短可以减小对该地生活的干扰、管道完全不会腐蚀确保了长期使用寿命和维护运行成本低、从而降低了总造价。在水下铺设的排放管道领域，已经有许多实例证明，采用柔韧性海洋排放管道的成本仅是传统钢或混凝土制造排放管道造价的一半。

10.2 常规的海底 PE 管道埋深敷设是采用大开挖然后回填的施工方法，由于需要在海底进行大量的放坡开挖，造价比较高，对施工海区的环境也将造成很大的影响。采用边敷边埋的施工工艺则避免了海底下大量土方开挖，达到埋设的目的，也大大减少了施工对施工海域的环境的影响。因此有明显的经济效益与社会效益。

11. 应 用 实 例

大连长海县大长山岛跨海引水工程

11.1 工程概况

大连长海县大长山岛大陆引水跨海段工程是国内首次采用复合 PE 管进行长距离的海底管道敷设，输水管道为带钢丝网骨架聚乙烯（PE）复合管，长 17.973km，PE 管外径 450mm。设计工作压力为 0.8MPa。施工路由区域的土质主要为淤泥、淤泥质黏土，路由最大水深为 23.5m，最大流速为 122cm/s。根据设计要求全程热熔对焊并外加套筒，不允许采用法兰对接；海底管道全程埋深 2.5m。

11.2 工程施工情况

大连长海县跨海引水工程从 2006 年 5 月工程正式开工，至 2006 年 9 月初竣工。

本工程的施工共分为三段：深海段 15.45km，大长山岛上岸段 300m，东老滩滩涂段和登陆段 2.246km。全线共敷设 PE 管 17.996km，全线安装配重块 5942 对，海上管道熔接接头 362 个，穿越通信电缆 2 根，穿越电力电缆 4 根，穿越滩涂河沟 2 处。

试压分三次，第一次试压 6km，第二次试压 12km，第三次全程试压 17.973km。

11.3 工程监测和结果评价

根据《埋地聚乙烯给水管道工程技术规程》，试验中压力降没有超过 0.02MPa，没有渗漏现象，判定整根管线为强度试验合格。管道的平面位置偏差和埋深均在设计和相关标准的允许范围内，达到了优质工程。

整个海底管道的施工采用了边敷边埋的新工艺，比常规施工方法缩短工期 3 个多月，节约工程投资 1000 万元。

同时，采用边敷边埋施工技术避免了常规海底管道敷设施工对环境造成的破坏，对周围的海产品养殖也没有造成损失。

铝镁合金管道施工工法

GJEJGF240—2008

中国化学工程第三建设有限公司　中国石化集团第二建设公司

王一帆　郑祥龙　吕文明　夏节文

1. 前　言

由于铝镁合金具有良好的耐蚀性且不会有铁污染物料；具有超低温使用性能（即使在－269℃仍不存在脆性转变）；用它制造设备和管道具有相对重量最轻等特点，所以在石油化工、冶金、电力、船舶等行业的设备和管道工程中广泛应用。例如：目前大多数空气分离装置的设备和管道主要采用铝镁合金材料。其中铝镁合金管道的现场焊接已成为这些工程中至关重要的施工环节。

施工现场铝镁合金管道的常用焊接方法是手工钨极氩弧焊和半自动熔化极氩弧焊（开坡口预留间隙焊接）。这些焊接方法与工艺在铝镁合金材料的实际应用中仍存在一些难以解决的问题，如：焊接气孔、未熔合、未焊透缺陷仍是其焊接最突出的问题；由于铝镁合金具有较高的热导率和比热容，使得大尺寸管道焊接对热能量集中和功率大的能源的需求更为迫切；大尺寸管道焊接热裂纹倾向大，焊接熔池凝固时容易产生缩孔、缩松、热裂纹及较高的内应力，返修过程中不断出现新裂纹成为铝镁合金焊接十分头痛的问题；熔敷金属在高温下熔点低、流动性强，易导致产生塌陷、焊瘤等缺陷，根部焊道成型困难；焊接熔池金属由固态变成液态时没有明显的色泽变化，使焊工不易区分熔池和母材；焊缝晶粒易粗大，使得多次返修对接头强度影响较大等，这些问题的存在使得焊接一次合格率很低。另外，铝镁合金的传统钨极氩弧焊接方法对焊工的职业健康安全和工作环境也有较大影响，如何改善焊接操作环境、降低劳动强度、缩短作业时间也是摆在我们面前很严峻的问题。

中国化学工程第三建设有限公司在总结铝镁合金管道多年焊接实践经验的基础上，不断创新坡口组对和根部焊接方法，改进组合焊接工艺，形成了本公司的焊接专有技术和独特工艺。本工法广泛应用于我公司承建的空分装置中，设备一次焊接合格率提高到98％以上，管道一次焊接合格率提高到95％以上。铝镁合金管道工程已成为我公司的拳头产品，提升了我公司的市场竞争力，得到业主、总包和监理的一致好评。其中内蒙古神华煤直接液化项目空分装置和神木化工二期甲醇空分装置两项工程分别获得全国优秀焊接工程奖。2008年获得国家专利局授权的两项实用新型专利，分别是：针对铝镁合金管道焊接打磨安全问题而设计的"角向磨光机活动安全罩"（专利号 ZL 2007 2 0042866.4）；针对铝镁合金管道变形校正而设计的"管道凹陷整形器"（专利号 ZL 2007 2 0042860.7）。

2. 工 法 特 点

2.1　在传统的铝镁合金手工钨极氩弧焊开坡口预留间隙根部打底焊接工艺的基础上，开发了以下适用不同结构类型、工况条件和焊接操作环境的对接焊缝根部坡口组对和焊接组合新工艺：

2.1.1　在大口径管道工程中采用双面同步组合焊接技术，包括单面填丝焊和双面填丝焊两种工艺。可较充分地利用电弧热量从而降低能源，且电弧热量集中，焊件变形小；熔池的正反面始终处于氩气的保护之中，且两侧电弧对熔池都有搅拌作用，有利于夹杂物、气体的逸出，出现气孔、夹渣、未焊透的几率小；焊后不用清根，生产效率高。

2.1.2　在管道工程中采用内带衬环的组合焊接方法，包括不锈钢＋铝衬套衬环组合焊接法、不锈钢衬环组合焊接法、铝衬环组合焊接法。可防止由于高温下的强度和塑性低、液态铝流动性好而导致的塌陷、焊瘤等缺陷；防止合金元素的蒸发和烧损；可解决因焊接熔池金属无色泽变化给焊接操作带来的迷惑；也可减少根部焊接气孔；焊接操作难度降低，对焊工技能的要求可降低。这种加衬环对口的焊接形式，对坡口组对质量要求不高，组对间隙可以适当放宽，加快了施工进度。

2.1.3　在管道工程中采用不开坡口或坡口顶死不留间隙实现单面焊双面成形的组合焊接工艺。通过采取不开坡口或减小坡口角度、不留对口间隙和钝边、坡口根部加工 V 倒角、减少焊接层数、调整焊接参数、改进操作工艺等措施来实现单面焊双面成型，减少了焊接熔敷金属量，既减少了焊接过程中产生气孔的机率，防止焊瘤、未熔合、未焊透等缺陷，又提高了工效，降低了施工成本。同时由于坡口加工量和焊接工作量的减少，降低了空气中的粉尘和烟尘，改善了作业环境。

2.2　在大壁厚管道上采用手工钨极氩弧焊进行根部打底、半自动熔化极氩弧焊进行填充盖面。运用以上所述的各种打底焊接技术，既提高了根部焊接质量，又解决了半自动熔化极氩弧焊用于打底焊时气孔敏感性大的问题。采用半自动熔化极氩弧焊进行填充盖面，可使用比手工钨极氩弧焊大得多的焊接电流，电弧功率大，热量集中，焊接速度快，热影响区小，生产效率可比手工钨极氩弧焊提高 2～3 倍，焊缝质量优良。

2.3　成功运用 2.1 节所述的组合焊接工艺，设计出适合各种设备和管道类型、不同材质、不同部位的专用工装夹具和返修工艺，侧重于解决焊接气孔和裂纹问题，提高了返修合格率，减少了返修次数，避免了因多次返修造成焊接接头强度的降低，返修成本降低。

2.4　针对铝镁合金管道材质强度低、易变形的特征，现场管道切割加工或组对时容易出现椭圆度超标和变形等情况，我公司开发设计了"管道凹陷整形器"，属本公司实用新型专利产品，用于修复整形铝管道端部凹陷和校正椭圆度。该产品设置有多种尺寸的弧形顶块，可方便的更换弧形顶块，以适应不同直径管道的整形需要。

2.5　针对铝镁合金焊接打磨时的黏滞性容易造成砂轮片或锯片破碎飞出伤人的情况，中国化学工程第三建设有限公司开发设计了"角向磨光机活动安全罩"，属中国化学工程第三建设有限公司实用新型专利产品，使用前安装于角向磨光机上，将磨光机的锯片完整的罩起。工作时，锯片外露正常工作；当磨光机因意外脱手时，活动安全罩在回位弹簧的作用下，迅速回位，将锯片罩住，保护焊工操作安全。

2.6　在环境保护、文明施工与节能方面，除采用低噪声切割及坡口加工工艺和设备，对钨棒头、焊丝头、废砂轮片等固体废弃物集中回收存放，化学清洗废液经中和处理达标后集中排放等措施外，我公司还自行设计安装了与焊机配套的"焊枪冷却水自循环装置"，缩短焊把长度，焊机可放置于高空或距焊接作业很近的场所，在方便焊工操作的同时也节约了用水，不存在随地排水现象，体现了文明施工。

3. 适 用 范 围

3.1　本工法适用于铝镁合金管道工程的对接焊缝现场焊接施工，尤其适用于大尺寸管道、现场固定焊缝和难焊位置、焊接气孔和裂纹等缺陷的返修等场合。

3.2　适用的焊接方法包括手工钨极氩弧焊和半自动熔化极氩弧焊方法。其中：

3.2.1　手工钨极氩弧焊适用于根部焊道焊接和焊件壁厚小于 20mm 的填充盖面层焊接。

3.2.2　半自动熔化极氩弧焊适用于壁厚 10mm 以上的焊件填充盖面层焊接。

3.3　下列组合焊接工艺适用于手工钨极氩弧焊方法的对接焊缝根部焊道：

3.3.1　双面同步组合焊接技术：适用于公称直径大于等于 500mm 的各种管道对接焊缝的横焊和立焊位置，以及该位置的焊缝返修。

3.3.2　内带衬环的组合焊接方法适用范围：

1. 不锈钢＋铝衬套衬环组合焊接法适用于公称直径大于 80mm 的管道；

2. 加永久性不锈钢衬环的组合焊接法适用于公称直径小于等于 80mm 的管道；

3. 铝衬环组合焊接法适用于所有管道；

4. 加临时不锈钢衬环的组合焊接法适用于所有管道及焊缝根部返修。

3.3.3 不开坡口、不留间隙单面焊双面成形组合焊接工艺：适用于壁厚小于等于 4mm 的管道对接焊缝。

3.3.4 开坡口不留间隙单面焊双面成形组合焊接工艺：适用于壁厚大于 4mm 的管道对接焊缝。

4. 工 艺 原 理

4.1 双面同步组合焊接技术

双面同步组合焊接是由两名焊工同时在设备或管道的内外两侧对同一焊接部位用相同的焊接速度进行焊接的工艺方法。坡口组对可留间隙或不留间隙。留有间隙的坡口，内外两侧的焊工可以彼此看到相互的电弧，从而掌握焊接的速度。没有间隙的坡口，内侧的焊工也可以根据凸出焊缝的高低来判断焊接是否同步。内侧的焊工可以选择不填丝焊接操作，将焊枪对着焊接熔化区，保护外侧的添加的熔敷金属不被氧化，用电弧的吹力来带动焊缝成型。

4.2 内带衬环的组合焊接方法

由于熔敷金属在高温下的强度和塑性低，根部焊道成形困难，焊接熔池金属由固态变成液态时没有明显的色泽变化影响焊工的操作视线，故设计以下几种内加衬环的方法衬托熔池金属：

4.2.1 铝衬环组合焊接法

铝衬环组合焊接法，焊前在焊缝内侧安装一块与母材同材质的铝衬环，在外侧进行填丝焊接，利用衬环来托住焊接熔池和附近金属。铝衬环可采用点焊方式固定于焊件内壁上。铝衬环部分地被焊接电弧所熔化，并与熔敷金属凝固在一起形成焊接接头。

4.2.2 不锈钢＋铝衬套衬环组合焊接法

利用不锈钢与铝材不能焊接互熔的特性，借助铝材制成的衬套，将不锈钢衬环镶入其中成为一个整体（图 4.2.2），安装于设备或管道端部的内壁上作为焊接衬托。铝衬套可点焊在焊件内壁上用于固定衬环。不锈钢衬环的选材一般比铝母材的焊接熔点要高，在母材及焊材熔化的时候，而衬环未被熔化，能够衬托焊缝成形。为防止焊接起弧及中间打磨损伤不锈钢衬环，对焊接工艺参数进行调整，对操作工艺进行改进，从而达到不损伤衬环的目的。

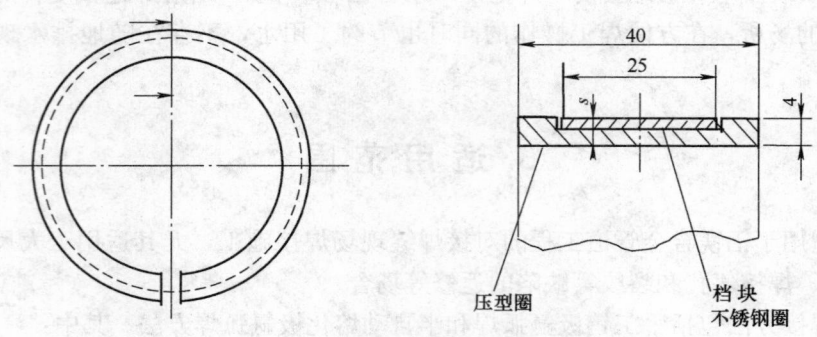

图 4.2.2　不锈钢＋铝衬套衬环

4.2.3 加永久性不锈钢衬环的组合焊接法

对于小口径管道，由于不锈钢＋铝衬套衬环不便固定在管道内壁上，故取消了铝衬套，将不锈钢衬环制成一段具有弹性压缩的环，其外径稍稍比管道内径大一些，留有弹性压缩量。将衬环压入管道内时，反弹力的作用使得衬环镶压于管道端部内壁上，作为根部焊道的衬托，然后在外侧进行填丝焊接。为了不使其脱落，在焊缝的中央位置钻上几个小孔（图 4.2.3），其目的是让根部焊缝透过小孔，象铆钉一样，将其固定，不使衬环松脱。

4.2.4　加临时性不锈钢衬环的组合焊接法

对于单面焊双面成型的焊缝或焊缝根部返修焊，同样利用不锈钢与铝材不能焊接互熔的特性，制作一个专用不锈钢衬环工具（应方便于固定），紧贴并固定于设备或管道端部的内壁上作为焊接衬托。当所设计的专用不锈钢临时衬环的长度小于焊缝长度时，则随着焊接电弧不断向前移动，不锈钢衬环应同步向前移动，从而完成单面焊双面成型的过程。

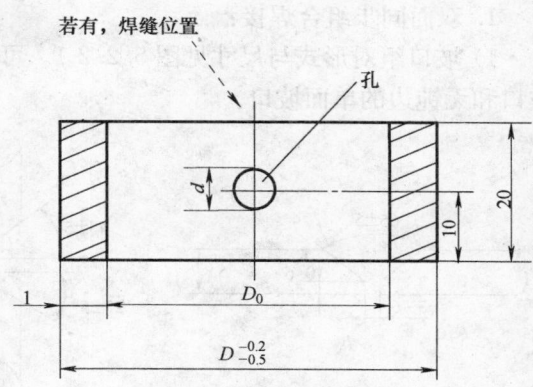

图 4.2.3　不锈钢衬环

4.3　不开坡口或开坡口不留间隙的单面焊双面成型组合焊接工艺

没有背部的衬环辅助根部成型，主要依靠母材坡口形式及焊接操作技术来完成根部的成型，故采取不开坡口或减少坡口角度、不留对口间隙和钝边、坡口根部加工 V 倒角、减少焊接层数、调整焊接参数、改进操作工艺等措施来实现单面焊双面成型。

4.4　焊缝返修工艺

不同缺陷出现的机率与焊件结构类型、焊接位置、焊接部位、材质、坡口形式和尺寸、焊接环境以及所采取的焊接工艺措施和操作方法等有关。气孔大多出现在焊缝的根部和横焊位置焊缝的上部；裂纹易产生于厚壁铝镁合金管道的内部；塌陷、焊瘤缺陷与液态铝的流动性和高温强度有关。大量数据统计表明：铝镁合金焊接工程返修后重复出现焊接缺陷概率最大的是气孔和裂纹缺陷（约为 90% 以上）。所以应针对不同的设备和管道结构类型、不同的材质、不同的焊缝部位和缺陷性质等，分析判断缺陷产生的机理，设计返修专用工装夹具，把以上所述的组合焊接工艺原理运用于返修工艺的制定，侧重点是解决气孔和裂纹。

5. 施工工艺流程及操作要点

5.1　施工工艺流程（图 5.1）

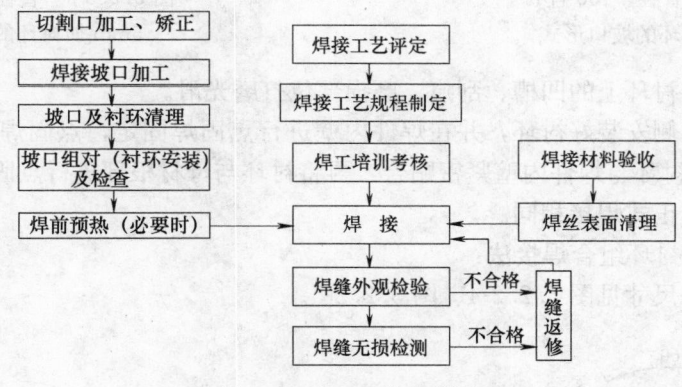

图 5.1　施工工艺流程图

5.2　操作要点

5.2.1　焊件切割与坡口加工

1. 现场采用机械方法或等离子弧切割方法切割焊件和加工焊件端面和坡口。如用等离子弧切割方法加工，切割面应打磨出金属光泽。

2. 应对焊件切割面和坡口进行清理、修整。应采用管道凹陷整形器对焊件加工变形、椭圆度超差部分进行整形。

5.2.2　坡口组对（衬环安装）

1. 双面同步组合焊接：

1) 坡口组对形式与尺寸见图 5.2.2-1。可采用预留间隙或不预留间隙两种形式，以及有钝边的单面坡口和无钝边的单面坡口。

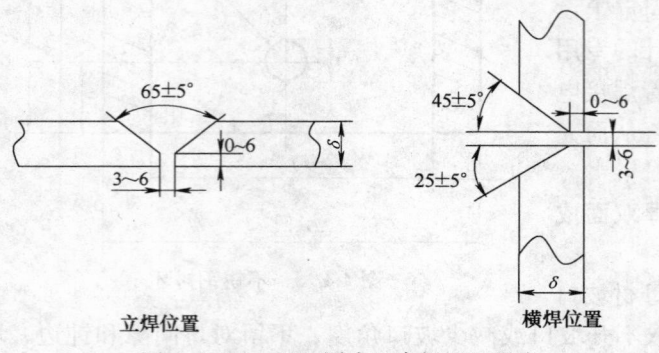

图 5.2.2-1 双面同步组合焊坡口形式

2) 当采用不预留间隙组对方法时，考虑铝及铝合金导热性强、线膨胀系数大的特点，为防止焊接变形和错边，应在准备的最后焊接段适当留 2～3mm 的间隙。

3) 定位焊：

① 点焊时起弧和收弧时要注意焊缝的成型应平滑过渡，如果因为起弧和收弧造成陡面，应用刮刀剔成平滑过渡，也可以用砂轮机将母材打磨成平滑过渡。

② 点固焊接参数与正式焊接相同，尽量避免打磨切除。

③ 对于大直径管道，为了保证对口的间隙均匀，防止在焊接时产生的焊接变形影响对口间隙及错边，在对口的过程中用点固焊的方式来减少焊接变形或定位，点固焊每隔 200mm 左右点焊长度为 10～15mm，根据对口的情况及壁厚做适当的调整。

2. 铝衬环组合焊接法：

1) 坡口组对形式与尺寸见图 5.2.2-2、图 5.2.2-3。

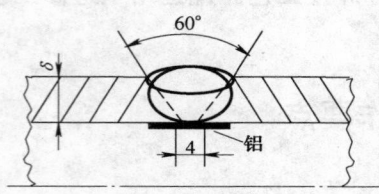

图 5.2.2-2 管径≥100 且 δ≤5mm 加衬环的坡口形式

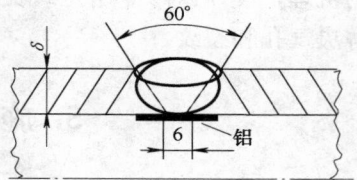

图 5.2.2-3 管径≥100 且 δ>5mm 加衬环的坡口形式

2) 安装衬环前应将衬环上的凹槽、刮痕、磨损部位打磨光滑。

3) 在焊件的一端内侧安装好衬环，并在焊件内壁进行点固焊固定，点固焊缝应顺着介质流向。然后进行坡口组对，保证衬环与焊件内壁紧密贴合，再将衬环与母材根部进行点固焊接。

4) 点固焊接参数与正式焊接相同。

3. 不锈钢＋铝衬套衬环组合焊接法：

1) 坡口组对形式与尺寸见图 5.2.2-4、图 5.2.2-5。

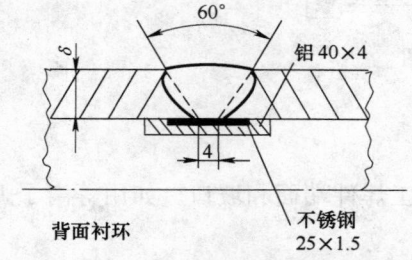

图 5.2.2-4 管径≥80 且 δ≤5mm 加衬环的坡口形式

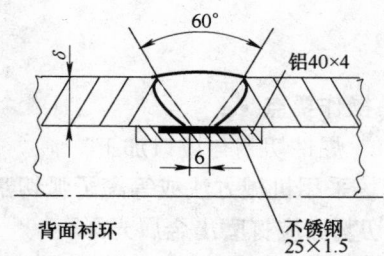

图 5.2.2-5 管径≥80 且 δ>5mm 加衬环的坡口形式

2）安装衬环前应将衬环上的凹槽、刮痕、磨损部位打磨光滑。

3）在焊件的一端内侧安装好衬环，并在焊件内壁进行点固焊固定，点固焊缝应顺着介质流向。然后进行坡口组对，保证衬环与焊件内壁紧密贴合，再将衬环与母材根部进行点固焊接。

4）点固焊接参数与正式焊接相同。

4. 加永久性不锈钢衬环的组合焊接法：

1）坡口组对形式与尺寸见图 5.2.2-6。

2）安装衬环前应将衬环上的凹槽、刮痕、磨损部位打磨光滑。

3）根据不锈钢衬环的回弹量计算衬环的周长尺寸，先在焊件的一端内侧安装好衬环，然后进行坡口组对，利用不锈钢衬环的回弹量保证衬环与焊件内壁紧密贴合。

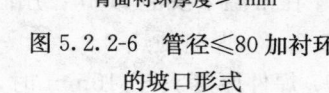

图 5.2.2-6　管径≤80 加衬环的坡口形式

5. 加临时性不锈钢衬环的组合焊接法：

坡口组对形式与尺寸、衬环安装方法均与不锈钢＋铝衬套衬环组合焊接法基本相同，但不锈钢衬环在内壁的固定应采用专门的工具夹具进行。

6. 不开坡口、不留间隙单面焊双面成型焊接：

1）不开坡口：先采用机械加工方法保证管道焊件两端面平行且与管轴线垂直，清理干净端上的加工毛刺。

2）两焊件端面进行无间隙组对，见图 5.2.2-7。

3）定位焊要求同双面同步组合焊接方法。

7. 开坡口不留间隙单面焊双面成形焊接：

1）坡口组对形式与尺寸：与传统工艺比较，采用小坡口角度减少熔敷金属量，不留坡口钝边和组对间隙，并在坡口根部的背面加工倒角，以减少气孔和根部未熔合的机率，见图 5.2.2-8。对于横焊缝，设计上部坡口角度大于下部坡口角度，利于减少气孔。

2）坡口组对和定位焊：同双面同步组合焊接方法，在准备的最后焊接段适当留 2～3mm 的间隙。

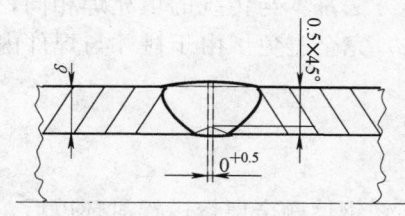

图 5.2.2-7　不开坡口、不留间隙的坡口形式

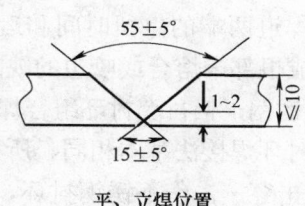

平、立焊位置

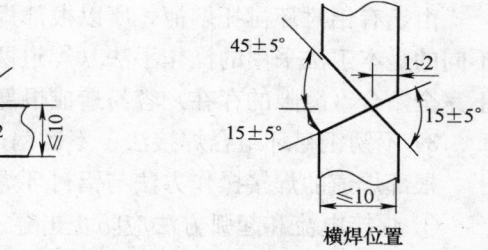

横焊位置

图 5.2.2-8　开坡口不留间隙的坡口形式

8. 坡口组对的其他要求：

1）组对定位焊时可采用木锤等工具校正椭圆度和局部错位超差，必要时进行刚性固定或反变形等方法，并留有收缩余量。应避免强力组对造成较大的焊接应力和变形。

2）采用衬环焊接法时，焊件内壁应齐平；采用非衬环焊接法时，内壁错边量应符合标准规范的要求。否则应按《现场设备、工业管道焊接工程施工及验收规范》GB 50236—98 规定对焊件内壁加工过渡坡段。

5.2.3　焊前清理

施焊前应对焊件坡口及其两侧 50mm 范围、衬环、焊丝以及将熔入永久焊缝的定位焊缝表面进行清理，可根据表面污染程度选用以下方法：

1. 用丙酮等有机溶剂去除表面的油和油脂。

2. 用机械法或化学法清除表面氧化膜，清理后宜立即施焊。清理时间超过 2h 仍未施焊，则应在施焊前重新清理。

3. 机械法：坡口及其两侧表面用刮削、锉削等方法，也可用直径 0.2mm 左右的不锈钢丝刷（轮）清理露出金属光泽。使用的钢丝刷（轮）要定期进行脱脂处理。不宜用砂轮、砂布、抛光片打磨，以防砂粒形成焊接夹渣等缺陷。焊丝表面用不锈钢丝刷或干净的油砂纸擦洗，端头采用锉刀，使其磨出金属光泽。

4. 化学法：用 5%～10% NaOH 溶液在温度约为 70℃下浸泡 30～60s，然后水洗，再用约 15%的 HNO_3 在常温下浸泡 2min，用温水洗净，并使其完全干燥。

5.2.4 焊前预热

1. 焊件厚度大于 15mm 时，焊前一般应进行预热，预热温度为 100～150℃。焊件厚度不大于 15mm 时，一般可不预热。预热采用电加热法或氧乙炔火焰加热法。如果采用氧乙炔火焰加热时，应采用中性焰加热，不要正对着坡口，应朝着坡口外，偏成 30°左右的角，大面积的加热，不要对着一点猛烤。加热范围控制在坡口两侧 100mm。

2. 当焊件温度低于 5℃时，应在始焊处 100mm 范围内预热到 15℃（指焊前不预热的情况）。

3. 每天清晨开始焊接前或焊件表面潮湿时，应对焊件进行预热干燥（指焊前不预热的情况），防止潮气影响焊接质量。

5.2.5 焊接操作要点

1. 根部焊道手工钨极氩弧焊接操作要点

1）双面同步组合焊接：

双面同步组合焊的工艺参数取决于 2 名焊工的主导和辅助作用。双面同步组合焊时，2 名焊工所起的作用不一样，焊缝外侧的焊工起主导作用，使用的电流要较大，且添加熔敷金属；内侧的焊工起辅助作用，焊接电流相对较小，一般不向焊接熔池中添加焊丝，只有在根部焊缝形成凹陷或熔池温度过高时才向焊缝熔池中适量添加少量焊丝。2 个焊工的焊接速度必须保持基本一致，内侧的焊接速度略慢于外侧。可通过焊接熔池相互感应进行速度控制，达到同步的效果。

2）铝衬环组合焊接法：

由于有铝衬环衬托熔池，所以根部焊道的焊接工艺参数和操作方法基本与传统的填充焊相同，所不同的是本工法采用的操作手法（焊道两端的停留时间和运条方法）完全避免了由于衬环与焊件内壁不完全贴合（缝隙的存在）容易造成根部未熔合或咬边的缺陷。

3）不锈钢衬环组合焊接法、不锈钢＋铝衬套衬环组合焊接法：

根部焊道的焊接操作方法与铝衬环焊接法基本相同，所不同点是：

① 焊接电流和起弧方法应防止击穿、击伤不锈钢衬环，以免不锈钢熔融金属熔进铝衬环以后，容易使焊缝发脆，强度降低，留下质量隐患。对于已击穿的不锈钢衬环，必须在返修时完全清除干净不锈钢熔融金属，或者更换衬环。

② 焊工在返修过程中，当采用机械方法清除焊接缺陷时，也容易损伤不锈钢衬环，使得探伤底片上留下容易混淆的条形气孔、未熔合等伪缺陷，给探伤评片及现场返修增加麻烦。所以返修时应控制不伤及不锈钢衬环，然后采用较大的焊接电流将未完全清除到位的根部焊缝金属熔化掉。

4）不开坡口、不留间隙单面焊双面成型焊接：

与传统焊接操作方法不同的是：根部焊道采用不加焊丝自熔法完成，然后加焊丝完成盖面焊道，所采用的焊接工艺参数有较大区别。

5）开坡口不留间隙单面焊双面成型组合焊接：

由于坡口角度减小，且不留间隙和钝边，所以本工法采用的焊接工艺参数和操作方法与常规焊接方法有很大不同，既要通过坡口尖端来挡住熔融金属外溢防止下坠形成焊溜，又得保证坡口尖端母材完全熔化成型良好，同时还要把熔池中的杂物清出。

6）其他操作要领：

① 焊接时应注意不要使不锈钢衬环熔化或被电弧击伤。焊缝打磨时也不要伤及衬环。

② 焊接、返修时，应避免因修磨焊缝或母材而损伤不锈钢衬环表面。

2. 手工钨极氩弧焊和半自动熔化极氩弧焊通用操作要点

1）手工钨极氩弧焊和半自动熔化极氩弧填充盖面的焊接工艺参数：根据焊件结构形式和尺寸、壁厚、焊接方法、坡口形式和尺寸、焊接环境和焊工等因素确定。

2）手工钨极氩弧焊应采用交流焊接电源，熔化极氩弧焊应采用直流电源，焊丝接正极。

3）根部焊道焊接前应对定位焊缝的两端进行清理和修整使其平滑过渡，以便于接弧。

4）施焊前应在引弧板上试焊，确认参数调整合适、无气孔后再正式焊接。

5）开始焊接或隔一段时间再焊接时，引弧前要先打开氩气，保持流通20～30s，以排除空气，并利用氩气流带走附着在导气管内壁上的水分。然后找准引弧点，在引弧板或坡口内引弧，禁止在非焊接部位引弧。

6）焊接中断或结束时，为防止产生弧坑裂纹和缩孔，收弧处要多填一些金属，然后再使焊接电流逐渐衰减，断弧后，氩气要持续5～8s，使钨极及熔池金属都在氩气的保护下冷却，以防止钨极氧化。

7）半自动熔化极氩弧焊应在引弧板上引弧，在引出板上熄弧。

8）焊接应连续进行，不间断，一条焊缝一气呵成，避免中间停留时间长导致表面氧化，焊接间隔的时间最好不要超过15min。

9）焊接过程中应清除焊层焊道间的氧化物夹杂等缺陷。

10）钨极氩弧焊时，输送焊丝和焊枪的运行速度要配合好，一般采用快送少加焊丝的填丝方法，焊接中应使焊丝端部始终处于氩气保护范围之内，防止氧化膜形成。焊丝的横向摆动不宜超过其直径的3倍。

11）在焊接过程中，严禁翻动、振动焊件。需要翻转时，应待焊缝金属冷至150℃以下，并轻轻翻动。

12）多层焊时宜减少焊接层数，层间温度严格控制在≤150℃。

13）焊接过程中，如不慎将焊丝触及电极或电极触及工件，会使熔池附近氧化发黑，对此应立即熄弧，将氧化发黑的地方清理干净，重新焊接。

14）当熔化极氩弧焊发生导电嘴熔入焊缝时，应将该部位焊缝全部铲除，更换导电嘴后方可继续施焊。

15）焊接过程中，钨极前端出现污染（钨极表面呈褐色、黄绿色或蓝色表明氧化严重）或不规则形状时，应及时进行修正或更换钨极。当焊缝出现夹钨现象时，应将钨极、焊丝、熔池处理干净后方可继续进行施焊。

3. 焊接顺序

根据焊件结构形式和尺寸、焊接位置、拘束程度以及操作难易等情况，采取合理的焊接顺序防止焊接应力和变形，防止裂纹、气孔等缺陷产生。如采取分段焊、分段退步焊、多名焊工对称焊等措施防止应力和变形；当从中心向外进行焊接时，具有大收缩量的焊缝宜先行施焊；分段焊接时，组对间隙小的焊缝应先施焊；较大壁厚的管道采取多层多道焊、不摆动或小摆动、内外侧交替焊接等方法，每道焊肉不宜太厚、太宽（盖面层至少焊3道），每道均可采取分段退焊。横焊位置的分道焊可采取由上向下或上下交替窄道焊方法防止裂纹和气孔。

4. 焊接返修

以较长的焊缝内部大面积密集气孔为例，焊接返修要点如下：

1）确定一次返修的每段长度：原则上不超过300mm。当超过时，应采取分段返修的方法。

2）确定缺陷位置，用手枪电钻或刮刀、砂轮机将原焊缝焊肉清除干净，应注意采用砂轮机打磨容易掩盖混淆尚未清除的缺陷。

3）用内磨机修整出符合焊接要求的坡口形状和尺寸。当坡口间隙过大又不能采用临时衬环时，可采取事前堆焊长肉的办法修整坡口。

4）对于开槽较长（400～600mm）的返修，应加装工装夹具，防止焊接变形。

5）不加临时衬环打底焊接时，可采用加间隙板的方法防止后续长度段坡口间隙的焊接收缩。间隙板的材质为不锈钢，间隙板放置在距起始端 1/2 距离处，待焊至间隙板附近时，去除间隙板。去除间隙板的过程勿伤及母材。也可不加间隙板，而采取分 2～3 段退步焊的方法。

6）打底层焊接方法：管道内侧条件允许时，优先采用双面同步组合焊接工艺。也可采用内侧加临时不锈钢衬环、外侧施焊的组合焊接工艺。

7）填充盖面层焊接：采取多层多道窄道焊、不摆动或小摆动、内外侧交替焊接等方法。每道焊肉不宜太厚、太宽（盖面层至少焊 3 道），每道均可采取分段退焊。横焊位置的窄道焊可采取由上向下或上下交替窄道焊方法防止裂纹和气孔。

8）每道焊肉焊完后应用不锈钢丝刷进行清理，并应仔细检查有无裂纹和表面气孔等缺陷。

9）层间温度不低于预热温度，否则应重新加热；层间温度也不宜过高（不超过 150℃），否则应停止施焊，待冷却后再行焊接。

10）由于铝的返修是局部贯穿性开槽焊接，焊接过程中要不断监测焊件的几何尺寸变化和焊接变形、以及设备的直线度和塔器设备的垂直度等指标。一旦超标应立即停焊采取补救措施。

11）前一长度段焊接完成并探伤合格后，方可进行下一长度段的返修。

5.3 劳动力组织

以焊接 10000 个 DIN 焊口，施工 1 个月计算，劳动力组织情况见表 5.3。

劳动力组织情况表　　　　　　　　　　　　　　　　　　　　　表 5.3

序 号	工 种	所需人数	备 注
1	焊工	6	
2	铆工	4	
3	起重工	3	
4	电工	2	
5	管工	12	
6	普工	6	
	合计	33	

6. 材料与设备

6.1 焊接用机具

铝镁合金管道焊接采用的主要机具见表 6.1。有关说明如下：

机具设备表　　　　　　　　　　　　　　　　　　　　　　　表 6.1

序 号	名 称	规格型号	单 位	数 量	备 注
1	交直流方波氩弧焊机	WSE-500	台	5	
2	半自动氩弧焊机	A120-500	台	2	
3	等离子弧切割机	LGK-120	台	1	
4	砂轮切割机	φ400	台	2	
5	角向磨光机	φ100	台	6	
6	角向磨光机	φ150	台	6	
7	圆盘锯	4″	台	2	切割铝镁合金
8	内磨机		台	6	
9	电刨		台	1	加工铝镁合金坡口
10	管道凹陷整形器		套	1	本公司专利产品

续表

序 号	名 称	规格型号	单 位	数 量	备 注
11	角向磨光机活动安全罩	ϕ100	只	8	本公司专利产品
12	角向磨光机活动安全罩	ϕ150	只	8	本公司专利产品
13	大力钳		把	8	安装衬环用
14	焊接检验尺		只	2	
15	氩气表		块	8	

6.1.1 焊枪采用水冷却循环方式。自行设计并安装了与焊机配套的焊枪冷却水自循环装置，可缩短焊把长度，焊机可放置于高空或距焊接作业很近的场所，方便了焊工操作，同时也节约用水，不存在随地排水现象。

6.1.2 管道凹陷整形器：本公司实用新型专利产品，用于修复铝管道端部凹陷和校正椭圆度。根据管道内径的不同，设置有多种尺寸的弧形顶块。可方便地更换弧形顶块，适应不同直径管道的整形需要。

6.1.3 坡口清理工具：砂轮机、气动铣刀是首选工具，不锈钢丝轮是进行机械清理焊件表面较好的用具，吸尘器是进行表面粉尘清理的工具。

6.1.4 衬环制作工具：大力钳是不可少的专用工具，它保证了衬环制作后的贴合质量，小的衬环还需用电钻开孔便于稳固衬环。

6.1.5 返修用工具：砂轮机、手枪电钻、内磨机配合金钢铣刀、刮刀等都是返修时备用的工具。

6.1.6 角向磨光机活动安全罩：中国化学工程第三建设有限公司实用新型专利产品，使用前安装于角向磨光机上，将磨光机的锯片完整的罩起，工作时，通过手柄转动活动罩，锯片外露正常工作；当磨光机因意外脱手时，活动安全罩在回位弹簧的作用下，迅速回位，将锯片罩住，保护焊工操作安全。

6.2 焊接材料

6.2.1 焊丝：所选用的焊丝应与母材相匹配，根据现行管道焊接施工规范（如《现场设备、工业管道焊接工程施工及验收规范》GB 50236 等）和设计文件的要求选用，并通过焊接工艺评定验证。焊丝的质量应符合相应材料标准的规定。

6.2.2 氩气：用于焊接的保护气体。氩气的纯度应不低于99.99%，露点不高于−50℃，符合现行国家标准《氩》GB/T 4842—2006 的要求，具有出厂合格证。

6.2.3 钨极：选择铈钨棒。本工法改进钨极尺寸：采用较大钨极直径（3.0～5.0mm），可承受较大的施用电流，可根据焊接电流、焊丝直径、个人焊接操作选择不同直径；钨极端部磨成半球形，有利于电弧热量集中，电弧稳定性增强，焊缝成形良好，钨极烧损小，不易形成夹钨缺陷。

7. 质 量 控 制

按本工法施工的铝镁合金管道的焊接质量应符合国家现行标准（如《现场设备、工业管道焊接工程施工质量及验收规范》GB 50236 等，下同）和设计文件的规定。并按以下程序控制焊接质量：

7.1 焊接工艺评定和焊接工艺规程

7.1.1 工程焊接前，应根据相关标准、规范（如《现场设备、工业管道焊接工程施工质量及验收规范》GB 50236、《钢制压力容器产品焊接试板的力学性能检验》JB 4708）、设计文件、合同文件要求进行焊接工艺评定，提出焊接工艺评定报告，按规定程序审批后用于编制焊接工艺指导书。

7.1.2 依据焊接工艺评定报告和本工法，结合现场实际，编制现场焊接工艺规程，按规定程序审批后作为焊工进行焊接操作的指导性文件。焊接工艺指导书发放到焊工和检查人员手中。

7.2 焊工资格评定

按相关标准（如《现场设备、工业管道焊接工程施工质量及验收规范》GB 50236、《锅炉压力容器压力管道焊工考试与管理规则》）、规范和合同技术文件的规定对从事相应焊接项目的焊工进行资格考核和认可。必要时根据现场工作需要对焊工进行现场模拟培训和考核。对特殊位置焊接以及焊接环境恶劣的场合采取选拔优秀焊工的办法确保焊接质量。

7.3 焊接材料的使用控制

7.3.1 焊丝使用前应进行清理（清洗）和干燥，放在保温筒内储存使用。

7.3.2 氩气瓶在使用前应进行倒置处理，并在试板上进行试焊，确认无气孔后方可用于正式焊接。瓶装氩气压力低于 0.5MPa 时不得使用。

7.4 焊接设备和工器具控制

焊前应检查焊接设备和工器具应处于正常状态，确保设备性能稳定、可靠。电流表、电压表和温度测量仪表、仪器计量准确，在检定周期内。应对焊接设备的使用环境进行监控。

7.5 焊接环境的控制

7.5.1 预制场地应保持清洁，并铺设橡胶或其他软质材料，以免碰伤、擦伤铝表面。应搭设防风、雨、雪及防冰冻的设施。

7.5.2 施工现场应做好对天气情况的监测工作，制定现场焊接和热处理作业的防风、防雨、防潮湿措施并严格实施，保证焊接环境条件符合焊接要求，防止由于风速和湿度过大引起焊接缺陷。

7.6 坡口质量控制

7.6.1 坡口加工质量控制

加工后的坡口表面应平整、光滑，不应有裂纹、分层、夹渣、毛刺和飞边等。等离子弧切割面应打磨出金属光泽。

7.6.2 坡口组对质量控制

1. 在组对前应检查设备和管道对接口的周长、椭圆度、坡口不平度，符合相应现行标准、规范的规定。

2. 组对时应保证组对错边量符合相应现行标准、规范的规定，否则应进行削薄加工处理。当采用衬环焊接法时，应保证设备和管道对口的内壁平齐。组对后应对坡口组对质量进行复查，确认符合规范要求。

3. 衬环安装时应保证衬环与焊件内壁紧密贴合。

4. 定位焊缝应由合格焊工施焊。正式焊接前应对定位焊缝进行检查，当发现缺陷时应及时处理。定位焊缝表面的氧化膜应清理干净，并应将其两端修整成缓坡形。

7.7 焊前清理质量控制

焊前应检查坡口及坡口两侧、衬环和焊丝的清理质量，其清理宽度及清理后的表面应符合国家现场规范和设计文件的要求。经清理的焊件、衬环和焊丝严禁沾污，否则应重新清理。

7.8 焊前预热控制（必要时）

当有预热要求时，应采用测温枪或测温笔检查预热温度，并控制预热区域范围在坡口两侧不小于 100mm。

7.9 焊接过程控制

焊接过程中应进行包括焊接参数在内的检查与记录、多层焊的层间清理和检查、层间温度检查与控制、中断焊接的焊缝继续焊接前的清理和检查、层间无损检测（必要时）等。

7.10 焊接后检查：

7.10.1 焊缝焊接完毕后应进行外观质量检查，外观质量应符合国家现行标准、规范的规定。

7.10.2 焊缝外观质量检查合格后，应按《承压设备无损检测》JB 4730—2005 的规定进行射线检测，焊缝质量合格标准应符合设计文件和国家现行标准、规范的规定。

7.10.3 焊接工作完成后，要求在设备排版图或管道单线图上对焊工及有关的标识进行记录，包括焊缝编号、探伤方法、局部探伤位置、底片编号、焊缝返修位置、焊工代号等。

7.11 焊接质量管理

现场应建立焊接质量管理体系，体系人员按设定的焊接质量控制点进行焊接过程质量控制。

8. 安全措施

8.1 预防触电措施

现场施工用电必须采用三相五线制，使用符合标准的配电箱和开关箱，做到一机、一闸、一保护。焊接设备要有可靠接地。使用手提照明灯时，电压不超过安全电压 36V，高空作业时不超过 12V。

8.2 气瓶防爆措施

盛装氩气的高压气瓶应小心轻放、竖立固定，防止倾倒。氩气瓶与热源距离一般应大于 5m。

8.3 通风措施

氩弧焊接工作现场要具备良好的通风环境，设备和管道内应安装通风设备，以排出有害气体及烟尘。

8.4 防护射线措施

应采用放射剂量极低的铈钨极。钨极加工时，应采用密封式或抽风式砂轮磨削，操作者应佩戴口罩、手套等个人防护用品，加工后要洗净手脸。加工好的钨极应放在铝盒内保存。

8.5 防护高频措施

为了防备和削弱高频电磁场的影响，应采取以下措施：

8.5.1 工件良好接地，焊枪电缆和地线要用金属编织线屏蔽。

8.5.2 适当降低频率。

8.5.3 尽量不要使用高频振荡器作为稳弧装置，减小高频电作用时间。

8.6 其他个人防护措施

8.6.1 进行钨极氩弧焊操作者必须戴好面罩、手套，穿好工作服、工作鞋，以防止红外线、紫外线灼伤。

8.6.2 氩弧焊时，由于臭氧和紫外线作用强烈，宜穿戴非棉布工作服。

8.6.3 设备管道内焊接无法保证通风良好的情况下，宜采用送风式头盔、送风口罩或防毒口罩等个人防护措施。

8.6.4 在角向磨光机上安装专用安全罩。由于铝镁合金焊接打磨时的黏滞性容易造成砂轮片破碎飞出伤人，设计了专门用于铝及铝合金焊接用角向磨光机活动安全罩。

8.7 化学清洗防护措施

施工人员必须严格执行操作规程，防止身体触及酸碱等危险品。

8.8 作业场所安全措施

8.8.1 在焊接作业点火源 10m 以内、高空作业下方和焊接火星所及范围内，应彻底清除有机灰尘、木材、棉纱、石油、汽油、油漆等易燃物品。

8.8.2 在焊接作业点 10m 以内，不得有易爆物品。

8.9 安全管理措施

8.9.1 施工前应对施工班组进行安全技术交底。

8.9.2 容器、管道内作业时应有专人监护。

9. 环保措施

9.1 严格遵守国家和地方政府下发的有关环境保护的法律、法规和规章，遵守废弃物处理的相关规定，随时接受相关单位的监督检查。

9.2 采用低噪声切割及坡口加工工艺及设备，按规定时间作业。

9.3　合理使用，尽量节约材料，包括焊丝、衬环、氩气和其他辅助材料，减少资源占用。

9.4　对钨棒头、焊丝头、废砂轮片等固体废弃物进行回收，集中存放。不可将回收的上述固体废弃物按垃圾处理要求处置。

9.5　化学清洗废液应经中和处理，使其达标后向指定地点排放。

9.6　焊接设备冷却水采取循环使用措施以节约用水，废水不得随地排放。

10. 效 益 分 析

与传统焊接工艺相比，本工法所体现的经济效益和社会效益明显，表现在：

10.1　本工法通过创新坡口组对和根部焊接方法，改进组合焊接工艺，突出焊前准备和焊接过程控制，解决了铝及铝合金设备和管道采用传统焊接方法存在的气孔、裂纹、未熔合、未焊透、塌陷、焊瘤等缺陷机率大，焊接一次合格率很低的问题，焊接质量得到显著提高，可保证焊接一次合格率：设备大于 98%、管道大于 95%。

10.2　本工法工艺技术先进，操作方法简单，可操作性强，焊工易操作、易掌握，缩短了铝焊工的培训周期，培训成本降低。由于坡口加工和组对的程序简单化，坡口加工量减少，焊接工作量减少，现场焊接工效大大提高，加快了施工进度。由于焊接一次合格率大大提高，返修量很小，焊接成本大大降低。

10.3　本工法由于开发了多种衬环组对安装方法，使得焊接操作变得容易；由于对大壁厚工件应用了半自动熔化极氩弧焊接方法，机械化、自动化程度有所提高，降低了焊工的劳动强度；由于采用了先进的焊接设备，改进了焊接工装（如发明"管道凹陷整形器"实用新型专利），优化了坡口设计，改善了焊接作业环境；由于加强了安全防护和管理（如发明"角向磨光机活动安全罩"实用新型专利），施工安全可靠性更强。

10.4　本工法在焊接工装上进行了改进，自行设计安装了与焊机配套的焊枪冷却水自循环装置，缩短了焊把长度，焊机可放于高空或距焊接作业很近的场所，既方便于焊工操作，又节约用水，避免了过去的随地排水现象，体现了文明施工；由于坡口加工量和焊接工作量均较大幅度地减少，减少了空气中的粉尘和烟尘，焊接作业环境得到了明显改善。

11. 应 用 实 例

应用此工法，成功地施工了 20 多套空分装置。空分装置规模从 3000～70000Nm³/h 不等，完成铝合金管道焊接近 40 万 DB，涉及的产品包括国内（杭氧、川空、开空）、国外（林德、法液空、美国普莱克斯、美国空气公司）的成套设备，受到业主和国内外专家的一致好评。各项技术经济指标实现情况：

1. 质量：焊接一次合格率达到 95% 以上（其中设备 98% 以上）。
2. 人力投入：工效提高 2～3 倍，焊工减少 40%～50%。
3. 材料节约：焊接材料和消耗材料节约 5%～10%。
4. 机械设备：节省焊机、辅助工装设备等台班数 25%～30%。
5. 安全：无人员伤亡事故。
6. 环保指标符合国家有关环保法规和标准的规定。
7. 节能指标达到业主和上级主管部门下达的规定要求。

举例如下：

由中国化学工程第三建设有限公司于 2007 年至 2008 年安装的大唐多伦煤制烯烃项目 3 套 6 万

Nm^3/h 空分装置，管道材质为 5083、5052，管道延长米约 13000m，焊口数量约为 90000DB，焊接一次合格率达 98.5%。

由中国化学工程第三建设有限公司于 2007 年 7 月安装的神华煤制油项目两套 5 万 Nm^3/h 空分装置，管道材质为 5083，管道延长米约 4600m，焊口数量约为 32000DB，焊接一次合格率达 98%。该工程获得全国优秀焊接工程奖。

由中国化学工程第三建设有限公司于 2008 年安装的淮化集团环境污染综合治理项目 4.8 万 Nm^3/h 空分装置，管道材质为 5083，铝管道延长米为 1998m，焊口数量约为 21000DB，焊接一次合格率达 98.3%。

由中国化学工程第三建设有限公司于 2007 年至 2008 年安装的神木化学集团 40 万 t 甲醇二期项目 5.6 万 Nm^3/h 空分装置，管道材质为 5083，铝管道长度约 2230m，焊口数量约为 23000DB，焊接一次合格率达 98%。该工程获得全国优秀焊接工程奖。

铁素体—奥氏体双相不锈钢管道焊接施工工法

GJEJGF241—2008

大庆油田建设集团有限公司　四川石油天然气建设工程有限责任公司

袁世昌　王剑勃　朱洪亮　何洪勇　吴立斌

1. 前　　言

铁素体—奥氏体（材质型号：UNS S32205）双相不锈钢，兼有奥氏体不锈钢所具有的优良韧性、耐腐蚀性、焊接性和铁素体不锈钢所具有的较高屈服强度、耐氯化物应力腐蚀性能双重优点，该类管道的施工难点是在焊接和施工过程中确保焊缝材质的相比例。

克拉2气田是国家西部开发重点项目，是西气东输项目重要的气源性工程。该气田属于高井深、高压力、富含有毒有害气体的气田，为了克服氯离子等有害介质对管道的腐蚀，天然气处理厂管线、集输管线采用铁素体—奥氏体双相不锈钢直缝焊管。进行如此大量的 UNS S32205 双相不锈钢管线施工，国际上少有、国内更是首次，因此，没有现成的施工经验和专用机具可借鉴使用。施工质量的好坏对保证向下游安全、稳定供气30年有着极其重要的意义。

通过在黑龙江省检新咨询中心（国家级查询咨询机构）对本工法的关键技术，即《S32205 双相不锈钢管线焊接技术》进行技术查新，结果表明，目前国内未见与之相同的技术文献报道，大庆油田建设集团有限责任公司、四川石油天然气建设工程有限责任公司共同对铁—奥双相不锈钢的焊接工艺进行了研究，同时研制开发专用施工机具，取得了良好效果，该成果分别获大庆石油管理局科技进步三等奖和川庆钻探工程公司优秀科技成果二等奖，研制开发的隔氧密封装置两项获得国家专利（《管道内保护气体密封器》专利号：ZL 20042 0063346.8；和《管道焊接内保护装置》专利号 ZL 2008 2 0062059.3）。

本工法的核心技术《UNS S32205 双相不锈钢管线焊接技术》于 2009 年 4 月 25 日，经中国石油和化学工业协会组织的科技成果鉴定会鉴定，认为，该项技术达到了国内领先水平，应用前景广阔，符合国家鼓励的环保技术发展方向。

该技术通过对克拉2凝析气田地面建设工程气田内部集输管线工程、克拉2凝析气田地面建设工程气田内部集输管线工程（二期）、迪那2气田地面建设工程气田集输 DN2 区块三项工程中成功进行了应用，焊接质量符合相关标准要求，焊接合格率达到98％以上，工程质量均达到了优良。其中：克拉2凝析气田地面建设工程气田内部集输管线工程获 2006 年全国优秀焊接工程一等奖。总结形成了具有可操作性的铁素体—奥氏体双相不锈钢管道焊接施工工法。

2. 工 法 特 点

2.1　采用定位机具组对技术。根据工程特点，研制专用定位块/专用外对口器进行组对，保证了组对质量，提高了工效。

2.2　采用管道内壁焊缝内隔氧密封技术。针对不同管道施工，自行研制的隔氧密封装置进行背面气体保护，同时采用锡箔胶带对接口进行外部密封，密封性高，保护效果好，确保了根焊质量和焊缝的相比例。

2.3　采用内除锈技术。使用电动内钢丝刷机进行内焊缝表面清理，代替酸洗工序，经济实用，降低了成本，安全可靠，避免了酸洗造成环境污染的风险，而且避免了残余酸液进入装置损坏装置的

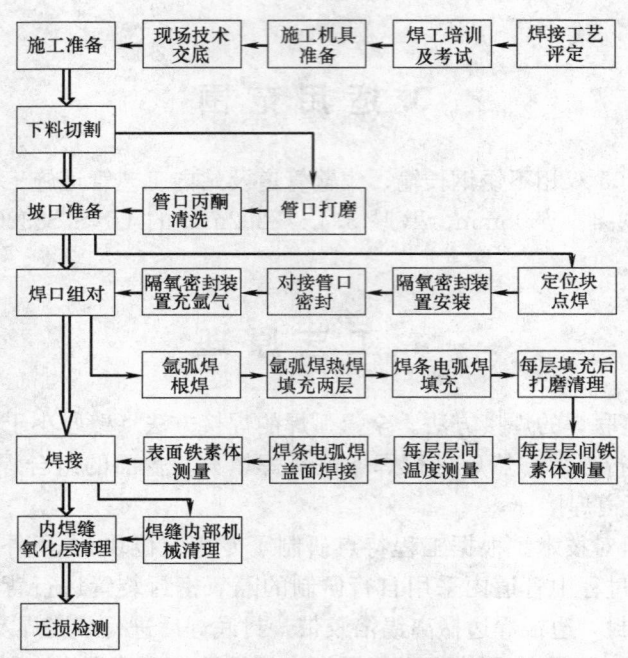

风险。

3. 适用范围

3.1 适用UNS S32205双相不锈钢长输、集输管道及站内工艺管道施工。

3.2 适用于直径 ϕ33.4～ϕ508mm、壁厚3.4～22.2mm的UNS S32205双相不锈钢管道组对、焊接。

4. 工艺原理

4.1 本工法采用氩电联焊的焊接方法。全氩弧焊的焊接方法（壁厚小于等于6mm，管径小于等于114mm）或采用氩弧焊进行根焊、然后进行焊条电弧焊填充、盖面的组合焊接方法（壁厚大于6mm，管径大于114mm）进行管道焊接；

4.2 采用定位机具组对技术。根据工程特点研制了专用定位块/专用外对口器。采用管道内壁焊缝内隔氧密封技术。焊接过程中管道内采用自行研制的隔氧密封装置进行背面气体保护，同时采用锡箔胶带对接口进行外部密封，边根焊边撤离锡箔胶带，封底焊后进行填充焊及盖面焊；

4.3 采用内除锈技术。用角向磨光机进行层间清理及外表面清理，确保外观质量，采用电动钢丝刷清理内焊道，保证焊缝内表面质量及耐腐蚀性达到规定要求；

4.4 同时，在采用含N元素的焊丝进行纯Ar保护氩弧焊时，熔池中的活性N原子将在熔池表层结合成 N_2 逸出，可能造成N元素的过度损失，解决的方法是在Ar气中加入2%～3%的 N_2 气抑制N的逸出。当混合气中 N_2 含量大于5%时，钨极易烧损，电弧不稳定。因此，焊缝正面保护气体采用Ar+2～3%N_2 混合气进行保护，有效保证了焊缝的相比例。

工艺原理如图4.4所示。

图4.4 UNS S32205双相不锈钢管线组对焊接工艺原理示意图

5. 施工工艺流程及操作要点

5.1 工艺流程

UNS S32205双相不锈钢管线组对焊接施工工艺流程如图5.1。

5.2 操作要点

5.2.1 下料切割

图 5.1　UNS S32205 双相不锈钢管线组对焊接工艺流程图

1. 采用等离子切割机、不锈钢专用砂轮片进行下料切割；

2. 切口表面应平整，无裂纹、重皮、凸凹、缩口；

3. 切口端面倾斜偏差不大于管子外径的 1‰，且不得超过 3mm。

5.2.2　坡口准备

1. 坡口形式采用单面 V 形坡口，坡口角度要求见表 5.2.2。

管径壁厚与坡口角度　　　　　　　　　　　　　　　表 5.2.2

管径壁厚	钝边 mm	坡口角度	管径壁厚	钝边 mm	坡口角度
φ508×19.1	0～1	60°±5°	φ219.1×8.2	0～1	75°±5°
φ508×15.9	0～1	60°±5°	φ114.3×6.06	0～1	75°±5°
φ406.4×15.9	0～1	60°±5°	φ60.3×3.9	0	75°±5°
φ323.9×12.7	0～1	70°±5°	φ33.4×3.4	0	75°±5°
φ323.9×10.3	0～1	70°±5°			

2. 管材、管件坡口在预制厂内加工完成，做好编号、妥善存放。

3. 用角向磨光机修磨坡口。坡口修磨必须光滑、均匀，氧化膜以下 1mm 内必须清除掉。角向磨光机砂轮片使用不锈钢专用砂轮片。

4. 在焊接前使用丙酮对管口内外表面 200mm 范围内进行认真清洗，要求目测管口呈现金属亮泽，保证没有油脂、油漆、氧化铁、Cu、Sn 或其他任何可能影响焊接质量的物质存在。

5.2.3　焊口组对

1. 管道对口时与母材直接接触的工具、器具的材质必须保证为不锈钢材料。管道对口及焊接过程中避免与碳钢接触。

2. 采用坡口定位块保证组对间隙，定位块尺寸见图 5.2.3-1。φ273 及其以上管口采用三角形定位块（图 5.2.3-2），φ219.1 及其以下采用圆柱形定位块（图 5.2.3-3）。坡口定位块必须采用与管道同材质的材料加工，并用丙酮认真清洗。

各种规格管径使用的定位块数量见表 5.2.3。

各种规格管径使用的定位块数量 表 5.2.3

规格 mm	定位块形式	定位块数量	规格 mm	定位块形式	定位块数量
φ508×19.1	三角形	6	φ219.1×8.2	圆柱形	3
φ508×15.9	三角形	6	φ114.3×6.06	圆柱形	3
φ406.4×15.9	三角形	6	φ60.3×3.9	圆柱形	2
φ323.9×12.7	三角形	4	φ33.4×3.4	圆柱形	2
φ323.9×10.3	三角形	4			

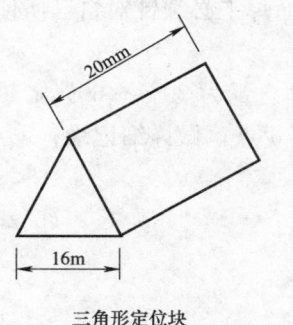
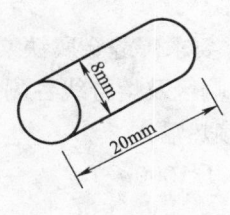

三角形定位块   圆柱形定位块

图 5.2.3-1 定位块尺寸示意图

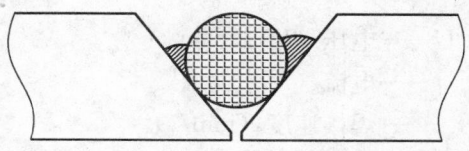

图 5.2.3-2 三角形定位块焊接示意图

图 5.2.3-3 圆柱形定位块焊接示意图

3. 组对完成后检查组对间隙，保证在规范允许范围内。测量工具必须使用不锈钢材料制成。

4. φ219 以上的焊口在点焊定位块之后安装充气气室（隔氧密封装置见图 5.2.3-4），在安装隔氧密封时注意使保护气的入口朝向地面。对于无法使用隔氧密封装置进行充气保护的焊缝和φ219 以下的焊口，采用分体可拆式内充气气室或密封胶皮进行充气密封，进行焊接全过程的内焊道充气保护。

5. 点焊定位块时，氩弧焊枪应朝向定位块，以使热量尽量集中在定位块上，防止管口内侧因高温无保护而造成氧化。在使用圆柱形定位块时，必须在背面通保护气，并且 O_2 含量小于 50ppm 才能点固定位块。

6. 管接口采用锡箔胶带密封，充保护气。

5.2.4 焊接

1. 焊接操作必须严格执行经焊接工艺评定后制定的焊接工艺规程中的各项要求；

2. 焊接顺序由下到上，对称焊接；

3. 根焊焊工施焊前复查管道组对的各项质量指标，确认符合焊接工艺规程要求后才能施焊；

图 5.2.3-4 隔氧密封装置

4. 正面保护气采用氩氮混合气（Ar＋2～3％N_2），背面保护气采用高纯氩气，纯度高于 99.995%，两种气体严禁混用。对于碰死口，无法采用内保护装置时，采用水溶性纸对根焊进行内保护；

5. 根焊开始前，必须使用"DFY-VC 型微量氧分析仪"在 12 点位置对充气室内的含氧量进行测量，测量值小于 50ppm 之后才可以打火；

6. 定位点之间的焊缝完成后，再把全部定位块一次打磨掉，并重新充气置换，O_2 含量小于 50ppm 再重新引弧施焊。在焊一段焊缝后，应及时检查观察焊缝背面颜色和成型情况，若不满足设计要求，说明根部保护效果不佳，应检查内保护密封性能是否良好，氧含量是否满足要求；

7. 氩弧焊热焊两层是因为氩弧焊的热输入（线能量）更小，可以减小熔合比，焊缝厚度达到 6mm

以上，保证根焊焊缝及热影响区的铁素体含量达到30％～60％；

8. 氩弧焊热焊结束后，焊条电弧焊填充之前，在坡口两侧各100mm范围内喷涂金属防飞溅剂，防止飞溅物污染母材。填充焊接前，将根焊焊缝焊道打磨平整；

9. 焊条电弧焊时采用短弧焊、大电流，以便吹出熔渣，保证焊缝内部质量。焊接电流的大小，在规程规定的范围内可以根据个人的掌握而调节，上限为钢水不流，下限保证钢水尽量铺开；

10. 焊接过程严格控制层间（道间）温度，焊缝的层间温度必须控制在150℃以下（测量点位置：距焊缝30～50mm）；

11. 焊接过程中所使用的热输入量必须控制在1.0～1.5kJ/cm之间，因而焊工必须针对自己所使用的焊接电流电压来控制自己的焊接速度在规定范围之内；

12. 焊后使用F-2A铁素体仪进行铁素体含量检测，要求焊缝金属铁素体含量为30％～60％，热影响区铁素体含量为30％～70％，按照要求在焊缝、热影响区及熔合线各测量6点，做详细记录；

13. 焊接过程中对使用的参数进行记录，并计算焊接热输入。

$$焊接热输入＝U×I/1000v \qquad (5.2.4)$$

式中　U——电压（V）；

　　　I——电流（A）；

　　　v——焊接速度（mm/s）。

5.2.5　内焊缝氧化层清理

1. 焊缝焊接完成后，进行管道内焊缝氧化层清除工作。对于规格小于ϕ219的管道，焊接时背面全过程氩气保护，焊后不进行内清理。对于规格大于ϕ219的管道，采用专用的电动钢丝刷进行内焊缝氧化层清除；

2. 采用专用的电动钢丝刷进行内焊缝氧化层清除，必须配备内窥镜及检查清理情况的内部灯光照明设施，确保氧化层清除后能够得到有效检查；

3. 对于管线弯头处的位置清理应分解进行，保证弯头处的焊缝不遗漏；

4. 管线氧化层清除后，应有旁站监理和施工单位质量检查员检查合格后，并签署管线氧化层清除记录后，才能进行后续管线焊接工作。

5.3　劳动组织

每个施工台班组施工人员配备见表5.3。

每个施工台班组施工人员配备表　　　　表5.3

序　号	工　种	数　量	备　注
1	技术人员	1	
2	管工	2	
3	电焊工	2	
4	气焊工	1	
5	力工	2	
	合　计	8	

6. 材料与设备

6.1　焊接材料

6.1.1　本工程选用的焊接材料全部由瑞典AVESTA WELLDING AB公司配套供应，氩弧焊焊丝选用AVESTA ER2209，焊条选用AVESTA E2209PW AC/DC。

6.1.2　工法措施材料（表6.1.2）

措施材料一览表　　　　　　　　　　　　　　　　表 6.1.2

序号	材料名称	规格型号	生产商	备注
1	金属焊接防飞溅剂	THIF-402	恒鑫化工有限公司	
2	水溶性纸		DissolvoTM	引进，配专用胶带
3	高纯氩气	99.995%	乌鲁木齐	
4	高纯混合气	99.99%	乌鲁木齐	Ar、N_2(2%~3%)
5	锡箔胶带	通用		
6	铝胶带	通用		
7	砂轮片	ϕ150	Flexovit	专用
8	平型钢丝刷		外购	专用

注：本表所列材料为双相不锈钢焊接专有材料。

6.1.3　焊接材料管理与使用

焊接材料严格的管理规程对保证焊接产品质量起到重要作用。

1. 入场的焊接材料必须统一集中放在焊接材料一级库。对焊接材料一级库有如下特殊要求：

1) 一级库在室内应放置干燥剂，必须保持空气干燥，通风良好，不允许放置有害气体和腐蚀介质，室内应保持整洁。保持室内温度不低于5℃，空气湿度低于65%；

2) 焊接材料应存放在室内的架子上，架子离地面距离不小于200mm，离墙壁距离不小于300mm。堆放焊材的架子上铺垫胶皮，避免和碳钢接触。

2. 设立焊接材料二级库用于烘干焊条、存放由一级库所领来的焊接材料。有控制地发放焊接材料并回收剩余的焊条、焊丝和焊条头。对焊接材料二级库有如下要求：

1) 从一级库领来的焊接材料在使用前必须分批先集中存放在二级库内；

2) 设置焊条烘干箱，每天按规定温度烘干发放的焊条；

3) 每天在发放焊条前对焊条保温筒先进行预热，避免烘干的焊条直接放入冷态焊条保温筒内，导致迅速冷却。

6.2　机具设备

机具设备见表6.2。

机具设备一览表　　　　　　　　　　　　　　　　表 6.2

序号	机具设备名称	机具设备型号	数量	生产商	备注
1	微量氧分析仪	DFY-VC	1	西安泰戈	封底
2	铁素体测定仪	F-2A	1	哈尔滨焊接研究所	盖面
3	管道内除锈车	YQM-300-Ⅰ/Ⅱ	2	北京扬奇	内焊缝清理
4	充气隔氧密封装置		1	自制	根据管径确定
5	秒表	通用	3	上海	测速用
6	风速仪	AVM-01	1	台湾	环境监测用
7	测温仪	TM-902C	3	温州	测层间温度
8	双弧焊机	DU-OP	3	引进	
9	等离子切割机	LGK-100	1		
10	角向磨光机	ϕ150	6		

注：此项机具设备为一个施工机组的用量。

7. 质 量 控 制

7.1　焊接过程执行《2205双相不锈钢材料焊接施工及验收规范》Q/SY TZ 0110—2004及《钢质管道焊接及验收》SY/T 4103—1995中的相关规定。

7.2　管道切割、坡口加工前进行管口测量，并把误差相近的放到一起进行组对，以避免管道组对后错边量超差。

7.3　管道切割、坡口加工后，进行坡口测量，检验坡口角度是否符合焊接工艺规程的要求。

7.4　管道组对后，进行对口质量的检查，使用焊缝检查尺检查对口间隙、错边量，保证管道对口质量符合焊接工艺规程要求。

7.5 管道组对点焊完成后，进行密封充氩气后，测量密封装置内的含氧量是否达到要求，达到要求后方可进行打底焊接和热焊工序；焊接过程注意环境风速的变化，若风速大于要求的范围，须采取防风措施。

7.6 管道根焊及热焊完成后，进行层间的温度测量及铁素体含量的测量，严格控制层间温度及铁素体含量符合焊接工艺规程要求。

7.7 管道进行填充焊接及盖面焊接时，也要测量层间温度及铁素体含量，确保层间温度及焊缝铁素体含量符合焊接工艺规程的要求。

7.8 管道盖面焊接完成后，进行焊缝表面的清理，并使用焊接检查尺检查焊缝的宽度及余高，符合规范要求，同时进行铁素体测量，确保其含量符合焊接工艺规程的要求。

7.9 焊接完成后，进行焊缝内部机械清理，使用内窥镜检查清理质量，达到焊接工艺规程要求。

8. 安 全 措 施

8.1 认真遵守企业的 HSE 规章制度。

8.2 对参与施工的人员进行 HSE 培训教育，保证施工作业的正常进行。

8.3 焊接人员必须穿戴好保护服，防止热金属飞溅而出现灼伤事故；戴好护目镜，避免电弧灼伤眼睛。

8.4 劳动保护用品、保护装置和设施，必须保证齐全、完好、灵敏、有效。

8.5 必须保障电气设备无漏电、短路等故障发生；高压气瓶、压力表、流量计必须保证安全、可靠、灵敏、有效。

8.6 危险地带须设立隔离带或安全警戒线以及警示标志。

9. 环 保 措 施

9.1 本工法实施过程中，严格控制操作面位置，不得超出规定操作面范围进行其他作业。

9.2 本工法实施过程中，对于使用后剩余的焊丝头、焊条头、钨极头使用专用的盒进行收回，不得随意丢弃到施工场地中。

9.3 本工法实施过程中，使用后的氩气瓶及时收回，不得随意放置。

9.4 射线探伤须设立警示标志，以及安全隔离带。

9.5 本工法实施后，对现场进行清理，把剩余的焊丝头、焊条头、钨极头及使用后废弃的砂轮片等收拾干净，并将使用的器具收取、放置到规定的位置，做到工完、料净、场地清。

10. 效 益 分 析

10.1 经济效益

按照上述要求施工后，可节省管道焊缝背面酸洗施工工序，即不进行酸洗同样可以满足 2205 双相不锈钢的抗腐蚀性能使用要求。节省酸洗施工程序后，既节约了投资而且还缩短了工程的施工工期。通过对克拉 2 气田内部集输管道工程施工，其费用节约如表 10.1。

经济分析比较表　　　　　　　　　　　　　　　　　　　　表 10.1

	机械费(万元)	材料费(万元)	人工费(万元)	合 计(万元)
预算费用	528.6	835.5	215.5	1579.6
实耗费用	521.8	792.4	212	1526.2
节省费用	6.8	43.1	3.5	53.4

10.2 社会效益

双相不锈钢具有优良的抗氯离子腐蚀性能，日益广泛地应用于各种重要的高腐蚀性工况下，而双相不锈钢的焊接问题又是制约其应用的关键因素，成功地解决其焊接问题必将促进其在各种重要工况的应用，克拉 2 气田和迪那 2 是西气东输的主力气田，其内部集气管线能否安全平稳运行将直接制约到西气东输下游用气。

10.3 环保效益

本工法采用的管道内除锈技术，采用研发的内除锈车进行内表面氧化层清除，替代了酸洗工序，避免酸洗造成的环境污染，符合国家鼓励的环保技术发展方向，具有良好的环保效益。

11. 应 用 实 例

11.1 西气东输克拉 2 凝析气田地面建设工程气田内部集输管线工程

工程位于新疆维吾尔自治区阿克苏市库车县，开工日期为 2004 年 4 月 15 日，竣工日期为 2004 年 10 月 31 日。已经建成高产气井和东西集气干线，管线安装工程量见表 11.1。

管线安装工程量　　　　　　表 11.1

序 号	名 称	工 作 量	RT一次合格率
1	东西集气干线	1184 道焊口	98.27%
2	集气支线	493 道焊口	98.7%
3	采气井口	250 道焊口	98%

此项工程是国内首次施工的大口径较长距离 S32205 双相不锈钢管线焊接，本项工程施工各项经济技术指标均达到了工程合同要求，工程被塔里木油田分公司评为优质工程，2006 年获全国优秀焊接工程一等奖。

11.2 西气东输克拉 2 凝析气田地面建设工程气田内部集输管线工程（二期）

工程位于新疆维吾尔自治区阿克苏市库车县，开工日期为 2006 年 6 月 1 日，竣工日期为 2006 年 8 月 31 日。管线安装工程量见表 11.2。

管线安装工程量　　　　　　表 11.2

序 号	名 称	工 作 量	RT一次合格率
1	集气支线 323.9×12.7	0.8km/154 道焊口	98.7%
2	采气井口 323.9×10.3	2.8km/475 道焊口	98.5%

11.3 迪那 2 气田地面建设工程气田集输 DN2 区块

工程位于新疆维吾尔自治区阿克苏市库车县，开工日期为 2008 年 4 月 1 日，竣工日期为 2008 年 10 月 31 日。管线安装工程量见表 11.3。

管线安装工程量　　　　　　表 11.3

序 号	名 称	工 作 量	RT一次合格率
1	集气支线 114.6×6.06	1.5km/265 道焊口	98.7%
2	采气井口 508×22.2	0.25km/48 道焊口	98.3%

大量程超长引张线水平位移计、水管式沉降仪埋设施工工法

GJEJGF242—2008

葛洲坝集团试验监测有限公司

黄小红 谭恺炎 李战备 戴斌 彭成军

1. 前　言

在以往土石坝的安全监测仪器施工中，经常会遇到引张线水平位移计、水管式沉降仪（以下简称水平、垂直位移计）的埋设安装，但由于其常规规范安装工艺要求，为了保证监测仪器的安全，在土石坝全断面填筑上升到埋设高程后再进行整体一次性埋设安装，且需约 $1000m^2$ 无闲杂人员及车辆进入又相对较为平整的场地，施工也一般会占压 5 至 7 天的直线工期；整体一次性埋设安装时，由于钢丝和水管的两端均为自由端，在牵引时只需转动卷盘即可保证钢丝和水管的安全。

进入 21 世纪后，随着一些高坝大库的兴建，大坝填筑也进入了高强度施工时代，最高月填筑强度达到 75 万方乃至 180 万方，施工方式也采取了多断面上升，且施工工期紧张，场地十分狭窄；随之对大坝内部水平位移和垂直位移进行监测的多测线（11 条）大量程（最大量程达 3300mm）多测点（单条测线最多达 12 对测点）且测线超长（最长达 505m）的监测仪器也应营而研制成功；但如何将这些监测仪器特别是钢丝和水管在如此长的施工线路上经过最多达 8 次才能牵引进入观测房且在不占压直线工期又无国内外成功埋设先例的情况下于水布垭工地首次埋设安装成功，并让其发挥其监测功用呢？由于一端已经固定，另一端为自由端，传统施工：整体一次性牵引进站的安装埋设方法，已远不能满足现场施工进度和仪器设备本身的要求，这是一个极大的挑战。为此，在进行第 3 次牵引施工过程中，我们利用了钢丝和水管在出厂时本身所具有的内部应力，不需要任何机具和材料，发明了在收拢钢丝和水管时采取正反圈叠压亦相当于进行应力叠加，在牵引钢丝和水管时让其自动弹出相当于内应力释放的施工方法，在仅有 $20m^2$ 场地和最多 2d 的时间内不占压直线工期情况下将一个断面范围内的水平、垂直位移计埋设安装完毕；随后以相同的方式将一条测线上余下测点的钢丝、水管和其他 10 条测线经过多次（一条测线上最多达 8 次牵引）重复牵引最后进站成功埋设并发挥观测功用，在水布垭混凝土面板堆石坝中共埋设 70 对 140 个观测点，牵引钢丝及水管 28000 余米无一个接头，并经过长达 5 年的运行，所有测点运行正常。该项施工方法曾获得 2005 年清江施工局 QC 成果奖，也形成了新的工法；该工法还在寺坪大坝和瀑布沟大坝的同类监测仪器埋设施工中得到推广使用，在节约人力、物力、节省工期、提高监测仪器的成活率（特别是在超长测线的施工中）方面发挥了巨大的效益。

2. 工法特点

2.1　按该工法进行钢丝和水管牵引时不需要任何设备机具，只是合理地利用了盘卷的钢丝和水管的内部应力，在牵引安装时有意地进行应力的叠加和自由释放即可，操作简单，简易好学。

2.2　由于按该工法进行施工时所需施工场面很小，时间也很短，因而不占压施工作业面，且不占压直线工期，为大坝高强度施工可赢得大量的宝贵的时间。

2.3　按照该工法施工时，土建施工与监测仪器埋设安装可同时进行，相互干扰很小，监测施工人员和监测仪器安全可靠性高，大大减小了监测仪器的保护难度，减小了钢丝和水管断裂的事故率，从而大大提高了监测仪器埋设的成活率及完好率。

2.4 按照该工法进行钢丝和水管牵引安装时，可节约 50％的人员成本，且无任何环境污染。

3. 适 用 范 围

该工法适用于土石坝中（特别是高坝中长测线）水平、垂直位移计的埋设安装施工；同时还使用于城市建设中地下管线的牵引安装。

4. 工 艺 原 理

常规出厂的钢丝和水管的盘卷均是沿同一个旋转方向进行的；而在本工法中必须在对检验合格的钢丝和水管按照计算长度下料后，按照正反圈叠压的方法对出厂的钢丝和水管重新进行盘卷，将盘卷好的钢丝和水管卷盘逐段用麻绳扎紧备用，以防其因自动弹出后缠绕打折。

5. 施工工艺流程及操作要点

5.1 工艺流程
水平、垂直位移计埋设安装施工工艺流程见流程图 5.1。

5.2 操作要点
5.2.1 水平位移计的埋设安装

1. 根据设计图纸计算各个测点与观测房的距离，按照此距离的 102％并预留不小于 5m 的富余长度下料，为每个测点配置钢瓦钢钢丝，并作好相应的标识，在配置钢丝时不得使钢丝受损或打折。

2. 对各测点的钢丝按照正反圈叠压的方式进行卷盘，卷盘时，起头自由端和结束自由端的第一圈和第一圈半处应用防水胶布分别扎紧，以防窜圈，盘好的钢丝卷盘一般用防水胶布捆扎 3～5 道并做好标记备用。

3. 水平位移计的埋设采用堆料埋设：在测线上坝体填筑高程（或开挖到）低于仪器埋设高程 0.1～0.2m 时，测量放样用白石灰标识仪器埋设测线范围和测点位置，人工铺设压实厚度不小于 10～20cm 宽度不小于 1m 的筛分砂或细石料以调整钢丝管路高程，按照整条管路略成拱形（上、下游低，坝轴线处略高，坡度为 0.1％）的原则进行，坝轴线处最大拱高约为 50cm。

4. 沿管线和观测点的位置，配置铟钢丝、保护钢管、锚固板、伸缩接头（内含分线盘、挡泥圈、压紧螺帽等）和接头紧固螺栓。

5. 将铟钢丝涂上防锈油脂后，用专用引线器和 3cm 宽的扁钢将铟钢丝依次穿入锚板（包括钢丝锚紧安装）→伸缩接头→钢护管→……伸缩接头→锚板（包括钢丝锚紧安装，每遇一个锚板将在引线器上增加一跟钢丝）→伸缩接头→钢护管……→将牵引端引致观测房或临时保护箱（引入观测房或临时保护箱前的护管端部应安装分线板）；钢丝的另一端每人看护一卷并手工释放，以便钢丝向前牵引，钢丝进入保护钢管的端口采用土工布护壁，以免钢丝在钢管口处划伤。

6. 检查各个环节，正常后，在锚固板处（即测点处）立模浇筑 C20 测点保护墩混凝土，其尺寸厚 60cm、长 60cm、高 50cm。

7. 按照上一步方法，逐个浇筑其余测点，调整好保护钢管线路，每根钢管端头与伸缩接头间预留

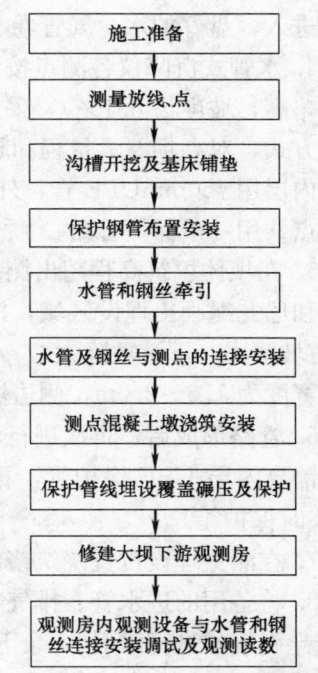

图 5.1 水平、垂直位移计埋设安装施工工艺流程见流程图

（流程图内容：）
施工准备 → 测量放线、点 → 沟槽开挖及基床铺垫 → 保护钢管布置安装 → 水管和钢丝牵引 → 水管及钢丝与测点的连接安装 → 测点混凝土墩浇筑安装 → 保护管线埋设覆盖碾压及保护 → 修建大坝下游观测房 → 观测房内观测设备与水管和钢丝连接安装调试及观测读数

不小于 10cm 的伸缩量。

8. 用细砾料对管线进行保护性回填，并采用轻型碾压机压实，回填的细粒料的压实厚度应不小于 40cm；然后再用坝体料进行回填，管路部分回填厚度超过 0.8m 以上方可进行正常坝体填筑施工，测头保护混凝土浇筑 24h 后再进行测点周围的回填，回填厚度超过测头顶部 0.8m 以上再用施工机械静碾，回填厚度达到 1.6m 以上再进行正常施工；还需继续牵引的所有钢丝仍按照正反圈叠压法卷成卷盘和保护钢管的端头一同伸入保护箱进行临时保护，以备下一埋设断面形成时再用。

9. 当下一断面填筑至仪器埋设高程时，依照上述工法进行施工，直至将整条测线上的所有测点埋设完毕，所有钢丝和保护管路牵引到观测房所在位置为止，并对所有钢丝用土工布缠裹进行保护。

10. 及时修建好观测房，将各点钢丝一一对应与观测读数装置进行连接、安装调试并记录下基准值。

5.2.2 垂直位移计（水管式沉降仪）的安装

1. 在室内进行测头、观测柜密封性压水试验，测量测头内部水杯高度。

2. 根据设计图纸计算各个测点与观测房的距离，按照此距离的 102% 并预留不小于 5m 的富余长度下料，为每个测点配置进水管和排气管，并作好相应的标识，在配置进水管和排气管时不得使其受损或打折。每个测头排水管取 2~3m 长，进水管和通气管要求无接头，并编号标识。

3. 对各测点的进水管和排气管并排合一再按照正反圈叠压的方式进行卷盘，卷盘时，起头自由端和结束自由端的第一圈和第一圈半处应用防水胶布分别扎紧，以防窜圈，管口用封口胶带绑扎，以防杂物进入，盘好的水、气管卷盘一般用防水胶布捆扎 3~5 道并做好标记备用。

4. 水管式沉降仪各测点按设计高程再略成拱形，坝轴线处最大拱高约为 50cm（上、下游低，坝轴线处略高，坡度为 0.1%），采用坑式埋设方法；保护管线的铺设则采用由上游至下游顺坡降且为变坡降的方式，对高坝、大量程和超长的水管式沉降仪每个测点的进水管、排气管各采用一套双层护管保护，内层用 φ50mmUPE 管，外层采用 φ65mm 的镀锌钢管；对一般情况下的水管式沉降仪可采用 3~5 个测点共用一条保护管路。

5. 在坝体填筑高程超出测头（或管路）埋设高程 1m 时，测量并确定埋设管线和测头位置，用白石灰和尼龙绳画出埋设区域，沿埋设区域开挖梯形沟槽，顺水流方向开挖坡度控制在 0.25%~1.5%（上游坡降小，下游坡降大），人工修整槽底，并铺设压实厚度 10~20cm 的筛分砂以调整槽底高程。槽底面宽度为 1.5~2.0m，侧边坡比约为 1:0.5。

6. 管路形成后，再次进行测头位置测量；同时沿管路铺设测头→保护钢管（在有双层保护管时，则先铺放内层 UPE 保护管，再套穿外层保护钢管）→伸缩接头→保护钢管→伸缩接头→……观测房（或临时保护箱）

7. 在测头埋设位置浇筑浆砌石墩子，顶部高程为测头埋设高程，并且顶面基本保证水平。

8. 将备用的进水管、排气管组卷盘一头打开，一一对应地穿入保护管内（若管路超出 50m 可采用 10 号导引钢丝进行牵引），余下的水、气管由专人看护，使其边牵引边释放，直到将所有的水、气管全部牵引到观测房或该断面的末端，再将引出保护管的所有水、气管仍采用正反圈叠压法收拢；最后用相同方法牵引余下管组，并将所有管组用彩条布包裹装入保护箱（或用围栏保护好）以备下一埋设形成后再用。

9. 调整好保护管和伸缩接头，每个接头处的伸缩量不得小于 20cm，随后，将测头放在浆砌石墩上将进水管、通气管、排水管的与相应的接口连接，再在测头周围立长 50cm×宽 50cm×高 80cm 的模板浇注混凝土，混凝土浇筑时应注意各部位均充填密实，混凝土超出测头顶面 10cm 时，平放一钢筋网，同时测量记录测点顶面高程，继续浇筑至模板上口，并将顶面抹平。

10. 用细砾料或砂子对已铺设安装好的管路进行回填保护，并采用轻型碾压实，回填的细粒料的压实厚度应不小于 40cm；然后再用坝体料进行回填，管路部分回填厚度超过 0.8m 以上才能进行正常坝体填筑施工，测头保护混凝土浇筑后 24h 才可对其周围进行回填，回填厚度超过测头顶部 0.8m 以上才用施工机械静碾，回填厚度达到1.6m以上进行正常施工。

11. 当下一断面填筑至仪器埋设高程时，依照上述工法进行施工，直至将整条测线上的所有测点埋设完毕，所有管路牵引到观测房所在位置为止，并对所有管路用土工布缠裹进行保护。

12. 及时修建好观测房，将各管组一一对应与观测读数装置进行连接、安装充水调试并记录下基准值。

6. 材料及设备

本工法与常规的施工方法比较，不需增加任何设备机具和材料。

7. 质量控制

7.1 质量控制指标
钢丝盘卷直径不得小于30cm；水、气管组盘卷直径不得小于50cm（水布垭施工过程中的经验）。

7.2 质量保证措施
7.2.1 严格坚持质量控制"三检"制，施工过程中严把"三关"，施工前严把钢丝及水、气管的材料检验关；施工中严把过程控制关和保护关；监测仪器埋设覆盖前严把测点的测量验收关。

7.2.2 钢丝、水管及气管在盘卷过程中应小心操作，均不得受伤和打折，释放时每次不得超过3圈；一旦打折，应将打折处剪断后用专用接头连接。

7.2.3 水管式沉降仪的管路基床从上游到下游不得产生倒坡，不平整度不超过5～10cm。

7.2.4 钢丝、水管及气管的盘卷操作人员须经培训合格后才能上岗。

8. 安全措施

8.1 建立健全安全管理责任体系，严格按国家的安全法规、安全规程规范施工。加强安全培训教育，增强职工安全意识，贯彻落实"安全第一、预防为主"的主题，确保"安全零事故"目标。

8.2 坚持实行逐级安全技术交底制，保证有足够的专职安全员在施工现场旁站或巡视等跟踪监督，并加强职工安全生产和安全意识教育，认真开展"班前五分钟"活动，做到有记录、有反馈、有处理意见。

8.3 现场应有上下安全哨，民技工有带班，都应经过本项目施工有关的安全培训，合格并取得合格证。施工现场劳保着装，必须佩戴合格的安全帽、鞋，持证上岗，特种人员有相应证件。

8.4 对施工区域设立警戒和进行布控，非监测上岗人员严禁进入仪器安装区域。

8.5 设立安全记事牌和安全警示牌，做好监测仪器的安全防护标识；仪器及管路覆盖后画出非正常施工操作区域，并告知机械操作人员和安排专人值守。切实做好监测仪器的各项保护工作。

8.6 监测仪器间歇施工时，所有外露的管路和钢丝均应引入保护箱或用彩条布包裹保护，并设立醒目的警示标志。

8.7 施工结束后，及时将现场清理干净，作到工完场清。

9. 环保措施

本工法施工过程中由于盘卷钢丝、水管和气管组会产生大量的防水胶布头，施工结束时应将散落的防水胶布头全部清理出施工场地。

10. 效益分析

10.1　经济效益

10.1.1　按照常规的施工方法埋设一个断面（按 50m 长度计）一般需要 5d 工期，而采用本工法最多须 3d，从施工进度上来说一次牵引可节约 2d 工期；从施工场面来看，只须 20m² 场地，不会造成全断面停工，这样就为土建施工创造了良好的条件。

10.1.2　按照常规的施工方法埋设安装水平垂直位移计（特别是大量程和超长测线的），需要很大的场面把钢丝和水、气管组打开，同时需要近 50 人才能完成该项工作；而采用本工法施工，按照最多埋设 12 根钢丝和管路时也仅须 15 人即可操作完成，因此节约了大量的人力；因为人员的减少，相应地也降低了现场人员的安全事故风险，减少了质量控制难度。

10.1.3　按照本工法施工，大大减少了（基本可以杜绝）钢丝或水、气管组缠绕、打结甚而折断的机会，从而保证了监测仪器埋设安装的合格率和优良率以及完好率，可以达到 95% 以上。每个测点的综合费用按照 5 万元计，类似于水布垭工程仅此一项就可以减少损失 35 万元。

10.2　社会效益

水布垭混凝土面板堆石坝为世界级一流高坝，任何方面的施工均无成功的经验可以借鉴。在如此高坝中首次埋设安装刚刚研制成功且获得 95 攻关科技奖的大量程超长遥控遥测水平垂直位移计，压力可想而知；加上土石坝高强度填筑施工，工期十分紧张，监测施工任务相当艰巨。本工法在水布垭工程中的运用，不仅解决了大量程超长遥控遥测水平垂直位移计多次牵引才能埋设安装就位的施工难题，获得了 100% 的埋设成活率、优良率、完好率，而且为同类工程乃至于为城市地下管线的施工提供了效益高、成本低廉、操作简单、简易好学、便宜推广的一种新型适用的施工方法，为在高土石坝中成功埋设大量程超长水平垂直位移计积累了丰富的施工经验，更为我国水电行业中监测施工技术的发展做出了贡献。

11. 应 用 实 例

11.1　湖北清江水布垭混凝土面板堆石坝大量程超长水平垂直位移计埋设安装施工工程

11.1.1　工程概况

水布垭水利枢纽位于清江中游河段巴东县境内，是清江流域开发的龙头工程。它主要由挡水建筑物、泄水建筑物和水电站建筑物组成，它具有发电、防洪为主，并兼顾其他效益。大坝坝顶高程 ▽409m，坝轴线长 660m，最大坝高 233m，坝顶宽度 12m，防浪墙顶高程 ▽410.2m，墙高 5.4m。水库最高洪水位为 ▽404.0m，总库容 45.8 亿 m³；正常蓄水位 ▽400m，相应库容 43.12 亿 m³，具有多年调节功能，水电装机总容量为 1600MW。枢纽的挡水建筑物为混凝土面板堆石坝，为目前世界上最高的混凝土面板堆石坝。

11.1.2　施工情况

大量程超长水平垂直位移计布设在水布垭大坝 0+212 断面 ▽235m 和 ▽265m 两个高程上，测线长分别为 505m 和 435m，测线上测点数分别为 12 对和 10 对，所用钢丝全长约 6000m，ϕ125mm 保护钢管 1400m，水、气管组约 6000m，ϕ50mm 的 UPE 内层保护管约 6000m，ϕ65mm 的外层保护钢管约 6000m；监测仪器采用的是南京水利水电科学研究院专为水布垭研制生产的获得 95 攻关科技成果奖的 N2000 型大量程超长遥控遥测水平垂直位移计，在水布垭工程上是首次运用。由于断面太宽，大坝填筑工程量太大，大坝填筑无法全断面上升，故而水平垂直位移计的埋设安装须分断面进行；因此，在埋设施工过程中从第一条测线的第三次牵引开始到第二条测线全部施工结束均采用了本工法施工。

11.1.3　工程评价结果

22 对大量程超长遥控遥测水平垂直位移计全部安装埋设成功，钢丝、水气管组无一次缠绕打结甚至折段，埋设合格率 100%、优良率 100%、完好率 100%，22 对监测仪器全部运行正常；同时，节约了近 30d 直线工期，为土建施工赢得了宝贵的时间；为此，我公司受到了土建施工单位、监理、设计单位、仪器设备制造商特别是业主的高度赞誉，并且一次通过验收。

11.2 湖北清江水布垭混凝土面板堆石坝常规水平垂直位移计埋设安装施工工程

11.2.1 工程概况

常规水平垂直位移计布设在水布垭大坝 0+132、0+212、0+356 三个断面的 ▽300m、▽340m 和 ▽370m 三个高程的总计 9 条测线上，三个高程上的测线长分别为 320m、210m、100m，测线上测点数分别为 8 对、5 对和 3 对，总计 48 对测点，所用钢丝全长约 8000m，ϕ40mm 以上保护钢管 2500m，水、气管组约 8000m，ϕ100～ϕ75mm 的外层保护钢管约 2500m；监测仪器采用的是南京水利水电科学研究院生产的 DCJ-2 和 DSP-2 型水平垂直位移计。

11.2.2 施工情况

尽管大坝填筑高程过半，填筑工程量过半，但仍然由于断面太宽，填筑工程量太大，大坝填筑无法全断面上升，故而常规水平垂直位移计的埋设安装仍须分断面进行；因此，在埋设施工过程中，根据前期积累的施工经验，9 条测线的埋设安装施工也全部采用了本工法。

11.2.3 工程评价结果

48 对常规水平垂直位移计全部安装埋设成功，钢丝、水气管组无一次缠绕打结甚至折段，埋设合格率 100%、优良率 100%、完好率 100%，48 对监测仪器全部运行正常；同时，节约了近 20 天直线工期，为土建施工赢得了宝贵的时间；为此，我公司多次受到了土建施工单位、监理、设计单位、仪器设备制造商特别是业主的高度赞誉，并且再次一次通过验收。

11.3 湖北保康寺坪水电站混凝土面板堆石坝水平垂直位移计埋设安装施工工程

11.3.1 工程概况

寺坪水电站工程位于湖北省汉江中游右岸支流南河上段粉清河上，坝址在保康县寺坪镇肖家湾，距寺坪镇 5km。工程以发电为主，兼有防洪、灌溉、水产养殖、库区航运等综合利用效益。水库正常蓄水位高程 ▽315m，总库容 2.69 亿 m³，电站装机 6 万 kW。枢纽的挡水建筑物为混凝土面板堆石坝，混凝土面板堆石坝坝顶高程 318.5m，坝轴线长 376m，最大坝高 90.5m，坝顶宽度 8m，防浪墙顶高程 319.5m，墙高 2.3m。

11.3.2 施工情况

寺坪大坝内部水平垂直位移监测以桩号 0+156m 为重要监测断面，在此断面 ▽259.5m、▽279m、▽298.5m 高程共布设 3 条垂直、水平位移测线，共 15 对测点，监测仪器采用了国电南瑞大坝公司生产的水平垂直位移计。由于土建施工单位仍采用了分断面填筑施工的方式，故而水平垂直位移计的埋设安装也借鉴了水布垭工程中积累的同类仪器埋设的施工经验，在该工程中也全部采用了该工法施工。

11.3.3 工程评价结果

15 对水平垂直位移计全部安装埋设成功，钢丝、水气管组无一次缠绕打结甚至折段，埋设合格率 100%、优良率 100%、完好率 100%，15 对监测仪器全部运行正常；同时节约了 15d 直线工期，为土建施工赢得了宝贵的时间。为此，多次受到了土建施工单位、监理、设计单位特别是业主的高度赞誉，并且一次通过验收。

11.4 四川省大渡河瀑布沟水电站砾石土心墙堆石坝水平垂直位移计埋设安装施工工程

11.4.1 工程概况

瀑布沟水电站位于大渡河中游、四川汉源县及甘洛县境内，下游距已建的龚嘴、铜街子水电站分别为 103km、136km。电站枢纽由砾石土心墙堆石坝、左岸地下厂房系统、左岸岸边开敞式溢洪道、左岸泄洪洞、右岸防空洞及尼日河引水工程等项目和建筑物组成。工程等级为Ⅰ等工程，主要水工建筑物为 1 级，砾石土心墙堆石坝坝顶高程 856.00m，心墙底面高程 670.00m，最大坝高 186.00m，坝顶上游侧设混凝土防浪墙，墙顶高程857.20m；坝顶长573.0m，宽14.0m，坝体最大底宽780m。

11.4.2 施工情况

瀑布沟水电站砾石土心墙堆石坝内部水平垂直位移监测以横桩号0+240、0+310、0+431m为重要监测断面，在此断面▽731m、▽756m、▽806m（0+431断面的布设在756m、▽806m高程）高程布设3条、3条和2条共计8条水平、垂直位移测线，共40对测点，监测仪器采用了南京南瑞大坝公司生产的水平垂直位移计。该项目施工按照划分，由我单位承担0+240m、0+310m断面的6条测线，另外一家科研单位承担0+431m断面的2条测线。由于土建施工单位仍采用了分断面填筑施工的方式，故而我单位承担的水平垂直位移计的埋设安装借鉴了水布垭工程中积累的同类仪器埋设的施工经验，在该工程中也全部采用了该工法施工。而另一家科研单位承担的2条测线按照传统施工方法进行实施，在进行第一条测线施工时就造成了钢丝的缠绕和折断，占压工期达5天而没有安装成功；为了保证工期和质量，经监理和业主协调，将另外2条测线转由我单位负责实施。在进行这2条测线的埋设安装时我们仍借鉴了水布垭工程中积累的同类仪器埋设的施工经验，采用了该工法。

11.4.3 工程评价结果

40对（80个测点）水平垂、直位移计除1根钢丝被土建施工方的机械损坏外，其余的全部安装埋设成功，钢丝、水气管组无一次缠绕打结甚至折段，埋设合格率100%、优良率100%、完好率100%，79个测点的监测仪器运行正常；同时节约了20天直线工期，为土建施工赢得了宝贵的时间。为此，我公司多次受到了土建施工单位、监理、设计单位特别是业主的高度赞誉，并且一次通过验收。

大口径夹砂玻璃钢管材施工现场缠绕连接施工工法
（管径 *DN*1800～2200）

GJEJGF243—2008

汕头市达濠市政建设有限公司

魏永兴　曾冕凯　黄顺福

1. 前　　言

夹砂玻璃钢管材现场平口对接及弯管制作，采用现场缠绕，对小口径管材，各地的操作工艺已经非常成熟，但是对于大口径管材的现场缠绕为数不多，也未见理论性指导和操作规程的出现。

湖南省长沙市岳麓污水处理厂配套污水压力干管线工程设计采用 *DN*1800 承插式夹砂玻璃钢管，双"O"形橡胶圈接口，总长 9.43km。全线共设 3°～75°的竖向、水平弯管共 139 次。因此出现平切口需对接的次数繁多，转弯段所需的弯管角度变化很大，使用定型产品和钢活动接头非常繁琐和困难，增加施工周期和成本。

为解决管道对接问题，汕头市达濠市政建设有限公司根据现场情况和以往小管径现场缠绕连接的施工经验，与设计院协商后，对于本工程中大口径（*DN*1800～2200mm）夹砂玻璃钢管出现的平口对接及弯管制作，采用现场缠绕，并多次测试和试验，得出现场缠绕施工的具体技术参数，实践证明此方法高效、环保、安全可靠，能够确保质量，节约成本。通过总结，形成了一套完整的大口径夹砂玻璃钢管材施工现场缠绕连接施工工法。

该工法中的关键技术，经过广东省科学技术情报研究所查新，并通过广东省住房和城乡建设厅组织的科学技术成果鉴定，鉴定结果为本技术达到国内领先水平。

该工法先后在广东省汕头市龙珠水质净化厂二期扩建工程和广东省汕头市东坝仔填地及管网工程中成功推广应用，创造的经济和社会效益显著。

2. 工 法 特 点

2.1　施工以管材结构设计为依据，遵循"等效包裹缠绕原则"，现场缠绕制作尺寸≥管材结构设计值。

2.2　可以根据实际情况，现场制作和加工，灵活、简便、施工效率高。

2.3　施工现场缠绕连接能够实现夹砂玻璃钢管在任意位置切管对接、转弯变角或制作盲板、三通口等，是一种很好的施工方法。

2.4　现场缠绕连接，使用器具简单，材料携带方便，操作空间小，无污染。

2.5　现场缠绕使用材料与原母材一致，结构尺寸经过计算确定，计算过程简单，质量容易控制。

2.6　同比其他形式的连接和弯管的制作，可以缩短工期，确保质量，安全可靠，节约成本，经济效益显著。

3. 适 用 范 围

3.1　适用于复杂地形下大口径夹砂玻璃钢管现场进行平口对接、弯管制作和盲板三通、排泥三通等的制作。

3.2 适用于受制作和安装精度的限制，或者多点开工，两管路对接，要求在施工现场把标准长度的玻璃钢夹砂管和管件切成所需长度的短管和附件的制作。在这种情况下，现场缠绕连接对接是一种最佳选择。

3.3 既能满足工程特殊施工条件的需要，同时也给夹砂玻璃钢压力管道在运作过程中由于人为因素、地基不均匀沉降、不可预见的自然灾害或特殊原因造成的损坏，提供即时维修处理的一种实用的方法。

4. 工 艺 原 理

4.1 现场缠绕连接遵循"等效包裹缠绕原则"，所用原材料及包裹缠绕的工艺与母材相同。

4.2 现场制作的接头结构以管材结构设计为依据，缠绕包裹尺寸≥管材结构设计值。

4.3 现场制作的管道平切连接、排泥三通、排气三通和盲板三通等缠绕部位的强度值，采用1.5倍的夹砂玻璃钢结构设计值。

4.4 操作工艺以人工为主，对大口径玻璃夹砂管进行现场缠绕包裹对接。

5. 施工工艺流程及操作要点

5.1 施工工艺流程

5.1.1 平口对接：确定管件尺寸→制作管件→接管包封部位打磨→管件对接定位和固定→材料准备→切口粘结→外包覆层缠绕处理→内封层处理→固化（平口对接施工工艺流程参见图5.1.1）

5.1.2 弯管制作：确定弯管角度→管件切口→接管包封部位打磨→管件对接定位和固定→材料准备→切口粘接→外包覆层缠绕处理→内封层处理→固化安装（弯管制作施工工艺流程参见图5.1.2）

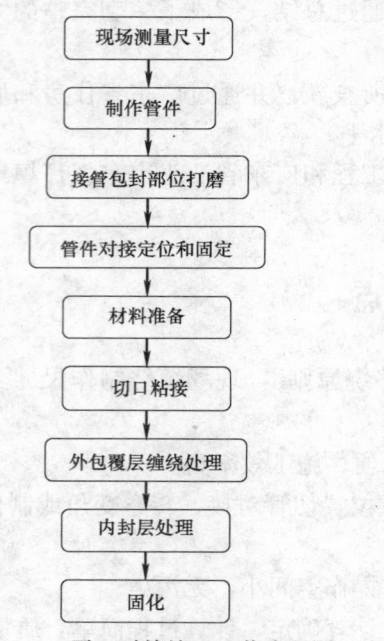

图5.1.1 平口对接施工工艺流程图

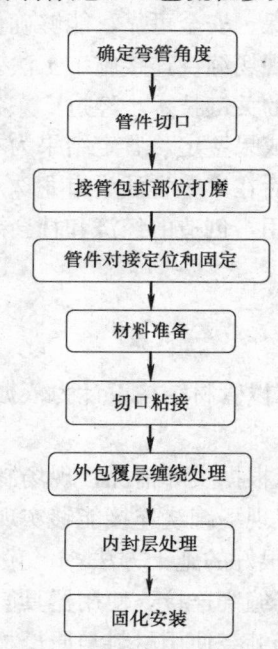

图5.1.2 弯管制作施工工艺流程图

5.2 平口对接操作要点

5.2.1 现场测量尺寸，根据两端直管之间的距离，确定连接管件的尺寸，在标准长度上的管材切割适合直管对接的短件（管件切割图参见图5.2.1）。

5.2.2 利用手提打磨机对需连接的管件和接头部位进行打磨，打磨后表面要粗糙、均匀（连接部位打磨图参见图5.2.2）。

5.2.3 将管件现场定位和固定（管件定位图参见图5.2.3）。

图 5.2.1　管件切割图

图 5.2.2　连接部位打磨图

5.2.4　材料准备：包括树脂、无碱玻纤编织毡、无碱无捻方格布、玻纤短切毡、玻纤表面毡、玻纤无捻方格布、玻璃粉。并按照设计要求配制树脂（材料准备现场图参见图 5.2.4）。

图 5.2.3　管件定位图

图 5.2.4　材料准备现场图

5.2.5　缠绕连接：以树脂为结构粘接材料，以各种玻纤编织毡、表面毡、短切毡、方格布等增强材料，分 28 层缠绕，包封宽度≥1/2DN（公称直径），厚度≥30mm，分内衬和外包覆层（层数、宽度、厚度应按管材的技术指标计算确定）（缠绕连接结构图参见图 5.2.5）。

1. 切口粘接：以玻璃钢粉与树脂混合搅拌成腻子，用料灰刀对坡角接口进行分层细补，直至与管内壁平直。所有接缝的切口必须填满树脂腻子后方可进行粘接加固。

2. 外包覆层处理：

1）底层树脂的涂刷：涂层厚度≥0.2mm，涂刷要求连续进行、通透、均匀，并检查是否有漏刷点及透镜点。

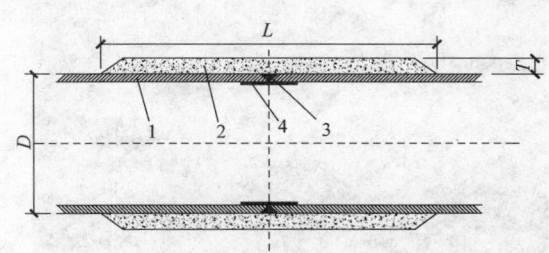

图 5.2.5　缠绕连接结构图

1—被连接管；2—对接包覆层；3—切口粘接；4—内衬防渗层；（宽度≥40mm，厚度≥4mm）；L—包覆层宽度≥1/2DN（公称直径）；D—管道外径；T—包覆层厚度≥管道结构层厚度（DN1800 取 30mm）

2）以玻纤表面毡为第一层缠绕布，表面毡宽为 200mm，以接口居中缠绕，缠绕布环向搭接长度应＞50mm，以手压滚筒对缠绕布和树脂层进行压实，并用料灰刀修除多余及流溢出来的树脂。

3）第 2、3 层以无碱玻纤编织毡为缠绕材料，做法与第一层同，上层缠绕布宽度应比下层每边各加宽 50mm。

4）第四层起至完成的各层均以无碱无捻方格布为缠绕材料，做法及要求均同以上步骤"1)、2)、3)"。

3. 内封层处理：做法同外包覆层按一层树脂一层缠绕布的顺序进行，分里外各三层加表面封层，里层以无碱玻纤编织毯，外三层以玻纤表面毯，表面封层以无碱无捻方格布为封闭层。

5.2.6 固化处理：将缠绕好的管件或弯头固定进行现场固化，如需缩短固化时间，可以采取加温等辅助方法加速树脂固化，直至其完全固化，方可撤除定位支撑（缠绕管件现场固化图参见图 5.2.6）。

5.3 弯管制作操作要点（以 20°弯管为例）

5.3.1 确定弯管角度：根据现场地形和两端管的位置，实测需连接弯管的角度，计算连接管件数和接缝数。

5.3.2 管件切口：接缝弯头需从直管上裁剪具有斜截面的若干段短管，将管件连接口切成 30°斜角。先在一条直管（长 6m 或 12m）量出弯头位置，精确画出标准线，然后以标准线画出所需切割线，标准线与切割线角度为所需弯管角度的 1/2（即 $\phi/2$），以较短一端翻转 180°让切口对接（切割和反转示意图参见图 5.3.2-1，弯管制作现场图参见图 5.3.2-2）。

5.3.3 按直管平口对接工艺进行缠绕包覆。操作步骤同平口施工工艺。

5.3.4 固化安装：弯管制作完成并固化后，可以进行现场安装，对两端接口按照平口对接现场缠绕连接处理（弯管制作成品图参见图 5.3.4）。

图 5.2.6　缠绕管件现场固化图

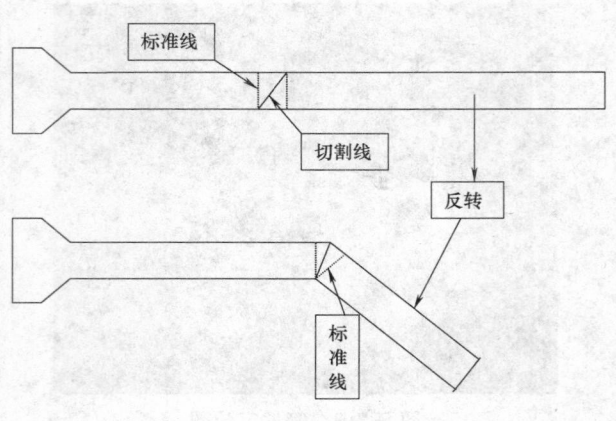

图 5.3.2-1　切割和反转示意图

图 5.3.2-2　弯管制作现场图

图 5.3.4　弯管制作成品图

5.4 劳动力组织（每个管件制作劳动力组织参见表 5.4）

每个管件制作劳动力组织　　　　　　　　　　　　　　　表 5.4

序　号	单项工程	所需人数	备注	序　号	单项工程	所需人数	备注
1	管理人员	1人		4	管件切口	3人	
2	技术人员	1人		5	管件定位和固定	3人	
3	接管包封部位打磨	3人		6	缠绕	3人	

6. 材料与设备

6.1 本工法采用的材料（材料表参见表 6.1）。

材料表　　　　　　　　　表 6.1

序　号	材料名称	规　格	序　号	材料名称	规　格
1	树脂	96-901	5	无碱玻纤编织毯	MK450
2	无碱无捻方格布	MK450	6	无碱无捻方格布	EWR350
3	玻纤短切毯	MC-600	7	玻纤表面毯	MF-30
4	玻纤无捻方格布	CWR-160	8	玻璃粉	

6.2 采用的机械设备参见表 6.2。

机具设备表　　　　　　　　　表 6.2

序　号	设备名称	设备型号	单　位	数　量	用　途
1	手提切割机		台	1	截管用
2	手提打磨机		台	1	打磨管材内外管面
3	5寸毛排刷		支	6	涂刷树脂
4	手压滚筒	自制	支	2	压实各层缠绕布及树脂层
5	料灰刀	3寸	支	2	填塞切口、修平树脂多余料
6	划线笔		支	1	划线用
7	钢板尺	1.5m	根	1	划线用

7. 质 量 控 制

7.1 工程质量控制标准

7.1.1 《埋地给水排水玻璃纤维增强热固性树脂夹砂管管道工程施工及验收规程》CECS 129：2001。

7.1.2 《玻璃纤维增强塑料夹砂管》CJ/T 3079—1998。

7.1.3 《玻璃纤维缠绕增强热固性树脂夹砂压力管》JC/T 838—1998。

7.2 质量保证措施

7.2.1 对接管需包封的部位进行打磨，打磨后表面要粗糙、均匀。

7.2.2 连接口切成30°斜角坡口。

7.2.3 管件现场缠绕时定位要准确，并进行有效固定。

7.2.4 缠绕过程要做到无分层、无气泡、无贫胶区、固化完全。

7.2.5 各层缠绕的间隔时间应根据现场条件、气候、气温情况决定，以树脂不自动流溢和压实时不产生滑动为宜。

7.2.6 弯管各部件都必须有足够的长度，使之能彼此连接，并确保外部的增强材料能够方便地粘接固定。

7.2.7 所有接缝的缝口必须填满树脂腻子后方可进行粘接加固。

8. 安 全 措 施

8.1 认真贯彻"安全第一，预防为主"的方针，根据国家有关规定、条例，结合单位实际情况和工程特点，安排专职安全员，制定和执行安全生产责任制，明确各级人员的职责，抓好安全生产。

8.2 施工现场按符合防火、防风、防雷、防触电、防机械事故等安全规定及安全施工要求进行布置，并完善布置各种安全警示标识。

8.3 施工现场的临时用电严格按照《施工现场临时用电安全技术规范》的有关规定执行。

8.4 电缆线路应采用"三相五线"接线方式，电气设备和电气线路必须绝缘良好，场内架设的电力线路其悬挂高度和线间距按照安全规定要求进行，采用 TN-S 接地保护系统、三级配电系统及"一机一闸一漏电保护"制。

8.5 室外配电箱要有绝缘垫，并安装漏电保护装置。

8.6 建立完善的施工安全保证体系，加强施工作业中的安全交底及安全检查，确保作业标准化、规范化。

8.7 管内操作应配置鼓风、排气设备，操作人员应配置轻便氧气袋和防毒面具，防止缺氧和中毒事故。

8.8 在沟槽内对接或制作弯管，应采取严格的沟槽支挡安全措施，应有足够操作空间，应有防尘、防雨、遮挡措施和配备灭火设备。

9. 环 保 措 施

9.1 建立完善的施工环境保护体系，在施工中严格遵守国家和地方的环保法律、法规和规章，加强对废水、生活垃圾、弃渣的控制和治理。

9.2 生活区按环境卫生指标进行管理，生活垃圾及时清运。

9.3 按文明施工要求，对施工现场场地道路进行硬化，并在晴天经常对施工现场进行洒水，防止尘土飞扬，污染周围环境。运输车辆必须遵守交通法规，材料堆放必须整齐有序，施工现场应按要求进行围挡隔离。

10. 效 益 分 析

10.1 如果弯头的平口连接以钢活动节或者厂家定做定型产品连成弯头，根据转弯角度大小不同，所需的活动节需数量为 6～16 节段。根据钢活动节市场价，6～16 段的活动节价格需要 4～8 万元。现场切管现场缠绕制作弯管，根据弯头转角大小决定切口数，原则是使弯头平顺；一般管道转角在 20°以内采用一刀切口缠绕，节约费用约 1 万元。

40°以上至 60°采用二刀切口缠绕，节约费用约 1.5 万元，60°以上采用三刀切口缠绕，节约费用在 2～2.5 万元左右。难度不同和角度大小不同，节约的费用也就不同。产生了显著的经济效益。

10.2 该工法操作所需空间小，所用机具、材料灵巧简便，利于携带，施工周期短，对环境干扰少，环保效益显著。

10.3 该工法能够提供一套完整的大口径夹砂玻璃钢管材施工现场缠绕连接的操作工艺和流程，并明确了理论依据和各种技术参数和指标，使施工能够确保质量，满足设计要求的强度，填补了该领域技术的空白，产生了显著的社会效益。

11. 应 用 实 例

11.1 应用实例一
11.1.1 工程概述
1. 工程项目名称：湖南省长沙市岳麓污水处理厂配套污水压力干管线工程。
2. 工程地点：湖南省长沙市岳麓区。
3. 工程形式：市政排水管道。
4. 开竣工日期：工程于 2005 年 9 月 28 日正式开工，2006 年 8 月 30 日竣工。

5. 实物工程量：

湖南省长沙市岳麓污水处理厂配套污水压力干管线，由东西二线布设，其中沿长沙市二环线道路西北段安装的压力管，设计管材采用承插式夹砂玻璃钢管，双 O 形橡胶圈接口，管径 DN1800，压力等级 0.6MPa，管材环刚度为 10kN/m²，排水能力 Q＝2700L/s。从长沙市岳麓区望城坡至三汊矶岳麓污水厂，水平距离全长 9.43km，位置除前段（YL2～YL18 井段）1026.33m 设置于道路外侧绿化带上外，其余管线均设置于西北环线高架桥下的道路中心和环线辅道上，覆土厚度 1.2～7.02m，管底标高高差为 41.02m。全线共设盲板井 27 座（其中盲板配排气 11 座）；排泥三通配 DN400 阀门井 12 座；现场制作 3°～75°不等的竖向、水平弯管共 139 个。

11.1.2 施工情况

由于该工程所处地理位置特殊，贯穿于市区道路中，施工过程需服从道路交通的分流措施，进行分段敷设，分段恢复路面。并与城市综合管线交错横穿，随时需改变管道的标高和位置，沿道路敷设的管道需按道路的平、竖曲线转弯和变换角度，其施工难度较大。压力管道的施工无法通过井座过渡而需全线贯通连接，因此出现平切口对接的次数繁多。同时转弯段所需的弯管角度变化很大，无法在管材生产厂定制出厂，只能按照设计意图以钢活动节作为转弯连接构件。

根据上述的特殊条件，汕头市达濠市政建设有限公司采用现场缠绕的接管和弯管制作的施工方法处理平切接口和弯管段的施工，通过复合材料专业的专家、教授和设计工程师的指导帮助，多次模拟试验，按照设计院、监理、业主等的一致认可的操作工艺，在现场对管道进行平切口现场缠绕连接和弯管、盲板、三通制作。全线采用现场缠绕进行平切对接 17 处；现场制作 3°～75°不等的弯角共 139 个；弯头制作共 21 个。工程采用本工法共节省工程费用约 100 万元。

11.1.3 应用效果

通过检测、检验（检测、检验报告见附件：《DN1800×600 三通管水压检测报告》等）和闭水内压试验，各项技术指标均能满足设计和规范的要求。工程竣工验收被评定为优良。全过程未发生质量安全事故。得到了各方的一致好评。

11.2 应用实例二

11.2.1 工程概述

1. 工程项目名称：广东汕头市龙珠水质净化厂二期扩建工程厂外配套城市污水管网工程。

2. 工程地点：汕头市泰山路、三脚关沟、中山东路。

3. 工程形式：市政排水管道。

4. 开竣工日期：2006 年 6 月 21 日开工，2007 年 7 月 28 日竣工。

5. 实物工程量：

广东汕头市龙珠水质净化厂二期扩建工程厂外配套城市污水管网工程，截污管网总长 10.799km，全部采用承插式夹砂玻璃钢管。其中：泰山路截污干管 5.599km，直径为 DN1800；三脚关沟截污干管 2.64km，直径为 DN1800；中山东路截污干管 2.56km，直径为 DN2000～2200。设计管材采用承插式夹砂玻璃钢管，双 O 形橡胶圈接口，管材环刚度为 10kN/m²。覆土厚度 3.2～7.02m，管底标高高差为 5.02m。全线共设盲板井 21 座（其中盲板配排气 8 座）；排泥三通配 DN400 阀门井 9 座；现场制作 3°～75°角竖向、水平弯管共 75 个。

11.2.2 施工情况

由于该工程贯穿于市区道路中，施工过程需服从道路交通的分流措施，分段敷设，分段恢复路面。并与城市综合管线交错横穿，随时需改变管道的标高和位置，沿道路敷设的管道需按道路的平、竖曲线转弯和变换角度，其施工难度较大。转弯段所需的弯管角度变化很大，无法在管材生产厂定制出厂，只能按照设计意图以钢活动节作为转弯连接构件。

根据上述的特殊条件，结合我施工单位的成功施工经验，采用现场缠绕接管和弯管制作的施工方法处理平切接口和弯管段的施工，在现场对管道进行平切口现场缠绕连接和弯管、盲板、三通制作。

全线采用现场缠绕进行平切对接 17 处；现场制作 3°～75°不等的弯角共 75 个；弯头制作共 11 个。工程采用本工法共节省工程费用约 60 万元。

11.2.3 应用效果

通过检测、检验和闭水内压试验，各项技术指标均能满足设计和规范的要求。工程竣工验收被评定为优良。全过程未发生质量安全事故。得到了各方的一致好评。

11.3 应用实例三

11.3.1 工程概述

1. 工程项目名称：广东汕头市东坝仔填地及管网工程。

2. 工程地点：广东汕头市东坝仔新津河西岸、金津桥北侧。

3. 工程形式：市政排水管道。

4. 开竣工日期：2007 年 1 月 22 日开工，2007 年 9 月 11 日竣工。

5. 实物工程量：

广东汕头市东坝仔填地及管网工程工程填地总面积 348816.5m²，合 523.22 亩。

其配套城市污水管网工程，截污管网总长 5.9km，全部采用承插式夹砂玻璃钢管，管径为 DN1800～2200。设计管材采用承插式夹砂玻璃钢管，双 O 形橡胶圈接口，管材环刚度为 10kN/m²。覆土厚度 2.6～6.5m，管底标高高差为 4.22m。全线设盲板井共 16 座（其中盲板配排气 8 座）；排泥三通配 DN400 阀门井 9 座；现场制作 3°～75°竖向、水平弯管共 53 个。

11.3.2 施工情况

由于该工程与原有城市综合管线交错横穿，随时需改变管道的标高和位置，弯管角度变化很大，无法采用定型产品安装，只能按照设计意图以钢活动节作为转弯连接构件。

根据上述的特殊条件，结合汕头市达濠市政建设有限公司的施工经验，采用现场缠绕接管和弯管制作的施工方法处理平切接口和弯管段的施工，在现场对管道进行平切口现场缠绕连接和弯管、盲板、三通制作。全线采用现场缠绕进行平切对接 13 处；现场制作 3°～75°的弯角共 53 个；弯头制作共 11 个。工程采用本工法共节省工程费用约 46 万元。

11.3.3 应用效果

通过检测、检验和闭水内压试验，各项技术指标均能满足设计和规范的要求。工程竣工验收被评定为优良。全过程未发生质量安全事故。得到了各方的一致好评。

多筒体自提升塔架式火炬安装工法

GJEJGF244—2008

中国石油天然气第一建设公司

郭葆军　程彩文　高凯　陈海涛　仝西亚

1. 前　　言

随着现代石油、石化工业的发展，炼化装置的规模越来越大，对废弃可燃气体泄压燃烧的火炬，要求直径更大以增加燃烧处理量，同时由于对空气环保质量要求的提高，要求火炬的高度也越来越高，这样就造成了火炬头和航空警示灯的检维修更加困难。如果按照以往固定式火炬设计和建造，火炬一旦需要检维修，那么将需要特大型的吊车将火炬头和航空警示灯卸下后，方可实施检维修，且施工中还得考虑搭设大型脚手架，以保证施工人员在高空作业的安全。这将造成火炬在每次检维修时，需要花费大量的时间和费用，而且检维修还是一件非常困难的工作。另外，业主方希望一座可以挂多个火炬，以实现废弃可燃气体的集中排放和减少建设用地，从而达到降低成本的目的。

为解决以上问题，我国从 2005 年开始设计建造多筒体自提升塔架式火炬，该火炬与以前建造的旧式火炬相比较具有明显的优点：火炬检修时，依靠自身装置可以自行拆装，不用大型吊车配合；全部构件均在工厂内制造预组装合格。现场大部分工作只是组装和紧固高强度螺栓，只需少量的切割和焊接工作，大大减少现场安装，特别是高空作业的工作量；厂内多处废气可做到集中排放，火炬高度大有利于生产厂的环境保护；建设用地少，建设投资低；多个火炬集中一起便于管理。

多筒体自提升塔架式火炬凭借良好的性能特点和方便的安装方式已经逐渐开始在大型项目中应用，中国石油天然气第一建设公司在 2005 年南海石化火炬项目，2007 年独山子石化炼油火炬项目及 2008 年独山子石化化工火炬项目中，都是安装的这种结构火炬。

中国石油天然气第一建设公司根据多筒体自提升塔架式火炬现场安装技术要求和多次安装所取得的经验编制出"多筒体自提升塔架式火炬安装工法"。

2. 工 法 特 点

2.1 塔架构件全部工厂化预制，现场仅有少量的切割和焊接工作，大部分工作是按要求紧固高强度螺栓即可。

2.2 采用主横梁斜撑增加法兰的方法，解决了分段塔架地面立装以及分段塔架在空中垒加时的脚手架搭设等难题。

2.3 采用十字支撑式平衡梁、不等长绳索法，保证了塔架吊装的平稳和不变形。

2.4 采用散装法和分段吊装相结合的施工工艺，不仅提高了施工工效而且很好地保证了塔架安装质量。

3. 适 用 范 围

该工法适用于高度大于 100m 的多筒体自提升塔架式火炬的安装，还可应用于高耸多层钢结构框架的安装。

4. 工 艺 原 理

多筒体自提升塔架式火炬安装工法是采用散装法和分段吊装相结合的施工工艺完成塔架的安装，塔架下部的少数几段可直接在基础上散件安装，上部的各分段塔架是利用大型吊车在空中垒加组装完成，火炬筒的提升主要是利用塔架的自身机构完成。

5. 施工工艺流程及操作要点

5.1 施工工艺流程（图 5.1）

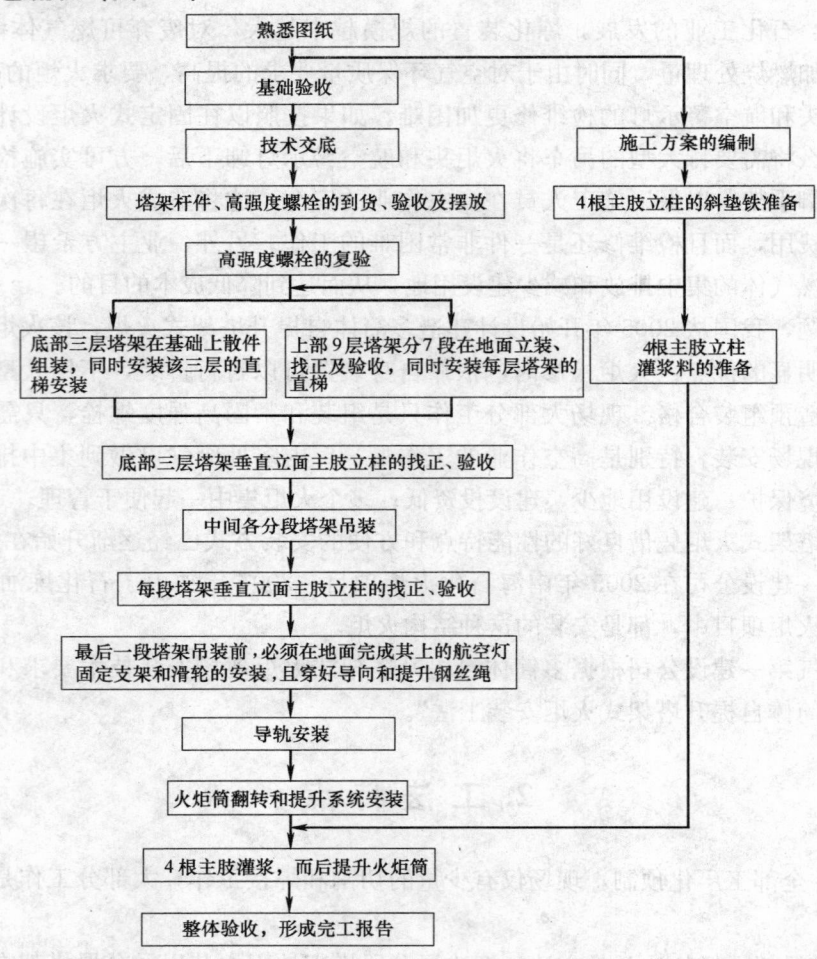

图 5.1 施工工艺流程图

5.2 塔架的结构特征

塔架的结构见图 5.2。火炬燃烧排放系统一般包括：多根火炬筒体、一座火炬塔架（含一座 25m 左右的楼梯间、一挂由底到顶的直梯）、一套火炬筒翻转和提升系统、2～3 套航空警示灯、自动点火盘及控制盘柜等组成。

火炬塔架总高度 144.628m，属四棱形高耸钢结构。四个立面中，固定火炬筒的一个立面是始终与地坪保持垂直的，其外侧的垂直轨道可以用来引导和固定火炬筒。塔架除梯子平台外，所有的杆件都为 16Mn 的钢管，杆件之间的连接有法兰螺栓连接、板件螺栓连接和相贯线焊接三种形式。

5.3 操作要点

塔架的分段见图 5.2。根据吊车的吊装性能，将 144.628m 高塔架共分为 8 段，其中散装段 1 段和

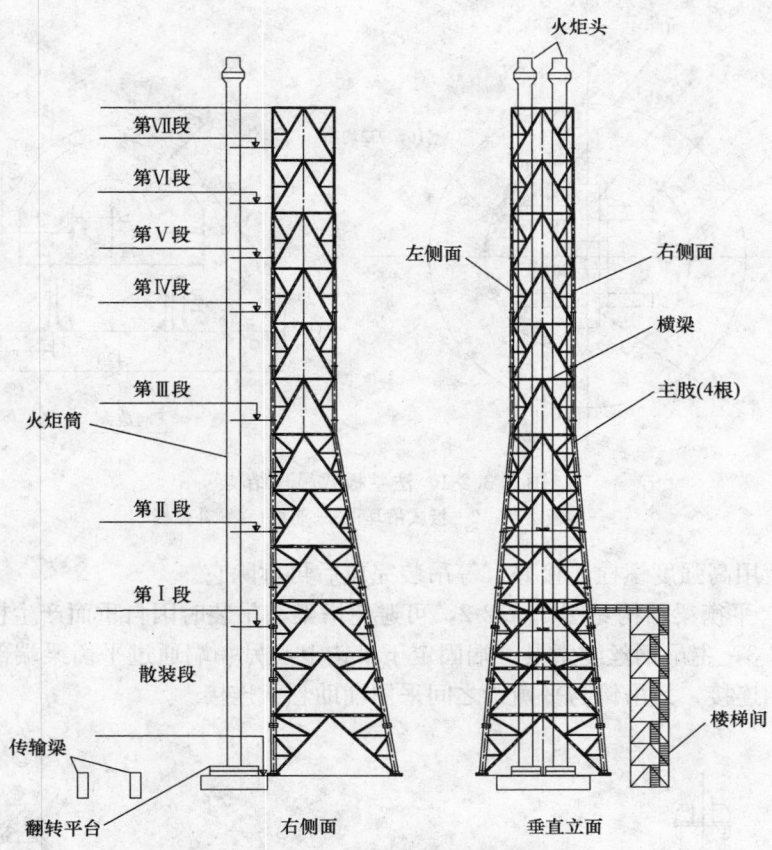

图 5.2　塔架的结构和分段

吊装段 7 段。

5.3.1　分段塔架的地面组装

散装段直接在基础上组装，下面主要讲 7 个吊装段的地面组装：

1. 先将分段塔架的两个对称面（两侧面），在地面卧装成片，再将成片塔架立起后用风绳固定牢固，紧接着组装主横梁使塔架成框，最后搭设脚手架组装其余构件。

2. 考虑到分段塔架在空中连接的需要，中间吊装段在地面组装好后，应在其顶部搭设 4 对主肢法兰装配用的井字型脚手架、操作平台和连通通道，同时安装塔架直爬梯。顶部吊装段在地面完成了直爬梯和平台的安装后，还必须完成航空警示灯支架（含定滑轮）和钢丝绳的安装。

3. 由于各段塔架主横梁斜撑下部的连接板超出主肢法兰面 1.5~2.27m 见图 5.3.1，这就存在两个问题：其一，分段塔架立装时不可能靠斜撑来支撑分段塔架，必须做工装放在主肢法兰下面来支撑分段塔架；其二，分段塔架在空中垒加时，塔架上的操作平台无法避开斜撑。为了解决以上问题经设计同意，将主横梁斜撑在下部比主肢法兰高 0.3~0.5m 的位置上截开，用一对法兰连接（称增加法兰）解决了以上问题。

5.3.2　分段塔架吊装前的准备

1. 塔架吊装时的吊耳设置：吊点选在每段塔架顶部的 4 块主肢法兰处，现场制作 4 块与之配对的钢板法兰，在配对钢板法兰上焊接板式吊耳见图 5.3.2-1，将带吊耳的

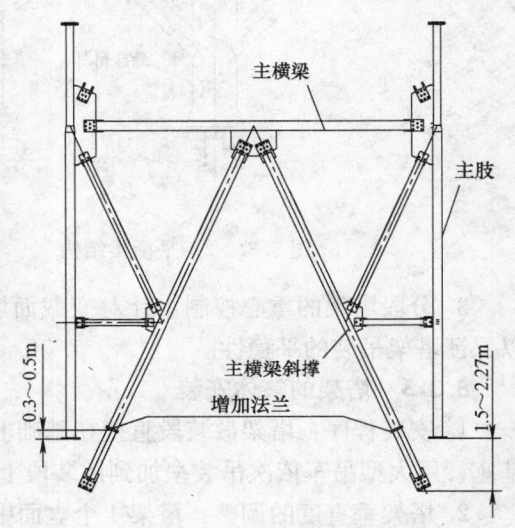

图 5.3.1　主横梁斜撑增加法兰

3177

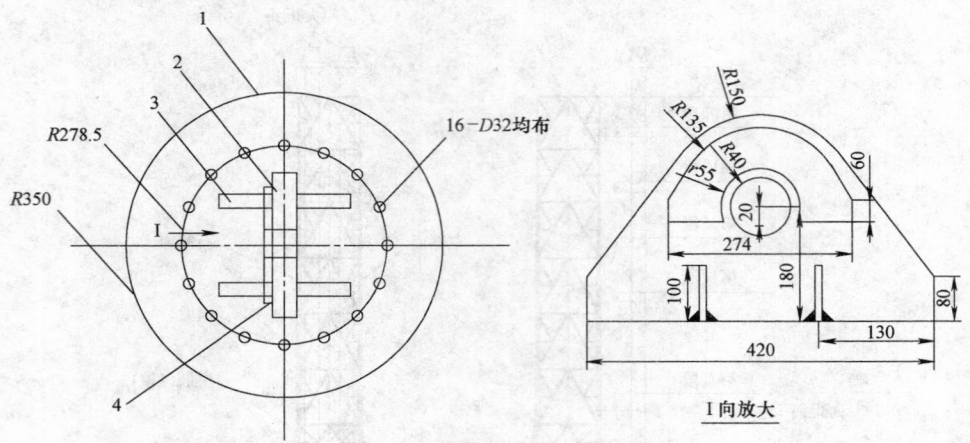

图 5.3.2-1　法兰板式吊耳结构
1—钢板法兰；2—板式吊耳；3—筋板；4—补强板

板式法兰与主肢法兰用高强度螺栓连接好，等吊装完成后再拆除它。

2. 设置平衡梁：平衡梁结构见图 5.3.2-2，可避免塔架在吊装时因自重而产生横向挤压变形。吊装索具设置见图 5.3.2-3，主吊钢丝绳索具一端固定于吊钩上，另一端通过平衡梁端部的支撑槽直接与塔架的 4 个板式吊耳相连接，另吊钩与平衡梁之间采用辅助悬索连接。

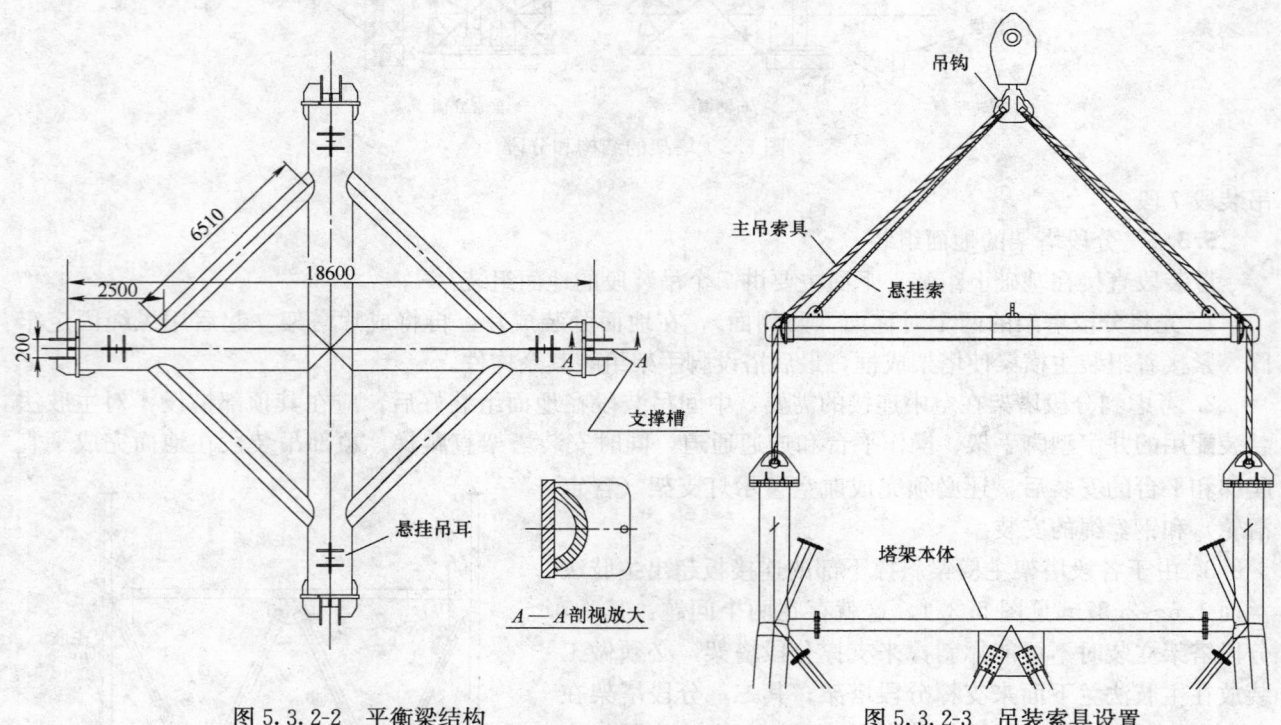

图 5.3.2-2　平衡梁结构　　　　　图 5.3.2-3　吊装索具设置

3. 分段塔架的重心控制：针对变截面塔架计算其重心的相对位置使起吊合力与塔架重心相重合，以保证塔架吊装的平稳性。

5.3.3　塔架的整体安装

1. 安装程序：塔架散装段直接在基础上组装，塔架的 7 个吊装段在地面组装完成后，以散装段为基座，用大型吊车依次吊装垒加到散装段上部。每吊装一段应连接好主肢法兰和斜撑连接板的螺栓。

2. 塔架垂直度的调整：塔架 4 个立面中有一个固定导轨的立面是与地坪保持垂直的称为垂直立面。塔架垂直度的调整主要是调垂直立面相对地坪的垂直度。该垂直度的调整是用在主肢法兰间增加月牙形斜垫片的方法来完成，具体做法如下：

每段塔架安装好后，测量塔架相对地坪的垂直度，若垂直度超差，先用斜铁将主肢法兰撑到塔架垂直度合格所需要的间隙值，准确测量法兰外缘4到8点的间隙值，然后在外缘间隙的测量点处用塞尺插入法兰内50mm，测量内间隙值。

按照以上测量的外缘间隙值作为月牙形斜垫片外边缘厚度，内间隙值作为月牙形斜垫片内边缘厚度，先在机床上加工成一个由外到内带斜度的圆环，将该圆环切割成4到8瓣形成月牙形斜垫片，将垫片镀锌处理。

将制好的月牙形斜垫片按事先编好的顺序放入法兰中。将斜垫片与一侧主肢法兰用分段焊焊接，焊接后需重新除锈和冷喷锌处理。

塔架安装好后整体垂直度≤150mm，每两节塔架的垂直度≤12mm。

5.3.4 塔架连接用螺栓的复检和紧固

1. 螺栓的复检：塔架连接用螺栓是选用美标A325高强度大六角头螺栓，表面经镀锌处理，根据建设方和监理方的意见，按照合格证对化学成分进行了复验。

2. 螺栓的紧固：螺栓采用转角法紧固。初拧工具采用扭矩扳手，终拧工具采用敲击扳手。用转角法紧固时转角的选择如下：

当螺栓长度<4D（螺栓直径）时，转角为120°；

当4D≤当螺栓长度<8D时，转角为180°；

当8D≤当螺栓长度<12D时，转角为240°。

5.3.5 导轨的安装

1. 导轨的安装：导轨在地面拼装成若干段后，用1大1小2台吊车采用倒装法安装。

2. 固定导轨的螺栓紧固：导轨和导轨支架采用双螺母紧固，第一个螺母必须用手拧紧，第二个螺母和第一个螺母之间用扳手锁紧，以保证导轨在热胀冷缩的情况下，可在导轨支架上自由伸缩。

3. 导轨垂直度的调整：导轨安装好后，必须对导轨的垂直度进行精确测量，要求导轨全长垂直度≤100mm，单段垂直度≤12mm，若超差则必须进行调整。

与塔架垂直立面相垂直方向的导轨垂直度调整：割除导轨支架上与导轨相接的连接板，将导轨支撑管修短到合适位置尺寸，最后重新焊接导轨支撑连接板，完成导轨垂直度在该方向的调整。

4. 导轨间距的调整：导轨固定于塔架上后，需测量每段导轨在固定点处的间距，导轨间距允差≤25mm。可采用在地面缩小火炬筒导向滑块间距的方法，来保证火炬筒导向滑块在导轨内的正常滑动。

5. 安装导轨缓冲短接：塔架导轨调整合格后，可以安装导轨缓冲短接见图5.3.5，缓冲短接通过卡住H形导轨的背面槽，起到稳定导轨的作用。要注意缓冲短接的前端方板不能与导轨焊死，否则导轨将不能上下伸缩。

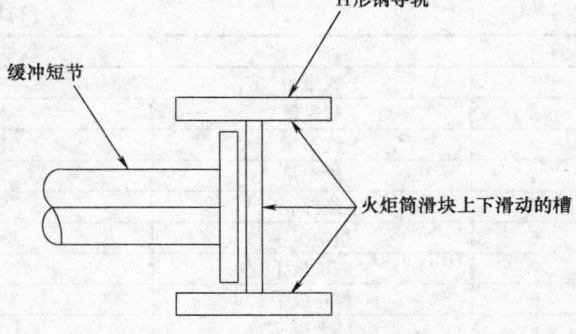

图5.3.5 导轨缓冲短节

5.3.6 火炬筒体的安装

1. 火炬筒体安装前的地面准备

1）火炬筒体地面组对：由于长途运输的限制，到货的火炬筒节每段长为12m，共12节。需在现场组成24.384m长的筒节5段和27.432m长的筒节1段（含3.048m长的火炬头），组焊后要保证筒节的直线度≤20mm。

2）附筒配件的装配：筒节组装合格后，接着安装附筒管线及管线保温，安装每段火炬筒上的水平移动轮子。

3）火炬筒节安装前的摆放：将组装合格的6段火炬筒节，按安装顺序用50t吊车摆放在传输梁水平槽钢的轨道上，在最上段火炬筒节的顶部安装火炬头。

2. 火炬筒节的安装

1）火炬筒节的翻转：将筒节底部法兰与翻转平台用螺栓固定牢固，将翻转滑轮与火炬筒翻转吊耳连接，阻滞卷扬机绳索与阻滞吊耳连接，在翻转卷扬机和阻滞卷扬机的共同作用下，筒体以翻转平台为支点完成由水平到竖直的动作见图 5.3.6-1，使首段筒节上的两组滑块通过导轨的上下开口进入导轨内，封闭导轨上开口，下开口不用封闭，以使只有一组滑块的中间 4 段筒节的滑块可进入导轨内。当火炬筒节翻转至刚离开传输梁上的水平轨道槽钢时，应拆除火炬筒鞍座上的水平移动轮子。

2）火炬筒节的提升：使提升滑轮与火炬筒下部提升吊耳相连接，摘除火炬筒节上的翻转动滑轮和阻滞绳索，卸掉火炬筒节与翻转平台连接用螺栓，开启提升卷扬机，使筒节沿垂直导轨上升至下段筒节的长度加 1.5m 的高度时，停止提升卷扬机，并将火炬筒节锁住以防下滑见图 5.3.6-2。

3）火炬筒节间的组对：将下一节火炬筒节与翻转平台相连见图 5.3.6-2，翻转进入垂直导轨内见图 5.3.6-3，在其顶部法兰上放置密封垫，回落提升卷扬机，将上节火炬筒节放在该火炬筒节上，用螺栓连接好两筒节间的法兰，接好与上节筒节连接的附筒管线和附筒电气仪表线。

图 5.3.6-1　火炬筒节的翻转　　　图 5.3.6-2　火炬筒节的提升　　　图 5.3.6-3　火距筒节间的组对

6. 材料与设备

材料与设备见表 6。

材料与设备　　　　　　　　　　　　　　　　　　表 6

序　号	名　称	规格、型号	数量	单位	备　注
1	履带吊	750t	1	辆	
2	履带吊	200t	1	辆	
3	汽车吊	80t	1	辆	
4	汽车吊	50t	1	辆	
5	经纬仪	J2	1	台	
6	扭矩扳手	8～32	1	套	
7	敲击扳手	M27～M71	4	把	
8	梅花扳手	8～32	2	套	
9	大锤	8p	3	把	
10	千斤顶	20t	2	台	
11	千斤顶	5t	2	台	
12	道木		80	根	
13	钢板尺	1500mm	1	把	
14	安全带		40	条	
15	钢板	20mm	9	m²	
16	钢板	18mm	9	m²	
17	钢丝绳	φ50mm	60	m	
18	钢丝绳	φ36mm	50	m	

续表

序 号	名 称	规格、型号	数量	单位	备 注
19	钢丝绳	φ28mm	50	m	
20	钢丝绳	φ20mm	40	m	
21	吊装带	15t	4	条	
22	吊装带	10t	8	条	
23	卡扣	50t	8	个	
24	卡扣	20t	8	个	
25	卡扣	10t	8	个	
26	卡扣	5t	8	个	
27	钢跳板	250×3000mm	2000	块	
28	电焊机	ZX7-500S	1	台	
29	火焊架		1	套	
30	手动捯链	5t	2	台	

7. 质 量 控 制

7.1　质量控制措施

7.1.1　建立质量保证体系，质保体系人员要分工明确、认真负责，确保质保体系正常运行。

7.1.2　向施工人员做好施工交底，明确相关的质量要求，分清质量责任。

7.1.3　严格执行工序交接制度和"三检制"，确保质量控制。

7.1.4　设备构件及材料物质到货后，必须有合格证明文件，工号技术员配合物资部门进行清点验收。

7.1.5　库房保管员发放材料时必须由工号技术员确认，确保材料使用的准确性。

7.1.6　特殊工种作业人员应持证上岗。

7.1.7　计量器具应由专人管理，使用的量具必须在鉴定期内。

7.1.8　建立质量奖惩制度。

7.1.9　关键工序、关键检查点工号工程师必须到场检查。

7.2　质量控制指标

7.2.1　塔架连接用的法兰和连接板件在螺栓紧固后的外缘局部间隙≤3mm，否则应加月牙形钢斜垫片。

7.2.2　塔架垂直立面与地坪的整体垂直度≤150mm，每两层的垂直度≤12mm。

7.2.3　导轨相对于地坪的全长垂直度≤100mm，单段导轨相对于地坪的垂直度≤12mm。

7.2.4　两导轨在固定点处的间距必须比火炬筒滑块间距大14mm，间隙允差≤25mm。

7.2.5　火炬筒的整体直线度≤20mm，火炬筒滑块的整体直线度≤15mm，两侧火炬筒滑块相对于鞍座底板的高度差≤14mm。

8. 安 全 措 施

8.1　工作危险性分析

塔架安装过程中存在人员高空坠落、高空落物伤人、起吊设备伤害、触电、碰伤、烧伤等潜在施工危险，而且存在液压卷扬系统损坏等工程设备操作危险。

8.2　安全保证措施

8.2.1　建立以项目经理为第一责任人的安全管理网，设专职安全员1名，开展阶段性的安全教育，定期进行安全检查。同时，施工队每50人设1名专职安全员。确实做到"安全为了生产，生产必须安全"。

8.2.2　项目工号技术员和项目专职安全员共同完成工作危险性分析报告（JHA）的编制，每天逐项检查预防、控制措施的落实情况。定期召开安全会议，对作业人员不安全行为进行讲评。

8.2.3　所有施工人员要认真学习《石油工业部建设安全操作规程》和《火炬塔架吊装应急预案》，施工人员与应急小组的通信应保持畅通。

8.2.4　进入施工现场必须戴安全帽，穿好劳保防护用品。高空作业必须 100％系挂双钩安全带，施工脚手架必须安全可靠满足施工需要，以防坠落事故发生。

8.2.5　塔架吊装作业必须用警示带设置警戒区域，并有安全员现场监督。起吊作业必须有专人指挥，指挥人员必须使用信号旗指挥，指挥人员和司吊人员必须熟悉指挥信号。

8.2.6　严禁超负荷使用起重设备、工具和绳索。

8.2.7　起吊范围内，不许有人通过或停留。

8.2.8　六级以上大风或雷雨天气，禁止起重作业。

8.2.9　特殊工种施工人员（起重工、架子工、焊工）必须持有特殊工种作业证方可施工。

8.2.10　塔架施工不允许交叉作业，塔架上的工器具、螺栓、扣件等小物件必须放入包内，暂时不用时需在塔架上固定牢固，架子杆等长构件不用时需用钢丝固定在平台上。

8.2.11　夏季在塔架上施工，因温度较高，故人员应做好防暑措施，例如：现场设固定饮水点，且配备藿香正气水、人丹等防中暑药品。冬期施工必须在霜冻完全散去以后，方可允许施工人员上塔架作业。

8.2.12　现场设维护电工 2 名，保证用电设备及电缆线的使用安全。

8.2.13　施工现场严禁堆放易燃废弃物品，确保无火灾事故发生。

9. 环 保 措 施

9.1　到货的包装材料，在设备及材料配件安装完成后，及时回收处理。

9.2　现场设置生活垃圾桶等卫生设施，生活垃圾定点堆放及时清理出场。

9.3　现场应进行科学规划，做到合理有序，整齐美观。

9.4　施工中坚持工完、料净、场地清，保证施工垃圾及时清运出场。

9.5　经常进行环境监控和检查，及时消除对环境的不利影响因素。

10. 效 益 分 析

10.1　一座塔架可以支持多个火炬筒体，实现了废弃可燃气体的集中排放，节约了建设用地。

10.2　火炬塔架的高耸结构，极大地提高了废弃可燃气体的燃烧高度，从而实现了无污染排放。

10.3　火炬筒体（含火炬头）在检维修期间操作简单、安全，避免使用大型吊车和高空作业，从而为石化企业节约了大量设备使用成本。

10.4　在国内首次编制了多筒体自提升塔架式火炬安装工法和质量标准，填补了国内空白。

10.5　采用散装法和分段吊装相结合的安装工艺，节约了大量的脚手架搭设费用，同时减少了大量高空作业，保证了施工质量和安全。

10.6　火炬筒的自翻转、自提升过程简捷、安全，为施工企业节省了大量的吊车台班和高昂的吊装费用。

11. 应 用 实 例

11.1　2005 年，在中海壳牌南海石化火炬项目，各项参数如下：

塔架总高度：145.27m；塔架内含一个 25m 高的楼梯间；塔架总重：860t；

塔架底面柱中心尺寸：20.422m×20.422m；塔架顶面柱中心尺寸：11.582m×6.096m；

该火炬首次采用散装法和分段吊装相结合的安装工艺，保证了火炬安装的顺利完成。

11.2 2007 年 6 月～2008 年 6 月，在中国石油独山子石化公司改扩建炼油及新建乙烯工程的炼油火炬项目，各项参数如下：

塔架总高度：138.07m；塔架内含一个 25m 高的楼梯间；塔架总重：860t；

塔架底面柱中心尺寸：20.422m×20.422m；塔架顶面柱中心尺寸：11.582m×6.096m；

该炼油火炬再次采用散装法和分段吊装相结合的安装工艺，再次顺利地完成了火炬的安装工作。

11.3 2008 年 3 月～2008 年 10 月，在中国石油独山子石化公司改扩建炼油及新建乙烯工程的化工火炬项目，各项参数如下：

塔架总高度：144.628m；塔架西侧有一个 23.849m 高的楼梯间；塔架总重：890t；

塔架底面柱中心尺寸：21.0m×21.0m；塔架顶面柱中心尺寸：10.5m×10.5m；

此化工火炬依然采用散装法和分段吊装相结合的安装工艺，顺利地完成了火炬的安装任务。

700MW 全空冷式水轮发电机定子安装下线施工工法

GJEJGF245—2008

中国水利水电第七工程局有限公司
范方武　冯培军　曾洪富

1. 前　言

随着我国水利水电建设事业的蓬勃发展，大型水轮发电机组主要部件定子大多在工地进行组装、焊接、叠片和下线。发电机定子下线施工技术及工艺要求也越来越高，因此，定子下线施工技术的研究具有广阔的推广价值。由中国水利水电第七工程局有限公司机电安装分局研发形成的"700MW 全空冷水轮发电机定子下线安装工法"，解决了世界首台全空冷水轮发电机现场定子下线的各种技术难题，有效地保证了施工质量和工程进度，使首台机组安装工期比合同工期缩短了 10d，创造了良好的经济效益，并减少设备购置费 40 万元。该工法技术已于 2007 年 12 月通过中国水利水电建设集团公司科技成果鉴定，结论为国际领先；并荣获中国水利水电第七工程局有限公司 2007 年度科技进步特等奖、中国水利水电建设集团公司 2008 年度科技进步一等奖。

2. 工 法 特 点

对定子下线工装、嵌线、焊接、灌注、干燥等工序过程进行优化改进，解决了定子下线施工技术难题；

根据现场实际，在定子铁芯内圆设计制作一套组合式结构、环形钢管下线平台工装，采取螺栓连接结构。易组装，可拆卸，安全牢固，改变了采用传统脚手架管扣件搭设结构模式。拆卸后，可继续使用于后续机组安装。

自主设计了可拆卸、可重复使用的定子下线防尘保温篷，防尘效果好，保温性能好。

采用大功率风幕机与电加热器配合加温方式，对定子整体进行加温干燥，加温效果好，改变了采用传统大功率直流整流设备加温干燥方式。

与一般安装方法相比，关键技术具有规范、安全、简便等特点，保证了施工质量，节约了工期和设备购置费。

3. 适 用 范 围

本工法适用于 200～700MW 全空冷水轮发电机定子下线安装。

4. 工 艺 原 理

龙滩水电站发电机定子铁芯高度为 3300mm，铁芯槽数 624 槽，线槽宽度 23.5mm×215.8mm，单根线棒重 60kg，定子绕组为双层条形波绕组、三相八支路星形连接，采用环氧粉云母绝缘。嵌线时，在线棒直线段绕包半导体硅橡胶粘合的槽衬布，在半导体硅橡胶固化后略微膨胀并呈弹性，保证了线棒防晕层与铁芯良好接触，有效降低了槽电位；绕组上端布置一条支撑环、下端布置两条支撑环，支撑环采用 $\phi50$ 玻璃丝绳注胶固化工艺，使线棒能紧靠端箍，抗机械应力好。

3184

根据定子下线特点，采用镀锌钢管与型钢结合方式，设计制作了一套完整的、易组装、可拆卸下线施工平台，使定子下线安装场地规范，下线工装安全、简便，不影响主机设备预装，并可继续使用于后续机组，使主机设备安装提前了工期。

定子下线，要求对整个施工区域进行防尘、防潮、保温，并且主机设备安装预装工作多，交叉作业多，搭设可拆除可重复使用定子下线防尘保温篷，使定子下线安装场地规范，下线工装安全、简便，防尘效果好，保温性能好，并可继续使用于后续机组安装，节约了工期。

采用大功率风幕机和电加热器配合对定子绕组进行整体加温干燥，使热风在整个定子绕组内部循环、流动，加温方式简便、安全、均匀、易控制，加温效果好，改变了采用传统大功率直流整流设备加温干燥方式。

5. 施工工艺流程及工艺要点

5.1 工艺流程 (图 5.1)

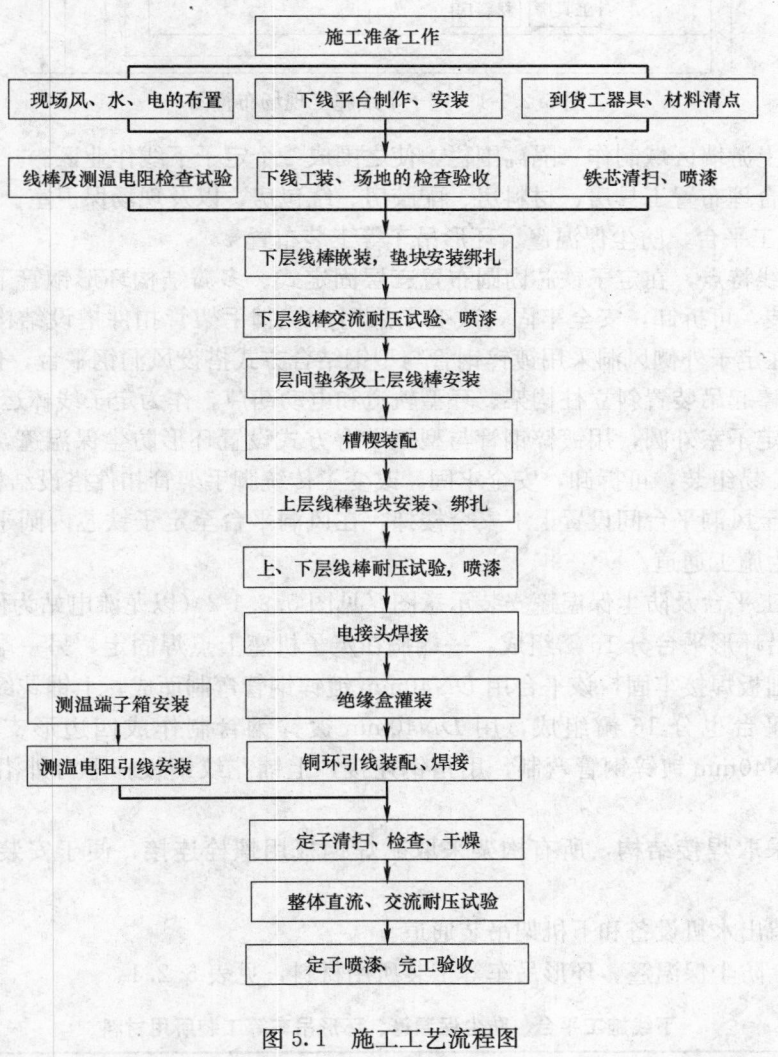

图 5.1 施工工艺流程图

5.2 工艺要点

5.2.1 安装前期工作及施工准备

1. 熟悉相关技术资料，编报专项技术措施和安全保证措施，组织技术交底。

2. 对起重设备、焊接设备、压缩空气系统、电气试验设备及施工电源、水源等设施进行准备。

3. 施工现场布置

1）发电机层施工现场布置，见图 5.2.1-1。

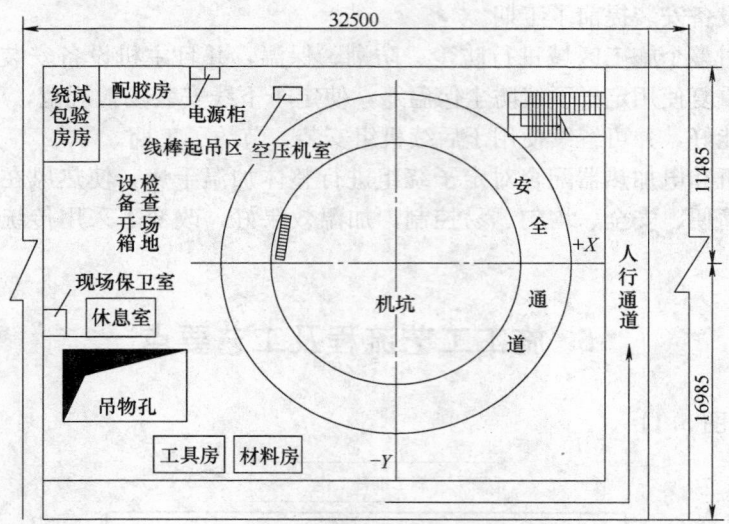

图 5.2.1-1 定子下线施工现场布置图

① 在发电机层上游墙区域制作一隔离围栏，使之围成一个定子下线作业区。

② 在作业区内合理布置工具房、材料房、配胶房、绕包房，以及现场保卫室。

2）定子下线施工平台、防尘保温篷、环形吊车等工装布置

① 根据定子下线特点，在定子铁芯内圆布置三层固定式、多瓣结构环形钢管下线平台，设计成螺栓连接结构。易组装，可拆卸，安全牢固，改变了采用传统脚手架管扣件搭设结构模式，构架制作后可先在场外预装。在定子外侧风洞采用镀锌钢管与型钢结合方式搭设风洞钢平台，作为施工安全通道。

② 安装定子线棒起吊装置斜立柱构架、环型轨道和电动葫芦，作为定子线棒运输和吊装工装。

③ 在发电机层定子室外圆，用镀锌钢管与型钢结合方式设置环形防尘保温篷，上盖防火篷布。设计成螺栓连接结构，易组装，可拆卸，安全牢固，改变了传统脚手架管扣件搭设结构模式。

④ 在发电机层至风洞平台间设置上下安全楼梯，在风洞平台至定子铁芯内圆平台设置跨越铁芯及绕组活动跨梯，作为施工通道。

⑤ 定子下线施工平台及防尘保温篷安装示意图，见图 5.2.1-2（以龙滩电站为例）。

说明：定子外沿环形平台分 16 瓣组成，一端搁在定子机座上点焊固定，另一端用膨胀螺栓固定在风洞壁上与平台基础板焊接牢固，该平台用 $DN40mm$ 镀锌钢管弯制而成，上铺花纹钢板。

定子内圆下线平台也分 16 瓣组成，用 $DN40mm$ 镀锌钢管制作成四边形支腿支撑，平台宽度 500mm。平台用 $DN40mm$ 镀锌钢管弯制，用角钢连接，上铺花纹钢板。平台外沿距定子铁芯预留约 200mm 间隙。

所有分瓣构架采取焊接结构，所有构架采取贴焊钢板用螺栓连接，便于安装、拆卸及后续机组使用。

定子中间应预留出水机设备和下机架吊装通道。

下线施工平台、防尘保温篷、环形吊车等工装所用材料，见表 5.2.1。

下线施工平台、防尘保温篷、环形吊车等工装所用材料   表 5.2.1

序号	名　称	规　格	单位	数量	备　注
1	钢管	φ219×7	m	70	环形吊车立柱每根 3m 左右
2	工字钢	122a	m	56	环形吊车轨道横梁
3	环形轨道	122a	m	48	电动葫芦轨道
4	电动葫芦	0.25t	台	2	CD1-0.25t

序号	名 称	规 格	单位	数量	备 注
5	槽钢	10 号	m	80	
6	镀锌钢管	DN40×3.5	m		支撑件
7	镀锌钢管	DN25×3.25	m		
.8	角钢	50×5	m	60	横向加固
9	花纹钢板	δ=5mm	m²		
10	基础板	670×400×20	块	16	
11	基础板	300×300×10	块	140	
12	连接螺栓	M36×140	套	64	配螺母、弹垫、平垫
13	连接螺栓	M16×50	套	128	配螺母、弹垫、平垫
14	连接螺栓	M12×50	套	64	配螺母、弹垫、平垫
15	保温篷布	70×7、45×11	m²	900	顶部封闭、内圆封闭
16	膨胀螺栓	M12×120	套	168	

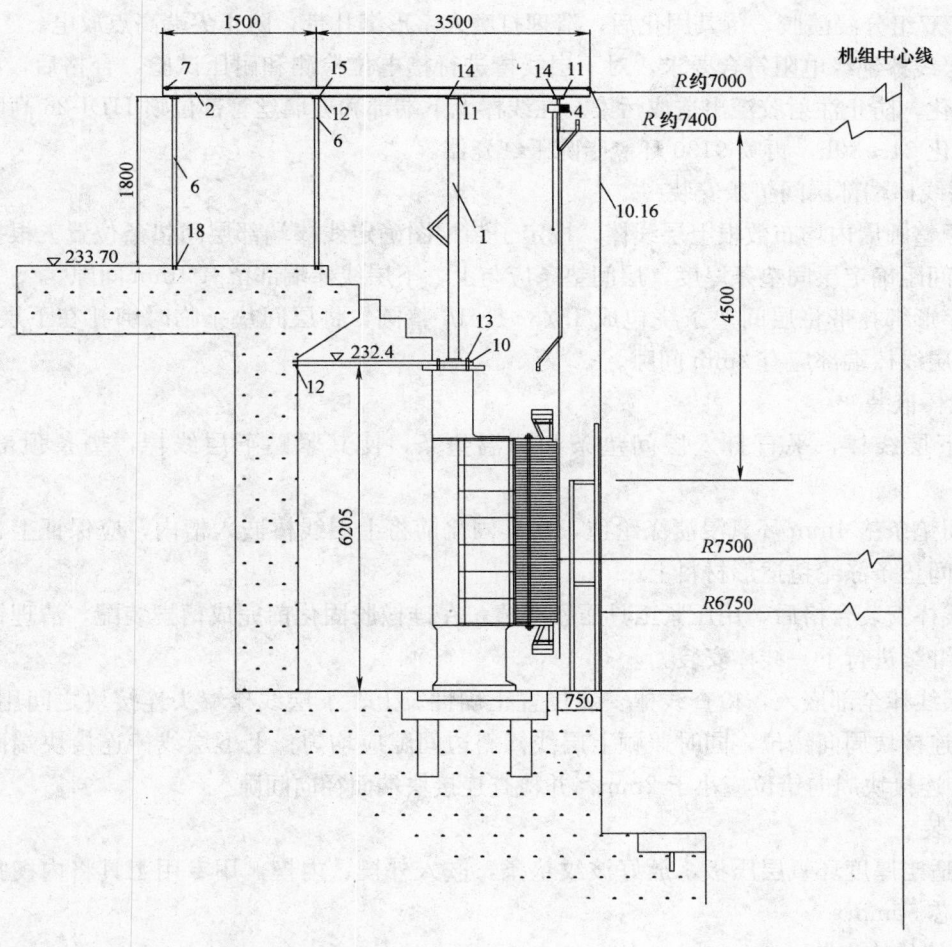

图 5.2.1-2 定子下线施工平台及防尘保温篷安装示意图

5.2.2 定子绕组安装工艺要点

1. 线槽处理

对线槽仔细进行检查、清理，将尖角毛刺修磨平整、干净；对线槽均匀喷涂一层 1235 半导体漆及 10％ 651 固化剂。

2. 线棒检查

对到货线棒逐箱抽检，检查外形尺寸、起晕电压及交流耐压试验。计算与铁芯槽配合间隙，确定绕包硅橡胶槽衬布厚度，标示定子铁芯中心线及槽号。

3. 测温电阻安装

1）检测测温元件直流电阻和绝缘电阻。

2）压指和铁芯测温电阻应在定子叠片时安装，铁芯测温元件用涤纶毡包好，用固化胶粘牢送入铁芯背部电阻沟内；层间测温垫条应在下层线棒耐压合格后安装。

4. 下层线棒安装

1）将线棒直线段绕包硅橡胶槽衬布，用起吊装置将线棒吊入机坑。

2）以定子铁芯中心线和线棒中心线为基准嵌入下层线棒，在线棒直线段位置垫上线棒垫板，用橡皮锤敲打，将线棒嵌入槽底。

3）用压紧工具间隔 500mm 临时固定，检查间隙及线棒安装位置，待硅橡胶彻底固化后，应保证线棒上下两端至少留有两个压线工具，防止线棒下沉。

4）安装斜边垫块、槽口垫块、槽口止沉块，用浸胶毛毡包裹垫块塞入线棒间，将 RD50 玻璃丝管涂刷 HDJ-138 双组分浸渍胶，待其固化后，清理打磨人字形绑扎带，防止尖端高点放电。

5）待下层线棒绝缘电阻符合要求，对下层线棒进行槽电位检测和耐压试验，合格后，将 RD50 玻璃丝管注胶固化，防止注射胶溢出造成污染。在线棒上下端部和玻璃丝管部位喷 HDJ-26 高阻半导体防晕漆，室温固化 24～30h，再喷 9130 环氧脂晾干红瓷器。

5. 上下层线棒端部层间垫条安装

1）在定子整圆周内均布数根上层线棒，按定子装配图确定线棒端部层间垫条位置。根据上、下层线棒端部实际间距确定层间垫条厚度，层间垫条应与上、下层线棒端部留有 4mm 间隙。

2）用人字形绑扎带将层间垫条绕包成 1./8～1/16 整圆，将层间垫条临时绑扎在下层线棒端部，层间垫条与下层线棒端部应有 2mm 间隙。

6. 上层线棒嵌装

1）吹净下层线棒，平直打入层间垫条和测温垫条，使其紧贴下层线棒，垫条顶部应高于铁芯 5mm。

2）在层间垫条垫 4mm 环氧浸渍涤纶毡，在其固化前将上层线棒嵌入槽内，应保证上、下层线棒端部靠实在层间垫条涤纶毡适形材料上。

3）上层线棒安装合格后，用压紧工具压紧线棒，在硅橡胶固化前完成槽楔装配，清理铁芯槽口两侧遗留杂物，继续进行下一线棒安装。

4）待上层线棒全部嵌入，检查线棒安装位置正确性。上、下层线棒端头连接块之间用木楔楔紧，调整上、下层连接块周向错位，同时兼顾上层线棒斜边间隙应均匀；上下层线棒连接块端面轴向错位应小于 4mm，连接块周向错位应小于 2mm，并检查连接块端面径向间隙。

7. 槽楔安装

在槽内垫适当厚度环氧层压板，放好波纹垫条，嵌入外楔、内楔，用专用工具将内楔打紧，端头槽楔应露出铁芯 50mm。

8. 上层线棒垫块安装

1）在上层线棒斜边位置-选配垫块厚度，调整线棒之间间隙使之尽量均匀。

2）安装斜边垫块、槽口垫块和槽口止沉块，将浸胶的毛毡包裹，用橡皮锤轻轻敲打嵌入，使槽口垫块端口与线棒平齐。用 RD50 玻璃丝管涂刷 HDJ-138 双组分浸渍胶临时固定，将背部端箍、上层斜边垫块用人字形编制带绑扎；密封板面需与定子铁芯表面保证在同一平面上，将上层槽口垫块和下层槽口垫块、槽楔、涤纶毡和密封板绑扎，然后刷胶，干燥。在 HDJ-138 涂刷浸渍胶固化后，清理人字形绑扎带，防止尖端高点放电。

3) 对下层、上层线棒同时进行交流耐压试验，试验前应将测温线接地。

4) 用 EP310 环氧注射胶向内端箍注射环氧，防止注射胶溢出造成污染。在上层线棒上下端部和玻璃丝管喷 HDJ-26 高阻半导体防晕漆，室温固化 24～30h；在上层线棒端部喷 9130 环氧脂晾干红瓷器，室温固化 24h。

9. 并头块焊接

1) 在并头块焊接前，应将线棒的上下端部防护严实，防止液态填料和线棒清理过程中的金属粉屑掉入线棒间隙中。

2) 并头块与上、下层线棒搭接长度应符合要求。用专用工具夹住并头块，在线棒铜条上布置冷却钳。通过脚踏开关控制焊接设备，当温度合适时加焊料，切勿将温度升至太高。

3) 焊接后其表面应光滑，无棱角、气孔、空洞，焊缝应饱满，成型良好。

4) 测量各分支回路直流电阻，应满足规程规范和厂家技术文件要求。

10. 绝缘盒灌装

1) 检查绝缘盒外观质量应无裂纹、气泡等质量缺陷，用砂纸打磨绝缘盒内表面隔离剂，并使之呈毛面。

2) 将线棒端头绝缘刷 HDJ-26 高阻半导体漆，保证与铜导线充分接触，室温固化 24～30h。

3) 在定子下端搭设临时支撑平台，调整绝缘盒位置，向绝缘盒灌注 879 双组分灌注胶；用绝缘盒堵漏板、堵漏木楔等专用工具和 HDJ-18 环氧腻子对上端绝缘盒下部密封堵漏，待堵漏腻子固化后，向绝缘盒灌注一薄层 881 双组分灌注胶，待其固化后再将绝缘盒灌满。待清理干净后，再向绝缘盒内添补适量环氧胶，使之与绝缘盒高度平齐。

11. 极间连接线及汇流铜排安装

1) 先对极间连线预装，合格后将支架焊牢，然后安装绝缘垫块，锁定螺栓；焊接极间连线与线棒接头，清理干净后包扎绝缘，将连接线绑扎在绝缘支架上。

2) 预装汇流铜环，合格后将支架焊牢；将汇流环由下而上逐层组焊、包扎绝缘。

5.2.3 定子清扫

全面清扫定子，对齿压板，通风沟槽，尤其是上下层线棒间和绑带交汇处应仔细检查，防止遗留异物。

5.2.4 定子绕组绝缘干燥

1. 在定子线圈端部圆周均布酒精温度计，定子上覆盖保温篷布，在定子上下端部均布适量电加热器和风幕机，使之产生热风循环。

2. 逐渐提高加热温度，当温度上升至 60℃ 时，应 4～8h 用兆欧表检测绕组对地绝缘电阻和吸收比，当满足要求后保温 5h 左右即可停止干燥。

3. 干燥结束后应逐渐降温，当温度降低至 40℃ 时，拆除保温篷布，使定子自然冷却，并用干燥空气将定子各部位吹扫、清理干净。

5.2.5 电气试验

定子线棒、测温电阻在各工序过程中的电气试验，应随定子下线安装进度进行。在定子绕组绝缘干燥过程中，应按时检测定子绕组绝缘电阻及吸收比；在定子整体直流耐压试验和交流耐压试验时，应缓慢操作，平稳升压。

5.3 劳动力组织

劳动力组织见表 5.3。

表5.3
劳动力组织情况表

序号	工种	数量	备注	序号	工种	数量	备注
1	卷线工	20		5	油漆工	2	
2	配线工	2		6	普工	10	
3	电焊工	2		7	试验工	4	
4	起重工	2			合计	42	

6. 材料与设备

700MW 全空冷水轮发电机定子下线自备工器具及设备材料，见表6。

工器具及设备材料　　　　　　　　　　表6

序号	设备名称	型号规格	单位	数量	备注
1	中频焊机		台	2	
2	直流电焊机	ZX7-400S	台	2	
3	空气压缩机	0.9m3	台	1	配储气罐
4	动力配电柜	1000A	面	2	
5	动力电缆	YC-3×185+1×95	m	100	
6	轴流风机		台	4	
7	行灯变压器		台	2	
8	烘干箱		台	2	
9	除湿机	CF5	台	4	
10	电加热器		台	20	
11	风幕机		台	16	
12	磁力电钻	J3C-19	台	1	
13	吸尘器	1500W	台	2	
14	定子下线平台		套	1	现场制作
15	定子防尘保温篷		套	1	现场制作
16	线棒搁放架		个	6	现场制作
17	材料房、配胶房		个	2	现场制作
18	硅橡胶槽衬布绕包房		个	1	现场制作
19	红外线测温仪	FLUKE65	只	1	
20	兆欧表	ZC11-5 型 1.5 级	个	各1	2500V/10000MΩ 500V/1000MΩ
21	直流电阻测试仪	1005 型 0.2 级，5A(1mΩ～4Ω)，10A(1mΩ～4Ω)	套	1	
22	交、直流耐压试验设备		套	各1	

7. 质 量 控 制

施工前，根据现场实际条件，组织工程技术人员认真研究讨论，确定一套适用的技术措施和工艺流程，细化每一个施工环节，制定相应的技术工艺措施、质量控制和检查验收标准。采取"三三制"

的控制措施，即"三阶段"控制、"三检制"控制，从技术上对工程施工质量进行保证。

"三阶段"控制是指"预控"、"程控"和"终控"。"预控"为事前控制，即在每项大的工程子项目开始前，组织对施工进度计划和施工技术措施进行审批，检查质量保证体系、技术措施是否真正落实，并组织对施工人员进行技术交底，对于重点部位还要求设计和监理单位参加技术交底。"程控"即施工过程中的质量监控，是"三阶段"控制中的重点和核心内容，主要通过采用巡视、平行检验和盯点等方式对施工质量进行监控。巡视检查重在及时发现问题并进行处理，坚决不把质量隐患带入下一道施工程序。对于重点部位和时段，则以日报形式及时通报各方，对关键工序，均采取现场盯点监控方式，以确保施工质量。"终控"即为事后总结控制，通过对施工工艺、施工方法以及施工过程中存在问题的检查和总结，及时改进施工方法以利后续施工。

"三检制"检验控制在于完善自身的质量检验制度，对单元工程首先进行内部"自检"，实行"三检制"即施工人员初检、技术人员复检、质量安全部终检。检查合格后，由质量安全部门组织监理单位验收。

7.1 施工遵照执行的技术标准

遵照国家和行业部门颁布的现行技术规程、规范、标准进行安装、调试及验收。当国家或部颁技术标准及规程规范做出修改或补充时，则以修改后的新标准及新规范为准。若标准之间出现矛盾时，则以高标准为准。

7.1.1 《水轮发电机组安装技术规范》GB 8564

7.1.2 《水轮发电机定子现场装配工艺导则》SD 287

7.1.3 《水轮发电机组设备出厂试验一般规定》DL 443

7.1.4 《电气装置安装工程电气设备交接试验标准》GB 50150

7.1.5 《电气装置安装工程质量检验评定标准》GBJ 303

7.1.6 《水利水电基本建设工程单元工程质量等级评定标准》SDJ 249.3

7.1.7 按设备制造厂安装说明书和图纸、资料等执行。

7.2 关键工序质量控制要求

7.2.1 安装现场应布置规范，环境清洁、干净，通风良好。现场配置一定数量临时加温设备及除湿设备，以确保定子下线施工环境满足安装技术条件要求。

7.2.2 铁芯及线槽内应清洁，无杂物，槽内无尖角、毛刺。

7.2.3 定子线棒应绝缘良好，无破损、裂纹、老化现象；防晕层无皱褶、松弛现象；线棒起晕电压及 RTD 绝缘电阻和直流电阻应符合规范要求。

7.2.4 绝缘材料的配胶、半导体材料的喷刷和固化，应严格遵守厂家工艺文件要求，相互间不可混杂、交叉使用，在喷刷前，使用部位应清理干净。

7.2.5 线棒嵌入位置应正确，端部排列整齐，圆度符合要求，嵌装后槽电位应符合规定；下层线棒连接块端面轴向偏差应<4mm，连接块纤焊端面径向偏差应<3mm；上、下层线棒端头连接块端面轴向错位应<4mm，连接块周向错位应<2mm；绝缘材料的绑扎应整齐、牢固，绑绳浸胶均匀、浸透，绑带光滑、无毛刺。

7.2.6 槽楔通风沟与铁芯通风沟中心应对齐，方向正确；两端槽楔伸出槽口长度应符合设计要求，相互高差不超过设计规定；嵌装槽楔的紧度、固定绑扎工艺应符合规范要求；打完槽楔后，上、下层线棒经交流耐压试验应合格。

7.2.7 接头总熔焊面积应达到设计要求，焊接部位附近绝缘应无烧伤痕迹；接头修补重焊次数不应超过 2 次，所有接头焊缝应饱满、光滑、平整，无气孔、裂纹等缺陷，接头高低差应满足规范要求，焊接后应清理干净。

7.2.8 绝缘盒高度、相邻间距、径向不圆度等指标不应超过厂家规定，树脂填充胶应充满整个绝缘盒，无贯穿性气孔和裂纹。

7.2.9 新旧绝缘搭接长度、包扎层数、叠绕方式应符合规范要求，每层绝缘的刷胶应全面、均匀、浸透；新旧绝缘的搭接应过渡圆滑、无突变、鼓包。

7.2.10 铁芯、绕组、绑绳的喷漆厚度应符合要求，漆膜均匀、配比合适，不流淌，喷完漆后其外表应光滑、颜色一致。

8. 安 全 措 施

从安全体系、安全措施、安全管理制度上全面实现施工生产的安全管理。

施工前，成立定子下线安全管理机构，组织施工人员学习安全规程，现场管理规定，并进行技术交底。

在定子下线施工区域，设置安全隔离围栏，实行封闭式管理。

定子下线工装及施工脚手架、工作平台、上下楼梯等，应固定牢固、稳当，并设置安全护栏。

现场风、水、电、气及其施工设备，应布置规范。施工照明应采用安全行灯隔离。

施工现场严禁吸烟，做好焊割设备、电动设备、加温设备的安全防火措施。汽油、破布、油漆及易燃易爆物品应分类存放、保管；施工用电设施应安全可靠，符合安全管理要求。

线棒运输和嵌装，应轻拿轻放；吊装作业时，起吊应缓慢，防止碰挂其他物品。

9. 环 保 措 施

严格遵守国家和地方有关环境保护的法律法规以及合同文件有关条款规定。

现场安排专人用吸尘器等清理、打扫环境卫生，适时洒水润湿地面，控制粉尘。

严格遵守安全生产操作规程，对有挥发性并将造成大气污染的物料，采取密封措施，单独存放，减少挥发和泄漏。

对施工废弃物，指定专人管理，外运过程中确保无遗洒；对于危险、有毒、有害废弃物的处理运输，应执行国家的相关法规，利用密闭容器装存，防止二次污染。

10. 效 益 分 析

10.1 经济效益

10.1.1 龙滩水电站1号机组是世界首台700MW全空冷式水轮发电机组，通过对定子下线工装、施工工艺的不断优化和改进，保证了施工质量和工程进度，使首台机组安装工期比合同工期缩短了10d，确保龙滩公司机组提前发电，创造了良好经济效益。

10.1.2 定子下线施工平台和定子下线防尘篷屋的搭设，采取先在外面预装，待安装条件具备后再在现场安装办法，为主机设备安装提前了工期，施工环境也得到了较好改善；防尘篷屋密封性能好，节约了定子干燥及施工清扫时间；采取电加热器和风幕机配合加温干燥办法，加温效果好，温度稳定，易控制，节约了购买定子干燥专用大功率直流整流设备，减少了设备购置费用约40万元，经济效益明显。

10.2 社会效益

10.2.1 根据龙滩水电站大型水轮发电机定子下线安装的现场跟踪、检测、验收、运行，证明了龙滩水电站700MW立轴混流式水轮发电机定子下线安装质量，满足规程规范和厂家有关技术标准，部分项目安装质量标准还高于国标和厂家标准要求，实现了该机的设计性能，为机组长期、安全、稳定运行，延长机组使用寿命和检修周期打下了坚实的基础，收益明显。

10.2.2 通过对龙滩水电站700MW全空冷水轮发电机组定子下线工装的设计、制作，安装工艺技术及电气试验等关键技术的施工总结、优化和改进，在特大型水轮发电机组安装技术课题上取得了较高的科技研究成果，弥补了国内外在该方面的技术研究空白，为同类型水轮发电机组的设计选型、制造、安装和运行管理积累了宝贵经验。

11. 应用实例

龙滩水电站是红水河上一个具有发电、防洪、航运、梯级水库调节等综合效益的特大型水电工程，其坝址位于广西天峨县境内，距天峨县城 15km。地下厂房共装设 9 台单机容量为 700MW 立轴混流式水轮发电机组，是目前世界最大容量全空冷式机组。电站初期蓄水位 375m，后期正常蓄水位 400m，相应初、后期库容分别为 162.1 亿 m^3 和 272.7 亿 m^3，具有年调节与多年调节能力。电站以 500kV 一级电压接入电力系统，在系统中担任调峰、调频和事故备用。

龙滩水电站发电机定子为双层条形波绕组、三相八支路星形连接。定子铁芯高度 3300mm，铁芯槽数 624 槽，线槽宽度 23.5mm×215.8mm，单根线棒重 60kg，采用环氧粉云母绝缘系统。绕组上端布置一条支撑环、下端布置两条支撑环，支撑环采用 ϕ50 玻璃丝绳注胶固化工艺。嵌线时，在线棒直线段绕包半导体硅橡胶粘合的槽衬布，线棒上下层之间安装层间垫条或嵌有 RTD 元件的层间测温垫条，上下压指和铁芯中部装设 RTD 元件。线棒电接头采用中频银铜钎焊工艺，绕组端部绝缘采用绝缘盒灌胶工艺，极间连接线和汇流环接头绝缘采用 0.18mm×25mm 聚脂薄膜补强三合一粉云母带手工包扎。定子绕组采用全密闭循环空气冷却方式。

龙滩水电站 1 号水轮发电机组定子接头焊接质量，三相不平衡率只有 0.6％，机组于 2006 年 11 月 30 日一次性通过直流耐压试验和交流耐压试验，各项指标全部合格，机组于 2007 年 5 月 21 日投入商业运行。2 号水轮发电机组于 2007 年 4 月 11 日一次性通过直流耐压试验和交流耐压试验，各项指标全部合格，机组于 2007 年 7 月 20 日投入商业运行。从两台机组一年多的运行数据显示，定子铁芯、定子线棒的温度低，电晕小，槽楔紧固，各项指标均优于厂家、设计及国家规程规范技术文件要求，能够满足水轮发电机组各种运行工况的需要。

事实证明：中国水电七局有限公司机电安装分局安装的龙滩水电站 700MW 全空冷式水轮发电机组，安装质量优良，运行指标均符合或优于设计及相关规程规范技术文件要求，实现了主机设备运行稳定、安全、可靠的预期目标，表明了定子下线安装工法是成熟、可靠的。

长输浆体管道施工工法

GJEJGF246—2008

中国第二冶金建设有限责任公司　中冶京唐建设有限公司

王蒙强　朱宇　丁月峰　赵书国　金枫

1. 前　言

　　随着国家工业化进程的加快，能源发展战略的调整，采用长输管道运输已成为能源运输的主要方式之一，其以运输成本低、环境污染少的特点而被越来越多企业采纳。

　　由于高强度管线钢国产化程度的日益提高，使长输管道施工技术得到进一步的发展和推广应用，开始逐渐由石油化工行业向其他行业扩展，比如冶金行业的矿浆管道、煤炭行业的煤浆管道。

　　根据工程需要对长输管道施工的组对技术、药芯自保护焊接技术、机械化施工技术进行了深入的研究，攻克了技术难关，并将上述关键技术先后应用在中国黄金矿业集团乌山项目膏体管线工程工程、巴新瑞目镍钴项目矿浆管道工程及包钢白云西铁精矿浆管道和供水管道工程中，尤其是包钢白云西铁精矿浆管道工程，采用美国PSI管道公司的技术，矿浆管道的焊接技术要求高，实施难度大，焊接过程不断摸索，对出现的新问题在专家的指导下不断攻关。特别是冬期焊接施工，对PSI公司来讲也是新的技术难关，经过不断摸索逐渐成熟了一套可行的冬季焊接技术。

　　《长输浆体管线施工技术》2007年通过中冶集团科技成果技术鉴定，确认为国内先进技术。《长输浆体管线冬季焊接》2008年获得企业级成果奖励，极大地提高了管道的焊接质量和施工进度。

2. 工法特点

　　2.1　高强度管线钢管道手工下向焊根焊＋药芯自保护半自动焊填充盖面焊接技术与传统的室外管道施工方法相比，焊接速度快，焊接质量高，焊口一次探伤合格率达97％以上，综合成本低。

　　2.2　浆体管道输送的介质为乳化后固体颗粒，在工作状况下，如果内焊缝超高，管道磨损严重，影响管道寿命；外焊缝超高，影响管道防腐质量。因此，严格将焊接内外余高控制在0～1.6mm之间。

　　2.3　冬期焊接施工技术适用于北方寒冷气候条件下施工，确保管道冬期焊接质量，施工技术简单、易操作、施工费用低。

　　2.4　沟上组对、整体吊装下管技术，施工安全可靠，降低了沟内作业塌方的风险，提高了施工进度。

3. 适用范围

　　3.1　本工法适用于高强度管线钢管道，管径大于DN200的长输矿浆管道的施工。

　　3.2　本工法中的冬期焊接施工技术适用于北方寒冷气候条件下施工

　　3.3　本工法中的吊装方法适用于沟上组对、整体吊装下管。

4. 工艺原理

　　长输管道施工中主要采用了手工下向焊根焊＋药芯自保护半自动焊填充盖面焊接技术；气动内对

口器组对技术；沟上组对、整体吊装下管技术完成高强度长距离管道的安装任务。药芯焊丝自保护半自动焊接技术是电焊工手持半自动焊枪施焊，由送丝机构连续送丝的一种焊接方式。由于在焊接中送丝连续，节省了更换焊条的时间等辅助工作时间，熔敷速度高，同时减少了焊接接头，减少了焊接收弧、引弧产生的焊接缺陷，提高了焊接合格率，是长输管道主要的焊接方式。

5. 施工工艺流程及操作要点

5.1 工艺流程（图5.1）

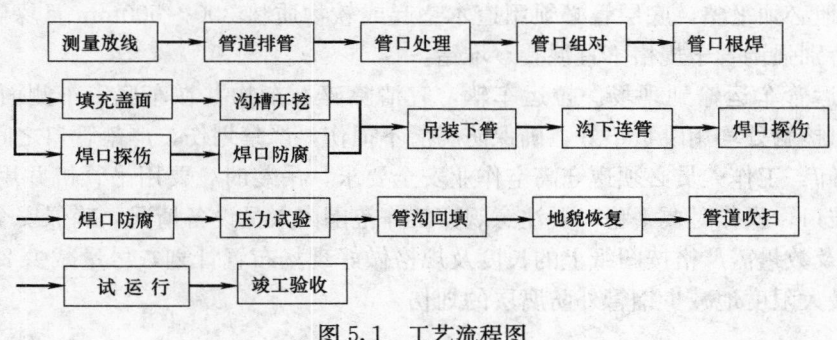

图5.1 工艺流程图

5.2 操作要点

5.2.1 施工准备

1. 根据建设单位征地范围铺设临时道路，筹建施工所需的临地设施。

2. 组织对施工人员的各种技术培训。

3. 加强对施工人员进行入场前的思想质量意识教育。

4. 编写详细的施工组织设计，组织图纸自审，邀请建设单位、监理单位及设计部门进行图纸会审，并做好记录，未经会审的图纸不应作为施工图使用。

5. 编制技术交底及安全措施计划，并向全体施工人员进行详细的交底，并做好记录。

6. 搜集整理与工程施工有关的技术规范及标准图，与施工过程相关的工程资料表格，以备随工程同步填写，建立健全各种施工技术资料台账。

7. 会同业主现场负责人、监理人员明确施工管线地下障碍物的位置，对地下管线、设施等的位置做出标识。

5.2.2 测量放线

1. 施工前与建设单位进行交桩，对所交桩点进行复测，办理交接手续，并对基准点进行保护。

2. 开工前熟悉施工图纸，了解现场实际情况，根据施工图纸及测量基准点对管线的起始点进行测量，设置观测点并加以保护。

3. 施工前测出管线的起始点及转点的位置、高程，并以这些点为主点进行管道中心位置的测定；直管段每30m测出地面高程，并作记录；绘制施测草图，并将测量基准点、参考标高、复测结果上报监理部门。

4. 测量放线前确定地下障碍物准确位置，以便沟槽开挖时对其采取加固措施。

5. 管道安装完毕后，进行竣工测量，测出实值后，修改原图，重新标注施工实际数据。

6. 测量施工时，定位控制均使用经纬仪，高程控制时采用不低于S3型的水准仪，施工误差控制在施工规范允许的范围内。

7. 管道测量时每500m及管道转点处，设置一个标志桩，并在施工过程中加以保护。

8. 测量方法为导线法测量，定位用十字线法，平行基线法进行控制高程，测量控制为三级水准点，间距应小于250m。中心桩测定后要进行临时保护，由中心桩引出的十字线桩和平行线桩测定允差为

±3mm。

5.2.3 管沟开挖及地基处理

1. 土方开挖前，与甲方有关单位再次核定地下等障碍物的位置，并用白灰做出标记。

2. 土方开挖采用机械或人工开挖。

3. 人工挖槽时，堆土高度不宜超过 1.5m，且距槽口边缘不宜小于 0.8m。

5.2.4 管道验收、拉运、保管及布管

1. 管材验收

1）质检人员检查管道防腐及坡口质量，物资交接手续，记录好每根管的编号。

2）管子的场地必须平整，底层管必须用道木垫起或软物质垫 300～500mm 且垛管不得超过 2 层，保护好防腐层，特别强调管子规格不宜混装、堆错。

3）管材通过运管车运输到现场。拉运车辆，宜清除碎石杂物并在车底、车侧面、每个钢管管口处、车前端与管口接触处均用跳板垫好，确保防腐层不损伤，严禁划伤，严禁管口之间碰撞。

4）钢管的装卸：工作人员必须遵守高空作业安全要求，吊装时，要用吊管机并用特制的专用吊钩吊卸，不能损伤坡口，操作时要平稳，要注意观察工作范围内人员设备情况，确保安全生产。

5）卸管位置及数量需严格按图纸上的长度及规格做好现场布置计划，尽量减少 2 次倒运及多管回收情况的发生，最大限度地减少钢管外防腐层的划伤。

2. 布管

用运输车拉运管子，用吊管机进行吊管及布管，管道外壁应距管沟边缘至少 0.5m。布管起点应在转角桩或有障碍物需断开的位置开始，布管前进行由专人管口级配，避免组对时错边超过规定的要求。吊管用专用吊钩和尼龙吊带，保证管口不因吊装而破坏和变形。

5.2.5 管道组对与焊接

1. 主要施工流水作业程序

焊接工艺评定→管道级配并打磨坡口→管口清理→管口组对→防风棚（冬期施工时为保温棚）→焊前预热→焊接设备准备→PE 层防护→焊接→焊后恒温、保温→焊接检验。焊接分为主线路焊接、连头焊接、返修焊接。

2. 焊接操作要点

焊接工艺评定工作，管道全位置半自动焊接在焊接施工前要进行焊接性试验得出焊接工艺评定和规程指导焊接施工，焊接性试验及焊接工艺规程制定出来后进行焊工考试，焊工在从事新的焊接项目前要进行考试，包括焊接理论知识和焊接操作技能，对焊件进行外观检查和进行探伤，各项指标合格后发给焊工上岗证。

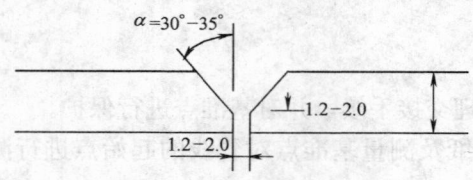

图 5.2.5-1 管道坡口角示意图

1）管道组对前要对管子进行级配，管道外径误差范围应在 −0.1%～+0.25% 之间。

2）组对前管口除锈干净（管口 50mm 范围内），要露出金属光泽。

3）坡口：采用 V 形坡口，见图 5.2.5-1，坡口两侧 10～15mm 范围内除锈，开坡口采用氧-乙炔火焰角向磨光机打磨平整。破口打磨要求：钝边的打磨 1.6～2.0mm 之间。管子外端不得有大于 0.5mm 的凹坑等损伤。

4）管子组对，使用气动内对口器进行组对（图 5.2.5-2）。

5）冬季使用保温棚，同时对环境湿度要求小于 90%RH。为保证小的焊接环境的温度和湿度，保温棚内安装 4 个浴霸和 2 个碘钨灯进行环境温度提升，上午施工先用烤把把管道口边

图 5.2.5-2 内对口器

缘的冰霜等烤干之后在进行电加热。

6) 焊接前预热，冬期施工焊接预热方式采用管道履带式加热器，加热温度范围 80～140℃，加热带的宽度为 100cm，履带式加热器外包保温被，保证焊接温度（图 5.2.5-3）。

 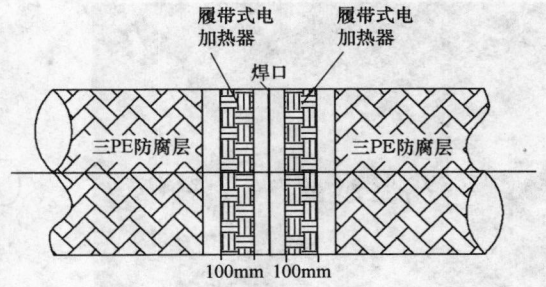

图 5.2.5-3 履带式加热器

7) 焊接设备准备，焊接电源采用野外移动电站及发电机组，该电站配备逆变焊机、半自动焊机，可满足手工下向焊及半自动下向焊焊接。焊接电源为直流反接。

8) 为防止焊接飞溅烧伤 PE 防腐层，在焊接前使用软橡胶板在管子山半周覆盖好，覆盖宽度 400mm。

9) 焊接过程，焊接由 2 名焊工同时施焊。在根焊焊接完成 100% 后，才能将内对口器撤出进行下一道焊口的组对。

3. 焊接技术措施

1) 向下立焊的运条要求不摆动或作很小摆动。

2) 当熔池形成并达到一定要求时，进行焊接，焊接速度均匀。

3) 向下立焊时，电弧略长，使熔池保证一定的圆度，在下拉轻轻摆动。

4) 仰焊位时，采用不完全熄弧法，引燃电弧后回至原处，短弧轻微往返形运条焊接。

5) 操作时，一定要控制焊条运条角度，防止产生夹渣缺陷。熄弧时，电弧拉长直至熄灭，注意填满弧坑。

6) 施焊时，管子应保持稳定，不得受到振动和冲击。

7) 根焊道焊完后，应尽快进行热焊道焊接，根焊道与热焊道间隔时间不宜超过 5min。

8) 每层焊道和每道焊口应连续焊完，中间不应中断，更换焊条应迅速，应在熔池未冷却前换完焊条。必要时使用角向磨光机打磨尾坑，再行引弧。

9) 用纤维素下向焊条施焊，焊条发红时，该根焊条应予废弃。

10) 起弧时为防止电火花击伤母材，应采取专用地线卡与管道接触。

11) 焊道的起弧或收弧处应相互错开 20mm 以上，严禁在坡口以外的钢管表面起弧。必须在每层焊道全部完成后，才能开始下一层焊道的焊接。

12) 根焊运条过程中，换焊条或平焊位置收弧时应将熔池填满，并移至坡口一侧上才灭弧，以免造成弧坑裂纹。另一侧焊接操作方法相同。

13) 根焊完成后，由专职砂轮工用电动砂轮机修磨清理根焊道表面的熔渣、飞溅物、缺陷及焊缝凸高，修磨时不得伤及钢管外表面的坡口形状。

14) 根焊前为避免发生熔池满溢、气孔和夹渣等缺陷，焊接速度要控制适当以保持熔池前移，根焊应保证焊道内部余高在 1.6mm 以下。

15) 半自动焊进行填充、盖帽焊采用横向摆动焊法，以两边较慢、中间较快的运条方式焊接。焊接时，应注意坡口两侧充分融合。

16) 盖帽焊前坡口应填满，剩余坡口深度不应大于 1.6mm。

4. 特殊条件下焊接技术措施

1）低温保温棚使用

焊接环境温度在零度以下必须使用保温棚。保温棚的吊装和移动使用挖掘机进行操作。其防护示意图参见图 5.2.5-4。

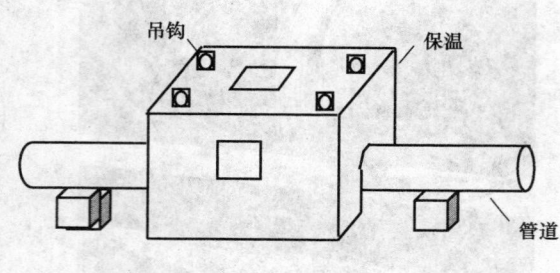

图 5.2.5-4　保温棚防护示意

2）环境湿度较大时

允许施焊的环境湿度小于 90%。当环境湿度较大时，应采取必要的加热措烤把或环型加热器等方法进行管口除湿。

5. 焊后保温

1）焊后先不打药皮，这样可起到焊道缓冷的作用，待焊道完全冷却后再敲掉药皮，把焊道清理干净。

2）焊后在焊道上加盖保温被的措施以防止焊道急骤降温，保温被为 1.2m×1.5m×50mm 的石棉被。具体做法是：

用喷灯烘烤石棉被至 80℃以上，然后立即将完成的焊口趁热裹上并盖上毛毡，用橡皮带捆紧。保温时间在 24h 以上。

冬期施工时，在使用保温被进行保温之前应使用电加热器在 100～150℃恒温半个小时，之后使用双层保温被将管口用橡皮绳扎紧。

保温示意图见图 5.2.5-5。

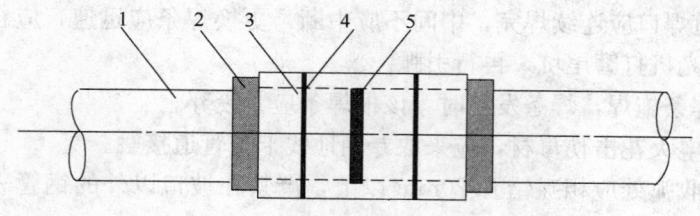

图 5.2.5-5　保温示意

1—管段；2—石棉被；3—毛毡；4—橡皮带；5—焊口

6. 焊后检验

1）管口焊接完成后应保温被拆除后进行外观检查，检查前，应用锉刀清除干净接头表面的熔渣、飞溅及其他污物。焊缝外观应均匀一致，焊缝余高不大于 1.6mm，局部不得大于 2.5mm。除咬边外，焊缝外表面不得低于母材表面。

2）外观检查合格后，进行 AUT 检测和射线抽检。AUT 进行 100%检测后对合格管口进行射线。

3）根据所经过的地区等级进行射线复测，高速段射线复检比例不得低于总说明中二级地区复检标准的 10%，过村庄处不得低于三级地区复检标准 15%，收费站和加油站附近按四级地区复检标准 20%，其中中厚板附近按照四级地区复检标准 20%。穿越河流、铁路高速公路处 100%射线探伤。

5.2.6　吊装下管

1. 吊装前准备工作

1）管道下沟应符合以下条件，并经业主和监理确认：

① 管道焊接、无损检测已完成，并检查合格；

② 防腐补口、补伤已完成，经检验合格（下沟前再次用电火花检漏合格，沟下组焊管段、回填前再次用电火花检漏合格）；

③ 管沟深度（沟底标高）、宽度已复测、符合设计要求；

④ 管沟内塌方、石块已清除干净；

⑤ 石方段沟底已清理完毕，并已铺垫 150mm 细砂层（粒径小于等于 5mm）。

2）清除管道与管沟之间多余积土，以防管道下沟时将土带入沟内。

3）准备好下沟机具，并已经检查，确保使用安全。

4）人员组织分工明确，并经技术和安全交底。

5）编制下沟作业方案，报请业主批准。下沟方案应包括以下内容：

① 管道下沟段的桩号、里程、长度；

② 下沟段管线的规格、防腐结构以及质量检验（包括焊接、探伤、补口补伤）结果；

③ 下沟段管沟复测及清理、检查的结果；

④ 管线下沟所用机具的数量、型号及设备状态；

⑤ 尼龙吊带的规格、每根限吊重量、完好情况；

⑥ 人员组织及职责；

⑦ 下沟作业方法及操作要点，注意事项；

⑧ 下沟作业安全措施。

2. 相关技术参数

吊装机具距沟边的安全距离由土的休止角（安息角）来确定。

1）吊点间的间距

根据《长输管道线路工程施工及验收规范》吊点间距应符合表 5.2.6 的规定。

吊点间的间距　　　　　　　　　　　　　　　　　　　表 5.2.6

钢管公称直径(mm)	200	250	300	350	400	450	500	600	650	700	800	900	1000
允许最大间距(mm)	12	13	15	16	17	18	19	21	22	23	24	25	26

注：现场施工时吊点间距可根据起重机械、沟深、管道工程直径、壁厚、材质等计算来确定。

2）吊装机具台数的确定

根据《长输管道线路工程施工及验收规范》规定，吊装机具使用数量以 3 台为宜，直径小于 500mm 的管道可用 2 台。

3）起吊高度

根据《长输管道线路工程施工及验收规范》规定起吊高度 1m 为宜。

4）吊具

吊具采用尼龙吊带或滑动滚轮式吊具。

3. 机械化整体下沟技术参数（图 5.2.6）

5.2.7 连头与返修

连头焊接使用外对口器进行组对，焊接为上向焊接，其他要求同主线路焊接技术要求，返修焊接要求由具有返修资格的专人进行返修，返修的最小长度不小于 100mm，最大返修长度位环焊缝的 30%，单个返修长度不超过环焊缝的 25%，相邻返修区域长度不大于环焊缝的 7%，每处只需返修 1 次，每口最多返修 3 处。返修预热温度要大于 150℃，返修和连头施工同样要放置保温棚进行焊接。由两名焊工来完成焊接作业，用电动砂轮机进行坡口修整，打磨出钝边至规定要求，进行组对，根焊采用分段对称焊，每段大于 100mm，完成全部根焊 50% 以上时，撤掉外对口器，完成其余焊接。

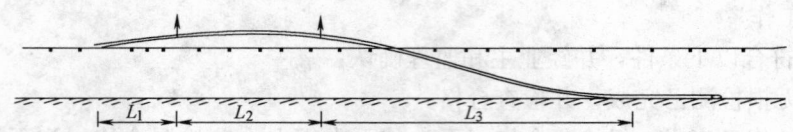

图 5.2.6 机械化整体下沟示意图

L_1——管道离地点到第一台吊装机具的距离（m）；L_2——吊装机具间距（m）；

L_3——最后一台吊装机具到落地点的距离（m）。

一般 $L_1=(1.3\sim1.5)L_2$，$L_3=(1.75\sim2.0)L_2$，L_2 为吊点间的间距。

5.2.8 压力试验

1. 施工流程图

管道清管、测径及试压施工流程：

清管测径——注水排气——测温——试压——卸压——排水，如试压失败，卸压并维修后再试压。

2. 试验压力的确定和试压段的划分

① 分段试压的原则：为利于达到试压目的，并减少段落划分，减少连头数量，降低现场施工难度和强度，保证工程质量。水压试验管段的最大长度定为50km左右。

② 为利于达到试压目的并减少段落划分，降低现场施工难度和强度，对于地形起伏较大的地段，允许采取"试验压力应以最高点压力为准（最低试验压力应符合规范规定），且低点的管道环向应力不得超过钢管最低屈服强度的0.9倍"的段落划分原则。

3. 管道清管、测径

1）清管、测径施工步骤（图5.2.8）

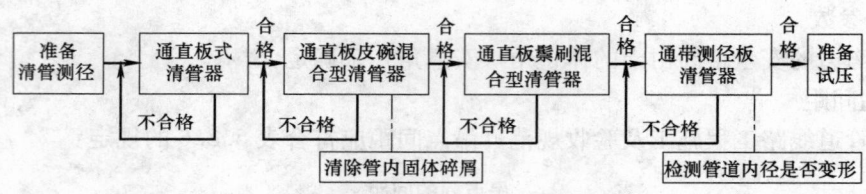

图 5.2.8 清管、测径施工步骤图

2）清管、测径施工

① 在管道清管、测径之前，相关的程序必须得到业主的批准后方可执行。

② 清管分四步进行。

第一步，采用两只直板式聚酯清管器进行从高点推入，从低点取出，清除管道内部的固体物质和碎屑。清管的质量由经业主或业主代表确认；

第二步，采用两只直板皮碗混合式清管器从高点推入，对管道内部的铁锈、氧化皮进行清除，如果清除不净应增加清管器继续清理；

第三步，采用两只直板鬃刷混合清管器对铁锈进行清除；

第四步，采用测径清管器对管道内径进行测量，以测径板无磨损无变形为合格。

③ 清管、测径的次数由业主或业主代表现场确定直至清管合格为准。

④ 清管器采用带钢丝刷清洁功能的至少两层的专用刮管器。

⑤ 清管必须保证管内干净、无杂物、无翘起氧化皮等影响测径的杂质。接收的杂质必须有专门的收集装置收集，不得随意丢弃。

⑥ 清管记录必须在清管结束后7d之内提交业主。

⑦ 清管完毕后，应采用一个有2刮头帽的和一个10mm厚的铝制测量板以及直径相当于测试管道中壁厚最厚的管壁内径的95%的测径器来测量内径的变形磨损情况

⑧ 测量结束后，应评价测径板的情况，出现缺陷应进行纠正，如有疑问，立即重新测量。

⑨ 测量结束 48h 之内应将测径刮管器进入收球筒的记录提交给业主或业主代表签字确认。

4. 注水排气

1）水源的地点的供水量应满足管段的连续上水不被中断。

2）管线注水之前，所有的注水管道、注水泵、阀门和其他辅助设备必须经过测试合格。

3）试压所用的水必须达标无杂质，含盐量不得超过 500mg/L，水的 pH 值应在 6～8 之间。在注水前 14d 内，必须对水质分析，测试之前需由业主指定的第三方检验机构进行检验。

4）在注水作业期间，进水口必须安装过滤网、流量计，计量注水完成开始增压前，管线中应无空气。

5）注水从低点注入，高点排出空气，注水开始时，在低点注水段放置 2 个双向试压球，并以 100m 管长的水将其隔离开，第一个清管器前至少保持 400m 的冲洗管线的水，在注水期间，注水泵推动清管器顶着大约 0.3MPa 的正压头空气上移至末端出水点。注水的速度不的超过 1.3m/s。

6）准确记录清管器发射时间，并持续注水推动注水清管器直至试压管段注水完成。

7）计算注水清管器的估计到达时间，一旦看到注水清管器到达便立即关闭排水阀。

8）随时监测注水量，以便计算清管器的行程。要计算注水清管器的估计到达时间。在接收端，通过排水管排除冲洗水，一旦看到清管器到达便立即关闭排水阀。清管器前面的空气应使用放气阀排掉。

5. 管道试压

1）管道测温

注水完成后，关闭试压管段两端所有的阀门。在检查测试段高点注水压力达到 1bar 后，温度稳定才能开始。在温度稳定期间，每 2h 记录一次温度。温度稳定完成，温度稳定结束必须经过业主代表批准认可。

2）升压

缓慢地增加试验压力并通过高压流量计记录增压用水量，当达到试压段最高点的测试压力的 75%，稳压 30min。检查所有的管件和连接段，看是否有漏水情况。达到测试压力 80% 前，每增加 0.5MPa，测量一次压力，温度和水量。到测试压力 80%～90% 之间，每增加 0.2MPa，测量一次压力，温度和水量。继续增大压力至试验压力的 90%，稳压 30min。期间对管道进行检查，无异常现象，升至试验压力 100%。增压完成时，关闭压力泵并检查安装在测试段上所有关闭的阀门和管接头，稳压 8h，看是否泄漏。

3）计算空气体积

为了检查管线内的空气的存在，在升压到试验压力 75% 两个单独连续 0.5bar 的压降。如果计算的排水量与实际的排水量之差小于 6%，则可以继续测试，如果该差异大于 6%。则必须采取办法消除管线内的空气，直到估算值达到令人满意的结果，升压才能继续进行达到试验压力。

4）压力试验

在升压已经完成并空气含量测试合格，在测试压力下稳压 8h。当温度和压力已经稳定后，拆除注入泵，检查所有连接处泄漏，使用圆图纪录仪连续记录压力，原图纪录仪的时间设置与实际时间相同。

5）验收

若整个压力测试期间，除了考虑压力值的改变是因为温度的影响，压力值保持不变将给于验收。

6. 管道卸压

试压经过检查员验收通过后，尽快按照一定的速率减压，保持每分钟小于 0.3MPa 的速度连续泄压，防止引起颤动。减压的整个过程中要特别小心。要缓慢地开关放水阀，防止水击荷载损伤组装管道，阀门一定不要完全打开降压。

7. 管道排水

试压完成后，不能完全排空管段内的水，除非业主代表有指示，在得到书面许可和同意后，承包方可以根据各上级部门、土地所有人和业主代表同意的方式处置水。在开始排水前，所有排放管路应固定以防移动，放水时应小心，不要造成过大的冲刷。

若是采用跨接上水方式，可以通过引管将第二段的水推至第三段，依此类推。

5.2.9 管沟回填

1. 管道安装完毕，留出接口部位，先进行管身的初步回填，试验完毕，应对沟槽进行回填。

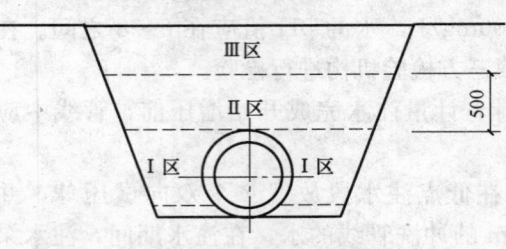

图 5.2.9 管沟回填部位密实度示意图

2. 管沟回填按设计要求进行，回填部位及密实度要求详见图 5.2.9。

3. 当沟槽回填土不能达到密实度时，可与业主协商，管道顶部以上回填砖石、砂、砾石或其他可以达到要求压实度的材料。

4. 井室周围回填压实时，不得漏夯；

5. 管沟回填时，因管较窄，沟槽底部回填采用人工蛙式夯夯填，沟槽上部路基部分采用振动碾碾压夯实。

6. 管道两侧及管顶以上 50cm 范围以内的回填土，应由沟槽两侧对称运入槽内，不得直接扔在管道上；其他部位回填时，用装载机沟上推填，人工沟下滩铺。

5.2.10 线路的阴极保护

管线的阴极保护按每隔 200m 设置 1 支阴极保护电位测试桩，按照设计要求，在桩位处预留沟纵向宽度 3～4m。

5.2.11 管线的三桩埋设

按设计要求进行。

5.2.12 地貌恢复

采用机械和人工共同进行恢复，以期达到施工要求。回填土要求填原土，沿高速公路排水沟要夯实，恢复地貌及水沟等水利设施，回填时确保管沟无水。

6. 材料与设备

6.1 材料

6.1.1 所用管材主要是高强度管线钢，可以是 X30-70 间的不同级别。

6.1.2 材料应具有中文质量合格证明文件，规格、型号和性能检测报告应符合国家技术标准或设计要求。

6.1.3 管材的内外壁应光滑平整，无明显的裂痕、凹陷。

6.1.4 焊接材料为：根焊采用纤维素焊条 E6010-8010，$\phi2.5mm$；填充盖面采用药芯自保护焊丝 JC-29Ni1，$\phi2.0mm$。

6.2 设备

主要施工机具有焊接工作车、吊装机具、挖掘机、液压吊车、坡口机、空压机、试压水泵、机械式压力天平及记录仪、X 射线探伤仪、内对口器等。

7. 质量控制

7.1 沟槽开挖质量应符合下列规定

7.1.1 槽壁平整，符合设计规定。

7.1.2 槽底高程允许偏差：±15mm。

7.2 管道组对的质量控制

管道组对接头的坡口形式应为 V 形，管道坡口角度应为 60°～65°，钝边 1.2～2.0mm，间隙 2～

3.5mm，错边小于1mm。

7.3　管道焊接的质量控制

7.3.1　焊接材料使用要求

1. 管道焊接用下向焊条，必须有产品合格证合同批号的质量证明书。

2. 下向焊条应避免受潮湿、雨水、雪霜及油类等有机物质的侵蚀，应在干躁通风的室内存放。

3. 下向焊条应按说明书规定进行烘干；说明书规定不明确，应按下列要求烘干。纤维素型下向焊条在潮湿的情况下应烘干，烘干温度为70～80℃，恒温时间为0.5～1h。

4. 经烘干下向焊条，应存入温度为80～100℃的恒温箱内，随用随取。

5. 现场使用的低氢下向焊条，应存放在性能良好的接通电源保温箱内。

6. 施工现场当天未用完的下向焊条应回收存放，低氢焊条重新烘干后应首先使用。重新烘的次数不得超过2次。

7. 纤维素焊条在任何情况下不得重新烘干。

8. 药皮出现裂纹、脱落等影响焊接质量的下向焊条不得用于管道焊接。

9. 焊条烘干、发放、回收应设专人负责，并做好详细的记录。

7.3.2　焊接技术要求（表7.3.2）

焊接技术要求 表7.3.2

项目	技　术　要　求
外观	不得有熔化金属流到焊缝外未溶化的母材上，焊缝和热影响区表面不得有裂纹、气孔、凹坑和夹渣缺陷；表面光顺、均匀、焊道与母材应平缓过渡
宽度	应焊出坡口边缘0.5～2mm
表面余高	以0.5～1.6mm为宜，个别部位不得超过3mm，且长度不超过50mm
咬边	深度应小于或等于0.5mm，焊缝两侧咬边总长不得超过焊缝长度的100%，且连续长不应大于100mm
错边	不应大于2mm
未焊满	不允许

7.3.3　检测要求

对焊口进行100%AUT全自动超声波检测和射线复检，Ⅱ级合格。

7.3.4　执行标准

《美国管道及有关设施的焊接标准》API 1104

《美国石油协会管线钢管标准》API SPEC 5L

《浆液输送管道系统标准》ASME B31.11—1989（R1998）

《长输管道线路工程施工及验收规范》SYJ 4001—90

《现场设备工业管道焊接工程施工及验收规范》GB 50236—98

7.4　沟槽回填的质量控制（表7.4）

沟槽回填的质量控制 表7.4

填土区类	质　量　要　求	填土区类	质　量　要　求
Ⅰ区	土壤压实系数不小于0.80	Ⅲ区	土壤压实系数：相应地面密实度
Ⅱ区	土壤压实系数不小于0.90		

8. 安　全　措　施

8.1　进入施工现场，必须统一着装，戴好安全帽。

8.2　要求从事特种作业的员工必须持证上岗严格按操作规程作业。

8.3　管线装车时，应由专人指挥吊装作业，吊具选用合理，拉运时，管线放置平稳，绑扎牢固，防止在拉运过程中发生意外事故。

8.4　拉运车辆，在允许范围内行驶，按指定位置卸管，管线堆放整齐牢固，防止滑落，高度不超过 2 层。

8.5　管道吊装时，钢线绳要经过核算，安全可靠，吊装有专人指挥。

8.6　管线组对时要防止挤伤手指，严禁将工具、手套、橇杆放入管内，管线安装前清楚干净管内杂物、泥土。下班前把管口封死。

8.7　使用砂轮机时，应有触电（漏电）保护器，以确保操作人员的安全。

8.8　焊接把线应无破损，在潮湿地方焊接时，焊工脚地应铺绝缘板或穿胶鞋，防止触电。

8.9　发电机工作时，防止漏油、废油排放及时处理，保证路面整洁。

8.10　管沟内施工时，必须检查沟壁是否有塌方的危险，如有可疑现象，应加支撑方可施工。

8.11　管线下沟时，吊车与指挥要协调配合，吊具应进行检查，确保符合要求，应缓慢放置沟底，避免损伤防腐层，下沟时沟内不得站人或在沟内进行清理工作。

8.12　管沟回填前必须同有关单位检查下沟管道质量，符合要求后方可回填，回填时，应防止管线防腐层被擦伤，回填后，应立即恢复地貌。

8.13　管线试压有专人指挥，组织要严密；在试压升压过程中，工作人员不得上线检查，试压时，必须派人进行警戒，不准无关人员进入现场中；在管线封头前面不准站人或停放设备。

9. 环 保 措 施

9.1　任何机械设备沿现场边界周围的噪音级不应超过：昼间 60dB（A），夜间≤55dB。

9.2　现场扬尘排放达标：现场扬尘排放达到施工所在城市粉尘排放标准规定的要求。

9.3　运输遗洒达标：确保运输无遗洒。

9.4　生活及生产污水达标排放：生活污水中的 COD 达标（COD＝300mg/L）。

9.5　施工现场夜间无光污染：施工现场夜间照明不影响周围社区。

9.6　最大限度防止施工现场火灾、爆炸的发生。

9.7　固体废弃物实现分类管理，提高回收利用量。

9.8　现场使用的设备、材料，要按平面固定点存放，堆放整齐，标识醒目、正确。

9.9　电焊机等需要搭设护棚的机具，搭设护棚时要牢固、美观，符合施工需要，并挂有操作规程。

10. 效 益 分 析

通过初步测算，对于长输管道工程，使用该种工法，每公里管道焊接及安装，可节约劳动力 30％，节约工期 20％，节约焊材 30％。另外采用药芯自保护半自动焊接技术，焊接质量有很大的提高，减少了返工的数量。

应用各工程经济效益及社会效益：

1. 中国黄金矿业集团乌山项目膏体管道工程

管道直径 D450×16，材质为 Q345B，管道长度 3.5km。

应用时间：2008 年 6 月 15 日～2008 年 8 月 31 日。

采用此法提前工期 10d，由此节约的人工费、机械费如下：

人工费：88（元/天人）×10（天）×50（人）＝4.4 万元

机械费：8765.36（元/天）×10（天）＝8.77 万元

小计：13.17 万元

2. 巴新瑞目镍钴矿浆管道工程

管道直径 ϕ632.2×11.1，材质为 X65，管道长度 68km。

应用时间：2007 年 8 月 15 日～2008 年 12 月 15 日。

用此法提前工期 50d，由此节约的人工费、机械费如下：

人工费：300（元/天人）×50（天）×75（人）＝112.5 万元

机械费：7123.28（元/天）×50（天）＝35.615 万元

与采用气保焊接方法比较，可节约气体材料费用

5700/3×360＝68 万元

小计：216.115 万元

3. 包钢白云西铁精矿浆和供水管道工程

在包钢白云西铁精矿浆和供水管道工程中，矿浆管道项目的施工对地方经济的推动起了很大作用，浆液管道投入使用后代替了原来的运送矿石的专用列车，有效地避免了由于运送矿石给周边地区环境带来的污染，属于绿色运输系统．另外，本项目投入使用后大大节约了矿石运输成本，为浆液管道在国内厂矿企业的推广起了个带头作用。同时通过对长距离输送浆体管道进行焊接施工，系统的学习和掌握了美国管道公司的施工技术要求和国外相关浆体管道焊接的技术标准。本条管线是目前我国浆体管道中压力最高，管线最长，管径最大的一条管线，通过对本条管线的施工使我公司长输管线施工队伍得到了很好的锻炼，开阔了视野，丰富了长输管线方面的施工内容。特别是通过对冬季施工的技术攻关和总结，实践经验的积累，这将为以后在浆体管道领域开拓新的市场奠定了基础。

11. 应 用 实 例

11.1 中国黄金矿业集团乌山项目膏体管道工程

管道直径 D450×16，材质为 Q345B，管道长度 3.5km。该工程开工日期 2008 年 6 月 15 日，竣工日期 2008 年 8 月 31 日，整个工程使用此工法后，工程质量、施工进度与比常规施工有较大幅度的提高，取得良好效果。

11.2 巴新瑞木镍钴项目矿浆管道工程

管道直径 ϕ632.2×11.1，材质为 X65，管道长度 68km。该工程开工日期 2007 年 8 月 15 日，竣工日期 2008 年 12 月 15 日，整个工程使用此工法后，工程质量、施工进度与比常规施工有较大幅度的提高，取得良好效果。

11.3 包钢白云西铁精矿浆和供水管道工程

包钢白云西铁精矿浆管道工程总长度为 145km，材质为 X65，规格有 D356×11、D356×12.5、D356×14。采用美国 PSI 管道公司的技术，焊接技术要求高，实施难度大，其中有 32km 为冬期施工，对 PSI 公司来讲也是新的技术难关，经过不断摸索逐渐成熟了一套可行的焊接技术（其中包括冬季焊接技术），并且取得了很好的效果，在冬期施工的技术攻关上得到了美国管道公司的认可，从中积累了很好的冬期施工技术经验，为以后在长输浆体管道领域开拓市场奠定了坚实的基础。

重轨手工电弧焊施工工法

GJEJGF247—2008

中冶天工建设有限公司

刘红军　李翠香　卜丽雁

1. 前　　言

钢结构工业厂房起重吊车日趋大型化，运行频繁，对吊车梁及轨道的质量要求日趋增高，传统的夹板和鱼尾板连接，已不能满足安全和环保的要求。

本工法采用焊接长轨，可以减小行车运行中的震动，降低运行噪声，提高吊车的安全性能，减少其施工与维修的工作量。通过实践和运用，施工质量和使用效果显著。

2. 工 法 特 点

2.1 焊接长轨通过压轨器使轨道和吊车梁形成稳固整体，对结构整体受力有益。

2.2 焊接长轨组对精度要求高，无间隙，减少行车振动和接口错位引起的啃轨现象，降低了维修频率，减弱了行车运行噪声。

2.3 焊接无需特殊材料，工艺简便。接口处无需特殊加工，特别适合现场操作。

2.4 轨道焊接对焊接环境要求较高，要特别注意各阶段温度的控制和天气的要求。

3. 适 用 范 围

本工法适用于 QU80～QU120 重轨的焊接。

4. 工 艺 原 理

4.1 重轨的材质均为 U71Mn，其含碳量达 0.65％以上，因此具有较高的淬硬倾向。焊接时，焊缝热影响区极易形成高碳马氏体组织的淬硬层，可能导致冷裂纹产生；焊缝中由于溶敷高碳母材的存在，含碳量增大，加上硫的含量较一般碳素钢高，易产生热裂纹，特别是弧坑热裂纹，所以重轨的可焊接性能较差。为保证焊接质量，防止焊接缺陷的出现，除做好必要的焊前准备外，保证轨道热处理效果和焊后缓冷措施是保证焊接质量的关键。

4.2 手工电弧焊接轨道经过焊前预热、焊接、焊后处理（回火、保温）等工序，使轨道连接成整体。通过控制焊前预热温度、焊接过程中的层间温度及焊接后的回火温度保证轨道连接的强度，通过回火保温措施防止延迟裂纹的产生。

5. 施工工艺流程及操作要点

5.1　施工工艺流程（图 5.1）

5.2　操作要点

轨道焊接层间温度的控制和焊后的保温缓冷措施是保证焊接质量的关键，施工中应做好检查、测

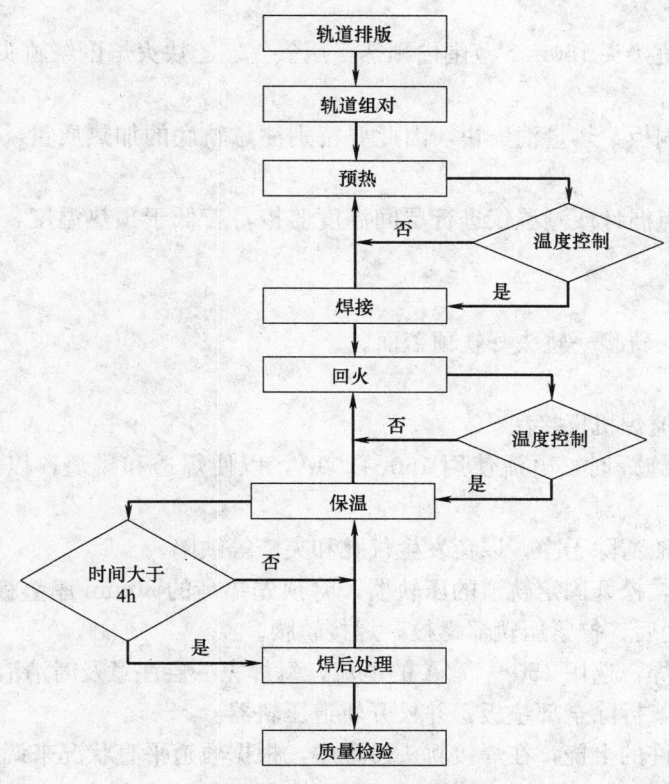

图 5.1　施工工艺流程图

试记录，严格控制焊接参数及温控参数，确保焊接质量。

5.2.1　人员准备

轨道焊接应由有经验的焊工进行焊接，并进行试焊，焊工必须持证上岗操作。

5.2.2　工艺准备

1. 轨道接头 50mm 范围内油污、铁锈及污垢等杂物清理干净。

2. 轨道接口部位开设坡口：轨底、轨头开 V 形坡口，轨腰开 X 形坡口，坡口宽度约为 7～10mm。

5.2.3　轨道组对

1. 由于焊接后钢轨接头会向下弯曲变形，因此，轨道组对时采取反变形措施，用赤铜垫板和钢板将钢轨端头接口处垫高 30mm，以保证焊后钢轨平直度要求。同时在接口两侧各 1m 范围内设置 2 组压轨器，以固定轨道，保证轨道在焊接过程中的直线度。轨道接头留 10～12mm 间隙，以保证焊条能自由划弧，方便熔池排渣。

2. 组对时将轨底定位焊 2～3 点，清渣后再进行焊接。坡口形式及组对形式见图 5.2.3。

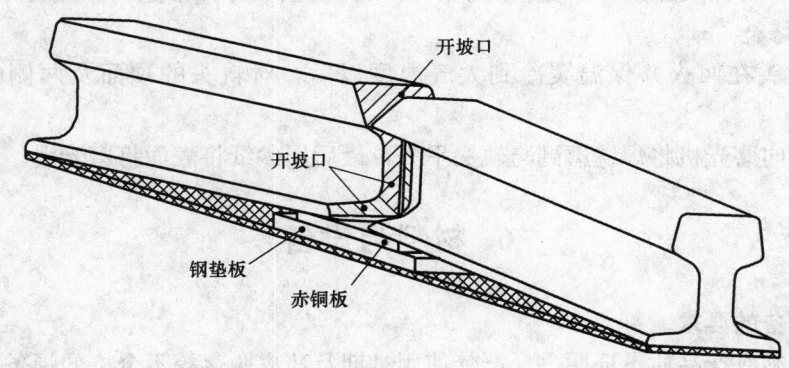

图 5.2.3　轨道组对及坡口示意图

5.2.4　焊前预热

1. 焊接前将两根钢轨接头 150mm 范围内预热，用氧气、乙炔火焰围绕轨头、轨腰和轨底反复进行加热，温度 250～300℃。

2. 轨底由于加有赤铜板，热量消失快，因此要特别注意轨底的加热质量，应尽可能使钢轨截面加热均匀。

3. 在焊接过程中用点温计或测温仪进行层间温度监控，若低于预热温度，应立即进行烘烤以达到预热温度。

5.2.5　轨道的焊接

1. 焊接顺序：轨底→轨腰→轨头→轨顶盖面。

2. 焊接工艺

1）轨道焊接采用直流焊机反接法。

2）轨底第一层焊道施焊时，电流使用 160～200A，以便焊透和排渣，以后几层使用 160～180A 电流。

3）每焊完一层把熔渣清除干净，以免发生气孔和夹渣等缺陷。

4）轨底焊接完成后，松开固定轨道的压轨器，将预先垫高的 30mm 厚垫板降到 20mm，检查轨道端头质量，在确保直线度后，拧紧压轨器螺栓，焊接轨腰。

5）轨腰从下往上施焊，选用 150～170A 的电流，每焊完一层注意及时清渣，直至填满轨腰为止。

6）轨腰焊接完成后，拆除全部垫板，并松开轨道压轨器。

7）此时轨道会有少许的上挠，在焊接轨头过程中，根据轨道平直状况来调整压轨器的松紧。

8）轨头焊接选用 150～170A 电流，每焊完一层清理一次，直至焊完为止。

9）最后检查焊缝，对未焊饱满之处进行补焊。

10）在施焊每层焊道时，尤其在施焊轨底的每层焊道时，应使用一根焊条焊完，避免断弧。前后两层焊道的施焊方向应相反。

11）钢轨每个接头的焊接工作应连续进行，以利于钢轨端头有较好的温度条件，确保焊接质量。如因故中途长时间停焊时，应进行保温缓冷措施，再次施焊前须重新进行预热。

3. 严禁雨雪天气进行轨道施焊，同时在施焊和热处理过程中应避免急冷现象。

5.2.6　焊后处理

1. 轨道焊后回火、保温

1）钢轨焊接接头的回火温度为 600～700℃，焊缝中心两侧 50mm 为回火处理范围。

2）回火采用火焰围绕轨头、轨腰和轨底反复进行加热，将钢轨接头需要回火的部分加热至暗红状（当火焰移开后红状会渐渐消失），即可满足回火要求。

3）回火温度用点温仪或测温仪监测。回火温度达到后，用装有石棉灰的保温罩将轨道焊缝两侧各 200mm 的范围包起（石棉灰的累计厚度应大于 50mm），使其缓冷到常温。保温缓冷时间不得少于 4h。

2. 焊后接头的修补

1）钢轨焊接接头在回火并保温缓冷到大气温度以后，对轨头的顶面及两侧的焊缝应进行磨平处理。

2）处理采用角向磨光机将焊缝磨到与轨头平齐，最后用砂纸将表面打磨光滑。

6. 材料与设备

6.1　材料和设备的要求

6.1.1　焊条必须有产品质量证明书，严禁使用过期及药皮脱落等不合格的焊条。

6.1.2　距轨顶 5mm 以下，焊材选用 E6016 或 E6015 型焊条；距轨顶 5mm 以内，应选用 E8515 或

E8516 耐磨型焊条进行盖面。使用前焊条必须经过 350℃烘焙 1 小时，烘焙后应进行 100～150℃恒温保存，以降低焊接缺陷，从而保证焊接质量。

6.1.3 现场使用时，焊条应放在带电的保温筒内，随用随取，防止焊条受潮。

6.1.4 轨道焊接宜选择电流为 400A 或 500A 型直流焊机，焊接采用直流反接。

6.1.5 测量用的测温仪、钢板尺必须经过计量检测合格，并在有效期内使用。

6.2 主要施工机具

主要施工机具见表 6.2。

施工机具 表 6.2

序号	名　称	型　号	单位	数量	备　注
1	赤铜板	10×150×200	块	若干	—
2	电焊机	ZX7-400	台	若干	—
3	钢板	10mm×150mm×200mm	块	若干	—
4	焊条烘干箱	—	台	1	—
5	焊条保温桶	—	只	若干	—
6	保温桶	—	只	若干	轨道保温用
7	角向磨光机	φ150	个	若干	—
8	测温仪	1200℃	台	1	层间温度控制
9	点温计	900℃	只	1	温度控制

7. 质 量 控 制

7.1 轨道接头的组对

轨道接头组对按表 7.1 的要求控制。

轨道接头组对 表 7.1

序号	项目名称	允许偏差(mm)	序号	项目名称	允许偏差(mm)
1	轨端 1m 范围内中心偏移	≤1	3	轨端扭曲	≤1
2	轨端 1m 范围内高低差	≤1	4	轨端 1m 范围内的平直度	≤1

7.2 焊缝检查

7.2.1 轨道接头焊缝外观质量应逐个进行检查，不得有飞溅和焊瘤、气孔、裂纹、未熔合等缺陷，整个轨头的焊缝高度必须高于母材。

7.2.2 外观检验合格后，按照《着色探伤标准》GB/T 6062—92 进行着色探伤检查，以无裂纹为合格。

8. 安 全 措 施

8.1 开工前必须进行安全技术交底，根据施工环境，进行危险源辨识，并采取有效的防护措施。

8.2 轨道施工为临边作业，施工前必须正确配挂安全带。

8.3 特殊工种必须持证上岗，高空作业人员需体检合格，不适宜高空作业的人员不得进行高空作业。

8.4 施工现场所有用电设备，除做保护接零外，必须在设备负荷线的首端处设置漏电保护装置。

8.5 夜间作业必须有充足的照明。

8.6 严格遵守国家或行业的有关安全技术标准。

9. 环保措施

9.1 焊接过程中的焊条头及其他杂物不得随意乱扔，应及时收集后，按固定废弃物统一处理。
9.2 保温用的材料应妥善保管，保温罩应防风，避免扬撒，并及时回收再利用。

10. 效益分析

重轨手工电弧焊取代了传统的夹板和鱼尾板连接工艺，在现场的可操作性上优于铝热焊工艺，方便了现场施工，降低工程成本，保证了施工质量，取得了良好的经济效益和社会效益。以宝钢四连铸工程为例，手工电弧焊的施工成本比铝热焊的施工成本降低 75%。因此，面对日益激烈的市场竞争以及工程单价的逐渐走低，重轨手工电弧将会越来越广泛的使用。

11. 应用实例

本工法已成功应用于宝钢各大工程的轨道焊接，焊接接头数量超过 800 个，从已完工程的使用效果表明：该工法增强了结构的整体刚度，轨道的安装精度容易保证，轨道调整维护周期短、费用低、运行噪声和振动小，无断裂现象，为行车的安全高效运行提供了保证。工程实例见表 11，图 11-1～图 11-4。

本工法应用的工程实例一览表 表 11

序号	工程项目名称	地点	开、竣工时间	实物工程量	应用效果
1	宝钢宽厚板工程	宝钢厂区	2004 年 5 月～2005 年 6 月	524 个	运行效果好无断裂现象业主满意
2	宝钢四连铸工程	宝钢厂区	2005 年 10 月～2006 年 12 月	155 个	运行效果良好无断裂现象
3	宝钢长材工程	宝钢厂区	在建	187 个	轨道平直无断裂现象运行效果好

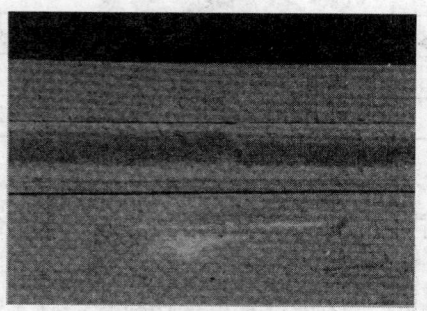

图 11-1 宝钢四连铸手工电弧轨道接口焊

图 11-2 宝钢四连铸手工电弧焊轨道局部

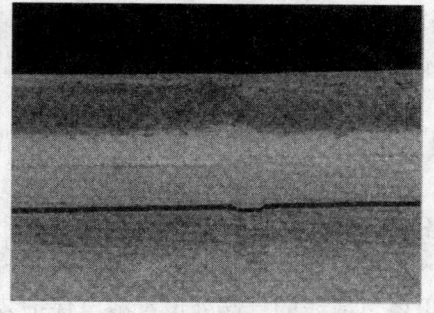

图 11-3 宝钢长材工程手工电弧焊轨道接口

图 11-4 宝钢长材工程手工电弧焊轨道局部

稀油干式气柜密封装置施工工法

GJEJGF248—2008

中国第二冶金建设有限责任公司

付英杰　杨少军　张宝平

1. 前　　言

稀油密封煤气柜是冶金行业中常用的一种储存煤气设备，它是利用储存在柜内活塞油沟中的稀油进行密封煤气的一种干式气柜，而密封稀油主要是靠一套完整的密封装置进行的，所以密封装置安装质量将直接影响到气柜的安全使用寿命。当气柜使用时，柜内活塞随存储在活塞底板下的煤气压力大小上下升降，由于气柜制作安装误差及北方地区气候昼夜温差大，在运行过程中易造成密封装置的磨损及变形，故气柜在正常使用一定年限后，气柜施工单位就需对气柜进行检修，主要检修密封装置的密封性能，更换磨损或损坏部件，以保证气柜安全使用。

为了进一步开拓煤气柜市场，提高企业技术实力，对首钢迁钢 15 万立稀油干式煤气柜密封系统：密封装置导轮的安装及调整、底帆布的安装、压紧装置的调整等进行了深入研究，攻克了密封装置安装技术难关，确保安装质量，保证了气柜的安全使用要求。并将上述关键技术先后应用在包钢 15 万立稀油干式煤气柜和 10 万立稀油干式煤气柜中，此两项密封装置的安装得到了业主及监理的好评，其中包钢 15 万立稀油干式煤气柜整体制安技术被包头市评为"科学技术进步"三等奖。

稀油干式煤气柜密封装置安装技术经内蒙古科技信息研究所科技查新中心查新后属于国内空白。

2. 工 法 特 点

2.1　简单易行，成本低廉。只需常规的小型施工工具，无需添置大型或专用的起重设备就可安装密封装置。

2.2　密封装置的附件安装均在同一操作平面上进行，操作安全，质量控制有保证。

3. 适 用 范 围

适用于干式煤气柜中曼式柜的密封安装及检修。

4. 工 艺 原 理

密封装置安装是要保证密封装置中的滑板及压紧装置，在活塞油沟中的稀油作用下，在压紧装置规定的弹性范围内，在柜体活塞行程范围内，始终保持柜体侧板与密封装置紧密接触。

5. 施工工艺流程及操作要点

5.1　密封系统的组成

滑板—滑块系统—防水平回转装置—封底角钢—隔舱—圆木—半圆木—扁木—封底帆布—悬挂帆布—悬挂角钢—牵引装置—拉紧装置—上下导轮。密封系统的组成见图 5.1 气柜密封装置示意图。

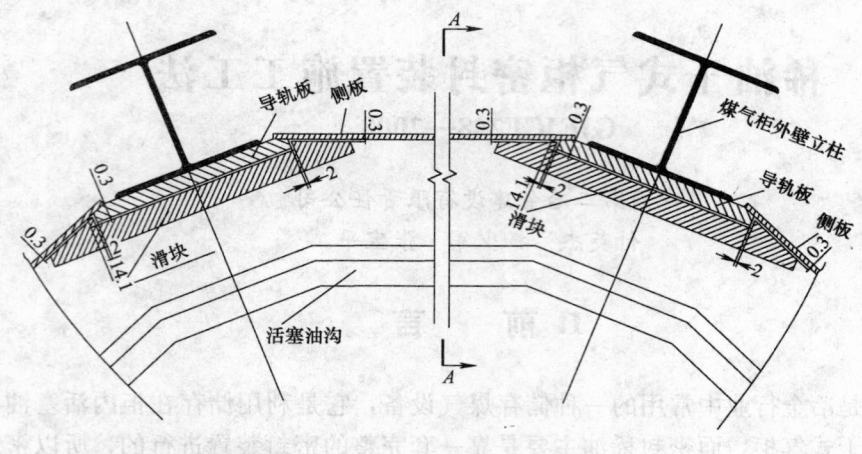

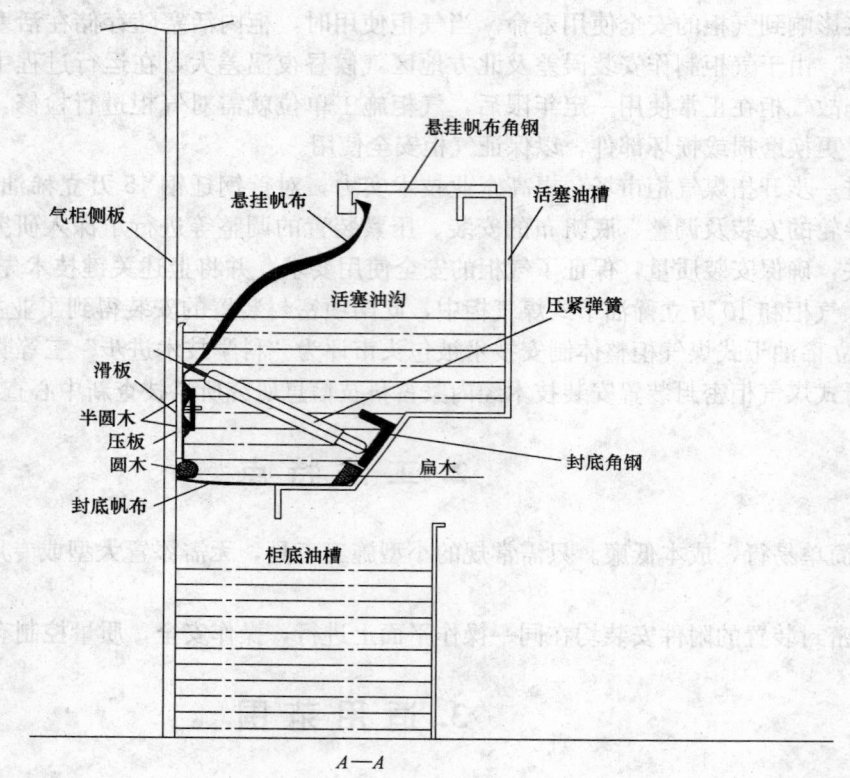

图 5.1　气柜密封装置示意图

5.2　安装工艺流程

（1）上、下导轮→（2）封底角钢→（3）滑板及滑块→（4）悬挂角钢→（5）封底帆布→（6）悬挂帆布→（7）牵引装置及拉紧装置。

5.3　密封装置每道工序施工方法

5.3.1　导轮的安装

1. 导轮分为上导轮和下导轮及弹簧导轮和固定导轮，上下导轮在安装前必须将弹簧导轮和固定导轮分开，考虑钢结构热胀冷缩原因及气候影响，弹簧导轮安装在太阳直射部位即阳面，固定导轮安装在阴面。

2. 导轮安装时应先安装下导轮，下导轮安装时与第一层基柱的接触点相对于基柱的垂直面向外倾斜一定余量，导轮的垂直度不允许有误差（用框式水平仪找正），待活塞桁架上的所有下导轮安装完毕后，方可进行气柜侧板的焊接，但焊接侧板时只能焊接活塞桁架下导轮以下的侧板，下导轮以上的侧

3212

板不允许焊接。

3. 活塞桁架上导轮安装时，应先将第二层立柱安装完毕。上导轮与第二层立柱的接触点应相对于下导轮再往外倾斜一定余量（在安装前所有工序同下导轮安装）。

4. 活塞桁架上所有导轮安装并调试完毕后，必须将所有弹簧导轮临时焊死，将其变为固定导轮，使其成为一个固定支撑，在活塞顶升过程中永远保证柜体的几何形状。

5. 待顶升完毕后，方可将临时焊死的弹簧导轮恢复回来，然后观察所有导轮与立柱导轨接触面的情况（有的导轮与立柱接触面紧，有的导轮与立柱接触面有间隙），所有导轮接触情况观察完毕后，必须逐根做好记录间隙大小，每根立柱上导轮和下导轮分别往外倾斜多少，以便活塞回落后为导轮增（减）垫片做准备。

5.3.2 封底角钢的安装

封底角钢安装完毕后需将封底角钢下方与扁木接触位置上的焊接飞溅全部打磨光滑，以免后续安装封底帆布时不宜贴紧。

5.3.3 滑板的安装

1. 安装前需进行轴线柱距的测量，测量后得出的数据取平均数，然后在各边留出一定余量，得出数据就为滑板的最终尺寸。滑板在定最终尺寸时应在水平的胎具上进行，必须保证滑板与胎具接触面无缝隙，胎具和滑板应分心，进行心对心切净料（两头切）。

2. 滑板拼接完毕后，可进行安装，所有滑板安装完毕后，方可进行滑块的安装，待滑块安装完毕后，检查滑板每边留的间隙是否相等，如不相等必须将其间隙调整一致。

5.3.4 圆木及角部底帆布的安装

封底帆布安装前应先安装圆木，圆木的作用就是托底帆布，当活塞油槽中灌入密封油后，帆布就会与侧板贴紧，如果不用圆木托住，帆布长时间与侧板摩擦将会把底帆布磨破，造成煤气泄露，圆木安装时有专门的圆木布袋，它是固定在滑板的螺丝钉上，故安装前应先做一块样品，用样品对每块圆木布袋进行套孔（用冲孔冲子），角部底帆布同上方法。

5.3.5 封底帆布的安装

封底帆布在安装前应先将每12块为一段缝好，然后穿入活塞油沟中，两段帆布穿入以后再合上两道分口，封底帆布安装时应先从角部开始，先把角部帆布上分心，然后将角部帆布的心对准每根立柱的中心，对好中心后开始从活塞油沟角部向两边做起。活塞油沟扁木一侧的帆布必须避让开封底角钢的焊肉，在安装时由于活塞油沟的空间较小，故只用手指来感觉帆布是否压在了焊肉上，在安装角部扁木一侧的帆布时，每块扁木的接口处必须顶死，不允许留间隙，所有扁木一侧的帆布安装完毕后，方可进行安装半圆木一侧的帆布，在安装半圆木一侧的帆布时，应先将8块竖直导向板安装完毕，然后与悬挂帆布同时安装，因为半圆木一侧的压耳同时控制着悬挂帆及封底帆布的半圆木的压紧。安装时封底帆布一定要放松，扁木及半圆木在压封底帆布时不能压边太多，封底帆布在压半圆木时，半圆木的接口处一定要贴紧，不允许有间隙，悬挂帆布在压半圆木时可以留有间隙。

5.3.6 压紧弹簧的安装要点

压紧弹簧的作用就是压紧滑板，弹簧安装时直径大的套筒朝向侧板一面，弹簧安装完毕后需调整距离，弹簧的正常行程距离为100~110mm之间，用目测的方法，小套筒伸出的距离为30~40mm，如距离不够，可用调整螺母来调整距离。悬挂帆布在安装时，也得先将12块帆布缝在一起，然后穿到油槽里，合成两道缝。

5.4 气柜的制作质量和安装质量对密封装置的影响

5.4.1 密封装置的安装是稀油密封干式气柜的重要工序，密封如果做不好，气柜将无法使用，但密封装置做得好与坏取决于气柜本体的制作精度，关键工序是气柜立柱的制作精度和侧板的压型与安装。立柱在制作过程中必须按图纸施工，要求机械加工的面必须加工，必须保证加工公差，以便保证角部密封安装精度。制作完毕后，需进行矫正修理，出厂时为防止变形应将两根立柱用螺栓两两连接起来后方可出厂。

5.4.2 在安装过程中一定要控制好立柱的垂直度，测量时间应在日出或日落时进行。要求测量人员一定认真，将每一次的测量结果都记录下来，立柱安装焊缝一定要按顺序施焊，不能随意乱焊，安装焊缝焊接完毕后需进行打磨处理。

5.4.3 侧板在压型时，角度应在 88°～89°之间，侧板所用材料必须是原平板，在进料时最好是双向定尺料。每带侧板安装完毕后，上带侧板与下带侧板的接缝必须在同一水平面上，焊缝必须由专人进行煤油渗透检查。

5.5 劳动力组织

劳动力组织见表 5.5。

				劳动力组织	表 5.5
序号	工 种	人数（人）	序号	工 种	人数（人）
1	现场工长	1	4	安装工	12
2	钳工	2	5	电工	1
3	电焊	2			

6. 材料与设备

施工机具设备见表 6。

				施工机具设备	表 6
序号	名 称	数量	序号	名 称	数量
1	钢板尺（个）	5	8	钢锯（把）	4
2	钢卷尺（个）	2	9	冲孔冲子（把）	5
3	塞尺（个）	2	10	手枪钻（把）	2
4	磁力线坠（个）	2	11	照明灯（台）	12
5	框式水平仪（台）	1	12	通信设备（台）	4
6	交流焊机（台）	2	13	水准仪（台）	1
7	角向磨光机（φ100）（台）	4			

7. 质量控制

7.1 密封装置安装完毕后，应在活塞油沟中加水进行检查，然后进入活塞底板的活塞油槽下观察密封的泄露情况，保证油泵房中的供油泵每小时启动 1 次，即为安装合格。

7.2 当柜体侧板及柜顶全部安装完毕后，密封装置随活塞进行数次调试运行，调试时间最好选在上午 9 点之前进行，这时气柜变形小，易保证几何尺寸。施工人员应随上升的活塞沿环行走道观察油沟中稀油液位状况，若稀油液位下降过快，说明活塞上升过程中活塞倾斜量大，可用配置在活塞底板上的混凝土配重块进行调平，保证活塞 180°对称两点液位差≤$D/1000$mm（D 为柜体直径）。

8. 安 全 措 施

8.1 因密封装置附件安装在活塞油沟中进行，空间狭窄，操作人员移动较困难，故密封装置附件安装时，高空作业应与密封装置附件安装作业位置相互错开，以免高空坠落物体伤到密封装置附件安装的人员。

8.2 高空焊接或气切时，因密封装置帆布易燃物，故须采取可靠的安全防护措施后方准焊接或气切，焊接剩余的焊条头不得随意下丢，以免引燃帆布造成密封装置报废。

8.3 严格用电管理，施工现场的一切电源的安装和拆除必须由持证电工操作，电器必须接地、接零和漏电保护器。

8.4 做好防雨，防滑措施工作，现场工人作业必须戴好安全帽。

9. 环 保 措 施

在气柜保压试验时，柜体内充入的气体应低于额定容积量的 2%，避免活塞因气温升高自行上升超出活塞安全行程，导致稀油从安全放散管中流出，影响周围环境。

10. 效 益 分 析

10.1 经济效益：应用该技术进行自主安装，不仅可以创造产值，还可以节省安装人工费用 8 万元左右。（若外委安装调试，则需人工费 10 万元，而我公司自行安装调试，则实际发生人工费 2 万余元，节省人工费约 8 万元左右）。

10.2 社会效益：通过上述几项工程的施工，施工质量得到了用户的一致好评，从而拓宽了我公司煤气柜制安领域，为进一步承揽煤气柜工程奠定了良好的基础。2008 年又承揽了首钢迁钢 20 万 m³ 新型煤气柜的制安任务。

11. 应 用 实 例

11.1 首钢迁安 15 万 m³ 稀油密封干式煤气柜制安工程施工于 2005 年 10 月～2006 年 6 月，该煤气柜建设地点位于首钢迁钢一期煤气柜工程的东侧，毗邻一期工程煤气柜。15 万 m³ 稀油密封干式煤气柜是由立柱、侧板及柜顶系统组成的正 24 边形框架——筒体结构，柜顶总高度为 90.787m，侧板高为 83.377m。柜本体钢结构制作安装总量约 2050t，其中密封系统安装量为 68t。密封系统主要有以下部分组成：滑板—滑块系统—防水平回转装置—封底角钢—隔舱—圆木—半圆木—扁木—封底帆布—悬挂帆布—悬挂角钢—牵引装置—拉紧装置—上下导轮。该项工程施工后，质量达到标准的要求。

11.2 包钢 10 万 m³ 稀油密封干式煤气柜检修工程，施工工期：2006 年 9 月 20 日～2006 年 10 月 10 日。密封系统组成同 15 万 m³ 稀油密封干式煤气柜，该项工程施工后，质量达到标准的要求。

11.3 包钢 15 万 m³ 煤气柜制安工程，被评为包头市 2006 年科技进步奖。于 2006 年 8 月 15 日～2006 年 8 月 30 日对该气柜密封系统作了维护和检修，以确保其安全、正常投入运行。

压煮器制作工法
GJEJGF249—2008

中国有色金属工业第七冶金建设公司
王春梅　李晓楠　孙树堂　尹彦军　戴红石

1. 前　　言

　　溶出系统是氧化铝工程中的关键重要的核心部分，也是确保形成氧化铝生产能力的关键工程。压煮器是溶出系统的主要设备，属于二类压力容器，外形尺寸为 $\phi2800\times19000$mm，筒体厚度为 63mm。从技术要求来看，我们必须以三类压力容器的要求进行施工制作，确保产品的质量。压煮器分为保温压煮器和加热压煮器两种，保温压煮器内部没有管束，只有搅拌装置；加热压煮器内部有 30 或 40 束加热管束。压煮器除属压力容器性质外，内部还带加热管束和机械搅拌，结构比较复杂。根据数百台压煮器的施工经验，总结出来了针对厚板压力容器制作的施工方法。对于压煮器的制作，关键是对焊后的上下封头中心管二次加工和热处理要求较高。对于有管束的压煮器，为了加快制作速度，避免卧式装管束的难点，结合压煮器加热管束的特点，采用现场安装管束，再进行压力试验，结果大大地加快了压煮器的制作速度。

2. 工 法 特 点

2.1　筒体钢板及封头钢板，均为国外进口材料，引进国外的生产工艺。

2.2　设备体积大、重量重、壳体的钢板厚，焊接质量要求高，并要求整体进行热处理消除焊接应力。

2.3　制作工艺复杂，技术含量高。

2.4　上下封头中心管内孔的同轴度及端面垂直度要求高，要求在设备退火后进行二次加工。

3. 适 用 范 围

　　本工法适用于高温、高压、耐强碱腐蚀及厚板压煮器等压力容器的制造，并对冶金、石油化工等行业的同类压力容器制造具有借鉴作用。

4. 工 艺 原 理

　　压煮器设备是氧化铝生产的核心设备之一，设备内部带加热管束和机械搅拌装置。设备盛装的介质为含碱矿浆，碱浓度高达 $230\sim260$g/L，温度为 260℃，设计压力为 5.2MPa，压煮器制造的整体质量重在焊接，而工艺上的技术性突破又是提高焊接质量的关键。对焊接坡口进行改进，使焊接合格率大大提高。为了消除焊接残余应力，要对设备进行整体热处理。研制了 $\phi2800\times19000$mm 的大型燃油退火炉，采用内燃法，由 18 个燃烧器将轻质柴油和压缩空气送入喷嘴，压缩空气雾化柴油喷入燃烧室，点燃燃油柴油，以热气流对流方式对设备进行均匀加热，达到消除应力的目的。为了使压煮器的搅拌轴能够正常运转，要保证上下封头的中心接管同心度和法兰密封面平行度，我们采用热处理后对上下接管的法兰面进行二次加工的工艺，用激光准直仪对设备进行找正，再用自制的简易镗床进行二

3216

次加工来保证。

5. 施工工艺流程及操作要点

5.1 工艺流程

工艺流程见图 5.1。

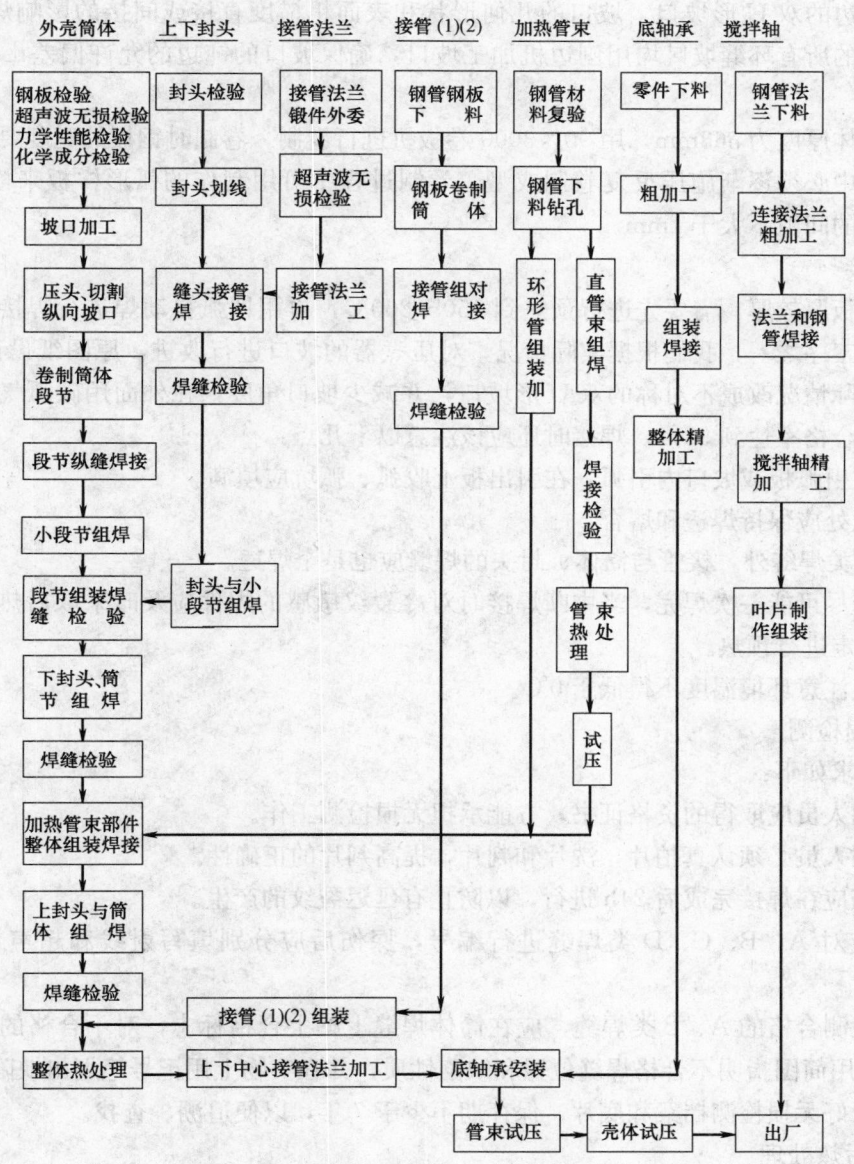

图 5.1 压煮器制作工艺流程图

5.2 压煮器施工操作要点

5.2.1 材料

1. 筒体和封头的材料多采用进口钢板 A48CPR，有时也用 16MnR。进口钢板和国内生产的此牌号钢板在初次使用前须逐张检查钢板的表面质量，逐张进行超声波探伤，按《无损检测标准》JB/T 4730 的Ⅲ级为合格。并按炉号复验钢板的化学成分，按批号复验钢板的力学性能。

2. 接管法兰多为 16MnⅢ整体锻件。锻件外委应签署技术协议，在验收时，应按技术协议的规定，审核其提供资料，包括超声波探伤报告，材质证明书，以及按炉批号对材料进行复验报告。

3. 双头螺栓属外构件，其标准为《等长双头螺柱》JB/T 4707，材质应符合《钢制压力容器》GB 150—98 中推荐的材质，在外购合同中应按《等长双头螺柱》JB 4707 标准的技术要求提出，在验收时，必须遵照有关合同条款进行验收，并提供双头螺栓调质处理，及螺母退火的工艺记录。

5.2.2 筒体制作

压煮器的筒体部分直径为 $\phi2800\times63$，总长为 16232mm。下料时必须确保钢板的长度和宽度的允许偏差±1mm；钢板边缘的不直度的允许偏差±1mm；钢板的两对角线之差为 2mm。压煮器筒体的环缝坡口采用带钝边的双 U 形坡口，坡口的几何形状和表面粗糙度直接或间接的影响焊接质量的好坏，因此压煮器筒体的所有环缝坡口均用刨边机加工坡口，确保坡口的钝边的允许偏差±1mm、角度的允许偏差＋2.5°。

压煮器的筒体厚度为 δ63mm，用 90×3000 卷板机进行卷制。卷制时钢板的宽度要与卷板机的辊轴平行，卷制过程中必须逐渐施压反复卷制成型，卷制过程中可用制作的弧形样板来检查筒体的曲度，要求曲弧与样板的间隙不大于 1mm。

5.2.3 焊接

焊接前由于板厚较厚，需要先进行预热到 150～200℃，再用埋弧自动焊进行焊接。焊接是保证压煮器质量的关键工序之一，我们根据实际情况，对压煮器的坡口进行改进，原图纸设计对称双 U 形坡口，我们根据实际情况改成不对称的双 U 形坡口，并减少坡口角度，在外面用碳弧气刨清根。坡口改进后焊接的一次合格率达到 98％。焊接时还应该注意以下几点：

1. 焊接应在引弧板或坡口内引弧，在引出板上收弧、弧坑应填满。

2. 焊接接弧处应保持焊透和熔合。

3. 除 A、B 类焊缝外，接管与筒体、封头的焊缝应也是全焊透。

4. 每条焊缝尽可能一次焊完，当中断焊接时对冷裂纹敏感的焊件应及时采取后热缓冷措施，重新施焊时仍需按规定进行预热。

5. 焊接时应注意环境温度不得低于 0℃。

5.2.4 无损检测

无损检测要求如下：

1. 无损检测人员应取得的资格证书，方能承担无损检测工作。

2. 无损检测人员必须认真拍片，洗片和判片，提高判片的正确性。

3. 无损探伤应在焊接完成后 24h 进行，以防止有延迟裂纹的产生。

4. 探伤前应对 A、B、C、D 类焊缝进行编号，探伤后应分别填写射线和超声波探伤员的检测报告。

5. 经无损检测合格的 A、B 类焊缝，应在筒体焊缝上帖上合格标志，对不合格的焊缝应下不合格返修通知单，并用简图指明不合格焊缝位置和缺陷性质，并在实物上用记号笔划出缺陷部分。

6. 妥善保管好无损检测档案和底片，保存期不少于 7 年，以便追溯、查找。

5.2.5 焊后热处理

焊接后为了消除焊接残余应力，需要进行焊后整体热处理，热处理设备采用我公司自行制造的 $\phi3000\times19000$mm 大型燃油退火炉，该设备的研制成果被评为贵州省科技进步二等奖。

压煮器热处理方法和步骤，按总装和安装的顺序分述如下：

1. 压煮器外壳和加热管束中的蒸汽环管、蒸汽分配管、蒸汽进管、冷凝水环管、冷凝水分流管、冷凝水出口，组装成一体放入 $\phi2800\times19000$ 燃油退火炉中进行整体热处理，热处理前焊接焊缝应检测合格。

2. 热管束焊接完毕经焊缝检测合格后，放入炉中进行整体热处理。

3. 搅拌轴，焊后放入炉内整体处理。

设备进炉前应对法兰密封面进行保护，以防氧化，可用机油与石墨粉混合成膏剂涂放在保护层的表面，然后用硅酸铝纤维包住，设备壳体吊入炉内后应平稳安放，防止加热后的壳体外形变形，卧式炉应按照规定安装隔火板，盖子处必须用硅酸铝纤维毡密封好，使加热温度均匀升降。通过均匀设置的14个热电偶的测温数值来调控，确保热处理质量。

热处理操作人员应随时观察炉内情况，供油、供气管路是否畅通；及时调整炉内压力，除温度自动记录仪正常运转外，还应填写热处理操作记录。

5.2.6 上下封头中心管的二次加工及法兰的密封面加工

上下封头中心接管内孔的同心度和密封面是安装搅拌装置的关键，热处理后用我厂自行改制的压煮器中心孔加工机具二次加工上下封头中心接管法兰密封面。加工过程中，采用激光准直仪找正，确保上、下法兰的同轴度。从设计考虑，由于上下封头中心接管法兰面是环连接面，环连接面种类是通过椭圆形金属环垫自动定位，将上下封头中心接管的法兰面的密封槽中心线能达到同心，并且上下两法兰面能平行，就能使驱动装置搅拌轴和底轴承三部件为同一中心线，搅拌轴在驱动装置的带动下就能自由旋转。

为了保证上下中心接管的平行度，采用预留加工余量，待壳整体热处理后进行二次加工，以确保密封面与孔的中心线垂直度为0.3mm。工装设备如图5.2.6。

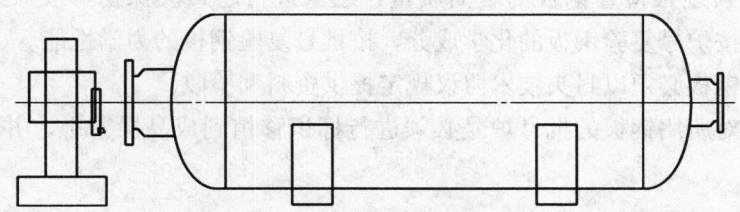

图5.2.6 上下封头中心管的二次加工示意图

压煮器的工作压力5.2～6.9MPa，选用的法兰和接管法兰均按PN10MPa环连接面对接焊钢制管法兰，环连接面使用的密封垫为椭圆形金属环垫，凹凸连接面为缠绕式垫片，法兰连接尺寸和密封面尺寸、精度，特别是对环连接面对焊钢制管法兰的规范、技术、要求如表5.2.6。

表5.2.6

环连接面的密封面尺寸公差

项　　目	极限偏差	项　　目		极限偏差
环槽深度 E	$+0.4$ / 0		$C \leqslant 18$	$+2$ / 0
环槽顶宽度 F	± 0.2			
环槽中心圆直径 P	± 0.13	法兰厚度 C	$18 < C \leqslant 15$	$+3$ / 0
环槽角度 23°	± 0.05			
环槽圆角 R	± 0.1		$C > 50$	$+4$ / 0
密封面外径 d	± 0.5			

5.2.7 加热管束的现场安装

对于有加热管束的加热压煮器，为了加快制造进度，采用在现场安装管束的施工方法。根据加热管束的特点，待压煮器在现场安装完后，利用现场的平台和天车，从压煮器的上封头中心接管装入。

5.3 劳动力组织

为确保工期应合理安排施工，抓住工序之间配合和协调，确保工种的技术力量；尽量采用流水作业法，充分发挥施工人员的主观能动性。施工人员合理进行调剂，各工种施工人员配置见表5.3（以下以一个系列40万t氧化铝生产线进行配置）：

施工人员配置表　　　　　　　　　　　　　　　　　　　　　　　　表5.3

序号	工　种	人数	备注	序号	工　种	人数	备注
1	铆工	20		7	探伤、检验人员	5	
2	电焊工	35		8	刨工	6	
3	起重工	4		9	电工等辅助人员	4	
4	气焊工	10		10	管理人员	5	
5	车工	6			合　计	100	
6	司机及操作人员	5					

6. 材料与设备

6.1　材料

6.1.1　筒体钢板及封头钢板

筒体和封头的材料多采用进口钢板 A48CPR，现国内钢厂已实现按国外标准国产化生产，按相关技术要求对筒体及封头所用钢板须进行以下复验工作：

1. 对筒体的钢板须逐张检查钢板的表面质量，逐张进行超声波探伤，按《无损检测标准》JB/T 4730 的Ⅲ级为合格，按炉号复验钢板的化学成分，按批号复验钢板的力学性能。

2. 对封头所用的钢板必须以封头技术协议规定提供资料和验收。

3. 为便于追溯，对所用钢板的批号炉号必须进行标识移植到成品段节上，并做好记录。记录表格如表6.1.1。

筒体钢板标识移植记录　　　　　　　　　　　　　　　　　　　　表6.1.1

序　号	钢板规格	炉　号	批　号	筒节的编号	备　注
1					
2					

6.1.2　国内一般主材

供货方必须提供材质证明书，加热管束用的无缝钢管应定尺供货，并符合 GB 8163—99 "输送流体用无缝钢管"标准，其他受压元件材料应符合钢制压力容器 GB 150—98 规定。

6.1.3　接管法兰

材料为锻件，锻件外委应签署技术协议，在验收时，应按技术协议的规定，审核其提供资料，包括超声波探伤报告，材质证明书，以及按炉批号对材料进行复验报告。

6.1.4　双头螺栓属外购件

其标准为 HG 20613/HG 20634，材质应符合钢制压力容器 GB 150—98 中推荐的材质，在外购合同中应按 HG 20613/HG 20634 标准的技术要求提出，在验收时，必须遵照有关合同条款进行验收，并提供双头螺栓调质处理，及螺母退火的工艺记录。

6.1.5　焊接材料

分国外进口焊料和国内焊材两种，焊接进口钢板（主材）必须采用进口焊材；进口钢材与国内钢材相焊接时根据《钢制压力容器焊接规程》JB/T 4709 等标准要求进行工艺评定后确定焊材；国内钢材焊接时，应按《钢制压力容器焊接规程》JB/T 4709 有关规定选用焊材。

6.2　机具设备

机械设备见表 6.2（以下以一个系列 40 万 t 氧化铝生产线为例）：

机械设备表 表 6.2

序号	设 备 名 称	型号与规格	数量	用 途
1	90×3000 卷板机	KBBDVC—50	1	卷制筒体
2	水压机	3150t	1	筒体压头
3	自制镗床		1	二次加工
4	刨边机	B81120A	2	坡口刨边
5	双梁桥吊	Q30/5t	2	材料、半成品吊装
6	自动埋弧焊机	MZ—1000	16	筒体纵、环焊缝的焊接
7	交直流两用焊机	WS—400B	16	焊接及碳弧气刨
8	CO_2 气体保护焊机	YD—350KR	10	焊接
9	钨极氩弧焊机	AX320-1207-400	5	接管焊接
10	林肯焊机		1	筒体纵、环焊缝的焊接
11	C620 车床	φ400×2750	2	法兰、接管加工
12	C6140A 车床	φ600×3000	3	接管、法兰的加工
13	C611125 车床	φ1000×5000	3	大法兰、接管的加工
14	φ80 摇臂钻	Z3080	2	钻孔
15	φ25 摇臂钻	ZW3725	1	钻孔
16	超声波探伤仪	CTS—26	1	焊缝检测、钢板探伤
17	X 光射线探伤仪	300EG—S₂	2	焊缝检测
18	γ 射线探伤仪	TS—1	1	板厚 δ50 以上焊缝探伤
19	磁粉探伤仪	XMTY—Ⅲ 型	1	接管焊缝检测
20	氧气、乙炔加热装置	(6 组)	8	预热
21	半自动氧、乙炔切割器		8	钢板的切割
22	电焊条烘烤箱		1	焊条的烘烤
23	焊条保温筒		16	焊条的保温、防潮
24	自动焊接转胎	30t,60t	各 2	自动焊(组装、总装)
25	试压泵		2	水压试验(管束的试压)
26	空压机	6m³	2	碳弧气刨、气密性试验
27	氧、乙炔切割器		8	切割及开孔
28	角向磨光机		16	坡口及焊疤的打磨
29	焊条(kg)	E5016(NF510A)	5700	
30	焊丝(kg)	H10Mn2(AS36)	16100	
31	柴油		57t	

7. 质 量 控 制

7.1 施工过程中执行的标准规范

7.1.1 《压力容器安全技术监察规程》

7.1.2 《钢制压力容器》GB 150—98

7.1.3 《钢制压力容器焊接工艺评定》JB 4708—2000

7.1.4 《钢制压力容器焊接规程》JB 4709—2000

7.1.5 《焊缝坡口的基本形式与尺寸》GB 985—986

7.1.6 《钢制压力容器用封头》JB 4726—2002

7.1.7 《压力容器无损检测》JB 4730—2005

7.1.8 《钢制管法兰、垫片、紧固件》HG 20592~20635—97

7.2 质量控制措施及方法

7.2.1 焊工在焊接前应取得相应的位置的合格证。

7.2.2 对进口材料压煮器进行手工电弧焊时,采用 NF510A 焊条,当采用埋弧焊时,选用焊丝 AS36;当材质为国产材料 16MnR 时,手工焊采用 E5016 焊条,埋弧焊采用 H10Mn2。

7.2.3 焊缝经外观检查合格后,按照《压力容器无损检测》JB 4730 对各类焊缝进行检查,对于 A、B 类焊缝,经射线检查合格后并进行 20%复查。

7.2.4 焊缝的无损检测合格后才能进行设备的整体热处理，热处理时应严格控制温度，防止过烧。

8. 安 全 措 施

8.1 建立健全安全生产责任制和各项安全管理制度并认真执行。

8.2 对进入施工现场的工作人员必须进行入场安全教育，学习本工种操作规程和有关安全制度，场内进口和危险区挂宣传画、标语或警示标志。

8.3 特殊工种的操作人员必须持证上岗。

8.4 在各分项工程每道工序施工前，必须做好安全技术交底工作并做好记录。

8.5 现场临时用电要求一律采用"三相五线制"配线，所有插座插头要全部改成"三相五线制"。每个临时配电盘（箱）必须全部安装灵敏的漏电保护器。严格执行《施工现场临时用电安全技术规范》。

8.6 认真落实"三宝"的利用和"四口"及"五临边"的防护工作。

8.7 安全工作必须做到预测预控，对工程对象预先进行分析，工程施工中重点抓好高空作业，地下多层作业及立体交叉作业等方面的安全工作，找出安全控制点进行有针对性的控制。

8.8 严格执行《中华人民共和国消防条例》，建立防火责任制和义务消防队，设置符合消防要求的消防设施，并保证其完好备用。重点部位（危险品仓库、油料仓库、木工房等）必须要有防火制度，有专人管理，并按国标设置警示牌和配置相应的消防器材，建立动用明火制度。

8.9 坚持"安全第一、预防为主"的方针，各级领导及参战人员对安全工作要认真地常抓不懈，使安全工作标准化、规范化。

8.10 材料、半成品、成品构件的堆放要分别选择场地堆放，堆放时要按顺序放稳放平，材料牌号、半成品、成品标识、编号要求标识在醒目位置，以便寻找。

8.11 吊装工作要有专人负责，专人指挥，要求指挥信号明确，吊装时严禁超载，起吊时，吊杆下严禁站人。

8.12 设备壳体内部施工照明电源应采用 36V 低压电源，防止触电伤人。

8.13 对吊装索具，卸扣及起重或钢丝绳在吊装前和安装前要仔细检查，发现断股等损坏现象应及时更换或修复。

8.14 严格执行国家射线防护的有关规定，设置探伤保护装置及报警措施，确保施工现场人员的安全。

8.15 水压试验场地应有可靠的安全防护设施，并应经单位技术负责人和安全部门检查认可。水压试验过程中，不得进行与试验无关的工作，无关人员不得在试验现场停留。

9. 环 保 措 施

9.1 成立对应的施工环境卫生管理机构，在工程施工过程中严格遵守国家和地方政府下发的有关环境保护的法律、法规和规章，加强对施工燃油、工程材料、设备、废水、生产生活垃圾、弃渣的控制和治理，遵守有关防火及废弃物处理的规章制度，做好交通环境疏导，充分满足便民要求，认真接受城市交通管理，随时接受相关单位的监督检查。

9.2 将施工场地和作业限制在工程建设允许的范围内，合理布置、规范围挡，做到标牌清楚、齐全，各种标识醒目，施工场地整洁文明。

9.3 对施工中可能影响到的各种公共设施制定可靠的防止损坏和移位的措施，加强实施中的监测、应对和验证。同时，将相关方案和要求向全体施工人员详细交底。

9.4 设立专用集浆坑、对清洗设备废油、污水进行集中，认真做好无害化处理，从根本上防止施工废浆乱流。

9.5 制定清运工程材料运输过程中的防散落及沿途防污染措施，废水除按环境卫生指标进行处理达标外，并按当地环保要求的指定地点排放。弃渣及其他工程废弃物按工程建设指定的地点和方案进行合理堆放和处置。

9.6 优先选用先进的环保机械。采取设立隔声墙、隔声罩等消声措施降低施工噪声到允许值以下，同时尽可能避免夜间施工。

9.7 对施工场地道路进行硬化，并在晴天经常对施工通行道路进行洒水，防止尘土飞扬，污染周围环境。

9.8 退火炉应使燃料充分燃烧，同时经烟气净化装置净化，避免燃烧尾气直接排入大气。

9.9 整个施工过程的环境管理按公司环境管理体系要求运行。

10. 效 益 分 析

10.1 本工法采用了壳体整体出厂、管束现场组装的方案，与同类氧化铝工程的传统工法相比，不仅减少了压煮器整体总装的难度，而且大大加快了工程施工进度，压煮器的出厂周期由原来的7～10d一台，缩短为现在的3～4d一台。一套年产40万t的氧化铝工程溶出系统的总体工期由原来的8个月缩短为4个月，产生了明显的经济效益和社会效益。同时本工法的成功运用，为以后类似工程建设提供了可靠的决策依据和解决方案。

10.2 本工法独创的分段方案和中心接管二次加工方法，合理的利用了我厂现有的技术装备和资源条件，节约了添置重型起重机械和专用加工设备的费用。

10.3 大型退火炉的成功运用，一方面解决了大型压力容器整体热处理的关键性技术难题，满足了设计技术要求，延长了设备的使用寿命，为业主取得了良好的投资效益；另一方面，大型退火炉的成功运用，促进了我厂产品质量的全面提升，为我厂争取更广阔的市场空间创造了条件，长远经济效益明显。

10.4 近年来由于油价高涨，目前已经实现了退火炉由燃油到燃气方式的转变，一方面可降低运行成本；另一方面，燃气使得燃烧过程更为充分，解决了原来燃油燃烧不完全产生的黑烟问题，减少污染物的排放。同时我厂正在进行退火炉由燃气方式向电能退火方式转换的可行性研究，依托贵州水电资源丰富的优势，争取完全实现清洁的、可再生能源的运用。

11. 应 用 实 例

11.1 贵州铝厂（现中铝贵州分公司）80万t氧化铝1～2号溶出工程：

该工程分两期建设，一期工程1999年8月开工，2000年4月完工，完成压煮器19台，实物工作量1900余吨；二期工程2002年8月开工，2003年4月完工，完成压煮器21台，实物工作量2100余吨。该工程投产至今运行正常、无任何质量问题（图11.1）。

11.2 河南三门峡开曼铝业160万t氧化铝溶出工程：

该工程分四期建设，一期工程2004年12月开工，2005年7月完工，完成压煮器19台；二期工程2006年1月开工，2006年5月完工，完成压煮器19台；三期工程2006年6月开工，2006年10月完工，完成压煮器19台；四期工程2007年6月开工，2007年10月完工，完成压煮器19台。该工程为我厂压煮器质量带动市场滚动发展的典型范例，在一期工程投产运行后，业主毫不犹豫地将后续工程交给我厂制作。目前已投产使用的76台压煮器及其他设备运行正常。

11.3 广西华银铝业160万t氧化铝溶出系统工程：

该工程建设地点在广西德堡，160万t氧化铝一次建成，2006年1月开工，2006年8月完工，创造了国内氧化铝建设压煮器制作的最快记录，共完成压煮器76台，该批设备投入运行后一切正常。

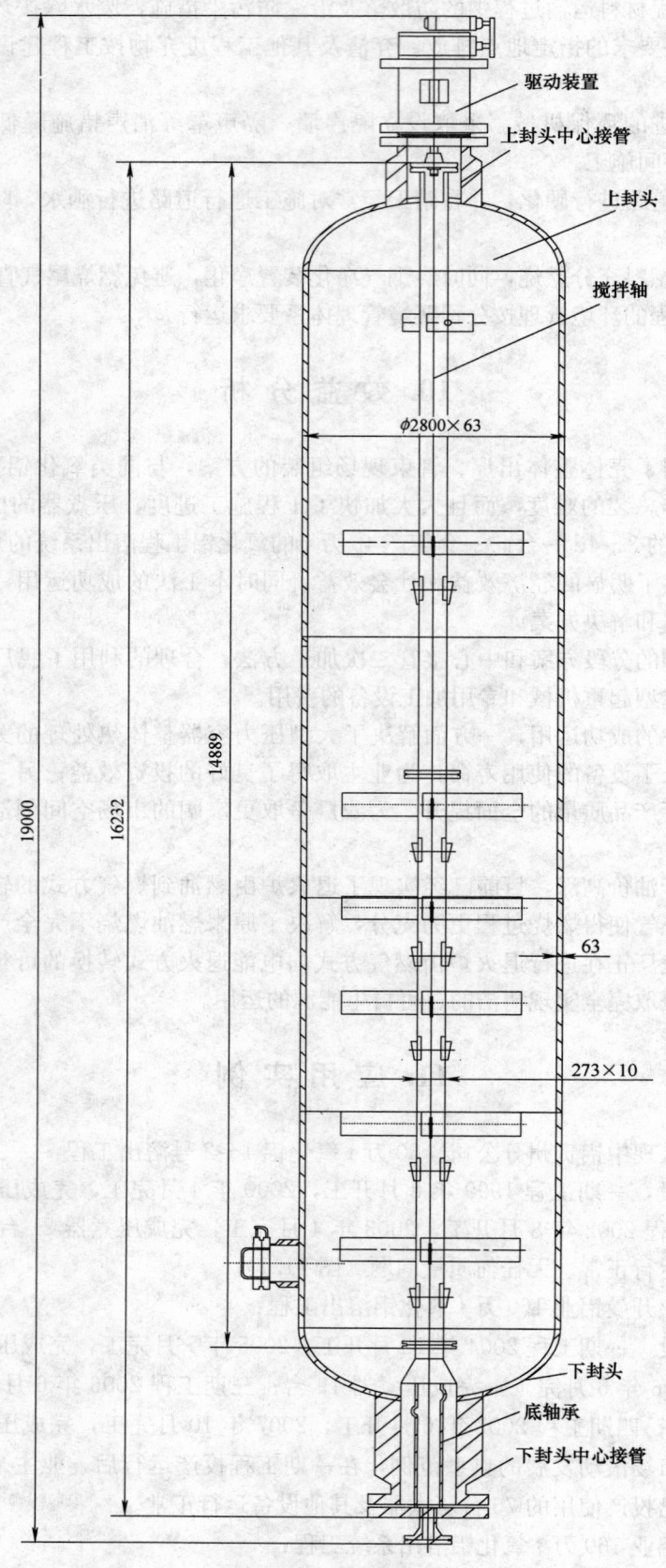

图 11.1 压煮器简图
（主体材质 A48CPR，筒体、封头 δ=63mm）

大瓣片高强钢球罐球壳板预制工法

GJEJGF250—2008

大庆油田建设集团有限公司

姚云江　苗西雨　朱宪宝　官云胜　郭晓春

1. 前　　言

在大型球罐的建造中，大瓣片高强钢球壳板以其单片面积大、焊缝总长度少、组装工期短、材料利用率高、安全可靠性好等优点引起了越来越广泛的重视，但在该预制领域内以前还没有进行过全面系统的研究。通过在黑龙江省检新咨询中心（国家级查询咨询机构）对工法的关键技术即大瓣片高强钢球罐球壳板预制技术进行技术查新表明，目前国内未见与之相同的技术文献报道，大庆油田建设集团通过开展大瓣片高强钢球罐制造技术研究，在高强钢球壳板预制成形过程中进行了应力数据实测和应力分析评定，制定了综合配套技术措施，并在实际工程中形成了大瓣片高强钢球罐球壳板预制工法，指导大瓣片高强刚球壳板的预制。该工法在哈萨克斯坦让那诺尔油田、青岛安邦炼化工程、大庆油田天然气轻烃储罐工程、冀东南堡油田等球罐工程建设中得到成功应用和验证，效果显著。

本工法核心技术于 2009 年 4 月 25 日经中国石油和化工协会专家组鉴定，已达到国内领先水平。其中随动架测试技术获得国家实用新型专利，专利号：200420063047.4。

2. 工 法 特 点

该工法成功地降低了原材料的损耗、提高了球壳板的制造精度、减少了二次整形量、提高了生产效率。

2.1　球壳板下料首次应用圆锥模型计算方法，比传统的近似计算方法更精确，大大减少了原材料订购时的附加余量，提高了材料利用率。

2.2　采用弹塑性理论分析及冷压成型回弹规律来设计加工压型胎具和压型工艺，大大提高了大瓣片球壳板的一次压制成型精度和生产效率。

2.3　采用逐点冷压成型技术和随动应力测试技术，实现了球壳板成型工艺过程中的在线应力测试，保证了产品质量。

2.4　采用"计算法"设计制作刚性切割胎具，可实现双坡口同时自动切割，取代过去的"放样法"制作软性贴合切割胎具，大大提高了球壳板制造的尺寸精度与坡口精度。

2.5　在带焊件球壳板组焊、热处理过程中采取药芯焊丝气体保护焊、电加热、焊接反变形等工艺措施，控制焊接和热处理变形，减少了二次整形量，提高了生产效率。

3. 适 用 范 围

本工法适用于容积为 1000～5000m³、厚度在 30～70mm、单片面积在 15～30m² 、抗拉强度在 540～720MPa 范围的大瓣片高强钢球罐球壳板的预制。对于其他类似的球罐球壳板的预制也可参照本工法。

4. 工 艺 原 理

本工法依据球壳板圆锥计算模型计算得到球壳板的订料尺寸；根据球壳板应力分析及有限元计算

的新型本构理论设计制造压制胎具；在压制过程中采用逐点压制方法，点压成型顺序更为合理，并结合随动应力在线测试技术进行过程检测控制；精确下料与自动切割胎具相结合使球壳板的切割尺寸和精度更为准确；焊接、热处理与防变形工艺措施相结合使生产效率显著提高。

4.1 球壳板下料板幅的圆锥计算模型

球壳板任一边弧线可以看成是平面与球面相交所得的相贯线。平面有通过球心和不通过球心两种方式，平面与球壳的相贯线均为圆，相贯线的投影因其方向不同则可为圆、椭圆和直线三种形式。只需求出各曲线的交点坐标，经转化即可求得球壳板各种弦长和弧长。图 4.1-1 为混合式球罐球壳板结构示意图。

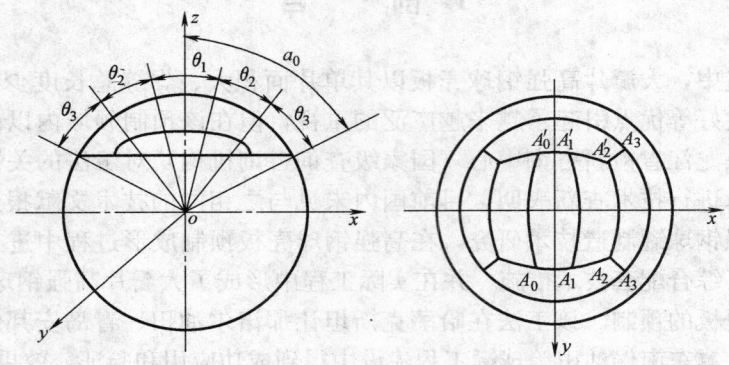

图 4.1-1　混合式球罐球壳板结构示意图

本工法球壳板下料板幅的计算采用圆锥模型，如图 4.1-2 所示。球面上任一点 P，在极轴上引一直线 PG，使 PG 垂直于 P 点的球半径 OP，则以 GP 为母线绕极轴旋转形成锥体的下底圆，使下底圆与 P 点在球面上的纬向圆为同一圆，则 P 点在球面上的纬向圆弦口可按锥体下底圆进行展开计算。以此为基础即可精确计算各带板的展开下料尺寸。

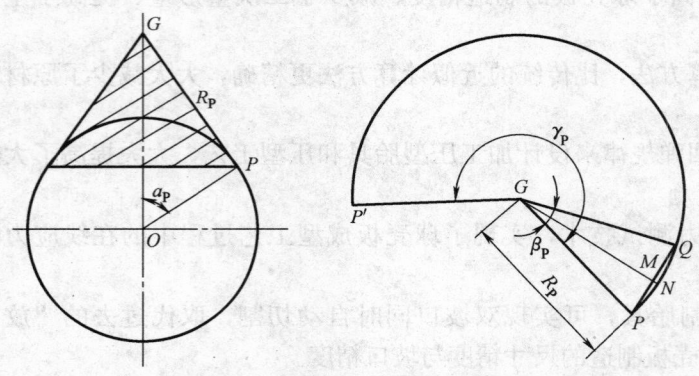

图 4.1-2　球面展开计算的圆锥模型

4.2 点压成型原理

在球壳板冲压加工过程中，板材由平板变成球壳曲面一部分，曲率变化剧烈，壳板主要承受弯曲和薄膜应力，最大拉应力在外表面。在冲压过程的初期阶段，由于球罐瓣片壳板厚度方向尺寸远小于其他两维尺寸，且其挠度与板材厚度比值也小于 5，可将其视为柔性板，在这段成型过程中，板材主要承受弯曲应力，有一定的面内拉伸和剪切应力。当荷载达到板材的极限荷载后，板材变形进入塑性阶段，壳板变成几何可变结构，随着变形增加，荷载主要由薄膜应力平衡，弯曲内力忽略不计。根据有限元计算的新型本构理论分析和在线随动架测试技术，对形成的球壳板进行应力测试，确定了多次逐点冲压最终将整板冲压成双曲率球面的成型工艺，使球壳板的压型顺序更为合理，应力分布更加均匀，从而保证球壳板的安全使用性能。

4.3 刚性半自动切割胎具的制作原理

压制成型后的切割基本原理如图 4.3-1 所示。使成型球壳板上划线得到的 A、B、C 三点与切割用割炬及球罐理论中心处在同一平面内，该平面即为假定截取球面的截平面，割炬在运动过程中，始终保持在同一平面内，即割炬本身形成的空间轨迹即为 ABC 平面，此切割线通过划线点，切割成所需要的弧边。当 ABC 切割平面通过球心时得到纵缝坡口，当不通过球心时得到环缝坡口，其空间位置关系见图 4.3-2。

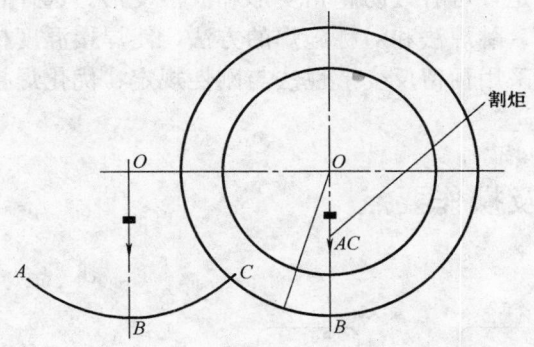

图 4.3-1　切割原理图

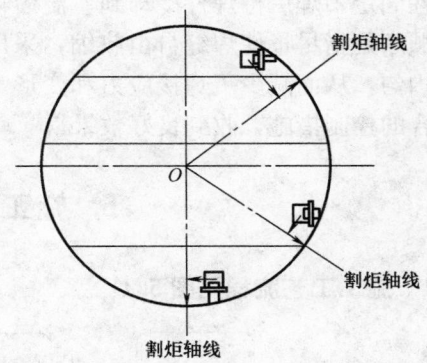

图 4.3-2　空间位置关系

4.3.1　赤道板纵缝切割时，切割胎与球壳板的相互位置关系简化为图 4.3.1 所示的经向边弧（纵缝）切割胎。

经推导得：导轨 $R=\sqrt{R_i^2-b^2}-C$，其中 R_i 是球壳内半径（mm），$a=AB$，$b=BC$，$c=AD$。（下同）

4.3.2　赤道板环缝切割时，切割胎与球壳板的相互位置关系简化为图 4.3.2 所示的赤道板纬向边弧（环缝）切割胎。

经推导得：导轨 $R=R_i\cos\{\alpha-\arcsin[(a\sin\alpha)/R_i+b/R_i]\}-c$

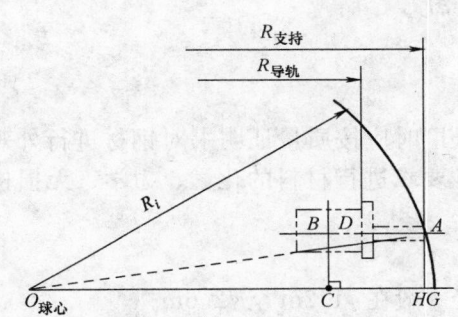

图 4.3.1　经向边弧（纵缝）切割胎

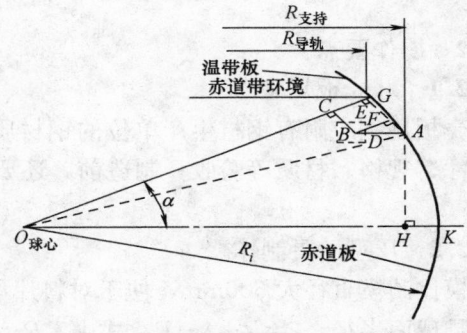

图 4.3.2　赤道板纬向边弧（环缝）切割胎

4.3.3　温带板大环缝切割时，切割胎具与球壳板的相互位置关系简化为图 4.3.3 所示的温带板纬向边弧（大环缝）切割胎。

经推导得：导轨 $R=R_i\cos\{\alpha+\arcsin[b/R-(a\sin\alpha)/R_i]\}-c$

4.3.4　温带板小环缝切割时切割胎具设计计算同赤道带环缝。

4.3.5　边极带板环缝切割时切割胎具设计计算同温带大环缝。

4.4　球壳板焊接、热处理防变形原理

带焊接件球壳板在焊接及热处理过程中，由于复杂的内应力等原因，容易引起成型后的球壳板曲率发生变化，影响其制造精度及质量。采取预留变形量、反变形、刚性固定、选择合理焊接工艺可有效控制球壳板焊接及热处理变形。

预留变形量是指根据理论计算和实践经验，在焊接加工时预先考虑收缩余量，以便焊后工件达到所要求的形状、尺寸。反变形法是指根据理论计算和实践经验，预先估计结构焊接变形的方向和大小，然后在焊接装配

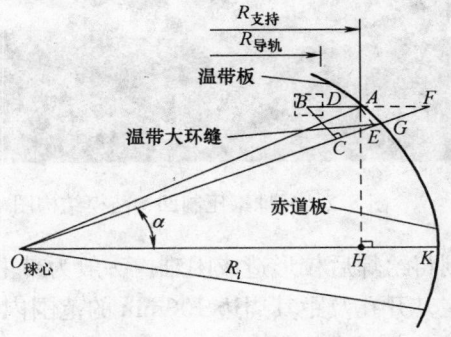

图 4.3.3　温带板纬向边弧
（大环缝）切割胎

时给予一个方向相反、大小相等的预置变形，以抵消焊后产生的变形。刚性固定法是指焊接时将焊件加以刚性固定，焊后待焊件冷却到室温后再去掉刚性固定，可有效防止角变形和波浪变形。选择合理的焊接顺序是指尽量使焊缝自由收缩，采用逐步退焊法、跳焊法和对称施焊的方法，使焊接温度梯度分布较均匀，从而减少了焊接应力和变形。本工法主要采用预留反变形性法与刚性规定、优化焊接工艺相结合的控制措施，收到良好效果。

5. 施工工艺流程及操作要点

5.1 施工工艺流程见图 5.1

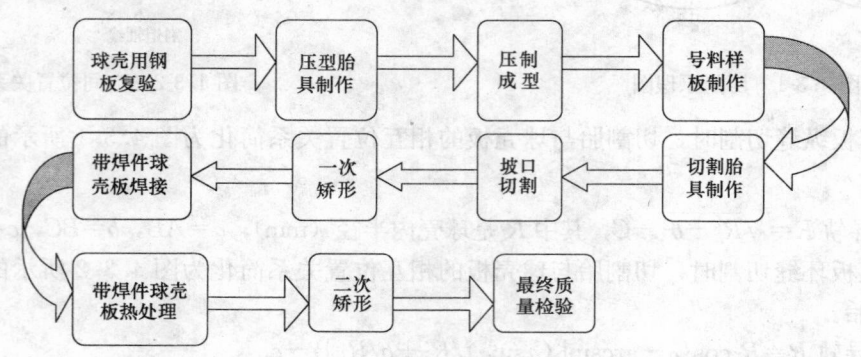

图 5.1 施工工艺流程图

5.2 操作要点

5.2.1 球壳板复验

球壳板用钢应附有钢材生产单位的钢材质量证明书，入厂时应按质量证明书对钢材进行外观、数量、尺寸、规格、材质等验收；制造前，还要按规程或标准要求进行材料的化学、力学、无损检测等复验。

5.2.2 压型胎具制作

凹模比凸模直径大 600mm，便于对料片承托。模具外径一般在 $\phi1.2m$ 至 $\phi2.6m$。

模具球面半径：$r = R + \delta - P$。式中：R—球的设计半径；δ—球壳板厚；P—弹性变形量。

压制回弹量与球壳板的材质、厚度和宽度等有关。试压后根据实际测量球壳板曲率对模具加以修正。其结构见图 5.2.2。

图 5.2.2 球罐压制凹、凸模结构图

5.2.3 球壳板的冷压成型

冷压成型应注意以下几点：

1. 冷压钢板边缘如经火焰切割，则需用机械打磨方法消除热影响区硬化部分的缺口。

2. 凡是成型后在球壳板上焊接支柱、人孔附件的球壳板，冲压曲率要相对增大一些，待焊接收缩变形后即可达到设计要求的曲率。但冲压曲率不可增加太大，否则将给焊后校形造成困难。一般为带上支柱赤道板在组焊上支柱及距其周边 100mm 的范围内、极中板在其开孔及距其周边 100mm 的范围内在压制时用曲率样板测量应在样板中间有 4～5mm 的间隙。

3. 因球壳板板幅大，容易变形并且操作不方便，在加工过程中应采取防变形措施，选择适当的吊点位置、摆放应在曲率合适的胎架上等。

4. 冲压设备应采用 800～2500t 的压力机，保证有足够的压力使壳板成型。压点排列顺序应先压两端，后压中间，以便操作，压型顺序见图 5.2.3-1。由球壳板的一端开始冲压，按先横后纵顺序排列，相邻两压点之间应相互有 1/2 至 1/3 的重复率，以保证两压点之间成型过渡圆滑。使成型应力分布均匀，并得到较好的释放效果，减少成型后的自然变形，压制过程见图 5.2.3-2。

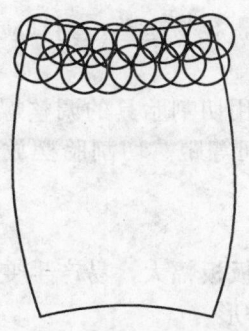

图 5.2.3-1　压型顺序

图 5.2.3-2　压制过程

5.2.4　号料样板的制作

划线号料使用球面样板，也称软样板，用 0.3mm 钢板制作较合适。样板既要有一定的刚性，又能使样板与球壳板贴合较好，确保划线精度。制作样板时，先制作一块曲率较准确的球壳板，然后以该球壳板为母板，拍打 0.3mm 钢板点焊制做截剪成球面样板。样板做成后需要检验精度，检验方法是将样板转 180°，看与做样板用的首块球壳板形状是否准确合线。制作过程见图 5.2.4。

图 5.2.4　号料样板的制作

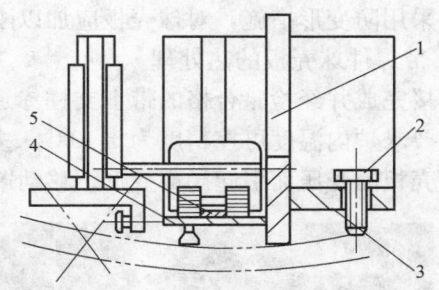

图 5.2.5-1　切割胎具结构简图

1—立板；2—调节螺栓；3—侧面弧形板；

4—弧形板；5—导轨

5.2.5　球壳板切割胎具制作及坡口加工

切割胎具结构见图 5.2.5-1。在制作切割胎具时要使各部分运动与导轨不相干扰，通过导轨和限位铜条使自动磁轮切割机在圆周和侧向定位，并注意控制整个装置的装配精度和尺寸稳定性。其切割小车见图 5.2.5-2，割嘴调节机构见图 5.2.5-3。

图 5.2.5-2　切割小车

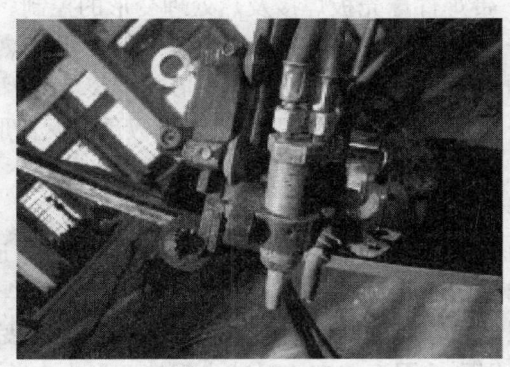

图 5.2.5-3　割嘴调节机构

为保证球壳板尺寸及坡口质量，应注意以下问题：

1. 为保证坡口表面平面度光滑平整，应选择性能稳定的切割自动小车，行走速度均匀，传动误差小，不产生"爬行"现象。使用一段时间后，磨损严重的小车应及时更换。

2. 割炬的高度变化会使切割坡口的钝边中心偏移，坡口深度不一致，容易超差。割具应设置浮动机构，使割具与球壳板距离保持恒定。

3. 在切割前，一定要将球壳板放在胎具上严格检查其曲率。找正时用切割胎具的调整螺栓来调正胎具的位置，使切割胎具的基准边各点与球壳板上切割线各对应点之间等距。切割胎摆放调整见图 5.2.5-4。

5.2.6 一次矫形

球壳板在切割过程中，由于坡口处受热温度高、时间长，并且球壳板板幅大，易产生变形，引起球壳板曲率发生变化可能超出标准要求，对超差板需在压制胎具上进行矫形。

5.2.7 带焊件球壳板的焊接及热处理

1. 上支柱与赤道板的组焊

在上支柱与赤道板焊接时，由于焊接应力的作用，将会引起球壳板的弯曲变形。组焊时主要控制赤道板的曲率，立柱安装尺寸等。需制作专用样板和组焊胎具，控制使上支柱纵向中心线与球片纵向中心线垂合。

2. 接管与极板的组焊

为保证开孔坡口质量应采用马鞍切割等装置，同时应使极板处于正确的位置。组焊应在专用胎上进行，采用防变形措施，对球壳板应加以刚性固定。

3. 带焊件球壳板的热处理

焊接完成并经检验合格的带上支柱赤道板和极板应进行消除应力热处理。热处理应整体在炉内进行，要求炉内温度可控精度为 ±10℃。多块球壳板在炉内同时进行热处理时，摆放及支撑要合理，避免球壳板因受压而引起局部变形。移动罩式电热处理炉见图 5.2.7-1。

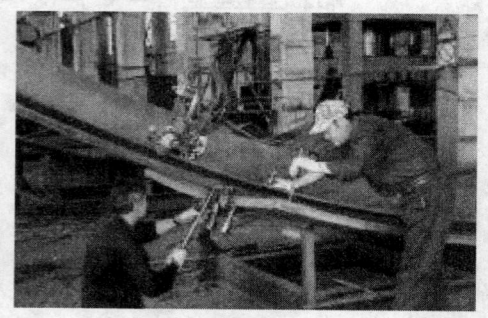

图 5.2.5-4 切割胎的摆放调整图

图 5.2.7-1 移动罩式电热处理炉

4. 带焊件球壳板焊接及热处理变形的控制

带上支柱赤道板与带接管的极中板在焊接热处理时易产生变形，造成曲率及弦长尺寸超差，由于其结构的限制，用压力机进行矫形难度很大。因此应采取相应的措施控制其变形，主要有：

1) 在压制球壳板过程中使球壳板预留反变形，如在球壳板长度方向曲率相对大一些，通过焊接收缩可反回，达到校正偏差的目的，即反变形法。但应控制其反变形的程度，避免对零部件的组对尺寸造成影响。

2) 制定合理的焊接工艺规程及焊接方法。应在保证焊接质量的前提下，尽可能降低焊接线能量，同时选择合理的预热温度和层间温度也能减小焊接变形。在焊接过程中采用多名焊工同时对称焊接和分段同步同方向对称焊接的方法也能减小焊接变形。焊接及热处理在与球壳板有相同曲率的胎具上进行并采用刚性固定的方法对减小焊接变形也有一定的作用。

3) 带上立柱赤道板组对完成后，焊接前进行预变形并在支柱和壳板之间增加临时支撑固定，使球壳板的曲率增大也会有效地减小焊接变形,焊接完成后去掉支撑。带上立柱赤道板临时支撑见图5.2.7-2。

4)对带有人孔凸缘和接管的极中板,号线完成后,切割开孔前在大直径开孔周围及壳板长度方向周边点焊支撑板对减小焊接变形有很大的作用。方向周边点焊支撑板对减小焊接变形有很大的作用。

5.2.8 带焊件球壳板的二次矫形

带焊件球壳板在热处理后如曲率、弦长尺寸及翘曲度仍不符合标准要求,则可通过二次矫形纠正。矫形应在专门的胎具上进行,合理避让焊接部件。带上支柱赤道板二次矫形见图5.2.8。

图5.2.7-2 带上立柱赤道板焊接临时支撑

图5.2.8 带上立柱赤道板二次矫形

5.2.9 球壳板的最终检验

球壳板的最终检验主要包括曲率检验、几何尺寸检验、厚度检验、球壳板与零部件组焊后的检验等。

赤道板与上支柱的焊后几何精度检验如图5.2.9所示。将赤道板放置在一胎具上,胎具固定在平台上,用弧形板将赤道板找正,使其成水平位置,然后在赤道两端各放一立杆架,上系0.2mm钢丝或细绳,以平台为准找成水平,并使其与赤道板纵向对称线重合,然后用钢板尺测量上部支柱两端距水平线之距离,即可得到上部立柱在径向方向

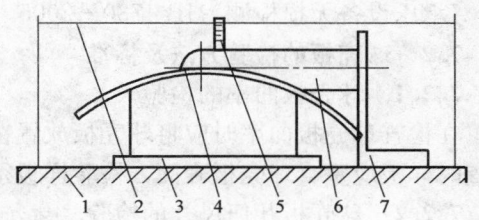

图5.2.9 带上支柱赤道板检验

1—平台;2—水平线;3—胎具;4—球壳板;
5—钢板尺;6—上部立柱;7—弯板

的偏差。再测量上部立柱纵向轴线两端与水平线是否重合,或读出其偏差值即为径向不垂直偏差。放置赤道板找正时,应做到在赤道板正确状态下检验,不应存在翘曲等变形,否则影响测量精度。

组焊后的赤道板,用弦长不小于1000mm的样板检查赤道板曲率。

人孔、接管与极板组焊后,开孔球壳板周边100mm范围内及距开孔中心一倍开孔直径处,用弦长不小于1000mm的样板检查极板曲率。

5.3 劳动组织(表5.3)

劳动组织 表5.3

序号	工 种	人数	备 注	序号	工 种	人数	备 注
1	技术人员	3	生产技术及技术管理	7	机械手	6	压力机及吊车操作
2	质检员	2	质量检验及生产过程监督	8	电工	2	设备维护及维修
3	铆工	12	球壳板压制及零部件组对	9	钳工	3	设备维护及维修
4	电焊工	10	零部件焊接	10	热处理工	2	带焊件壳板消除应力热处理
5	起重工	4	球壳板吊装倒运	11	探伤工	4	RT、PT、MT及测厚无损检验
6	气焊工	5	球壳板及零部件切割	12	辅助工	6	修磨及现场清理

注:特殊工种应持证上岗。

6. 材料与设备

机具设备配备见表 6。

机具设备配备表　　　　　　　　　　　　　　表 6

序号	设备名称	规格型号	数量	序号	设备名称	规格型号	数量
1	液压机	3000t/2400t	1台	8	超声波测厚仪	AD-3253B	1台
2	切割胎具		1套	9	桥式吊车	30t/15t-28m	4台
3	曲率样板		3个	10	磁粉探伤仪	TUM-200	2台
4	组对胎具		1套	11	逆变式直流弧焊机	ZX7-500S	6台
5	磁力轨道火焰切割机		6台	12	射线探伤机	MG325	1台
6	超声波探伤仪	CTS-26	3台	13	磨光机	φ180	5台
7	热处理炉	φ4.5m×25m-140kW	1台	14	焊接检验尺	HJC40	2个

7. 质 量 控 制

7.1 施工技术标准及验收规范

《钢制球形储罐》GB 12337—98 第七章　制造

《承压设备无损检测》JB 4730—2005

7.2 球壳板的检验方法及标准

7.2.1 球壳板曲率的检验

在检查球壳板曲率时应将球壳板放置在胎架上，以免由于球壳板自重引起的变形而影响检查精度，检查时样板应垂直球壳板表面，检验样板须经计量部门检测认定。

7.2.2 球壳板几何尺寸的检验

球壳板几何尺寸包括每块板 4 个弦长、2 个对角线长及翘曲度。

检验弦长尺寸，应采用钢带尺。钢带尺一定要经检测部门认可方可使用。检验弦长时，应用专用卡角将球壳板恢复到无坡口几何尺寸的位置进行测量。

球壳板翘曲度检验是检验两对角线是否在同一平面内。测量时应用两条 0.2mm 钢丝交叉按在 4 个卡角上，借助塞尺或焊接检验尺测量两条钢丝交叉处的间隙。如两条钢丝重叠则更换其上下位置重新测量。

7.2.3 球壳板厚度的检验

利用测厚仪在球壳板上测量 5～6 点，球壳板实际厚度不得小于名义厚度减去钢板厚度负偏差。

7.2.4 球壳板几何尺寸允许偏差见表 7.2.4

球壳板几何尺寸允许偏差　　　　　　　　　　表 7.2.4

序号	项　目	允许偏差(mm)	序号	项　目	允许偏差(mm)
1	长度方向弦长	±2	3	对角线弦长	±2.5
2	任意宽度方向弦长	±1.5	4	两条对角线间的距离	≤4

8. 安 全 措 施

8.1 认真贯彻"安全第一，预防为主"的方针，根据国家有关规定、条例，结合现场的实际情况，组成专职安全员和班组兼职安全员以及车间负责人参加的安全生产管理网络，执行安全生产责任制，明确各级人员的职责，抓好工程的安全生产。

8.2 壳板在吊运、压型及翻板时必须由专职起重工指挥操作，卡具要牢靠，钢丝绳应能满足要求，起吊时吊物下方严禁站人，压力机操作手应与吊车手、压制人员协调配合，防止压手、崩断钢丝绳等事故的发生。所有施工人员在施工中必须穿戴好劳动保护用品。

8.3 氧气瓶与乙炔瓶隔离存放，严格保证氧气瓶不沾染油脂、乙炔发生器有防止回火的安全装置。

8.4 焊接预热及消氢、焊后热处理过程中应经常检查电源线是否有破损等现象，防止发生触漏电、短路等情况。

8.5 严格按照 OHSE 管理体系的要求进行安全管理。

9. 环 保 措 施

9.1 球壳板切割后的大量不规则边角余料和熔渣应及时进行倒运清理，避免发生磕绊事故及影响现场安全生产。

9.2 球壳板焊接场地应通风良好，能及时排出焊接时产生的大量烟尘及预后热时产生的保温岩棉粉尘，热处理人员应佩带相应的防护设施。

9.3 施工场地应布置合理、围挡规范，做到标牌清楚、齐全，各种标识醒目，施工场地整洁文明。

10. 效 益 分 析

将 2000m³ 球罐三种不同分瓣结构形式的参数对比列于表 10 中。

2000m³ 桔瓣式与混合式球罐的有关参数 表 10

球罐内径 (mm)	带数		支柱数		球壳板数量		下料系数		焊缝总长(m)	
	桔瓣	混合	桔瓣	混合	桔瓣	混合	桔瓣	混合	桔瓣	混合
ϕ15700 (2000m³)	5	3		10		34		1.2214		421
		4	10	10	66	54	1.462	1.2645	523.1	458.4

10.1 焊缝总长度不同

表中显示，混合式 3 带 10 支柱球壳板焊缝总长为 421m，混合式 4 带 10 支柱球壳板焊缝总长为458m，桔瓣式 5 带 10 支柱球壳板焊缝总长为 523.1m。通过对比可以看出，混合式球罐焊缝总长比桔瓣式球罐有明显的减少，同时分带数少比分带数多的混合式球罐焊缝总长也有了明显的减少。焊缝总长决定了焊接工作量及焊接材料消耗量，同时也决定了坡口切割时氧气、乙炔等切割气体的使用量及切割工作量的大小。

10.2 材料利用率不同

表中显示，混合式 3 带 10 支柱球壳板下料系数为 1.2214，混合式 4 带 10 支柱球壳板下料系数为1.2645，桔瓣式 5 带 10 支柱球壳板下料系数为 1.462（将所需钢板的订货质量与成型后的球壳板质量比称为下料系数）。通过对比可以看出，混合式大瓣片球罐的下料系数比桔瓣式球罐有明显的减少，同时分带数少比分带数多的混合式球罐下料系数也有了明显的减少。

10.3 混合式球罐与桔瓣式球罐相比、分带数少与分带数多的混合式球罐相比，单块球壳板的面积有了明显的增大。通过以上对比可以看出，同样容积的球罐，如将其预制为大瓣片球壳板，无论从提高板材利用率、减少切割气体使用量、降低焊接材料消耗量、减少焊接工作量上，都有明显的优势和显著的经济效益。

10.4 应用圆锥计算模型，定料时预留的切割余量更小，使材料利用率又有了明显的增加。

10.5 由于球壳板板幅增大、焊缝总长减少，使其便于安装，提高了球罐的安全使用性能。

11．应 用 实 例

该工法在哈萨克斯坦让那诺尔油气处理厂、青岛安邦炼化有限公司、冀东油田公司、大庆油田天然气分公司等多项工程中得到推广应用，检测合格率 100%，获得显著的经济效益和社会效益。具体情况见表11。

工程应用实例 表 11

序号	建设单位	工程项目名称	时间	工作量	应用果
1	哈萨克斯坦	让那诺尔油气处理厂	2006 年 6 月～2007 年 3 月	6 台 2000m³ 球罐 2 台 1000m³ 球罐	很好
2	青岛安邦炼化有限公司	液化气罐区改造工程	2007 年 5 月～2007 年 9 月	3 台 2000m³ 球罐	很好
3	冀东油田公司	南堡油田 1# 陆上终端	2007 年 12 月～2008 年 3 月	3 台 2000m³ 球罐	很好
4	大庆油田天然气分公司	光明轻烃总库改造工程	2008 年 4 月～2008 年 8 月	6 台 1500m³ 球罐	很好

大型压力容器燃气法整体热处理施工工法
GJEJGF251—2008

中油吉林化建工程股份有限公司　吉林亚新工程检测有限责任公司

关一卓　王宝龙　王学成　李忠林　王斌

1. 前　　言

大型压力容器是指因设备重量或运输道路限制，需在现场制造（组焊）完成的压力容器。随着石化行业的迅猛发展，现场各种化工钢制压力容器越来越大型化，如丙烯腈反应器的直径近9m，高度达到了31m；焦碳塔直径近9m，高度达到了35m；二甲苯塔直径近7m，高度达到了56m；回收塔直径近6m，高度达到了67m。对如此大的压力容器进行整体热处理已成为亟待解决的技术难题。

2. 工 法 特 点

本工法进行大型压力容器整体热处理时，选择硫含量偏低的燃料气（液化气或天然气）作为燃料，采用多台改进后的燃气燃烧器对大型压力容器同时分层供热，具有多台燃气燃烧器组态灵活、分层燃烧供热均匀、容器内部热循环效果好、燃料对焊接接头使用性能影响低等优点，在石化行业大型压力容器焊后整体热处理施工方面有其他方法不可比拟的优势。

3. 适 用 范 围

本工法适用于压力容器、球罐、非标设备等焊后整体热处理施工；特别适合需在现场组焊的大型压力容器整体热处理施工。

4. 工 艺 原 理

大型压力容器燃气法整体热处理施工工法的施工原理是：将保温后的压力容器作为一个密闭炉膛，采用多台燃气燃烧器分层同时供热，利用导流装置对燃料气燃烧后的热气流进行导流，采用自动控制技术对热处理过程进行监控，从而有效降低容器内上下温差，确保整体热处理质量，实现整体热处理的目的。

施工时，燃气燃烧器由供气装置提供燃料气，自身带有鼓风机，可以实现风气自动配比，确保了燃料气的充分燃烧；采用多台燃气燃烧器根据容器具体情况分层供热，并通过设置在压力容器内部的导流装置进行分层导流，有效解决了容器内部上下温差大及温度滞后等难题，更易实现对容器的均匀加热；采用自主研制的自动控制技术对整体热处理全过程进行实时监控，实现了对燃烧器的自动控制；采用自动点火装置、检漏装置及火焰探测装置等多种安全设施最大限度地保证了整体热处理过程的安全可靠。此外，采用硫含量偏低的液化气作为燃料，最大程度上降低了燃料燃烧过程中产生的硫化物对焊接接头的使用性能的影响，满足容器整体热处理的质量要求。

相对于压力容器整体热处理施工的其他施工方法——电加热法、燃油法及传统燃气法，本工法在大型压力容器整体热处理施工方面具有不可比拟的技术优势。

4.1 与电加热法相比

如采用电加热法进行大型压力容器整体热处理，不但施工成本高、施工周期长，而且用电量相当大，施工现场根本无法满足。因此电加热法并不适合大型压力容器焊后整体热处理施工。通常的方法是先分段电加热热处理，再对各段间焊缝进行局部热处理。

4.2 与燃油法相比

燃油法是目前最常用的大型压力容器整体热处理技术。通常采用工业燃油燃烧器利用柴油燃烧供热。这项技术最初应用于球罐整体热处理施工，并已经形成了成熟的技术，在球罐整体热处理施工中效果良好，完全取代了旧有的霍克喷嘴燃油法。但如采用此方法应用于大型压力容器整体热处理时，普遍存在如下技术难题：

4.2.1 燃油燃烧器火焰刚性大，易造成容器内部热量过于集中，内部热循环效果差，存在上下温差大、局部温度滞后等情况，热处理质量不高。

4.2.2 燃油法采用的柴油中的硫含量偏高，在燃烧过程中产生的硫化物将对焊接接头的使用性能影响较大，这也限制了此方法在大型压力容器整体热处理施工中的应用。

4.3 与传统燃气法相比

传统的燃气热处理施工方法，采用燃气烧嘴供热。《球形储罐工程施工工艺标准》SH 3512—2002 中有详细介绍，见图 4.3。

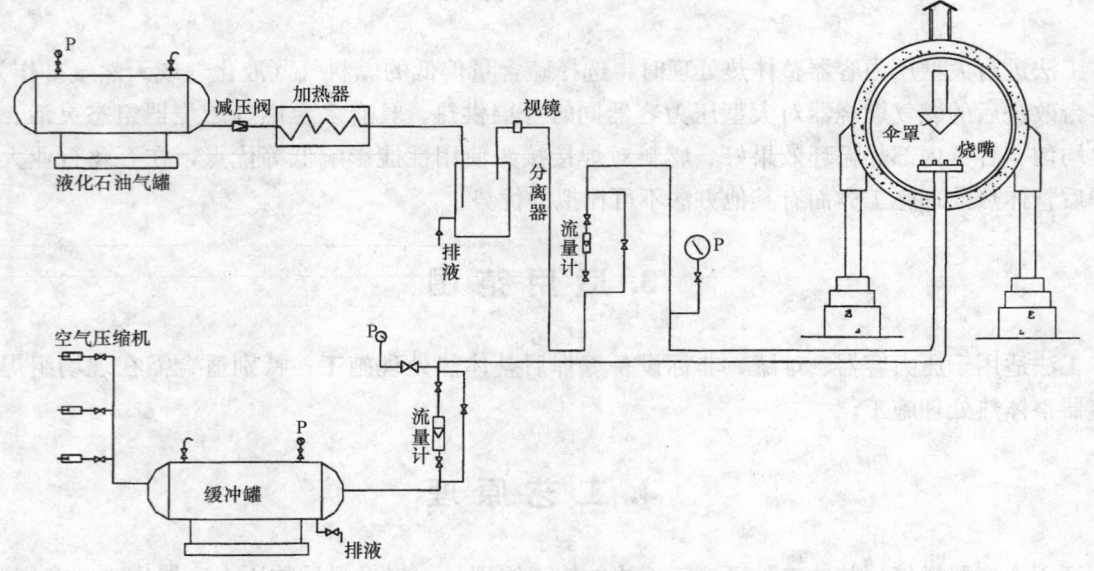

图 4.3 传统燃气热处理施工方法

从图 4.3 中可以看出，该工法有如下缺陷：

4.3.1 燃气烧嘴的供气及供风均需人工手动调节，其风气配比无法实现自动化，不利于燃料气的充分燃烧，也无法实现热处理工艺的自动控制；

4.3.2 燃气烧嘴喷出的高速柱状火焰流张角小，刚度大，难以形成紊流，即使采用导流装置，也无法实现对整个容器特别是底部的均匀加热；

4.3.3 燃气烧嘴采用手动点火，整个系统中没有任何安全措施，使得整个热处理施工过程存在较大的安全隐患。

4.4 本工法的优势

与上述施工方法相比，本工法具有如下优势：

4.4.1 采用硫含量偏低的燃气作为燃料，有效降低了燃料燃烧过程中硫化物对焊接接头使用性能的影响，尤其适合石化行业大型压力容器焊后整体热处理施工需要；而使用燃气这一清洁能源也将是未来热处理施工的发展方向。

4.4.2 采用燃气燃烧器供热，燃烧能力大，燃烧效果好，为压力容器提供足够的热源。

4.4.3 采用多台燃烧器分层供热，灵活组态确保了压力容器内部供热均匀。

4.4.4 在容器内部设置导流装置对热气流进行有效导流，能有效提高压力容器内部热循环效果。

4.4.5 采用自动控制技术对热处理过程进行监控，确保了压力容器整体热处理质量。

本工法克服了旧有热处理方法应用于压力容器整体热处理时存在的缺陷，具有分层控制供热均匀、内部热循环效果好、自动控制精度高、燃料对焊缝使用性能影响小等优点，保证了大型压力容器的整体热处理质量。

5. 施工工艺流程及操作要点（以液化气为例）

5.1 燃气热处理施工工艺流程（图 5.1）

5.2 现场准备

5.2.1 与容器壁相关焊接工作均已结束。

5.2.2 容器内部各种杂物清除完毕。

5.2.3 容器接地极处理完毕。

5.2.4 一次电缆敷设完毕，电源控制柜接线完毕。

5.2.5 二次电缆经短路及断路检查合格。

5.2.6 热电偶、补偿导线及测温装置等经过校准合格且在有效周期内。

5.2.7 液化气已经运至现场。

5.3 燃气热处理操作工序

内部导流装置设置 → 产品试板设置 → 烟气管路设置 →
测温设置 → 外部保温 → 热膨胀处理 → 燃烧系统设置 →
各系统联动调试检查 → 热处理过程控制并记录

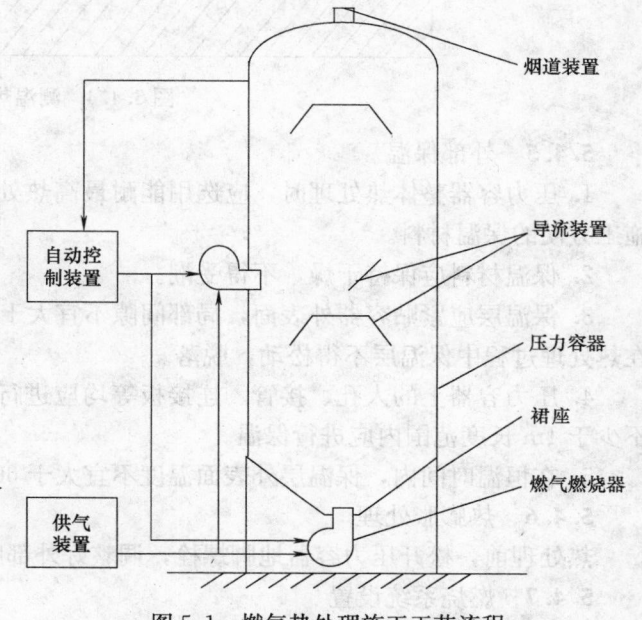

图 5.1　燃气热处理施工工艺流程

5.4 操作要点

5.4.1 内部导流装置设置

导流装置包括导流伞和导流挡板两部分，分别安装在压力容器内部适当位置，对燃气燃烧器喷射出的燃气热气流进行导流，以促进容器内部的热循环。其工作原理参见图 5.4.1。

导流伞对纵向向上的热气流进行反射，使热气流从该层底部沿器壁向上流动，以加强各层内部的热循环；导流挡板对燃烧器喷出的水平火焰流进行折射，保证火焰流不与容器壁直接接触，避免了横向燃烧时易造成器壁过烧的现象发生。

导流装置底支架由镀锌钢板加工焊接而成，其上覆盖耐高温的硅酸铝保温棉，并采用镀锌钢网遮盖固定。整个装置由镀锌钢管或悬吊于上人孔，或利用容器内器壁上各种焊件进行斜向上下拉伸支撑。

通过导流伞和导流挡板的双层设置，实现了对热气流的有效导流，提高了压力容器内部热循环效果，确保了温度均衡。

5.4.2 产品试板设置

产品试板设置于压力容器顶部，并采用 8 号钢丝牢固固定，随容器一同进行整体热处理。

5.4.3 烟气管道设置

在压力容器顶部安装可调节烟道，根据容器内部的温差实时调节其开度，以提高压力容器内部的烟气充满度，促进内部热循环。

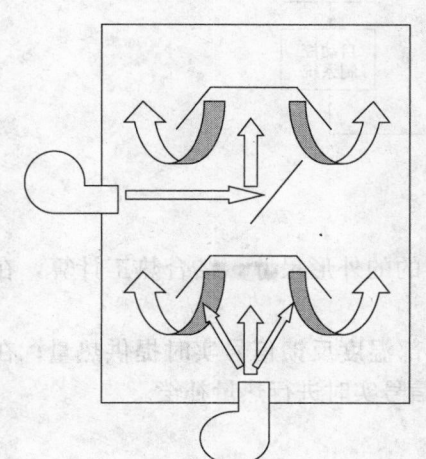

图 5.4.1　导流装置工作原理图

5.4.4 测温设置

在压力容器外表面均匀布置若干测温点进行测温。测温热电偶的安装见图 5.4.4。

测温点设置的原则是：相邻测温点的间距应小于 5m，距上下焊缝边缘 200mm 范围内设测温点各一个；产品焊接试板应设测温点一个。同时，在各层另增设若干测温点以在测温点脱落时备用。

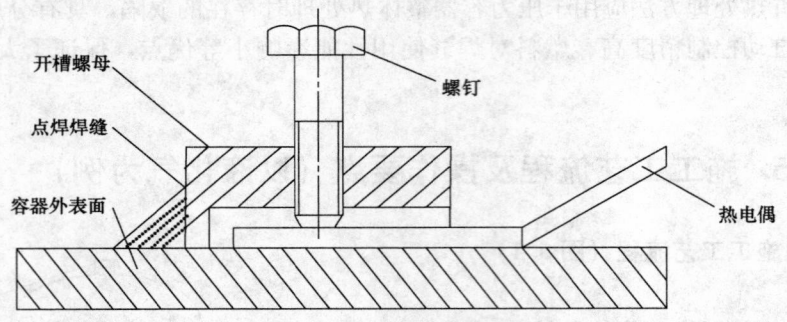

图 5.4.4 测温热电偶的安装

5.4.5 外部保温

1. 压力容器整体热处理时，应选用能耐最高热处理温度、对容器无腐蚀、容重低、导热系数小和施工方便的保温材料。

2. 保温材料应保持干燥，不得受潮。

3. 保温层应紧贴容器外表面，局部间隙不宜大于 20mm，应严密；多层保温时，各层接缝应错开。在热处理过程中保温层不得松动，脱落。

4. 压力容器上的人孔、接管、连接板等均应进行保温。裙座从与容器连接焊缝的下端算起，向下不少于 1m 长度范围内应进行保温。

5. 在恒温时间内，保温层外表面温度不宜大于 60℃。

5.4.6 热膨胀处理

热处理前，松开压力容器地脚螺栓，调整好外部脚手架，使整个容器横向纵向均处于自由状态。

5.4.7 燃烧系统设置

燃烧系统参见图 5.4.7。

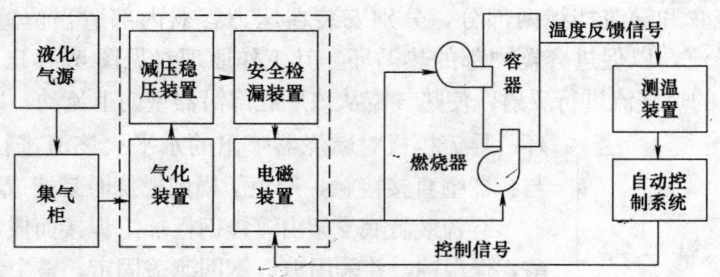

图 5.4.7 燃烧系统示意图

1. 燃气燃烧器设置

采用燃气法进行大型压力容器整体热处理时，应根据压力容器的的外形尺寸，结合热工计算，在适当位置设置多台燃气燃烧器分层同时供热。

在压力容器底部，垂直向上设置的燃烧器为主要热源，根据底部温度反馈信号实时提供热量；在压力容器侧壁，水平设置的燃烧器为辅助热源，根据该层温度反馈信号实时进行热量补偿。

2. 供气装置

供气装置安装在燃气燃烧器前端，为燃气燃烧器提供稳定的气源。

供气装置包含两部分：集气液化系统和减压稳压装置。

1）集气液化系统包括液化气钢瓶、集气柜、气化器等。液相的液化气由钢瓶经集气柜稳定后，进入气化器气化，由液相转为气相，并进入减压稳压装置。

2）减压稳压装置由两级减压稳压组成。气相的液化气经过减压稳压后，满足燃烧器燃烧要求，经管路进入燃烧器。

3）为保证燃气使用安全，共采取8项安全措施：

① 火焰检测：保证燃气安全燃烧。

② 检漏检测：保证燃烧器无泄漏。

③ 风气自动配比：保证燃气充分燃烧。

④ 点火阀：两个点火阀确保点火成功。

⑤ 液化气源：采用液化气瓶而非槽车供气，降低危险源。

⑥ 集气柜：液化气首先进入集气柜，确保压力稳定。

⑦ 风机吹扫：前后吹扫可吹散容器内可能残留的液化气。

⑧ 急停按钮：出现意外情况时，紧急切断一切信号。

3. 自动控制装置

自动控制装置包括两部分：计算机监控软件和燃气控制平台。

计算机监控软件根据分布在压力容器外表面数十个测温点的实时温度反馈信号，经过数据处理，向燃气控制平台发出实时工作指令，并对热处理全过程进行实时监控；燃气控制平台根据计算机监控软件的实时工作指令，自动调整燃烧器运行情况，实现对燃烧器的自动控制。

5.4.8 各系统联动调试检查

分别对燃烧系统、自动控温系统、测温系统、保温系统以及烟气管路进行调试检查，确保各系统均满足热处理要求。

5.4.9 热处理过程控制并记录

1. 启动自动控制装置，输入热处理工艺参数后，热处理开始，全过程自动控制。

2. 各层燃气燃烧器分别点火，设专人通过观火孔对各燃气燃烧器的燃烧情况进行监视。

3. 进入入炉温度前，启动测温装置，开始自动打点记录各测温点实时温度。

4. 热处理过程中，密切注意各测温点情况，如发生脱落现象，及时启动与之相邻的备用测温点。

6. 材料及设备

6.1 主要机具设备（表6.1）

主要机具设备 表6.1

序号	机具名称	机具规格	单位	序号	机具名称	机具规格	单位
1	燃气监控装置		套	14	摇表	ZC-7	块
2	燃烧器		台	15	台钻	ϕ13.5mm	台
3	整体热处理智能温控系统	HT-1A/B	套	16	手电钻	ϕ13.5mm	台
4	计算机监控系统		套	17	砂切机		台
5	液化气钢瓶	50kg	个	18	水平仪		块
6	燃气控制室	6m×2.5m	间	19	钳子		把
7	电气控制室	12回路	间	20	内六角搬手		套
8	电源控制柜	KG-1	台	21	铁剪子		把
9	电源控制柜	PGL-21	台	22	螺丝刀	十字、一字	套
10	热处理智能控温装置	HT-2C	套	23	电笔		把
11	电焊机	交直流 6kW	台	24	眼镜搬子		套
12	钳形电流表	交流 400A	块	25	套筒搬子		套
13	万用表	MF-500	块	26	压力表	4MPa	个

续表

序号	机具名称	机具规格	单位	序号	机具名称	机具规格	单位
27	压力表	2MPa	个	32	断线钳子		把
28	稳压器		个	33	捯链	2t	个
29	电位差计	UJ36	台	34	机械台班	9t板	个
30	插排		个	35	吊车	20t吊	个
31	线辊	100m	个				

6.2 主要材料（表6.2）

主要材料   表6.2

序号	材料名称	材料规格	单位	序号	材料名称	材料规格	单位
1	电缆	YC3×95+1×35	m	13	橡皮包布		卷
		YC3×35+1×16	m	14	白胶布		卷
		YC3×16+1×6	m	15	液化气	0号	t
		YC3×4+1×1.5	m	16	电焊条		kg
		YC2×2.5+1×1	m	17	胶管	$DN25$	m
2	电加热器	LCD540×160 70V	片			$DN50$	m
3	螺栓	M16	套			$DN50$	m
		M12	套	18	滑轮		个
		M6	套	19	棕绳	16号	m
4	钢丝	16号	kg	20	扁钢	40×5	kg
		8号	t	21	角钢	70×7	kg
5	铜鼻子	95^2	个	22	钢管	$\phi57×4$	t
		150A	个			1″	t
6	无碱超细玻璃丝棉被	$\delta=100mm$ $\rho=120kg/m^3$	条	23	铁跳板	$L=3m$	块
7	硅酸铝保温棉	$\delta=30mm$ $\rho=80kg/m^3$	t	24	苫布		m²
8	钻头	M6.5	支	25	水银灯泡	500W	个
		M8.5	支	26	水银灯头		个
		M12.5	支	27	槽钢	120×120	kg
9	黑包布		卷	28	枕木	$L=3m$	根
10	橡皮包布		卷	29	卡扣		套
11	热电偶	K型	支	30	镀锌钢板	2mm	t
12	补偿导线	KC型	M				

7. 质 量 控 制

7.1 质量标准

7.1.1 国家质量技术监督局《压力容器安全技术监察规程》。

7.1.2 《钢制压力容器》GB 150—1998。

7.1.3 《钢制压力容器焊接规程》JB/T 4709—2000。

7.1.4 《石油化工钢制塔、容器现场组焊施工工艺标准》SH/T 3524—1999。

7.1.5 相关设计要求。

7.2 质量管理

7.2.1 建立质量保证体系，参见图7.2.1。

7.2.2 人员

根据组织机构，建立燃烧器、燃气系统、测温系统、保温、电气系统等岗位责任制，专人专岗，并建立巡视制度。

7.2.3 机具

1. 热电偶、补偿导线及测温设备等需经检定合格且在有效期以内。

2. 燃烧器、自动控制装置等需完好。

7.2.4 材料

1. 选用优质液化气，切实保证液化气的燃气量。

2. 保温材料需满足保温要求，且做好防护。

7.2.5 方法

1. 加强对员工的培训，熟练掌握燃烧器的操作规程。

2. 贯彻技术交底内容，严格按照交底执行。

7.2.6 环境

密切注意天气情况，做好防风防雪措施。

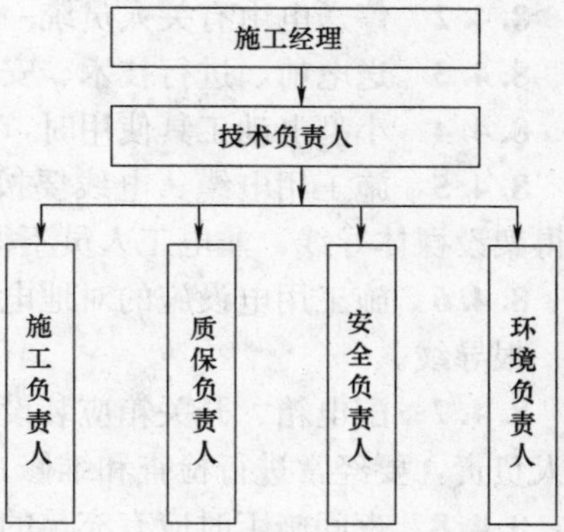

图 7.2.1 质量保证体系图

8. 安 全 措 施

大型压力容器燃气法整体热处理施工的主要风险因素识别：液化气泄漏、高空坠落、物体打击、电气伤害、火灾、受限空间等。

8.1 液化气泄漏的风险消减措施

8.1.1 液化气罐周围区域应设立警戒区，并挂"易燃危险"标志牌，禁止无关人员进入。

8.1.2 当压力未出现波动时，立即紧固泄漏点；当压力出现波动时，立即切断电源，重新紧固或更换管路。

8.1.3 启动轴流风机吹扫泄漏点，降低空气中的液化气浓度。

8.1.4 点火时，一旦点火失败，应立即切断所有电源，关闭液化气阀门，并及时排除故障。

8.1.5 施工现场主通道应保持畅通，不得停放车辆。

8.2 高处坠落的风险消减措施

8.2.1 作业人员身体经检查合格，登高作业人员必须持有登高作业证。

8.2.2 作业人员着装符合工作要求。

8.2.3 作业点下方设警戒区，并有警戒标志。

8.2.4 作业人员正确佩戴安全帽、安全带，高空作业时安全带必须挂牢后方可作业，禁止安全带低挂高用。

8.2.5 攀登或作业时要手抓牢、脚登稳，避免滑跌，重心失稳。

8.2.6 尽量避免夜间进行吊装作业，如果不能避免必须安装临时的照明，并有充足的照度。

8.2.7 严禁使用吊车、卷扬机运送作业人员。

8.3 物体坠落伤害的风险消减措施

8.3.1 及时清理压力容器上杂物，检查压力容器附件是否松动。

8.3.2 作业人员正确佩戴安全帽。

8.3.3 施工人员配备的工具、工件等有防滑落措施。

8.3.4 严禁向下抛掷物体。

8.4 电气伤害的风险消减措施

8.4.1   室外电缆、电源线必须架空敷设，其接头处必须连接绝缘良好。

8.4.2 停送电由有关人员统一操作，操作时应设置监护人。

8.4.3 送电前，进行技术、安全交底，经有关人员检查无误后，方可送电加热。

8.4.4 小型电动工具使用时，必须接至触电保护器下次侧使用，以防意外事故发生。

8.4.5 施工用电缆、电线要按规定敷设和架设，不得乱拉、乱设，架空线距地面不得低于 4m，不得架设裸体导线，非电工人员不得从事电气作业，用电设备不得带"病"运行。

8.4.6 施工用电设施的对地电压在 12V 及以上时，必须作接地和接零保护。严禁将接地和接零共用一根导线。

8.4.7 配电箱、开关箱应装设在明显、干燥、通风及常温场所，并做出明显标记，箱门配锁，设专人负责，要经常进行检查和维修。

8.4.8 夜间施工时应有充足的照明。在压力容器内作业时，所用行灯电压不得超过 12V，行灯必须为防爆型，并带有金属保护罩。若照明灯具超过安全电压，则灯具悬挂高度应在 2.5m 以上，如低于 2.5m，应设保护罩，且不得任意挪动或当行灯使用。

8.5 火灾的风险消减措施

8.5.1 在容器周围应配备适当数量的干粉灭火器。

8.5.2 热处理期间，由业主协调驻现场一台消防车。

8.6 受限空间（容器内工作）风险消减措施

8.6.1 进入容器前必须办理进入有限空间作业许可证。

8.6.2 在金属容器内施工，照明应采用安全行灯，电压不能超过直流 24V。

8.6.3 尽量避免交叉作业，垂直分层作业中应有隔离设施。

8.6.4 容器内外通讯须畅通，配备防爆通讯联络工具。

8.6.5 容器内施工时，容器外须设专职监护人，并对进器容器施工人员进行登记。

8.6.6 手持电动工具应装设漏电保护器，所有用电设备的金属外壳均应有可靠的接地保护。

8.6.7 确保容器内通风设施良好，必要时需进行气体检测合格后，方可进入容器施工。

9. 环 保 措 施

9.1 对液化气管路进行严格检查，杜绝泄漏造成环境污染的情况发生。

9.2 施工完毕后，及时清理保温材料等废弃物并扔至指定地点。

10. 效 益 分 析

本工法及配套装置的开发费用 80 余万元，成本相当高；但由于技术先进，在大型压力容器整体热处理市场中处于领先水平，相应的资本回报率也较高。预计每进行一台大型压力容器整体热处理平均利润 7 万元，则进行 12 台大型压力容器整体热处理即可回收成本。

10.1 吉化集团公司 32 万 t/年丙烯腈扩建项目 1 台丙烯腈反应器及 1 台回收塔整体热处理施工，实现产值 200 余万元，利润 20 余万元。

10.2 吉化集团公司 42 万 t/年丙烯腈扩建项目 1 台丙烯腈反应器整体热处理施工，实现产值 80 余万元，利润 10 万余元。

10.3 中油独山子石化改扩建工程 60 万 t/年全密度聚乙烯装置 2 台脱气仓整体热处理施工，实现产值 43 万元，利润 5 万余元。

11. 应 用 实 例

本工法于 2007 年 3 月成功地应用于吉化集团公司 32 万 t/年丙烯腈工程丙烯腈反应器整体热处理施

工，受到了业主、总承包方、监理公司等相关单位的高度好评。

11.1 质量效果

11.1.1 热处理效果

根据热处理曲线，丙烯腈反应器整体热处理参数见表 11.1.1。

丙烯腈反应器整体热处理参数　　　　　　　　　　　　　　　　　　表 11.1.1

热处理参数	升温速度(℃/h)	恒温温度(℃)	恒温时间(min)	降温速度(℃/h)
工艺要求	50～80	660～700	90	30～50
实际	54～59	662～694	90	25～34

从表 11.1.1 中可以看出，各项热处理工艺参数均符合要求；其中恒温期间最大温差为 32℃，热处理质量得到了保证。

11.1.2 硬度检验

热处理结束后，对所有焊缝均进行了硬度测试。测试结果，焊缝硬度均低于 220HB，满足硬度要求。

11.1.3 产品试板力学性能试验

热处理结束后，对产品试板进行了抗拉强度、常温冲击及侧弯等三项力学性能试验。其中，抗拉强度为 565MPa，符合 490～590MPa 要求；常温冲击功最小值 96J，最大值 214J，远高于 27J 的最低要求；侧弯结果也均合格。

11.2 经济效果

丙烯腈反应器整体热处理施工，共实现产值余 80 万元，利润 10 余万元。

11.3 社会效果

该工法在丙烯腈反应器整体热处理施工中成功应用，得到了有关专家的高度认可和好评，首次实现了丙烯腈反应器整体热处理自动控制技术国产化。

本大型压力容器燃气法整体热处理工法的成功应用，不仅填补了我公司的一项热处理技术空白，还由于本工法的自动控制精度高，标志着我公司的大型压力容器整体热处理技术水平已处于国内领先水平；同时还获得了 2 项国家专利。专利《大型压力容器燃气整体热处理装置》已获批准，专利号为：ZL 200720093472.1；专利《大型压力容器燃气整体热处理方法及装置》已通过审核，将于今年上半年下发，申请号为：200710055477.X。这些均为今后大型压力容器整体热处理工程的承揽提供了有力的技术保证。

11.4 环保效益

该工法采用改进后的燃气燃烧器进行自动控制，实现了风气配比的自动调节，确保了燃料气的充分燃烧，有效降低了对环境的污染。

大型储罐液压顶升、自动焊倒装施工工法

GJEJGF252—2008

陕西化建工程有限责任公司　中油吉林化建工程股份有限公司

王智杰　何丹　杨峰斌　李丽红　贺小锋

1. 前　　言

随着我国经济的快速发展和人民生活水平的不断提高，能源消耗急剧增长，石油和成品油的需求剧增。目前我国已是石油进口大国，石油已成为国家重要的战略物资，它直接关系到我国的经济发展、社会稳定和国家安全，增加原油储备迫在眉睫。因此，国家对石油储备库和成品油库的建设给予了高度的重视。

大型立式钢制储罐是非常重要的储运设备，越来越多地被应用于原油、成品油等储运工程中，其中以立式圆筒形拱顶储罐和浮顶储罐的应用最为普遍。近几年，立式圆形储罐的制作安装工艺更新发展很快，但从整体工艺分析，有"正装法"和"倒装法"两种。

大型储罐的预制、罐体提升及焊接是储罐制安的主要工序，直接影响储罐制安的施工质量。同时，在储罐制安工作中，主要的工作量集中在焊接工序上。在当今施工行业，自动焊技术已经渗入到储罐制安工艺中，但自动焊机一开始是以储罐"正装"为基准进行设计。

我们在大型储罐制安中，为了减少高空作业量，减少脚手架的投入等，习惯于"倒装法"作业。为此，技术人员与焊机厂经过多次研讨，将适用于"正装法"的悬挂式"横焊机"改造成适用于"倒装法"的轨道式"横焊机"，同时，在罐体环缝焊接中，研发应用了"单面焊双面成型"及熔池自动跟踪系统技术，免去了背面清根工序，降低了工人的劳动强度，缩短了工期。不仅如此，在罐体提升过程中，用"液压顶升集成设备"代替了原来的电动捯链，使得罐体提升更稳、更快，大大的改善了工人的劳动环境。

本施工工艺将自动焊、液压顶升等先进的施工工艺融入到"倒装法"施工工艺之中，同时在横缝焊接中研发应用了"单面焊双面成型"及熔池自动跟踪系统。经过实践证明本工艺安全、可靠、先进、环保，同时克服了"正装法"的一些不足，是一项值得在同行业推广的施工工法。

2. 工 法 特 点

2.1　大型立式储罐主体制作安装方法有"正装法"和"倒装法"两种，本施工工法是以"倒装法"为基础研发的。

2.2　本施工工法主要是将自动焊接技术及液压顶升技术应用于储罐的"倒装法"施工工艺中。

2.3　本施工工法主要是将"正装法"的"埋弧横焊机"进行了改造，即从"悬挂式"改造成"轨道式"，使之与"倒装法"相适应。同时在焊接过程中研发采用了"单面焊双面成型"及熔池自动跟踪工艺。

2.4　本施工工法克服了大型储罐"正装法"制安过程中存在的部分不足：如高空作业量大，需要搭设满堂红脚手架，大型吊车投入量大等。

2.5　本施工工法将自动焊、液压顶升、单面焊双面成型等技术用于储罐制安中，提高了工作效率，降低了施工成本。

2.6　本施工工法经过实践证明：操作简单、安全、可靠、节能环保，是一项值得在同行业推广的

施工工艺。

3. 使用范围

本施工工法适用于大型立式钢制储罐（容积≥1万 m³），采用"倒装法"进行制安施工的场合。

4. 工艺原理

4.1 大型立式储罐采用"倒装法"施工，是指以罐底为基准平面，先安装顶圈壁板和罐顶，然后自上而下进行逐圈壁板焊接、顶升，直到罐壁安装完毕。本工艺可以减少高空作业量，减少大型吊车的投入，作业安全、可靠。

4.2 大型立式储罐立缝焊接采用气电立焊机电渣焊技术，环缝焊接采用埋弧单面焊双面成型技术。在"正装法"施工中，埋弧焊机始终悬挂在顶层壁板上，沿壁板滑动进行环缝焊接。但在"倒装法"施工工艺中，埋弧焊机不能采用悬挂形式，只有对其改造，给其设计环形轨道，让焊机沿轨道进行环缝焊接。

4.3 大型立式储罐采用"倒装法"作业时，罐体提升也是制安的主要工序，传统施工工艺是利用中心柱电动捯链进行提升罐体。为了改善工人作业环境、提高工作效率，本工法采用液压顶升集成系统设备，实现罐体提升，提升过程平稳、安全、可靠。

4.4 本施工工法主要是将"自动焊、液压顶升、单面焊双面成型等"技术融入大型储罐"倒装法"施工中，减少了投入，降低了成本，安全、可靠、环保，是一项值得在同行业推广的施工工艺。

5. 施工工艺流程及操作要点

5.1 施工工艺流程

基础验收→底板、壁板、浮顶、附件预制→罐底板安装、焊接→液压顶升装置安装→横焊机轨道安装→顶层壁板组对、立缝焊接→罐顶安装→壁板提升→壁板围板、立缝焊接→环缝焊接→顶层壁板安装→边缘板焊接→试验。

5.2 操作要点

以 50000m³ 浮顶储罐制安为例：

5.2.1 底板下料预制

工艺流程：准备工作→材料验收→划线→复检→切割→打磨→检查记录→防腐→标识→交付安装。

底板下料采用半自动切割与手工切割相配合进行坡口加工，并根据排版图进行下料。

排版图应符合下列要求：

外圈边缘板直径比设计直径放大 0.1‰，按 60mm 考虑。

边缘板沿罐底半径方向的最小尺寸不得小于 700mm。

中幅板宽度不得小于 1m，长度不得小于 2m。

底板任意相邻焊缝之间距离不得小于 300mm。

弓形边缘板尺寸的测量部位如图 5.2.1，其允许偏差应符合表 5.2.1 的要求。

所有的底板在下料时必须认真做好记录，要求切割后的成品料注明编号，必须标识出储罐位号、排版编号、规格型号、安装位置。

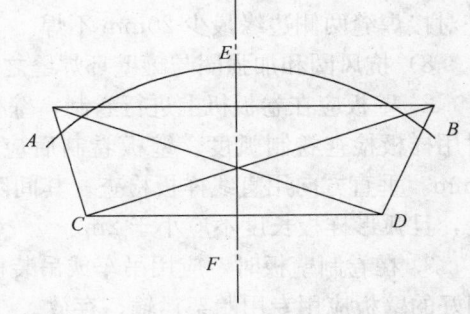

图 5.2.1　罐底板弓形边缘板测量图

弓形边缘板尺寸允许偏差（mm）	表 5.2.1
测量部位	允许偏差
长度 AB、CD	±2
宽度 AC、BD、EF	±2
对角线之差 |AD－BC|	≤3

5.2.2 罐壁板的预制

罐壁板的预制工艺流程为：准备工作→材料验收→划线→复检→切割→打磨→成型→检查记录→防腐→交付安装。

1. 罐壁预制前应绘制排版图，并应符合下列要求：

1）底圈壁板的纵向缝与罐底边缘板对接焊缝之间的距离不得小于 300mm。

2）各壁板之间的纵向焊缝宜向同一方向逐圈错开，相邻圈板纵缝间距宜为板长的 1/3，且不得小于 300mm。

3）壁板板宽不得小于 1000mm，板长不得小于 2000mm。

4）壁板下料前后要有尺寸检查记录，控制长度方向上的积累误差每圈不大于 10mm，壁板下料尺寸允许偏差应符合表 5.2.2 的要求，测量位置见图 5.2.2。

罐壁板尺寸允许偏差（mm）						表 5.2.2
测量部位	板长 AB(CD)≥10m	板长 AB(CD)<10m	测量部位		板长 AB(CD)≥10m	板长 AB(CD)<10m
宽度 AC、BD、EF	±1.5	±1	直线度	AC、BD	≤1	≤1
长度 AB、CD	±2	±1.5				
对角线之差|AD－BC|	≤3	≤2		AB、CD	≤2	≤2

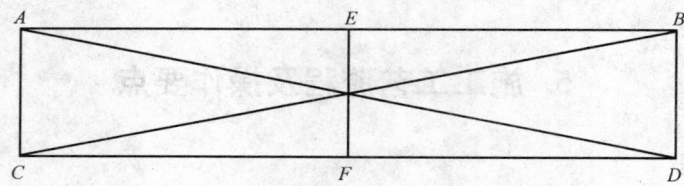

图 5.2.2 罐壁板尺寸测量部位

5）罐壁厚度大于 12mm 时，开孔接管或补强板外缘与罐壁纵环缝之间的距离，应大于焊角尺寸的 8 倍，且不应小于 250mm。

6）罐壁厚度不大于 12mm 时，开孔接管或补强板外缘与罐壁纵环缝之间的距离，不应小于 150mm，与罐壁环焊缝之间的距离，不应小于壁板厚度的 2.5 倍，且应不小于 75mm。

7）罐壁上连接件的垫板周边焊缝与罐壁纵焊缝或接管补强圈的边缘角焊缝之间的距离不应小于 75mm，如不可避免与罐壁焊缝交叉时，被覆盖焊缝应磨平并进行射线或超声波检测，垫板角焊缝在罐壁对接焊缝两侧边缘最少 20mm 不焊。

8）抗风圈和加强圈与罐壁环焊缝之间的距离，不应小于 150mm。

2. 壁板应在卷板机上进行卷制，壁板在卷制时卷板机辊轴轴线应与壁板长度方向相互垂直，并随时用样板检查卷制弧度。壁板卷制后应直立在平台上，水平方向用内弧样板检查，其间隙不得大于 4mm。垂直方向用直线样板检查，其间隙不得大于 2mm；检查位置根据板的长度定，测点不应少于 3 处，且弧形样板长度不应小于 2m。

3. 在卷制壁板时，应用吊车或吊装机具配合，防止在卷制过程中使已卷成的圆弧回直或变形，卷制好的壁板应用专用胎架运输、存放。

5.2.3 浮顶预制

工序：准备工作→材料验收→制作平台→船舱环板、隔板预制→船舱型钢预制→浮顶单盘板预制→交付安装。

1. 浮顶预制前，应根据图样要求及材料规格绘制排版图。

2. 单盘板的排版直径，宜按设计直径放大0.1倍，可放大60mm。

3. 边缘板沿罐底半径方向的最小尺寸不得小于700mm；中幅板宽度不得小于1m，长度不得小于2m；底板任意相邻焊缝之间距离不得小于300mm。

4. 船舱根据现场实际情况分17段预制，每段预制完成后按实际安装位置进行编号，并标明安装接头序列号，船舱底板及顶板预制后，用直线样板检查平面度，间隙不应大于5mm；船舱内外边缘板用弧形样板检查，间隙不应大于10mm；船舱几何尺寸的测点位置及允许偏差：见图5.2.3-1及表5.2.3。

船舱几何尺寸的测点位置及允许偏差

表 5.2.3

测 量 部 位	允许偏差
高度 AE BF CG DH	±1
弦长 AB EF CD GH	±4
对角线之差 ｜AD−BC｜ 和 ｜CH−DG｜ ｜EH−FG｜	≤6

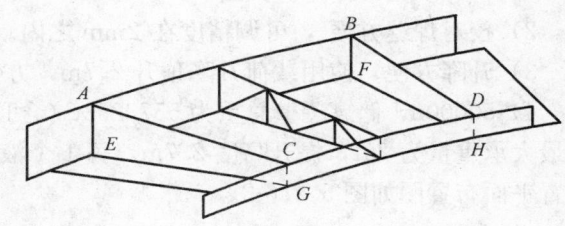

图 5.2.3-1　船舱几何尺寸测量位置

5. 船舱分段预制示意场景见图5.2.3-2。

图 5.2.3-2　船舱分段预制场景

6. 浮顶船舱顶板、隔板、环板、底板的预制要求按照罐壁板的预制要求进行，直边采用半自动切割，尺寸按排版图计算确定。弧形部分采用手工火焰切割成型。

7. 单盘板加强筋和船舱内桁架的预制按照有关钢结构施工的要求进行。

5.2.4　附件预制

1. 加强圈、抗风圈、盘梯等弧形构件加工成型后，用弧形样板检查，其间隙不得大于2mm，放在平台上检查，其翘曲变形不得超过构件长度的0.1%，且不应大于6mm。

2. 热煨成型的构件不得有过烧、变质现象，其厚度减薄量不应超过1mm。

3. 浮顶立柱、立柱套管的预制，根据设计尺寸进行钻孔加工，保证立柱及套管上孔径中心至立柱底面距离符合设计尺寸，要保证立柱直线度。

4. 导向管、量油管预制焊接后焊道要打磨光滑与管材表面平齐，量油管上的钻孔要用锉刀把开孔内壁的毛刺全部剔除，并保证内壁光滑，以防止量油装置安装后不能正常使用。

5. 滚动浮梯、通气阀、紧急排水管、集水坑、人孔等附件按施工图纸及相关规范进行预制。

5.2.5　船舱及单盘板安装临时用骨架预制

船舱安装时采用套管式临时支柱骨架（网架）做支撑进行安装，所谓套管式临时骨架的施工工艺是：临时支柱根据施工现场的设计标高可以用来调整高度差，他的具体制作方法是采用ϕ89的钢管和ϕ76的钢管进行插入式连接中间预留一定行程高度作为调整顶部网架上平面的平整度。场景如图5.2.5。

图 5.2.5　临时骨架场景

5.2.6　储罐组装

1. 储罐的安装方法

采用倒装法、自动焊、液压顶升进行施工。

2. 50000m³ 罐体倒装提升方法采用液压顶升集成系统设备，示意图如图 5.2.6-1。

1）该提升装置安全可靠，50000m³ 罐共设置 40 个提升点，按圆周均匀分布，每间隔 4.65m 设 1 根液压提升装置。

2）校对焊缝方便，可调精度在 2mm 之内。

3）升降方便，使用载荷升降顶升 2.7m，方便施工。

4）50000m³ 储罐罐壁总重为 557.252t（含顶部抗风圈板）。采用液压提升装置 40 根，选用型号单根最大承重量为 25t，提升高度 2.7m，每 1 个液压提升装置最大承重 13.93t；能满足要求。倒装提升装置平面布置图如图 5.2.6-2。

图 5.2.6-1　罐体倒装提升示意图

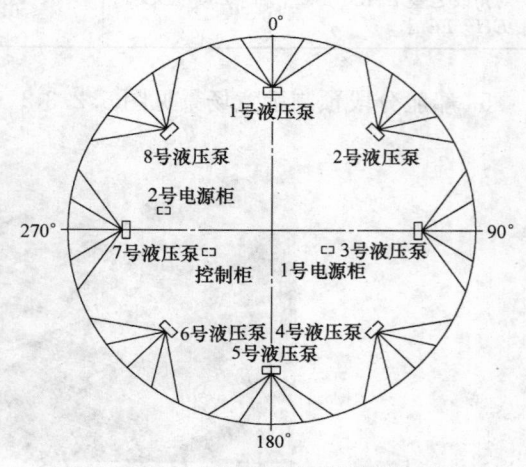

图 5.2.6-2　倒装提升装置平面布置图

5）储罐壁板液压提升倒装工艺施工特点：

a. 与正装法相比，减少脚手架的搭设，变高空作业为地面作业，降低施工成本，能保证施工安全和施工质量。

b. 传统液压提升倒装法利用吊车进行壁板的围板，而新工艺储罐壁板安装也可采用铲车围板，使操作更为方便，减少了壁板安装的时间和吊车台班的使用量，可以缩短施工工期，降低施工成本。

c. 传统捯链提升倒装法施工时，对于大型储罐的提升用抱杆及其他支架预制需花费很多的时间和费用，占用的施工场地多，且最终因捯链受力不均匀储罐壁板成型不完美；新工艺储罐的安装将节约一半的时间，最终成型美观，并且很少占用施工场地。

d. 传统储罐的施工都是先将底板组装好，最后焊接底板与壁板的脚焊缝，焊后的冷收缩很容易使罐底起拱变形，采用新的工艺进行组装避免了罐底的变形，保证施工质量。

e. 储罐液压提升倒装法是利用液压动力而实现罐体提升的施工方法。液压提升集成系统设备的组成主要有：双作用油缸穿心式千斤顶、提升装置顶头支架、提升装置与胀圈连接钢丝绳扣、高压油配管（由高压胶皮管、阀门、接头等）、中央集中控制台（由电机、油泵、油箱、配油器、换向阀等组成），如图 5.2.6-3 所示。

提升支架上部提升杆上装有托架是托住顶头与胀圈连接的钢丝绳，提升架上安装有穿心式千斤顶（双作用油缸），液压提升缸体下部只有 1 个进出油嘴。启动集中控制台的油泵，高压油经高压油管从油嘴进入缸内，由于缸体不带自动锁，待罐体提升到所需高度时，即时关闭总泵电源和换向阀，在油压作用下，油缸内活塞上升，通过提升杆连接钢丝绳吊起胀圈使罐体上升，千斤顶的每次行程可根据

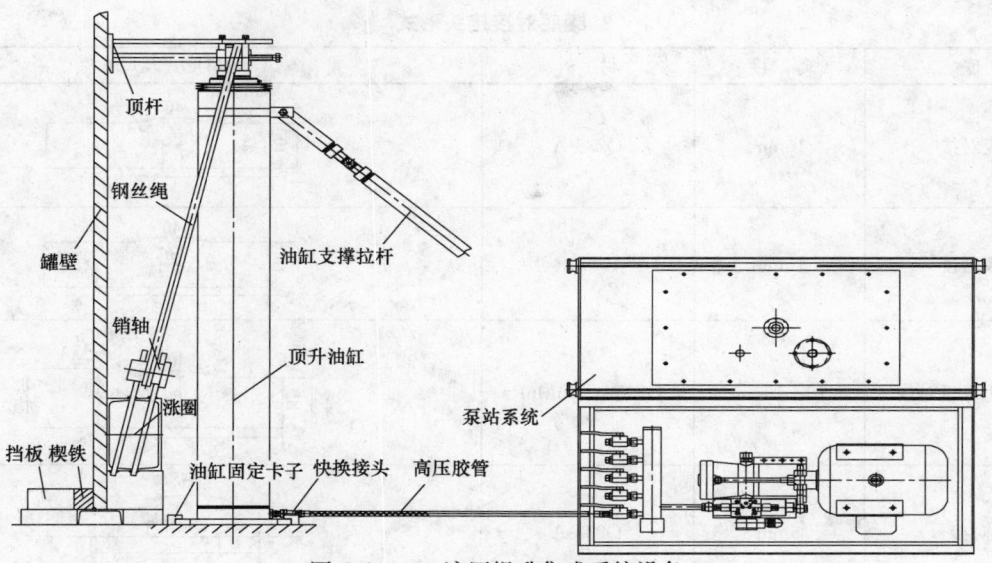

图 5.2.6-3　液压提升集成系统设备

现场进行调节，因罐体重量大，为了确保安全提升的情况下最好在每提升一带壁板时中间停 2～3 次，以便调整储罐在提升的过程中的平整度。待本带储罐壁板组对焊接完毕后，松开涨圈上的千斤顶和固定涨圈的筋板，打开换向阀自动回油，高压油从下部油嘴返回油箱，此时提升杆恢复原位，静止不动。在油压作用下，活塞下一个行程，然后再上升、下降。如此循环往复，即可实现液压提升罐体，进行倒装组焊储罐。

在提升过程中，为便于观测到每层板的提升高度和控制罐体的提升速度，壁板围板前应将上一层板的高度尺寸标注在靠近提升架的壁板上。

5.2.7　罐底板安装

1. 罐底板采用吊车铺设，吊车在罐基础上行走，铺设临时钢板做吊车行走垫板，底板先铺设中间条板，再向两侧铺设中幅板，铺设时必须在条板上划出中心线，保证其与基础中心线相重合，底板采用铺设一张，就位固定一张的方法。

2. 施工工序：施工准备→罐底放线→罐底边缘板垫板铺设→罐底边缘板组对→中间走廊板铺设→大板铺设→两侧走廊板铺设点焊→小板排列→大角缝组对→龟甲缝组对→收缩缝及剩余罐底焊缝组对。

3. 罐底放线：以基础中心和四个方（0°、90°、180°、270°）位标记为基准，画十字中心线，按排版图进行罐底边缘板垫板及边缘板和中幅板的放线，边缘板的外弧半径按设计半径放大 0.1‰进行确定，小板尺寸要按计算尺寸放大 100mm 进行切割下料成型。

4. 边缘板铺设时，应从 0 度方位开始，向两边进行定位铺设，以确保铺板位置的准确性。铺设时，必须保证组对间隙内大外小的特点（外侧间隙为 e_1 6～8mm，内侧间隙为 e_2 8～12mm），如图 5.2.7。

5. 中幅板由中间往四周的顺序铺设，其对接接头预留间隙不小于 6mm，中幅板和环形边缘板的对接接头预留间隙小于 6mm。

6. 罐底对接接头形式如表 5.2.7。

图 5.2.7　弓形边缘板的对接接头间隙

5.2.8　轨道制作安装

轨道制作采用 8 号槽钢，沿罐体环形布置，宽度与自动焊机轨距保持一致，轨道水平度误差保证在 1mm/m，全长不超过 5mm，样式见图 5.2.8 所示。

5.2.9　罐壁组对

壁板组装前，应对预制的壁板成型尺寸进行检查，合格后方可组装。需重新校正时，应防止出现锤痕。

罐底对接接头形式

表 5.2.7

罐底	厚度	材料	坡口形式及尺寸
中幅板对接	10mm	Q235-A	40° / 6 / 10 / 6
边缘板对接	16mm	16MnR	40° / 6 / 16 / 6
中幅板＋边缘板对接	10＋16mm	Q235A＋16MnR	40° / 1:4 / 6 / 10 / 6 / 16
垫板对接	6mm	Q235-A	45° / 4 / 6 / 6 / 辅助垫板
单边坡口尺寸允许偏差			±2.5° / 0~1

图 5.2.8　轨道示意图

1. 工序流程：准备工作→第八圈壁板安装位置放线→第八圈壁板组对调整、焊接→顶部包边角钢安装、焊接→液压提升装置安装→提升第八圈壁板→第七圈壁板组焊→抗风圈、加强圈安装→六圈以下各圈壁板组焊→大角缝组焊→罐壁上相应构件组装。

2. 第八圈罐壁组对

1) 第八圈壁板组对应在罐底验收合格后进行，罐壁吊装前应进行罐壁位置确定，安装时根据壁板排版图的尺寸进行安装并作好安装记录，罐壁的放线直径应大于设计尺寸，放线半径：

$$R = R_L + (N \times B + \Delta L)/2\pi + \Delta RJ \qquad (5.2.9)$$

式中　R_L——理论半径；

　　　N——罐壁板数量；

　　　B——焊缝间隙；

　　　ΔRJ——坡度影响；

　　　ΔL——实际下料周长和理论周长的误差。

2) 按放大半径 30010mm 在罐底上以罐底基础中心点为依据画出罐壁内外侧线位置，按排版图及罐体方位确定每一块壁板的位置线，同时在内侧 100 mm 内画出检查基准线。

3) 吊装时，从进出油开口处进行铺围作业，根据画线确定的位置点焊临时内外挡板，以限制罐壁位置，板与板之间用龙门组合卡具连接固定。吊装时只要按位置画线把壁板放置到位，以组对间隙在可调整范围内即可。

4) 全部吊装完成后，进行分组调整壁板间隙、垂直度，罐壁椭圆度由基准圆确定，垂直度由铅锤测量、正反加减丝调整确定。

5) 相邻壁板的水平度在下料时得到控制，整个圆周上的水平度可以通过调节边缘板和基础之间的距离获得。

6）板与板之间的对口间隙与错边量可以由龙门组合卡具调节，立缝组对时为解决焊缝变形引起的角变形超标问题，采取预先向外凸出 2～3mm 的组对方法（如先焊内侧，则向内凹 2～3mm，根据不同板厚、变形情况进行具体调整）。

7）清扫孔壁板组焊在大角缝组焊后，在现场采用电加热的方法进行热处理；具体操作如下：

清扫孔处的部件再现场为单件组装的，待清扫孔处壁板与储罐底板连接部位的大角缝全部焊接完成后，再对清扫孔处的壁板、补强板整体热处理。

清扫孔热处理采用磁铁式电加热带进行热处理，等清扫孔壁板与大角缝组对焊接完成后，在清扫孔处的罐壁板上内、外侧贴上电加热带外部采用保温被进行保温来进行热处理。

清扫孔处消应力热处理工艺按 16MnR 钢的热处理工艺曲线进行（热处理温度为 580±15℃，并在该温度下保温 100min，加热时升温速度控制在 130℃/h 以下，降温时冷却速度控制在 150℃/h 以下）。

清扫孔壁板在消应力热处理时，采用红外线测温仪进行温度的测量。

3. 其他各圈壁板的组对

为提高工效，方便安装，其他圈壁板组对前，应提前把壁板上的卡具（自制的罐壁板组对卡具 200 套）焊接在罐壁上。如图 5.2.9-1 所示。

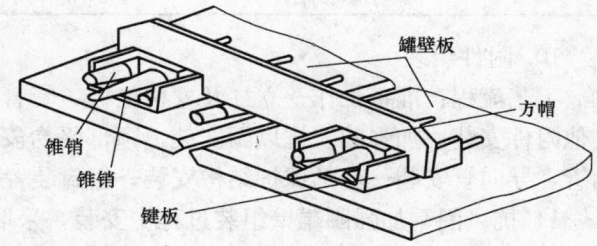

图 5.2.9-1　罐壁板组对卡具示意图

4. 纵缝组对

壁板纵缝组对前，利用横缝组对卡具将壁板调整至内壁平齐，然后利用纵缝组对卡具进行间隙调整。组对时应保证内表面齐平，采用自动焊焊接时其错边量不应大于 1 mm。罐壁纵缝对接接头的组对间隙为：G 为 4～6±1mm。如图 5.2.9-2。

5. 横缝组对

横缝组对采用双面坡口，横缝组对在纵缝完成后进行，横缝组对应保证内口平齐，并根据横缝的角变形情况，利用横缝组对卡具采取防变形措施。采用自动焊时，其错边量不应大于 1.5mm。罐壁环向对接接头的组装间隙为：G 为 0～1mm，如图 5.2.9-3。

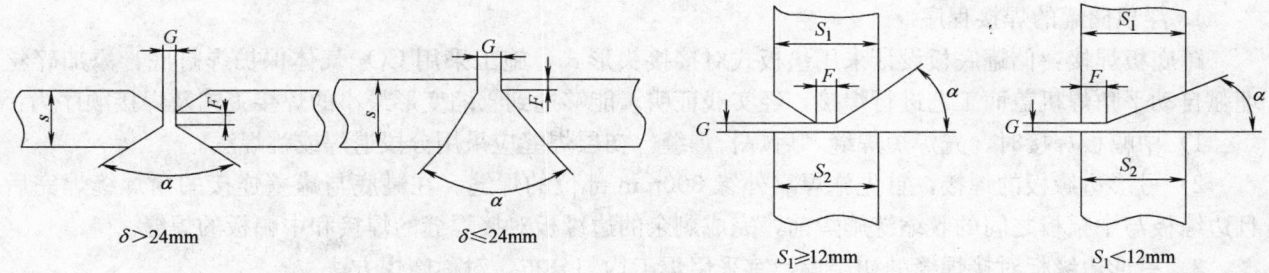

| $\delta > 24mm$ | $\delta \leqslant 24mm$ | $S_1 \geqslant 12mm$ | $S_1 < 12mm$ |

图 5.2.9-2　纵缝组对示意图　　　　　　图 5.2.9-3　横缝组对示意图

6. 第一圈壁板组对应符合下列要求：

1）相邻两壁板上口水平的允许偏差，不应大于 2mm，在整个圆周上任意两点水平的允许偏差，不应大于 6mm。

2）壁板的垂直度允许偏差，不应大于 3mm。

3）组装焊接后，壁板的内表面任意两点半径允许偏差为 ±25mm。

7. 组装焊接后，纵焊缝的角变形用 1m 长的弧形样板检查，环焊缝角变形用 1m 直线样板进行检查，并应符合表 5.2.9-1 所示的要求。

8. 组装焊接后，用弦长等于 2m 的弧形样板检查，应符合表 5.2.9-2 要求。

9. 浮顶船舱与单盘板的组装应在临时支架上进行，单盘板组装与船舱组装分开，待安装完成后再安装正式支柱。

角变形规定	表 5.2.9-1
板厚（mm）	角变形（mm）
$\delta \leqslant 12$	$\leqslant 12$
$12 < \delta \leqslant 25$	$\leqslant 10$
$\delta > 25$	$\leqslant 8$

焊接检查规定表	表 5.2.9-2
板厚（mm）	罐壁局部凹凸变形（mm）
$\delta \leqslant 12$	$\leqslant 15$
$12 < \delta \leqslant 25$	$\leqslant 13$
$\delta > 25$	$\leqslant 10$

1）浮顶船舱与单盘板组装用临时支架（网架）是采用 $\phi 89 \times 5$ 钢管作支柱、上部用[12 号槽钢作连系梁，支柱与连系梁采用销轴连接、销轴采用 $\phi 16$ 的圆钢和 $\phi 32 \times 3$ 的钢管制作。

2）单台储罐浮顶船舱与单盘板组装型钢临时支架（网架）用料如表 5.2.9-3。

单台储罐涂顶船舱与单盘板组装型钢临时技架用料表 表 5.2.9-3

序号	材料名称	规格型号	序号	材料名称	规格型号
1	钢管	$\phi 89 \times 5$	4	圆钢	$\phi 16$
2	钢管	$\phi 76 \times 4$	5	槽钢	[12 号
3	钢管	$\phi 32 \times 3$			

10. 附件组装

工艺流程：准备工作→立柱及立柱垫板、套管安装→浮顶排水系统安装→浮顶人孔安装→浮顶上其他附件安装→加强圈、抗风圈安装、顶部平台安装→盘梯安装→包边角钢安装→滚动扶梯安装→量油管、导向管安装→劳动保护结构安装→密封装置安装→电气仪表→交工验收。

1）抗风圈、加强圈罐壁组装过程中安装，采取分片预制吊装。

2）抗风圈、加强圈、包边角钢等弧型构件加工成型后，用弧型样板检查，其间隙不应大于 2mm。放在平台上检查，其翘曲变形不应超过构件长度的 0.1%，且不应大于 6mm。

3）滚动浮梯在浮顶组装完成后吊装进罐，安装时要保证浮梯中心线的水平投影应与轨道中心线重合，允许偏差不大于 10 mm。

4）主体安装完毕后对量油管和导向管整体吊装，进行安装。其垂直度允许偏差不得大于管高的 0.1%，且不应大于 10mm。

5.2.10 储罐焊接工艺程序

1. 浮顶储罐的焊接程序

罐底板焊接：储罐底板设计采用垫板式对接接头形式，施工采用 CO_2 气体保护焊打底，添加碎丝埋弧自动平角焊机盖面工艺进行焊接，经实践证明，能够达到收缩变形最小的焊接工艺及焊接顺序为：

1）中幅板焊接时，先焊短焊缝，后焊长焊缝。初层焊缝应采用分段退焊或跳焊法。

2）弓形边缘板的焊接，首先施焊靠外缘 300mm 部位的焊缝。在罐底与罐壁连接的角焊缝焊完后且边缘板与中幅板之间的收缩缝施焊前，完成剩余的边缘板对接焊缝的焊接和中幅板的焊缝。

3）弓形边缘板对接焊缝的初层焊，宜采用焊工均匀分布，对称施焊方法。

4）收缩缝的第一层焊接，采用分段退焊或跳焊法。

5）埋弧自动焊进行盖面时，应采用隔缝同向焊接。

2. 壁板对接焊缝自动焊接

1）罐壁纵缝的焊接

a. 各圈壁板纵缝对接坡口形式及工艺参数应符合设计要求，纵缝焊接主要是采用气电立焊电渣焊技术，焊缝的返修采用手工电弧焊；

b. 罐壁纵缝的焊接必须对称施焊，罐壁组装夹具必须安装在罐壁纵缝内侧，间距不得大于 500mm，且纵缝上、下两端 100～200mm 范围内均必须安装键板或弧板夹具；

c. 采用气电立焊时，焊道正面采用随焊枪移动的移动水冷滑块强迫成型，焊道背面采用固定水冷滑块强迫成型；外侧全部焊接完毕后，拆除纵缝内侧组装夹具并采用砂轮打磨清除内侧坡口内的熔渣后焊接坡口内侧焊缝；

d. 由于气电立焊是采用水冷铜滑块强迫成型，为防止焊接熔池内的铁水从下部流失，焊接前需在每条纵缝下端 50～100mm 的长度范围采用手工电弧焊焊接一段作为托底焊道；气电立焊焊接起弧前必须仔细检查，确保滑块表面与坡口两侧的钢板表面贴紧，以免铁水进入滑块两侧与钢板表面的间隙，造成焊道的增宽和夹层；

e. 气电立焊起弧 100mm 长度范围内由于钢板温度较低，建立熔池的过程中难于熔化纵缝两侧的钢板形成未熔合，同时易形成气孔，为预防这些缺陷，起弧前必须对 100～150mm 范围内采用氧—乙炔火焰或液化石油气火焰进行预热，预热温度 250～300℃；如果出现气孔、未熔合等缺陷，必须采用碳弧气刨清除缺陷、并打磨后手工电弧焊补焊；

f. 由于气电立焊收弧处易产生焊接缺陷，必须在纵缝上口安装收弧板，收弧板长度不得小于 100mm、宽度不得小于 50mm，收弧板的坡口型式及厚度必须与所焊纵缝的坡口型式相同，收弧板下料及坡口加工随壁板下料时采用自动氧—乙炔火焰龙门切割成型；纵缝焊完后割去收弧板并打磨纵缝上端平整；

g. 气电立焊焊接时，应保持熔池液面高度在距移动滑块保护气体出口部位 3～5mm 处为宜；焊接过程中，在确定焊接电流后，可通过调节电弧电压来调整焊接熔池和熔深、熔宽的尺寸；

h. 由于某种原因造成焊接过程突然中断需重新起弧焊接时，其中间接头极易出现气孔、夹渣等缺陷，必须及时清除后采用手工电弧焊进行补焊，补焊工艺详见焊接工艺卡；

i. 焊机的布置如图 5.2.10-1 所示，两台纵缝气电立焊焊机沿罐壁对称布置；

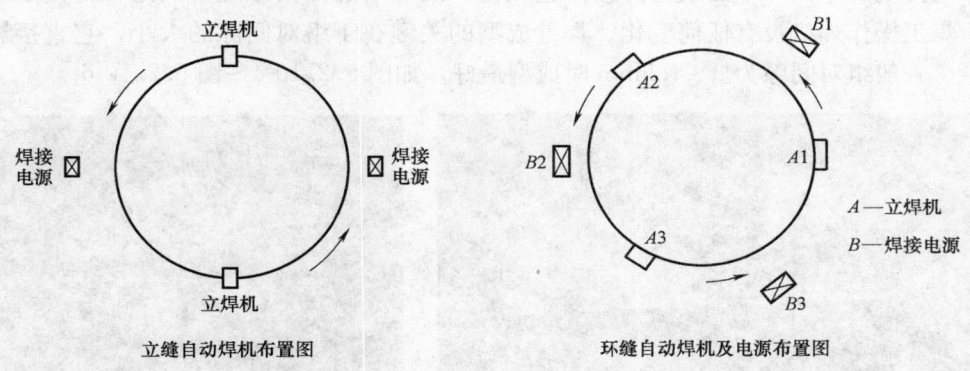

图 5.2.10-1　纵缝、环缝焊机布置

j. 纵缝底圈壁板 20 条、第二～八圈壁板各 18 条；焊接时，应对称施焊，采用间隔一条焊接一条的施焊顺序，详见图 5.2.10-2 所示（①→②→③→④→⑤），最后对称施焊的两条纵缝可作为调整纵缝，在壁板重新找定水平度、垂直度、钢板的圆度符合技术要求后再施焊；

k. 考虑到第六～八圈壁板厚度较薄（δ＝10～12mm），如果现场施工中给气电立焊设备安装带来困难或对纵缝焊接造成其他影响因素，可选择采用手工电弧焊或二氧化碳气体保护自动焊。

2）壁板环缝的焊接：

a. 壁板环缝的焊接必须在上、下两圈壁板纵缝全部焊接完毕，T 形接头部位的处理要求（将纵缝焊入环缝坡口内、打磨清除环缝坡口内多余的焊肉）对环缝坡口进行处理后方可焊接；焊接时，T 形接头部位两侧 300mm 范围内应尽量避免作为焊接的起弧和收弧点。

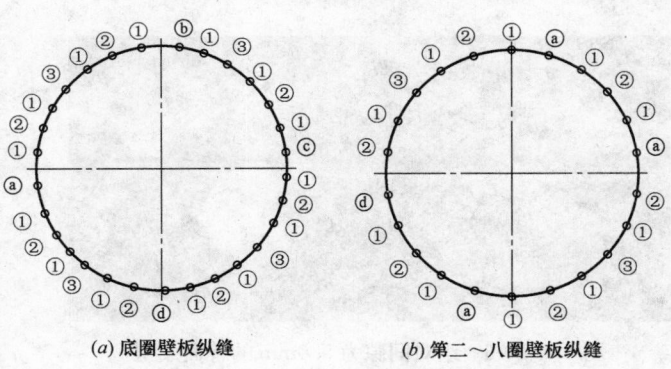

(a) 底圈壁板纵缝　　(b) 第二～八圈壁板纵缝

图 5.2.10-2　壁板纵缝焊接施工顺序

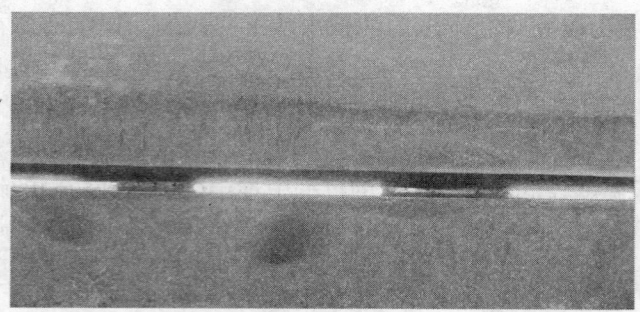

图 5.2.10-3　"单面焊双面成型"技术点固焊

b. 壁板环缝的焊接由四台埋弧横焊机沿罐壁圆周对称均布同一方向施焊，先焊环缝外侧焊道，整个焊缝为多层多道双面焊。

c. 环缝焊接由于采用多层多道焊，在各层的焊道排列中，必须注意排道顺序及位置，以确保焊缝成形平整、美观；同时，多层焊的层间接头必须打磨并相互错开至少 50mm 以上。

d. 环缝焊接采用"单面焊双面成型"技术，在操作中保证储罐的组对间隙为 2.5～4.5mm。点固焊采用手工电弧焊，在正面（罐外侧）每隔 300～350mm，点焊 40～60mm，如图 5.2.10-3。

e. 焊接参数（表 5.2.10-1）

焊接参数　　　　　　　　　　　　　　　　表 5.2.10-1

电压（V）	电流（A）	行走速度（mm/min）	焊枪角度（°）
22～26	380～420	350～500	15～20

f. 操作要点：

本技术与传统的单面焊单面成型焊接工艺相比，没有增加任何难度，只是在背面添加了垫焊剂操作机，对于焊工操作焊机没有任何变化。焊缝成型的关键在于组对间隙的大小，它直接影响焊缝背面的成型质量。一般组对间隙为 3～4.5mm 时成型最好，如图 5.2.10-4～图 5.2.10-6。

图 5.2.10-4　组对间隙为 2.8mm 的背面成型

图 5.2.10-5　组对间隙为 3.7mm 的背面成型

g. 背面清理：

采用电锤清理背面药皮，同时局部成型较差的部位用砂轮打磨并进行修补处理，见图 5.2.10-7。

h. 本技术在焊缝背面需要增加垫焊剂操作机，进行焊剂的填充工作，确保焊缝背面成型。该设备与埋弧横焊机相比只是去掉焊接电源和焊枪部分，利用焊剂回收及行走部分。见图 5.2.10-8。

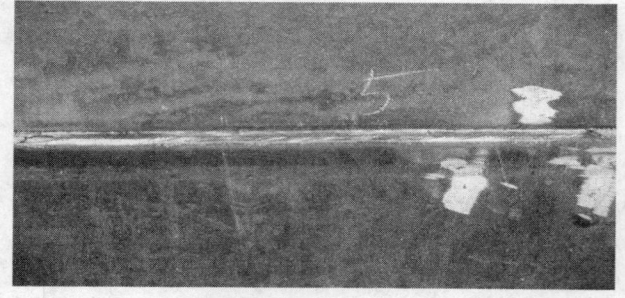

图 5.2.10-6　组对间隙为 5.0mm 的背面成型

图 5.2.10-7　用电锤清理背面药皮

i. 环缝焊接过程中出现的焊接缺陷必须及时清除，并采用手工电弧焊进行修补，修补应根据不同

图 5.2.10-8　垫焊剂操作机

位置选择相应的焊接材料和工艺条件。

　　j. 罐壁纵缝、环缝焊接完毕，经检查合格后，应对罐壁内侧所有纵、环缝全部进行打磨与母材平齐，不得留有焊缝余高存在。

　　k. 储罐的主要焊缝焊接长度汇总表 5.2.10-2。

　　l. 储罐壁板纵缝焊接速度参数参考表 5.2.10-3（末站总结）国产 16MnR 钢板，国产 ϕ1.6 CO_2 气体保护药芯焊丝，使用 YS-EGW 气—电立焊机。

储罐的主要焊缝焊接长度汇总表　　　　　　　　　　　　　　　　　　表 5.2.10-2

容积与相关参数	焊接部位	接头形式	焊缝总长(m)	焊道总长(m)	可采用的自动焊
50000m³ ϕ60m \h19.8m δ=10～32mm 950t	壁板内外立缝	对接	540	3240(6 道)	气电＋手工
	壁板内外横缝	对接	1318	7868(6 道)	埋弧＋手工
	壁板＋环板角缝	T 形接头	188	1504(8 道)	埋弧＋手工
	底板	对接	6576	13150(2 道)	埋弧＋手工
	加强圈	角接	1318	2636(2 道)	埋弧＋手工
	合计		9940	28398	

储罐壁板纵缝焊接速度参数参考表　　　　　　　　　　　　　　　　　　表 5.2.10-3

板厚(mm)	焊接电流(A)	焊接电压(V)	焊接速度(cm/min)	送丝速度(m/min)
10～12	340	40	12	12～13
16	380	41	14	14～15
24	430	42	13.5	17～18
28	380	40	15.5	14～15
X 坡口	380	42	16	14～15
32	430	42	17	17～18
X 坡口	430	43	18	17～18

　　m. 储罐壁板横缝焊接速度参数参考表 5.2.10-4 壁板是国产 16MnR 钢板，板厚 10～32mm、ϕ3.2mm 实芯焊丝、101JF-B 焊剂。使用 YS-AGW-I 埋弧自动焊机。

储罐壁板横缝焊接速度参数参考表　　　　　　　　　　　　　　　　　　表 5.2.10-4

板厚(mm)	焊道	焊接电流(A)	焊接电压(V)	焊接速度(cm/min)	线能量 kJ/cm
10～14	1	320～350	26～27	38～42	
	2	450～480	27～29	48～52	
16～18	1	380～420	26～27	38～45	
	2	450～480	27～29	48～52	
	3	450～520	28～31	50～65	
20～22	1	380～420	26～27	50～52	
	2	450～480	27～29	48～52	
	3	450～520	28～31	50～65	
	4	470～520	28～31	55～65	
24～32	1	380～420	26～27	38～45	
	2	380～420	26～27	38～45	
	3	380～420	26～27	38～45	
	4	480～530	28～31	55～65	
	5	480～530	28～31	55～65	
	6	480～530	28～31	55～65	

3）罐壁与罐底大角焊缝的焊接：

a. 大角缝的组焊应在第一圈、第二圈壁板纵、环缝组焊完毕后进行，采用手工电弧焊打底、埋弧自动角向焊填充、盖面，焊接工艺参数应符合《原油储罐焊接工艺卡》；

b. 罐壁与罐底大角焊缝的焊接，打底层手工电弧焊由多名焊工对称均匀分布，沿罐内、罐外同一方向同时采用分段退焊或跳焊的方法进行焊接；填充、盖面层由 1 台角向埋弧自动焊机对称分布沿同一方向分段焊接，先焊内侧、后焊外侧；

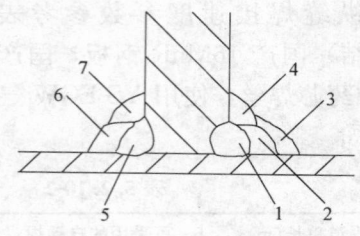

图 5.2.10-9　大角焊缝
的焊脚尺寸

c. 由于大角焊缝是整个罐的高应力集中区，为保证焊接质量，打底层焊接完毕后，应进行 100% 的磁粉或渗透检查，在确保无裂纹、气孔等缺陷后再进行角向埋弧自动焊的焊接；

d. 为防止角焊缝内侧焊接时产生的焊接变形，焊接前必须在内侧采用卡具或背杠进行刚性固定，加固支撑的间距不得大于 1200mm，并且不得防碍焊接过程的施工，该支撑必须在罐底收缩缝焊完后方可拆除；

e. 大角焊缝的焊脚尺寸如图 5.2.10-9 所示，焊缝表面必须圆滑过渡，内侧焊缝呈下凹形，否则应采用砂轮打磨成型。

f. 大角焊缝采用平角焊机的焊接速度参数参考表 5.2.10-5。壁板和底板是国产 16MnR 钢板，国产 H08MnA、ϕ2.5mm 实芯焊丝，101JF-B 焊剂，使用 YS-LT-7 埋弧平角焊机。

大角焊缝采用平角焊机的焊接速度参数参考表　　表 5.2.10-5

焊　道	焊接电流（A）	焊接电压（V）	焊接速度（cm/min）	线能量（kJ/cm）
1	180～210	25～26	10～16	15～32
2	180～210	25～26	10～16	15～32
3	401～430	30～31	30～40	24～27
4	410～430	28～30	30～40	22～25
5	370～400	28～30	35～45	13～21
6	410～430	30～31	30～40	24～27
7	370～400	28～30	35～45	13～21

4）浮顶焊接

a. 浮顶单盘板的排板结构，呈"人"字形排布，为搭接接头形式，采用焊条电弧焊和半自动 CO_2 气体保护焊。施焊原则与底板基本相同。

b. 焊接顺序：浮顶单盘板→边缘板→单盘板骨架→支柱支架套管、附件。

c. 自动焊现场场景：见图片 5.2.10-10～图 5.2.10-14。

图 5.2.10-10　立焊机焊接

图 5.2.10-11　埋弧平角焊机大角焊接

图 5.2.10-12 埋弧平角焊机中幅板焊接

图 5.2.10-13 埋弧横焊施工

图 5.2.10-14 整体施工现场外貌

6. 材料与设备

采用本施工工艺，需要投入的工装机具见表 6。

投入的工装机具　　　　　　　　　　　　　　　　　　　　　表 6

序　号	设备名称	规格型号	数　量	备　注
1	吊车	QY16	2台	
2	铲车	5T	2台	
3	气电立焊机	YS-EGW	2台	
4	埋弧横焊机	YS-AGW-I	4台	
5	液压顶升集成系统设备	一托四	2套	
6	横焊机轨道	自制	1副	
7	平角焊机	YS-LT-7	2台	

7. 质量控制

7.1　施工遵守规范标准

7.1.1　施工设计说明书和施工图纸

7.1.2　公司质量管理手册及程序文件

7.1.3　《立式圆筒形钢制焊接储罐施工及验收规范》GB 50128—2005

7.1.4　《石油化工立式圆筒形钢制储罐施工工艺标准》SH/T 3530—2001

7.1.5　《石油化工设备安装工程质量检验评定标准》SH 3514—2001

7.1.6　《石油建设工程质量检验评定标准 储罐工程》SY 4026—1993

7.2　关键部位及工序的控制

7.2.1　焊工管理

1. 所有焊工必须持有效证件上岗。

2. 加强焊工技术培训。

3. 认真做好焊接前的技术交底工作，焊工必须严格按照焊接工艺指导书进行焊接操作。

7.2.2　壁板预制质量的控制

1. 壁板在预制下料阶段重点是保证壁板的宽度、长度及对角线的偏差，应按标准中的要求进行检查验收。

2. 根据焊接工艺要求需要坡口加工的壁板，应保证壁板坡口角度一致、坡口表面平滑。

3. 各圈壁板的纵向焊缝宜向同一方向逐圈错开。

7.2.3　壁板组对质量的控制

1. 壁板组装前，应对预制的壁板进行复验，合格后方可组装。须重新校正时，应防止出现锤痕。

2. 罐顶下第一圈壁板及包边角钢的组装：

围板前，应先标出每张板的位置，然后对号吊装组对，并沿圆周内侧每隔一段距离点焊定位包边角钢。

3. 壁板组装时，应保证内表面齐平，错边量应符合下列规定：

1）纵向焊缝错边量，当板厚小于或等于 10mm 时，不应大于 1mm。当板厚大于 10mm 时，不应大于板厚的 1/10，且不应大于 1.5mm。

2）环向焊缝错边量，壁板厚度大于或等于 8mm 时，任何一点的错边量均不得大于板厚的 2/10，且不应大于 3mm。

3）为保证壁板间隙及底板边缘板的错开量，在围板前做好标记，符合要求后，要按排版位置围板组对。

4. 罐壁的焊接，应先焊纵向焊缝，后焊环向焊缝。当焊完相邻两圈壁板的纵向焊缝后，再焊其间的环向焊缝。焊接环缝时，焊工应均匀分布，并沿同一方向施焊。

7.2.4　机具设备控制

1. 现场所使用的设备仪表及机具按规定检定校准，做到在用的检验、测量和试验设备处于检定、校准合格状态，确保质量控制的准确性；检验、测量、试验设备要有合适的标识。

2. 对施工现场参与施工的机具设备必须按规定的时间、项目及时进行检查维护和保养，保证所有设备运转正常。

7.3　焊接环境控制

7.3.1 风速超过 8m/s 时，无有效保护措施不得施焊。

7.3.2 焊接电弧 1m 范围内的相对湿度不得大于 90%，无有效保护措施不得施焊。

7.3.3 当焊件潮湿或下雨、下雪刮风期间，焊工及焊件无保护措施时，不应进行焊接。

7.3.4 当气温高于 30℃且相对湿度超过 85% 时，不宜进行现场焊接。

8. 安 全 措 施

施工过程中，严格执行国家、地方（行业）有关安全的法规，严格按照 HSE 管理体系要求施工。

8.1　施工人员健康保证措施

8.1.1 加强施工现场的管理，确保工作人员在健康、安全的环境下施工作业，提高施工现场的健康性、安全性。

8.1.2 为施工现场所有工作人员配备劳保服、安全靴、雨衣、手套、安全镜和安全头盔等劳保品，并经常开展安全意识教育、培训等工作。

8.1.3 配电箱、开关箱应有操作指示和安全警示。

8.1.4 施工过程中，配备足够的应急设备及有经验的急救人员。

8.1.5 对危险设备、材料或对健康有害的物质进行鉴定和记录，做好保管工作，防止有毒物质的溢漏对人员、环境造成影响。

8.1.6 与当地公安机关合作，在施工现场、工棚、施工驻地实施有效的安全保卫工作，严禁杜绝枪支和毒品携带，并遵守监理工程师对出入现场的人员及工程安全的规定。

8.1.7 严禁工作人员饮用带有酒精类的饮料。

8.1.8 加强用火管理，尽全责防止火灾的发生。并在所有建筑物及施工现场提供、安装灭火器材。

8.2 主要工种及重点作业施工安全措施

8.2.1 氧气、乙炔瓶不得混放，且轻拿轻放，并有专人按制度规定负责管理。

8.2.2 现场进行射线探伤时，应事先按有关规定设显警戒或保护，防止射线伤害事故发生。

8.2.3 焊工：电源线与焊机轨道要保证行走安全，不能被小车压伤或拉断；电焊工在合闸、拉闸时，头部应躲开，动作要快，焊接作业时应穿戴工作服、面罩、手套和鞋盖等，不穿湿的衣服、鞋子、手套等进行工作，点焊及电焊作业时防止弧光伤人，清除焊渣或用砂轮打磨焊缝时戴防护眼罩，电焊引火处离开氧气瓶、乙炔瓶等危险物品10m以上的距离。

8.2.4 气焊工：气割前检查所用工具、氧气瓶、乙炔瓶、减压阀是否安全可靠，并消除一切漏气隐患，乙炔气瓶与电焊机、氧气瓶的距离不小于5m，氧气瓶、氧气表、割炬等不得有油污，氧气、乙炔接口处采用专用胶带包扎，胶带不应有鼓包、裂缝和漏气等缺陷，搬运氧气瓶轻抬轻放，气瓶应有保护帽和防震圈，乙炔瓶上的易熔塞朝向处附近不宜站人，冻结的燃气胶带不应用氧气吹扫或火烤。

8.2.5 安全技术管理，在施工现场要有工序、分区等标示牌，要有安全生产和操作规程牌，在有潜在危险的地方要有明显的安全警示标志，必要时设置安全栏杆，以控制车辆及行人的行动。

8.2.6 车辆和重型设备：确保只有有资格的工人才能驾驶车辆和操作重型设备，每个司机都有一个有效的操作车辆的驾驶证和许可证，并随身携带。并要求将作业车辆停放稳固，防止作业时滑陷。

8.2.7 施工机械操作人员必须经过专门培训，考试合格后方准独立操作，机械设备的限位装置、传动部分保护、电气仪表必须保持良好状态。

8.2.8 安全用电：施工区内不得有裸线，过路须有穿管保护，电动机械必须有可靠接地，总开关装触电保护器，必须在晚上工作时，事先获得监理认可并提供具有足够照明强度的设备，以便工作能够安全、顺利完成，并且不对人员或工作造成损害。

8.2.9 焊接：所有暴露在焊接和作业危险中的工人采用头部、面部防护措施，使用护目镜或其他装置。所有手特或砂轮机的操作员佩戴面罩和安全眼镜。

9. 环 保 措 施

施工现场所占用的区域和周边环境要充分考虑地貌恢复和环境保护，保护当地的生态环境是每一位施工人员时刻应该重视的问题。

9.1 对环境的总体措施

9.1.1 作业区限制：为了避免对场外附近环境资源和财产的过度干扰，所有施工人员在指定的作业带范围、临时性工作场地、辅助施工场地从事生产活动。

9.1.2 施工现场要求各作业组工完料净、机具、材料等必须堆放整齐或送至料场，不得随意丢弃。

9.1.3 办公室由职工轮流值班保持清洁，坚持文明卫生管理制度和责任检查考核办法。

9.2 尘土： 在干燥和干旱地区，施工会产生影响局部空气质量的扬尘。在扬尘严重的地方，应采取以下防尘措施：

9.2.1 在施工进出道路和作业带用洒水来控制扬尘。

9.2.2 施工运输车辆运土时应有防护措施，严禁随走随掉。

9.3 施工垃圾和生活垃圾： 在施工时应将作业带范围内与施工有关的垃圾和碎片（包括焊条或焊

丝头、包装、废收缩套、砂轮片、生活垃圾等）清理出现场，统一存放，拉至指定的垃圾堆放场和处理站，并进行合适的处理。生活垃圾及时清理，及时运到指定的垃圾堆放场。垃圾种类见表9.3。

垃圾种类   表9.3

序号	固废名称	处理办法	负责部门	序号	固废名称	处理办法	负责部门
1	材料包装物	回收处理	设备材料	4	砂轮片	回收处理	班组
2	焊条或焊丝头	回收处理	班组	5	生活垃圾	回收处理	班组
3	油漆筒	回收处理	班组	6	边角料	回收处理	设备材料

9.4 防止水源污染：禁止将有毒有害废弃物作土方回填（如油漆桶及废机油等）；临时食堂污水排放时设置隔油地，定期淘油和杂物，防止污染；化学药品库内存放、妥善保管，防止污染环境。

9.5 防止噪声污染：严格控制人为噪声，进入施工现场不得喊叫，无故敲打、乱吹哨，限制高音喇叭的使用，最大限度地减少噪声扰民。

9.6 在工程的全过程中，与工程上级主管的城建部门、土地部门、环保部门、林业部门等及时沟通，办理各种手续，多请示，多汇报，多协商，保证按章办事。与工程所在地的政府部门多进行沟通，及时解决方方面面的问题。与当地居民处理好关系，先协调好关系再进行施工。

9.7 文明施工，创造愉悦的环境氛围，积极和当地部门处理好关系，尊重听取他们的意见和建议，不断改进不足，减少扰民事件发生。

10. 效 益 分 析

10.1 采用正装法、自动焊施工工艺制作安装1台100000m³的储罐施工直接费用分析。

10.1.1 施工工期45d。

10.1.2 人工费：施工人员90人，280元/d，共计人工费113.4万元。

10.1.3 机械费：50t吊车70个台班，16t吊车2台计90个台班，自动焊机六横三立，共计费用60万元。

10.1.4 脚手架费用19.5万元。

10.1.5 安全费用26万元。

其施工直接费用：218.9万元。

10.2 采用本施工工艺制作安装1台100000m³的储罐。

10.2.1 施工工期35d。

10.2.2 人工费：施工人员80人，280元/d，共计人工费78.4万元。

10.2.3 机械费：16t吊车3台计100个台班，铲车一台计35个台班，液压顶升设备一套，自动焊机六横三立，共计费用55万元。

10.2.4 脚手架费用：9万元。安全费用18万元。

施工直接费用：160.4万元。

经比较采用本施工工艺与正装法、自动焊比较：制作安装1台100000m³钢质储罐，可以节约施工直接费用58.5万元，缩短施工工期10d，创造了可观的经济效益和社会效益。

11. 应 用 实 例

11.1 2007年8月陕西延长石油（集团）公司管输公司吴起—延炼输油管道工程延炼输油末站项目6台5万m³储罐制作安装。

11.2 2008年，中国石油独山子石化140万m³原油商业储备库4×10万m³油罐安装工程。

11.3 2009年，锦州石化公司60×104m³原油储备工程100000m³原油罐制作安装。

2007～2008 年度国家一级工法
（升级版）

基坑土钉墙支护施工工法

YJGF07—2000（2007～2008 年度升级版-001）

山西建筑工程（集团）总公司建筑工程研究所　广西建工集团第五建筑工程有限责任公司

张循当　史晋荣　徐秀清　梁建民　都智刚　简大桥

1. 前　　言

　　近年来，随着城市建设的发展，愈益要求开发三维城市空间，诸如高层建筑多层地下室、地下停车库、地下铁道及车站等多种地下民用与工业设施大量兴建。为确保基坑安全，保证工程的顺利施工，各种形式的基坑支护方法应运而生。在房地产热持续升温的情况下，传统的支护方法凸显出造价高、工期长，受场地限制、安全隐患高等诸多缺点。基坑土钉墙支护是近年来发展起来用于土体开挖和边坡稳定的一种新型挡土结构。由于其具有经济、施工快捷等优势，在我国得以迅速推广应用。

　　所谓土钉支护就是用加固和锚固现场原位土体的细长杆件（土钉）作为受力构件，与被加固的原位土体、喷射混凝土面层组成的支护体系。

　　2001 年 11 月编制的《基坑土钉墙支护施工工法》被评为国家级工法（工法编号：YJGF07—2000）。六年来土钉墙支护在我国发展较快，我们运用多种新工艺、新技术，并与其他支护方法联合使用，在保证建（构）筑物安全的情况下有效地减少了资金投入，缩短了工期，且大大拓宽了土钉墙支护的适用范围，获得了显著的社会效益和经济效益。

　　1998 年 10 月，我们完成的《深基坑喷锚网支护技术的应用》通过省建委鉴定，获山西建设系统科技进步二等奖（编号：98KJ03 号）。1998 年 11 月，《深基坑喷锚网支护技术的应用研究》荣获全国建设建材工会系统职工技协科技改成果奖。由技术人员历经 3 年时间完成的《基坑土钉支护技术在复杂土质条件下的应用与工艺研究》课题于 2001 年 6 月通过山西省科技厅的科技成果鉴定，该项技术的应用研究达到了国内领先水平（晋科鉴字［2001］第 089 号）。2003 年 4 月，科研课题《基坑土钉支护技术在复杂土质条件下的应用与工艺研究》又荣获了 2002 山西省科技进步二等奖（证书号：2002-A-2-043）。

2. 工 法 特 点

　　2.1　能合理地利用土体的自承能力，将土体作为支护结构的不可分割部分。

　　2.2　结构轻型，柔性大，有良好的抗震性和延性。

　　2.3　施工便捷、安全，土钉的制作与成孔简单易行，且灵活机动，便于根据现场监测的变形数据和特殊情况，及时变更设计。

　　2.4　施工不需单独占用场地，对于施工场地狭小，放坡困难，有相邻建筑，大型护坡施工设备因施工场地限制不能施工时，该技术显示出独特的优越性。

　　2.5　稳定可靠，支护后边坡位移小，水平位移一般为基坑深度的 0.1%～0.2%，最大不超过 0.3%，超载能力强。

　　2.6　总工期短，可以随开挖随支护，基本不占用施工工期。

　　2.7　费用低，经济，与其他支护类型相比，工程造价降低 10%～40%。

　　2.8　应用多种支护方法相结合的复合土钉支护技术可大大拓宽土钉支护的适用范围，并有效地提高基坑安全性，其主要有以下几种形式：

1. 土钉＋止水帷幕（水泥土桩）；
2. 土钉＋预应力锚杆（锚索）；
3. 土钉＋混凝土灌注桩；
4. 土钉＋超前锚杆（预支护微型桩）；
5. 土钉与以上多种形式的复合土钉支护。

3. 适 用 范 围

近年来，经济建设的需要使城市建设向高楼层、深基础发展，深基坑支护工程日益增多，对土钉支护的适用范围提出了新的挑战。经过工艺研究和工程实践使土钉墙支护的适用范围大大提高。

3.1 土钉支护一般适用于地下水位以上或进行人工降水后的可塑、硬塑或坚硬的黏性土，胶结或弱胶结（包括毛细水粘结）的粉土、砂土和角砾、填土。

3.2 运用先喷后锚、先锚后挖工艺、竖向土钉和水平土钉相结合的支护工艺、在杂填土中采用打入式钢管土钉支护工艺等先进的支护工艺，土钉支护在杂填土、松散砂土、软塑或流塑土、软土中也得以应用。

3.3 基坑土钉支护技术与止水帷幕（水泥土桩）、预应力锚杆（锚索）、混凝土灌注桩、超前锚杆（预支护微型桩）等一种或多种支护形式相结合的复合土钉支护可应用于基坑较深、地质情况复杂、周围建筑物离基坑较近、附加荷载大、地下水位高、单一支护形式无法满足工程安全要求的复杂基坑工程中。

4. 工 艺 原 理

4.1 土钉支护的作用机理

土钉通过滑裂面将坑周土体加固，土钉与土共同工作，形成了能大大提高原状土强度和刚度的复合土体，如同重力式挡土墙。在土体受力条件改变的情况下，土体必然发生相应变形，通过土钉加固体与土的摩擦力，使土钉被动受拉而给土体以约束加固使其稳定。

土钉墙应根据施工期间不同开挖深度及基坑底面以下可能滑动面采用圆弧滑动简单条分法按相关规范进行整体稳定性验算。

土钉支护与止水帷幕等配合使用进行土钉—防渗墙联合支护可有效地解决传统土钉支护工艺无法在地下水位以下施工的难题。且利用搅拌桩与土钉共同作用，产生良好的抗渗性和一定强度，解决基坑开挖后存在临时无支撑条件下的自立稳定问题，避免了土钉支护无插入深度的问题。利用其挡土墙的作用，可适当减少土钉布置的数量和密度以降低工程成本。

由于土钉支护是一种被动受力支护形势，只有土体发生变形时土钉才能完全受力，因此基坑变形位移相对较大，所以在深度较大的基坑工程尤其是对基坑变形有严格要求时单独采用土钉墙支护方法将不能完全满足工程需求。经过不断的理论探索和工程实践，我们结合预应力技术开展预应力锚杆和土钉墙联合支护可有效解决土钉支护的变形大问题。通过预应力锚杆将被加固区锚固于潜在滑移面以外的稳定岩土体中，锚杆的预应力通过锚下承载结构和支护面层传递给加固岩土体，其预应力在被加固岩土体中产生压应力区，大大减少了塑性区的范围，延缓了潜在滑移面的形成和岩土体的破坏，有效地控制了基坑地变形，增加了基坑的稳定性。

4.2 工作性能

4.2.1 土钉支护变形较小，最大水平位移发生于墙体顶部，越往下越小。土钉支护体内的水平位移随离开墙面距离增大而减少。

4.2.2 土钉内的拉力分布是不均匀的，一般呈现中间大、两端小的规律，土体产生微小变位才能使土钉受力。

4.2.3 采用密集土钉加固的土钉支护性能类似重力式挡土墙，破坏时明显带有平移和转动的性质。

4.2.4 在土钉支护整体破坏以前，喷射混凝土面层和土钉一般不会产生破坏现象。

4.2.5 墙面土压力分布并不接近三角形，在坡角处土压力减少，其合力为库仑土压力的 70%，这种土压力减少是土钉将土连接成一个整体而造成的。其土压力值至少降低库仑土压力值的 30%～40%。

5. 施工工艺流程及操作要点

5.1 工序

编写施工方案及施工准备→（帷幕桩、混凝土灌注桩、超前锚杆）→开挖→清理边坡→孔位布点→成孔→安设土钉钢筋（预应力施工）→注浆→铺设钢筋网片→喷射砼面层→排水系统→开挖下一步，见图 5.1。

根据不同土性特点和支护构造方法，上述个别顺序可以变化。帷幕桩、混凝土灌注桩、超前锚杆、预应力施工等步骤为复合土钉支护形式，如无此设计可省略该步，帷幕桩、混凝土灌注桩、超前锚杆均应在开挖前施工，支护的内排水以及坡顶和基底的排水系统应按整个支护从上到下的施工过程穿插设置。

5.2 施工工艺

5.2.1 准备工作

1. 认真学习规范，熟悉设计图纸，以书面形式让甲方出据地下障碍物、管线位置图，了解工程的质量要求以及施工中的监控内容，编写施工方案；

2. 施工前应确定基坑开挖线、轴线定位点、水准基点、变形观测点等，并在设置后加以妥善保护；

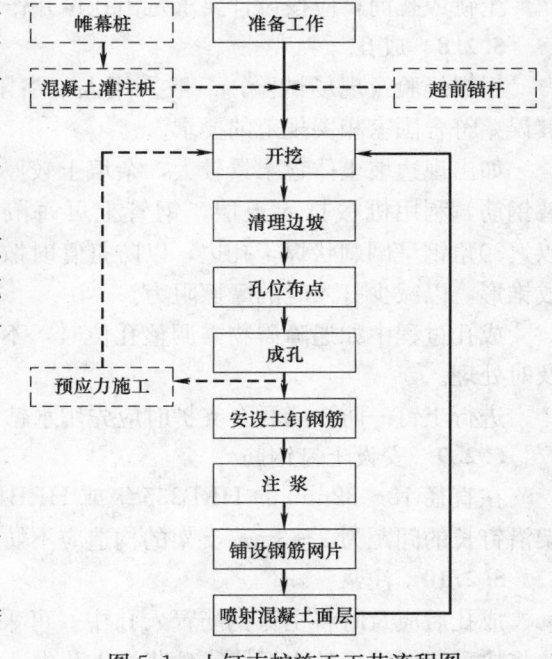

图 5.1 土钉支护施工工艺流程图

3. 组织项目管理小组及专业施工队伍，对施工人员进行班前技术、安全交底，并完成上报审批程序；

4. 按照施工方案选择施工机具与工艺，并检查设备运转情况，安排现场水、电、照明及施工工作面，材料进场后做好原材料的检验与混凝土、水泥浆的试配。

5.2.2 帷幕桩

止水帷幕通常采用水泥土桩，按相关国家规范和行业标准及工法进行施工，施工时应注意按设计要求进行咬合。

5.2.3 混凝土灌注桩

按相关国家规范和行业标准及工法进行施工。

5.2.4 超前锚杆

超前锚杆（预支护微型桩）一般由超前垂直打入的注浆钢管做成，钢管直径较小，施工时极易打入土中，施工方便、速度快。其作用是解决基坑分层开挖后无支护条件下的自立问题。

当支护工程土质较好、安全性较高时也可采用木橼、槽钢或未注浆的钢管做为超前锚杆。

5.2.5 开挖

1. 土钉支护应按施工方案规定的分层开挖深度按作业顺序施工，在完成上层作业面的支护以前，不得进行下一层深度的开挖；

2. 当用机械进行土方作业时，严禁边壁出现超挖或造成边壁土体松动，当基坑边线较长，可分段开挖，开挖长度 10～20m；

3. 支护分层开挖深度和施工的作业顺序应保证修整后的裸露边坡能在规定的时间内保持自立并在限定的时间内完成支护；应尽量缩短边壁土体的裸露时间，对于自稳能力差的土体如高含水量的黏性土和无天然粘结力的砂土必须立即进行支护；

4. 为防止基坑边坡的裸露土体发生塌陷，对于易坍塌的土体因地制宜采用相应措施；

5. 开挖过程中如遇到土质与原设计有异常情况时应及时进行反馈设计。

5.2.6 清理边坡

基坑开挖后，基坑的边壁宜采用小型机具或铲锹进行切削清坡，以达到设计规定的坡度。

5.2.7 孔位布点

土钉成孔前，应按设计要求定出孔位并作出标记编号。孔距的允许偏差为±100mm。

5.2.8 成孔

根据经验及现场试验，一般采用人工洛阳铲成孔，孔径、孔深、孔距、倾角必须满足设计标准，其误差符合国家相关规范的要求。

如出现边坡土体含水量较大，杂填土较厚，松散砂层等情况不宜进行人工成孔时，可采用钢管代替钢筋，利用机械打入土层，钢管上可每隔 300mm 钻直径 8～10mm 的出浆孔，梅花形布置，并以∠30角钢呈倒刺状焊于孔边，以防打管时散落土粒堵塞出浆孔，同时增加其抗拔力，钢管前端宜作成锥形，以减少打入时的摩擦阻力。

成孔过程中如遇障碍物需调整孔位时，不得影响支护安全，成孔后要进行清孔检查，对塌孔处应及时处理。

进行土钉—防渗墙联合支护时应先用水钻或麻花钻成孔，孔径 80～100mm，穿透帷幕桩。

5.2.9 安设土钉钢筋

在直径 18～32mm 的 HRB335 级或 HRB400 级钢筋上设置定位架，保证钢筋处于孔中心部位，支架沿钉长的间距为 2～3m，支架的构造应不妨碍注浆时浆液的自由流动。

5.2.10 注浆

成孔后应及时将土钉钢筋置入孔中，可采用重力、低压（0.4～0.6MPa）或高压（1～2MPa）方法将按配比搅拌好的水泥浆或砂浆注入孔内。重力注浆以满孔为止，但需 1～2 次补浆；压力注浆采用二次注浆法，并在钻孔口设置止浆塞和排气孔；注浆导管应先插入孔底，以低压注浆，同时将导管以匀速缓慢撤出，导管的出浆口应始终处在孔中浆体的表面以下，保证孔中气体能全部逸出。导管离孔口 0.5～1m 时高压注满，并保持高压 3～5min；采用钢管时应使用高压注浆，注满后及时封堵，让压力缓慢扩散；注浆时需加入早强剂和膨胀剂以提高注浆体早期强度和增大其与孔壁土体的摩擦力。

5.2.11 铺设钢筋网片

钢筋网片可用直径 6～10mm 盘条钢筋焊接或绑扎而成，网格尺寸 150～300mm，允许偏差为±10mm。并用直径不小于 18mm 的交叉斜拉钢筋在钢筋网外与土钉头焊接锚固，或用 4 根直径不小于 18mm、长度大于网格尺寸 50～100mm 的短钢筋在钢筋网外与土钉头呈井字形焊接锚固。编网钢筋搭接长度不少于 300mm。在喷射混凝土之前，面层内的钢筋网片应牢固固定在边壁上并符合规定要求的保护层厚度。钢筋网片可用插入土中的钢筋固定，在混凝土喷射下应不出现振动。

5.2.12 喷射混凝土面层

1. 喷射混凝土时喷射顺序应自下而上，喷头与受喷面距离宜控制在 0.8～1.5m 范围内，射流方向垂直指向喷射面，在钢筋部位应先喷钢筋后方，然后再喷填钢筋前方，防止在钢筋背面出现空隙。也可在铺设钢筋网片之前初喷一次，铺设网片之后再进行复喷，一次喷射厚度不宜小于 40mm，喷射混凝土前应先向边壁土层喷水润湿；喷射时应加入速凝剂以提高混凝土的凝结速度，防止混凝土塌落；

2. 为保证喷射混凝土的厚度，可用插入土内用以固定钢筋网片的钢筋作为标志加以控制。当面层厚度超过 100mm 时应分二次喷射，每次喷射厚度宜为 50～70mm。继续进行下步喷射混凝土作业时，应仔细清除预留施工缝接合面上的浮浆层和松散碎屑，并喷水使之潮湿，为使施工缝搭接方便，每层下部 300mm 可喷成 45°的斜面形状；

3. 喷射混凝土终凝 2h 后，应根据当地条件，采取连续喷水养护 5～7d；

4. 土钉支护最下一步的喷混凝土面层宜插入基坑底部以下，深度不小于 0.2m，在基坑顶部也宜设置宽度为 1～2m 的喷混凝土护顶。

5.2.13 预应力施工

1. 锚杆孔可用冲击钻、旋转钻或两者相结合的方式来钻凿。应当根据岩土类型、钻孔直径和长度、接近锚固工作面的条件、所用冲洗介质的种类以及锚杆类型和所要求的钻进速度来选择合适的钻机。

2. 锚杆杆体（预应力筋）可使用钢筋、高强钢丝、钢绞线、中空钢管等钢材来制作。安装锚杆前应对钻孔重新进行检查，对塌孔、掉块应进行清理或处理。推送锚杆时用力要均匀一致，应防止在推送过程中损伤锚杆配件和防护层。推送锚杆时不得使锚杆体转动，并不断检查排气管和注浆管，应确保锚杆体推送至预定深度后排气管和注浆管畅通。

3. 通常采用水泥浆或水泥砂浆灌入锚杆孔，采用注浆泵通过高压胶管和注浆管注入锚杆孔，注浆泵的操作压力范围为 0.1～12MPa，通常采用挤压式或活塞式两种注浆泵。

4. 以型钢或钢板等刚性材料作为锚下承载结构，锚具与混凝土面层的间隙用细石混凝土填充，待注浆体强度和混凝土面层强度达到设计强度标准值的 75% 以上时施加预应力。

5. 张拉时需用仪器测定作用于锚杆预应力筋上的拉力。锚杆张拉的最适当的方法是直接拉拔，有时对低承载力的钢筋锚杆、自钻式锚杆也可采用扭力扳手拧紧螺母张拉。必须使拉力始终作用在锚杆轴线方向且不得让预应力筋产生任何弯曲。

6. 对锚纹锚具采用千斤顶张拉至所要求的荷载之后，用扳手拧紧螺母来保持施加的拉力，当千斤顶上的拉力稍有下降时，就表示螺母已完全作用于承压板上，随后可卸压完成张拉作业。

5.2.14 排水系统

1. 土钉支护宜在排除地下水的条件下施工，应采取的排水措施包括地表排水，支护内部排水，以及基坑排水，以避免土体处于饱和状态并减轻作用于面层上的静水压力。

2. 基坑顶部四周可做散水和排水沟，坑内应设置排水沟和集水坑，并与边壁保留 0.5～1m 的距离，集水坑内积水应及时抽出。

3. 如基坑侧壁水压较大时可在支护面层背部插入长度为 400～600mm，直径不小于 40mm 的水平导水管，外端伸出支护面层，间距 1.5～2m，以便将混凝土面层后积水排出。

5.3 劳动力组织（见表 5.3）

劳动力组织情况表　　　　　　　　　　　　　　　　表 5.3

序号	人员组成	人数	职　责
1	项目经理	1	负责组织施工、协调现场
2	技术负责人	1	负责施工技术工作
3	质量员	1	负责施工质量
4	安全员	1	负责施工安全
5	材料员	1	负责组织材料进场及管理
6	测量员	1	负责放线及监测工作
7	班组长	1	负责指挥具体施工人员的工作
8	电工	1	负责现场用电
9	焊工	2	负责钢筋焊接，制做土钉钢筋、钢管
10	钢筋工	6～8	负责钢筋绑扎
11	成孔工	6～8	负责成孔
12	注浆工	2	负责注浆
13	喷射工	2	负责喷射混凝土

6. 材料与设备

6.1 主要材料

6.1.1 水泥：采用强度等级为 32.5 的普通硅酸盐、矿渣硅酸盐水泥。

6.1.2 砂、石子：采用细度模数不小于 2.3 的中砂和粒径不大于 12mm 的细石，砂含泥量不大于 3％，石子含泥量不大于 2％。

6.1.3 钢筋、钢管：HRB335 级或 HRB400 级钢筋，直径 18～32mm；盘条钢筋 6～8mm；直径 48mm 的钢管。

6.1.4 外加剂：采用符合有关规范要求的早强剂、膨胀剂和速凝剂，在冬期施工时喷射混凝土中应加入防冻剂。

6.2 施工机械设备

本工法所采用的主要机具设备见表 6.2。

机具设备表　　　　　　　　　　　　　　　　　　　　表 6.2

设备名称	型　号	数量	用　途
空压机	9m³/min	1 台	喷射混凝土及机械锤击打管用
注浆机	1.8m³/h	1 台	土钉注浆用
喷混凝土机	5m³/h	1 台	喷射混凝土用
切割机	普通	1 台	钢筋下料、加工土钉钢筋用
经纬仪、水准仪	普通	2 台	放线、监测用
洛阳铲	直径 7～10cm	5 把	土钉支护人工成孔用
锤击器	自制	1 台	土钉支护机械成孔用
电焊机	普通	2 台	钢筋焊接用
搅拌机	普通	1 台	搅拌水泥砂浆用

7. 质量控制

7.1 质量管理

技术员负责进行技术交底，按设计施工参数施工，整理技术资料及处理施工时发生的变更情况，及时与设计单位、建设单位联系；质量员监督施工质量，并作好质量记录，发现问题及时与技术人员联系解决。具体操作应国家相关规范执行。

7.2 质量检验

7.2.1 原材料检验

土钉支护施工所用原材料（水泥，砂石，混凝土外加剂，钢筋等）的质量要求以及各种材料性能的测定，均应以现行的国家标准为依据。

7.2.2 注浆强度及喷射砼强度检验

用于注浆时的水泥浆或水泥砂浆强度用 70.7mm×70.7mm×70.7mm 立方体试件经标准养护后测定，每批至少留取 3 组（每组 3 块）试件，给出 3d 和 28d 强度，注浆强度等级不低于 M20，3d 不低于 10MPa；喷射混凝土强度用 100mm×100mm×100mm 立方体试件经标准养护后测定，每批至少留取 3 组（每组 3 块）试件，给出 3d 和 28d 强度，强度等级不低于 C20，3d 不低于 10MPa。制作试块时应将试模底面紧贴边壁，从侧向喷入混凝土。

7.2.3 喷射混凝土厚度检验

喷射混凝土厚度，可采用凿孔法作为检查依据，也可以用混凝土厚度标志或其他方法检查，有争议时以凿孔法为准。检查数量为每 $100m^2$ 取一组，每组不少于 3 个点，其合格条件可定为：检查处厚度平均值应大于设计厚度，最小厚度不应小于设计厚度的 80％。

7.2.4 土钉抗拔力试验

每一典型土层中，至少留三根非工程土钉进行抗拔试验，其孔径注浆材料等参数及施工方法应与工程土钉完全相同，在注浆体强度达到设计强度时检验土钉的抗拔力是否满足设计要求，一般加荷至设计抗拔力的 1.5 倍，观察其抗拔力和变形，一旦发现异常情况，及时采取措施或给设计单位反馈修改设计加以改进。抗拔试验操作方法按《基坑土钉支护技术规程》CECS 96：97 执行。

7.3 施工监测

土钉支护的施工监测至少应包括下列内容：

7.3.1 支护位移的测量。

7.3.2 地表开裂状态（位置、裂缝宽度）观察。

7.3.3 附近建筑物和重要管线等设施的变形测量和裂缝观察。

7.3.4 基坑渗漏水和基坑内外的地下水位变化。

7.3.5 监测过程中应特别加强雨天和雨后的监测，以及对各种可能危及支护安全的水源进行仔细观察。

在支护施工阶段，每天监测不少于 1～2 次，在完成基坑开挖，变形趋于稳定的情况下可适当减少监测次数。施工监测过程应持续至整个基坑回填结束，支护退出工作为止。

7.4 施工质量验收

支护工程竣工后，应由工程建设单位、监理和支护的施工单位共同按设计要求进行工程质量验收，认定合格后予以签字。工程验收时，支护单位应提供以下竣工资料：

7.4.1 施工方案及施工图。

7.4.2 各种原材料的出厂合格证及材料试验报告。

7.4.3 注浆体及喷射砼强度试验报告。

7.4.4 工程开挖记录。

7.4.5 土钉支护工程质量检验记录。

7.4.6 设计变更报告及重大问题处理文件，反馈设计图。

7.4.7 土钉抗拔测试报告。

7.4.8 支护位移、沉降及周围地表、地物等各项监测内容的量测记录与观察报告。

8. 安 全 措 施

8.1 施工单位应当在施工现场入口处、和料处、材料区、临时用电设施等位置设立明显标志。电源线的搭接应符合安全要求，电路操作必须有专人负责，禁止非专业人员进行电路操作。

8.2 施工现场及临时设施的照明灯线路的架设，除护套缆线外，应分开设置或穿管敷设，应严格按照防火、防风、防雷、防触电等安全规定及安全施工要求进行布置。

8.3 应组建专职安全员及班组对施工现场进行定期安全检查，认真贯彻"安全第一"，"预防为主"的方针，明确各级人员的职责，做好工程安全生产。

8.4 工人进入施工工地必须带安全帽，以防高空坠物伤人及其他意外事故。建立完善的施工安全保证体系，加强施工作业中的安全检查，确保做到标准化、规范化。

8.5 施工单位应当在现场建立消防安全责任制度，确定消防安全责任人，制定用火、用电、使用易燃易爆材料等各项消防安全管理制度和操作规程。

8.6 现场的办公、生活区与作业区分开设置，并保持安全距离，办公、生活区的选址应当符合安全性要求。

8.7 凡未经检查合格的设备，不得安装和使用。使用中的电器设备应保持正常工作状态，绝对禁止带故障运行。

8.8 注浆、喷射混凝土工人作业时，必须戴防护眼镜，以防因高压喷射造成的人身伤害。

8.9 在需要搭接脚手架的施工部位，脚手架应搭接牢靠、稳固，以防止倒塌伤人。

8.10 在使用空气锤进行土钉施工时，施工人员应注意双手远离锤头，以防止锤头振动伤人。

9. 环保措施

9.1 施工现场环境保护严格按照法律法规、各级主管部门和企业的要求，保护和改善作业现场的环境，控制现场的各种粉尘、废水及固体废弃物的排放。

9.2 采用专项措施防止粉尘、噪声和水源污染，保护好作业现场及其周围的环境，保证职工和相关人员身体健康，文明施工。

9.3 严格控制施工现场和施工运输过程中的降尘和飘尘对周围大气的污染，采用清扫、洒水、遮盖、密封等措施降低污染。

9.4 及时清运施工中产生的各种废弃物，做好泥沙、废渣及其他工程材料运输过程中的防散落与沿途污染措施，废水处按环境卫生指标进行处理达标外，并按照当地环保要求排放到指定地点。

9.5 尽量采用低噪声设备和工艺代替高噪声设备与加工工艺。

9.6 凡在人口稠密区进行强噪声作业时，须严格控制作业时间，一般晚10点到次日早6点之间停止强噪声作业。严格控制人为噪声。

10. 效益分析

10.1 边开挖，边支护，工期很短。

10.2 施工便捷、安全，土钉的制作与成孔简单易行，且灵活机动。

10.3 施工不需单独占用场地，对于施工场地狭小，放坡困难，有相邻建筑，大型护坡施工设备因施工场地限制不能施工时，该技术显示出独特的优越性。

10.4 支护后，与其他支护方法相比，边坡稳定，对相邻建筑和道路影响小。

10.5 费用低，经济，与其他支护类型相比，可降低造价10%～40%。

11. 应用实例

山西建工（集团）总公司建筑工程研究所自1998年开展基坑土钉支护技术以来，十年中先后完成了太原盛伟大厦、飞云大厦、山西引黄调度大楼、金港国际商务中心、华夏数码中心等百余项工程的基坑支护施工。此项技术不仅保证了支护效果，而且还为客户节省了大量的资金，赢得了广大客户的一致好评。

11.1 宝佳·丽景花园综合楼

11.1.1 工程概况

由山西宝佳开发有限公司兴建的宝佳·丽景花园综合楼位于太原市并州路与并州西街交叉口。住宅楼和公寓楼为地上28层，地下2层，框剪结构，商场地上4层。基底埋深约11m。土质以杂填土、含砾粉砂、粉土为主。

11.1.2 施工情况

本工程基坑较深，紧邻马路，基坑北侧有一电线杆恰位于开挖线上且不得移动，综合考虑该工程采用土钉墙结合预应力锚杆进行支护。共设置6排土钉，水平间距1.5m，竖向间距1.5m，土钉倾角

5°～15°，采用φ20钢筋作为土钉，钉长6.0～12.0m，并设置了两排预应力锚杆。支护面积约3200m²。

该工程施工日期为2006年4月，工期35d。施工后确保了基坑安全。

11.2 中铁三局高层办公住宅综合小区

11.2.1 工程概况

由中铁三局集团建筑安装工程有限公司兴建的中铁三局高层办公住宅综合小区位于小店区太榆路71号，坞城东街和学府街之间。住宅楼地下2层，地上28层，主体结构采用现浇钢筋混凝土剪力墙结构，基础形式为筏板基础，地基处理方式采用CFG桩复合地基。基底标高－10.4m，自然地坪－1.7m，基坑深约8.7m。土质以粉土为主。基坑西侧有一6层建筑物，距基坑边约7.5m。

11.2.2 施工情况

本工程基坑较深，周边建筑物距基坑较近，综合考虑该工程采用土钉墙结合预应力锚杆进行支护。共设置7排土钉，水平间距1.5m，竖向间距上部1.2，下部1.6m，土钉倾角5°～15°，采用φ22钢筋作为土钉，钉长6.0～12.0m，并设置一排预应力锚杆。支护面积约2100m²。

该工程施工日期为2006年11月，工期20d。施工后确保了基坑安全。

11.3 金盛园小区

11.3.1 工程概况

由大复盛房地产开发有限公司兴建的金盛园小区位于太原市解放路以东，东仓巷以南。场地东高西低，基坑深约8.5～10.5m，垂直开挖，放台2.0m。地下水类型为微承压水。稳定水位埋深介于2.1～4.4m之间。土质主要以杂填土、粗砾砂、粉质黏土、粉细砂为主。

11.3.2 施工情况

本工程基坑较深，周边建筑物距基坑较近，且地下水位较高，综合考虑该工程采用土钉墙结合预应力锚杆及止水帷幕进行支护。本工程采用双排深层搅拌桩作帷幕墙，桩径500mm，咬合150mm。设置了三排预应力锚杆，长15m，其下设置了4排土钉，水平间距1.6m，竖向间距1.4m，土钉倾角5°～15°，在帷幕桩上先用水钻或麻花钻成孔，孔径80～100mm，穿透帷幕桩，然后采用机械打入φ48钢管进行成孔（帷幕桩以上采用φ22钢筋作为土钉），钉长6.0～12.0m。支护面积约3600m²。

该工程施工过程中，东南部由于土质扰动、帷幕桩搭接不严等导致涌砂，此部位加打超前锚杆，超前锚杆采用φ325钢管，填充16～31.5mm石子，采用高压注浆。

该工程施工日期为2007年6月，有效工期68d。施工后确保了基坑安全。

11.4 太原市中小学师生现代教育培训中心

11.4.1 工程概况

由太原教育电视台兴建的太原市中小学师生现代教育培训中心位于太原市望景路南侧，东临滨河西路，西面为滨河安居小区。拟建建筑物地上15层，地下1层，采用框架结构，片筏基础。基底埋深－6.5m，自然地坪－1.2m，基坑深约5.3m。地下水类型为孔隙潜水，稳定地下水位埋深在现地面下2.7～4.5m之间。土质主要以杂填土、粉土、粉细砂、细中砂、粉质黏土为主。

11.4.2 施工情况

本工程东北和西南部位紧邻建筑物，且地下水位较高，综合考虑该工程采用土钉墙结合混凝土灌注桩及止水帷幕进行支护。本工程采用双排深层搅拌桩作帷幕墙，桩径500mm，咬合150mm。混凝土灌注桩桩径800mm，桩心距1000mm。共设置3排土钉，水平间距1.5m，竖向间距1.5m，土钉倾角5°～15°，采用机械打入φ48钢管进行成孔，钉长4.0～6.0m。支护面积约800m²。

该工程施工日期为2006年11月，有效工期17d。施工后确保了基坑安全。

11.5 太钢集团临汾钢铁有限公司废水治理回用工程

11.5.1 工程概况

由太钢集团临汾钢铁有限公司兴建的太钢集团临汾钢铁有限公司废水治理回用工程位于临钢厂区内炼钢路北，钢铁中路东。基坑深约12.5m，垂直开挖。地下水类型为孔隙潜水和微承压水。稳定水位埋深介于 5.0～5.4m 之间。土质主要以杂填土、黄土、粉土、粉质粘土、砂质粉土为主。本工程北侧有一 1 层库房，距基坑约 5m；西侧和南侧为马路，埋设有燃气和通讯管道，埋深 1.0～1.5m，西侧马路距基坑 17m，南侧马路距基坑约 7m。东侧为拟建的进水池，距基坑最近处约 2.4m。

11.5.2 施工情况

本工程基坑较深，周边建筑物距基坑较近，且地下水位较高，综合考虑该工程采用土钉墙结合预应力锚杆及止水帷幕进行支护。本工程采用双排深层搅拌桩作帷幕墙（局部为格栅式深层搅拌桩），桩径 500mm，咬合 150mm。设置了两排预应力锚索，长 18m，其下设置了 6 排土钉，水平间距 1.5m，竖向间距 1.5m，土钉倾角 5°～15°，在帷幕桩上先用水钻或麻花钻成孔，孔径 80～100mm，穿透帷幕桩，然后采用机械打入 $\phi48$ 钢管进行成孔（帷幕桩以上采用 $\phi22$ 钢筋作为土钉），钉长 6.0～12.0m。支护面积约 1800m²。

该工程施工日期为 2008 年 4 月，有效工期 22d。施工后确保了基坑安全。

基础大体积混凝土工法

YJGF14—94（2007～2008年度升级版-002）

上海市第一建筑有限公司　上海建工材料工程有限公司

朱毅敏　汤洪家　黄玉林　吴德龙　许建强

1. 前　　言

工业与民用建筑中大体积混凝土多用于高层超高层建筑的基础底板，随着高层超高层建筑高度的增加，基础底板的厚度逐步加大，上海环球金融中心基础底板的最大厚度达12.04m。基础大体积混凝土的温度裂缝控制一直以来是工程界的难题之一，国内外一般采用后浇带、跳仓浇筑、冷却水管等设计和施工方法。但这些方法都有其不足，如后浇带和跳仓浇筑的竖向施工缝处理不当，基础底板会出现渗漏现象；冷却水管成本高，且冷却水管周围易产生冷缝，等等。

针对基础大体积混凝土，上海市第一建筑有限公司从低水化热混凝土的配置、水平施工缝留设、混凝土浇筑、混凝土养护、温度测控等方面进行了研究，成功的进行了上海环球金融中心基础大体积混凝土的施工，12.04m厚基础底板最高温度为67℃，无灾害性裂缝产生。该项技术经专家鉴定，总体上已达到国际领先水平，并于2006年11月被评为上海市科学技术奖一等奖。工程应用实践证明，该项技术能有效防止和控制大体积混凝土裂缝的发生，所形成的工法科学合理，指导性、可操作性强，具有良好的经济效益和社会效益，可为今后基础大体积混凝土施工提供有益的借鉴，具有广泛的推广价值。

2. 工法特点

2.1　混凝土水化热低，能在保证基础大体积混凝土施工质量的前提下，使基础大体积混凝土一次性整体浇筑的体量、厚度大大提高。

2.2　混凝土收缩小，可有效减少收缩的当量温度，进一步控制基础大体积混凝土裂缝的产生。

2.3　可留设水平施工缝进行基础超厚大体积混凝土的浇筑，以满足各种超厚基础大体积混凝土的温度裂缝控制需求。

2.4　施工速度快。在低水化热混凝土能够保证一次性浇筑的体量和厚度不产生灾害性裂缝的情况下，减少水平施工缝的留设，可提高施工效率。

3. 适用范围

基础大体积混凝土工法适用于基础体量、厚度超大的混凝土施工，特别是基础底板局部超厚的大体积混凝土施工。

4. 工艺原理

基础超大体积混凝土工法主要利用新材料、新技术来配置低水化热混凝土，以及采用留设水平施工缝减小混凝土的浇筑厚度，控制基础大体积混凝土的温升和温度裂缝。在混凝土胶凝材料双掺的基础上，保证混凝土基本力学性能和工作性能的前提下，采用聚羧酸系外加剂进一步减少水泥用量，从而进一步降低混凝土的水化热。根据基础超大底板厚度，以及底板在厚度方向上的典型部位，合理进行水平施工缝留设，确保水平施工缝处新旧混凝土界面粘结良好。

5. 施工工艺流程及操作要点

5.1 施工工艺流程（图5.1）

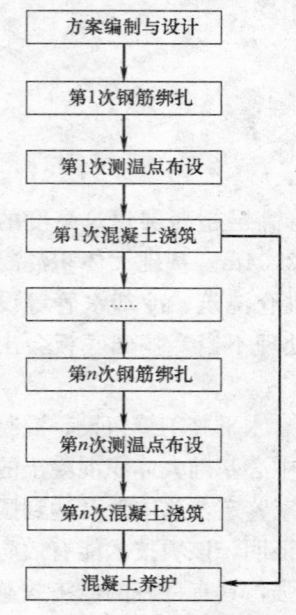

图5.1 工艺流程图

5.2 操作要点

5.2.1 混凝土配置

1. 根据强度等级和要求的工作性能来配置混凝土，拟定正交设计方案，进行室内试验，初步选定配合比。

2. 初步配合比提供给商品混凝土材料供应商进行验证性试验，预拌混凝土质量应符合《预拌混凝土》GB/T 14092—2003的相关规定。

3. 为检验混凝土材料性能指标的重复性，必要时可进行施工现场验证试验。

4. 混凝土强度宜采用后期60d或90d强度，初凝时间宜不小于8h。

5.2.2 水平施工缝留设

1. 水平施工缝宜留设在基础底板厚度方向上的典型部位，如基础底板的深坑部位。

2. 超厚基础尺寸规则的情况下，水平施工缝留设可根据大体积混凝土的计算分析确定，在保证不产生灾害性裂缝的前提下，尽量减少水平施工缝的留设数量。

5.2.3 水平施工缝界面处理

1. 为了保证水平施工缝处上、下层的新旧混凝土粘结良好，先行浇筑的基础混凝土可额外增加预留插筋。

2. 新混凝土浇筑前，清除混凝土表面的浮浆、软弱混凝土层及松动的石子，并均匀的露出粗骨料，将混凝土表面的污物及垃圾清理干净，充分进行晒水润湿，避免有积水存在。

5.2.4 测温布设

1. 根据浇筑混凝土的平面尺寸、厚度等不同情况，合理、经济的布置测温点。

2. 每个测温竖轴上布置的测温元件应为奇数，且不少于布置3个测温元件，测温元件沿竖轴均匀布置，上、下两个测温元件距离混凝土上下表面50mm，中间测温元件竖向间距一般不宜大于1m。

3. 每次测温应至少布设薄膜温度、大气温度和室内温度测温元件各一个。

4. 留设水平施工缝分层浇筑时，分层浇筑的混凝土的测温元件宜在同一竖向轴线上。

5. 温度监测频率在混凝土浇筑后7d内3h一次，以后6h一次。

5.2.5 混凝土的浇筑

1. 控制混凝土的出机温度。混凝土中的各种原材料，尤其是石子和水，对出机温度影响较大，在气温较高时，宜在砂石场设置简易遮阳篷，必要时可采用向骨料等喷水等措施。

2. 控制混凝土的入模温度。夏季施工时，在泵送时采取降温措施，以防止混凝土温度升高。冬季施工时，混凝土宜正温搅拌、正温浇筑。

3. 根据混凝土的体量，预期完成时间，确定混凝土搅拌站、运输车辆及泵车的数量等。

4. 混凝土浇筑顺序的安排，以薄层连续浇筑，循序渐进，不出现冷缝为原则。

5. 混凝土浇筑时可依靠混凝土的流动性，形成大斜面分层浇筑，分皮振捣，每皮厚度为500mm左右。

6. 振动棒的插入间距不大于600mm，避免出现夹心层及冷缝，并应特别重视每个浇筑带坡顶和坡脚两道振动器振动，确保上、下部钢筋密集部位混凝土振实。

7. 混凝土浇捣时要注意对测温元件的保护。

8. 宜尽可能采用二次振捣工艺，以提高混凝土的密实程度和抗拉强度，对面层进行拍打振实，去除浮浆，实行二次抹面，以减少混凝土的收缩裂缝。

9. 混凝土在浇筑振捣过程中的泌水应予以排除。

5.2.6 混凝土养护

1. 混凝土表面二次压光收水后，用手按无指印时即可进行混凝土表面保温保湿的养护工作。

2. 养护宜采用二层塑料薄膜和二层麻袋覆盖，即混凝土表面覆盖塑料薄膜一层，以封闭混凝土内水分蒸发的途径，使混凝土能在潮湿条件下进行养护以控制干缩裂缝产生，在这之上再盖一层麻袋，以减少混凝土表面热量的散发，再覆盖一层塑料薄膜，以达防止雨水渗透的目的，最后再覆盖一层麻袋。覆盖工作必须严格认真贴实，薄膜幅边之间搭接宽度不少于100mm，麻袋之间应叠缝，骑马铺放。

3. 根据测温情况，不断调整养护方案，控制降温速率、控制混凝土的裂缝。

4. 根据工程的具体情况，应尽可能多养护一段时间，拆模后应立即回土或再覆盖保护，同时预防近期骤冷气候影响，以控制混凝土内表温差，防止混凝土早期和中期裂缝。

6. 材料与设备

6.1 低水化热混凝土原材料

1. 水泥选用水化热相对较低、安定性好、细度模数适中的普通硅酸盐水泥，其质量指标符合《硅酸盐水泥、普通硅酸盐水泥》GB 175—2007 的规定。

2. 细骨料选用表面洁净、质地坚硬、级配良好的细度模数为2.6~3.1的中粗砂，其质量指标符合《普通混凝土用砂、石质量及检验方法标准》JGJ 52—2006 的规定。

3. 粗骨料质地坚硬、级配良好、石粉含量低、针片状颗粒含量少、孔隙率小的5~25mm碎石，其质量指标符合《普通混凝土用砂、石质量及检验方法标准》JGJ 52—2006 的规定。

4. 掺合料选用活动指数高、细度适中、流动性大、烧失量小的粉煤灰、矿渣微粉，其指标分别符合《用于水泥和混凝土中的粉煤灰》GBT 1956—2005、《用于水泥和混凝土中的粒化高炉矿渣粉》GB/T 18046—2008 的相关规定。

5. 外加剂选用聚羧酸外加剂，其质量指标符合《混凝土外加剂》GB 8076—1997、《混凝土外加剂应用技术规范》GB 50119—2003 的相关规定。

6. 水采用自来水，其质量指标符合《混凝土拌合用水》JGJ 63—2006 的规定。

6.2 机具设备

1. 测温设备

主要测温设备   表 6.2-1

序　号	名　　称	型　　号
1	混凝土测温仪	LTM8663
2	测温元件	18B20
3	计算机	HP dx7400

2. 大体积混凝土施工设备

主要机具设备   表 6.2-2

序号	设备名称	型号	单位	用　途
1	起重机	QTG-60J	台	材料吊装
2	混凝土泵车	SY5600THB-66	台	混凝土泵送
3	混凝土搅拌车	HDJ5250GJBIS	台	混凝土运输
4	电焊机	BX3-300-2	台	钢筋加工

续表

序号	设备名称	型号	单位	用　途
5	木工圆锯	φ600	台	模板加工
6	木工平刨车	MB504	台	模板加工
7	钢筋切割机	GQ-40	台	钢筋加工
8	钢筋弯曲机	WKGW	台	钢筋加工
9	钢筋直螺纹机床	GY-40C	台	钢筋加工
10	振动器	插入式	台	混凝土振捣
11	对讲机	MOTOROLA	台	现场通讯

7. 质量控制

7.1 所用原材料必须符合国家规范、标准的要求，配合比必须符合《普通混凝土配合比设计规程》JGJ 55—2000 的规定。

7.2 混凝土施工质量必须符合《混凝土结构工程施工质量验收规范》GB 50204—2002 的规定。

7.3 混凝土搅拌车进场，要严格把好混凝土品质关，检查搅拌车运输时间、混凝土坍落度、可泵性是否达到规定要求。对不合格者坚决予以退车，严禁不合格混凝土进入泵车输送。

7.4 水平施工缝处抗剪构造钢筋应严格按照构造要求施工。

7.5 水平施工缝界面的处理应严格按照施工缝的处理措施进行。

7.6 采用成活率较高的测温传感器，且具有高精度。

7.7 加强混凝土养护，根据混凝土温度场变化适时调整养护措施。

8. 安全措施

8.1 所有施工人员进入施工现场必须戴好安全帽，扣好帽带，严格遵守安全生产纪律。

8.2 严格执行基坑临边防护措施规定。

8.3 混凝土输送的泵管、卡具，使用前应仔细检查，对于磨损严重、存在裂缝的卡具及变形破坏的卡具禁止使用。

8.4 振捣棒和平板振动器的电源应独立供应，有露电保护器和接零保护，检修或作业间歇时应切断电源。

8.5 混凝土运输车辆应严格按照规定的路线行走。

9. 环保措施

9.1 指派专人做好场内、场外道路上散落混凝土的清扫工作。

9.2 施工车辆进出现场应当慢行，严禁鸣喇叭。

9.3 振捣棒振捣时，尽量避免碰到钢筋。

9.4 混凝土运输车应尽可能安排停放在现场的施工道路上，防止停放在工地周边道路上影响交通。

9.5 采用节能环保的照明设施，并且将发光面面向施工现场内。

10. 效 益 分 析

10.1 经济效益

低水化热混凝土提高了基础大体积混凝土一次性整体浇筑的体量和厚度，减少了后浇带的设置数量，避免了竖向施工缝和冷却水管的使用，极大的节省了人工、机械、材料的投入，缩短了工期，降低了成本。低水化热混凝土的成本可较普通混凝土节约 20 元/m^3。

10.2 社会效益

低水化热混凝土、留设水平施工缝能够保证超大体量、超大厚度基础不发生灾害性裂缝，且结构整体性良好。水平施工缝比竖向施工缝抗渗好，且施工相对便利，减少了劳动强度。工业废料作为掺合料使用，使混凝土向环保化方向发展，符合可持续发展的要求。

11. 应 用 实 例

基础大体积混凝土工法通过上海环球金融中心基础大体积混凝土的创新研制与实施，总结出了一套宝贵的基础大体积混凝土裂缝控制技术，此后在多个工程的基础大体积混凝土施工中得到借鉴与应用，取得了良好的经济效益和社会效益，典型工程如表 11 所示。

典型工程实例 表 11

工程名称	上海环球金融中心	浦江双辉	东方之门
地点	陆家嘴金融贸易区	陆家嘴金融贸易区	苏州工业园区
建筑高度(m)	492	215.6	278
建筑面积(万 m^2)	37.7	29.3	46.25
开、竣工日期	2004.10~2009.10	2008.5~	2005.4~
基础混凝土量(万 m^3)	3.8	4.1	6.1
基础厚度(m)	12.04	7.7	10.85
基础水平施工缝(道)	2	1	1
工法应用时间	2004.12~2005.2	2008.9~2008.12	2008.11~2009.3

大型基坑结构中心岛工法

YJGF05—96（2007～2008 年度升级版-003）

上海市第四建筑有限公司

邱锡宏

1. 前　言

　　结构中心岛法是大型深基础施工方法之一。它具有节省造价、方便施工、缩短工期等优点。此法曾在上海市人民广场地下停车场工程施工中获得成功，并获得上海市建工（集团）总公司科技成果二等奖、建设部科技成果三等奖、上海市 1996 年优秀发明选拔赛一等奖。

2. 特　点

　　2.1　创造良好的施工作业环境

　　运用此法，中心岛部分的土方施工，类似于基坑放坡大开挖的作业环境，挖掘机作业非常方便，一般情况下约 70％以上的土方量可在这种良好状况下施工，能加快施工速度，降低造价。

　　2.2　可省去大部分甚至全部支撑

　　利用已完成的中心岛结构作支承点，传力结构所用的支撑量相对于挡土结构加内支撑方案来说要少得多。若中心岛外的其余部分采用半逆作法施工，则可全部利用水平结构传力而省去全部支撑，这样又可节省很大的措施费。

　　2.3　若此法中的挡土结构（地下连续墙）与建筑结构设计中的地下室外墙相结合，则更趋合理，能进一步节省造价。

3. 适用范围

　　本工法适用于大型深基础施工，即基坑能保证足够的反压土范围和中心岛结构范围。

4. 工艺原理

　　建筑工程基础施工之结构中心岛法系在设置挡土结构（包括隔水结构）后，采用盆式挖土和留置反压土，使挡土结构在自立（悬臂状态）的情况下保持稳定，为中心岛部分的土方开挖和结构施工创造条件，待中心岛结构完成后，再利用中心岛结构作为传力体（或作支承点），用某种形式的传力结构将挡土结构所受的土压力（包括水压力）传递到对边挡土结构上（或传递到中心岛结构上），最后采取正筑法或半逆作法施工完其余部分的基础结构（详见图 4）。

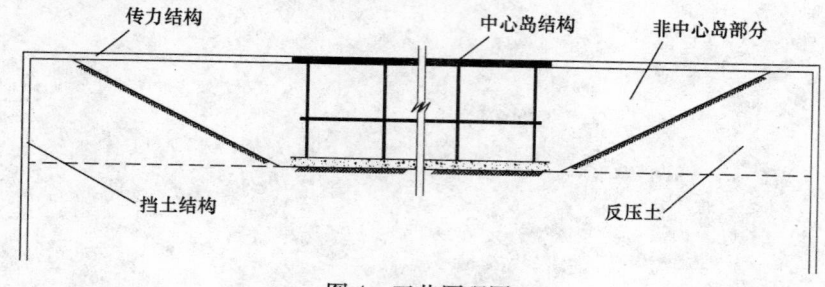

图 4　工艺原理图

5. 施工工艺流程及操作要点

5.1 施工工艺流程（图5.1）

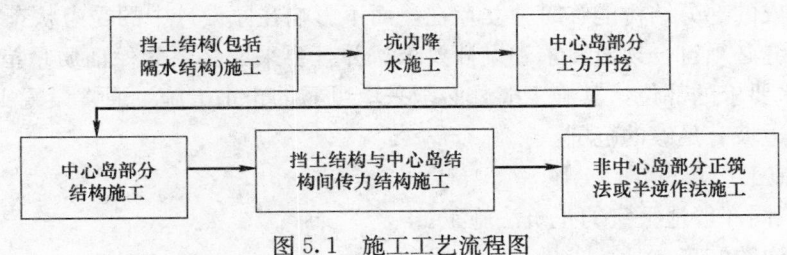

图5.1 施工工艺流程图

5.1.1 挡土结构施工

中心岛法中的挡土结构可以是柱列式，如采用钢筋混凝土钻孔灌注桩加隔水帷幕，也可以是地下连续墙。

柱列式挡土结构：

1. 钢筋混凝土钻孔灌注桩施工。（略）

2. 深层搅拌水泥土桩施工。（略）

3. 地下连续墙施工。（略）

5.1.2 坑内降水

保证坑内降水效果，既可疏干坑内土体，改善土方施工条件，又可加固基坑底土体，有利于提高支护结构的安全度。降水方法主要有：轻型井点降水（或多级轻型井点降水）、喷射井点降水、深井井点（深井加真空）降水。

坑内降水应注意以下几点：

1. 土方开挖前，必须保证一定的时间预抽水，一般轻型井点不少于7~10d，喷射井点或深井加真空不少于20d。

2. 降水深度必须考虑隔水帷幕的深度，防止坑内降水时引起坑外的水位变化而影响周围环境。

3. 降水过程必须与坑外水位监测密切配合，避免因隔水帷幕渗漏使坑外水位降低。

5.1.3 中心岛部分土方开挖

中心岛部分土方开挖须注意下面几点：

1. 必须按设计要求，保证反压土的范围及边坡坡度，不得任意改变。

2. 必须分层开挖。分层厚度除考虑挖掘机械的性能外，尚应注意基坑底的逐渐卸载，以减小坑底隆起。

3. 近挡土结构的地方应减慢卸载速度，切忌一下挖到底。

4. 挖掘机挖掘行进过程中，注意临时坡度不能太陡，防止局部土体产生滑坡现象。

5. 反压土边坡稳定。

反压土的范围和边坡坡度大小的确定，一方面必须满足挡土结构计算时的稳定要求，另一方面又必须使边坡稳定验算符合要求。

边坡稳定可用条分法进行验算。

边坡除经稳定验算处，在施工过程中，尚须采取保护边坡稳定的施工技术措施，尤其中心岛法，边坡留置时间长，必须采用可靠的方法护坡，如用细石混凝土的加钢筋网片护坡层；在边坡中打轻型井点，它不仅可改善反压土的力学性能，同时还能形成负压，有利于边坡稳定。

5.1.4 中心岛结构施工

中心岛结构是中心岛法施工技术中的重要组成部分。它是将设计中的地下结构的一部分先行施工，并以它为支承或传力，使挡土结构所受的主动土压力（包括水压力）通过传力结构传递到它上面或通过它与对应的挡土结构相互平衡，为开挖反压土，进行非中心岛部分的结构施工创造条件。

1. 中心岛范围的确定

确定中心岛范围时，应注意以下几点：

1) 先行施工完成的部分结构能临时独立存在，而不影响在原设计中的受力状态。

2) 留设的施工缝必须符合规范要求和设计要求，并且要采取必要的保证质量措施，确保以后结构的整体性。对有防水要求的部位，其施工缝处必须采取可靠的止水措施，通常设置1～2道止水带。

3) 保证反压土边坡有足够的范围。

2. 中心岛结构施工

中心岛结构施工同一般地下室的正筑法施工。

5.1.5 传力结构的施工

中心岛法中的传力结构可以用增设支撑的方法，也可利用建筑物结构设计中部分水平结构的方法解决，见图5.1.5。

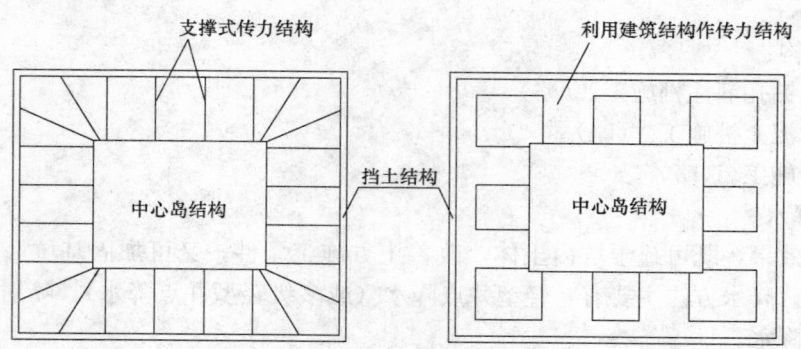

图5.1.5 传力结构施工示意图

当采用支撑方法时，宜选钢支撑，便于安装与拆除。钢支撑安装时要处理好支撑端部与中心岛结构中伸出钢筋的关系，采取措施保护伸出钢筋的足够长度。

当利用建筑物结构设计中部分水平构件时，应预先考虑此部分水平结构下部分竖向承重构件的预先施工，此时宜采用半逆作法施工。

5.1.6 非中心岛部分结构施工

非中心岛部分结构施工，可以采用正筑法或半逆作法施工。

1. 正筑法

中心岛结构完成后，在中心岛结构与挡土结构间按先撑后挖的原则逐道完成传力结构的设置，自上而下逐层开挖反压土，直至挖至基坑底（设计标高），然后开始底板结构施工直至完成顶板结构，见图5.1.6-1。

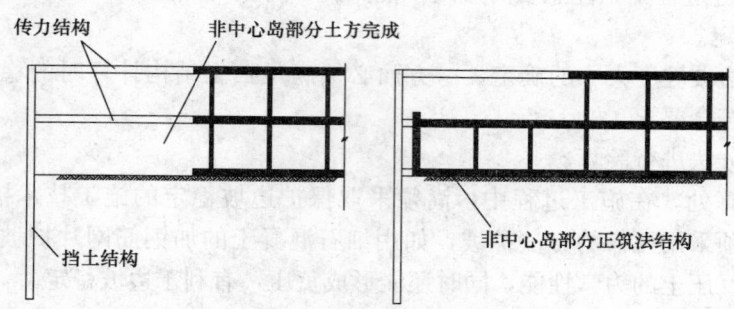

图5.1.6-1 建筑法示意图

2. 半逆作法

中心岛结构完成后，利用建筑物结构设计中的楼面结构作为传力结构，采取自上而下完成一层结构再开挖一层反压土，直至非中心岛部分结构全部完成，见图5.1.6-2。

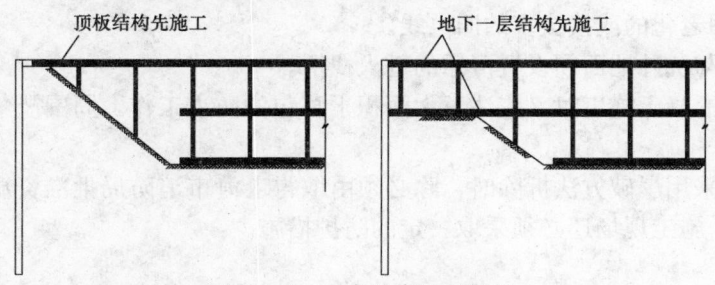

图5.1.6-2 半逆作法示意图

5.2 劳动力组织（见表5.2）

劳动力组织情况表 　　　　　　　　　　　　　　表5.2

项 目	劳动组织	人 数
管理人员	项目经理、项目工程师施工员、质量员等	18
木工	2个大组	120
钢筋工	2组	40
混凝土工	2组	50

6. 材料与设备

本工法所采用的主要机具设备见表6。

机具设备表 　　　　　　　　　　　　　　表6

机械名称	型号	数量（台）
多头钻机	SF 型	2
液压汽车起重机		1
离心式水泵	150S-78	3～4
液压挖掘机	WY160A	2
液压挖掘机	WY60A	2
现代液压挖掘机	ROBE * 420	1
自行塔式起重机	QTG-60	3
固定混凝土输送泵	BSA2100HD-200	2

7. 质 量 控 制

模板工程、钢筋工程、混凝土工程按《混凝土结构工程施工质量验收规范》GB 50204—2002 验收评定标准执行。

8. 安 全 措 施

除按国家颁发的《建筑安装工程安全技术规程》执行外，尚应注意以下几点：

8.1 基坑周边必须设置固定的防护栏杆。

8.2 基坑内必须合理设置上下行人扶梯，扶梯结构宜尽可能采用平稳的踏步式。

8.3 深基础施工的安全用电除应符合地面用电规定外。其坑内照明必须使用 36V 低压，线路必须有组织架设，不得使用老化的或接头多的旧电线。

8.4 中心岛结构与坑外地面须设置可靠的过人栈桥。

8.5 若有大体积混凝土施工时，应注意大面积干草包的防火工作，周围严禁烟火，配备一定数量的灭火器材。

8.6 若有混凝土采用爆破方法拆除时，除必须由取得上海市消防局批准资质的企业承担，并按国标和有关规范施工外，施工现场还必须采取一定的防护措施。

9. 环 保 措 施

9.1 施工过程中做好控制扬尘、噪声产生的措施。

9.2 若有混凝土支撑爆破拆除，以湿麻袋或湿草包覆盖于待爆体上；另在离体防护层上撒水，让防护层湿透，以过滤粉尘和爆炸产物，使大部分粉尘和爆炸产物和水结合留在基坑内；爆破应避开大风天气，防止产生大量扬尘。

9.3 防止爆破噪声影响的措施有：装药时将各孔用炮泥堵塞严实，防止产生冲炮，从而减少和降低噪声。

9.4 爆后检查必须在通风 2h 后进行，必要时采用机械强制通风，防止中毒和窒息。

10. 效 益 分 析

10.1 中心岛法的土方工程（约占整个工程的 70%左右）工效可提高数倍，缩短挖土工期。

10.2 中心岛部分土方费用可省 6 元/m³。

10.3 相对基坑内设内支撑的支护体系而言，可省 50%～100%支撑措施费。

11. 应 用 实 例

中心岛法施工技术在上海人民广场地下停车场工程应用，取得良好效果。

人民广场地下停车场作为一矩形截角之五边形，长边 176m，短边 145m，西南角截去一边长为 86m 之等腰三角形，见图 11-1。

工程主体建筑面积 46684m²，占地面积 21968m²，地下两层，上层为多功能商场，层高 5.10m，下层为地下停车场，层高为 3.5m。±0.000 为设计顶板面标高，基础底板面标高为 -9.400m，顶板面覆土厚 1.050m，设计埋深为 10.450m，垫层厚 0.20m，设计挖土深度为 10.650m，完成挖土深度约 11.00m 左右。工程主体结构外墙为二墙合一 "Ⅱ" 型地下连续墙，楼面为无梁楼盖，φ630 圆柱。底板、中楼板和顶板厚度分别为 800mm、300mm 和 500mm，见图 11-2。

该工程于 1991 年 5 月开始施工地下连续墙，1992 年 4 月底开始中心岛土方开挖，1992 年 10 月

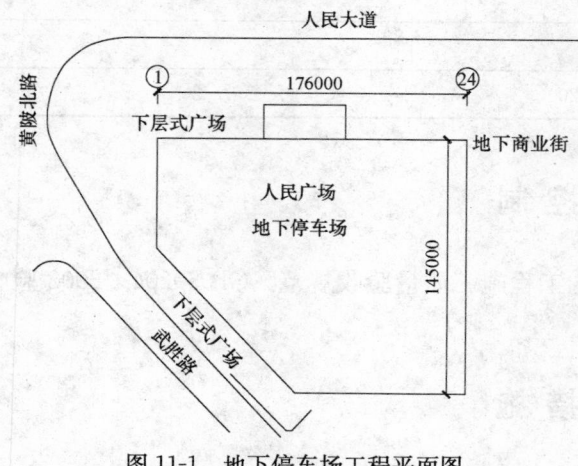

图 11-1 地下停车场工程平面图

底主体地下结构完成，总土方量 23 万 m³。

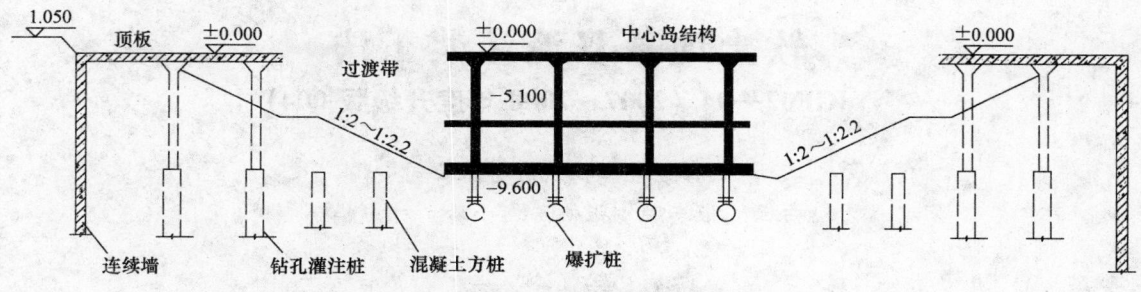

图 11-2　地下停车场工程基坑结构图

软土地基双液注浆工法

YJGF02—94（2007～2008年度升级版-004）

上海隧道工程股份有限公司

白云　张志胜　张帆　何小玲　叶中华

1. 前　　言

软土地基双液注浆工法是在软土地基注浆加固的基础上发展和新的突破，该工法采用特殊的、具有快凝早强特性的水泥—水玻璃双液浆，提高土体加固的早期强度，减轻了注浆加固过程中引起的土体软化效应，有利于防止冒浆和控制注浆有效范围，具有提高充填的及时性和效果、有效控制沉降、保护建筑物和地下管线、防水堵漏等特殊作用。

该工艺于1988年6月结合工程实例进行探索研制，运用合理多样的施工工艺，经过不断改进，历时两年总结了一套双液注浆新工艺，取得了明显效果，获得了重大经济和社会效益，并于1991年通过技术鉴定，获上海市科学技术进步一等奖。

近年我们在简化施工工艺、加快施工反应速度上做了改进，对工法的施工工艺进行了扩充，除原有的阀管注浆法外，还增加了振管注浆工艺，降低了施工成本，加快了施工速度，效果良好，特别是在抢险堵漏方面发挥了重要作用。同时我们还在浆液配方、施工方法上进一步做了研究和改进。

2. 工法特点

2.1　适用土层范围广，既可适用于渗透性较差的黏土，也可适用于渗透性较好的砂土，还可用于岩基断裂破碎带的加固。

2.2　施工设备小巧灵活，具有快速机动的特点，适用于复杂环境和狭小的施工场地。

2.3　研制的浆液具有良好的流动性、触变性和扩散性，浆液初凝快且具可调性能，能适时提高强度，可以缩短土体沉降稳定时间，能减轻注浆引起的软化效应。

2.4　施工安全简便、快速，工期短，质量好，效果快，钻孔和注浆可以交叉作业，能充分发挥设备的工作效能，工效高。

2.5　可以根据土层的不同层次和深度，按不同处理要求区别对待。

2.6　配有高性能的专用液压注浆泵，注浆流量在0～50L/min范围内可任意调节，可事先设定最高注浆压力。

2.7　配有自动拌浆系统（专利号ZL03229231.7），可降低浆液拌制的劳动强度；减少人为误差，提高浆液质量；采用散装水泥和专用水泥桶仓，减少环境污染。

3. 适用范围

3.1　软土地基双液注浆工法适用于处理砂土、粉性土、黏性土、岩基断裂破碎带和一般填土层。

3.2　软土地基双液注浆工法可应用于空隙注浆充填、土体加固、防水堵漏注浆、保护建筑物或地下管线跟踪注浆等工程。

4. 工 艺 原 理

软土地基双液注浆工法的工艺原理是在注浆泵的压力作用下，将具有速凝早强特性的双液浆液注入土体中，在短期内对土体起到强化和加固作用，可以减轻单液注浆加固的软化作用、有效稳定沉降速率和控制沉降量、有效解决渗漏水问题。

5. 施工工艺流程及操作要点

5.1 施工工艺流程

软土地基双液注浆工法的一般施工工艺流程：施工准备→成孔→拌制浆液→注浆→移动注浆管进行下一注浆段注浆→注浆结束清洗注浆设备和管路。

软土地基双液注浆工法施工工艺包括阀管注浆法和振管注浆法，图 5.1-1 和图 5.1-2 为阀管注浆法的施工顺序图和工艺流程图，图 5.1-3 为振管注浆法的工艺流程图。

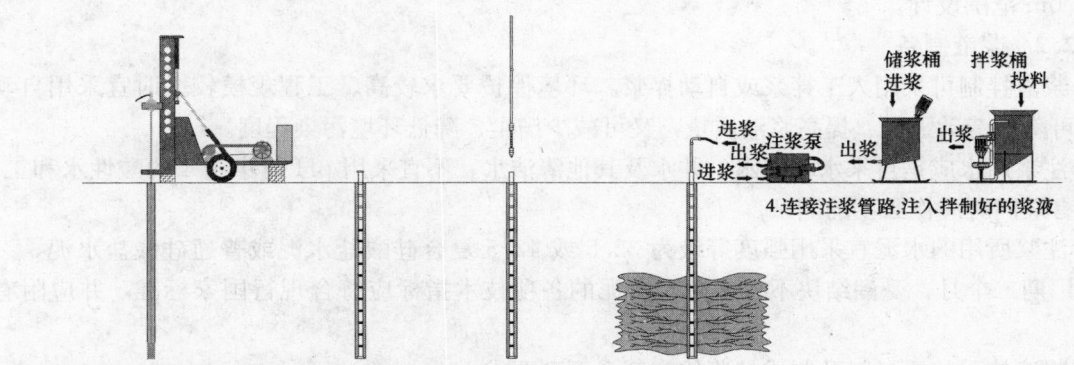

1.钻机钻孔并灌入封闭泥浆 2.插入单向密封塑料阀管 3.待封闭泥浆凝固后 5.注入浆液并分节移
　　　　　　　　　　　　　　　　　　　　　插入密封注浆芯管　　动注浆芯管

图 5.1-1　阀管注浆法施工顺序图

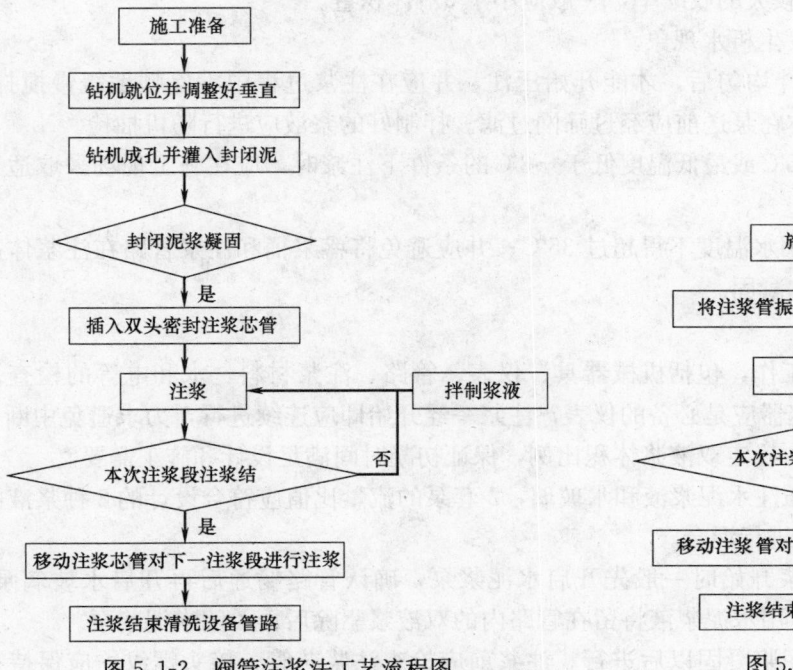

图 5.1-2　阀管注浆法工艺流程图　　　　　图 5.1-3　振管注浆法工艺流程图

5.2 操作要点

5.2.1 成孔

1. 阀管注浆法钻孔一般采用旋转式钻机，也可采用冲击式凿岩钻机，成孔直径一般为70～110mm；振冲注浆法一般采用带小型振动锤的振冲钻机成孔，成孔深度10m以内且土质较软时可采用平板振动器成孔，深度较深或土质较硬是可采用钻机预钻一定深度后再振冲成孔。

2. 成孔前应调整好垂直度，垂直度偏差不大于1‰；注浆孔为倾斜孔时应预先使用倾斜尺等装置调节好钻机角度，钻机应保证牢固的固定。

3. 阀管注浆法在钻孔的同时或在成孔后必须灌入封闭泥浆。塑料单向阀管每一节均应作检查，要求管口平整无收缩，内壁光滑；事先将每六节塑料阀管对接成2m长度作备用；准备插入孔内时应复查一遍，必须旋紧每一节螺纹；当注浆孔较深时，阀管中应加入水，以减小阀管插入土层时的弯曲。

4. 振管注浆法成孔前注意注浆管必须可靠连接，接头螺纹均应保持有充足的油脂，这样既可保证丝牙寿命，又可避免浆液凝固在丝牙上，造成拆装困难。

5. 注浆孔的布置原则，应能使被加固土体在平面和深度范围内连成一个整体；用作防渗的注浆至少应设置三排注浆孔，注浆孔间距可按0.8～1.2m范围设计；用作提高土体强度的注浆孔间距可按1.0～2.0m范围设计。

5.2.2 浆液制备

1. 浆液拌制可采用人工拌浆或自动拌浆。环境保护要求较高、工程规模较大时宜采用自动拌浆方式，既可降低劳动强度、提高浆液质量，又可减少扬尘、降低环境污染程度。

2. 注浆用水应是自来水、河水、井水及其他清洁水，不宜采用pH值小于4的酸性水和工业废水，对水质有疑问时应作必要的测试。

3. 注浆所用的水泥宜采用强度等级为32.5或42.5复合硅酸盐水泥或普通硅酸盐水泥，一般不得超过出厂期二个月，受潮结块不得使用，水泥的各项技术指标应符合现行国家标准，并应附有出厂试验单。

4. 浆液使用的原材料及制成的浆体应符合下列要求：

1）制成的浆体应能在设计要求的时间内凝固，其本身的强度、防渗性和耐久性应能满足设计要求。

2）浆体在凝固后其体积不应有较大的收缩率，一般应小于3‰体积量。

3）所制成的浆体在1h内不应发生析水现象。

5. 浆液必须经过搅拌机充分搅拌均匀后，才能开始压注，并应在注浆过程中不停顿地缓慢搅拌，搅拌时间应小于浆液初凝时间。浆体在泵送前应经过筛网过滤。拌制好的浆液应进行随机抽检。

6. 在冬季，当日平均温度低于5℃或最低温度低于−3℃的条件下注浆时，应在施工现场采取适当措施，以保证不使浆体冻结。

7. 在夏季炎热条件下注浆时，用水温度不得超过35℃；并应避免将盛浆桶和注浆管路在注浆体静止状态暴露于阳光下，以免加速浆体凝固。

5.2.3 注浆

1. 注浆开始前应充分作好准备工作，包括机械器具、仪表、管路、注浆材料、水和电等的检查及必要的试验，其中压力表和流量测定器应是必备的仪表，注浆一经开始即应连续进行，力求避免中断。

2. 注浆前应对浆液做小样试验，确定双液浆体积比例，保证初凝时间满足设计和施工需要。

3. 注浆应采用2台注浆泵分别压注水泥浆液和水玻璃，2套泵的流量比值应符合设计的2种浆液的体积比例，2种浆液可在孔口或孔底进行混合。

4. 为防浆液在管路内结硬，注浆开始时一般先开启水泥浆泵，确认管路畅通后再开启水玻璃泵；关闭注浆泵前一般先关闭水玻璃泵，用水泥浆液将留在管路内的双液浆驱除后再关闭水泥浆泵。

5. 阀管注浆法注浆必须在封闭泥浆凝固以后进行。注浆前应检查注浆芯管，接头螺纹均应保持有充足的油脂，聚氨酯密封圈应无残缺和大量气泡现象，上部密封圈裙边向下，下部密封圈裙边向上，且都应抹上黄油。

6. 注浆压力的选用应根据土层的性质及其埋深确定，在保证可注入的前提下应尽量减小注浆压力，最高注浆压力应小于 1MPa。

7. 注浆流量一般为 7~15L/min（单泵），对充填型灌浆，流量可适当加快，但也不宜大于 20L/min（单泵）。

8. 注浆管移动必须保证准确、及时，宜使用拔管机。阀管注浆时，注浆芯管每次移动距离应与阀管开孔间距一致，一般为 330mm；振管注浆时，每次移动距离宜为 300~500mm。

9. 注浆顺序必须采用适合于地基土质条件、现场环境及注浆目的的方式，一般不宜采用自注浆地带某一端单向推进的压注方式，应按跳孔间隔注浆方式进行，以防止窜浆或压力过分集中，提高注浆区域内浆液的强度与时俱增的约束性。对有地下动水流的特殊情况，应考虑浆液在动水流下的迁移效应，应自水头高的一端开始注浆。

10. 注浆施工应采用先外围后内部的注浆施工方式，注浆范围以外有边界约束条件时，也可采用自边界约束远侧开始顺次往近侧注浆的方法。若在施工场地附近存在对变形控制有较严格要求的建筑物、管线等时，可采用由建筑物或管线的近端向远端推进的施工顺序，同时必须加强对建筑物、管线等的监测工作。

5.3 劳动力组织（见表 5.3）

劳动力组织情况表　　　　　　　　　　　　　表 5.3

序号	工种	人数	备注
1	项目管理	4	
2	技术人员	2	
3	作业领班	2	
4	司钻	3/台/班	
5	孔位操作	1/孔/班	
6	司泵	1/套/班	2台注浆泵/套
7	拌浆	3/台/班	
8	电工	2	
9	机修工	2~4	
10	现场文明施工	4~6	

6. 材料与设备

6.1 材料

本工法主要使用的材料有水泥、水、水玻璃、以及各类外掺剂。

水泥宜采用强度等级为 32.5 或 42.5 复合硅酸盐水泥或普通硅酸盐水泥。

注浆用水应是自来水、河水、井水及其他清洁水。

水玻璃模数为 2.5~3.3。

6.2 设备

软土地基双液注浆工法主要采用的设备见表 6.2。

主要设备表 表 6.2

序号	设备名称	型号	用　途
1	钻机	G-2A	钻孔
2	振冲钻机	ZDJ-2	振管成孔
3	注浆泵	SYB50/50	注浆
	自动拌浆系统	Z-10 或 Z-20	自动拌浆
4	拌浆桶	SM-700	人工拌浆
5	储浆桶	SS-400	储存浆液
6	自动记录仪	SPQ-850	实时显示并自动记录注浆压力、流量
7	注浆芯管	DRC 型	阀管注浆法用于压注水泥浆液，采用聚氨酯密封环
8	注浆芯管	RBH 型	阀管注浆法用于压注化学浆液，采用充水胶管密封

7. 质 量 控 制

7.1　工程质量控制标准

软土地基双液注浆工法施工质量执行《建筑地基基础工程施工质量验收规范》GB 50202—2002，质量检验标准见表 7.1。

注浆地基质量检验标准 表 7.1

项	序	检查项目		允许偏差或允许值		检查方法
				单位	数值	
主控项目	1	原材料检验	水泥	设计要求		查产品合格证书或抽样送检
			注浆用砂　粒径	mm	<2.5	试验室试验
			注浆用砂　细度模量		<2.0	
			注浆用砂　含泥量及有机物含量	%	<3	
			注浆用黏土　塑性指数		>14	试验室试验
			注浆用黏土　粘粒含量	%	>25	
			注浆用黏土　含砂量	%	<5	
			注浆用黏土　有机物含量	%	<3	
			粉煤灰　细度	不粗于同时使用的水泥		试验室试验
			粉煤灰　烧失量	%	<3	
			水玻璃　模数	2.5～3.3		试验室试验
			其他化学浆液	设计要求		查产品合格证书或抽样送检
	2	注浆体强度		设计要求		取样检验
	3	地基承载力		设计要求		按规定方法
一般项目	1	各种注浆材料称量误差		%	<3	抽查
	2	注浆孔位		mm	±20	用钢尺量
	3	注浆孔深		mm	±100	量测注浆管长度
	4	注浆压力		%	±10	检查压力表读数

7.2　质量保证措施

7.2.1　对原材料按要求进行检查和试验。

7.2.2 按设计要求精确放样，钻机定位后在开钻前由技术人员对孔位进行复核，控制孔位误差小于 2cm。

7.2.3 钻机开钻前调整好垂直度，对钻杆、阀管、注浆芯管事先量好长度，由技术人员进行复核，控制孔深误差小于 10cm，垂直度误差小于 1‰。

7.2.4 在拌浆现场挂配方牌，对注浆浆液配比严格控制，称量误差小于 3‰。

7.2.5 保证注浆泵上的压力表正常读数，以便在注浆时能随时观察注浆压力，控制压力在允许范围内。

7.2.6 每孔、每次注浆时应记录注浆孔位、注浆开始时间、注浆量、注浆压力，注浆结束时间等施工参数。

7.2.7 如注浆中途发生地面冒浆现象应立即停止注浆，调查冒浆原因。如系注浆孔封闭效果欠佳，可待浆液凝固后重复注浆；如系地层灌注不进，则应结束注浆。

7.2.8 施工时应根据控制要求进行自检、互检、专检、抽检，并作检验记录。

8. 安 全 措 施

8.1 认真贯彻"安全第一、预防为主"的方针，坚持"谁承包，谁负责"和"管生产必须管安全"的原则，根据国家有关规定、条例，结合单位实际和工程特点，组成由项目主要负责人、专职安全员、施工队和班组安全员以及工地安全用电负责人参加的安全生产管理网，执行安全生产责任制，明确各级人员的责任，抓好本工程的安全生产工作。

8.2 工程实施前，对参与本工程施工的全体职工进行安全生产的宣传教育，并要求职工在施工中严格遵守有关文件的规定。

8.3 工程实施前，对投入本工程施工的机电设备和施工设施进行全面的安全检查，未经有关安全部门验收的设备和设施不准使用；不符合安全规定的地方立即整改完善，并在施工现场设置必要的护拦、安全标志和警告牌。

8.4 工程实施时，严格按照施工组织设计和安全生产措施的要求进行施工。操作工人必须严守岗位履行职责，遵守安全生产操作规程；特种作业人员应经培训，持证上岗；各级安全员要深入施工现场，督促操作工人和指挥人员遵守操作规程，制止违章操作、无证操作、违章指挥和违章施工。

8.5 经常保养施工机具，保证安全装置灵敏可靠，防护罩完好无损；同时搞好安全用电管理，保证变电配电间达到"四防"要求，输电线路、配电箱、漏电开关的选型正确、敷设符合规定要求；电气设备和照明灯具有良好的接地、接零保护，并在可能受雷击的场所设置防雷击设施。

8.6 重视个人自我防护，进入工地按规定佩戴安全帽。进行高空作业和特殊作业前，先要落实防护设施，正确使用攀登工具，安全带或特殊防护用品，防止发生人身安全事故。

8.7 按照防火防爆的有关规定设置油库、危险品库等临时性构筑物，易燃易爆物品堆放间距和动火点与氧气、乙炔的间距要符合规定要求，严格执行动火作业审批制度，一、二、三级动火作业未经批准不得动火，临时设施区要按规定配足消防器材。

8.8 开工前应同有关部门联系，得到详细的地下管线交底并进行排查，详细了解周边建筑物情况，对周边建筑物和地下管线采取切实可靠的保护措施。

9. 环 保 措 施

9.1 工地门口要求挂牌，画出施工现场总平面布置图，标明工程名称、建设、监理、设计、施工单位名称、工期、工程主要负责人姓名和监督电话，自觉接受社会监督。

9.2 施工场地采取全封闭隔离措施，工地主要出入口设置交通指令标志和示警灯，保证车辆和行人的安全。

9.3 施工现场设置以明沟、集水池为主的临时排水系统，施工污水经明沟引流、集水池沉淀滤清后，间接排入下水道。

9.4 加强土方施工管理，防止泥浆污染场地；废浆采用罐车装运外弃，严禁排入下水道或附近场地。

9.5 工地上配齐食堂、医务室、浴室、厕所和饮用水供应点等生活设施，并制订卫生制度，定期进行大扫除，保持生活设施整洁卫生和周围环境整洁卫生。

9.6 优先选用自动拌浆系统等先进环保设备，减少环境污染。

10. 效 益 分 析

软土地基双液注浆工法具有早期强度高的特点，可缩短注浆加固后的养护时间，对缩短总工期有很大贡献。而该工法在防水堵漏、保护建筑物和地下管线等方面的重要作用更是具有显著的经济效益和社会效益，随着地下工程的不断发展，软土地基双液注浆必定成为土层快速加固的主要方法和为地下工程保驾护航的重要手段。对于应用该工法的施工单位来说，只要管理得当，可确保净利润在 10％以上。

在采用自动拌浆系统的情况下，软土地基双液注浆工法的施工除少量由于湿钻或地面冒浆产生的废浆外，对环境的污染很少，浆液材料基本采用散装水泥有利于节能环保有利于节能环保。

11. 工 程 实 例

11.1 上海地铁 M8 线中兴路车站

上海地铁 M8 线中兴路车站位于上海市中兴路、西藏路交叉口，车站基坑围护采用地下连续墙结构。由于周边环境情况复杂，保护要求很高，为减少基坑开挖造成的围护结构和周边土体的变形，降低对周边环境的影响，在基坑端头井采用注浆方法对基坑内底部土体进行加固，加固范围为底板以下 3m，加固最大深度 18.8m，加固土体约 2200m³，设计加固土体强度静力触探比贯入阻力 $p_s \geqslant 1.2\text{MPa}$。

注浆采用软土地基双液注浆工法。由于加固区上部存在较硬土层，成孔采用钻机预钻一定深度后再振管的方式。注浆孔采用梅花形布孔，孔距 1.2m，排距 1.0m。考虑到工程对加固土体有早强要求，浆液采用水泥－水玻璃双液浆，浆液充填率 20％，注浆量 240L/m，单节注浆段设定为 33cm。最高注浆压力 1MPa，注浆流量 10～15L/min（单泵）。

注浆结束后根据规范和监理要求对加固区土体进行了现场静力触探试验检测，抽检结果加固土体比贯入阻力 p_s 均达到并超过设计要求。基坑开挖和结构制作期间，围护结构、周边建筑物和地下管线的变形均在受控范围。

11.2 上海苏州河西藏路桥

上海市苏州河西藏路桥工程为上海地铁 M8 线配套工程，是在原西藏路桥的位置上的新建桥梁，桥台建在老桥台上面。该桥梁建设是在冬季枯水期进行的，建设期间施工顺利，并顺利建成通车。在进入初夏雨季后，随着苏州河水位上升，发现北苏州河路桥洞下面的人行通道和混凝土路面有向上涌水现象。经施工单位、业主和有关专家分析，一致认为原因在于新老桥台结构之间未进行有效的防水处理，桥洞处的回填土方土质疏松，造成水位高于路面的苏州河水沿着新老桥台接缝、回填土空隙、路面缝隙涌出。针对这一情况，决定采用软土地基双液注浆工法对桥台新老接缝和其下部至地面的回填土进行充填加固。

由于回填土中存在建筑垃圾，注浆采用软土地基双液注浆工法阀管注浆法施工。注浆区域平面范围覆盖桥台区域，并与有可靠防水措施的防汛墙形成一定搭接，深度范围为桥台新老接缝以下 1.5m 至地面。由于施工场地限制，布置 2 排注浆孔，孔距和排距均为 1m，梅花形布置。由于在动水条件下施工，浆液采用水泥—水玻璃双液浆，浆液充填率 20%，注浆量 200L/m，单节注浆段设定为 33cm。最高注浆压力 0.5MPa，注浆流量 10～20L/min（单泵）。

注浆结束后消除了路面涌水现象，到目前为止已经过了 4 年多的时间，未再发现涌水情况。

11.3 上海地铁 11 号线曹杨路车站

上海地铁 11 号线曹杨路车站位于上海市曹杨路、中山路口，车站基坑围护开挖深度约 25m，采用地下连续墙结构。紧邻车站有一根 10 多年前修建的 ϕ3600 排水管道，限于当时施工方法限制，管道采用盾构法施工，管节为拼装预制钢筋混凝土管片结构，整体性差，特别是该管道位于砂质粉土中，对基坑围护和开挖施工的影响非常敏感。为保护这条排水管道，地下连续墙施工前在围护和管道间设置了型钢水泥土隔离桩。由于地质条件恶劣、围护与管道之间的距离太近，围护施工结束后管道最大沉降已达到 28mm，差异沉降超过 10mm。为保护 ϕ3600 排水管道，保证基坑开挖能继续顺利完成，采用了注浆方法对管道下部土体进行加固，目的在于补偿由于围护施工造成的土体损失，增加土体强度和刚度，少量恢复管道已发生的沉降和不均匀沉降。

注浆采用软土地基双液注浆工法中的阀管注浆法施工。注浆深度范围为管道下部 1.5～2m，孔深 12m，注浆孔延管道设置 1 排，孔距 1.5m，浆液采用水泥—水玻璃双液浆，注浆量根据管道抬高量实时控制。最高注浆压力 0.5MPa，注浆流量 10～15L/min（单泵）。由于直接在管道下部注浆，施工采取了严格的信息化施工管理，对管道抬升情况进行了即时监测，施工技术人员和监理在现场即时对注浆情况进行分析，随时调整注浆部位和技术参数。考虑到管道已发生较大的不均匀沉降，施工由沉降最大处向两边开展，以防止出现管道沉降曲线曲率半径减小的不利情况。

通过严格管理和精心施工，注浆效果显著，管道抬升量 5～16mm，缓和了沉降曲线，减少了沉降值和不均匀沉降值，在后续的主体结构开挖施工中管道沉降速率明显放缓，开挖引起的最大沉降值仅 6mm，沉降曲线稳定。

加筋水泥土地下连续墙工法

YJGF08—98 (2007~2008年度升级版-005)

上海隧道工程股份有限公司

张冠军　黄均龙　杨磊　张帆

1. 前　言

在上海市科委的支持下，上海隧道工程股份有限公司研究应用成功的加筋水泥土地下连续墙工法（即SMW工法），就是在水泥土搅拌桩中插入涂有减摩剂的H型钢，使支护结构即能挡土又能止水，该支护结构完成围护功能后，可起拔回收H型钢。

该技术成果获1998年上海市科技进步二等奖，被建设部、上海市建委列为1999年重点推广应用项目，获得国家级工法（编号YJGF 08—98），在上海、南京、天津地区的地铁工程、高层建筑等工程的地下深基坑围护施工中得到较广泛的应用。

随着国产三轴水泥土搅拌桩机的开发与普及应用，特别是在2005年，上海市为进一步规范与推广加筋水泥土地下连续墙工法，制定了上海市工程建设规范—《型钢水泥土搅拌墙技术试行规程》，同时该工法也被建设部列入2005年建筑业10项新技术之一，在一些省市与地区得到了进一步的推广应用，已产生了显著的经济效益和社会效益。

2. 工法特点

2.1 对周围地基影响小。就地与水泥固化剂搅拌，对邻近土体扰动较小，故不会产生邻近地面、房屋、道路或地下设施破坏等危害。

2.2 高止水性。随着多轴水泥土搅拌钻机钻掘和搅拌反复进行，可使水泥固化剂与土体得到充分混合搅拌，而且墙体全长无接缝，因而比传统的连续墙具有更可靠的止水性。其渗透系数为10^{-7}~10^{-8}cm/s。

2.3 多用途。能适应各种地层，可在黏性土、粉土、砂砾土、直径达100cm以下卵石层中应用。

2.4 大壁厚、大深度。成墙厚度可在650~1300mm之间，最大深度已达60m。

2.5 造价低，工期短，无环境污染。

2.6 可以全部采用国产化施工设备进行信息化施工，施工质量可保证。

2.7 除了结构需要插入的H型钢参于结构受力外，其他可回收的H形钢都可拨出重复利用，能节约钢铁资源。

3. 适应范围

3.1 施工区域相邻（已做过工程中最近距离仅为0.7m）建筑物或各类地下管线、结构等较近的工况。

3.2 需要隔水、防流砂和控制土体变形的围护工程。

3.3 任意平面形状、基坑开挖深度在15m以内的侧向挡土围护工程（随着搅拌桩施工深度、垂直成桩精度的提高与施工参数自动监测记录装置的配套应用，基坑开挖深度也可以相应提高）。

4. 工 艺 原 理

利用多轴水泥土搅拌机，用水泥作为固化剂与地基土进行原位的强制搅拌，插入涂有减摩剂的 H 型钢后，形成加筋水泥土地下连续墙墙体，用于深基坑开挖侧向挡土防水支护结构。

5. 施工工艺流程及操作要点

5.1 施工工艺流程
施工工艺流程见图 5.1。

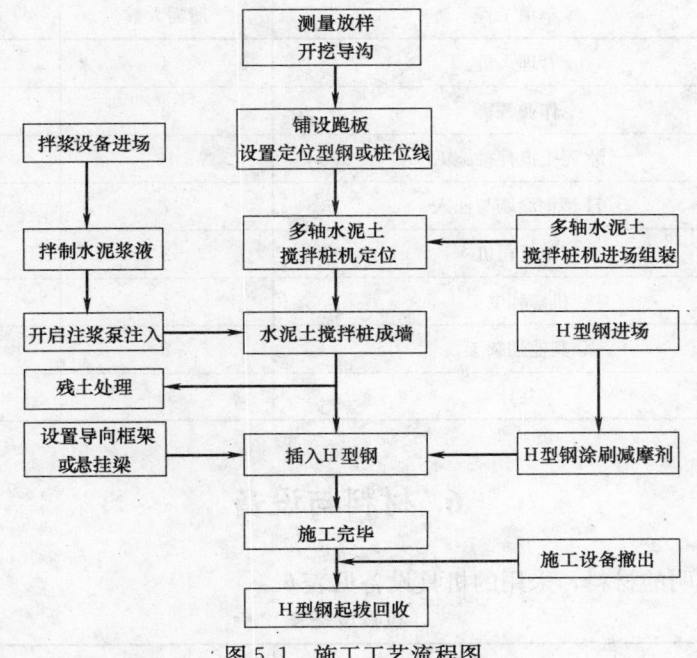

图 5.1 施工工艺流程图

5.2 操作要点

5.2.1 施工现场应进行平整，碾压及夯实，根据现场地坪情况，在桩机施工移动区域铺设路基箱或钢板，保证多轴水泥土搅拌桩机平稳移动与定位。

5.2.2 多轴水泥土搅拌桩机就位应正确，桩位偏差小于 5cm，调整桩架立柱前后与左右两个方向的垂直倾角不大于 $\pm 0.23°$，即桩架立柱垂直度偏差不大于 1/250。

5.2.3 水泥掺入比选用 15%～20% 范围，水灰比选用 1.2～2.0 范围，根据不同地质情况和工期要求可掺加不同类型外掺剂，在保证水泥土强度与 H 型钢插入前提下，水灰比宜选用小值。

5.2.4 水泥土搅拌机钻进搅拌下沉速度在黏性土时控制在 0.4～1m/min、在砂性土时控制在 0.4～1.5m/min，提升速度控制在 0.5～2m/min，速度要均速控制，并确保总水泥浆量均匀喷完。

5.2.5 优先采用无级变量注浆泵，对进场使用的注浆泵进行流量测试，在多轴水泥土搅拌桩机就位后，先进行水泥土搅拌桩试成桩，根据现场土质、水泥土搅拌桩的水泥掺量与注浆泵的实际流量，确定多轴水泥土搅拌机钻进下沉与提升速度等工艺参数，保证喷浆均匀、H 型钢顺利插入、水泥土强调指标与施工效率。

5.2.6 涂刷 H 型钢减摩剂时要严格按照产品操作规程作业，确保减摩剂层的粘结质量。

5.2.7 在三轴水泥土搅拌桩施工中，先施工搅拌桩与后施工搅拌桩应搭接一孔重复搅拌，桩与桩之间搭接施工应在 24h 内进行，若超过 24h，应在第二根桩施工时增加 20% 的注浆量，同时减慢搅拌头提升速度；若相隔时间太长造成桩间无法搭接时，应在设计认可下采用局部补桩或冷缝处钻孔注浆。

5.2.8 尽量在搅拌桩施工完成后 30min 内插入 H 型钢，若水灰比或水泥掺入量较大时，H 型钢的插入时间也可相应增加，在 H 型钢插入前必须检查其直线度、接头焊缝质量并确保满足设计要求。

5.2.9 H 型钢插入时要有定位装置，并校验 H 型钢插入时的垂直度，可依靠 H 型钢自重或借助一定的外力将 H 型钢插入水泥土搅拌桩内，必要时须设置 H 型钢悬挂梁或任何可以固定 H 型钢的装置，以免 H 型钢插入到位后再下沉或移位。

5.2.10 待地下主体结构完成并达到挡土强度后，采用专用液压起拔机回收 H 型钢，并根据环境保护要求对型钢拔出后形成的空隙及时注浆充填。

5.3 劳动力组织（见表 5.3）

劳动力组织情况表 表 5.3

序号	单项工程	所需人数	备　注
1	管理人员	4	
2	作业领班	2	
3	水泥土搅拌桩施工	13	
4	H 型钢涂刷与插入	7	
5	挖机司机	2	
6	机修和电工	4	
7	其他勤杂工	2	
	共计	34	按二班配置

6. 材料与设备

本工法无需特别说明的材料，采用的机具设备见表 6。

机具设备表 表 6

序号	设备名称	型号	单位	数量	备　注
1	步履式或履带式打桩架	JB160 步履式桩架 SF558 履带式桩架 DH-508 或 DH-608	台	1	悬挂三轴深层搅拌机
2	三轴水泥土搅拌机	650、850、1000	套	1	钻进与搅拌
3	履带式吊车	50T	台	1	吊放与插入 H 型钢
4	挖机	0.4m³	台	1	挖导向沟与挖运弃土
5	振动锤	—	台	1	辅助插入 H 型钢
6	空压机	6～9m³	台	1	辅助钻进搅拌
7	注浆泵	SYB-2X150/3 BW-200 或 W-320	台	3	压注水泥浆液一台备用
8	自动拌浆系统	Z-20	套	1	制备水泥浆
9	储浆桶	SS-400	台	2	防止水泥浆液沉淀
10	水箱	20m³	台	1	储水
11	电箱	200（A）	台	2	供电
12	电焊机	BX-3003-型	台	1	焊接
13	拔桩设备	—	套	1	H 型钢回收起拔

7. 质 量 控 制

7.1 工程质量控制标准

7.1.1 加筋水泥土地下连续墙施工质量执行上海市工程建设规范—《型钢水泥土搅拌墙技术规程》。水泥土搅拌桩成桩允许偏差按表 7.1.1-1 执行，H 型钢插入允许偏差按表 7.1.1-2 执行。

水泥土搅拌桩成桩允许偏差 　　　　　　　　　　　　　　表 7.1.1-1

序号	检查项目	允许偏差或允许值	检查频率		检查方法
			范围	点数	
1	桩底标高(mm)	+100 −50	每根	1	测钻杆长度
2	桩位偏差(mm)	50	每根	1	用钢尺量
3	桩径(mm)	±10	每根	1	用钢尺量
4	桩体垂直度	≤1/200	每根	全过程	经纬仪测量

H 型钢插入允许偏差 　　　　　　　　　　　　　　表 7.1.1-2

序号	检查项目	允许偏差或允许值	检查频率		检查方法
			范围	点数	
1	型钢垂直度	≤1/200	每根	全过程	经纬仪测量
2	型钢长度(mm)	±10	每根	1	用钢尺量
3	型钢底标高(mm)	−30	每根	1	水准仪测量
4	型钢平面位置(mm)	50(平行于基坑方向)	每根	1	用钢尺量
		10(垂直于基坑方向)	每根	1	用钢尺量
5	形心转角 ϕ(°)	3	每根	1	量角器测量

7.1.2 H 型钢需分段焊接时，应采用坡口焊接。对接焊缝的坡口形式和要求应遵照《建筑钢结构焊接技术规程》JGJ 81—2002 的有关规定，焊缝质量等级不应低于二级。

7.1.3 单根 H 型钢中焊接接头一般不宜超过 2 个，焊接接头的位置宜避免在型钢受力较大处（如支撑位置或开挖面附近），相邻 H 型钢的接头竖向位置宜相互错开，错开距离不宜小于 1m。

7.2 质量保证措施

7.2.1 由三轴水泥土搅拌机与打桩架组成的三轴水泥土搅拌桩机应符合下列要求：

1. 具有搅拌轴驱动电机的工作电流显示；

2. 具有打桩架立柱垂直度调整与显示功能；

3. 具有主卷扬机无级调速功能；

4. 在搅拌深度超过 20m 时，须在搅拌轴中部位置的立柱导向架上安装移动式定位导向装置。

7.2.2 注浆泵的工作流量应可调节，保证其实际流量与水泥土搅拌机的喷浆钻进下沉或喷浆提升速度相匹配，使水泥掺量在水泥土桩中足量分配。

7.2.3 应采用具有自动称量与水泥用量自动记录的自动拌浆系统，按设计要求控制水灰比，水泥浆搅拌时间不少于 2～3min，确保水泥浆的拌制质量，水泥浆液的配合比可用比重计检测。

7.2.4 在黏性土层施工中采用压缩空气辅助钻进搅拌，要考虑对水泥土强度的影响。

7.2.5 在水泥土搅拌桩施工中，要采取措施防止钻杆与搅拌叶片处结泥抱团而影响水泥土的搅拌质量。

7.2.6 为防止搅拌桩出现断桩，供浆必须连续进行。施工因故停浆，应在恢复注浆前将水泥土搅拌机提升或下沉 0.5m 后再注浆搅拌施工。

7.2.7 为了保证水泥土搅拌桩中水泥掺量的均匀性与水泥土强度指标，避免人为的操作误差，施工时可采用由上海隧道工程股份有限公司技术中心研制成功的三轴水泥土搅拌桩施工参数自动监测记录装置，可有效控制水泥土搅拌机钻进下沉与提升速度，监控注浆量、成桩深度与桩机立柱的垂直度，能有效进行施工质量的管理。

7.2.8　每台班抽查 2 根水泥土搅拌桩，每根桩做三联标准模水泥土试块三组，采用水中养护测定 28d 后无侧限抗压强度。

7.2.9　每班须做好施工记录，并填写每组桩成桩记录及相应的报表。

8. 安 全 措 施

8.1　认真贯彻"安全第一，预防为主"的方针，遵循国家颁发的施工现场安全规定与《建筑安装工程安全技术规程》，施工前多轴水泥土搅拌桩机空载工作正常后，进行带载试车，正常后方可进行正式施工。

8.2　工作风力大于 6 级时，桩机应停止使用，必要实还应加缆风绳给予固定。

8.3　水泥土搅拌桩施工时，严禁移动桩架。

8.4　多轴水泥土搅拌桩机、吊车、挖机进行施工作业时，应有专人指挥，进行移位、定位和 H 型钢插入等工作。

8.5　注意安全用电，工地内电线应理顺，不得乱拉乱挂。统一使用标准安全电箱，教育职工自觉遵守安全用电制度和持证上岗制，防止用电事故发生。

8.6　严格按照安全生产的有关条例进行施工作业，正确操作使用机械设备。对机械操作人员进行施工前培训，组织其熟悉设备性能、操作要点。

8.7　施工现场必须做到安全生产，生产不忘安全。进入施工现场必须正确戴好安全帽。施工现场要设有围栏、隔离墙。加强消防管理，按规定布置消防器材，杜绝火灾事故。

8.8　经常检查注浆管是否有破裂，防止泥浆溅出伤人。

8.9　建立完善的施工安全保证体系，加强对现场施工人员的安全、文明施工的宣传教育，提高其安全文明施工及自身保护意识；加强施工作业中的安全检查。

9. 环 保 措 施

9.1　将施工场地和作业限制在工程建设允许的范围内，合理布置、规范围档，做到标牌清楚、齐全，各种标识醒目，施工场地整洁文明。

9.2　筑好临时施工便道和排水沟，保证阴雨天气各种重型机械设备能正常作业。清除杂物路障，保持道路畅通、平整。

9.3　施工现场应由专人负责清扫，不任意排污。

9.4　加强施工现场的涌浆（土）弃土的管理，设置专用集土堆场，将施工过程中置换的土体泥浆置于其内，防止涌土泥浆外溢，待稍干后及时外运，保持施工现场的整洁。

9.5　使用自动拌浆系统，采用散装水泥进行水泥浆的拌制作业，杜绝普通拌浆时造成水泥粉尘飞扬、污染环境的情况发生。

10. 效 益 分 析

10.1　本工法采用特殊的多轴水泥土搅拌钻机就地对原状土进行注浆搅拌形成水泥土搅拌桩，并依靠自重在水泥土搅拌桩中插入 H 型钢。施工时无噪声、无振动、无泥浆污染；废土外运量比其他工法少；能在相邻建筑物或各类地下管线、结构等较近的工况区域旁施工，具有良好的社会效益。

10.2 本工法施工效率高。与钢筋混凝土地下连续墙和钻孔灌注桩相比，在不回收 H 型钢的前提下，其围护本身的费用仅为前者的 80%，和后者基本持平；若考虑型钢回收重复使用，其与地下连续墙相比，造价低 30%～40%；与钻孔灌注桩相比，造价低 20% 左右；若与沉井相比，造价低 35% 左右，具有很好的经济效益。

11. 应 用 实 例

11.1 南京地铁一号线珠江路站基坑围护工程中加筋水泥土地下连续墙工法的应用

该工程是南京地铁南北线一期工程珠江路站及附属结构基坑围护工程，位于南京市市中心中山路、吉兆营路交界处。基坑围护采用加筋水泥土地下连续墙工法进行围护施工，并由水泥土搅拌桩内插 H 型钢＋压梁＋围图＋水平钢支撑构成支护系统。基坑开挖深度 15.6～17.5m，局部最大深度达 19.7m。车站总长约 200m，标准段净宽 19.6m。该基坑主要埋设于粉质黏土中，局部存在较深厚的软～流塑粉质黏土。

加筋水泥土地下连续墙采用深 21m、22m、26.2m、28m、29.8m 的 φ850 三轴水泥土深层搅拌桩，内插 H700×300×13×24 型钢，有五种长度，分别为 21m、22m、26.2m、28m、29m，H 型钢的设置采用标准段"隔 1 插 2"与端头井处采用"隔 1 插 1"的形式。采用 32.5 级普通硅酸盐水泥，水泥掺入量为 20%，水灰比为 1.6～2.0，施工设备采用日本进口 PAS-200VAR 型三轴水泥土搅拌机，桩架采用步履式重型桩架。

为保证 H 型钢能顺利回收，在型钢的表面涂抹一层我公司研制的一种型钢回收减摩剂。基坑开挖后，墙体无渗漏，墙体变形与地面沉降控制在正常范围以内，符合设计与规范要求。施工过程中基坑稳定，邻近建筑物和管线未受到任何破坏，H 型钢拔出顺利，且 H 型钢的回收率达到了 98%，创造了加筋水泥土地下连续墙工法在我国深基坑工程应用中开挖最深的记录，取得了良好的经济效益和环境效益。

以南京地铁一号线珠江路站为工程载体，北京城建设计研究院、南京地下铁道有限公司、上海隧道工程股份公司联合开展了《SMW 工法在深大基坑中的应用技术研究》，获得了建设部 2008 年度华夏建设科学技术奖二等奖。

该围护工程于 2002 年 2 月开工，2002 年 6 月竣工。

11.2 上海上中路隧道浦东岸上段加筋水泥土地下连续墙围护工程

该工程是上海上中路隧道工程浦东岸上引导段围护工程。浦东岸上段上层长 408m，下层长 528m，西端是盾构工作井，中段是暗埋段，东端是敞开段。均采用明挖基坑顺筑结构的方法施工。根据基坑开挖深度不同，围护结构有钢筋混凝土地下连续墙、加筋水泥土地下连续墙和水泥土搅拌桩重力式挡土墙三种形式。

加筋水泥土地下连续墙总里程约 200m，长 42m 基坑两侧采用深 19m、21m 的 φ850 三轴水泥土搅拌桩内插 H 型钢作围护结构，长 58m 基坑两侧采用深 17m、16.3m、13.5m 的 φ650 三轴水泥土搅拌桩内插 H 型钢作围护结构，基坑开挖深达 6.5～9.2m。

插入水泥土深层搅拌桩内的 H 型钢规格为 H700×300×14×25 型钢（长 18.5m、20.5m）与 H500×300×11×18 型钢（长 17m、16.5m、13.5m），H 型钢皆为隔一插一，水泥土搅拌桩施工过程中采用套接一孔法进行。

搅拌桩水泥掺量为 20%，浆液水灰比控制在 1.8～2.0，采用下沉和提升时均注浆工艺，钻杆提升速度不大于 1.0m/min。基坑开挖后无渗漏水，基坑变形在允许花围内，基坑开挖情况良好，达到设计要求，主体结构完成后，H 型钢全部回收。

该围护工程于 2006 年 4 月开工，2006 年 5 月竣工。

11.3 上海东西通道 0 标结构围护工程加筋水泥土地下连续墙工法的应用

上海东西通道是上海井字形通道的重要组成部分，浦东段西起延安东路隧道浦东出口，东沿世纪大道、陆家嘴路、浦东大道，向东延伸至金桥路，地下道路全长约 6.1km。上海东西通道 0 标工程是上海浦东陆家嘴环路下立交复线基坑围护工程，该工程分银城东路与银城中路两个下立交复线工程。银城东路下立交复线全长 547m，银城中路下立交复线全长 466m，基坑开挖深度 0～12m，均采用明挖基坑顺筑结构的方法施工。根据基坑开挖深度不同，围护结构有加筋水泥土地下连续墙和水泥土搅拌桩重力式挡土墙两种形式。

在银城东路与银城中路下立交复线围护结构中，采用了加筋水泥土地下连续墙工法，ϕ850 三轴水泥土搅拌桩深 18～27m，ϕ650 三轴水泥土搅拌桩深 8.5～17m，分别插入 H 型钢作围护结构，水泥土搅拌桩方量约 22368.4m³，H 型钢用量约 4156t。

施工中确保加筋水泥土地下连续墙工法的施工质量，搅拌桩水泥掺量为 20%，浆液水灰比控制在 1.5～2.0，采用下沉和提升时均注浆工艺，钻杆提升速度不大于 1.5m/min，H 型钢皆为隔一插一，施工过程中采用套接一孔法进行。已开挖的基坑墙体无渗漏水，基坑变形在允许范围内，基坑开挖情况良好，达到设计要求，主体结构完成后，H 型钢全部回收。

该围护工程于 2008 年 3 月开工，2008 年 10 月竣工。

11.4 加筋水泥土地下连续墙工法在其他施工单位中推广应用实例——在上海地铁一号线上海南站改建基坑围护工程中的应用

上海铁路南站改建工程是上海 21 世纪标志性工程，也是上海市的重大工程，地下结构工程量大、周边环境复杂。围护形式主要采用钢筋混凝土地下连续墙、加筋水泥土地下连续墙等形式。在上海南站改建工程行包邮政通道、出入口通道与部分广场区域基坑围护工程中采用了加筋水泥土地下连续墙结构，基坑最大开挖深度约 16.5m。

由上海万康机械施工有限公司施工的 A 出入口改造、行包邮政联系通道、L1 线 B 区、L1 线 C 区、3 区与 5 区加筋水泥土地下连续墙围护结构，A 出入口处为深 21m 的 ϕ650 三轴水泥土搅拌桩中插入长 18.5m 的 H500×300 型钢；其余为深 22m、28.5m、29.5m、30.1m 的 ϕ850 三轴水泥土搅拌桩，分别插入长 21m、28m、29.5m 的 H700×300 型钢。水泥土搅拌桩方量共约 40360m³，H 型钢用量约 8329t。

基坑开挖后，加筋水泥土地下连续墙挡土止水效果好，在主体结构完成后，除了有部分 H 型钢因设计需要参与结构受力外，其余都起拔回收。

该围护工程于 2003 年 3 月开工，2004 年 7 月竣工。

地下连续墙液压抓斗工法

YJGF09—92 （2007～2008 年度升级版-006）

上海隧道工程股份有限公司

朱雁飞 张瑞昌 祝强 沈平欢 马传锁

1. 前 言

地下连续墙作为各类深基坑工程的挡土围护结构已经广为应用，上海隧道工程股份有限公司于 20 世纪 60 年代开始研究地下连续墙施工技术，70 年代初研制了国内第一台导杆式液压抓斗，并用于上海地铁试验段漕宝路矩形隧道工程，取得了成功。1990 年研制成 THL 液压抓斗。目前公司采用液压抓斗工法施工的轨道交通、越江隧道、建筑基础、防水堤坝等工程地下连续墙体积已超过 100 万 m^3，年施工能力达到 35 万 m^3 以上，墙体厚度 0.60～1.20m，最大墙深 65.5m，成槽垂直精度达 1/400～1/1000。

1992 年该工法申请成为国家级工法（工法编号：YJGF 09—92）。之后在该工法中进行了十字钢板止水接头等的技术创新和应用，工法关键技术"复杂地层条件下超深地下连续墙施工技术研究"课题于 2007 年 11 月通过上海市科学技术委员会鉴定，成果达国际先进水平，"扰动地层塌陷隧道原位修复综合技术"项目获 2008 年上海市科学技术二等奖。

2. 工 法 特 点

2.1 分槽段施工，速度快：槽幅平面长度一般在 2.6～8m，标准幅宽 6m；液压抓斗成槽效率高，一幅宽 6m、深 40m 的地下连续墙可以在 24h 内完成。

2.2 成槽垂直精度高：液压抓斗上设有倾斜仪和纠偏装置，可以随时监测、动态纠偏，控制成槽垂直度。

2.3 适应性强：能适应各种平面多边形的地下连续墙施工，多种液压抓斗能与导墙形成 0°～90° 的多角度进行开挖。

2.4 地下墙刚度大，阻水性好：可根据地下墙的功能不同设计不同的接头形式，目前最常用的有锁口管接头、工字钢接头和十字钢板接头，这些接头由于分别设置有止水和抗剪功能，使地下墙刚度大，阻水好。

2.5 对周围环境影响小、对场地要求低：作业噪声小、无震动、无污染，能接近构筑物施工，对周边建筑物、道路交通、地下管线等影响小、要求低，满足一台大型设备作业的场区即可完成一幅槽段。

3. 适 用 范 围

3.1 适用于地铁车站、越江隧道、地下厂房、地下车库、地下街、地下变电站、高层建筑地下室、防水堤坝、防渗墙体等深基础工程及围护结构，尤其适用于在城市密集建筑群区域中进行深基坑围护施工。

3.2 本工法尤其适用于 $N<60$ 的黏性土、砂性土及其他土层中挖掘成槽。

3.3 目前施工的地下连续墙最大深度为 65.5m，厚度为 1.2m。

4. 工 艺 原 理

地下连续墙液压抓斗工法是先在拟建地下连续墙的地面上施工钢筋混凝土导墙，然后使用液压抓斗成槽机械在导墙内及在泥浆护壁的条件下挖出一段长度、宽度和深度都符合设计要求的沟槽（即一个单元槽段），用超声波检测槽孔垂直精度，然后清除成槽后沉积到槽底部的土渣，进行接头处理保证接头防水要求，清孔使槽孔内泥浆指标满足规范要求，接着用起重机将事先在地面上制作好的钢筋骨架（即钢筋笼）吊装到槽内设计位置上，然后通过混凝土导管从槽孔底部开始逐渐向上浇灌混凝土，在保证埋管深度的前提下逐步拆除导管，同时将槽内泥浆置换出槽，等混凝土浇到设计标高，一个单元槽段的地下墙便浇筑完成。再用不同的墙体接头把各个单元槽段的地下墙连接起来，便筑成了钢筋混凝土的地下连续墙。

地下连续墙液压抓斗工法施工工序示意见图 4。

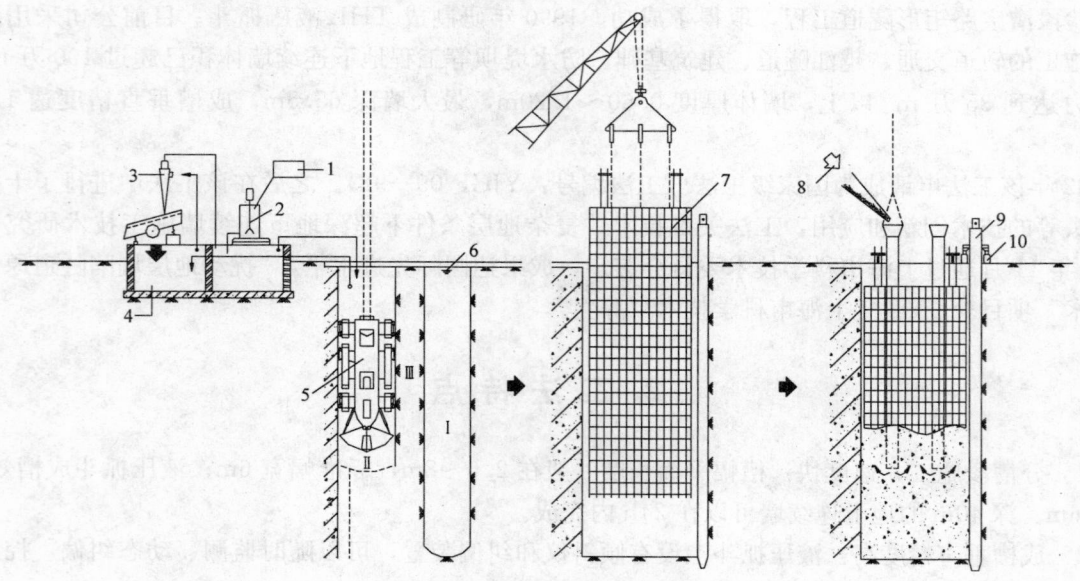

图 4　地下连续墙液压抓斗工法示意图

1—（投入）膨润土等；2—泥浆搅拌系统；3—分离系统；4—泥浆储存、循环系统；5—液压抓斗；6—护壁泥浆液位；
7—吊装钢筋笼；8—浇灌混凝土；9—接头工具；10—专用顶拔设备

5. 施工工艺流程及操作要点

地下连续墙液压抓斗工法施工流程见图 5。

5.1　导墙施工

5.1.1　地下连续墙成槽开挖前先要构筑导墙，导墙的作用除了在成槽中起一定的导向作用外，其主要作用为了满足以下几方面的施工要求：

1. 槽段分幅定位、固定接头工具。

2. 搁置入槽后的钢筋笼。

3. 承受施工过程中车辆设备的荷载，避免槽口坍塌。

4. 承受顶拔接头工具时产生的集中反力。

5.1.2　地下墙作为深基坑围护的导墙放样，应作适当外放（一般取成槽精度×地下墙深度）。（《上海市政地下工程施工质量验收规范》DG/TJ 08—236—2006 中第 4.8.4 章节）

5.1.3　导墙净尺寸要比设计槽厚大 4～6cm，导墙顶口比地面（路面）高 10cm，导墙的深度一般

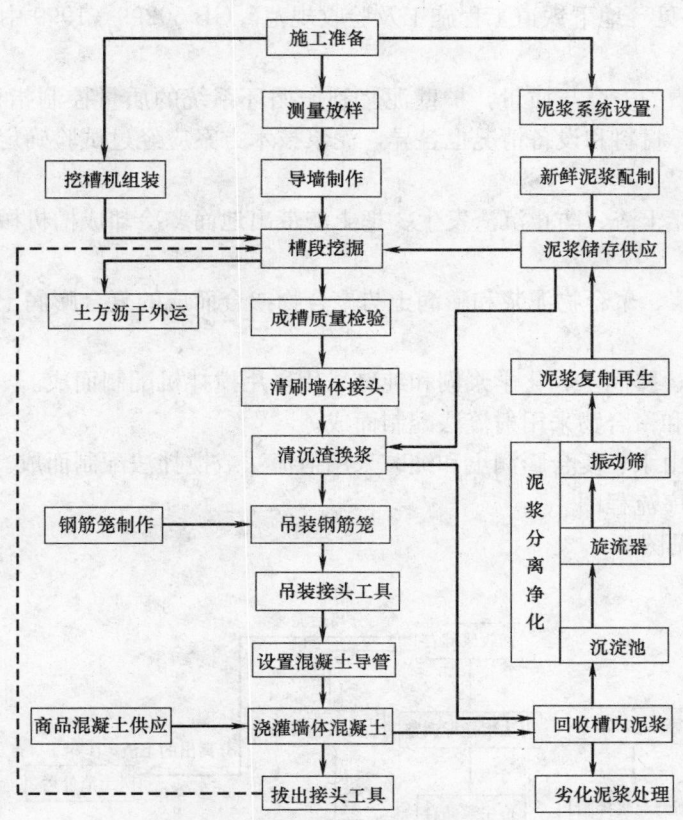

图 5　地下连续墙液压抓斗施工流程图

1.5m 以上,具体深度与表层土质有关,如遇有未固结的杂填土层时,导墙深度必须穿过此填土层,特别是松散透水性强的杂填土必须挖穿,使导墙坐落到稳定性较好的老土层上。(相关规范见《地下铁道工程施工及验收规范》GB 50299—1999 中第 4.2. 章节)

5.1.4　导墙的形式很多,可以根据工程情况选择预制钢筋混凝土或现浇钢筋混凝土结构,一般来说深度小于 3m 导墙可选用现浇倒 "L" 形,深度小于 5m 或地基基础较弱地层可选用 "〕〔" 型,深度大于 5m 可选用 "北" 字形钢筋混凝土导墙。图 5.1.4 的三种断面形式供参考。

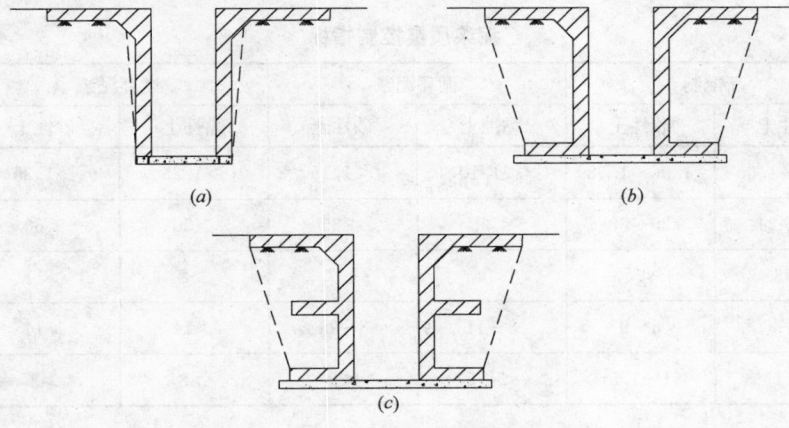

图 5.1.4　不同深度导墙结构示意图

(*a*) Ⅰ—Ⅰ深度小于 3m 导墙;(*b*) Ⅱ—Ⅱ深度小于 5m 导墙;(*c*) Ⅲ—Ⅲ深度大于 5m 导墙

5.1.5　现浇导墙构筑可采用单侧立模(外侧为土壁),在遇到软弱松散的表层土时,可先立模构筑导墙,再在外侧回填稳定性好的黏土(夯实)。预制导墙基坑底必须浇 10~20cm 素混凝土。

5.1.6　导墙结构应建于坚实的地基上,否则应采取技术措施予以改良,以保证成槽稳定和大型机

械运行安全。（相关规范见《地下铁道工程施工及验收规范》GB 50299—1999 中第 4.2. 章节）

5.2 泥浆系统

要保证液压抓斗成槽的安全与质量，护壁泥浆制作循环系统的质量控制指标是非常关键的。由于不同工程地质情况不同，材料和设备情况也各异，泥浆技术方案应经过试验确定。

5.2.1 泥浆作用

防止槽壁坍塌、悬浮土渣、防止沉渣发生、把土渣带出地面、冷却成槽机械等。

5.2.2 泥浆材料

可以使用膨润土泥浆、聚合物泥浆和膨润土与聚合物掺合而成的复合膨润土泥浆。

5.2.3 泥浆配制

1. 膨润土泥浆由水、膨润土、化学浆糊和纯碱采用采用搅拌机配制而成。

2. 聚合物泥浆由水和聚合物采用射流法配制而成。

3. 复合膨润土泥浆由水、复合膨润土和纯碱采用射流法或搅拌法配制而成。

4. 泥浆生产循环工序流程图

泥浆系统工艺图详见图 5.2.3。

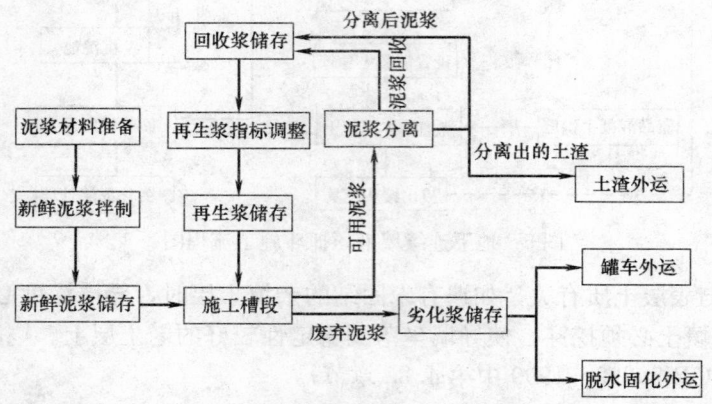

图 5.2.3 泥浆系统工艺流程图

5.2.4 液压抓斗成槽各阶段泥浆控制参数指标见表 5.2.4。

泥浆质量控制指标 　　　　　　　　　　　　　　　　　　　　表 5.2.4

泥浆性能	新配制		循环泥浆		废弃泥浆		检验方法
	黏性土	砂性土	黏性土	砂性土	黏性土	砂性土	
密度(g/cm³)	1.04～1.05	1.06～1.08	<1.10	<1.15	>1.25	>1.35	密度计
黏度(s)	20～24	25～30	<25	<35	>50	>60	漏斗计
含砂率(%)	<3	<4	<4	<7	>8	>11	含砂量仪
pH 值	8～9	8～9	8～11	8～11	>14	>14	试纸
泥皮厚(mm)	<1	1～1.5	<1.5	<2	>3	>3	泥浆滤过试验器

5.3 液压抓斗成槽

5.3.1 液压抓斗成槽的质量直接关系到围护结构的质量，因此必须根据不同的土层情况选择不同的成槽设备和成槽方式。

1. 当地下墙深度超过 45m 或土层 $N>50$ 时，液压抓斗直接成槽工效降低、垂直度掌控困难增加，建议采取辅助钻孔成槽工艺，即在地下墙接头位置钻一个直径同地下墙厚度、深度同地下墙深度的孔，然后液压抓斗直接沿着钻孔成槽以提高功效。见图5.3.1。

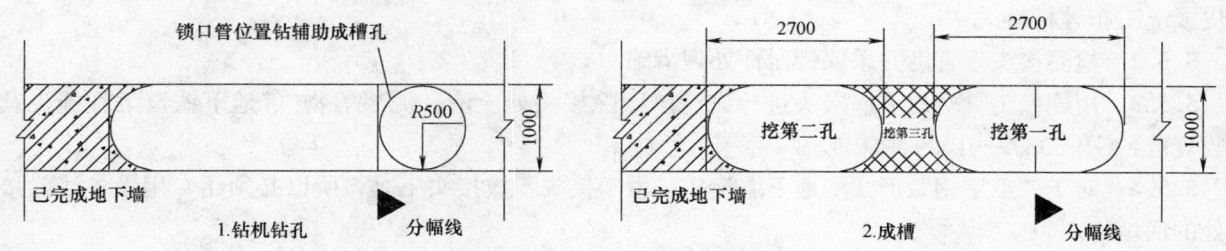

图 5.3.1　钻孔辅助成槽示意图

2. 地下墙深度小于 50m 时可采用日本真砂 MHL、德国宝峨、国产 SG 系列等液压抓斗成槽机进行成槽；地下墙深度超过 50m，建议采用德国利勃海尔 LIEBHERR 系列液压抓斗成槽机进行成槽。

5.3.2　当地质存在浅层砂性土且含水量较高时，直接成槽会引起塌方，因此必须对砂性土进行处理后方可以成槽，建议采取降水或土体加固措施固结砂性土后再进行成槽。

5.3.3　一般实际槽段长度一般为 2.8～8m（对上海地区而言），抓挖顺序见图5.3.3。

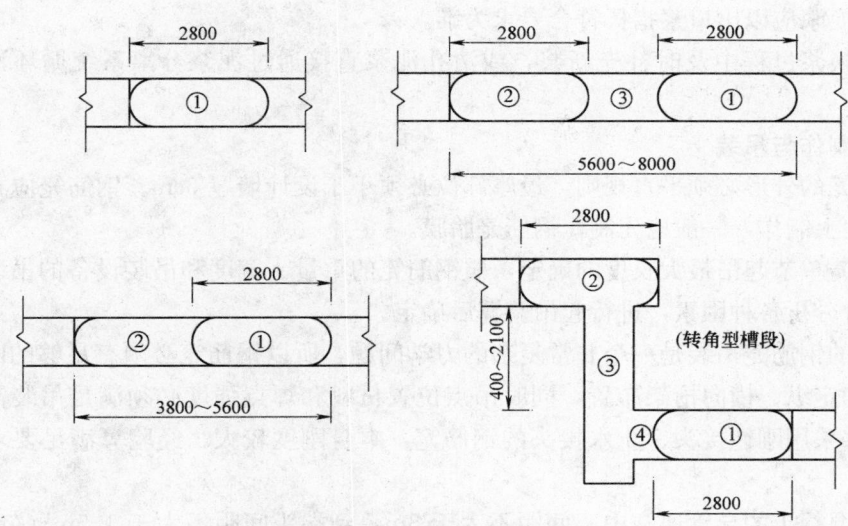

图 5.3.3　槽段长度与抓挖顺序示意图

5.3.4　为保证成槽质量，液压抓斗在开孔入槽前必须检查各种仪表、升降和液压系统是否正常。

5.3.5　抓斗全部入土前是控制成槽垂直精度的关键阶段，而且可能遇到土体硬度不均匀或浅层障碍，所以挖掘速度不易快。应拎直抓斗，半悬空开挖，使仪表显示精度保持在不少于 1/300（《上海市政地下工程施工及验收规程》DGJ 08—236—1999 第 4.2.3.3 章节）进行下放成槽。

5.3.6　整个成槽过程中，纠偏工作应随时进行，使显示精度保持在规范范围内。如果液压抓斗倾斜仪表是以抓土时的角度为 0 的话，如果一旦发生较大程度倾斜，纠偏时应注意做到"矫枉过正"，即显示精度恢复到 0 后反向还要进行纠偏，等到纠偏到符合要求后再继续正常开挖。

5.3.7　地下墙深度超过 40m，且遇较厚 N＞40 砂性土时，需采取防止液压抓斗被土体卡死的措施，建议将液压抓斗斗壳加厚 1～2cm，并严禁强行冲击下放。

5.4　地下墙成槽检测

5.4.1　成槽完成后用测绳检测成槽深度。

5.4.2　用超声波测斜仪器检测槽段深度、垂直度及是否有塌方或径缩现象。

5.5 地下墙接头处理

5.5.1 对于"工字钢"和"十字钢板"接头需在下放钢筋笼时候在接头处安装防止混凝土绕流的铁皮或土工布等材料。

5.5.2 检测接头垂直度并采取针对性处理措施。

5.5.3 用刷壁工具对地下墙接头进行刷壁，刷除接头处土渣、泥浆等物（《地下铁道工程施工及验收规范》GB 50299—1999 中第 4.7.4 章节）。

5.5.4 对于"工字钢"形式的地下墙接头，由于接头不放接头工具，所以必须用专用设备清除接头处的回填物。

5.6 扫孔

槽段成槽及接头处理完毕后，必须进行抓斗扫孔，以铲平抓接部位的壁面并抓除槽底沉渣。扫孔时应有次序的从一端向另一端铲抓，每次抓到设计标高后移动 50cm 继续扫孔。抓除槽底沉渣对减少墙体沉降极为重要，扫孔需在成槽完成至少 1h 后进行，以便能扫除更多的沉渣。

5.7 清孔换浆

5.7.1 扫孔结束后 1h 左右可以开始清孔换浆，一般采用空气提升器或反循环泵来完成。

5.7.2 清孔管底部距离槽底应控制在 20～30cm 为宜，并要间隔 1m 更换位置。

5.7.3 清孔换浆应以出口浆指标符合要求为准。

5.7.4 清孔换浆过程中及时补充新浆，或清孔泥浆直接通过泥浆分离系统循环，保持泥浆液面高度。

5.8 钢筋笼制作与吊装

5.8.1 钢筋笼的外形必须平直规则，最厚部位必须小于设计墙厚 5cm。钢筋笼应在经过水平和直角定位的平直场地上制作，一般应先制作钢筋笼胎膜。

5.8.2 钢筋笼单节起吊最大长度的确定，与钢筋笼的重量、宽度和吊装设备的吊装能力等多种因素有关，必须综合分析各种因素，进行起吊验算后确定。

5.8.3 庞大的钢筋笼吊装是一个非常复杂的力学问题，所以钢筋笼必须有足够的刚度。一般经过力矩平衡计算来确定纵、横向桁架布置，同时吊点位置材料和焊点强度必须满足吊装需要，并有一定的安全系数。有些采用刚性接头、止水接头的钢筋笼，本身刚度较大，经验算满足要求后也可不设纵向桁架。

5.8.4 浇灌混凝土的导管通常中心间距不大于 3m，到端头间距不大于 1.5m（《地下铁道工程施工及验收规范》GB 50299—1999 中第 4.6.3 章节）。导管保护仓四壁必须使用纵向导向钢筋，且导向钢筋接头处必须平滑，防止在浇灌混凝土过程中出现导管钩住钢筋头的事故。

5.8.5 钢筋笼吊装可以使用一台起重设备单机吊装，也可以使用两台起重设备双机抬吊，吊装钢筋笼必须由起重工负责指挥，确保安全吊装。

5.8.6 钢筋笼根据长度、宽度和重量的不同，可以分别采用 6 点、9 点、10 点、12 点、15 点等多种形式，吊装必须平稳、安全。

5.8.7 钢筋笼可整幅吊装，也可以分节吊装，可采用钢筋搭接、电焊连接、接驳器连接或其他机械连接等形式。图 5.8.7 为钢筋笼 10 点式吊装示意图。

5.8.8 钢筋笼必须顺利放入指定位置和标高，放钢筋笼遇到障碍严禁强行冲击下放，需对槽段进行妥善处理后再重新安放钢筋笼。

5.9 地下墙接头工具选择及安放

5.9.1 地下墙常用接头形式有锁口管接头、工字钢接头、十字钢板接头等。

5.9.2 锁口管接头形式地下连续墙的接头工具使用圆型接头管，十字钢板接头形式地下连续墙的接头工具使用反力箱，工字钢接头地下墙原则可不放接头工具，其接头处回填袋装石子或粘土。

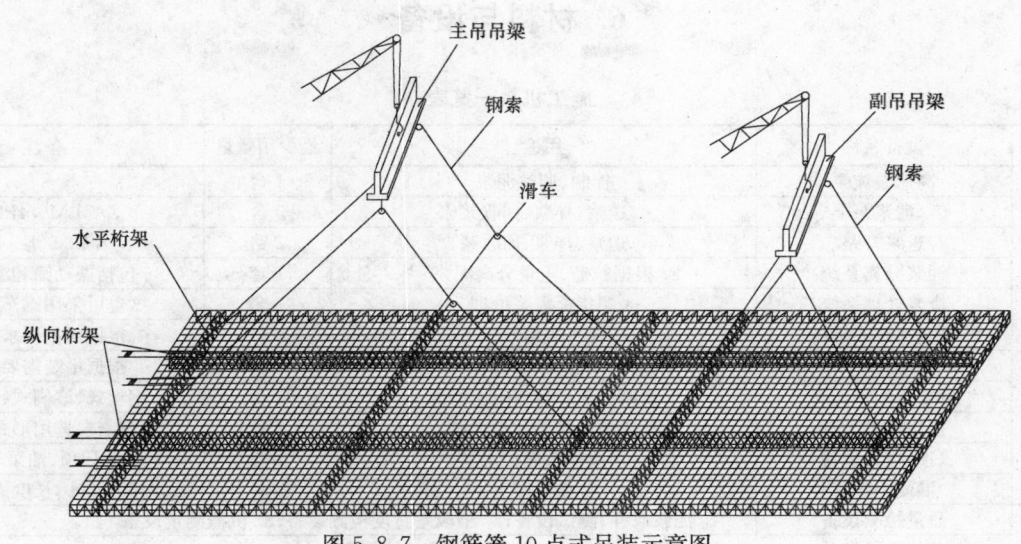

图 5.8.7　钢筋笼 10 点式吊装示意图

5.9.3　采用起重设备安放接头工具，接头工具插入槽底 30～50cm（《地下铁道工程施工及验收规范》GB 50299—1999 中第 4.7.2 章节）。

5.9.4　接头工具背侧回填石子或黏土，防止混凝土绕流。

5.10　浇灌混凝土

5.10.1　导管使用前必须做闭水实验，满足要求后使用。

5.10.2　混凝土浇灌导管的内径不宜太小，开始浇灌前，导管内必须放置一只直径与导管内径相同的球胆。

5.10.3　混凝土采用商品混凝土搅拌车直接卸料。供料必须连续，且每小时供应量不宜小于 20m³，坍落度一般控制在 180～220mm，和易性良好。

5.10.4　严格控制导管埋管深度，即要防止脱管现象发生但也不宜过深，埋管深度 2～6m。

5.10.5　混凝土不得溢出导管落入槽内。

5.11　顶拔接头工具

5.11.1　常用的锁口管接头和十字钢板止水接头均需要沉放接头工具，顶拔接头工具采用液压千斤顶拔，起重机械配合吊装、拆卸。

5.11.2　顶拔接头工具应根据不同气温和混凝土的初凝、终凝时间来定（应现场试验确定），确保不出现未初凝混凝土坍落或硬度太大造成摩阻力过大而导致接头工具无法拔出。

5.12　废弃泥浆处理

地下连续墙泥浆在循环使用中受混凝土碱性和其他因素影响会出现化学变化而部分劣化，劣化泥浆不应随意排放，一般采取以下三种方法来环保处理：

5.12.1　罐车运送到郊外指定地点，让其自然分解沉淀。

5.12.2　就地搅拌固化（加水泥、汞类或水玻璃等），然后作为弃土外运。

5.12.3　经固液分离系统处理成泥粒。固液处理程序如下：

1. 配药：根据劣化泥浆的膨润土浓度、悬浮物量、pH 值等指标，调整泥水性能，配置药液，使之絮凝。

2. 絮凝：把废浆送入造粒槽，并按顺序投入助凝剂和聚凝剂，混合后逐渐聚凝造粒。

3. 脱水：形成的绒体造粒物进入圆筛或脱水机，经旋转把水滤去，实现固液分离，形成含水量 50％～60％的土条。

6. 材料与设备

施工机具一览表   表6

序号		设备名称	用途	最少用量	备注
1	泥浆系统	高速漩流泵	拌制、调整泥浆	1台	
2		泥浆泵	送浆、拌浆、回收浆	5台	3LM 4PL
3		送浆管路	送浆、拌浆、回收浆	2路	4″、2.5″各一路
4		泥浆分离系统	根据粒经、重量分离泥浆	1套	包括振动筛和漩流器
5		废浆处理系统	超指标泥浆处理	1套	（也可采用罐车外运）
6	成槽、浇混凝土	液压抓斗成槽机	成槽	1台	根据成槽要求选用
7		起重履带吊	刷壁、吊装钢筋笼、起拔接头工具具	1台	根据吊装需要选用
8		刷壁器配钢丝绳	清刷已施工接头附着淤泥	1套	钢丝式、滚刷式、水冲式
9		接头保护工具	形成槽段接头和提供反力	2套	根据需要选用形式和长度
10		（顶）拔管设备	顶拔接头保护工具	1套	千斤顶、油泵车等
11		混凝土导管	浇灌混凝土	2套	φ180～300，长度满足槽深
12	其他	质量检测设备	1. 泥浆取样、测试设备；2. 槽段垂直度检测设备；3. 沉渣测定设备		
13		其他必备设备	1. 钢筋加工设备；2. 混凝土供应系统等		

7. 质量控制

7.1 工程质量控制标准

地下连续墙液压抓斗工法执行的标准和质量要求有：国标《地下铁道工程施工及验收规范》GB 50299—1999、国标《建筑地基基础工程施工质量验收规范》GB 50202—2002、上海市工程建设规范《市政地下工程施工质量验收规范》DG/TJ 08—236—2006、上海市工程建设规范《地基基础设计规范》DGJ 08—11—1999 等。

地下连续墙允许偏差按表 7.1 执行。

地下连续墙允许偏差表   表7.1

序号		检查项目	允许偏差或允许值	检查数量		检验方法
				范围	点数	
1	导墙	导墙轴线平面偏差(mm)	≤±10	每施工段	2	拉直线尺量
2	泥浆	新鲜"泥浆"比重	≥1.05	每30m³	1	泥浆比重仪
3		清孔后槽内"泥浆"比重	≤1.15	槽内上部、中部和离槽底200mm处	3	
4	成槽	垂直度	3/1000	每幅槽段	3	超声波仪器或成槽机上监测系统扫描
5	钢筋笼	厚度(mm)	0～10	每幅钢筋笼	3	尺量
6		长度(mm)	±50		3	
7		宽度(mm)	—20		3	
8	混凝土浇灌	混凝土坍落度(mm)	180～200	每幅槽段	3	坍落度筒
9		混凝土扩散度(mm)	340～380	每幅槽段	3	
10		浇灌过程中导管埋入混凝土深度(m)	1.5～3	每车混凝土	1	测绳
				每拆一次导管	1	
11	成墙	混凝土强度等级	符合设计要求	每幅槽段	1	检查混凝土抗压抗渗报告
12		混凝土抗渗等级	符合设计要求	每5幅槽段	1	

7.2 质量保证措施

本企业施工时除了参照上述标准外，还根据设计部门特殊要求及工程各种特点进行了针对性修改和补充，如针对不同土层而采用针对性泥浆指标、不同接头形式对地下墙接头处理要求和防止墙面接缝渗漏、超长、超重钢筋笼吊装要求、超深地下墙成槽针对性措施等。

7.2.1 辅助钻孔成槽：辅助钻孔成槽时采取的钻孔精度要小于 1/300，可采用正、反循环的回转钻机或旋挖钻机成孔，成孔后可回填松土或置换孔内泥浆。

7.2.2 地下连续墙成槽精度要小于 1/300，液压抓斗成槽机必须具有纠偏装置，随挖随纠。

7.2.3 在遇有较厚粉细砂地层时，可适当提高粘度指标，但不宜大于 45s。

7.2.4 泥浆比重：在地下水位较高，又不宜提高导墙顶标高的情况下，可适当提高泥浆比重，但比重不宜超过 1.15，并采用掺加重晶石的技术措施。

7.2.5 钢筋笼吊装时路基要坚实，吊车起吊能力满足吊装安全系数要求，钢筋笼下放必须保持缓慢、垂直、平稳，避免碰擦土壁，引起土壁剥落，严禁强行冲击下放。

7.2.6 深度超过 40m 地下墙，钢筋笼放好后至开始浇灌混凝土的间隔时间可适当延长至 6h 左右。

7.2.7 混凝土浇灌：正常浇灌混凝土时候埋管深度可控制在 2～4m，最大情况下不超过 6m，在浇灌即将结束时，由于导管内外压差减小，浇灌困难，埋管深度可控制在不少于 1m。

7.2.8 地下墙接头工具安放必须垂直，不能大于 1/300，接头工具安放完成后的背侧空隙里应该回填石子或黏土填充，防止混凝土绕流。

7.2.9 顶拔接头工具必须在底部混凝土初凝后开始（约混凝土开始浇灌 4h 后），以后每间隔 5～10min 顶升一次，待地下墙顶部混凝土终凝后将接头工具全部拔出，如接头工具拔不出或拔断则必须对该条接缝采取补强措施。

7.2.10 混凝土浇灌高度：要超过设计标高 30～50cm（《地下铁道工程施工及验收规范》GB 50299—1999 中第 4.6.4 章节）。

7.2.11 每幅地下连续墙施工完成必须按照隐蔽工程要求做好施工记录。

8. 安 全 措 施

液压抓斗施工地下墙，除参照常规的建筑工程和地下工程施工安全规程外，还需注意以下几点：

8.1 贯彻执行安全生产方针，强化"谁承包，谁负责"的原则，实行安全责任制。

8.2 工程实施前，进行安全生产的宣传教育，组织职工学习国务院、市、局、公司颁发的关于安全生产的《规定》《条例》和《安全生产操作规程》，并要求职工在施工中严格遵守有关文件的规定。

8.3 结合分部、分项施工的特点，实施安全技术交底，操作人员签证认可，并保持记录。

8.4 认真贯彻"安全第一、预防为主"的方针，根据国家有关规定、条例和施工单位实际情况及工程特点，组成由项经部经理、项经部专职安全员、施工队和班组兼职安全员以及工地安全用电负责人参加的安全生产管理网，全面执行安全生产责任制，抓好本工程的安全生产工作。

8.5 成槽时应有专职指挥，在转向时必须注意尾部的电源线是否钩碰，并检查各种线缆是否存在损伤。

8.6 成槽暂停时，应把抓斗提出地面停放，较长暂停时应将设备转移到远离测定 10m 以外的地方。

8.7 抓斗入槽和出槽前提升速度不宜太快，放置抓斗钩住导墙底部造成设备事故，也可壁面产生过大漩流和负压使壁面坍塌。

8.8 整个过程中必须时刻注意防止泥浆劣化，特别是导墙内有渗漏水流或遇到大雨天气时。入泥浆劣化超过允许值或墙体出现坍塌现象、未更换好浆或采取有效措施前抓斗不得入槽，以免抓斗被埋槽中。

9. 环 保 措 施

9.1 施工现场应由专人负责清扫，不任意排污，加强现场泥水管理，指定专人负责，开挖和及时回填各种排浆沟，杜绝泥水外溢，保持场地干燥、平整。

9.2 根据地下墙施工特点，加强施工场地的废泥浆、临时渣土存放管理，固定临时排浆池和集土坑，保持施工场地的整洁。

9.3 在现场采取洒水等措施，减少扬尘。

9.4 尽量选择低噪声的施工设备，控制施工噪声；

9.5 车辆进出工地，作好保洁和冲洗工作。

9.6 施工过程中采用全封闭围墙，防止扬尘污染；

9.7 施工过程中保护周围管线和构筑物的安全及正常使用。

10. 效 益 分 析

10.1 由于液压抓斗有垂直精度显示和纠偏装置，槽段垂直度较有保证，可以大大减少为保证结构内净尺寸而预留的施工外放余量，减少浪费。

10.2 液压抓斗和履带吊配合可以成槽或拆分吊物，提高设备利用率。

10.3 液压抓斗成槽为干出土方式，可以节约大量的泥水处理费用和能源，并减少社会污染。

10.4 液压抓斗安装和拆卸方便，正常情况下进场 1d 即可拼装和调试完成，开始工作。施工速度较快，一般单机每班（8h）可以成槽 200m³ 左右，工效快，大大降低了工程成本，提高工程的竞争力，对工期紧的工程尤其适用。

10.5 现在许多液压抓斗成槽机已经可以施工深度达到 70m，适用范围更广，而且占地小、对周边影响小，比铣槽机价格低廉，综合比较较为经济实用。

11. 应 用 实 例

自地下墙工法应用到正式工程以来，本公司采用液压抓斗工法已经施工地下墙工程数十个，墙的最大深度为 65.5m，墙厚有 30cm、60cm、80cm、100cm 和 120cm 共 5 种规格，墙的接头形式有接头管、钢筋混凝土预制接头桩接头、"V"形钢板接头、各种形式的刚性接头等多种形式，据不完全统计，工程总量超过了 100 万 m³。以下例举其中 5 个典型工程。

11.1 上海轨道交通 4 号线修复工程

11.1.1 工程概况

本工程是为原上海轨道交通四号线浦东南路车站～南浦大桥站区间隧道损坏部分修复而实施的。工程位于黄浦区中山南路、董家渡路路口，东侧侵入黄浦江约 60m，西侧距离南浦大桥上匝道 1.1m，分为三个基坑进行明挖施工，东、西、中三个明挖基坑长度分别为 174m、62.5m 和 27m，四个横向断面均在清除掉损坏隧道管片并旋喷的情况下成槽。基坑端头井挖深 41.3m，标准段挖深约 38m，采用深 65.5m、厚 1.2m 地下连续墙围护，地下连续墙采用"十字钢板"防水接头。见图 11.1.1 四号线修复工程地下墙平面图。

本工程上部为扰动过的土层，下部为砂质粉土层，N＞50，见表 11.1.1 土层情况分布表。

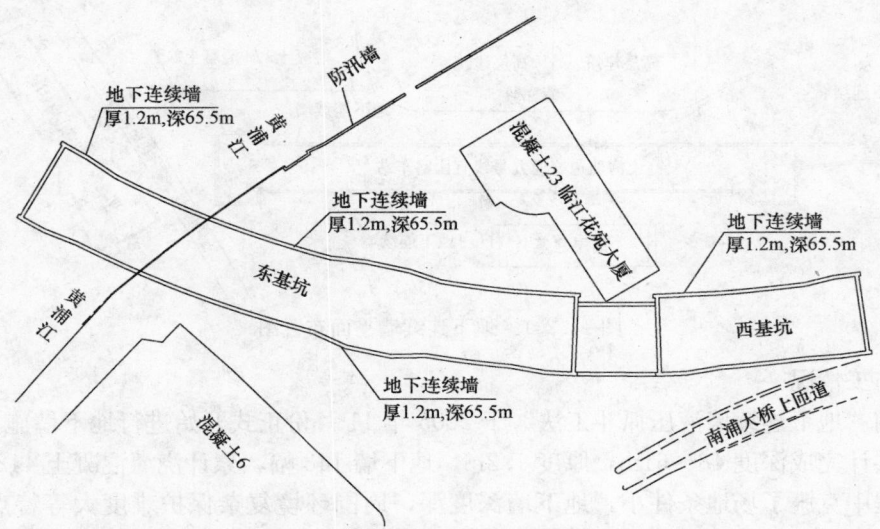

图 11.1.1　四号线修复工程地下墙平面图

土层情况分布表　　　　　　　　　　　　　　　　　　　　　　　　表 11.1.1

层号	地层名称	层厚（m）	底层标高（m）	标贯 N
①	杂填土	6～2	−2.14～2.23	
②2	灰色黏质粉土	10.5～13.6	−12.64～−11.37	5
⑤1	灰色黏土	3.5～5.1	−16.47～−16.14	
⑤2	灰色粉质黏土	3.9～4.5	−20.64～−20.37	
⑥	暗绿色粉质黏土	4.3～4.4	−24.94～−24.77	
⑦1	砂质粉土	8.5～9.2	−34.14～−33.27	36
⑦2	粉细砂	未钻透	未钻透	50

11.1.2　施工情况

本工程采用"地下连续墙液压抓斗工法于"2004 年 8 月正式施工到 2006 年 3 月全部完成，共完成 157 幅地下墙，浇灌地下墙混凝土 49255m³。该工程基坑开挖深度与地下连续墙的深度均创软土地基国内之最。又由于地层经过了沉陷，坍塌等严重扰动，土层中埋入大量复杂的障碍物，因此地下连续墙施工面临极大的挑战与风险。工程中克服了如下难题：①浅层障碍物的清理与深层障碍物的切割清理并加固后的地下墙成槽；②严重扰动土层的成槽精度与槽段稳定性问题；③超深超硬土层成槽设备的能力与成槽效率问题；④地下连续墙的接头形式与质量保证问题；⑤超长接头工具的顶拔问题等等。地下墙的施工过程、垂直精度、强度指标和防渗漏效果都达到了设计要求，基坑开挖过程中地下墙接缝处没有出现明显渗漏点，地下连续墙和基坑均一次验收通过，施工质优良，无安全产生事故发生，得到了各方的好评。

本工程涉及的"复杂地层条件下超深地下连续墙施工技术研究"于 2007 年 11 月通过了上海市科技委员会验收。

11.2　上海轨道交通 9 号线宜山路车站工程

11.2.1　工程概况

宜山路站为地下四层岛式车站，是目前上海城市地铁埋设深度最大的车站，位于中山西路、宜山路路口，车站主体结构地下墙厚 1.2m，车站总延长米约 300m，共分四块区域进行施工，有深 51m、48m、62m 和 61m 等四种规格，共计 143 幅地下墙，采用"十字钢板"防水接头。地下墙墙趾标准段插入⑤3 层粉质粘土中，端头井插入⑤4 层或⑦2 层砂质粉土中。地下墙接头采用止水效果良好的"十字钢板"接头。见图 11.2.1。

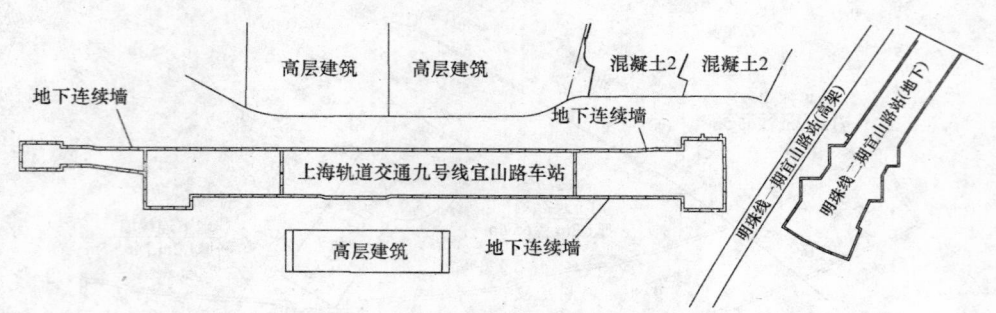

图 11.2.1　地下连续墙平面布置图

11.2.2　施工情况

本工程采用"地下连续墙液压抓斗工法"于 2005 年 11 月份正式开始进行地下墙施工到 2006 年 10 月施工完成，共计完成深度 48～61m，厚度 1.2m，地下墙 143 幅，累计浇灌混凝土 44295m³。

在施工过程中克服了场地条件小，地下墙深度深，周围环境复杂保护难度大等特点，充分发掘了液压抓斗工法的各个优势和进行创新，一步步克服了工程难点，平均施工速率为 1.6 天/幅，地下连续墙施工质量优良，基坑开挖后围护质量获得一次性验收通过，基坑开挖安全、顺利。

11.3　上海轨道交 10 号线空港一路车站工程

11.3.1　工程概况

空港一路站位于长宁区境内，地处空港一路和空港二路的迎宾五路上，为中间地下二层的岛式车站。

空港一路站标准段外包宽度为 20.2m，端头井外包宽度为 24.4m，全长 158m，本车站标准段及端头井地下连续墙厚度均为 800mm，墙深为 31.4～35.6m，入土比约为 0.74～0.82，标准段、端头井地下墙之间的接头采用锁口管形式。地下墙混凝土设计强度为水下 C30，抗渗等级为 S8。为了控制地下连续墙的竖向沉降量，需在每幅地下墙内布置 2 根压浆管，插入墙底下 0.5m，压浆范围为地下墙下 1.5m。见图 11.3.1。

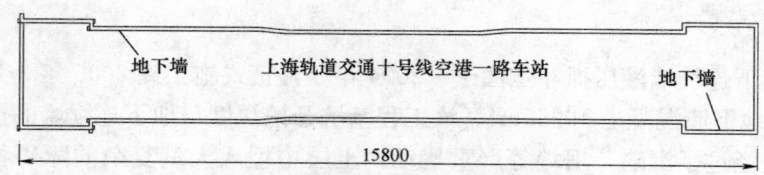

图 11.3.1　地下墙施工布置图

11.3.2　施工过程

本工程采用"地下连续墙液压抓斗工法"于 2008 年 1 月正式施工到 2008 年 4 月完成，共计完成所有 66 幅地下墙，共计浇灌混凝土 9241m³，施工全过程处于安全、稳定、快速、优质可控状态，在整个基坑开挖过程中地下墙变形控制在设计规定范围之内，地下墙没有渗漏水现象，工程质量优良，无安全事故发生。

11.4　青草沙水源地原水工程长江原水过江管工程

11.4.1　工程概况

青草沙位于长江口长兴岛北侧江心，是一片面积约 70km² 的滩地沙洲。勘察揭示 75.5m 深度范围内的土层按其成因类型可划分为 8 层，其中第①、②、③、④、⑤、⑦、⑨层土根据土性和工程性质的差异又可细分为若干亚层。

本工程过江管道位于浦东的工作井，基坑平面是一个 30m×30m 的正方形，作为盾构始发井。地下墙共分为 28 幅单元槽段，宽度为 2.6～5.3m 不等；地下墙厚为 1.2m，深度为 59m，接头形式采用十字钢板形式；基坑开挖深度为 35.9m，地下墙总方量约为 8383m³。地下连续墙平面布置见图 11.4.1。

11.4.2　施工过程

本工程采用"地下连续墙液压抓斗工法"于 2007 年 4 月正式施工到 2007 年 7 月完成，共计完成所有 28 幅地下墙，共计浇灌混凝土 8383m³，施工全过程处于安全、稳定、快速、优质可控状态，在整个基坑开挖过程中地下墙变形控制在设计规定范围之内，地下墙没有渗漏水现象，工程质量优良，无安全事故发生。

11.5 青草沙原水工程 5 号沟泵站工程

11.5.1 工程概况

泵房工程位于浦东新区曹路镇五号沟地区，包括盾构工作井，配水渠、前池、吸水池及阀门井。东西向对称布置，平面呈矩形，尺寸为 89.2m×135.2m。

泵房采用基坑开挖施工，基坑分 A1 以及 A2 两区域，A1 区域为盾构工作井，平面外包尺寸为 28.1m×

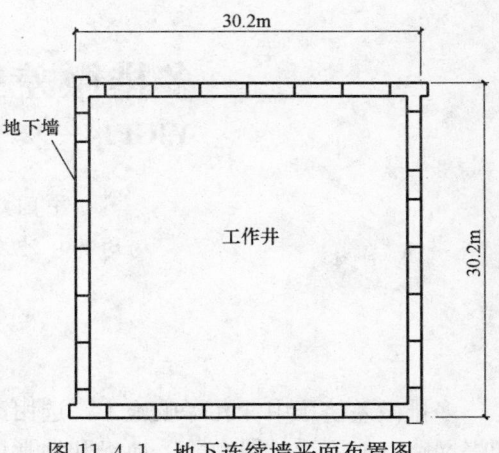

图 11.4.1　地下连续墙平面布置图

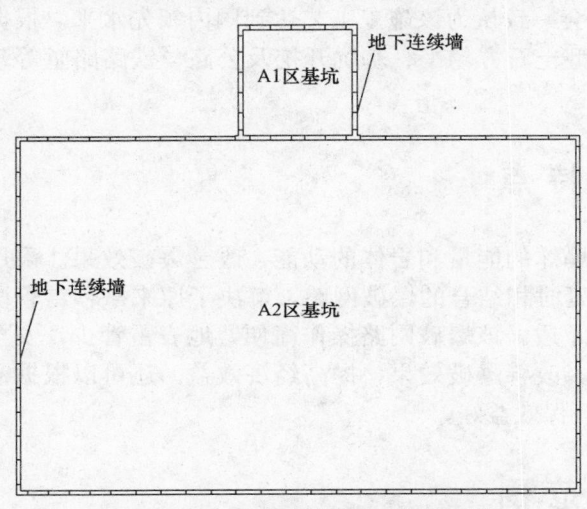

图 11.5.1　青草沙泵站地下墙布置图

28.4m，开挖深度为 24.95m。A2 区域包括泵房的配水渠、前池与吸水池，基坑呈矩形，平面尺寸 89.2m×135.2m，开挖深度为 21.2m。

A1 区域地下墙深度为 42m，共 20 幅，槽段深入⑦层粉细砂层；A2 区域地下墙深度为 36.2m，共 72 幅。地下连续墙的接头形式采用柔性锁口管接头。见图 11.5.1。

11.5.2 施工过程

本工程 2008 年 7 月正式施工到 2008 年 9 月完成，共计完成所有 92 幅地下墙，共计浇灌混凝土 18995m³，施工全过程处于安全、稳定、快速、优质可控状态，在整个基坑开挖过程中地下墙变形控制在设计规定范围之内，地下墙没有渗漏水现象，工程质量优良，无安全事故发生。

多排微差挤压中深孔爆破工法

YJGF14—92（2007～2008 年度升级版-007）

中国建筑第二工程局有限公司

杨均英　沙友德　欧阳建华　张洪雨　周文

1. 前　言

多排微差挤压中深孔爆破施工，选用高风压钻机成孔，低段别导爆管非电毫秒延时雷管组成新型起爆网路，能不受梯段台阶、地势和地形的影响，应用范围广，并能有效控制爆破振动、飞石和噪声的影响，做到绿色施工，保护自然生态环境。该工法是在 2001 年正式立项，2008 年 12 月正式完成，2009 年 4 月通过中建总公司科技成果鉴定，鉴定委员会一致认为该施工工艺达到国内领先水平。根据科技查新结果，国内目前没有同类工法。该工法在大型土石方场平、基坑开挖及公路、铁路路堑等基础设施建设项目的工程爆破施工中得到广泛的采用。

2. 工 法 特 点

多排微差挤压中深孔爆破施工工法，能充分利用爆炸的能量和岩体的动能，改善爆破效果。采用导爆管毫秒雷管起爆系统组成的孔内延时和孔内、外延时相结合的爆破网路，解决了原来毫秒雷管段别不够，高段别毫秒延时雷管延时时间长、精度低的矛盾。该爆破网路操作简便，地表雷管少，安全性好，延时时间控制更加准确，分段数可以是任意数，改善爆破效果，提高经济效益。还可以根据需要实施连续钻孔、分区爆破，流水交叉作业，经济、环保效益好。

3. 适 用 范 围

适用于各种岩质条件下的露天石方、沟槽基坑及路堑的中、深孔爆破工程；对个别参数进行调整后，也可用于城镇浅孔爆破和复杂环境深孔爆破工程。

4. 工 艺 原 理

利用两个或两个以上段别的导爆管毫秒雷管，构成任意排数孔外或孔内、外延时相结合的导爆管延时起爆网路。一是前排孔爆破作用在四周岩石中产生的应力波尚未消失时，后排孔立即起爆，两组爆破的应力波叠加，加强了破碎效果；二是前排孔爆落的岩石飞起尚未飞散回落时，后排孔爆下的岩石也向刚形成的自由面方向飞散，但前后排孔爆落的岩石运动速度没有规律，这样前后排岩石互相挤压、碰击产生二次破碎，从而达到充分破碎和有效控制爆破有害效应的目的。

5. 施工工艺流程及操作要点

多排微差挤压中深孔爆破的工艺流程，如图 5 所示。

平整工作面 → 孔位放线 → 钻孔 → 孔位检查 → 装药 → 堵塞 → 网路联结 → 爆破警戒和信号 →

击发起爆 → 爆后检查 → 解除警戒 → 爆破记录、总结

图 5　中深孔爆破工艺流程图

5.1 平整工作面

平整工作面采用手风钻或其他小型钻机凿眼，浅孔爆破，机械整平。台阶宽度应满足钻机安全作业、移动自如。

5.2 孔位放线

根据设计要求，测量放出孔位孔深。布孔从台阶边缘开始，为确保钻机安全作业，边孔离台阶边缘要有一定距离。炮孔要避免布置在被震松、节理发育或岩性变化大的岩面上。如遇到这些情况时，可以调整孔位。调整孔位时，要注意抵抗线、排距和孔距之间的相互关系。

5.3 钻孔

钻孔要严格按照设计参数和技术交底的要求，掌握"孔深、方向和角度"三大因素。视施工面情况从台阶边缘开始，先钻边、角孔，后钻中部孔。如在钻孔工作面有 1～2m 被震松的岩层时，在钻孔过程中要灌入泥浆，慢慢转动钻杆，把泥浆压入孔壁的裂缝中，确保能成孔。钻机移位时，要保护成孔和孔位标记。钻孔结束后应及时将岩粉吹除干净，并用草袋封堵好孔口，保证炮孔设计深度，并作好记录。

5.4 孔位检查

装药之前，要对各个孔的深度和孔壁进行检查。孔深用测绳系上重锤测量；孔壁检查用长炮棍插入孔内检查堵塞与否；孔位是否在特殊地质的岩层上。检查测量时一定要做好记录。

5.5 装药

装药为手工操作，条件允许时也可采用装药车装药。装药采用连续柱状装药结构，也可以采用间隔装药结构。装药前应对炮孔周围进行清理，防止装药过程中石块或其他杂物落入孔中；装药时，每个药包一定要装到设计位置，随时检查，严防药包在孔中卡住，以免出现拒爆。当炮孔中有水时，应对炸药包采取防水措施或选用乳化炸药。当炮孔在特殊地质的岩体上时，应严格控制装药量。

5.6 堵塞

多排微差挤压中深孔爆破，必须保证堵塞长度和堵塞质量，以免造成爆炸气体往上逸出而影响爆破效果和产生飞石。堵塞材料选用钻孔排出石屑粉末、细砂土。如情况特殊，还可在孔口上部用沙袋堆高，使其增加堵塞长度，确保不产生爆破危害。在堵塞过程中，一定要注意保护好孔内的塑料导爆管。

5.7 网路联接

按爆破网路设计要求，应优先用塑料联通管等接头元件联接爆破网路，其次也可将导爆管和导爆非电雷管捆扎联接。联接时，要求每个接头必须联接牢固，传爆雷管外侧的若干根塑料导爆管必须排列整齐。导爆管末梢的余留长度不小于 10cm。雷管聚能穴严禁对准被引爆的塑料导爆管。

5.8 爆破警戒和信号

爆破警戒范围按爆破安全规程和设计要求决定。在爆破警戒范围边界线上，要设置足够数量的安全警戒哨，使所有通道处于监视之下，防止人员、机械误入危险区。

预警信号：该信号发出后爆破警戒范围内开始清场。

起爆信号：起爆信号应确认安全警戒人员全部到位，人员、机械全部撤离警戒区，网路检查正常，具备安全起爆条件时发出。

解除信号：安全等待时间过后，检查人员进入爆破警戒范围内检查、确认安全后，方可发出解除爆破警戒信号。在此之前，岗哨不得撤离，不允许非检查人员进入爆破警戒范围。

5.9 击发起爆

接到爆破负责人（起爆信号）指令后才可击发起爆。起爆采用高能脉冲起爆器起爆法。此法起爆既可以直接起爆导爆管雷管，也可以起爆电雷管。时间容易控制，操作简单，成本低。

5.10 爆破安全检查

起爆后，爆破员按规定的时间进入爆破场地进行检查，当发现有危石、盲炮现象时，要及时处理。在上述情况未处理前，应在现场设立危险警戒或标志，并设专人看守。在爆破班长确认爆破场地安全并经值班安全员同意后，方准人员进入爆破场地。

5.11 记录、总结

每次爆破结束后，爆破员应填写爆破记录。每隔一段时间或一个爆破工程结束后，爆破技术人员应进行爆破总结。爆破总结内容应包括：参数设计合理与否，施工概况、爆破效果和爆破安全分析，提出施工中的不安全因素和隐患以及防范措施，提出改善施工工艺的措施；对爆后实际具体情况，分析各种有害效应的危害程度及保护物的安全状况，如实记录出现的爆破安全事故、处理方法及处理结果，总结经验和教训，指导下一步施工。

5.12 劳动组织

钻爆作业面作业人员由钻孔和爆破两个作业组组成。钻孔作业组每台潜孔钻机配钻工 2 人、空压机工 1 人；爆破作业组的人员配置由爆破方量和施工强度等因素决定，但根据各地公安机关的要求，一般不能少于 4 人，含 2 名爆破员，1 名爆破工程技术人员。另外，还应配备安全员、电工、机修工、测量工等附属工种。同时，工种之间注意相互协作并有机配合。

6. 材料性能与设备

6.1 塑料导爆管非电毫秒起爆系统

6.1.1 塑料导爆管的爆轰速度为 1950±50m/s，管的内壁药量 16±2mg/m，在常温下的抗拉力不低于 100N，对于抗电、抗火、抗冲击、抗水等其他性能均应符合质量要求。

6.1.2 1～20 段非电导爆管毫秒雷管延期时间，见表 6.1.2。雷管的表面不允许有浮药、锈蚀、裂纹，塑料塞与导爆管组装不允许松动或脱出。导爆管未端应封闭，导爆管管壁不允许有破洞。

导爆管毫秒雷管的段别及延期时间表　　　　　　　表 6.1.2

段别	毫秒量（m/s）	段别	毫秒量（m/s）
1	≤12.5	11	460^{+45}_{-40}
2	25±12.5	12	550^{+50}_{-45}
3	50±12.5	13	650^{+55}_{-50}
4	75±12.5	14	760^{+60}_{-55}
5	$110^{+20}_{-17.5}$	15	880^{+70}_{-60}
6	150^{+25}_{-20}	16	1020^{+90}_{-70}
7	200±25	17	1200^{+100}_{-90}
8	250^{+30}_{-25}	18	1400^{+150}_{-100}
9	310^{+35}_{-30}	19	1700±150
10	380^{+40}_{-35}	20	2000±150

6.1.3 网路连接用塑料联通管、塑料套管等接头元件；用雷管连接时应宜用电工胶布绑扎牢靠，材料均应符合质量要求，以确保起爆系统的性能可靠。

6.2 炸药

一般以 2 号岩石硝铵炸药、乳化炸药和铵油炸药为主，其性能见表 6.2。如采用其他品种炸药时，若性能鉴定认为合格也可使用。

常用炸药的主要性能一览表

表 6.2

性能 炸药名称	密度(g/cm³)	水分(%)	爆力(mL)	猛度(mm)	殉爆距离(cm)	爆轰速度(m/s)	有效期(d)
2 号岩石硝铵炸药	0.95～1.10	≤0.3	≥298	≥12	≥5	≥3200	180
铵油炸药	0.9～1.0	≤0.8	≥250	≥18		≥3800	15
2 号岩石乳化炸药	0.95～1.30		≥260	≥12	≥3	≥3200	180

6.3 机具设备

露天石方开挖爆破工程采用高风压新型快速潜孔钻机。现一般选用日本谷河 PCR-200-DH 型钻机，配美国寿力 DPQ-825RH-CUM 型空压机或选用瑞典阿特拉斯-科普柯 ROC 系列钻机；配 XAS 系列空压机等其他现代先进的钻孔设备，钻孔直径以 $\phi80～\phi140mm$ 为宜。另外根据爆破设计要求，配备相应的推土机、液压炮和手风钻等常规施工设备。

7. 质 量 控 制

质量控制标准应符合《建筑工程施工质量验收统一标准》GB 50300—2001 和《爆破安全规程》GB 6722—2003 中的有关规定，还应注意以下几点：

7.1 在正常施工情况下，钻孔的开口误差不得大于该炮孔的直径，钻角偏差 2.5cm/m，深度误差不得大于 20cm。对于钻孔造成的误差，在装药时要根据实际情况，调整装药结构和单孔装药量。钻孔超深时，在装药前可回填至设计孔深。

7.2 敷设导爆管网路时，不得将导爆管拉细、对折或打结，孔内不得有接头。孔外延时非电毫秒雷管之间应留有足够的间距，用于同一工作面的导爆管、雷管必须是同厂、同批号产品。

7.3 必须严格掌握炮孔深度、底部药量、装药结构、堵塞长度等参数。

8. 安 全 措 施

遵照国家颁发的《爆破安全规程》GB 6722—2003、《民用爆炸物品安全管理条例》（2006 年 5 月 10 日国务院令第 466 号）、《建筑安装工程安全技术规程》（国务院 56 国议周字第 40 号）和《建设工程安全生产管理条例》（2003 年 11 月 24 日国务院令第 393 号）中有关规定执行。遵守当地公安部门和安全评估书中的安全防护要求，确保爆破安全。

9. 环 保 措 施

在施工现场采取措施，防止或者减少粉尘、废气、废水、固体废物、噪声、振动和施工照明对人和环境的危害和污染。严格按照《中华人民共和国环境保护法》、《建筑施工场界噪声限值》GB 12523—90、《城市区域环境振动标准》GB 10070—88 中有关规定执行，并做好爆破施工现场四周生态环境的保护工作。

10. 效 益 分 析

同常规深孔爆破相比：在安全方面，更能有效控制爆破地震效应和飞石等危害因素；在爆破破碎效果方面，一次爆破规模大，块度均匀，大块率低，更能充分发挥机械化施工的优势、提高机械作业的效率、大大加快施工进度，可降低成本 5% 左右。

11. 工 程 实 例

11.1 深圳前湾燃机电厂场平工程施工采用了多排微差挤压爆破工法施工，于 2001 年 12 月开工，2002 年 10 月完工。石方工程量 178.2 万 m^3，边坡高约 90m，分 8 个台阶，台阶高度 12m，岩性为花岗岩，普氏系数 $f=12\sim16$，钻孔直径 140mm。根据不同爆破要求和爆破环境进行爆破作业，振动速度小，安全可靠，社会环保效益好。大块率低，挖装效率高，施工进度快，产生经济效益 57 万元。

11.2 招商局深圳孖州岛友联修船基地—陆域形成工程施工采用了多排微差挤压爆破工法施工，于 2004 年 12 月开工，2005 年 9 月竣工。石方工程量 154 万 m^3，台阶高度 12m，岩性为花岗岩，普氏系数 $f=10\sim14$，钻孔直径 140mm。改善破碎质量，有效控制了爆破振动和飞石距离，降低了炸药单耗，机械挖装效率高，环保效果好，社会效益和经济效益显著，经核算节约成本 123.2 万元。

11.3 招商局深圳孖州岛友联修船基地船坞负挖工程项目采用该多排微差挤压爆破工法施工，于 2005 年 12 月开工，2006 年 10 月竣工。船坞开挖深度 14m，石方工程量 45 万 m^3，岩层类型花岗岩，普氏系数 $f=10\sim14$，相距坞门钢筋混凝土沉箱结构 30m。采用钻孔直径 80mm，实行小孔距、小药量、多分段爆破作业，块度均匀，无飞石，振动速度小于 0.5cm/s，基坑边坡稳定，环境保护好，获得经济效益 21.5 万元。

11.4 深圳市留仙洞超大规模集成电路园区场工程 C 地块 4 标工程采用多排微差挤压爆破工法施工，该工程于 2006 年 12 月开工至今，石方工程量为 370.9 万 m^3，岩层类型为微风化花岗岩，岩质异常致密、坚硬，普氏系数 $f=12\sim16$，台阶高度 12m，钻孔直径 140mm。选用合理延时间隔时间和起爆顺序，振动速度小，确保四周建筑（构）物的结构安全，没有一例周边居民民事诉讼，有效控制了飞石和滚石产生，保证了临近市政公路的交通安全，环保效益和社会效益好。大块率低，仅二次破碎成本节约达 27.75 万元。

深孔预裂爆破工法

YJGF13—92（2007~2008年度升级版-008）

中建二局土木工程有限公司　中建保华建筑责任有限公司

沙友德　翟晓林　邵明村　马再广　黄玉成

1. 前　言

随着我国基础设施建设深入、快速的发展，爆破施工领域控制爆破新技术——深孔预裂爆破工法，无论从实践操作还是理论研究，均取得丰硕成果。

2001~2008年，在原国家级工法《深孔预裂爆破工法》YJGF 13—92的基础上，利用高风压现代先进机械设备、导爆索毫秒微差延时网路等技术成果，充分发挥自身优势，形成了新的施工工法，使预裂面无论是垂直的、倾斜的，还是弧形、扭曲线，都可得到较整齐的壁面。2009年该工法通过中建总公司科技成果鉴定，并被评为一级工法，达到国内先进水平，并在电力、矿山、公路、铁路、市政及港口工程等建设领域获得了更为广泛的应用，理论、实践不断得以完善，取得了良好的经济效益，社会效益和环保效益。

2. 工法特点

2.1 深孔预裂爆破是指在爆破区的大规模爆破开始之前，就运用单排深孔爆破的方法，靠孔间应力波的叠加，预先沿爆破区的设计轮廓线爆破出一条将爆破区与保留区隔离开来的贯穿裂缝的爆破。

2.2 预裂面无论是垂直的、倾斜的，还是弧形、扭曲线，都可得到较整齐的壁面，有效地防止岩体的破坏，减少超欠挖现象的发生，特别是减少机械、人工修整、清理边坡的工作量，保证边坡质量和施工安全，可节省大量劳动力，减少支护成本，加快施工进度。

3. 适用范围

本工法适用于电力、矿山、公路、铁路、市政、港口等建设项目的大规模土石方开挖控制爆破和岩石、混凝土切割控制爆破。

4. 工艺原理

炸药在炮孔内引爆以后，爆炸应力波迅速向眼孔周围的介质中扩散，当相邻的应力波在两孔的连线上发生"碰击"时，使两个应力圈的"碰击"点的切线上产生两个方向相反的拉应力，并迅速发展成为以相邻两孔连线为界而方向相反的拉应力区，如果拉应力超过岩石的抗拉强度时，两孔间的岩石便会发生破裂，进而沿两孔的连线方向形成一条裂缝。随后，高压气体迅速挤入眼孔及裂缝中的全部空间，使孔内全部空间内形成一个向外鼓胀的类似静态的应力场，使原来的裂缝迅速发展、扩大，最后形成一幅平整而稳定的开口裂面。

5. 施工工艺流程及操作要点

5.1　工艺流程

深孔预裂爆破施工工艺流程，见图 5.1。

平整工作面 → 孔位放线 → 钻孔 → "药串"加工 → 装药 → 堵塞 → 网路联结 → 爆破警戒和信号 →

击发起爆 → 爆后检查 → 解除警戒 → 爆破记录、总结

图 5.1　深孔预裂爆破工艺流程图

5.2　操作要点

5.2.1　场地平整。深孔预裂爆破施工前，应将钻孔地点的覆盖层或已爆疏松石渣清除出岩石面，如有突出的岩块，应施小炮炸除，然后用推土机或人工将地面整平，使钻孔作业线上形成一条比较平坦的操作场地，以保证钻机能安全作业、灵活移动及按设计钻孔的方向钻孔。

5.2.2　布孔测量。根据设计要求由测量放出预裂轮廓线，按照爆破设计的孔距放出孔位，并予以编号，逐孔写明孔深、倾斜角度、孔径大小。

5.2.3　钻孔。钻孔施工是深孔预裂爆破的关键工序，它的好坏将决定预裂壁面的优劣。所以，开钻前应作认真全面的技术交底，钻孔时必须仔细地按着孔位进行钻孔，严防多钻、漏钻及错钻。对钻孔的质量标准，钻孔角度误差不超过 1°。

1. 开口位置摆正，钻架角度和方向要调好，现场要清理、平整、放样并用重锤、斜尺、划线等方法控制好开钻状态。

2. 调整，即在开口后钻进至 0.5m、1m、2m 处时应停钻，调整角度。

3. 钻机手平稳加压，压力大小由钻孔技工根据岩石性质、钻进速度合理选择，防止"飘钻"。

对钻孔过程中岩层变化等情况，由专人做好记录。成孔后用编织袋堵住孔口，防止地面岩粉和石块掉落或随雨水流入孔内堵塞孔眼。

4. "药串"加工。深孔预裂爆破采用"药串"式装药结构，一般在爆破现场进行加工。加工方法是：将 φ32mm 药卷的 2 号岩石乳化（硝胺）炸药，按照设计要求的线装药密度，切割成块段或整支药卷，用胶带或绳子均匀地绑扎在导爆索上，由导爆索引爆所有药包。

"药串"加工时，为克服底部较大的夹制作用，在底部设加强药包段 1～2m，装药量为计算值的 2～3倍，在接近堵塞段顶部 1m 段，装药量为计算值的 1/2～1/3，其他部位按计算装药量装药。

5. 装药。将已加工好的"药串"捆绑在劈好的竹片上，起固定"药串"的作用。然后顺次装入炮孔，竹片不够长度时，随装随接，以保证"药串"能装到炮孔底部，确保预裂缝的设计深度。并注意竹片要靠在保留岩体一侧，以减弱爆破对保留孔壁的影响。

6. 堵塞。炮孔堵塞长度，一般在口部 1m 左右，堵塞时先采用编织袋堵到"药串"上部位置，然后用石屑粉末或粘土进行填充堵塞。

7. 网路连接。采用导爆索爆破网路，网路连接时，注意主线导爆索和各孔内的支线导爆索搭接长度不少于 15cm，务求接触紧密，绑扎牢实，搭接头对准传爆方向，支线与主线传爆方向的夹角应 30°～60°。

8. 爆破警戒和信号。爆破警戒范围按爆破安全规程和设计要求决定。在爆破警戒范围边界线上，要设置足够数量的安全警戒哨，使所有通道处于监视之下，防止人员、机械误入危险区。

预警信号：该信号发出后爆破警戒范围内开始清场。

起爆信号：起爆信号应确认安全警戒人员全部到位，人员、机械全部撤离警戒区，网路检查正常，具备安全起爆条件时发出。

解除信号：安全等待时间过后，检查人员进入爆破警戒范围内检查、确认安全后，方可发出解除爆破警戒信号。在此之前，岗哨不得撤离，不允许非检查人员进入爆破警戒范围。

9. 起爆。在主线导爆索的起始端捆扎雷管起爆。捆扎雷管时使雷管聚能穴向着传爆方向。如果一

次起爆预裂孔数很多、单响药量过大时，可以采用毫秒雷管分段起爆，以减小爆破地震强度影响。毫秒雷管的延期时间为 50～75ms。

10. 爆破安全检查。起爆后，等满规定时间，爆破员进入爆破地区，检查有无危石、盲炮等现象，发现问题应及时处理，待确认爆破地区安全后，经爆破负责人同意，方可发出解除信号，撤除警戒。

11. 爆破记录与总结

每次爆破结束后，爆破员应填写爆破记录。每一阶段或一次爆破工程结束后，爆破技术人员应进行爆破总结。爆破总结内容应包括：孔间距、线装药密度设计是否合理，施工概况、成缝效果和爆破安全分析，提出施工中的不安全因素和隐患以及防范措施，提出改善施工工艺的措施，总结经验和教训，以指导下一步施工。

5.3 劳动组织

由钻孔和爆破两个作业组组成。钻孔每台潜孔钻机配钻工 2 人、空压机工 1 人；爆破作业组的人员配置由爆破方量和施工强度等因素决定，一般爆破员不能少于 2 人，1 名爆破工程技术人员，其他普工酌情配置。另外，还应配备安全员、电工、机修工、测量工等附属工种。同时，工种之间注意相互协作并有机配合。

6. 材料与设备

6.1 导爆索

药芯药量 12～14g/m，直径 5.7～6.2mm，爆速不低于 6500m/s，2m 长的导爆索应能完全起爆 200g 的压装梯恩梯药块，承受 500N 拉力后，仍能保持爆轰性能；外观质量、感爆、防潮、抗拉、耐温等性能必须符合《普通导爆索》GB 9786—1999 的要求。

6.2 炸药

用直径 φ32mm 的 2 号岩石乳化炸药或 2 号岩石硝铵炸药为深孔预裂爆破的炸药，其性能必须符合下表 6.2。

常用炸药的主要性能一览表　　　　　　　　　　　　　　　　　　表 6.2

炸药名称 ＼ 性能	密度(g/cm)	水分(%)	爆力(mL)	猛度(mm)	殉爆距离(cm)	爆轰速度(m/s)	有效期(d)
2 号岩石硝铵炸药	0.95～1.10	≤0.3	≥298	≥12	≥5	≥3200	180
2 号岩石乳化炸药	0.95～1.30		≥260	≥12	≥3	≥3200	180

6.3 雷管

采用电雷管、导爆管雷管作为深孔预裂爆破起爆雷管，同时可根据需要，利用导爆管毫秒雷管组成导爆索毫秒微差起爆网路。电雷管、导爆管雷管的性能分别满足《工业电雷管》GB 8031—2005、《导爆管雷管》GB 19417—2003 的要求。

6.4 其他辅助工具、材料

包括药串加工用竹片，固定药卷用胶带、绳子，导爆索切割用锋利刀具，控制钻孔倾角多功能坡度尺、线锤，量角器等。

6.5 机具设备

主要机具设备为英格索兰潜孔钻机、阿特拉斯—柯普柯高风压空压机，钻孔直径以 φ80～φ100mm 为宜。另外还应配备挖掘机、推土机、装载机等通用土石方施工机械，测量仪器予以配合。

7. 质 量 控 制

深孔预裂爆破，根据应用的目的不同，相应的质量要求也有所不同。一般应达到以下标准。

7.1 按半孔率，评价深孔预裂爆破质量的标准，如表7.1。

按半孔率评价爆破质量标准

表7.1

岩性	等 级			
	优	良	中	差
	半孔率/%			
坚硬岩	＞85	70～85	50～70	＜50
中硬岩	＞70	50～70	30～50	＜30
软岩	＞50	30～50	20～30	＜20

7.2 裂缝必须贯通，壁面上不应残留未爆落岩体。

7.3 边坡相邻孔壁面平整度不超过±15cm。

7.4 为使壁面达到平整，钻孔角度偏差应小于1。

7.5 壁面应残留有炮孔孔壁痕迹，且应小于原炮孔壁的1/2～1/3。

8. 安 全 措 施

严格执行《爆破安全规程》GB 6722—2003、《中华人民共和国民用爆炸物品安全管理条例》（2006年5月10日国务院令第466号）、《建设工程安全生产管理条例》（2003年11月24日国务院令第393号）和《爆破作业人员安全技术考核标准》GA 53—1993等相关法律、法规、规范、规程。

9. 环 保 措 施

在施工现场采取措施，防止或者减少粉尘、废气、废水、固体废物、噪声、振动和施工照明对人和环境的危害和污染。严格按照《中华人民共和国环境保护法》、《建筑施工场界噪声限值》GB 12523—90、《城市区域环境振动标准》GB 10070—88中有关规定执行，并做好爆破施工现场四周生态环境的保护工作。

10. 效 益 分 析

10.1 能确保保留岩体的自身稳定，节约了二次修整边坡工程量，提高工效，利于安全生产。特别在路堑高边坡、深基坑工程施工中，优越性尤为突出。

10.2 设计轮廓面得以保证，从而减少设计开挖断面的工程量，减少超欠挖和节约支护成本。

10.3 预裂缝对主炮孔爆破的地震效应有减弱作用，减震效果达到50%～70%，绿色施工，保护自然生态环境，防止水土流失。

11. 工 程 实 例

11.1 浙江蚂蚁岛造船项目爆破及填筑工程，2007年5月开工，2008年10月完工。在高边坡（山体开挖最大高度102.5m）爆破开挖作业，形成边坡面积8.9万 m^2。岩石种类：凝灰岩，普氏系数 $f=6～8$，一次预裂深度17.5m。

11.2 浙江蚂蚁岛造船项目船坞工程坞室岩石爆破开挖工程，于2008年5月开工，2008年11月完工。岩石种类：凝灰岩，普氏系数 $f=6～8$，一次预裂深度13.3m，形成预裂爆破面积3361 m^2。

11.3 深圳前湾燃机电厂场平工程于2001年11月开工，2002年11月完工。山体边坡高约90m，分8个台阶（12m/台阶）开挖，边坡处理面积为1725 m^2。岩石种类：花岗岩，$f=12～16$，一次预裂深度17.5m。

CFZ—1500型冲击反循环钻机钻孔桩施工工法

YJGF11—2000（2007～2008年度升级版-009）

中铁十五局集团有限公司

张爱琴　梁统战　王引富　程翠丽　孙永军

1. 前　　言

　　CFZ—1500型冲击反循环钻机是一种将传统冲击钻进方法和反循环连续排渣技术结合在一起的新型钻孔桩施工设备。1999年1月27日CFZ—1500型冲击反循环钻机通过了铁道部科技成果鉴定。鉴定认为：CFZ—1500型冲击反循环钻机的研制是成功的，其主要性能在国内同类产品中具有先进水平，在钻具旋转和泵举反循环方面居国内领先水平。在总结施工经验的基础上，形成了原工法。

　　根据近几年的应用情况，对原工法进行了补充完善，形成本工法。本工法于2008年12月30日通过了中国铁道建筑总公司的科技成果鉴定。鉴定认为：使用同步卷筒双绳提引冲击钻头，有利于坚硬地层的钻进，减少冲孔的扩孔率，降低充盈系数，节约施工成本；采用双斜面滑槽强制变位原理，实现了双绳约束的冲击反循环钻头的可控制转动，使钻头冲击刃每次冲击都作用在新的岩石破碎面上，因而钻进效率高，加快了施工进度；而且针对潜水砂石泵价格昂贵的情况，结合孔深情况选用不同型号的砂石泵，实现泵举反循环连续排渣和超深孔的钻进，既保证了排渣效果与速度，又降低了工程成本；钻头由组焊式改为整体锻造式，提高了钻头的使用寿命，减少了辅助作业时间，加快了施工进度。使用本工法钻进速度快、成本低，产生了良好的经济效益和社会效益。

2. 工法特点

　　2.1　使用同步卷筒双绳提引冲击钻头，有利于坚硬地层的钻进，减少冲孔的扩孔率，降低充盈系数，节约施工成本。

　　2.2　采用了双斜面滑槽强制变位原理，实现了双绳约束的冲击反循环钻头的可控制转动，使钻头冲击刃每次冲击都作用在新的岩石破碎面上，因而钻进效率高，同时施工的桩孔圆度好，不易产生钻头挤夹现象，加快了施工进度。

　　2.3　针对潜水砂石泵价格昂贵的情况，桩长50m以内的桩基采用普通砂石泵在泥浆面以上直接排渣；100m左右的深孔采用BSQ-50-100-37型潜水砂石泵，实现泵举反循环连续排渣和超深孔的钻进，既保证了排渣效果与速度，又降低了工程成本；通过增加一套液压控制系统，基本实现了冲程的自动调整在保证工程质量的基础上，有效的降低了操作人员的劳动强度；使用双绳提引冲击钻头，通过控制了钻头的旋转，控制了偏孔情况，保证了工程质量。

　　2.4　本工法使用于各种环境的的钻孔桩施工，可操作性强，应用广泛。

3. 适用范围

　　本工法适用各种复杂地质条件（土层、砂层、漂卵石层、岩石层）下铁路公路桥梁、港口、码头、高层建筑的中长桩及超长桩施工，也可用于城市大口径污水井及野外深井的开挖钻进。

4. 工 艺 原 理

4.1 CFZ—1500 型冲击反循环钻机的技术性能

钻孔直径：0.8～1.6m

钻孔深度：50～100m

适用地层：土层、砂层、漂卵石层、岩石层

钻头质量：2.5～3.2t

冲击频率：35r/min、40r/min、45r/min

冲击行程：0.7m、0.85m、1.0m

排渣效率：180m³/h

主电机功率：45kW

钻孔效率：土层、砂层：0.5～2.0m/h；漂卵石层：0.2～0.5m/h；岩石层：0.1～0.3m/h

钻机总质量：11.0t（不含冲头），钻头大小根据钻孔桩孔径不同选定。

主机外形尺寸（长×宽×高）：工作时 7.8m×2.0m×9.0m；运输时 5.6m×2.0m×1.6m

4.2 工作原理

钻机传动原理见图 4.2-1，从钻机上同步卷筒出来的 2 根受力相等的正反转钢丝绳，经冲击梁和桅杆的导向滑轮，提引冲击钻头。同步卷筒工作原理见图 4.2-2 所示。电动机通过传动机构驱动冲击机构，拉动钢丝绳带动钻头作上下冲击运动，形成瞬时冲击力破碎地层。在 2 根主钢丝绳之间放置由副卷扬提引的排渣系统，排渣管的下端钻头中心管内，钻头作上下冲击运动时，排渣管除了随着钻孔进尺间歇下放外一般保持不动，并在冲击的同时，连续排出钻渣，获得较高的钻进效率。

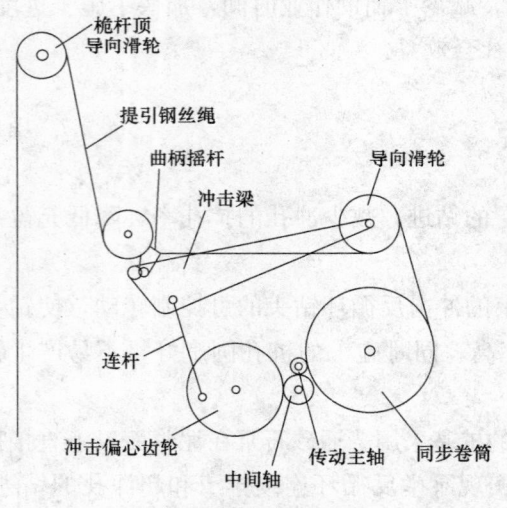

图 4.2-1 钻机传动原理

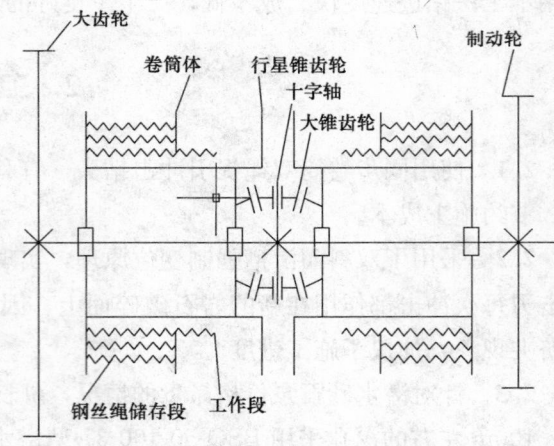

图 4.2-2 同步卷筒工作原理

5. 施工工艺流程及操作要点

5.1 工艺流程（见图 5.1）

5.2 操作要点

5.2.1 施工准备

1. 陆地上钻孔，要把场地平整好，以便钻机安装和移位。水上钻孔，要搭设工作平台。场地布置应根据施工组织设计，合理安排泥浆池、沉淀池的位置，使泥浆能循环利用，降低造浆和处理泥浆费用，沉淀池的容积应满足 2 个孔以上排渣量的需要。

2. 根据地质情况准备一定数量的造浆黏土或膨润土。

5.2.2 桩位测量放线

准确测量桩位并做好标记。测好的桩位必须复测，误差控制在 5mm 之内。

5.2.3 埋设护筒

护筒的作用主要是保持孔口稳定和定位，如在陆地上钻孔，护筒周围一定要夯实；如在水上钻孔，护筒下沉应有导向装置，严防护筒倾斜，漏水，变形。施工中一般采用挖坑法埋设。开挖前用十字交叉法将桩中心引至开挖区外，作 4 个标记点，保持到成孔后，埋设护筒时再将中心引回，使护筒中心与桩中心重合。护筒周围土回填的好坏，对冲击钻孔非常重要，对于土质较差的孔口，可以在护筒下部浇 30cm 的 C20 级混凝土，上部用红黏土夯填密实，以防冲击成孔时护筒底部塌孔。

5.2.4 钻机就位

1. 延长桩位前后中心线，将主机放在孔口边预定位置上，使钻机底盘前后中心线与桩位中心线重合，主机就位时，需在底盘下部垫 8～9 根枕木，并用水平仪将底盘调平。

2. 安装井口装置、桅杆和前支撑。

3. 用吊车将冲击钻头放在孔口附近。将同步卷筒上引出的 2 根钢丝绳，通过各导向滑轮与冲击钻头连接。

4. 检查主机上各传动齿轮副啮合间隙，调试主轴上冲击离合器和卷筒离合器间隙，使之能正常工作。

5. 用吊车将配电柜、电缆卷筒放在底盘一侧，操纵机构附近，接通配电柜电源，接通配电柜与主机、电缆卷筒、砂石泵三者之间的联线。

6. 打开主机电源，操纵钻机卷筒离合器，提引冲击钻头放入孔内。调节前支撑长度，使钻头中心与护筒中心重合，误差控制在 2mm 以内，支撑角度符合支撑要求。之后，锁定支撑丝杆位置，用道钉在枕木上固定底盘，防止冲击钻进时，支撑丝杆松动，底盘移位。

7. 在泥浆池上架设泥浆泵。连接排渣系统，用副卷扬机将其提引至孔口，将排渣管下端放入冲击钻头中心管内，待钻至一定深度后，再安装砂石泵。

8. 开动钻机进行试冲击，检查各部位运转是否正常，电流是否正常，接通砂石泵电源，检查其接线方式是否正确，发现问题及时处理。

5.2.5 冲孔作业

1. 造浆、开孔

往护筒内填制浆黏土约 0.5m，分别往护筒和泥浆池内注足水。开动钻机，使冲击钻头上下运动，将护筒内黏土冲成泥浆，启动泥浆泵，循环泥浆，直至护筒内与泥浆池内泥浆浓度一致。开始正循环钻进，钻进时勤观察孔内浮出的钻渣，在石质地层中，如果从孔口浮出的钻渣粒径在 5～8mm 之间，表明泥浆浓度合适，如果浮出的钻渣粒径小又少，表明泥浆浓度不够，需往孔内添加黏土。加黏土时要停开泥浆泵，形成泥浆后再开泥浆泵。正循环钻进至泵吸反循环系统可以正常工作的时候开始反循环。

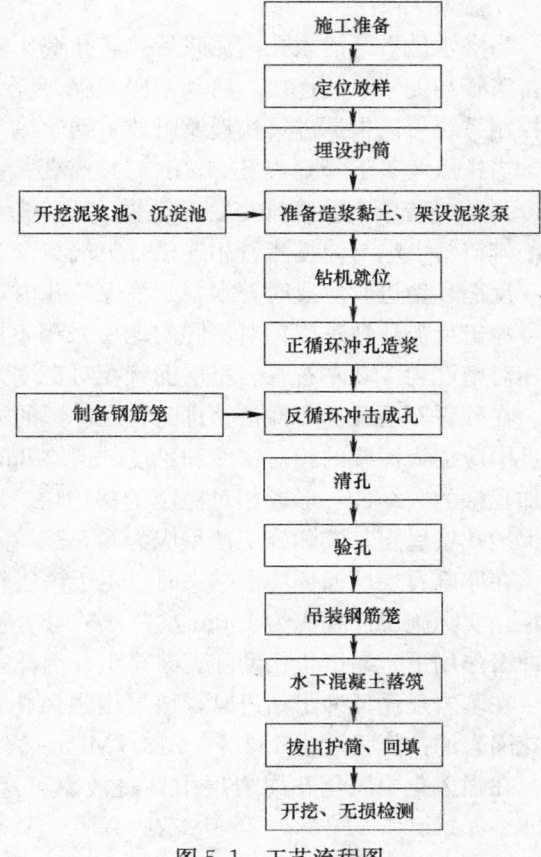

图 5.1 工艺流程图

施工准备 → 定位放样 → 埋设护筒 → 准备造浆黏土、架设泥浆泵 ← 开挖泥浆池、沉淀池 → 钻机就位 → 正循环冲孔造浆 → 反循环冲击成孔 ← 制备钢筋笼 → 清孔 → 验孔 → 吊装钢筋笼 → 水下混凝土浇筑 → 拔出护筒、回填 → 开挖、无损检测

2. 反循环钻进

当潜水砂石泵潜入孔内泥浆后，若孔壁比较稳定，停止正循环钻进，泥浆循环约2min后停泵，解除排渣管与泥浆泵的连接，启动泵吸反循环系统，开启钻机，进行反循环钻进。钻进过程中，冲程液压控制系统可以根据进尺快慢及时放主钢丝绳，地质复杂地段操作人员注意监控。

当排渣弯头下降到离孔口1m时，需要接换排渣管。此时，钻机停止冲击，泥浆继续循环约1～3min，待排渣管内钻渣排完后，停泵，拆除弯头与排渣管的连接螺栓，提升弯头至一定高度，将要接换的排渣管下端与原排渣管相连接，上端与弯头连接。

反循环钻进时应及时补水，始终保持孔内水位高于地下水位或河水位2m左右。

冲击反循环钻进应针对不同的地层采用不同的泥浆相对密度，以保持孔壁的稳定。砂卵石地层泥浆相对密度为1.2左右，岩石层泥浆相对密度为1.05～1.15。

在砂砾石层反循环冲击钻进时，在冲锤的冲击作用及反循环的抽吸作用下，极易产生大面积垮孔，钻进中应加大泥浆的相对密度和黏度，遇垮孔时，投入黏土球后用停泵干冲的方法，将黏土挤入孔壁，增加孔壁的胶结性，形成相对稳定的保护层。同时适当控制冲击行程，减轻对孔壁的冲刷作用，以利于保护孔壁稳定，实际施工冲程应为0.5～1.0m，平均钻进效率2.8m/h。

在卵砾石层反循环冲击钻进时，由于该层粒径平均在50～100mm之间，石质坚硬光滑，有一定胶结性，实际施工冲程应为1.0m左右，平均钻进效率为0.51m/h，这是因为石质坚硬的卵砾石在高频率的冲击作用下，易产生松动随泥浆排出，因此在卵砾石层中易采用短冲程、高频率冲击钻进效果好。

在基岩反循环冲击钻进时，该层由强风化、中风化及微风化花岗岩组成，属极硬岩层，其中微风化花岗岩的抗压强度为133.7～213.7MPa，岩层较为完整，孔壁稳定，适当提高冲击行程到1.5m以上，在强风化中风化花岗岩层中钻进效率可达0.25～0.30m/h，在微风化花岗岩层中钻进效率可达0.09～0.11m/h。

3. 砂样的提取

提取砂样的目的是随时掌握地质的变化情况。一般每钻进0.5m提取砂样一次，从出水口捞取砂样用清水冲洗干净，每次提取量为100g，编号保存，以便成孔时交接。

4. 勤检查钻机、钻头是否偏移，防止出现斜孔。

5.2.6 清孔

1. 桩深达到设计深度后，应停止钻进，进行清孔，用较好的泥浆将孔内含有钻渣的泥浆置换出来，具体操作方法是：将钻头提离孔底0.5m，开启泥浆泵，反循环清孔，清孔时间视孔径、孔深和钻渣含量而定。一般30m深、直径1.5m含砂卵石较多的孔，约需15min。当孔内泥浆相对密度达到要求后，清孔结束。

2. 清孔后准确测量孔深和孔底沉渣厚度，使之达到设计要求和规范规定标准。

5.2.7 清孔之后的后续工序的施工程序及操作要点同一般钻孔桩施工方法，这里不赘述。在吊放钢筋笼、导管和灌注混凝土作业时可利用本机作为起吊设备。

6. 材料与设备

除CFZ—1500型冲击反循环钻机外，需用的附属设备见表6。

CFZ—1500型冲击反循环钻机附属设备　　　　表6

序号	设备名称	单位	数量	序号	设备名称	单位	数量
1	3PNL泥浆泵	台	1	4	护筒	件	1
2	砂石泵	台	1	5	测绳	根	1
3	电缆卷筒	台	1	6	电焊机	台	2

7. 质 量 控 制

7.1 质量标准

7.1.1 钻机出厂质量验收标准；

7.1.2 《地基与基础工程施工及验收规范》GB 50202—2002；

7.1.3 《工业与民用建筑灌注桩基础设计与施工规程》；

7.1.4 施工设计图中的具体要求。

7.2 质量控制措施

7.2.1 防止塌孔，提高成孔质量

1. 在表层土质量较差的情况下，加长护筒长度至 6~7m，提高护壁的可靠性。

2. 在易塌孔地层成孔时，及时在孔内添加黏土或火碱，保证泥浆的质量，增强护壁效果。

3. 钻架底盘要稳固，防止发生位移、偏斜，定期检查钻头中心与桩孔中心是否一致，发现偏差必须及时纠正。

7.2.2 采取有效措施，保证钢筋笼和导管的垂直度，杜绝导管挂笼。

7.2.3 灌注混凝土时，每根桩做不少于 1 组试块，28d 强度不得低于设计强度，并以此判定桩身混凝土质量。

7.3 检测方法（见表 7.3）

钻孔桩质量检测方法 　　　　　　　　　　　　　　　　　　　　　表 7.3

序号	检测项目	检测手段
1	桩位的偏移	直尺
2	成孔深度	测绳
3	桩的垂直度	检孔器
4	泥浆相对密度	泥浆相对密度计
5	桩身完整性	RSM-12H 桩基测仪
6	桩的承载力	PDA 高应变动力试桩法

8. 安 全 措 施

8.1 严格按操作规程施工，交接班必须有交接记录。定期检查各部件运转情况，定期向各润滑部位加注润滑油，并检查主电机是否过热，冲击时最大电流不超过 150A。

8.2 因事故停钻时，应将钻具提离孔底 1~2m，以防埋钻，如长时间停钻，须将钻具提出孔外。突然停电时，可用人工操作提升卷筒，将钻头提离孔底。

8.3 下放潜水砂石泵电缆时，要根据进尺的快慢决定下放电缆的长度，防止电缆与钢丝绳绕在一起，每接一根排渣管，应将电缆和排渣管捆在一起。

8.4 冲孔过程中，如发现离合器运转有间歇或过热现象，说明离合器打滑，应停机调整。

8.5 经常检查钢丝绳磨损情况，如超过有关规定，及时更换。

8.6 在软弱土层上钻孔时，注意孔口状况，出现塌方时，将钻机及时撤出，以免坠入孔中。

8.7 随时注意孔内有无异常情况，桅杆是否倾斜，各连接部位螺栓是否松动。

8.8 吊放钢筋笼时，应防止碰撞孔壁。接长钢筋笼时，相接两节须保持顺直，搭接长度应符合设计要求。

8.9 灌注水下混凝土时提升导管用力不能过猛，防止拉断导管或将导管提离混凝土面，造成断桩。

8.10 钻机、配电箱、泥浆池和沉淀池应做好警示标示和安全防护。

9. 环 保 措 施

9.1 根据孔位布置及现场条件合理安排泥浆池和沉淀池的位置及大小，保证钻孔时泥浆的正常循环，使泥浆在循环时不造成其他地方的污染。

9.2 如果在施工过程中沉淀池积满钻渣，则采用挖掘机将沉淀的钻渣捞起并倒入密闭的自卸车，运到弃渣场或指定位置掩埋。

9.3 泥浆池和沉淀池使用结束后，须作掩埋处理，顶面 1.2m 范围采用黄土或黏土回填，恢复耕地或植被。

9.4 施工点位于村民居住地或城区附近时，晚上要停止施工；如工期极紧张，夜间施工时采用小冲程施工，减小噪声和振动。

9.5 施工场地内和运输道路要经常洒水保证不起尘。

10. 效 益 分 析

实践证明，采用冲击反循环钻机钻孔，在同一施工工地，桩径、桩长、地质条件相同的条件下，钻进效率在漂卵石地层为旋转钻机的 2.5 倍，为传统冲击钻的 1.5 倍，在岩石层中为旋转钻机的 1.6 倍，为普通冲击钻的 2～3 倍。

CFZ-1500 型冲击反循环钻机特适用于漂卵石层和岩层，成孔质量好，经济效益和社会效益比较显著。

11. 工 程 实 例

CFZ—1500 型冲击反循环钻机研制成功后，先后在京沪高速铁路Ⅳ标段淮河特大桥、唐山司家营—曹妃甸司家营铁矿铁路专用线工程上跨迁曹铁路特大桥、宁武高速 A9 标石屯大桥进行了钻孔施工，取得了较好的钻进效果。

CFZ—1500 型冲击反循环钻机在京沪高速铁路Ⅳ标段淮河特大桥施工，该工点的地质状况为从地面至桩底为粉质黏土。粉土、黏土及粉质黏土局部夹薄层粉土及姜石、黏土含有 15％左右的姜石、粉砂、细砂、中砂，桩径 ϕ1m，桩长 40m，钻进速度为 1～2m/h，2d 完成一根桩。

唐山司家营—曹妃甸司家营铁矿铁路专用线工程上跨迁曹铁路特大桥采用钻孔桩基础，该工点的地质条件比较复杂，地质状况依次为粉土砂层、粉砂层、卵石层，下部为岩石层，桩径 ϕ1.5m，桩长37m。实际施工中，卵石层钻进速度为 0.4～0.5m/小时，岩石层钻进速度为 0.2～0.3m/h，5d 完成一根桩。

CFZ—1500 型冲击反循环钻机在宁武高速 A9 标石屯大桥施工，该工点的地质状况为从地面至桩底均为漂卵石，桩径 ϕ1.5m，桩长 35m，钻进速度 0.3～0.4m/h，5d 完成一根桩。

TLC 插卡型早拆模板体系工法

YJGF44—2000 （2007～2008 年度升级版-010）

北京市第三建筑工程有限公司
北京泰利城建筑技术有限公司
成志全　杜京　安兰慧　王京生　徐伟

1. 前　　言

在现浇混凝土结构工程施工过程中，模板（包括支架）工程一般占混凝土结构工程造价的 20％～30％，用工量约占结构用工量的 40％，占结构工期的 40％左右，降低这部分的费用是降低工程成本的关键。早拆模板体系是在确保现浇钢筋混凝土结构施工安全度不受影响、符合施工规范要求、保证施工安全及工程质量的前提下，加快材料周转，减少投入、降低成本、提高工效，加快施工进度，缩短工期，使之具有显著的经济效益和良好的社会效益的一种先进的施工技术。

TLC 插卡型早拆模板体系是由北京建工集团第三建筑工程公司和北京市泰利城建筑技术有限公司共同研制开发的。它是"插卡型多功能脚手架"与"可调型组装式早拆模板柱头"组成的早拆模板支架，配以普通的钢楞（龙骨）及模板（胶合板或组合钢模板等）而形成的一种早拆模板体系。

TLC 插卡型早拆模板体系的插扣卡型多功能脚手架、组装式双可调多功能早拆装置等早拆模板体系构配件获得多项发明、实用新型专利权。

通过北京建工集团三建公司、六建公司、北京住总集团、城建集团、城乡集团等施工应用，已收到了显著的经济效益和良好的社会效益。

TLC 插卡型早拆模板体系获得了北京市建设科技成果推广转化项目证书、北京市科学技术进步奖三等奖、科学技术成果鉴定证书等。

2. 工 法 特 点

2.1　操作便捷、工作效率高、施工安全可靠、工程质量有保证。

2.1.1　支拆快捷，工作效率高

该早拆模板支架构造简单、操作方便、灵活、施工工艺容易掌握，支拆快捷，与传统支模方式（扣件式脚手架）比较，工作效率可提高 3 倍左右，可加快施工速度，缩短施工工期。

2.1.2　施工安全可靠、工程质量有保证

该早拆模板体系杆部件构造尺寸规范及节点联结方式标准，减少了搭设时的随意性，避免了出现不稳定结构和节点可变状态的可能性，施工安全可靠；结构受力明确，支架整齐，施工安全可靠，整个施工过程，结构楼板始终处于最佳受力状态，施工过程规范化，工程质量有保证。

2.1.3　功能多，适应能力强

该早拆模板支架，可与多种规格系列的模板及龙骨配合使用，建筑物形状变化时（平面形状大小变化，层高变化）亦具有很强的适应性，适合中国国情。

2.1.4　操作简单，施工工艺易掌握

该早拆模板体系，操作简单，施工工艺规范，对施工工人的技术水平、技术素质要求不高，适合中国当前建筑业劳动力市场的基本状况。

2.2　节约耗材、追求绿色施工、产生良好的经济和社会效益

2.2.1　利于文明施工及现场管理

该早拆模板体系施工过程中，避免了周转材料的中间堆放环节，模板支架整齐、规范，立、横杆用量少，没有斜杆，施工人员通行方便，便于清扫，有利于文明施工及现场管理。对于狭窄的施工现场尤为适用。

2.2.2　有利于环境保护，社会效益良好

龙骨、模板材料大量减少了用量，有利于树木、竹林的开发及应用，有利于绿色植被的保护；同时，运输量的减少，工人劳动强度的减轻及有利于施工现场的管理等，使之产生了良好的社会效益。

2.2.3　材料周转快，投资少，见效快，经济效益显著

该早拆模板体系与传统支模方式比较，材料周转快，投入少，模板及龙骨可由3层减少为1层多一点（常温施工）、4层减少为1层多一点（冬期施工）、龙骨以下（不含龙骨）早拆模板支架周转材料投入量可减少1/2～2/3；进出场运输费和丢失、损坏赔偿费、维修费亦相应减少，经济效益显著。

3. 适 用 范 围

该早拆模板体系经过施工实践证明，可适用于高层、超高层、多层住宅及公用建筑的楼板；框架结构建筑的梁、楼板的施工。

4. 工 艺 原 理

国家标准《混凝土结构工程施工及验收规范》GB 50204 规定，现浇结构的模板及其支架拆除时的混凝土强度应符合设计要求；如设计无要求时，应符合下列规定：底模，模板跨度≤2.0m时，混凝土强度达到设计强度的50%时方可拆模；跨度在2.0～8.0m时，混凝土强度达到设计强度的75%时方可拆模；对于梁，拱壳跨度≤8.0m时，混凝土强度达到设计强度的75%、跨度大于8.0m时混凝土强度达到设计强度的100%时方可拆模。这就说明，结构梁、板跨度的大小，对结构梁、板的内应力大小有直接的影响。为此，如果人为的将梁、板和拱的跨度减小，其结构内应力亦相应减少，则拆模时混凝土强度可以降低，再根据混凝土早期强度增长快的规律，拆模时间可以提前，使模板能够早拆，以达到早拆模板应有的经济效益及社会效益。

5. 施工工艺流程及操作要点

5.1　工艺流程

模板施工准备→模板设计→模板施工→模板、龙骨的拆除

5.2　模板施工准备工作内容

5.2.1　模板工程设计前，要备齐所需的各种资料，如有关结构施工图、施工组织设计或施工技术方案等。

5.2.2　根据现场情况，确定模板、龙骨所用材料，并备齐有关施工规范、设计规范及技术资料，以确定各种材料的力学性能指标，如弹性模量、强度指标及计算截面力学特性等。

5.2.3　模板施工图绘制前，应进行各种必要的计算，为模板施工图的绘制提供各种控制数据。

5.3　不同结构类型工程的模板设计及图纸绘制

5.3.1　模板设计

1. 根据本工程的施工流水段划分，对墙体模板进行合理的平面布置，以减少模板投入，增加周转次数。

2. 确定模板平面施工总图。在总图中标志出各种构件的型号、位置、数量、尺寸、标高及相同或

略加拼补即相同的构件的替代关系并编号，以减少配板的种类、数量和明确模板的替代流向与位置。

3. 确定模板配板平面布置及支撑布置。根据总图对墙体尺寸及编号设计出配板图，应标志出不同型号、尺寸单块模板平面布置，纵横龙骨规格、数量及排列尺寸支撑系统的侧向支撑、横向拉接件的型号、间距。预制拼装时，还应绘制标志出组装定型的尺寸及其与周边的关系。

4. 验算与绘图：运用先进的PKPM软件进行模板计算，在计算合格后绘制全套模板设计图，包括模板平面布置配板图、分块图、组装图、节点大样图、零件及拼接件加工图。

5.3.2 剪力墙结构

1. 根据结构施工平面图，对各房间的平面尺寸进行计算分析统计归纳编号，平面尺寸一样的房间编相同的号，并绘制出总平面图（图5.3.2-1）。

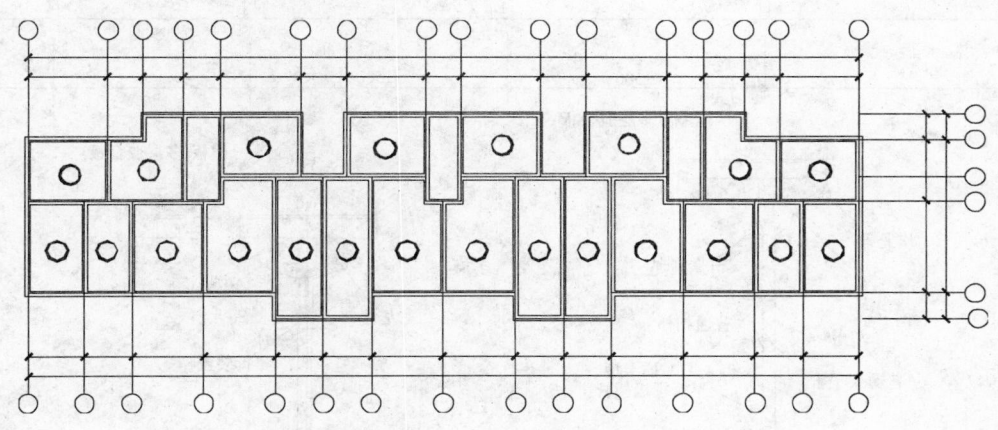

图 5.3.2-1　TLC插卡型早拆模板体系平面示意图

2. 根据计算确定的水平支撑格构及各房间的平面尺寸，绘制各房间施工（支模）大样图及材料用量表（表5.3.2）。

大样图及材料用量表　　　　　　　　　　　　　　　　　　　　表 5.3.2

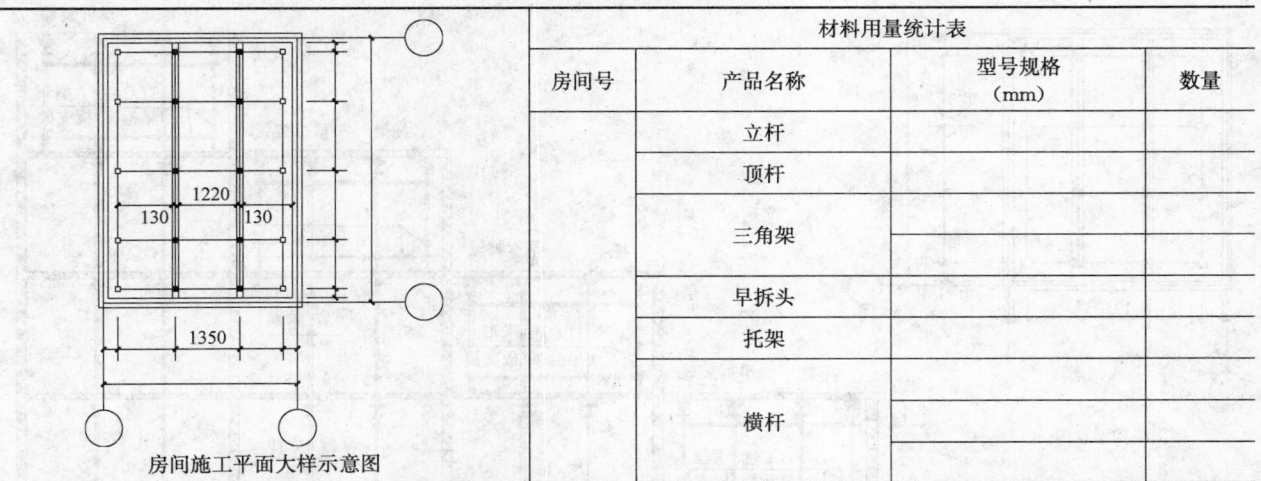

材料用量统计表			
房间号	产品名称	型号规格（mm）	数量
	立杆		
	顶杆		
	三角架		
	早拆头		
	托架		
	横杆		

房间施工平面大样示意图

3. 绘制竖向剖面图及节点大样，注明模板、龙骨及支架竖向支撑的组合情况（图5.3.2-2）。

4. 绘制规范化竖向施工模式图，标明不同施工季节所需支撑层数及模板材料的施工流水（图5.3.2-3）。

5. 为了掌握资金的投入数额及材料总供应量，要进行动态用量分析计算，并编制动态用量及材料总用量供应表。

6. 根据工程特点，编制简易施工工艺，以指导施工。

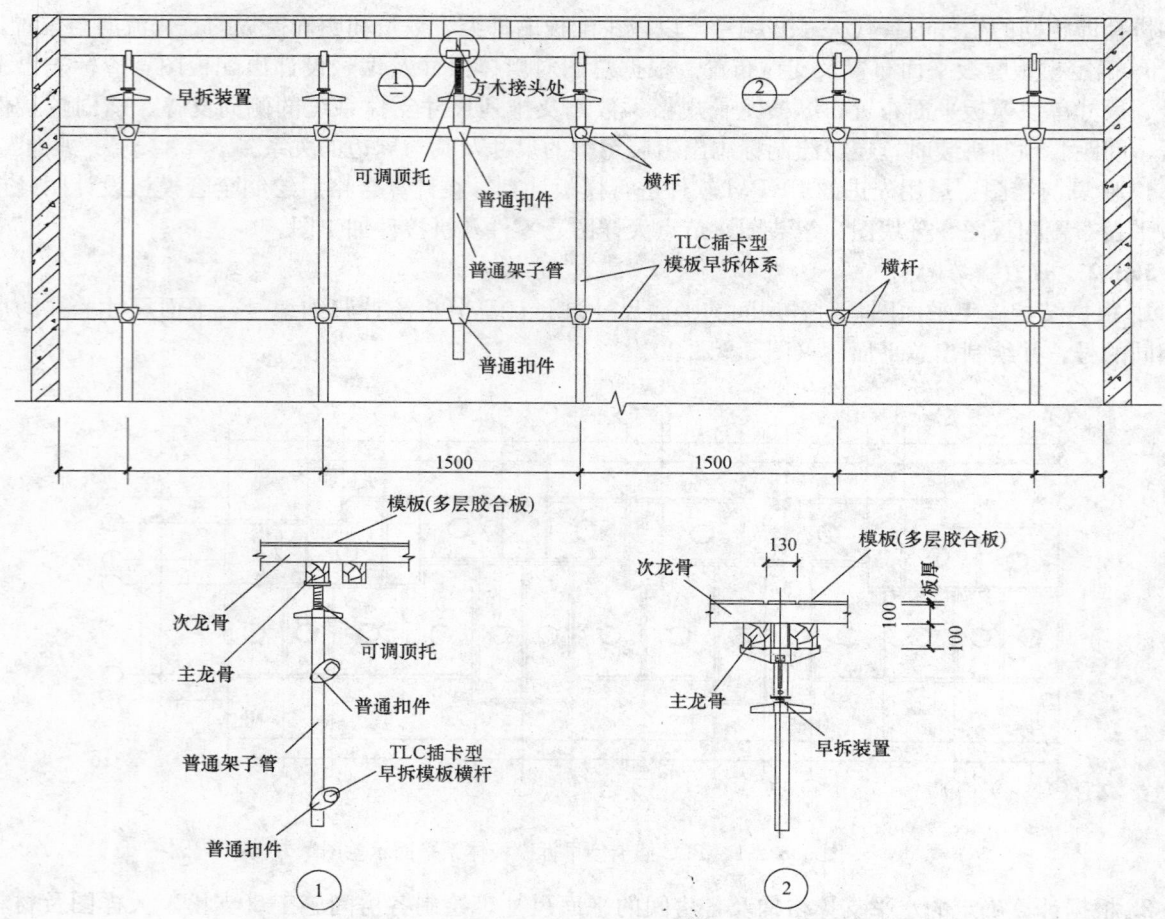

图 5.3.2-2　TLC 插卡型早拆模板支架及节点构造示意图

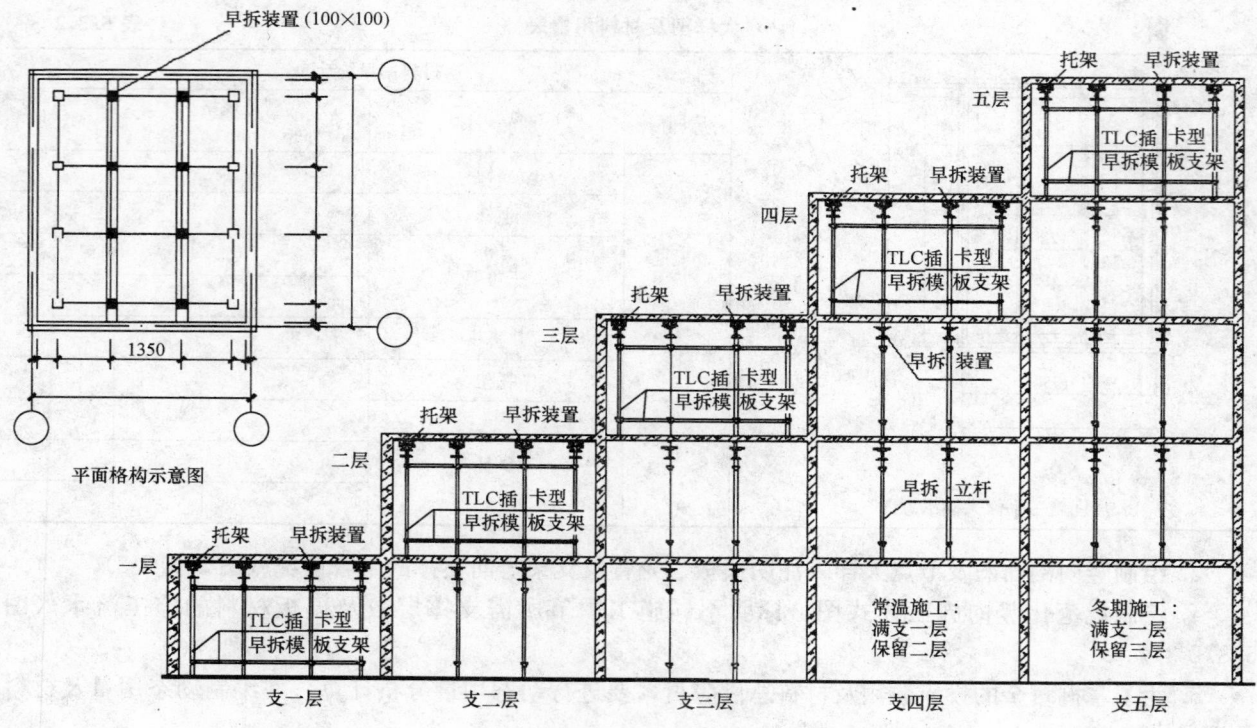

图 5.3.2-3　TLC 插卡型早拆模板体系规范化竖向剖面示意图

注：支承格构以 1500×1350 为主

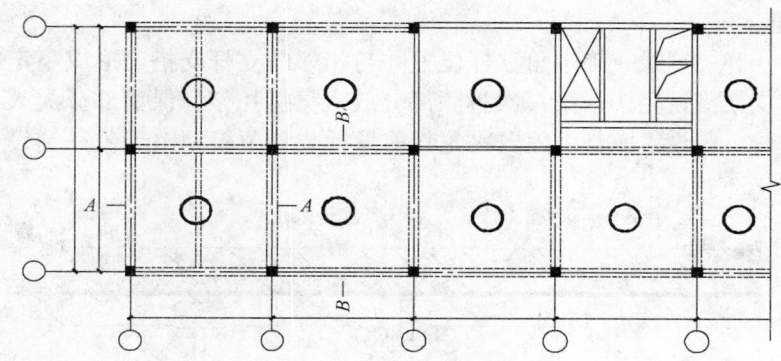

图 5.3.2-4　TLC插卡型早拆模板体系平面示意图

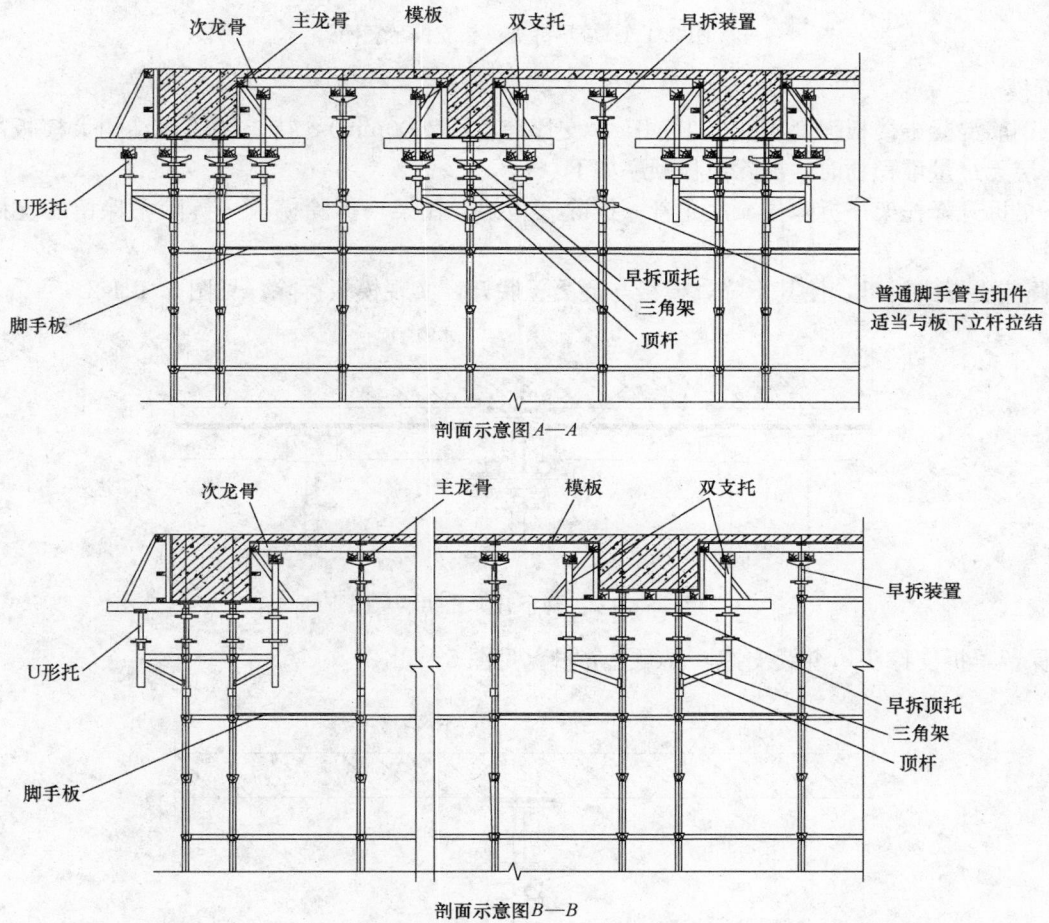

图 5.3.2-5　TLC插卡型早拆模板体系剖面示意图

5.3.3　框架楼部分：楼板施工图的绘制及其内容

1. 根据结构施工平面图，以梁为主，绘制出总平面图（图 5.3.2-1、图 5.3.2-4）。

2. 根据确定的平面图，绘制各单元的施工平面图及材料用量表（表 5.3.2）。

3. 绘制出竖向剖面图及节点大样，注明模板、龙骨及支架竖向支撑的节点情况（图 5.3.2-2、图 5.3.2-3、图 5.3.2-5）。

4. 为了掌握材料的总用量，要进行动态用量的分析计算，并编制出材料总用量供应表。

5.4　不同结构类型的模板施工

5.4.1　剪力墙结构住宅楼

1. 支模工艺流程

配置所需构配件→弹控制线→确定角立杆位置并与相邻的立杆支搭，形成稳定的四边形结构→按设计展开支搭→整体支架搭设完毕→第一次拆除部分放入早拆托架，保留部分放入早拆装置并调整到工作状态→敷设主龙骨、敷设次龙骨，固定次龙骨前早拆装置顶板调整到位→铺设模板→支撑体系预检。见图5.4.1-1。

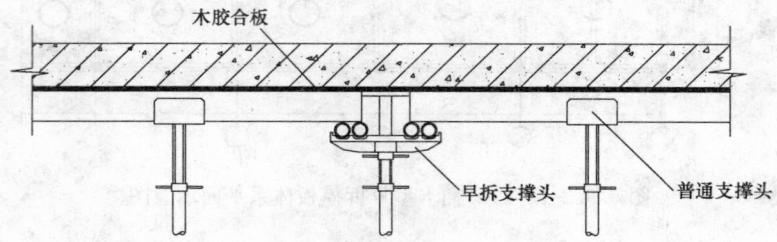

图 5.4.1-1　早拆支撑头支模示意图

2. 拆模

现浇钢筋混凝土楼板强度不低于 10MPa（支撑跨度≤2000mm），待上层墙体结构大模板吊出，并确认施工层无过量堆积物时，拆除模板顺序如下：

降下早拆升降托架→拆除主、次龙骨→拆除三角架、托架→拆除模板→拆除不保留的支撑→为作业层备料。

1）调节支撑头螺母，使其下降，模板与混凝土脱开，实现模板拆除。见图5.4.1-2。

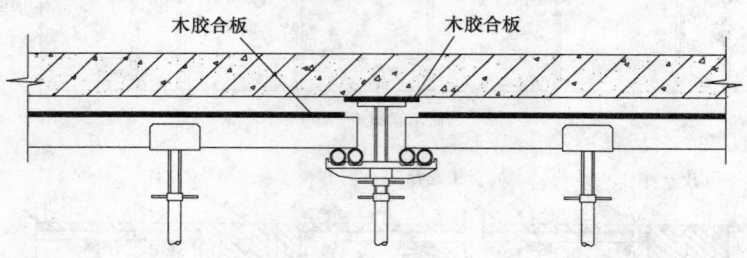

图 5.4.1-2　降下升降托架示意图

2）保留早拆支撑头，继续支撑，混凝土养护。见图5.4.1-3。

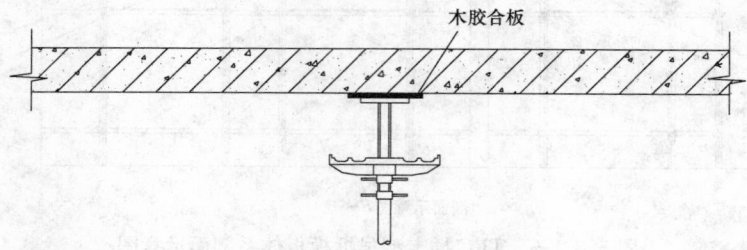

图 5.4.1-3　保留早拆支撑头示意图

5.4.2　框架结构

1. 支模工艺流程

1）配置所需构配件→按照梁下轴线弹梁下及板下立杆控制线→设梁下及板下立杆→梁下支架及板下支架同时支搭（注意用普通脚手管、扣件拉结，见示意图5.4.2）→按照设计展开支搭→整体支架搭设完毕→梁下立杆放入第一次拆除的早拆托架□、三角架○、放入保留的早拆顶托■→铺设梁底模板→待梁部钢筋绑扎完毕后，梁底模板下方早拆顶托调整到工作状态→板下立杆放入第一次拆除的早拆托架□、放入保留的早拆装置■并调整到工作状态→主龙骨放置→次龙骨放置，固定次龙骨前早拆装置顶板调整到位→按方案设计铺设模板→支撑体系预检。详见图5.4.2。

2）涂黑节点■，为后拆（第二次拆除）的立杆及早拆柱头（必须使用早拆柱头）；不涂黑节点□，为第一次拆除不保留的立柱及早拆托架（也可用早拆柱头）；节点○为第一次拆除的立杆及 U 形顶托。

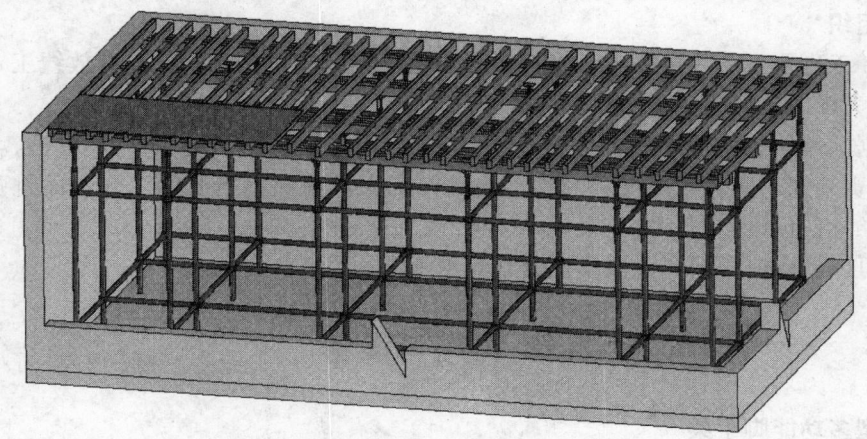

图 5.4.2　普通脚手管扣件拉结示意图

2. 拆模

现浇钢筋混凝土强度不低于 10MPa 时（支撑跨度≤2000mm），待上层墙体模板、柱模吊出并确定施工层无过堆积物时，拆除模板顺序如下：

拆除梁两侧的支撑→拆除梁侧模、梁下三角架→降下早拆升降托架→拆除板下主、次龙骨→拆除板下早拆托架、三角架→拆除不保留的模板→拆除不保留的横杆、立杆及构配件→为作业层备料。

5.4.3　操作要点

1. 施工准备

1）支模前，对工人进行安全、质量、技术交底，对图示方法要了解。

2）工人配齐施工操作用的工具，如榔头、钢卷尺、扳手等。

3）对材料、构配件进行质量复检，不合格者不能用。

2. 支模施工中的操作要点

1）支模板支架时，立杆位置要正确，立杆、横杆形成的支撑格构要方正。

2）支撑格构调方正以后同时敲击 4 根或 3 根横杆，不能装一根敲击一根，横杆的插头插入立杆插座后，要两头同时均匀敲击，不能猛敲一头，再敲另一头。

3）支装三角架时，一定要使插头进入到插座的合适位置，不能出现非受力下滑现象，同时斜杆的半圆支座要正压在立杆上。

4）大丝杠插入立杆孔内的安全长度不小于丝杠长度的 1/3。

5）龙骨要支撑平稳，两根龙骨悬臂搭接时，要用钢管、扣件及可调顶托或可调底座将悬臂端给予支顶。

6）铺设模板前要将龙骨调平到设计标高。

7）从一侧到另一侧，或从中间向两侧铺设模板时，早拆装置顶板标高随铺设随调平，千万不能模板铺设完后再调标高。

5.5　模板、龙骨的拆除

5.5.1　模板、龙骨第一次拆除要具备的条件：一是混凝土强度达到 10MPa（同条件试块试压数据）；其次是上一层墙、柱模板（尤其是大模板）已拆除并运走后，才能拆除其模板、龙骨、横杆等（保留立杆除外）。

5.5.2　要从一侧或一端按顺序轻轻敲击早拆装置，使模板、龙骨降落一定高度，而后可将模板、龙骨及保留以外的杆部件同步拆除并从通风道或外脚手架上运到上一层。

5.5.3　拆除横杆时，要均匀敲击横杆两头，两头同时抬出，不允许猛击一头。

5.5.4 保留的立杆、横杆及早拆装置，待结构混凝土强度达到设计强度时再进行第二次拆除，拆除后，从楼梯通道隔 2 层或 3 层（冬施期间）运到正在支模施工层。

5.6　施工组织

5.6.1 每一工班要有一人指挥，负责劳动力调配及把好质量关，同时要有放线工，提前根据支撑格构，配模施工大样图放好线，为支模创造好条件。

5.6.2 根据工作量的大小，将支模工人分为若干小组，每组 3～4 人，负责拆、运、支模工作，每个小组固定负责几间。施工中不要随意变动，这样工人容易熟悉自己的工作。而且责任分明，质量容易得到保证。

5.6.3 也可以将支搭模架和铺设模板分开流水施工。

6. 材料与设备

6.1　插卡型多功能脚手架

6.1.1 由专用检测工具检测达标的模具控制精铸而成的整体式插头、插座，在装配工艺生产线上装配形成立杆、横杆等脚手架的杆部件。

6.1.2 脚手架的立杆、顶杆与横杆、三角支架通过插头、插座插卡配合，形成结构尺寸规范的支撑格构——模板支架。该支架的联结点，能够承受弯矩、冲剪及扭矩，使之形成具有自稳及整体稳定性能良好的空间支架结构。

6.1.3 该脚手架的立杆分两个系列，一个是由通用立杆及顶杆，立杆可以接高，见图 6.1.3-1 和图 6.1.3-2，形成的任意高度的大空间模板支架；而另一个是由 2.2m 专用立杆（不能接高，见图 6.1.3-3）形成的只适应层高为 2.8～3.0m 建筑的空间模板支架（下部可加可调底座），横杆见图 6.1.3-4。

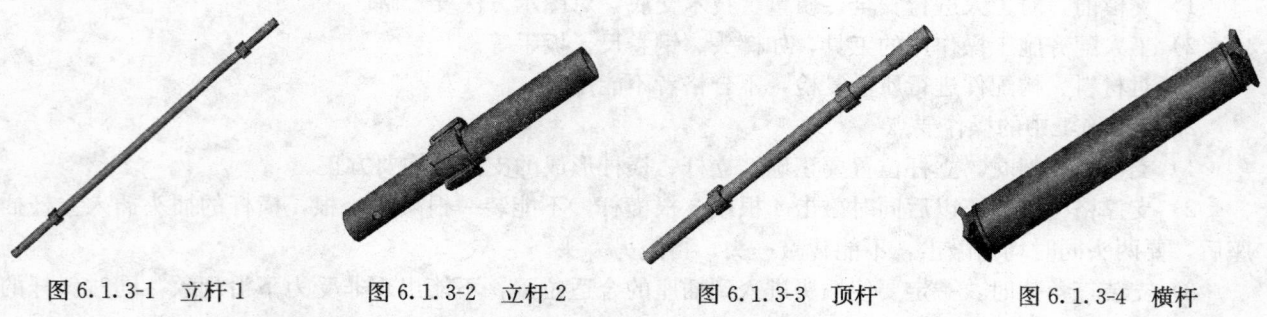

图 6.1.3-1　立杆 1　　　图 6.1.3-2　立杆 2　　　图 6.1.3-3　顶杆　　　图 6.1.3-4　横杆

6.2　组装式双可调多功能早拆装置

6.2.1 该早拆装置是由不同功能的铸件，大、小丝杠，经过在工装胎具上焊接装配而成。按功能分为两种，用于第一次拆除的双支托架和用于保留支撑早拆柱头，见图 6.2.1-1、图 6.2.1-2。

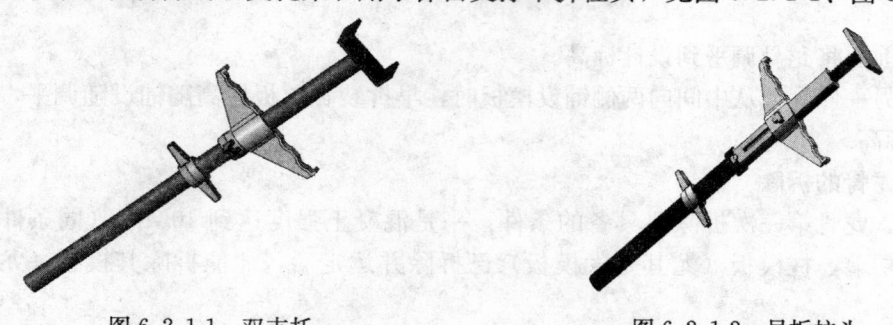

图 6.2.1-1　双支托　　　　　　图 6.2.1-2　早拆柱头

6.2.2 该早拆装置具有三项功能，下部大丝杠具有调节龙骨标高的功能，可起到普通 U 形托的作用；中间有凸起形状的早拆功能；上部小丝杠螺母及柱头板，具有模板及与不同规格系列的龙骨、模板配合使用的功能，适合中国国情。

6.3 模板及龙骨

6.3.1 模板，可根据工程需要及现场实际情况，选用组合钢模板、钢框人造模板及多层胶合板、塑料板模板。

6.3.2 龙骨，可根据现场实际情况，选用方木、钢管或桁架。

6.4 早拆模板体系的组成

脚手架立杆为基本受力单位，通过横杆拉结组成支架，早拆装置大丝杠插入支架立杆孔中，形成早拆模板支架，龙骨放在早拆装置托架上，其上铺设模板而形成早拆模板体系。

7. 质 量 控 制

7.1 质量标准

7.1.1 模板支架立杆、横杆及配件插座、插头插卡连接要牢固，无松动现象，支撑结构要方正，早拆装置处于工作状态时，插卡环要到位，龙骨悬臂搭接时要有支撑措施，若用可调底座调节高度时，可调底座与立杆要支实，不能出现虚支现象。模板拼缝严密，浇注混凝土时不变形，不漏浆。模板安装允许偏差见表 7.1.1。

表 7.1.1

模板安装允许偏差

项次	项　目	允许偏差(mm)	检 验 方 法
1	模板上表面标高	±5	用尺量
2	相邻两表面高低差	2	用尺量
3	板面平整	5	用2m靠尺检查

7.1.2 模板支架支撑跨度不大于 2m。同条件养护的混凝土试块强度达到 10MPa。

7.1.3 第 1 次拆模后，保留的少量支撑立杆，当承受的施工荷载大于设计允许荷载时，必须经过核算来确定拆模时间，若必须提前拆除立杆时拆除后，还必须加设临时支撑。

7.2 质量保证措施

7.2.1 建立严格的劳动组织，定人定岗定劳动部位，各支模小组的施工部位要相对固定，职责明确。

7.2.2 严格按照模板安装程序进行施工。

7.2.3 模板安装施工完后，必须按上述质量标准进行检查验收，并办好工序间质量交接检验手续。

8. 安 全 措 施

8.1 设计计算确定模板支架的支撑格构时，要留有可靠的安全系数。

8.2 施工前要制定安全技术措施，并对施工工人进行安全技术交底。

8.3 施工中安全负责人要随时对模板体系进行安全检查，发现问题，及时纠正，以消除不安全的隐患。

8.4 拆除模板时要严格按照拆模顺序进行，一定要避免模板整体坍落现象的发生。

8.5 要严格按照施工现场制定的安全措施进行施工。

9. 环 境 保 护

TLC 插卡型早拆模板体系的引入减少了材料的投入，从模板（胶合板）、龙骨（方木）及支架整体减少投入量 1/2～2/3，这样森林、竹林的开发可以减少。同时周转材料大量减少，减少了汽车运转压力，汽车运输量减少，减少了汽车尾气的排放，给大气环境带来相当大的好处，给环境保护带来很大效益。

10. 经济效益分析

与传统支模方式比较，该工法经济效益分析如下：

10.1 模板及龙骨，由传统支模方式的 3 层减为 1 层多一点（常温施工），4 层减为 1 层多一点（冬期施工）。

10.2 龙骨以下模板支架（不含龙骨）用量（重量）与传统支模方式比较减少 1/2～2/3。

10.3 装拆快捷，工作效率提高 3 倍左右。

10.4 节约塔吊台班及进出场运输费用。

11. 工 程 实 例

1999～2008 年轻汽改造项目（首体南路 9 号）、福顺物流、双建花园等工程采用 TLC 插卡型早拆模板体系工艺施工，取得了良好的技术、经济效果。

应用工程情况和工程技术参数详见表 11。

应用工程情况和工程技术参数一览表 表 11

工程项目	双 建 花 园	福 顺 物 流	轻汽改造项目（首体南路 9 号）
施工单位	北京建工集团三建公司	住总第一开发建设有限公司	北京建工集团六建公司
结构形式	全现浇钢筋混凝土剪力墙结构	全现浇钢筋混凝土框架结构	全现浇钢筋混凝土框架、剪力墙结构
标准层数	地下 2 层、地上 22 层	13 层	地下 3 层、地上 18 层
建筑面积	140500m²	51000m²	175000m²
施工方法	顶板采用 TLC 插卡型早拆模板体系 墙体采用大模板	顶板采用 TLC 插卡型早拆模板体系	顶板采用 TLC 插卡型早拆模板体系 墙体采用大模板
施工速度	地上常温施工最快可达 4d/层	常温施工：可达 3 层	地上常温施工最快可达 5 层/月
结构工期	2007 年 5 月～2008 年 11 月	2007 年 8 月～2008 年 10 月	2005 年 7 月～2007 年 1 月
结构质量	优	长城杯金奖	长城杯
经济效益	租赁费节约 136.2 万	综合效益，租赁费节约约 40 万元	租赁费节约 150 万

整体升降模板脚手架工法

YJGF16—94 （2007～2008 年度升级版-011）

上海市第五建筑有限公司　陕西省第一建筑工程公司

王正平　李立顺　吕达　滕寅斌　龚满晔

1. 前　　言

整体升降模板脚手架工法，是上海市第五建筑有限公司申报成功的国家级工法。此工法成熟、可靠，曾经在上海市陆家宅联合大厦进行试点，又在物贸中心大楼推广和完善。最近几年在平凉路华谊星城/名苑和华山夏都苑 A、B 幢等工程中得到了充分运用，取得了良好的经济效益和社会效益。

整体升降模板脚手架工法曾获得 1989 年上海市建筑工程管理局技术进步一等奖；1989 年上海市优秀发明一等奖；1990 年上海市 QC 成果一等奖；全国 QC 成果一等奖；1990 年国家发明二等奖。此项成果已获国家发明专利，专利号是 ZL89 1 07466.X。该工法是 1991 年建设部重点科技推广项目。

2. 工 法 特 点

2.1　整体升降模板脚手架在结构施工阶段，模板、脚手架组成整体平台，整体提升进行结构施工。在结构施工结束以后脚手架与整体平台分离，形成外挂脚手架或整体电动附着脚手架，逐层下降进行外墙装饰施工。

2.2　整体升降模板脚手架平台可自行爬升，减少了施工的垂直运输量。整体升降模板脚手架自身带有可随施工要求升降的操作平台，模板、钢筋、混凝土的操作大部分在操作平台上进行，降低了工人的劳动强度。作为附着的脚手架系统，在结构施工阶段起到了安全围护作用和质量控制作用。

2.3　在外墙装饰工程中，整体电动附着脚手架能满足各种装饰材料的施工，其安全度高。

3. 适 用 范 围

适用于剪力墙、框剪、框筒、筒中筒等所有高层、超高层钢筋混凝土结构体系建筑工程的结构和外墙装饰施工，也适用于高耸的钢筋混凝土构筑物工程的结构和外墙装饰施工，如电视塔、筒仓、水塔、烟囱等。

4. 工 艺 原 理

在结构施工阶段，用悬挂在随建筑物上升的工具柱上的电动升降机群，将施工一层结构的模板（墙、梁、柱）、操作平台、外脚手架整体逐层提升，以完成结构施工；在外墙装饰施工阶段，将原平台上的脚手架转化成外挂脚手架系统或整体电动升降脚手架系统后与平台分离，从顶层逐渐下降到底层，完成外墙装饰施工。

5. 施工工艺流程及操作要点

5.1　工艺流程

升模工艺流程图见图 5.1-1，降脚手工艺流程图详见图 5.1-2，升模顺序图见图 5.1-3，工具式钢柱与墙的连接方式见图 5.1-4，附着脚手架防坠装置图见图 5.1-5，附着脚手架立面图见图 5.1-6，附着脚手架剖面图见图 5.1-7。

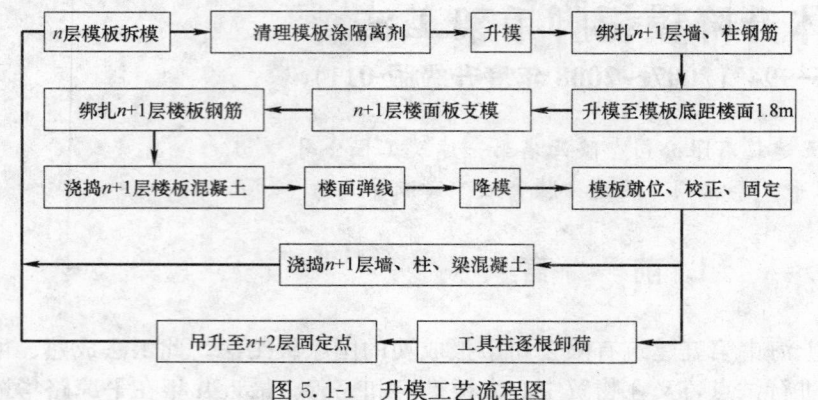

图 5.1-1　升模工艺流程图

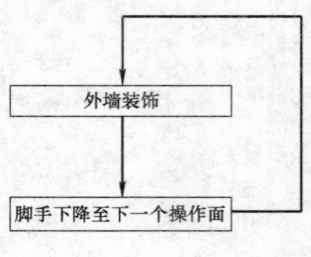

图 5.1-2　降脚手工艺流程图

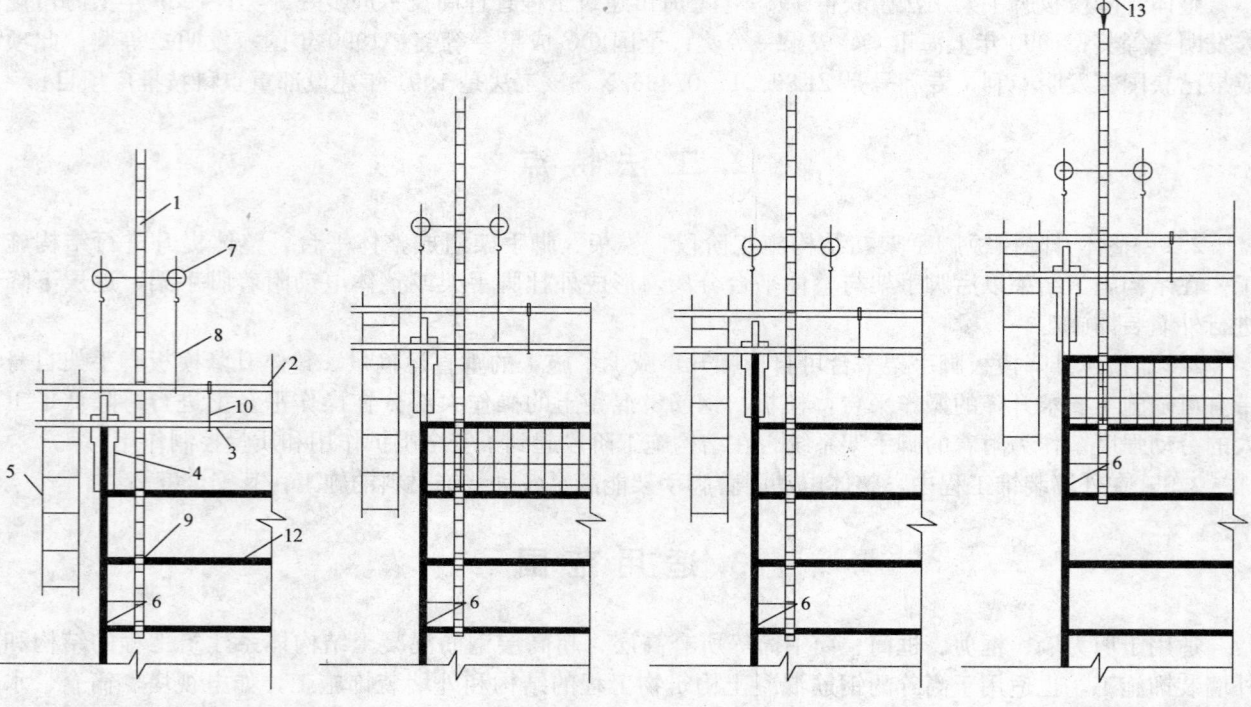

图 5.1-3　升模顺序图

1—工具式钢柱；2—承力架；3—操作平台；4—大模板；5—外脚手架；6—三角支承钢架；7—电动升板机；8—升板机吊杆；9—钢楔；10—操作平台吊杆；11—剪力墙；12—楼板；13—塔吊吊钩

5.2　操作要点

5.2.1　整体模具安装

1. 进入现场的整体升降模具（大模板、操作平台、承力架、工具柱、脚手架、提升设备），应按技术文件和图纸验收，合格品方可适用。

2. 认真向有关人员进行技术交底。

3. 整体升降模安装顺序，见图 5.2.1。

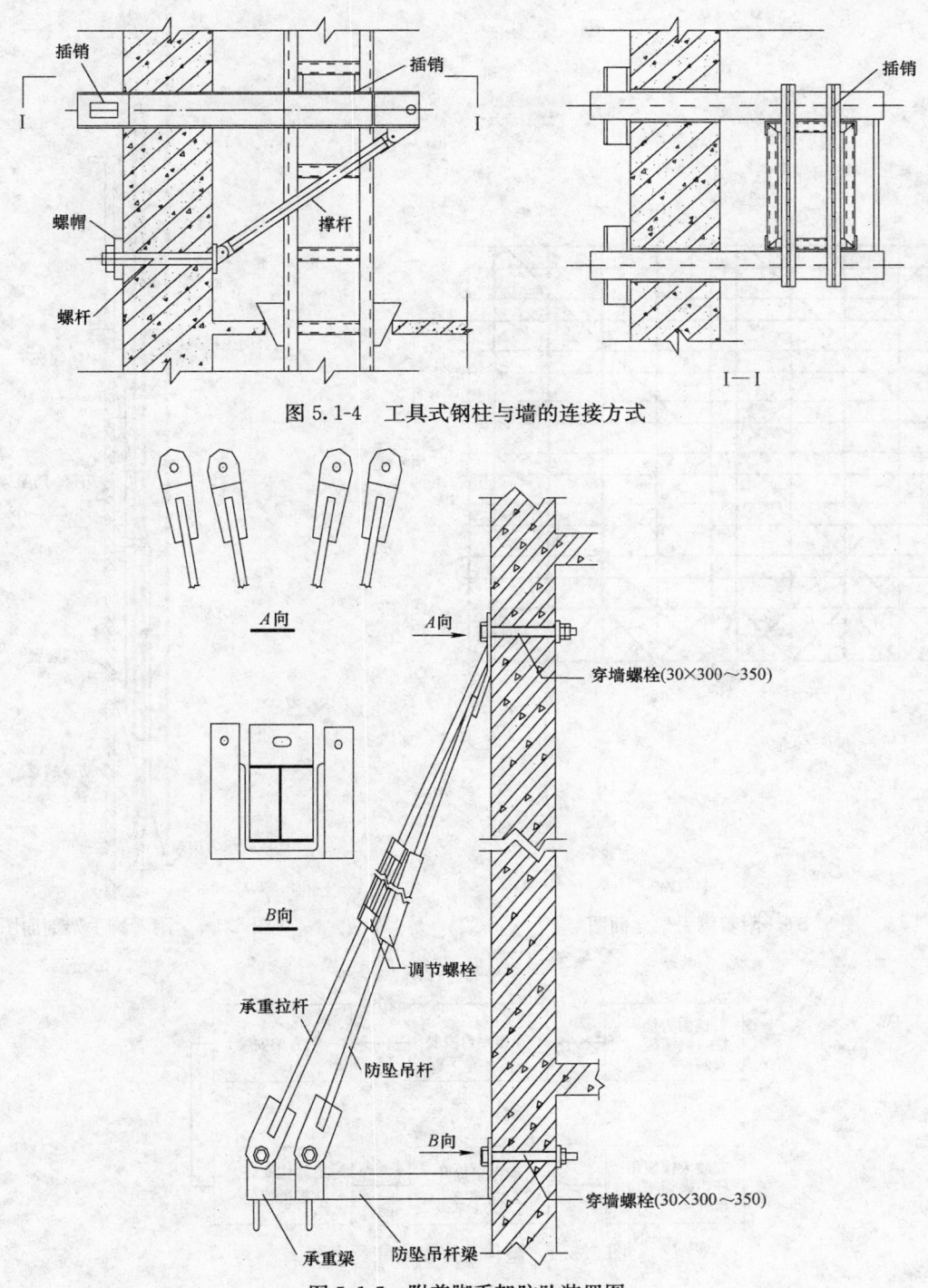

图 5.1-4　工具式钢柱与墙的连接方式

图 5.1-5　附着脚手架防坠装置图

　　4. 大模板安装：大模板应先安装设置三角支撑一侧大模板，校正固定好后再安装另一侧大模板，两侧大模板用穿墙螺栓固定。

　　5. 操作平台安装：操作平台安装前先安装操作平台搁置点，有大模板处安装钢牛脚，无大模板处设置钢支撑，搁置点检查合格后，再吊装操作平台。

　　6. 承力架安装：承力架安装前先将操作平台调平并连接成整体，在操作平台上弹出承力架轴线，并标注构件编号，按由内向外的顺序就位和连接。

　　7. 工具式钢柱安装：工具式钢柱吊装分上下二段进行，下段柱吊装搁置好后，再吊装上段，上下段柱连好后再吊装升板机。

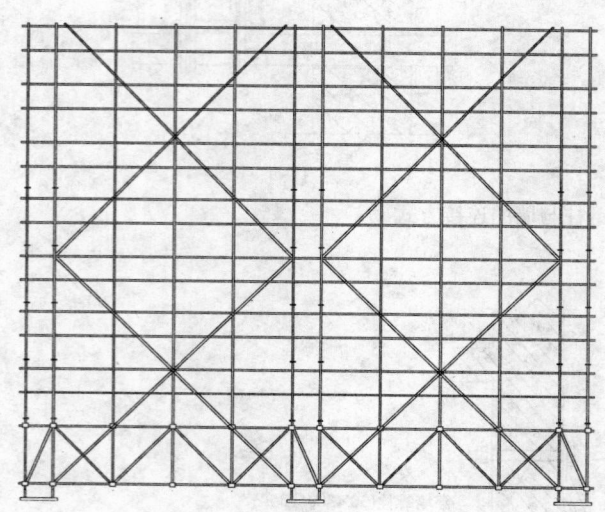

图 5.1-6　附着脚手架立面图

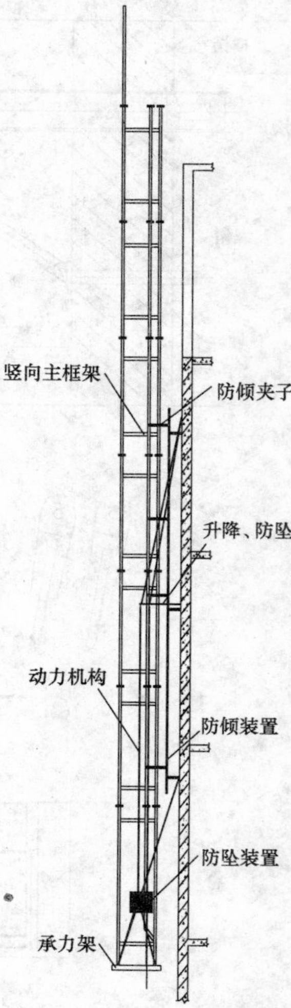

图 5.1-7　附着脚手架剖面图

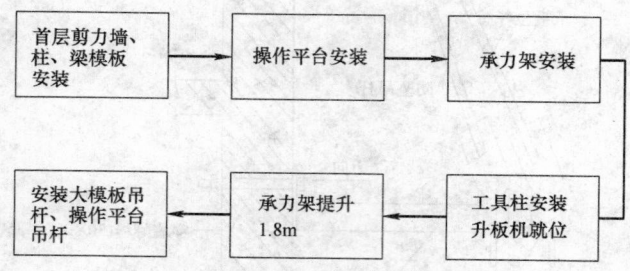

图 5.2.1　整体升降模安装顺序图

8. 吊杆安装：升板机就位后安装升板机与承力架间的提升杆，将承力架提升 1.8m。承力架搁置于工具柱上，安装承力架与操作平台间的吊杆及操作平台与大模板间的吊杆。

9. 外附着脚手安装：待整体升降模具升到一定高度，即承力架与建筑物室外地坪的距离为外附着脚手架的总高度加上底部钢管脚手平台的高度时进行安装。

5.2.2　整体模具提升

1. 正式提升前，先要对提升系统进行全面检查，检查提升设备、工具柱、支承点、各吊杆等，它们必须符合提升条件。

2. 正式提升前检查所有模板是否全部拆开，模具与建筑物有否粘连现象，所有模板的连接件如穿墙螺栓等放置好。

3. 提升前应将模具上一个搁置点在所有工具式钢柱上作出明显标记，待模具承力架提升超过此搁置点 50mm 后，承重销马上插入，模具下降，承力架安稳地搁置于工具柱上。

4. 试提升 50mm，确认模具与建筑物无粘连现象后继续提升。

5. 提升时撤离模板下方所有人员，操作人员站稳于操作平台上。

5.2.3 整体脚手架钢架安装、模板拆除

1. 屋面板混凝土浇捣完成后，整体模具已完成施工任务，进入模具拆除阶段。

2. 按设计要求，安装用于整体脚手架的钢架或钢梁，因钢架或钢梁是附着脚手主要受力结构，钢梁、钢架的制作和安装必须满足设计要求，特别是连接焊缝和连接螺栓的质量，验收合格后方可适用。

3. 整体模具拆除顺序见图 5.2.3。

5.2.4 整体脚手架下降

1. 当建筑层数低于 20 层时，采用外挂脚手架的方法，下降进行安装工程。

1）外脚手架处于整体悬挂状态，稳定性很好，但在风荷载作用下，会使整体向一侧位移，为避免整体外脚手架紧靠一侧建筑结构外墙，使下降产生困难，影响装饰质量，应在整体脚手架下端每隔一段距离设置一个橡皮轮，使之与建筑物间既能很好隔开又能顺利下降。

2）脚手架下降到位后二根辅助吊杆如有不平，则用钢板垫平，以使四根吊杆松紧一致，受力均匀（图 5.2.4-1）。

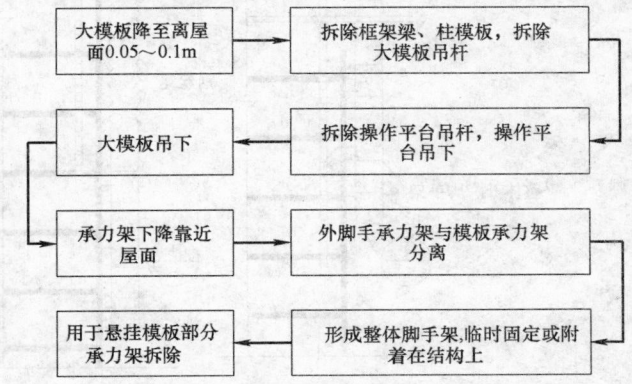

图 5.2.3　整体模具拆除顺序图

3）悬挂脚手架吊杆很多，每个吊杆不可能均衡受力，对个别受力小的吊杆，在风荷载作用下吊杆晃动较大，故在每个吊杆连接节点上设置安全装置，以防吊杆脱落。

4）外脚手架下降到下一外墙工作面后，采用原外墙结构施工时预留的空洞，用螺栓及钢管和脚手架连接（图 5.2.4-2）。

2. 当建筑层数超过 20 层时，采用整体电动附着脚手架的方法，下降进行安装工程。

1）参加施工操作人员必须经专业培训合格，持证上岗严格按操作规程进行升降。

2）每次下降前必须检查防倾、防坠落装置是否齐全有效，逐一检查电动葫芦的链索是否处于预紧状态，且各机位的链条松紧程度保持基本相同，保证架体处于同一高度。

3）检查脚手架上的施工荷载是否清除，与建筑物间是否有影响升降的障碍物。

4）在各机位，电动葫芦及其他拉杆均有效受力情况下，方可拆除承力架部位的附墙拉杆和水平支撑，同时拆除每层及底排隔离和每层硬拉结。

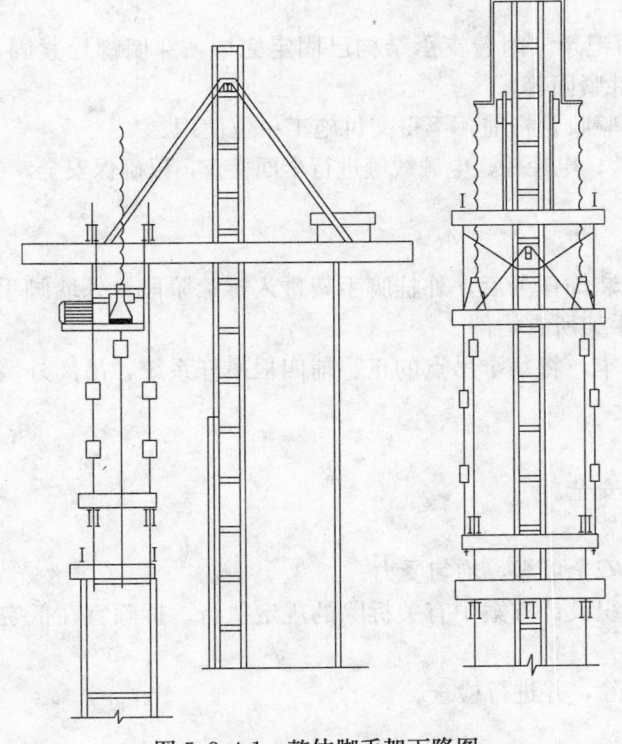

图 5.2.4-1　整体脚手架下降图

5）各机位监护人员全部到岗就位，由专职指挥人员统一发布下降信号，下降过程中，必须对机位进行认真监护，发现问题及时通知控制台（用对讲机或哨子），停止下降，待故障排除后，方可重新升降。

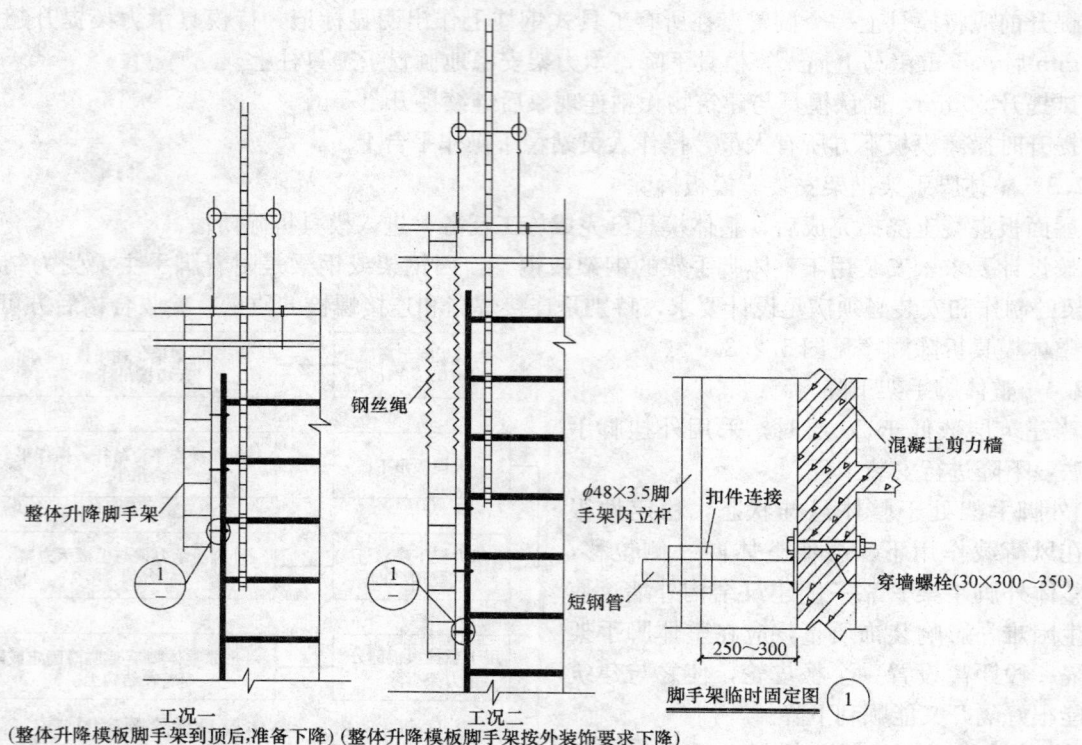

工况一
（整体升降模板脚手架到顶后,准备下降）（整体升降模板脚手架按外装饰要求下降）

工况二

图 5.2.4-2　脚手架下降临时固定图

6）下降到位后，脚手架及时予以固定。

7）固定完毕后，完成各项检查项目并做好书面记录（附着支承结构已固定完毕，穿墙螺栓紧固，所有螺栓已拧紧，安全围护措施已落实，脚手架扣件紧固等）。

8）下降到位后，办妥验收交付使用手续，未经验收合格前，不得交付施工单位使用。

9）每一次下降后，必须对各受力拉杆、电动葫芦、电控柜、电源线等进行全面检查，以确保安全。

5.2.5　整体脚手架拆除

1. 外挂脚手架拆除

1）待脚手架下降至底面或裙房屋顶，完成外墙装饰任务后，外挂脚手架进入拆除阶段，外墙脚手架逐渐下降，拆除工作由下向上逐层进行。拆完脚手架所有构件。

2）用台灵架或其他吊装机械，通过四根千斤吊牢，将每个吊点的正、辅四根吊杆系统，吊离外墙面，逐渐下降至裙房屋面或底面进行拆除。

3）拆除承力架升板机及悬挂钢架。

4）拆除时，要划出禁入界限，派专人看护注意安全。

2. 整体电动附着脚手架拆除

1）对承力架的悬挂等部件进行仔细检查，确保安全可靠，均匀受力。

2）附着整体电动升降脚手架拆除工作必须按组织设计方案中有关拆除的规定执行。拆除宜在低空进行。

3）拆除前，所有架体上的建筑垃圾均应预先清除，并进行检查。

4）所有防外倾装置在拆除前均应处于良好工作。

5）先拆除电控柜及电动葫芦、吊杆承重梁及吊杆。

6）由上至下逐排拆除脚手架，拆除时不得先拆除硬拉结，待脚手架拆至硬拉结时，再拆除该部位的硬拉结，必要时可在他处临时增加硬拉结及支撑。

7）拆除操作人员必须戴好安全帽、安全带，安全带的保险钩必须扣在操作面以上的有效部位（建筑物结构上），安全带必须预先检查是否完好可靠。

8）遇到 6 级以上强风或雨、雪、大雾等特殊气候，不得进行脚手架拆除，夜间不得施工。

9）拆除时，要划出禁入界限，派专人看护注意安全。

6. 材料和设备

6.1 材料（见表 6.1）

材料表 　　　　　　　　　　　　　　　　　　　　　　表 6.1

序号	材料名称	单 位	数 量	备 注
1	模板	m²	n	用于墙柱面
2	型钢	t	n	用于承力架、工具柱等
3	钢管	m	n	用于脚手架搭接
4	扣件	个	n	用于钢管固定连接
5	角钢	t	n	用于脚手架固定
6	螺栓	个	n	用于与主体结构连接
7	密目安全网	m²	n	用于脚手架安全防护

6.2 设备（见表 6.2）

设备表 　　　　　　　　　　　　　　　　　　　　　　表 6.2

序号	材料名称	单 位	数 量	备 注
1	电动升降机	台	n	用于提升大模板、脚手架
2	挤压熔焊机	台	n	用于焊接
3	配电箱	个	4	用于用电设备
4	电缆	m	n	用于用电设备
5	水准仪	台	2	用于标高检测
6	电动葫芦	台	n	用于下降附着脚手架
7	SW-35A 型防坠器	台	n	用于防止脚手架坠落

7. 质 量 控 制

整体升降模具外挂脚手架的质量要求见表 7。

整体升降模具外挂脚手架的质量要求 　　　　　　　　　　　　表 7

项 目	质 量 标 准	测量工具和方法
制作的质量要求 大模板、操作平台		
外形尺寸	−3mm	钢尺测量
对角线	±3mm	钢尺测量
板面平整度	<2mm	2m 靠尺塞尺检查
直边平直度	±2mm	2m 靠尺塞尺检查
螺孔位置	±2mm	钢尺测量
螺孔直径	+1mm	量规监测
焊缝	按图纸要求检查	
工具式钢柱承力架		
截面尺寸	±3mm	钢尺测量
全长弯曲	±5mm	钢丝拉绳测量
螺孔位置	±2mm	钢尺测量
螺孔直径	+1mm	量规监测
焊缝	按图纸要求检查	

续表

项　目	质 量 标 准	测量工具和方法
安装		
楼板，剪力墙留孔		
位置	10mm	钢尺测量
留空尺寸	±10mm	钢尺测量
模板		
拼缝缝隙	＜3mm	塞尺测量
拼接缝平整度	＜2mm	塞尺测量
垂直度	＜3mm 或 1‰	用 2m 靠尺测量
标高	±5mm	钢尺测量
工具式钢柱		
标高	±5mm	水平仪量测
垂直度	10mm 或 1‰	经纬仪量测

8. 安 全 措 施

8.1　防止工人高空坠落措施

1. 在搁置电动升降机的钢柱四周搭设 700mm 宽脚手架，并设置大于 1000mm 高栏杆。

2. 在电动升降机群间工人行走路线上，搭设 700mm 宽栈桥走道，栈桥两侧设 1m 高以上的栏杆。

3. 脚手架外侧搭设封闭栏杆，外挂安全网，做到脚手架外侧全封闭。

4. 操作平台间的间隙，设置钢板网安全盖板。

8.2　防止整体模具，外附着脚手悬吊构件损坏坠落伤人

1. 操作平台每根吊杆处设一根安全钢丝绳。

2. 对只设一根吊杆的外墙外模板，需配置一根安全钢丝绳。

3. 对外附着脚手所用电动升降设备必须严格检修，串心螺母完成规定形成后必须全部更新，确保安全。

4. 对外附着脚手的主要受力构件及节点，特别是脚手承力架，应进行定期检查，发现问题立即通知技术部门，研究采取必要的加固措施。

5. 对吊杆连接点，采用固定措施，防止吊杆晃动脱落。

8.3　施工荷载、风荷载，混凝土拆模强度规定

1. 整体升模的操作平台上的均布荷载不得超过 $3kN/m^2$，集中荷载不得超过 20kN。

2. 整体升降模具可在风速不大于 17.1m/s 的情况下适用（风速以塔吊上的风速仪为准）。风速大于 17.1m/s 停止施工，如此时大模处于吊空状态则须将大模降至楼板面，并用对销螺栓将大模与钢筋笼夹紧。

3. 混凝土模板螺栓强度不小于 C 级普通螺栓强度，拆除模板混凝土强度符合《混凝土结构工程施工质量验收规范》GB 50204 中的要求。工具式钢柱与模板预留孔壁榫紧时混凝土强度不小于 C20，均以试块强度为准。

8.4　整体模具的提升、搁置

1. 工具式钢柱提升，必须按顺序进行，先用塔吊将工具柱吊牢后拆除工具柱与楼板预留孔间的钢楔，将柱提升 50mm，抽出钢柱的全部搁置钢销，钢柱方可正式提升。

2. 工具式钢柱固定时必须保证工具柱的垂直度，用二台经纬仪在二个方向进行控制。工具柱搁置必须牢靠，工具柱与楼板预留孔间的钢楔必须榫紧。

3. 工具柱提升后，应严格进行检查，验收合格后方可继续施工。

4. 整体模板提升前，监护员必须严格检查，确认模板、操作平台与建筑无连接的情况后，方可提升。

8.5 用电安全措施

1. 操作平台上的所有配电箱，都必须固定在承力架上，电缆要架空。

2. 所有电器设备都要设漏电开关。

9. 环 保 措 施

9.1 整体升降模板脚手架上，垃圾做到日集日清，容器存放，专人管理，统一清运。

9.2 为保证现场环境清静，在保证施工顺利进行的情况下应选用噪声小的机械设备，确保施工现场周围人员正常的工作与休息环境。

9.3 夜间施工应调整好施工灯具方向，避免照射到居民区，造成光污染。

9.4 平时教育职工提高环保意识，不人为制造噪声，杜绝野蛮施工。

10. 效 益 分 析

10.1 减少施工用地，在结构施工期间，整体升降模具不占施工场地。

10.2 结构垂直度可控制在 1/4000 以内，可以减少外粉刷基层厚度。

10.3 施工速度每月可达 4～6 层。

10.4 减少垂直运输设备和运输设备的台班费。

10.5 升降模具（包括外挂脚手）方案如一次摊销 50%，与散装散拆小钢模、着地搭设脚手方案相比，可降低模板脚手费用 50%以上。

11. 工 程 实 例

11.1 平凉路华谊星城/名苑

工程概况

该工程建设地块位于上海市杨浦区平凉路以南、眉州路以西、沈阳路以北，基地面积约 17651m²。该项目由住宅、办公及商业用房组成，总建筑面积 51300m²（含地下建筑面积 4000m²）。其中住宅建筑面积 30800m²，包括一幢 14 层、三幢 17 层高层住宅楼；办公用房建筑面积 10488m²，为一幢 17 层框架结构的高层办公楼；商业用房建筑面积 6052m²，主要为 1～2 层的裙房，见表 11.1。

平凉路华谊星城/名苑工程概况 表 11.1

单体类型	层数	地上高度(m)	地下高度(m)	檐高(m)
1 号楼	17/1	47.8	3.4	49.2
2 号楼	17	47.8	0	49.2
3 号楼	17/1	47.8	3.4	49.2
4 号楼	14/1	39.4	3.4	40.8
5 号楼（办公）	17/1	49.7	5.0	51.1

11.2 华山夏都苑 A、B 幢

工程概况

华山夏都项目一期位于上海市长宁区幸福路西侧、平武路南侧。

华山夏都 A 幢：建筑总面积 29910m²，该工程性质为高级高层居住建筑，地上 32 层，地下 2 层，建筑高度为 100m，基础埋深－7.5m 左右。剪力墙结构，局部框支剪力墙。层高 3.1m。

华山夏都 B 幢性质为高级高层居住建筑，地上 28 层，地下 2 层，建筑高度为 90m，基础埋深－8.73m，±0.000 相当于绝对标高 4.500。B 幢及地下车库建筑总面积 49176m²。B 幢采用剪力墙结构，局部框支剪力墙，分隔填充墙采用"伊通"加气砂浆砌块。

聚丙烯纤维混凝土超长结构抗裂防渗施工工法

YJGF16—2000 (2007～2008年度升级版-012)

浙江中成建工集团有限公司

刘有才　张荣灿　吴菊珍　陈尧火

1. 前　　言

钢筋混凝土的裂缝和渗漏，成为困挠钢筋混凝土结构质量的重大问题，本工法是根据我们承担的上海复旦大学露天架空游泳池钢筋混凝土结构，即超长、超宽、较薄钢筋混凝土盛水容池抗裂防渗工程实践，总结出一套避免导致渗漏和裂缝现象发生的整套施工技术。该研究成果于2000年10月25日通过上海市建委科技会鉴定，被评为国内领先水平，具有明显的经济效益和社会效益，为此拟定工法予以推广应用。

本工法为2000年度国家级工法（工法号为YJGF16—2000），自2000年公开以来，本工法得到诸多工程项目的应用，并在原工法基础上，将掺加的UEA优化成HEA，使混凝土保水保塑性更好，易于流动，更利于施工和保证混凝土的密实性。通过对原工法进行不断补充和完善，继续保持了工法的先进性和新颖性。

2. 工法特点

2.1　本工法从钢筋混凝土材料（采用聚丙烯纤维和低碱膨胀剂）入手，结合结构设计和采用先进施工工艺和技术措施，综合成套施工技术，解决了地下结构裂缝和渗漏的难题。

2.2　对原工法进行改进：通过近几年的施工实践，我们将原工法中掺加UEA改成HEA，使混凝土保水保塑性更好，易于流动，更利于施工和保证混凝土的密实性，大大减少了混凝土结构产生裂缝的概率。

2.3　针对露天游泳池钢筋混凝土结构超长、超宽、超薄，不允许有渗漏水和裂缝的要求，采用结构不设缝的施工技术综合治理方法。

2.4　先进性和新颖性：应用该工法可以实现钢筋混凝土结构容水池和地下结构的自防水，进而达到工艺简化、节约造价的目的。自从复旦大学露天架空游泳池工程竣工以来，我公司对其结构自防水的耐久性进行了近十年跟踪监测，结果是池底和池壁均无裂缝和渗漏水，设备夹层的设备得以长年正常运行。

3. 适用范围

本工法适用于工业与民用建筑钢筋混凝土的迎水、背水和盛水结构，特别是露天游泳池、水池等长、宽大于50m以上的抗裂防渗地下、地上结构更为适用。

4. 工艺原理

4.1　材料上：在商品混凝土双掺粉煤灰、早强缓凝剂的基础上双掺聚丙烯纤维和低碱膨胀剂（HEA），利用纤维抑制混凝土早期产生的收缩裂缝，通过湿养护，膨胀剂的水化产物钙矾石不断生成，几微米的钙矾石结晶体,在水泥硬化过程中使混凝土内部产生自胀应力,由此对混凝土产生补偿收缩,起到防止开裂作用,提高了混凝土的抗渗性及耐久性。

4.2 施工上:合理配筋(如钢筋直径小而密)将约束混凝土的塑性变形,从而分担混凝土的内应力,起到控制裂缝扩展、减少裂缝宽度的作用。

4.3 根据结构体形,设置足够强度、刚度的混凝土模板支撑和模板,并实施避免施工冷缝的连续浇灌混凝土施工方案。混凝土浇捣后,对混凝土结构采取保湿养护,确保膨胀剂的水化产物钙矾石的不断生成,使混凝土结构致密。

5. 施工流程及操作要点

5.1 纤维混凝土搅拌工艺流程见图 5.1-1;钢筋纤维混凝土结构施工流程见图 5.1-2。

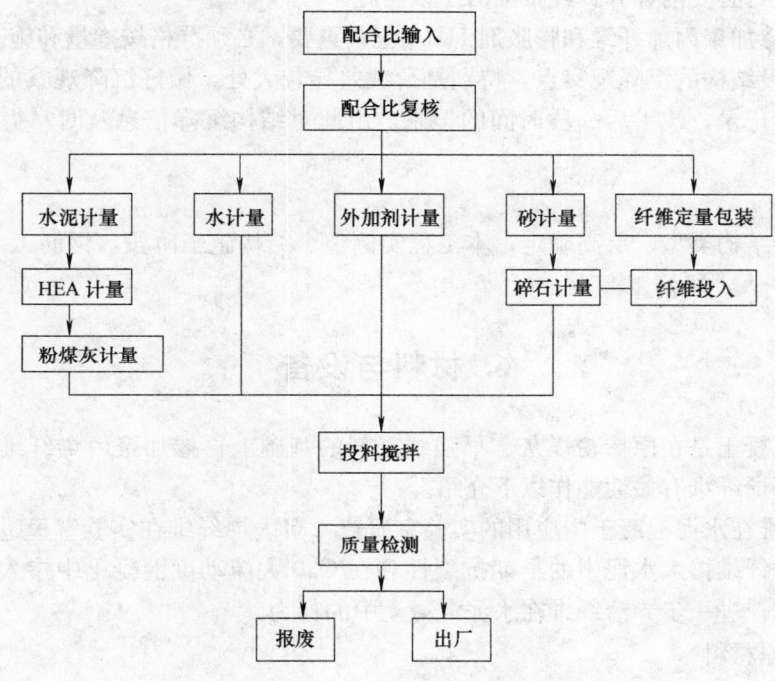

图 5.1-1　纤维混凝土搅拌工艺流程图

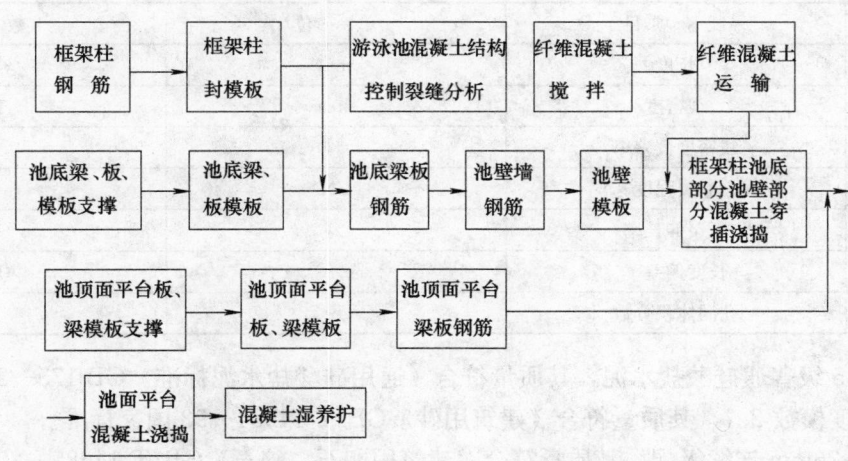

图 5.1-2　钢筋纤维混凝土结构施工流程(以露天架空游泳池为例)

5.2 施工操作要点

5.2.1 为保证商品混凝土的品质，因此在混凝土材料组合选择上，确定采用除混凝土的水泥、砂、石、水四种基本材料外，再外掺泵送剂、膨胀剂、粉煤灰和聚丙烯纤维四种改性材料，水泥应用水化热较低的硅酸盐水泥，其他材料各项指标均须符合《普通混凝土用砂、石质量及检验方法标准》(JGJ 52—2006)标准要求。

5.2.2 混凝土配合比及性能必须通过试配，由此掌握最佳配合比和相应的抗压强度、抗拉强度、抗渗等级、混凝土的坍落度。

5.2.3 混凝土浇捣前，施工单位须对搅拌站的材料、设备情况，生产能力作一全面考察与监督。

5.2.4 混凝土浇捣前施工单位必须对商品混凝土运输、泵送设备和数量及布置等作出施工方案，经有关单位审批后，才能进行施工。

5.2.5 施工前对钢筋混凝土工程的模板及其支撑，钢筋以及混凝土浇捣及其养护方案，必须编制施工组织设计，并进行必要的计算，经批准后予以实施。

5.2.6 本工法掺加聚丙烯纤维和膨胀剂 HEA 至关重要，必须严格按掺量和施工流程进行施工。

5.2.7 认真布设结构的沉降观察点，特别是荷载差异较大处，做好沉降观察的前次和加载后（混凝土浇捣后）的观察记录，竣工后一段时间的记录，由此对结构沉降信息及时掌握处理，防止结构裂缝产生。

5.3 劳动组织

根据不同面积与结构类型、层高确定，本工程实例整个结构施工阶段，钢筋工 42 人，木工 90 人，泥工（混凝土工）50 人，机修工 2 人。

6. 材料与设备

本工法使用的混凝土是在原掺粉煤灰、早强缓凝剂的基础上再掺加聚丙烯纤维和低碱膨胀剂，现对新型材料——聚丙烯纤维有关性能作以下介绍。

6.1 聚丙烯纤维在水泥混凝土中应用的实验室研究。聚丙烯纤维在实验室里进行水泥混凝土中应用性能研究，着重对纤维掺入水泥中的早期抗裂性和在 C30 大流动度混凝土中掺入纤维来研究抗压强度、抗折强度的影响，进一步弄清纤维在水泥混凝土中的行为。

6.1.1 试验用原材料

1. 聚丙烯纤维（张家港市方大特种纤维制造有限公司生产）的质量见表 6.1.1。

聚丙烯纤维质量　　　　　　　　　　　　　　　　　表 6.1.1

序号	试验项目	单位	数据
1	长度	mm	15
2	线密度	dtex	15.1
3	线密度偏差率	%	3.7
4	断裂强度	CN	4.7
5	断裂伸长率	%	4.2
6	长度偏差率	%	12.2
7	孔洞体积分数	%	3.8

2. 水泥，42.5 级普通硅酸盐水泥，其质量符合《通用硅酸盐水泥标准》GB 175—2007 的规定。

3. 中砂，细度模数 2.7，其质量符合《建筑用砂》GB/T 14684—93 国家标准。

4. 碎石，5～25mm 连续级配，其质量符合《建筑用卵石、碎石》GB/T 14685—2001 国家标准。

5. 外加剂，试验所用外加剂符合《混凝土泵送剂建材行业标准》JC 473—2001 标准。

6. 水，清洁饮用水。

6.1.2 试验及试验结果

1. 掺入聚丙烯纤维对早期抗裂性的影响。

1）试模。试验采用外圆 $\phi250$，内圆 $\phi190$，高 50mm 的有底圆环，试模内圆为无缝钢管，外圆模为二个半模。

2）净浆配合比（表 6.1.2-1）及试样制备。试样的拌制是采用水泥胶砂搅拌机拌合，先在搅拌锅中加入一定量的水泥和纤维，先干拌半分钟，缓慢加一定量的水，将拌合料拌匀，搅拌 3min，将物料取出浇入模中，等初凝后即松开外模及底模，置于 20±3℃、相对湿度为 65±5% 的条件下，用风扇吹风 24h 观察裂缝开展情况。

			净浆配合比	表 6.1.2-1

纤维	水灰比	水（g）	水泥（g）
未掺	0.476	1000	2100
聚丙烯纤维	0.476	1000	2100

3）试验结果。在水灰比 0.476 时，未掺纤维的净浆在成型后 2h 即产生数条裂缝，掺有聚丙烯纤维的净浆经一昼夜风吹均未产生裂缝。

2. 掺入聚丙烯纤维，对 C30 大流动度混凝土性能影响。

采用强度等级为 42.5MPa 象牌普通硅酸盐水泥，中砂，5～25mm，连续级配的碎石，Ⅱ级粉煤灰，外加剂适量，不掺与掺聚丙烯纤维，在配合比相同，仅调整水灰比以控制坍落度在 12±2cm，研究纤维对混凝土抗压及抗拉强度的影响，试验结果见表 6.1.2-2。

在 C30 大流动度混凝土中，聚丙烯纤维对混凝土性能影响 表 6.1.2-2

序号	纤维	水灰比	坍落度	抗压强度（MPa）		抗拉强度（MPa）
				7d	28d	28d
1	未掺	0.618	14.5	22.2/100	33.3/100	8.2/100
2	聚丙烯纤维	0.578	12.3	28.0/126	44.3/133	8.6/105

从表中数据可以看出，掺聚丙烯纤维有利于抗压强度改善，同时也有利于抗拉强度的改善。

6.2 聚丙烯纤维在混凝土中对抗裂防渗作用

6.2.1 相比其他常用的水泥混凝土增强纤维，聚丙烯纤维有着极为明显的价格优势，且其密度低，仅为 0.9g/cm³，耐酸碱性好，混凝土专用聚丙烯纤维与混凝土界面结合得到优化和增强，因而掺加聚丙烯纤维，可以大大改善混凝土的抗渗性和抗冻性（表 6.2.1-1、表 6.2.1-2）。

混凝土配合比（kg/m³） 表 6.2.1-1

混凝土品种	水泥	砂	石	水	SN-Ⅱ	P.P 纤维
基准	453	583	1183	181	2.27	—
纤维混凝土	483	583	1183	181	2.27	0.8

混凝土的抗渗、抗冻和干缩值的比较 表 6.2.1-2

抗 渗 性		未掺纤维混凝土	掺聚丙烯纤维混凝土
		P10	P14
抗冻性	强度损失率%	8.5	0
（50 次）	重量损失第%	0.33	0
干缩值（×10⁻⁴）	28d	3.12	2.92
	60d	5.02	4.17

6.2.2 表 6.2.1-2 中数据表明，混凝土的抗渗性从 P10 提高到 P14，强度及重量损失率均减到零，

干缩值亦有减少，因此纤维增强混凝土会比不加纤维的普通混凝土在抗渗性和抗冻性方面更有优越性。

6.2.3 加入混凝土中的纤维有阻裂效应，能延缓裂缝的产生和扩展，减少及细化裂缝，这与混凝土的抗渗性及抗裂性密切相关。由于聚丙烯纤维密度低，加入到混凝土后，其数量巨大（每立方厘米混凝土中有二十多条纤维）填埋了部分混凝土内部孔隙，减少了孔隙大小和数量，极大地增加了混凝土基体的密实性，大大提高了混凝土的抗渗性、抗冻性及抵抗有害介质侵蚀的能力，也提高了纤维混凝土建筑物的耐久性。

6.2.4 聚丙烯纤维掺入混凝土，能满足以下要求。

1. 能适应较强的碱性环境 pH 在 12 以上；

2. 暴露在大气中，能耐日光照射及防老化；

3. 在商品混凝土搅拌站生产中能满足商品混凝土生产工艺要求，能在水泥混凝土中快速分散均匀分布；

4. 与混凝土有良好粘结力，能起增强作用。

6.2.5 聚丙烯纤维掺入混凝土中其主要作用有：

1. 改善和易性，使混凝土不离析泌水；

2. 提高混凝土抗塑性收缩的能力。

6.2.6 聚丙烯纤维加入混凝土中，纯粹是物理作用。纤维的主要作用是当混凝土从浇注到硬化前这一混凝土最脆弱的时期，这时混凝土尚未产生足够的强度以抵抗水泥收缩的应力导致微裂缝时，加入的纤维可以部分抵消内部应力，抑止微裂缝产生和发展。

6.2.7 纤维的加入可以改善裂缝尖端的应力集中，防止裂缝进一步发展，当裂缝发展与纤维相交时，纤维可抵消部分或全部的应力，加入的纤维呈三维无规则分布，有助于削弱混凝土的塑性收缩，收缩的能量分散到每立方米数千条具有高抗拉强度和弹性模量相对较低的纤维单丝上，有效地增强混凝土的韧性，抑止微裂缝的产生和发展。同时无数纤维在混凝土内部形成乱向支撑体系，有效阻碍骨料的离析，使混凝土黏聚性好，从而阻止了由于干缩引起的裂缝产生，所以掺加聚丙烯纤维，使混凝土内部有害裂缝（裂缝宽度大于 0.05mm）的数量得到有效控制，混凝性渗透性降低，使混凝土不易碳化。

6.3 机具选择：同一般钢筋混凝土工程类似。

7. 质 量 控 制

7.1 本工法材料是在原掺早强缓凝泵送剂和粉煤灰的基础上，再掺聚丙烯纤维和 HEA 膨胀剂，因此在混凝土搅拌站投料搅拌时，必须严格计量投料，保证搅拌时间，使混凝土的配料分布均匀，防止成团结块，确保纤维均匀分布。

7.2 为确保聚丙烯纤维计量准确，事先将聚丙烯纤维按每拌次用量分别过秤小袋包装，搅拌时按袋投放。

7.3 混凝土浇捣前，施工单位应根据混凝土工程实际情况，明确分工、明确岗位、明确职责，使混凝土浇捣时有条不紊、紧张有序进行施工。

7.4 模板支撑应根据主梁、次梁、板荷载确定模板及其支撑钢管纵横间距，按整体稳定受力情况进行设计。

7.5 模板施工时，除一般质量要求外，特别是池壁墙柱模板对拉螺栓应按混凝土侧压力分布情况进行设置，以防混凝土浇捣时模板变形，并设止水片，以防渗漏。

7.6 钢筋设置严格按照设计，采用双层细钢筋、密间距要求设置，池壁、池板四角宜设置辐射及斜钢筋。

7.7 混凝土浇捣时，对坍落度应严加控制并测定，不得加水，坍落度过大的混凝土不得使用。

7.8 混凝土浇捣过程中,严格按施工方案中的浇灌流程实施,先部分底板,再部分池壁,再底板、池壁如此循环连续浇捣,在避免出现施工冷缝情况下,完成池体和平台的浇捣。

7.9 混凝土浇捣时,各部分必须充分振捣,谨防由于振捣不充分,在梁板相接处产生沉缩裂缝。

7.10 本工法特别强调保湿养护,游泳池壁外侧、池底板外侧、梁外侧等不能保湿养护的区域,除根据规范要求满足混凝土强度和以跨度决定拆模天数外,其拆模时间必须大于内壁。内底盛水、淋水养护时间,即拆模工作安排在湿养护完成后进行。

8. 安 全 措 施

认真贯彻安全生产、预防为主方针,符合规范有关安全规定要求,同时做好以下几方面工作。

8.1 池底板、主梁、次梁的模板支撑间距,必须经荷载计算确定,荷载选取时,应适当考虑泵送混凝土的高度和堆载作用。

8.2 预防高空坠落伤人,施工层外围护必须安全可靠。

8.3 泵送混凝土浇捣时,泵管出料口和混凝土堵管拆接头时,操作人员头部、脸部不要正对该两部位,以免突然喷出的混凝土伤人。

8.4 预防机械设备损坏伤人。

8.5 预防电气设备线路破损伤人。

8.6 加强安全自查、专查工作。

9. 环 保 措 施

9.1 认真贯彻《建筑施工现场环境与卫生标准》和地方政府下发的有关环境保护的规章制度,严格执行公司《职业健康安全与环境管理》要求。

9.2 建立清洁生产的管理制度,并严格执行。在车辆进出施工现场的主要出入口设置车辆清洗设备,出口道路做硬地坪,随时冲洗外出车辆;大门口设二级沉淀池及洗车槽,确保外出车辆和大门口马路的清洁。并在现场出口处满铺麻袋。

9.3 做好施工过程中产生的渣土、建筑垃圾的运输处理等工作。如混凝土浇筑完成后要及时清理垃圾(工地现场道路积水、泥浆或浮尘)。统一规划"渣土垃圾",并组织外运,保证现场卫生,做到施工工地整洁。

10. 效 益 分 析

10.1 经济效益和节能分析

10.1.1 通过本工法的实施,省去后浇带的设置,加快了部分材料周转,进而省去后浇带施工缝清理、支模、混凝土浇筑、养护拆模等工作量,节省了人力和物力,同时也符合当今社会大力提倡的节能要求。

10.1.2 由于不渗漏、无裂缝起到自防水作用,因此减少粉刷及防水层处理,节约了资金,经济效益明显。下面以复旦大学南区体育中心游馆为例加以说明:

1. 采用聚丙烯纤维和低碱膨胀剂双掺技术,取消内外防水层,节约费用:

防水涂料:80 元/m^2×3825m^2=306000 元

掺入聚丙烯纤维的差价:−30000 元/t×1t=−30000 元

掺入低碱 UEA 的差价:−20.57 元/m^3×1088m^3=−22380 元

合计 253260 元

2. 取消按规范要求设置的后浇带，节约后浇带施工费用 18000 元，并且提前 工期 35d。

10.2 社会效益和环保效益分析

10.2.1 通过该项工法的实施，可减少和杜绝大量容水池和地下结构的开裂和渗漏水现象，大大提高了广大用户和业主的满意度和对此类建筑的认可度，社会反映良好。同时减少和杜绝了翻修、补漏工作量，对原粉刷及防水层的清理量为零，重新做防水时的粉尘、有毒气体的排放量也为零，排除了翻修引发的二次污染，对环境起到了很好保护作用。

10.2.2 此成套施工技术对当前工业与民用建筑迎水、背水和盛水结构抗渗、防裂提供了丰富的实践经验，在工法形成后的近十年中被同类结构大量应用，具有明确的社会效益。

11. 工程实例

11.1 复旦大学体育中心游泳馆工程三层的露天游泳池

11.1.1 工程概况

复旦大学南区体育中心游泳馆系一幢 3 层框架结构，建筑高度 13.65m。底层作为学生超市及乒乓球活动室，二层为设备夹层，三层为看台及屋面露天架空式游泳池。游泳池内净尺寸为：长 50m，宽 25m，深 1.2～2.0m。池壁由框架柱及柱间墙组成，墙厚 300mm。整个游泳池区域框架柱网间距为 6.6m×7.2m 及 6.3m×7.2m。池底为钢筋混凝土现浇板，板厚 300mm。

11.1.2 采取的技术措施

复旦大学露天架空游泳池设计为无任何建筑防水材料的结构自防水游泳池，施工单位采用了在混凝土内双掺聚丙烯纤维、UEA 的补偿收缩无缝施工技术及合理配筋（如采用直径小而间距密的钢筋优化方案），同时根据结构体形设置足够强度、刚度的混凝土模板支撑和模板，并实施避免施工冷缝的连续浇灌混凝土施工方案和对混凝土结构采取保湿养护（至少 14d），工程于 2000 年 6 月 17 日 6：30 开始浇筑，当日 11：00 时浇完。

11.1.3 实施效果

游泳池在盛水的情况下未出现任何渗漏水和裂缝，取得了令人满意的效果，达到了预期目的，并被评为 1999～2000 年度国家级工法。自 2000 年 8 月 15 日正式对学生开放以来，露天架空游泳池经过近 10 年的使用，其间混凝土经过 10 次的冻融循环，至今未发现池底、池壁渗漏现象，使用单位和广大师生对本工程质量和设施等硬件极为满意，反映良好。

11.2 毛家桥小区三标段 D1 号楼工程露天屋顶游泳池

11.2.1 工程概况

工程位于杭州市文新路和益乐路交叉口，工程于 2003 年 5 月 2 日开工，于 2005 年 5 月 27 日竣工。毛家桥小区三标段 D1 号楼工程露天屋顶游泳池设在裙房三层屋顶，池轴线尺寸为 20.4m×14.1m，池深 1.78m，底板及池壁厚均为 250mm，抗渗等级 P＝0.6MPa。

11.2.2 施工情况

由于业主对本工程的质量要求较高（确保西湖杯，争创钱江杯），且住宅项目中人们最关心的质量通病是工程渗漏，故对施工单位来说防渗漏施工是本工程要采取的关键技术措施，特别是裙房屋顶的露天游泳池。由于有承建同类工程的成功案例，即复旦大学体育中心露天游泳池，故在本工程游泳池中施工方采用了与复旦大学体育中心露天游泳池相同的施工工法，即在混凝土中双掺聚丙烯纤维和低碱膨胀剂（UEA）的抗裂防渗施工工法（YJGF 16—2000）。

11.2.3 实施后情况

按此工法施工取得了预期的效果，自游泳池完成至竣工验收期间，未发现任何裂缝及渗漏问题，D1 号楼工程获得了"西湖杯"。游泳池自 2005 年 5 月竣工交付使用到今（2008 年 11 月）已有近三年半的时间，均无渗漏，在用户中有良好口碑。

11.3　龙阳居住小区公共服务设施配套项目 1 号酒店综合楼地下室

11.3.1　工程概况

龙阳居住小区公共服务设施配套项目工程位于上海浦东龙阳地区，其中 1 号酒店综合楼建筑面积 28810m² （其中地上 20970m²，地下 7840m²），整个地下室为 2 层。1 号楼基础形式为桩上筏板基础，整个结构用 3 条后浇带分隔。地下二层高为 4.05m，地下一层高有 3.6m、3.8m 及 4.8m 3 种，地下室外墙厚度为 500mm，混凝土强度等级为 C30。

11.3.2　施工情况及实施效果

由于地下室平面面积较大，约为 79.0m×65.0m，底板厚度在 800～1500mm 之间，混凝土设计强度等级为 C30，浇筑总工程量为 2500～3000m³，属大体积混凝土；地下室外墙板总延长米较大，约为 260m。为有效控制混凝土收缩裂缝和温度裂缝的产生，我们应用了《聚丙烯纤维混凝土超长结构抗裂防渗施工工法》，施工时在混凝土中采用双掺聚丙烯纤维和 HEA 膨胀剂的技术，同时通过控制混凝土的水灰比和浇灌速度、加强养护等措施，地下结构自 2005 年 7 月开始底板施工，至 2005 年 11 月地下室顶板施工结束至今，地下室未出现渗漏现象，取得了较好的效果。

板式转换层混凝土厚板施工工法

YJGF39—2000 (2007～2008 年度升级版-013)

通州建总集团有限公司

瞿启忠　瞿宏程　丁春颖　丁海峰　黄晓松

1. 前　言

随着工程建设规模的扩大，多功能的综合性大厦应运而生，为了满足建筑物的功能需要，提高建筑物的综合使用水平和利用率，减少土地等资源浪费，大幅度提高投资回报率，采用转换层进行结构转换，成了当今城市黄金地段建筑物优选的结构形式，其中板式转换层是结构转换形式之一。

南京陆军指挥学院宏安大厦工程为框架剪力墙结构，地下 2 层，地上 33 层，建筑高度为 110.80m，其中地上三层顶板为 2.1m 厚钢筋混凝土板式转换层，转换板面积约 2830m²，板内局部暗梁采用工字钢骨劲性梁，局部板边挑出梁柱边线 1.2m，转换层以下为办公楼，转换层以上为高层住宅。针对该工程特殊性，为确保该板式转换层施工质量，必须采取一定的措施来保证工程施工阶段的安全性。

通州建总集团有限公司联合设计单位和有关高校研究所，针对以上特殊的工程情况开展了技术攻关，并在公司原有板式转换层混凝土厚板施工工法（1999～2000 年度国家级工法）基础上进行了技术改进和创新，形成了更为先进和完善的板式转换层混凝土厚板施工工法，施工技术水平达到了国内领先水平，关键技术通过了有关专家组的审定，保证了工程的顺利施工，且施工效果明显、技术先进、效益显著。该工法先后在南京宏安大厦工程、南通中华广场工程和通州金旅城龙宫大酒店工程等工程中得到了有效应用，所应用的这些工程先后获得过国家和省级新技术应用示范工程、省优质工程等称号，取得了显著的社会效益和经济效益。

2. 工 法 特 点

2.1　采用钢管扣件模板支撑体系多层传递，通过下层楼面和钢管模架共同承载，保证了模板支撑体系既安全可靠又经济合理。

2.2　通过大型有限元软件建立模板支架的整体计算模型，对施工过程进行过程性计算分析，通过计算分析调整模板支撑构造，最大限度地发挥了模板支撑的支撑能力。

2.3　通过计算机模拟操作，按照钢筋实际规格、间距大小及施工顺序按比例出具了排布图，统筹安排现场钢筋施工，提高了施工工效。

2.4　通过精心设计混凝土配合比，合理安排混凝土浇捣程序，有效控制混凝土内外温差，保证了混凝土的浇筑质量。

2.5　通过混凝土的分层叠合浇筑，既减轻了模板支撑的承载，又减少了混凝土的一次浇筑体量，同时叠合面的糙化处理，能保证上下层混凝土很好的粘结。

2.6　采用合理的温度监测措施和保温养护措施，控制混凝土的内外温差，防止温度裂缝的出现。

3. 适 用 范 围

本工法适用于钢筋混凝土结构工程中的板式转换层混凝土厚板的施工。

4. 工 艺 原 理

针对工程中出现的厚板式钢筋混凝土转换层结构，施工中从节约成本保护环境的角度出发，模板支撑施工方案仍然考虑采用普通钢管扣件脚手架，通过结构内多层搭设传递荷载，混凝土采用二层叠合浇筑，并采用大型有限元软件建立模板支架的整体计算模型，以设计单位提供的下层楼面允许承载力和钢管模架极限承载作为验算条件，对施工过程进行过程性分析，以保证施工过程中整个支撑系统的稳定性和安全性。

钢筋施工通过计算机模拟操作，按照钢筋实际施工顺序、规格及间距大小按比例出具了排布图，统筹安排现场钢筋施工。混凝土浇筑通过采用软件多次对第一次浇筑不同厚度的板进行有限元分析，确定经济合理的一次浇筑厚度。对大体积混凝土配合比进行专项设计，根据平面布料图合理安排混凝土浇捣程序，并采用合理的温度监测措施和保温养护措施，控制混凝土的内外温差，防止温度裂缝的出现，保证了结构的施工质量。

5. 施工工艺流程及操作要点

5.1 工艺流程

优选方案→模板支撑体系设计→模板支撑搭设→钢构件制作安装→钢筋绑扎→混凝土施工及养护→模板拆除

5.2 操作要点

5.2.1 优选方案

该工程中转换层模板支撑施工是整个工程的关键点，为了确保厚板施工质量，满足结构设计要求，保证模板支架稳定可靠，施工前对模板支撑方案进行了对比分析。目前厚板浇筑方法有两种，方法一：一次性浇筑，这种方法的优点是工期短、速度快，缺点是转换层楼板一次浇筑完成，浇筑过程中混凝土基本处于流塑状态，自重完全由模板支架及下层楼板承受，且浇筑过程中的振捣荷载及局部堆载均较大，可能导致下部支撑体的承载力不足，而且支撑体系从转换层至地下室底板需要连续设置，其钢管支架用量过大，需置备大量的模板支撑材料（原有 1999～2000 年度国家级工法——板式转换层混凝土厚板施工工法即采用此方法）。方法二：分层叠合浇筑，这种方法的优点是保证了施工阶段模板支撑系统的承载力和整体稳定性，减少了模板支撑材料和搭设工作量，也减少了混凝土的一次浇筑体量，缺点是施工工期较长，且由于工程暗梁多，局部还带有劲性钢骨架，叠合面处的处理较困难。针对以上情况，结合该工程浇筑现场、模板支架的数量和下层楼板的承载力，以及我公司原有工法形成的施工经验，经过施工各方及与东南大学施工研究室共同研究，决定实施方法二。

5.2.2 钢管支撑设计

1. 搭设方案制定

1) 转换层施工底模采用 18mm 厚木胶合板，底模板下铺 50mm×100mm@250mm 木枋，模板支架采用 $\phi48×3.5$ 钢管扣件式脚手架，立杆间距为 600mm×600mm，步高约为 1.5m。通过搭设 3 层扣件式钢管模板支架，浇筑转换层的荷载由下面 3 层混凝土楼板承担，3 层连续支模见图 5.2.2-1，自动扶梯洞口处地下室底板连续支撑且采取相应的加固措施见图 5.2.2-2。

2) 转换层外侧立模采用 18mm 厚木胶合板，外侧竖楞采用 50mm×100mm@250mm 木枋，外侧钢管横楞按@500mm，侧模单向对拉螺栓采用 M14@600mm 与结构通长钢筋焊接，外侧立模通过 $\phi14@600mm$ 拉筋固定于后一轴线柱筋或钢梁上。无墙柱和有墙柱部位的外侧立模支设见图 5.2.2-3 和图 5.2.2-4。

3) 转换层板边局部悬挑部位模板支撑搭设时，底模顺悬挑方向的水平托杆采用 [16 槽钢双拼悬

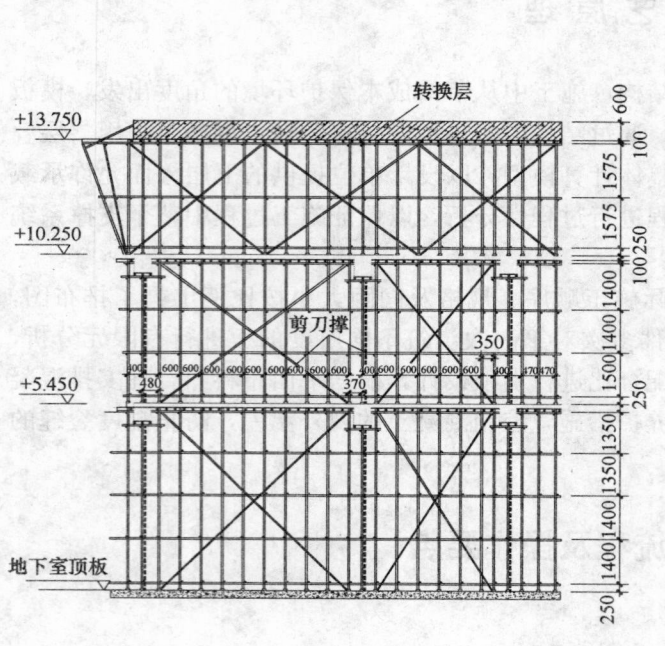

图 5.2.2-1　板下支架布置图

图 5.2.2-2　自动扶梯处支架布置

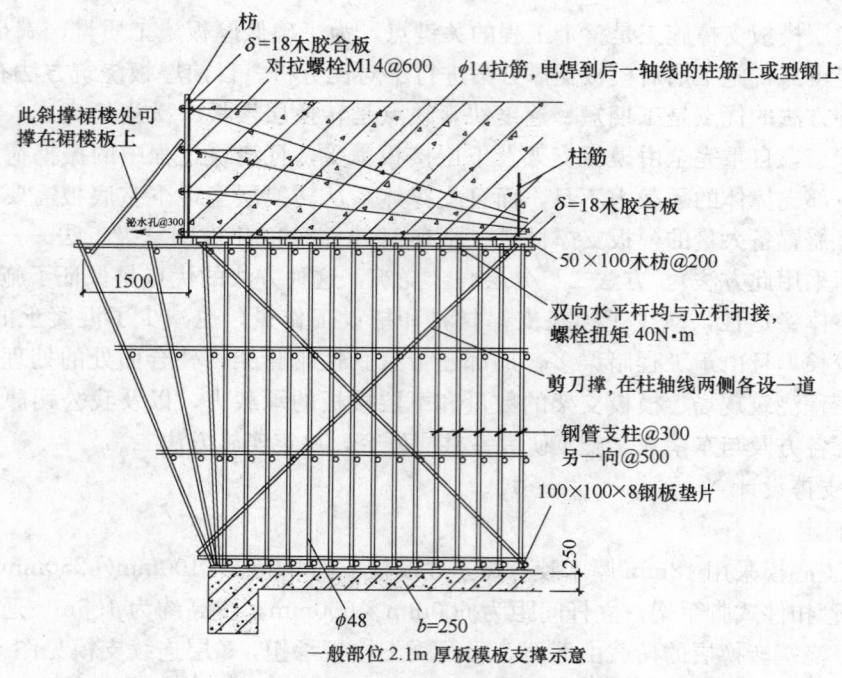

一般部位 2.1m 厚板模板支撑示意

图 5.2.2-3　无墙柱部位外侧立模布置图

挑，挑出长度不大于后部长度的 1/2，悬挑槽钢下再搭设斜向钢管支撑立杆支撑于内部模架上，槽钢后部固定在下部支撑架上。

　　4）三楼以下有楼梯而对应三楼以上没有楼梯的部位，三楼以下楼梯采用预留钢筋楼梯后浇的方式，待转换层厚板施工完毕后，再浇筑三层以下的这些楼梯，这样就解决了这些特殊部位转换层厚板模板支撑的施工安全问题。

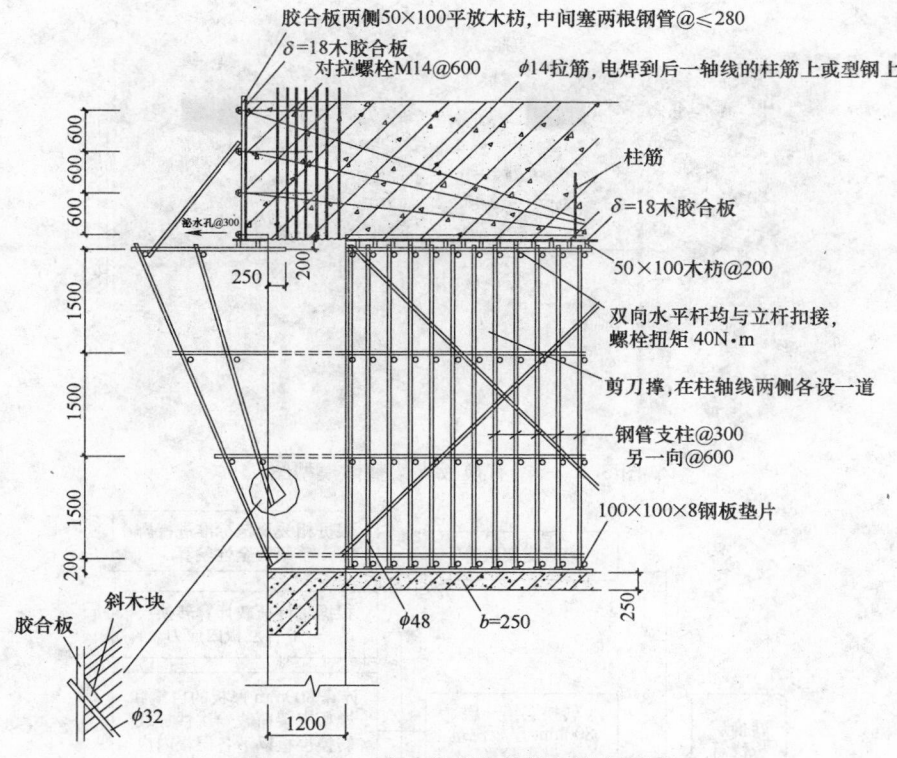

胶合板两侧50×100平放木枋,中间塞两根钢管@≤280
δ=18木胶合板
对拉螺栓M14@600　φ14拉筋,电焊到后一轴线的柱筋上或型钢上

柱筋
δ=18木胶合板
50×100木枋@200
双向水平杆均与立杆扣接,螺栓扭矩40N·m
剪刀撑,在柱轴线两侧各设一道
钢管支柱@300 另一向@600
100×100×8钢板垫片

泄水孔@300
斜木块
胶合板
φ32
φ48　b=250

图 5.2.2-4　有墙柱部位外侧立模布置图

2. 搭设方案验算

为保证施工阶段模板支撑系统安全,必须根据现场的施工流程对架体承载力和整体稳定性进行验算,验算包括以下几部分内容:1)两个施工阶段中模板支撑的承载力和整体稳定性验算;2)浇筑第一层转换层板时下面3层结构楼板的受力状况验算;3)浇筑第二层转换层板时,先期浇筑的第一层转换层板的承载能力验算。

设计中采用了大型有限元软件对施工过程进行过程性分析,以设计单位提供的下层楼面允许承载力作为连续多层支模楼板承载能力的验算条件。采用有限元软件建立模板支架的整体计算模型,各楼层梁采用梁单元模拟,板和剪力墙,均采用板单元模拟,并根据结构图纸设定各梁截面的高度和宽度、楼层板、剪力墙的厚度,混凝土的强度根据施工现场的进度参照混凝土弹性模量随龄期增长曲线进行设定。钢管支架采用只压杆单元进行模拟,钢管弹性模量 $2.05 \times 10^5 \text{N/mm}^2$,转换层模板采用板单元模拟,模板的弹性模量按照实际胶合板的材质设定,模型钢管截面按实际情况设定,由于该计算考虑了支模钢管的弹性压缩变形,与传统的计算方法将钢管支撑视为无限刚性支撑相比,该结构模型更符合实际情况。工程转换板整体模型见图 5.2.2-5。

通过采用软件多次对第一次浇筑不同厚度的板进行有限元分析,确定了第一次最为经济合理的浇筑厚度为800mm。模拟整个转换板浇筑施工过程时,浇筑上层 1300mm 厚转换板混凝土时,相应的下层 800mm 厚混凝土强度应达到设计强度的 90%,据此设定计算模型中各层混凝土梁、柱、板的强度,转换层板浇筑过程中楼板的验算流程图见图 5.2.2-6。

根据施工流程选取两种模型进行对比分析。模型1:不考虑状态叠加,浇筑转换层 800mm 厚楼板,整体一次加载模拟。模型2:考虑状态叠加,分三个施工阶段模拟 1F、2F、转换板施工全过程,并将计算结果与设计工况下的结构应力与变形进行比较分析。当两种计算模型计算所得的转换板下+2F、+1F、地下室顶板变形及抗裂均满足设计要求时,该分层浇筑连续3层支模的方案即能满足施工要求。

转换层板边局部悬挑部位模架的悬挑能力也应单独进行受力验算,以保证模板支撑的稳定。

5.2.3　模板支撑搭设

1. 钢管、扣件进场使用前应进行验收,有裂缝、变形的严禁使用,必要时可做抽样检测。

图 5.2.2-5　有模板支架整体模型图

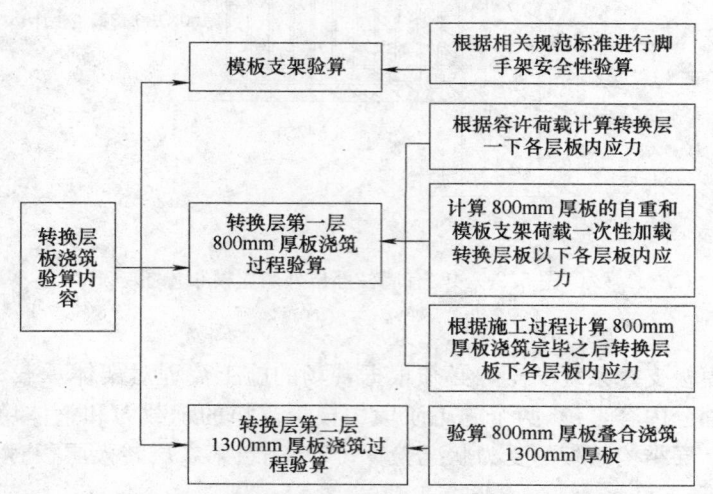

图 5.2.2-6　转换层板浇筑过程中楼板承载力验算流程图

2. 转换层板底部水平钢管与立杆连接采用双扣件，顶层立柱钢管必须采用通长钢管，下层立柱钢管需要连接的应采用对接连接，每根钢管立杆的底部需垫 15cm×15cm×5cm 的木垫块。

3. 搭设支架时每步立杆的双向水平杆不能少，暗梁底部应设置由底至顶竖向剪刀撑，支架搭设完成后应做全面检查。扣件拧紧力矩为 45～65N·m，并作为检查的重点。

4. 钢管搭设时柱边、剪力墙边也应设立杆，其距离柱、墙边距离应小于 200mm，以减小节点部位水平钢管的受力。

5. 一、二层楼面混凝土施工时模板支撑即按转换层支撑要求进行支设，结构受力薄弱环节还应进行支撑加密，并加设水平拉杆及剪刀撑，待施工完成后继续保留施工中的支撑，以避免转换层施工造成下层混凝土结构破坏。浇筑转换层混凝土前还应对下层支撑逐根检查，若有落地不实及松动的应重新加固。

6. 对于跨度大于 4m 的楼板模板应起拱，起拱高度为跨度的 1/1000～3/1000。

7. 模板支架搭设完成后，必须参照有关规范的要求进行验收，并填报"支撑架检查记录"，待甲方、监理方检查验收后方可铺放胶合板等。浇筑混凝土前再次组织施工人员抽检支撑的搭设情况，发现问题及时纠正。

8. 在一个柱间单元模板支撑安装完成后，用钢筋堆载进行加载试验，加荷后观察支撑架受力工作是否正常。

9. 施工过程中对结构受力薄弱典型部位的支撑应力应采用变检测仪进行应力和变形监测，发现问题及时处理。监测在加载试验及混凝土浇筑时每 15min 采样一次，其余时间每天采样数据一次。

5.2.4 钢构件制作安装

1. 利用国有钢铁企业成熟的焊接工艺,先进的生产设备,丰富的人才资源,开展横向合作,把钢梁、钢柱委托专业公司制作、安装。

2. 根据项目部确定的施工顺序,安排工厂按先后次序加工钢构件并进行编号。

3. 委派专职人员在现场检查督促材料使用情况,监督原材料质量,焊缝采用自动埋弧焊,焊接成品通过"探伤"检测和感观检查后运往施工现场。

4. 通过测量确定标高尺寸,焊接钢梁支撑点——钢牛腿的标高尺寸必须准确无误,它对下道工序有较大影响。然后根据施工方案按编号顺序就位钢梁,临时固定对称焊接。

5. 进入下道工序前要用超声波探伤仪对焊缝质量进行"探伤"检测,合格后方可进入下步施工。

5.2.5 钢筋施工

1. 转换层厚板中钢筋密集,暗梁及平台筋以 $\phi28$ 三级钢为主,另设有双层双向腰筋,故要求翻样与下料、钢筋就位次序安排准确无误。施工中聘请了结构工程师利用电脑,按照钢筋实际规格、间距大小及施工顺序按比例出具了排布图,统筹安排现场钢筋施工。

2. 钢筋安装顺序:铺放板底双向防裂钢筋网→铺放板底双层双向钢筋→分层铺设暗梁下部纵向钢筋→搭钢管支架→分层挂吊、暗梁上部纵向钢筋→套箍筋→穿腰筋→绑扎、固定→暗梁就位→铺放板面双导双向钢筋→铺放板面防裂钢筋网→板底的钢筋保护层。

3. 梁内 $\phi28$ 钢筋及板内 $\phi28$ 钢筋接头均采用直螺纹套筒连接,连接时采用力矩扳手拧紧,钢筋接头位置也要错开,以满足现行规范要求。

4. 安装暗梁钢筋时,先在模板暗梁位置放好控制线,在控制线内,暗梁的上方搭设间距为 1m 的临时钢管搁架,搁架下横杆高出底板地面 $300\sim500$mm,上横杆比板面高出 $150\sim250$mm。在搁架下横杆上铺设最下排纵向钢筋后,逐排安放横杆(横杆与搁架立杆扣接)铺设纵筋,直至暗梁内全部主钢筋铺设完毕。在搁架的上横杆上铺设暗梁最上排纵筋,用 $\phi6$ 钢筋制成 S 形钩挂起第二排钢筋,按同法挂起第三排纵筋,直至纵筋全部逐排挂起。暗梁钢筋绑扎时,按顺序穿插进行底筋、腰筋的铺设和绑扎。

5. 钢筋绑扎完毕,先进行自检、项目部复检,同时整理好完备的软件资料,然后组织项目各方及有关方面的专家进行验收,通过后办理完相关手续方可进行下步施工。

5.2.6 混凝土施工

1. 原材料的选择

由于转换层混凝土采用 C40 混凝土,后期强度等级要求达 C50,且混凝土施工属于大体积混凝土范畴,因此材料选择既要考虑水泥强度的后期发展,又要考虑降低水化热,降低温度应力。水泥:选用水化热较低的 42.5 级矿渣水泥。骨料:选用粒径 $5\sim30$mm 的小碎石,含泥量不大于 0.5%,砂细度模数不小于 2.5 的中、粗砂,含泥量不大于 2%。粉煤灰:采用 I 级灰,烧失量不大于 5%。外加剂:采用江苏省建筑科学研究院研制生产的 JM-Ⅲ型高效增强剂及微膨胀剂。

2. 配合比设计

转换层混凝土属于大体积混凝土范畴,为防止施工裂缝的出现,在配合比设计时充分考虑了降低水化热,提高极限抗拉强度,延长凝结时间。我们根据往年大体积混凝土施工经验,并请教材料力学方面的专家共同制定本转换层 C40 混凝土($R28=40$MPa,$R90=50$MPa)的配合比,然后根据现场试配结果最终确定配合比。由于外加剂用量较大,混凝土搅拌时间要求比正常情况延长 1min 以保证搅拌均匀,以避免因为外加剂局部过量引起不良后果。商品混凝土的坍落度控制在 16cm±2cm,不允许随意变更,施工现场由专人检测,1 次/2h。

3. 混凝土浇筑

1) 混凝土浇筑前精心设计了混凝土浇筑方案,从两平行方向对称进行浇筑,防止因一个方向的混凝土倾倒荷载产生模板的水平压力,破坏模板体系的稳定性,并注意控制楼面上施工荷载。

2）混凝土浇筑应满足整体连续性的要求，初凝时间按 8h 控制，施工时由专人在平面布料图上记录每层下料的厚度、流淌范围、下料的时间，根据记录情况统一指挥下料，避免出现施工冷缝。

3）混凝土浇筑采用斜向分层浇筑，振捣时间以混凝土面无气泡泛出为准，设专人监控。混凝土振捣采用立式手工浇捣法，振捣采用 φ50 加长插式振动器和插入式振动器，钢筋密集区采用 φ30 加长插式振动器振捣。

4）泵送混凝土流动性大，多余的泌水会影响混凝土的密实性和结构的整体性，施工时在四周侧模的底部、上口开设排水孔，使多余的水分从孔中自然排出。

5）当有钢梁时，由于钢梁柱交叉点无法直接从上部下料，只有通过振捣器往交叉点部位送料，通过四周分层挤压出料方能把交叉点挤密实。振捣以表面不再下降，不再出现气泡，表面泛出灰浆为准。

6）叠合面粗糙化处理采用高压水冲法，待第一层混凝土终凝、达到一定强度后用高压水冲刷新老混凝土粘结面，使老混凝土表面的粗细骨料都外露，形成凹凸不平的叠合面。

7）转换层混凝土二次浇筑完成后，初凝前 1～2h 先用长刮杠按标高刮平，终凝前再用铁滚筒碾压数遍，并用木抹子打磨压平，以闭合收缩裂缝。

4. 混凝土测温

1）测点布置原则：测点必须具有代表性，能全面反映大体积混凝土内各部位的温度，从大体积混凝土高度断面考虑应包括底面、中心和上表面，从平面考虑应包括中部和边角区。

2）测温方法：采用温度测试仪，精度为 0.5℃，温度探头预埋在混凝土内，在温度测点处焊一根套管，高出板面 30cm 以便固定探头导线，同时亦避免浇筑混凝土时损坏，折断探头导线。

3）测温制度：测温从混凝土浇筑后 24h 开始，升温阶段每 4h 测一次，降温阶段每 4h 测一次，7d 后，每 8h 测一次，直至温度变化稳定。

4）数据监控：记录测试数据，绘制表格，并要使混凝土内外温差控制在 25℃ 以内，出现异常及时报告，并采取降温或升温养护措施，防止了温差裂缝的出现。

5. 混凝土的养护

1）板式转换层混凝土养护对混凝土质量至关重要。一方面保证水泥的正常水化，另一方面要控制混凝土的内外温度不致出现有害的结构裂缝，养护时间至少应达 14d。

2）转换板混凝土表面抹压平整后约在 12～14h，先覆盖塑料薄膜，再盖三层草袋夹一层薄膜，底模板、侧模、木枋之间也铺上二层塑料薄膜，施工过程中应注意不损坏塑料薄膜。

3）板式转换层下部的脚手架四周用彩色布封闭不让空气对流，在浇混凝土前脚手架上安装碘钨灯备用，如果混凝土内部温度高，同时开启加温，减少内外温度。

6. 材料与设备

6.1 模板支撑架主要采用的 φ48×3.5 焊接钢管、普通铸铁扣件及木胶合板，均为无需特别说明的材料。

6.2 主要机具设备一览表（表 6.2）

机具设备表 表 6.2

序号	机 械 名 称	单 位	数 量	备 注
1	塔式起重机	台	1	
2	混凝土泵车	辆	3	
3	混凝土搅拌运输车	辆	10	
4	混凝土拌合楼	座	2	
5	混凝土振捣机械	套	30	
6	碘钨灯	套	80	

续表

序号	机械名称	单位	数量	备注
7	铁滚筒碾	个	2	
8	水平仪	台	1	
9	应急灯	台	5	
10	油布	m²	400	
11	坍落度筒	套	1	
12	标准抗压试模	组	20	
13	管道及布料管	套	1	
14	温度测试仪	套	4	
15	其他工具配套齐全		2	
16	超声波探测仪	套	1	
17	水准仪	套	1	
18	经纬仪	套	1	

7. 质量控制

7.1 本工法必须遵照执行的规范有：《混凝土结构工程施工质量验收规范》GB 50204—2002、《钢结构工程施工质量验收规范》GB 50205—2002、《建筑钢结构焊接规程》JGJ 81—91、《建筑工程施工质量验收统一标准》GB 50300—2001。

7.2 除以上的验收规范质量要求外，本工程质量还应注意以下几点。

7.2.1 架子工、焊工必须持证上岗，施工前必须技术交底，施工中必须进行交接检验。

7.2.2 钢管进场使用前应对钢管进行验收，必要时可对钢管作抽样检测，钢管的检测按国家标准《碳素结构钢》中 Q235A 钢的规定。

7.2.3 扣件进场使用前应对钢管进行验收，有裂缝、变形的严禁使用，必要时可对扣件作抽样检测，扣件检测的基本要求如下：1) 新扣件必须有产品质量合格证、生产许可证、专业检测单位的测试报告；2) 扣件螺栓拧紧力矩达70N·m时，可锻铸件扣件不得破坏。

7.2.4 支撑立柱钢管垂直度要正，支撑立柱钢管下端的切口要平整，支撑立柱每层上下严格对齐，误差不得超过35mm，施工时通过弹线确定支撑立杆的位置的一致性。扣件必须采用力矩扳手紧固，扣件紧固扭矩控制在45～65N·m之间。

7.2.5 焊缝金属表面焊波应均匀，不得有裂纹、夹渣、焊瘤、烧穿、未熔合和针状气孔等缺陷。经检验确定质量不合格的焊缝应进行返修，返修次数不宜超过两次。

7.2.6 梁内及板内主筋接头采用直螺纹套筒连接时，钢筋直螺纹头套丝加工和套筒连接时应严格按照现行规范要求进行验收，钢筋接头位置也必须按要求错开，以确保受力主钢的施工质量。

7.2.7 浇筑期间派专业技术人员进驻商品混凝土厂家，严格监控原材料的质量、投料的品牌及数量，并及时留置施工现场同条件试块以监测混凝土后期质量。

8. 安全措施

8.1 认真贯彻"安全第一，预防为主"的方针，根据国家有关规定、条例，结合施工单位实际情况和工程的具体特点，组成专职安全员和班组兼职安全员，执行安全生产责任制，明确各级人员的职责，抓好工程的安全生产。

8.2 除需严格遵守安全操作规程外，还应注意以下几点安全事项。

8.2.1 现场施工人员都必须认真学习《建筑施工安全检查标准》JGJ 59—99，所有工人必须接受三级安全教育和必要的考核，方能进入施工现场施工。

8.2.2 特殊工种人员必须持证上岗，严禁无证人员操作。

8.2.3 所有施工人员进入施工现场必须穿戴安全帽、工作服、工作鞋、防护眼镜。高空作业必须系安全带。

8.2.4 混凝土施工期间，严禁施工人员在地下室 1～2 层的钢管支撑范围内逗留，并由安全员设警示标志，现场监护。

8.2.5 塔吊起吊应遵守操作规程，由专人指挥，统一口令，作业半径内，重物下严禁站人。发现异常情况必须立即停止起吊，查明原因。

8.2.6 氧电焊操作必须遵守"氧电焊安全操作规定"，氧气瓶、乙炔瓶等易燃、易爆按规定摆放，不得混乱。

8.2.7 支撑体系内设与金属器具保持绝缘的碘钨灯，随时观察混凝土施工时的支撑稳定情况，观察时靠听声音，禁止人员进入支撑体系内部。

8.2.8 堆载试验时，施工人员不得在试验区域下停留，测试人员在堆载区域外侧用经纬仪进行数据读取。

8.2.9 转换层两侧各搭设一座与支撑体系不连接的应急疏散楼梯。

9. 环 保 措 施

9.1 成立相应的施工环境卫生管理机构，在施工过程中严格遵守国家和地方政府下发的有关环境保护的法律、法规和规章，加强对施工燃油、工程材料、设备、废水、生产生活垃圾、丢渣的控制和治理，遵守防火及废弃物处理的规章制度，随时接受相关单位的监督检查。

9.2 将施工场地和作业限制在工程建设允许的范围内，合理布置，规范围挡，做到标牌清楚、齐全，各种标识醒目，施工场地整洁文明。

9.3 设立专用排浆沟、集浆坑，对废浆、污水进行集中，认真做好无害化处理，从根本上防止施工泥浆乱流。

9.4 对施工中可能影响到的各种公共设施制定可靠的防止损坏的移位的实施措施，加强实施中的监测和验证。同时，将相关方案和要求向全体施工人员交底。

9.5 对施工场地道路进行硬化，并铺上草袋进行浇水，防止尘土飞扬污染周围环境。

10. 效 益 分 析

板式转换层混凝土厚板施工技术，通过结构内钢管扣件架的多层搭设传递荷载和混凝土的二层叠合浇筑，并采用大型有限元软件建立模板支架的整体计算模型对施工过程进行过程性分析，保证施工过程中整个支撑系统的稳定性和安全性，和传统的施工工艺相比具有较为明显的优越性，施工方便，快捷安全，节省投资，具有较广阔的推广前景。经测算采用本板式转换层混凝土厚板施工技术与采用桁架支撑或钢管排架逐层传递到底的施工方法相比，在南京陆军指挥学院宏安大厦工程转换层施工中，共节约投资 140 万元，工期提前 18d，产生了较大的经济效益和社会效益。

另外，通过该工法的使用，形成一套实用高效的施工技术，为后续工程的施工提供了工期保证，同时也节约了周转材料的投入，减少了模板支撑制作工作量和焊接有害气体的排放，保护了环境。

11. 应 用 实 例

11.1 南京陆军指挥学院宏安大厦工程总建筑面积 24380m²，框架剪力墙结构，地下 2 层，地上

33 层,建筑高度为 110.80m,其中地上三层顶板为 2.1m 厚钢筋混凝土板式转换层,转换板面积约 1830m²,转换层以下为办公楼,转换层以上为高层住宅,工程于 2001 年 3 月 28 日开工,至 2002 年 10 月 18 日竣工。工程施工中通过结构内钢管扣件架的多层搭设传递荷载和混凝土的二层叠合浇筑,并采用大型有限元软件建立模板支架的整体计算模型对施工过程进行过程性分析,保证施工过程中整个支撑系统的稳定性和安全性,和传统的施工工艺相比具有较为明显的优越性,施工方便,快捷安全,节省投资,具有较广阔的推广前景。通过该工艺的使用,各项指标均达到设计要求,工程工期按原计划顺利进行,保证了工程质量,节约了投资,缩短了工期,产生了较大的经济效益和社会效益。

11.2 南通中华广场工程坐落于南通市工农路 C-103 地块,为大型综合建筑,由南北两栋主楼和裙楼组成,工程总建筑面积为 79496m²,其中地上 35 层 63512m²,地下 2 层 15984m²,框架剪力墙结构,建筑高度为 108.60m,其中地上 3 层顶板为 2.0m 厚钢筋混凝土板式转换层,转换板面积约 2830m²,转换层以下为办公楼及酒店,转换层以上为高层住宅,于 2004 年 12 月开工,至 2006 年 8 月竣工。工程施工中通过结构内钢管扣件架的多层搭设传递荷载和混凝土的二层叠合浇筑,并采用大型有限元软件建立模板支架的整体计算模型对施工过程进行过程性分析,保证施工过程中整个支撑系统的稳定性和安全性,和传统的施工工艺相比具有较为明显的优越性,施工方便,快捷安全,节省投资,具有较广阔的推广前景。通过该工艺的使用,各项指标均达到设计要求,工程工期按原计划顺利进行,保证了工程质量,节约了投资,缩短了工期,产生了较大的经济效益和社会效益。

11.3 通州金游城龙宫大酒店工程总建筑面积 18210m²,框架剪力墙结构,地下 1 层,地上 24 层,建筑高度为 96.90m,其中地上四层顶板为 1.8m 厚钢筋混凝土板式转换层,转换板面积约 1360m²,转换层以下为酒店,转换层以上为高层住宅,工程于 2007 年 5 月 12 日开工,至 2009 年 1 月 18 日竣工。工程施工中通过结构内钢管扣件架的多层搭设传递荷载和混凝土的二层叠合浇筑,并采用大型有限元软件建立模板支架的整体计算模型对施工过程进行过程性分析,保证施工过程中整个支撑系统的稳定性和安全性,和传统的施工工艺相比具有较为明显的优越性,施工方便,快捷安全,节省投资,具有较广阔的推广前景。通过该工艺的使用,各项指标均达到设计要求,工程工期按原计划顺利进行,保证了工程质量,节约了投资,缩短了工期,产生了较大的经济效益和社会效益。

先张法预应力拱板粮仓屋盖原位现浇施工工法

YJGF33—2002（2007～2008年度升级版-014）

江苏江都二建工程有限公司 南通华荣建设集团有限公司

吴国平 刘树钧 王健 张进前 陈正益

1. 前 言

连云港市新海粮食物流中心普安仓储加工区 A、B 仓房，新建 13 幢 21m×60m 拱板平仓房，采用南京粮食科学研究院设计的 21m 跨钢筋混凝土拱板平房仓标准仓型设计图集。21m 跨先张法预应力拱板屋架实际跨长 21720mm（两端各出轴线 360mm），宽均为 1220mm，每幢 50 榀，13 幢共 650 榀；屋架上顶板为抛物线形弧板，下底板为平板，厚度均为 40mm，上下板两侧均为肋梁，上顶板肋梁为 70mm×150mm，上下板间每隔 1750mm 用厚度 60mm 的隔板相连，上顶板配筋为 $8\phi6+4\phi10$，分布筋为 $\phi4@200mm$，下底板配筋为 $36\phi5$，分布筋为 $\phi4@200mm$。拱板下弦预应力筋采用 800 级冷轧带肋钢筋，张拉控制应力 σ_{con} 为 $560N/mm^2$。拱板混凝土为 C35，其余混凝土为 C25。

该工程由南通华荣建设集团有限公司承建，根据设计现浇先张法预应力拱板屋盖的方案，有针对性地利用顶部圈梁作为张拉台座加强措施的创新改进和用支撑钢杆与钢筋斜拉结与中部圈梁的拉结作用有效地平衡了张拉时对台座的不平衡力，形成了先张法预应力拱板粮仓屋盖原位现浇施工工法。

2. 工 法 特 点

2.1 在平房仓原位采用空中先张法预应力现浇拱板屋架，无需大面积预制场地，无需大型起吊机械，减少了吊装，运输环节。

2.2 屋架上拱形顶板为二次抛物线形，下为平板，采用定型预制模板安装施工，大大加快了施工进度。

2.3 通过对屋架预部圈梁的加固和室内满堂排架顶部水平密排钢管对准顶住圈梁内侧，形成了稳固的预应力张拉台座。

2.4 采用预埋螺栓固定张拉锚具钢板支座，并用 $\phi48$ 支撑钢杆加 $\phi14$ 钢筋拉结于中部圈梁，有效地平衡了张拉时对台座的不平衡力，使预应力钢筋在张拉时更加安全可靠。

2.5 采用空中原位现浇拱板屋架，大大缩短了施工周期。

3. 适 用 范 围

本工法适用于大型吊装机械难以进场的平房仓先张法拱板屋盖的施工。

4. 工 艺 原 理

利用钢管排架作拱板屋架的支撑架，室内排架顶部水平钢管顶撑于圈梁内侧和对圈梁的加固措施，并采用钢管顶撑和斜拉钢筋对张拉力的平衡作用保证了先张法张拉施工的安全、可靠。

5. 施工工艺流程及操作要点

5.1 施工工艺流程

拱板屋架隔板场外预制→平房仓室内混凝土地面施工→墙体砌筑→圈梁（兼台座）施工→排架支撑搭设→拱板屋架模板预制、安装→预应力钢筋布设初张拉（以拉直为限）→隔板安装→以设计张拉应力进行精准张拉→拱板两端同时浇筑混凝土→养护达到计强度85%放张→拆模。

5.2 操作要点

5.2.1 拱板屋架竖向隔板提前在场外预制，可叠层浇筑，要求尺寸准确，内实外光。为使隔板与拱板上下端连接应划毛。隔板钢筋采用焊接钢筋网，预制和运输隔板应立起堆放。

5.2.2 确保屋面圈梁作为预应力张拉台座的措施

1. 在浇筑中部圈梁时要注意预埋 $\phi14$ 斜拉钢筋与顶撑杆焊接，利用顶部圈梁兼作预应力钢筋张拉台座，将圈梁混凝土强度由C25提高到C40，并掺入JM系列早强剂，掺量为水泥用量的1.5%。

2. 由于混凝土圈梁在张拉中受扭，为提高圈梁抗扭能力，原圈梁内 $\phi8@200mm$ 箍筋加密至 $\phi8@100mm$，同时圈梁两侧各增加 $1\phi12$ 钢筋。

3. 为防止圈梁在张拉时角部混凝土被压碎，在圈梁外侧上角预埋∠50×5角钢。

4. 为有效固定锚板在张拉时不位移，在浇筑顶部圈梁时，根据锚板上开孔位置预埋 $6\phi22$ 螺杆，并在圈梁内设90°弯头，待圈梁混凝土达到设计强度后，安装锚筋板，外侧垫板块 100mm×100mm×10mm 后再上螺帽拧紧，使锚板有效固定在张拉时不移位。

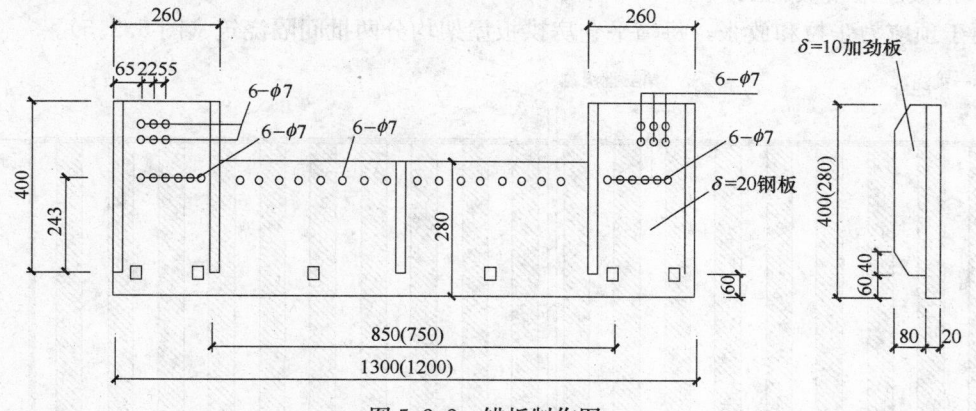

图 5.2.2 锚板制作图

5. 浇筑前，应认真检查钢筋绑扎，角钢预埋，螺栓间距及预埋铁件是否符合要求，圈梁浇筑时，确保C40混凝土配合比准确，并注意圈梁混凝土的养护。

5.2.3 仓房混凝土地面施工

填土分层夯实后浇筑素混凝土垫层，按图绑扎钢筋，安放预埋件，严格控制混凝土配合比，混凝土振捣密实，表面平整。

5.2.4 满堂排架支撑搭设

1. 拱板自身荷载不大，经计算，钢管排架沿横向（跨度方向）立杆间距为1750mm，两端间距为1000mm，沿纵向立杆间距为1200mm，扫地杆离地200mm，步距2000mm。

2. 横向排架在标高6～8m间，其间距加密至875mm组成钢管桁架，沿纵向顶撑圈梁的顶管（内设置可调节伸缩托）成一排布置，间距为200mm（见图5.2.4）。

3. 为了保证排架在张拉过程中整体不位移，在排架内安装可调节伸缩托（安装在钢管内）顶紧圈梁，标高在4.6～8m的混凝土组合柱位置也要利用钢管排架水平杆顶紧，有效防止圈梁位移。

4. 对于顶层水平杆搭设时，应先初固定，然后拧紧水平杆，再第二次拧紧扣件；拧紧可调节伸缩

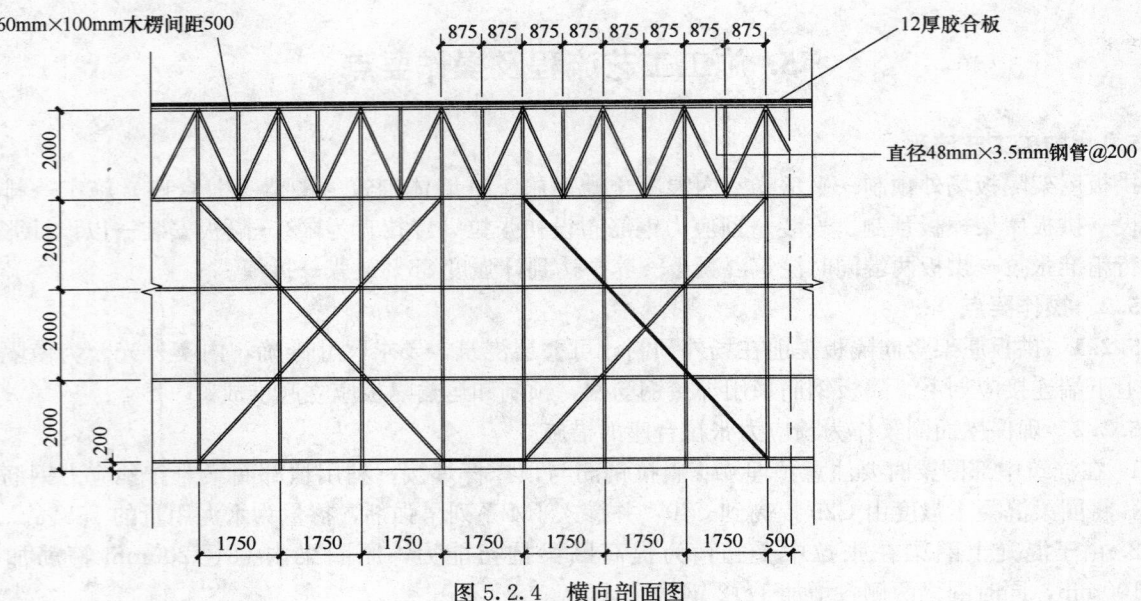

图 5.2.4 横向剖面图

托时，应松开纵向大横杆，逐根拧紧横向的可调节伸缩托螺栓后，再固定纵向大横杆。

5. 屋面圈梁边的纵向水平钢管应紧靠圈梁，孔隙处用木楔塞紧，且纵向水平钢管与横向水平顶撑钢管用双扣件扣牢，使木楔、纵向水平钢管和横向水平顶撑钢管共同支撑屋面圈梁的水平推力。

5.2.5 拱板屋架模板施工

1. 为便于预应力张拉和放张，每幢平仓房拱板屋架均分两批间隔浇筑（图 5.2.5）。

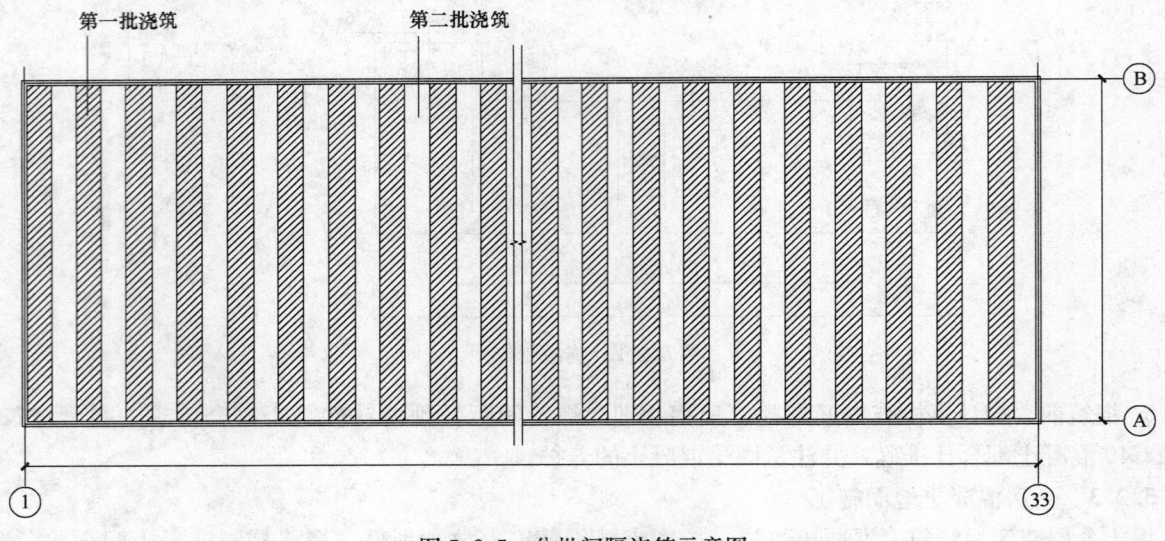

图 5.2.5 分批间隔浇筑示意图

2. 拱板底模铺设应控制好标高，下底板厚度仅为 40mm，底模平整度控制在 ±5mm 以内，上顶板为抛物线形弧板，施工前按曲率 1：1 实地放出大样，曲面支模采用胶合板，配置 40mm×80mm 木枋作围楞，四周斜边模板采用 25mm 厚木板钉在围楞上。支撑均用钢管扣件，按上弦曲率大样图定出支撑和横楞上钢管扣件的位置固定横楞，并将其编号定位，纵向肋用厚 40mm，宽 80mm 木板按大样制作搁置在钢管上。

3. 因立杆间距为 1750mm，正好设置在隔板位置，故采用两隔板中间的上部水平杆上生根，立竖向杆，要求与下部三根水平杆连接，共同传递竖向荷载，立杆在纵向和横向采用钢管和木楔夹紧隔板，防止隔板位移。

4. 模板拼接缝采用海绵填实，并贴好胶带纸，下底板下垫横木，以防漏浆。

5.2.6 钢筋布设、张拉及用顶撑杆调节张拉时的不平衡力

1. 按标准图集布设预应力筋和非预应力筋（含分布筋）并做好隐蔽验收记录。

2. 布预应力筋时，第一次为初张拉，以拉直为宜，再垫钢筋保护层塑料垫块。

3. 精张拉使用电动卷扬机并带有测力仪表的设备，测力仪表有标定测力荷载，精张拉时，将标尺调到张拉力的刻度，开动卷扬机，达到设计预张拉力时，碰块触动行程开关，电源自动断电，实现自动控制，确保张拉应力符合设计的准确性。

4. 预应力钢筋采用单根对称张拉，从中间向两边对称张拉。

5. 张拉程序为 $0 \rightarrow 1.03\sigma_{con} \rightarrow$ 锚固。

6. 顶撑杆一端与锚板下部焊接，顶管中部与檐沟板上预埋螺栓固定，标高 4.6m 处圈梁预埋 $\phi14$ 拉杆，间距 1.2m 均布埋设，拉筋穿过顶撑杆端部预留孔，用螺栓调节斜拉钢筋松紧，并同下部拉杆形成整体，与上部圈梁来共同完成下底板预应力筋的张拉，能有效地平衡预应力筋张拉时的不平衡力。（图 5.2.6）。

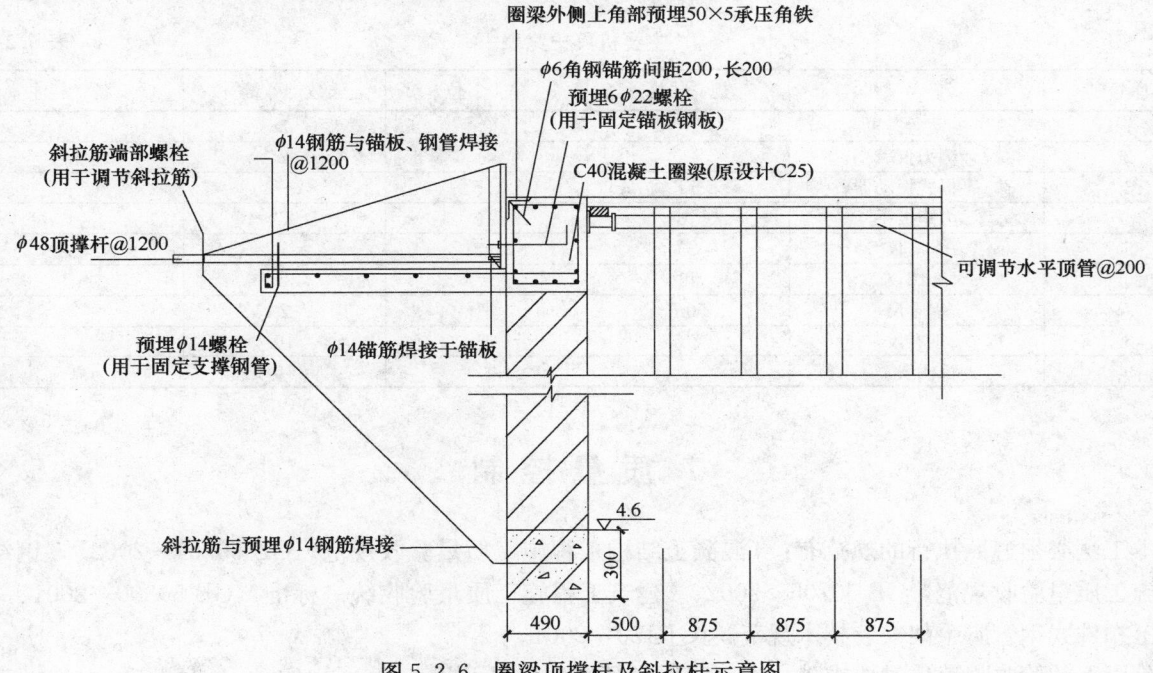

图 5.2.6 圈梁顶撑杆及斜拉杆示意图

5.2.7 拱板混凝土浇筑

1. 拱板混凝土浇筑前，应将隔板按图安装就位固定，并做好隐蔽检查记录。

2. 拱板屋架厚 4cm 属薄型构件，且上顶板为弧形，浇筑时应采用干硬性混凝土，其坍落度应控制在 2～4cm 内（采用商品混凝土时，坍落度应控制在 6～8cm），中粗河砂，碎石粒径控制在 5～15mm 内，掺水泥用量的 2% 早强剂。

3. 每台班浇筑混凝土时应做两组试块，其中 1 组为同条件养护，提供剪筋放张时参考。

4. 浇筑顺序先浇底板，后浇顶板。由两个作业班从两端向跨中对称浇筑，每榀屋架应一次性成型，不得留施工缝。

5. 用手提式振动器提浆振动，控制混凝土振捣时间，操作时应稍微提起振动器，不得强振预应力筋和模板，上下弦模板交接处用振动器振实后用长柄铁铲抹平，待混凝土表面收水后，多遍抹平压光。

6. 拱板屋架采用间隔式分批浇筑，当第二批拱板屋架浇筑时，可利用第一批已浇筑成型的混凝土屋架侧边肋梁外侧作为第二批浇筑屋架侧边肋梁外侧模，涂刷隔离剂，防止浇筑后粘在一起，在放张时相互摩擦受到损坏。

5.2.8 拆模、养护、放张

1. 由于拱板屋架浇筑时掺了早强剂，浇筑后应立即覆盖薄膜加草袋养护，防止收缩裂缝。

2. 放张前，先拆除拱模和侧模（底模不拆除），使底模自由压缩。

3. 放张时，同条件养护混凝土试块强度须达到 85％时，才允许放张，同时测定钢筋在混凝土内的回缩值，回缩值不应大于 1.2mm，并做好放张记录。

4. 放张时，应防止放张过程中拱板产生弯曲，裂纹。宜从上向下，从两边向中间同时放张，对称进行。

6. 材料与设备

6.1 预应力筋采用冷轧带肋钢筋，屋面圈梁浇筑时，掺 JM 系列早强剂；圈梁外侧上角部预埋∠50×5 角钢。

6.2 主要机具一览表（表 6.2）

主要机具一览表   表 6.2

序号	名　　称	规　格	单　位	数　量	备　注
1	电动卷扬机		台	2	
2	测力仪表			2	
3	手提式振动器	5T	只	2～4	
4	力矩扳手		只	20	
5	水准仪	S3	台	1	
6	经纬仪	J6	台	2	
7	钢卷尺	50m	把	2	
8	钢卷尺	5m	把	10	
9	长柄铁铲			10	

7. 质量控制

本工法必须遵照执行的规范有：《混凝土结构工程施工质量验收规范》GB 50204—2002、《钢结构工程施工质量验收规范》GB 50205—2002、《建筑工程施工质量验收统一标准》GB 50300—2001、《建筑施工扣件式钢管脚手架安装技术规范》JGJ 130—2001。

除以上的验收规范质量要求外，本工程质量还应注意以下几点：

7.1 施工中坚持自检、互检和专业检查相结合的原则，对每一个施工环节进行检查合格后，方可进行后续工作。

7.2 排架顶部水平钢管端部的调节螺栓应顶紧圈梁，使圈梁成为高空先张法的台座。

7.3 排架必须按搭设方案经验收合格后方可使用。

7.4 屋面圈梁边的纵向水平钢管应使木楞紧靠圈梁，孔隙处用木楔塞紧，且纵向水平钢管与横向水平顶撑钢管用双扣件扣牢，使木楔、纵向水平钢管和横向水平顶撑钢管共同支撑屋面圈梁的水平推力。

7.5 模板支设好应该校正垂直度，特别是连接隔板要格外重视。

7.6 预应力钢筋锚具要做好锚固性能试验。安排有经验的张拉工进行张拉工作，操作前由施工员作全面的技术、质量、安全操作技术交底，要达到"懂原理、会操作"，对张拉具定期做好检测、保养工作。

7.7 预应力钢丝不得有接头，施工中若发现有断筋现象应调换，重新张拉。

7.8 混凝土浇筑后立即覆盖薄膜加草袋养护，谨防收缩裂缝。

7.9 浇底板和顶板应由两端向跨中对称进行，每榀屋架一次浇筑完成，不得留设施工缝。

7.10 拆模时，应先拆左右侧，后拆上下侧，不得硬撬硬挖，不得损坏混凝土成品。

8. 安 全 措 施

8.1 施工前必须认真把施工操作工艺和安全技术措施落实交底，落实到每一个指挥人员、班组操作人员。

8.2 操作平台上各种材料和设备必须严格按设计规定的位置和数量进行布置，不得随意变动，以防超载发生事故。

8.3 施工作业必须配置专业组，做到定人、定岗、定责。

8.4 安装模板时操作人员应有可靠的落脚点，并应站在安全地点进行操作，避免上下在同一垂直面工作。操作人员要主动避让吊物，增强自我保护和相互保护的安全意识。

8.5 特殊工种人员必须持证上岗，严禁无证人员操作。

8.6 所有施工人员进入施工现场必须戴安全帽，高空作业时必须系安全带。

9. 环 保 措 施

遵守有关环境保护规定，采取措施控制施工现场各种扬尘、废气、废水、固体废弃物以及噪声、振动对环境的污染和危害。

9.1 施工现场设置沉淀池处理混凝土施工、保养时的泥浆，经过处理后排入城市排水系统。

9.2 严禁施工现场焚烧油类，产生有毒有害烟尘。

9.3 对于高空废弃物使用密封式容器装好后运下，并运到指定位置。

9.4 对设备进行维护保养，防止废油散落污染。

9.5 定型模板安装拆除时，合理安排计划，降低施工中噪声对环境的影响。

10. 效 益 分 析

通过本工法的使用，减少了吊装、运输环节，无需大型起吊设备，解决了吊装、运输难题，且为后续工程的施工提供了工期保证，节约了周转材料的投入，且现浇底板平整，无需二次粉刷，节约了顶棚粉刷材料、人工和机械，施工速度快，工期短。

11. 应 用 实 例

11.1 连云港市新海粮食物流中心普安仓储加工区 A、B 仓房，13 幢 21m×60m 拱板平房仓，每栋拱板平房仓需 50 榀拱板屋架，共 650 榀。通过该工法的使用，减少了吊装、运输环节，通过对预制拱板屋架吊装和高空原位现浇拱板屋两种工法的对比分析，后者除节约大面积预制场地，无需大型起吊机械外，仓内顶棚平整，也不需要再进行二次粉刷，节约了粉刷材料、人工和机械。经综合测算，该平房仓采用原位现浇拱板屋架技术施工，扣除加固圈梁、满堂排架等措施费用后每平方米建筑面积降低 15 元造价左右，本工程 1.6 万余平方米，可为国家节约投资 24 万元以上，同时缩短了施工工期，经济效益和社会效益显著。

11.2 扬州宝应湖粮食物流中心新建 20 幢的 21m×60m 粮食储备库工程，于 2007 年 4 月 25 日开工，同年 10 月 30 日竣工。通过该工法的使用，减少了吊装、运输环节，按每平方米节约 15 元计算，本项目 2.52 万 m² 为国家直接节约投资 37 万余元，缩短了施工工期，经济效益和社会效益显著。

11.3 南通华东粮仓米业有限公司 3 幢 24m×144m 粮食储备库工程，于 2006 年 6 月开工，2007 年 11 月竣工。运用该工法施工，可节约投资 15 万余元，工期提前，工程质量合格，经济效益和社会效益显著。

钢管混凝土柱无粘结预应力框架梁施工工法

YJGF36—2000（2007～2008年度升级版-015）

中国建筑第六工程局有限公司

张云富　王存贵　贺国利　田卫国　张杰

1. 前　　言

钢管混凝土柱无粘结预应力框架梁结构体系，即建筑物竖向结构采用钢管混凝土柱，水平结构采用无粘结预应力框架梁的新型结构。竖向结构采用钢管混凝土柱，减小了柱的截面提高了柱的承载力。水平结构采用无粘结预应力框架梁混凝土结构，减小了梁截面，提高了梁的承载力。两者有机的结合，均发挥了结构优势，而且钢管混凝土柱和无粘结预应力都具有比传统混凝土柱和有粘结预应力梁施工简便、易操作的优势，所以此体系是一种节能增效整体性好的结构，有广泛的发展前景，施工技术新颖，技术含量高，为了解决技术问题，保证工程质量形成了此工法。

2009年4月18日，该工法关键技术通过了中建总公司组织的专家鉴定，鉴定委员会成员一致认为，该成果整体达到国内领先水平。2009年3月经过天津市科学技术信息研究所科技查新，结论是国内未见相同文献报道。

2. 特　　点

2.1　无粘结预应力混凝土的施工工艺比较简单，操作方便，技术先进，它的张拉机具简单轻巧，移动方便，可在高空和小空间内工作，张拉时间不占用工期。加快了施工进度缩短了工期。经济效益十分显著。

2.2　钢管混凝土柱施工不需模板，施工简单。

2.3　钢管混凝土柱和无粘结预应力框架梁均发挥了结构优势和特点，发展前景看好。

3. 适 用 范 围

本工法适用于单层、多层、高层、大空间、大跨度建筑物及特殊结构钢管混凝土柱无粘结预应力框架梁结构施工及钢管混凝土柱和无粘结预应力框架梁的单独施工。

4. 工 艺 原 理

本工法从钢管混凝土柱、无粘结预应力框架梁的新型组合结构可减小构件截面，提高承载力，便于施工的特点，从钢管混凝土柱无粘结预应力框架梁施工工艺、无粘结预应力框架梁和钢管柱的节点处理技术措施等方面入手，详细地论述钢管混凝土柱无粘结预应力框架梁二者有机结合共同发挥作用的机理。

5. 施工工艺流程及操作要点

5.1　施工工艺流程

钢管混凝土柱无粘结预应力混凝土框架梁施工工艺流程见图5.1。

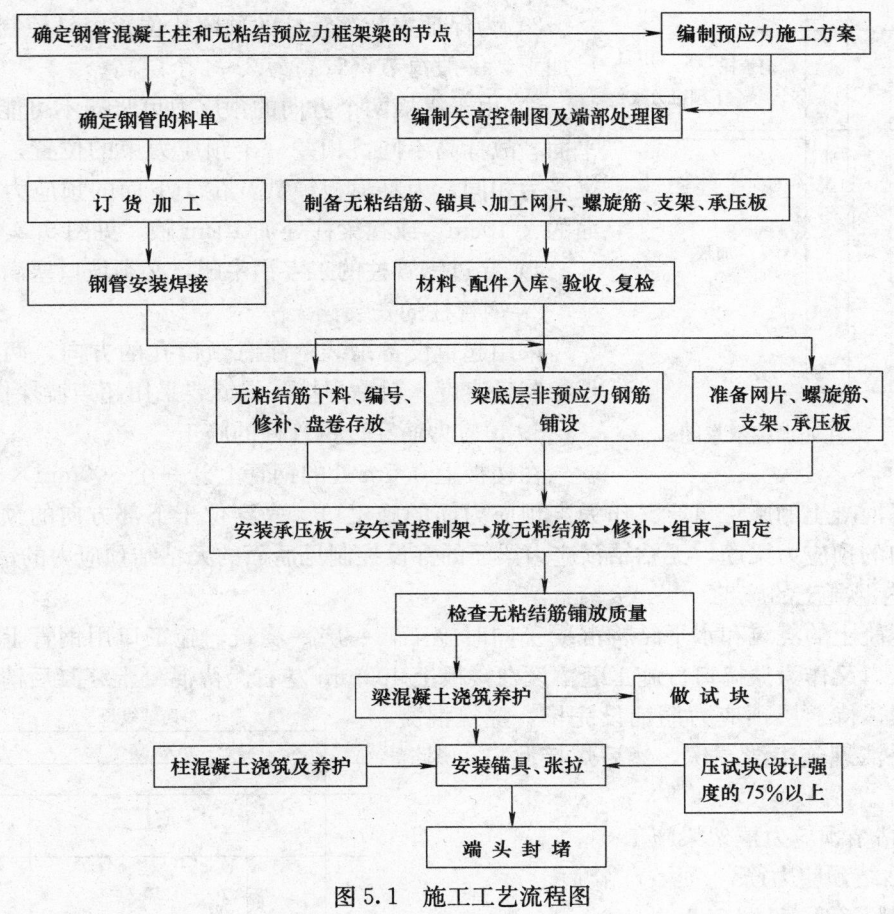

图 5.1　施工工艺流程图

5.2　操作要点

5.2.1　钢管混凝土柱施工

1. 确定钢管混凝土柱和无粘结预应力框架梁的节点构造

无粘结预应力框架梁和钢管混凝土柱交接处，仅穿过预应力筋和非预应力筋。如果整个梁都穿过钢管混凝土柱，对钢管的截面削弱较大。如果采用双梁法从钢管柱外侧穿过，增加双倍梁数不经济。梁和柱接头处的竖向剪力依靠穿过钢管的工字钢牛腿梁实现。其节点构造如图 5.2.1-1 所示。

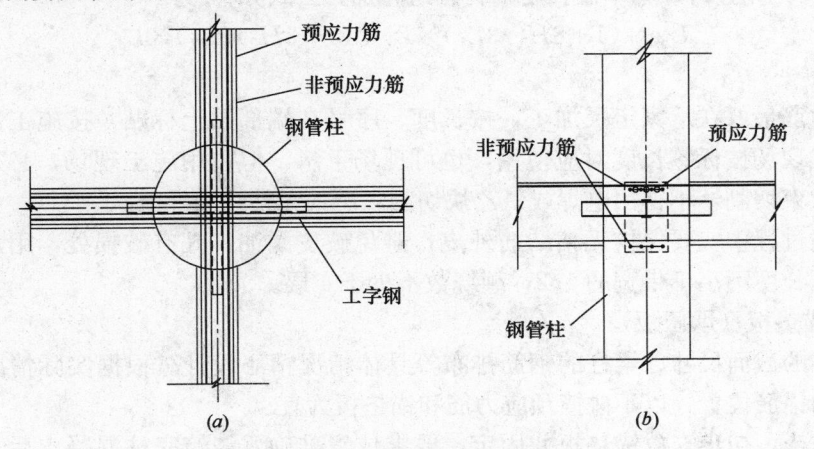

图 5.2.1-1　梁柱节点的构造

(a) 梁柱平面图；(b) 立面图

1）钢管柱上穿过的预应力筋和非预应力筋的预留孔和穿过的工字钢牛腿预留孔均在钢管厂预留，一般采用自控乙炔切割，切口光洁。

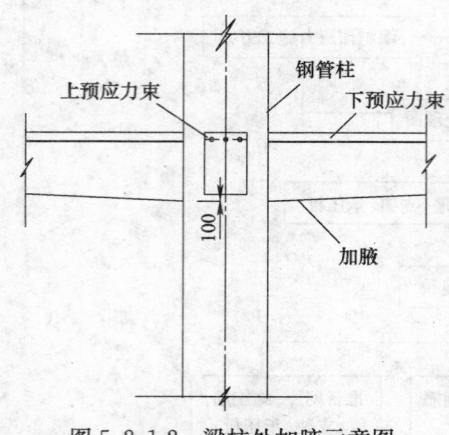

图 5.2.1-2　梁柱处加腋示意图

2）为保证安装钢管柱的预留孔位置容易控制，钢管采用定尺加工，一般每节钢管高为 3～4 个层高。

3）由于纵横两个方向的预应力束竖向不可能交叉在一个水平面，故标高不同，相差一个预应力束的位置，若计算上两个梁受力相同，为赶模板模数，位于下面的预应力梁截面应比上面的大 10cm，或在梁柱处加 10cm 腋。见图 5.2.1-2。

4）穿过钢管柱的工字钢牛腿，必须坡口塞满焊。

2. 钢管柱的安装

采用起重设备吊装，注意预留孔的方向，两个方向用经纬仪控制垂直度，对称焊接，焊缝要采用超声波探伤。

3. 预应力筋穿过钢管柱的施工

在楼板上 0.5m 处的钢管上开一个 300mm×300mm 的进入孔，既作为浇捣混凝土的施工口，又作为穿预应力筋的施工口。先穿位于下部方向的预应力梁筋，再穿位于上部方向的预应力梁筋，无粘结预应力梁筋的穿设控制见后面的无粘结预应力的铺设章节。

4. 钢管柱内混凝土的施工

钢管柱内混凝土的浇筑和水平结构混凝土同时施工，一层一浇筑，施工口用钢管上的开口，此口既作为混凝土入口又作为振捣口。施工缝留设在楼板上 400mm 左右。待混凝土终凝后清除钢管柱内上部的混凝土浮浆，待上层预应力筋铺设完毕，浇筑混凝土前，从开口处清理施工缝一次，然后焊接此口，焊缝采用超声波探伤。

5.2.2　无粘结预应力框架梁施工

1. 制备无粘结预应力筋

1）确定下料长度（见图 5.2.2-1）

① 两端张拉时的下料长度＝连续梁的外边线长度＋（50～100）mm×跨数（曲线增加量）＋2×750mm（张拉端预留）

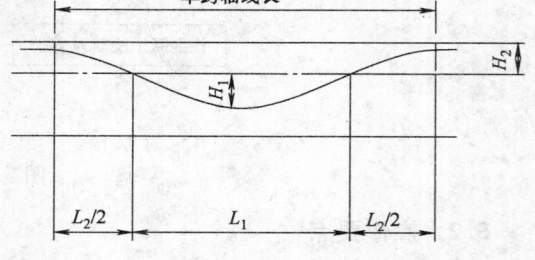

图 5.2.2-1　下料长度计算示意图

② 一端固定另一端张拉时的下料长度＝连续梁的外边长度＋（50～100）mm×跨数（曲线增加量）＋1000mm（张拉端预留）

③ 精确计算时，先分跨计算单波长度，再各跨相加，公式如下：

$$L_总=(1+8H_1^2/3L_1^2)\times L_1+(1+8H_2^2/3L_2^2)\times L_2$$

2）定尺加工

无粘结预应力筋最好在厂家定尺加工，按长度、序号在端部贴上标贴，按施工部位和进度成捆包装，直接运到施工现场按标签长度对应使用，也可现场下料，但占用施工现场，必须有宽畅平整的场地，要用无齿锯成束切割，不得用电焊或氧乙炔切割。严禁无粘结筋导电。

在加工和运输过程中，要保护无粘结筋外皮，避免破皮漏油，凡有破损处，用水密性塑料胶带进行修补，胶带搭压长度不小于带宽的 1/2，缠绕数不少于 4 层。

2. 安放梁端锚垫板（承压板）

锚垫板根据梁的截面尺寸、梁柱的钢筋排布等具体情况精心设计。根据实际情况调节锚垫板处的柱主筋间距、梁的锚筋位置，以不碰撞预应力筋和锚垫板为宜。

柱钢筋绑扎完毕，初步安放锚垫板并固定，要求位置准确。浇筑完柱混凝土后，再校核锚垫板位置，进行微调，正式固定，或先校核锚垫板位置，正式固定后，再浇筑混凝土。锚垫板的固定方法有两个，一是和模板固定在一起，一是和柱主筋焊在一起，锚垫板自行加工，其形状以及和柱梁的位置关系见图 5.2.2-2，锚垫板上打上钢号，梁两端对应，以便于穿入同根无粘结筋。

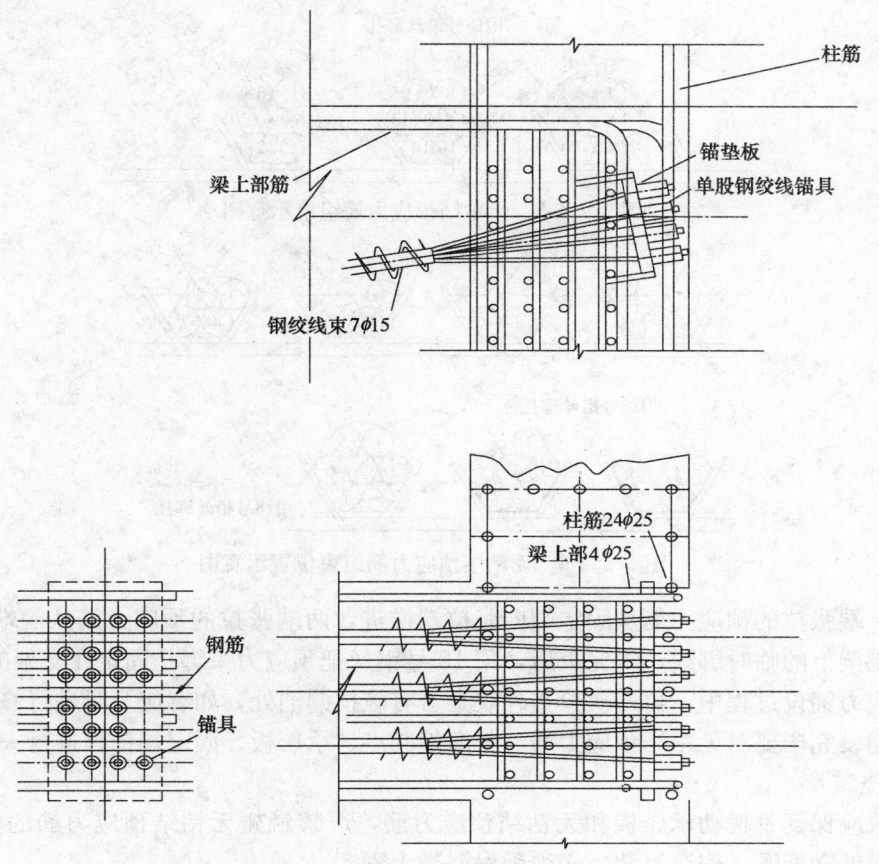

图 5.2.2-2　锚垫板形状以及和梁柱的位置关系

3. 铺放无粘结筋

梁底模铺设时，梁起拱应小于非预应力梁的起拱高度，一般为 0.5‰L，因为梁张拉后起拱高度抵消部分梁自重产生的挠度，梁的非预应力筋和箍筋绑扎完毕，按照梁的无粘结预应力筋"矢高控制图"安放矢高控制架。矢高控制架构造见图 5.2.2-3、图 5.2.2-4。

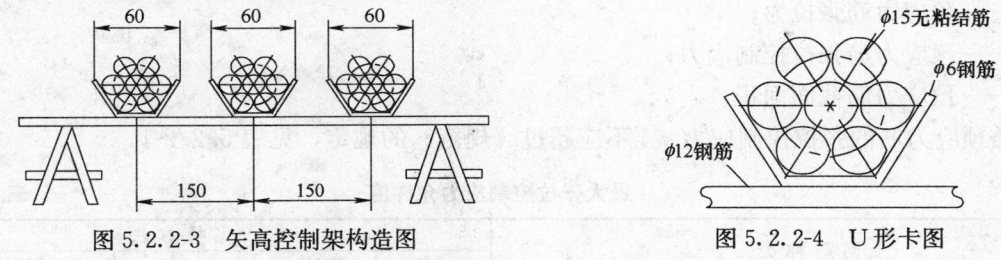

图 5.2.2-3　矢高控制架构造图　　　　　　图 5.2.2-4　U 形卡图

支架所用的钢筋，必须用无齿锯定长切割，严格控制尺寸。也可不要马凳，把矢高控制架焊在梁箍筋上。支架固定完毕，检查验收，偏差控制水平方向+30mm，矢高+5mm，重点反弯点处。

每 7 根无粘结预应力筋为一组，成一束（如图 5.2.2-5），必须按承压板上的编号顺序从一端向另一端传递铺设，并要穿过螺旋筋。在承压板内侧 300mm 范围内的无粘结筋应为平直段。梁端铺放顺序为：

第一束	第二束	第三束
4-7-3-2-6-1-5	14-10-9-13-12-8-11	21-17-16-20-19-15-18

每穿过一根无粘结预应力筋，按照其组束位置（见图 5.2.2-5），用 20 号钢丝临时固定在支架上，待穿完一束后，再正式组束。每 1.5m 绑扎一道，其过程可通过第一束来演示（图 5.2.2-6）。

这样才能保证每根预应力筋相互平行，不相绞扭。

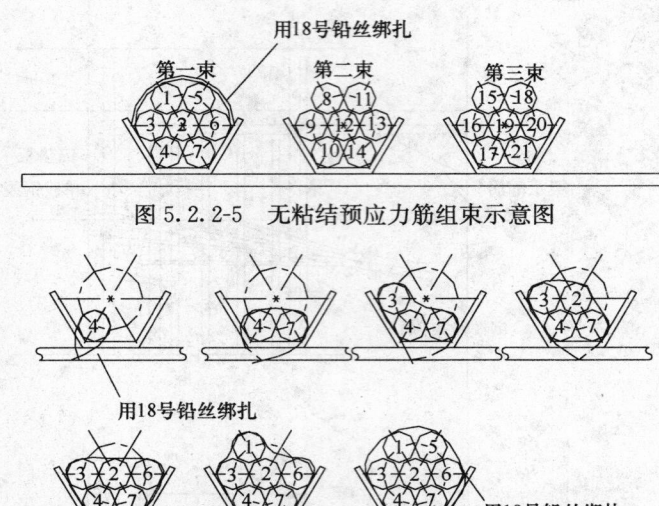

图 5.2.2-5　无粘结预应力筋组束示意图

图 5.2.2-6　无粘结预应力筋组束位置示意图

组束时，一端张拉的预应力筋从固定端向张拉端推进，两端张拉的预应力筋从一端向另一端推进，并拆除矢高控制架上的临时绑线，组完束后，用 18 号钢丝把预应力束绑扎固定在支架的 U 形卡处。

无粘结预应力铺设过程中，再一次检查外观是否有破损漏油处，如有应及时进行修补。

预应力筋铺设完毕要对无粘结预应力筋、矢高控制点、承压板、固定端锚具进行一次检查验收。

4. 混凝土浇筑

混凝土浇筑应保证不扰动承压板和无粘结预应力筋，严禁触碰无粘结预应力筋的塑料外皮。不漏振，尤其承压板处钢筋密，构造复杂，必须确保混凝土密实。

除了按规定作标养混凝土试块，还应增加几组同条件混凝土试块，用来确定混凝土张拉前的强度。

5. 张拉

1）确定张拉力

预应力筋张拉力

$$P_J = \sigma_{con} \times A_P \qquad (5.2.2-1)$$

式中　P_J——预应力筋张拉力；

　　σ_{con}——预应力筋张拉控制应力；

　　A_P——预应力筋截面面积。

无粘结预应力筋的张拉控制应力 σ_{con} 不应超过《规范》的规定，见表 5.2.2-1。

最大张拉控制应力允许值　　　　　　　　　　　　　　　　　表 5.2.2-1

钢筋种类	张拉方法	
	先张法	后张法
消除应力钢丝、钢绞线	$0.75 f_{ptk}$	$0.75 f_{ptk}$
热处理钢筋	$0.70 f_{ptk}$	$0.65 f_{ptk}$

注：f_{ptk} 为预应力钢筋强度标准值。

若设计提供的是有效预应力值 σ_{pe}，张拉控制应力

$$\sigma_{con} = \sigma_{pe} + \sum_{i=1}^{n} \sigma_{li} \qquad (5.2.2-2)$$

式中　σ_{con}——预应力筋张拉控制应力；

　　σ_{pe}——有效预应力值；

　　σ_{li}——第 I 项预应力损失值。

预应力损失值 σ_{li} 已列入混凝土结构设计规范，设计时一般都计算在内。只有在施工条件变化时，

才需重算预应力损失值，调整张拉力。

根据张拉力，确定千斤顶油压，用油压表来控制张拉过程的张拉力。

油压＝预应力张拉力/千斤顶张拉缸液压面积

绘制千斤顶油压和张拉力关系曲线，以备张拉过程用油压控制张拉力。

2）确定理论伸长值

① 根据《规范》规定，预应力筋张拉伸长值 ΔL，可按下式计算：

$$\Delta L = \frac{p \cdot L_T}{A_P \cdot E_S}$$ (5.2.2-3)

式中 ΔL——预应力筋张拉伸长值；

p——预应力筋的平均张拉力（取张拉端拉力与计算截面处扣除孔道磨擦损失的拉力平均值）；

L_T——预应力筋的实际长度；

A_P——预应力筋的截面面积；

E_S——预应力筋的弹性模量。

② 孔道磨擦损失 σ_{l2} 计算（此章节均引用有关《规范》和技术手册，可略去）。

a. 理论计算

预应力筋与孔道壁之间的磨擦引起的预应力损失 σ_{l2}（简称孔道磨擦损失），可按下列公式计算：

$$\sigma_{l2} = \sigma_{con}\left(1 - \frac{1}{e^{kx+\mu\theta}}\right)$$ (5.2.2-4)

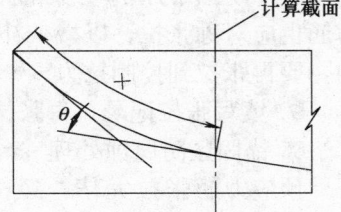

图 5.2.2-7 孔道摩擦损失计算简图

式中 k——考虑孔道（每米）局部偏差对磨擦影响的系数；

x——从张拉端至计算截面的孔道长度（以 m 计），也可近似地取该段孔道在纵轴上的投影长度；

μ——预应力筋与孔道壁的磨擦系数；

θ——从张拉端至计算截面曲线孔道部分切线的夹角（以弧度计）。

当 $\mu\theta + k_x \leqslant 0.2$ 时，σ_{l2} 可按下列近似公式计算

$$\sigma_{l2} = \sigma_{con}(kx + \mu\theta)$$ (5.2.2-5)

系数 μ，k 的值见表 5.2.2-2。

系数 k 与 μ 值 表 5.2.2-2

项次	孔道成型方式	k	μ		
			钢丝束、光面钢筋	钢绞线	带肋钢筋
1	预埋螺旋管、铁皮管	0.003	0.30	0.35	0.40
2	钢管或胶管抽芯成型	0.0015	0.55	0.55	0.60
3	挤压涂层的无粘结筋	0.004	0.10	0.12	—

注：式中参数可参照有关《规范》和资料规定取值。

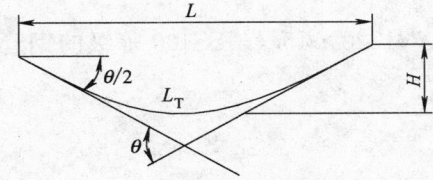

图 5.2.2-8 抛物线的几何尺寸

b. 对多曲线段或直线段与曲线段组成的曲线预应力筋，张拉伸长值应分段计算，然后叠加，即：

$$\Delta L = \sum \frac{(\sigma_{l1} + \sigma_{l2})L_i}{2E_S}$$ (5.2.2-6)

式中 L_i——第 i 线段预应力筋长度；

$\sigma_{l1} + \sigma_{l2}$——分别为第 i 线段两端的预应力筋拉力。

c. 对抛物线曲线，θ 与 L_T 值可参考图 5.2.2-8 按下式计算：

$$L_T = \left(1 + \frac{8H^2}{3L^2}\right)L$$ (5.2.2-7)

$$\theta/2 = 4H/L \text{ (rad)}$$

式中 L——抛物线的水平役影长度；

H——抛物线的矢高。

d. 预应力筋的弹性模量取值，对张拉伸长值的影响较大。因此，对重要的预应力混凝土结构，预应力筋的弹性模量应事先测定。

孔道磨擦损失 σ_{l2} 也可现场测试，测试的方法通常有"精密压力表法"和"传感器法"。

3) 预应力筋张拉

① 张拉前，清理穴模，剥去承压板无粘结筋的塑料皮，用棉纱擦净润滑油，安装锚环、夹片，安装顶压器及千斤顶。

② 张拉时，严格控制给油速度，要求平稳，单根筋张拉给油时间控制在 30s 以上。

③ 张拉方式为两端同时张拉，采用超张拉，即加荷方式 0～103‰σ_{con}（持荷 3min），顶锚推力不小于 25kN，两端张拉人员用报话机联系，保持同步张拉，其压力差不得超过 10MPa。

④ 张拉进行双控，以控制拉力为主，控制伸长值为辅，张拉力误差＋5％设计控制拉力之间。

实测伸长值一般为计算伸长值的－5％～＋10％范围内，当超出此范围时，应停止张拉，查明原因。测量伸长值时，应在达到控制拉力的 10％时开始测量记数，测量此时千斤顶油缸的伸长值，再测量达到预应力张拉力时千斤顶油缸的伸长值，两者之差即为预应力伸长值。

⑤ 张拉中，当个别钢丝发生滑脱和断裂时，可相应降级张拉力，但断丝和滑脱数量不得超过结构同一截面无粘结筋总钢丝数的 2％，且一组束中只能允许一根丝。

⑥ 每层中的预应力梁的张拉顺序，应由设计确定，设计未明确时，采取对称张拉。每根梁的预应力筋也应对称张拉，以减少补张拉。对先张拉的部分无粘结筋要进行一次补张拉，张拉力损失超过 5％的，要再张拉到控制拉力。

⑦ 填写张拉记录，每张拉一根无粘结筋，必须如实填写一次（用千斤顶施加预应力记录）。

6. 锚固区防腐蚀处理

预应力筋张拉完毕，经检查合格，用砂轮切割机切除多余部分，切割后露出锚具夹片不小于 20mm。然后在承压板涂刷混界面处理剂，用自制的塑料盖帽内装满防腐润滑油脂，罩上锚具端头进行封端，然后用与结构同等级的微膨胀混凝土封闭穴槽。

7. 张拉时间安排

当结构同条件混凝土强度达到设计强度（不低于 75％标准强度）时，安排张拉。高层施工夏季可利用爬架底部的工作面"一层一拉"，冬季强度增长较慢，不能利用主体施工爬脚手架，可单独搭设脚手工作台，数层"顺向张拉"。

8. 技术资料

有无粘结预应力张拉记录，要求签字齐全，钢绞线、钢丝束、锚具的出厂证明及力学性能复试报告，配套油泵，千斤顶标定试验单及检验证明，无粘结预应力筋张拉伸长记录。

6. 材 料 与 设 备

6.1 材料

本工法所用材料主要有：无粘结预应力筋用的钢丝及钢绞线、$\phi1220 \times 15.4$，SS400 等级的钢管、单孔夹片锚具，斜缝夹片锚具、防腐润滑涂料、护套材料等。

6.2 机具设备

6.2.1 配置三台 YC20D 穿心双作用千斤顶，其中一台备用。

6.2.2 配置三台 ZB4—500 型电动油泵，其中一台备用。

6.2.3 张拉设备，使用前必须进行标定和校验。

7. 质 量 控 制

7.1 预应力工程施工必须由具有相应资质等级的预应力专业施工单位承担。

7.2 施工前应编制专项施工方案，并由技术人员向操作人员进行详细的技术交底。

7.3 施工前，张拉设备必须进行校验，合格后方准使用。施工期间，张拉机具设备及仪表应进行维护和校验。张拉设备要配套标定，配套使用。

7.4 混凝土浇筑过程中，必须保证不扰动承压板和预应力筋，严禁触碰无粘结预应力筋的塑料外皮。

7.5 张拉进行双控，以控制拉力为主，控制伸长值为辅。

7.6 无粘结预应力筋符合《钢绞线、钢丝束无粘结预应力筋》JG 3006 的有关规定。

7.7 无粘结预应力筋的润滑涂料应具有良好的化学稳定性，对周围材料无侵蚀作用，不透水、不吸湿，且符合《无粘结预应力筋专用防腐油脂》JG 3007 的有关规定。

7.8 施工应符合《无粘结预应力混凝土结构技术规程》JGJ/T 92—2004 的要求。

7.9 钢管施工质量应符合《钢结构工程施工质量验收规范》GB 50205—2001 的有关规定。

8. 安 全 措 施

8.1 进入现场的操作人员必须戴安全帽，穿防滑鞋、工作服。

8.2 预应力张拉工作面上空应有安全网。

8.3 张拉中严禁在油缸方向站人。

8.4 高压油泵的油箱油量不足时，要在没有压力下加油，一般为 20 号油，冬季用 10 号航空液压，严禁用酒精、甘油、水代替。

8.5 设备用电要按照安全要求，由专业电工来操作，以防触电。

9. 环 保 措 施

9.1 涂刷无粘结预应力筋防腐涂料时，应在专用场地进行。台座周围地面应铺设塑料布等以防涂料污染地面。

9.2 涂刷防腐涂料时采用软质刷子进行涂刷，严禁采用泼洒的方式进行施工。

9.3 施工前编制的专项方案中，应有施工环境保护、能源消耗节约、资源合理利用等方面的要求。

9.4 施工中，应严格执行中建总公司《施工现场环境控制规程》的各项要求。

10. 效 益 分 析

10.1 采用此结构，增大了使用空间，减小了层高，同样的檐高，可增加二层建筑面积，降低了造价。经核算，天津金融大厦工程共节约资金 38.5 万元。重庆涪陵电信枢纽楼工程，产生经济效益 21.3 万元。重庆邦兴花苑 L 栋工程，共产生经济效益达 26.5 万元。

10.2 钢管混凝土柱减少了模板投入，无粘结预应力筋可在工厂内加工成型，减少施工现场繁重的工作，从而大大减轻了工人的劳动强度，减轻了现场空间紧张的压力。

10.3 该组合技术的应用解决了施工中的技术难点，有一定的特色，推动了科技进步的发展。

11. 应 用 实 例

天津金融大厦工程总建筑面积 32100m²，高 153.5m，地上 36 层，标准层面积 1100m²。工程水平结构采用了无粘结预应力扁梁结构，梁截面 600mm×600（500）mm，每根梁配置 3 束 7φj15 无粘结预应力钢绞线，共 130t；柱采用 φ1220×15.4，SS400 等级的钢管混凝土柱，4 层以下混凝土等级为 C50，5 层及以上为 C40。该工程通过了中建总公司科技推广示范工程验收，荣获国家建筑工程鲁班奖。

建筑物加固改造施工工法

YJGF38—2000（2007～2008年度升级版-016）

中建一局华江建设有限公司　中建一局集团第五建筑有限公司

谢俊　吴学军　顾亚军　赵淑英　束七元

我国在20世纪五、六十年代进行了大规模的基础设施建设，建设了大量的厂房、房屋，桥梁、体育设施等混凝土结构，距今已逾半个世纪，如将现有房屋设施全部重建，必将花费大量的财力、物力，并产生大量的建筑垃圾，影响环境。针对既有建筑物的加固改造，需要从建筑物的特点、结构设计的特点、抗震加固要求、装修改造要求、工期要求等多方面考虑，以满足需要，施工过程中要采用单项或多项组合工法，以期达到完善结构体系、提高结构的抗震能力、经济适用、方便施工、缩短工期和达到良好的经济效益和社会效益。2000年我集团公司结合民族文化宫加固改造工程，总结形成了一套建筑物加固改造施工工法，并被评为国家级工法，编号为YJGF38—2000。

近几年，建筑加固改造工法在北京工人体育场改建工程、首都体育馆改造工程、月坛体育馆装修改造工程等多项奥运工程中得到进一步推广应用，施工中通过采用体外预应力技术、阻尼器安装技术、体育馆活动地板安装技术等创新性技术，解决了既有体育场馆加固改造过程中的多项难题；通过在测量、拆除、装饰、防水等方面采用多种施工工法，解决了改造工程中诸多技术难题，提高了建筑物的结构整体安全性，延长了建筑物的使用年限；通过采用先进的施工技术，使用大量绿色材料，实现了旧有建筑改造节能、环保的总体要求，实现了施工便捷、安全可靠的目的。根据工程经验总结形成的《体育场馆综合加固改造综合施工技术》于2008年4月通过了中建总公司组织科技成果评估，认为"该成果结合多项体育场馆大面积加固改造的复杂要求，在保持原有建筑风格和满足现代化使用功能及标准的基础上，施工中应用的多种加固技术措施有效，方法便捷，安全可靠，节能环保，有效地实现了加固改造目标，取得了良好的社会效益和经济效益，整体施工技术达到国内领先水平"，并获得2008年中建总公司科学技术三等奖。在此基础上总结完善形成了新的建筑物加固改造系列施工工法，被评为2007～2008年度"北京市市级工法"和2008年度"中建总公司级工法"，应用该系列工法的首都体育馆改造工程、月坛体育馆改造工程荣获2008年度"全国建筑工程装饰奖"。

一、阻锈剂施工工法

1. 前　　言

我国在20世纪五、六十年代进行了大规模的基础设施建设，建设了大量的厂房、房屋、桥梁、体育设施等混凝土结构，距今已逾半个世纪，已接近混凝土构件的使用年限，并且由于当时认识的局限性，大量使用氯盐作为冬期施工的防冻剂，导致构件内钢筋锈蚀严重，严重威胁结构安全。为延长建筑物的使用年限，保护结构内钢筋不再锈蚀，在混凝土构件上使用阻锈剂能达到延缓钢筋的锈蚀，从而达到延长混凝土构件的使用年限的目的。

在北京工人体育场44760m² 结构改造中，我们对近10万 m² 的混凝土构件表面进行阻锈剂涂刷，中建一局华江公司通过与西卡公司合作，将此产品成功用于北京工人体育场改造中，并在此基础上形成了工法。

2. 工 法 特 点

2.1　不改变混凝土外观。

2.2 不改变混凝土对水蒸气的扩散能力。

2.3 施工简单、经济。

3. 适 用 范 围

3.1 对新建和已建、地上和地下混凝土建（构）筑物中钢筋的防锈处理。

3.2 在钢筋混凝土结构的维修维护中，作为对正在锈蚀和面临锈蚀危险的钢筋的防锈处理。

3.3 适用于使用寿命要求长的钢筋混凝土结构的建筑物。

4. 工 艺 原 理

阻锈剂具有很好的渗透性能，通过阻锈分子超强的分子运动，以多种形态（液态、气态、离子态）迁移至钢筋周围，其吸附能力超过氧、氯等离子，并对钢筋有极强的吸附能力，同时吸附到钢筋的阴阳两极，在阳极保护膜阻止了铁离子的流失；在阴极保护膜形成对氧、氯离子的屏障，并在钢筋表面形成厚达 100～1000A 且极其完整的保护膜。还能将钢筋表面已有的氧、氯离子置换出来，延缓钢筋的锈蚀，使结构寿命大大延长。

5. 施工工艺流程及操作要点

5.1 工艺流程

拆除原有装饰层 → 锈蚀钢筋除锈 → 基层处理 → 确定用量 → 涂刷

5.2 操作要点

5.2.1 拆除原有的装饰层：将结构表面的装饰层拆除，露出原混凝土结构基层。

5.2.2 基底处理

1. 对混凝土表层出现剥落、疏松、蜂窝、腐蚀、露筋、孔洞等劣化现象部位，先将劣化部位剔除，露出坚实的混凝土基层后，用专用的混凝土修补料进行修补。

2. 对外露并已经锈蚀的钢筋，先采用钢丝刷对钢筋进行除锈后，再用修补料进行修补。

3. 清除混凝土表面的粉尘、油污、涂料、脏物，可用高压水枪彻底清洁，在干燥、清洁的基层涂刷将达到最佳效果。

5.2.3 确定用量：应根据产品及其设计的要求并依据结构钢筋锈蚀状况确定阻锈剂用量（见表5.2.3）。

阻锈剂用量表　　　　　　　　　　　　　　　　　　　　　　　　表 5.2.3

构件	用　量	涂 刷 遍 数
柱	0.5kg/m²	5
梁	0.4kg/m²（基底疏松 0.5kg/m²）	4(5)
板	0.3kg/m²（基底疏松 0.4kg/m²）	3(4)

5.2.4 涂刷阻锈剂

1. 在清理后的混凝土结构基层进行涂刷。涂刷方法可根据现场实际分别采用喷涂、刷涂及滚涂方法进行施工，直至浸透。

2. 涂刷根据基层实际状况采用不同的涂刷遍数。

3. 阻锈剂为即用型，不得稀释使用，不得在阳光直射下使用。

6. 材料与设备

6.1 材料技术指标（表 6.1）

材料技术指标表   表 6.1

颜色	琥珀色透明液体	颜色	琥珀色透明液体
密度(23±2℃)	1.13kg/l	贮存	原装密封贮存于 1～35℃条件下,避免阳光直射
黏度(20℃)	25MPas. s	贮存期	自生产之日起 18 个月
pH 值	约 11	包装	20kg/小桶，200kg/大桶

6.2 根据构件的不同用量（表 6.2）

用量表   表 6.2

构件种类	阻锈剂用量(kg/m²)	构件种类	阻锈剂用量(kg/m²)
柱	0.5	板	0.3
梁	0.4		

6.3 根据现场实际情况、施工面积、工期要求合理配置机具设备（表 6.3）

施工机具表   表 6.3

机具设备名称	数量	用　途	机具设备名称	数量	用　途
秤	4	用于计量阻锈剂	喷雾器	5	喷涂阻锈剂
滚子	20	滚刷阻锈剂	空压机	1	清理基层
毛刷	20	涂刷阻锈剂			

7. 质 量 控 制

7.1 阻锈剂进场必须有合格证和检测报告，并经现场监理单位见证取样送检，检验合格后方可施工。

7.2 基底处理应符合技术要求，并经现场监理单位验收合格后方可施工。

7.3 阻锈剂应连续涂刷，并根据设计要求保证用量。

7.4 涂刷应均匀，不得漏刷和少刷。

7.5 室外施工应避免雨天及大风天气，在阳光直射下应采取遮阳措施，使用现场施工环境温度应控制在 5～35℃范围内。

7.6 阻锈剂严禁稀释使用。

7.7 工具和容器使用前应保持干燥，施工完后立即用清水洗干净。

7.8 阻锈剂应避光存放。

8. 安 全 措 施

8.1 施工时应保证施工区域通风良好。

8.2 施工人员应佩带防护镜和橡胶手套。

8.3 高空作业时，必须正确使用安全带。

9. 环 保 措 施

9.1 阻锈剂的主要成分是有机化学物质，在其储藏、运输和使用时应避免渗漏，污染地下水。

9.2 施工残留的阻锈剂不得直接倒入市政管网和土壤，应回收进行专门处理。

10. 效 益 分 析

10.1 本工法为加固改造设计和施工提供了新的途径，解决了由于使用环境导致钢筋锈蚀造成钢筋混凝土结构使用年限降低这一技术难题，延长了钢筋混凝土结构的的使用寿命，节省维修费用。

10.2 工艺简单，适应性强，有良好的效果，经中冶集团建筑研究总院建筑工程检测中心对北京工人体育场改建工程阻锈剂施工效果检测后，评定取得了良好的效果，大大延缓了钢筋的锈蚀。

二、钻孔植筋施工工法

1. 前 言

钻孔锚筋技术是混凝土结构加固方法之一，广泛应用于结构加固、补强、新老结构连接、补埋钢筋、后埋钢构件等方面。

2. 工 法 特 点

工艺简单，锚固快捷，安全可靠。

3. 适 用 范 围

3.1 新增构件与原有混凝土构件的连接，如楼板连接、墙和梁的连接、悬臂梁的连接。

3.2 建筑物结构改造钢筋锚固、垂直生根。

3.3 混凝土结构后置埋件安装：玻璃幕墙支架固定，幕墙后加埋件锚固、设备基础地脚螺栓安装。

3.4 构件固定，如机械设备、钢结构固定、桥梁加固、道路改造。

4. 工 艺 原 理

4.1 利用新型钻孔机具，在预定部位，按设计孔径钻至规定深度，进行清孔，注入结构胶，插入钢筋，使钢筋与混凝土通过结构胶粘结在一起，满足传递结构受力的要求。

4.2 结构胶在一定的温度、湿度范围内，本身具有较高的强度，并与钢筋、混凝土、陶瓷、砖等材料有极高的粘合力，抗拉、抗剪、抗压强度能满足一般结构受力要求。

5. 施工工艺流程及操作要点

5.1 工艺流程

钻孔 → 清孔 → 孔干燥 → 孔除尘 → 钢筋及孔表面处理 → 配胶 → 灌胶 → 插筋 → 固定养护

5.2 操作要点

5.2.1 钻孔

1. 在钻孔前剔凿掉装饰层，露出结构基层。

2. 根据原结构设计图纸或钢筋探测仪器普查原有混凝土结构内钢筋分布情况。

3. 按设计图纸要求在施工面划定钻孔锚固准确位置，孔径选定：根据工艺一般为钢筋直径 $d+6\sim10mm$。

4. 经检查孔洞位置无误后，钻孔机按孔洞顺序逐一钻孔。竖向孔要立即用木塞等将孔堵上临时封闭，以防异物掉入孔内。

5.2.2 孔洞处理

1. 钻孔完成后，将孔周围灰尘清理干净，用气泵、毛刷清孔，此过程要做到三吹两刷，即吹孔三次、清刷两次。清刷完毕后，用棉丝蘸丙酮，清洗孔洞内壁，清洗干净，使孔洞内最终达到清洁干燥。见图 5.2.2。

2. 干燥孔洞可采用自然风干或加热烘干。

3. 用干净棉丝将清洁过的孔洞严密封堵，以防有灰尘和异物落入。

4. 检查孔洞清理工作完成后，报请甲方、监理验收。

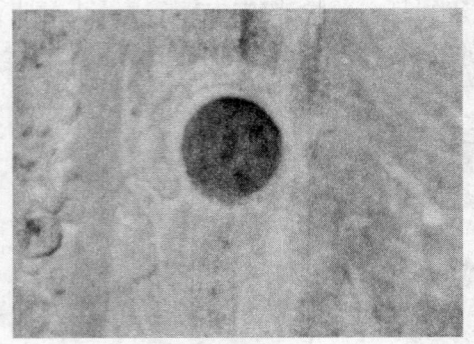

图 5.2.2 孔洞处理

5.2.3 钢筋处理

1. 承重结构的植筋锚固长度必须经设计计算确定，一般为 $12\sim20d$，当按构造要求植筋时，其锚固长度应不小于 $10d$，预留长度应能满足设计要求的搭接长度及接头位置，根据设计要求和现场实际情况确定。

2. 锚固用钢筋必须做好除锈清理，要用砂纸打磨至露出金属光泽，严重锈蚀的钢筋不得作为植筋使用。钢筋除锈的长度大于锚固长度 5cm 左右，锚固用钢筋的型号、规格要严格按图纸设计要求选用。

3. 植筋前将钢筋锚固部分用棉丝蘸丙酮擦拭干净，成一定批量后经验收合格，方可使用。

5.2.4 配胶

配胶前，将两组分的结构胶放在搅拌器中先分别搅拌，再严格按照说明书上的配比将其充分混合至色泽均匀，一次配胶量不宜过多，以 30min 用完为宜。结构胶初凝结硬后，不可再用于植筋。如气温较低，胶液黏度太大，可采用水浴将胶适当升温使其黏度降低。同样，当气温较低时，孔壁和钢筋可在栽筋前用热空气适当加热。水平孔堵孔用胶应有较高的稠度，可在已配好的胶中加入适量水泥或其他规定填料（按使用要求配料）。

5.2.5 灌胶

将药剂管置入套筒，旋上混合器，然后将套筒置入打胶枪内，扣动扳机，第一、二次挤出来的药剂不要使用（因为此时药剂可能没有混合均匀），将胶枪上的混合喷头伸进孔的底部，扣动扳机，且每一次扣动扳机感觉有明显压力后，一步一步慢慢抽出，药剂添满孔深的 2/3 时，停止扣动扳机。灌胶应一次完成。

5.2.6 植筋

1. 根据植入深度在处理好的钢筋除锈端做明显标记，然后插向孔洞，一边插一边向同一方向缓慢旋转，直至到达孔洞底部为止，此时应有锚固胶从孔洞内溢出。放入钢筋时要防止气泡发生。

2. 通孔钢筋锚固：将处理好的钢筋插入孔内。孔两端用环氧砂浆封堵，封堵的同时，须在通孔两端预埋气管，一端注胶，另一端排气。将锚固用胶装入打胶筒内，安装打胶嘴。将锚固用胶通过注胶管注入孔洞内，直至另一端出气管溢出胶为止，然后将出气管弯折扎紧。见图 5.2.6。

5.2.7 养护

在常温下自然养护，养护期间内不应扰动，一般 $3d$ 可受力使用。环境温度低于 5℃时，应采用人工加温养护。

图 5.2.6 植筋

6. 材料与设备

6.1 结构胶的性能及选择

6.1.1 结构胶是一种以环氧树脂为主体，掺有多种改性辅助剂和填料的高分子聚合材料。一般为双组分材料，混合后搅拌均匀，呈胶稠状，特别适用于钢材与混凝土、钢材与钢材的粘结。

6.1.2 结构胶有多种型号，适用于不同的温湿度环境，使用时要根据施工现场及使用环境由设计确定。结构锚固胶应通过建设部科技成果评估；用于生根的结构锚固胶应能在潮湿的环境下施工和固化，并能确保钢筋锚固生根的可靠连接。

6.1.3 结构胶技术性能

结构胶技术性能要求见表6.1.3。

结构胶技术性能　　　　　　　　　　　　　　　　　表 6.1.3

钢/钢粘结剪切强度	钢/混凝土粘结剪切强度	抗拉强度	耐温性能	耐湿性能	耐久性能	耐酸碱性	初凝时间
≥17MPa，满足设计要求	大于混凝土的剪切强度（混凝土层破坏）	钢/钢之间≥33.5MPa；钢/混凝土之间混凝土破坏	一般环境温度－30～60℃以内，强度不降低	环境相对湿度90%以内强度不降低	50年内强度不降低	满足一般环境要求	40min至1h（20℃）

6.2 其他材料

其他材料见表6.2。

材料用表　　　　　　　　　　　　　　　　　　表 6.2

序号	名　称	用途	序号	名称	用途
1	药剂管、套筒、混合器、打胶枪、胶管	用于孔内注胶	4	清洗剂（丙酮）	清孔用
2	钢丝刷	清扫孔面	5	锚筋	各种规格
3	棉纱或海绵	清孔			

6.3 机具设备

6.3.1 机具设备见表6.3.1。

机具设备选用表　　　　　　　　　　　　　　　表 6.3.1

序号	机具名称	用　途	序号	机具名称	用　途
1	吸附式金刚石钻孔机（水钻）	用于混凝土、钢板上打孔	6	灌浆注浆器	用于孔内注胶
2	手持式钻机（水钻）	用于混凝土、钢板上打孔	7	台秤	配胶计量
3	空压机	用于清孔	8	搅拌器	配胶用
4	手持式风机	用于清孔	9	钢筋探测仪	探测钢筋位置
5	电锤	用于打 $\Phi30$ 以内孔			

6.3.2 根据钢筋直径、钢筋锚固深度要求选定钻头和机械设备。20mm以内孔径用冲击钻，20～40mm间可用手持金刚石钻机，40mm以上用吸附式金刚石钻机。在钻孔平面范围内700～800mm不能有任何障碍物。砖墙用电锤钻孔，要求两台电锤在同一墙面上工作间距不小于5m，以免引起较大的振动；混凝土用静力钻孔机（水钻）打孔。钻孔按要求一次钻到规定深度。常用钻头规格（mm）如下：

冲击钻机：$\Phi6$，$\Phi8$，$\Phi10$，$\Phi12$，$\Phi14$，$\Phi16$，$\Phi18$，$\Phi20$，$\Phi25$，$\Phi28$，$\Phi30$，孔深400mm以内。

金刚石钻机：$\Phi12$，$\Phi32$，$\Phi38$，$\Phi44$，$\Phi57\sim200$，孔深1000mm，其中 $\Phi12$ 孔深≤250mm。

对于特殊钻头一般可根据用户要求，由生产厂家提供其他规格钻头。

6.3.3 主要仪器试验设备：千斤顶，传感器，试验油泵。

7. 质量控制

7.1 钢筋锚固质量保证措施

7.1.1 钢筋锚固定位放线，尽量避开原结构钢筋。

7.1.2 在钻孔施工中，如遇到原结构钢筋无法打孔至设计深度时，必须报请设计、监理等共同商讨解决办法。

7.1.3 负责钢筋锚固的专业工长必须严格检查钻孔深度、清孔和钢筋清理情况，发现不合格品立即进行整改，孔内部必须清理干净。钻孔深度、清孔和钢筋清理情况必须报请监理检查验收，做好隐检纪录。

7.1.4 严格按照使用说明书使用胶料，计量要准确，按照比例用磅秤称（或做量桶标注），配胶由专人进行，盛胶容器应清洁，搅拌要均匀，配好胶后要在规定的时间内用完。

7.1.5 注胶锚固阶段，负责钢筋（螺栓）锚固的专业工长及班组长必须有人在现场指挥监督，孔内注胶不得少于孔深的 2/3，钢筋（螺栓）插至孔底部之后应有多余的胶从孔内溢出。

7.1.6 锚固时钢筋（螺栓）应沿着一个方向旋转着插至孔底，以免在孔内产生气体留存，影响锚固质量。

7.1.7 锚固工作完成后，选派专人进行成品保护，看护好刚刚锚固好的成品，在锚固胶固化前不能被扰动。

7.2 钢筋锚固施工的验收

7.2.1 在粘锚生根的原件上抽样进行非破坏性抗拔试验，超过设计要求的标准强度值即可。抽样数量与设计单位商定，一般按每层每段抽取 3 组，每组 3 根。

7.2.2 在施工现场同样环境下取 3‰试件，进行抗拉拔破坏性试验。试件数量与设计单位商定。

8. 安全措施

8.1 操作工人必须戴绝缘手套，穿绝缘鞋，戴护目镜和口罩。

8.2 操作架子必须稳固，防止倾倒，作业时必须确保安全施工。

8.3 所有机电设备应由专人操作、维修、保养，他人不得私自拆卸。机电设备禁止超载和带病作业，带电维修。操作工人经过专业培训上岗。

8.4 采用"三相五线制"配电，必须实行"一机一闸制"。

8.5 手动工具使用前专人检查工具的安全性，电线不要张拉过紧，不得纽结和缠绕，不得在水中浸泡，以防漏电。

8.6 易燃易爆有毒物品，要专人保管，使用时要严格限量领料。配胶及用丙酮清洗钢筋时注意防火。

9. 环保措施

9.1 完工后未使用完的胶收集并回收，防止污染环境。

9.2 使用后的胶筒统一回收，不得随意丢弃。

10. 效益分析

由于在钢筋混凝土结构上植筋锚固，不必再进行大量的开凿挖洞，而只需在植筋部位钻孔后，利用结构锚固胶作为钢筋与混凝土的胶粘剂就能保证钢筋与混凝土的良好粘结,从而减轻对原有结构构件的损伤,也减少了加固改造工程的工程量,缩短了工期。作为一种新型的加固技术,植筋技术不仅具有方便、工作面小、工作效率高的特点,而且还具有适应性强、适用范围广、锚固结构的整体性能良好、价格低廉等优点,大大节约了工程造价。

三、碳纤维加固施工工法

1. 前　　言

碳纤维加固作为一种新兴的加固技术,随着碳纤维布及其配套树脂生产成本的降低,现在已经在桥梁、厂房、建筑等构件的加固中得到了广泛应用。由于受施工质量及各种自然环境因素的综合影响,已建成的混凝土桥梁及建筑物结构可能会出现承载力不足、混凝土表面裂缝等问题,但是这些桥梁、建筑物和构筑物的绝大部分是可能通过加固改造而继续使用的。碳纤维加固修补结构技术利用树脂类粘结材料将碳纤维布粘贴于混凝土表面,以达到对结构及构件加固补强的目的。碳纤维材料(CFRP)用于混凝土结构加固修补的研究始于 20 世纪 80 年代美、日等发达国家,我国起步较晚,应大力研究推广应用。我们通过对北京工人体育场 20000m² 梁板结构的加固,总结形成本工法。

2. 工 法 特 点

2.1　碳纤维片材轻质高强:其抗拉强度比普通钢材高 8～10 倍,加固后结构自重的增加几乎可以忽略。

2.2　抗腐蚀:碳纤维能有效地防护构件的混凝土和钢筋免受酸、碱、盐、水等介质的腐蚀。

2.3　耐老化:碳纤维与粘结材料本身及经其补强的构件可以长期承受紫外线、核幅射;长期在 −54～80℃下使用,强度不会降低;经加速暴露老化试验验证可历时 40 年性能不变;且在表面涂装后,耐用性更加突出。

2.4　可以有效地封闭混凝土结构的裂缝,延长结构的使用寿命。

2.5　保持结构原状,外形美观:碳纤维片材便于随构件原形贴附,基本不改变构件断面尺寸,贴片后表面可以涂刷、粘贴饰面材料、防火材料。

2.6　不需大型施工机械及周转材料,施工简便,易于操作,经济性好,施工工期短。

3. 适 用 范 围

3.1　适用于基层混凝土的强度等级不低于 C15 的各种混凝土结构类型和砌体结构的加固。

3.2　特别适用于空间狭小,其他方法不易施工的场所和曲面结构及异型结构。

4. 工 艺 原 理

碳纤维布是用抗拉强度极高的碳纤维丝"拉拔"成型,单向排列,并经环氧树脂预浸而成的结构增强复合材料,将它用粘结树脂作为胶粘剂,沿受力方向或垂直于裂缝方向粘贴在受损构件表面,胶粘剂作为它们之间的剪力连接媒介,形成新的复合体,增强贴片与原有钢筋共同受力,增大了结构抗拉或抗剪能力,能有效地提高强度、刚度、抗裂性和延性。

5. 施工工艺流程及操作要点

5.1 工艺流程

卸荷 → 基底处理 → 涂底胶 → 找平 → 粘贴 → 表面防护

5.2 操作要点

5.2.1 卸荷：加固前应对所加固的构件尽可能卸荷。

5.2.2 基底处理

1. 凿除混凝土表层的剥落、空鼓、蜂窝、腐蚀等劣化部位，并进行修复。

2. 对裂缝部位应先进行压力灌浆后封闭处理。

3. 将构件表面的浮浆、油污等杂质去除，将构件基面打磨平整。

4. 转角粘贴处要进行倒角处理并打磨成圆弧状（$R \geq 20$mm）。

5. 将构件表面清理干净，并用丙酮擦拭干净，保持干燥。

5.2.3 涂底胶

1. 将主剂，固化剂称量准确按 2：1 的比例先后置于容器中，机械搅拌均匀，1h 内用完。

2. 用滚筒刷将底胶均匀涂刷于构件表面，待胶固化后，再进行下一工序施工。

5.2.4 找平

1. 混凝土表面凹陷部位应用修补胶填平，模板接头等出现高度差的部位应用修补胶填补，尽量减小高度差。

2. 转角处也应用修补胶修补成光滑的圆弧，半径不小于 20mm。

5.2.5 粘贴

1. 按设计要求的尺寸及层数裁剪碳纤维布。

2. 调配、搅拌浸渍胶，然后均匀涂抹于待粘贴的部位，在搭接、混凝土拐角等部位要多涂刷一些。

3. 在确定所粘贴部位无误后剥去离型纸，粘贴碳纤维布，用特制滚子沿纤维方向滚压，去除气泡，使浸渍胶充分浸透碳纤维布。多层粘贴应重复上述步骤，待上层碳纤维布表面指触干燥后，进行下一层的粘贴。

4. 在最后一层碳纤维布的表面均匀涂抹浸渍胶。

5. 碳纤维布沿纤维方向的搭接长度不得小于 100mm，碳纤维端部固定用横向碳纤维压条固定。

5.2.6 表面保护

加固后的碳纤维布表面采取抹灰或喷防火涂料进行保护处理。

6. 材料与设备

6.1 碳纤维材料加固修补混凝土结构所用材料主要为碳纤维材料与粘贴用树脂。材料及性能指标见表 6.1-1～表 6.1-4，表中数值均为 A 级胶及 I 级布的指标要求。

结构加固修补用碳纤维材料（CFRP）主要性能指标 　　　　表 6.1-1

类 别	指 标	类 别	指 标
抗拉强度标准值 f_{tk}（MPa）	≥ 3400	层间剪切强度（MPa）	≥ 45
受拉弹性模量 Er（MPa）	$\geq 2.4 \times 10^5$	仰贴条件下纤维复合材料与混凝土正拉粘结强度（MPa）	$\geq \max(2.5, f_{tk})$，且为与混凝土内聚破坏
伸长率（%）	≥ 1.7		
弯曲强度 f_b（MPa）	≥ 700	单位面积质量（g/m²）	300

注：f_{tk} 为原构件混凝土的抗拉强度标准值，应按现行国家标准《混凝土结构设计规范》GB 50010 的规定采用。

碳纤维复合材浸渍/粘结用胶粘剂安全性检验合格指标　　　　　　表 6.1-2

	性 能 项 目	性 能 要 求		性 能 项 目	性 能 要 求
胶体性能	抗拉强度（MPa）	≥40	粘接能力	钢-钢拉伸抗剪强度标准值（MPa）	≥14
	受拉弹性模量（MPa）	≥2.5×10³		钢-钢不均匀扯离强度（kN/m）	≥20
	伸长率（%）	≥1.5		与混凝土的正拉粘结强度（MPa）	≥max(2.5, f_{tk})，且为与混凝土内聚破坏
	抗弯强度（MPa）	≥50，且不得脆性破坏			
	抗压强度（MPa）	≥70		不挥发物（固体含量）（%）	≥99

注：f_{tk}为原构件混凝土的抗拉强度标准值，应按现行国家标准《混凝土结构设计规范》GB 50010 的规定采用。

底胶的主要性能指标　　　　　　表 6.1-3

性 能 指 标	性 能 要 求
钢-钢拉伸抗剪强度标准值（MPa）	当与 A 级胶匹配：≥14
与混凝土的正拉粘结强度（MPa）	≥max(2.5, f_{tk})，且为与混凝土内聚破坏
不挥发物（固体含量）（%）	≥99
混合后初黏度（23℃时）（MPa·S）	≤6000

注：f_{tk}为原构件混凝土的抗拉强度标准值，应按现行国家标准《混凝土结构设计规范》GB 50010 的规定采用。

修补胶的主要性能指标　　　　　　表 6.1-4

性 能 指 标	性 能 要 求
胶体抗拉强度（MPa）	≥30
胶体抗弯强度（MPa）	≥40，且不得脆性破坏
与混凝土的正拉粘结强度（MPa）	≥max(2.5, f_{tk})，且为与混凝土内聚破坏

注：f_{tk}为原构件混凝土的抗拉强度标准值，应按现行国家标准《混凝土结构设计规范》GB 50010 的规定采用。

6.2　机具设备（表 6.2）

主要机具表　　　　　　表 6.2

机具名称	单位	数量	用　途	机具名称	单位	数量	用　途
角磨机	把	10	用于打磨基层	滚子	把	20	用于涂刷胶及其滚压碳纤维布
吹风机	把	10	用于清理基层	搅拌机	台	5	用于搅拌
剪刀	把	10	用于裁剪碳纤维布				

7. 质 量 控 制

7.1　验收标准：《碳纤维片材加固混凝土结构技术规程》CECS 146：2003。

7.2　大面积粘贴前需做样板，待有关各方验收合格后，再进行大面积施工。

7.3　材料进场时，应有碳纤维布及其配套胶生产厂家所提供的材料检验证明，并抽样复试合格后方可使用。

7.4　基底处理并经验收合格后，方可进行下道工序。

7.5　每一道工序结束后均应按工艺要求进行检查，并做好相关的验收记录，如出现质量问题，应立即返工。

7.6　碳纤维片材与混凝土之间的粘结质量可用小锤轻轻敲击或手压碳纤维片材表面的方法来检查，总有效粘结面积不应低于 95%。当碳纤维布的空鼓面积小于 10000mm² 时，可采用针管注胶的方式进行补救。空鼓面积大于 10000mm² 时，宜将空鼓处的碳纤维片材切除，重新搭接贴上等量的碳纤维片材，搭接长度应不小于 100mm。

7.7　碳纤维片材实际粘贴面积应不少于设计量，位置偏差应不大于 10mm。

7.8 严格控制施工现场的温度和湿度。施工温度在 5～35℃范围内，相对湿度不大于 70％。

7.9 施工过程中应避免碳纤维片材的弯折。

7.10 碳纤维片材配套的树脂类粘结材料单层或复合涂层与混凝土间的正拉粘结强度应进行检测。

8. 安 全 措 施

8.1 碳纤维片材为导电材料，裁剪及施工碳纤维布时应远离电气设备及电源，或采取可靠的防护措施，尤其是高压电线及输电线路。

8.2 碳纤维片材配套树脂的原料应密封储存，远离火源，避免阳光直接照射。

8.3 现场施工人员应穿工作服，同时还须佩戴口罩和手套。

8.4 施工人员严禁在现场吸烟。

8.5 配制及使用胶的场所必须保持良好的通风。与施工配套的脚手架要有足够的安全性。

8.6 高空作业须系好安全带。

9. 环 保 措 施

9.1 施工完毕后必须采用清洗剂来清洗设备和工具，清洗剂在使用后不能随地乱倒，而应该集中处理。

9.2 施工过程中产生的剩余浆液，不得随意倾倒、丢弃，必须装入专门的料桶，待其固化后，运到合适的地点进行集中处置。

10. 效 益 分 析

对某些由于设计原因及其使用环境等原因导致承载力不足的构件，采用碳纤维进行加固，不仅可以提高构件的承载力，而且能延缓混凝土结构裂缝的发展，基本不改变构件断面尺寸、不改变原建筑的空间布局，施工快捷，简便，将得到更加广泛的应用。

四、混凝土裂缝压力灌浆施工工法

1. 前　　言

自动压力灌浆技术是混凝土裂缝灌浆领域一项综合技术。该技术利用可对混凝土微细裂缝进行自动压力灌浆的新型袖珍机具，是我国现有建筑物加固改造中一种比较有价值的技术处理途径和实施手段。

2. 工 法 特 点

2.1 灌浆方法操作简便，裂缝封堵效果直观。

2.2 灌浆树脂及其配套材料抗腐蚀及耐久性能极佳，可以有效防护构件遭受侵蚀，材料毒性小，无刺激气味，现场文明，使用安全。

2.3 加固修补后基本不增加原结构自重，不影响原构件尺度和外观，对生产及使用的干扰小。

3. 适 用 范 围

可广泛用于建筑物、构筑物的混凝土结构以及砌体结构裂缝修补加固、饰面空鼓充填、止水堵漏等情况。适用的裂缝宽度范围为 0.05～3mm。

4. 工 艺 原 理

利用低压注入和毛细原理，依靠自动压力灌浆器的弹簧压力，将配套的 AB 系列灌浆树脂自动注入混凝土微细裂缝或空鼓孔洞部位中，使之充填完全并粘结牢固，从而达到恢复混凝土整体工作能力和提高耐久性等目的。

5. 施工工艺流程及操作要点

5.1 工艺流程

裂缝调查 → 基层处理 → 封闭裂缝，安设底座 → 配料 → 裂缝注胶 → 拆除灌浆 → 拆除底座，清理工作面 → 效果检查

5.2 操作要点

5.2.1 裂缝调查

1. 对完全剔除装饰面层的混凝土应全面检查，观察裂缝状况及分布情况，调查结构物概况、裂缝开裂原因、发展情况。

2. 确定并标注裂缝宽度，核实混凝土厚度，检查有无漏水、泛白情况。用裂缝观测仪对裂缝宽度进行测量并标注在裂缝上方，如有贯穿裂缝要注明。

5.2.2 基底处理

1. 沿裂缝方向清除裂缝表面的灰尘、浮渣、空鼓的装饰层、腐蚀层等，然后用压缩空气将裂缝内的灰尘吹出，并把裂缝表面清理干净，必要时用棉丝蘸酒精擦洗表面。

2. 采用修补砂浆进行混凝土表面封闭修复处理，并将修复砂浆面层压光。将修复、打磨过的混凝土表面清理干净并保持干燥。

3. 潮湿或有水的基层应涂刷界面剂，使基层表面干燥不透水。

4. 漏水裂缝需先查出漏水源，封堵后将漏水点进行干燥处理后刷界面剂。

5.2.3 封闭裂缝，安设底座

1. 根据裂缝情况选择注浆口位置，一般选在容易注入的部位，如裂缝较宽处、裂缝分支汇合处等，注浆口距离相隔 200～400mm 为宜，裂缝越细，距离越短，在注浆口位置贴上普通胶带。贯穿裂缝需两面留设注浆口。

2. 将调好的封缝胶涂于裂缝表面，用刮刀刮严确保裂缝完全封闭，封缝胶厚度为 1mm 左右，宽度为 20～30mm。

3. 揭掉注胶口的胶带，用封缝胶将底座粘于注胶口上，底座的圆孔一定要与裂缝的注浆口对准（图 5.2.3）。

图 5.2.3　注胶封堵

4. 每米裂缝留出 1～2 个底座作为排气孔及出浆口，水平裂缝留在两端末梢裂缝较细的部位。

5. 待封缝胶完全干燥后，即可开始注浆。

5.2.4 配料

1. 根据裂缝宽度和树酯性能特点选择 AB 灌浆树

脂，对于宽度均匀的裂缝采用同一种型号的灌浆树脂即可完成，但许多裂缝呈中间宽两头细的状态，在宽度差距较大时，应将不同型号的树脂配合起来使用，以使不同缺陷的部位都得以饱满合理地填充。

2. 根据 AB 灌浆树脂的甲、乙组分按重量配比，把 A 料与 B 料倒进混合容器，混合搅拌至颜色均匀，然后使用，应随配随用，一次配胶量不宜过多，以 40～50min 用完为宜，且不宜超过 500g。

5.2.5　裂缝注胶

1. 将灌浆器安设到底座上，放松弹簧，利用弹簧压力自动注浆。一般竖向裂缝按从下向上顺序，水平裂缝按从一端向另一端顺序，灌胶时从第一个底座开始注入，待第二个注胶底座流出胶后为止，用堵头将第一个底座进胶嘴堵死，再从第二个注胶底座注入，如此顺序进行。

2. 灌浆器软管中浆液已基本进入裂缝，可随时更换灌浆器，补充注入，直至裂缝充满。当注浆量已超过计算值，进浆速度明显减慢至几乎不再进浆，且出浆口有浆液流出，表明裂缝中浆液已充满，这时先用堵头将出浆口堵严，灌浆器继续保持注浆状态以免浆液倒流。

5.2.6　灌浆结束，树脂凝固后可拆除灌浆器，在 24h 内不得扰动注浆底座，2～3d 后可拆除底座。

5.2.7　拆除底座，恢复基层原状。

6. 材料与设备

6.1　材料

AB 系列灌浆树脂理化性能见表 6.1-1，表 6.1-2。

AB 系列灌浆树脂类别与特点　　　　　　　　　　　　　　表 6.1-1

型号	施工配合比 甲∶乙	树脂 类型	外观	黏度	可灌裂缝 宽度	特点、适应性
AB-1	4∶1	溶剂型	透明液	60～100	0.05～0.5	低黏度，高强，干燥环境用
AB-2	4∶1	溶剂型	浅棕红液	300～400	0.3～1.0	黏度大于 AB-1，干燥环境用
AB-3	4∶1	溶剂型	棕红液	1500～3000	＞1.0	黏度较大，强度高，可用于干燥或略湿环境
AB-4	甲∶乙∶丙 10∶7∶1	溶剂型柔性	浅褐液	280～500	＞0.3	高柔韧性，低收缩
AB-5	3～6∶1	溶剂型	浅褐液	可调	＞0.1	用于潮湿有水场合，可快速堵漏
AB-10	1∶3	水乳型	浅黄乳液	≥1500	＞1.5	用于空鼓、大缝修理

AB 系列灌浆树脂力学性能指标　　　　　　　　　　　　　　表 6.1-2

型号	树脂本体力学性能（MPa）				与混凝土粘结后性能（MPa）			延伸率 （%）
	压缩强度	拉伸强度		弯曲强度	抗折强度	粘结强度	弯曲强度	
	14d	14d	28d	28d				
AB-1	47.5	8.6	9.2	2.9	＞5.0	＞3.0		8.6
AB-2	59.7	17.6	35.2	17.2	＞5.0	＞3.0	17.2	3.3
AB-3	66.7	15.1	20.1	19.2	＞5.0	＞3.0	19.2	2.2
AB-4	压扁复原	3.4	5.5			＞2.5		56
AB-5						＞2.5		
AB-10						＞2.5		

6.2　配套封缝胶

沿裂缝表面涂刮对裂缝表面进行封闭，材料性能见表 6.2。

材料性能 表6.2

材料名称	配比	用量	工 艺	性 能 特 点
快干型封缝胶	100:2~5	沿缝刮一道	按配合比拌匀甲乙组分(现场施工时,可用2cm宽的开刀铲三刀甲,挤1cm长的乙拌匀作为一次配量),立即封缝和粘底座,刮严刮实,确保裂缝封死、底座粘牢。封缝胶现配现用,每次不超过200g,夏季乙组分适当减少。	硬化速度快,5~20min固化;强度高、粘结牢固,封缝约1~3h后即可进行压力灌浆
高弹封缝胶		0.5kg/m²,密闭,5℃以上于阴凉处半年	一般基层如混凝土、抹灰砂浆或者已做涂料的墙面可直接涂刮于裂缝表面,涂刮宽度5cm,厚度0.5mm左右;对表面有粉灰的基层如批刮腻子层、石膏砌块、石膏条板及油漆等特殊面层应先作适当处理,根据不同基层选择石膏板涂渗剂或混凝土界面处理剂等涂刷一道,然后再涂刮封缝胶。封缝胶干燥后可在上面做涂料或其他装饰	高弹封缝胶系单组分膏状体,开盖即用,涂刮时不流淌下坠,手感舒适、操作自如,与基层有良好附着力。其中:固含量>75%、延伸率>400%、不透水性>0.4MPa

6.3 其他辅助材料

混凝土界面剂、橡胶手套、酒精、棉丝、水泥等。

6.4 机具设备

6.4.1 灌浆机具

YJ-自动压力灌浆器,灌浆器的构造简单轻巧,是一种袖珍式新型工具,长度26cm,自重60g,一次装入树脂量为50g。

6.4.2 辅助工具

刮刀、拌胶板、烧杯、玻璃棒、放大镜、粉笔、手电筒等。

7. 质 量 控 制

7.1 材料要求

灌浆树脂材料应符合质量要求,有产品合格证、产品质量检验报告,并严格按使用说明书使用。

7.2 严格检查验收

工人应经过培训,施工前先做样板,合格后方可大面积施工,封缝工序必须确保质量,要及时封堵漏浆部位,在树脂未初凝前继续完成工作,应严格进行各工序隐蔽工程的检验及验收。

7.3 质量控制要点

7.3.1 每条裂缝必须留设排气孔或出浆口,否则无法灌实。

7.3.2 封缝工序必须确保质量,要及时封堵漏浆部位,在树脂尚未初凝前继续完成灌浆工作。

7.3.3 混凝土裂缝修补后可用压力水或水钻取芯法检测注浆密实程度(钻孔位置应取得设计同意,以免破坏结构)。

7.3.4 对于结构承载力不足、处于运动和不稳定扩展状态的裂缝,应考虑加固和补救措施后,方可按本工艺进行修补。

8. 安 全 措 施

8.1 充分把握使用方法、保管方法及管理方法,再施工。

8.2 经常整理清扫作业场,保持作业环境。

8.3 操作人员应穿工作服,要带好所需保护工具(安全帽、手套、保护眼镜、防尘口罩、安全带等),再从事作业。

8.4 使用含有有机溶剂型的材料，防止吸入中毒；防止火花产生火灾，场所应配备各种必要的灭火器。

8.5 建立应急预案措施，落实到人，发生事故时迅速采取措施。

9. 环 保 措 施

9.1 防止对大气污染。本工法施工期间扬尘小，施工垃圾少，垃圾清运时采用容器或袋装，严禁随意凌空抛撒，并适量洒水，减少污染。材料运输时要防止遗洒、飞扬，卸运时采取码放措施，减少污染。

9.2 防止对水污染。现场交通道路和材料堆放场地统一规划排水沟，设专人负责，控制污水流向，设置沉淀池，将污水经沉淀后再排入污水管线，严防施工污水直接排入污水管线或流出施工区域污染环境。加强对现场存放材料的管理，对存放材料的库房采取有效措施进行防渗漏处理。在储存和使用中，防止胶料跑、冒、滴、漏污染水体。安排专职清洁工，建立文明清洁岗制度，保护施工区的环境。

10. 效 益 分 析

10.1 施工工艺简单，质量易保证，工期缩短，加快施工进度，同时可减小抗压构件截面尺寸，增大使用空间。

10.2 加固效果显著：更适合混凝土构件的加固补强。

10.3 每百米长裂缝的材料消耗及价格，见表 10.3。

每百米长裂缝的材料消耗及价格　　　　　　　表 10.3

编号	机具或材料	单价（元）	数量（个）	金额（元）
1-1	自动压力灌浆器	48.00	10	480.00
1-2	底座	3.00	500	1500.00
1-3	软管	3.00	16	48.00
1-4	连接头	3.00		
1-5	堵头	1.50	500	750.00
1-6	大软管	6.00		
1-7	前盖	8.00	4	32.00
1-8	后盖	3.00		
2-1	AB-1 型	75.00	10(kg)	750.00
2-2	AB-2 型	75.00		
2-3	AB-3 型	80.00		
2-4	AB-4 型	80.00		
2-5	AB-5 型	80.00		
2-6	AB-10 型	25.00		
2-7	封缝胶	30.00	20(kg)	600.00
2-8	结构胶	40.00		
2-9	高弹封缝胶	15.00		
2-10	混凝土表面防护剂	48.00		
	合计	4160		

五　黏滞型流体阻尼器安装施工工法

1. 前　言

对有些抗震能力不足的已建框架结构进行抗震加固处理和在新建框架结构中采用黏滞阻尼器对结构减震，从而使结构满足抗震要求是一条新的发展途径。我们通过在工人体育场加固改造过程中新增黏滞型流体阻尼器的施工，形成本工法。

2. 工 法 特 点

2.1　在发生地震时可以吸收地震能量，有效降低建筑物在地震下的反应，安全可靠。

2.2　对于既有建筑物基础不会产生额外的负担，因此不需对基础进行加固，降低加固难度及费用，施工工期短。

2.3　地震后检验及修复方便。

2.4　施工期间大部分空间能正常使用，维持原建筑物的实用性及空间配置。

2.5　施工简便，易于操作

3. 适 用 范 围

适用于新建工程抗震和改建工程抗震加固。

4. 工 艺 原 理

当阻尼器在结构中采用斜支撑布置时，在地震力作用下结构发生侧移振动，对角形斜撑伸长或缩短迫使阻尼器产生拉伸或压缩，压缩介质导致温度升高，消耗地震能量，产生与结构位移反向的斜向阻尼力。"人"字形支撑则直接产生与结构位移反向的水平阻尼力，并通过"人"字撑将力传至该层下角部，压缩介质导致温度升高，消耗地震能量，起到减少层间位移、提高结构抗震性能的作用。该结构采用流体传动控制理论中的压力形成、传递、能量转换和压降原理，是一种典型结构消能装置，其减震机理是将结构的部分振动能量通过阻尼特定的材料发生黏滞耗散其能量，达到减少结构的振动反应，保证结构在地震或风振条件下，能够实现安全工作的目的。

5. 施工工艺流程及操作要点

5.1　工艺流程

障碍物拆除 → 放线定位 → 锚栓及埋板安装 → 阻尼器节点板制作 → 阻尼支撑制作 → 节点板焊接 → 阻尼器及阻尼支撑安装 → 临时固定、整体矫正 → 焊接 → 埋板后灌浆 → 防腐施工 → 防火施工

5.2　操作要点

5.2.1　障碍物拆除

先将影响阻尼器安装的隔墙、装饰物拆除到位。

5.2.2　放线定位

按设计图纸标示钻孔位置，必要时剔除混凝土保护层，露出钢筋位置，若钻孔位置上有受力钢筋，孔位置可适当调整（宜在 $4d$ 范围内），但均宜植在箍筋内侧（对梁、柱）或分布筋内侧（对板、剪

力墙）。

5.2.3　锚栓及埋板安装

1. 基层处理

1）混凝土基层处理：混凝土面应凿除粉刷层，去除油垢、污物，然后用角磨机打磨除去1～2mm厚表层，较大凹陷处和表面孔洞用修补料修补平整，打磨完毕后用压缩空气吹净浮尘，最后用脱脂棉蘸丙酮拭净表面，待完全干燥后备用。

2）埋板基层处理：钢板粘贴面应用角磨机进行粗糙处理，直至打磨出现金属光泽，然后用脱脂棉蘸丙酮拭净表面，待完全干燥后备用。

2. 锚栓安装：根据放线位置将锚栓逐个安装到位。

5.2.4　阻尼器节点板制作：根据钢结构施工验收规范的要求加工制作。

5.2.5　人字形支撑结构的安装

1. 安装顺序：安装节点板→安装滑道总节点板→安装人字形支撑、电焊固定→安装阻尼器→校正、固定→刷漆抹油，见图5.2.5。

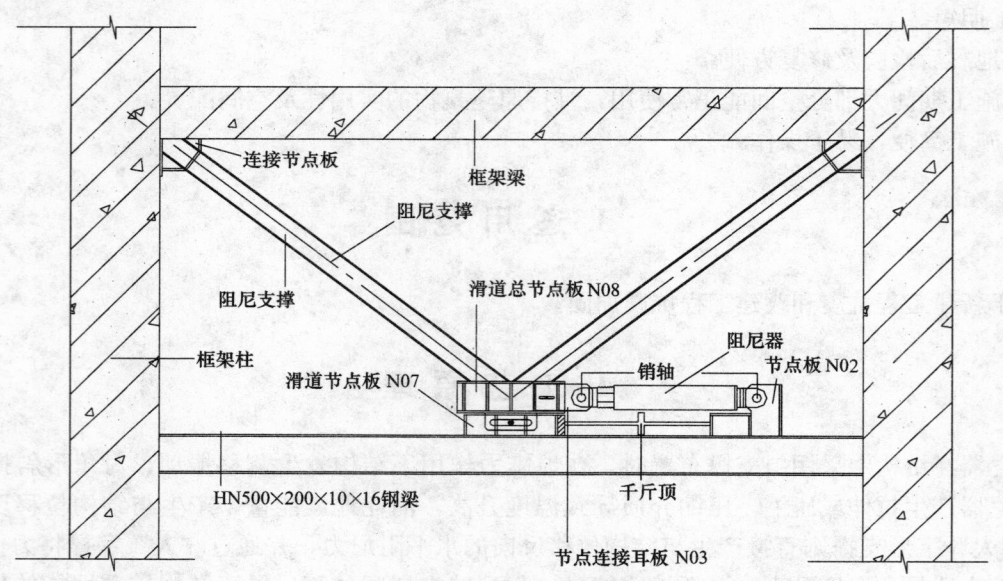

图5.2.5　人字撑安装

2. 主要施工要点

1）根据人字形支撑结构中构件的重量，采用机械、倒链或人工进行构件的水平运输和垂直就位。

2）滑道总节点板N08与滑道节点板N07用滚轴连接，在N08和N07之间加设楔形钢垫块，使N08抬高5mm。人字形支撑安装完成后，去掉楔形钢垫块，滑道总节点板N08自由回复到设计位置并使人字形支撑绷紧拉实。

3）人字形支撑采用倒链进行就位，倒链可与上部已施工完成的钢梁连接。人字形支撑的长度要根据现场测量的实际长度进行下料。

4）阻尼器用销轴固定后，用千斤顶将阻尼器右侧节点板N02和阻尼器顶紧，使阻尼器绷紧拉实，然后将N02节点板焊接固定。

5.2.6　斜支撑结构的安装

1. 安装顺序：安装节点板，焊接固定→实测斜支撑实际长度，切割下料→安装阻尼器及斜支撑→拧紧阻尼器与斜支撑间的法兰螺栓→校正、固定→刷漆抹油，见图5.2.6。

2. 主要施工要点

1）上下节点板焊接完成后，实测上下节点板之间销轴孔的净距离，按此数值计算斜支撑的理论长度，并在实际下料中，使斜支撑的实际长度比理论长度缩短5mm，这样就可以使阻尼器法兰与斜支撑

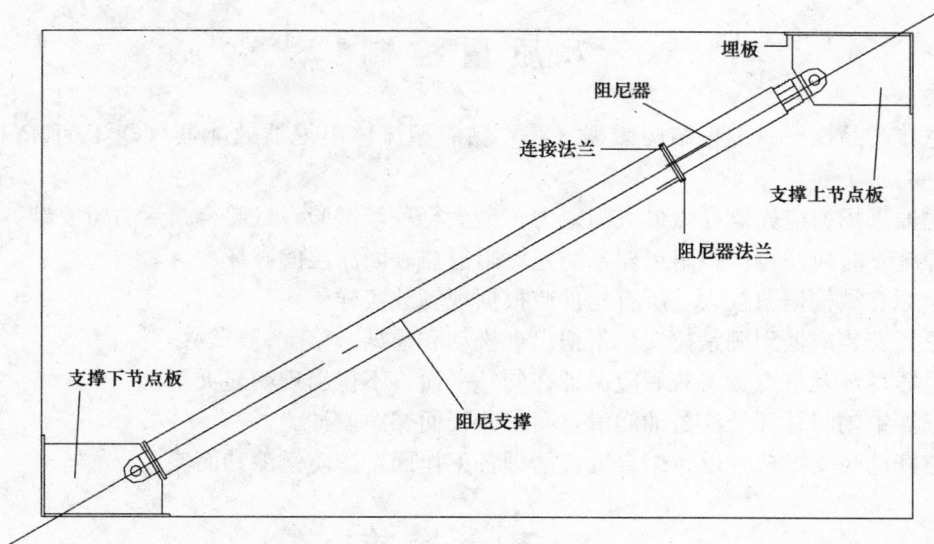

图 5.2.6　斜支撑安装

法兰之间存在 5mm 的间隙。

　　2）按照设计图纸要求，将阻尼器吊装就位，用销轴将阻尼器的左球铰座与焊接好的阻尼器接合板相连接，并用开口销锁定。

　　3）阻尼器长度设计为可调节，范围为±15mm。斜支撑与阻尼器安装就位，调整完毕后，再将锁紧螺母拧紧，且保证两球铰座中心孔在同一平面内。

　　4）拧紧连接法兰的六角头螺栓，消除间隙，使斜支撑与阻尼器绷紧拉实。

6. 材料与设备

6.1　黏滞型流体阻尼器技术指标（表 6.1）

黏滞型流体阻尼器技术指标　　　　　　　　　　　　　　表 6.1

阻尼器型号	阻尼指数 a	阻尼系数 kN/(mm/s)[a]	行程(mm)	最大阻尼力 kN	最大设计速度 mm/s
A	0.2	200	150	600	250
B	0.2	180	85	500	160
C	0.2	150	85	400	160
D	0.2	120	85	300	120

6.2　安装机具设备（表 6.2）

机具设备表　　　　　　　　　　　　　　表 6.2

序号	机具名称	规格型号	单位	数量	备　注
1	角向磨光机	ϕ100mm	把	6	
2	氧气乙炔气		套	8	
3	电焊机	BX1-500	台	14	
4	冲击电锤	喜利得 E76	把	4	锚栓施工
5	磁力电钻		台	2	钢板成孔
6	八角锤	4 磅	把	10	
7	10t 捯链		台	8	用于吊装阻尼器
8	空压机	0.4～0.6	台	2	防腐
9	喷枪	ϕ6～ϕ10mm	把	4	防腐
10	力矩扳手	M24	把	4	高强度螺栓施工
11	半自动切割机		台	4	钢板切割

7. 质 量 控 制

7.1 阻尼器产品执行《工程结构减振（震）黏滞型流体阻尼器效能器（Q/3201NYJ01-2000）标准》。

7.2 阻尼器进场前应先取样做最大阻尼力、最大行程等试验，试验合格后方可安装。

7.3 电焊施工时应注意保护阻尼器，防止对阻尼器表面涂层的破坏。

7.4 由于原有结构偏差较大，所有构件应根据现场放实样。

7.5 阻尼器安装应做到绷紧拉实，不得出现松动和摇晃。

7.6 阻尼器耳环及节点板安装后应保证在同一平面，不得出现明显夹角。

7.7 阻尼器销轴与耳环处注黄油润滑，阻尼器表面擦净摸油。

7.8 支撑杆件与支撑法兰以及结合处，清理各工作面，涂防锈漆和面漆。

8. 安 全 措 施

8.1 施工前应搭设安全可靠操作架。

8.2 高空作业时，正确使用安全带。

8.3 电焊作业前清理操作区域可燃物，安排专门看火人员，并配备灭火器等消防器材。

9. 环 保 措 施

9.1 夜间电焊和阻尼器吊装施工时，应设置围挡和消声设施，防止或减少弧光辐射和噪声传播。

9.2 施工完成后检查作业面的废弃物清理和外运情况，施工产生的废弃物，可回收的应进行回收再利用，做到工完场清。

10. 效 益 分 析

10.1 阻尼器加固产品的出现，为新建筑结构设计以及结构加固设计提供了新的途径，节省维修费用。

10.2 工艺简单，适应性强，有良好的效果。

六、体外预应力加固技术施工工法

1. 前 言

对原结构形式为单向框架结构（沿径向布置），层数为多层，有若干榀框架，梁可为正梁亦可为斜梁的框架梁。经对结构检测鉴定和复核计算，判定应对该梁进行加固处理。

然而，在选择梁的支座负弯矩截面加固方案时，由于看台板的影响，粘钢、粘碳纤维，以及增大截面的加固方法均不能在此梁中运用。在充分比较分析后，选择了体外预应力技术来加固看台斜梁（见图 1）。采用体外预应力技术，既可解决正截面抗弯能力不足的问题，也能解决正常使用极限状态下裂缝宽度的要求。

体外预应力是指预应力筋布置于混凝土截面以外的预应力，结构只在端部锚固和转向块处与混凝土有相同的位移，预应力筋与混凝土构件变形不协调现象在极限承载力状态下表现明显，会引起显著的二次效应。

体外预应力加固技术一般用于建筑结构中两端没有高差的框架梁和次梁的加固补强。在国内，首次采用此方法加固体育场看台斜梁，并取得了较好的社会和经济效益。

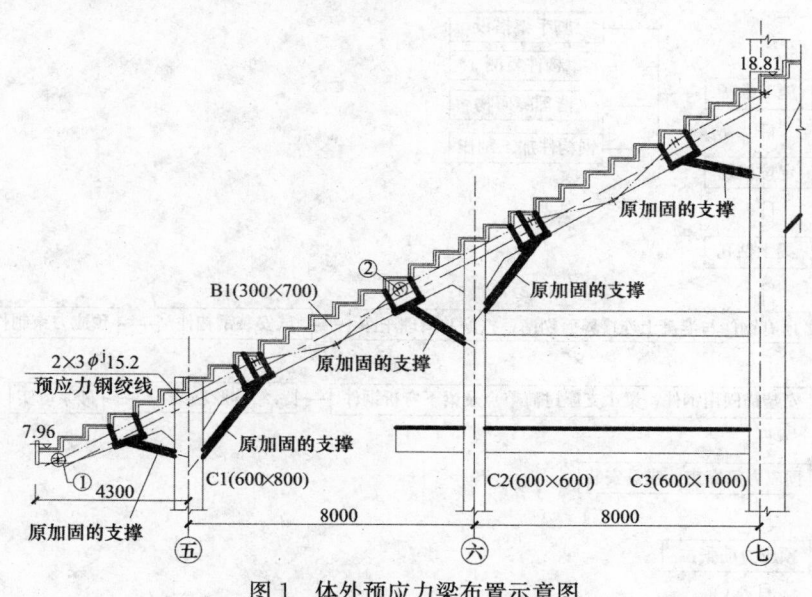

图 1　体外预应力梁布置示意图

2. 工 法 特 点

2.1　高强高效，在不增加梁截面的情况下，既解决了正截面抗弯能力不足的问题，也能解决正常使用极限状态下裂缝宽度和挠度的要求。

2.2　预应力筋布置在体外，一般为折线布置，由多段直线组成，总摩阻损失减小。

2.3　由于体外预应力束自身材质的特点可以采用连续跨布束，加强了结构的整体性。

2.4　体外预应力作用使被加固结构产生一定有利变形，可消除应力滞后等效应。

2.5　结构构件加固后对使用净高影响不大。

2.6　施工工艺简便，工效高，没有湿作业。

2.7　预应力筋宜更换，便于在使用期内检测和维护。

2.8　加固修补后，体外预应力束自重较小，由加固引起的自重荷载增加很小，基本不增加原结构自重及原构件尺寸。

3. 适 用 范 围

3.1　适用于各种结构类型中的混凝土梁、桁架的加固修补。

3.2　加固构件的混凝土的强度等级不低于 C20。

3.3　可用于既有建筑与桥梁结构的加固，也可适用于新建的建筑与桥梁结构中。

4. 工 艺 原 理

加固机理是将预应力钢绞线置于被加固构件的截面以外，通过锚固点和转向块使施加在钢绞线上的预应力传递到被加固构件上，从而达到增强构件承载能力及减小裂缝宽度、挠度的目的。

5. 施工工艺流程及操作要点

5.1 施工工艺流程（图 5.1）

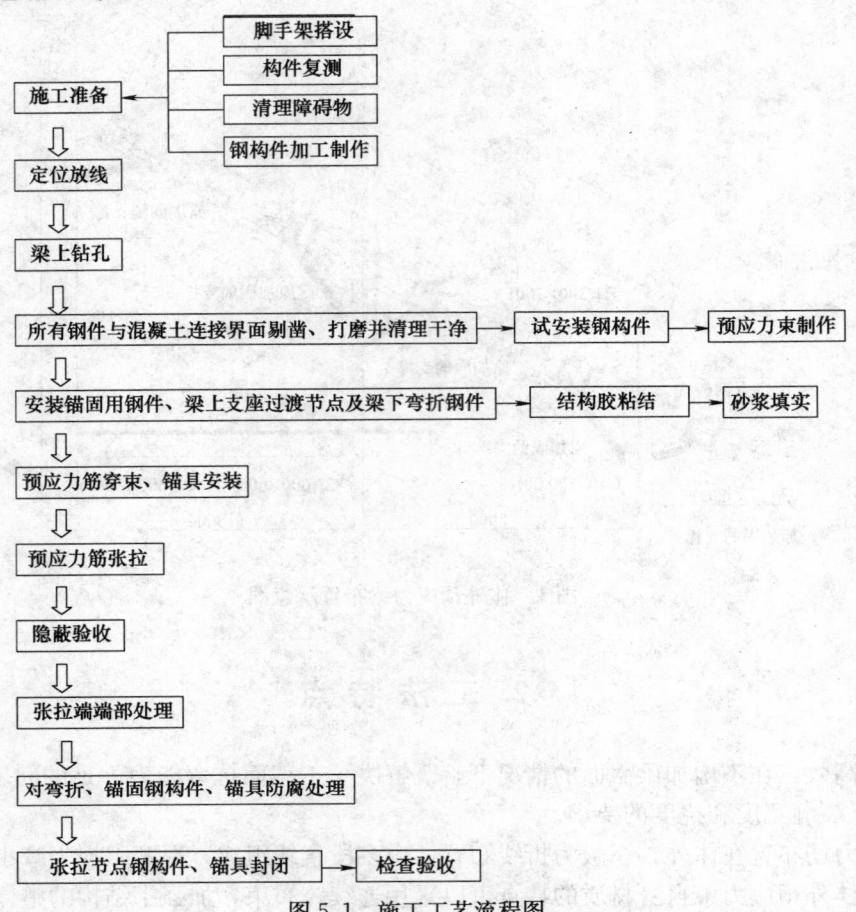

图 5.1 施工工艺流程图

5.2 操作要点

5.2.1 施工准备

1. 用脚手架搭设操作平台，操作平台面距离梁底 1.2～1.5m（图 5.2.1）。

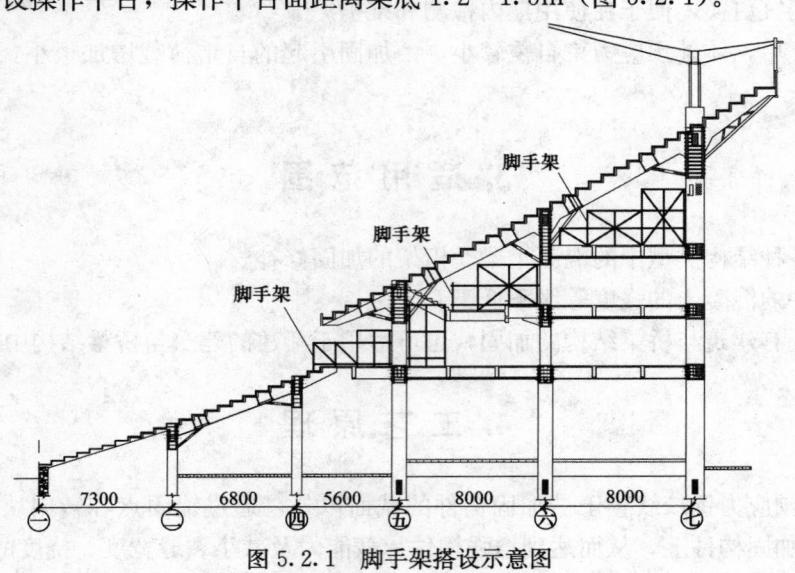

图 5.2.1 脚手架搭设示意图

2. 拆除并清理干净距离梁边 300mm 的设备、电气管道及阻碍预应力索通过的建筑物构件。

3. 根据设计图纸和施工方案的要求对原结构梁、柱、板构件的轴线尺寸进行实测。

4. 如发现原混凝土梁柱截面破损严重应进行核算并经设计人员确认后及时采取补强措施。

5. 所有钢构件、螺栓安排加工制作。

5.2.2　定位放线

1. 在钻孔前应剔凿掉装饰层，露出结构基层。

2. 根据结构竣工图或钢筋探测仪器普查原有混凝土结构内钢筋分布情况。

3. 按设计图纸要求在施工面划定钻孔锚固准确位置、孔位。根据工艺要求一般大于钢筋直径（d）的 6～10mm 或由设计选定。

4. 但若结构上存在受力钢筋，钻孔位置可适当调整（宜在 $4d$ 范围内），但对梁、柱均宜在箍筋（或分布筋）内侧或由设计确定。

5. 钻孔位置标明后由现场负责人验线。

5.2.3　钻孔

1. 根据钢筋直径、锚固深度要求选定钻头和机械设备。由于梁柱混凝土强度低（C20 级），不得采用冲击钻钻孔，以免螺栓孔的位置得不到保证，而且在钻孔过程中会引起混凝土的酥松或塌落。根据设计要求用静力钻孔机（水钻）成孔，钻孔按要求一次钻到规定深度。

2. 采用水钻成孔操作时，严格按照定位放线的位置钻孔，并保证钻杆的平直度。

3. 按施工顺序每钻孔达一定批量后，请甲方、监理验收孔径、孔深，合格后方可进行下一步施工。

5.2.4　钢构件与混凝土连接的界面剔凿、打磨及清理

1. 所有与钢构件连接的混凝土表层出现有剥落、空鼓、蜂窝、腐蚀等劣化现象的部位应予以凿除，对于较大面积的劣质层在凿除后，用清水冲洗润湿，用环氧砂浆进行修复。

2. 对于露筋的混凝土表面，需用钢丝刷将钢筋表面的锈蚀除去，再剔除松动的混凝土，用清水冲洗润湿，用环氧砂浆进行修复。

3. 必要时，混凝土梁柱裂缝部分应首先进行封闭或灌浆处理。

4. 用混凝土角磨机、砂纸等工具除去混凝土表面的浮浆、油污等杂质，与钢构件界面的混凝土要打磨平整，尤其是表面的凸起部位要磨平，为安装钢构件做好准备（见图 5.2.4）。

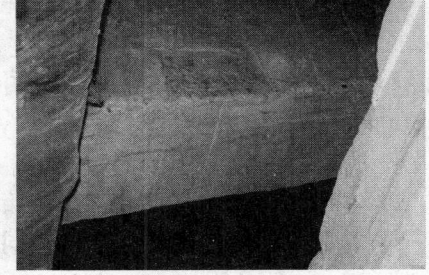

5. 用吹风机将混凝土表面及螺栓孔内粉灰、杂物清理干净并保持干燥。

图 5.2.4　打磨平整后的梁

5.2.5　试安装锚固用钢构件

1. 钢构件在工厂加工完毕，经厂方检验合格后，方可运到现场。

2. 钢构件到现场后要及时填写材料报验资料并经甲方、监理、总包单位验收后才能进行安装。

3. 钢构件的安装要经过试安装阶段。如螺栓放入孔道内，主要检验螺栓孔的位置是否合适，以及钢构件安装后的高度是否满足设计要求。在这两种条件均能满足的条件下，才能进行钢构件的安装。

4. 根据试安装结果将钢构件配对情况逐一记录，并在钢构件上做好标记，以便正确安装。

5.2.6　预应力束的选用、制作及防护处理

1. 体外预应力筋的种类

1）单根无（有）粘结束：带 HDPE 套管、钢套管或其他套管的单根无（有）粘结束。

2）多根有（无）粘结束：带 HDPE 套管、钢套管或其他套管内的多根有（无）粘结束。

3）无粘结钢绞线多层防护束：带 HDPE 套管、钢套管或其他材料套管，套管内可采取灌浆与不灌浆二种方式。

4）多层防护的热挤聚乙烯成品体外预应力束：工厂加工制作的成品束，包括热挤聚乙烯高强钢丝拉索，热挤聚乙烯钢绞线拉索。

5）双层涂塑多根无粘结筋带状束：在单根无粘结筋的基础上，开发的多根并联式双层涂塑预应力筋。

2. 体外预应力筋的制作

1）为使预应力束在受荷后组成的各根钢绞线均匀受力，制束下料时应尺寸精确、等长。

2）下料设备采用砂轮切割机进行下料。

3）每根钢绞线之间保持相互平行，防止互相扭结，多根钢绞线成束后，每隔 1m 左右要用高强粘胶带缠绕扎紧。

3. 体外预应力筋的耐腐蚀防护

1）在单根预应力筋外包裹 1.5mm 厚高密度聚乙烯 HDPE 塑料护套。

2）多根预应力筋平行组成一束后，每隔 1m 同样用高强粘胶带缠绕扎紧，束外再采用 HDPE 塑料护套管（厚 2.5mm）包裹，管与预应力束间的空隙用专用的无粘结筋油脂填充。

3）预应力筋在套管就位以后，用防水胶带封堵两端部，以防油脂溢出。

5.2.7 安装锚固用钢构件、梁上支座过渡节点及梁下弯折钢构件

1. 孔洞处理

1）清除孔内集水、异物等，可采用风机加导管伸入孔内吹净。

2）视孔内干燥程度采用自然风干或电吹风进行烘干。

3）用棉丝擦去孔内粉尘，用丙酮清洗孔壁。

2. 高强螺栓处理

用电动钢丝刷或人工钢丝刷清除高强度螺栓表面的锈蚀、油污及灰尘。

螺栓锚固部分用丙酮或酒精清洗干净，方可使用。

螺丝段用塑料管套保护好。

3. 配胶

按设计要求，混凝土孔道与螺栓之间的缝隙要用结构胶填塞。

结构胶为 A、B 两组分，用衡器称重后取洁净容器（塑料或金属盆，不得有油污、水、杂质）按说明书配合比混合，并用搅拌器搅拌约 5～10min 至色泽均匀为止。搅拌时最好沿同一方向搅拌，尽量避免混入空气形成气泡。搅拌齿可采用电锤钻头端部焊接十字形 $\phi14$ 钢筋制成。搅拌后的料，一般在 60min 内使用完毕。

4. 灌胶

1）在施工时，将与混凝土直接接触的螺栓上涂刷结构胶，涂刷结构胶的厚度不得小于 2mm。

2）将刷好结构胶的螺栓缓慢以同一方向旋转进入孔道，让孔与螺栓全面粘合，并能保证结构胶填满所有的空隙，将螺栓扶正固定，然后用堵孔胶堵口。放入螺栓时要防止气泡发生。

3）养护。在常温下自然养护，养护期间不应扰动，以免影响锚固效果。一般 3d 后可受力使用。

5. 安装钢构件

1）待结构胶凝固后，根据试安装钢构件的配对记录表，将钢构件对应就位，两人配合施工，注意调整好钢构件角度，放入垫片和螺母并拧紧。

2）个别钢构件与混凝土之间如有空隙要用砂浆填塞密实（图 5.2.7）。

图 5.2.7　钢构件与梁之间用砂浆填塞密实

5.2.8 预应力筋穿束、锚具安装

1. 安装顺序：从低点到高点，预应力束依次通过各钢构件节点。

2. 调整：预应力束就位后，需对束位进行调整，以满足设计图纸的要求。调整的重点在跨中和弯折钢构件节点，要让预应力束与钢构件形成线接触，避免点接触（见图5.2.8）。

3. 安装锚具：由于该梁为斜梁，预应力束就位后，立即复核图纸尺寸，留出两端张拉设备需要的长度，打紧张拉端（最高点）锚具夹片，避免预应力束下滑造成返工或安全事故。

5.2.9 预应力筋张拉

1. 预应力张拉前标定张拉设备

张拉设备采用相应的千斤顶和配套油泵。根据设计和张拉工艺要求的实际张拉力对千斤顶、油泵进行标定。实际使用时，由此标定曲线上找到控制张拉力值相对应的值，并将其打在相应的泵顶标牌上，以方便操作和查验。

图5.2.8 预应力束与钢构件接触

2. 张拉控制应力

根据设计要求的预应力束张拉控制应力取值。如设计无规定时，可按《无粘结预应力混凝土结构技术规程》JGJ 92—2004 规定，体外无粘结预应力筋的张拉控制应力值 σ_{con} 不宜超过 $0.6f_{ptk}$，且不应小于 $0.4f_{ptk}$。

3. 预应力束张拉采用"应力控制、伸长值校核"法，每束预应力筋在张拉以前先计算理论伸长值和控制压力表读数作为施工张拉的依据。预应力束张拉完成后，应立即测量校对。如发现异常，应暂停张拉，待查明原因，并采取措施后，再继续张拉。

4. 张拉操作要点

1）张拉设备安装

张拉设备用小吨位千斤顶单根张拉。由于两束预应力筋对称布置在梁的两侧，为保持受力平衡，采用一台油泵带两台千斤顶的张拉方式。两台千斤顶对称放置在梁两侧同时张拉两根钢绞线，就可保证梁两侧受力的平衡，避免对钢构件节点产生偏转附加力。

由于工程张拉条件所致，张拉设备组件较多，因此在进行安装时必须小心安放，使张拉设备形心与预应力束重合，以保证预应力在进行张拉时不产生偏心。

2）预应力张拉

油泵启动供油正常后，开始加压，当压力达到设计拉力时，超张拉3%，然后停止加压，完成预应力张拉。张拉时，要控制给油速度，给油时间不应低于0.5min（见图5.2.9-1）。

图5.2.9-1 张拉操作

5. 预应力张拉测量记录

由于张拉控制应力较低，为避免测量伸长值过大误差，初始张拉力可提高 $20\%\sigma_{con}$ 作用下的长度作为原始长度，当张拉完成后，再次测量原自由部分长度，两者之差即为实际伸长值。

6. 预应力同步张拉的控制措施

每榀框架梁的两侧各有1束预应力束，每束中有3根预应力筋，张拉时每根预应力筋都在两端同时张拉，需要4个千斤顶同时张拉，因此控制张拉的同步是保证结构受力均匀的重要措施。控制张拉同步按如下步骤进行。首先在张拉前调整预应力筋的长度，使露出的长度相同，即初始张拉位置相同。其次在张拉过程中将每级的张拉力在张拉过程中再次细分为若干小级，在每小级中尽量使千斤顶给油速度同步，在张拉完成每小级后，所有千斤顶停止给油，测量预应力筋的伸长值。如果同一束体两侧的伸长值不同，则在下一级张拉时候，伸长值小的一侧首先张拉出这个差值，然后用对讲机通知另一端张拉人员再给油。如此通过每一个小级停顿调整的方法来达到整体同步的效果。

7. 隐检

按预应力张拉施工顺序每张拉至一定数量孔数后，及时组织有关人员进行验收合格后，方可进行下一步施工。

8. 张拉端端部处理

1) 经隐检验收合格后，用手提式砂轮切割机切割掉锚具外多余的钢绞线，外露长度不小于 30mm。

2) 在锚具的外侧面安装防松板通过螺栓与锚具紧密相连。确保锚具中的夹片在任何情况下不会产生松动或脱落。

3) 按设计要求所有螺栓上的螺母与钢件必须点焊 3 点。点焊中注意保护预应力筋和高密度聚乙烯塑料套管。

9. 对弯折钢构件、锚固钢构件、锚具防腐处理

对外露的钢构件、锚具，应按设计要求进行防腐处理。

10. 张拉节点、钢构件、锚具混凝土封闭

1) 在两端的张拉端端部根据钢构件外尺寸加工木盒并支模（见图 5.2.9-2）。

2) 用 C35 级的微膨胀混凝土进行封闭（见图 5.2.9-3）。

图 5.2.9-2 张拉端端部支模

图 5.2.9-3 张拉端端部封闭

6. 材料与设备

6.1 对体外预应力束的材料要求

6.1.1 预应力钢材

1. 预应力筋的技术性能应符合现行国家或国际技术标准，并应附有钢绞线生产厂家提供的产品质量证明文件以及检测报告。

2. 体外预应力束折线筋应按偏斜拉伸及弯曲静载与动力试验方法确定其有关力学性能。

3. 设计和施工对体外预应力筋的特殊要求。

6.1.2 护套（HDPE）

1. 体外预应力束的护套和连接接头应完全密闭防水，护套应能承受 $1.0N/mm^2$ 的内压，在使用期内应有可靠的耐久性。

2. 体外预应力束护套应能抵抗运输、安装和使用过程中所受到的各种作用力。

3. 体外预应力束护套的原料应与预应力筋和防腐蚀材料具有兼容性。

4. 体外预应力束护套的原料应采用挤塑型高密度聚乙烯树脂，其质量应符合《高密度聚乙烯树脂》GB 11116 的规定。原料供应商应提供质量证明文件及该批产品性能检测报告。

5. 在建筑工程中，应采取必要防火保护措施，以符合设计要求的耐火性技术指标。

6.1.3 外套管（HDPE）

体外预应力束用的外套管（HDPE）原料应采用吹塑型高密度聚乙烯树脂，其质量应符合《高密度聚乙烯树脂》GB 11116 的规定。原料供应商应提供质量证明文件及该批产品性能检测报告。

6.1.4 防腐蚀材料

1. 水泥基灌浆料在施工过程中应填满外套管，连续包裹预应力筋全长，并使气泡含量最小。

2. 工厂制作的体外预应力束防腐蚀材料，在加工制作、运输、安装和张拉等过程中，应能保持稳定性、柔韧性和裂缝可自愈合性，并在所要求的温度范围内不流淌。

3. 防腐蚀材料的耐久性指标应能满足体外预应力束所处的环境类别和相应设计使用年限的要求。

6.2 对选择锚固体系的要求

6.2.1 体外预应力束的锚固体系必须与束体的类型和组成相匹配，可采用常规后张锚固体系或体外预应力束专用锚固体系。对于有整体调束要求的钢绞线夹片锚固体系，可采用锚具外螺母支撑承力方式。对低应力状态下的体外预应力束，其锚具夹片应装配防松装置。

6.2.2 体外预应力锚具应满足分级张拉及调束补张拉预应力筋的要求；对于有更换要求的体外预应力束，体外束、锚固体系及转向块均应考虑便于更换束的可行性要求。

6.2.3 对于有灌浆要求的体外预应力体系，体外预应力锚具或其附件上宜设置灌浆孔或排气孔。灌浆孔的孔位及孔径应符合灌浆工艺要求，且应有与灌浆管连接的构造。

6.2.4 体外预应力锚具应有完善的防腐蚀构造措施，且能满足结构工程的耐久性要求。

6.3 钢构件制作质量要求

6.3.1 钢构件由钢板焊接而成，钢板材质为 Q235B，焊接的等级为Ⅱ级。

6.3.2 为保证钢构件制作的质量，选择在工厂加工，钢板切割采用切板机切割，机床成孔。采用机械加工工艺能确保钢构件的材质不受任何影响。

6.3.3 焊接工艺宜采用气体保护焊，焊条为 E43 型。由于构件尺寸小，无法采用自动焊或半自动焊，只能用手工焊。为满足Ⅱ级焊缝的要求，必须进行熔透焊。在跨中和张拉端的钢构件尺寸较大，焊接的钢板数量较多，采用间隔焊和临时焊接支架来减小焊接变形。

6.4 结构胶

6.4.1 结构胶是一种以环氧树脂为主体、掺有多种改性辅助剂和填料的高分子聚合材料。一般为双组分材料，按一定比例混合后搅拌均匀，呈胶泥状，特别适用于钢材与混凝土、钢材与钢材的粘结。

6.4.2 结构胶有多种品牌型号，适用于不同的温湿度环境，使用时要根据施工现场及使用环境由设计确定。用于生根的结构锚固胶应能在潮湿环境下施工和固化，并能确保螺栓锚固生根连接的可靠。

6.4.3 结构胶技术性能要求（见表 6.4.3）。

结构胶技术性能表　　　　　　　　　　　　　　　　　　　表 6.4.3

性能项目		性能要求
ZHG—1 植筋胶		A 级胶
胶体性能	劈裂抗压强度（MPa）	≥8.5
	抗弯强度（MPa）	≥50
	抗压强度（MPa）	≥60
	耐老化性能	能满足隐蔽工程锚固钢盘要求
	固化时间	10～60min 可以调整
环保性能	本产品符合《室内装饰装修材料 胶粘剂中有害物质限量》GB 18583—2001 的要求	

注：本产品符合《混凝土结构加固设计规范》GB 50367—2006 标准要求。

6.5 机具设备（表 6.5）

施工主要机具设备表　　　　　　　　　　　　　　　　　　　表 6.5

序号	设备名称	规格型号	数量	用途
1	钢筋探测仪		1台	用于探测钢筋位置
2	静力钻孔机		2台	用于混凝土上打孔
3	电焊机		2台	点焊螺母

续表

序号	设备名称	规格型号	数量	用　途
4	磨光机		2台	用于磨平混凝土表面
5	千斤顶、油泵、压力表	230kN/380V/750W	4套	张拉设备
6	电线盘	220V	4套	张拉、切割
7	电线盘	380V	4套	张拉、切割
8	捯链		4个	张拉用
9	水准仪		1台	测量用
10	砂轮切割机		2台	用于切割钢绞线
11	百分表		2套	计量用
12	台称		1台	配胶计量用
13	通信设备		2台	张拉通话用

7. 质 量 控 制

7.1　质量标准

工程质量应符合《无粘结预应力混凝土结构技术规程》JGJ 92—2004、《钢结构工程施工质量验收规范》GB 50205—2001、《建筑工程预应力施工规程》CECS 180：2005、《混凝土结构后锚固技术规程》JGJ 145—2004、《混凝土结构工程施工质量验收规范》GB 50204—2004。

7.2　质量要求

7.2.1　对预应力钢绞线的检验及要求

1. 进场检查，对进场的预应力钢绞线，应按照《预应力混凝土用钢绞线》GB/T 5224—2003 标准规定检验其力学性能。按《无粘结预应力钢绞线》JG 161—2004 和《无粘结预应力筋专用防腐润滑脂》JG 3007—93 标准规定检查预应力筋外包层材料和内灌油脂的质量。

2. 铺设检查，检查预应力筋的下料长度和其摆放位置的准确性和牢固程度。铺设完后的两端头外露长度应满足张拉设备及配件的需要。

7.2.2　对预应力筋用锚夹具的质量检验

锚夹具的质量检验应按《预应力筋用锚具、夹具和连接器应用技术规程》JGJ 85—2002 执行。

7.2.3　对钢构件的安装质量要求及检查

钢构件的检验按《钢结构工程施工质量验收规范》GB 50205—2001 执行。对钢材应有出厂质量证明，并进行化学、机械性能复试。焊缝应进行超声波探伤。

7.2.4　对锚固件的质量检查

1. 严格按使用说明书使用胶料，计量要准确，按照比例用台秤称量，配胶由专人负责，搅拌要均匀（用搅拌器），配好胶后要在规定时间内用完。

2. 钻孔深度、孔径、钢筋处理、配胶等严格按设计要求及材料、工艺要求进行专人验收，合格后方可进行下步施工。

3. 在施工现场同样环境下做抗拔试验，抗拔力应达到设计要求。

4. 结构胶配料时禁止有水漏入胶桶内，容器应清洁。

5. 确保养护质量，保证养护天数。

6. 锚固件施工的验收应符合《混凝土结构后锚固技术规程》JGJ 145—2004 的有关规定。

7.2.5　对张拉设备的检验

张拉设备的检验期限，正常使用不宜超过半年。对新购置的张拉设备和使用过程中发生异常情况的，要及时进行配套检验，并应有标定检验报告，要求压力表的精度不低于1.5级。

7.2.6 对预应力张拉的质量检验

对预应力部分施工质量应符合《混凝土结构工程施工质量验收规范》GB 50204—2002 和《无粘结预应力混凝土结构技术规程》JGJ 92—2004 的有关规定。

8. 安 全 措 施

8.1 严格遵守国家有关安全的法律法规、标准规范、技术操作规程和地方有关安全的文件规定。

8.2 机械操作及临电线路敷设必须由专业人员进行，预应力张拉设备在操作过程中要遵守该设备的安全操作要求。

8.3 施工机具必须符合《建筑机械使用安全技术规程》JGJ 33—2001 的有关规定，施工中应定期对其进行检查、维修，保证机械使用安全。

8.4 施工现场临时用电应符合《施工现场临时用电安全技术规范》JGJ 46—2005 的有关规定，临时用电采用三相五线制接零保护系统。施工用电保证三级供电，逐级设置漏电保护装置，实行分级保护。现场固定用电设备按设计布置，做到"一机、一闸、一漏、一箱"。

8.5 操作架子必须稳固，防止倾倒，作业时必须配载好安全带确保安全施工。

8.6 为防止预应力钢绞线弹出伤人，未拆捆的钢绞线应放在牢固的放线架中，然后拆除包装，进行下料。

8.7 张拉时，千斤顶应与承压板垂直，高压油管不能出现死弯现象。

8.8 张拉操作现场周围 10m 范围内不应有闲杂人员，以防止预应力筋滑落和油管崩裂伤人。

8.9 张拉作业时，在任何情况下严禁站在预应力束端部正后方位置。操作人员严禁站在千斤顶后部。在张拉过程中，不得擅自离开岗位。

8.10 张拉操作工人必须持证上岗，其他操作人员必须经过专业培训上岗。

9. 环 保 措 施

9.1 严格遵守国家有关环境保护的法律法规、标准规范、技术规程和地方有关环保的文件规定。

9.2 现场进场的材料所有包装用纸应及时整理并回收，废弃垃圾应分类存于垃圾站，并及时运到指定地点消纳。可回收物料尽量重复使用。

9.3 现场用钻孔设备，在施工过程中要防止粉尘污染，并有防尘措施。操作人员应配戴防尘口罩，戴好手套。用水钻时，要注意调节好用水量，杜绝长流水现象，每天做到工完场清。

9.4 运输、施工所用车辆和机械设备的废气和噪声等应符合环保要求。

9.5 施工现场应做好围挡和封闭，防止噪声对周边的影响。

10. 效 益 分 析

10.1 本工法为加固改造设计施工提供了新途径。

10.2 施工速度快、效率高、适用范围广，可节省加固工期。本工法既可用于新建预应力混凝土桥梁、特种结构和建筑工程结构等结构，也可用于旧有的钢筋混凝土结构和预应力混凝土结构的重建、加固和维修。

10.3 由于钢绞线自身材质的特点可以采用连续跨处理，加强了结构的整体性；预应力筋一般为折线布置，摩阻损失较小；自身自重较小；大梁加固后对房屋净高影响不大；由于原有大梁的强度可以充分利用，而且只需对大梁本身进行加固，柱子和基础可以不加处理，所以加固费用比较低；施工工艺简便，工期较短等，可节省加固工期。

10.4 采用本工法所用材料消耗少可减少空气污染，改善环境。

10.5 采用本工法后，工期比原计划缩短了 12d，同时降低了工程费用。

七、X 型软钢阻尼器安装工法

1. 前　言

土木结构主要以结构构件的弹塑性耗能来抵抗地震或风振等的作用，这种弹塑性耗能会给结构带来一定的损伤。通过设置非结构构件的装置来分担构件相应耗散的能量，可有效地减轻结构的变形和损伤。阻尼器就是这种非结构构件的耗能装置。

在首都体育馆改扩建工程中，经过检测鉴定，原结构抗震设防难以满足现行规范要求，且因结构的错层设置，层间位移较大。为提高结构抗侧刚度，在中震和大震发生时又可以实现耗能作用，达到减震功效，提高结构的抗震性能，工程改造中采用了 X 型软钢阻尼器。

根据首都体育馆结构加固改造施工中 X 型软钢阻尼器的应用和施工安装，形成本工法。

2. 工 法 特 点

2.1 大大提高建筑物的整体抗震性能和抗侧刚度。

2.2 设置灵活，对建筑物的空间配置及外观影响小。

2.3 施工工艺简单，安装便捷。

2.4 维护保养费用很低。

2.5 结构简单、性能稳定、耐久性好，可回收和环保性好。

2.6 地震后检验及修复方便。

3. 适 用 范 围

本工法适用于需要增加或增强抗震性能的加固改造工程。

4. 工 艺 原 理

金属阻尼器是通过金属弹塑性变形来耗散振动输入能量，达到结构减振目的。X 型软钢阻尼器的核心零件为 X 型钢板，X 型钢板的两端通过固定件（双头螺柱和安装块）固定成一体，在各 X 型钢板之间设置垫片。X 型钢板、安装块、垫片按一定规律排布，上端与双头螺栓套穿紧固，是阻尼器的固定端；下端与固定件之间为纵向可移动连接，将下端开有孔槽 X 型钢板卡固于下部双头螺栓，如图 4-1 所示。

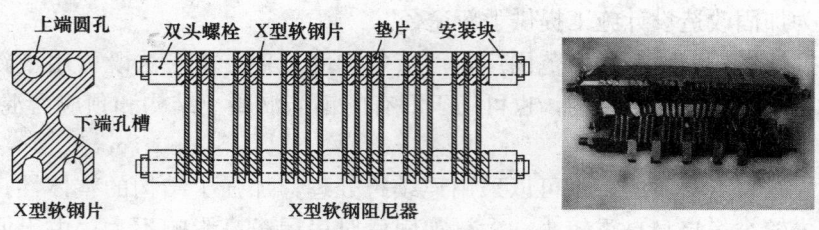

图 4-1　软钢阻尼器构造图及阻尼器实物

X型钢板孔槽沿钢板长度方向的尺寸远大于螺栓的直径，在外力的作用下，克服X型钢板与垫片之间的摩擦（润滑），X型钢板可以随意地插入和拔出连接板。X型钢板的插入和拔出，可以满足侧向位移对钢板长度增加的需要，可以避免X型钢板在颈部的集中应变，因而可以消除薄膜应力。

把剪力墙与上部框架梁及剪力墙侧面与框架柱完全断开（不适合设置剪力墙处如大型风道内设置剪力墙会影响使用功能的部位，可用钢支撑）（图4-2），再由X型软钢阻尼器的顶部和底部分别与框架梁底钢板和型钢支撑顶部钢板焊接（图4-3）或者与框架梁钢板和混凝土剪力墙顶部钢板焊接（图4-4），形成一个完整的受力体系，在地震作用下，由于框架层间相对变形引起装置顶部和底部的水平运动，使软钢板弯曲屈服产生弹塑性滞回变形来耗散地震能量。

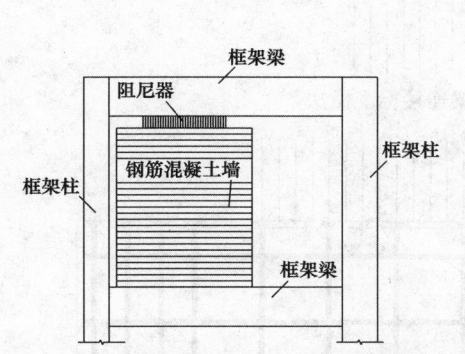

图4-2 阻尼器下剪力墙与上部及左右结构断开

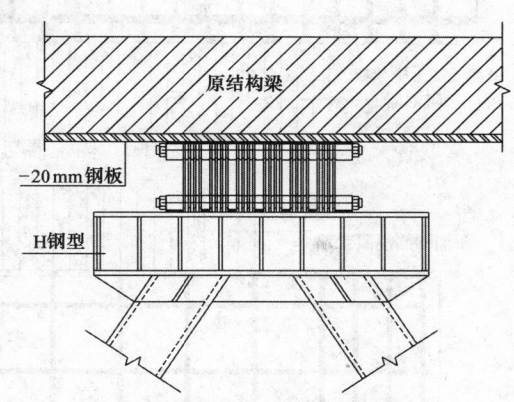

图4-3 阻尼器安装在钢支撑与梁之间

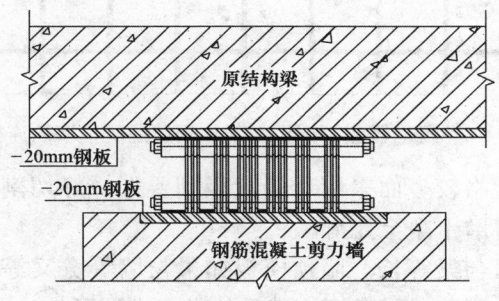

图4-4 阻尼器安装在剪力墙与梁之间

5. 施工工艺流程及操作要点

5.1 工艺流程

施工准备 → 梁下钢板安装及剪力墙顶钢板安装 → 模板与混凝土施工 → 钢支撑施工（仅限型钢支撑处） → 阻尼器安装焊接 →

防火涂层施工

5.2 操作要点

5.2.1 施工准备

1. 钢筋加工

根据阻尼器的高度和墙、梁的结构尺寸以及钢筋端头的连接形式或收头做法，改造工程除了考虑图纸尺寸外还要综合考虑现场实际情况，计算钢筋的下料长度，保证阻尼器部位的净空尺寸为阻尼器的高度，防止阻尼器无法安装或预留空隙过大影响阻尼器的抗震效果。

2. 钢板下料

1）钢板切割

与阻尼器相连的梁底钢板（图5.2.1-1）和剪力墙顶部钢板（图5.2.1-2）按设计要求切割。下料前，根据现场实际结构尺寸、梁或墙的宽度、钢筋直径、保护层厚度等指标计算出相应钢板的宽度和长度进行钢板切割。

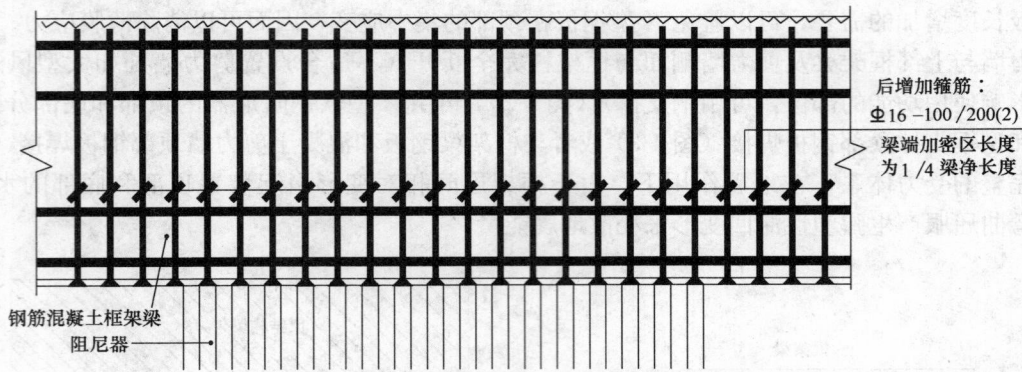

图 5.2.1-1　阻尼器与其顶部梁连接标准做法

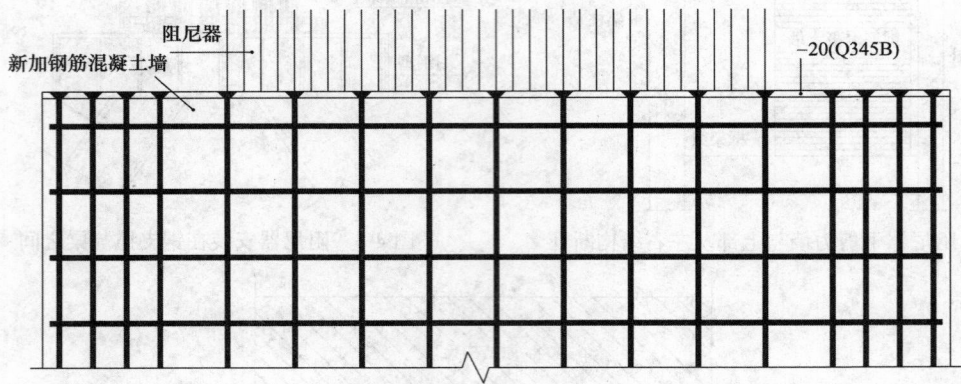

图 5.2.1-2　阻尼器底部钢板与新加钢筋混凝土墙的连接做法

钢板以工厂切割为宜。如规格较多而采用现场裁板则要选择好切割设备，计算好切割余量，切割后用砂轮片将切割位置的毛刺打磨干净至光滑。

梁底钢板可兼做梁底模，可与梁等长。墙顶模板如果与墙等宽又等长，则会与模板形成一个完全密闭的体系，混凝土难以灌注。因此尽量做短，满足传力要求即可，如图 5.2.1-3 所示。

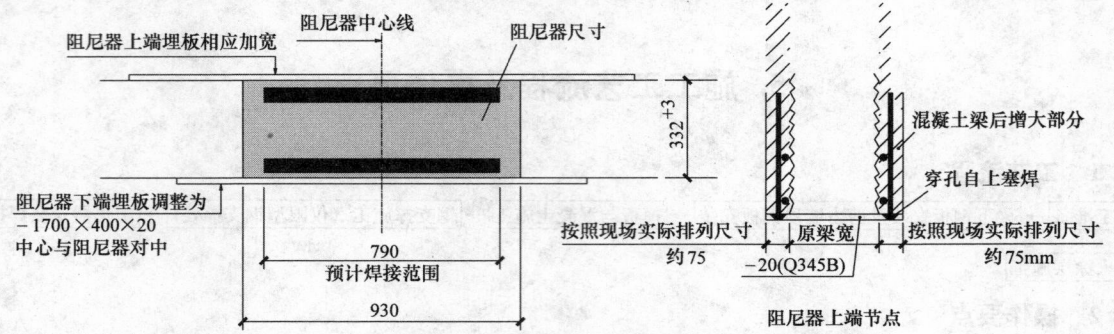

图 5.2.1-3　与阻尼器上下端相连的结构埋板适宜长度

2）钢板成孔

按照阻尼器墙体钢筋位置在钢板上画出钻孔位置，并预留出钢筋保护层的位置。之后用磁力钻钻孔，钻孔时先用大于墙体钢筋直径 4mm 的钻头钻孔，钻穿后再用大钻头进行扩孔，扩孔应扩成 45°角。如图 5.2.1-4 所示。

3）准确计算钢支撑的各个构件，认真测量放线，保证尺寸正确。

5.2.2　梁下钢板安装及剪力墙顶钢板安装

1. 在阻尼器墙两侧搭设脚手架。根据钢板的重量选择合适的捯链，将钢板吊装就位。用水准仪抄

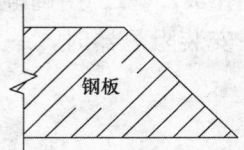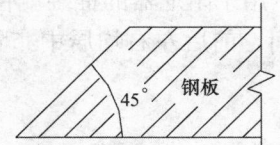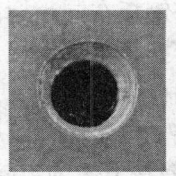

图 5.2.1-4　钢板钻孔坡口加工示意图

测好钢板标高，校正好标高及水平后，再进行钢板点焊固定，保证钢板平整度。

固定在结构梁和墙上的钢板间垂直间距应保持在 332～335mm 之内，如果间距太小，阻尼器难以就位安装；间距太大，则不利于阻尼器与上下钢板连接，影响减震效果。

2. 钢筋和钢板在塞焊连接时，要认真按坡口焊接的有关要求执行。每一焊道焊接完成后应及时清理焊渣及表面飞溅物，发现影响焊接质量的缺陷时，应清除后方可重焊。坡口底层焊道采用焊条直径不大于 φ4mm，焊条底层根部焊道的最小尺寸应适宜，但最大厚度不应超过 6mm。

3. 为防止连续焊接时钢板产生焊接变形，应先焊接固定阻尼器区域的钢板。

5.2.3　模板与混凝土施工

1. 连接钢板安装完成，其间距满足阻尼器安装尺寸要求时，即可进行模板安装。

2. 对于改造工程，因已有结构的阻碍，混凝土浇筑施工很不方便。要提前做好试配，选择流动性好的混凝土，并用小直径振动器加强振捣，保证混凝土密实。

5.2.4　钢支撑（仅限阻尼器下部为型钢支撑处）施工

安装顺序：锚板与原结构植筋塞焊→钢支座与锚板焊接→斜钢柱及 H 型钢与钢支座焊接，如图 5.2.4-1 所示。

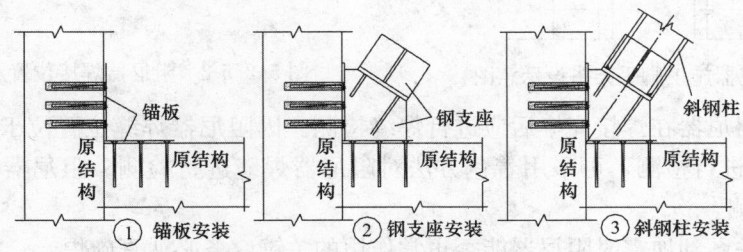

图 5.2.4-1　钢支座的安装顺序

1. 锚板安装。在改造工程中，锚板通过与原结构植筋塞焊固定。受原结构钢筋实际位置的影响，钢支座锚板的植筋孔位往往与设计孔位部位难以一致，因此，宜先植筋，对应植筋位置在锚板上开孔，然后将植筋与锚板塞焊。

2. 钢支座安装。根据钢支座间的距离 L_0 及层高 L_1 等有关参数，以斜撑形心交会于阻尼器中心为原则，计算出钢斜支撑的安装角度 θ 和斜钢柱的顶标高，如图 5.2.4-2 所示。根据计算结果进行钢支座的放样、下料和焊接。

3. 斜钢柱及 H 型钢焊接。在斜钢柱顶部标高作出控制线，用捯链将斜钢柱轻轻拉起至控制线，然后进行斜钢柱就位焊接，最后安装顶部 H 型钢。安装时应先校平，并确保 H 型钢上表面与阻尼器梁下部钢板间的距离保持在 332～335mm 范围以内。斜钢柱及 H 型钢因自重较大，为保证施工安全，吊装就位宜采用 5t 以上捯链。

5.2.5　阻尼器安装焊接

1. 阻尼器吊装前，先在阻尼器墙体两侧搭设操作脚手架，其中一侧脚手架设双操作平台，上平台

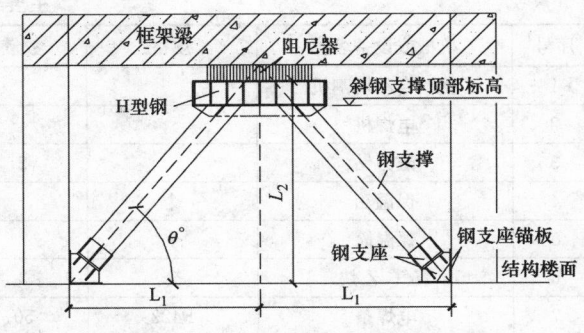

图 5.2.4-2　阻尼器钢支撑节点定位放线图

与阻尼器墙体顶部钢板在同一标高，用于阻尼器的推装就位，见图 5.2.5-1。用捯链将阻尼器拉至平台上，然后将阻尼器推至上下钢板之间，前后左右均居中布置。在安装阻尼器时，一定要保证阻尼器固定端在上，X 型钢板卡槽端在下。

2. 阻尼器的焊接

1）检查阻尼器与上部钢板间的缝隙。如间隙超过 3mm，用千斤顶将阻尼器与上部钢板顶紧，然后点焊将阻尼器固定牢固，再开始焊接，以确保阻尼器传力部位的焊接质量。

2）阻尼器施焊时两端同时进行，保证阻尼器两边因焊接产生的变形一致。阻尼器上部及两端均为满焊，阻尼器底部只焊接每侧的五个脚，见图 5.2.5-2。

3）分层焊接。因阻尼器焊缝均为 V 型焊缝，应分层焊接，且每焊完一层，应用小锤将焊皮敲净，然后继续焊接，直至焊满。焊条为 422 型 4.0 焊条。为防止焊接时应力过大，因此焊接时采用间断焊。焊缝饱满、均匀。

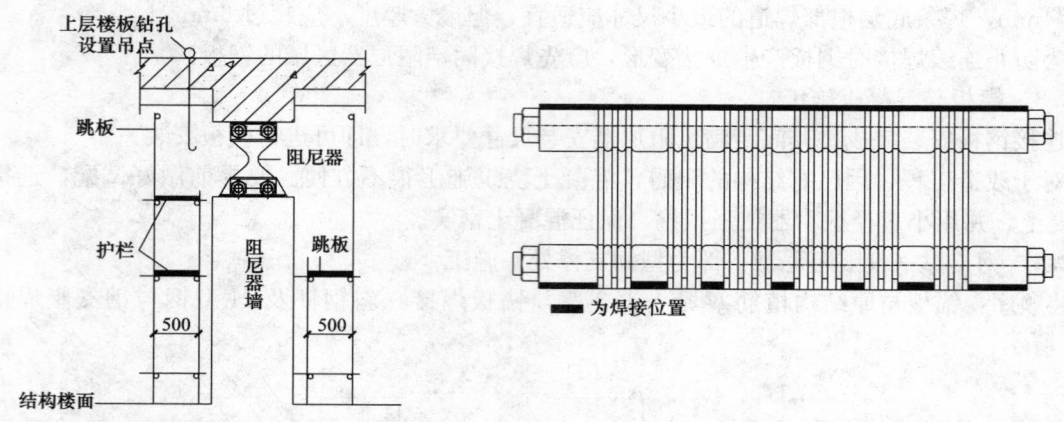

图 5.2.5-1　阻尼器施工脚手架搭设示意图　　　　图 5.2.5-2　阻尼器焊接位置示意图

4）焊缝检测。阻尼器在焊接完毕后应进行焊缝检测。因阻尼器焊缝位置位于原结构里侧，因此无法使用超声波探伤仪进行检测，可采用着色方法对阻尼器焊缝进行检测。阻尼器焊缝为 I 级焊缝，需要进行 100％焊缝检测。

5）焊接质量是关系到地震时阻尼器能否正常作用的关键，务必认真施焊。

5.2.6　防火涂层施工

阻尼器安装完成并经过焊缝检测合格后，按照设计防火等级及有关防火要求进行防火涂层施工。

6. 材料与设备

6.1　主要材料与设备

主要材料与设备见表 6.1。

主要材料与设备　　　　　　　　　　　　　　　　　　　　　　　　　　表 6.1

序号	机械或设备名称	规格	数量	单　位	备　　注
1	钢板自动切割机		1		
2	电焊机		4		
3	磁力钻		2		用于钢板开孔和塞焊扩孔
4	保温箱	个	1		
5	保温筒	个	2		
6	氧气、乙炔	套	3		
7	电焊条	P422	50	kg	
8	电焊条	P506	100	kg	

序号	机械或设备名称	规格	数量	单 位	备 注
9	电焊条	P507	50	kg	
10	焊机专用箱	380V/个	4		
11	焊把线	20m/根	4		
12	灭火器			个	4
13	捯链		2	套	2t 用于阻尼器安装
14	捯链		4	套	5t 用于钢结构安装
15	X型软钢阻尼器		64	套	初始刚度设计值为 150000kN/m，屈服强度设计值 300kN。极限变形能力应不小于 50mm。

钢筋：HPB235 级，HRB335 级，HRB400 级。
钢板及型钢：Q345B 及 Q235B。
结构胶：进口植筋胶，需满足《混凝土结构加固技术规范》中 A 级胶相应规定。

6.2 主要材料要求

6.2.1 钢结构使用的钢材、焊接材料、涂装材料等应具有质量证明书，必须符合设计要求和现行国家产品标准的规定。

进场的原材料，除必须有生产厂的出厂质量证明书外，并应按设计要求和现行国家规范规定在甲方、监理的见证下，进行现场见证取样、送样、复验，其复验结果应符合现行国家产品标准和设计要求。

6.2.2 阻尼器应有出场合格证。安装前应做阻尼曲线试验，试验合格后方可使用。

7. 质 量 控 制

7.1 阻尼器与斜撑、墙体、梁或节点等支撑构件的连接，应符合钢构件连接或钢与钢筋混凝土构件连接的构造要求，满足《钢结构工施工质量验收规范》GB 50205—2001 和《混凝土结构工程施工质量验收规范》GB 50204—2002 的有关规定。

7.2 阻尼器的检验、安装满足《土建建筑用金属阻尼器》Q/HTD—01—2007 标准的有关规定。

7.3 严禁现场拆装阻尼器。搬运、安装、焊接阻尼器时，不得拧动双头螺栓上的螺母。

7.4 焊缝要均匀、饱满，无气孔虚焊，焊接质量应满足一级焊缝的要求。

8. 安 全 措 施

8.1 进行电气切割、焊接作业等，焊工、电工等专业技术人员持证上岗操作。动火作业前，要办理动火证。

8.2 施工现场所有的手提电动工具，应配备漏电保护器以防止工人被电击而受伤。

8.3 电焊机在使用之前，应检验、确认其绝缘性能，金属箱外壳必须有效地接地，以保证处于安全工作状态。所有暴露在外的终端都应安全地用绝缘胶带包好，带电体必须设置防护罩，严禁外露。

8.4 阻尼器焊接施工时，操作工人需戴好防护罩，系好安全带，做好安全防护。

8.5 在阻尼器吊装就位时，阻尼器下方严禁站人。

9. 环 保 措 施

9.1 阻尼器搬到安装现场后，拆下的包装材料等需收集到指定的地方，防止污染环境。

9.2 阻尼器焊接施工时，尽量避免在夜间施工，要进行光污染遮挡。

9.3 焊接完成后，焊条需做好回收，垃圾清理干净。

9.4 阻尼器等金属防腐、防火材料应采用环保材料。

10. 效 益 分 析

阻尼器的应用改善了结构体系抗震性能，原建筑结构的抗震设计可降低 1～1.5 度，进而减小加固改造结构断面尺寸，降低钢筋混凝土或钢结构的用量，提高了工程综合效益，建筑物的工程建造费用可减少约 5%。如果考虑阻尼器在地震中的作用及减少的震后建筑结构修复费用，综合效益更高。同时，阻尼器的应用能减小加固改造结构断面尺寸，尽可能保留原建筑的使用空间和使用功能，间接创造了经济效益。

八、体育活动木地板施工工法

1. 前　　言

首都体育馆的比赛馆是一个集球类运动与冰上运动项目于一身的比赛场地，可通过体育活动木地板的拖离和恢复来满足不同比赛场地需求。当比赛场地地板为木地板时，可进行排球、篮球、羽毛球、乒乓球等球类运动，如图 1-1 所示；当木地板经拖动装置拖入升降台后，场地地面经过冻冰处理，可进行冰球、冰上芭蕾、速滑等冰上运动如图 1-2 所示。结合首都体育馆比赛馆体育活动木地板的施工，形成本工法。

图 1-1　球类运动场地

图 1-2　冰上运动场地

2. 工 法 特 点

2.1 实现了体育场馆的一馆多用，节省场地，节约资源。

2.2 工艺原理简单，施工方便。

3. 适 用 范 围

适用于设置体育活动木地板的体育场馆。

4. 工 艺 原 理

根据比赛场地的大小把场馆的运动场地划分成合适的拼装单元，每个单元设置一榀钢架式台车，台车上表铺装体育木地板，形成一榀榀拼装式体育木地板，各榀台车之间的木地板做成活动盖板。当需进行体育场使用功能转换时，利用与台车相连的拖动装置把各榀体育地板拖到场地两端的升降台并储存到地板仓内，即可拆离场地体育木地板，实现场地功能的转换。

5. 施工工艺流程及操作要点

5.1 工艺流程

场地打磨及处理 → 台车及拖动装置的设置与安装 → 体育木地板龙骨安装 → 安装毛地板 → 地板仓内升降台木地板安装 →

拼装节点处理 → 安装木地板 → 打磨喷漆 → 划线

5.2 操作要点

5.2.1 场地打磨及处理

因为冰面运动的要求，因此场地混凝土地面的平整度等有关指标要满足有关冬季运动项目的要求，场地的打磨等交给专业施工人员处理。

5.2.2 台车及拖动装置的设置与安装

台车及每个拖动装置布置见图5.2.2-1，共设19榀拖动装置钢架台车，其中9榀钢架台车拖入西升降台，10榀钢架台车拖入东升降台。

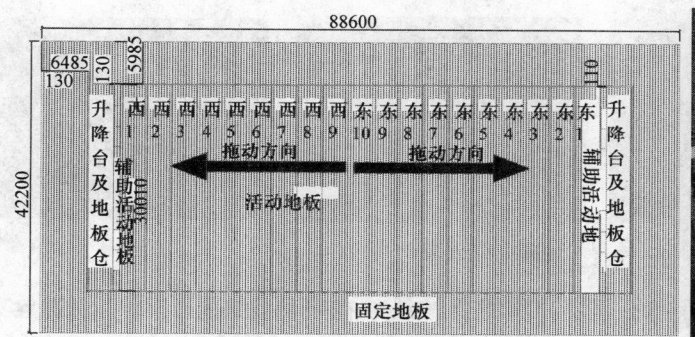

图 5.2.2-1　台车及每个拖动装置布置图

每榀台车钢架下布设16个拖动轮，见图5.2.2-2。拖动轮由钢丝绳与设置在地板仓升降台下的卷扬机相连，待台车木地板安装后，即可由拖动装置将木地板拖入地板仓。

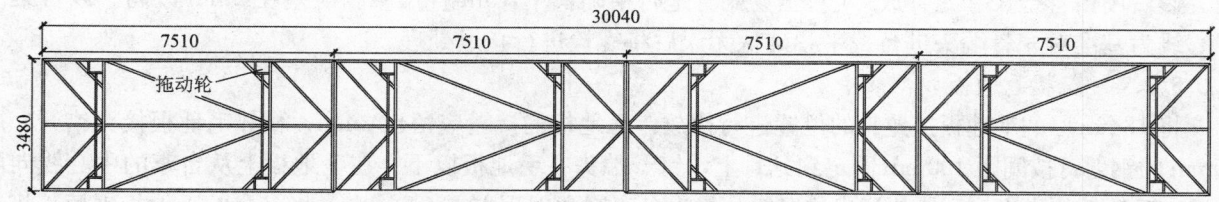

图 5.2.2-2　台车钢架及拖动轮设置

调试时要仔细观察拖动轮的稳定以及钢丝绳的牢固性，同时及时检查卷扬机电动装置是否同步，发现问题及时检查更改。同时在需要拖动过程中要专人进行每榀拖动装置进行拖动，拖动时地板上严禁走人及出现受力不均衡的情况，发现问题马上检查。

木地板安装前，要将所有拖动装置钢架拖到场地上，对机械设备进行检测，确保拖动装置钢架的强度、材质以及结构、设备运行时的稳定性满足相关要求。

5.2.3 体育木地板龙骨安装

体育木地板采用双层木龙骨，龙骨安装平面见图5.2.3-1，双层龙骨的组装见图5.2.3-2。

在台车上用墨斗弹出中心线，按图纸用墨斗弹出龙骨位置线。根据现场提供的标高确定地板表面

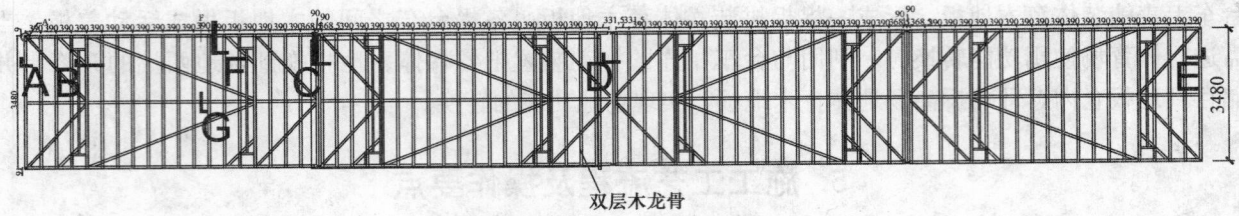

图 5.2.3-1　活动地板龙骨铺装平面布置

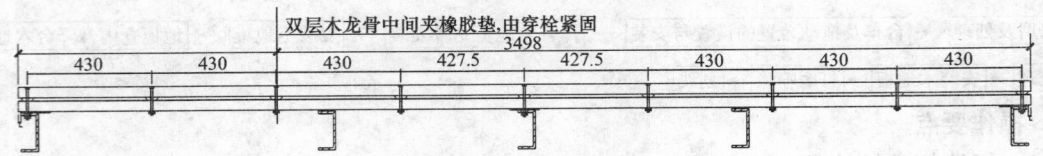

图 5.2.3-2　双层木龙骨组装图

标高和基准点，同时对拖动装置钢架标高不够处将垫块放在钢架的指定部位，确定基准点后用水准仪打出各垫块的标高，确定垫块的厚度。

在施工中，每榀拖动装置钢架即为一个地板安装独立体，用开孔器将上下层龙骨按图纸开出深度为 3mm 的胶垫孔，孔径大小和胶垫相对应。将胶垫放入两层龙骨之间，用螺栓穿过后固定，螺栓使用双螺母，并进行止退处理。如图 5.2.2-3 所示。

图 5.2.3-3　体育木地板龙骨安装图

需和钢架固定在一起的螺栓先穿过龙骨但不固定，将龙骨按线放在垫块上，用龙骨上的螺栓穿过找平垫块和钢架后和钢架固定在一起用双螺母固定并使用平垫。龙骨固定在角钢上，用水准仪在这条龙骨上再找出一个基准点，用 3m 铝合金直尺跨两个基准点找平龙骨，低处用木材单板（1mm、2mm、3mm……）垫平垫实然后拧紧固定螺栓。然后以基准点为准找出间距 3m 的其他龙骨上的基准点。同理用 3m 铝合金直尺找平其他基准龙骨，再跨两条基准龙骨找平其他龙骨。每根龙骨误差在 2m 直尺 2mm内。然后用铝合金尺和龙骨成 45°对全场龙骨进行精确找平，3m 直尺靠测误差在 2mm 以内。以台架的中心线为基准对龙骨端头进行找平，确认无误后将螺栓进行止退处理。

5.2.4　安装毛地板

将 18mm 厚的毛地板按龙骨的位置进行摆放，毛地板的接缝应留出 2mm，相邻毛地板接头错开，用 50mm 的钢射钉按间距 100mm 固定到龙骨上，钉子端头在毛地板以下。在毛地板上从台车的中心线向两边反出毛地板的边缘，用墨斗弹出位置线，量出台车对角线误差在 2mm 内，将多余的毛地板锯掉。将钢丝绳的位置以及活动轮的位置标示准确将毛地板按图纸加工制作。毛地板铺装如图 5.2.4 所示。

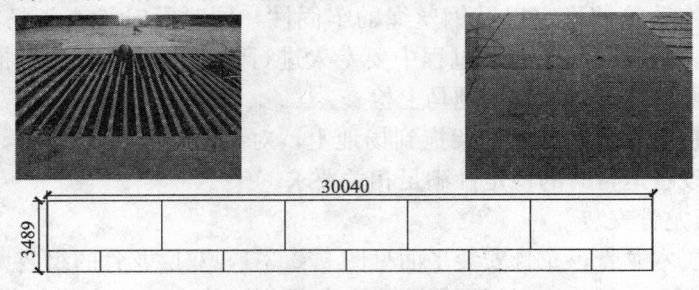

图 5.2.4　活动地板毛地板铺装平面图

5.2.5 地板仓内升降台木地板安装

为了保证场地的完整性，升降台的上表面也设置一榀体育木地板，升降台木地板安装见图5.2.5-1，节点大样见图5.2.5-2。升降台钢结构、龙骨安装及木地板拼装实例见图5.2.5-3。

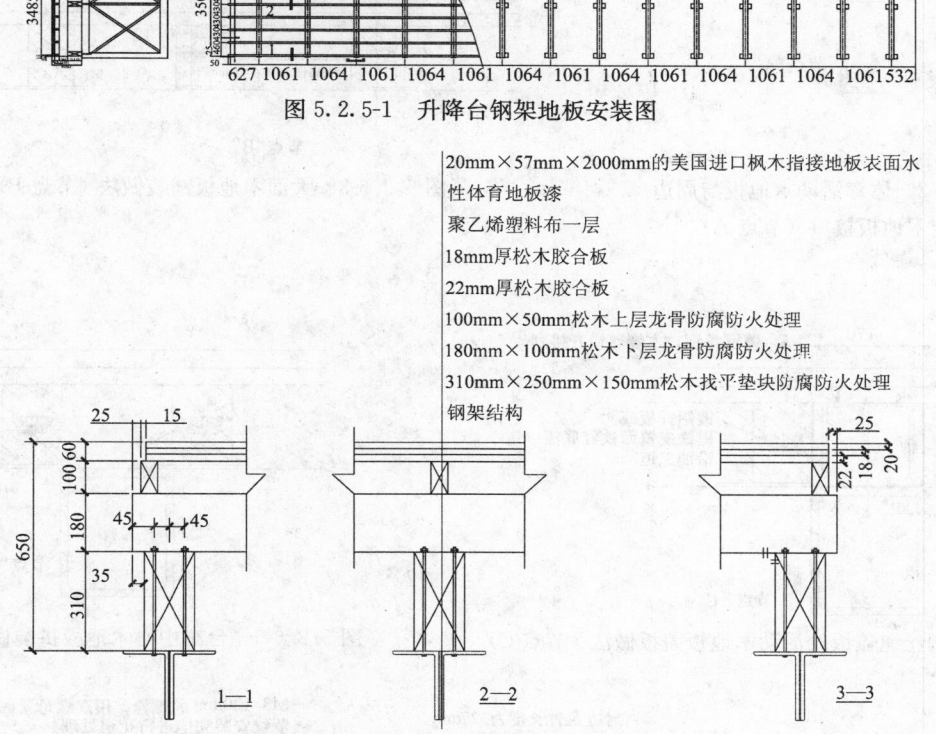

图 5.2.5-1　升降台钢架地板安装图

20mm×57mm×2000mm的美国进口枫木指接地板表面水

性体育地板漆

聚乙烯塑料布一层

18mm厚松木胶合板

22mm厚松木胶合板

100mm×50mm松木上层龙骨防腐防火处理

180mm×100mm松木下层龙骨防腐防火处理

310mm×250mm×150mm松木找平垫块防腐防火处理

钢架结构

图 5.2.5-2　升降台体育木地板安装节点图

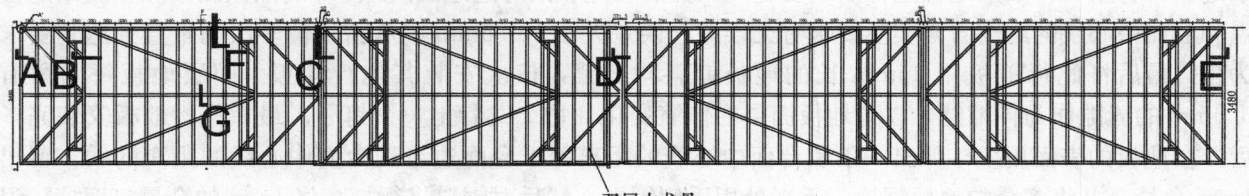

图 5.2.5-3　升降台钢结构、龙骨安装及木地板拼装实例

5.2.6 拼装节点处理

体育活动地板及活动地板与固定地板的有关节点做法详见图5.2.6-1，其中体育活动木地板与周边固定木地板接口做法详见图5.2.6-2（节点A），大面木地板铺装做法详见图5.2.6-3（节点B），钢丝绳盖板处活动木地板盖板做法详见图5.2.6-4（节点C），台车中心木地板拼装做法见图5.2.6-5（节点D），滑动轮处活动木地板盖板详见图5.2.6-6（节点E），木龙骨与台车边槽钢连接节点详见图5.2.6-7（节点F），木龙骨与台车中心槽钢连接详见图5.2.6-8（节点G）。

双层木龙骨

图 5.2.6-1　木地板拼装节点分布图

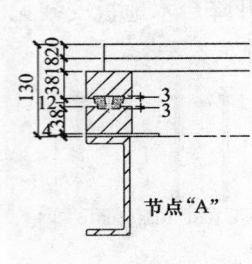

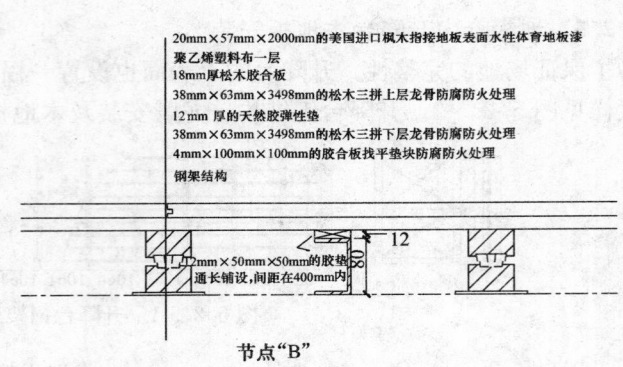

20mm×57mm×2000mm的美国进口枫木指接地板表面水性体育地板漆
聚乙烯塑料布一层
18mm厚松木胶合板
38mm×63mm×3498mm的松木三拼上层龙骨防腐防火处理
12mm厚的天然胶弹性垫
38mm×63mm×3498mm的松木三拼下层龙骨防腐防火处理
4mm×100mm×100mm的胶合板找平垫块防腐防火处理
钢架结构

图 5.2.6-2 体育活动木地板与周边
固定木地板接口（节点 A）

图 5.2.6-3 大面木地板铺装做法（节点 B）

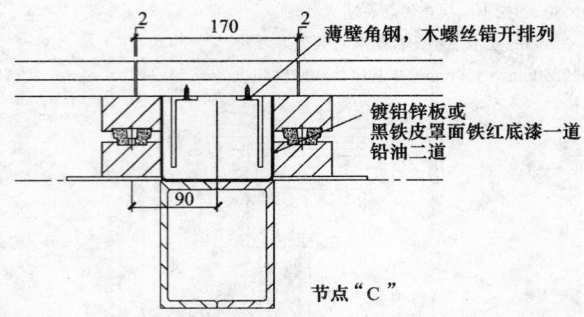

薄壁角钢，木螺丝错开排列

镀铝锌板或
黑铁皮罩面铁红底漆一道
铅油二道

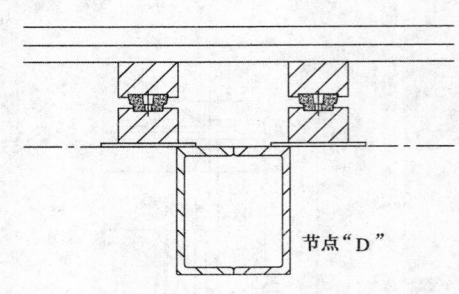

图 5.2.6-4 钢丝绳盖板处活动木地板盖板做法（节点 C）

图 5.2.6-5 台车中心木地板拼装做法（节点 D）

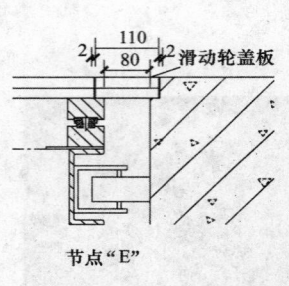

滑动轮盖板

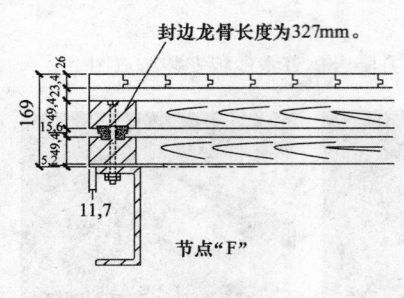

封边龙骨长度为327mm。

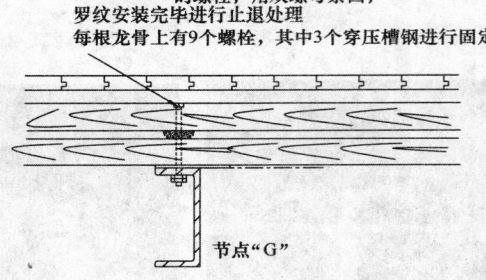

M8×120mm的螺栓，用双螺母紧固，
罗纹安装完毕进行止退处理
每根龙骨上有9个螺栓，其中3个穿压槽钢进行固定。

图 5.2.6-6 滑动轮处活动
木地板盖板图（节点 E）

图 5.2.6-7 木龙骨与台车边
槽钢节点图（节点 F）

图 5.2.6-8 木龙骨与台车中心
槽钢连接（节点 G）

5.2.7 安装木地板

施工采用美国纯进口木地板，该地板的加工完全按照 NBA 标准，所以对该木地板振动吸收性能，整体性能，弹性持久，回弹力性能都表现良好，施工中首先将塑料布铺在毛地板上，注意应无重叠无皱折，接缝用胶带粘结。然后将面层地板与龙骨垂直，按中心线向两边反出的距离从一边开始安装面层地板，将第一行面层地板定位后不要钉死，然后在地板的外边选出间距 2m 的点做测量点，测出这些点和台面中心线的距离看与实际要求有无误差，误差大于－0.5mm 则从新定位多次测量直到达到要求为止，最后将此行地板用 45mm 长的地板钉斜向钉紧，依次安装其他行地板。面层地板每间留有 0.3mm 的缝隙作为伸缩缝，以备地板面层的伸缩变化。每个龙骨上一个钉子。最后一行地板安装完毕后，在地板的表面用墨斗弹出一条和台面中心线的距离等于台面边缘到台面中心线的距离的线，留出 1mm 余量，并将多余的地板锯掉，不平处用手刨刨平，然后对锯口进行打磨将 1mm 的余量打磨掉，误差在±0.5mm 内。台车四周无榫舌。同时对于为了以后便于检修滑动轮及拖动装置钢丝绳，在拖动轮及钢丝绳上方加工了活动盖板便于检修，最后将所有的盖板都安装到场地中，对缝隙进行调整，合格后进行编号固定。地板铺装见图 5.2.7-1，钢丝绳盖板见图 5.2.7-2，滑动轮盖板见图 5.2.7-3。

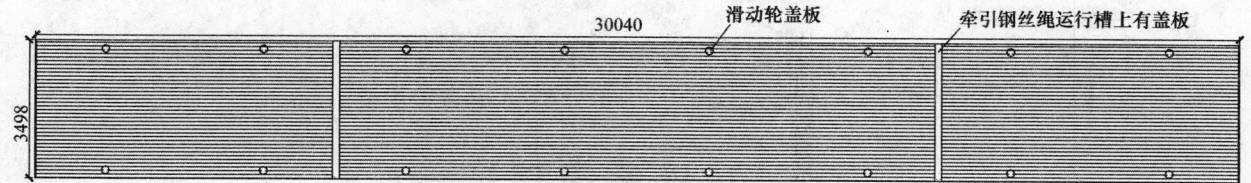

图 5.2.7-1　活动地板面层铺装平面图

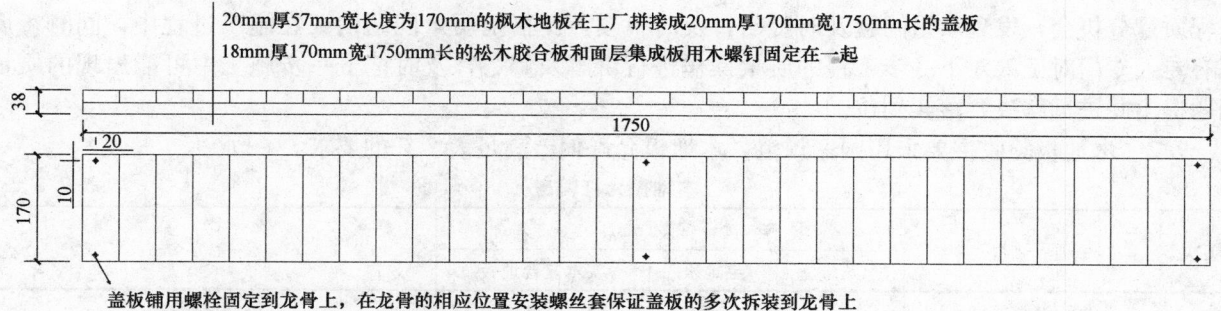

图 5.2.7-2　钢丝绳盖板加工图

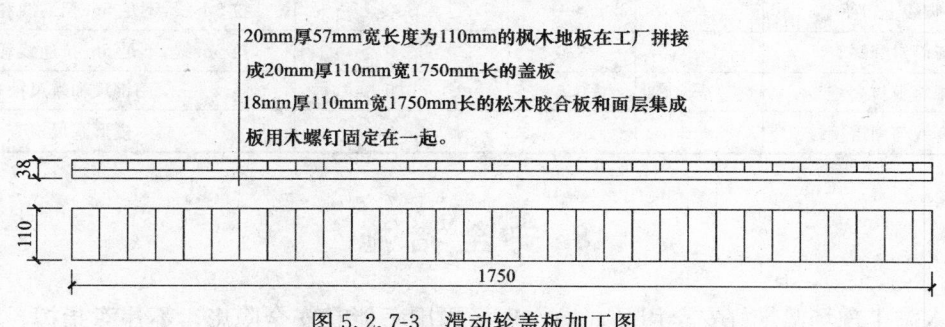

图 5.2.7-3　滑动轮盖板加工图

5.2.8　打磨喷漆

将各台车地板调节到同一高度后，用打磨机对地板进行全面打磨处理。在相邻台面接触处，用 80 目砂带沿着缝隙打磨 1 遍，打磨机的轮子要跨在缝隙的两侧。在每块台面上用 80 目砂带顺地板方向打磨 2 遍，要求无打磨痕迹。最后用 120 目砂带抛光，要求无毛刺，如有毛刺用 400 目水砂纸人工砂掉。在距地 2m 高度范围内，用透明塑料布在场地边上对墙体做成品保护，然后用专用拖油器进行涂漆，保证做好的墙体不被油漆污染。顺地板方向刮聚酯透明腻子 1 遍，4h 后用 240 目水砂纸进行人工打磨，打磨平滑无接茬。涂底漆 2 遍，底漆涂刷要均匀，无接茬，层间 4h 后用 360 目水砂纸人工打磨。在涂漆和干燥时，室温和漆料的温度不能低于 13℃。对底漆打磨后再涂面漆两遍，层间 4h 后用 400 目水砂纸人工打磨，油漆应均匀平整反光度一致。

5.2.9　划线

用专业划线油漆制作场地标示线，满足有关体育赛事的需要。

6.　材料与设备

6.1　主要材料与设备

主要材料有：木地板、毛板、木龙骨、台车、拖动装置等。

主要施工机具有：水平仪、台钻、手提电刨、电钻、手提高速切割锯、抛光机、射钉枪、空气压缩机、手尺、3m 直尺、建筑木工常用工具、电焊机、磨光机、灭火器等。

6.2 主要材料要求

体育木地板应满足设计要求和《实木地板块》GB/T 15036.1—6—1994、《实木地板》GB/T 15036.1—6—2001、《体育馆用木质地板》GB/T 20239—2006 等有关规范的规定。

7. 质 量 控 制

7.1 现场配备专业质量检查员进行全天后质量检查，严把施工中的过程质量控制，每周进行专项工程质量分析会，发现质量问题及时提出，及时整改，严格把质量问题消灭在施工过程中，同时每周三有专人专门对工人对下一步工程的质量操作进行讲解及解答，及时把下一步施工中可能出现的质量问题提出并进行解决，落实到位。

7.2 木地板验收主要采用国家规范，木地板允许偏差满足表 7.2 的要求。

木地板允许偏差   表 7.2

项次	项 目	允许偏差（mm）			检 验 方 法
		龙骨	毛地板	实木复合地板	
1	板面缝隙宽度	—	3	0.5	用钢尺检查
2	表面平整度	3	3	2.0	用 2m 靠尺和塞尺检查
3	踢脚线上口平直	—	—	3.0	拉 5m 线，不足 5m 拉通线和用钢尺检查
4	板面拼缝平直	—	3.0	3.0	拉 5m 线，不足 5m 拉通线和用钢尺检查
5	相邻板材高差	—	0.5	0.5	用钢尺和塞尺检查
6	踢脚线与面层接缝	—	—	1.0	楔形塞尺检查

8. 安 全 措 施

8.1 进入施工现场佩带好安全用品，操作现场周围不能有安全隐患，不违章指挥、不违章操作，每日施工前进行班前安全教育，同时定期进行专业安全交底，确保安全措施落实到位。

8.2 现场设置专业安全员现场监督，现场设置 2 名安全员，安全员要通过安全考试合格持证上岗，工人进场进行三级安全教育，同时所有工人进场前要进行专业安全考试，考试合格后方可允许进行施工。

8.3 严禁在现场使用明火，将足够的消防器材合理地摆放在施工现场。所有工人熟悉现场消火栓的布置，同时施工场地布置有足够灭火器，熟悉现场作业环境，掌握现场的危险源和危险点，熟悉和掌握应急预案和流程。

8.4 使用电动工具（如电钻、电刨等）时要严格遵守相关的操作规程。钉地板时要注意锤子的使用避免砸伤手脚。临空作业时，一定要作好防护措施防止摔伤。

8.5 遵守施工现场的安全规章制度，认真贯彻执行国家有关的各项法律法规。

9. 环 保 措 施

9.1 施工拖动装置所用防腐防锈漆及地板油漆等应满足《民用建筑工程室内环境污染控制规范》DBJ 01—91—2004 环保要求。

9.2 控制施工中噪声，坚决按照绿色奥运主题施工。

9.3 对进场的防锈漆及地板漆应由专业检测单位进行专项环保检测，检测合格后方可允许使用。

10. 效益分析

因为本施工是充分利用原有的拖动装置，对原有拖动装置简单调平维修即可施工，节省大量安装、拖动装置人工费用，同时场馆场地可以一馆多用，既可以进行地板上体育运动，又可以进行冰面上体育运动，为勤俭办奥运打下了良好的基础。

九、粘钢加固施工工法

1. 前　言

粘钢加固法始于 20 世纪 60 年代，经过多年的经验积累，到目前已经发展成为一种适用面较广的先进加固技术，在建筑业中得到广泛应用。

2. 工法特点

2.1　施工快速：在保证粘钢加固结构质量的前提下，快速完成施工任务。

2.2　简洁轻巧：与其他加固方法比较，粘钢加固的施工比较简便，现场无湿作业。完成加固后的结构外观基本不改变，钢板薄，结构自重增加极微，不会导致建筑物内其他构件的连锁加固。

2.3　大幅度提高结构构件的抗裂性，抑制裂缝开展，提高构件承载能力。

2.4　胶粘剂的粘结强度高于混凝土，使加固体系与原构件形成一个良好的整体，受力均匀。

3. 适用范围

3.1　适用于对钢筋混凝土受弯、大偏心受压和受拉构件的加固。

3.2　混凝土构件表面的粘钢加固。

3.3　使用环境不超过 5～60℃，相对湿度不大于 70%。

3.4　被加固的混凝土结构构件，其现场实测混凝土强度等级不得低于 C15，且混凝土表面的正拉粘结强度不得低于 1.5MPa。

4. 工艺原理

4.1　工艺原理

粘钢加固的加固机理是将钢板采用高性能的环氧类胶粘剂粘结于混凝土的表面，钢板与混凝土形成统一的整体，利用钢板良好的抗拉强度达到增强构件承载能力及刚度的目的。

4.2　常见加固形式

4.2.1　连续梁支座负弯矩受拉区加固

1. 当梁顶无障碍物时，受拉钢板可直接粘贴于梁顶面。如图 4.2.1-1 所示。

2. 当梁顶有柱，但梁上有现浇板时，允许绕过柱位，在梁侧 4 倍板厚范围内，将钢板粘贴于板面上。如图 4.2.1-2 所示。

3. 当梁顶有剪力墙时，在柱内植筋，所植钢筋与钢板焊接。如图 4.2.1-3 所示。

4.2.2　受弯构件正截面受拉区加固，可采取在受拉区表面粘贴钢板的方法。如图 4.2.2-1 所示。受拉钢板在其加固点外的锚固长度 L，通过计算确定，若钢板的粘贴长度无法满足锚固粘贴长度 L

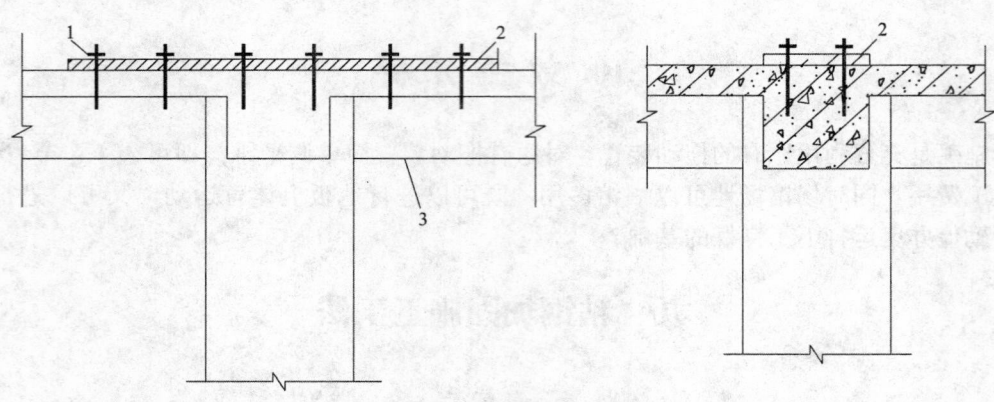

图 4.2.1-1　梁顶面钢板加固图

1—螺栓；2—加固钢板；3—待加固梁

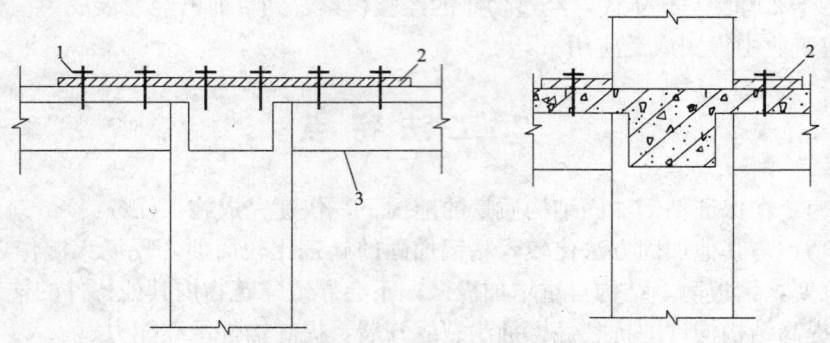

图 4.2.1-2　梁顶有柱时钢板加固图

1—螺栓；2—加固钢板；3—待加固梁

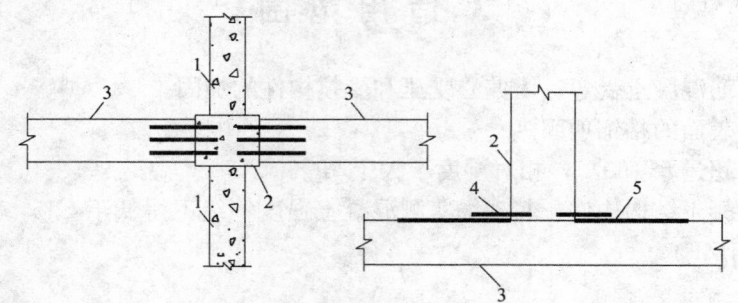

图 4.2.1-3　梁顶有墙时钢板加固图

1—墙体；2—结构柱；3—待加固梁；4—植梁；5—梁顶粘钢

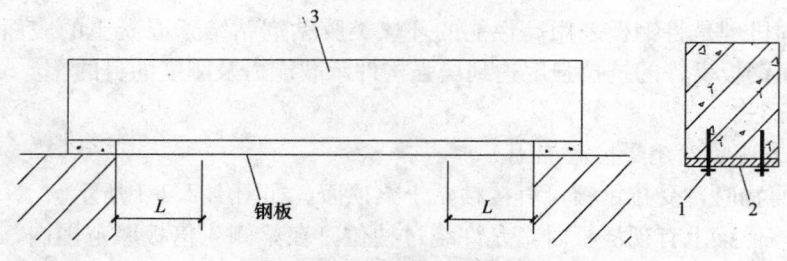

图 4.2.2-1　梁底面钢板加固图

1—螺栓；2—加固钢板；3—待加固梁

的规定，应在延伸长度的端部设置一道 U 型箍，且应在延伸长度的端部设置一道加强箍。U 型箍的粘贴高度为梁的截面高度；若梁有翼缘，应延伸至底面。U 型箍的宽度，对端箍不应小于加固钢板宽度的 2/3，且不应小于 80mm；对中间箍不应小于加固钢板宽度的 1/2，且不应小于 40mm。U 型箍的厚度不应小于受弯加固钢板厚度的 1/2，且不应小于 4mm。U 型箍的上端应设置纵向钢压条；压条下面的空隙应加胶粘钢垫块填平。如图 4.2.2-2 所示。

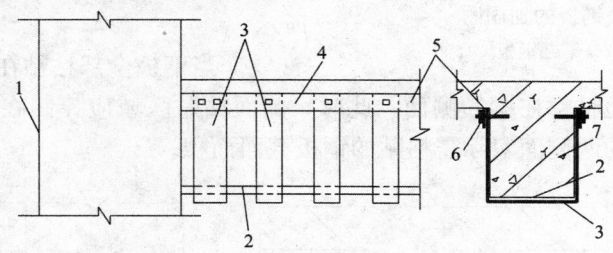

图 4.2.2-2 梁端钢板增设 U 型箍图
1—柱子；2—加固钢板；3—U 型箍；4—压条与梁之间空隙应另钢垫块；
5—钢压条；6—锚栓；7—梁

4.2.3 当构件斜截面承载力不足时，可并联 U 型箍板进行加固。如图 4.2.3 所示。

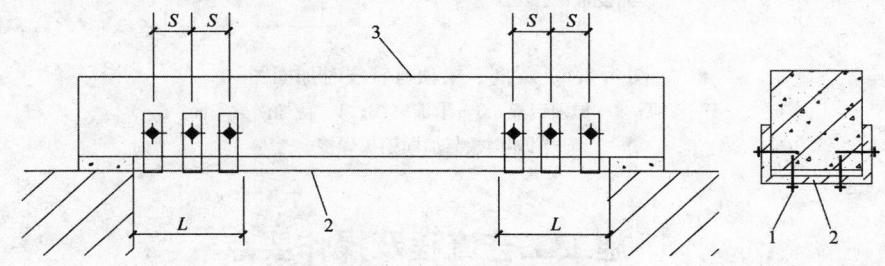

图 4.2.3 受剪箍板加固图
1—螺栓；2—加固钢板；3—待加固梁

4.2.4 当受弯构件正截面受压区加固，可在受压区梁两侧粘贴钢板，钢板宽度不宜大于梁高的 1/3。如图 4.2.4 所示。

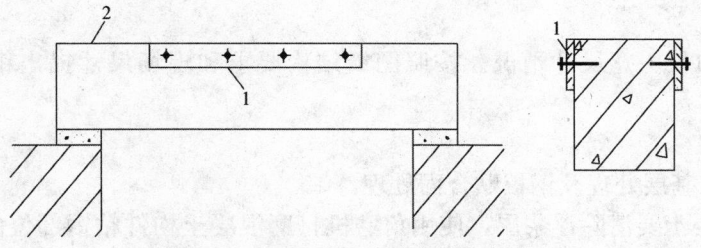

图 4.2.4 正截面受压区钢板加固图
1—加固钢板；2—待加固梁

4.2.5 板顶、板底钢板交叉

当板顶、板底双向粘钢时，钢板交叉处处理可采取如下两种方式。

1. 上部钢板在交叉处断开，顶部补焊加厚钢板（当过渡钢板较薄时，则需要过渡板宽度宽于补强钢板宽度）。如图 4.2.5-1 所示。

2. 一个方向钢板在交叉位置混凝土打磨比正常打磨深度大 2mm，另一方向在交叉位置打磨深度浅 1-2mm。混凝土打磨严禁损伤原结构钢筋。如图 4.2.5-2 所示。

4.2.6 梁底、顶粘钢位置有管线

1. 当梁底、梁顶粘钢位置有管线时，如果管

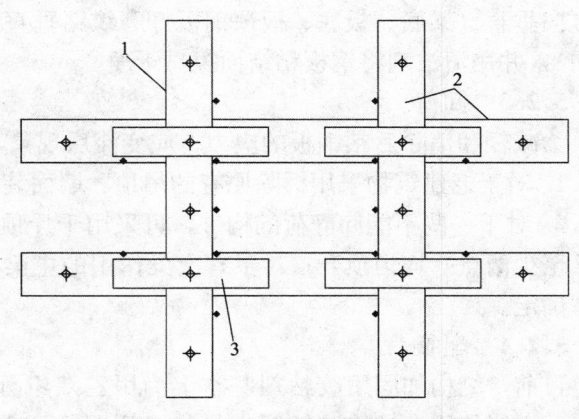

图 4.2.5-1 交叉钢板的加固图
1—钢板双面打磨；2—交叉钢板；3—过渡板，四周与原钢板焊接

图 4.2.5-2 重叠钢板的加固图
1—上部钢板；2—下部钢板

线断开钢板有效截面积小于钢板截面总面积的 1/2 时，可在钢板一侧未断开处补焊一层钢板。补焊的钢板截面积不小于钢板断开处截面积。如图 4.2.6 所示。

2. 当钢板全部粘贴在梁底面（受拉面）有困难时，亦可将部分钢板对称地粘贴在梁的侧面，此时，侧面粘贴区域应控制在距受拉边缘 1/4 梁高范围内，且应通过计算确定梁的两侧面实际需粘贴的钢板截面面积。

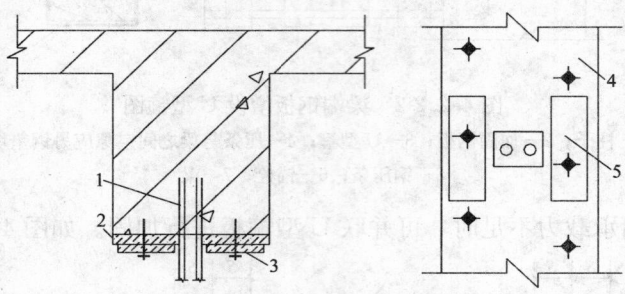

图 4.2.6 梁底、梁顶有管线时加固图
1—管线；2—加固钢板；3—附加钢板；4—待加固梁底面；
5—附加钢板与加固钢板焊接

5. 施工工艺流程及操作要点

5.1 工艺流程

钢板下料 → 基底处理 → 卸荷 → 配胶 → 粘贴 → 固定及加压 → 固化 → 检验 → 防腐处理

5.2 操作要点

5.2.1 钢板下料

测定待加固构件的长、宽尺寸情况。按照图纸结构要求和现场尺寸提出钢板下料单对钢板进行加工。

5.2.2 基底处理

包括被粘贴混凝土基层处理及钢板贴合面处理。

1. 粘钢部位的混凝土要清除浮浆层，使用角磨机打磨混凝土构件粘钢部位的浮浆直至露出坚硬石子面（一般打磨厚度约 2～3mm）。打磨宽度大于钢板宽度 1cm 以上（每边出钢板边缘＞5mm）。

2. 钢板粘贴面进行除锈、粗糙处理，用角磨机打磨钢板表面至露出金属光泽，打磨细纹路应与受力方向垂直（梁底、板底、板顶钢板打磨纹路垂直钢板长度方向，U 形箍钢板打磨纹路平行钢板长度方向），并用清洁剂将钢板粘结面擦拭干净。

5.2.3 卸荷

为减轻和消除后粘钢板的应力、应变滞后现象，粘贴钢板对构件适量进行卸荷，卸荷方式如下：

1. 对于老建筑物采用拆除原有的吊顶、墙面装饰、地面面层、设备等方法，以达到卸静荷的目的。

2. 对于一些不能卸静荷的构件，可采用千斤顶顶升方式卸荷，对于承受均布荷载的梁，应采用多点（至少两点）均匀顶升；对于有次梁作用的主梁，每根次梁下要设置一台千斤顶。顶升吨位由设计计算确定。

5.2.4 配胶

目前，结构加固用胶粘剂基本上为甲乙双组分，使用前需进行现场质量检验，进行抗拉拔试验，合格后方能使用，结构胶按照产品技术说明的要求进行配置和使用。将甲、乙两组分倒入干净容器，容器内不得有油污，进行人工搅拌，搅拌至色泽完全均匀为止。

5.2.5 粘贴

首先要进行钢板的预安装，查看钢板与结构的贴合效果及锚栓位置的有效性，避免锚栓与结构钢筋相撞，预安装完成后，将锚栓拧下，钢板取下，在钢板及混凝土粘贴面上同时进行涂胶，胶层厚度应尽量均匀，且应两侧薄、中间厚，最薄不应小于 2～3mm。将钢板托起与混凝土面进行粘贴，将锚固螺栓固定拧紧，将胶液挤出。钢板四周挤出的胶液应随时清理干净，钢板边缘欠胶处要补胶。

5.2.6 固定与加压

钢板粘好后，应立即用特制 U 形夹具夹紧或用支撑顶撑或用螺栓固定，并适当加压，以使胶液刚从钢板边缘挤出为度。螺栓一般兼作钢板的永久附加锚固措施，如设计无要求，锚栓规格 M12～M14，间距 300～500mm。预先在钢板上标出锚固螺栓孔位，使用台钻开孔，严格控制孔径（Φ＋2mm 孔，允许偏差＋1mm）及孔圆度（允许偏差 2mm）。板底、板面梅花布置双排螺栓（钢板宽度小于 8cm 时，沿钢板中线布置单排螺栓）；梁底粘钢梅花布置双排螺栓（在梁端部剪力箍范围内螺栓并排布置，位置选择在剪力箍空隙处以避让剪力箍位置）。每排螺栓至梁边距离视梁宽及梁内钢筋位置确定。

5.2.7 固化

结构胶粘剂一般在常温下固化，24h 可拆除夹具或支撑。若气温低于 5℃，应采取人工加温，一般用红外线或电热毯加热保温，整个固化期中不得对钢板有任何的扰动。

5.2.8 检验

粘钢结束后，及时组织有关人员验收。结构胶粘结固化后，以小锤轻敲钢板表面检查钢板空鼓情况，空鼓处开孔注胶。当空鼓率小于 10％时，将开孔进行压力注胶，胶液从一个孔注入，当有胶液从另外孔冒出，证明胶液注入饱满。如图 5.2.8 所示。

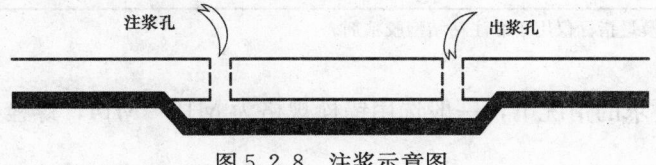

图 5.2.8 注浆示意图

以下几种情况应将钢板剥下重新粘贴：钢板粘结位置严重偏离设计部位；钢板粘结空鼓率大于规定限值。

5.2.9 防腐处理

外部粘钢加固钢板，应按照设计要求进行防腐处理，如设计无特殊要求，钢板表面刷 2 道防锈漆。如钢板表面有抹灰要求，取消防锈漆，在钢板表面涂刷环氧树脂后撒一层粗砂或豆石。

6. 材料与设备

6.1 钢板

一般选用 Q235 或 18Mn 热轧钢板，钢板原材必须符合设计要求及国家有关规定。钢板厚度的容许偏差见表 6.1。

热轧钢板厚度允许偏差（mm）　　　　　表 6.1

公称厚度	下列宽度的允许偏差		公称厚度	下列宽度的允许偏差	
	≤1000	＞1000～1200		≤1000	＞1000～1200
2.0	+0.15 -0.18	±0.18	3.2～3.5	+0.18 -0.25	±0.25
2.2	+0.15 -0.19	±0.19	3.8～4.0	+0.20 -0.30	±0.30
2.5	+0.16 -0.20	±0.20	4.5～5.5	+0.30 -0.50	+0.40 -0.50
2.8～3.0	+0.17 -0.22	±0.22	6.0～7.0	+0.30 -0.60	+0.40 -0.60

采用手工涂胶粘贴的钢板厚度不应大于 5mm，采用压力注胶粘贴的钢板厚度不应大于 10mm，且应按外粘型钢加固法的焊接节点构造进行设计。

6.2 结构加固胶

粘贴钢板或外粘型钢的胶粘剂必须采用专门配制的改性环氧树脂胶粘剂，其安全性能指标必须符合表 6.2 的规定。

粘钢胶粘剂安全性能指标 表 6.2

性 能 项 目		性能指标		试验方法标准
		A 级胶	B 级胶	
胶体性能	抗拉强度（MPa）	≥30	≥25	GB/T 2568
	受拉弹性模量（MPa）	≥3.5×10³（3.5×10³）		
	伸长率（%）	≥1.3	≥1.0	
	抗弯强度（MPa）	≥45	≥35	GB/T 2570
		且不得呈现脆性（碎裂状）破坏		
	抗压强度（MPa）	≥65		GB/T 2569
粘结能力	钢-钢拉伸抗剪强度标准值（MPa）	≥15	≥12	GB/T 7124
	钢-钢不均匀扯离强度（kN/m）	≥16	≥12	GJB 94
	钢-钢粘结抗拉强度（MPa）	≥33	≥25	GB/T 6329
	与混凝土的正拉粘结强度（MPa）	≥2.5，且为混凝土内聚破坏		
	不挥发物含量（固体含量）（%）	≥99		GB/T 2793

注：表中括号内的受拉弹性模量指标仅用于灌注粘结型胶粘剂。

6.3 锚固螺栓

锚固螺栓在设计无要求的情况下，一般选用锚栓规格为 M12～M14，螺栓必须有合格证。

6.4 粘钢加固设备

粘钢加固的机具设备，视现场情况及施工面积和工期的要求合理配置。一个台套所需主要机具设备见表 6.4。

机具设备表 表 6.4

序号	名称	型号	数量	序号	名称	型号	数量
1	手持式钻机	Z1Z110	5 台	7	无齿锯	Y90L-2	1 台
2	空压机	132822	2 台	8	电焊机	BX-500-350	1 台
3	电锤	GBH2-18E	2 把	9	毛刷		5 把
4	手持风机		2 把	10	扳手		5 把
5	角磨机		4 把	11	切割锯		1 台
6	钻床		1 台	12	灌浆设备		1 台

7. 质 量 控 制

7.1 工程验收时必须有钢板及建筑结构胶的材质证明、复试报告及胶的抗拉拔试验报告。

7.2 钢板尺寸偏差控制：不允许有负偏差，正偏差＜5mm。

7.3 梁侧 U 型箍垂直度：垂直度偏差＜5mm。

7.4 钢板边缘处胶要饱满。

7.5 钢板胀栓孔位间距要均匀，孔径允许偏差＋1mm，孔圆度允许偏差 2mm。

7.6 防锈漆不得漏刷。

7.7 钢板原材必须符合设计要求及国家有关规定。钢板厚度的容许公差符合有关规范、规定要求。

7.8 每一道工序结束后均应按工艺要求及时进行检查，做好相关的验收记录，如出现质量问题，应立即返工。

7.9 加固构件的粘钢质量，一般采用非破损检验，即从外观检查钢板边缘溢胶色泽、硬化程度，用小锤敲击钢板表面，以回声来判断有效的粘结面积，要求空鼓面积不大于 10%。否则应剥下重新粘结（或注胶）。

7.10 关键控制点

7.10.1 工作环境的相对湿度不大于 70%，如果相对湿度过大，胶容易受潮而起泡，从而影响粘贴质量。

7.10.2 基底处理是关键工序，基底处理不应只停留在构件的表面处理，尤其对于老结构，更应对其本身检查是否有空鼓、裂缝现象，以便采取相应措施保证粘贴质量。

7.10.3 粘贴时，一定要避免先粘后焊，因焊接高温过高，容易引起结构胶老化而失效。

8. 安 全 措 施

8.1 配制胶粘剂用的原料应密封贮存，远离火源，避免阳光直接照射。

8.2 胶粘剂配制和使用场所，必须保持通风良好。操作人员应穿工作服，戴防护口罩、护目镜和手套。

8.3 施工现场应配备各种必要的灭火器以备救护。

8.4 所有电动机具使用前必须检查机具安全使用状况，合格后方可进入现场使用。

9. 环 保 措 施

粘钢加固施工时原混凝土构件被剔除浮浆及钻孔时将产生混凝土碎屑，待施工完毕需将垃圾统一收集清理至场外垃圾回收站。在粘钢中使用环保型绿色胶粘剂，剩余的胶粘剂统一收回。

10. 效 益 分 析

由于施工快，节约加固材料，与其他加固方法比较，粘钢加固的费用大为节省，经济效益较高，粘钢加固综合费用 850～950 元/m²。

十、改扩建工程平面控制网的建立及标高投测施工工法

1. 前 言

改扩建工程平面控制网的建立及标高投测，既与原结构施工时形成的平面控制网和标高密不可分，又要兼顾原结构构件的施工偏差、建筑物不均匀沉降等影响因素和改扩建工程的实施情况，通过全面调查原结构现状，按照设计要求及现行测量施工规范，综合分配原结构施工偏差，合理布设控制网和确定高程，使改造施工工作量最小。结合首都体育馆改扩建工程平面控制网的建立及标高的投测，形成本工法。

2. 工 法 特 点

2.1 方法简单，可操作性强。

2.2 用悬吊钢尺法进行标高投测，一个尺长即可确定数层（50m 尺长范围内的楼层数）标高，传递次数少，避免了常规做法高程传递的累积误差，投测数据精确度高。

3. 适 用 范 围

适用于改扩建工程的平面控制网的确立及高程控制。

4. 工 艺 原 理

4.1 平面控制网的确立

在原结构首层适当的位置（结构墙、柱面），剔凿出建筑物原有轴线（无轴线的结构柱取中代替），再用免棱镜全站仪采集平面坐标，将采集的数据传输至电脑，在电脑上用制图或测绘软件展绘平面图，恢复出原结构施工的平面控制网。将恢复的原结构施工的平面控制网与设计平面控制网对照。如果外廓主轴线长度和细部轴线偏差等指标不符合现行结构施测规范的要求，则按同样的方法恢复二层或三层的原结构施工平面控制网，经过适当调整，直至找出基本满足现行规范要求的平面控制网，再精确投测到其上或其下的各施工层，作为工程的整体平面控制网。首层控制网恢复后能满足施测规范要求，也需恢复二层或三层平面控制网进行校核。

针对于建造时间久远，且原有设计图缺失的改建工程，也可使用全站仪与电脑相结合的操作方法，根据全站仪现场采集的各主要轴网数据，利用设计软件自动生成轴网图，再根据生成的轴网图与现有的设计图相比较，确定控制网的调整方向。对于没有原设计图需要重新改造设计的建筑，也可以采用此方法。

4.2 标高投测

在原结构首层适当的位置（混凝土墙、柱上），剔凿出建筑物原有标高线，并与城市高程点进行联测，确定工程的±0.000。用水准仪精确测定出＋1.000m 建筑标高线，误差控制在 3mm 之内，作为首层改造的标高依据和其他各层高程传递的依据，采用悬吊钢尺法进行其他各层的标高投测。对于建造时间久远，且原设计图缺失的改建工程标高控制，可以使用现有高程点，对原建筑物的地面标高实测（经过多次地面装修的工程，剔除地面装修层至结构面进行实测），将结果以书面形式上报相关部门重新确定标高。

5. 施工工艺流程及操作要点

5.1 平面控制网的建立
5.1.1 工艺流程

剔凿出建筑物原有轴线 → 导线设计 → 导线测量和平差计算 → 数据采集 → 二层或其他层数据采集及平面控制网恢复 → 比对调整确定满足现行规范要求的平面控制网 → 投测到各施工层形成工程的整体平面控制网

5.1.2 操作要点
1. 剔凿出建筑物原有轴线

剔凿前，在认真熟悉设计图纸的同时，要仔细地踏勘现场，选择便于通视和观测的剔凿点位。并经测量人员现场用粉笔圈定，交底明确后再剔凿查找原有轴线，以确保观测点位的高度在仪器水平视线附近（天顶距为 90°），使仪器各轴系误差最小。

2. 导线设计

根据现场通视条件，采集坐标需要在多个测站上完成，为保证精度均匀，结果可靠，首先需要布设一条精密导线，起始点坐标和起始方向可假定。利用建筑内部通廊，布设导线，导线按一级设计，相邻边长较差小于10mm。观测过程中，测站和前、后视必须精确对中。

3. 导线测量和平差计算

观测中，水平角采用两测回，边长对向观测。当对向观测较差大于1mm时必须重测。观测前对网形的优化和观测中对系统误差的严格限制，使得假定导线精度达到一级导线的技术指标，见表5.1.2-1。

| | | | 一级导线技术指标 | | | 表5.1.2-1 |

测角中误差(″)	边长相对中误差(″)	导线全长中误差中误差	方位角闭合差(″)
±5″	1/40000	1/20000	$\pm 10\sqrt{n}$

4. 数据采集

以一级导线点为测站，用免棱镜全站仪对轴线、中线进行数据采集后，将数据传输至电脑。用测绘软件cass5.0展绘数据文件，恢复原结构现状平面控制网，见图5.1.2-1。

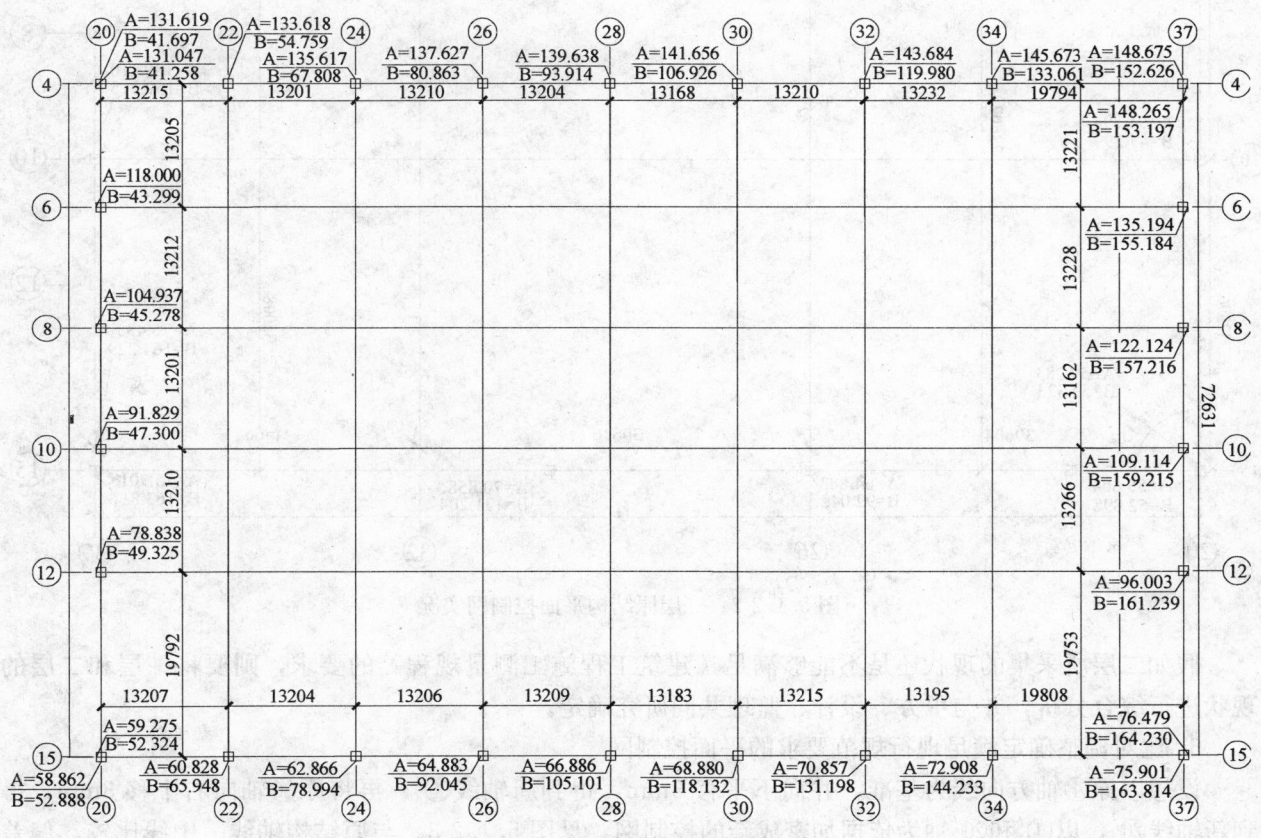

图5.1.2-1 首层原结构平面控制网实况

图中可以看出，由于新平面控制网设计轴线间距为6.6m，首层原有结构数据采集的结果、无论是相邻细部轴线，还是外廊轴线均不符合DB11/T 446—2007《建筑工程施工测量规程》对现行施工对结构的要求（见表5.1.2-2）。而且偏差较大，杂乱无章，难以理出头绪，所以一层的原有轴线不能作为轴线控制基线。

| | | 各部位放线的允许误差 | | 表5.1.2-2 |

项 目		允许误差(mm)	项 目	允许误差(mm)
外廊主轴线长度(L)	L≤30m	±5	细部轴线	±2
	30m<L≤60m	±10	承重墙、梁、柱边线	±3
	60m<L≤90m	±15	非承重墙边线	±3
	90m<L	±20	门窗洞口线	±3

5. 二层数据采集及轴线恢复

拉大了采样间距，采用与首层同样的方法恢复二层平面控制网，见图 5.1.2-2。

从图中可以看出，二层平面控制网相对比较理想，虽然个别轴线间距偏差较大，但外廓总距基本满足规范要求。而且外廓纵、横轴线基本正交，非常有利于轴线调整。

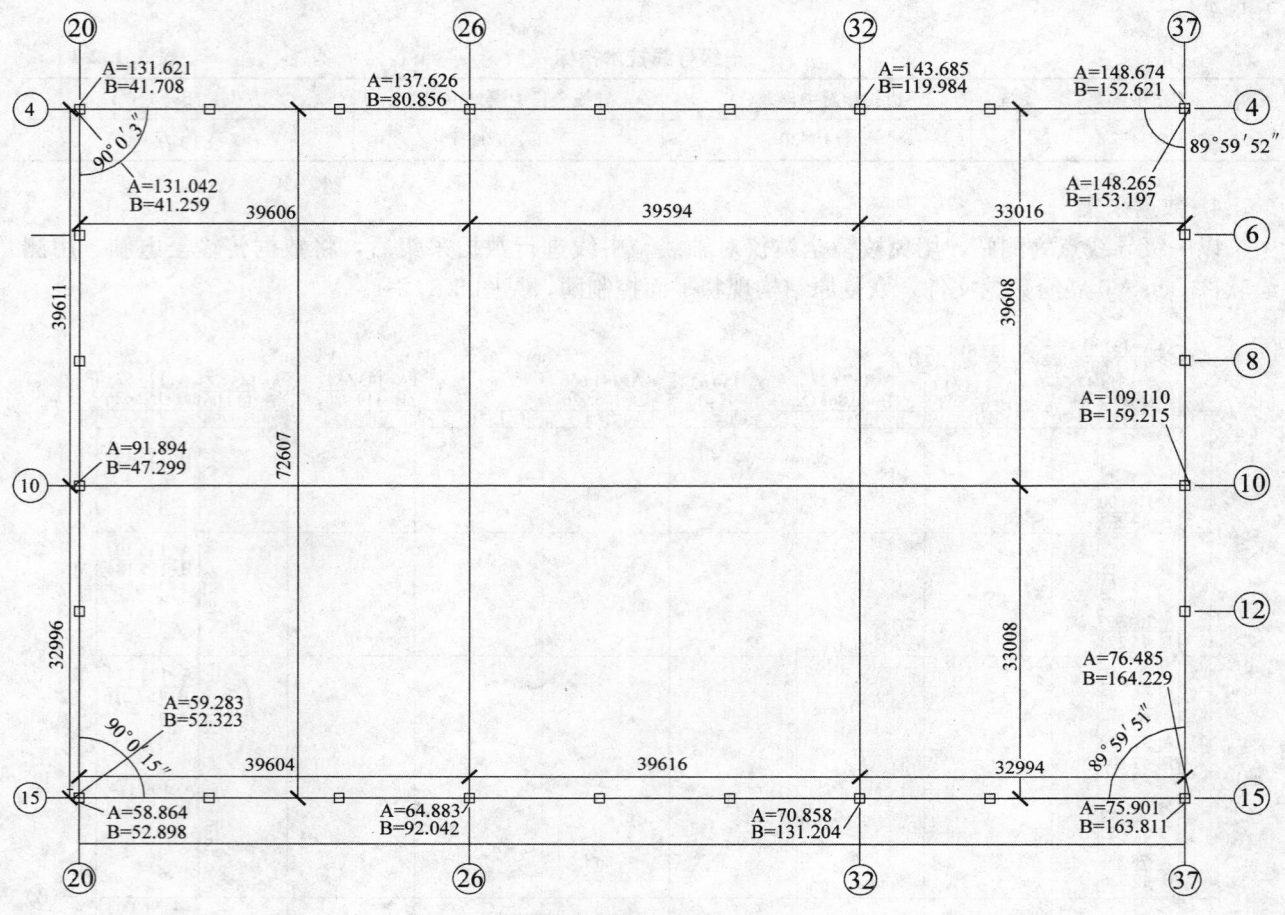

图 5.1.2-2　二层原结构平面控制网实况

假如二层所采集的现状还是不能够满足《建筑工程施工测量规程》的要求，则要将一层和二层的现状进行综合分析，并与甲方、设计、监理共同研究确定。

6. 比对调整确定满足现行规范要求的平面控制网

设想以原④轴方向线为基准，并向下平移 5mm，得到新轴线④′，再将原⑳轴向右平移 8mm，得到新轴线⑳′，以④′和⑳′轴为依据加密成新的控制网，见图 5.1.2-3。与原结构轴线、中线比较，偏差均在 20mm 以内，对改造工作量几乎不产生影响，可以作为改造工程的平面控制网。

经过调整以后，图中所有轴线的调整均在 10mm 以内。

按照这个思路，恢复二层平面控制网，并以此控制网为依据，加密出所有细部轴线。

7. 将二层已调整的控制基线精确地反投测到一层，做出一层的控制基线，在控制基线上对细部轴线进行加密形成平面控制网，作为一层施工测量的控制依据。其他各层也采用相同的方法测定出轴线控制线。

现场的所有轴线都要用自喷漆进行标识，注明轴线编号及偏移量（＋1.000m 或－1.000m），以供施工现场各相关人员的施工。

5.2　标高投测

5.2.1　工艺流程

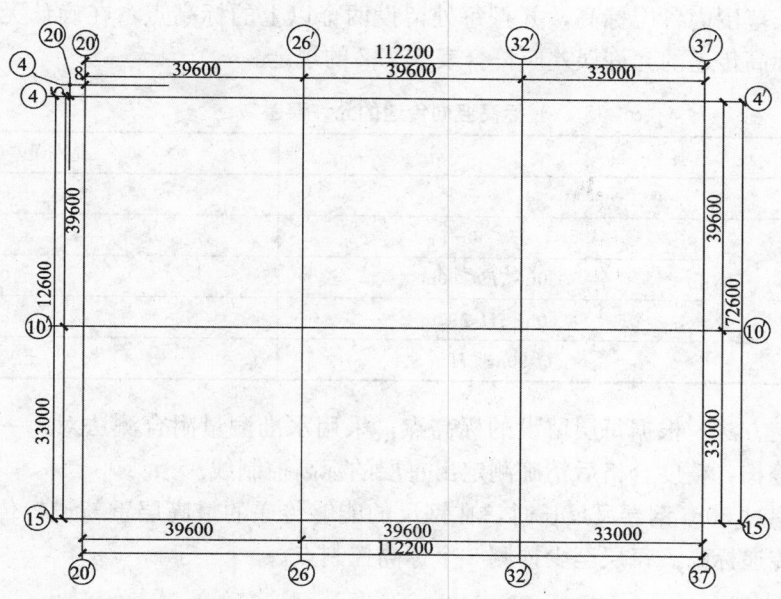

图 5.1.2-3　调整后的平面控制网

剔凿出建筑物原有标高线→高程联测及各单位工程的±0.000 的确定→测定首层＋1.000m 标高线→其他各层的标高投测。

5.2.2　操作要点

1. 剔凿出建筑物原有标高线

根据水准塔尺 1m 节高度，剔除原有结构柱面的装修层，以使尺面能够紧贴原结构柱面，保证尺面垂直，提高观测精度。

2. 高程联测及各单位工程的±0.000 的确定

由于结构形式、荷载、地基承载等不同，改扩建工程在竣工后的时间里，各单体之间、单体内部，沉降可能存在较大差异。因此，场区高程控制方案必须在全面调查已建工程标高现状之后方能确定。

采用附合水准测量方法，对结构上的原有的标高进行全面检查，并与现有城市高程点进行联测，联测数据经过设计、甲方、监理各方确认，作为各单位工程的±0.000。

3. 测定首层＋1.000m 标高线

根据确定认可的首层±0.000 标高控制点，精确测定出一层的建筑＋1.000m 标高线，误差控制在3mm 以内，严格满足规范要求，既作为改造的标高依据，同时也是其他各层高程传递的依据。

4. 其他各层的标高投测

首层以上，采用悬吊钢尺法传递高程。

在各外立面竖向窗户中间位置的屋面外檐各搭设一稳固的钢管架子，将钢尺上端固定，零尺端垂向地面并悬挂 5kg 配重，首层及以上各施工层分别架设水准仪，如图 5.2.2 所示。

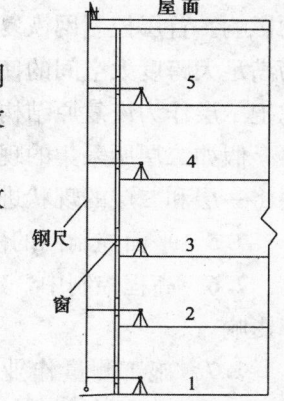

图 5.2.2　悬吊钢尺示意图

用公式 $b=a+[(L_n-L_1)+\Delta t+\Delta k]+1-H_n$ 计算出各施工层水准尺读数并恢复该层＋1.000m 控制标高线。

式中：

b——施工层水准尺读数；　　　　　a——首层水准尺读数；

L_n——施工层钢尺读数；　　　　　L_1——首层钢尺读数；

Δt——钢尺温度改正；　　　　　Δk——钢尺尺长改正；

H_n——施工层设计＋1.000m 相对标高值。

为减少高程传递累积误差，提高测量精度，施工层标高抄测时，每搭设一次钢管架固定一次钢尺，即同时分别测出尺长范围内各层标高，并且每处留设两个以上的标高点，在确认无误后平差计算施工层水准尺读数值，标高传递的允许误差应符合表 5.2.2 的规定。

标高竖向传递的允许误差 表 5.2.2

项　　目		允许误差(mm)
每层		±3
总高(H)	H≤30m	±5
	30m<H≤60m	±10
	60m<H≤90m	±15
	90m<H	±20

每层标高的确定方法：根据每层留设的标高点，采用水准测量附合测法对每一层的标高点进行观测，前后视距尽量等长，精度合格后精确测定出每层的标高控制线。

当建筑物高度超过 50m 钢卷尺尺长时，在钢尺的能够传递的最高层重新设置传点，采用同首层向上传递标高的做法传递标高。每层至少抄测 3 个标高控制点。

6. 材料与设备

6.1 全站仪一台；有检定合格证，并在有效检定周期内。

6.2 DS3 水准仪一台；有检定合格证，并在有效检定周期内。

6.3 50m 钢尺一把；有检定合格证，并在有效检定周期内。

6.4 5m 小盒尺 3 把；根据比对结果表进行修正。

7. 质量控制

7.1 施测前，必须对仪器进行严格检校，使其各项指标满足规范要求。

7.2 考虑到坐标采集中使用全站仪半测回完成，视准轴误差对结果影响较大，因此需着重对全站仪视准轴误差进行调校，使 2C 误差小于 5 秒。

7.3 测量人员应细心操作，降低测量误差。

7.4 首层平面是地下结构到地上结构的转折层，既是对地下结构测量放线的校验调整层，也是向地上各层投测的依据。因此，尽量把首层作为恢复原结构平面控制网的第一选择，以减少原施工放线的影响。首层控制网恢复后不能满足要求时，则考虑二层控制网的恢复。对于体育场馆等大型工程，为满足大跨度大空间的使用需求，如果多数房间地下一层和首层并为一层（首层多处无楼板），也可考虑把二层作为恢复原结构平面控制网的第一选择。

假如二层所采集的现状还是不能够满足《建筑工程施工测量规程》DB11/T 446—2007 的要求，则要将一层和二层的现状进行综合分析，并与甲方、设计、监理共同研究确定。

7.5 平面控制网的恢复应考虑整个建筑物，宜建立矩形网整体调整。

7.6 高程控制中，建议建筑物装饰层剔凿前及剔除后，对比各高程控制点抄测结果，综合考虑沉降影响。

7.7 施工测量作业中，各项技术指标均按照《建筑施工测量技术规程》DB11/T 446—2007 实施。

7.8 一级导线的布设精度应符合表 5.1.2-1 的一级导线技术指标。

7.9 楼层放线的各项指标应符合表 5.1.2-2 的各部位放线的允许误差。

7.10 高程的竖向传递应符合表 5.1.2-3 的标高竖向传递的允许误差。

8. 安 全 措 施

8.1 进入施工现场佩带好安全用品，熟悉现场作业环境，掌握现场的危险源和危险点，防患于未然。

8.2 室内施工测量时，改扩建工程的拆除造成的孔洞、临边位置必须由专业人员进行封闭防护，安全部门验收合格后，才可以进入现场测量作业。

8.3 施工现场的照明由专业电工操作，严禁私自乱拉乱接电线。

8.4 不违章指挥、不违章操作。

8.5 高程引测进行搭设固定钢尺的外架等高空作业时，搭设架子由专业人员来操作，务必遵守高空作业的安全规定。

9. 环 保 措 施

9.1 清洁、擦拭钢尺和仪器的油剂、棉纱等产品和废弃物，满足环境管理有关文件的规定。

9.2 剔凿、清扫原结构查找原平面控制网和标高线时，注意洒水湿润作业场所，控制施工扬尘。工完场清，保持环境卫生。

10. 效 益 分 析

合理地布设轴线控制网和进行标高投测，保证了测量结果的可靠性，减少了大量的时间，相应的为主体的施工赢得了宝贵的时间。保证了改造工程的顺利进行，减少了改扩建工程的工作量，相应降低了工程成本。

十一、聚乙烯丙纶卷材复合防水施工工法

1. 前 言

聚乙烯丙纶复合防水是由聚乙烯丙纶卷材用聚合物水泥防水胶粘材料粘贴在水泥砂浆或混凝土基面上，共同形成的防水层，是近年来新兴的防水施工技术。

根据首都体育馆等工程的聚乙烯丙纶卷材复合防水施工，形成本工法。

2. 工 法 特 点

2.1 可在没有明水、表面阴干的潮湿基面上施工，相比一些防水材料需待基层含水率不大于 9% 的作业条件，大大缩短工期。施工工艺简单、可操作性强。

2.2 防水施工过程不用动火，相比卷材的热熔法施工消除了火灾隐患。

2.3 环保性好。

3. 适 用 范 围

本工法适用于屋面、露台、地下室、水池等防水工程的施工。

4. 工 艺 原 理

聚乙烯丙纶卷材是由聚乙烯与助剂等化合热融后挤出，同时在两侧热覆丙纶纤维无纺布形成的卷材。

聚合物水泥防水胶粘材料是以聚合物乳液或聚合物再分散性粉末等聚合物材料和水泥为主要材料，用于粘结聚乙烯丙纶卷材，并具有一定防水功能的材料。

聚乙烯丙纶卷材复合防水就是聚乙烯丙纶卷材用聚合物水泥胶粘材料粘贴在水泥砂浆或混凝土基面上，共同形成的防水层。见图 4。

图 4　聚乙烯丙纶卷材复合防水施工图

5. 施工工艺流程及操作要点

5.1　工艺流程

施工准备 → 清理基层 → 细部构造处理 → 大面卷材铺设 → 养护 → 闭水试验

5.2　操作要点

5.2.1　施工准备

认真熟悉图纸和施工现场情况，编制详细的施工方案，对施工人员及作业班组进行安全技术交底，并且根据工作量做好材料计划，准备好施工工具。

准备好施工用电、用水，完成作业面的预留预埋工作。

5.2.2　清理基层

铺贴防水层的基层或找平层表面，应将杂物清扫干净，表面残留的灰浆硬块及突出部分应清除干净，不得有明显的尖凸、凹陷、空鼓、开裂、起砂、起皮等缺陷，表面平顺，有利于卷材的铺设和粘贴。

5.2.3　细部构造处理

1. 管根

1）第一层

第一步：附加层下料，首先测出管道直径 D（非敞开管口的），然后以 $D+200\text{mm}$ 为边长，剪裁卷材为正方形，在方形中心以 $D-5\text{mm}$ 为直径画圆，用剪刀沿圆周边剪下，见图 5.2.3-1。

第二步：从正方形一边的中部为起点，剪开至圆形外径，见图 5.2.3-2。在已裁好的正方形卷材和管根部位，分别涂刷聚合物水泥防水胶粘材料，将附加层卷材套粘在管道根部紧贴在管壁和地面上，粘贴必须严密压实，不空鼓。

2）第二层　大面积防水层的卷材作业至管根时，方法与第一层相同，圆口应略大于直径 D 剪裁，粘贴时应注意剪裁口应与第一层口错开。

3）第三层 剪裁一块正方形卷材，尺寸均同第一层做法，但侧边的剪口粘贴时应与图5.2.3-2相反，见图5.2.3-3，然后涂刷聚合物水泥防水胶粘材料与管根粘结牢固。

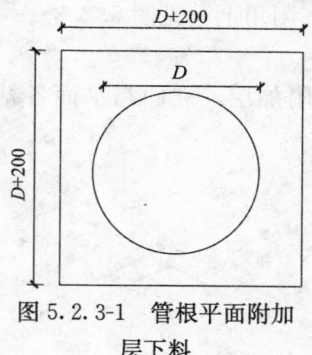 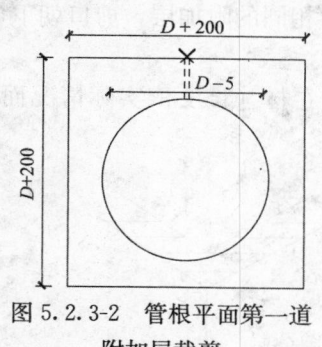 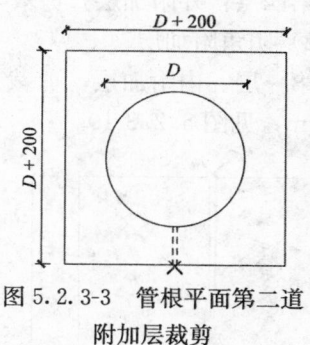

图5.2.3-1 管根平面附加   图5.2.3-2 管根平面第一道   图5.2.3-3 管根平面第二道
层下料   附加层裁剪   附加层裁剪

4）第四层

第一步：将卷材裁一块长方形作为围子，长度为管长即 $D \times 3.14 + 40mm$，宽度为围子高度即 $H + 30mm$（H 一般为80mm），从长边方向均匀剪成小口，剪裁尺寸等于1/2高度，卷材下料，见图5.2.3-4。

第二步：将卷材围子与管根分别涂刷聚合物水泥防水胶粘材料，将围子绕管根紧贴粘牢并压实，用粘结料封边，见图5.2.3-5。

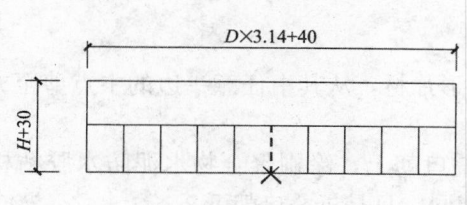 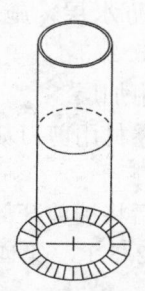

图5.2.3-4 管根立面防水层下料   图5.2.3-5 管根立面防水做法

2. 地漏、穿墙管附加层做法

地漏、穿墙管附加层做法的裁剪与图5.2.3-1相同，但不剪口，直接套在管根上。

3. 阴、阳角附加层做法及节点图

1）阳角附加层

第一层：内附加层，先剪裁200mm宽卷材（长度可根据实际要求定）做附加层，立面与平面各粘结100mm，见图5.2.3-6。

第二层：主防水层。

第一步：施工主防水层，将平面交接处的卷材向上翻至立面（自建筑完成面起算）≥250mm。

第二步：与一步相同，相对应方向，见图5.2.3-7。

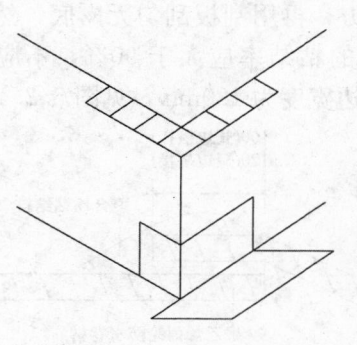 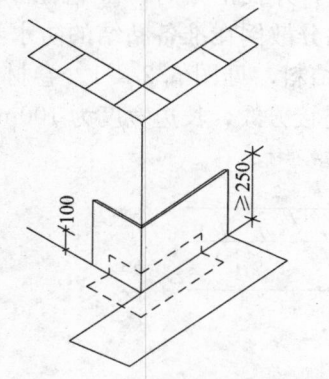 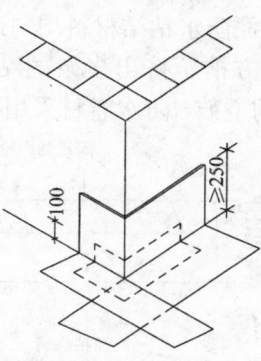

图5.2.3-6 阳角内附加层   图5.2.3-7 主防水层上翻高度

第三层：外附加层，剪裁一块 200mm 正方形卷材，从任意一边的中点剪口直线至中心，剪开口朝上，粘贴在阳角主防水层上，见图 5.2.3-8。

第四层：外附加层，剪裁与上述尺寸相同的附加层，剪口朝下，粘贴在阳角上，见图 5.2.3-9。

2) 阴角附加层

第一层：内附加层，剪裁 200mm 宽卷材（长度依实际情况而定）做附加层，立面与平面各粘结 100mm，见图 5.2.3-10。

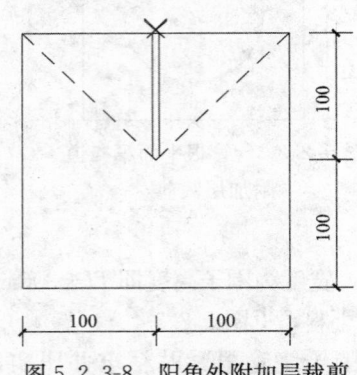
图 5.2.3-8　阳角外附加层裁剪

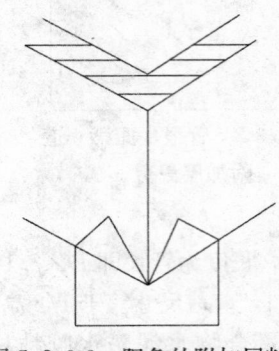
图 5.2.3-9　阳角外附加层粘贴

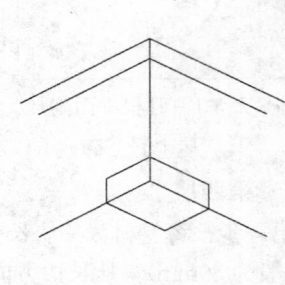
图 5.2.3-10　阴角内附加层做法

第二层：主防水层，施工主防水层，将平面交接处的卷材上翻至立面（自建筑完成面起算）≥250mm，见图 5.2.3-11。

第三层：外附加层

第一步：将卷材用剪刀裁成 200mm 的正方形片材，从其中任意一边的中点剪至方片中心点，见图 5.2.3-12。

第二步：然后将被剪开部位折合重叠，折叠口朝上，涂刷聚合物水泥防水胶粘材料在阴角部位粘结压实，见图 5.2.3-13。第四层方法与第三层相同，只是折叠口朝下。

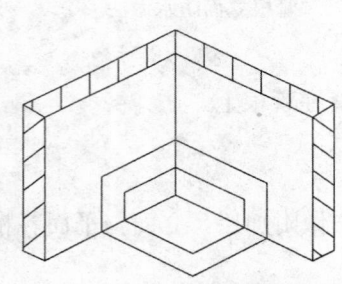
图 5.2.3-11　阴角主防水层做法

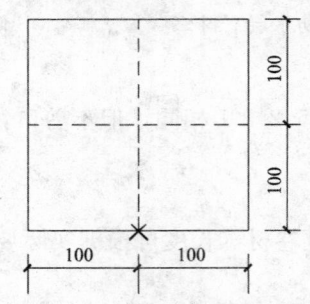
图 5.2.3-12　阴角外附加层裁剪

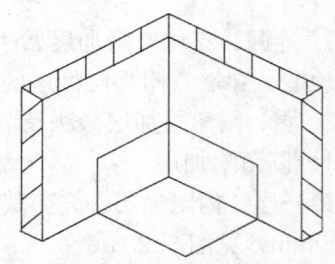
图 5.2.3-13　阴角外附加层裁剪

5.2.4　大面铺设卷材

选择合适位置展开防水卷材，并找正方向，在中间固定卷材一端至固定处粘结，把预先配制好的聚合物水泥防水粘结材料均匀地分散倒在准备粘结的防水卷材前方，再用刮板刮匀无露底，然后压住卷材向前方推压挤出多余的粘结料，见图 5.2.4-1。卷材与基层的粘结率应大于 90％，不应有大于 100mm 的空鼓。防水卷材采用搭接方式，长边宽度为 100mm、短边宽度为 120mm，见图 5.2.4-2。

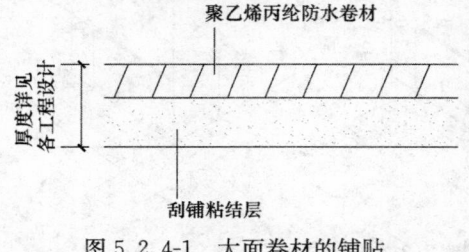
图 5.2.4-1　大面卷材的铺贴

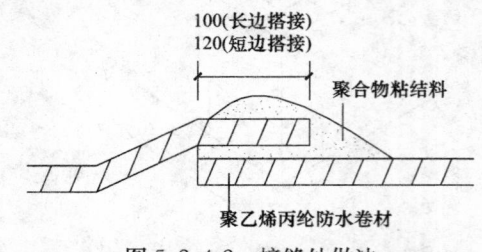
图 5.2.4-2　接缝处做法

5.2.5　养护

聚乙烯丙纶卷材复合防水层施工完成 12h 后，应洒水养护，养护时间不少于 3d。

5.2.6　闭水试验

采用水管喷洒对防水层进行淋水检验，时间应在 2 小时以上，不得出现漏洒、漏淋现象。

闭水试验合格后，应做好防水保护层。

本工法中未作详细说明的转角处、变形缝、穿墙管道等细部做法应符合现行国家标准《屋面工程技术规范》GB 50345 的有关规定。

6. 材料与设备

6.1　主要材料与设备

主要材料与设备有聚乙烯丙纶卷材、32.5 级水泥、聚合物高分子防水卷材胶粘剂、扫帚、铲刀、毛刷、剪刀、壁纸刀、卷尺、胶桶、刮板、搅拌器、搅拌桶、手提桶、计量器具等。

6.2　主要材料要求

6.2.1　防水材料应具有质量证明书、检测报告、合格证、防伪标志，其他工程材料必须符合设计要求和现行国家有关标准的规定。

6.2.2　聚乙烯丙纶卷材中使用的聚乙烯必须是成品原生料，严禁使用再生的聚乙烯。聚乙烯丙纶卷材，应采用一次成型工艺生产的卷材，不得采用二次成型工艺生产的卷材。

6.2.3　聚合物水泥防水胶粘材料应采用符合环保要求和耐水的专用胶粘材料，不得使用水泥原浆或水泥与聚乙烯醇缩合物混合的材料。

6.2.4　聚乙烯丙纶卷材应妥善保存，特别避免与矿物油、动植物油等影响聚乙烯性能的化学物质接触，以免造成卷材损坏变质。

7. 质 量 控 制

7.1　聚乙烯丙纶卷材复合防水层应粘贴牢固，无损伤、无滑移、无翘边、无皱褶等缺陷，结合紧密，符合设计要求和施工规范。

7.2　聚乙烯丙纶卷材与基层粘结应采用满粘法施工，其粘结面积不应小于 90%，且每处未粘结的面积不应大于 $0.015m^2$。搭接缝应粘结严密，不得翘边。

7.3　粘结料涂刷均匀，不得有漏刷和麻点等缺陷，固化厚度不应小于 1.2mm。

7.4　施工人员必须穿软底鞋，不把尖锐坚硬的物体放在卷材上，以免损坏卷材。

7.5　聚合物水泥防水胶配料时按生产厂使用说明书提供的配合比配制，专人负责，严格计量。用电动搅拌器搅拌均匀，配好的料注意防晒、避风，一次配制量应控制在一个工作班可操作时间内用完。制胶容器及工具必须当天清理干净，制成的胶内不允许有硬性颗粒和杂质。

7.6　施工环境温度不低于 5℃。

7.7　施工后的防水层在 6h 内保持表面干燥，不得遇水。

7.8　屋面、露台等部位施工时，按规范要求留设排汽道，待彻底排净水汽后方可封闭排汽道。

8. 安 全 措 施

8.1　所有施工人员进入现场，必须戴好安全帽并遵守安全规定要求。

8.2　材料存放应集中，并有防火、防盗措施，设专人看管发放。

9. 环保措施

9.1 材料到现场后，拆下的包装材料等需收集到指定的地方，防止污染环境。

9.2 聚乙烯丙纶防水卷材施工完成后，聚合物水泥防水胶粘材料需做好回收，垃圾清理干净。

9.3 清洗工具的污水应排入沉淀池，禁止随地倾倒或直接排入市政管网。

10. 效益分析

聚乙烯丙纶卷材复合防水施工，相比较常使用的其他卷材防水，造价较低。另外，它可以在潮湿基面上施工。聚乙烯丙纶防水卷材的应用不但大大缩短了工期，而且减少了工作量，进而创造了经济效益。

十二、加固改造工程薄壁钢筋混凝土柱施工工法

1. 前 言

增大构件截面法是加固改造工程中较为常用的一种提高构件承载力的方法。在原结构柱外侧新增一圈 10cm 左右钢筋混凝土（图 1），增加的钢筋混凝土构成了一个包裹原结构柱的薄壁钢筋混凝土结构。由于原结构的存在，新增的薄壁钢筋混凝土结构在钢筋成型、模板支设和混凝土浇注的施工过程中都有一定难度。结合首都体育馆改扩建工程薄壁钢筋混凝土的施工，形成本工法。

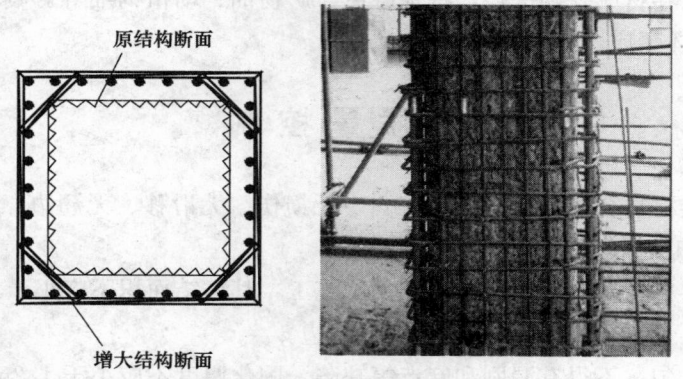

图 1　原结构柱外侧增大钢筋混凝土柱截面示意图

2. 工法特点

2.1 能够满足不同强度等级的混凝土施工。相比喷射混凝土而言，不受混凝土强度等级的限制。

2.2 薄壁钢筋混凝土柱施工一次成活，避免了同一构件分段施工、模板多次组拼、多次施工缝处理等工作，加固构件整体性好。

2.3 施工简单易行，可操作性好。

3. 适用范围

适用于在原钢筋混凝土结构柱外围增大 100～200mm 钢筋混凝土截面，且混凝土强度等级高于 C25（用喷射混凝土施工难以保证混凝土强度等级）的加固改造施工。

4. 工艺原理

每层柱的模板一次支设，沿高度方向每侧每 2m 开一混凝土灌注孔，用流动性较好的细石混凝土从混凝土灌注孔人工入模，待柱底部混凝土浇筑至柱最下一个浇筑口时，将孔口模板盖上，双道柱箍锁紧。依此做法将薄壁柱的混凝土节节向上推进，直至整柱混凝土浇注完成。

5. 施工工艺流程及操作要点

5.1 工艺流程

原结构剔凿 → 钢筋成型 → 模板支设安装 → 混凝土浇筑 → 混凝土养护

5.2 操作要点

5.2.1 原结构剔凿

对需要增大截面加固的原混凝土结构表面装饰层、抹灰层等剔除干净，露出密实混凝土并将表面清刷干净。

剔凿前应先对增大构件截面与保留截面相接处弹线，见图 5.2.1，顺线用切割机切至原结构混凝土表层约 10mm 深，然后进行原结构的剔凿，剔凿时应尽量避免加固构件的剔凿导致保留结构豁缺崩裂而影响增大截面的模板支设，并尽可能使保留构件的修复工作量最小。

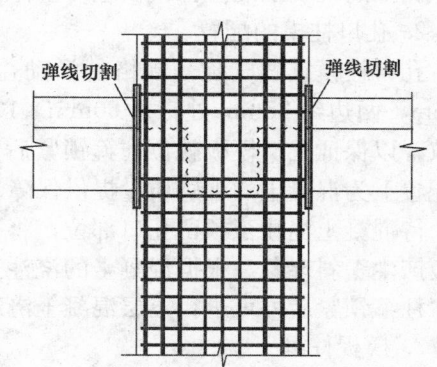

图 5.2.1 增大截面与保留构件相接处弹线切割

5.2.2 钢筋成型

由于原结构柱的存在，增大构件截面的钢筋成型施工无法像新建工程一样，柱箍筋由上至下套入（图 5.2.2-1），其135°、长为 10 倍钢筋直径的钢筋弯钩可能使箍筋无法就位或超出加固构件的断面（图 5.2.2-2），因此，钢筋加工前，应做好充分的技术准备工作。

图 5.2.2-1 新建与改扩建工程箍筋入位的差别

图 5.2.2-2 箍筋弯钩长出原结构柱边

1. 计算

根据扩大截面的尺寸，计算箍筋钢筋弯钩是否超出了截面有效空间（10cm）。如果增大截面与箍筋弯钩不冲突，则可按常规方法施工。如果弯钩过长，可与侧箍筋采用两个 U 型箍焊接成封闭箍筋（图5.2.2-3）。加固改造工程的箍筋直径往往比较粗大，实施搭接焊不好操作且浪费钢筋，如征得设计、监理人员同意，也可把箍筋做成 180°弯钩（图 5.2.2-4）。

因强度和刚度的要求，改造工程采用 HRB400 级钢筋居多。因 HRB400 级钢筋的脆性高（《混凝土结构工程施工质量验收规范》GB 50204—2002 对 HRB400 级钢筋能否做作 180°弯钩并没用明文规定），要先进行钢筋的冷弯试验，确认 HRB400 级钢筋作 180°弯钩无裂纹时方可在工程上使用。HRB400 级钢筋的箍筋弯钩禁止反复掰动及调整，以防产生裂纹影响结构受力。

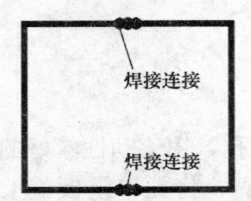

图 5.2.2-3　U 型箍焊接成封闭箍筋

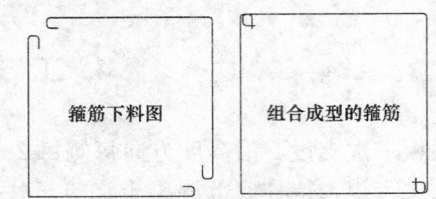

图 5.2.2-4　180°弯钩的组合箍筋

2. 试套

如果拟采用整封闭箍，需事先对箍筋进行试掰试套，能顺利就位绑扎，则可批量加工，箍筋就位调整后绑扎成型。否则，应先做成开口箍筋再进行组拼或焊接。

5.2.3　模板支设

1. 柱模的配置

每层柱模板一次支设，沿高度方向每侧每 2m 开一混凝土灌注孔。宜采用 18mm 多层板或竹胶板支模，侧面的混凝土灌注孔模板应与整体模板相同。

2. 孔口柱模的配置

孔口柱模宜做成统一规格的活动盖板型式，便于安装使用。孔口模板宽度比模板主楞间净宽小50mm，两边约 25mm 处钉上 50mm×100mm 短背楞，背楞的规格及立放或平放方式保持与大面柱模板一致，以保证孔口模板就位柱箍锁紧后，孔口模板卡紧固定在大面柱模上，既不内陷也不外凸，从模板配置上为混凝土的观感质量提供保障。见图 5.2.3。

待混凝土浇注至预留孔口部位，将孔口模板盖上，并用两道柱箍锁紧，以防混凝土浇注时使孔口模板产生歪斜现象。根据混凝土的浇注进程，从下至上进行对应孔口模板封堵，封堵时周边设置海绵条，柱箍锁紧后方可进行上层混凝土浇筑。

3. 模板柱箍

混凝土浇筑时主要依靠外部振捣，因此，混凝土振捣时对模板影响很大。为了保证模板具有足够的强度、刚度、稳定性，模板支设时使用型钢柱箍或双钢管加外拉通丝螺杆（因原结构的存在，穿结构的对拉螺栓拉紧模板的做法难以实施）的组合柱箍。第一道柱箍离地≤250mm，其余间距以不大于 500mm 为宜。孔口模板支设见图 5.2.3。

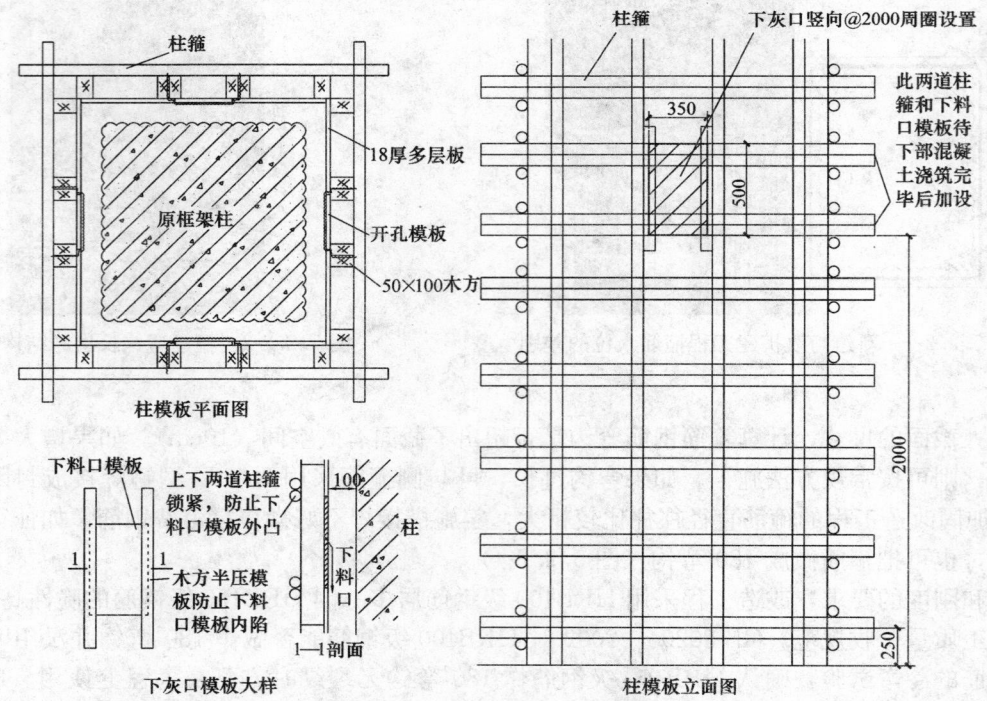

图 5.2.3　侧面开孔柱模配置图

4. 模板支撑

从下至上，模板支撑沿柱高每 1m 设置一道，以消除强烈振捣对支撑的影响。在柱顶部位，可借助顶板、梁设置柱模支撑，增强支撑的刚度。

5.2.4 混凝土的试配、浇筑及振捣

1. 混凝土的选用

增大构件钢筋混凝土断面的改造施工，扩大断面较小而钢筋又比较粗大，造成混凝土浇筑极其困难，所选用的混凝土不仅要满足设计强度等级的要求，而且要求流动性好。可通过试配用高流动性细石混凝土浇筑。如果条件允许，薄壁型增大截面的混凝土浇筑也可采用自密实混凝土。

2. 混凝土的浇筑

混凝土浇筑前，应将原结构及模板表面浇水湿润，但不得有明水存积。

每层灌注高度以不超过 30cm 为宜，通过计算确定每层混凝土灌注量，如增粗后为 800 mm×800 mm（每边扩大 100mm）的柱截面，每层混凝土的浇筑量约为 1 小推车的量。待下层振捣密实，方可浇筑上层混凝土。待底部混凝土浇筑至第一混凝土下料口的高度后，将孔口模板盖上，柱箍锁紧。依此做法将薄壁柱的混凝土节节向上推进，直至整根混凝土柱浇注完成。

混凝土应从模板开孔处对称下料，两个对称面交替进行。

柱顶从柱四角的楼板开洞处灌注混凝土。当柱身混凝土浇筑至距柱顶梁的下皮 100mm 左右时，从其对角开始用赶浆法浇筑混凝土，见图 5.2.4，并用插入式振动器加强振捣，直至加固柱对角混凝土从孔口翻出并填充密实柱头与原结构楼板之间的空隙。应避免从柱顶四角同时灌注混凝土在柱顶楼板和柱模之间闭气导致混凝土产生质量缺陷。

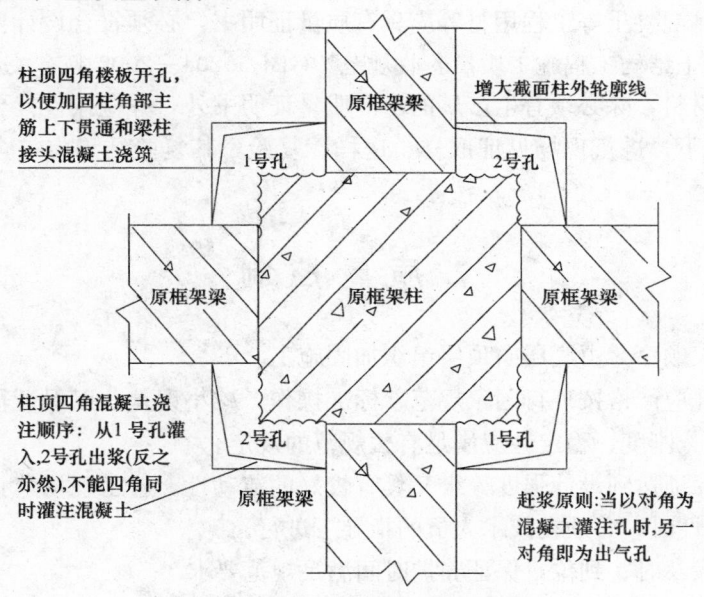

图 5.2.4　柱顶混凝土的浇筑

3. 混凝土的振捣

薄壁钢筋混凝土柱加固部位的钢筋密集分布在 10cm 左右的截面中，受原结构及加固断面钢筋网的阻碍，从加固柱侧面几乎不能实现插入式振动器振捣。薄壁混凝土的振捣要充分采取内外振捣相结合的方式。外部振捣（振动器振钢管、模板背楞等）通过用振动器从柱对称的两个面振捣柱箍、锤敲振打背楞等方式振捣混凝土，要对称、均匀，切忌蛮振导致模板变形。另外，在柱顶四角的混凝土灌注孔，尽量用长钢钎进行混凝土内部振捣，确保混凝土密实。

振捣时应密切注意，发现异常情况及时报告工程技术人员解决。

4. 混凝土施工注意事项

振捣时注意不要直接敲击模板和支撑体系。

混凝土现场倒运的过程中注意防止渗漏跑浆，小推车底及车帮宜铺垫整张的彩条布或塑料布以防漏浆，垂直方向用不渗漏的皮桶倒运。

施工过程中，严禁对自密实混凝土或高流动性细石混凝土随意加水，避免混凝土离析，影响混凝土强度。

5.2.5　混凝土养护

薄壁加固柱的混凝土很薄，容易流失水分，务必认真做好养护，可采用刷养护剂外包塑料薄膜的方法养护。框架柱采用刷完养护剂后用塑料薄膜封闭严密进行养护，包裹时两块塑料薄膜间必须搭接，搭接宽度不得小于 20cm，以防止出现空隙，上下口应保证严密，防止混凝土水分散失，保证包裹的塑料薄膜内表面形成水珠，并保持湿润。若出现混凝土表面干燥失水，应在柱上部浇水，以保持混凝土表面湿润状态不少于 14d。

6. 材料与设备

6.1　材料

主要材料：钢筋、18mm 厚多层板、50mm×100mm 木方、扣件及直径 48mm 钢管、型钢柱箍或 $\phi14$ 通丝螺杆柱箍、商品混凝土（强度按设计）等。

主要设备：钢筋加工机械（切断机、调直机、套丝机等）、木工锯、振动器、钢钎、皮桶等。

6.2　主要材料质量要求

6.2.1　钢筋、商品混凝土等工程用材等应具有质量证明书，必须符合设计要求和现行国家产品标准的规定，满足《混凝土结构工程施工质量验收规范》GBJ 50204—2002 等有关规范的要求。

6.2.2　进场的原材料，除必须有生产厂的出厂质量证明书外，并应按设计要求和现行国家规范规定在甲方、监理的见证下，进行现场见证取样、送样、复验，其复验结果应符合现行国家产品标准和设计要求。

7. 质量控制

7.1　合理安排施工顺序，由底层向顶层组织加固施工。

7.2　钢筋主筋绑扎应严格按现行国家规范、标准操作，减小误差，以保证箍筋的顺利就位和模板顺利制安。模板的强度、刚度、稳定性应满足有关规范的规定。

7.3　混凝土应既保证达到设计强度等级又具有较好的流动性。施工现场禁止随意加水和盲目添加外加剂，需要提高流动性时，必须在技术人员的指导下进行。

7.4　混凝土养护应及时、到位，保证养护时间满足规范要求。

8. 安 全 措 施

8.1　进行模板支设混凝土浇筑等高处作业时，遵守高处作业的有关安全管理规定。

8.2　钢筋切割下料、混凝土振捣等电动工具的使用遵守安全用电的有关操作规程。

9. 环 保 措 施

9.1　薄壁混凝土施工，混凝土主要靠外部振捣，施工时应注意减少噪声污染。

9.2　剔凿原结构混凝土和支模前清扫地面等工作要注意控制施工扬尘，保持环境卫生。

10. 效 益 分 析

采用层间整体薄壁钢筋混凝土施工，相对分段支模、分段混凝土浇筑，大大减少了模板的周转损耗，节约了材料费用。同时也避免了分段施工导致的大量施工缝处理如混凝土剔凿、污染钢筋的清理等。节省了人工费，保证了构件的整体性，提高了工程质量。

十三、干法喷射混凝土施工工法

1. 前　　言

喷射混凝土加固技术源于喷射混凝土与土钉墙技术的发展与延伸，喷射混凝土技术以它简便的工艺，独特的效应，经济的造价，广阔的用途，在土木建筑工程领域内展示出旺盛的生命力。

2. 工 法 特 点

2.1 喷射混凝土施工简化工序，不用模板或只用单面模板，节约大量模板材料，省去支模、浇筑和拆模工序，使混凝土输送、浇筑和捣实合为一道工序，加快施工速度。

2.2 喷射混凝土密度高，强度和抗渗性较好。

2.3 对混凝土、砖墙面有较强的粘结力。

2.4 可通过输料软管在高空或狭小工作区间，向任意方向施工喷射。

2.5 可在拌合料中加入速凝剂，使水泥浆在 10min 内终凝，2h 具有强度，可以大大缩短工期。

2.6 工艺简单，施工机动、灵活、高速、高效，有较广的适应性。

3. 适 用 范 围

3.1 建筑物基础、墙体、柱、梁及大型构筑物的加固补强。

3.2 局部或全部更换已损伤混凝土。

4. 工 艺 原 理

利用风压使水泥与骨料反复撞击，使混凝土压密，同时又采用较小的水灰比，因而它具有较高的力学强度和良好的耐久性，特别是与混凝土、砖石、钢材有很高的粘结强度，在结合面上传递拉应力和剪应力。

5. 施工工艺流程及操作要点

5.1 工艺流程（图 5.1）

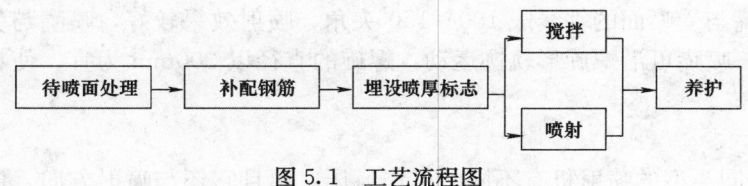

图 5.1　工艺流程图

5.2 操作要点

5.2.1 待喷面处理

待喷面的处理是结构构件加固的关键工序，待喷面的处理包括结构裂缝、孔穴的处理，结构表面的处理和受损伤构造的处理等。

1. 结构待喷面为混凝土时，应将混凝土表面凿毛，除去坏物，浇水充分润湿，如有裂缝，应用压力灌环氧浆进行处理；如有受损伤混凝土，应将损伤混凝土铲除至坚实的结构层为止，如果铲除得不彻底，会造成"夹馅"，影响喷射层的粘结及新旧结构层的共同受力。

2. 结构待喷面为砖墙时，应将装饰层拆除，除去粉尘及污物，提前一天进行浇水湿润，使砖墙充分润湿，如有裂逢，应用环氧水泥浆灌缝修补；如有受损砖墙，应将松动的砖剔除，用新砖把孔洞砌死。

3. 结构待喷面为钢结构时，应打磨除锈。

5.2.2 补配钢筋

若经结构评定，认为应在喷射层内加配钢筋时，可在待喷面处理之后补绑钢筋。对于承载力不足或不满足抗震要求的混凝土梁、柱、混凝土墙及钢柱和砖墙，应补配钢筋或钢筋网，钢筋网与受喷面间的距离不宜小于 $2D$（D 为最大骨料粒径），随后才可喷射。

5.2.3 埋设喷射层厚度标志

一次喷射厚度见表 5.2.3（一般不应小于骨料粒径的 2 倍，以减少回弹率）。

一次喷射厚度与喷射方向的关系　　　　　　　　表 5.2.3

喷射方向	一次喷射厚度（mm）	
	加速凝剂	不加速凝剂
向上	50～70	30～50
水平	70～100	60～70
向下	100～150	100～150

喷射前应埋设喷层厚度的标志，一般采用预埋厚度控制筋的方法，即一定间距内（一般 3m 左右）埋设厚度控制筋，厚度控制筋可焊在钢筋网上，或与锚筋焊接，或粘于受喷面上。

5.2.4 搅拌

混合料的配合比由实验室确定（参考数据：水泥与骨料之比，常为 1∶4～1∶4.5；拌合料的砂率以 45%～55% 为好；水灰比值为 0.4～0.5）。混合料搅拌时间应遵守下列规定：

1. 采用容量小于 400L 的强制式搅拌机时，搅拌时间不得少于 1min。

2. 采用自落式搅拌机时，搅拌时间不得少于 2min。

3. 混合料掺有外加剂时（外加剂和水泥同时加入），搅拌时间应适当延长。

5.2.5 喷射

1. 喷射应分段分片依次进行，喷射作业应自下而上进行，喷射作业区段的宽度依具体条件而定，一般应以 1.5～2.0m 为宜。

2. 当设计厚度大于一次喷射厚度时，应分层进行喷射，两次喷射的最小时间间隔，在常温（15～20℃）条件下，掺速凝剂为 15～20min；不掺速凝剂宜为 2～4h。当间隔时间超过 2h，复喷前应先喷水湿润。

3. 喷嘴与受喷面的距离和夹角，一般情况下，喷嘴与受喷面的距离宜在 1m 左右，距离过大过小都会增加回弹量，喷嘴与受喷面的垂线成 100～150°夹角，喷射效果较好，喷嘴与受喷面相垂直，回弹最小，喷射密度最大。喷嘴可沿螺旋形轨迹运动，螺旋的直径以 300mm 为宜，使料束以一圈压半圈作横向运动。

4. 喷射操作

1）工作风压：不同类型的喷射机有不同的工作风压，而且它还与喷射方向，拌合料输送距离，混凝土配合比，含水量等有关。适宜的工作风压，可减少回弹量，增加一次喷射厚度，并保证喷射的质量。喷射机的工作风压，一般需保证喷嘴处有 0.1MPa 左右的压力，当其他条件变化不大时，工作风压主要取决于输料管长度，工作开始前，应打开进气阀，在喷射机空转中，先调好空载压力，输料管长度 20m，空载风压应为 0.03～0.04MPa，喷射机带负荷运转后，对风压进行微调，即可达到喷嘴处有 0.1MPa 左右的压力。

2）喷嘴处的水压必须大于风压，而且压力应稳定，水压一般比风压大 0.1MPa 左右为宜，可采用向水箱中通高压压缩空气，以获得稳定的压力水。

3）对不同的喷射机，要严格按规定的操作方法进行操作，否则容易发生堵管、反风等现象。喷射机的开、停顺序为：开动时，先开风后给水，最后通电供料；停止时，先停止供料，待料罐中的存料喷完后再停电，最后关水停风。同时，要根据输送距离的变化，随时调整风压。

4）喷嘴的操作，喷射开始时先给水再送料，结束时，先停风后停水。在喷射时，要随时观察喷层表面，回弹和粉尘等情况，及时调整水灰比，当喷嘴不出料时，应将喷嘴对准前下方，避开人员，处理堵管时的工作风压不得超过 0.4MPa。

5）喷射混凝土的回弹率一般不应超过 25%。

6）钢筋网喷射混凝土作业开始喷射时，应减小喷头至受喷面的距离，并调节喷射角度，以保证钢筋与壁面之间的密实性，喷射中如有脱落的混凝土被钢筋网架住应及时清除。

7）钢架喷射混凝土喷射顺序为先喷射钢架与壁面之间的混凝土，后喷射钢架之间的混凝土，钢架与壁面之间的间隙必须用喷射混凝土充填密实。

8）喷射混凝土施工缝宜留在结构受剪力较小处。

5.2.6 喷射混凝土的养护应遵守下列规定

1. 喷射混凝土终凝后即开始洒水养护，以后的洒水养护应以保持表面湿润为度。养护时间和喷水次数，取决于水泥品种和空气湿度，在任何情况下，养护时间不少于 7d，对于喷射薄层混凝土，尤其对于砖砌体的喷射混凝土加固层，喷射施工完毕后，加强养护是非常重要的，喷射后的 7d 养护时最关键时期，增加喷水次数，保证表面湿润。

2. 气温低于 5℃时，不得喷水养护，需用养护剂养护。

5.2.7 冬期不宜进行喷射作业，如进行喷射作业，喷射作业区的气温不低于 5℃，混合料进入喷射机的温度不低于 5℃。

6. 材料与设备

6.1 水泥

喷射混凝土宜选用硅酸盐水泥和普通硅酸盐水泥、矿渣硅酸盐水泥、喷射水泥、双快水泥、超早强水泥。水泥的性能指标同普通混凝土水泥性能指标相同，掺速凝剂的混凝土需做水泥与速凝剂相容性试验。

6.2 砂：选用中砂

6.3 石子：喷射混凝土的石子，粒径不宜大于 15mm。

6.4 拌合水：喷射混凝土用水与普通混凝土相同。

6.5 外加剂

喷射混凝土用的外加剂，有速凝剂，减水剂和早强剂等。国产的速凝剂，常用的有以下几种：红星一型速凝剂、山型 73 牌速凝剂、711 型速凝剂、8880 型速凝剂、KR-P 型可溶性速凝剂。喷射混凝土掺加速凝剂，需进行相容性试验，速凝剂的掺量为水泥重量的 2.5%～6.0%，速凝剂的准确掺量通过相容性试验来确定。

6.6 钢材：HRB335 级钢、HRB235 级钢

6.7　机具设备

喷射混凝土的机具设备，视现场情况及施工面积和工期要求合理配置，一个台套所需主要机具设备参见表 6.7。

机具设备　　　　　　　　　　　　表 6.7

序号	机械名称	型号	单位	数量	序号	机械名称	型号	单位	数量
1	空气压缩机	8m³ 以上	台	2	4	磅秤		台	2
2	混凝土喷射机	ZP-V	台	2	5	手推车		辆	10
3	搅拌机		台	1	6	其他工具		个	若干

7. 质量控制

7.1　加固喷射混凝土工程验收执行《锚杆喷射混凝土支护技术规范》GB 50086—2001。

7.2　喷射混凝土厚度检查，验收和试块制作、数量及验收执行《锚杆喷射混凝土支护技术规范》GB 50086—2001。

7.3　喷射混凝土表面平整度无具体规定，但为确保下道工序顺利进行，混凝土终凝前可拉通线使用刮杠迅速粗略刮平，不应严重扰动混凝土。

7.4　喷射混凝土质量控制注意事项如下：

7.4.1　混合料在进入喷嘴与水混合之前，其含水率应控制在 2%～5%。

7.4.2　喷射过程中，要及时检查喷射的混凝土表面，检查是否有松动、开裂、下坠、滑移等现象，如有发生应及时消除重喷。

7.4.3　当喷射混凝土达到一定强度后，用锤击听声方法进行检查，对空鼓、脱壳处应及时进行处理。

7.4.4　喷射混凝土过程中，要及时测定回弹和混凝土实际配合比，以指导施工。

7.4.5　喷射基础大放脚时，要严格控制喷射顺序，应依顺序喷完放脚后，再喷上部结构，以避免回弹料落入大放脚内，造成"夹陷"现象。

7.4.6　混合料宜随拌随用。不掺速凝剂时，存放时间不应超过 2h；掺速凝剂时，有效时间不应超过 20min。混合料在运输、存放过程中严防雨淋及杂物等混入，装入喷射机前应过筛。

7.4.7　喷射作业时应尽量减少回弹，正常情况下，侧墙回弹物应及时回收，并加以利用，可作为骨料掺入使用，但掺量不得超过总骨料的 30%。

7.5　大面积喷射前，需做样板，经有关方面验收后再大面积施工。喷射手技艺的高低直接影响喷射质量，故喷射手必须是做样板合格的喷射手，不允许擅自更换喷射手，如要更换必须先试喷，有关方面认同后，方允许其喷射。

8. 安全措施

8.1　喷射机、水箱、风包、注浆罐等应进行密封性能和耐压试验，合格后方可使用，喷射施工时，要经常检查出料弯头、输料管、注浆管和管路接头等有无磨薄击穿或松脱现象，发现问题及时处理。

8.2　施工中，应定期检查电源线路和设备的电器部件，应有专人随时观察受喷面变化情况。

8.3　处理机械故障时，必须使设备断电、停风。向施工设备送电、送风前，应通知有关人员。

8.4　喷射作业中处理堵管时，应将输料管顺直，必须紧按喷头，流通管路的工作风压不得超过 0.4MPa。

8.5　喷射混凝土施工用的工作台架应牢固可靠，并应设置安全栏杆。

8.6 非操作人员不得进入正在施工的作业区。施工中，喷头和注浆管前严禁站人。

8.7 施工操作人员的皮肤应避免与速凝剂直接接触。

8.8 喷射现场必须有适宜的联络工具，以便及时联络。

9. 环 保 措 施

喷射混凝土粉尘的起因是多方面的，减少粉尘的根本方法是采用湿喷，对于干法喷射混凝土而言，减少粉尘应采用综合方法，这些方法主要有：增加骨料含水率，变喷干料为喷潮料；保持喷射机良好密封，防止跑风漏气；采用超前水环或双水环加水；选择适宜的风压；加强喷射作业区的局部通风。

10. 效 益 分 析

喷射混凝土每工日可喷 $70\sim80m^2$，浇筑混凝土每工日可浇筑 $3.8m^2$，因此可大大缩短工期。浇筑 10cm 厚的混凝土造价为 130 元/m^2，喷射 10cm 厚的混凝土造价为 105 元/m^2，费用相对比较低。

十四、高强化学锚栓施工工法

1. 前 言

高强化学锚栓以工艺简单，锚固快捷，安全可靠的良好优势在结构加固、补强，新老结构连接，后置钢埋件等方面得到广泛应用。我们结合多个工程实践经验总结了本工法。

2. 工 法 特 点

2.1 施工温度范围较宽，可在 $-5\sim40℃$ 温度之间施工。

2.2 无膨胀力锚固，对基材不产生挤压力，适用于各种基材。

2.3 螺栓间距、边距小，适用于空间狭小处及水平、垂直和顶部等各个方向。

2.4 安装操作便利，安装后能迅速固结，有较高的承载力，且具有良好的抗冻融性能、防腐性能及防火性能，受焊接热量的影响极小。

2.5 锚固厚度较大。

2.6 高强化学锚栓耐酸碱，抗老化、耐高温、无毒、无害，属于绿色环保型产品。

3. 适 用 范 围

3.1 适用于强度等级大于或等于 C15 的普通混凝土（未开裂混凝土）、质密的天然石材。

3.2 用于固定多种构件。

3.3 适用于重载及各种振动负载。

4. 工 作 原 理

通过合成树脂砂浆粘合锚杆和孔壁，使锚杆、基材和被锚固对象形成一个整体，从而达到固定构件和提高构件承载力的效果。

5. 施工工艺流程及操作要点

5.1 工艺流程

施工准备 → 钻孔 → 清孔 → 置入药剂管 → 钻入螺栓 → 凝胶过程 → 硬化过程 → 固定物体

5.2 操作要点

5.2.1 施工准备

1. 在钻孔前剔凿掉装饰层，露出结构基层。

2. 用钢筋测定仪检查原有混凝土结构内钢筋分布情况。

3. 按设计图纸要求在施工面划定钻孔锚固的准确位置。根据工艺要求一般为孔径比钢筋直径大4～8mm，或由设计选定。

5.2.2 钻孔

在基材上采用锤击电钻或水钻钻孔（图5.2.2）。

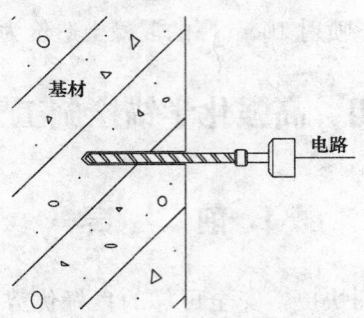

图 5.2.2 钻孔

先根据设计要求，按图纸间距（相邻锚栓轴线间的距离）、边距（锚栓轴线至构件自由边缘的距离）定好位置，在基材上钻孔，按设计螺栓型号、根据螺栓的安装参数表确定孔径、孔深，由锚栓类型及尺寸来决定需要的钻孔深度，除少数例外情况，一般大于锚固深度（从锚固基础结构表面到螺杆底端的距离，是影响其承载力的重要参数）。螺杆型号的选择要满足被锚固物体厚度的要求，固定物厚度与化学螺栓相关技术参数见表5.2.2-1、表5.2.2-2。

锚栓的边间距及基材的最小厚度要求　　　　表 5.2.2-1

高强化学锚栓	M8	M10	M12	M16	M20	M24	M27	M30	M33	M36	M39
最小边距 S_{min}(mm)	40	45	55	65	85	105	120	140	160	180	180
最小间距 C_{min}(mm)	40	45	55	65	85	105	120	140	160	180	180

化学螺栓安装参数　　　　表 5.2.2-2

锚栓型号	螺杆镀锌钢/不锈钢规格(mm)	钻孔直径 d(mm)	钻孔深度 h_{ef}(mm)	最大固定物厚度 t_{fix}(mm)
M8	8×110	10	80	14
M10	10×130	12	90	21
M12	12×160	14	110	28
M16	16×190	18	140	38
M20	20×240	25	170	48
M24	24×290	28	210	54
M27	27×340	30	240	60
M30	30×380	35	280	70
M33	33×420	37	300	80
M36	36×460	40	330	90
M39	39×510	42	360	100

注：不同厂家所提供的参数略有区别。

5.2.3 清孔

1. 锤击电钻成孔时，成孔完毕并达到钻孔深度后，用吹筒吹出孔内灰尘，然后用毛刷刷除整个孔内的浮灰，再用吹筒吹出孔内灰尘，如此过程重复两次（三吹两刷），见图5.2.3。

2. 对于水钻成孔时，应保证孔内无碎渣，同时用丝棉擦拭孔壁，直至擦拭后丝棉表面无潮湿感，即无明水即可。使孔内干燥方法可采用自然风干或加热杆烘干，加热杆烘干以不向外排放热气为准。

3. 干净的脱脂棉丝封堵洞孔，以防灰尘、异物落入。

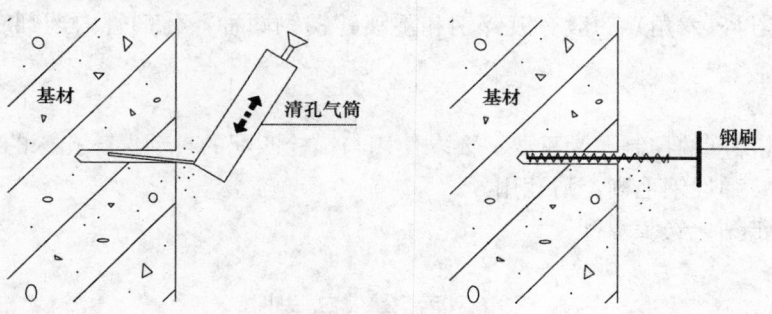

图 5.2.3　清孔

5.2.4 置入药剂管

清孔后置入药剂管，并尽可能将化学胶管中空隙较多部分向外即圆头向内，置入时应保证药剂在 −5～40℃ 环境温度下，方可使用。见图5.2.4。

5.2.5 钻入螺栓

1. 用电钻旋入螺杆，螺杆钻入孔中到螺杆的标志线，同时目视有少量胶液溢出为止。

2. 使用厂家提供的配套电钻（具备钻孔和旋入螺杆的双重功能），钻速为750n/min以内。

3. 螺栓旋入，搅碎药剂管，树脂、固化剂和石英颗粒混合，并填充锚栓与孔壁之间的孔隙。

4. 如果受其他因素制约，螺栓可以直接打入到潮湿的孔中，但必须保证孔内清洁，同时固化时间应加倍延长。见图5.2.5。

5.2.6 凝胶过程

螺栓安装完毕，取下安装工具，静待药剂硬化（图5.2.6），化学反应时间不低于表5.2.6相关时间。

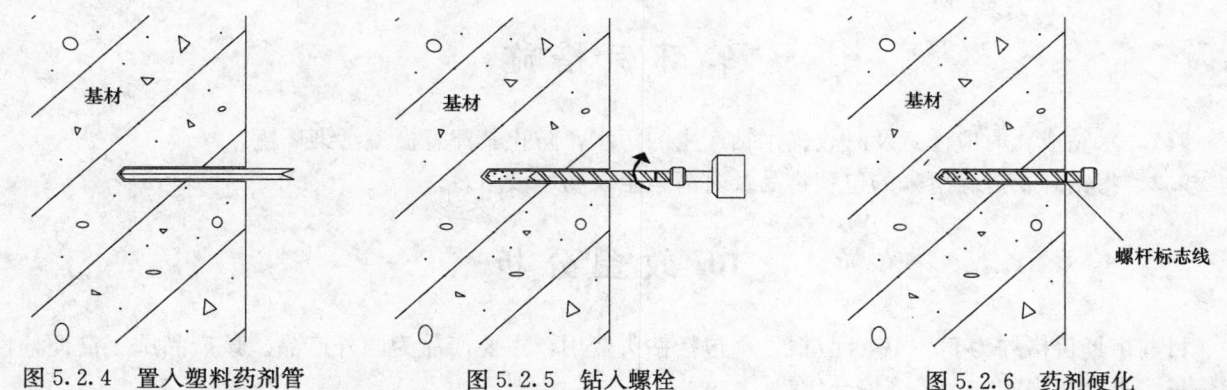

图 5.2.4　置入塑料药剂管　　　　图 5.2.5　钻入螺栓　　　　图 5.2.6　药剂硬化

化学反应时间　　　　　　　　　　　　　　　　　　　表 5.2.6

化学反应时间			化学反应时间		
温度（℃）	凝胶时间（min）	硬化时间（min）	温度（℃）	凝胶时间（min）	硬化时间（min）
−5～0	60	300	10～20	20	30
0～10	30	60	20～40	8	20

注：不同厂家所提供的参数略有区别。

5.2.7 硬化过程：做好成品保护工作，固化时间内严禁扰动，以防锚固失效。

5.2.8 固定物体：待药剂完全硬化后，加上垫圈及六角螺母固定物体。

6. 材料与设备

6.1 化学螺栓：由化学胶管（药剂管）、螺杆、垫圈及螺母组成。

螺杆、垫圈、螺母（六角）一般有镀锌钢和不镀锌锈钢两种，药剂管内药剂有反应树脂、固化剂和石颗粒等成分。

6.2 钻机及钻头

在打孔时，钻孔深度的控制尤为重要。要求使用与锚栓匹配的自动保障孔深的钻机和钻头。

6.3 清孔气筒、弹性钢毛刷：清孔用。

6.4 电锤或冲击钻：安装螺杆。

7. 质量控制

7.1 为了充分发挥一个锚栓的最大承载能力，必须保障一定的间距、边距、构件厚度。数据以厂家提供的技术参数为准。

7.2 在施工前，必须对锚栓作材料力学性能试验，经试验合格后，方可在现场使用。用于后置埋件的锚栓，在锚栓安装完成 72h 后，需要进行拉拔试验。

7.3 高强度化学螺栓尤其是药剂管应储放在阴凉、干燥及黑暗的场所，储藏温度为 5～25℃。

8. 安全措施

8.1 所有机电设备应有专人操作、维修、保养，他人不得私自拆卸。机电设备禁止带病作业，带电维修。操作工人经过专业培训上岗，严格按照《北京市建筑工程施工安全操作规程》相关规定执行。

8.2 操作工人必须正确佩带个人安全防护用品，戴绝缘手套，穿绝缘鞋，戴护目镜和口罩。

8.3 需搭设脚手架操作时，应按上级主管部门审批合格的方案搭设、验收和使用。

9. 环保措施

9.1 水钻成孔时应注意及时收集水钻产生的污水，防止其肆意横流污染环境。

9.2 将钻芯及拆除下来的包装物品及时清运至现场垃圾站。

10. 效益分析

目前市场价格约为 50～100 元/根，不包括钻头费用，主要产品为国外产品。该产品施工简便，性能优越，具有较强的技术经济综合优势。

十五、无声爆破拆除施工工法

1. 前　　言

采用高效无声破碎剂进行破碎拆除是加固改造工程中常用的一种技术。北京市民族文化宫抗震加固装修改造工程中，Ⅰ段剧院原钢筋混凝土梯形屋架结构系统需要在不影响其他构件的要求下拆除，公司根据现场条件，确定用无声爆破施工技术拆除，与设计院和相关高效无声破碎剂厂家、工程施工人员联合，进行方案论证、技术公关，最终成功应用高效无声破碎剂无声爆破施工技术安全高效拆除屋架结构系统。本工法是在本次技术方案和施工实践基础上进行总结而形成。

2. 工 法 特 点

2.1 破碎特点为低压、慢加载，所以爆破拆除振动小，烟尘少，无毒气，无飞石等公害，对周围环境影响小。

2.2 需保留结构采用先预裂后爆破方法，对保留的结构无影响。

2.3 破碎剂为非易燃易爆危险品，运输、保管不受火药型法规的限制，使用安全。

2.4 不需大型的机械设备和操作场地。

3. 适 用 范 围

用于对大体积脆性材料的破碎，如花岗石、大理石、贵金属矿石、混凝土构件、砖石构件等各种硬件物。

不宜使用炸药进行爆破，场地狭小或数量上不适用机械拆除的混凝土、钢筋混凝土和砖石结构构件，如各类矿山的开采，地基、壕沟、隧道、地下工程的挖掘，楼房墙体、桥梁、雕塑、码头等建筑的拆除。

不适用于多孔体和高耸结构。

4. 工 艺 原 理

无声爆破技术是利用炮孔中的高效无声破碎剂的水化反应，使晶体变形产生体积膨胀，从而缓慢地将此膨胀应力施加给孔壁，由于受到孔壁的约束，这种膨胀应力转化为构件内部的拉应力使构件破碎。无声破碎剂在孔中产生的膨胀压力一般可达 30～80MPa，而混凝土的抗拉强度一般小于 20MPa。

5. 施工工艺流程及操作要点

5.1 工艺流程

现场调查 → 爆破设计 → 对拆除和保留的结构进行支撑 → 按设计钻孔 → 灌无声破碎剂 → 养生反应 → 风镐剔除 → 渣土清理

5.2 操作要点

5.2.1 现场调查

收集爆破对象的原始技术资料，详细调查建筑物结构构造、性质、作业环境、工程量、要求破碎程度、工期要求、气候条件、钢筋规格及布筋情况。

5.2.2 爆破设计

设计时根据爆破对象的实际情况确定所需钻孔分布。破碎设计参数见表 5.2.2。

一般破碎设计参数　　　　　　　　　　　　　　　　　　　表 5.2.2

被破碎物体	钻 孔 参 数			破碎剂使用量 (kg/m³)
	孔径(mm)	孔距(mm)	孔深	
轻质岩破碎	30～50	300～500	H	8～10
中硬质岩破碎	30～50	300～500	105%H	10～15
岩石切割	30～40	200～500	90%H	一面切割 5～8 二面切割 15～16
无筋混凝土破碎	30～50	300～500	80%H	3～10
钢筋混凝土破碎	30～50	150～300	H	15～25

注：H—物体的破碎高度。

1. 炮孔布置可根据结构物的自由面的数量而定，对不同自由面采取不同的布孔方法。炮孔布置需随结构的形状、分布情况、钢筋种类、数量、混凝土强度等因素确定适宜的孔距。

2. 需保留结构布孔设计：在距离保留结构边 5～10cm 处先钻 1～2 排密集空孔，为无声破碎提供破碎自由面，以减少后续工序对保留结构的扰动。

5.2.3　对拆除及保留的结构进行支撑

对拆除部分，应进行拆除工作面的平台搭设和构件临时支撑，防止拆除的构件受力改变或大块混凝土坠落造成下部和相关结构的破坏。

对保留结构部分，按爆破拆除后结构的受力状况进行有效支撑（若有需要）。

5.2.4　按设计布孔

炮孔尽量选用垂直炮孔，少用水平炮孔，避免填塞操作困难。对难于钻垂直孔的部位，可钻朝下的斜孔。

5.2.5　钻孔

1. 可用风镐、风钻、电钻钻孔。

2. 对钢筋混凝土的破碎，一般采取靠近钢筋里层密集打孔，先将混凝土保护层胀裂，用电气焊把露出的钢筋切断，解除钢筋约束后，再用破碎剂破碎。

3. 为保护需保留结构的钢筋钻孔不能采用水钻，宜采用风钻。

5.2.6　拌制无声破碎剂

1. 按使用说明规定的水灰比（一般取 0.3～0.35），称量后用手提式搅拌机拌成浆体备用。

2. 破碎剂搅拌要均匀，拌合时间不超过 3min，要随配随用，一次不宜过多，搅拌好的浆体应在 10min 内用完。流动度丧失后不得加水拌合使用。

5.2.7　灌注

1. 对于垂直炮孔，可直接倾倒进去，并用炮棍捣实。对于水平炮孔或斜孔，可用挤压或灌浆泵压入孔内，并用快凝砂浆或泡沫塑料塞子迅速堵口。药面高度应比孔口低 20mm。

2. 装填炮孔前需清理干净，对吸水性强的干燥炮孔，应先浇水湿润。

5.2.8　养生

炮孔灌注后不用覆盖，裂缝出现后可向裂缝中浇水，以加速膨胀应力的发生和裂缝的扩大。冬天施工时要覆盖保温。填充破碎剂后，其开裂时间因气温和被破碎体的温度不同而异，一般在 10～24h 产生裂缝。

5.2.9　剔除

采用小风镐破碎爆破拆除混凝土。

6. 材料与设备

6.1　材料

6.1.1　高效无声破碎剂是一种以生石灰和硅酸盐为主，含有铝、镁、钙、铁、氧、硅、磷、钛等元素的无机盐粉末状物质。其技术性能及指标见表 6.1.1。

一般高效无声破碎剂技术性能及指标　　　　　表 6.1.1

型号	适用温度（℃）	膨胀压（MPa）		
		8h	24h	48h
Ⅰ	35±5	≥30	≥55	≥90
Ⅱ	25±5	≥20	≥45	≥60
Ⅲ	10±5	≥10	≥25	≥55

6.1.2　破碎剂要存放在干燥、通风良好的场所内，以防受潮变质。破碎剂严禁雨淋或遇水。破碎

剂保质期一般为1年。

6.2 机具设备（表6.2）

机具设备表   表6.2

序号	机具名称	型号	单位	数量	序号	机具名称	型号	单位	数量
1	空压机	9m³ 电动	台	1	4	风镐	小型	台	3
2	液压钳	7.5kW	台	1	5	气割设备		套	2
3	钻机	7655型	台	5	6	手提式搅拌器		台	2

7. 质量控制

7.1 破碎剂应符合质量要求，有产品合格证及检验报告，产品根据工程实况和不同季节温度分不同型号，应严格按使用说明书使用。严禁使用过期产品。

7.2 要按实际的施工环境温度选择合适的破碎剂，不得错用或随意互换使用。

7.3 钻孔深度、孔径要依据设计要求进行专人验收，合格后方可进行下步工序施工。孔的水平偏差不得大于5mm，垂直度偏差不得大于5%，孔距偏差不得大于30mm。

8. 安全措施

8.1 防护及支撑设置

8.1.1 楼板、梁等构件拆除时，根据现场条件，对需要拆除范围的构件下部设支撑防护脚手架，设置水平硬防护和水平安全网，四周进行围挡防护，以防构件整体或破碎后碎块坠落，对下部结构和人员造成伤害。保留结构按实际受力状况计算并进行可靠支撑。

8.1.2 无声爆破后开裂的构件进行剔凿前，应再次检查构件下部支撑防护脚手架和保留构件的支撑脚手架。

8.1.3 脚手架应进行计算，并经过安全验收，方可投入使用。

8.1.4 在脚手架使用过程中，经常清除架上渣土，注意控制荷载，禁止过多堆放渣土或多人集中在一起。

8.2 破碎剂使用

8.2.1 装运破碎剂的容器应防止雨水侵入，以防发生喷出或炸裂。

8.2.2 装填炮孔时，操作人员应佩戴防护眼镜和橡胶手套。

8.2.3 破碎剂浆体有弱腐蚀性，施工完毕应及时清洗，以防刺激皮肤。若药液进入眼睛应立即用清水冲洗，再用醋兑水冲洗。

8.3 在灌浆到裂缝出现前，施工人员要离开现场，不得近距离直视孔口，以防发生浆液喷出伤人事故。

8.4 拆除过程中，应有专人监护，严禁无关人员进入施工范围。

8.5 机械负荷前，应进行试运转，不能带病作业。

8.6 拆除垃圾集中堆放不得超过楼板使用荷载，合理安排拆除与垃圾清运时间，及时清理。

9. 环保措施

9.1 破碎剂浆体有弱腐蚀性，采用专用容器，专人使用，并及时回收、清理，防止污染环境和其他构件。施工操作人员应佩戴防护口罩、防护眼镜和橡胶手套。

9.2 钻孔一般采用电钻，构件破碎后采用风镐进行剔凿，在钻孔和剔凿过程中均产生噪声，施工过程应防止扰民，进行隔声防护，按当地政府规定的时间进行施工。

9.3 在钻孔和剔凿过程应做好粉尘防护，施工操作人员应佩戴防护口罩。

9.4 爆破破碎产生的渣土应每天清理装袋，集中堆放和运输。

10. 效 益 分 析

10.1 该工艺只需简单技术指导即可掌握，可按每个施工组 3～6 人进行流水施工，施工方便，使用安全，易于推广应用。

10.2 以改造工程拆除旧混凝土基础为例，拆除一立方米混凝土的直接费主要为人工费、破碎剂费用、渣土清理运输消纳费用以及环保、安全操作方面的措施费用，综合费用在 600 元左右。与人工破碎相比，可以节约人工费用约 50％～60％，并加快拆除进度。

十六、应用 CGM 灌浆料加固梁、板、柱施工工法

1. 前　　言

CGM 高强无收缩灌浆料主要用于设备基础灌浆，在民族文化宫抗震加固改造工程中，经工程技术人员努力实践，广泛用于建筑物基础加固，建筑物植筋，建筑物梁、板、柱改造等方面。公司根据 CGM 高强无收缩灌浆料在民族文化宫抗震加固改造工程中的成功应用，总结其材料特点、工艺原理、施工工艺等方面，形成此工法。

2. 工 法 特 点

2.1 工艺简单、操作方便：与普通混凝土施工相比，采用工厂化成品包装的 CGM 灌浆料，现场加水搅拌即可，自流态、免振捣；易保证质量。

2.2 节约工期：CGM 灌浆料一天强度最高可达 50MPa，最终强度 50MPa 以上。

2.3 环保性能好：无毒无味，不污染环境，施工无噪声。

2.4 适用范围广：无收缩、微膨胀，抗油渗，耐久性、耐热性好，适用于普通混凝土不适合的特殊环境。

3. 适 用 范 围

3.1 适用于混凝土结构加固改造、地脚螺栓锚固、钢结构或预制柱垫板坐浆及混凝土梁柱接头连接、混凝土孔洞修补、基础锚杆灌浆、预应力构件孔道灌浆、设备基础二次灌浆、工程抢修等方面。

3.2 适用于施工中不易进行振捣作业的部位。

3.3 CGM 灌浆料耐腐蚀性和耐久性好，能承受振动及在高温、低温、湿度大的环境使用，可满足特殊部位、特殊用途的加固。

4. 工 艺 原 理

CGM 高强无收缩灌浆料是以高强度细石微粒、石英砂等作为骨料，以水泥为胶结材料，辅以高流态、微膨胀、防沉降、防离析等物质配制而成。与普通混凝土、砖石基体和钢筋粘结紧密，固化后能与原结构结合为一个整体，共同变形，满足传递结构受力传力的要求。

利用CGM高强无收缩灌浆料加水后自流态、免振捣、早强、高强，与钢筋和混凝土共同作用的特点，对原结构进行补强、加固、灌浆，进行构件植筋和埋件锚固。

5. 施工工艺流程及操作要点

5.1 工艺流程

基层钻孔 → 加固表面凿毛、清理 → 补配钢筋 → 支模 → 湿润混凝土表面 → 灌浆料 → 灌胶 → 养护 → 脱模

5.2 操作要点

5.2.1 基层钻孔：可用金刚石钻机、风钻、电钻钻孔。使用CGM高强无收缩灌浆料植筋时，钻孔的深度应≥15d（d为钢筋直径），孔的直径应符合表5.2.1的要求，并应符合设计要求。

CGM灌浆料植筋孔径要求   表5.2.1

钢筋直径d(mm)	$\phi6\sim12$	$\phi14\sim20$	$\phi22\sim40$
孔径(mm)	≥d+20	≥d+30	≥d+40

5.2.2 混凝土加固范围内表面应凿毛，清理干净，不得有浮浆、浮灰、油污、脱模剂等杂物，松动部位应剔除至实处。植筋孔内应清除孔中杂物，孔口用木楔和棉布封堵。

5.2.3 补配钢筋：按设计要求配制钢筋。

5.2.4 支模：模板应支设牢固，拼缝严密。

5.2.5 湿润：灌浆前24h浇水充分湿润混凝土表面，灌浆前应排除积水。植筋孔洞用清水湿润，植筋前除去孔洞中明水。

5.2.6 灌浆料的配制

1.CGM灌浆料拌合时，加水量应按产品合格证上推荐的用水量，搅拌均匀即可使用。拌合水应采用饮用水。

2.CGM灌浆料的拌合可采用机械搅拌或人工搅拌，推荐采用机械搅拌方式，搅拌时间1～2min。采用人工搅拌时，应先加入2/3的用水量，拌合2min再加入剩余的水量搅拌均匀。

3.搅拌地点尽量靠近灌浆施工地点，灌浆料每次搅拌后应在30min内用完。

4.严禁在CGM灌浆料中掺入任何外加剂掺料。

5.冬期施工时选用与施工温度相适宜的CGM灌浆料型号，并应符合现行相关规范的规定和设计要求。

5.2.7 灌浆

灌浆前根据现场情况确定合理的灌浆顺序和灌浆方案。当两侧同时灌浆时，模板上应留设通气孔，以防止由于窝住空气而产生空洞。灌浆时应通过轻轻敲击模板的辅助方式使灌浆料灌注密实。灌浆必须连续进行，并尽可能缩短灌浆时间。雨季灌浆初凝前应防止雨水冲刷。

常见灌浆方法有以下几种：

1.自重法：在施工过程中，利用其流动性能好的特点，在灌浆范围内自由流动，满足灌浆要求的方法；

2.高位漏斗法：在施工中，仅靠流动性不能满足时，利用提高灌浆位差，满足灌浆的方法；

3.压力灌浆法：在施工中，利用灌浆增压设备，满足灌浆要求的方法。

5.2.8 养护

灌浆完毕后，应浇水自然养护，或采用覆盖塑料薄膜、喷洒混凝土养护剂养护。冬期施工时，应覆盖岩棉被或采取其他保温加热措施，以防冻害。养护时间参考表5.2.9。

5.2.9 拆模

要求同普通混凝土结构施工。一般情况下CGM灌浆料的拆模时间参考表5.2.9。

		CGM 灌浆料的拆模、养护时间			表 5.2.9
平均气温（℃）	拆模时间（h）	养护时间（d）	平均气温（℃）	拆模时间（h）	养护时间（d）
−10～0	96	14	5～15	48	7
0～5	72	10	≥15	24	7

6. 材料与设备

6.1 CGM 高强无收缩灌浆料的材料性能（表 6.1）

CGM 高强无收缩灌浆料性能指标　　　　　表 6.1

项目 型号	竖向膨胀率（%）	抗压强度（MPa）			流动度（mm）	钢筋粘结强度（MPa）		施工温度（℃）
	1d	1d	3d	28d		钢	螺纹钢	
CGM-1	≥0.02	30～50	40～55	65～85	≥270	6	≥13	−10～25
CGM-2	≥0.02	40～55	38～45	55～65	≥240	6	≥13	5～25
CGM-3	≥0.02	30～50	40～55	65～85	≥270	6	≥13	25～40

注：试块为 40mm×40mm×160mm（20℃）。

6.2 钢材应符合现行混凝土结构用钢材的有关标准。

6.3 机具设备：施工过程中使用的主要机具设备见表 6.3。

主要机具设备一览表　　　　　表 6.3

序号	机具名称	用　途	序号	机具名称	用　途
1	金刚石钻孔机	用于混凝土上打孔	3	台秤	计量用
2	搅拌机、搅拌槽、铁铲	拌合用	4	压力灌浆注浆设备	用于孔内压力灌注

7. 质量控制

7.1　原材料质量

7.1.1　CGM 高强无收缩灌浆料

1. 每批产品应有合格证和检验报告，现场对每批进场产品进行抽样检测，抽样方法、数量参考水泥检测要求。检验项目应包括流动度、竖向膨胀率、抗压强度。

2. 存放应采取防雨防潮防晒措施，冬季应存放在暖棚中。

3. 不得使用过期和受潮的产品。出厂 3 个月后应进行复检。

7.1.2　钢筋：执行现行国家标准《钢筋混凝土结构工程施工质量验收规范》GB 50204—2002 和设计要求。

7.2　施工质量

7.2.1　严格按产品使用说明书使用，计量要准确，搅拌要均匀，配好后应在规定的时间内用完。严禁掺加任何外加剂、外掺料。

7.2.2　钻孔深度、孔径、孔壁湿润、基层清理、钢筋加工要依据设计要求及材料工艺要求进行专人验收，合格后方可进行下步工序施工。孔的水平偏差不得大于 2mm，垂直度偏差不得大于 1%。钻孔时禁止随意切断结构受力钢筋。必须对构件加固面按混凝土施工缝进行凿毛处理，保持基层湿润、清洁。

7.2.3　灌浆时通过清清敲打模板侧壁、观测模板口、估量灌注量等方式确定是否灌注密实。

7.2.4　模板拼缝应严密，模板缝隙不得大于 0.5mm。灌浆过程中发现跑浆要及时封堵处理。

7.3 养护

确保养护质量，保证养护天数，冬期施工应采取必要的保温措施。

7.4 验收

7.4.1 混凝土梁板、墙、柱加固应符合《混凝土结构加固技术规范》CECS 25—90 的要求。施工验收应符合设计要求及现行国家标准《钢筋混凝土结构工程施工质量验收规范》GB 50204—2002 的有关规定。

7.4.2 锚筋：正式施工前，应在现场同种环境下由法定检测单位做各规格钢筋抗拔试验，抗拔力应达到设计要求。验收时抽样数量方法与设计、监理单位商定。

8. 安 全 措 施

8.1 所有机电设备应由专人操作，禁止带病作业。

8.2 操作架子必须稳固，防止倾倒，作业确保安全施工。

8.3 高空作业应检查作业面，做好安全防护。

9. 环 保 措 施

9.1 前期基层处理的垃圾必须在加固前清理干净，CGM 随用随拌，活完场清，CGM 塑料袋应回收使用。

9.2 施工中清理、搅拌和养护用水应注意对四周环境和其他作业的影响。施工用水专人负责，杜绝浪费，保持场地无积水。

9.3 CGM 灌浆料应按水泥存放要求安排专用场地存放，搅拌场地四周应封闭，防止粉尘污染。

10. 效 益 分 析

10.1 采用 CGM 灌浆料锚固钢筋，钢筋能达到抗拉强度而锚固处不破坏。

10.2 每使用 1t CGM 灌浆料代替环氧树脂锚筋，可节约材料费约 2 万元左右。

10.3 CGM 灌浆料施工工艺简单，质量易保证；强度增长快，拆模时间早，工期缩短，加快施工进度；完全固化后强度高，可减小抗压构件截面尺寸，增大使用空间。

10.4 采用 CGM 灌浆料加固后无需再做表面处理，节约费用。

10.5 经过大量工程实践，该产品也适用于建筑工程结构加固、孔洞的修补、抢修工程，可节约材料和资金，经济效益和社会效益显著，该材料和技术的应用和推广前景广阔。

十七、原有结构墙体静力拆除施工工法

1. 前 言

在我国建筑行业飞速发展的今天，许多老旧建筑已与新城市的建设和发展的环境格格不入，但这些建筑的结构尚可，若将其推倒重建将浪费国家大量的财产资源，于是就有了对原有结构进行保护性拆除后重新进行修缮改造的工程出现。为此，原有结构保护性拆除工程施工也就应运而生。建筑物墙体拆除是拆除工程其中很重要的一部分，现以北京市西城区月坛体育馆修缮改造工程、工人体育场改造的墙体拆除施工为例进行简要说明。

2. 工 法 特 点

墙体静力拆除是用专用切割机械设备进行厚砖墙、混凝土墙体拆除及门窗、楼梯、电梯等墙体的切割开口。其主要的特点如下。

2.1 拆除过程中造成的粉尘少，噪声小，环境影响小，拆除过程快速高效。

2.2 由于静力拆除是金刚石锯片研磨墙体，所以不存在振动问题，对原有保留结构无冲击，能最大限度地保证原有结构不受损伤，且拆除后切口边缘整齐平直，无须进行剔凿整理，节省人工。

3. 适 用 范 围

适用于各类民用建筑、公共建筑、厂房、仓库等钢筋混凝土结构、砌体结构的各类墙体拆除施工。

4. 工 艺 原 理

墙体静力拆除是采用墙锯系统设备，利用金刚石锯片的高速旋转和金刚石锯片的高硬度，对墙体进行直线研磨从而将墙体拆除。

5. 施工工艺流程及操作要点

5.1 工艺流程

施工准备 → 施工平台搭设 → 清拆管线 → 从上至下逐层（或按设计要求）拆除各类墙体 → 现场清理

5.2 操作要点

5.2.1 施工准备

1. 技术准备工作

1）首先熟悉被拆建筑物的竣工图纸，弄清建筑物墙体的结构情况、建筑情况、水电及设备管道情况等。技术负责人要根据施工组织设计和安全技术规程向参加拆除的工作人员进行详细的交底。

2）对施工人员进行安全技术交底，加强安全意识。对工人做好安全教育，组织工人学习安全操作规程。

3）察看施工现场，熟悉周围环境、场地、道路、水电设备管路、建筑物情况等。

2. 现场准备工作

1）清理施工场地，保证运输道路畅通。

2）施工前，先清除拆除范围内的物资、设备；将电线、燃气道、水管、供热设备等干线与该建筑物的支线切断或迁移；检查周围环境，必要时进行临时加固；在拆除区域周围设禁区围栏、警戒标志，派专人监护，禁止非拆除人员进入施工现场。

3）搭设临时环境保护设施，避免拆除时的砂、石、灰尘飞扬影响生产的正常进行。

4）接引好施工用临时电源、水源，保证施工时水电畅通。

5.2.2 施工平台搭设

拆除墙体前，应根据墙体高度需要而搭设施工作业平台。一般用脚手架、跳板铺设平台，平台宽度不小于 1.5m，施工平台一方面防止拆除过程中渣土飞溅对四周环境的破坏，另一方面防止渣土掉进采光井、明沟内给渣土的清理带来更大不便。落在平台上的渣土不应堆放过多，应及时清理至地面指定部位归堆。

5.2.3 清拆管线

清拆管线之前，建筑物内原有线路、管道要统一截断掉，防止出现意外触电、跑水等。拆除管道时，必须再查清残留物的性质，并采取相应措施确保安全后，方可进行墙体拆除施工。

5.2.4 墙体拆除

墙体拆除必须按照自上而下拆除的原则进行。严禁破坏建筑结构，严禁几层同时拆除，当拆除某一部分墙体的时候应该防止其他部分墙体的倒塌。

1. 填充墙体拆除

1）压顶圈梁拆除

工人先用墙锯切割压顶圈梁与结构的钢筋连接，然后采用风镐将混凝土压顶圈梁破碎，使渣土掉落在平台上，并及时用溜槽溜至地面并清理归堆。

2）填充墙体拆除

压顶圈梁拆除后先用墙锯切割墙体与结构的钢筋连接，同时将填充墙切割成 1000mm×1000mm 块状，切割缝隙 2mm 左右。待切割完成后，操作工人用大锤逐块敲击，使墙体砌块落在脚手板上。拆除之前，为避免大量粉尘出现，应提前将墙体浇水湿润。若在拆除过程中出现粉尘应立即进行降尘处理，然后再进行施工。拆除部位与保留墙体交接处必须用砂轮切割机切开后人工剔槽，在两部分墙体彻底断开后方可拆除，不能对保留结构产生扰动。

2. 混凝土墙体拆除

1）混凝土墙体静力拆除（或切割）工艺流程

确定拆除部位 → 确定切割块大小、切割顺序及切割线 → 计算角部过度切割线长度 → 确定保护措施（角部处理）→

进行切割作业 → 破碎混凝土的清运

2）混凝土墙体静拆除（或切割）操作要点

① 拆除（或切割）前角部预处理

采用墙锯进行切割时，由切割用的锯片形状及切割块的形状决定了切割时，不可避免的有过度切割现象，在切割前根据切割锯片的直径及切割块的厚度，计算出过度切割值 a，$a=(R_2-r_2)1/2-[R_2-(r+b)2]1/2$，如图 5.2.4-1 所示。

若混凝土墙厚 $b=300mm$，锯片 $R=800mm$，法兰 $r=50mm$，计算出 $a=79mm$。根据计算数据，为保证不对角部过度切割，故在预切割洞口内侧，与切割线相切处，先用水钻钻孔进行角部预处理，钻孔半径 $r \geqslant a$，如图 5.2.4-2 所示。

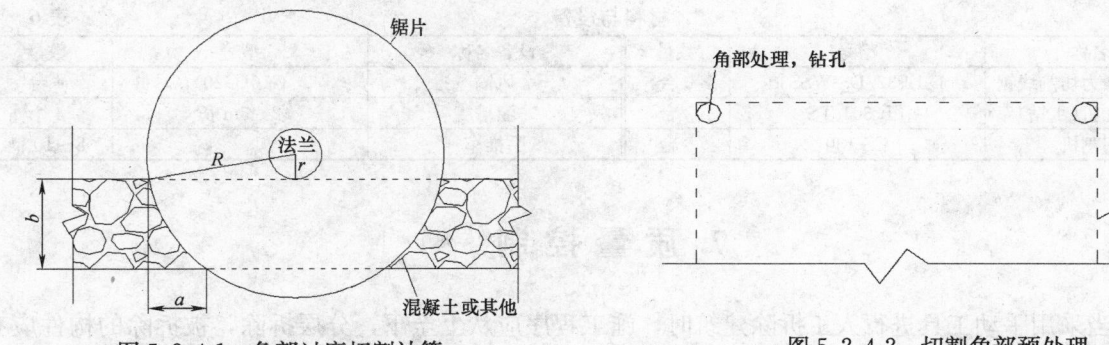

图 5.2.4-1 角部过度切割计算　　　　　图 5.2.4-2 切割角部预处理

② 混凝土墙体的切割与凿除

采用墙锯系统先进行洞口三边的切割，第四边的切割只切断钢筋，然后进行风镐凿除，切割线如图 5.2.4-3 和图 5.2.4-4 所示。

3）拆除（或切割）时对原结构的保护

在风镐凿除前，先切断混凝土中的钢筋，以免凿除过程中由于钢筋的振动而影响原结构中混凝土与钢筋的连接；切割块或破碎的混凝土的临时堆放地点必须是楼层能承受荷载较大的地方（如柱梁结

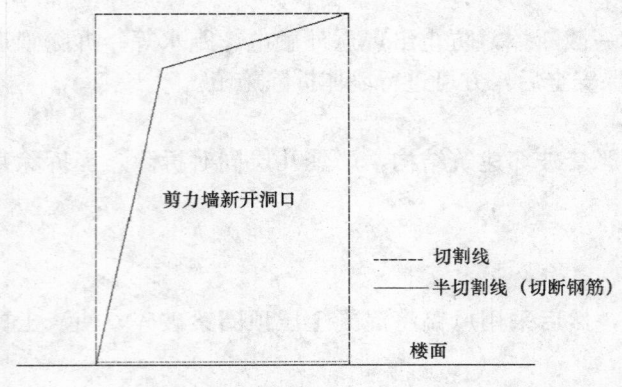

图 5.2.4-3　混凝土墙切割示意图

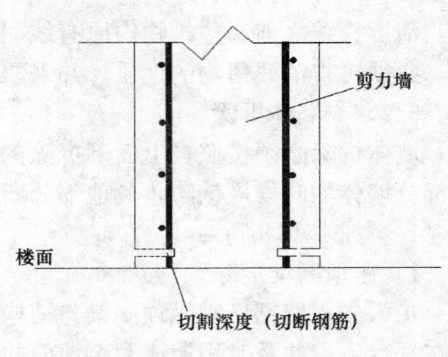

图 5.2.4-4　混凝土墙切割示意图

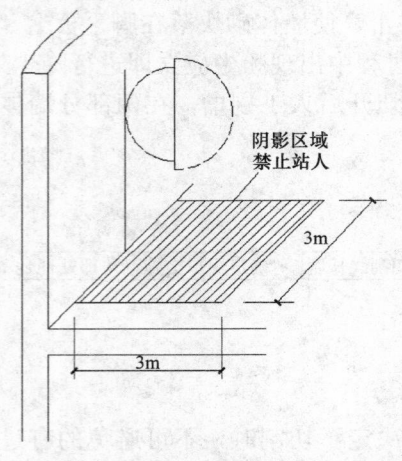

图 5.2.4-5　安全区域设置

合部位），堆放地点要远离洞口。

4）安全区域设置

工作区域需设置安全警示标志，此区域内禁止非施工人员进入。如图 5.2.4-5 所示。

5）锯浆的处理

因墙体静力切割是湿法作业，会产生大量的锯浆，对周围环境造成不利影响。因此在墙体切割下方满铺油布或彩条布进行锯浆收集或在切割区域周围用细砂等进行维护，以防锯浆随意流淌。

5.2.5　现场清理

拆除施工完毕，渣土运输完毕后，应组织工人对施工现场进行清理，使得拆除施工现场干净、整洁，达到工程验收要求。

6. 材料与设备

本工法所需的材料与设备见表 6。

材料与设备　　　　表 6

设备名称	型号	数量	设备名称	型号	数量
液压金刚石静力切割线锯	D-LP32/DS-WSS30	6 台	风镐	G10(G20)	4 台
金刚石钻孔机(水钻)	FF 301 TS	2 台	溜槽	2～3m 长	4 个
砂轮切割机	CS-150	6 台	手推车		8～10 辆

7. 质 量 控 制

7.1　当采用手动工具进行人工拆除建筑时，施工程序应从上至下，分层拆除，被拆除的构件应有安全的放置场所。

7.2　拆除施工应分段进行，不得垂直交叉作业。作业面的孔洞应封闭。

7.3　人工拆除建筑墙体时，不得采用掏掘或推倒的方法。

8. 安 全 措 施

8.1　在拆除工程开工前，须组织技术人员和工人学习安全操作规程和拆除工程施工方案。

8.2 拆除工程的施工，必须在工程负责人的统一指挥和监督下进行。工程负责人须根据施工方案和安全技术规程向参加拆除的工作人员进行详细的交底。

8.3 工人从事拆除工作的时候，应站在施工工作平台上或者其他稳固的结构上操作。

8.4 拆除区域周围应设立围栏，挂警告牌，并派专人监护，严禁无关人员逗留。

8.5 拆除较大或较重的构件，应用电锤破碎后及时运走，避免荷载堆积。

8.6 平台上不允许堆放太多的弃物，应及时清理，在高处进行墙体拆除时，要设置溜放槽。

8.7 各层的落渣口位置（可考虑充分利用电梯井口、管道井口、垃圾道口）都应选取在非人员上下和水平行走的通道位置上，并应落实防护措施。

9. 环 保 措 施

9.1 拆除施工中要做到随拆除随洒水，尽量减少扬尘的产生。拆除机械消声系统应完好无损，降低噪声，机械设备停放位置适当。

9.2 施工作业期间，拆除施工的机械设备进场前先进行三级维护，使机械以优良的状态进入现场施工，避免因机械的故障等造成的振动、排放而扰民。

9.3 施工现场遵照《建筑施工场界噪声限值》制定降噪措施，应采用环保型拆除机械，达到机械低噪声、低排放污染、效率高的特点。

10. 效 益 分 析

通过人工结合切割机械的墙体拆除施工方法在工程上的实际运用，能在快速完成工程施工的同时，最大限度地保证工程原有的建筑结构不受损伤，且在环保上取得较好的效益。整个墙体拆除施工过程中产生的音量均控制在 45dB 以内，远远低于人工结合风镐破碎墙体拆除施工产生的音量（80～90dB）。

十八、钻孔切割拆除施工工法

1. 前 言

随着时代的进步，国内许多原有建筑的功能和房间格局无法满足人们的使用要求，需要进行平面功能调整及消防、结构改造。水钻连续钻孔切割拆除原有结构是工程施工中常见的施工方法，为最大程度地减小对原有结构的损害，并且尽可能地减少对周围环境的影响，我们在工程实践中总结出噪声小、无振动、操作简单、移动性好的钻孔切割拆除施工工法。

2. 工 法 特 点

2.1 无振动，可有效保证原有建筑物的质量。

2.2 无粉尘污染，噪声小。

2.3 操作工艺简单、移动性好、安全可靠。

2.4 水平方向、竖直方向均可切割，可满足不同的施工需求。

2.5 对厚大体积结构采用钻孔切割技术，施工速度更快捷。

2.6 钻孔切割可方便地切断混凝土内的钢筋、钢板、型钢以及砖墙、耐火材料等。

3. 适 用 范 围

本工法适用于混凝土结构和砖混结构的拆除、开洞施工。

4. 工 艺 原 理

无振动切割是采用钻孔机对墙、梁、板构件等进行钻孔、切割，钻头用水冷却，而达到拆除或开洞的目的。

5. 施工工艺流程及操作要点

5.1 工艺流程

施工准备 → 定位放线 → 钢筋探测 → 安装固定钻孔 → 钻孔切割 → 运输 → 洞口剔凿修平 → 清运渣垃场地清理

5.2 操作要点

5.2.1 施工准备

1. 支撑计算及搭设：按照拆除后结构或构件的受力情况进行计算，确定构件拆除后对原有结构的安全影响而对原结构采取的加固支撑方案；对拆除构件的临时支撑计算，再按设计的支撑方案搭设。

2. 检查设备运行状况，落实好现场水源、电源。

5.2.2 定位放线：弹出要拆除切割部位的边线以及预留钢筋处的控制线。

5.2.3 钢筋探测：使用钢筋位置测定仪确定结构的钢筋位置，弹出钢筋切割边线的钢筋位置，以便于钻孔时避开钢筋。

5.2.4 安装钻孔机：应采用垫片对钻孔机底座进行基本找平，保证钻杆垂直于拆除面，防止钻孔机底座不平时成孔偏斜。

5.2.5 钻头选择：根据开洞尺寸、工程量、工程造价、工期确定。钻杆根据需要可以接长。

5.2.6 钻孔切割

1. Φ20mm 以内孔选用冲击钻，Φ20～40mm 间可选用手持金刚石钻机，Φ40mm 以上选用吸附式金刚石钻机。砖墙采用电锤钻孔时，同一面墙上工作间距不小于 5m，以免引起较大的振动；混凝土墙体用静力钻孔机（水钻）打孔。手持钻机的操作人员要保证钻机与切割面垂直，防止钻孔偏位。

2. 梁、板、柱、墙的拆除采用钻排孔分块切割，切割分块不宜过大，切割的构件每块的重量基本上以人工使用捯链能卸载、搬运出来为宜。

3. 水钻切割墙体等纵向构件时，按照事先弹好的控制线，分块从上向下进行拆卸。钻孔时必须注意，沿墙体高度上的孔，混凝土钻芯可以随切割随取出。水平方向的钻芯在混凝土块卸下前不得随意取出。要继续垫固在墙体内保证其切割后混凝土块的稳定性。

4. 水钻切割拆除水平构件时，在每个切割分块两条边的钻孔贯通后，先在拟拆除的每块顶板上钻φ159孔。捯链钢丝绳及吊钩顺孔垂下，钢丝绳绑扎在每块混凝土块的两端，在另外两条边最后一钻完成，用花篮螺栓紧固后缓慢起吊，轻轻摆放在铺好垫木的楼板上，以免砸坏楼地面。顶板上部的起吊人员与下部信号工之间要密切配合，操作时严禁野蛮施工。

5.2.7 运输

许多拆除工程受场地条件限制，不具备利用大型起重设备和运输设备的条件，基本以人工操作为主。

5.2.8 洞边剔凿修平

水钻切割完后，洞口四边将会出现半圆形牙口，由人工剔凿水钻切割的尖角及不到位的死角部位，保证洞口尺寸和平整。

5.2.9　渣土清运及场地清理

钻孔切割完成后，清理施工现场，将钻芯及切割下来的构件运至现场指定地点，委托具有建筑垃圾处理资质的单位负责集中消纳，做到活完场清。

6. 材料与设备

6.1　材料

水管（管径 DN20）、储水桶、钢丝绳。

6.2　设备

6.2.1　钻头

常用钻头规格见表 6.2.1。

常用钻头规格（单位：mm）　　表 6.2.1

规格	有效长度	钻头外径	规格	有效长度	钻头外径
16	100	Φ16	76	400	Φ76
23	100	Φ23	90	400	Φ90
27	100/200	Φ27	108	400	Φ108
30	100/200	Φ30	125	400	Φ125
36	200/400	Φ36	160	400	Φ160
46	200/400	Φ46	200	400	Φ200
56	200/400	Φ56			

6.2.2　钻孔机

6.2.3　捯链（2～5t）

7. 质 量 控 制

7.1　切割时注意不得损伤、切断要保留的钢筋。

7.2　放线位置要准确。

7.3　钻杆要垂直于拆除面，防止成孔偏斜。

7.4　洞边应倒牙基本平整。

8. 安 全 措 施

8.1　进行高空作业或用电的操作人员，应遵守《建筑安装工程安全技术规程》。

8.2　采用人工运输切割下来的混凝土块，混凝土块重量应小于1t，运输时应注意安全。

8.3　做到活完场清，及时清理泥水杂物。

8.4　钻机、钻头、吊链必须由专人负责管理、维修、保养及使用。

8.5　剔凿的结构件，四周均已钻孔完毕的，必须及时从墙体或顶板上卸下。严禁仅靠钻芯圆弧部分连接，而浮搁在墙体或顶板上。

9. 环 保 措 施

9.1　施工中在操作层下面的楼地面上铺双层塑料布，以便及时收集水钻产生的污水。

9.2 将钻芯及切割下来的构件及时清运至现场垃圾站，并委托具有建筑垃圾处理资质的单位负责集中消纳。

9.3 多台钻机同时作业时，要注意施工噪声对周围环境的影响。

10. 效 益 分 析

10.1 速度快，质量好，效率高，日进尺深度约 10～15m/机。

10.2 采用无振动钻孔机钻孔切割，不破坏需保留的结构，不用修补。

10.3 无粉尘污染，噪声小。

十九、工 程 实 例

北京工人体育场位于北京市朝阳区工人体育场北路，始建于 20 世纪 50 年代，建筑面积 44760m²，是 2008 年北京奥运会的足球比赛场地。由于原设计未进行抗震设计，后虽经 3 次改造加固，但均未进行抗震加固，工程整体不满足现行抗震规范的要求。作为 2008 年北京奥运会的比赛场地，2006 年对其进行全面的抗震和永久性加固，以提高工程的整体安全性。施工过程中对不同混凝土构件进行涂刷阻锈剂，涂刷面积约为 10 万 m²；在梁加腋、柱加固、阻尼器基础、新增墙体部位大量采用钻孔锚筋技术，对板底、梁底、梁侧的 U 型箍等部位进行碳纤维加固，总量达 2 万多平方米；在结构框架间设置黏滞型流体阻尼器，支撑方式分别为"人字形"和"斜支撑型"，共计 200 套，提高北京工人体育场的抗震能力；对梁、柱 0.3～0.7mm 的裂缝采用混凝土裂缝压力灌浆施工工艺进行封堵，封堵裂缝总长度 1800m；在加固改造中对共 96 榀框架梁采用体外预应力技术进行加固，提高了框架梁的承载力，达到了设计要求。工人体育场加固改造工程获得 2008 年度"北京市优秀装饰工程"。

首都体育馆改位于北京市海淀区中关村南大街 56 号，总建筑面积 54707m²，是 2008 年北京奥运会排球比赛场馆。原馆于 1966 年设计，按照现行规范进行验算时结构的层间变形超过规范限值，梁柱的抗震能力不足。工程改造中，在二夹层、三层、四层、顶层总共应用了 64 套阻尼器，通过采用楼层阻尼器的方法，达到了减少层间位移的目的，使整体结构的地震安全性有显著提高，同时降低了原混凝土结构的加固量。在施工过程中，充分利用原有木地板拖动装置，结合现场实际，采用体育活动木地板施工工法，拖动地板施工按期保质保量完成。活动木地板的使用实现了一馆多用的目的。在施工过程中对首都体育馆改扩建工程比赛馆的 400 余根框架柱及部分框架梁均采用扩大钢筋混凝土截面加固，框架柱的施工全部采用模板一次支设、通过预留浇筑口灌注混凝土整根柱一次成活的做法，混凝土浇筑密实，施工质量满足设计和规范要求。首都体育馆加固改造工程荣获 2008 年度"全国优秀装饰工程"。

月坛体育馆始建于 1988 年 10 月，位于北京市西城区月坛南街甲一号，并作为 2008 北京奥运会的比赛训练场馆。月坛体育馆加固改造工程的开工日期为 2006 年 10 月 8 日，竣工日期为 2007 年 9 月 10 日。在装修改造工程中，为保留原有主体结构，采用人工结合机械的外墙拆除施工的方法完成墙体拆除共 2580m²，施工效果良好。在对体育馆地下一层原消防泵房内水池拆除、新增电梯间处楼板拆除及在混凝土墙体开门洞等的施工全部采用钻孔切割拆除施工工法施工，最大程度地减小了对原有结构的损害，并且尽可能地减少对周围环境的影响。在幕墙结构体系与主体结构连接的后置钢埋件全部采用高强化学锚栓与结构锚固，在施工中推广应了钻孔锚筋技术及碳纤维加固技术，在工程工期施工进度、质量、安全、环境保护方面均较为出色，得到了业主的好评。月坛体育馆加固改造工程荣获 2008 年度"全国优秀装饰工程"。

饰面石板短槽式干挂施工工法

YJGF41—1998（2007～2008 年度升级版-017）

中国新兴建设开发总公司

张小妮　段春伟　冯云鹏　陈荣

1. 前　言

短槽式干挂技术是近年来一项成熟、安全可靠的饰面石板干挂工艺，它可以充分将设计理念，体现于饰面石板的室内外干挂装饰中。在等同的受力条件下，可降低板材本身的弯曲应力，提高承载能力，节约板材厚度，具有可靠的安全体系。在已有的《饰面石板短槽式干挂施工工法》YJGF41—98 的基础上，经过多年的工程实践，对短槽式干挂技术进行了大胆的改进和创新，并在承接的公安部办公楼、中央统战部办公楼、解放军电视大楼等大型工程的室内外石材装饰中应用，这些工程先后获得了国家建筑工程"鲁班奖"、全国建筑业新技术应用示范工程、全国建筑工程装饰奖。

2. 工 法 特 点

2.1　板材本身可承受水平荷载，竖向荷载由挂件传递给龙骨体系，再传给主体结构承担，能有效地抵御地震冲击和动力荷载作用。

2.2　饰面石板短槽干挂技术成熟可靠，能确保石材幕墙的安全性、稳定性、可靠性。

2.3　饰面石板开槽极为简便，专用饰面石板开槽机械可工厂化成批量开槽。

2.4　安装方法极为简便，误差便于调整和控制。能很好的保证安装质量和外观装饰效果。

3. 适 用 范 围

3.1　适用于各类工程建筑内、外立面采用饰面石板装饰的幕墙工程。

3.2　适用于钢筋混凝土、砖墙等各种结构墙体做花岗石板、大理石板等饰面板。

4. 工 艺 原 理

4.1　饰面石板短槽干挂技术的原理，是在板材侧面用专用开槽机械切削短槽，槽宽 6～7mm 且略宽于挂件厚度，挂件勾入板材短槽内，槽内注入环氧树脂型专用石材结构胶粘结并填充，挂件与横龙骨连接，这样板材将重量传递给挂件，通过挂件再传递给横龙骨→竖龙骨→预埋件→主体结构。这种安装方法简便灵活，工序简单。

4.2　饰面石板短槽干挂主要是托式受力，即板材本身为四点支撑板，板材承受水平荷载，板材底部受挂件支托，上部由挂件勾拉住，从而保持幕墙的整体稳定和平整效果。如图 4.2 所示。

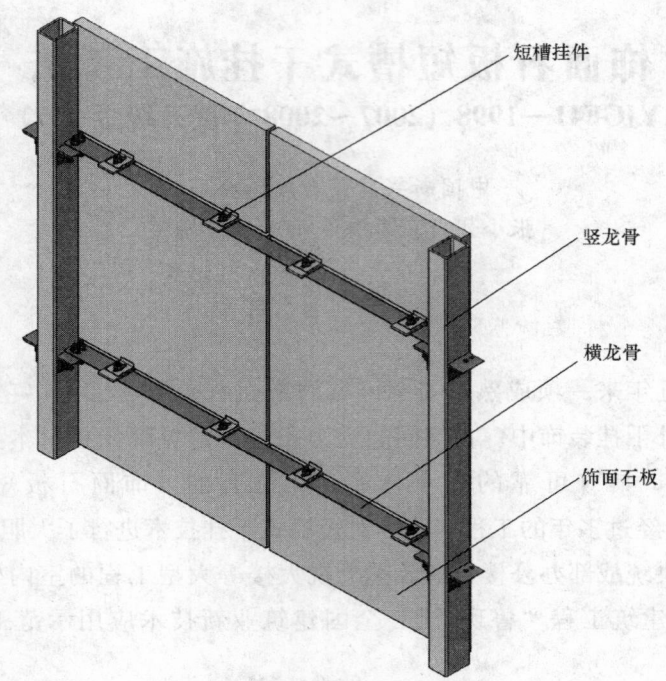

图 4.2　饰面石板短槽干挂

5. 工艺流程及操作要点

5.1　工艺流程

5.1.1　饰面石板短槽式干挂施工工艺流程见图 5.1.1

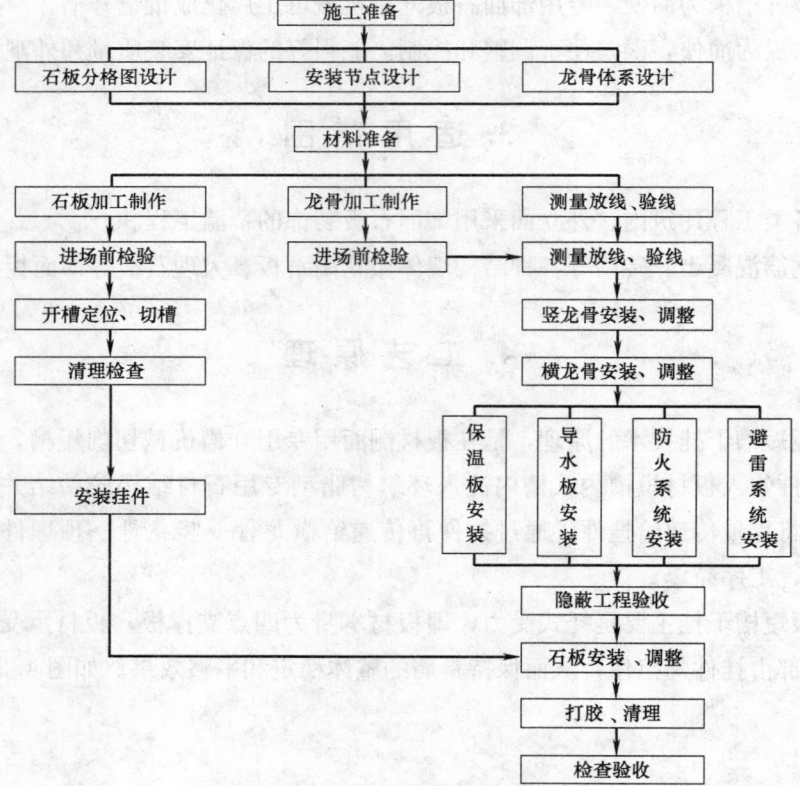

图 5.1.1　工艺流程图

5.2 操作要点

5.2.1 深化设计要点

1. 饰面石板板块设计

建筑石材幕墙的石材板块设计时，磨光面板厚度不应小于 25mm，粗面板厚度不应小于 28mm。

2. 每边两个短槽挂件支承的饰面石板，应按计算边长为 a_0、b_0 的四点支承板计算其应力。计算边长 a_0、b_0 取值如下：

1）当两侧连接时（图 5.2.1-1），支承边的计算边长可取为外侧挂件的中心距离，非支承边的计算长度可取石板边长。

2）当四侧连接时（图 5.2.1-2），计算长度可取为边长减去外侧挂件的中心至板边的距离。

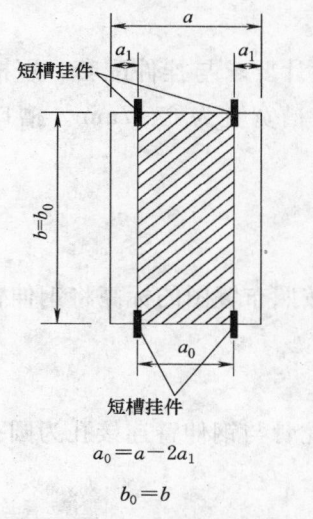

$$a_0 = a - 2a_1$$
$$b_0 = b$$

图 5.2.1-1　计算边长两侧连接时

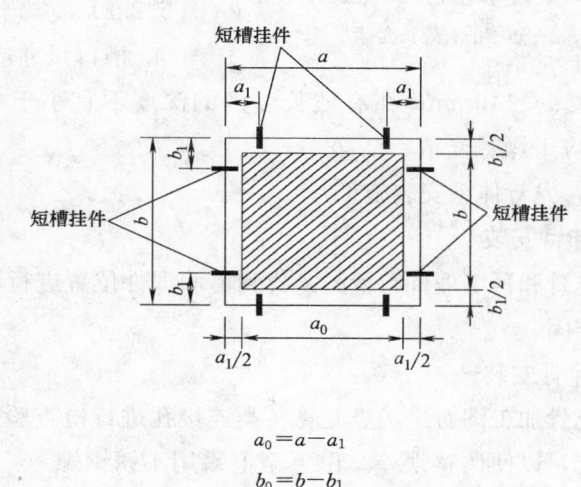

$$a_0 = a - a_1$$
$$b_0 = b - b_1$$

图 5.2.1-2　计算边长四侧连接时

3. 短槽挂件设计

饰面石板每边的挂件宜对称布置。当板块厚度较厚或板块规格受限制时，应根据计算确定挂件的布置位置。挂件中心间距不宜大于 600mm。当边长不大于 1m 时，每边应设挂件；当边长大于 1m 时，应增加挂件的数量，或采用复合连接。

4. 龙骨体系设计

龙骨体系设计应满足《金属与石材幕墙工程技术规范》JGJ 133—2001 要求。

1）当跨度不大于 1.2m 时，铝合金型材横龙骨截面主要受力部分的厚度不应小于 2.5mm；当横龙骨跨度大于 1.2m 时，其截面主要受力部分的厚度不应小于 3mm，有螺钉连接的部分截面厚度不应小于螺钉公称直径，钢型材截面主要受力部分的厚度不应小于 3.5mm。

2）横龙骨应通过角码、螺钉或螺栓与竖龙骨连接，角码应能承受横龙骨的剪力。螺钉直径不得小于 4mm，每处连接螺钉数量不应少于 3 个，螺栓不应少于 2 个，横龙骨与竖龙骨之间应有一定的相对位移能力。

3）上下竖龙骨之间应有不小于 15mm 的缝隙，并应采用芯柱连接。芯柱总长度不应小于 400mm，芯柱与竖龙骨应紧密接触，芯柱与下柱之间应采用不锈钢螺栓固定。

4）竖龙骨应采用螺栓与钢伸臂连接，并再通过钢伸臂与预埋件或钢构件连接，螺栓直径不应小于 10mm，连接螺栓应按现行国家标准《钢结构设计规范》GBJ 17 进行承载力计算，竖龙骨与钢伸臂采用不同金属材料时应采用绝缘垫片分隔。

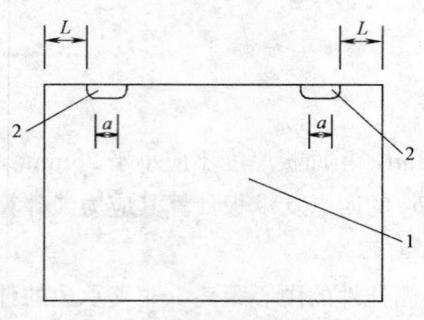

图 5.2.2　短槽位置示意图

1—饰面石板；2—短槽；

L—槽边距离两端部的距离（mm）；

a—短槽的有效长度

5.2.2　饰面石板的加工制作

1. 石材的技术要求应符合《天然花岗石荒料》JC 204、《天然花岗石建筑板材》JC 205、《天然石材产品放射防护分类控制标准》JC 518 的要求。

2. 在饰面石板板块上进行开槽均应采用专用机械；开槽用机械设备要经调试运行合格，将槽内的石屑和粉尘采用专用工具清理干净，或用水冲洗干净并静置干燥。

3. 两短槽边距离饰面石板两端部的距离（L）不应小于石板厚度的 3 倍，且不应小于 85mm，也不宜大于 180mm（图 5.2.2）。

4. 槽口尺寸应根据设计要求与挂件配套。短槽的有效长度 100mm≤a＜140mm；在有效长度内的深度不宜小于 20mm；槽宽宜为 6～7mm。槽口应打磨成 45°，槽内应干燥、光滑、洁净。

5.2.3　龙骨体系安装施工

1. 钢伸臂安装

根据龙骨和幕墙埋件布置图，找到幕墙埋件位置进行清理，按照布置图的标高将钢伸臂与预埋件锚板焊接牢固。

2. 竖龙骨安装

根据龙骨加工图对进场竖龙骨各类连接孔进行检查验收：竖龙骨与钢伸臂连接孔为圆孔，钢伸臂为横向长孔，以便调整误差。由下至上采用不锈钢螺栓把竖龙骨连接在钢伸臂上，要求垫好方垫片，弹簧垫压平，螺栓拧紧。上下竖龙骨间用芯筒连接。每排竖龙骨施工完后，方垫片和钢伸臂间应进行防滑移焊接（图 5.2.3-1）。

3. 支托件安装

根据竖龙骨上的支托件连接孔位置，把支托件用不锈钢螺栓（带方垫片和弹簧垫）连接在竖龙骨上，暂时不拧紧，待横龙骨安装调整后再拧紧，进行抗滑移焊接。

4. 横龙骨安装

每一竖向分区一般为一个楼层，应先安装最上、最下两根横龙骨，拉好尼龙控制线，根据弹在外维护墙上的横龙骨标高线，由下至上依次安装。支托件和横龙骨连接螺栓一般为 2 个，要求螺栓必须拧紧，确保标高和平面位置准确。

5. 龙骨体系验收完毕，可进行外墙保温施工（图 5.2.3-2）。

6. 挂件安装

用不锈钢螺栓把挂件固定在横龙骨上，弹簧垫压平。注意上、下挂件必须在同一平面位置，这直接影响到石材的垂直度和幕墙的平整度。挂件可以在横龙骨上里外调节（图 5.2.3-3）。

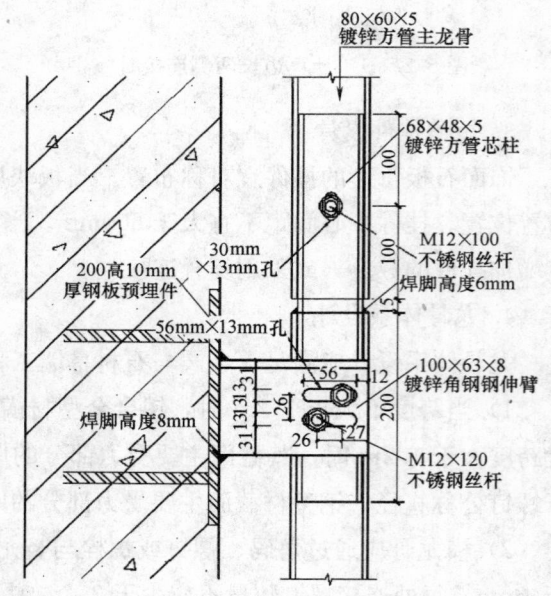

图 5.2.3-1　竖龙骨与埋件连接

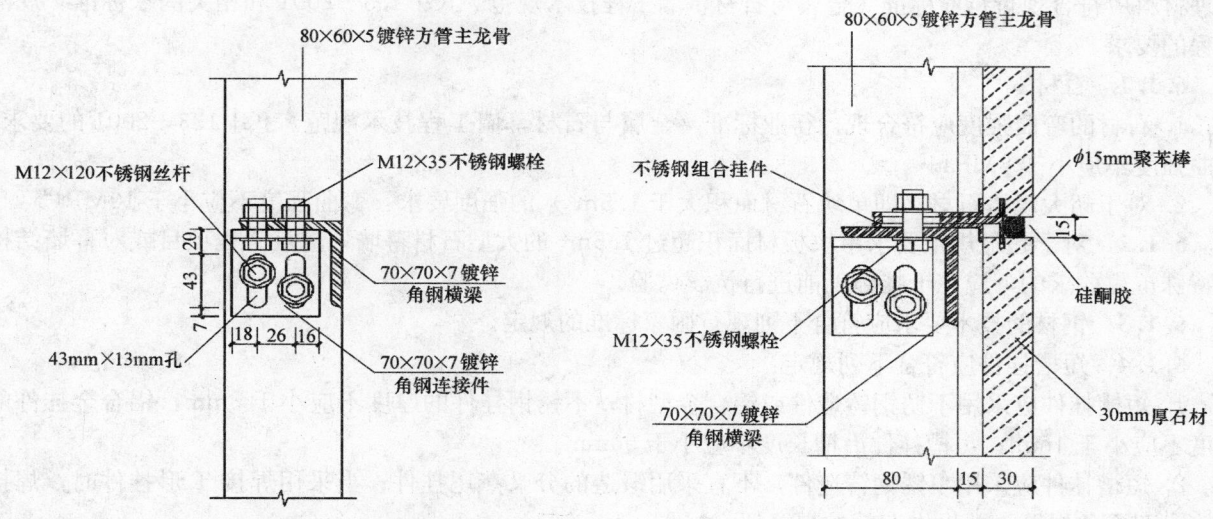

图 5.2.3-2　竖龙骨和横龙骨连接　　　　　图 5.2.3-3　板材与挂件连接

7. 防雷接地施工

横、竖龙骨安装完毕，按照规范要求，每层采用 $\phi10$ 镀锌钢筋和竖龙骨焊接连接，然后与结构柱、框架梁上的防雷接地点焊接，形成一个完成的防雷接地的电气通路。

8. 防火带施工

应采用层间防火方案，防火带在每层周圈的框架边梁上，用 1 层 1.5mm 厚钢板与结构密封严密，固定牢固，接缝处打防火胶，防火带必须闭合交圈，满足《金属与石材幕墙工程技术规范》JGJ 133—2001 的要求。

5.2.4　饰面石板安装施工

1. 饰面石板整体安装为由下至上分区进行安装。每一区大角、拐角、分格缝都要挂竖向饰面石板控制线，大角采用细铅丝，分格缝、变形缝处采用尼龙线。防止污染板材。

2. 把饰面石板吊装到比安装位置高 150mm 处，挂件对准连接件，慢慢落下，根据设计要求的缝宽，控制好竖向板缝宽度，调整上挂件的高度调节螺栓，使饰面石板水平且横向板缝均匀。

3. 为了安全和便于进一步调整方便，此时手动导链依然要挂住饰面石板，用靠尺检查饰面石板垂直度和接缝平整度，偏差超过允许范围的，把饰面石板微微吊起，用专用扳手松开连接件螺栓，调整挂件位置。

4. 调整完毕后，拧紧螺栓，全部松开导链，再安装上一块石材，顺序安装至每一区施工完毕。

5. 饰面石板运输、吊装和安装过程中应确保安全，加强成品保护，特别是吊装过程中尤其注意对已经安装好的饰面石板和吊装饰面石板的成品保护。

5.2.5　饰面石板嵌缝清理

1. 墙面饰面石板板缝，采用聚苯乙烯发泡条作嵌缝基底材料，嵌硅酮耐候密封胶，材料应满足设计要求。

2. 嵌缝从上至下进行。嵌缝前，在板材板块缝两边粘贴 50mm 宽不干胶纸带，用铲刀塞入饰面石板板缝内聚苯乙烯发泡条，表面要平整顺畅，用打胶机注入饰面石板板缝硅酮耐候密封胶。

6. 材料与设备

6.1　材料要求

饰面石板短槽干挂用装饰石材、骨架材料、粘结材料、填充材料、密封材料、锚件、挂件、石材护理材料应符合现行行业标准《金属与石材幕墙工程技术规范》JGJ 133—2001 和相关国家标准、规范规程的要求。

6.1.1　石材

1. 石材的弯曲强度应符合现行行业标准《金属与石材幕墙工程技术规范》JGJ 133—2001 的要求，弯曲强度不应小于 8MPa。

2. 对于超大规格石材（即单块石材面积大于 $1.5m^2$）的强度要求：弯曲强度不应小于 10MPa。

6.1.2　对于超过规范要求单块板材面积超过 $1.5m^2$ 的大型石材幕墙，重点工程项目或对幕墙结构有特殊抗震要求的，应在干挂施工前进行抗震试验。

6.1.3　钢材的技术要求应符合下列现行国家标准的规定。

6.1.4　短槽挂件应符合下列规定：

1. 短槽挂件应采用不锈钢铸造件或铝合金型材；不锈钢挂件的厚度不应小于 3mm，铝合金挂件的厚度不应小于 4mm；短槽挂件沿槽长度不应小于 50mm。

2. 短槽挂件应采用不锈钢铸造件，不宜采用锻造的分叉燕尾挂件；当采用焊接 T 形挂件时，焊接处应为双面角焊缝，并提供有效的焊缝评定报告。

3. 上下两石材板块的侧边在挂件处应各开一个短平槽，短平槽长度不应小于 100mm，在有效长度不应小于 80mm，开槽宽度宜为 6mm 或 7mm。

4. 转角处石材板块宜采用不锈钢转角挂件或铝合金型材专用件安装，不锈钢转角挂件厚度不应小于 3mm，铝合金型材专用件壁厚不应小于 4.5mm，连接部位的壁厚不应小于 5mm。

6.1.5　不同材质的金属材料接触时要进行绝缘处理。

6.1.6　饰面石板所采用的结构密封胶（结构胶）、建筑密封胶（耐候胶）、云石胶、防火胶等均应符合以下规定：

1. 幕墙应采用中性硅酮结构密封胶；其性能应符合现行国家标准《建筑用硅酮结构密封胶》GB 16776 的规定。

2. 同一幕墙工程应采用同一品牌的结构密封胶和建筑耐候密封胶配套使用。

6.2　设备要求

6.2.1　主要设备（表 6.2.1）。

主要施工设备一览表　　　　　　　　　　　　　　　　　　　　表 6.2.1

序号	设备名称	规格、型号	备　注
1	石板开槽机	卧式切槽机	国产
2	空气压缩机	W-1.6/10	国产
3	台钻	Z51213	国产
4	钻攻两用机	ZS4112B	国产
5	砂轮切割机	J3G2—400	国产
6	经纬仪	自购	国产
7	水准仪	自购	国产
8	电焊机	自购	国产
9	吊带	自购	国产
10	电动葫芦	自购	国产
11	手动葫芦	自购	国产
12	捯链	自购	国产

6.2.2　主要设备和机具采购时要符合安全使用要求，计量设备使用时要在计量检定有效周期内。

7. 质量控制和验收

7.1　饰面石板施工质量验收应符合《金属与石材幕墙工程技术规范》JGJ 133—2001、《建筑工程施工质量验收规范》GB 50300—2001、《建筑装饰装修工程质量验收规范》GB 50210—2001 等国家相关规范、规程的要求。

7.2 操作人员应按照表 7.2 中的检验要求及偏差范围，用专用检查工具检查开槽质量。

短槽开槽质量检验表　　　　　　　　　　　　　　　　　　　表 7.2

序号	检验项目	允许偏差（mm）	工具	检验要求
1	短槽槽宽	1	游标卡尺	必须符合设计图纸要求
2	短槽槽深	2	钢直尺	必须符合设计图纸要求

7.3 经自检合格的短槽，由质检员随机抽样进行检验，以一个工班内不超过 1000 个开槽为一个检验批，随机抽检 10％。当合格率小于 100％时，应加倍抽检，复检中合格率仍小于 100％时，应对全部短槽逐个进行检验。

7.4 产品标识：检验合格的短槽的饰面石板，应立即盖"合格"字样的印章标识，封盖保护或尽快安装上墙，运到专用地堆放，也应加以保护。凡有不合格短槽的板材，不得进入下道工序，把不合格短槽的部位标识清楚，并查明原因。

7.5 不合格短槽的处理：当检查出有不合格短槽的板材，必须经有关技术人员确认并提出处理意见，可采用改变槽位或作报废处理等办法。

7.6 饰面石板与龙骨体系安装质量应符合《金属与石材幕墙工程技术规范》JGJ 133—2001 的规定。

7.7 幕墙工程验收应符合下列规定。

7.7.1 石材幕墙的金属框架竖龙骨与主体结构预埋件的连接、竖龙骨与横龙骨的连接、连接件与金属框架和连接、连接件与石材面板的连接必须符合设计要求，安装必须牢固。

7.7.2 金属框架和连接件的防腐处理应符合设计要求。

7.7.3 石材幕墙的防雷装置必须与主体结构防雷装置可靠连接。

7.7.4 石材幕墙的防火、保温、防潮材料的设置应符合设计要求。并应填充密实、均匀、厚度一致。

7.7.5 石材幕墙表面应平整、洁净、无污染、缺损和裂痕。颜色和花纹协调一致，无明显色差，无明显修理痕迹。

7.7.6 石材幕墙上的滴水线、流水坡向应正确、顺直。

7.7.7 有节能设计的幕墙工程，应符合节能设计的要求。

7.7.8 每平方米石材的表面质量和检验方法应符合表 7.7.8 的规定。

每平方米石材的表面质量和检验方法　　　　　　　　　　　　表 7.7.8

项次	项　目	质量要求	检验方法
1	宽度 0.1～0.3mm 的划伤	每条长度小于 1000mm 且不多于 2 条	观察、用钢尺检查
2	缺棱、缺角	缺损深度小于 5mm 且不多于 2 处	观察、用钢尺检查

7.8 石材幕墙安装的允许偏差和检验方法应符合表 7.8 的规定。

石材幕墙安装的允许偏差和检验方法　　　　　　　　　　　　表 7.8

项次	项　目		允许偏差（mm）		检验方法
			光面	麻面	
1	幕墙垂直度	幕墙高度≤30m	10		用经纬仪检查
		30m＜幕墙高度≤60m	15		
		60m＜幕墙高度≤90m	20		
		90m＜幕墙高度≤150m	25		
		幕墙高度＞150m	30		

续表

项次	项 目		允许偏差(mm)		检 验 方 法
			光面	麻面	
2	单块石板上沿水平度		2		用1m水平尺和钢直尺检查
3	相邻板材板角错位		1		用1m水平尺和钢直尺检查
4	板材立面垂直度(层高)	层高≤3m	3		用经纬仪检查，或用靠尺和线坠检查
		层高>3m	2		
5	幕墙表面平整度		2	3	用2m靠尺和塞尺检查
6	阴、阳角方正		2	4	用直角检测尺检查
7	横竖缝直线度(层高)		2.5		拉5m线,不足5m拉通线,用钢尺检查
8	接缝高低差(按层)		1	—	用钢直尺和塞尺检查
9	接缝宽度(与设计值比)		+2	0	用钢直尺检查

8. 安 全 措 施

8.1 石材幕墙安装施工的安全措施应符合《建筑施工高处作业安全技术规范》JGJ 80—91、《施工现场临时用电验收规范》JGJ 46—2005、《建筑施工安全检查标准》JGJ 59—99、《建设安装工人安全技术操作规程》等有关规定。

8.2 开槽后未安装的石材槽内应用海绵堵塞，严禁落入异物，严禁碰撞开槽部位。

8.3 在石材板材安装时，操作平台上的废弃杂物应及时清理，不得把施工用具放置在窗台上，以免坠落。

8.4 饰面石板安装时应设置专门的安全管理小组，由安全员专项管理。

9. 环 保 措 施

9.1 施工现场应设置专门的加工场进行石材开槽、加工。在加工过程中产生的废料、污水及时回收清理。

9.2 注重施工过程中对废弃材料的收集与利用，减少施工污染。

9.3 施工用料均可采用工厂化加工，最大限度的减少了施工现场噪声和粉尘，达到绿色环保要求，美化环境。

10. 效 益 分 析

10.1 安装方法简便，工人劳动强度降低，且施工工期短，减少了材料浪费。

10.2 提高了饰面石板安装的安全性和稳定性。

10.3 用钢量相对较少，综合价格低，节约资金。

10.4 装饰效果好，能满足设计对饰面石材整体效果的要求。

10.5 已应用在一大批用影响力的重点工程上，取得了显著的社会和经济效益。

11. 应 用 实 例

11.1 2006年建成的解放军电视大楼位于北京市中轴路东侧二环与三环之间，总建筑面积为20650m²，是一座集餐饮、住宿、电视转播与制作的现代化、智能化、人性化的全军最大、最先进的电视大楼。大楼外装饰面和室内近20m高的四季演播大厅，大量采用了干挂石材幕墙。为了体现大楼简洁、实用而又庄重、威严的军人气质和设计意图，同时保证施工质量和建设单位对施工进度及安全性的要求，大楼的石材幕墙采用了技术成熟、施工简便的石材短槽式干挂施工技术。石材幕墙成为大楼装饰作为大楼的点睛之笔，得到了部队首长的好评。工程获得了北京市建筑长城杯金奖、全军优质工程奖。

11.2 2006 年竣工的公安部办公楼位于天安门广场东侧，工程建筑面积 12.5 万 m²，与天安门城楼、人民大会堂相映成辉，体现了古老建筑与现代艺术的完美结合，是北京市中心的标志性建筑之一。外立面造型取自"盛世之鼎"的创意，突出"三门四柱"的理念，石材幕墙造型复杂。造型柱外挑1.2m，外侧采用整块"U"型石材，门头浮雕警徽采用整块石材。为了能够很好地体现设计意图，保证中央部委重要办公场所的安全性要求，大楼的石材幕墙中国新兴建设开发总公司选用了施工方法简便，工艺先进的石材短槽式干挂技术。工程的施工质量经过鲁班奖专家组和科技示范工程专家组的多次检查，得到较高的评价，工程先后获得北京市建筑长城杯金奖、2007 年度国家建筑工程"鲁班奖"、全国建筑业新技术应用示范工程，其中外装石材幕墙作为大楼装饰的一个亮点得到了国内知名专家的好评。

11.3 2005 年 5 月承建的统战部办公楼改建工程由主楼、南、北楼、接待中心四部分组成，工程建筑面积 33478m²，建筑外墙采用石材加玻璃幕墙装饰，石材幕墙选用国产的较浅色的冷色调石材，石材幕墙采用 45mm 和 30mm 厚荔枝面花岗石板材，窗下口部位采用 200mm 石材；石材主要规格为1.2m×0.6m，局部为 1.5m×0.8m。由于石材幕墙安装面积大、工期紧，而且统战部办公楼地处中南海西侧，给施工带来了很大难度，以往的干挂方法很难满足业主对施工工期的要求。我们采用的石材短槽式干挂工艺，不仅保证了施工质量，缩短了工期，更取得良好的经济效益，受到甲方、设计方的好评，工程先后获得了北京市建筑长城杯金奖、2008 年度国家建筑工程"鲁班奖"、2008 年度全国建筑工程装饰奖。

钢弦立筋石膏板隔墙施工工法

YJGF43—2000（2007～2008 年度升级版-018）

中建一局集团建设发展有限公司
北京建工博海建设有限公司
刘春风　戴龙文　马昕　冯世伟　谢婧

1. 前　言

一般的轻质隔墙大都由木龙骨或轻钢龙骨加覆面板材构成，而钢弦石膏板隔墙则用钢弦立筋（8号或10号镀锌低碳钢丝）替代木龙骨或轻钢龙骨，具有用料省、取材方便、施工便捷等优点，尤其适用于各种弧形曲面墙和折线墙。它是一种具有广阔应用前景的新型轻质隔墙。

钢弦立筋石膏板轻质隔墙系清华大学土建工程承包总公司研究与开发的科技成果，已于1997年通过了北京市城乡建设委员会的科技成果鉴定，并且已获得了国家专利，编号为：ZL 95 2 00574.3。我们编制的《钢弦立筋石膏板隔墙施工工法》获得2000年度国家级工法，编号 YJG 43—2000。2007年北京首都国际机场新航站楼 T3B 工程隔墙采用本工法相同材料钢弦立筋石膏板隔墙施工，2008年10月通过北京市建筑业新技术科技示范工程验收，验收编号08—10—35。2007年本工法同样在2008北京奥运配套工程北京电视中心工程中应用。

2. 特　点

2.1 墙体刚柔结合，稳定性、整体性和抗震性较好，墙面不易产生裂缝。

2.2 重量轻，每平方米隔墙重量约50kg。

2.3 墙面平整，装修方便，适宜刮腻子刷涂料，也可粘壁纸和贴面砖。

2.4 干作业施工，省工、省力、省时，在−7℃时仍可施工，施工工期和质量控制有保证。

2.5 墙体可随时拆卸和切割，灵活方便。

3. 适用范围

本工法适用于工业与民用建筑的内隔墙施工，它不但适用于一般的直墙，而且适用于折线墙、圆弧形曲面墙和变层高隔墙的施工。墙体的厚度可在60～200mm之间灵活掌握，它适用于普通隔墙，也适用于需要隔热、保温和防水的隔墙。

4. 工艺原理

4.1　隔墙的构造

隔墙的构造和布置如图4.1-1和图4.1-2所示，它由隔墙混凝土基座、钢弦体系、粘结体系和增强石膏板四部分组成。

4.1.1　钢弦体系

按照事先测设的隔墙中心线，将带弯钩的膨胀螺栓（如图4.1.1所示）固定在混凝土楼板（梁）的顶面与底面，然后在上下两个膨胀螺栓的弯钩上挂一根镀锌低碳钢丝并拧紧绷直。若干根这样的钢弦便形成了安装一面隔墙所需的具有一定刚度的钢弦体系。

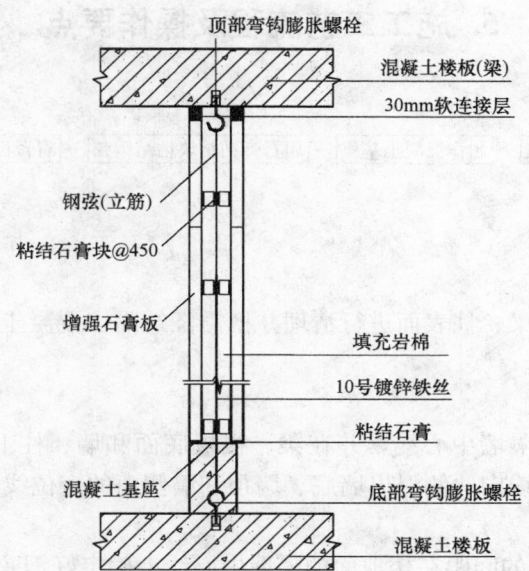

图 4.1-1 钢弦石膏板隔墙墙体构造示意图

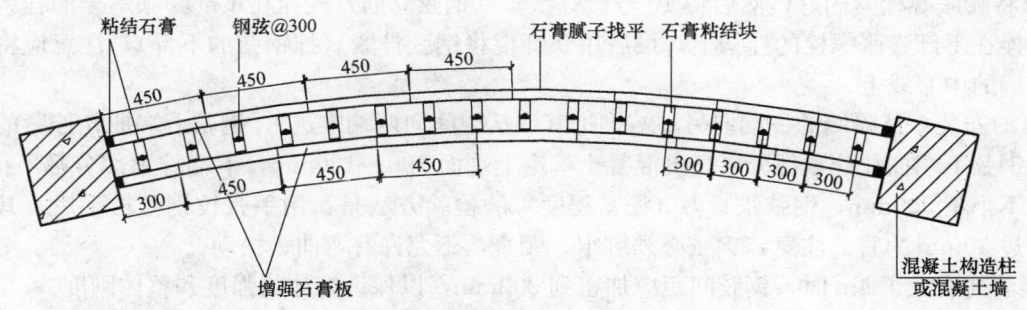

图 4.1-2 钢弦石膏板隔墙墙体布置示意图

4.1.2 混凝土基座

根据设计规定的基座高度与宽度支模并浇筑 C15 的细石混凝土，成型 24h 后便可在其上安装石膏板。

4.1.3 粘结块体系

用特制的粘结剂将 80mm×40mm×25（30）mm 的粘结石膏块（可利用现场中的缺棱掉角石膏板切割成石膏块）按设计规定的间隔粘结在绷紧的钢弦上便形成了粘结块体系，隔墙的面板就粘贴在这些粘结块上。

4.1.4 增强石膏板

此种隔墙所用面板为增强石膏板，有普通石膏板和防水型石膏板两种，板厚有 25mm 和 30mm 两种规格。若在两块面板之间填充保温岩棉便可形成保温隔墙，若采用防水型石膏板则可形成防水隔墙。

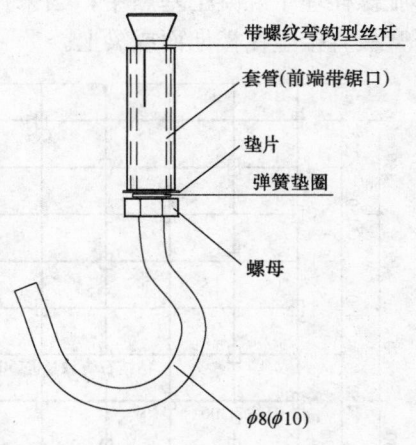

图 4.1.1 带钩膨胀螺栓示意图

4.2 工艺原理

利用拉紧的镀锌低碳钢丝和石膏板粘结块取代刚性龙骨（轻钢龙骨或木龙骨），然后两面粘贴增强石膏板，以组成一个刚柔结合的轻质隔墙。

5. 施工工艺流程及操作要点

5.1 工艺流程

基层准备 → 测量放线 → 安装钢弦 → 制作混凝土基座 → 用石膏粘结块粘结钢弦 → 石膏板安装 → 填充岩棉 → 门窗框填充 → 门窗框填充

5.2 操作要点

5.2.1 基层准备

把将要安装隔墙的楼板、梁、柱表面进行清理并把需浇筑隔墙混凝土基座的楼地面进行凿毛处理，浇筑混凝土前应做界面剂处理。

5.2.2 测量放线

用测量仪器在地面上测设隔墙中心线，并在梁、楼板底面和墙、柱上测设隔墙顶部和侧面的中心线。然后，按设计墙厚从中心线向两侧引出墙底、墙顶和墙侧面的定位线。

5.2.3 安装钢弦

1. 安装钢弦前，先按设计的间距在楼地面的隔墙中心线上确定好钢弦孔位，之后打孔、安装 $\phi 8$ 带钩膨胀螺栓（钢弦间距根据隔墙的高度可以确定为 300mm 或 450mm）。

2. 接着再打顶部的孔并安装好带钩膨胀螺栓。

3. 依次将膨胀螺栓紧固好，然后将 10 号镀锌铁丝（钢弦立筋）先拴在顶部膨胀螺栓的挂钩上用钳子拧紧，再拴在下部膨胀螺栓的挂钩上，最后用铁钎棍将钢弦拧紧（拧钢弦的下部），注意应将钢弦严格控制在隔墙的中心线上。

4. 钢弦的安装：从隔墙的一端向另一端推进（或从中间向两端推进），钢弦上端捆扎拧紧的部分不少于 5 圈，钢弦下端捆扎拧紧部分要高出混凝土基座上端面 100～150mm，下端拧紧部分都不得少于 5 圈，总长度不小于 300mm，钢弦张紧力（松紧程度）的检验方法是：用手张拉钢弦松手后，其左右自由摆幅不超过 30mm 为宜。注意：钢弦必须绑牢、绷直，不允许有弯曲、松动。

5. 当隔墙高度大于 4m 时，钢弦间距应加密到 300mm，以保证墙体的强度和整体刚度。

5.2.4 制作混凝土基座

混凝土基座可根据隔墙踢脚高度和宽度进行现场制作，支模检验后浇筑混凝土。将钢弦下部带钩膨胀螺栓埋于混凝土基座中；当采用防水型石膏板或楼地面没有湿作业时，可以不制作混凝土基座，石膏板直接坐在楼地面或梁上。

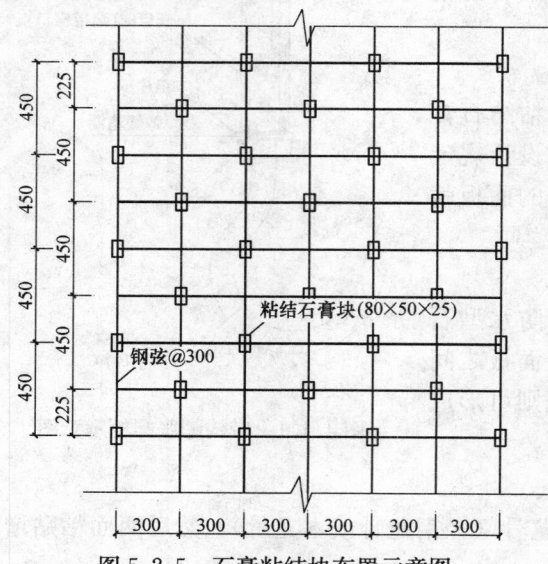

图 5.2.5 石膏粘结块布置示意图

5.2.5 用石膏粘结块粘结钢弦

钢弦拧紧后，把石膏块满披粘结石膏后将钢弦夹、粘在二块石膏块中间形成一组粘结石膏块。注意：制作粘结石膏时应兑 SG791 胶（属于环保型胶），严禁兑水，严禁使用 107 建筑胶。每块石膏板的粘结块不得少于 6 组，每组由两个 80mm×40mm×25mm 的单个石膏粘结块组成，粘结块与钢弦粘结应牢固平直，各粘结石膏块间距离应当一致，粘结块的横向间距不得大于 450mm；粘结块横、竖向需交叉布点，形成立体格构状结构（如图 5.2.5 所示），以保证隔墙能整体受力。

注意：

1. 要控制好粘结石膏块的平整度和曲面平整要求，施工时根据墙体弧度要求制作靠尺，以检查石膏块是否达到平整要求。

2. 施工时应根据天气情况配置不同凝结时间的粘结石膏，以满足施工的要求。

5.2.6 石膏板安装

1. 石膏板安装是用粘结石膏将石膏板粘结在钢弦上的石膏粘结块上。

2. 墙体安装前应对石膏板进行全面的检查，对翘曲变形、缺棱掉角、受潮变质的石膏板在采取相应的补救措施后方可使用（注意：施工现场码放的石膏板必须竖向放置，严禁水平方向放置）。

3. 先安装隔墙一侧的石膏板，待填充好岩棉（之前必须安装好电缆管线、接线盒、插座等），再安装另一侧的石膏板予以封闭。

4. 粘结顺序为：首先排石膏板块，之后可以从一端到另一端（或从中间向两端），从一面到另一面，从底向上有序进行（注意石膏板之间所有接合面必须用粘结石膏粘结，不得漏粘）。

5. 若是直墙，可根据放好的墙体位置线，直接粘结石膏板，光面向外，粗面向里。若为圆弧墙，应根据圆弧大小，先将石膏板按板宽的1/2或1/3截成长条状，以保证隔墙形成所需的弧度。

6. 施工时，墙体起始处和收尾处两侧的板缝应错开，即两侧石膏板应错缝，采用不同宽度和高度的石膏板，两侧墙体中间段内外侧的石膏板则可以采用标准板块，隔墙高度方向、水平方向均应错缝，隔墙内外两侧亦应错缝。

7. 当施工隔墙到顶部时应留出30mm的缝隙，填入聚苯板条（当有防火要求时填入岩棉板条）等进行软性连接。

8. 钢弦石膏板隔墙施工完后24h内严禁撞击、摇晃钢弦石膏板隔墙墙体，应当派专人看护，以防成品损伤或雨水冲刷和浸泡。

5.2.7 填充岩棉（有防火要求）

隔墙一侧的石膏板安装完毕后，可用粘结石膏满披石膏板的内侧面，然后将岩棉板粘贴在石膏板上。施工顺序为：从墙的一端到另一端（或从中间向两端），自下向上顺序粘贴。岩棉板板缝应错开，填充岩棉，应按设计要求填满隔墙内的全部空腔。

5.2.8 门窗框安装

可做钢筋混凝土抱框（或型钢抱框和木质抱框等）处理，门窗上边的钢弦固定在这些抱框上。

5.2.9 嵌缝找平与面层装饰

石膏板的接缝可用粘结石膏腻子找平，沿板缝粘贴玻纤接缝带后将粘结石膏腻子刮平。待接缝处粘结石膏腻子干燥后，即可按设计选定的面层装饰材料进行施工。

6. 材料与设备

6.1 材料

6.1.1 增强石膏板（表6.1.1）

增强石膏板规格和性能　　　　　　　　　表6.1.1

项　目	单　位	指　标	备　注
长	mm	900～1500	常用1500
宽	mm	900	
厚	mm	25、30	常用25mm
重量	kg/m²	22	板厚25mm
抗折荷载	N	1034	
燃烧性能		不燃	
含水率	%	0.2	
干收缩率	%	0.017	
可加工性		可锯、钉、刨、粘等	

6.1.2 镀锌低碳钢丝（表 6.1.2）

镀锌低碳钢丝规格和性能表   表 6.1.2

钢丝型号	直径(mm)	重量(kg/m)	抗拉强度(MPa)	备 注
8 号	4	0.099	140	配 M10 的弯钩型膨胀螺栓
10 号	3.5	0.076	140	配 M8 的弯钩型膨胀螺栓

6.1.3 其他配套材料（表 6.1.3）

配套材料表   表 6.1.3

序号	名称	标准	备注
1	石膏粉	普通型	石膏粉和 SG791 胶混合后调制成粘结石膏
2	SG791 胶		
3	防水粉	普通型	当隔墙为防水型时，粘结石膏中掺加防水粉
4	玻纤接缝带	普通型	接缝处使用
5	混凝土界面剂	普通型	用于砼基座与楼板的粘结

6.1.4 带钩膨胀螺栓

带钩膨胀螺栓常用 M8 和 M10 两种规格的标准件，详见图 4.1.1 示意图，当采用 M8 的带钩膨胀螺栓时，应配套采用 10 号镀锌低碳钢丝；当采用 M10 的带钩膨胀螺栓时，应配套采用 8 号镀锌低碳钢丝。施工中必须拧紧螺母。

6.1.5 材料用量（表 6.1.5）

钢弦石膏板隔墙用料参考表（10m²）   表 6.1.5

项 目	单 位	墙高大于 3m，小于 7m，钢弦间距 300mm
增强石膏板	m²	22
10 号镀锌低碳钢丝	kg	4
φ8 带钩膨胀螺栓	个	30
石膏粘结块	组	120
粘结石膏	kg	80（直墙 50）
嵌缝带	m	50（直墙 4m/m²）

6.2 设备

电锤、电钻、圆孔锯、手电锯、手工锯、手工刨、手电钻式搅拌器；钢卷尺、线锤、靠尺、角尺、水平尺、弧度尺、墨斗、小线、橡皮锤、油灰铲、壁纸刀、钳子、钢钎棍、扫帚、水桶、盛粘结腻子盒、刮刀等。

7. 质量控制

隔墙安装质量应符合表 7 之规定。

隔墙安装质量允许偏差   表 7

项 次	项 目	允许偏差(mm)	检验方法
1	墙面平整度	±2	用 2m 靠尺和塞尺检查
2	阴阳角垂直	3	用 2m 靠尺、线锤、直尺检查
3	阴阳角方正	3	用 2m 的直角尺、塞尺检查
4	接缝高低差	±1	用 2m 靠尺和塞尺检查
5	墙体内弧度	3	用弧度尺、塞尺检查
6	墙体外弧度	3	用弧度尺、塞尺检查

8. 安全措施

8.1 高空作业时施工脚手架必须稳固、安全，施工人员必须系挂好安全带。

8.2 石膏板和粘结石膏在楼板上堆放不要过于集中，以免超过楼板的允许荷载。

8.3 施工机具应有专人使用并负责保管，施工作业前应认真检查电动工具的绝缘是否良好，安全保护装置是否齐全有效，打孔时移动电箱的电线应架空，严禁拖地。

8.4 当切割石膏板时，操作人员应戴上口罩，而且在切割板的前方放置一条湿麻布，以吸收石膏板的粉尘，降低、减轻粉尘污染。

9. 环 保 措 施

9.1 对施工人员进行入场环境保护教育，认真学习文明施工有关制度，增强施工人员环保意识。

9.2 石膏板运输、装卸过程中，严禁抛掷和倾倒，防止损坏棱角边。

9.3 切割后的板材碎料及时清理，每道工序应做到活完脚下清，并将废料倒在指定地点。

9.4 用过的承装粘结石膏的桶要堆放整齐，避免随便丢弃污染环境。

10. 效 益 分 析

根据计算，110mm 厚钢弦立筋石膏板隔墙施工造价为 125 元/m²，而轻钢龙骨隔墙施工造价为 180 元/m²，GY 板隔墙施工造价为 140 元/m²，中国科技馆二期工程应用了钢弦石膏板隔墙面积达 1.2 万余平方米，所以比轻钢龙骨隔墙施工节约成本 66 万元，比 GY 板隔墙施工节约成本 18 万元。

钢弦立筋石膏板隔墙施工速度较快，用工用料较省，平均 10m² 用工仅 1.5～2 工日，而且施工不受气候的影响，尤其是北京地区的冬季仍可以施工，工程质量容易保证。

11. 应 用 实 例

11.1 中国科技馆二期工程（图 11.1）

建筑平面为圆环形，外径 78m，内径 27m，地上 5 层，屋面为螺旋上升曲面，顶层渐变高度 9～22m，建筑高度 45m，为框架剪力墙结构。内外围护墙全部为 110 厚的钢弦增强石膏板墙（其中外围护墙外侧有铝板幕墙和玻璃幕墙），总计施工面积达 1.2 万余平方米。因为将在冬季施工钢弦立筋石膏板隔墙，为了确保施工质量，我们在施工前做了−7℃情况下粘结石膏的粘结强度试验，试验结果证明粘结石膏的强度、粘结力没有降低。本工程钢弦立筋石膏板隔墙的施工工期为 1998 年 11 月 12 日～1999 年 3 月 18 日，所以工程在 1998～1999 年度冬季围护墙施工时，没有增加冬期施工费用，为工程节省工期近 1 个半月（原图纸要求采用 GY 板施工，即钢丝网岩棉复合夹心板，钢丝骨架施工后需要抹灰 6 遍），且施工墙体平整无裂缝，为涂刷涂料创造了较好条件，确保了工程的如期竣工。

11.2 北京首都国际机场新航站楼 T3 工程（图 11.2）

图 11.1　中国科技馆二期工程

图 11.2　北京首都机场 T3B 航站楼工程

北京首都机场 T3B 航站楼工程为 T3 航站楼的一部分，T3 航站楼为 2008 年奥运会的配套工程，建筑面积 38.7 万 m²，地下 2 层，地上 3 层。东西宽 765m，南北长 940m 整体呈"Y"字型。2008 年 10 月北京首都国际机场新航站楼 T3A 和 T3B 工程通过北京市建筑业新技术科技示范工程验收，验收编号分别为 08—10—35。

主要结构形式：

1. 基础为钢筋混凝土端承摩擦桩，桩底、桩侧采用后压浆技术，北京首都国际机场新航站楼 T3B 工程实景图桩上为钢筋混凝土筏板基础。

2. 地下为现浇钢筋混凝土框架剪力墙，地上为现浇钢筋混凝土框架结构。

3. 屋顶支撑体系为巨型钢管柱，屋顶为抽空三角锥混合节点网壳结构，屋面为多曲面金属铝板屋面。外围护为双层加胶玻璃幕墙及金属铝板。

4. 隔墙采用陶粒砌块、钢弦立筋石膏板隔墙。

11.3 北京电视中心综合业务楼工程（奥运配套工程）（图 11.3）

建筑面积约 8.2 万 m²，为纯钢结构建筑，建筑高度为 236.4m，地上 41 层，属超高层建筑。原设计的隔墙为加气混凝土条板。由于层高较高，受到套版的限制，无法满足设计要求，根据实际情况，经与建设单位、设计单位等协商，在层高较高部位，将隔墙材料改为钢弦立筋石膏板。该楼最终采用了大量的钢弦立筋石膏板隔墙，总的应用面积约 2.5 万 m²。与原设计的加气混凝土条板隔墙相比，钢弦立筋石膏板施工技术，简化了工序，降低了劳动强度，节省了大量人力、财力、物力和工期。经过该工法的应用，圆满完成了设计要求。

图 11.3　北京电视中心综合业务楼工程

倒置式保温防水屋面施工工法

YJGF42—2000 (2007~2008 年度升级版-019)

浙江省长城建设集团股份有限公司

李宏伟　李元武　刘丽峰　林玮

1. 前　言

1.1　传统的屋面保温防水结构是在屋顶结构层上，先铺保温隔热层，如加气混凝土、膨胀珍珠岩、矿棉等保温隔热材料，再铺防水层。由于传统的保温隔热材料容易吸水，而且吸水后大大降低保温隔热性能，所以保温隔热层只能做在防水层之下。倒置式保温防水屋面是一种新型的节能型保温防水屋面，将防水层置于保温层之下，让防水层获得充分的保护，使防水层表面温度变化幅度明显减小，避免防水层由于温度变化造成破坏，同时使防水层免受紫外线照射、外界或人为撞击的破坏，给建筑物提供良好的防水保温功能。倒置式屋面不需要增设排气孔，施工简单，且不受气候的影响，是一种理想的屋面保温系统，具有较好的技术经济效益和社会效益。

1.2　将施工操作方法编写成的《倒置式保温防水屋面施工工法》2002 年获得国家级工法。经近几年工程实践，并参照《屋面工程质量验收规范》GB 50207—2002、《屋面工程技术规范》GB 50345—2004 和《建筑节能工程施工质量验收规范》GB 50411—2007 对原工法进行修改、补充和完善，并考虑到当前节能施工的要求，增加了较多的质量控制措施、安全措施和环保措施。

1.3　倒置式保温防水屋面施工技术于 2008 年 3 月 27 日经浙江省建设厅科技委员会鉴定，被认为达到国内领先水平。

2. 工 法 特 点

2.1　用聚苯乙烯泡沫塑料等高热阻不吸水材料作保温层，并将保温层设置在主防水层之上的倒置式保温防水屋面，具有节能、保温、隔热、延长防水层使用寿命、施工方便、劳动效率高、综合造价经济等特点。

2.2　与普通保温屋面相比较，主要有如下优点。

2.2.1　构造简化，避免浪费。

2.2.2　不必设置屋面排汽系统。

2.2.3　防水层受到保护，避免热应力、紫外线以及其他因素对防水层的破坏。

2.2.4　出色的抗湿性能使其具有长期稳定的保温隔热性能与抗压强度。

2.2.5　如采用挤塑聚苯乙烯保温板能保持较长久的保温隔热功能，持久性与建筑物的寿命等同。

2.2.6　憎水性保温材料可以用电热丝或其他常规工具切割加工，施工快捷简便。

2.2.7　日后屋面检修不损材料，方便简单。

2.2.8　采用了高效保温材料，符合建筑节能技术发展方向。

3. 适 用 范 围

本工法适用于一般保温防水屋面和高标准保温隔热防水屋面的工业与民用建筑。

4. 工 艺 原 理

倒置式屋面是将防水层设在保温层下面，即在结构找平层面上先做好防水层，然后再做保温层的屋面。这种屋面将防水层放置在保温层的下面，使防水层不直接接触大气，避免阳光、紫外线、臭氧的老化，减少了高温、低温对防水层的作用，更减少了温差变化使防水层产生拉伸变形，这些都会大大延缓防水层的老化，同时由于有保温层的覆盖，也避免了防水层受穿刺和外力直接损害。

5. 施工工艺流程及操作要点

5.1 施工工艺流程图（图 5.1）

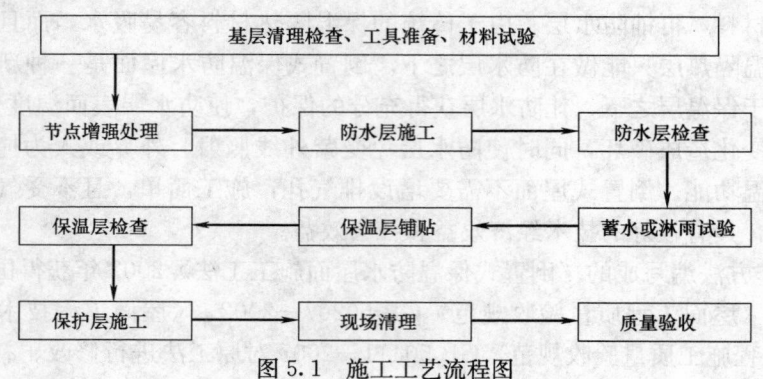

图 5.1 施工工艺流程图

5.2 设计及施工要点

5.2.1 保温材料厚度设计

1. 保温材料厚度的计算：

$$\delta_x = \lambda_x (R_{o,min} - R_i - R - R_e) \tag{5.2.1-1}$$

δ_x——所求保温层厚度，m；

λ_x——保温材料修正后的导热系数，W/(m·K)；

$R_{o,min}$——屋盖系统的最小传热阻，m^2·K/W；

R_i——内表面换热阻，m^2·K/W，取 0.11；

R——除保温层外，屋盖系统材料层热阻，m^2·K/W；

R_e——外表面换热阻，m^2·K/W，取 0.04。

2. 保温材料的导热系数按下式计算：

$$\lambda_x = \lambda \times a \times a_1 \times a_2 \tag{5.2.1-2}$$

λ——保温材料导热系数，W/(m·K)，按《民用建筑热工设计规范》GB 50176—93 附表 4.1 取值；

a——导热系数 λ 的修正系数，按《民用建筑热工设计规范》GB 50176—93 附表 4.2 取值；

a_1——雨水或融化雪水浸透保温层引起热损失的补偿系数，开敞式保温屋面（有可能进入雨水雪水的）$a_1 = 1.1$；封闭式保温屋面 $a_1 = 1.0$；

a_2——保温材料因吸水引起性能下降的补偿系数，保温层在密封状态：$a_2 = 1.0$；保温层处于开敞状态：硬质发泡聚氨酯 $a_2 = 1.3$；聚苯乙烯板（熔珠型）$a_2 = 1.2$；聚苯乙烯板（挤塑型）$a_2 = 1.1$；泡沫玻璃 $a_2 = 1.0$；聚乙烯板 $a_2 = 1.0$。

3. 除外保温层，屋面各层材料热阻之和 R 应按下式计算：

$$R = \delta_1/\lambda_1 + \delta_2/\lambda_2 + \cdots + \delta_n/\lambda_n \tag{5.2.1-3}$$

R——除保温层外，屋盖系统材料层热阻，m^2·K/W；

δ_1、δ_2⋯δ_n——各层材料的厚度，m；

λ_1、λ_2⋯λ_n——各层材料的导热系数，W/(m·K)。

5.2.2 屋盖系统最小传热阻按下式计算：

$$R_{o,min}=(t_i-t_e)\times n\times R_i/[\Delta t] \tag{5.2.2}$$

t_i——冬季室内计算温度（℃），一般建筑取 18℃；

t_e——围护结构冬季室外计算温度（℃），按《民用建筑热工设计规范》GB 50176—93，附表 3.1 取值；

n——温差修正系数，允许温差（℃）应按《民用建筑热工设计规范》GB 50176—93，附表 4.1.1-2 采用。

5.2.3 屋顶隔热设计要求

在房间自然通风情况下，建筑物的屋顶内表面最高温度，应满足下式要求：

$$\theta_{i\cdot max}\leqslant t_{e\cdot max} \tag{5.2.3}$$

$\theta_{i\cdot max}$——围护结构内表面最高温度（℃）；

$t_{e\cdot max}$——夏季室外计算温度最高值（℃），按《民用建筑热工设计规范》GB 50176—93 附表 3.2 取值。

5.2.4 屋面保温防水构造

1. Ⅲ级保温防水标准构造见图 5.2.4-1，当面层采用钢筋细石混凝土刚性层时可作Ⅱ级防水，见图 5.2.4-2。

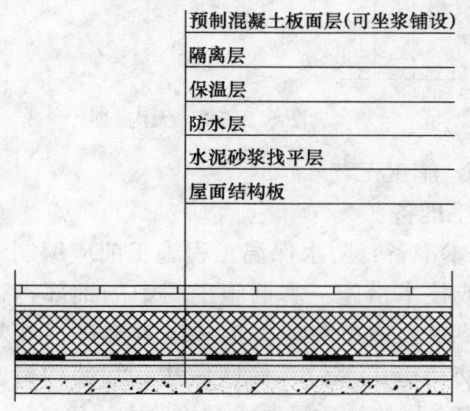

图 5.2.4-1　倒置式保温防水屋面（非上人屋面，预制混凝土板面层）

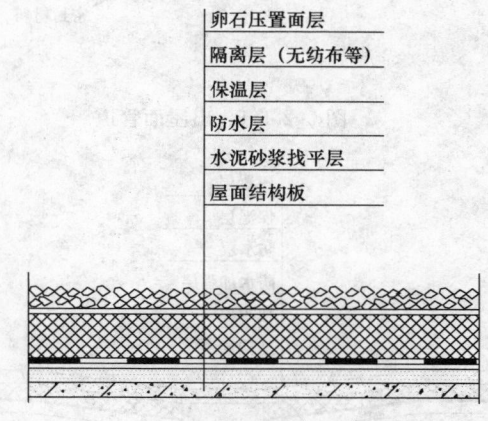

图 5.2.4-2　倒置式保温防水屋面（非上人屋面，卵石压置面层）

2. Ⅱ级、Ⅰ级保温防水构造见图 5.2.4-3、图 5.2.4-4。

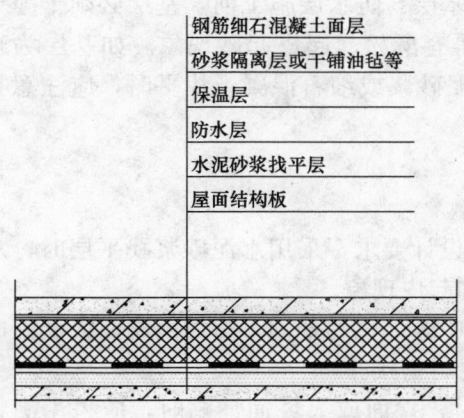

图 5.2.4-3　倒置式保温防水屋面（上人屋面，钢筋细石混凝土面层）

图 5.2.4-4　倒置式保温防水屋面（上人屋面，多道防水）

5.2.5 节点设计

1. 天沟泛水等保温材料无法覆盖的防水部位，应选用耐老化性能好的防水材料，或用多道设防提高防水层耐久性。

2. 水落口、出屋面管道等形状复杂节点宜采用高分子防水涂料进行多道密封处理，见图 5.2.5-1、图 5.2.5-2、图 5.2.5-3。

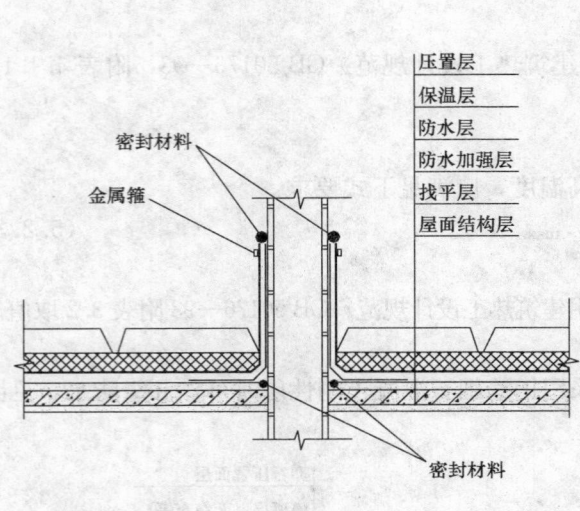

图 5.2.5-1　出屋面管道

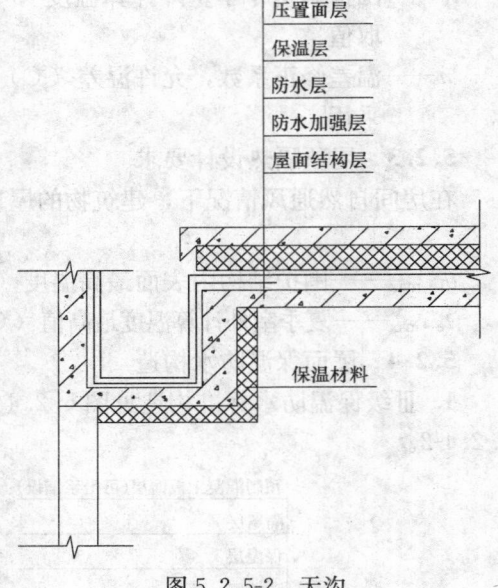

图 5.2.5-2　天沟

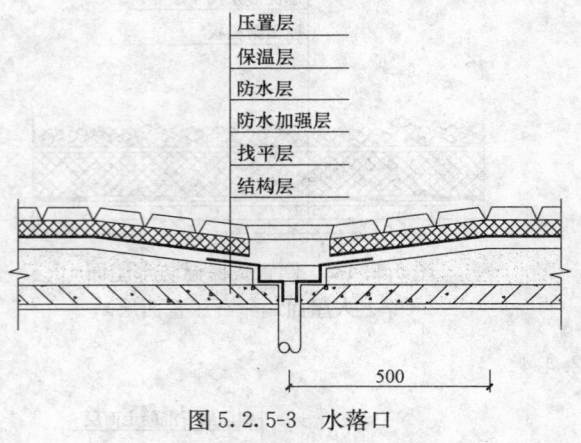

图 5.2.5-3　水落口

5.2.6 施工工艺

1. 施工准备

1）技术准备：防水保温工程施工前应编制专项施工方案或技术措施，掌握施工图中的细部构造及有关技术要求。施工前应根据施工方案进行技术交底，详细交待施工部位、构造做法、细部构造、技术要求、安全措施、质量要求和检验方法等。

2）材料准备：屋面工程负责人应根据设计要求，按面积计算各种材料的总用量，运抵施工现场，防水材料经抽检合格后方准许使用。

3）结构基层：防水层施工前，基层必须干净干燥、表面不得有酥松、起皮起砂现象。如基层为现浇钢筋混凝土楼板，可在结构施工时直接压光找平。当采用水泥砂浆或细石混凝土找平时，应注意找平层分格缝的设置位置和间距要符合设计要求。

2. 防水层施工

根据不同的材料，采用相应的施工工法和工艺施工、检验。

1）卷材施工前，其找平层表面应压实平整，排水坡度符合设计要求，采用水泥砂浆找平层时，水泥砂浆找平收水后应二次压光和充分养护，不得有酥松、起砂和起皮现象。

2）防水层施工时应先做好节点、附加层和屋面排水比较集中等部位的处理，然后由屋面最低处向上进行，铺贴天沟、檐沟卷材时，宜顺天沟、檐沟方向，减少卷材搭接。

3）高聚物改性沥青防水卷材和合成高分子防水卷材施工时，立面或大坡面铺贴时，应采用满粘法，并宜减少短边搭接。

4）卷材冷粘法施工时，胶粘剂涂刷应均匀，不露底，不堆积，卷材空铺、点粘、条粘时，应按规定位置及面积涂刷胶粘剂；根据胶粘剂的性能，应控制胶粘剂涂刷与卷材铺贴的间隔时间；铺贴卷材时应排除卷材下面的空气，并辊压粘贴牢固。

5）卷材铺贴时应平整顺直，搭接尺寸准确，不得扭曲、皱折。搭接部位的接缝应满涂胶粘剂，辊压粘贴牢固。

6）屋面防水卷材严禁在雨天、雪天和五级风及其以上时施工。高聚物改性沥青防水卷材施工环境气温冷贴法不低于 5℃；热熔法不低于 -10℃，合成高分子防水卷材施工环境气温冷贴法不低于 5℃；热风焊接法不低于 -10℃。

3. 保温层施工

1）基层清理：预制或现浇混凝土的基层表面，应将尘土、杂物等清理干净。基层不平整处，可采用水泥乳液腻子处理。防水层要平整，不得有积水现象；对于檐口抹灰、薄钢板檐口安装等项，应严格按照施工顺序，在找平层施工前完成。

2）弹线找坡：按设计坡度及流水方向，找出屋面坡度走向，确定保温层的厚度范围。

3）管根固定：穿结构的管根在保温层施工前，应用细石混凝土塞堵密实。

4）板状保温层铺设：直接铺设在找平层上，分层铺设时上下两层板块缝应相互错开，表面两块相邻的板边厚度应一致。板间缝隙应采用同类材料嵌填密实。一般在板状保温层上用松散湿料做找坡。

5）粘结铺设板块状保温层：板块状保温材料用粘结材料平粘在屋面基层上，应贴严、粘牢。板缝间或缺角处应用碎屑加胶料拌匀填补严密。

6）当采用现喷硬质聚氨酯泡沫塑料保温材料时，伸出屋面的管道应在施工前安装牢固，硬质聚氨酯泡沫塑料的配比应准确计量，发泡厚度均匀一致，要在成形的保温层面进行分格处理，以减少收缩开裂。施工环境气温宜为 15~30℃，风力不宜大于三级，相对湿度宜小于 85%，大风天气和雨天不得施工，同时注意喷施人员的劳动保护。

7）保温层应干燥，封闭式保温层含水率应相当于该材料在当地自然风干状态下的平衡含水率。

8）冬期施工时，应检查防水层平整及有无结冰、霜冻或积水现象，合格后方可施工；当采用聚苯乙烯泡沫塑料做倒置式屋面的保温层，可用机械方法固定，板缝和固定处的缝隙应用同类材料碎屑和密封材料填实，表面应平整无疵病。

4. 上人屋面面层施工

1）采用 40~50mm 厚钢筋细石混凝土作面层时，应按刚性防水层的设计要求进行分格缝和节点处理。

2）采用混凝土块材作上人屋面保护层时，应用水泥砂浆平铺，板缝用砂浆勾缝处理。

5. 不上人屋面面层施工

1）当屋面是非功能性上人屋面时，可采用平铺预制混凝土板的方法进行压埋，预制板要有一定强度，厚度不应小于 30mm。

2）选用卵石或沙砾做保护层时，直径在 20~60mm 左右，铺埋前，应先铺设 250g/m² 的聚酯纤维无纺布或纤维织物等隔离，再铺埋卵石并要注意雨水口的畅通。压置物的重量应保证最大风力时保温板不被刮起和保证保温层在积水状态下不浮起的要求。

3）聚苯乙烯保温层不能直接受太阳辐射，以防紫外线照射导致老化，避免与溶剂接触和使用在高温环境下（80℃以上）。

6. 材料与设备

6.1 屋面工程所采用的防水、保温隔热材料应有产品合格证书和性能检测报告，材料的品种、规格、性能等应符合现行国家产品标准和设计要求。

6.2 保温材料

6.2.1 保温材料必须选用吸水率低且长期浸水不腐烂的高热阻新型材料，如聚苯乙烯泡沫塑料、聚乙烯泡沫塑料、现喷硬质聚氨酯泡沫塑料、泡沫玻璃等材料，也可选用蓄热系数和热阻系数都较大的水泥聚苯乙烯复合板等保温材料。

6.2.2 现喷硬质聚氨酯泡沫塑料与涂料保护层间应具有相容性。

6.2.3 倒置式保温防水屋面常用保温材料技术数据见表 6.2.3。

倒置式保温防水屋面常用保温材料技术数据 表 6.2.3

材料名称	干密度 ρ_0 (kg/m³)	导热系数 λ [W/(m·K)]	蓄热系数 S(周期 24h) [W/(m²·K)]	比热容 C [kJ/(kg·K)]
聚苯乙烯泡沫塑料	30	0.042	0.36	1.38
聚乙烯泡沫塑料	100	0.047	0.70	1.38
硬质聚氨酯泡沫塑料	30	0.033	0.36	1.38
泡沫玻璃	140	0.058	0.70	0.84

6.3 防水材料

6.3.1 倒置式保温防水屋面主防水层（保温层之下的防水层）应选用合成高分子防水材料和中高档高聚物改性沥青防水卷材，也可选用改性沥青涂料与卷材复合防水。其他防水层按照《屋面工程技术规范》GB 50207—94 表 3.0.1 要求选材。

6.3.2 屋面工程所采用的防水材料应有材料质量证明文件，并经指定质量检测部门认证，确保其质量符合《屋面工程技术规范》GB 50207—94 表 5.2.1、表 5.2.2、表 5.2.3 的技术要求。

6.3.3 材料进场后，应按规定取样复试，提交实验报告，严禁在工程中使用不合格的材料。

6.3.4 倒置式保温防水屋面主防水层不宜选用刚性防水材料和松散憎水性材料，如防水宝、拒水粉等。也不宜选用胎基易腐烂的防水材料和易腐烂的涂料加筋布。

6.4 机具设备

6.4.1 主要施工机具设备见表 6.4.1。

主要施工机具设备表 表 6.4.1

机具名称	规格	用途	机具名称	规格	用途
高压吹风机	300W	清理基层	剪刀、墙纸刀	普通	裁卷材、聚苯板
平铲、扫帚	小型、普通	清理基层	卷尺、粉线包		丈量、检验、弹线
滚刷	普通	涂胶或基层处理剂	灭火器	干粉型	消防备用
压锟	30kg	锟压卷材			

6.5 防水施工必须由防水专业单位施工或防水工施工，主要操作人员要持证上岗，施工操作班组一般不应少于四人组成，共同分工操作。

7. 质 量 控 制

7.1 质量控制标准

7.1.1 本工法必须符合《屋面工程质量验收规范》GB 50207—2002、《屋面工程技术规范》GB 50345—2004 和《建筑节能工程施工质量验收规范》GB 50411—2007 有关规定；必须符合《企业技术标准》有关规定。

7.2 材料质量控制要点

7.2.1 不同品种、型号和规格的卷材应分别堆放，卷材应贮存在阴凉通风的室内，避免雨淋、日晒和受潮，严禁接近火源。沥青防水卷材的贮存环境温度不得高于 45℃。

7.2.2 进场的卷材抽样数量：同一品种、型号和规格的卷材大于 1000 卷的抽取 5 卷，500～1000

卷的抽取 4 卷，100～499 卷的抽取 3 卷，小于 100 卷的抽取 2 卷。将受检的卷材进行规格尺寸和外观质量检验，全部指标达到标准规定时，即为合格。

7.2.3 进场的卷材物理性能检验项目为：

1. 高聚物改性沥青防水卷材：可溶物含量，拉力，最大拉力时延伸率，耐热度，低温柔度和不透水性。

2. 合成高分子防水卷材：断裂拉伸强度，扯断伸长率，低温弯折和不透水性。

7.2.4 卷材应避免与化学介质及有机溶剂等有害物质接触。

7.2.5 不同品种、规格的卷材胶粘剂和胶粘带，应分别用密封桶或纸箱包装，卷材胶粘剂和胶粘带应贮存在阴凉通风的室内，严禁接近火源和热源。

7.2.6 进场的卷材胶粘剂和胶粘带物理性能应检验下列项目：改性沥青胶粘剂的剥离强度，不应小于 8N/10mm；合成高分子胶粘剂的剥离强度，不应小于 15N/10mm，浸水 168h 后的保持率，不小于 70%。

7.2.7 上、下层及相邻两幅卷材的搭接缝应错开，倒置式屋面常用卷材搭接宽度符合表 7.2.7 要求。

倒置式屋面常用卷材搭接宽度表（单位：mm）　　　　表 7.2.7

铺贴方法		短边搭接		长边搭接	
		满粘法	空铺、点粘、条粘法	满粘法	空铺、点粘、条粘法
高聚物改性沥青防水卷材		80	100	80	100
合成高分子防水卷材	胶粘剂	80	100	80	100
	胶粘带	50	60	50	60
	单缝焊	60,有效焊接宽度不小于 25			
	双缝焊	80,有效焊接宽度 10×2+空腔宽			

7.2.8 进场的保温隔热材料抽样数量应按使用的数量确定，同一批材料至少抽样一次。

7.2.9 进场后的保温隔热材料物理性能应检验以下项目：表观密度、压缩密度、抗压强度，现喷硬质聚氨酯泡沫塑料应先在试验室试配，达到要求后再进行现场施工。

7.2.10 保温隔热材料在贮运和保管过程中应采取防雨、防潮的措施，并应分类堆放，防止混杂，搬运保温材料时应轻放，防止损伤断裂、缺棱掉角，保证板的外形完整。

7.3 找平层质量控制

7.3.1 找平层的排水坡度应符合设计要求。平屋面采用结构找坡不应小于 3%，采用材料找坡宜为 2%；天沟、檐沟纵向找坡不应小于 1%，沟底水落差不得超过 200mm。

7.3.2 找平层宜设分格缝，并嵌填密封材料。分格缝应留设在板端缝处，水泥砂浆找平层其纵横缝的最大间距不宜大于 6m。

7.3.3 找平层主控项目为：找平层的材料质量及配合比，必须符合设计要求；屋面（含天沟、檐沟）找平层的排水坡度，必须符合设计要求。

7.3.4 水泥砂浆找平层的厚度和技术要求应符合表 7.3.4 的规定。

水泥砂浆找平层的厚度和技术要求　　　　表 7.3.4

基层种类	厚度（mm）	技术要求
整体混凝土	15～20	
整体或板状材料保温层	20～25	1:2.5～1:3（水泥:砂）体积比，水泥强度等级不低于 32.5 级
装配式混凝土板,松散材料保温层	20～30	
装配式混凝土板,整体或板状材料保温层	20～25	

7.4 防水层质量控制

7.4.1 在坡度大于25％的屋面上采用卷材作防水层时，应采取固定措施。固定点应密封严密。

7.4.2 卷材铺贴方向应符合下列规定：屋面坡度小于3％时，卷材宜平行屋脊铺贴；屋面坡度在3％～15％时，卷材可平行或垂直屋脊铺贴；屋面坡度大于15％或屋面受震动时，高聚物改性沥青防水卷材和合成高分子防水卷材可平行或垂直屋脊铺贴；上下层卷材不得相互垂直铺贴。

7.4.3 铺贴卷材采用搭接法时，上下层及相邻两幅卷材的搭接缝应错开。各种卷材搭接宽度应符合表7.4.3的要求。

各种卷材搭接宽度表（单位：mm）   表7.4.3

卷材种类	铺贴方法	短边搭接		长边搭接	
		满粘法	空铺、点粘、条粘	满粘	空铺、点粘、条粘
沥青防水卷材		100	150	70	100
高聚物改性沥青防水卷材		80	100	80	100
合成高分子防水卷材	胶粘剂	80	100	80	100
	胶粘带	50	60	50	60
	单缝焊	60，有效焊接宽度不小于25			
	双缝焊	80，有效焊接宽度10×2＋空腔宽			

7.4.4 冷粘法铺贴卷材时，接缝口应用密封材料封严，宽度不应小于10mm。

7.4.5 天沟、檐沟、檐口、泛水和立面卷材收头的端部应裁齐，塞入预留凹槽内，用金属压条钉压固定，最大钉距不应大于900mm，并用密封材料嵌填封严。

7.4.6 卷材防水层的主控项目为：卷材防水层所用卷材及其配套材料必须符合设计要求；卷材防水层不得有渗漏或积水现象；卷材防水层在天沟、檐沟、檐口、水落口、泛水、变形缝和伸出屋面管道的防水构造，必须符合设计要求。

7.5 保温层质量控制

7.5.1 保温层应干燥，封闭式保温层的含水率应相当于该材料在当地自然风干状态下的平衡含水率。

7.5.2 板状保温材料应紧靠在需保温的基层表面上，并应铺平垫稳。分层铺设的板块上下层接缝应相互错开，拼缝应严密；板间缝隙应采用同类材料嵌填密实。粘贴的板状保温材料应贴严、粘牢。

7.5.3 硬质聚氨酯泡沫塑料应按配比准确计量，发泡厚度均匀一致。

7.5.4 保温层主控项目为：保温材料的堆积密度或表观密度、导热系数以及板材的强度、吸水率，必须符合设计要求；保温层的含水率必须符合设计要求。

7.5.5 屋面节能工程使用的保温隔热材料，其导热系数、密度、抗压强度或压缩强度、燃烧性能应符合设计要求；保温隔热材料进场时应对其导热系数、密度、抗压强度或压缩强度、燃烧性能进行复验，复验应为见证取样送检。

7.6 其他质量控制措施

7.6.1 倒置式屋面的檐沟、水落口等部位应采用现浇混凝土或砖砌堵头，并做好排水处理。

7.6.2 施工完的防水层，应进行蓄水或淋水试验，合格后方可进行保温层的铺设。

7.6.3 保护层施工时，应避免损坏保温层和防水层。

7.6.4 当保护层采用卵石铺压时，卵石的质（重）量应符合设计规定，以免加大屋面荷载。

7.6.5 屋面防水保温工程检查验收应符合《屋面工程质量验收规范》GB 50207—2002和《屋面工程技术规范》GB 50345—2004有关规定，或根据相应质量评定标准执行。

7.7 工程验收时，应提交下列技术资料，并应归档

7.7.1 工程设计图或屋面设计工程变更单。

7.7.2 工程施工方案和技术交底记录。

7.7.3 防水材料、保温材料等材料产品合格证、性能检测报告、出厂质量证明文件和复试报告。

7.7.4 施工检验记录、试水记录、隐蔽工程验收记录。

7.7.5 雨后或淋水、蓄水检验记录。

8. 安 全 措 施

8.1 防水保温工程施工前，应编制安全技术措施，书面向全体操作人员进行安全技术交底工作，并办理签字手续备查。

8.2 施工人员经过培训后方可上岗操作，并应全面掌握施工安全技术标准，强化安全意识。

8.3 施工过程中，应有专人负责督促，严格按照安全规程进行各项操作，合理使用劳动保护用品。

8.4 施工用的各种材料多属易燃物质，必须储存在专用仓库或场地。

8.5 存放材料的库房和施工现场必须严禁吸烟和使用明火，施工现场及作业面的周围不得存放易燃易爆物品。并配备消防器材和灭火设施，并注意通风。

8.6 操作人员不得赤脚或穿短袖衣服进行作业，防止胶粘液溅泼和污染。施工人员应身着工作服，戴好防护用具，方可进行施工操作。改性沥青卷材及辅助材料均有毒素，操作者必须戴好口罩、袖套、手套等劳保用品。

8.7 聚苯乙烯泡沫塑料板应选用自熄性材料，施工现场配备干粉灭火器和碱性泡沫灭火器。

8.8 运输线路要畅通，各项运输设施应牢固可靠，屋面孔洞及檐口应有安全防护措施。

8.9 屋面的周围边沿和预留孔洞处，必须按"洞口、临边"防护规定进行安全防护，屋面四周无女儿墙处按要求搭设防护栏杆或防护脚手架。

8.10 在危险部位施工时，必须配带安全带等防护用品。患有皮肤病、支气管炎、结核病、眼病以及对胶泥油膏有过敏的人员，不得参加操作。接触有毒材料应戴口罩并加强通风。

8.11 施工时禁止穿带高跟鞋、带钉鞋、光滑底面的塑料鞋和拖鞋，以确保上下屋面或在屋面上行走及上下脚手架的安全。

8.12 操作时应注意风向，防止下风操作以免人员中毒、受伤。铺贴卷材时，人应站在上风方向；操作者必须戴好口罩、袖套、鞋盖、布手套等劳保用品。在较恶劣条件下，操作人员应戴防毒面具。

8.13 为确保施工安全，对有电器设备的屋面工程，在防水层施工时，应将电源临时切断或采取安全措施，对施工照明用电，应使用36V安全电压，对其他施工电源也应安装触电保护器，以防发生触电事故。

8.14 操作现场禁止吸烟。严禁在卷材或胶泥油膏防水层的上方进行电、气焊工作，以防引起火灾和损伤防水层。

8.15 高温天气施工，须做好防暑降温措施。

8.16 高空作业、垂直运输、卫生防护、杜绝高空坠落等均应按国家和地方有关规定执行。

9. 环 保 措 施

9.1 施工前必须组织作业人员认真学习环境保护法，执行当地环保部门的有关规定。

9.2 合理调节作息时间，尽量减少在夜间施工时间，不影响现场周围居民的正常休息。

9.3 清扫垃圾及砂浆拌合物过程中要避免扬尘。

9.4 工完场清，施工中产生的建筑垃圾要及时清理、清运，避免材料飞扬，保持现场环境整洁。

9.5 在铺贴卷材时，不得污染檐口的外侧和墙面。

9.6 铺贴卷材时，人应站在上风方向；操作者必须戴好口罩、袖套、鞋盖、布手套等劳保用品。遇五级（含五级）以上大风和粉尘较大时严禁施工。

9.7 建立健全工地保洁制度，防止和减少工地内尘土飞扬。

10. 效 益 分 析

10.1 社会效益

10.1.1 本工法保温效果能达到我国建筑节能 50％的第二步目标；大大改善了空调建筑和一般建筑的温度环境。25mm 厚聚苯乙烯板保温能满足夏热冬冷地区节能保温新标准，50mm 厚聚苯乙烯板保温能满足寒冷地区节能保温新标准，100mm 厚能满足我国严寒地区建筑节能保温新标准。

10.1.2 倒置式保温防水屋面能大大延长防水层的使用寿命，增大了防水层更新周期、节约了维修费用。

10.1.3 施工简单、大大提高了工效和工程质量。

10.2 经济效益

10.2.1 倒置式保温防水屋面与传统保温防水屋面相比，保温层热阻程度高，施工速度快，防水层使用年限长，保温造价上均有较大程度的提高，具体数据见表 10.2.1 所示。

经济效益对比表   表 10.2.1

对 比 项 目	聚苯乙烯板倒置式保温防水屋面（50mm 厚）	水泥珍珠岩传统保温防水屋面（50mm 厚）
保温层热阻（$m^2 \cdot K/W$）	0.99	0.24
施工速度（m^2/工日）	80	20
防水层使用年限	有关资料反映使用周期延长 2～4 倍	
保温造价（元/m^2）	20 元/m^2 左右	30 元/m^2 左右

11. 应 用 实 例

11.1 1994 年 6 月应用于宁波金融大厦工程，防水层采用 SBS 熔性改性沥青卷材和聚乙烯丙纶防水卷材，聚苯乙烯泡沫塑料做保温层，预制混凝土板保护层，施工面积 2200m²，取得了较好的防水效果和保温效果。

11.2 1994 年 8 月应用于杭州市电视台工程，防水层采用 SBS 熔性改性沥青卷材，聚苯板做保温层，钢筋混凝土保护层，施工面积 800m²，取得了较好的防水效果和保温效果。

11.3 1995 年 3 月应用于宁波小港 404 工程工程，防水层采用 SBS 熔性改性沥青卷材，聚苯板做保温层，素混凝土保护层，施工面积 1100m²，取得了较好的防水效果和保温效果。

11.4 倒置式保温防水屋面施工工法于 1996 年 6 月应用于杭州天赐公寓屋面，防水层采用 SBS 熔性改性沥青卷材，聚苯板做保温层，钢筋混凝土保护层，施工面积 2000m²，取得了较好的防水效果和保温效果。

11.5 1996 年 7 月应用于上海家化高层工程，防水层采用聚酯胎 SBS 改性沥青卷材，聚苯板做保温层，钢筋混凝土保护层，施工面积 3000m²，取得了较好的防水效果和保温效果。

11.6 1997 年 3 月应用于杭州温州村综合楼工程，防水层采用 SBS 熔性改性沥青卷材，聚苯板做保温层，隔热板保护层，施工面积 1000m²，取得了较好的防水效果和保温效果。

11.7 1997 年 4 月应用于宁波北仑三利大楼工程，防水层采用 SBS 熔性改性沥青卷材，聚苯板做保温层，鹅卵石保护层，施工面积 2500m²，取得了较好的防水效果和保温效果。

11.8 1998 年 5 月应用于杭州兴合商场工程，防水层采用氯化聚乙烯橡胶卷材，聚苯板做保温层，钢筋混凝土保护层，施工面积3000m²，取得了较好的防水效果和保温效果。

11.9 2005年9月应用于涌金广场工程，防水层采用合成高分子防水卷材，聚苯板做保温层，钢筋混凝土保护层，施工面积3200m²，取得了较好的防水效果和保温效果。

11.10 2006年8月应用于西湖科技创业大楼工程，防水层采用高聚物改性沥青卷材，聚苯板做保温层，钢筋混凝土保护层，施工面积4000m²，取得了较好的防水效果和保温效果。

11.11 2007年3月应用于热水瓶厂G地块小学工程，防水层采用合成高分子防水卷材，挤塑板做保温层，钢筋混凝土保护层，施工面积2000m²，取得了较好的防水效果和保温效果。

11.12 2007年10月应用于耀江房产文鼎苑一期工程，防水层采用APP防水卷材，挤塑板做保温层，钢筋混凝土保护层，施工面积21000m²，取得了较好的防水效果和保温效果。

11.13 2008年1月应用于省乡镇企业局科技大楼工程，防水层采用SBS熔性改性沥青卷材，挤塑板做保温层，钢筋混凝土保护层，施工面积1600m²，取得了较好的防水效果和保温效果。

民用机场候机楼弱电安装工法

YJGF48—2000 (2007～2008 年度升级版-020)

中建二局安装工程有限公司　中建二局第四建筑工程有限公司

沈文斌　唐德全　陈承伟　沈威　钟燕

1. 前　言

现代化机场的候机楼为了给旅客提供安全、舒适、快捷的优质服务环境，必须建立先进的综合管理机制，通过管理的科学化、智能化，使得大楼内各类机电设备的管理、运行、保养自动化，即以最低的费用确保大楼内各类机电设备的正常运行、妥善维护、节约能源和降低人工，获取较好的经济效益。随着计算机技术的发展，智能化建筑如雨后春笋，拔地而起。民用建筑楼宇安装工程中，以计算机技术为基础的弱电技术得到了广泛的应用。

2. 工 法 特 点

本工法具有实用性强、应用面广等特点。

3. 适 用 范 围

该工法适用于机场候机楼及高级智能化建筑弱电工程安装和调试。

4. 施工工艺流程及操作要点

4.1　施工工艺流程（图 4.1）

4.2　深化设计

机场弱电系统设置齐全复杂，内容包括：综合布线系统、火灾自动报警及消防联动系统、有线电视系统、公共广播系统、闭路监视系统、综合保安报警系统、停车场管理系统、航班显示系统、离港系统、楼宇自控系统及集成管理中心系统。大楼的智能化设计是在结构化布线的基础上，建立通信网络、计算机网络、控制网络，并将在这三个网络上运行的各弱电系统通过计算机系统集成在一起，构成完善的智能化集成系统，实现数据共享，集中监视控制。对弱电设计方案及初步设计方案因各家弱电系统设备功能及系统结构不同，因此在设备品牌确定之后，必须进行施工图深化设计工作。

4.2.1　仔细研究工程的土建结构及装饰特点，确定各个系统构成方案及各种设备的安装方式。

4.2.2　根据该建筑物结构特点及吊顶内空间位置，确定综合布线垂直干缆及水平系统以及系统通信、总线的走线方式。

4.2.3　根据信息点及系统监控点的分布情况，确定综合布线系统的配线架位置及各系统 DDC 控制器位置，以满足各系统要求。

4.2.4　根据机场区域功能要求，确定各监视设备、保安、防盗设备及航班设备安装位置。

4.2.5　根据空调系统的控制要求，确定各检测元件的安装位置，以满足系统的控制要求。

4.2.6　根据各系统设计方案，完成深化设计图纸。

4.2.7　弱电系统配电设计。弱电系统是保障候机楼建筑设备控制、通信、保安、消防等系统正常

图 4.1　施工工艺流程图

运行重要组成部分，因此供电系统须要稳定可靠。配电系统设计采用集中供电方式，在供电设计上采用双路应急电源对 UPS 进行供电，再分配给各用电点。

4.2.8 管线综合设计。根据各专业图纸平面布置情况，对管井、管廊、吊顶内的线槽、管线进行综合排布，使设计满足空间要求，排布合理美观，并且容易检修；对局部作出剖面图。

4.2.9 智能化集成系统深化设计

系统结构如图 4.2.9 所示。

由于机场候机楼等大型公建工程为人流比较密集的场所，通过集成系统数据共享功能，采集离港系统的人员数量，形成每个时段的人员密度报表，BAS 系统可根据这些数据调整空调系统的参数，以达到节能目的。

4.3　机场候机楼弱电系统安装施工步骤和施工工艺

4.3.1　施工准备

1. 针对工程的性质及特殊要求，会同有关部门组织电气施工人员进行系统的学习、培训，熟悉和掌握图纸、规范及施工技能，编制各种计划（如材料、机具、加工件、劳动力、施工计划等）。

2. 对施工人员进行技术、质量、安全交底。

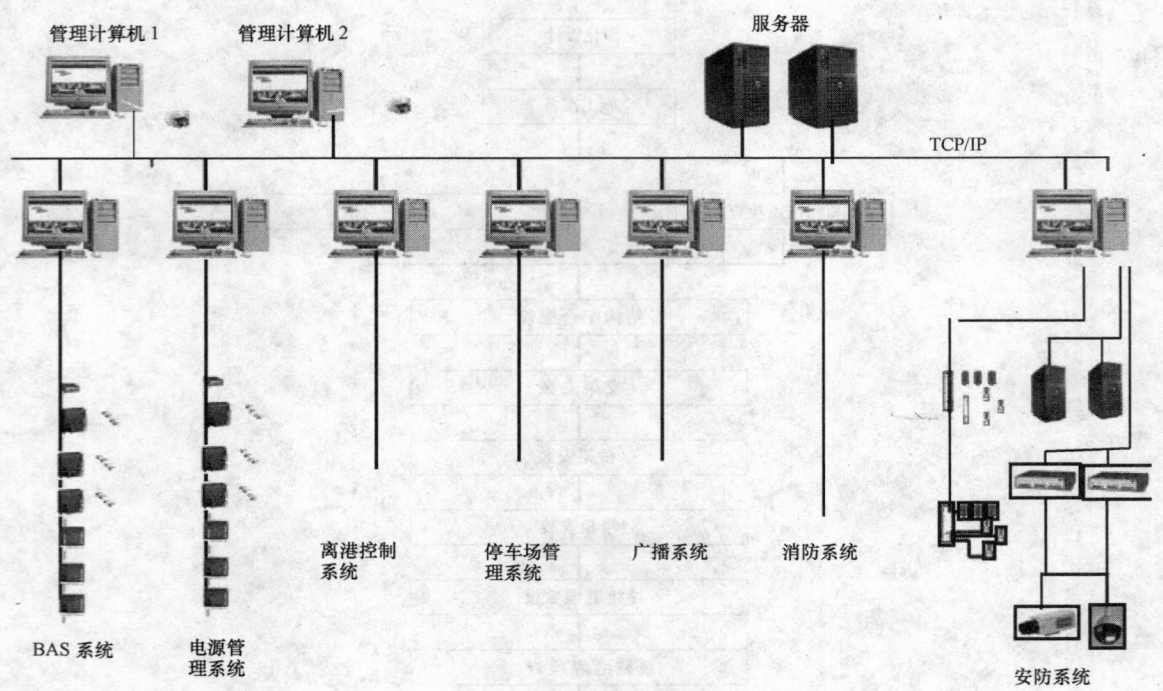

图 4.2.9　系统结构图

3. 组织施工人员学习和掌握各种工具、设备的使用方法。

4. 施工安装前，对电气设备、器具的特点检查。规格、质量、型号必须符合设计要求。

5. 按施工进度计划落实设备、器具、材料的到货情况。

6. 电气设备进场前应使道路畅通，设专库、专人保管，并有相应的防潮措施。对重要设备在运输过程中应采取相应的防震措施。

4.3.2　电气配管

1. 配管总则

施工人员应密切配合土建，根据施工草图，做好配管的打点定位工作。对于敷设在多尘、潮湿场所的电线管，管子连接处、管口应作密封处理，可采用麻丝和沥青混合堵塞。

2. 暗配管应按最近路线敷设（严禁跨穿工艺预留孔），尽量减少弯曲，埋入混凝土内的管子离表面的净距离不应小于 15mm。埋入地下的电线管不宜穿过设备基础，在穿过建筑物基础时应加保护管。进入落地式箱（柜）的电线管应排列整齐，管口高于基础，并不小于 50mm。

3. 明配管弯曲半径不应小于管外径的 6 倍，在地下混凝土内、楼板内的暗配管弯曲半径不应小于管外径的 10 倍。

4. 电线管超过下列长度时，中间应加装接线盒和分线盒，其加装位置应便于以后施工和维修，加装分线盒应符合下列要求：

1）管子长度超过 45m，无弯曲时；

2）管子长度超过 30m，有一个弯曲时；

3）管子长度超过 20m，有二个弯曲时；

4）管子长度超过 12m，有三个弯曲时。

5. 水平和垂直敷设的明配管允许偏差 3mm/2m，全长偏差不应大于管子外径的 1/2。多根管并列敷设应排列整齐，其管子固定应符合规范。

6. 管子进入设备接线盒、器具箱应加管纳子固定，其丝扣露出部分为 2～4 扣。

7. 暗配管进入接线盒、分线盒以及控制箱、盘时，可采用焊接固定，管子露出盒（箱）应小于 5mm。

8. 管子的连接在 G25 以下（包括 G25）均采用丝接，并有良好的电气接地。其 G25 以下可采用 φ6 钢筋跨接；G25 采用 φ8 钢筋跨接，其熔焊长度为钢筋直径的 6 倍，并双面焊。管口应光滑、整齐、无毛刺。采用套筒连接应满焊。所有焊接处应做防腐处理。

9. 由于工程按分块浇筑混凝土，对所有电气配管一次不能到位的管口，应用油漆按系统将符号注明于管口，以便接管正确。电气配管应在土建底模板施工完成后，根据电气施工图按系统放线定位，并用油漆按系统将符号注明于模板上，待土建底筋排列后，进行电气配管。在焊接跨接处应用铁皮遮挡，以免损坏模板。配管结束后，经"三检"确认无误后交监理公司验收，并及时做好工作量的统计以及资料的填写，同时做好下道工序的准备工作。

4.3.3 电缆及光缆的敷设

1. 电缆导线的敷设必须在所经由的管路、桥架、套管等施工完毕，并经验收合格后方可敷设。敷设前，应对电缆导线的型号、规格等进行校对，并应进行绝缘、通断试验，光纤在敷设前应测量其光衰减是否符合要求。

2. 电缆及光缆在敷设前应首先确定电缆盘放置的位置，向末端敷设，电缆的敷设应由专人统一指挥，避免电缆在地上、桥架上、支架上磨擦。电缆的终端、中间接头处应考虑预留适度的余量，并将电缆的回路编号用不干胶注明于电缆头上（至少 2 处，二处之间距离为 500mm）。

3. 因弱电系统所有电缆机械强度底，因此在敷设时不应使电缆过分受力，以免破坏电缆的性能，使指标下降。

4. 各种电缆的中间接头应使用标准专用接头，不得直接焊接或绞接（如同轴电缆应使用 F 型专用接头）。对于弱电系统所用的电缆（如同轴电缆）在订货时，应考虑每条回路电缆的长度，按每条电缆的长度定货，尽量减少中间接头，以提高信号传输质量，增加系统抗干扰能力。

5. 综合布线铜缆敷设

综合布线主干线多为 25 对、50 对、100 对铜缆，均匀敷设在电缆桥架上，水平系统为 4 对 UTP 无屏蔽双绞线沿桥架敷设或穿管敷设，电缆的敷设应按下列方法进行。

1）牵引水平系统支线（4 对 UTP）

单根敷设时，可直接将电缆用电工粘胶带与拉绳捆扎在一起。牵引多条时应将多条线缆聚集成一束，并使它们末端对齐，用电工胶带紧绕在缆束外面，在末端外绕 5～8cm 距离就可以；将拉绳穿过电工胶带缠好的线缆，并打好结，如果在拉线缆过程中，连接点散开了，可采取更牢固的连接，即除去一些绝缘层以暴露出 5cm 的裸线；将裸线分成两条；再将两束导线互相缠绕起来形成环；将拉绳穿过此环，并打结，然后将电工胶带缠到连接点周围，要缠得结实和平滑。

2）25 对铜缆敷设

将缆向后弯曲以便建立一个环；直径约为 15～30cm，并使缆末端与缆本身绞紧，用电工胶带紧紧的缠在绞好的缆上，以加固此环；把拉绳连接到缆环上；用电工胶带紧紧的将连接点包扎起来。

3）大对数电缆的敷设牵引

大对数电缆与拉绳的连接可以用芯套钩连接。剥去约 30cm 的缆外护套，包括导线体的绝缘层；使用针口钳将线切去，留下约 12 根；将导线分成两个绞线组，将两组绞线交叉地穿过拉绳的环，在电缆的终端建立一个闭环；将缆一端的线缠绕在一起以使环封闭；用电工胶带紧紧的缠绕在缆周围覆盖长度约 5cm，然后继续再绕上一段。

4）综合布线水平线缆在敷设时不应拉力过大，以免线缆变型，使传输性能下降，一般地：

一根 4 UTP 允许最大拉力为 98N；

二根 4 UTP 允许最大拉力为 147N；

三根 4 UTP 允许最大拉力为 196N；

多根时最大拉力不得超过 392N；

EIA/TIA-TSB40 对综合布线线缆弯曲半径的要求为 8 倍于线缆的直径，并避免下列事情发生：

① 避免弯曲超过 90°；

② 避免过紧地缠绕电缆；

③ 避免损坏线缆的外皮；

④ 不要切坏线缆内的导线。

6. 综合布线光缆的敷设

光缆是通过玻璃纤维而不是通过铜来传送信号的。由于光缆芯是玻璃纤维，与铜缆相比易碎。因此，敷设时应特别谨慎小心。首先弯曲光缆不能超过最小的弯曲半径；其次敷设光缆的牵引力不要超过最大的敷设张力。涂有塑料涂覆层的光纤，细如毛发，光纤表面的微小伤痕，将使张力显著地变化。另外，当光纤受到不均匀侧面压力时，光纤损耗将明显增大，因此，敷设时还应控制光缆的敷设张力，避免使光纤受到过度的外力（弯曲，侧压、牵拉、冲击等），这是提高工程质量所必须注意的问题。

1) 光缆在线槽中敷设

该工程将光缆与主干铜缆布放在同一线槽内，因此在线槽内增加了隔板，使光缆与铜缆分开，在线槽分支处做交叉桥处理，防止在交叉口处两种电缆混在一起。

2) 通过光缆中的 kevlar 纱线牵引敷设

在离光缆末端 0.3m 处，用光缆环切器对光缆外护套进行环切，并将环切开的外护套从光缆上剥掉；在光缆上将环切掉的外套去掉后，露出 kevlar 纱线与光纤，先将纱线与光纤分离开来，然后将 kevlar 纱线绞起来，并用电工胶布将其末端缠起来；将与 kevlar 纱线分开的光纤切断并除去，切割时应留下的部分掩没在外护套中；将光缆端的纱线与牵引绳连起来；切去多余的纱线利用套管或电工胶带将绳结和缆末端缠绕起来，检查确保没有粗糙之处，以保证牵引光缆时不增加摩擦力。

4.3.4 光纤通路的连接

过去光纤与光终端设备的连接采用 ST 接头完成，ST 接头的制作一般在现场完成，由于接头的制作工艺要求高，特别是对制作环境以及人员的操作要求都非常严格，并且制作时间长，工效低。目前 ST、SC 等接头的制作已在生产厂家完成，制作成成品尾纤产品。而尾纤与光纤的连接在现场完成，由于这个连接工作采用了专门的设备，因此现场制作速度快，操作简单便捷，并且整个熔接过程以及过程的控制是由设备自动完成。大大提高了光纤的连接效率和质量。

1. 光纤的熔接

第一步，光纤的制备。

1) 用蘸有酒精的纱布清洁光纤涂覆层，长度大约为从断面起 100mm。将光纤穿过热缩管。

2) 用剥纤钳剥去涂覆层，约 30～40mm。拿好光纤，以免损坏裸纤。

3) 用另一块蘸有酒精的纱布清洁裸纤。拿好光纤，以免损坏裸纤。务必使用纯度在 99% 以上的酒精。每次清洁都要更换纱布。

4) 用切割刀切割光纤，切割长度：f 0.25mm 的光纤为 8～16mm；f 0.9mm 的光纤为 16mm。切割后绝不能清洁光纤。

第二步，放置光纤。

1) 将剥好的光纤轻放在 V 型槽中。放置时光纤端面应处于 V 型槽端面和电极之间。不要使用光纤的尖端穿过 V 型凹槽。确保光纤尖端被放置在电极的中央，V 型凹槽的末端。熔接两种不同类型的光纤时，不需要考虑光纤的摆放方向，也就是说每种光纤都可以摆放在 S176 熔接机的左边或者右边。

2) 轻轻地盖上光纤压板，然后合上光纤压脚。

3) 盖上防风罩。

第三步，启动熔接机，熔接将按照预先设定的熔接程序进行熔接。开始熔接前针对不同的光纤种类对熔接机进行设定。

第四步，取出光纤。

第五步，熔接点加固。

1）将热缩管中心移至熔接点，然后放入加热器中。要确保熔接点和热缩管都在加热器中心，要确保金属加强件处于下方；要确保光纤没有扭曲。

2）用右手拉紧光纤，压下接合后的光纤以使右边的加热器夹具可以压下去。

3）关闭加热器盖子。

第六步，加热，启动加热机加热按钮，将按预先设定好的程序进行加热。

第七步，使用光时域反射仪（OTDR）测试熔接质量

光时域反射仪（OTDR：Optical Time Domain Reflectometer）又称背向散射仪，其原理是：往光纤中传输光脉冲时，由于在光纤中散射的微量光，返回光源侧后，可以利用时基来观察反射的返回光程度。由于光纤的模场直径影响它的后向散射，因此在接头两边的光纤可能会产生不同的后向散射，从而遮蔽接头的真实损耗。如果从两个方向测量接头的损耗，并求出这两个结果的平均值，便可消除单向 OTDR 测量的人为因素误差。

4.3.5 监控中心控制台，机柜的安装

候机楼的控制中心内，地面敷设架空防静电地板，各种线缆经吊顶内沿墙引下进入地板内，地板内敷设金属槽，供电缆敷设使用，为防止机柜、控制台压迫地板，将机柜安装在由 6 号槽钢制作的支架上面，槽钢支架与防静电地板在同一水平高度上，并用膨胀螺丝固定在地板上，支架可靠近地，各种线缆经地面线槽由机柜下面引入柜内进行端接。

4.3.6 综合布线配线架安装及跳线

1. 主配线架（MDF）的安装

主配线架装于综合布线机房。按盘柜安装方法安装，电缆由架空地板下引上到配线架。

2. 分配架的安装（IDF）

每个分配线架由铜缆线架、光纤配线架等设备组成，安装在一个机柜里，机柜的安装与墙之间保持 500mm 的距离，以便维护操作，并将线缆按顺序摆放好固定。留足预留长度准备端接。

3. 缆线的端接

1）切割电缆并剥除其外套以暴露出导线，长度要足够，以便打捆；

2）当缆的外护套去掉后，要立即对导线分组并打捆，以防止线对错乱，应保持线对与未除去外护套前状况一致；

3）将捆好的导线束组穿过配线架模块两边的缆槽；

4）按标准要求进行 RJ45 水晶头的压接；

5）将压接好的水晶头插入多口线架内。

4.3.7 闭路监视系统摄像机的安装

闭路电视监视系统用摄像机一般分为四类，第一类：固定式摄像头；第二类：带云台变焦式摄像头；第三类：吸顶式安装的高速云台球形摄像头；第四类：电梯轿箱内安装针孔摄像头。

根据其使用场所、功能的不同其安装方式可分为：墙装式、吸顶安装、吊装式及电梯内安装四种。

1. 墙装式安装方法

将摄像机支架用 $\phi6$ 膨胀螺丝固定于墙上，然后将云台、摄像机安装于支架上，云台用解码器安装在附近的吊顶内。若墙体为轻质隔墙，应在隔墙龙骨上制作加固底板，再将支架固定在加固的底板上，以免云台运动时，支架脱落。

2. 球形摄像头的安装

根据球形摄像头底座的尺寸及固定螺丝孔间距预制角钢支架，将角钢支架用膨胀螺栓固定在顶板上，并调整其安装高度，使支架底面与吊顶板面在同一平面上。将球形摄像机安装在支架底面上，最后将球形保护罩安装在摄像机上，如图 4.3.7-1 所示。

3. 轿箱内摄像头的安装

与电梯厂技术人员配合找到合适位置。在轿箱顶棚内焊接安装支架，将摄像机安装在轿箱顶棚内；

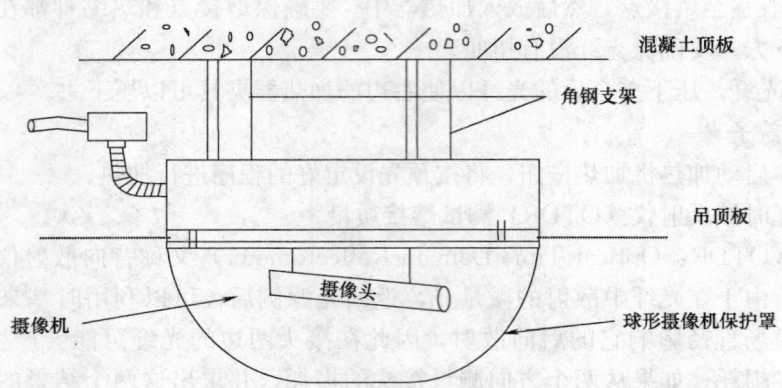

图 4.3.7-1 球形摄像头的安装

在顶棚铁板上开一小孔，使摄像机摄像镜头对准小孔，摄像机的电源线及信号线沿电梯轿箱电缆一同敷设至电梯机房内，再经电缆接到 CCTV 监控室。

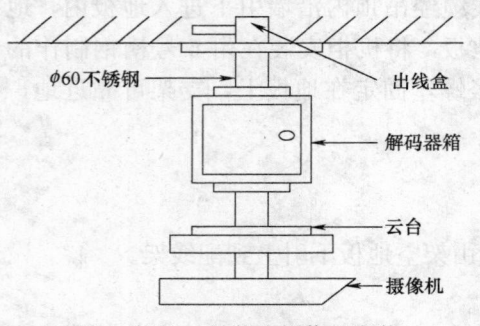

图 4.3.7-2 吊装式摄像机安装

4. 吊装式摄像机的安装

在室外监视车道车辆的摄像机吊装在车道的上方顶板上，顶板下方没有吊顶，为安装的美观，采取如下图的安装方法，即：使用不锈钢管作为吊架，在不锈钢管中间加装一支不锈钢制作的解码器箱，将解码器安装在里边，用膨胀螺栓将支架固定在顶板上，信号线电源及控制线由不锈钢管穿入解码器箱内作连接，为使云台旋转时支架不晃，不锈钢管采用 φ60mm 厚壁不锈钢管，如图 4.3.7-2 所示。

4.3.8 保安系统手动报警器、读卡器、门锁的安装

本候机楼共有 36 道门接受保安系统管制。每个受管制的门边都设有进门读卡器（D）、巡更读卡器（G）及手动报警器（A），其安装示意如图 4.3.8。门锁控制线穿不锈钢软管引入活动门扇内与电子锁连接。门磁开关装在门框顶部。

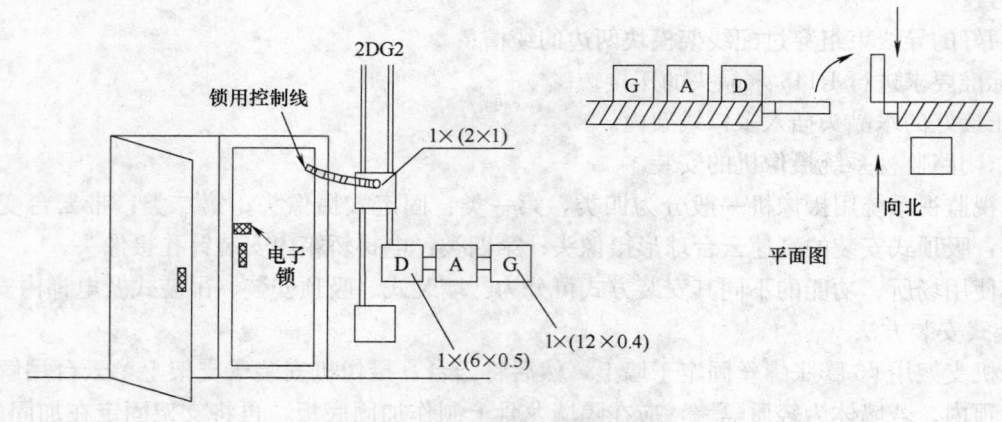

图 4.3.8 门锁控制安装示意图

4.3.9 楼宇自控（BAS）系统主要设备安装

1. DDC 控制箱安装

1）将箱内底板取下，按照模块底座上固定螺栓孔的尺寸，用电钻打孔，然后将模块底座安装上，然后依次安装电源开关、变压器；

2）安装端子板及汇线槽；

3）按接线图用 BV1mm^2 导线将模块底座与端子板及变压器连接。

注意：

① 汇线槽安装要横平竖直，且要根据控制点数选用不同规格的汇线槽。

② 尽量使 DO 点输出端子板与 AI、AO、DI 点端子板分开布置。

③ 箱体与模块必须接地。

④ 每个 DI 模块的 DI 点公用一个公共端，即 DI 模块的 10VDC 输出端子。但各个模块的公共端不能并接在一起。

2. 各种检测元件及执行机构的安装

安装在风管上的传感器（如：温度传感器、风流开关、湿度传感器等）应事先选择合适的位置，检修安装方便，能够准确检测到所需要检测的参数，然后在风管铁皮上开孔，将元件固定在风管上。安装于水管上的传感器及调节阀也应预先选好位置，所选位置必须能够检测到所需的各种参数，然后在工艺管道上按规定尺寸开孔，并将套管焊接在管道上，最后将元件安装在套管上。

4.3.10 广播系统安装接线

1. 广播系统主机采用 100V 定压式输出，每个扬声器配带一个功率变换器，接入抽头的不同，可以改变扬声器的使用功率，因此接线时应按图纸注明的功率要求接线。另外，为了方便调试和维护，每个分区的每条支路采用串型并接方式，即每个扬声器上并出的支路只能为一个，支路并接点不能在两场声器之间的线路上，如图 4.3.10 所示。

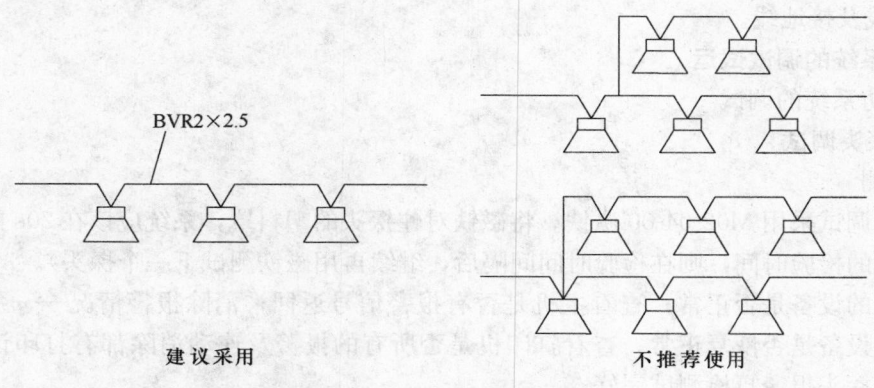

图 4.3.10 扬声器接线示意图

2. 扬声器音箱（防尘罩）的安装

扬声器安装前应先进行音箱的安装。因工程装修用的吊顶多为轻型龙骨结构，装修工艺要求不得将其他器具固定在龙骨上，因此音箱的安装选择吊挂在顶板上，用铁链悬挂，音箱的底边与吊顶板在同一平面上，音箱安装后，将扬声器固定在音箱内，按要求接线。

4.3.11 消防报警系统设备安装

1. 探头的安装

1）先将探头的底座安装在顶板或吊顶板上；

2）验证探头型号与底座标牌上注出的型号相匹配；

3）在探头上设定其地址要与基座标牌上注出的地址相匹配；

4）将探头置于探头基座上；

5）顺时针旋转探头，直到它对上位置为止。

2. 模块的安装

1）将监视模块或控制模块接至电路中；

2）设定模块的地址；

3）指定模块标签上的地址和 ID 型软件；

4）安装模块；

5）接上电源；

6）确信每个模块处于常态时，上面的 LED 在闪亮。

3. 基座的安装与配线

基座是为安装各种智能探头用的。它能装在 88.9 或 101.6mm 的八角电气盒上，电气盒的最小深度必须大于 40mm。

1）在基座标牌上标明探头类型和地址；

2）逆时针旋转 1/4 圈，卸下装饰圈；

3）将环片从基座上脱开；

4）将基座与信号电路连接起来；

5）利用随连接箱带来的螺钉和基座中的专用安装槽，将基座安装在箱上；

6）重新装上装饰环，利用环片上的平直接片和基座上的切口旋转环片 1/4 圈，直到卡住就位为止。

4. 报警主机的安装

该工作必须在消防中心装修工作已经结束，架空地板已铺好，SLC 环路线已全部敷设至中控室，并已具备供电条件。

用膨胀螺栓将主机箱固于侧墙上，清扫干净，将 CPU 板及其他显示屏等设备安装在机箱上，接好各 SLC 回路总线及接地线。

4.4 部分系统的调试试运

4.4.1 消防系统的调试

1. 智能型探头调试

1）报警检测

智能型探头调试采用 M02-04-00 磁铁。将磁铁对住探头的塑料罩，系统应该在 20s 内报警（如果探测器已完成了它的检验时间，则在检验时间间隔后，继续再用磁铁测试下一个探头）。

检查所动作的设备是否正常；查看主机是否有报警信号返回；消除报警情况——系统复位；在现场查看探头及各设备是否恢复正常；查看打印机是否所有的报警及连动消除都有打印记录；如果全部测试正常，则此探头报警自检测试完好。

2）故障检测

取下探头，查看主机是否有该探头的故障信号返回；查看该故障信号的类型是否正确，查看是否有该故障打印记录；重新装上探头，查看主机是否有该探头的故障消除信号返回；查看是否有该故障消除打印记录；如果全部正常，则此探头的故障自检测试完好。

2. 智能型监视模块测试方法

1）报警检测

模拟火警情况（动作所监视的设备），普通探头用磁石启动；检查所启动的设备是否正常，查看主机是否有报警信号返回；查看是否所有的报警及联动都有打印记录；消除报警情况，如该模块没有设定自动复位功能时，则需系统复位；查看该模块及各设备是否恢复正常；查看是否所有的报警及连动消除都有打印记录；如果全部测试正常，则此模块的报警自检测试完好。

2）故障检测

取下模块信号线接线，检查方法同智能型探头检测方法。

3. 智能型控制模块测试方法

1）动作检测

动作该模块（由报警连动或在主机上启动该模块）；检查所动作的设备是否正确；查看是否有动作的打印记录；消除报警情况或手动在主机上停止该模块；查看该模块及设备是否恢复正常；查看是否有动作消除记录；如果全部测试正常，则此模块的动作自检测试完好。

2）故障检测

同智能型监视模块故障检测方法。

4. 主机测试方法

1）备用电池测试

断开 220VAC 电源供应，查看主机是否依然工作；查看是否有该故障返回；查看是否有该故障的打印记录；重新接上 220VAC，查看主机是否有该故障消除信号返回；查看是否有该故障的打印记录；如果全部测试正常，则此电池检测完好。

2）回路线测试

短路其中一条回路线；查看是否有该故障返回；查看是否有该故障的打印记录；消除故障，查看主机是否有该故障消除信号返回；查看是否有该故障消除的打印记录；如果测试正常，则此测试完好。

3）系统经上面全部测试正常，即可投入试运行。

注意：在报警联动试验未完成前，应屏蔽消防联动系统，以免联动误动作影响其他设备运行。

4.4.2　消防联动系统的调试

1. 消防联动试验应具备下列条件：

1）消防泵房施工完毕，消防水池已注入清水，水位控制可靠；

2）各空调机房及排风排烟机房施工完毕。空调机、排风机、排烟机控制柜已经经过单体调试且动作正常；

3）防火卷帘门施工工作已完毕，卷帘门电源正常供电并经手动能够下至半位及全部降落，升降灵活；

4）各区广播已正常开通，并能正常进行分区广播，消防报警系统与广播系统接口连接线已按要求连接好，广播主机已按程序设定好，手动切换试验正常；

5）防火阀、排烟阀接线完毕，手动动作后接点闭合可靠；

6）水流指示器、压力开关接线完毕，并经正确性检查；

7）控制模块用 24V 电源正常，供电到位，控制模块及监视模块的地址已全部编址完毕，并能在主机上反应与平面图一致。

2. 联动试验方法

1）单点检测和控制试验

对于监视模块及监视点，人为动作向主机发出信号，检查主机是否能够接收到，逐点检查每一监视点。对于控制模块，在主机键盘上操作向控制模块发出信号，检查系统动作是否正确，此步检查，动力主回路可不送电，除观察控制接触器动作与否。

2）联动程序检查

报警联动检查：将全部空调机、送风机、排风机开启，排烟机、消防泵、喷淋泵、主电源及控制电源送电，防火卷帘门处于正常工作状态。在主机上，按防火分区，每区试验三次，人为使某一区探头报警，检查联动结果及返回信号是否正确。每次试验结束，将系统及设备复位，准备下一次试验。

防火阀动作联动检查：人为拉动关闭防火阀，检查联动设备是否正确，对照联动关系表，逐一回路试验，每次试验结束将系统复位，防火阀恢复原开启位置。

注意：每次试验结束，如联动不正确，应立即找原因，区分是接线施工问题还是联动软件问题，应立即纠正重新试验，直到每一回路都符合联动关系。

4.4.3　楼宇自控系统调试

1. 一般检查

1）检查系统内部元件、执行器、温度传感器、流量变送器、压力传感的接线是否正确。

2）检查风门驱动器、调节阀动作是否灵活，机械联接是否正确可靠。

3）检查各 DDC 箱内接线是否正确可靠，接线端子板接线是否压接牢固，极性是否正确。

4）检查外部设备接线（如动力控制箱、照明控制箱）是否正确。

2. 单体调试

1）先用万用表检查外来接线是否带电，若有带电，先查明原因，进行处理；

2）用绝缘摇表测量各接线间及对地绝缘情况，无问题后可以进行检测控制点试验；

3）下面以照明控制箱为例说明监控点的检查方法（参见图 4.4.3）：

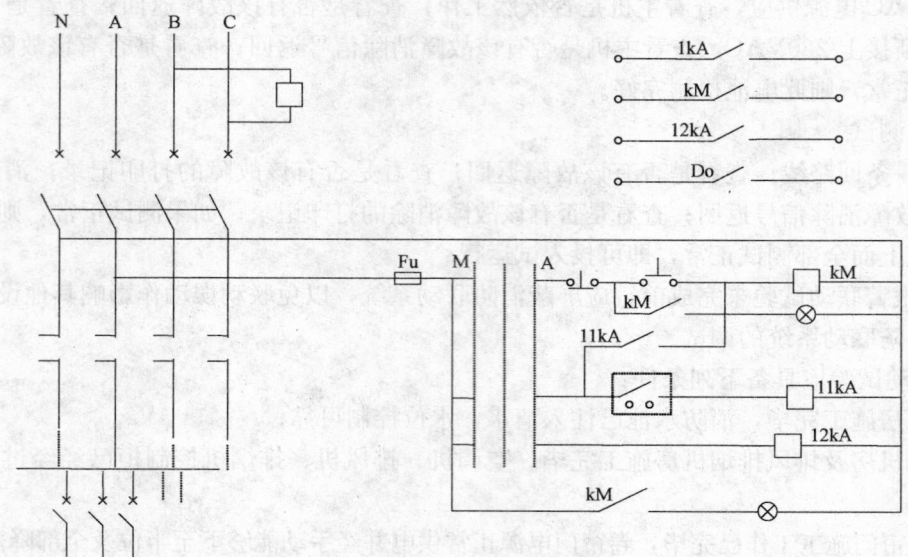

图 4.4.3　照明控制箱接线图

在工程设计中，对照明控制箱的监控内容有：

电源监视（sta2）

手/自动状态（atm）

主回路电力控制（ctr）

主回路电源开关监视（sta1）

检查方法：先不插入模块，将配电箱送上电。这时从 DDC 箱内模块端子上测此配电箱的"sta2"应导通（1kA 接点），将手/自动开关打到"手动"位置，此时测"atm"点应不通，再将手/自动开关打到"自动"位置，此时配电箱内 12kA 吸合。在 DDC 箱测得"atm"点应导通（12kA 接点），在 DDC 侧用一根短接线短接"ctr"（Do）点，配电箱的 kM 应吸合，同时测"sta1"点应导通（kM 辅助接点）。断开短接线，kM 释放"sta1"点不通，断掉配电箱电源，此时"sta2"点应断开，至此配电箱监控点检查完毕；

4）对于控制空调箱、冷水机组的 DDC 箱还应检查模拟量输入（AI），及模拟量输出（AO）点是否正确；

5）水阀控制检查：DDC 箱内控制模块不插上去，将 24VAC 变压器送上电，用一台直流电压信号源在 AO 点端子上输入 0～10VAC 信号，先从 0 开始升至 100%检查阀门开度是否从全关到全开，如有误差，调整执行器与阀的连接，使其满足要求。

3. 控制器（DDC）调试

1）将模块地址针插入各模块槽位相应端子上；

2）将电源模块及 I/O 功能模插到相应的位置上；

3）将外部设备的电源线断开；

4）将 DDC 的内部总线联上；

5）控制箱送电，使模块送电；

6）用电缆连接电脑和 CPU 模块；

7）将每个 DDC 的应用程序用同样的方法录入模块；

8）用电脑测试所有 AI 及 DI 点输入信号是否正常；

9）用电脑控制 DO 及 AO 输出信号，检查外部设备动作情况，如有异常应检查接线及程序指令；

10）所有 DDC 都应经过上述检查后，即可进行下一步系统调试。

4. 系统调试

1）系统调试应具备的条件

总线上各分站（DDC 控制器）已经单体调试，调试正常；

被监控设备能够正常运行，并经过 24h 负荷试运；

不能运行的设备与系统已作隔离措施；

照明系统及空调系统已能够正常运行；

值班人员已正式上岗值班。

2）系统调试方法

将每条 BUS 接入微机的 CSS 总线接口；

测试 C-BUS 上的 DDC 是否可靠地按顺序接入；

测试微机间通讯是否正常；

在上位微机上检测各监视点及控制点是否有效；

检查微机报警功能是否可靠（可人为设置故障）；

系统软件上的各种功能调试；

空调系统、PI 及 PID 控制检测。

4.4.4　综合布线系统的测试

综合布线系统测试分为电缆测试及光缆测试。从工程角度又分为验证测试和认证测试。

验证测试能保证系统的每个连接的正确性，是关键性的测试，认证测试是测试系统电气性能指标是否符合设计要求，用专用设备进行测试完成。

施工阶段的测试主要进行验证测试，施工中最常见的连接故障有：开路、短路、反接、错对、串绕等，此步测试就是用来检查这些错误。

1. 大对数电缆的测试

大对数电缆用于综合布线系统的主干线，本工程主干所用的电缆有 25 对、50 对、100 对，使用 TEST-ALL 25 对测试仪。

TEST-ALL 25 可在无源电缆上完成测试任务。它是一个自动化的测试系统。TEST-ALL 25 同时测量 25 对线的连续性、短路、开路、交叉、有故障的终端，外来的电磁干扰和接地中出现的问题。

要测试的导线两端各接一个 TEST-ALL 25 测试器。用这两个测试仪共同完成测试工作，在它们之间形成一条通信链路。

2. 光缆的测试

对光纤及光纤系统的测试内容有：连续性和衰减/损耗，通过测量光纤的输入输出功率，分析光纤的衰减和损耗，确定光纤连续性和发生光损耗的部位。对光纤及光系统的测试使用 AT&T 公司生产的 938A 光纤测试仪。本测试仪由主机、光源模块、光连接适配器、电源适配器组成。

光纤测试步骤如下：

1）测试光纤路径所需的硬件

两个 938A 光纤损耗测试仪（OLTS），用来测量光纤传输损耗；

为了使在两个地点进行测试，须对讲机一对；

4 条光纤跳线，用来建立 938A 测试仪与光纤路位之间的连接；

红外线显示器，用来确定光能量是否存在；

眼镜，测试人员必须戴上眼镜。

2）光纤路径损耗的测试步骤

为了确定光能量是否存在，应使用能量/功率计（Power mefer）或红外显示器（infra-red Viewing deuice）。决不能去观看一个光源的输出。

① 设置测试设备

按 938A 光纤损耗测试仪一起提供的指令来设置；

② OLTS（938A）调零

调零用来消除光能接收偏移量，不调零则会引起很大的误差，调零还能消除跳线的损耗。为了调零，在位置 A 用一跳线将 938A 的光源（输出口）和检波器插座（输入口）连接起来，在光纤路径的另一端（位置 B）完成同样的工作，测试人员必须在两个位置（A 和 B）上对两台 938A 调零；

③ 按 ZERO SET 按钮

连续按住 ZERO SET 按钮 1s 以上，等待 20s 的时间来完成自校准；

④ 测试光纤路径中的损耗（位置 A 到位置 B 方向上的损耗），参见图 4.4.4。

在位置 A 的 938A 上从检波器插座（IN 端口）处断开跳线，并把跳线连接到被测的光纤路径上；

在位置 B 的 938A 上从检波器（IN 端口）处断开跳线，在位置 B 的 938A 检波器插座（输入端口）与被测光纤通路的位置 B 处的 938A 测试 A 到 B 方向上的损耗；

⑤ 测试光纤路径中的损耗（位置 B 到位置 A 方向上的损耗）参见图 4.4.4。

在位置 B 的光纤路径处将跳线 D2 断开；

将跳线 S2（位置 B 处的）连接到光纤路径上；

从位置 A 处将跳线 S1 从光纤路径上断开；

用另一条跳线 D1 将位置 A 处 938A 检波器插座（IN 端口）与位置 A 处的光纤路径连接起来；

在位置 A 处的 938A 测试出 B 到 A 方向上的损耗；

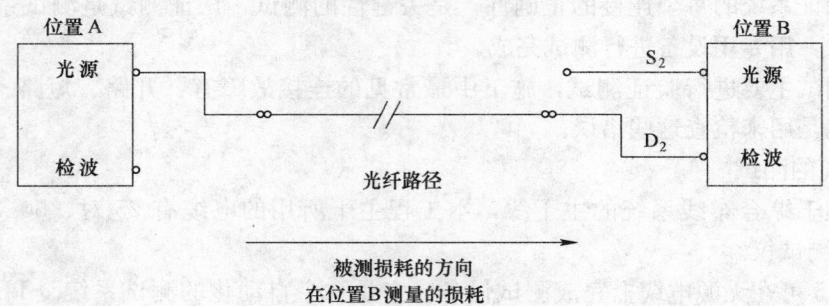

被测损耗的方向
在位置B测量的损耗

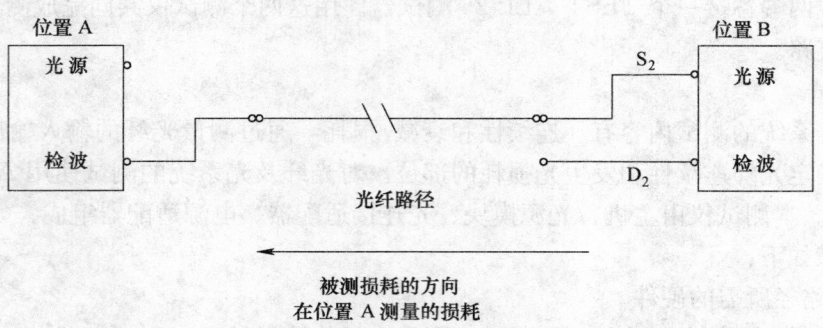

被测损耗的方向
在位置 A 测量的损耗

图 4.4.4　测试光纤路径中的损耗

⑥ 计算光纤路径上的传输损耗

计算光纤路径上的传输损耗，然后将数据认真地记录下来。根据下列公式计算：

$$平均损耗＝[损耗(A 到 B 方向)＋损耗(B 到 A 方向)]/2$$

⑦ 记录所有测试数据

5. 材料与设备

施工机具配备见表5。

施工机具配备表　　　　　　　　　　　　　　　　　　　　　表5

序号	机具名称	规　　格	单位	数量	备　注
1	套丝机	15～50mm	台	2	
2	套丝机	15～108mm	台	2	
3	交流电焊机	180～400A	台	12	
4	摇臂钻	25mm	台	1	
5	电动煨弯机	15～65mm	台	2	
6	冲击电钻	6～32mm	把	10	
7	电锤	32mm	把	5	
8	电钻	6～13mm	把	15	
9	吸尘器	1200W	台	1	
10	液压钳	16～300mm^2	台	5	
11	水准仪		台	1	
12	人字梯	4.5m	架	5	
13	钳型电流表	0～1000A	块	2	
14	万用表		块	5	
15	兆欧表	2500V	块	1	
16	兆欧表	1000V	块	2	
17	兆欧表	500V	块	2	
18	对讲机	150MHz	个	8	
19	光纤熔接设备		套	1	
20	专业测试设备		套	1	

6. 质 量 控 制

6.1　认真按照业主的要求及国家规范进行施工,把好质量关,确保该工程一次交验合格,优良品率85%以上。

6.2　加强现场施工质量检查,配备专业检查人员。

6.3　要严格按图纸施工,特别是对进口设备要详细地阅读说明书和有关资料,要掌握设备的有关规范和有关技术要求,各项安装工程要做出施工方案或施工技术措施,经项目总工审核,公司总工批准方可施工。

6.4　加强原材料和设备质量的检查工作,做好记录,坚持不合格品不施工的原则。

6.5　实行先"样品"后"施工"的原则,对"样品"经业主、监理验证后再统一进行施工。

6.6　凡是隐蔽工程都要经有关部门验收,并做好原始记录。

6.7　凡有施工方案的项目,必须按方案进行施工,所有工程都必须达到有关规范要求。

7. 安 全 措 施

安全生产工作以严肃法规、落实责任、消灭违章、强化管理为中心,努力提高企业的安全技术管理水平，确保全体施工人员的安全健康。

7.1 参加该工程施工的人员必须坚持安全第一，预防为主的方针。层层建立岗位责任制，遵守国家及公司的法规，在任何情况下不得违章指挥、违章操作。

7.2 凡是进入施工现场的人员均要由安全员书面对其进行安全交底。

7.3 进入现场必须严格遵守现场各项规章制度，工长对施工人员要做好工程交底和现场安全教育。进入现场必须戴安全帽，扎安全带。

7.4 凡手持电动工具必须通过漏电保护装置方可使用。

7.5 生产班组要进行每周二次以上的班组安全活动并有记录。查隐患，查漏洞，查麻痹思想，要经常不断地进行安全教育。

7.6 成立项目安全组织机构，项目对安全管理实行层层落实。

7.7 防盗保卫措施

7.7.1 选好库房、材料位置，库房门窗要牢固、严密、保管员离库房上锁，库房应建立严格的管理制度。

7.7.2 库房管理员要加强责任心，办事认真，收发料具时坚持认真登记，清点等制度。

7.7.3 贵重器材和设备应指定专人保管，严格领用、借用手续。

7.7.4 变配电室，发电机房等设备安装就位前，应安装好门窗，设警卫看守，加强防范工作，避免造成损坏丢失。

7.7.5 班组工具、量具要有专人负责，下班后要锁入工具箱内，不要随便乱放，工具房门要牢固，防止工具丢失。

7.8 消防、防灾保护措施

7.8.1 建立健全消防组织，成立施工现场临时义务消防组织，专职消防员要时常进行现场巡回检查，如有特殊情况及时与有关部门联系。

7.8.2 严格执行现场用火制度，主动接受业主、监理及相关部门的检查。遇上大风时，禁止使用明火作业。

7.8.3 电气焊工要经常检查电气焊工具是否漏气、漏电以防止易燃易爆等不安全因素的产生。

7.8.4 为便于消防工作的管理，本工程设立了氧气、乙炔集中供应站，严格执行乙炔、氧气使用安全制度。

7.8.5 仓库、料场应配备足够的消防器材，对易燃材料要集中管理，并设有明显标志。

8. 效 益 分 析

在弱电工程承包施工过程中，使用该施工做法，应用深化设计，减少了施工过程的管线交叉，有效的避免返工作业，大大降低了材料和人工的浪费。系统的调试技术使得每个系统能够稳定可靠的运行，保证了施工质量，通过调试，使每个系统达到设计功能的要求。使建筑设备的运行处于最佳运行状态，从而降低了建筑整体的能耗，实现了建筑物的节能。

9. 应 用 实 例

9.1 厦门机场3号候机楼弱电工程

厦门机场3号候机楼工程，它包括3号候机楼、食堂、中心机械厂、2号变电站、高架桥等，总建筑面积12.75万 m²。3号候机楼由主楼和候机廊两大部分组成，主楼长252m，宽81m，纵深108m，位于指廊南侧；候机指廊长765m，宽27m，配有15座活动登机桥。3号楼主楼共四层，地下一层为停车场，地上三层依次为到达层、出发层及商业夹层。候机廊共两层，底层为辅助用层，二层为候机长廊。该候机楼为全现浇钢筋混凝土框架结构。该工程弱电系统包括综合布线系统、楼宇自控系统、防盗保安系统、火灾报警系统、公共广播系统、门禁系统、子母钟系统、航班显示系统、离港系统、停车库管理系统、无线寻呼系统及有线电视系统。弱电系统全面复杂，设备均为进口设备。是目前配备比较先进的智能系统。通过本工法的应用，提高了生产效率，取得了良好的经济效益。

9.2 北京南洋大厦工程

南洋大厦是一座现代化智能高级写字楼。建筑面积为 6.84 万 m^2，高度 99.8m，主楼地上 23 层，地下 2 层。安装工程内容包括：程控电话系统、综合布线系统；闭路电视监控系统、卫星电视系统；火灾自动报警及消防联动控制系统；楼宇自动化系统；停车场自动管理系统；保安系统；动力及照明系统；防雷与接地系统。通过该工法的应用，取得了良好的经济效益，确保了施工工期。

9.3 东软（大连）河口园区弱电工程

东软大连河口园区弱电工程，位于大连市高新园区（东软河口园区），园区占地约 56 万 m^2，预计建筑面积达到 30 万 m^2 以上，建筑性质为研发大厅、办公室、会议室、食堂、公寓及配套用房等。安装工程范围包括弱电系统深化设计、项目管理、设计联络、厂验、供货、运输、仓储、交付、施工和安装、调试、联调、试运行、开通、培训、技术文件和质保责任期等全部工作。本工程共分为三个系统：综合布线系统工程、视频监控系统工程、门禁、一卡通系统工程。通过该工法的应用，降低了工人劳动强度，缩短了施工工期，取得了良好的社会效益和经济效益。

高层建筑通风与空调系统调试工法

YJGF28—96（2007～2008 年度升级版-021）

上海市安装工程有限公司

陈晓文　张耀良

1. 前　　言

通风与空调工程安装完毕，必须进行系统的测定和调整（简称调试）。系统调试是实现工程安全、节能正确运行的手段和方法，系统调试包括设备单机试运转及调试、系统无生产负荷下的联合试运转及调试。通过调试，一方面可以发现系统设计、施工和设备性能等方面存在的问题，从而采取相应的措施保证系统达到设计要求；另一方面也可以使运行管理人员熟悉和掌握系统的性能和特点，并为系统的经济合理运行积累资料。

对于已经投入使用的空调系统，当出现问题时，也需要通过系统调试查找原因，进行改进。

高层建筑通风空调工程往往由空调、送排风、防排烟和智能控制等系统所组成。它们共处于同一建筑空间内运行，相互影响，彼此干扰。因而，需要通过有效的系统调试才能把它们组合成一个协调一致的有机整体，尤其在当今智能化大楼管理的时代，这项工作更显得重要。

空调工程的系统调试是工程施工的重要内容之一，也是工程竣工验收与交工验收的前提条件和依据。当前国内空调事业发展迅速，施工队伍众多，国家对建筑空调工程的系统调试和运行管理，也有了新的标准和要求。如何在实际建筑空调工程中充分体现国家的节能国策，除了在工程设计、施工过程中应重视采纳节能材料、设备和提高施工质量外，工程系统的调试也非常重要。为了统一企业对高层建筑空调工程系统调试的作业顺序、方法和要求，提高工效和管理水平，保证工程施工质量，我们根据多年高层建筑空调工程系统调试的经验和新技术应用，结合有关空调工程国家标准的要求对原工法进行了修编。

2. 工 法 特 点

2.1　本工法包含了当前高层建筑空调工程众多新设备、新技术和新系统的调试方法，填补了空白。

2.2　本工法将空调风、水、自控系统的调试与建筑智能管理和空调设备工程系统的运行给合在一起，构筑成一个真正意义上的整体空调工程。

2.3　本工法要求工程调试采用分区域（例：高区、低区；客房、公共设施等）和分系统调试相结合的原则，构成线与块，局部与整体相配合的系统工程。

2.4　本工法较详细地阐明了系统调试工艺的要点，遵循以单个系统测定为点，综合平衡为线的调试工作方法。

2.5　本工法集管理和工艺操作双重内容，既可供施工企业人员使用，又可为建设单位管理应用。

3. 适 用 范 围

本工法主要适用于高层建筑空调工程系统调试之用，也可供一般工业与民用建筑的通风与空调工程系统的调试作为参考。

4. 工艺原理

4.1 依据空气在一定的状态条件下，通过调节各系统的风量与水量的平衡来满足空调区域内温度、湿度，及洁净度的要求。

4.2 应用对于一个固定管段、管内流动空气压力损失（ΔP）与流量（L）平方成正比的原理，即

$$\Delta P = \mu L^2$$

式中 μ——管路水力特性系数。

对于同一系统中的并联管路，$\Delta P_1 = \Delta P_2$，按水力特性分配原则，通过调节相关阀门使 $L_2 : L_1$ 与原设计风量比接近。

$$\frac{\mu_1}{\mu_2} = \frac{L_2^2}{L_1^2} = C$$

4.3 系统调试以检测、调整风（水）系统的流量、流速、室内正压保持等的实际数值，以满足设计要求为衡量工程质量标准。

4.4 系统流量的测试与平衡，宜采用管内测定与管口测定相结合的方法。水系统还可应用专用仪器（超声波流量计，流量控制阀设定）进行测定与调整。

4.5 BA 系统的调试应与实测工况相结合，并规定采用异步法对系统功能控制进行系统的调整与测试。

5. 施工工艺流程及操作要点

5.1 施工工艺流程（图 5.1）

5.2 工艺操作要点

5.2.1 熟悉工程设计图纸和现场勘测，主要是了解工程的系统组成、实物量、特性，正确领会设计意图，掌握工程要求，以便统筹系统的调试，如大厅空调是否有多个系统组成；冷热水系统是否分级管理；是否采用地源热泵系统等。

现场勘测主要是查清工程系统安装是否存在着与设计不相符的地方，并判定系统测试调节装置等的可操作性和需要采取的相应措施。如可利用的检查口、人孔、临时电源、作业高度，以及环境要求等。

5.2.2 编制调试方案

1. 调试方案是空调系统调试的纲领性文件。它应包括工程概况、系统调试的目的与要求、调试主要项目、计划进度、劳动组织、仪器仪表及工具准备、工作部署等，以及对相关专业的配合要求等内容。

2. 空调工程系统调试方案是一个指导工程具体实施的重要文件，编制后应得到工程监理和业主的认同与配合。

3. 方案编制作业计划可参照下述原则安排。

按区域划分：一般可分为裙房与主楼、低区与高区、标准层与公共区、机房与空调区，再考虑防、排烟系统。

按系统性质：一般可按冷热源系统，空调水系统，空调风系统、防、排烟系统与 BA 系统进行划分。

冷热源系统宜按主机的类别分别进行，如离心机组、螺杆机组、溴化锂吸收式机组与变流量直膨式空调机组等。

热源系统可分为蒸汽锅炉、热水锅炉、热泵机组等。

空调水系统可按系统的功能分别进行，如冷却水系统，冷、热水系统（可分一次水、二次水系

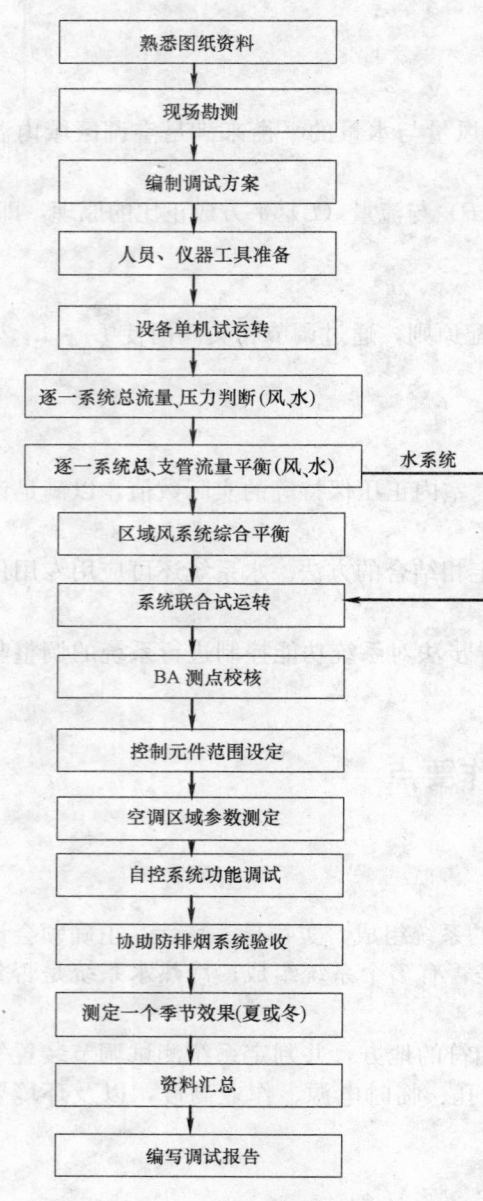

图 5.1　施工工艺流程图

统），冷凝水系统，地源热泵水源系统，蓄冷空调的乙二醇低温水系统等。

风系统可按送风、排风、防排烟、空调新风，送、回风系统次序编排。标准层采用风机盘管加新风系统、地板送风系统或 VAV 空调系统宜按楼层进行安排。公共区域的厅、堂宜按系统划分。

5.2.3　人员、仪器及工具准备

系统调试的人员应由专业的调试技术人员与工程施工人员，及电气操作人员等组成。仪器设备应包括（风、水）流量测量、压力测量、TVOC 浓度检测、噪声、温湿度、转速、电流、电压、电阻等检测设备。

5.2.4　设备单机试运转

1. 设备试运转应符合 GB 50243—2002 的规定。

2. 风机和空调器试运转时应打开系统的全部阀门和风口，试运转应大于 2h。

3. 空调系统制冷机组与水泵的单机试运转可与风系统分别进行，经带负荷联合试运行不少于 8h。冰蓄冷系统主机应进行双工况试运行。

4. 试运转设备必须做好运行工况的记录。

5. 试运转中发现的电气及机械故障必须及时排除。

6. 空调末端设备（VAV、地板送风、窗台通风机等）宜进行试运转的抽检。

5.2.5　系统总风量、风压及性能测定

1. 系统总风量一般可取风机吸入或压出的任一端的测定风量，必要时应取风机两端风量的平均值，两端风量差值且不应大于 5%。

2. 测定风机的风量、风压、转速，电机的电流与电压。

3. 总风量测定宜采用管内测量法，在一端敞开条件下亦可采用管口法。

4. 管内法测点，必须选择在气流稳定处（按气流方向，一般选择在产生局部阻力后，大于 4 倍管径和局部阻力前大于 1.5 倍管径的管段上），现场条件受限制时，则应增加测点密度方法弥补。

5. 空调机组测量的是风量与机外余压。

6. VAV 系统总风量应为正常供电频率下的值。

7. 风机、空调机组的风量、风压与额定功率应符合设备技术文件的规定。

5.2.6　系统水流量及性能测定

1. 测定水泵流量、扬程、转速，电机的电流与电压。

2. 系统水流量一般可取水泵吸入或压出的任一端的测定流量。

3. 总流量测定宜用管内测量法（孔板或流量阀门）。

4. 管外法测定采用超声波流量计测量，测点宜选择在水流稳定处（按水流方向，一般选择在产生局部阻力后，大于 4 倍管径和局部阻力前大于 1.5 倍管径的管段上）。

5. 水泵的流量、扬程与额定功率应符合设备技术文件的规定。

5.2.7 系统风量平衡及调整

1. 风管内风量的测定应采用毕托管与微压计,风口处风量的测定应采用热球风速仪、叶轮风速仪或风罩式风量测试仪。

2. 平均动压的求取一般宜用均方根值,在气流稳定的场合也可采用算术平均值。

3. 用叶轮风速仪测量风口风量时,如采用匀速转移动法测量,次数不得少于 3 次取平均值。

4. 用热球风速仪测定风口面风速时,测头应紧贴风口,且垂直于气流方向。

5. 风管内测点数量布置,应遵循等截面原则来划分:矩形风管以接近正方形布置划分其最大截面面积一般不大于 0.05m²。测点位于截面中心,如图 5.2.7-1。

边长 $a \approx b \leqslant 220mm$

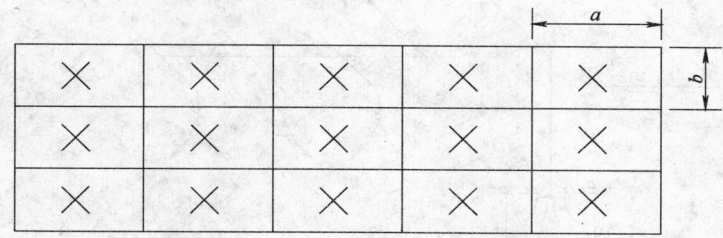

图 5.2.7-1 风管内测点数量布置示意图

圆形风管应根据管径大小,将截面分成若干个面积相等的同心圆环,每个圆环测四点,分环可按表 5.2.7 的规定。

圆形风管分环表			表 5.2.7
圆风管直径(R)	200 以下	200~400	400~700	700 以上
圆环数(m)	3	4	5	6

各测点距风量中心距离 $R_n = R\dfrac{2n-1}{2m}$

(n 自风管中心算起测点顺序,m 为圆环数)

6. 定型风口测量流量可采用"基准风口法",有特殊要求的风口宜采用风罩法。

7. 系统风量平衡可采用"流量等比分配法"、"基准风口调整法"和"逐段分支调整法"等。

基准风口调整法适用于多风口,较复杂风口测量方便的系统。

流量等比分配法适用于大系统多支管及风口测量较困难的系统。

逐段分支调整法适用于简单小系统的调试。

8. 系统调试方法见图 5.2.7-2。

9. 系统调整一般步骤

1)打开所有调节阀门使三通调节阀处于中间的位置,然后可分别采用以下方法进行调试。

2)一般用管内法测定风机与空调器的总风量和风压,其值应符合设计要求,偏差值为 -5%~ +15%。风机进口无遮盖时,也可用管口法测定风量。

3)如采用基准风口法,则应先初测风口风量值(亦可用飘带法),并将各风口测量值与设计风量作比较,取其最小比值风口,作为各支管的基准风口。从最远端开始调整各支风管上的风口与基准风口比值,使

$$\frac{L_基}{L_设} = \frac{L_2}{L_{2设}}; \quad \frac{L_基}{L_设} = \frac{L_3}{L_{3设}}$$

直至干管、总管。

4)如采用流量等比分配法进行调整,则应从系统最不利的管段开始,调整各支、干管风量的比值,等同于此管段设计风量的比值,一直平衡至总管。

5)在风量平衡之后,调整风机总风量,使系统满足设计的要求。

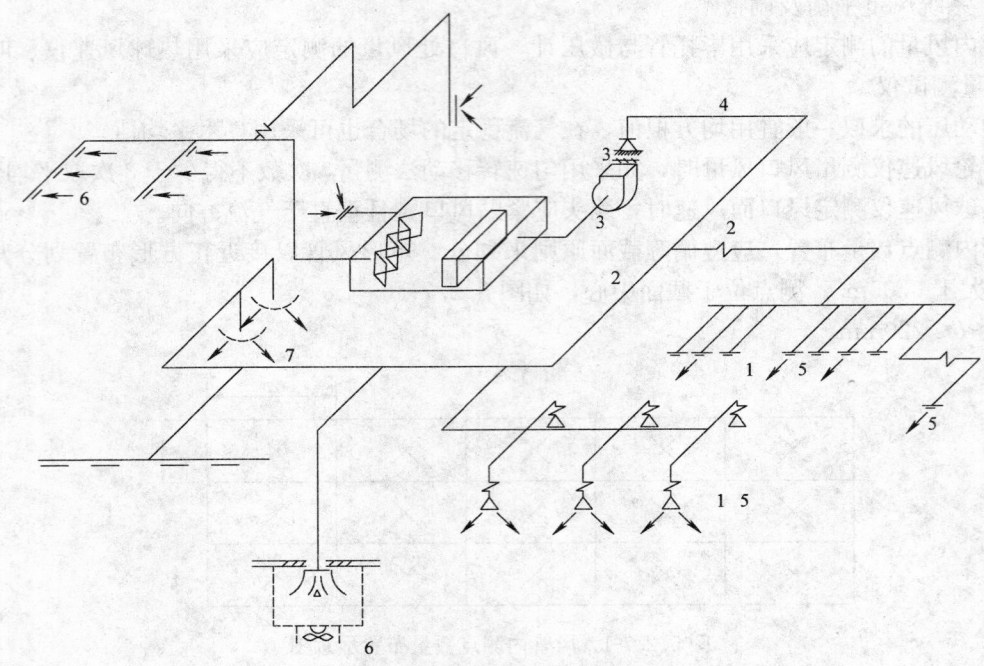

图 5.2.7-2　系统调试方法示意图

1—基准风口法；2—逐段分支调整法；3—总风量测定；4—管内风量、风压毕托管微压机测定；
5—风口热球风速仪、叶轮风速仪测定口；6—辅助风管法测定；7—等比流量分配法

6）再核验部分风口，送、回风量的值应达到设计要求。新使用系统应取在正偏差范围。

7）如采逐段分支调整法，则应从系统最有利管段开始调整各干、支管及风口的风量，直至最不利管端，使其达到设计值。然后，反复数次直至各支管、风口的值都满足设计要求。

8）对调整后系统的阀门及其他调节装置作定位记号。

9）水系统流量的平衡调试原理同风系统，测量的仪器可为超声波流量测量仪器，孔板与流量平衡阀等的计量设备。如系统采用，静态、动态与压差平衡阀可利用厂商设备软件进行测定调整。

10. 客房空调系统调试

1）新风系统必须保证每个客房风口的送风量符合设计要求。

2）风口风量粗调宜采用飘带观测法，测定可用基准风口法。

3）客房风机盘管空调器性能测试宜采用抽检，按不同型号、规格抽检 5%～10%，且不少于 2 台。

4）风机盘管风量以高档风量为主，测定值小于 95% 铭牌值时要进行分析。

风机盘管一般可采用热球风速仪测定机组的风量，风量按公式 5.2.7 计算。

$$Q = 3600u \cdot F \cdot A \ (\mathrm{m^3/h}) \tag{5.2.7}$$

式中　u——平均风速（m/s）；

　　　F——风口截面积（m²）；

　　　A——风口的面积系数。

5）安装有防火阀的客房系统，应对防火阀的动作进行检查。

6）对温度自控元件应进行调整。

7）对卫生间排风性能进行测定。

8）在需要的时候对风机盘管的噪声进行测定和分析。噪声应以中、低档为主。

11. 厅堂空调系统调试

1）系统总风量应调整在设计风量的 1～1.15 倍，并按设计要求分配回风与新风的比例。

2）送回风口的风量应等于或大于设计风量。不同厅堂的总风量比值应相符于设计风量的比值。

同一厅堂的风口风量误差不大于 15%，送风总量通常应大于回风量和排气总量之和的 3～5 个百分点。

3）厅堂风口风量测定按不同系统情况，可采用风口法或管内法。一个系统分送几个厅堂或楼层时，干管分配测定宜用管内法，同一厅堂风口风量平衡宜用风口法。

送风散流器风量测定与平衡可采用基准风口法。只有在特殊情况下，使用辅助风管法测定风口风量。

4）回风口一般用风口断面积法测量，测点必须为多点，读数点应满足面积法规定。测头应紧贴风口，不准减去零位点求平均值。

5）对于装有变风量的末端装置，以测定其中一个开度（25%、50%、75%、100%）的风量值为准。带风机动力的应根据串、并联的不同进行风量调整。

6）当系统测试发现有不正常情况时，可按需要测定噪音、过滤装置压损或其他项目。

7）对系统中安装的防火排烟阀门进行动作试验。

8）对装有自控联动的阀门进行模拟操作，并作定位处理。

12. 厨房排气系统调试

1）测定风罩罩面的平均风速应大于或等于设计值。

2）可用烟气法测定罩面边缘气流，不得有外逸现象。

3）一个系统带有数个排风罩，风量分配宜用管内法测定风量值。

4）系统调试发现异常时应测定过滤器的压损值。

13. 防排烟系统调试

1）系统总风量必须大于等于设计风量。

2）在各楼层排烟阀连续启闭三次以上，检查其动作正常后，方可进行排风量测试（包括手动与电动）。

3）一个系统至少测定两组，其中一组必须为最不利位置，要求排风量必须大于或等于设计风量。

4）对有信号传输与自动复位的装置进行检查调整。

5）系统调试风量无法满足时，则需测试系统及排烟阀的漏风量，查明原因进行整改。

14. VAV 系统调试

1）在电机 50Hz 标准频率下系统总风量必须大于或等于设计风量。

2）对各个 VAV 的调节风阀连续启闭（包括手动与电动）3 次以上，检查其动作正常后，方可进行风量测试。

3）一个系统至少测定两组实际风量，其中一组为最不利位置，一组为最有利位置。

4）对信号传输与自动复位的装置进行检查调整。

5）对系统信息反馈调试的压力、温度测点的数值、位置，根据需求进行调整。

6）对系统新风量进行测试及标定。

7）对位于建筑外区带辅助热源的 VAV 应有采暖工况的测试。

15. 地板送风系统调试

1）在电机 50Hz 标准频率下系统总风量必须大于或等于设计风量。

2）对各个 FTU（地下送风终端机）的调节风阀检查其动作（包括手动与电动），连续启闭 3 次以上正常后，方可进行风量的测试。

3）一个系统至少测定两组送风末端装置，其中一组为最不利位置，一组为最有利位置。

4）对信号传输与自动控制的装置进行检查调整。

5）地板送风系统若需进行校核，应校核其送风的温度、射流高度及扩散半径。

6）系统最小新风量的测试与调整。

16. 地源热泵水系统调试

1）必须对各个回路的流量进行调试。

2）对整个回路的温度进行测量与记录。

3）完成制冷或制热工况的运行。

17. 冰蓄冷系统调试

1）乙二醇系统流量的测试。

2）制冷机制冰工况试运行。

3）制冰运行速率时间记录。

5.2.8 区域与综合平衡

1. 同一厅室的送风量与排风量及回风量应符合原设计的比值，综合平衡误差5%之内，但送风量必须大于排风量与回风量之和。

2. 空调房正压于厨房、厕所等用房；并无烟气倒流现象。

3. 安全前室（安全梯）和其他防排烟系统中需保持正压的区域与部位，在条件许可的时候，进行模拟测试。一般只按设计要求作风量平衡。

5.2.9 按通风与空调工程施工及验收规范（GB 50243—2002）规定测定一个季节工况，主要是指温度及湿度应满足设计要求。如不能满足，则加测空调器效能和制冷或供热系统的运行数据，对原因作出判断。

1. 客房按不同标准房选择具有代表性的房间测定。

2. 厅堂办公楼在接近设计负荷条件下按系统测定。

3. 必要时加测水系统的流量，送、回水的温度，制冷机工作状态点（或供热）及水泵运行数据及平衡水系统。

4. 必要时对室内空气品质进行测定。

5.2.10 直接膨胀式变流量空调系统

1. 客房按不同标准房选择具有代表性的房间测定。

2. 厅堂办公楼在接近设计负荷条件下按系统测定。

3. 必要时加测新风系统。

5.2.11 BA 系统的加入调试

1. BA 系统是空调工程的一个组成部分，对提升系统的功能、节能运行具有指导意义，由于系统使用条件的限制，BA 系统宜在系统综合调试完成后进行。

2. 对 BA 系统信息反馈点参数值的正确性进行校核。

3. 对 BA 系统信息控制的控制范围进行设定。

4. 选择典型工况状态，对系统的自控性能进行调试。

5.2.12 协助监理、业主完成对防排烟系统功能的验收。

5.2.13 对空调区域夏季或冬季的实际参数进行测定。

5.2.14 资料汇总及工程评价

1. 对调试资料进行整理，装订成册。

2. 对调试中发现的疑难之处应列表说明。包括已整改的和遗留的问题，并要有简要分析。

5.2.15 调试报告

应是一份较完整的调试工作报告，必须对空调工程的使用质量作出评价。

6. 材料与设备

本工法无需特别说明的材料，采用的调试仪表及工具见表6。

调试仪表及工具表   表6

序号	名　　称	规　　格	单位	数量	适用范围
1	叶轮风速仪	AM-4120	只	1	测量风速
2	热球风速仪	QDF-3	只	1	测量风速
3	热电风速仪	0-30m/s	只	1	测量风速
4	标准静压毕托管	1400～2400Pa	根	2	测量风压
5	倾斜式微压计	YYT-2	只	1	测量风压
6	补偿式微压计	DJM-9	只	1	测量风压
7	连接皮管	橡皮管	根	2	测量风压
8	标准水银温度计	1/100分度	把	1	测量温度
9	标准水银温度计	1/10分度	把	1	测量温度
10	通风干湿球温度计	0～50m/s	只	1	测量相对湿度
11	钳形电流表	—	台	2	电流测试
12	光电转速表		台	1	转速测试
13	精密声级计	ND2型	只	1	测量噪声
14	粒子计数器	CLJ-1	只	1	高效过滤器检漏
15	风罩式风量测试仪	德国产 ALNORpm-150	台	1	风口风量平衡
16	风管漏风量测试仪		台	1	风管及设备漏风量测试
17	超声波流量计	—	台	1	水流量的测试
18	低阻电位差计	UJ-I	台	1	—
19	数字万用表	LT2001	台	1	—
20	自动记录平衡电桥	0～50℃	台	1	—
21	兆欧表	0～500V	只	1	—
22	手枪钻	$\phi6.5$	只	1	—
23	小型计算器	—	只	1	—
24	对讲机	MOTORLA	对	1	—

7. 质 量 控 制

7.1　测量仪器精度必须大于测量值要求等级。

7.2　仪表的读数必须正确，不得以瞬间峰值作为测量值。

7.3　系统总风量调试结果与设计风量的偏差不应大于10%。空调冷热水、冷却水总流量测试结果与设计流量的偏差不应大于10%。电机功率不大于1.1额定值，温度设计值范围内。新建系统的调整风量值一般应为正值，当发现负偏差时则需重复一次查明原因。

7.4　通风系统经过平衡调整，各风口的风量与设计风量的允许偏差不应大于15%。空调水系统经过平衡调整，各空调机组的水流量应符合设计要求，允许偏差为20%。

7.5　防排烟系统联合试运行与调试的结果（风量和风压），必须符合设计与消防的规定。正压保持设计值或25～50Pa（安全楼梯间）。

7.6　清洁系统高中效过滤器与框架连接处的漏渗率必须符合设计要求。

7.7　无负荷联合运转试验调整后，应使空气的各项参数维持在设计给定范围内，必要时进行室内空气品质的测试。

7.8　综合效能测定时，所使用的仪表精度级别必须高于被测对象的级别。

7.9 检测用仪器、仪表均应定期进行标定和校正，并应在标定证书有效期内使用。

7.10 温度、相对湿度值及其波动范围应符合设计规定。

7.11 调试应包括风机、空调设备与自控装置，综合平衡的全部内容。记录的文字内容与数据应真实，书写规范，字迹清楚。

7.12 调试中发现的施工质量隐患，必须消除。

7.13 管内法测孔位置应选择在气流平稳段，如在测定时发现气流呈不稳定变化，则增加测点数量来弥补。

8. 安 全 措 施

8.1 遵守安全用电和机械设备操作规定。风机、空调设备动力的开动、关闭，应配合电工操作。现场用电应符合国家现行《施工现场临时用电安全技术规范》JGJ 46—2005 的有关要求。

8.2 遵守高层建筑防火规范规定，平顶内照明必须用 24V 低压电，且不准吸烟。

8.3 登高设施必须有防滑和固定措施。所使用的梯子不得缺档，不得垫高使用，下端要采取相应的防滑措施。

8.4 进入施工现场或进行施工作业时必须穿戴劳动防护用品，在高处、吊顶内作业时要戴安全帽，系安全带，轻质吊顶须增设安全措施，以防坠落。

8.5 在开启空调机前，一定要仔细检查，以防杂物损害机组，调试人员不应立于风机的进风方向。

9. 环 保 措 施

9.1 在调试过程中所使用完的电池要按固体废弃物的管理规定处理，不能随意丢弃。

9.2 在使用水银温度计时，一定要严格遵守操作规程，轻拿轻放，以免水银破碎后污染环境。

9.3 搬运和使用仪器仪表要轻拿轻放，防止震动和撞击，不使用仪表时应放在专用工具仪表箱内，防潮防污秽等。

9.4 自动调节系统的自控仪表元件，控制盘箱等应作特殊保护措施，以防电气自控元件丢失及损坏。

9.5 空调系统调试时，不得踩、踏、攀、爬管线、设备等，不得损坏管线、设备的外保护（保温）层。

9.6 通风与空调机房的门、窗必须严密，并设专人值班，非工作人员严禁入内。

10. 效 益 分 析

本工法应用于高层宾馆、办公楼的调试，都能较好地完成调试任务，达到节省调试用工、降低调试费用和确保用户使用的效果。同时为确保工程质量，提高工程安全节能运行创造物质条件。

11. 应 用 实 例

本工法曾应用于上海鼎固大厦、上海环球金融中心、上海古北国际财富中心一期工程、上海港国际客运中心、南京珠江壹号大厦、南京朗诗国际街区等超高层建筑。高达 40 层的鼎固大厦，风管净面积达 20000m²，有 80 多个系统，调试时间仅用了 1 个多月，通过调试并查出和整改了多项存在的设计问题和施工缺陷，圆满地完成了任务，保证了工程的及时交付使用。

聚丙烯（PP-R）管道制作安装工法

YJGF30—96（2007～2008 年度升级版-022）

河南省第五建筑安装工程（集团）有限公司　河南国安建设集团有限公司

房进胜　卫永胜　吉瑞林　刘振东　柳中茹

1. 前　言

聚丙烯（PP-R）管道以制作安装工艺简单，操作方便易掌握，卫生性能优良，使用寿命长等特点在建筑给水中得到广泛应用，但是管道连接时出现的缩径和管道线性膨胀系数大给 PP-R 管道安装带来了新的问题。河南省第五建筑安装工程（集团）有限公司自 1996 年以来，在工程实践中通过不断探索改进、实践应用、逐步完善及总结提高，通过大量的热熔连接实验发现：随着壁厚的增加，管道热熔连接操作方法正确，"缩径"的现象逐渐减少，如 De20 的管材当壁厚达到 2.3mm 时就基本不会出现"缩径"。针对 PP-R 管道线性膨胀系数大的缺点近几年国内又开发出了（PP-R）塑铝稳态复合管。无规共聚聚丙烯（PP-R）塑铝稳态复合管是一种内层为 PP-R，外层包敷铝层及 PP-R 塑料保护层，各层间通过热熔胶粘结而成五层结构的管材。该管材既具有金属管的刚性和线性膨胀系数小的特点，又具有 PP-R 管道本身特有的优点，是一种用于空调水系统的优选管材。

早在郑州市中原制药厂食品级的管道（淀粉、葡萄糖等）施工中，河南省第五建筑安装工程（集团）有限公司就将聚丙烯管道制作安装列为研究课题，进行了积极探索，总结了丰富的经验，总结形成的技术成果获得国家级《聚丙烯管道制作安装工法》YJGF30—96。

2. 工 法 特 点

聚丙烯管道制作安装工法在施工方法上有显著特点，在工期、质量、造价、环保、节能等方面具有明显的先进性和优越性。

2.1　操作方便，施工工期短

聚丙烯管道与同种规格其他材料相比，质量轻，从下料切断到安装操作都非常简单方便，连接时用热熔机加热管材、管件熔化后插接，一般连接一个节点只需十几秒钟，劳动强度低，操作简便，大大提高了施工速度。

2.2　施工质量可靠

聚丙烯管道热熔连接后管道系统试压一次性试压成功率很高，连接质量非常可靠。再加上使用寿命长，管材具有柔韧性的特点，特别适合暗敷使用。

2.3　经济效益显著

聚丙烯管道施工方法简便，提高施工速度，保证施工的质量，可以减少机械和劳动力的投入，而且减少维修成本，因此具有明显的经济效益。

3. 适 用 范 围

本工法适用于工业与民用建筑中饮用水、纯净水、冷热水、采暖、中央空调等低压管道系统（PP-R≤1.0MPa，PP-R 塑铝管≤1.6MPa）；食品工业中的牛奶、饮料、果酱、酒类等输送及相关工业领域的聚丙烯 PP-R 管道系统（介质温度 0～70℃）的安装施工。

4. 工 艺 原 理

利用聚丙烯（PP-R）管道热塑性管材的性质进行管道连接，热熔时采用专门的加热设备（一般采用电热式），使同种材料的管材与管件的连接面达到熔融状态，用手工或机械将其压合在一起。聚丙烯（PP-R）管道与金属管件连接，应采用带金属管件的聚丙烯管件或法兰作为过渡。

5. 施工工艺流程及操作要点

5.1 聚丙烯（PP-R）管道制作安装工艺流程（图 5.1）

按图纸下料 → 加热管材、管件 → 热熔连接 → 自然冷却 → 敷设固定 → 压力试验 → 管道冲洗 → 管道消毒

图 5.1 聚丙烯（PP-R）管道制作安装工艺流程图

5.2 管道制作安装要点

5.2.1 切断管材

切断管材时，必须使用断管器垂直切断，如果因没有断管器，使用其他工具切断管材时，切断后应将切面清除干净，无毛边、毛刺。聚丙烯（PP-R）塑铝稳态复合管需用卷削器卷削去铝层，在 PP-R 塑铝稳态复合管进行熔接之前，应将熔接部位的铝层清除干净（其他连接步骤与 PP-R 管道相同）。

5.2.2 加热管材和管件

当热熔器加热到工作温度指示灯亮后，管材和管件同时推进熔接器内，电熔连接的标准加热时间应由生产厂家提供，并应随环境温度的不同而加以调整。电熔连接的加热时间与环境温度的关系应符合表 5.2.2 的规定。若电熔机具有温度自动补偿功能，则不需调整加热时间。

电熔连接的加热时间与环境温度关系   表 5.2.2

环境温度(℃)	-10	0	+10	+20	+30	+40	+50
修正时间	$T+12\%T$	$T+8\%T$	$T+4\%T$	T	$T-4\%T$	$T-8\%T$	$T-12\%T$

注：T 为环境温度为 20℃ 的加热时间。

5.2.3 管道连接

把已加热的管材和管件垂直推进并维持 5s 以上，推进时用力不要过猛，以防止管头弯曲，连接要点：

1. 接通热熔以电源，到达工作温度指示灯亮后方能开始操作。

2. 用直尺测量管件热熔深度，并标示在管材上，热熔时间和冷却时间应根据厂家提供的资料或技术交底确定。

3. 连接时，无旋转地把管端导入加热套内，插入到所标示的深度，同时无旋转地把管件推到加热头上，达到规定标志处。刚熔接好的接头还可校正，但严禁旋转。

4. 达到加热时间后，立即把管材与管件从加热套与加热头上同时取下，迅速无旋转地直线均匀插入到所标深度，使接头处形成均匀凸缘。

5. 在某些热熔连接困难的狭窄场所，利用电熔管件进行电熔连接，当管道采用电熔连接时，应注意电熔连接机具与电熔管件的导线连通应正确。

6. 聚丙烯（PP-R）管与金属管件连接，应采用带金属管件的聚丙烯管件作为过渡，该管件与 PP-R 管采用热熔连接，然后与其他五金配件采用丝扣连接。

7. 与管道采用法兰连接时，应校直两对应的连接件，使连接的两片活套法兰垂直于管道中心线，表面相互平行。连接管道的长度应精确，当紧固螺栓时，不应使管道产生轴向拉力。

5.2.4 管道敷设安装要点

1. 管道嵌墙暗敷时，宜配合土建预留凹槽，或在土建砌墙结束抹面之前机械切槽，其尺寸设计无

规定时，嵌墙暗管墙槽尺寸的深度为 $D+20\sim30$mm，宽度为 $D+40\sim60$mm（D 为管道外径）。凹槽表面平整，不得有尖角等突出物，管道敷设时在无接口处每间隔 $800\sim1000$mm 用 M10 级水泥砂浆填补密实，固定管道，这样既能方便安装，更为后续管道试压、土建补槽提供便利。也可用其他方法固定管道，只要不影响土建补槽，施工方便。管道试压合格后，墙槽用 M7.5 级水泥砂浆填补密实。

2. 管道安装时，不得有轴向扭曲，穿墙或楼板时，不宜强制校正。给水聚丙烯管与其他金属管道平行敷设时应有一定的保护距离，净距离下宜小于 100mm，且聚丙烯管宜在金属管道的内侧。

3. 室内明装管道，宜在土建粉饰完毕后进行，安装前应配合土建正确预留孔洞或顶理套管。热水管道穿墙壁时，应配合土建设置钢套管，冷水管穿墙时，可预留洞，洞口尺寸较外径大 50mm。

4. 作为厂家配套生产的 PP-R 管道支架（主要材料亦是聚丙烯）由于受自身强度的限制，在各配水点、管道受力点以及穿墙支管节点处管道支架容易损坏，应采取可靠的固定措施。法兰连接部位应设置支吊架。

5. 管道穿越楼板时，应设置钢套管，套管高出地面 50mm，并有防水措施。管道穿越屋面时，应采取严格的防水措施。穿越前端应设固定支架。

6. 直埋在地坪面层以及墙体内的管道不能采用丝扣或法兰连接，应在封蔽前做好试压和隐蔽工程的验收记录。

7. 当聚丙烯管道在室外明敷时，应考虑避光措施（避免阳光直射）。

5.2.5 聚丙烯（PP-R）管埋地敷设要求如下：

1. 室内地坪以下管道铺设应在上建工程回填土夯实以后，重新开挖进行。严禁在回填土之前或未经夯实的土层中铺设；管道出地坪处应设置护管，其高度应高出地评 100mm；管道在穿基础墙时，应设置金属套管。

2. 铺设管道的沟底应平整，不得有突出的尖硬物体。土壤的颗粒径不宜大于 12mm，必要时铺 100mm 厚的砂垫层。

3. 埋地管道回填时，管周围回填土不得有尖硬物与管壁接触。应先用砂土或颗粒径不大于 12mm 的土壤回填至管顶上侧 300mm 处，经夯实后方可回填原土。室内埋地管道的埋置深度不宜小于 300mm。

4. 管道在穿越道路时，应采取严格的保护措施（如设穿越套管）。

5.2.6 聚丙烯（PP-R）管道的热胀冷缩

聚丙烯（PP-R）管道与其他材料一样具有热胀冷缩的特点，钢的膨胀系数为 0.012mm/(m·K)，聚丙烯（PP-R）的膨胀系数为 0.165mm/(m·K)，聚丙烯（PP-R）塑铝稳态复合管的膨胀系数是 0.03mm/(m·K)，在安装过程中常采用以下几种方式来解决聚丙烯（PP-R）管道的热胀冷缩：

1. 自然补偿（图 5.2.6-1）。管道膨胀量的补偿经常在两个固定点之间进行，或在一个固定点和管网的一个方向支管之间进行。膨胀支管自由臂的最小长度按下式计算：

$$L_Z = K\sqrt{D \times |\Delta L|} \qquad (5.2.6-1)$$

式中　L_Z——膨胀支管自由臂的最小长度（mm）；

　　　K——膨胀常数为 20（PP-R）；

　　　D——管道外径（mm）；

　　　ΔL——膨胀量（mm）（ΔL 为负值时，管道收缩）。

2. U 型补偿（图 5.2.6-2）。如果采用自然补偿无法满足管道膨胀量的要求，可采用制作 U 型补偿器的办法来满足补偿量，U 型补偿器安装位置一般设在需要补偿的管道中间，膨胀支管长度算：

$$L_Z = K\sqrt{\dfrac{D \times |\Delta L|}{2}} \qquad (5.2.6-2)$$

各符号代表含义同式（5.2.6-1）。

U 型补偿器的最小宽度：

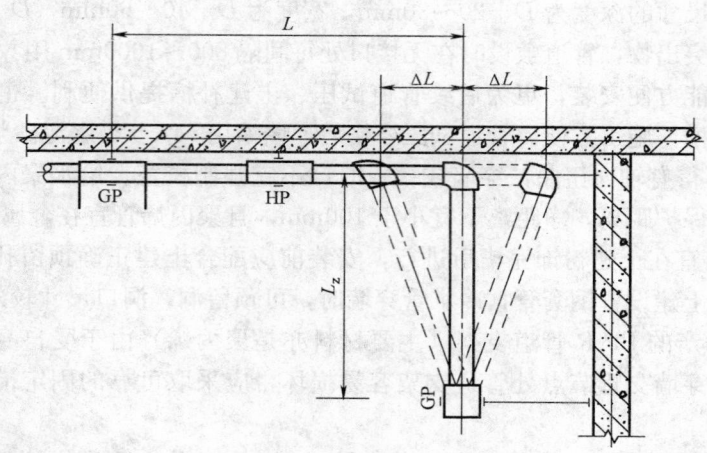

图 5.2.6-1　膨胀管长度计算示意图 1

GP—固定支架；HP—滑动支架

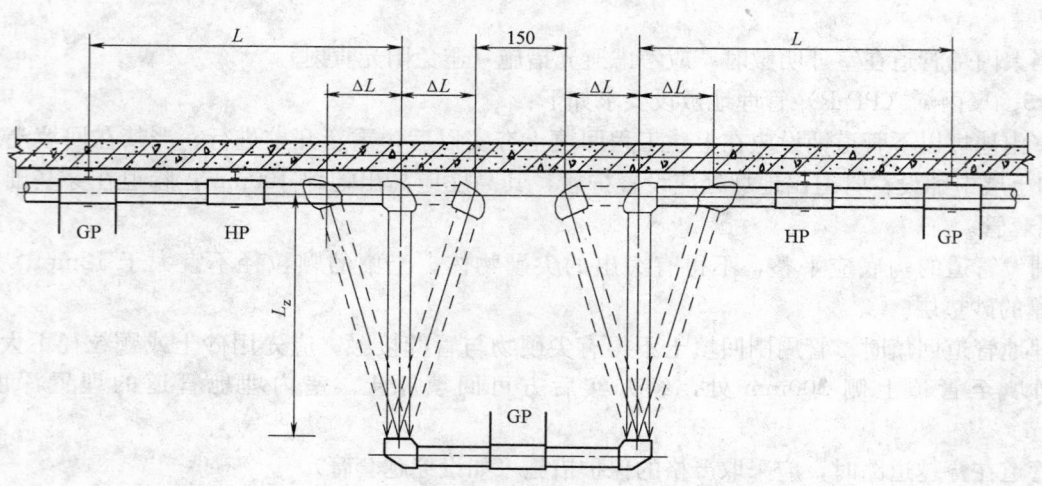

图 5.2.6-2　膨胀管长度计算示意图 2

GP—固定支架；HP—滑动支架

$$L_{\min} = 2 \times \Delta L + D + C$$

ΔL——膨胀量（mm）；

　D——管道外径（mm）；

　C——U 型补偿器的宽度余量，一般应≥150mm。

3. 强制约束。当现场条件受限制不能采用自然补偿和 U 型补偿时（如位置狭小的管道井中的立管），可在每根支管处在立管上安装固定支架，来保护水平支管，这样立管就在两个固定支架之间伸缩，这样就可以保护整个立管和支管。但需校核两个固定支架之间的膨胀量小于 10mm，支架约束力大于管道膨胀力。

4. 暗敷约束。当管道暗敷于墙壁或地坪内时，其产生的膨胀被周围的建筑材料约束，从而不需要补偿。但暗敷的管道一般口径都较小（一般都小于 25mm），安敷的连接方式只能是热熔连接，而且要经过严格的隐蔽验收。

6. 材料与设备

6.1　机械：电锤、手电钻、台钻、电动试压泵等。

6.2 工具：热熔器、断管器、卷削器、手锤等。

6.3 其他：水平尺、线坠、钢卷尺、压力表等。

6.4 PP-R 管材及配套接头、支架等。

7. 质量控制

7.1 质量标准

《建筑给水排水及采暖工程施工质量验收规范》GB 50242—2002。

《建筑给水聚丙烯管道工程技术规范》GB/T 50349—2005。

《空调用无规共聚聚丙烯（PP-R）塑铝稳态复合管管道工程技术规程》CECS 198：2006。

7.2 质量控制

7.2.1 施工项目部应有完善的质量保证体系，施工过程的质量检查应严格按质量控制程序执行。

7.2.2 聚丙烯管材、管件应有质量检验部门的产品合格证，并应具备很多市级有关卫生、建材等部门的认证文件。

7.2.3 施工图纸及其他技术文件齐全，且已进行图纸技术交底，材料机具供应等能满足施工要求。

7.2.4 热熔和连接时手部用力方向只有在管道轴线方向进行，保证热熔和连接时管材、管件接触面均匀，连接质量好。

7.2.5 尽量采用各项功能齐全的热熔器，如带自动温度补偿和显示时间的热熔器能使操作者更能科学的把握施工质量。

7.2.6 施工人员应经过建筑聚丙烯管道安装的技术培训，热熔和连接是聚丙烯管道制作安装质量保证的关键工序，因此操作人员在上岗前从切断管材、热熔、连接以及外观的各步骤都要经过认真的考核。

7.2.7 管材与管件连接的粘结面必须清洁、干燥、无油，否则影响熔接质量。

7.2.8 管道暗敷时要注意埋设深度，否则管道的热胀冷缩（尤其是热水管道）会破坏墙体的抹面层。明敷的热水管道按规定要求设置滑动支架和固定支架。

7.2.9 管材和管件加热时，应防止加热过度，使厚度变薄，管材在管配件内变形；在热熔插管和校正时，严禁旋转；操作现场不得有明火，严禁对管材用明火烘弯。

7.2.10 安装中断或完毕的敞口处，一定要临时封闭好，以免杂物进入。

7.2.11 暗敷管道封蔽后，应在墙面或地面标明暗管的位置和走向，严禁在管位处冲击或钉金属钉等尖锐物体。

7.2.12 聚丙烯热熔连接管道，水压试验时间应在 24h 后进行。

7.2.13 聚丙烯（PP-R）不能与其他塑料材料热熔连接，因为不同的材料热熔点不同，分子结构不同，即使热熔在一起也不牢固，在压力的长期作用下会发生剥离。

8. 安 全 措 施

聚丙烯管道制作安装过程除遵循《建设工程安全生产管理条例》和《建设工程施工安全技术操作规程》的相关规定外，针对聚丙烯管道制作的特点，还应注意以下安全措施。

8.1 操作的管道工上岗前要经生产厂家技术人员和项目安全技术人员的培训和考核。

8.2 操作人员遵守电器工具操作规程，热熔器必须有良好的接地装置，注意防潮，停止加热时，电源开关要立即断开。

8.3 热熔器的最高加热温度在 260℃左右，管道连接过程几乎全部是手工，因此操作时要戴手套，注意不要烫伤。

8.4 暗敷剔槽、用切割机切墙时，注意戴护目镜，保护眼睛。

8.5 安全用电，注意防火，施工现场必须配备消防器材。

9. 环 保 措 施

9.1 聚丙烯管材制作过程中的废料和进场材料的塑料包装，应及时收集，集中堆放，统一处理，不得随意焚烧。

9.2 施工中每天剩余的短料要分类存放，施工用料应做到长材不短用，加强材料回收利用，节约材料。

9.3 施工作业面保持整洁，严禁将建筑施工垃圾随意抛弃，做到文明施工，工完场清，定点堆放。

9.4 热熔过程有很轻的刺鼻气味，因此施工时应保持通风良好。必要时施工人员要戴好防护口罩。

9.5 暗敷剔槽、用切割机切墙要尽量在白天进行，如果在晚上作业或无法避免噪声的施工设备，应对其采取噪声隔离措施。

10. 效 益 分 析

10.1 社会效益

10.1.1 应用本工法，由于可靠的施工质量，很好的解决了金属管道暗敷所带来的质量隐患，尤其是采用本工法制作安装的地板采暖管道系统使室内装修方便，无障碍物影响，增加室内的有效空间。

10.1.2 应用本工法，制作安装的聚丙烯管道系统作为供水系统无二次污染，供水质量的保证给我们创造了更好的饮水环境。

10.2 经济效益

10.2.1 采用本工法施工，而且节约了大量的机械和人工，从而可降低工程费用，以河南移动通信生产指挥调度中心大楼项目为例，原设计给水系统准备采用不锈钢管道，施工过程中经多方评议，最终决定采用聚丙烯（PP-R）管道，节约工程费用 12.5 万元。

10.2.2 采用本工法施工的管道系统质量好、使用寿命长，减少了使用中的维修成本。

11. 应 用 实 例

11.1 工程名称：河南移动通信生产指挥调度中心大楼

工程地点：郑州市经三路 83 号

竣工时间：2002 年 4 月开工，2004 年 10 月完工

工程概况：建筑面积 26100m²，建筑高度 81.5m，共 18 层。2006 年该工程获得了国家优质工程奖。整个大楼的供水系统采用聚丙烯（PP-R）管道系统，从大楼进水点到变频加压设备以及每一个用水点的聚丙烯（PP-R）管道均采用本工法施工，施工效率显著提高，取得了良好的经济效益和施工质量，受到了业主和监理单位的好评。

11.2 工程名称：河南移动通信高知住宅小区 3 号、4 号、6 号楼

工程地点：郑州市经三路 146 号

竣工时间：2003 年 4 月开工，2005 年 6 月完工

工程概况：建筑面积 31260.14m²。该工程属于住宅楼，每幢楼的供水系统采用聚丙烯（PP-R）管

道系统，从进楼水表到每户用水点的聚丙烯（PP-R）管道均采用本工法施工，施工质量好、成本低，施工效率显著提高，受到了业主和监理单位的好评，尤其是施工质量得到了用户的称赞。

11.3　工程名称：河南外商投资活动中心高级管理人员培训楼

工程地点：郑州市农业路 31 号

竣工时间：2004 年 4 月开工，2006 年 11 月竣工

工程概况：建筑面积 16000m²，建筑高度 51.2m，共 10 层。2007 年该工程获得了河南省中州杯奖。大楼的聚丙烯（PP-R）供水系统和空调冷凝水管聚丙烯（PP-R）塑铝稳态复合管均采用本工法施工，共安装聚丙烯管道 4380m，经过两年的运行，质量稳定系统运行正常，得到了建设单位的好评。

条形基础盖挖逆作施工工法

YJGF05—2000（2007～2008年度升级版-023）

中铁隧道集团有限公司

刘昌用　范国文　张国亮　赵胜　张利敏

1. 前　　言

"条形基础盖挖逆作施工工法"是中铁隧道集团公司（原铁道部隧道工程局）在北京地铁天安门东站设计、施工中创造性应用的一种新型施工方法，它把传统的"盖挖逆作法"和"浅埋暗挖法"进行有机结合，采用"围护桩、柱＋结构盖板＋桩柱承载结构"联合形成围支结构的新颖结构形式，同时结合一系列施工新技术，把施工对环境的干扰降至最低，具有经济、高效和文明程度高等特点。

该工法在北京地铁天安门东站的开发应用实践令人满意，施工组织便利，工程质量可靠，创造了"盖挖逆作法"139d完成顶板封盖、全面恢复路面的国内施工记录。2001年通过国家级工法评审获国家级工法（工法编号：YJGF05—2000）。以该工程为依托的《北京地铁天安门东站"条形基础盖挖逆作法"设计施工技术》科技攻关成果荣获2001年度工程总公司科技进步一等奖、北京市科技进步二等奖。在近年来国内地下工程建设中又被多次被借鉴和改进应用，其中北京地铁四号线的西单站、菜市口站通过借鉴应用该工法，较好地解决了施工环境干扰、交通导改困难等难题，且工程质量优良，施工安全可靠。

2. 工法特点

2.1　利用周边围护桩、钢管柱、结构顶板以及桩柱承载结构联合形成新型盖挖围支结构，在其保护下自上而下逐层逆作施工地下各层，可快速恢复地面交通或景观，对交通和环境影响小，且施工安全性高。

2.2　引入"柱下条形基础"等承载形式，改善处于软弱地层的桩柱受力状况。

2.3　可大规模使用土模施工技术，并可充分应用小型机具，施工简便、经济合理。

3. 适用范围

本工法适用于城市繁华地区、地基承载力较低的软弱地层中大中型地下工程施工。

4. 工法原理

"条形基础盖挖逆作施工工法"是传统的"盖挖逆作法"拓展和延伸。创造性地引入了在暗挖小导洞内施作的条形基础，将传统"盖挖法"的有嵌固深度桩（柱）围护改为无入土深度桩（柱）围护，以改善桩柱受力。底部导洞和条基施作与围护桩、柱成孔同时进行，围护桩与中间钢管柱完成后，快速明挖施作结构顶板、顶梁和顶部防水，以达到快速恢复地面结构，最大限度减少施工占地时间，减少环境干扰的目的。在顶板封盖后，利用出入口、风道等附属结构占地施作施工竖井和施工通道，在顶板、围护桩（柱）、底部条形基础承载结构联合形成的围护框架的保护下，从上至下逐层暗挖逆作完成地下各层开挖和结构衬砌。每层土方开挖完成后利用土模技术及时施作底板和底梁，再由下而上施作侧墙结构衬砌。施工过程中通过监控量测，使科研、设计、施工紧密结合，实现动态设计、信息化施工。

5. 施工工艺流程及操作要点

5.1 施工工艺流程

施工工艺流程和施工步序见图 5.1-1、图 5.1-2。

5.2 操作要点

5.2.1 施工准备

1. 方案论证及优化

针对工程环境和设计要求，进行施工方案研讨与论证，最大可能的优化和细化施工方案，并根据既定方案进行技术交底编制、作业培训和测量放线等。

2. 交通疏解及围挡

制定合理的交通疏解和围挡方案，报相关部门批准后实施，场地布置严格按批准的场地规划和围挡方案进行。

3. 劳材机准备

根据施工计划做好物资备料、机械设备选型、劳力资源组织等相关准备工作。

5.2.2 施工降水（回灌）

通过在工程的四周或工程范围内设降水井进行施工降水。降水井型式、间距和深度依据站位水文地质情况和降水设计计算确定。为保护地下水资源，可在实施降水的同时进行回灌。通过回灌井，把抽出的水通过加压再回灌至第三或第四承压水层中。

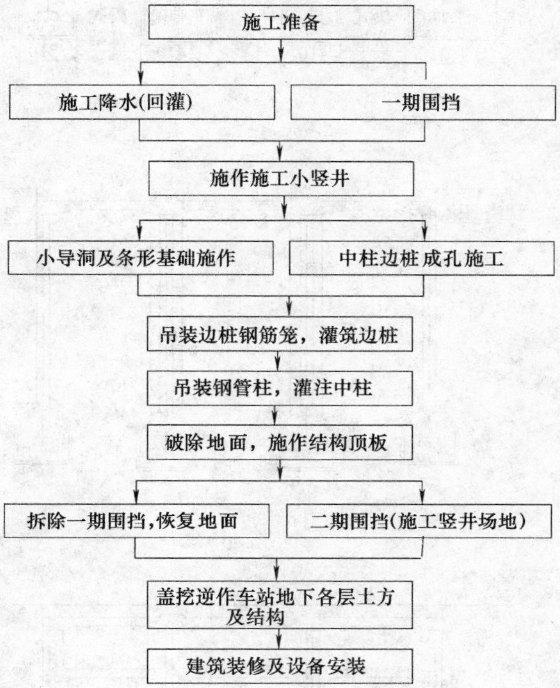

图 5.1-1 施工工艺流程

5.2.3 施工小竖井

竖井布设和支护参数根据工程具体情况、地质条件及竖井规模确定。临时小竖井施工采用人工开挖，电动葫芦提升。

5.2.4 暗挖小导洞及条形基础

小导洞施工采用超短台阶法，台阶长度为 $2D$（D 为导洞开挖净跨），条形基础施工中需预留边桩钢筋笼定位筋及中柱钢管柱的定位基板，条基下部放大部分以小导洞底板及侧墙为模板，上部采用组合钢模板支模，泵送浇筑混凝土。

为控制导洞施工对地层的扰动、减少该阶段引起的地层沉降，施工中可采取以下措施：

1. 导洞开挖前安设钢插管、压注固结地层浆液，并对底板进行全范围的注浆加固。在砂、卵石地段，超前注浆加固范围扩大到拱部的掌子面。

2. 以防止开挖面坍塌，并控制来自隧洞纵向的地层损失及支护前因应力释放而产生的松驰变形。支护完毕及时采用带有微膨胀性的超细水泥进行回填注浆。

5.2.5 围护边桩及中柱施工

1. 人工挖孔

围护桩柱多桩同时成孔，采取间隔跳槽施作方法。桩孔土方开挖与施工降水相结合，全部由人工进行，轳辘垂直提升出渣。桩壁支护采用混凝土护圈，施工时边开挖土方边构筑混凝土护圈。为防止施工过程中护圈脱落，护圈的结构形式采用斜阶形，单元高度 80～100cm。土质较好时护圈可采用素混凝土、土质差时可采用钢筋混凝土。施工时需注意以下要点：

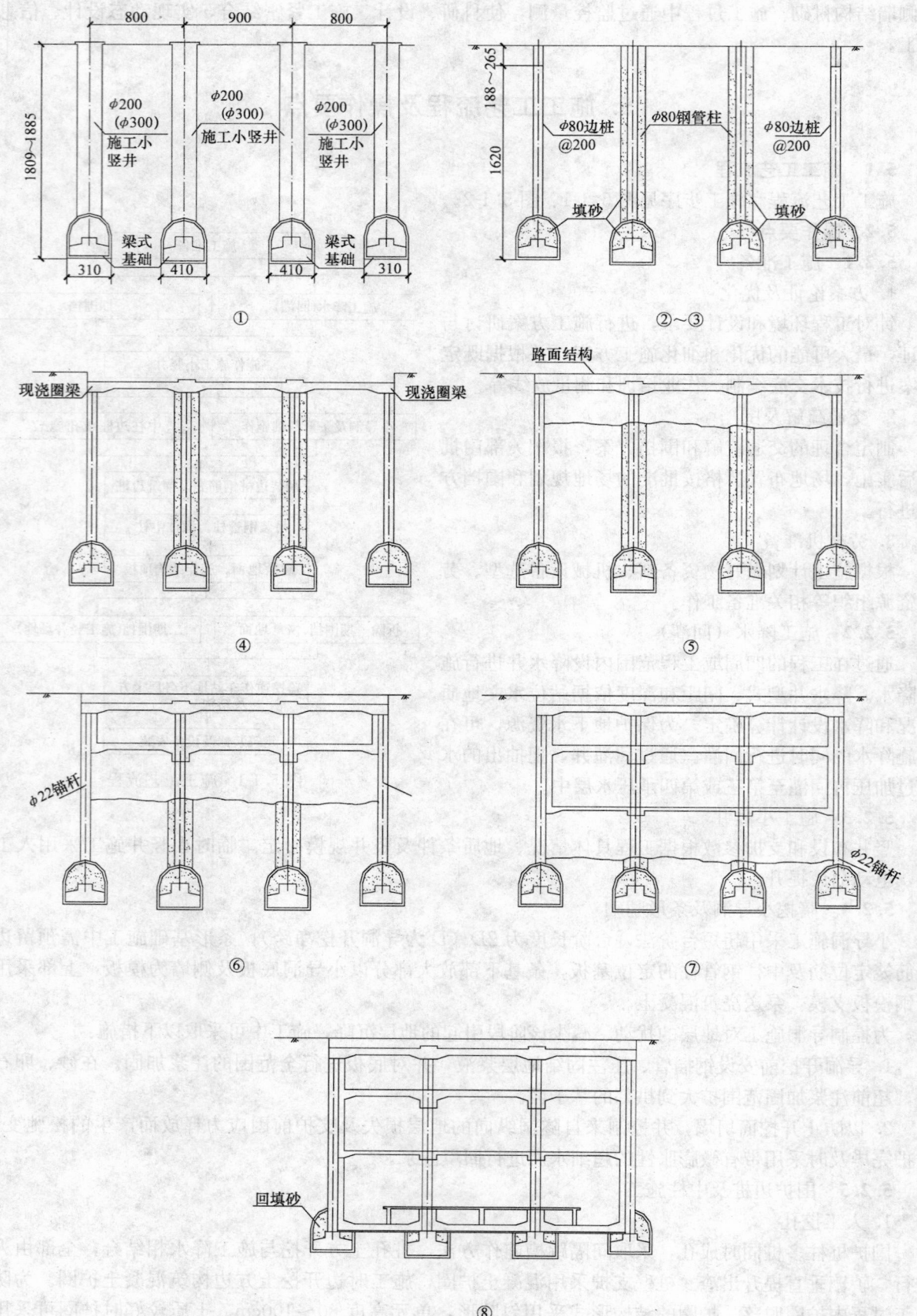

图 5.1-2　施工步序图

1）桩的垂直度和直径应每段检查，发现偏差，及时纠正。

2）遇塌孔时，可采取砌砖、立内外模灌注钢筋混凝土护壁等措施。

3）挖深≥3m后，设置照明和通风设施。

2. 边桩钢筋笼加工、吊装及混凝土灌注

钢筋笼分段加工，现场焊接，吊装入孔。桩孔混凝土灌注方法有多种，天东站由于无需考虑地下水的影响，施工时采用直接投料法，浇筑时由于落差大，从高处投下的混凝土高速撞击下面已浇筑的混凝土，达到混凝土自行捣实的目的，接近地面时辅以振捣器振捣。

3. 钢管柱加工、吊装、定位及灌注

钢管柱采用分段加工制作、整体拼接吊装，一次安装到位的施作方法。可由专业厂家加工制作，所有焊缝需经超声波及 X 射线探伤达到二级焊接缝质量要求。现场以 50t 吊车吊装定位后，由两个焊工沿圆周同向旋转对称施焊，所有焊缝均进行 100％超声波无损检查，达到二级焊缝质量要求。管内混凝土采用连续抛落无振捣浇筑，对石子粒径、水灰比和坍落度进行严格控制，并掺与适量微膨胀剂。每根钢管柱灌注作业连续进行，不得间歇，灌注时间控制在 1h 之内。对于已施工完毕的管中混凝土，如发现有不密实的部位，可采用钻孔压浆法补强。

5.2.6　结构顶板

1. 土方开挖

按施工分块或变形缝位置分段开挖顶板以上土方，坑壁以喷混凝土护壁，随挖随支，挖至顶板底部后夯实基面，压实度须达到 85％；检查基面标高，确认平整度满足要求。

2. 地模施工

典型断面地模结构见图 5.2.6。

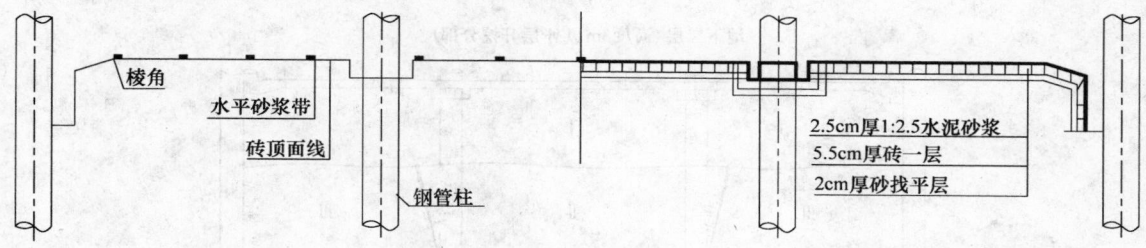

图 5.2.6　典型地模横断面

板地模施作在基面垫砂层检查标高并找平后，平铺红砖并砌沟槽挡墙，根据测量给出的多条棱角及标高，挂线抹水平砂浆带，然后铺设水泥砂浆，刮平、吸浆后压光。表面不平整度用 2m 靠尺量测，不得大于 5mm。顶纵梁地模沟槽底部做法同底板地模，基坑沟槽两侧砌砖墙，在砖墙内侧抹水泥砂浆。周边沟槽内侧砌砖墙挡土，视具体情况可设墙踩以防倒塌，沟槽上部一定范围内抹砂浆。

地模检查合格，待砂浆强度达到要求时，涂刷脱膜剂。脱模剂一定要按照配合比配制，涂刷一定要均匀，未干时，切勿上人踩踏。

3. 顶板结构施作

地模脱模剂干燥后进行钢筋绑扎和混凝土灌注，钢筋采取工厂加工，现场绑扎连接，变形缝部位按设计要求处理。

混凝土灌注采用商品混凝土一次性灌注，用混凝土输送泵连续从一端开始向另一端推进，每循环的浇筑宽度以 1～2m 为宜，加强对混凝土的捣固，尤其是梁、侧墙沟槽部位，浇筑完毕进行抹面、压光。

4. 路面恢复

顶板结构混凝土达到设计强度后进行顶板上部基坑回填，以原路面结构型式恢复路面。

5.2.7　地下负一、二、三层盖挖施工

1．施工竖井

利用车站出入口、风道等附属结构施作竖井作为车站施工的提升竖井。竖井随车站各层施工逐步加深和改造，以满足各层施工需要。每口竖井设按照承担出土和提升材料机具所需提升能办配置电动葫芦作为提升设备。地下三层施工时也可由车站两端分别由区间正线隧道和风道等进入地下三层开挖土方。

2．土方开挖

地下一、二、三层土方开挖按开挖高度，竖向分层、纵向分段、横向分块施工。土方开挖分部示意见图5.2.7。

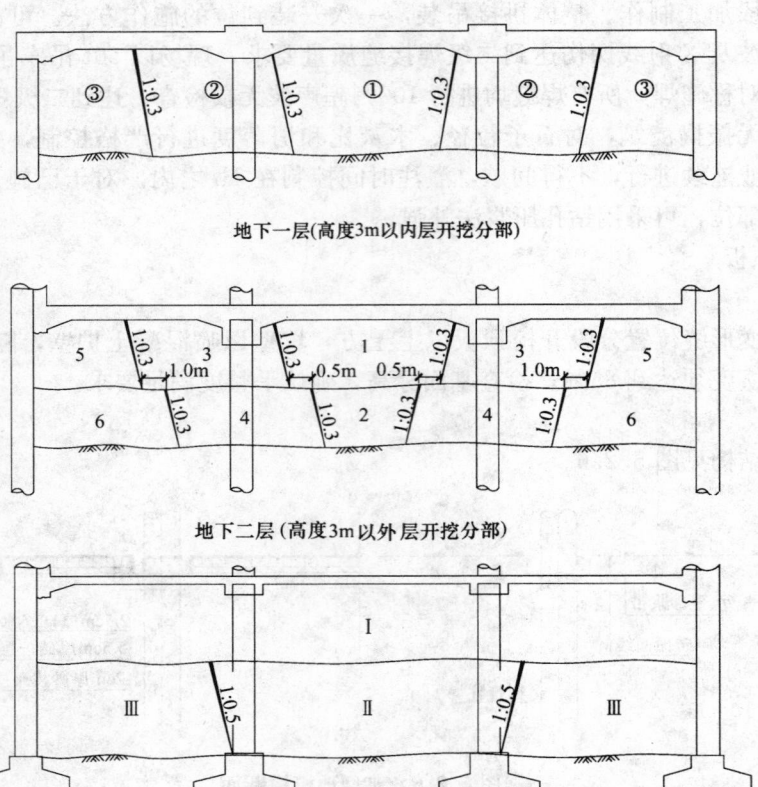

地下一层(高度3m以内层开挖分部)

地下二层(高度3m以外层开挖分部)

地下三层（底层开挖分部）

图5.2.7　车站各层盖挖开挖示意

开挖高度3m以内分3步开挖，①、②步超前，③步滞后50m，待上层顶板、边墙混凝土达到设计强度后方可开挖；开挖高度大于3m时分6步开挖，1～4步超前，5、6步滞后。开挖掌子面纵向放坡1：0.5，上下台阶错开2m。车站底层开挖高度较高时按先中跨后边跨方式开挖Ⅰ部，全站贯通后，开挖Ⅱ部，同时施作中跨底横梁（紧跟土方开挖掌子面）。边跨土方采取跳槽马口开挖，跳槽净距不小于2个中桩桩距，马口一次开挖长度不大于2个中桩桩距，两侧边跨马口应错开开挖，并紧跟掌子面施作底横梁。

3．基坑支护

基坑侧壁桩间支护可采用网喷混凝土支护，开挖高度较高时可采用锚杆、钢插管注浆等与网喷混凝土联合支护。在容易坍塌的砂层，必要时应对尚未开挖的下部桩间土体进行预注浆加固。侧壁支护随土方开挖进行，随挖随护。

车站底层基坑施工时，为保证高边墙基坑稳定，可在底部条形基础或围护桩之间增设底横梁，防止边桩侧向位移，增加车站结构对侧向土压力的承受能力。底横梁随土方开挖及时施作，中跨纵向每施工段先贯通，后施作边跨，边跨底横梁可在规定的马口长度内土方开挖完成后施作，若边跨土方采取单侧推进开挖，底横梁必须紧跟掌子面。施工中需加强监测，根据实际情况调整底横梁间距，同时对基坑底部的地层进行注浆加固改良，并及时封闭基坑底部。

4. 导洞回填处理

底层土方开挖至设计标高，且底横梁施作完毕并网喷混凝土封底后，及时对底部导洞条基顶面以下部分用素混凝土回填处理。回填完毕后，采用跳破方案破除车站结构范围内的导洞混凝土，边破除，边监测，确保变形在安全范围内时，方可大面积破除。

5. 车站防水及二衬

车站防水一般采用全封闭柔性防水层，无钉铺设，焊缝采用爬焊机双焊缝焊接。

车站结构混凝土采用防水混凝土，以加强结构自防水。顶板、地下部分中间层底板均采用地模技术施作，纵梁与板混凝土整体浇筑，一次浇筑长度为两变形缝间距或施工分块长度，一般为 1000m^2 左右。各层边墙混凝土衬砌采用定制设计的轨行式内衬模板台车施作，泵送入模。

边墙施工缝处理采用直接法，施工缝下部继续灌注混凝土时，采用微膨胀补偿收缩型混凝土，为灌注密实可间隔设假牛腿，待混凝土硬化后凿除。

5.2.8 监控量测

监控量测是构成"条型基础盖挖逆作法"施工过程是重要环节之一，起着"安全监控、设计反馈和指导施工"等一系列重要作用，监测项目主要包括结构和地层的变位监测、结构受力监测和围岩压力监测及地基回弹监测三部分，详见表5.2.8。

监测项目汇总表　　　　　　　　表 5.2.8

序号	监测项目	监测方法	测点布置	监测频率	监测目的
1	地质和支护状况观察	掌子面土质、层状及支护裂缝观察或描述地质罗盘等	开挖后及初期支护后进行	1次/循环	
2	导洞周边位移	收敛计		早期1～2次/d 后期1～2次/周	了解施工过程中支护结构变位情况及规律
3	导洞拱顶下沉		根据监测设计，一般每10m一个断面	开挖距量测断面前后<2D时，1～2次/d；>2D时，1～2次/周 早期1～2次/d 后期1～2次/周	了解施工过程地表、顶板和中柱的下沉变化规律和对周边环境影响
4	地表下沉	精密水准仪、水准尺、钢尺或测杆			
5	顶板下沉				
6	中柱下沉				
7	地中水平位移	测斜仪	设3个主断面每断面钻孔2个	开挖距量测断面前后<2D时，1～2次/d；>2D时，1～2次/周	了解施工过程周边土体动态变化
8	地中分层沉降	分层沉降仪			
9	边桩水平位移	各类收敛计	每两个边桩设一组测点		了解边桩水平位移变化规律
10	钢管柱受力	应变片电阻应变仪		早期1～2次/d；后期1～2次/周	了解钢管柱受力状态动态变化
11	结构受力	钢筋计、混凝土应变计、频率接收仪、钢弦式压力盒	设3个主断面		掌握结构动态力学转换过程
12	围岩压力				了解侧向土体对边桩压力

5.3 劳动力组织

高峰期劳力安排见表5.3。

劳动力组织　　　　　　　　表 5.3

序 号	班 组	人 数	备 注
1	开挖班	30×3	每工区 2 个面,三班制
2	钢筋班	40×2	每工区 2 个面,两班制
3	木工班	40×2	每工区 2 个面,两班制
4	机修所	20×2	两班制
5	其他	20	

6. 材料与设备

材料与机具设备情况见表 6。

材料与机具设备表　　　　　　　　表 6

序号	名　称	规格型号	数量	备注	序号	名　称	数量	备注
1	电动葫芦	50kN,30m	6 台	备用 2 台	9	强制式搅拌机	120kW	2 台
2	喷浆机	转子Ⅳ	6 台	备用 2 台	10	发电机		2 台
3	空压机	20m³/min	2 台		11	边墙衬砌台车	2 套	组装
4	装载机	ZL-40	2 台		12	蛙式打夯机	4 台	
5	输送泵		2 台	备用 1 台	13	注浆泵	6 台	备用 2 台
6	迭落式搅拌机	11kW	3 台	备用 1 台	14	潜水泵	18 台	
7	吊车	50t	1 台		15	砂浆搅拌机	2 台	
8	吊车	20t	2 台		16	钢筋加工设备	2 套	

7. 质 量 控 制

7.1　人工挖孔桩允许偏差

桩孔位中心线±10mm，桩孔径±10mm，桩垂直度 3‰L（L 为挖孔桩深度），护壁混凝土厚度±30mm。

7.2　钢管柱制作允许偏差

纵向弯曲≤L/1000 且≤10mm，椭圆度≤3/1000，长端不平度 1/1500 且≤0.3mm。

7.3　钢管柱吊装允许偏差

立柱中心线和基础中心线 5mm，立柱顶面标高和设计标高 0～20mm，立柱顶面不平度±5mm，各柱之间的距离为间距的 1/1000，各立柱不垂直度为长度的 1/1000，且不大于 15mm，各立柱上下两平面相应对角线差为长度的 1/1000，且不大于 20mm。

7.4　地模允许偏差

厚度±10mm，1 点/100m²，用钢尺量；平整度 5mm，1 点/20m，用靠尺检测；底板梁中线标高±5mm，1 点/20m，用水准仪测量；梁槽宽度±20mm，1 点/20m，用钢尺量。

8. 安 全 措 施

8.1　加强施工安全管理和安全教育，严格遵守各项安全生产规章制度。

8.2　挖孔桩施工中吊斗必须用软质橡胶制品，且装土高度必须低于吊斗边缘。斗车运行要有信号联络。

8.3 龙门架架设应牢固可靠，基础埋深应不小于1m，并应灌注混凝土。

8.4 施工场地内严禁吸烟和生明火，严禁使用电炉。

8.5 注意保护地下文物和地下管线，施工中遇到不明情况时，应及时与有关单位联系，不得自行处理。

8.6 机械、电器的操作者必须持证上岗，非操作司机严禁擅自动用机电设备。

8.7 通风设备要有专人负责，开启时要有信号联络。

9. 环 保 措 施

9.1 严格遵守国家和地方政府下发的有关环境保护的法律、法规和规章。加强对施工燃油、工程材料、设备、废水、生产生活垃圾、弃渣的控制和治理。

9.2 制定合理的交通疏导方案，做好交通导流和交通警示，最大限度减少施工对地面交通影响，充分满足便民要求，认真接受城市交通管理，随时接受相关单位的监督检查。

9.3 合理布置施工场地，按要求围挡。做到标牌清楚，标识醒目，围挡整齐美观牢固，场地整洁有序且排水通畅。

9.4 做好导洞、围护桩及土方开挖等关键工序的施工组织和管理，避免多作业面作业造成现场混乱。防止泥砂、弃渣和散料运输过程中遗散和扬尘造成环境污染。

9.5 制定有效的公共设施保护措施，施工中加强监控量测，防止移位和变形，确保周边环境安全和正常使用。

9.6 对施工废水、废气的排放和弃渣处治严格按地方环保要求进行，达到处理指标后在工程建设指定的地点排放和处治。

9.7 优先选用先进的环保机械。采取设立隔音墙、隔音罩等消音措施降低施工噪音到允许值以下，同时尽可能避免夜间施工。

10. 效 益 分 析

条形基础盖挖逆作法的成功实践，为我国在城市繁华地段修建大型地下构筑物开创了新的思路，具有明显的社会效益和经济效益，结合北京地铁复八线天安门东站、北京地铁四号线菜市口站和西单站的施工工作如下分析。

10.1 社会环境效益

1. 盖挖逆作法可大大减少了对城市路面的占用时间，最大限度降低对环境的干扰。本工法所举三个应用实例均有效得保证了城市交通干道的交通畅通，把对工程周边城市景观的影响降至最低。其中天安门东站因组织合理，创造了139d全面恢复路面的国内施工记录，社会环境效益显著。

2. 应用该工法可将施工大部分工作内容由地上转至地下，并且充分应用小型机具，避免了大量施工噪声污染。

3. 盖挖逆作利用已完结构本身用来作为支撑，具有相当高的刚度，使围护桩的变形减小，安全性易得到保证。确保周边环境安全不受影响。

10.2 经济效益

1. 对于中心城区不宜采用明挖法的工程，采用盖挖逆作法可减轻对交通、环境影响，并且相对暗挖法来说造价较低，施工安全、质量更易保证，可降低工程建设投资、减少后期维修费用。

2. 该工法技术先进、方法合理，施工时可大规模地应用地模技术，大大降低脚手架及模板费用。

3. 可充分发挥小型机械的机动性能，避免大型机械的使用，节省大型机械的进出场费和闲置费用。

4. 盖挖逆作法相对明挖法可大幅缩短占地时间，减少因交通导改车辆绕行距离和停车次数。节省油耗和停车损失。

11. 应 用 实 例

11.1 北京地铁复八线天安门东站

地铁天安门东站位于北京地铁复—八线上，地处天安门广场东侧长安街下，是一座大型地铁车站，结构型式为三层三跨两柱框架结构，车站总长 218.3m，宽 24.2m，高 15.25m，线路纵坡 3‰，站台宽 16m，埋深平均 1.5m。围护边桩为直径 800mm 的钢筋混凝土桩，桩间距 2.0m。中柱为直径 800mm 的钢管混凝土柱，柱间距横向 9m，纵向 6.6m。车站主体采用"下导洞柱下条形基础、无入土深度短桩作周边围护结构"的盖挖逆作法施工。

车站站处永定河冲洪积扇的脊部地带，上部为第四纪地层，下部为第三纪碎屑岩。地质条件较为复杂，属 I 类地层。自上而下依次为杂填土、黏质粉土、中、细砂、圆砾土、黏质粉土、圆砾土。主要含水层为圆砾土层，渗透系数 120～200m/d。

该工程于 1993 年 11 月 27 日开工，1994 年 4 月 12 日完成顶板封盖，1995 年 12 月 25 日完成主体结构。条形基础盖挖逆作法在天安门东站应用的结果表明，该方法安全可靠，经济合理。由于采用了条形基础及无入土短桩作周边围护结构，减小降水深度，降低了降水费用，同时把路面大范围围挡至全面恢复交通的时间由一般工法的 1 年缩短为 139d，最大限度地减小了工程施工对环境的干扰。

11.2 北京地铁四号线菜市口站

北京地铁四号线菜市口车站位于广安大街与菜市口大街、宣武门外大街的交叉路口，呈南北走向，线路中心与道路中心基本一致，与规划地铁七号线形成"十"字换乘关系。车站起讫里程 K6＋591.6—K6＋764.8，全长 173.2m，宽 21.9m，车站三层结构高 19.73m，结构顶板最小覆土 3.5m。车站北端 47.8m、南端 57.4m 设计为三层盖挖逆作段。

该工程于 2003 年 3 月开工，主体结构于 2009 年 2 月完工，目前正在装修阶段，预计 2009 年 9 月正式投入运营。盖挖逆作法在该工程的应用施工中未发生任何安全质量事故。最大限度减小了对周边环境和交通的干扰，解决了繁华市区的交通导改难题，证明该工法在交通繁忙的城市中心地区修建浅埋地铁车站工艺成熟可靠，社会效益和经济效益良好。

11.3 北京地铁四号线西单站

北京地铁四号线西单站位于复兴门内大街与西单北大街、宣武门内大街十字路口的东侧，呈南北走向，与一号线地铁车站呈"T"字形换乘。车站主体长 222.3m，宽 22.7m，南端位于时代广场西侧绿地下面，北端位于文化广场西侧绿地下面，中部横穿复兴门内大街，并上跨 1 号线地铁区间。因工程地处北京市中心，受城市交通、周边环境及既有地上地下建构筑物影响，车站两端部分埋深仅 2m，且施工场地严重不足，为解决地面交通与施工场地的矛盾，车站南端时代广场前绿地内 88.95m，北端文化广场绿地内 86.05m 采用盖挖逆作工法施作，结构型式为三跨两柱两层框架结构。

车站站位地层主要为第四纪地层，新建车站主要穿过的土层为黏质粉土层、粉土、细砂层等，底板坐落在第五层圆砾夹粉土层上，地基承载力为 350kPa。抗浮设防水位 35.0m，防渗设防水位 46.0m，上层滞水水位标高位于车站中部。

该工程主体结构于 2005 年 9 月开工，2008 年 6 月竣工，施工安全，质量优良，施工中多次被北京市建委评为安全文明施工样板工地，竣工后获北京市结构长城杯金质奖工程等质量奖项。该工程盖挖逆作法成功应用实践充分证明了该工法施工干扰少，可最大限度地减少对商业活动和地面交通的影响，是繁华地区修建浅埋地铁车站一种有效方法，符合地铁工程施工方法发展方向，有极高的推广价值和广阔的推广前景。

城市地下工程微振爆破工法

YJGF19—2000（2007～2008 年度升级版-024）

中铁隧道集团有限公司

方俊波　王明胜　陈智　潘明亮　邓青平

1. 前　言

随着人类社会对环境需要的不断发展，城市建设不断向地下空间发展，在人口密集、建筑物林立的城市闹市区进行地下爆破开挖施工越来越多，面临的首要问题是如何在不影响地表居民生活、地表建筑物安全的前提下进行地下空间开挖。

在 2000 年前后，中铁隧道集团在城市地铁等地下工程施工中，组织科学技术攻关，经过不断总结与提高，形成了一套在城市地下空间进行减振爆破开挖的施工技术，成功地应用于广州地铁一号线杨体暗挖区间开挖、公园前站盖挖逆筑段基坑内石方开挖，并经总结形成该工法。其中，《广州地铁浅埋矿山法综合技术》（杨体区间施工）获广东省科技进步一等奖，《繁华地区修建地下大型多功能地铁车站综合技术》（公园前站施工）获铁道部一等奖。

多年来，该工法又成功运用到重庆轻轨较新线一期工程临江门车站开挖、厦门东通道海底隧道风化槽段开挖、厦门机场路成功大道、青岛海底隧道破碎断层开挖等工程中。现厦门东通道海底隧道 A1 标段和厦门机场路成功大道工程主体已经完成，青岛海底隧道破碎断层开挖施工目前已顺利通过。重庆轻轨临江门车站《繁华城区浅埋硬岩超大断面地下车站隧道施工技术研究》（临江门车站施工）获中国铁路工程总公司一等奖，取得了明显的经济效益和社会效益。同时，该工法在《铁路隧道钻爆法施工工序及作业指南》编号：TZ231—2007（2007—03—04 铁道部经济规划研究院发布）第 4—4.3 节 P25～30 上被引用。

2. 工 法 特 点

2.1 能将爆破振动控制在要求范围之内，确保地表建筑物的安全。

2.2 基本无噪声和振动感，影响范围非常小，能消除居民的恐惧心理和不适感。

2.3 光面爆破成形好，对保留围岩的扰动少，洞室成型安全质量性能高，不易发生掉块、塌方等险情。

3. 适 用 范 围

3.1 城市闹市区中地铁区间、车站基坑等工程的爆破开挖。

3.2 重点文物、古迹附近地下工程修建中的爆破开挖。

3.3 在已建结构物旁、结构物内进行的地下工程爆破开挖（如隧道扩建、改建等工程）。

3.4 软弱围岩、不良地质的山岭隧道或地下工程爆破开挖。

4. 工 艺 原 理

采用二次掏槽技术，充分降低单段起爆药量；采用分部、分台阶、预留光爆层开挖、多次装药爆破，达到控制一次爆破规模的目的；采用能最大程度减振的掏槽眼布置，合理的毫秒雷管段别间隔，准确计算和验算每孔与每段的安全用药量，使得爆破振动效应最低；同时应用一套完整的爆破振动监测系统，按监测的爆破振动数据进行信息化施工管理。

5. 施工工艺流程及操作要点

城市地下工程开挖需要控制爆破振动对地表建筑物的危害，故施工时应尽可能多地采用综合减振措施，降低振动速度，并利用测振仪进行安全振动监测。

5.1 微振爆破施工工艺流程（图5.1）

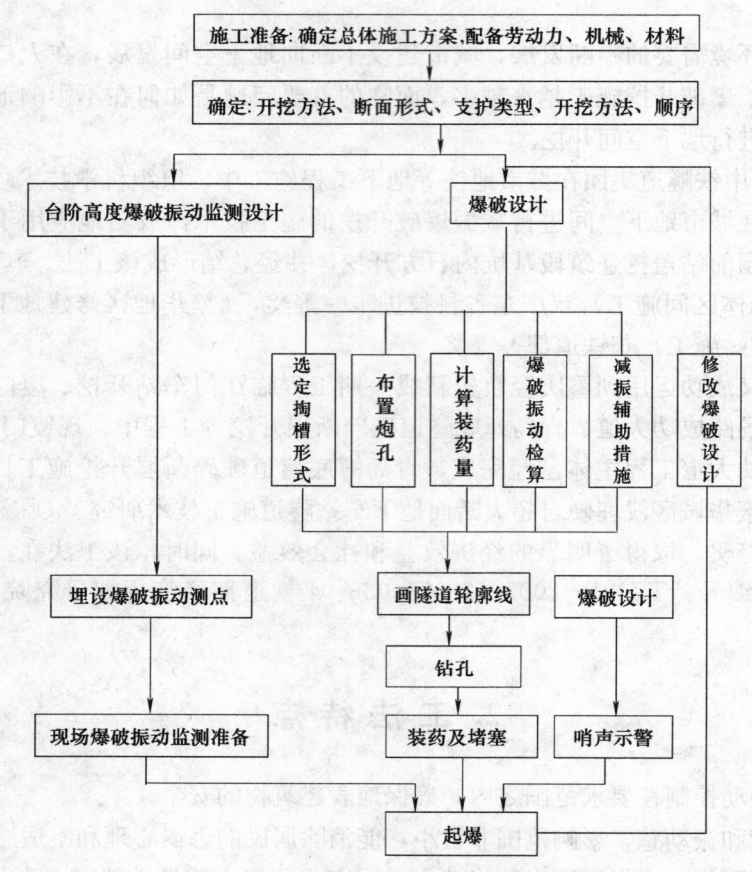

图5.1 微振爆破施工工艺流程图

5.2 操作要点

5.2.1 爆破开挖顺序（图5.2.1）

将掏槽区尽量靠近断面底部，以增大掏槽爆破时爆源至地表的距离，减轻掏槽爆破对地表建筑物的振动影响，然后对预留光爆层进行光面爆破。掏槽所在区域（Ⅰ区）每炮循环进尺1m左右，中间层（Ⅱ区）每炮循环进尺2m左右，预留光爆层（Ⅲ区）厚1m左右，每炮循环进尺2m左右，掏槽所在区＋中间层同时起爆与掏槽所在区＋光爆层同时起爆轮流进行。

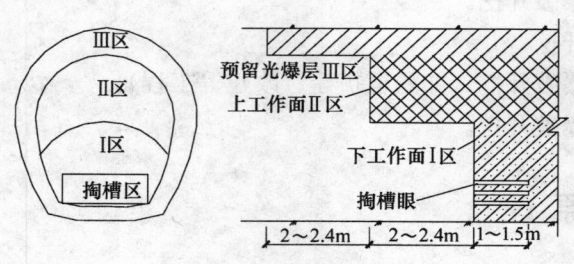

图5.2.1 爆破开挖施工顺序图

5.2.2 掏槽爆破

1. 直眼掏槽

直眼掏槽主要适用于硬岩爆破，掏槽眼布置在正方形 1.2m×1.2m 范围内，见图 5.2.2-1。使用 2 号岩石乳化炸药，装药参数见表 5.2.2-1，均为集中装药。

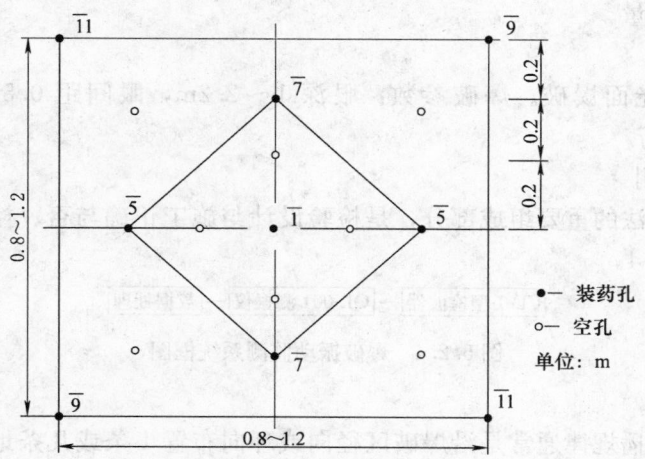

图 5.2.2-1　直眼掏槽形式

直眼掏槽装药参数　　　　　　　　　　　　　　　　　　　　　　　　　　　表 5.2.2-1

雷管段别	炮眼深/m	炮眼数量	单孔药量/kg	单段药量/kg	雷管段别	炮眼深/m	炮眼数量	单孔药量/kg	单段药量/kg
1	1.2	1	0.6	0.6	9	1.2	2	0.45	0.9
5	1.2	2	0.45	0.9	11	1.2	2	0.45	0.9
7	1.2	2	0.45	0.9					

在中心孔四周距中心孔约为 0.2m 设 4 个空孔，即内圈空孔，孔深约为 1m，必要时可再在距中心孔 0.6m 的小正方形四周上设置 4 个空孔，即外圈空孔。掏槽区炮眼首先单独起爆，在掏槽部位出现一个深 1m、半径为 0.4m 的空洞后，再对 I 区其他炮眼装药起爆。

2. 斜眼掏槽

斜眼掏槽主要适用于软岩爆破，炮眼布置形式与起爆顺序见图 5.2.2-2。使用 2 号岩石乳化炸药，装药参数见表 5.2.2-2。

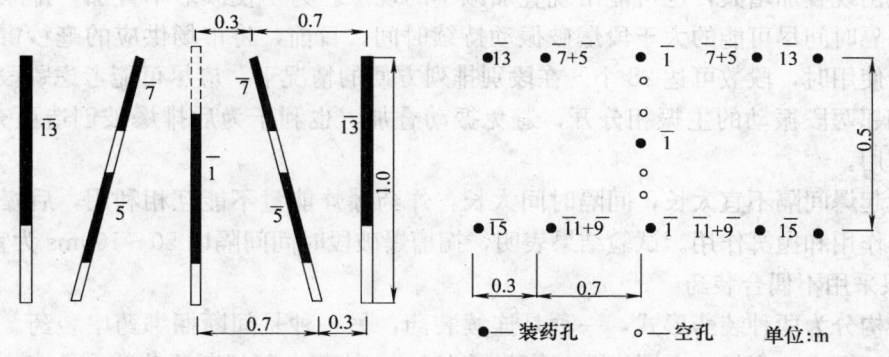

图 5.2.2-2　斜眼掏槽形式

斜眼掏槽装药参数　　　　　　　　　　　　　　　　　　　　　　　　　　　表 5.2.2-2

雷管段别	炮眼深/m	炮眼数量	单孔药量/kg	单段药量/kg	装药形式
1	0.7	3	0.3	0.9	集中
7+5	1.2	2	0.6	0.9+0.3	分层
11+9	1.2	2	0.6	0.9+0.3	分层
13	1.0	2	0.45	0.9	集中
15	1.0	2	0.45	0.9	集中

在中心浅孔之间钻深 1.2m 左右的垂直空孔。图 4 的掏槽炮眼先单独起爆，成功后再进行扩槽眼、辅助眼爆破。深 1.2m 的主斜掏槽眼分层间隔装药：底部装药 2.5 条，上层装药 1.5 条，中间用炮泥堵塞，以分散最大单段装药量。

5.2.3 光面爆破

对预留光爆层实施光面爆破。爆破参数：眼深 1～2.2m，眼间距 0.5m，装药集中度 0.15～0.19kg/m，眼底集中装药。

5.2.4 爆破振动监测

爆破振动监测是本工法的重要组成部分，是检验设计与施工正确与否、控制爆破振动危害的有效手段。监测系统见图 5.2.4。

$$\boxed{\text{CD-1 型检波器}} \rightarrow \boxed{\text{QL-001 测振仪}} \rightarrow \boxed{\text{数据处理}}$$

图 5.2.4　爆破振动监测系统框图

1. 测点布置

研究爆破地振动波传播规律通常是沿爆破区径向或环向布置 1 条或几条地表测线或 1 条隧道内测线，径向测点按对数曲线布置，测点应放在同一地层或基础上，每一测点最好能同时测 3 个方向量。观测爆破振动对建筑物影响的测点则应布置在被测地表建筑物附近的地表、基础或建筑物上。

2. 量测数据的处理

应用公式 $V = K(Q^{1/3}/R)^\alpha$ 及一元回归法对所测得的数据进行回归分析，得到与介质、地形有关的系数 K、α，从而可得到质点振速的衰减规律，然后根据上式、允许最大振动速度、爆心距 R，反算出允许的一次起爆药量 Q。

将得到的振速与安全判据（有关规程所规定的允许振动速度值）相比较，可以判断建筑物、构筑物是否安全。若所测得的振动速度值大于允许值时，则应采取减振措施。

5.2.5 减轻爆破振动强度措施

除了采用预留光面层进行爆破施工的减振措施外，合理段间隔时间、对周边眼采用不偶合装药、密打周边眼并隔孔装药、在开挖面增打减振孔等均能得到一定的减振效果。

1. 合理段间隔时间

根据以往隧道爆破爆破振动观测得到的波形中发现，毫秒雷管 1～10 段其振动波形均有叠加现象，其振动速度可能出现叠加增大，也可能出现叠加减小的现象。为了使波形不叠加，排除振动速度增大的可能性，段间隔时间尽可能的大于段爆破振动持续时间。目前，将市场供应的毫秒雷管、半秒雷管和秒延雷管配合使用时，段数可达 28 个。在段别排列方便的情况下，应尽可能考虑跳段使用雷管，这样做，既利于相邻两段振动的主振相分开，避免振动叠加，也利于为后排爆破创造更充分的临空面，减轻爆破夹制作用。

但是，每段起爆间隔不宜太长，间隔时间太长，炸药爆炸能量不能互相利用，后爆段不能起到补充前爆段的破碎作用和抛掷作用。试验结果表明，掏槽爆破段时间间隔以 50～100ms 为宜。

2. 对周边眼采用不偶合装药

洞身装药结构分为两种装药形式，一种是连续装药，另一种是间断捆绑药串装药。连续装药结构用于掏槽、扩槽、掘进、底板、内圈炮孔，将普通 ϕ32mm 的药卷不间断逐节装入孔内，斜眼掏槽时各炮眼均采用反向起爆；直眼掏槽时除掏槽眼正向起爆外（有利于破碎），其余孔均采用反向起爆。间断捆绑药串装药一般将普通 ϕ32mm 的药卷沿纵向一剖为二，间隔约 20cm 放置于一长竹片上，并在竹片与各节药卷之间沿竹片铺设等长的导爆索，后用胶带将药卷、导爆索与竹片捆绑好，专用于周边炮孔或光面炮孔，以达到不偶合装药之目的。间断捆绑药串制作好并在开始放入炮孔前，每孔可先装一条普通药卷作为底药，非电雷管放置在间断捆绑药串的底部，采用反向起爆。装药结构如图 5.2.5 所示。孔内有水时用中细砂堵塞反之采用炮泥堵塞。填塞要求要保证质量，填塞过程中，要注意保护导爆管脚线，禁止砸断、砸破。

3. 密打周边眼并隔孔装药

在减振要求较高的关键地段还可在原光爆参数的基础上密打周边眼，将眼边眼间距加密至原来的二倍，并实行隔孔装药。该周边空孔一方面起到导向作用，减少超欠挖，另一方面亦可起到吸收一部分爆破振动波的作用；同时，该周边空孔还可改变起爆孔爆轰波的传播方向，使其由垂直向改为水平向，从而达到减振目的。

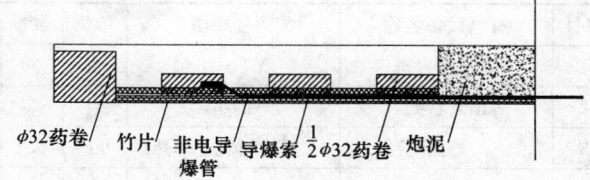

图 5.2.5　周边眼空气间隔不偶合装药
（捆绑药串）结构示意图

4. 开挖面增打减振孔

若采用空孔直眼掏槽爆破方案，就应增加空孔数量或增大空孔直径，以加大临空面，这对减小夹制作用、降低掏槽爆破的振动强度十分有效。

还可在掏槽区与周边眼之间设置干扰减振空孔，以阻隔掏槽区最大爆破震动向上传播。同时，该空孔还可起到干扰振动波的作用，防止段波之间的叠加，有一定的减振效果。

5.2.6　最大单段装药量控制

根据萨氏公式反算出所允许的单段最大装药量 Q，并在施工中不断根据监测结果来调整单段装药量。

以上所得出的单段最大允许药量是在只有一个临空面的情况下得到的，并且 K、α 值是依相同条件下所取得，需要在施工中依监测结果反算重新调整。

5.2.7　最大循环进尺确定

为了减小爆破规模，控制最大单段起爆药量，将掏槽区循环进尺控制在 1.5m 左右。

5.2.8　爆破器材选型

根据隧道所穿越围岩坚固性系数及岩石纵波波速等，选用威力适中，匹配性能好，防水性能强、易于切割分装成小卷的 2 号岩石乳化炸药，起爆雷管选取用国产 II 系列 15 段非电毫秒雷管。

5.3　劳动力组织

采用不定时循环作业制，按两班配备的劳动组织见表 5.3。

按两班配备的劳动组织　　　　　　　　　　　表 5.3

序　号	工　序	作　业	人数×班次	人员构成
1	开挖	钻孔、装药爆破	12×2	I 区工作面 3 台风钻，5 名司钻，II 或 III 区工作面 4 台风钻，7 名司钻
		找顶	1×2	
		装渣	2×2	扒渣机司机
		出渣	4×2	电瓶车司机
2	振动监测	埋设测点	1×2	技术人员，操作测振仪
		监测操作及信息反馈	2×2	工程师，分析波形图并反馈
3	其他	管理及后勤保障	10	
4	合计		54	

6. 材料及设备

本工法无需特别的材料，采用的机具设备及仪器见表6。

机具设备及仪器表　　　　　　　　　　　　　　　　　　表6

序号	材料设备名称	型号规格	单位	数量	序号	材料设备名称	型号规格	单位	数量
1	风动凿岩机	YT—28	台	30	6	炮泥	自制	节	15
2	凿岩台架	自制	台	2	7	电动空压机	110kW	台	5
3	炸药	2号岩石乳化炸药	kg	5.1	8	速度传感器	4L-22/7	台	4
4	雷管	非电微差毫秒雷管	支	15	9	测振仪	QL-001	台	2
5	竹片	自制	支	15	10	计算机	486	台	1

7. 质量控制

7.1　开挖质量标准

7.1.1　硬岩隧道。爆后围岩稳定，无剥落现象，围岩扰动深度小于 0.5m，平均线性超挖量小于 8cm（最大点超挖量小于 15cm），炮眼利用率 90％以上，炮眼痕迹保存率≥85％。

7.1.2　软岩隧道。爆后围岩稳定，无大的掉块或坍塌，平均线性超挖量小于 10cm（最大点超挖量小于 20cm），炮眼利用率达到 100％，炮眼痕迹保存率≥50％。

7.2　爆破振动管理基准

本工法采用爆破振动量测数据作为信息化管理目标。《爆破安全规程》GB 6722—86 已对各类建筑物允许振动速度作出规定，见表7.2。

建筑物的允许振动速度值　　　　　　　　　　　　　　　　表7.2

序号	建筑物类型	允许质点振速 /cm·s⁻¹	序号	建筑物类型	允许质点振速 /cm·s⁻¹
1	土窑洞、土坯房、毛石屋	1.0	4	水工隧道	10.0
2	一般砖房、非抗振的大型砖砌建筑物	2.0～3.0	5	交通隧道	15.0
3	钢筋混凝土框架房屋	5.0			

由于是在城市闹市区进行地下爆破，本工法规定地表最大振动速度值应限制在 3cm/s 以下。

7.3　爆破噪声管理标准

爆破噪声管理基准为 90dB。

8. 安全措施

除严格遵循《铁路隧道新奥法指南》第十一节和《爆破安全规程》的有关规定外，尚需采取以下安全措施：

8.1　离工作面约 50m 处挂设用铁丝编排的厚草帘或废旧轮胎片阻波墙。不爆破时卷起，爆破时放下，以阻挡爆破冲击波，减弱噪声。

8.2　竖井口盖上能吸收冲击波、声波的多孔性材料，上面再用铁丝网压住。

8.3　合理安排爆破时间，尽量把爆破安排在爆区附近居民上班时间进行，避免在晚 23：00 至早晨 7：00 之间进行爆破作业。

8.4　爆破时在地表用哨声示警，让居民有一个心理准备，不致于被惊吓。

8.5　作好工地围挡工作，布置好警戒。

9. 环保措施

9.1　严格遵守国家和地方政府下发的有关环境保护的法律、法规和规章。加强对施工燃油、工程材料、设备、废水、生产生活垃圾、弃渣的控制和治理。

9.2 制定合理的爆破时间,做好爆破前预警及爆破后解除预警工作,最大限度减少爆破施工对地面环境及居民的影响,认真接受城市管理,随时接受相关单位的监督检查。

9.3 合理布置施工场地,按要求围挡。做到标牌清楚,标识醒目,围挡整齐美观牢固,场地整洁有序且排水通畅,爆破时间公示明确。

9.4 做好爆破开挖等关键工序的施工组织和管理,避免多作业面作业造成现场混乱。防止泥砂、弃渣和散料运输过程中遗散和扬尘造成环境污染。

9.5 制定有效的公共设施保护措施,施工中加强爆破监控量测,防止爆破振动超标及噪声超标,确保周边环境安全和居民正常生活。

9.6 对施工废水、废气的排放和弃渣处治严格按地方环保要求进行,达到处理指标后在工程建设指定的地点排放和处治。

9.7 采取设立隔声墙、隔声罩、进行洞口覆盖等消音措施降低施工噪声到允许值以下,同时尽可能避免夜间施工。

9.8 进行水封爆破:即在炮眼底部装入炸药后,用木塞或黄泥封严(最好用专用封口器),封口后向孔内注水,再进行爆破。当炸药爆炸时所形成的高温、高压水迅速汽化,然后冷凝形成微小水滴,受爆破波冲击的瞬间微小的水滴和粉尘获得大的功能,加速碰撞而凝结并使粉尘渐渐沉降而不致飞扬。

9.9 进行水幕降尘:其原理是以高压水经喷头雾化成微小水滴而射到空气中,当它与尘粒接触,这些尘粒即附着于水滴上,或与被湿润的尘粒碰撞,而凝聚成较大的颗粒,从而加速沉降,达到降尘的目的。

10. 效 益 分 析

10.1 本工法较好地解决了在城市闹市区进行地下工程爆破开挖所带来的振动效应问题,与非减振暗挖法相比,微振爆破避免了对地面建筑物的破坏,直接经济效益在数千万元以上,例如可以减少建筑物的修理费、保险赔偿费等。

10.2 微振爆破减弱了爆破振动,实测减振率达到了 30%～40%。

11. 工 程 实 例

11.1 广州市地铁一号线杨箕—体育西路区间隧道

广州市地铁一号线杨箕～体育西路区间隧道全长 2380 单线 m,埋深 7.64～17.64m,最大开挖高度为 6.48m,最大开挖宽度为 6.5m,通过的地层属Ⅲ、Ⅴ类围岩,隧道开挖过程中几乎集中了所有的技术难题,其中涉及暗挖通过天河村密集居民区、交通繁忙的中山一路、广州大道3层简支混凝土立交桥等问题。为了确保地面建筑物和地中构筑物的安全,采用了微振爆破暗挖施工技术,成功地将地表振动速度值控制在 2.0cm/s 左右,为在城市硬岩地层中修建地铁奠定了基础。

广州市地铁一号线体育中心站～广州东站区间有一段隧道需从林河村密集居民区民房下方通过,原设计拆迁民房以明挖法通过,后因拆迁费用昂贵,不得已才改为暗挖法通过。林河村暗挖区间隧道埋深特浅,拱顶离地面仅为 3.5～7.5m。在微振爆破已在杨体区间成功应用的基础上,经过对开挖顺序、装药结构等调整,进一步采用综合减振措施,成功地将地表振速度值控制在 3.0cm/s 以下,顺利地通过了地表房屋林立的林河村。实践再次证明,微振钻爆暗挖法在城市闹市区施工是安全、可靠、可行的。

11.2 广州市地铁一号线公园前车站

广州市地铁一号线公园前车站盖挖逆筑段基坑需在已做好的结构内进行石方微振开挖。由于待爆石方距站台层楼板、钢管柱等结构较近，用普通爆破法势必对已建结构造成损伤。采用微振爆破技术，将顶板、中楼板、钢管柱、连续墙等处的振动速度值控制在5cm/s以内，结构完好无损，安全、顺利地完成了石方开挖任务。

11.3 重庆轻轨一期工程较新线临江门车站隧道

临江门车站隧道位于重庆市渝中区解放碑商业步行街下，四周高层建筑林立，其中的世贸中心与车站隧道水平距离仅4.5m，要求控制爆破振速在1.5cm/s以内。施工中应用科研成果中的微振爆破技术，采用超前小导洞先行、预留光爆层光面爆破、密排空眼减振、非电不对称起爆网络等综合减振技术，实现了邻近高层建筑群的微振爆破开挖。

11.4 厦门东通道翔安隧道（国内新建的第一条海底隧道）

厦门翔安隧道及两岸接线工程位于福建省厦门地区，是连接厦门市本岛和翔安区陆地的重要通道，兼具高速公路和城市道路双重功能。全长8.695km，其中隧道长6.05km。该工程跨越海域总长约4200m，双向六车道，采用钻爆暗挖法修建。它是我国大陆第一座大断面的水底隧道，A1合同段内行车隧道起止里程为：ZK6＋540～ZK9＋700，其中跨海段1982m，覆盖层28.4～47.6m，最大水深28m，拱顶最大静水压力0.62MPa；服务隧道为NK6＋542～NK9＋700，其中跨海段1982m，覆盖层36.0～53.7m，最大水深25.7m，拱顶最大静水压力0.68MPa。隧道内轮廓采用R-740cm和R-570cm的三心圆形式。隧道建筑内轮廓断面面积为122.09m²，行车道以上净空断面面积为100.5m²，地质主要为第四系覆盖层及燕山期侵入岩两大类。且有F1、F4深槽广泛分布。

厦门翔安海底隧道穿越海底风化深槽、岩脉侵入体等不良地质，且隧道上方为保护动物白海豚海洋保护区，对爆破振动的要求很高，采用微振爆破工法成功地将地表振速控制在4.5cm/s左右，确保了海底隧道的施工安全，也对白海豚的影响降低到了最小，并为在海底地层中修建市政隧道提供了非常丰富的借鉴经验。

11.5 厦门机场路成功大道

厦门市机场路成功大道（桩号K3＋500.00）位于福厦铁路与南山路交叉处的东侧，浅埋暗挖段YK7＋500.0～YK7＋915.072为连拱隧道，YK7＋15.072～YK8＋150为小净距隧道，采用钻爆法施工，隧道埋深9.9～44.8m，最大跨33.6m，洞顶围岩以残积粉质黏土、泥质粗砂层、全风化和强风化正长岩、砂砾状花岗石、碎块状花岗石和微风化花岗石，具有典型的上软下硬的地层结构，围岩类型大部分地段为Ⅴ～Ⅵ类，部分地段为Ⅱ类或Ⅳ类围岩。地下水位较高，隧道施工影响范围内的房屋达到67栋，试验段施工完成后，34号房屋将是第一栋在其正下方穿越的房屋，施工过程中安全管理、风险分析贯穿于整个施工过程，主要控制开挖爆破带来的振动，工程目前已进入尾声阶段。

厦门机场路成功大道浅埋暗挖段采用了微振爆破工法施工，成功地将地表振速控制在2.0cm/s左右，确保了隧道上方建筑物结构安全，为在城市浅埋硬岩地层中修建市政隧道奠定了基础。

组合刀盘式土压平衡矩形顶管顶进工法

YJGF15—2000（2007～2008 年度升级版-025）

上海隧道工程股份有限公司

吕建中　王鹤林　杨磊　石元奇　吴兆宇

1. 前　　言

组合刀盘式土压平衡矩形顶管顶进工法是利用组合刀盘土压平衡矩形顶管机完成矩形断面的隧道施工，其结构断面的合理性可减少土地征用量和掘进面积，降低工程造价，可用于建造地铁车站、地铁及水底隧道旁通道等。上海隧道工程股份有限公司通过 1999 年在上海地铁 2 号线陆家嘴车站 5 号出入口地下人行通道工程中成功应用后，又相继在 2002 年昆山市长江南路人行地道工程、上海市共富路人行地道工程，以及 2004 年天钥桥路地铁连接通道、2005 年明珠线二期浦东南路车站 1、2 号出入口工程中成功应用，取得了显著的技术成果、经济效益和社会效益。该技术成果在 1999 年通过上海市科委的验收，成果水平达国际先进，成果获 2000 年上海市科技进步二等奖，2001 年获建设部科技成果推广转化指南项目（国家建设部），2005 年获上海市发明创造专利奖二等奖（上海市知识产权局）。

2. 特　　点

2.1　利用组合刀盘式土压平衡矩形顶管机可对矩形断面进行全断面切削，保持土压平衡，对周围土体扰动小。组合刀盘式土压平衡矩形顶管机已获得国家专利（专利号 ZL 02136207.6）。

2.2　在同等截面积下，矩形隧道比圆形隧道可更有效地利用空间，减少地下掘进土方。用于人行、车辆等的地下通道不需再进行地面铺平工序，不仅省时而且还可降低工程造价 20％左右。

2.3　不影响原有的各类地下管线，不影响道路交通、水运以及地面的各类建筑。施工时无噪声、无环境污染。

2.4　通过可编逻辑程序控制器及各类传感器等随时监测施工状况，确定施工参数，使整个施工过程处于受控状态，从而有效控制矩形隧道顶进轴线、转角偏差及地面沉降。土压平衡矩形顶管施工工艺已获得国家专利（专利号 ZL 02136203.3）。

3. 适用范围

本工法适用于在黏土、淤泥质黏土、粉质砂土及砂质粉土等地层中施工。特别适用于在不宜大开挖的错综复杂的各类地下管线下进行矩形断面的施工，保证地面建筑物不受损害。

4. 工艺原理

整个控制系统以土压平衡为工作原理，通过大刀盘及仿形刀组合而成的刀盘对正面土体的全断面切削，改变螺旋机的旋转速度及顶进速度来控制排土量，使土压仓内的土压力值稳定并控制在所设定的压力值范围内，从而达到开挖切削面的土体稳定。

5. 施工工艺流程及操作要点

组合刀盘式土压平衡顶管机，由上海隧道工程股份有限公司研制，并已在工程中得到应用。它主要由顶管机机头、大刀盘及仿形刀装置、纠偏装置、螺旋机、主顶装置、动力装置、压浆系统、电气控制系统及监测系统等组成（图 5）。

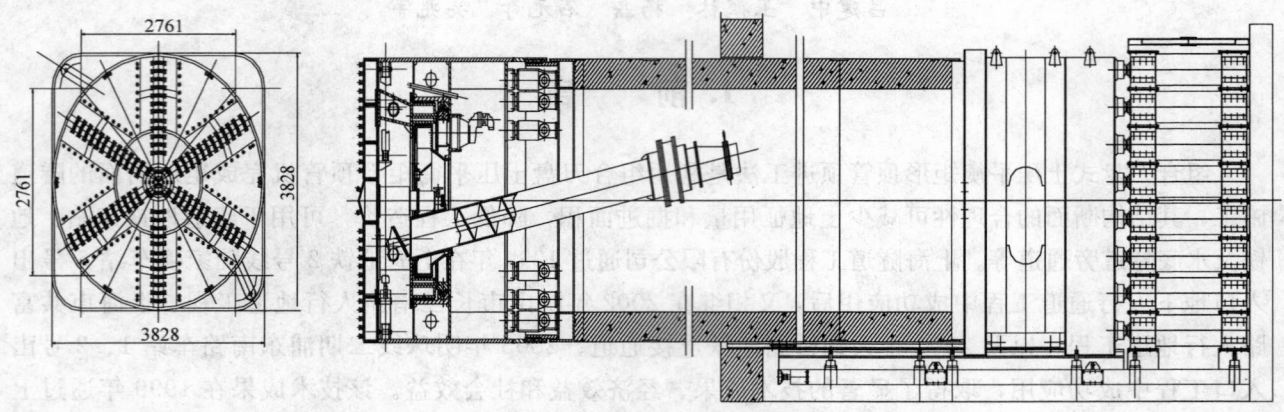

图 5　组合刀盘式土压平衡矩形顶管机总图

5.1　施工流程

5.1.1　工作井清理、测量及轴线放样。

5.1.2　出洞口密封安装及检查，并进行出洞辅助技术措施：井点降水或地基加固处理。

5.1.3　井口行车、井上辅助设施的布置和安装。

5.1.4　顶管机就位。

5.1.5　后座顶进装置及井下辅助设施的布置和安装。

5.1.6　顶管机下井、就位。

5.1.7　顶管机井下安装、调试，作好开顶准备。

5.1.8　顶管机开门出洞后开顶。

5.1.9　混凝土管节就位。

5.1.10　顶管循环顶进。

5.2　施工参数（表 5.2）

施工参数表　　　　　　　　　　　　　　　　　表 5.2

序　号	项　目	主要技术参数
1	断面尺寸	3828mm×3828mm（前段）　　3800mm×3800mm（后段）
2	推进速度	0～100mm/min
3	额定总推力	25000kN
4	大刀盘转速	0～1.4rpm
5	刀盘驱动扭矩	1750kN·m
6	总纠偏力（额定）	14000kN
7	纠偏角度	1.8°

5.3　操作要点

5.3.1　出洞施工及密封

1. 对全套顶进设备作一次系统调试，特别注意仿形刀在穿越加固层时的切削性能。在确定顶进设备运转情况良好后，把机头顶进洞圈内距加固层 10cm 左右。

2. 洞门密封圈的制作：为了防止泥浆从管节外壁和工作井之间的间隙中流出，而使水土流失造成地面沉降，同时影响触变泥浆套的形成而降低减摩效果，在洞圈上预设阻浆密封装置。

3. 机头穿墙顶进：在拔除钢封门后，应立即开始顶进机头，由于正面为全断面水泥土，为保护刀盘和仿形刀，顶进速度应适当减慢，使刀盘和仿形刀能对水泥土进行对矩形断面彻底切削；另外由于此段土体过硬，螺旋机出土时可加适量清水来软化和润滑土体。

5.3.2 触变泥浆的应用

1. 为减少土体与管道间摩擦力，在管道外壁压注触变泥浆，在管道四周形成一圈泥浆套以达到减摩效果，在施工期间要求泥浆不失水，不沉淀，不固结。

2. 压浆量的计算（每节管节）

为了保证注浆效果，注浆量应取理论值的 2～3 倍。

$$V = (D2 - d2) \times v \times 300\%$$ (5.3.2)

式中 V——注浆量；

$\quad\quad D$——前段外包尺寸；

$\quad\quad d$——后段外包尺寸；

$\quad\quad v$——推进速度。

5.3.3 顶管后靠及机座安装

为保证顶管工作井的后壁能均匀受力，加工一刚度较大的刚性后靠。整体吊装，放在顶进装置与井壁之间，进行定位固定。

5.3.4 主要施工技术参数的控制

1. 正面土压力的控制

土压力根据 Rankine 土压力理论进行计算，计算值作为土压力的最初设定值，在实际顶进后，通过顶进参数、地面沉降监测，将设定土压力值调整到 $1.2\mathrm{kg/cm^2}$ 左右，正面出土量、地面沉降情况较为理想。

2. 出土量的控制

应尽量精确统计出每节管节的出土量，力争使之与理论出土量保持一致，以保证正面土体的相对稳定。

3. 顶进速度的控制

在顶进时应对顶进速度作不断调整，找出顶进速度、正面土压力、出土量的最佳匹配值，以保证顶管的顶进质量。

5.3.5 顶进轴线的控制

1. 高程控制

在顶进过程中一旦顶管出现上抛现象，不宜采取降低地面土压力、增大出土量、过量向下纠偏等动作。应在顶进时将机头高程始终控制在负值，这样即使在机头下沉较大时，所采取的纠偏措施也和地面沉降控制相统一。

2. 平面控制

由于受第一条顶管顶进时挤压、压浆等影响，在已成管道周边土体强度较原状土大，在第二条顶管顶进时，机头平面可能有偏离已成管道的现象，顶进时应把机头平面始终控制在靠已成管道方向。

3. 转角控制

矩形管道的横向水平要求较高，在顶进过程中对机头的转角需密切注意，机头一旦出现微小转角，应及时纠转。

1）纠转装置纠转

安装于壳体两侧的纠转装置根据需要旋转角度，将翼板伸出壳体插入土体内，在机头向前推进时，土体在翼板上产生一侧向分力，形成一力偶使机头按所需的方向旋转，以达到纠转目的。

2）压浆纠转

压浆纠转是利用壳体上压浆管注浆，翅板将浆液分隔成四个区域，根据纠转方向的要求，选择适当的压浆点，使压出的浆液在机头形成一力偶，使机头按所需的方向旋转，以达到纠转目的。

3）利用变角切口纠转

安装于机头切口环二侧的左右各二个变角切口，其千斤顶的伸缩可控制翻板的角度，顶进时产生一定的超挖，使壳体二侧土体产生一条槽形空间，并同时在机头一侧配合注浆，使机头产生一力偶，以控制机头的姿态，达到纠转的目的。

4. 机头纠偏控制

顶管在正常顶进施工过程中，必须密切注意顶进轴线的控制。在每节管节顶进结束后，必须进行机头的姿态测量，并做到随偏随纠，且纠偏量不宜过大，以避免土体出现较大的扰动及管节间出现张角。

5.3.6 地面沉降控制

1. 利用土压平衡矩形顶管机对矩形断面进行全断面切削。严格控制施工参数，防止超、欠挖。

2. 解决矩形顶管机机头顶部背土问题

在矩形顶管机的机头壳体顶部安装压浆管，并开有压浆槽，使浆液均匀分布于整个上顶面，在土体和壳体平面之间形成一泥浆膜，以减少土体同壳体的摩擦力，防止背土现象的发生。

3. 在顶进时，每隔一段时间应对顶管机后部已成管道高程作一次复测，一旦出现管道下沉情况严重时，应对下沉部位进行底部注浆，防止由此引起的地面沉降。

5.3.7 测量

1. 矩形顶管机出洞前必须认真测定顶管机切口的轴线和标高，并将数据及时反馈进行调整，顶进中原始数据、表格必须连续真实填写清楚。

2. 交接班时应交清测量记录，将仪器对中，并交清管道轨迹和纠偏趋向。

3. 顶程结束后必须全线复测、绘制管道顶进轨迹图（含高程、方向、顶力曲线），并由施工质监人员检查复核。

4. 在过道路时，应按建设单位的要求在指定地段进行施工监测布置，观测顶进过程中地表变形和土体位移情况，以便采取预防措施，避免影响道路正常运行的事故发生。顶进结束后应绘制施工过程和竣工后的地面变形图。

5.3.8 矩形管节和接口

1. 矩形管节混凝土采用C40，抗渗指标为S6，并采用F型钢套接口、齿形氯丁橡胶止水带。

2. 衬垫板的厚度，应按设计顶力大小确定，粘贴时，凹凸口对中，环向间隙符合要求。

3. 插入安装前滑动部位可均匀涂薄层硅油等润滑材料，减少摩阻。

4. 承插时外力必须均匀，橡胶圈不移位、不反转、不露出管外。

6. 材料与设备

6.1 材料

6.1.1 本工法采用钢筋混凝土矩形管节。

6.1.2 矩形管节混凝土采用C50，抗渗指标为S8。并采用F型钢套接口、齿形氯丁橡胶止水带。

6.1.3 衬垫板的厚度，应按设计顶力大小确定，粘贴时，凹凸口对中，环向间隙符合要求。

6.1.4 管节插入安装前滑动部位可均匀涂薄层硅油等润滑材料，减少摩阻。

6.1.5 管节承插时外力必须均匀，橡胶圈不移位、不反转、不露出管外。

6.2 设备

6.2.1 主要施工设备：组合刀盘式土压平衡矩形顶管机。

6.2.2 配套设备（表6.2.2）。

配套设备表 表 6.2.2

序 号	设备、仪器名称	数 量	序 号	设备、仪器名称	数 量
1	注浆泵	1台	6	卷扬机	2台
2	平板车	2辆	7	电焊机	2台
3	土箱	2个	8	水准仪	2台
4	150t 履带吊车	1辆	9	经纬仪	2台
5	挖掘机	1辆	10	空压机	1台

7. 质 量 控 制

7.1 由操作班长与操作员建立 TQC 小组，操作班长负责监督实施设计施工参数，严格按照操作规程操作，并作好当班记录，发现问题，及时与技术员联系解决，定期进行 TQC 活动，保证施工质量。

7.2 除应遵照国家标准《地基与基础施工及验收规范》GBJ 202—83、《钢筋混凝土工程施工及验收规范》GBJ 204—83 和上海市建委颁发的《市政工程质量检验评定标准》、顶管标准的有关规定外，施工中还应做到：

7.2.1 矩形管节的边长误差＜±2mm，高度误差＜1mm，上下平面矩形外框对角线误差＜4mm，侧向平面与上下平面的垂直度误差＜2mm。

7.2.2 当管顶与隧道底距离小于管径时，隧道段地面最大隆起值为 10mm，最大沉降值为 30 mm。

7.2.3 顶进时，转角必须控制在±1°之内。

8. 安 全 措 施

8.1 严格遵照国家颁发的《建筑安装工程安全技术规程》和上海市市政工程管理局对施工现场安全的有关规定。

8.2 顶管机及管道内照明用电应使用安全电压。

8.3 动力电缆转换接插前，要先切断电源，后拔出插头。

8.4 混凝土管吊运时，管下严禁站人。

8.5 管道内的电力电缆、控制电缆应悬挂固定，严禁随地铺设。

8.6 外部照明要充足，安放高度不得低于 3m。

8.7 在吊车行走路线上不得有任何电源线。

8.8 及时检查各操作员的操作程序，严防违章操作。

8.9 及时检查各压力管接头的可靠性，防止压力管爆裂伤人。

9. 环 保 措 施

9.1 施工现场应由专人负责清扫，不任意排污，加强现场泥水管理，指定专人负责，开挖和及时回填各种排浆沟，保持场地干燥、平整。

9.2 为了防止施工噪声，必须遵守相关法规，选择噪声较小的机械，并通过安装隔声罩、消声装置等措施。

9.3 在现场配浆处加装防尘顶棚，减少扬尘。

9.4 在渣土的运输过程中要防止扬尘，保持路面及周围环境整洁。

10. 效 益 分 析

10.1 与圆形顶管相比，没有浪费的掘进面积，充分利用了结构断面，从而使地下空间得到有效利用。而用于人行、车辆等的地下通道不需再进行地面铺平工序，亦可节约大量的时间和资金。

10.2 与箱涵顶进相比，由于土压平衡的控制，对土体的扰动小，能有效地控制地表的沉降和隆起，可在闹市区或建筑密集场合下的管道施工，大大减少了地上地下构筑物破坏而带来的损失。

10.3 在穿越道路、铁路、隧道、河流的管道施工时，不可能采用开槽埋管，利用矩形顶管机施工则可保证交通通行，大大减少了因施工所引起的道路中断，具有明显的社会效益和经济效益。

11. 应 用 实 例

11.1 昆山市长江南路人行地道工程

昆山市长江南路人行地道工程为一跨越昆山市交通主干道——长江南路的地下人行通道。通道位于中华路与长江路交叉的十字路口，两个出入口分别布置在长江南路东西两侧，通道横贯长江南路。东侧出入口位于昆山市经济开发区大门口，西侧出入口与待建的台商高档商住楼设计衔接。

地下通道由两条长度各为 45m 的平行管道组成，采用 3.8m×3.8m 土压平衡矩形顶管机施工。通道顶平均覆土厚度约 3.5m，管径间距为 2.2m，管节外形尺寸为 3.8m×3.8m，壁厚 0.4m，管节长度 2m，混泥土强度 C50，管节总共为 46 节。顶管由长江南路西侧始发井向路东侧的接收井顶进，工程沿线将穿越长江南路地下的污水管、通信光缆等管线。其中通道顶与 Φ450 污水管底净距为 1m。采用该工法施工，平均每日可推进 6m，最快每日可推进 9m，隧道轴线、地面沉降完全控制在设计要求内。

工程成功地穿越了长江南路的地下人行通道，确保了行人的安全，与过去常用的明挖法相比，对施工现场周围的环境影响，降低到最小程度，工程质量优良，成本降低，带来明显的经济效益和社会效益。

工程于 2002 年 2 月开工，2002 年 10 月底竣工。

11.2 上海市共富路人行地道工程

上海市共富路人行地道工程，位于蕴川路与共富路交叉路口以南 55m 处，横穿蕴川路，地道采用 3.8m×3.8m 土压平衡矩形顶管法施工，由两条长度为 67.3m 的平行矩形管道组成，两条管道净间距为 2.2m，地道由西向东推进，设计坡度均为 +0.3%，管道顶平均覆土厚度约 4.4m。

地道结构采用预制矩形钢筋混凝土管节，管节接口采用 F 型承插式，接缝防水装置由锯齿形止水圈和弹性密封垫内外两道组成。管节外形尺寸 3.8m×3.8m，壁厚为 40cm，管节长度为 2m。管节混凝土强度为 C50，抗渗等级为 0.8MPa，工程总用量为 66 管节。

顶管沿线将穿越 5 根上水管、1 根煤气管、3 根雨水管、2 根电力线、3 根电话线等地下管线和共和新路（蕴藻浜大桥）。从西往东有 φ300mm 上水管，管底埋深 1.35m，离顶管顶净距约 2.05m；φ500mm 煤气管，管底埋深 2m，离顶管顶净距约 2.4m 等。顶管主要在黏质粉土层和淤泥质粉质黏土层中顶进，平均每日可推进 6m，最快每日可推进 9m，隧道轴线、地面沉降完全控制在设计要求内。

工程成功地穿越了上海市共富路人行地道工程，确保了行人的安全，与过去常用的明挖法相比，对施工现场周围的环境影响，降低到最小程度，工程质量优良，成本降低，带来明显的经济效益和社会效益。顶管工程于 2002 年 10 月 26 日开始，2002 年 12 月 6 日竣工。

11.3 上海明珠线二期浦东南路车站 1 号、2 号出入口施工

明珠线二期浦东南路车站 1 号、2 号出入口横穿浦建路段采用矩形顶管法施工，分别由两条 3.8m×3.8m 土压平衡矩形顶管组成。管道顶平均覆土厚度约 7m。本工程主要在灰色淤泥质粉质黏土、

灰色淤泥质黏土中施工。

顶管施工将穿越浦建路上的众多市政管线，有"上水 300/0.7、上水 1000/0.7、煤气 200/0.7、电力/0.7、污水 800/4.7、上话/0.7、雨水 2200/3.7"等市政管线，其中 φ2200 雨水管离通道顶净距为 1m，而且是南浦大桥泵站的主干线，并紧邻着接收井，是工程的施工难点。

1 号出入口通道有两条长度为 29.8m 的平行矩形管道组成，2 号出入口有两条长度为 28m 的平行矩形管道组成，设计坡度均为－10‰。管道采用预制矩形钢筋混泥土管节拼装而成，管节接口为 F 型承插式，接口防水采用橡胶止水圈。顶管施工结束后，用聚氨脂密封膏嵌缝，作第二道防水处理。采用该工法施工，平均每日可推进 6m，最快每日可推进 9m，隧道轴线、地面沉降完全控制在设计要求内。

工程圆满地完成了明珠线二期浦东南路车站 1 号、2 号出入口横穿浦建路，确保了明珠线二期顺利投入运行，缓解了上海市交通堵塞矛盾，与过去常用的明挖法相比，对施工现场周围的环境影响，降低到最小程度，工程质量优良，成本降低，带来明显的经济效益和社会效益。

1 号出入口顶管工程于 2004 年 11 月 3 日开始，2004 年 12 月 9 日竣工。2 号出入口顶管工程于 2005 年 1 月 25 日开始，2005 年 2 月 28 日竣工。

11.4 天钥桥路 580 号地块零陵路地铁连接通道

天钥桥路 580 号地块零陵路地铁连接通道采用顶管法施工，通道长度为 27.7m，顶管推进坡度为 2‰，平均覆土深度为 4.8m。顶管始发工作井设于零陵路北面、天钥桥路西面地 580 号地块内。由于该通道连接地铁车站处正好位于天钥桥路和零陵路交叉路口，所以无法设置顶管接受井，当顶管机接近地铁车站地下连续墙时，在墙上凿开 4m×4m 的洞口，将顶管机直接推进地铁车站，转移至盾构端头井再吊出顶管机头。

本工程采用组合刀盘式土压平衡式矩形顶管机进行掘进施工，顶管机外形尺寸为 3828mm×2828mm，主要在淤泥质粉质黏土层和淤泥质黏土层中顶进。根据甲方提供的地下管线资料和现场实际测量的数据显示，顶管施工将穿越电力电缆、12 孔市话线和 Φ1500mm 雨水管等公用管线，其中埋深最深的雨水管离通道顶仅为 0.23m。

在施工中运用组合刀盘式矩形顶管顶进工法，圆满地完成了明珠线二期天钥桥路站零陵路地铁连接通道顶管工程，进洞的位置正好处于零陵路和天钥桥路的交叉路口中心，其沉降量为－1mm。其他路面沉降观测点的沉降量均控制在－10mm 以内，地下管线正常运营。

11.5 上中路排管箱涵工程

上中路排管箱涵工程是上海长桥自来水厂一根斜穿越上中路的 φ2000 给水管铺设所用。由于上中路为规划中的中环线一部分，工程靠近建设中的上中路隧道浦西段出口，且施工场地位于长桥自来水厂门口，地下管线众多，现场不具备开挖施工的条件，因此本箱涵工程采用 3.8m×3.8m 组合刀盘式矩形顶管施工。

在施工中运用组合刀盘式矩形顶管顶进工法，圆满地完成了上中路排管箱涵工程，路面沉降观测点的沉降量均控制在－10mm 以内，保证了地下管线和上中路的正常运营。与过去常用的明挖法相比，对施工现场周围的环境降低到了最小程度，工程质量优良。同时降低了施工成本，带来了显著的经济效益与社会效益。工程于 2007 年 5 月开工，6 月结束。

土压平衡盾构工法

YJGF21—92（2007～2008年度升级版-026）

周文波　杨国祥　吴惠明　顾春华　吴列成

1. 前　言

随着城市密集度的提高和高层建筑的不断增加，地面可利用空间越来越少，而地下又布满了各种用途的管线，基础设施密集的大都市中心区对创造地下空间提出了更多更高的要求，地下隧道开挖技术的开发和利用是决定现代都市可持续发展的重要因素。所以，如何更有效利用和创造地下空间已成为当今城市现代化建设的重要课题，采用盾构法来开发地下空间是一种最佳的选择。

土压平衡式盾构自1974年在日本首次使用以来，以其独到的优势已广泛用于世界各地的隧道工程中。1984年上海隧道工程股份有限公司在我国首次应用从日本引进的$\phi4.36m$简易土压平衡盾构，运用土压平衡盾构工法建成了芙蓉江下水道总管工程，1988年上海隧道工程股份有限公司采用了自己研制的$\phi4.35m$加泥式土压平衡盾构，运用土压平衡盾构工法成功穿越了软弱黏土和砂性土交错的复杂地层，建成了上海市南电缆过江隧道，该项技术获得1989年上海市科技进步一等奖和1990年国家科技进步一等奖。

通过20年的不断发展，土压平衡盾构工法已在全国地铁、市政、能源等工程建设中得到更为广泛的应用。实践证明，土压平衡盾构工法技术先进，能较好地控制地表沉降、保护地面建筑物、管线以及周边环境，适应在市区、交通密集处或基础设施密集地区的施工，且施工隧道质量良好，故有显著的社会效益和经济效益。土压平衡盾构工法在上海等地成功的应用和推广也使我国盾构隧道施工技术进入了国际先进的行列中。

2. 工法特点

2.1　通过盾构机前方的刀盘旋转切削正面的土体，再通过刀盘后面的螺旋机，将切削下的渣土排出，且能对切削速度和排土量进行自动控制管理，施工的机械自动化程度高、速度快。

2.2　利用盾构机机壳承受来自地层的压力，防止地下水或流沙的入侵，并在其防护下进行隧道管片的拼装。

2.3　利用盾构机内的千斤顶顶伸动作，并通过隧道管片获得顶伸反力，以此控制盾构机按照设计轴线前进。

2.4　盾构机刀盘切削的渣土处在土舱内，土舱渣土的增减可受到有效控制，通过掘进推力和土舱渣土压力与外部水土压力相抗衡，使得掘进工作面保持稳定。

2.5　利用注浆系统同步压注浆液，有效充填盾构开挖后盾壳和隧道管片间留下的建筑空隙，控制土体损失，减少对周边环境的影响。浆液的质量和压注工艺直接影响盾构施工对周边环境的保护效果。浆液配比和压注工艺已获得发明专利（《地铁盾构施工同步注浆可硬化浆液》ZL 200410099179.7、《用于地铁盾构可硬化浆液同步注浆的方法》ZL 200410099180.X）。

2.6　施工中基本不使用土体加固等辅助施工措施，并对环境无污染。

3. 使用范围

地表存在建（构）筑物、管线、人文自然景观、江河湖海等，地质为黏性土、砂性土、砂层、卵砾石等复杂地层、且富含水条件下的暗挖地下工程。

4. 工 艺 原 理

土压平衡盾构机原理是利用安装在盾构最前面的全断面切削刀盘，将正面土体切削进入刀盘后面的储留土舱内，并使舱内具有适当压力与开挖面水土压力平衡，以减少盾构掘进对地层土体的扰动，进而控制地表沉降，在出土时由安装在密封舱下部的螺旋运输机向排土口将土渣连续排出。其基本步骤包括盾构出洞（始发）、正常段掘进、盾构进洞（到达）。本工法不需技术辅助措施，盾构机本身具备改善土体的性能，因此适合在砂、砂砾、粉砂、黏土等压密程度低，软硬相间的地层中使用。实践证明，土压平衡式盾构工法施工隧道具备控制地表沉降、保护环境、适应在市区和建筑密集处施工等优点。

5. 施工工艺流程及操作要点

5.1 施工工艺流程（图 5.1）

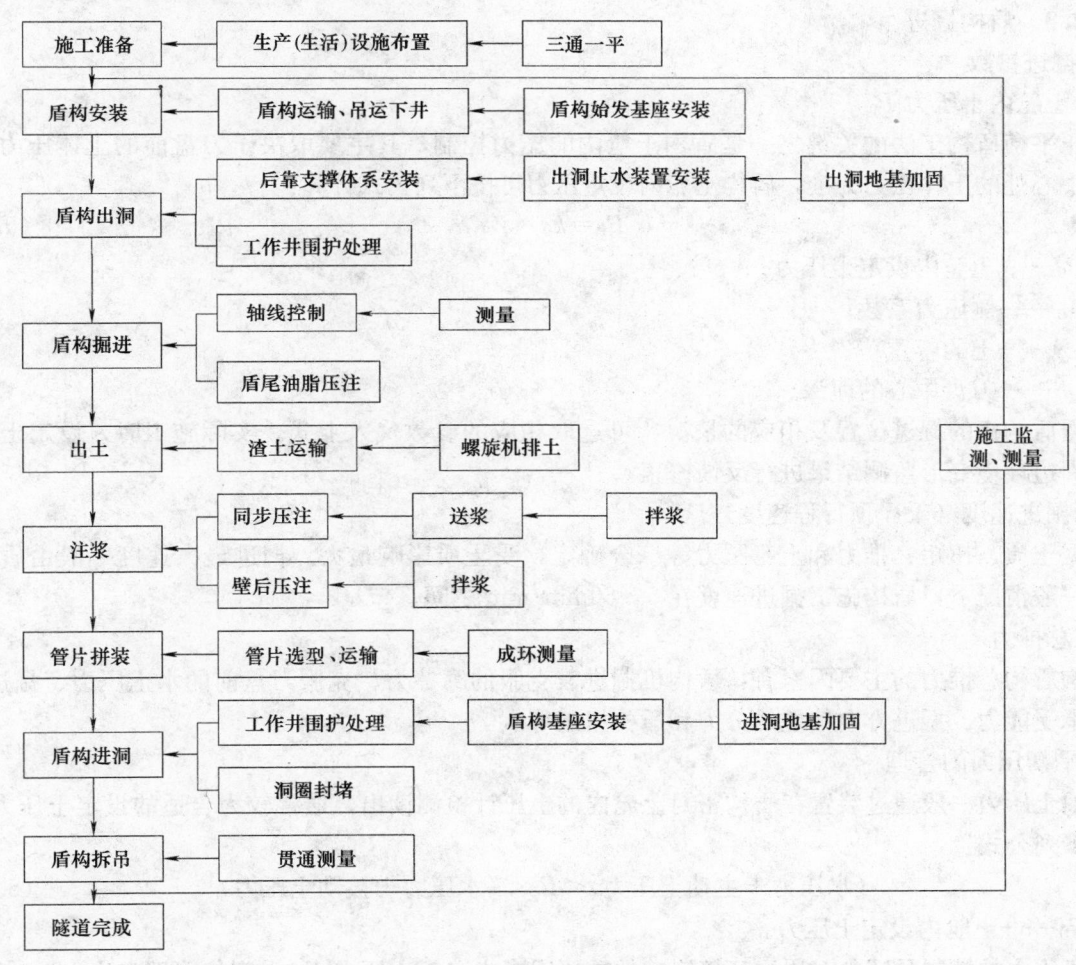

图 5.1 施工工艺流程图

5.2 操作要点

5.2.1 盾构下井和安装调试

盾构下井和安装由盾构机形式和工作井尺寸等因素确定。盾构一般包括盾构主机、联系桥架和车架，其中盾构主机又可分为刀盘、切口环、支撑环和盾尾等。

盾构下井是根据盾构自身和工作井的尺寸大小，将盾构分解成若干部件，然后利用吊车或行车依次吊运至工作井内，然后在井内进行重新组装，并最终调试以满足施工要求。

5.2.2 盾构出洞

1. 盾构出洞施工流程

洞圈和盾构姿态测量复核→后盾支撑（反力架）安装→洞口止水安装→工作井围护结构处理→盾构进入洞圈靠上正面加固体→出洞掘进。

2. 出洞段试掘进

盾构从工作井出洞需设置一段距离作为试验掘进阶段，在这期间施工人员的任务：

1）熟悉并热练掌握土压平衡盾构的性能和工作状况；

2）确定适合于工程和盾构施工管理的要素；

3）摸索此盾构施工中施工参数和周边环境变形的一般规律。

在试验掘进段中，结合周边环境变形量和工程质量、盾构设备的要求，对施工参数反复量测、分析、调整，进一步优化。一般控制下列施工管理参数：土舱土压力、掘进速度（千斤顶行程速度）、总推力、刀盘扭矩、出土量和注浆状况（数量、压力等）。

5.2.3 盾构掘进

1. 掘进参数

1）土舱内土压力 P

土压平衡盾构工法的关键之一是盾构土舱内的压力控制，其主要取决于刀盘前的土体压力，一般以刀盘中心处的土体压力为准，盾构土舱内设定压力可按下列公式计算：

$$P_0 = k_0 \times \gamma \times h \qquad (5.2.3\text{-}1)$$

式中　P_0——土舱内设定土压力；

　　　k_0——侧压力系数；

　　　γ——土的容重；

　　　h——刀盘中心的埋深。

根据盾构机的掘进位置及相应的情况，可选取相应的参数代入上式。实际施工时，设定土压力还将根据周边环境变形监测结果进行反馈修正。

2）掘进速度（千斤顶行程速度）

根据土质、扭矩、推力和土舱压力等综合确定，受土质影响最大。掘进最大速度一般由盾构性能确定，一般情况下，盾构施工掘进速度在 5～60mm/min 之间。

3）总推力

影响盾构总推力的主要因素有：盾构机掘进需克服的摩擦力、克服刀盘前的水土压力、掘进速度、管片的承受能力、掘进方向偏差的分力和盾构扭矩等。

2. 平衡压力的管理

正面土压力一般通过装置在盾构密封土舱内的土压计检测读出，通常较为合适的设定土压力 P_0 范围符合下列公式：

$$(水压力＋主动土压力) < P_0 < (水压力＋被动土压力) \qquad (5.2.3\text{-}2)$$

式中　P_0——土舱内设定土压力。

平衡压力的控制是减少对周边环境影响的重要因素之一。土压力 P_0 设定与管理方法为：

1）理论估算，经验判断，确定一个较理想的 P_0 值。

2）精心操作，认真量测，及时反馈信息，根据出土量与地表沉降数据对 P_0 相应调整。

3）对已定 P_0 进行动态管理，以适应连续掘进情况。

3. 盾构姿态测量和控制

盾构姿态的指标主要有：盾构切口平面偏差和高程偏差、盾尾平面偏差和高程偏差、盾构机俯仰角、盾构机转角、以及管片与盾尾的间隙量。这些数据均可通过测量获得。

在获得盾构机与设计轴线的偏差后，通过调整盾构机各个千斤顶的长度来改变盾构机的姿态。其中，左右部位的掘进千斤顶行程差是控制盾构机在水平方向偏离设计轴线的程度，其变化大小确定了盾构机方向改变的急缓程度。上下部位的掘进千斤顶行程差是控制盾构机在竖直方向偏离设计轴线的程度。管片与盾尾的间隙量反映了管片和盾构机的相对位置关系，其既制约了盾构机下一环的姿态变化量，又对确定下一环的管片类型和掘进参数有指导意义。

4. 渣土改良

对于土压平衡盾构工法，在复杂地层盾构施工中进行渣土改良是保证盾构施工安全、顺利、快速施工的一项不可缺少的重要技术手段。土舱内的渣土改良需详细了解与分析工程所遇的地质情况，初步确定盾构掘进中加入泥、水、添加剂的浓度和数量，并在施工中根据工作面稳定情况和螺旋机出土状况对改良材料进行调整，以适应盾构正常工作的需要。

加入的制泥材料一般有黏土、膨润土等，其浓度及使用量一般如表 5.2.3 所示。

制泥材料浓度使用量表　　表 5.2.3

土 质 类 别	浓度（%）	最大使用（m³/m³）	土 质 类 别	浓度（%）	最大使用（m³/m³）
砂土层	15~30	0.30	白色砂质沉积层	20~30	0.20
砂砾层	30~50	0.30	砂质粉土层	5~15	0.10

5.2.4　出土

1. 出土量计算

盾构施工单位管片环的理论出土量可按下列公式计算：

$$V=\pi\times R^2\times L \tag{5.2.4}$$

式中　V——单位管片环的出土量；

　　　R——盾构最大开挖面半径；

　　　L——管片环长度。

2. 出土控制管理

盾构排土的管理是以土压力为控制目标，通过实测土压力值 P_i 与 P_0 相比较，依此压差进行相应的排土管理，其控制流程如图 5.2.4。

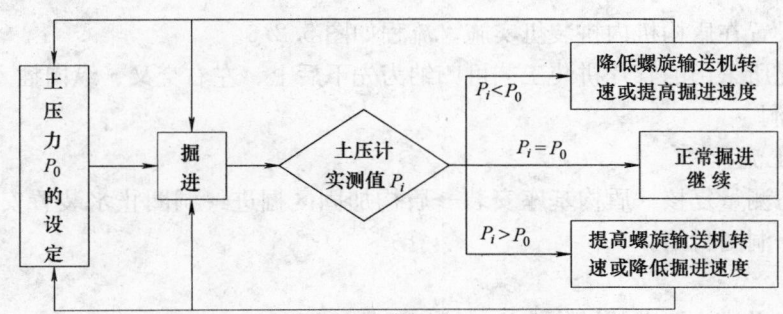

图 5.2.4　排土管理流程图

3. 出土运输

盾构机施工出土运输可分为隧道内的水平运输和工作井至地面的垂直运输。

渣土运输的方式一般有两种，一种是利用土箱和运输车辆运输，另一种是利用皮带机设备运输。

5.2.5　注浆

盾构施工时，由于盾构壳体与管片存在不可避免的尺寸大小差异，因此施工时须通过注浆填充此建筑空隙。

盾构注浆可分为同步注浆和衬砌壁后补压浆，两者都是充填土体与管片圆环间的建筑间隙和减少后期沉降的主要手段，也是盾构掘进施工中的一道重要工序。一般同步注浆通过设置在盾构上的注浆孔压注，衬砌壁后补压浆通过设在管片上的注浆孔压注。盾构掘进施工中的注浆应及时、均匀、足量压注，确保其建筑空隙得以及时、足量的充填。

1. 同步注浆

1）注浆量计算

盾构施工单位管片环的理论建筑空隙体积可按下列公式计算：

$$V = \pi \times (R_1^2 - R_2^2) \times L \qquad (5.2.5)$$

式中　V——单位管片环理论建筑空隙体积；

　　　R_1——盾构最大开挖面半径；

　　　R_2——管片半径；

　　　L——管片环长度。

同步注浆量是在管片与土体之间的理论建筑空隙体积的基础上，再考虑 1.2～2.5 倍扩大系数确定的。

2）浆液

注浆材料应选择符合土体条件及盾构形式的注浆材料。材料应具备以下特点：浆液比重大、泌水性能好、浆液后期凝固收缩小、填充性能好、早期强度高、止水性能好、抗液化能力强以及无污染等。

盾构施工同步浆液主要有惰性浆液、可硬性浆液、高性能浆液等。各种浆液的材料一般选用水泥、砂、粉煤灰、膨润土和水，具体则根据不同的要求进行针对性的配置。

3）注浆压力

注浆压力一般是在注浆处水土压力的基础上相应提高 0.05～0.2MPa，且浆液不至进入土舱和压坏管片，并保证地面的隆陷值处在设计要求范围内。

2. 壁后补压浆

壁后补压浆是在同步注浆的基础上实施的，其作用是补充同步注浆的不足和控制特殊部位的沉降变形。壁后补压浆的注浆压力值、压入量和具体压注位置应根据实际情况而定。壁后补压浆主要分为单液浆和双液浆，单液浆一般为非化学水泥类浆液，浆液材料主要为水泥和水；双液浆一般为化学水玻璃类浆液，浆液材料主要为水玻璃、水泥和水。浆液可根据不同的要求进行针对性的配置。

5.2.6　管片拼装

管片拼装是由设置在盾构机内拼装机实施，流程如图 5.2.6。

目前，一般情况所采用的管片拼装工艺可归纳为先下后上、左右交叉、纵向插入、封顶成环。

5.2.7　盾构进洞

1. 盾构进洞施工流程

洞圈和盾构姿态测量复核→盾构基座安装→盾构加固区掘进→洞圈止水装置安装→接收井围护结构处理→盾构进洞→洞圈封堵。

2. 进洞段掘进

在盾构进洞过程中尽快掘进并拼装管片，缩短盾构进洞时间。

1）进洞盾构姿态调整

根据现场实测接收井洞圈尺寸，盾构进洞阶段的姿态做适当调整。

2）加固区掘进控制

掘进速度控制一般在 1cm/min 以内，土压力逐渐降低至最低。由于加固区土体强度较高，穿越时需密切注意刀盘力矩、螺旋机扭矩等参数。必要时可通过渣土改良来降低刀盘扭矩；也可通过螺旋机上的球阀，向螺旋机内注入渣土改良剂来降低螺旋机扭矩。同时，应安排专人密切观察洞门变形和水土情况，加快信息反馈速度，有异常情况立即停止掘进，采取相应对策。

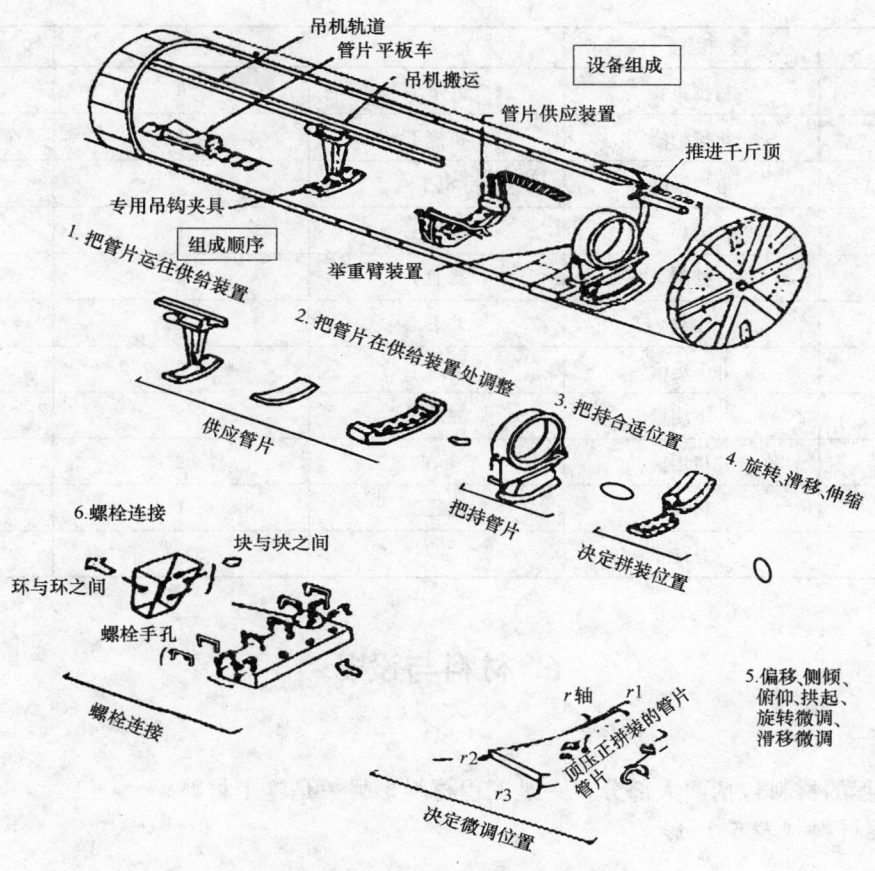

图 5.2.6　管片拼装流程示意图

3. 洞圈封堵

洞圈特殊环管片脱出盾尾后，立即用弧形钢板与其焊接成一个整体，并用浆液将管片和洞圈的间隙进行充填，以减少水土流失。

5.2.8　施工监测

全过程施工监测是确保对工程周边环境保护的关键之一。盾构施工时应及时实施监测，获得周边环境的变形数据，并反馈指导施工参数。

在盾构施工过程中由于对地层的扰动而导致不同程度的地面和隧道沉降，从而会影响到周围的地面建筑、地下管线等设施的正常使用。结合盾构掘进施工中引起周边环境变形的机理，监测内容主要包括地表沉隆监测、地表和地下管线沉隆监测、地面建筑物隆沉和倾斜监测、地层水平位移和竖向位移监测、地下水位监测、地层空隙水压力监测和隧道主体结构监测等。

各点监测频率随着盾构掘进而变化，即对盾构掘进施工影响范围内的监测点重点监测，当盾构掘进完成、各点变化趋小并稳定时既可减少监测频率直至停止监测。

5.2.9　劳动力组织

土压平衡盾构工法的施工技术要求高，专业性较强，工种多，且由于其特殊性，现场需配备土建工程师、机械工程师、电气工程师和测量工程师。

作业人员考虑一天 24 小时连续作业，共需设置 3 个班，每作业班配备人员见表 5.2.9。

每作业班配备人员（盾构外径 5～7m）　　　　　　　　　　　　　表 5.2.9

序　号	工 作 项 目	工　种	人数(人)	备　注
1	班长	施工员	1	
2	盾构司机	机修工	1	

序　号	工作项目	工　种	人数(人)	备　注
3	衬砌拼装	井下工	3	
4	机械维修	机修工	1	
5	电气维修	电工	2	包括数据采集
6	电焊	电焊工	1	
7	拌浆	普通工	2	
8	注浆	井下工	2	
9	井下运输	普通工	3	包括井口调度
10	井下测量	测量工	2	
11	井口运输	行车工、起重工	2	
12	料具	普通工	1	
	总计		21人	

6. 材料与设备

6.1　材料
盾构隧道工程的材料包括两大部分，一是工程材料，另一是施工材料。
6.1.1　工程材料（表6.1.1）

工程材料表　　　　表6.1.1

序号	材料名称	用途	序号	材料名称	用途
1	管片	形成隧道	7	黄砂	浆液材料
2	连接件	连接管片	8	膨润土	浆液或土体改良材料
3	软木衬垫	改善管片传力性能、调整管片超前量	9	盾尾油脂	盾尾密封
4	止水带	管片间止水	10	集中润滑油脂	机械润滑和密封
5	粉煤灰	浆液材料	11	泡沫剂	土体改良材料
6	水泥	浆液材料			

6.1.2　施工材料（表6.1.2）。

施工材料表　　　　表6.1.2

序　号	材料名称	用途	序号	材料名称	用途
1	道岔	运输线路系统	6	等边角铁	
2	轨道	运输线路基础	7	照明灯具	隧道内照明
3	轨枕	运输线路基础	8	电缆	
4	走道板	隧道内人行通道基础	9	钢材	
5	镀锌钢管	围栏和水管			

6.2　设备
盾构隧道工程的设备包括两大部分，一是盾构机械本身及其附属设备，另一是隧道施工常用设备。
6.2.1　土压平衡盾构及其附属设备（表6.2.1）

土压平衡盾构及附属设备　　　　　　　　　表 6.2.1

系 统 机 械		机 械 要 素	备　　注
开挖、支护机构		切削刀盘	切削土体并起第一道挡土作用
		密封土舱	存储切削土并保持一定的压力
		盾构千斤顶	提供推力并实现盾构纠偏
		土压力计	检测土压,进行土压管理
添加剂注入装置		添加剂注入泵	用于土体改良
		添加剂注入口	
搅拌装置		切削刀盘	用于切削土体并起第一次搅拌作用
		各种搅拌翼	防止共转、沉淀、黏附
排土设备		螺旋输送机	运输切削土,挖制出土量
		闸门或旋转或漏斗等	调节出土量
管片组装机构		拼装机	用于管片拼装
		千斤顶	
润滑、密封装置		油脂注入泵	
		盾尾密封材	
扩挖装置		超挖刀或仿形刀	特殊情况下启用(曲线施工等)
盾构附属设备	测量设备	铅锤	测俯仰、仰倾等
		盾构千斤顶行程计	侧偏转
		激光束等	自动控制盾构姿态
	注浆设备	注浆泵	一般设在后方台车上
		注浆管路	尽量使用活接头
		密封材	
	后方台车	液压组件	
		电气组件	

6.2.2　隧道施工常用设备（表 6.2.2）

隧道施工常用设备　　　　　　　　　表 6.2.2

设 备 类 别	设 备 名 称	数　量	备　　注
隧道运输设备	龙门桥式行车	1~2台	竖井垂直运输,一般用 32t 或 50t
	电机车	4辆	隧道水平运输,一般用 14t 和 25t
	平板车	6~10辆	放置土箱和管片
	出土箱		大小与数量视工程而定
	Y 型道叉	2~6辆	数量视隧道长度而定
渣土改良设备	高速搅拌机	1~2台	拌制和存放渣土改良剂
	储浆箱(桶)	1个	
充电设备	充电机	2套	用于电机车的电瓶充电
给排水设备	潜水泵或渣浆泵	若干	数量根据隧道长度确定
照明设备	防潮荧光灯	若干	48V,1只/10m 左右,隧道内工作面装在盾构内,一般为 24V
	镝灯	若干	工作现场照明
衬砌制作场	15t/5t 龙门行车	1台	用于管片驳运
	翻身架	1只	特制

续表

设备类别	设备名称	数 量	备 注
测量设备	全站仪	1台	TCA2003
	经纬仪	1～2台	T2
	激光测距仪	1台	Redminzl
	程序计算机	2台	Fx-4500
	水准仪	2台	N2
其他设备	电话机	5部	通信联络
	灭火器	若干	消防设备
	送、排风机	若干	通风设备

7. 质 量 控 制

7.1 工程质量控制标准

7.1.1 盾构施工质量执行《盾构法隧道施工与验收规范》GB 50446—2008。

1. 成型隧道圆环平面位置和圆环高程偏差应符合表 7.1.1-1 规定。

成型隧道偏差 　　　　　　　　　　　　　　　　　　　　　　表 7.1.1-1

项 目	允许偏差(mm)			检验方法	检查频率
	地铁隧道	公路隧道	水工隧道		
隧道轴线平面位置	±100	±150	±150	用全站仪测中线	10环
隧道轴线高程	±100	±150	±150	用水准仪测高程	10环

2. 成型隧道其允许偏差值应符合表 7.1.1-2 规定。

成型隧道允许偏差 　　　　　　　　　　　　　　　　　　　　表 7.1.1-2

项 目	允许偏差(mm)			检验方法	检查频率
	地铁隧道	公路隧道	水工隧道		
衬砌环直径椭圆度	±6‰D	±8‰D	±10‰D	尺量后计算	10环
相邻管片的径向错台	10	12	15	尺量	4点/环
相邻管片环向错台	15	17	20	尺量	1点/环

注：D 指隧道的外直径，单位：mm。

7.1.2 盾构施工防水质量执行《地下工程防水技术规范》GB 50108—2001 以及隧道设计的相关要求。

7.2 质量保证措施

7.2.1 建立工程质量责任制，强化"谁承包，谁负责"的原则，建立并执行一套完整的质量管理体系。

7.2.2 严格落实测量质量控制措施，专门设立测量小组，盾构施工必须按照设计轴线掘进。

7.2.3 严格落实试掘进段施工，通过施工过程中对各种施工参数的调整，尽快研究出适应工程的施工参数控制方式。

7.2.4 盾构掘进过程中，应严格控制切口平衡压力值，使切口正面土体保持稳定状态，减少对土体扰动程度。

7.2.5 采取信息反馈的施工方法对盾构掘进实施质量控制，盾构穿越区域地面布置纵向和横向变形监测点，对于特殊建（构）筑物和管线须采取特殊监测手段。在盾构掘进时应实施跟踪监测，并将所测变形数据及时反馈，为调整下阶段的施工参数提供依据；通过对实测数据与施工参数的收集和整理，形成一套更为完善的土压平衡施工智能数据库来指导施工。

7.2.6 严格落实同步注浆措施，及时充填盾尾建筑空隙，对变形量控制要求较高的范围可实施多次壁后注浆。

7.2.7 严格控制隧道成环质量，预先贴好管片防水材料，拼装时应检查环面质量，做好纠正措施，拼装完成后应拧紧所有螺栓，且在盾构掘进时做好螺栓的多次复紧工作。

8. 安 全 措 施

8.1 认真贯彻"安全第一、预防为主"的方针，根据国家有关规定、条例，结合施工单位实际情况和工程特点，组成由项目经理、项目专职安全员和班组兼职安全员以及工地安全用电负责人参加的安全生产管理网，全面执行安全生产责任制，明确各级人员的职责，抓好本工程的安全生产工作。

8.2 在隧道施工中涉及施工材料及管片吊运运输、施工用电（包括高压）、盾构进出洞、隧道的管片拼装等。在确定危险重点部位的前提下，对各工序排出不利于安全因素的环节，作为重点控制的施工工序安全管理点，落实监控人员，确定监控的措施方案和方式，实施重点监控，必要时连续监控。

8.3 严格执行盾构施工隧道内的各类劳动保护标准。

8.4 严格落实临边防护措施和隧道施工照明。

8.5 落实井下盾构隧道内的通风，改善井下盾构施工的作业环境，防止有毒、有害气体进入盾构隧道内。

8.6 应根据施工材料及管片的情况，确定吊运吨位，对吊运的索具和设备进行针对性的配置。制订相应的分项安全技术措施和操作规程，在吊运过程中进行监控。对起重设备的操作人员和指挥人员进行交底。

8.7 做好隧道内水平运输的安全控制，避免发生或最大限度地降低隧道内运输过程中机车的出轨现象，应防止由于下坡加速冲撞工作面所引起的安全事故，并对设备采取必要的安全措施，应将最大速度限制在10km/h以内。

8.8 盾构进洞、出洞的安全措施

8.8.1 制定针对性的进出洞安全防护措施及方案。

8.8.2 对所有施工人员进行安全交底工作，并且严格监控施工过程。

8.8.3 专职安全员对进出洞时进行全过程监控，严格按专项施工技术方案实施。

8.8.4 在施工过程中，吊运大型的机械设备、重物时配备相应的起重索具，严格禁止人员在下部交错作业。

8.9 隧道管片拼装时，应防止发生物体打击和人员坠落等安全事故，应遵守安全操作按有关操作规程，同时应解决施工中存在的安全隐患及防护措施，为管片拼装作业点创造良好的安全作业环境。

8.10 盾构施工应严格执行相关用电安全规范，对施工使用高压线应采取严格的安全措施，遵守高压线保护制订相关的操作规程。

9. 环 保 措 施

9.1 建立施工环境卫生管理机构，严格遵守国家和地方的相关环境保护的法律法规和有关规定，加强对施工燃油、工程材料、设备、废水、生产生活垃圾、弃渣废水的控制和治理，遵守化学品、危险品控制和处理的规章制度。

9.2 施工中以预防为主，加强宣传，全面规划，合理布局，改进工艺，节约资源，建立环保要求

总体目标。

9.3 在建设施工的全过程中，根据客观存在的粉尘、污水、噪声和固体废物等环境因素，实施全过程污染预防控制，尽可能地减少或防止不利的环境影响。

9.4 盾构施工前，对工作井周围及隧道轴线沿途建筑物、构筑物进行调查，以便采取对策。采取有效措施，控制地表下沉，尽量减少对沿线建筑物的影响；对沿线居民、厂家单位等事先讲明情况，争取多方面的理解和支持。

9.5 防止噪声，采用低噪声设备，音源配置合理或采用隔音设备。

9.6 对于施工中粉尘的主要污染源——砂浆拌合、施工车辆和筑路机械运行和运输产生的扬尘，采取有效措施减轻施工现场的大污染。

9.7 施工中产生的泥浆要作妥善处理，严禁不经处理随意排放。

10. 效益分析

土压平衡盾构诞生和发展的历史过程，已充分显示出其无可比拟的优越性和社会经济价值，随着社会的进步，尤其在发展中国家，在必要的地方修建各种隧道越来越紧迫，适应较为复杂的地层、保护已有地面建（构）筑物和地下管道管线、不对环境产生公害的土压平衡盾构工法已越来越被人们喜爱和接受，它以相应的土舱压力平衡正面土体，避免了矿山法施工工作面失稳的风险，又以干式出土这一新的排土方式避免了庞大而且昂贵的泥浆处理费用。

土压平衡盾构工法一般不需要辅助施工法，受环境影响少，能保持连续均衡施工，既缩短工期又能保证高质量。对施工人员来说，由于其机械化程度高，隧道内噪声低，无气压，减轻了劳动强度，有利于施工人员的健康和安全。勿庸置疑，土压平衡盾构工法在今后城市建设中是最有前途的地下空间开发技术。

11. 应 用 实 例

11.1 上海9号线6标段宜山路站～徐家汇站～肇嘉浜路站区间隧道工程

11.1.1 工程概况

上海轨道交通九号线二期（初期）工程由宜山路至东靖路站，全长约14.2km，共设10座车站，1座主变电所。9号线6标宜山路站～徐家汇站～东安路站区间隧道工程是上海轨道交通9号线工程的一个重要组成部分，是上海市的重大工程项目。工程地处上海市区中心徐家汇地区，施工对周边环境的保护要求极高。具体见图11.1.1。

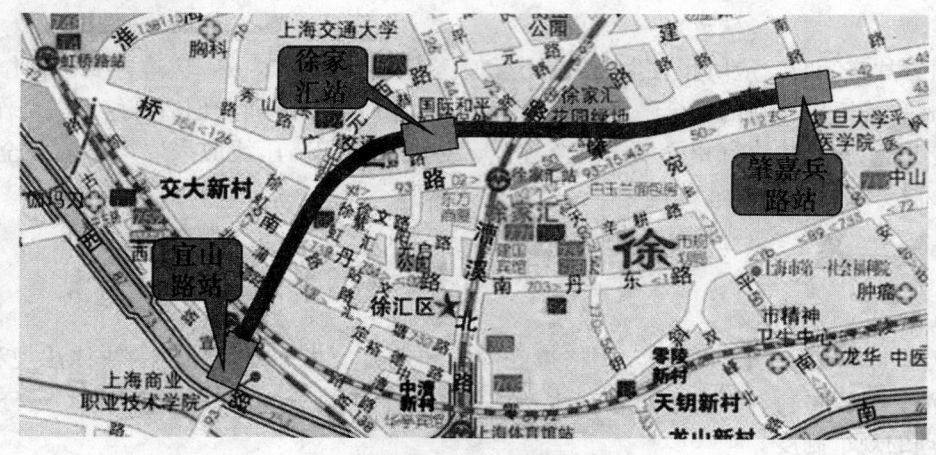

图11.1.1 线路示意图

宜山路站～徐家汇站上行线里程为 SCK30+900.784～SCK1+336.025，下行线里程为 XCK30+900.784～XCK1+336.025；徐家汇站～东安路站上行线里程为 SCK1+533.525～SCK2+714.502，下行线里程为 XCK1+533.526～XCK2+714.502。隧道外径为 6.2m，内径为 5.5m，管片由 6 块构成，环宽 1200mm。工程采用 φ6340mm 土压平衡盾构机施工。

工程中，徐家汇～宜山路站区间隧道盾构施工穿越的土层为：④1 灰色淤泥质黏土、⑤1-1 灰色黏土和⑤1-2 灰色粉质黏土。东安路站～徐家汇站区间隧道盾构施工穿越的土层为：③1 灰色淤泥质粉质黏土、④灰色淤泥质黏土、⑤1-1 灰色黏土。

工程存在诸多难点，其中主要项目是盾构需穿越交大新村民房、穿越 4 号线宜山路站地下墙、超浅覆土上穿地铁 1 号线、浅覆土穿越老旧民房、穿越国妇婴医院桩基、深覆土进洞。

11.1.2 施工情况

工程共使用 4 台土压平衡盾构机进行施工。其中，首台盾构机于 2007 年 6 月 10 日始发掘进，最后一台盾构机于 2009 年 1 月 13 日进洞，两区间耗时 584d 完成隧道贯通。

11.1.3 工程监测与结果评价

在采用"土压平衡盾构工法"施工后，有效的克服了工程中的诸多难点，顺利的实现了隧道贯通。

在盾构切削穿越 4 号线宜山路站地下墙的过程中，盾构机刀盘需切削 C30 的玻璃纤维混凝土，同时地下墙上部 1.6m 处还有营运的地铁 4 号线，最终 4 号线沉降控制在−6mm 以内。在盾构超浅覆土上穿地铁 1 号线时，盾构与 1 号线最小间距为 0.83m，盾构与地面的覆土最小为 4.25m，最终地铁 1 号线的变形最大仅为+4mm，地面沉降控制在−25mm 以内。盾构浅覆土穿越老旧民房时，盾构与老旧民房底部的间距最小为 3.9m，最终房屋的沉降控制在−15mm 以内。

隧道完成后，通过贯通测量显示，隧道的轴线偏差均处在±100mm 之内。同时，隧道的防水等级也到达了设计要求的标准，周边环境影响均控制在+10～−30mm 的标准内。隧道质量到达优良水平。

通过"土压平衡盾构工法"的运用，整个工程施工阶段均处在安全、稳定、快速、优质的可控状态，隧道施工的施工进度、质量、安全等均达到了令人满意的效果，隧道沿线的建筑物和道路交通受到影响较小。盾构施工产生了显著的社会效益和环境效益。

11.2 上海北京西路～华夏西路电力电缆隧道工程 2 标

11.2.1 工程概况

上海浦西北京西路～浦东华夏西路电力电缆隧道工程是世博站配套工程，连接市中心的世博 500KV 变电站和中环的三林 500kV 变电站，两站直线距离约 11.5kM。2 标 4 号工作井～5 号工作井～6 号工作井隧道是电力电缆隧道工程的重要组成部分。

4 号～5 号工作井隧道区间 SK4+961.39～SK5+489.97，长 528.58m，线路平面最小半径 350m，纵断面为 V 型坡，坡度最大为 43.0‰，最小竖曲线半径 3000m。区间隧道顶部覆土厚度最大为 10.36m，最小为 4.53m。5 号～6 号工作井隧道区间 SK5+504.97～SK6+288.38，长 783.41m，线路平面最小半径 350m，纵断面为 V 型坡，坡度最大为 48.0‰，最小竖曲线半径 3000m。区间隧道顶部覆土厚度最大为 27.56m，最小为 10.34m。具体见图 11.2.1-1，图 11.2.1-2。

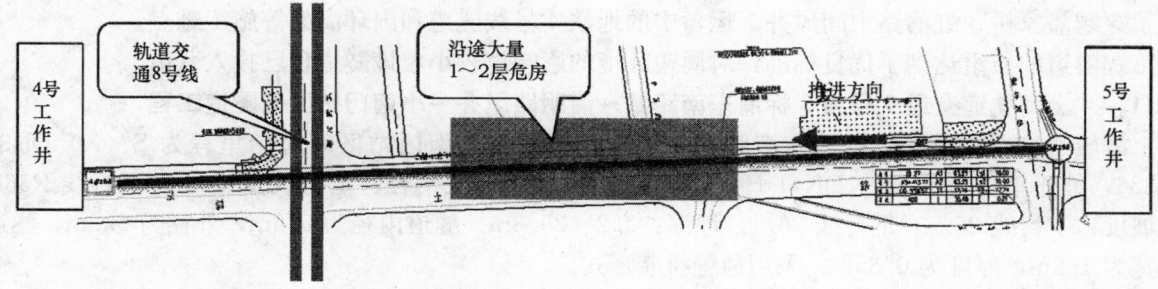

图 11.2.1-1 4 号～5 号工作井隧道线路示意图

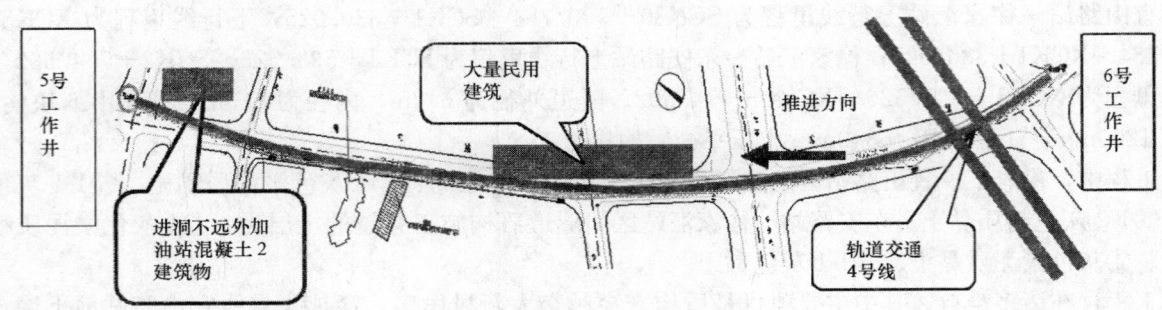

图 11.2.1-2 5 号～6 号工作井隧道线路示意图

工程中，4 号～5 号工作井隧道盾构施工穿越的土层为：③灰色砂质粉土、④1 灰色淤泥质黏土。5 号～6 号工作井隧道盾构施工穿越的土层为：④灰色淤泥质黏土、⑤-12 灰色砂质粉土、⑥暗绿～草黄色粉质黏土、⑦-1 草黄～灰色砂质粉土。

工程存在诸多难点，其中主要项目是盾构上穿已建轨道交通 8 号线，盾构下穿已建轨道交通 4 号线，侧穿环线高架桩基。

11.2.2 施工情况

工程使用 1 台土压平衡盾构机进行施工。其中，盾构机于 2008 年 4 月 27 日在 6 号工作井始发掘进，于 2008 年 11 月 24 日在 5 号工作井进洞，再于 2008 年 12 月 19 日在 5 号工作井出洞，最终于 2009 年 3 月 22 日在 4 号工作井进洞，隧道耗时 330d 贯通。

11.2.3 工程监测与结果评价

在采用"土压平衡盾构工法"施工后，有效的克服了工程中的诸多难点，顺利完成了隧道施工。

在施工中，盾构需上穿运营的 8 号线隧道，盾构底部与 8 号线地铁隧道顶部的垂直距离为 1.5m，同时盾构顶部最浅覆土为 4.53m，且该处有 ϕ800mm 混凝土雨水管和 ϕ1200mm 铁给水管各 1 根。最终 8 号线沉降控制在 ±3mm 之内。盾构还需下穿运营的 4 号线隧道，盾构顶部与 4 号线上行线底部的垂直距离为 9.4m，与 4 号线下行线底部的垂直距离为 3.0m。最终 4 号线沉降控制在 ±4mm 之内。

隧道完成后，通过贯通测量显示，隧道的轴线偏差均处在 ±100mm 之内。同时，隧道的防水等级也到达了设计要求的标准，周边环境影响均控制在 +10～-30mm 的标准内。隧道质量到达优良水平。

通过"土压平衡盾构工法"的运用，整个工程施工阶段均处在安全、稳定、快速、优质的可控状态，隧道施工的施工进度、质量、安全等均达到了令人满意的效果，隧道沿线的建筑物和道路交通受到影响较小。盾构施工产生了显著的社会效益和环境效益。

11.3 上海 R410 标段虹梅路站～桂林路站～宜山路站区间隧道工程

上海轨道交通 9 号线 R410 标段虹梅路站～桂林路站～宜山路站区间隧道工程双线全长约 5702m，于 2005～2007 年间应用"土压平衡盾构工法"进行施工。

本工程采用上海隧道工程股份有限公司自主研发的 863 "先行号" Φ6340 土压平衡盾构机进行施工，曾创造了单日掘进 32 环（38.4m）的中国最快记录。工程中，通过运用土压平衡盾构工法，顺利克服了穿越潘家桥、虹漕路中间风井、运营中的地铁 4 号线隧道和内环高架等施工难点。

工程隧道的质量达到了优良标准，对周边环境的影响也较小，该隧道现已投入营运。

11.4 上海轨道交通 9 号线 3 标浦东南路站～浦明路风井～小南门站区间隧道工程

上海轨道交通 9 号线 3 标浦东南路站～浦明路风井～小南门站区间起始里程为 S（X）DK39＋106.336，终止里程为 S（X）DK41＋431.831，平面最小曲线半径：上行线 R350m，下行线 R360m。最大坡度：上行线 26‰，下行线 26‰。埋深：9.2～25.3m。隧道内径为 5.5m，外径为 6.2m，隧道管片环宽为 1.2m，厚度为 0.35m，采用通缝拼装形式。

工程使用 4 台盾构进行施工，首台盾构机于 2007 年 9 月 27 日始发出洞，最后一台盾构于 2009 年 1 月 3 日进洞。两区间耗时 465d 完成隧道贯通。

工程中，通过运用土压平衡盾构工法，顺利克服了穿越复兴路隧道地下墙围护结构（盾构切削玻璃纤维钢筋混凝土）、穿越黄浦江、复杂土层施工和穿越众多建筑物管线等诸多施工难点。

工程隧道的质量达到了优良标准，对周边环境的影响也较小，该隧道现已进入后续建设。

11.5　上海明珠线二期南浦大桥站～西藏南路站区间隧道工程

上海市明珠线二期南浦大桥站～西藏南路站区间隧道全长约2080m，于2002～2004年间应用"土压平衡盾构工法"进行施工。

南浦大桥站～西藏南路站区间隧道工程是上海市轨道交通明珠线二期工程的一个重要组成部分，是上海市的重大工程项目。工程起始于南浦大桥站西端头井，止于西藏南路站东端头井。隧道内径为5.5m，外径为6.2m，隧道管片环宽为1.2m，厚度为0.35m，采用错缝拼装形式。工程存在长度约为287m的隧道叠交段，当时为国内首次实施盾构法软土长距离叠交施工的隧道。此外，工程中还有盾构穿越内环线引桥承台和盾构叠交进洞等技术难点。

工程中，通过运用土压平衡盾构工法，顺利克服了隧道叠交施工、复杂土层施工和穿越众多建筑物管线等诸多施工难点。最终工程隧道的质量达到了优良标准，该隧道现已投入营运。

泥水加压平衡盾构工法

YJGF02—98（2007~2008 年度升级版-027）

上海隧道工程股份有限公司

周文波　丁志诚　杨国祥　吴惠明　宋兴宝

1. 前　　言

泥水加压平衡盾构工法是从地下连续墙以及钻孔等工程所使用的泥水工法中发展起来的，它起源于英国，日本代表着当今世界的新潮流。上海隧道工程股份有限公司于 1994 年引进了日本设计并制造的 Φ11220mm 大型泥水平衡盾构，并将其运用于延安东路隧道南线的圆隧道施工，后来又在大连路越江隧道、翔殷路越江隧道、上海长江越江隧道等许多工程中得以成功应用。

泥水平衡盾构施工技术经过不断改进和完善，已经发展成为当今最先进的盾构法施工技术之一。泥水平衡盾构以加压泥水代替气压，用管道输送泥水代替轨道运输出土，加快了掘进速度，改善了劳动条件和施工环境，能较好地稳定开挖面和减少地表沉降。泥水平衡盾构广泛适用于沿海各种工程地质条件和环境条件，尤其在长距离、大直径、大埋深的越江公路隧道和海底隧道施工中表现出更大的优势。

其中"超大型泥水平衡盾构施工参数及地面沉降控制研究"及"泥水平衡盾构双线并行掘进施工关键技术研究"等项目先后获得 1997 年上海市科技进步一等奖及 2004 年上海市科技进步二等奖。

2. 工 法 特 点

泥水平衡盾构施工是通过在支承环前面的密封舱中注入适当压力的泥水，使其在开挖面形成泥膜，支护正面土体，并由大刀盘切削泥膜，进入密封舱与泥水混合，形成高密度泥浆，由排泥泵及管道输送至地面处理。整个施工过程通过中央控制室内的盾构掘进管理系统统一管理。应用本工法实施出洞施工，能在保证施工质量的前提下，保证施工进度，有效保护地面建筑物和盾构上方各类管线，取得良好的施工效果。

泥水加压平衡盾构具有以下特点。

2.1 在不稳定的地层中当开挖面受阻时，采用泥水加压能使开挖面保持稳定，确保施工安全。

2.2 在水位以下挖掘隧道，能在正常大气压下进行。

2.3 不会发生气压盾构那样的跑气喷发危险。

2.4 对于气压盾构无法施工的滞水砂层，含水量高的黏土层及高水压砾石层，泥水盾构均能进行施工，其适应土质的范围较广。

2.5 由于采用了水力机械输送泥浆，管道占用空间小，故井下作业环境好，作业人员的安全性高。

2.6 可分离出适合弃土场地和运输方式的含水率土砂。

3. 适 用 范 围

选用泥水加压平衡盾构工法施工需要大量的水，因此，施工水源要充足，还需要一套泥水处理系统来辅助施工。泥水平衡盾构出洞工法适用于软弱的淤泥质土层、松动的砂土层、砂砾层、卵石砂砾层、砂砾和坚硬土的互层等地层，尤其适用于地层含水量大的越江隧道和海底隧道的施工。在处于恶劣的施工环境和存在地下水尤其是承压水等不良工况条件下，也能使用本工法进行施工。因而，泥水平衡盾构出洞工法被认为几乎能适用于所有的软土地层。

4. 工艺原理

泥水加压平衡盾构主要由盾构掘进机系统、泥水管理系统、掘进管理系统和同步注浆系统组成。各系统设计合理，操作规范方便，信息反馈能力极强，可自动实时采集盾构掘进的各项数据，并及时加以分析总结，以指导盾构施工。

在泥水平衡的理论中，泥膜的形成至关重要。当泥水压力大于地下水压力时，泥水按达西定律渗入土壤，形成与土壤间隙成一定比例的悬浮颗粒，在"阻塞"和"架桥"效应的作用下，被捕获并积聚于土壤与泥水的接触表面，从而形成泥膜。随着时间的推移，泥膜的厚度不断增加，渗透抵抗力逐渐增强，当泥膜抵抗力远大于正面土压时，产生泥水平衡效果。

泥水加压平衡盾构泥水循环系统工作原理如图 4 所示。图中 MV 阀一般常闭，$V_1 \sim V_5$ 阀为状态互换阀，通过阀的切换，分别形成循环、推进、逆洗等三种状态。由 P_1 泵将满足施工的泥浆从调整槽内送入盾构泥水舱，使泥水舱内保持一定的浓度、压力，使其在开挖面形成泥膜，推进时利用盾构前部的刀盘旋转切削，将正面土体表层泥膜切削下来，进而与泥水混合后，经过搅拌器充分搅拌，形成高密度泥浆，由 $P_1 \cdots P_n$ 泵输送到泥水处理站，再从混合泥浆中回收大部分泥浆进行调整进入调整槽重复利用，另一小部分劣浆或干土外运。整个过程通过建立在地面中央控制室内的泥水平衡自动控制系统统一管理。盾构掘进机设有操作步骤设定，各操作步骤间设有联锁装置，制约因误操作而引起事故，施工安全可靠。

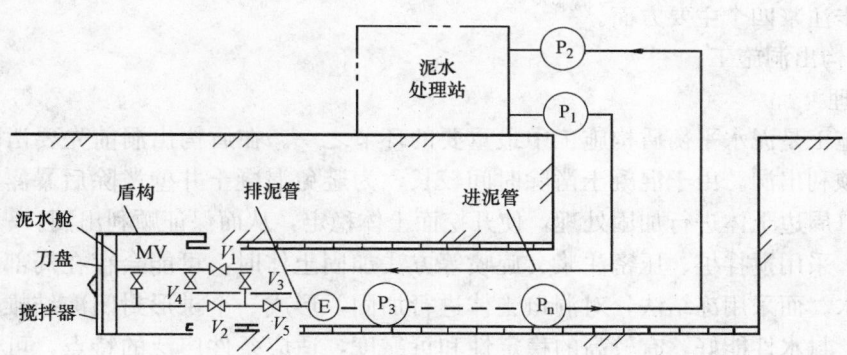

图 4　泥水加压平衡盾构工作原理

值得注意的是在开挖面无论是推进阶段还是拼装阶段始终保持着一层泥膜，当刀盘刀头将泥膜切削后，新的泥膜很快形成，周而复始，即这层泥膜始终保持着开挖面的稳定。

泥水加压平衡盾构泥水加压平衡盾构与土压平衡盾构相比较有两点不同：

（1）由技术特点决定了改土压舱为泥水舱；（2）由于出土形式的改变，省去了螺旋输送机，因此，盾构内部的空间扩大了许多，给设备的保养、维修带来了极大的方便。

5. 施工工艺流程及操作要点

5.1　施工工艺流程（图 5.1）

施工准备（包括泥水系统、同步注浆、中央控制室等设备安装）→盾构就位、调试→系统总调试→盾构出洞→盾构推进、同步注浆（施工参数的采集与调整）→管片拼装→盾构进洞→拆除盾构、车架及其他设备→竣工。

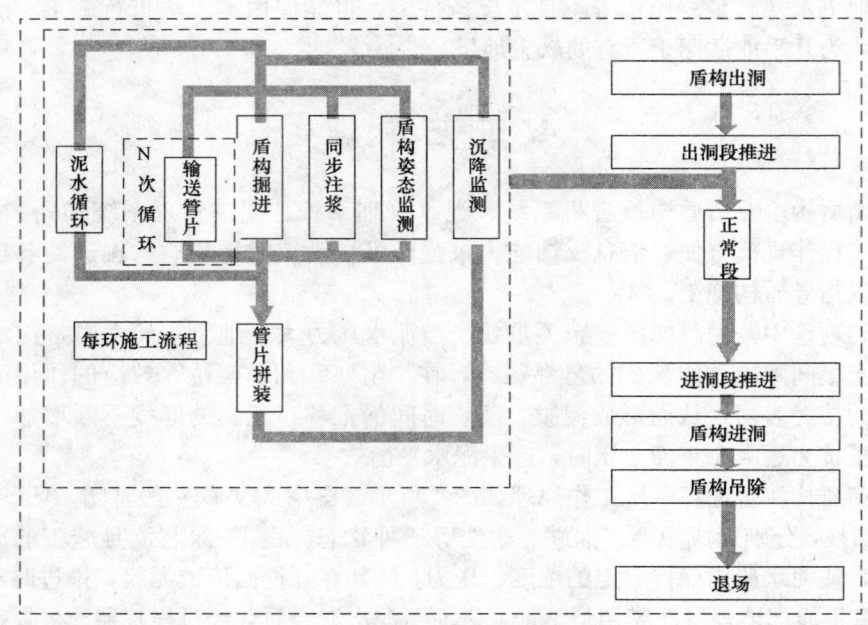

图 5.1　施工工艺流程图

5.2　施工要点

泥水平衡盾构的施工主要包括以下几个方面：盾构出洞施工、盾构正常掘进施工、盾构进洞，其中盾构正常掘进施工作为泥水加压平衡盾构的主要施工内容，其中包含了泥水管理、盾构掘进管理、管片拼装、同步注浆四个主要方面。

5.2.1　盾构出洞施工

1. 地基处理

盾构出洞施工是泥水平衡盾构施工中最重要的环节之一。在盾构出洞前先要凿除洞口井壁的混凝土，以使盾构顺利出洞。由于混凝土凿除时间较长，为避免混凝土井壁凿除后暴露的土体坍塌，需要在出洞前对洞口周边土体进行加固处理，使开挖面土体稳定，从而保证顺利出洞。

一般而言，采用搅拌桩、压密注浆、旋喷等方法加固土体时，可能会存在局部薄弱环节，不能有效封堵压力泥水。而采用冻结法，对洞口土体进行加固，形成一个拱形封闭冻结帷幕，其冻土墙均匀性好、强度高、封水性能好，有较高的稳定性和可靠度，适应条件广泛的特点，可保证及时有效地建立泥水平衡体系，是泥水平衡盾构出洞口土体的有效加固方法。

2. 止水装置

盾构在出洞过程中，洞门圈与盾构壳体之间存在着环形的建筑空隙（22cm）。为防止出洞时泥水从洞门内通过环形的建筑空隙大量窜入井内，影响开挖面泥水压力平衡的建立和影响土体的稳定，进而阻止工作井内盾构的正常施工，必须设置性能良好的止水密封装置，以确保初始泥水平衡及时有效地建立和出洞段的施工安全。

在洞圈预埋钢板上布置一个箱体结构，该箱体按照实测盾构外形轮廓尺寸制造安装，并在此箱体内安装两道止水橡胶带和铰链板。止水装置见图5.2.1所示。

5.2.2　掘进管理系统

掘进管理系统由自动计测子系统、输送管理子系统、同步注浆管理子系统和泥水管理子系统组成，各系统主要通过设置在地面的中央控制室进行管理。其中，自动计测子系统主要用于控制盾构姿态；输送管理子系统主要用于调节推进过程中的开挖面稳定（该部分操作的好坏将直接影响地面沉降）；同步注浆管理子系统主要管理盾构推进时的双液注浆量和注浆压力以及注浆质量，及时填充由盾尾间隙等因素产生的建筑空隙，防止地面沉陷；泥水管理子系统主要用于测定泥水输送系统中的泥水指标，

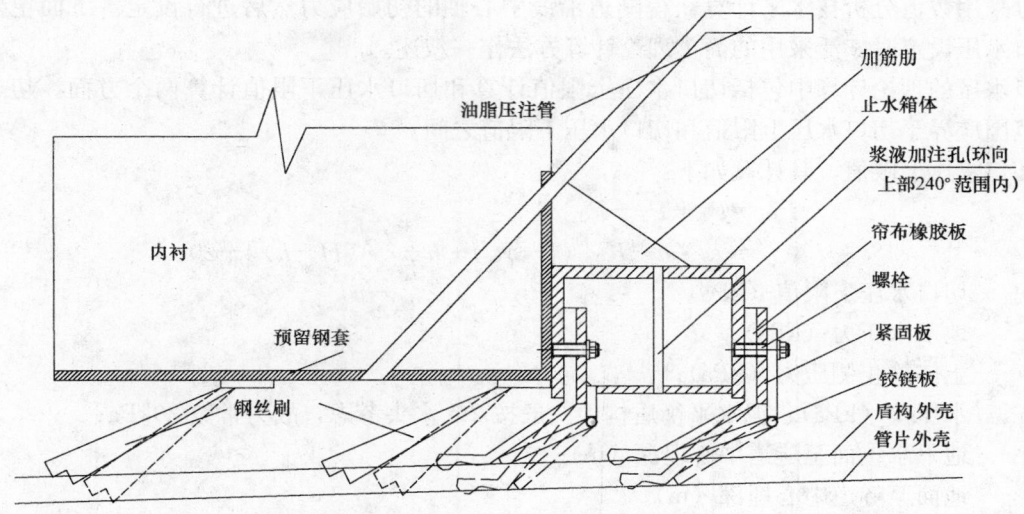

油脂压注管

加筋肋
止水箱体
浆液加注孔(环向
上部240°范围内)
帘布橡胶板
螺栓
紧固板
铰链板
盾构外壳
管片外壳

内衬

预留钢套

钢丝刷

图 5.2.1　洞口止水密封装置示意图

便于操作人员控制泥水质量。

　　掘进管理系统能依靠设置在泥水管路上的密度计及流量计，及时测定被挖掘土体的土砂量，并通过电脑快速显示当前切口水压、送泥流量、排泥流量、送泥密度、排泥密度、千斤顶速度、刀盘力矩、千斤顶顶力、注浆压力、注浆量、土砂量、干砂量、掘削时间和盾构平面、高程、方位角、转角等实际施工参数，并对这些参数进行存储和打印，对实测数据进行数值回归和雷达坐标分析，为准确设定、调整各类施工参数，实现信息化施工奠定了基础。

　　泥水加压平衡盾构掘进是一个均衡、连续的施工过程，因此掘进管理是一个系统管理，作为管理人员，特别是盾构的大脑——中央控制室责任非常重大，在盾构每环掘进前要发出正确无误的指令；在掘进中要密切注意各个施工参数的变化情况；在掘进结束后根据采集到的各种数据进行分析，作出适当的调整，准备下一环的指令。具体工作如下：

　　掘进前下达指令。①切口水压设定；②送泥水密度、黏度等技术参数设定；③同步注浆量、压力的设定；④推进速度的设定；⑤进泥、排泥流量的设定。

　　掘进后对下列参数分析，然后作出相应的调整。①地面沉降量——切口水压是否要变化；②泵的电压、电流、转速、流量、扬程——设备是否正常运行；③进、排泥流量偏差——判断输送管路是否畅通，是否发生超、欠挖；④千斤顶总推力——泥水舱压力是否匹配；⑤隧道稳定情况——同步注浆系统是否满足要求；⑥开挖面稳定，掘削量管理，送、排泥泵挖掘，同步注浆状态——推进速度是否适当。应当指出，上述关系不是简单的相对关系，任何一个指令的产生都要考虑到相互之间的综合关系，有时从环报表上反映的问题很多，这时就要先抓住主要问题逐一化解，切不可全盘调整，一步到位，那样会使问题更加复杂化。

　　1. 切口水压

　　1）切口水压设定

　　切口水压是控制开挖面稳定和切口上方及前部一定范围土体稳定和变形的一个非常重要的施工参数。切口水压的提高将有利于泥膜的形成，但泥水压力不应无限制地过高或过低，泥膜前后的任何压力差的绝对值的增大都对开挖不利。要保持这层泥膜始终存在，就必须保持泥水舱压力与盾构前的水压力平衡。泥水压力的增加会使作用于开挖面的有效支撑压力增加，但不得超过其上限值，泥水舱压力即切口水压可通过计算得到，参数的调整仅在此范围内调整。

　　合理设定切口水压在泥水平衡盾构施工中至关重要。泥水平衡盾构开挖面稳定性理论分析中，切口水压的设定主要基于土压力理论。对于含有大量地下水的土层，一般按照水压力和土压力分算理论来控制切口水压的设定。实际上，在设定切口水压时，除了直接按照土压力理论进行计算然后设定外，还可以充分采用数值分析技术来计算获得隧道沿线中心轴的初始应力然后进行设定。下面主要就目前施工中切口水压设定时广泛采用的简单理论计算方法作一叙述。

在切口水压的理论计算中包括切口水压上限值计算和切口水压下限值计算两个方面。切口水压的合理设定范围应界于切口水压上限值和切口水压下限值之间。

对于切口水压上限值，其计算如下：

$$P_{su}=P_1+P_2+P_3 \tag{5.2.2-1}$$
$$=\gamma_w \cdot h+K_0[(\gamma-\gamma_w) \cdot h+r \cdot (H-h)]+20$$

式中　P_{su}——切口水压上限值（kPa）；

　　　P_1——地下水压力（kPa）；

　　　P_2——土体静止侧压力（kPa）；

　　　P_3——水压差（kPa），泥水平衡盾构中一般按 2m 水头考虑，故为常数 20kPa；

　　　h——地下水位面至隧道中心埋深（m）；

　　　H——地面至隧道中心埋深（m）；

　　　K_0——静止土压力系数；

　　　γ——土的容重（kN/m³）；

　　　γ_w——水的容重（kN/m³），一般取 10kN/m³。

其中，土的静止侧压力系数 K_0 除了通过室内试验测试获得外，也可以通过下式求得：

$$K_0=1-\sin\varphi \tag{5.2.2-2}$$

或

$$K_0=\frac{\mu}{1-\mu} \tag{5.2.2-3}$$

式中　φ——土的内摩擦角；

　　　μ——土的泊松比。

对于切口水压下限值，其计算如下：

$$P_{sl}=P_1+P_2'+P_3 \tag{5.2.2-4}$$
$$=\gamma_w \cdot h+\{K_a[(\gamma-\gamma_w) \cdot h+\gamma \cdot (H-h)]-2 \cdot c \cdot \sqrt{K_a}\}+20$$

式中　P_{sl}——切口水压下限值（kPa）；

　　　P_1——地下水压力（kPa）；

　　　P_2'——主动土压力（kPa）；

　　　P_3——水压差（kPa），泥水平衡盾构中一般按 2m 水头考虑，故为常数 20kPa；

　　　h——地下水位面至隧道中心埋深（m）；

　　　H——地面至隧道中心埋深（m）；

　　　K_a——主动土压力系数；

　　　γ——土的容重（kN/m³）；

　　　γ_w——水的容重（kN/m³），一般取 10kN/m³；

　　　c——土的黏聚力（kPa）。

其中，主动土压力系数 K_a 的计算如下：

$$K_a=\tan^2\left(45°-\frac{\varphi}{2}\right) \tag{5.2.2-5}$$

式中　φ——土的内摩擦角。

2）切口水压控制

正常情况下切口水压的控制主要通过进排泥流量的调节来进行控制的。

通过合理改进，一些工程例如上中路隧道工程、长江隧道工程，在密封舱后设置了气压平衡装置，通过设定气压舱的压力值及控制中心泥水液面高度，维持开挖面压力稳定。自从采用气平衡控制后，切口水压的控制精度更高，可以达到±0.01MPa/cm² 以内。

2. 土砂量、干砂量

前面指出，切口水压的合理设定是控制开挖面稳定的一个重要施工参数。而切口水压设定的合理与否除了反映在切口上部地表一定范围的位移外，也直接影响到刀盘开挖面的掘削状况。当切口水压设定过低，刀盘正面土体颗粒就会随着地下水的渗流而大量涌入泥水舱内，甚至发生坍塌，从而导致开挖面出现超挖现象。相反，当切口水压设定过高，在较高泥水压力作用下，泥水不但不能在刀盘正面土层上形成一层有效阻挡泥水与地下水渗流的泥膜，反而会使得正面土体颗粒随高压泥水一块渗透到土体较深位置，使土体扰动过大，并导致开挖面出现欠挖现象。因此，判断开挖面的稳定状况，还可以通过刀盘掘削的土砂量和干砂量是否出现超挖和欠挖。

挖掘土体的体积计算式：

$$V_R = Q_1 - Q_0 \tag{5.2.2-6}$$

式中 V_R——挖掘土体的体积（m³）；

    Q_1——排泥总量（m³）；

    Q_0——送泥总量（m³）。

实际掘削量（固体土粒子质量）W可由下式计算得到：

$$W' = rs/(rs-1)[Q_1(\rho_1-1) - Q_0(\rho_0-1)]t \tag{5.2.2-7}$$

式中 W'——实际掘削量（t）；

    rs——土的比重；

    Q_1——排泥流量（m³/min）；

    ρ_1——排泥密度（t/m³）；

    Q_0——送泥流量（m³/min）；

    ρ_0——送泥密度（t/m³）；

    t——掘削时间（min）。

根据理论计算公式计算出土体理论开挖量，并与盾构掘进实际掘削量比较，盾构掘进实际掘削量由盾构掘进系统根据土的比重、排泥流量、排泥密度、送泥流量、送泥密度和掘削时间计算出并显示在盾构施工监控室控制面板上。

当发现掘削量过大时，应立即检查泥水密度、黏度和切口水压，确保开挖面稳定。

3. 偏差流量

偏差流量指标也是反映开挖面掘削状态的一个指标，其计算可以通过下式计算：

$$\Delta q = \Delta Q_1 - (\Delta Q_0 + A \cdot v) \tag{5.2.2-8}$$

式中 Δq——单位时间偏差流量；

    ΔQ_1——单位时间排泥量；

    ΔQ_0——单位时间送泥量；

    A——盾构刀盘面积；

    v——单位时间掘进速度。

由式（5.2.2-8）可以看出，偏差流量 Δq 为正值时，盾构处于"超挖"状态，干砂量比标准值大；偏差流量 Δq 为负值时，盾构处于"欠挖"状态或是漏浆。操作人员应该能对偏差流量的实时值做出正确地判断。同时，定期调整切口水压或推进速度等施工参数。

4. 推进速度

1）盾构启动时，盾构司机必需检查千斤顶是否靠足，开始推进和结束推进之前速度不宜过快。每环掘进开始时，应逐步提高掘进速度，防止启动速度过大。

2）每环掘进过程中，掘进速度应尽量保持衡定，减少波动，以保证切口水压的稳定和送、排泥管的畅通。

3）推进速度的快慢必须满足每环掘进注浆量的要求，保证同步注浆系统始终处于良好的工作状态。

4）在调整掘进速度的过程中，应保持开挖面稳定。

如盾构正面遇到障碍物或者刀盘处于不均匀土层中时，掘进速度应根据实际情况降低。

5. 大刀盘控制

由于盾构直径大，在切削土体时刀盘周边刀相对线速度大，磨损相对较快。推进时应利用刀盘磨损探测装置密切观察刀具磨损情况。

5.2.3 泥水管理

泥水管理就是对泥浆质量的控制，即对泥浆四大要素的调整。四大要素为：最大颗粒粒径、粒径分布、泥浆水密度和泥浆水压力。

1. 泥水配比

1）新浆拌制材料的作用

泥水处理系统中，新浆的配制一般需要添加三种材料：膨润土、CMS 和纯碱。膨润土是新浆配制的主要材料，因其含有大量高岭石矿物而又叫高岭石黏土，它是新浆中黏结颗粒的主要载体，其用量也占到全部材料用量的 95% 以上。CMS 俗称化学浆糊，其产品名称叫高效有机降滤失剂，是有效的增黏剂，与膨润土以 1：50 的质量比加入后即可大幅度提高膨润土浆的塑性黏度。CMS 的主要成分为羧甲基淀粉，经过筛处理、烘干后，再加入适量添加剂而制成。纯碱用量和 CMS 相当，将其加入新浆中的主要作用是改善膨润土在水中的溶解性。因为膨润土在纯碱环境中能更好地溶解，减少沉淀，这样可以提高新浆的黏度指标。另外，将新浆加入回收浆中，使最后的待用泥水呈碱性，能阻止刀盘切口处的黏土粘附在刀盘上，保证盾构的连续推进。

2）新浆配比试验的相关数据

在推进之前，为了确定新浆的配比，曾专门在实验室中进行了多种新浆配比的试验。由于大连路隧道工程的泥水材料用量是巨大的，所以，对新浆配比的优化显得十分重要。具体试验数据结果见表 5.2.3。

室内新浆配比试验成果　　　　　　　　　　　　　表 5.2.3

编号	膨润土		CMS		纯碱		水	新浆指标		加入新浆后回收浆指标	
	加量 (g)	含量 (%)	加量 (g)	含量 (%)	加量 (g)	含量 (%)	加量 (ml)	黏度 (s)	密度 (g/cm³)	黏度 (s)	密度 (g/cm³)
1	130	12	3.24	0.3	3.24	0.3	943	63	1.08	20.2	1.18
2	153	14	3.28	0.3	3.28	0.3	933	92	1.10	21.8	1.18
3	165	15	3.30	0.3	3.30	0.3	928	124	1.11	23.2	1.19
4	198	18	2.23	0.2	2.23	0.2	915	168	1.13	24.3	1.20
5	167	15	1.11	0.1	2.22	0.2	928	33	1.10	20.8	1.18
6	167	15	2.22	0.2	2.22	0.2	928	41	1.10	21.5	1.18
7	167	15	3.33	0.3	2.22	0.2	928	65	1.10	22.2	1.18

注：以上试验所用的回收浆指标为黏度 20s，密度 1.20g/cm³，与新浆以 5：1 比例混和搅拌。

表 5.2.3 中列出了经优化筛选后的几组配比数据，用来确定膨润土和 CMS 的用量。根据室内新浆配比试验成果，将膨润土加土率定为 15%。

表 5.2.3 中的 4～7 组是在膨润土加土率保持不变条件下（15%），确定 CMS 加量的试验数据。适当增加 CMS 的含量对新浆的黏度有很好的改善作用，但同时考虑到过高的 CMS 用量会导致新浆黏度过高，所以在泥水配比中一般使用 0.3% 的 CMS 用量。

3）材料分用及合用的效果

泥水材料分用是指将膨润土浆和 CMS 溶液分开拌制，然后不经混合而直接加入调整槽。单纯的膨润土浆液黏度并不理想，一般只有 25s 左右，直接加入调整槽的回收浆中，对其黏度并无明显改善。而单纯加 CMS 溶液至调整槽，首先不利于 CMS 溶液在调整槽中的溶解，因在调整槽中对回收浆的调整是一个动态过程，回收浆与新浆等材料不断地加入，经短时间的搅拌后被输送至盾构使用，而 CMS 溶液本身黏度很大，不易搅拌均匀。另外，经实验室人员现场试验得出的数据来看，单纯加入 CMS 溶液，如果要使泥水达到预期的黏度指标，其用量就要成倍地增加，对成本的控制极为不利。

材料合用是指将新浆拌制的三种材料充分混合搅拌，即将膨润土和纯碱的粉剂放入清水混合搅拌成膨润土浆，同时将 CMS 拌制成溶液，然后再加入到膨润土浆中混合搅拌。这样经充分混合拌制后的新浆，其黏度一般会达到 1min 以上，加入调整槽后易于搅拌均匀，同时能较好改善回收浆的黏度指标。

4）泥水配比的选定

在确定了新浆材料后，经成本预算，最后确定新浆配比为膨润土：CMS：纯碱：水＝50：1：1：81，即膨润土加土率为 15％，CMS 和纯碱的添加量均为 0.3％，采用材料合用方式混合拌制。在推进当中通过对新浆加入量的控制一般能达到对调整槽中泥水指标的控制。

5.2.4 注浆管理

由于盾构的外径大于管片的直径，随着盾构的推进，在管片与土体之间将产生建筑空隙。为了能及时填充这些空隙，尽可能的减少盾构施工对地面的影响。所以采用较为有效的同步注浆法，即盾构一边向前推进，一边对盾构推进产生的建筑空隙进行及时注浆填充。

1. 注浆管理的目的

1）填充建筑空隙，防止土体松弛和下沉，减少地表沉降；

2）保持隧道衬砌的早期稳定；

3）提高衬砌接缝处的防水性能。

2. 同步注浆性能需求

1）注浆材料填充性好；

2）填充后，能在早期取得与土体相当或以上的强度；

3）硬化后，体积的缩小量要小、止水性要好；

4）具备不受或少受地下水稀释的特性；

5）流动性好，离析少；

6）可泵性好，在长距离输送过程中泌水量小；

7）施工管理要方便；

8）不产生污染。

3. 浆液的类别

目前泥水加压平衡盾构施工中主要使用两类浆液：单液浆和双液浆。

1）双液浆

同步注浆材料以双液注浆为例，分 A 液、B 液 2 种，配合比如表 5.2.4-1 所示。

同步注浆浆液配比　　　　　　　　　　　　　　表 5.2.4-1

	水泥(kg)	膨润土(kg)	稳定剂(L)	水(L)
A 液	275	55	3.6	785
B 液	水玻璃(L)			
	77			

注：为 1m³ 的标准配方。

2）单液浆材料配比见表 5.2.4-2。

单液浆主要材料配比　　　　　　　　表 5.2.4-2

浆液材料	黄　沙	水	石　灰	添加剂
用量	1180kg	250～300L	80kg	5～8kg

注：为 1m³ 的标准配方，浆液塌落度控制在 12～14cm。

4. 注浆量

实际的注浆量为理论建筑空隙的 110％～130％。

压浆量和压浆点视压浆时的压力值和地层变形监测数据而定。

施工中对注浆点进行压力、注浆量双参数控制，保证填充效果。

5. 管路清洗

为确保管路畅通，储浆筒、注浆设备及管络定时进行清洗。

5.2.5　泥水加压平衡盾构进洞

1. 地基加固

一般而言，采用搅拌桩、压密注浆、旋喷等加固方法均可适用于盾构机进洞，是泥水平衡盾构进洞口土体的有效加固方法。

2. 气囊装置

气囊止水装置作为盾构进洞过程中一套装置，能有效阻止砂土泄漏，大大提高盾构进洞的安全性。

盾构进洞时，气囊装置紧包盾构外壳，本装置与盾构相对位置图如图 5.2.5 所示。

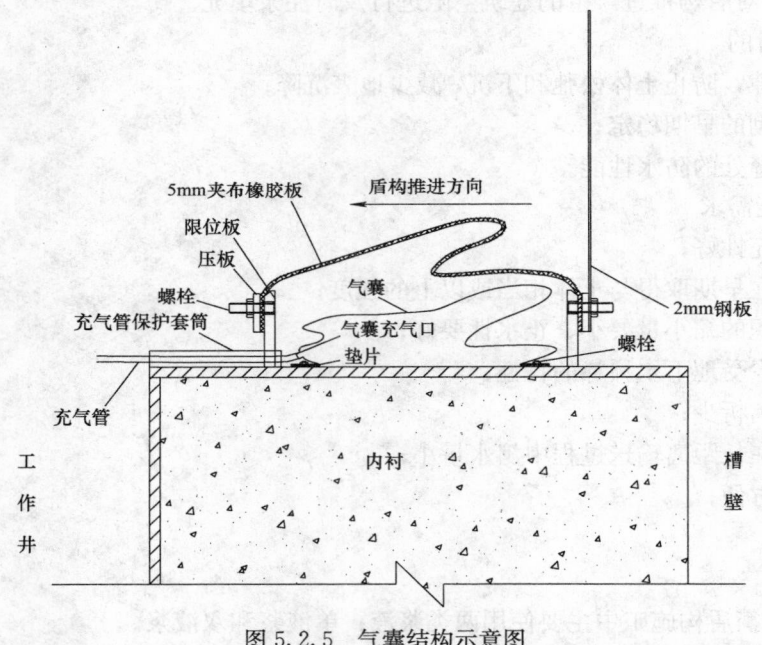

图 5.2.5　气囊结构示意图

气囊的工作原理是盾构进洞时通过对气囊进行充气，使其膨胀并与盾壳紧密接触，从而起到阻止砂土泄漏的作用。

5.3　劳动力组织（表 5.3-1～表 5.3-4）

施工管理人员共配置 20 名　　　　　　表 5.3-1

序　号	职务/岗位	人　数	序　号	职务/岗位	人　数
1	安全员	1	4	材料员	1
2	技术员	1	5	设备员	1
3	统计员	1	6	值班长	3

推进施工班组人员小计 43 人   表 5.3-2

序　号	岗　位	人　数	序　号	岗　位	人　数
1	班长	1	10	测量	2
2	盾构司机	1	11	涂料制作	4
3	中央控制室	2	12	高压电值班	2
4	管片拼装	6	13	电焊工	1
5	机械维修	2	14	注浆	8
6	电气维修	1	15	料具	1
7	运输司机	2	16	管片修补	2
8	车架段吊运司机	1	17	隧道保洁	4
9	起重工	3			

泥水系统施工班组人员小计 13 人   表 5.3-3

序　号	岗　位	人　数	序　号	岗　位	人　数
1	泥水控制室	1	5	电气修理工	1
2	泥水管理	1	6	保洁工	1
3	泥水检验员	1	7	普工(新浆配制)	6
4	机械修理工	1	8	江边取水	1

机电维修人员 15 人   表 5.3-4

序　号	岗　位	人　数	序　号	岗　位	人　数
1	机修工	5	3	电焊工	3
2	电工	5	4	普工	2

6. 材料与设备

6.1　机具设备

1. 盾构掘进机（表 6.1-1）

盾构掘进机型号数量   表 6.1-1

设备名称	型号规格	数　量	单　位	用　途
盾构掘进机	泥水平衡	1	台	隧道推进及管片拼装

2. 其他配套辅助设备（表 6.1-2）

配套辅助设备表   表 6.1-2

设备名称	型号规格	数　量	单　位	用　途
同步注浆系统		1	套	同步注浆
泥水处理系统		1	套	泥水处理
泥水输送系统	进泥管	由隧道长度决定	m	
	排泥管	由隧道长度决定	m	
	送泥泵	1	台	
	排泥泵	1	台	
	送泥接力泵	由隧道长度决定	台	
	排泥接力泵	由隧道长度决定	台	

设备名称	型号规格	数 量	单 位	用 途
行车1	5t	1	台	机加工
行车2	32t	2	台	材料垂直运输
电机车	25t	2	辆	材料水平运输
电焊机		6	台	焊接
排污泵		2	台	隧道抽水
测量仪器	莱卡 TCA2003	1	台	隧道测量
测量仪器	南方 NTS-202	1	台	隧道测量
测量仪器	WILDNA2	2	台	隧道测量

6.2 主要材料（表6.2）

1. 工程用料

主要的工程材料包括：管片、预制件、连接件、止水带、盾尾油脂、集中润滑油脂、同步注浆材料、泥水材料等。

2. 施工用料

主要的施工材料包括：送泥钢管、排泥钢管、进水管、污水管和相应的快速接头、盾构高压电缆、钢板、型钢等。

施工主要材料表　　　　　　表6.2

序 号	材 料	单 位	用途及作用
1	管片（包括负环）	环	隧道结构施工
2	环向螺栓	套	管片连接
3	纵向螺栓	套	管片连接
4	止水带	条	管片防水
5	盾尾油脂	t	管片防水
6	同步注浆浆液	m³	盾构推进土体间隙填充
7	送泥钢管	m	泥水处理循环
8	排泥钢管	m	泥水处理循环
9	进水管	m	盾构推进水、气供给
10	污水管	m	盾构推进水、气供给
11	高压电缆	m	盾构推进供电
12	集中润滑油 HBW	t	盾构推进系统内部润滑

7. 质 量 控 制

7.1 隧道施工控制标准（表7.1）

隧道施工控制标准　　　　　　表7.1

序 号	项 目	允许偏差	序 号	项 目	允许偏差
1	水平偏差	±150mm	4	相邻衬砌环间高差	8mm 以内
2	垂直偏差	±135mm	5	纵缝张开量	2mm 以内
3	衬砌成环偏差	4‰D 以内	6	螺栓连接率	100%

7.2 质量保证措施

7.2.1 平面控制网测设的技术要求与措施

1. 进场后将专门设立一个测量小组，由项目工程师负责。下设专业测量人员若干。测量人员都已经过专业培训，并持证上岗。

2. 凡进场后的测量仪器都持有国家技术监督局认可的检定单位的检定合格证，并按周检要求，强制检定。要在使用过程中，经常检查仪器的常用指标，一旦偏差超过允许范围，及时校正，保证测量精度。

3. 测量基准点要严格保护，避免撞击、毁坏。在施工期间，要定期复核基准点是否发生位移。

4. 所有测量观察点的埋设必须可靠牢固，严格按照标准执行，以免影响测量结果精度。

7.2.2 施工质量保证措施

1. 加强施工中的技术管理是保证施工质量的一个重要措施。施工技术人员结合各个工序实行质量过程控制，重点做好以下方面：

1）地面沉降监测；

2）盾构推进轴线控制；

3）泥水系统和同步压浆的运作；

4）管片拼装质量控制。

2. 在工程实施前，对参与施工的现场施工技术人员、施工员、质量员、相关负责人、班组长直至每一位施工人员，作层层技术交底。

3. 在施工中，检查督促施工人员严格遵守有关施工操作规程，研究和处理施工中的重大技术问题，负责处理质量事故。

1）严格按照审定的施工组织设计进行施工，每道工序按图纸进行施工，不折不扣的执行有关施工与验收规范和设计单位要求的技术规定。

2）详细阅读甲方提供的工程资料，及工程地质资料勘查报告和有关文件、设计单位提供的工程设计图纸和技术文件，透彻了解甲方、设计单位对工程质量的原则要求和特殊要求。

3）建立重点部位质量保证措施，确保优质工程，加强现场质量管理。重点工序施工结束后，必须由项目组质量员验收、记录、评定后，再邀请业主代表见证，并提供各种书面见证资料。工程结束并经实际应用一段时间后，对本工程质量进行回访。

8. 安全措施

对施工过程中可能影响安全生产的因素进行控制，确保施工生产按安全生产的规章制度、操作规程和顺序要求进行。

8.1 严格施工过程控制，要求施工现场管理人员、特殊作业人员：电工、焊工、架子工、吊车司机、吊车指挥等人员都必须持有效证件方能上岗，严禁无证操作。

8.2 安全设施、设备、防护用品的检查验收控制；安全防护必须做到：防护明确、技术合理、安全可靠。

8.3 施工过程中分项、分部、针对性交底，分各工种交底以及安全操作规程交底，由技术负责人进行书面交底，并由双签证认可，督促实施。

8.4 水平运输线是盾构施工最易发生事故的重点部位。确保运输设备的良好状态，规范驾驶人员行为。

8.5 通过力学计算及分析，合理配备吊运重物的钢丝绳索具。

8.6 行车垂直运输是隧道盾构施工"二线一点"中的重要部分，行车的各项安全装置（包括变速箱、制动装置、滑轮片、电动葫芦等）完好齐全，定期进行检修；行车运输系统的良好（行车基础、行车轨道），每班进行检查；起重索具（包括钢丝绳、卸克等）配备安全合理，定期检查更换；吊运物件捆绑情况良好。

8.7 管片拼装点是隧道井下盾构工作面的安全重点部位，拼装机操作要做到指定专人，拼装机动作之前，操作人员必须鸣警示铃、亮警示灯；高处拼装人员必须佩戴保险带等防护装备。

8.8 管片拼装连接件确保良好（拼装头子、连接销）；对安全防护设施进行维护维修，并在拼装前进行检查；定期对拼装设备及用具进行检查维修，确保状态完好。

8.9 临时用电严格按照施工现场临时用电施工组织设计执行，因电设置布置完成后，组织人员验收，合格后方可通电使用；配电间内安全工具及防护措施、灭火器材必须齐全。

8.10 对施工现场的易燃、易爆存放场所，加强监控、检查工作，发现问题及时整改。

8.11 对移动机具及照明的使用实行一箱、一机、一闸、一漏电保护。并经常进行检查、维修和保养；为避免误操作，一切倒闸操作不得在交接班时进行，并尽可能在负荷最小时进行，除了紧急和事故情况，不得在高峰负荷时进行。

8.12 对事故隐患的控制，要严格按上海市安全监督站汇编的安全技术管理手册中 73 项安全技术交底文本要求实施各阶段、各工种的安全操作，针对性安全技术交底内容补充。

8.13 任何人不得违章指挥作业，安全员是安全生产的执法人员，有权制止违章作业，任何人不得干涉。当生产、施工与安全发生冲突时，必须服从安全需要。

8.14 做好全员发动，使施工过程中存在的事故隐患及时发现，及时处理，确保不合格设施不使用，不安全行为不放过。对已发生的事故隐患及时进行整改，以达到规定要求，并组织复查验收，对有不安全行为的人员进行教育或处罚。

9. 环 保 措 施

9.1 对于土方运输环境管理要求土方车车次车貌整洁，制动系统完好。车辆后栏板的保险装置完好，并另再增设一付保险装置，做到双保险，预防后板崩板。车辆配置灭火器，以防发生火灾时应急。

9.2 在土方装卸时场地必须保持清洁，预防车轮粘带。车轮出门时，必须对车轮进行冲洗。装载土方不超高超载，并有覆盖保护以防止土方在运输中沿途扬撒。

9.3 土方运输要严格按交通、市容管理部门批准的路线行驶。配备专用车辆对运输沿线进行巡视，发现问题能够及时处理。驾驶员必须严格遵守交通、市容法规，一旦发现崩板立即停车，并及时向领导和管理部门汇报。同时围护好现场，以防污染进一步扩大。

9.4 对施工噪声的管理，要严格根据《中华人民共和国环境噪声污染防治法》第二十七、二十八、二十九和三十条的规定，在施工期符合国家规定的建筑施工场界环境噪声排放标准；结合工程实际情况，对施工期噪声环境影响提出以下对策措施建议。

9.5 合理安排施工机械作业，高噪声作业活动尽可能安排在不影响周围居民及社会正常生活的时段下进行。

9.6 加强对噪声监测，对承建项目建设期间的建筑施工场界噪声定期监测，并填写《建筑施工产地噪声测量记录表》。如发现有超标现象，将采取对应措施，减缓可能对周围环境敏感点造成的环境影响。

10. 效 益 分 析

10.1 本工法对大型地下通道的建设提供的实践机会，并对不同工况条件下泥水平衡盾构推进结果提供了数据支持，通过分析可以了解泥水平衡盾构推进对地面的沉降以及不同地层对该工法的影响，为今后地下空间的利用建设提供了依据。

10.2 本工法的实施确保了泥水平衡盾构在推进时的稳定与安全，由于采用地下施工对地面影响较小，且不同与地面工程占地较大，所以不用占用城市交通，节约了用地，减少了地面场地占用费用的支出，同时也节约了大量工程的拆迁工作，避免线路的绕行和居民的迁移。由于使用的地下空间，干扰因素少，利于文明施工和环境保护，形成了较好的经济效益。

10.3 通过实施证明了本工法的技术性和安全性已相当成熟，为今后的泥水平衡盾构推进质量提供了优质的保证。

11. 应 用 实 例

11.1 上海市大连路隧道工程

上海市大连路隧道工程位于杨浦区、浦东新区内，圆隧道部分包括东线和西线两条隧道。两条隧道均南起浦东新区东方路、昌邑路路口，北至杨浦区大连路、杨树浦路路口，隧道外径 φ11000mm，内径 φ10040mm，其中东线隧道长 1275m（江中段 476m），采用日本三菱公司设计制造的 φ11220mm 泥水平衡式盾构进行掘进施工。盾构沿线成功穿越昌邑路、上海新华港务公司码头、黄浦江、毛麻公司码头、天章记录纸厂、部分民房、杨树浦路、及地下管线等。

大连路隧道施工中，盾构穿越含⑥暗绿色～草黄色黏土、⑦1 草黄色砂质粉土和⑦2 草黄色～灰色粉细砂土层等特殊地层。穿越⑥暗绿～草黄色硬黏土层时，因该层土的内聚力较大，刀盘掘削下来的土体不易搅拌而在泥水舱内呈块状，极易发生吸口堵塞，影响排泥效果；另外盾构在掘进过程中易发生大幅度旋转现象。

⑦1 草黄色砂质粉土和⑦2 草黄色～灰色粉细砂土土体结构松散，自立性差，易坍塌，具流砂性质，且含高承压地下水。因此，盾构在穿越该地层过程中极易产生"砂涌"现象。

当泥水平衡盾构同时穿越⑥号暗绿～草黄色硬黏土层、⑦1 草黄色砂质粉土和⑦2 草黄色～灰色粉细砂土层等多层地层时，情况更为复杂。

项目结合实际情况，得出了盾构在穿越各种不同的地层时的切口水压、泥水质量、掘进速度等各项施工参数的最佳匹配，确保了盾构的顺利推进，减少对周围环境的影响。

11.2 上海市复兴东路隧道工程

上海市复兴东路隧道工程位于黄浦区、浦东新区内，圆隧道部分包括北线和南线隧道两部分。北线和南线隧道分别由隧道股份有限公司和市政二公司施工，北线隧道东起张扬路、浦明路路口，西至复兴东路、外咸瓜街路口，隧道外径 φ11000mm，内径 φ10040mm，总长 1215m，采用隧道公司机械厂改造的 φ11220mm 泥水平衡式盾构进行掘进施工。盾构沿线成功穿越北草泥塘路、杨家渡轮渡码头、黄浦江、复兴东路轮渡站、外马路、中山南路及天桥、地下管线等。

复兴东路越江隧道工程，隧道最小曲率为 R500m，属于小半径，而且隧道管片为带有牛腿的管片，施工难度非常大。过程中通过合理控制，将各项指标均控制在设计要求范围内。

11.3 上海市翔殷路隧道工程

上海市翔殷路隧道工程浦西自翔殷路、军工路交叉口东侧起，直至黄浦江边，浦东侧与东塘路、浦东北路相交后直接与规划五洲大道相接。其规模为双向四车道，隧道外径 φ11360mm，内径 φ10400mm，隧道总长 1537m，采用日本三菱公司设计制造及隧道机械厂组装的 φ11580mm 大型泥水平衡式盾构进行掘进施工。

经过本工法在上海市翔殷路越江公路隧道工程中的应用，盾构沿线成功穿越部分民房、东塘路、立新船厂船坞滑槽、黄浦江、浦西防汛墙、虬江码头路及地下管线等，盾构穿越浦东立新船厂时，与船厂船坞滑槽的钢筋混凝土桩基最小净距仅为 1.1m。本工程盾构进洞采用深层搅拌桩地基加固，并首次采用气囊装置，确保盾构进洞的安全。

工程施工中，成立了技术小组，进行技术攻关，基本解决了施工中的难点和风险点。通过严格的管理，保证了施工的质量，保证了泥水加压平衡盾构施工的快速和安全稳定，达到了设计和工期的要求，具有显著的经济效益和社会效益。

11.4 上海长江隧道工程

上海长江隧道工程是上海长江隧桥（崇明越江通道）工程的一部分，是上海市城市规划和交通规划的组成部分，也是交通部确定的国家重点公路建设规划中上海至西安的重要组成部分。整个隧道长约 8.9km，全线按照六车道高速公路设计，隧道设计行车速度为 80km/h。隧道采用两台德国海瑞克公司制造的泥水气压平衡式盾构进行挖掘，直径为 15.43m，是目前世界上最大直径的泥水盾构掘进设备，一次掘进距离 7.5km，也为世界之最。本工程原计划 3 年内完成隧道掘进，由于采用先进的施工工艺，2 年完成了圆隧道部分施工，比计划工期提前了 2 年。

隧道及地下工程防水堵漏工法

YJGF25—92（2007～2008年度升级版-028）

上海隧道工程股份有限公司

何小铃　吉永年　张帆　张忠胜　叶中华

1. 前　言

　　隧道及地下工程防水堵漏工法针对的地下工程主要包括工业与民用建筑的地下室、防护工程、山岭洞库、地下铁道、输水隧道等。在地下工程中，由于设计不周、构造处理不当、选材不良、施工质量不好、地基下沉以及人为或自然灾害等引起工程附近水文地质的改变等原因，导致正在施工或已竣工的工程发生渗漏水的现象是比较常见的，若不进行及时治理，必将影响工程进度、使用功能，甚至会影响到工程的结构安全。地下工程渗漏水的危害主要有：

　　1.1　地下工程渗漏水，会使钢筋混凝土内部存在的氢氧化钙溶失，pH值变小，容易导致混凝土结构中的钢筋发生锈蚀，并会加快结构混凝土的碱骨料反应，从而影响到结构安全，缩短了工程的使用年限。

　　1.2　地下工程渗漏水，会失去它的使用功能。如人员长期在潮湿的环境中工作或生活容易发生氡污染，将会影响到身体健康乃至丧失劳动能力；若用于储存物资，则会使物资受潮乃至腐烂变质或失效。

　　1.3　地下工程的渗漏，须常年采用机械排水和使用抽湿机或用吸湿剂除湿，均会造成能耗损失，成本飙升。

　　1.4　输水隧道发生渗漏，不但会使输水量流失，提高输水成本，而且会使隧道周围的土壤坍塌，形成空洞，危及输水隧道的结构安全。

　　因此，开展特种地下工程渗漏水治理技术的调研、分析、研究提出可行的实施方案，进行工程应用，是一项具有重大的现实意义的工作。隧道防水堵漏工法从理论和实践上总结了近40年来隧道和地下工程堵漏经验，在为数众多的大型重点工程上得到应用，达到了止水、防水的目的，取得了较好的社会效益和经济效益。该工法中水溶性聚氨酯注浆材料，获得建设部科技进步三等奖。在工法的应用期间，根据工程需要，对原工法做了改进和补充，增加了丙烯酸盐浆液、斜孔注浆法等新材料、新工艺，取得良好效果。

2. 工 法 特 点

　　2.1　防水堵漏工法能有效解决地下工程中混凝土结构的接缝、施工缝、变形缝、蜂窝麻面及混凝土收缩裂缝等渗漏水、止水、防水效果显著。

　　2.2　防水堵漏工法施工工艺简单有效，设备体积小巧，不受施工场地大小限制。

　　2.3　防水堵漏工法中目前所用的注浆材料、嵌缝材料，例如油溶性及水溶性聚氨酯灌浆材料、821BF遇水膨胀橡胶、聚氨酯嵌缝胶等，都已达到国内先进水平，有的已达到国际水平。

　　2.4　防水堵漏工法中，利用特殊的工艺、材料可对混凝土裂缝进行补强，尤其对大面积浇捣的混凝土收缩而产生的细小裂缝也能进行防水堵漏处理。

3. 适 用 范 围

适用于各种地下工程的防水、堵漏施工，如人防地下室、地下通道、地下车库等工程的防水堵漏。

4. 工 艺 原 理

隧道及地下工程防水堵漏工法的基本原理是利用手工或机械手段，在压力作用下将特制的化学浆液灌入建筑物结构裂隙中，浆液在裂隙中凝固后达到充填裂隙、止水及补强等目的。

5. 施工工艺流程及操作要点

5.1 施工工艺流程

隧道及地下工程防水堵漏工法包括柔性防水堵漏施工工艺和柔刚结合防水堵漏工艺。

柔性防水堵漏施工工艺的施工工艺流程为：割缝→剔槽→打磨→刷涂料。

柔刚结合防水堵漏工艺的凿槽施工法施工工艺流程为：打毛→切割→剔槽→抽管→嵌缝→抹面→注浆；打斜孔注浆法施工工艺流程为：打孔→埋管→注浆→封孔→抹面。

5.2 操作要点

5.2.1 柔性防水堵漏施工工艺

1. 切割与剔槽

根据设计要求，先用切割机在管片接缝两侧切割，然后用冲击电钻剔槽，再辅以人工精修成 5cm 深的沟槽。

2. 基面处理

基面处理采用两种方法：

1）明显渗漏水部位采用凿孔注浆堵水（注浆材料为丙烯酸盐浆液、水溶性聚氨酯等）。

2）其他部位渗水采取快凝水泥封堵。快凝水泥 SH 外渗剂与普通硅酸盐水泥按比例混合，或用双快水泥进行封堵。水泥凝结时间调节在 2min 左右。

3. 打磨

在接缝两边约 20cm 宽距离内，用湿工磨光机打磨，去掉凹凸不平杂物、浮尘等。

打磨露出新鲜平整混凝土基面，为下一步涂涮防水涂料打下基础。

4. 嵌缝

把配合好的聚氨酯密封膏或嵌缝胶、FUP 聚氨酯密封系列止水材料，嵌入修好的沟槽内，填至管片表面平整为止。

嵌缝完毕还应以刮刀压刮，以增强密封膏与混凝土的粘结。

5. 涂刷防水涂料层

为保护嵌填料和加强管片接缝的防水能力，在接缝两侧涂刷 2～3 层柔性防水涂料。防水涂料成膜厚度应保持在 2mm，涂刷时应注意形成整体防水胶膜，可采用刮刀或毛刷满涂均匀，也可用氯丁乳胶聚合物砂浆作外防水层。

嵌缝及涂刷防水涂料层应在无渗水、干燥情况下进行。

5.2.2 柔刚结合防水堵漏工艺

1. 凿槽施工法

1）凿毛

在接缝两侧，各宽 20cm，人工用剁斧凿毛，露出新鲜混凝土基面并使其粗糙，为增强刚性抹面与混凝土的良好粘结打下基础。

2）割缝、剔槽

用金刚石锯片混凝土切割机切割，切割宽度4～5cm，沟深5～6cm，然后用冲击电钻剔槽，最后用电铲和人工精修成5～6cm深的沟槽。

3）抽管

采用φ14mm PVC胶管作模，双快水泥或其他快凝水泥压管封缝，进行抽管作业，最后留出引水注浆管。

4）嵌缝

嵌缝材料可选用：环氧密封胶、聚氨酯密封胶、聚氨酯涂料或TPC聚氨酯密封系列止水材料。

嵌缝时先用钢丝刷和毛刷清理掉沟槽和两侧的浮灰、泥土，然后嵌入嵌缝材料（施工中按各种嵌缝材料的施工工艺进行）。要求嵌填后反复挤压至密实，在嵌缝材料固化过程中最好用刮刀或人工按压两遍，以使粘结更好。

5）抹面

抹面防水可按五层抹面防水做法实施，也可采用氯丁胶聚合物砂浆抹面。

抹面完成后要浇水养护3～4d。

6）注浆

首先用手掀式注浆泵向引水管压水，然后再压注聚氨酯浆液（或其他化学灌浆材料）。

待浆液固化后，用小刀割掉预埋引水管，再用双快水泥封闭。

2. 打斜孔注浆法

1）根据需要封缝

根据不同裂缝要求，可在裂缝表面用速凝水泥封闭，间隔留出气孔，速凝水泥要求抹平密实。

2）打孔

从裂缝侧面打斜孔，斜度与混凝土面成60°角，孔深略超出裂缝垂直面，孔间距约50cm。

3）埋管、清孔

在已打好孔的位置埋入金属铜管，用双快水泥固定，然后用空压机将孔内清理干净。

4）注浆

注浆时，当出气孔出浆后将出气孔封闭，然后再进行屏浆，使裂缝充满浆液。

5）封孔

待注浆材料固化后，将金属管拔出，用双快水泥封封孔。

6）抹面

抹面防水可按五层抹面防水做法实施，也可采用氯丁胶聚合物砂浆抹面。

抹面完成后要浇水养护3～4d。

5.3 劳动力组织（表5.3）

劳动力组织情况表　　　　　　　　　　　　　　　　　　　　表5.3

序　号	工　种	人　　数	备　注
1	项目管理	4	
2	技术人员	2	
3	作业领班	2	
4	防水工	2/缝/班	
5	司泵	2/台/班	
6	电工	1/班	
7	机修工	1/班	
8	现场文明施工	2/班	

6. 材料与设备

6.1 材料

1. 封缝材料

本工法所采用的封缝材料主要包括：

42.5 级普通硅酸盐水泥加 SH 水泥外掺剂；双快水泥；特速硬；42.5 级普通硅酸盐水泥加防水浆；42.5 级普通硅酸盐水泥加水泥速凝剂（红星一号、水玻璃、氯化钙等）。

2. 嵌缝材料

本工法所采用的嵌缝材料主要包括：聚氨酯涂料；TPU 聚氨酯双组份密封胶；TPU 聚氨酯止水腻子；聚氨酯嵌缝胶；环氧嵌缝胶等材料。

3. 化学灌浆材料

化学灌浆材料种类繁多，但在选择时，应考虑以下要求：

1）化学灌浆材料的可灌性、凝胶时间可以按需要调节。

2）化学灌浆材料固化后收缩小，与混凝土粘结性能要好。

3）化学灌浆材料固结体有一定抗压抗拉强度，耐久性、稳定性好。

4）化学灌浆材料来源丰富，毒性小，对环境污染少。

5）化学灌浆材料操作安全、方便，压注设备简单。

本工法采用的主要化灌材料有丙烯酸盐灌浆材料、水溶性聚氨酯、油溶性聚氨酯、环氧树脂灌浆材料等。

4. 外层防水材料（外涂层）

本工法采用的主要外层防水材料包括氯丁乳胶聚合物砂浆、聚氨酯防水涂料（黑色和各种彩色）、普通硅酸盐水泥加外掺剂等。

6.2 设备

本工法采用的设备包括：

1. 冲击电锤、冲击电钻；

2. 空气压缩机、风镐；

3. 齿轮注浆泵、手掀泵、手压泵；

4. 涂料搅拌机；

5. 五金工具（钢丝钳、活络扳手、钢锯、管钳、榔头、钢凿等）；

6. 泥工工具（泥板、刮刀等）。

7. 质 量 控 制

7.1 工程质量控制标准

本工法原材料、施工和效果检验执行《地下防水工程质量验收规范》GB 50208—2002。

7.2 质量保证措施

7.2.1 对原材料按要求进行检查和试验。

7.2.2 外防水层的施工一定要基面干燥。

7.2.3 按设计要求精确放样，施工前由技术人员对孔位、槽位进行复核。

7.2.4 在拌浆现场挂配方牌，对注浆浆液配比严格控制，称量误差小于3％。

7.2.5 保证注浆泵上的压力表正常读数，以便在注浆时能随时观察注浆压力，控制压力在允许范围内。

7.2.6 每孔、每次注浆时应记录注浆孔位、注浆开始时间、注浆量、注浆压力，注浆结束时间等施工参数。

7.2.7 如注浆中途发生冒浆现象应立即停止注浆，调查冒浆原因。如系注浆孔封闭效果欠佳，可重新封闭后重复注浆；如系灌注不进，则应结束注浆。

7.2.8 施工时应根据控制要求进行自检，互检、专检、抽检，并作检验记录。

8. 安 全 措 施

8.1 认真贯彻"安全第一、预防为主"的方针，坚持"谁承包，谁负责"和"管生产必须管安全"的原则，根据国家有关规定、条例，结合单位实际和工程特点，组成由项目主要负责人、专职安全员、施工队和班组安全员以及工地安全用电负责人参加的安全生产管理网，执行安全生产责任制，明确各级人员的责任，抓好本工程的安全生产工作。

8.2 工程实施前，对参与本工程施工的全体职工进行安全生产的宣传教育，并要求职工在施工中严格遵守有关文件的规定。

8.3 工程实施前，对投入本工程施工的机电设备和施工设施进行全面的安全检查，未经有关安全部门验收的设备和设施不准使用，不符合安全规定的地方立即整改完善，并在施工现场设置必要的护拦、安全标志和警告牌。

8.4 工程实施时，严格按照施工组织设计和安全生产措施的要求进行施工，操作工人必须严守岗位履行职责，遵守安全生产操作规程，特种作业人员应经培训，持证上岗。各级安全员要深入施工现场，督促操作工人和指挥人员遵守操作规程，制止违章操作、无证操作、违章指挥和违章施工。

8.5 经常保养施工机具，保证安全装置灵敏可靠，防护罩完好无损，同时搞好安全用电管理，保证变电配电间达到"四防"要求，输电线路、配电箱、漏电开关的选型正确、敷设符合规定要求，电气设备和照明灯具有良好的接地、接零保护，并在可能受雷击的场所设置防雷击设施。

8.6 重视个人自我防护，进入工地按规定佩戴安全帽，进行高空作业和特殊作业前，先要落实防护设施，正确使用攀登工具，安全带或特殊防护用品，防止发生人身安全事故。

8.7 按照防火防爆的有关规定设置油库、危险品库等临时性构筑物，易燃易爆物品堆放间距和动火点与氧气、乙炔的间距要符合规定要求，严格执行动火作业审批制度，一、二、三级动火作业未经批准不得动火，临时设施区要按规定配足消防器材。

9. 环 保 措 施

9.1 工地门口要求挂牌，画出施工现场总平面布置图，标明工程名称、建设、监理、设计、施工单位名称、工期、工程主要负责人姓名和监督电话，自觉接受社会监督。

9.2 施工场地采取全封闭隔离措施，工地主要出入口设置交通指令标志和示警灯，保证车辆和行人的安全。

9.3 施工现场设置以明沟、集水池为主的临时排水系统，施工污水经明沟引流、集水池沉淀滤清后，间接排入下水道。

9.4 工地上配齐食堂、医务室、浴室、厕所和饮用水供应点等生活设施，并制订卫生制度，定期进行大扫除，保持生活设施整洁卫生和周围环境整洁卫生。

9.5 选择化学浆液和其他防水材料时要严格执行相关规定，禁止使用危害人体健康和环境的材料。

10. 效 益 分 析

隧道及地下工程防水堵漏工法推广应用至今，得到了极为广泛的工程应用，在地铁建设、隧道工程、工业民用建筑、水利电力等各建设领域发挥了重要作用。隧道及地下工程防水堵漏工法能快速有效地解决结构渗漏水问题，可以使隧道及地下工程能更充分地发挥作用，延长结构使用寿命，具有显著的社会效益和经济效益。对于应用该工法的施工单位来说，只要管理得当，可确保净利润在 10%以上。

11. 工 程 实 例

11.1 浙江中大广场停车库变形缝堵漏工程

浙江杭州中大广场公建Ⅰ、Ⅱ、Ⅲ建筑是带有地下二层的高层结构，广场地下停车库是地下一层的地下结构，各单体与地下停车库有通道互相连接，各通道都设置沉降缝，沉降缝出现漏水现象，原因是由于旁边的建筑物静压桩施工引起地下车库上浮，公建Ⅰ、Ⅱ、Ⅲ的建筑与地下车库的不均匀沉降，产生埋入式止水带拉断引起渗漏。另外，埋入式止水带施工时可能混凝土搅捣不密实，地下水绕过止水带也引起渗漏情况。针对这种情况，施工采用化学注浆堵漏为主，柔性防水层为辅的施工方法。

具体施工方法为将沉降缝表层粉刷层凿除，缝清理干净，在缝中间每隔约 1.5m 的位置打孔，深度超出壁厚或底板厚，埋设 10mm 金属注浆管，用双快水泥封缝，并另埋设尼龙注浆管，管深达原止水带。在金属注浆管内注入丙烯酸盐浆液，再从尼龙管中注入聚氨酯浆液，待浆液全部凝固后，切除注浆管，然后在沉降缝内嵌入 BW 橡胶腻子，用双快水泥封闭，最后在沉降缝表层做二布三涂的柔性防水涂膜层。

经过这样综合性的施工，沉降缝漏水情况得到很好的治理，达到了甲方的要求，得到了认可。

11.2 上海地铁 6 号线车站及区间隧道堵漏

上海地铁 6 号线隧道由单、双圆盾构隧道及明挖施工箱涵组成，由于种种原因，目前局部出现渗漏水，漏水产生情况有混凝土裂缝、施工缝、隧道管片拼装缝和变型缝渗漏水。针对这些情况，我们对于不同情况的渗水采用不同的施工方法和施工材料。

本工程是在隧道运行区间内施工，要求施工的时间在每晚 23：30 至凌晨 5：00，因此对我们施工带来了很大的困难。而且顶部裂缝约在高 5m 左右，要配备适合高度、便于操作的、安全坚固、轻便易撤装的脚手架多部来适应本工程。防水堵漏采用以堵为主，堵、防、排结合的综合施工方法。

1. 混凝土裂缝堵漏施工

在混凝土浇筑时，由于多种原因可能会产生裂缝，裂缝一般在小于 0.2mm 时，不是有害裂缝，如不出现渗水，可不进行处理。而当裂缝出现渗水后，或裂缝较宽时，都必须根据不同的情况进行堵漏处理。混凝土裂缝堵漏施工主要采用柔刚结合防水堵漏工艺进行施工，包括了凿槽施工法和钻斜孔施工法，浆液采用聚氨酯浆液，注浆压力大于 0.2MPa，注浆流量 0.5kg/min。

2. 混凝土施工缝堵漏

施工缝是混凝土先后两次浇捣产生的，由于两侧新旧混凝土干湿不同，如不加处理，容易引起干缩裂缝，造成渗漏。施工缝的断面有企口缝、贫口缝和钢板止水缝。这些裂缝出现渗漏水，根据不同的情况采用凿槽法和打斜孔法进行堵漏施工，注浆材料和施工参数同混凝土裂缝堵漏施工。

3. 变形缝堵漏施工

变形缝一般多设有止水带，缝宽随温差而变化，其漏水原因多由止水带破损或混凝土浇筑不密造成。变形缝一般成环状，一处漏水整环皆漏，所以要对整环缝进行防水堵漏处理，施工方法如下：

1) 剔除变形缝内嵌缝物，清理干净，找到有明确渗水的位置；

2) 查明整条缝漏水原因；

3) 如是止水带破损，则在破损处埋设注浆管按凿槽堵漏施工法进行堵漏施工；

4) 止水带如无破损，则将缝进行封闭，在漏水量较明显处沿缝二侧 10cm 处根据具体情况采用斜孔堵漏法施工；

5）堵漏结束后，剔除封堵材料，再沿缝进行三油二布防水层施工。

4. 圆隧道环、纵缝堵漏

根据漏水情况进行封缝埋管法或斜孔法进行堵漏施工，以尽量减小对隧道管片的损坏和变形。

经过精心施工，解决了车站和区间隧道局部渗漏水问题，效果显著。

11.3 上海地铁 7 号线铜川路站北风井变形缝堵漏工程

地铁 7 号线铜川路站北风井位于车站主体 1～4 轴西侧，北风井基坑东接车站 1～4 轴预留洞门，西侧贴捷城广场 D 区二期基坑，风井与二期基坑共用钻孔桩围护，北侧紧邻车站生活区。基坑净长约 34m 净宽约 28m，地面标高约＋3.9m。

北风井为地下一层结构，顶板厚 800mm，底板厚 800mm，侧墙厚 600mm，素垫层厚 200mm，结构设计混凝土强度 C30，抗渗 S8。北风井结构至东向西设置二条变形缝，变形缝采用中埋式中孔橡胶止水带和外贴式止水带防水。变形缝由于受捷城广场开挖影响开始渗漏水，并夹带泥沙，因此施工采用内外注浆结合的方法。具体施工方法如下。

1. 迎水面止水带修补堵漏注浆

注浆目的为使变形缝迎水面形成防水层，修补破损的原外贴和中置止水带。

在变形缝二侧约 15～20cm 位置，进行钻斜孔施工，孔深达到穿越中置止水带与变形缝相交，孔距 200～400cm 视注浆压力调整。注浆压力为：

$$P＝P_0＋0.1MPa \tag{11.3}$$

式中　P——注浆压力

P_0——注浆起始压力

2. 变形缝内侧堵漏注浆

1）首先铲除混凝土表面污物显露出变形缝原貌。

2）然后剔除变形缝内添充物用水清洗干净以判断主要渗漏点。

3）采用 PVC 胶管作模，用快凝水泥压管封缝，并设置注浆管，注浆管间距约为 50～100cm，进行抽槽作业。

4）经压水或压气试验，观察漏检情况、注浆压力和裂缝贯通情况，然后采用聚氨酯进行化学灌浆堵漏。

5）注浆至下一注浆管出浆换孔再注，直至注浆结束。

6）高摸量聚氨酯嵌缝胶施工。

先将缝内封缝水泥、注浆管清除，清除缝内混凝土表面污物，放置隔离纸，在干燥的情况下嵌入密封胶，厚度应达到 2cm，宽度随缝宽，约 4cm。

通过以上施工，铜川路裂缝堵漏取得了很好的效果。

岩溶隧道劈裂注浆固结流塑黏土和管棚支护开挖工法

YJGF08—94 （2007～2008 年度升级版-029）

中铁五局（集团）有限公司

夏真荣　谭毓浚　苟祖宽

1. 前　言

隧道通过石灰岩岩溶地层，由于岩溶发育，并充填大量流塑黏土，围岩自稳能力极差，开挖时极易发生突泥涌水，危及施工与人身安全；洞内突泥常有补给来源，浅埋隧道洞内与地表互相联通，地表反应敏捷，产生陷坑，地下水位急剧下降，井泉干涸，破坏生态平衡，影响工农业生产与当地居民的生活。以本工法技术为基础的综合整治，旨在解决这一技术难题。

衡广复线南岭隧道施工中，采用高压劈裂注浆及长管棚支护为主的一整套综合技术，成功地整治了南岭隧道严重突水涌泥和大面积地表坍陷的复杂岩溶地段，使流塑黏土被高压劈裂注浆成功地固结成近似Ⅰ类围岩的注浆土体，在此基础上成功地施作长管棚，起到超前支护的作用，在技术上是一次突破，开创了我国铁路施工先例，在经济上也具有重大意义。南岭隧道高压劈裂注浆及长管棚为主综合整治技术已获部级科技成果鉴定，并获 1991 年铁道部科技进步一等奖，1993 年国家科技进步三等奖，其中多项成果已编铁道部的相关技术标准规范。中铁五局据此关键技术，总结经验，开发形成本工法。工法发布后，工法全部或部分（特别是管棚支护技术）得到了大量应用，在我国铁路、公路、矿山、水电等工程建设中发挥了积极的作用。近年来，随着注浆和钻孔等设备的更新和发展，本工法又有了创新，经总结，进一步进行了完善。

2. 工法特点

2.1　劈裂注浆技术是隧道岩溶流塑黏土综合整治的基础。根据实际注浆与管棚效果，采用相应的开挖方法，改善衬砌受力状况，并达到防止洞内突泥涌水、地表沉陷和保证施工与人身安全的目的。

2.2　在劈裂注浆固结围岩与管棚支护下，可采用大断面或半断面开挖，也可以防止地表下沉和围岩坍塌，有利于改善衬砌受力状况，增加隧道的长期稳定性。

2.3　通过注浆与管棚钻孔，可作为地质预探预报的手段，进一步查明地质情况，为改善施工设计提供依据。

2.4　劈裂注浆施工，工期短、效果好、费用省。对浆液材料性能要求不高，悬浊液型的水泥浆或水泥、水玻璃的双液浆，适用于流塑黏土，它具有凝结时间可控、固化后强度高、稳定性较好、操作容易、料源广泛、价格较低、对环境一般不产生不利影响等特点。

2.5　按照设计要求，在注浆范围内的流塑黏土经过劈裂注浆，达到整体固结，力学性能符合标准。按照设计要求管棚钻孔成型，并将钢管安设就位，误差在允许范围内，是劈裂注浆和管棚施工的关键技术。

3. 适用范围

本工法可用于各种类型的山岭隧道和地下工程。适用于本工法的地层为铁路Ⅰ、Ⅱ类软弱图岩的单、双线隧道、公路隧道以及地下铁道等。

劈裂注浆技术，也可单独应用于固结其他类别的软弱围岩，如岩溶流塑黏土、淤泥质土、粉砂、细砂以及其他渗透性弱的各类颗粒状土。

4. 工艺原理

4.1 劈裂注浆加固机理。劈裂占主导作用，同时存在着充填和挤密作用，还存在离子交换和化学凝结作用。流塑泥在高压力的浆液作用下，在土体压裂区中形成浆脉网络，浆脉一方面充填和挤密土体，使流塑泥充分得到压密脱水固结为硬塑黏土；另一方面起着土体骨架作用，从而改变土体对外力的反应机制，使土体的变形受到约束，从而提高了围岩的强度、稳定性和抗渗性能。

4.2 管棚支护是隧道通过软弱破碎岩体、流塑状黏土、岩溶充墙流泥、流沙等不良地质地段时开挖的一种超前支护，是沿隧道衬砌外缘一定距离打入一样或数排排列有序的纵向钢管，开挖后即架设拱形钢架支撑，形成牢固的棚状支护结构。插人管棚钢管之前，根据地质情况，采用高压劈裂预注浆，固结软弱围岩，应能满足插管、开挖爆破，强度和稳定性的要求。插入管棚钢管之后，再给管内注浆以提高钢管强度和刚度，并充填钢管与孔壁之间的空隙，使管棚与围岩固结紧密。

5. 施工工艺流程及操作要点

5.1 劈裂注浆

5.1.1 工艺流程。如图 5.1.1。

5.1.2 施工前准备：地质调查、洞内外观测、隧道衬砌站构与钻注设计、注浆材料、钻注机械。

5.1.3 止浆岩盘或止浆墙：一般较完整的灰岩应留 5m 岩层作止浆岩盘。基岩破碎时需设置 2m 厚的混凝土止浆墙，墙身嵌入圈岩 0.3~0.5m。

5.1.4 钻孔

1. 埋孔口管，并安装球形闸阀，以防止与封闭钻孔中可能出理的突泥涌水。

2. 钻机选用：按地质条件、孔位、孔探选择钻机。钻孔直径一般为直径 108mm，后半部变径为直径 89mm。

3. 钻机定位与钻进：钻孔定位开孔误差 50mm，钻进中准确控制钻机立轴方向，确保全孔钻进方向（水平偏角）、高差（仰俯角）符合要求，首先要保证孔口 2m 长度的方向准确。

4. 扫孔钻孔：注浆固结后的再次钻进，注意观测，以便调整注浆工艺与参数。

5. 钻注顺序：钻孔→遇岩溶突泥涌水，停钻注浆（停 8h）→扫孔钻进，又遇突泥涌水，停钻注浆（停 8h）→反复钻注至终孔。

5.1.5 注水试验

1. 成孔后先注水数分钟．注水量由小及大，测定吸水量，清洗裂隙。

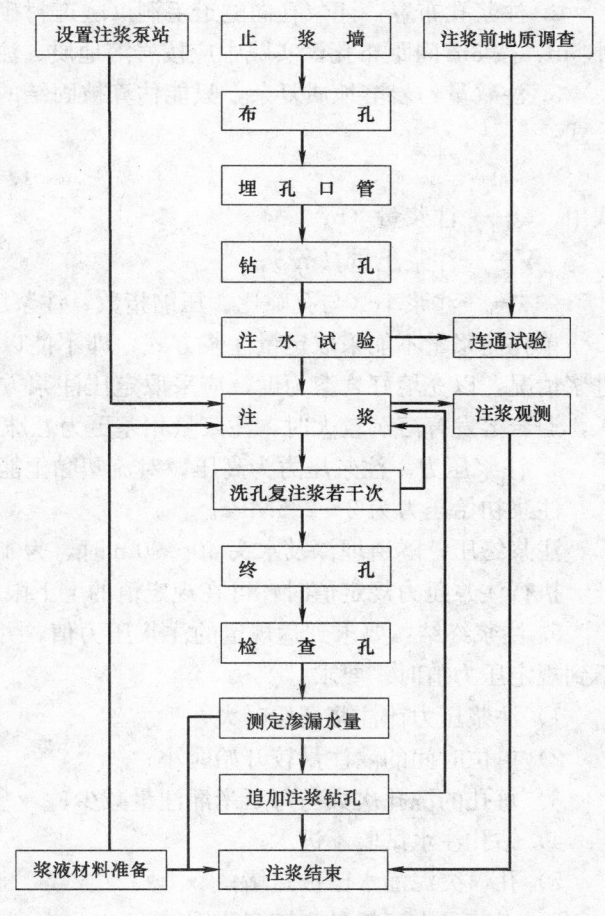

图 5.1.1 劈裂注浆工艺流程图

2. 投放连通试料，加水压注，做连通试验。

5.1.6 注浆方法

1. 分段注浆法，根据钻孔的地质条件，可分别采用全孔—次注浆和前进式、后退式分段注浆方法。遇岩溶发育，已经或有可能突泥涌水时，则采用前进式分段钻注，逐步往前推进，封堵突泥涌水。

2. 同步注浆法，采用一机多孔或多机多孔施行同步注浆，要求高度集中统一指挥，跟据各种反馈信息，采取调控措施，提高注浆质量，加快工程进度。

3. 钻注原则

1）先外后内：先从断面外侧，逐步向中间或内侧钻注。

2）先疏后密：每排孔采取间隔式钻注后，再补注中间的加密孔，逐步形成帷幕。

3）外密内疏：毛洞四周布孔较密，隧道断面内布孔少而疏。

4）反复钻注：注浆段各注浆孔均应报据进浆情况反复钻注，保证固结范围达到设计要求。

5）开孔诱导：注浆时在需要重点加固处设置通气诱导孔，诱导浆液至设计范围，并适时关闭诱导孔。

4. 浆液类型

1）水泥浆或水泥水玻璃双液，胶凝时间通过控制体积比调整，必要时可适当加添加剂调整。

2）根据注浆设汁和注水试验及洗孔情况、泵送能力、注浆过程中注浆压力及进浆情况确定单液或双液。

3）为消除地下水质与气温、水泥的影响，应进行现场配比试验，调整胶凝时间。

5.1.7 注浆参数及注浆终结

1. 注浆有效范围及注浆段长度：流塑黏土劈裂注浆有效扩散范围为 4～6m，注整段长为 40cm。

2. 注浆孔布置：注浆孔向隧道毛洞（隧道衬砌外轮廓）呈辐射状布孔，终孔位置应钻至隧道毛洞外 5m，按 3m 间距布孔，实践中应按岩溶地质、注浆扩散与充填情况，随时调整孔距或增减钻孔数。

3. 注浆量：岩溶地质复杂，只能估算被固结的溶洞泥体积乘以注浆率来控制注浆量。注浆量计算公式：

$$Q = V\lambda \tag{5.1.7}$$

式中　Q——注浆量（m³）；

　　　V——注浆土量（m³）；

　　　λ——注浆率（与孔隙比、压缩指数、注浆压力及注浆方法等相关）。

单孔注浆量不能采取定量注浆方式，即不能以设计总注浆量除以孔数的平均值控制，原则上根据进浆情况，以充填好岩溶为度，应采取定压注浆方式控制注浆量，允许实际注浆量与设计注浆量有出入，遇岩溶发育溶洞较大时，注浆量相差更为悬殊。

4. 注浆压力。注浆压力为高压，对流塑黏土能产生水力劈裂，又控制浆液扩散至设计范围内。

注浆初始压力为 2～2.5MPa。

注浆终压，隧道埋深及水头 40～90m 时，为 4～5MPa。

执行注浆压力规定值时，可在规定值的上下限内调控。

5. 注浆终结：要求到达规定的注浆压力值，并稳压 30min。若注浆段初始注浆孔或初始注浆面达不到规定压力值时，要求：

1）注浆压力比注浆开始时大；

2）单位时间的灌注量较开始时小；

3）每孔的洗孔次数与每延米灌注量减少；

4）钻孔注水试验不进水；

5）孔口突泥涌水已被封堵；

6）岩芯已由流塑黏土转变为固结。

5.1.8 开挖与衬砌

1. 注浆终结 8h 后，根据检查孔的固结土芯样试验，确定是否需施作长管棚或直撞开挖。

2. 一般采用分部开挖或半断面开挖方法。

3. 及时采用喷锚支护与钢架支撑。

4. 隧道衬砌采用先拱后墙法，复合衬砌内层先墙后拱或连续灌法。

5.2 长管棚

5.2.1 工艺流程

长管棚施工工艺流程见图 5.2.1。

5.2.2 开挖管棚工作室

1. 工作室应选择靠近岩溶、围岩稳定、接近管棚设计位置地点，以缩短管棚长度。同时确保管棚嵌入完整围岩 2m，在软弱围岩中开挖工作室，要加强支护，必要时作混凝土衬砌。

2. 为便于架设钻机，安设钢管，工作室应挖至隧道开挖线以外 1～1.5m，最低钻孔以下 1m。

3. 如工作室在起拱线以上半断面，一次开挖成型，净空高、跨度大、工期长、不安全。因此，宜分步开挖，分步施钻。即先在两边拱脚分别开挖两个工作室Ⅰ，进行钻孔、安管、注浆之后，再开挖工作室Ⅱ（见图 5.2.2）。

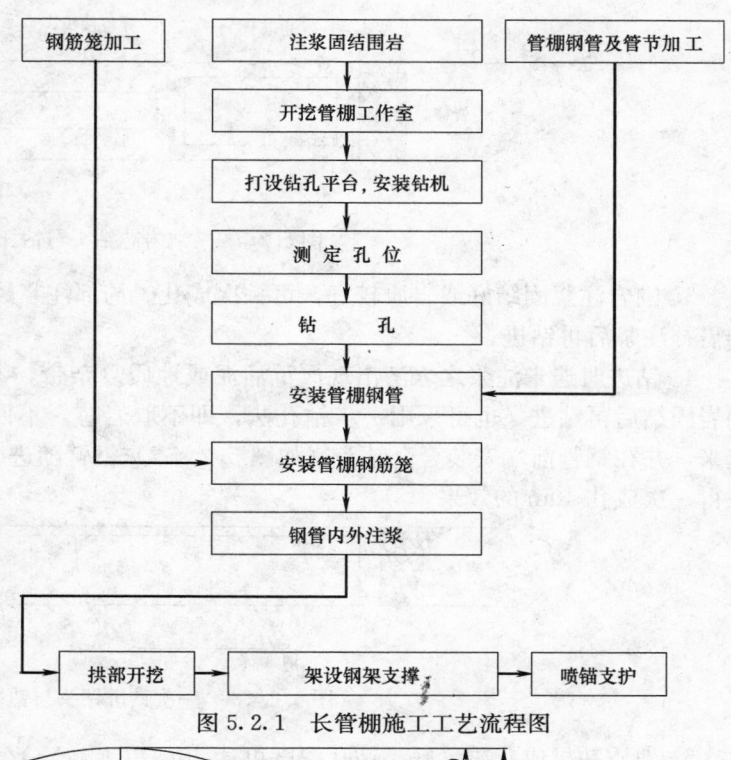

图 5.2.1 长管棚施工工艺流程图

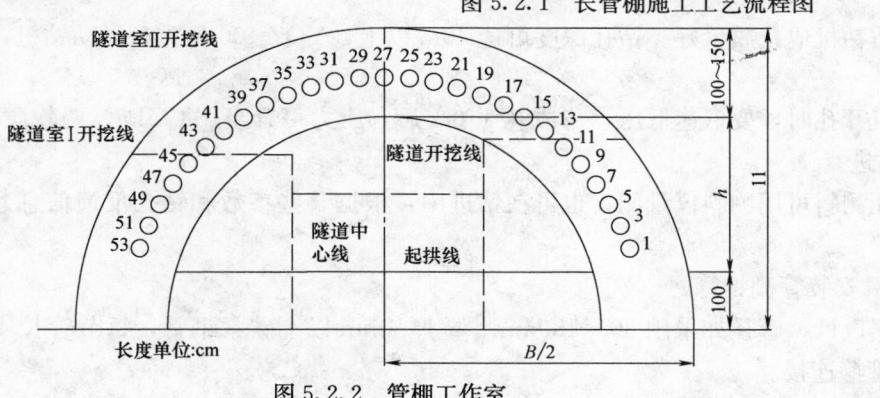

图 5.2.2 管棚工作室

当开挖工作室Ⅱ时，可弃渣于两拱脚工作室Ⅰ，这样既减少开挖工作量，减少搭拆平台，又便于移动钻机，有利于钻孔作业。

5.2.3 搭设平台，安装钻机、测定孔位

1. 搭设钻机平台，钻机平台尽量一次搭好。钻孔顺序，由高孔位向低孔位进行，可缩短移动钻机与搭设平台时间，便于钻机定位、定向。

2. 两台钻机可平行作业，互不干扰。

3. 安装钻机。钻进前，掌子面精确定孔位，钻孔平台要稳固，钻机安装要牢固，钻机距掌子面，一般不超过 2m。

4. 钻机定位要确保钻杆轴线与管棚设计轴线相吻合，钻孔方位要求与隧道中线平行。同时考虑钻进后，钻杆逐渐增长，引起自重增加所产生的下垂，所以施工仰角要较设计值提高一定数值。

5.2.4　钻孔

1. 主要参数：管棚长度一般为 10～45m，钢管直径一般在 80～180mm 之间选用；钢管间距，净跨一般为 30～60cm。

2. 钻孔应比管棚设计直径大 20～30mm，便于插管，钻头则按氧焊法把 6～8 颗 YG8 钨钴合金钢粒焊在厚壁钢管上而成（见图 5.2.4-1）。

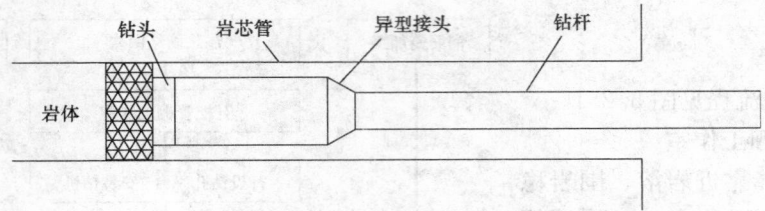

图 5.2.4-1　取岩芯钻头与钻杆连接图

3. 围岩注浆固结好或岩质较好，可一次成孔。局部注浆效果不好的，钻进时可能产生坍孔、卡钻，则需补注浆后再钻进。

4. 钻进时遇未注浆之岩溶出现严重涌泥或地质复杂带，不能钻进成孔时，一般应进行补注浆，待围岩固结后再钻进。也可采用一步钻孔法，即不取岩芯，不回收钻头，用异型接头把钻杆与钢管连接起来，并在钢管前端安装合金钻头（如图 5.2.4-2）钢臂随进度一根一根连续接长，直到设计位置．可获得一次成孔 40m 的效果。

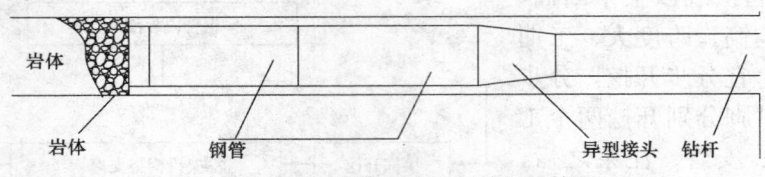

图 5.2.4-2　一次钻进钻头与钻杆连接图

5. 地质钻机成孔质量好。钻孔深度可达 40m 以上；YQZ-100 型重型风动钻机，适用于不超过 15m 的钻孔。

6. 钻机开孔时，要低速低压，待成孔 1.0m 后，压力可升至 1.0MPa，遇软质围岩或流塑状黏土，改用低压钻进。

7. 钻孔测斜可用测斜仪量测，也可在钻进中，根据某些参数和钻孔反馈信息判断钻孔是否偏斜及调控措施．

5.2.5　安装管棚钢管

1. 根据设计，管径如采用 80～180mm、壁厚 4mm 以上碳素钢管，每节管长 4～6m。每节钢管用 8mm 厚的管箍连接。

2. 15m 左右一次成孔的短孔，可用人工将钢管直接插入钻孔。

3. 对 20m 左右成孔较好的钻孔，可用 4.5kW 卷扬机反压安装（如图 5.2.5）。

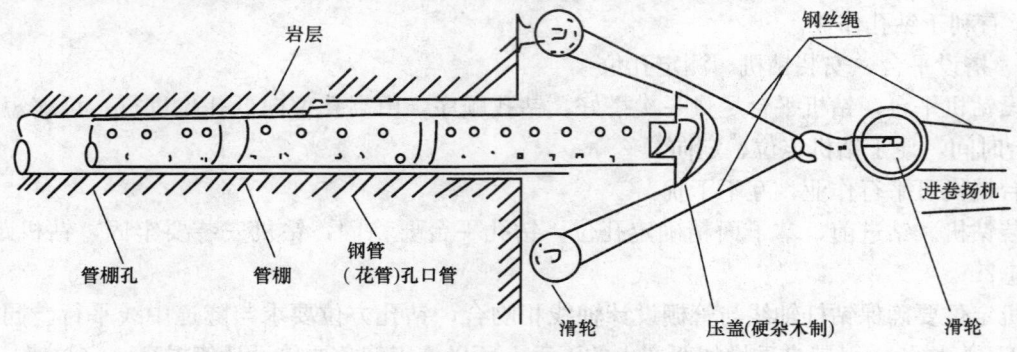

图 5.2.5　卷扬机反压钢管示意图

4. 25m 以上深孔。一般用钻机顶进，如遇故障，则需要清孔后，再将管插入。

5. 管节与管箍的丝扣应提前在专用管床上按规定加工。

5.2.6 安装管棚钢筋笼及管内外注浆

管棚钢管安装好后，放置钢筋笼并注浆。管内设置的钢筋笼，由四根长 4m 的螺纹钢筋焊接在壁厚 8mm、长 8cm 的管节上而成（如图 5.2.6）。钢筋直径、管节外径应根据管棚钢管直径大小而定。钢筋笼在洞外提前预制，在工作面插入钢管时，将每节焊接起来，直至与钢管同长。管内钢筋是为了增加管棚刚度，钢筋接头可以不搭接。

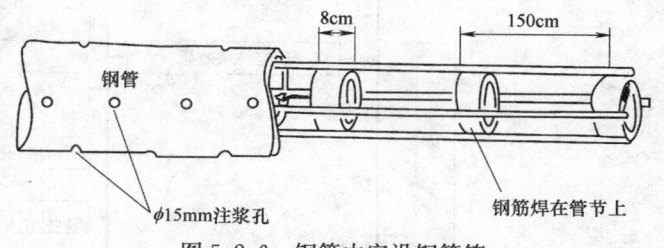

图 5.2.6 钢管内安设钢筋笼

在钢管钢筋笼安好后，进行注浆（钢管上预先钻成梅花形筛孔）。可采用水泥浆或水玻璃双液压注，分二次进行，第一次对两个工作室 I 各个钻孔注浆；第二次对工作室 II 各个钻孔注浆（见图 5.2.2）。

6. 材料与设备

工法使用的材料主要有钢管、钢筋、水泥、水玻璃等，型号可根据工程实际选用。

机械设备主要为管棚钻孔设备和注浆设备，采用一般地质钻和能双液注浆的设备就可以了。目前较为先进的有钻孔注浆一体的设备（表 6）。

机械设备表   表 6

序号	设备名称	型号规格	数量	国别	备注
1	搅拌器	TM260/240/2001	1	意大利	
2	中储器	A500/500/4501	1	意大利	
3	注浆泵	AP/OL-S	1	意大利	
4	多功能钻机	RPD-150C	1	日本	

7. 质量控制

本工法除执行《铁路隧道施工规范》TBJ 204—86 和《铁路隧道工程施工质量验收标准》TB 10417—2003 等有关规定外，其质量控制方法如下：

7.1 劈裂注浆

7.1.1 检查孔取样检查：流塑黏土固结体抗压强度检测，判断、评定芯样的浆脉分布状况及其固结质量。

7.1.2 检查孔注水试验，注浆前后注水量对比。

7.1.3 仪器检测：检测浆脉、土体状态。

7.1.4 开挖直观检测与抗压强度检测。

7.1.5 流塑黏土固结体抗压强度要求 0.2MPa 或根据设计确定。

7.1.6 对注浆过程中的异常现象，如跑浆、压力骤增骤减、围岩扰动，变形等及时分析处理。

7.1.7 对注浆质量的评估是一项复杂而细致的工作，除有详实的记录与原始资料外，还要掌握岩溶地质、水文地质、流塑黏土特点，掌握隧道结构设计与注浆设计，对注浆参数，注浆工艺进行施工全过程有效的调控，并凭借实践经验，方可对注浆质量作出正确的评估（图 7.1.7）。

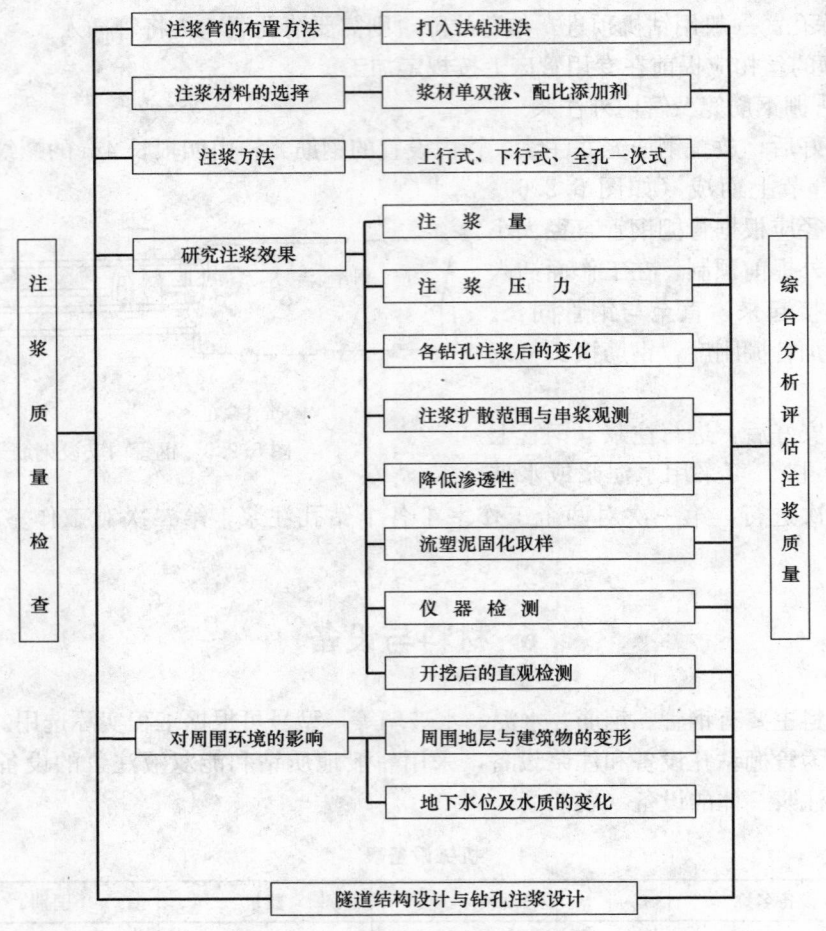

图 7.1.7　注浆质量控制图

7.2　长管棚

7.2.1　有关钻孔的几项规定。

1. 孔口应置开挖轮廓线边缘。

2. 仰角 1°～1.5°。

3. 钻孔最大下沉量及左右偏移量为孔长 1‰ 左右。并应控制在 20～30cm 以内。

7.2.2　管棚钢管不得侵入隧道开挖线内，相邻的钢管不得相撞，也不得立交。

7.2.3　管棚钻孔中应在开孔后 2m 处、孔深 1/2 处、终孔处三次进行斜度量测，发现误差超限，即改进钻孔工艺进行纠偏，至终孔仍超限时，则应封孔，原位重钻。

7.2.4　钢管与管箍丝扣应上满，使各管节连成一体，受力后不致由连接处脱开。

7.2.5　管棚钢管安装后进行注浆，注浆量一般按钻孔圆柱体的 1.5 倍。注浆压力一般应达到 1.0～2.0MPa（压力值与箍管孔径有关）并稳压 15min，若注浆量超限，仍未达规定压力，应继续注浆，但应调整浆液，直至符合注浆质量标准，方可终止注浆。注浆质量标准，应是确保钻孔周壁岩体、钢管孔隙为浆液充填，使管棚与围岩固结紧密，增强其整体性。

8. 安 全 措 施

本工法执行现行的《铁路施工技术安全规则》及地质勘测钻孔有关安全规定，还应注意以下几点。

8.1　对钻孔、管棚设备及施工操作，经常进行安全检查，洞内工作面窄小，施工人员多，应设置各种安全防护罩，电器部分应安装漏电保护器。

8.2　每个钻孔都应视作补充地质探孔，并贯穿于施工全过程。地质资料及时整理上报，为安全施工提供依据。

8.3　钻孔作业抽换钻杆时，应防止钻杆被高压泥水冲出孔口伤人。钻孔中发生大量突泥涌水时，应集中全力及时注浆封堵。掌握好开孔与正常钻进的压力和速度，防止断钻杆事故，钻孔中发生卡钻、掉钻、孔斜、坍孔等故障，要积极采取对策，尽快组织处理、抢修、打捞，防止人身事故，防止废孔与损伤钻机。

8.4　加强统一指挥，在施工中发生异常情况时，听从机长指挥，及时处理，确保安全质量和工程进度。

8.5　对注浆掌子面进行有效通风。操作人员应按劳动保护规定配备防护口罩（带活性炭过滤器）、防护眼镜、橡胶或乳胶手套及专用袖套。

8.6　眼睛、脸部或皮肤接触浆液时，应立即用清水或生理盐水彻底冲洗 20min，严重者送医院治疗。

8.7　为保证劈裂注浆固结与管棚超前支护作用，隧道施工应注意：

8.7.1　弱爆破，短开挖，快支撑，快衬砌；

8.7.2　加强拱部下沉、围岩收敛变形与应力量测；

8.7.3　拱部开挖分段长度不宜超过 1.5～3.0m，并应及时加钢架支撑和喷描支护；

8.7.4　要重视管棚钻孔所形成的预裂面，防止管与管之间和管棚下围岩突然坠落伤人。

9. 环 保 措 施

9.1　对岩溶要进行认真调查，摸清地下水通道、流向等，对注浆范围、注浆扩散半径要进行认真设计，确保注浆不致引起水源破坏，同时严格控制注浆浆液影响范围。

9.2　对废液、冲洗废液的废水以及沾染有浆液的弃渣均应妥善处理。

9.3　对设备用油等进行严格管理，包括设备漏油。

9.4　水玻璃等注浆材料有一定的腐蚀性，在其运输、储存、使用过程中要注意防止其意外卸入环境中。

10. 效 益 分 析

10.1　南岭隧道 DK1 935＋690～＋745 长 55m，是全隧突泥涌水最严重的地段。

10.1.1　采用劈裂注浆管棚法实际发生费用 493.70 万元，与冻结法比选方案的概算报价 1142.35 万元相比，节省 648.65 万元。

10.1.2　在劈裂注浆管棚支护下，施工安全可靠，顺利地进行了开挖和衬砌。

10.1.3　施工工期比冻结法缩短 6 个月，确保了南岭隧道施工工期和衡广复线通车的总工期。

10.1.4　开创了隧道施工的先例，拓宽了注浆、管棚技术在隧道施工中的应用。

10.2　在玉蒙铁路秀山隧道施工中，采用本工法，对固结稳定围岩、控制拱部围岩变形和超前预注浆支护通过流砂形成的塌腔具有较好作用。可以加快施工进度，作业安全可靠。与全断面帷幕注浆相比，每环（30m）可以节约成本 21 万元，缩短工期 45d；与冻结法相比，每环可以节约成本 200 万元以上，缩短工期 3 个月，取得了显著的经济效益和社会效益。

10.3　在海棠隧道施工，应用本工法，一是通过劈裂原理将围岩裂隙充填密实，形成脉状构造，构成受力骨架，并通过高压力注浆作用将软弱围岩挤压紧密，充分发挥了软弱围岩自身的作用，减少了成本投入，效益显著；二是对隧底充填厚度较深的岩溶地质进行了劈裂注浆固结，大大减少了因换填造成的开挖作业时间和径向注浆工料的投入。

本工法的成功应用，保障了海棠隧道的施工安全和进度，为铺轨创造了条件，对确保武广客运专线全线建设工期具有重要意义，同时为类似岩溶地质隧道施工提供了及时有效的加固措施，有效解决大断面隧道岩溶地区施工控制变形或坍塌的技术难题，有着长远的经济和社会效益。

11. 应 用 实 例

11.1 南岭隧道 DK1 935＋690~＋745 长 55m，为全隧道地质复杂之冠。该段管道大溶洞与隧道呈 45°交角，为张性断裂带古暗河道，溶洞水平长达 85m，高约 10~16m，宽度 30m，隧道穿越溶洞达 40m，隧道埋深 87m。1984 年 6 月 11 日至 11 月 26 日相继发生三次大突泥涌水，共涌出流塑黏上 11738m³，淹没隧道最大长度 177m，地表同时出现大陷坑，面积 15838m²，最深陷入 15.67m。经铁道部主持三次技术攻关会议，对冻结法、化学灌浆法、旋喷法、电渗法，劈裂注浆管棚法等方察进行比较研究，决定采用劈裂注浆管棚支护综合整治。

管道状岩溶大突泥整治概况：整治原则是分而治之、层层堵截、综合治理。采用洞内外六个工作面劈裂注浆固结流塑黏土，隧道拱部长管棚超前支护。其主要工程数量：注浆工程为 6336.81 延米/ 180 个钻孔，压注水泥 9895.12t，水玻璃 1070.42t。经检查孔取样检测注浆质量良好。拱部原设计 55 根管棚减半为 28 根，总长 594.13m。

劈裂注浆和管棚施工的主要成果：

1. 成功地对大溶洞流塑黏土进行劈裂注浆，使土体力学性能改变，含水率递减，大幅度提高流塑黏土的承载力，从而满足了强度、稳定性、耐久性的要求（见表 11.1）。

注浆前后黏土含水率与抗压强度表   表 11.1

黏土状态 或条件	洞外自然 状态黏土	洞内突泥 流塑黏土	注浆后 15 个检查孔， 45 个土块样平均强度	注浆后下导坑 12 块土样	注浆后上导 坑 6 块土样
含水率(%)	26.5~27.6	65~80	41.38	35.4	27.2
抗压强度(MPa)	0.177	0~0.05	0.222	0.713	2.34

2. 溶洞开挖裸露之后，实践验证了劈裂注浆的质量，流塑黏土注浆脱水之后固结土体自稳性良好，全洞开挖施工和边墙挖孔桩基础最深达 16m，均无任何突泥涌水现象。在注浆固结与管棚支护下，开挖净空宽度达 13.12m，经受爆破振动，土体仍稳定，复合衬砌施工较顺利。

3. 管棚超前支护，极大地约束了拱部围岩的变形，实测拱腰最大位移值 4.46mm，拱顶下沉值为 5mm，较用导坑实测变形结果反馈计算值小约 50%，保证了施工安全。成功地跨越了 40m 的管道型大溶洞和长 40m 左右的断裂岩溶极发育浅埋区。管棚对稳定围岩、控制地表沉陷效果十分显著。管棚钢管基本达到干、顺、直，没有发生平交、立交现象，也没有侵入、远离管棚设计轮廓线，施工精度达到设计要求。

4. 在实践基础上，从理沦上分析研讨了石灰岩岩溶充填流塑黏土劈裂注浆的机理，积累了有益的经验。

11.2 玉蒙铁路秀山隧道全长 10302m，是全线的控制性重点工程。在线路左侧与正线间距 30m 处设置贯通平导，全长 10294m。秀山隧道地处地震强烈活动带，受云南特殊大地构造背景的控制，断裂与褶皱强烈发育，隧道地层岩性复杂，地质条件差且具突变性，围岩多为 V 级，风化破碎不均匀，岩溶、层理、节理、剪涨裂缝、宽张裂隙等十分发育。富水带多，地下水补给丰富、水量大，出口工区日均涌水量 43000m³ 以上，2007 年 6 月 26 日曾达到 120000m³/d，正洞与平导都存在多个富水区和全断面或局部帷幕注浆段，施工中容易发生涌水、突砂突泥等地质灾害。隧道施工中共发生涌水、突砂突泥、遇溶洞溶腔等大小 60 多次。

工程施工中多次应用到本工法的长管棚注浆支护技术。如 2008 年 11 月 23 日晚平导 PDK34＋570 处掌子面泥砂突涌而出，20min 内流砂填满整个掌子面，淤塞导坑 130 多米，装满喷浆料的梭车被流砂推出100m而脱轨，车身被埋约2/3，立爪装渣机被冲出距掌子面70m，导致施工受阻。四方会商在保证安全的前提下逐步清理流砂至掌子面附近，然后施作混凝土止浆墙，采取拱顶长管棚注浆和掌子面局部注浆辅助施工，φ108大管棚环向间距0.3m，长度30m，拱部共布置了35根，通过压注纯水泥浆和双液浆配合施工，形成拱形棚架钢性支护体，固结前方岩体，疏水阻砂，得以弱爆破、短进尺、强支护往前掘进，安全顺利渡过不良地质段。对尽快通过不良地质段，恢复组织正常的施工生产，保障施工安全和进度发挥了巨大作用。

11.3 海棠隧道位于湖南省郴州市苏仙区荷叶坪镇海棠村境内，穿越低山丘陵区，地层主要为第四系残坡积土层、石炭系及泥盆系灰岩、泥灰岩、页岩，进口与张家冲大桥相接，出口与艾家冲大桥相接，是武广客运专线的控制性工程之一，隧道全长2908.81m，起讫里程：DK1835＋722～DK1838＋630.81，最大埋深约125m。隧道处于岩溶强烈发育区，溶蚀、溶洞密集分布，岩溶空间形态复杂；岩溶形态以大型溶腔（槽）、溶洞为主，溶腔（槽）中多以渗透的黏土为主，在施工中坍塌次数频繁，施工进度缓慢，工期及施工安全无法正常保证。

在海棠隧道施工中，全面应用了《岩溶隧道劈裂注浆固结流塑黏土和管棚支护开挖工法》。使用劈裂注浆后在海棠隧道施工中成功解决了提高溶腔充填物的粘结强度，与溶洞相连通的溶洞裂隙、空洞、空隙等隐患用砂浆或混凝土回填密实，最终形成一定厚度的浆液防渗固结体，提高围岩的稳定性。有效地控制了隧道发生大变形，防止隧道洞内发生突泥涌水、地表沉陷，保证了大断面施工中的安全性。不仅克服了大断面岩溶隧道施工突泥涌水、坍塌变形等的安全威胁，对保证隧道衬砌防水也发挥了作用。

饱和动水砂层 TSS 管固砂堵水注浆工法

YJGF13—2000 (2007~2008 年度升级版-030)

中铁隧道集团有限公司

张文强　李治国　卓越　洪开荣　张民庆

1. 前　　言

　　饱和动态含水砂层一直是隧道与地下工程的一大难题，在该种地层中开挖隧道施工时极易发生涌水和涌砂等工程灾害。之前在该种地层中施工隧道，通常采用明挖法、浅埋暗挖法、盾构法或冻结法等施工方法。在采取浅埋暗挖法，利用注浆技术处理饱和动态含水砂层时，可借鉴应用的工法不多。铁道部隧道工程局曾在广州地铁一号线杨箕——体育西路区间隧道通过采用超细水泥——水玻璃双液浆（简称 MC—S 双液浆）作为注浆材料；采用一次性钻头，跟管钻机钻进成孔；后退式分段注浆技术；洞内长短管相结合注浆堵水方案，成功地解决了该区间长 111.8m 饱和动态含水砂层的注浆加固，保证了隧道的安全开挖，并研究出了一套配套工法。此后，在深圳向西路人行地道工程中，铁道部隧道工程局在上一工法特点的基础上，针对粉细砂层注浆孔成成孔较为困难这一弱点，进行了深入研究和现场试验，通过对注浆管材、布管工艺、注浆工艺的系统研究，研制出一种新型的 TSS 型注浆管，并应用 TSS 注浆工艺成功解决了最小覆土仅 4.3m、位于主干道下方的深圳向西路人行地道工程施工中的饱和动水砂层的加固堵水问题。经不断现场试验，总结形成《饱和动水砂层 TSS 管固砂堵水注浆工法》(YJGF 13—2000)，同时其关键技术《饱和、动态含水砂层浅埋隧道施工配套技术》也顺利通过评审鉴定，并获 2000 年度总公司科技进步二等奖、2001 年度洛阳市科技进步二等奖、2002 年铁道学会科技进步三等奖。

　　近年来，该工法在多项隧道及地下工程实践中得到了广泛应用，随着地下工程领域的逐步拓展及施工技术发展，中铁隧道集团在渝怀铁路圆梁山隧道、厦门机场路一期、青岛海底隧道等大量的工程实践应用中通过管材、工艺、浆材等方面对该工法进行了不断地改进和完善，使该工法更具适用性和更为广阔的应用前景，同时根据工法特点研究完成的《小导管外阀单向式分段后退注浆装置》获国家专利（专利号：ZL 200720191168.0）。

2. 工法特点

　　2.1　采用普通水泥、超细水泥及普通水泥——水玻璃双液浆、超细水泥——水玻璃双液浆作为注浆材料。

　　2.2　采用 TSS 型注浆管作为注浆管材。TSS 型注浆管采用普通焊接钢管或无缝钢管加工制作，管材料源广，加工容易。

　　2.3　利用风钻与风镐引孔顶管或通过钻机顶进技术进行注浆管布设，施工速度快，不会发生涌水、涌砂。

　　2.4　施工设备配套简单、工艺易操作，施工成本较低。

　　2.5　能有效解决浅埋暗挖法地下工程在饱和动态含水砂层及其他软弱地层施工中的超前加固或工程结构周边加固，防止施工中出现影响安全质量的地层变形下沉和洞内变形与坍塌，能充分确保周边地层和地表既有设施安全，确保隧道施工安全、经济、优质、按期建成。

3. 适 用 范 围

饱和动态含水砂层（砂层为中细砂、中砂、中粗砂、粗砂，砂层渗透系数范围为 $10^{-2} \sim 10^{-4}$ cm/s）的铁路、市政、公路、水工、电力等各种地下隧道工程的注浆加固堵水。尤其是浅埋暗挖遇此类地层情况，其他软弱不良地层可根据要求参考应用。

4. 工 法 原 理

TSS 型注浆管具有的袖阀管的作用。可以保证浆液通过溢浆孔进入地层，而地层中的水和砂粒难以进入注浆管内，从而达到注浆管的单向阀作用。

当采用超细水泥——水玻璃配双液浆进行注浆施工时，浆液在砂层中主要形成均匀渗透扩散，不易发生大量的劈裂、挤压状况，可以较好地均匀加固砂层，形成完整的防水帷幕；而采用普通水泥——水玻璃双液浆或水泥单液浆时，可保证浆液在设计位置进入地层，避免了全孔注浆的盲目性，提高了浆液扩散的相对均匀性。

采用风钻、风镐，采取顶管技术布设注浆管，易于操作，避免了注浆管布设过程中砂粒的排出，较好地解决了在饱和动态含水砂层中的成孔、布管工艺；通过钻机顶进下入 TSS 型自钻型管棚钢管，节省了管棚钻孔时间，简化了管棚布设程序，同时也能够保证管棚注浆效果。

采用 TSS 注浆工艺中止浆塞、顶管、芯管等配套设施，以满足后退式分段注浆工艺，其注浆分段长度短（一般取 0.6~1.0m），可以有效地解决海陆交互相冲积饱和动态含水砂层中，中、粗、细砂交互出现，地质多变等复杂条件下，能使注浆加固的均一性整体加固效果得到有效保证。

通过连续实时监控量测，及时修正设计参数，完善注浆参数，有效地控制地表隆起，保护环境，保持高度的施工灵活性。

5. 施工工艺流程及操作要点

5.1 施工工艺流程（图 5.1）

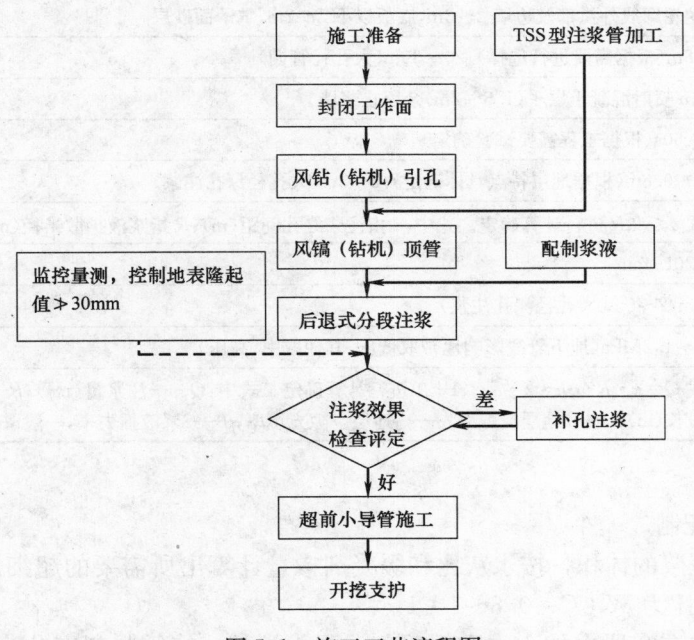

图 5.1 施工工艺流程图

5.2 操作要点

5.2.1 注浆管加工

按设计图纸加工 TSS 型注浆管。TSS 型管棚钢管需在端部安设一次性钻头，后部安设钻机钻杆及注浆管路连接设施。

5.2.2 施工准备

1. 封闭工作面做止浆墙：为防止注浆施工过程中工作面冒浆，每循环开挖后应对工作面止浆岩墙进行喷混凝土封闭，厚度不小于 50cm。为适应注浆孔位的定位方便，可将掌子面喷成平面。

2. 机械设备维修及试运转：在注浆施工前和开挖施工过程中，应对机械设备进行检查、维修、保养，使其保持良好的状态。

3. 施工材料准备：施工材料包括 TSS 型注浆管及其配套的孔内注浆设备和注浆用的超细水泥、水玻璃、缓凝剂等注浆材料。施工前必须将材料运至工作面附近，每次应备足两个小班的材料用量，且随用随补充。

4. 抢险材料的准备：含水砂层开挖过程中，可能会发生突发性的涌水和涌砂现象，给施工及地面设施安全造成危害。因此，必须事先准备好抢险防涌材料，如棉纱、草袋、方木等。

5.2.3 注浆管布设

1. 架设作业平台。

2. 按照设计图纸在工作面上将注浆管孔位用红油漆标出。

3. 采用 0.5m 立杆按开孔位置相对坐标，采用相对距离定位技术进行钻杆定位，采用 YT—28 风钻（或 7655 风钻），用 1m 钻杆对混凝土封闭层进行钻穿引孔，大孔径可采用多功能钻机引孔。

4. 采用手持风镐，利用作业平台，用冲击套将注浆管顶入地层，注浆管外露 10～20cm，对于大孔径 TSS 管棚，可采用多功能钻机直接钻进。

5. 注浆管布设后，采用棉纱＋速凝水泥砂浆将注浆管周围封填，以避免注浆施工中产生返浆。

5.2.4 注浆作业

1. 注浆参数

注浆参数如表 5.2.4 所示。

注浆参数表　　　　　　　　　　　　　表 5.2.4

参数名称	参数值
注浆加固范围	开挖轮廓线外拱部及边墙 2～3m，底板以下 1～2m，掌子面砂层
注浆管长	4～6m（根据需要进行选择）；20～30m（大孔径管棚）
止浆岩墙	50cm 喷射混凝土层＋(1.5～2m)余留止浆墙
凝胶时间	30～60s（根据工程需要试验确定）
扩散半径	0.5～0.8m（根据地层特点具体确定）；2～3m（大孔径深孔注浆）
终孔间距	按式 $a \leqslant \sqrt{3}R$ 进行计算确定。式中：a 指注浆终孔间距(m)；R 指浆液扩散半径(m)
注浆速度	5～30L/min
注浆分段长	0.6m/2～5m（大孔径深孔注浆）
注浆终压	0.5～1.2MPa（地下管线影响地带取低压，其他取中、高压）
单段注浆量	按式 $Q=\pi \cdot R^2 \cdot h \cdot n \cdot \alpha \cdot (1+\beta)$ 进行计算确定。式中：Q——注浆量(m³)；R——浆液扩散半径(m)；h——注浆段长(m)；n——地层空隙率；α——地层空隙充填率；β——浆液损失率，一般取 10%～30%

2. 配制浆液

1）超细水泥浆的配制

① 根据预配制水泥浆的体积，按水灰比和缓凝剂掺量计算出所需要的超细水泥、水和缓凝剂的用量。施工中宜采用水灰比为 W：C＝0.8～1：1。

② 根据用量，首先在容器中加入水和缓凝剂，强力搅拌，待缓凝剂充分溶解后，加入超细水泥，

强力搅拌，混合均匀。

2）水玻璃浆的配制

在浓水玻璃中加入水，边加水边搅拌，边用玻美计测试其浓度，到达所需要的稀释浓度为止。施工中宜采用水玻璃浓度为 30～40Be′。

3）水泥单液浆的配制

根据注浆目的进行水泥浆的配制，一般根据现场情况宜取水灰比为 W：C＝0.6～1：1。

3. 注浆作业

注浆管布设完成后，开始进行注浆作业。采用 TSS 型注浆管配套设备，采用双液注浆泵，采取后退式分段注浆工艺进行注浆作业。

后退式分段注浆工艺：将带有止浆塞的芯管和顶管连接后插入到注浆管相应位置，顺时针旋转芯管上的法兰盘，使止浆塞膨胀，以达到止浆效果。连接注浆管路，采用双液注浆泵向孔内注浆，每次注浆段长选择为 0.6m，即第一段注浆完成后，反时针旋转芯管上的法兰盘，使止浆塞恢复到原状，将芯管后退 0.6m，进行第二段注浆，如此下去，直至将整个注浆段完成。

后退式分段注浆要特别注意止浆塞的损坏程度，施工过程中若发现止浆塞存在问题，应立即更换，以免引起注浆管堵塞，造成芯管无法拔出，影响正常施工。

大孔径深孔注浆时，将水（气）胀式止浆塞放入管内待注浆位置处，加压使止浆塞膨胀止浆，再连接注浆管路进行注浆。

5.2.5 注浆效果检查

注浆完成后，必须进行效果检查与评价，如未满足要求，应进行补充注浆，直至达到预期的注浆效果。注浆效果的检查与评价一般采用以下几种方法进行。

1. 理论分析法

1）绘制注浆过程 P-Q-t 曲线

通过对钻孔、注浆记录进行整理，分析现场注浆施工每个孔段的注浆压力 P、注浆流量 Q 同注浆时间 t 之间的关系曲线，根据曲线特征结合现场注浆情况、机械设备性能特点等因素，对注浆效果进行理论分析与评价。

2）浆液填充率反算

注浆结束后，统计注浆量 ΣQ，计算浆液在该地层中的填充率 k，结合地层孔隙率等指标评价浆液在地层中的填充效果。

2. 钻检查孔法

结合注浆作业记录，在注浆相对薄弱部位钻设检查孔，检查孔数量根据断面情况及注浆孔数量确定（一般取注浆孔数量的 10%），对钻孔进行取芯检查，根据岩芯完整率、浆液充填情况以及孔内涌水、涌砂情况等因素综合评价注浆效果。对于堵水要求较高的工程，还应在孔内进行注（压）水试验，测定地层渗透系数。大孔径深孔注浆还可结合孔内电视成像对注浆效果进行评价。

3. 物探法

运用电测、地质雷达等物探手段对注浆前、后地层进行对比分析，宏观评价注浆效果。

5.2.6 监控量测

采用精密水准仪测试在注浆过程中地表的变形情况，控制注浆过程中地表的隆起变形。注浆施工前，应根据地表或地下管线用途或材质情况确定其控制限值，在注浆过程中，严格按照限值进行控制，达到限值应及时调整设计参数，采取增加注浆管数量，缩短布管间距，以达到控制地表隆起变形，确保工程施工安全及周围环境稳定。

5.3 劳动组织

根据工程数量要求，合理地安排劳动力。在注浆施工中，施工人员要听从现场施工组的统一安排，服从指挥，各司其职，严格施工纪律。施工劳动组织安排如表 5.3 所示。

表 5.3

劳动力组织情况表

工 种	人 数		职 责
	一个班	三个班	
技术人员	1	3	负责全面注浆工作
工班长	1	3	协助技术人员工作，负责劳动力安排
司泵	1	3	负责注浆泵的操作，记录注浆参数
钻孔（制浆）	3	9	负责布设注浆管；注浆时配制浆液
孔口位置	2	6	负责顶管工作；注浆过程中下注浆芯管，测试凝胶时间
辅助工	1	3	负责文明施工
合计	9	27	

6. 材料与设备

6.1 注浆材料

施工中所采用的水泥的粒径选择按 J. C. King 可灌性判式进行。J. C. King 可灌性判式如下：

$$N_1 = \frac{D_{15}}{G_{85}} \geqslant 15 \quad \text{或} \quad N_1 = \frac{D_{10}}{G_{95}} \geqslant 8 \tag{6.1}$$

式中　N（通常取 N_1）——注浆比；

$\quad\quad D_{15}$、D_{10}——地层的粒径累计曲线的 15％，10％的颗粒直径；

$\quad\quad G_{85}$、G_{95}——注浆材料粒径累计曲线的 85％、95％的颗粒直径（通常采用注浆材料颗粒的 85％、95％粒径作为注浆材料的"最大代表粒径"）。

常用注浆材料及相关参数见表 6.1。

注浆材料表　　　　表 6.1

材料名称	浆 液 配 比			原材料
	水灰比（W∶C）	体积比（C∶S）	水玻璃浓度（S）	
C浆（普通水泥单液浆）	0.6∶1～1∶1			P.O32.5R 以上普通硅酸盐水泥
C-S浆（普通水泥—水玻璃双液浆）		1∶0.3～1∶1	30～35Be′	$M=2.2～2.8$ 浓度≥40Be′
MC浆（超细水泥单液浆）	0.8∶1～1∶1			最大粒径 20μm 比表面积≥8000
MC-S浆（超细水泥—水玻璃双液浆）		1∶0.3～1∶1	30～35Be′	$M=2.2～2.8$ 浓度≥40Be′
TGRM浆	0.8∶1～1∶1			TGRM-Ⅱ型材料
HSC浆	0.8∶1～1∶1			HSC 材料

可根据需要掺加缓凝剂，工业品磷酸氢二钠，掺量为 1％～2％

6.2 注浆管材及其配套止浆系统

施工中采用 TSS 型注浆管及其配套止浆系统。小直径 TSS 型注浆管体采用不同口径的焊接钢管（加厚型）制作。其系列配套止浆系统由 TS—A 顶杆、TS—B 注浆芯管、TS—C 顶杆螺母、TS—D 止浆塞等四部分组成，并与 TSS 型注浆管体相配套。对于 TSS 型管棚注浆，管体一般可采用无缝钢管加工，如注浆长度相对较大，注浆芯管可选择柔性钢丝管，止浆塞可选择水（气）胀性止浆塞，以提高注浆作业的可操作性。

6.3 主要机具设备见表 6.3。

主要机具设备表 表 6.3

项目名称	机械名称	型 号
成孔设备	风钻	YT-28
	风镐	普通型
	冲击套	自制
	地质钻机	根据钻孔需要采用多功能钻机
注浆设备	注浆泵	HFV-5D、KBY-50/70 型等双液注浆泵
	搅拌机	QV-300/50
输浆设备	高压胶管	Dg25-Pg16
	混合器	T 型
	抗震压力表	16MPa
	高压球阀	$\phi25$
TSS 管及配套设备	TSS 管体	GB$\phi32$ 焊接钢管或无缝钢管,管径根据工程需要
	TS—A 顶杆	$\phi34\times2.5$mm 无缝钢管
	TS—B 注浆芯管	无缝钢管(加厚型),管径根据孔径及孔深确定
	TS—C 顶杆螺母	圆钢,管径与芯管对应
	TS—D 止浆塞	尺寸与芯管对应,大管径采用水(气)胀性止浆塞

7. 质 量 控 制

7.1 TSS 型注浆管应符合加工及质量标准要求。

7.2 注浆孔孔位标注误差≤±1cm。

7.3 钻孔定位误差≤±1cm。

7.4 浆液凝胶时间应在设计值范围内。

7.5 单孔单段注浆量不得少于设计注浆量的 80%。

7.6 注浆压力不得高于注浆终压,注浆过程中当各孔注浆量达到设计注浆量时,注浆终压应接近设计终压。

7.7 注浆过程中,地表隆起值≤30mm。

7.8 注浆结束后检查孔钻进过程中排出的岩粉中应有浆液的胶凝体,检查孔钻孔结束后,将钻孔放置一段时间,观察检查孔中应没有涌水、涌砂现象。

7.9 检查孔注水试验,注浆后地层渗透系数应≤10~4cm/s。

7.10 开挖过程中,对固砂体取样进行力学指标测试,固砂体抗压强度应≥0.3MPa。

8. 安 全 措 施

8.1 注浆结束后,应对注浆效果进行检查评定,注浆效果未达到要求,不得进行开挖施工。在施工过程中若出现局部涌水、涌砂应立即封闭,补充注浆。

8.2 注浆效果的检查评定主要采取分析法、钻检查孔法和开挖面取样测试等三种方法。分析法包括注浆过程中的 P-Q-t 曲线分析、群孔注浆浆液填充率的反算分析;钻检查孔法包括检查孔的观察和检查孔注水试验;开挖面取样测试主要是对开挖面砂样固结体力学指标测试。

9. 环 保 措 施

9.1 成立对应的施工环境卫生管理机构,在工程施工过程中严格遵守国家和地方政府下发的有关环境保护的法律、法规和规章，加强对施工燃油、水泥、水玻璃等工程材料、设备、废水、生产生活垃圾、弃渣的控制和治理，遵守有防火及废弃物处理的规章制度，做好交通环境疏导，充分满足便民要求，认真接受城市交通管理，随时接受相关单位的监督检查。

9.2 将施工场地和作业限制在工程建设允许的范围内，合理布置、规范围挡，做到标牌清楚、齐全，各种标识醒目，施工场地整洁文明。

9.3 对施工中可能影响到的各种公共设施制定可靠的防止损坏和移位的实施措施，加强实施中的监测、应对和验证。同时，将相关方案和要求向全体施工人员详细交底。

9.4 设立专用排浆沟、集浆坑，对废浆、污水进行集中，认真做好无害化处理，从根本上防止施工废浆乱流。

9.5 定期清运沉淀泥砂，做好泥砂、弃渣及其他工程材料运输过程中的防散落与沿途污染措施，废水除按环境卫生指标进行处理达标外，并按当地环保要求的指定地点排放。弃渣及其他工程废弃物按工程建设指定的地点和方案进行合理堆放和处治。

9.6 优先选用先进的环保机械。采取设立隔声墙、隔声罩等消声措施降低施工噪声到允许值以下，同时尽可能避免夜间施工。

9.7 对施工场地道路进行硬化，并在晴天经常对施工通行道路进行洒水，防止尘土飞扬，污染周围环境。

10. 效 益 分 析

10.1 社会效益

1. 采用暗挖法确保施工期间地面交通畅通无阻，保证了市容美观。施工中不产生噪声、尘土等公害，不干扰市民的正常生活，深受欢迎，具有较好的环保效益。

2. 该成果中所研制的超细水泥—水玻璃双液浆等系列浆材，无毒无污染，且渗透性与化学浆材相当，采取该材料改良地层，对地层及水资源无污染，保护了生态环境，环保效益显著。

3. TSS 管加工简单，成孔容易，既减轻了工人劳动强度，又加快了施工进度，提高了劳动效率，缩短了建设周期，具有较高的节能效益。

4. 拓宽了"浅埋暗挖法"施工范围，促进了地下工程施工技术发展，推广应用前景广阔，具有极高的远期社会效益。

10.2 经济效益

1. TSS 型注浆管加工、布设工艺简单，同洞内长短管相结合注浆工艺（广州地铁杨体区间采用）相比，施工进度可提高 50%。

2. 同盾构法相比，采取 TSS 型注浆管注浆工艺施工饱和动态含水砂层，可以减少对环境的污染，同时，施工成本降低 60% 以上。

3. 与常规管棚施作相比，采用 TSS 型管棚，不仅提高了管棚注浆效果，施工效率提高 40% 以上，施工成本降低 30% 左右。

11. 工 程 实 例

11.1 青岛胶州湾海底隧道工程

11.1.1 工程概况

胶州湾隧道是连接青岛市主城区和黄岛开发区的重要通道，下穿胶州湾湾口海域，是青岛市区环胶州湾范围交通骨干网络系统的重要组成部分。隧道全长约 7120m，包括跨海隧道主体工程及两岸的部分接线工程。隧道部分设两条主隧道和一条服务隧道，并预留市政管线敷设通道。隧道总长约

6170m，其中跨越海域段约 3950m。设计道路为双向六车道，其中青岛胶州湾隧道工程第四施工合同段承担 3300m 的右线主隧道、3250m 的服务隧道以及横通道工程。主隧道海域段长 1750m，覆盖层厚度在 25.4～35.1m 之间。服务隧道海域段长 1755m，覆盖层厚度在 29.6～39.0m 之间。隧道通过段海域最大水深约 42m。右线隧道在开挖通过 YK6＋975～＋985 段后，初期支护背后出现了大面积渗漏水，且水量较大，呈淋雨状，主要集中在拱腰至拱部，水量约在 2m³/h 左右，水质清澈，主要为围岩裂隙水。

11.1.2　工程地质情况

YK6＋975～＋985 段为 F4-4 断层破碎发育影响带，水深 27～30m，海底覆盖层 2～3m，主要为砂砾，局部沉积有淤泥。隧道拱顶覆盖层仅 24～26m。段内岩体为碎裂～镶嵌碎裂结构，裂隙以密闭型为主，少数为微张型，裂隙水发育；岩体受构造影响严重，岩体完整程度和风化带厚度差异很大，基岩以含晶屑火山角砾凝灰岩为主，局部夹凝灰岩、并有较多辉绿岩脉、石英正长岩脉侵入。辉绿岩抗风化能力差且辉绿岩及其两侧岩体较破碎或发育小断层。

11.1.3　TSS 径向注浆方案

为了对该段渗漏水进行有效治理，避免其长期渗漏与海水形成直接联系，造成隧道突水等灾害，经研究，对该段采用工艺成熟、操作灵活 TSS 工艺进行注浆堵水。

注浆孔布置在隧道拱顶 90° 范围内，垂直于开挖轮廓线按梅花型布设，间距 1m×1m。两端截水帷幕孔深 5m，出水点附近注浆孔深 4m，见图 11.1.3，注浆参数如表 11.1.3 所示。

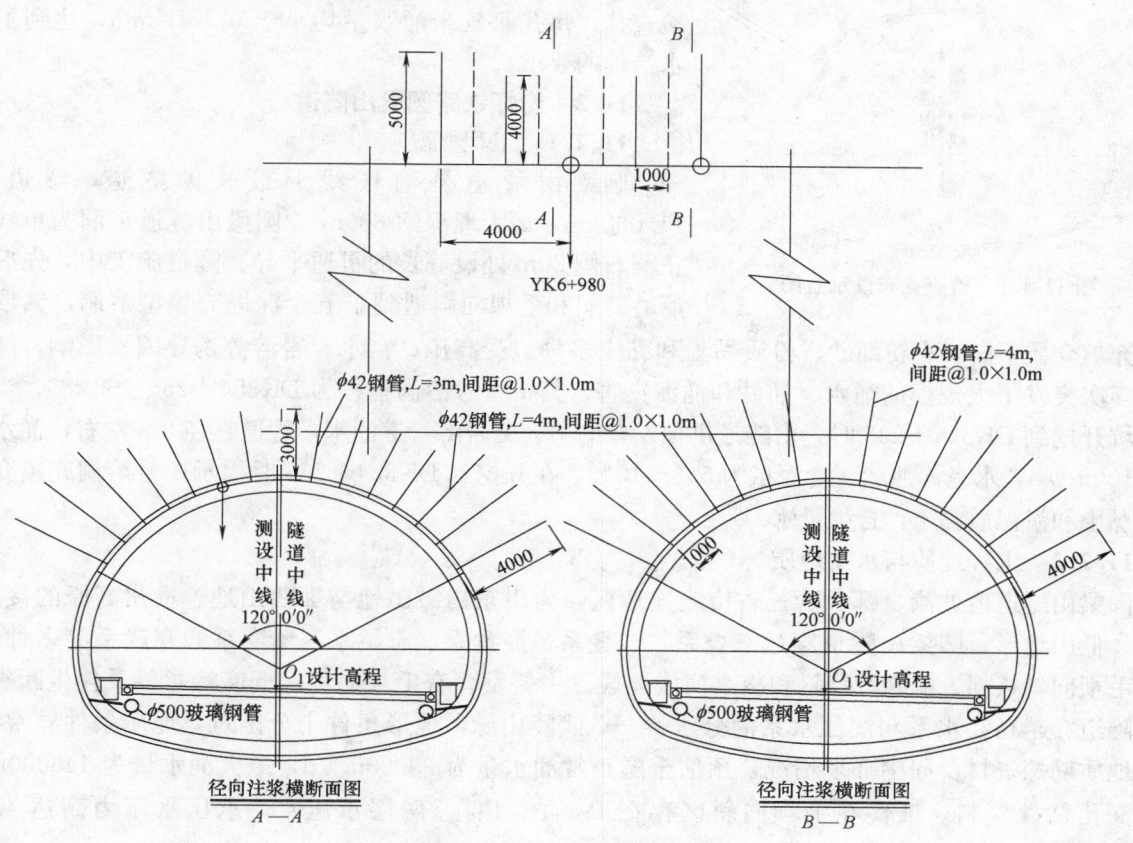

图 11.1.3　注浆孔布置纵、剖面图

注浆参数表　　　　　　　　　　　　　　　　　表 11.1.3

序　号	参 数 名 称	参 数 值
1	注浆速度（L/min）	5～50
2	注浆终压（MPa）	0.5～1.5

序　号	参数名称	参　数　值
3	注浆材料及配比	超细水泥单液浆、超细水泥—水玻璃双液浆，W：C=1：1，C：S=0.3：1~1：1
4	单孔注浆量(m³)	按 $Q=\pi R^2 Hn\alpha(1+\beta)$ 进行计算确定。式中：Q——注浆量(m³)；R——扩散半径(m)；H——注浆段长(m)；n——地层裂隙度或空隙率；α——浆液填充率；β——浆液损失率

11.1.4　注浆工艺控制

1. 钻孔采用凿岩台车钻孔，孔径φ50mm，注浆管采用φ42mm 的 TSS 钢管。

2. 注浆材料以超细水泥单液浆为主，封孔和出现跑漏浆时则采用双液浆进行处理。

3. 注浆顺序采用由两侧到中间、由下向上、由外至内的原则进行，分两序孔跳孔注浆。

4. 一序孔注浆结束标准以定量定压相结合为原则进行控制，二序孔以设计终压进行控制。

11.1.5　注浆效果检查

1. 堵水率分析

注浆前，该段渗漏水较大为淋雨状，水量为 2m³/h，注浆后，除个别地方滴水处水量约为 0.4m³/h，其余地方均无明显渗水，注浆堵水率达到 85%。

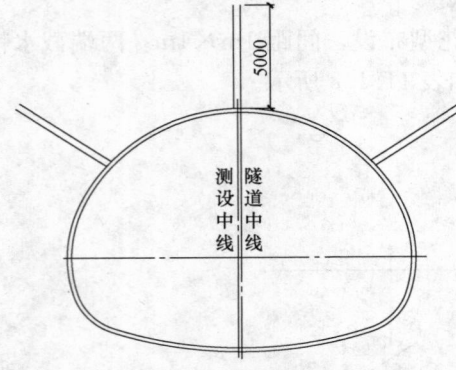

图 11.1.5　检查孔布设示意图

2. 检查孔法

注浆结束后，根据注浆情况如图 11.1.5，布设 3 个径向检查孔，每孔每延米涌水量均小于 0.15L/min，达到了渗漏水治理的要求。

11.2　渝怀铁路圆梁山隧道

11.2.1　工程概况

圆梁山隧道是渝怀线上最长的隧道，隧道全长 11.068km，最大埋深约 800m。圆梁山隧道正洞为单线，在正洞右侧 30m 处设等长的贯通平导。隧道施工中，先后在桐麻岭背斜和毛坝向斜遇到了五个深埋充填型溶洞，其形态各异，充填介质不同，有粉细砂、粉质黏土和黏土多种。受高压、富水、岩溶等诱导因素影响，隧道施工中多次突发了大规模的涌水、涌砂和涌泥灾害。其中 1 号溶洞里程为 DK354+255~+280，当正洞下导坑开挖到 DK354+235 时，由隧道拱顶发育的一大型岩溶管道涌水，管道直径 2m 左右，涌水量为 70~100m³/h，水呈浑浊状，含泥量为 5%~10%，在开挖到 DK354+255 时揭示 1 号溶洞充填介质为粉质黏土和淤泥质黏土，含少量水。

11.2.2　工程地质与水文地质

圆梁山隧道地处渝、鄂、黔三省市毗连地区，为川东褶皱山地与鄂西山地、贵州高原的接触带，属中、低山地形。圆梁山隧道穿过三叠系、二叠系、泥盆系、志留系、奥陶系和寒武系等多种地层，穿越毛坝向斜核部、桐麻岭背斜和冷水河浅埋段，主要发育有毛坝向斜、桐麻岭背斜及伴生断裂。圆梁山隧道穿越乌江水系与沅江水系的分水岭——武陵山脉，地形条件十分困难，地质条件异常复杂。根据地质勘探资料及周围环境情况，预估全隧正常涌水量为 98000m³/d，最大涌水量为 145000m³/d。根据深孔钻探资料，证实在毛坝向斜区存在 P_{2w+c}、P_{1q+m} 两层承压水，承压水压力高达 4.42~4.6MPa。见图 11.2.2。

11.2.3　施工方案

由于 DK354+235 位置岩溶管道的泄水作用，并且溶洞填充介质为淤泥质粉质黏土，夹杂部分漂石和砾石，有一定的自稳能力，因此正洞主要采取"排水降压，导管支护，人工开挖，径向加固，基底处理"的"排堵相结合"的施工措施，对溶洞下导坑采取超前小导管、型钢钢架及喷锚支护进行开挖施工。

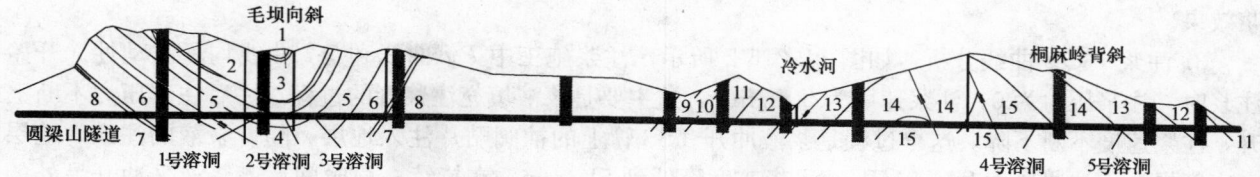

图 11.2.2　图梁山隧道工程地质图

1—T$_{1J}$（三叠系嘉陵江组）；2—T$_{1d}$（三叠系大冶组）；3—P$_{2c}$（二叠系长兴组）；4—P$_{2w}$（二叠系吴家评组）；5—P$_{1m}$
（二叠系茅口组）；6—P$_{1L+q}$（二叠系梁山组、栖霞组）；7—D$_{3s}$（泥盆系水车坪组）；8—S（志留系）；9—O$_{2+3}$
（奥陶系中、上统）；10—O$_{1d}$（奥陶系大湾组）；11—O$_{1n+f+h}$（奥陶系红花圆、分乡、南津关组）；
12—∈$_{3m}$（寒武系毛田组）；13—∈$_{3g}$（寒武系耿家店组）；14—∈$_{2P}$
（寒武系平井组）；15—∈$_{2g}$（寒武系高台组）

11.2.4　注浆参数

注浆设计参数及注浆孔布置分别见表 11.2.4、图 11.2.4。

注浆设计参数表　　　　　　　　　　　　　　　　　　　　　表 11.2.4

参 数 名 称		径 向 注 浆	底部钢管桩加固注浆（TSS）
加固范围		开挖轮廓线外 3m	临时仰供以下 7～12m
布孔方式		梅花型	梅花型
开孔间距/cm（环向×纵向）		65×100	60×60
钻孔直径/mm		φ48	开孔 φ108/终孔 φ90
钢管直径/mm		φ42	φ76
钢管长度/m		3	7～12
注浆材料	超细水泥或普通水泥	水灰比 0.6∶1～0.8∶1	
	TGRM	水灰比 0.8∶1～1∶1	

11.2.5　注浆施工

径向注浆采取全孔一次性注浆工艺，按定压定量原则进行控制，以定压为主，设计注浆终压 1.5MPa，单孔注浆量 1m³。底板钢管桩注浆前期采用钢花管跳孔跳排多序孔钻注方式，但施工中串浆现象十分严重，且钻孔、注浆施工干扰很大，因此调整为 TSS 管注浆，仍采取全孔一次性注浆工艺，注浆顺序采取间隔跳孔跳排原则，按"单排单号孔→双排单号孔→单排双号孔→双排双号孔"四序孔进行施工。一、二序孔按定量定压相结合原则进行控制，设计单孔注浆量 2m³，注浆终压 3MPa。三、四序孔按定压原则进行控制，设计注浆终压 3MPa。

注浆加固范围

径向注浆管

二次衬砌

φ75钢管桩

700～1200

10cm×60cm

图 11.2.4　1 号溶洞注浆设计图

11.2.6　注浆效果检查

1. 注浆量分布特征性分析：以注浆率（单孔注浆量/注浆段长）来评定地层的注浆加固效果。由图 11.2.6-1 注浆率分布特征图来看，注浆率呈明显的不均匀分布，但总体基本表现为交错状形态，这与注浆施工按四序孔作业有关。注浆施工采取四序孔作业，主要实施定压注浆措施，因而前序孔注浆量相对较大，而后序孔注浆量要小一些，这也是实施挤密型注浆的必然结果。

2. 串浆性分析：前期采取花管注浆，尽管实施了四序孔作业方式，但施工的 43 个孔中仍发生串浆 18 次，串浆率高达 41.9%，这严重地影响了注浆标准控制。后期调整为 TSS 管注浆，在调整后的注浆施工中，共钻孔 408 个，注浆时发生串浆 22 次，串浆率仅为 5.4%，串浆率大幅度的下降，确保了注浆效果。

3. 注浆 P-Q-t 曲线分析：如图 11.2.6-2 所示，注浆施工中 P-t 曲线和 Q-t 曲线均呈波动性。开始注浆时，注浆压力为 0，注浆速度为 50L/min，这主要是浆液填充注浆管的过程。之后注浆压力不断上升，注浆速度不断下降。这个过程是浆液冲开 TSS 管上的袖阀贴片注入地层。随着浆液的注入，地层密实度提高，注浆压力升到 3MPa，注浆速度降低到 5L/min。在持续一段时间后，浆液又冲开另外的袖阀贴片，注浆压力下降，注浆速度升高……如此几个循环后，地段被较好加固，注浆压力稳定在 3MPa，注浆速度稳定在 5L/min，持续 10min 后结束注浆。

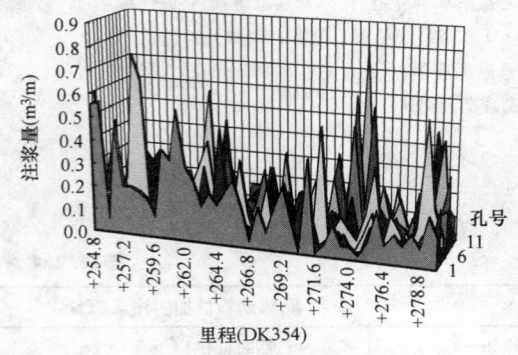

图 11.2.6-1　注浆率分布图

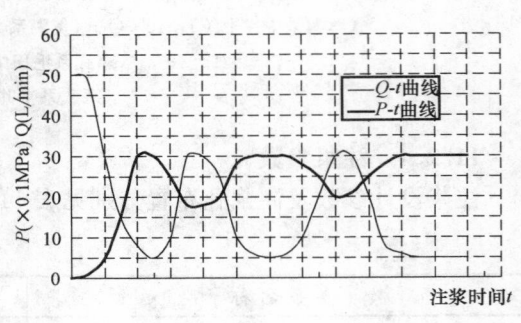

图 11.2.6-2　注浆 P-Q-t 曲线

4. 地层填充率反算：根据总注浆量、注浆加固体体积、地层空隙率和浆液损失率反算出地层浆液填充率为 83.3%，可见地层得到了很好的注浆加固。

5. 经注浆前后地层渗透系数测试：注浆前地层渗透系数为 3.41×10^{-5} cm/s，注浆后则为 4.54×10^{-6} cm/s，注浆后地层渗透系数下降了一个数量级。

11.3　厦门机场路梧村山隧道

11.3.1　工程概况

厦门市机场路一期工程 JC3 标梧村山隧道进口设计桩号 YK7＋655～YK7＋685 范围为连拱隧道，34 号房屋位于设计桩号 YK7＋660～K7＋672 段，是一栋 7 层、浅基、框架砖混结构住宅，房屋基础为浆砌整条毛石基础，埋深 1.3m，房屋总体长 56m，宽 11.2m，基础厚 75cm，宽 1.14m。房屋基础与隧道关系平面图如图 11.3.1 所示。

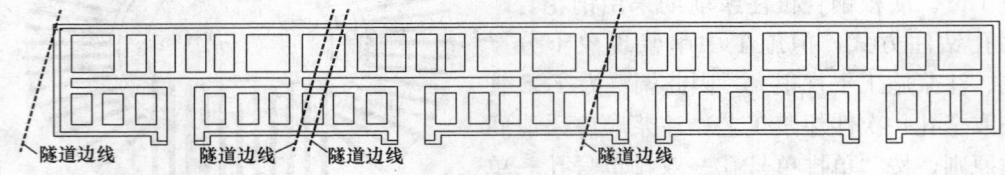

图 11.3.1　34 号房屋基础及其与隧道位置关系图

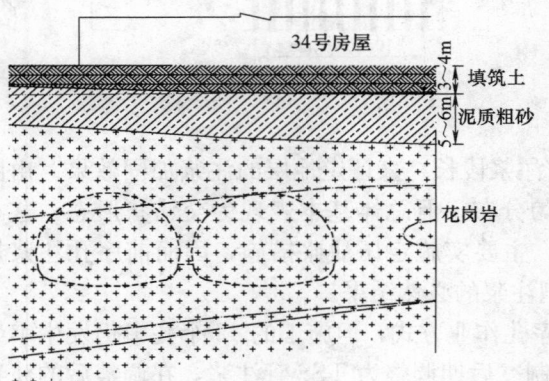

图 11.3.2　YK7＋655～YK7＋685 段地质纵断面图

11.3.2　工程地质情况

该段围岩由地表以下 0～4m 范围内为填筑土，多以生活垃圾为主；4～10m 范围内为泥质粗砂，呈松散-松软状，流动性较强；10m 以下为全强风化岩，渗透系数小，饱水性比较强，稳定性很差，遇水很容易流失、塌陷。地质纵断面如图 11.3.2 所示。

11.3.3　施工方案

为减小因隧道开挖造成地层损失以及因地下水流失地层固结沉降引起的地表沉降，避免因沉降量过大或差异沉降量过大造成房屋开裂，影响房屋的结构安全，拟在 YK7+655～YK7+685 范围内施作管棚,以提高支护刚度,有效控制变形,确保隧道和地表建筑物的安全。

管棚采用 TSS 型,加固范围为 YK7+655～YK7+685,管棚长 30m,管棚环向间距为 40cm。管棚采用 φ108mm×8mm 的热轧无缝钢管加工为 TSS 型注浆管体,每节长 3.1m 或 2.1m,并沿管棚两条垂直直径布设四排对称溢浆孔,溢浆孔由内孔、外孔和贴片组成,最后一节管棚预留 1.5m 不设溢浆孔,加工示意图如图 11.3.3 所示,管棚沿隧道周边以 3°外插角设置,共计 82 根。管棚及注浆参数见表 11.3.3。

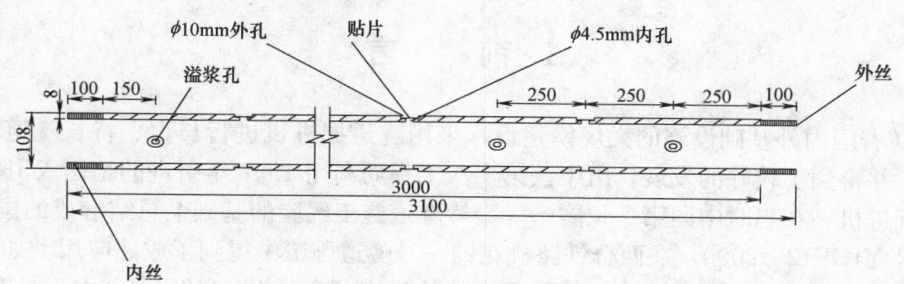

图 11.3.3　TSS 型管棚加工示意图

技术参数表　　　　　　　　　　　　　　　　　　　　　　表 11.3.3

序　号	参 数 名 称	参　数　值	备　注
1	管棚长度	30m	
2	管棚数量	82 根	
3	管棚外插角	3°	
4	管棚间距	40cm	
5	浆液配比	W:C=0.8～1:1(质量比) C:S=1:1(体积比)S=35Be'	HSC 超细水泥—水玻璃双液浆
6	注浆终压	0.5～1.5MPa	
7	注浆速度	5～110L/min	
8	注浆量	1.5～3m³	
9	注浆方式	分段后退式	分段长度 3～5m

11.3.4　管棚及注浆施工

1. 管棚作业

管棚钻孔采用意大卡萨 C6 钻机,并开挖管棚作业室,作业室长 10m,拱部施作超前小导管注浆,管棚施工前需预埋管棚导向管,将带有钻头的 TSS 型管棚安装至钻机沿导向孔钻进至设计深度。

2. 注浆施工

管棚注浆方式为分段后退式,采用水胀式橡胶止浆塞进行孔内止浆,分段长度为 3～5m,从内至外进行分段注浆,直至整根管棚完成。管棚注浆采用 HSC 超细水泥(加膨胀剂)～水玻璃双液浆,注浆采取间隔跳孔的方式进行,2 个同时施工的管棚环向间距应不小于 1.4m,以避免相邻孔注浆时发生串浆。

11.3.5　效果评价及分析

管棚注浆完成后,通过理论分析,注浆充填率达到了 80%以上,同时根据洞顶建筑物监测信息反馈,较好地达到了隧顶周边整体性支护的目的,隧道开挖期间建筑物沉降控制在 25mm 之内,最大倾斜率小于 1‰,最终确保隧道安全顺利穿越建筑物。

TB880E 型隧道掘进机（TBM）施工工法

YJGF12—2000（2007～2008 年度升级版-031）

中铁十八局集团有限公司

邓勇　王雁军　李宏亮　齐梦学　王宝友

1. 前　　言

21 世纪，随着国内外基础设施的大规模建设，采用隧道掘进机进行长大、特长隧道的施工显示了突出的优越性，并得到了较好的发展。由中铁第十八工程局利用 1997 年引进的德国 WIRTH 公司制造的全断面岩石掘进机，在当时中国第一长隧——秦岭隧道施工经验的基础上总结形成的国家级 TBM 施工工法（工法号 YJGF12—2000）在西合铁路桃花铺一号隧道施工中得到了成熟应用。如今，由中铁十八局集团负责承建的新疆南疆铁路吐库二线中天山特长隧道（全长 22.452km），由于具有工程规模大、工期紧、标准高等特点，经过方案比选，确定采用 TBM 施工方案，并在原有国家级 TBM 施工工法基础上进行创新，解决了二次衬砌与 TBM 掘进不能同步施工这个世界性技术难题，并获得成功应用，缓解了工期压力。该技术成果经中国铁道建筑总公司专家组评审，被认为处于国际先进水平，并荣获中铁十八局集团有限公司科技进步一等奖，经整理形成本工法。

2. 工法特点

TBM 工法与 D&B 不同，具有快速、优质、安全、经济等特点；采用二次衬砌与 TBM 掘进同步施工技术，最大限度地缩短了施工工期。尤其是长大、特长隧道施工，采用 TBM 工法，优越性更为显著。

3. 适用范围

本工法适用于采用敞开式 TBM，且工期较紧或需要边掘进边衬砌的长大、特长隧道施工。

4. 工艺原理

以 TBM 为主，完成隧道施工的破岩、支护、喷锚、运输等作业，形成隧道施工工厂化作业模式；以衬砌台车（带模板）为主，完成隧道的混凝土二次衬砌；采用二次衬砌与 TBM 掘进同步施工技术，加快工程建设速度。

5. 施工工艺流程及操作要点

5.1　施工工艺流程

TBM 施工工艺流程见图 5.1。

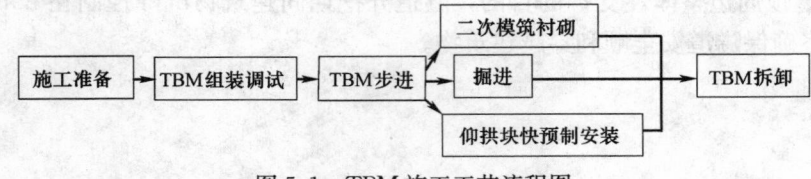

图 5.1　TBM 施工工艺流程图

5.2 操作要点

5.2.1 TBM 组装调试

1. 组装

整套设备组装工艺流程可分为两大区域，即主机及连接桥组装工艺流程和后配套组装工艺流程。流程见图 5.2.1-1～图 5.2.1-4。

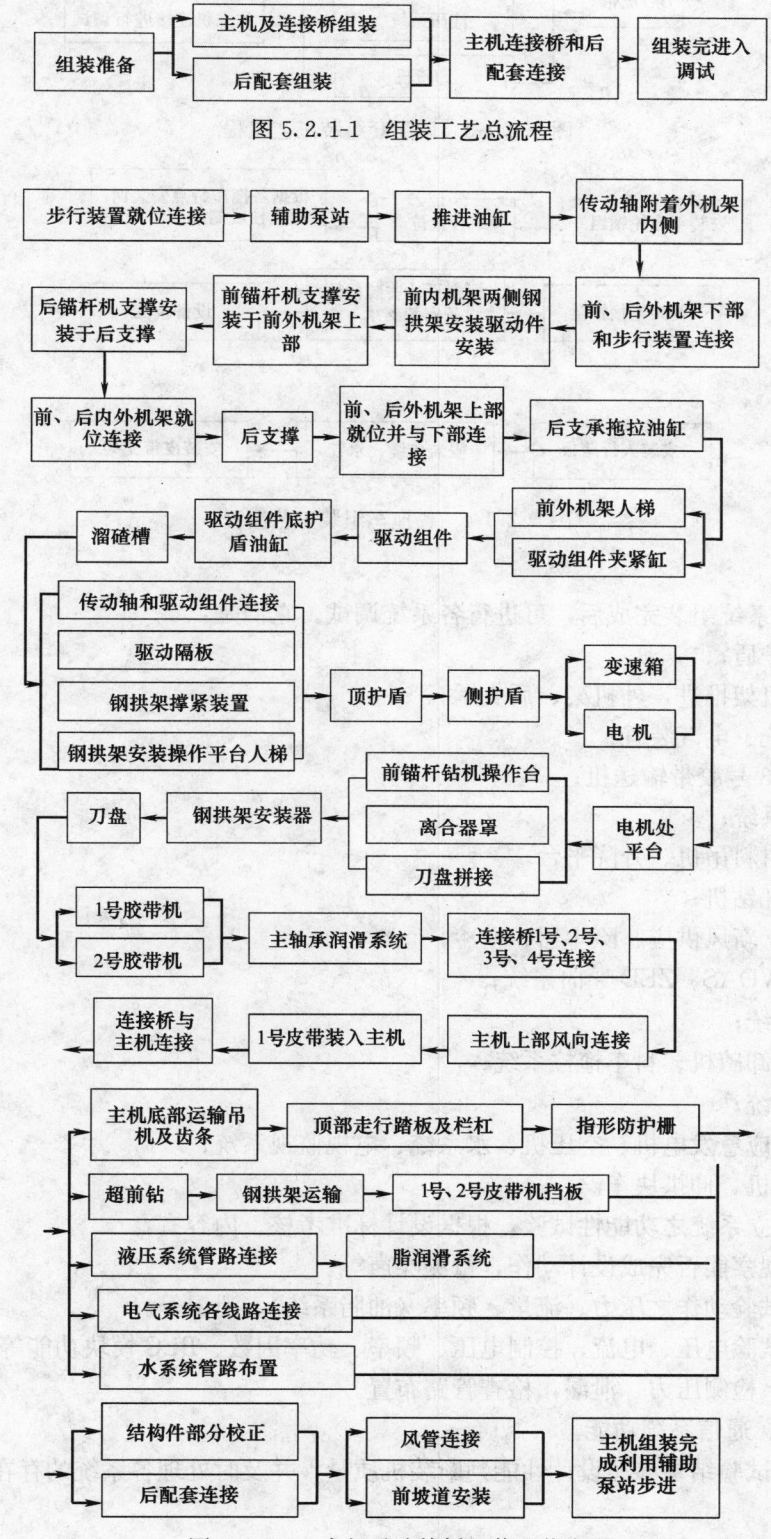

图 5.2.1-1 组装工艺总流程

图 5.2.1-2 主机及连接桥组装工艺流程

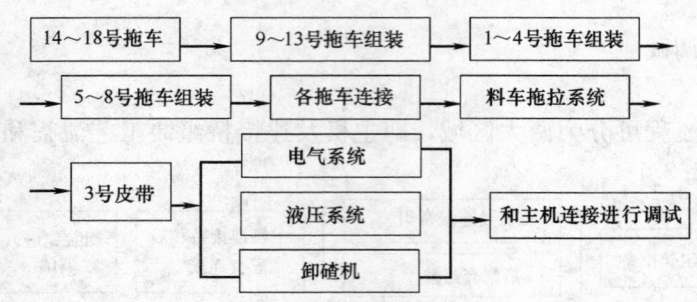

图 5.2.1-3　后配套组装工艺流程

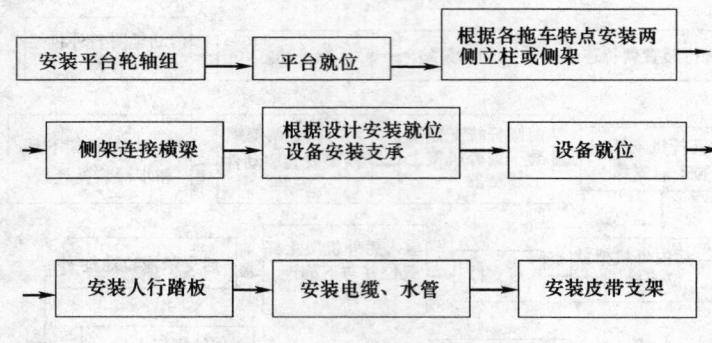

图 5.2.1-4　各拖车组装工艺流程

2. 调试

（1）在总成独立系统组装完成后，可进行各系统调试。它们是：

1）刀盘及刀盘护盾；

2）刀盘驱动及机架推进，外机架、后支承；

3）控制液压系统、电气装置；

4）1 号、2 号、3 号胶带输送机；

5）钢拱架安装系统；

6）仰拱吊机、材料吊机、升降平台；

7）超前钻、锚杆钻机；

8）通风系统中：新风供应、除尘器、空冷；

9）通风系统、WDAS、ZED 导向系统；

10）瓦斯监测系统；

11）注浆系统、卸碴机、料车拖拉系统；

12）喷锚支护系统；

13）电缆卷筒、应急发电机、空压机、水系统、电视监视系统；

14）机车、翻车机、仰拱块车。

（2）着重进行独立系统之功能性试验，根据设计标准考核。内容有：

1）机械部分：观察能否完成设计动作，量测噪声等。

2）液压部分：试验动作之压力、流量、频率（油脂系统）、泄漏等。

3）电气部分：试验电压、电流、控制电压、频率、功率因数、PLC 模块功能等。

4）水、气系统：检测压力、泄漏，检查管路布置。

5）试验 WDAS、通信系统功能。

（3）调试后根据试验结果参照设计性能判断装机质量，并及时处理各系统的存在问题。

3. 操作要点

（1）以原设计吊装位置为准，确认其重量，用大于负荷的起吊工具，在安全范围内起吊，确保安全，万无一失。

（2）拆箱检验或组装之前的拆卸包装，应确认所装何物采取相应的拆卸方法，以免盲目拆卸造成损坏，影响部件原有的加工精度。

（3）螺栓结合面刮脂、除锈并用清洗剂清理干净（必要时涂油保护），保证安装前达到应有的光洁度。凡涂油漆的结合面（螺栓结合或焊接）均应除漆并清洗。

由于运输过程中不慎造成的伤痕，应在原设计尺寸范围内进行处理，以保证装配精度。

液压元件的清洗必须用干净清洗剂，擦拭时严禁用棉纱，必须使用不脱线的布或毛巾。

（4）安装之前应认真研究图纸图册，确认部件装配关系（先后顺序，前后、上下）后再装配，不要盲目装配造成返工。

（5）对于各式各样的螺栓应确认并核实大小、精度、扭矩，确定螺栓端口涂何物（普通 8.8 级、10.9 级螺栓端口涂油脂，10.9 级 HV 高强度螺栓喷涂 MoS_2）采用正确工具以正确紧固顺序进行紧固，达到紧固扭矩的螺栓均涂以红漆。各型扭矩螺栓对应扭矩见表 5.2.1。

各型扭矩螺栓的扭矩值   表 5.2.1

螺栓＼扭矩 N·m＼等级	8.8	10.9	10.9HV	螺栓＼扭矩 N·m＼等级	8.8	10.9	10.9HV
M8	23	32		M24	660	930	800
M10	46	64		M30	1350	1850	1250
M12	81	110	100	M36	2300	3200	2000
M16	195	275	250	M42	3650	5150	
M20	385	540	450	M48	5550	7800	

（6）对于有些构件如人行踏板、支架等应保证其原有设计位置。根据实际情况，对某些部分可作适当调整再安装，以修正其由于运输、吊运过程中产生的变形。

（7）电气及液压管件、阀组的安装应在专业人员指导下，依其设计标准进行安装，务必准确无误，防止由于错接而产生误动作。

5.2.2 掘进

1. 掘进施工

主要分为预备洞开挖、TBM 步进、岩石开挖等几部分，工艺流程见图 5.2.2-1。

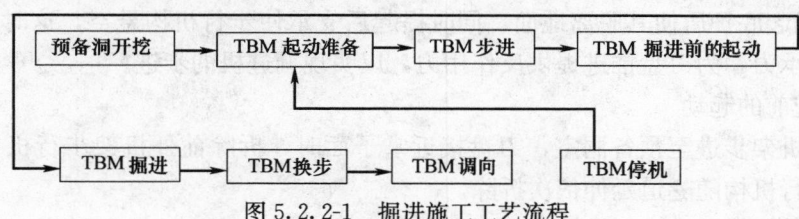

图 5.2.2-1 掘进施工工艺流程

2. 掘进施工操作要点

（1）开挖预备洞

TB880E 型掘进机掘进前其主机需通过撑紧装置固定，主机机架的固定是通过呈"X"型分布的外机架上的撑靴撑紧洞壁来实现的，因此在 TBM 掘进前需开挖预备洞以便固定主机机架。

预备洞的开挖采用常规的钻爆法施工，开挖、衬砌完毕后断面直径应控制在 8.80～9.00m 之间，长度不小于 10m。洞壁衬砌面要光滑，其抗压指数要达到技术要求。

（2）TBM 起动准备

待预备洞衬砌完毕，开始 TBM 起动前的准备工作。

1）接通洞口主变压器电源及在洞口和 TBM 之间的隧道照明。

2）接通在后配套系统（4 号及 5 号拖车）上变压器的一次侧主开关 E001.1-Q1M 和 E002.1-Q1M。

3）按下列次序接通变压器输出的二次侧电源熔断器：

400V＋E04 变压器 1＋2

400V＋E02 变压器 1＋2

690V＋E01 变压器 1＋2

当 400V 供电系统接通时，机器和后配套系统的照明将自动接通。在主控台Ⅰ板上的数字式电压表所显示二次侧电压必须在 400V（＋10％/－15％）和 690V（＋10％/－15％）范围内。

监测供电线路的绝缘，绝缘值≤100Ω/V 时报警，＜50Ω/V 时自动断开相应的电路。

警告：在显示绝缘值＜100Ω/V 时，由作业现场的负责人决定是停机还是继续运行。

4）检查 DI 区的故障指示器，在没有任何紧急停机开关被操作并且没有任何故障显示才能进入下步操作。如有故障，有关人员立即检查排除。

5）检查气体报警系统是否处于工作状态和气体浓度是否超限。

6）进行灯光试验，以检查所有指示元件的功能，做法是：按下灯光试验按钮，如果功能正常，所有指示灯都应发光，气体报警喇叭应当发声。

7）"推进"电位计设定在最小值。

8）检查润滑油油位，如有必要立即补油。

9）确保密封润滑系统的脂筒盛满油脂。

10）检查液压油油位，如有必要立即补油，检查所有油泵的截止阀应是打开的。

11）各处进行简单检查，确信机器状态良好，确信隧道供水接通。

（3）TBM 步进

待准备工作进行完毕，具备 TBM 步进条件时，TBM 开始步进。

步进机构采用垂直支承的形式，底部为平面设计，使掘进机在开阔地面上行进成为可能。

1）转动钥匙开关，接通控制电压。

2）起动液压动力站。液压动力站可成组起动，也可单独起动或停止。1 号、2 号液压动力站的电动机电流表必须显示空载电流（约 60A）。

3）刀盘提升手柄向后拉将刀盘提起，外机架 1 步行机构相应被提离地面；后支承动作手柄向后拉，使后支承步行机构撑紧地面，相应外机架 2 亦被提离地面，前移外机架开始换步。

4）调向，以使掘进机沿隧道设计轴线步进。

5）落下刀盘提起底护盾使其脱离地面，同时提起后支承使步行机构悬空，这时前、后外机架步行机构为主机提供支承力，为刀盘推进提供反作用力，以实现掘进机的步进。

（4）TBM 掘进前的起动

待掘进机前外机架步进至预备洞室，刀盘接近掌子面时，拆除前外机架步行机构并前移外机架至预备洞室。其他步行机构随隧道延伸依次拆除。

掘进前起动相关系统：

1）起动通风系统。

2）刀盘的驱动可根据地质情况和任务需要选择电驱动或液压驱动。

正常的操作是电驱动掘进。为了防止电力供应不足，可以在电动机直接起动或软起动之间选择。

3）起动刀盘驱动系统。

通过拔下＋E01 位置处配电柜内的熔断器，可以选择 8 台驱动电机任一台驱动。若 1 号电机未被选择，那么 1 号电机传动系统中安装的滑动检测装置必须重新安装在另一台驱动电机传动系统上。

4）起动油润滑系统和冷却水系统

（5）TBM 掘进

1）按住撑靴撑紧按扭，直到撑靴接触洞壁。撑靴的撑紧压力可在数字仪表上观察到。只要约 250bar 的最小撑紧压力没有达到，发光按扭将闪烁，25MPa 以上该灯不再闪烁，稳定发光。视岩石情况选择不同撑紧压力（25～30MPa）。

如果撑紧压力降至低于容许值（约 25MPa），发光按钮（撑紧按钮）将开始闪烁，这时操作者必须按下相应的按钮重新撑紧，直到达到足够压力，指示灯恢复稳定发光。若操作者未重新撑紧，或因为地质条件差，必需的压力达不到，或者撑靴缸伸出到极限位置，这时刀盘推进和刀盘驱动都将停止，只有问题解决后才可重新掘进。

2）掘进前，必须起动夹紧油缸，使刀盘护盾与齿轮箱外壳夹紧。

掘进期间，相应的夹紧油缸组由压力监控装置保护以免过载（护盾歪斜等），万一过载，会停止推进，遇这种情况下，操作者必须调节各相应护盾的压力。按下故障确认按钮才可以重新起动。

3）将胶带输送的操作按钮打至"自动操作"位置，选择适当的胶带速度（以％表示）。

4）起动胶带输送机系统，胶带输送机将按 3 号、2 号、1 号的次序起动。

注意：只有当胶带输送机的防护装置处在应装的位置时，胶带输送机才可以操作。如果带速小于最低极限值，胶带输送机监控装置将停止胶带输送机，带速不够的胶带输送机显示在故障指示器上。问题缓解后，按下故障确认按钮，故障指示器复原。

5）起动声光起动报警信号，以示要进行掘进。报警时间为 10s。

操作起动报警按钮的同时，也自动起动刀盘轴承和齿轮箱的脂润滑系统。

6）报警结束后刀盘旋转。

刀盘驱动电动机的电流表指示相应电动机的工作电流（各电动机电流差值应在±10A 以内）。

遇紧急情况时按动装在控制台左上方的红色按钮（紧急停机），就能立即停止所有机器系统，这个按钮仅限于在绝对紧急的情况下使用。

黄色开关沿胶带输送机的全长安装，按动这些开关能立即停止胶带输送机及刀盘驱动。这些按钮掘进期间只有在紧急情况下才能使用。

7）按下"推进起动"按钮，使用"推进速度"电位计设定适当的推进速度（以％表示）。

如果因为过载，1 个胶带输送机的带速降至最低极限值，持续时间超过 5s，该胶带输送机将停下，而且掘进推进也被迫停止。操作者必须按下"故障确认"按钮才能重新起动。

在掘进期间，掘进速度的选择应确保刀盘推力及推进缸压力在允许范围内。推进缸压力与刀盘推力的关系见图 5.2.2-2。

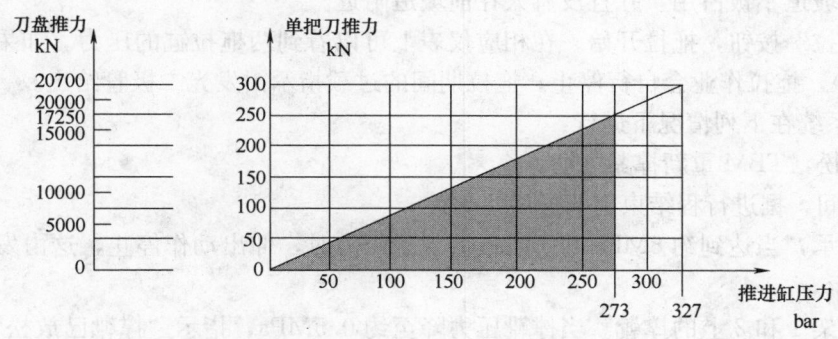

图 5.2.2-2　压力曲线图

在掘进期间掘进速度应选择在图中斜线阴影范围内。其刀盘推力及推进缸压力可从驾驶室内数字式仪表上读得。

（6）TBM 换步

其示意图及工艺流程图见图 5.2.2-3 和图 5.2.2-4。

1）当推进缸全部伸出时，按下"推进停止"按钮，停止推进，1 个行程约 1.8m。

2）使用"机器向前/向后"手柄，向后移动刀盘距离掌子面约 4～5cm。该距离可借助数字式行程指示仪表的显示来控制。

3）使刀盘转动几圈，以清除石碴。

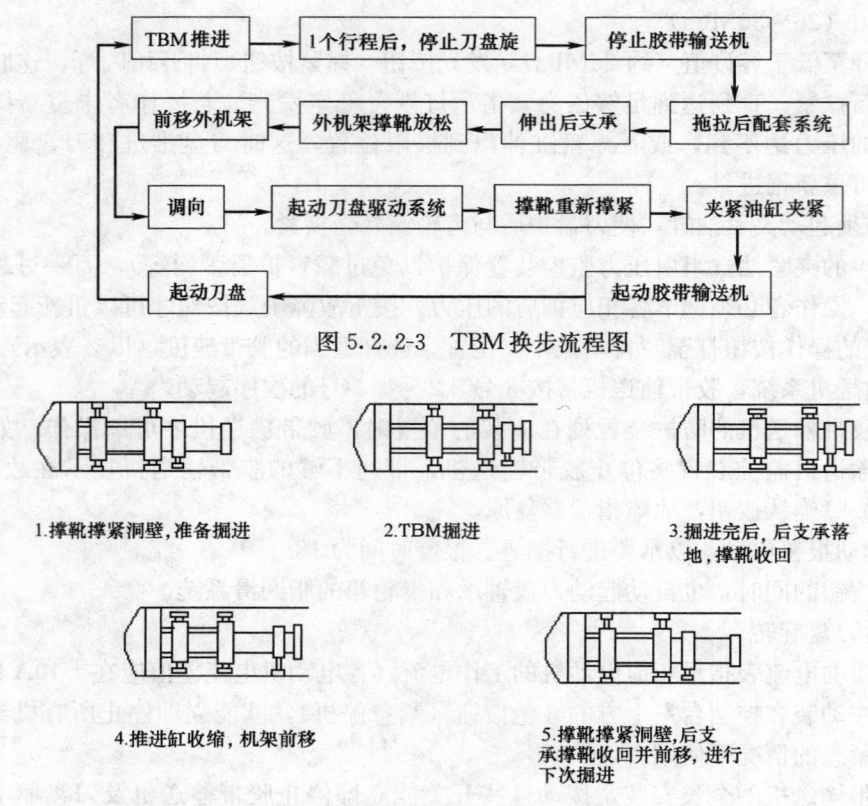

图 5.2.2-3　TBM 换步流程图

1. 撑靴撑紧洞壁,准备掘进　　　2.TBM掘进　　　3.掘进完后,后支承落地,撑靴收回

4.推进缸收缩,机架前移　　　5.撑靴撑紧洞壁,后支承撑靴收回并前移,进行下次掘进

图 5.2.2-4　TBM 换步示意图

4）按下刀盘旋转停止按钮，停止刀盘旋转。

5）使胶带输送机继续运行，直到其上没有石碴为止。停止 1～3 号胶带输送机。

如果必要，3 号胶带输送机可由其自己的操作台决定是运行还是停止。两个控制点之间通过电话联系。

6）确信前后坡道不被占用，并且没有人在前坡道附近。

7）操作"拖拉"按钮，拖拉开始。在相应仪表上可以看到两拖拉缸的压力。如果拖拉力超过最大允许值（2400kN），拖拉作业会自行停止。拖拉期间的过载指示由发光二极管给出。

拖拉后配套系统在下列情况下进行：

① 在撑靴放松，TBM 重新撑紧之前。

② 在掘进期间，掘进行程结束前的最后几分钟。

8）伸出后支承，当达到约 8MPa 的所需最低支承压力时，伸出动作停止，这由发光二极管从闪烁变为稳定发光显示。

9）放松外机架 1 和 2 上的撑靴。当撑靴压力降至约 0.5MPa，指示"撑靴已放松"。当发光二极管稳定发光时，指示放松过程已完成。

10）朝"reverse"（"向后"）方向扳动手柄，已放松的外机架向前移动，其移动速度与该手柄的移动量成正比。

应选择两个外机架一同移动。如果因为岩石支护的需要已经安装了钢拱架，这些钢拱架会防碍两个外机架的同时移动，这时可选择外机架先后单独移动，并移动不同距离。

11）调向。

12）重新撑紧。

13）掘进。

（7）TBM 调向

机器的调向就是相对开挖的隧道轴线，调整刀盘的方向。准确的控制机器的方向是机器操纵的一项非常重要的指标。机器正确的调向，会减少盘形滚刀的损坏或刀具轴承的卡滞。

在重新撑紧期间通过调整机器的位置，确定机器掘进方向。

操作员通过驾驶室内的 ZED 激光导向系统来校正机器的方位。

1）完成换步中的 1）～10）的所有步骤后开始调向。

2）根据 ZED 系统所提供的信息，例如靶的激光束位置、机器的水平位置、机器的侧向滚动，使用前支承和后支承 2 个操作手柄来调整 TBM 主机掘进方向。

前支承操作手柄可使刀盘上升或下降，操作手柄上集成按钮，还可使刀盘侧向滚动。

后支承操作手柄可使机器尾端上升或下降，利用操作手柄上集成按钮，还可使刀盘侧向滚动。当向左扳动手柄时，机器后支承向左摆，即机器向右摆；当向右扳动手柄时，机器后支承向右摆，即机器向左摆，这一运动转点为刀盘护盾底座。

3）调向期间运动的结果如位置、滚动、机器水平角都可在 ZED 仪器上看到。

（8）TBM 停机

先执行"换步"部分的（1）～（5）步，然后：

1）操作集中控制按钮"刀盘驱动停止"，停止刀盘旋转，这能停下所有选择的电动机。

2）停止液压动力站。

3）停止所有仍在运行的系统，如除尘、水泵、冷却和通风系统。

4）操作"控制电压断开"按钮切断控制电压。

5）把钥匙开关转动至"控制电压为 0"，拔下钥匙。

6）如较长时间停机应将机器上所有电源关闭。

以上各步主要针对长期停机，对短时停机不执行 3）～5）步。

以上各操作步骤在 TBM 主控室内完成。

3. 施工给水排水

（1）采用变频供水系统持续恒压给洞内供水，其工艺流程见图 5.2.2-5。

（2）操作要点：

1）必须保证供水水压正常，TBM 尾部清水箱进水压力不得小于 3bar，扣除管路损失。

2）为保证所有用水设备的安全，除长时间停机外，应向 TBM 不间断供水。

3）为适应 TBM 掘进供水管路需在洞内延伸，应每 400m 安装一闸阀，延伸水管前关闭闸阀，连接完毕打开。

4）TBM 换步过程中，清、污水管卷筒应由专人负责监护。

5）发现漏水部位，及时处理。

6）整个施工期间，排水工作必须 24h 连续进行。

7）每日检查所有水泵底座稳固情况，发现松动及时紧固，以防水泵因振动而导致早期损坏。

8）TBM 上坡施工排水方法：

① 刀盘后部积水可在仰拱预制块铺设点的前方用水泵直接排至中心水沟，水将在重力作用下自行流至洞外，前部涌水较多时，按实际需要启动 22kW 潜水泵向污水箱排水。

② TBM 各部位的冷却用水进入污水箱后，直接通过开启的球阀及相应管路排入仰拱预制块中心水沟流向洞外。

③ 在刀具检查与更换时，刀盘内应具有良好的作业环境，应用潜水泵将刀盘前部的积水排出。

9）TBM 进入反坡段施工，排水应按下述方法进行。

① TBM 反坡施工，污水相对向刀盘区域集中，当进入富水区段时，施工用水和涌水将同时向刀盘处集结，水量大且不稳定。需根据 TBM 刀盘后部积水量的大小，决定潜水泵或自吸泵的开启与关闭。常规情况下，每 5～10min 单独启动一次潜水泵或自吸泵即可满足需要。当积水较多时，可启动

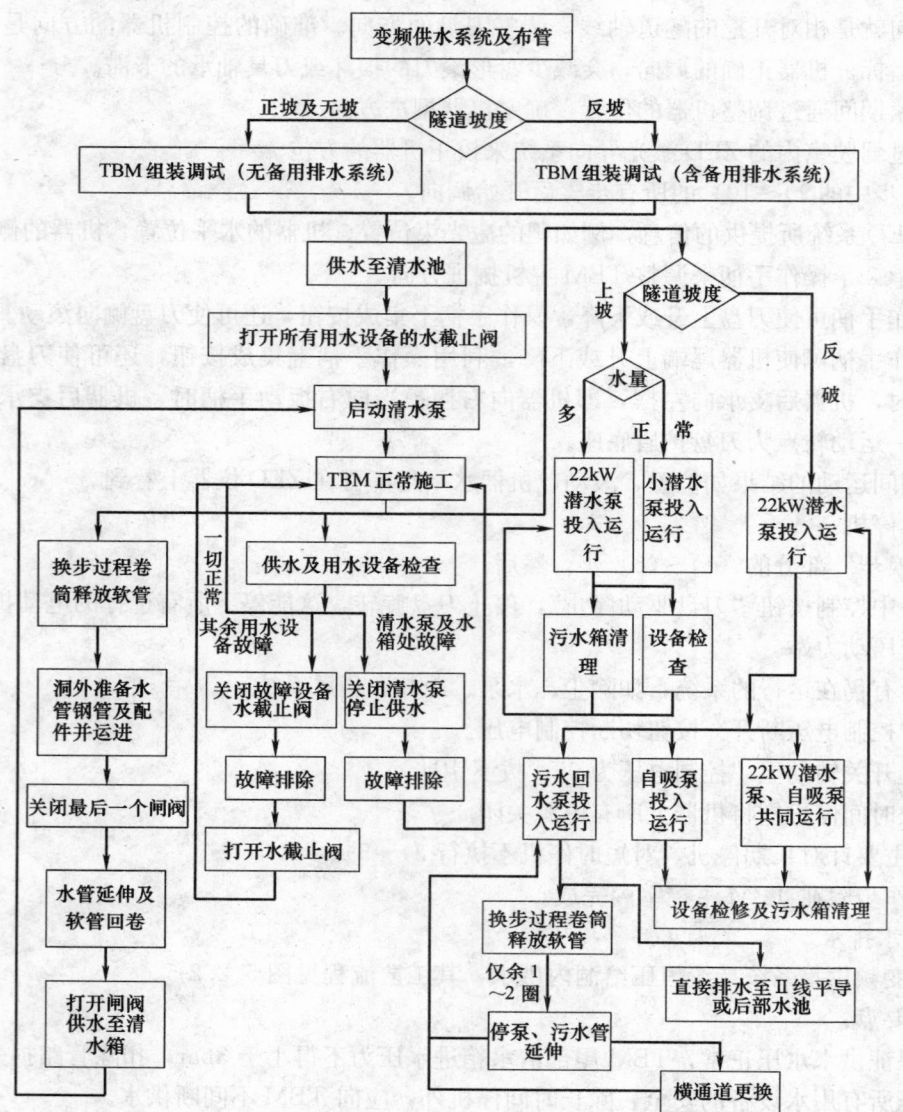

图 5.2.2-5　给排水工艺流程图

1～2台备用的自吸泵，继续排水；突、涌水量较大时，需同时启动前部三台水泵，以最快的速度将积水水位降至 30cm 以下，保证设备及人员的安全。

②　正常情况下，潜水泵所抽排的水和 TBM 各系统冷却用水经管路进入后配套 16 号拖车左侧污水箱，当污水箱的水位接近最高水位线时，自动启动污水回水泵，将污水排入后部水池。通常每 15～20min 启动一次回水泵即可满足需要。

③　当污水箱或污水回水泵出现故障不能正常工作时，应及时顺序打开污水回水泵处通向污水管卷筒的球阀，关闭该处通向水泵的球阀，打开污水箱进水管处通向卷筒的球阀，关闭通向污水箱的球阀，使污水直接通过卷筒排入Ⅱ线平导或后部水池。

④　连接桥部位的两台备用自吸泵所抽出的水，经管路直接排入后部水池。

⑤　污水回水泵所抽排的水进入后部水池，需经过安装于 17 号拖车接力风机左侧的污水管卷筒，TBM 掘进时，需延伸卷筒水管；当卷筒水管仅剩余 1～2 圈时，应接长排水钢管、回收污水管，防止 TBM 拖拉后配套时将水管拉断。此处需专人负责卷筒水管的收放及尾部管路检查。

⑥　所有潜水泵工作过程中必须浸入水中，以防水泵空转干磨而损坏。

10）刀具检查与更换过程中，在刀盘后部筑起一道小水坝，以防止由刀盘内抽排的水倒流进入刀盘底部前区而影响刀盘内的工作。

11）污水进入污水箱后，经沉淀净化处理，所含的砂子、碎石，残存于水箱底部。正常掘进时，每 10～15d 清理一次。如遇富水区地段，则相应缩短清理间隔。清理方法：先将污水箱底部沉积室的盖板打开，大部分残存的砂石将自动坠落，为使清理更加彻底，可用水冲洗两次。

12）潜水泵工作和闲置不用时，必须底座着地、落稳，以防掘进过程中在振动的作用下造成导链突然断裂而损坏水泵。只有在 TBM 换步过程中才允许用导链将水泵提升，随机架同时向前移动，换步完成立即将水泵落下并可靠放置。

13）TBM 突然停电时，立即接通备用电源，保证排水工作的连续进行。

14）排水系统易出故障部位是电路，应注意防潮。出现故障立即排除。

15）应经常检查各软管（如后配套尾部软管）连接状况是否良好。

16）遇特殊情况，前后作业人员要通过电话联络，通报情况，以利排除故障。

4. 初期支护

（1）工艺流程见图 5.2.2-6。

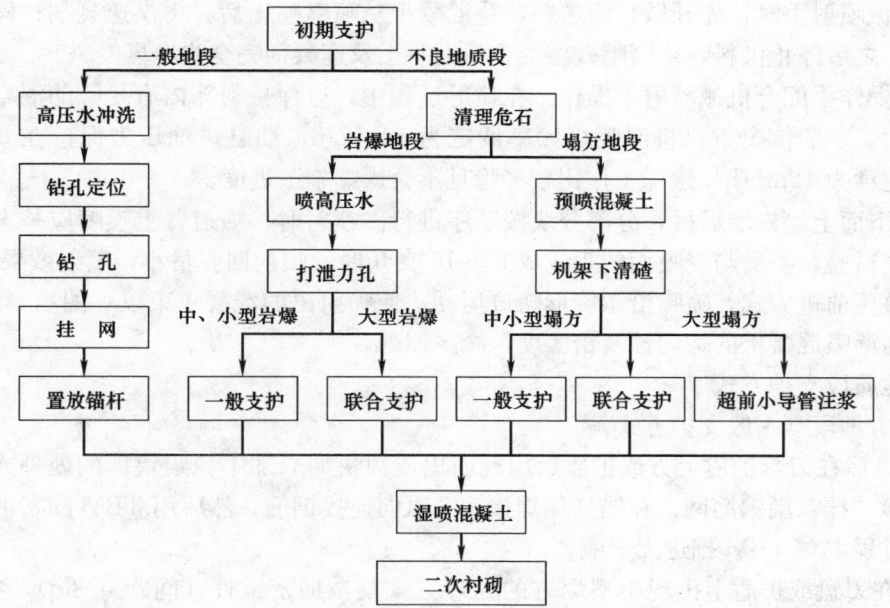

图 5.2.2-6　初期支护工艺流程

（2）确定支护类型

TBM 掘进的初期支护以锚杆＋钢筋＋湿喷混凝土为主，严重塌方地段采用喷锚网＋密封钢板＋钢拱架＋灌注混凝土联合支护方式。支护时可参照设计图纸和现场实际情况决定支护类型及参数。

（3）一般地段的支护方式

1）锚杆孔定位。及时用高压水冲洗刀盘护盾后面的裸露围岩岩壁，定出钻孔位置，孔距 1.2m，呈梅花型布置。

2）钻孔。启动刀盘后面锚杆钻机从拱顶开始向两边拱墙依次钻孔。

3）浸泡锚固剂。每根锚固剂上捅 3 个眼，浸泡至锚固剂不冒气泡、手感发软为止。

4）挂网。要求钢筋网与围岩密贴，网片间搭接≥12.5cm。

5）置放锚杆。每个钻孔放入 10～15 根已泡软的锚固剂，在钻机钻头罩 φ40mm 圆形保护帽后利用锚杆钻机直接将锚杆推入锚孔内。

6）如果围岩较破碎，应先进行超前喷混凝土作业，封闭危岩后再进行锚固作业。

（4）喷混凝土作业

1）湿喷法施工工艺流程见图 5.2.2-7。

2）为了保证混凝土的水灰比处于受控状态，喷锚用的混凝土由拌合站拌合，要求生产能力≥

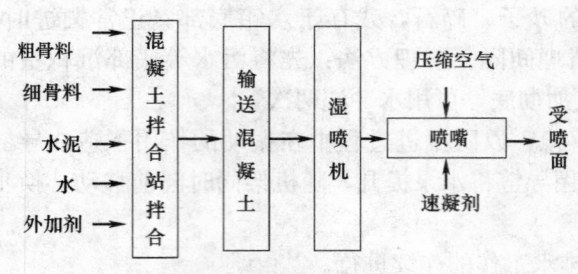

图 5.2.2-7　湿喷法施工工艺流程

25m³/h，并设电子计量。现场施工配合比为水泥：砂：碎石：水＝1：2.37：1.52：0.45，SJG 型高效减水剂掺量为水泥重量的 1.2％。

3）混凝土采用有轨运输。混凝土装入混凝土搅动运输罐车。在洞外场地编组需约 10min，当隧道掘距 5km 以上时，混凝土罐车运输到掘进机喷混凝土系统并就位约 30min，因此，混凝土生产后运输到掘进机上的时间应控制在 50min 以内。运输过程中应一直保持混凝土罐车转动搅拌，不得加水，喷射时混凝土坍落度应保持在 14～18cm。

4）混凝土罐车就位后，打开出料口，转动罐车让混凝土流入湿喷机进料斗。在进料斗处设孔径 12mm 筛网，避免超径骨料进入机内。TBM 配置的混凝土喷射机械手可在喷锚走行车的环形梁 300°范围内和纵向 7m 范围内灵活地进行湿喷混凝土作业。

5）启动机械喷射手时，先开风，后送料，待混凝土从喷嘴喷出后，再供速凝剂；停止时，先关闭速凝剂计量泵，之后停止供料，待喷嘴残留的少量混凝土及速凝剂完全吹净再停风。

6）湿喷机操作手配合机械喷射手操作。在喷射过程中，应保持料斗内有足够的混凝土，控制好泵送的频率和压力。一般情况下，将湿喷机频率调定为 12r/min，油缸进油压力保持在 60～100MPa 之间，此时泵送速度为 12m³/h，这样工作比较平稳且不会影响施工进度。

7）喷射自下而上，先墙后拱，分部分块按顺序进行。喷射时，喷射臂上喷嘴应基本上垂直于收喷面（经现场反复试验，喷嘴与受喷面的垂线成 5°～15°夹角时，喷射回弹量小，喷射效果最好）。喷射过程中，应采取叠压前进方式，喷嘴沿螺旋形轨迹运动，使喷射出的混凝土束以一圈压半圈作横向移动，这样有利于提高湿喷混凝土的均匀性及密实度，减少回弹。

（5）不良地质段支护方式

1）一般塌方地段（一般支护方式）

① 隧道掘进后在刀盘护盾上方或护盾后出现崩塌或掉块的局部不稳定块体的处理方式是：加密锚杆（间距 1.0m），挂双层钢筋网，在锚杆端焊接 φ22 纵向连接钢筋，然后用 TBM 配备的机械手湿喷混凝土。此处理过程中对 TBM 掘进无影响。

② 掘进后在刀盘或护盾上出现小型塌方的处理方式是：加密锚杆（间距 0.8m），挂双层钢筋网，利用刀盘护盾后面的钢拱架安装系统架设槽钢钢架。槽钢钢架用锚杆固定，端部焊牢，每段槽钢钢架至少要用 3 根锚杆锚固，锚固后 1h 每根锚杆拉拔力应达 20kN，3d 应达 100kN 以上。安装 1 榀槽钢钢架需停机约 30min。

2）较大塌方地段（联合支护方式）

当隧道边墙发生较大塌方、围岩强度不足以承受撑靴压力时，掘进机将无法掘进，必须停机，采用喷锚＋钢拱架＋灌注混凝土的联合支护方式进行处理后再掘进。步骤是：

① 架设作业平台。

② 清理危石。

③ 利用喷射混凝土系统的人工喷头喷射混凝土，及时封闭危岩。

④ 打锚杆，根据围岩地质状况由现场工程师具体布置锚杆锚固位置。

⑤ 挂钢筋网。

⑥ 用钢拱架安装设备安装钢拱架，为了便于铺设仰拱块，第 1 榀钢拱架位置需要测量定位，钢拱架间距为 0.9m 或 0.9m 的倍数。

⑦ 在钢拱架未顶到洞壁之前塞进厚 3mm、宽 1.0～1.2m 钢板，然后用钢拱架安装系统顶紧钢拱架，将钢板与钢拱架焊接牢固，钢拱架纵向以 φ22 钢筋连接（环向间距 1m），再用超前喷头向塌方洞穴内灌注添加速凝剂的 C30 级细石混凝土。

确保安全后再进行掘进。

隧道开挖后在刀盘护盾上方或护盾后出现小型塌方时，必须停机，用上述的联合支护方式进行处理。拱部塌方与边墙塌方所用的联合支护方式不同的是，拱部塌方处理不用搭设作业平台。

3）岩爆地段

在开挖面发生岩爆后，应及时进行初期支护，以减少围岩暴露时间，避免岩爆再次发生。

① 防护措施

利用TBM前外机架的HL500S型单臂超前探测钻机，在隧道拱部的仰角0°～10°、水平方向84°的范围内打超前应力释放孔。孔径51mm可达30m深，孔径102mm可达20m深，使隧道前方拱部围岩的高地应力提前释放，从而减轻岩爆的强度。

在隧道开挖后，利用刀盘护盾后面2台锚杆钻机在隧道两侧拱脚附近打应力释放孔，孔深2.5～3.0m、间距0.5～1.0m，使围岩中的地应力再次释放，从而进一步减轻岩爆的强度，减少岩爆的持续时间。

隧道开挖后，及时向洞壁岩面喷洒高压水，降温除尘，润湿岩面，提高围岩的塑性，在一定程度上减轻岩爆的强度。

刀盘护盾后面安装防护栏和指形防护栅，长1.3m和1.6m两种规格间隔布置，以保证锚杆、钢筋网、钢拱架等支护作业能及时、安全地进行，并确保TBM能正常运行。

隧道底部的清碴和仰拱块铺设作业，应在岩爆停止后进行。

② 支护措施

对于中、小型岩爆采用一般支护方式进行支护（参照塌方段一般支护方式）。

对于大型岩爆采用联合支护方式进行支护（参照塌方段联合支护方式）。

岩爆地段湿喷混凝土加厚至8cm。

由于地应力释放、重分布是1个较长过程，支护时要相应提高支护等级，保证施工安全。如在轻微岩爆段采用整个拱部加密锚杆（间距1.0m）、挂双层钢筋网的支护方式。

4）断层地段小导管超前注浆

利用TBM前外机架上的超前钻机配合TBM自身配备的注浆设备，对隧道前方不良地质段的围岩进行超前预注浆加固能确保安全。小导管超前注浆的施工工艺如下：

① 钻孔。根据掌子面处围岩地质状况定出孔位，用前外机架上的钻机进行钻孔。为了防止围岩坍塌预注浆时漏浆，钻孔前要喷射一层厚10cm混凝土封闭刀盘护盾后面的围岩。钻孔定位是通过刀盘护盾后的定位导向环来实现的。钻机开孔时速度宜低，钻深40cm后转入正常钻速。钻孔直径64mm，环向间距40cm，外插角10°，注浆扩散半径取40cm。

② 安装小导管。超前小导管采用φ32mm、长10m的钢管，钢管前段加工成尖状，并在前段3m范围内钻φ8mm、间距20cm出浆孔。

③ 注浆。注浆前将管口处的缝隙用棉纱塞紧。为了防止串浆和漏浆，必须先从两侧的钻孔向拱顶对称注浆。注浆压力为1～10MPa，应根据现场注浆试验调整。水泥和水玻璃浆液比为1:(0.6～1)，水泥浆浓度为1:(0.8～2.5)，水玻璃浓度35Be'。

5. 出碴

（1）工艺流程见图5.2.2-8。

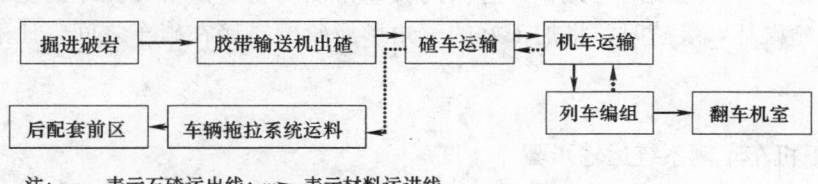

注：→ 表示石碴运出线；⋯▸ 表示材料运进线

图5.2.2-8 出碴施工工艺流程

（2）列车的编组

掘进机每掘进 1 个循环进尺 1.8m，出碴量 200m³，每节碴车容量约 20 m³，因此每 10 节碴车编组成 1 列，一次运完碴。每步进 1.8m 需铺设 1 块仰拱块；每 7 块仰拱块的长度大约是一根钢轨的长度，需要铺设 4 根钢轨；每 2～3 个循环所需混凝土大约是 1 罐（6m³）。因此通常列车的编组由 14 节车组成，前边 3 节为材料车（第 1 节为仰拱块车，第 2 节为钢拱架车，第 3 节车为混凝土罐车），然后为 10 节碴车，最后为 1 台 450kN 机车。每次列车的编组可根据洞内所需作适当调整，但大致顺序不变。

（3）出碴

1）TBM 出碴系统见图 5.2.2-9。

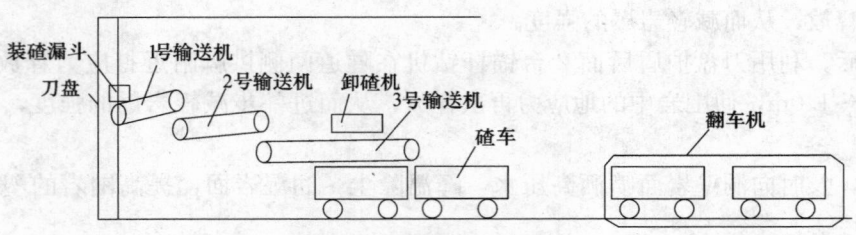

图 5.2.2-9　TBM 出碴系统

2）后配套轨道和胶带运输系统及其运碴过程

后配套运输线由前坡道、1～18 号拖车车载轨道、后坡道组成，可分为 3 个功能区：前区 1～4 号拖车为单线轨道，主要用于材料供应；5～14 号拖车为装碴区，双线轨道，1 列碴车可以停放在 7～14 号拖车的任一轨道上装碴；15～18 号拖车为道岔区。

掘进作业时，刀盘的转动及刀体的自转将掌子面的岩石破碎，石碴首先漏到装碴筒；由装碴筒收集后，经过 1 号胶带输送机（安装在内机架的内部）将石碴输送到 2 号胶带输送机处（即内机架的尾部和连接桥前部的区域）；在连接桥内，2 号胶带输送机安装有一定坡度，它将石碴运到 3 号输送机（即连接桥尾部和 1 号拖车前部的区域）；3 号输送机安装在 1～15 号拖车之间的上部区域，长约 138m，可使石碴在此长度内运输，并由卸碴机将石碴卸入碴车。

3）卸碴机及卸碴过程

卸碴机由吊链、主体段、排碴筒、铰接接头 4 个基本单元组成。吊链将 3 号胶带从水平升高到排卸高度，装置的前面由带凸缘的轮子支撑，并通过铰接接头支承在主体段上。主体段安装有液压泵站、电控箱、操作平台，并安放有排碴筒。

卸碴机主体段 2 个轮子上安装有液压马达，可实现卸碴机的液压驱动。操作人员可以站在工作平台一个很好的位置，操作一个可移动式的控制台控制卸碴机的行走速度，从而保证每节碴车装满并且尽量不要将石碴落在碴车之间的连接处。卸碴机的辅助设施，如电缆、水管等固定在履带式导链内；导链一端固定在卸碴机平台上，另一端固定在导链槽的中部，导链槽通过支架固定在 7～14 号拖车上层右侧的钢结构上。

卸碴机移动时，带动导链在导链槽内翻转，实现电缆、水管等辅助设施的移动作业。卸碴机的主体段和导链之间允许有少量位移。

通过操纵升降舵的液压缸来控制石碴排向左边列车或右边列车。2 个液压操纵的闸门装在排碴筒底部的每一边，在装碴时，一边闸门打开，一边闸门关闭，以防止石碴落在无车的空轨上。为保护碴车之间的管路不被石碴砸坏，装碴时，将加工好的三角形溜碴槽搭接在碴车之间，让落在此间的石碴分流至碴车内。

（4）运输

1）一般情况下机车车辆系统运输步骤

① 洞内工班负责人将施工所需的仰拱块、钢拱架、钢轨、混凝土、锚杆、钢筋网、速凝剂等材料提前 30min 用电话通知当班调度，由调度组织备料人员备料。

② 调车场有 1 台 350kN 机车专用于备料、调车作业。机车司机和扳道人员将仰拱块车装仰拱块，将混凝土罐车运到拌合站装混凝土。

③ 钢拱架、钢轨、锚杆、钢筋网、速凝剂桶均分类存放在编组站轨道附近，可利用桥吊配合吊装。

④ 机车司机和扳道人员将仰拱块车、混凝土罐车运到编组站与钢拱架车编组。

⑤ 列车进洞前，材料车编组在碴车的前面，由进车线运进后配套装碴区。

⑥ 碴车停在后配套装碴区装碴；料车与碴车脱钩由车辆拖拉装置运往前区，混凝土罐车在 3 号拖车停下，仰拱块车及钢拱架车前行至前坡道。

⑦ 机车与碴车摘钩后，经过后配套道岔区进入另一轨道，将已挂好空料车的重载列车由出车线牵引出洞。

⑧ 操作车辆拖拉系统，将空料车牵挂在正在装碴的列车上。

⑨ 在编组站，350kN 机车将重载列车的材料车摘钩备料。列车驶入翻车机室翻碴。

2）操作注意事项

① 为了方便洞内材料车调车，要求一次装料车不超过 3 辆，洞内空料车要及时运出，存放不得超过 3 辆。

② 钢轨长 12.5m，需 2 节钢拱架车串接运输。

③ 每掘进 100m 送运风管储存筒一次。以隧道掘进方向右线作为材料供应线，由于储存筒很宽，运送时，将其稍微偏向钢拱架车的右侧，左侧超宽在 10cm 的范围内，这样不影响左线行车。

更换储存筒在 18 号拖车进行，用吊机将空储存筒吊下放在钢拱架车上；然后将装满风筒的储存筒吊起安放到位；最后，按上述要求装好车仍由右线运出。

在运送和更换储存筒的过程中，隧道进车线严禁行车。

由于储存筒很宽，储存筒不能通过后配套 17 号拖车，应由机车单独运输。

3）反坡施工中的双机牵引

在 11‰ 的下坡情况下，1 台 450kN 级车的最大运输量为 300t，而 1 列重载列车重量约为 450t，所以必须采用双机牵引。

为了实现 2 台机车牵引过程中的油门、换档、刹车等同步，用双机牵引控制线将 2 台机车连接起来，由 1 台机车司机操作。

2 台机车首尾相接牵引重载列车时，由于牵引力较大，机车与第 1 节碴车之间的车钩拉杆受拉力最大，容易在牵引过程中弯曲甚至断裂，可将双机牵引线加大，将助力机车挂在列车的尾部，这样每节碴车拉杆的受力相等，可提高安全可靠性。

（5）翻车机翻碴

翻车机由 1 个滚筒、1 个动力站和 5 个外部控制站组成。滚筒安装在前后 2 个滚筒支架上，每个滚筒支架安装有带 4 个轮子的双支撑座。滚筒可通过 2 个驱动装置由链条传递扭矩，在滚筒支座上转动，使翻车机背对通道方向翻转。ROTARY Ⅱ 翻车机的操作由程序控制，具体的操作如下：

1）翻车机操作人员打开翻车机总电源开关，启动泵站。

2）在夹臂打开的情况下，机车司机牵引重载列车通过翻车机并将前 2 节碴车粗对位。

3）机车司机按下外部控制站翻碴按钮，翻车机夹臂闭合；然后松开列车制动，翻车机对碴车精确对位后，翻碴，回位。

4）翻车机夹臂无须打开，司机再重复 2、3 步骤 4 次，翻完 1 列碴车。

5）当翻车机夹臂自动打开后，列车驶出翻车机。

6）翻车机司机关闭泵站及电源总开关。

翻车机的 5 个外部控制站是依据碴车反差的基本位置设置的，恰在司机粗对位后正对驾驶室的位置。

6．施工通风除尘

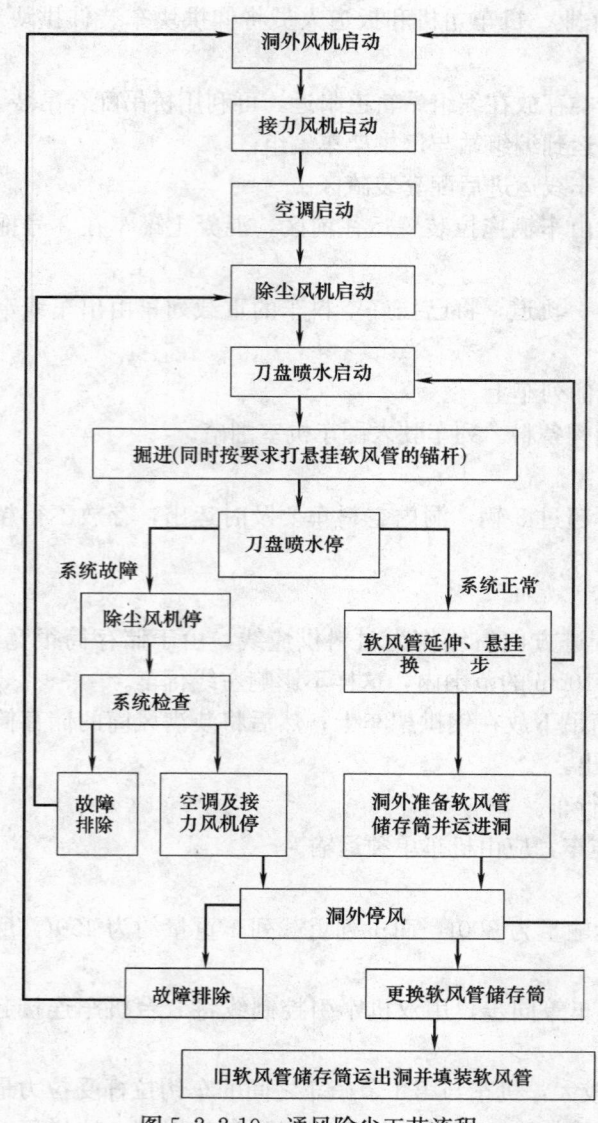

图 5.2.2-10　通风除尘工艺流程

（1）工艺流程见图 5.2.2-10。

（2）操作要点

1）启动洞外风机时，不可一次到位，至少要开/关 3 次，最后完全接通电源，具体开/关次数视掘进距离长短而定，开/关机时间间隔控制在 10～15s 范围较为适宜，通常 0～1500m 范围内开/关 3 次，之后每延伸 500m 需增加一次。否则软风管在突然送风时将受到剧烈冲击而损坏。

2）掘进过程中，当 TBM 拖拉后配套时，储存筒内的 φ2200mm 软风管将被拉出，拉出部分必须及时悬挂。悬挂方式如下：事先准备 100m 长 φ8mm 钢筋，一端与原来挂好的相同钢筋焊接牢固（第一根可直接固定于洞口部位的锚杆），另一端沿 TBM 后配套左侧向前延伸，置于底部，掘进过程中随后配套前移；用 1.5m 长 φ6mm 钢筋对折将 φ8mm 钢筋相对固定于事先准备好的专用锚杆上，然后以 1.5m 长 φ6mm 钢筋弯成"V"形，跨于 φ8mm 钢筋上，两端分别挂于软风管两侧的三角环，根据三角环的间距，每 900mm 悬挂一根。要求在悬挂过程中，所有跨于 φ8mm 钢筋上的钢筋长短一致，力求挂好的软风管呈直线布置，整齐划一，绝对禁止软风管呈"S"形，以减小风阻和漏风率，从而防止软风管损坏。

3）向储存筒内填装软风管，需首先去除锥形端盖，并将储存筒垂直放置于平整地面上，开口端朝上，然后至少两人合作，仔细地将软风管套在内筒外侧，折叠成 300mm 宽，整齐、密实地向上填充，折叠完毕，套上外筒（要求精确定位），最后重新安装锥形端盖，并抽出导向橡胶上面的软风管末端环。特别注意，不允许在内外筒之间的连接处卡住软风管；此项工作要求作业环境清洁、温暖，否则容易造成 PVC 材质软风管的损伤。

4）当处于使用状态的储存筒中的软风管即将全部被拉出时，洞内工班长应及时与洞外调度取得联系，将准备好的储存筒运进洞。更换储存筒，必须关闭洞外风机，停止供风；然后将筒内剩余的软风管人为拉出；去除固定螺栓，用专用吊机把空储存筒吊下，置于准备好的平板车上，再将填装好软风管的储存筒按照原位进行定位放置并上好螺栓；之后，根据原软风管剩余部分的长短，将储存筒内的软风管适当拉出一段，以专用匝圈与原软风管对接，要求对接后新旧软风管处于同一直线上，匝圈锁定牢固可靠，并保证软风管端头圆环不变形；更换完毕检查无误后，通知洞外开启压风机送风。

5）软风管储存筒在运输过程中，注意保护外筒，避免受到碰撞等机械损伤，否则将破坏内外筒之间的环形空间，造成软风管在被拉出的过程中受阻而破坏。

6）悬挂软风管的专用锚杆，必须在掘进过程中准备，利用前部 1 号锚杆钻机在左侧洞壁上钻孔，安装 3m 长 φ25mm 锚杆，锚杆外露部分不超过 5cm，端头板为"□"形 150mm×150mm×6mm 钢板，端头板上焊接用 φ10mm 钢筋加工的三角环，三角环各边长度均为 10cm。要求锚杆定位于隧道左侧距中心线横向距离为 1.4m 的垂直平面内，每两个掘进循环打一根锚杆；三角环焊接固定于端头板后，要求在同一直线上，且方向统一。

7）通风人员每天要对沿线软风管认真检查，检查内容包括悬挂是否完好、接头连接状况、有无破损等；将存在问题及位置做好记录，及时处理。

8）停风时，软风管处于松弛状态，悬挂于洞壁，其下部禁止车辆通行，以防对软风管造成刮破等机械性损伤。

9）洞内灰尘主要来源于掘进时刀具的破岩过程，因此，除尘风机在掘进即将开始时启动，长时间停机时关闭。所需开启/关闭的设备包括刀盘喷水泵、除尘风机、除尘喷水泵、除尘污水泵。

10）除尘滤网要求最多 3d 清理、冲洗一次，每周更换一次；如果刀盘喷水工作不佳或破岩过程中产生粉尘较多时，应根据实际情况适当缩短滤网的清理及更换周期。

11）主机顶部的方形除尘风筒，每 2d 检查一次，视积尘多少决定是否清理。如果积尘厚度超过 4cm，必须及时清理；通常每 1～2 周清理一次即可满足要求，当然，还需根据实际情况适当调整。

12）随时检查除尘水箱内污水的污染状况，必要时及时排放清理。通常，每 2～3 个掘进循环排放清理一次即可满足要求。

13）ϕ2200mm 软风管破损长度超过 2cm 必须及时修补。根据破损区域的大小，裁剪相同材料的风管布，以细绳缝补牢固，再用万能胶粘结稍大尺寸的风管布，以防止沿途漏风。修补过程必须停风。

7. 刀具更换

（1）工艺流程见图 5.2.2-11。

（2）操作要点

1）刀具检查

对刀具准确、及时的检查有利于增加刀具寿命，进而提高隧道掘进的经济效益。规定每天整备班均检查一次刀具，另外，在刀盘区一出现非正常情况或在石碴中发现有钢

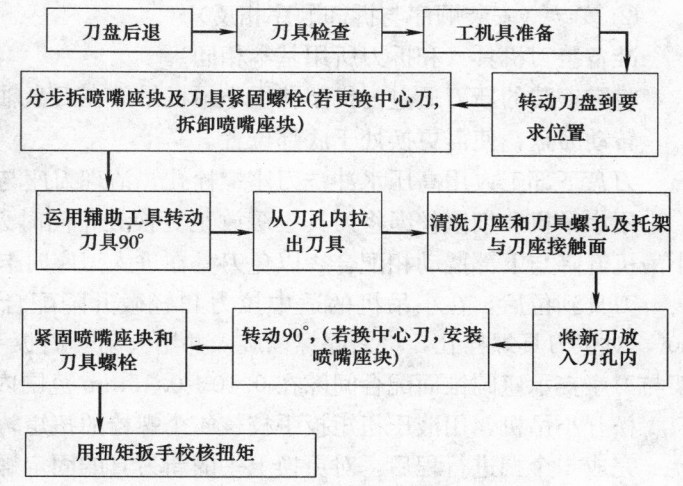

图 5.2.2-11　刀具更换工艺流程图

颗粒时，或闻到刀具添加剂特殊气味时，均应立即停机逐个检查，以免造成更大损失。遇特殊石质应增加检查次数。

刀具检查的主要内容：

① 刀圈的磨损，刃片剥落、裂纹、断裂以及刮碴器耐磨板和铲斗磨损件的状况。

② 所有螺栓的紧固状况。

③ 刀具是否漏油。

④ 刀具轴承是否失效。

2）刀具更换条件

出现以下几种情况时，必须更换刀具：

① 用量模检查刀圈磨损量已超过允许磨损值（中心刀、正滚刀极限磨损量为 38mm，边刀极限磨损量为 20mm）。

② 由于轴承阻塞刀具不能转动而滑磨表面。

③ 由于刀圈刃片的剥落、断裂严重不能再用。

④ 刀具漏油。

紧固螺栓松动引起刀轴的接触表面损伤。

当测定刀圈已经达到允许磨损量时，则此刀具及邻近位置上的刀具原则上均应更换或调位，以避免刀盘某个部位新刀圈和使用已久的刀圈之间因磨损相差太大（新旧刀高差应小于 15mm）而损坏新

刀具。

此外还应经常注意把刀盘外圈未完全磨损的刀具换到内圈位置再使用。

3）正滚刀的拆卸和安装

① 拆卸

准备机具，包括高压风、高压水、小吊机、套筒扳手、扭矩扳手、大小撬棍、对讲机等。

转动刀盘，使需更换的刀具处于底部位置。

用小吊机拉住由细钢丝绳缠绕的待拆刀具（拉力要适中，不使刀具螺栓受力）。

用气动套筒扳手依次拆下 4 个固定螺栓。

刀盘下部工人利用撬棍使刀具转动 90°。

用吊机将刀具从刀孔中拉出，因不用导轨，故刀盘下部工人需根据情况间隔撬动刀具，以免卡住。

将刀具吊到刀盘大轴承平台处，然后通过内机架孔放到地面。

清理刀座，检查螺栓及刀座与托架接触面。

② 安装（安装顺序与拆卸顺序相反）

准备装刀机具（和拆刀所用基本相同）。

将需安装的新刀通过内机架孔用小吊机吊放在刀盘轴承处的工作平台上。

转动刀盘，使需更换处于底部位置。

刀盘下部工人用高压水冲洗刀座螺栓孔，清理刀座与刀具托架接触面的泥污等物，以保持其洁净。

用小吊机和细钢丝绳将刀具缓缓放至更换处，同时刀盘下部作业人员将刀推进刀孔内。此工作需小吊机升降与下部撬动相配合，以免刀具在进入刀座时卡住。

刀具到位后，在小吊机的适中拉力和轻微升降配合下，由刀盘下部工人用撬棍撬动使刀具转动 90°，对正刀具螺栓孔，将紧固螺栓旋入并用气动套筒扳手拧紧。进行此项工作时，要注意调整刀具托架与刀座支承座圆锥面配合间隙在 0.10～0.15mm 范围内。

松开小吊机，用液压扭矩扳手校核 4 个螺栓的扭矩，使其达到要求值 930N·m。

完成 1 个掘进行程后，对更换上去的新刀具的固定螺栓做进一步检查。

4）边刀的拆卸和安装

边刀的拆卸与安装过程与正刀完全相同，但在更换边刀之前应先扩孔，因为边刀刀圈磨到极限 20mm 时，洞径为 8.76m，而新刀边缘轮廓直径为 8.8m；扩孔完毕更换边刀，方法与正刀相同。换边刀必须同时更换刮板，安装刮板的螺栓的扭矩为 660N·m。

掘进 1 个行程后，更换的刀具和刮板都要检查，如有松动，须重新拧紧。在掘进过程中，因扩孔刀油缸支座质量问题于 1998 年 9 月损坏，（属外商问题）无法实现扩孔作业。在这种特殊情况下，采用了在洞壁爆破小洞的办法更换边刀。方法是：在刀盘前面，洞壁的右下方（时钟五点钟左右位置）爆破一个 40cm×40cm×20cm 的小洞，在此处更换边刀。装好新边刀后，掘进 80cm，使洞壁直径恢复 8.8m，再安装新刮板。

5）中心刀的拆卸和安装

① 拆卸

转动刀盘使盘形滚刀的中心处于水平位置。

去掉喷水管及油管等，拆下回转接头，安装操作平台及中心刀专用安装装置。

松开夹紧块，然后拆下。

用套筒扳手从需更换的刀具和喷嘴座块上旋下底部固定螺栓。

将带有加长工具的安装小车推进到喷座块处，用两个螺栓将小车与座块相连。

拧出喷嘴座块的上部固定螺栓，安装小车进一步前移并带动喷嘴座块转动 90°。

拉回安装小车，拆下喷嘴座块，放置内机架中。

安装小车前移并用 2 个螺栓与外侧刀具联接，拆掉刀具上部固定螺栓。安装小车进一步前移并使刀具转动 90°。

拉回带刀具的安装小车，从导轨上抬下，放置内机架中。

从安装小车上拆下刀具。

② 安装（安装顺序与拆卸顺序相反）

检查清理刀具与刀座接触面及螺栓孔。

将新刀用两个螺栓固定在安装小车上，放入导轨并固定。注意刀具的位置 90°转动后锁紧环须指向外侧！

刀具从中间推入，然后缓慢转过 90°，将安装装置水平移动，直到新刀接触邻近刀具，然后拉回。手动拧紧 2 个固定螺栓。

松开安装小车，手动拧紧 2 个底部固定螺栓。

将装有加长工具的喷嘴座块用螺栓联接到安装小车上，从中间推入，转动 90°，然后水平移动直到中心接触。拉回安装装置，手动拧紧上部固定螺栓。

旋下加长工具，拉回安装装置，手动拧紧喷嘴座块底部固定螺栓。

安装夹紧块，使刀具对着喷嘴座块夹紧。

用扭矩扳手拧紧并校核刀具，喷嘴座块和夹紧块上所有固定螺栓其规定值为 930N·m。

拆下安装装置，拧入刀具和喷嘴座块上的所有螺栓。

装上回转接头、软管和喷嘴、喷管等。

卸下操作平台。

完成 1 个掘进行程后，再次检查所换刀具的固定螺栓是否紧固。

8. 电气系统维修

（1）维修流程

TBM 出现故障时，按图 5.2.2-12 所示的故障维修流程图进行检查。

（2）操作要点

1）根据数据记录系统及故障监视系统来判断属于电气故障，还是机械液压故障，如属于机械液压故障时由机械液压工程师进行检查。

2）属于电气故障的，按以下步骤进行检查。

① 从故障报警器的显示可分为动力线路故障、绝缘故障、控制系统故障。

② 绝缘故障是由于电网上某一线路的绝缘值降低造成的。电网中绝缘值小于 200Ω 时，报警器会发出警报；小于 50Ω，PLC 系统会自动关断 400V 电网，迫使停机。这类故障一般用逐一排除法诊断。对电网下的每个线路逐一进行送电，同时监视绝缘测试器的绝缘值变化。当某一线路送电后，绝缘测试器的绝缘测试值下降并报警，则该线路的电缆或电气设备必已损坏，隔离该线路进行检查，即可排除故障。

③ 动力线路故障的检查首先应对电路中的电压、电流进行测量、计算、比较是

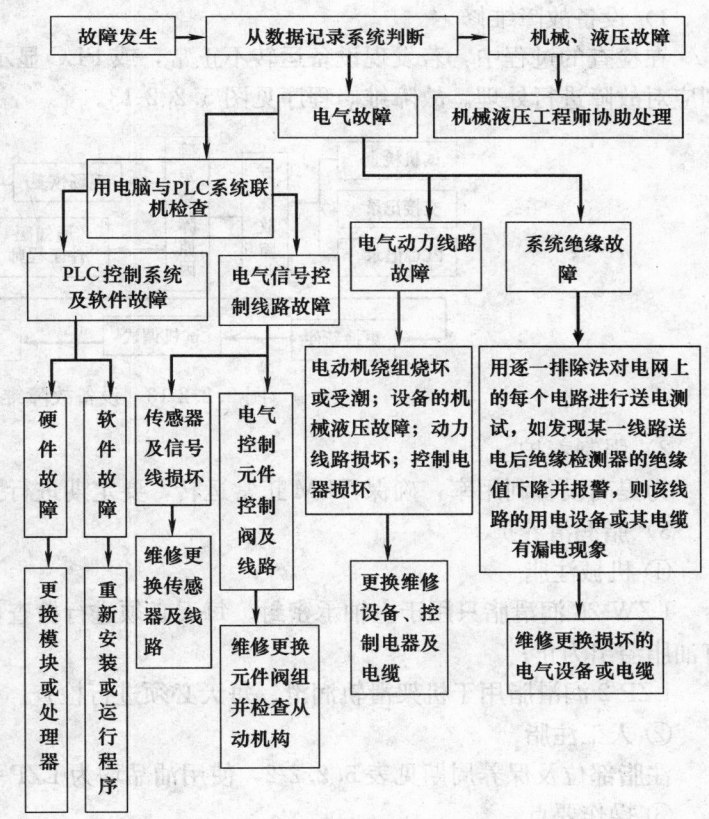

图 5.2.2-12　故障维修流程图

否符合标准范围。电压/电流的变化一般都是因为电气设备的烧坏、受潮或电器元件的损坏造成的，有时也是因为电缆的砸伤、挤坏引起的。

④ 控制系统发生故障，用编程器与PLC程序系统联机对故障报警器显示的子程序名所对应的子程序进行检查，从该程序梯形图运行的状态可知是输入方面还图是输出方面的故障。同时从输入/输出模块的发光二极管的亮、灭判断是否有信号输入和输出。

如果没有输入信号，则肯定是所对应的温度、压力、液位、行程等传感器或它们的连接线路的损坏引起的。

有输出信号，执行机构不工作的，须对输出线路和控制阀进行检查，对控制阀的电压、电流的测量和对控制阀的手动操作可知是控制阀坏了还是执行机构有问题。

有输入信号而没有输出信号的，肯定是PLC程序或模块出了问题。有时是因为PLC电源的电压、电流尖峰作用引起的死机，使程序不能执行，这种情况用电脑中的程序重新启动即可；如PLC内的程序执行而无输出时，肯定是输出模块的损坏引起的，须更换输出模块；如输入模块的输入口有信号输入，但程序却中却没有信号运行，那就是输入模块有问题，须更换模块。

在对上述线路检查时，插接件松动也会造成故障。

⑤ 故障检查后，须填写《TBM电气系统故障登记表》（格式见表5.2.2-1），作为资料存档。

TBM电气系统故障登记表　　　　　　　　　　　　　　　　表5.2.2-1

年　月　日

序号	故障现象	故障时间	故障分析	故障处理	负责人签字

9. 机械部分维修保养

（1）维修养护工艺

1）设备故障维修

在检查的过程中，若发现设备运转不正常，或PLC显示屏记录设备故障，或有掘进班遗留的问题，则应对故障进行处理。故障维修程序见图5.2.2-13。

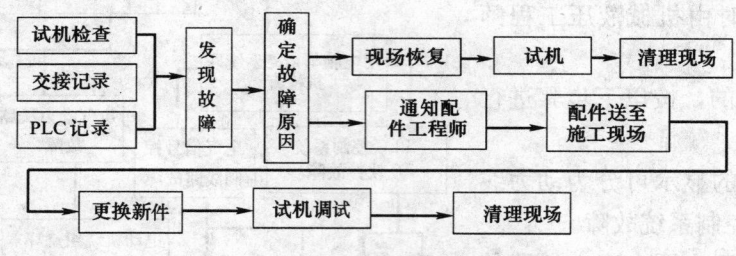

图5.2.2-13　设备故障维修程序

2）强制养护

为提高设备利用率，确保TBM正常运转，要定期进行强制养护，强制养护程序见图5.2.2-14。

3）脂润滑养护

① 机械注脂

LZW-25润滑脂只用于主轴承密封。每天必须进行检查，若无油脂溢出，则要启动泵脂，直到看到有油脂溢出为止；

LZP-2润滑脂用于机架滑轨润滑。每天必须进行检查。

② 人工注脂

注脂部位及保养周期见表5.2.2-2，使用油品均为LZP-2型润滑脂。

③ 操作要点

每天必须清理内机架上部滑轨面、钢拱架移动护板滑轨面上的油泥和石碴，然后涂抹新脂。

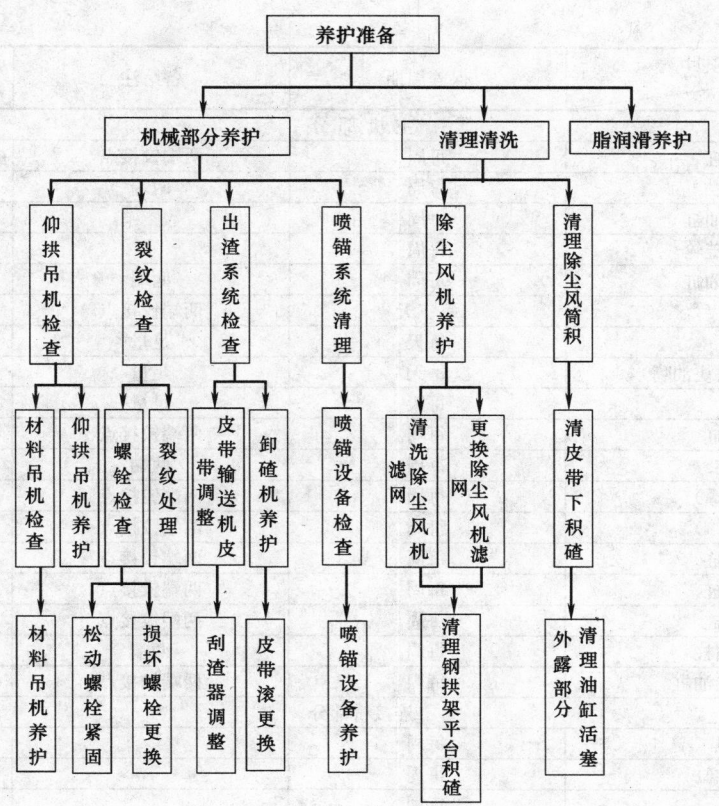

图 5.2.2-14　强制养护程序

所有吊车、喷锚移动机构的行走齿条和滚轮滚道，每周涂抹润滑脂。

往黄油枪内注油时，必须从外机架润滑脂泵专用注油管处灌注，绝不能打开润滑脂桶盖取油。

所有人工注脂点，注脂必须足量，直到油脂溢出为止。

4）裂纹及螺栓检查

① 发现裂纹或断裂应及时焊补且焊牢，检查的重点部位为表 5.2.2-3。

② 在整备期间的例行检查发现，振动剧烈的部位往往是螺栓容易松动的部位，对松动的螺栓应该及时紧固以保证设备正常运转，否则可能酿成重大事故。根据现场实际经验螺栓松动情况重点检查部位见表 5.2.2-4。

③ 操作要点

所有松动的螺栓必须紧固到规定扭矩。螺栓扭矩见表 5.2.2-5。

人工注脂保养部位及周期　　　　　　　　　　　　　　　　　　表 5.2.2-2

项目 部位	保养周期	备 注	保养日期
主 机 部 分			
顶护盾油缸	每周	两端铰接点	
中护盾连接销	每周	两端铰接点	
侧护盾油缸	每周	两端铰接点	
上部夹紧油缸	每周	两端铰接点	
下部夹紧油缸	每周	两端铰接点	
下护盾油缸	每周	两端铰接点	
钢拱架导向轮	每周		
仰拱清理胶带输送机	每周		
前外机架顶部(弧形滑块油嘴)	每天	足量	
钢拱架移动滑板	每天	足量	
锚杆钻机	每天	足量	

部位 \ 项目	保养周期	备 注	保养日期
主 机 部 分			
前外机架撑靴缸	每周	两端铰接点	
撑靴缸导向柱	每周	两端	
钢拱架移动平台油缸	每周		
钢拱架运输小车链轮	每周		
钢拱架移动滑板油缸	每周	两端	
推进油缸	每三天	两端铰接点	
锚杆钻机	每天	足量	
后外机架顶部（弧形滑块油嘴）	每天	足量	
后支撑顶部	每天	足量	
后外机架撑靴缸	每周	两端铰接点	
撑靴缸导向柱	每周	两端	
扭转油缸（后支撑）	每周	两端铰接点	
摆向油缸（后支撑）	每周	两端铰接点	
连接桥提升油缸	每周	两端铰接点	
后支撑撑靴油缸	每周	两端铰接点	
后支撑提升油缸	每周	两端铰接点	
后支撑油缸导向柱	每周	两端	
连接桥与主机连接油缸	每周	两端铰接点	
连 接 桥 部 分			
上部材料吊机	每周		
材料升降平台油缸	每周		
拖拉油缸	每周		
连接桥车轮	每周		
钢拱架运输架	每周		
下部材料吊机	每周		
仰拱块吊机	每周		
后 配 套 系 统			
卸碴机	每天		
喷锚系统	每两天		
拖车滚轮	每周		
冷却风机	每周		
混凝土罐车吊机	每周		
水泵	每两周	油杯	
空压机	每周		
接力风机	每两周		
胶 带 输 送 机			
从动轮（1号）	每天		
导向轮（1号）	每天		
张紧油缸（1号）	每周		
从动轮（2号）	每周		
张紧油缸（2号）	每周	两端铰接点	
提升油缸（2号）	每周		
主动轮（2号）	每周		
从动轮（3号）	每周		
主动轮（3号）	每周		
红色轴承座	每周		

裂纹检查的重点部位   表 5.2.2-3

序号	检 查 部 位	检查周期
1	左右钢拱架移动平台处钢结构连接焊缝；砸断的各种护栏	每班
2	左右电机平台，各处钢结构连接焊缝，尤其是与内机架连接处的法兰根部焊接	每班
3	缺损的护栏和踏板及时矫正并焊接	每班

螺栓检查的重点部位　　　　　　　　　　　　　　　　　　表 5. 2. 2-4

序号	部位	检查周期	序号	部位	检查周期
1	外机架塑料滑板固定螺栓	每天	5	各处踏板固定螺栓	每2周
2	钢拱架马达固定盖板螺栓	每周	6	各处护栏固定螺栓	每2周
3	钢拱架滚轮支架固定螺栓	每周	7	卸碴机行走马达固定螺栓	每周
4	传动轴套两端护套固定螺栓	每天			

螺栓紧固扭矩　　　　　　　　　　　　　　　　　　表 5. 2. 2-5

螺栓 \ 扭矩 N·m \ 等级	8.8	10.9	10.9HV	螺栓 \ 扭矩 N·m \ 等级	8.8	10.9	10.9HV
M4	2.7	3.8		M22	510	720	
M6	9.5	13		M24	660	930	800
M8	23	32		M27	980	1400	
M10	46	64		M30	1350	1850	1250
M12	81	110	100	M33	1800	2500	
M14	125	180		M36	2300	3200	2800
M16	195	275	250	M39	2950	4150	
M18	270	390		M42	3650	5150	
M20	385	540	450	M45	4600	6450	

所有螺栓更换时必须是原等级螺栓；

所有裂纹的焊接必须牢固可靠，利用磁粉探伤仪进行检测。

10. 液压部分维修保养

（1）定期保养

1）油样检测

对液压油进行定期检测，保证油品符合使用标准。施工过程中每月一次对各独立液压系统进行油液取样（约 150mL），用于油液污染度和理化指标分析，并对所得结果运用计算机进行分析统计，绘制表格，趋势曲线，从中找出其变化规律，作为油液的保养依据。主要分析参数见样表 5.2.2-6。

TBM 油样分析报告　　　　　　　　　　　　　　　　　　表 5. 2. 2-6

取样登记					
单　位		设备名称		取样部位	
总进尺		运转时数		油品名	
工作性质		当前状态		油箱容量	
维修状况				油用时数	
				滤油器时数	
取样日期		取样人		样瓶编号	
理化指标分析报告			温度（　℃）		
黏度		污染度		综合指标	
TAN		TBN		水分（％）	
铁谱光谱分析报告					
直读铁谱指标	大磨粒 Dl		光谱分析元素浓度（PPM）	Fe	Pb
	小磨粒 Ds			Cu	Ca
	烈度　Is			Al	P
	WPC			Cr	
	PLP			Si	
结论					

报告人：　　　　　　　　年　月　日

注：当含水量≥1％时为超标，应换油。

由于油样分析有一定的周期，因此在日常保养中应采用目测法对各系统油质进行初步判断，如有异常可提前对其进行油样分析或立即更换油品。

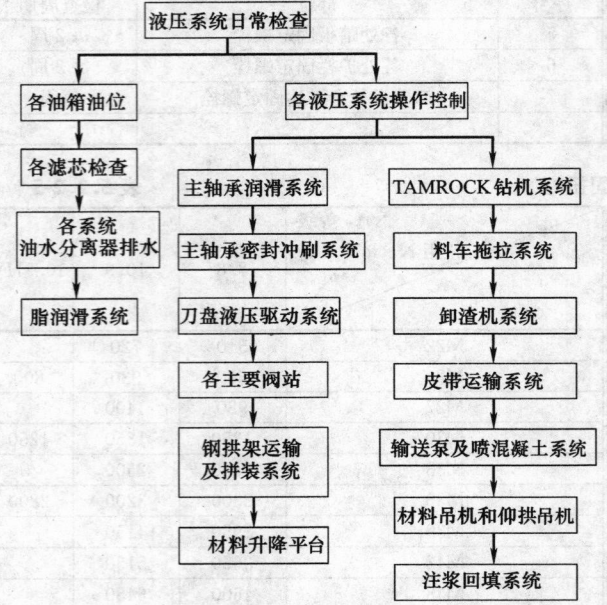

图 5.2.2-15　日常保养流程图

2）每天对各系统油位进行检查并作记录，并参考机器故障维修记录，分析判断系统是否存在外部泄漏或需添加新油。

3）根据《TB880E 技术文件》英文版要求定期维护手册中记录所有压力校正值，若校正频繁，则说明安全阀有磨损或系统存在其他故障。

4）根据《TB880E 技术文件》英文版规定，严格执行各液压系统每日、每周、每月、每年定期检测项目。

（2）日常保养

停机状态下液压系统保养主要流程图见图 5.2.2-15。

1）注意观察施工状态和停机状态各压力表显示参数。如有异常变化，应根据情况判断其性质，采取相应措施，并作记录。

2）对处于振动、易磨损部位油管采取相应的保护措施，并经常检查，及时更换磨损的油管。

3）部分液压元件（如：油泵）有一定的使用寿命，对于达到寿命的液压元件，应及时更换，换下的液压件可送至专业维修机构进行检验或维修才能继续使用。

4）及时更换各液压系统液压滤芯。

液压滤芯有以下两种检测方式：

① 传感器监测

掘进机大部分滤芯采用这种方式进行监测，当机器显示滤芯堵塞报警信息时，应及时更换报警位的滤芯。

② 压差可视指示器

此指示器位于过滤器上，如果指示器 5mm 红色按钮在冷启动时弹起，当达到工作温度时可按下该按钮进行复位。如果在复位时再一次弹起则应更换其滤芯。

5）注意液压系统工作中油温变化。一般来说，液压系统工作油温不超过 70℃。如果此液压系统油温超高报警乃至停机保护，则应作以下检查：

① 液压系统是否长期超负荷运行。

② 油水热交换器是否积尘或水路、油路是否畅通。

③ 表明系统磨擦和泄漏增加，部分液压元件工作异常，应及时维修或更换。

（3）故障维修

维修由受过培训的专业人员进行，维修前必须熟悉所维修部位的液压原理图。

故障维修基本作业流程：故障判断→维修准备→拆卸→检测→维修→调试→安装→调试→试机→记录。

5.2.3　二次衬砌与 TBM 掘进同步施工

1. 施工工艺流程

施工准备——TBM 组装——TBM 掘进——道岔铺设——附属洞室开挖、支护—矮边墙施工—台车走行轨道铺设—土工布、防水板铺设—台车就位——台车立模——混凝土浇筑——混凝土养生——台车拆模。

2. 操作要点

以下就本工艺中衬砌台车设计、总体施工方案等核心内容，做具体叙述。

（1）衬砌台车选型设计方案

1）衬砌台车设计依据

① 要考虑衬砌与 TBM 掘进同步施工所面临的技术难题：如何减少或避免二者的相互干扰制约，特别是在管线通过及交通运输方面。

② 要考虑 TBM 掘进施工速度：衬砌施工能力要与掘进施工能力相匹配。由于互相干扰，需合理选择衬砌台车模板的长度及衬砌台车的数量，满足以最少的衬砌台车数量实现衬砌紧跟 TBM 掘进的要求。

2）台车结构设计

综合考虑建筑限界、台车底部通行净空、风管通行、运输车辆干扰等条件，经过多种方案比选，形成台车设计方案。衬砌台车设计方案及限界尺寸如图 5.2.3-1 所示。

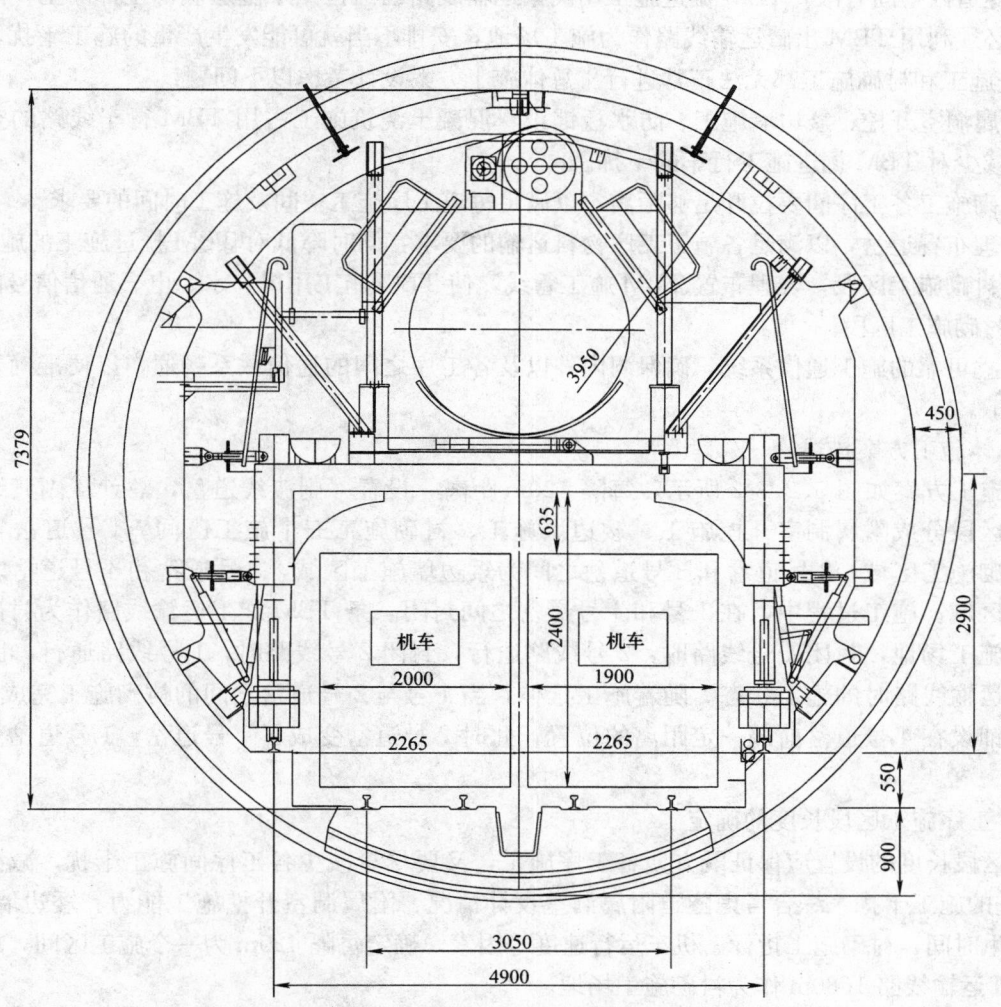

图 5.2.3-1　衬砌台车设计方案及限界尺寸示意图

① 二次衬砌前先施做合适高度的矮边墙，在矮边墙上铺设台车行走轨道，使台车钢结构整体抬高。此方案解决了台车底部横向净空不足，运输车辆无法通行的问题。

② 采取在衬砌台车顶模和横梁之间预留 $\phi2300$mm 通风管道，并在风管通过的底梁上每隔 4m 焊接一个 $\phi2300$mm 的半圆形风筒限位圈，风筒通过的上梁用 $\Phi14$mm 钢筋焊接成网格状进行防护，保证 $\phi2200$mm 通风软管顺直通过二次衬砌台车。

③ 由于风管及车辆通行的净空要求较大，为台车钢结构留出的空间就相对较小，台车结构设计时需重点考虑台车的刚度、顶部支撑方式等问题，以满足台车抗浮、台车横向受力、台车使用寿命等

要求。

3）确定台车模板长度及台车数量

① 根据 TBM 掘进施工平均速度，确定衬砌台车施工能力每月 500m 以上。

② 考虑衬砌施工质量要求，台车模板长度不能过长，最终确定衬砌台车模板长度 16m。

③ 通过计算单台台车衬砌循环时间，确定台车数量为两台。

单台台车衬砌循环时间：脱模（1h）＋抛光打磨、喷洒脱模剂(3h)＋定位(1h)＋立堵头板、混凝土灌注（11h）＋混凝土等强（24h）＝40h(每衬砌循环时间)。

两台 16m 长的衬砌模板台车，每月可衬砌 576m，满足进度指标要求。

（2）总体施工方案

1）总体施工方案设计需考虑的问题

由于隧道内空间有限，TBM 掘进施工用两条运输线路已经占据了隧道底部全部净空，同步衬砌施工各工序必须利用 TBM 出碴运输线路作为施工场地，安排不当就可能发生严重的施工干扰，从而导致 TBM 掘进施工和衬砌施工都无法正常进行。总体施工方案设计考虑以下问题：

① 附属洞室开挖、矮边墙施工、防水板铺设、混凝土浇筑施工占用 TBM 行车线路的空间需尽量紧凑，以减少对 TBM 掘进施工行车的干扰。

② 衬砌施工各工序间要拉开足够距离，以满足每道工序施工空间及施工时间的要求。

③ 合理布置道岔，以满足各施工工序物料运输的要求，同时降低对 TBM 掘进施工的施工干扰。

④ 在衬砌施工区段，合理布置 TBM 施工管线，使 TBM 施工用风、水、电、通信信号能够畅通无阻的通过衬砌施工区段。

⑤ 建立可靠的施工通信系统，确保洞内外以及各工序之间的通信联系畅通，以便准确及时的协调各工序施工。

2）总体施工方案描述

总体施工方案如图 5.2.3-2 所示，每隔 420m 距离，设置一副渡线道岔，总计 4 副渡线道岔，将衬砌施工区段分成附属洞室开挖施工、矮边墙施工、衬砌施工三个施工区间。1 号道岔与 2 号道岔之间为衬砌施工区域，2 号道岔和 3 号道岔之间为矮边墙施工区域，3 号道岔和 4 号道岔之间为洞室开挖施工区域。施工过程中，在 1 号和 4 号道岔之间封闭一条 TBM 施工运输线路作为衬砌施工区段各工序的施工场地，封闭 1 号线路时，2 号线路通行，封闭 2 号线路时，1 号线路通行。图中所示为封闭 1 号运输线路时的施工状态。随着施工延伸，当 1 号与 2 号道岔之间的衬砌施工完成时，1 号道岔拆除并铺设在 4 号道岔前部一定距离的位置，此时 2 号道岔变成了 1 号道岔，1 号道岔变成了 4 号道岔。

3）各工序施工区段长度的确定

施工区段长度的设置应保证既方便各工序施工，又要尽量减少各工序间施工干扰，减少各工序对 TBM 掘进的施工干扰。综合考虑隧道附属洞室设计情况、附属洞室开挖施工能力、矮边墙施工能力、矮边墙养生时间、衬砌施工指标、机车运行速度等因素，确定每隔 420m 为一个施工区间，施工时封闭单侧 TBM 运输线路 1680m 作为衬砌施工场地。

4）道岔的选型与布置

TBM 掘进洞段衬砌施工时，由于要实现车辆穿行，而且要封闭一条线路施工，传统的方法是在衬砌台车下部设置浮放道岔，道岔在台车下部为单线，台车前后为双线，道岔随台车向前移动。施工实践证明，浮放道岔存在明显的缺点：造价昂贵、笨重不易移动、机车长时间运行容易变形、车辆掉道频繁等。为了克服这些缺点，经过多种方案必选，确定选用单开固定道岔。单开道岔的好处是：造价低廉、安装方便、可靠性高。

施工时道岔布置参见图 5.2.3-2，左开道岔和右开道岔间隔布置，保证了 TBM 掘进以及衬砌区段各施工工序的物料运输需要，而且大大减少了因道岔移动、车辆掉道等原因引起的施工干扰。

5）TBM 施工用管线通行衬砌施工区段方案

TBM 施工用管线包括风管、水管、10kV 高压电缆、照明线（5 条）、通信线等管线。

① 风管通行衬砌台车在台车结构设计时即予以考虑；在附属洞室开挖洞段，设置必要的防护以保护风管。

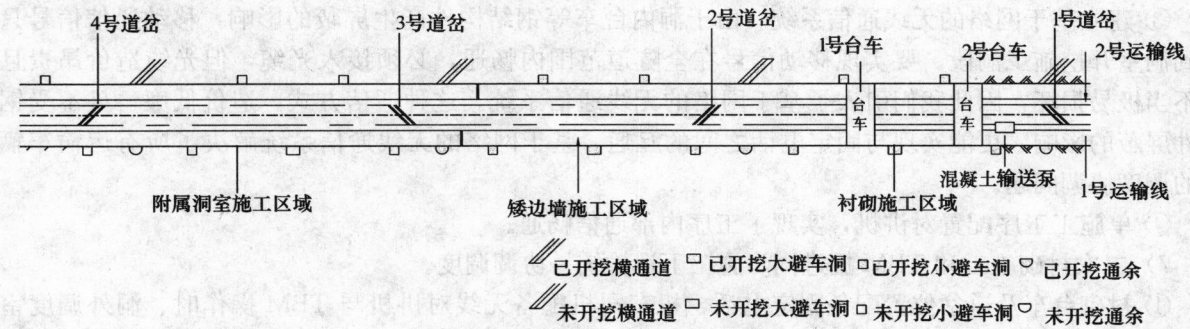

图 5.2.3-2　同步衬砌总体施工方案示意图

② 全隧道范围内，水管由传统的洞壁安装改装到中心水沟，在所有工序施工洞段均不受影响。

③ 电力及通信线路的通行分成两个区段：

衬砌施工区段，在矮边墙上设置临时电缆架，将 10kV 高压电缆、照明线（5 条）、通信线临时安放在电缆架上，待衬砌施工通过后，再恢复安装至洞壁，见图 5.2.3-3。

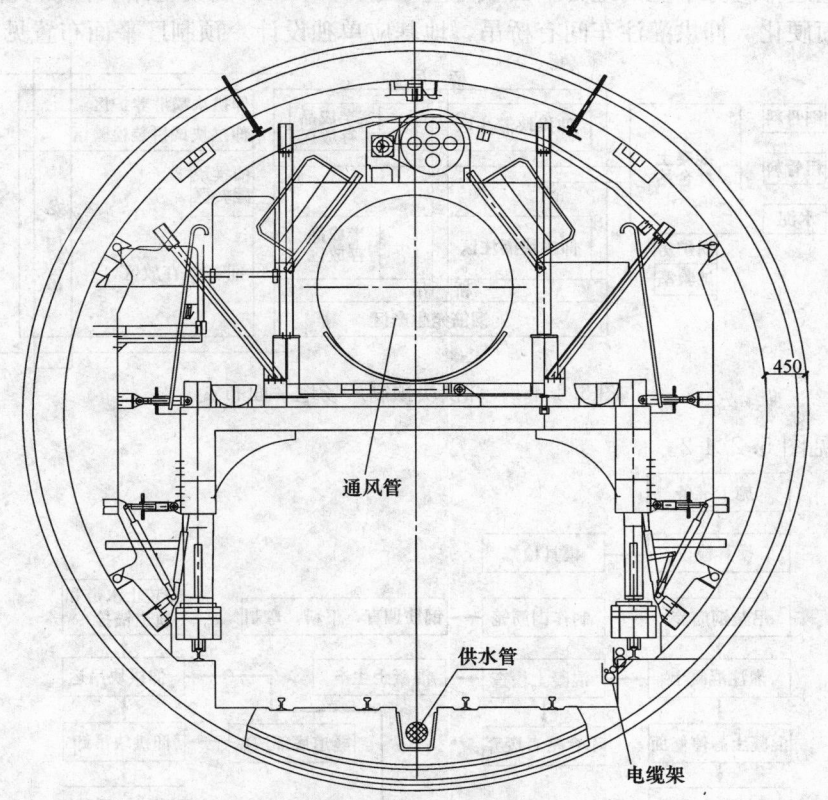

图 5.2.3-3　TBM 施工管线穿越衬砌台车示意图

在洞室开挖施工洞段，将电力及通信线路架高超过所有洞室开挖高度并设置必要的防护，以保证线路在洞室开挖施工区间的安全。

6）通信解决方案

必须在全隧道范围内建立起功能可靠的通信系统，以保证运输车辆调度通畅、各施工工序有效协调。

施工中，共计设置了 4 套通信系统：

① 固定电话。安装小型内部交换机，在隧道内架设通信线路，在各工序施工区段安装分机，实现相对固定的各施工工序之间的通信畅通。

② 与移动公司合作，将移动通信信号接入洞内，实现所有指挥员、带班人员之间的通信畅通。

③ 建立基于网络的无线通信系统。由于洞内台车等钢结构件产生屏蔽的影响，移动通信信号只能接到洞室开挖施工洞段。要实现移动信号在全隧道范围内畅通，必须接入光缆，但光缆造价昂贵且保护不当极易损坏，因此我们引入了基于网络的无线通信系统。这种通信方式，造价低廉，且不受钢结构件屏蔽的影响，更能实现与固定电话之间的互通。基于网络的无线通信系统解决了所有运输车辆之间的调度协调问题。

④ 单施工工序配置对讲机，实现了工序内部通信畅通。

7）二次衬砌施工和 TBM 掘进同步施工下运输统一协调调度。

① 衬砌台车及道岔位置配备固定电话，机车司机配备无线对讲机与 TBM 操作时、洞外调度室时刻保持联络，由洞外调度室统一协调车辆运输。

② 洞内每隔一段距离设一个信号中继站，同时在 TBM 上、每列机车、各工作面之间及相邻工作面（距离不超过最大作用距离）采用对讲机协调。

5.2.4 仰拱块预制与铺设

1. 布设仰拱块预制厂

仰拱预制厂应选择地势平坦的地方，面积不应小于 5000m²，混凝土站、仰拱块存放场、喷淋养护场等场地进行地面硬化。仰拱灌注车间有桥吊，地基应单独设计。预制厂平面布置见图 5.2.4-1。

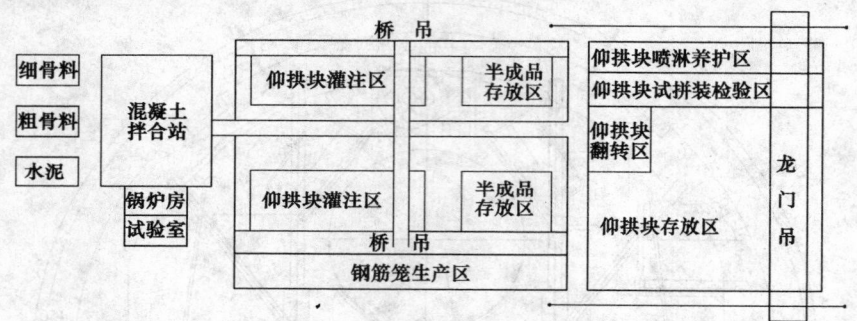

图 5.2.4-1 仰拱块预制厂场地平面布置

2. 工艺流程见图 5.2.4-2。

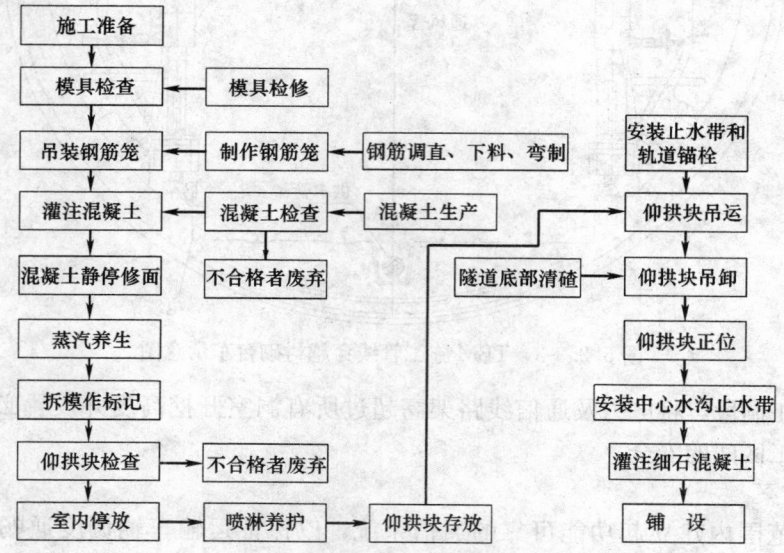

图 5.2.4-2 预制仰拱块生产工艺流程

3. 施工要点

（1）混凝土的供应

仰拱块生产用混凝土由拌合站供应，拌合站配备 1 台平均拌合能力 20m³/h、TQ-500 型强制式混凝土拌合机，用料采用自动计量。混凝土的坍落度、水灰比等参数，根据工程合同要求和设计要求，按混凝土施工规范规定，经试验室做实验后确定。混凝土配合比为：水泥：砂子：石子：水：SJG（高效减水剂）＝1：1.57：2.78：0.41：0.01。

（2）加工钢筋笼

1）钢筋除锈用喷砂设备进行除锈处理。

2）钢筋笼的焊接。钢筋除锈后，用电焊机将断好的钢筋焊接成网，并在钢筋网弯制设备上焊接组装成管片钢筋笼。

钢筋笼焊接过程中，主筋节点用 J506 焊条或用焊接强度与钢筋笼强度相应的焊条，构造筋间或构造筋与主筋间用结 422 焊条。焊点不得有损伤主筋的"咬肉"现象。除节点外，钢筋长度方向均不得焊接。钢筋笼应按先成片、后成笼的顺序流水作业。

钢筋笼网片圆弧方向的定位精度应控制在 1.5mm 以内；焊接台车的控制限位板应严格按钢模板尺寸制作；钢筋笼的整体制作精度必须控制在 2mm 以内；整个生产过程中，钢筋笼不得沾有任何油渍。

3）钢筋笼的防护处理　将钢筋笼加热到 300℃，在环氧树脂粉末飞扬的池子里密封浸渗 4s，以保证达到粘上 1 层 150～450μm 厚的环氧树脂防锈保护层。防护处理后的每一榀骨架都要进行全面的防护检查。

（3）检查模板，涂脱模剂，吊装钢筋笼

1）检查管片模板，对变形较大、有损坏的要进行维修，合格后方可使用。

2）涂脱模剂。

3）将钢筋笼吊装在模板中，并固定钢筋笼骨架，检查合格后等待灌注混凝土。

4）检查底部吊杆、顶部吊杆焊接质量。

（4）混凝土施工

1）混凝土坍落度应控制在 4cm 以内（掺减水剂），考虑到冬期施工收水慢等因素，需作真空吸水时，在标准真空条件下的吸水时间控制在 8min 以内。

2）灌注管片混凝土，振捣采用附着式振捣器，配合插入式振捣器。坍落度为 3cm 的混凝土振捣时间 7min，目测混凝土表面无气泡冒出，既已振捣密实，不宜过振，更不允许漏振。

3）灌注完成后将混凝土表面抹平顺。

4）混凝土静停完之前取出注浆孔预埋管。

（5）蒸汽养护

1）灌注好的仰拱块采用蒸汽养护方式，以快速提高混凝土的强度，减少仰拱块在模具中停留的时间。蒸汽养护除遵照一般蒸养规程外还应达到以下要求：

2）仰拱块振捣结束后，加盖养护罩，静养 2.5～3h，然后将饱和蒸汽引入养护罩内。

3）升温时间 2～3h（图 5.2.4-3），升温速率宜控制在 20℃/h 以内。

4）蒸养恒温阶段恒温时间 5～8h，温度 60～90℃，相对湿度 90%～100%。

5）降温速率宜控制在 10℃/h 以内，降温时间 2～3h。

6）混凝土强度达到设计抗压强度的 60% 后，让仰拱块逐步冷却，然后才能脱模，脱模时仰拱块温度不宜高于室温 10℃。

（6）半成品检测

1）仰拱块脱模后，在半成品仓库内检查是否有缺陷，并装上氯丁橡胶止水带，标出仰拱块的生产日期和

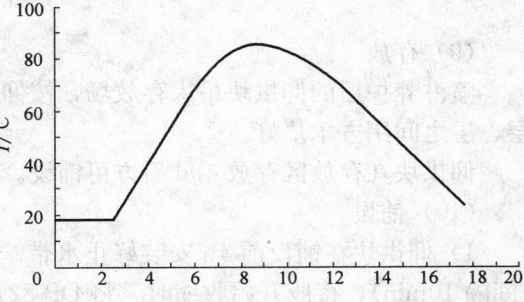

图 5.2.4-3　仰拱预制块蒸汽养护温度控制曲线

型号、序号。

2）根据合同要求，在规定数量的仰拱块中进行抽样检查，记录仰拱块的尺寸，裂纹等。

（7）喷淋养护

仰拱块脱模经检测合格后吊入喷淋养护区喷淋养护 1 周。

在喷淋养护期间，对仰拱块随机抽样进行抗渗试验。

（8）翻转

仰拱块预制完成以后，为便于吊装与铺设，要将仰拱块由预制时的底面向上翻转为底面向下。

在仰拱块存放场和喷淋养护区之间，堆放黄砂 5～6t，并要经常加以松翻。

仰拱块由养护区吊入存放区前进行翻转使仰拱块的圆弧底面向下（见图 5.2.4-4）。翻转在砂堆上进行，借助龙门吊用钢丝绳拴住顶部吊杆向上拉，便将仰拱块翻转过来，不必使用特定的翻转装置。

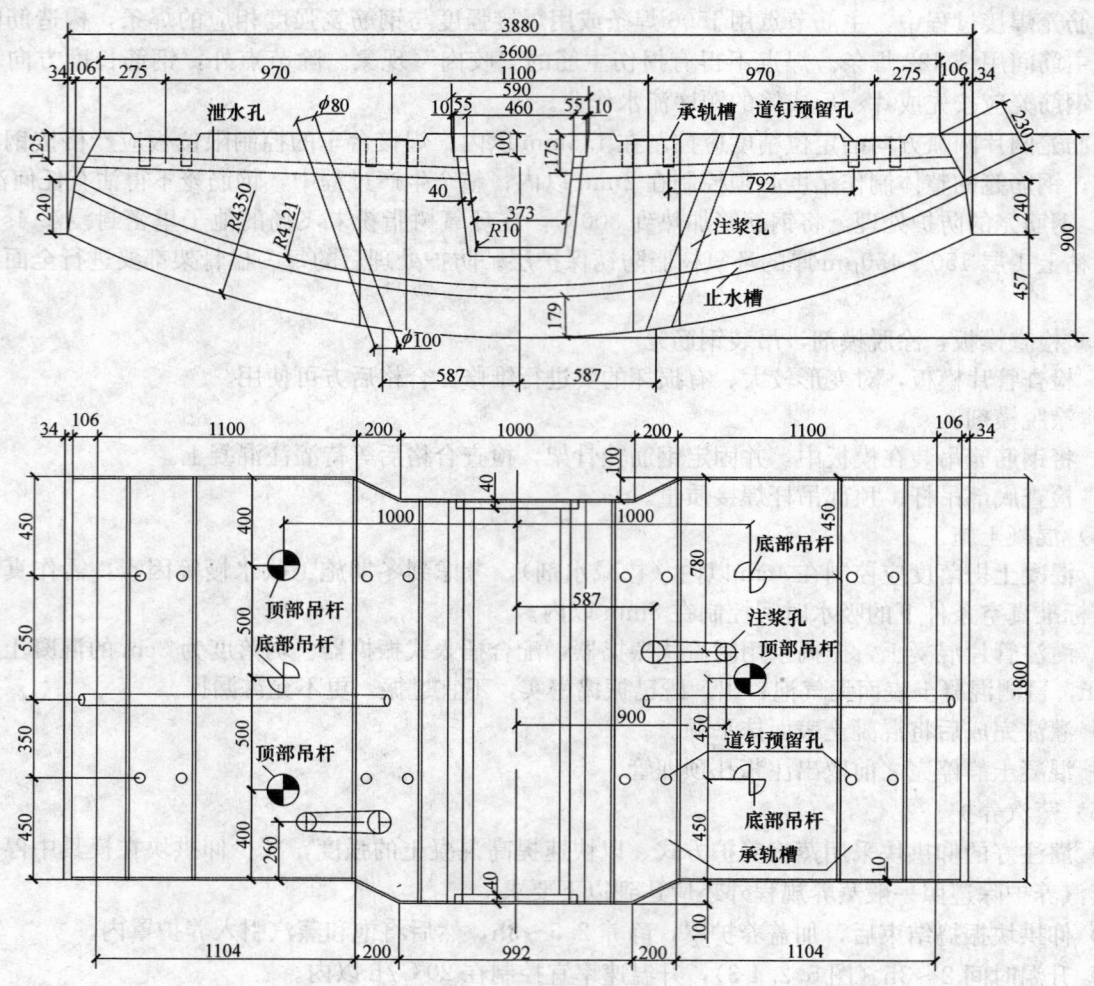

图 5.2.4-4　仰拱预制块

（9）存放

喷淋养护后的仰拱块吊入存放场，按仰拱块的型号及生产顺序堆码存放。可以叠放，但不得超过 4 层，层之间用方木垫好。

仰拱块在存放区存放 40d 后方可铺设。

（10）铺设

1）仰拱块在铺设前 4h 安装好止水带。安装前要将止水带槽用抹布清理干净，然后涂氯丁胶 2 次（间隔 10min），待胶开始收缩时，将 DP-821BF 复合型止水带粘贴上，并用木锤敲打使其粘贴密合。

2）将隧道底部碎碴清理干净，并用高压水冲洗，将仰拱块正位用的 4 块木楔放好。

3）将仰拱块运送到掘进机施工的工作面，用掘进机主机部位的仰拱块专用吊机吊到铺设位置。借助经纬仪，通过调整木楔位置调整仰拱块的标高。

4）安装中心水沟止水带。中心水沟止水带用 HF-78 型水沟接头止水带，用木锤将止水带砸密贴后，用 M13 级水泥砂浆将其抹平。

5）通过仰拱块中预留的注浆孔向仰拱块底部灌注 C18 级细石混凝土，混凝土配合比：水泥：砂：水：外加剂＝1：2.43：2.63：0.65。灌注的同时要做混凝土强度试件。

5.2.5 TBM 拆卸

1. 工艺流程

拆卸过程：施工准备→施工第一阶段→施工第二阶段→施工第三阶段。拆卸工艺流程图见 5.2.5-1。

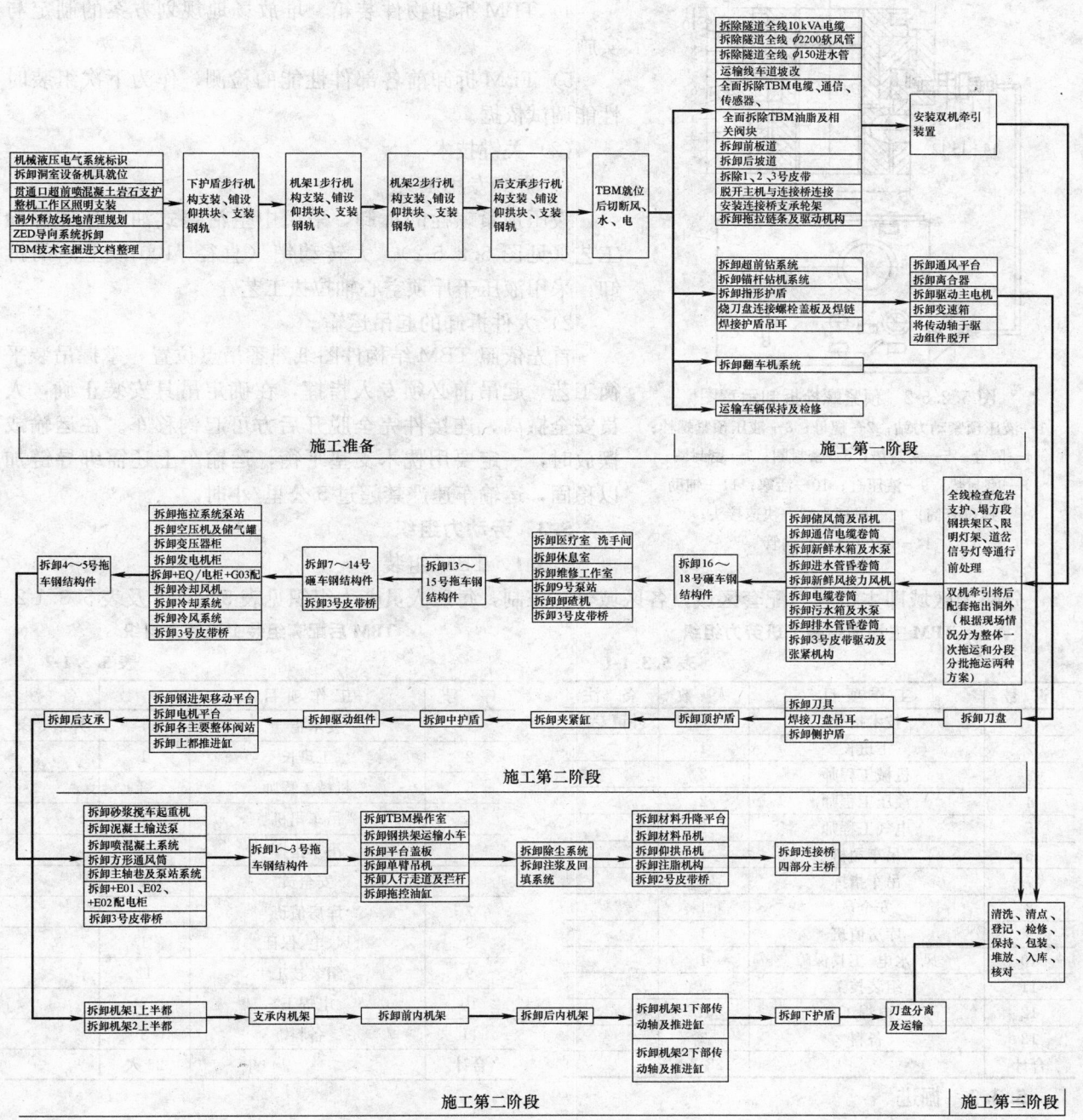

图 5.2.5-1 TBM 拆卸工艺流程图

2．操作要点

（1）施工准备

1）TBM拆卸洞室开挖、衬砌及设备机具安全就位

拆卸洞室供电配电箱设计安装，用于照明、抽水、150T桥吊、电焊机、碳弧刨机、及多功能插座用电。高压风要求风压不低于6bar。用水、积水、涌水区需加强抽水。拆卸辅助件提前入洞，TBM步行装置按顺序摆放，尽量靠近TBM行走线。预备枕木、垫木、清洗液、吊带、钢丝绳、撬棍、铁丝、灭火器以及铺设仰拱块所需的模板、垫块等，刀盘和驱动组件辅助吊具、连接桥支撑轮架、液压辅助动力站以及工具箱、盛物木箱也需提前就位。

2）TBM机械液压电气标识方案制定及实施。

3）拆卸工具、料具、机具的计划制定与实施。

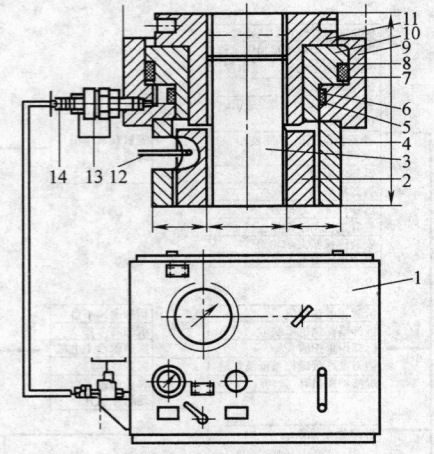

图5.2.5-2　预紧螺栓拆卸示意图

1—液压预紧动力站；2—螺母；3—液压预紧螺栓；4—隔套；5—密封垫；6—密封圈；7—密封圈；8—密封垫；9—液压缸；10—活塞；11—辅助螺母套筒；12—拔杆；13—快速接头；14—HP（高压）油管

4）TBM拆卸物件装箱、堆放场地规划方案的制定与实施。

5）TBM拆卸前各部件性能的检测，作为下次组装时性能调试依据。

（2）关键技术

1）拆卸专用工具

液压预紧螺栓的拆卸，采用中空活塞式油缸拉伸螺栓工艺（见图5.2.5-2）。大转动销（直径φ100以上）的拆卸，采用液压千斤顶空心轴拉拔工艺。

2）大件拆卸的起吊运输

首先依照TBM结构件图纸熟悉吊点位置，掌握吊装平衡工艺，起吊前必须专人指挥，在确定吊具安装正确，人员安全撤离，连接件完全脱开后方可起钩移车。在运输或摆放时，一定要用枕木支垫平衡，运输车上还需绑导链加以稳固，运输车速严禁超过5公里/小时。

5.3　劳动力组织

5.3.1　TBM组装

分两大区域即主机和后配套区域，各区域分三班制，每班人员劳力组织见表5.3.1-1及表5.3.1-2。

TBM主场地组装工班劳力组织

表5.3.1-1

序　号	工作项目	人　数	备　注
1	技术指导	2	外请专家
2	工班长	1	
3	机械工程师	2	
4	液压工程师	2	
5	电气工程师	2	
6	吊车司机	1	
7	吊车指挥	1	
8	安全员	1	
9	库房值班	1	
10	风、水电、工具保障	1	
11	组装技工	9	
12	电焊工	12	
13	备料	3	
合计		28人	

TBM后配套组装工班劳力组织

表5.3.1-2

序　号	工作项目	人　数	备　注
1	技术指导	1	外请专家
2	工班长	1	
3	机械工程师	2	
4	吊车司机	1	
5	吊车指挥	1	
6	安全员	1	
7	库房值班	1	
8	风、电、保证	1	
9	组装技工	12	
10	电焊工	2	
11	备料	3	
合计		26人	

5.3.2　掘进

劳力组织安排见表5.3.2-1。

劳力组织安排　　　　　　　　　　表 5.3.2-1

序号	工　种	人　数	职　责
1	工班长	1	洞内施工总体调度
2	司机	1	操作兼设备维护
3	机械工程师	1	机械的维修与保养
4	电气工程师	1	电气的维修与保养
5	土木工程师	1	隧道支护
6	支护组	8	隧道支护
7	仰拱铺设组	10	仰拱块的铺设与轨道的延伸
8	风、水、电及清碴组	8	风、水、电系统的维护及清碴

1. 施工给排水

劳力组织安排见表 5.3.2-2。

施工给排水劳力组织安排表　　　　　　　　　　表 5.3.2-2

序号	责　任	每组人数	备　注
1	设备保养、维修、清理	2	其中一人兼任组长
2	水管延伸、卷筒收放	5	兼职通风除尘的部分工作
3	TBM 各用水设备的控制	—	TBM 操作员及各设备负责人兼职
4	前部所有污水泵的控制	2	
5	后部污水箱处水泵控制	1	同时协助组长进行设备巡查

2. 初期支护

劳动力组织安排见表 5.3.2-3。

初期支护劳动组织　　　　　　　　　　表 5.3.2-3

序号	作业区	工　种	每组人数	工作内容
1	刀盘护盾后锚固区	小组长	1	统筹安排前部支护作业
		锚杆司机	2	操作锚杆钻机、钢拱架安装系统
		支护人员	6	锚杆锚固，挂钢筋网，安钢拱架
2	后配套处喷混凝土区	小组长	1	统筹安排后配套处支护作业
		湿喷机操纵手	1	操作湿喷泵，调节风压
		操纵机械手	2	负责机械手喷混凝土操作
		供料人员	2	供应混凝土

3. 出碴

劳动力组织安排见表 5.3.2-4。

出碴工班人员配置　　　　　　　　　　表 5.3.2-4

序号	工　种	运输一组 7：00~13：00	运输二组 13：00~22：00	运输三组 22：00~次日8：00	白班车辆维修组 8：00~12：00 13：00~17：00	夜班车辆维修组 18：00~次日8：00	线路维修组	管理
1	调度	1	1	1				
2	机车司机	4	5	5				
3	罐车司机	2	2	2				
4	叉车司机	1						
5	翻车机司机	1	1	1				
6	龙门吊司机	1	1	1				
7	备料人员	4	4	4				
8	扳道员兼信号员	3	3	3				
9	电气焊工				2	1		
10	机修工				4	2		
11	列检员				2			
12	保养员				2			
13	电工				1	1		
14	维修人员						4	
15	组长				1	1	1	
16	工班长							1
17	工程师							1
	小计	17	17	17	12	5	5	2

4. 施工通风除尘

根据 TBM 施工整体安排，确定每日的班组数量，每组的劳力组织参见表 5.3.2-5。

通风除尘每组劳力组织表　　　　　　　　　　　　表 5.3.2-5

序号	责　任	每组人数	备　注
1	所有风机检修保养、除尘风筒及水箱清理、除尘滤网的清洗与更换	3	兼职 TBM 整备的其他工作
2	软风管延伸、沿途软风管检查与维修、软风管储存筒更换	5	兼职 TBM 水系统的工作
3	洞内各风机的控制	1	TBM 操作员兼职
4	洞外风机控制	1	洞口警卫培训合格后兼职
5	软风管储存筒准备及运输	5	同时兼职施工所需的其他材料的准备与运输

5. 刀具更换

劳动力组织安排见表 5.3.2-6。

刀具更换劳力组织表　　　　　　　　　　　　表 5.3.2-6

工　种	人　数	主　要　工　作	备　注
刀具工班长	1 人	全面负责刀具组工作	
刀具工程师	1 人	负责刀具技术工作	
刀具统计员	1 人	刀具更换、检修登记统计	
小组长	4 人	现场指挥带班	四班作业
起重工	4 人	操作小吊机兼给风水	
换刀工	8 人	刀盘下部拆装刀	
运刀工	8 人	供给新刀运走旧刀	

6. 电气系统维修

劳动力组织安排见表 5.3.2-7。

电气系统维修劳力组织表　　　　　　　　　　　　表 5.3.2-7

序号	班　别	工　种	人数	工　作　内　容
1		工班长	1	负责协调 TBM 电气维修工作
2	掘进1班	电气工程师	1	排除 TBM 掘进中出现的故障,保证正常掘进
		技工	1	协助维修工作
		机械液压工程师	1	配合故障检查
		TBM 司机	1	配合故障检查
3	掘进2班	电气工程师	1	排除 TBM 掘进中出现的故障,保证正常掘进
		技工	1	协助维修工作
		机械液压工程师	1	配合故障检查
		TBM 司机	1	配合故障检查
4	整备班	电气工程师	1	负责处理掘进班遗留问题并对设备进行保养
		技工	3	协助维修工作
		机械液压工程师	1	配合故障检查
		TBM 司机	1	配合故障检查

在 TBM 上每个工种之间都是密切相关的，在处理电气故障时，需要操作司机和机械液压工程师的共同配合来对故障点及相关机构的工作状态进行判断，以便作出准确的判断。

7. 机械部分维修保养

劳动力组织安排见表 5.3.2-8～表 5.3.2-10。

技术室人员配备

表 5.3.2-8

序号	工种	人数	备注
1	机械工程师	3	
2	液压工程师	2	
3	电气工程师	1	
4	配件工程师	1	
5	资料保管员	1	
	合计	8	

掘进工班人员配备

表 5.3.2-9

序号	工种	人数	备注
1	机械工程师	1	
2	液压工程师	1	
3	电气工程师	1	
4	技术工人	6	
5	普工	25	
	合计	35	

整备工班人员配备

表 5.3.2-10

序号	工种	人数	备注
1	机械工程师	2	
2	液压工程师	2	
3	电气工程师	1	
4	技术工人	8	
5	普工	16	
	合计	29	

8. 液压部分维修保养

劳动力组织安排见表 5.3.2-11。

劳动力组织表　　　　　　　　表 5.3.2-11

	级别	人数	备注
整备工班	液压工程师	2	负责各液压系统整体保养与维修
	技术人员	2	负责日常一般检查与维修
掘进一工班	液压工程师	1	负责处理掘进中所发生的问题
掘进二工班	液压工程师	1	负责处理掘进中所发生的问题

5.3.3　二次衬砌与 TBM 掘进同步施工

劳动力组织安排见表 5.3.3。

二次衬砌同步施工劳动力组织表　　　　　　　　表 5.3.3

编号	工　种	数量（人）	备　注
1	台车脱模定位	9	兼模板抛光打磨、喷洒脱模剂
2	值班电工	3	兼台车操作员
3	木工	6	立堵头板、看模
4	输送泵司机	2	
5	混凝土捣固工	10	两班
6	防水板铺设	10	两班
7	矮边墙施工	10	清理、立模、灌注矮边墙、铺设临时轨道
8	附属洞室开挖	20	钻孔、爆破、清碴、铺底
9	值班工程师	3	
10	测量工	2	
11	空压机司机	4	
12	机车司机	12	
13	挖掘机司机	2	
合计		93	

5.3.4　仰拱块预制与铺设

1. 技术管理人员。土木工程师 1 名，机械工程师 1 名，试验员 2 名，质检工程师 1 名。

2. 作业人员。分机械工班、混凝土灌注工班、钢筋笼加工工班和仰拱铺设工班，各工班人员配备详见表 5.3.4。

仰拱块预制与铺设作业人员配置　　　　　　　表 5.3.4

序号	工 班	工 作 岗 位	人数	备 注
1	机械工班	工班长	1	兼职副工班长1人
		拌合站	2	
		桥吊司机	3	
		龙门吊司机	3	
		装载机司机	2	
		修理工	4	
		锅炉工	2	
		温控	3	
		吊运翻转	4	
2	混凝土灌注工班	灌注工	1	兼职副工班长1人
		混凝土抹面	6	
		拆模调模	4	
		搬运	8	
		质量检测、仰拱块标注	6	
		普工	2	
		振捣	2	
		工班长	4	
		截筋		
3	钢筋笼加工工班	弯筋	1	有2名专职电工
		电焊工、电工	2	
		除锈	3	
		测量工	12	
		起吊	3	
4	仰拱块铺设工班	灌注混凝土	2	兼职工班长1名
		清理	2	

5.3.5 TBM 拆卸

根据统一组织、长战线、集中处理的原则编制劳动人员见表 5.3.5-1。

TBM 拆卸劳动组织一览表　　　　　　　表 5.3.5-1

序号	组 别	人数/班制	主 要 工 作 内 容
1	指挥组	6	组织、协调和管理；施工期间的安全检查、督促
2	技术组	6	负责施工组织设计、技术指导、技术管理、测试工作，各种技术资料、档案的记载、整理、上报、移交
3	机械液压拆卸组	126/3	负责 TBM 液压系统、机械钢结构件拆卸；工作结束后分编到技术组和清理入库组
4	电气拆卸组	36/3	负责 TBM 电气设备、电缆、通信、传感线路的拆卸和清洗、清点、登记、检修、保养、包装、堆码排列、入库、核对
5	运输组	25/2	负责拆卸洞室内 TBM 拆卸件运输出洞
6	木工组	6/2	负责 TBM 拆卸件包装木箱加工制作
7	清理入库组	24/3	负责 TBM 机械液压拆卸件清洗、清点、登记、检修、保养、包装、堆码排列、入库、核对
8	安全警卫组	6/3	负责 TBM 拆卸、存放现场的安全警卫

其中机械液压拆卸组分洞内 63 人、洞外 63 人两个组，实行 3 班制。每班编制见表 5.3.5-2。

机械液压每班劳力组织一栏表　　　　表 5.3.5-2

组　别	工　种	人　数	组　别	工　种	人　数
洞内组	工班长	1	洞外组	工班长	1
	机械工程师	1		机械工程师	1
	液压工程师	1		液压工程师	1
	电工	1		电工	1
	电气焊工	2		电气焊工	3
	桥吊指挥兼安全员	1	洞外组	龙门吊指挥兼安全员	1
	桥吊司机	1		龙门吊司机	1
	技工	3		技工	3
	普工	10		普工	9
		共计：21			共计：21

6. 材料和设备

6.1　主要材料

6.1.1　掘进

1. 初期支护

1）锚杆采用 φ22 螺纹钢加工，长度由 2.5m、3.0m 两种。锚杆垫板尺寸为 150mm×150mm×6mm。钢筋网采用 φ8 钢筋，间距 25cm×25cm。锚杆、钢筋网及垫板均在现场加工。钢拱架由指定厂家加工，由 5 片工16 钢组成，拼装成外径 8.67m 圆形结构。槽钢片为 [16，弧长 3.5～4.0m。密封钢板为 3mm 普通钢板。注浆超前小导管的直径为 32mm。

2）湿喷混凝土用强度等级大于 32.5 硅酸盐水泥（或普通硅酸盐水泥）；砂子，以细度模数 2.5～3.0 的中砂为宜，应干净；减水剂选用咸阳化工厂生产的 SJG 高效减水剂。掺有速凝剂的混凝土应保证初凝时间≥5min，终凝时间≤10min。

3）预注浆用水泥，选用新鲜的强度等级为 42.5 普通硅酸盐水泥；水玻璃浓度 35Be′；缓凝剂为 Na_2HPO_4。

4）锚固剂采用符合施工需要的合格产品。

2. 施工通风除尘主要材料表 6.1.1。

施工通风除尘主要材料一览表　　　　表 6.1.1

名称	规格型号	性能参数	数量	安装部位	功用	备注
软风管	φ2200mm	PVC 材料	—	洞口至 TBM 后配套尾部	将洞口风机提供的新风送至 TBM	
风筒	φ2200mm 及异形		—	TBM 后配套及连接桥部位	向 TBM 主机区域送风	
方形风筒			1 套	主机顶部	除尘吸风筒	
软风管储存筒			2 套	TBM 后配套 18 号拖车	施工过程中储存软风管	

6.1.2　二次衬砌与 TBM 掘进同步施工

衬砌施工材料：水泥、砂石料、外加剂、脱模剂、防水板、止水带。

其他材料：钢轨、模板、钢管、铁丝、麻绳、废旧皮带、爆破器材及炸药雷管等。

6.2　主要施工机具

6.2.1　TBM 组装

主要施工机具见表 6.2.1。

组装主要施工机具表　　　　　　　　　　　　　表 6.2.1

序号	名　称	数　量	规　格	用　途	备　注
			吊装机具		
1	龙门吊	1 台	150t		2×75t＋15t
2	龙门吊	1 台	20t		
3	汽车吊	1 台	75t	倒装大件	
4	汽车吊	1 台	6t		
5	汽车吊	1 台	8t		
6	链吊具	1 套			德产
7	驱动组件	1 套		专用吊具	德产
8	刀盘吊具	1 套		专用吊具	
9	各类吊具	4 套		专用吊具	
			运输转载机械		
1	运输车	1 台	ZQ140		
2	装载机	1 台	ZL40		
3	叉车	1 台			
4	东风车	2 台	ZQ1040		
			工具		
1	呆扳	2 套	8～32		国产
2	呆扳	2 套	17～100		国产
3	梅花扳	3 套	8～24		国产
4	梅花扳	2 套	17～90		国产
5	套筒	2 套	8～32 轻型		国产
6	套筒	2 套	8～32 轻型		国产
7	套筒	2 套	17～65 中型		德产
8	套筒	2 套	17～85 重型		德产
9	变换接头	2 套			德产
10	气动扳手	1 把			
11	液压扳手	1 套			
12	液预紧扳手	1 套			含夹具
13	扭矩扳手	2 把	0～260N·m		
14	扭矩扳手	2 把	0～80N·m		
15	扭矩扳手	2 把	0～260N·m		国产
16	扭矩扳手	2 把	0～1400N·m		
17	扭矩扳手	2 把	0～700N·m		国产
18	变矩器	1 套			
19	电动扳手	2 套			
20	超道器	2 台	3t		
21	超道器	2 台	5t		
			配合工具		
1	升降平台	2 台			德产
2	液压升降平台	2 台	10m		国产
3	折叠梯	2 台			
4	导链	2 把	0.5t		
5	导链	2 把	1t		
6	导链	2 把	0.75t		
7	导链	2 把	1.5t		
8	导链	2 把	3t		
9	导链	4 把	5t		
10	导链	2 把	10t		
11	紧线器	4 把	1t		
12	电焊机	1 台	0～250A		
13	电焊机	1 台	0～500A		
14	电焊机	1 台	0～500A		国产
15	割枪、焊枪	各 2 套			国产
16	铲子	4 把			
17	刮铲	8 把			

6.2.2 掘进

主要施工机具设备见表 6.2.2-1。

主要施工机具设备表　　　　　　　　　　　　　　表 6.2.2-1

名　　称	规格型号	数量（台）	生产厂家
TBM	TB880E	1	德国 WIRTH（维尔特）公司
机车	CFL-350DCL	4	德国
	CFL-220DCL	1	
矿车	20m³	36	宝鸡机械厂、德国
水泥罐车	6m³	4	德国
仰拱块车	13t	4	德国
平板车	13t	4	德国
翻车机	全液压电控式	1	瑞士

1. 掘进机主体结构及工作原理

1）TB880E 型掘进机主体结构示意图见图 6.2.2。

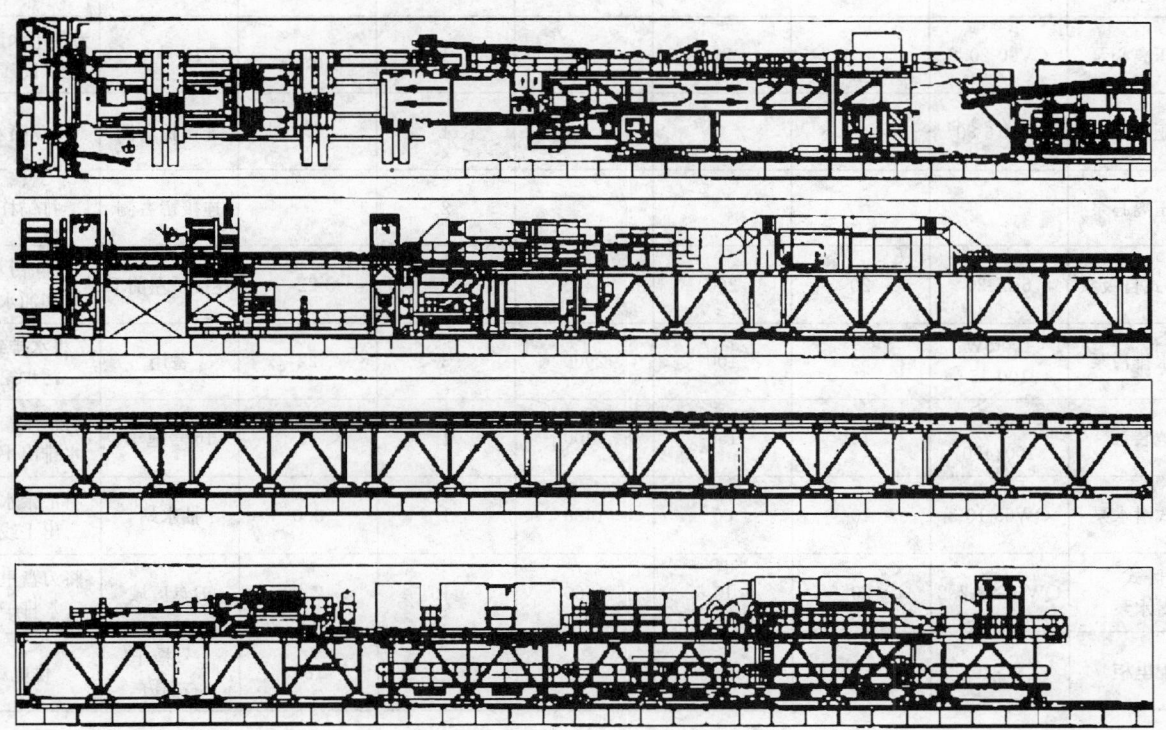

图 6.2.2　TB880E 型掘进机主体结构

TB880E 型掘进机由主机、连接桥和后配套系统三大部分组成。主机用于破岩、装载、转载；后配套系统用于出碴、支护等。

TB880E 型掘进机主机主要由刀盘、传动系统、"X"型分布的支撑和推进机构、机架、出碴输送机等组成。刀盘是破岩和装碴的执行机构；支撑和推进机构使掘进机迈步式向前推进并给刀盘施加推力；出碴输送机运出岩碴。

连接桥起主机和后配套的连接作用，安装有注浆系统、仰拱吊机、材料吊机、操作室、除尘风机、主轴承润滑供油站等主要设备。

TB880E 型掘进机后配套主要包括出碴运料系统，支护系统，激光导向系统，防灾环保系统，供电系统，通风、供水、排水系统等。

2）TB880E 型掘进机的工作原理。

外机架上的撑靴撑紧洞壁，使主机机架固定，在推力的作用下，安装在刀盘上的盘形滚刀紧压岩面。随着刀盘的旋转，盘形滚刀绕刀盘中心轴线运转，并绕自身轴线自转。切削工作岩面被盘形滚刀挤压碎裂而形成多道同心圆沟槽，随着沟槽深度的增加，岩体表面裂纹加深扩大，当超过岩石剪切和拉伸强度时，相邻同心圆沟槽间的岩石成片剥落。崩落在底板上的岩碴由均布在刀盘外缘的铲斗铲起并卸入带式输送机内，运至机后卸载。推进液压缸伸长 1 个行程，刀盘及与刀盘固定连接的构件相应向前移动 1 个行程。以上动作结束之后，缩回撑靴，再收缩推进液压缸，外机架就沿内机架前移，机器恢复到原始状态，以便进行下 1 个行程。

2. 施工给排水

给排水主要机具设备见表 6.2.2-2。

给排水主要机具配置一览表　　　　　　　　　　　表 6.2.2-2

名　称	型　号	扬程（m）	流量（m³/h）	转速（r/min）	数量	功率（kW）	安装位置	用　途
变频恒压供水系统	2500QJ100-270/15	270	100	1320	1	125	河边泵房	恒压供水
高压离心泵	CV90-20.2		75		1	30	16 号车	为各用水设备提供高压水
高压离心泵	CR-16-80				1	7.5	连接桥右侧	刀盘喷水
高压离心泵					2		连接桥右侧	打锚杆
离心式自吸泵	6ZX-20	20	200	1480	2	22	连接桥左前下	排除污水和涌水
潜水排污	100QW100-35	35	100	2900	3	22	备用	将水排到污水箱
铠装泵	NPK100/450	10	156	1400	1	75	16 号拖车	将污水箱的水排出Ⅰ线
卧式潜水泵	QW65-10-3	10	65	1480	1	3.0	抽水站	将汇聚水排出Ⅰ线
卧式潜水泵	QW15-20-2.2	20	15	1560	1	2.2	刀盘区域	将刀盘里的水排干
配电柜	XL-20					180	1 号拖车右前方	供电

3. 初期支护

初期支护需用机具设备见表 6.2.2-3。

初期支护需用的机具设备　　　　　　　　　　　表 6.2.2-3

序号	名称	型号	数量	序号	名称	型号	数量
1	锚杆钻机	HL300S	4	7	材料吊机		2
2	单臂超前钻机	HL500S	1	8	注浆泵	ZMP726	1
3	混凝土喷射泵	KOS1030	1	9	混合器	HCM300	1
4	机械手喷臂	LAFETTE2000	2	10	水泥罐车	转行式 6m³/h	3
5	钢拱架安装设备		1	11	材料矿车		4
6	钢拱架运送车		1				

4. 出碴

出碴需用机具设备见表 6.2.2-4。

出碴需用的机具设备　　　　　　表 6.2.2-4

序号	名　称	规格型号	数　量	产　地	用　途
1	450kN 机车	CFL-350DCL	4	德国	运碴
2	350kN 机车	CFL-220DCL	1	德国	调车场倒料
3	轨道车	1.5t	1	宝鸡	送人、送料
4	翻车机	ROTARY Ⅱ	1	ROWA	翻碴
5	碴车	20m³	36	宝鸡厂	装碴
6	混凝土罐车	6m³	4	勤宏厂	
7	仰拱块车		4	宝鸡厂	
8	钢拱架车		4	宝鸡厂	
9	人车		4	宝鸡厂	
10	叉车	CPC5B	1	国产	搬料至编组站
11	龙门吊	200kN	1	国产	编组站吊运
12	龙门吊	160kN	1	国产	仰拱块预制厂
13	行吊	160kN	1	国产	修理车间用
14	翻斗车			国产	清理现场
15	千斤顶	350kN	8	国产	碴车起道
16	千斤顶	100kN	4	国产	碴车起道
17	起道器	50、100kN	各 2	国产	轨道起道
18	风镐		2	国产	清理混凝土
19	气割设备		2	国产	修理车辆
20	电焊机	BX3-250	2	国产	修理车辆

5. 施工通风除尘

通风除尘系统机具配置见表 6.2.2-5。

通风除尘系统机具配置一览表　　　　　　表 6.2.2-5

名　称	规格型号	性能参数	数量	安装部位	功用	备注
风机	150XN Axial	压风量 1800～3600m³/min 最高风压 7453Pa 装机功率 250kW	3 台	洞口	串联使用为洞内供风	洞外压风机
风机	48°LCN Axial	压风量 1200m³/min 最高风压 1370Pa 装机功率 55kW	1 台	TBM 后配套 17 号拖车	向 TBM 空压机、空调机组及主机送风	接力风机
风机	30°LCN Axial	压风量 600m³/min 最高风压 2164Pa 装机功率 45kW	2 台	TBM 后配套 4 号拖车左侧	向空调机组压风	冷却风机
风机	36°MRDE Recire Remote Tank	压风量 600m³/min 装机功率 110kW	1 台	TBM 连接桥右侧中层平台	将刀盘区破岩所产生的粉尘吸入除尘器	除尘风机
空调机组	LKM2-290	制冷量 290kW 制冷剂 R22 风量 600m³/min	2 台	TBM 后配套 4 号拖车	为前部刀盘工作区提供冷却空气	

续表

名　称	规格型号	性能参数	数量	安装部位	功　用	备　注
离心式水泵	CV90-20	水压 10bar 功率 7.5kW 容量 200L/min	1 台	TBM 连接桥右侧中层平台	为刀盘喷水提供高压水	刀盘喷水泵
蜗杆式水泵	50/50	最高水压 8bar	1 台	TBM 连接桥右侧	为除尘器提供高压水进行喷水除尘	除尘喷水泵
离心式排污泵	CBOXLAC1A3/G		1 台	TBM 连接桥右侧	将除尘过程所产生的泥浆泵送至 2 号胶带输送机	除尘泥浆泵

6. 刀具更换

刀具更换机具见表 6.2.2-6。

刀具更换机具一览表　　　　　表 6.2.2-6

序号	名　　称	规格能力	数　量	备　注
1	小吊机	500kg	1 台	
2	气动扳手	1600N·m	1 个	
3	内六角套筒、接杆	M36、1″		
4	液压扭矩扳手	HY-3XLT	1 个	
5	中心刀安装装置	专用工具	1 套	
6	安装装置导轨	专用工具	1 套	
7	大小撬棍	1～3m	若干	
8	细钢丝绳圈	Φ6mm	2 根	
9	高压风、水	6bar、7bar		
10	刀具、喷嘴座块螺栓	M24	若干	90/230mm
11	刀具磨损量模	自制	1 套	
12	对讲机		1 台	

7. 电气系统维修

电气系统维修机具见表 6.2.2-7。

主要维修机具表　　　　　表 6.2.2-7

序号	名称	型号	单位	数量	用途	备注
1	笔记本电脑	施耐德公司 FCC ID：DCS7C9FTX41740	台	1	程序连接	安装 PLC 程序，附带连接线及端口
2	万用表		只	3		
3	摇表	500V	台	1	检测绝缘值	
4	摇表	1000V	台	1	检测绝缘值	
5	电流表	1000A	台	2	检测电机电流	
6	高压试电器	50kV	把	1	检测高压电压	
7	压线钳	75～185mm²	把	1		随机
8	压线钳	10～90mm²	把	1		随机
9	组合工具包		套	3		含各种常用电工用具
10	断线钳	240mm²	把	1		随机
11	组合套筒扳手		套	3		
12	剥线钳	1.5～10mm²				
13	压线钳	1.5～10mm²				
14	梯子		把	1		

8. 机械部分维修保养

机械部分维修保养机具见表 6.2.2-8。

机械部分维修保养机具表　　　　表 6.2.2-8

序 号	名 称	规 格	数 量	备 注
1	电焊机	300A	2	
2	千斤顶	10t	2	
3	液压扭矩扳手		1	
4	导链	5t		
5	导链	3t	2	
6	导链	1.5t	2	
7	快速扳手		4	
8	黄油枪	1.5l	4	
9	呆扳	8-32	1套	
10	梅花扳	8-32	1套	
11	套筒	8-32 轻型	1套	
12	套筒	8-32 中型	1套	
13	套筒	17-65 中型	1套	
14	套筒	17-65 重型	1套	
15	变换接头		1套	
16	扭矩扳手	0～80N·m	1把	
17	扭矩扳手	70～260N·m	1把	
18	扭矩扳手	280～700N·m	1把	
19	扭矩扳手	0～1400N·m	1把	
20	气动扳手		1把	

9. 液压部分维修保养

液压部分维修保养机具见表 6.2.2-9。

液压部分维修保养机具表　　　　表 6.2.2-9

序 号	名 称	型 号	数 量	备 注
1	加油滤油机	NFEK 25/0409/5AK/SO	1台	
2	软管切割机	SM280	1台	
3	软管剥皮机	MSV01	1台	
4	软管扣压机	GT9075-380-3-50	1台	
5	液压系统测试箱	HMG2020	1套	
6	油样检测装置	HPCA-KIT-0	1套	
7	液压辅助动力站	HS-016-A785-6-A	1台	
8	便携计算机	TOSHIBA SATELLITE 110CS	1台	

6.2.3　二次衬砌与 TBM 掘进同步施工

主要施工机具设备见表 6.2.3-1 和表 6.2.3-2。

主要施工机具配备表　　　　表 6.2.3-1

序号	名 称	规格型号	单 位	数 量	备 注
1	衬砌台车	16.5m	台	2	
2	施工作业台架	8m	台	2	自制（防水板）
3	拌和站	50m³/h	座	2	
4	轨行式混凝土罐车	10m³	台	8	初期
5	内燃机车	25t	台	4	初期
6	内燃空压机	12m³	台	2	

续表

序号	名　称	规格型号	单位	数量	备　注
7	混凝土输送泵	50m³/h	台	3	1 台备用
8	挖掘机		台	1	
9	道岔	7 号	副	5	
10	风枪		台	6	
11	附着式振捣器		台	16 台	台车顶部，每车 6 台，4 台备用
12	插入式振捣器		台	12 台	每台台车 4 台，4 台备用
13	抛光机		台	若干	
14	小型打气泵		台	2 台	喷洒脱模剂
15	小型木工刨床		台	2 台	带圆盘锯
16	射钉枪		台	4 台	
17	爬焊机		个	4 台	防水板铺设
18	热熔焊机		台	4 台	

运输车辆配置表　　　　　　　　　　　　　表 6.2.3-2

运输阶段	运输距离	列车数量	备　注
第一阶段	2100m 以内	3	
第二阶段	2100～4200m	4	
第三阶段	4200～6250m	5	单罐混凝土灌注时间按 20min 计，行车平均时速
第四阶段	6250～8400m	6	均按 12.5km/h 计，洞外拌合编组时间按 20min 计，
第五阶段	8400～10400m	7	考虑按一车双罐配置
第六阶段	10400～12500m	8	
第七阶段	12500m 以上	9	

机车数量＝（运输距离×2÷行车平均时速×60＋洞外拌合编组时间）÷单罐混凝土灌注时间＋1，计算结果中的小数按进位考虑

6.2.4　仰拱块预制与铺设

仰拱块预制与铺设机具见表 6.2.4。

仰拱块预制与铺设机具表　　　　　　　　表 6.2.4

序号	名　称	规格型号	数量	用　途
1	模板	随掘进机进口	24 套	
2	龙门吊	150kN	1 座	吊运仰拱块
3	桥式吊机	150kN	1 座	灌注混凝土、脱模、吊装钢筋笼
4	叉车	50kN	2 台	运送钢筋笼等
5	混凝土输送车	6m³	2 台	运送混凝土
6	快装锅炉	4t	1 台	养生
7	强制式拌合机	20m³/h	1 台	
8	平板车		1 辆	运送仰拱块
9	卷扬机	50kN	1 台	
10	钢筋弯曲机	3kW	1 台	
11	钢筋切断机	4.5kW	2 台	
12	电焊机	55kW	3 台	
13	装载机	ZL-50	1 台	
14	运输车	15t	2 辆	运送施工用料
15	电动空压机	20m³	1 台	混凝土振捣
16	控电设备		2 套	

6.2.5 TBM 拆卸

TBM 拆卸机具见表 6.2.5。

TBM 拆卸机具一览表　　　　　表 6.2.5

序 号	名 称	数 量	规 格	备 注
吊装设备				
1	龙门吊	1台	150t	2×75t+15t
2	龙门吊	1台	150t	2×75t拆卸洞使用
3	龙门吊	1台	20t	根据场地配置
4	汽车吊	1台	75t	
5	汽车吊	1台	16t	
6	汽车吊	1台	8t	
7	链式吊具	1套	32t×4	德产
8	钢丝绳	16根	10t	10m
9	钢丝绳	16根	5t	8m
10	钢丝绳	16根	20t	8m
11	钢丝绳	16根	40t	5m
12	吊带	12套	1~6t	
13	驱动组件专用吊具	1台		德产
14	刀盘吊具	1套		德产
15	各类吊具	4套		
16	各型吊耳	2套	M12,M14,M16	
运输设备				
17	运输车	1台	ZQ140	
18	装载机	1台	ZL40	
19	叉车	1台	5t	
20	平板拖车	1辆	20t	
工具、量具				
21	呆扳	4套	8~100	国产
22	梅花扳	6套	8~24	国产
23	梅花扳	4套	17~90	国产
24	套筒	4套	8~32 轻型	国产
25	套筒	2套	8~32 中型	国产
26	套筒	2套	17~65 中型	德产
27	套筒	2套	17~85 重型	德产
28	变换接头	2套		德产
29	铁锤	6把	3磅	
30	铁锤	6把	8磅	
31	铁锤	6把	15磅	
32	断线钳	3把		国产
33	长尺	4把	600mm	
34	螺纹规	1把		公制
35	螺纹规	1把		英制
36	卷尺	2个	30m	
37	卷尺	10把	3m	
38	卷尺	10把	5m	
39	折尺	10把	2m	
40	撬棍	8根		
41	铜锤	4把		
42	管钳	3套		
43	手钳	4把		
44	锉刀	3套	常用普通型	
45	去漆锉	4把		
46	活动扳	1套	150~450	国产
47	气动扳手	1把		
48	液压扳手	1套		

序　号	名　称	数　量	规　格	备　注
		工具、量具		
49	液压预紧扳手	2 套		含夹具,德产
50	锯弓	3 把		
51	扭矩扳手	4 把	0～260N·m	
52	扭矩扳手	2 把	0～80N·m	
53	扭矩扳手	4 把	0～280N·m	国产
54	扭矩扳手	2 把	0～1400N·m	
55	扭矩扳手	2 把	0～700N·m	国产
56	电工工具	2 套		
57	木工工具	2 套		
58	尖咀钳	2 把		国产
59	卡簧钳(内外)	2 套		
60	木工电锯	1 把		德产
61	变矩器	1 套		德产
62	扁铲	1 套		
63	扁平 17 开口	3 套		
64	内六角	3 套	5.5～27	
65	厚薄规	2 把		检测用
66	电动扳手	2 套		
67	扭矩扳手	2 套	0～360N·m	
68	铆钉枪	1 把		
69	千斤顶	4 台	1T	
70	千斤顶	4 台	3T	
71	千斤顶	4 台	5T	
72	千斤顶	4 台	10T	
73	千斤顶	4 台	50T	
74	起道器	2 台	3T	
75	起道器	2 台	5T	
76	起道器	2 台	10T	
77	升降平台	2 台		德产
78	液压升降平台	2 台	10m	国产
79	折叠梯	2 台		
80	梯子	4 把	10m	
81	导链	4 把	0.5T	
82	导链	4 把	1T	
83	导链	2 把	0.75T	
84	导链	4 把	1.5T	
85	导链	4 把	3T	
86	导链	6 把	5T	国产
87	导链	4 把	10T	国产
88	紧线器	4 把	1T	国产
89	抛光片	200 片		国产
90	手砂轮机	2 台	小号	国产
91	手持切割机	4 台	大号	国产
92	切割机	1 台		(座地式)
93	台虎钳	1 台	300mm	
94	座地式砂轮机	1 台		国产
95	碳弧刨机	1 台		国产
96	电焊机	2 台	0～250A	
97	电焊机	2 台	0～500A	
98	电焊机	1 台	0～500A	德产
99	电焊条	10kg	J422-3.2mm	国产
100	割枪、焊枪	各 2 套		国产
101	铲子	4 把		
102	刮铲	8 把		

续表

序 号	名 称	数 量	规 格	备 注
		工具、量具		
103	万用表	2块		
104	丝锥	4套	M3～M16	
105	扳牙	4套	M6～M30	
106	MoS_2喷剂	10桶	300ml	
107	清洗液	100L		
108	钙基脂	100L		
109	螺栓松动剂		200mm	
110	棉纱			
112	安全带	20根		
113	白布	40m		擦试液压件
114	毛巾	40条		擦试液压件
115	油漆	60桶	40kg	白色
116	油漆	20桶	40kg	红色
117	防锈油	2桶	10kg	
118	粉笔	1盒		
119	记号笔	10只		
120	彩条布	100m		

7. 质量控制

7.1 TBM 组装

1. 该套设备在现场组装属重复性装配（在 WIRTH 厂家已作了初装实验），安装调试遵守 WIRTH 公司《TB880E 技术文件》规定，外购设备安装调试遵守各分包厂商的标准（如安装液压系统遵守力乐士公司标准；安装后配套及通风设备遵守霍顿公司标准等）。

2. 清洗部分严格清理，露出光洁面，螺栓严格按规定扭矩和规定次数紧固，组装表面需焊接部位形位公差控制以定位机具为准。

3. 技术改造部分在满足现场使用又不影响其他设备功能前提下修改。

4. 主机组装大件吊装及装配严格控制专用吊具的使用，保证设备和机具安全，大件组装前、后外机架应确保现场地平整，保证各大件之间形位公差。

单件设备（总成部件）组装保证安装面接合牢靠，连接螺栓按等级紧固到规定扭矩。

5. 液压系统组装严格控制油液清洁，加油用专用滤油机，各系统管路、阀站、执行机构油液污染度应保证：NAS1638 标准 7 级，使用过滤器过滤比 $\beta_{12} \geqslant 200$，$\beta_{25} \geqslant 200$。

6. 电气系统严格按标识符号核对图纸进行组装，需经多次校核，防漏电、防短路、防水、防潮。

7. 翻车机等后配套各吊机严格按 rowa 公司提供的设计标准及组装要求进行组装。

7.2 掘进

1. TBM 掘进期间，隧道中心轴线偏差严格控制在 ±5cm。

2. 仰拱块安放时，要求测量精确，横向误差控制在 ±5mm，高程误差控制在 ±3mm。

3. 操作严格按《TB880E 型掘进机技术文件》英文版执行。

7.2.1 施工给排水

1. 定期检修给排水系统的所有设备，严格执行《TB880E 型隧道掘进机保养规程》及《TB880E 型隧道掘进机维修规程》，实行强制保养，按需维修，发现隐患、及时处理，确保给排水系统完好。

2. 依照工艺流程作业，严格遵守操作要点。

7.2.2 初期支护

执行《铁路隧道工程质量评定验收规范》TBJ 10417—98 和《铁路隧道施工规范》TBJ 204—96 等

有关规定外，还应做到以下几点：

1. 发生较大塌方时，向拱架外侧的塌方洞穴内灌注混凝土一定要密实，无空洞。

2. 岩爆段应力释放孔应根据围岩应力方向、围岩收敛、现场岩爆位置等因素具体布置。

3. 钢拱架支护应在钢拱架调整就位后，随即喷混凝土达到设计厚度，并包裹钢拱架，确保钢拱架稳定。

4. 注浆钻孔时严格控制钻孔角度，钻孔误差小于 1°，注浆时应准确控制浆液配合比及注浆压力。

5. 加强围岩量测，并将分析结果及时反馈，作出相应对策。

6. 成立 QC 小组，实施支护全过程每个环节质量控制，保证支护质量。

7.2.3 出碴

1. 操作人员通过操作控制台控制卸碴机的行走速度，保证每节碴车装满并且尽量不要将石碴落在碴车之间的连接处。

2. 在翻车机精确对位之前，首先由机车对列车进行误差在 ±0.5m 的对位。因此机车司机在操作翻车机外部控制台前，必须保证在其规定的误差范围内，否则有连翻 3 节的可能。另外为防止连翻 3 节而增设的按钮必须保证其状态良好，发现损坏及时更换。在翻碴过程中，翻车机司机一直监视翻车状态，防止因翻车机限位器损坏翻转角度大于 180° 或回位不准确而造成事故。

3. 为保证列车的行车安全，严格履行列车行车之前、之中、之后的三检制度非常必要。主要列检内容见表 7.2.3-1～表 7.2.3-3。

碴车的列检项目 表 7.2.3-1

序 号	检查项目	故障分析	措 施
1	刹车管路接头是否漏气	涂肥皂水，听、摸	拧紧或更换垫片
2	刹车管路是否破损或严重老化	观察	更换气管
3	车钩拉杆是否已弯曲或有细小裂纹（主要检查机车与碴车、材料车的车钩）	转动车钩观测，甚至取下拉杆观测	轻度弯曲进行校正，严重弯曲或有裂纹的予以更换
4	刹车片磨损情况	1）松开刹车，刹车片至轮毂间隙超过 10mm 2）超过 15mm	1）调整刹车装置 2）更换刹车片
5	碴斗底部积碴过多，影响碴车容量	进入碴斗察看	人工清理或高压水冲洗，翻碴
6	车辆轮缘严重磨损	磨损至 18mm	更换车轮
7	车轮晃动	打开轮盖检查： 1）锁紧螺母松动 2）轴承损坏	1）按轴承间隙锁紧，即拧紧后，旋松 3/4 圈 2）更换轴承
8	车轮温度过高	1）缺少油质润滑 2）轴承损坏	1）添加油脂，保证良好润滑 2）更换轴承
9	车轮转动不灵活	1）轴承锁紧螺母过紧 2）刹车间隙太小	1）旋松 3/4 圈 2）调整刹车片至合适间隙
10	车钩磨损程度	游标卡尺监测车钩配合宽度不超过 85mm	更换车钩
11	其他管路元件损坏	检查	更换

4. 良好的线路状况不仅能使车辆运行平稳，延长车辆使用寿命，还能减少车辆掉道等事故的发生。为此，安排专职的线路维修工进行线路的维护和保养。维修内容见表 7.2.3-4。

5. 在道岔区、十字路口、翻车机室等处设信号灯，安排信号员值班。信号员除正确扳道锁定外，还指挥列车正常行驶。值班处设有电话，信号员通过电话了解列车运行情况，及时为调度提供信息，确保行车安全。白天洞外打旗语，夜间和洞内使用手提信号灯。信号员手持红旗平伸，表示禁止通行，手持绿旗平伸，表示通行；手持信号灯绕身体前持续划直径约 1m 的圆表示禁止通行，在身体前连续做上下约 1m 的晃动表示通行。

罐车的检修项目　　　　　　　　表 7.2.3-2

序号	检查项目	故障分析	措施
1	发动机无法启动	1) 蓄电池电压不够 2) 线路接触不良 3) 启动机烧坏	1) 充电 2) 线路上紧 3) 更换启动机
2	罐车滚筒无法转动	1) 液压油不够 2) 传动机构传动不到位 3) 液压油管漏油 4) 齿轮泵磨损严重，泄漏严重	1) 添加液压油 2) 修复、矫正传动机构 3) 更换液压油管 4) 更换齿轮泵
3	出料机构无法摇出	1) 锥形齿轮副接合间隙太大 2) 锥形齿轮损坏	1) 调整间隙至合适值 2) 更换锥形齿轮
4	出料机构摇出困难	1) 锥形齿轮副润滑不良 2) 轴承密封不良，混凝土进入 3) 转动杆与外壁发生干涉	1) 清理、更换新油脂 2) 用柴油清理，必要时更换 3) 矫正或更换
5	出料口关闭不严，漏浆	断面与出料口变形	校正
6	链条松紧度不合适		调整张紧轮
7	链条磨损严重		更换链条
8	链齿磨损严重		更换齿条
9	滚筒支撑轮不能正常转动	1) 支撑轮表面严重磨损 2) 支撑轮轴承损坏	1) 更换支撑轮 2) 更换轴承
10	链条跑偏	1) 滚筒前后偏移 2) 支撑轮不在同一水平上	1) 调整支撑轮厚、薄轮缘 2) 加、减支撑轮垫片

仰拱块车的检修项目　　　　　　　表 7.2.3-3

序号	检查项目	故障分析	措施
1	转盘转动不灵活	1) 积碴太多 2) 转盘与车体间隙太小	1) 冲洗、清理 2) 调整

线路维修项目　　　　　　　　表 7.2.3-4

序号	检修项目	措施
1	轨道螺栓松动	按规定扭矩拧紧
2	"B"型弹条缺损	加上
3	钢轨有裂纹（尤其电缆过槽处）	更换钢轨（电缆过槽处钢轨用钢板垫实，用拉杆固定）
4	道岔岔尖磨损严重	更换岔尖
5	轨道有三角坑或路基明显下沉	起道机起道
6	轨矩不标准	使用轨道拉杆调整好轨矩

7.2.4 施工通风除尘

1. 遵守 WIRTH 公司所提供的《TB880E 技术文件》（英文版）的有关规定。

2. 定期检修洞外压风机、接力风机、空调机组、冷却风机及除尘系统，所有通风除尘系统设备的保养与维修工作，严格执行《TB880E 型隧道掘进机保养规程》及《TB880E 型隧道掘进机维修规程》，做到强制保养，按需维修。

3. 依照工艺流程作业，严格遵守操作要点，严禁违章操作，以防造成不良通风与除尘，影响施工质量、进度及作业人员的健康。

4. 刀盘喷水所用的水必须清洁，防止堵塞喷头，影响除尘效果。

7.2.5 刀具更换

1. 本工法执行《TB880E 技术文件》第 14 卷标准操作规程。

2. 刀具托架与刀座支承面间接触必须保证良好，必要时用塞尺检查。

3. 所有更换刀具的紧固螺栓均用扭矩扳手校核扭矩。

4. 使用的紧固螺栓都经过仔细清洗检查、确保螺栓质量与强度。

5. 新换刀具掘进 1 个行程后，再一次重点检查其螺栓紧固状况。

6. 依据刀具螺栓使用寿命对其进行定期更换，防止螺栓疲劳断裂和损坏。

7. 特制垫圈配合刀具螺栓使用，起到缓冲振动、均衡载荷的作用，改善螺栓受力。

8. 刀具更换记录准确详实，可实现质量追踪。

7.2.6 电气系统维修

1. 严格按照《TB880E 技术文件》规定操作。

2. 维修过程必须在责任工程师的指导下完成。

7.2.7 机械部分维修保养

1. 遵循《TB880E 技术文件（英文版）》的有关规定。

2. 遵循各分包商的设计规范（如空气压缩机的维修养护英格索兰公司标准，后配套遵循霍顿公司标准）。

3. 遵循铁道部的有关技术规范。

7.2.8 液压部分维修保养

1. 液压元件的维修及更换严格执行《TB880E 技术文件》英文版要求规定。

2. 油液污染度控制执行 NAS1638 标准。

3. 加油时必须使用装有相应过滤精度、等级滤芯的加油滤油机。

7.3 二次衬砌与 TBM 掘进同步施工

1. 砂、石材料的含水量变化及时测定、及时调整水灰比，并试拌检查坍落度。混凝土使用合格材料并定期作好进料检验。

2. 采用自动计量，每次灌筑搅拌前，应检查计量设备是否准确，搅拌后检查混凝土的坍落度。

3. 立模前应将模板表面清理干净，并涂脱模剂。

4. 准备备用的混凝土施工机械，保证混凝土连续灌筑，保证在第一层初凝前灌筑第二层。

5. 禁止使用超过初凝时间的混凝土。

6. 禁止在泵送混凝土时加水。

7. 间隙灌筑时间如果超过规定时间（根据温度情况一般为 1.5～2.5h）则停止灌注，待强度达到 1.2MPa，按间隙灌注的处理要求，先凿毛、用高压风水冲洗干净后，铺 5cm 厚同等强度的砂浆，再灌注混凝土。

8. 灌注混凝土时有专人检查模型，如有变形及时加固。

9. 衬砌前按设计施作预埋件，预埋件位置正确，安装牢固，混凝土灌注时严禁碰触，以防预埋件变形移位。

10. 按要求进行捣固。

11. 按设计施工各种预留洞室，预留洞室采用木模板、方木支撑，预留洞室位置正确，安装牢固。

12. 制定完善的质量管理办法，建立健全安全管理体系，严格执行有关施工质量管理条例，确保工程达到创优条件。

7.4 仰拱块预制与铺设

1. 钢筋笼加工、混凝土拌合、灌注应执行《钢筋混凝土预制品施工规范》。

2. 使用中的模具定期进行检查，发现变形、损坏、密封不严等情况应废弃。

3. 钢筋截断、弯制精度：受力钢筋长度允许误差±10mm，弯起钢筋的弯折位置允许误差±20mm，箍筋长度允许误差 5mm。

4. 混凝土拌合楼安装调试并经过计量鉴定后方可投入使用。严格控制用水量，骨料含水量有较大变化时，应适量调整，保持正常的水灰比水平。

5. 设立专业仰拱块养护小组，采取程序化、标准化养护作业。严格控制仰拱预制厂车间的室温，保证仰拱块拆模时的温度与室温、室温与室外温度差控制在 10℃。

6. 仰拱块出厂前，逐块进行尺寸、外观等检测，不合格品不允许出厂。

7. 仰拱块预制过程中要同步做混凝土试件。仰拱块抗压强度为 28MPa，该批混凝土试件不合格，同批生产的仰拱块全部报废。

8. 仰拱块铺设测量要精确，中线允许误差 5mm，高程允许误差±3mm。

7.5　TBM 拆卸

1. TBM 拆卸施工质量标准，应根据《TB880E 隧道掘进机技术资料》、《设备管理》和工艺设计要求，编写分工艺的施工工艺细则，按部位和程序制订。

2. 各结构件安装配合面必须按技术要求无损伤拆卸，检验后涂防锈油，其他面喷防锈漆。

3. 各类螺栓尽量无损伤拆卸，关键螺栓无损伤率要求达到 100%，拆后及时清洗、分类、统计、核对，对缺损件及时统计、核对、上报。

4. 各类液压管和控制元件接头必须用堵塞堵上。

5. 各类电气设备按技术规范进行清理、防潮包装，对缺损件及时统计、核对、上报。

6. 做好文整工作，做好工作记录。

8. 安 全 措 施

8.1　TBM 组装

1. 安全起吊，绑扎牢固，指挥有方，防坠落，保证设备安全。

2. 工作平台应清理干净，以防人员在上面防滑，高空作业系保险带、戴安全帽，确保人身安全。

3. 雨、雪天气暂停组装，切断电源，保护外露面以防生锈。

4. 严格执行各类专用组装设备的操作规程，液压气动工具须注意经常卸压，以防伤人。

5. 液压动力站须由经专门培训考试合格的人员使用。

6. 电气安装应不带电作业，防漏电，防误操作。

7. 液压系统严格操作规范，以防污染。

8. 组装现场防火、防潮。

8.2　掘进

1. 工作人员必须熟练掌握设备的性能和操作规程，严格按标准作业，按规范施工，熟知消防和设备报警信号。

2. 进洞人员佩带标牌，戴安全帽，不留长发，根据不同的作业性质，穿戴相应的装饰、防护鞋、面罩、防护手套、听力保护器（洞口要有专人负责检查）。

3. 注意作业场所附近的警告标志，有可能对人身安全构成威胁时，应相互提醒，必要时设置警告标志，并派专人督察。

4. 进入隧道必须时刻警惕，出现险情或报警信号，及时通告危险区人员撤离并设法减轻灾害。

5. 专职安全员要经常检查掘进机上的灭火器才是否齐备，若有缺损应补充或更新。

6. TBM 起动之前，确保没有施工人员受到危险。

7. TBM 在重新撑紧期间，不允许有人在外机架 1 和 2 的移动区域。在后配套系统拖拉期间不允许有人在拖拉缸区域。

8.2.1　施工给排水

1. 安全用电，按 SD 标准和 TB880E 技术文件英文版执行。

2. 经常检查配电柜、电机、水泵，防止接地及电气设备受潮。

3. 经常检查前部潜水泵的悬挂导链是否良好，确保该水泵的安全。

4. 定员定岗，确保排水工作顺利进行，杜绝因排水系统而影响施工。

8.2.2　初期支护

执行《铁路隧道施工技术安全规则》及有关隧道掘进机施工安全操作规程外，还应采取以下措施：

1. 对全体施工人员进行安全教育，树立安全第一的思想，不得盲目追求进度。

2. 隧道掘进机施工是一项机械化程度和技术含量高的技术，工人上岗前进行技术培训，专人操作机械。

3. 支护区内设经验丰富的专职安全员，具体负责安全工作。

4. 认真及时做好地质预报和围岩量测工作。

5. 岩爆区段施工人员应戴钢盔、穿防弹背心。

6. 塌方与岩爆段清理危石时，加强支护区域机械设备的防护，在主要部件上方设置防护支架，并在支架上方焊厚 10cm 的防护钢板。

8.2.3　出碴

1. 机车司机严格按照《机车安全操作规程》操作，要加强瞭望，经过平交道口、洞口、翻车机室、曲线段、道岔区、后配套区要减速慢性，鸣笛示意。驾驶列车严格按隧道进、出线的规定，严禁改变线路行车。

2. 全班参加列检工作并专人按列检内容每班、每列进行，做好记录。

3. 列车行车前必须备齐安全设施，如三角木、灭火器、掩轨器、千斤顶等。

4. 机车牵引列车进入、驶出翻车机室前翻车机夹臂必须处于打开状态。

5. 为防止司机因操作不当而影响翻车机精确对位，导致连翻 3 节事故的发生，在滚筒上设置防翻 3 节急停按钮。

6. 在不影响翻碴的情况下，作为一种保护措施用钢丝绳软连接将列车串接起来。

8.2.4　施工通风除尘

1. 洞外风机启动时必须按照规程操作，严禁一次启动成功，以免损坏软风管。

2. 空调机组的使用与维护必须严格按照技术文件的规定进行。

3. 软风管向储存筒内填装、更换、悬挂必须按操作要点进行，避免造成人为损伤。

4. 加强安全教育，提高所有作业人员的安全意识。

8.2.5　刀具更换

1. 所有作业人员均受专业培训，了解刀具更换全过程，明白指挥信号，对本岗位操作工艺清楚、熟练。作业人员分工明确，由小组长统一指挥。

2. 小组长兼职安全负责人，随时检查防治各种不安全因素，及时消除隐患。

3. 刀盘作业人员必须戴安全帽，无关人员原则上不得进入刀盘区。

4. 吊机、钢丝绳等吊具每班检查，确保安全。

5. 刀盘转动具有互锁装置和警报系统，能防止换刀作业时主控室错误启动刀盘。

8.2.6　电气系统维修

1. 安全操作执行 TB880E 技术规范和水电部部颁标准。

2. 进洞的电气工作人员，必须佩带标牌，带安全帽，穿绝缘鞋；带电处理故障时须带绝缘手套，使用绝缘工具。

3. 对故障点进行维修时，应在值班的电气工程师的指导和监督下，由经过培训合格的电工完成。

4. 高于头部的维修工作，不要使用设备的构件作爬升工具，利用梯子或工作平台，或者使用安全适用的爬升工具，悬空作业时系好安全带或安全绳。

5. 在维修过程中，所维修的设备最好是处于停机状态，以减少维修失误对机器和人员带来的伤害。如果需要带电工作，应让一人守护在急停开关或主断路器旁，以防不测，并对工作区实行隔离。

6. 维修故障点时，对有电源隔离保护的零部件须做隔离保护。对高压组件进行操作时，应在隔离后将供电电缆和高压组件可靠接地。

7. 用电脑联机处理 PLC 故障时，对修改程序或数据后会带来的后果没有把握时，不能对程序和数据做任何修改，否则，可能会出现不可预见的危险的工作状态，给机器和人员造成伤害。在电脑联机时，绝不允许无关人员乱动，切忌不关机离开或无人看守。

8. 对维修过的线头要做清洁处理，不能留毛刺，否则会成为引起其他故障的因素。

9. 在维修时和维修后要注意保持工具及工作点的清洁，不因遗留物引发其他故障。

8.2.7 机械部分维修保养

1. 作业前必须熟悉设备工作原理和构造，注意有关安全注意事项和说明。

2. 保养之前，必须把有可能对人产生危险的油、气压力管路和预紧弹簧进行卸压。

3. 保养过程中，必须使设备可靠停机、液压机构安全闭锁，遵守技术文件规定的启动和停机程序，非司机人员不得擅自操纵主机。

4. 保养前后，应保持手柄、台阶、扶手、平台和梯子的清洁，及时擦洗油污；清理设备时，要遮盖或用胶带封住所有外露的精密螺纹副和精密配合表面，也包括电极、电气开关、裸露接头和控制柜。进行焊接、切割和磨削工作之前，要清理周围场所，去除灰尘和可燃物质，以免火灾或烧损电缆。

5. 完成保养后，正确安装液压和压缩空气管路，及时恢复（或复位）曾经拆除的安全保护装置，并认真复核。

6. 使用合适、完善的起升装置吊装大件或独立部件，做到连接可靠、起吊平稳，保证有足够的承载力，决不要在吊起的重物下停留或工作。

7. 高于头部的保养工作，不要使用设备构件作爬升工具，应用梯子或搭好的工作平台，或者使用安全适用的爬升装置。悬空作业时必须系好安全带和安全绳。

8.2.8 液压部分维修保养

1. 检修液压系统前应注意卸压，以防高压伤人。

2. 油的排放、回收严格执行国家环境保护规定。

3. 加油时尽量一次性加完一桶油，剩下的不留作下次使用。

4. 油的排放和更换在油尚未冷却时进行。新油不得加注到严重老化或污染的油液中。

5. 检修液压系统时应保证必要的清洁，擦拭液压系统元件裸件要用无纤维制品或特殊纸巾，禁止使用棉纱。清洗液压系统时，清洁剂不要漏入部件的密封中，清洗完毕，及时装配妥善遮盖保护。

8.3 二次衬砌与 TBM 掘进同步施工

1. 成立以项目经理为组长的现场安全施工领导小组，严格执行国家、地方关于安全生产的法律、规程、规范和标准，并根据现场实际情况制定具体的、适应本工程需要的安全规章制度和消防保障制度，对可能发生的重大生产安全事故和自然灾害制定应急救援预案。

2. 防溜车措施：由于进口为上坡掘进，且坡度较大（1.1%），为防止溜车事故，在洞口 TBM 组装场靠左线一侧设置紧急避险车道一条，避险车道上设置沙堆，若洞内溜车，则通过洞口道岔将车辆引导到紧急避险车道上，避免车辆直接冲上出碴栈桥，引发严重安全事故。

3. 车辆通过衬砌台车：由于台车下空间有限，故车辆通过台车时，必须慢行，以防由于速度过快使车辆产生较大摇摆，致使车辆挂擦台车，同时注意观察车辆与台车间间隙是否足够顺利通过。

4. 车辆通过道岔时，低速通过，且在通过之后，立即将道岔复原。

5. 高压电缆通过台车时，因空间位置限制必须将电缆临时搁置在地上，则在搁置时，必须将电缆位置固定牢固，以免电缆移动到轨道上受到车辆碾压、挂破。在台车向前移动后，及时将电缆挂到墙上规定高度位置。

6. 严格执行"一机一闸一漏保"的用电制度，接线必须专业持证电工操作。

8.4 仰拱块预制与铺设

1. 仰拱块脱模起吊一定要在起重点上，起吊时应逐渐加力，减少冲击。

2. 桥吊、龙门吊作业时吊下禁止站人、行人。

3. 翻转仰拱块用的砂堆应经常松翻，防止造成仰拱块的开裂。

8.5　TBM 拆卸

1. 1500kN 桥吊、150kN 龙门吊使用操作必须依照起重设备操作有关规范。

2. 液压辅助动力站和拆卸专用工具操作必须按《TB880E 技术文件》第 3 卷第 5 章专用工具操作说明进行操作。

3. 大件拆卸的起吊运输必须依照《TB880E 技术文件》结合现场条件制定的有关规范。

4. 作业人员进行岗前技术和安全教育培训，设专职安全员。

5. 作业人员必须带安全帽；高空作业时，应系安全带；梯上作业时，严禁站立三人以上。

6. 焊接人员应配戴气焊防护眼镜和手套，氧气瓶、乙炔瓶应放置安全区。

7. 油泵、油压表油管和油缸整个液压系统各连接处拆卸后及时堵好，油渍及时清扫，拆卸用棉纱及时清理，防止引起燃烧和爆炸。施工现场应设消防设备。

8. 专用液压机具和电器设备应由专人使用和管理，用电设备和线路合理布置、规范化，防止触电。

9. 专用吊具、吊带要每班工作前检查，如有破损、裂纹、断线现象，及时上报并更换。

10. 及时清理工作区，防滑防摔防高空坠落。

11. 洞外施工受天气影响较大，电气设备要防水防漏电，液压设备要防进水进尘。

9. 环 保 措 施

9.1　建立由项目经理参加的环境管理组织机构，建立、健全施工期环境管理体系和各项环境管理规章制度，明确各级、各部门在环境保护工作中的职责分工，将环保工作和责任落实到岗位、落实到人。

9.2　对施工现场进行围挡，减少施工对周围环境的影响。

9.3　施工产生的污水，经过 TBM 上污水箱沉淀后排出洞外，经洞外格栅-两级沉淀池沉淀净化后排放。采用沉砂→隔油沉淀→气浮工艺，隔油沉淀按处理按 5000m³/d 设置，气浮设备处理按照 20～30m³/h 设置。污水经过净化处理达到《污水综合排放标准》GB 8978—1996 规定后排放。

9.4　施工产生的垃圾或固体废料由汽车集中运至指定地点填埋。

9.5　TBM 施工废弃的油品，在换油时全部回收到废油桶内，统一管理。

9.6　每周对环境保护工作进行一次例行检查并记录检查结果，内容包括：施工概况；污染情况（污染种类、强度、环境影响等）；污染防治措施的落实情况、可行性和效果分析；存在问题和拟采取的纠正措施；下步环保工作计划；其他需说明的问题（如措施变更、污染事故和纠纷处理等）。

10. 效 益 分 析

在采用敞开式 TBM 法施工的隧道中，采用二次衬砌与 TBM 掘进同步施工工法，可以实现 TBM 掘进贯通后短时间内完成全隧的衬砌。这较原来传统的施工工艺（在掘进贯通后，再进行二衬施工）可节约较长的施工时间，有效地降低工程总工期。以前，只有护盾式掘进机能够实现边掘进边衬砌，本工法的成功实施，颠覆了传统掘进机施工模式，必将取得巨大的经济效益及社会效益。

10.1　良好的经济效益

1. 采用 TBM 工法施工，施工速度快，安全性大大提高，工程质量上水平，改善了工人的工作环境，降低了职工的劳动强度，同时提高了技术水平、锻炼了施工队伍，经济效益不可估量。

2. 采用二次衬砌与 TBM 掘进同步施工技术，能最大限度地缩短施工工期，确保安全，降低工程成本。对于中天山隧道工程，与以往 TBM 掘进贯通后再施作二次衬砌相比，不但可提前工期约 1.5 年，节约约 1000 万元的直接经济费用，而且对于线路提前投入运营所带来的后期间接效益，难以估量。

10.2 良好的社会效益

1. 工程在施工期间，工程质量、安全、文明施工和环境保护方面均得到了当地政府和相关部门的一致好评，为企业创下了良好的社会信誉。

2. 二次衬砌与 TBM 掘进同步施工技术属国内成功应用的首例，对于加快敞开式 TBM 施工总体施工进度做出了卓有成效的探索，并取得了可喜的成绩，可供相关工程借鉴使用。对国内工程采用 TBM 施工起到了一定的推动作用。为下一步探索连续皮带机出碴运输方式下的同步衬砌施工积累了一定经验。

11. 应 用 实 例

2007 年 4 月，中铁十八局集团承建了南疆铁路吐（鲁番）库（尔勒）二线 SK1 标工程，其中中天山特长隧道是该工程的重点控制工程。为完成施工任务，确保施工工期，保证施工安全，该隧道采用二次衬砌与 TBM 掘进同步施工技术，两部衬砌台车紧跟 TBM 掘进施工，创造了 TBM 掘进最高月进尺 554.6m，最高日进尺 33.3m；衬砌最高月进尺 510m 的好成绩，大大提高了综合成洞速度，缓解了工期压力。

该技术在中天山隧道施工中的成功应用，开创了国内特长隧道采用二次衬砌与敞开式 TBM 掘进同步施工的先例，对于国内加快 TBM 施工总体施工进度做出了卓有成效的探索，必将受到长大、特长隧道施工的广泛应用。

混凝土施工缝 SEM 弥合防水砂浆施工工法

YJGF33—2000（2007～2008 年度升级版-032）

中铁二十局集团有限公司

汪君睿　郭朋超　郭晋　贴锋斌

1. 前　　言

　　渗漏水在我国地下工程，特别是隧道、水利工程、高层建筑地下室的施工预留伸缩缝、施工接缝中较为突出，对运营和使用影响很大。混凝土施工缝 SEM 弥合砂浆防水技术成功地解决了这一难题，该防水砂浆采用补偿收缩等技术，从根本上改善混凝土施工缝中水的微循环特征，弥合收缩缝。技术先进、科学、合理属国内首创。中铁二十局集团有限公司在朔黄电气化铁路石河口、白村隧道施工中，应用 SEM 弥合砂浆防水技术，经总结形成本工法。2001 年该工法被评为国家级工法，该工法关键技术成果获 1999 年度中国铁道建筑总公司科技进步二等奖。

　　近十年，该工法在重庆奉云高速公路隧道、重庆市江溉路隧道、西安轨道交通二号线一期工程地铁等工程建设中不断推广应用，并对 SEM 弥合剂的使用不断改进。在砂浆内掺内粉煤灰、矿粉等外掺料取代部分水泥，进一步增强了 SEM 弥合砂浆和易性、与混凝土表面的粘结性，改善了 SEM 砂浆亚微观孔结构形态，进一步提高了砂浆的耐久性，具有创新性。

　　工法关键技术 2007 年 10 月通过中国铁道建筑总公司组织的科技成果评审，专家评审意见为：SEM 弥合砂浆在施工缝防水技术方面达到了国内领先水平。2009 年 4 月经陕西省科技信息所查新，除本工法的关键技术有关报道外，未见其他类似报道。

2. 工 法 特 点

2.1 施工缝防水处理操作简便，劳动强度低，施工效率高。

2.2 原材料来源广泛，可就地取材，无毒无污染，成本低廉。

3. 适 用 范 围

3.1 本工法适用于铁路、公路隧道混凝土施工缝的施工。

3.2 本工法适用于游泳池、污水处理池、房建工程地下室等施工缝防水处理。

4. 工 艺 原 理

　　SEM 弥合防水砂浆，是一种专门用于防止混凝土施工缝渗漏水的工程防水新材料，是采用化学外加剂—SEM 弥合剂与水泥、细骨料、水等按特定配合比配制而成的特种砂浆。它对混凝土有补偿收缩功能，延时膨胀效果，终凝时间可控制在 50～80h 以便使其膨胀时两侧混凝土均具备足够强度。SEM砂浆在施工缝中发生膨胀，这种膨胀是在混凝土的约束下发生的，膨胀的能量一部分压迫两侧混凝土使之变形，一部分由于混凝土对砂浆膨胀的抵抗作用形成弹性变形能量储存在砂浆内。处于压缩状态的施工缝砂浆当邻侧混凝土发生收缩变形时，会发生相应的膨胀，对混凝土的收缩做相应的补充，这就是 SEM 防水砂浆的关键功能——实时补偿功能。人们正是利用这种功能达到防止施工缝渗漏水的目的。

5. 施工工艺流程及操作要点

5.1 工艺流程

施工工艺流程见图 5.1。

5.1.1 配合比的设计

1. 配合比经过多年的应用和改进，得到了较为理想的配合比，实际施工时可根据现场原材料的实际情况作适当的试配调整（膨胀剂采用内掺法，等量取代水泥）。

2. （32.5 级水泥＋粉煤灰＋矿粉＋膨胀剂）：砂：弥合剂：水＝(0.6+0.15+0.15+0.1)：2.0：0.02：0.44。

3. （42.5 级水泥＋膨胀剂）：粉煤灰：矿粉：砂：弥合剂：水＝(0.58+0.15+0.15+0.12)：2.5：0.02：0.44。

5.1.2 弥合砂浆抗渗性检验

遵照《普通混凝土长期性能和耐久性能试验方法》GBJ 82 第五章进行。

1. 抗渗试件的制作

（1）根据具体工程项目的混凝土强度标号和抗渗等级，在室内或施工现场提前 7d 制作同标号同抗渗等级的抗渗试件，在试件中央预埋一顶面直径 55mm、底面直径 65mm，高 180mm 的木制或橡胶制圆台体，使脱模抽心后的抗试件中央出现一圆形孔洞。成形后的试件标养 7d。

（2）将标养至 7d 龄期的试件重新装入抗渗试模，在其预留孔洞中分三层灌入弥合砂浆，每层用直径 10mm 的钢筋棍插捣 25 次，使砂浆充分填实孔洞，成形后的试件在室内环境中静置 24h 后，带模在 50℃×90％环境下快速养护 96h 或带模标养 28d 后进行抗渗性试验。

2. 抗渗性试验

抗渗标号以每 6 个试件中 4 个试件未出现渗水时最大水压力计算，其计算公式为：

$$P=10H-1 \tag{5.1.2}$$

式中 P——混凝土抗渗等级；

H——6 个试件中 3 个渗水时的水压力（MPa）。

3. 抗渗性评定

6 个试件中 3 个出现渗水，且抗渗等级大于混凝土抗渗等级时，弥合砂浆的抗渗性合格。

5.1.3 基本性能试验

1. 试验方法

遵照《建筑砂浆基本性能试验方法》JGJ 70 进行。

2. 抗压强度评定

为确保弥合砂浆是永久的刚性材料，弥合砂浆的抗压强度≥30MPa。

5.2 操作要点

5.2.1 拌合 SEM 弥合砂浆须严把计量关，严禁采用体积比，各种材料计量充许误差为：砂±3％；胶凝材料±1％；外加剂±1％；水±1％。

5.2.2 搅拌机，拌合量不得大于其额定拌合量的 85％，搅拌时间比普通砂浆延长 1～2min，采用滚筒式搅拌机时，搅拌时间比普通砂浆延长 2～3min。

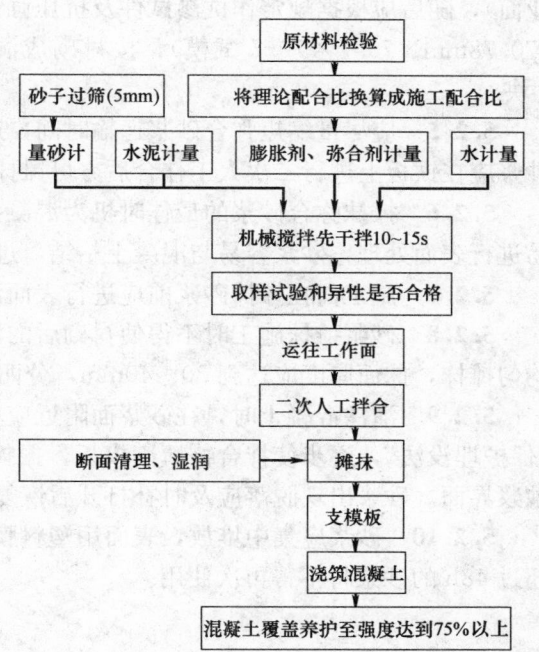

图 5.1 施工工艺流程

5.2.3 投料顺序最好采用外加剂后掺法，即：

砂＋胶凝材料＋膨胀剂 $\xrightarrow{\text{拌 1.5min}}$ ＋水 $\xrightarrow{\text{拌 2min}}$ ＋弥合剂 $\xrightarrow{\text{拌 2.5min}}$ 出料

若采用同掺法，则其顺序为：

砂＋胶凝材料＋膨胀剂＋弥合剂 $\xrightarrow{\text{拌 2.5min}}$ ＋水 $\xrightarrow{\text{拌 3.5min}}$ 出料

5.2.4 拌合物出机后应立即进行和易性及稠度试验（达不到稠度及和易性要求的不能运往施工作业面），随后应根据规定作抗渗试件及抗压强度试件。按每工班且≤10m³ 作抗压试件 3 组，每组 6 块（70.78mm×70.7×70.7 试模），按衬砌成洞每 30～60m 或 5～10 条施工缝作抗渗试件 1 组，每组 6 块。

5.2.5 应尽量缩短弥合砂浆运输时间，运输过程应避免大的振动防止拌合物离析，运到工作面的砂浆应在铁板上进行二次人工拌合后方可摊抹施工。

5.2.6 摊抹弥合砂浆的最佳时机为混凝土拆模后的 8～24h 后，此时的混凝土表面尚未干燥，容易进行表面处理，砂浆容易与混凝土粘结，过于干燥的混凝土表面应喷水湿润后再进行摊抹。

5.2.7 施工面在摊抹砂浆前应进行表面清理、凿毛，清除松动石子，凿毛深度不小于 5mm。

5.2.8 砂浆摊抹施工时不得使衬砌后的混凝土施工缝砂浆外露，达到衬砌面光洁美观。自下而上均匀摊抹，抹面厚度应达到 30～40mm，分两层进行摊抹，每层厚度为 15～20mm。

5.2.9 灌注混凝土时，在砂浆面附近应小心灌注，不得以拌合物正面冲击施工缝砂浆，而应采用"保护埋没法"，逐步使拌合物填满模板。振捣时振动器应由远而近慢慢接近砂浆界面，严禁直接插捣砂浆界面。砂浆出现脱落应及时补打开后恢复灌注或振捣。

5.2.10 砂浆应集中堆放，表面用塑料膜覆盖保存，再次使用前在铁皮板上进行充分的人工拌合，超过 48h 的砂浆将不得再次使用。

6. 材料与设备

6.1 主要材料

水泥：硅酸盐水泥或普通硅酸盐水泥，强度等级≥32.5，质量应符合《硅酸盐水泥、普通硅酸盐水泥》GB 175 质量标准，不宜使用矿碴硅酸盐水泥。

细骨料：洁净无污染的中砂，细度模数 2.3～3.0，含泥量≤3%，其他技术指标应符合 GB/T 14684 标准要求。

膨胀剂：符合混凝土外加剂应用技术规范 GBJ 199。

弥合剂：化学外加剂，其标准执行 GB 8076、GBJ 119。

粉煤灰：符合 GB/T 1596 中Ⅰ、Ⅱ粉煤灰标准要求。

矿粉：符合 GB/T 18046 中 S95、S105 标准要求。

拌合水：符合饮用水 GB 5749 标准，不得使用海水。

6.2 机具设备

作业工班所需机具设备见表 6.2-1，工地试验室试验检测仪器见表 6.2-2。

作业工班所需机具设备　　　　　　　　　　　　　　　　　　　　　　　表 6.2-1

序号	名称	规格	单位	数量	备注	序号	名称	规格	单位	数量	备注
1	砂浆搅拌机		台	1		6	錾子	φ25mm	把	4	
2	机动翻斗车		台	1		7	喷雾器		台	1	
3	台秤	感量 0.5kg	台	1		8	抹子		把	4	
4	台秤	感量 0.5kg	台	1		9	铁锹		把	4	
5	铁锤	0.5kg	把	4		10	铁板		张	4	二次拌合用

表 6.2-2
工地试验室试验检验仪器

序号	名称	规格	精度	数量	序号	名称	规格	精度	数量
1	混凝土抗渗仪	HS40		1 台	8	砂浆搅拌机			1 台
2	万能材料试验机 WE-600	WE-600		1 台	9	坍落度测定仪			1 套
3	振动台			1 台	10	砂浆稠度仪			1 台
4	标准养护箱		±1℃	1 台	11	混凝土抗渗试模	175×185×150		2 组
5	砂样筛			1 套	12	砂浆试模	70.7×70.7×70.7		6 组
6	磅秤		0.1kg	1 台	13	水泥维卡仪			1 套
7	天平		0.01g	2 台	14	水泥稠度测定仪			1 套

7. 质 量 控 制

7.1 严禁使用过期和受潮的水泥、膨胀剂、矿粉、粉煤灰等原材料。

7.2 采用精度较高的磅称或电子计量设备对原材料进行计量，严禁采用体积比。

7.3 延长搅拌时间，提高拌合物和易性，以保证弥合剂发挥应有的作用。

7.4 拆模后应加强对邻侧混凝土的覆盖等保湿养护措施，使其强度达到 75％以上后方可转为自然养护，以保证弥合砂浆补偿收缩功能的实现。

7.5 SEM 弥合砂浆相关检验和抽样检测应按 5.2.2 和 5.2.3 进行。

8. 安 全 措 施

除严格遵守国家、铁道部制定的各种安全技术规程外，还应注意以下事项：

8.1 建立现场施工安全组织，对施工人员作好安全技术交底，建立安全责任制。设备专职安全员，监督各项安全规程和制度的执行情况。

8.2 施工机具，砂浆搅拌机，机动翻斗车，卷扬机等机械要勤检查，非操作人员不得操作各类机械设备。

8.3 高空作业时，脚手架、平台支撑应牢固，作业前应检查其可靠性。

8.4 弥合砂浆施工精细，工作面必须保证充足的灯光照明，所有照明线与动力线应注意架空、绝缘并安装漏电保护器。任何人未经允许，不得接触电源开关，发生故障由电工处理。

9. 环 保 措 施

9.1 建立完善的环境保护体系，建立健全环境保护措施及制度。

9.2 成立与本工程对应的施工环境卫生管理机构，在施工过程中严格遵守国家和地方政府下发的有关环境保护的法律、法规和规章，加强对施工机械燃料、工程材料、废水、生活垃圾、废弃砂浆的控制和治理，设置专用排放渠道和集中处理场地。

9.3 优先选用先进的环保机械，降低施工噪音和环境污染。

9.4 所有用于施工或生活场地的临时用地，要做到工完场清，并且要进行及时复耕。

10. 效 益 分 析

10.1 经济效益

原设计采用橡胶止水带，每千米需原材料费 24 万元，实际采用 SEM 弥合防水砂浆消耗材料费

1.96 万元，原材料成本仅为橡胶止水带的 1/10 左右；节省人工费和其他堵漏防渗材料费 32 万元。两项合计节约 54 万元，经济效益显著。

采用 SEM 弥合防水砂浆施工，节省劳动力可使能耗降低到原来的 1/2，大大降低了劳动强度，施工效率可提高 3 倍以上，防水质量是设计防水标号的 300％以上。

10.2 社会效益

该技术首创使用无机材料替代有机材料防水，提出了混凝土施工缝刚性防水的新理念，施工简便，防水效果良好，在业主和质检站的多次检查中都给予了高度评价，社会效益显著。

10.3 节能和环保效益

在整个施工过程中无尘、无毒、无放射性、无任何污染，节能和环保效益显著。

11. 工 程 实 例

11.1 奉云高速公路侨梨湾隧道和向家隧道

2006 年 8 月～2008 年 12 月该工法成功应用于奉云高速公路侨梨湾隧道和向家隧道的施工缝防水处理上。梨湾隧道和向家隧道，位于重庆市云阳县龙洞乡，两座隧道总长 1140m，围岩为Ⅳ、Ⅴ级裂隙发育围岩，基岩裂隙水和松散层孔隙水较丰富，原设计采用橡胶止水带、膨胀止水条，由于止水条、止水带安装困难、容易老化等缺点给施工带来了很大不便，经采用"混凝土施工缝 SEM 弥合防水砂浆施工工法"的施工缝防水处理技术，施工简便，防水效果良好，在业主和质检站的多次检查中都受到高度的评价，社会效益显著。

原设计采用 300mm×10mm 橡胶止水带 2114m、20mm×30mm 膨胀止水条 6036m，三类型防水材料购买成本价为：300mm×10mm 止水带：2114×102＝215628 元；20mm×30mm 膨胀止水条：6036×6.9＝41648 元。以上原材料成本价为 257276 元。采用 SEM 弥合防水砂浆施工时，购买 SEM 砂浆弥合剂约 2.5t 成本共计 30000 元左右，创造直接经济效益 22 万元。

11.2 重庆市江北城江溉路隧道

2007 年 10 月～2008 年 12 月该工法成功应用于重庆市江北城江溉路隧道施工缝的防水处理上，隧道全长 780m，隧道跨越区内无断层通过，区域构造整体稳定，岩层中发育四组裂隙，最大埋深不超过 100m，原设计采用 300×φ18×R13 橡胶止水带 853m，300mm 背贴式止水带 7122m，20mm×30mm 膨胀止水条 6102m。由于止水条、止水带安装困难、容易老化等缺点给施工带来了很大不便，采用本工法的防水处理技术，施工简便，效果良好。

11.3 西安市轨道交通二号线一期工程 TJSG-9 标段

2007 年 12 月～2008 年 9 月该工法成功应用于轨道交通二号线一期工程 TJSG-9 标段地铁工程，该工程位于西安市未央大道上，包含北关和龙首村两座地下车站，车站建筑面积 10135.37m²。车站所处地层主要为湿陷性黄土，地下水位为地面下 5～6m。施工过程中，混凝土施工缝的处理，采用 SEM 弥合砂浆防水工法，其操作简便，防水效果良好，受到业主和监理单位的好评。

水下不分散混凝土施工工法

YJGF32—98 (2007～2008 年度升级版-033)

天津第三市政公路工程有限公司　天津第七市政公路工程有限公司

刘虎　汪浩波　贾明浩　孟新奇　钱林玉

1. 前　言

随着国家基础建设的发展，跨江、跨河桥梁日趋增多，桥梁深水基础施工作业也越来越多。其中防水围堰虽是一种临时结构，但在桥梁深水基础施工中的地位却十分重要。自武汉长江大桥首次采用钢板桩围堰修建深水基础取得成功后，在其他工程中又陆续出现双壁钢围堰、异形钢围堰、双壁混凝土围堰、锁口钢管桩围堰等多种围堰形式。不管使用哪种围堰形式，封底用水下不分散混凝土的质量对整体围堰的效果至关重要。

1998 年由天津第三市政公路工程有限公司编制的水下不分散混凝土施工工法被评为国家级工法，工法代号为 YJGF32—98。近年来，我公司在新的工程中对该工法进行了升级和改进，将原来的单导管水中浇筑工艺更新为双导管浇筑工艺，在新工艺下，能直接使用普通混凝土原材料进行施工，而且混凝土的质量控制方案更加完善，混凝土质量更加可靠、施工难度大幅降低、适用范围进一步扩大。

新的工法在安徽荆涂淮河大桥双壁钢围堰封底混凝土施工中得到了很好的检验。因此，本公司对改进后的水下不分散混凝土工法进行总结后，重新予以申报。

2. 工 法 特 点

2.1 可以直接使用钻孔灌注桩用导管，将导管插入到已浇筑的混凝土中，并抽干导管内的水，使混凝土浇筑时避开压力水直接冲蚀，保证混凝土的质量。

2.2 实测混凝土在水中和陆地上的强度比达到 95％以上，大大高于标准规定的 70％要求，因此应用本工法可以大大降低水下不分散混凝土设计强度。

2.3 可通过调整导管数量调整施工速度，通过调整不同浇筑阶段的混凝土坍落扩展度控制混凝土浇筑表面的平整程度，整个施工过程可靠、可控。

2.4 采用抗分散剂改善普通混凝土不耐压力水流侵蚀的缺点，浇筑后混凝土结构不渗、不漏，实体混凝土强度满足设计要求。

3. 适 用 范 围

水下不分散混凝土适用于在下列领域应用：

3.1 深水基础作业围堰封底。

3.2 水中承台、水中底板等水下结构的浇筑。

4. 工 艺 原 理

4.1 将混凝土导管插入到已浇筑的混凝土中，并抽干导管内的水，使混凝土在浇筑时避开压力水的直接冲蚀，从而保证混凝土浇筑质量。

4.2　可根据施工进度要求、混凝土供应速度等实际情况，采取满铺导管或采取双导管轮换制度，控制施工进度。

4.3　根据施工要求，调整混凝土配合比参数，使混凝土适于施工，并根据施工的不同阶段，调整混凝土施工参数。

4.4　采用优质抗分散剂，增加混凝土抗压力水侵蚀能力，使浇筑后的混凝土结构不裂、不渗、不漏。

5. 施工工艺流程及施工要点

5.1　施工工艺流程

主要施工流程为：结构分析→混凝土配合比设计→浇筑前准备→水下不分散混凝土浇筑及施工控制。

5.2　施工要点

5.2.1　结构分析

1. 封底类型选择：围堰封底的按照封底时间先后顺序可以分为先封底（在灌注桩施工前封底）和后封底（在灌注桩施工后，承台施工抽水前封底）两种情况。对于深水基础双壁钢围堰施工来说，一般情况下都是在围堰下沉到位后，及早封底，然后施工桩基，以确保围堰稳定及安全渡汛。另外，按照封底作业条件，围堰封底可分为湿封底（水下封底）和干封底两种；对于深水基础双壁钢围堰封底，大都是在围堰抽水前进行封底，所以基本都是水下湿封底的情况。

2. 水下先封底特点：双壁钢围堰水下封底水下带水施工，作业条件较差；混凝土受围堰内水深、水温、水流流速及河床地质条件等影响较大；围堰水下封底面积较大、厚度较厚，封底工作量大、持续时间长；围堰水下封底质量要求高，必须确保质量可靠，水下封底施工的成败直接影响钢围堰施工的成败。

3. 对封底混凝土的要求是：

1) 水下浇筑混凝土，要满足水下抗分散、不离析，自流平、自密实，缓凝、防裂等特点和要求。

2) 水下导管法灌注浇筑，混凝土拌合物的性能要好，可以说封底混凝土的性能是围堰水下封底成败的关键。要求混凝土和易性、泌水性及流动性等满足施工要求：不离析、不泛浆、不结板、和易性好。

3) 混凝土施工配合比，根据封底混凝土强度要求，强度等级不低于 C25；初凝时间不小于 20h；混凝土坍落度宜控制在 160～220mm 之间：首封初期坍落度（180±20）mm，扩散度在 50cm 左右；中期坍落度（200±20）mm，扩散度在 600mm 左右；末期坍落度（220±20）mm，扩散度大于 600mm。

5.2.2　水下不分散混凝土配合比设计

1. 常规材料要求

水泥符合 GB 175—2007 要求的 42.5 级普通硅酸盐水泥。

粗骨料 符合 GB/T 14685—2001 的连续级配的碎石或卵石，优先使用卵石，当卵石不容易得到时，也可以使用质量坚硬的轧制碎石，施工时采用二级配碎石。

细骨料符合 GB/T 14684—2001 的天然河砂，细度模数在 2.5～3.0 为宜，含泥量不大于 2.0%。

拌合用水使用普通自来水即可，无法得到自来水时，应对所用水体水质进行分析，满足 JGJ 63—2006 要求即可使用。

2. 抗分散剂

1) 必要性。抗分散剂是增加水下混凝土抗水洗性能的关键材料，虽然采用本工法可以使绝大部分混凝土不与水直接接触，但在压力水作用下，普通混凝土还是无法抵抗水的侵蚀。在模拟浇筑试验中，我们曾经使用普通混凝土泵送剂代替抗分散剂进行水下混凝土浇筑试验。但实验结果证明不使用抗分散剂的普通混凝土不能满足深水作业的高抗分散要求。

2）抗分散剂品种。目前市场上主流的抗分散剂（也叫絮凝剂）是有机聚合物类产品，常见的有四种，聚丙烯系列、聚丙烯接枝改性系列、多糖系列和纤维素系列。1998 年工法使用的是聚丙烯系列，但黏度过大，不易搅拌均匀，浇筑时混凝土容易结团，静止情况下扩展度不好。本工法中采用的是聚丙烯接枝改性系列的抗分散剂，相对于第一代的抗分散剂在减少拌合时间、降低流动性损失、提高水陆强度比、减少单方混凝土胶凝材料用量等性能方面，有明显优势。

3）抗分散剂技术要求。掺加抗分散剂后的混凝土应满足表 5.2.2 要求。

掺加抗分散剂混凝土性能要求 表 5.2.2

试 验 项 目		性 能 指 标
流动性	坍落度，mm	≥220
	坍落扩展度，mm	≥550
凝结时间，h	初凝	≥5
	终凝	≤30
抗分散性	水泥流失量，%	<1.5
	悬浊物含量，mg/L	<150
	pH 值	<12
水下成型混凝土试件与空气中成型试件的抗压强度比，%	7d	>60
	28d	>70
水下成型混凝土试件与空气中成型试件的抗折强度比，%	7d	>50
	28d	>60
含气量，%		<4.5

3. 配合比设计

1）配合比设计

参照《普通混凝土配合比设计规程》JGJ 55—2000 标准进行。

水下不分散混凝土配合比设计与普通混凝土配合比设计的主要不同在于计算试配强度时需考虑水陆强度比，本工法计算时采用的水陆强度比为 0.9，（标准推荐值为 0.6～0.8，本工程最后通过钻芯实测的水陆强度比为 0.96。）。计算公式为：

$$f_{cu,0} = f_{cu,k} + 1.645\sigma \tag{5.2.2-1}$$
$$f_{cu,1} = f_{cu,0}/0.9 \tag{5.2.2-2}$$

式中：$f_{cu,0}$——普通混凝土拟配强度；

$f_{cu,k}$——混凝土设计强度等级；

$f_{cu,1}$——水下混凝土拟配强度；

σ——混凝土强度标准偏差。

2）试配验证

对设计的基准配合比按《水下不分散混凝土试验规程》DL/T 5117—2000 标准验证其抗分散性能，具体验证项目及技术要求见表 5.2.2。

除此之外，混凝土的自密实、抗离析性能需满足《自密实混凝土施工与设计指南》CECS 02—2004 标准规定的 I 级要求。

5.2.3 浇筑前准备

1. 封底前，潜水员应用高压水枪和钢刷对围堰刃脚、护筒、基底等进行认真清理，确保封底混凝土与之紧密结合。对基底淤泥用空气吸泥机清淤，可适当铺垫碎、卵石层进行压泥等。在首封导管的底部抛埋编制袋砂包，构筑封底混凝土预留坑，坑深 1m，直径 1～1.5m，距围堰内壁 1.5～2m，以确保首封混凝土质量。

2. 当围堰基底为岩石时，桩基护筒在没有土层的情况下插入基坑，应在封底混凝土浇筑前进行如下处理：1）水下焊接：将护筒与护筒、护筒与钢围堰用角钢等进行连接，避免混凝土浇筑时护筒发生位移；2）护筒内封：护筒定位后，用编织袋内装黏土填充于护筒内，填充高度与封底混凝土相同，防止封底混凝土进入护筒。

3. 钢围堰水下封底混凝土采用刚性导管进行灌注，导管在钻孔工作平台上预先分段拼装，吊放时再逐渐接长，下放时保持轴线垂直。导管口下沉至基底（岩）面后提升到距离底面 15cm 左右，然后用浮吊或吊车起吊导管进行插拔。

4. 混凝土生产组织。考虑封底混凝土数量和施工工艺，现场计划采用 4 台搅拌机进行现场搅拌拌合，提供大量封底混凝土供应；同时考虑若搅拌能力还跟不上封底施工或中途出现机械故障，则由附近搅拌站协助供灰。这样，充分保证封底混凝土施工过程中的混凝土供应能力，确保封底施工连续、高效，并尽可能缩短浇筑时间。混凝土的各种原材料必须做好储备和库存，不得间断或缺料。

5. 混凝土运输。混凝土的运输采用混凝土运输车和小翻斗车进行运输到现场岸边，在岸边设置混凝土地泵将混凝土泵送入浇筑导管。泵送管道沿浮桥铺设到钢围堰顶面，在泵送管道端部接橡胶软管将混凝土直接送到浇筑导管内，橡胶软管可以随浇筑导管的推进而移动。

5.2.4 水下不分散混凝土浇筑及施工控制

1. 封底混凝土施工前，抽水降低围堰内的水头高度，抽水 1～2m 左右，以增大混凝土下落高度差；同时增加护筒内的水头，以增强钢护筒抵抗浇筑混凝土的强度，且在浇筑混凝土前必须将所有钢护筒上口与工字钢平台进行固定连接，防止钢护筒受浇筑混凝土挤压倾斜。现场混凝土浇筑过程中，围堰内水头将不断增高，间隔一定时间必须进行抽水，以保证混凝土下落高度差。

2. 严格按照水下浇筑混凝土导管法进行施工，用 2 根（也可布置多根导管提高施工速度）导管进行浇筑。第一根导管采用砍球法进行首封埋置导管施工（首封混凝土约 4m³）；第二根导管采用插入已浇筑的混凝土内进行埋置，并用水泵抽干导管内的水进行干管法浇筑混凝土施工。导管选在附近基底较低处压水（剪球），采用砍球法进行压水，首封混凝土导管计算最小埋深 0.8m，首封混凝土数量不得小于 5m³。

3. 水下封底混凝土浇筑采用整体斜面法，沿围堰长度方向从下游开始，横向全断面整体逐步推移，向前浇筑。封底混凝土施工采用从围堰内一端开始浇筑，一次性浇筑到设计厚度，然后整体斜面法从一端向另一端逐步推进施工。第一根导管计划选择从围堰内的西南角（C 点）最底处开始下设，第二根导管沿圆弧段前进，下一根导管交叉前进……当圆弧段一端横向断面形成后（整体斜面），然后再依次纵向推移。浇筑点平面示意图如图 5.2.4。

4. 第一根导管下设时，导管下端口距浇筑底面 10～15cm 高，上端超出工字钢平台以上，下灰料斗做支撑架架设于工作平台上，导管利用浮吊或吊车吊系和提升。浇筑混凝土时，第一根导管首封后应连续灌注，导管埋入混凝土内深度控制在 2m 以上，浇筑过程中导管提升高度尽可能小（一般为 20～50cm），速度要缓慢，以满足导管可以下料为准，绝对不能将导管拔出混凝土面进行浇筑；同时防止堵管。浇筑时，可以将导管上下捣动捣动，以排除导管内空气，加快下料进度，同时可以密实浇筑完的混凝土，并使其向四周扩散流动，保证浇筑质量。

5. 混凝土的浇筑原则：由低向高，先周围后中间，严格控制混凝土浇筑高差，密切注意混凝土扩散；在导管浇筑混凝土时，严防附近未浇导管进入混凝土，导管停注间隔时间不宜超过 30min。

6. 混凝土浇筑到设计标高后，应继续浇筑 0.5～1.0m 高并进行导管上下捣动使混凝土密实和向周围扩散流平，最终浇筑封底混凝土顶面应比设计标高高出 30cm 左右。然后将第二根导管交叉插入第一根导管附近约 2m 距离处，利用已浇筑的混凝土进行下端埋置，然后用小体积大扬程水泵抽干导管内的水，进行干管导管法浇筑混凝土施工。尔后两根导管交叉前进，依次施工……

7. 围堰水下封底混凝土浇筑后期，适当增加混凝土的坍落度，使封底混凝土形成较为平坦的顶面；

同时封底混凝土的浇筑顶面标高一般比设计标高提高 15～30cm，待钻孔灌注桩完成后，再抽水凿除封底混凝土顶面的松弱层至设计标高。

8. 浇筑混凝土过程中，必须用测绳随时测量混凝土浇筑高度，在平台上布设多个测点位置，标出高程。然后布设测绳，设置测锥，专人负责测量和记录；每小时定期检测水下混凝土浇筑顶面标高，并以此来掌握混凝土的流动情况，控制导管的埋深等。

9. 混凝土输送采用输送泵和罐车运输，必须保证连续不间断供应。混凝土浇筑现场技术值班人员应与测量人员一道进行浇筑混凝土厚度测量和控制，根据现场浇筑情况和测量记录，合理选择和控制导管插拔位置与时间，并决定导管交叉推进进程。

10. 现场成立钢围堰封底指挥中心和严密的组织系统：将供料、拌和、运输、起重、测量、技术、质量、设备、安全等工作统一起来，统一组织，统一指挥，明确岗位职责，落实到人，使封底工作有条不紊地进行。对封底中常出现的首封堵管、中途堵管、导管进水、掉管及泵送堵管等问题，提前制定预控措施，并做好技术物质储备等。

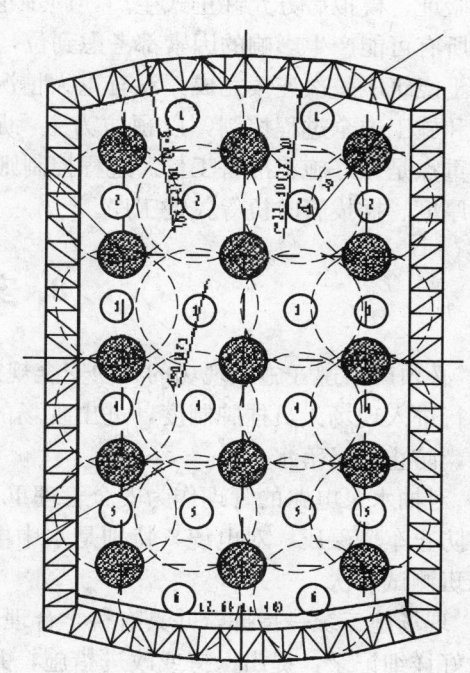

图 5.2.4　导管布置图

11. 浇筑完围堰内封底混凝土后，再进行围堰外周嵌封混凝土的浇筑（外封底）。浇筑工艺同样采用导管法水下混凝土施工技术，四周应对称、同时、同步进行，浇筑时必须先将钢围堰稳定牢固，且配重应加大，防止周圈嵌封混凝土浇筑时围堰上浮或移位。

6. 材 料 与 设 备

6.1　钻孔灌注桩机、导管、起吊设备、水泵

利用钻孔灌注桩机将钢护筒定位，用起吊设备将钢围堰等就位，现场准备小体积大扬程水泵抽水。灌注用导管为刚性钢管，内径 ϕ273mm，壁厚 5mm。

6.2　混凝土搅拌机、运输车、泵车

根据浇筑进度，安排两套 120m³/h 的搅拌系统、8 辆运输车和 3 台 47m 混凝土输送泵（一台备用）。

6.3　测杆、测绳

利用测杆和测绳进行混凝土厚度的随时测量，确保混凝土浇筑高程。

7. 质 量 控 制

7.1　质量控制标准

施工严格应按照《公路工程桥涵施工技术规范》JTJ 041—2000 进行，质量控制符合《钢筋混凝土施工及验收规范》GBJ 204—83、《地下防水工程施工及验收规范》GB 50208—2002。

7.2　质量控制措施

建立科学管理机制和相应的施工质量检测机制，制定相应的质量保证预案，有预警机制。配合比

经过充分验证、模拟后方允许正式生产，施工组织设计充分论证、研讨，并经过试浇筑检验后方正式施工，把所有可能产生影响的因素都考虑到位，尽可能减少可能出现的问题。

混凝土浇筑应一次连续完成，没有重大情况不得中途停止，应做好混凝土原材料的质量验收，注重施工前和施工中全过程控制，以预防为主，加强对工作质量、工序质量等的检查，促进工程质量。事前控制重点是做好施工准备工作。过程控制则全面控制施工过程，重点控制配合比验证、封底效果、实际浇筑厚度、插拔管时机等关键工序。

8. 安 全 措 施

8.1 必须严格遵守施工现场的各项安全规定，尤其是深水区水中施工，必须设立专门的安全管理队伍，实行进入现场人员挂牌制度，进出现场的所有人员必须予以登记，专职安全员应该全过程巡视施工现场，防止人员落水。

8.2 对抽水泵电路的管理作为安全管理重点，由专业电工进行电路的铺设和电闸箱的安装，电缆的布设要防止车辆碾压，对电缆，特别是水中电缆要严格检查，严防电缆漏电，电闸箱漏电保护装置必须每工班测试一次。

8.3 现场施工统一指挥，并具有科学合理的安全施工措施和预控方案。施工队每天进行施工安全检查并做好详细记录，提出保持或改进措施，并落实实行。施工人员必须进行岗前培训和安全技术交底，施工过程中现场指挥人员不能擅自离岗。

9. 环 保 措 施

9.1 建立项目经理负责的环境管理组织机构，部门分工明确，环保责任落实到人。制定培训计划。定期对参与环保管理的人员进行环境保护专业知识培训。

9.2 基础施工严禁向河道内排放泥浆等工程废弃物，对清底吸出的泥浆和淤泥应委托具备资质的专业公司进行处理。

9.3 浇筑施工中做好设备维护，严禁油污河道。

10. 效 益 分 析

10.1 经济效益
与常规的水下混凝土施工工艺相比，本工法可以降低混凝土强度等级 1～2 级，单方混凝土造价可以降低 20～40 元，而且粗集料可以采用普通碎石或者碎石，避免了缺乏卵石地区为进行水下混凝土施工而专门定制卵石的费用。

10.2 技术效益
相对于常规的水下直接导管浇筑或泵管浇筑方案，本工法无需特殊机具，就地取材，简单易行，安全可靠，质量风险小，成功率高，特别适合水深超过 10 米的深水作业。

10.3 环保效益
常规的水下混凝土施工工艺中混凝土在浇筑过程中不断的受到压力水的冲洗，析出的水泥浆对环境水体污染较大，而本工法最大限度的避免了混凝土与水体的直接接触，大大减少了对水体的污染，属于环保清洁型的施工工法。

10.4 节能减排
本工法大大提高了水陆比，降低了混凝土设计强度，直接减少了水泥的使用量，符合国家的节能减排政策导向。

11. 应 用 实 例

安徽荆涂淮河大桥坐落于淮河中游、素有"淮河三峡"之称的荆山峡。荆涂淮河大桥全长 818m，宽 23m，为四车道城市道路特大桥。大桥的主桥部分为预应力混凝土连续钢构，其中 160m 的大桥主跨长度列淮河上同类桥梁之最。大桥主墩采用了将基础放在岩盘上用桩基钻孔嵌岩的"双壁钢围堰钻孔复合基础"，围堰水下封底顶混凝土面标高在水下 14m 深处，封底混凝土厚 2.5m，长 25m，宽 14m，总浇筑量 800 多立方米，采用双导管法水下不分散混凝土施工工艺浇筑，后经过围堰内抽水考验，封底混凝土的施工质量优良，强度及抗浮指标均满足设计要求，围堰内不漏、渗水；围堰安全抗浮，整体稳定，承台干法施工作业条件良好，现该桥已建成通车 3 年多，主桥结构稳固。

塔吊组立输电铁塔施工工法

YJGF47—2000（2007～2008 年度升级版-034）

上海市第五建筑有限公司
崔一舟　李立顺　王伟　沈军　林捷

1. 前　　言

随着国家电网建设的大规模投入，大型跨越输电铁塔将日趋增多，而跨越塔的施工工艺和设备也一直作为一项技术难点被各方研究。塔吊组立输电铁塔施工工法是电力工程中特大型输电铁塔施工的新工艺，已成功应用于多项大跨越工程，经专家评审，处于国内领先水平。

2. 工 法 特 点

2.1 塔吊组立输电铁塔施工与传统的悬浮抱杆施工工艺相比，施工质量明显提高。

2.2 施工进度加快，且大大降低了安全事故发生率。

2.3 与传统的悬浮抱杆施工工艺相比，减少了大量人力物力投入，达到降低施工成本和缩短工期的作用。

3. 适 用 范 围

适用于电力工程中的特大型输电铁塔或类似结构的通信微波塔及电视发射塔的施工。

4. 工 艺 原 理

塔吊在输电铁塔上附着，随铁塔的施工而爬升，将地面的杆件及组件进行大吨位吊装，从而实现工期短、安全性高的目标。

5. 施工工艺流程及操作要点

5.1　施工工艺流程

塔吊基础浇筑，基础布置在铁塔基础连梁上→塔吊基础找平→安装塔吊→吊装铁塔基础及下段杆件→塔吊附着→塔吊顶升→吊装铁塔上段杆件及电线支架→塔吊降节→塔吊拆卸。

5.2　操作要点

5.2.1　施工准备应按下列要求进行

1. 塔吊安装以前必须找平基础。

2. 由于组塔工期特别短，所有附着杆需一次加工完毕，附着杆长度计算必须精确，以免附着时临时改制而贻误工期。

5.2.2　施工应按下列要求进行

1. 找平基础后，安装塔吊，必须严格控制垂直度。

2. 由于大吨位吊装，起重量将近设计满载，所以塔吊安装后需对重量及力矩限制器准确调试，以免因超载而发生事故。

3. 塔吊安装后，用塔吊分别吊装铁塔基础及下段杆件。

4. 塔吊进行附着，在塔吊附着后须严格控制垂直度，塔吊倾斜将对铁塔产生较大内应力，使安装质量难以控制。

5. 塔吊附着后进行顶升，顶升前确认撑脚定位可靠稳固及回转制动，顶升过程中，塔机必须处于最佳平衡状态。

6. 塔吊顶升后吊装铁塔上段杆件及电线支架。

7. 在组立输电铁塔完成后，塔吊降节后拆卸。

6. 材料和设备

6.1 材料

所需材料见表6.1。

材料表   表6.1

序 号	材料名称	单 位	数 量	备 注
1	塔吊锚脚	只	8	用于埋设在塔吊基础内
2	塔吊附着框	个	n	用于塔吊和附着杆联接
3	塔吊附着杆	根	n	用于塔吊附着框和铁塔联接

6.2 设备

所需设备见表6.2。

设备表   表6.2

设备名称	规 格	功 率	数 量
自升塔式起重机	F0/23B	70kW	2
汽车式起重机	50t		1
汽车式起重机	8t		1
卷扬机	5t		1
卡车	10t		4
滑车	5t		3
经纬仪	J2		2

7. 质 量 控 制

7.1 塔式起重机安装质量规范执行《塔式起重机》GB/T 5031—2008

7.2 各种材料必须由塔吊生产厂方提供，有出厂合格证，满足本工程的所需性能。

7.3 塔式起重机在经专业检测机构检测合格后，操作时执行《塔式起重机安全规程》GB 5144—2006 和《塔式起重机操作使用规程》JG/T 100—1999。

7.4 塔式起重机垂直度控制应按以下要求执行：

7.4.1 塔式起重机锚脚放置在基础中时，将塔机基础节与塔机锚脚联接固定，在测量调整塔机基础节的水平度及垂直度≤1‰后，将锚脚固定在基础中。

7.4.2 塔式起重机附着操作过程中，塔机必须处于平衡状态。

7.4.3 在塔式起重机附着后，测量调整塔式起重机附着安装垂直度≤1‰，塔机附着杆倾斜角不得超过 8°。

8. 安 全 措 施

8.1 项目经理为项目安全生产的第一负责人，塔吊安装施工由机械施工员负责，并由安全人员进行监督，并要求各职能部门在各自相应的业务范围内，对安全生产负责。

8.2 加强现场施工人员的安全意识和安全生产教育，增强自我保护能力，使每一个施工人员自觉、严格遵守各项安全生产管理制度。

8.3 加强现场机械设备和操作人员的管理。机械设备必须有检验合格证，操作人员必须持证上岗。

8.4 现场操作人员及进入现场人员不得穿硬底鞋、高跟鞋。

8.5 作业人员必须配备相应的劳动保护用品，并应正确使用。进入施工现场的人员，必须配戴安全帽。凡在 2m 及 2m 以上高处作业无可靠防护设施时，必须使用安全带。

8.6 施工区域外沿必须设置施工警戒线，严禁非施工人员进入。

8.7 每天做好风速记录，风力超过六级停止施工。

8.8 必须严格按塔吊起重性能表所规定的起重量和幅度吊重，严禁短接安全装置超载使用。

8.9 塔吊不得斜拉、斜吊物件。

8.10 起吊构件就位时，必须严格听从指挥，不得盲目作业。

9. 环 保 措 施

9.1 认真贯彻执行国家环保法规，合理安排作业时间。

9.2 严格执行国家规定的噪声标准，采取减噪降振措施，所有进场施工车辆、机械设备的外排噪声指标参数必须符合相关环保标准。尽可能在白天进行施工，严禁晚上进行大规模施工活动，减少和避免噪声扰民。

9.3 必须合理选择和调整施工时间和机械配置，尽可能在白天进行施工，严禁晚上进行大规模施工活动，避免光污染发生。

9.4 坚持人与自然的和谐共处，正确处理施工和环境保护的关系，把对环境的不利影响减少到最小程度。

9.5 在施工期间要注意保护树木，不破坏草灌等植被。

9.6 现场材料多，人流车辆来往频繁，各种材料按规定堆放并备用。

10. 效 益 分 析

如采用悬浮抱杆组立铁塔，工期较长，且安全和质量难以保证，需投入大量的人工、机械设备及消耗材料，由于塔吊的使用，使施工现场布置简单，施工过程中减少了大量的塔上工作量和设备工器具的投入，塔吊的安全装置齐全，安全性明显增强。

11. 应 用 实 例

11.1 崇明长江大跨越输电铁塔（图 11.1）

1998 年本工法应用于 220kV 崇明长江大跨越输电铁塔。长江大跨越工程是崇明、南通 220kV 联网工程的重要组成部分。工程共组立铁塔 7 基，其中耐张塔（简称：锚塔）4 基，直线塔（简称：跨越塔）3基，塔高128m，重量232.17吨，最大主管直径φ650，最大法兰直径φ820，基础根开21m。节约工期2个月，降低成本42万元。

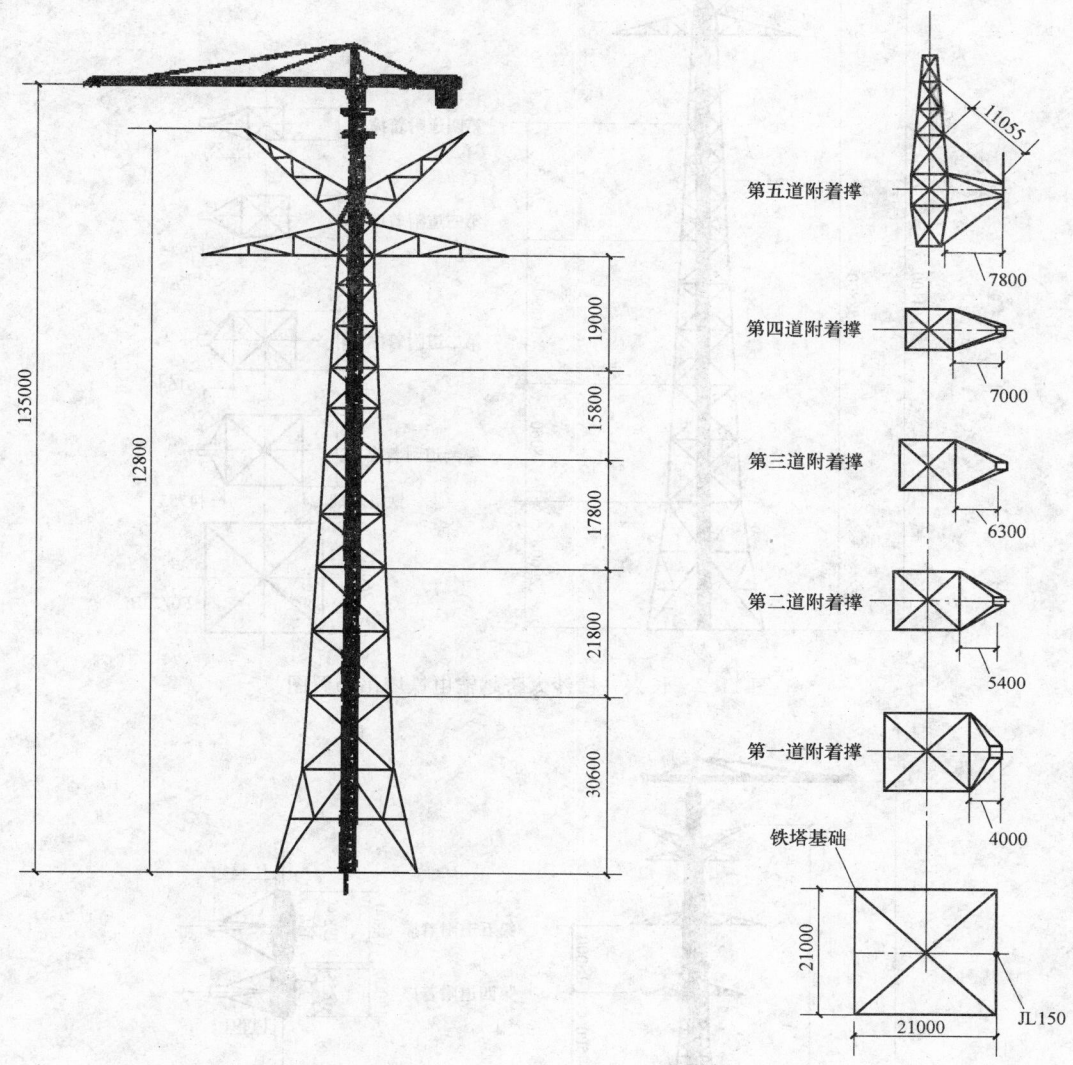

图11.1 崇明长江大跨越输电铁塔吊布置图

11.2 长兴—横沙大跨越输电铁塔（图11.2）

2001年本工法应用于220kV长兴—横沙大跨越输电铁塔。长兴—横沙大跨越工程位于长兴岛—横沙岛大桥和35kV海底电缆之南，距大桥约550m，工程线路总长约2.413km，其中跨越塔之间距离为1519m。跨越塔塔型为SKT型钢管直线塔，塔高158.8m，重250t，最大主管直径φ720，基础根开26m。节约工期1个月，降低成本55万元。

11.3 吴淞口大跨越输电铁塔（图11.3）

2003年本工法应用于500kV吴淞口大跨越输电铁塔。吴淞口大跨越作为500kV杨行—杨高输电线路的一部分，线路全长约1.86km，为双回路自立钢管塔，直线跨越塔2基，塔高180m，包括电梯井筒和观光平台在内，每基塔重800多吨，最大主管直径φ720，基础根开36m，塔内安装电梯运行，结构为封闭式垂直钢圆筒，二基跨越塔均为三层横担。工程采用了塔吊组立输电铁塔施工工艺，利用2台f0/23B塔吊完成了2基跨越塔的施工。节约工期3个月，降低成本74万元。

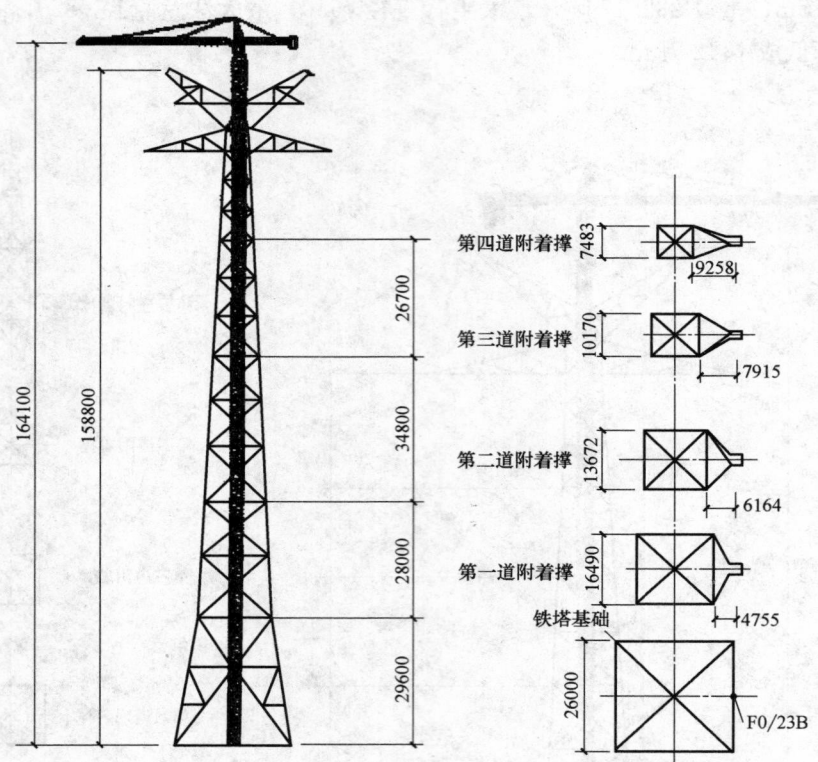

图 11.2　长兴—横沙大跨越输电铁塔吊布置图

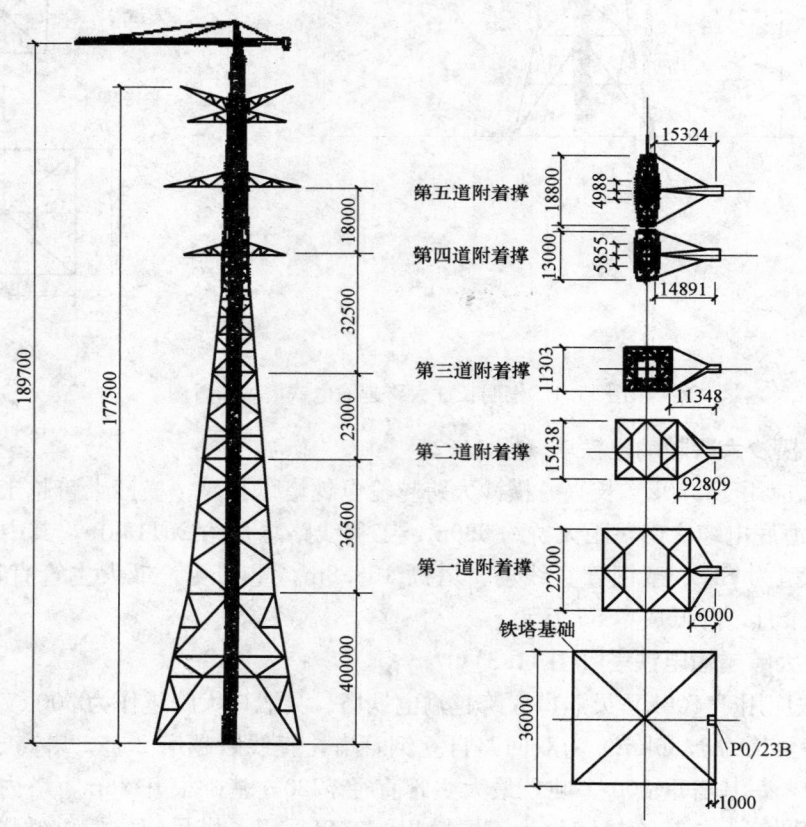

图 11.3　吴淞口大跨越输电铁塔吊布置图

干熄焦机械设备安装工法

YJGF41—96（2007~2008年度升级版-035）

中冶成工建设有限公司

颜钰　张峰

1. 前　　言

干熄焦，简称CDQ，是大型焦炉炼焦生产节能、环保的新技术，被列入国家炼焦行业重点推广技术，国家产业政策要求，新建4.3m以上焦炉必须配套建设干熄焦。随着国家对环保要求越来越严，以及能源日趋紧张等因素作用下，在未来几年，干熄焦工程建设将处于发展高峰期。

目前，国内外关于干熄焦施工技术方面的研究较少。由于干熄焦特定的功能和结构，干熄焦工程在施工组织、质量、工期、成本等方面的控制难度较大。中冶成工建设有限公司从20世纪八十年代初开始便致力于干熄焦施工技术的研究和开发，相继施工了四十多座干熄焦工程，总结和积累了丰富的施工组织管理经验及先进的施工工艺和施工方法，并于1996年编写了国家级工法《干熄焦设备安装工法》YJGF 41—96。近年来，针对干熄焦工艺及干熄焦机械设备结构型式的发展和改进，在原工法的基础上不断地进行改进和新技术开发，完善并开发了新的干熄焦机械设备安装工程技术，并通过多个干熄焦工程应用，均取得了良好的经济效益和社会效益。

2006年，中冶成工建设有限公司主编的国家标准《焦化机械设备工程安装验收规范》GB 50390—2006由建设部正式发布；2007年施工的莱钢1号干熄焦工程获中国企业联合会、中国企业家协会第十二批企业新纪录；2008年编写的《干熄焦成套施工技术》通过中冶集团科技成果鉴定，被认为达到国际先进水平；目前已有12项干熄焦工程安装方法被国家知识产权局受理为发明专利。

2. 工 法 特 点

2.1　工艺技术先进，确保安装质量

本工法针对干熄焦的功能和结构特点，采用了"一条基准中心线控制技术"、"钢柱一次落位校正定位技术"、"熄焦槽钢结构分段吊装，高空组合，分段摊消制造误差技术"、"熄焦槽壳体焊接防变形技术"、"熄焦槽壳体组装时防止吊装变形技术"、"干熄焦全系统动态气密性试验技术"、"锅炉联络管焊接工艺技术"等关键技术，确保了安装质量、经济性、适用性和可操作性强。

2.2　方案因地制宜，经济合理

根据提升机的结构形式以及布局位置和现场施工条件的不同，提升机可采用"地面组装，分层整体吊装"和"单件吊装、高空组合"两种安装方案，本工法对两种方案的经济性、安全性和质量进行了综合比较，施工时可根据现场实际条件选择更适宜的方法。

2.3　施工工序优化，缩短工期，降低成本

本工法根据干熄焦熄焦槽设置在熄焦槽钢结构中间，供气装置设置在熄焦槽中间的特点，从工期、吊装机械综合考虑，采取熄焦槽壳体与熄焦槽钢结构、熄焦槽壳体与供气装置穿插安装的施工工序，缩短了工期，降低了成本。

根据北方干熄焦工程的特点，锅炉框架基本形成后，采取封闭体优先施工的施工工序，作为防风保温措施，既保证了锅炉焊接质量，又节约了施工临时措施费用。

2.4　施工工艺流程标准化、关联性强，重点、难点突出，针对性强

本工法针对干熄焦机械设备的结构特点及设备间的关联性，制定了设备安装及试运转的总施工工

艺流程及各单体设备的施工工艺流程，关联性强，突出关键工序，抓住关键控制点，制定相应的操作要点，内容详尽，重点、难点突出，针对性强。

3. 适 用 范 围

本工法适用于干熄焦机械设备安装。

4. 工 艺 原 理

中冶成工建设有限公司通过多年的干熄焦施工技术的研究和开发，开创了具有自主知识产权的关键工艺技术，确保工程高质量、高效率和低成本及安全竣工投产，创造最佳经济效益。

4.1 一条基准中心线控制工艺原理

干熄焦本体、循环系统和锅炉必须严格照联动生产线要求，控制纵、横、竖（即 X、Y、Z 坐标）三个方向的安装中心。方法是以一条线为基准，采取一系列技术措施投放各条"安装基准中心线"进行设备、构件安装。按联动设备安装中心的控制要求，精确投放一条与焦炉中心线和拦焦车轨道中心线平行的基准中心线，作为控制其他中心线的标准。以此基准中心线为基准，再精确分项投放一次除尘器和锅炉的安装控制中心线，及其他设备、构架、槽罐的安装基准线，设中心、标高标板。

4.2 钢柱一次落位校正定位工艺原理

钢柱的垂直度校正，是 H 型钢高层钢结构安装、校正各环节中的一道关键工序，严格控制柱的垂直度偏差，其他各项几何精度才能保证。钢柱一次落位校正定位工艺是在钢柱吊装刚刚落位，没有安装横梁、斜撑等构件，连接接头的螺栓也未紧固，完全处于自由状态的情况下，利用缆风绳、链条葫芦及吊装机械吊臂头部摆动施加水平分力，将钢柱强制固定在预定控制点，校正效率高，精度高。

4.3 熄焦槽钢结构分段吊装，高空组合，分段摊消制造误差工艺原理

熄焦槽钢结构是采用高强螺栓连接的 H 型钢高层钢结构，熄焦槽钢结构分段吊装，高空组合，分段摊消制造误差工艺是利用高强螺栓螺杆与螺孔壁之间的间隙余量，以钢柱的连接接头为分割基点，分段单件吊装，高空组合，校正，将制造误差分段摊消掉，取得极高的安装几何精度，其技术经济效益十分显著。

4.4 熄焦槽壳体焊接防变形工艺原理

利用强制反变形、分层焊接、对称同步焊接、断续、错位跳焊等工艺，防止焊接热量集中，从而防止熄焦槽壳体焊接变形。

4.5 干熄焦全系统动态气密性试验工艺原理

干熄焦全系统动态气密性试验是对传统的"静态保压法"气密性试验的工艺创新，具有成本低，效率高的优点。该工艺是根据设备的结构、功能特点，利用本身设备进行的动态气密性试验。由于该系统设备不可能采取一般堵板的方法严密封堵，只能采取一般封堵之后不断向系统鼓风，同时又有大量漏风，利用送风量和漏风量之差维持一定的压力，在全系统保持正压这种状态下进行检验。该试验方法已被国家知识产权局受理为发明专利。

5. 施工工艺流程及操作要点

5.1 施工工艺流程（图 5.1）

5.2 施工组织统筹管理要点

干熄焦设备安装程序十分复杂，施工中各大专业单位、工种（土建、机械、筑炉、电气等）的进、退场，穿插作业繁复；设备、材料供货，大型机械和特殊工机具的配备，施工场地的规划利用关系密

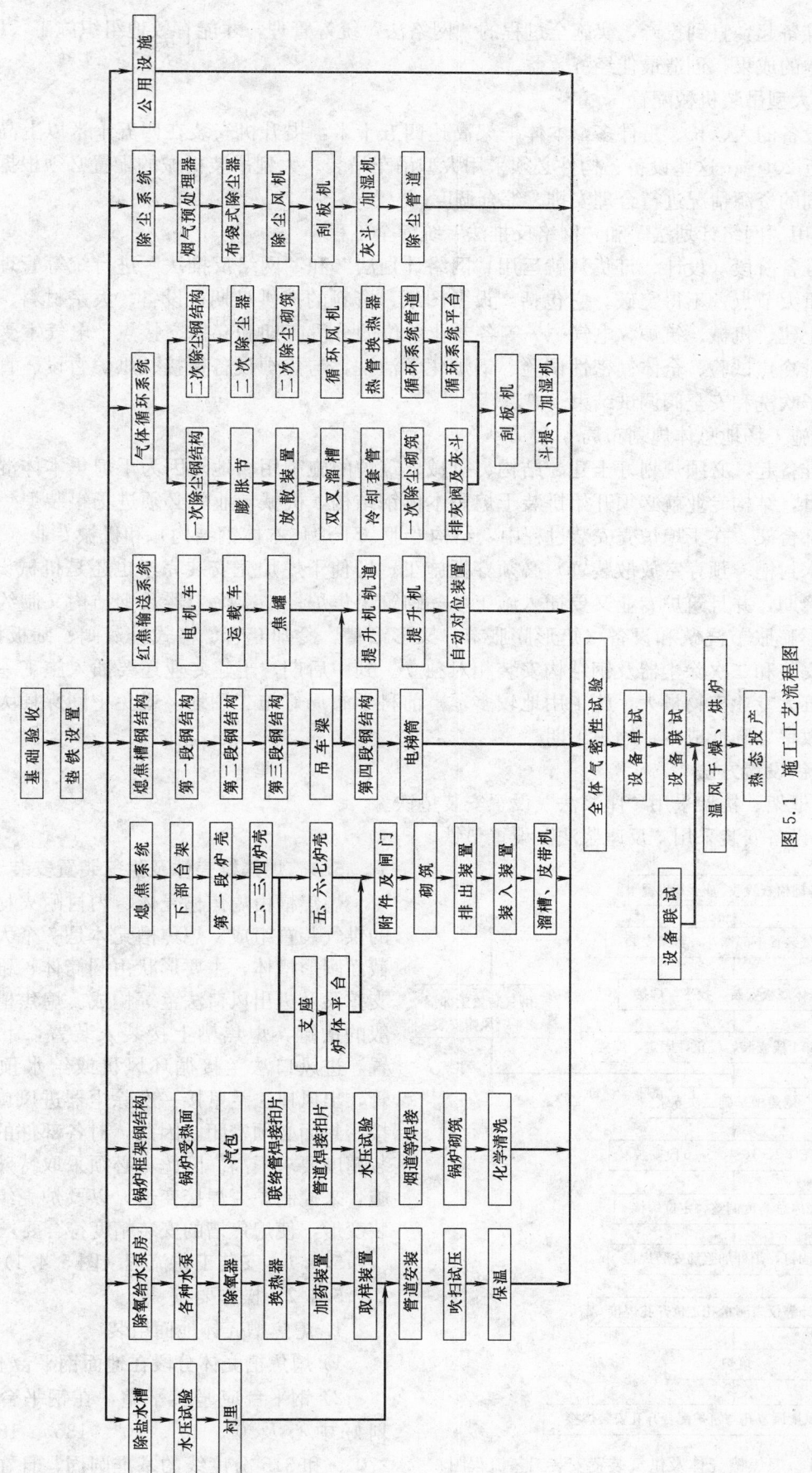

图 5.1 施工工艺流程图

切，从施工准备起，直到投产，实施全过程的"网络法"统筹管理，才能有效地组织施工，取得优质、高速、低成本的成果，创造最佳经济效益。

5.2.1　大型吊装机械配置

干熄焦设备的大、长、重件多，本体框架高达四五十米，提升机安装在四五十米以上高空，锅炉汽包重达将近 20t……这些设备、构件必须采用大型吊车吊装。大型吊装机械的配置必须根据不同的场地条件和不同的资源情况进行合理安排、综合调度。

5.2.2　用"网络计划法"和"网络反推法"统筹全工程

从工程准备阶段（设计、订货）就运用"网络计划法"和"网络反推法"进行统筹管理，制定出各个阶段的重大节点，不得突破。它包括：设备图纸、资料的提供日期；设备、大宗材料、特殊材料的供货期；土建、机械、筑炉、电气……等各专业单位的分段工期和穿插交接点；电气室受电和设备调试工期；排冷焦试验、全体气密性试验、锅炉化学清洗，与焦炉设备衔接、烘炉暂设、直到烘炉投产、锅炉管子吹洗和安全阀调试结束。

5.2.3　施工场地总体规划布局

从施工准备起，必须规划好土建、结构、机械、筑炉的施工用场地。因为干熄焦本体混凝土基础交工前一个月，结构专业就必须开始拼装干熄焦本体钢结构，机械专业就必须进场组装熄焦炉炉壳和供气装置下部台架。在干熄炉壳安装过程中，结构专业（干熄焦本体钢结构）和机械专业（供气装置、装入装置、水封槽、预存室放散装置）必须穿插施工，即使干熄炉壳安装完毕也还是机械设备——提升机安装高峰期，并且筑炉专业又要插入施工——砌筑熄焦炉；一次除尘器及钢结构又制约着一次除尘砌筑、矩形膨胀节浇筑和设备（矩形膨胀节、叉形溜槽、冷却套管、格式排灰阀、刮板机）安装，干熄焦锅炉安装和二次除尘器及钢结构安装相对独立。到中后期，土建专业还要插入施工一些混凝土基础……这五大专业实物量大，施工用地较多，事前科学布局好施工用地，避免中间穿插大倒腾，可极大地提高效率、降低成本、缩短工期。

5.3　垫铁设置方法

5.3.1　框架、构架采用"座浆法"设置安装垫铁。

5.3.2　设备安装采用"反座浆法"设置垫铁。

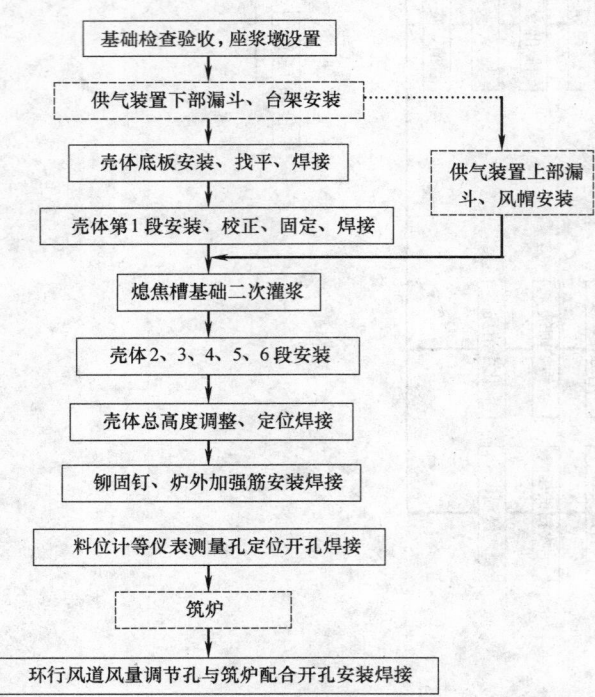

图 5.4.1　熄焦槽壳体及供气装置安装工艺流程图

5.4　熄焦槽壳体及供气装置安装

熄焦槽由熄焦槽壳体、内衬耐火材料及底部的供气装置组成。熄焦槽壳体是一个大型薄壳变截面圆形槽体，主要形状由圆筒体、锥体、环形支撑梁及进出风口法兰等构成。熄焦槽不同于一般的槽罐，熄焦槽上接装入装置，下连排出装置，进风口法兰接循环风机或给水预热器出风管，出风口法兰紧接一次除尘器进风口，且各连接密封面必须密闭。因此，对各部件的制作、安装精度要求很高。因此，必须采取特殊的技术措施，来控制炉壳焊接变形，以及炉壳组装时的吊装变形，使熄焦槽的安装精度符合要求。

5.4.1　安装工艺流程（图 5.4.1）

5.4.2　操作要点

1. 熄焦槽壳体地面组装

1）熄焦槽壳体分段在地面钢平台上组装。

2）钢平台应坚实平整，在钢平台上应设置划好中心及 0°、45°、90°、135°、180°、225°、270°、和 315°分度线的基准圆周，且在圆周上找平 32 点，其水平度允许偏差不大于 2mm。

3）组装时，炉壳下口准确定位在钢平台的基准圆周上。

4）壳体的半径应以"检测台架"上悬挂的中心线为基准，用钢卷尺在 0°、45°、90°、135°、180°、225°、270°、315°共 8 个点上检测。

5）局部圆弧偏差用内外样板检测。如果超差，采取强制变形手段调整。

6）熄焦槽壳体焊接防变形技术措施（图 5.4.2-1）

① 加门形卡，强制反变形，同时按规定顺序分层焊接；

② 横向圆周焊缝，采用 4 人对称同步焊或 3 人等分圆周同步焊；

③ 加强筋采用断续、错位跳焊，防止焊接热量过分集中而产生局部变形等方法防止焊接变形。

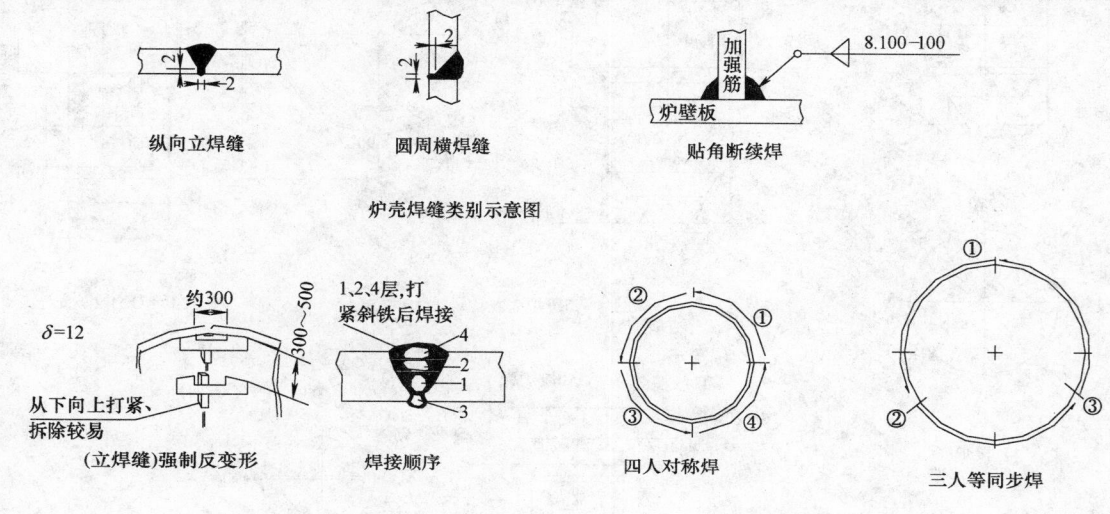

图 5.4.2-1　熄焦槽壳体减少焊接变形方法及措施

7）熄焦槽壳体组装时防止吊装变形技术措施（图 5.4.2-2）

① 单块壳体壁板，采用卡兰夹持，加平衡梁吊具吊装。

② 整圈壳体，在内支撑点上焊吊耳，加平衡梁吊具，控制吊索夹角，减少水平分力。

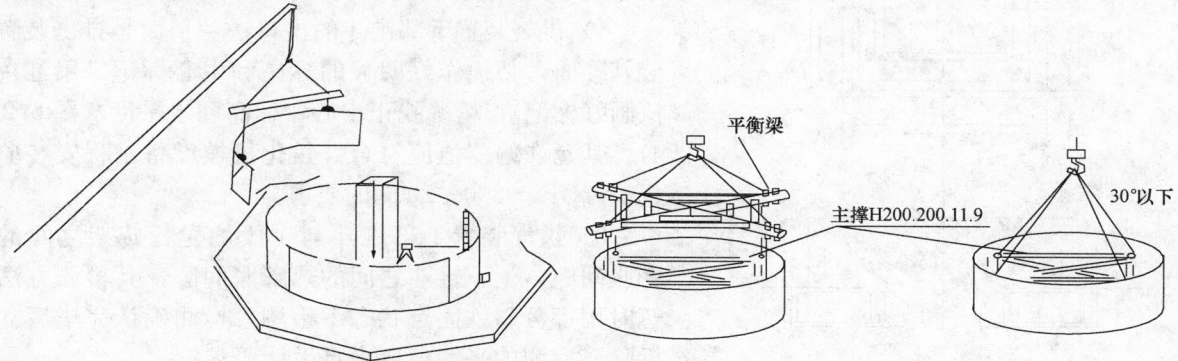

图 5.4.2-2　熄焦槽壳体组装时防止吊装变形方法及措施

2. 熄焦槽壳体安装

1）炉壳安装的基准中心，是设在供气装置风帽顶上的中心标板上的中心点，此中心是在风帽安装完毕后通过基准中心返测到此上面的基准点，此点也是筑炉、砌砖检测的基准中心。投放时必须以干熄焦本体的基准点进行精确设置，安装全过程中，必须精心保护好。

2）壳体最后一段的焊缝必须在熄焦槽壳体总高调整好后再焊接，其高度允许偏差值应符合《焦化机械设备工程安装验收规范》GB 50390—2006 的要求。

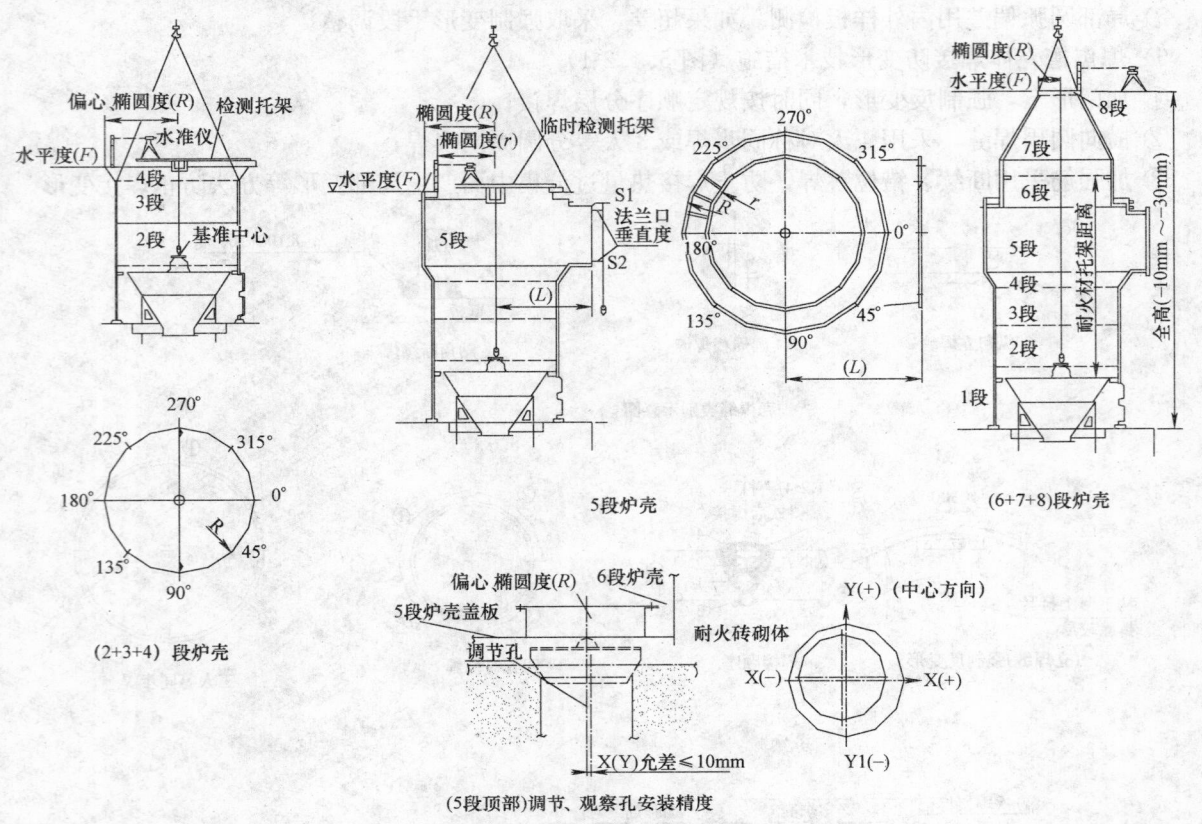

图 5.4.2-3　炉壳安装检测要领图

3）第 5 段壳体环行风道顶盖板上的风道调节孔，必须在筑炉砌完环形风道后，以耐火砖上的孔为基准与筑炉专业配合开孔、焊接定位。

4）壳体上的 γ 射线检测孔，必须在壳体外的加强筋焊接完后，才放线、开孔、焊接。

5）炉壳安装检测要领（图 5.4.2-3）。

3. 供气装置安装

1）供气装置下部锥斗的出口法兰平面是排出装置安装基准面，必须作好明显的标高和中心标记（用红色油漆画好标记），精确找正中心、标高和水平度（图 5.2.4-4）。其允许偏差值应符合《焦化机械设备工程安装验收规范》GB 50390—2006 的要求。

2）供气装置上部锥斗与 1 段炉壳托砖架之间的热膨胀间隙，上下锥斗之间的热膨胀间隙，其检测方法可暂时用部分斜铁固定状态下检测，检测确认完毕后立即拆除。实测的平均值要满足设计要求。

4. 熄焦槽壳体与熄焦槽钢结构、熄焦槽壳体与供气装置穿插安装工艺

干熄焦熄焦槽设置在熄焦槽钢结构中间，供气装置

图 5.4.2-4　下锥斗安装检测图

设置在熄焦槽中间，从工期、大型吊车利用率和总体效率考虑，采取穿插安装工艺。

1）熄焦槽基础检查放线，设座浆墩与熄焦槽钢结构同步进行。

2）熄焦槽壳体的安装始终保持比熄焦槽钢结构"快一步"。

3）熄焦槽钢结构与熄焦槽壳体相应平台的梁、支撑必须在熄焦槽壳体相应部件吊装完后才可进行。

5.5 熄焦槽钢结构安装

熄焦槽钢结构，又称干熄焦主框架，是一种承受动载荷的特殊高层工艺钢结构，其上安装了装焦系统主要工艺设备——提升机和装入装置。由于其特定的功能，为确保结构的整体稳定，其柱、梁多为 H 型钢结构，在炉顶装入装置承载梁以下的各相邻横向柱间，均设置了"剪刀"撑，柱、梁、支撑的连接方式为高强度螺栓连接，安装精度要求比普通钢结构高。

5.5.1 安装工艺流程（图 5.5.1）

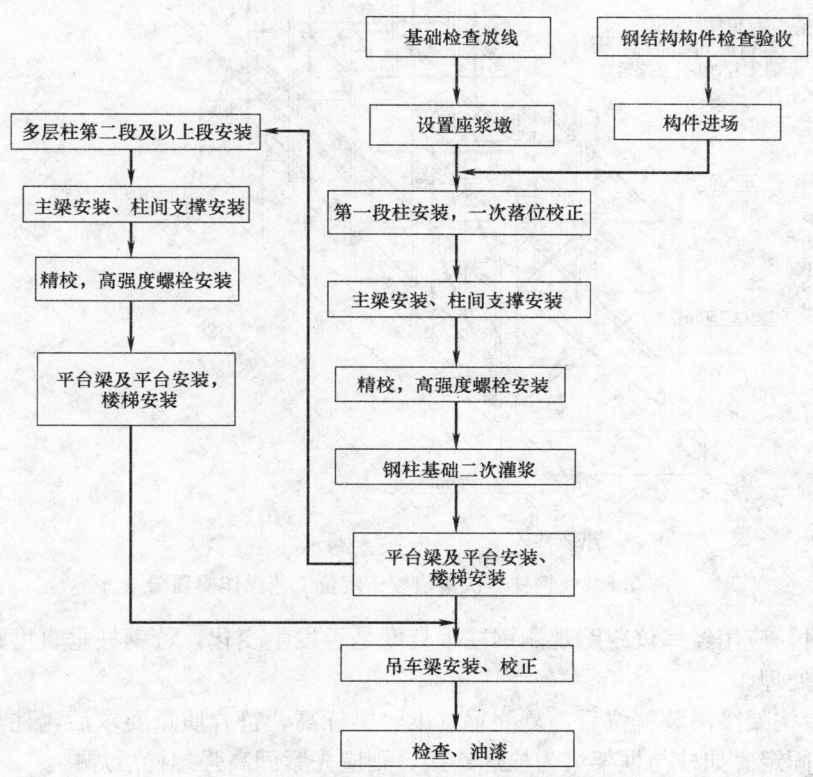

图 5.5.1 熄焦槽钢结构安装工艺流程图

5.5.2 操作要点

1. 出厂前的检查验收

主框架构件在制作厂出厂前均应进行预组装，实施组装检验，把构件本身的质量问题在制作厂内处理完毕，禁止不合格的产品流到施工中去，给安装带来困难。

2. 安装基准的设置

1）干熄焦熄焦槽钢结构安装纵横中心线必须根据基础上设置的永久基准中心板进行返测，主框架安装的纵横中心线的精度高与低将直接影响相关设备的安装精度。

2）钢柱安装标高标记的划定应以一段钢柱的标高为基准向下量取定长到柱脚板约 1m 处划定标高标记。

3. 钢柱、主梁、柱间支撑安装

1）钢柱采用"分段吊装，高空组合，分段摊消制造误差工艺技术"，防止制造误差积累。

2）钢柱安装、校正，采用"钢柱一次落位校正定位工艺技术"，即钢柱吊装就位后立即进行校正。第一段钢柱吊装就位用地脚螺栓固定，第二段及以上钢柱则先用高强度螺栓连接板（装 1/2 普通螺栓）夹紧。按照先调整标高、再调整扭转、最后调整垂直度的顺序进行校正，利用缆风绳、链条葫芦及吊装机械吊臂头部摆动施加水平分力等方法校正，形成框架后不再需整体校正（图 5.5.2）。

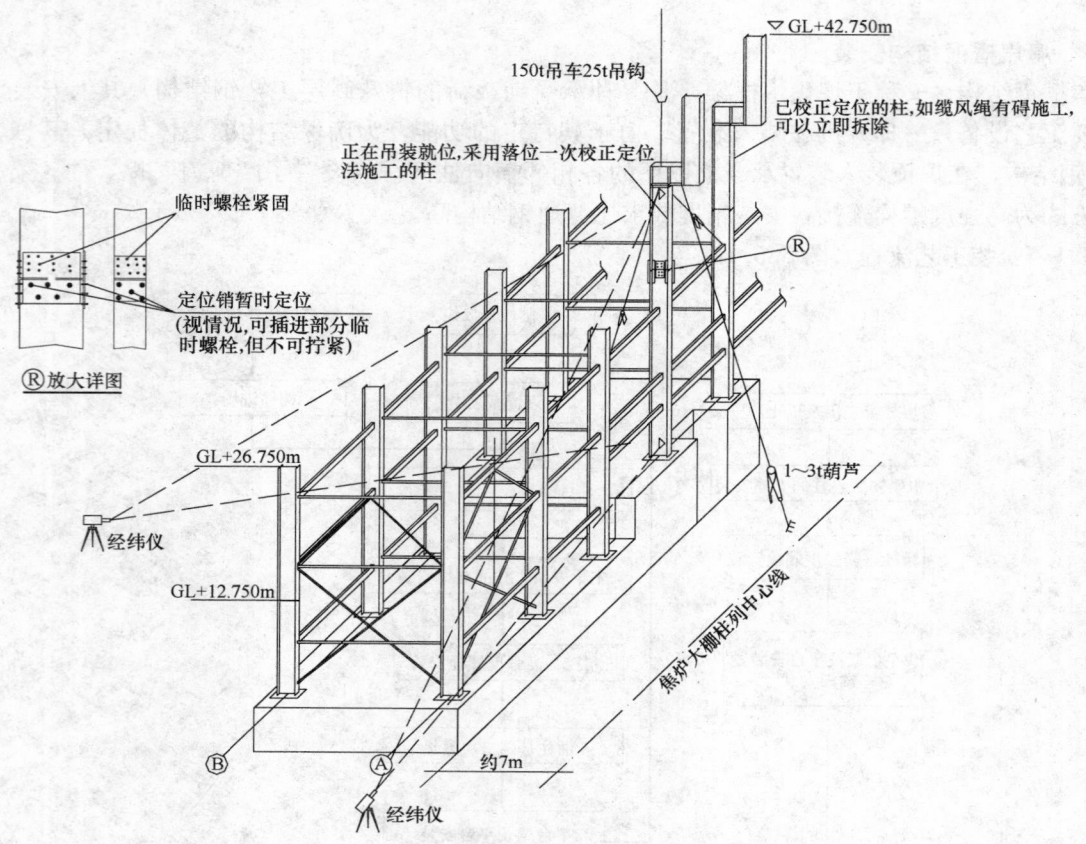

图 5.5.2　钢柱一次落位校正定位工艺操作要领图

3) 钢梁安装时，应用经纬仪跟踪观测钢柱垂直度是否发生变化，若钢柱垂直度超差，应复查钢梁尺寸且进行必要的处理。

4) 同一层平台构架梁吊装就位后，复测垂直度、梁标高，符合质量要求后，柱与柱、柱与框架梁紧固高强螺栓连接固定。如柱与框架梁为栓焊连接，则应先紧固高强螺栓后焊接。

5) 提升机轨道梁、辅助桁架、上下水平支撑、垂直支撑安装在 45m 以上高空，构件多，均为高强度螺栓连接，在高空进行组装安全隐患大、安全措施要求高，施工工期长。在吊装机械起吊能力满足组合吊装条件时，应优先选择组合分段吊装，这样可以减少高空作业、缩短施工工期。

4. 质量保证技术措施

1) 在钢架上投放中心线，进行钢柱的垂直度校正、检测，直线度、水平度检测、跨度检测等，所有在钢构架上进行的这类作业，必须充分考虑环境温度和阳光照射方向（即所谓"当阳面"和"背阴面"）造成的误差。能避开的应完全避开，实在避不开的，事前应进行反复验证，以获取准确的相关参数，检测时计入、预控，以获得高精度的安装成果。经反复实践验证，能准确测定高层钢架数据的条件：

① 天气，晴天上午 8：00 以前或阴间多云（无阳光直射）且风力 3～4 级以下；

② 钢架上不可有其他人员走动而引起框架抖动。

2) 提升机井架导轨安装，以地面中心为基准，采用张拉钢丝的方法设定"基准中心钢丝"，在完全避开温度、阳光斜照干挠的条件下一次将"基准钢丝"定位。调整、检测以"基准钢丝"为基准，直到安装调整，检查合格并经确认之后才拆除钢丝。

3）主框架高强度螺栓数量多，安装时应编制《高强度螺栓安装工艺卡》，用以复查设计图上所列螺栓规格、数量是否正确。严格按《钢结构高强度螺栓连接的设计、施工及验收规程》JGJ 82 的规定作业，并填好施工记录，以确保高强度螺栓材料的及时供应、高强度螺栓接头的安装质量和现场管理，避免浪费。

5.6 提升机安装

提升机是干熄焦装焦系统的关键工艺设备，是一种特殊结构的室外钳取式全自动大型专用起重设备，安装在四十米以上高空，外形尺寸大，总重较重。安装提升机必须做到两点：第一、恢复制造时的装配精度，达到设备技术文件及规范规定的全部允许偏差值；第二、确保全部构架连接节点的连接质量。

5.6.1 安装工艺流程（图 5.6.1）

5.6.2 吊装方案的选择

根据提升机结构形式以及布局位置和现场施工条件的不同，提升机的吊装方案有两种：第一种是"地面组装，分层整体吊装"，第二种是"单件吊装、高空组合"。第一种方案可以使安装中的所有问题在地面处理好，确保提升机的安装质量，但此法需要 250t 以上大型吊车吊装，还需要足够的组装场地和吊车站位场地。第二种方案对高空的安全要求高，必须采取安全技术措施，但此法只需 150t 吊车吊装，成本低。提升机吊装方案的选择，必须根据工程特点和施工现场实际情况，遵循安全可靠、质量保证、经济合理的原则确定吊装方案。

5.6.3 操作要点

1. 车体构架的组装调整

1）采用地面组装方法时，应设置牢固的组装平台，并对组装轨道的水平度进行精确调整。

2）车轮几何精度调整、检测前，应先在走行轨道上按走行车轮几何尺寸设置四个基准点，调整其水平度允许偏差为 1.0mm。

3）车轮的垂直度和水平面偏斜方向，调整时注意以下两点：

① 两根端梁上的垂直度倾斜方向不可一致，即不可同时向外或同时向内倾斜，且车轮上轮缘宜向外倾斜。

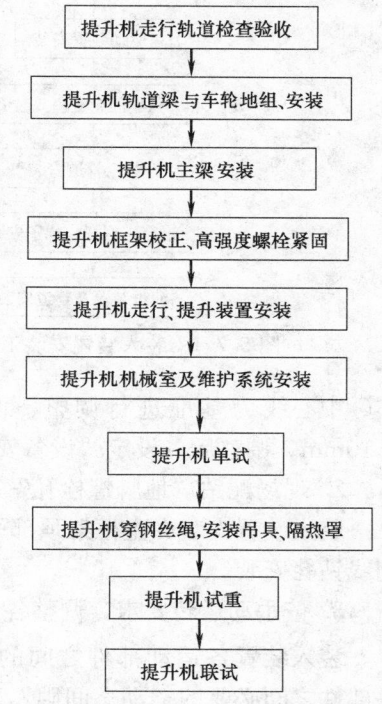

② 车轮在水平面上的偏斜方向不可一致，也必须形成内八字或外八字形。此项由于在制造厂内已安装完毕，可能无法调整，但必须仔细作好记录。

图 5.6.1 提升机安装工艺流程图

以上两项是关系到设备试运转时是否"跑边"、"啃轨"的关键技术参数，应作详细简图和数据记录。

4）提升机承载框架组装时（走行梁与端梁）首先按图纸要求安装节点上的定位螺栓和定位销，经初步校正后，然后穿上所有高强度螺栓，再进行精校。检查合格后紧固高强度螺栓，最后将定位销换成永久螺栓。

5）提升机框架各节点高强度螺栓安装、紧固必须严格按设计及规范要求进行，紧固顺序从节点中间的一列、行的中间位置开始，成对称的向列的两端延伸，直至将一列的全部螺栓拧紧预紧力矩的80%，依次将第二列、第三列……拧紧预紧力矩的80%，最后依次拧紧预紧力矩的100%。在紧固过程中必须作好标记，确保每颗螺栓预紧力矩均符合设计要求，不得漏拧，超拧。

2. 走行、提升系统调整

1）提升系统的校正应以减速机为基准向两侧，按照减速机、卷筒、电机、制动器的顺序进行，校正应严格按设计文件及规范要求，并作好检测记录。

2）提升机走行装置是一侧为主动轮，一侧为从动轮，主动轮侧由两台电机通过一台一级星型减速机、两台二级星型减速机及浮动轴和万向轴传动到车轮上面，带动四个主动轮工作。

① 走行机构应从两边车轮同时逐级校正，最后校正驱动电机。走行机构的校正严格按设计文件及规范要求进行，并作好检测记录。

② 一级和二级减速机之间的浮动轴径向和轴向中心调整比较困难，必须按照一级联轴器的主轴中心标高预先做一个临时支架，便于浮动轴的安装校正。

③ 二级减速机和车轮之间的万向轴安装校正必须严格按照万向轴的安装程序进行严格检查安装，浮动轴和万向轴的全部数据调整到允许偏差范围内。

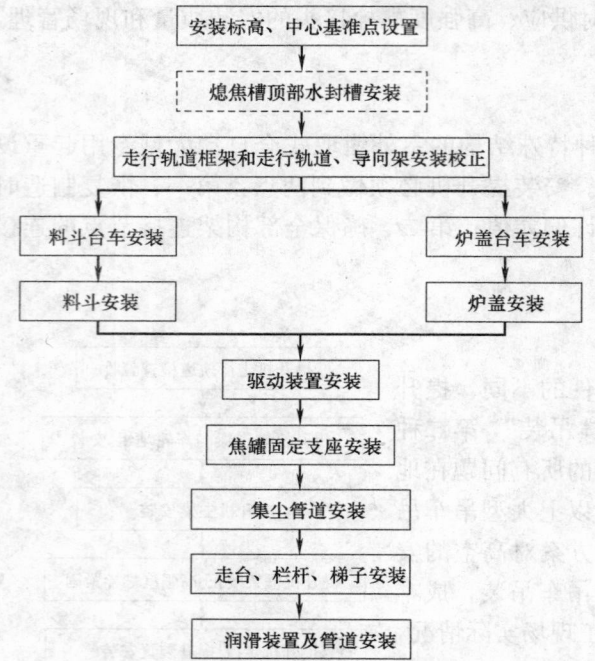

图 5.7.1 装入装置安装工艺流程图

5.7 装入装置安装

干熄焦装入装置安装在干熄焦熄焦槽顶部的平台上，主要由装入料斗、炉盖、台车、驱动装置、集尘管道等组成。

5.7.1 安装工艺流程（图 5.7.1）

5.7.2 操作要点

1. 基准中心的调整设定

装入装置在生产运行中，对上与提升机衔接，对下与熄焦槽炉口衔接，因此，装入装置的安装基准中心应以提升机的实际走行中心线和熄焦槽炉口实际中心线为基准进行调整、设定，理论上这三条中心线应重合，实际操作时，允许调整值为±10mm。调整后，设定"设备安装纵、横基准线"，作为设备安装基准。

2. 现场配钻"地脚螺栓孔"

装入装置安装在主框架顶部平台梁上，全部"地脚螺栓孔"宜等待设备就位、初步找正后，实际划线钻孔安装。

3. 按手动运转要求，调整各运动部件

装入装置各运动部件之间的动态间隙极小，为确保各部件之间必要的"动态间隙"，设备安装中必须按试运转中的"手动运转"要求，反复进行"手动盘车"调整。

5.8 排出装置安装

干熄焦排出装置位于干熄焦熄焦槽底部，主要由平板闸门、电磁振动给料器、旋转密封阀、台车、双岔溜槽、自动给脂装置、操作平台及空气、氮气管道等组成。

5.8.1 安装工艺流程（图 5.8.1）

5.8.2 操作要点

1. 安装基准点的设置

1）排出装置标高基准点应以供气装置出口法兰下表面为基准，按图纸尺寸量取定长设置标高基准点。

2）排出装置安装中心线应以供气装置出口法兰中心为基准进行设置，同时必须复核输焦皮带的中心线。

2. 补偿器的安装应在设备出厂时的状态进行，所有固定螺栓应在排出装置安装完成后，试运转前才允许

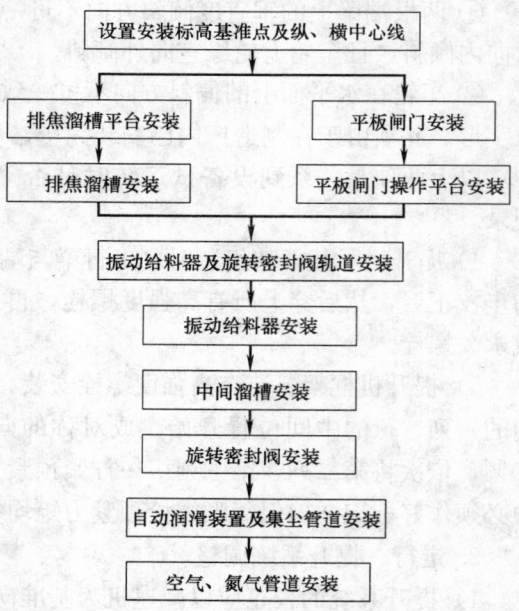

图 5.8.1 排出装置安装工艺流程图

拆除。

3. 密封是排出装置安装的关键质量控制点之一，必须确保各连接面的密封。各法兰面连接时都必须采用石棉绳填塞，并涂上密封胶，防止各连接处漏气。

5.9 干熄焦余热锅炉安装

干熄焦余热锅炉是干熄焦系统的重要组成部分。锅炉本体支吊在炉体钢结构梁上，汽水系统由自然循环与强制循环组成，整个锅炉炉墙由前、后、左、右膜式壁组成，炉内受热面由二次过热器、一次过热器、光管蒸发器、鳍片管蒸发器、以及相对独立的鳍片管省煤器等组成。

5.9.1 安装工艺流程（图5.9.1）

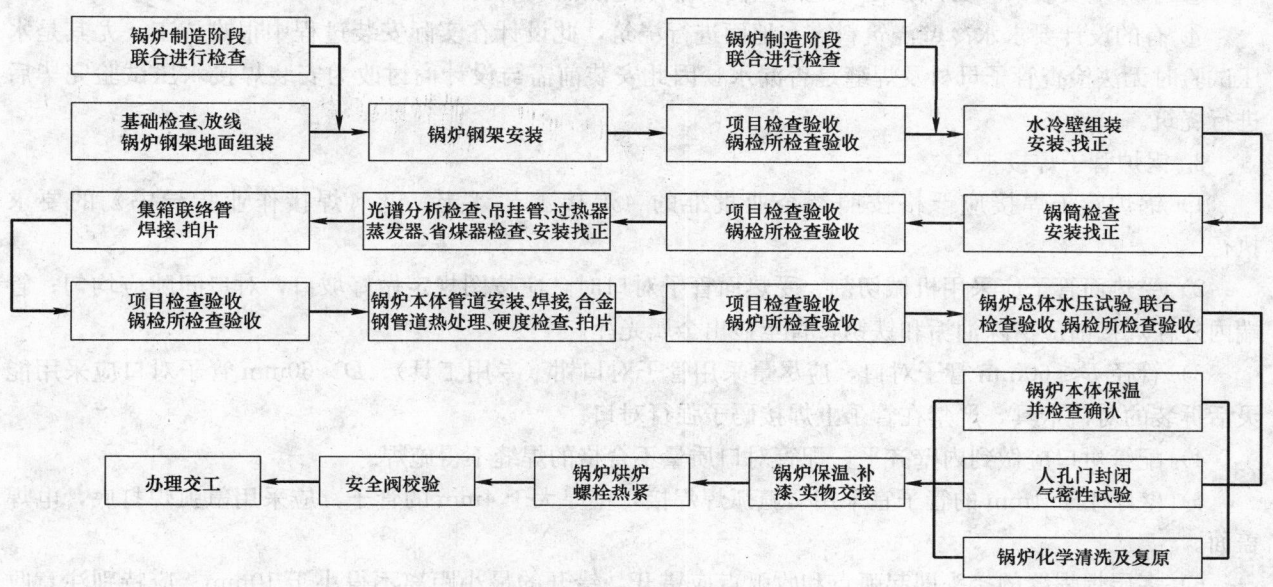

图5.9.1 干熄焦锅炉安装工艺流程图

5.9.2 操作要点

1. 锅炉钢结构安装

1）锅炉钢结构框架安装可采取地面将两根钢柱组装成整片吊装和地面将分段钢柱组装成整根吊装两种方案，两种方案的选择主要是根据现场施工场地和吊装机械来确定。

2）锅炉钢结构的安装程序及预留部位与下一步锅炉本体管道、受热面的安装及锅炉封闭体的安装有着密切的关系，因此，受热面吊装进出通道必须留出来，钢架入口烟道横梁在过热器安装前不得安装。

3）封闭体安装

锅炉封闭体相当于锅炉房，对于设计有封闭体的干熄焦锅炉，必须与锅炉钢结构和受热面穿插施工，封闭体的及时形成对锅炉受热面的焊接极为有利，相当于做了安全措施及防风保温措施，将保证施工安全、提高焊接质量、加快施工进度、降低施工成本。

2. 锅炉受热面安装

1）锅炉受热面施工前，必须严格按照现行规范验收，检查几何精度，水平和中心标记、表面裂纹、撞伤、龟裂、压扁、砂眼、分层，焊缝咬肉等缺陷，并进行处理。

2）合金钢部件的材质安装前必须进行材质复查（一般作"光谱定性分析"复查），并在明显部位作出标记，安装结束后应核对标记，标记不清者再进行一次材质复验。

3）受热面管子在组合和安装前必须分别进行通球试验，试验用球应采用钢球。试验用球必须编号严格管理，通球后应作可靠的封闭措施，并作好记录。通球试验的球径大小参见《电力建设施工及验收技术规范》（锅炉机组篇）DL/T 5047。

4）受热面管子应保持洁净，安装过程中不得掉入任何杂物。对于敞开的暂时不安装的管口应采取有效的封闭措施，安装时再拆开。

5）水冷壁安装

① 水冷壁组装应在稳固的组装平台进行，每面水冷壁的长度、宽度、对角线和平面度都必须符合《电力建设施工及验收技术规范》（锅炉机组篇）DL/T 5047 的要求。

② 水冷壁集箱水平度、集箱间中心线的间距必须符合《电力建设施工及验收技术规范》（锅炉机组篇）DL/T 5047 的要求。

③ 水冷壁安装时，必须预留一定的空间，兼顾过热器、蒸发器的安装。

④ 有的设计要求水冷壁浇筑料需在地面进行浇筑，此设计在实际安装过程中很难施工，尤其是水压试验时无法检查管子母材及焊缝是否漏水，因此安装前需与设计商讨改为安装焊接水压试验完毕后进行浇筑。

3. 锅炉管子焊接

1）锅炉管子焊接应严格按照经企业批准的《焊接工艺评定》及《焊接作业指导书》的要求执行。

2）受热面管子应采用机械切割。受热面管子对口时，应按图规定做好坡口，对口间隙应均匀；管端内外在焊接前应清除油垢和铁锈，直至显出金属光泽。

3）管径 $D \leqslant 60mm$ 管子对口，应尽量采用管子对口钳（专用工具）。$D > 60mm$ 管子对口应采用能灵活拆装的对口卡具，严禁在管子上焊接码子强行对口。

4）配管对口应做到内壁齐平，配管对口质量不合格的焊缝不得施焊。

5）壁厚小于 4mm 的管子宜采用全氩弧焊焊接，壁厚大于 4mm 的管子，应采用氩弧焊打底，电焊盖面。

6）多层焊焊缝的接头即起弧点和收弧点应错开，错开的最小距离不得小于 10mm。应特别注意收弧和接头质量（充分熔合、熔池饱满）。

7）薄壁管子（壁厚约 3mm 的管子）不得采用一次焊接成形工艺，必须二次成形，两层焊肉的接头必须错开 8～10mm，以确保焊缝内、外成形和接头质量。

8）联络管焊接工艺

干熄焦锅炉受热面关键部件——水冷壁，一、二级过热器，上、下部蒸发器，上、下部省煤器和吊挂管管箱之间连接管，由于其布局空间及所处部位特殊，必须采取一系列措施。

① 联络管焊工上岗前的培训、考核

挑选出焊接联络管的锅炉焊工，上岗前必须经过"联络管专项培训、考核"。按现场施焊的实际情况制作专用障碍台架，在该台架上培训、考试联络管焊工。考试合格标准：每个焊工每次考试焊 10 道口，连续考 5 次，焊缝进行 X 射线检验（承压设备无损检测 JB 4730—2005，Ⅰ级合格），一次合格率90％以上为合格。如开始就达到一次合格率 100％或前三次中有两次达 100％的优秀的焊工，则考试次数可减为 2～3 次，考试 5 次后，达不到标准者则淘汰。

联络管焊工的专用模拟培训，考试台架如图 5.9.2-1 所示。

② 干熄焦锅炉蒸发器联络管的布置如图 5.9.2-2 所示。联络管的配管顺序，焊接（倒手）要领如图 5.9.2-3 所示。

③ 干熄焦锅炉联络管焊接，必须采取极其严密的防风、防雨措施。否则焊缝上会出现大量气孔，造成大量返修。此项已在施工中反复验证，切勿疏忽。

4. 其他事项

1）干熄焦余热锅炉试运行前必须进行化学清洗，清洗方式有碱煮和酸洗两种，具体方式应根据锅炉压力及内部腐蚀、脏污程度来决定。锅炉化学清洗后，还必须进行一次总体水压试验。

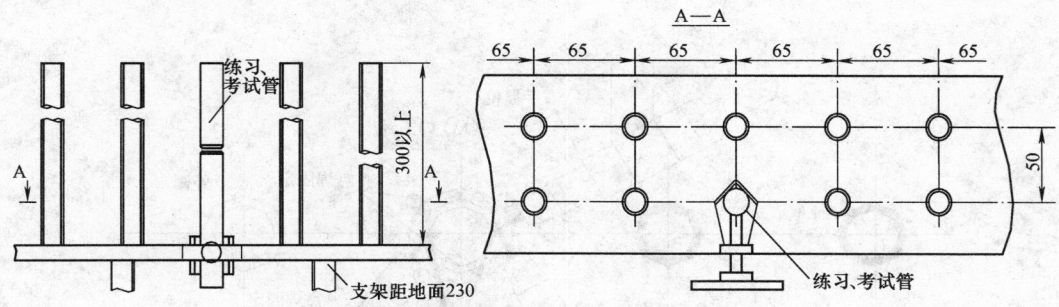

图 5.9.2-1　联络管焊工培训、考试专用架

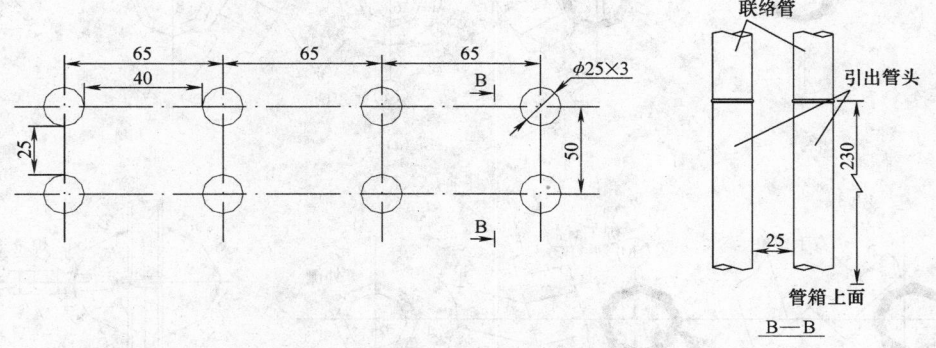

图 5.9.2-2　蒸发器联络管平面位置（局部）

2）锅炉按现行《电力建设施工及验收技术规范（锅炉机组篇）》DL/T 5047 应进行的"漏风试验"不能单独做，应合并到"干熄焦全系统气密性试验"中一起做。

3）干熄焦锅炉蒸汽吹管的方法因干熄焦本身的功能特性制约，不能按现行《电力建设施工及验收技术规范（锅炉机组篇）》DL/T 5047 "每次吹 15～20min，之后停炉 8h 以上，再起动吹管"那样去做。因为干熄焦禁忌频繁地"停炉、起动"，只能采取连续吹的方法吹管，检验标准可按现行《电力建设施工及验收技术规范（锅炉机组篇）》DL/T 5047 检验。

5.10　干熄焦全系统动态气密性试验

1. 试验目的

干熄焦全系统系指由熄焦炉、锅炉、一次除尘器、二次除尘器、给水预热器及循环气体管道组成的气体循环系统。该系统是红焦装入、冷焦排出及惰性气体循环、充填的区间。在生产运行状态下，该区间内除常开放散口、空气导入阀及装入、排出口之外，应是一个密闭空间。如果气体循环系统出现泄漏具有很大的危险性。干熄焦全系统气密性试验的目的是检查所有焊缝和法兰连接面是否泄漏，如检查发现泄漏，应采取措施彻底处理好之后才能投入生产运行。

2. 试验原理

干熄焦全系统动态气密性试验是对传统的"静态保压法"气密性试验的工艺创新，由于受干熄焦全系统的结构特点的限制，采用传统的"静态保压法"进行全系统的气密性试验，需耗用大量的人力、物力、财力，实施时间长，效果不是很明显。

干熄焦全系统动态气密性试验是根据干熄焦全系统的结构特点、设备功能，将系统采取一般封堵，允许有一定的漏风量，利用系统内设备—循环风机不断向系统内送风，使送风量与漏风量之差维持一定的压力，在这种状态下，向焊缝、法兰接合面上喷发泡剂进行检验，如不鼓汽泡，即可判定为合格。

3. 操作要点

如图 5.10-1 和图 5.10-2 所示，用软填料封堵熄焦炉炉口水封槽、炉顶预存室放散装置水封

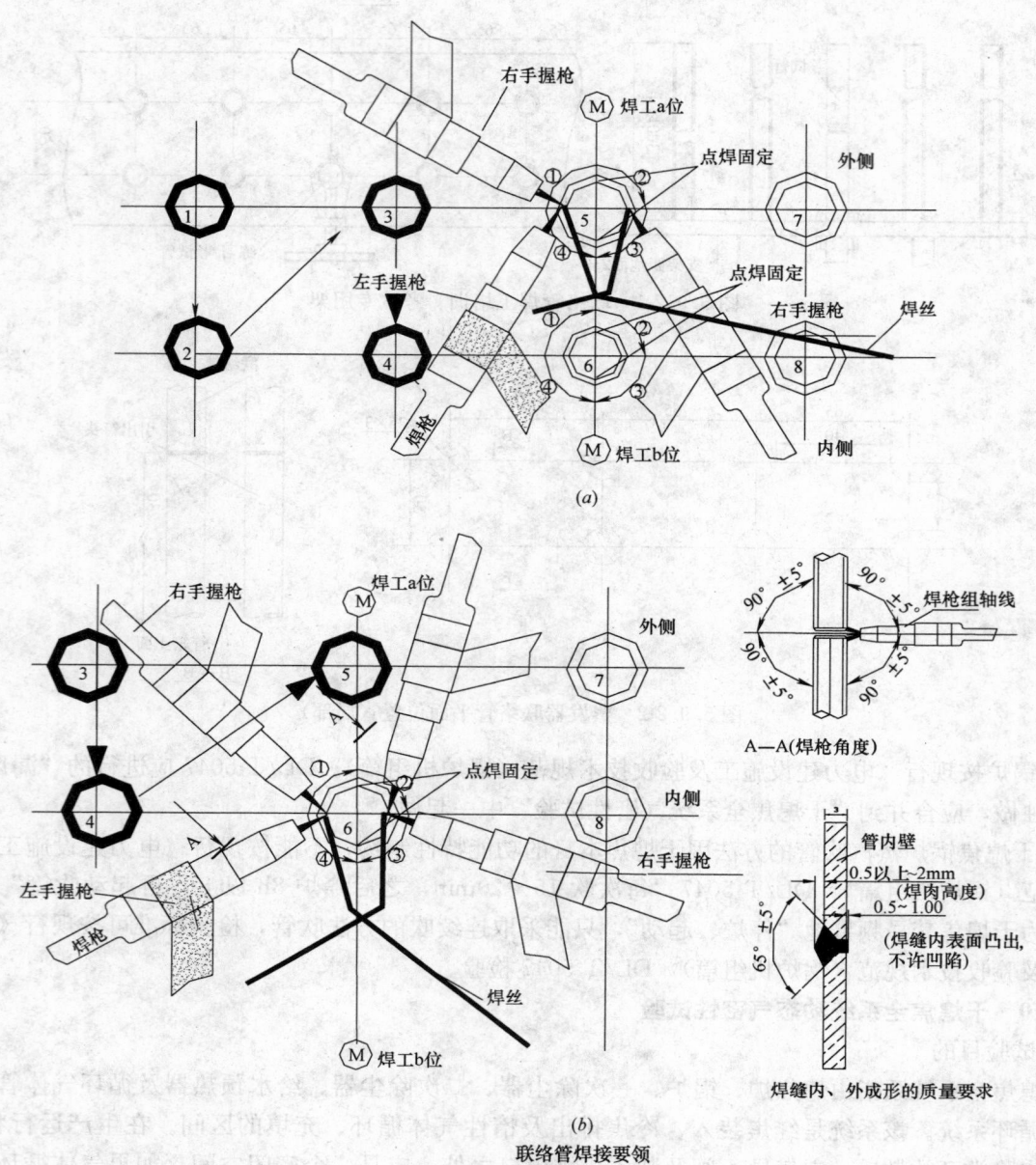

图 5.9.2-3 锅炉联络管焊接示意图

（a）炉外侧排管焊接；（b）炉内侧排管焊接

槽和一次除尘器放散装置水封槽，关闭全部放散阀和排出装置排焦阀门，关闭循环风机入口风阀，打开风机两侧人孔门，起动循环风机运转。风机从人孔门吸进自然风连续向系统内压送，维持系统风压在3500～4000Pa范围，在试验压力下，向焊缝、法兰接合面上喷发泡剂，以不鼓汽泡为合格。

5.11 设备试运转

试运转是设备安装工作的最后一道工序，是对设备设计、制造及施工质量的综合检验，是设备投产后，长期、安全、稳定运行的保证。干熄焦装置由于系统的自动化程度高，冷态下安装，热态下运行等特点，对整个系统运行的稳定性、可靠性要求相当高，进而对设备试运转质量要求也高。

5.11.1 干熄焦设备试运转总体程序，图 5.11.1。

5.11.2 各系统关联设备的试运转项目和程序，图 5.11.2。

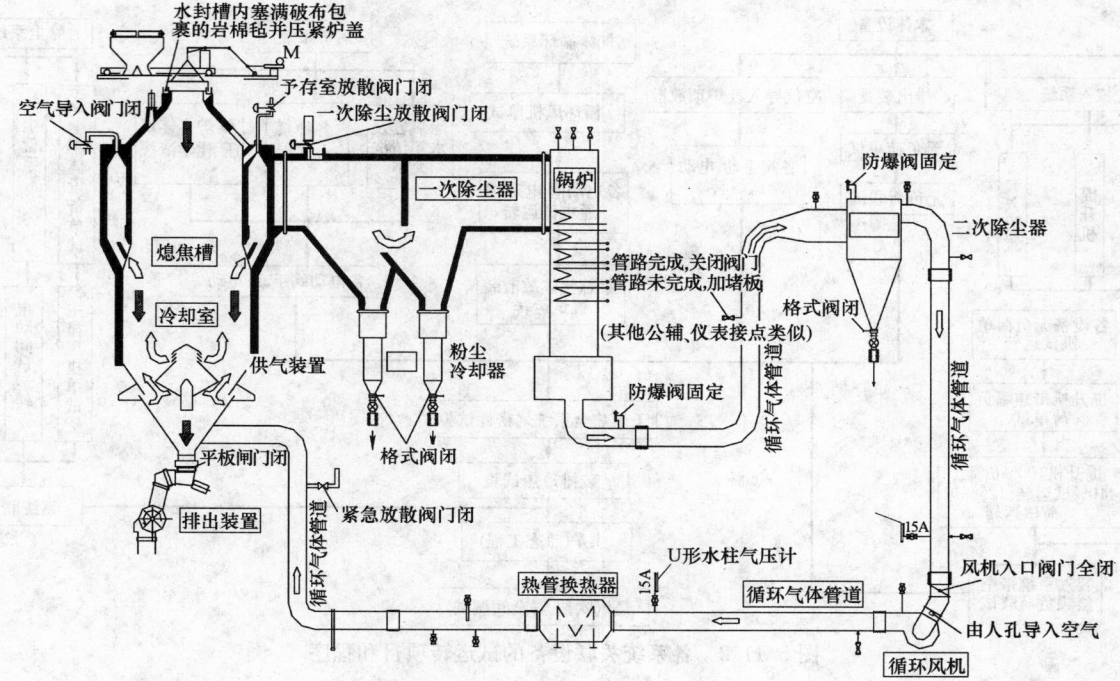

图 5.10-1　干熄焦全系统气密性试验技术措施及流程示意图

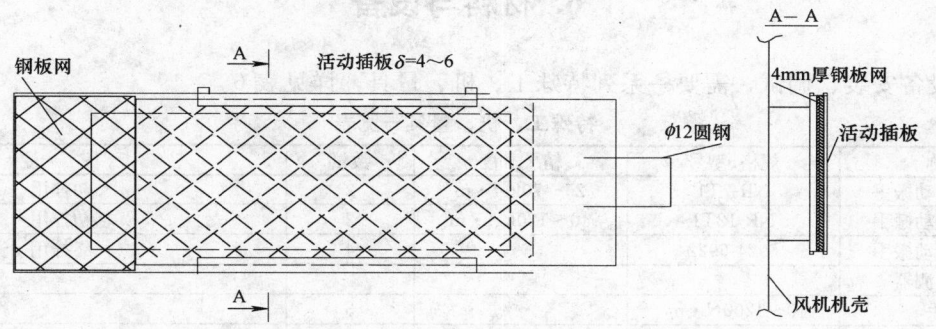

图 5.10-2　风机人孔临时调节插板阀及安全防护设施图

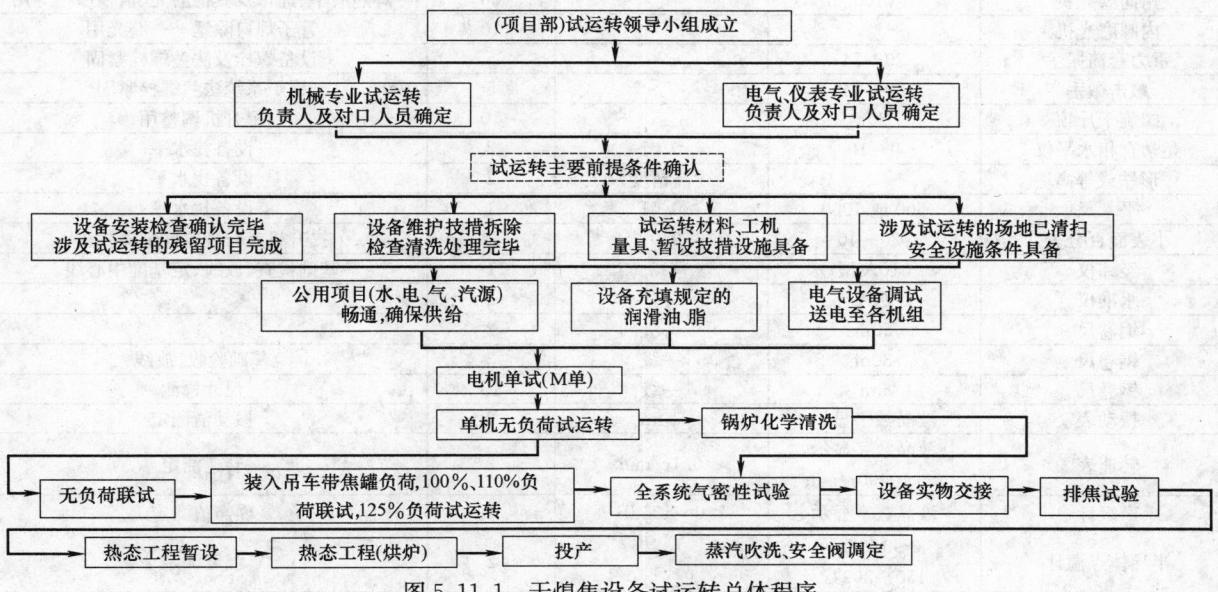

图 5.11.1　干熄焦设备试运转总体程序

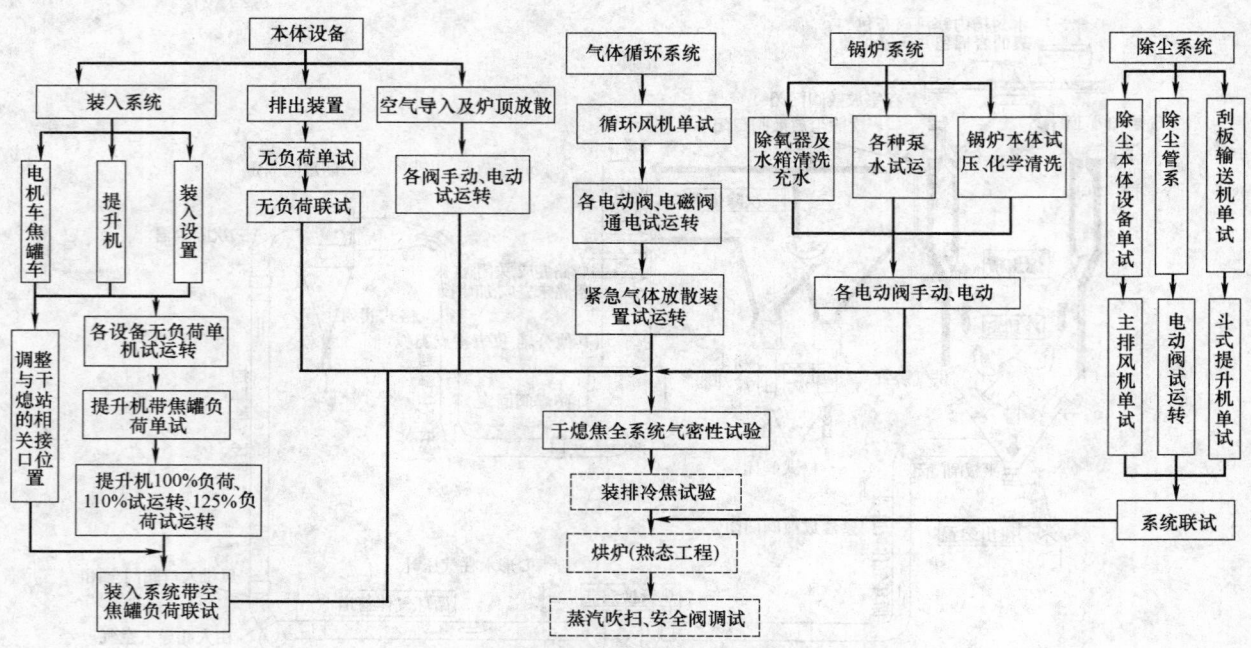

图 5.11.2　各系统关联设备的试运转项目和程序

6. 材料与设备

干熄焦设备安装、调试，需要一系列特殊工、机、量具，详见表 6。

特殊工、机、量具一览表　　　　　　表 6

名　　称	规格、型号	精　　度	数量	备　　注
高强度螺栓电动搬手	NR-7T1	25～70kgf·m	2	初拧用
高强度螺栓电动搬手	NR-12T1	40～120kgf·m	2	初拧用
高强度螺栓电动搬手	6924-6922		4	终拧用
螺栓轴力检测器				
扭矩搬手	0～1200N·m		3	
手工钨极氩弧焊机	Yc-300TDS		2	空气冷却式、焊大、中小管
手工钨极氩弧焊机	Yc-300TDS		1	水冷却式、焊大、中小管
角向磨光机	φ100		60	焊疤磨平、焊口及其他磨光、清根……等用
内圆磨光机			10	管子焊口除锈——磨光用
重力套筒搬手	20～74		5	设备螺栓及法兰螺栓紧固
敲击搬手	20～74		5	锅炉系统法兰螺栓紧固
螺旋千斤顶	30t		10	提升机调整用
光学合相水平仪	0～10	0.01	2	设备找水平
V-形铁或等高块		高精度	2	设备找水平
平　尺	500 或 1000	0.01	1	设备找水平
小表面百分表	φ30～40	0.01	2	提升机走行装置联轴器找正
经纬仪	010A 型	1″	1	基础检查、放线、定基准中心线
水准仪	NA		2	
钢卷尺	50m	一级	2	
钢卷尺	30m	一级	3	基础验收、放线
钢卷尺	5m	一级	10	尺寸检测
振动表	液晶数字显示	1μm	2	振动值测定
转速表	液晶数字显示 0～10000r/min	0.1r/min	2	转速测定
声级计	液晶数字显示	0～135dB	1	噪声值测定
半导体点温计	0～150℃、150～300℃			温度测定
跑表	田径用	0.1s	2	直线运动速度、时间测定

7. 质 量 控 制

7.1 质量验收标准

干熄焦机械设备安装质量验收标准及检验方法严格按照国家标准《焦化机械设备工程安装验收规范》GB 50390—2006 的规定执行。

7.2 质量控制措施

7.2.1 技术措施

通过采用"一条基准中心线控制技术"、"钢柱一次落位校正定位技术"、"熄焦槽钢结构分段吊装，高空组合，分段摊消制造误差技术"、"熄焦槽壳体焊接防变形技术"、"熄焦槽壳体组装时防止吊装变形技术"、"锅炉联络管焊接工艺技术"等关键技术来控制质量。

7.2.2 管理措施

1. 严格控制工序质量，以工序质量确保全工程质量。开展"三工序"活动，即检查上道工序（包括设备实体质量、构件制造质量和材料质量），确保本工序，为下道工序服务——把质量自检、互检活动落到实处。

2. 质量管理以预测预控为主，实行"四结合"和项目专检评定把关。

干熄焦设备安装由于设备功能的特殊性，质量管理必须向前延伸——设备材料的质量监检，向后拓展——投产后的实际效果。质量管理工作的内容就扩大了很多，单靠一家单位做不了。这个问题必须采取设计、制造、施工、生产"四结合"的管理模式，进行专检评定把关，高质量、高速度地建成干熄焦工程。

8. 安 全 措 施

在严格执行国家、地方（行业）及企业有关安全法规和管理规定的基础上，针对干熄焦机械设备安装高空作业多、大件设备吊装作业多的特点，应重点采取以下安全技术措施：

8.1 熄焦槽、主框架、提升机等高空作业，严格执行高空作业安全技术规程，必须搭设牢固的操作平台或安全吊篮，按规定敷设安全网，严防高空坠落。

8.2 指挥吊车者必须是持有"操作证"的起重工。五级以上大风禁止高空吊装作业、八级以上大风必须将吊车主臂放下，严防吊车倾翻事故。

8.3 定期检查吊具、索具如破损必须立即修复或更换，安全系数必须大于 5（$f>5$），严禁违章使用。

8.4 吊车作业点必须推平、压实，铺 300mm 碎石或碎钢渣，大型吊车必须设置路基箱以扩大接地面积，保证吊车在平坦坚硬的地面作业，防止吊车因地面塌陷倒而倾翻。

9. 环 保 措 施

9.1 严格遵守国家有关建设项目环境保护管理的法律、法规及建设单位环保规定有关条款。

9.2 制定环境职业健康安全管理目标和一体化管理方针，发布《重要环境因素清单》，学习 ISO 14001：1996《环境管理体系 规范及使用指南》GB/T 24001—1996。

9.3 做好环境管理教育工作，教育面达到 100% 并签名，组织并实施环境管理交底工作，并做好记录。

9.4 干熄焦余热锅炉化学清洗的废液应由生产厂派专车外运处理，不得随意排放。

9.5 选用先进的环保机械，在厂内施工、厂界噪声达到国家《工业企业厂界噪声标准》中心的Ⅲ

类标准（白天65dB，夜间55dB）。

9.6 在施工现场作业，清理垃圾要排放到指定地点。

9.7 在作业施工中，不准随意践踏草坪、绿地、破损道板，如确实需要动用必须办理手续。

10. 效 益 分 析

10.1 经济效益

运用本工法指导施工，施工组织合理，施工工序和施工方案优化，提高了工作效率，经济效益显著：

10.1.1 工期大大缩短，施工工期由最初的22个月缩短到8个月，节约相应的人工费和机械设备台班费，产生了直接经济效益。

10.1.2 劳动力投入减少，劳动力投入由最初的120人减少到75人，劳动生产力提高1.6倍，产生了直接经济效益。

10.1.3 大型吊装机械费由数百万元减少到几十万元，产生了直接经济效益。

10.1.4 施工质量的提高，节约了因返工造成的人工、材料和机械费用损失，产生了间接经济效益。

10.1.5 由于干熄焦节能环保且能改善焦炭质量的优点，工程每提前投产一天，创利税数量巨大：达标后每套干熄焦设备的对应利税达190万元/天～200万元/天。为业主创造了巨大的直接和间接的经济效益。

综合计算：节约工程成本约百余万元，取得了巨大的经济效益。

以莱钢1号干熄焦工程为例，工程提前一个月投产，劳动力平均少投入10人，用150t吊车代替300t吊车吊装提升机，产生的直接经济效益为：节约人工费75人×30天×100元/（人·天）＋10人×12个月×3000元/（人·月）＝58.5万元，节约机械台班费40万元，合计：98.5万元。

10.2 社会效益

本工法的推广应用，使工程质量优良，工期短，成本低，保证了工程安全，达产快，投产后运行良好，受到业主和监理的好评，树立了良好的企业形象，形成了企业的自主知识产权，建立了干熄焦专业品牌，取得良好的社会效益。

10.3 环保效益

由于干熄焦的节能环保特性，本工法的推广应用，产生了巨大的环保效益。

11. 工 程 实 例

本工法在原《干熄焦设备安装工法》YJGF41—96的基础上不断改进和完善，从2003年起，已在本钢、莱钢、鞍钢等20多个干熄焦工程中成功应用，质量满足现行国家规范标准要求，工期满足甲方要求，降低了工程成本，保证了工程安全、达产快、投产后运行良好、工艺成熟，效果极佳。

11.1 本钢4、5号干熄焦工程

工程名称：本钢4、5号干熄焦工程

工程地点：辽宁本钢焦化厂

工程规模：熄焦能力为150t/h

开竣工日期：2004年9月10日至2005年7月23日

实物工作量：设备安装及工艺钢结构安装2500t

应用效果：在本钢4、5号干熄焦工程机械设备安装过程中，中冶成工建设有限公司成功应用自行总结的《干熄焦机械设备安装工法》，精细组织，合理安排，工艺技术先进，方案因地制宜，施工工序优化，施工工艺流程标准化，工程质量优良，缩短了工期，节约工程成本约百余万元，保证了工程安全、达产快、投产后运行良好，获得业主和监理的好评，创造了巨大的经济效益和社会效益。

11.2 山东莱芜钢铁集团公司 1 号干熄焦工程

工程名称：山东莱芜钢铁集团公司 1 号干熄焦工程

工程地点：山东莱钢焦化厂

工程规模：熄焦能力为 140t/h

开竣工日期：2005 年 2 月 20 日至 2005 年 12 月 27 日

实物工作量：设备安装及工艺钢结构安装 3000t

应用效果：在莱钢 1 号干熄焦工程机械设备安装过程中，中冶成工建设有限公司成功应用自行总结的《干熄焦机械设备安装工法》，施工组织合理，采用了"一条基准中心线控制技术"、"钢柱一次落位校正定位技术"等关键技术，工艺技术先进，方案因地制宜，施工工序优化，施工工艺流程标准化，工程提前一个月投产，节约成本 98.5 万元，工程质量优良，被建设单位评为质量观摩工程，同时创国内同类干熄焦项目（140t/h）工期最短，达产最快的记录，获中国企业联合会、中国企业家协会第十二批企业新纪录。

11.3 鞍钢化工三期工程 5、6 号焦炉干熄焦工程

工程名称：鞍钢化工三期工程 5、6 号焦炉干熄焦工程

工程地点：辽宁鞍钢化工厂

工程规模：熄焦能力为 140t/h

开竣工日期：2006 年 10 月 3 日至 2007 年 10 月 6 日

实物工作量：设备安装及工艺钢结构安装 2500t

应用效果：在鞍钢化工三期工程 5、6 号焦炉干熄焦工程机械设备安装过程中，中冶成工建设有限公司成功应用自行总结的《干熄焦机械设备安装工法》，精心组织，精心施工，工程质量符合国家标准和规范的要求，工期满足合同要求，试车一次成功，投产后运行良好，充分证明该工法工艺成熟，合理可靠，达到了国内领先水平。

大型轧机设备安装施工工法

YJGF32—94（2007～2008 年度升级版-036）

中国二十冶建设有限公司　河北省安装工程公司

曹国良　刘光明　李玉玲　史涛　沈汉　郭建昭

1. 前　　言

现代化大型轧机是轧钢厂轧制工艺线上的核心设备，它决定产品的产量和质量。随着科学技术的进步和国家建设的发展需求，对产品的产量、规格、材质、质量要求越来越高。2000 年后，大量的轧钢厂迅速建成。大型轧机设备的安装经过十几年的不断实践，形成了比较成熟的轧机安装新工艺，实际应用中取得了较理想的效果。

《大型轧机设备安装施工新技术》荣获中冶科工集团科学技术成果奖；《轧机牌坊垂直和平行度测量装置》获得国家实用新型专利。

本工法是依据上钢一厂 1780 热轧、宝钢 1800 冷轧、1880 热轧带钢工程等并综合以往经验基础上编制而成。

2. 工 法 特 点

2.1　可调式灌浆垫板的质量控制技术

大型重载的轧机底座，其可调式灌浆垫板群安装质量要求高，包括垫板面积的计算，灌浆试块配合比的试验，灌浆试块抗压强度检验以及灌浆垫板群标高和水平的控制。

2.2　有效控制积累误差

对于多机架连轧机安装，无论是轧机底座，还是轧机机架安装，一般从中间一台轧机开始安装，其中心线、标高和水平皆以此为基准，顺序安装相邻轧机，有效地控制了安装的积累误差。

2.3　预控技术

2.3.1　基础预压：设备未安装之前，用钢坯或自身设备进行预压，其目的是加速基础沉降。如轧机基础采用大型 BOX 基础施工工艺，安装前不需预压，简化了轧机安装的工序，缩短了安装周期。

2.3.2　在轧机基础四周埋设沉降观测点，定期观测设备基础的沉降变化情况，作好观测记录并绘制沉降曲线图。根据观测记录、沉降曲线图及微观检查变化情况，确定是否进行二次调整。

2.4　双机抬吊技术

对于超重的机架，采用双机抬吊配合专用吊具吊装技术，安全可靠，既规范了吊装作业，又提高了吊装效率。

2.5　高精度的检测和测量技术

采用了声（光）法测量技术和激光对中检测技术，保证了安装精度，使轧机的水平度、垂直度、同心度和平行度安装偏差控制在 0.04mm/m 之内。应用了"液压螺母拉伸器"工具，使用安全、方便、可靠，保证了地脚螺栓的紧固力和紧固力矩。

3. 适 用 范 围

本工法主要适用于钢坯轧机、板带轧机、带材连轧机、中厚板轧机、平整机、多辊轧机、型钢连轧机、穿孔机机械设备的安装。

4. 工 艺 原 理

4.1 可调式灌浆垫板首次实现了垫板安装的可调性，使垫板的安装精度较容易实现；流动灌浆取代了座浆，简化了施工程序，大大减少了安装工作量，有着极强的应用及普及前景。

1. 垫板的安装实现了可调性；

2. 垫板的多孔排气性能保证了垫板与混凝土的接触面积；

3. 首次采用了螺旋调节方式，提高了垫板的安装精度；

4. 螺杆的固定采用了无辅料的锚固方式；

5. 可采用不同的灌浆材料；

6. 垫板施工过程中环境适应性强，易操作，成型快；应用领域广，便于普及和推广。

4.2 宝钢集团一钢公司 1780mm 热轧工程主轧线大型 BOX 基础是坐落于群桩之上的大面积深基础，长 428.4m，横宽 81~110m，深度 -9.6~-14m，底板厚度 1.5m，混凝土总量 13.2 万 m^3，面积 3 万 m^2 的超长超宽大型箱型基础，采用不留伸缩缝，不设后浇带，无特殊材料，只采用普通混凝土"分块跳仓浇筑结合综合技术措施"施工工艺。箱型整体基础体积大、承载面积大，轧机本体重量相对基础来讲非常小，对基础沉降的影响微乎其微，基本不会产生偏沉现象。轧机及其辅助设备均在同一块基础上，整体沉降不会影响设备之间的配合精度，因此设备安装可不考虑基础的沉降，简化了安装程序。

4.3 对于连轧机安装，以中间一台轧机安装后的标高、中心线及水平度为基准，分别安装前后相邻的轧机，以此类推，在水平度安装中避免水平偏差在同一方向。上述安装工艺可以减少安装中的积累误差，保证安装的质量。

4.4 双机抬吊技术，解决了单台行车起重能力及起吊净空不够的问题，提高了机架吊装的安全性，稳定性。

1. 预留起吊坑，减小了厂房的高度；

2. 两台行车抬吊，可配备较小的行车；

3. 吊装夹具的应用，使吊装变得简单易行。

4.5 单机架的调整技术，使轧机安装灵活机动，轧机间互相不影响。采用了声（光）法测量技术和激光对中检测技术，保证了轧机安装精度。

5. 施工工艺流程及操作要点

5.1 施工工艺流程图 （图 5.1）

5.2 操作要点

5.2.1 基础检查验收

1. 设备基础强度必须符合设计技术文件要求。

2. 测量基础坐标位置、标高及测量地脚螺栓（孔）的坐标位置和标高均应符合设计要求。

3. 检查设备基础表面和地脚螺栓预留孔中的模板、碎石、泥土、积水等是否清除干净；检查直埋地脚螺栓的螺纹和螺母是否保护完好。

4. 检查地脚螺栓预留孔的底标高和垂直度是否符合设计技术文件要求；检查 T 型地脚螺栓预留孔中预埋件的标高和方口尺寸是否符合设计技术文件要求；检查方口的方向是否一致。

5. 地脚螺栓的型号、规格、数量必须符合设计技术文件要求。

6. 检查 T 型地脚螺栓方头尺寸及标记是否符合设计技术文件要求。

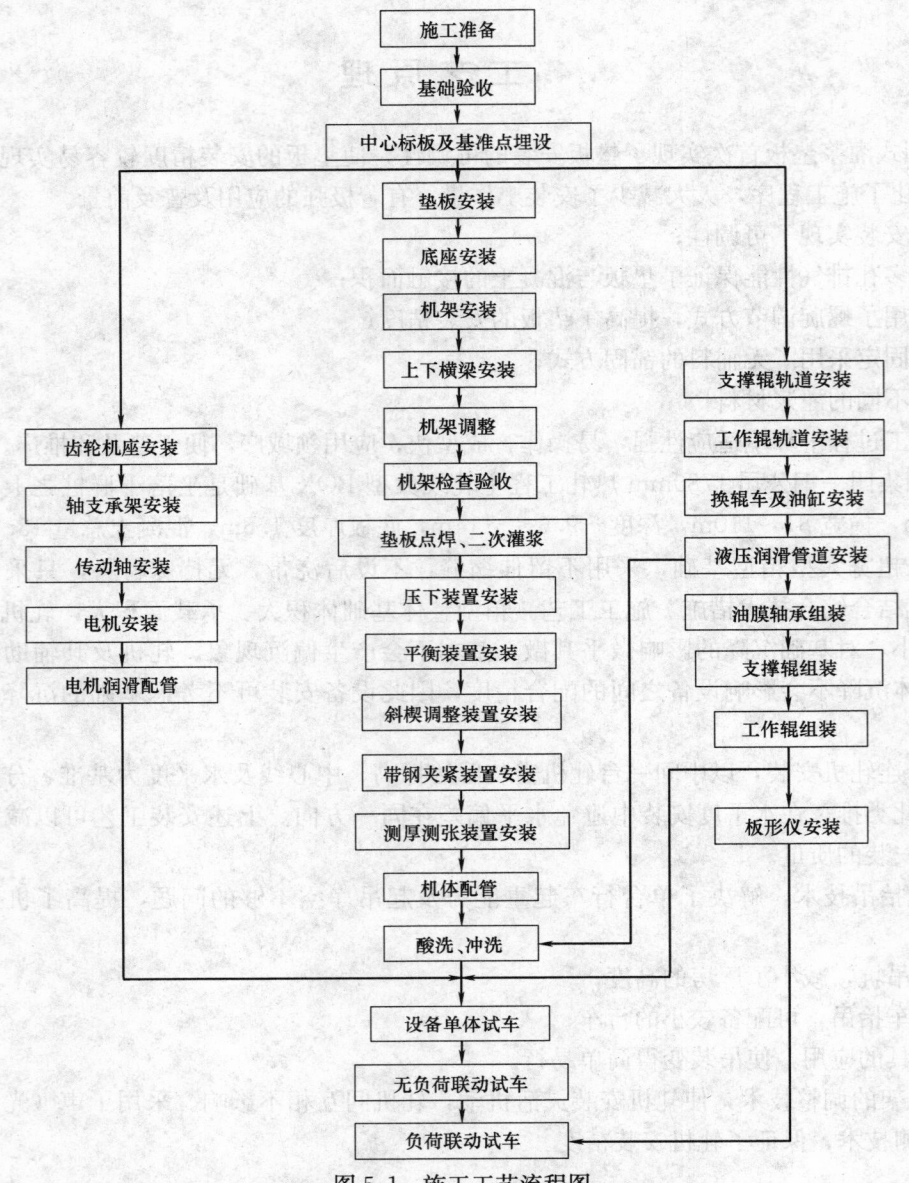

图 5.1　施工工艺流程图

5.2.2　中心标板、基准点的设置

设备基础交接后，根据土建交工线，按中心标板及基准点布置图进行埋设工作，埋设永久中心标板及基准点是轧机安装过程中的重要环节之一，遵循安装检测使用方便、有利于保持而不被毁坏、刻划清晰容易辨认的原则认真实施。测量放线、投点工作分测量实施和校核两组人员完成，以确定中心线位置，基准点的准确性。

5.2.3　灌浆垫板施工

1. 垫板的承压面积和接触面积应符合规范要求。垫板规格根据经验及公式计算得出，垫板需经精加工或研磨，以确保其接触面积。

2. 根据垫板的大小钻设合适的排气孔。保证灌浆时垫板底部空气的排出，提高垫板与浇筑料的接触面积。

3. 焊接垫板固定调节板，根据垫板大小可采用三爪或四爪固定的方式。

4. 按垫板布置位置钻设调节螺栓固定孔。按准备的固定螺栓大小钻孔，钻孔要在设备基础凿麻前进行，由于基础表面没有受破坏，钻孔定位和钻制较为容易。

5. 基础凿麻面，将混凝土基础的浮浆面全部凿掉，露出混凝土新茬为宜。

6. 安装灌浆垫板，将垫板与调节螺栓连接，用水准仪测量灌浆垫板上表面标高，调至设计规定的范围，再用精密水平仪测量垫板的水平度，水平度的调整主要靠调节螺栓的上下两个螺母进行，经复查标高、水平度无误，方可进行垫板的灌浆。安装灌浆垫板见图5.2.3。

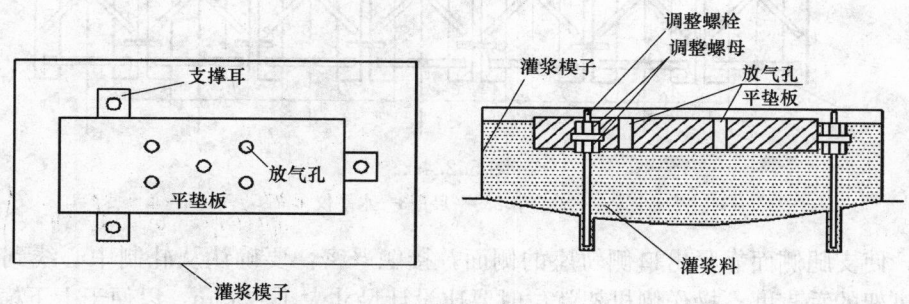

图 5.2.3

5.2.4 轧机底座安装

底座分入口侧和出口侧，底座安装应以出口侧为基准（包括标高、中心线、水平度）。通过基准点和长平尺、水平仪、内径千分尺或精密水准仪确定底座上平面的标高。

检测底座中心位置及相对轧机中心线平行度和两底座间平行度时，应以底座与机架接触的垂直面为基准。

安装入口侧底座时，按两底座间设计尺寸放大1～1.5mm，以便于机架安装之用（机架就位后再将入口侧底座向出口侧靠紧）。两底座纵横中心位置、标高、水平度等调整好后，逐个进行地脚螺栓的紧固。底座安装好后如果不马上安装机架，应在底座上面涂上一层防锈油，并贴上中性纸加以防护以免生锈。

1. 单机架轧机底座测量方法见图5.2.4-1。

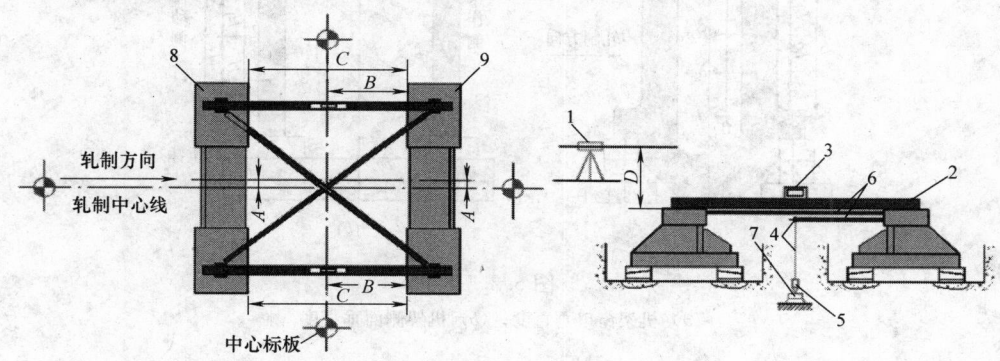

图 5.2.4-1

1—精密水准仪；2—平尺；3—水平仪；4—钢琴线；5—线锤；6—内径千分尺；7—中心标板；8—入侧底座；

9—出侧底座；A—轧制线方向的偏移测定；B—横向中心线的偏移和出口侧底座相对轧

机中心线平行度的测定；C—两底座间平行度的测定；D—标高测定

2. 连轧机底座测量方法见图5.2.4-2。

5.2.5 机架安装

在轧机安装工程中，机架（即轧机牌坊）的吊装、就位是重点和难点，在施工中往往要针对其编制专项吊装方案。以上钢一厂1780热轧工程为例，粗轧机牌坊的单重为160t，精轧机牌坊的单重为128t，超出车间行车的额定起吊能力范围，该工程结合现场的实际情况，采用双机抬吊技术。在土建施工阶段，选择既有利于土建施工，又便于机架吊装的位置预留吊装坑，此方法解决了行车的起吊空间不能满足起吊高度的难题。

机架安装时先吊装传动侧机架，并以此机架为基准，以保证轧辊驱动装置的安装精度。当机架吊

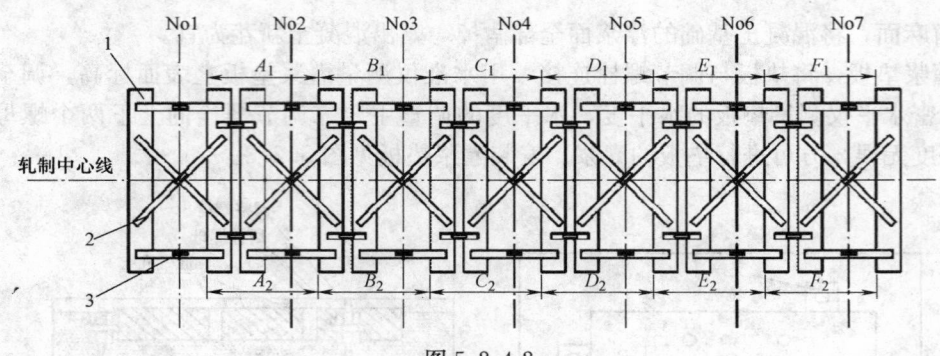

图 5.2.4-2
1—底座；2—平尺；3—水平仪

放到底座上时，使支腿侧面靠紧出口侧轨座的侧面，接触严密，要确认从轧制中心线到机架间的尺寸及接触面积、机架的垂直度。操作侧机架就位时要比设计尺寸大 1～2mm，以便于上下横梁的安装。上下横梁就位时应先吊下横梁后吊上横梁，横梁紧固时要先紧固传动侧然后将操作侧机架向轧制线方向移动，使上下横梁接触面靠紧并将连接螺栓紧固。调整入口侧轨座向轧机中心线方向移动使轨座与机架支腿侧面紧密接触并紧固地脚螺栓。

轧机机架中心线的检查，应以机架窗口中心线为基准，机架窗口面垂直度、机架窗口侧面垂直度、机架窗口底面水平度、两机架窗口底面水平度、机架窗口在水平方向扭斜、两机架窗口中心线的水平偏斜、轧制中心线偏移、机列中心线偏移、连轧机相邻两机架平行度等其检测方法如下。

1. 机架垂直度检测方法见图 5.2.5-1。

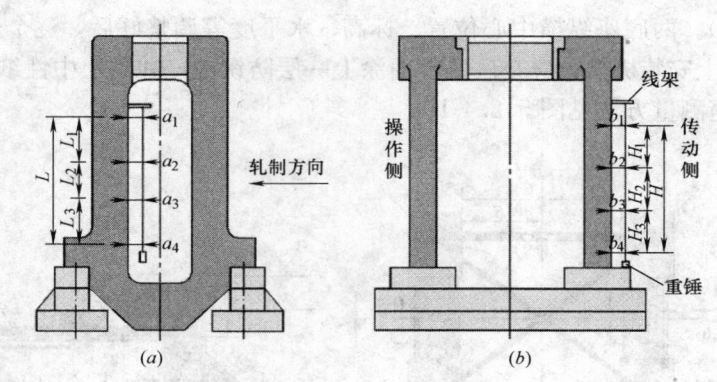

图 5.2.5-1
（a）机架窗口垂直度；（b）机架侧面垂直度

2. 机架水平度的检测方法见图 5.2.5-2。

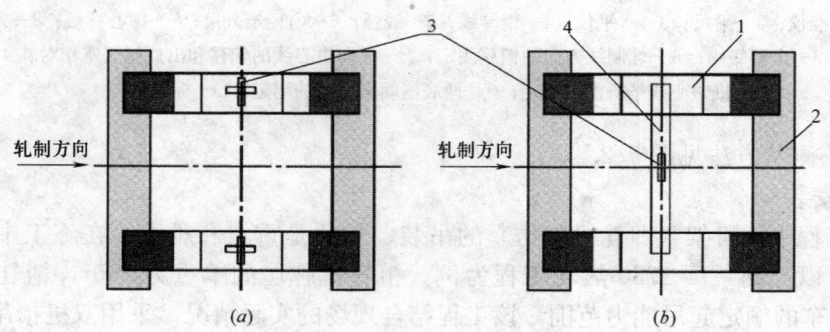

图 5.2.5-2
（a）机架窗口底面水平度检测方法示意图；（b）两机架窗口底面水平度检测方法示意图
1—机架；2—轨座；3—方水平；4—长平尺

3. 牌坊窗口面的扭斜和水平偏斜的检测方法见图 5.2.5-3。

4. 轧制中心线偏移和机列中心线偏移的检测方法见图 5.2.5-4。

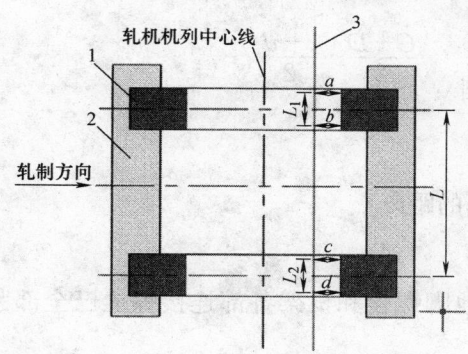

图 5.2.5-3

1—机架；2—轨座；3—与轧机、机列中心线平行的钢琴线

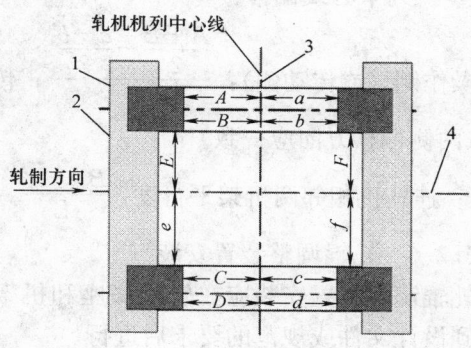

图 5.2.5-4

1—机架；2—轨座；3—机列中心线；4—中心钢琴线

5. 牌坊和底座的综合检测方法见图 5.2.5-5。

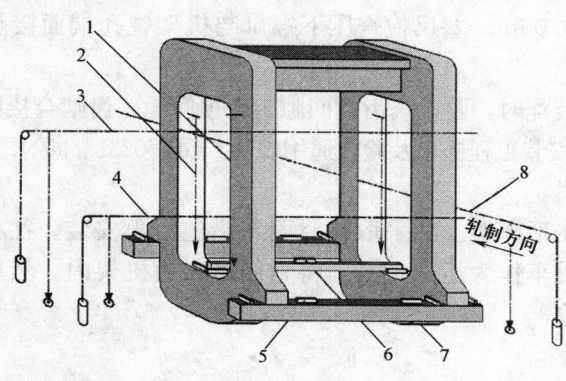

图 5.2.5-5

1—牌坊窗口侧面垂直度检测用铅垂线；2—牌坊窗口面垂直度检测用铅垂线；3—牌坊上部窗口中心线的水平偏移、
水平方向扭斜、机列中心线偏移检测用钢琴线；4—牌坊下部窗口中心线的水平偏移、水平方向扭斜、
机列中心线偏移检测用钢琴线；5—轧机底座水平度检测用方水平仪；6、7—轧机两底座间水平度
检测用方水平仪、长平尺；8—牌坊轧制中心线偏移检测用钢琴线

6. 调整检查应注意：

1）检测轧机轧制中心线偏移和机列中心线偏移时，挂设的测量钢线高度宜与轧制中心线标高基本
一致。

2）机架垂直度检测时，为确保检测数值的准确，宜将挂铅垂线用的重锤浸没在盛机油的容器内。
检查机架窗口面垂直度以出口侧为准，但宜兼顾入口侧。检查机架侧面垂直度以传动侧为准，但宜兼
顾操作侧。

3）用内径千分尺检查机架垂直度、机架窗口面的扭斜和水平偏斜、连轧机相邻两机架平行度时宜
采用耳机或灯光，以保证检测的精确度。

4）有关精度项目的计算方法如下：

① 单片机架窗口面在水平方向的扭斜：$\dfrac{|a-b|}{L_1}$、$\dfrac{|c-d|}{L_2}$

② 同一轧机两机架窗口中心线的水平偏斜：$\dfrac{\left|\dfrac{a+b}{2}-\dfrac{c+d}{2}\right|}{L}$

③ 轧制中心线偏移：

入口侧偏移量：$\dfrac{E-e}{2}$；出口侧偏移量：$\dfrac{F-f}{2}$（两侧偏移方向应一致）

④ 机列中心线偏移：

操作侧（或传动侧）：$\dfrac{\dfrac{A+B}{2}-\dfrac{a-b}{2}}{2}$；传动侧（或操作侧）：$\dfrac{\dfrac{C+D}{2}-\dfrac{c-d}{2}}{2}$

（两侧偏移方向应一致）

⑤ 连轧机相邻两机架平行度：$\dfrac{B_1-B_2}{L}$（L 为两测量点间的距离）

5.2.6 轧辊调整装置安装

轧辊调整装置安装应在轧机底座和机架已安装定位、地脚螺栓和机架各部连接螺栓已全部紧固，并达到设计文件或规范的要求后进行。

1. 电动压下装置安装

1）压下螺杆和螺母机外组装前要清洗检查润滑油路畅通，内部清洁，装配时要检查压下螺杆和螺母的间隙 应符合技术文件规定。

2）压下螺母与压下螺杆装配后往机内安装时，宜在机内设置链式起重机配合车间行车吊装。压下螺母安装到机架上后，应用 0.05mm 塞尺检查压下螺母与机架镗孔端面接触间隙，四周 70% 不入，局部间隙允许 0.05mm。

3）蜗轮蜗杆传动减速器装配时，要检查齿侧间隙、齿顶间隙、齿啮合接触面积和传动轴轴向串动量，应符合技术文件或《机械设备安装工程施工及验收通用规范》GB 50231 的要求。减速器各部密封良好。

2. 液压压下装置安装

液压油缸宜在机外安装在平衡架上并采取临时固定措施后再安装。往机架上安装时，可利用已经安装好的支承辊换辊装置的滑车作为运送工具，将它们运入到机架内。然后利用设置在机架上的链式起重机配合车间行车吊装就位。

3. 上支承辊平衡装置安装

安装程序为：平衡油缸安装→上横梁安装→连杆安装→下横梁安装。

4. 斜楔式下辊调整装置安装

1）斜楔式下辊调整装置一般均为整体到货。安装时，宜利用已经安装好的支承辊换辊装置的滑车将其运入机架内，然后利用设置在机架上的链式起重机将其吊起并退出换辊滑车，最后安装就位。

2）斜楔式下辊调整装置安装固定后，应检查上平面在轧机机列中心线方向的水平度。不水平度若过大，应拆卸开两正反丝杠间的联轴器，单独旋转一侧的丝杠以调整单侧斜楔的位置，将上平面水平度调整到≤0.10/1000，最后连接好联轴器。

3）安装时要清洗干净各安装面、滑动面，并保持清洁。

5.2.7 轧机主传动装置安装

对于整体到货且出厂前经过试运转验收合格的减速机、齿轮机座，可不做解体检查。二手设备经整修验收合格且附有整修记录的，安装时可以不再做解体检查。安装时只需进行中心位置、标高、水平度的调整定位及其两者间联轴器的定心。

解体到货的齿轮机座、主减速机，按下述方法进行安装。

1. 齿轮机座安装

齿轮机座的箱体就位后在进行中心位置、标高、水平度检查调整时，标高以箱体剖分面或轴外表面为测量面；纵横向水平度以箱体剖分面为测量面；传动中心线以轴中心为测量面，垂直传动中心线方向的中心线可以出厂时的中心标志或以齿宽中心为测量面。

齿轮轴装配后，其传动齿轮的侧间隙、顶间隙、齿啮合接触面积和轴承装配及轴承轴向串动量应符合技术文件或《机械设备安装工程施工及验收通用规范》GB 50231 的要求。

各剖分面间或机盖与箱体和上齿轮轴轴承座上平面间应接触严密，其局部间隙不大于 0.05mm。

万向联轴器半圆滑块与叉头的虎口面或扁头平面接触应均匀，半圆滑块与扁头之间的总间隙应在各配合间隙积累值范围内。

箱体各部装配精度检查合格并进行全面清洗后方可封闭，封闭时应请监理工程师进行隐蔽工程验收确认。隐蔽工程确认的主要内容为零部件清洁度、润滑油管的安装固定情况、油管内部清洁度、油喷嘴的方向等。

2. 主减速机安装

下机壳就位后在进行中心位置、标高、水平度的检查调整，然后安装各齿轮轴并进行轴承装配、轴承轴向串动量检查和齿轮传动侧间隙、顶间隙及齿啮合接触面积检查，应符合技术文件或《机械设备安装工程施工及验收通用规范》GB 50231 的要求。合格后进行减速机与齿轮机座间联轴器的定心，定心期间应兼顾下机壳的水平度。待联轴器定心合格后，再吊出齿轮轴进行全面清洗和封闭工作。

主减速机输出轴的中心线应与轧机主传动中心线一致；标高在轴上表面或机壳剖分面上测量；整体安装的主减速机纵向（主传动方向）水平度，宜在两端轴颈或在指定的基准面上测量，横向水平度宜在指定的基准面上测量；解体安装的主减速机纵横向水平度应在下机壳上平面（减速机剖分面）上测量。

主减速机各部装配精度检查合格并进行全面清洗后方可封闭，封闭时应请监理工程师进行隐蔽工程验收确认。隐蔽工程确认的主要内容为零部件清洁度、润滑油管的安装固定情况、油管内部清洁度、油喷嘴的方向等。

5.2.8 换辊装置安装

换辊装置有液压传动和机械传动，其安装基准包括标高、中心线、水平度和平行度等均以相对应的轧机机架为基准。更换工作辊的轨道安装和更换支承辊的滑道安装，主要保证中心线、水平及相互高差，对于用齿条传动的换辊装置，无论是安装轨道、底板、齿条下部的埋设件及挡轮，还是安装轨道和齿条，以采用间距规、尺寸规等样板安装为好，尤其是固定在混凝土上的埋设件，安装时要预先控制好精度，或者是埋设件暂不浇灌混凝土，待轨道和齿条安装调整好后再进行灌浆，方可保证质量和进度。

6. 材料与设备

为使安装工作顺利进行，准备好足够的施工机具、临时材料十分重要。本工法使用的工机具、临时材料详见表 6。

主要施工机具、临时材料配备表　　　　　　　　　　　　　表 6

序号	名 称	规格或性能	数量	备 注
1	经纬仪	精密	1 台	安装测量用
2	水准仪	精密	1 台	安装测量用
3	角向磨光机	150mm	4 台	研磨垫板用
4	研磨平台	600×400	2 块	研磨垫板用
5	塞尺	300mm	2 把	检测用
6	手拉葫芦	2~5t	6 台	吊装用
7	内径千分尺	150~4000mm	1 套	调整检测用
		150~2000mm	1 套	调整检测用
		50~250mm	1 套	调整检测用
8	平尺	5000mm	1 根	安装调整用
9	液压紧固螺母	M64-M125	2 套	紧固地脚螺丝用
10	分离式液压千斤顶（带泵）	100t　行程50mm	4 套	安装调整用

续表

序号	名　称	规格或性能	数量	备　注
11	千斤顶	50t	4套	安装调整用
12	听声耳机		1套	调整检测用
13	钢丝绳	Φ66(6＊37＊1)	1对/14m	吊装牌坊用
14	交流电焊机	600A	1台	安装用
15	直流电焊机	500A	1台	安装用
16	百分表	一级	4套	带磁力表座
17	干油泵（电动带接头）		1台	安装用
18	冲击钻		1台	灌浆垫板用
19	空压机		1台	灌浆垫板用
20	专用吊具		1套	吊装用
21	钢管	Φ48×3.5	200m	用于临时脚手架
22	卸扣		100个	用于临时脚手架
23	跳板	4000×300×50	50块	用于临时脚手架
24	角钢	50×50×5	60m	搭设临时平台
25	镀锌铁丝	8号	100kg	搭设临时平台

7. 质　量　控　制

7.1　施工及验收规范

《机械设备安装工程施工及验收通用规范》GB 50231—98

《轧机机械设备工程安装验收规范》GB 50386—2006

《冶金机械液压、润滑和气动设备工程安装验收规范》GB 50387—2006

7.2　技术要求和质量标准

1. 轧机底座安装精度见表 7.2-1。

轧机底座安装的允许偏差和检查方法表　　　　　　　　　　　　　　表 7.2-1

项次	项　目		允许偏差 mm		检查方法
			Ⅰ级	Ⅱ级	
1	标高	根据基准点安装	±0.30	±0.50	用水准仪或平尺、内径千分尺检查
		根据已安设备安装	±0.10	±0.25	用水准仪或平尺、水平仪及塞尺检查
2	平面位置	根据主要中心线安装	0.50	1.00	拉钢丝线、吊线锤、用钢尺检查
		根据已安设备安装	0.30	0.50	拉钢丝线、吊线锤、用钢尺检查
3	水平度	轧机单个底座	0.05/1000	0.10/1000	用平尺和水平仪检查
		同一台轧机两底座间	0.05/1000	0.10/1000	用平尺和水平仪检查
		相邻轧机两底座间	0.05/1000	0.10/1000	用平尺和水平仪检查
4	平行度	单个底座相对中心线	0.05/1000	0.10/1000	拉钢丝线、用内径千分尺检查
		同一台轧机两底座间	0.05/1000	0.10/1000	用内径千分尺或样棒检查
		相邻轧机两底座间	0.05/1000	0.10/1000	立短平尺用内径千分尺或样棒检查

2. 轧机机架安装精度见表 7.2-2。

轧机机架安装的允许偏差和检查方法表　　　　　　表 7.2-2

项次	项　　目		允许偏差 mm		检查方法
			Ⅰ级	Ⅱ级	
1	垂直度	机架窗口面	0.05/1000	0.10/1000	吊锤线用内径千分尺、耳机或灯光检查
		机架窗口侧面	0.05/1000	0.10/1000	吊锤线用内径千分尺、耳机或灯光检查
2	水平度	窗口底面平行轧线方向	0.05/1000	0.10/1000	用水平仪检查
		窗口底面垂直轧线方向	0.05/1000	0.10/1000	用水平仪检查
		两机架窗口底面	0.10/1000	0.20/1000	用平尺、块规和水平仪检查
		立式轧机框架上部	0.10/1000	0.20/1000	用平尺、块规和水平仪检查
3	两机架窗口中心线的水平偏斜		0.20/1000	0.20/1000	拉钢丝线用内径千分尺、耳机或灯光检查
4	机架窗口在水平方向扭斜		0.20/1000	0.20/1000	拉钢丝线用内径千分尺、耳机或灯光检查
5	机架中心线偏移		0.50	1.00	拉钢丝线、吊线锤、用钢尺检查
6	连轧机相邻两机架平行度		0.05/1000	0.10/1000	用平尺内径千分尺、耳机或灯光检查
7	立式轧机机架垂直度	机架窗口面	0.05/1000	0.10/1000	吊锤线用内径千分尺、耳机或灯光检查
		机架窗口侧面	0.05/1000	0.10/1000	吊锤线用内径千分尺、耳机或灯光检查
8	立式轧机机架水平度		0.05/1000	0.10/1000	用水平仪检查

3. 轧辊调整装置安装精度见表 7.2-3。

轧辊调整装置安装的允许偏差和检查方法表　　　　　　表 7.2-3

项次	项　　目		允许偏差 mm		检查方法
			Ⅰ级	Ⅱ级	
1	减速机	纵向水平度	0.05/1000	0.10/1000	吊线用内径千分尺、耳机或灯光检查
		横向水平度	0.05/1000	0.10/1000	吊线用内径千分尺、耳机或灯光检查
2	压下螺母与机架镗孔端面接触间隙		四周70%不入，局部间隙允许0.05mm		用0.05mm塞尺检查
3	各减速机轴承同轴度		0.05	0.10	拉钢线，用内径千分尺检查

4. 轧机主传动装置安装精度见表 7.2-4。

轧机主减速机安装的允许偏差和检查方法　　　　　　表 7.2-4

项次	项　　目	允许偏差（mm）		检查方法
		Ⅰ级	Ⅱ级	
1	主减速机纵向中心线	0.3	0.5	拉钢丝线、吊线锤、用钢尺检查
2	主减速机横向中心线	0.5	1.0	拉钢丝线、吊线锤、用钢尺检查
3	主减速机标高	±0.30	±0.50	用水准仪或平尺、内径千分尺检查
4	主减速机纵向水平度	0.05/1000	0.10/1000	用平尺和水平仪检查
5	主减速机横向水平度	0.05/1000	0.10/1000	用平尺和水平仪检查

轧机齿轮机座安装的允许偏差和检查方法　　　　　　表 7.2-5

项次	项　　目	允许偏差（mm）		检查方法
		Ⅰ级	Ⅱ级	
1	齿轮机座纵向中心线	0.3	0.5	拉钢丝线、吊线锤、用钢尺检查
2	齿轮机座横向中心线	0.5	1.0	拉钢丝线、吊线锤、用钢尺检查
3	齿轮机座标高	±0.30	±0.50	用水准仪或平尺、内径千分尺检查
4	齿轮机座纵向水平度	0.05/1000	0.10/1000	用平尺和水平仪检查
5	齿轮机座横向水平度	0.05/1000	0.10/1000	用平尺和水平仪检查

立式轧机下部传动装置安装的允许偏差和检查方法 表 7.2-6

项次	项目		允许偏差（mm）		检查方法
			Ⅰ级	Ⅱ级	
1	下部传动中心相对机列中心的偏差		±0.20	±0.30	拉钢丝线、吊线锤、用钢尺检查
2	传动装置标高		±0.50	±1.00	用水准仪或平尺、内径千分尺检查
3	水平度	减速机纵向水平度	0.05/1000	0.10/1000	用平尺和水平仪检查
		减速机横向水平度	0.05/1000	0.10/1000	用平尺和水平仪检查

7.3 工序控制

轧机安装须严格工序控制，从基础检查验收、测量基准的设置、设备及材料的进场检验、垫板安装、设备的调整与试运转，全过程应处于受控状态，整个安装过程设九个质量控制点，经检查确认后才能转入下道工序施工。

1. 基础检查验收；
2. 安装基准的设置；
3. 灌浆垫板的安装；
4. 轧机底座的安装；
5. 轧机机架的安装；
6. 轧机二次灌浆的检查验收；
7. 主传动装置的安装；
8. 换辊装置的安装；
9. 轧机试运转的跟踪与确认。

7.4 计量检测

为确保轧机安装精度的实现，安装用经纬仪、水准仪、水平仪、平尺、内径千分尺、百分表等计量器具必须经计量检定、校准合格。

8. 安 全 措 施

8.1 严格执行国家颁发的安全技术操作规程和有关安全生产制度，认真做好安全技术交底，对安全关键部位进行经常性的安全检查，及时排除不安全因素，确保安全施工。

8.2 施工现场孔洞处设立临时栏杆或加盖盖板；高处基础的临边设置临时栏杆；基础面高差大的部位设置临时踏步或梯子等。

8.3 轧机机架吊装前要进行仔细的计算、检查和验证，包括运输道路的承压力、牌坊放置处的基础承载能力，吊装索具、吊具及吊装机械等。

8.4 机架吊装前在地面搭设牢固的临时平台和爬梯，机架棱角处须采取措施圆滑过渡。

8.5 采用双机抬吊须选择技术过硬、经验丰富的起重工和行车司机，吊装过程中两机动作需保持同步。

8.6 机架吊装时要统一指挥，统一命令，统一信号，吊装离开地面 100～200mm，检查各部是否正常，确认无误后方可起吊。

8.7 参加施工的特殊工种（起重工、电焊工、电工、行车工）必须持证上岗。

8.8 轧机试运转时统一指挥，实行挂牌制，严禁在试运转过程中进行设备的修理。

9. 环 保 措 施

为了使施工环境保护满足相关法律法规，保护和改善生活环境，保障人民健康，制定以下环保

措施

9.1 成立对应的施工环境保护管理机构，在工程施工过程中严格遵守国家和地方政府下发的有关环境保护的法律、法规和规章，加强对施工材料、设备、废水、生产生活垃圾的控制和治理，遵守有防火及废弃物处理的规章制度，做好交通环境疏导，充分满足便民要求，认真接受城市交通管理，随时接受相关单位的监督检查。

9.2 将施工场地和作业限制在工程建设允许的范围内，合理布置、规范围挡，做到标牌清楚、齐全，各种标识醒目，施工场地整洁文明。

9.3 对施工场地道路进行硬化，并在晴天经常对施工通行道路进行洒水降尘，防止尘土飞扬，污染周围环境。

9.4 施焊区域适当遮挡，防止弧光影响他人工作。

9.5 焊缝探伤检测选择夜间进行，并设专人巡视，防止他人进入探伤区域。

10. 经济效益分析

10.1 应用该工法可以合理编制施工工序，科学地编制作业设计，对于轧机的安装，确保其安装质量以及安装进度具有指导性意义。

10.2 采用可调式灌浆垫板，提高了垫板的调节精度，施工速度快，节省人力物力，便于普及推广。

10.3 适应于箱形整体基础的安装技术及调整技术，取消了对基础的预压，简化了安装程序，减小了轧机安装的工作量，降低安装工作的劳动强度，缩短轧机的安装周期，相对缩短施工工期约 30d。适应轧机安装发展的新趋势，跟上轧机技术快速发展的步伐，取得较好的经济效益。

10.4 合理应用双机抬吊技术，在多机架吊装时，规范了吊装作业，提高了吊装效率。

10.5 该工法的应用可以提高安装质量，保证机械设备的良好运行和对轧制产品表面质量控制等起到重要作用，赢得了业主的高度赞誉，取得较好的社会效益。

11. 应 用 实 例

11.1 上海宝钢上钢一厂 1780 热轧工程于 2001 年 6 月 26 日开工，2002 年 10 月安装轧机设备，2003 年 12 月完成无负荷联动试车，施工工期提前了 23d，单位工程优良率达到 95.38%，荣获上海市2004 年度"申安杯"优质安装工程和 2005 年度中国建筑工程鲁班奖。

11.2 宝钢 1800 冷轧工程 2003.12.15 开始轧机设备安装，2004.12.15 完成负荷联动试运转，施工工期提前了 30d，单位工程优良率达到 96.3%，荣获上海市 2006 年度"申安杯"优质安装工程和2007 年度中国建筑工程鲁班奖。

11.3 太钢 2250 热轧工程于 2004 年 9 月 28 日开工，2005 年 9 月开始轧机设备安装，2006 年 6 月30 日热负荷联动试车一次成功，施工质量优良。

11.4 马钢 2130 冷轧工程于 2005 年 8 月 28 日开工，2006 年 4 月开始轧机设备安装，2007 年 4 月28 日负荷联动试车一次成功，施工质量优良。

11.5 1880 热轧带钢工程于 2006 年 6 月开始轧机设备安装，2007 年 4 月完成无负荷联动试车，施工工期提前了 39d，机械设备安装优良率 100%，荣获上海市 2007 年度"申安杯"优质安装工程和2008 年度中国建筑工程鲁班奖。

大型焦炉机械设备安装工法

YJGF40—96（2007～2008 年度升级版-037）

中冶成工建设有限公司

卿爱国　叶晓青　王永川　程爱民　丁兆龙

1. 前　言

国家级工法《大型焦炉机械设备（先立炉柱）安装工法》YJGF40—96 主要基于炭化室15980mm×450mm×6000mm 的焦炉工程，其工法核心是先立炉柱后砌筑的施工方法。随着科学技术的迅猛发展，焦炉结构不断改进和日臻完善并朝着更大容积方向发展，现已发展到炭化室 18800mm×603mm×7630mm。我们经过近几年的实践运用，形成了更先进的施工方法，对原工法进行更新和完善，形成新的工法，以"直立线杆焦炉砌筑"法进行先砌筑、后安装设备的先进施工方法已成功运用到 70 余座大

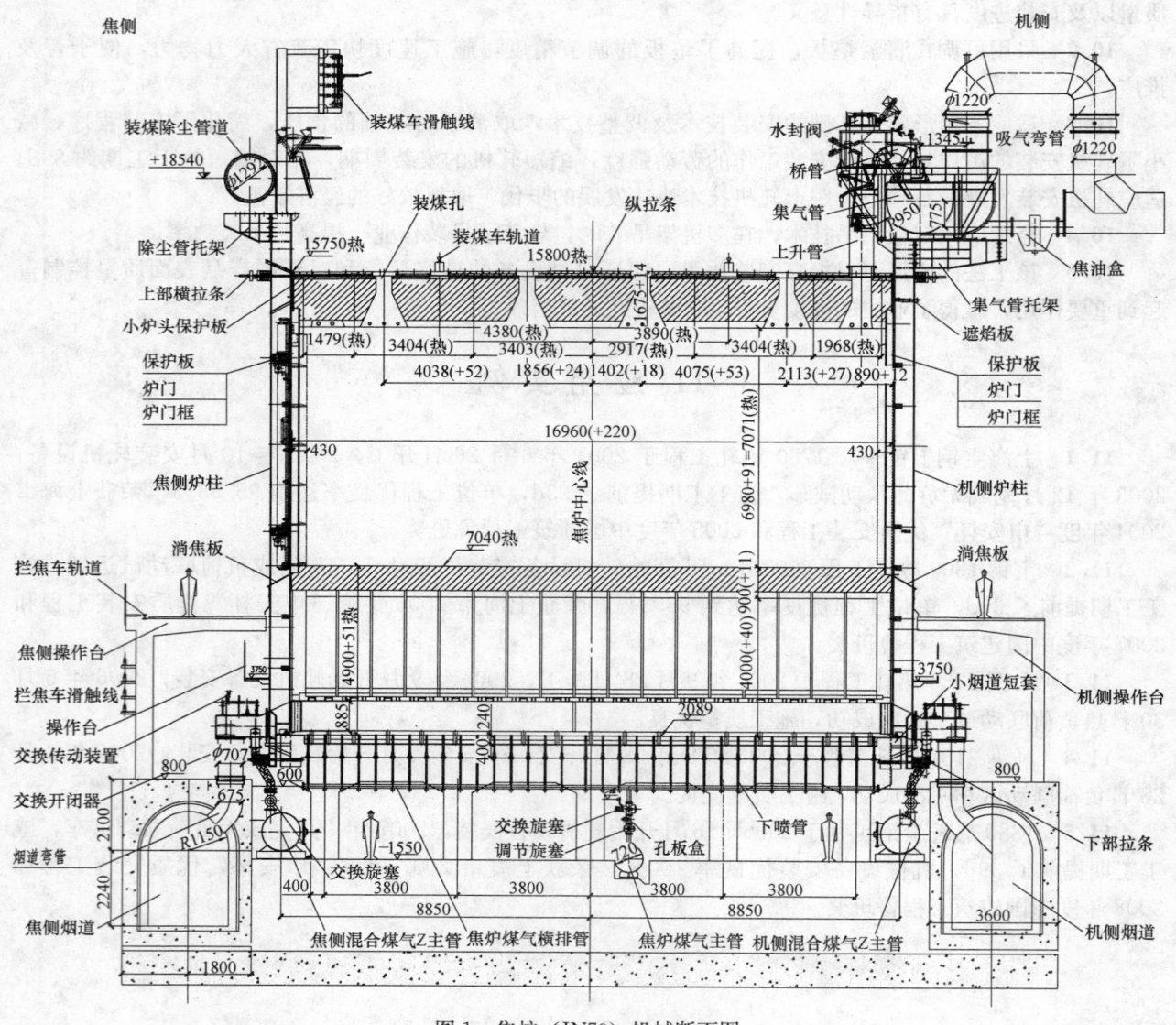

图 1　焦炉（JN70）机械断面图

型焦炉，经过总结和完善形成了新的《大型焦炉机械设备安装工法》。

国内外多台大型焦炉（包括 4.3m、5.5m、6m、6.25m、7m 以及 7.63m 焦炉）的炉体设备安装采用本工法进行施工，取得良好的经济效益和社会效益。同时与大型设备安装相关的"焦炉护炉铁件加压装置的研制"获得国家专利、"直立线杆法焦炉砌筑"获得国家专利、"焦炉工程施工测量工法"获省级工法、"7.63m 焦炉砌筑工法"获国家级工法。大型焦炉炉体设备复杂、体积庞大、型号多，下面对本工法进行阐述，焦炉断面见图 1。

2. 工 法 特 点

2.1 组织合理，施工速度快。本工法合理有效地利用现场施工场地，一方面与上道工序"砌筑"不直接交叉，不占用其场地，缩短了砌筑时间；另一方面，在安装时，横拉条、保护板和炉柱先后同步进行，同时利用"快速加压装置"进行弹簧加压，大大缩短了安装时间。

2.2 采用专用护炉铁件加压装置，借助"焦炉测量工法"建立的闭合三维控制网，有效提高安装进度和安装精度。采用直立线杆进行先砌筑后安装，提高了炉柱安装质量并且一次调整到位。利用"焦炉护炉铁件快速加压装置"作业，改变了传统的加压方式，很好地保护了设备，提高安装速度和精度。

2.3 减少了多次高空作业的危害程度，保证安全。以先进的施工技术使安全技术措施得到了大幅度提高，同时节省了人力和物力，确保了施工安全，也加快了施工进度并保证了施工质量。

2.4 经济效益显著。同先立炉柱后砌筑的施工工艺相比，大大减少了人工投入，降低了物料消耗，缩短了施工周期，从而提高了安装工程经济效益。从另一方面讲，提前交付生产所产生的经济效益也就更可观了，间接的经济效益和社会效益是不言而喻的。

3. 适 用 范 围

本工法适用于 7m 焦炉炉体设备的安装工程，也可以作为其他大型焦炉炉体设备安装的施工指导。

4. 工 艺 原 理

该工艺用"先安设直立线杆代替炉柱，后砌砖"替代炉柱进行先砌筑，避免了"先立炉柱后砌筑"施工工艺中炉柱固定联系梁、缆风绳和其高度对耐材运输的影响，大大缩短了耐材供应的时间；通过"闭合三维控制网"进行全方位控制炉体砌筑的几何尺寸和质量，同时设备的安装基础完全形成后再进行安装，使炉体砌筑精度和安装精度都能得到很好的保证，并且在安装过程中采用专用吊具和专利施工工艺，节省安装措施费、安装人工机械费及缩短安装工期。即该工艺一方面保证了筑炉专业与安装专业的施工无直接交叉作业，另一方面也使两个专业的施工均具有连续性，施工周期也大大缩短。

5. 工艺流程及操作要点

焦炉炉体机械设备安装主要包括：护炉铁件安装、炉顶设备安装、炉下加热系统安装、四大车轨道等安装。

5.1 安装工艺流程图
安装工艺流程见图 5.1。

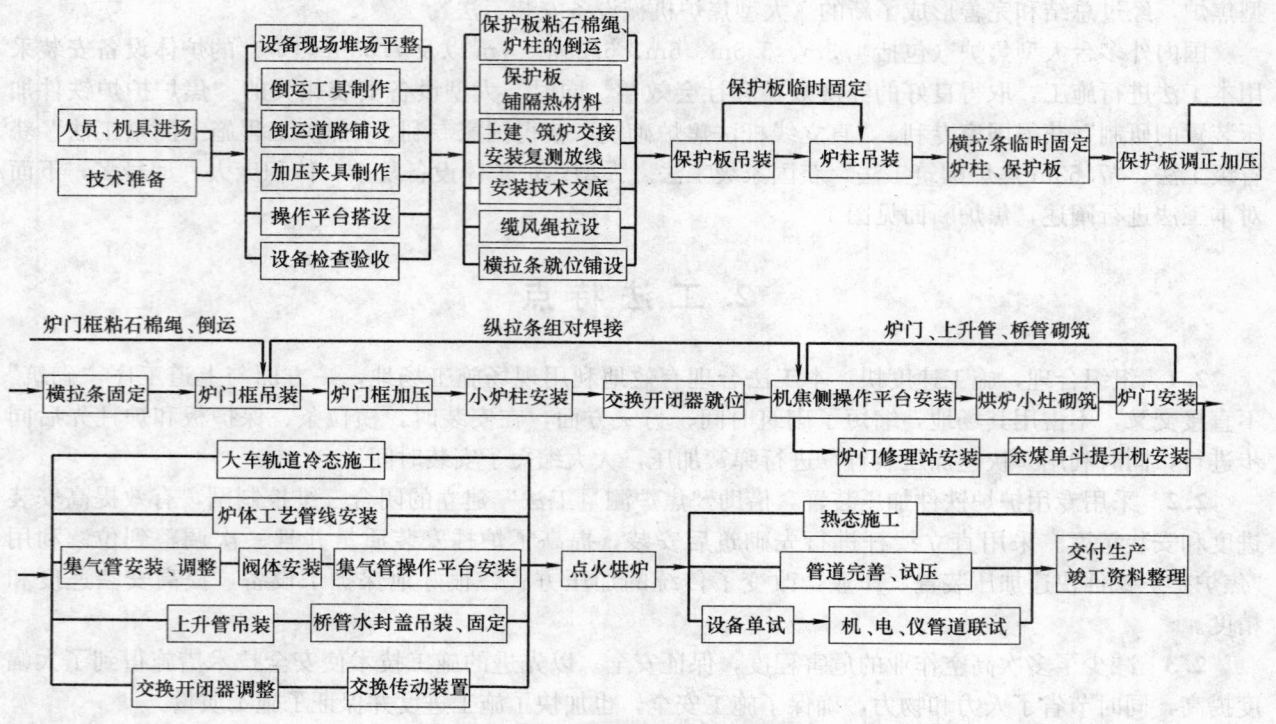

图 5.1　焦炉设备安装施工流程图

5.2　基准点、基准线设置

基准点、基准线设置方法见图 5.2。

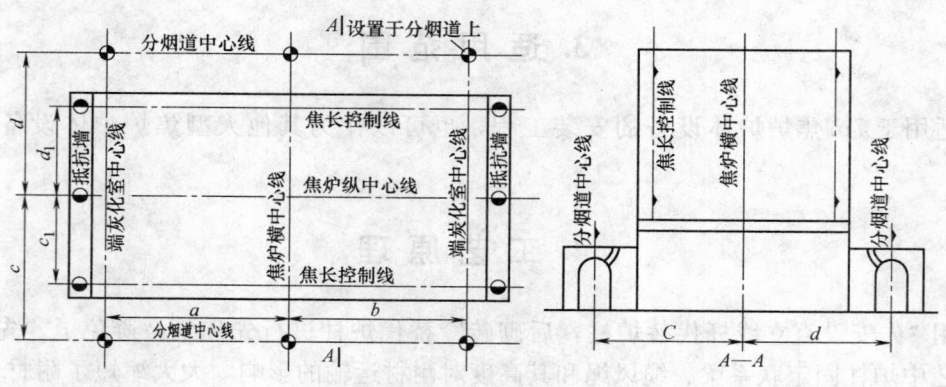

图 5.2　焦炉中心线标志示意图

5.3　设备安装的准备

5.3.1　设备的检查、验收

1. 炉门框、保护板、交换开闭器和集气系统等的标准或非标设备作单体尺寸检查，并作好原始记录。

2. 检查炉门框和保护板上下中心标志，是否存在错刻或漏刻现象。中心对称的铸造公差必须平分于中心两边。检查炉门刀边是否平直，刀边变形或损伤，安装前必须修补好；小炉门转杆灵活可靠。

3. 纵横拉条是否平直，纵拉条无扭曲变形，丝杆长度、精度应符合设计要求。

4. 保护板、炉门框、磨板和小炉柱等使用的陶瓷纤维垫、绳规格和相关技术指标应符合设计要求。

5. 交换旋塞、调节旋塞、孔板盒安装前按照制作技术规程要求做气压试压，合格后使用。

6. 开闭器安装前煤气陀和废气陀做严密性试验，合格后使用。

7. 集气管冷态安装基准中心线、标高在炉柱顶部托架上的标定；集气管分段制作尺寸和总的尺寸检查，分段焊接法兰中心位置是否满足设计要求。

8. 检查上升管、桥管、阀体和水封盖有无铸造和使用缺陷并修补。

9. 上升管及其底座、桥管内衬（如有）的砌筑。

10. 焦油盒、放散管水封阀作外观检查和水封试验。

11. 煤气预热器严密性试验合格。

5.3.2 基础的检查和放线

1. 检查土建、筑炉移交的基础标高、中心线偏差是否在允许偏差范围内且不影响安装精度。

2. 炉柱安装基础检查通过验收后，调整和灌浆支撑地面板，钢板上表面应涂抹润滑脂或石墨涂剂。

3. 对炉柱基础小牛腿、炭化室凸肩位置、上部凸肩位置分别用长尺放出每组炉门框、保护板及磨板的安装基准中心线，根据实际尺寸综合考虑，尽量消化放线过程中产生的累积误差。

4. 烟道翻板、烟道闸板应在安装前进行预组装，检查翻板外形尺寸与烟道断面尺寸是否吻合。

5. 检查抵抗墙纵拉条孔是否通畅，是否符合设计要求并满足安装要求。

6. 检查测线架预埋件及炉顶测量基准装置的安装位置偏差并校正。

5.3.3 其他准备工作

1. 在炉顶利用抵抗墙上机焦两侧的拉条安装孔设置立柱，在炉纵长方向分别拉设平行的两根 $\phi14$ 钢绳固定在立柱上，作为临时固定保护板、炉柱及拉设安全带并兼安全防护绳的作用。

2. 焦侧操作空间较小，考虑用大棚天车从机侧吊运长、大的设备如焦侧各型炉柱越过炉顶至焦侧烟道上后再安装，其余焦侧设备如保护板、炉门框等可考虑从焦侧间台处增设通道进棚以缩短倒运时间。

3. 利用焦炉机侧烟道基础，用轻轨铺设小车轨道从棚外延伸到棚内，上放平板小车作为设备从大棚外运进大棚的通道，为减少施工人员的劳动强度，增设 1T 卷扬机牵引。

4. 为确保设备安装人员的操作安全，在设备安装前，机、焦侧烟道弯管和炉顶上升管砌口用木板或木托盘铺设覆盖。

5. 保护板、炉门框和炉门因受现场条件的影响，在设备库完成和筑炉专业的配合施工工作后，安装前选择汽车吊配合平板车进行倒运工作；纵、横拉条和炉柱等长、大特点的设备利用机侧大棚外推焦机轨道基础地面按安装计划分批进货、集中堆放在进料口旁，以减少空间占用和避免二次倒运。

6. 在设备运输、吊装过程中，除吊装利用大棚行车或汽车吊完成外，烟道到炉顶的空间高度高且无可利用的构筑物，必须搭设临时安装操作平台，施工人员才能完成整个安装任务。操作平台搭设力求安全稳定并随安装位置的变化而调整站位。施工操作平台见图 5.3.3。

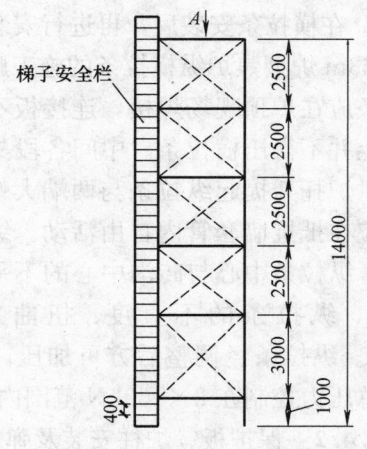
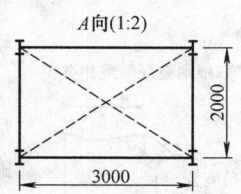

说明：
1. 操作胎架采用轻钢结构搭设，以便折装、移动，保证稳定性。
2. 第三层至顶层采用木跳板板铺设（满铺），固定牢固。
3. 侧面设置钢梯（带安全栏），便于人员上下。
4. 焦炉机焦侧各设置一个操作台。

图 5.3.3 护炉铁件安装操作台示意图

7. 设备进棚后以炉顶堆放辅助设备，机焦侧分烟道基础为主要堆场，但以不影响安装作业为前提。

8. 安装施工时，调整作业基本贯穿施工整个过程，对大棚内的采光就有较高的要求，特别工期要求紧时还存在夜班作业，为此有必要在机焦两侧的大棚柱子上增设一排照明以使棚内有足够的亮度保证施工作业的质量和安全。

9. 设专人负责设备、施工机械调度、现场道路协调，确保整个施工按计划进行。

5.4 护炉设备安装

5.4.1 纵、横拉条和弹簧安装

1. 安装前将拉条沟清扫干净并安放拉条套，沿着砖沟全长每隔 2～3m 垫以小木块组，将拉条垫平。

2. 将上部横拉条吊装摆放到位（注意拉条的螺纹长度机焦侧可能不一致）后调整中心，使其对准拉条沟中心，其偏差为±5mm，并保证烘炉后拉条能落在拉条套内。加压调整前后不得损坏拉条螺纹。

3. 上部横拉条沟在焦炉热态施工时，按照炉体砌筑图灌浆，砌盖砖。

4. 根据下部横拉条结构不同有两个安装方法：一为双头螺杆式拉条，安装时应在烟道走廊上从正面插入；一为丁字螺栓式拉条，安装时，在地下室向外插入，不准碰坏地下室下喷管予埋管。

5. 弹簧编组、编号

弹簧组：大弹簧与小弹簧的自由高度在 4～6mm 范围的编为一个弹簧组。每个燃烧室上部横拉条用的两个大弹簧，他们的荷载—变形量特性关系应相近（即单位变形量的载荷相接近，或单位载荷的变形量相接近）。弹簧的安装位置、载荷和变形量应逐一编号登记造册，以供加压、调整和生产管理。

6. 保护板中心、炉柱中心和拉条中心调整完后，才开始进行弹簧加压。上、下横拉条上的大弹簧应先加压，炉柱内及其两侧的小弹簧后加压。弹簧加压过程中，先加压的弹簧负荷会改变，应重新调整。弹簧负荷调整见表 5.4.1。

弹簧负荷表（7m 焦炉）　　　　　　　表 5.4.1

序号	弹簧位置	焦炉安装时(kN)	正常生产时(kN)
1	纵拉条弹簧组	2×160	2×160
2	上部横拉条弹簧组	2×85	2×125
3	下部横拉条弹簧组	110	180
4	炉柱上 1～7 线弹簧	2×13	2×20
5	炉柱上 8～10 线弹簧	2×6	2×10
6	蓄热室小炉柱弹簧	6	10

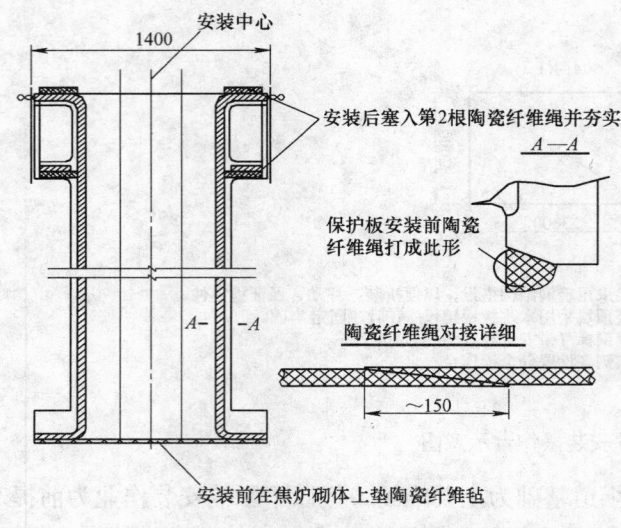

图 5.4.2-1　保护板石棉绳粘结

7. 在横拉条安装后，再进行安装纵拉条（对于 7.63m 炉型焦炉纵横拉条的施工顺序则相反），纵拉条应在炉顶现场焊接，连接板不得放在燃烧室顶上并不得压横拉条。中间各段先连接起来然后用烘炉托架提起纵拉条与两端大螺栓连接，大螺栓应在抵抗墙套管内自由活动。纵拉条接口须对准，纵拉条中心与砖沟中心的不平行度不大于 10mm，纵拉条的不直度、扭曲度均不超过 10mm。纵拉条经调整后方可加压，焦炉端部弹簧组总压力控制在 2×160kN 范围内。

5.4.2 保护板、炉柱安装及弹簧加压

1. 保护板

1）将保护板衬隔热材料部位清理干净后或焊锚钉或铺圆钢，砌筑专业内衬施工，并养护

24h。将保护板搬运至焦炉前面，在安装前按图 5.4.2-1 所示位置把陶瓷纤维绳用高强胶粘剂粘结于保护板沟内。在吊装保护板前在焦炉机焦两侧砌体凸台上通长垫上两层 3mm 厚的石棉垫（或纤维毡）。石棉绳可用白猫牌 730-1、730-2 胶粘剂，白猫牌 730-1、730-2 胶液以 1：6 配比混合搅拌均匀后就可使用。

2）保护板由上端垂直吊起时保护板中心刻度线对准燃烧室中心线进行安装临时固定。调整保护板中心线与燃烧室中心线允许偏差为 ±2mm，保护板下部的炭化室底刻印与炭化室底标高允许偏差为 ±1mm，参见图 5.4.2-2、图 5.4.2-3。

3）将炉柱吊装就位用横拉条临时固定，待所有的炉柱、保护板都就位后，即可用专用加压 II 型卡加压保护板，II 型卡形状见图 5.4.2-4，使其保护板腿平面距炉肩平面为 9mm，并测量上中下三点以保证其公差 -3～+4mm。保护板不得突出炭化室墙面，并按图 5.4.2-3 控制保护板腿至炭化墙面（炉肩部面对炭化室）距离，且左右均匀。

4）全炉保护板炉柱安装完毕后，再调整炉柱及上下横拉条弹簧，并按规定逐步加压。

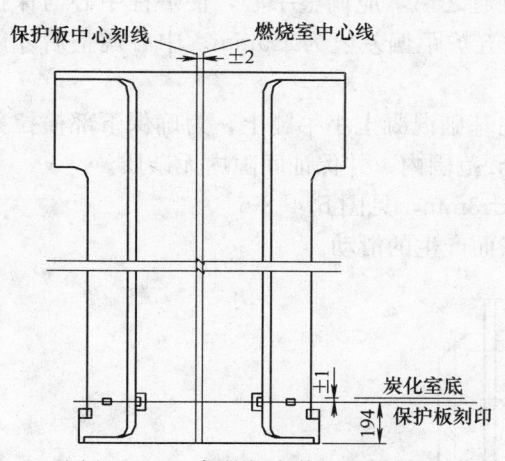

图 5.4.2-2　保护板安装尺寸控制图

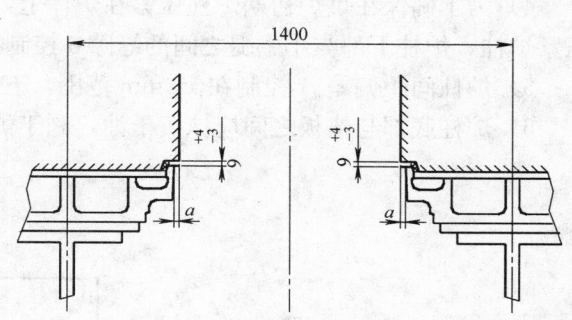

图 5.4.2-3　保护板安装尺寸控制图

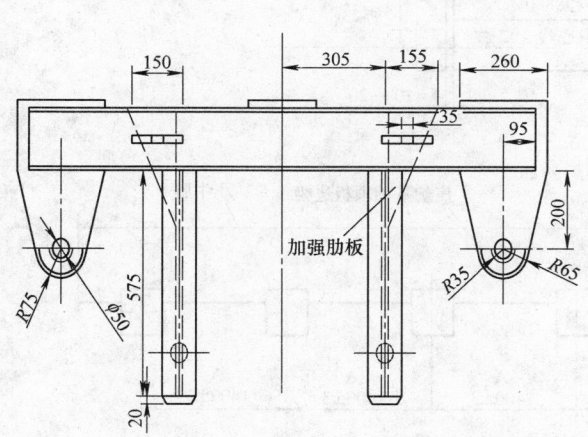

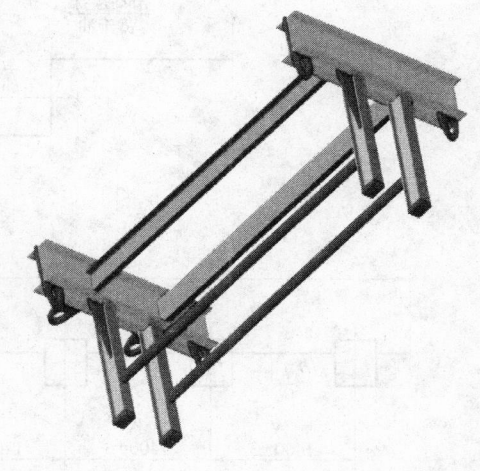

图 5.4.2-4　保护板加压 II 型卡结构图

5）加压型式用钢丝绳配合链葫芦进行，具体见图 5.4.2-5。

2. 炉柱

1）炉柱运输：吊装时应特别注意勿使炉柱增加弯曲度，堆放应垫平放正，不少于三个支承点。

2）炉柱安装前先将基础顶板边梁上的小牛腿标高必须逐个测量，其标高偏差 N 控制在 ±5mm 范围内，参见图 5.4.2-6。用与偏差数值等厚钢板（不允许用薄垫板）调整后的标高偏差值 ±1mm，并将

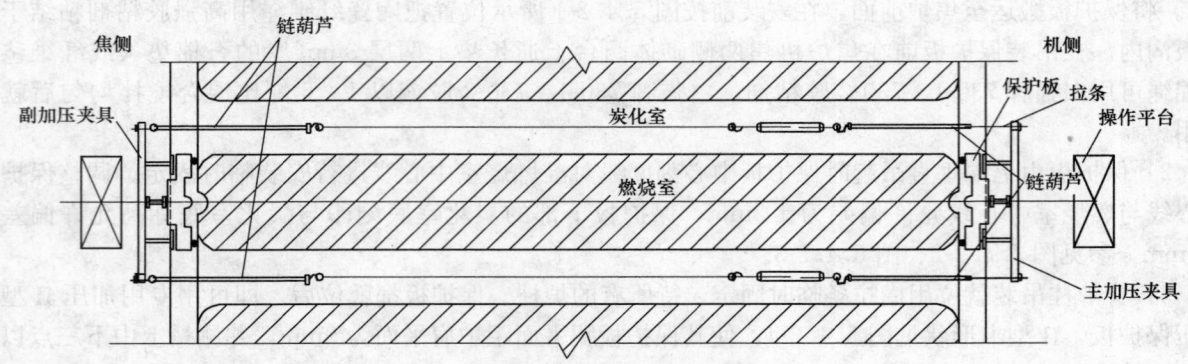

图 5.4.2-5　保护板加压示意图

其测量记录备考。

3）蓄热室保护板点焊（或铁线捆扎）在炉柱上，炉柱立起之后，应调整中心，使炉柱中心与保护板、燃烧室中心吻合，其偏差值为±3mm。炭化室底标高处五炉距偏差值为±5mm。中心调整后才能穿上横拉条和弹簧加压固定。

4）为了确保在烘炉初期炉柱压紧在炉体上，而不是压在基础混凝土小牛腿上，为确保下部横拉条压紧炉柱，炉柱下部与小牛腿之间的缝隙 δ 控制在 10～20mm 范围内，并保证间隙内无杂质。

5）炉柱间距偏差 A 控制在±3mm 范围，五炉柱偏差为±3mm，见图 5.4.2-6。

6）炉柱底部与垫板之间应抹黄干油，利于炉体烘炉膨胀而产生的滑动。

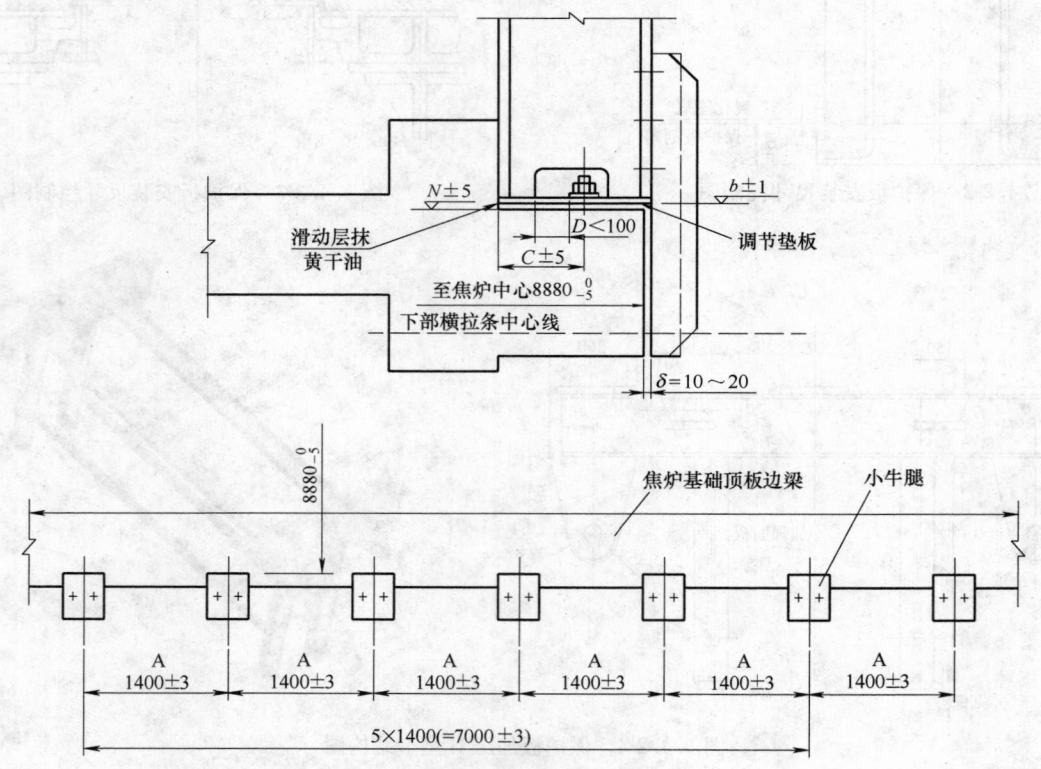

图 5.4.2-6　炉柱安装误差控制图

3．弹簧加压

保护板中心、炉柱中心和拉条中心调整完后，进行进行弹簧加压。上、下横拉条上的大弹簧组应先加压，炉柱内及其两侧的小弹簧后加压。大弹簧组加压可采用棘轮扳手或采用快速加压装置（国家专利）。

快速加压装置装置的主要路线就是能将液压千斤顶应用到弹簧的加压过程中，达到省时省力的目的，其结构见图5.4.2-7。在中间采用千斤顶压缩弹簧，达到压缩高度后将螺帽拧紧，千斤顶解压，取出千斤顶，拆下加压装置。千斤顶选用RCS系列薄型千斤顶。

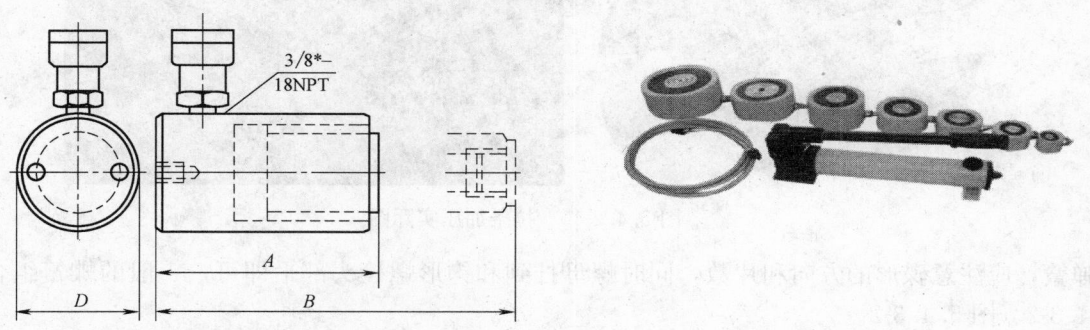

图5.4.2-7　RCS系列薄型千斤顶示意图

大弹簧采用便挟式手动液压缸（型号HD90/HSPM90）加压，弹簧的压缩值必须符合图纸设计要求。上部拉条采用专用的加压装置进行，主要有便挟式手动液压缸和专用挡板组成。下部横拉条用专用夹具进行加压，如图5.4.2-8～图5.4.2-10所示。

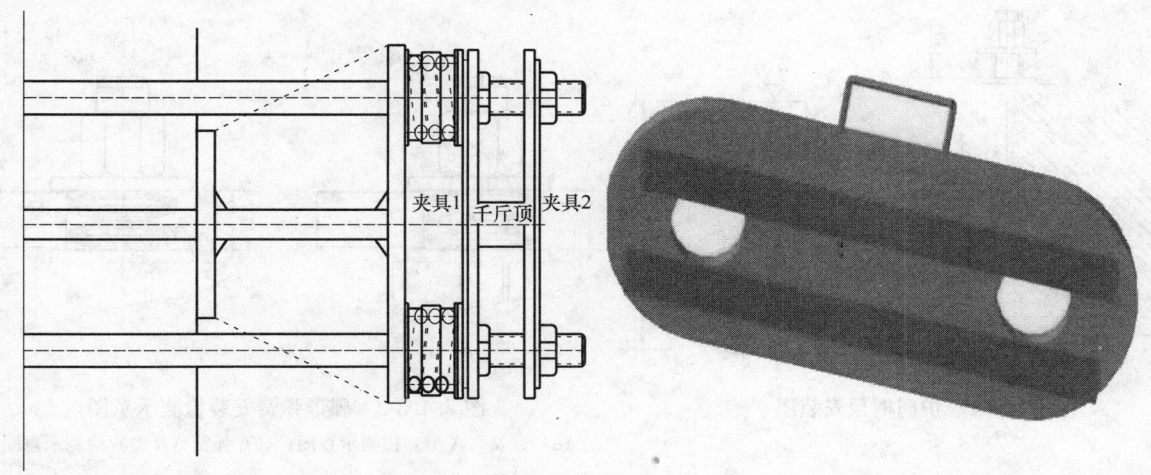

图5.4.2-8　上部横拉条弹簧加压装置

5.4.3　炉门框安装

1. 安装流程

开箱检验→倒运到炉前→粘贴陶瓷纤维绳→吊装→调整标高及偏斜→调整蝶形弹簧→夯塞陶瓷纤维绳。

2. 钩形螺栓和碟形弹簧的预安装，见图5.4.3-1。

1）连接炉门框与保护板的钩形螺栓，在炉门框上垫套，临时固定预安装，全部钩形螺栓装好后，再卸下来（钩形螺栓分左右两螺纹见表5.4.3-1，卸下的钩形螺栓分别放入箱内）。

2）卸下的钩形螺栓，按施工图穿上碟形弹簧，以备安装炉门框使用。必须按图组装

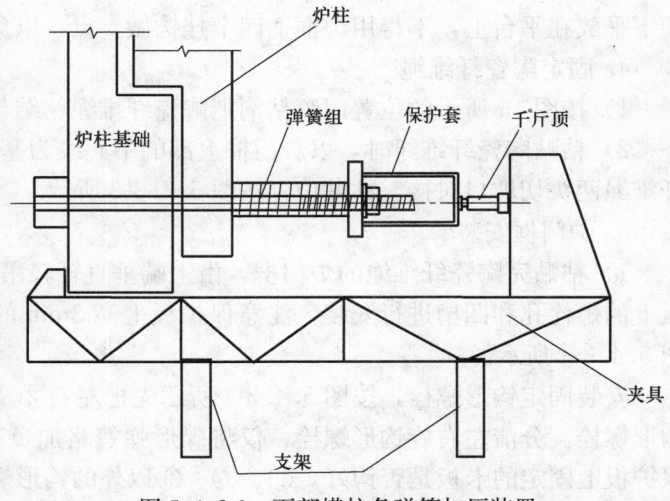

图5.4.2-9　下部横拉条弹簧加压装置

图 5.4.2-10　拉条加压实际图

碟形弹簧，应注意碟形的方向和片数，同时螺母拧到和钩形螺栓头部平即可，一般的蝶簧组合型式见表 5.4.3-2、图 5.4.3-2。

钩形螺栓使用分配表　表 5.4.3-1		
区别	使用地点	色别
右螺纹	面对焦炉的左侧用	黄色
左螺纹	面对焦炉的左侧用	红色

蝶簧组合型式见表　表 5.4.3-2		
碟形弹簧类型	碟形弹簧片数	碟形弹簧组合型式
A 型	6	对合组合
B 型	8	复合组合

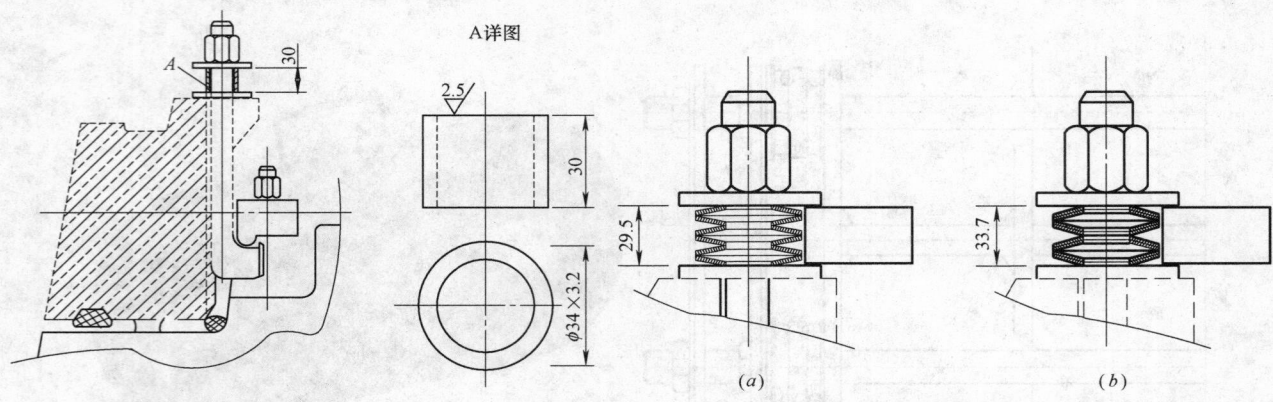

图 5.4.3-1　炉门框预安装图

图 5.4.3-2　碟形弹簧安装检测示意图
(a) 弹簧（A 型）检测示意图；(b) 弹簧（B 型）检测示意图

3. 炉门框挂钩保护

把炉框搬运至炉前，在安装前按要求将陶瓷纤维绳固定在炉框上，在固定石棉绳时炉框挂钩必须朝下平放在平台上，不得用炉框上四个挂钩做支点，以免折弯和碰伤挂钩。

4. 固定陶瓷纤维绳

1）按图 15 所示的位置用胶粘剂把陶瓷纤维绳粘结与炉框石棉沟内。

2）粘贴陶瓷纤维绳时，以炉门框上部的中心线为基准分向左右粘贴，在炉框下部中间部位将陶瓷纤维绳两头切坡口对接，粘贴位置按图 5.4.3-3 所示。

5. 炉门框安装

1）粘贴完陶瓷纤维绳的炉门框，由上端垂直轻轻吊起，将炉门框背面的定位螺栓和凸台对准保护板上的螺栓孔和凹槽进行安装，注意保护板上高 3mm 的凸台和炉门框上高 3mm 的凸台是否靠严，如图 5.4.3-4 所示。

安装固定钩形螺栓，按图 5.4.3-4 所示先把左右②及⑨的钩形螺栓临时固定住，按着安装中部⑥的钩形螺栓。分清左右旋钩形螺栓，仅将碟形弹簧略加负荷即可，同时与炉门框的耳子垂直，并核查与保护板上固定的卡板是否钩好。②、⑥、⑨以外的钩形螺栓在调整工作结束后进行安装。

6. 炉门框调整

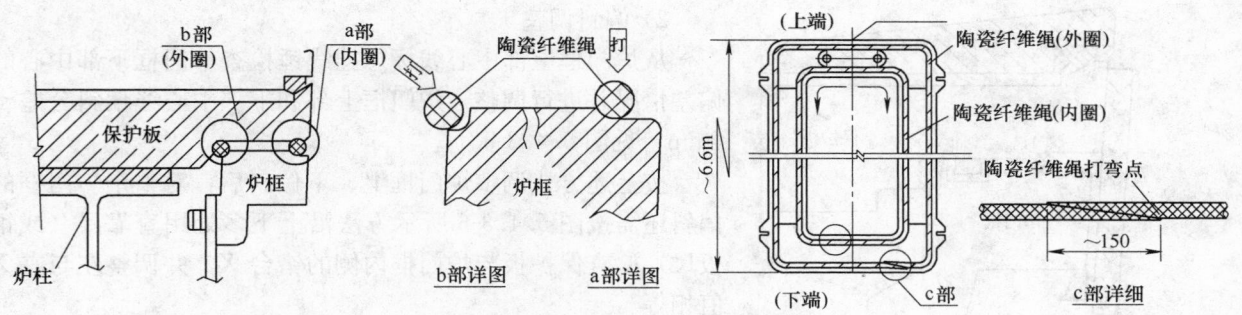

图 5.4.3-3　炉门框陶瓷绳粘贴

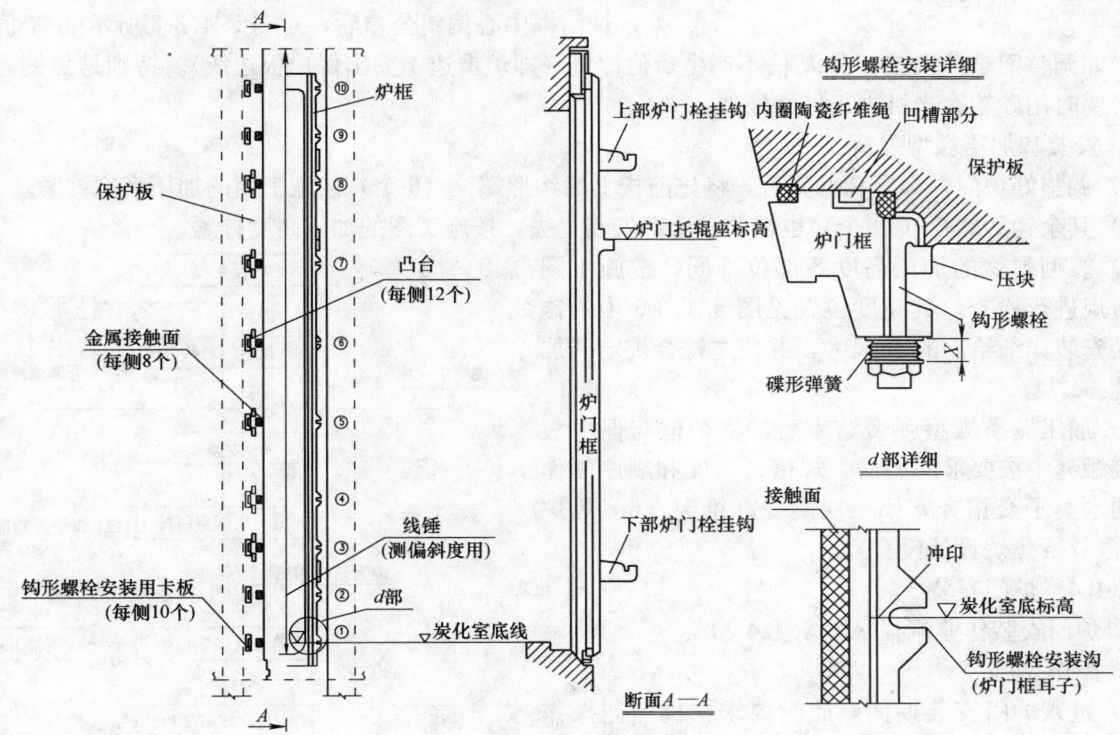

图 5.4.3-4　炉门框安装图

1）标高调整

在图 5.4.3-4 中 d 部详细所示在①钩形螺栓安装部位打有刻印（炭化室底标高）在调整炉门框标高时，用水平仪检测，调整前要将钩形螺栓的螺帽稍加松开，同时在炉门框上部挂钩栓上钢绳利用手拉葫芦进行调整，使其刻印与炭化室底实际标高吻合，公差控制在±1mm 内。

调整炉门框的同时，对左、右托辊座面标高，进行调整，调整后的不等高度差 0.5mm，见图 5.4.3-5。

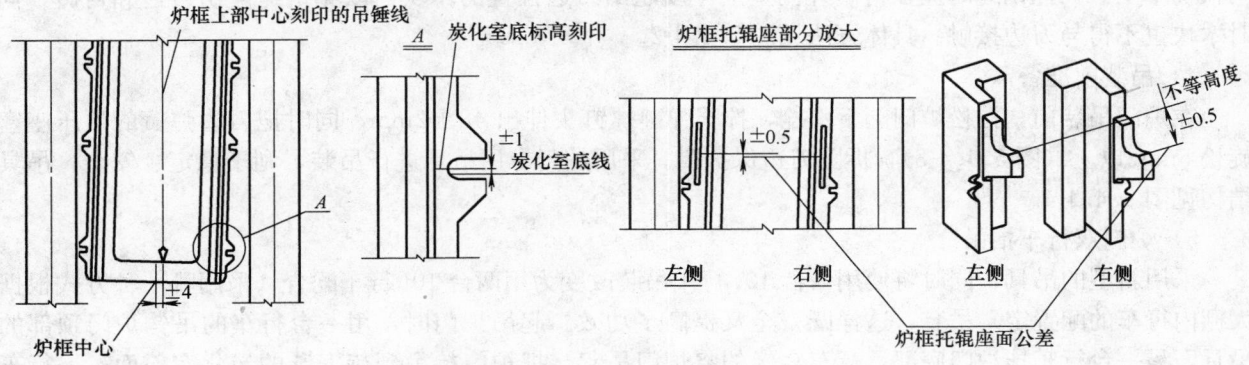

图 5.4.3-5　炉门框调整图

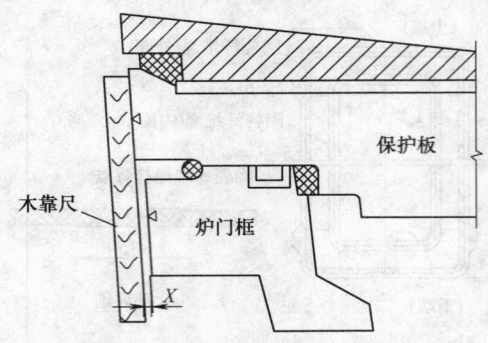

图 5.4.3-6 炉门框与保护板错台检查方法

2）偏斜调整

从炉门框上部中心线标志挂线锤检查炉门框下部中心的偏差情况并进行调整，炉门框上部和下部中心线偏斜公差±4mm，见图 5.4.3-5。

按上述方式调整炉门框上、下偏斜后，对整个炉门框的偏斜还需按图 5.4.3-6 所示方法沿上下多处用直靠尺（或钢板尺）检查保护板与炉门框内侧的错台 X，并调整左与右 X 值相等。

在保证炭化室与炉框刻印公差，托辊座面不等高度公差，炉门框中心偏斜公差后，对图 5.4.3-6 所示的 X 值进行调整，如调整困难，则左、右 X 值不产生负值即可（即炉框边不突出保护板边线）。特别是焦侧尤其重要，必要时用砂轮磨光机进行打磨处理。

7. 安装和加压蝶型弹簧

1）调整好炉门框标高和偏斜后，将先前拧上的钩形螺栓（6 个）按施工图的加压高度拧紧。

2）其余钩形螺栓（14 个）也按要求全部安装上去，按施工图的加压高度拧紧。

3）蝶型弹簧的加压高度各部位不同，按施工图用弹簧规进行检查，其高度位置见图 5.4.3-6 中的钩形螺栓安装详细给出的 X 尺寸，并使之符合规定的加压高度。

4）加压调整蝶型弹簧结束后，将炉框与保护板间的接触缝中按要求的型号、规格、长度和顺序制作合适的木契子交错夯塞第三层陶瓷纤维绳（6m 焦炉设计有，7m 焦炉设计没有）。

5.4.4 炉门安装

1. 炉门安装作业流程（图 5.4.4-1）

2. 操作要点

1）进入炉门安装期间，此时要求：机焦侧操作台已施工完成，具备放置炉门的条件；焦炉炭化室清扫完成，烘炉小灶砌筑完成；炉门框加压完成，保护板和炉肩缝及炉门框缝用精矿粉密封完毕，炉门框磨板安装完成；炉门已经砌筑完成，强度形成。

2）具备条件后运输炉门到炉前。

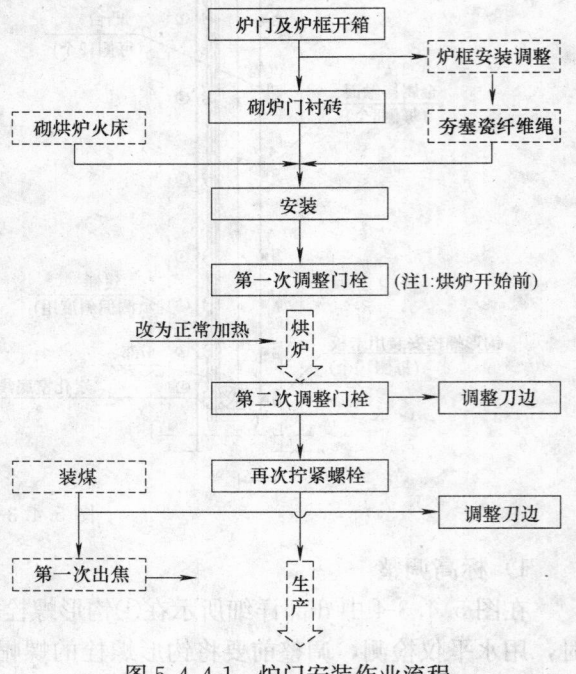

图 5.4.4-1 炉门安装作业流程

3）搬运炉门和放置时应使炉门正面朝上放置于两根枕木上。在挂钢绳时应在衬砖外侧垫上厚度超出刀边位置的木块，以免钢绳碰伤刀边和衬砖，同时木块也不得与刀边接触。具体方法见图 5.4.4-2。

4）吊装前准备

在炉门吊装前，拧松炉门上下门栓，拧至弹键螺钉头伸出 48±2mm，同时把刀边弹簧的顶压座塞旋松 5mm 以上（图 5.4.4-3），拆除刀边保护罩。采用炉门专用吊具进行吊装，利于稳定、安全，吊具结构见图 5.4.4-4。

5）炉门双行车抬吊

采用新型的吊具，同时将使用一台 10t 行车吊装改变为用两台 10t 行车配合（采用哪一种方式根据大棚内行车的配置定）吊装，这样既安全又提高了功效。起吊炉门时，用一台行车的吊钩炉门顶部的吊具，另一台行车挂炉门底部，行车轻轻的将炉门吊起。把炉门抬吊到待安装的炭化室前面，一行车

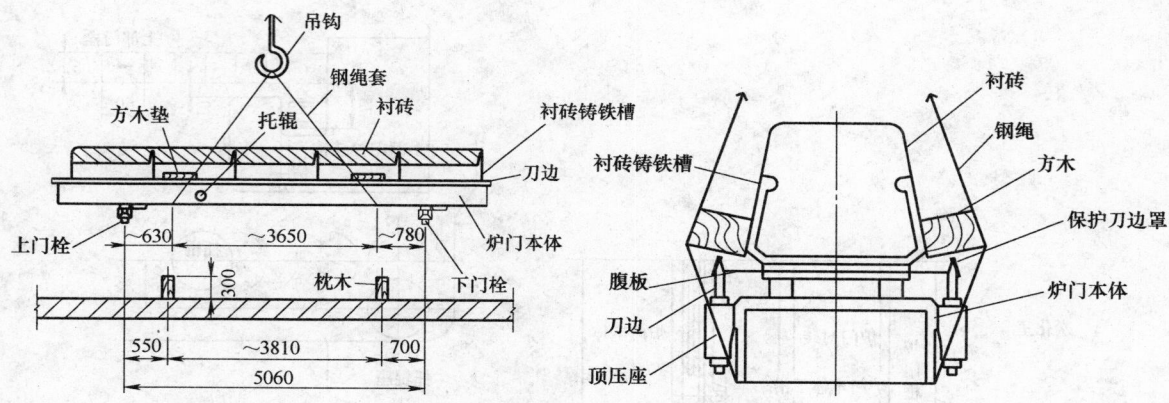

图 5.4.4-2　炉门搬运、存放吊装方法

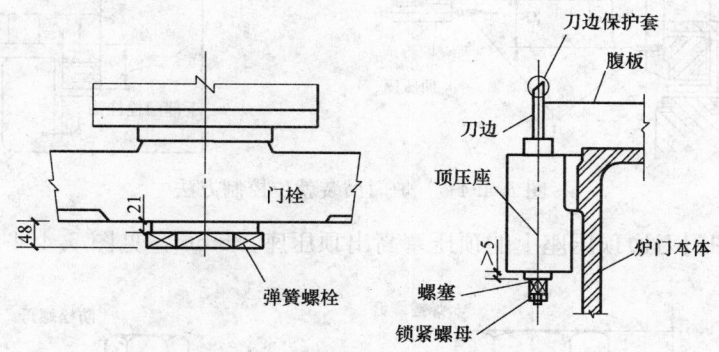

图 5.4.4-3　炉门安装前准备示意图

垂直吊起后，另一行车垂直松钩下放，将炉门基本保持垂直状态。最后用一台行车将垂直吊起的炉门运到待装的炭化室前，使炉门衬砖表面对向炭化室，将炉门中心和炉框中心对正，导辊对正炉框上托辊座，将门拴对正炉门框左、挂钩。接着向前移动炉门，使其尽量靠近炉门框，使炉门高于设计安装位置约75mm，此时炉门本体下端距炭化室磨板面约32mm，炉门衬砖表面距炉门框面100mm。

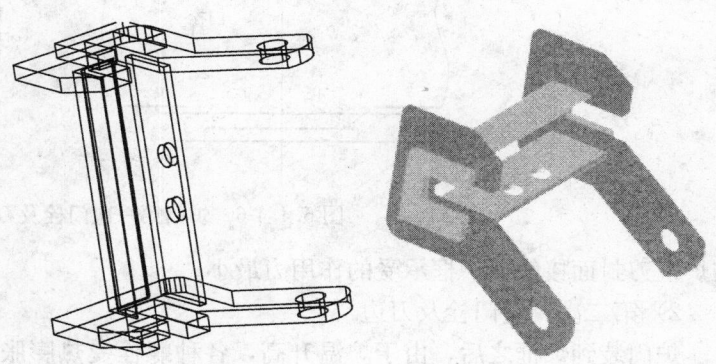

图 5.4.4-4　炉门吊具结构图

6）炉门就位

炉门方向中心线标高调好后按图 5.4.4-5 把炉门移向炭化室，导辊移近于炉框的托辊座，上部门栓移近于上部挂钩内缘，当上、下门栓都对准挂钩时，在轻轻下落，使导辊落在炉框的托辊座上。上、下门栓同时落入挂钩内。

7）检查炉门托辊与炉框托辊座间及上下门栓与挂钩间是否吻合。炉门安装结束后，拆下烘炉孔法兰盖，为烘炉管道安装做准备。

3. 炉门调整

1）第一次调整门栓及刀边

在炉门装到炉框上之后，上、下部横拉条弹簧、炉柱内部弹簧调整结束，烘炉开始前进行。第一次调整门栓使炉门刀边与炉门框刀封面接触即可，以防止烘炉期间外界空气进入炭化室内。

把搬手套在门栓（上下门栓）弹键螺钉头，顺时针旋转使弹键螺丝头到门栓距达到35mm。上、下

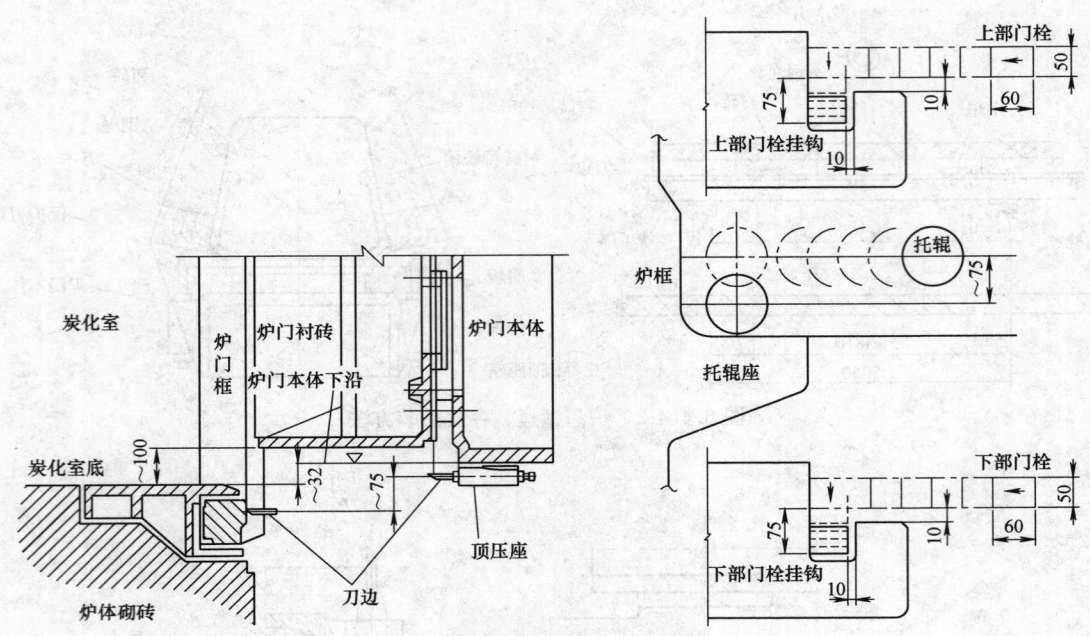

图 5.4.4-5 炉门吊装就位控制方法

门栓调整好后，调整炉门刀边顶压座上的顶压塞高出顶压座≥5mm，见图 5.4.4-6，经过调整炉门刀边

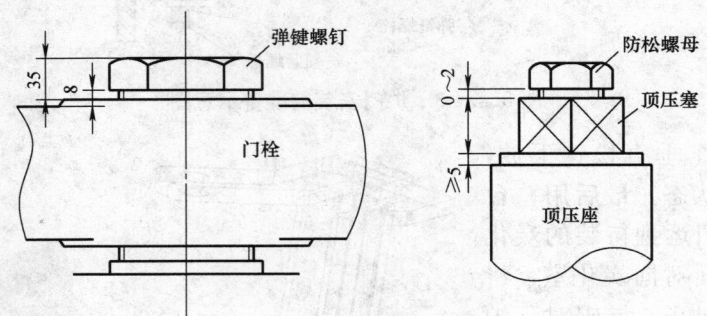

图 5.4.4-6 炉门第一次门栓及刀边调整方法

与炉框刀封面接触而炉框承受的作用力最小。

2）第二次调整门栓及刀边

炉门装到炉框之后，由于炉温升高，各种螺栓受热膨胀，密封垫收缩，机械振动等因素，而使螺栓松弛，因此在装煤前需要再次拧紧螺栓。在装煤前 4～5d 进行刀边调整工作，刀边与炉门刀封面接触具有一定压力。

按图 5.4.4-7 所示调整上、下门栓弹键螺丝头距门栓面 32mm 并用量规检查尺寸。上、下门栓调整

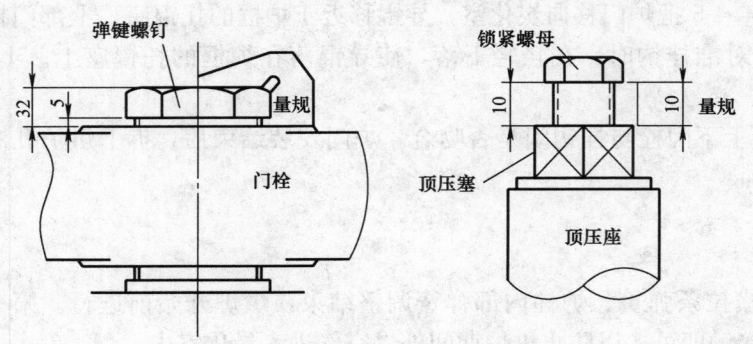

图 5.4.4-7 炉门第二次门栓及刀边调整方法

结束后，再调整刀边。按图 5.3.4-7 所示拧紧锁紧螺母，旋转顶压塞使锁紧螺母与顶压塞的间隙调整到 10mm。用同样方法调整全部顶压塞并用量规检查间隙尺寸。

3）各种螺栓，再次拧紧作业

第二次门栓调整和刀边调整结束后，进行各种螺栓的再拧紧工作，并应在装煤前三天左右结束。

① 炉门衬砖槽的固定螺栓

在炉门本体底面上设有孔洞，孔洞里设有连结滑板、腹板砖槽的双头螺栓和螺母，套筒搬手通过孔洞拧紧双头螺栓。拧紧螺栓顺序是从上部砖槽开始，向下依次进行。

每个砖槽的螺栓拧紧顺序，按图5.4.4-8编号均匀拧紧，第一次顺序拧完后，由于陶瓷纤维衬垫被压缩，先拧的螺栓松弛，因此应沿相反方向顺序再次拧紧。

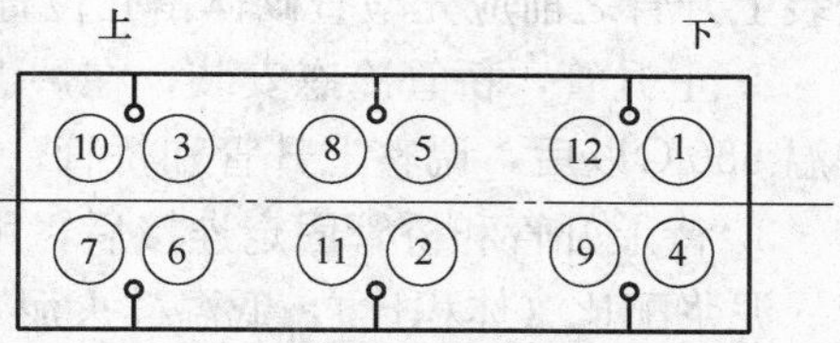

拧紧螺栓结束后，利用力矩搬手，检查螺栓松紧程度，拧紧后的力距应在150N·m以上。

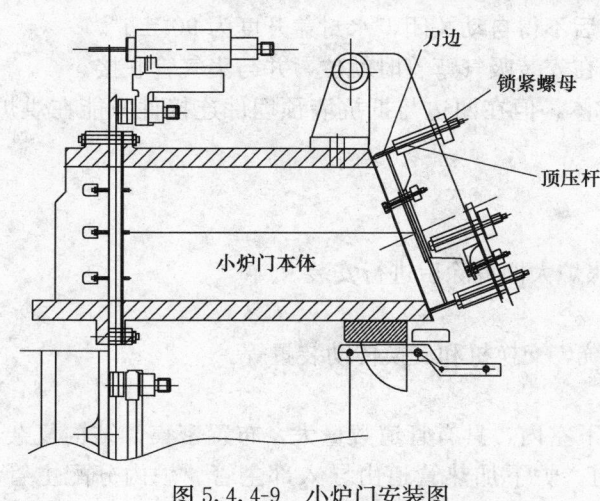

② 滑块的固定螺栓

在炉门本体底板上设有固定滑板螺栓，应进行再次拧紧，拧紧的力距应在100N·m以上。

图5.4.4-8　砖槽螺栓拧紧顺序

③ 小炉门刀边压紧弹簧的调节

小炉门周边设有刀边，该刀边用4个顶压座和12套顶压杆、螺母、弹簧压紧，随温度升高，由于膨胀而使螺栓松弛，加煤生产时需要再次拧紧。

将4个顶压座调整到小炉门不冒烟，并将固定顶压座的8套双头螺柱上的螺母拧紧，然后将12个顶压杆上的螺母拧至距顶压座3mm，见图5.4.4-9。

5.5　炉顶设备安装

炉顶设备在护炉铁件设备安装结束后才能施工作业。炉顶设备主要有集气管及操作台、上升管、桥管、阀体、水封盖、水封阀、焦油盒、放散装置及滑触线架等，另外还有装煤除尘管道等设备，其

图5.4.4-9　小炉门安装图

安装中心线、标高均以焦炉本体的标高中心线为基准。

5.5.1　集气管安装

1. 集气管可以冷态安装。用行车进行分段吊装，为方便高空组对集气管，预先在起吊前在管口位置焊安装用夹具、定位销等。

2. 集气管在安装过程应采用临时措施固定在炉柱托架上，等组装工程完后，烘炉前才取消临时固定装置。集气管为无坡度的U形水平管，集气管中心标高偏差为±6mm，测点以管座标高为准，与水封阀相连的马蹄形法兰中心线应成一条直线；且与集气管中心线平行，两中心线之间距离允许偏差为±3mm。马蹄形法兰中心间距允许偏差为±3mm，测量方法以中间法兰为基础向两侧测量。中间法兰中心与其两侧各个法兰中心的间距允许偏差为±3mm。见图5.5.1所示。

3. 两段集气管之间的间距应控制在10～20mm左右。两段集气管之间焊缝应铲平，不得高出钢板面，外部搭接的焊缝应保证质量。

4. 集气管安装完，对安装焊缝应作煤油渗透试验，具体要求为：将焊缝能够检查的一面清理干净，涂以白粉浆，凉干后，在焊缝另一面涂以三遍煤油，使表面得到足够的浸润，经3h后，白粉上没有油渍为合格。

5. 集气管内必须清扫干净与生产部门共同检查后再安两端堵板。

5.5.2　上升管、桥管、水封阀等安装

1. 上升管与底座内衬砌筑后联在一起，在底座下

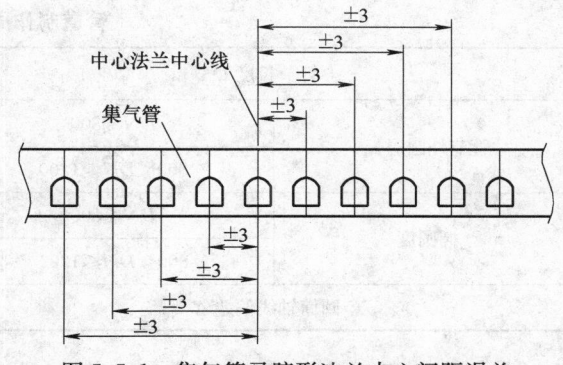

图5.5.1　集气管马蹄形法兰中心间距误差

放上 5mm 石棉盲板后吊装就位，调整上升管纵向、横向中心线和垂直度后，用平台支撑架临时固定。安装上升管之前应先检查砌体留孔位置是否正确，铸铁座套砌筑位置允许偏差±3mm。

2. 上升管，桥管冷态安装，在炉温 650℃ 以前上升管采用临时连接，并将上升管临时固定好。在炉温 650℃ 以后，调整上升管和桥管，再后固定连接。

3. 待上升管和桥管固定连接后，用下述泥浆抹陶瓷纤维绳，塞紧承插处，再灌以 10～15mm 的沥青。泥浆配比（体积比）：低温硅火泥 60%，精矿粉 40%，外加水玻璃 8% 调成稀泥浆抹在石棉绳上。上升管底座处密封：调整上升管位置和垂直度后，在上升管与铸铁座套之间用规定石棉绳塞紧，表面抹以下述泥浆：低温硅火泥 50%，精矿粉 50%，外加水玻璃 1%。

4. 上升管水封盖安装后，应作水封高度和试漏检查。水封高度允许偏差为±5mm。试漏：灌水至规定高度，30min 不漏水不渗水为合格。

5. 上升管水封盖安装后，应调整配重，使其打开后不得自动关闭，水封盖开度为 90°±1°。

6. 放散水封阀均与放散管整体吊装就位，焦油盒在安装吸气弯管时就位，并与集气管联接。

7. 集气管操作台在集气管上部可以连接成一个整体，但在两边与抵抗墙预埋件连接件只能在烘炉达到 650℃ 以后才能焊接。

8. 滑触线架安装按照一般钢结构要求进行。

9. 装煤除尘管道在滑触线架安装后安装。

10. 自动点火放散装置在集气管安装调整完成、焦炉大棚拆除后进行安装。

5.6 炉下加热系统的安装

炉下加热系统主要包括：炉下加热管道、废气系统、交换机和交换传动装置等。

5.6.1 炉下加热管道

焦炉的加热管道都集中安装在焦炉炉床板下的地下室内，具有管道数量大，布置密集，结构复杂，安装精度要求高的特点，完全不同于一般的工业管道。炉下加热管道由导入部主管、炉内分配主管、水平管、下喷管、交换旋塞等组成。

1. 管道制作

1）将安装图转换成制作图，按相关要求进行，了解钢板的尺寸规格，确定卷管管节的基本长度。

2）用已掌握的管节长度排列组合成管段，管段组合整根管道。在管节组合成管段时，必须满足纵向焊缝处于管道安装状态的中部，相邻管节的纵向焊缝互错 180°；卷管环型焊缝不得置于管托之上，且离管托边净距不小于 50mm；环型焊缝离分配支管与分配主管相贯线净距不小于 50mm；尽量避免人孔安装出现重叠焊缝；卷管弯头两端"瓦块"的纵向焊缝应调至安装状态的上部中间，以避免出现相邻纵向焊缝间距小于或等于 100mm。

3）管段长度划分应考虑汽车运输能力和进入安装部位的条件，分段以后，必须编号。

4）加热煤气管道制作周长及椭圆度偏差见表 5.6.1-1。

管道制作周长及椭圆度偏差表   表 5.6.1-1

管节长度 L		±3mm
管节外圆周长	$DN \leqslant 800$	±4mm
	$800 < DN \leqslant 1200$	±5mm
椭圆度	$DN \leqslant 800$	外径的 1% 且不大于 4mm
	$800 < DN \leqslant 1200$	4mm
圆筒轴线偏差 △		$\leqslant 0.1\% L$

5）管件制作的允许偏差和检验方法见表 5.6.1-2。

管件制作允许偏差表及检验方法表　　　　　　　表 5.6.1-2

项　目		允　许　偏　差	检　验　方　法
端面倾斜		1‰D，且不大于 3mm(D 设计外径)	用角尺和尺检查
最大直径与最小直径之差		1‰D(D 设计外径)	用尺检查
周长		±2‰(L 周长)	用尺检查
直线度		0.1‰L，且不大于 10mm(L 周长)	拉线和用尺检查
焊缝对口错边量	纵向	0.1t，且不大于 2mm(t 板厚)	用刻槽样板和尺检查
	环向	0.2t，且不大于 4mm(t 板厚)	
焊缝处棱角		0.1t+2(t 板厚)	用弦长 1/6D，但不小于 300mm 样板和尺检查
坡口	钝边	±1mm	用焊接检验尺检查
	角度	±2.5°	

2. 管道安装

1）先将炉内分配主管依次运到位，然后把管道调至安装中心并固定。

2）分配支管骑马放线以焦炉的基准线为基准划线。横向拉通尺确定位置，纵向用经纬仪投线，拉弦线确定位置。分配支管安装后进行调节旋塞、孔板盒、交换旋塞等安装。交换旋塞以焦炉中心线检查调整，并符合规范要求（注：高炉煤气管道无交换旋塞）。

3）下喷管与水平管的连接：先把水平管安装到位，下喷管与炉床板固定，下喷管与水平管实际对位划线，开孔焊接，使之连接。

4）煤气管道接管及法兰安装允许偏差和检验方法见表 5.6.1-3。

3. 管道试压

炉下加热系统管道安装调节旋塞及交换旋塞后进行总体试压，试压时对调节旋塞与交换旋塞进行交替开闭和阀芯的转动的三种状态下通以 0.02MPa 的压缩空气检查（禁止用水试验），30min 表压降不超过同一温度条件下的初压值 10‰为合格，试验前旋塞涂以 N68 号机械油。

管道接管及法兰安装允许偏差表及检验方法表　　　　　　　表 5.6.1-3

项　目		允　许　偏　差	检　验　方　法
法兰面垂直接管中心或接管法兰与施工图规定方向		法兰外径的 1‰且不大于 3mm 法兰外径小于 100 的按 100mm 计算	用直尺检查不少于 3 处
接管法兰	水平度		用水平尺检查不少于 3 处
	铅垂度		用吊线检查不少于 3 处
煤气分配支管接管（包括地下室横管分配小支管）		位置偏差 3mm	用吊线检查不少于 3 处
		接管伸出长度偏差±3mm	用直尺检查不少于 3 处
其他接管		位置偏差±5mm	用吊线检查不少于 3 处
		接管伸出长度偏差±5mm	用直尺检查不少于 3 处

5.6.2　废气系统

1. 烟道弯管

烟道弯管配合土建专业施工，在土建施工烟道时直埋后浇筑混凝土。

2. 烟道翻板安装

烟道翻板在安装位置组装后整体吊装就位。注意调平和两侧、下部间隙要大于等于 50mm 并均匀，刻度盘标示位置与翻板开关角度一致，必要时做刻印并转动控制灵活。

3. 交换开闭器及小烟道连接管安装

1）先将Ⅰ、Ⅱ型小烟道连接管吊装就位用铁线预先固定在小炉柱托架（或炉柱）上，再将交换开闭器按机侧Ⅰ、Ⅱ型和焦侧Ⅲ、Ⅳ型配对吊装与小烟道连接管连接并初步调平固定。

2）在其上方利用钢丝绷成的安装基准线，调整交换开闭器的中线和标高偏差（标高可以交换开闭器搬杆转动轴标高为调整点）。调整过程中在允差范围内兼顾交换开闭器与烟道弯管四周间隙及小烟道连接管与小烟道四周间隙要一致。其中交换开闭器的标高可用顶丝和烟道弯管加垫铁的方法调整，但垫铁不能突出烟道弯管内。

3）交换开闭器安装好后，调节阀内翻板使全炉开关方向一致，并在刻度盘上标出相应开关位置。

4）安装调整好的交换开闭器做提陀试验，保证煤气陀与废气陀垂直起落，废气陀与密封卡兰无过紧现象。煤气陀、废气陀的提升高度允许偏差为±5mm，煤气陀、废气陀下落后与阀座的中心偏差为5mm和4mm，同时废气陀的密封面和煤气陀的内层密封面不得小于3mm，见图5.6.2。

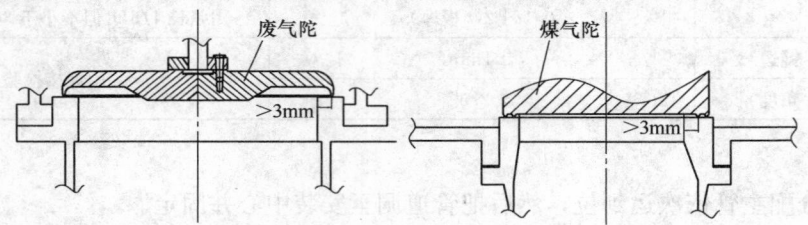

图5.6.2　煤气陀、废气陀尺寸控制误差

5）在交换开闭器与烟道弯管间隙间及小烟道连接管与小烟道间分别塞入石棉绳，但不得太紧，以免影响炉体膨胀。待炉温达到600℃后，再塞紧、打实石棉绳，最后按规定配比的灰浆抹平。

6）交换开闭器的型号一定要按布置图对应安装，各型号不能互换。

7）试运转前将交换开闭器各转动部位加油润滑。

4. 液压交换机和交换传动装置安装

1）交换机为常用液压设备，按常规设备安装。

2）交换传动装置在加热煤气管道和交换开闭器安装合格后再进行安装。

① 交换传动装置废气系统四角交换轮架链轮中心一致，煤气系统前后交换轮架链轮中心一致。

② 煤气交换轮架链轮中心与各个交换旋塞中心的实际安装标高偏差值，允许偏差为±5mm，废气交换轮架链轮或绳轮中心标高与交换开闭器主动搬杆轴中心安装标高的差值，允许偏差为±5mm。

③ 油缸中心标高与链轮中心标高一致，允许偏差为±5mm。

④ 煤气交换拉条，废气交换拉条与各自油缸活塞杆头连接时应对照加热系统图认真检查油缸位置和交换旋塞开闭位置、交换开闭器的启闭状态是否符合。

⑤ 安装调整完后，逐个松动铊杆，检查松紧情况，然后用交换机带动运转3～5次。检查该对旋塞开闭位置，废气铊，煤气铊，空气门的开闭状态，拉条行程、提铊行程，铊杆松紧情况，链与链轮的啮合情况以及轮架有何松动等运行情况，同时监督交换机运行情况。

⑥ 在焦炉改为正常加热之前，应将铊杆擦干净并逐个检查松紧情况，必须无过紧和卡阻现象后才能进行交换传动的试运转，运转时间不少于48h。严禁不松动、不检查铊杆就开动交换机进行试运转。

⑦ 焦炉正常加热后，交换传动装置还需重新调整一次。

5.7　移动机械走行轨道安装

5.7.1　各大车轨道的安装中心线和标高均以焦炉本体安装基准线引测，并以每5个炭化室为一测点，轨面标高偏差为±3mm，轨道中心线距离偏差±2mm。

5.7.2　安装前，对于有死弯的单根轨道用锯床将死弯锯掉后再加工钻孔。焊接的轨道接头必须处理干净；如用铝热焊接法，安装时严格控制接头间隙在26±2mm内，焊接时严格按操作要领的程序进行，保证预热时间、温度、气体流量和安全，最后打磨平整。

5.7.3　轨道与轨枕、垫层应贴紧，如有间隙用垫板垫实，垫板长度大于轨底面10～20mm。

5.7.4　装煤车轨道炉体段与端间台段的碰头在炉温650℃时，推焦车轨道在冷态时安装固定。

5.7.5 各轨道接头如不在垫板上时，要在接头下增加垫板垫平。

5.7.6 同一端的车挡与各车的缓冲器要同时接触，如有偏差及时调整。

5.8 炉体附属设备安装

炉体附属设备主要包括炉门修理站、余煤提升机、煤塔放煤装置、炉门修理站和推焦杆更换站等设备，为焦炉正常生产提供配套服务。

炉门修理站、煤塔漏嘴、单斗提升机等焦炉配套标准和非标准设备严格按照设计图纸尺寸和国家标准设备的安装规范进行施工、试运转。

5.9 劳动力组织

大型焦炉机械设备安装是连续施工，劳动力随工程进度随时变化，通常情况下组织以下人员就可以完成施工任务，以一座52孔7m焦炉机械设备安装为例，劳动力计划见表5.9。

1×52孔 JN70 焦炉机械设备安装劳动力计划　　　　　　　　　　　表5.9

工　种	人　数	工　种	人　数
钳工	10人	起重工	6人
管工	15人	电焊工	15人
电工	2人	气焊工	3人
机运工	4人	普工	10人
铆工	10人	测量工	2人

6. 材料与设备

6.1 主要机械设备（表6.1）

1×52孔 JN70 焦炉机械设备安装主要机械设备计划表　　　　　　表6.1

序号	名　称	型　号	单位	数量	备注
1	交流电焊机	BX1-500A	台	10	
2	台钻	Z4116	台	1	
		D512-B	台	1	
3	磁力电钻	CZ-23	台	1	
4	台式砂轮机	φ350、AC220V	台	1	
5	手枪电钻		把	2	
6	角向磨光机	SLMJ-100	台	1	
7	磨光机	SIMJZ-100	把	3	
8	型材切割机	J3G-400A	台	3	
9	电动套丝机	TQ-3、15-80	台	3	
10	电动弯管机	WYG10-20-80	台	3	
11	钢卷尺	30m和50m	把	2	
12	气割工具		套	15	
13	半自动气割工具		套	2	
14	电动空压机	0.8m³	台	1	
15	施工用电源箱		个	3	
16	施工用电线盘		个	2	
17	管道坡口机		台	3	
18	水试压泵		台	1	

续表

序号	名　称	型　号	单位	数量	备注
19	电子经纬仪	WILD T2　精度 2″	台	1	
20	精密水准仪	NA2＋GPM3 精度 ±0.8mm/km	台	1	
21	普通水准仪	NAKO 精度 ±2.5mm/km	台	2	
22	链条葫芦	各种型号	个	20	
23	螺旋千斤顶	16t 和 32t	个	6	
24	手动液压缸	HD90/HSPM90)	套	4	
25	薄型千斤顶	RCS	套	2	
26	对讲机		付	4	
27	棘轮扳手	各种型号	把	6	
28	汽车吊	20t 和 50t			据实安排

6.2　主要主要材料（表 6.2）

1×52 孔 JN70 焦炉机械设备安装主要材料计划表　　　　　表 6.2

序号	名　称	数　量	序号	名　称	数　量
1	钢丝绳 φ20	300m	9	线锤（10m）	3 把
2	钢丝绳 φ14	500m	10	盘尺（50m）	1 把
3	钢丝绳 φ24	300m	11	卷尺（5m）	14 把
4	卡扣	450 个	12	钢丝 0.5mm	200m
5	跳板	10m³	13	钢板尺（1m）	4 把
6	脚手管	400m	14	钢板尺（300mm）	6 把
7	脚手管件	100 只	15	塞尺（0.05mm）	5 把
8	铁线 8～12 号	200kg	16	棉纱	70kg

7. 质 量 控 制

7.1　本工法执行的主要规范

7.1.1　《焦化机械设备工程安装验收规范》GB 50390—2006。

7.1.2　《工业金属管道工程施工及验收规范》GB 50235—1997。

7.1.3　《机械设备安装工程施工及验收通用规范》GB50231—1998。

7.1.4　《现场设备、工业管道焊接工程施工及验收规范》GB 50236—1998。

7.2　质量控制措施

7.2.1　施工过程中，严格执行国家规范、规程、质量检验评定标准及公司质量管理程序文件，以保证每道工序均处于受控状态。

7.2.2　严格技术交底，每一个分项开工之前，工长必须以书面形式对作业班组进行技术交底，明确施工方法及质量目标，交接记录双方均要签字。

7.2.3　施工过程中严格执行工程质量奖惩制度、奖优罚劣。

7.2.4　各级管理人员均要持证上岗，特殊工种要有相应的上岗操作证。

7.2.5　严格执行"三检制"和"三工序"制度，项目质量员跟踪检查，掌握质量动态，加强工序质量控制，以工序保分项，以分项保单位工程质量目标实现。

7.2.6　对重点部位如护炉设备的配合尺寸、石棉绳的使用和密封性；交换旋塞的标高、纵横中心和水平度偏差控制；氨水切换装置的标高和操作灵活性；轨道的铝热焊接操作；交换系统的运行可靠性及其他有密切配合关系的工序必须严格过程控制和验收。

8. 安全管理措施

8.1 严格按操作规程作业。建立健全安全保证体系，落实安全生产责任制。建立安全应急预案体系，配备相应人员，准备好相应物料。

8.2 施工前认真、详细、全面地进行安全技术交底，并要求每个参与作业人员均参加，交底结束后进行相关不清楚问题的解释，交底确认，然后作业。

8.3 进入施工现场配戴好必要的安全用品并牢固树立安全第一，预防为主的思想。

8.4 特殊工种如电工、焊工、起重工、机运工等需持证上岗，随时接受检查。

8.5 各工种在工长、班组长统一安排下，分工负责做好自己的安全工作，对自己需要用的工、机具线路等随时检查，发现隐患及时处理并上报。

8.6 施工用电线、电缆、二次线要符合《施工现场临时用电安全技术规范》JGJ 46—2005 规定，由安全员和电工经常巡查，维护处理。

8.7 高空作业人员要进行体检，作业人员的安全带一定要拴挂牢固后才准许作业，特别是电焊作业等，一定要设专人监护并按要求配备灭火器，确保安全。

8.8 吊装作业设置警戒区域，由起重工统一指挥，专人监护。起重指挥的信号、手势一定要清楚。吊装作业用工作平台、吊绳具经常进行检查、更换、加固。

8.9 尽量避免立体交叉作业，禁止高空抛物。

8.10 严格按照施工方案的规定和要求施工作业。

8.11 起重机械吊装作业严格执行"十不吊"，电焊、气焊严格执行"十不烧"。

8.12 必须按规范规定使用钢丝绳，使用前、后和过程中仔细检查，必要时更换。

8.13 遇特殊季节施工，必须编制专项安全施工方案。

9. 环 保 措 施

9.1 严格执行国家及相应施工项目所在地方对施工环境保护措施的规定。

9.2 建立环境保护，文明施工管理实施体系，落实责任制。

9.3 编制项目施工环境保护，文明施工专项方案并严格执行。

9.4 施工现场文明施工管理，班组成员实行责任分工制，负责施工点的文明施工。

9.5 准备足够的容器、棉纱、锯末等物品，对泄漏的油液进行收集，污染的场地及时进行清洁处理。废弃物品集中存放，按规定处理。

9.6 运到现场的设备、构件一定要堆放整齐，做好有关标识。

9.7 施工余废料及时清理回库，让现场保持干净。

9.8 爱护现场已安和未安的所有设备、构件不受损，并坚决抵制不文明的行为。

9.9 材料计划力求准确，供应及时，工程完后及时退场。

9.10 施工人员进入施工现场，必须做好标准化作业施工，正确使用安全帽、工作服等劳动防护用品。

9.11 大宗材料、成品、半成品、机具设备等按工程进度的需要进场，按指定地点有序堆放，不随意侵占场内道路和增设道口。

9.12 施工现场用水、用电设施的安装和使用符合安装规范和安全操作规程，并按施工组织设计进行接（架）设，临时接用要提出申请，按批复实施，严禁随意接水、接电。

9.13 保持工地环境卫生，工地上不准随地大小便，必须做到令行禁止，发现随地大小便者处以重罚。

9.14 施工现场必须做到工完料清，及时清理现场。

10. 效 益 分 析

中冶成工建设有限公司应用该工法施工了各种焦炉炉型、多做焦炉，工期短、质量好、工序交叉作业少，有效地确保了安全，解决了传统施工方法中难以解决的难题，大大减轻了劳动强度，劳动效率显著提高，经济效益和社会效益十分优厚。以鞍钢鲅鱼圈4座7m焦炉护炉设备安装为例：

四座焦炉采用此工法节省工期4个月（每座焦炉1个月）、减少人工费支出96万元（每座焦炉80人，施工30d，100元/d）、减少机械费支出20万元（每座焦炉约计5万元）、减少其他费用支出10万元，合计减少支出126万元。

11. 应 用 实 例

2004年山东济钢2×60孔JN60-6型焦炉使用本工法，逐步推广直立线杆法，同时把炉门快速加压技术成果扩展运用到焦炉护炉铁件施工，再次缩短了工期，提升了施工质量。

2005～2006年，施工土耳其ISDEMIR钢铁公司JN60-6型焦炉、山西太原钢铁厂引进的德国Uhde公司的7.63m焦炉、山东莱钢7号及8号焦炉、鞍山钢铁厂5号、6号焦炉，形成了成熟的"直立线杆"先砌筑后安装的先进施工方法和"焦炉护炉铁件快速加压"方法以及成熟的焦炉工程施工测量方法。尤其山西太原钢铁厂焦炉是目前国内最大炭化室容积的焦炉，得到业主高度赞扬，同时该工程获得了中冶优质工程奖。

2007年，辽宁鞍山钢铁厂7号、8号JN60-6型焦炉和山西太原钢铁厂2号7.63m焦炉。尤其是太钢7.63m焦炉，整个工期缩短了30d，不仅工期提前，其经济效益非常显著。

2007～2008年施工的鞍钢鲅鱼圈4×52孔JN70X-2型焦炉，整个工期缩短4个月，经济效益显著。

2008年，施工的山东巨野铁雄新沙2×75孔ZHJL5552D型捣固焦炉，工期缩短2个月，经济效益好，同时受到业主好评。

2008年，正在施工的唐山佳华1×46孔JND6.25-07型焦炉也采用此工法，效果明显。

120m 火炬液压提升倒装工法

YJGF46—98（2007～2008 年度升级版-038）

中国化学工程第三建设有限公司

罗会田　王德　李文蔚　苏玉贤

1. 前　　言

火炬是石油化工生产中废气处理不可缺少的关键设备，它由火炬筒体、塔架、火炬头、附属管线等组成。火炬塔高度较高，一般都在 100m 左右。通常采用的安装方法有大型吊车整体吊装法、分段吊装法等。对于高度超过 120m 的火炬，受场地及道路条件限制，大型吊车安装往往很难胜任，另外吊车台班使用费也较高。

九江石化总厂八罐区配套工程及新建 2 号、3 号共三座 120m 高的火炬结构为柔性塔架式火炬，高 120m，重 175t，火炬塔截面为变正方形，塔架的连接为高强度螺栓连接，20m 以下结构为刚性段，20m 以上部分为柔性结构。此结构形式采用整体吊装较困难，尤其是火炬地处半山坡，大型吊车无法进入施工现场，也无竖立桅杆的场地，必须开发出适合现场条件且成本低的施工方法。

中化三建公司联合设计单位及业主开展科技创新，在原国家级"120m 火炬液压提升倒装工法"（编号：YJGF46—98）的基础上，结合我公司的发明专利——"焊接时定位圆柱体金属容器的装置"（专利号：ZL93106576.3），对原施工方法进行改进，包括采用升降式穿心千斤顶对液压提升装置进行优化；塔架（正装法）施工由散装改进为分片安装；优化摇杆结构等。通过以上改进，使"120m 火炬液压提升倒装工法"更加完善，同时减少了高空作业，适应范围广，不受场地地域的限制，达到了国内外柔性结构施工的先进水平。

2. 工法特点

2.1　火炬筒体采用液压倒装，安装效率高、成本低、劳动强度低、经济效益显著。特别是在无大型机械或边远地区、施工场地狭窄、大型机械无法进出的山顶等场合尤为适用。

2.2　液压提升不限重量及高度，安装高、大火炬优越性更为突出。

2.3　液压提升平稳安全，对环境没有污染。

2.4　筒节升降自如，组对更加易操作，焊接无高空作业。

2.5　塔架采取正装法分片吊装，高空作业量大为减少。

2.6　通过新工艺方法的实施，解决了在无大型吊装机械、大型桅杆等机械设备的情况下或场地狭窄、丘陵地区火炬塔无法安装的技术难题。

3. 适用范围

适用于任何结构型式、任何场地的塔架式火炬的施工，并不受其高度、重量的限制。

4. 工艺原理

火炬系统主要由火炬头、分子封、火炬筒体、分液罐、塔架组成。主火炬筒体采用升降式液压提升装置提升组装（倒装），在火炬筒体组装过程中，利用主火炬筒体做桅杆进行塔架的分片安装（正装），主火炬筒提升、塔架分片吊装的稳定性由塔架本身予以保证，火炬筒体提升倒装和塔架分片正装交替进行，直至全部安装完毕，液压提升倒装工艺原理图如图4。

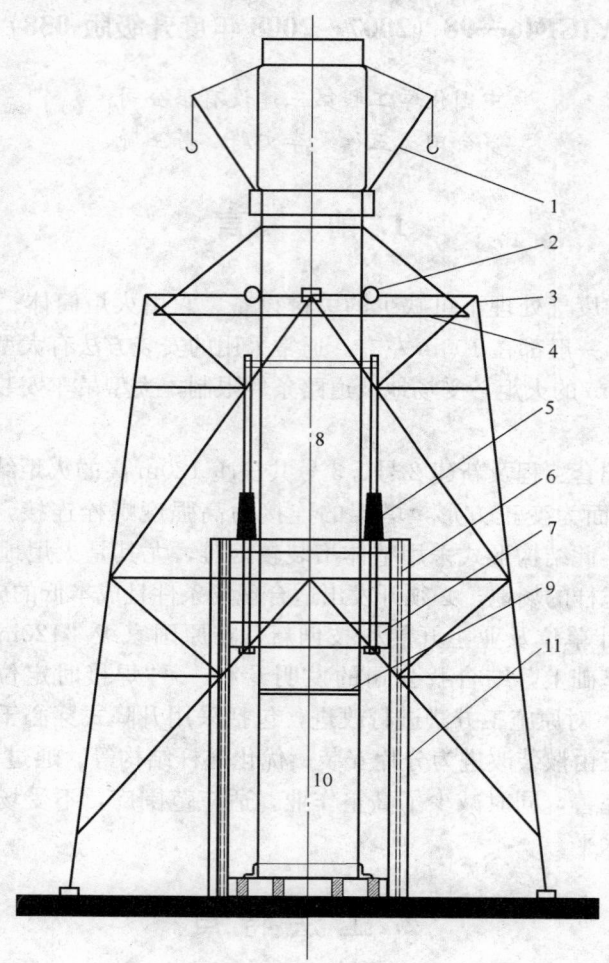

图 4　液压提升倒装工艺原理图

1—悬壁桅杆；2—稳升、导向系统；3—火炬塔架；4—监时平台；

5—提升系统；6—提升支架；7—提升抱箍、滑块；8—火炬筒体；

9—组对口；10—待组对筒体；11—立柱

5. 施工工艺流程及操作要点

5.1　施工工艺程序（图5.1）

5.2　操作要点

5.2.1　液压提升支架制作安装

1. 提升支架设计时主要考虑如下因素：

1）提升荷重；

2）提升高度要能满足最长筒节吊装组对；

3）方便组对筒节的就位；

4）分液罐安装就位；

5）满足提升装置的工艺要求。

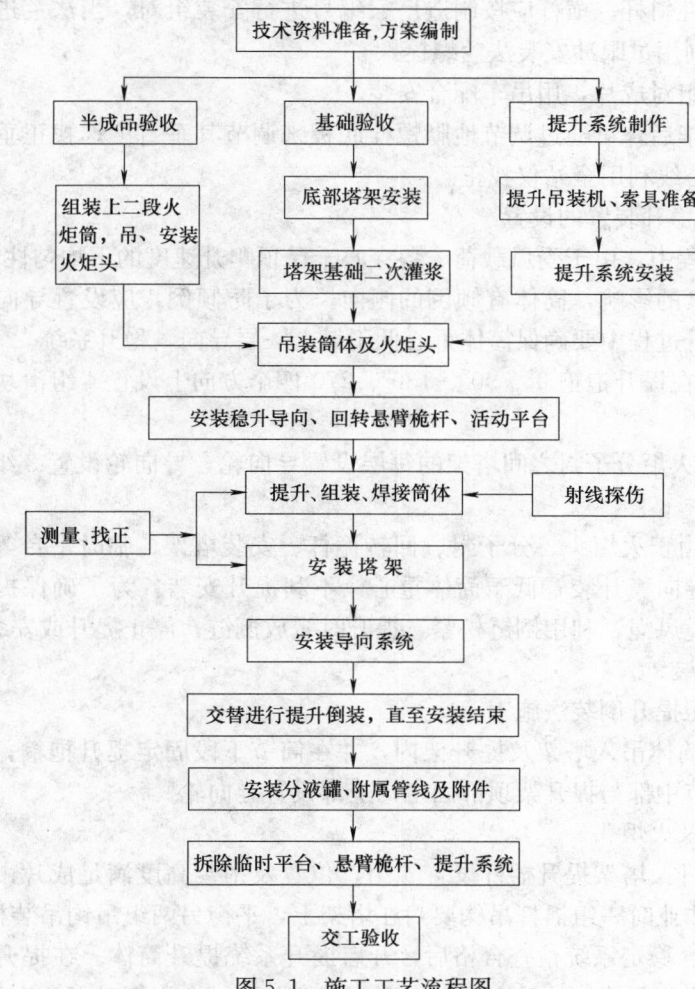

图 5.1 施工工艺流程图

2. 制作及安装

1) 立柱（兼做滑道）不直度及垂直度偏差不大于 $1/1000H$，且不大于 10mm；

2) 提升抱箍（兼做提升装置滑块）在立柱上要滑动自如，无卡涩现象。

5.2.2 底层火炬塔架（40m 以下）

1. 塔架安装前需对土建基础进行中间交接验收，应符合下列规定：

1) 基础混凝土强度达到设计要求；

2) 基础周围回填夯实完毕；

3) 基础轴线标志和标高基准点准确齐全；

4) 基础支承面和地脚螺栓允许偏差应符合表 5.2.2 要求。

基础支承面和地脚螺栓允许偏差 表 5.2.2

项 目		允许偏差(mm)
支承面	标高	±3.0
	水平度	L/1000
地脚螺栓	螺栓中心偏移	5.0
	螺栓露出长度	0～+20.0
	螺纹的长度	0～+20.0
预留孔中心偏移		10
螺栓中心圆直径		2
相邻两孔及任意两孔弦长		2

2. 塔架的主杆、刚性斜杆、横杆应按制造厂家编号进行安装组对，当法兰进行配对安装时应将两法兰侧面刻痕线对齐，利用过眼冲安装法兰螺栓。

3. 火炬塔架在地面组对成片，用吊车配合安装。

4. 刚性塔架安装完毕后，可通过调节地脚螺栓底板来调节其垂直度；找正垂直度可通过在塔架各层横杆上预先划出的中心线利用全站仪找正。

5.2.3　提升导向、稳升装置的设置

1. 火炬筒体提升过程中，由于受风载荷、各穿心千斤顶爬升速度的不均匀性、筒体垂直度的偏差、悬臂桅杆系统等诸多因素的影响，筒体有倾倒的倾向。为了防倾倒，应设置导向并稳升系统。设置时计算出筒体的重心，顶升过程中要确保筒体重心低于最上一层导向，稳升系统。

1）提升点的导向：在提升抱箍 0°、90°、180°、270°四个方向上设置 4 组滑块，利用提升支架作为导向滑道；

2）提升支架上部与火炬分子封之间塔架的每层设置导向轮，导向轮设置 3 组，导向轮与火炬筒体间隙 10mm。

2. 在最初提升时，由于火炬头、分子封、回转桅杆、安装塔架、临时平台等都集中在顶部，提升段重心偏高，最上一层导向稳升装置低于筒体重心，不利提升安装。为了确保提升安全稳妥，在火炬头顶部，通过塔架设置缆风绳，利用捯链松紧，提升时缓放捯链，停止提升或安装塔架时收紧捯链。

5.2.4　火炬筒体组装

主火炬筒体采用液压提升倒装法施工。

1. 先用吊车将火炬筒体吊入塔架及提升架内，并在筒节下段固定提升抱箍；安装提升滑块，并临时与底部平台固定，筒节中部与提升架顶部固定，上部设置导向轮。

2. 安装火炬分子封及火炬头。

3. 安装塔架提升摇杆：塔架提升摇杆设置 4 组，位置及吊装高度满足成片吊装的要求，塔架杆件吊装使用卷扬机，提升作业时一组摇杆吊钩要封在塔架上，平衡另两组吊钩吊装构件产生的力矩。

4. 火炬提升：提升、稳定系统检查合格后，开启提升系统提升筒体。在提升的同时，筒体相互垂直的两个方向，用经纬仪监测筒体的垂直度。当垂直度偏差超过允许值时（允许值一般为 100mm），停止提升，调整筒体的垂直度，符合要求时继续提升，直至达到提升高度，然后进行筒段组装。进行塔架安装、焊接、检验，安装工作结束后，再进行下一个循环的施工，直至全部组装完毕。

5. 火炬筒节组对焊接

火炬筒体组对利用先进的升降千斤顶进行精确对口，禁止强力组对，具体要求如下：

1）火炬筒体组对环焊缝的错边量不大于 2mm；

2）火炬筒体应避免强力组对，以防止焊接裂纹和减小内应力；

3）主火炬筒体为钢板卷管，其相邻筒节组对时，纵缝之间距离应不小于 200mm；

4）筒体的固定组装口，对接焊缝坡口为单面"V"型坡口，焊接方法应采用氩电联焊，即用氩弧焊打底，手工电弧焊填充盖面。

5.2.5　分液罐安装

分液罐安装前，需将筒体比原高度提高 1m，以方便分液罐就位。分液罐就位后，利用千斤顶将火炬筒体落至安装标高，火炬筒体安装在分液罐上。

5.2.6　塔架的安装

1. 在火炬筒体上部，对称设置四根回转悬臂桅杆，其回转半径、起吊重量要满足吊装塔架的要求。在回转悬臂桅杆下设置临时操作平台，固定在火炬筒体上，随火炬筒体的升高而升高，由此来作为塔架安装的操作平台。

2. 塔架刚性段安装好后进行找正，对塔架基础进行二次灌浆，并经养护合格后，再依次安装上部柔性塔架。

3. 塔架在地面组对成片，用每两根摇杆同步吊装塔架构件。

4. 每段柔性塔架安装完毕后，找正其垂直度，柔性塔架的垂直度通过调节四个侧面上的斜拉松紧螺栓来达到。

5. 每段塔架安装时，在进行垂直度调节和找正前，所有法兰螺栓螺母不要拧得过紧，待垂直度找正后再进行终拧。

5.2.7 操作平台拆除

塔架安装完毕后，下降操作平台，并随平台下降依次安装附属管线附件，安装结束后，操作平台降至最低点拆除。

5.3 劳动力组织（表5.3）

劳动力组合一览表　　　　　　　　　　表5.3

序号	岗 位	人 数	备 注
1	铆工	8	组长任组对指挥
2	电焊工	4	
3	起重工	5	组长任提升、吊装指挥
4	钳工	3	
5	测量工	2	
6	机械工	1	
7	管工	3	
8	气焊工	1	
9	其他人员	6	
10	管理人员	4	项目负责人任总指挥
	合计	37	

6. 材料与设备

本工法主要采用的机具设备见表6。

机具设备表　　　　　　　　　　表6

序号	机具名称	规格型号	单位	数量	备 注
1	吊车	QUY-50	台	1	
2	卷扬机	5t	台	3	
3	硅整流焊机	CS-500SS	台	4	
4	穿心液压千斤顶	20t	台	6	
5	液压提升操作台		台	1	
6	烘箱	450℃	台	1	
7	捯链	2t	只	8	
8	捯链	3t	只	4	
9	捯链	5t	只	4	
10	导向滑车	8t	只	2	
11	导向滑车	5t	只	3	
12	导向滑车	3t	只	10	
13	卸扣	10t	只	4	
14	卸扣	8t	只	2	
15	卸扣	5t	只	4	
16	卸扣	3t	只	10	
17	卸扣	2t	只	10	
18	钢丝绳扣	Y-15	只	8	

续表

序号	机具名称	规格型号	单位	数量	备　注
19	钢丝绳扣	Y-20	只	8	
20	钢丝绳扣	Y-25	只	80	
21	钢丝绳	Φ15.5　6×37＋1	m	1000	
22	钢丝绳	Φ17.5　6×37＋1	m	1200	
23	钢丝绳	Φ19.5　6×37＋1	m	200	
24	钢丝绳	Φ24　6×37＋1	m	200	
25	砂轮机	Φ180	台	2	
26	砂轮机	Φ180	台	4	
27	砂轮切割机		台	1	
28	弯管机	LVOG1-10P 型	台	1	
29	电动试压泵	D8Y-60	台	1	
30	提升架		套	1	
31	悬臂桅杆		根	4	
32	稳升导向系统		套	1	

7. 质 量 控 制

7.1　工程质量控制标准

火炬施工执行《钢结构工程施工及验收规范》GBJ 50205—2005、《工业管道工程施工及验收规范》GBJ 50235—2005、《塔桅钢结构施工及验收规程》CECS 86：96。

7.2　质量保证措施

7.2.1　加强半成品验收，严格按图纸逐件进行尺寸、孔距、不直度测量，不符合规范要求立即进行处理，将制作质量问题处理在安装之前。

7.2.2　采用经纬仪对火炬筒体的垂直度进行监控，确保符合规范要求。

7.2.3　火炬筒体焊接采用氩弧焊打底，电焊填充盖面，保证焊接质量，外观成型美观。

7.2.4　火炬筒体现场组对焊口 100% 射线探伤。

7.2.5　高强度螺栓应自由穿入孔内，不得强行敲打，不得用气割扩孔，穿入方向应一致。

7.2.6　高强度螺栓的安装应按一定顺序施拧，并应在当天终拧完毕。

8. 安 全 措 施

8.1　凡参加登高作业的人员必须经身体检查合格后方能上岗。

8.2　施工现场设置安全警戒线，严禁无关人员进入施工现场。

8.3　液压提升过程中，其几组千斤顶爬升要同步，严禁空爬；如发现有空爬现象，要立即停止提升，调整后才能继续提升。

8.4　提升停止、塔架安装及每天下班后，火炬筒体用斜接花兰螺栓将其临时固定，底部在平台上用扁楔进行周向固定。

8.5　回转臂桅杆在正式吊装前，要进行 2 倍最大负荷的超载试验；合格后，方能吊装构件。

8.6　提升过程或工作结束后，严禁火炬提升部分筒体重心超出最上端的稳升导向系统，否则必须加设缆风绳。

8.7　提升及吊装作业时，要注意气象情况，不允许在雨天、夜间、雾天和 5 级风以上的环境下作业。

8.8 塔架及火炬筒体安装时要做好防雷接地。

8.9 高处作业过程中，拆除的工卡具及手段措施，不得随意扔下和任其自由坠落，应采用吊索挂吊桶的方式将其缓缓放至地面，并堆码整齐，以确保人员、机械安全。

9. 环 保 措 施

9.1 施工过程中严格遵守国家和地方政府下发的有关环境保护方面的法律、法规和规章，加强对液压油、废水、生产生活垃圾的控制和治理，遵守防火及废弃物处理规章制度，随时接受有关单位的检查。

9.2 施工暂设、机具、手段用料等应按施工总平面图和施工方案中的要求进行布置。施工文明责任区域内文明施工情况每天进行检查，发现问题及时整改。

9.3 施工过程中，应保持场地平整，道路畅通，排水良好。在晴天经常对施工通行道路进行洒水，防止尘土飞扬，污染周围环境。

9.4 液压提升系统使用前，对系统进行泄漏检查，发现问题立即整改，泄漏或拆卸后排除的液压油要收集，防止污染环境。

9.5 现场剩余材料，边角废料应做到"落手清"，并在每日下班前对工机具、手段用料进行一次整理，保持现场清洁。

10. 效 益 分 析

10.1 经济效益

以神华 140m 火炬为例，同大吊车吊装法相对比，约节约费用 80.55 万元，具体如下：节约大吊车台班 25 个，工期提前一个月，人工费节约 25%。

10.2 社会效益

10.2.1 该技术安全可靠，稳定性好，降低了劳动强度，确保了施工安全无事故，工程质量评为优良。

10.2.2 通过运用该技术圆满地完成了施工任务，受到甲方和设计单位一致好评，为企业赢得了宝贵的无形资产。在国内属于首次使用，填补了火炬施工的一项空白，同时为企业在日益激烈的市场竞争中在火炬施工项目上取胜提供可靠的技术保证。

10.2.3 使用效果好，具有很好的推广价值。

11. 应 用 实 例

本工法在九江石化总厂 120m 火炬及 2 号、3 号 120m 火炬及内蒙古神华煤直接液化工程中新建的 1 座 140m 火炬施工中应用，取得了很好的技术经济效果。

九江石化 120m 火炬其塔架为柔性钢结构管式法兰连接，20m 以下为刚性段，20m 以上为柔性段；内蒙古神华煤直接液化工程中新建的 1 座 140m 火炬，结构为柔性塔架式火炬，截面为变截面三角形，火炬塔架高 130m，塔架半成品到货，主火炬筒体分段到货，施工中充分发挥技术和机械设备的优势。采用本工法进行施工，120m 火炬施工任务仅用 85 天，140m 火炬施工 90 天，高空作业量少，工程进度快，安全质量得到保证，工程质量经评定为优良，得到甲方及设计部门的好评，认为此液压提升倒装工艺先进、可靠、安全。

150m 排毒塔内井架提框倒模施工工法

YJGF16—96（2007~2008 年度升级版-039）

河北建工集团有限责任公司

赵蕴图　王晓莉　耿贺明　周国中　陈增顺

1. 前　言

150m 排毒塔主体结构施工采用的九孔内井架提框倒模工艺是河北建工集团有限责任公司在 20 世纪 90 年代为施工高耸建筑自行研究开发的一项新技术。该技术以超高井架吊挂施工为平台，依附施工平台提框倒模，依靠可调门式挂架沿辐射梁滑动，取代了对拉螺杆，对筒体变径、变坡度、变截面的模板实施固定，降低了劳动强度，安全可靠，质量有保障，经济效益显著，为同类工程施工提供了一条新路。该技术于 1995 年获河北省建设委员会科学技术成果奖，同年被评为河北省省级工法，1997 年被审定为国家级工法，工法编号 YJGF16—96。

之后十余年，本工法被多次采用，并在工程实践中对原工法使用的提升设备、垂直度控制等技术进行了优化改进。2008 年完成的"井架提框倒模施工技术应用与研究"课题通过了由河北省建设厅组织专家进行的技术鉴定，其技术居国内领先水平，具有很好的推广价值和应用前景。

2. 工法特点

2.1 虽属超高井架，但可分段搭设，不设缆风绳，安装方便，拆卸容易。

2.2 可依附井架架设载人、载物设施，从而提高了劳动效率，加快了施工进度。

2.3 吊挂工艺、平台升降的动力为捯链或液压千斤顶自动提升，电脑自动控制平台找平，节省劳动力，并有利于保证安装质量。

2.4 施工用平台多功能：门式挂架系统可调，能满足门式挂架径向滑动与平台同步提升；门式挂架采用手动或液压自动千斤顶控制技术，可实现滑动和模板的变径、变坡、变截面，拓展了施工范围。

2.5 塔体完成后，工艺平台可进行塔内防腐施工，减少了拆装周期，同时降低了施工成本。

2.6 施工条件要求不高，允许降雨、大风、停水、停电等原因造成的施工临时停歇。

2.7 提框倒模与滑模相比，提框倒模施工操作简单，在技术人员指导下普通工人即可操作。

2.8 倒模与滑模施工的混凝土质量相比，表面光滑平整，无搓动、拉裂及滑模施工中产生的质量通病问题。

3. 适用范围

适用于可设内井架（上口直径 $D \geqslant 5\text{m}$，下口直径 $D \leqslant 18\text{m}$，高度 $H \leqslant 150\text{m}$）的现浇混凝土筒体结构，如烟囱、排毒塔、排气塔、造粒塔、圆储仓等。

4. 工艺原理

4.1 移植筒仓滑模平台，改为以手动捯链或自动液压千斤顶为动力可沿井架上升的多功能施工操作工艺平台（见图 4.1）。

4.2 在围圈和模板之间增加滑道，改变提升时模板与混凝土相对滑动为滑道与模板之间的滑动，而模板与混凝土之间处于相对静止状态，混凝土脱模方式由滑动脱模变为拆倒脱模（见图4.2）。

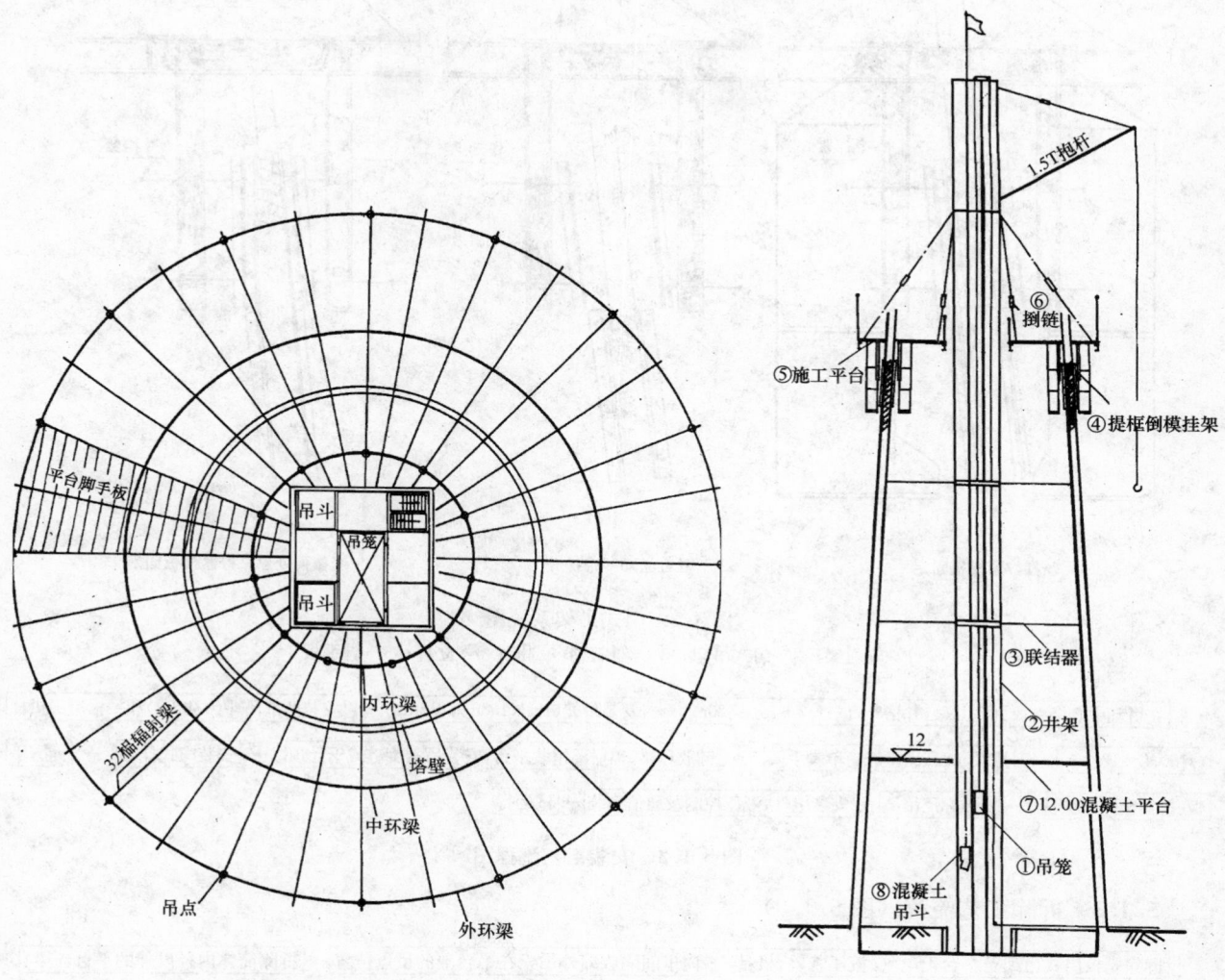

图4.1 施工平台、井架平面布置图　　　　图4.2 排毒塔提框倒模施工

4.3 混凝土筒体的收缩变径及变坡、变截面的控制，是通过沿辐射梁可径向滑动的门式吊架向里收缩和利用吊架上的丝杆、液压千斤顶、主杆来调整围圈及模板坡度及上下口尺寸来实现的（见图4.3）。

5. 施工工艺流程及操作要点

5.1 工艺流程
5.1.1 施工工艺流程（图5.1.1）

5m以下按常规施工后开始绑扎塔壁竖筋4～6m → 松动丝杠或千斤顶,模板与围圈分离 → 提升工作平台1.5m → 绑扎环筋1.5m → 翻倒模板 → 中心找正 → 拧紧门式挂架上丝杠围圈 → 紧固、模板 → 分层浇筑混凝土 → 重复前过程

图5.1.1 施工工艺流程图

5.1.2 安装工艺流程（图5.1.2）

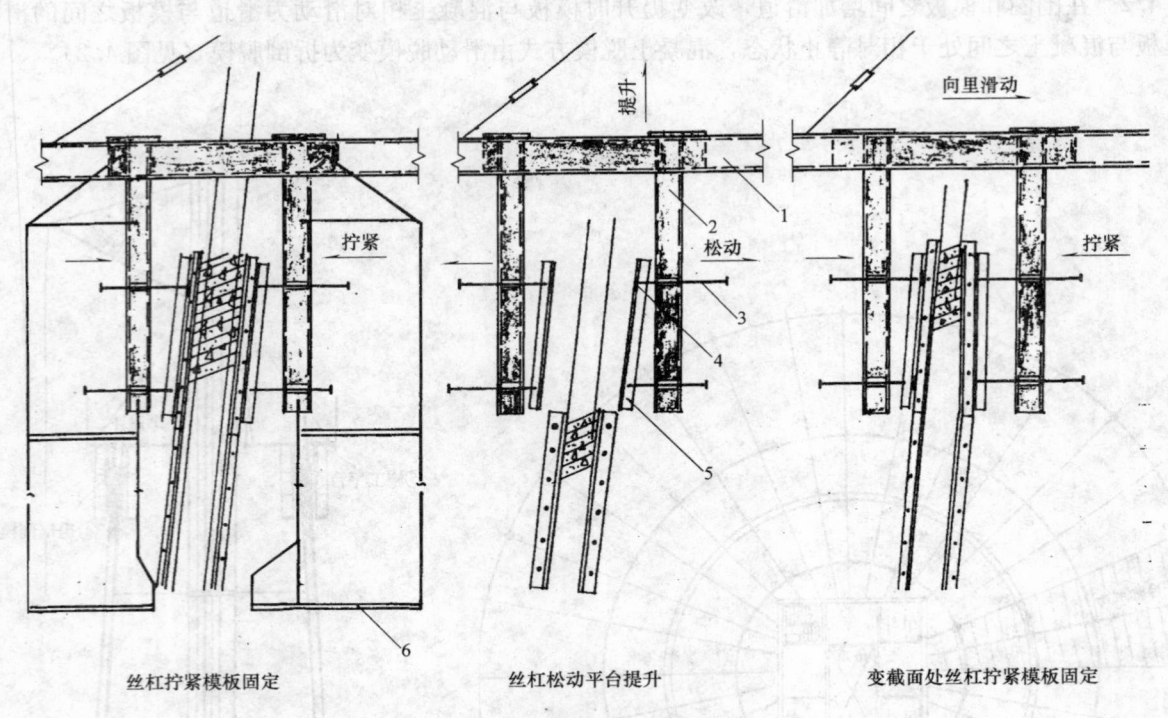

图 4.3 门式吊架系统图

1—辐射梁；2—门式吊架；3—丝杠；4—围圈；5—立杆；6—脚手板

在塔基中心搭首段九孔井架(井格3—1+1.2+1m)高30m → 安装吊笼(1m×1.8m×2.5m) → 安装两部吊斗(0.45m³)和一根甩头扒杆

(φ150、L=12.4m) → 搭设5m高满堂红简单脚手架 → 铺放环梁、辐射梁组装平台,安装吊索捯链或千斤顶 → 安装门式挂架 → 铺脚手

板、挂安全网、立模板 → 安装标尺吊坠 → 安装电气、液压控制及通信系统 → 试运行

图 5.1.2 安装工艺流程图

5.1.3 拆除工艺流程（图 5.1.3）

拆除模板门式吊架及平台上电气、液压装置、机具 → 向里间隔收缩外吊索在平台上的吊点位置 → 拆除简体内径以外的平台环梁、

辐射梁(以保证缩小的平台能在简体内整体下落) → 拆除上部多余井架 → 下落平台 → 依次拆除井架 → 依次下落平台

图 5.1.3 拆除工艺流程图

5.2 操作要点

5.2.1 井架、平台梁及挂架、机具设备的采用需根据具体工程需要通过计算确定。

1. 施工平台由 32 组双[14a 槽钢辐射梁与三道环梁组成。平台直径 16m，由 28 个 5t 捯链（或液压千斤顶）悬挂在井架上，平台吊环用 φ20 钢筋焊在内外环梁上，外环梁设 17 个，内环梁设 11 个，外环梁吊索与平台夹角一般控制在 45°～60°之间。

2. 门式吊架设置在两槽钢辐射梁缝内，与辐射梁同时安装。门式吊架沿环向设置上下两层脚手板用于支拆模板和绑扎环筋。环梁对接、环梁与辐射梁上下连接均用 M16 螺丝。

5.2.2 井架每次接高≤20m，不设缆风绳，在塔身施工中穿插进行。每 10m 设一组柔性联结器（8 根 φ12.5 钢丝绳配紧线器，分四个方向对称布置）与塔内壁埋件连接，每 30m 改加一道刚性连接。

5.2.3 每天施工一步，其工序安排：

1. 白天：提平台、绑环筋、拆支模板、浇混凝土。

2. 晚上：混凝土凝结、绑扎竖筋。

5.2.4 混凝土浇筑后、终凝前避免受扰动，一般停留 2h 以上。

5.2.5 平台提升时，所有捯链要同时启动，同步提升 1.5m 后，将吊挂平台的保险钢丝绳扣紧。

5.2.6 平台外端吊索与平台夹角根据提升的变化宜控制在 45°～70°之间。

5.2.7 井架上吊点，可相对在同一平面对称布置，且每次上移高度≥9m，并逐条替换上移。保险所用钢丝绳亦相应上移。

5.2.8 模板配置两步，主模板 P2015 或钢框胶合板和可调用模板，每步 8 组。

1. 模板配置与固定：模板采用 P2015 定型钢模或钢框胶合板和 8 组梯形收分模板，配置两步上下翻倒。为适应塔身变曲率的要求，内围圈采用刚性较大的可调式桁架围圈，外围圈采用-90mm×8mm 钢板带，用 1.5t 葫芦箍紧，并挂在立杆上。围圈与模板临时连接用 $\phi12$ 勾头螺丝。

2. 模板滑动与调整：为适应塔身收缩变径，门式吊架带动立杆，立杆挂住围圈，沿辐射梁向里滑动，每施工 4 步，向里滑动 1 次，每次 400mm。根据每步塔身直径、坡度和截面的尺寸要求，调节上下丝杠长短（或液压千斤顶）就能达到目的。丝杠调节量为 500mm。模板上口宽度（壁厚）用放置等厚度的预制混凝土块来解决。模板调整要先内模后外模。

5.2.9 设三个电气、通信、控制台，分别设置在塔底、工作平台上及塔外卷扬机棚内，并设一对对讲机，随吊笼上下与塔底控制台做临时联络。

5.2.10 随塔身施工高度上升，塔身直径逐渐收缩，当平台半径探出 2.0m 以上时，考虑平台的缩径进行改装。

平台改装：当施工高度到 100m 时，塔壁外半径为 4800mm，门式吊架已进入中环梁内，随着高度的上升，原平台辐面较宽，在风载作用下，安全上的不利因素增大，为减轻荷重与受风面积进行平台缩径改装，由原半径 8m 缩减为 5.8m。

5.2.11 找正与标高控制

1. 每步找正：要先提吊笼高出平台 2.0m，把线锤吊在笼底居中，用钢尺轮圆，通过调节立柱丝杠控制模板位置进行找正。

2. 对中找正：在井架搭设前，先在基础中心顶面，预埋铁板刻中心十字线，每步定位对中找正，先提吊笼高出平台 2m 左右，把 15kg 线锤吊在笼底进行对中，然后用钢尺根据塔身半径轮圆校正模板。

3. 标高控制：标高控制采用在井架两侧设 160m 标尺，刻划每步垂直高度，并用水准仪沿塔壁测点来控制。

5.2.12 塔体完工后，工艺平台略加改装，可进行塔内防腐施工。

5.2.13 扒杆应设在外爬梯方向，外爬梯安装与塔身施工同步。

5.2.14 井架垂直找正，可采用联结器控制，并在井架接高前后用吊坠、弯管经纬仪校核。

6. 材料与设备

本工法无需特殊说明材料。采用的主要机具设备见表 6。

主要机具设备表　　　　　表 6

序号	设备名称	设备型号	单位	数量	用途
1	165m 九孔井架	井格(1+1+1)×(1+1.2+1)	座	1	平台悬挂点，上料、上人通道
2	施工平台一座	平台直径 16m	座	1	操作、承重平台
3	双筒双绳慢速卷扬机	5t(V=12m/min)	台	1	用于吊笼
4	快速卷扬机	2.5t	台	3	用于吊斗和扒杆
5	电动葫芦	1.0t	台	1	用于扒杆变幅
6	扒杆	1.5tϕ150、L=12.4m	根	1	吊钢筋等
7	吊笼	1m×1.8m×2.5m	个	1	上人

续表

序号	设备名称	设备型号	单位	数量	用　途
8	吊斗	0.45m³	个、	2	吊混凝土
9	钢丝绳	6×37-200　φ20	m	500	用于吊笼
10	钢丝绳	6×37-200　φ15.5	m	1000	用于吊斗和扒杆
11	手提式电焊机、气割		台	各1	焊接、割断
12	吊坠	15kg	个	1	模板找正
13	经纬仪、水准仪	DJ2、DS2	台	各1	模板抄平、筒体找正
14	标尺	160m	个	2	测量高度
15	钢尺	50m	个	2	测量半径、截面
16	插入式振捣器	φ48	个	若干	振捣混凝土
17	小推车	0.2m³	辆	若干	运输混凝土
18	捯链若干	5t	个	计算确定	提升平台
19	液压千斤顶、液压机	长行程千斤顶5t	套	1	提升平台，控制模板
20	电气、通信控制台		台	3	用于平台、地面、吊笼运行控制和联络
21	对讲机	300m	部	3	通信联系
22	高压水泵	扬程200m	台	1	平台上消防
23	灭火器	（手提式）	个	6	平台上消防
24	模板	定型钢模 P2015、钢框胶合板8 组梯形收分模板	块(组)	计算确定	用于施工筒壁
25	刚、柔性连接器	φ75 钢管、φ15.5 钢丝绳	根	若干	用于井架固定，每10m一道

7. 质 量 控 制

7.1 井架、施工平台、门式挂架系统及机具设备的制作安装应符合国家现行的《钢结构设计规范》GB 50017、《钢结构工程施工质量验收规范》GB 50205 和有关规范要求。

7.2 筒体结构施工质量应符合《混凝土结构工程施工质量验收规范》GB 50204 要求。筒身垂直度每10m 用经纬仪校核一次，直径与截面尺寸每施工一步用钢尺测量一次。筒体允许偏差值见表 7.2。

筒体允许偏差值　　　　　　　　　　　　　　　　　　　表 7.2

序号	检查项目	允许偏差值(mm)	备　注
1	中心垂直	≤0.1%H	H：筒体高度
2	筒壁厚度	±20	
3	筒壁任何截面半径	≤1%R，且小于30	R：筒体半径
4	筒壁高度	≤0.15%H	H：筒体高度

7.3 在施工前，应组织学习有关规范、规程以及工艺标准，并做好技术交底、安全交底和质量控制要点工作。

7.4 施工过程中，应按照图纸及规范要求认真做好每步各工序的隐（预）检工作，严格执行原材料进场验收及混凝土浇筑令制度，并做好预测预控，确保工程质量。

8. 安 全 措 施

8.1 执行国家颁布的《施工现场临时用电安全技术规范》JGJ 46 和《建筑施工高处作业安全技术

规范》JG 80。

8.2 井架设避雷装置及高空红灯显示，施工平台照明采用36V安全电压，挂架脚手及平台设1.5m防护栏杆满挂安全网，平台设灭火器。

8.3 塔底$R＝24m$设安全警戒标志，出入口通道搭双层6m宽防护棚。

8.4 动力设备设双限位及失速、漏电、过载安全保护装置。

8.5 对现场的施工机具、拔杆，锁具，扣件进行全面检查，消除隐患。

8.6 对现场的安全设施，如跳板、安全网、安全带、防护栏杆等，必须认真检查，确保其符合标准要求。

8.7 现场用电管理由专人负责，现场严禁乱拉乱接，现场应急照明及筒内的照明采用安全电压或设置可靠的绝缘措施，确保用电安全。

8.8 竖井架的安装必须符合井架安装规范要求，各连接点必须连接牢固。竖井架必须有可靠的避雷接地措施。接闪器的引下线和接地体应设置在人不去或很少去的地方，接地电阻应与所施工的建（构）筑物防雷设计类别相同。

8.9 经常检查倒模设备的牢固、运转情况，发现问题立即解决。倒模提升不应过快过慢，严格按照操作规程施工，滑升设备、井架、安全设施等安装后，应经有关技术安全部门验收合格后方可使用。

8.10 吊笼必须设有防坠落装置，滑道、提升钢丝绳状态良好，顶部应设有限位装置。

8.11 筒体结构四周应设立危险警戒区，警戒区半径为筒体结构半径15m范围内。警戒区用安全网围设，设立警戒标志，非操作及检查人员禁止入内。警戒区内设安全通道，搅拌机、卷扬机及部分设备、材料堆放处须搭设防护棚。

8.12 操作平台的最高点，必须安装临时接闪器。施工现场的井架、脚手架、升降机械、钢索等大型物体，应与防雷装置的引下线相连。

9. 环 保 措 施

9.1 施工现场应建立施工环境卫生管理规章制度，在施工过程中严格遵守有关环境保护的法律、法规和规定，加强对施工燃油、工程材料、设备、废水、生产生活垃圾、弃渣的控制和治理，遵守有关防火及废弃物处理的规章制度。

9.2 将施工场地和施工作业限制在工程建设允许的范围内，合理布置、规范围挡，做到标牌清楚、齐全，各种标识醒目，施工场地整洁文明。

9.3 对施工中可能影响到的各种其他设施制定可靠的防止损坏和移位的实施措施，并加强实施过程中的监测、应对和验证。同时，应将相关方案和要求向全体施工人员详细交底。

9.4 混凝土宜采用商品混凝土，不设现场搅拌站，减少现场粉尘及污水的产生，降低对环境的污染。

9.5 除按照环境卫生指标进行废水处理达标外，废水应按当地环保要求的指定地点排放。弃渣及其他工程废弃物按工程建设部门或城建部门指定的地点和方案进行合理堆放和处置。

9.6 优先选用先进的环保机械和节能低耗高效的机电设备。

9.7 施工平台及挂架采取密目式安全网全封闭措施，防止扬尘。

9.8 工具棚采取隔声板、隔声罩等消声措施，有效降低施工噪声，并达到环保要求允许值以下。

9.9 对施工场地道路进行硬化，并在晴天经常对施工通行道路进行洒水，防止尘土飞扬，污染周围环境。

10. 效 益 分 析

以保定化纤厂技改项目150m排毒塔工程施工为例：

此工艺比附着三角架倒模劳动强度降低 1/2，生产效率提高 30%，比滑模一次性投入少 40%；节约支撑杆 96.25t，节约钢丝绳费用 4.04 万元；工期 105d，比滑模定额工期 250d 提前 145d，节省工时 14145 工日，综合效益 30.65 万元。

此工艺技术先进、施工简便、安全可靠、工效高、施工速度快、劳动强度低，混凝土表面光滑无裂缝，垂直度、椭圆度均满足设计及规范要求，为同类工程提供了应用实例，具有很好的推广价值和应用前景。

11. 应 用 实 例

11.1 保定化纤厂技改项目 150m 排毒塔工程（图 11.1），下口直径 18m、上口直径 8.25m，现浇混凝土量 2500m³，钢筋 450t，塔身变径、变坡度、变截面，施工难度大。我公司采用此工艺，经过四个月的施工，顺利结顶。

经实测，塔身中心垂直偏差 90mm＜0.1‰H＝150mm；塔壁截面半径最大误差 20mm＜1‰R＝40mm，且小于 30mm。

11.2 河北晶龙丰利化工有限公司 110m 造粒塔工程（图 11.2），高 110m，直径 16m，现浇混凝土量 4300m³，钢筋 640t，塔身变径、变截面，施工难度大。我公司采用此工艺，经过三个半月的施工，顺利结顶。

经实测，塔身中心垂直偏差 85mm＜0.1‰H＝110mm；塔壁截面半径最大误差 18mm＜1‰R＝32mm，且小于 30mm。

图 11.1 保定化纤厂技改项目 150m
排毒塔工程实景照片

图 11.2 河北晶龙丰利化工有限公司 110m
造粒塔工程实景照片

11.3 在施工过程中，形成了一套切实可行、行之有效的施工工艺，并通过研究、论证、优化，解决了施工中的各种问题，形成了内井架提框倒模施工工法。采用该工法进行的工程实践中，工程质量和观感效果得到了业主、监理及社会各方的肯定和好评。

钢筋混凝土筒仓附着式三角架倒模施工工法

YJGF34—92（2007~2008年度升级版-040）

河北建工集团有限责任公司

张秀华　张哲　耿贺明　王振宁　陈增顺

1. 前　　言

附着式三角架倒模属自承法施工技术体系，模架相互利用倒替上升。始用于1976年石家庄炼油厂冷却塔工程，20世纪90年代通过省级鉴定，同年获河北省建设系统科技进步奖、省级科技进步奖，1993年被认定为国家级工法，工法编号为YJGF34—96。

十余年来，本工法在公司承建的百余座钢筋混凝土筒仓主体结构工程应用实践过程中取得了多项施工佳绩。通过不断地进行技术跟踪，加大技术创新力度，对原工法进行了有效的修订与补充，主要体现在新型高效施工设备的投入使用、建筑物垂直度控制、质量与安全管理水平的提高等方面。2008年完成的"附着式三角架倒模施工技术应用与研究"课题通过河北省建设厅专家鉴定，技术水平达到国内领先水平，继续保持了工法的先进性和适用性，具有很好的推广价值。

2. 工 法 特 点

2.1 倒模与滑模比较，倒模施工操作简便，在技术人员的指导下，普通工人即可操作。安装方便，拆卸容易，技术准备时间比滑模短。由于滑模制作组装繁琐，每遇施工项目几何尺寸变动，就要重新设计施工，倒模属定型工具，通用性强。

2.2 与滑模比较，倒模不需单设操作平台、爬杆、液压系统等用料，施工费用较低，以直径15m，高度40m的筒仓结构为例，倒模比滑模每仓节约钢材22.4t，且劳力使用均衡。

2.3 筒壁混凝土表面光滑平整，无搓动、扭曲现象，预留洞、预埋件位置及筒仓几何尺寸准确。

2.4 方便模板校正，确保筒壁的几何截面尺寸、筒体垂直度和表面平整度。

2.5 施工进度快，节省材料，节省劳动力，降低工程成本。

3. 适 用 范 围

适用于直径4~20m以内钢筋混凝土筒仓结构；斜壁变截面高度120m以下钢筋混凝土烟囱；双曲线钢筋混凝土冷却塔结构；混凝土剪刀墙、弧墙钢筋混凝土结构的倒模施工。对高度较高的筒体结构，其经济效果及质量方面尤为突出。

4. 工 艺 原 理

倒模施工属自承法体系，即利用已完结构承受上部施工荷载，利用附着式三角架固定模板，兼操作平台悬吊挂架，内外三角架用对拉螺栓连接，组成一刚性体系，找正、支、拉连杆用螺栓固定。附着三角架倒模共分三步，每步高度1.5m，当下步混凝土强度达到6.0MPa时，可将下步三角架、模板拆除倒至上步，这样依次上倒，在常温下一天一步。若工期允许两天一步时，用两步模板即可。

5. 施工工艺流程及操作要点

5.1 施工工艺流程图（图5.1）

5.2 操作要点

5.2.1 模板设计

模板设计主要考虑以下几方面。

1. 绘制三角架的各连杆及各连杆间的联结及节点大样。

2. 设计固定模板的内外围圈。

3. 设计承受施工荷载，各部连杆的刚度及对拉螺栓的强度。

4. 变截面结构设计可调式楔形模。

5. 对三脚架的横杆、斜杆和围圈进行设计，根据施工荷载、水平荷载计算出三脚架、围圈整体强度及刚度，确保安全生产。

5.2.2 施工筒仓基础底板，预制混凝土定型套管，加工对拉螺栓、定型脚手板及普通脚手板，检查核实配全倒模各零部件，每仓按三步倒模准备，保证施工。

5.2.3 严格抹平筒壁内外根部找平层，其宽度不低于60mm，水平平整度圆周内偏差不超过2mm（图5.2.3）。

5.2.4 附着式三角架倒模总装剖面（图5.2.4）。

5.2.5 安装中心找正器，以中心找正器和三角架的支拉斜杆进行模板找正、校圆、加固。模板组对后涂刷隔离剂，先支内侧模板，扶正，使模板就位，用中心找正器调正，使垂直度和平整度控制在允许的范围内。

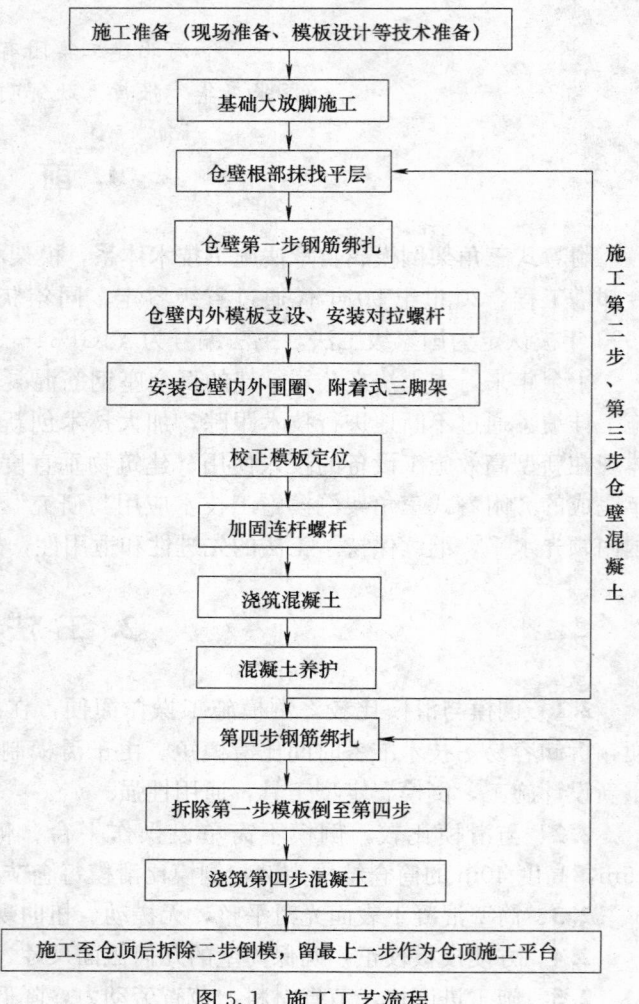

施工第二步、第三步仓壁混凝土

图5.1 施工工艺流程

5.2.6 穿入带孔的混凝土支撑块，然后穿入连接螺栓，支设外侧模板，同时刷隔离剂，用中心找正器对筒壁、模板的内外尺寸及半径逐个检查校正。合格后用螺母固定。

5.2.7 浇混凝土。浇混凝土分两组，始点分别在圆周两个对应点开始，同一方向进行浇筑，每层浇筑高度500mm高为宜，反复三次，达到浇筑高度1.5m。

5.2.8 然后进行第二步钢筋绑扎，模板支设、混凝土浇筑即施工第二步，第三步……。

5.2.9 第三步混凝土浇筑完后，绑扎第四步筒壁钢筋，钢筋绑扎完后，即可拆除第一步模板（混凝土强度达到设计强度的60%以上），利用吊架站人，人工将第一步模板、三角架倒至第四步进行支设。以此来循环施工，直至筒壁施工到顶。

6. 材料与设备

6.1 施工需要的各种材料施工前准备齐全并运送至施工现场，材料材质必须符合相关质量要求。

6.2 九孔井架一座，配套井架拨杆一部，5t卷扬机一台，2t卷扬机一台。当不适合九孔井架时，

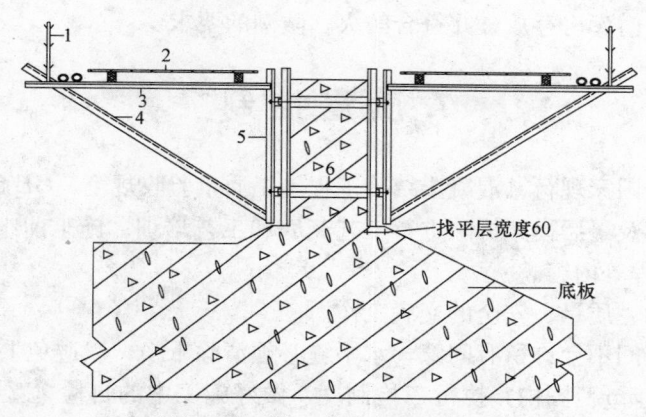

图 5.2.3　第一步倒模支设示意图

1—栏杆；2—定型脚手架；3—水平杆；4—斜杆；5—立围圈；6—混凝土套管

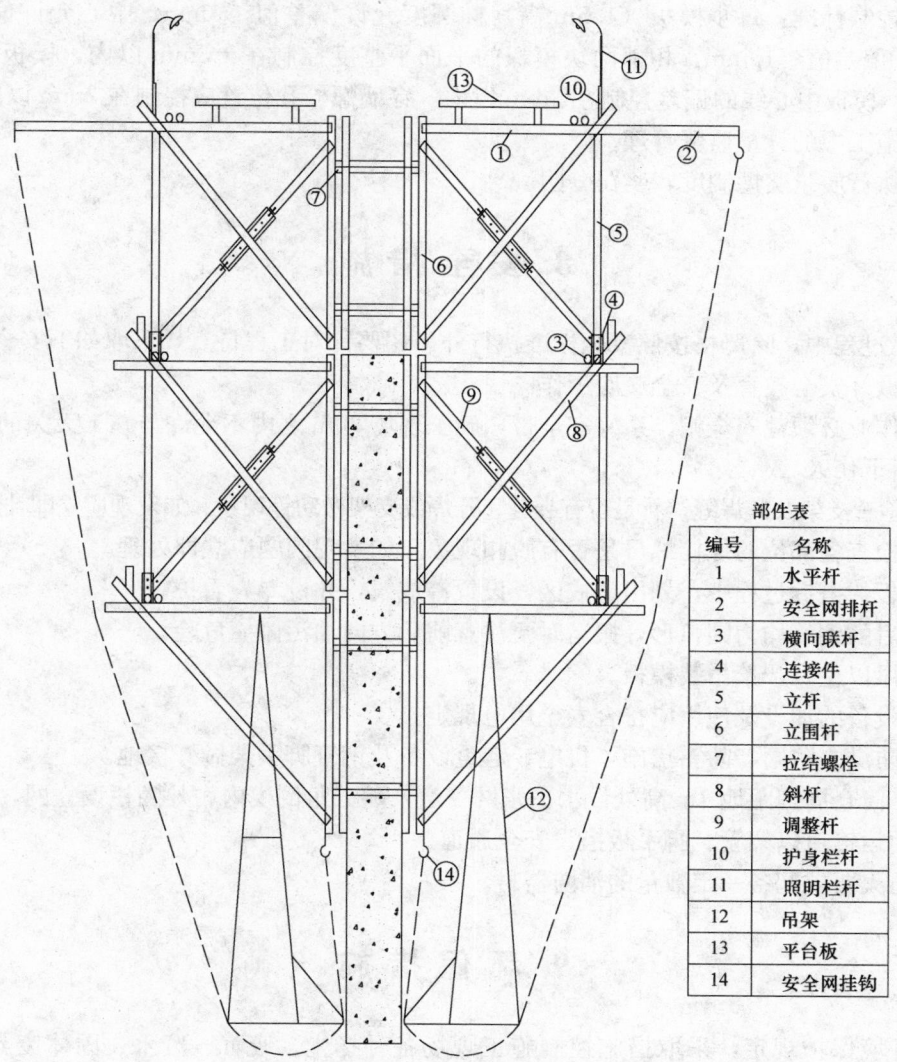

部件表	
编号	名称
1	水平杆
2	安全网排杆
3	横向联杆
4	连接件
5	立杆
6	立围杆
7	拉结螺栓
8	斜杆
9	调整杆
10	护身栏杆
11	照明栏杆
12	吊架
13	平台板
14	安全网挂钩

图 5.2.4　附着式三脚架倒模总装剖面图

可用高塔一台，TQ60/80，并增搭承料脚手架一座。

6.3　组合钢模三步，配套三角架三步，混凝土手推车 4 辆；手工工具视工程配备；木方、木板、角钢等材料可根据工作面大小做相应的准备。

6.4　养护用高压管道水泵一台，及相应钢管、胶管，视具体工程特点而备。

6.5 各种材料应有专门库房存放，并符合防火、防潮的要求。

7. 质 量 控 制

7.1 工程质量应符合国家现行《混凝土结构工程施工质量验收规范》GB 50204—2002 的规定。

7.2 对拆倒吊脚手架及最后模架拆除进行工艺交底和工艺培训。施工前组织学习工艺标准，质量标准及有关规范、技术规程等内容。

7.3 施工前做好技术、质量、安全的交底工作。

7.4 施工时每步模板间不允许留有间隙，水平缝必须清除干净，以避免上部混凝土流坠。

7.5 每步模板高度 1.5m 范围内，执行三检制度，做好施工中的自检、互检、交接检等检评工作，对钢筋、埋件、模板平整度，整体模板的椭圆度、垂直度进行检查验收，合格后方可进行下道工序施工。

7.6 仓底板中心点设埋件，且有可靠保护措施以确保中心找正，控制筒仓中心偏差。

7.7 质量控制标准：每步模板（1.5m 高）椭圆度允许偏差值≤3mm，中心允许偏差值≤8mm，筒壁垂直度允许偏差值≤10mm，相邻两块模板的平面平整度控制在±3mm 以内，模板的垂直度控制在±5mm 以内，模板中心线的偏差控制在 3mm 以内，穿墙螺栓孔位置应控制在 2mm 以内。

7.8 加强施工中的计量监督管理。

7.9 严格执行质量奖惩制度，奖罚分明。

8. 安 全 措 施

在项目施工过程中，除严格按照安全标准执行外，还要针对工程特点，采取如下安全措施：

8.1 认真做好安全教育及安全交底工作。

8.2 高空作业必须戴安全帽、系好安全带，施工现场 30m 之内不允许与施工无关的人员进入，以防模板或工具落下伤人。

8.3 定期检查支架及其焊缝，看是否有裂缝、开焊或支架松动等现象。如发现应立即补焊加固或更新。

8.4 定期检查各部位的螺栓螺母是否有脱扣现象，如发现问题应立即处理。

8.5 在模板的搭拆过程中，划出警戒区，设置警戒线，并设专人看护。

8.6 加工后的钢筋均为圆弧形，搬运时要注意前后方向油污碰撞危险。

8.7 四级风以上，严禁吊装模板。

8.8 电气设备的加设及使用应符合安全用电规定。

8.9 做好防洪、防雨、防雷措施，机电、起重设备及钢管脚手架做好接地。

8.10 施工筒仓周围距地 4m 高处设水平张网一道，随三角倒模内、外圈栏设立网，下步模板拆除前挂兜网，地面运输道以架管、脚手板搭设安全通道。

8.11 按防火要求配备一定数量的消防器材。

9. 环 保 措 施

遵守有关环境保护规定，采取措施控制施工现场各种扬尘、废气、废水、固体废弃物以及噪声、振动对环境的污染和危害。

9.1 建立对应的施工环境卫生管理规章制度，在施工过程中严格遵守有关环境保护的法律、法规和规定，加强对施工燃油、工程材料、设备、废水、生产生活垃圾、弃渣的控制和治理，遵守有防火及废弃物处理的规章制度。

9.2 将施工场地和作业限制在工程建设允许的范围内，合理布置、规范围挡，做到标牌清楚、齐全，各种标识醒目，施工场地整洁文明。

9.3 对施工中可能影响到的各种其他设施制定可靠的防止损坏和移位的实施措施，加强实施中的监测、应对和验证。同时，将相关方案和要求向全体施工人员详细交底。

9.4 混凝土采用商混，现场不设搅拌站，减少现场粉尘及污水的产生，降低对环境的污染。

9.5 废水除按环境卫生指标进行处理达标外，并按当地环保要求的指定地点排放。弃渣及其他工程废弃物按工程建设指定的地点和方案进行合理堆放和处治。

9.6 优先选用先进的环保机械和节能低耗高效的机电设备。施工平台及挂架采取施工布全封闭措施，工具棚设隔声板、隔声罩等消声措施降低施工噪声到允许值以下。

9.7 对施工场地道路进行硬化，并在晴天经常对施工通行道路进行（中水）洒水，防止尘土飞扬，污染周围环境。

10. 效 益 分 析

倒模施工工艺大大节省了高层构筑物所用的扣件和钢管脚手架的数量，用支架代替了钢模板的垂直支撑，有效地提高了工作效率，缩短了工期，降低了施工成本。倒模工艺的经济效益，以一座直径15m，高40m圆仓与滑模工艺测算比较。

10.1 工期

1. 倒模需34d（2d安装，30d倒模，2d拆除）；滑模需55d（30d安装，15d滑模，10d拆除）。倒模比滑模缩短工期61.8%。

2. 常规施工，用双排内外脚手架需65d，比倒模工期长91%。

10.2 材料节约

倒模比滑模每仓节约钢材（爬杆）22.4t，自20世纪80年代以来，共施工各类筒仓结构百余座，仅材料节约为3000t。

11. 应 用 实 例

2004年施工的辽宁渤海（葫芦岛）水泥厂熟料库筒仓，内径18m，壁厚380mm，高度44m，采用倒模工艺，组织混合作业队，日进度高1.5m，采用九孔井架垂直运输，两仓同步施工每仓从安装到结顶拆除模板总工期37d。

同样，以可调模板施工了枣庄中联鲁宏水泥厂双曲线冷却塔现浇钢筋混凝土筒仓；以楔形模板施工了黑龙江伊东水泥厂120m钢筋混凝土烟囱。

综上所述，附着式三角架倒模工艺在几项大型工程十余年来的实践中充分证明，该工艺不仅设计合理、结构简单、操作方便、工期短、效率高、技术难度小，易于安全生产，而且适用等截面与变截面、直壁与斜壁、不同高度、不同直径的筒仓壁结构的施工，是一项可以广泛推广的成套技术。

横管式煤气初冷器制作安装工法

YJGF52—92 （2007～2008 年度升级版-041）

河北建工集团有限责任公司

郭建昭　孙东升　申知瑕　苏建文　杨鑫

1. 前　　言

横管式煤气冷却器，是冶金焦化及化工行业用来冷却热气体的设备，按作用分有煤气初冷器、煤气终冷器等。横管式煤气冷却器为矩形箱体结构，换热管为横向排列，换热管与管板连接形式主要有强度胀接、焊接、贴胀＋焊接、焊接＋贴胀等形式，因该设备体型庞大，在制作安装中具有一定的特殊性，其工艺性能和制作质量的优劣对煤气冷却性能起着关键的作用。

20 世纪 90 初年代，随着钢铁行业的快速发展，带动了炼焦企业的扩张，煤气冷却器得到了普遍采用。作为国内焦化设计的权威——鞍山焦耐院指定的煤气冷却器制作厂家之一，河北建工集团有限责任公司承接了数十套煤气初冷器和煤气终冷器的制作任务。随着工艺的不断改进和优化，实现了质量更好、速度更快、成本更低的成套制作技术，由此形成的《横管式煤气初冷器制作安装工法》。1992 年被批准为国家级工法，工法号为 YJGF52—92。

煤气冷却器制作安装工法，通过在邯郸钢铁股份有限公司、莱芜钢铁股份有限公司、山东潍坊钢铁集团公司等工程中的应用，取得了明显的经济效益和社会效益。近几年在制作实践中技术人员不断探索，在管孔加工、管孔检验、管箱盖制作、换热管打磨、胀管等方面又进行了多项重大技术改进，突出了节能环保和新技术应用，经过在工程实践中应用，证明该工艺更加合理，效率更高、施工组织更严密。2005 年在莱钢三台横管式煤气横冷器制作安装中采用了该施工工艺，获得了巨大成功，取得了施工质量好、工期短、经济效益显著的良好效果。该工法的关键技术已经经过河北省建设厅有关专家的技术鉴定，科技查新无同类报道，该技术居国内领先水平。

2. 工 法 特 点

2.1　改进后的工法，管箱盖的制作采用无焊缝制作工艺，从根本上避免了因焊缝缺陷带来的安全和质量隐患。与传统的施工方法比较，减少了劳动力和施工机具消耗，避免了材料消耗和焊接环节，有效地降低了制作成本，提高产品质量。

2.2　换热管管端的打磨处理，采用自制的打磨机械。与传统的施工方法比较，大幅度提高了打磨速度，磨面更加均匀，降低了劳动强度，操作更加安全，缩短了制作周期。

2.3　在安装中采用自动控制电动胀管技术，既加快了施工进度，又保证了安装质量以及施工人员和设备的安全，同时降低了施工综合成本。

2.4　工法中增加了一些专用机具，这些工装可以反复利用，降低了成本。

2.5　该工法应用提高了制作安装质量，减少产品的质量隐患，从顾客满意度反馈的信息来看，证实该工法的应用明显地延长了产品的使用寿命。

3. 适 用 范 围

该工法主要适用对象为焦化行业中的横管式煤气冷却器，象煤气初冷器、煤气终冷器等产品的制造安装，也可用于其他行业类似结构、功能的产品的制造安装。

4. 工艺原理

4.1 采用钻模法钻孔技术

4.1.1 在管板制作加工中，传统的方法是管板拼接成块后，先进行换热管孔的定位画线，经与图纸检查核对画线位置正确无误后，为避免直接按图纸尺寸钻孔发生振动导致钻偏，先进行小孔的定位钻孔，通常钻 16～22 的孔，然后再按照图纸尺寸进行钻孔。钻孔后进行铰孔，使孔壁粗糙度达到图纸对换热管胀接的要求。

4.1.2 该工法采用制作钻模进行钻孔的方法，由于大多数横冷器设计的管孔尺寸、管孔布置和间距相同，钻模可以重复使用，钻模结构见图 4.1.2。将钻模按照图纸定位检查合格后，就可直接按照图纸尺寸进行钻孔，钻孔采用钻—铰一体化刀具，刀具前端为钻头，钻头后为绞刀，钻孔、铰孔在一个工序完成。整个制作过程省去了画线、钻定位孔、铰孔三道工序，因管孔数量很大，非常明显地缩短了制作时间，制作成本也大大降低。

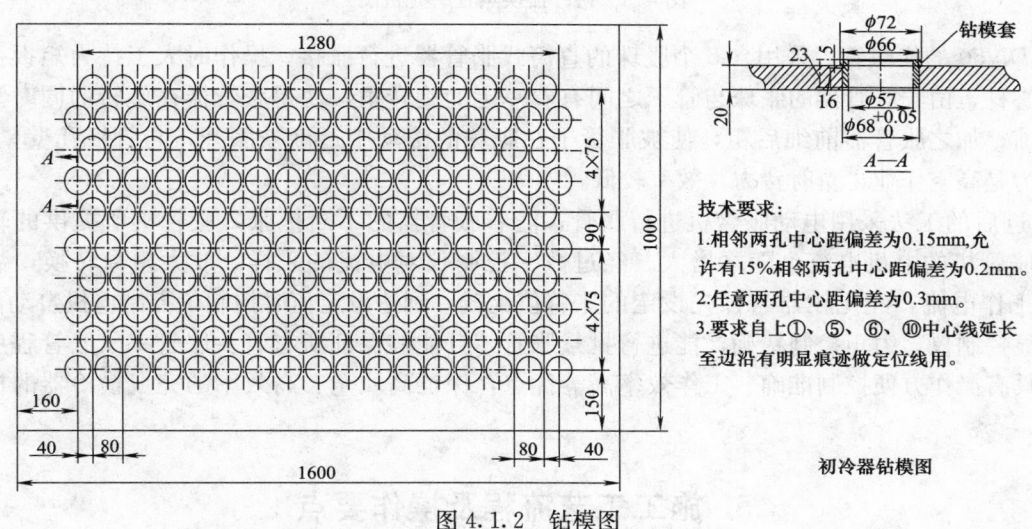

技术要求：
1. 相邻两孔中心距偏差为0.15mm，允许有15%相邻两孔中心距偏差为0.2mm。
2. 任意两孔中心距偏差为0.3mm。
3. 要求自上①、⑤、⑥、⑩中心线延长至边沿有明显痕迹做定位线用。

初冷器钻模图

图 4.1.2　钻模图

4.2 采用无焊缝管箱盖制作技术

1. 以往管箱盖半圆形封头的制作是按照图纸尺寸放样下料卷圆后，两端平斜面和中间弧面段用电焊进行拼接，拼接后对焊缝进行无损检测，对焊缝存在缺陷部位进行返修直到合格为止。

2. 该工法采用提前制作压制胎具，将放样下料的钢板在煤气加热炉内加热到预定温度，然后用油压机进行热压成型，和传统方法比较，制作时间基本相同，劳动力成本和材料成本明显减少，也减少了无损探伤费用。从使用效果比较，该工法制作的管箱盖外形美观，避免了管箱盖焊缝本身缺陷带来的质量和安全隐患，使用周期明显延长。

4.3 研制并使用了管端专用打磨机

1. 以往换热管管端除锈采用手工砂布除锈或手持式磨光机除锈，效率较低，并且多人同时操作，飞扬的粉尘不易进行控制，对操作者和周围环境均产生不利影响。

2. 该工法采用自制专用磨光机除锈，将换热管夹住后，开启电动机，手动推拉磨光机，通过重锤的离心力作用，将磨块紧紧贴在换热管表面，同时旋转发生摩擦，可两端同时进行打磨，在很短时间内将管端表面打磨到胀接要求，效率较高，见图4.3。由于工作点较为集中，可以搭设操作棚，采取一定的除尘设施，有利保护环境和操作人员的健康。

4.4 胀管方式进行了改进

1. 通常图纸设计以强度胀接、贴胀＋焊接、焊接＋贴胀 3 种形式为主，传统方法用手动胀管方式

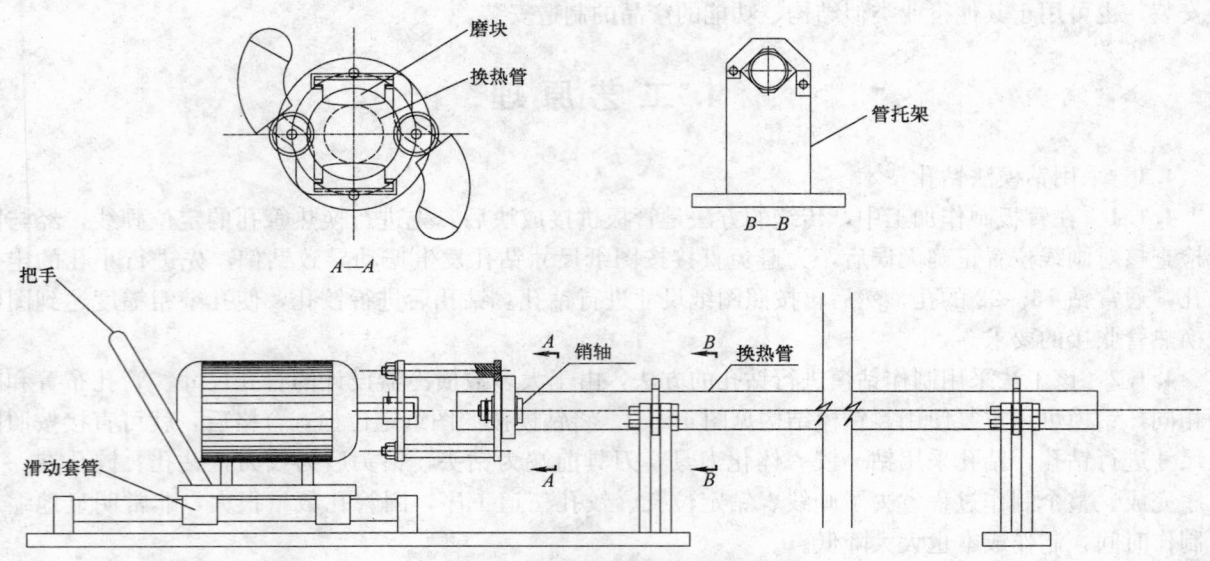

图 4.3　初冷器换热管磨光机图

胀管，对 $DN50$ 的换热管，采用含 5 个胀珠的直筒式胀管器进行胀接。操作时人工持力矩扳手均匀用力旋转中心杆，由于胀管器的胀珠与管子之间有着一定的旋转角，使得胀管器在旋转的同时沿着管子的轴线向前，加之胀管器前细后粗，使被胀管子在胀珠的滚动中逐渐被胀开，与管板孔壁紧密相接。操作时因为是高空作业，费时费力，效率较低。

2. 改进后的工法采用电动胀管机进行胀管，随着胀管器的不断扩张，胀管机所提供的转距也随之增大，胀管机的电机电流也随之增大。经过数字控制仪对电流的采样，放大模数转换，数字显示实际时的工作电流，经比较器与预先设定的胀管值比较，到达设定值时控制仪控制电机自动停转。通过使用数显控制仪，力矩控制精确，能进行批量胀管，且能够保证所有管头胀管率（胀管程度）的完全一致，具有操作方便控制准确、工作效率高等优点，保证高质量、高效率的完成横冷器的横管胀接工作。

5. 施工工艺流程及操作要点

5.1　施工工艺流程
施工程序的安排应首先完成横冷器分段壳体预制，管箱预制，换热管与管板模拟胀接试验，再进行现场吊车分段正装，换热管与管板胀接，壳体气密性试验，管程水压试验。上述关键工序的施工应严格执行施工工艺，精心组织施工，严格保证施工质量，而对于其他一些重要工序的施工也应严格按设计要求进行，保证施工质量。各工序的施工应依质量、工期要求、现场条件、结合本公司的实际情况，综合考虑进行安排协调，多点作业，穿插施工，以提高工作效率，降低施工消耗，缩短施工工期。其施工工艺流程见图 5.1。

5.2　施工操作要点
5.2.1　横冷器分段壳体制作
1. 管、侧板组焊

1）管、侧板按排版编号、尺寸采用自动切割下料，下料对板进行刨边、加工焊缝坡口，按图纸要求的坡口角度、组对间隙进行组对拼焊，为保证焊接质量、加快进度及外形美观，采用埋弧自动焊双面焊接。

2）管、侧板拼焊后按图纸要求对焊缝进行无损探伤，然后对管、侧板按图纸要求进行调平。调平方法可用龙门架和千斤顶搭配进行。

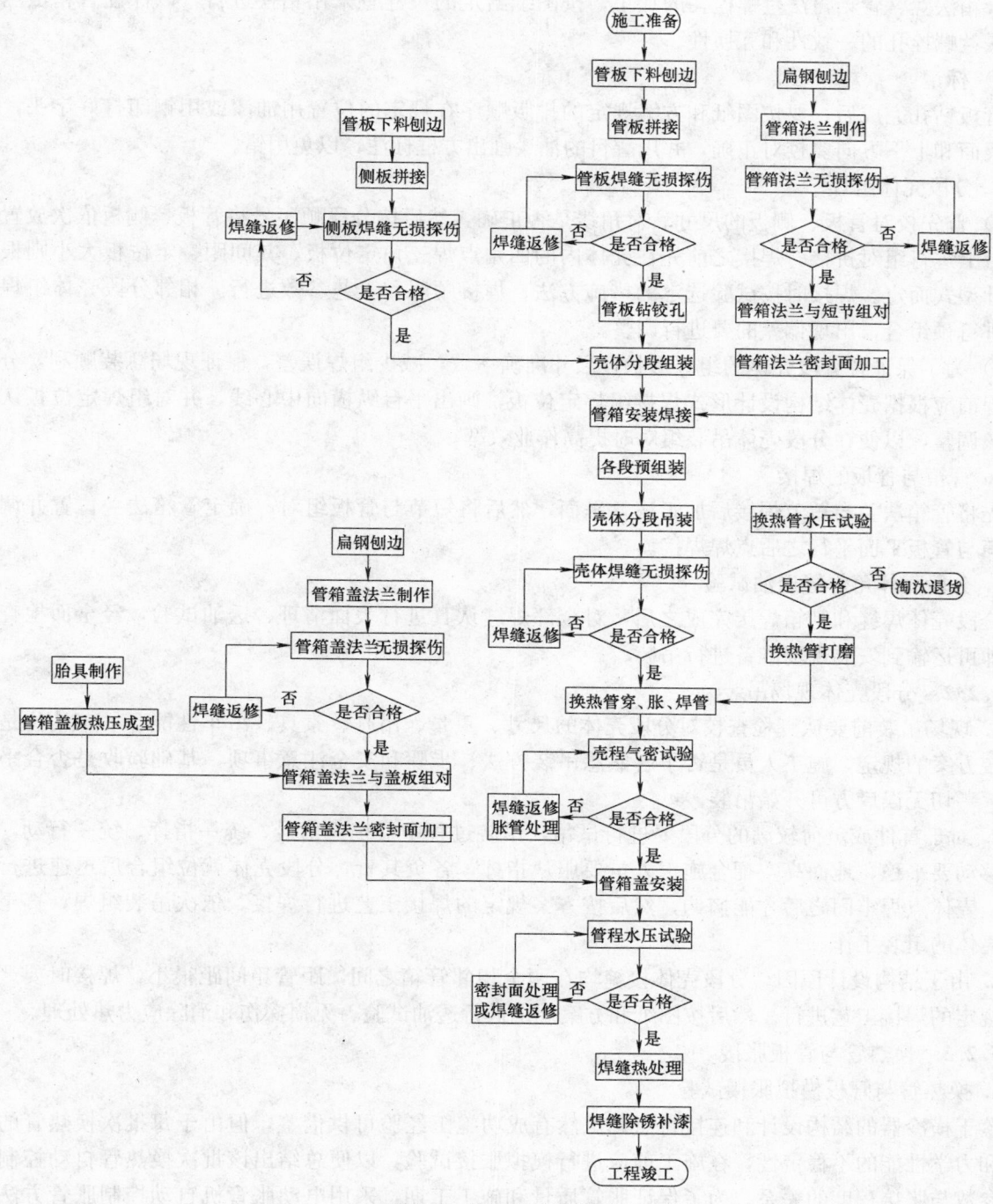

图 5.1　施工工艺流程图

2. 管板胀接孔、管箱螺栓孔加工

1）钻模加工

施工前按图纸规定制作钻模，其加工精度应高于图纸要求，以保证管箱与管板安装的互换性。

2）管板胀接孔加工

管板胀接孔的加工，采用钻、绞一次成孔这一道工序，提前设计制备钻铰共用刀具，要保证胀接孔的直径、椭圆度、不柱度、内壁粗糙度和管桥尺寸符合图纸、标准要求。管板孔加工完成，经检验符合要求后，要涂油脂防锈，避免影响胀接质量。

3）管箱螺栓孔加工

管箱法兰、管箱盖法兰螺栓孔的加工，按图纸给定的尺寸宜采用钻模进行，以保证管箱法兰、管箱盖法兰螺栓孔的一致性和互换性。

4）标记

管板钻孔完成后，要按图纸和方案规定的排版顺序在规定的位置用油漆或用钢印打好字头，管板的正反面和上下方向要校对正确，并用醒目的油漆画出方框标注，以免用错。

3. 分段壳体组焊

1）首先校对管板、侧板的尺寸、对角线是否正确，然后按分段顺序号将管板、侧板依次放置在组对平台上进行组对拼接。焊接之前先在壳体内的四角点焊三角定位板，其间距、定位板大小则根据结构设计型式而定。焊接时按试验选定的措施方法、焊接顺序和工艺参数进行。相邻分段壳体组焊完成后要进行预组合，出现偏差的要进行调整。

2）为了保证各分段壳体的组焊形状、尺寸准确一致，减少组焊误差，保证现场总装顺利，分段壳体组焊前应根据壳体结构设计形式焊接组焊定位板，画出平台纵横向中心线，并对组焊定位板认真进行校核调整，以便在分段壳体吊装组对时提高作业效率。

4. 管箱与管板的焊接

先将管箱法兰与短节焊接后加工法兰平面，然后将短节与管板组对，确定管箱法兰位置并调节法兰平面与管板平面平行之后点焊焊接。

5. 分段壳体角焊缝透油试验

分段壳体焊缝和管箱焊接完成之后，对全部焊缝认真进行表面清理、透油试验，经全面检查合格之后即可运输到安装现场准备进行吊装。

5.2.2　分段壳体现场吊装

1. 现场吊装前要认真检查校对分段壳体的尺寸、重量、吊耳、索具、吊车性能、吊车站位是否符合吊装方案的规定，施工人员是否了解熟悉吊装方法、步骤和安全注意事项，基础验收是否合乎设计要求，一切无误后方可开始吊装。

2. 对于首件或负荷较满的分段要进行试吊，吊装过程中要统一信号、统一指挥、统一行动，吊件升降移动要平稳，地面高空配合施工人员要服从指挥，各负其责，分段壳体就位组合后迅速进行找正定位、壳体点焊牢固之后才能摘钩，然后按方案规定的焊接工艺进行焊接，依次吊装组焊，直至完成整个壳体的组装工作。

3. 由于结构设计原因，分段壳体接缝均在两个相邻管箱之间，距管箱间距很小，焊接时要严格按方案规定的焊接工艺进行。然后按图纸和方案规定进行透油试验、无损探伤和消除应力热处理。

5.2.3　换热管与管板胀接

1. 换热管与管板模拟胀接试验

鉴于横冷器的结构设计和连接特点，虽然有成功施工经验可供借鉴，但由于每批次换热管的化学成分和力学性能的不稳定性，在施工前应进行模拟胀接试验，以便总结出该批次换热管自动控制胀管工艺参数与胀接程度的关系。为了保证胀管质量和施工工期，采用电动胀管机自动控制胀管方法进行胀接试验，并胀接前对管板孔壁粗糙度、直径尺寸、椭圆度、不柱度进行认真检查测量，并按管孔排列情况进行编号记录。对换热器端退火打磨后表面粗糙度、直径尺寸、椭圆度进行测量编号记录，对管板与换热管端进行硬度检查记录，按照不同的胀管率进行分组胀接试验，并按图纸规定的压力进行气密性试验和水压试验。根据试验结果确认工艺参数设计的可行性，各工序施工质量偏差对质量的影响程度，及时与设计协商调整设计中不合理部分，综合胀管率和壳程气密性试验，管程水压试验情况优选最佳胀管自动控制参数和各工序环节施工质量标准、工艺措施，以有效的指导整个工程的施工技术、工艺、质量控制工作。

2. 换热管逐根水压试验

由于横冷器结构设计原因，换热管在胀接前要按设计要求100％的进行水压试验，以保证换热管质量，减少质量隐患。如果因为疏漏，在管程水压试验时发现换热管泄漏现象，换热管的更换将导致既增加工期又增加了不少的费用。

3. 换热管端退热打磨

按照我国胀管规程和标准的规定，材质为 10 钢的无缝管不需要进行退火处理，材质为 20 钢的无缝管胀接管端应进行退火处理，以降低其硬度和强度，保证胀管质量。对此我国《蒸汽锅炉安全技术监察规程》、《低压水管锅炉胀管施工规程》对胀接管端退火打磨方法、步骤、技术要求、质量标准均有详细的规定说明，施工中可参照上述规程标准要求进行。

5.2.4 换热板与管板胀接

1. 胀接的前提条件

横冷器壳体组焊完毕，焊缝经探伤、热处理合格之后，换热器与管板模拟胀接试验完成施工人员熟悉了胀管工艺和控制方法，掌握了操作要领、施工程序步骤之后，即可从第一换热段开始自下而上顺序进行胀管工作。

2. 换热管与管板胀接

我国现行的《蒸汽锅炉安全技术监察规程》、《低压水管锅炉胀管施工规程》、《钢制列管式换热器》对管板胀接管孔和胀接管端的清理和检查、穿管、胀接的方法和步骤以及技术要求、质量标准均有详细的规定说明，施工时间可参照其相应规定和模拟胀接试验时选定的胀接方法、工艺措施、控制参数进行。在正式胀接前应进行试胀，以检查胀管器的质量和管材的胀接性能。在试胀中，要对试样进行比较性检查，检查胀口部分是否有裂纹，胀接过渡部分是否有剧烈变化，喇叭口根部与管孔壁的结合状态是否良好等，然后检查管孔壁与管子外壁的接触表面的印痕和啮合状况。根据检查结果，进一步确定模拟胀接试验得出的胀管率的合理性。一般采用一次胀管法，电动胀管机自动控制胀管，胀管顺序采用反阶法，间隔跳胀法。

当采用内径控制法时，胀管率一般应控制在 1‰～2.1‰范围内。胀接后，管端不应有起皮、皱纹、裂纹、切口和偏斜等缺陷。在胀接过程中，应随时检查胀口的胀接质量，及时发现和消除缺陷。为了计算胀管率和核查胀管质量，施工单位应根据实际检查和测量结果，做好胀接记录。

5.2.5 管箱制作

横冷器管箱结构设计为由短节和方法兰组成的管箱与由半圆形封头和方法兰组成的管箱盖，因为管箱的制作质量的好坏对管程水压试验影响很大，因此施工时必须给予高度重视。管箱制作难点在于其设计结构造成焊接应力大而复杂，变形难于控制，施工时应注意控制好下面几个工序的施工质量。

1. 管箱短节段的制作

1）管箱法兰采用扁钢拼焊结构，如果未能采购到合适的扁钢，也可以采用钢板切条的方法代替扁钢，一般采用半自动切割机下料，下料后需要进行调直。扁钢拼焊前先在刨边机上进行刨边，拼焊时要按设计规定切出 X 型坡口，保证对接焊缝焊透，融合良好，然后对法兰的平整度、法兰框的垂直度、对角线几何尺寸进行调查，符合要求后对焊缝进行超声波无损探伤，合格后进行方法兰和短节组对焊接。

2）为了保证管箱的制作质量，管箱组焊前应首先根据管箱的设计类型和组焊方案的要求设置平台进行组焊。采取法兰内加支撑双向预变形，周边定固，自中心向两端、两侧对称同步焊接，小参数多层焊，分段倒退焊，间隔跳焊等变形方法和措施，多采用气体保护焊等高效率的焊接方法进行焊接，以减少管箱的焊接变形。保证管箱组焊成型后法兰面平整度和几何尺寸偏差符合后续机加工的要求。

3）方法兰和短节组对焊接后，对角焊缝进行外观和表面渗透检查，合格并确认不再对管箱进行焊接后，再对法兰密封平面进行铣削加工，然后按管箱的位置编号采用对应的钻模进行周边螺孔的加工。

2. 管箱盖的制作

1）管箱盖半圆封头采用制作压制胎具，将放样下料的钢板在煤气加热炉内加热到预定温度，注意避免过烧现象，然后用油压机进行热压成型，要保证成型质量和外形美观。

2）管箱盖法兰的制作与管箱法兰相同。方法兰和半圆封头组对焊接后，对角焊缝进行外观和表面渗透检查，合格并确认不再对管箱进行焊接后，再对法兰密封平面进行铣削加工，然后按管箱的位置编号采用对应的钻模进行周边螺孔的加工。

3）对要求热处理的管箱和管箱盖，应在焊接完毕检验合格后进行，热处理后方可进行密封面的机加工。

5.2.6 横冷器壳体气密性试验

1. 试验条件前提

横冷器壳体人孔、接管及内件全部安装完成，壳体焊缝已全部检验合格，换热管全部胀接完成之后即可按图纸要求进行壳体气密性试验。

2. 气密性试验

1）试验、补胀

封闭壳体所有入孔、接管后，安装进气排气装置和测压仪表（一般采用 U 型管水压压力计）和温度计，检查无误后送气升压，达到图纸规定的压力后，保压用肥皂水对全部胀口、法兰连接密封部位进行检查，对有泄漏的胀口作出标记，然后按方案规定的方法进行补胀，补胀时循序渐进，避免过胀现象的发生。试验时甲乙双方施工代表应共同参加检查，试验合格后双方代表办理签字确认手续。

2）泄漏率试验

壳体气密性试验合格后进行泄漏率试验。由于空气温度、环境温度对泄漏率影响很大，试验一般选在阴天、早晨、晚上无强烈阳光直接照射，温度变化较小的时候进行。合格后双方代表办理签字确认手续。

5.2.7 管程水压试验

1. 管箱安装前对管板、管箱连接密封面上的沟槽、锈层、焊疤等内外贯通性缺陷进行认真检查处理，对密封垫的制作质量进行认真检查，安装管箱后对螺栓的紧固要选用自中心向两端，间隔对称的合理顺序循序渐进分次进行紧固，紧固力要均匀而不可过大，防止螺栓滑扣。

2. 管箱安装后对管程进行水压试验，各个管程是相对独立的，试压可单独进行，也可同时进行，可从低压管程开始，也可从高压管程开始，根据现场条件灵活选择。试验时水温应不低于5℃，达不到要求采取相应措施处理。试压按图纸技术条件规定的程序进行，并不断检查壳体内壁、管箱与管板连接密封面是否有渗水和漏水现象，达到图纸规定的压力后保压全面检查，分别检验壳体内壁、管箱与管板密封面有无渗水、漏水现象，有则对症处理，上述内外两方面无渗水漏水现象即为合格。试压检查要甲乙双方代表共同进行，试压合格后双方代表办理签字确认手续。

6. 材料与设备

6.1 专用机具

6.1.1 管板调平装置

管板平整度对热管胀接质量和管箱密封度有很大影响。管板钻孔之前应进行调平。调平装置包括平台龙门架和千斤顶。平台一般由 $\delta \geqslant 16mm$ 钢板拼焊铺设，龙门架用型钢钢板拼焊而成，其高度尺寸、刚度应能满足调平要求，千斤顶一般选用 30～50t 数个。

6.1.2 管板孔加工装置

1. 管板胀接孔与螺栓孔的加工质量是保证产品性能好坏的关键。管板孔加工装置包括管板固定平台、钻模和钻床。综合壳体分段尺寸和钻床悬臂尺寸确定管板的加工尺寸，一般可选用 Z3080、Z3063 摇臂钻床进行加工。

2. 钻模是保证接孔和管箱固定螺栓孔准确定位的基准和依据。一般可选用与管板同材质同厚度，根据管箱设计的不同类型分别按整个管箱或1/2管箱进行加工。

3. 管板固定平台是固定管板、保证管板孔精确加工的关键部件，一般可用型钢拼焊成固定或可移动的平台结构，并应满足管板孔加工、移位、换向的要求。

6.1.3 分段壳体组焊装置

分段壳体组焊尺寸精度直接影响着整体设备的组装质量。分段壳体组焊装置包括组装平台和靠模等。平台一般用 $\delta \geqslant 16mm$ 钢板拼焊铺设而成，平台的面积尺寸和平整度、刚度应能满足分段壳体的组焊要求；靠模用型钢或钢板拼焊而成，其垂直度、刚度应能满足分段壳体组焊的要求。

6.1.4 焊缝消除应力热处理装置

1. 根据图纸的设计要求，壳体对接焊缝及其他焊缝在质量检查合格后进行消除应力热处理，以减少工艺生产过程中的应力腐蚀和介质腐蚀，延长设备使用寿命。焊缝消除应力热处理装置包括加热、保温、测温、自动控制装置。

2. 加热装置可采用苏州市吴江电热器厂生产的履带式陶瓷电加热器，最高加热温度1050℃，其宽度和长度按规程规定的加热宽度进行选择。保温装置可采用该厂生产的针刺毯或岩棉保温带，其尺寸应满足规程规定的保温要求。测温装置可采用热电偶毫伏计，测温范围0～1000℃。温度自控装置可采用该厂生产的 LDK-9×220-Ⅱ型温度控制箱。

6.1.5 分段壳体现场吊装装置

分段壳体经预制后，运输到安装现场进行吊装组焊，吊装装置主要是大型吊车，常采用120～200t全液压汽车起重机。

6.1.6 换热管水压试验装置

换热管水压试验装置包括连通密封装置和试压泵。连通密封装置一般用型钢做成矩形框架，两端焊制数个至十几个管端密封连通器，用管子串联起来，形成封闭循环系统，一次可试验十几根管子，试压泵一般可采用电动试压泵（例 BSY-300，BSY-600）。

6.1.7 胀管装置

换热管胀接质量的好坏直接影响设备的换热性能。胀管装置主要包括管端打磨装置，胀管工具。管端打磨装置可采用苏州电动工具厂生产的 S3M-76 电动打磨机；管孔清理装置可采用该厂生产的 SIMZ-18φ76 电动清孔机；胀管工具可采用该厂生产的 P321-76 电动胀管机（改造自动控制）。

6.1.8 管箱组焊装置

管箱组焊装置，包括组焊平台、垫块、卡板、锶铁。平台可综合利用壳体制作平台，垫块、卡板、锶铁应满足封头组焊要求。

6.2 常用机具（表6.2）

常用机具一览表 表6.2

序号	机具名称	规格型号	单位	数量	备注
1	埋弧自动焊机	MZ-1000	台	2	
2	交流电焊机	BX1-500	台	6	
3	CO_2 气体保护焊机		台	4	
4	半自动切割机	C1-100A	台	2	
5	气焊工具		套	2	
6	气刨工具		套	2	
7	空压机		台	2	
8	保温桶		个	6	
9	角向磨光机	Q150	台	3	
10	刨边机	B81120A/18m	台	1	
11	滚板机	2542A25/2500	台	1	
12	剪板机	Qt1-20/2500	台	1	

续表

序号	机具名称	规格型号	单位	数量	备注
13	龙门铣床	4m	台	1	
14	摇臂钻床	Z3080	台	2	
15	钻床	Z32K	台	1	
16	天车	20t	台	2	
17	叉车	5CB-2	台	1	
18	砂轮机	500W	台	1	
19	砂轮切割锯		台	1	
20	射线探伤机	2505	台	1	
21	超声波探伤仪	CTS-22	台	1	
22	电动试压泵	BSY-300	台	2	
23	汽车吊	50t	台	2	
24	汽车吊	160t	台	1	
25	千斤顶	10t	台	4	
26	卷扬机	3t	台	2	
27	陶瓷加热带	LCD 型 65×2930	条	12	
28	岩棉保温带	50×180	m²	3	
29	硬度计		台	1	
30	热电偶毫伏计	0～1000℃	台	1	
31	电动胀管机	P3Z1-76	台	4	
32	电动打磨机	S3m-76	台	6	
33	电动清孔机	回 SLMZ-18φ76	台	4	
34	内径千分表	0.002mm	个	2	
35	游标卡尺	0.002mm	个	2	
36	水准仪		台	1	
37	经纬仪		台	2	
38	U 型管水银压力计		个	1	
39	行灯变压器	24V/36V	台	2	
40	捯链	5t	台	6	

7. 质 量 控 制

7.1 执行的国家、地方（行业）标准、规范

7.1.1 设备制作安装遵照图纸设计要求和《横管式煤气初冷器技术条件》的相应规定。

7.1.2 焊缝探伤执行《钢焊缝射线照相及底片等级分类法》GB/T 3323—2005 或《承压设备无损检测》JB/T 4730—2005 标准规定。

7.1.3 焊缝消除应力热处理执行我国《中低压化工设备施工及验收规范》HGJ 209—83 中的有关热处理方法、加热宽度、加热温度、升温、保温、降温要求、测温方法要求等规定执行。

7.2 检验方法

检验方法按照常压容器和换热器的检验方法进行。

7.3 工法在现行标准、规范中未规定的质量要求

对管箱盖半圆封头的热压成型，应控制好加热温度，注意加热均匀，在出炉后及时进行热压，压

制力度要适当，压制后放到专用支架上自然冷却。热压成型后表面不得有裂纹和皱折现象，表面无划痕、凹坑等明显的机械损伤。

7.4 关键部位、关键工序

7.4.1 关键部位

管板胀接孔作为本工程中的关键部位，胀接孔位置的准确度、管孔内壁的粗糙度、不柱度等的质量都会为保证胀接质量达到图纸要求。从胀接孔的定位就要严格把关，对管孔的钻/铰要认真进行，对加工过程中刀具要勤于检查，及时修磨刀具，磨损严重的刀具要及时更换。

7.4.2 关键工序

换热管的胀接作为本工程中的关键工序，其质量的好坏对整个工程的质量起到决定性的作用。应在换热管正式胀接前进行模拟胀接试验，测量换热管的表面硬度、内外径尺寸，总结出换热管胀接的自动控制工艺参数，并在实际胀接中根据测量数值对偏差及时调整，确保换热管的胀接质量合格。

7.5 达到工程质量目标所采取的技术措施和管理方法

7.5.1 质量控制

1. 建立质量控制点，强化岗位职责和工序质量检查控制，责任人员在质量控制点必须到位进行监督检查，本工序质量合格后方可进行下道工序的施工。

2. 对横冷器施工实行全面质量管理，提前策划施工质量控制点，围绕制作安装过程中出现的问题广泛开展 QC 小组活动，全过程监督施工质量，确保工程质量达到优良。

8. 安 全 措 施

施工现场除应遵守《中华人民共和国安全生产法》及《建设部建设工程施工现场管理规定》的规定外，还应遵守下列规定。

8.1 施工前，要对所有参与施工人员进行技术交底及安全交底。

8.2 施工人员进入现场必须正确佩戴安全帽，穿绝缘防滑鞋，高处作业要戴好安全带。雨后及冬期施工时要采取防滑措施。

8.3 设备运输及吊装时，要按吊装方案要求平整场地、选用起重设备、索具及工具等。吊装时，要在容易卡坏索具的设备硬角处垫上包角或方木，防止索具卡坏后造成事故。

8.4 安装用电必须执行三相五线制，电焊机、闸箱外壳必须接地，电焊把线不得有破损，手持电动工具电源必须有漏电保护器，实行一机一闸制，电源开关由专人负责。大件吊装及场地窄小、障碍严重的情况要编制详细吊装方案，安全技术保证措施可靠详尽。

8.5 吊车臂下严禁站人。吊装作业时，起重机的任何部位和被吊物的边缘与 10kV 以下架空线路的边线距离不得小于 2m。严禁从高空向下投掷物品、倒垃圾。

8.6 设备吊装前精确计算吊车应该停放的位置，吊车停放时应查看周围有无障碍物影响吊车回转。

8.7 吊车作业时必须有安全可靠有效的安全装置。

8.8 设备吊装时吊车司机、起重工及其他人员必须明确分工，步调一致，严禁出现违章指挥和违章操作现象。吊装指挥者应信号清楚、哨声响亮。

9. 环 保 措 施

9.1 固体废物的防治措施

固体废弃物主要是钢材下脚料、机加工的铁屑、焊条头、废焊渣、废油漆桶、生活垃圾等，这些废弃物实施分类堆放，分类处理。废旧钢材予以回收利用，垃圾由市政集中处理。

9.2 噪声的防治措施

1. 初冷器制作噪声主要来自天车、埋弧自动焊机、手工电弧焊机、钻孔机、滚轮架、磨光机运转噪声。一般容器制作应在正规车间内施工，减少噪声传播。

2. 加强设备维护保养，杜绝设备带病运转，减少老旧设备、故障设备的噪声。

3. 尽量避免夜间施工，对噪声较大的机械，在中午（12 时～14 时）及夜间（20 时至次日 7 时）休息时间内停机，以免影响附近居民休息。

9.3 废水的防治措施

多台冷却器试验时应依次进行，试压用水多次利用，最终排入市政管网。

9.4 文明施工措施

1. 根据现场情况和生产工艺流程合理制定施工平面规划，明确设备、成品、半成品、材料、废料、垃圾存放区域，规划设备制造场地，厂区道路；确定废水处理区域。做到厂区洁净、有序、高效；标识清晰、明显。

2. 现场材料按规定要求摆放，半成品、成品及时入库；下脚料、废料每天班后回收到制定存放地点，工完料净场地清。

3. 作业人员及管理人员均应佩戴胸卡上岗。

10. 效 益 分 析

10.1 经济效益

应用此工法初冷器制作安装工期比计划工期提前约 20d，节约人工费 55000 元、节约机械费 48000 元，总计节约成本 103000 元。在工程消耗成本方面为我单位取得了良好的经济效益，优良的质量、缩短的工期也为建设单位创造了良好的经济效益。

10.2 社会效益

10.2.1 推广应用工法成果为提高工程质量、缩短工期、节能增效提供了便捷的途径；工法的应用增加了工程的技术含量，改善了职工的劳动条件，主体施工缩短了 20d，安全生产得到了有效保证。优质的施工产品为用户的安全、稳定、持续生产提供了可靠的保证。

10.2.2 工法的推广应用也使施工单位受益。提高了工程质量、缩短了施工工期、降低了施工成本从而增强了施工单位的市场竞争力和抵抗风险的能力，充分证明了该工法的实用性、可靠性。提高了企业的知名度，取得了较好的经济效益和社会效益。

10.2.3 该工法满足国家关于建筑节能工程的有关要求，有利于推进（可再生）能源与建筑结合配套技术研发、集成和规模化应用。

11. 应 用 实 例

本工法在以下工程项目进行了实践应用见表 11，取得了良好的应用效果。

工程应用实例 表 11

序号	建设单位名称	开竣工时间	实物工程量	应用效果
1	山东潍坊钢铁集团公司	2006.7.14～2006.11.20	终冷塔 $F=4851m^2$；2 台山西忻州	良好
2	邯郸钢铁股份有限公司	2007.9.9～2008.1.31	初冷器 $F=3828m^2$；2 台山西忻州	良好
3	莱芜钢铁股份有限公司	2005.7.10～2006.5.20	横管初冷器 $F=5249m^2$；3 台山西洪洞县	良好

高耸钢筋混凝土筒体结构无井架电动升模施工工法

YJGF27—98（2007～2008年度升级版-042）

浙江省二建建设集团有限公司
吴建三　江忠理　贾艳全

1. 前　　言

随着我国电力建设事业蓬勃发展，发电厂单机容量的增大和环保要求的提高，烟囱结构正向高大和复杂的方向发展，对工程质量、安全、进度提出了更高的要求。

电厂烟囱是火力发电厂的标志性建筑，其质量越来越受重视。为了克服滑模工艺筒体扭转、混凝土拉裂、千斤顶漏油等弊病，浙江省二建建设集团有限公司在滑模工艺基础上，自行研制开发了高耸钢筋混凝土筒体结构无井架电动升模施工工艺。1997年3月14日浙江省建设厅组织鉴定，结论为该课题整体技术达到国内领先水平，并获浙江省科学技术进步奖；2008年12月23日浙江省建设厅科技委组织的验收该技术，又被评为国内领先水平。《高耸钢筋混凝土筒体结构无井架电动升模施工工法》被评选为1997～1998年度国家级工法（YJGF27—98）。在此后的应用中，又不断进行了技术改造与创新：1. 施工平台空间钢结构桁架利用计算机3D3S软件进行设计计算，以往是简化为平面结构进行计算的，使得理论计算与实际受力状况更相符，保证了结构的安全；2. 提升系统丝杆由T55×12改进为T65×14，提高了丝杆的刚度和强度；3. 螺母材质由A3钢改进为锡锌铜，增强了螺母的耐磨性；4. 减速机与提升架的连接和提升梁与提升架的连接由螺栓连接改进为轴连接，保证了提升丝杆的轴心受力；5. 进行了大模板应用方面的探索与实践；使工程施工的安全、质量和工艺操作性能方面有了进一步的改进和提高，取得了较好的经济效益与社会效益。其中"挂钩板与操作架之间及挂钩板与提升架之间的连接结构"已申请专利，申请受理号为200920116007.4。

2. 工 法 特 点

2.1 整个操作平台荷载通过操作架直接传力于已有一定强度的混凝土筒壁上，不需使用支承杆，施工不仅安全，而且降低生产成本。

2.2 平台提升采用行星摆线针轮减速机，选用电动机的功率为2.2kW，减速比1：59。配合T65×14丝杆进行提升，提升平稳，同步效果较好，操作平台不会产生倾斜。

2.3 模板采用双节模板，支拆方便，可有效防止胀模、漏浆，并可采用大模板施工工艺。

2.4 一般每天施工一节（进度需要并且混凝土达到规定的强度时可以做到一天两节），定人、定点、定岗，施工较易管理，而且基本上为静态施工，克服了滑模动态施工连续作业的缺点。

2.5 施工筒壁的混凝土结构内实外光，混凝土外观质量比滑模好。

2.6 每升一次模，高空平台中心就对中一次，模板半径用钢尺丈量及时纠偏，因而减小烟囱中心偏差，这是电动升模的最大优点之一。

2.7 内衬与外筒可以一次平台作业施工，省去事后砌内衬另装吊平台，总进度较滑模工艺略快，且施工的安全和质量大大优于滑模。

2.8 其他高耸钢筋混凝土筒体结构亦可使用此工艺。

3. 适 用 范 围

本工艺适用于高耸钢筋混凝土筒体结构。

4. 工 艺 原 理

4.1 工艺原理

整个操作架和与之套合的提升架通过工具式锚固件固定在已有一定强度的钢筋混凝土烟囱筒壁上作爬升施工，其具体步骤是：在每节混凝土筒壁上预先留好洞，用以安装爬升靴。每个单元操作架系统由提升架和操作架通过可相互滑动的嵌镶构造组成。提升动力设备装置于提升架上，当提升架相对于操作架在高位时，藉其上之挂钩与筒壁上的爬升靴作锚固点，启动提升操作机械，即可将操作架提升一个新的标准层（1.5m）。此时，提升架相对处于低位，下一循环又藉其操作架和筒壁间的爬升靴锚固作用，反转电机，则可将提升架顶高到新的高度。如此相互依靠，相互提升，完成整个体系的提升，这便是电动升模工艺的升模原理。

4.2 烟囱电动升模装置由随升平台及随升井架、操作架与提升架、模板、锚固件、施工电梯、电气控制系统等组成，其动力为行星摆线针轮减速机，配合 T65×14 丝杆进行提升。见图 4.2-1 及图 4.2-2 所示。

4.2.1 随升平台及随升井架

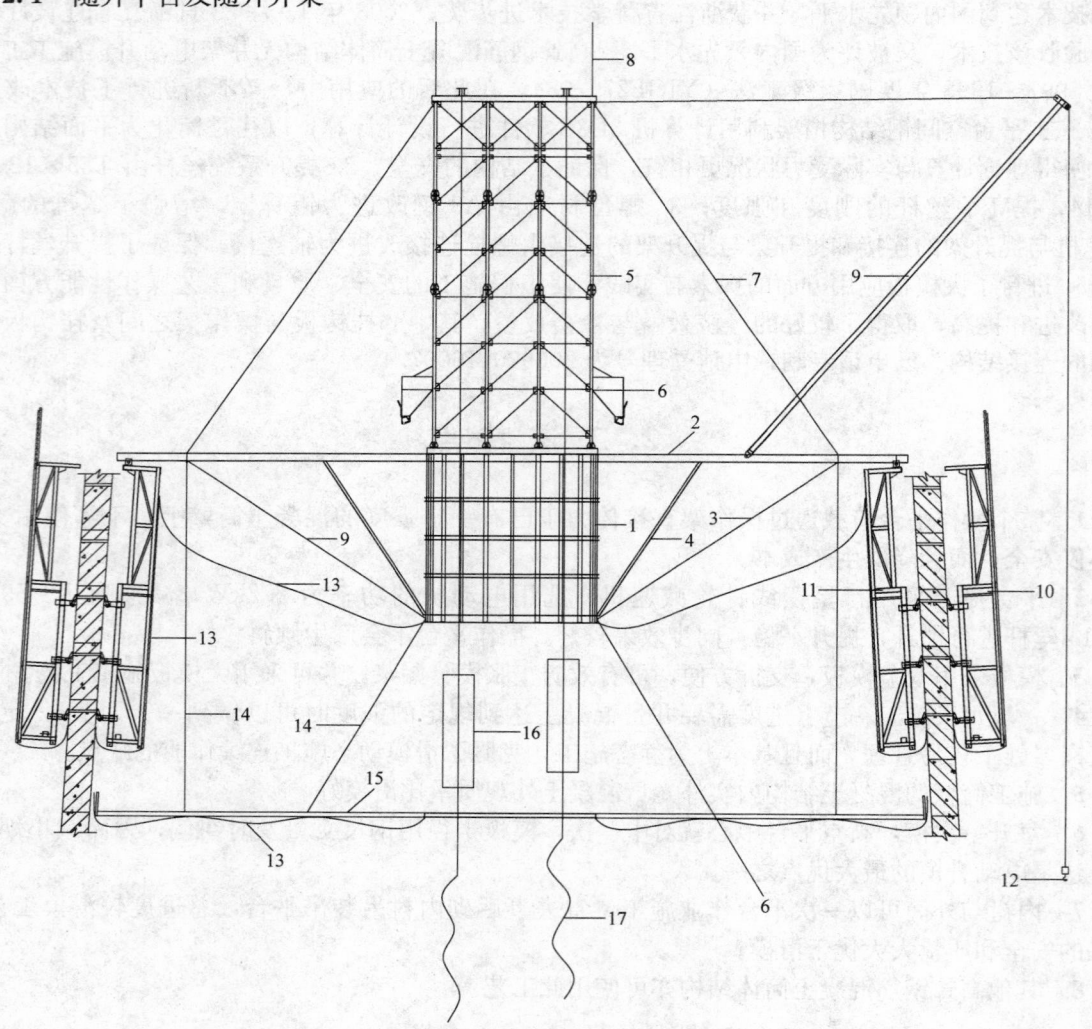

图 4.2-1　电动升模工艺体系结构简图

1—鼓圈；2—辐射梁；3—悬索拉杆；4—斜撑；5—井架；6—混凝土料斗；7—缆风绳；8—避雷针；9—把杆；10—外操作架；
11—内操作架；12—吊钩；13—安全网；14—吊索；15—吊平台；16—吊笼；17—吊笼导索

随升井架为三孔井架，井架搁置在操作平台上，其内装置两只人货两用电梯，作材料运输及施工人员上下之用，随升平台系由中心鼓圈、辐射梁、斜支撑、悬索拉杆及环向围檩等组成。随升井架及平台荷载通过辐射梁传递给附着在烟囱筒体上的内操作架上。随升平台结构设计时可采用"悬索拉杆空间桁架结构承重方案"，也可采用"斜支撑空间桁架结构承重方案"。

4.2.2　操作架与提升架

每个操作架与一个提升架配对，提升架通过滑道及滚轮套合于操作架上。操作架分内、外两种操作架，各自组成一个空间结构，它是支承整个体系的主要结构，内外操作架尺寸可根据工程实际情况确定。内操作架顶端支承着随升平台辐射梁，下部可挂一个砌筑内衬用的工作吊架。操作架上各层平台外均设置固定栏杆，并用安全网严密封闭。烟囱筒体施工提升操作全部在操作架内进行；提升架也分内、外两种，每个提升架为一整体结构，其上装有行星摆线针轮减速机等传动机构，提升架通过滚轮与操作架立柱内侧整合，以保证两者之间的相对位置准确和提升顺利。

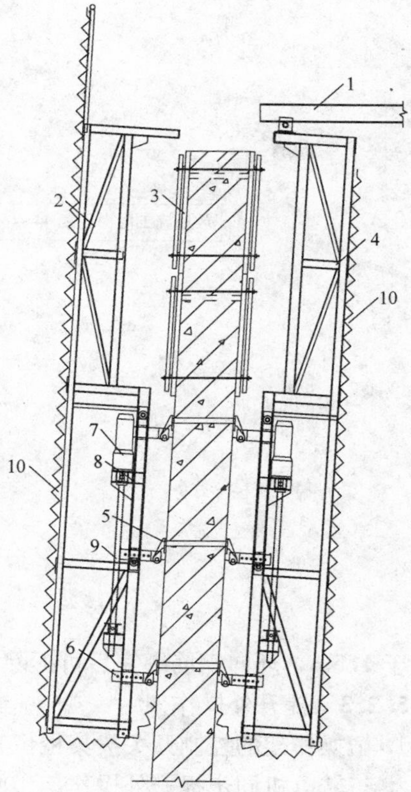

4.2.3　模板组合单元

模板组合单元可由大模板或普通定型钢模板、围檩、模板挂钩及模板顶紧丝杆等组成。模板体系采用了"单元式大面积构造"，以减少沿圆周模板接缝数量，提高工效，单元与单元之间则采用楔形模板或收分模板作为过渡。

4.2.4　锚固件

锚固件包括爬升靴、锚固螺栓及端头螺帽等，固定在混凝土筒壁上，用以挂操作架和提升架。筒壁施工层浇筑混凝土前，在操作架和提升架的锚固挂钩位置处的模板上留孔，并穿入塑料套管，混凝土浇筑后的凝固期间内，应对塑料套管进行旋转，以便它能顺利抽拔。这样，每节筒壁上预先留好孔洞，以便锚固件的固定。

图 4.2-2　电动提升及模板系统简图
1—辐射梁；2—外操作架；3—模板；4—内操作架；
5—爬升靴；6—挂钩；7—摆线减速机；8—提升架；
9—提升丝杆；10—安全网

5. 施工工艺流程及操作要点

5.1　电动升模工艺施工工艺流程（图 5.1）

5.2　操作要点

5.2.1　施工准备

1. 在筒身现浇段施工时，应注意在适当部位准确预留爬升孔，爬升孔的方位准确与否，是今后升模工作能否顺利进行的关键；

2. 组装前丝杆与螺母应进行套合，达到光滑吻合良好后进行配套；

3. 单元操作架与提升架系统在高空组装前应作空载试验，运行灵活方可投入使用；

4. 提升架在组装前，对 T65×14 提升丝杆及丝杆与减速机连接轴头应进行探伤检验，合格后方可使用；

5. 随升平台在正式提升前，应做 1.25 倍的满负荷静载试验和 1.1 倍的满负荷提升试验。

5.2.2　绑扎筒壁钢筋

筒壁钢筋绑扎关键是半径控制，半径控制可利用外操作架上的钢筋固定架进行固定，固定点间隔

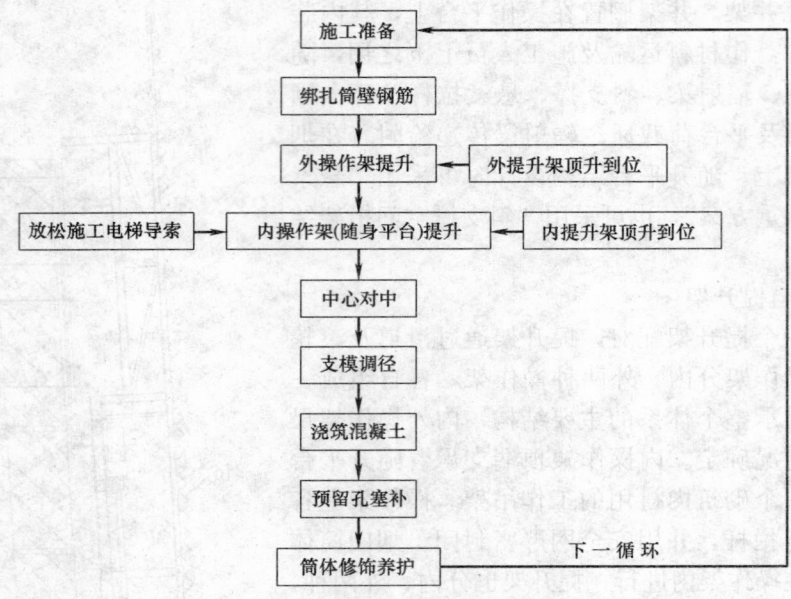

图 5.1 施工工艺流程图

不大于 1.5m，环向钢筋绑完后可拆除固定点。

5.2.3 提升外操作架

1. 把操作架的控制开关拨集控位置；
2. 正转电机同步提升外操作架 10cm，拔出操作架挂钩；
3. 正转电机同步提升外操作架 150cm；
4. 把每只操作架挂钩推进，使之与爬升靴的位置相吻合；
5. 反转电机，整体同步下降操作架 10cm，外操作架到位拧紧外操作架挂钩压板；
6. 控制开关拨到单控位置；
7. 反转电机，把每榀提升架提升 10cm，拔出提升架挂钩；
8. 反转电机，把提升架分别提升 150cm（要求单人单榀操作），推出提升架挂钩；
9. 正转电机，把提升架分别下降 10cm，拧紧挂钩压板，这样提升架就固定了。

5.2.4 放松吊笼导索

提升内操作架前，必须在放松吊笼导索后进行，且导索放松的长度应大于操作平台一次提升高度 2.5 倍。

5.2.5 提升内操作架

内操作架提升程序同外操作架，内操作架提升到位，操作平台也同步提升到位。

5.2.6 中心对中

烟囱中心引测采用激光铅锤仪，精度要求≤5″，由地面向高空引测，并通过回转自校减小对中误差。

5.2.7 支内外模、调径

1. 模板按单元进行组合，单元与单元之间的过渡收分模板按每模的实际尺寸进行配置。支模方法同现浇翻模法，模板拼缝处需贴单面胶以防漏浆。
2. 模板的半径固定依靠内外操作架进行固定，固定点不大于 0.75m，以保证筒壁圆弧度。半径用钢尺丈量，从烟囱中心引测至各固定点处。

5.2.8 浇筑混凝土

混凝土一般采用吊笼进行垂直运输，人工进行布料。混凝土分层咬圈进行浇捣，分层厚度不大于 500。

5.2.9 预留孔塞补

爬升靴拆除后，升模预留孔采用与混凝土同配合比的细石混凝土从筒壁内外两侧分层同时填补捣实。

5.2.10 筒体修饰、养护

筒体混凝土出模后，修饰干净，随即涂刷养生液进行养护。

5.3 施工中应注意的问题

5.3.1 对挂钩的松脱和挂装切勿疏漏，应有专人检查。

5.3.2 在提升过程中，应随时检查，防止提升过程中出现障碍。

5.3.3 单元操作架上的模板组体，就位对中是系统能够顺利进行的关键，模板如能对中孔位，提升后挂钩就易装上，系统可避免扭转，因而应严格检查。

5.3.4 应定期（初升阶段7次后检查一次，以后可20次为一检查周期）对T65×14丝杆螺母进行检查，如发现有问题，应及时更换。

5.3.5 提升丝杆设置双螺母体系，其中一只作为保险用。

5.3.6 平台漂移。造成平台漂移的主要原因是操作架垂直度不一致，导致提升丝杆提升相同距离而产生不同的水平位移和垂直位移，从而使施工平台产生漂移。纠偏措施是调整操作架垂直度，使所有操作架垂直度保持一致。另外，在每榀辐射梁与操作架之间用M24花兰螺栓连接，在每次提升至75cm时，暂停提升，检查平台偏移情况，及时通过调节花兰螺栓进行纠偏。采用M24花兰螺栓连接，平台搁置更加安全可靠。

5.3.7 遇六级以上大风应停止施工。

5.4 劳动力组织

以240m烟囱为例，劳动力组织如表5.4所示。

劳动力组织　　　　　　　　　　　　　　　　　　　表5.4

序　号	单项工程	所需人数	备　注
1	管理人员	10	
2	木工	20	
3	提升工	10	
4	钢筋工	15	
5	混凝土工	12	
6	泥工	20	砌内衬
7	电工	4	
8	机操工	4	
9	机修工	2	
10	焊工	3	
11	监护工	4	
12	起重工	2	
13	驾驶员	3	
	合计	109人	

6. 材料与设备

本工法除提升丝杆大螺母采用锡锌铜材料，其余普通材料，采用的机具设备见表6（以240m烟囱为例）。

机具设备表　　　　　　　　　　　　　　　　　　　　表6

序号	设备名称	设备型号	单位	数量	用途
1	操作架	自制	只	40	
2	行星摆线针轮减速机	BLD-2	只	40	提升动力
3	吊笼	GGH	只	2	
4	双筒卷扬机	5t	只	2	
5	电焊机	BX-300	台	5	
6	激光铅直仪	JDA95	台	1	

7. 质 量 控 制

7.1　工程质量控制标准

7.1.1　升模设施组装允许偏差参照《滑动模板工程技术规范》GB 50113，电动升模组装验收允许偏差见表7.1.1。

电动升模设施组装允许偏差　　　　　　　　　　表 7.1.1

序号	内容	允许偏差(mm)	序号	内容	允许偏差(mm)
1	整个操作平台水平度	±30	6	操作架倾斜度	准确(与筒壁坡度同)
2	操作架中心线与筒体中心线偏差	±30	7	模板半径	±10
3	收分模板与普通模板间缝隙	无	8	井架垂直度	±30
4	相邻模板水平度	±2	9	爬升靴水平度	±10
5	筒壁厚度	±20	10	爬升靴垂直偏差	±20

7.1.2　筒壁质量标准执行《烟囱工程施工及验收规范》GB 50078、《钢筋混凝土工程施工质量验收规范》GB 50204。

7.2　质量保证措施

7.2.1　每升一模，筒体中心应用激光铅直仪引测，并避开阳光强烈时进行引测，通过回转自校，达到最高引测精度。同样，筒壁半径每模必须进行丈量，允许偏差见表7.2.1。

筒壁允许偏差　　　　　　　　　　　　　　表 7.2.1

序号	内容	允许偏差(mm)	序号	内容	允许偏差(mm)
1	筒体中心位移	30	6	钢筋间距	±20
2	任何截面上的半径	±20	7	操作平台平整度	±30
3	内外模板半径差	10	8	相邻操作架标高差	±10
4	同层模板上口标高差	20	9	井架垂直度	±30
5	钢筋保护层	+10 −5	10	相邻模板高低差	3

7.2.2　单元操作架的模板组件，每升一模，必须进行对中，尽量避免模板错位。单元之间的收分模板应根据实际尺寸进行配模。模板水平与竖向接缝处粘贴密封胶，以防漏浆，提高观感质量。

7.2.3　预留孔塞补应密实，配比应经试配确实，尽量减小色差。

7.2.4　施工缝应按规范要求处理。

7.2.5　出模混凝土必须进行修饰，优先采用养生液养护。

3762

8. 安 全 措 施

8.1 操作架提升的电气控制系统设计需科学可靠（如有过载保护、上下限位等，每个提升架都安装有急停开关，提升时如有问题，只要一个提升架急停开关工作，所有提升架均停止提升，以保持同步性）。

8.2 采用电动升模工艺施工方法，由于其对烟囱筒壁有较大的集中点荷载，为了保证施工过程中烟囱筒体结构的强度稳定，对第四节混凝土强度必须达到 10MPa 时才可升模，在近冬期低温施工时要留好同条件养护试块，以此作为承受集中点荷载判断依据。

8.3 吊笼用两根钢丝绳起吊，并设安全抱刹，要保证两根钢丝绳同时受力，井架上部安装吊笼限位开关两道，井架顶部安装两根避雷针，接地线采用烟囱的永久接地线，吊笼限载 5 人，升降时关好安全门，吊笼严禁混载或超载（包括自重不超过 3t）。

8.4 沿烟囱筒壁 30m 划好安全警戒区，进行全封闭，挂上警戒标志，并设专人值班，非施工人员未经许可，严禁进入施工现场，进入现场必须戴好安全帽，悬空作业必须系好安全带，并把挂钩挂在作业者上方稳固处，高空作业时，板手、榔头等工具要用尼龙绳系牢，以防坠落伤人。

8.5 吊笼及把杆卷扬机的电源，联络信号均应指定持证专人操作，操作人员应集中思想全神贯注地进行工作，看准信号，并得到对方的回铃后，才能启动，未得到对方信号，禁止开车，非操作人员严禁乱动机械，机械不得带病运转，应及时定期检查、维修、保养，尤其对双滚筒卷扬机、钢丝绳滑轮等要经常检查和加油保养，安全警戒区内的钢丝绳搭设保护棚。

8.6 通信设备除操作台外，还应配备 2～3 套半导体对讲机，电源开关设总闸刀作应急保护措施用。

8.7 对挂钩的松开和挂装切勿疏漏，应由专人检查，在提升过程中，应随时检查，防止提升过程中出现故障，损坏机件。

8.8 提升丝杆、螺母更换时，必须由机修工进行，其他工种作配合，绝对禁止单人操作。

8.9 对平台的堆载应加强管理，经常清理不用物料。

8.10 平台及操作架、走道板外围挂设安全网，与操作架绑扎牢固，外架立面再用密目式安全网进行封闭，底部采用安全网兜底封闭，并用可伸缩之套管调节底部安全网同筒壁之间的距离，使之始终同筒壁紧贴。

8.11 双滚筒卷扬机安排持证监护工监护，以策安全。

8.12 烟囱的进出通道搭设牢固的双层安全防护棚。烟囱内部搭设安全操作平台，安全通道及内安全平台搭设见示意图，安全通道及安全平台应定期清理。

8.13 加强气象预报，施工中遇有恶劣气候（如遇六级以上大风或雷雨时）及最低温度低于 0℃时暂停施工。

9. 环 保 措 施

9.1 噪声控制
加强设备润滑和维护保养，合理安排施工时间。

9.2 粉尘污染防治管理
袋装水泥、粉煤灰装卸及使用过程中，避免高处坠落，尽可能减少落差，不应用力摔打；使用散装水泥、粉煤灰时，容器出料口装上转套筒减缓出料速度，套筒长度视具体情况以不出现落差为准；在清理打扫作业场地时，进行洒水湿润；对施工道路及可能产生粉尘污染的作业区，经常洒水，保持尘土不上扬。

9.3 固体废弃物管理

废弃物产生后，按不同类别和相应要求及时放置到临时存放场所，不可回收利用的一般固体废弃物、生活和办公垃圾及时运至指定场地，危险固体废弃物及时予以回收。

9.4 油品物资管理

油品存放和使用必须远离火种，严禁烟火，并配备相应的灭火器材，废油及时回收，作业场地上的残留物及时清理，并按规定存放处置。

9.5 化学品和危险品管理

防腐涂料、航标漆、乙炔、氧气等必须存放在专用仓库，并设专人管理，控制使用量，做到限量领用，加强对管理和使用人员的培训、教育，并做好应急措施。

9.6 水污染防治管理

雨水管与污水管分开使用，严禁倾倒各种污染物、污水于雨水管网中，严禁擅自将生产、生活废水管接到雨水管网中，提倡节约用水，减少水资源浪费和生活废水的产生。

10. 效 益 分 析

10.1 采用电动升模工艺结构体系造价与采用滑模体系造价基本相当。但电动升模体系不需用支承杆，以一座 240m 烟囱为例，光支承杆就可节约钢材 60 余吨（定额含量支承杆每立方混凝土 16kg），节约费用 30 万元，经济效益明显。

10.2 质量上，克服了滑模施工存在的混凝土表面拉裂、千斤顶漏油污染、结构扭转中心飘移等通病，中心垂直偏差大大减少（可控制在 15mm 以内），观感质量明显提高。

11. 应 用 实 例

自 2004 年至今先后采用电动升模工艺施工了国华宁海电厂一期 210m 四管集束烟囱、浙能兰溪发电厂一期 210m 二管集束烟囱、浙能乐清电厂一期 240m 内套筒烟囱、华能巢湖电厂一期 240m 内套筒烟囱、国华宁海电厂二期 210m 二管集束烟囱、广东大唐国际潮州电厂扩建工程 240m 二管集束烟囱，均被评为优良工程。到目前为止共施工了 180m 以上烟囱 18 座。现以华能巢湖电厂一期烟囱工程、浙江国华宁海发电厂二期烟囱工程以及广东大唐国际潮州电厂烟囱工程为例，说明工法应用情况。

11.1 华能巢湖电厂一期烟囱工程

11.1.1 工程概况

华能巢湖电厂一期烟囱高 240m，出口直径 9.30m。基础底板半径为 14.6m，厚度 4.1～4.7m，底标高－4.5m。外筒壁为钢筋混凝土结构，±0.00m 外半径为 11.35m，壁厚 400mm，出口处筒壁厚度 220mm；烟囱筒壁±0.00m～+60.00m，坡度为 $i=0.06$；+60.00m～+120m，$i=0.03$；+120m～+240m，$i=0.00$。外筒内套一砖砌排烟筒，分段支承在钢平台上。

11.1.2 施工情况

华能巢湖电厂一期 240m 烟囱外筒于 2007 年 5 月 8 日开始组装电动升模设施，组装标高+15.0m，2007 年 5 月 25 日组装完毕并通过验收。随后开始升模施工，2007 年 08 月 18 日筒体结顶。从+15.0m～+240m 共计工期 85d。

11.1.3 工程评价

华能巢湖电厂烟囱工程采用电动升模工艺施工，施工全过程质量、安全、进度处于可控状态。工期比合同约定提前一个月，烟囱筒体顺直，线条流畅，烟囱中心到顶偏差仅为 15mm。被评为华能巢湖电厂优质工程。

11.2 浙江国华宁海电厂二期 210m 二管集束烟囱工程

11.2.1 工程概况

浙江国华宁海发电厂二期扩建工程 2×1000MW 210m 烟囱设计为双管集束，即钢筋混凝土外筒内套 2 只 ϕ7.6m 钢内筒。外筒高 209m，钢内筒高 210m。混凝土外筒筒身±0.00 外直径 24.9m，壁厚 0.8m；出口 209m 外直径 19.5m，壁厚 0.30m。筒身共设三种坡度，±0.00～60m，$i=0.03$；60～120m，$i=0.015$；120～209m，$i=0.00$。筒壁内共有 6 个环形悬壁以支承钢平台。烟囱混凝土筒身外壁自上而下涂红白相隔条斑特种航标漆，混凝土外筒顶部设有环网避雷针，引下线通过混凝土外筒的主钢筋和钢内筒与基础接地体连接。

11.2.2　施工情况

浙江国华宁海发电厂二期 210m 烟囱外筒于 2007 年 03 月 18 日开始组装电动升模设施，组装标高 +15.0m，2007 年 04 月 05 日组装完毕并通过验收，随后开始升模施工。2007 年 07 月 13 日筒体结顶。从 +13.5m～+210m 共计工期 98d。

11.2.3　工程评价

浙江国华宁海电厂二期 210m 烟囱工程在采用电动升模施工过程中进度、质量、安全等均控制得当，取得了好成绩。烟囱线条平直光滑流畅，外观观感质量较好，多次获各方面好评。本工程在精品工程创优过程中，被评为精品工程。

11.3　广东大唐国际潮州发电厂扩建工程 240m 烟囱二管集束烟囱工程

11.3.1　工程概况

广东大唐国际潮州发电厂扩建工程 2×1000MW 烟囱设计为双管集束，即钢筋混凝土外筒内套 2 只钢内筒；其中外筒高 233m，钢内筒高 240m。筒身共设三种坡度：±0.00～+65.0m，$i=0.04$；+65.0～+130.0m，$i=0.02$；+130.0～+233.0m，$i=0.00$。混凝土外筒筒身±0.00 外直径 26.8m，壁厚 0.8m，出口 233m 外直径 19.0m，壁厚 0.30m。烟囱外筒筒身刷红色，白色相隔环形油漆（上部第一道为红色）五道，每道高度为 15m，以作为航空标志。沿钢筋混凝土体内壁每隔 30～40m 设置一牛腿，用以支承钢平台，内壁有一来回跑直线式钢梯，悬壁支承在钢筋混凝土筒壁内侧。

11.3.2　施工情况

大唐国际潮州发电厂扩建工程 240m 烟囱外筒于 2007 年 12 月 3 日开始筒身电动升模施工，经 106d，混凝土外筒筒身施工结顶。

11.3.3　工程评价

大唐国际潮州发电厂扩建工程 240m 烟囱采用电动升模工艺施工，施工过程中工程质量、安全、进度始终处于受控状态。工期比合同约定提前 33d，烟囱筒体内在质量高，外观质量好，被评为潮州电厂精品工程。

气动夯管锤穿越施工工法

YJGF52—2000 （2007～2008 年度升级版-043）

中国石油天然气管道局

吴益泉 李彦民 李松 吕泽彬 姜华

1. 前 言

长输管线和市政地下管线经常会遇到穿越铁路、公路、河流等特殊地段的施工，气动夯管锤作为非开挖敷设管线的设备，以其工艺先进、施工程序简便、施工周期短、质量好、投资省等优点而得到越来越广泛的应用。除此之外，随着定向钻施工领域的不断拓展，在穿越卵砾石、流砂层、淤泥层时，可根据定向钻入土段具有 8°～15°倾斜角的特点，选用夯管法将不稳定地层隔离，突破了定向钻穿越的禁区。另外气动夯管锤还可用于定向钻穿越管道回拖中的助力和解卡。近年来，气动夯管技术在公路、铁路、河流穿越和不稳定地层隔离等方面得到了广泛的应用，先后完成了天津塘沽盐场铁路、南疆公路、陕京管线大运公路、神榆公路、银川东部天然气管道 7 处公路的套管穿越，以及在松花江、黄河、东西溪等定向钻穿越工程中通过夯入套管隔离卵石层，均取得了良好的社会和经济效益。

2. 特 点

2.1 施工质量好：采用夯管法敷设障碍物下埋地管道，穿越精度和埋深能够满足设计要求；避免了因埋深不足而给管道安全运行留下的隐患，并且套管保护良好。在水平定向钻穿越的入土端斜直段施工中采用夯管法敷设套管，精度和埋深能够满足定向钻穿越要求；避免了因埋深不准给后续工作留下隐患。

2.2 施工占地少：施工作业面由线缩成点，占地面积小，土方量小，操作简便；与同管径管线的其他施工方法相比，可节约施工占地。

2.3 施工效率高：与顶管施工方法相比，可不需要修筑大体积混凝土靠背墙，节约时间和工程投资；与横钻孔机施工方法相比，施工中不需要更换钻杆，提高了施工效率；与机械大开挖方法相比，效率提高更多。大开挖方法需要修筑旁通路，而且挖后要恢复路面，其养护及公路部门验收等工序耗时较长。

2.4 施工周期短：穿越铁路、公路、沟渠、建筑物等障碍物时，可避免或减少拆迁，缩短了施工周期。因为非开挖施工不影响交通，不破坏原有建筑，因而不仅节省了工程投资，还有较好的间接效益和社会效益。

2.5 安全性高：对于定向钻穿越施工，夯套管能直接将不稳定地层隔离在套管外面，不受地层塌方的影响，增加了安全系数。

3. 适 用 范 围

3.1 适用于公路、铁路、沟渠及其他不宜进行大开挖施工地段的钢质套管穿越（图 3.1-1）、水平定向钻入土端斜直段中不稳定地层（卵砾石层、流砂层、淤泥层）的夯套管作业（图3.1-2）和定向钻穿越管道回拖中的助力、解卡作业（图3.1-3）。

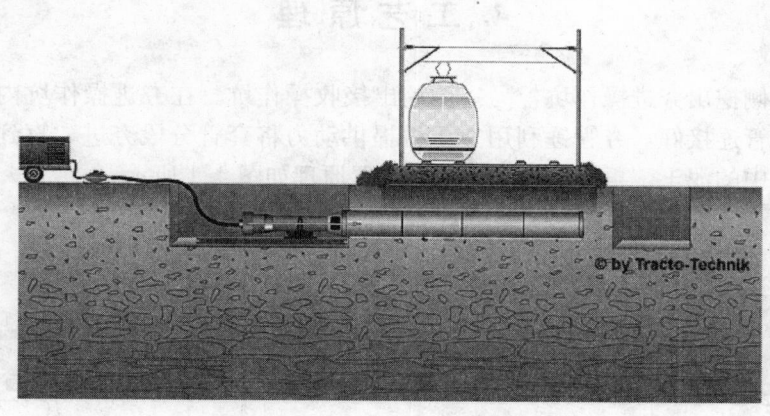

图 3.1-1　铁路穿越

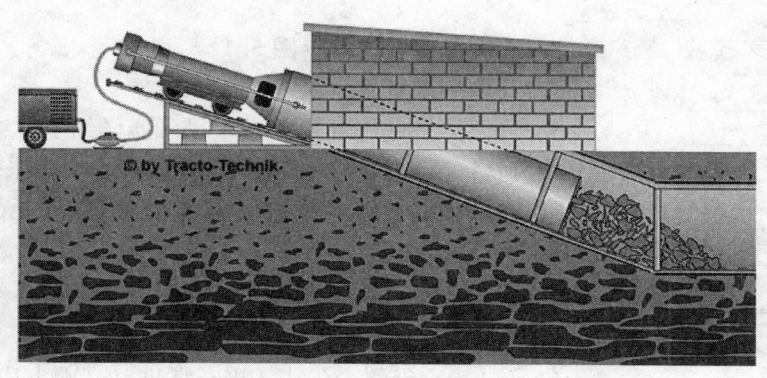

图 3.1-2　隔离不稳定地层

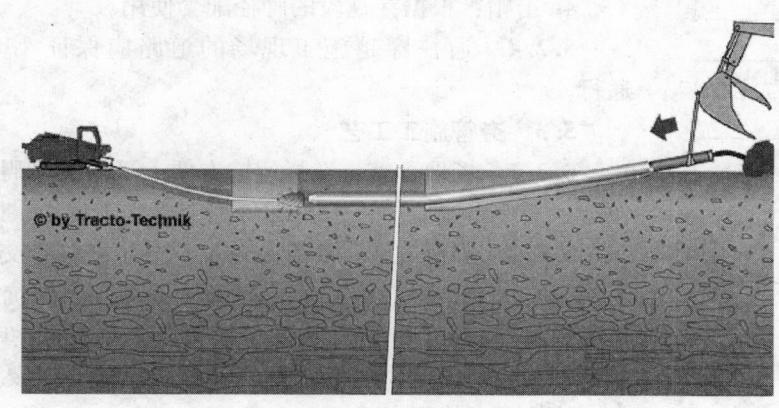

图 3.1-3　定向钻穿越回拖

3.2 适宜于夯管穿越的地层：除岩石以外的各种地层。

3.3 穿越管道直径和长度：Φ273～Φ4000 之间各种口径的钢质套管穿越，最大穿越长度为 150m。

3.4 对于加厚管壁及特殊防腐涂层的钢管，也可以不用套管直接进行主管穿越。

4. 工艺原理

在穿越障碍的一侧挖出夯进操作坑，另一侧挖出接收操作坑。在夯进操作坑内按管线的走向和设计位置将夯管锤与套管连接好，夯管锤利用空压机提供动力将套管分段夯进，直到接收坑中露出管头为止；然后清理套管中的泥土，再完成主管穿越。装置原理如图 4.1 所示。

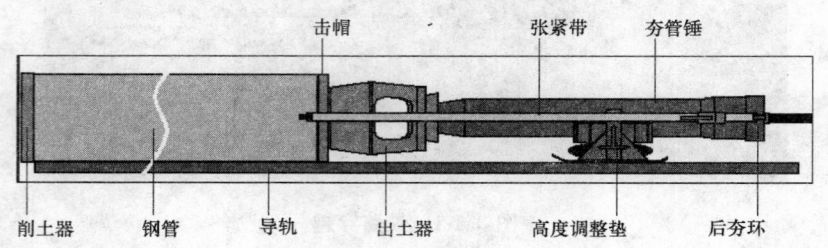

击帽　　张紧带　　夯管锤

削土器　钢管　导轨　出土器　高度调整垫　后夯环

图 4.1　装置原理图

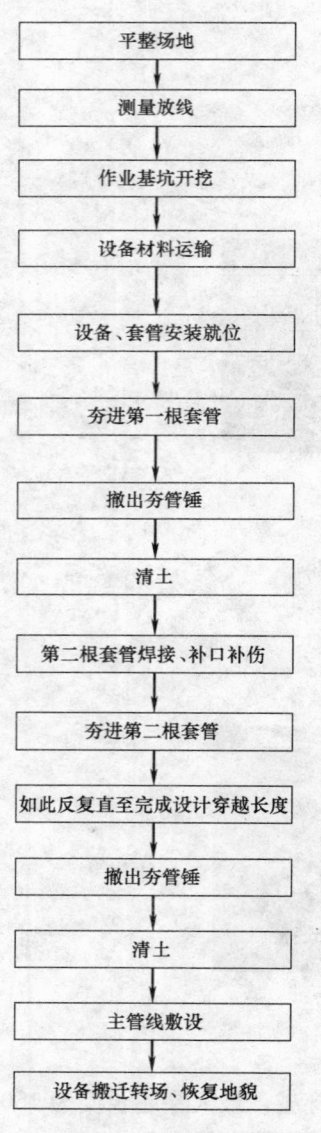

- 平整场地
- 测量放线
- 作业基坑开挖
- 设备材料运输
- 设备、套管安装就位
- 夯进第一根套管
- 撤出夯管锤
- 清土
- 第二根套管焊接、补口补伤
- 夯进第二根套管
- 如此反复直至完成设计穿越长度
- 撤出夯管锤
- 清土
- 主管线敷设
- 设备搬迁转场、恢复地貌

图 5.1　施工程序图

5. 施工工艺流程及操作要点

5.1　施工主要流程（图 5.1）

5.2　施工准备

5.2.1　认真做好现场调查，尽可能详细了解穿越段的地质资料及地下构筑物情况，以确定开挖操作坑和降水应当采取的措施。

5.2.2　详细了解穿越段施工的技术要求、所执行的规范及质量标准。

5.2.3　配套设施要完好适用。

1. 空压机：要求排量不小于 20m³/min，压力不小于 0.8MPa；

2. 贮气罐：容积不小于 1m³，保证夯管锤工作压力稳定；

3. 高压胶管：20m 长的 2"胶管 2 根（也可用无缝钢管代替），20m 长的 1.5"胶管 3 根，耐压不小于 1.0MPa；

4. 击帽：根据穿越段的管径配套使用。

5.2.4　通往穿越施工现场的道路应保证 10t 级施工车辆正常通行。

5.3　夯管施工工艺

5.3.1　场地平整：选择运输方便、平坦无障碍的一侧，修建施工便道。平整出宽 12m、长度 25m 的夯管施工场地，以对侧作接收场地。

5.3.2　测量放线：由设计单位及业主交桩、交高程点，由高程点引测临时水准点至工作坑旁并加以保护。待工作坑施控完毕后引至工作坑底基础面上。依据计算的夯进管外壁底高程和纵向角度，确定导轨高程和倾斜角度。各地高程及中心线拉引测点要进行栓桩，并经闭合、校核方可使用。

5.3.3　开挖夯进操作坑和接收操作坑：夯进操作坑应保证坑底长度为单根套管加长 5m（一般为 17m），坑底宽度为 3m，上口长度及宽度根据深度及地质情况而定（不同的地质条件采用不同的坡比），深度根据设计管底埋深确定。在靠近套管入土的一侧挖出焊接作业坑，长度为 2m，宽度为 0.8m，深度为 0.5m。接收操作坑应保证坑底长度为 4m，坑底宽度为 4m，上口长度及宽度根据深度及其地质情况而定，深度与夯进操作坑相同。根据地质情况和地下水位的不同，确定坑底是否打水泥基础和应采取的降水措施。对于易塌方的地质，应采取打钢板桩或临时支撑的方法以保证操作坑内的施工安全。夯进操作坑的断面如图 5.3.3-1 所示，夯进操作坑和接收操作坑位置平面示意图如图 5.3.3-2 所示。

图 5.3.3-1　断面示意图

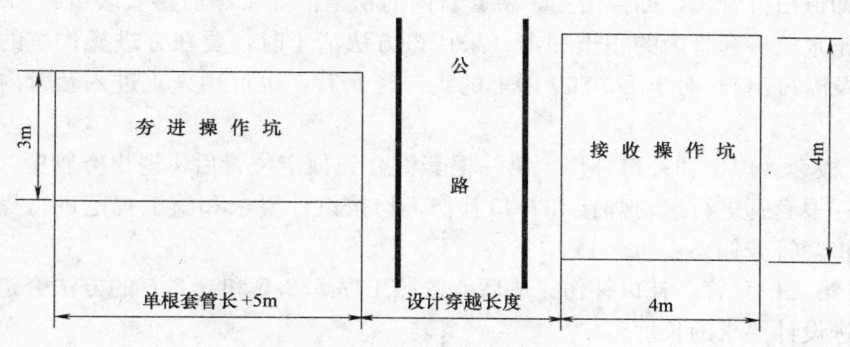

图 5.3.3-2　平面示意图

5.3.4　施工设备及套管运输进场：夯管施工的主要设备为夯管锤和空压机、发电机、电焊机等；运输进场的套管长度应比设计穿越障碍的长度加长 2～3m。

5.3.5　设备和套管安装就位

1. 夯进操作坑挖好后，按照设计要求高程进行测量，在夯管工作底板进行夯实找平后铺 20mm 渣石垫底层，再在上面铺设预先割好的 22 号工字钢按照 800mm 的间距以（工）型平行放置在工作坑的地基上，铺设 22 号工字钢两根，单根的长度为 2m。根据交接桩和实际测量，制定出两条导轨的中心线，放置导轨后再精确找正，测量是否达到预制角度要求，再将 22 号工字钢两侧分别夯入 1m 长的地锚两根，地锚入土不能低于 700mm，再次进行测量，无误后再与 22 号工字钢焊接牢固。由于钢管轨迹设计为水平，因此，槽钢作为导向轨道，自身必须平直无弯曲。用水准仪多点测量控制槽钢的水平，再根据需要的水平角度调节导轨的倾角。导轨示意图如图 5.3.5 所示。

2. 将套管吊入夯进操作坑中放到导轨上。为防止套管的防腐层被破坏，可在套管与导轨之间每间隔 2～3m 的距离放上弧形铁板，并在铁板上垫上胶皮。另外在第一根套管入土端的管口内外侧安装削土器（示意图见图 4.1）。为减少阻力，采用注入触变泥浆方法，即在夯进钢管前端焊一根 DN20 钢管做导流，前端开孔，随夯进长度焊至工作坑内与注浆泵连接，随夯随注浆，从而达到减阻目的。

3. 安装击帽。根据管径大小选择配套的击帽安装到套管上。

4. 安装夯管锤。将夯管锤吊入操作坑中与击帽连接后找正，使夯

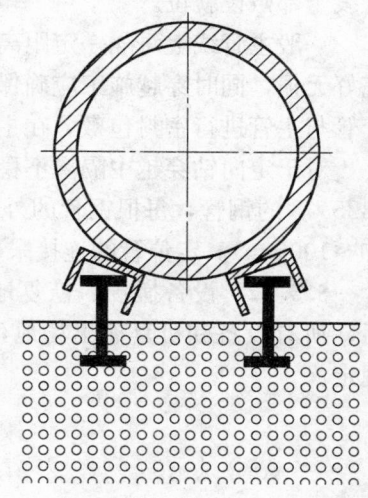

图 5.3.5　导轨示意图

管锤、套管的中心线与设计中心线吻合。然后将夯管锤与空压机之间的管路连接好，启动空压机，打开操作阀，将夯管锤头部与击帽和套管固定紧后，关闭操作阀，检验夯管锤的方位与水平角度，若偏差超过 0.5°需重新调整就位。

5. 打开操作阀，进行试夯，无异常后方能进行正常夯管施工。

5.3.6 夯进第一根套管。启动空压机，打开操作阀，夯管锤在气压的作用下开始夯进套管。由于第一根套管夯进方向的准确性是关键，所以在第一根套管夯进 500mm 后，应认真测量一下套管的方位与水平角度，角度偏差不超过 0.5°时可继续夯进。若轴线偏差超过允许范围，应进行纠偏，将轴线偏差调整到允许范围后继续夯进工作，直到管头到达指定位置（管头留在操作坑外 0.6m 左右以便和第二根套管进行焊接）。

一般所采取的纠偏措施：用人工在轴线偏差的相反方向将套管周围的土清除，在轴线偏差的方向钢管外壁打楔子。例如套管右偏超过允许范围，可将套管左侧的土掏空，使套管与其左侧的土层之间有一定的空隙，并在钢管右面外壁打上楔子，形成套管向左前进的趋势。

5.3.7 套管前进阻力较大时进行清土。在套管夯进的过程中，如发现套管前进的速度非常缓慢或停滞不前，应立即退出夯管锤，卸掉击帽，将套管内的积土清除干净后再安装击帽和夯管锤继续夯进。清土时，可用高压水枪将套管内的积土冲出（采用该方法清土时，要在夯进操作坑的适当位置挖出积水坑，并将积水及时排出）；对于 DN700 以上的大口径套管，也可用人工进入套管内进行掏土的方法将积土清除。

5.3.8 第二根套管焊接和补口补伤。第一根套管夯到预定位置后，退出夯管锤，卸掉击帽，吊入第二根套管与第一根套管进行组对焊接和补口补伤，均按设计要求和施工规范进行操作。要保证对口的质量，以防止将套管夯偏。

5.3.9 夯进第二根套管。补口补伤完成后，按照工序 5.3.5 和 5.3.6 的方法夯进第二根套管，然后重复操作到夯进设计要求的长度。

夯管作业开始后，要连续进行，尽量减少作业间歇时间，且不宜中途停止。

5.3.10 清除套管内的积土。套管全部敷设到位后，根据管径的大小采取不同的方式清除套管内的积土：对于≥DN700 的大口径套管，采取人工掏土的方式清土；对于＜DN700 的套管，采取高压水枪冲土（采用该方法时，要在夯进操作坑的适当位置挖出积水坑，并将积水及时排出）或将套管一端封堵后用空压机吹土的方式将套管内的积土清除干净。

5.3.11 主管线敷设。在操作坑内，应按设计要求和规范规定预制穿越管道，每道口检验合格后用牵引设备（如卷扬机）将管线拖入套管中，然后进行下一道口的焊接、探伤、补口补伤，直到将主管线全部敷设就位。

一般主管线上每隔一定距离安装一个绝缘的柔性支架，以确保在穿入套管过程中主管线的防腐层完好无损，同时穿越施工应确保套管和主管环行空间内无水和任何杂质，并按设计要求在套管两端将套管与主管进行密封包敷。在主管未与其他管段碰死口之前主管两端做临时封堵。

对于定向钻穿越中隔离不稳定地层的夯套管施工，则是进行安装中心定位管：定位管采用长 6m 的 $\phi325\times8$ 的钢管，每根钢管的外壁焊接一根直径略小于套管直径的支架（一般支架直径小于套管直径 80～100mm）。定位管的连接采用法兰连接。

5.3.12 设备撤场、恢复地貌。穿越管线与两端管线连头工作完成或定向钻穿越回拖作业完成后，所有设备和机具撤出场地，按常规进行回填、恢复地貌。特殊地段回填应执行当地有关部门的规定。

6. 材料与设备

相关材料与设备见表 6-1、表 6-2。

机具设备   表 6-1

序号	名 称	规 格	单位	数量	备 注
1	夯管锤	φ600	台	1	
2	空压机	20m³/min	台	1～4	根据不同规格夯管锤的需要进行调整
3	吊车	8t	台	1	
4	值班车	中客	辆	1	
5	挖掘机		台	1	根据作业坑定
6	打拔桩机		台	1	
7	载锤汽车		部	1	
8	发电机	30kW	台	1	用于照明和降水
9	电焊机	雅玛哈一体机	台	2	
10	工具房		座	1	
11	辅助设备				贮气罐、击帽等
12	套管		m		根据实际施工要求
13	中心定位管		m		根据实际施工要求

德国 TT600 型夯管锤设备的技术参数   表 6-2

直径	600～670mm
长度	3645mm
重量	4800kg
耗气量	50m³
冲击次数	180 次/min
适用管径	380～4000mm
夯击力	2000t/次，如果最大压力达到 8bar 时瞬间可以产生 2500t/次的夯击力

7. 质 量 控 制

7.1　执行标准

《油气输送管道穿越工程施工规范》GB 50424—2007；

《油气长输管道工程施工及验收规范》GB 50369—2006；

《石油天然气管道安全规范》SY 6186—1996；

《石油天然气工业健康、安全与环境管理体系》SY/T 6276—1997。

7.2　其他质量要求

7.2.1　开工前，测量人员要及时准确将顶进钢套管的中心线以及水准标高引测至工作坑内，在顶进过程中要经常校对中心线和高程，具体要求详见夯管施工工艺要求。

7.2.2　底版级配渣石要铺设平整，导轨的中心位置应与管中心位置完全重合，导轨选点测高程。对于隔离不稳定地层的夯套管施工，不允许出现偏差；对于穿越公路、铁路、河流的夯套管施工，穿越套管的轴线偏差不超过夯进长度的 1%。

7.2.3　夯管用的各种设备和机具均需检修完好后才能使用，以确保夯管工程顺利进行。

7.2.4　夯进钢管和夯管锤的中心线应在设计管中心线的同一直线上。

7.2.5　严格执行三检制度，及时进行隐蔽验收，上道工序合格后进行下道工序。

7.2.6　严格执行质量体系文件程序，做好各项质量记录。

7.2.7　随时与建设单位、监理单位联系、请示及解决问题。

7.2.8 焊接及特殊工种人员必须持证上岗。

8. 安 全 措 施

8.1 所有施工人员要明确分工，听从项目负责人的统一指挥。

8.2 禁止非工作人员进入工作坑内，在岗人员必须佩戴安全帽，吊装重物时应严格按操作规程施工。

8.3 现场的各种电气设备均应检修完好，并经常检查电源装置的安全情况。

8.4 工作坑临边防护采用铁板防护栏全封闭的方法防护，防护栏应连接牢固，能承受 10 级风力。

8.5 在工作坑两侧各设置明显的施工标示牌，以确保来往车辆及行人安全通过。

8.6 施工现场要设置足够的警示、灯及照明设施，以确保现场施工安全照明。

8.7 施工现场要用护板或护栏做好围挡防护。

8.8 严格执行有关安全施工文件，搞好文明施工。

8.9 工地办公室实行相关图表上墙，驻地要有明确的卫生管理制度，保持驻地清洁。

8.10 现场各种物资要存放有序，做到安全美观统一。

8.11 施工所用高压胶管、管接头、贮气罐等应符合耐压要求，安全可靠。

8.12 禁止上下交叉施工，夯管锤安装好后，坑内尽量少站人，在夯进时坑内不得留人。

8.13 夯管时要有专人检查夯管锤温度，必要时可停止几分钟，所有设备运转时禁止加油。

8.14 进行人工取土时，设备停止施工，人员做好防护措施才可进入管内取土。

8.15 各种油品、易燃物品要妥善存放，并做好防火标志。

9. 环 保 措 施

9.1 施工人员应文明施工，禁止对周围环境造成污染和破坏。

9.2 施工期间专（兼）职 HSE 监督员对工程施工期间进行环境管理，其管理的内容主要是根据上级有关环保管理规定和施工项目特点制定的环境保护措施，并对作业现场实施监督检查。

9.3 严格控制施工作业带的宽度，禁止超占、多占地，施工机具必须在作业带内和施工便道内行走。

9.4 任何时候禁止堵塞当地已有的排水沟或路边沟，保障畅通。

9.5 施工过程产生的废弃物随时清理回收，做到工完、料净、场地清。

9.6 施工作业中的焊条头、废砂轮片、废钢丝绳和包装物等每天进行回收，统一送回营地集中处理。

9.7 施工期间产生的工业污油，由专用回收装置专人送到营地统一处理，禁止随意倾倒。

9.8 施工中使用的油漆、化学溶剂及有毒有害物品，要妥善存放、保管，制定防止泄漏和污染的具体措施。

9.9 在施工现场对管线进行防腐处理时产生的防腐材料废弃物回收处理，使其不任意散落在环境中。

9.10 在施工期间使用的临时燃料油罐、燃料油运输车要制定安全储存和运输措施，防止燃料泄漏污染。

9.11 禁止在河流中冲洗设备，污染河水。

9.12 管道施工临时占地（如堆放管材、停放机具等），应尽量避免占用绿地、草场；施工便道尽量利用已有道路，固定行车路线。

9.13 施工现场设置环保节水型流动公厕设施，厕所内保持卫生。

9.14 在施工通道与公路交界处的施工通道路面上放置碎石，以减少施工车辆把污泥带到公路上。一旦施工车辆或施工机械把污泥、尘土或任何碎石带到公路上，立即将其清除掉。

9.15 禁止在林区、草原吸烟或点篝火。

9.16 在干燥和干旱地区，施工会产生影响局部空气质量的扬尘。在扬尘严重的地方，应采取以下防尘措施：

9.16.1 在施工进出道路和作业带用洒水车控制扬尘。

9.16.2 在施工进出道路上用化学除尘剂控制扬尘，例如用氯化钙或氯化镁的溶液控制扬尘。

9.17 施工中发现有古迹遗址、文物、化石等有价值的场地，立即停止施工并做出标记，派专人负责保护并报告当地文物主管部门，任何人不得破坏、占有文物、化石。

9.18 配制泥浆所需原材料必须符合环保要求，减少对环境的影响和赔偿费用的支出。

9.19 地貌恢复：采用机械、人工方法恢复到原貌。

10. 效 益 分 析

10.1 在天津塘沽南疆油库库外输油管线工程中，采用12″夯管锤成功实施了南疆公路的双排套管穿越，穿越套管规格为 $\phi426\times9mm$，穿越长度分别为31.68m和31.29m，有效工期仅用了4d时间。现将采用夯管法施工与采用机械大开挖法及横钻孔机方法施工的可比内容列入表10.1。

发生费用比较　　　　　　　　　　　　　　　　　表10.1

序号	可比内容	发生费用(单位:元)		
		夯管法	机械大开挖法	横钻孔机法
1	断路、地貌恢复、赔偿费用	—	15998.82	—
2	土方开挖、回填费用	4862.15	19439.94	4066.52
3	穿越机械台班费用	9844.74	—	13586.58
4	人工、材料费	2143.28	837.77	2075.55
5	合计费用	16850.17	36276.53	19728.65
6	有效工期	4d	10d	3.5d

10.2 以往卵砾石地层是定向钻穿越的禁区，也是普通管道敷设难以解决的问题，遇到此种情况通常的做法是改线或进行庞大的大开挖作业，采用夯套管技术与水平定向钻穿越技术结合应用，突破了这一禁区，不仅解决了管道埋深、稳定等问题，而且大大地节约了施工成本，开辟了新市场，扩大了施工领域，保护了环境。

在长春—吉林输油管道工程松花江穿越工程中，采用 $\phi600$ 夯管锤成功实施了卵砾石套管穿越。套管以90的入土角打入，垂直深度为9m，套管长度为58m，套管直径为 $\Phi1016$，有效工期仅用了11d时间。现将松花江入土段一端的夯管法施工与采用机械大开挖法施工的可比内容列表如表10.2。

发生费用比较　　　　　　　　　　　　　　　　　表10.2

序号	可 比 内 容	发生费用(单位:元)	
		夯管法	机械大开挖法
1	土方开挖、回填费用	—	172500
2	打拔钢板桩(双排\11m深)	—	384000
3	井点降水	—	360000
4	夯打套管	390000	—
5	合计费用	390000	916500
6	有效工期	11d	15d

由以上工程实例和经济分析可见，夯管施工以其占地少、施工周期短、不破坏路面、不影响交通、精度高、成本低等优点，在非开挖敷设管线施工中得到越来越广泛的应用，取得了良好的经济效益和社会效益。尤其是车辆运行较多的路段，更能突出其社会效益。同时在卵砾石等不稳定地层施工中，夯管施工也是与定向钻穿越相结合的理想的施工方法。

11. 应 用 实 例

11.1 天津塘沽南疆油库库外输油管线工程，在海河入海口附近管线与盐场铁路交叉，采用夯管法穿越该公路，套管规格为 $\Phi426 \times 9$mm，两条管线并排平行穿越，间距为 2m，穿越长度分别为 25.77m 和 24.84m，穿越段地层为黏土层。

该工程于 7 月 21 日开始现场准备、开挖操作坑和设备就位连接，于 7 月 26 日开始进行夯管，7 月 27 日上午完成第一条套管穿越后，按第二条套管穿越中心线进行设备就位，27 日下午开始第二条管线的夯进，28 日下午第二条管线顺利敷设到位，29 日上午交由业主进行主管线敷设。盐场铁路穿越自施工准备开始到将套管敷设到位，仅用 8d 半时间，施工速度较快。

盐场铁路为该地区的运输干线，不允许进行大开挖施工。而采用夯管施工，铁路运输照常进行，路面不受任何影响，与传统的大开挖穿越相比，采用夯管法施工社会效益和经济效益显著。

11.2 陕京输气管线朔城区段在桩 1307 处与大运公路相交，管线加钢套管穿越该公路，套管规格为 $\Phi820 \times 10$mm，要求套管埋深自路面以下 4.3m，穿越长度为 24m。由于大运公路为省级公路，来往车辆较多，不宜采用大开挖方式施工。采用夯管锤穿越该公路，从施工准备到套管出土，仅用 7d 时间就得以完成，出土偏差仅 0.2m。可靠的质量、短暂的施工周期和较少的工程投资，得到了建设单位的肯定。

11.3 长春—吉林输油管道工程松花江穿越工程中，采用 $\phi600$ 夯管锤成功实施了卵砾石套管穿越。套管以 90 的入土角打入，垂直深度为 9m，套管长度为 58m，套管直径为 $\Phi1016$，有效工期仅用了 11d 时间。

11.4 2008 年 8 月 19 日完成的中海油福建 LNG 项目东西溪穿越工程，穿越长度 1690m，穿越主要地层为花岗岩，最大硬度达 120MPa，且穿越出入土点两端均为圆砾和卵石，采用了夯套管技术隔离卵石层（每侧套管的安装长度达 100.8m），为穿越公司首次在岩石地质穿越施工中实施对接作业做好了基础工作。

其他代表性工程见表 11。

代表性工程 表 11

序号	工 程 名 称	管线规格(mm)	套管规格	套管长度(m)	穿越长度(m)
1	陕京管线榆林乡间公路穿越		$\Phi820 \times 10$	11.5	
2	陕京管线榆林神榆公路穿越		$\Phi820 \times 10$	18	
3	银川东部天然气管线公路穿越		$\Phi273 \times 8$	164	
4	兰州黄河穿越	$\Phi508 \times 14.3$	$\Phi1000 \times 10$	44	733
5	兰州黄河穿越	$\Phi711 \times 17.5$	$\Phi1400 \times 20$	44	699
6	庆铁老线清河穿越	$\Phi720 \times 10.3$	$\Phi1400 \times 20$	53	1009
7	庆铁新线清河穿越	$\Phi720 \times 10.3$	$\Phi1400 \times 20$	53	1021

大型悬索管道跨越空中发送施工工法

YJGF53—2000（2007～2008 年度升级版-044）

中国石油天然气管道局

李铁山　初宝民　董新　祁香文　李顺来

1. 前　　言

悬索跨越工程是管道施工中的一项特殊性工程，根据地形地貌以及地址条件的不同，其施工的方法也有所不同，经过多种施工方案的比选，最后在施工时全部采用了塔架整体预制或分段预制，最后一次性吊装就位的施工方法。桥面的安装，全部采用了空中发送就位安装的施工方法，并取得了成功。中国石油天然气管道局第一工程分公司承建的陕京输气管道黄河跨越工程、忠武输气管道木龙河、野三河跨越工程都采用了本工法。

2. 工法特点

2.1 施工工艺合理。

2.2 易施工，易操作。

2.3 手段用料少，投入大型吊装设备少。

2.4 施工费用低。

2.5 工期短。

2.6 不受河水的影响，并且适应于各种地形条件下的跨越工程施工。

3. 适用范围

本工艺适用于管道带滚动托座的大型悬索管道跨越。

4. 工艺原理

利用 ZLD-100 型液压连续顶推式千斤顶立塔，利用卷扬机和捯链相配合的方法进行塔架的一次性吊装就位；或利用大型人字桅杆，卷杨机和捯链配合施工完成塔架的整体吊装就位。施工索和主索的安装也是利用卷杨机和捯链的共同协作完成的。

5. 施工工艺流程及操作要点

5.1 施工主要流程

施工准备→基础验收→塔架预制安装→施工索安装→发送系统安装调试→主索发送安装→吊索安装→管桥吊栏发送安装→抗风索安装→风系索安装→稳定索安装→管桥整体测量安装调试→跨越管道发送安装→测量管桥拱度、调整各锚固墩索具螺栓→通球试压→防腐保温→施工索等拆除→竣工验收。

5.2 操作要求

5.2.1 施工准备

1. 现场勘察跨越的实际情况地质条件、地形地貌情况、可利用的交通道路条件、跨越河流的水文地质条件以及周边环境的经济状况条件。根据这些现场规划，确定施工方案，制定施工部署。

2. 现场实际测量确定进场施工进场道路。选择进场道路本着少占农田、经济合理的原则，受地形和地质条件的限制，只能进行跨越两岸一侧修路的情况，要充分的考虑到设备和材料，以及可能出现的塔架空中运输到对岸的问题。

3. 规划主预制场的大小并确定主预制场的竖向布置。

4. 设备和施工用料及起重材料进入施工现场以后，要对手段钢丝绳进行外观的检查。检查原有旧钢丝绳有无断丝、打折、断股、磨损严重、锈蚀严重等问题，对于质量有问题的旧钢丝绳要用于捆绑钢丝绳套、吊装绳套、限位钢丝等不重要的地方，并根据损坏的严重程度做强度折减处理。

对于新的钢丝绳要有破断拉力实验报告等质量合格资料。钢丝绳在购买时最好在有信誉的大厂里定做加工。所用的起重器材，比如滑轮组和滑轮要解体检查并作上甘油处理。施工中所用的各种起重附件如卡环、卡扣，检查是不是有裂纹、紧固失效等问题，有质量问题的附件不得使用，按废品处理。检查各起重卷扬机是不是有刹车抱带失灵等问题，使用前必须调节好。检查齿轮箱是不是有缺油或者齿轮油失效等。

5. 规划施工现场。对施工现场进行竖向布置，以确定各种地锚的施工位置以及各种施工用具和钢丝绳的具体几何尺寸。

6. 熟悉和了解设计意图，修改设计存在问题，提出改进意见，复核设计图纸中的各项技术指标，了解设计给定的各个力学参数和桥面的几何参数，以备施工中参照执行。

7. 根据现场的布置，计算和设计各种临时设施工程，计算和计划实际工程量和措施工程量，规划施工网络计划、施工材料的主体用料计划和施工措施用料计划。

5.2.2 钢丝绳过河施工

1. 施工现场中用到大量的钢丝绳，这些钢丝绳中一般的有塔架的风缆绳、桅杆的背绳、桅杆的限位绳、施工索、主索、抗风索，都要过河就位。对于地势比较平坦的地势，一般都采用河里用驳船直接放绳的施工方法；对于地势陡峭河谷很深的地势，施工中一般选择空中发送放绳的施工方法。

2. 空中发送钢丝绳的施工方法介绍

土建施工中在原设计的基础上，预埋施工锚点，土建工程完成后在其锚点处临时架设小型施工索，利用小型施工索安装空中走线滑轮吊装系统，把钢丝绳空中发送过河，见图 5.2.2-1。

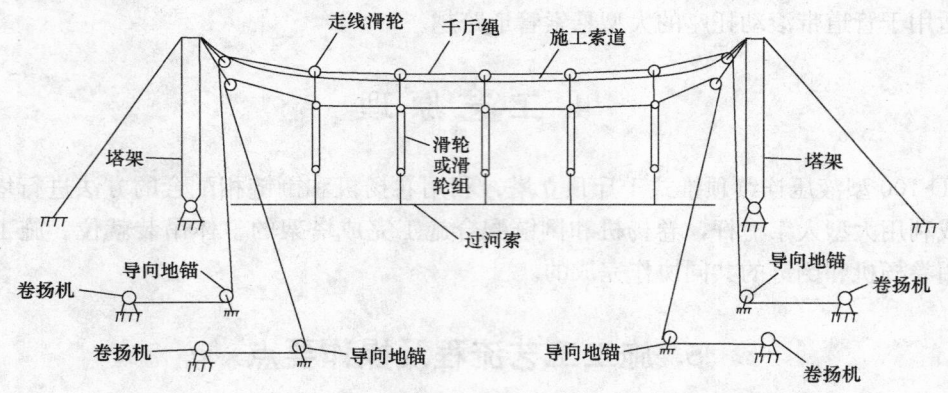

图 5.2.2-1　钢丝绳空中过河原理示意图

这种施工方法适应于各种不同地势情况下的钢丝绳过河，被广泛应用于球溪河跨越、木龙河悬索跨越、野三河悬索跨越工程中。

3. 塔架的制作和安装

塔架制作安装工程是大型悬索跨越工程中的重要工序，是制约跨越工程的关键。

由于塔架体积和重量都很大，工厂化预制很难运输到施工现场，因此一般都在施工现场进行预制施工，塔架的预制一般都在跨越河流的两岸同时进行。但是由于现场地形条件的限制或者施工设备只能进入跨越河流的一岸，因此塔架的预制只能在现场的主预制场进行，并且只能够预制成拼件，用空中架设的大型施工索道吊装系统来完成从主预制场向另一岸的空中运输，这样一来就大大的增加了工程的施工成本。施工成本的增加量要和这岸修路的施工成本费用、临时道路征地的费用及地貌恢复的费用总和来比较，决定其施工是否两岸修路。

1) 钢塔架的下料施工

塔架在钢平台上按图纸实地 1：1 放样，计算出不同规格的杆件的数量和不同规格的接点板数量。按照统计出的杆件数量进行现场的切割下料，用角向磨光机除去氧化皮，再用样板检查构件的尺寸和切割口处的形状是否满足对口要求。

2) 构件的组对和拼焊

塔身的组对按照先平面后空间的原则进行组对和固定焊接。施工时先把构件组对成很多个小的平面单元，以满足现场的搬运和现场空中运输到对岸的施工要求。最后按照对称焊接的原则对平面单元焊接，对可能焊接变形较大的平面单元采用胎具固定单元的方法焊接。

3) 塔身的组拼和焊接

把小的平面单元组拼成塔身端面大的单元，用胎具固定好以后焊接固定，然后按照对称焊接的原则再统一焊接。对有支撑的塔架焊接时，先焊接支撑，次焊接连接杆件，最后焊接连接处焊接口。

4) 塔架焊接变形的矫正

对焊接变形超标的局部采用局部加热，或用千斤顶的外力进行矫正。对于矫正困难的局部，可用胎具加热和千斤顶协同矫正的方法矫正处理。

5) 塔架的检查

塔身的平面组对时，对平面小的单元和大的平面单元进行平面度检查和对角线长度检查，确认合格可固定焊接；对空间结构的塔身，同样在塔身组对后进行对角线长度检查和塔身平面度检查，合格后可以进行整体焊接，焊接后对焊接后的塔架再整体检查一次。

6) 塔身、塔头的连接和焊接

现场用两个桅杆进行对接和连接。

对于一岸有路的情况，可用施工索的走线滑轮吊装系统把小的拼件单元空中发送到对岸的施工、再组对的施工方法。

7) 防腐处理

杆件下料后对杆件和构件喷砂、除锈、刷底漆处理。焊接后再在焊口处喷砂、除锈和刷漆，最后塔架整体再涂一遍底漆。

8) 塔架的吊装就位施工

大型悬索跨越施工中，根据现场的实际情况，经常采用塔架就位施工方法，一般为：第一，大型吊车直接吊装就位；第二，大型人字桅杆翻转就位；第三，双桅杆直立就位。根据施工现场的实际情况，对地势条件比较好、两岸交通道路便通的情况下，首先采用第一种施工方法，这种施工方法简单、高空作业量很小、施工的工期短、施工成本低等优点。第二种施工方法一般应用于各种复杂的地形和地貌条件下，两岸有一岸不能修路或修路困难、修路费用很高的情况下采用这种施工方法，这种施工方法被广泛应用于大型悬索跨越施工的塔架就位施工中，经济效益很好，但比较第一种就位方法，工期很长、工序很复杂、成本高很多。目前所施工的大型悬索跨越施工中，基本上都采用这种施工方法，比如球溪河悬索跨越、木龙河悬索跨越、野三河悬索跨越、云南冯家湾悬索跨越、甘肃环江跨越的施工，全部采用的这种施工方法，施工效果很好。第三种施工方法适用于地势比较平坦的场地宽畅的地势情况，一般是在很难找到大型吊车，或者由于道路的原因大型吊车进不了场的情况下。缺点是占地面积大、临时设施多、施工工期长、地表破坏严重、钢丝绳和设备用量很大不利于降低施工成本。

大型人字桅杆翻转就位施工方法介绍：

施工工艺在没吊车的情况下，施工现场塔架的施工是用小型桅杆吊装中型桅杆就位，再用中型桅杆吊装塔架吊装桅杆，最后用塔架吊装桅杆把塔架吊装就位。

塔架吊装桅杆吊塔架前根据现场情况，首先把桅杆的背绳拉紧到工作状态，检查桅杆上面的滑轮组是不是有跑槽、滑轮别劲。

在其他方式吊装施工技术不够成熟的情况下使用。

大型人字桅杆吊装技术操作：把吊装用钢丝绳用空中走线滑车吊装系统空中运输到河对岸，把所用钢丝绳、大型人字桅杆和滑轮组连接好，然后用卷扬机基本拉紧，检查各个地锚是不是有滑移、滑轮组是不是有跑槽、卷扬刹车抱带是不是运行良好、检查各个捆绑绳是不是受力均匀和捆绑绳的受力是否对桅杆产生弯矩。如发现问题重新处理，处理后方可正式吊装塔架。吊装原理见图 5.2.2-2。

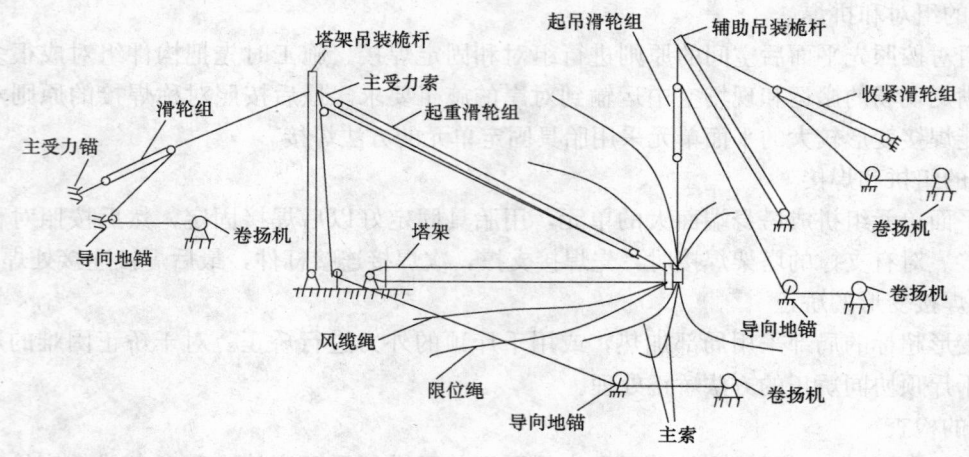

图 5.2.2-2　桅杆吊装系统翻转吊装就位示意图

说明：

① 施工以前根据塔架的几何尺寸计算塔架重量以及塔架重心位置，并实测主受力锚到塔架距离和底部位置高差，计算背索的受力，根据受力情况选择背索的规格。

② 根据桅杆高度、锚点位置等几何参数，计算主受力索的受力，选择主受力索的规格。

③ 立塔施工的同时，把两根主索、施工索、风缆绳、限位绳等固定安装到塔头上，立塔施工时把其一并吊起就位。

大型桅杆吊装塔架技术要求：

根据塔架高度确定桅杆的高度；根据吊装竖向布置、塔架的重量和重心高度计算各钢丝绳的受力；根据受力情况选择各钢丝绳的规格，对于受力大的重要地锚，要根据土力学原理计算地锚抗拉力，同时要进行抗倾复校核和地耐力校核，安全系数不小于 2.0，对于人字桅杆要进行稳定性校核和强度校核，安全系数不小于 1.4，捆绑绳的安全系数不小于 5.0，其他受力绳的安全系数不小于 3.3。

5.2.3　施工索安装

施工索是悬索跨越工程施工中不可缺少的重要空中通道，跨越安装施工中，桥面桁架的安装、主索的过河、抗风索的过河、两岸材料和设备的调配、跨越对岸的布管和焊接、塔架拼件单元的吊装过河、塔头的过河安装等都是通过由施工索组成的空中吊装系统完成的。

施工索的安装结构形式有两种。第一种，施工索在塔架顶部滚动的形式；第二种，施工索在塔架顶部固定的形式。第一种结构形式对技术要求不够严格的施工索可直接在地面用卷扬机拉紧到设计的状态，操作很简单，需要在吊装时随时调整索的垂度，因此安全系数偏大，浪费钢丝绳材料，并对于塔架的稳定性较差，因此所用的风缆绳的破断拉力要大，浪费风缆绳。第二种结构形式对技术要求很高，施工要求严格，施工索必须在工作状态下、张拉力的作用下下料并标记在塔顶的刻度，以便在塔顶上固定到正确位置上，用卡块把施工索卡死固定，施工困难，需要在空中操作，但安全可靠，材料用量省，降低了工程的成本，这种形式的结构被广泛应用于环江悬缆跨越、球溪河悬索跨越、木龙河悬索跨越、野三河悬索跨越中，效果很好。

第一种施工索在塔顶滚动形式说明：

根据施工索的根数可分成双轮、单轮、多轮的多种形式。

双轮的情况：

在塔顶上分别预先设计安装上两个平衡滑轮和一个牵引导向滑轮（如图 5.2.3-1 所示），施工索为两根Φ32.5 的钢丝绳，其间距为 200mm，在承载状况下悬垂度一致，在塔顶上立临时 1.5m 高小塔头，利用卷扬机和捯链将施工索通过平滑滑轮，然后利用浮在河上的浮舟和对岸的卷扬机，通过牵引钢丝绳将施工索牵至对岸，再通过对岸塔上的平衡滑轮，将施工索两端锚固在临时地锚上。

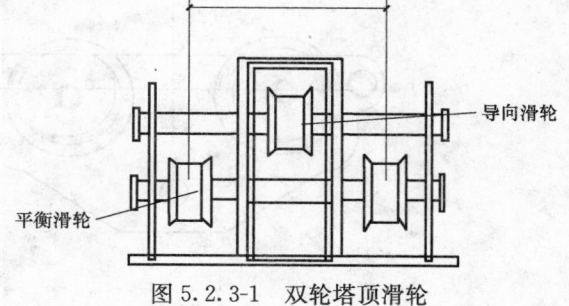

图 5.2.3-1　双轮塔顶滑轮

其他的结构形式的这里不做介绍，原理相同。

第二种施工索在塔架顶部固定的形式说明：

塔架顶部焊接施工索鞍上安装卡块施工索被夹固到塔顶上不能够移动，根据施工索的数量响应安装不同数量的施工索鞍，结构如图 5.2.3-2。

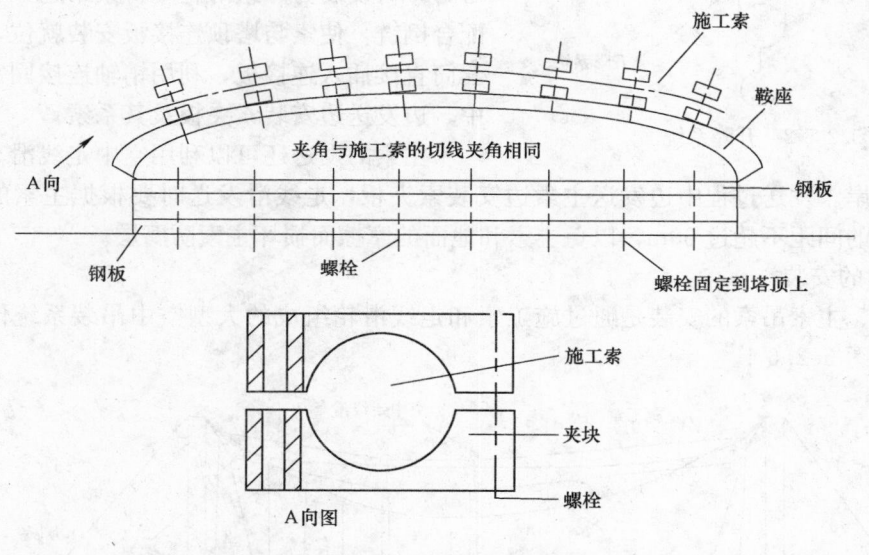

图 5.2.3-2　施工索鞍示意图

5.2.4　桥面桁架结构的预制和安装

桥面桁架的预制过程和塔架的制作、检查基本相同，不做详细说明。

一般情况下桥面桁架之间全部是螺栓连接，因此号孔和钻孔是制作桥面桁架的关键，施工的时候必须严格做好这项工作。号孔必须在平台上，桁架焊接完成后，用样板号孔，施工时所用的样板必须经常更换，样板号孔的平面误差不得大于 0.5mm，对角线误差不大于 0.6mm。

如果是空间结构的桁架号孔，空间误差不能大于 1.0mm。空间桥面桁架的组对也是按照先平面后空间的原则进行，桥面桁架的变形矫正尽量用胎具千斤顶或丝杠机械矫正。

5.2.5　组成发送吊装系统

发送系统由发送滑车（如图 5.2.5-1 所示），升降系统（如图 5.2.5-2 所示），牵引设备组成。发送滑车在东西两岸各一台卷扬机的牵引带动下，沿施工索行走，再利用东西两岸各一台卷扬机的牵引升降系统的钢丝绳，完成发送物体的升降。

5.2.6　空中发送

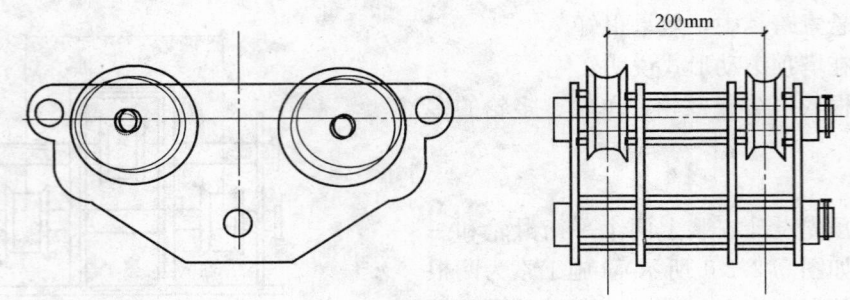

图 5.2.5-1　发送滑车

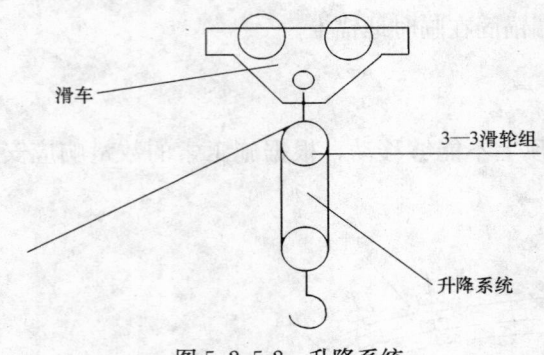

图 5.2.5-2　升降系统

1. 主索的发送安装

主索各缠绕在一个 1.2～1.8m 的木制滚轮上，然后放在发送架上，进行主索发送，利用吊车先从滚轮上放出 50m 的钢索伸展开，利用一组滑车的升降装置距索头 30m 处吊起，然后向对岸牵引。当发送到 30m 左右时，再安装另一组滑轮车将索吊起，利用塔上小塔头配合捯链，使索与塔顶连接板安装就位，把索头的桥式套筒直接插入连接板，利用销轴连接固定，在发送过程中，边发送边安装索夹板及其系索。

主索的发送还可以利用空中走线滑车将主索由河的一岸发送到另一岸。发送过程中边发送主索边安装索夹板，走线滑发送时要根据主索的长短设置多个吊点，一般吊点的间距不超过 30m，以免主索和地面的摩擦而损坏主索防腐层。

2. 主索吊索的安装

主索索夹板、主索吊索的安装是通过施工索和走线滑轮组成的大型空中吊装系统借助吊栏来完成的，安装工艺见图 5.2.6-1。

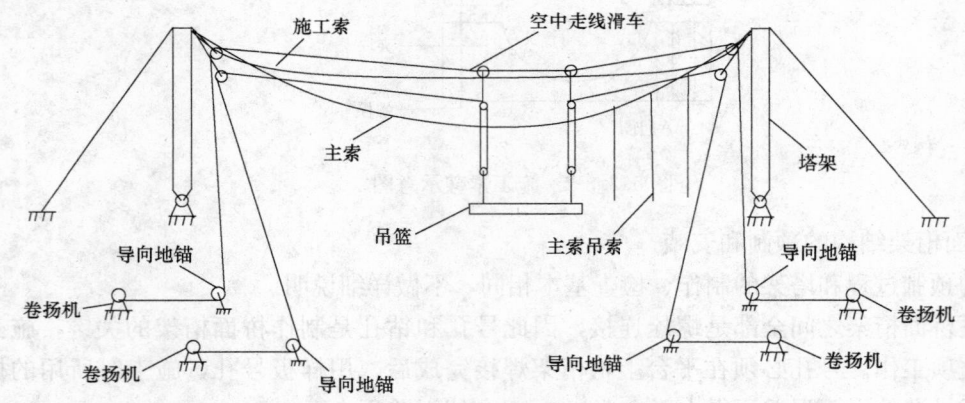

图 5.2.6-1　主索吊索安装工艺示意图

3. 管桥桥面发送系统

将管桥单元每两到四组在地面上组成 10～20m 单元整体，施工索上配两组滑车及配套的升降系统（如图 5.2.6-2 所示），由主预制场向对岸发送，再由西岸依次安装到这一岸，使整体单元与系统连接。

4. 风索发送系统

管桥吊栏连接好后，利用管桥吊栏将风索从一岸发送到另一岸，在管桥吊栏上完成风系索与管桥吊栏和抗风索间的连接，然后整体吊装脱离管桥整体单元，再将抗风索索头与风锚基础连接。

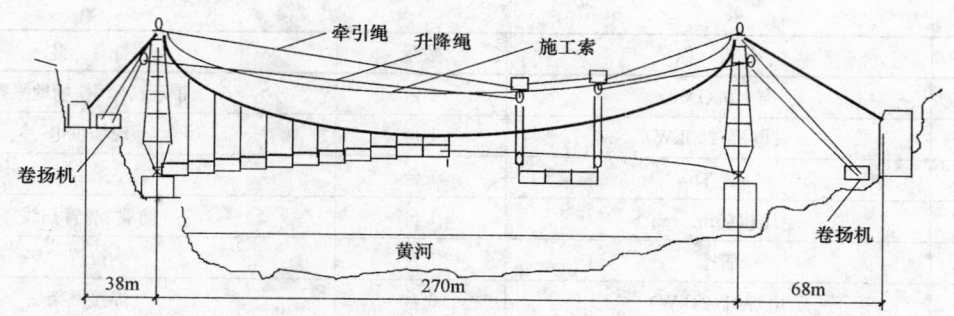

图 5.2.6-2　管桥发送安装

5. 稳定索发送安装

利用管桥吊栏上滚轮，将稳定索发送就位，待管道发送就位后，用夹板与吊栏连接并将索头插入套筒就位固定。

6. 管道发送安装

管桥整体测量调试好后，将防腐后的钢管在东岸发送平台上组焊，沿管桥上的滚轮向西岸牵引。

5.3　劳动力组织（表 5.3-1，表 5.3-2）

管理人员（12 人）　　　　　　　　　　　　　　表 5.3-1

序号	职　　务	人数	序号	职　　务	人数
1	正、副项目经理	2	5	材料员	2
2	项目工程师	1	6	会计、出纳员	2
3	技术员	2	7	办事员	1
4	安全员	1	8	调度员	1

施工人员（89 人）　　　　　　　　　　　　　　表 5.3-2

序号	工　　种	人数	序号	工　　种	人数
1	铆工	6	7	电工	1
2	电焊工	12	8	气焊工	1
3	起重工	16	9	防腐工	4
4	机手	11	10	力工	20
5	司机	10	11	炊事员	3
6	管工	2	12	管理员	3

6. 材料与设备

主要材料及设备见表 6。

表 6

序号	名　　称	数量	备　　注
1	四弧电站（100kW）	1 台	发电、焊接管道
2	氩弧焊机（ZXT-400ST）	2 台	焊接管道
3	吊车（25t）	1 台	吊装
4	走线滑轮	12 套	加工制作、吊装
5	卷扬机（5t）	4 台	发送牵引
6	千斤顶（ZLD-100）	1 台	牵引立塔

续表

序号	名　　称	数量	备　　注
7	推土机(D80)	2 台	带卷扬牵引、场地平整
8	发电机(200kW)	1 台	现场供电
9	货车	5 台	采购
10	空压机(6m³/min)	1 台	防腐、清管扫线
11	管车	1 台	拉管
12	电焊机(24kW)	6 台	焊接框架
13	北京吉普(213)	2 台	指挥车
14	捯链(10t)	10 个	吊装
15	捯链(5t)	30 个	吊装
16	捯链(3t)	20 个	吊装
17	钢浮舟(8t)	12 艘	组焊浮船
18	钢浮舟(4t)	6 艘	组焊浮船
19	机动木船(4t)	2 艘	河中运输
20	钢丝绳(Φ32.5)	1500m	施工索
21	钢丝绳(Φ21.5)	800m	滑轮组牵引
22	钢丝绳(Φ18.5)	2000m	升降牵引
23	滑车组四轮 30t	4 组	发送系统
24	滑轮组(3-3)20t	2 组	发送系统
25	导向滑轮(5t)	8 个	
26	滑轮组(4-4)40t	8 组	
27	打压泵	1 台	
28	经纬仪	1 台	
29	水准仪	1 台	
30	X 射线机	1 台	

7. 质量控制

7.1 《石油建设工程质量检验评定标准管道穿跨越工程》SY 4004—1995

7.2 《混凝土结构工程施工及验收规范》GB 50204—1992

7.3 《钢结构工程施工及验收规范》GB 50205—1995

7.4 《管道及有关设施的焊接》API 1104—1992

7.5 《输气管道焊接及验收规范》Q/BT 004—1995

8. 安全措施

8.1 所有岗位人员都必须有上岗证，并经过安全技术培训，工作时严格遵守安全操作规程。

8.2 对关键部位都要经过认真的计算，尤其是地锚和发射系统钢丝绳的计算。

8.3 发送过程中有专人指挥，专人负责，做到命令统一，步调一致，灵活指挥。指挥人员配备对讲机、哨笛和指挥旗。

8.4 施工前一切起重设备和发送系统都要经过认真检查和调试。

8.5 施工时，设专人检查临时地锚、发送系统及牵引设备有无异常情况。

8.6 高空作业必须系安全带，同时配备救生船和救护车。

8.7 施工人员必须按规定穿戴劳保用品。

8.8 施工前，应收听气象预报，风、雨天严禁施工。发送作业必须在白天进行。

8.9 严格执行中华人民共和国石油天然气行业标准《石油天然气工业健康、安全与环境管理体系》SY/T 6276—1997。

9. 环保措施

1. 开工前，对跨越点的环境状况进行科学的环境评价，并形成报告，报主管单位审批；

2. 编制环境保护计划，制定环境保护方案，控制超范围占地，减少对作业现场周围的植被破坏；

3. 在施工过程中，车辆、设备必须在规定的施工便道上行驶，严禁随意碾压，致使地表土壤、植被遭到破坏，确实保护好施工所经过地带的植被和土壤；

4. 施工中，禁止随意砍伐、推倒和扎压施工作业带以外的树木、植被、地貌等，防止水土流失和土壤污染；

5. 施工中产生的废弃物和生活垃圾应按照当地环保部门指定位置存放或按照指定的方法处理；

6. 工程结束时，最大限度地恢复地行原貌，恢复地表植被和水利功能并达到设计要求。

10. 效益分析

空中发送施工方法与高架桥施工方法比较，可节约资金近30万元。

11. 工程实例

1996～1997年承建的陕京输气管道工程黄河跨越工程，两塔为钢结构，塔架高43m，主跨度为270m，2根 ϕ68 主索，两根 ϕ52 的抗风索，两根中 ϕ40 的稳定索，106 根 ϕ20 的吊索，106 根 ϕ20 的风系索，54 组钢结构吊栏。跨越点东岸为河滩地，有施工场地；西岸为陡峭山坡，无施工场地。跨越管道为 ϕ660×14.3mm 进口 UOE 直缝管，聚氨脂泡沫保温 AT0 涂料及玻璃布四油二布加强级防腐。设计标准为：塔架基础间及其与其他基础间水平长度差不得大于 $L/10000$，塔架中心偏差不大于 20mm，杆件挠曲度偏差小于 $L/1000$（L 为杆件长），且小于 10mm。工程于 1996 年 6 月 10 日开工，1997 年 6 月 20 日竣工，各项技术质量指标均达到了设计标准和规范要求，在陕京工程总结评比中被授予"金牌"。

电子工程用抛光不锈钢管线施工工法
YJGF54—2000（2007～2008 年度升级版-045）

邢攸泉　赵明辉　杨光　陶树森　赵智

1. 前　　言

1.1　形成过程

随着我国电子、医药、食品工业的讯猛发展，洁净厂房的建设项目相对增多，此类装置生产技术复杂、设施建设标准相对较高，特别在微电子和医药产品生产装置中，高纯气体、特殊药液的纯度和杂质的含量对产品质量和人体的健康有极大的影响，因此对输送该介质的管道的严密性和洁净度有极高的要求，致使洁净管道的制造和安装技术日益受到政府和业主的重视。

目前国内外普遍采用的配管材料是不锈钢研磨抛光管（简称 BA 管）和不锈钢电化学抛光管（简称 EP 管）等。由于抛光不锈钢管线内部处理得光亮如镜，洁净度非常高，能够保持管线内部不产生微小固体颗粒，经过吹扫等工序处理后可以达到较高的洁净度。为了确保这类工艺管道的配管质量，必须采取可靠的施工方法，必须对技术方案、图纸审核、原材料控制、人员素质、工艺过程交接、试压、吹扫以及各种检测指标等各个环节进行非常严格控制，才能满足生产工艺对管道的质量要求。

1999 年，中油吉林化建工程股份有限公司承担了长春 TFT-LCD 先导工程的建设任务，施工过程中采用了本施工方法，经过总结、整理形成了《电子工程用抛光不锈钢管施工工法》，并经过了公司的技术鉴定，2001 年该工法被建设部评为国家级工法（工法编号：YJGF54—2000）。

随后在 2003 年，我们在华微电子 5 英寸、6 英寸大规模集成电路生产线工程中，我们再次使用了该工法。

2007 年，在华微电子建设 6 英寸新型功率半导体器件生产线工程中，该工法得到了第三次验证。

在以上工程的施工中，我们发现不同国家抛光不锈钢管道的制式各不相同（如日制、英制……等制式），导致管道的外径尺寸千差万别，要想焊接这些管道必须使焊头卡环适应这些管道的外径。另外，焊接用保护气体的纯度、组对焊缝的封堵材料等因素对施工质量的影响很大，我们这次在原国家级工法的升级中都进行了改进和创新。

1.2　技术鉴定及奖励

本工法通过中油吉林化建工程股份有限公司的技术鉴定，2000 年被评为中油吉林化建工程股份有限公司公司级优秀工法；2001 年被中国化工施工企业协会评为部级优秀工法，同年被中华人民共和国建设部评为国家级工法（工法编号：YJGF54—2000）。按照《工法管理办法》，对本工法进行升级管理。本工法再度获 2007～2008 年度全国化工施工部级工法，并通过 2009 年中国化工施工技术鉴定委员会组织的技术鉴定。

2. 工 法 特 点

2.1　管线洁净度要求高

本工法属于洁净厂房建设中关键的施工工序，管道预制及安装作业必须在洁净厂房空吹后或在达到 1000～100 级的移动洁净小间内施工。所涉及的人员、机械、材料、环境都有非常严格的净化要求。

2.2　焊接技术先进

工法运用轨道自动焊接技术，在国内属于领先技术，不需要填充焊丝，焊后即可直接形成内部融合均匀、表面光洁如镜的高质量焊缝。

2.3 施工方法高效、经济

本工法中自动切割机、轨道自动焊机的应用，充分体现了高速、高效的特点。比传统的施工方法节省施工时间，降低了人工成本。

2.4 劳动条件优越

由于整个焊接过程都是机器自动完成，熔池和保护用的氩气都被封闭在焊头卡子内部，能有效防止焊接弧光辐射、烟尘、氩气等对人体造成的伤害和不良反应。

2.5 可以适应英制、日制等各种制式的管径

根据不同标准和厂家生产的抛光不锈钢管外径规格不同，我们研制并制作了多种卡环以适应各种标准管径的焊接，使该技术的应用范围更广。

3. 适 用 范 围

本工法适用于电子、医药及食品工业中高洁净度、高严密性抛光不锈钢管线施工。

4. 工 艺 原 理

由于抛光不锈钢管线的施工是洁净厂房建设中的一个关键环节，施工工艺必须要结合洁净厂房的洁净管理要求和管线本身的特殊要求。因此其工艺原理如下。

4.1 把洁净区划分成：1. 洁净设备、材料区；2. 洁净预制、焊接区；3. 现场配管、焊接区域。

4.2 对人员、机械、材料、环境进行严格的净化处理。

4.3 应用美国生产的全自动脉冲氩弧焊机和自动轨道焊接技术，采用计算机程序控制对焊缝的施焊，最终形成性能合格、表面光洁的焊缝。

4.4 保护气体纯化器的应用：在原国家级工法施工中我们没有采取保护气纯化装置。但通过内窥镜检查管道内部焊缝出现氧化色泽，在本次升级中，我们采用在保护气管路中增加纯化器，保证保护气纯度达到 99.996%。实践证明管道的内部焊缝的周围没有出现氧化色泽，而且光洁美观，这是本次工法不同原国家级工法的创新。

4.5 管道施工完毕后除了进行常规的压力和严密性试验以外，还要进行介质浓度、氧含量、尘埃量的检测。

5. 施工工艺流程及操作要点

5.1 工艺条件：对于抛光不锈钢管线的安装必须具有特殊的工艺条件，主要包括以下几点。

5.1.1 洁净管线施工对环境要求较高，所以应在洁净厂房进行空吹（洁净厂房的空气过滤及空气调节系统全面启动）后进行施工，否则空气中的尘埃颗粒会在安装时进入管道内部，从而影响施工后管道内部的清洁度。

5.1.2 若厂房内不具备空吹条件而又急于施工时，采用洁净小室的方法进行施工，可移动式洁净小室可在施工现场提供洁净的施工空间，能够最大限度的满足该种管道施工的要求。1000～100 级的洁净小室就可以为大部分洁净管道的预制和焊接提供符合要求的工作环境。

洁净小室的结构如图 5.1.2 所示。

5.1.3 焊接环境温度不得低于 10℃。

5.1.4 所涉及的主材和附材都必须经过净化处理。

5.1.5 施工人员必须穿全套净化服，戴乳胶手套和防尘口罩，并经过风淋室的吹扫净化后方可进入岗位（如图 5.1.5 所示）。

图 5.1.2　移动洁净小室图

图 5.1.5　施工人员的净化服、乳胶手套、防尘口罩

5.2　施工程序

5.2.1　依据国家标准和规范，抛光不锈钢管线施工程序如图 5.2.1 所示。

5.2.2　全自动氩弧焊接是整个抛光管线施工的关键环节，因此有专项的施工程序，其施工程序如图 5.2.2 所示。

5.3　施工洁净管理

5.3.1　材料及设备洁净管理

1. 采购清单要符合设计规定，要准确，完整，经审批，并在合格的分供方进行采购。

2. 对重要的材料和设备，需要对供货方进行现场考察或监造。因现场净化作业条件不如材料生产厂净化作业条件，因此出厂前必须对每一批管材和管件进行洁净度抽检，抽检数量不能少于 10%，如有不合格的材料出现，则加倍抽检，必要时逐个进行检查，必须确定出厂前 100% 的管件和管材达到洁净度要求，以免材料出厂后重新进行净化处理。

3. 严格入库手续，产品必须有出厂合格证或质量证明文件，经检验合格，证物相符方可接收。

4. 材料和设备按存放要求放置在清洁、干燥的场所，并采取防尘措施。

5. 严格执行发放制度，边角余料必须收集好，集中净化处理，以备他用。

5.3.2　施工环境的洁净管理

1. 预制厂洁净管理

预制厂内必须保持清洁，并且应尽量密闭，与外界隔离。室内进风必须经过过滤器。预制厂入口应具有过滤间的双层门。地面采用混凝土并用地板铺好。操作者应经常用吸尘器保持环境及机具清洁。加工过程产生的灰尘应及时用吸尘器清除。

2. 安装场地洁净管理

在管道安装前，应对安装场地的洁净度进行检查，洁净区施工现场应设专门人员看守，并应经常保持关闭状态。未经过洁净处理的人和物品，不得进入洁净施工现场。

3. 洁净小室的管理

当安装现场不具备要求的洁净度时，应采用洁净小室将施焊处与外界隔离。洁净小室内的清洁度应达到洁净厂房内部的洁净条件或符合设计要求。

5.3.3　人流及物流净化管理

1. 人员进入洁净场所前应换鞋、穿全套洁净工作服，由洁净检查人员认可后，经风淋室进入洁净施工场所。

2. 设备，材料和工具经彻底清扫、擦拭、吹扫、干燥，并经检查合格后，进入洁净场所。洁净场所临时设置的物流入口在不用时要封闭，以防止尘埃、杂物进入。

3. 人、物临时入口区的环境应设专人清扫、擦拭、保持清洁。

4. 严格洁净场所的出入制度，尽量控制进入的人数。

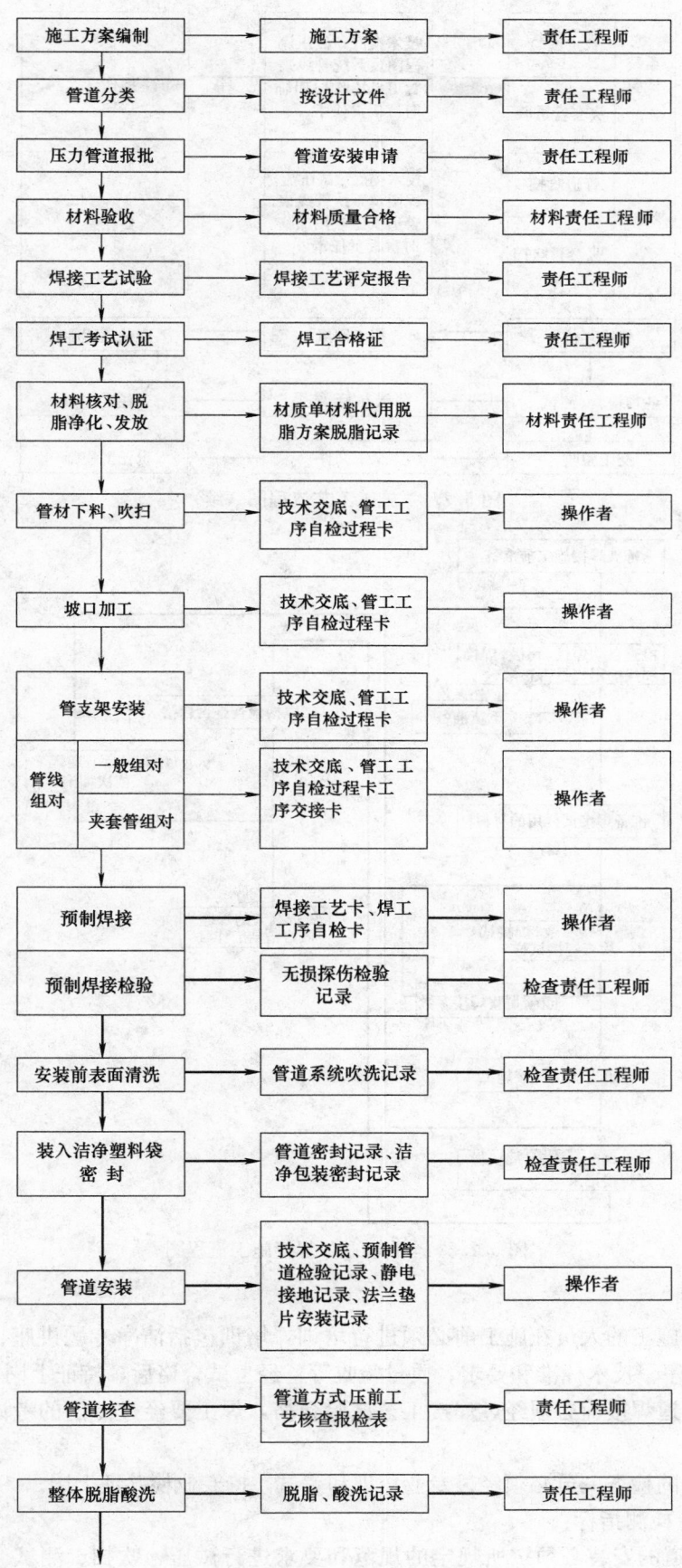

图 5.2.1　施工工艺流程图

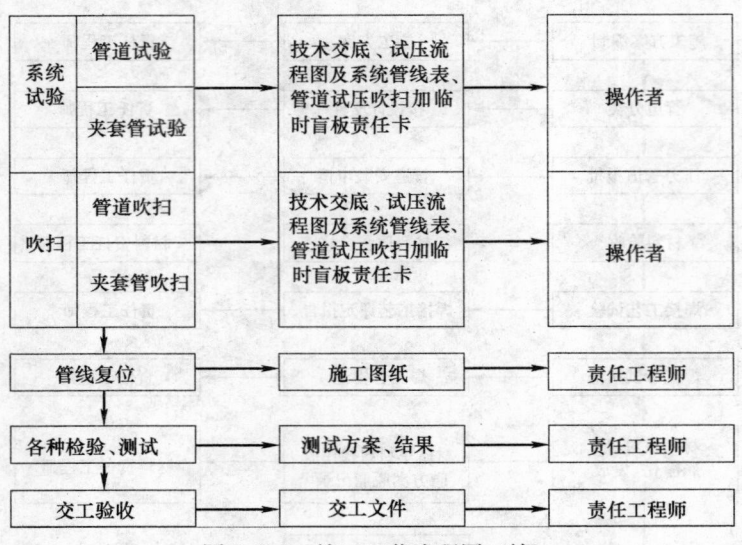

图 5.2.1　施工工艺流程图（续）

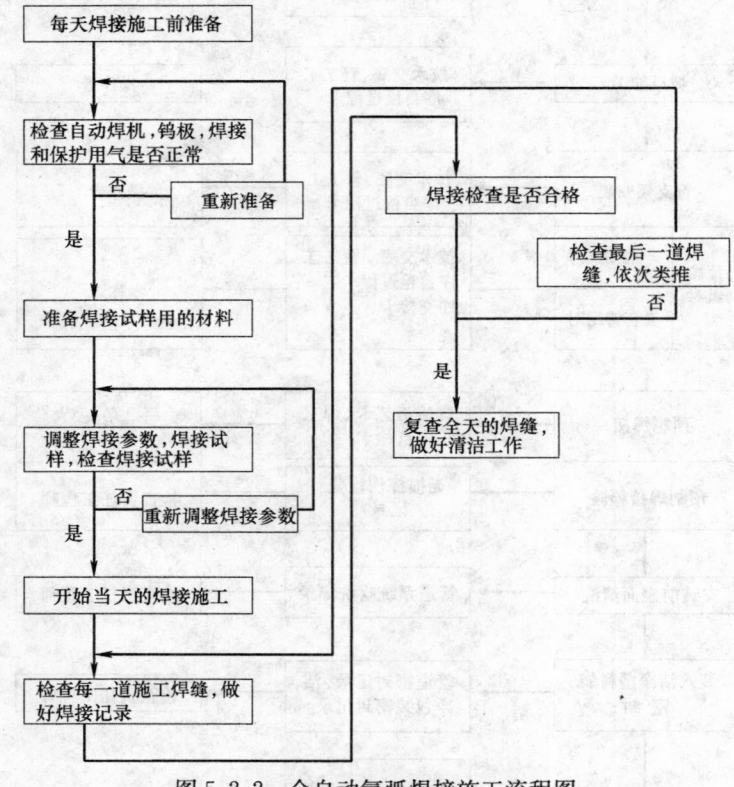

图 5.2.2　全自动氩弧焊接施工流程图

5.3.4　人员培训

1. 参加洁净工程施工的人员在施工前必须进行培训，培训包括洁净专题讲座、洁净工程特点、质量管理制度、施工程序、技术标准和要求、质量验收等，经考试合格后，持证上岗。

2. 在特种工艺管道焊接前必须经过焊接工艺试验合格，焊工要经过专门的考试，经评定合格后方可持证上岗。

3. 特种工艺管道的检查人员必须经过专业培训和考试，持专业检验证上岗。

5.3.5　严格执行检测指标：

对于特殊工艺管道的安装必须按所规定的规范和要求进行试压、吹扫、测试（包括露点、含氧量及颗粒度等），检测结果必须由当事人在书面报告上签字、相关参与人必须签署意见。

5.4 单层抛光管线的施工方法

5.4.1 管材切割

管材切割主要有两种方法：即手动割刀切割和电动切管机切割。一般来讲，用手动切割器切割的管端由于端部有不同程度的缩径，适用于卡套连接。而对焊接口由于对接口尺寸要求十分严格而采用电动切割器切割（图5.4.1）。电动切割器切口平滑，端口不变形，组对后没有错边现象。

无论是手动切割还是电动切割，切割后都需要用手动铣刀或电动铣刀铣去毛刺。切割后的管道要马上用管堵封住，否则周围空气中的微小颗粒将会进入管道中。

5.4.2 管线的煨制

当管线管径小于19.05mm时，一般采用冷煨的方法使其改变方向。煨弯一般采用手动煨管器煨弯。煨弯后两端要留出20～30mm直管段，以使自动焊卡头在管子端部有足够的空间。抛光管道所采

图5.4.1　德国的GF自动切管机

用的三通和弯头等焊接管件都是长颈的，其目的就是为了便于使用卡头进行自动焊接。

5.4.3 管道的组对

管线切割后，在洁净的环境中即可组对成线，与普通管线施工不同的是，抛光管线组对需成一条线后再进行统一焊接。组对一般采用点焊固定，点焊间距一般为每15mm点焊一处，点焊长度为2～3mm，组对时间应尽可能短，以防灰尘透过缝隙落入管道内部。

原国家级工法采取整趟管线点焊后用透明胶带进行封堵，然后采用轨道自动焊，但焊后管外焊缝边缘有深棕色泽的氧化区域出现，通过分析原因，原来是透明胶带有胶状物残留在管外壁上造成的。在本升级中，我们对此项封堵技术进行改进，采取白色不粘胶纸带缠紧。保证了没有胶粘到管外壁上，在进行施焊时不需重新处理焊口，提高了功效，这是不同于原国家级工法的创新。

5.4.4 管线的惰性气体保护及吹扫

1. 轨道自动焊接对管道内保护氩气的质量要求非常高：纯度不得小于99.996%，氩气中水或氧气总含量不得高于1ppm；轨道自动焊接外保护氩气质量要求不小于99.99%即可；

2. 自动焊机（图5.4.4-1）的焊头相当于手工焊的焊把，闭合后可将接头完全罩住，同外界环境隔离。焊头内充满纯氩气，使接头的外表面在充满氩气环境中焊接，保证了焊接接头外表面的光泽度。

3. 管道内的保护气体可采用洁净塑料管或不锈钢管道作临时充气管线，保护气体临时管线与正式管线的接口可以是卡套式，也可以是螺纹式。

4. 管线内部在焊前、焊中和焊后同样充氩保护，保证了焊缝内表面的洁净度和光泽度，由于内表面保护氩气的纯度等要求比外表面保护氩气的要求高，所以其光洁度必然优于外表面光洁度，感观效果对比如图5.4.4-2所示。

图5.4.4-1　自动焊机的焊头及试件

图5.4.4-2　合格的焊件试样及焊缝内、外光洁度的视觉效果

5. 为节约氩气，且使每一个焊口内部充气良好，管线内部充气一般在整条管线组对点焊后，将整条管线内部充入氩气，待到终端经过仪器检测达到施焊要求时，开始从起始端逐个焊口用自动焊机进行焊接。焊接完毕后，马上用管堵封住两端，使惰性气体保留在管线内部。

6. 当钢瓶内的压力小于 $30kg/cm^2$ 时，则要更换新的钢瓶。焊接用保护气与吹扫用氩气的输送管道应保持洁净，并在使用后用无尘胶带粘贴在开口处，以保持输氩管道内的洁净度。

5.4.5 管道的连接

1. 管线的卡套式连接（SWG）

直径小于 19.05mm 的管线在三通及急转弯头处多采用卡套式连接，具体步骤如下：

1）施工前，检查卡套型（Let-lok）接头的各种组件是否齐全；组件包括：接头本体 1 个、母套头（Nut）2 个、前后卡圈（Ferrule）各 2 组，如图 5.4.5-1。

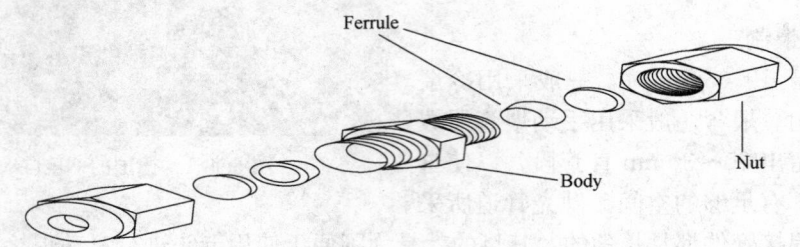

图 5.4.5-1　SWG Union Structural Drawing

2）将管材切割至所需尺寸，或预制好的管材依序套上螺母和前后卡套。

3）将管材连接端套入接头本体，并顶至内部的底端；用手旋紧螺母。

4）旋紧后，以签字笔在螺母上的一面作标记，再以两支扳手分别夹住接头本体和螺母。

5）接头本体不动，旋转螺母 450°，如图 5.4.5-3。

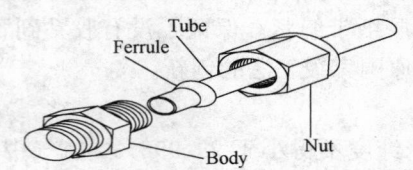
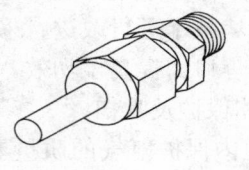

图 5.4.5-2　SWG Union Combination Drawing　　　图 5.4.5-3　Turns From Finger Tight

即管子插入底座后，用手带紧，然后用扳手顺时针转动 450°即可完成安装，但必须注意的是用于卡套连接的管端必须没有纵向划痕，且切割后管端不能出现椭圆形管口。

2. 管线的 VCR 连接

VCR 连接是继卡套连接形式后出现的另一种新型连接形式，与卡套连接形式相比，其优点是管线受到外力扭转或弯曲后，不至于使接口处松动，且因结合面为球面连接，因而十分严密。故 VCR 连接多用于剧毒，易燃介质。其缺点是接头与管线连接处需焊接，而且 VCR 接头造价较卡套接头昂贵，具体步骤如下：

1）检查 VCR 型接头配件（GLAND、NUT…），观察其倒角光滑面不得污损、使用时须加封，以防碰损污染。

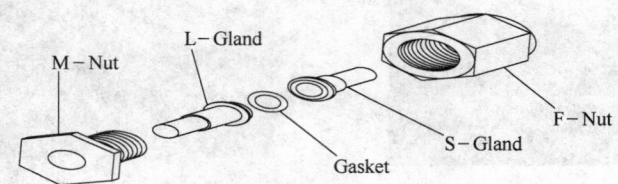

图 5.4.5-4　VCR Connector Structural Drawing

2）安装时，于连接处放置 GASKET 后，以手旋紧。

3）手旋紧后，再以扳手施力旋转 1/4～1/2 圈，如图 5.4.5-5（Swagelok 产品建议 1/8 圈）。

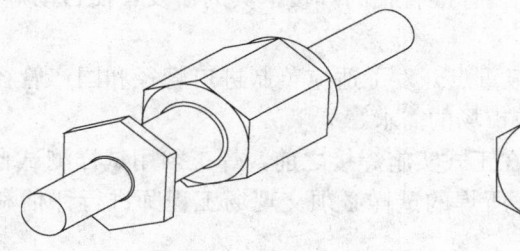

图 5.4.5-5　Turns From Finger Tight

4）扳手施力时，一端固定，另一端施力，两个扳手相差 30°。

3. 管线的焊接连接

1）全自动氩弧焊机程控原理如下：

全自动氩弧焊技术主要针对被焊管材规格编制出相应的焊接程序，通过将程序输入主机进行存储，并通过适当的试焊调整得到该规格管材的施焊程序。只需针对所焊管材的规格调出相应的预存程序，直接施焊即可保证该不锈钢管优质的焊接接头。可达到焊接一次合格率达到 99% 以上，其施焊程序如下：

① 保护气体供气；

② 接通主电源和高频电源实现高频引弧；

③ 接通脉冲电源，对焊缝起始点进行预热；

④ 焊枪旋转，焊接开始；

⑤ 实现不同空间位置焊接规范参数的转换，其中包括环焊缝起点、终点必要的覆盖长度；可根据焊接工艺要求在区间中修改焊接参数，最多可分 10 个区间；

⑥ 衰减脉冲和基值电流；

⑦ 熄弧和焊枪停止转动；

⑧ 送气停止，焊枪反转；

⑨ 停止焊枪反转，完成一个焊接接头。

2）单面施焊双面成型，焊后检查焊缝内壁是否光滑美观（图 5.4.5-6）。

① 焊接时选择相匹配的焊头卡具表 5.4.5。

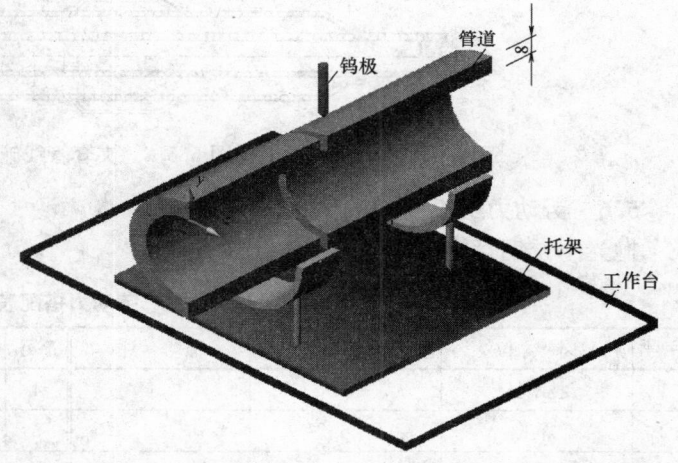

图 5.4.5-6　抛光管单面施焊时，钨极的相对位置示意图

部分主材规格对比表　　　　表 5.4.5

序号	日制 316L、EP 管规格参数		英制的 316L、EP 管规格参数		备注
	管外径	壁厚	管外径	壁厚	
1	6.35	1.0	6.0	1.0	SCH5
2	9.53	1.0	8.0	1.0	SCH5
3	13.8	1.0	12.7	1.24	SCH5
4	27.2	1.65	25.4	1.65	SCH5
5	34	1.65	38.1	1.65	SCH5
6	60.5	1.65	63.5	1.65	SCH5

在长春 TFT 电子工程施工中，工程采用的日本进口管材，在吉林华微电子的施工中采用的是德国进口管材，我们在原国家级工法的基础上又自己研制了一批焊接卡具来适应不同外径的管子，同时我们根据国内市场的需求又进行了适合国内标准管径的焊接卡具的研发，使自动焊接的管径范围加大了，更加适应洁净厂房建设的市场需求。

② 由于管径的变化，我们本次升级重点开发了适应英制进口管径和国产管径的焊接程序，使该工法焊接数据库得到扩充，让它更加适应市场的需求。

3）作为对自动焊接的管理，每天在正式实施焊接之前，焊工须用试样测试自己的焊机在当时现场电压、空气湿度等条件下的焊接效果，所焊的试样必须交现场工程师进行评估和检查，试样通过后才能进行正式焊接操作。

4）在焊机施焊过程中，不同焊接位置、不同尺寸焊件以及不同壁厚的管道进行焊接之前，都要做焊接试样。合格后继续下道工序。

5.5　夹套管线的施工方法

5.5.1　输送剧毒及易燃介质的管线一般采用夹套管线，其作用是一旦管线泄露，介质不会直接泄露到环境中去。夹套管间与外界环境中的报警系统直接相连，一旦管线泄露，夹层内剧毒气体浓度增加，报警系统自动报警，操作人员可以马上采取相应的措施进行补救。

5.5.2　夹套内部管施工方法与单层管施工方法相同，不同之处在于其三通及大于 φ19.05mm 弯头多采用成型品，其在接头处用变径管圆滑到与中心管接近，再用角焊法与中心管相焊接。如图5.5.2。

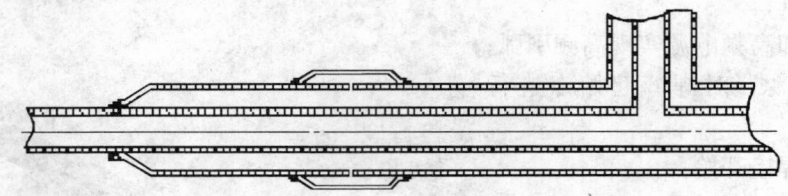

图 5.5.2　夹套管线施工示意图

5.6　劳动力组织

抛光不锈钢管施工，劳动力搭配如表 5.6。

劳动力搭配表　　表 5.6

序号	岗　位	人　数	备　注	序号	岗　位	人　数	备　注
1	技术员	2		4	电工	2	
2	焊工	6		5	机具员	2	
3	管工	6		6	力工	4	

6. 材料与设备

本工法所用材料包括抛光不锈钢管材、卡套接头、VCR 接头、卡套三通、卡套弯头及波纹管截止阀、球阀、旋塞阀、高效气体过滤器等，材质均为 316L。

6.1　不锈钢抛光管材的特性（表 6.1）

不锈钢抛光管材特性表　　表 6.1

输送管材名称	SS304 BA SS316 BA	SS316L EP	备　注
要求内表面粗糙度（R_{min}）	<3.0～4.5μm	<0.7μm	仪器检测
表面硬度（HRB）	<90	<85	仪器检测

输送管材名称	SS304 BA SS316 BA	SS316L EP	备 注
公差要求项目	管外径 管壁厚 管长 管道垂直度	管外径 管壁厚 管长 管道垂直度	仪器检测
规格	日本、欧州、美国等标准制造,壁厚≤3mm		

6.2 主要材料类型及规格表(表6.2)

主要材料类型及规格表 表6.2

序号	材料名称	规 格	材 质	备 注
1	抛光不锈钢管	1″	SS316L	EP
2	抛光不锈钢管	1/2″	SS316L	EP
3	抛光不锈钢管	3/4″	SS316L	EP
4	抛光不锈钢管	1/4″	SS316L	EP
5	抛光不锈钢管	3/8″	SS316L	EP
6	抛光不锈钢管	$\phi25.4\times1.65$	SS304	BA
7	抛光不锈钢管	$\phi38.1\times1.65$	SS304	BA
8	阀门	3/4″	SS316L	
9	阀门	1/2″	SS316L	
10	阀门	3/8″	SS316L	
11	阀门	1/4″	SS316L	
12	双头卡套接头	3/4″	SS316L	
13	双头卡套接头	1/2″	SS316L	
14	双头卡套接头	3/8″	SS316L	
15	双头卡套接头	1/4″	SS316L	
16	卡套三通	3/4″	SS316L	
17	卡套三通	1/2″	SS316L	
18	卡套三通	3/8″	SS316L	
19	卡套三通	1/4″	SS316L	
20	VCR 过滤器	1/2″	SS316L	
21	VCR 过滤器	3/8″	SS316L	
22	VCR 过滤器	1/4″	SS316L	

6.3 对于特殊工艺管道的安装必须具有特殊的工具,从而保证施工的标准和洁净场所的洁净度要求(表6.3)。

机具及辅材表 表6.3

序号	设备名称	型号	产地	数量	作用
1	全自动焊机	M-207	美国	1台	
2	自动切割机		德国	1台	
3	煨管器(图6.3-1)		德国	2套	
4	手动割刀		德国	2套	
5	粒子检测仪			1套	检测
6	露点检测仪			1套	检测
7	氧含量检测仪			1套	检测
8	手动倒角器(图6.3-2)			1套	
9	电动铣刀			2套	
10	高效气体过滤器			1套	
11	VCR 接头			20个	送气/吹扫
12	钨棒				焊接
13	稳压器			2台	
14	氩气钢瓶			2个	保护气

图 6.3-1　煨管器示意图

图 6.3-2　手动倒角器示意图

7. 质 量 控 制

7.1　工程质量控制标准

7.1.1　《洁净室施工及验收规范》JGJ 71—90。

7.1.2　《工业金属管道施工及验收规范》GB 50235—97。

7.1.3　业主对管线施工质量及洁净度特殊要求。

7.1.4　符合设计要求。

7.2　质量保证措施

7.2.1　严格按照 ISO 9002 进行管理和控制。组织以项目经理为核心，质量工程师为主体的质量保证机构，明确各施工管理岗位的质量责任。严格执行质量管理制度和控制程序。

7.2.2　施工前，施工人员要充分熟悉施工图纸、技术规范和验收标准，编制严密、准确的施工组织设计、施工技术方案和质量保证措施。操作自动轨道焊接的技工必须拥有专业的焊接知识基础，并经国外焊机公司认证，同时需持有国内相应证书，且经过公司的定期考核认证，以保证焊接接头质量和稳定性，手工焊工必须持有国家劳动部门颁发的相应焊接证书。

7.2.3　传统的切割机下料，组对的焊口会给焊接带来非常大的困难，焊口的焊接合格率较低。而采用自动切管机后，切出来的管口非常标准，适合无填充焊丝焊接，保证了环焊缝焊接质量。

7.2.4　根据长春 TFT-LCD 先导工程，华微二期工程的经验积累，我们首次在华微三期中购买了高纯度气体过滤器（图 7.2.4），安装在保护气管路中，大大提高了保护气的纯度，焊缝合格率和外观成型明显提高。

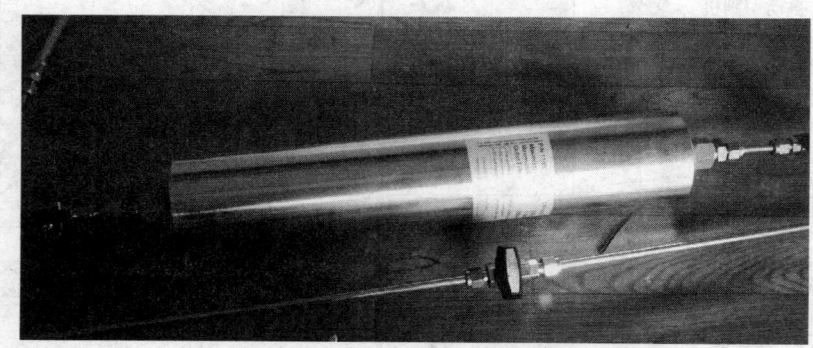

图 7.2.4　高纯度气体过滤器

7.2.5　焊缝质量检查规定（表 7.2.5）

表 7.2.5

项　　目	允许偏差(mm)	备　　注
外观尺寸	表面凹陷≤0.1δ	
	咬边≤0.05δ 且<0.5	
内部缺陷标准	GB 3323　Ⅱ级标准	

7.2.6 对抛光不锈钢管进行气体试验（表 7.2.6）

表 7.2.6

类型 \ 要求	试验介质	试验压力	试验时间
强度试验	高纯度氮气	1.15P	10min
气密性试验	高纯度氮气	1.0P	30min
泄漏量试验	高纯度氮气	1.0P	24h
氦检漏试验	高纯度氮气	1.0P	视实际情况而定

7.2.7 应采用高纯氮气（99.999%），从气体入口端口向用气体端进行吹扫，现场有时为了方便和节约成本，也可采用高洁净的干燥压缩空气（露点为－70℃，无油，经过 0.01μm 的高精度气体过滤器过滤）。沿着气流的方向用木棒轻轻敲打外壁，每个阀门应反复开关几次后再常开，连续吹扫至少 24h 以上。检查后再进行各种纯度试验（露点、尘埃、油分等）。吹扫完毕应及时贴上标签，标签应包括介质、流向、颜色等内容。

7.2.8 施工完毕后纯度测试

高纯度气体、洁净气体、特殊气体的抛光不锈钢管系统的吹扫达到设计的纯度指标后，即可利用仪器进行测试。纯度测试内容应视气体品种和设计要求的纯度和杂质含量确定，通常应在纯度测试前同业主、设计方、监理方讨论确定，并制定纯度测试要求和验收标准。一般纯度测试应进行含水量（露点）、氧杂质含量、微粒浓度等的测试。

8. 安全措施

8.1 认真贯彻"安全第一，预防为主"的方针，根据国家有关规定、条例，结合洁净厂房施工实际情况和工程的具体特点，组成专职安全员和班组兼职安全员以及工地安全用电负责人参加的安全生产管理网络，执行安全生产责任制，明确各级人员的职责，抓好工程的安全生产。

8.2 加强职工的培训教育，特别要注意对初次参加洁净工程施工的人员，以加强净化意识。

8.3 在净化工程施工阶段，应设置施工人员和工程物资的专门通道，人员进入施工现场时，必须更换洁净服和洁净鞋；物品进入施工现场前应打扫擦拭干净。

8.4 洁净间施焊要保证施工人员和施焊工具的清洁。由于施工中有易燃易爆的介质，因此有一些区域禁止明火，施工人员必须在指定区域施焊，以防引发各种事故。

8.5 由于在洁净室内施工的设备都比较复杂、精密，这就要求施工人员不得擅自摸碰或移动设备，如因施工原因必须挪动设备，必须向甲方人员提出申请，待甲方人员同意时，由甲方人员配合施工。

8.6 安全帽、安全鞋、安全带、安全眼镜为标准基本安全装备。

8.7 施工作业需按照客户程序书面申请并得到批准，特殊作业需提交风险评估。

8.8 施工作业前必须先检查周围环境，满足基本安全条件下方可施工。

8.9 做好易燃物的隔离。

8.10 以下施工需提交客户详细安全作业流程和风险评估。

8.10.1 凡涉及正在供应气体系统改造/切割/拆除/对接密闭空间作业。

8.10.2 气体系统启用送气及系统打开。

8.10.3 其他特殊作业。

9. 环 保 措 施

由于工程的施工特点多数在洁净厂房内部中进行，对外部环境的影响不大。

9.1 在工程施工过程中严格遵守国家和地方政府下发的有关环境保护的法律、法规和规章，加强对施工工程材料、设备、废水、生产生活垃圾、弃渣的控制和治理，遵守有防火及废弃物处理的规章制度，做好交通环境疏导，充分满足便民要求，认真接受城市交通管理，随时接受相关单位的监督检查。

9.2 施工前编制项目 HSE 作业指导书并报批后严格执行。

9.3 将施工场地和作业限制在工程建设允许的范围内，合理布置、规范围挡，做到标牌清楚、齐全，各种标识醒目，施工场地整洁文明。

9.4 对施工中可能影响到的各种公共设施制定可靠的防止损坏和移位的实施措施，加强实施中的监测、应对和验证。同时，将相关方案和要求向全体施工人员详细交底。

10. 效 益 分 析

10.1 经济效益

本工法大大提高了洁净工程配管的专业化水平，通过增加工效、降低成本，为企业创造了经济效益。

10.1.1 提高了工效

以 10km 抛光不锈钢管施工工效对比：

1. 手工焊接需高级焊工 12 人，自动焊接仅需要 4 人。

2. 自动焊机将复杂的技能变成较简单的设备操作，降低了工人劳动强度。

10.1.2 缩短了工期

应用该工法，加快了焊接速度，降低了因焊缝部位洁净度差而导致的返工量，大大缩短了施工周期，使华微建设六英寸新型功率半导体器件生产线工程提前工期 26d。

10.1.3 降低了成本

1. 由于缩短了施工工期，施工单位减少人工及其他成本费用 21.6 万元人民币，建设单位提前投产 26d，使本年度产值增加了 465 万元。

2. 整个工法由于采用自动焊接设备，采取的是无填充焊接，节约了焊丝及其处理成本，充分显示出高速、高效的特点，大大减少了氩气的消耗量。

3. 华微建设 6 英寸新型功率半导体器件生产线工程中，洁净管线总预算价为 763 万元人民币，经严格核算，施工总成本为 596 万元人民币，实现利润 167 万元人民币。

10.2 社会效益

10.2.1 由于整个焊接过程都是机器自动完成，操作员受到焊接弧光辐射、烟尘等有害物的伤害大大减少。施工人员作业环境有了很大的改善。

10.2.2 在华微建设 6 英寸新型功率半导体器件生产线工程项目中，第 3 次使用了电子工程抛光不锈钢管线该工法，进一步巩固了我公司在这个领域的市场。

10.2.3 通过检验，自动焊接一次合格率稳定在 99% 以上，减少不必要的返工，保证了建设单位的正常生产，使各项检测指标均符合设计及规范规定，为工程评优奠定了坚实的基础。

11. 应 用 实 例

11.1 长春 TFT-LCD 先导工程（表 11.1）

表 11.1

工程名称	长春 TFT-LCD 先导工程
工程地点	吉林省长春市
开工时间	1999 年 5 月 1 日
竣工时间	1999 年 10 月 1 日
工程量	22km 抛光不锈钢管

11.2 华微电子 5 英寸、6 英寸大规模集成电路生产线工程（表 11.2）

表 11.2

工程名称	华微二期 5 英寸、6 英寸大规模集成电路生产线工程
工程地点	吉林省吉林市
开工时间	2003 年 8 月 5 日
竣工时间	2004 年 5 月 1 日
工程量	13km 抛光不锈钢管

11.3 华微电子建设 6 英寸新型功率半导体器件生产线工程（表 11.3）

表 11.3

工程名称	华微三期建设 6 英寸新型功率半导体器件生产线工程
工程地点	吉林省吉林市
开工时间	2007 年 8 月 5 日
竣工时间	2008 年 10 月 30 日
工程量	38km 抛光不锈钢管

钛管道手工氩弧焊接工法

YJGF37—96（2007~2008年度升级版-046）

中国化学工程第十四建设有限公司

林传友　崔定龙　胡秋英

1. 前　　言

钛是一种银白色非磁性金属，密度小，塑性和韧性好，具有良好的耐热性和独特的抗腐蚀性。在日益发展的石油、化工项目中，工业纯钛多用于制作特殊的高温耐腐蚀性容器、管道及部件。

钛化学性能活泼，固态温度400℃以上时，与氧、氮、氢、碳亲和力极强；其焊接性能较差，极易产生裂纹、气孔及表面氧化缺陷。

本工法于1996年荣获国家级工法，多年来的钛管道施工过程中，运用本工法取得了很大的经济效益和社会效益。随着焊接施工技术的不断发展，我公司在原工法的基础上，进行再创新，开发出了新版《钛管道手工弧焊接工法》。

2. 工 法 特 点

2.1 原国家级工法中的以下特点在新工法中得到了保留：

2.1.1 管内充气保护技术——焊接时，被焊管道内外异步充气保护焊缝及热影响区高温区域，防止焊缝及热影响区氧化、产生焊接气孔缺陷。

2.1.2 全封闭式活动外保护拖罩设计。

2.1.3 独特的坡口加工方法——立式铣刀法加工坡口。

2.1.4 同步操作技术——采用一名操作工转动外拖罩，一名焊工进行焊接，外拖罩转动速度与焊工焊接速度保持一致，同步进行。

2.1.5 提前送气及延时保护送气技术。

2.1.6 小线能量焊接工艺参数。

2.1.7 工厂化预制——为保证钛管焊接质量，提高焊接工效，加大钛管焊接预制工作量，实行工厂化预制。

2.2 新工法在原工法的基础上，从以下几方面进行了创新：

2.2.1 局部封闭式拖罩设计——新研制的局部封闭式活动拖罩，转动灵活，无障碍，适用于DN100以上所有直径的钛管焊接，特别是现场固定焊口的焊接。

2.2.2 铝箔封闭焊口——采用铝箔封闭焊口技术，焊接时不产生有害气体，从而保证焊缝质量和操作人员的健康。

2.2.3 拖罩缺口法固定焊枪——将拖罩边缘加工成标准尺寸、形状的缺口，来固定焊枪位置，保证焊枪钨极端部与焊接接头坡口表面距离，从而保证电弧长度的稳定，有效地提高了钛管道手工氩弧焊接质量。

2.2.4 桥式点固焊技术——在坡口上部点固焊，形成桥式点固焊缝，当焊接到桥式点固焊位置时，打磨清除点固焊缝，从而确保根层焊缝焊接质量。

2.2.5 焊枪摆动频率工艺参数——不同规格的钛管道填充、盖面焊接的最佳摆动频率。

2.2.6 多层焊接时的层间温度控制——钛管多层焊时层间温度控制在100℃以下时，焊缝金属色泽为银白色。

2.2.7 电子脉冲引弧技术——原工法采用高频引弧技术，高频对人体有一定伤害。采用电子脉冲引弧，在保证了焊接引弧顺利的同时，有效地保护了操作工人的身体健康。

3. 适 应 范 围

本工法适用于所有规格的钛及钛合金管道焊接。

4. 工 艺 原 理

4.1 惰性气体保护原理

氩气是化学性质极不活跃的惰性气体。钛管道焊接时，作为保护气体，隔离钛与焊接接头区域周围的空气接触，特别是防止钛管焊接接头在400℃以上高温时的氧化。采用保护气体外拖罩，有效地避免了焊缝金属外表面在高温时的氧化。

4.2 钛的物理性能，具有较高的熔点、高电阻、低导热系数性能。焊接时，若高温停留时间过长，易形成过热，产生晶粒粗大，造成焊接接头强度和塑、韧性急剧下降。因此焊接时，一般采用小的焊接线能量，即小电流、快焊速。

4.3 钛材中碳含量不允许大于0.1%，因此钛焊接时，必须严格清除焊接接头、焊丝表面的污物。

5. 施工工艺流程及操作要点

5.1 钛管道焊接工艺流程（图5.1）
5.2 操作要点
5.2.1 保留的原工法操作要点

1. 钛管焊接前，编制《钛管焊接施工方案》和《钛管焊接现场管理规定》，作业前对所有参建人员进行技术交底和安全技术交底。

2. 从事钛管焊接的焊工，除取得技术质量监督部门颁发的《锅炉压力容器压力管道焊工合格证》的相应钛管焊接合格项目外，在施工现场对钛管焊接的焊工及外拖罩转动操作工进行操作技能考试，考试合格后才能持证上岗。

3. 钛管焊接前，对相应规格钛管，进行焊接工艺评定，按评定合格的焊接工艺，编制《钛管焊接工艺卡》。焊工进行钛管焊接时，必须严格遵守焊接工艺纪律。

4. DN100以下的小直径钛管焊接，采用全封闭式活动拖罩，如图5.2.1。

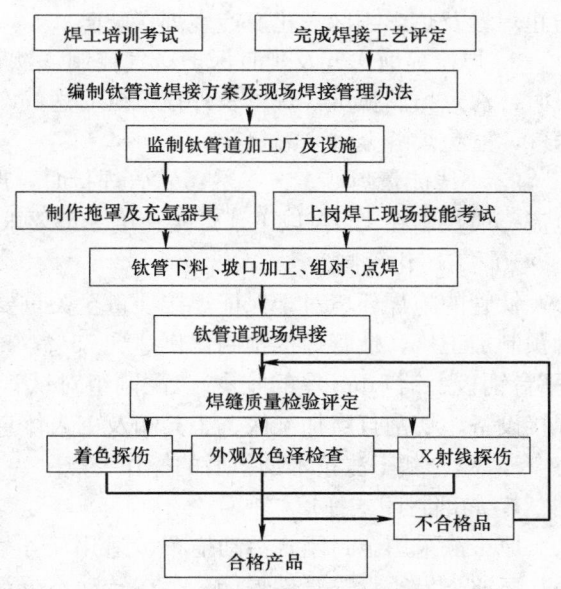

图5.1 钛管道焊接工艺流程

5. 独特的坡口加工方法：采用立式铣刀加工坡口，避免角向磨光机、车床、高速坡口机加工坡口时形成的过烧现象。

6. 同步操作技术——采用一名操作工转动外拖罩，一名焊工进行焊接，外拖罩转动速度与焊工焊接速度保持一致，同步进行。

7. 管内外充气保护技术：开始焊接前，提前2～3min向被焊管内充氩，排除钛管内的空气后封闭

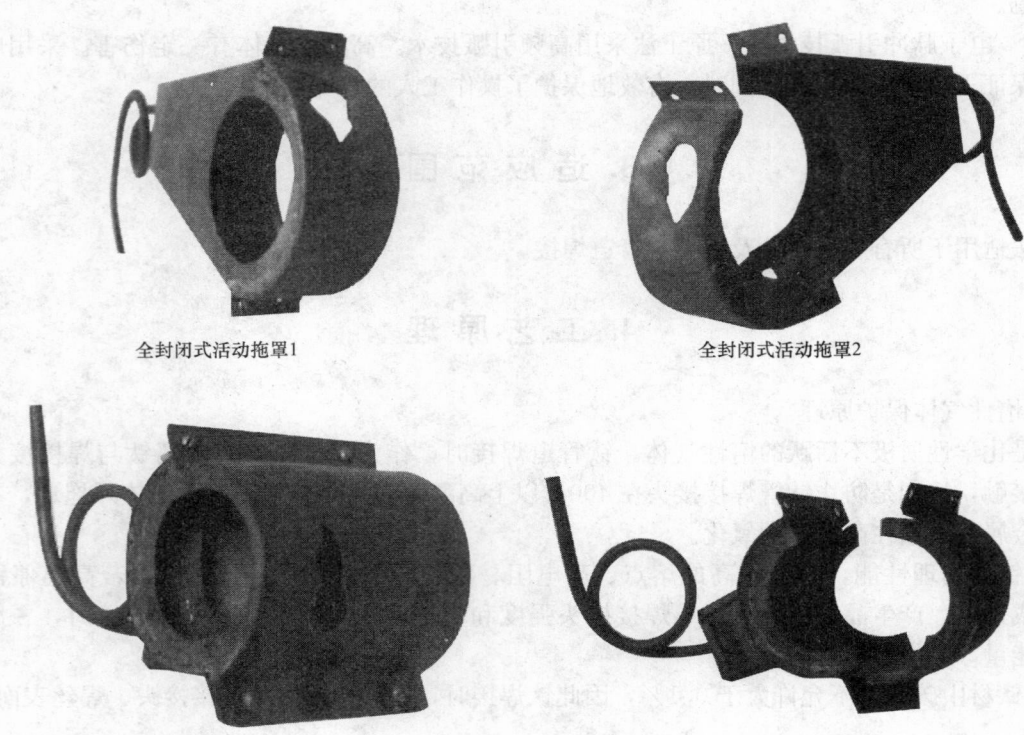

全封闭式活动拖罩1　　　　　　　　　全封闭式活动拖罩2

全封闭式活动拖罩3　　　　　　　　　全封闭式活动拖罩4

图 5.2.1　全封闭式活动拖罩

焊口，提前 20～40s 向管外拖罩充氩，隔离焊接及焊缝区域内的空气，保护焊缝及热影响区高温区域，防止焊缝及热影响区氧化、产生焊接缺陷。

8. 焊枪提前送气及延时保护送气控制：钛管焊接引弧前，焊枪提前 15～20s 向坡口送气，焊接收弧时，注意填满弧坑，焊枪及外拖罩延时送气 30～45s，焊缝金属冷却到 400℃ 以下时才能停止外拖罩送气，避免焊缝金属高温氧化。

9. 小线能量焊接工艺参数：钛管焊接时，严格控制焊接线能量，采用小电流，快焊速。钛管焊接电流一般控制在 120A 以下，焊接速度一般要求为 90～120mm/min，焊接线能量不得超过 12.5kJ/cm。

10. 工厂化预制

钛管的施焊环境对于保证焊接质量至关重要，钛管焊接时，搭设一间约 100～200m² 的厂房作为钛管预制加工厂，钛管焊接预制比例达到 75％～80％。预制厂内设置约 50～80m² 的钛管道加工作业平台（平台钢板上铺 5mm 厚的胶皮），配制组对钛管用的活动升降支架，合理划分区域，标识摆放钛管材、焊接设备、切割打磨加工区、工具箱及工人休息处，保持厂内环境干净，无穿堂风。

5.2.2　新工法技术创新后的操作要点

1. 局部封闭式拖罩

原工法采用全封闭式活动拖罩，适用于小直径钛管焊接，对于 DN150 以上钛管焊接，特别是弯头、三通、异径管等管件焊接，存在转动不灵活、焊缝成形差，现场固定焊口焊接时气体保护效果不稳定等缺陷。新研制的局部封闭式活动拖罩，转动灵活，无障碍，适用于 DN100 以上所有直径的钛管焊接，特别是现场固定焊口的焊接，如图 5.2.2-1。

2. 铝箔封闭焊口

采用局部封闭式活动拖罩，在焊接前必须对已充气保护的焊口进行封闭，传统工艺采用胶带封闭，存在焊接操作不方便，焊接时的高温易造成胶带熔化，产生有害气体，影响焊接质量和操作人员的健康。采用铝箔封闭焊口技术，焊接时不产生有害气体，从而保证焊缝质量和操作人员的健康。

3. 拖罩缺口法固定焊枪

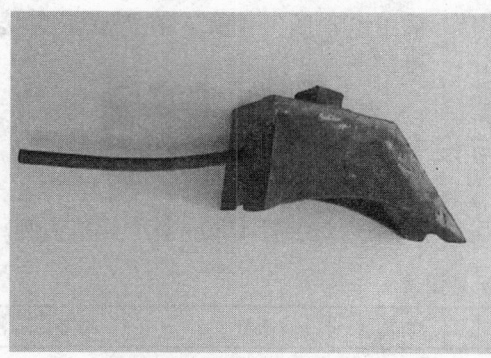

局部封闭保护外拖罩　　　　　　　　　多种形式局部封闭保护外拖罩

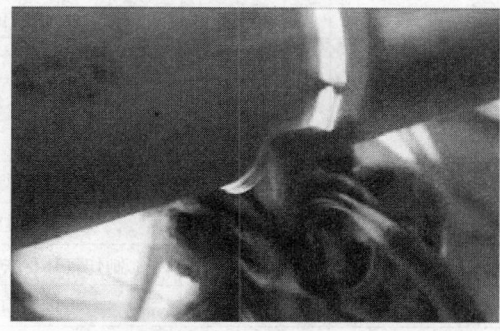

组对用局部封闭式外拖罩　　　　　　　　焊接用局部封闭式外拖罩

图 5.2.2-1　局部封闭式活动拖罩

　　管道手工氩弧焊接时，不同焊工的操作技术存在差异，同一焊工操作时的焊接电弧长度也是不断变化的，电弧长度对焊接接头的性能、焊缝的成形等影响很大。在采用局部封闭式活动拖罩焊接时，将拖罩边缘加工成标准尺寸、形状的缺口，来固定焊枪位置，保证焊枪钨极端部与焊接接头坡口表面距离为 3～5mm，从而保证电弧长度的稳定，有效地提高了钛管道手工氩弧焊接质量。

　　4. 桥式点固焊技术

　　接头组对时，点固焊的传统工艺是采用根层焊接技术。由于点固焊时，保护气体对点固焊缝保护作用不够（此时坡口周围的空气比例高），点固焊缝易产生气孔、氧化等缺陷。采用过桥点固焊技术，即在坡口上部点固焊，形成桥式点固焊缝，当焊接到桥式点固焊位置时，打磨清除点固焊缝，从而确保根层焊缝焊接质量。如图 5.2.2-2。

　　5. 焊枪摆动频率控制

　　手工氩弧焊在大直径、厚壁钛管焊接时，填充、盖面焊缝焊接时的焊枪摆动频率控制不好，易造成内咬边、气孔、焊缝成形

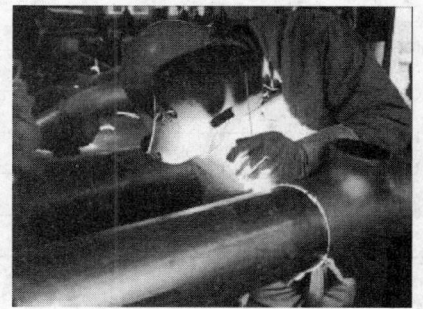

图 5.2.2-2　接头桥式点固焊

不良等缺陷。经过不断探索，找出不同规格的钛管道填充、盖面焊接时的最佳摆动频率为 12～15 次/min，在焊接工艺规程中进行规定，并对焊工进行专项操作技能培训，强化焊接过程中对摆动频率的监督检查，从而保证钛管焊接质量。

　　6. 层间温度控制

　　《钛管道施工及验收规范》SH 3502—2000 标准规定钛管多层焊接时，层间温度控制在 200℃ 以下，多年来的焊接实践说明层间温度在 150～200℃ 时，焊缝金属表面易产生发蓝现象（说明焊缝温度过高）。经多次焊接试验，找出最佳层间温度。当钛管多层焊时层间温度控制在 100℃ 以下，焊缝金属色泽为银白色。

　　7. 电子脉冲引弧技术

原工法采用高频引弧技术，高频对人体有一定伤害。采用电子脉冲引弧，在保证了焊接引弧顺利的同时，有效地保护了操作工人的身体健康。

6. 材料与设备

本工法所需的主要材料与机具设备（以滨阳化工6万t/年环氧丙烷装置1120m钛管焊接为例）见表6。

主要材料与机具设备   表6

类别	序号	名　　称	规格型号	单位	数量	备　　注
材料	1	钛焊丝	ERTi-2/φ2.4	kg	100	
	2	氩气	纯度≥99.99%	瓶	230	保护气体
	3	不锈钢切割片	φ150	片	48	切割钛管用
	4	不锈钢砂轮片	φ100	片	72	打磨坡口、焊缝
	5	铈钨极	φ2.5	kg	1.2	
	6	丙酮		kg	5	清洗坡口/焊丝用
	7	立式铣刀刀片		片	16	坡口加工用
	8	紫铜板	δ=1.0mm	m²	0.15	制作气体保护外拖罩
	9	不锈钢丝刷		个	18	清理焊口用
	10	铝箔胶纸		卷	12	临时封堵焊口用
	11	丝绸布	纯丝绸	m²	5	洗擦焊口用
机具设备	1	逆变直流焊机	ZX7-400	台	4	
	2	手把式砂轮机	150型	台	3	切割钛管用
	3	立式铣刀	手用电动型	台	1	铣磨坡口\焊口用
	4	钨极磨削机	小型坐式	台	1	磨削钨极专用
	5	角向磨光机	100型	台	4	打磨焊口用
	6	X射线探伤机	320EG-S2	台	1	
	7	氩气调压流量计	0～25MPa	只	5	
	8	直角尺	500mm	只	4	组对用
	9	水平尺	400mm	只	4	组对用
	10	焊接检验尺		只	4	
	11	电子测温笔		只	4	测层间温度用

7. 质量控制

7.1　工程质量控制标准

7.1.1　钛管焊接施工严格执行《钛管道施工及验收规范》SH 3502—2000标准。

7.1.2　质量控制点设置

本工法对钛管焊接所有关键工序设置质量控制点，见表7.1.2。

质量控制点   表7.1.2

序号	控　制　点	控　制　要　求	质　量　标　准	检验办法
1	钛管及管件	1. 管材质量证明书 2. 型号 规格 数量 3. 外观质量（完好状况）	《钛管道施工及验收规范》 SH 3502—2000	验证、外观

序号	控制点	控制要求	质量标准	检验办法
2	钛焊丝 CP-2(ERTi-2)	1. 焊丝质量证明书 2. 型号 规格 数量 3. 外观质量(完好状况)	《钛管道施工及验收规范》 SH 3502—2000	验证、外观
3	氩气	1. 产品质量合格证 2. 纯度≥99.99%	《钛管道施工及验收规范》 SH 3502—2000	验证、试用
4	焊工上岗资格	1. 焊工合格证 2. 现场技能考试合格	《钛管道施工及验收规范》 SH 3502—2000	验证、考核
5	焊接工艺评定	焊接工艺评定证书	《钛管道施工及验收规范》 SH 3502—2000	查对、核实
6	钛管切割坡口加工	1. 采用专用机械加工 2. 加工的管口、坡口无过烧 3. 坡口尺寸	《钛管道施工及验收规范》 SH 3502—2000	目测、焊缝检验及实测
7	焊口组对点焊	1. 焊口、焊丝清理干净 2. 组对尺寸符合规范要求 3. 点固焊缝质量合格	《钛管道施工及验收规范》 SH 3502—2000	目测、实测
8	钛管焊接工艺	1. 按标准和焊接工艺规范 2. 焊接中喷嘴、拖罩、充氩有专人管控	焊接方案 焊接工艺卡	查对、实测
9	焊接检验	1. 焊缝外观成型及色泽质量 2. 焊缝着色、X射线探伤质量 3. 焊缝返修	《钛管道施工及验收规范》 SH 3502—2000 焊接方案	监督检查

7.2 质量保证措施

7.2.1 建立钛管焊接质量保证体系（图 7.2.1）

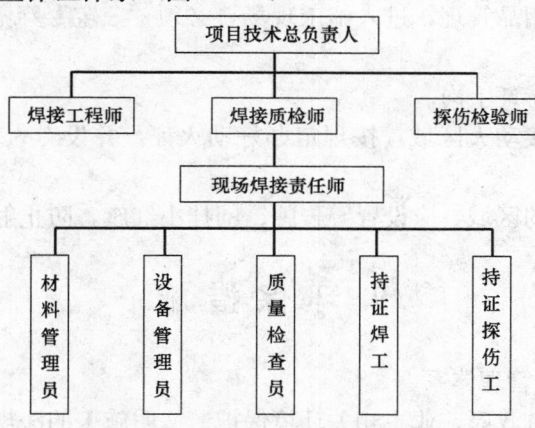

图 7.2.1 钛管焊接质量保证体系图

7.2.2 明确质量保证体系各级责任人员工作职责。责任人员工作职责见表 7.2.2。

现场主要作业人员职责　　　　　　　　　　　　　　　　　　表 7.2.2

序号	工种	人数	职责
1	技术人员	3	1. 组织指导施工,设计、委托拖罩加工; 2. 联络焊缝着色,X射线探伤; 3. 将焊缝位置、焊工代号标入管道单线图
2	质量检查员	1	1. 检查焊口组对情况; 2. 检测焊缝外观成型及色泽质量; 3. 管道安装、试压
3	管工	10	1. 管材下料、加工; 2. 焊口组对; 3. 管道安装、试压

续表

序号	工　种	人　数	职　责
4	氩弧焊工	4	1. 焊口点焊、焊接； 2. 焊缝外观、色泽自检，标识焊工代号； 3. 交替配合转动拖罩，监控氩气保护效果
5	探伤工	2	1. 焊缝着色探伤； 2. 焊缝 X 射线探伤； 3. 发出焊缝探伤结果报告
6	电工	1	1. 电气设备接线； 2. 维修焊机等电气设备

　　7.2.3　严格控制焊工上岗施焊，持证焊工上岗前进行施工现场钛管焊接操作技能考试，合格后方能进行钛管焊接。

　　7.2.4　严格控制工序质量，强化质量检查，坚持"上道工序质量不合格，决不进入下道工序"。

　　7.2.5　加强质量检查，特别是焊接工艺纪律和焊缝表面色泽检查。

8. 安 全 措 施

　　8.1　建立健全安全保证体系，严格执行国家、地方政府、业主及公司的各项安全法律法规及规章制度，认真贯彻落实"安全第一、预防为主"的方针，全面落实安全生产责任制。

　　8.2　现场布置符合防火、防雨、防风、防雷、防触电等安全要求。

　　8.3　施工现场临时用电严格执行国家《施工现场临时用电安全技术规范》要求，严格执行"三相五线"、"一机一漏一保护"。

　　8.4　严格"三宝"防护用品管理，进入施工现场，必须"三宝"穿戴齐全。高空作业必须按规定系好安全带。

　　8.5　特种作业人员必须持证上岗。

　　8.6　严格动火管理。焊接动火区域，按规定办好动火证，并设专人看火；焊材存放或使用丙酮，注意防火安全。

　　8.7　现场进行射线探伤的区域，应设置警告牌、围挂小红旗，防止射线伤害人体。

9. 环 保 措 施

　　9.1　建立施工现场 HSE 管理体系。

　　9.2　严格遵守国家、地方政府、业主相关环境保护、文明施工的法规和规章制度。

　　9.3　加强施工现场生产垃圾管理，对生产垃圾及时进行清理。

　　9.4　磨削钨极时，应戴好口罩，并在专用的磨钨机上磨削。

　　9.5　酸洗焊口，应戴胶皮手套、口罩和防护眼镜，防止操作时酸液伤人。酸洗废液，按规定收集后，统一排放至业主指定容器。

10. 效 益 分 析

　　10.1　2007 年 1 月～2007 年 7 月，在江苏安邦电化有限公司 2 万 t/年环氧丙烷装置 426m 钛管道焊接中，运用本工法，焊接一次合格率达 98.96%，缩短工期 28d，降低工程成本 8 万元。

　　10.2　2006 年 11 月～2007 年 4 月在浙江宁波镇洋化工有限公司 10 万 t/年离子膜烧碱装置 960m钛管道焊接工程中，运用本工法，焊接一次合格率达 98.2%以上，缩短工期 48d，减少工人工资成本 12 万元。

10.3 2007 年 10 月~2008 年 6 月在山东滨阳化工 6 万 t/年环氧丙烷装置 1150m 钛管道焊接工程中，运用本工法，焊接质量优良，焊接一次合格率达 98.6％以上，缩短工期 56d，降低成本 18 万元。

11. 应用实例

11.1 2007 年 1 月~2007 年 7 月，在江苏安邦电化有限公司 2 万 t/年环氧丙烷装置 426m 钛管道焊接中，运用本工法，焊接一次合格率达 98.96％，缩短工期 28d，施工质量优良。

11.2 2006 年 11 月~2007 年 4 月在浙江宁波镇洋化工有限公司 10 万 t/年离子膜烧碱 960m 钛管道焊接工程中，运用本工法，焊接一次合格率达 98.2％以上，施工质量良好，至今运转正常。

11.3 2007 年 10 月~2008 年 6 月在山东滨阳化工 6 万 t/年环氧丙烷装置 1150m 钛管道焊接工程中，运用本工法，焊接质量优良，焊接一次合格率达 98.6％以上，装置投料试车一次成功，至今运行良好。

不锈钢管道焊接工法

YJGF31—96（2007～2008 年度升级版-047）

中国化学工程第十六建设公司

李仁国

1. 前　　言

多年以来，由中国化学工程第十六建设公司自主研发经建设部审定公布的 1995～1996 年度国家级工法"不锈钢管道焊接工法"（编号：YJGF31—96），在承建的具有不锈钢管道焊接工程的所有项目上得到了广泛地应用实践，发挥出较大的生产力，取得了显著的经济效益和社会效益。2000 年以后，随着国家重化工业的兴起，一批大中型石油化工项目相继建成。这些石油化工项目与以往其他项目相比，其技术、质量、安全等管理的起点较高，要求更加严格，理念更加新颖，管理更加规范。在这些项目装置中，大量使用了铬镍奥氏体不锈钢管道输送物料，其管道压力等级范围覆盖低、中、高压，管内大都输送具有强腐蚀性、有毒有害及易燃易爆等介质，对其焊接技术、焊接工艺、焊接质量提出了高标准及更加严格的要求。为了适应工程项目对不锈钢管道焊接施工的新要求，我们通过技术创新，采用先进成熟焊接技术，积极吸收最新焊接技术成果，不断改进其焊接工艺，确保不锈钢管道焊接质量稳定和满足顾客要求。在广东惠州世纪化工 20 万 t/年苯酚丙酮项目、江苏菱苏化工 10 万 t/年双氧水等数十项工程项目上，我们对原"不锈钢管道焊接工法"进行了一系列技术创新和改进后形成了本工法。

2. 工 法 特 点

本工法具有焊接技术先进，焊接工艺完善，焊接质量稳定，投入不高，成本较低等特点。

质量、HSE 控制，规范化、标准化、程序化。

对施工班组劳动力结构及人员编制、班组焊接产量提出了量化指标，可以有效监督、考核班组的焊接绩效。

3. 适 用 范 围

本工法适用于铬镍奥氏体不锈钢管道焊接工程。

4. 焊接工艺原理

4.1　铬镍奥氏体不锈钢合金化原理

18-8 型为最基本的铬镍奥氏体不锈钢，通过减少碳含量和向其添加不同或含量不等的合金元素等冶金处理，可得到各种类型不同钢牌号的铬镍奥氏体不锈钢，从而达到提高抗晶间腐蚀、改善焊接性、增强非氧化酸的腐蚀、提高耐热等性能的目的。

4.2　不锈钢管道焊接性分析

铬镍奥氏体不锈钢虽然种类和钢号较多，但其焊接性能相近，都具有良好的焊接性。如果焊接材料选择不当，或焊接工艺不正确时，会出现晶间腐蚀、热裂纹等缺陷。

4.2.1 晶间腐蚀产生的原因：铬镍奥氏体不锈钢在 450～850℃温度区间停留一定的时间后，晶粒内部过饱和固溶的碳原子向晶粒边界扩散与晶界附近的铬结合成碳化铬 $Cr_{23}C_6$，并在晶界沉淀析出。而晶粒内部的铬原子扩散速度没有碳快，来不及从晶内补充到晶界附近，因而在晶界处出现贫铬区。这样在腐蚀介质作用下，晶界贫铬区受到腐蚀而形成了晶间腐蚀。

4.2.2 晶间腐蚀防止措施：主要从焊接材料选择及焊接工艺两方面采取措施。一是选择超低碳或添加钛/铌等稳定化元素的焊接材料。二是采用小规范焊接，加快焊接接头冷却速度，严格控制层间温度等措施。

4.2.3 热裂纹产生的原因：由于奥氏体不锈钢热胀系数较大，焊接冷却时产生较大的拉应力。奥氏体不锈钢的液相线与固相线距离大，焊缝凝固过程温度范围宽，使一些低熔点夹杂物和共晶体容易在焊缝中心区的晶粒边界集中。这些低熔点夹杂物和共晶体在焊接拉应力的作用下发生开裂从而形成热裂纹。一般在 18-8、18-12-Mo2 型不锈钢焊接时，很少出现热裂纹。但 25-20 型不锈钢焊接时易产生热裂纹。

4.2.4 热裂纹防止措施：

1. 严格限制原材料和焊接材料中 S、P 杂质含量；
2. 选择合适的焊接材料，使焊缝组织成为奥氏体＋铁素体的双相组织；
3. 选用抗裂性能高的低氢型焊条；
4. 采用小规范焊接以减少熔池过热，提高冷却速度以减少偏析。多层焊时，严格控制层间温度等。

5. 施工工艺流程及操作要点

5.1　不锈钢管道焊接施工工艺流程图（图 5.1）

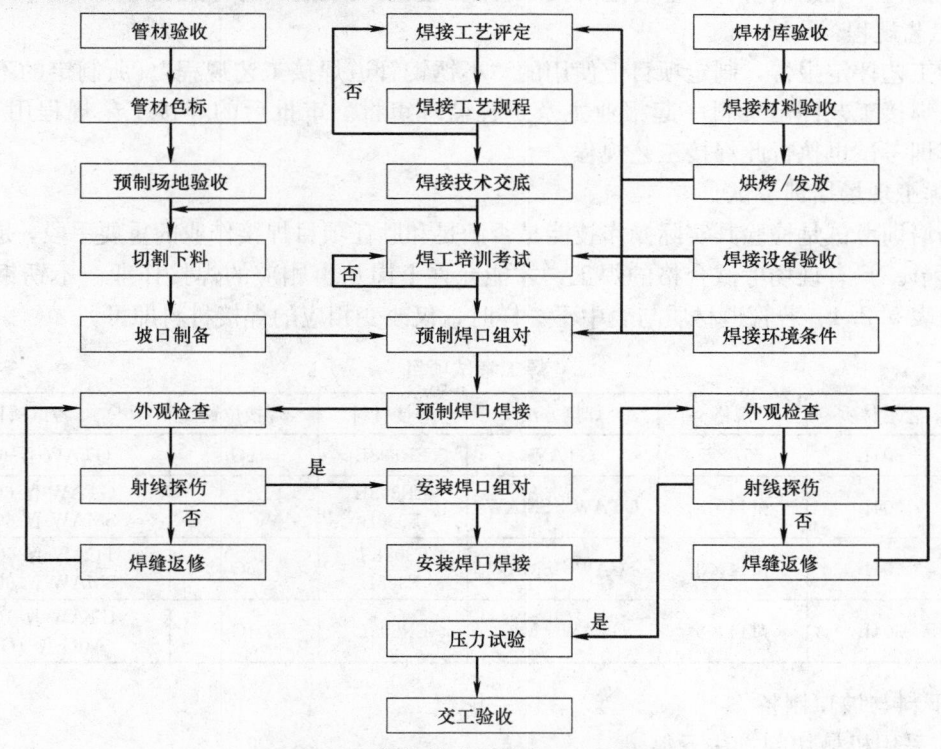

图 5.1　不锈钢管道焊接施工工艺流程图

5.2　焊前准备

5.2.1　焊接方法选择

焊接方法选择见表 5.2.1。

焊接方法选择表　　　　　　　　　　　　　　　　　　　　　　表 5.2.1

焊口类型	焊接方法选择
预制焊口	①公称直径 DN≤50mm,壁厚 S<2mm,焊接时不开坡口,不加焊丝,直接进行自熔 GTAW(TIG)焊。 ②DN≤50mm,S≥2mm,采用 GTAW(TIG)。即手工钨极氩弧焊打底、填充和盖面。 ③DN>50mm,S>3mm,采用 GTAW+SMAW。即手工钨极氩弧焊打底,焊条电弧焊充填盖面。 ④600≥DN≥100mm,S≥5mm,采用 GTAW+MIG。即手工钨极氩弧焊打底,熔化极自动焊填充盖面。 ⑤DN≥500mm,S≥15mm,采用 GTAW+SAW。即手工钨极氩弧焊打底,埋弧自动焊填充盖面。 ⑥DN≥800mm,6≥S≥4mm,采用双人双面同步 GTAW 进行焊接。
安装焊口 (固定焊口)	①DN≤50mm,S<2mm,焊接时不开坡口,不加填焊丝,直接进行自熔 GTAW 焊。 ②DN≤50mm,S≥2mm,采用 GTAW。 ③DN>50mm,S>3mm,采用 GTAW+SMAW。即手工钨极氩弧焊打底,焊条电弧焊填充盖面。此方法在管内能实施局部充保护气体时优先使用。 ④DN>50mm,S>3mm,采用 FCAW+SMAW,即药芯或药皮焊丝手工钨极氩弧焊打底,焊条电弧焊填充盖面。此方法主要解决部分固定焊口由于管线长、管径大,管内难于充保护气体时使用。

5.2.2　焊接材料选用

选用铬镍奥氏体不锈钢焊接材料原则：首先根据管道所输送介质的特性和工作温度等因素，选用与管道工作条件及用途相符的焊接材料。然后根据管道材质类型、具体钢牌号，选用与母材化学成分相同或相近的焊接材料。

5.2.3　焊接工艺评定及焊接工艺规程

1. 焊接工艺评定

根据项目上管道材质的钢号及壁厚，考虑所选择的焊接方法和焊接材料，先行拟定焊接工艺指导书，然后按照此工艺指导书在现场进行焊接工艺评定试验，提出焊接工艺评定报告，以验证所拟定的焊接工艺的正确性。由于几乎所有的施工项目都有不锈钢管道，施工企业也大都建有焊接工艺评定资料库，所以可选用本单位已有的并能覆盖所在项目管道材质及壁厚的工艺评定资料。焊接工艺评定有效覆盖范围，执行《现场设备、工业管道焊接工程施工及验收规范》的有关规定 GB 50236—98。

2. 焊接工艺规程

根据焊接工艺评定报告，制定项目上使用的"不锈钢管道焊接工艺规程"。所制定的不锈钢管道焊接工艺规程及焊接工艺评定资料一起报业主及工程监理审批。审批后的焊接工艺规程用于指导施工，现场的焊工培训考试也执行此焊接工艺规程。

5.2.4　焊工现场培训考试

焊工现场培训考试是检验其实际操作技能是否满足和胜任项目焊接作业的重要手段，是把住焊工准入关的关键环节。只有现场考试合格的焊工，才能允许上岗从事相应的焊接作业。不锈钢管道焊工现场考试项目见表 5.2.4。若管道材质与表中不一样时，仅改变相应的焊接材料即可。

焊工考试项目　　　　　　　　　　　　　　　　　　　　　　表 5.2.4

	管道材质	规格	焊接方法	焊接材料	焊接位置	考试项目代号
试件 1	304L	φ57×5	GTAW	ER308L	6G	GTAW-Ⅳ-6G-5/57-02
试件 2	304L	φ114×8	GTAW+SMAW	ER308L E308L	6G	GTAW-Ⅳ-6G-3/108-02 SMAW-Ⅳ-6G-5/108-F4
试件 3	304L	φ114×8	FCAW+SMAW	E308LT E308L	6G	FCAW-Ⅳ-6G-3/108-02 SMAW-Ⅳ-6G-5/108-F4
试件 4	304L	φ114×8	GTAW+MIG	ER308L	1G	GTAW-Ⅳ-1G-3/108-02 MIG-Ⅳ-1G-5/108-02

5.2.5　下料与坡口制备

1. 下料：采用机械切割方法下料。

1) 中低压管道切割方法：砂轮切割机；带锯机。

2) 高压管道切割方法：高速带锯机。

3) 所用的切割片必须为不锈钢专用切割片，严禁使用非不锈钢切割片切割不锈钢管道。

4) 切割不锈钢管道尽量不要采用等离子切割机进行切割，这是由于等离子切割时形成的黑色熔渣飞溅物严重污染管道内表面，很难清理干净。

2.坡口加工：采用机械加工方法加工坡口。与切割同样的原因，尽量避免使用等离子切割机加工不锈钢管道坡口。

1）中低压管道坡口加工：管道坡口机；角向磨光机修磨。

2）高压管道坡口加工：高速端面切割、坡口加工一体机。

3）坡口加工示意图（图5.2.5）。

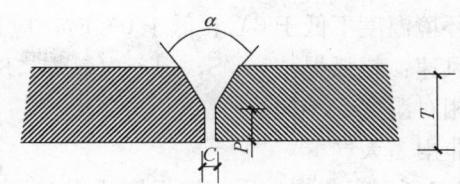

| $3mm < T \le 8mm$ | $\alpha = 65 \pm 5°$ | $C = 2.0 \pm 0.5mm$ | $P = 1 \sim 1.5mm$ |
| $8mm < T < 17mm$ | $\alpha = 60 \sim 65°$ | $C = 2.5 \pm 0.5mm$ | $P = 1 \sim 1.5mm$ |

图5.2.5 管道坡口加工尺寸示意图

5.2.6 焊口组对与定位焊

1.焊件组对前应将坡口内外侧表面20mm范围内的水分、油污、油漆、毛刺、杂物等清理干净，且不得有裂纹、夹层等缺陷。清理干净的焊口若暂时不焊，应用胶布封贴，以免形成二次污染。

2.预制焊口组对时，应将管道放在方木或木凳上，严禁直接放在铁件上组对，以免发生渗炭。在靠近焊口两侧的管道底部要设支承物，防止在焊接过程中焊缝承受重力发生变形。

3.不锈钢管口组对卡具应采用硬度低于管材的不锈钢材料制作。组对时不得用铁质工具直接敲击不锈钢管道表面。严禁将碳素钢卡具焊接在不锈钢管口上实现管口组对，焊在不锈钢管道上的卡具拆除时应用砂轮机磨削，不得强行敲打、扳扭。

4.管道对口时，内壁错边不超过壁厚10%，且不大于2mm。

5.定位焊

1）定位焊时的焊接工艺参数与正式焊接时的工艺参数相同。

2）定位焊的型式：分根部焊缝定位焊（成为永久焊缝）及过桥定位焊（临时焊缝，正式焊接时磨削掉）两种型式。

3）根部定位焊接时，与正式打底焊一样，管内必须进行充保护气体。

4）定位焊缝的长度、厚度和间距，应能保证焊缝在正式焊接过程中不致开裂。

根部定位焊的焊缝长度一般为10~15mm，高度不超过管壁厚的2/3。定位焊的数量：视管径大小定，一般不少于2~3点。

5）根部定位焊缝应保证焊透，与母材熔合良好，无气孔、夹钨等缺陷，定位焊两端应磨削成斜坡，便于正式打底焊时与之熔合，以保证接头的质量。

6）过桥定位焊是指用一段焊丝直接搭焊在坡口中部，由于焊丝冷却收缩力将焊口拉紧从而起到点固作用。待正式焊接到该位置时，将之磨削掉。

5.3 焊接工艺要求及操作要点

5.3.1 正式焊接前，坡口两侧50mm范围内涂刷白垩粉或其他防飞溅涂料。

5.3.2 打底焊前，用丙酮（或工业酒精、香焦水）将焊丝表面的脏物、油渍清除干净。严禁使用三氯乙烯和四氯化碳等氧化物溶剂，不得将棉织纤维留在焊丝表面。

5.3.3 焊工手工使用的刨锤、钢丝刷等工具应为不锈钢材料制成。磨光机的砂轮片为不锈钢专用砂轮片。

5.3.4 不锈钢管道上不得打焊工钢印代号；应在每个焊口旁边用专用记号笔标识其技术状态，如表5.3.4。

焊口标识　　　　　　　　　　　　　　　　　　　　　　　　　　　表5.3.4

管线号：	
焊口编号	
焊工代号	
焊接日期	

5.3.5 焊接环境应符合下列条件：

环境温度不低于 0℃；低于 0℃时，应预热到 15～25℃；

风速：氩弧焊＜2m/S，焊条电弧焊＜8m/S；

相对湿度＜90％；

非雨雪天气。

5.3.6 实芯焊丝手工钨极氩弧焊 GTAW 操作要点及焊工艺要求

1. 操作方法：采用高频引弧装置进行引弧，同时注意对起弧点的氩气保护，焊枪提前送气，引燃电弧待形成熔池后，立即填加焊丝。熄弧时，应将熔池填满，并采用电流衰减装置，使电流逐渐减小，然后将电弧熄灭，并延时送气 4～6s，避免弧坑被空气污染。焊接时应保持电弧稳定，防止钨极与焊件、焊丝接触，从而造成焊缝夹钨。焊丝的加热端要始终处在氩气保护之下。在保证焊透和成型良好的情况下，应选用小线能量焊接操作。

2. 管内充氩（氮）方法：采用实芯焊丝手工钨极氩弧焊底层焊接时，为避免背面焊缝发生氧化，管内必须充氩（氮）保护。实践证明，管内充 N_2 与充氩保护效果相同，均能有效避免背面焊缝发生氧化。充氩（氮）方法见图 5.3.6-1，图 5.3.6-2。

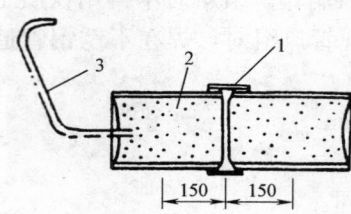
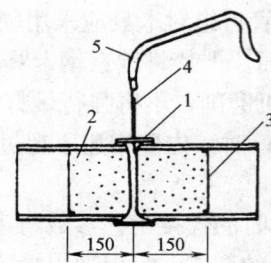

图 5.3.6-1　管道整体充氩（氮）示意图
1—胶布；2—氩（氮）气；3—φ10 软管

图 5.3.6-2　管道局部充氩（氮）示意图
1—胶布；2—氩（氮）气；3—水溶性纸；
4—充氩针头；5—φ10 软管

5.3.7 药芯焊丝或药皮焊丝手工钨极氩弧打底焊时，管内不需要充保护气体。其操作要点与实芯手工钨极氩弧焊基本相同，其区别在于药芯或药皮焊丝的熔敷速度比实芯焊丝快，焊工现场考试训练时掌握其实际操作技能。

5.3.8 焊条电弧焊 SMAW 操作要点及焊接工艺要求。

1. 焊条使用

使用前必须按照焊条说明书的规定进行烘干。

低氢型不锈钢焊条烘干参数：（200～250）℃×2h

钛钙型不锈钢焊条烘干参数：（150～200）℃×1h

焊条使用时，将焊条装入保温筒内随取随用。焊条保温筒必须接通低压电源。

2. 不锈钢管道焊条电弧焊填充盖面时，严禁在被焊管道焊缝坡口以外的表面引燃电弧、试验电流，以免损伤母材表面。

3. 焊接应采用小规范，即采用小电流、快焊速、短弧焊的操作方法。多层多道焊时，焊道不宜过宽，其摆动宽度在焊条钢芯直径的 2 倍以内。每层焊完后，应用不锈钢丝刷、角向磨光机等工具将焊渣清理干净后再焊一层。层间温度不宜过高，控制在 60℃以下。层间温度采用非接触式红外线测温枪准确测量。

4. 操作过程中应注意接头和收弧的质量，收弧时应将溶池填满，多层多道焊的焊接接头应错开。

5. 焊接时应避免出现未焊透、未熔合、夹渣、气孔、裂纹、咬肉等缺陷。

6. 不锈钢管道焊接后，应除去焊缝表面熔渣和焊缝两侧的飞溅物，按照焊接工艺规程的规定，进行外观质量检查，并按设计规定的探伤比例进行射线探伤。

5.3.9 焊接工艺参数

表 5.3.9-1～表 5.3.9-4 为 TP304L 材质的管道不同焊接方法的焊接工艺参数选用表，也可供其他材质不锈钢管道焊接选择工艺参数时参考。

(TP304Lφ114×8) GTAW+SMAW 焊接工艺参数表 1　　　　表 5.3.9-1

| 焊道/焊层 | 焊接方法 | 焊接材料 | | 焊接电流 | | 电弧电压 (V) | 保护气体 | | 焊接速度 (cm/min) | 钨极直径 (mm) |
		牌号/型号	规格 mm	极性	电流 (A)		正面 Ar (L/min)	管内 Ar/N₂ (L/min)		
底层	GTAW	ER308L	φ2.4	正极	80～100	12～14	8～10	6～8	8～12	2.4
填充层	SMAW	A002	φ3.2	负极	90～110	22～24	—	—	14～18	—
盖面层	SMAW	A002	φ3.2	负极	100～120	22～24	—	—	12～15	—

注：底层焊若管内充氮保护，其焊接电流比管内充氩可增加 10%。

(TP304Lφ114×8) FCAW+SMAW 焊接工艺参数表 2　　　　表 5.3.9-2

| 焊道/焊层 | 焊接方法 | 焊接材料 | | 焊接电流 | | 电弧电压 (V) | 保护气体 | | 焊接速度 (cm/min) | 钨极直径 (mm) |
		牌号/型号	规格 mm	极性	电流 (A)		正面 Ar (L/min)	管内 Ar/N₂ (L/min)		
底层	FCAW	E308LT	φ2.0	正极	80～90	12～14	6～8	—	10～12	2.4
填充层	SMAW	A002	φ3.2	负极	90～110	22～24	—	—	14～18	—
盖面层	SMAW	A002	φ3.2	负极	100～120	22～24	—	—	12～15	—

(TP304Lφ114×8) GTAW+MIG 焊接工艺参数表 3　　　　表 5.3.9-3

| 焊道/焊层 | 焊接方法 | 焊接材料 | | 焊接电流 | | 电弧电压 (V) | 保护气体 | | 焊接速度 (cm/min) | 钨极直径 (mm) | 焊丝干伸长度 (mm) |
		牌号/型号	规格 (mm)	极性	电流 (A)		正面 Ar (L/min)	管内 Ar/N₂ (L/min)			
底层	GTAW	ER308L	φ2.4	正极	80～100	12～14	8～10	6～8	8～12	2.4	—
填充层	MIG	ER308L	φ1.2	负极	180～200		14～16	—	23～27	—	12～15
盖面层	MIG	ER308L	φ1.2	负极	180～200		14～16	—	23～27	—	12～15

(TP304Lφ159×10) GTAW+SAW 焊接工艺参数表 4　　　　表 5.3.9-4

| 焊道/焊层 | 焊接方法 | 焊接材料 | | 焊接电流 | | 电弧电压 (V) | 保护气体 | | 焊接速度 (cm/min) | 钨极直径 (mm) | 焊丝干伸长度 (mm) | 焊剂 |
		牌号/型号	规格 (mm)	极性	电流 (A)		正面 Ar (L/min)	管内 Ar/N₂ (L/min)				
底层	GTAW	ER308L	φ2.4	正极	80～100	12～14	8～10	6～8	8～12	2.4	—	—
填充层	SAW	ER308L	φ3.2	负极	250～300	32～34	—	—	55～65	—	12～15	HJ172
盖面层	SAW	ER308L	φ3.2	负极	250～300	32～34	—	—	50～60	—	12～15	HJ172

注：HJ172 烘干条件：300～400℃，烘干 2h。

5.4 劳动力组织

5.4.1 班组劳动力结构及人员编制（表 5.4.1）

以施工班组为基本单位组织劳动力，做到优化组合、定人定编、分工明确，提高施工效率。

5.4.2 班组焊接日产量

对于石油化工施工项目的中低压不锈钢管道，在满足焊接质量要求，保证焊口随机抽查射线探伤一次合率 95% 以上，班组焊接日产量按下列值计算：

每班组劳动力组成及主要职责表　　　　　　　　　　　　　　　表 5.4.1

工种	预 制 焊 口		安装焊口（固定口）	
	数量/人	主要职责	数量/人	主要职责
管工	1	为班组长，负责本班组内人员分工和调动，并对本组/岗的劳动工效负责； 按管段图选料、号料、标识移植； 指导切割及坡口加工； 组对预制焊口，对焊口状态进行标识； 组织人员，对预制完的管段分系统和管线号集中堆放待装	2	其中一人为班组长，负责本班组内人员分工和调动，并对本组/岗的劳动工效负责； 按管线图对预制好的管段进行排料、定位； 对现场安装的调节管段进行精准号料，并指导切割及坡口加工； 组对安装焊口，对焊口状态进行标识； 将管支架进行定位
焊工	2	根据班组长安排进行工装焊接、定位焊及正式焊接； 按照返修工艺进行焊缝返修； 焊后对焊缝及焊口两侧 50mm 范围飞溅物、焊疤等清理和修磨干净	2	同左
熟练工1（初级工）	3	从事切割下料、坡口加工、配合焊口组对，以及场内运输； 服从班组长指挥及分工	4	配合起重运输； 配合管段排料定位； 从事切割及坡口加工； 服从班组长指挥及分工
起重工	/	注：每个预制班组不配起重工，在整个预制厂内统一配备和调用	1	根据班组长安排，将管段起重运输到指定的位置
合计	6		9	

班组预制焊口日产量：70～80 寸径/d·班组（6 人）；

班组安装（固定）焊口日产量：30～36 寸径/d·班组（9 人）。

5.4.3　确定施工班组数及其劳动力

按照班组焊接产量，只要分别统计出每个项目的预制焊口、安装（固定）焊口的寸径总量，就可确定最佳的施工班组数，从而排定总的劳动力人数。

6. 材料与设备

不锈钢管道焊接常用的工机具设备见表 6。

主要机具设备表　　　　　　　　　　　　　　　　　　　　　表 6

序号	机具名称	规格型号	单位	数量	备　注
1	逆变焊机	WS-400	台	12	氩弧/电焊两用机，并有高频引弧
2	焊条烘箱	ZYHC-100	台	1	
3	角向磨光机	φ100	台	12	不锈钢专用砂轮片
4	角向磨光机	φ125	台	6	同上
5	角向磨光机	φ150	台	6	同上
6	砂轮切割机	13G-400	台	2	同上
7	焊条保温筒	2kg	个	12	
8	除湿机	CF0.4D RH=60%	台	1	焊条库内配置设备
9	棒式砂轮机		台	6	管口内壁修磨
10	空气等离子切割机	LGk-100	台	1	备用
11	空压机	4VDY-6/8-A	台	1	与等离子配套使用
12	高速端面切割、坡口加工一体机	Mpam-63011	台	1	
13	管子坡口机（电动）	NP80-273 φ80～φ273mm	台	4	

续表

序号	机 具 名 称	规 格 型 号	单位	数量	备 注
14	管子坡口机(电动)	ISY-80 $\phi32\sim\phi80mm$	台	4	
15	不锈钢丝刷		把	15	
16	管道自动焊接工作站	PAWWS-24A2	个	1	
17	埋弧自动焊机	MZ1-600	台	1	
18	远红外测温枪		个	8	每个班组配一个
19	X光探伤机		台	2	

7. 质 量 控 制

7.1 本工法主要遵循的技术标准规范

《工业金属管道工程施工及验收规范》GB 50235—97

《现场设备、工业管道工程施工及验收规范》GB 50236—98

《石油化工剧毒、可燃介质管道工程施工及验收规范》SH 3501—2002

《石油化工铬镍奥氏体钢、铁镍合金和镍合金管道焊接规程》SH/T 3523—1999

《压力容器无损检测》JB 4730—1994

7.2 质量控制原则及方法

按照ISO 9000标准的过程控制要求,"不锈钢管道焊接"属于特殊过程,必须按照特殊过程的控制原则及方法进行控制。

7.2.1 对"不锈钢管道焊接"这一特殊过程进行鉴定,制定适用的焊接工艺参数、操作要点。即要求提供焊接工艺评定或在现场进行焊接工艺评定试验。

7.2.2 根据焊接工艺评定并结合现场实际编制焊接作业指导书即编制焊接工艺规程,以指导焊接施工。

7.2.3 确认施工中所用的施工设备(焊机、焊条烘箱、切割及坡口加工设备等)、检测设备(如射线探伤机、多功能焊接检查尺、10倍放大镜等)、相关设施(如焊材库、管道预制作业区)等是否满足所规定的要求。

7.2.4 确认主要作业人员(焊工)的实际操作技能及上岗资格条件。焊工必须持有国家质量技术监督局颁发的焊工合格证,并通过现场实际操作技能考试,才能允许焊工从事与考试合格项目相对应的焊接施工。

7.2.5 确认焊接环境条件是否满足第5.3.5所规定的要求。

7.2.6 对主要过程参数或相应的质量控制点(表7.3)进行连续监视和检验。

7.2.7 通过焊接日报表或焊接记录,对所使用的主材、焊接材料,焊口技术状态(管线号、焊口序号、焊工钢印代号、焊接日期、射线探伤)等实现唯一性可追溯性标识。

7.3 主要质量控制点及控制要求

不锈钢管道焊接质量控制点如表7.3。

不锈钢管道焊接质量控制点表 表7.3

序号	焊接质量控制点	控制要求或措施
1	焊接工艺评定	焊接方法、焊接材料、焊接工艺、管材材质及壁厚等均要覆盖。并报业主、监理审批
2	焊接工艺规程	符合工艺评定报告要求,符合现场管材及焊材的实际状况,并报业主、监理审批
3	技术交底	未进行技术交底前,严禁正式焊接

续表

序号	焊接质量控制点	控制要求或措施
4	现场焊工培训考试	实际操作技能满足现场焊接要求
5	焊接材料库设置	专用焊材库；专用储存货架；温度计、除湿机配备齐全。室内温度 15℃以上，相对湿度 60％以下
6	焊接材料验收及保管	应符合项目所执行的相关管理制度
7	管道、组成件验收及色标	对于不同钢号的管子及组成件，用统一规定的色标沿管子、组成件全长刷一条色标带，不易混用
8	钨极氩弧焊机高频引弧装置	必须有高频引弧装置的氩弧焊机
9	防渗碳设施及工具	储存区、预制区与碳钢分离；焊工用刨锤、丝刷必须是不锈钢材料制成
10	焊接环境条件	符合第 5.3.5 要求
11	坡口表面质量及坡口角度	平整无毛刺，坡口符合焊接工艺规程要求
12	焊口组对间隙及错边量	组对间隙及错边量符合焊接工艺规程节点图要求
13	防飞溅物涂刷	焊口两侧 50mm 范围必须涂刷白垩粉或其他防飞溅物涂料
14	焊口标识	用专用记号笔在每个焊口周围标识：管线号或管段号、焊口编号、焊工钢印代号及焊接日期。严禁在不锈钢管道上打焊工钢印代号
15	管内充氩或充氮装置及流量	管内充氩或充氮方式应符合 5.3.6 的要求。流量应符合工艺规程要求。氩气纯度不小于 99.96％；氮气的纯度应大于 99.5％，含水量应小于 50mg/L
16	焊丝使用前清理	用丙酮或酒精擦洗焊丝表面油污等杂质
17	焊条烘干	符合第 5.3.8 条 1) 款要求
18	焊条保温桶	必须给每个焊工配置焊条保温桶，且接通低压电源
19	定位焊状况	定位焊缝的长度、厚度、间距满足焊接工艺规程的规定
20	焊接电源极性	钨极氩弧焊直流正接，焊条电弧焊直流反接
21	焊接电流及线能量	检查焊接电流值应符合工艺规程规定
22	焊接层间温度	层间温度控制在 60℃以下。用非接触式红外线测试笔准确测量
23	焊缝外观质量	符合焊接工艺规程要求
24	射线探伤	符合设计规定的探伤比例及合格标准
25	压力试验	所有焊口无泄漏

8. 安 全 措 施

8.1　对于不锈钢管道焊接施工所涉及的作业活动、设备、材料、设施、场所等进行"工作危险分析"，识别出焊接作业的危险源，并采取有效控制措施，以消除和降低危险源可能造成的安全风险，确保焊接安全施工。

8.2　不锈钢管道焊接作业常见的危险源：电击、烟尘/有害气体、灼伤、噪声、弧光辐射、高频辐射、射线辐射、高处坠落、中毒或窒息、火灾爆炸等。其控制措施如表 8.2。

焊接危险源及控制措施表　　　　　　　　　　　　表 8.2

危险源	控 制 措 施
电击	施工配电严格做到：三级配电，二级保护，三相五线制，确保用电设备接地接零，做到一机、一闸、一漏 焊接电源一次线长度不能超过 5m，二次线接头不能裸露。焊接地线应就近接到焊件上，不能以管道、钢结构直接代替焊接地线使用。焊机的二次回路也应设置漏电保护装置 配备具有上岗资格的电工对焊接用电设备，手持电动工具进行日常管理、维护 焊工应穿戴齐全工作服、绝缘手套、工作鞋，潮湿场所，雨雪天气不能从事焊接作业

危险源	控制措施
焊接烟尘及有害气体	在满足焊接工艺时,尽量采用非低氢焊接材料 应保证作业场所通风良好。通风不好时,应设置抽、排风机,改善通风条件 焊工应做好个体防护。如戴防尘口罩
灼伤	焊工应穿戴好劳保防护用品 焊工操作时,应将炽热的焊丝头、焊条头丢在专用小桶内,不能任意丢弃 高处焊接作业时,应在作业正下方铺防火毡,以防炽热的焊接飞溅物伤人
噪声	焊工应戴护耳器或耳塞 选用噪声较小的切割加工设备、焊接设备和焊接方法
弧光辐射	焊工作业时,必须戴好面罩、手套,穿好工作服、工作鞋 面罩内的护目镜片应满足要求。其他施工人员也应戴防护眼镜 焊接作业区,可用挡光板围护,以免弧光伤及其人
高频辐射	主要出现在钨极氩弧焊引弧瞬间。尽量减少不必要的高频引弧装置开启
射线辐射	主要指氩弧焊用的钨棒和对焊缝进行无损检测时具有一定的射线辐射。采用铈钨极比钍钨棒辐射少。无损检测时,应做好安全警视,无关人员不得进入作业区域
高处坠落	通向作业场所的脚手架必须经过搭后验收合格 作业区域下方,挂好安全网或满铺脚手架板 使用标准的双钩全束式安全带,并且将之系紧,行走时,双钩挂在生命线上移动,作业时双钩挂牢在挂靠点上 上岗前进行必要的身体检查,患有高血压或具有恐高症的焊工禁止高处作业
中毒/窒息	在密闭空间内焊接易发生中毒/窒息。焊接前,应办理密闭空间作业许可证,对作业区有害气体进行必要的检测,焊接施工过程要设专人监视,发生意外后及时施救
火灾、爆炸	项目试压阶段、老厂扩建或检修项目上,易发生火灾爆炸事故。一是严格动火制度,由专人办理动火证。二是作业区域里的易燃易爆气体挥发物含量必须检测合格。三是禁止带压补焊。四是禁止在作业区域存放易燃易爆物品

9. 环 保 措 施

不锈钢管道焊接作业常见的环境因素：光污染、噪声、焊缝酸洗液排放、焊接固体废物等。其控制措施如表9。

焊接环境因素及控制措施表　　　　　　　　　　　　　　　　表9

环境因素	控制措施
弧光污染	进入作业区的所有人员应戴防护眼镜； 对施工作业区进行围护,阻隔弧光污染远距离传播
噪声	施工场界噪声指标控制在《建筑施工场界噪声限值》GB 12523—90 规定的范围内
焊缝酸洗液排放	对于酸洗槽里的酸洗废液应中和或稀释后才能排放； 对于使用酸洗膏涂刷焊口后用水冲洗的废水要检验其 pH 值是否在 6～9 之间,并应将废水排放至污水沟(池)
焊接废弃物	焊接施工所产生的所有废弃物如切割熔渣、砂轮片、焊丝头、焊条头,以及边角废料等,应分类集中存放,定期清运

10. 效 益 分 析

在广东惠州世纪化工 20 万 t/年苯酚丙酮安装工程中,共有不锈钢管道 18000m,焊口 86000 寸径,施工预算成本（不含主材）301 万元,射线拍片 8000 张。射线探伤一次合格率 98.5%,焊接工期提前15d,实际成本 266.6 万元,成本节约 11.4%。

在潍坊星兴联合化工 12 万 t/年双氧水安装项目中,共有不锈钢管道 15000m,焊口 83000 寸径,施工预算成本（不含主材）273.9万元，射线拍片7900张。射线探伤一次合格率98.6%，焊接工期提前12d，实际成本241万元，成本节约12%。

在江苏菱苏化工10万t/年双氧水安装项目中，共有不锈钢管道14000m，焊口82000寸径，施工预算成本（不含主材）238.6万元，射线拍片7800张。射线探伤一次合格率98.3%，焊接工期提前15d，实际成本212万元，成本节约11.1%。

采用本工法进行不锈钢管道焊接施工，焊接质量优良，射线探伤一次合格率98%以上，成本降低10%以上，焊接工效高，取得了较好的经济和社会效益。

11. 应 用 实 例

工程实例1：香港建滔集团广东惠州世纪化工20万t/年苯酚丙酮装置项目。

规模：20万t/年。

工期：2006年9月开工，2007年12月20日竣工。

不锈钢管道焊接工作量：86000寸径。

管道材质钢号：TP304/304L，TP316/316L。

管径范围：DN20～DN800. 管道壁厚范围：3.0～12mm。

无损检测片数：8000张。一次探伤合格率达98.5%。

该项目获中国化学工程集团公司2006度安全质量标准化工地，并被评为2008年度化学工业优秀施工项目。

工程实例2：山东潍坊星兴联合化工12万t/年双氧水安装工程

规模：12万t/年。

工期：2006年3月～2007年4月。

不锈钢管道焊接工作量：83000寸径。

管道材质钢号：TP304/304L，TP316/316L。

管径范围：DN40～DN500. 管道壁厚范围：3.5～12mm。

无损检测片数：7900张，一次探伤合格率达98.6%。

工程实例3：江苏菱苏化工10万t/年双氧水安装项目。

规模：10万t/年。

工期：2008年6月～2008年11月。

不锈钢管道焊接工作量：82000寸径。

管道材质钢号：TP304/304L，TP316/316L。

管径范围：DN40～DN500。管道壁厚范围：3.5～12mm。

无损检测片数：7800张，一次探伤合格率达98.3%。

开式再循环法冲洗城市供热管网工法

YJGF26—94（2007～2008 年度升级版-048）

中建二局第三建筑工程有限公司
中建二局安装工程有限公司
倪金华　沈文斌　唐德全　范勃新　张巧芬

1. 前　　言

城市集中供热管网管道内壁冲洗质量好坏，是能否保障整个城市供热系统安全、可靠运行的重要条件之一。能否实现这一条件，这就是本工法具体解决的技术问题。

2. 特　　点

本工法能提高管道的冲洗质量，冲洗运行过程中安全可靠、时间短效率高、冲洗用水节省，缩短施工工期，降低工程成本。

3. 适 用 范 围

适用一切供热管网和工业工艺管网，特别是大管径管网。

4. 工 艺 原 理

4.1　杂质在管内的运动状态

管网在施工当中，难免落进砂、石、砾石、砖块、电焊条头等杂物，残存在管道内壁的底层，而管道内壁因氧化、腐蚀残存氧化铁皮、铁末，根据水力学和流体力学的理论分析，一般情况是：沉积在管内壁底层的杂物处于静止状态在管底不动。当管中出现流体运动，而运动的流体流速达到某一个数值时候，沉积于管底的杂质开始朝着沿流体运动的方向移动，这种移动可能表现为滑动、滚动和跳跃式移动等方式出现。如果管内流体的流速继续增大，大得能使流体的流动的紊动强度足以使管内的最重杂质悬浮起来，这时管内杂物将脱开管底，随水流方向向前跳跃滑动或滚动，从而出现管内杂质时而上浮，时而下沉。随着稳流速度的脉动，流体向上运动的旋涡起着维持杂质悬浮运动的作用。由于稳流的脉动，旋涡的运动方式及其强度呈随机性，故悬浮的杂质在流体中表现为时而上浮，时而下沉。如果流体的流动速度，大于管内最重杂质的启动速度、移动速度、悬浮速度，则管内的杂质将随流体排出管外或沉积于按计算长度确定的除污短管里。

总之，管内流体的速度越大，它就越能有足够大的能量克服杂质在静止状态转为运动状态所需要的势能，及移动、悬浮时所需要的动能。

4.2　开式再循环冲洗原理

所谓开式再循环冲洗，就是先将贮水池或贮水水箱及管网内全部装满水，然后再开启冲洗循环水泵（或管网加压水泵），使其从水池当中抽水，注入管内，使管内水流动，再排到水池，经过过滤，再抽入管内，从而进行反复的脏水循环，换水后进行反复清水循环，换水后再进行反复净水循环，直至经化验合格，最后放水清理除污短管内杂物。

利用水在管内流动的动力和紊流的涡旋及水对杂物的浮力，迫使管内杂质在流体中悬浮、移动，从而使杂质由流体带出管外或沉积于除污短管内。

5. 施工工艺流程及操作要点

5.1 冲洗技术条件

5.1.1 主要冲洗杂物的条件

1. 杂质在流体中的运动状态是随流体流速的变化而变化，流体流速越大，被冲出的杂质质量越大；
2. 砂、砾石的当量直径平均为 10mm，其重度 $\gamma = 25.5 \text{kN/m}^3$；
3. 电焊条、螺帽的当量直径平均 10mm，其重度 $\gamma = 77 \text{kN/m}^3$；
4. 砂、砾石与管壁的摩擦阻力系数为 $\lambda_s = 0.0072$；
5. 泥土与管壁摩擦阻力系统为 $\lambda_s = 0.023$。

5.1.2 开式再循环冲洗技术条件

1. 冲洗压力，按系统沿程阻力损失和局部阻力损失计算而定；
2. 冲洗速度由计算而定；
3. 冲洗介质水的重度 $\gamma = 9.8 \text{kN/m}^3$。

5.2 冲洗速度的确定

5.2.1 启动速度计算

启动速度是指杂质在管内静止状态到运动状态所需要的流体的最小速度，计算推荐武汉水利电力学院公式，即：

$$V_o = \left(\frac{h}{d}\right)0.14 \cdot \left(17.5\frac{\gamma_s - \gamma}{\gamma}d + 0.000000605\frac{10+h}{d0.72}\right)0.5 \tag{5.2.1}$$

式中　V_o——杂质的启动速度，m/s；

$\quad\quad\quad h$——有压管道液柱高度，m；

$\quad\quad\quad d$——杂质的当量直径，m；

$\quad\quad\quad \gamma_s$——杂质的平均重度，kN/m^3；

$\quad\quad\quad \gamma$——水的重度，1000kN/m^3。

5.2.2 移动速度计算

$$V_s = \frac{d_{max}(\gamma_s - \gamma)g}{2.554\gamma} \tag{5.2.2}$$

式中　V_s——杂质在水流中的移动速度，m/s；

$\quad\quad\quad g$——物体重力加速度，9.81m/s^2；

$\quad\quad \gamma_s，\gamma$——同前述；

$\quad\quad\quad d_{max}$——杂质最大当量直径，m。

5.2.3 悬浮速度计算

杂质在管内因流体的浮力而产生流体对杂质的悬浮速度，即：

$$V_g = \frac{4g}{3} \cdot \frac{d(\gamma_s - \gamma)}{\lambda} \tag{5.2.3}$$

式中　$\quad\quad V_g$——杂质在流体中的悬浮速度，m/s；

$\quad\quad\quad\quad \lambda$——阻力系数；

$d、g、\gamma_s、\gamma$——同前所述。

5.3 最大冲洗长度的确定

5.3.1 最小冲洗速度计算

$$V_{min} = \frac{d_{max} \cdot \gamma_s \cdot f}{0.03364\gamma} \tag{5.3.1}$$

式中　　V_{min}——最小冲洗速度，m/s；

　　　　f——杂质颗粒与管壁的静摩擦系数，砂、砾石与钢取 $f=0.4$；

　γ_s、γ、d_{max}——同前所述。

5.3.2　最小冲洗速度的确定

在上述速度计算基础上，将最大速度做为最小冲洗速度，再根据流体损耗计算，最终复核后确定，水冲洗，一般选 1m/s。

5.3.3　冲洗流量的确定

$$Q=F \cdot V_{min}=\frac{\pi D^2}{4} V_{min} \tag{5.3.3}$$

式中　Q——最小冲洗流量，m³/s；

　　　D——管道公称内径，m；

　　V_{min}——最小冲洗速度，m/s。

5.3.4　最大冲洗长度的确定

1. 流体在管内沿程阻力损失计算

$$\Delta p_1=\lambda_1 \cdot \frac{L}{D} \cdot \frac{V_{min}^2}{2g}\gamma \tag{5.3.4-1}$$

式中　L——管路冲洗长度，m；

　　　D——冲洗管道的内径，m；

　　　γ——水的重度，kN/m³；

　　V_{min}——最小冲洗速度，m/s；

　　　λ_1——沿程阻力系数。

2. 杂质沿管内阻力损失计算

$$\Delta P_s=\lambda_s \cdot \frac{L}{D} \cdot \frac{V^2 s}{2g}\gamma_s \tag{5.3.4-2}$$

式中　ΔP_s——杂质沿管内阻力损失，N/m²；

　　　λ_s——杂质与管壁摩擦阻力系数；

　　　γ_s——杂质平均计算重度，N/m³；

其他物理量同前所述。

3. 杂质悬浮阻力损失计算

$$\Delta P_g=m_1 \cdot \frac{\gamma \cdot L \cdot V_g}{V_s} \tag{5.3.4-3}$$

式中　　ΔP_g——杂质悬浮阻力损失，N/m²；

L、V_g、V_s、γ——同前所述。

　　　m_1——重量流量浓度，杂质的重量流量与水的重量流量的比值。

4. 杂质沿三通、弯头、补偿器的局部阻力损失计算

$$\Delta P_局=\Delta P_三+\Delta P_弯+\Delta P_补=(\xi_三+\xi_弯+\xi_补)\frac{V_{min}^2}{2g} \cdot \gamma \tag{5.3.4-4}$$

式中　$\Delta P_局$——杂质局部阻力损失，N/m²；

$\xi_三$、$\xi_弯$、$\xi_补$——三通、弯头、补偿器阻力损失系数；

V_{min}、g、γ——同式 5.3.3。

5. 最大冲洗长度计算

1）单位管长压力损失计算

$$\Delta P_2=\Delta P_s+\Delta P_g \tag{5.3.4-5}$$

$$i=\frac{\Delta P}{L}=\frac{\Delta P_1}{L}\left(1+\frac{\lambda_s}{\lambda} \cdot \frac{V_s}{V_{min}} \cdot m_1+\frac{2g \cdot D \cdot m_1 \cdot V_g}{\lambda_1 V_{min}^2 V_s}\right) \tag{5.3.4-6}$$

式中　i——单位管长压力损失，$N/m^2 \cdot m$；

其他物理量同前所述。

2）阻力总损失计算

$$H_{max} = \Delta P_1 + \Delta P_2 + \Delta P_s + \Delta P_局 \tag{5.3.4-7}$$

式中　H_{max}——系数阻力总损失，N/m^2；

　　　ΔP_s——冲洗出口静压，N/m^2；

ΔP_1，$\Delta P_2 = (\Delta P_S + \Delta P_g)$。

3）最大冲洗长度计算

$$L_{max} = \frac{H_{max} - \Delta P_3}{i + \Delta P_局} \tag{5.3.4-8}$$

式中　　　L_{max}——最大冲洗长度，m；

ΔP_3、i、$\Delta P_局$ 同前所述。

5.4　冲洗工艺

5.4.1　工艺流程

系统选择 → 系统设计 → 系统安装 → 管内灌水 → 粗洗循环 → 净洗循环 → 精洗循环 → 系统排水 →

清理除污短管 → 系统恢复 → 系统运行

5.4.2　系统选择原则

1. 冲洗水池和水泵应设在管网的起点或中间段，便于系统的选择和分配；

2. 根据干管和支管的长度，分干管系统和支管系统；干管过长，可以分两个系统，但中间部位加连通管，安装连通阀门；也可以分干管和支管为一个系统；

3. 水泵尽可能安装在场地宽敞和平整处，便于操作，安装变配电装置及其他设施；

4. 尽量靠近电源和水源地，减少临时用电用水设施的费用；

5. 可以尽量用永久性设施及总供水泵站，可以大量节约资金。

5.4.3　冲洗系统的设计

根据城市供热管网设计图纸，将主干线、支线做系统的水力学计算，求出：

1. 连通管直径；

2. 冲洗速度；

3. 冲洗长度；

4. 系统沿程和局部阻力总损失；

5. 水泵扬程和流量；

6. 贮水水池（或水箱）的最小容积；

7. 贮水池中的过水断面及过滤网截面面积；

8. 除污器（或除污短管）的直径和容积等。

5.4.4　冲洗设备的选择

1. 水泵的选择

1）根据最小冲洗速度计算的最大冲洗流量，确定水泵的额定流量；

2）根据最大冲洗长度计算的沿程阻力损失，局部阻力损失，杂质在管内运动所耗的损失总和，确定水泵的额定扬程；

3）根据水质含沙泥程度确定水泵种类；

4）可以用正式工程的水泵，冲洗后进行解体清洗；保证使用。

2. 其他设备选择

1）根据水泵型号，确定电气设备，如变压器，启动器，保护装置等；

2）各种闸阀、止回阀、底阀等；

3）根据计算确定除污器等。

5.4.5　冲洗系统安装

1. 水泵安装

按工艺要求，做临时泵基础，安装冲洗水泵，方法按正式工程要求装。

2. 管道安装

主要是临时管道安装，将水泵入口接到水池里，水泵出口接到主干管供水管上，系统排水接到回水管端，并将水排入水池，其他将阀门隔断。

3. 阀门及除污器安装

1）阀门按规程要求安装；

2）除污器按流向安装。

直管段，安装在最长冲洗段末端，在干线管底开三通，安装除污短管；高支架，Ω型补偿器，安装在补偿器末端，即流出方向。

4. 连通管安装

在主管和支管末端供回水管上开三通安装连通管、连通供水管和回水管，并在连通管上安装一个阀门将供水、回水管隔断。冲洗时打开，运行时隔断。

5.5　冲管

5.5.1　冲洗前准备

1. 系统试压完成，端点加固、支撑完成，临时管道、阀门等全部安装就位；

2. 水泵、电气安装调试完成；

3. 供水、供电已疏通环节等；

4. 冲洗系统已确定，顺序确定，连通管按系统和顺序开通或关闭；

5. 周围警戒工作完成。

5.5.2　水冲管

1. 系统注水

将冲洗的系统主干线、支线的供水管和回水管内全部注满水，并在高处排放空气。

水可以用水泵注水，也可以用开三通直接往管里灌水。若管内试压水末排掉，要补充注水，直至全部注满水为止。

2. 粗洗循环

启动冲洗水泵，进行 8～10h 的管内脏水进行循环，迫使管内沉积的砂、砾石等杂质沿水流方向移动而最终沉积到除污短管（除污器）中，使轻质悬浮杂质沿管道排水口排入水池中，经过滤清除掉。

3. 清水循环

将粗洗后的脏水停泵后即马上排入城市雨水管道内（不要停泵静止后再排），待管道内最低点水全部排净后，关掉排水阀门，再向供水管内和回水管内注入清水，管内水满后，再开启冲洗水泵，循环 8～10h 以后，迅速排掉管中的浑水。这个过程是使管内的细砂及氧化铁皮等的足够的时间移动沉入除污短管里。若循环不理想，可以延长循环时间。

4. 精洗循环

精洗，是在清水循环后，将浑水全部排掉，然后注入自来水，继续开泵循环，使管内全部杂质都沉积在除污短管里面，经水质化验合格后结束清洗循环。化验不合格用延长精洗循环时间解决，直至化验全部合格为止。

5.5.3　清理、检查、恢复系统

5.5.4　清理

先将排气阀门开启，使排水时向管内补气，防止管内出现真空。按现场情况，将管内贮水全部排入规定的城市雨水管里或污水管里。

5.5.5 检查

水排净后，将全部除污短管打开，将沉积杂物清除干净，并用水洗净除污短管，然后将除污短管法兰盖或阀门安装好并紧固。

5.5.6 恢复系统

恢复系统，将临时管网和冲洗用管道、阀门拆除掉，并堵住全部开洞，拆除全部临时加固等构筑物，使系统按设计和使用功能处于正常状态。

5.5.7 注意事项

1. 循环时间，视水内含杂质情况而延长或缩短；

2. 脏水循环尽可能时间长些，使杂质有足够时间移动沉积在除污短管里；

3. 多支管冲洗时，一定先冲洗最远段，再就近段，在选择时，一定要控制开头连通管，系统必须形成循环。

6. 材料与设备

水冲管的主要设备、材料见表6。

主要设备与材料　　　　　　　　　　　　　　　　表6

序号	名　称	规　格　型　号	单位	数量	备注
1	离心水泵 14sh-28	$Q=972\sim1440m^3/h$　$H=0.2\sim0.14MPa$	台	2	冲洗循环用
2	配电动机	$N=75kW$　$n=1450r/min$	台	2	配水泵用
3	离心多级水泵 6BA-BA	$Q=110\sim200m^3/h$　$H=0.3MPa$	台	1	向管网内注水
4	自耦试压起动箱	QJ3-75	套	2	水泵起动用
5	止回阀	Dg300,Pg0.4MPa	个	2	水泵配套
6	阀门	Dg600,Pg2.5MPa	个	1	水泵配套
7	阀门	Dg500,Pg2.5MPa	个	1	水泵配套
8	阀门	Dg300,Pg2.5MPa	个	2	水泵配套
9	阀门	Dg200,Pg1.6MPa	个	若干	连通用
10	无缝钢管	Dg600	m	200	连通用
11	无缝钢管	Dg500	m	300	连通用
12	无缝钢管	Dg300	m	200	连通用
13	无缝钢管	Dg200	m	100	连通用

7. 质量控制

7.1 冲洗质量

精洗出口的水质做化学分析后，能达到下列标准为合格。

7.1.1 无砂、泥和悬浮物；

7.1.2 水中无油、无有机溶剂；

7.1.3 水中的硬度不大于 $5\mu g$；

7.1.4 铁的含量小于 $100\mu g/t$ 等。

7.2 保证质量的措施

7.2.1 延长粗洗时间，保证杂质移动和沉积的时间；

7.2.2 加大流速，尽可能将杂质冲出管内；

7.2.3 编出冲洗顺序图，严格按序冲洗，防止环路短路漏掉支管冲洗；

7.2.4 注意抽样化验，分级冲洗，合格即停，全系统分段。

8. 安 全 措 施

8.1 冲洗安全

8.1.1 安全要求

1. 不出现水击现象，不能将水排到马路上；

2. 防止最远端阀门或封头冲掉。

8.1.2 安全措施

1. 冲洗速度确定后，水泵尽可能安装最高点，防止故障停电造成水头倒击；

2. 将出水口，排水口用管道接到就近城市污水管或雨水管井内；

3. 自由端部阀门或封头，试压前应做加固或加力顶住。

9. 环 保 措 施

供热管网管道内壁冲洗后的污水排放不当，容易造成环境污染。采用开式再循环冲洗工艺，可以利用开式再循环冲洗的贮水池和沉积于除污短管来收集冲洗排放的污物，然后集中清理，这样污水不到处排放污染环境，集中清理效率高，环保节能。

10. 效 益 分 析

经济效益见表10。

经济效益表 表10

方式	名 称	定 额	实 际	节 约	说 明
开式再循环冲洗	人工（日）	1961	330	1631	
	耗水量（m³）	205653	40000	165653	
	软水量（m³）	5225	0	5205	
	直接费（元）	64508.88	8390.02	56118.36	

注：此表为某集中供热管网冲洗所做经济分析。

11. 应 用 实 例

11.1 唐山市友谊路供热管网工程

唐山市友谊路供热管网工程位于唐山市友谊路（兴源道至长宁道），工程内容为 DN900 直埋保温钢管敷设土建、安装工程，全长 1010.82m，开竣工日期为 2005.4.30～2005.7.25，总日历天 87d，工程造价为 145.60 万元，工程质量合格。

2005 年，中建二局第三建筑工程有限公司和中建二局安装工程有限公司在唐山市友谊路供热管网工程施工中，在管网试压、冲洗阶段应用"开式再循环法冲洗技术"前，强化了管道安装前的管道内壁人工清扫和施工过程中及时封闭临时管口的工序质量管理工作，提高了管道内壁的清洁度，减少了管网的冲洗次数和冲洗时间，提高了效率，冲洗用水节省，缩短了施工工期，降低了工程成本，取得了明显的经济效益。

11.2 唐山市兴源道支干线热网工程

唐山市兴源道支干线热网工程位于唐山市兴源道（德源里至站前路），工程内容为 DN700 直埋保温钢管敷设土建、安装工程，全长 757.72m，开竣工日期为 2005.3.14～2005.6.11，总日历天 90d，工程造价为 345.2503 万元，工程质量合格。

2005 年，中建二局第三建筑工程有限公司和中建二局安装工程有限公司在唐山市兴源道支干线热网工程施工中，在管网试压、冲洗阶段应用"开式再循环法冲洗技术"前，强化了管道安装前的管道内壁人工清扫和施工过程中及时封闭临时管口的工序质量管理工作，提高了管道内壁的清洁度，减少了管网的冲洗次数和冲洗时间，提高了冲洗效率，并结合管网试压放水进行预冲洗，用水节省，缩短了施工工期，降低了工程成本，取得了明显的经济效益。

11.3 唐山市体育馆道支干线扩容工程

唐山市体育馆道支干线扩容工程位于唐山市中心体育馆道（龙泽路-建设路），由唐山市热力设计院设计，是唐山市热网扩容的大型供热工程。

2007 年，中建二局第三建筑工程有限公司和中建二局安装工程有限公司承建唐山市体育馆道支干线扩容工程，工程造价 703 万元（不含主材价），其中包括二根直径 DN1200 的供回管道安装及保温等建筑、安装全部内容。该工程时间紧、工期短，整个工程施工难度大、技术复杂、质量要求高。工程于 2007 年 3 月开工，运用先进的施工工艺，制定了保工程质量、保工期的施工技术措施，克服了种种困难，于 2007 年 4 月按期、高质量完成了这项工程任务，受到唐山市政府及热力总公司的称赞。

在管网试压、冲洗阶段应用"开式再循环法冲洗技术"前，强化了管道安装前的管道内壁人工清扫和施工过程中及时封闭临时管口的工序质量管理工作，提高了管道内壁的清洁度，减少了管网的冲洗次数和冲洗时间，用水节省，缩短了施工工期，提高了冲洗效率，并利用热网循环泵作为冲洗水泵和电厂内的沉渣池作为冲洗水池，减少了冲洗配套设施，降低了工程成本，取得了明显的经济效益。

半管容器制作工法

YJGF29—96 (2007～2008 年度升级版-049)

河北建工集团有限责任公司

郭建昭　王树明　杨鑫　郝国荣

1. 前　　言

半管容器系指容器外表面全部或部分缠绕有一定数量的间距均匀的半圆形钢管的容器，其用途是在半管内通以蒸汽或冷却水达到使容器内工作介质升温或降温的目的。半管容器的使用，克服了以往在容器壳体外装设夹套或内设蛇管、盘管所造成的热循环速度低、截止流态不佳、温度分布不均、换热效果差等缺陷，因而被医药、食品行业广泛采用。半管容器制作的关键是半管的制作和安装，过去半管一般采用胎具进行压制，速度慢、成型差。随着制作数量的增加，胎具压制半管成了影响半管容器制作的瓶颈，为此经过技术人员的艰苦攻关，根据轧机原理于 20 世纪 90 年代初研制出了半管轧机，提高了半管容器的制作质量和速度，取得了明显的经济效益和社会效益。依据该技术形成的《半管容器制作工法》1997 年被批准为国家级工法，工法编号为 JGF29—96。

本工法在河北长天药业有限公司、石药集团中禾制药（内蒙古）有限公司、石药集团中禾制药（内蒙古）有限公司等十几个工程中得到了广泛应用。期间技术人员不断对轧机改进，对制作工艺大胆创新，开发制造了专用半管机和半管安装胎具，改进了轧机凹凸轮的间隙，增加了调整装置；研发了自调整焊接小车，把埋弧自动焊工艺成功应用到半管焊接中。河北建工集团有限责任公司开展科技创新，取得了"半管容器制作施工技术应用与研究"国内领先的成果，于 2009 年通过河北省建设厅鉴定并获国家发明专利（专利号为 200810079581.7），自调整埋弧自动焊焊接小车获国家实用新型专利。应用该技术制作的半管容器得到了业主的普遍赞誉。

2. 工 法 特 点

2.1 应用该技术，容器主体部分仍可运用压力容器制作的成熟工艺和质量保证体系，无需进行大的工艺调整。

2.2 半管材料采用定宽的成卷钢带，避免了用板材下料的浪费，节约了下料工时，提高了经济效益，符合当前节能环保的要求。

2.3 半管由钢带经专用半管机轧制而成，该机可连续生产，成型质量好、生产效率高，所生产的半管容易安装。

2.4 运用专用半管安装胎具，操作简便，上管速度快，减小了半管与壳体间的组对间隙，提高了半管安装质量，降低了劳动强度。

2.5 本工法机械化、自动化程度高，使半管的加工速度、安装速度、焊接速度大幅度提高，一般可缩短整体制作周期 50% 以上。

2.6 设备和半管的焊接采用埋弧自动焊技术，提高了焊接质量。焊丝的使用避免了手工电弧焊的焊条头浪费，减少了固体废弃物排放，提高了材料利用率，节约了制作成本。

2.7 半管间距均匀一致，半管对接接头大幅度减少以及半管焊缝成型美观，保证了设备外观质量优良。

3. 适 用 范 围

3.1　容器壳体及半管的材质为碳素钢或不锈钢。

3.2　半管的空间几和形状为螺旋形，断面形状为半圆形或弓形，容器的筒体为圆柱形。

3.3　容器直径范围为 φ1000～φ5600mm，半管端面口径范围为 76～250mm。

3.4　具备 10～35t 电动滚轮架及专用半管机等工装条件。

4. 工 艺 原 理

4.1　半管制造：半管系采用国家定型钢带通过半管机系列不同形状的轧辊，通过弯曲变形，逐级由平面钢带过渡到半圆管，同时以一定螺旋角作圆周运动，生产出连续的断面为半圆的螺旋型换热半圆管。

4.2　容器壳体在按照国家规范检验合格后，在壳体外表面画上规定的螺旋安装位置线，通过专用安装胎具对半管施加一定的作用力，使之与容器壳体在螺旋线位置相吻合并点焊固定。

4.3　半管螺旋焊缝焊接采用专利焊接小车按照螺旋轨迹运用埋弧自动焊工艺实现半管两侧 D 类焊缝的焊接。

5. 施工工艺流程及操作要点

5.1　工艺流程

半管容器制作工艺流程见图 5.1。

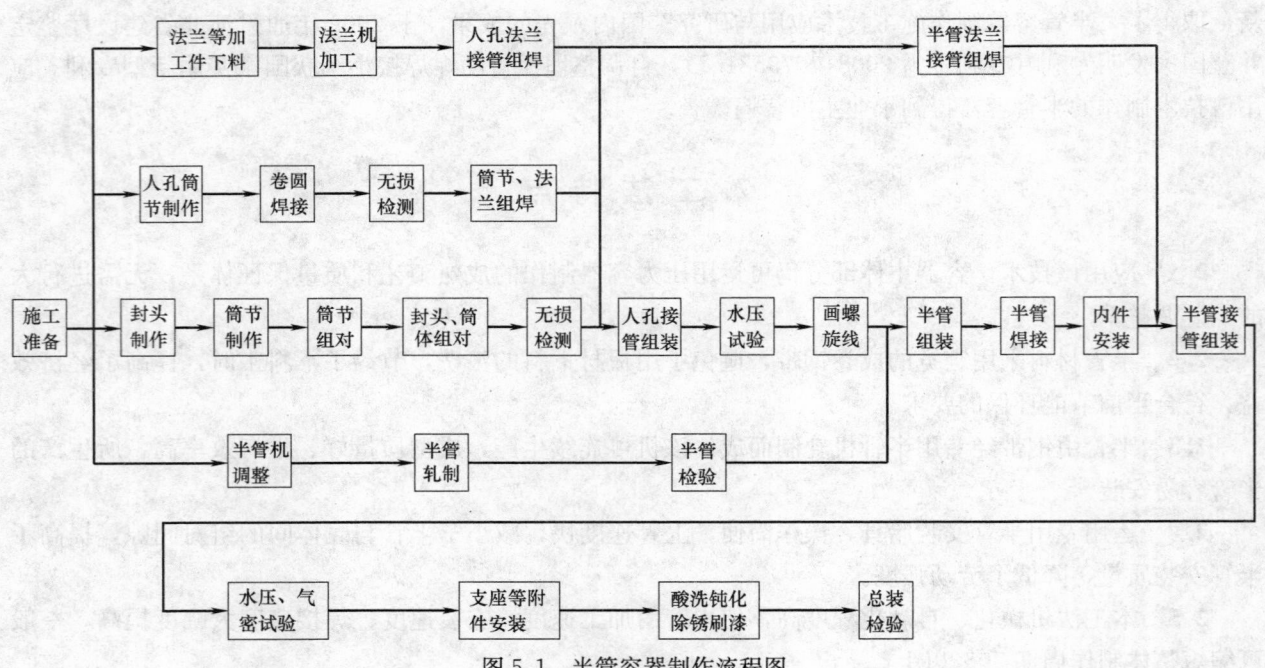

图 5.1　半管容器制作流程图

5.2　操作要点

5.2.1　下料

半管容器因其自身的结构特点，筒体在半管焊接后产生收缩变形，其中主要为筒体的轴向变形。此变形因容器筒体与半管所用材质不同、容器筒体壁厚不同、半管数量及规格不同，其收缩量也依其不同组合而不同。因此，在下筒体料时，可根据容器的实际结构、材质、厚度以及半管两侧焊缝数量的多少、焊接工艺等考虑确定筒体的收缩变形量，并在下料时予以补偿，使焊后筒体长度允差符合规范要求。

5.2.2 筒体制作

筒体的卷圆、组对、焊接可以按照容器制作工艺进行。但作为半管容器，还必须考虑到筒体制作完以后容易套管和组装。因此，要保证筒体具有较高的圆柱度，重点控制筒节卷圆、焊接、校圆和探伤几道工序。

首先，筒节卷圆应采用压头或设计引弧板工艺或采用无压头但能确保卷圆质量的工艺，严格控制卷节的圆度和组对后的棱角度，是指符合国家规范要求。

其次，焊接时必须由持证焊工按评定合格的焊接工艺施焊，减小焊接变形，减少焊缝返修。

第三，焊后要认真进行筒节校圆，使其椭圆度不大于 $1\%D_i$，且不大于 25mm。

第四，筒体制作完成后，按规范要求对被半管覆盖的 A、B 类焊缝进行 100% 无损探伤检测，不得遗漏。

5.2.3 半管制作

半管用钢带由专用半管机加工轧制。成品螺旋半管的内径要比容器壳体外径大 1.5%，半管偏口度不大于 2mm，管口直径偏差 ±1mm，轧制半管硬度不大于钢带硬度的 110%。并根据半管直径的大小及重量以方便运输为原则，分组轧制，同时组与组间的接头错开 180°。

5.2.4 放螺旋线

首先，根据容器直径大小，以半管进口或出口中心开始，沿筒体圆周将容器周长分成若干等分，划出相应的素线（容器长度较大时，可用粉线弹出），每两条素线间的弧长以不超过 1m 为宜。

然后，把半管螺旋导程分成同等份数，其一份即为半管在一条素线上的升高。从第一条素线开始，以筒体和封头的环焊缝为基准，依次求出半管在各素线上的累计升高，经核实无误后连接各交点即为第一圈螺旋线；其他各圈以导程为单位长，从第一圈螺旋线开始，在各条素线上作升高点，连接各点就可画出所有螺旋曲线。为减小测量误差，作点时，用卷尺按各圈的累计升高求出各点再行连线。操作熟练和积累了一定半管安装经验后，对于大直径的较长容器可只求交点不需要再画螺旋线。

需要注意的是，在画第一圈素线交点时，要看清楚图纸规定的半管旋向，不可颠倒。全部螺旋线画完后，用磨光机将螺旋半管的两翼与容 A、B 类焊缝相交部分打磨至与母材齐平。

5.2.5 套装半管

把加工好并检验合格的螺旋半管以组为单位从容器一端套在容器的壳体上。套管时，应注意半管旋向与螺旋线旋向相一致，随组装随套管。

5.2.6 半管组装

组装前，根据设计图的半管规格、形状，加工半管组装胎具。其中主要部件是组装滚轮，组装滚轮材质一般与半管材质相同，滚轮凹槽直径等于半管直径。

组装滚轮类型依螺旋类型确定。单螺旋半管可用双滚轮组装胎具，双螺旋半管可用三滚轮组装胎具。增加的组装滚轮用来定位半管间距。单轮胎具二者都可使用，但要在组装过程中要严格控制半管螺旋轨迹，防止轨迹偏离，导致间距不均。半管组装见图 5.2.6。

组装时，一般先用其中一轮上好第一圈，然后再把第一圈当作第二圈的导轨，以两轮或三轮中第一轮早导轮，以滚轮中心距做螺旋导程，依次组装。因此，第一圈要保证安装质量和精度，为以后各圈的组装创造条件。

第一圈从接管中心开始，按图纸要求留足接管安装所需的长度，先使半管自由端符合螺旋曲线并贴紧在筒体上予以点固；然后移动胎具使点固半管纫进组装滚轮槽中，操作千斤顶，使组装滚轮顶紧半管并贴紧筒体；开动调速滚轮架，半管在组装滚轮的压紧力作用下随着筒体的旋转沿螺旋线贴合在筒体上，电焊工则在半管贴合侧随筒体的旋转予以电焊固定，边转边点，直至第一圈组装完毕。对于

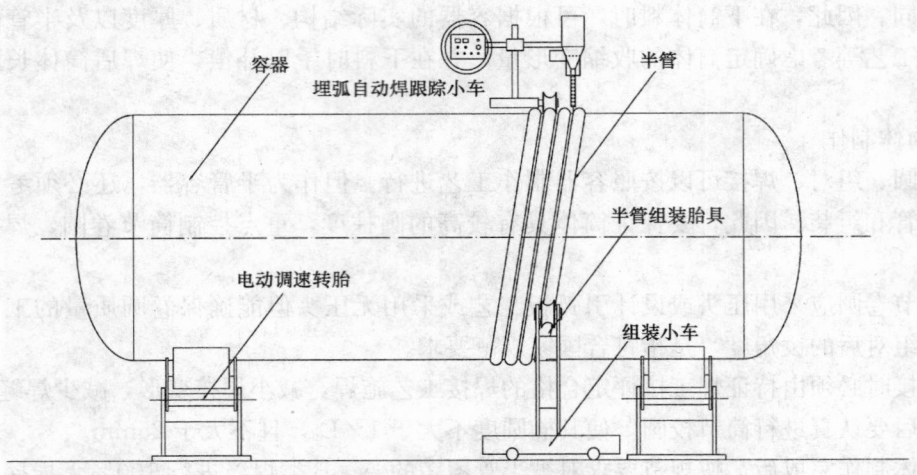

图 5.2.6　半管组装示意图

组装过程中会出现半管因局部的形状不规则产生半管偏离螺旋线，应及时停下来在偏离一侧沿螺旋线点焊临时挡板，以阻止半管偏离。挡板随着组装进度增加，挡板在半管符合螺旋线并点固后砸掉，其焊点打磨至与母材齐平。由于容器筒体不圆度的存在，胎具的顶紧力也因此会发生变化，当顶紧力变小，半管不能有效贴合筒体时，要适时调整千斤顶的顶紧力，使半管与筒体间隙保持在 0～1mm 之间。

从第二圈开始，可用双轮或三轮胎具继续组装。其外侧轮刃在第一圈半管中作为导向轮并控制半管间距，另一轮或两轮作单螺旋或双螺旋的压紧轮，胎具小车随着半管组装同步纵向移动直到所有半管组装完毕。

5.2.7　半管焊接

半管焊接是半管容器制作中的一道重要且工作量较大的工序，其焊接质量直接影响容器的外观质量，必须予以高度重视。

半管对接接口一般用氩弧焊焊接，D 类焊缝由持证焊工按评定合格的焊接工艺施焊。为提高速度，焊接采用埋弧自动焊工艺。规模较小的厂家也可用手工电弧焊工艺，只是效率较低。

焊前将半管两侧的飞溅、铁锈、尘土等污物清理干净并保持干燥。

所用焊条、焊剂按规定进行烘干、保温，避免在雨、雪、大风及高温环境下施焊。

焊接位置尽量保持平焊，一条焊缝焊接完成将药皮以及焊接飞溅清理干净再焊另一条焊缝。

对大型容器，可安排多台焊机或多名工人同时施焊。

5.2.8　内件安装焊接

容器内部构件特别是纵向布置的长度较大构件如梯子，挡液板、蛇形管等必须待半管焊完再行组装焊接。细长构件可以从人孔进入的，半管焊完再由人孔穿入组装、焊接；不能从人孔进入的，可在封头组对前装入，临时固定。对于小型内件和横向布置的内件如空气分布管等可安排在半管焊前组装。

5.2.9　半管试压

1. 试压前的准备工作

1）把半管两侧焊接飞溅、药皮、焊疤等清理干净；

2）试验前检查半管焊接完毕，无漏焊、无夹渣、无气孔，焊缝外观质量合格；

3）根据图纸要求结合容器半管数量多少以及容器容积大小确定试压程序，编制试压方案。

对于大型卧式容器，因半管数量多、焊缝长、螺旋结构注水、放水困难可进行技术核定进行气压试验；小型立式容器或半管数量较少的其他容器，可以直接进行水压试验。

2. 试压

1）半管组之间用联通管连接，在第一圈和最末圈安装进水、进气管以及排水、排气管，安装两块量程相同并经过校验的压力表，压力表量程在试验压力的 2 倍左右。

2）试验程序按照《钢制压力容器》GB 150 压力试验程序规定执行。

3）气密试验用肥皂水检漏；水压试验保压规定时间检查。

4）水压试验完毕，半管内的积水用压缩空气吹干。

5.2.10　容器酸洗钝化

1. 酸洗、钝化工艺流程

去油、清理污物→净水部洗→钝化→净水冲洗→吹干。

2. 酸洗、钝化前的预处理

1）对制造完工后的不锈钢容器或零部件按图样和工艺文件的要求，对规定项目检查合格后，才能进行酸洗、钝化预处理。

2）将焊缝及其两侧焊渣、飞溅物清理干净，容器的机加工件表面应用汽油或清洗剂去除油渍等污物。

3）清除焊缝两侧异物时，应用不锈钢丝刷，不锈钢铲或砂轮清除，清除完毕用净水（水中氯离子含量不超过 25mg/L）冲刷干净。

4）当油污严重时则用 3％～5％的碱溶液将油污清除，并用净水冲洗干净。

5）对不锈钢热加工件的氧化皮可用机械喷砂的方法清除，砂必须是纯硅或氧化铝。

6）制定酸洗、钝化的安全措施，确定必须的用具和劳动防护用品。

3. 酸洗、钝化溶液及膏的配方

1）酸洗液配方：硝酸（密度 1.42）20％，氢氟酸为 5％，其余为水。以上为体积百分比。

2）酸洗膏配方：盐酸（密度 1.19）20 毫升，水 100 毫升，硝酸（密度 1.42）30 毫升，膨润土 150 克。

3）钝化液配方：硝酸（密度 1.42）5％，重铬酸钾 4 克，其余为水。以上体积百分比，钝化温度为室温。

4）钝化膏配方：硝酸（浓度 67％）30mL，重铬酸钾 4g，加膨润土（100～200 目）搅拌至糊状为止。

4. 酸洗钝化操作

1）只有进行过预处理的容器或零部件才能进行酸洗钝化处理。

2）酸洗液酸洗主要用于较小型未经加工的零部件整体处理，可以用喷刷的方法。溶液温度在 21～60℃时，每隔 10min 左右检查一次，直至呈现出均匀的白色酸蚀的光洁度为止。

3）酸洗膏酸洗主要适用于大型容器或局部处理。在室温下将酸洗膏均匀涂在干净设备上（约 2～3mm 厚），停留 1h 后用洁净水或不锈钢丝刷轻轻刷，直至呈现出均匀的白色酸蚀的光洁度为止。

4）钝化液主要适用于小型容器或部件整体处理，可以采用浸入或喷刷的方法。当溶液温度在 48～60℃时，每 20min 检查一次；当溶液在 21～47℃时，每 1h 检查一次，直至表面生成均匀的钝化膜为止。

5）钝化膏主要适用于大型容器或局部处理，在室温下将钝化膏均匀涂在酸洗过的容器表面（约 2～3mm），1 小时后检查，直至表面生成均匀的钝化膜为止。

6）酸洗钝化容器或零部件必须用洁净水将表面冲洗干净，最后用酸性石蕊试纸测试冲洗面的任何处，使 pH 值在 6.5～7.5 之间，然后擦干或用压缩空气吹干。

7）容器和零部件经酸洗钝化后搬运吊装及存放时禁止磕碰划伤钝化膜。

5. 容器酸洗后的质量要求

不锈钢容器酸洗钝化后，表面应呈均匀银白色、光洁美观，不得有明显腐蚀痕迹，焊缝及热影响区不得有氧化色，不得有颜色不均匀的斑痕。

法兰等密封面酸洗前应进行防护，钝化后应用清水冲净，用 pH 试纸检验冲洗水为中性既为合格，酸洗后不得有冲洗死角。

6. 材料与设备

半管容器制作所需材料与设备见表 6。

半管容器制作所需材料与设备   表 6

序 号	名 称	规格型号	单 位	功 率	数 量
1	半管机	250	台	45kW	1
2	压辊	76	套		1
3	压辊	89	套		1
4	压辊	108	套		1
5	压辊	133	套		1
6	压辊	159	套		1
7	压辊	219	套		1
8	组装胎具	89-219	套		1
9	埋弧自动焊机	MZ630	台	33kW	1
10	埋弧自动焊机	MZ1000	台	52kW	1
11	氩弧焊机	WSM315	台	13kW	2
12	逆变焊机	ZX7-400	台	17kW	6
13	角向磨光机	100	台	710W	3
14	角向磨光机	180	台	1800W	3
15	专用焊接小车		台	80W	1
16	滚轮架	30t	套	4kW	1
17	X 射线探伤机	XXH-2505	台	5mA	1
18	电动试压泵	2D-SY18/100	台	2.2kW	1
19	手动试压泵	2S-SY5/40	台		1
20	压力表	Y100	块		2
21	卷板机	20×2000	台	22kW	1
22	天车（龙门吊）	10～20t	台	25kW	2

7. 质量控制

7.1 质量标准

半管容器一般多属压力容器，因此，压力容器制作所遵循的质量标准半管容器制作也应严格遵守，这些标准有：

7.1.1 《钢制压力容器》GB 150—1998。

7.1.2 《管壳式换热器》GB 151—1999。

7.1.3 《钢制焊接常压容器》JBT 4735—1997。

7.1.4 《压力容器安全技术监察规程》。

7.1.5 《承压设备无损检测》JB 4730—2005。

7.1.6 《建筑安装工程质量验评标准—容器工程》TJ 306—77。

7.1.7 其他零部件相关标准。

7.2 质量控制

7.2.1 容器壳体的质量控制

1. 质量控制体系

半管容器壳体质量控制应严格按照压力容器制作质量手册和程序文件的规定执行，即半管容器壳体制作的质量控制体系、运转程序及控制环节、控制点等与压力容器制作相同。建立质量自检、互检、专检制度，严格执行操作规程和工艺纪律，接受质量技术监督部门的监督检查。

2. 重点控制环节

筒节的不圆度必须满足壳体同一断面最大内径与最小内径差应不大于内径的1%且不大于25mm。焊接接头的向外的棱角度不大于壳体厚度的1/10+1mm，且不大于3mm。

7.2.2 半管制作安装的质量控制

1. 半管制作与组装、焊接的质量控制应建立控制环节和控制点，见表7.2.2。

半管制作安装的质量控制

表 7.2.2

序号	控 制 环 节	控 制 点	检 测 方 法
1	材料	材质确认	查材质单
2	半管轧制	口径、直径、表面成型、硬度	尺量 硬度计
3	放螺旋线	旋向、导程、总高、接管方位	尺量、目测
4	半管组装	半管间距、组对间隙、表面质量	尺量
5	半管焊接	焊工资格、焊接工艺、焊接环境、焊缝高度、无气孔、夹渣、飞溅	目测
6	试压	无泄漏、无变形、无异常响声	现场检测

2. 半管制作应尽量减少接口，一般每两圈不宜多于一个接口，力求连续缠绕。

3. 半管安装时要求第一圈必须精确定位，作为后面安装的基准。应严格控制相邻半管之间的距离，误差一般控制在2mm以内。

4. 半管覆盖的焊缝应按要求进行射线探伤，半管边缘相交的焊缝安装半管前应磨平。

8. 安 全 措 施

半管容器制作的全体施工人员必须严格执行安全技术操作规程，遵守压力容器制作的安全技术要求，同时还应注意如下事项。

8.1 容器制作现场人员必须穿工作服、佩戴安全帽，焊工必须穿绝缘鞋。

8.2 半管轧制时，必须注意观察半管运行和钢带盘的旋转情况，保持钢带盘旋转顺畅自如。

8.3 半管轧制人员要坚守岗位，不得擅自离开。

8.4 轧制过程中，双手扶持半管时，手不得插在两圈半管间，不得站在半管自由端的旋转方向上。

8.5 半管组割断时，应采取固定措施将割口两端予以固定，防止割口断开后回弹伤人。

8.6 半管从半管机向下运输时，应将半管两个自由端和中间部位以适当的间距绑扎，防止半管组散乱失控引发事故。

8.7 筒体上滚轮架前，要把滚轮架置于钢平台或坚硬的水泥地面上；两个管轮架要找正、调平，不得带病运转。

8.8 套装半管一次不宜过多，一般2～3组即可，每组均绑扎牢固。

8.9 转动滚轮架组装半管或半管焊接过程中，如果滚轮放置于半管之上，容器筒体会随着转动产生一定的轴向位移。因此，应注意观察容器在滚轮架上位置的变化，适时予以调整。

8.10 半管接管及其他外露部件组焊完后如仍需转动筒体，要注意接管等部件是否与滚轮在同一垂直平面上，避免二者相撞从而损坏设备或容器。

8.11 半管做气压试验是要制定并采取必要的安全技术措施，按规定的压力和时间顺序进行试验。

8.12 不锈钢半管容器酸洗、钝化时，应将酸缓慢倒入水中搅拌均匀；酸洗人员应穿戴防护用品，酸洗时容器周围和下部不得有人，防止酸液溅落。

8.13 容器内施工，行灯电压不得超过12V。

8.14 电气设备必须实行三相五线制，钢平台必须接地良好，接地电阻不得大于10Ω。

9. 环 保 措 施

半管容器制作同一般容器制作一样，没有新的环境污染因素。可以按常规环境保护措施实施。

建立环境保护组织机构，分工负责环保管理、措施实施、环保监控、评价等工作。

9.1 固体废物的防治措施

固体废弃物主要是钢材下脚料，机加工的铁屑、焊条头、废焊渣、废油漆桶、生活垃圾等。

这些废弃物实施分类堆放，分类处理。废旧钢材予以回收利用，垃圾由市政集中处理。

9.2 噪声的防治措施

9.2.1 半管容器制作噪声主要来自天车、埋弧自动焊机、手工电弧焊机、半管机、滚轮架、磨光机运转噪声。一般容器制作应在正规车间内施工，减少噪声传播。对半管机电机加装防护罩、或隔声罩。

9.2.2 加强设备维护保养，杜绝设备带病运转，减少老旧设备、故障设备的噪声。

9.2.3 尽量避免夜间施工，对噪声较大的机械，在中午（12～14时）及夜间（（20时～次日7时）休息时间内停机，以免影响附近居民休息。

9.3 废水的防治措施

生活污水经化粪池后排入市政管网。

酸洗钝化废水集中收集，经中和处理达标后排放。

9.4 文明施工措施

9.4.1 根据现场情况和生产工艺流程合理制定施工平面规划，明确设备、成品、半成品、材料、废料、垃圾存放区域，规划设备制造场地，厂区道路；确定废水处理区域。做到厂区洁净、有序、高效；标识清晰、明显。

9.4.2 现场材料按规定要求摆放，半成品、成品及时入库；下脚料、废料每天班后回收到制定存放地点，工完料净场地清。

9.4.3 作业人员及管理人员均应佩戴胸卡上岗。

10. 效 益 分 析

半管容器作为一种新式结构的容器，越来越多地被得以广泛运用，具有十分广阔的市场前景。半管容器制作工法的实施，提高了非标容器制作的能力，扩大了市场占有率，为企业经济效益的提高增加了新的动力。

半管容器制作采用半管轧机，可以连续多圈生产，大幅度提高半管的利用率10%以上；半管组装胎具的应用提高安装速度和劳动效率，降低了人工成本约30%，同时减少了30%机械台班使用费；采用埋弧自动焊减少焊材消耗6%，节省人工近40%。

使用该工法，使半管容器制作时间大幅度缩短，容器质量明显提高，赢得了许多用户的信赖。自承揽半管容器制作以来，共制作不同结构类型和材质的容器60余台，创产值4911.8万元，利润1072.9万元，取得了良好的经济效益和社会效益。

11. 应 用 实 例

本工法曾在河北长天药业有限公司、石药集团中禾制药（内蒙古）有限公司、石药集团中禾制药（内蒙古）有限公司等多台半管结构的容器制作中应用，速度快、工期短、质量好并且深受用户好评。

酸洗—轧机联合机组自动化系统调试工法

YJGF64—2002 （2007～2008 年度升级版-050）

中国二十冶建设有限公司

郭宏　赵俊杰　吴文平　金叙

1. 前　言

近十几年来，国内各大钢铁企业纷纷斥巨资加大企业技术改造力度，不仅改造了一批老的冷轧机组，使其产品产量和质量显著提高，而且建成了一批代表当今世界先进水平的新型轧机。1998 年编制的《酸洗—轧机联合机组自动化系统调试工法》（2002 年审定为国家级工法）在这样一些工程应用中取得了良好的经济效益和社会效益。依据本工法的基本思路和调试方法，进一步细化分解编制了一批作业标准和操作规程作为本工法的支撑。在应用过程中，在不断总结经验和不断完善的基础上形成了以本工法为核心，作业标准和操作规程为支撑，调试组织管理和调试技术相结合的完整体系。本工法随后在宝钢 1800 冷轧工程、首钢顺义冷轧工程、宝钢五冷轧工程等工程项目应用，极大地缩短了调试工期，降低了成本，取得了良好的经济效益和社会效益。本工法的基本思路和调试方法已申报国家发明专利。

2. 工 法 特 点

2.1 运用系统工程原理，将复杂的各类设备系统按照层面、区段分解为各自相对独立的功能单元，形成管理矩阵，达到将复杂问题简单化的目的。

2.2 对每一个功能单元按系统功能要求细化列表，并编制作业指导书，对调试的顺序、内容、手段、质量要求作出统一规定，以减少不必要的重复性工作。

2.3 运用各种模拟手段进行系统解耦条件下的预调试，缩短调试绝对工期。

2.4 采用先进的调试设备，保证调试精度，降低劳动强度，节约人力，缩短工期。

2.5 充分利用系统及设备本身的能力，不用采取临时措施，节约材料、人工及工期。

3. 适 用 范 围

适用于大型现代化冷连轧机组自动化系统的调试。其基本思路和调试方法对其他成品机组（如连续退火机组、热镀锌机组）、各类碳钢酸洗机组和不锈钢连续酸洗退火机组等也具有参考价值。

4. 调 试 方 法

4.1　分层平行调试法

根据整个自动化控制系统的结构、功能、工艺特点将整个系统调试分为单体机、电设备调试（电气传动及执行机构单体及带机械试运转）、区域联动调试（按工艺要求由 PLC 及工艺控制器＜DDC＞控制试运转）及全线无负荷联动试运转三个层次，并按生产工艺合理地将每个层面分为若干区段，最大限度地组织调试平行作业。层次间、区段间独立作业，互不干扰，以提高工作效率，并确保人身设备的安全。

4.2　统分结合标准化调试法

在单体设备（单个系统）调试阶段，对每一个功能单元按系统功能详细列表，对共性的调试内容编制标准化作业指导书，对调试的工艺顺序、调试项目、采用的手段、质量要求均做出统一规定，既减少大量重复性工作，又保证了每一阶段的调试质量；在单体设备（单个系统）调试的基础上，逐步进行区段间、层次间的连接，最终把系统中的各区段、各层次全部连通，形成完整的控制系统。通过连通过程，对主要控制装置进行多次反复验证，每层调试都是下层调试的基础，下层调试增加的仅是系统功能的一部分，环环相扣，有条不紊，既便于故障的查找和处理，又有利于加快调试进度。

4.3　系统功能模拟调试法

利用系统计算机的备用能力，开发一定的调试软件，在解耦条件下进行系统功能的模拟调试。系统的人机接口操作站本身配备有高速处理器和专用图形处理器，具有很强的通信和信息处理功能，通过它可以统观系统全局，巧妙地利用好其功能，是进行系统模拟调试的有效办法。

5. 施工工艺流程及操作要点

5.1　调试工作分解结构

根据系统构成及系统功能进行工作结构分解，编制管理矩阵，以便进行工作任务及工作组划分，工作分解结构示例见表 5.1 及图 5.1。

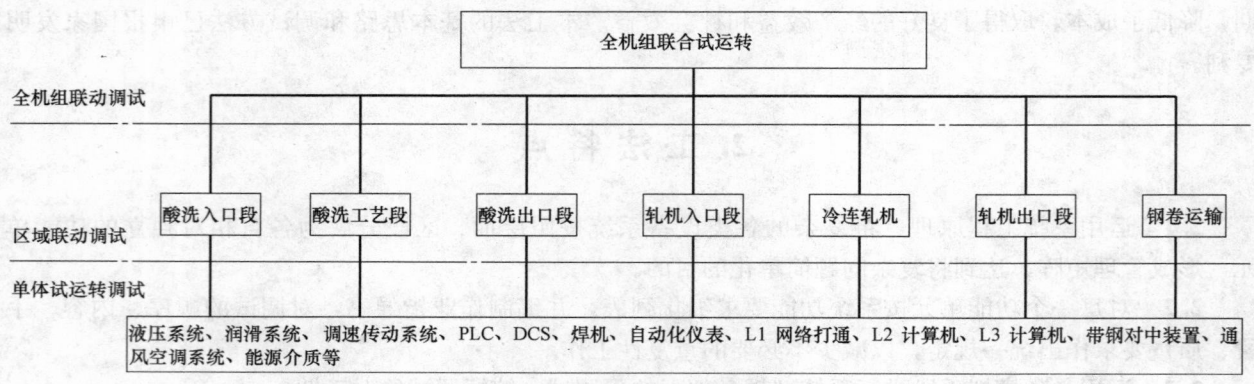

图 5.1　分层次调试示意图

酸洗轧机联合机组自动化调试工作分解结构　　表 5.1

序号	调试内容		酸洗钢卷运输	酸洗入口段	酸洗工艺段(和化学段)	酸洗出口段	轧机入口段	连轧机	轧机出口段	钢卷运输
1	信号检查/L2 总线投入	顺序控制	▲	▲	▲	▲	▲	▲	▲	▲
2	通讯		▲	▲	▲	▲	▲	▲	▲	▲
3	无联锁手动功能试验		▲	▲	▲	▲	▲	▲	▲	▲
4	带联锁手动功能试验		▲	▲	▲	▲	▲	▲	▲	▲
5	自动顺序功能试验		▲	▲	▲	▲	▲	▲	▲	▲
6	最终调整		▲	▲	▲	▲	▲	▲	▲	▲
7	焊缝跟踪	基础自动化系统		▲	▲	▲	▲	▲	▲	▲
8	L2 总线/信号检查		▲	▲	▲	▲	▲	▲	▲	▲
9	L1 网通讯		▲	▲	▲	▲	▲	▲	▲	▲
10	L2 网/MMI 通讯		▲	▲	▲	▲	▲	▲	▲	▲
11	基准值分配			▲	▲	▲	▲	▲	▲	▲
12	实际值分配			▲	▲	▲	▲	▲	▲	▲
13	到外部传动的接口		▲	▲	▲	▲	▲	▲	▲	▲
14	跟踪模拟		▲	▲	▲	▲	▲	▲	▲	▲
15	数据处理		▲	▲	▲	▲	▲	▲	▲	▲
16	跟踪和数据处理的最佳化		▲	▲	▲	▲	▲	▲	▲	▲

（注：序号 1～16 左侧合并列为"单体试运转调试"）

序号	类别	调试内容	分类	酸洗钢卷运输	酸洗入口段	酸洗工艺段(和化学段)	酸洗出口段	轧机入口段	连轧机	轧机出口段	钢卷运输
17	单体试运转调试	信号检查/L2总线投入	主辅传动	▲	▲	▲	▲	▲	▲	▲	▲
18		辅传动调试		▲	▲	▲	▲	▲	▲	▲	▲
19		主传动调试							▲	▲	
20		系统最佳化		▲	▲	▲	▲	▲	▲	▲	▲
21		卷经/力矩计算				▲					
22		工艺控制		▲	▲	▲	▲	▲	▲	▲	▲
1	区域联动调试	紧急停车/切断	主令控制		▲	▲	▲	▲	▲	▲	
2		传动系统的点动/旋转			▲	▲	▲	▲	▲	▲	
3		控制器接通/断开							▲	▲	
4		穿带/甩尾运行状态			▲						
5		穿带/升速/剪切条件			▲	▲	▲	▲	▲	▲	
6		甩尾条件			▲					▲	
7		工作方式选择		▲	▲	▲	▲	▲	▲	▲	▲
8		自动顺序控制		▲	▲	▲	▲	▲	▲	▲	▲
9		传动系统的运行	速度主令		▲	▲	▲	▲	▲	▲	
10		加速/减速方式			▲	▲	▲	▲	▲	▲	
11		工艺计算		▲	▲	▲	▲				
12		卷径/力矩计算				▲					
13		最佳化				▲					
14		辊缝处理、辊缝/弯曲/CVC	工艺控制						▲	▲	
15		厚度控制								▲	
16		张力控制			▲				▲	▲	
17		板型控制								▲	
18		工艺控制								▲	
1	全机组联动调试	张力控制			▲	▲					
2		速度主令		▲	▲	▲	▲	▲	▲	▲	
3		模拟跟踪		▲	▲	▲	▲	▲	▲	▲	
4		画面操作		▲	▲	▲	▲	▲	▲	▲	
5		生产实绩收集		▲						▲	

5.2 调试的一般原则

5.2.1 以单体设备为单位，某一回路具备条件，接通某一回路，调试某一回路，直至该单体装置调试完毕。

5.2.2 送电调试开始前，对于未投入的回路、通道及过程传感器信号要采取可靠的隔离措施，如停电、设置断点、封锁数据通道等，以保证不同层次的系统之间及同一系统不同回路之间的调试相对独立、互不干扰，并保证设备安全。

5.2.3 做好统一的协调工作，配备足够的调试人员及调试仪表，最大可能地安排平行作业，以加快调试进度，缩短绝对调试时间。

5.3 对设备安装阶段的要求及开始调试应具备的条件

5.3.1 对调试周期长的设备或系统，应使其尽早具备通电调试条件。如轧机主传动电机、主传动变频调速装置、L2和L3计算机网络系统、PLC设备、自动化仪表系统等。

5.3.2 对于为机械设备调试创造条件的电气设备或系统，应使其尽早具备通电调试条件。如液压和润滑系统、主轧机换辊装置、各种能源介质系统等。

5.3.3 为通电调试创造适宜的环境和安全条件的设备或系统，应使其尽早投入使用，并正常运行。如电气室内、液压、润滑油站内的通风空调系统和火警系统；电气室内、液压润滑油站内、机组设备的照明装置等。

5.4 各层次调试的主要内容

5.4.1 单体试运转

单体试运转层次可以开展调试的设备（或系统）和功能有：主传动电机、主传动变频调速系统、辅助传动变频调速装置、PLC 装置及其顺控功能、自动化仪表单体功能、DCS 装置、带钢对中装置、L1 通迅网络沟通、L2 计算机系统、L3 计算机系统，焊机、轧机换辊装置、带钢对中装置、各类特殊仪表、各类液压润滑系统、冷却和通风系统、各种能源介质系统。无联锁手动试运转，带联锁手动试运转，自动方式试运转，各种操作方式选择及功能试验，紧急停车功能试验，自动方式联锁试验，自动方式运行时的顺序控制。

5.4.2 区域联动试运转应完成的主要调试项目

1. 酸洗钢卷运输

步进梁顺序控制功能，钢卷车自动定位控制功能，钢卷自动测宽、垂直定位功能，钢卷运输顺序控制（SEQC），各单机设备之间工艺联锁功能。

2. 酸洗入口段

开卷机自动上卷控制功能，酸洗入口自动穿带顺序控制功能，开卷机系统各设备自动回到起始位置（准备穿带）控制功能，开卷机系统甩尾自动顺序控制功能，横切剪自动剪切顺序控制功能，横切剪废料排出顺序控制功能，焊机系统自动顺序控制功能，各单机设备之间工艺联锁功能，1、2 号开卷机与酸洗入口段联动自动切换控制功能，带钢对中控制功能，开卷机小张力控制功能，酸洗入口张力控制功能，入口活套张力控制功能，入口活套车位置自动检测功能，入口段顺序控制（SEQE）。

3. 酸洗工艺段

工艺段顺序控制（SEQP），检测仪表和控制（I&C）。

4. 酸洗出口段

切边剪、碎边剪自动定位功能，废料排出顺序控制功能，带钢对中控制功能，拉伸矫直机自动控制功能，出口活套车位置自动检测功能，出口活套张力控制功能，酸洗出口张力控制功能，延伸率控制（STRECK）。

5. 整个酸洗区域

带钢跟踪（SEGA），带钢速度主令（SSA）。

6. 轧机

轧机入口段顺序控制（ENCON）。

机架 1～5 工作辊弯曲控制功能，机架 4～5 中间辊弯曲控制功能，机架 1～5 支撑辊平衡控制功能，机架 1～3 工作辊轴向移动控制功能，机架 4～5 中间辊轴向移动控制功能，机架 1～2 工作辊偏心补偿控制功能（DECO），机架 1～5 辊缝控制功能（GAP），机架 1～5 张力控制功能（TENS），机架 1～5 换辊装置控制功能，机架 1～5 支撑辊锁紧装置控制功能，机架 1～5 楔形调节控制功能（WECO），带钢跟踪（TRAC），带钢速度主令（SSM），轧机区域顺序控制（SCON），轧机主令控制功能（MCON），数据管理功能（DAMA），机架 1～5 压下控制功能（HGC），机架 1～5 自动厚度控制功能（AGC），乳化液控制（ENUCON），液压控制（HYDCON），板形控制（FLAT）。

7. 轧机出口段

卷取机卷取自动控制功能，卷取机张力卷筒定位自动控制功能，飞剪自动同步剪切控制功能。

8. 轧机出口钢卷运输

钢卷小车定位、卸卷自动控制功能，钢卷运输自动顺序控制功能，出口段和检查站顺序控制（EXCON），夹紧辊自动控制功能，钢卷自动称重控制功能。

5.4.3 全机组联动试运转

各区段联锁功能，L2、L3 计算机系统工艺信息传递，各种设备状态信息传递，机组运行速度控制，物流跟踪等。

5.5 劳动力组织

1. 按照图 5.1 设 PLC 调试小组 12 个，每个小组 2~3 人。
2. 主传动调速系统调试小组 1 个 4 人，辅助调速传动系统调试小组 2 个共 6 人。
3. DCS 系统调试小组 1 个 2 人。
4. 工艺控制器调试小组 1 个 4 人
5. 特殊仪表调试小组 1 个 4 人。
6. L1 调试小组 1 个 4 人。

6. 材料与设备

调试用仪器、仪表及材料见表 6。

仪器、仪表及材料表   表 6

序　号	仪器名称	型号或规格	数　量	备　注
1	数字式存储示波器		1	
2	示波表		1	
3	编程器(用于 PLC 调试)		若干	
4	编程器(用于传动装置调试)		7	
5	频率表		2	
6	相序表		1	
7	功率因数表		1	
8	数字万用表		若干	
9	晶体管高阻计	500V	2	
10	晶体管高阻计	1000V	1	
11	晶体管高阻计	2500V	1	
12	数显转速计		3	
13	钳式电流表		4	
14	信号发生器		1	
15	微欧计		1	

7. 质量控制

7.1 《电气装置安装工程电气设备交接试验标准》GB 50150—2007。
7.2 《自动化仪表工程施工及验收规范》GB 50093—2002。
7.3 工艺说明书，产品技术说明书，设计要求，合同约定。
7.4 各种调试用仪器仪表应保证在检定（校准）周期内。
7.5 采用标准化作业指导书，保证调试质量。

8. 安全措施

8.1 试场所应符合有关产品安全、环境要求。
8.2 调试人员应熟悉供配电系统，保证送电部位准确、安全。对已送电设备应做好明显、具体的标识。

8.3 调试人员应熟悉工艺，在带机械试车前，应模拟各种联锁条件，保证电气、机械和工艺联锁功能完整、完好。

8.4 带机械试车阶段，在运转的机械设备侧应有专人监护，并与机械人员及时沟通、密切联系，保证设备和人员安全。

8.5 根据调试、试车各个阶段的内容及工艺要求，编制具体的安全要求。

9. 环保措施

9.1 成立对应的施工环境卫生管理机构，在工程施工中严格遵守国家和地方政府下发的有关环境保护的法律、法规和规章，加强对施工燃油、工程材料、设备、废水、生产生活垃圾、弃渣的控制和治理，遵守有防火及废弃物处理的规章制度，做好交通环境疏导，充分满足便民要求，认真接受城市交通管理，随时接受相关单位的监督检查。

9.2 将施工场地和作业限制在工程建设允许的范围内，合理布置，规范围挡，做到标牌清楚、齐全、各种标识醒目，施工场地整洁文明。

9.3 对施工中可能影响到得各种公共设施制定可靠的防止损坏和移位的实施措施，加强实施中的检测、应对和验证。同时，将相关方案和要求向全体施工员详细交底。

9.4 优先选用先进的环保机械。采取设立隔声墙、隔声罩等消声措施降低施工噪声到允许值以下，同时尽量避免夜间施工。

10. 效益分析

由于本工法采用分层平行、统分结合标准化、系统功能模拟多种调试方法，对共性的调试内容编制标准化作业指导书，对调试的工艺顺序、调试项目、采用的手段、质量要求均做出统一规定，减少了大量重复性的工作，保证了调试质量，加快了调试进度，从而可大大缩短施工总工期。

11. 应用实例

11.1 宝钢 1420 冷轧厂的酸轧机组电气设备系统主要实物量计有：轧机主传动整流变压器 12 台；动力变压器 15 台；10kV 开关柜 49 面；低压配电盘 70 面；交直交变频调速（VVVF）装置 64 套；轧机主传动系统 12 套；不调速电动机 392 台；三相整流装置 6 套；PLC 系统 13 套；工艺控制器（DDC 装置）7 套；板型控制装置 2 套；人机接口（MMI）2 套；液压系统 5 套；稀油润滑系统 7 套；油脂润滑系统 3 套。

按照合同工期规定，调试工期为 7 个月。采用本工法施工，从 1997 年 6 月初开始调试至 11 月底完成全线无负荷试运转，并于 12 月 28 日轧出第 1 卷带钢，绝对调试工期为 5.5 个月，比计划工期缩短 1.5 个月。与相同规模的宝钢 2030 冷轧（全连续式五机架串列式轧机，1988 年建成），调试工期缩短 3.5 个月。该冷轧带钢工程总体工期为 31.5 个月，创国内同类规模建设工程最短记录（中施企协字 [1999] 20 号文）。

该工程投产以来，保持了安全、持续、顺行，生产出的冷轧带钢产品已为上海大众帕萨特轿车、青岛啤酒易拉罐、冰箱洗衣机家电外板等采用，实现了以产顶进，产生了较好的效益。该工程 2001 年与宝钢三期工程一起通过了国家验收，并被评为 1999 年度国家冶金工业优质样板工程（国冶发 [1999] 208 号文）、2000 年度国家建设工程鲁班奖。

11.2 梅山钢铁股份有限公司 1422 热轧产品结构调整技术改造工程（Ⅰ标段Ⅲ标段）工程酸洗轧机联合机组主要电气实物量：动力变压器 10 台、整流变压器 11 台，负荷中心及杂用电柜 64 块、MCC

及电源控制柜 23 块、矢量变频柜 80 块高压柜 41 块、轧机主传动系统 7 套，交流变频整流逆变器 16 套，交直交变频调速装置 144 套、PLC 等自动化控制系统 21 套，轧辊位置控制系统 5 套，液压系统 3 套，润滑系统 5 套。

冷运行从 2008 年 11 月 16 日开始至 2009 年 2 月 15 日结束。缩短了有效的调试时间，提前调试工期，并产生了明显的经济效益。该工程投产以来，保持了安全、持续、顺行。

11.3 宝钢五冷轧工程酸洗轧机联合机组主要电气设备实物量与宝钢 1800 冷轧相似。2007 年 11 月中旬开始单体设备试车，2008 年 2 月中旬全线联动试车，2008 年 3 月 18 日轧出第一卷带钢，3 月 24 日正式投产。单体试车、区域联动试车共计 3 个月，全线联动试车 1 个月。绝对调试工期 4 个月比宝钢 1420 冷轧酸轧机组缩短 1.5 个月。该工程投产以来，保持了安全、持续、顺行。

钢管对接等离子填丝自动焊施工工法

YJGF63—92（2007～2008 年度升级版-051）

大庆油田建设集团有限公司

贺长河　郭道厚　包铁龙　王剑勃　叶喜太

1. 前　　言

　　在油田产能建设工程中，小口径（$\phi48\sim\phi159mm$）油气集输钢质管道占相当大的比例，在此类管道预制过程中，需要先进行二接一或三接一预制焊接后再进行防腐保温，以满足油田集输工艺需要。随着管道预制化程度的不断提高，用量的不断加大，对管道的焊接质量要求越来越严格，原先采用的焊条电弧焊进行管道焊接，生产效率低下，成本高，合格率低，不能满足施工生产需要。大庆油田建设集团在 1990 年采用了钢管对接等离子自动焊（简称等离子焊管机），进行钢管二接一对口焊接，取代了焊条电弧焊。该方法采用新的焊接工艺，提高焊接的自动化水平，大大提高了生产效率，适应市场需求，扩大生产规模，提高经济效益。1992 年发布的《钢管对接等离子填丝自动焊施工工法》获得国家一级工法（工法编号：YJGF63—92）。到目前为止，大庆油田建设集团采用本工法共焊接预制各种规格的管道 5600 多公里。

　　近年来，在运用本工法施工的过程中，不断地优化焊接工艺，改进和提高施工方法和措施，焊接设备也更新换代，技术更加先进，操作更加方便快捷。通过在黑龙江省检新咨询中心（国家级查询咨询机构）对本工法进行升级后的关键技术即钢管对接等离子自动焊技术进行技术查新表明，目前国内未见与之相同的技术文献报道。本工法采用了等离子无填充焊接技术，针对不同壁厚的管道，研发了 6mm 以下等离子无填充自动焊技术，替代了 4～6mm 有填充等离子自动焊，节约了大量的焊接材料，节省了焊接工序，提高了工效。改进了气动装卡组对技术，根据钢管组对特点，改进了旋转机床气动装卡装置，对口精度高，克服了由于管子弯曲而造成错口，保证了组对质量，鉴定结果为该技术达到国内先进水平，应用前景广阔。2005 年《等离子焊管方法的推广使用》获大庆石油管理局优秀科技成果二等奖，获 2006 年大庆石油管理局新技术推广成果二等奖。根据国家《工程建设工法管理办法》对 1992 年国家级工法《钢管对接等离子填丝自动焊施工工法》优化升级形成本工法。

2. 工法特点

　　2.1　等离子电弧穿透能力强，焊接速度快，能实现单面焊双面成形。改进了旋转机床气动装卡装置，对口精度高，克服了由于管子弯曲而造成错口，保证了组对质量，在焊接前不用点固，减少了辅助时间，提高了工效。

　　2.2　研发了 6mm 以下等离子无填充自动焊技术，替代了 4～6mm 有填充等离子自动焊，壁厚 6mm 以下可不填充焊丝进行焊接，焊透率达 100%，节省大量的焊接填充材料，节省了焊接工序，提高了工效。

　　2.3　等离子电弧稳定性强，对管口的错边量要求不高，施工质量易保证。等离子弧焊接的"小孔效应"能产生较为对称的焊缝，接头内部缺陷率低，焊接热影响区小，焊接合格率高，焊接的应力变形小。

　　2.4　本工法中使用的设备操作简单，维护方便，安全可靠。

3. 适 用 范 围

3.1 本工法适用于油气集输管道的二接一，三接一管道的焊接预制施工。

3.2 适用的管材规格为：公称直径为 $\phi48\sim\phi159$mm，壁厚为 $3\sim6$mm，I 型坡口钢管对接焊，壁厚为 $6\sim10$mm，V 型坡口钢管对接焊。

3.3 适用的材质为：钢材为碳素结构钢（10，20）以及低合金结构钢（如 16Mn），其他相近材质可参照本工法。

4. 工 艺 原 理

4.1 焊接原理

本工法采用等离子弧焊接的"小孔效应"原理，将工件完全熔透并产生一个贯穿工件的小孔。被熔化的金属在电弧吸力、液体金属重力与表面张力相互作用下保持平衡。焊枪前进时，小孔在电弧后方锁闭，形成完全熔透的焊缝。等离子弧焊接采用钨棒作为电极。焊枪内有两个单独的气道供气，其中一个离子气流由孔体内部流出环绕钨极，并通过小孔压缩电弧，以形成高热而快速运动的等离子射流。另一个保护气流是流缠喷嘴与外保护罩之间的保护气体，它能防止周围大气污染熔融的焊缝金属和电弧。等离子弧焊接工作原理如图 4.1。

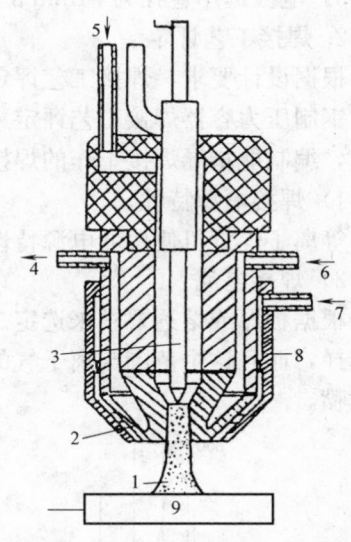

图 4.1 等离子弧焊接工作原理
1—等离子弧；2—喷嘴；3—电极；
4—冷却水；5—离子气体；
6—冷却水；7—保护气体；
8—保护罩；9—工件

4.2 机械原理

4.2.1 焊枪支架系统

该系统包括焊枪调节架、焊枪摆动机构、焊枪、送丝机构等。焊枪调节架上下、前后、各种角度可电动、手动调节，焊枪可自动定位。可以根据管壁厚度、坡口型式、焊接速度等使焊枪摆动，摆频和摆幅可调。

4.2.2 旋转机床

为了解决管子的对口、卡紧、同步旋转等问题，设计的旋转机床为气动装卡式，床身上装有 4 只气动卡盘，卡紧力为 7500～10000N（气体压力为 0.4MPa～0.6MPa），对口精度高。调速电机带动减速机，通过链条使卡盘主轴同步转动，在管子被卡紧同时，机床两端的气缸托架同时升起，使长管在托架小滚轮上随卡盘同步转动，克服了由于管子弯曲而造成错口。

4.2.3 上下管方式

上管滚道将第一根管子沿滚轮送进，通过气动卡盘进入左卡盘和右滚道上，将其定位后按动左卡紧按钮，左卡盘将第一根管子卡住；同时，第二根管子进入右卡盘与第一根管子对口，此时按动右卡紧按钮，右卡盘将第二根管子止住，对口完毕待焊，管子焊完后，按动松管按钮，卡盘松开，搬动滚轮下管开关，管子退出。当管端顶到行程开关后，气缸工作并将管子翻到管架上。下管完毕。

5. 施工工艺流程及操作要点

5.1 工艺流程（图 5.1）

5.2 操作要点

5.2.1 施工准备

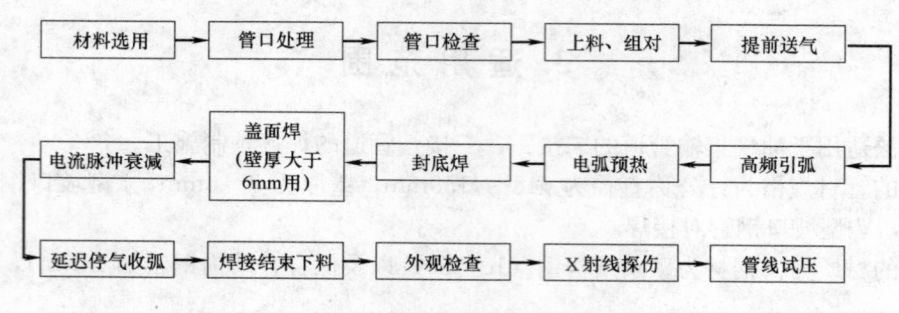

图 5.1　工艺流程图

1. 材料选用

1）焊接工程中所用的母材和焊接材料应具备出厂质量合格证书，或质量复验报告。

2）焊接工程中所用焊丝必须符合 GB 981　低碳钢及低合金高强度钢焊条的标准规定，并具有出厂检查合格证。

3）电极选用直径为 φ4mm 的铈钨极。等离子气和保护气体选用纯度不小于 99.99％的氩气。

2. 焊接工艺评定

根据设计要求，焊接工艺评定试验按《现场设备、工业管道焊接工程施工及验收规范》GB 50236 或《钢制压力容器焊接工艺评定》JB 4708 规定执行。焊接技术人员应根据工艺试验结果确定焊接工艺参数，编制能指导焊接工作的焊接工艺说明书，焊接工作应根据该说明书进行。

1）焊接电源特性

等离子焊管机使用的电源特性为下降特性。电源的空载电压为 65～80V，采用直流正接。

2）焊接电流

根据板厚或熔透要求来选定。为了获得稳定的小孔焊接过程，焊接电流只能在某一个合适的范围内选择，而且这个范围与离子气的流量有关，见图 5.2.1-1，图中 1 为普通圆柱型喷嘴，2 为收敛扩散型喷嘴。

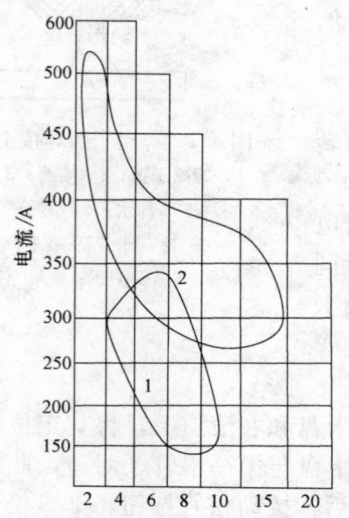

图 5.2.1-1　离子气体流量（L/min）

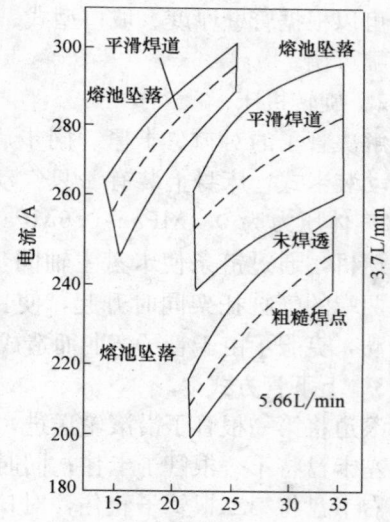

图 5.2.1-2　焊接速度（cm/min）

3）焊接速度

焊接速度应根据等离子气流量及焊接电流来选择。焊接速度、离子气流量及焊接电流等这三个工艺参数应相互匹配，见图 5.2.1-2。

4）喷嘴离工件的距离

喷嘴离工件的距离一般取 3～8mm。与钨极氩弧焊相比，喷嘴距离变化对焊接质量的影响不太敏感。

　　5）等离子气、保护气及流量

　　根据喷嘴直径、等离子气的种类、焊接电流及焊接速度选择适当的离子气流量。等离子气及保护气体通常根据被焊金属及电流大小来选择。大电流等离子弧焊接时，等离子气及保护气体通常采取相同的气体，否则电弧的稳定性将变差。

　　保护气体流量应根据焊接电流及等离子气流量来选择，保护气体流量应与等离子气流量保持适当的比例。小孔型焊接保护气体流量一般在 15～30L/min 范围内。等离子焊管机的参考工艺参数见表 5.2.1。

等离子焊管机的参考工艺参数 表 5.2.1

参数\规格	焊接电流(A)	转胎速度(V)	送丝速度(V)	气体流量(m³/h) 离子气	气体流量(m³/h) 保护气	预热时间(s)	喷嘴与工件距离(mm)	焊接材料与规格(φ1.0mm)	坡口形式	对口间隙(mm)	脉冲频率(Hz)	脉宽比(%)	下坡量(mm)
φ48×3.5	120	90	—	0.1	0.25	2	4	—	I	0	1.5	40	6～8
φ60×4	140	90	—	0.1	0.25	2	4	—	I	0	1.5	40	12～15
φ89×4.5	160	80	—	0.1	0.25	2	4	—	I	0	1.5	40	15～17
φ114×4.5	160	60	—	0.1	0.25	2	4	—	I	0	1.5	40	20～22
φ159×5	210	50	—	0.1	0.25	2	4	—	I	0	1.5	40	20～26
φ159×6	225	50	—	0.1	0.25	2	4	—	I	0	1.5	40	20～26

　　注：转胎速度和送丝速度为电压值。

　　3. 焊工考核

　　凡参加等离子焊接工作的焊工和参加返修工作的焊条电弧焊焊工应按《锅炉压力容器焊工考试规则》进行培训、考试，并取得相应的合格证。

　　5.2.2　管口处理

　　焊接施工前将被焊管口端头用坡口机加工成 I 型坡口（管壁厚为 3.5～6mm 时），V 型坡口（管壁厚为 6～10mm 时）并在管口端头内外 20mm 范围内打磨至见金属光泽。坡口加工尺寸按《现场设备、工业管道焊接工程施工及验收规范》GB 50236 规定执行。

　　5.2.3　管口检查

　　施工前必须对所有管口进行检查，管口有明显的凹陷损伤和椭圆超过管径±1‰的不准使用。

　　5.2.4　组对

　　6mm 以下管道组对，不留间隙，不需点固，组对完毕。

　　5.2.5　引弧

　　焊接时，采取焊接电流和离子气递增和递减的办法在工件上起弧。

　　5.2.6　电弧预热

　　为保证管道100％焊透，施焊前应对管口进行 2s 预热，使起焊点达到熔透状态。预置程序为：调整离子气和保护气流量，焊接电流、焊接速度等参数，提前送气，高频引弧，电弧预热。

　　5.2.7　封底焊

　　电弧预热 2s 后，利用小孔效应开始自动封底不填丝焊接。此时焊接电流、焊接速度和气体流量等参数不变。通过电弧声音或观察电弧判断是否出现小孔效应。当焊口全周封底焊完毕后，立即进入盖面焊（如钢管壁厚在 6mm 以下时焊接完毕不用盖面焊）。

　　5.2.8　盖面焊

　　盖面焊时，除脉冲电流和填丝外，焊枪应根据焊缝宽度选择焊枪摆动幅度。当盖面焊即将完毕时，焊接即将结束。

　　5.2.9　收弧

利用电流和离子气流量衰减法来收弧闭合小孔。

5.2.10 电气控制部分

电控方面可完成如下程序动作：提前送气、高频引弧、电弧预热、开始焊接、旋转、送丝、电流脉冲、衰减、收弧、滞后停气、焊枪定位、焊枪摆动、管子卡紧、松开等控制，自动与手动兼顾，自动时在控制箱上操作，手动时通过机床上的控制盒操纵。

5.2.11 焊接检验

1. 外观检查

焊接完毕，焊工应仔细清理焊缝表面，并检查外观质量，必要时对焊缝进行局部修整。自检合格后，做好记录。

2. X射线探伤

详见本工法质量控制部分。

5.2.12 管线试压

所有二接一、三接一的管线经检验合格后，进行试气压。对试压不合格的管线，用红笔标注出渗漏部位。管线试压用的压缩空气由风机房通过管道供给。

5.3 劳动组织（表5.3）

劳动组织 表5.3

序 号	工 种	人 数	作业天数	工 日
1	管 工	2		
2	电焊工	2		
3	电 工	1		
4	力 工	2		
合计		7		

6. 材料与设备

按本工法进行等离子管道焊接施工的主要机具设备见表6。

主要施工机具设备清单 表6

序 号	名 称	规格型号	单 位	数 量	备 注
1	等离子焊机	LHM-300G	台	1	
2	钨极磨尖机	TM-1	台	1	
3	坡口机	$\phi48\sim\phi159$	台	1	
4	除锈砂轮机		台	1	
5	角向磨光机	G10SB1	台	1	
6	焊接转架		台	1	
7	手锤	2磅	把	1	
8	氩气表	L_2B-10	块	1	
9	射线探伤机	$ES_{250}S_2$	台	2	

7. 质 量 控 制

7.1 引用标准

7.1.1 《现场设备、工业管道焊接工程施工验收规范》GB 50236。

7.1.2 《钢熔化焊对接接头射线照相》GB/T 3323。

7.1.3 《钢制压力容器焊接工艺评定》JB 4708。

7.2 缺陷及防止方法

可能出现的等离子弧焊接缺陷、形成原因及防止方法见表7.2所列。

焊接缺陷的形成原因及防止方法

表 7.2

缺陷名称	产生原因	防止方法
气孔	1. 更换新气瓶 2. 焊枪漏水 3. 母材不干净 4. 保护不良	1. 气瓶立放 2h 后再用 2. 消除漏水环节 3. 清理母材 4. 提高气体流量
咬边	1. 弧偏单侧咬边 2. 焊枪不与工件垂直 3. 焊速快或上坡焊双侧咬边	1. 使钨极尖与喷嘴同心 2. 调整焊枪位置 3. 降低焊速
焊缝不连续	1. 焊速快小孔时有时无 2. 焊接电流小	1. 降低焊速 2. 适当增加电流
未熔合	焊接线能量不足	增加焊接电流或降低焊接速度

8. 安全措施

焊接施工中应注意防止一切安全事故（如触电、烫伤、火灾等），还应注意以下几点安全事项。

8.1 操作者戴防护眼镜，穿工作服和厚底高腰的工作鞋。

8.2 焊接现场应有抽风装置。

8.3 坡口除锈时注意防止碎屑损伤皮肤和眼睛。

8.4 电弧燃烧过程中，不准触摸焊枪以防触电，更换喷嘴时，不得引燃电弧。

8.5 焊缝射线探伤工作一定要安排好探伤时间，探伤期间要设立醒目的警号标志，防止发生误照事故。

8.6 操作人员必需熟悉掌握焊机操作规程，方可使用设备，设备出现故障，需请电工排除后方可使用。

8.7 对口时不要用铁锤或铁块敲打管口。

9. 环保措施

9.1 焊接过程中产生的工业垃圾不要随意丢弃，应集中无污染处理。

9.2 自动操作时，可在操作者与操作区设置防护屏，以防电弧光辐射。

9.3 等离子弧焊接过程中伴随有汽化的金属蒸气、臭氧、氮化物等。现场应安置排风装置，防灰尘与烟气。

9.4 等离子弧会产生高频率的噪声，现场加装隔声罩，防噪声。

10. 效益分析

本工法应用的等离子焊接方法与传统的手工电弧焊相比，效率高、质量好、综合费用低。以 $\phi114 \times 4.5$ 管道二接一预制为例，分析见表10-1、表10-2。

φ114×4.5 管道焊接各项技术指标对比 表 10-1

方法＼项目	焊接时间（min）	外 观 质 量	X 射线探伤	综 合 评 述	一次合格率
等离子焊	4.5	好	Ⅱ以上	好	98%以上
焊条电弧焊	10.4	一般	Ⅲ以上	一般	71%

φ114×4.5 管道焊接每千米成本费用对比 表 10-2

方法＼项目	基价（元）	人工费（元）	材料费（元）	机械费（元）	备 注
等离子焊	1460	304/5.3 工日	36	1120	
焊条电弧焊	1832	612/14.63 工日	167	1053	
降低费用	372/20%	308	131	－67	

综上所述，φ114×4.5 管道焊接采用等离子焊与手工电弧焊相比，焊接速度提高 2 倍以上，焊接质量好，每千米降低成本 372 元，减少返修费 210 元，经济效益可观。

应用本工法近两年来，每年仅焊接 φ114×4.5 规格管线就达 380km，与手工电弧焊相比提高工效 2 倍以上，节省费用 22.12 万元，加上其他管径的管道焊接，经济效益更加可观。采用此种方法，焊缝合格率达 98%以上，焊接质量稳定、可靠、明显优于目前在工程方面的其他焊接方法，属国内先进水平。

11. 应 用 实 例

本工法应用于以下三项工程。

11.1 470 转油站改造及系统工程。本工程包括计量间 4 座，站外站间管线、单井管线，合同工期为 2007 年 8 月 2 日～2008 年 12 月 30 日。所预制的管材有 φ114×4.5　110km，φ89×4　28km，φ48×3.5 75km。

11.2 360 转油放水站改造及系统工程。本工程包括站外站间管线、单井管线，合同工期为 2007 年 5 月 25 日～2008 年 11 月 30 日。所预制的管材有 φ159×6　50km，φ89×4　34km，φ48×3.5　32km。

11.3 中 112 转油站、聚中 112 转油放水站扩建及系统工程。本工程包括站外站间管线、单井管线，合同工期为 2008 年 6 月 20 日～2008 年 11 月 30 日。所预制的管材有 φ159×6　43km，φ89×4 36km，φ48×3.5　25km。

总体分散综合控制 TDCS-3000 工法

YJGF41—91（2007～2008 年度升级版-052）

中国化学工程第十四建设有限公司

蔡常芬　范辉　张传玉　胡秋英　崔定龙

1. 前　言

总体分散综合控制装置常称集散控制系统。集散控制系统综合了计算机、自动控制、数据通讯、CRT 显示的先进技术（包括数据采集、控制运算、控制输出、设备和状态监视、报警监视、远程通信、实时数据处理和显示、历史数据管理、日志记录、事故顺序识别、事故追忆、图形显示、控制调节、报表打印、高级计算，以及所有这些信息的组态、调试、打印、下载、诊断等功能），系统功能分散，监视操作集中，控制逻辑可扩，人机联系完善，安装布线简便，运行安全可靠。

本工法根据集散控制系统特点，对 DCS 总体分散综合控制装置的安装调试进行程序控制、优化管理，保证了工程质量，有效缩短了建设总工期。本工法于 1992 年荣获国家级工法，编号为 YJGF41—91。多年来，运用本工法安装调试了数十套 DCS 集散控制系统，并且在安装调试过程中，针对不同系统安装调试，进行再创新，形成了新的工法。

2. 工 法 特 点

2.1　本工法保留了原工法中的以下内容。

2.1.1　将集散控制系统划分成 SCS、DCS 和现场仪表三个层次以及层次内的各工序，合理地在层次间和工序间连接处设置断点（即在断点处切断层次间、工序间的一切联系）。最大限度地组织安装调试平行作业实现层次间、工序间完全隔离，互不干扰，极大地拓宽工作面，提高工作效率，加快施工进度，确保人身与设备的安全。

2.1.2　以 DCS 为核心，逐步接通工序间、层次间的断点，分次扩大调试范围，主要控制装置经受了多次重复验证，确保了工程质量，而且本次调试是下次调试的基础，下次调试仅增加系统中的一部分。这样整个系统调试都便于寻找和处理故障，大大提高调试速度。

2.1.3　CRT 操作站的人——机接口功能，操作采用多微处理结构，有高速处理器和专用的图形处理器，有很强的信息处理功能，通过它实现了统观全局。

2.2　在原工法技术基础上，对安全系统、报警连锁系统、顺序逻辑控制系统等调试技术进行了改进、补充、完善，对安装过程中的防止静电技术进行了详细规定。

2.3　该技术在以下几方面进行了创新和改进。

2.3.1　设计、使用功能调试模块——按专业调试要求，对调试顺序、变量等参数，设计成专业的功能调试模块（温度、压力、流量、液位等专业功能调试模块），各专业调试人员严格按模块进行专业调试。

2.3.2　实行专业化分工——成立温度、压力、流量、液位等专业调试组，分工明确、专业技术保障，调试精确。

2.3.3　建立整体调度协调机制——施工单位专业工程师与业主、设计、设备厂家、监理等方面专家，组成联合小组，整体调度、协调，研究解决调试中的技术难题，确保系统正常运转。

3. 适 用 范 围

本工法适用于各种类型的 DCS 集散控制系统安装调试。

4. 工 艺 原 理

4.1 运用逻辑分析原理，对整个系统结构进行科学分层、隔离、使施工得以均衡协调，确保高效、优质、安全。

4.2 调试以 DCS 为核心，逐步向外扩展，分次调试，重复验证，从根本上确保工程质量。

4.3 运用网络技术，统筹各层次、各工序的施工，编制网络计划，科学管理，使施工进度得到预控。

4.4 应用系统自身具有的统观全局的窗口功能进行调试，具有高速、高效、高可靠性。

4.5 运用统筹方法，划分不同的功能模块。对几个调试小组分成功能模块小组，分别为压力调试组、温度调试组、液位流量调试组、调节阀调试组、状态反馈及连锁调试组。通过人员、设备、工具等的专业化模块化组建，提高人员的熟练程度，对故障点快速判断和处理，加大设备工作利用率，提高调试速度。

4.6 大规模集成电路、MOS 器件大量应用，防静电要求必须提高，以防止静电损坏控制系统元件板卡。

4.7 上层信息管理网为 TCP/IP 协议以太网，进行工厂级信息传送和管理，实现全厂综合管理；中层过程控制采用双高速冗余工业以太网，传输工艺过程控制时实信息；底层为控制站内部网络，采用主控制卡指挥式令牌网，用于站内信息交换。调试时结合网络特点分成区域块调试，拓宽工作面，缩短调试周期。

5. 施工工艺流程及操作要点

5.1 施工工艺流程

本工法施工程序以 SCS、DCS 和现场仪表三个层次为基础，在每个层次又分设若干工序。在层次间、工序间安排平行作业程序，在层次内的工序间组织安装调试交替作业程序。施工工艺流程见图 5.1。

5.2 操作要点

5.2.1 集散控制系统安装

1. 机柜、操作站、辅助表盘的安装

1) 安装前应具备的条件：土建、空调系统及其他安装工程已完工；空调系统运行正常。

2) 严格按规范要求安装机柜、操作站、辅助表盘，就位后固定牢固。

2. 系统卡件、I/O 接口、转换单元的安装

1) 卡件开箱安装之前对安装人员进行控制系统防静电培训。

2) 现场控制室防静电活动地板安装完成，并良好接地。

3) 安装人员应具有一定的防静电配备并严格按照防静电操作规范，卡件开箱后必须及时安装就位，禁止系统卡件拆除包装后裸板放置。

4) 开箱安装过程中，保留一部分卡件的防静电包装袋和纸盒，用于后期现场工作过程中的卡件存放和运输。

5) 持拿卡件时禁止接触各种管脚引线和卡件上的电子元器件以及各种端口和接口，应持其外壳或

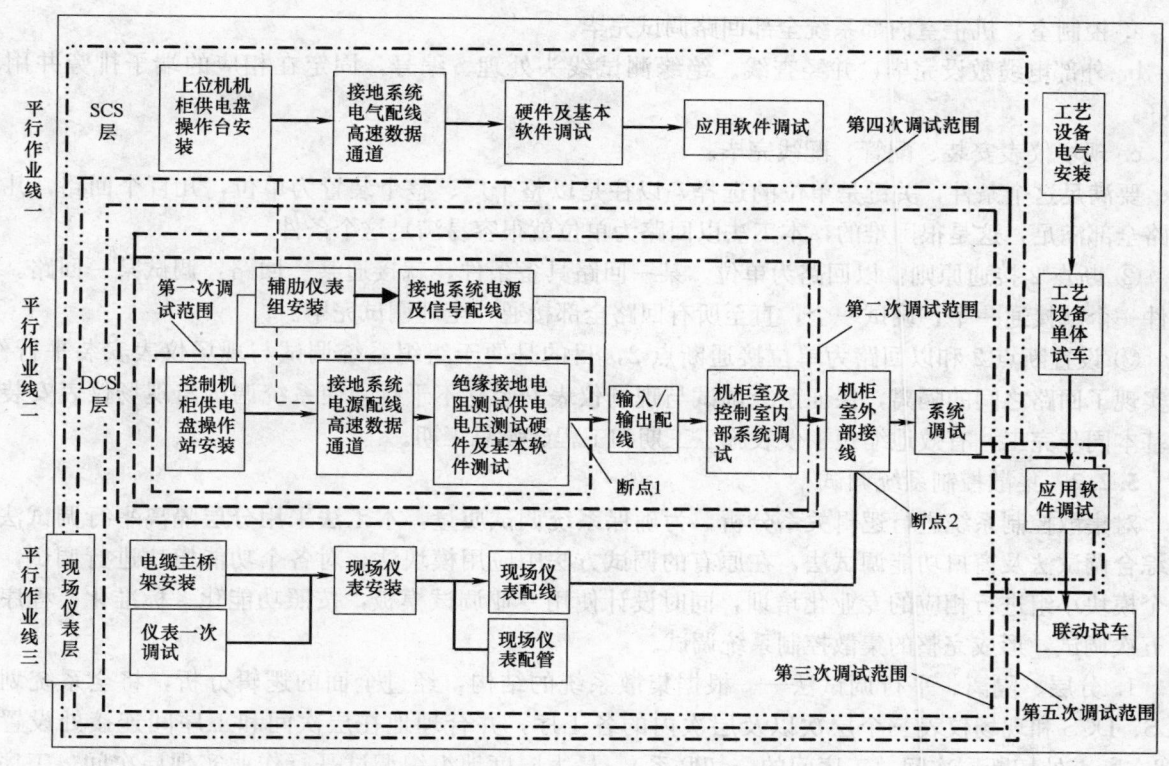

图 5.1　总体分散综合控制 TDCS-3000 施工流程图

元件边缘。

6）DB25、DB9、网线等系统通讯线在进行安装前进行静电释放，安装过程中应尽量减少通信线、卡件的插拔次数。

3. 机柜、供电盘、操作站配线

1）接地系统有安全接地、计算机接地、DCS 接地和变压器接地等四种接地，分别由机柜、操作站、供电盘和辅助表盘接入四条接地母线，然后分别接到室外的四个接地极。接地母线彼此绝缘，接地电阻符合设计要求。

2）电源配线严格执行施工验收规范。

3）高速数据通道的敷设。系统中两条高速数据通道应分别敷设在两条电缆槽内，以提高可靠性。

4）机柜与机柜、机柜与操作站之间配线。配线由制造厂带有插头的专用电缆，配线时必须按制造厂家的图纸对号入座，插接正确、牢固、可靠。

4. 电缆敷设、现场仪表安装、配线、配管，均按设计文件、标准图进行施工。

5. 断点处的配线

1）断点 1 处的配线

① 断点 1 接通的条件

a. 硬件及基本软件调试完毕

b. 辅助表盘安装、配线、查线，绝缘电阻测试、编号、压鼻子、包好线头、捆扎在对应机柜等这些工作完成之后。

② 机柜的输入/输出配线（接通断点 1）

在具备断点接通条件之后，经短暂停电，将辅助表盘送来的输入、输出信号线，接到机柜上的对应端子，一次全部端子接完，确保连接可靠。

2）断点 2 处的配线

① 断点 2 接通的条件

a. 控制室、机柜室内部系统全部回路调试完毕。

b. 外部电缆敷设完毕，并经查线、绝缘测试线头处理、编号，固定在相应的端子排旁并用胶布包好。

c. 现场仪表安装、配管、配线完毕。

要满足这个条件，关键是单位的选择，以往是以整个厂、整个装置为单位，几百个回路，几千个回路全部满足，这是很困难的，本工法以回路为单位就很容易满足这个条件。

② 断点 2 接通原则：以回路为单位。某一回路具备条件，就接通某一回路，调试某一回路。具备条件一个就接通一个，调试一个，直至所有回路全部接通，全部调试完毕。

③ 设置断点 2 和以回路为单位接通断点 2，目的是便于组织系统调试与现场仪表安装平行作业，并实现了回路之间的隔离，保证系统调试与现场仪表安装互不干扰，使系统调试与现场仪表安装及工艺基本同步完工，有效地缩短了仪表施工工期和工程建设总工期。

5.2.2　集散控制系统调试

对集散控制系统进行逻辑关系分析，为确保系统调试质量，本工法采用分层隔离平行调试法、分散综合调试法及窗口功能调试法，在原有的调试方法中应用模块法，对各个功能模块进行调试，针对每个模块小组进行相应的专业化培训，同时设计使用专业调试模板，按照功能化、标准化、程序化进行五次调试，形成完整的集散控制系统调试。

1. 分层、隔离、平行调试法——根据集散系统的结构，经过全面的逻辑分析，将全系统划分成 SCS、DCS 和现场仪表三个层次以及层次内的各工序，并合理地在层次间和工序间连接处设置断点（即在断点处切断层次间、工序间的一切联系）。最大限度地组织调试平行作业实现层次间、工序间完全隔离，互不干扰，极大地拓宽工作面，提高工作效率，确保系统安全。

2. 分散综合调试法——以 DCS 为核心，逐步接通工序间、层次间的断点，分次扩大调试范围，即五次调试（见集散控制系统安装调试程序方块图），最终把系统中的各层次、各工序全部连接起来，形成一个完整的集散控制系统。这种调试方法，通过分次扩展，使主要控制装置经受了多次重复验证，从根本确保了工程质量，而且本次调试是下次调试的基础，下次调试仅增加系统中的一部分。这样整个系统调试都便于寻找和处理故障，大大提高调试速度。

3. 窗口功能调试法——集散控制系统的窗口功能是指 CRT 操作站的人——机接口功能，操作采用多微处理结构，有高速处理器和专用的图形处理器，有很强的信息处理功能，通过它实现了统观全局。

4. 功能模块调试法——功能模块调试法是按照硬件模块构成，将系统下层分为控制模块、温度监视模块、压力监视模块、状态监视模块、连锁模块等，按照积木法结构由下层模块构筑各个操作站（中层模块），操作站、机柜、工控网络等又构成上层控制系统的大功能模块，按调试计划对各功能模块独立调试，平行推进工程进度。

5. 软件组态调试模块法——软件功组态按照组态软件平台，将系统分为软件系统组态、流程图制作、控制组态。按照积木结构分块进行，按调试计划对各功能模块组态调试，平行推进。

5.2.3　硬件及基本软件调试（第一次调试）

硬件及基本软件调试质量是集散控制系统调试质量的关键。

1. 用控制装置自身功能进行硬件及基本软件调试。

1) 集散控制系统各单元都采用了微处理机，有很强的自诊功能。自诊情况通过发光二极管显示出来，因此各单元工作状态的检查，可根据各插卡上的发光二极管状况来判断各插卡工作正常与否，以及故障性质、故障点位置。

2) 应用统观全局的窗口功能进行调试。操作站采用多微处理机构，有高速处理器和专用图形处理器，具有很高的速度和很强的信息处理功能，通过键盘操作，调出各种画面，进行各种性能试验，根据画面的各种符号、代码，可迅速判断故障、故障性质、故障位置。

3) 人为拔掉插卡或插头，检查其冗余切换和自诊功能。

4）输入模拟信号，检查 A/D，组态，输入通道和检测功能。

5）通过键盘输出检查输出功能。

6）调试用的表格、调试项目、调试质量标准，均按制造厂家提供的标准，逐项进行检查核对，调试完毕，三方签字认可。

2. 安全系统调试

SIS 系统中央处理单元包括两个时钟同步微处理器，每个处理器有独立的数据存储系统，通过硬件比较器完成两个控制器的信息交换，确保处理的数据是一致的。

1）系统自诊断调试，利用软件对微处理器、内存、看门狗电路进行测试，包括组态指令、寻址方式、数据寄存器的检测。通过硬件比较器和 CRT 循环冗余校验对内存进行调试检测。

2）输入通道的调试，系统检测轮询输入信号和输入通道的状态测试，包括断线短路故障，故障时系统将相应的输入信号按照"0"信号处理，相应的故障指示灯开始闪烁。

3）输出通道的调试，输出信号写操时自动检测通道工作状况，同时输出通道读回比较，结果不一样即发现故障，系统将相应的输出信号按照"0"信号处理，相应的故障指示灯开始闪烁，最后人为制造输出回路的断线短路故障，检测故障检测和看门狗电路安全切换功能。

5.2.4 控制室、机柜室内部系统调试（第二次调试）

在第一次调试的基础上，又增加了辅助盘上的信号转换及信号联锁继电器。本次调试时设计、使用功能调试模块，按功能模块调试要求，对调试的电阻信号、标准电压信号、标准电流信号、开关量信号、脉冲量信号等参数，设计专业的功能调试模块，专业调试人员严格按功能模块化进行专业调试。实行专业化分工，设置的对应专业调试组，分工明确、专业技术保障，调试精确快捷。

本次调试的目的是消除包括机柜、操作站、转换器、信号联锁在内的控制室、机柜室内部的一切故障。

1. 输入回路调试

调试主要方法，根据设计提供的回路接线图，从接线盘的输入端端子，逐个回路输入相应的标准模拟信号或开关量信号，操作键盘，调出相应回路的画面，观察 CRT。检查一般不少于 3 点（量程的 0%、50%、100%）。

对于模拟输入，其误差不得超过系统内各单元允许基本误差平方和的平方根值。

对于开关量输入变化，CRT 状态也应变化。

2. 输出回路调试

根据设计提供的回路接线图，逐个进行调试，利用键盘调出相应画面，利用键盘，手动输出模拟量或开关量。在输出端子上，接入相应的标准表。

对于模拟输出，其误差不得超过系统内各单元允许基本误差平方和的平方根值。

对于开关输出，直接输出开或关。

3. 输入、输出、调试均按百分之百进行。

5.2.5 系统调试（第三次调试）

在第二次调试的基础上，又增加了现场仪表。

目的是消除整个回路中的一切故障。

1. 系统调试，以回路为单位、某一回路具备条件，就在断点 2 接通某一回路，调试某一回路。具备一个，接通一个，调试一个，直至所有回路全部接通，全部调试完毕。

2. 检测系统调试

在信号发生端，应用功能模块输入相应的标准模拟信号利用键盘，调出相应的画面，观察 CRT 显示。其误差不得超过系统内各单元允许误差平方和的平方根值。

3. 调节系统的调试

1）输入部分与检测系统调试一样。

2）输出部分。利用键盘，手操输出检查执行器行程动作误差，其值不得超过系统内各单元允许误差平方和的平方根值。

3）按照设计规定检查并确定调节器和执行器的动作方向。

4）检查比例、积分、微分动作和输出特性。

4. 报警、连锁系统调试

1）模拟输入部分与检测系统调试一样，用变送器分别输入设计物理量值（或等价的电压值），列出操作站上显示的各量的物理值并记录下各次信号输入时报警状态是否正确。本次调试不仅可以测得物理量信号的正确性、精度、实时库组态的正确性，还可以检查报警限值设定、连锁设定值、连锁逻辑关系是否正确。

2）对于开关量输入信号的测试，即联锁系统、运行状态，在继电器柜端子处，用小型开关进行模拟试验，在操作站按信号逐个调出、检查，其指示窗口是否有显示，状态颜色标态是否正确，逻辑顺序、计数、时间是否正确。

3）有些开关量信号比较复杂，除了自己的逻辑状态外，还关联一些开关量，在组态这种测试画面时，将该点有关的开关量也一同组上。按逻辑框图逐项进行，在现场制造联锁源，观察联锁结果是否正确。

4）顺序、逻辑控制系统调试。顺序和逻辑控制程序调试，这些程序一般都有专门的操作界面，自成体系的模块化结构。调试时应准备好各种所需的现场条件，仔细考察运行结果后，才能启动程序。要求的现场条件必须从现场加入，在操作过程中有提示信息，应按照要求逐步确认。调试时先检查程序逻辑，再看数据点组态和程序语句匹配。对于数字量信号，可以按照开关量输入、输出测试方法进行。

5.2.6 DCS 应用软件调试（第四次调试）

应用软件调试是在工艺设备单体试车和集散系统调试之后，在设备运行条件下，全面检查一个工艺工序或几个工艺工序内控制系统的综合控制性能，一般涉及数十个回路，甚至上百个回路，并涉及动设备、电气和工艺操作。建立整体协调机制，施工单位专业工程师与业主、设计、设备厂家、监理等方面专家，组成联合小组，整体调度、协调，研究解决调试中的技术难题，确保系统正常运转。调试中必须有较高层次的现场管理人员担负协调工作。应用软件调试依据设计编制的应用程序，在操作站启动应用程序，在操作站和现场逐步、逐项进行，检查程序进行情况和机、电、仪的动作是否符合设计要求，设计是否满足工艺要求。

5.2.7 信息管理网软件调试（第五次调试）

上层信息管理网采用 TCP/IP 协议以太网，进行工厂级信息传送和管理，实现全厂综合管理，该网络通过 MFS 上安装的双重网络接口，进行信息管理和过程控制网络的转接，获取集散控制系统中过程参数和系统运行信息。同时向下传送上层管理计算机的调度指令和生产指导信息，管理网采用大型网络数据库，实现信息共享，并可将各装置、分厂的控制系统联入企业信息管理网，实现工厂级的综合管理、调度、统计、决策等。应用软件调试通过输入与程序所需的信号，检验数据处理结果正确与否，考核设计程序的可靠性。同时进行网络系统速度、抗干扰、响应特性的测试。

6. 材料与设备

本工法主要测试仪表，见表 6。

主要测试仪表　　　　　　表 6

序号	名称	型号	序号	名称	型号
1	数字式多功能信号发生器	FLUKE-744	5	回路测试仪	FLUKE-380
2	五位数字电压表	PZ-38	6	精密电阻箱	TZ-30
3	直流毫安表(光点式)	HA-300	7	开关量信号校验箱	ZZ-0705
4	数字压力表	2654　2655	8	压力校验仪	FLUKE-260

7. 质 量 控 制

7.1 质量标准
7.1.1 制造厂家提供的安装调试标准。
7.1.2 国家标准《自动化仪表工程施工及验收规范》GB 50093—2002。
7.1.3 施工设计文件。
7.1.4 全部安装调试标准覆盖率100%。

7.2 质量保证措施
7.2.1 建立现场安装调试质量保证体系，明确各级责任人员的职、责、权，见图7.2.1。

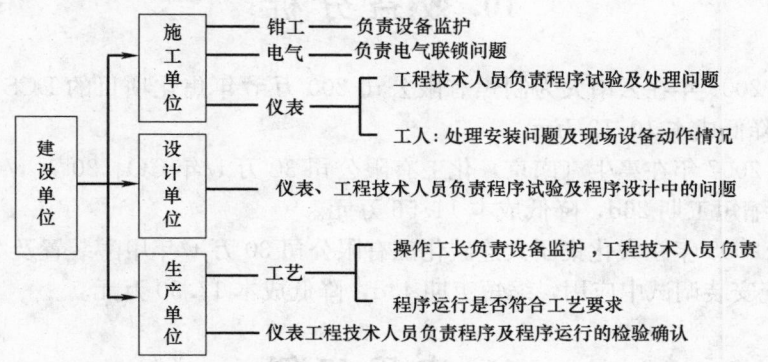

图 7.2.1 现场安装调试质量保证体系

7.2.2 严格按照工艺流程安装、调试，坚持"上道工序质量不合格，绝不进入下道工序"的原则。
7.2.3 严格"断点"质量控制，确保"断点"位置、接线、接通准确无误。

8. 安 全 措 施

8.1 严格实行隔离，保证人身和设备安全
在集散系统施工过程中，以最大限度地组织平行作业。在复杂的交叉作业条件下，保证人身与设备安全十分重要。除严格遵照业主及公司相关安全法规之外，采用隔离安全措施。
隔离就是利用断点，在断点处切断一切联系。本工法有三种隔离。
8.1.1 断点隔离
层次间、工序间设置断点，使相互不干扰，实现层次间、工序间隔离。
8.1.2 回路隔离
在系统调试时，我们在接通断点2时，不是全部一次接通，而是现场施工情况对具备条件的回路，接通一个，调试一个，不具备或不调试的回路一律不先接线，因此系统调试与现场仪表安装互不干扰。
8.1.3 部位隔离
应用软件调试时，涉及的工艺部位必须与相邻的工艺部位进行必要的隔离，确保安全操作。

8.2 制定应用软件调试的安全工作工序
8.2.1 检查确认调试范围的控制系统，工艺系统已具备试车条件。
8.2.2 需要隔离的部位和措施均已落实。
8.2.3 各专业的工作已得到协调，互不冲突，系统监护人落实。
8.2.4 调试完毕后，立即进行系统恢复，防止出现其他故障。

9. 环 保 措 施

9.1 建立施工现场 HSE 管理体系，严格遵守国家、地方政府和业主制订的有关环境保护、文明施工的法律、法规和规章制度，加强对施工用材料、设备、废水、生产生活垃圾的控制和治理环境，遵守有关防火和废弃物处理的规章制度。

9.2 班前严格控制中控室内环境卫生，设备开箱后的废弃物及时清理，零星工作垃圾及时放置在现场专用垃圾箱中，专用垃圾箱设置封闭盖板。

9.3 安装、调试阶段，中控室严格执行准入制度，非工作人员，严禁入内。

10. 效 益 分 析

10.1 本工法于 2007 年在云南大为制焦有限公司 200 万 t/年焦化项目的 DCS 系统安装调试中应用，缩短工期 32d，降低成本 10.12 万元。

10.2 本工法于 2007 年在惠生（南京）化工有限公司 30 万 t/年 CO、20 万 t/年甲醇项目 DCS 系统安装调试中应用，缩短工期 26d，降低成本 11.56 万元。

10.3 本工法于 2008 年在大化集团大连碳化工有限公司 30 万 t/年甲醇装置及 2.8 万 m³/h 空分装置安装项目 DCS 系统安装调试中应用，缩短工期 43d，降低成本 17.30 万元。

11. 应 用 实 例

11.1 本工法于 2007 年在云南大为制焦有限公司 200 万 t/年焦化项目的 DCS 系统安装调试中应用，缩短工期 32d，装置投料试车一次成功。

11.2 本工法于 2007 年在惠生（南京）化工有限公司 30 万 t/年 CO、20 万 t/年甲醇项目 DCS 系统安装调试中应用，缩短工期 26d，取得了良好的经济效益。

11.3 本工法于 2008 年在大化集团大连碳化工有限公司 30 万 t/年甲醇装置及 2.8 万 m³/h 空分装置安装项目 DCS 系统安装调试中应用，取得良好的效益。

11.4 目前本工法正在多个大型化工、煤化工项目的 DCS 系统安装调试中应用。

大型设备现场衬胶防腐蚀施工工法

YJGF59—92（2007～2008 年度升级版-053）

中国二十冶建设有限公司

李玉玲　刘光明　代成艳　牛银枝

1. 前　　言

随着冶金、化工、电力及矿业等领域的快速发展，生产规模的不断扩大，节约能源、保护环境是企业持续发展要求，也是社会发展的必然趋势。对于生产工艺有防腐蚀要求的大型设备的制造需要完善的施工工艺，以提高设备的使用寿命。大型设备现场衬胶防腐蚀施工工法，以其先进的施工工艺在施工生产中得到广泛应用。

中国二十冶自 1987 年开始承建上海宝钢 2030mm 冷轧衬胶防腐工程，到如今完成的梅钢冷轧厂防腐衬胶工程，先后承建了 18 个工程，共计完成衬胶面积近 11.3 万 m^2。随着橡胶制造工艺的不断发展，衬胶施工工法不断完善，并得到实践验证。"化学品槽、罐的防腐衬胶施工方法"在 2008 年获得发明专利。

2. 工 法 特 点

2.1 采用该衬胶工法解决了大型槽、罐设备无法在橡胶厂完成的衬胶工作，实现大型衬胶设备先安装后衬胶，避免了由于运输造成的产品受损。

2.2 该工法的实施，可实现大型槽、罐制作在安装现场完成，减少设备的运输和吊装，降低了大型机械使用费，增加了企业的经济效益。

2.3 合理的施工工序保证了衬胶施工的进度和质量，缩短了施工周期，适用冶金、化工、电力及矿业等领域的快速发展。

2.4 系统地介绍了橡胶用于设备衬里的操作工艺，施工工序严格，操作宜掌握。

2.5 衬胶工具简单易操作，衬胶的工具不像设备安装需用大型机械来完成，它主要由月牙形片刀、带滚柱的压辊、医用针头等手握式工具完成橡胶衬里的粘贴施工。

2.6 详细介绍了衬胶施工质量检验的方法、验收标准，操作简单可靠。

3. 适 用 范 围

3.1 本工法适用于钢基体和水泥基体表面防护的橡胶衬里施工。

3.2 本工法适合于不同橡胶衬里的施工方法以及质量检验方法。

3.3 橡胶衬里设备的使用压力范围为公称压力，小于或等于 0.6MPa。

3.4 橡胶衬里设备的使用温度范围为 $-25\sim115℃$。

4. 工 艺 原 理

防腐衬胶施工工法的工艺原理，就是用橡胶板粘贴在钢基体或是水泥基体的设备上，衬胶设备以性能优良的弹性体橡胶为衬里层，运用"以柔克刚"的原理，减小介质对外壁的腐蚀。防腐衬胶施工工法是用来指导橡胶粘贴的施工。

随着橡胶热硫化工艺技术的不断发展，越来越多的大型设备都采用了先衬胶再硫化的工艺，对于小型设备可在橡胶厂衬胶后进入到硫化釜进行硫化，而对于大型设备必须在施工现场完成衬胶及硫化施工，橡胶粘贴在基体后进行硫化更能提高橡胶的耐腐蚀和耐磨的性能。

5. 施工工艺流程及操作要点

5.1 施工工艺流程

编制合理的施工程序，是保证衬胶各工序质量和衔接、加快工程进度的重要措施，衬胶防腐蚀施工工艺流程参见图 5.1。

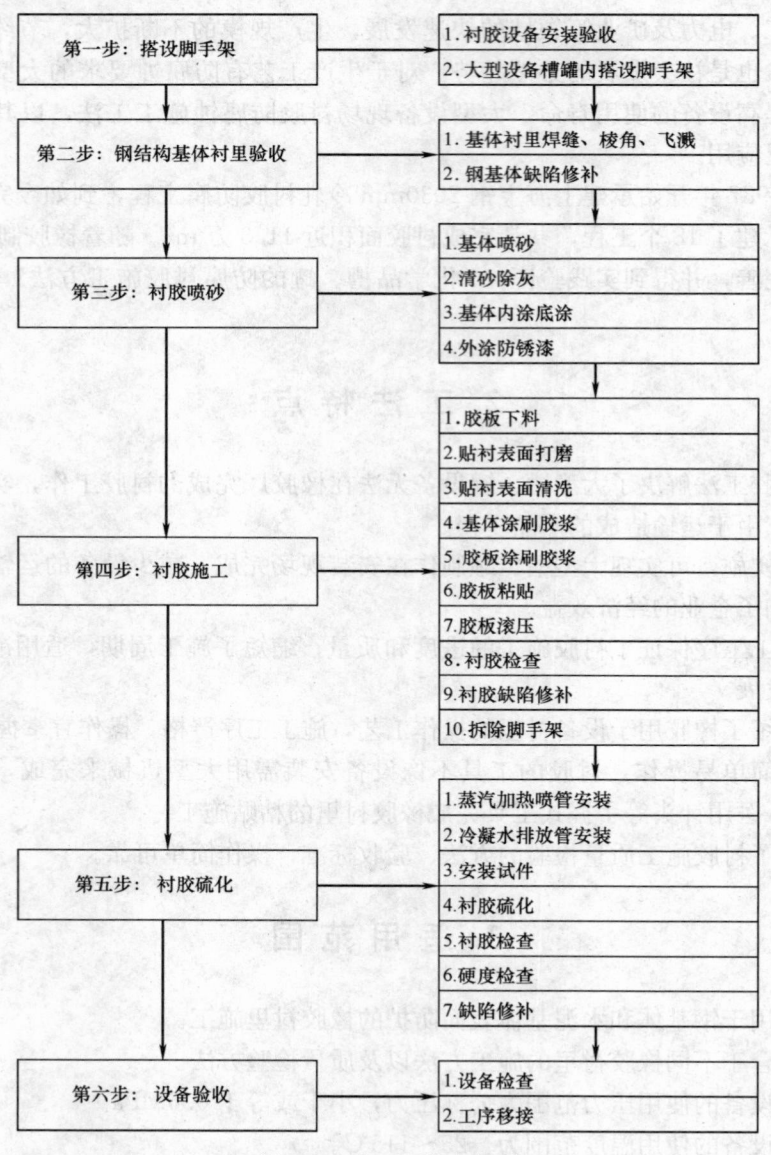

图 5.1 施工工艺流程图

5.2 操作要点

衬胶施工操作分五大步骤，即：搭设脚手架临时设施、钢结构衬里基体验收、钢基体喷砂、衬胶施工、衬胶硫化。

5.2.1 第一步：搭设脚手架临时设施

1. 对于敞口的槽、罐衬胶施工，如果空气湿度超标，需要搭设防雨棚进行施工。对于大型槽、罐衬胶施工，需要在槽、罐体内搭设脚手架，以满足操作人员作业要求。考虑到操作人员和衬胶板的重量，脚手架承载力为 250kg/m²。

2. 脚手架在每台设备搭建时，按照防腐施工的要求，最上层是敷满跳板，便于工人操作。

3. 脚手架脚手杆立杆间隔为 1850mm 以下，第一步横杆应在 2m 以下，以上各步横杆间隔应为 1800mm，对双排架宽应在 1500mm 以内，应在脚手架内外侧形成 45°斜拉杆。

4. 脚手架敷设的人行走道，要保证 400mm 宽，由 2 块跳板组成，跳板的探头应在小杆架设处用钢丝捆扎好，不允许有探头活动跳板。

5. 脚手架钢管禁止贴在设备内表面，每层横管两端距离罐壁 250～300mm，在脚手架搭建时，特别注意设备附件的部位，严禁和钢管任何一表面接触，间隔距离须保持 100～200mm。

6. 脚手架起架时，应该是内外双排钢管，中间距离应该是 800～1000mm 宽。

7. 每层脚手架通道应该是楼梯连接，两边须有护栏，护栏的高度应该保持 1100～1200mm，每层上下楼梯坡度不宜过大，最佳保持 30°～45°。

8. 脚手架拆卸时，衬胶已完成，要做好成品保护，每根脚手架和扣件等都必须有效控制，不能随意丢弃，拆除脚手架要遵循由上到下，由外到内的原则。

5.2.2   第二步：钢结构衬里基体验收

对钢结构设备基体验收，设备贴衬表面应达到局部平整，拐角处打磨后应圆滑过渡，凸角面圆角半径大于 5mm，凹角面应大于 10mm。局部（包括焊缝处）凹凸不平度应小于 3mm。点蚀、裂缝、咬边、划痕、鳞皮等表面缺陷必须清除，在需要的地方通过焊接加以修补，焊缝必须平整、光滑，并且不能夹有气孔。

钢结构基体验收参见图 5.2.2。

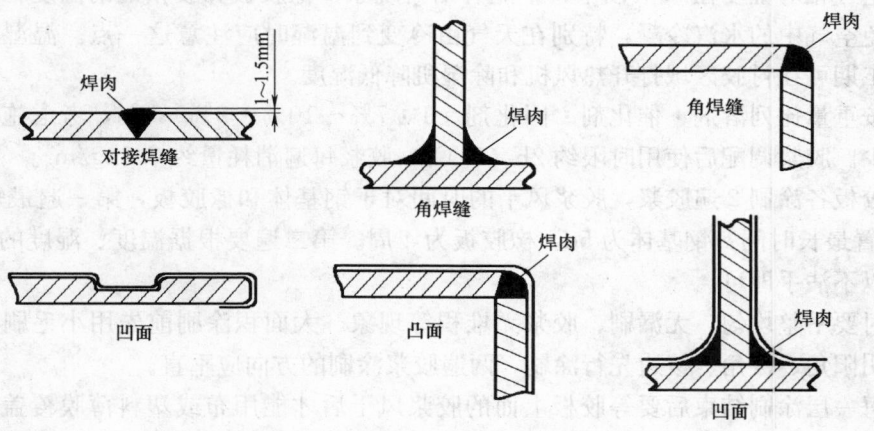

图 5.2.2   钢结构衬里层验收

5.2.3   第三步：衬胶喷砂

1. 钢结构表面除锈采用喷砂方法，喷砂所选用的磨料为干净、干燥、颗粒均匀、无杂质的合格磨料，磨料为 3～5 号硅砂或金刚砂。

2. 钢基体喷砂处理后，钢表面处理除锈等级应达到 Sa21/2，即：喷砂至金属灰白色，完全清除氧化皮、锈及其他杂质，残留仅为斑点或条纹阴影，清除磨料、积灰。基体表面粗糙度要求 Rz≥50μm。

3. 喷砂前的空气相对湿度在 80% 以下，基体与露点之间的差值要大于 3，不能发生结露现象。当空气湿度大于 80% 时，可采用除湿机降低湿度再进行施工，或是采用干燥的压缩空气来移除设备内的空气，以达到降低空气湿度的方法。如果以上两种方法均不能将空气湿度降至 80% 以下时则停止施工作业。

4. 钢基体喷砂检验合格后，及时将磨料粉尘清扫干净，对衬里层涂一遍底涂，外层根据设计要求涂防锈漆和面漆。

5. 喷砂结束后与涂刷底涂间隔的时间：当空气湿度小于 40％时，最长停放时间不得长于 24h；当空气湿度小于 55％时、最长停放时间不得长于 8h；当空气湿度小于 75％时，最长停放时间不得长于 4h。

6. 底涂风干时间为 2～4h，视温度不同而不同。底涂最长放置时间一般不超过 4 周。底涂使用消耗量约为 0.15kg/m²。

7. 对于水泥储罐，水泥表面应按实际要求进行喷砂处理，以去掉表面上松脆、易剥落的水泥渣块、泥灰以及其他杂物。表面残余的湿度应低于 4％。水泥表层应在粘贴之前涂上一层约 1mm 左右厚的光洁导电找平层。这层涂层即可以改善表面的平整程度，也是用电火花检测仪检测衬里密封性时的反极。

5.2.4 第四步：衬胶施工

1. 胶板下料

将橡胶板展开，选取粘接面。下料前需要精确测量被衬构件的尺寸，并作好记录，做到量体裁衣、下料精确，尽量采用套裁方法，减小消耗量，并考虑胶板搭接宽度。

下料时下料刀与下料台之间所成角度应在 25°～30°之间，以保证坡口的宽度达到橡胶板的 2.5～3 倍，要注意胶板坡口的里外方向。这是为了保证最后衬贴过程中搭接边的搭接效果和最终的粘结质量。

橡胶板下料完需要卷好并做出标注，以便衬胶人员清楚该块胶板衬在何处。对预硫化胶板，下好的橡胶板需要对涂刷胶浆的部位和涂刷胶浆面（包含坡口和搭接边）进行打磨。打磨过的橡胶板使用麻质抹布和清洗剂擦洗干净，待橡胶板清洗的表面完全风干后再卷好并做好标记，准备涂刷胶浆。清洗剂风干时间一般为 10～20min，视当时工作间空气对流情况而定，清洗剂消耗量约 0.2kg/m²。

2. 涂刷胶浆

涂刷前的空气相对湿度在 80％以下，不能有结露现象，橡胶板和胶粘剂的温度在涂刷时不许低于环境温度，以免空气中的水汽冷凝，特别在天气由冷变到温湿时应注意这一点。温湿度超标时停止施工，为了保证工期可在衬胶区域打开热风机和除湿机降低湿度。

胶浆配比按重量比列溶剂：催化剂：固化剂＝1：7％～10％：2％～4％，考虑施工温度不同，固化剂可适当减少。胶浆调配后使用时限约 2h（20℃），胶浆每遍消耗量约 0.2kg/m²。

基体和橡胶板各涂刷 2 遍胶浆，胶浆风干的时间对于钢基体和橡胶板，第一遍最短 2h，第二遍最短 0.5h。而放置最长时间，钢基体为 5d，橡胶板为 4 周。第二遍要根据温度、湿度的情况而定，胶浆涂刷后用手背以不沾手即可。

涂刷胶浆时要平整均匀，无漏刷、胶浆无堆积等现象，大面积涂刷前先用小毛刷蘸配好的胶浆将所有钢基体的阴阳角、棱角、棱边先行涂刷，两遍胶浆涂刷的方向应垂直。

橡胶板的每一层涂刷结束后要等胶板上面的胶浆风干后才能用布或塑料薄膜覆盖卷起来，并做好记录及标注工作，以便下次涂刷和衬胶及时寻找。

3. 衬胶施工

衬胶过程中，槽、罐内要放置温湿度计，并做好温度和湿度的记录，空气相对湿度控制在 80％以下，温度控制在 10℃以上。如有结露不得衬胶，湿度和温度超标应采取加热除湿措施的方可施工。

将涂有胶浆的橡胶板在放置后平铺在钢基体上，胶板不能随意拉长或受挤压，然后用手轻轻摁压，用 30mm 和 50mm 宽的辊子进行滚压大平面胶板，接缝和边角处用 3mm 宽的小辊子稍用力滚压。

胶板贴衬时，要先内后外滚压，将内部空气驱赶干净，滚压要严实，不得遗漏，确保胶板与基体表面之间贴衬均匀完整，无气泡。滚压时按顺序一辊一辊用力均匀地滚压，每辊之间必须有 0.5～1cm 的重复滚压面。为了保证贴衬质量，防止有漏辊处，可用粉笔画出小区域，一个区域一个区域地滚压，将滚压过的地方用粉笔打上记号，同时将施工人员代号写上，以便质量跟踪。

胶板接缝采用搭接，对于多层衬里的首层可采用对接。胶板接缝不允许出现十字形接缝，要采用 T 字形接缝。胶板搭接重叠宽度一般在 30～50mm 之间，搭接区域的边缘应斜削成 30°角，并用磨光机打磨粗糙，打磨的区域约为 40～50mm。

胶板搭接方向应顺介质流动方向。对于有搅拌器的罐、槽设备内，若搅拌器为顺时针转动，壁部衬胶应从左到右，保证纵缝不逆对浆液流动，管口部位的搭接缝尽量安排在管内部，同时要打磨平整，防止浆液冲刷。

橡胶贴衬完毕后，经外观检查和电火花检查合格，对于预硫化胶板，视设计要求，也可贴衬盖缝胶条，盖缝胶条宽度一般为 30～50mm，厚度以 2mm 为宜。

对于冷轧线酸洗槽设备的衬胶，是采取在地面分段衬胶，每段槽体接口部位预留 200mm 不衬胶，在酸洗槽全部安装调整后再进行接口处的焊接和打磨，焊接时在 200mm 处的衬胶处用淋湿的防火布覆盖保护，然后再完成衬胶施工。

对于金属壳体的衬里表面缺陷的处理方法，可在涂末遍胶浆前，用刷过胶浆并经干燥的胶条填塞，以满足贴胶要求。

对于自硫化胶板在滚压胶板出现气泡时，应随即切口放气，仔细压合，并在切口处贴一块胶板压实补平，而后在其表面上加贴一层直径为 $\phi80～\phi100mm$ 的盖板。

典型部位衬胶要领参见图 5.2.4-1。

衬胶施工最佳环境温度为 15～30℃，相对湿度低于 80%，否则容易结露而影响粘结强度。当金属表面温度低于露点以上 3℃时，喷砂和衬胶作业停止。不同环境相对湿度下金属表面的温度与露点的关系参见图 5.2.4-2。

表中斜线表示环境湿度。A＝B 时，则 RH＝100% 就结露。A 取决于 B 和 RH（相对湿度）的条件，但涂刷面温度低于 A 则结露，高于就不结露。

当环境温度低于 15℃时，设置热源，打开电风扇加热器提高环境温度，温度超 35℃，由于胶浆干燥过快，不宜施工。

4. 衬胶检查及修复

衬胶完成后用目测方法检查胶板是否有气泡、夹杂物、粗糙处、裂缝、翘边或其他机械损伤。用电火花检测仪进行 100% 全面检查胶板的绝缘性。测试电压为 3000V/mm。

对衬胶检查发现的缺陷点，要切割掉，缺陷点切割至钢结构基体并将衬里的切口边缘斜切出较宽的斜面，取一块大小合适的与本区域相同材质的橡胶板，边缘也切成相应的斜面，补在衬里的切口上。如被修复处的直径小于 300mm，应在补贴的橡胶块上再贴一层与本区域相同材质胶板，其大小以能盖住补块的边缝为准。如在一个较小的面积上

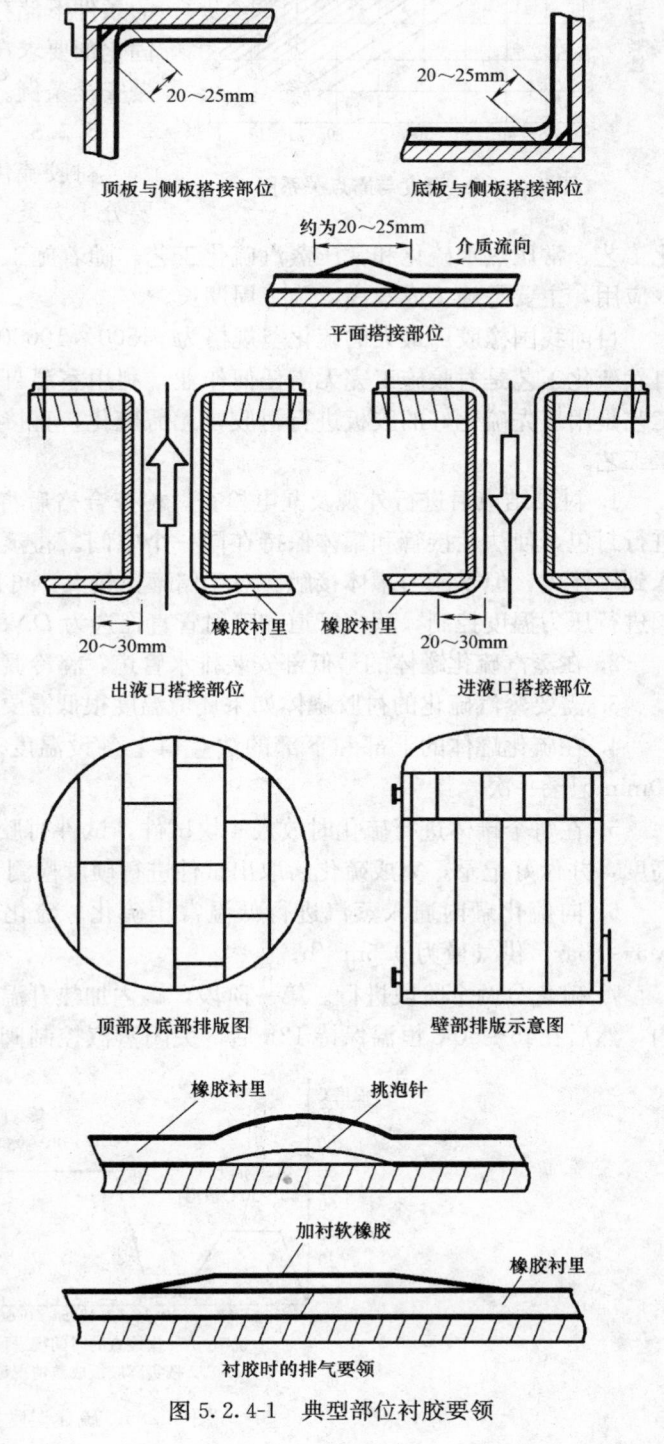

图 5.2.4-1 典型部位衬胶要领

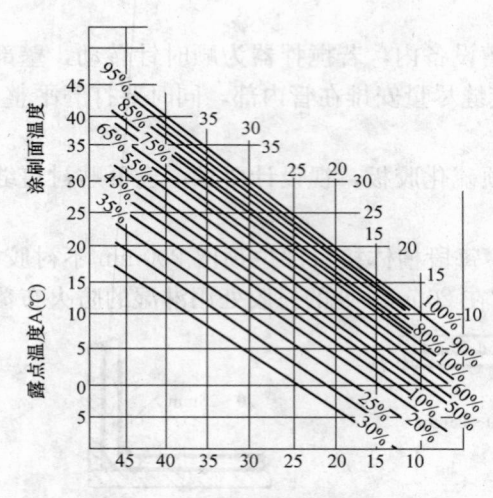

图 5.2.4-2　温度与露点关系图

有好几个补块，可用一块大橡胶板覆盖粘贴。修补后要做电火花检测，要求同衬胶检查。

5. 制作试板

在整个衬胶过程中同步进行试板的制作，所用材料和防腐设备材质相同，其规格为 300mm×200mm×10mm，对试板进行评定并确保整台设备的所有检测项目与试板相同。

6. 材料储存

预硫化胶板、胶浆、催化剂、固化剂材料在干燥、常温的条件下储存。热硫化和自然硫化的胶板、胶浆、催化剂、固化剂要求在低温 6～15℃ 的范围内储存。要遵守防火、防爆安全条例。材料存放要设专人保管。

5.2.5　第五步：衬胶硫化

衬胶硫化，根据胶板的不同，有不同的硫化工艺，其主要分 4 大类，即：硫化釜内硫化工艺、自然硫化工艺、预硫化工艺、常压热水硫化和常压蒸汽硫化工艺。随着施工工艺的不断完善，目前常压热水硫化工艺已很少应用，主要是施工成本高，施工周期长。

目前我国橡胶厂最大的硫化釜规格为 ϕ4500×10000mm，满足硫化釜要求的可在橡胶厂进行硫化。自然硫化工艺是衬胶施工完无需任何作业，利用室温自然进行硫化，硫化时间大约 6～10 周。预硫化工艺是用事先硫化好的胶板进行衬胶，无需硫化，直接可以投入使用。下面介绍蒸汽低温常压硫化施工工艺。

1. 衬胶结束后进行外观及漏电检查。检查合格后将衬里的设备人孔，法兰接管等处用耐温塑料布进行封包，使法兰接管和罐体保持在同一个空间。将蒸汽管道接至热硫化罐体上，蒸汽加热喷射管插入到罐体内，但不能与罐体接触。对于储罐比较大，可设 2～5 个蒸汽加热喷射管。蒸汽喷射管设控制阀进行压力温度控制，蒸汽管道和喷射管直径选为 DN80 和 DN25，蒸汽管道要进行保温以防烫伤人。

2. 在蒸汽硫化罐体的最低部安装排水管道，将冷凝水及时排至窖井里。

3. 需要蒸汽硫化的衬胶罐体如果环境温度很低需要做一层保温。

4. 在硫化罐体的上部和下部的法兰口上各设温度表和压力表，在硫化过程中进行监测，每间隔 60min 记录一次。

5. 在每个罐体进行硫化时放入 4 块试件，试件衬胶后用铁线从罐顶部法兰口放入硫化罐内的不同高度，并做好记录，完成硫化后取出试件进行硬度检测。

6. 向硫化罐内通入蒸汽进行低温常压硫化。硫化时蒸汽压力为 3～3.5bar，恒温时蒸汽压力为 0.5～1bar，供气量为 0.5m³/h。

7. 硫化分两个阶段进行。第一阶段，罐内加热升温，由室温缓慢升温到 45～50℃ 温度时控制在 6h 内，然后在 45～50℃ 恒温保持 12h 后，关闭蒸汽控制阀，打开罐体人孔进行硫化检查，在橡胶未完全

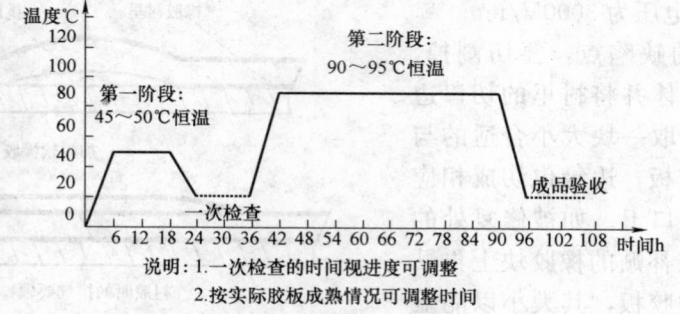

说明：1. 一次检查的时间视进度可调整
　　　2. 按实际胶板成熟情况可调整时间

图 5.2.5　硫化温度控制曲线图

硫化的状态下，可以将衬胶的缺陷进行及时修补，检查合格后，将罐体重新封闭进入第二阶段的硫化。第二阶段，在6h内将温度升到90~95℃，然后在90~95℃恒温保持48h后，关闭蒸汽控制阀，打开人孔盖，进行自然降温，完成衬胶硫化工艺。

8. 衬胶硫化后对罐体衬胶全面检查，测试胶板硬度，有衬胶问题要修补。检查合格后，对人孔、接管等法兰面进行打磨至平滑。

9. 硫化温度控制曲线参见图5.2.5。

6. 材料与设备

6.1 衬胶主要施工机具（表6.1）

衬胶主要施工机具　　　　　　　　表6.1

序号	机具名称	规格型号	数量	备注
1	电动空压机	10m³/min,0.8MPa	1台	喷砂
2	轴流防爆风机	B30K-5A,N-0.6kW,n=2850r/min	4台	通风
3	电风扇加热器	N=14kW,200℃	3台	除湿
4	移动式除湿机	除湿量:360L/d	2台	除湿
5	喷砂设备	容积:0.6~3m³	1套	喷砂
6	工业吸尘器	移动式:0.75kW,3kW	1台	清灰
7	除尘设备	风量:2000~6000m³/h	1台	喷砂
8	角向磨光机	φ100mm	5台	打磨
9	直向磨头机	φ10~40mm	2台	打磨
10	低压变压器	220V/36V 或 220V/24V	2台	照明
11	手提电动搅拌器	叶片φ100mm	2台	胶浆配置
12	工作台	长×宽×高:8m×1.2m×0.8m	2块	下料
13	衬胶刀	月牙形	若干	下料
14	衬胶压辊	各种规格:50、30、20、10、5、3mm	若干	衬胶
15	脚手架	脚手管和扣件	若干	高空作业
16	跳板	5000mm×200mm×50mm	若干	高空作业
17	白布或塑料薄膜	长×宽:1.2m×8m	4块	衬布
18	天平称	20kg	2台	计量
19	照明灯及电线	24V 或 36V	10套	照明
20	毛刷	1~4″	若干	衬胶

6.2 衬胶主要检测仪器

衬胶主要检测仪器　　　　　　　　表6.2

序号	机具名称	规格型号	数量	备注
1	粗糙度对比板	0~100μm	1套	
2	电火花检测仪	输入100~250V30W,输出10~55kV	1台	
3	吸附式温湿度仪	0~100℃	4台	
4	弹簧秤	0~500N	1台	
5	硬度检测仪	邵氏硬度计A型、D型	1台	
6	一氧化碳检测仪	测量范围0~2000ppm	2个	
7	氧气检测仪	测量范围0~25%Vol	2个	
8	厚度检测仪	磁石式0~10mm	1台	
9	粗糙度检测仪	0~100μm	1台	

7. 质 量 控 制

7.1 质量控制的特点

7.1.1 用高压电火花检测仪检测胶板针孔缺陷，迅速准确可靠。

7.1.2 用弹簧式测力计作 90°剥离试验简便易行，适于施工现场就地质量检验。

7.1.3 运用空气湿度计算法能保证粘结质量。

7.1.4 本工法执行《橡胶衬里化工设备》HG/T 20677—1990 和《橡胶衬里—第一部分设备防腐衬里》GB 18241.1。

7.2 质量控制的检验

橡胶衬里施工的质量控制是贯穿于整个施工过程中，施工质量要求高，衬胶工作从焊缝打磨到衬胶硫化中的每道工序都有严格的规定，要做好每一过程的详细记录，每进行下一道工序前必须要进行检验和验收，施工质量要层层把关。

7.2.1 衬里钢基体表面，应达到局部平整，拐角处应圆滑过渡，点蚀、裂纹、咬边、划痕、鳞皮等表面缺陷必须清除，需要通过焊接加以修补，焊缝必须平整、光滑，且不能有气孔。

7.2.2 施工作业环境以 15～30℃为宜，相对湿度应小于 80%，无结露发生。

7.2.3 衬里钢基体表面喷砂处理后，钢表面处理等级应达到 Sa21/2，喷砂表面呈金属灰白色，完全清除氧化铁皮、锈及其他附着物，喷砂后基体表面粗糙度 Rz≥50μm。

7.2.4 橡胶衬里施工要 100%进行质量检查。第一步，外观检查，目视无鼓泡、搭边无翘起、无伤痕等缺陷。第二步，电火花检测，使用高电压低周波漏电检测仪全面扫描衬里面，确认无孔眼缺陷，检查电压为 3000V/mm，检查时扫描速度为 300～500mm/s。

7.2.5 厚度检查，使用磁石式厚度检测仪测量胶板的厚度，衬胶胶板的厚度允许范围为 90%～115%。厚度测试参见图 7.2.5。

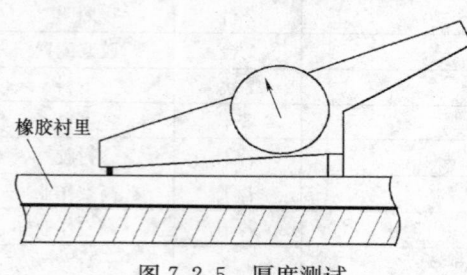

图 7.2.5 厚度测试

7.2.6 粘结强度测试，采用 90°剥离强度的测定方法，见图 7.2.6。选钢板试件长×宽×厚（300mm×200mm×10mm），试件的衬胶工艺与设备衬里一致。试件一端胶板留出 40mm 不粘结，与留有未衬的一边成直角将胶板切成 30mm 宽的长条，深至钢板，用夹具夹住未衬部位，使用弹簧秤与钢板成 90°角往上剥离，记录弹簧秤读数，算出粘结强度值。胶板与钢板间的粘结强度不同型号胶板数值不同，一般在 3N/mm。90°剥离试验参见图 7.2.6。

7.2.7 衬里硫化后胶板应致密、均匀、表面清洁、边缘整齐，在电火花检验合格的条件下，胶板允许有凸起高度低于 2mm，面积≤20mm² 的气泡存在，但每平方米内不多于 1 个。

7.2.8 硬度试验选用 SHORE（邵氏）硬度计检查橡胶板硫化之后的硬度，硬橡胶用 D 型硬度计，软橡胶用 A 型硬度计，检测时的环境温度为 23±2℃，检测点宜分散选择 5～10 个点，取其平均值，确认硬度在标准值±5 范围内。硬度测试参见图 7.2.8。

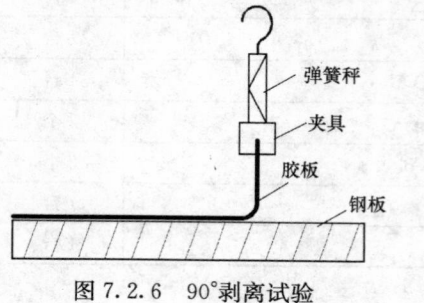

图 7.2.6 90°剥离试验

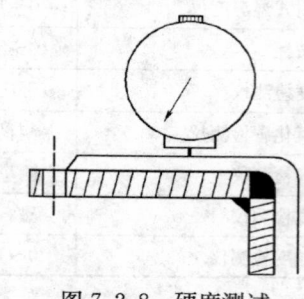

图 7.2.8 硬度测试

7.2.9 衬胶施工各项检查内容与标准（表7.2.9）

衬胶施工检查内容与标准 表7.2.9

序号	检查内容	检验标准	测试方法
1	临时措施	脚手架搭设符合规范	测量
2	作业环境	温度15~30℃，相对湿度小于80%	测量仪
3	钢结构验收	局部平整，基体无表面和焊接缺陷	目测
4	胶板	胶板是否有气泡、夹杂物、粗糙处、裂缝或其他机械损伤，储存条件	目测
5	胶浆	检查质保书、合格证及有效期，储存条件及外观	目测
6	打磨	焊肉饱满，无咬边、气孔、夹渣，焊肉打磨应圆滑过度，钢板棱角打磨修整呈圆角	目测
7	喷砂	钢结构内表面的精度等级Sa2.5，粗糙度60μm±10μm	检测仪
8	衬胶	无鼓泡、搭边无翘起、无伤痕、无漏电。测试电压为3000V/mm	目测 电火花检测仪
9	厚度	胶板厚度允许范围为90%~115%	检测仪
10	硬度	分散选择5~10个点，取其平均值，硬度范围为标准值±5	检测仪
11	粘结强度	90°剥离试验	3N/mm以上

8. 安 全 措 施

8.1 衬胶所用的底漆、清洗剂、胶浆、固化剂属于易燃易爆物品，必须严格遵守防火防爆的规定，贯彻执行安全保护的有关事项规定。

8.2 施工场地要求通风良好，有防火防爆措施，保持通讯和道路畅通。

8.3 在罐内施工时，应在罐底部处安设排出空气管道，在罐顶部设新风管道，使罐内空气保持流通。

8.4 在罐内衬胶要使用36V低压安全照明灯，所有电源线不得有裸露，接地要安全。

8.5 喷砂时穿戴好保护用具，保证喷砂操作者的供气通畅，喷砂过程要加强内外联系，联系信号明确，喷砂设备要保证安全装置运行正常。喷砂时尽量采用封闭喷砂以减轻对环境的污染，严禁用砂枪对人，作业后将砂枪口朝上悬挂。

8.6 在大型设备衬胶时，脚手架搭设要符合有关规定要求，并经验收方可使用。

8.7 衬胶场地严禁火种，禁止静电、金属敲击等引燃因素以防酿成火灾。储存衬胶材料应远离作业场地，应于阴凉干燥处贮存，设专人保管。施工现场只许放置当天的施工用料，胶浆配制要随时用随时配，底漆、清洗剂、胶浆、固化剂的桶，打开使用后要及时封盖。

8.8 衬胶硫化过程中要严防热水或蒸气伤人，热水和蒸汽管道要采取保温措施。

8.9 做好成品保护，在已完衬胶施工的设备本体上，严禁进行焊接、切割等作业，远离火源，安装吊装时，严禁碰撞、敲击衬胶设备。衬胶作业时，要穿软底鞋。

9. 环 保 措 施

9.1 及时清理槽、罐内的灰尘，防止灰尘扩散和影响下到工序施工。

9.2 保持施工区域的文明施工，施工现场的废弃物及时清理，并集中分类存放，严禁和防止进入排水系统，施工结束后统一回收按规定处理。

9.3 减低施工噪声，对于空压机等设备采取加缓冲垫等防震措施，对排气口采取消声措施。

9.4　对于有毒有害品设置专用库房保管，专人负责，边角废料统一回收，制定地点处理，防止污染环境。

10. 效 益 分 析

10.1　对于大型衬胶储罐，采用现场拼装完成储罐制作工作，再实施衬胶施工，减少了大型吊装机械和运输机械的使用费，在施工现场实现设备的制作、安装和衬胶施工程序。

10.2　采用本工法实现了在橡胶厂无法完成的大型设备衬胶硫化工艺，使衬胶设备更具有耐腐蚀性和使用性能，延长了设备的使用寿命，降低了设备维修费用，经济效益和社会效益巨大，在各个领域得到广泛应用，通过实践验证具有极高的操作性和实用性。

10.3　采用焊接安全区工艺，使大型槽体衬胶设备在地面分段衬胶，整体连接后完成预留衬胶，加快了施工速度，更保证了粘结质量。

10.4　将衬胶、涂装的喷砂同时施工，减少设备倒运，减少施工程序，提高工效，降低施工周期。

10.5　目前就上述经济效益分析，每完成一项衬胶工程，衬胶面积近 5000m²，从提高工效、减低施工周期、减少机械使用费、提高衬胶设备使用寿命、减少环境污染角度计算，带来经济效益近百万元。

11. 工 程 实 例

本工法自1987年开始应用于上海宝钢2030mm冷轧衬胶防腐工程以来，目前我们又承建了巴新瑞木镍钴冶炼工程的衬胶防腐工程，工程量近5.5万m²。在这二十多年的施工中，我们不断积累经验，不断完善施工工艺。在不同的工程中应用该工法，保证了各个工程的施工任务圆满完成，并使施工环节紧扣，施工周期降低，劳动力投入降低，消耗材料减少，施工用料消耗降低，使企业降低了施工成本，为企业创造了非常可观的经济效益。二十多年的实践证明，大型设备衬胶防腐蚀施工工法具有实用性和可操作性。

表11为所施工的工程项目。

		工程项目		表11
序号	设备名称及规格	衬胶形式	使用单位	工期
1	酸槽、酸罐等	预硫化、热水硫化 胶板 $S_总 = 6330m^2$	宝钢2030冷轧	12个月
2	酸槽、酸罐等	预硫化、热水硫化 胶板 $S_总 = 4260m^2$	宝钢1420冷轧	8个月
3	酸槽、酸罐等	预硫化、热水硫化 胶板 $S_总 = 5680m^2$	宝钢1550冷轧	6个月
4	酸槽、酸罐等	预硫化、蒸汽硫化 胶板 $S_总 = 3420m^2$	宝钢1880冷轧	3.5个月
5	酸槽、酸罐等	蒸汽硫化 胶板 $S_总 = 3690m^2$	宝钢五冷轧	2.5个月
6	酸罐、碱罐等	预硫化 胶板 $S_总 = 1350m^2$	宝钢能源部废水处理	1个月
7	脱硫塔	预硫化 胶板 $S_总 = 1150m^2$	宝钢电厂	1个月
8	酸罐	蒸汽硫化 胶板 $S_总 = 2730m^2$	宝钢冷轧硅钢厂	2个月

序号	设备名称及规格	衬胶形式	使用单位	工期
9	酸槽、酸罐、浓密机	预硫化 胶板 $S_{总}=5530m^2$	宁波宝新不锈钢	6个月
10	酸槽、酸罐	预硫化 胶板 $S_{总}=1450m^2$	上海益昌薄板厂	2个月
11	酸槽、酸罐	预硫化 胶板 $S_{总}=4550m^2$	广钢冷轧	4个月
12	酸槽、酸罐	预硫化 胶板 $S_{总}=4670m^2$	马钢冷轧	4个月
13	酸槽、酸罐	预硫化 胶板 $S_{总}=2240m^2$	宝钢不锈钢	2.5个月
14	酸槽、酸罐	预硫化 胶板 $S_{总}=2250m^2$	首钢顺义冷轧	2.5个月
15	酸槽、酸罐	预硫化、蒸汽硫化 胶板 $S_{总}=3420m^2$	宝钢梅钢冷轧	3.5个月
16	酸槽、酸罐	预硫化、蒸汽硫化 胶板 $S_{总}=2710m^2$	南钢冷轧	3个月
17	酸罐	预硫化 胶板 $S_{总}=2710m^2$	天津铁厂	2个月
18	酸罐、闪蒸槽、浓密机	预硫化、自硫化 胶板 $S_{总}=55000m^2$	巴新(正在施工)	8个月

一管多束钢烟囱气顶工法

YJGF36—91（2007～2008年度升级版-054）

浙江省开元安装集团有限公司

傅慈英　胡国权　王自凡　林炜

1. 前　　言

　　浙江省开元安装集团有限公司于1989年12月在北仑电厂一期工程一号机240m烟囱（单管束）钢内筒施工中成功地创新发明了气顶倒装工艺。此后，在二号机的烟囱钢内筒施工中同样获得成功，并于1996年7月～1997年6月更为顺利地用同样工艺完成了扬州第二发电厂"一管双束"的施工和北仑电厂"一管三束"的施工。围绕气顶倒装这个核心原理，对工艺、工装、劳动组织、作业方法等作了修正和改进，同时申请了国家发明专利，专利号为ZL89108286.7，发明名称为等直径钢制高烟囱气顶倒装法；并经评审为土木建筑国家级工法，编号为YJGF 36—91，工法名称为大型等径钢制高耸筒体结构（烟囱、排气筒）气顶倒装工法。在几十年的发展中，钢内筒结构形式由"一管一束"、"一和双束"到"一管三束"，直到现在的"一管四束"。该施工工艺曾获得建设部科技进步二等奖、中国安装之星、中国安装协会第五届安装科技进步一等奖等奖项。2008年"一管多束钢制高烟囱气顶装置"获得国家专利，专利号为ZL200820170167.2。下面就国华宁海电厂"一管四束钢内筒"气顶施工为例（图1），介绍"一管多束"烟囱钢内筒气顶顶升工法。

图1　国华宁海电厂工程一管四束烟囱全景

2. 工法特点

　　一管多束钢烟囱气顶工法，除原有气顶设备的就位、气顶装置的组装、配管调试、钢内筒筒体的分片预制、钢内筒顶升、分片组对钢筒、钢内筒的焊接技术外，关键是对施工中的支承梁安装高度进行了调整，增设了内导向轮、改进了筒片吊运方法，并对一管多束钢内筒同步施工技术进行了探索和改进。

2.1 工作及改进原理

2.1.1 密封装置。装于气顶装置底座上部与内筒壁间的密封圈，当气顶顶升时，可保证筒内气体不泄漏。但一旦破损后，筒内气体压力将迅速下降、筒体下滑，可能导致施工安全事故。在原有密封圈的上方加装 1 套密封装置，可保证施工的安全。

2.1.2 气源装置。现场临时设置压缩空气站，多管束同步顶升时的气源装置选用 6 台空气压缩机组（0.8MPa，6m³/min）。系统中设置一台储气罐（四管束时，选用 40m³ 储气罐），以保证施工中气源的稳定，空气压缩后存入空气储罐中，然后用分气缸将压缩空气相对独立地分派到各支钢内筒和各气顶装置的 O 形圈内。

2.1.3 支承梁。支承梁用于施工平台和组装气顶装置的吊装。原有支承梁设置在混凝土筒体上方 10m 高度，支承梁安装与拆除非常危险。改进后，支承梁设置高度与混凝土筒体高度一致，当钢内筒顶升至混凝土筒体高度接近时，拆除支承梁，再进行最后一节钢内筒的顶升。一管多束钢内筒支承梁的设置数量由内筒的数量确定。

2.1.4 一管多束钢内筒同步施工技术。在多管束气顶施工时，采用轮流交替气顶的技术，即在一支钢内筒气顶完成进行筒节焊接的同时，进行下一支钢内筒的顶升和筒节组对。当第一支钢内筒焊接完成后，第二支钢内筒已气顶、组对完毕，便可进行第二支钢内筒筒节的焊接，此时组对第二支钢内筒的施工人员便可进行第三支烟囱钢内筒的气顶和筒节组对，如此循环交替顶升直至多束钢内筒施工完毕。

2.1.5 螺旋轨道。钢内筒直径大高度高，筒片数量较多，筒片的吊运直接影响烟囱施工的进度，螺旋轨道是专门用于在混凝土外筒以内吊运钢内筒筒片的工装。采用螺旋轨道吊运筒板大大提高了筒板运输速度，缩短了筒段气顶周期。

2.1.6 内导向轮。在本工法中设置了两层内导向轮，用以保证钢内筒最初气顶时气顶装置与钢内筒的同心度。

2.2 工法技术特点

2.2.1 采用的施工机械较为简单，大多为施工单位常备机械。

2.2.2 与其他制作方法相比施工工艺简单，大量高空作业转化为地面或低空作业，施工安全性高。

2.2.3 本工法无额外产生的施工荷载，若在设计时考虑采用本工法，可节省烟囱本体加固的费用。

2.2.4 采用多管束烟囱同步顶升的方法，与其他方法相比，对缩短现场组装工期和节约装备投入更有明显效益。

3. 适 用 范 围

本工法适用于长细比（高度：直径）小于 50 的竖立式钢筒体结构的现场组装，筒体高度超过 120m。这类钢筒体结构通常在其周围有其他构筑物的扶持以保证其竖立的稳固性，在同一扶持构筑物内根据设计可能是单支钢筒体，也可以是多支钢筒体。

4. 工 艺 原 理

4.1 气顶原理（图 4.1-1）

气顶法基本原理是将钢内筒与自制的气顶装置组装成一密闭活塞式套筒，然后在内密封底座的底部向套筒供气。当通入的压缩空气达到一定压力后，根据密闭容器内气体等强原理，形成一向上的顶

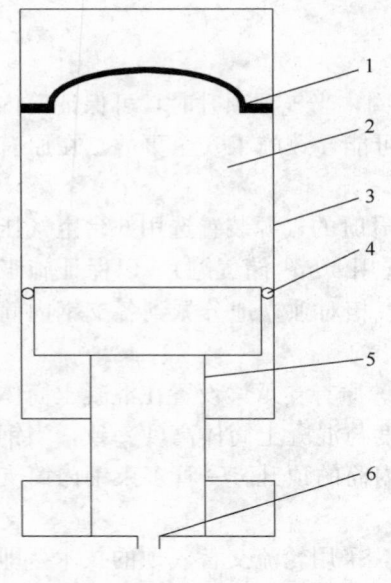

图 4.1-1　气顶原理图

1—封头（图 4.1-2）；2—压缩空气；3—已组对简身；4—密封环；5—内底座（图 4.1-3）；6—空气管道

升力。当此顶升力略超过包括上封盖在内的简段重量，并能克服简内壁与密封环的摩擦力时，简段便向上滑移。当简段上升到略超过一节简体高度时，在简段下面将准备好的简体板合围成整圈简节，焊固此简节的纵缝，再适量放气使上简段徐徐下降与它对接，焊固横缝。这样上简段被接长了一节，然后再进气顶升，围上后续节，接长，不断重复，直至简体达到设计高度，最后拆除上封头和密封内底座等施工附件，钢简体便组装完成，可以交给后续工序施工（图 4.1-2、图 4.1-3）。

4.2　交替同步顶升技术

交替同步顶升技术就是在一支内简气顶完成进行简节焊接的同时，进行下一支钢内简的顶升和简节组对，当第一支焊接完成后，第二支钢内简已气顶、组对完毕，便进行第二支钢内简简节的焊接，此时组对第二支钢内简的施工人员便进行第三支烟囱钢内简的气顶和简节组对，如此循环交替使多支钢内简相对同步交替上升的方法。

4.3　密封圈的改进

密封圈是钢内简稳定顶升的保证，它设置在气顶底座的上端，当密封圈的 O 型圈充气膨胀后使外部的角型圈与钢内简简壁紧密贴合，使钢内简和气顶装置形成一密闭的活塞式结构。为使钢内简的气顶更为稳定和安全，在原有密封圈的上增设了一套密封装置，从而保证修补措施能顺利展开。

图 4.1-2　封头

图 4.1-3　内底座

4.4　支承梁的改进

支承梁安装在混凝土外混凝土顶部，用于施工平台、气顶装置及简首的吊装。原支承梁一般要高出混凝土外混凝土 10m 左右，现在从烟囱钢内简工程的施工中采用了无助吊气顶，便可使支承梁高度降低，这样便可在滑模平台上进行施工，达到降低施工难度和施工危险性的目的。

4.5　螺旋轨道

在以往的烟囱气顶施工中，简节的调运围板采用汽车吊等起重工具，由于多管束烟囱内场地狭小，汽车吊在内部作业受到较大限制，给施工的进度造成较大的制约。在本工法中，通过在各支烟囱四周设置螺旋轨道来吊运烟囱简节，大大缩短了简节吊运的时间，加快了施工进度。螺旋轨道一般采用 16 号工字钢制作，下方采用立柱支撑，螺旋轨道下设置 4 台单轨小车及配套吊卡具吊运钢简片，单轨小车通过拖拉链条沿轨道移动，螺旋轨道距离钢内简的距离约为 300～400mm，螺旋轨道的布置应方便简片在各个位置围板，见图 4.5。

当简片由通道送至螺旋轨道中心圆弧下方，用钢板夹在两个吊点位置夹好后用手拉葫芦将简片提起，然后拖拉单轨小车链条将简片吊运至预定位置。这样采用螺旋轨道进行简片吊运，减少了吊车在烟囱内的周转，大大减少了施工时间，也节约了吊机使用成本，安全上也得到了保证。

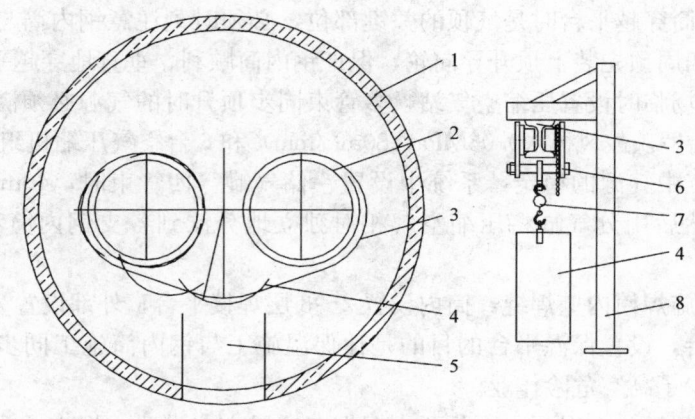

图 4.5　螺旋轨道布置图

1—混凝土外筒；2—钢内筒；3—螺旋轨道；4—筒片；5—通道；6—小车；7—手拉葫芦；8—支架

4.6　增设内导向轮

原工法在内底座的顶部设置了 3 只导向轮来保证钢内筒与气顶底座的同心度，改进后采用两层内导向轮。在内底座的顶部及锥形段下方座身上各设置 3 只以上导向轮，导向轮数量根据钢内筒的直径大小调整，约 3～4m 设置一只导向轮，上下导向轮的间距一般为 3～4m。设置下导向轮有以下几点原因：

首先，在最初顶升的过程中，由于烟囱未穿过平台无法设置外导向轮，此时如只在气顶底座上设置上导向轮，则气顶底座与钢内筒的同心度不能得到保证，在气顶过程中可能因偏心而导致底座与钢内筒卡住。

其次，钢内筒筒节制作存在一定的椭圆度，在没有下导向轮的情况下，密封圈局部地方可能产生较大挤压，对密封圈的长期使用不利。

因此，在气顶底座上设置下导向轮，当钢内筒徐徐上升经过下导向轮处时可以使上下导向轮之间（密封圈安装处）筒体的椭圆度得到保证，从而减少对密封圈的挤压。另外，根据两点一线的原理，有效保证了钢内筒与气顶底座的同心度，从而使气顶能流畅的进行。

5. 施工工艺流程及操作要点

5.1　施工工艺流程

5.1.1　施工技术准备

1. 图纸审查：由项目总工会同其他专业工程师进行，确认图纸的正确性，绘制排板图，并按排版图编制钢板采购计划。

2. 气顶压力计算：气顶压力计算是顶升的理论依据，在顶升前必须准确计算出顶升每节筒体需要的气压。顶升的气压 $P=G/S$，其中 G 为顶升时筒体的重量（N），S 为钢内筒的面积（m²）。气顶时由于实际情况与理论压力有所差异，因此在准确计算顶升压力后，气顶过程中还应考虑保温重量、下过雨、摩擦力等因素，列出气顶所需压强和各筒节高度。

3. 焊接工艺评定：由焊接责任工程师负责组织进行，确定焊接工艺。

4. 参加焊接的焊工必须持有相应合格项目。

5. 编制施工组织设计和有关技术文件，经上级技术负责人审批，指导施工。

6. 安装设计与制作：包括上封盖、气顶装置、导向装置、组焊平台、临时空压站、支承梁等等。

1）上封盖：根据气顶最高压强按《钢制压力容器》GB 150 进行计算，确定上封盖的厚度、形式和固定位置。

2）密封装置：为了保证烟囱气顶装置的密封性能，在气顶装置底座上设置两套气顶密封装置。

3）导向装置：钢内筒穿越平台时是气顶的关键部位，必须时刻注意钢内筒与平台间的距离，因此在各层平台钢筒穿入的四周预先装上顶升导向轮，保证钢内筒顺利、垂直地穿越平台。

4）气源装置：在现场临时设置压缩空气站，多管束同步顶升时的气源必须满足顶升要求，四管束以下的情况下一般用 2 台罗茨鼓风机（0.08MPa，80m³/min）和 6 台空气压缩机组（0.8MPa，6m³/min）便已够用。为了保证施工中气源的稳定，系统中设置一储气罐（四管束时，40m³ 便已够用），空气压缩后存入空气储罐中，然后用分气缸将压缩空气相对独立地分派到各支钢内筒和各气顶装置的 O 形圈内。

5）组焊平台：为了施焊筒内壁焊缝，筒内设置 2～3 层焊接平台，外部设置 2 层组焊平台，当进行保温时还应设置保温平台，设置保温平台的目的是让保温施工与钢内筒施工同步跟进，避免气顶以后高空进行保温施工，减少了高空危险作业。

6）一管两束同步气顶时，在混凝土顶延两支钢烟囱布置方向设置一根支承梁，作为气顶时辅助吊装用；二束以上烟囱则需根据钢内筒的数量设置多根支承梁。

7. 烟囱气顶系统如图 5.1.1 所示。

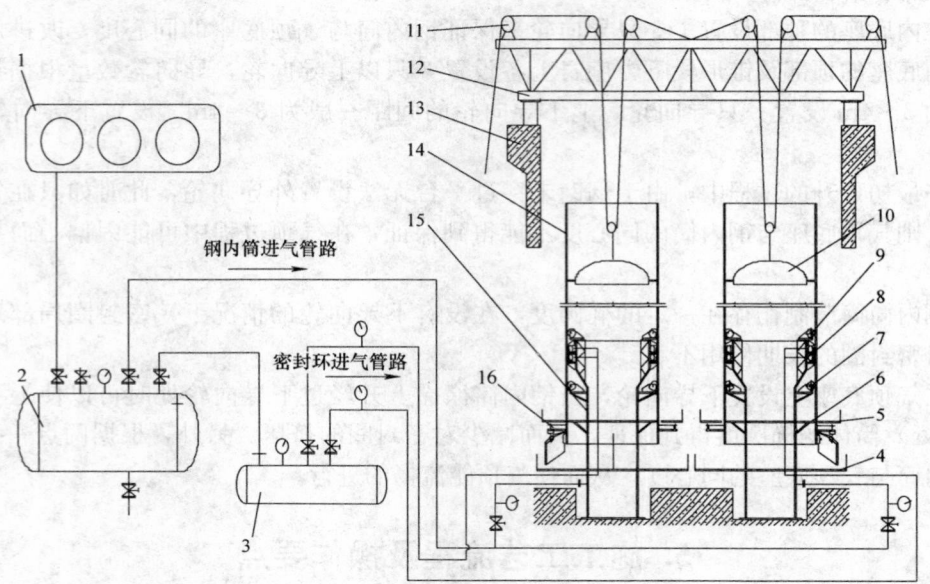

图 5.1.1 烟囱气顶系统图

1—空压机组；2—储气罐；3—分气缸；4—下层组焊平台；5—上层外焊接平台；6—上层内焊接平台；
7—下导向轮；8—密封环；9—上导向轮；10—上封盖；11—滑轮组；12—支承梁；
13—混凝土外筒；14—烟囱钢内筒；15—气顶底座；16—螺旋轨道

5.1.2 多束钢内筒气顶程序（图 5.1.2-1）

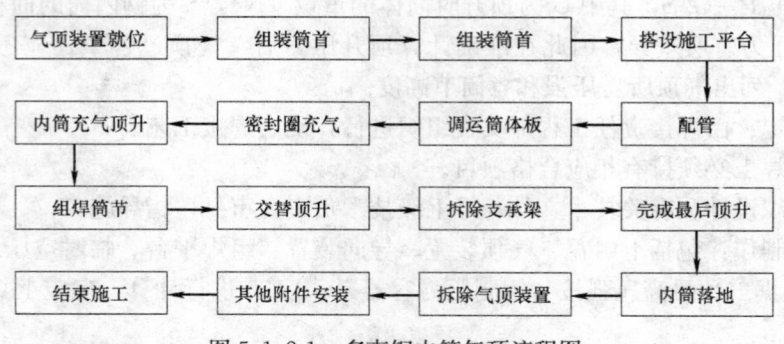

图 5.1.2-1 多束钢内筒气顶流程图

1. 组装气顶筒首及气顶装置（图 5.1.2-2）

筒首的组装是在现场以外先组焊成若干整圆周节，逐个进入筒体基础附近，利用常规的吊装机具，如汽车吊、桅杆吊、支承梁或原来组装周围扶持物的平台吊装用过的吊具，从上至下组对焊接至 15～20m，并在预定位置装上上封盖。用同样的吊具把气顶装置正确地安装在筒体的基础上，随后组装筒首与气顶装置，组装时应避免碰伤密封环。然后按照同样的方法组装其余的钢内筒筒首和气顶装置，最后拆离吊具。

2. 多束钢内筒气顶

1) 将原先卷制好的弧形筒体板运入，6m 直径烟囱通常为三片一节，将它们合围在筒首的外圈，把相邻筒片间的三条纵缝中的两条焊牢，在剩下的这条纵缝两侧焊上两对钢制索具眼板，用两只 5t 手拉葫芦拉住。

图 5.1.2-2　组装气顶筒首及气顶装置

2) 开动罗茨鼓风机，使储气罐内充气并达到额定压力。

3) 检查筒体周围，清除可能影响顶升的障碍物。

4) 打开进气阀，当达到气顶的预定压力时，控制进气阀流量，采用支承梁助吊使筒体徐徐上升。

5) 当筒体顶升高度超过合围在外圈的后续筒节高度 50～200mm 时，关闭进气阀，稳定顶升位置。

6) 将手拉葫芦收紧，使后续筒节完成组对，用间断焊把焊缝焊牢。

7) 拆除手拉葫芦和索具，把纵缝焊接完成。

8) 打开排气阀，使筒体缓缓下降，使它和后续筒节组对，并用间断焊焊牢。

9) 采用轮流交替顶顶升技术将其他的钢内筒筒节顶升组焊完成。

10) 重复 1～9，把各支烟囱钢内筒顶升至支承梁下沿。

11) 拆除支承梁，将钢内筒继续顶升至设计高度。

3. 拆除上封盖及气顶装置

1) 用顶端的滑轮组把上封盖吊住，然后拆下上封盖，把它从已割开的进烟口中移出。顶端的滑轮组可以是原来吊装钢平台用的滑轮组，也可以独立设置。

2) 用顶端的滑轮组拆除气顶装置，其吊出口也是进烟口。

5.2　操作要点

5.2.1　钢内筒焊接（图 5.2.1-1～图 5.2.1-3）

1. 焊接方法选择

钢内筒的主要材质有耐候钢、Q235B 钢、不锈钢及 Q235-B＋钛复合钢。耐候钢及 Q235-B 钢具有良好的焊接性，所以实际可运用多种焊接方法，但由于焊接量大，一般采用 CO_2 气体保护焊。不锈钢筒体一般采用手工电弧焊，对于钛复合层则采用氩弧焊进行焊接。

2. 工艺规范参数确定

图 5.2.1-1　钢内筒组对

1) CO_2 气体保护焊规范参数（表 5.2.1-1）

2) 手工焊规范参数（表 5.2.1-2）

						表 5.2.1-1
焊材	规格	U(V)	I(A)	极性	气流(L/min)	备注
与母材配套	φ1.2	20～23	130～180	反	15～20	

CO_2 气体保护焊规范参数

图 5.2.1-2　钢内筒焊接

图 5.2.1-3　钢内筒焊缝超声波探伤

手工焊规范参数　　　　　　　　　　　　　　　　表 5.2.1-2

焊材	规格	U(V)	I(A)	极性	备注
与母材配套	φ4.0	23～24	150～170	反	

3）钛板氩弧焊规范参数（表 5.2.1-3）

钛板氩弧焊规范参数　　　　　　　　　　　　　表 5.2.1-3

焊材	规格	U(V)	I(A)	极性	气流(L/min)	备注
TA2	φ2.5	13～14	70～80	正	15～20	

3. 现场工装环境布置

CO_2 气体保护焊受外界影响大，而施工现场环境条件差，环境恶劣，时有风时有雨，焊筒体时，应将烟道口及施工预留孔用蓬布密封。

4. 焊接过程中焊工布置

焊接时，根据筒体直径把环缝分成若干小段，若干个焊工对称分布（以 6 段为例，如图 5.2.1-4 所示），当开始焊时，应以图中的 A、B、C、D、E、F 为起点，焊接方向为逆时针，焊接时对称两人应保持相同或相近的规范，避免人为因素造成的焊接变形。焊机的设置应就近分布，焊机与焊工距离不能超过 20m，避免导线过长引起电压不稳。

5. 接头形式设计（图 5.2.1-5）

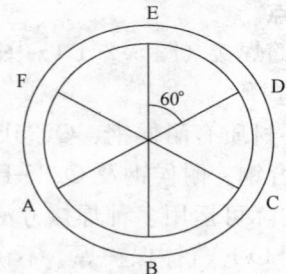

图 5.2.1-4　焊工分布图

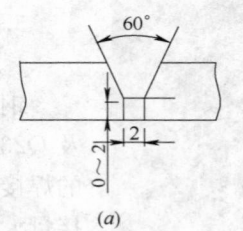

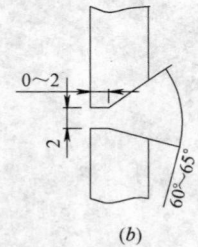

图 5.2.1-5　接头形式设计
（a）接头适用立焊；（b）接头适用横焊

5.2.2　交替同步顶升

1. 顶升方法的选择

在多束钢内筒的气顶施工中，气顶的施工顺序尤为重要，合理安排好气顶的施工顺序，可以大大提高劳动效率，减少劳动力在施工中的投入。多管束烟囱的气顶施工，可采用单管轮流气顶、多管同时同步气顶、多管交替同步气顶。对于单管轮流气顶法，是轮流一束一束的将钢内筒气顶至设计高度，采用此办法施工工期较慢，并且在施工中劳动力利用率不高。多管束同时同步气顶法，需要大量人员进行施工，并且同时顶升多个钢内筒，如果其中一束出现个别问题会影响其他钢内筒的气顶。综合考虑各因素，采用多管交替同步顶升法可有效利用劳动力，提高劳动效率，能顺利完成气顶任务。

2. 顶升现场的布置

采用交替同步顶升施工时，现场布置如图 5.2.2-1 所示，在地面上方设置一层组焊平台，其作用是钢内筒的组对和总缝的焊接。在组焊平台的上方再设置一层焊接平台，用于钢内筒环缝的焊接。在组焊平台安排 5～6 个铆工和 6 个普工进行钢内筒的组对工作，2 个焊工进行点焊。在上层焊接平台安排 6 个焊工进行环缝的焊接。在钢内筒的内部安排 7 个焊工，1 个焊工负责焊缝的清根，剩余 6 人负责环缝反面的焊接。

3. 多束钢内筒交替同步顶升程序（图 5.2.2-2）

多束钢内筒交替同步顶升的步骤如下（以一管两束为例）。

在第一根钢内筒环缝组对完成进行顶升时，负责组对的铆工和点焊的焊工便可进行下一支钢内筒的组对工作，当第一根钢内筒的环缝焊接完成，第二支钢内筒的环缝组对工作和下节顶升工作也已完成，此时第一支烟囱施焊环缝的焊工便可进行

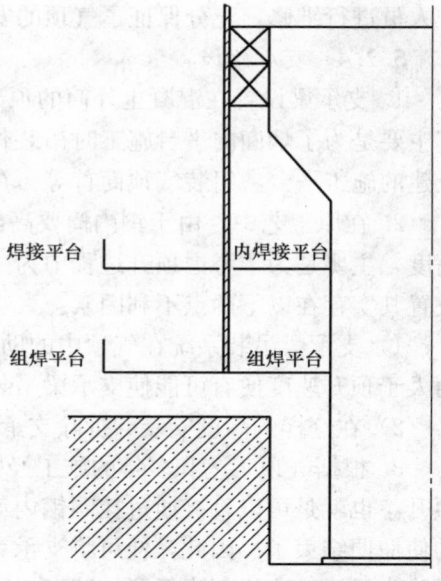

图 5.2.2-1 顶升现场施工布置图

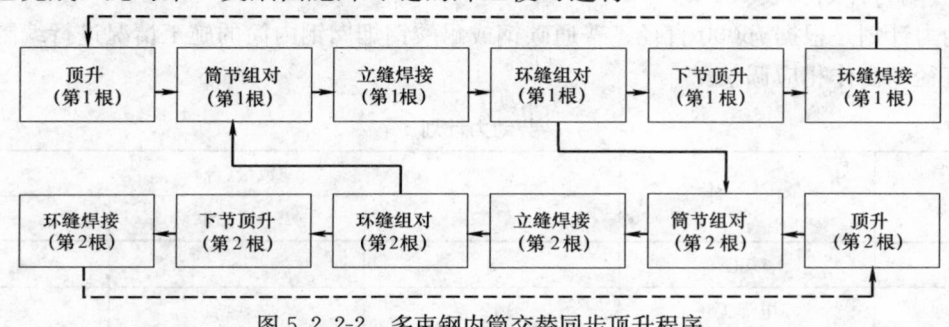

图 5.2.2-2 多束钢内筒交替同步顶升程序

第二节钢内筒环缝的焊接，而铆工和点焊工又回到第一支钢内筒的组对工作。如此循环交替同步顶升的方法可以大大提高劳动力利用率，从而达到降低成本的目的。

5.2.3 密封圈的设置

气顶密封圈设置在气顶装置底座的上部，紧挨内筒内壁的位置；气顶密封装置由 O 型圈、角型圈以及密封圈支架等构成。O 型圈是密封装置的核心，当 O 型圈充气时便会膨胀使角型圈与钢内筒内壁紧密贴合，达到密封的目的。设置角型圈则是为了保护 O 型圈而设置，顶升过程中由于钢内筒的上升，密封装置与钢内筒存在滑动摩擦，如果单单一个 O 型圈则会与内壁摩擦而导致泄露和爆胎等意外事故，因此在 O 型圈外设置了角型圈作为保护。但是仅仅靠一套密封装置来保证钢内筒气顶过程中的安全性和稳定性是不够的。因为在施工过程中存在以下因素会给钢内筒顶升的安全性和稳定性造成影响。

1. 钢内筒的焊缝没有打磨平滑，会增加密封圈的磨损。

2. 为了保证钢内筒的密闭性，O 型圈内的气压较高，在加上施工温差较大时，会造成 O 型圈内气压过高而产生爆胎等事故。

3. 钢内筒的椭圆度以及顶升过程中的偏心给密封圈造成的挤压。

因此，对密封装置的改进十分必要，而且在以前的施工中确实发生过爆胎的事故，给工期和安全都造成一定的影响。本工法中考虑到以上这些情况，在气顶装置上增设了一套密封装置，增加密封装置有以下两点重要作用：

1. 使钢内筒与气顶装置形成的空间更加密闭，使气顶更可靠，保证了气顶的稳定性。

2. 可以预防由于以上原因产生意外爆胎事故的发生，当其中一套密封装置发生泄漏或者爆胎事故时，另一套密封装置还可以维持钢内筒中的气压，施工人员便有充分的时间将钢内筒缓缓降至地面安

排人员进行维修，充分保证了气顶的安全性。

5.2.4 支承梁设置

1. 支承梁设置在混凝土外筒的顶部，沿钢内筒布置方向设置，在土建的施工平台拆除前进行安装，其主要是为了烟囱内平台施工时吊装作业平台而设置的。同时支承梁还有其另外的辅助作用，如吊装土建的施工平台，组装气顶筒首等。在本工法中，支承梁的作用主要是用来组装气顶筒首。

2. 在原工艺中，由于钢内筒要高出混凝土筒 7～8m，支承梁则要安装在高出混凝土外筒 10m 左右高度，主要是为了考虑顶升过程中为了方便克服气顶装置与钢内筒的摩擦力而起辅助吊装作用。这样设置其实存在以下两点不利因素：

1) 支承梁吊装系统在气顶中的助吊提升过程不能保证是否与钢内筒上升同步，如果提升速度过快而大于顶升速度便有可能使支承梁吊装系统过载，这对安全是十分不利的。

2) 在这样的高度安装、拆除支承梁都是比较危险的，同时难度也比较大。

3. 根据气顶工艺和多年的施工经验积累，经过分析研究，在气顶过程中完全可以不采用助吊进行顶升，也就是可以直接通过控制钢内筒的气压便可克服摩擦力等阻力，这样在筒首组装完成后支承梁的使命便结束了。因此，便可将支承梁直接安装在混凝土外筒上，当钢内筒气顶至支承梁下沿时便可拆除支承梁。这样便降低了安装、拆除支承梁时的难度，提高了施工的安全性。

5.2.5 劳动力计划（表 5.2.5）

以下劳动力计划是根据 $\phi6000$ 直径、普通碳钢或耐酸钢烟囱钢内筒的施工情况进行编制的，如更改烟囱材质、直径则需作相应调整。

劳动力计划　　　　　　　　　　　　　　　　　　　　　表 5.2.5

序　号	工　　种	数量（台）		
		一管二束	一管三束	一管四束
1	铆工	8	8	10
2	电焊工	12	14	14
3	普工	12	15	15
4	起重工	6	6	6
5	电工	3	3	3
6	钳工	4	4	4
7	探伤	2	2	2
8	合计	47	52	54

6. 材料与设备

6.1 半成品及材料

6.1.1 材料部门按照项目编制的钢板材料采购计划进行采购。

6.1.2 钢板表面必须有出厂标记、必须保证采购的钢板与质保书一致，必要时进行材质复验。

6.1.3 采购的焊材应与母材的材质相匹配，并有质保书。

6.1.4 由烟囱筒体板可由加工厂卷制成筒节瓣片也可在现场卷制，卷制后的半成品必须检查其圆弧半径，上下边平行度等，并按要求进行编号。

6.2 机具计划（表 6.2）

以下施工机具是根据 $\phi6000$ 直径、普通碳钢或耐酸钢烟囱钢内筒的施工情况进行编制的，如更改烟囱材质、直径则需作相应调整。

一管多束同步顶升主要施工机具 表 6.2

序号	名　　称	规　格　型　号	数量（台）		
			一管二束	一管三束	一管四束
1	交直流电焊机	30kW-500A	10 台	12 台	12 台
2	CO₂ 气体保护焊机	NBC-500	10 台	12 台	12 台
3	空压机	0.8MPa 6Nm³/min	6 台	6 台	6 台
4	贮气罐	40m³	1 台	1 台	1 台
5	分气缸	0.3m³	1 只	1 只	1 只
6	烘箱	300℃	1 台	1 台	1 台
7	手拉葫芦	5t	10 只	15 只	20 只
8	格构式桅杆	40m 30t	1 个	1 个	1 个
9	气顶装置		2 套	3 套	4 套
10	螺旋轨道	工 16	2 套	3 套	4 套
11	卷扬机	5t	2 台	4 台	4 台
12	支承梁	60t	1 根	2 根	2 根

7. 质 量 控 制

7.1　一管多束钢烟囱制作安装应符合以下标准的规定

《钢结构施工及验收规范》GB 50205

《钢制常压容器技术规程》GBJ 2880

《建筑工程施工质量验收统一标准》GB 50300

7.2　采用本工法进行施工的特殊质量要求

7.2.1　采用气顶到装法与其他施工方法相比，对筒片的加工与筒节的组焊有更严的质量要求，筒体椭圆度误差过大要影响气顶时的密封性能，相邻筒节的直径误差要加速密封环的磨损，因此对筒片加工应符合表 7.2.1 要求。

筒片加工质量要求 表 7.2.1

序号	项　　目	允许偏差	序号	项　　目	允许偏差
1	外圆周长	±10mm	5	错边量	2mm
2	分节处端面不平度	2mm	6	坡口角度误差	+2.5
3	组对后椭圆度	10mm	7	对口间隙	+1.0mm
4	对角线误差	3mm			

7.2.2　焊接工艺规定单面焊接的焊缝应做到单面焊双面成型，宜采用二氧化碳气保焊。规定进行双面焊的焊缝，内表面焊缝必须用磨光机打磨光滑，以免密封面过速磨损。

7.2.3　筒体焊缝的探伤按照图纸设计要求进行，当设计无规定时，考虑到它们在施工气顶过程受压，根据实际情况，对受压焊缝进行表面检查，并进行局部超声抽检，超声探伤数量作如下规定。

圆筒壁厚根据《钢制压力容器》GB 150 公式 $\delta = \dfrac{p_c D_1}{2[\sigma]^t \phi - p_c}$ 进行计算。此时，筒体的探伤比例与所取得焊接系数 ϕ 值有关，根据《钢制压力容器》GB 150 及《钢制焊接常压容器》JB/T 4735 规定，当 ϕ 取 1 时，进行 100% 无损检测；当 ϕ 取 0.85 时进行局部无损检测（一般为≥20%）；当 ϕ 取 0.7 时不进行无损检测。在计算中我们先取 ϕ 值为 1，P_c 为气顶的最高压强，计算出筒体壁厚，计算壁厚与筒体实际壁厚的比值设为 i，即 i＝计算壁厚/筒体实际壁厚。

当 $1 \geqslant i > 0.85$ 时，焊缝系数 ϕ 无法补偿或补偿较少，此时需对焊缝进行 100% 无损检测。

0.85≥i>0.7 时，焊缝系数 ϕ 得到了一定量的补偿，因此进行≥20%的无损探伤。

0.7≥i 时，焊缝系数 ϕ 得到了较大补偿，因此可不进行无损探伤。

超声探伤应以丁字接头处为重点，探伤若有不合格时，除对不合格焊缝进行返修外，尚应从该焊工所焊同类焊缝中做不合格数的双倍复验。

7.2.4 逐节顶升过程中对筒体的垂直度进行监测，可以用激光经纬仪或全站仪进行测量，如实记录数据，若发现误差超标，应根据计算对后续筒片进行修正。

8. 安 全 措 施

8.1 钢筒体若在混凝土保护筒或其他扶持构筑物内进行气顶组装，此保护筒或构筑物应有可靠的避雷装置。雷雨季节当气顶到钢内筒顶端超出扶持结构的避雷范围时，对钢筒应进行可伸展的临时接地。

8.2 气顶作业属上下两层平台交叉作业，施工时上层平台上施工人员应保管好施工用品，不得随意抛掷物品，物品应有固定措施。

8.3 在各层平台设置的导向轮必须确保定位正确，其布置位置应考虑钢筒正常误差的余量，筒体气顶穿越平台时，应有专人监护和调整。

8.4 气顶过程中如放生意外停电事故，应立即进行保压，马上对最底端筒体进行加固措施。

8.5 晚上安排专人值班，进行钢内筒保压工作。

8.6 钢内筒内部焊缝务必打磨光滑，以避免密封圈爆胎漏气等现象。

8.7 一旦发生爆胎事故应立即对钢内筒进行加固措施，直至修复内胎重新安装完毕。

8.8 所有起重机具、气顶阀件与仪表，必须在使用前进行计量检定，在使用期内必须明确监察责任，确保使用期性能可靠。

8.9 在气顶装置下部的进出气管道应埋地敷设，其上应铺上厚度 10mm 的钢板保护，特别对小直径钢管必要时应设置保护管。

8.10 气顶操控必须由专人负责，与组对人员要有可靠的联系，顶升过程中，控制台的操作员不得离开岗位。

8.11 气顶工序完成后，进行上封盖和气顶装置的拆除时，钢内筒工作人员与外部的吊装指挥人员必须由可靠的信号联系，开动与停止卷扬机必须根据钢内筒人员的信号，绝不允许误操作。

9. 环 保 措 施

9.1 在烟囱制安过程中常有以下重要环境因素需加以控制，方可不对环境造成较大影响（表 9.1）。

环保措施　　　　　　　　　　　　　　　　　　　　　　　　　　　　　表 9.1

序号	重要环境因素名称	环境影响	活动分布	控制措施	适用的法律法规
1	保温余料、废料	土地污染	施工现场	要求供方负责回收	中华人民共和国固体废物污染环境防治法、杭州市有害固体废物管理暂行办法等
2	废油漆桶	土地污染	施工现场	要求供方负责回收	中华人民共和国固体废物污染环境防治法、杭州市有害固体废物管理暂行办法等

9.2 重要环境因素会因时、因地、因工程内容的变化而发生改变，因此在施工中应对具体的环境因素进行辨识，做好一般环境因素的防范，对重要环境因素进行重点控制，才能保护当地的环境。

10. 效 益 分 析

以一筒四束直径 ϕ6000，高 240m 钢烟囱为例，对单管轮流顶升和四管交替同步顶升两种方案进行分析。

10.1 主要施工机具设备的对比 （表 10.1）

施工机具设备对比 表 10.1

序号	名 称	规 格 型 号	单管顶升	四 管
1	交直流电焊机	30kW-500A	7台	20台
2	CO₂ 气体保护焊机	NBC—500	7台	20台
3	空压机	0.8MPa 6Nm³/min	6台	6台
4	贮气罐	40m³	1只(20m³)	1台
5	分气缸	0.3m³	1只	1台
6	烘箱	300℃	1台	1台
7	格构式桅杆	40m 30t	1个	1个
8	气顶装置	按筒体直径	1套	4套
9	叉车	10t	1台	1台

10.2 主要劳动力的对比 （表 10.2）

劳动力对比 表 10.2

序 号	工 种	单管顶升	四 管
1	铆工	8	10
2	焊工	12	14
3	普工	10	15
4	起重工	6	6
5	钳工	4	4
6	电工	3	3
7	合计	43	52

10.3 工期、成本比较 （表 10.3）

工期、成本比较 表 10.3

序 号	施工方法	工 期	成 本
1	单管顶升	160 天	350 万
2	四管同步	80 天	230 万

从上面几个对比表可以看出四管同步顶升主要增加了焊机和气顶装置的数量，而在工期上四管同步则比其单管顶升方法大大的缩短，从而在成本上也有大幅的下降。

11. 应 用 实 例

11.1 应用实例一

工程名称：国电浙江北仑第一发电有限公司 3×600MW 机组烟囱钢内筒工程

工程地点：浙江宁波北仑港

结构型式：一管三束。一支混凝土外筒内分布三支直径 6m，高度 210m 的烟囱钢内筒，采用 10CrMnCu 耐候钢。

开竣工日期：1996 年 3 月～1997 年 10 月

实物工作量：钢内筒约 1600t 钢材。

应用效果及存在问题：第一次采用了多管束同步顶升方法，在工程进度、成本、质量及安全上均有显著提高。

11.2 应用实例二

工程名称：嘉兴电厂二期 4×600MW 机组烟囱钢内筒工程

工程地点：浙江嘉兴乍浦港

结构型式：一管二束。一支混凝土外筒内分布二支直径 6m，高度 240m 的烟囱钢内筒，共 2 支混凝土烟囱，采用 10CrMnCu 耐候钢。

开竣工日期：2001 年 8 月～2004 年 6 月

实物工作量：钢内筒约 2000t 钢材。

应用效果及存在问题：采用了多管束同步顶升方法，在工程进度、成本、质量及安全上满足了业主的要求，取得了较大的经济效益和社会效益。

11.3 应用实例三

工程名称：宁海电厂 4×600WM 机组烟囱钢内筒工程

工程地点：浙江宁波宁海强蛟镇

结构型式：一管四束。一支混凝土外筒内分布四支直径 6m，高度 210m 的烟囱钢内筒，钢内筒采用钛复合板。

开竣工日期：2004 年 9 月～2006 年 3 月

实物工作量：钢内筒约 2000t 钢材。

应用效果及存在问题：四筒顶升实行同步上升，于 2005 年 2 月 15 日开始气顶准备，钢内筒 8 月上旬气顶工作便全部结束（中间由于甲供材料原因影响工期 4 个月），保温施工同步跟进。宁海烟囱钢内筒工程获得了全国金刚奖。

10 万 m³ 浮顶储罐内脚手架正装工法

YJGF42—92 (2007～2008 年度升级版-055)

大庆油田建设集团有限公司

娄德学 孟振铎 纪海涛 邹志宏 王忠哲

1. 前　言

随着原油储备建设不断发展，作为储存原油的钢制浮顶储罐越来越向大型化发展，目前应用最为广泛的是 10 万 m³ 储罐。储罐的施工方法主要有内脚手架正装法、外脚手架正装法、液压顶升法，其中内脚手架正装法具有操作简便、施工操作面广、速度快、机械化程度高、整体质量容易控制等优点，一直以来被国内大多数施工队伍所应用。大庆油田建设集团有限责任公司从 1985 年开始应用内脚手架正装法进行大型浮顶储罐的施工，到目前为止应用该工法已经施工了 45 台 5 万 m³ 储罐，54 台 10 万 m³ 储罐，5 台 15 万 m³ 储罐。

1992 年，大庆油田建设集团有限责任公司开发的《10 万 m³ 浮顶油罐内脚手架正装工法》获得国家级工法，编号为 YGJF 42—92。近年来，随着储罐施工技术的不断发展，公司对原工法进行了升级，对工法的关键技术进行创新性改进，形成了大型储罐的施工工艺及配套技术，开发了浮船 CO_2 气体保护半自动焊施工技术、罐底板 CO_2 气体保护半自动焊打底碎丝埋弧焊填充盖面焊接技术以及焊缝自动打磨、等离子清根等配套技术，使储罐施工自动化水平及施工工艺不断提高和完善。

2006 年《大型立式储罐自动化施工工艺及配套技术研究》荣获大庆石油管理局科技进步一等奖，等离子清根设备获得国家专利，专利号 ZL200520111916.0；横焊焊剂托带获得国家专利，专利号 ZL200520111925.X。2007 年由大庆油田建设集团有限责任公司自主研究的储罐罐壁板控制垂直度卡具获得国家专利，专利号 ZL200720117354.X；浮顶组装式新型节点平台获得国家专利，专利号 ZL200720117355.4；多功能壁板托架获得国家专利，专利号 ZL200720117095.0。气体保护焊防风罩获得国家专利，专利号 ZL200720117358.8。2008 年《10 万 m³ 浮顶储罐施工配套技术研究》荣获中国石油和化学工业协会科技进步三等奖。

2009 年 4 月，工法的关键技术通过了中国石油和化学工业协会的科技鉴定，鉴定结论为：该技术创新成果拥有自主知识产权，达到国内领先水平，应用前景广阔。

2. 工 法 特 点

2.1　储罐的罐壁和浮顶可同时交叉施工，工效高。

2.2　罐壁板内侧搭设三层临时脚手架及劳动保护，搭设简单、速度快，施工受自然条件限制小，不受水源、大风天气的影响。

2.3　施工操作面广，可同时在三层脚手架上进行操作，实现工序间流水化作业，缩短施工周期；并且有充足的检查、返修时间，施工质量容易保证。

2.4　壁板组对采用工卡具无活口、无点焊的精密组装技术，对壁板的垂直度、椭圆度、对缝间隙、水平度可进行精密调整，保证质量。

2.5　采用自主研制的专用浮顶安装组合平台，平台的刚性和稳定性强，安装、拆卸简单，搭设速度快，不损伤母材，架台可重复利用，节约成本。

2.6　罐底中幅板对接焊缝采用半自动 CO_2 气体保护焊与碎丝埋弧焊组合焊接技术，焊接效率高，材料省、变形小，所研制的防风装置获得国家专利。

2.7 自主研发的横向埋弧焊剂拖带，具有耐热、耐磨、耐疲劳、耐断裂、焊剂损耗少等优点。

2.8 采用自主研制的的横焊缝等离子清根装置，替代了传统碳弧气刨，具有效率高、劳动强度小、材料省、质量稳定等优点。

2.9 采用自主研制的的焊缝余高自动修平装置，替代了手工作业，具有加工质量好、工效高、安全可靠等优点。

3. 适 用 范 围

本工法适用于 5～15 万 m³ 浮顶储罐的施工。

4. 工 艺 原 理

4.1 预制

罐板现场预制，坡口预制采用龙门式数控火焰切割机进行切割；壁板采用数控滚板机进行滚弧，预制完毕后放在弧形胎具上，在胎具上焊接三角架的挂件及组对卡具的固定件。

4.2 安装

罐底中幅板施工完毕后，在罐底板上安装浮顶临时架台，在架台上预制、安装浮顶，浮顶施工完毕后，拆除架台并从人孔运出。罐底边缘板组焊完毕后，组焊底圈罐壁，在底圈罐壁内侧挂三角架，通过三角架的支撑铺设跳板及劳动保护，施工人员站在内侧脚手架上进行上圈壁板的操作，内脚手架共搭设三层，随着壁板不断增高，将最下一层脚手架拆除倒运到上侧搭设，三层脚手架交替往复使用，直至安装完最后一圈壁板。罐壁外侧的施工借助沿罐壁行走的移动小车进行。

4.3 焊接

罐底中幅板焊接采用 CO_2 气体保护半自动焊打底、碎丝埋弧焊填充盖面；壁板纵缝焊接采用 CO_2 保护气电立焊；环缝焊接采用自动埋弧横焊；焊缝内侧清根使用等离子清根设备；横焊缝内侧磨平使用自动修平机。

5. 施工工艺流程及操作要点

5.1 施工工艺流程（图5.1）

5.2 基础验收

储罐基础检查验收按《立式圆筒形钢制焊接储罐施工及验收规范》GB 50128—2005 第 4 章第 2 节中相关条款要求进行。

1. 基础中心标高允许偏差为 ±20mm。

2. 支承罐壁的基础表面其高差应符合下列规定：

有环梁时，每 10m 弧长内任意两点的高差不应大于 6mm，且整个圆周长度内任意两点的高差不应大于 12mm。碎石环梁和无环梁时，每 3m 弧长内任意两点的高差不应大于 6mm，且整个圆周长度内任意两点的高差不应大 20mm。

3. 沥青砂层表面应平整密实，无凸出的隆起、凹陷及贯穿裂纹。

5.3 罐体预制

5.3.1 底板、壁板预制

1. 预制前对屈服强度大于 390MPa 的高强度钢板材进行 100% 超声波检测，合格后进行预制。

2. 底板、壁板各边的切割采用数控龙门式自动火焰切割机进行切割（图 5.3.1-1），切割时先进行

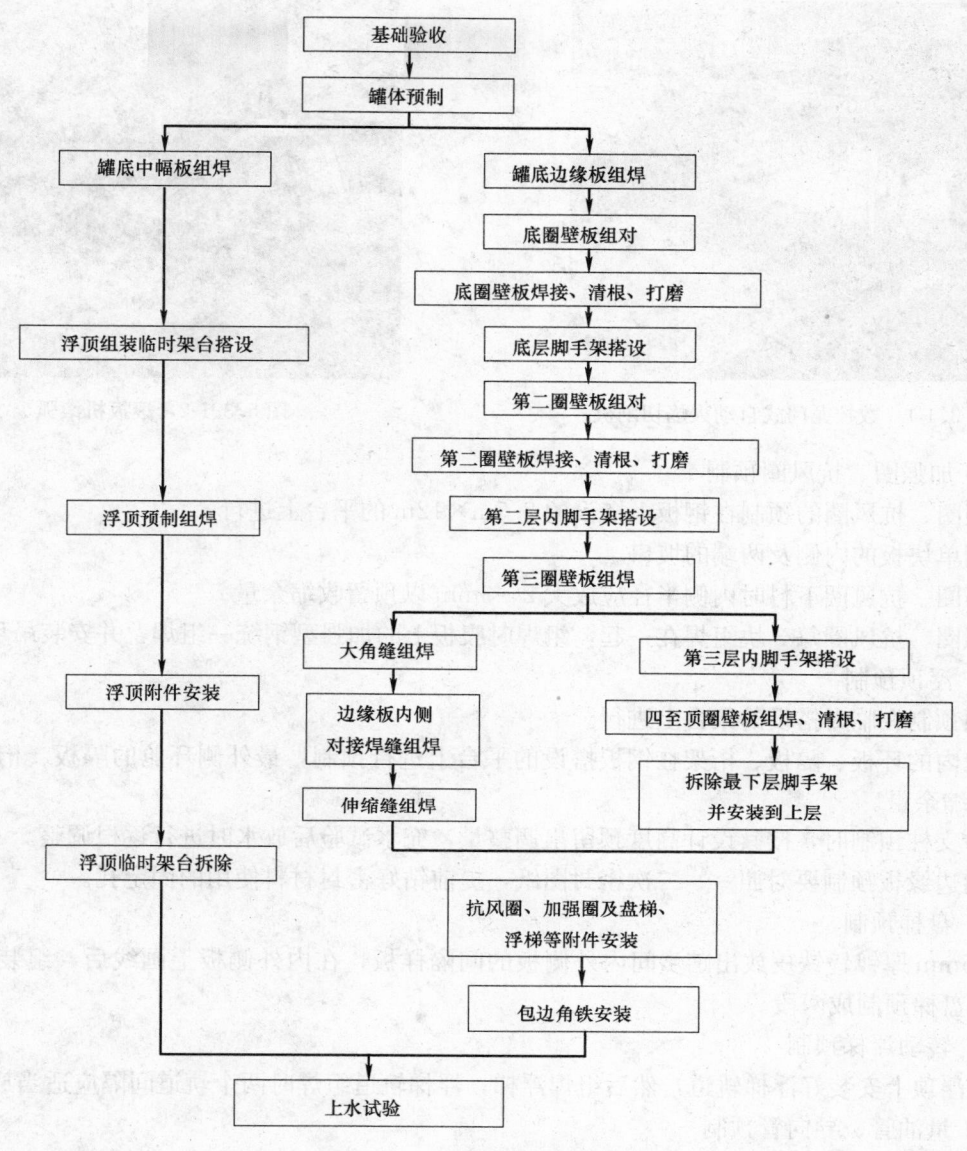

图 5.1　储罐施工工艺流程

长边的切割，再进行短边的切割；两长边要同时进行切割以减少变形量。

3. 由于纵焊缝收缩，在壁板下料时应提前预留收缩余量，纵焊缝横向收缩总量按下式进行计算：

$$\Delta L = 0.27FN/\delta \tag{5.3.1}$$

式中　ΔL——整圈焊缝的收缩总量 mm；

F——纵焊缝的横截面积 mm²；

N——一圈纵焊缝的数量；

δ——钢板厚度 mm。

4. 边缘板的内侧减薄过渡坡口用刨边机进行预制，其余部位用火焰切割机进行切割预制，下料尺寸按边缘板放大后的外径计算尺寸进行预制。

5. 壁板弧度加工在滚板机上进行（图 5.3.1-2），其中 25mm 以上的厚壁板应滚制 9~11 遍以充分释放板内应力；弧度检查要将板竖起并在无约束的情况下进行。

6. 第一圈壁板开孔热处理在加工厂进行开孔预制、热处理，热处理温度应符合设计要求。

7. 预制好的壁板放在半径与储罐半径相同的弧形胎具上，防止变形。

图 5.3.1-1 数控龙门式自动火焰切割机

图 5.3.1-2 滚扳机滚弧

5.3.2 加强圈、抗风圈预制

1. 加强圈、抗风圈的预制在钢板上搭设的 2.5m×12m 的平台上进行。

2. 切割单块板的内侧及两端的坡口。

3. 加强圈、抗风圈下料时内侧半径应放大 2～3mm 以预留收缩余量。

4. 加强圈、抗风圈每 3 块组焊在一起，组焊时腹板上的加强型钢统一组焊，并安装吊环便于吊装。

5.3.3 浮顶预制

1. 浮顶预制在临时搭设的架台上进行。

2. 浮舱内的环板、隔板、桁架在钢板搭设的平台上进行预制，最外侧环舱的隔板、桁架预制时预留适当的收缩余量。

3. 浮顶支柱预制时，按其设计高度预留出调整量，充水试验后放水时进行逐根调整。

4. 浮舱边缘板预制要对照一、二次密封图纸，提前钻好密封材料使用的固定孔。

5.3.4 盘梯预制

用 0.75mm 厚镀锌铁皮放出踏步间内外侧板的间隔样板，在内外侧板上画线后，组装踏步与内外侧板；整个盘梯预制成两段。

5.3.5 转动浮梯预制

首先在浮顶上安装好浮梯轨道，然后组焊浮梯；浮梯轨道组焊时两个轨道间隔应适当放大。

5.3.6 量油管、导向管预制

量油管、导向管的预制在浮顶上进行，将钢管沿其轴向接成整根，严格控制其垂直度，并提前钻好取样孔。

5.3.7 中央排水管的预制

在预制平台上组装好排水管，然后进行压力试验和动态气密性试验，解体后从人孔或搅拌器孔移进罐内进行安装。

5.4 边缘板铺设与焊接

5.4.1 画线

画出边缘板的外边缘线，外边缘半径应按式（5.4.1）进行放大：

$$R_C = (R + 3N/2\pi) \times 1/COSarctgA \tag{5.4.1}$$

式中　R_C——实际放线半径；

　　　R——图纸设计半径；

　　　N——边缘板数量；

　　　A——基础坡度比值。

5.4.2 铺设组对

1. 铺设前将边缘板的垫板与边缘板点焊固定。

2. 用吊车直接铺板，调整对口间隙并点焊固定，点焊长度不小于 80mm。为控制焊接引起的变形，在整条对接焊缝上安装两个反变形卡具（图 5.4.2）。

图 5.4.2 边缘板卡具安装图

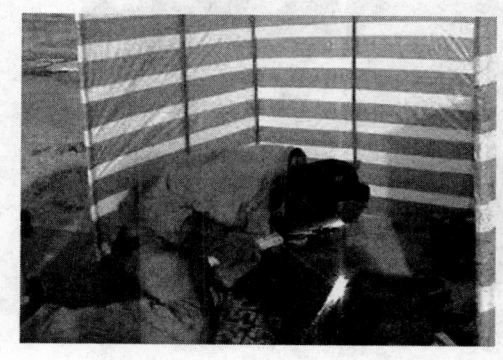

图 5.4.3 边缘板外侧 300mm 对接焊缝焊接

5.4.3 边缘板外侧 300mm 对接焊缝焊接

1. 底层边缘板与垫板的结合角处用氩弧焊进行封底焊接。

2. 用手工电弧焊进行焊接（图 5.4.3）。

3. 焊接时多名焊工沿整个圆周均布，同时焊接。

4. 初层焊道进行渗透检测，填充完毕后对外侧 300mm 打磨平滑后进行磁粉检测和 X 射线无损检测，射线检测时间为焊后 24 小时。

5.5 中幅板铺设与焊接

5.5.1 中幅板铺设、组对

1. 在罐基础顶面画出垫板铺设线。

2. 铺好罐底板垫板，并设置伸缩缝，伸缩缝上下分别插入垫板。

3. 用吊车由中心板带向两侧铺设，先铺条形板，后铺带形板。

4. 边铺设、边调整对口间隙，将底板与垫板单侧点焊固定。

5. 铺设完毕后，对先焊的焊缝进行调整，调整好间隙后，用连接板进行固定。

6. 为防止焊接时引起钢板端部凸起，在 T 型焊缝处用方销将端部焊缝向上楔起 6～8mm（图 5.5.1）。

7. 中幅板与边缘板连接处焊接前，中幅板宜搭接在边缘板上至少 100mm，且中幅板边缘处于自由状态；待边缘板焊缝和中幅板焊缝焊完后，再切割中幅板的预留量，然后进行组对焊接。

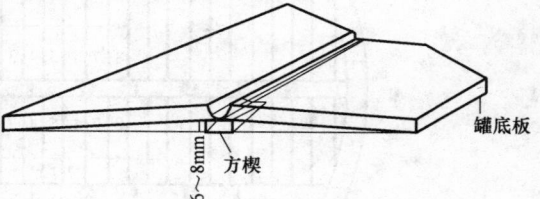

图 5.5.1 中幅板反变形图

5.5.2 中幅板的焊接

1. 中幅板采用 CO₂ 气体自动保护焊封底，碎焊丝填充、自动埋弧焊盖面，其焊接参数见表 5.5.2。

中幅板焊接参数   表 5.5.2

焊接部位	焊接层次	焊接方法	填充材料		焊接电流 (A)	焊接电压 (V)	焊接速度 (cm/min)
中幅板	打底	GMAW	ER50-6	φ1.2	245～275	28～34	30～50
	填充	SAW	碎丝 H08A	1.0×1.0			
	盖面		US-36	φ3.2	540～580	32～36	25～40

2. CO₂ 气体自动保护封底焊（图 5.5.2-1）采用分段退焊，焊高 5mm。

3. 填充碎焊丝自动埋弧焊（图 5.5.2-2），在焊接通长缝时，应采取防变形措施（图 5.5.2-3）。

4. 中幅板焊接顺序见图 5.5.2-4。

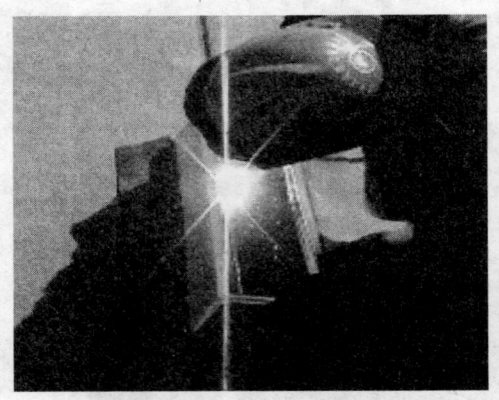

图 5.5.2-1　CO_2 气体自动保护封底焊

图 5.5.2-2　碎焊丝自动埋弧焊

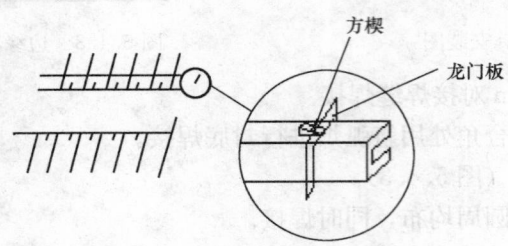

图 5.5.2-3　中幅板通长焊缝反变形图

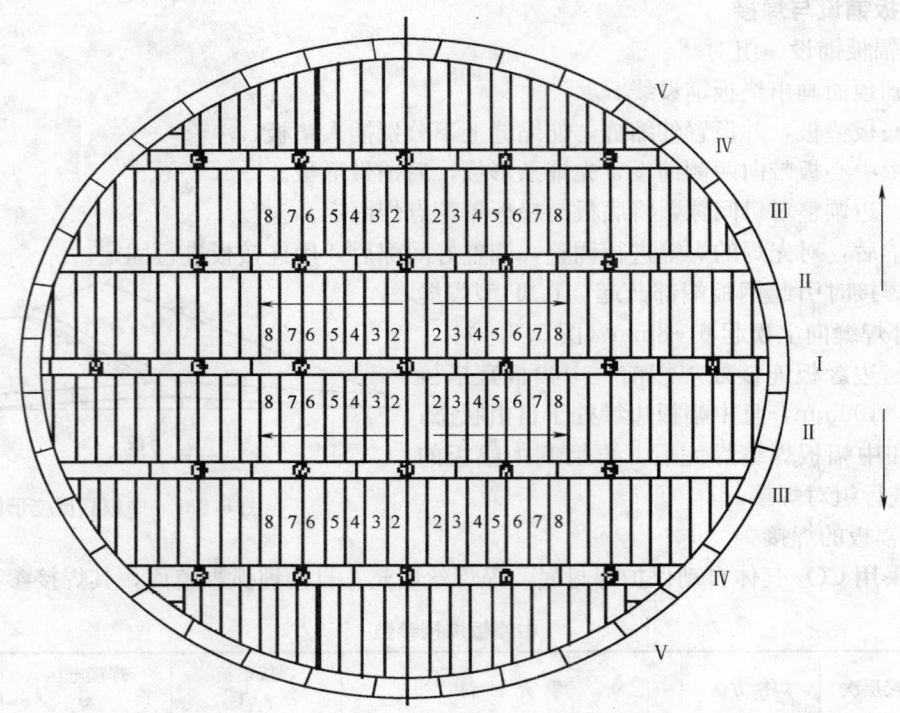

图 5.5.2-4　中幅板焊接顺序图

　　5. 中幅板 T 型焊缝三侧 200mm 内根部采用 CO_2 气体自动保护封底焊，焊后打磨进行渗透检测，采用手工电弧焊填充、盖面。

　　6. 距边缘板 1m 范围内焊缝暂留不焊接，在与边缘板组对合格后再焊接。

5.6　底圈壁板的组焊

5.6.1　画线

按式（5.3.1）计算出的周长数据，计算出壁板安装线的放大数值，进行画线并安装挡板，如图 5.6.1 所示。

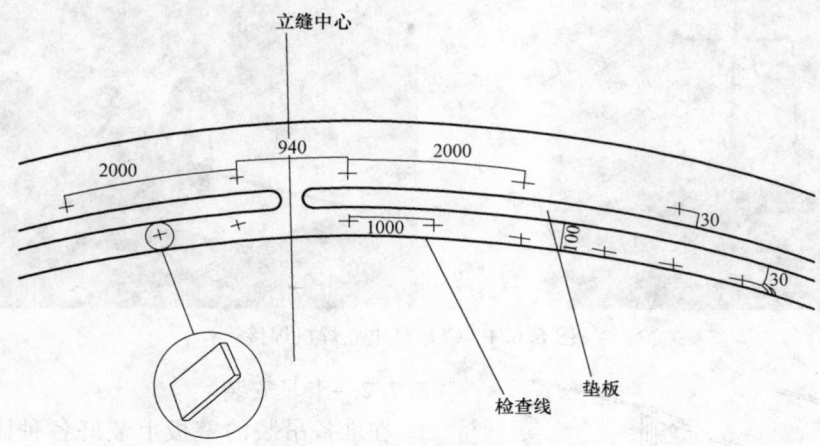

图 5.6.1　底圈壁板安装图

5.6.2　卡具安装

壁板组立前，预先安装好各种组装固定卡具，如图 5.6.2 所示。

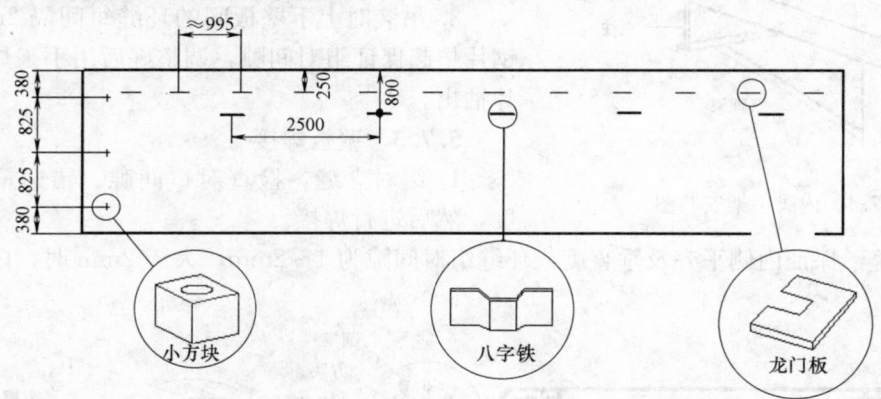

图 5.6.2　壁板固定卡具安装图

5.6.3　调节

用吊车将壁板吊装就位，用方销调整并卡紧，安装立缝组对卡具及壁板控制垂直度卡具支撑（图 5.6.3）；调节立缝对口间隙、错边量、弧度、垂直度及上口水平度，使之符合图纸及标准规范要求。

5.6.4　立缝焊接

1. 焊好立缝的固定龙门板及引弧板。

2. 立缝焊接使用 CO_2 气电立焊机焊接（图 5.6.4）；焊接时，焊机均匀分布；板厚大于 24mm 时，坡口采用 X 型，先焊外侧，然后清根，无损检测合格后再焊内侧。板厚小于 24mm 时，坡口采用 V 型，在外侧焊接一次成型。

图 5.6.3　壁板控制垂直度卡具

5.7　第二圈板至顶圈板的组对焊接

5.7.1　脚手架搭设

在第一圈板内壁上安装临时脚手架，程序为先挂好三角架后铺设跳板，三块跳板一组并用铁丝绑固，两个三角架间的跳板搭接 300mm 以上用铁丝绑固，然后安装好立柱、护腰及扶手，最后绑扎安全网，见图 5.7.1。

图 5.6.4　CO_2 气电立焊机焊接

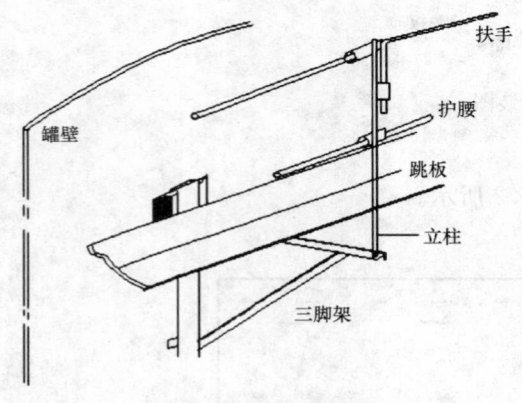

图 5.7.1　内脚手架安装图

5.7.2　卡具安装

1. 在准备吊装的壁板上装好各种固定卡具，具体尺寸见图 5.6.2。

2. 逐张进行壁板吊装，然后使用立缝专用卡具和环缝组对卡具（10 号工字钢）将壁板固定，见图 5.7.2。

3. 吊装时上下壁板间的环缝每间隔 2m 使用 2mm 厚钢片垫起保证组对间隙，调整好后用手工焊固定，再将钢片抽出。

5.7.3　壁板焊接

1. 组对立缝，检查对口间隙、错边量、水平度、弧度，然后进行焊接。

2. 组对环缝，保证内侧平齐及垂直度，环缝组对间隙为 1～2mm，大于 2mm 时，内侧用手工焊进行局部封底。

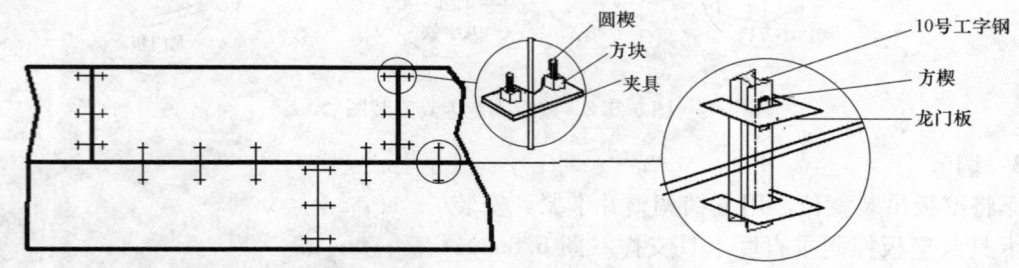

图 5.7.2　壁板卡具安装图

3. 环缝外侧焊接，环缝焊接使用埋弧自动焊机焊接（图 5.7.3-1），6～8 台均匀分布，对称同向进行焊接，焊接时用氧乙炔火焰进行预热（图 5.7.3-2），预热温度符合焊接工艺评定。

4. 环缝内侧清根、打磨及焊接：取下环缝组对卡具，用等离子清根设备进行清根，个别清根不彻底的部位用角向磨光机进行修磨；清根后的焊缝成单 V 型，焊接工艺同外侧。

5. 将内侧焊道及两侧焊疤打磨平滑，打磨时采用自动修平机（图 5.7.3-3），如有低于 0.5mm 的缺陷进行修补。

6. 在第二圈壁板内侧搭设临时脚手架准备下圈壁板的安装，方法与上相同。

图 5.7.3-1　环缝焊接

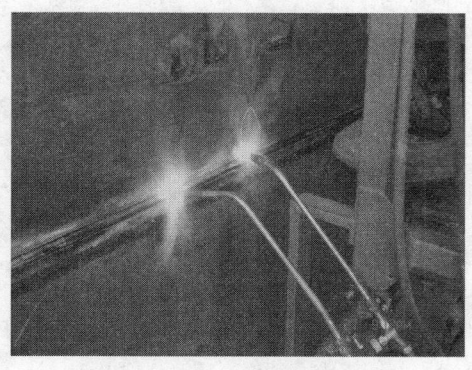

图 5.7.3-2　环焊缝焊接预热

图 5.7.3-3　自动修平机进行打磨

7. 搭设完三圈脚手架后，安装第四圈的脚手架时，先拆除第一圈的跳板及三角架倒运到第四圈进行搭设，其余各圈往复依次拆除、安装，直至罐壁安装完毕。

8. 拆除脚手架及脚手架的挂件，运出罐外。

5.8　大角缝的组对焊接

5.8.1　大角缝的组焊在第三圈壁板组焊完毕后进行。

5.8.2　组对时内外同时进行，边组对边测量整体垂直度、各圈壁板垂直度、罐的椭圆度。

5.8.3　组对大角缝时，人孔下端留 1.5m 范围内不点焊，留做排雨水用，待浮顶组装完毕后上水试验前进行焊接。

5.8.4　封底焊由数名焊工沿周向均布同向焊接，焊接完毕后进行渗透检测。

5.8.5　填充焊用机进行焊接（图 5.8.5），焊接时先焊内侧角焊缝，再焊外侧；焊接外侧时，要制作临时轨道。

5.8.6　大角缝内侧用角向磨光机修磨与母材呈平缓过渡。

5.8.7　大角缝焊接完毕打磨光滑后，焊道表面做渗透检测，待上水试验完毕后再做一次渗透检测。

5.9　边缘板对接缝、龟甲缝的组对焊接

5.9.1　边缘板的对接焊缝先进行手工打底焊，再进行自动或手工焊填充。

5.9.2　将中幅板边缘垫起，切割多余部分。

5.9.3　切割后组对点焊固定并进行 CO_2 气体自动保护打底焊接，再进行自动埋弧焊接；焊接时多台焊机对称分布同向焊接。

5.10　浮顶安装

5.10.1　安装浮顶临时架台，临时架台（图 5.10.1-1）采用便于拆卸、调节的浮顶组装式新型节点平台，其结构见图 5.10.1-2。

5.10.2　铺设浮顶底板，边铺设边点焊固定。

图 5.8.5　大角缝平角自动埋弧

图 5.10.1-1　浮顶组装式新型节点

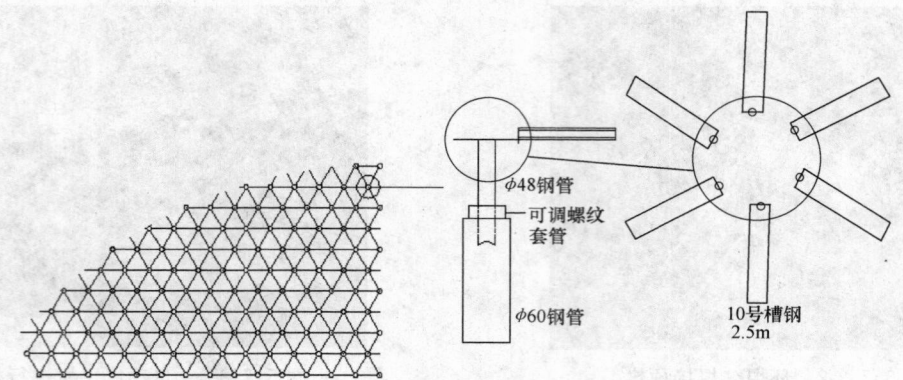

图 5.10.1-2　浮顶组装式新型节点平台图

5.10.3　在浮顶底板上画出环板、隔板、桁架等相关附件的位置，将该处底板的焊缝先焊好 400～500mm 长，然后进行真空试漏与煤油渗透。

5.10.4　安装环板、隔板、桁架等相关附件。

5.10.5　焊接浮顶底板焊缝，由中心环舱向外侧环舱依次进行焊接，焊接时，先焊长缝，后焊短缝（图 5.10.5）。

5.10.6　焊接背部密封焊焊缝。

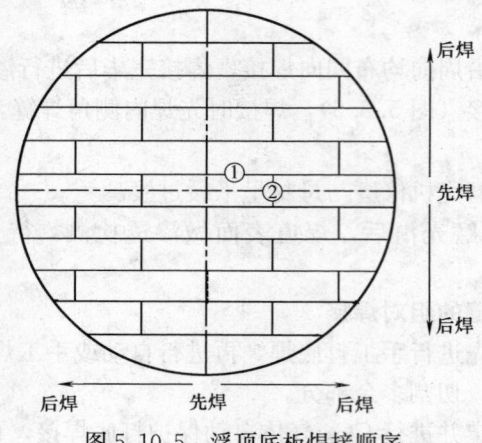

图 5.10.5　浮顶底板焊接顺序

5.10.7　铺设浮顶顶板，边铺边与环板、隔板、桁架等焊好；铺设顶板时，对准支柱的位置，预先开好底板和顶板的开孔，安装好支柱套管。

5.10.8　安装浮顶其他附件，不能从罐壁开孔进入到罐内的附件应在浮顶安装之前吊入罐内。

5.11　加强圈、抗风圈安装

5.11.1　在罐壁上画出加强圈、抗风圈的位置线，安装好三角架，吊装加强圈、抗风圈。

5.11.2　吊装从盘梯开口处的加强圈、抗风圈开始，向两侧进行。

5.11.3　组对工作在罐壁临时滑车或吊篮上进行。

5.12　充水试验

5.12.1　充水前按《立式圆筒形钢制焊接储罐施工及验收规范》GB 50128—2005 中相关要求进行检查，合格后在浮船边缘板与罐壁间设置 8 组可调节顶轮，防止上水过程中浮顶漂移偏位，损坏导向管和量油管。

5.12.2　储罐充水速度根据图纸要求和《立式圆筒形钢制焊接储罐施工及验收规范》GB 50128—2005 中有关条款要求进行。充水的同时检查转动浮梯的灵活性及行走轨迹、量油管及导向管有无卡涩现象、罐壁焊疤的清理、浮顶及罐壁的严密性及强度、浮顶边缘板与罐壁的间距等项目。

5.12.3　上水高度为设计容量的最大允许高度，达到高度后连续三天基础平均沉降量无明显变化即可放水。

5.12.4　放水时控制放水速度以满足内防腐的要求。

5.12.5　当水位达到比浮顶最低位置高出 300mm 时停止放水，调整各个立柱的实际需要长度，对支柱逐个进行调整完毕后，再放水使浮顶落底，调整公式：

$$L=H-L_0-H_0 \tag{5.12.5}$$

式中　L——浮顶支柱销孔至支柱底端部需要的实际长度（mm）；

　　　H——罐底至套管端部的长度（mm）；

　　　L_0——套管端部至支柱销孔中心的距离（mm）；

　　　H_0——测量时浮顶比设计高度高出部分（mm）。

5.12.6　放水后对储罐清理检查。

5.13　劳动力组合（表 5.13）

施工劳动力组合表　　　　　　　　　　　表 5.13

序　号	工　种	人　数	作业天数	工　日
1	铆工	20	60	1200
2	电焊工	30	60	1800
3	自动焊工	16	45	720
4	气焊工	8	60	480
5	管工	2	30	60
6	起重工	10	60	600
7	探伤工	8	60	480
8	电工	2	60	120
9	力工	15	60	900
10	钳工	2	60	120
11	操作手	10	60	600
合计		123		7080

6. 材料与设备

6.1　储罐主要施工机械、设备（表 6.1）

储罐施工主要机械、设备　　　　　　　　　表 6.1

序　号	名称及规格型号	单　位	数　量	备　注
1	龙门式数控切割机　SKG4F 型	台	1	
2	半自动火焰切割机　BGH-80	台	4	
3	数控卷板机　MCB3060	台	1	
4	25t 汽车吊	台	1	
5	16t 履带式吊车	台	1	
6	叉车　470 型	台	1	
7	立焊机　EGW-CNC-Ⅲ　600kW	台	6	
8	横焊机　AUTO　NA-3　600kW	台	12	
9	平角焊机　AUTO　NA-3　600kW	台	4	
10	电焊机　ZX-700	台	25	
11	气体保护半自动焊机　NBC-500X	台	6	
12	等离子清根机	台	2	

序　号	名称及规格型号	单　位	数　量	备　注
13	自动修平机	台	2	
14	焊剂干燥箱 YJJ-A-200　12kW	台	2	
15	焊条烘干箱 YDHA-100　10kW	台	2	
16	水泵 10SH-6	台	1	
17	立式吊板卡具　8t	套	1	
18	立式吊板卡具　5t	套	2	
19	平式吊板卡具　3t	套	3	

6.2　储罐主要施工措施、手段用料（表6.2）

储罐主要施工机械、设备　　　　　　　　　　　表 6.2

序　号	名称及规格型号	单　位	数　量	备　注
1	10 号槽钢	m	120	防变形
2	20 号槽钢	m	500	切割平台
3	撬棍	个	30	
4	$\phi159\times6$ 钢管	m	400	胎具
5	钢板　$\delta=20mm$	m²	40	预制平台
6	立缝卡具	个	70	
7	方眼块	个	300	
8	方销	个	1500	
9	圆销	个	450	
10	背钢　10 号工字钢	个	250	
11	龙门板　$\delta8$	个	900	
12	大龙门板　$\delta10$	个	100	
13	八字铁	个	1500	
14	罐壁支撑	套	80	
15	浮顶临时架台	套	1	
16	罐壁行走小车	辆	6	
17	三角架	个	650	
18	2.8 米长钢跳板	块	2500	
19	临时防护栏杆扶手	套	2	
20	加减丝	个	10	
21	滚板机进出料平台	套	1	

7. 质 量 控 制

7.1　施工主要技术标准及验收规范（表7.1）

施工主要技术标准及验收规范　　　　　　　　　　表 7.1

序　号	标准号	标准名称
1	GB 50128—2005	《立式圆筒形钢制焊接储罐施工及验收规范》
2	GB 50341—2003	《立式圆筒形钢制焊接储罐设计规范》
3	JB 4708—2000	《钢制压力容器焊接工艺评定》
4	JB/T 4709—2000	《钢制压力容器焊接规程》
5	JB 4730—2005	《承压设备无损检测》

7.2　罐体几何尺寸质量控制

7.2.1　严格控制每圈壁板的垂直度、水平度、弧度、对缝间隙、错边量。通过第一圈壁板的调节卡具及楔铁的调节使第一圈壁板的垂直度不大于 3mm，相临两点水平度不大于 2mm、任意两点不大于 6mm，每张板最少检查 3 点；其他各圈壁板环缝及垂直度采用 10 号工字钢进行调节，间距约为 995mm；组对壁板纵缝时，采用 3 组纵缝组对卡具进行调节，使纵缝间隙控制在 4～5mm 之间，错边量控制在 1/10 板厚之内且不大于 1.5mm，组对后检查每条焊缝，最少检查 3 点。

7.2.2　浮船底板焊接时先将每个环舱的支撑、桁架固定，完毕后再进行大面积的底板焊接，控制浮船底板的变形，局部每米凹凸变形不大于 10mm。

7.2.3　储罐通过采用 CO_2 半自动打底焊、碎丝埋弧焊填充盖面的焊接工艺及合理的焊接顺序，控制罐底板的焊接变形，罐底板焊接后的局部凹凸变形不应大于变形长度的 2%，且不大于 50mm。

7.3　罐体焊接质量控制

7.3.1　储罐底板任意焊缝根部焊接完毕后，用磨光机进行清理，做渗透检测，Ⅰ级合格，合格后再进行下道工序的施工。

7.3.2　屈服强度大于 390MPa 的板材在焊接前进行预热，预热温度符合焊接工艺评定。

7.3.3　通过对自动焊机的改进，增大焊机焊接的板幅范围，实现罐体立缝和环缝的全自动焊接，使焊接质量得到有效的保证。

8. 安 全 措 施

8.1　起重作业安全措施

8.1.1　操作人员听从指挥人员的指挥，并及时报告险情。

8.1.2　根据重物的具体情况和吊装方案要求选择合适的吊具与吊索并保证正确使用。

8.1.3　吊物捆绑必须牢靠。

8.1.4　禁止施工人员随吊物起吊或在吊钩、吊物下停留。

8.1.5　吊挂重物时，起吊绳、链所经过的棱角处应加衬垫。

8.1.6　不得绑挂和起吊不明重量的重物。

8.1.7　人员与吊物应保持一定的安全距离。

8.1.8　风天吊装应使用揽风绳，5 级风以上禁止吊装作业。

8.2　高空作业安全措施

8.2.1　施工前应对高处作业的全体员工进行安全教育及交底，落实所有安全技术措施和人身防护用品。

8.2.2　高处作业中的安全标志、工具、仪表、电气等各种设备，必须在施工前加以检查。

8.2.3　高处作业人员以及搭设高处作业安全设施的人员，必须进行专业培训并考试合格，持证上岗。

8.2.4　进行三级或特级高处作业时，必须办理《高处作业票》，高处作业由"HSE"监督员进行监督。

8.2.5　高处作业人员必须系好安全带、戴好安全帽，衣着要灵便，禁止穿硬底或带钉易滑的鞋，安全带应高挂（系）低用。

8.2.6　安全网应每周检查，以防损坏。

8.2.7　罐壁行走小车使用前应检查其行走稳定性。

8.3　用电安全措施

8.3.1　设备接地时要根据本设备用电量大小选择接地线的规格，严禁超载。

8.3.2　所有用电设备均应设有安全防护设施，室外的用电设备要采取防雨设施，同时注意保护设备电缆，对已损坏的电缆要及时更换。

8.3.3 做到人走断电。

8.3.4 与用电设备相关的电焊机房、金属板房、钢平台、金属构架等都应作接零或接地保护。

8.3.5 罐内照明应使用 36V 以下安全电压。

8.3.6 施工用的机械设备应有漏电保护装置。

8.4　施工动火管理规定

8.4.1 动火作业施工人员上岗前，必须按规定进行上岗前的动火安全教育。

8.4.2 动火作业的施工现场，必须按规定配置消防器材，并保持消防通道畅通。

8.4.3 动火部位附近有可燃物、易燃、易爆物品，在未作清理或未采取有效的安全防范措施前，不得动火。

8.4.4 施工完毕，应仔细检查清理现场，熄灭火种、切断电源后方可离开。

9. 环 保 措 施

9.1 施工现场垃圾渣土要及时清理出现场，并运到指定地点，严禁随意凌空抛洒；施工现场应指定专人定期洒水清扫，并形成制度，防止扬尘；对易飞扬的细颗粒物、散体材料和废弃物的运输、堆放应具备可靠的防扬尘措施；禁止在施工现场焚烧垃圾。

9.2 禁止将有毒有害废弃物作土方回填。

9.3 临时污水排放时设置隔油池，定期清除油和杂物，防止污染。充水试验结束后，排放前要进行水质的监测，水质达到当地政府排放标准后方可排放。

9.4 焊条头、焊渣等各种废弃物进行分类后统一存放、统一处理。

9.5 在居住密集区施工时，控制施工噪声，尽量减少夜间作业。

9.6 射线检测时作好防护及警示标志，派专人进行巡视，避免射线对人、畜等的伤害。

9.7 施工现场严格按照公司 QHSE 体系运行，减少环境污染。

10. 效 益 分 析

10.1 应用该工法施工 10 万 m^3 储罐，机械化程度高，施工操作面广、流程安排合理，可进行交叉施工，具有良好的经济效益，经济效益分析如下。

10.1.1　人工节省费用计算

按照本工法施工 1 台 10 万 m^3 储罐，在 2 个月时间内约 9000 个工日可完成。人工费用按 44.5 元/工日计算，实际人工费用计算如下：

$$M_人 = 44.5 \text{ 元/工日} \times 9000 \text{ 工日} = 400500 \text{ 元}$$

则人工节省费用 M_1 = 定额人工费用－实际人工费用 = 900000 元－400500 元 = 499500 元

10.1.2　机械节省费用计算

机械使用节省费用：M_2 = 定额机械费用－实际机械费用 = 2800000 元－2400000 元 = 400000 元

10.1.3　施工措施节省费用计算

因储罐罐底采用 CO_2 气体保护半自动焊打底、碎丝埋弧焊填充盖面有效减小了焊接变形，在焊接过程中取消了传统的罐底焊接防变形卡具可节省措施材料费用 20000 元；浮船新型节点平台重复利用率比以往浮船架台高出一倍，可节省措施材料费用 120000 元；内脚手架正装法的脚手架只需要三层进行交替使用，可节省脚手架费用 100000 元，共节省措施材料费用：

$$M_3 = 20000 \text{ 元} + 120000 \text{ 元} + 100000 \text{ 元} = 240000 \text{ 元}$$

10.1.4　采用内脚手架正装法的经济效益

采用内脚手架正装法施工共节省费用 $M_总 = M_1 + M_2 + M_3 = 499500$ 元 $+ 400000$ 元 $+ 240000$ 元 $= 1139500$ 元

10.2 应用该工法施工 10 万 m³ 储罐，可缩短工期，施工工期为 60d。

10.3 应用该工法施工 10 万 m³ 储罐，保证了安装质量，射线探伤一次合格率达到 98%。

10.4 浮顶施工的临时架台和罐壁施工的脚手架可以多次重复利用，节约了成本。

11. 应 用 实 例

11.1 应用该工法施工的大庆油田南一油库新增储油能力工程是为了扩大大庆油田的原油储运能力，根据大庆油田有限责任公司总体安排而设计建造的。新增的 10 万 m³ 储罐是双盘式外浮顶油罐，直径 80m，其主材是由日本引进的 SPV490Q 钢板与国产钢板组成。该工程在应用该工法施工后取得了良好的经济效益和社会效益。

11.2 应用该工法施工的工程还有：

11.2.1 大庆林源地区原油商业储备库工程（2 台 10 万 m³ 储罐）。

11.2.2 大连国家石油储备基地工程（30 台 10 万 m³ 储罐）。

11.2.3 南三油库顺序输送俄罗斯原油改造工程（2 台 10 万 m³、2 台 15 万 m³ 储罐）。

11.2.4 中海油广东惠州 1200 万 t/年炼油项目原油罐区建设工程（4 台 10 万 m³ 储罐）。

应用悬空双面埋弧自动焊工艺焊接大型容器工法

YJGF32—96（2007~2008 年度升级版-056）

中油吉林化建工程有限公司

张洪闯　许秀丽　徐龙杰　李季　白宝刚

1. 前　　言

随着炼油、石化等行业的发展，压力容器设备逐步向大型化、有色金属、超厚板方向发展，耐高温、高压、抗腐蚀等各类新型材料不断应用到化工容器中，随之对容器的制作提出了更高的要求。中油吉林化建设备制造公司于 1994 年创立大型容器应用悬空双面埋弧自动焊工艺，根据国家科委成果办 1995 年 6 月 5 日在科技日报发表的稿件和我们的调查发现尚无先例，属国内首创。该技术于 1997 年获得国家级工法，通过近几年对悬空双面埋弧自动焊工艺进行不断完善，在原工法只适用碳钢和低合金钢的基础上，通过各种工艺试验和工程实践，又成功地开发应用了耐热钢、低温钢、不锈钢及复合钢板等材料的焊接；施焊厚度范围由原来的 20mm 扩大到 62mm；焊接质量有了进一步提高；应用范围也由单一的工厂化制造，扩大为既适用于工厂化制造又适用于现场大型容器组焊。

悬空双面埋弧自动焊就是焊接时不加焊剂垫或垫板、不预留间隙，且组对最大间隙一般不超过 1mm，不清根、不用手工焊填充、正反面全部实现埋弧焊接的工艺方法。原国家级工法适用于碳钢板厚度在 8~20mm 或低合金高强钢、耐热钢、不锈钢厚度在 8~16mm 对接焊缝，不开坡口、正反面各焊一遍即成，正面焊熔深达到焊件厚度的 40%~60%，反面焊熔深达到焊件厚度的 60%~70%。目前本工法工艺得到进一步扩充，适用范围不断扩大。实现厚度再增加 4~10mm 时，可以采用留 8~10mm 钝边、小坡口、不留间隙，双面各焊接 1~2 遍即可；普低钢厚度在 30~60mm 或不锈钢厚度在 20~60mm 范围内，可以采用特殊的台式组合型坡口，不加焊剂垫或垫板、不预留间隙、不清根、不用手工焊填充、正反面全部实现埋弧焊接（多层焊接）的工艺方法。筒体直径不小于 1m 的容器对接焊缝全部采用该工法，突破了公司压力容器专业化生产工艺流程的瓶颈环节。

目前，中厚板不锈钢双面悬弧自动焊接技术，属于国内领先工艺方法。其工艺特点是中厚板对接无坡口或大钝边小坡口，无间隙组对，不用手工填充和气刨砂轮清根，无焊剂托垫，双面各焊接一遍。此项工艺开发中，解决了中厚不锈钢板悬弧焊容易产生未焊透、余高超标、烧穿、热裂及抗腐蚀性能下降等工艺问题，简化了坡口加工工序，取消了气刨和砂轮清根的工序；解决了不锈钢小直径筒体的小车行走问题；解决了焊接设备电压调节范围不足和送丝脉动的问题；解决了焊接电弧跟踪找正的问题。

该工法从悬空双面埋弧自动焊的工艺原理、工艺流程、设备和工装设计，以及施工组织管理等方面进行介绍。

采用该工法在焊接材料和电能的节省上，在生产效率和焊接质量上均达到国内先进水平；且使用的焊接设备简单，造价低、适用范围广泛。

中油化建设备制造公司在包钢焦化厂现场焊接的五台洗涤塔被冶金部质量处评为优质工程，通过中油吉林化建工程股份有限公司施工技术委员会的技术鉴定，并获中油吉林化建工程股份有限公司科技进步奖。本工法被化工部评为部一级工法，1997 年被评为中华人民共和国建设部国家级工法。采用此技术的课题《攻克不锈钢自动焊接难关》获得了 2007 年度石油工业 QC 小组一等奖。

2. 工 法 特 点

2.1 成本低

由于母材不开坡口或采用专有的特殊坡口形式，合理的工艺规范，实现不清根、不用手工填充的全自动焊工艺，比传统手工焊焊接减少人员投入 2/3，是普通埋弧焊工艺方法效率的 3～5 倍。同时填充金属量减少，焊接层数少，减少焊接材料消耗及机械费用，可比普通埋弧自动焊成本节约 40％左右。

2.2 焊缝质量高

因为熔渣的保护，熔化金属不与空气接触，焊缝金属中含氮量降低，仅为手工电弧焊的十分之一，因而提高了焊缝金属的塑性和韧性，而且熔池金属凝固较慢，减少了焊缝中产生气孔、裂纹的可能性。焊接工艺参数通过自动调节保持稳定，因此焊缝几何尺寸稳定，焊工操作技术要求不高，焊缝外观成形美观，焊缝的化学成分比较均衡、稳定，力学性能好，焊缝内部质量高且均匀一致，大大提高了焊缝质量。

2.3 生产效率高

由于减少了开坡口的工序，对于厚板采用特殊的台式组合型坡口，坡口加工难度不高，正反面各焊一遍，填充金属量减少，焊接层数少，而且不需清根打磨，焊接一次合格率很容易达到 98％以上，焊接返修少，是普通埋弧焊工艺方法效率的 3～5 倍，有利于保证施工进度，大大提高了焊接效率。

2.4 劳动条件好

由于取消了清根打磨的环节，杜绝了浪费，环境污染和清根对操作人员身体的损害；埋弧自动焊是机械化操作，劳动强度低；埋弧焊弧光不外露，没有弧光辐射，没有飞溅。安全作业环境好，焊工疲劳程度大大降低。

2.5 操作简便

各焊接技术参数调节好后，在施焊过程中小车只需按装配缝找正安装轨道，或者埋弧焊机在焊接工件时伸臂运行轨迹和焊缝一次对正，添加焊剂和回收焊剂。参与焊接人员少，对焊工技术水平要求不高，焊工培训成本也低。

3. 适 用 范 围

本工法主要适用于碳钢板厚度在 8～20mm 或低合金高强钢、耐热钢、不锈钢厚度在 8～16mm 对接焊缝，不开坡口、正反面各焊一遍即成，正面焊熔深达到焊件厚度的 40％～60％，反面焊熔深达到焊件厚度的 60％～70％。如厚度再增加 4～10mm 时，可以采用留 8～10mm 钝边，小坡口、0～1mm间隙，双面各焊接 1～2 遍即可；普低钢厚度在 30～60mm 或不锈钢厚度在 20～60mm 范围内，可以采用特殊的台式组合型坡口，不加焊剂垫或垫板、间隙 0～1mm、不清根、不用手工焊填充、正反面全部实现埋弧焊接（多层焊接）的工艺方法，筒体直径不小于 1m。

4. 工 艺 原 理

埋弧焊是以电弧作为热源的机械化焊接方法。埋弧焊由 4 个部分组成：焊接电源接在导电嘴和工件之间用来产生电弧；焊丝由送丝机构和导出嘴送入焊接区；颗粒状焊剂由焊剂漏斗经软管均匀地堆敷到焊接接口区；焊丝及送丝机构、焊剂漏斗和焊接控制盘等通常装在一台小车上，以实现焊接电弧的移动。

应用不开坡口不留间隙悬空双面埋弧自动焊工艺现场焊接大型容器，关键是解决如何保证装配间隙不大于 1mm 和在焊接过程中如何保证焊接工艺参数基本不变使电弧稳定燃烧两个问题。

装配间隙不大于 1mm，其装配面的平面度公差应按装配最大间隙等于两装配面最大上偏差之和减两装配面最大下偏差之和计算。设最大上偏差为 ΔX，最大下偏差为 $-\Delta X$，则：

$$(\Delta X + \Delta X) - (+\Delta X - \Delta X) = 1mm$$

$$\Delta X = 0.25mm$$

即装配面的平面度公差为 ±0.25mm

本工法采用高精度吸附式轨道作为气割小车靠模，同时对板料进行精密切割，通过精细加工达到尺寸精确，在卷制过程中的精准操作和精心组对，达到纵缝组对零间隙 0～1mm，环缝组对零间隙，最大不超过 1mm。

为了保证焊接工艺参数基本不变和维持电弧稳定燃烧，本工法采用高精度吸附式轨道作自动焊小车（加导向器）靠模，保证了焊嘴与装配缝的水平距离；小车在筒体上的轨道上或在筒体上运行施焊不受筒体不圆度的影响，保证了焊嘴与装配缝在竖直方向的距离始终不变。

5. 施工工艺流程及操作要点

5.1 施工工艺流程

5.1.1 工艺程序（图 5.1.1）

由于不开坡口不留间隙悬空双面埋弧自动焊对装配间隙要求精度较高因此必须有一套适合这一要求的施工程序和工艺。本工法要求按下列施工工序流程图作业。

号料→┌拼板前气焊→打磨→拼板焊接→划线┐→气割下料→打磨防锈→卷板→纵缝定位外侧点焊→焊内纵缝→磨平定位焊缝→焊
　　　└───────检查───────┘

外纵缝→找圆研口→环缝定位外侧点焊→焊内焊缝→磨平定位焊缝→焊外环缝→探伤检查→清除焊接缺陷→补焊→划线→开孔→零部件组焊→压力试验→油漆

图 5.1.1 工艺程序图

5.1.2 下料

钢板卷筒前对角线公差应控制在小于 1mm。气割面气割支线度公差应尽可能控制在 ±0.25mm，不得超过 ±0.5mm；平面度公差控制在 ±0.25mm。

1. 划线

划线工具：$\phi0.2$ 或 $\phi0.3$ 钢线、紧线器、钢卷尺、12kg 弹簧秤、2m 长钢板尺、直角尺、划针、样冲和手锤。

划线要点：

1）将钢板放置于号料平台（或胎架）上；

2）号料确定下料轮廓线的四个顶点并打上冲眼；

3）用紧线器拉钢线，以四顶点为基准，将钢线绷紧；

4）用直角尺向钢板上返线定点；

5）用 2m 钢板尺和划针连点划线、同时内返 50mm 号下料查线；

6）用样冲沿线打冲眼，间距 40～50mm，冲眼必须正，打偏的冲眼要改正，在改正的冲眼两端各打一正确的冲眼，两冲眼距离 4～6mm。

2. 气割

1）气割机械与工装

气割采用半自动胶轮或磁轮小车式切割机，配超音速丙烷气割设备。小车加导向器，与吸附式轨道配合。

2）气割用气体

气割用氧丙烷气切割，得到的切割面光洁整齐，粘渣少，割后可见划线时留下的半个冲眼；产生回火和爆炸的可能性小；切口硬度低含碳量低；比使用乙炔总成本低 30% 以上。

3）操作方法要点

安装轨道时按划好的线将轨道找正；放好半自动气割小车，使小车导向器与轨道正确配合。气割前将火焰调好，如火焰分叉应对割嘴进行修理或更换。

4）气割工艺参数

割嘴后倾角选择见表 5.1.2-1。

割嘴后倾角选择 表 5.1.2-1

钢板厚度 mm	<10	10～16	16～22	22～30
后倾角	30°～25°	25°～20°	20°～10°	10°～0°

超音速割嘴切割工艺参数氧气压力（690～790)kPa，燃气压力（20～40)kPa。割嘴与切割速度的选择见表 5.1.2-2。

割嘴与切割速度选择 表 5.1.2-2

板厚(mm)	割嘴号	切割氧孔道尺寸		切割速度(mm/min)
		喉径	出口孔径	
6～14	0	0.7	0.91	800～550
10～20	1	1.0	1.30	700～600
20～40	2	1.2	1.56	600～500

5）封头气割加工

成形后的封头到现场后装配面没有加工的需要气割加工。

气割时将筒节立起与封头装配的一面朝上，封头置于筒节上方相隔300mm左右与筒节对正，将封头与筒节定位。定位前封头和筒节均需找圆合格。以筒节上端面为靠模，用气割机切割封头，切割后按原位置落下封头可得到与筒节相吻合的配合面注意封头落下前要在筒节与封头上作好标记以免封头落下后错位。

5.1.3 焊接

定位焊缝一般采用手工电弧焊，拼板、筒节纵缝、环缝、筒节与封头的装配均采用不开坡口小间隙悬空双面埋弧自动焊。

1. 定位焊缝

定位环缝宜选在双面焊后焊的一面，一般在筒体的内侧。焊接完先焊的一面后，将定位焊缝磨除，再进行背面焊接。定位焊缝的尺寸见表 5.1.3-1。

定位焊接参数 表 5.1.3-1

板 厚	6～10	>10
焊缝长度	15～20	20～40
间 距	100～150	250～350

2. 悬空双面埋弧自动焊焊接工艺

采用悬空双面埋弧自动焊工艺，为保证正面焊接时不烧穿，第一层的焊接电流，应根据实际工作中总结出来的参数进行（表 5.1.3-2），一般为反面焊接电流的80%～90%，熔深为整个焊件金属厚度的40%～60%；反面焊接，因为必须保证整个焊缝的熔透（熔深约达到焊件厚度的60%～70%），要加大反面焊接电流，以达到足够的熔深效果。

悬空双面埋弧自动焊工艺参数 表 5.1.3-2

焊丝直径(mm)	焊接厚度(mm)	焊接顺序	焊接电流(A)	焊接电压(V)	焊接速度(m/h)
4	8	正	440～480	30	30
		反	480～530	31	30
4	10	正	530～570	31	27.7
		反	590～640	33	27.7

续表

焊丝直径 （mm）	焊接厚度 （mm）	焊接顺序	焊接电流 （A）	焊接电压（V）	焊接速度 （m/h）
4	12	正	620～660	35	25
		反	680～720	35	24.8
4	14	正	680～720	37	24.6
		反	730～770	40	22.5
5	15	正	800～850	34～36	38
		反	950～990	36～38	26
5	17	正	850～900	35～37	36
		反	900～950	37～39	26
5	18	正	850～950	36～38	36
		反	900～950	38～40	26
5	20	正	850～900	36～38	35
		反	900～1000	38～40	24
5	22	正	900～950	37～39	32
		反	1000～1050	38～40	24

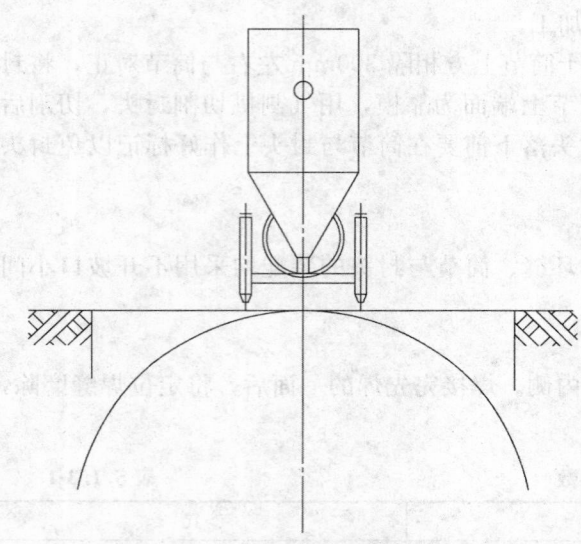

图 5.1.3-1　利用地坑焊接筒节外纵缝示意

3. 拼板及纵缝焊接

因起弧和收弧部位是埋弧焊缝薄弱部位，且成型不好，一般拼板焊缝及筒节纵缝焊接应使用引弧板；拼板在平台上进行，筒节内纵缝焊接在地面进行；外纵缝利用焊接操作机施焊；也可利用地坑施焊（图5.1.3-1）、拼板和筒节的外纵缝焊接利用吸附式轨道，自动焊小车要装配导向器。

4. 环缝焊接

环缝焊接在焊接滚轮架上进行，先焊内环缝后焊外环缝。内侧焊缝焊接时，宜先进行焊嘴与焊缝对正，然后再进行焊接，焊接时，应有人员注意外侧观察焊缝熔深情况；焊接外环缝前磨平定位焊缝。施焊前以装配缝为基准，安装好吸附式轨道。调整好焊接滚轮架滚轮转数使筒体转动的线速度与小车运动速度相同。焊接时自动焊小车应处于水平位置。焊嘴应偏离筒体中心线10～20mm，位置在筒体旋转的反方向（图5.1.3-2）。

焊接开始，自动焊小车与滚轮同时运动，自动焊小车运动方向与筒体旋转方向相反速度相同，使

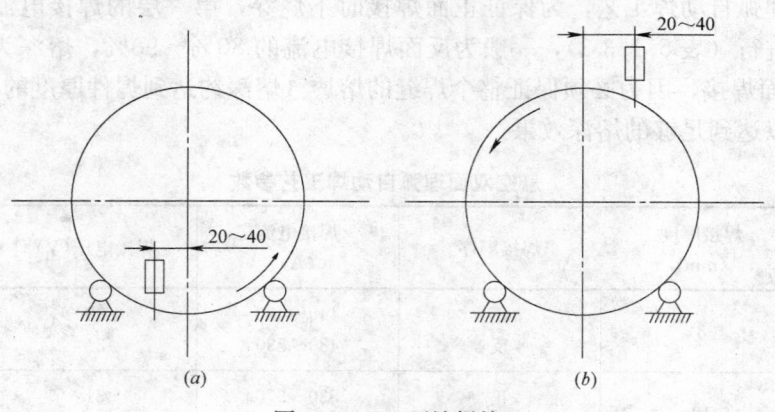

图 5.1.3-2　环缝焊接
(a) 内环缝焊接；(b) 外环缝焊接

自动焊小车始终处于水平位置。

5. 底盘焊接

当底盘厚度允许采用悬空双面自动埋弧焊接工艺焊接时应尽量采用。底板与基础圈焊接时可用图 5.1.3-3 所示方法进行。

5.1.4 施工计划管理

表 5.1.4 为焦化厂氨洗塔现场制造施工计划，仅以该塔为例，其他四台均有施工计划，这里不用逐一划出。

5.1.5 施工场地

现场场地应平整、无积水、有足够的面积供焊接设备使用。场地应安置龙门吊，焊接滚轮架等机械；有堆放钢材和足够的拼板场地。场地布置应有利于流水作业，最好能将大件都控制在龙门吊的工作范围以内。理想的施工总平面布置见表 5.1.5。

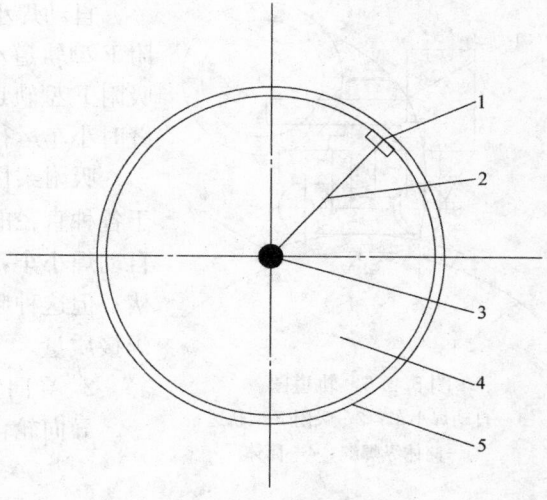

图 5.1.3-3 底盘焊接
1—自动焊小车；2—定位杆；3—滚动轴定心器；
4—底板；5—基础圈

施工计划管理图 　　　　　　　　　　　　　　　　　表 5.1.4

序号	作业内容	时　间　　月1日至30日																												
		1	2	3	4	5	6	7	8	9	10	11	12	13	14	15	16	17	18	19	20	21	22	23	24	25	26	27	28	29	30
1	划线																														
2	下料																														
3	拼板																														
4	卷板																														
5	组对																														
6	开孔																														
7	焊接塔内件																														
8	焊接接管																														
9	总装																														
10	底盘																														

施工总平面布置图 　　　　　　　　　　　　　　　　　表 5.1.5

料	1　拼	卷	组	7　多节组对区　3
场	2　板　4 3　区	板　6 区　5	对 区　3	4　焊接区　8

1. 龙门吊　2. 半自动气割机　3. 直流弧焊机　4. 埋弧自动焊机　5. 轨道　6. 卷板机　7. 焊接滚轮架　8. 防风工作台

5.2 要点

5.2.1 埋弧自动焊机要有自己单独的电源，以避免电压波动，影响焊接质量。

5.2.2 装配间隙要确保小于 1mm。

5.2.3 要尽量放置装配缝焊前生锈和进入颗粒状砂土等杂物，如有锈蚀及灰尘应设法清除。

5.2.4 吸附轨道安置时不得用手锤直接敲打，一以免破坏轨道精度。施焊前应认真检查导向装置；调整好导向装置与轨道间隙。

5.2.5 防风工作台

在现场只焊接同一种直径的设备，防风工作台可不带升降机构，但应能沿轨道移动并能牢固定作台底部应略高于筒体外圆的最高点，在平台底部开长方形孔，以便自动焊小车在筒体位。工上施焊。防风工作棚内应具有摆放焊剂回收机、自动焊小车及其他工具的位置，并有可供四人操作的空间。防风工作棚的行走轮可采用钢板焊接。防风工作台支脚要有足够的强度和刚度。

5.2.6 自动焊小车与半自动气割小车的导向装置

1. 轨道

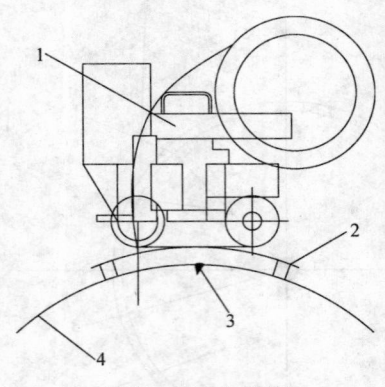

图 5.2.6 轨道图

1—自动焊小车；2—吸附 F 型轨道；
3—筒体纵焊缝；4—筒体

自动焊小车可采用两种轨道：即吸附 F 型和吸附柔性轨道。吸附 F 型轨道小车在轨道上运行。吸附柔性轨道小车在筒体上运行。吸附 F 型轨道式轨道的优点是：轨道仅有四点与筒体接触，焊接环缝时小车运行不受筒体纵焊缝的影响（图 5.2.6）。

吸附柔性轨道的优点是：轻便、精确适应面广，一条轨道可以用于各种直径的筒体内外环缝及纵缝的焊接上。缺点是焊接内外焊缝时自动焊小车，车轮在筒体上运行经过筒体纵焊道时小车产生一定的起伏；但这种起伏由于埋弧自动焊自身的调节功能的作用，没有影响到焊接质量。

2. 导向轮

导向轮可用两组或四组两面密封的微型滚动轴承代替。

6. 材料与设备

6.1 材料

该工法所用材料为碳钢、低合金高强钢、耐热钢、不锈钢等，筒体直径不小于 1m 的容器对接焊缝可全部采用，碳钢板厚度在 8～20mm 或低合金高强钢、耐热钢、不锈钢厚度在 8～16mm 对接焊缝中，不开坡口、正反面各焊一遍即可；厚度再增加 4～10mm 时，可以采用留 8～10mm 钝边，小坡口、不留间隙，双面各焊接 1～2 遍即可；普低钢厚度在 30～60mm 或不锈钢厚度在 20～60mm 范围内，可以采用特殊的台式组合型坡口，不加焊剂垫或垫板、不预留间隙、不清根、不用手工焊填充、正反面全部实现埋弧焊接（多层焊接）的工艺方法。

6.2 设备

现场所需机械设备见表 6.2。

所需机械设备　　　　　　　　　　　　　　　　表 6.2

名　称	型　号	数量	备　注
龙门吊		1	型号根据共检选
单自动气割机	CG1-30	2	小车加导向器，自制吸附式轨道
直流弧焊机	AX1-500	3	
自动埋弧机	MZT-1000	2	小车加导向器，自制吸附式轨道
卷板机		1	型号根据工件选定
焊接滚轮架		2	根据工件选定
防风工作台		1	根据工件设计制造
烘干箱		1	根据工程量选定
恒温箱		1	根据工程量选定
射线探伤机	300EG	1	

7. 质 量 控 制

7.1 规范标准

焊接工艺评定的试件尺寸、试验项目及合格标准等，必须按照《钢制压力容器焊接工艺评定》JB 4708—2000 的规定执行。

7.2 执行厂质量目标，无损检测一次合格率不低于 90%。

7.3 技术措施和管理措施

施工中要严格遵守本工法所制定的工序流程，施工前要认真检查机械化和工装，发现问题及时解决。设备制造的全过程按照全面质量管理的要求开展自检互检和质量分析活动,不合乎要求的工件不得进入下道工序。焊缝按要求进行射线探伤。需要返修的的部位返修前应作焊接返修工艺卡,返修工作由合格的焊工担任。

检查员重点对进入卷筒前的板料尺寸和组对间隙进行严格检查。检验标准见表7.3。检验工具:支线度、平面度,组对间隙采用塞尺和直尺,其他项目使用钢板尺和钢卷尺。

筒体制造工序检验控制表　　　　　　　　　　　　　　　　表7.3

序号	工序	检验控制内容	允许偏差 mm
1	材料检查	局部挠度	$\delta \geq 14$　$f \leq 1$ $\delta < 14$　$f \leq 1.5$
2	划线	划线尺寸 冲眼间距45 冲眼准确程序	0 ±5 目测无明显偏差
3	气割 下料	直线度 平面度 长度 两对角线差	±0.25 ±0.25 ±1 ±1
4	卷筒	筒体纵缝对口借边量	<1/10壁厚不大于3
5	组对	组对间隙 环缝对口错边量	<1 壁厚$S<10$时小于$1/5S$ $S>10$时小于$1/10S+1$
6	焊接	焊缝余高 焊缝气孔、夹渣	0~4 0
7	筒体	长度 直度	$L/1000$

7.4　组织保障 (表7.4)

劳动力组织　　　　　　　　　　　　　　　　表7.4

序号	职务	人数	岗位职责
1	主任	1	全面负责及与业主联系
2	工长	1	在主任领导下,指导施工及人员安排
3	技术员	1	管理施工技术工作,协助工长工作
4	材料员	1	保障原材料供给和正确发放
5	机械员	1	保证机械正常运转及时检修
6	安全员	1	负责工地的安全管理,保证安全施工
7	质检员	1	检查施工质量,整理检查结果
8	电焊工	8	拼板纵缝焊接2明,环缝焊接2名,手工电弧焊4名
9	气焊工	4	负责下料等
10	铆工	12	划线、研口、卷筒、塔内件定位等
11	起重工	4	材料、工件运输、配合组装、吊车指挥等工作
12	龙门吊司机	2	材料、工件、聚居、设备吊运等工作
13	钳工	1	机械维修
14	电工	1	电气设备维修
15	保管工	1	各种材料保管,兼焊条、焊丝焊剂保管等
16	探伤工	3	进行射线探伤检查
	合计	36	

7.5 对人员要求

7.5.1 对焊工的要求

1. 使用埋弧焊机操作的焊工必须经过培训，经考核合格取得相应合格证书、方可从事焊接工作。

2. 焊工应了解埋弧焊机的结构和工作原理，能处理简单的机械故障。

3. 焊工应懂得焊丝、焊剂的保存方法，能正确选择焊丝、焊剂等有关方面知识。

7.5.2 对维修电工的要求

维修电工必须具有修理埋弧自动焊机的能力。对自动焊机的电器故障能及时排除。

8. 安 全 措 施

8.1 电焊工和气焊工作业必须符合《焊接与切割安全》GB 9448—99 中有关规定。

8.2 要设计好防风工作台，底部开孔应即方便作业，作业时不得有掉下一人的孔隙。

8.3 在防风工作台作业应逐一拴好小工具，以免工具从防风工作台底孔隙处落下伤害人或工具。

8.4 安装漏电保护器，确保用电安全。

9. 环 保 措 施

9.1 按照国家和地方政府下发的有关环境保护的法律、法规和规章制度，成立健全的生产环境管理组织机构，在工程施工过程中严格遵守加强对工程材料、设备、生产生活垃圾、弃渣的控制和治理，遵守有防火及废弃物处理的规章制度，充分满足职工的要求，随时接受相关单位的监督检查。

9.2 环保工作以主管领导做起，抓好现场的宣传，创办了环保教育宣传栏，使职工生动活泼，直观加深环保印象，提高环保意识，要求操作者强化环保意识，端正环保态度，恪守岗位职责，精通岗位技能，懂得环保法规，掌握操作标准。

10. 效 益 分 析

根据我们为包钢焦化厂制造的五台洗涤塔的成本分析结果：采用本工法与传统工法比较，除了多一套造价不足 2000 元的工装外，其他费用都有大幅度下降。

10.1 消耗材料或成本降低情况

1. 用焊丝和焊剂比用焊条成本降低 75％左右。

2. 碳棒消耗降低 98％以上。

3. 砂轮片消耗降低 95％以上。

4. 板材下料气割总成本降低 30％以上。

10.2 机械费用降低情况

1. 焊机台板费用降低 85％左右。

2. 坡口切割机费用降低 100％。

10.3 人工费降低情况

1. 所用焊工人数减少 75％，焊接速度提高 2 倍，工人费降低 80％以上。

2. 总焊接成本降低 80％左右。

11. 应 用 实 例

本工法自 1994 年创立以来，悬空双面埋弧焊工艺不断完善和创新，已经成为化建设备制造公司厂内压力容器预制和现场大型容器对接焊缝的主要工艺方法，由于效率高，质量好，产品加工能力和市场不断扩大，2005年生产了500多台容器设备。

实例一：

1994年4月中油吉林化建工程股份有限公司设备制造公司承制的包钢焦化厂五台洗涤塔，筒体焊接是1995年8月开始的，并采用此工法施工。焊道总长2422.5m，20%探伤检查、拍1938张片，1880张合格，合格率为97%。筒体焊接工作于1995年11月完成。

实例二：

设备制造公司为吉化炼油厂制作的"重整液气提塔"，1995年10月10日开工，1995年11月20日交工，该塔内径1.8m，高为35.297m，材质16MnR，厚度14mm，焊缝总长160m，25%探伤。采用本工法施工，探伤结果Ⅰ级片110张，Ⅱ级片28张，Ⅲ级片9张，探伤合格率为100%。

实例三：

中油吉林化建工程股份有限公司设备制造公司为吉化30万t乙烯工程制作"产品净化仓"。该塔直径4600mm，高31485mm，材质16MnR，厚度12mm，采用本工法施工，焊缝总长291m，53%探伤检查。共拍618张片，其Ⅰ级片462张，Ⅱ级片146张，Ⅲ级片5张，返修5张，合格率为99.2%。

本厂厂内焊接壁厚不大于22mm的低碳钢与壁厚不大于16mm的低合金钢设备筒体也全部采用悬空双面埋弧自动焊工艺，全年工为吉化30万t乙烯工程及吉化其他工厂制造大小容器21台，焊接焊缝量达3375m，降低费用181.206万元，加上包钢五台洗涤塔降低费用130.066万元，1995年度采用本工艺共降低费用约为311.272万元。

实例四：

2006年，吉林燃料乙醇项目2号不锈钢精塔，直径3m、高39m，筒体厚度16mm和18mm，全部采用了双面悬弧自动焊新工艺，无间隙组对，不用手工填充和气刨清根，无焊剂托垫，双面各焊接一遍，外观成型良好，焊缝接头的抗晶间腐蚀试验符合国家标准。简化了工序，不锈钢焊接一次合格率100%，焊接效率提高了10倍，缩短工期50d，节约焊接材料成本超过30%，减少人员投入16人，节约焊接施工成本14.4万元。自动新工艺的成功应用，不仅保证了工期，而且提高了产品焊接一次合格率。自动焊接新工艺的应用也将大大提高设备制造公司的生产加工能力。成本的降低、效率和质量的提高将大幅度提高公司在设备制造市场中的竞争能力。

实例五：

2007年大庆中蓝石化40万t/年重油催化裂化装置技术改造工程乙烯脱CO_2罐，直径3m，长度7m，材质16MnR厚度44mm，低合金钢焊接一次合格率100%。

实例六：

2007年，吉化集团公司33万t/年丙烯腈装置扩建项目回收塔，该塔直径5.6m、高68m、重373t，材质为16MnR和16MnR＋00Cr19Ni10，板厚分别为14mm、16mm、18mm、20mm、28mm和20＋3mm，设备要求100%射线探伤，把埋弧自动焊技术成功应用于超限塔器的现场制作，大大提高了产品的质量，整台塔探伤片数1420张，返修43张，一次探伤合格率近97%，施工工期提前了20d，受到甲方的高度赞誉，很多同行厂家到现场参观学习。

实例七：

2008年，辽宁华锦集团乙烯改扩建工程30万t/年高密度聚乙烯装置氧化铝处理罐，62mm厚低温钢焊接一次合格率100%，受到业主和监理公司的良好评价。

实例八：

2008年抚顺石化原油集中加工、炼油结构调整技术改造工程焦化联合装置240×10^4延迟焦化装置焦炭塔，塔体直径9.8m，高37m，材质14Cr1MoR钢板，此钢种是我公司第一次接触，在国内未见此设备采用埋弧自动焊接工艺，又一次将埋弧自动焊工艺成功应用于超限设备现场焊接。

实例九：

2008 年，辽宁华锦集团乙烯改扩建工程 30 万 t/年高密度聚乙烯装置氧化铝洗涤器，直径 2.3m，长度 9.4m，厚度 62mm，材质为 09MnNiDR，低温钢焊接一次合格率 100％，受到业主和监理公司的良好评价。

与同行业类似施工方法相比，本工法主要以下几项优点：

1. 钢种应用面更广：通过十多年的实践与改进，悬空双面埋弧自动焊工艺工艺已经应用到碳钢（催化裂化中两器：材质 20R），低合金钢（回收塔：材质 16MnR），耐热钢（反烃化反应器：材质 15CrMoR，焦炭塔：材质 14Cr1MoR），不锈钢（乙醇塔，粗产品塔，2 号精塔，材质 0Cr18Ni9，00Cr19Ni10）等材质，材质进本覆盖炼油、石化等行业各类设备。

2. 应用范围广：直径＞1m，厚度大于 6mm，尺寸、规格基本覆盖炼油、石化等行业各类设备。

3. 坡口改进，效率高，节省焊材：由于气割工艺先进，气割质量好精度高，可满足装配间隙不大 1mm 的要求。可采用流水化作业，悬空双面埋弧自动焊工艺是目前各种焊接技术中效率较高的一种，它不开坡口正反面各焊一遍即成。较普通需要手工焊打底或全部开坡口埋弧焊，焊材节省 1/3，效率提高 3～5 倍。

4. 降低劳动强度：清根是多数埋弧焊背面焊接前必须进行的一道工序，我们研究的悬空双面埋弧自动焊工艺，可免去清根，大大降低了焊工的劳动强度，符合生产的 HSE 要求。

5. 焊接参数工艺成熟，质量稳定。十多年来，本工法焊接工艺方法已经应用于国内、国外约 2000 台左右容器的焊接，结果表明，依据本工法焊接的焊缝，外观质量和内部质量，都十分稳定可靠，焊接一次合格率由 95％提高到 98％左右；焊缝机械性能好，环焊缝处筒体直径没有收缩现象。

6. 本工法与国际先进水平比较，其创新点在于所用焊接设备简单灵活，改进潜力大，工装的制造也十分简单，可随现场实际需要进行改进，改进成本低。

悬空双面埋弧自动焊工艺，已经成为公司压力容器预制和现场大型容器对接焊缝的主要工艺方法。先进技术的应用提高了生产效率，节省了人力，不仅为企业带来了良好的经济效益，也为企业树立良好的品牌形象，扩大了市场占有率，在炼油化工装备制造市场应用前景良好。

球罐整体热处理工法

YJGF55—92（2007～2008 年度升级版-057）

中国化学工程第三建设有限公司

罗会田　张兴华　高春林　刘晓波　何源洁

1. 前　　言

球罐在组装焊接过程中焊缝处会产生较大的应力，焊缝附近存在着淬硬组织和扩散氢，这些都是使球罐产生延迟裂纹和应力腐蚀裂纹的重要因素，从而可能导致球罐早期破损和事故的发生。

对球罐进行焊后热处理是消除焊缝应力的有效方法，球罐焊后热处理有局部热处理法和整体热处理法二种。局部热处理法由于热处理的区域受到一定限制，故应力消除不彻底，同时还会造成新的附加应力；而整体热处理能够比较彻底的消除焊缝处的应力，释放焊缝中的残余氢，改善、提高焊缝的机械性能，从而极大地提高球罐的安全使用可靠性，故球罐焊后整体热处理被广泛运用在工程上。

二十多年来，中国化学工程第三建设有限公司在球罐整体热处理技术上，不断追求科技创新、工程实践、持续改进、总结完善，1993 年球罐整体热处理工法获国家级工法；2007 年研制的"自吸式液化气环状点火器"获国家实用新型专利。球罐整体热处理三种方法：DCS 控制燃油内燃法、燃气内燃法、电加热法。特别是近几年在燃油内燃法基础上开发先进的 DCS 控制燃油内燃法，在云南富瑞化工有限公司 60 万 t/年磷铵工程 2 台 6000m³ 液氨球罐、新疆中国石油独山子石化公司 1000 万 t/年炼油及 120 万 t/年乙烯改扩建工程化工全压力罐区球罐项目 10 台球罐等工程中成功应用，由于技术先进，热处理质量得到了可靠保证，具有明显的社会效益和经济效益。

2. 工 法 特 点

2.1　DCS 控制燃油内燃法

2.1.1　燃油内燃法喷嘴采用先进的德国欧科轻柴油燃烧器。

2.1.2　控制手段先进，利用 DCS 集散控制系统，把数据通信、显示装置、过程控制和智能化数字仪表有机地结合起来，组成高性能控制系统，按照设定参数对球罐进行升温、恒温、降温处理。

2.1.3　升降温速率均匀，球体温差小，热处理效果好，质量易保证。

2.1.4　能耗低，排放烟气符合环保要求。

2.2　燃气内燃法

2.2.1　燃气内燃法采用高中压引射式燃气燃烧器，使燃料气与空气混合后在罐内燃烧对球罐进行加热，并采用档火板使罐内热气得以充分循环，以保证球罐温差符合规范要求。

2.2.2　温度控制通过调节燃气流量实现。

2.2.3　易燃易爆品安全控制要求高。

2.3　电加热法

2.3.1　电加热法是将电加热片分组分层布置在球罐内，通电后电加热片发出热能通过辐射和罐内空气对流对球罐加热来达到热处理的目的。

2.3.2　温度控制通过操作控制柜控制电加热片的通断电来进行调整。

2.3.3　操作简单，耗电较大。

3. 适用范围

本工法包括DCS控制燃油内燃法、燃气内燃法、电加热法三种焊后整体热处理方法。三种方法各有侧重，适用不同的环境及业主对工程的需求。

3.1 DCS控制燃油内燃法自动化程度高，操作方便，质量易保证，适用于200～10000m³球罐整体热处理，工程施工中，一般优先使用。

3.2 燃气内燃法适用于50～10000m³球罐整体热处理，在燃气充足地区或设计业主指定时使用。

3.3 电加热法适用于50～2000m³球罐整体热处理，在电力容量足够地区或设计业主指定时使用。

4. 工艺原理

DCS控制燃油内燃法，燃气内燃法、电加热法整体热处理均为内热式热处理，是将需热处理球罐作为炉膛，球罐外壁绝热保温，在球罐内部安装燃油烧嘴、燃气加热装置或电加热器装置，燃油、燃气在球内燃烧，电加热片通电后发热，对球罐加温、恒温、降温来达到对球罐整体热处理的目的。

DCS控制燃油内燃法是在原手动控制基础上通过创新，运用先进的DCS控制系统控制热处理的全过程，燃气内燃法热处理系通过控制调节燃气及风的流量实现对球罐加温、恒温、降温。电加热法整体热处理则通过数字温度控制器来实现热处理工艺。

5. 施工工艺流程及操作要点

5.1 施工工艺流程
5.1.1 DCS控制燃油法施工工艺流程（图5.1.1）

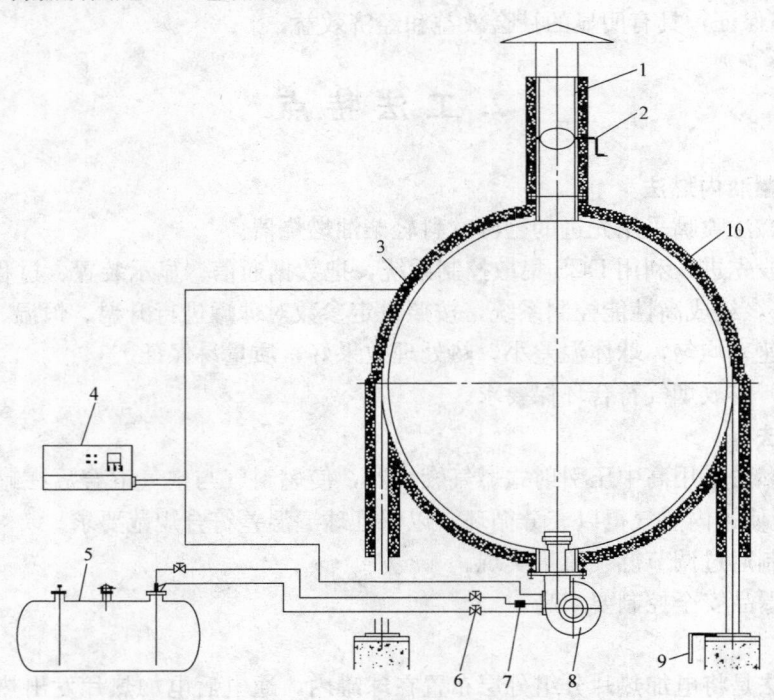

图5.1.1 DCS控制燃油法施工工艺流程

1—烟囱；2—手动蝶阀；3—热电偶；4—操作控制室；5—燃料油罐；6—快速通断阀；
7—油过滤器；8—燃烧器；9—柱脚移动装置；10—保温棉

5.1.2 燃气法施工工艺流程（图5.1.2）

5.1.3 电加热法工艺流程（图5.1.3）

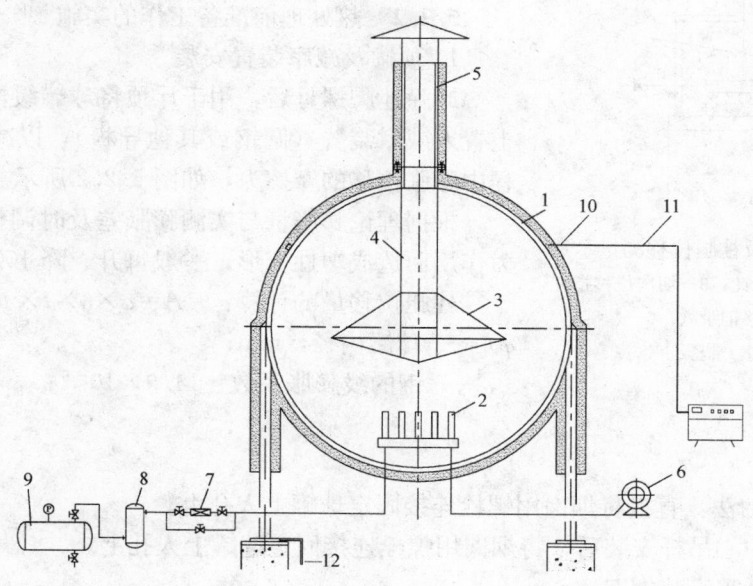

图 5.1.2 燃气法球罐整体热处理流程

1—球罐；2—高中压气体燃烧器；3—烟气反射罩；4—中心吊架；5—烟囱；6—鼓风机；7—气体液量计；

8—分离器；9—液化气储罐；10—热电偶；11—补偿导线；12—柱腿移动装置

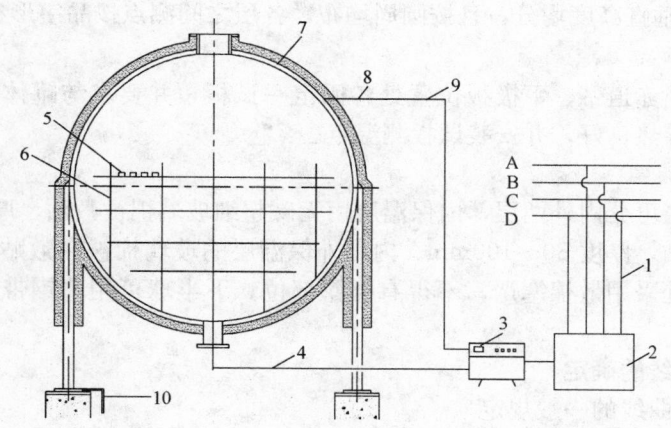

图 5.1.3 电加热法球罐整体热处理流程图

1—电源；2—变压器；3—控制柜；4—电源线；5—电加热器；6—支架；

7—球罐；8—热电偶；9—补偿导线；10—柱腿移动装置

5.2 热处理前的准备工作

热处理工作应在球罐本体焊接、无损检测工作全部结束方可进行，热处理前的准备工作及施工程序应按下列规定进行。

5.2.1 热处理前一般规定

1. 调整球罐施工脚手架，以便于保温、热处理操作及防火安全。

2. 搭设防雨、防风棚。

3. 松开地脚螺母、调整支柱，使其能自由膨胀位移并保持垂直，安装柱腿热膨胀位移监测装置。

4. 断开与球体相连接的平台、过桥、梯子等附件，以确保球体自由膨胀和位移。

5. 拆开与热处理无关的球罐接管管口，并用盲板封闭。

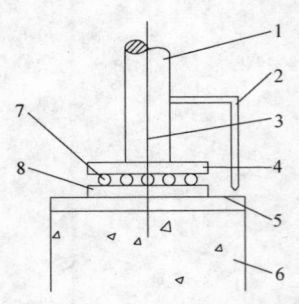

图 5.2.2　减摩装置及柱腿位移测量示意
1—柱腿；2—径向位移指针；3—切向位移指针；
4—柱腿底板；5—位移记录纸；6—基础；
7—滚柱；8—垫板

t——恒温最高温度，℃。

2．烟囱安装

1）DCS 控制燃油法：直接将烟囱用螺栓连接固定球罐上人孔上。

2）燃气法：在中心吊杆安装后，将烟囱用螺栓连接固定球罐上人孔上。

3）电加热法：无需安装烟囱。

3．测温点的安装

1）按照测温点的布置要求，将热电偶用固定座点焊在球壁各测点位置。

2）热电偶应依次编号，固定热电偶时螺钉旋入不可太松或太紧。

3）测温点的分布按垂直高度均分，且按圆周均布，各层之间测点按品字形布置。

4．试板安装

在球罐外壁上极板、赤道带、下极板位置处各固定一试板，并要求与罐体良好贴合，试板应尽可能地增大贴合面，使其导热良好，并安装试板测温点。

5．保温

在球罐外表面保温层可分内外两层，内保温层用无碱超细玻璃棉被敷贴，厚度 50mm，外保温层采用有碱超细玻璃棉被敷贴，厚度 80～100mm。内、外保温层的玻璃棉被在敷贴时要注意结合部位的搭接裕度，角缝和热电偶处采用散棉塞严，不得有裸露部位，下半球可用薄钢带或 8 号钢丝拉缚，使保温被紧贴在球皮上。

5.3　热处理工艺曲线的确定

5.3.1　热处理工艺曲线的一般规定

1．升温期

1）300℃以下自由升温。

2）300℃以上以 50～80℃/h 的速率升温，最大温差 130℃以内。

2．恒温期（保温阶段）

恒温时间按球壳板对接焊缝的最大厚度每 25mm 恒温 1h，且不小于 1h。

3．降温期

应以 30～50℃/小时的降温速率降温，当降至 300℃以下后可任其自冷。

5.3.2　工艺曲线示意图

热处理工艺曲线见图 5.3.2。

5.3.3　球罐热处理温度

6．在防爆区域施工应考虑采取隔离或屏敝处理等安全措施。

5.2.2　热处理前准备工作的实施

1．顶罐及减摩装置安装

卸除地脚螺母后，用千斤顶将球罐缓慢顶起，在基础底板上置入减摩装置（圆钢或其他导板），以减少球罐在热处理过程中膨胀位移的摩擦力，如图 5.2.2 所示。

根据理论膨胀量与实测膨胀差及时调整，以免柱腿由于外力作用而造成塑性变形，一般每升、降 100℃调整一次。

柱腿位移量的计算：　　$A = \varphi \times \alpha \times t \times 1/2$　　　　(5.2.2)

$\varphi_{内}$——球罐内径，mm；

α——钢的线膨胀系数 $= 14.9 \times 10^{-6}$；

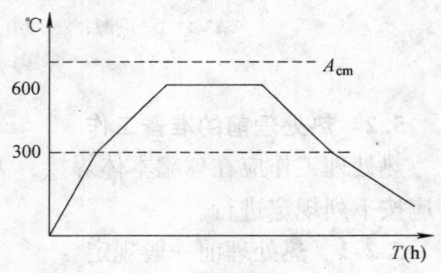

图 5.3.2　球罐焊后整体热处理
工艺曲线示意图

热处理温度按图样要求，如图样无要求按规范执行，但均应经焊接工艺评定进行验正，国标规范规定的球罐典型钢种热处理温度见表 5.3.3。

国内球罐典型钢种热处理温度   表 5.3.3

钢 种	热处理温度℃	
	GB 12337—98	GB 50094—98
20R	600±25	625±25
16MnR	600±25	625±25
15MnVR	570±25	570(＋25，－20)
15MnVNR	565±15	565±15
16MnDR	600±20	625±20
09Mn2VDR	600±20	600±20
07MnCrMoVR	565±20	565±20
07MnNiCrMoVDR	565±20	565±20

5.3.4 测温系统

1. DCS 控制球罐整体热处理温度控制系统

DCS 控制球罐整体热处理温度控制系统，由上位机微机和下位机控制仪表箱组成。

2. 上位机

上位机采用 CONTEC PⅢ-800 工控机、显示器、高速彩色打印机、UPS 后备式不间断电源以及通信接口。

3. 球罐整体热处理智能软件包

1）实时采集显示功能：可以动态显示球罐热电偶分布状态，各温测点（可检测 96 点）的实时温度数据、动态执行状况、工况状态；

2）实时控制功能：可设定和修改工艺曲线各项参数。燃烧器按设定工艺曲线要求，进行 PID 调节控制；

3）数据处理及打印功能：对数据进行转换、修正、存储管理，可以将设定工艺曲线存储调用，也可以将每次实际运行工艺曲线实时或定时打印、存储、供以后查阅；

4）报警功能：能识各类故障报警；

5）通信功能：与下位机仪表数据通信。

4. 下位机

下位机是球罐温控的执行部分，监察球罐内运行状况，温控采用英国欧陆公司智能温控表；球罐内各温度点用巡检仪表进行巡检监测（96 点）；各温度点实测记录（温度/时间）采用温度记录仪自动记录（96 点）。

5. 测温点的布置

1）根据球罐容积的大小，确定测温点的数量（表 5.3.4）。

2）测温点的布置应考虑罐体温度均匀性，相邻测温点的间距宜在 4.5m 以内，上下人孔处及试板上必须设测温点。

测温点数   表 5.3.4

球罐容积(m³)	50	120	200	400	650	1000	2000	≥4000
测温点不少于	8	8	12	12	12	16	24	36

6. 燃气法、电加热法测温系统

1）测温系统包括测温、显示（调节）和记录。在已焊好的凸台上插入热电偶并拧紧螺钉并编号，用补偿导线与温度指示调节仪（电加热用）及长图自动记录仪连接。

2）热电偶和补偿导线一般均采用 EU-2 型，材质分别为镍铬/镍铝（镍硅）和铜/康铜。

3）显示、记录仪表也应选择同分度号之温度调节仪和温度自动记录仪。

4）测温点的布置同 DCS 控制球罐整体热处理温度控制系统。

5.4 施工程序

5.4.1 DCS 控制法施工程序见图 5.4.1。

5.4.2 燃气法施工程序见图 5.4.2。

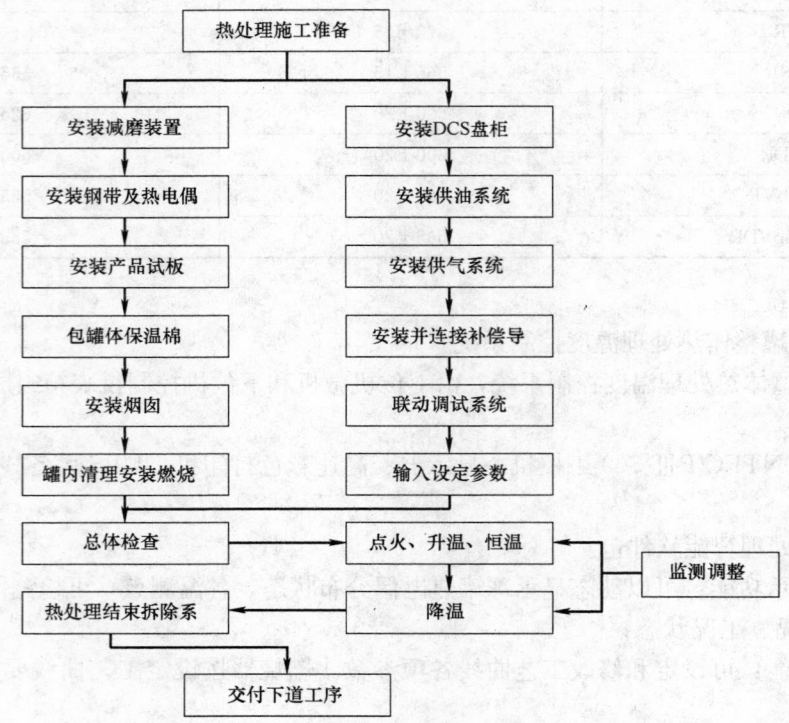

图 5.4.1 DCS 控制法施工程序图

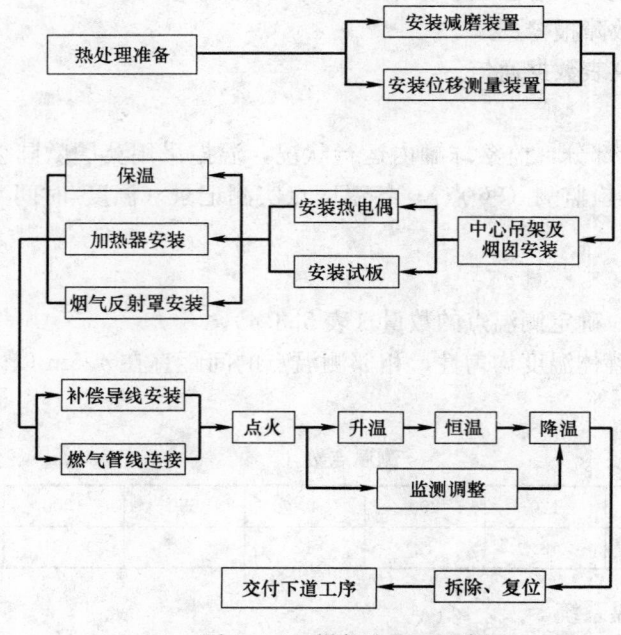

图 5.4.2 燃气法施工程序图

5.4.3 加热法施工程序见图 5.4.3。

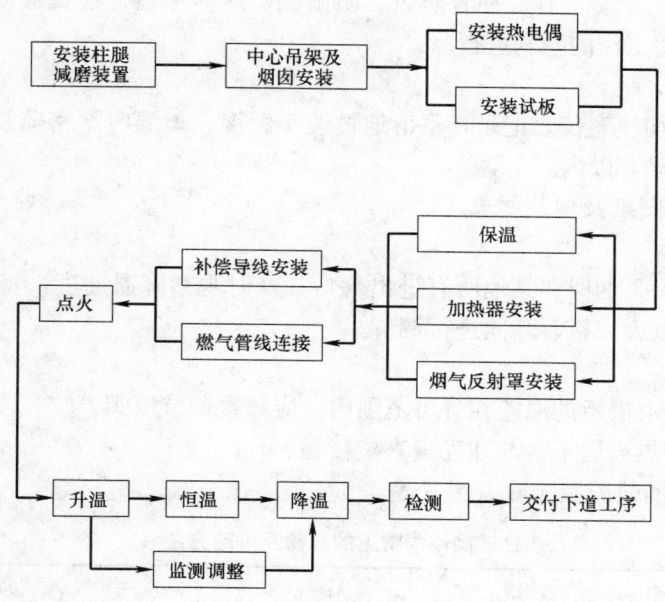

图 5.4.3　电加热整体热处理工艺程序图

5.5　操作要点

5.5.1　DCS 控制热处理操作要点

1. 燃烧控制器自动操作程序：

清扫→自动点火→监测→熄火报警及自动切断电路。

2. 启动前准备

1）油压调节（输油）油压通过泵体上的调压器调节，按燃烧器功率不同，油压调定在约 25～30bar，运行时确定油泵已充满油。

2）放气，打开油及回油开关，减少压力调节处的压力，按下接触器使油泵运转，查看输油情况并确认系统无漏油。

3）检查供油压力（进油）。

3. 启动

将燃烧器控制电路闭合，程序运行，燃烧器自动预点火、点火。

4. 运行

在火焰完全形成后，负荷控制器开始工作，控制器自动控制燃烧器工作于部分负荷与满负荷之间。

5. 升温

1）按照设定程序升温，在 300℃以下，升温速度虽然没有具体要求，但也不宜过快，因在罐壁较冷状态下加热，升温速度过快造成温差过大，产生正压反喷。在接近 300℃时应将各测点温差控制在130℃以内，300℃以上升温速度控制在≤50℃/h。

2）升温速率受环境温度影响较大，环境温度低升温速度慢。

3）做好监控室监控工作，保证热处理工作有效运行，发现问题立即整改，具体监控内容为：

① 动态显示工况图、工艺流程图；

② 动态显示工艺曲线图；

③ 仪表参数显示；

④ 故障报警显示；

⑤ 实时趋势和历史趋势；

⑥ 操作提示。

⑦ 加强球罐热处理区的值班巡检，检查防风、防雨棚、球体保温、柱腿移动并做好记录，发现异常立即整改，以保证热处理工作的顺利进行。

6. 恒温

1）接近恒温时，应密切注意仪表记录，平滑地过渡至恒温。恒温时严密监视各点温度变化，力求缩小温差，使温差保持在 30℃ 以内。

2）恒温时间不得低于图纸及规范要求。

7. 降温

降温时将火焰熄灭，关闭烟囱和其他所有进出气口，及时观察降温速度，将其控制在 30～50℃/h 以内。若有超差趋势，可点火或打开蝶阀进行调节。

8. 注意事项

1）热处理时，为保证上极板的温差在许可范围内，应频繁调节蝶阀。

2）热处理过程中，加热火焰不得与球壳板直接接触。

9. 热处理操作中常见的故障及排除方法（表 5.5.1）。

热处理操作中常见的故障及排除方法 表 5.5.1

序号	故障	原因	后果	排除方法
1	火焰脉动或产生爆声	燃料油或雾化剂量含水	破坏稳定燃烧或完全熄灭	排除燃料油或雾化剂中的水分
2	雾化器喷油孔堵塞	燃料油中含有机械杂质或沉淀物，尤其是新雾化器更易出现喷油孔堵塞现象	燃烧严重恶化，甚至熄灭	新雾化器使用前必须认真清洗干净，严格过滤燃料油，定期更换使用滤网
3	雾化不好，火焰偏烧，出现火星或烟囱冒黑烟	雾化器加工有缺陷；燃料油粘度太大；雾化剂量不足	不完全燃烧严重；火焰冒黑烟；往下淌油	提高雾化器加工精度严格控制几何尺寸，提高燃料油预热温度和雾化剂量压力
4	点燃器易灭火或冒黑烟	点燃气压力不够；纯度不高；助燃剂量不足或线路中有冷凝水	容易造成熄灭；电点火器积碳不能点火	提高点燃气和助燃剂压力；排除线路中的冷凝水；加供热伴管或缩短点燃气管路并保温
5	火焰反喷	燃烧过程中由于雾化剂压力的突降，或加油量过急，造成油气比失调	使火焰倒燃，容易造成点火器熄灭	逐步加大雾化剂压力，维持点燃器压力的稳定和防止熄火；一旦熄火后，应停止供油，先用雾化剂将球罐吹扫一次，然后再点燃"点燃器"

5.5.2 燃气法热处理操作要点

1. 燃烧喷嘴及均温装置的安装

燃气喷嘴应在球内底部中心位置，垂直安装，并按试烧情况调整固定喷嘴风门大小，均温用伞形烟气反射罩悬吊在喷嘴上部，应注意球罐容量大小而确定反射罩之悬吊高度。

2. 点火

1）点火前应将烟道阀门打开。

2）点火操作：采取一次点火法即可。要求所有喷嘴在短时间内（不超过 5s）全部点燃着火。先供小流量燃料气，待燃烧稳定后供少量风，再逐渐依次加大燃料气和风量。在一次点火后若发生脱焰、熄火现象，应立即停止供给燃料气，但不得停风，待风将罐内残留燃料气吹除净后，再进行二次点火，以免发生燃爆。

3. 升温

在升温过程中，要注意以下几个问题：

1）当球罐加热温度低于 100℃ 时会从下人孔流出因燃烧物中的水蒸汽冷凝的水，当球罐温度超过 100℃ 时，此现象便消失。

2）低温阶段温差大，为避免升温过程中过大的温差，应适当控制升温速度。随温度升高温差逐渐得到缩小。

3）在升温过程中，往往由于风压或燃料气压发生突然变动，即风压降低或燃气压力突然升高时，球内呈正压状态，使正常燃烧的火焰发生倒燃，产生所谓"正压反喷"，反喷后在短时间内即可恢复正常燃烧，扼制反喷措施，可加大风量，降低燃料气供给量。

4）恒温

球罐整体热处理的降温，一般都是在停火状态，任其自然冷却即可。为避免降温过程中过大温差，下人孔应予封闭；在高温阶段，烟道阀门也应控制。

5.5.3 电加热法热处理操作要点

1. 电加热片数量的确定

$$N=\frac{(Q_1+Q_2+Q_3+Q_4)\times K}{12\times 860} \tag{5.5.3}$$

式中　N——电加热片数量（片）；

Q_1——球罐本体热处理所需热量，Kcal/h；

Q_2——保温层表面的热损失，Kcal/h；

Q_3——保温层的蓄热量，Kcal/h；

Q_4——罐内支架所吸收的热量，Kcal/h；

K——储备系数 1～1.3。

NH型电加热片技术参数见表5.5.3。

NH型电加热片技术参数　　　　　　　　　　　　　表5.5.3

规　格	功　率	电　压	电　流	工作温度
1000×45×70	12kW/片	220V	55A	1000℃

2. 支架的安装和电加热片的布置

电加热器支架用脚手管代替，并按电加热片的数量进行布置，立脚手管与横担，各层间的支撑点进行点焊，扣件必须拧紧，为了减少立脚手管对球壳板接触处的压力，在立脚手管与球壳间加垫 $\phi300\times5$ 的钢板一块，电加热器根据情况分片分层安放在脚手管支架上，立脚手管的安装和电加热的安放见图5.5.3-1（以1000m³ 球罐为例）。

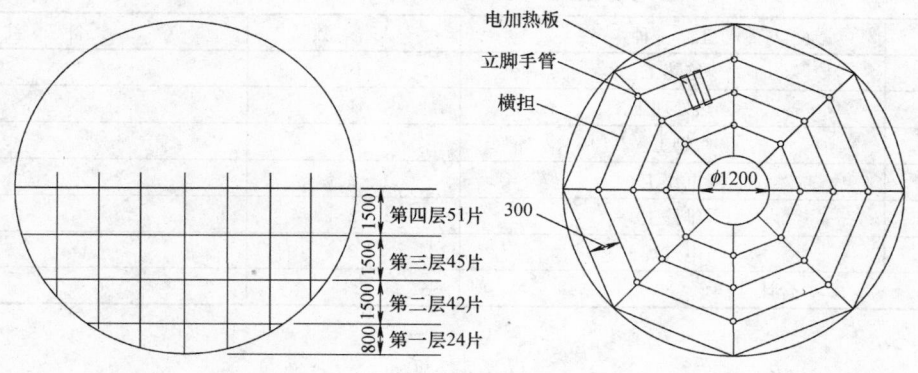

图 5.5.3-1　立脚手管的安装和电加热安放图

3. 球罐底部的加固支撑

1）电加热法整体热处理，电加热片及支撑安放电加热片的脚手管支架均放在球罐内，在热处理温度下，材料的 σ 下降较大，为了防止球壳板受压变形对罐底部采取加固支撑措施（对于薄壁球罐），加固支撑装置见图5.3.3-2。

2）几点说明。

3）在竖向脚手管和球罐内壁接面上垫一块 $\phi300\times5$ 的圆钢板一块，变点接触为面接触，增大受力

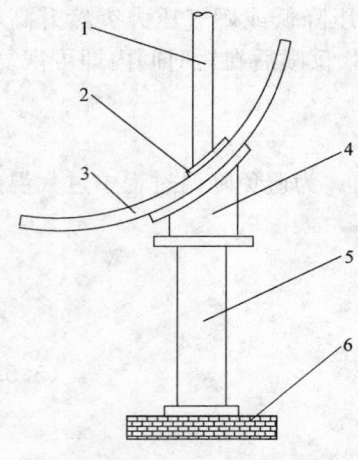

图 5.5.3-2　加固支撑装置
1—立脚手管；2—钢垫板；3—球壳板；
4—支撑托架；5—支撑钢管；6—软木

面积，减少单位面积上的应力值，改善受力状况。

4）在球壳外壁对应竖向脚手管位置用支撑托架托住球罐底部，使电加热片、脚手管的重量穿过球壳通过支撑托架传到地面上，支撑托架与球罐外壁接触面垫一层石棉布，防止刚性接触。

5）支撑托架底部垫 200～300mm 厚的软木，用于吸收球罐受热膨胀时的变形量。

4.温度的测控

电加热片分三片一组与控制柜联接，由控制柜控制电加热片的工作，同时绘制球罐展开图，标注各组加热片与测温点在球壳板的具体位置，并将各测温点编号，此编号与控制盘上温度记录仪编号相对应，这样可以直观、及时了解各区域的温度变化情况，为启动、关闭电加热片提供依据。

5.6 劳动组织

5.6.1 各工种的岗位分配（表 5.6.1）

各工种的主要岗位和职责　　　　　　　　　　　　　表 5.6.1

工种	工作岗位	职责
绝热工	负责全球的绝热作业	严格按技术要求敷设，做到厚薄均匀、不裸露、不塌落，紧贴球壳
热处理工	负责风、油、气及烟囱挡火板等各装置的安装，点火期负责操作盘的操作	安装各系统时须严谨细致。操作时随时观察风油气的变化情况，按照指挥人员的指令进行操作，做到快准稳，遇事忙而不乱
铆工	负责各装置的安装，点火期负责柱腿移动	随时观察指针的指点如有偏高随时调整
电仪工	负责测温、照明及现场的电器维修，点火时负责记录仪的监测工作	各线路须正确无误，升温期间对各监测点进行详细记录并及时报告温差。发现异常情况及时报告指挥人员并迅速排除
维修工	负责空压机、油泵及附属设施的运转及维修	细心观察运转设备的运转情况并做好运转记录，点火前对空压机、油泵进行检查，使其在长时间连续运转正常保证热处理顺利进行
电气焊	负责全过程中的电气焊并负责液化气的换瓶工作	各焊点特别是热电偶凸台的焊接。应牢靠换瓶时要迅速，不得使燃烧器因断气而停火

5.6.2 人员配备（表 5.6.2）

人员配备（以 2000m³ 球罐为例）　　　　　　　　　表 5.6.2

序 号	工 种	人 数	备 注
1	绝热工	10	
2	热处理工	4	
3	铆工	4	
4	电仪工	2	
5	维修工	2	
6	电气焊	2	
	合计	24	

6. 材料与设备

6.1 DCS 控制法材料与设备

6.1.1 主要施工材料：保温棉 120m³（以 2000m³ 为例）。

6.1.2 DCS 控制法主要施工机具配备（见表 6.1.2 以 2000m³ 为例）。

6.2 电加热法材料与设备

6.2.1 主要施工材料：保温棉 70m³（以 1000m³ 为例）。

6.2.2 电加热法采用机具设备见表 6.2.2。

机具配备一览表　　　　　　　　　　　表 6.1.2

序号	名　称	规　格	单位	数量	备注
1	热处理设备	DCS-HY	台	1	
2	长图记录仪	XWF-300	台	2	
3	便携式表面温度测温仪	数字显示式	块	1	
4	热电偶	WRN-010	套	1	
5	补偿导线	WRN2×2.5	套	1	
6	烟囱		个	1	
7	千斤顶	16t	台	6	
8	电焊机	12kW	台	1	
9	气焊工具		套	1	
10	柱腿移动装置		套	10	
11	柴油储罐	3t	个	1	

电加热法主要机具一览表（以 1000m³ 球罐为例）　　　表 6.2.2

序号	机具名称	规　格	数　量	备　注
1	变压器	1000kW	2 台	
2	电阻带加热片	B 型 12kW	180 片	
3	电缆线		120M	
4	脚手架支架	φ48×3.5	5t	
5	扣件	配 φ48×3.5 管	680 只	
6	热电偶	WREV-2	30 只	
7	大型温度记录仪	XWC-300	2 台	
8	补偿导线	铜-康铜	400M	
9	控制柜		2 台	
10	用电量		13000kW·h	
11	千斤顶	16t	5 只	

6.3　燃气法材料与设备

6.3.1　主要施工材料：保温棉 70m³（以 1000m³ 为例）。

6.3.2　燃气法主要机具配备见表 6.3.2。

燃气法主要机具一览表（以 1000m³ 球罐为例）　　　表 6.3.2

序号	机具名称	规　格	单位	数量	备　注
1	电焊机	10~12kW	台	1	
2	气焊工具		套	1	
3	千斤顶	16t	只	5	
4	手拉葫芦	2t	只	2	
5	玻璃转子流量计	φ50m³、0~60N/h	只	1	
6	自动记录仪	XWD 300、0~1100℃ 12 点	台	2	
7	热电偶	Eu 2 镍铬/镍铝	支	26	
8	补偿导线	Eu 2 铜/康铜	m	1500	
9	控制柜		台	1	
10	鼓风机	≥200NM³/h	台	1	

7. 质 量 控 制

7.1 热处理质量标准应符合《球形储罐施工及验收规范》GB 50094—98、《钢制球形储罐》GB 12337—1998、《钢制压力容器》GB 150—98 规范要求，实际记录的热处理工艺曲线应符合设计或规范要求，并确认热处理工艺符合标准规范要求，其恒温温度达到设计规定值，偏差在允许范围之内，恒温时间符合规范规定，热处理过程中各测点的温差是否符合标准规范要求。

7.2 产品试板力学检验（即试板的强度、塑性、韧性、硬度的检验）：拉力、弯曲、冲击试验分别按《金属拉伸试验方法》GB/T 228—2002、《金属弯曲试验方法》GB/T 232—1999、《金属夏比缺口冲击试验方法》GB/T 229—94 的规定进行，各项指标应不低于规定值的下限。

7.3 对球罐本体可用硬度试验检验焊后热处理效果，热处理后应对球罐本体至少三个位置大致代表球罐上、中、下三个分布带的母材，热影响区和焊缝进行硬度试验，每个位置至少四个读数。

7.4 球罐在最终热处理完毕后，应对壳体内外表面进行裂纹检验。

表面裂纹的检验可采用液体渗透法或磁粉法。

7.5 现场配置备用电源，一旦热处理中发生停电，立即启动备用电源，保证热处理正常连续进行，保证热处理质量。

7.6 热处理前必须掌握可靠当地的气象资料，以天气晴朗无风为宜，，确保 50h 无雨方可点火进行热处理。并设置防风防雨棚，保证一旦有风雨的情况下，热处理工作正常进行。

8. 安 全 措 施

8.1 热处理前对施工人员必须进行安全教育，作业班组每天上岗前应开安全快会，安全员每天要监护并及时清理现场，做到"工完、料尽、场地清"。

8.2 热处理时，应设置警戒区，并有专人安全监护，非有关人员不得入内，并应有专职安全人员巡回检查。

8.3 所有跳板、补偿导线、防雨棚布等易燃物必须离开保温层 1000mm 以上，保温棉表面温度不得大于 60℃。

8.4 施工人员进入现场须按规定穿戴安全防护品，戴好安全帽、登高作业应系好安全带和挂好安全网。

8.5 热处理现场不应有其他易燃易爆物品。

8.6 氧气、乙炔气瓶放置应间隔 10m 以上，不得在阳光下爆晒，动焊时，应将导线、胶管、麻绳等一切易燃物移开。热处理现场及球罐各层跳板、平台上应置放足够的干粉灭火器。

8.7 采用燃气、燃油法时，球罐底部应设安全防护栏，以防火焰反喷烧伤人员。

8.8 采用燃油法施工，点燃点火器时，严禁向喷嘴送风、送油，以防点火时火焰反喷，烧伤点火人员。

8.9 热处理过程中，如发生意外泄露，应立即熄火，并关闭蝶阀，将烟道口下人孔用保温棉封堵。

8.10 用电线路和电气器具的敷设方法和高度，要符合安全操作规程的规定。不准将电线、开关等放在地面上，以防发生事故。电气设备，必要时应设置安全标志牌，防止作业人员误操作。

8.11 所有电线、电缆及接头应绝缘良好，并安装漏电开关，且做好球罐外壳及各电气设备接零、接地工作，防止意外的触电。

8.12 在防爆区域施工应考虑采取隔离或屏蔽处理等安全措施。

8.13 做好文明施工，材料、设备要堆放整齐，保证道路畅通。

8.14 参与热处理施工的操作人员要按规定配备劳动防护用品。

8.15 施工现场出现安全紧急情况，及时启动事先制定的应急预案。

9. 环 保 措 施

9.1 施工过程中严格遵守国家和地方政府下发的有关环境保护方面的法律、法规和规章，加强对燃油、废水、生产生活垃圾的控制和治理，遵守防火及废弃物处理规章制度，随时接受有关单位的检查。

9.2 施工用暂设、机具、手段用料等应按施工总平面图和施工方案中平面布置图要求进行布置。施工文明责任区域内文明施工情况由项目主要责任人每天进行检查，每周组织检查，发现问题及时整改。

9.3 施工过程中，应保持场地平整，道路畅通，排水良好。并在晴天经常对施工通行道路进行洒水，防止尘土飞扬，污染周围环境。

9.4 废弃保温棉按规定处理，不得随意丢弃。

9.5 现场剩余材料，边角废料应做到"落手清"，并在每日下班前 15min 对工机具、手段用料进行一次整理，保持现场清洁。

9.6 油管安装前做好管口清理工作，保证油管的密封不泄漏，如在热处理过程中产生泄露要及时处理，防止污染环境。

10. 效 益 分 析

10.1 球罐焊后整体热处理技术先进，省工、省时，消除应力的质量得到了保证。

10.2 采用本工法的三种球罐焊后整体热处理方法在全国各地对不同规格、不同材质的 230 多台球罐进行了整体热处理均一次合格，合格率为 100%，受到了建设单位及各地特检部门的好评。

10.3 DCS 控制热处理方法充分应用计算机控制技术，对热处理质量保证起到决定性作用，通过采用这一先术实施取得较好的效果，达到国内先进水平。DCS 控制热法在升温速率、升温时间、温差方面与常规（燃油法）方法比较都显示出其先进性，效果比较见表 10.3。

<table>
<tr><td colspan="4" align="center">DCS 控制法与常规方法比较　　　　　　　　　　　　　　　表 10.3</td></tr>
<tr><td>热处理方法</td><td>升温速率(℃/h)</td><td>时间(h)</td><td>温差(℃)</td></tr>
<tr><td>DCS 控制法</td><td>60</td><td>12</td><td>±15</td></tr>
<tr><td>常规（燃油法）方法</td><td>30</td><td>24</td><td>±25</td></tr>
</table>

10.4 球罐整体热处理技术在经济效益方面都有明显提高。在云南富瑞化工有限公司 60 万 t/年磷铵工程 2 台 6000m³ 液氨球罐热处理工程上，采用 DCS 控制燃油内燃法工艺进行整体热处理，与普通燃油法整体热处理施工方法相比，效果明显。

人工费节约 25%，燃料油节约 20%，不需液化气点火，节约液化气 0.6t，热处理工期提前 30%。

10.5 DCS 控制热处理技术进行球罐整体热处理，燃油燃烧更完全，废气排放少，更好的保护了环境。

10.6 DCS 控制热处理技术在国内系一项新技术，此方法实用性更强，前景广阔。

11. 工 程 实 例

2007 年承建新疆独山子石化公司炼油改建及新建乙烯项目化工全压力罐区球罐项目中的十台混合

式球罐，其中 1000m³、2000m³ 各 5 台，材质分别为 16MnDR、15MnNbR，焊后整体热处理采用 DCS 控制法热处理。热处理充分应用计算机控制技术，对热处理速度质量保证起到决定性作用，通过采用这一先进技术及在实施过程制定合理的工艺及措施，升降温控制精度高，降低了施工成本，并取得了很好的技术经济效果。自动化程度高和良好的安全可靠性，质量保证能力强，热处理过程中燃油废气排放少，安全性高，将在球罐热处理领域更广泛的获得推广，具有很好的推广发展前景。

2005 年 7 月～2006 年 2 月施工的上海华宜丙烯酸有限公司两台 2500m³ 丙稀球罐，其中球罐焊后整体热处理采用燃油内燃法 DCS 工艺，该方法热处理温度控制简便、均匀，燃油废气排放少，安全性高，完全满足规范要求。

2003 年施工的云南富瑞化工有限公司 60 万 t/年磷铵工程 2 台 6000m³ 液氨球罐采用 DCS 控制燃油内燃法工艺进行整体热处理，该方法热处理温度均匀，完全满足规范要求。

2006 年，南通申华化学工业有限公司 2 台 1000m³ 新鲜丁二烯球罐，采用燃油内燃法进行球罐整体热处理，效果好，曲线符合规范要求。

2005 年 9 月，在江苏泰兴新浦化学有限公司 2 台 3000m³ VCM 球罐、2 台 1000m³ VCM 球罐中间球罐、1 台 1000m³ 氧气球罐、1 台 1000m³ 氮气球罐施工中，采用燃油内燃法进行球罐整体热处理，热处理过程中升温平稳，温度均匀，完全符合有关热处理工艺的要求，得到用户的好评。

1987 年 12 月～1988 年 2 月，先后对南化氮肥厂二台 1000m³ 球罐成功的进行了电加热法整体热处理，在热处理过程中升温平稳，温度均匀，完全符合有关热处理工艺的要求，得到用户的好评。

1981 年，在上海石化总厂化工一厂液化气球罐施工中，采用燃气内燃法对 6 台 400m³ 球罐整体热处理，仅用一个月时间，平均每台球罐热处理时间为 5d，各项技术指标均符合规定，安全无事故，创造了良好的经济效益和社会效益。

附　　录

2007～2008 年度国家一级工法名单

工法编号	工法名称	完成单位	主要完成人
GJYJGF001—2008	异型钢筋混凝土沉井施工工法	中建六局第二建筑工程有限公司	王存贵、贺国利、田卫国、张杰、雷学玲
GJYJGF002—2008	炼钢连铸旋流井混凝土排桩支护及井壁逆作法施工工法	中冶天工建设有限公司	陈明辉、于龙、张葆兰、刘淑清
GJYJGF003—2008	旋转挤压压灌混凝土桩施工工法	1. 黑龙江省第一建筑工程公司 2. 黑龙江中古建筑节能科技股份有限公司	邱树军、崔海波、高喜山、王树仁、周和俭
GJYJGF004—2008	后包钢管混凝土柱施工工法	1. 上海建工股份有限公司 2. 浙江省二建建设集团有限公司	胡玉银、王美华、郁蕙、周军、龚斌
GJYJGF005—2008	外低压内高压限定区域的压密注浆地基处理施工工法	1. 苏州二建建筑集团有限公司 2. 江苏省金陵建工集团有限公司	程月红、牛洁雯、钱艺柏
GJYJGF006—2008	超大直径圆形深基坑无支撑施工工法	1. 龙元建设集团股份有限公司 2. 中厦建设集团有限公司	向海静、王德华、罗玲丽、辛宇、慕翔
GJYJGF007—2008	预应力混凝土管桩新型注浆器桩端压力注浆施工工法	1. 山东万鑫建设有限公司 2. 天元建设集团有限公司	李永峰、宗可锋、王庆海、刘宏伟、伊永成
GJYJGF008—2008	新型螺杆灌注桩施工工法	1. 河南六建建筑集团有限公司 2. 海南卓典高科技开发有限公司	张进、彭桂皎、陈涛、谢勤娟、陆臻瑜
GJYJGF009—2008	预应力混凝土管桩快速接头施工工法	1. 广州市建筑集团有限公司 2. 广州市红棉干挂石工程有限公司	李慧莹、黄浩、李均尧、钟肇鸿、邓迎芳
GJYJGF010—2008	SMC复合桩施工工法	1. 南通五建建设工程有限公司新疆分公司 2. 重庆建工集团有限责任公司	邓亚光、葛加君、傅明、徐渊、潘华
GJYJGF011—2008	高大建筑群中深基坑石方控制爆破施工工法	1. 中铁十四局集团有限公司 2. 中国建筑第五工程局有限公司	宫海光、衡会、李新继、戴四化、赵炜光、彭小毛
GJYJGF012—2008	基坑可拆卸复合材料面板土钉支护施工工法	1. 中铁建设集团有限公司 2. 温州中城建设集团有限公司	贾洪、范小青
GJYJGF013—2008	钢结构转换层桁架矩形钢管混凝土施工工法	1. 大连悦泰建设工程有限公司 2. 大连三川建设集团股份有限公司	张大鹏、孙辉
GJYJGF014—2008	产业化预制装配式住宅预制构件与连接结构同步施工工法	1. 上海建工股份有限公司 2. 上海市第二建筑有限公司	郁蕙、沈孝庭、郑俊杰、范如春
GJYJGF015—2008	CL复合钢筋混凝土剪力墙结构体系施工工法	1. 山东天齐置业集团股份有限公司 2. 山东新城建工股份有限公司	肖华锋、崔超、刘玉彦、吕茂森、崔佃和
GJYJGF016—2008	整体装配式框架结构施工工法	中建三局第一建设工程有限责任公司	戴岭、刘献伟、岳进、刘洪海、李强
GJYJGF017—2008	预应力混凝土双向叠合楼板施工工法	1. 曙光控股集团有限公司 2. 湖南高岭建设集团股份有限公司	周绪红、吴方伯、王明生、周雄辉、张友亮、林仁辉
GJYJGF018—2008	竖向密集穿孔超厚楼板施工工法	1. 中国建筑第五工程局有限公司 2. 新疆生产建设兵团建设工程（集团）有限责任公司	刘贤敏、肖洪波、卢洪波、范吉明
GJYJGF019—2008	薄壁带孔、壁根铰接及分阶段张拉无粘结预应力圆形池体施工工法	1. 深圳市市政工程总公司 2. 广东省建筑工程集团有限公司	高俊合、李劲松、黄锐文、黄治国、赖小江
GJYJGF020—2008	高层建筑钢筋混凝土箱形转换层结构施工工法	1. 四川华西集团有限公司 2. 中国建筑第八工程局有限公司	罗进元、唐跃丽、段俊、何大平、晏毅、王玉岭
GJYJGF021—2008	型钢混凝土结构倾斜提升大模板施工工法	陕西建工集团总公司	薛永武、李忠坤、王双林、王锦华
GJYJGF022—2008	超大体积混凝土浇筑施工组织工法	中国建筑股份有限公司	王祥明、张琨、彭明祥、杨晓毅、许立山

续表

工法编号	工 法 名 称	完 成 单 位	主要完成人
GJYJGF023—2008	大跨度钢管空心混凝土楼板下挂式钢筋桁架模板施工工法	1. 中国建筑第八工程局有限公司 2. 浙江勤业建工集团有限公司	王玉岭、万利民、袁冬春、宗小平、蔡庆军
GJYJGF024—2008	核电站叠置现浇钢筋混凝土循环水管沟施工工法	1. 中国建筑第二工程局有限公司 2. 甘肃第六建筑工程股份有限公司	吴荣、程惠敏、李政、范广军、方涛、周岩
GJYJGF025—2008	大跨度空间预应力钢筋混凝土组合扭壳屋面施工工法	1. 中国建筑第五工程局有限公司 2. 中国建筑第四工程局有限公司	赵源畴、刘浩、杨晓东、黄毫春、赵棋
GJYJGF026—2008	大角度倾斜钢骨结构安装施工工法	1. 陕西建工集团总公司 2. 江苏顺通建设工程有限公司	李存良、李增福、刘金荣、薛治平、佘小颉
GJYJGF027—2008	预制组合立管施工工法	1. 中建三局第一建设工程有限责任公司 2. 苏州二建建筑集团有限公司	戴岭、王宏、黄刚、张永红、徐建中、朱江
GJYJGF028—2008	大跨度曲线型悬垂钢梁及预应力斜拉索安装工法	1. 中铁建工集团有限公司 2. 北京首钢建设集团有限公司	袁振兴、张力光、沈志静、郑建龙、汪平、马立明
GJYJGF029—2008	EVE 轻质复合外墙板施工工法	1. 北京韩建集团有限公司 2. 北京珠穆朗玛新型建材有限公司	张德刚、张英保、廖丽英、李磊、张裕照
GJYJGF030—2008	"多孔砖＋苯板＋加气混凝土砌块"复合保温墙体施工工法	广东省建筑工程集团有限公司	黄健、钟自强、赵资钦、何汉林、梁剑明
GJYJGF031—2008	多功能直立锁边铝镁锰合金金属屋面施工工法	1. 北京建工博海建设有限公司 2. 北京中邦韦伯建筑工程有限公司	王鑫、宋盛国、熊伟、陈洋、杨惠昌
GJYJGF032—2008	装饰、承重、保温节能砌块墙体施工工法	1. 江苏南通二建集团有限公司 2. 大庆金磊建筑安装工程有限公司	沈兵、张云清、吴庆辉、顾春雷、李波
GJYJGF033—2008	拉法基屋面系统施工工法	1. 咸阳古建集团有限公司 2. 南通建筑工程总承包有限公司	李成岗、李彪奇、陈洪杰、董年才、李清楠
GJYJGF034—2008	仿生态装饰混凝土施工工法	1. 中建八局第三建设有限公司 2. 浙江勤业建工集团有限公司	黄海、沈兴东、杨国华、欧阳召生、王建昌
GJYJGF035—2008	空间复杂曲面瓦片铺设施工工法	1. 广厦建设集团有限责任公司 2. 江西中煤建设工程有限公司	林炎飞、阮连法、单红波、陈丽华、万平
GJYJGF036—2008	钢十字梁装配式塔吊基础工法	1. 浙江省东阳第三建筑工程有限公司 2. 山河建设集团有限公司	刘志宏、完海鹰、刘悦、王彦理、陈宽成
GJYJGF037—2008	海水源热泵系统施工工法	1. 青建集团股份公司 2. 烟建集团有限公司	孙邦君、李丰会、张守丽、肖杰、孙国春
GJYJGF038—2008	超高层建筑 10kV 高压垂吊式电缆敷设工法	1. 中建八局工业设备安装有限责任公司 2. 中建八局第三建设有限公司	陈洪兴、张成林、陈静、季景江、相咸高
GJYJGF039—2008	大型钢结构空间机电安装三维综合布线施工工法	1. 广州市建筑集团有限公司 2. 广东省建筑工程集团有限公司	杨轶、刘志强、劳锦洪、蔡泽垣、翁羽
GJYJGF040—2008	高耸构筑物内爬塔吊高空拆除工法	1. 四川华西集团有限公司 2. 江苏省华建设股份有限公司	王其贵、陈跃熙、谢守德、董群、罗呈刚、胡华兵
GJYJGF041—2008	高密度聚乙烯"二步法"直埋预制保温管制作工法	1. 兰州市政建设集团有限责任公司 2. 山西六建集团有限公司	严培武、柴东科、宋宝平、唐维龙、容峰、李督文
GJYJGF042—2008	岩石边坡客土喷播植生植被护坡施工工法	长业建设集团有限公司	宋云标、李新华、王如康、王寿山
GJYJGF043—2008	抗滑、阻燃、降噪多功能隧道沥青路面施工工法	1. 武汉市市政建设集团有限公司 2. 武汉理工大学	胡曙光、谢先启、丁庆军、黄小霞、吕杰
GJYJGF044—2008	浇筑式沥青混凝土铺装施工工法	重庆市智翔铺道技术工程有限公司	李林波、付斌、刘昌仁、彭涛、戴榕俊
GJYJGF045—2008	公路改扩建工程路面拼接施工工法	中交第一公路工程局有限公司	刘树良、谢家全、王志刚、王桂霞、王飞

续表

工法编号	工 法 名 称	完 成 单 位	主要完成人
GJYJGF046—2008	热喷聚合物改性沥青防水粘结层施工工法	中交第三公路工程局有限公司	王齐昌、杨燕、张志宏、刘元炜、杨志超
GJYJGF047—2008	时速 350km 高速铁路无砟轨道一次性铺设跨区间无缝线路施工工法	中铁二局股份有限公司	龚成光、卿三惠、史渡、陈孟强、陈太权
GJYJGF048—2008	跨座式单轨 PC 轨道梁预制工法	1. 中铁二十三局集团有限公司 2. 中铁二十四局集团有限公司	田宝华、石元华、张玉萍、余洋、夏代军
GJYJGF049—2008	岩盐铁路路基施工工法	中铁二十一局集团有限公司	赵平华、薛吉安、杨金卫、朱昌岳、姜保明
GJYJGF050—2008	高原高寒地区连续长大下坡段铺架施工工法	1. 中铁十一局集团有限公司 2. 中国土木工程集团有限公司	卢振华、彭勇锋、李辉、洪记
GJYJGF051—2008	CRTS I 型无砟轨道轨道板单元台座制造工法	1. 中铁八局集团有限公司 2. 中铁六局集团有限公司	王江、杨先凤、吴利清、黄光省、唐红
GJYJGF052—2008	既有线换铺无缝线路施工工法	1. 中铁一局集团有限公司 2. 中铁十局集团有限公司	李怡、孙柏辉、杨庆勇、张维超
GJYJGF053—2008	软塑黏土地层大断面浅埋隧道微台阶施工工法	中铁十三局集团有限公司	胡利平、宋战平、秦国刚、白国艳、孔祥平
GJYJGF054—2008	浅埋隧道全断面帷幕水平冻结法施工工法	中铁二局股份有限公司	李远平、卿三惠、肖平、何开伟、李应战
GJYJGF055—2008	三线并行隧道盾构法下穿铁路施工工法	中铁二局股份有限公司	陈强、卿三惠、李林、崔学忠、刘向阳
GJYJGF056—2008	特大断面洞式溢洪道万能杆件拼装台架衬砌工法	中铁五局(集团)有限公司	陈德斌、夏真荣、吴以兵、朱洪毅、邓凌
GJYJGF057—2008	隧道穿越高压富水断裂带施工工法	中铁二十一局集团有限公司	赵春锋、牛宝金、曹云堂、陈文渊、陈德国
GJYJGF058—2008	三台阶七步开挖施工工法	中铁十二局集团有限公司	赵华锋、赵香萍、李新芳
GJYJGF059—2008	自锚式悬索桥空间缆索施工工法	1. 天津城建集团有限公司工程总承包公司 2. 天津天佳市政公路工程有限公司	韩振勇、卢士鹏、尹辉、宋伟、王瑛
GJYJGF060—2008	可控对拉索间张拉施工工法	1. 天津城建集团有限公司工程总承包公司 2. 天津第六市政公路工程有限公司	韩振勇、卢士鹏、尹辉、刘强、王俊江
GJYJGF061—2008	430m 跨度上承式钢管混凝土拱桥双拱肋无风缆节段拼装工法	中铁十三局集团有限公司	袁长春、王学哲、王成双、刘志、李长武
GJYJGF062—2008	共挤 UV 层聚碳酸酯 PC 耐力板海上桥梁 C 形风障条制作、安装工法	1. 浙江省交通工程建设集团有限公司 2. 浙江省二建建设集团有限公司	王深建、范厚彬、孔万义、谷义
GJYJGF063—2008	大跨径桥梁钢塔柱施工工法	1. 湖南路桥建设集团公司 2. 中国交通建设股份有限公司	张念来、刘晓东、彭力军、周湘政、马林、李宗平
GJYJGF064—2008	桥梁深水基础钢护筒与钢套箱组合刚构平台施工工法	湖南路桥建设集团公司	陈明宪、刘晓东、彭力军、欧阳钢、石柱
GJYJGF065—2008	大跨径不对称斜拉桥主梁悬浇过辅助墩施工工法	湖南路桥建设集团公司	刘乐辉、陈双庆、曾波、李兵、张玉平
GJYJGF066—2008	门式浮吊拼装钢围堰施工工法	1. 贵州省桥梁工程总公司 2. 贵州建工集团总公司	赵渝、张胜林、何爱军、龚兴生、冯小波
GJYJGF067—2008	大跨度拱桥大节段水上提升安装施工工法	1. 贵州省桥梁工程总公司 2. 中国中铁股份有限公司	潘海、覃杰、吴飞、胡云江、潘胜烈、刘成军
GJYJGF068—2008	钢筋混凝土箱型拱桥负角度竖转施工工法	贵州省桥梁工程总公司	潘海、黄才良、张胜林、章征宇、康厚荣

工法编号	工 法 名 称	完 成 单 位	主要完成人
GJYJGF069—2008	单塔双索面无背索斜拉桥变截面箱型钢索塔高空安装施工工法	兰州市政建设集团有限责任公司	严培武、肖子勤、达能贵、刘富民、唐维龙
GJYJGF070—2008	钻孔灌注桩钢筋笼滚焊制作工法	1. 浙江省交通工程建设集团有限公司 2. 厦门连环钢材加工有限公司	吴堚忠、单光炎、范厚彬、张谷旭、王运顺
GJYJGF071—2008	斜拉桥索塔钢锚梁安装施工工法	中国交通建设股份有限公司	吴维忠、曾平喜、宋华清、唐衡、陈宏宝
GJYJGF072—2008	2000 吨级单箱五室鱼腹式截面现浇预应力清水混凝土简支梁施工工法	中国建筑股份有限公司	陈保勋、吴永红、许涛、王辉、高纯
GJYJGF073—2008	转体桥梁重心称重工法	中国中铁股份有限公司	刘辉、徐升桥、刘永锋、彭岚平、周恒武
GJYJGF074—2008	斜拉桥钢桁梁整体节段安装施工工法	1. 中铁大桥局股份有限公司 2. 中铁十局集团有限公司	胡汉舟、潘东发、王跃年、高培成、张维超
GJYJGF075—2008	BG—25C 型全液压旋挖钻机全护筒斜桩施工工法	1. 中铁七局集团有限公司 2. 中铁五局(集团)有限公司	陈智、殷建、余骏、刘勇、陈德斌
GJYJGF076—2008	水下无封底混凝土套箱施工工法	1. 山东高速青岛公路有限公司 2. 路桥集团国际建设股份有限公司	姜言泉、邵新鹏、侯福金、吴健、欧阳瑰琳
GJYJGF077—2008	根式沉井基础施工工法	1. 中交第二公路工程局有限公司 2. 路桥集团国际建设股份有限公司	霍建平、任回兴、薛光雄、米长江、杨江虎
GJYJGF078—2008	滩涂海堤砂袋充灌、铺设及龙口合拢施工工法	1. 中交上海航道局有限公司 2. 南通五建建设工程有限公司	刘若元、楼启为、罗志宏、陶润礼、胡斌
GJYJGF079—2008	静裂拆除水利枢纽老坝体混凝土施工工法	葛洲坝集团第二工程有限公司	周厚贵、马江权、龚政休、丁新忠、熊刘斌
GJYJGF080—2008	混凝土面板堆石坝铜止水滚压成型制作施工工法	中国安能建设总公司	丛利、李虎章、帖军锋、邵天星
GJYJGF081—2008	人字门背拉杆预应力施工工法	中国安能建设总公司	王定苍、欧阳运华、邝绍峰、赵克岐、许礼凤
GJYJGF082—2008	混凝土骨料二次风冷施工工法	1. 中国水利水电第二工程局有限公司 2. 中国水利水电第八工程局有限公司	李志斌、李跃兴、张祖义、涂怀健、陈笠
GJYJGF083—2008	塔带机浇筑混凝土施工工法	1. 中国葛洲坝集团股份有限公司 2. 水利水电第七工程有限公司	周厚贵、程志华、孙昌忠、魏道红、马金刚、吴旭
GJYJGF084—2008	真空预压联合强夯快速加固疏浚土施工工法	中交第四航务工程局有限公司	董志良、张功新、林军华、罗彦、刘嘉
GJYJGF085—2008	水上锚碇桩施工工法	中交第四航务工程局有限公司	李惠明、欧阳麟桦、杨胜生、曹剑林、刘洪山
GJYJGF086—2008	振碾式渠道混凝土浇筑机快速衬砌施工工法	中国水利水电第十一工程局有限公司	高海成、余良碧、张玉波
GJYJGF087—2008	"山皮石＋冲击碾压"机场场道软基加固处理工法	1. 空军第五空防工程处 2. 同济大学	李巧生、赵钧、凌建明、李坤维、赵鸿铎
GJYJGF088—2008	冻结风化基岩段中深孔爆破快速施工工法	中煤第一建设公司	蒲耀年、赵京虎、范聚朝、杨星林、靳丽娟
GJYJGF089—2008	风积砂地层巷道小管棚超前注浆配合网喷混凝土施工工法	中煤第三建设(集团)有限责任公司	刘玉柱、冯旭东、施云峰、王军、魏金山
GJYJGF090—2008	大直径急倾斜圆筒煤仓施工工法	中煤第五建设公司	曹武昌、袁兆宽、贾实林、张庆中、董长龙
GJYJGF091—2008	烧结机安装工法	河北省安装工程公司	王福利、周玉前、王宏民、王春景、刘洪涛

续表

工法编号	工法名称	完成单位	主要完成人
GJYJGF092—2008	大直径筒仓库壁滑模与仓顶空间钢结构整体抬升安装一体化施工工法	河北省第四建筑工程公司	线登洲、董富强、杨荣建、李莉、苑惠玉
GJYJGF093—2008	大型连续退火炉炉辊无垫片先进安装工法	1. 鞍钢建设集团有限公司 2. 东北金城建设股份有限公司	姜长平、邵波、尹长生、吴长城、夏志华
GJYJGF094—2008	多联体筒仓快速滑模施工工法	1. 深圳市市政工程总公司 2. 广州市建筑机械施工有限公司	高俊合、范继明、刘凤华、杨一鸣、何炳泉
GJYJGF095—2008	高压气囊配合半潜驳搬运水工重件工法	中交第四航务工程局有限公司	王定武、黄焕谦、吴涛、陈斌、伊左林
GJYJGF096—2008	高炉炉体整体滑移安装工法	北京首钢建设集团有限公司	苏宝珍、谢滨、杨俊、王长青、褚荣福
GJYJGF097—2008	硅钢环形炉机械设备安装与调试工法	1. 中国第一冶金建设有限责任公司 2. 中冶天工建设有限公司	廖生楷、张小强、罗劲、刘凯铭
GJYJGF098—2008	锅炉钢结构叠梁变形控制施工工法	湖南省火电建设公司	孙大健、戴国平、曾华林、许晃、王磊
GJYJGF099—2008	二手轿车焊装生产线拆迁工法	中国三安建设工程公司	汤立民、吴义权、王福朝、樊宇、樊志毅
GJYJGF100—2008	10000kN·m～18000kN·m 高能级强夯施工工法	中化岩土工程股份有限公司	王亚凌、王锡良、王秀格、柴世忠、梁富华
GJYJGF101—2008	弹性减振基础上大型汽轮发电机组安装工法	江苏省电力建设第三工程公司	傅昨非、钱平、李绪连、高宜友
GJYJGF102—2008	深层大直径管道前拉后顶施工工法	江苏盐城二建集团有限公司	姜来成、王继刚、曹征楚、许世培、单国雨
GJYJGF103—2008	浅海海底管线干箱法无水作业环境维修施工工法	胜利油田胜利工程建设(集团)有限责任公司	陈健、姜则才、杨月刚、刘绍亮、宓源
GJYJGF104—2008	SA—335 P92 钢焊接施工工法	1. 浙江省火电建设公司 2. 安徽电力建设第一工程公司	包镇回、张学锋、杨丹霞、沈钢、乐群立、崔北休
GJYJGF105—2008	大型中厚板塔器现场组焊应用 TOFD 技术检测工法	中国石化集团宁波工程有限公司	张明、林树清、郑晖、刘德宇、梁国荣
GJYJGF106—2008	风洞关键构件不锈钢蜂窝器制作安装工法	四川华西集团有限公司	任予锋、孙华东、张晓泽、曾道金、曾键
GJYJGF107—2008	球面钢结构净料热压成型工法	鞍钢建设集团有限公司	马丽、罗庆国、桂来强
GJYJGF108—2008	大型 LNG 低温储罐安装施工工法	1. 中国石油天然气第六建设公司 2. 中国石化集团第四建设公司	向苍义、段彤、邹利、蒋小波、雍自祥、张向东

2007～2008 年度国家二级工法名单

工法编号	工法名称	完成单位	主要完成人
GJEJGF001—2008	真空管井复合降水技术施工工法	1. 北京市公路桥梁建设集团有限公司 2. 北京市轨道交通建设管理有限公司	雷军、罗富荣、潘秀明、王贵和、孙文龙
GJEJGF002—2008	跟管钻进套取锚索施工工法	1. 北京住总集团有限责任公司 2. 中博建设集团有限公司	王宝申、颜治国、吴亮、罗建峰、李炎成
GJEJGF003—2008	穿越无效土层的超长双钢筋笼试验桩施工工法	1. 北京城建建设工程有限公司 2. 北京城建三建设集团有限公司	屠小峰、杨军霞、孙国明、刘晨、张军
GJEJGF004—2008	"植筋式"抗浮岩石锚杆施工工法	山西建筑工程（集团）总公司建筑工程研究所	史晋荣、徐秀清、都智刚、张兰香、宋晓红
GJEJGF005—2008	基底注浆封闭＋轻型井点降水施工工法	1. 山西四建集团有限公司 2. 浙江勤业建工集团有限公司	邢六金、王昌威、王海亮、李国华、李月玲、王贵祥
GJEJGF006—2008	基础底板后浇带钢板网施工工法	南通华新建工集团有限公司	史加庆、章季、汤卫华、李亚娥、何雨键
GJEJGF007—2008	超大直径工程桩高性能水下自密实混凝土水下施工工法	1. 大连三川建设集团股份有限公司 2. 大连阿尔滨集团有限公司	田斌、姜德宽、刘显全、魏勇、孙辉
GJEJGF008—2008	运营地铁隧道上方地下工程施工工法	1. 上海市第一建筑有限公司 2. 浙江环宇建设集团有限公司	朱毅敏、乔恒昌、徐青松、姜向红、周慕忠、刘文革
GJEJGF009—2008	橡胶止水带 U 锚固定及热硫化接头施工工法	1. 南通五建建设工程有限公司 2. 浙江海天建设集团有限公司	胡斌、缪永山、葛家君、傅明、卢锡雷
GJEJGF010—2008	干湿交替取土钢筋混凝土沉井施工工法	1. 南京建工集团有限公司 2. 黑龙江省火电第三工程公司	魏鹤宝、鲁开明、张怡、苏斌、张传芳
GJEJGF011—2008	压灌水泥土桩构筑泥炭土地层基坑截水帷幕施工工法	1. 南通新华建筑集团有限公司 2. 北京建材地质工程公司	何世鸣、邹建华、俞春林、凌建、胡云平
GJEJGF012—2008	预应力混凝土管桩承插销钉加焊接式接桩施工工法	1. 华升建设集团有限公司 2. 五洋建设集团股份有限公司	马纯杰、陈伟炳、孔德娟、姜敏
GJEJGF013—2008	自成孔预应力土锚杆施工工法	1. 华丰建设股份有限公司 2. 杭州萧宏建设集团有限公司	吕秋生、杨志庆、王对山、章铭荣
GJEJGF014—2008	房屋建筑基础加固、纠偏锚杆桩施工工法	1. 福建省闽南建筑工程有限公司 2. 启东建筑集团有限公司	苏振明、黄荷山、蒋贻绅
GJEJGF015—2008	全夯式扩底灌注桩施工工法	1. 江西中恒建设集团公司 2. 中建五局第三建设有限公司	聂吉利、刘献江、熊信福、何丹、粟元甲
GJEJGF016—2008	复合载体夯扩桩利用建筑废料二次固结施工工法	1. 青岛市胶州建设集团有限公司 2. 烟建集团有限公司	郭道盛、姜焕胜、张德光、黑增武、孙国春
GJEJGF017—2008	基坑内降水井的防水与封堵施工工法	1. 山东天齐置业集团股份有限公司 2. 江苏南通二建集团有限公司	肖华锋、崔超、刘玉彦、吕茂森、吕东、孙成伟
GJEJGF018—2008	深基坑微型钢管桩和喷锚网联合支护施工工法	1. 湖南省第四工程有限公司 2. 河南国基建设集团有限公司	江晓峰、朱林、匡达、尹汉民、肖思和、周忠义
GJEJGF019—2008	岩溶洞区及洼地强夯处理施工工法	云南建工集团总公司	沈家文、王明聪、代绍海、王开科、吕小林
GJEJGF020—2008	捷程 MZ 全套管旋挖取土灌注桩施工工法	1. 昆明捷程桩工有限责任公司 2. 北京市建筑工程研究院	沈保汉、刘富华、袁志英、沈明初、李勇
GJEJGF021—2008	深基坑灌注护坡桩加锚索支护施工工法	1. 陕西省第六建筑工程公司 2. 浙江国泰建设集团有限公司	王巧莉、赵长经、张雪娥、田定印、丁新建、刘远明
GJEJGF022—2008	不规则平面超大深基坑"中顺边逆"施工工法	1. 南通建筑工程总承包有限公司（青海分公司） 2. 浙江中成建工集团有限公司	李彪奇、董年才、陆建忠、沈国章、刘有才

续表

工法编号	工法名称	完成单位	主要完成人
GJEJGF023—2008	钻孔后注浆连续墙施工工法	1. 中国第一冶金建设有限责任公司 2. 龙元建设集团股份有限公司	王平、彭书庭、向海静
GJEJGF024—2008	钢支撑支护内力自动补偿及位移控制系统施工工法	中建国际建设有限公司	邓明胜、郭伟光、尹文斌、朱健、方涛
GJEJGF025—2008	密排互嵌式挖孔方桩墙支护体系地下空间两层一逆作施工工法	1. 中国建筑第四工程局有限公司 2. 中国建筑第五工程局有限公司	冉志伟、孙方荣、程群、高太全、赵桢
GJEJGF026—2008	饱和软土夯击式预应力锚杆施工工法	胜利油田胜利工程建设（集团）有限责任公司	王翔、张军、刘文清、王俊新、于华
GJEJGF027—2008	青藏高原多年冻土区房屋基础施工工法	中铁二十一局集团有限公司	张发祥、胥俊德、王鹤、朱冠生、刘琦
GJEJGF028—2008	大容积预应力混凝土薄壁水池施工工法	1. 中设建工集团有限公司 2. 江西金海建设有限公司	吴尧庆、周大海、傅国君、徐来顺、林水昌
GJEJGF029—2008	新型柔性防水套管制作与安装工法	1. 河南六建建筑集团有限公司 2. 河南省第二建筑工程有限责任公司	连关章、张进、陈涛、谢勤娟、吴明权
GJEJGF030—2008	超深基坑钢筋混凝土内支撑体系切割卸载与静爆拆除施工工法	1. 中铁建工集团有限公司 2. 深圳罗湖建筑与安装工程有限公司	冯涛、钟万才、文有明、俞宏箭、吕燕霞
GJEJGF031—2008	超长超宽大体积混凝土结构裂缝控制施工工法	1. 中国新兴建设开发总公司 2. 北京城乡建设集团有限责任公司	李栋、靳艳军、李述林、陈拥军、陈革
GJEJGF032—2008	超高墙体单侧支模施工工法	1. 河北建工集团有限责任公司 2. 新蒲建设集团有限公司	李占武、张现法、刘小强、焦正须、王子玲
GJEJGF033—2008	免拆网格模板混凝土结构施工工法	1. 华北建设集团有限公司 2. 中太建设集团股份有限公司	陆喜信、葛轩辕、赵国仓、李社敏、马雷
GJEJGF034—2008	筒仓高空大跨度、大吨位劲性梁和仓顶钢梁顶带冬期滑模施工工法	1. 山西省第一建筑工程公司 2. 长业建设集团有限公司	闫跃龙、王江平、李国英、贾国栋、鞠法权、敖鹏
GJEJGF035—2008	薄壁内膜（BDF 单管）大厚度空心楼板施工工法	1. 内蒙古兴泰建筑有限责任公司 2. 宁夏建工集团有限公司	王喆、李文博、尚振国、党彦鹏、孟凡龙、卢晓斌
GJEJGF036—2008	混凝土冬期施工暖棚法施工工法	1. 东北金城建设股份有限公司 2. 沈阳双兴建设集团有限公司	杨军、吴长城、张海燕、邵波、谷卫东
GJEJGF037—2008	建筑模网混凝土墙施工工法	1. 东北金城建设股份有限公司 2. 中铁九局集团有限公司	卢伟然、吴长城、柳成荫、于建军、谷卫东
GJEJGF038—2008	蒸压加气砌块施工工法	1. 沈阳北方建设股份有限公司 2. 华升建设集团有限公司	何平、姜淑敏、金跃辉、田原、李伦威、邓小军
GJEJGF039—2008	碳纤维无磁混凝土结构施工工法	1. 吉林建工集团有限公司 2. 大连九洲建设集团有限公司	王伟、董海扶、武术、浦建华、刘淑芬、宋诗聪
GJEJGF040—2008	自承重组合式梁模板施工工法	1. 黑龙江省第一建筑工程公司 2. 黑龙江省六建建筑工程有限责任公司	朱和鸣、丁永明、王玉辉、武士军、亓彦涛
GJEJGF041—2008	逆作法钢管柱采用传感测直仪调控垂直度施工工法	1. 上海市第一建筑有限公司 2. 上海市第五建筑有限公司	龚剑、陶云海、周虹、顾华、杨旭
GJEJGF042—2008	混凝土结构 3mm～6mm 钢板粘钢施工工法	1. 上海建工股份有限公司 2. 天津市建工工程总承包有限公司	江遐龄、王美华、周军、龚斌、程金蓉
GJEJGF043—2008	洁净厂房高分子树脂楼板施工工法	1. 龙元建设集团股份有限公司 2. 中达建设集团股份有限公司	向海静、罗玲丽、雷军胜、马冲、曹宇牧、庞堂喜
GJEJGF044—2008	全自动液压升降整体脚手架工法	南通四建集团有限公司	花周建、童建设
GJEJGF045—2008	混凝土墙体洞口无内支撑组合模板施工工法	1. 江苏省建工集团有限公司 2. 江苏省国立建设发展有限公司	陈迪安、陆建彬、黄宏荣、施建军、田海涛

续表

工法编号	工法名称	完成单位	主要完成人
GJEJGF046—2008	塔式建(构)筑物钢筋混凝土悬空结构施工工法	南通建工集团股份有限公司	易兴中、李光、邱海兵、王金峰、陈建清
GJEJGF047—2008	双向不同预应力现浇混凝土空心楼盖施工工法	1. 苏州第一建筑集团有限公司 2. 广州市建筑机械施工有限公司	方韧、施炜塑、钱全林、李健、李洪育
GJEJGF048—2008	核电站倒 U 形预应力钢束整体穿束施工工法	1. 中国核工业华兴建设有限公司 2. 江苏华能建设工程集团有限公司	崔正严、张明皋、王德桂、丁健、董德文
GJEJGF049—2008	高层建筑结构转换层叠合施工工法	1. 中博建设集团有限公司 2. 江苏中兴建设有限公司	叶启华、王勇
GJEJGF050—2008	蜂巢芯楼盖工程施工工法	1. 中建四局第六建筑工程有限公司 2. 福建建工集团总公司	白蓉、徐健、银庆国、叶海龙、周子璐、蔡玮琦
GJEJGF051—2008	型钢与 φ48 钢管组合支模工法	1. 浙江省东阳第三建筑工程有限公司 2. 合肥工业大学	刘志宏、完海鹰、谢建民、吴勇民、蔡向东
GJEJGF052—2008	反力墙与反力台座加载孔加工与安装工法	1. 福建省九龙建设集团有限公司 2. 福建省闽南建筑工程有限公司	林爱花、张党生、陈旗、陈文福、林彧婷
GJEJGF053—2008	纤维石膏空心大板复合墙体结构体系施工工法	1. 山东省建设建工(集团)有限责任公司 2. 烟建集团有限公司	田杰、黄启政、陶敬生、黄兴桥、孙国春
GJEJGF054—2008	玻璃钢外模异型混凝土结构施工工法	1. 河南省第一建筑工程集团有限责任公司 2. 河南国基建设集团有限公司	胡伦坚、王虎、王明远、周忠义、江学成
GJEJGF055—2008	ZKYM—1 可回收预应力锚索施工工法	1. 武汉建工股份有限公司 2. 湖北中南岩土工程有限公司	王爱勋、龙雄华、李锡银、熊源宗、马保同
GJEJGF056—2008	建筑结构喷射混凝土施工工法	1. 山河建设集团有限公司 2. 湖南省第六工程有限公司	程秋明、林中茂、汪敏、廖宏
GJEJGF057—2008	钢筋混凝土桁架转换层结构施工工法	1. 湖南长大建设集团股份有限公司 2. 中国建筑一局(集团)有限公司	张文祥、李天成、罗斌、玉小冰、杨旭东
GJEJGF058—2008	高层建筑分段渐变翻搭悬挑式外脚手架施工工法	1. 广东省建筑工程集团有限公司 2. 广州市建筑集团有限公司	李福伟、陈建航、黄瑛鹏、刘金刚、马穗杰
GJEJGF059—2008	超厚(2.6m)医用直线加速器室现浇钢筋混凝土结构施工工法	1. 广西建工集团第五建筑工程有限责任公司 2. 山东万鑫建设有限公司	冯锦华、梁伟、侯立林、秦一统、谢锋、贾华远
GJEJGF060—2008	设置后浇带的高层建筑高空大跨连体结构施工工法	1. 江苏省华建建设股份有限公司 2. 天津天一建设集团有限公司	石伟国、高原、吴碧桥、袁邦权、刘秋生
GJEJGF061—2008	自撑式钢支架单侧支模施工工法	1. 浙江中富建筑集团股份有限公司 2. 上海市第七建筑有限公司	顾洪潮、马爱民、叶金驹、朱王怡、吴杏弟
GJEJGF062—2008	清水饰面混凝土钢大模板施工工法	1. 深圳市建工集团股份有限公司 2. 深圳市建设(集团)有限公司	米本周、陈宏峰、李冠填、温木兴、郭宁
GJEJGF063—2008	现浇混凝土结构柱作中间支承柱的逆作法施工工法	1. 广厦重庆第一建筑(集团)有限公司 2. 浙江省东阳第三建筑工程有限公司	姚刚、周忠明、陈阁琳、喻剑、刘志宏
GJEJGF064—2008	新型 65 系列模板制作安装施工工法	1. 云南建工集团总公司 2. 云南春鹰亚西泰克模板制造有限公司	甘永辉、洪洁、舒永华、罗雪刚、付艳梅
GJEJGF065—2008	托梁换柱施工工法	1. 云南工程建设总承包公司 2. 云南建工水利水电建设有限公司	熊英、宁宏翔、李信东、邓丽萍、陈明有
GJEJGF066—2008	闪光对焊封闭箍筋施工工法	1. 陕西建工集团总公司 2. 贵州建工集团总公司	周思清、王奇维、吕军政、宋晗、张放明
GJEJGF067—2008	现浇混凝土聚苯泡沫组合平台施工工法	1. 江苏南通三建集团有限公司 2. 青海省集协建筑工程有限公司	姜雪岐、鲁金宝、杜振东、任黎明、姜博昱

续表

工法编号	工法名称	完成单位	主要完成人
GJEJGF068—2008	幕墙槽式埋件免焊接预埋施工工法	1. 南通建筑工程总承包有限公司（青海分公司） 2. 江苏中兴建设有限公司	梁华、李彪奇、董年才、陆建忠、程登山
GJEJGF069—2008	箱型结构丝极电渣焊施工工法	1. 苏州第一建筑集团有限公司青海分公司 2. 青海省土木建筑实业有限责任公司	韩伟、沈星华、严海根、薄小刚、李永才
GJEJGF070—2008	双向交叉、螺旋式上升斜圆柱测量定位施工工法	1. 中国建筑股份有限公司 2. 中建五局第三建设有限公司	耿冬青、郭海舟、王建英、孙康、李焱、粟元甲
GJEJGF071—2008	泵送重晶石混凝土施工工法	1. 中建商品混凝土有限公司 2. 中建八局第一建设有限公司	顾晴霞、林怀立、彭友元、秦家顺、左京力
GJEJGF072—2008	大跨度下弦不连续钢屋架吊装施工工法	天津市建工工程总承包有限公司	王明明、沈乃煊、凌海君、曹爽秋、张晓光
GJEJGF073—2008	穹顶形钢结构屋架制作安装施工工法	1. 河北建设集团有限公司 2. 广厦建设集团有限责任公司	杜海龙、王春颖、吕永臣、褚宝练、马建宅、林炎飞
GJEJGF074—2008	空间网架光纤栅施工检测技术施工工法	1. 大连三川建设集团股份有限公司 2. 大连悦泰建设工程有限公司	田斌、姜德宽、张大鹏、田科、杨明显
GJEJGF075—2008	大吨位大跨度钢结构快捷安装施工工法	1. 江苏江中集团有限公司 2. 黑龙江省安装工程公司	马华、江林、刘斌、鲍玉萍、崔少刚
GJEJGF076—2008	球面大型钢结构开合屋顶驱动系统安装施工工法	1. 南通建筑工程总承包有限公司 2. 北京城建二建设工程有限公司	张军、侯海泉、董年才、马建明、褚国栋、李鸿飞
GJEJGF077—2008	钢结构预应力钢拉杆施工工法	1. 南通四建集团有限公司 2. 南通新华建筑集团有限公司	耿裕华、郭正兴、朱宏成、童建设、罗斌、杨志明
GJEJGF078—2008	异形多面体组合钢屋盖结构施工工法	1. 浙江展诚建设集团股份有限公司 2. 中天建设集团有限公司	楼道安、卓新、蒋金生、周观根
GJEJGF079—2008	筒仓上部钢结构滑模托带施工工法	1. 河南省第二建筑工程有限责任公司 2. 河南六建建筑集团有限公司	黄道元、王庆伟、付金强、张永举、徐应国
GJEJGF080—2008	SRC 大悬挑及大悬挂结构施工工法	1. 湖南省建筑工程集团总公司 2. 江苏盐城二建有限公司	袁俊杰、李其林、王其良、黄瑞华、叶芳芳、李有鹏
GJEJGF081—2008	山岭地区长距离通廊结构吊装工法	1. 云南建工集团总公司 2. 广西建工集团第五建筑工程有限责任公司	沈家文、张云彪、徐锐、孙国庆、蒋宝、黄祺合
GJEJGF082—2008	高空连廊悬臂滑移平台施工工法	1. 广厦建设集团有限责任公司 2. 浙江昆仑建设集团股份有限公司	林炎飞、罗尧治、吴章华、江涌、方宏青
GJEJGF083—2008	复杂多变空间结构大型多分支铸钢件测量施工工法	1. 中建三局第一建设工程有限责任公司 2. 中建钢构有限公司	戴岭、张琨、王宏、戴立先、孙金桥
GJEJGF084—2008	大型轮辐式摩天轮轮盘牵引旋转立式逐段拼装安装施工工法	中建国际建设有限公司	张玉林、王卫东、刘民、陈杨、尹文斌
GJEJGF085—2008	索梁体系无站台柱雨棚钢结构安装工法	1. 中铁二十五局集团有限公司 2. 河南国安建设集团有限公司	严国安、文达、卫永胜
GJEJGF086—2008	古建筑群共用轨道单体平移整体就位施工工法	1. 河北建工集团有限责任公司 2. 河北省建筑科学研究院	安占法、强万明、赵士永、边智慧、郭群录
GJEJGF087—2008	仿古建筑叠合式木制装饰斗拱制作安装施工工法	1. 广厦建设集团有限责任公司 2. 浙江中联建设集团有限公司	林炎飞、阮连法、单红波、马开宇、尉烈扬
GJEJGF088—2008	仿明清建筑结构施工工法	1. 陕西省第三建筑工程公司 2. 山西省第一建筑工程公司	时炜、王奇维、张贤国、王忠孝、解炜、白少华
GJEJGF089—2008	仿古建筑唐式瓦屋面施工工法	1. 陕西省第七建筑工程公司 2. 广州工程总承包集团有限公司	吕俊杰、何建升、王瑞良、王小颖、区础华

续表

工法编号	工 法 名 称	完 成 单 位	主要完成人
GJEJGF090—2008	大型场馆钢结构安装工法	广东省工业设备安装公司	黄伟江、张广志、陈友明、李琦、王恒
GJEJGF091—2008	种植屋面施工工法	1. 河南泰宏房屋营造有限公司 2. 新蒲建设集团有限公司	李守坤、郭强、刘轶、宋广明、丁银生
GJEJGF092—2008	开放式防水保温干挂石材幕墙施工工法	1. 苏州二建建筑集团有限公司 2. 江苏省金陵建工集团有限公司	陈静波、李国建、邵志刚、陈云琦、钱艺柏
GJEJGF093—2008	大型镂空浮雕中空石柱施工工法	1. 福建省闽南建筑工程有限公司 2. 歌山建设集团有限公司	陈其兴、邱志章、王昆山、王国连、王向明
GJEJGF094—2008	组合式石材幕墙施工工法	1. 海南盛达建设工程集团有限公司 2. 江苏省华建建设股份有限公司	张金镒、吴兴宗、石伟国、吴碧桥、高家驯
GJEJGF095—2008	PUF 喷涂外墙外保温施工工法	1. 大连悦泰建设工程有限公司 2. 大连阿尔滨集团有限公司	张大鹏、李秉久、刘显全、魏勇、栾凤辉
GJEJGF096—2008	活动轨道法控制楼（地）面平整度施工工法	1. 中建三局第一建设工程有限责任公司 2. 广西建工集团第五建筑工程有限责任公司	刘献伟、王刚、雷刚、苏浩、潘寒、冯锦华
GJEJGF097—2008	增强粉刷石膏聚苯板外墙内保温系统施工工法	龙信建设集团有限公司	黄华、刘存、赵书明、黄新荣、程岗
GJEJGF098—2008	外墙外保温石材干挂—粘贴结合施工工法	1. 龙信建设集团有限公司 2. 南通建筑工程总承包有限公司	刘瑛、王征兵、刘存、董年才、李彪奇
GJEJGF099—2008	高大柔结构中轻质整体式节能墙板施工工法	1. 广州市建筑机械施工有限公司 2. 浙江八达建设集团有限公司	雷雄武、邓恺坚、洪城、何炳泉、庄鑫城
GJEJGF100—2008	聚氨酯夹芯薄板承插式对接施工工法	1. 浙江海滨建设集团有限公司 2. 新疆天一建工投资集团有限责任公司	竺炜江、刘学迁、祁华宝、沈洪
GJEJGF101—2008	双曲面外饰板施工工法	1. 北京六建集团公司 2. 沈阳北方建设股份有限公司	韩杭利、包博、高山、杨军、于大海、王树元
GJEJGF102—2008	隐框玻璃幕墙施工工法	1. 龙信建设集团有限公司 2. 北京城建集团有限责任公司	黄裕辉、张耀忠、张豪、沈忠、王鹏飞、杨郡
GJEJGF103—2008	干挂成品木饰墙面板施工工法	1. 江苏顺通建设工程有限公司 2. 新疆建工集团第二建筑工程有限责任公司	张晔、佘小颉、陆勇、牛寿鸿、张学利
GJEJGF104—2008	浮筑地面施工工法	1. 浙江省建工集团有限责任公司 2. 海南海外声学装饰工程有限公司	胡强、金睿、张根坚、刘新
GJEJGF105—2008	高层建筑外墙发泡水泥玻化微珠外保温块体饰面施工工法	1. 广厦重庆第一建筑（集团）有限公司 2. 武汉沃尔浦科技有限公司	周忠明、陈阁琳、郑文杰、刘卓栋、孙金波
GJEJGF106—2008	细石混凝土面层露天看台原浆一次成型施工工法	1. 江苏盐城二建集团有限公司 2. 云南建工集团总公司	许世培、周玉锦、蔡如仲、佟开奇、甘永辉
GJEJGF107—2008	LG 无机超泡保温板外墙外保温施工工法	1. 安徽建工集团有限公司 2. 安徽绿归保温材料有限责任公司	陈刚、朱国庆、李燕燕、胡才清、刘一星
GJEJGF108—2008	混凝土门窗洞口的企口模板施工工法	1. 大连九洲建设集团有限公司 2. 江苏双楼建设集团有限公司	宋诗聪、姜士颖、李庆新、王丽华、王涛、陈克荣
GJEJGF109—2008	复杂纹饰混凝土装饰板幕墙施工工法	1. 河南泰宏房屋营造有限公司 2. 河南红旗渠建设集团有限公司	陈松华、郭强、李水才、郝卫增、李守坤
GJEJGF110—2008	上人屋面内檐沟（排水沟）侧壁保温排气孔施工工法	1. 华升建设集团有限公司 2. 浙江中联建设集团有限公司	陈伟炳、毛荣一、劳柳影、卢兴良
GJEJGF111—2008	冷库现喷聚氨酯隔热层施工工法	1. 山西陆通建筑有限公司 2. 浙江省一建设集团有限公司	王春、韩建刚、杨占东、李昌成、赵建华

续表

工法编号	工法名称	完成单位	主要完成人
GJEJGF112—2008	面砖效果真石漆施工工法	1. 河南省第五建筑安装工程（集团）有限公司 2. 中国建筑第七工程局有限公司	胡春星、郝道俊、范廷富、郭艳刚、何廷伟
GJEJGF113—2008	铝合金窗钢副框施工工法	1. 中建五局第三建设有限公司 2. 江苏南通二建集团有限公司	粟元甲、何昌杰、谢丰、胡沅华、王桂兴、王守鹏
GJEJGF114—2008	仿古青砖贴面施工工法	1. 浙江省东阳第三建筑工程有限公司 2. 浙江宝业建设集团有限公司	刘志宏、金吉祥、夏关良、杨琪伟、倪华君
GJEJGF115—2008	饰面板植钉锚固挂贴施工工法	1. 福建二建建设集团公司 2. 福建建工集团总公司	黄跃森、刘忠群、晏音、董益智、黄谊华
GJEJGF116—2008	混凝土与抹灰界面喷砂处理施工工法	1. 云南工程建设总承包公司 2. 云南建工第五建设有限公司	陈卫民、杨杰、李红梅、丁绍清、罗睿光
GJEJGF117—2008	ZL 粉刷石膏聚苯板外墙内保温系统施工工法	1. 南通华新建工集团有限公司 2. 上海中绿建材有限公司	葛汉明、博旗康、翁益民、鲍先伟、钱忠勤
GJEJGF118—2008	软膜天花装潢施工工法	1. 湖南望新建设集团股份有限公司 2. 长业建设集团有限公司	汤彦武、刘月升、袁琳、李九苏、肖志高
GJEJGF119—2008	内置保温混凝土结构工程施工工法	1. 郑州市第一建筑工程集团有限公司 2. 河南省第一建筑工程集团有限责任公司	段利民、丁保华、胡保刚、职晓云、雷霆
GJEJGF120—2008	现浇发泡混凝土层施工工法	1. 中天建设集团有限公司 2. 浙江海天建设集团有限公司	张鸿勋、吴建军、蒋金生、姚晓东、卢锡雷
GJEJGF121—2008	弧形幕墙的测量放线及安装控制技术施工工法	1. 江苏江中集团有限公司 2. 陕西恒业建设集团公司	沈世祥、石林华、尚鹏玉、严建富
GJEJGF122—2008	点式玻璃幕墙施工工法	1. 中太建设集团股份有限公司 2. 华北建设集团有限公司	谢良波、王强强、郝克耕、刘恒财、张心忠
GJEJGF123—2008	自动消防水炮灭火系统施工工法	1. 苏州二建建筑集团有限公司 2. 江苏省金陵建工集团有限公司	柏万林、瞿明、任卫华、钱艺柏
GJEJGF124—2008	模块化同层排水节水系统安装工法	1. 河南红旗渠建设集团有限公司 2. 山东聊建金柱建设集团有限公司	朱荣春、王凤蕊、郝卫增、周忠义、常佩顺、赵西久
GJEJGF125—2008	中央空调水系统防腐阻垢再生处理施工工法	中建五局第三建设有限公司	吕基平、伍学文、陈磊、黄剑峰、甘武雄
GJEJGF126—2008	低压电力电缆绝缘穿刺线夹（IPC）分支施工工法	1. 广厦重庆第一建筑（集团）有限公司 2. 内蒙古第二建设股份有限公司	姚刚、周忠明、代进、陈阁琳、古叶辉、丁惠亮
GJEJGF127—2008	悬空式塔吊基础施工工法	1. 中博建设集团有限公司 2. 江苏中兴建设有限公司	廖文琴、雷宜欣、李炎成、柯治良、赵春潮
GJEJGF128—2008	球墨铸铁管止脱胶圈施工工法	南通四建集团有限公司	丁心忠、吴林江、王兴忠、吴旭、樊彬
GJEJGF129—2008	酚醛复合风管制作、安装施工工法	龙信建设集团有限公司	刘瑛、沈忠、张耀忠、朱洪新、秦维生
GJEJGF130—2008	大型精密厂房地板采暖混凝土地坪施工工法	1. 天津市建工工程总承包有限公司 2. 天津一建建筑工程有限公司	王明明、杨建国、李忠雨、赵菁、王惠生
GJEJGF131—2008	大型动臂式塔机安装拆卸和爬（顶）升工法	1. 中建三局第二建设工程有限责任公司 2. 中国建筑第四工程局有限公司	汤丽娜、张琨、冉志伟、黄刚、龙传尧
GJEJGF132—2008	高层住宅卫生间柔性铸铁排水管组合安装施工工法	陕西省第十一建筑工程公司	王一平、车群转、张志强、田爱军、党元盈
GJEJGF133—2008	空调系统聚氨酯直埋保温管施工工法	1. 浙江环宇建设集团有限公司 2. 中设建工集团有限公司	徐涛、李强、朱江太、傅国君

工法编号	工法名称	完成单位	主要完成人
GJEJGF134—2008	节能型海滩架线施工工法	江苏顺通建设工程有限公司	葛家君、佘小颉、杨军
GJEJGF135—2008	辐射安全防护系统安装、调试工法	1. 山东金塔建设有限公司 2. 青岛市胶州建设集团有限公司	常新文、孙裕国、侯志强、郭道盛、唐鄂生
GJEJGF136—2008	橡胶沥青混凝土施工工法	1. 北京市公路桥梁建设集团有限公司 2. 北京市政路桥建材集团有限公司	王旭东、柳浩、李美江、高政、杨丽英
GJEJGF137—2008	综合管沟预制拼装工法	1. 宏润建设集团股份有限公司 2. 安徽省新世纪建筑工程有限公司	李涵军、葛海峰、胡震敏、洪琪、汪国保
GJEJGF138—2008	高性能复合改性沥青路面施工工法	1. 胜利油田胜利工程建设(集团)有限责任公司 2. 山东天齐置业集团股份有限公司	商玉田、安博生、朱晓飞、朱俊生、肖华锋
GJEJGF139—2008	大粒径透水性沥青混合料摊铺离析控制施工工法	1. 山东省公路建设(集团)有限公司 2. 山东省路桥集团有限公司	贾海庆、张建、刘洪海、钟原
GJEJGF140—2008	公路泡沫沥青就地冷再生基层施工工法	湖南望新建设集团股份有限公司	汤彦武、林江、刘月升、李九苏、戴聆春
GJEJGF141—2008	水泥混凝土路面三轴式摊铺整平施工工法	广西路桥建设有限公司	杨胜坚、罗光、李建合、施炳前、唐双美
GJEJGF142—2008	沥青路面复合柔性基层施工工法	云南路桥股份有限公司	岳兴敏、罗向福、范桂丽、陈兴泉、李祥
GJEJGF143—2008	沥青混凝土厂拌冷再生基层施工工法	1. 浙江省交通工程建设集团有限公司 2. 中交二公局第三工程有限公司	单光炎、范丰安、黄汉江、侯来业、蒋福刚
GJEJGF144—2008	浅海水域公路工程施工工法	沧州路桥工程公司	郑捷、蓝青、李友林、林贵朋、赵红军
GJEJGF145—2008	沥青路面多步法就地热再生工法	山东省路桥集团有限公司	赵显福、周新波、李振海、于悦、马士杰
GJEJGF146—2008	宽幅抗离析大厚度摊铺水泥稳定碎石技术施工工法	1. 江西省交通工程集团公司 2. 陕西中大机械集团有限责任公司	刘久明、郑春刚、晏志辉、姚怀新、周立
GJEJGF147—2008	风景旅游区公路仿松波形防撞护栏制作安装工法	曙光控股集团有限公司	朱招生、王勇胜、张灵刚
GJEJGF148—2008	岩盐地区耐腐蚀性混凝土施工工法	1. 中铁二十一局集团有限公司 2. 中铁二十四局集团有限公司	张宁军、朱建军、朱昌岳、薛吉安、高永贵
GJEJGF149—2008	水泥级配碎石填筑高速铁路路基过渡段施工工法	1. 中国水电建设集团路桥工程有限公司 2. 中国水利水电第三工程局有限公司	杨忠、蒋宗全、谢凯军、单勇锋、李兆宇
GJEJGF150—2008	CRTS Ⅱ 型无砟轨道板长线台座制造工法	1. 中铁六局集团有限公司 2. 中铁十七局集团有限公司	张继源、金雁鹏、张恩龙、冀光民、许非
GJEJGF151—2008	长大隧道内 CRTS Ⅰ 型板式无砟轨道施工工法	1. 中铁八局集团有限公司 2. 中铁五局(集团)有限公司	梅红、王智勇、吴海涛、龚斯昆、尹忠文
GJEJGF152—2008	铁路客运专线 CRTS Ⅰ 型双块式无砟轨道 CJT 型粗调机轨排粗调施工工法	1. 中铁五局(集团)有限公司 2. 中铁二十三局集团有限公司	李树德、夏真荣、刘智军、钱振地
GJEJGF153—2008	困难条件下 75kg/m SC381 重载道岔施工工法	1. 中铁十九局集团有限公司 2. 中铁七局集团有限公司	佟胜铁、陈守昭、陆胜利、杨亮、邹维国、陈思
GJEJGF154—2008	利用组合式轨排夹具铺设地铁整体道床轨道施工工法	1. 中铁九局集团有限公司 2. 中铁十局集团有限公司	夏志华、尹洪生、马玉芝、王志山、孙延琳
GJEJGF155—2008	客运专线综合环保贯通地线施工工法	中铁二十五局集团有限公司	丁奋强、周祁陵、符望春、莫龙、吴鹤翔

续表

工法编号	工法名称	完成单位	主要完成人
GJEJGF156—2008	迂回通道法铁路信号设备过渡开通施工工法	中铁十局集团有限公司	刘方清、王明义、许华蓉、林定权、覃继华
GJEJGF157—2008	轨道交通 TETRA 系统施工调试工法	中国铁路通信信号上海工程有限公司	李士寒、冯燕媛、王志麟、李春
GJEJGF158—2008	单拱暗挖车站上穿既有地铁线施工工法	中国中铁股份有限公司	李开言、杜华林、王建军、王立川、马锁柱
GJEJGF159—2008	城铁钢弹簧浮置板道床施工工法	1. 中铁一局集团有限公司 2. 中铁七局集团有限公司	樊斌、左书艺、曹德志、杨宏伟、李长白
GJEJGF160—2008	双块式无砟轨道组合式轨道排架法施工工法	1. 中铁十九局集团有限公司 2. 北京铁五院工程机械科技开发有限公司	孔祥仁、刘军、于进江、胡华军、于建军
GJEJGF161—2008	大直径泥水平衡盾构抗剪型浆液同步注浆施工工法	上海隧道工程股份有限公司	丁志诚、黄德中、郑宜枫、何国军、戴仕敏
GJEJGF162—2008	地铁盾构隧道冰冻法进洞施工工法	宏润建设集团股份有限公司	庄国强、张存才、林洋、辛庆坤
GJEJGF163—2008	高地应力顺层偏压软岩地层条件下隧道施工工法	中铁十四局集团有限公司	孙伟亮、张浚厚、张焕成、刘同江、杨孝成
GJEJGF164—2008	可移动仰拱栈桥在隧道施工中的应用工法	1. 中国水电建设集团路桥工程有限公司 2. 中国水利水电第七工程局有限公司	杨忠、但东、杨愚、马先科、林茂
GJEJGF165—2008	JQ900A 型架桥机小解体穿越隧道施工工法	中铁二十五局集团有限公司	李建新、邓汉权、朱广兵、葛斌、蔡文胜
GJEJGF166—2008	大断面黄土隧道弧形导坑法施工工法	中铁二十三局集团有限公司	丁维军、赵永明、李治强、朱华平、黎龙强
GJEJGF167—2008	复杂地层浅埋水下隧道土压平衡盾构施工工法	1. 中铁隧道股份有限公司 2. 中铁十局集团有限公司	徐军哲、王明胜、章龙管、林定权
GJEJGF168—2008	通透肋式拱梁傍山隧道施工工法	1. 中铁十局集团有限公司 2. 中国科学院武汉岩土力学研究院	张春和、韩光明、张维超、林定权、陈善雄
GJEJGF169—2008	大跨度分岔隧道施工工法	中国中铁股份有限公司	王立平、李宣高、谢文利、孙玉国、刘旭升
GJEJGF170—2008	滨海地区软土地质网格式水冲法双排大口径顶管施工工法	1. 中铁十六局集团有限公司 2. 中铁二十四局集团有限公司	苏江智、张传安、包宇、谢沛祥、郭武
GJEJGF171—2008	混合花岗岩固结灌浆施工工法	中铁十四局集团有限公司	刘红旗、王其升、苏斌、崔树鹏、高士亮
GJEJGF172—2008	站场咽喉区顶进超大框构桥及拆除旧桥施工工法	1. 中铁九局集团有限公司 2. 东北金城建设股份有限公司	于建军、夏志华、许庆君、柳成荫、李华伟
GJEJGF173—2008	Y形沉管灌注桩软基处理施工工法	1. 中铁九局集团有限公司 2. 中铁十局集团有限公司	周文明、于建军、丁飞鹏、林定权、邵波
GJEJGF174—2008	大断面圆弧底节段梁短线预制工法	1. 上海建工(集团)总公司 2. 中交第三航务工程局有限公司	范庆国、刘平、陆云、马建荣、潘志伟、廖玉珍
GJEJGF175—2008	大断面预制节段梁拼装工法	上海建工(集团)总公司	范庆国、刘平、金仁兴、陈礼忠
GJEJGF176—2008	简支梁转换为连续梁的后浇隐盖梁施工工法	1. 宏润建设集团股份有限公司 2. 华丰建设股份有限公司	欧祝明、林定雄、胡震敏、葛海峰、华锦耀
GJEJGF177—2008	高架桥斜柱柱锚绳拉杆支模施工工法	中达建设集团股份有限公司	庞堂喜、李振宁、史志远、应颂勇
GJEJGF178—2008	库区深水裸岩嵌岩桩的浮式平台"栽桩"工法	1. 浙江省交通工程建设集团有限公司 2. 中铁大桥局股份有限公司	王深建、冯康言、强家宽、郭煜、刘晓阳

续表

工法编号	工 法 名 称	完 成 单 位	主要完成人
GJEJGF179—2008	底板可拆除式单壁钢套箱围堰施工工法	1. 山东省路桥集团有限公司 2. 山东省公路建设(集团)有限公司	赵根生、徐景岩、周茂祥、周焕涛、王传波
GJEJGF180—2008	蓄水预压桥梁模板支架施工工法	山东聊建金柱建设集团有限公司	赵西久、韩金涛、贾志臣、齐建忠、么传杰
GJEJGF181—2008	预应力混凝土斜拉桥塔梁同步施工工法	广东省建筑工程集团有限公司	李钦、许建得、赵资钦、钟显奇、仓志强
GJEJGF182—2008	复合止水帷幕沉井施工工法	深圳市市政工程总公司	高俊合、洪鼎、苏军、郭伟、邓彬
GJEJGF183—2008	长大体积钢箱梁整体浮运、转向、安装施工工法	1. 重庆建工集团有限责任公司 2. 重庆交通建设(集团)有限责任公司	赵晓彬、张天许、刘宗建、杨寿忠、朱光华
GJEJGF184—2008	既有铁路钢桁梁换架施工工法	中铁五局(集团)有限公司	李扬威、刘中天
GJEJGF185—2008	模板支撑体系蓄水预压施工工法	1. 正太集团有限公司(青海分公司) 2. 扬州市第五建筑安装工程有限公司(青海分公司)	孟向惠、何益民、蒋存根、顾凯、夏马喜
GJEJGF186—2008	铁路客运专线900t级简支箱梁运输架设施工工法	1. 中铁大桥局股份有限公司 2. 中铁五局(集团)有限公司	马涛、张继新、高培成、孟莎、熊伟
GJEJGF187—2008	步履式架桥机架设铁路客运专线32m/900t级整孔箱梁施工工法	1. 中铁二局股份有限公司 2. 中铁九局集团有限公司	李华月、王强、于建军
GJEJGF188—2008	铁路客运专线900t架桥机及13.4m宽箱梁过隧道施工工法	1. 中铁二十一局集团有限公司 2. 中铁二十二局集团有限公司	律百军、兰岚、邓建波、李成玉、徐涛、秦培文
GJEJGF189—2008	铁路客运专线32m先张法预应力混凝土简支箱梁预制工法	1. 中铁二局股份有限公司 2. 中铁七局集团有限公司	王强、邹宏伟、韩伟、周玉兴、王建军
GJEJGF190—2008	大跨度钢—混凝土组合结构连续箱梁运输和架设及体系转换施工工法	1. 中铁大桥局股份有限公司 2. 中铁六局集团有限公司	陈理平、秦顺全、朱志虎、蒋稳齐、唐红
GJEJGF191—2008	MSS1600—52—58型移动模架逐孔现浇预应力混凝土连续箱梁施工工法	中铁七局集团有限公司	张文格、赵有岐、薛宁鸿、李彩莲、田志林
GJEJGF192—2008	既有框架桥顶板顶升加高净空施工工法	中铁六局集团有限公司	刘振华、张洪、王青俭、陈勇、刘杰
GJEJGF193—2008	浮托顶推法架设钢桁梁施工工法	1. 中铁十局集团有限公司 2. 中铁九局集团有限公司	汤德强、隋永兴、张云昭、覃继华、于建军
GJEJGF194—2008	上行式移动模架过空跨制架预应力混凝土连续梁工法	中铁二十五局集团有限公司	朱辉、周烽、文求、陈立汉、肖锦云
GJEJGF195—2008	纤维混凝土与既有混凝土粘结施工工法	1. 河南泰宏房屋营造有限公司 2. 河南国基建设集团有限公司	陈松华、原有生、李水才、赵建国、周忠义
GJEJGF196—2008	自密实混凝土施工工法	中国葛洲坝集团股份有限公司	程志华、石义刚、郭光文、余英、范品文
GJEJGF197—2008	改性包边中膨胀土路堤施工工法	葛洲坝集团第一工程有限公司	汤用泉、黎学皓、刘经军、戴清、邸书茵
GJEJGF198—2008	高寒地区低温季节混凝土施工工法	中国安能建设总公司	赵秀玲、林伟、詹登民、张仕超、蒋礼明
GJEJGF199—2008	高水头防渗土料填筑施工工法	1. 中国安能建设总公司 2. 中国水电建设集团路桥工程有限公司	冯小明、赵纯迪、刘剑、尚诗涛、李建兵、杨伟
GJEJGF200—2008	面板堆石坝多自由度趾板异型有轨滑模施工工法	中国安能建设总公司	林友汉、王泉、田维忠、王永平、杨作才

续表

工法编号	工法名称	完成单位	主要完成人
GJEJGF201—2008	大中型拌合系统混凝土生产工法	1. 中国水利水电第二工程局有限公司 2. 中国水利水电第四工程局有限公司	蒋万斌、佟振、荆卫明、李沛善、李胜刚
GJEJGF202—2008	碾压混凝土坝体冷却水管施工工法	1. 中国水利水电第二工程局有限公司 2. 中国水利水电第八工程局有限公司	李志斌、卢大文、周达康、黄帮有、黄巍
GJEJGF203—2008	现场"密度桶法"确定大粒径砂砾料压实标准工法	1. 中国水利水电第十五工程局有限公司 2. 中国水电建设集团路桥工程有限公司	王星照、赵继成、李晨、马明功、梁艳萍
GJEJGF204—2008	山区河流水下钻孔爆破施工工法	1. 长江航道局 2. 葛洲坝集团第五工程有限公司	姚勇、代显华、罗宏、李红勇、李春军、段宝德
GJEJGF205—2008	浅表层超软弱土快速加固施工工法	中交第四航务工程局有限公司	董志良、黄焕谦、张功新、陈平山、周琦
GJEJGF206—2008	高桩码头浪溅区高性能混凝土施工工法	中交第四航务工程局有限公司	王胜年、黄焕谦、熊建波、黄君哲、潘德强
GJEJGF207—2008	导管架海上作业平台施工工法	上海建工(集团)总公司	陆云、徐巍、李增辉、范嘉绮
GJEJGF208—2008	运营箱涵的水下切割接入施工工法	1. 腾达建设集团股份有限公司 2. 方远建设集团股份有限公司	奚文军、应勇群、王玲才、黄今浩
GJEJGF209—2008	"包芯"断面海堤的爆炸法施工工法	1. 广东省建筑工程集团有限公司 2. 福建建工集团总公司	赵丕彪、赵资钦、蔡元美、廖小兵、赖小江、林毅华
GJEJGF210—2008	海底管道水下维修施工工法	海洋石油工程股份有限公司	潘东民、马洪新、奉虎、张海波、杨泳
GJEJGF211—2008	自行车赛场倾角13°～43°渐变赛道施工工法	1. 河南国安建设集团有限公司 2. 河南省第五建筑安装工程(集团)有限公司	李岐山、季三荣、沈群章、李涯、张青松
GJEJGF212—2008	云南山区加筋土挡土墙施工工法	1. 云南工程建设总承包公司 2. 云南省第二建筑工程公司	甘永辉、周成明、熊英、宁宏翔、付建平
GJEJGF213—2008	巨型石材铺装施工工法	1. 中铁十六局集团有限公司 2. 中国土木工程集团有限公司	马栋、王洪江、孙胜臣、焦冬梅、许彦旭
GJEJGF214—2008	深立井基岩段井壁漏水防治施工工法	中煤第一建设公司	蒲耀年、陈耀文、王玉沛、李富新、邓贤松
GJEJGF215—2008	深水平高应力区软岩巷道支护工法	江苏华美工程建设集团有限公司	王慧明、万援朝、樊九林、任家亮、李静
GJEJGF216—2008	大直径立井高强高性能混凝土液压滑模套壁施工工法	中煤第七十一工程处	方体利、吴信远、郭保国、刘宁
GJEJGF217—2008	立井施工过流砂层整体液压钢板桩帷幕技术施工工法	平煤建工集团有限公司	仝洪昌、李勤山、李灿欣、赵春孝、李明
GJEJGF218—2008	高精度、多层面、正交轨道系统安装工法	1. 山东金塔建设有限公司 2. 天元建设集团有限公司	孙裕国、刘宏伟、孙玉红、边昌学、邵英纯
GJEJGF219—2008	催化裂化装置轴流压缩机—烟气轮机组施工工法	中国石化集团第十建设公司	杜宗岚、王德辉、赵喜平、李国庆
GJEJGF220—2008	电厂锅炉基础直埋螺栓定位测量工法	1. 河南六建建筑集团有限公司 2. 新蒲建设集团有限公司	刘五军、张建伟、赵丙辉、尤斐、高祥云
GJEJGF221—2008	超长设备基础平台预埋件埋置精度控制施工工法	陕西省第六建筑工程公司	张朋伟、葛上义、王巧莉、赵长经
GJEJGF222—2008	大流量电动鼓风机安装工法	1. 鞍钢建设集团有限公司 2. 沈阳北方建设股份有限公司	鲁继军、李支海、刘禹、姜长平、孙亚兰

续表

工法编号	工法名称	完成单位	主要完成人
GJEJGF223—2008	燃气锅炉施工工法	1. 天元建设集团有限公司 2. 山东万鑫建设有限公司	林青友、邵石头、王文高、李永峰、宗可锋
GJEJGF224—2008	万吨固定桥式起重机成套施工工法	1. 烟建集团有限公司 2. 山东省建设建工(集团)有限责任公司	孙国春、文爱武、孙立举、黄启政、苏茂福
GJEJGF225—2008	单层工业厂房屋盖系统自承式整体顶升工法	1. 二十三冶建设集团有限公司 2. 贵阳铝镁设计研究院	周云祥、项祖斌、胡四元、谭建勋、郑莆
GJEJGF226—2008	活塞式压缩机安装工法	1. 云南工程建设总承包公司 2. 云南省第二安装工程公司	顾永茂、段晓临、姜余金、芮希能、何贵宾
GJEJGF227—2008	回转窑安装工法	1. 云南工程建设总承包公司 2. 云南省第二安装工程公司	罗保、邹国平
GJEJGF228—2008	特大设备室内低空间翻身、平移及安装工法	1. 中国建筑第四工程局有限公司 2. 中国建筑第六工程局有限公司	虢明跃、张云富、吴家雄、左波、李方波
GJEJGF229—2008	GE1.5MW—Sle 风力发电机组安装工法	广东火电工程总公司	谢为金、劳诚壮、徐克强、周启海、刘勇
GJEJGF230—2008	炼铜转炉安装工法	中国十五冶金建设有限公司	田雨华、张有为、谈敏、郑建国、张志红
GJEJGF231—2008	深锥沉降槽地面倒装施工工法	二十三冶建设集团有限公司	胡四元、刘英杰
GJEJGF232—2008	构筑物外表面混凝土无水平接缝施工工法	南通四建集团有限公司	花周建、王兴忠、姚富新、吴旭、樊彬
GJEJGF233—2008	6.25m 捣固焦炉砌筑工法	中国第一冶金建设有限责任公司	武钢平、徐超、吴德儒、田汉斌、唐明丰
GJEJGF234—2008	环形加热炉(内衬)浇注料施工工法	中冶天工建设有限公司	高美忠、张鹏飞、张晓平、王新阳、李寒
GJEJGF235—2008	大型储煤槽仓逆作法施工工法	中煤建筑安装工程公司	苗志同、马德迎、程正觉、李国明
GJEJGF236—2008	热电厂汽轮机发电机组安装施工工法	湖南省工业设备安装有限公司	潘宏波、温杰、付江华、曾祥洪
GJEJGF237—2008	大型城市生活污水处理厂机电设备安装施工工法	重庆建工集团有限责任公司	王强、郭庆元、刘维忠、林勇
GJEJGF238—2008	特大型灯泡贯流式水轮发电机组安装工法	广东省源天工程公司	谢颖、章海兵、金世国、陈春光、杨理明
GJEJGF239—2008	海底 PE 管道边敷边埋施工工法	上海市基础工程公司	沈光、蔡忠明、柳立群、李俊、解泰昌
GJEJGF240—2008	铝镁合金管道施工工法	1. 中国化学工程第三建设有限公司 2. 中国石化集团第二建设公司	王一帆、郑祥龙、吕文明、夏节文
GJEJGF241—2008	铁素体—奥氏体双相不锈钢管道焊接施工工法	1. 大庆油田建设集团有限公司 2. 四川石油天然气建设工程有限责任公司	袁世昌、王剑勃、朱洪亮、何洪勇、吴立斌
GJEJGF242—2008	大量程超长引张线水平位移计、水管式沉降仪埋设施工工法	葛洲坝集团试验检测有限公司	黄小红、谭恺炎、李战备、戴斌、彭成军
GJEJGF243—2008	大口径夹砂玻璃钢管材施工现场缠绕连接施工工法(管径 DN1800～DN2200)	汕头市达濠市政建设有限公司	魏永兴、曾冕凯、黄顺福
GJEJGF244—2008	多筒体自提升塔架式火炬安装工法	中国石油天然气第一建设公司	郭葆军、程彩文、高凯、陈海涛、仝西亚
GJEJGF245—2008	700MW 全空冷式水轮发电机定子安装下线施工工法	中国水利水电第七工程局有限公司	范方武、冯培军、曾洪富

续表

工法编号	工法名称	完成单位	主要完成人
GJEJGF246—2008	长输浆体管道施工工法	1. 中国第二冶金建设有限责任公司 2. 中冶京唐建设有限公司	王蒙强、朱宇、丁月峰、赵书国、金枫
GJEJGF247—2008	重轨手工电弧焊施工工法	中冶天工建设有限公司	刘红军、李翠香、卜丽雁
GJEJGF248—2008	稀油干式气柜密封装置施工工法	中国第二冶金建设有限责任公司	付英杰、杨少军、张宝平
GJEJGF249—2008	压煮器制作工法	中国有色金属工业第七冶金建设公司	王春梅、李晓楠、孙树堂、尹彦军、戴红石
GJEJGF250—2008	大瓣片高强钢球罐球壳板预制工法	大庆油田建设集团有限公司	姚云江、苗西雨、朱宪宝、官云胜、郭晓春
GJEJGF251—2008	大型压力容器燃气法整体热处理施工工法	1. 中油吉林化建工程股份有限公司 2. 吉林亚新工程检测有限责任公司	关一卓、王宝龙、王学成、李忠林、王斌
GJEJGF252—2008	大型储罐液压顶升、自动焊倒装施工工法	1. 陕西化建工程有限责任公司 2. 中油吉林化建工程股份有限公司	王智杰、何丹、杨峰斌、李丽红、贺小锋

2007~2008 年度国家一级工法名单（升级版）

工法编号	工法名称	完成单位	主要完成人
YJGF07—2000 (2007~2008 年度升级版—001)	基坑土钉墙支护施工工法	1. 山西建筑工程（集团）总公司建筑工程研究所 2. 广西建工集团第五建筑工程有限责任公司	张循当、史晋荣、徐秀清、梁建民、都智刚、简大桥
YJGF14—94 (2007~2008 年度升级版—002)	基础大体积混凝土工法	1. 上海市第一建筑有限公司 2. 上海建工材料工程有限公司	朱毅敏、汤洪家、黄玉林、吴德龙、许建强
YJGF05—96 (2007~2008 年度升级版—003)	大型基坑结构中心岛工法	上海市第四建筑有限公司	邱锡宏
YJGF02—94 (2007~2008 年度升级版—004)	软土地基双液注浆工法	上海隧道工程股份有限公司	白云、张志胜、张帆、何小玲、叶中华
YJGF08—98 (2007~2008 年度升级版—005)	加筋水泥土地下连续墙工法	上海隧道工程股份有限公司	张冠军、黄均龙、杨磊、张帆
YJGF09—92 (2007~2008 年度升级版—006)	地下连续墙液压抓斗工法	上海隧道工程股份有限公司	朱雁飞、张瑞昌、祝强、沈平欢、马传锁
YJGF14—92 (2007~2008 年度升级版—007)	多排微差挤压中深孔爆破工法	中国建筑第二工程局有限公司	杨均英、沙友德、欧阳建华、张洪雨、周文
YJGF13—92 (2007~2008 年度升级版—008)	深孔预裂爆破工法	1. 中建二局土木工程有限公司 2. 中建保华建筑责任有限公司	沙友德、翟晓林、邵明村、马再广、黄玉成
YJGF11—2000 (2007~2008 年度升级版—009)	CFZ—1500 型冲击反循环钻机钻孔桩施工工法	中铁十五局集团有限公司	张爱琴、梁统战、王引富、程翠丽、孙永军
YJGF44—2000 (2007~2008 年度升级版—010)	TLC插卡型早拆模板体系工法	1. 北京市第三建筑工程有限公司 2. 北京泰利城建筑技术有限公司	成志全、杜京、安兰慧、王京生、徐伟
YJGF16—94 (2007~2008 年度升级版—011)	整体升降模板脚手架工法	1. 上海市第五建筑有限公司 2. 陕西省第一建筑工程公司	王正平、李立顺、吕达、滕寅斌、龚满哗
YJGF16—2000 (2007~2008 年度升级版—012)	聚丙烯纤维混凝土超长结构抗裂防渗施工工法	浙江中成建工集团有限公司	刘有才、张荣灿、吴菊珍、陈尧火
YJGF39—2000 (2007~2008 年度升级版—013)	板式转换层混凝土厚板施工工法	通州建总集团有限公司	瞿启忠、瞿宏程、丁春颖、丁海峰、黄晓松
YJGF33—2002 (2007~2008 年度升级版—014)	先张法预应力拱板粮仓屋盖原位现浇施工工法	1. 江苏江都二建工程有限公司 2. 南通华荣建设集团有限公司	吴国平、刘树钧、王健、张进前、陈正益
YJGF36—2000 (2007~2008 年度升级版—015)	钢管混凝土柱无粘结预应力框架梁施工工法	中国建筑第六工程局有限公司	张云富、王存贵、贺国利、田卫国、张杰
YJGF38—2000 (2007~2008 年度升级版—016)	建筑物加固改造施工工法	1. 中建一局华江建设有限公司 2. 中建一局集团第五建筑有限公司	谢俊、吴学军、顾亚军、赵淑英、束七元
YJGF41—1998 (2007~2008 年度升级版—017)	饰面石板短槽式干挂施工工法	中国新兴建设开发总公司	张小妮、段春伟、冯云鹏、陈荣

工法编号	工法名称	完成单位	主要完成人
YJGF43—2000 （2007～2008 年度 升级版—018）	钢弦立筋石膏板隔墙施工工法	1. 中建一局集团建设发展有限公司 2. 北京建工博海建设有限公司	刘春风、戴龙文、马昕、冯世伟、谢婧
YJGF42—2000 （2007～2008 年度 升级版—019）	倒置式保温防水屋面施工工法	浙江省长城建设集团股份有限公司	李宏伟、李元武、刘丽峰、林玮
YJGF48—2000 （2007～2008 年度 升级版—020）	民用机场候机楼弱电安装工法	1. 中建二局安装工程有限公司 2. 中建二局第四建筑工程有限公司	沈文斌、唐德全、陈承伟、沈威、钟燕
YJGF28—96 （2007～2008 年度 升级版—021）	高层建筑通风与空调系统调试工法	上海市安装工程有限公司	陈晓文、张耀良
YJGF30—96 （2007～2008 年度 升级版—022）	聚丙烯（PP—R）管道制作安装工法	1. 河南省第五建筑安装工程（集团）有限公司 2. 河南国安建设集团有限公司	房进胜、卫永胜、吉瑞林、刘振东、柳中茹
YJGF05—2000 （2007～2008 年度 升级版—023）	条形基础盖挖逆作施工工法	中铁隧道集团有限公司	刘昌用、范国文、张国亮、赵胜、张利敏
YJGF19—2000 （2007～2008 年度 升级版—024）	城市地下工程微振爆破工法	中铁隧道集团有限公司	方俊波、王明胜、陈智、潘明亮、邓青平
YJGF15—2000 （2007～2008 年度 升级版—025）	组合刀盘式土压平衡矩形顶管顶进工法	上海隧道工程股份有限公司	吕建中、王鹤林、杨磊、石元奇、吴兆宇
YJGF21—92 （2007～2008 年度 升级版—026）	土压平衡盾构工法	上海隧道工程股份有限公司	周文波、杨国祥、吴惠明、顾春华、吴列成
YJGF02—98 （2007～2008 年度 升级版—027）	泥水加压平衡盾构工法	上海隧道工程股份有限公司	周文波、丁志诚、杨国祥、吴惠明、宋兴宝
YJGF25—92 （2007～2008 年度 升级版—028）	隧道及地下工程防水堵漏工法	上海隧道工程股份有限公司	何小玲、吉永年、张帆、张忠胜、叶中华
YJGF08—94 （2007～2008 年度 升级版—029）	岩溶隧道劈裂注浆固结流塑黏土和管棚支护开挖工法	中铁五局（集团）有限公司	夏真荣、谭毓浚、苟祖宽
YJGF13—2000 （2007～2008 年度 升级版—030）	饱和动水砂层 TSS 管固砂堵水注浆工法	中铁隧道集团有限公司	张文强、李治国、卓越、洪开荣、张民庆
YJGF12—2000 （2007～2008 年度 升级版—031）	TB880E 型隧道掘进机（TBM）施工工法	中铁十八局集团有限公司	邓勇、王雁军、李宏亮、齐梦学、王宝友
YJGF33—2000 （2007～2008 年度 升级版—032）	混凝土施工缝 SEM 弥合防水砂浆施工工法	中铁二十局集团有限公司	汪君睿、郭朋超、郭晋、贴锋斌
YJGF32—98 （2007～2008 年度 升级版—033）	水下不分散混凝土施工工法	1. 天津第三市政公路工程有限公司 2. 天津第七市政公路工程有限公司	刘虎、汪浩波、贾明浩、孟新奇、钱林玉
YJGF47—2000 （2007～2008 年度 升级版—034）	塔吊组立输电铁塔施工工法	上海市第五建筑有限公司	崔一舟、李立顺、王伟、沈军、林捷
YJGF41—96 （2007～2008 年度 升级版—035）	干熄焦机械设备安装工法	中冶成工建设有限公司	颜钰、张峰

工法编号	工法名称	完成单位	主要完成人
YJGF32—94 （2007～2008年度 升级版—036）	大型轧机设备安装施工工法	1. 中国二十冶建设有限公司 2. 河北省安装工程公司	曹国良、刘光明、李玉玲、史涛、沈汉、郭建昭
YJGF40—96 （2007～2008年度 升级版—037）	大型焦炉机械设备安装工法	中冶成工建设有限公司	卿爱国、叶晓青、王永川、程爱民、丁兆龙
YJGF46—98 （2007～2008年度 升级版—038）	120m火炬液压提升倒装工法	中国化学工程第三建设有限公司	罗会田、王德、李文蔚、苏玉贤
YJGF16—96 （2007～2008年度 升级版—039）	150m排毒塔内井架提框倒模施工工法	河北建工集团有限责任公司	赵蕴图、王晓莉、耿贺明、周国中、陈增顺
YJGF34—92 （2007～2008年度 升级版—040）	钢筋混凝土筒仓附着式三角架倒模施工工法	河北建工集团有限责任公司	张秀花、张哲、耿贺明、王振宁、陈增顺
YJGF52—92 （2007～2008年度 升级版—041）	横管式煤气初冷器制作安装工法	河北建工集团有限责任公司	郭建昭、孙东升、申知瑕、苏建文、杨鑫
YJGF27—98 （2007～2008年度 升级版—042）	高耸钢筋混凝土筒体结构无井架电动升模施工工法	浙江省二建建设集团有限公司	吴建三、江忠理、贾艳全
YJGF52—2000 （2007～2008年度 升级版—043）	气动夯管锤穿越施工工法	中国石油天然气管道局	吴益泉、李彦民、李松、吕泽彬、姜华
YJGF53—2000 （2007～2008年度 升级版—044）	大型悬索管道跨越空中发送施工工法	中国石油天然气管道局	李铁山、初宝民、董新、祁香文、李顺来
YJGF54—2000 （2007～2008年度 升级版—045）	电子工程用抛光不锈钢管线施工工法	中油吉林化建工程股份有限公司	邢攸泉、赵明辉、杨光、陶树森、赵智
YJGF37—96 （2007～2008年度 升级版—046）	钛管道手工氩弧焊接工法	中国化学工程第十四建设有限公司	林传友、崔定龙、胡秋英
YJGF31—96 （2007～2008年度 升级版—047）	不锈钢管道焊接工法	中国化学工程第十六建设公司	李仁国
YJGF26—94 （2007～2008年度 升级版—048）	开式再循环法冲洗城市供热管网工法	1. 中建二局第三建筑工程有限公司 2. 中建二局安装工程有限公司	倪金华、沈文斌、唐德全、范勃新、张巧芬
YJGF29—96 （2007～2008年度 升级版—049）	半管容器制作工法	河北建工集团有限责任公司	郭建昭、王树明、杨鑫、郝国荣
YJGF64—2002 （2007～2008年度 升级版—050）	酸洗—轧机联合机组自动化系统调试工法	中国二十冶建设有限公司	郭宏、赵俊杰、吴文平、金叙
YJGF63—92 （2007～2008年度 升级版—051）	钢管对接等离子填丝自动焊施工工法	大庆油田建设集团有限公司	贺长河、郭道厚、包铁龙、王剑勃、叶喜太
YJGF41—91 （2007～2008年度 升级版—052）	总体分散综合控制TDCS—3000工法	中国化学工程第十四建设有限公司	蔡常芬、范辉、张传玉、胡秋英、崔定龙
YJGF59—92 （2007～2008年度 升级版—053）	大型设备现场衬胶防腐蚀施工工法	中国二十冶建设有限公司	李玉玲、刘光明、代成艳、牛银枝

工法编号	工法名称	完成单位	主要完成人
YJGF36—91 （2007～2008 年度 升级版—054）	一管多束钢烟囱气顶工法	浙江省开元安装集团有限公司	傅慈英、胡国权、王自凡、林炜
YJGF42—92 （2007～2008 年度 升级版—055）	10 万 m³ 浮顶储罐内脚手架正装工法	大庆油田建设集团有限公司	娄德学、孟振铎、纪海涛、邹志宏、王忠哲
YJGF32—96 （2007～2008 年度 升级版—056）	应用悬空双面埋弧自动焊工艺焊接大型容器工法	中油吉林化建工程股份有限公司	许秀丽、徐龙杰、李季、白宝刚、张洪闯
YJGF55—92 （2007～2008 年度 升级版—057）	球罐整体热处理工法	中国化学工程第三建设有限公司	罗会田、张兴华、高春林、刘晓波、何源洁